华为技术认证

华为路由器学习指南（第二版）

王达 主编

人 民 邮 电 出 版 社
北 京

图书在版编目（C I P）数据

华为路由器学习指南 / 王达主编. -- 2版. -- 北京:
人民邮电出版社, 2020.1
（ICT认证系列丛书）
ISBN 978-7-115-52096-8

Ⅰ. ①华… Ⅱ. ①王… Ⅲ. ①计算机网络－路由选择
－指南 Ⅳ. ①TN915.05-62

中国版本图书馆CIP数据核字(2019)第203842号

内 容 提 要

本书以 AR 系列路由器当前最新的 V200R010 VRP 系统为主线，对本书的第一版进行了全面更新、升级。本书不仅全面更新了内容，而且还新增了许多知识点，特别是全面添加了 IPv6 网络中各路由协议的应用配置与管理方法。本书是华为官方指定的 ICT 认证培训教材，也是广大读者、培训机构、高等院校进行华为最新的 R&S HCIA 2.5、HCIP 2.5 和 HCIE 3.0 版本认证自学、培训和教学的首选教材。

本书比较全面地介绍了华为 AR 系列路由器各主要功能的技术原理以及配置与管理方法，包括 AR 系列路由器各主要类型接口（特别是各种 WAN 接口）、WAN 接入协议，以及 DHCP、DNS、NAT 等基本功能，BFD、NQA、VRRP、接口备份和双机热备份等可靠性功能，静态路由（IPv4&IPv6）、RIP/RIPng、OSPFv2/v3、IS-IS（IPv4&IPv6）、BGP（IPv4&IPv6），以及路由策略和策略路由在 IPv4 和 IPv6 网络环境中的应用配置与管理。

◆ 主　　编　王　达
　责任编辑　贾朔荣
　责任印制　彭志环
◆ 人民邮电出版社出版发行　　北京市丰台区成寿寺路 11 号
　邮编　100164　　电子邮件　315@ptpress.com.cn
　网址　http://www.ptpress.com.cn
　北京九州迅驰传媒文化有限公司印刷
◆ 开本：787×1092　1/16
　印张：71.75　　2020 年 1 月第 2 版
　字数：1701 千字　　2024 年 12 月北京第 15 次印刷

定价：298.00 元

读者服务热线：(010)53913866　印装质量热线：(010)81055316
反盗版热线：(010)81055315

序

人类社会和人类文明发展的历史也是一部科学技术发展的历史。半个多世纪以来，精彩纷呈的ICT技术，汇聚成了波澜壮阔的互联网，并突破了时间和空间的限制，把人类社会和人类文明带入到前所未有的高度。今天，人类社会已经步入网络和信息时代，我们已经处在无处不在的网络连接中。联接已经成为一种常态，信息浪潮迅速而深刻地改变着我们的工作和生活。人们与世界联接的如此紧密，实现了随时随地自由沟通，对信息与数据的获取、分享也唾手可得。这意味着，这个联接的世界，正以超乎想象的速度与力量，全面重塑人类社会的政治、经济、商业文明和生产方式等。

ICT正在蓬勃发展，移动化、物联网、云计算和大数据等新趋势正在引领行业开创新的格局。世界正在发生影响深远的数字化变革，互联网正在促进传统产业的升级和重构。以业务、用户和体验为中心的敏捷网络架构将深刻影响未来数字社会的基础。我们深知每个人都拥有平等的数字发展机会，这对于构建一个更加公平的现实世界至关重要。

ICT产业的发展离不开人才的支撑，产业的变革将对ICT行业人才的知识体系和综合技能提出更高要求的挑战。作为全球领先的信息与通信解决方案供应商，华为的产品与解决方案已广泛应用于金融、能源、交通、政府、制造等各个行业。同时，我们非常注重对ICT专业人才的培养。所以，我们与行业专家、高校老师合作编写了华为“ICT认证系列丛书”，旨在为广大用户、ICT从业者，以及愿意投身ICT行业的人士提供更加便利及有效的帮助。

距离本书第一版——《华为路由器学习指南》上市已有5年多的时间。在此期间，华为AR系列路由器的VRP系统版本进行了多次更新，不仅原有功能得到了不断完善，而且还新增了许多新技术、新功能。华为新版R&S HCIA 2.5、HCIP 2.5和HCIE 3.0认证已推出，为此，十分有必要全面更新原书的内容，为各位自学读者、参加华为认证培训的朋友提供最新的权威教材，于是我们再度与国内资深网络技术专家、业界知名作者王达老师合作，对本书的第一版进行全面改版。

本书以华为AR系列路由器目前最新的VRP系统版本——V200R010C00为主线进行介绍，不仅全面更新了原版图书的内容，而且为了响应国家加速部署IPv6网络的号召，在本版中全面添加了在IPv6网络环境中各种路由协议的配置与管理方法，全面适用于华为新版R&S HCIA 2.5、HCIP 2.5和HCIE 3.0认证培训要求。

自　　序

本书第一版是华为官方 ICT 系列培训教材的第二本图书，自 2014 年 9 月出版以来，得到了广大网络工程人员的喜爱和大力支持，好评如潮，一再重印。作为本书的作者，笔者在此谨向广大读者朋友表示最由衷的谢意！

本书与新出版的《华为交换机学习指南》（第二版），以及《华为 VPN 学习指南》《华为 MPLS 技术学习指南》和《华为 MPLS VPN 学习指南》，都是采用当前最新的 VRP 系统版本，可继续为大家学习华为新版 R&S HCIA 2.5、HCIP 2.5 和 HCIE 3.0 认证课程提供系统、深入、权威的学习资源。

本书出版背景

本书自第一版上市以来，不仅得到了多行业的读者支持，也有不少华为认证培训机构、高等学校采用了本书作为教材。

面对如此厚重的信任和广泛的教材使用情形，令笔者倍感压力，因为目前华为产品和 VRP 系统的版本更新活跃，笔者需要及时为大家提供产品和服务更新，只有这样才能更好地代表华为官方，更好地为大家提供最新的服务。在得到华为技术有限公司和人民邮电出版社有限公司的同意后，笔者开始全面着手改版工作。

《华为交换机学习指南》（第二版）主要介绍了体系结构第二层相关功能，以及基于第二层的安全防御功能的技术原理和相关功能配置与管理方法。本书是专门介绍第三层的路由器产品技术和功能，所以着重介绍体系结构中第三层的相关技术原理和相关功能的配置与管理方法，主要包括各种 WAN 接口和 WAN 接入技术，以及用于三层 IP 地址分配的 DHCP、IP 地址转换的 NAT，以及静态、RIP、OSPF、IS-IS、BGP 等路由协议的原理和相关功能配置方法。

相比第二层的技术和功能主要基于硬件实现，第三层的技术和功能更倾向基于软件实现，所以在协议原理和功能配置与管理方法方面，新、旧版本的 VRP 系统其实区别不是很大。但是第三层的路由技术原理相比第二层的数据交换技术原理更为复杂，体系更为庞大，更难以真正掌握，所以在路由器图书中，内容的重点是对复杂技术原理的剖析讲解，以及实战经验的分享。再加上国家正在全国推广 IPv6 协议，作为企业网络建设和维护的主力，我们必须顺应时代和国家的需求，提前学好基于 IPv6 网络环境的各项功能的配置与管理方法。

为此，在历经了 5 年多之后，笔者认为非常有必要全面更新本书的第一版，一方面本书以最新版本 VRP 系统为主线进行介绍，添加了一些新技术、新功能的配置方法，同时也添加了许多笔者近些年来在实战视频培训过程中所积累的许多宝贵经验，使复杂的技术原理和功能配置思路更容易理解。另一方面，为了响应国家的号召，本版中较全面地介绍各路由协议在 IPv6 网络环境中各主要功能的配置与管理方法，可使读者朋友尽快掌握 IPv6 网络的建设和维护技能。

阅读需要注意的地方

在阅读本书时，请注意以下几个方面。

■ 全书主要以华为 AR 系列路由器最新的 **V200R010C00** 版本 VRP 系统为例进行介绍。但因为路由器和三层交换机中同时具有其中大部分功能，如 DHCP 服务、BFD、NQA、VRRP，以及各种路由协议等，所以本书介绍的绝大部分技术原理和配置方法同样适用于华为 S 系列三层交换机。

■ 在配置命令代码介绍中，粗体字部分是命令本身或关键字选项部分，是不可变的；斜体字部分是命令或者关键字的参数部分，是可变的。

■ 在介绍各种技术原理及功能配置说明的过程中，对于一些需要特别注意的地方均以**黑体**字格式加以强调，以便读者在阅读学习时引起特别注意。

■ 为了使书中内容具有更广泛的适用性，在介绍具体的配置步骤时，对一些命令在不同 VRP 系统版本中的支持情况进行了具体说明。

服务与支持

本书得到了华为技术有限公司的一线产品专家的严格审核和技术把关，并提供了许多宝贵的技术指导和修订意见，还有人民邮电出版社有限公司许多编辑老师的多次编辑、审核，故本书无论从专业性、实用性，还是从图书编排、出版质量上都有非一般图书可比的全线保障，敬请大家放心选购。希望本书能继续得到大家的喜爱，更希望本书能为大家的工作带来实实在在的帮助。

由于编者水平有限，编写时间紧张，虽然全体编写人员和出版社编辑老师花费了大量的时间和精力，但是书中仍可能存在一些错误和瑕疵，敬请各位批评指正，万分感谢！大家可以通过以下渠道向我们反馈，提出您的宝贵意见。同时我们也将通过以下渠道为大家提供专业的服务（包括直播培训和录播视频课程服务）。

（1）超级读者、学员交流 QQ 群

■ 读者交流 QQ 群（只能根据所在地区选择加入其中一个）：17201450（华中地区）、69537591（华东/华南地区）、101580747（华西/华北地区）。

■ 视频课程学员 QQ 群：398772643，同时可通过添加“达哥网络课程自选中心”小程序进行全面课程学习。

（2）两个专家博客

■ 51CTO 博客：http://winda.blog.51cto.com。

■ CSDN 博客：http://blog.csdn.net/lycb_gz。

（3）新浪认证微博：weibo.com/winda。

（4）视频课程体验中心：http://edu.csdn.net/lecturer/74（不包括全部课程）。

（5）微信及公众号

■ 微信：windanet（加入后可被邀请进读者微信群）。

■ 微信公众号：windanetclass（订阅号）、dagenetwork（服务号）

鸣谢

本书由长沙达哥网络科技有限公司（原名“王达大讲堂”）组织编写，并由该公司创始人王达先生负责统稿，经过数十位编委、技术专家夜以继日的创作，一次次地严格审校、修改和完善，这本图书终于完成，并顺利地、高质量地出版上市。在此感谢华为技术有限公司的和人民邮电出版社有限公司的大力支持和帮助！感谢为本书提供技术审校的华为技术有限公司：郭文琦、刘洋、卞婷婷、刘立灿、魏彪、伍世伟等领导和技术专家的指导！

前　　言

本书特色

本书作为华为 ICT 培训的官方指定教材，经过了华为技术有限公司的严格审核，无论是在内容编排上，还是在内容的专业性、实用性方面都得到了很好的保障。

■ **不是简单的再版**

表面上看来，本书仅是对前一版本的改版，但实际上却是实实在在地重写。在具体内容方面，与第一版相比，至少有 60%的不同，而且这些差别几乎体现在所有方面。本书可全面适用于华为新版 R&S HCIA 2.5、HCIP 2.5 和 HCIE 3.0 认证大纲的要求。

■ **华为官方授权、审核**

本书由华为技术有限公司官方直接授权创作，并对整本图书的创作、出版各个阶段进行跟踪、审核，所以在图书质量和内容专业性方面均有更好的保障。这也是本书能作为华为 ICT 认证培训教材之一的前提与基础。

■ **首次全面直击 IPv6**

笔者已出版的图书基本上都是基于当前正在使用的 IPv4 网络环境进行介绍的。本书对 IPv6 网络中各路由协议的配置与管理方法进行了全面的介绍，这样会新增许多篇幅，为此对第一版中不是特别重要的内容进行了删减，如 AR 产品系列和 VRP 系统的使用，前者可直接查看官方的产品手册，后者可直接参见《华为交换机学习指南》（第二版）。

尽管如此，还是有些遗憾，因为 DHCPv6 涉及的内容确实太多，所以仍没有加上，另外有关 AR 系列路由器中的防火墙功能因篇幅原因也没能加上。大家如有需要，可联系作者了解配套的实战视频课程。

■ **系统、全面、深入**

这是笔者一直坚持的著书特色，得到了广大读者的认可。一本书，如果不能使读者从中得到系统、全面和深入的学习，那还不如直接在网上搜索答案。许多读者一直问我，为什么您出版的图书每本都这么厚？其中一个根本的原因就是我在对图书内容进行编排时就特别注重内容的系统性和深入性，总想尽可能地把各个知识点讲透，不留“空白地带”。

■ **细节丰富、深入浅出**

本书特别注重细节，在技术原理解释上，都不会直接下结论，而是尽可能从协议的工作原理、网络通信原理（包括所采用的报文类型、关键字段值、报文发送方式、接收报文后的处理方式等）角度进行细致、深入的工作流程分析，并且尽可能地通俗化诠释；对一些重要的内容（如容易出错和需特别引起注意的地方等），以黑体字突出显示，以提醒读者阅读时注意。

■ **注重配置思路分析**

虽然几乎每部技术实战类的图书都会介绍一些配置案例，但大多数图书是直接给出配置方法，或者简单地列出方案的配置任务，这对于读者的学习来说帮助不大，因为他们很难从中了解配置的过程和结果。

本书介绍了许多实用的配置案例，但在介绍具体配置前均先对配置思路进行深入的分析，而且这些分析不仅结合了相应功能的配置步骤，还结合了当前案例的用户需求，而不是直接列出几条根本不知如何得出的配置任务。因而，读者一方面可以借助配置案例再次巩固相应功能的配置方法，另一方面也使读者真正理解面对同类应用需求时所需采用的配置方法，真正做到举一反三。

适用读者对象

本书是对第一版图书的升级、改版，故本书的读者对象定位与第一版相同，具体如下：

- ■ 华为培训合作伙伴和华为网络学院的学员；
- ■ 高等院校计算机网络专业的学生；
- ■ 希望从零学习华为路由器配置与管理的读者；
- ■ 以前没有系统学习过华为路由器配置与管理的读者；
- ■ 不懂华为路由器的配置方案，没有掌握通用配置方法的读者；
- ■ 希望可在平时工作中查阅大型华为路由器配置手册的读者。

本书介绍的 AR 系列路由器目前已广泛应用于政府、金融、能源、交通、电力、教育、电信运营商等行业或企业市场。AR3600 系列企业路由器集路由、交换、安全、无线、VPN 几大功能于一身，全面满足企业业务的多元化需求，实现用户投资回报的最大化。本书首次采用 SDN&NFV 架构，通过敏捷控制器，可统一实现对路由器上 ICT 资源的全生命周期管理，如应用部署、监控、删除等。AR3600 系列企业路由器等支持虚拟化技术，为企业提供可灵活扩展的应用集成能力，缩短业务的部署周期，实现增值。

AR2200/2200-S 系列企业路由器是华为技术有限公司推出的、面向中型企业总部或大中型企业分支等以宽带、专线接入、语音和安全场景为主的路由器产品，采用了嵌入式硬件加密，支持语音的数字信号处理器（DSP）插槽、防火墙、呼叫处理、语音信箱以及应用程序服务，支持业界最广泛的有线和无线连接技术，如 E1/T1、*x*DSL、*x*PON、CPOS、3G、LTE 等。

AR1200/1200-S 系列企业路由器是由华为技术有限公司推出的面向中小型办公室或中小型企业分支的多合一路由器，提供包括有线和无线的 Internet 接入、专线接入、PBX、融合通信及安全等功能，支持语音的数字信号处理器（DSP）、防火墙、呼叫处理、语音信箱以及应用程序服务，支持业界最广泛的有线和无线连接方式，如 E1/T1、*x*DSL、*x*PON、WLAN、3G、LTE 等。AR1220V、AR1220W/AR1220W-S、AR1220VW 的吉比特固定以太接口还支持 PoE 功能，广泛部署于中小型园区网出口、中小型企业总部或分支等。

AR150/150-S/160/200/200-S 系列路由器作为固定接口的路由器，是面向企业分支及小型企业量身打造的融合路由、交换、语音、安全、无线的一体化企业网关，支持广域网的各种灵活接入方式，单一设备就能满足以太、*x*DSL、3G、LTE、WLAN 等多种接入需求，灵活地为客户提供各种部署方案，节约运维成本。

本书主要内容

本书是国内图书市场中唯一专门、系统地介绍华为路由器配置与管理的工具图书，也是华为技术有限公司官方指定的 ICT 认证培训教材。全书共 15 章，各章的基本内容如下（**许多功能配置方法同样适用三层 S 系列园区交换机**）。

第 1 章　专门介绍 AR 系列路由器中 E1、T1 和 E3 专线系统相关的接口（包括 Serial、CE1/PRI、E1-F、CT1/PRI、T1-F、CE3 等接口）的配置与管理。

第 2 章　专门介绍 AR 系列路由器中 SDH 和 SONET 接入系统相关的接口（包括 POS、CPON、EPON 和 GPON 接口）的配置与管理。

第 3 章　专门介绍 AR 系列路由器中按需拨号的 DCC（拨号控制中心）技术原理，以及共享 DCC、轮询 DCC 和 LTE 无线接口的配置与管理。

第 4 章　专门介绍 AR 系列路由器中 ADSL、VDSL 和 G.SHDSL 接口，以及相关的 PPP、MP 和 PPPoE 等 WAN 接入协议的配置与管理。

第 5 章　全面介绍 IPv4 网络中 DHCP 服务器/客户端、DHCP 中继、DHCP Snooping、DNS 客户端、DNS Proxy/Relay、DDNS 客户端的工作原理，以及相关功能应用的配置与管理。

第 6 章　全面介绍 AR 系列路由器 Basic NAT、NAPT、Easy IP、NAT Server 和静态 NAT/NAPT、动态/NAPT 等主要类型 NAT，以及相关的 NAT ALG、DNS Mapping、NAT 关联 VPN、两次 NAT、NAT 过滤和 NAT 映射技术的工作原理及相关功能的配置与管理方法。

第 7 章　全面介绍 BFD 检测原理、NQA 测试、VRRP 工作原理及其应用，以及静态 BFD 单跳检测、静态 BFD 多跳检测、静态标识符自协商 BFD、静态 BFD 单臂回声、静态 BFD 与接口/子接口状态联动、ICMP NQA 测试、主备备份/负载分担模式 VRRP 等功能的配置与管理。

第 8 章　全面介绍 AR 系列路由器中接口备份特性、接口监控组、双机热备份的实现机制及相关功能的配置与管理。

第 9 章　全面介绍路由的分类、静态路由的组成和主要特点，以及 IPv4、IPv6 网络中的静态路由，以及静态路由与 BFD、NQA 的联动原理及相关功能的配置与管理。

第 10 章　全面介绍 RIP 的报文格式、各种定时器、路由表的形成、路由更新机制、路由度量机制、网络收敛机制，以及 IPv4 中的 RIP、IPv6 中的 RIPng 基本功能、路由环路防止、路由选路控制、路由信息发布/接入控制、网络性能参数和与 BFD 联动等功能的配置与管理。

第 11 章　全面介绍 IPv4 网络中的 OSPFv2 协议 LSA 类型、区域类型、支持的网络类型、各种报文格式、OSPF 状态机、OSPF 邻接关系的建立流程和路由计算原理，以及 OSPF 基本功能、外部路由引入，路由聚合、邻居或邻接的会话参数，支持的网络类型，Stub/Totally Stub/NSSA/Totally NSSA 区域，安全验证，路由选择控制，路由信息的发布/接收控制，网络收敛性能控制，与 BFD 联动等功能的配置与管理。

第 12 章　全面介绍 IPv6 网络中的 OSPFv3 协议与 OSPFv2 协议的主要不同，以及

OSPFv3 的基本功能、特殊区域、虚连接、路由属性、路由信息发布和接收控制、外部路由引入、路由聚合，以及 OSPFv3 网络优化等功能的配置与管理。

第 13 章　全面介绍 IS-IS 路由器/路由类型、两种地址格式、各种 PDU 报文格式，邻居关系建立、LSP 交互、路由渗透、网络收敛和报文验证原理，以及 IPv4、IPv6 网络环境中 IS-IS 基本功能、路由信息交互控制、路由选路控制、路由收敛性能控制、路由聚合、外部路由引入、安全验证和与 BFD 联动等功能的配置与管理。

第 14 章　全面介绍 BGP AS、BGP 地址族、各种 BGP 报文格式、各种 BGP 路由属性，BGP 路由选路规则，对等体交互原理，与 IGP 交互的原理，以及在 IPv4、IPv6 网络环境中 BGP 基本功能、路由选路和负载分担、简化 IBGP 网络连接、BGP 路由的发布/接收控制、网络收敛性能控制、路由聚合、安全验证，与 BFD 联动等功能的配置与管理。

第 15 章　全面介绍路由策略、路由过滤器、策略路由的工作原理，以及路由策略、本地策略路由、接口策略路由的配置与管理。

目　　录

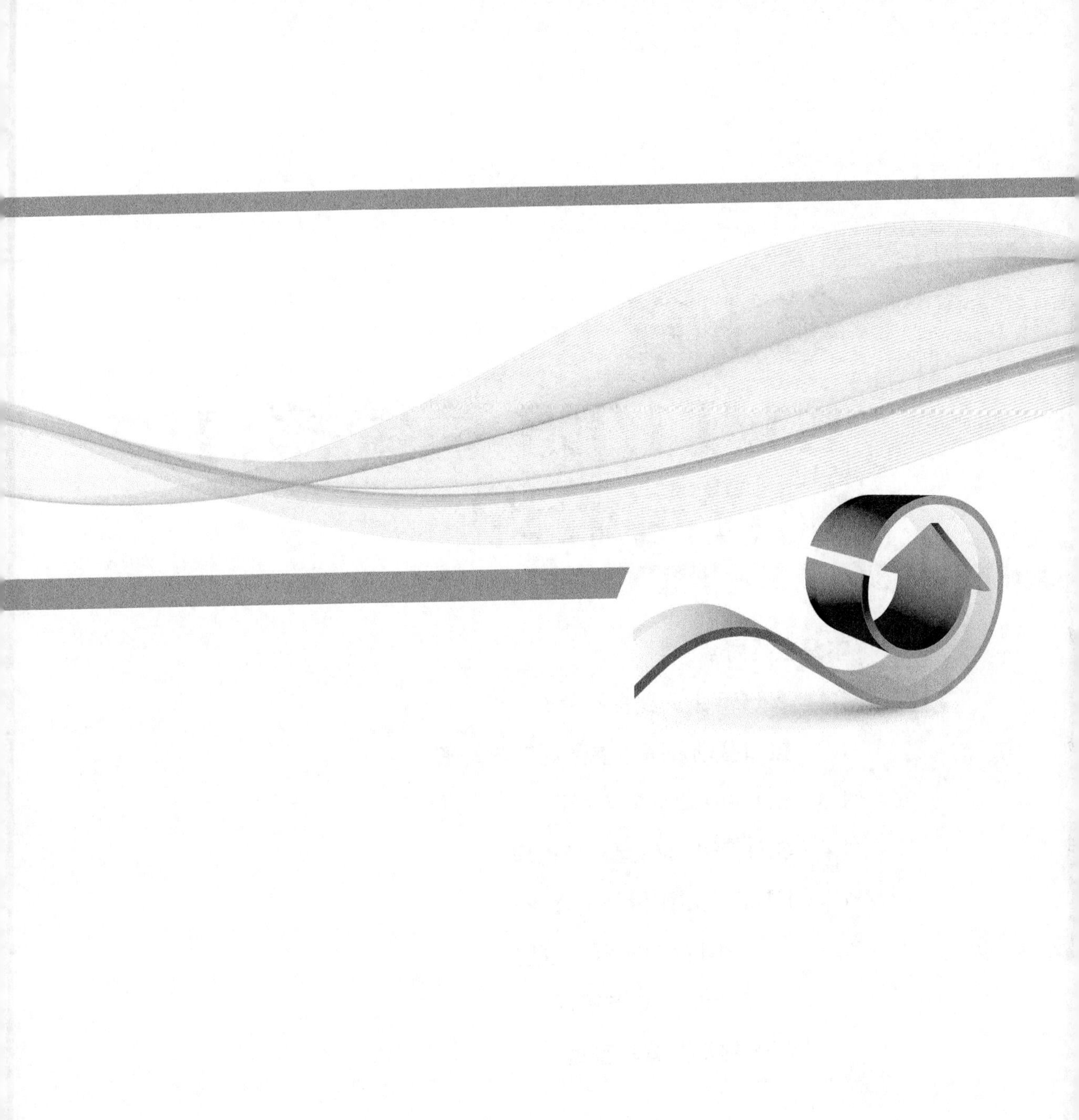

第 1 章 E1/T1/E3 系统接口配置与管理

本章主要内容

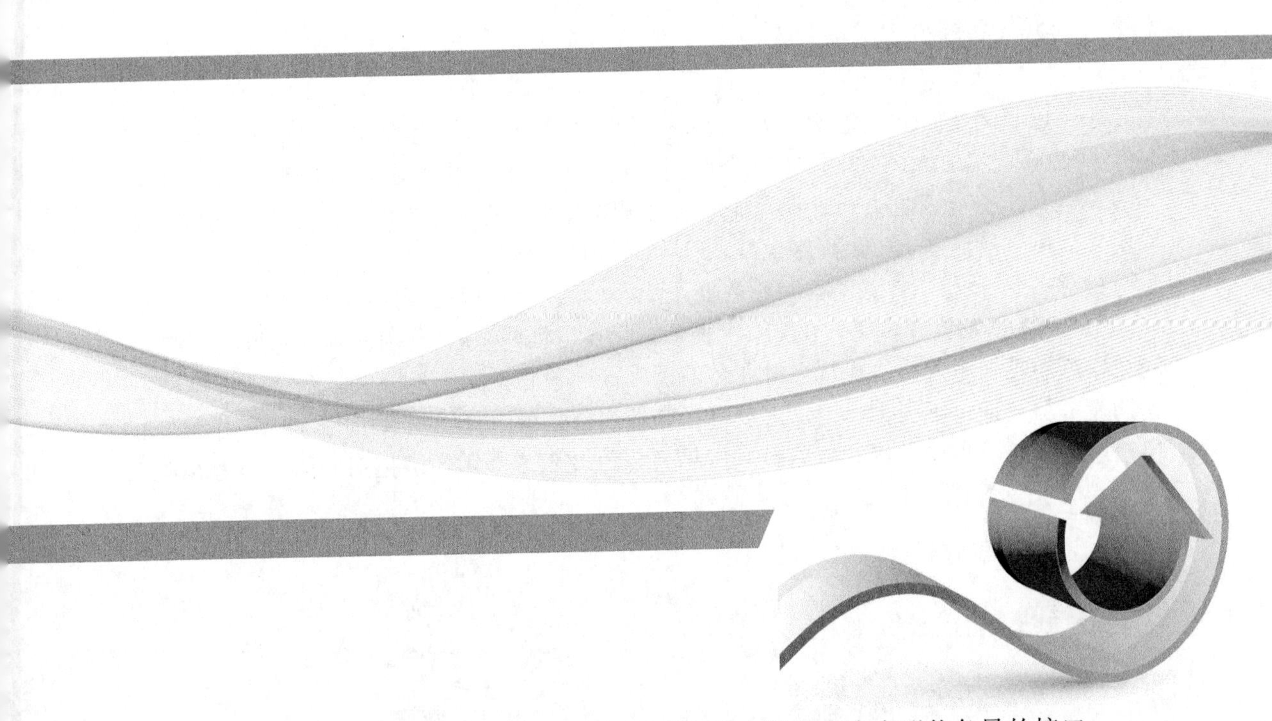

路由器与交换机在外观上的最大区别就是，路由器上有许多形状各异的接口，而交换机大多数是形状统一的以太网接口。这是因为交换机主要用于以太局域网内设备的连接，而路由器则主要用于局域网或广域网之间的连接，针对不同的广域网接入方式，使用不同的广域网接口（形状通常也各不相同）。

在学习配置路由器的各项功能之前，首先就要了解各种路由器接口，特别是各种WAN接口的特性、用途，以及基本配置方法。在WAN接口中又可分为两大类，一类配置好接口后可直接接入对应的网络，如与E1、T1、E3、SONET/SDH、EPON和GPON等传输网连接的专用接口，可称之为专线类WAN接口；还有一类WAN接口是不能仅通过接口配置就可以接入对应网络的，还必须有其他配置，这通常是拨号类接口，如ISDN、ADSL、VDSL、G.SHDSL、3G/LTE Cellular接口等。

由于WAN接口种类繁多，所以要用几章进行介绍，本章仅介绍AR G3系列路由器中的一些接口基础知识、Serial接口，以及T1、E1和E3专线系统中的WAN接口的配置与管理方法，其他WAN接口及对应的WAN接入方法将在后面两章介绍。

【说明】因为路由器上的以太网接口配置方法与交换机上的以太网配置基本一样，所以其各方面的属性及各种功能（如端口组、端口隔离等）的配置方法可直接参见《华为交换机学习指南》（第二版）。但路由器上WAN侧以太网接口缺省就是三层模式，可直接配置IP地址，LAN侧以太网接口通常缺省也是二层模式。

1.1 AR G3 系列路由器简介

本书以华为 AR G3（简称 AR）系列企业路由器为主线进行介绍，包括 AR100/120/150/160/200/1200/2200/3200/3600 几个系列，是华为技术有限公司推出的集路由、交换、无线、语音、安全等功能于一体的新一代业务路由网关设备。在此先从产品定位和主要应用来简单了解这些 AR 系列路由器。

如图 1-1 所示，AR 路由器一般位于企业网内部网络与外部网络的连接处（IP/MPLS 代表 IP 网络或 MPLS 网络，PSTN 代表公共交换电话网络），是内部网络与外部网络之间数据流的唯一出入口，能将多种业务部署在同一设备，极大地降低了企业网络建设的初期投资与长期运维成本。用户可以根据企业用户规模选择不同规格的 AR 路由器作为出口网关设备。有关 MPLS 网络技术参见《华为 MPLS 技术学习指南》和《华为 MPLS VPN 学习指南》两本书。

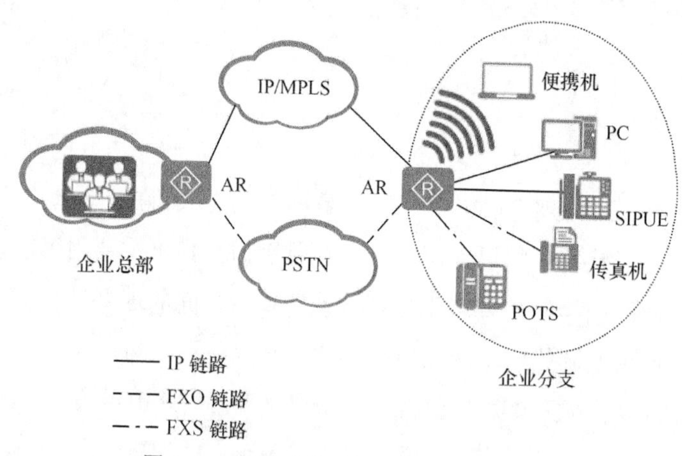

图 1-1 AR 路由器在网络中部署的位置

1.1.1 AR 企业路由器的产品定位

本节介绍 AR G3 企业路由器中各系列的主要特点和市场定位，以便在实际的网络规划和部署中选择恰当的产品系列。

1. AR100/120/150/160/200 系列

AR100/120/150/160/200 均属于 AR 企业路由器低端系列，可应用于小型企业和 SOHO 型企业，是融合安全、Wi-Fi（支持 802.11 b/g/n 标准，集成 AC 功能）、3G/LTE 等基本 WAN 接入功能的一体化固定接口（不能安装接口卡）路由器，外观如图 1-2 所示（不同型号产品的外观可能有所不同，如不支持 Wi-Fi 功能的机型中没有天线）。

AR100/120/150/160/200 系列路由器均采用多核 CPU（目前最高是 AR169RW-P-M9 的 4 核 1.91 GHz），支持多个（部分机型最多支持 8 个）可切换为 WAN 端口的 LAN 端口，拥有领先业界的性能、多业务融合能力以及成熟稳定的平台。

2. AR1200 系列

AR1200 系列企业路由器是面向中小型企业的多业务路由器，外观如图 1-3 所示，提供 Internet 接入、专线接入、语音、安全、无线等功能，可广泛部署于中小型园区网出口、中小型企业总部或分支等场景。

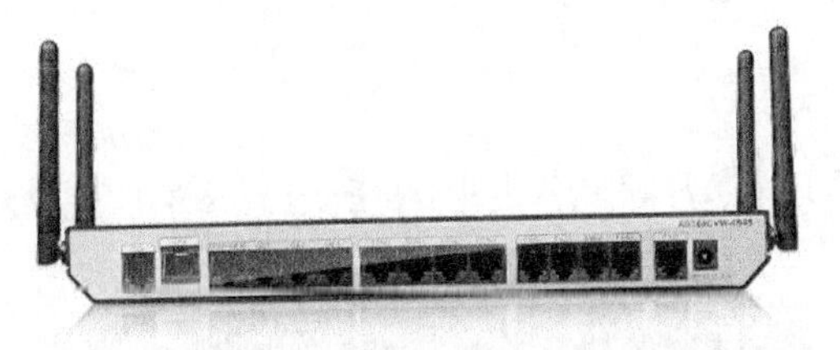

图 1-2　AR100/120/150/160/200 系列路由器外观

图 1-3　AR1200 系列路由器外观

AR1200 系列路由器采用多核 CPU、无阻塞交换架构，支持多个（部分机型最多支持 8 个）可切换为 WAN 端口的 LAN 端口，融合 Wi-Fi（支持 802.11 b/g/n 标准，集成 AC 功能）、语音、安全等多种业务，可应用于中小型办公室或中小型企业分支的多业务路由器。

AR1200 系列路由器支持丰富的安全功能，如支持 IPSec VPN、GRE VPN、DSVPN、A2A VPN 、L2TP VPN 等多种 VPN 技术，支持 MAC、802.1x、Portal 认证、广播抑制、ARP 安全等，支持本地认证、AAA 认证、RADIUS 认证等，支持包过滤防火墙，支持防火墙安全域，支持国家密码局规定的加密算法，支持上网行为管理、IPS、URL 过滤、文件过滤等。

3. AR2200 系列

AR2200 系列企业路由器采用多核 CPU（目前最高是安装了 SRU200/SRU400 主控板的 AR2240，高达 32 核 1.2 GHz）、无阻塞交换架构，融合路由、交换、语音、安全等多种业务，支持开放业务平台（OSP），支持板卡热插拔技术，提供毫秒级故障检测以及链路备份技术，可应用于中型企业总部、大中型企业分支，具有灵活的扩展能力，外观如图 1-4 所示。

AR2200 系列路由器支持丰富的安全功能，如支持 IPSec VPN、GRE VPN、DSVPN、A2A VPN、L2TP VPN 等多种 VPN 技术，支持 MAC、802.1x、Portal 认证、广播抑制、ARP 安全等，支持本地认证、AAA 认证、RADIUS 认证、HWTACACS 认证等，支持包过滤防火墙，支持防火墙安全域，支持 IPS 安全功能。

4. AR3200 系列

AR3200 系列企业路由器（目前仅 AR3260 一款机型，外观如图 1-5 所示）具有双主控、双转发，采用多核 CPU 和无阻塞交换架构，融合路由、交换、语音、安全、3G/LTE 无线等功能于一体，可广泛部署于大中型园区网出口、大中型企业总部或分支等场景。

图 1-4　AR2200 系列路由器外观

图 1-5　AR3260 路由器外观

AR3200 系列路由器支持丰富的安全功能，如支持 IPSec VPN、GRE VPN、DSVPN、A2A VPN、L2TP VPN 等多种 VPN 技术，支持 MAC、802.1x、Portal 认证、广播抑制、ARP 安全等，支持本地认证、AAA 认证、RADIUS 认证等，支持包过滤防火墙，支持防火墙安全域，支持 IPS 安全功能，可在线升级特征库，可以防范木马、蠕虫、病毒等攻击，支持 URL 过滤功能，可以过滤指定域名的网站，支持国家密码局规定的加密算法，支持上网行为管理、文件过滤。

5. AR3600 系列

AR3600 系列路由器（目前仅 AR3670 一款机型，外观如图 1-6 所示）基于 X86 架构设计，可应用于大中型企业总部或分支等场景。

图 1-6 AR3670 路由器外观

AR3600 企业路由器首次应用虚拟化技术（用户可基于虚拟机安装 Windows、Linux 操作系统，部署最多 8 个虚拟机）将 IT 和 CT 在网关上进行深度融合，实现了网络资源和 IT 资源的全融合与共享，为企业提供可灵活扩展的应用集成能力，缩短业务部署周期，提升业务增值能力。

AR3600 系列路由器支持丰富的安全功能，如支持 IPSec VPN、GRE VPN、DSVPN、A2A VPN、L2TP VPN 等多种 VPN 技术，支持 MAC、802.1x、Portal 认证、广播抑制、ARP 安全等，支持本地认证、AAA 认证、RADIUS 认证等，支持包过滤防火墙，支持防火墙安全域，支持国家密码局规定的加密算法。

1.1.2 AR 企业路由器的主要应用

因为 AR 企业路由器中包括许多系列，每个系列中又包括许多机型，不同机型的功能和用途又不完全一样，所以 AR 企业路由器的应用非常广泛，主要可分为以下几个方面。

1. 广域互联的应用

选择使用 AR 路由器后，根据运营商提供的网络环境，用户可以通过 FE/GE/10GE、同异步串口、Async、CE1/CT1 PRI、E1-F、T1-F、3G/LTE cellular、ISDN BRI、POS、CPOS、ADSL、VDSL、G.SHDSL、E1-IMA、CE3、E&M 或者 xPON 等接口接入网络。AR 路由器还可以提供双上行链路，实现主备接口备份，保证上网业务的可靠性。当然，WAN 接口的支持情况与设备的型号以及安装的单板有关，请以设备的实际情况为准。

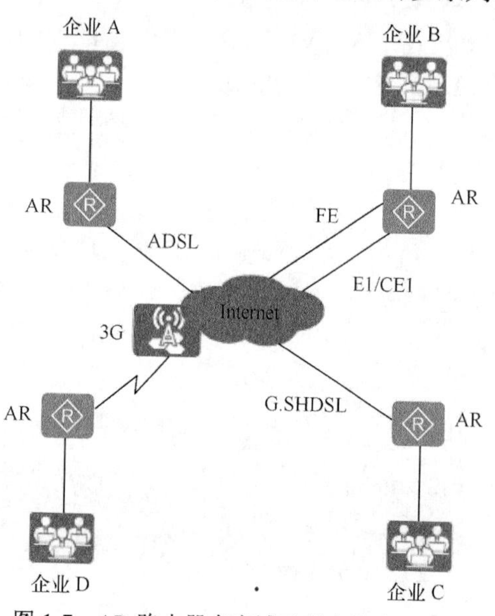

图 1-7 AR 路由器在广域互联中的应用示意

如图 1-7 所示，企业 A 采用 ADSL 方式接入网络，企业 B 采用 FE 和 E1/CE1 双链路接入网络（E1/CE1 作为 FE 的备份链路），企业 C 采用 G.SHDSL 方式接入网络，企业 D 采用 3G 或 LTE 方式接入网络，以达到广域互联的目的。

2. VPN 接入的应用

在集团公司中，总公司和分支机构通常需要通过 Internet 构建私有专用网，建立 VPN 隧道来保证数据安全。如果选择 AR 路由器，公司总部网络可通过 AR2200/3200/3600 系列路由器与外部网络（如 Internet）相连，公司分支机构的局域网通过 AR100/120/150/160/200/1200/2200 系列路由器与外部网络相连，如图 1-8 所示。这样，总部与分支机构、总部与出差人员之间可分别建立 L2TP/GRE/MPLS/IPSec VPN 隧道和 L2TP/SSL/IPSec VPN 隧道来保证数据的安全传输。

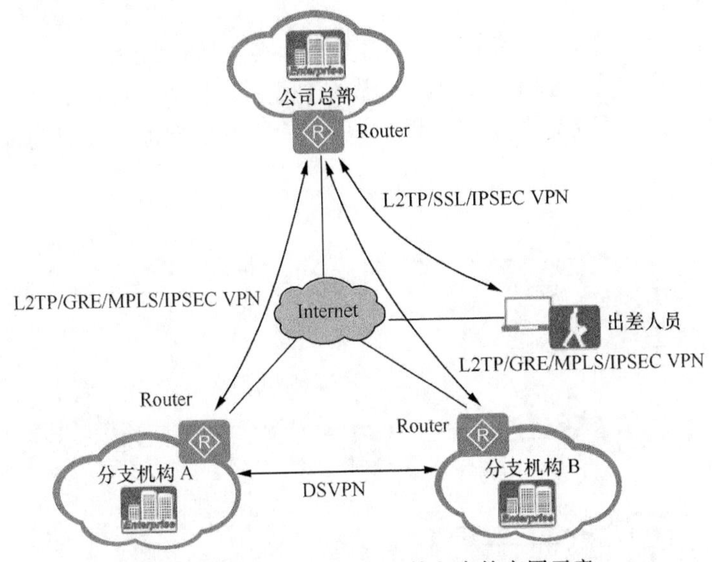

图 1-8　AR 路由器在 VPN 接入中的应用示意

公司分支机构和总部建立 VPN 隧道后，分支机构之间可以采用 L2TP/GRE/SSL/IPSec/MPLS VPN 通过总部进行通信；也可以通过部署 DSVPN 实现分支机构之间直接动态建立隧道，提升了转发性能和效率，减少了总部的资源消耗。有关 L2TP/GRE/DSVPN/IPSec/SSL VPN 的技术原理和配置与管理方法请参见《华为 VPN 学习指南》一书，有关 MPLS VPN 请参见《华为 MPLS 技术学习指南》和《华为 MPLS VPN 学习指南》两本书。

3. 企业安全的应用

AR 路由器可以部署在企业内部网络与外部网络的连接处，保护企业内部网（包括企业内部各局域网）的信息安全。

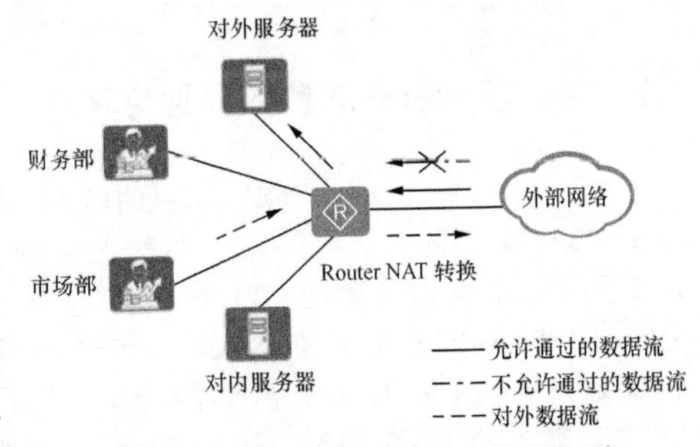

图 1-9　AR 路由器在企业安全中的应用示意

如图 1-9 所示，企业内部网通过 Router 可以限制外部网用户访问企业内部网，比如禁止外部网用户访问企业的对内服务器，允许访问企业的对外服务器。如果企业内部网用户需要访问外部网，可以在进行 NAT（Network Address Translation）转换之后向外部网发起访问。

Router 可以通过多种方式来保护企业内部网的信息安全。

- Router 开启包过滤防火墙或状态检测防火墙，将企业内部网与外部网进行隔离，保护内部网免受外部非法用户的侵入。
- Router 对内网用户提供 NAC（Network Access Control）机制，针对不同企业员工提供不同的接入权限，保证企业的接入安全。有关 NAC 的技术原理和配置与管理方法参见《华为交换机学习指南》（第二版）。
- 开启 IPS，进行主动防护，给企业网络提供安全环境，并精确管理用户访问的网络资源。

4. FTTx 的应用

当配置 AR 作为 ONU 设备时，可与 OLT 配合实现光纤到企业。如图 1-10 所示，AR 通过 PON 上行，实现光纤到家庭、小区和光纤到企业。此外，通过 PON 上行实现 FTTx 业务，不仅解决了普通双绞线接入技术带来的带宽不足的问题，而且为未来高速率的业务发展提供保障。

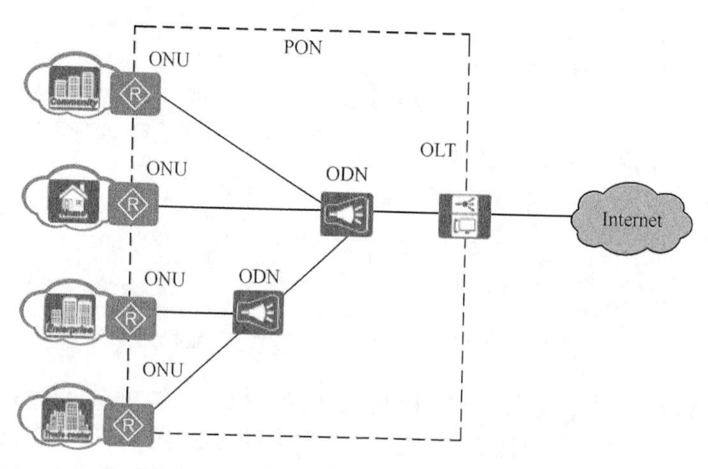

图 1-10 AR 路由器在 FTTx 中的应用示意

有关 PON 接口的配置与管理方法将在本书第 2 章介绍。

1.2 接口基础及基本参数配置与管理

路由器与交换机相比，外观上看最明显的特点就是接口类型繁多，不仅包括了各种局域以太网接口，更包括用于各种广域网连接的接口，如 Serial 接口、E1 专线的 CE1/RPI 接口/E1-F 接口、T1 专线的 CT1/RPI 接口/T1-F 接口、3G 无线的 3G Cellular 接口、SONET/SDH 的 POS 接口/CPOS 接口、ADSL 接口、VDSL 接口、G.SHDSL 接口、EPON 和 GPON 的 PON 接口，还有各种逻辑接口，如 Loopback 接口、NULL 接口、Dialer 接口、VE 接口、VT 模板和 MP-Group 接口等。当然，并不是在一台路由器中包括全部的接口。

1.2.1　接口分类

AR G3 系列路由器接口中，总体来说可分为物理接口和逻辑接口两大类。下面分别予以介绍。

1. 物理接口

物理接口是真实存在、有器件支持、有物理形状、可见的接口。根据用途的不同，物理接口又分为管理接口和业务接口两种。

（1）管理接口

这里所说的“管理接口”是指专门的管理接口，专用于用户登录设备，并进行配置和管理操作，**不承担业务传输任务**。AR G3 系列路由器支持 Console 口、Mini-USB 口和 MEth 接口 3 种管理接口，其中 Console 口和 Mini-USB 口互斥，即同一时刻只能使用其中的 1 个接口。缺省情况下，Console 接口为串行接口，现在更多是 RJ-45 接口。关于这 3 种管理接口的说明见表 1-1。

【经验之谈】在实际的设备管理和维护中，其实任意一个三层接口（如各个 VLANIF 接口和其他三层接口）都可作为设备的管理接口，但用其他接口作为设备管理接口时不仅可用于用户登录设备（此时仅可用于网络登录，不能用于本地登录），还可承担业务传输任务，存在一定的安全风险，故建议使用专门的管理接口登录设备。

表 1-1　AR G3 系列路由器支持的管理接口

接口名称	说明
Console 口	遵循 EIA/TIA-232 标准，DCE 类型，用于与配置终端的 COM 串口连接，进行设备的本地登录和配置
MiniUSB 口	遵循 USB1.0 标准，用于通过 MiniUSB 线缆与终端的 USB 口建立物理连接，进行设备的本地登录和配置
MEth 接口	仅 AR3670 系列路由器支持 MEth 接口。MEth 接口遵循 10/100BASE-TX 标准，与配置终端或网管站的网口连接，用于搭建现场或远程配置环境

（2）业务接口

业务接口需要承担业务传输任务，根据其连接的网络类型又分为以下两种，具体所包括的接口类型见表 1-2。

- LAN 侧接口：路由器可以通过它们与局域网内的网络设备交换数据。
- WAN 侧接口：路由器可以通过它们与远距离的外部网络设备交换数据。

表 1-2　AR G3 系列路由器所支持的业务接口

接口种类	接口类型	说明
LAN 侧接口	FE/GE 接口	工作在数据链路层，处理二层协议，实现二层数据转发，最大速率分别为 100 Mbit/s、1 000 Mbit/s，不能配置 IP 地址
WAN 侧接口	FE/GE/10GE 接口	工作在网络层，可配置 IP 地址，处理三层协议，提供路由功能，最大速率分别为 100 Mbit/s、1 000 Mbit/s、10 000 Mbit/s
	Serial 接口	同异步串口，可工作在同步或异步模式。在同步串口上支持配置 PPP、FR 等链路层协议和 IP 地址；在协议模式下的异步串口上还支持 PPP 数据链路层协议和 IP 地址（**流模式下不支持**）

续表

接口种类	接口类型	说明
WAN 侧接口	Async 接口	异步专线串口，协议模式下的 Async 接口上支持 PPP 数据链路层协议和 IP 地址（**流模式下不支持**）
	CE1/CT1 接口	通道化 E1/T1 接口，可配置 IP 地址，处理三层协议，逻辑特性和同步串口相同，可配置接口工作在不同的工作模式下，以支持 PPP、FR、ISDN 等应用
	E1-F/T1-F 接口	部分通道化 E1/T1 接口，分别是 CE1/PRI 或 CT1/PRI 接口的简化版本，可满足简单的 E1/T1 接入需求
	ADSL 接口	利用普通电话线中未使用的高频段，能在一对普通铜双绞线上提供**不对称**的上下行速率，实现数据的高速传输
	G.SHDSL 接口	利用普通电话线中未使用的高频段，能在一对普通铜双绞线上提供**对称**的上下行速率，实现数据的高速传输
	VDSL 接口	在 DSL 的基础上集成各种接口协议，通过复用上行和下行通道以获取更高的传输速率
	E1-IMA 接口	用于将 ATM 信元分接到 E1-IMA 链路上直接传输
	3G Cellular 接口	用于 3G 无线接入，数据链路层使用 PPP，网络层使用 IP
	LTE Cellular 接口	LTE Cellular 接口是设备提供的支持 4G LTE（Long Term Evolution，长期演进）技术的物理接口，相比 3G 技术，LTE 技术可以为企业提供更大带宽的无线广域接入服务
	ISDN BRI 接口	ISDN 基本速率接口，接入 ISDN，提供带宽为 64 kbit/s 或 128 kbit/s 的连接（包括两个 64 kbit/s 的 B 信道和一个 16 kbit/s 的 D 信道）。可配置 IP 地址，支持配置 PPP、FR 等链路层协议
	POS 接口	使用 SONET/SDH 物理层传输标准，提供一种高速、可靠、点到点的 IP 数据连接
	CPOS 接口	通道化的 POS 接口，汇聚 SONET/SDH 传输网的 E1/T1 线路
	PON 接口	包括 EPON 接口和 GPON 接口，可以提供高速率的数据传输
	语音接口	语音接口分为以下几种。 （1）FXS（外部交换站）端口：用于和模拟电话连接。 （2）FXO（外部交换局）端口：主要用于和 PSTN（公共交换电话网）互联。 （3）BRA（基准速率）端口：主要用于连接 ISDN 话机。 （4）VE1（高密度语音）端口：通常用于和 PBX（用户电话交换机）或 PSTN 互联

2. 逻辑接口

逻辑接口是指能够实现数据交换功能，承担业务传输，但物理上不存在，需要通过配置建立的虚拟接口。AR G3 系列路由器所支持的逻辑接口见表 1-3。

表 1-3　**AR G3 系列路由器支持的逻辑接口**

接口类型	说明
Eth-Trunk 接口	具有二层特性和三层特性的逻辑接口，把多个以太网接口在逻辑上等同于一个逻辑接口，比以太网接口具有更大的带宽和更高的可靠性
VT（Virtual-Template，虚拟接口模板）接口	当需要 PPP 承载其他链路层协议时，可通过配置虚拟接口模板来实现

续表

接口类型	说明
VE（Virtual-Ethernet，虚拟以太网）接口	主要用于以太网协议承载其他数据链路层协议
MP-Group 接口	MP（多链路 PPP）的专用接口，可实现多条 PPP 链路的捆绑，通常应用在那些具有动态带宽需求的场合
Dialer 接口	配置 DCC（拨号控制中心）参数而设置的逻辑接口，物理接口可以绑定到 Dialer 接口以继承配置信息
Tunnel 接口	具有三层特性的逻辑接口，隧道两端的设备利用 Tunnel 接口发送报文、识别并处理来自隧道的报文，在 GRE、IPSec 等 VPN 中广泛应用
VLANIF 接口	具有三层特性的逻辑接口，通过配置 VLANIF 接口的 IP 地址，可实现 VLAN 间的三层互访
子接口	是在一个主接口上配置出来的虚拟接口，主要用于实现与多个远端进行通信
MFR 接口	当一条物理链路的带宽不能满足需求时，可以使用将多条物理帧中继（FR）链路（包括通道化的串口）捆绑成一条链路，形成一个 MFR 接口，以提供更大的带宽
Loopback 接口	主要应用其接口永远 Up，且可以配置 32 位子网掩码 IP 地址的特性，通常作为路由协议的路由器 ID，和报文发送源接口（或其 IP 地址作为报文源 IP 地址）
NULL 接口	任何发送到该接口的网络数据报文都会被丢弃，主要用于配置黑洞路由，实现报文过滤
Bridge 接口	具有三层特性的逻辑接口，通过配置 Bridge 接口的 IP 地址，实现透明网桥中不同网段间用户的互访
IMA 组	IMA（ATM 反向复用）组是由一条或多条 E1-IMA 链路组成的逻辑链路，提供更高带宽（近似等于所有成员链路的带宽之和），使多个低速链路复用起来支持高速 ATM 信元流
WLAN-Radio 接口	WLAN-Radio 接口是 WLAN 网络中的一种逻辑接口（有的企业也称之为物理接口），可以进行射频的相关配置
WLAN-BSS 接口	WLAN-BSS 是 WLAN 网络中的一种虚拟二层接口，类似于 Access 类型的二层以太网接口，具有二层属性，并可配置多种二层协议

1.2.2 物理接口编号规则

每个接口都有一个编号，以标识该接口。AR G3 系列路由器采用“槽位号/子卡号/接口序号”的格式来定义物理接口的编号。

1. 槽位号

槽位号表示接口所在的路由器单板安装的槽位号。这里所说的单板包括主控板或者需要安装在主控板上的其他功能板（如本章节后面将要介绍的各种接口卡）。

主控板类似 PC 机中的主板，是设备的核心，也是其他单板安装的物理平台，所以主控板的槽位号统一取值为 0。在主控板上会有一些用于安装其他单板的插槽，这些插槽就会分配一个非 0 的槽位号，用于标识安装在这些插槽上的单板位置，就像 PC 机主板上的 ISA、PCI 之类的插槽。AR100/120/150/160/200 这类固定接口的系列路由器不能安装其他单板，所以其上面接口的第 1 段固定为 0，但 AR1200/2200/3200/3600 系列路由器可以安装其他单板，在这些单板上接口的编号中，第 1 段就不为 0 了。

另外，与PC主板一样，AR路由器主控板上的不同插槽长短也可能不一样，有时可能一个单板需要占用两个甚至更多个槽位，此时该单板所安装的槽位号取所占用的所有槽位号中较大的编号。举例：如一个单板安装在主控板的槽位1和槽位2上，则该单板的槽位号为2。

2. 子卡号

子卡号表示各单板上所插入的子卡的编号。因为AR G3系列路由器目前各单板都不支持子卡，所以目前统一取值为0。也正因如此，AR G3系列路由器各接口编号中的第2段均为0。

3. 接口序号

接口序号表示单板上各同类接口的编排顺序号。如果接口板面板上只有一排同类接口，对于AR100/120/160/1200/2200/3200/3600系列，最左侧接口从0起始编号，其他接口从左到右依次递增编号，如图1-11所示。对于AR150/200系列，最右侧接口从0起始编号，其他接口从右到左依次递增编号，如图1-12所示。

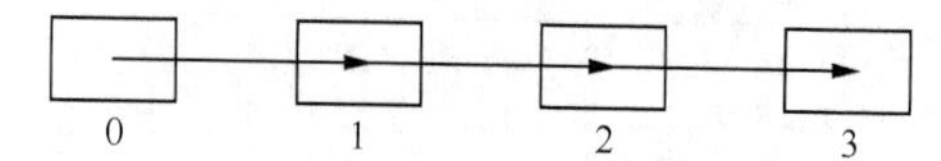

图1-11　AR100/120/160/1200/2200/3200/3600系列单排接口子卡上的接口编号顺序

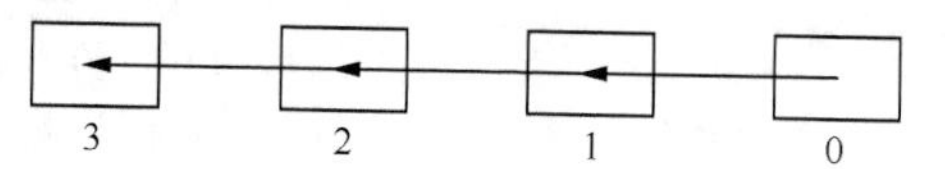

图1-12　AR150/200系列单排接口子卡上的接口编号顺序

如果接口板面板上有两排同类接口，对于AR160/1200/2200/3200/3600系列，左下接口从0起始编号，其他接口从下到上，再从左到右依次递增编号，如图1-13所示。很好记，下面一排全为偶数（最左边的接口序号为0），0、2、4、6、8，上面一排全为奇数（最左边的接口序号为1），1、3、5、7、9。

对于AR150/200系列，右下接口从0起始编号，其他接口从下到上，再从右到左依次递增编号，如图1-14所示。

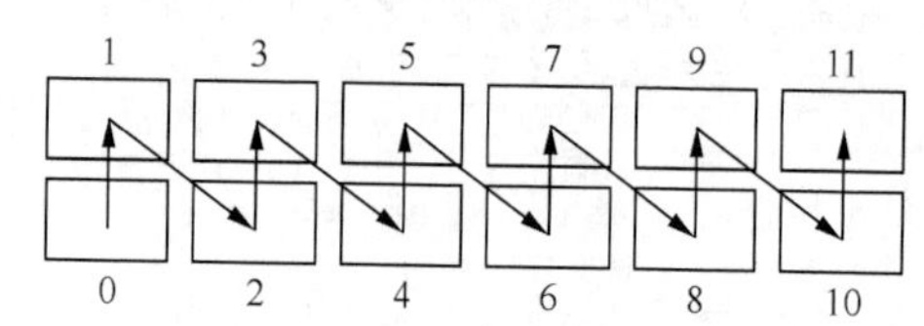

图1-13　AR160/1200/2200/3200/3600系列双排接口子卡上的接口编号顺序

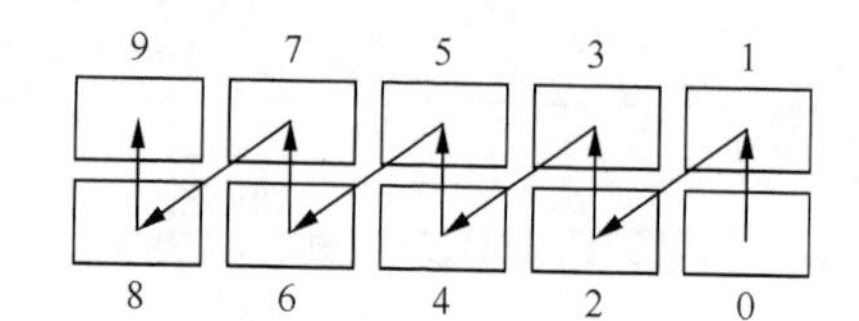

图1-14　AR150/200系列双排接口子卡上的接口编号顺序

1.2.3　以太网接口分类

在AR G3系列路由器中，都带有一定数量的LAN、WAN以太网接口，用于局域网的组网和以太广域网的连接。以太网接口根据其工作的网络体系架构层次可分为二层以太网接口和三层以太网接口两种。

■ 二层以太网接口：是一种物理接口，工作在数据链路层，不能配置IP地址。它可以对接收到的报文进行二层交换转发，也可以加入VLAN，通过VLANIF接口对接收到的报文进行三层路由转发。

■ 三层以太网接口：是一种物理接口，工作在网络层，可以配置IP地址，可以直接对接收到的报文进行三层路由转发。

1. 二层以太网接口

AR G3 系列路由器中的二层以太网接口支持电接口和光接口，电接口包括 FE 电接口和 GE 电接口，光接口包括 GE 光接口。

■ AR1200/2200/3200/3600 系列支持 FE/GE 电接口和 GE 光接口。

■ AR120（除 AR129CV、AR129CVW、AR129CGVW-L 外）/150/200 系列仅支持 FE 电接口。

■ AR100/160 系列、AR129CV、AR129CVW、AR129CGVW-L 仅支持 GE 电接口。

另外，以下设备支持将指定的二层以太网接口通过 **undo portswitch** 命令从二层模式切换到三层模式。

■ AR100/120（除 AR129CV、AR129CVW、AR129CGVW-L 外）/150 系列的 Eth0/0/0～Eth0/0/3 接口。

■ AR100/160 系列、AR129CV、AR129CVW、AR129CGVW-L 的 GE0/0/0～GE0/0/3 接口。

■ AR20/1220、AR1220V、AR1220W、AR1220VW 和 AR1220F 的 Eth0/0/0～Eth0/0/7 接口。

■ AR1220C、AR1220E、AR1220EV 和 AR1220EVW 的 GE0/0/0～GE0/0/7 接口。

■ AR2201-48FE 和 AR2202-48FE 的 Eth0/0/0 和 Eth0/0/47 接口。

■ AR2204-51GE-P、AR2204-51GE-R 和 AR2204-51GE 的 GE0/0/3～GE0/0/50 接口。

■ AR2204-27GE-P 和 AR2204-27GE 的 GE0/0/3～GE0/0/26 接口。

■ 24GE 以太 LAN 单板所有接口，以及 9ES2 和 4ES2G-S 以太 LAN 单板（除安装在 AR1200 系列和 AR2204E）通过 **set reverved-vlan** 命令下发预留 VLAN ID 后的所有接口。

AR G3 系列路由器二层以太网接口所支持的基本属性见表 1-4。

表 1-4　AR G3 系列路由器二层以太网接口的属性

接口类型	速率（Mbit/s）	双工模式	自动协商模式	流量控制	流量控制自动协商
FE 电接口	10	全双工/半双工	支持	支持	不支持
	100	全双工/半双工			
GE 电接口	10	全双工/半双工	支持	支持	支持
	100	全双工/半双工			
	1 000	全双工			
GE 光接口（4GE-2S 接口卡的光接口插入 GE 光电模块，接口属性同 GE 电接口一致）	100	全双工	支持（GE 光接口插入 FE 光模块后不支持配置自协商功能）	支持	支持
	1 000	全双工			

2. 三层以太网接口

AR G3 系列路由器中的三层以太网接口支持电接口和光接口，电接口包括 FE 电接口和 GE 电接口，光接口包括 GE 光接口和 10GE 光接口，具体如下。

■ AR1200/2200/3200/3600 系列支持 FE 电接口、GE 电接口和 GE 光接口。

■ AR120(除 AR129CGVW-L 外)/150/200 系列仅支持 FE 电接口，AR161、AR161W、AR161EW、AR161EW-M1、AR161G-L、AR161G-Lc、AR161G-U、AR169、AR169G-L、AR169EGW-L、AR169W-P-M9、AR169RW-P-M9 和 AR169-P-M9 支持 GE 电接口，其他 AR160 系列支持 GE 电接口和 GE 光接口。

■ 对于 AR2240 和 AR3260，只有 SRU200E、SRU200 和 SRU400 主控板支持 10GE 接口。

■ AR109、AR109W、AR109GW-L、AR129CGVW-L 仅支持 GE 电接口。

■ AR2220E 和 AR2240/3260 系列（除了 AR2240C）支持通过 **portswitch** 命令将主控板、4GECS WAN 接口卡和 2X10GL WAN 接口卡所有三层以太网接口从三层模式切换到二层模式。**三层以太网接口从三层模式切换到二层模式后仅支持 VxLAN 业务。**

AR G3 系列路由器三层以太网接口所支持的基本属性见表 1-5。

表 1-5　　AR G3 系列路由器三层以太网接口的属性

接口类型	速率（Mbit/s）	双工模式	自动协商模式	流量控制	流量控制自动协商
FE 电接口	10	全双工/半双工	支持	支持	不支持
	100	全双工/半双工			
GE 电接口	10	全双工/半双工	支持	支持	支持
	100	全双工/半双工			
	1 000	全双工			
GE 光接口（4GEW-S 接口卡的光接口插入 GE 光电模块，接口属性同 GE 电接口一致）	100	全双工	支持（GE 光接口插入 FE 光模块后不支持配置自协商功能）	支持	支持
	1 000	全双工			
XGE（10GE）光接口（对于 AR2240 和 AR3260，只有 SRU100E、SRU200、SRU200E 和 SRU400 主控板支持 10GE 接口，2X10GL WAN 接口卡支持配置 10GE 接口）	1 000	全双工	不支持	支持	不支持
	10 000	全双工			

说明　因为 AR G3 系列路由器中的以太网接口属性配置与 S 系列交换机中的以太网接口属性配置方法完全一样，故可直接参见《华为交换机学习指南》（第二版）第 6 章的相关小节介绍。

1.2.4　配置接口基本参数

在 AR G3 系列路由器中，任何类型的接口都可以有一些基础参数的配置，如接口描述、接口带宽、接口流量统计时间、开启或关闭接口等，这些都在对应接口的接口视图下进行配置。

1．配置接口描述信息

为了方便管理和维护设备，可以配置接口的描述信息，如描述接口所属的设备、接口类型，或者对端所连接的设备等信息。例如："当前设备连接到设备 B 的 Eth2/0/0 接口"可以描述为：To-[DeviceB]Eth-2/0/0。

可以在对应接口视图下通过 **description** *description* 命令配置接口的描述信息，字符串形式，支持空格，区分大小写，字符串长度范围 1～242，字符串中不能包含"?"。描述信息把输入的第一个非空格字符作为第一个字符开始显示。缺省情况下，接口描述信息为"HUAWEI, AR Series, *interface-type interface-number* Interface"。

2. 配置接口带宽

配置接口的带宽用于网管获取带宽，便于监控流量。可在对应接口的接口视图下通过 **bandwidth** *bandwidth* [**kbit/s**]命令配置接口的带宽，整数形式，缺省单位是兆比特/秒，取值范围是 1～1 000 000，单位为 kbit/s（选择 **kbit/s** 可选项时），或者 Mbit/s（不选择 **kbit/s** 可选项时）。

如果采用了 SNMP 网络管理方式，网管系统可以通过 **IF-MIB** 中的 **ifSpeed** 和 **ifHighSpeed** 两个节点查看对应接口上的此配置。

■ 如果配置的带宽值小于 4 000Mbit/s，则 MIB 节点 **ifSpeed** 和 **ifHighSpeed** 分别显示 *bandwidth*×1 000×1 000 和 *bandwidth*。

■ 如果配置的带宽值大于 4 000Mbit/s，则 MIB 节点 **ifSpeed** 和 **ifHighSpeed** 分别显示 4 294 967 295（0XFFFFFFFF）和 *bandwidth*。

3. 配置流量统计时间间隔

通过配置接口的流量统计时间间隔功能，用户可以精确地对某个时间段感兴趣的报文进行统计与分析，以便必要时及时对接口采取流量控制的措施，避免网络拥塞和业务中断。

一般来说，当用户发现网络有拥塞时，可将接口的流量统计时间间隔设置为小于 300 s（拥塞加剧时可设为 30 s）；当业务运行正常时，可将接口的流量统计时间间隔设置为大于 300 s。一旦发现流量异常，及时修改流量统计时间间隔，便于更实时地观察该流量参数的趋势。

流量统计时间间隔可以在系统视图下通过 **set flow-stat interval** *interval-time* 命令对设备上的所有接口进行全局配置，应用于所有采用缺省配置的接口；也可在接口视图下通过 **set flow-stat interval** *interval-time* 命令单独为某一个接口配置，仅对本接口生效，不影响其他接口。参数 *interval-time* 的取值为整数形式，取值范围是 10～600，取值必须是 10 的整数倍，单位是秒，缺省值是 300s。在接口视图下配置时间间隔的优先级高于在系统视图下配置的时间间隔。

4. 配置开启或关闭接口

当修改了接口的工作参数配置，新的配置未能立即生效，此时需要依次执行 **shutdown** 和 **undo shutdown** 命令或 **restart** 命令关闭和重启接口，使新的配置生效。当接口闲置（即没有连接电缆或光纤）时，请使用 **shutdown** 命令关闭该接口，以防止由于干扰导致接口异常。

注意　NULL 接口一直处于 Up 状态，不能使用命令关闭或启动 NULL 接口，也不能删除 NULL 接口。Loopback 接口一旦被创建，也将一直保持 Up 状态，也不能使用命令关闭或启动 Loopback 接口，但可以删除 Loopback 接口。

1.2.5　配置接口 IPv4 地址

路由器上的 WAN 侧三层物理接口、子接口均可直接配置 IP 地址（包括 IPv4 地址和 IPv6 地址），VLANIF 接口、三层 Eth-Trunk 接口/子网接口、VT 接口、VE 接口、部分 LAN 侧接口转换成三层模式后也可以配置 IP 地址。本节先介绍接口 IPv4 地址的配置方法。

一般情况下，一个接口只需配置一个主 IPv4 地址，但在一些特殊情况下需要配置从 IPv4 地址。**为了使路由器的一个接口能够与多个子网相连，可以在一个接口上配置多个 IPv4 地址**。比如，一台路由器通过一个接口连接了一个物理网络，但该物理网络的计算机分别属于两个不同的网络，为了使路由器与物理网络中的所有计算机通信，就需要在该接口上配置一个主 IPv4 地址和一个从 IPv4 地址。

路由器的每个三层接口可以配置多个 IPv4 地址，其中一个为主 IPv4 地址，其余为从 IPv4 地址，**每个三层接口最多可配置 31 个从 IPv4 地址**。

为接口配置 IPv4 地址的方法是在对应接口视图下执行 **ip address** *ip-address* { *mask* | *mask-length* } [**sub**]命令。选择 **sub** 可选项时，则配置的是接口的从 IPv4 地址；不选择该可选项，则配置的是接口的主 IPv4 地址。可用 **undo ip address** [*ip-address* { *mask* | *mask-length* } [**sub**]]命令删除接口上配置的指定或所有 IPv4 地址。

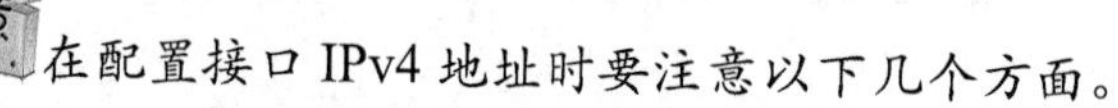

在配置接口 IPv4 地址时要注意以下几个方面。

■ 接口上配置了主 IPv4 地址后才能配置从 IPv4 地址。在删除主 IPv4 地址前必须先删除完其所有配置的从 IPv4 地址。

■ 一个接口只能有一个主 IPv4 地址，当配置主 IPv4 地址时，如果接口上已经有主 IPv4 地址，则原主 IPv4 地址被删除，新配置的地址成为主 IPv4 地址。

■ **在同一设备的不同接口上可以配置网段重叠但不能完全相同的 IP 地址**。例如，设备上某接口配置了地址为 20.1.1.1/16 后，另一接口的地址若配置为 20.1.1.2/24，此时会有提示信息，但配置仍然成功；若另一接口配置的地址为 20.1.1.2/16，系统会提示地址冲突，配置失败。

■ **同一接口的主从 IP 地址之间可以配置网段重叠但不能完全相同的 IP 地址**。例如，在接口上配置了主 IP 地址为 20.1.1.1/24 后，若配置从 IP 地址为 20.1.1.2/16 sub，此时会有提示信息，但配置仍然成功。

■ **同一设备不同接口的主从 IP 地址之间可以配置网段重叠但不能完全相同的 IP 地址**。例如，设备上某接口配置的地址为 20.1.1.1/16 后，另一接口的地址若配置为 20.1.1.2/24 sub，此时会有提示信息，但配置仍然成功。

接口 IPv4 地址配置好后，可通过以下任意视图 **display** 命令查看相关配置，验证配置结果 ，或在用户视图下执行以下 **reset** 命令清除相关统计信息。

■ **display interface** [*interface-type* [*interface-number*]]：查看接口的信息。

■ **display ip interface** [*interface-type interface-number*]：查看接口 IP 地址的相关配置信息。

■ **display ip interface brief** [*interface-type* [*interface-number*]]：查看接口 IP 地址的简要信息。

■ **display default-parameter interface** *interface-type interface-number*：查看指定接

口缺省配置。

■ **display interface description** [*interface-type* [*interface-number*]]：查看所有或者指定接口的描述信息。

■ **display interface** [*interface-type*] **counters** { **inbound** | **outbound** }：查看所有或者指定物理接口发送或接收报文的统计信息。

■ **display transceiver** [**interface** *interface-type interface-number* | **controller** *controller-type controller-number* | **slot** *slot-id*] [**verbose**]：查看所有或者指定接口上的光模块信息。

■ **reset counters interface** [*interface-type* [*interface-number*]]：清除所有或者指定接口的统计信息。

■ **reset counters if-mib interface** [*interface-type* [*interface-number*]]：清除网管的接口流量统计信息。

1.2.6 配置接口借用 IPv4 地址

IPv4 地址借用就是在本接口没有 IPv4 地址的情况下，可以通过借用其他接口的 IPv4 地址以获得 IPv4 地址。被借用接口可以是以太网接口、Loopback 接口、Eth-trunk 接口、VLANIF 接口等，必须已配置好 IPv4 地址。但并不是所有类型的接口都可借用以上全部类型接口的 IPv4 地址，具体规则如下。

■ 封装了 PPP、HDLC（高级数据链路控制）协议的接口以及 ATM、Tunnel 等接口，可借用其他接口的 IPv4 地址。

■ 封装了 FR（帧中继）协议的 P2P 子接口可借用其他接口的 IPv4 地址。

■ 以太接口可以借用 Loopback 接口的非 32 位 IPv4 地址。

■ Dialer 接口、Serial 接口可以借用 LoopBack 接口 32 位掩码 IPv4 地址。

■ 被借用的接口不能再借用其他接口的 IPv4 地址；借用接口的 IPv4 地址不能再被其他接口借用。

在要借用其他接口 IPv4 地址的接口视图下执行 **ip address unnumbered interface** *interface-type interface-number* 命令，可配置接口借用指定接口的 IPv4 地址。但由于借用方接口本身没有 IPv4 地址，**无法在此接口上启用动态路由协议，所以必须手工配置一条到对端网段的静态路由**，才能实现设备路由间的连通。

1.2.7 IPv6 地址结构

IPv6 地址总长度为 128 比特，通常分为 8 组，每组为 4 个十六进制数的形式，每组十六进制数间用冒号分隔。例如：FC00:0000:130F:0000:0000:09C0:876A:130B，这是 IPv6 地址的首选格式。

为了书写方便，IPv6 还提供了压缩格式，以上述 IPv6 地址为例，具体压缩规则如下。

■ 如果一组中 4 个十六进制数全为“0”，可只写一个“0”。

■ 每组中的前导“0”都可以省略，所以上述地址可写为：FC00:0:130F:0:0:9C0:876A:130B。

■ 地址中包含的连续两个或多个均为 0 的组，可以用双冒号“::”来代替，所以上述地址又可以进一步简写为：FC00:0:130F::9C0:876A:130B。

注意 在一个 IPv6 地址中只能使用一次双冒号“::”，否则当计算机将压缩后的地址恢复成 128 位时，无法确定每个“::”代表 0 的个数。

一个 IPv6 地址可以分为如下两部分。

- 网络前缀：*n* 比特，相当于 IPv4 地址中的网络 ID。
- 接口标识：128–*n* 比特，相当于 IPv4 地址中的主机 ID。

说明 对于 IPv6 单播地址来说，如果地址的前 3 位不是 000，则接口标识必须为 64 位；如果地址的前 3 位是 000，则没有此限制。

接口标识可通过 3 种方法生成：手工配置、系统通过软件自动生成或 IEEE EUI-64 规范生成。其中，EUI-64 规范自动生成最为常用。

IEEE EUI-64 规范是将接口的 MAC 地址转换为 IPv6 接口标识的过程。如图 1-15 所示，MAC 地址的前 24 位（用 c 表示的部分）为公司标识，后 24 位（用 m 表示的部分）为扩展标识符。从高位数，第 7 位是 0 表示了 MAC 地址本地唯一。

转换的第一步将 FFFE 插入 MAC 地址的公司标识和扩展标识符之间，第二步将从高位数，第 7 位的 0 改为 1 表示此接口标识全球唯一。

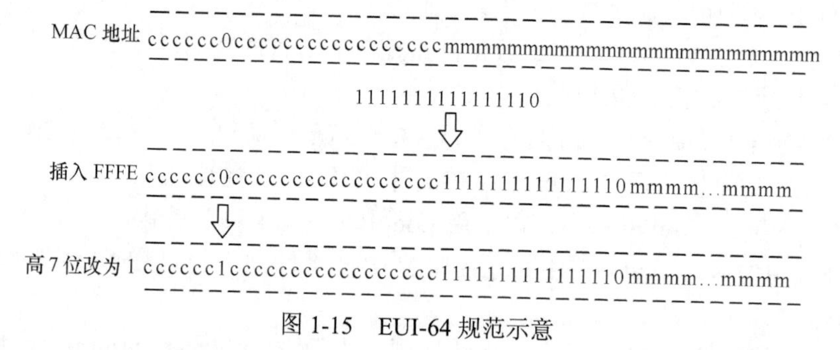

图 1-15 EUI-64 规范示意

例如：MAC 地址 000E-0C82-C4D4，转换后为 020E:0CFF:FE82:C4D4。

这种由 MAC 地址产生 IPv6 地址接口标识的方法可以减少配置的工作量，尤其是当采用无状态地址自动配置时，只需要获取一个 IPv6 前缀就可以与接口标识形成 IPv6 地址。但是使用这种方式最大的缺点是任何人都可以通过二层 MAC 地址推算出三层 IPv6 地址，不安全。

1.2.8 IPv6 地址的分类

IPv6 地址分为单播地址、任播地址（Anycast Address）、组播地址 3 种类型。和 IPv4 相比，取消了广播地址类型，以更丰富的组播地址代替，同时增加了任播地址类型。

1. IPv6 单播地址

IPv6 单播地址标识了一个接口，由于每个接口属于一个节点，因此每个节点的任何接口上的单播地址都可以标识这个节点。发往单播地址的报文，由此地址标识的接口接收。但与 IPv4 中的单播地址不一样的是，IPv6 中定义了多种单播地址，目前常用的单播地址有：未指定地址、环回地址、全球单播地址、链路本地地址、唯一本地地址（ULA，Unique Local Address）。

（1）未指定地址

IPv6 中的未指定地址即 0:0:0:0:0:0:0:0/128 或者::/128，类似于 IPv4 中的 0.0.0.0，0.0.0.0 代表任意地址。该地址可以表示某个接口或者节点还没有 IP 地址，可以作为某些报文的源 IP 地址（例如在 NS 报文的重复地址检测中会出现）。源 IP 地址是“::”的报文不会被路由设备转发。

（2）环回地址

IPv6 中的环回地址即 0:0:0:0:0:0:0:1/128 或者::1/128，与 IPv4 中的 127.0.0.1 作用相同，主要用于设备给自己发送报文。该地址通常用来作为一个虚接口的地址（如 Loopback 接口）。实际发送的数据包中不能使用环回地址作为源 IP 地址或者目的 IP 地址。

（3）全球单播地址

全球单播地址是带有全球单播前缀的 IPv6 地址，**类似于 IPv4 中的公网地址**。这种类型的地址允许路由前缀的聚合，从而限制了全球路由表项的数量。

全球单播地址由全球路由前缀（Global routing prefix）、子网 ID（Subnet ID）和接口标识（Interface ID）组成，其格式如图 1-16 所示。

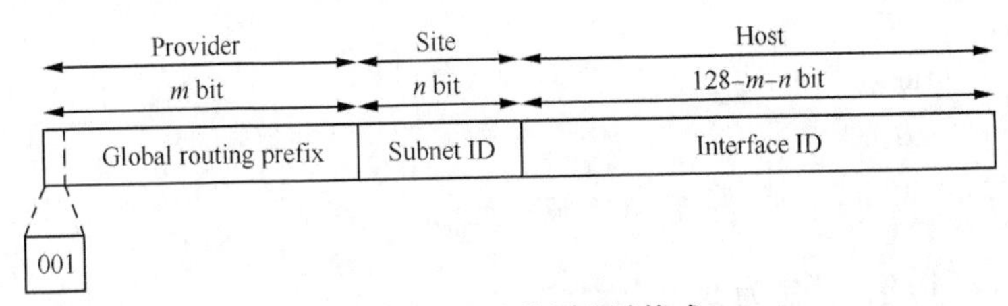

图 1-16　全球单播地址格式

■ Global routing prefix：全球路由前缀，由提供商（Provider）指定给一个组织机构，与 IPv4 中的网络 ID 作用相似。通常全球路由前缀至少为 48 位。**目前已经分配的全球路由前缀的前 3 bit（高 3 位）均为 001**。

■ Subnet ID：子网 ID。组织机构可以用子网 ID 来构建本地网络（Site），与 IPv4 中的子网号作用相似。子网 ID 通常最多分配到第 64 位。

■ Interface ID：接口标识，用来标识一个设备（Host），与 IPv4 中的主机 ID 作用相似。

（4）链路本地地址

链路本地地址是 IPv6 中应用范围受限制的地址类型，只能在连接到同一本地链路的节点之间使用。它使用了特定的本地链路前缀 **FE80::/10**（最高 10 位值为 1111111010），同时将接口标识添加在后面作为地址的低 64 比特。

当一个节点启动 IPv6 协议栈时，启动时节点的每个接口会自动配置一个链路本地地址（其固定的前缀+EUI-64 规则形成的接口标识）。**这种机制使得两个连接到同一链路的 IPv6 节点不需要进行任何配置就可以通信**。所以链路本地地址广泛应用于邻居发现、无状态地址配置等应用。

以链路本地地址为源地址或目的地址的 IPv6 报文不会被路由设备转发到其他链路。 链路本地地址的格式如图 1-17 所示。

（5）唯一本地地址

唯一本地地址是另一种应用范围受限的地址，它仅能在一个站点内使用，用于替代在 RFC3879 中定义的本地站点地址。

唯一本地地址的作用类似于 IPv4 中的私网地址，任何没有申请到提供商分配的全球单播地址的组织机构都可以使用唯一本地地址。唯一本地地址只能在本地网络内部被路由转发，而不会在全球网络中被路由转发。唯一本地地址格式如图 1-18 所示。

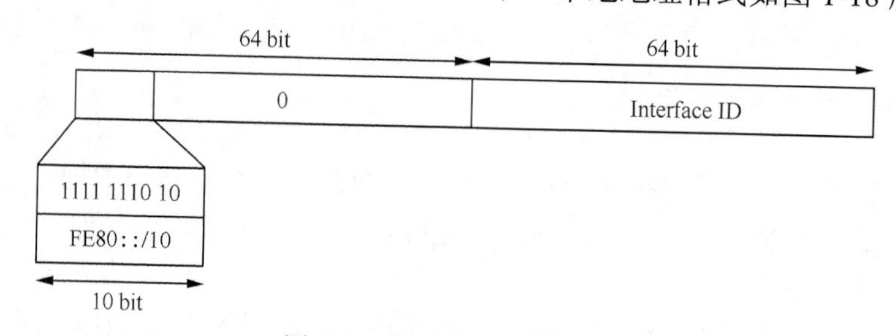

图 1-17 链路本地地址格式

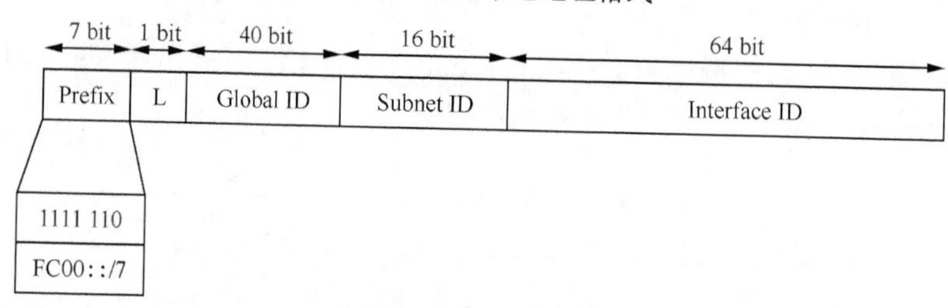

图 1-18 唯一本地地址格式

- Prefix：前缀，固定为 FC00::/7。
- L：L 标志位；值为 1 代表该地址为在本地网络范围内使用的地址；值为 0 被保留，用于以后扩展。
- Global ID：全球唯一前缀，通过伪随机方式产生。
- Subnet ID：子网 ID，划分子网使用。
- Interface ID：接口标识。

唯一本地地址具有如下特点。

- 具有全球唯一的前缀（虽然利用随机方式产生，但是冲突概率很低）。
- 可以进行网络之间的私有连接，而不必担心地址冲突等问题。
- 具有知名前缀（FC00::/7），方便边缘设备进行路由过滤。
- 如果出现路由泄漏，该地址不会和其他地址冲突，不会造成 Internet 路由冲突。
- 应用中，上层应用程序将这些地址看作全球单播地址对待。
- 独立于互联网服务提供商（ISP，Internet Service Provider）。

2. IPv6 组播地址

IPv6 的组播与 IPv4 相同，用来标识一组接口，一般这些接口属于不同的节点。一个节点可能属于 0 到多个组播组。发往组播地址的报文被组播地址标识的所有接口接收。例如组播地址 FF02::1 表示链路本地范围的所有节点，组播地址 FF02::2 表示链路本地范围的所有路由器。

一个 IPv6 组播地址由前缀、标志（Flag）字段、范围（Scope）字段以及组播组 ID（Global ID）4 个部分组成（如图 1-19 所示）。

■ 前缀：IPv6 组播地址的前缀是 FF00::/8。

■ 标志字段（Flag）：长度 4 bit，目前只使用了最后一个比特（前 3 位必须置 0），当该位值为 0 时，表示当前的组播地址是由 IANA 所分配的一个永久分配地址；当该位值为 1 时，表示当前的组播地址是一个临时组播地址（非永久分配地址）。

■ 范围字段（Scope）：长度 4 bit，用来限制组播数据流在网络中发送的范围，该字段取值和含义的对应关系如图 1-19 所示。

■ 组播组 ID（Group ID）：长度 112 bit，用以标识组播组。目前，RFC2373 并没有将所有的 112 位都定义成组标识，而是建议仅使用该 112 位的最低 32 位作为组播组 ID，**将剩余的 80 位都置 0**。这样每个组播组 ID 都映射到一个唯一的以太网组播 MAC 地址（RFC2464）。

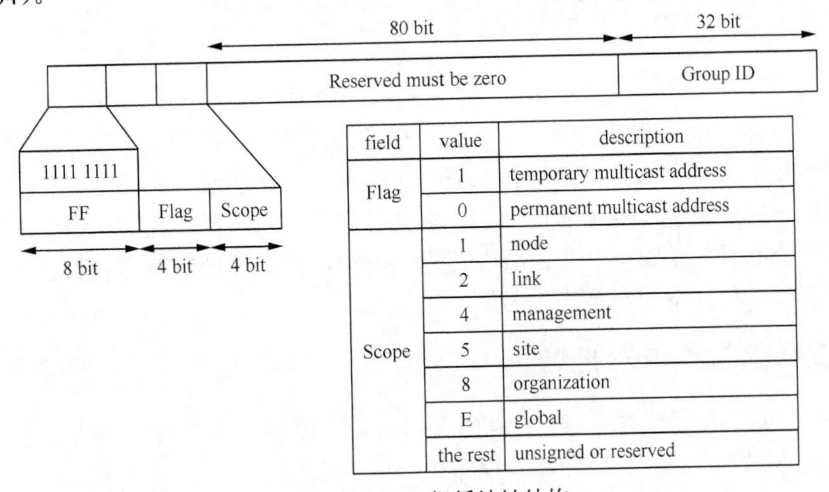

field	value	description
Flag	1	temporary multicast address
	0	permanent multicast address
Scope	1	node
	2	link
	4	management
	5	site
	8	organization
	E	global
	the rest	unsigned or reserved

图 1-19　IPv6 组播地址结构

在 IPv6 中有一种特殊的组播 IP 地址，即被请求节点组播地址。

被请求节点组播地址通过节点的单播或任播地址生成。当一个节点具有了单播或任播地址，就会对应生成一个被请求节点组播地址，并且加入这个组播组。一个单播地址或任播地址对应一个被请求节点组播地址。该地址主要用于邻居发现机制和地址重复检测功能。

IPv6 中没有广播地址，也不使用 ARP。但是仍然需要从 IP 地址解析到 MAC 地址的功能。在 IPv6 中，这个功能通过邻居请求（NS，Neighbor Solicitation）报文完成。当一个节点需要解析某个 IPv6 地址对应的 MAC 地址时，会发送 NS 报文，该报文的目的 IP 就是需要解析的 IPv6 地址对应的被请求节点组播地址；只有具有该组播地址的节点会检查处理。

被请求节点组播地址由前缀 FF02::1:FF00:0/104 和单播地址的最后 24 位组成。

3. IPv6 任播地址

任播地址标识一组网络接口（通常属于不同的节点）。目标地址是任播地址的数据包将发送给其中路由意义上最近的一个网络接口。

任播地址设计用来在给多个主机或者节点提供相同服务时提供冗余功能和负载分担功能，如网络中多台 Web 服务器共享同一个 IPv6，不同地区的用户通过这个共享的 IPv6 地址访问网站时与用户最近的 Web 服务器连接。**目前，任播地址的使用通过共享单播地址方式来完成**。将一个单播地址分配给多个节点或者主机，这样在网络中如果存在多条该地址路由，当发送者发送以任播地址为目的IP的数据报文时，发送者无法控制哪台设备能够收到，这取决于整个网络中路由协议计算的结果。这种方式可以适用于一些无状态的应用，例如DNS等。

IPv6中没有为任播规定单独的地址空间，任播地址和单播地址使用相同的地址空间。目前IPv6中的任播主要应用于移动IPv6。

IPv6任播地址仅可以被分配给路由设备，不能应用于主机。任播地址不能作为IPv6报文的源地址。

在IPv6中有一种特殊的任播地址，即子网路由器任播地址。子网路由器任播地址由n bit子网前缀标识子网，其余用0填充。格式如图1-20所示。

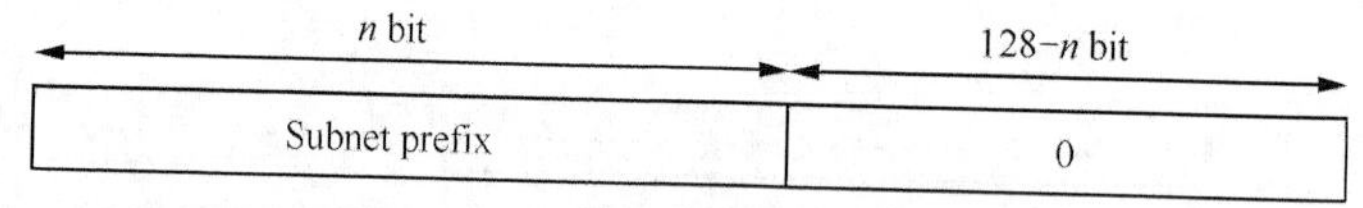

图1-20 子网路由器任播地址格式

子网路由器任播地址是已经定义好的一种任播地址（RFC3513）。发送到子网路由器任播地址的报文会被发送到该地址标识的子网中路由意义上最近的一个设备。所有设备都必须支持子网任播地址。子网路由器任播地址用于节点需要和远端子网上所有设备中的一个（不关心具体是哪一个）通信时使用。例如，一个移动节点需要和它"家乡"子网上的所有移动代理中的一个进行通信。

1.2.9 配置接口的IPv6地址

设备接口可以配置全球单播、链路本地地址和任播地址3种IPv6地址，下面分别介绍它们的具体配置方法。其实链路本地地址一般不用配置，采用自动配置方式。自动配置的链路本地地址格式为：其固定的前缀FE80::/10+EUI-64规则形成的接口标识。

1. 配置接口的全球单播地址

全球单播地址类似于IPv4公网地址，提供给网络服务提供商。全球单播地址可用如下两种方式配置。

■ 采用EUI-64格式形成：当配置采用EUI-64格式形成IPv6地址时，接口的IPv6地址的前缀是所配置的前缀，而接口标识符则由接口自动生成。

■ 手工配置：用户手工配置IPv6全球单播地址。

全球单播IPv6地址的配置步骤见表1-6。

表1-6 全球单播IPv6地址的配置步骤

步骤	命令	说明
1	**system-view** 例如：< Huawei > **system-view**	进入系统视图
2	**ipv6** 例如：[Huawei] **ipv6**	全局使能IPv6报文转发功能。 缺省情况下，IPv6报文转发功能处于未使能状态，可用**undo ipv6**命令去使能设备转发IPv6单播报文
3	**interface** *interface-type interface-number* 例如：[Huawei] **interface** gigabitethernet 1/0/0	键入要配置全球单播IPv6地址的接口，进入接口视图

续表

步骤	命令	说明
4	**ipv6 enable** 例如：[Huawei-Gigabit Ethernet1/0/0] **ipv6 enable**	使能接口的 IPv6 功能。只有接口视图和系统视图下都使能了 IPv6，接口才具有 IPv6 转发功能。 缺省情况下，接口的 IPv6 功能处于未使能状态，可用 **undo ipv6 enable** 命令在接口上去使能 IPv6 功能。去使能 IPv6 功能后 IPv6 的相关配置同时会被删除，同时也会去使能接口上的 IS-IS IPv6 和 RIPng 路由协议，也就是 **isis ipv6 enable** 和 **ripng enable** 命令会失效
5	**ipv6 address** { *ipv6-address prefix-length* | *ipv6-address*/*prefix-length* } 例如：[Huawei-Gigabit Ethernet1/0/0] **ipv6 address** 2001::1 64	（二选一）手工配置 IPv6 全球单播地址。命令中的参数说明如下。 （1）*ipv6-address*：指定接口的 IPv6 地址，总长度为 128 位，通常分为 8 组，每组为 4 个十六进制数的形式。格式为 X:X:X:X:X:X:X:X。 （2）*prefix-length*：指定 IPv6 地址的前缀长度，整数形式，取值范围是 1～128。 【注意】在配置全球单播 IPv6 地址时要注意以下几方面。 • 在同一设备的接口上，不允许配置网段重叠的 IPv6 地址。 • 一个接口上最多可配置 10 个全球单播地址。 • 前缀长度是 128 位的 IPv6 地址只能配置在 Loopback 接口上。 • 为接口配置全球单播地址后，如果没有为该接口配置链路本地地址，系统会自动生成一个链路本地地址。 • 删除配置的全球单播地址时，如果未指定参数（IPv6 地址和前缀长度），则删除该接口上的所有 IPv6 地址。 缺省情况下，接口没有配置全球单播地址，可用 **undo ipv6 address** [*ipv6-address prefix-length* | *ipv6-address*/*prefix-length*]命令删除接口的全球单播地址
	ipv6 address { *ipv6-address prefix-length* | *ipv6-address*/*prefix-length* } **eui-64** 例如：[Huawei-Gigabit Ethernet1/0/0] **ipv6 address** 2001::1 64 **eui-64**	（二选一）采用 EUI-64 格式形成 IPv6 全球单播地址。参数与前面介绍的 **ipv6 address** 命令中的对应参数一致，但参数 *ipv6-address* 只需要，也只能指定高 64 位，低 64 位即使指定了也会被自动生成的 EUI-64 格式覆盖，*prefix-length* 取值不能大于 64。 【注意】在执行本命令时要注意以下几方面。 • 在同一设备的接口上，不允许配置网段重叠的 IPv6 地址。 • 接口上最多可配置 10 个全球单播地址。 • 本命令仅支持 GE 接口及其子接口、XGE 接口及其子接口、Eth-Trunk 及其子接口、POS 接口、LoopBack 接口以及 Tunnel 接口。 • 执行本命令为接口配置 EUI-64 格式的 IPv6 地址后，如果没有为该接口配置链路本地地址，系统会自动生成一个链路本地地址。 • 不能配置在接口上的 EUI-64 格式的 IPv6 地址有：环回地址（::1/128）、未指定地址（::/128）、组播地址、任播地址。 缺省情况下，接口没有配置 EUI-64 格式的全球单播地址，可用 **undo ipv6 address** { *ipv6-address prefix-length* | *ipv6-address*/*prefix-length* } **eui-64** 命令删除接口的 EUI-64 格式的全球单播地址

说明 每个接口可以有多个网络前缀不同的全球单播地址。

手工配置的全球单播地址的优先级高于自动生成的全球单播地址。如果在接口已经自动生成全球单播地址的情况下，手工配置前缀相同的全球单播地址，自动生成的地址将被覆盖。此后，即使删除手工配置的全球单播地址，已被覆盖的自动生成的全球单播地址也不会恢复。再次接收到 RA（路由器通告）报文后，设备根据报文携带的地址前缀信息，重新生成全球单播地址。

2. 配置接口的链路本地地址

链路本地地址用于邻居发现协议和无状态自动配置过程中链路本地节点之间的通信。IPv6 的链路本地地址也可以通过以下两种方式获得。

- 自动生成：设备根据链路本地地址前缀（FE80::/10）及接口的链路层地址，自动为接口生成链路本地地址。
- 手工指定：用户手工配置 IPv6 链路本地地址。

链路本地 IPv6 地址的配置步骤见表 1-7。

表 1-7 链路本地 IPv6 地址的配置步骤

步骤	命令	说明
1	**system-view** 例如：< Huawei > **system-view**	进入系统视图
2	**ipv6** 例如：[Huawei] **ipv6**	全局使能 IPv6 报文转发功能，其他参见表 1-6 中的第 2 步
3	**interface** *interface-type interface-number* 例如：[Huawei] **interface** gigabitethernet 1/0/0	键入要配置链路本地地址的接口，进入接口视图
4	**ipv6 enable** 例如：[Huawei-Gigabit Ethernet1/0/0] **ipv6 enable**	使能接口的 IPv6 功能，其他参见表 1-6 中的第 4 步
5	**ipv6 address** *ipv6-address* **link-local** 例如：[Huawei-Gigabit Ethernet1/0/0] **ipv6 address** fe80::1 **link-local**	（二选一）手工配置接口的链路本地地址。参数 *ipv6-address* 用来指定接口的 IPv6 链路本地地址，总长度为 128 位，分为 8 组，每组为 4 个十六进制数的形式。格式为 X:X:X:X:X:X:X:X，但指定的 IPv6 地址的前缀必须匹配 FE80::/10。 【注意】在配置链路本地地址时要注意以下几方面。 • 可以为接口配置多个 IPv6 地址，但是每个接口只能有一个链路本地地址。 • 接口下如果存在自动分配的链路本地地址时，执行本命令后，原链路本地地址将被覆盖。 • 不能配置在接口上的 IPv6 地址有：环回地址（::1/128）、未指定地址（::/128）、组播地址、任播地址和映射 IPv4

续表

步骤	命令	说明
5		的 IPv6 地址（0:0:0:0:0:FFFF:IPv4-address）。 缺省情况下，接口没有配置链路本地地址，可用 **undo ipv6 address** *ipv6-address* **link-local** 命令删除接口的链路本地地址
	ipv6 address auto link-local 例如：[Huawei-GigabitEthernet1/0/0] **ipv6 address auto link-local**	（二选一）为接口配置自动生成的链路本地地址。 缺省情况下，接口没有配置自动生成的链路本地地址，可用 **undo ipv6 address auto link-local** 命令删除自动生成的链路本地地址

说明 每个接口只能有一个链路本地地址，为了避免链路本地地址冲突，推荐使用链路本地地址的自动生成方式。当接口配置了 IPv6 全球单播地址后，同时会自动生成链路本地地址。

配置链路本地地址时，手工指定方式的优先级高于自动生成方式。即如果先采用自动生成方式，之后手工指定，则手工指定的地址会覆盖自动生成的地址；如果先手工指定，之后采用自动生成的方式，则自动配置不生效，接口的链路本地地址仍是手工指定的。此时，如果删除手工指定的地址，则自动生成的链路本地地址会生效。

3．配置接口的任播地址

任播地址共享单播地址资源。它用来标识一组接口，通常这组接口属于不同的节点。

注意 使用任播地址时，需要注意以下两点。

■ 任播地址只能作为目的地址使用。

■ 发送到任播地址的数据包被传输给此地址所标识的一组接口中距离源节点路由意义上最近的一个接口。

任播地址的具体配置步骤见表 1-8。

表 1-8 任播地址的具体配置步骤

步骤	命令	说明
1	**system-view** 例如：< Huawei > **system-view**	进入系统视图
2	**ipv6** 例如：[Huawei] **ipv6**	全局使能 IPv6 报文转发功能，其他参见表 1-6 中的第 2 步
3	**interface** *interface-type interface-number* 例如：[Huawei] **interface** gigabitethernet 1/0/0	键入要配置链路本地地址的接口，进入接口视图
4	**ipv6 enable** 例如：[Huawei-GigabitEthernet1/0/0] **ipv6 enable**	使能接口的 IPv6 功能，其他参见表 1-6 中的第 4 步

续表

步骤	命令	说明
5	**ipv6 address** { *ipv6-address prefix-length* | *ipv6-address/prefix-length* } **anycast** 例如：[Huawei-GigabitEthernet1/0/0] **ipv6 address** fc00:c058:6301:: 48 **anycast**	配置接口的任播 IPv6 地址。参数说明参见表 1-6 第 5 步中的对应参数。 当需要使用 6to4 隧道实现 6to4 网络与本地（Native）IPv6 网络通信时，可以在 6to4 中继路由设备的 Tunnel 接口上配置前缀为 2002:c058:6301::的任播地址。 缺省情况下，系统没有配置 IPv6 任播地址，可用 **undo ipv6 address** [*ipv6-address prefix-length* | *ipv6-address/prefix-length*] 命令删除指定的 IPv6 任播地址

IPv6 地址配置好后，可通过任意视图 **display** 命令查看相关配置，验证配置结果，或在用户视图下执行 **reset** 命令清除相关统计信息。

- **display ipv6 interface** [*interface-type interface-number* | **brief**]：查看接口的 IPv6 信息。
- **display ipv6 statistics** [**interface** *interface-type interface-number*]：查看 IPv6 流量统计信息。
- **display icmpv6 statistics** [**interface** *interface-type interface-number*]：查看 ICMPv6 流量统计信息。
- **display tcp ipv6 statistics**：查看 IPv6 TCP 连接流量统计信息。
- **reset ipv6 statistics**：清除 IPv6 流量统计信息。
- **reset tcp ipv6 statistics**：清除 TCP6 统计信息。
- **reset udp ipv6 statistics**：清除 UDP6 统计信息。

1.3 Serial 接口配置与管理

Serial 接口是最常用的广域网接口之一，可工作在同步方式或异步方式下，因此通常又被称为同/异步串口。

说明 本节介绍的是物理的 Serial 接口，在本章后面将要介绍的 E1、T1 和 E3 等网络的物理接口配置中，还会生成与本节所介绍的同步物理 Serial 接口具有相同特性的逻辑 Serial 接口，基本属性配置方法是一样的。

1.3.1 Serial 接口卡简介

在 AR G3 系列路由器中，Serial 接口主要是由 1SA/2SA/8SA 接口卡提供（如图 1-21 所示是 2SA 接口卡，如图 1-22 所示是 8SA 接口卡），其中 1SA/2SA 接口卡可安装在 AR1200 系列、AR2200 系列（除 AR2201-48FE 和 AR2202-48FE 之外）、AR3200 系列和 AR3600 系列路由器中，8SA 接口卡可安装在 AR1200 系列（除 AR1220C 和 AR1220-8GE 之外）、AR2204、AR2204XE、AR2220、AR2220L、AR2220E、AR2240、AR2240C、AR3200 系列和 AR3600 系列路由器中。AR162F 和金融一体机 AR2202-48FE 本身也支持配置 Serial 接口，但仅支持工作在同步方式，且仅支持作为 DTE 设备。

图 1-21　2SA 接口卡

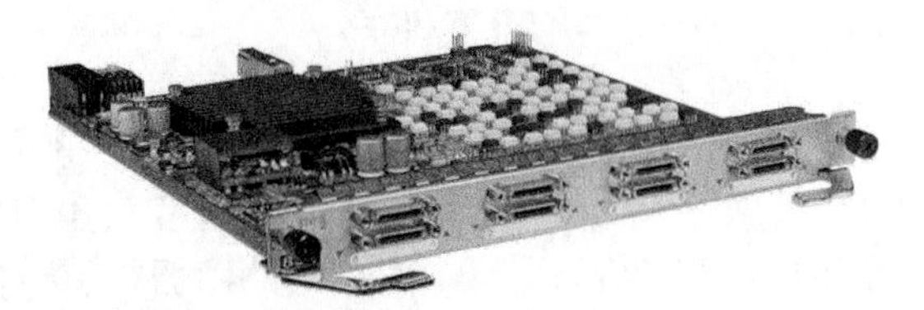

图 1-22　8SA 接口卡

Serial 接口连接器为 DB-28 直式公型结构，支持 V.24、V.35、X.21、RS232、RS449 和 RS530 物理层协议和对应标准的线缆。Serial 接口支持的 SA 线缆包括：V.24 DTE 线缆（如图 1-23 所示）、V.24 DCE 线缆（如图 1-24 所示）、V.35 DTE 线缆（如图 1-25 所示）、V.35 DCE 线缆（如图 1-26 所示）、X.21 DTE 线缆（如图 1-27 所示）、X.21 DCE 线缆（如图 1-28 所示）、RS449 DTE 线缆、RS449 DCE 线缆、RS530 DTE 线缆和 RS530 DCE 线缆，各种 SA 线缆的具体结构和引脚定义参见对应产品手册的说明或配套的视频课程介绍。在选择 SA 线缆之前，须先确认对端设备的类型（即对端的同/异步方式、DTE/DCE 方式等），以及接入设备所要求的信号标准、波特率、同步时钟。

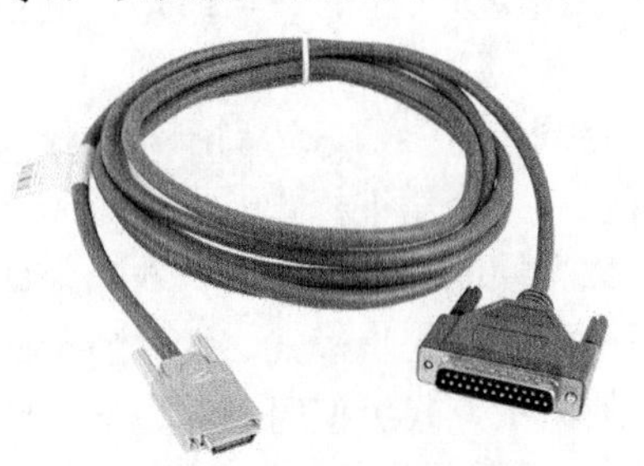

图 1-23　V.24 DTE 线缆

图 1-24　V.24 DCE 线缆

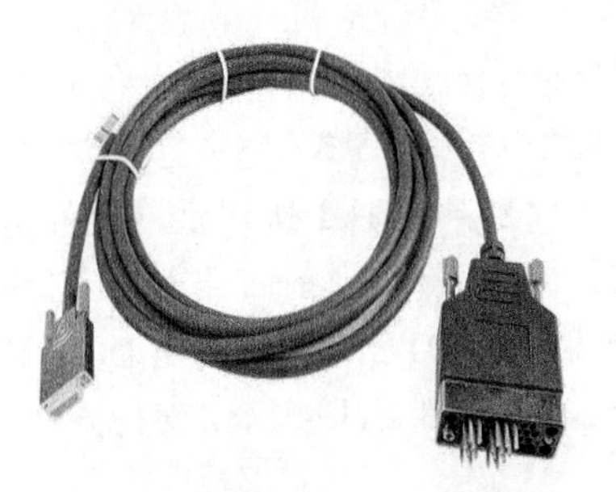

图 1-25　V.35 DTE 线缆

图 1-26　V.35 DCE 线缆

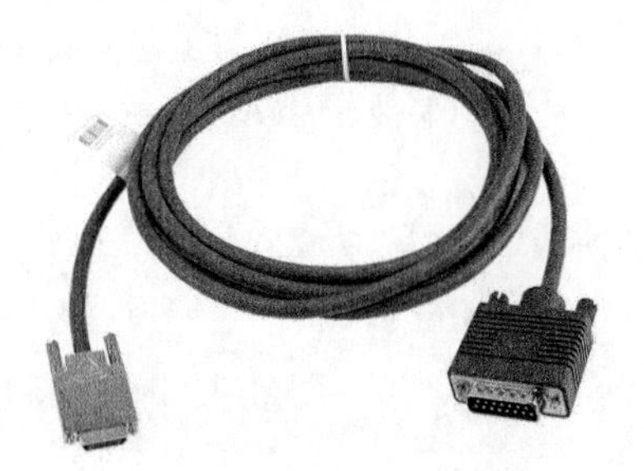

图 1-27　X.21 DTE 电缆

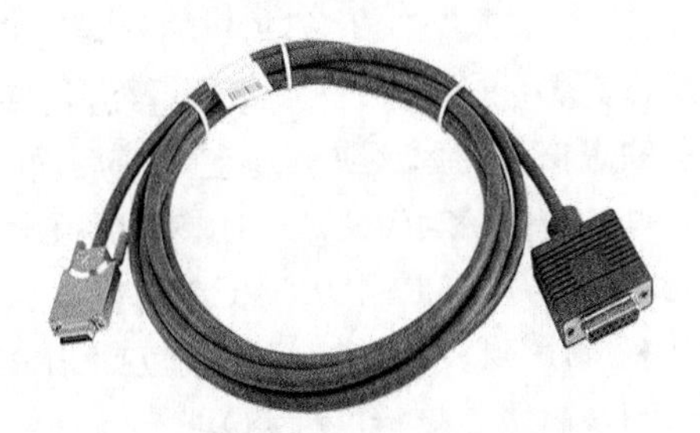

图 1-28　X.21 DCE 电缆

1.3.2 Serial 接口工作方式

AR G3 系列路由器支持将同/异步串口配置为工作在同步方式，此时该接口就为同步串口，接口名称为 Serial。也可把同/异步串口配置为工作在异步方式，此时接口名称也为 Serial。另外，在 AR G3 系列路由器中有专门的异步串口，接口名称为 Async。

1. Serial 接口工作在同步方式

Serial 接口的缺省工作方式为同步方式。当将 Serial 接口作为 DDN（Digital Data Network，数字数据网络）专线连接，或 Serial 接口对连（属于终端接入情形）时工作在同步方式。

这里所说的“同步”是指“时钟同步”（不是指“时间同步”），也就是发送端在发送数据、接收端在接收数据时都是按照相同的步调，或者工作频率（也就是对应相同的波特率）进行。这样才能使接收端在接收到数据时正确解析出每一位的信息，最终还原出整个数据帧所代表的信息。如果接收端与发送端的时钟不同步，由于同步传输方式通常是以帧为单位，数据块比较大，所需传输的时间比较长，这样一来很可能因某种因素导致在某一时刻抽样提取了位于错误时刻上传输的数据单元（如一个字符），造成最终的数据帧还原出错。

同步传输中，在传输数据信号时会同时传输一路同步时钟信号。同时在传输的数据帧的开始位置有一个起始标识，在一帧的结束位置也有一个结束标识。这样接收端看到起始标识就知道新的数据帧开始传输了，而看到了数据帧的结束标识就可获知本帧已结束，后面到来的数据不属于此帧。同步传输也有多种不同的同步模式，常见的包括面向字符的同步方式和面向比特的同步方式两种，不同的同步方式所使用的标识不一样。有关数据同步传输原理请参见《深入理解计算机网络》（新版）一书。

在同步方式下 Serial 接口具有以下特性。

■ Serial 接口可以工作在 DTE（Data Terminal Equipment，数据终端设备）和 DCE（Data Circuit-terminating Equipment，数据电路终端设备）两种方式。

在具体的广域网设备连接中，设备担当什么角色要视其 Serial 接口上连接的是什么类型的 SA 线缆。在 Serial 接口插入 DTE 线缆时设备称为 DTE 设备，插入 DCE 线缆时设备就称为 DCE 设备。一般情况下华为路由器设备是作为 DTE 设备，接受 DCE 设备提供的时钟。AR162F 和金融一体机 AR2202-48FE 主控板上的 Serial 接口仅支持同步方式，**仅可作为 DTE 设备**。

在用户私网的路由器直连中，可以根据需要随意指定串行链路的任意一端路由器设备作为 DTE 或者 DCE，DCE 的一端用来指定时钟，DTE 的一端用来与 DCE 时钟同步。**指定作为 DCE 设备的一端要配置波特率，且在 DTE 设备一端要配置与 DCE 端波特率相等的虚拟波特率**（具体将在本节后面介绍）。

■ 支持 V.24/V.35/X.21/RS449/RS530 等物理层协议，其中 V.24 的最大速率为 64 kbit/s，V.35/X.21/RS449/RS530 的最大速率可以达到 8.192 Mbit/s。

■ 链路层支持的协议类型包括 PPP、帧中继（FR）和 HDLC（High-Level Data Link Control，高级数据链路控制）。

■ 支持 IP 网络层协议，即可以直接在 Serial 接口上配置 IP 地址。

在同步方式下的 Serial 链路中，同步时钟信号源分为两类，一是由 DCE 向 DTE 提供同步时钟信号，即 DCE 是同步时钟信号源，此时，DCE 为 Master（主）时钟模式，DTE 为 Slave（从）时钟模式；二是由网络中非本地 DTE/DCE 设备的其他设备（即外部时钟源）提供同步时钟信号，此时，DTE 和 DCE 相当于均为 Slave 时钟模式。

同步方式下 Serial 接口有关同步时钟信号管脚的连接方式如图 1-29 所示。其中，RD 是用来接收数据信号的管脚；TD 是用来发送数据信号的管脚，这两个管脚与同步时钟信号无关。

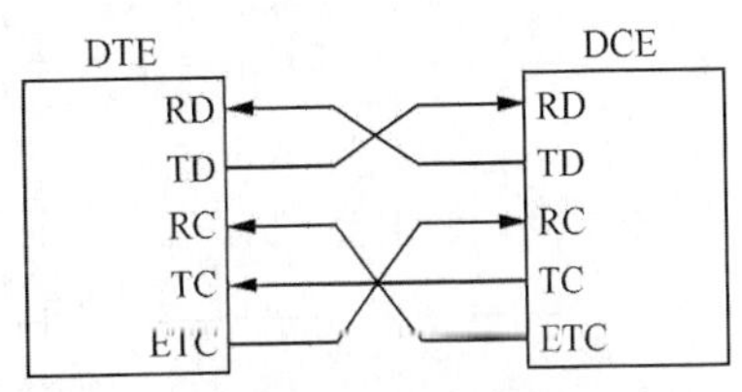

图 1-29　同步方式下 Serial 接口时钟信号管脚连接方式示意

RC（Receive Clock，接收时钟）为接收时钟信号的管脚，TC（Transmit Clock，发送时钟）为发送时钟信号的管脚，ETC（External Transmit Clock，外部发送时钟）为传输外部发送时钟信号的管脚（对应各串行接口标准中的 TXCE 管脚）。

因为在同步方式 Serial 接口中，在没有外部时钟源的情形下，DTE 是接收来自 DCE 的同步时钟信号，所以 DTE 上通常不自产生时钟信号，全由 DCE 设备提供，包括 RC（接收时钟）和 TC（发送时钟）时钟信号。RC 时钟信号用于控制接收器接收字符的速率，在上升沿采取数据信号，在同步方式下要求 RC 时钟信号的工作频率与波特率相等。RC 时钟信号用于控制发送器发送字符的速率，在下降沿发送数据信号，其工作频率要与 RC 时钟信号工作频率一致。**ETC 管脚传输的时钟信号包括外部信号源发送的时钟信号和设备本地产生的时钟信号。**

如果有外部时钟源，DTE 和 DCE 都可以接收来自网络中外部时钟源发送的时钟信号，此时 DTE 和 DCE 的 TC、RC 均采用外部时钟信号。但当 ETC 管脚芯线上没有时钟信号时，DCE 采用 TC 管脚输出的时钟信号作为发送时钟信号向 DTE 的 TC 管脚发送，RC 时钟信号与 TC 时钟信号的工作频率相同。

设备作为 DTE 时，时钟选择方式包括表 1-9 所示的 3 种。其中，“=”前为 DTE 侧的发送时钟或接收时钟，“=”后为 DTE 侧的外部时钟（如 TC、RC 管脚接收到的时钟）或本地时钟（Local），本地时钟信号是通过 ETC 管脚发送的。

表 1-9　DTE 侧的时钟选择方式

时钟选择方式	含义	对接注意事项
dteclk1	TxClk = TC RxClk = RC	DTE 侧的时钟全由 DCE 侧提供，即 DTE 的发送时钟为 TC 管脚接收的时钟，来自 DCE 的 TC 管脚；DTE 的接收时钟为 RC 管脚接收的时钟，来自 DCE 的 ETC 管脚。为了保证 DTE 的数据发送和 DCE 的数据接收同步，要注意以下两点。 （1）DCE 侧要保证自己的发送时钟和 ETC 时钟同步（有 ETC 时钟情形下），否则 DCE 的发送时钟与 DTE 的接收时钟（ETC 时钟）不同步，可能造成 DTE 接收到错误报文。 （2）DCE 侧要保证自己的接收时钟和 TC 时钟同步，否则会造成 DCE 的接收时钟与 DTE 的发送时钟不同步，可能造成 DCE 接收到错误报文

续表

时钟选择方式	含义	对接注意事项
dteclk2	TxClk = RC RxClk = RC	DTE 侧的时钟全由 DCE 侧提供，但均采用 DTE 的 RC 管脚接收的时钟，即均为来自 DCE 的 ETC 管脚的时钟。为了保证 DTE 的数据发送和 DCE 的数据接收同步，需注意以下两点。 （3）DCE 侧要保证自己的发送时钟和 ETC 时钟同步（有 ETC 时钟情形下），否则 DCE 的发送时钟与 DTE 的接收时钟不同步，可能造成 DTE 接收到错误报文。 （4）DCE 侧要保证自己的接收时钟和 ETC 时钟同步（有 ETC 时钟情形下），否则会造成 DCE 的接收时钟与 DTE 的发送时钟不同步，可能造成 DCE 接收到错误报文
dteclk3	TxClk = Local RxClk = RC	DTE 采用自己的本地时钟作为发送时钟，接收时钟采用 RC 管脚接收的 ETC 时钟。为了保证 DTE 的数据发送和 DCE 的数据接收同步，需注意以下两点。 （1）DCE 侧要保证自己的发送时钟和 ETC 时钟同步（有 ETC 时钟情形下），否则 DCE 的发送时钟与 DTE 的接收时钟不同步，可能会造成 DTE 接收到错误报文。 （2）DCE 侧要保证自己的接收时钟使用 RC 时钟（为 DTE 的本地时钟），否则 DTE 的发送时钟与 DCE 的接收时钟不同步，可能造成 DCE 接收到错误报文

如果同步串口作为DCE侧，则需要向对端DTE侧提供时钟，时钟选择方式见表1-10。其中，“=”前为 DCE 侧的发送时钟（TxClk）或接收时钟（RxClk），“=”后为 DCE 侧的外部时钟（RC）或本地时钟（Local）。

表 1-10 DCE 侧的时钟选择方式

时钟选择方式	含义	对接注意事项
dceclk1	TxClk = Local RxClk = RC	DCE 的发送时钟采用 DCE 本地时钟(通过 ETC 管脚向 DTE 发送)，接收时钟采用 RC 管脚接收的时钟。为了保证 DTE 的数据发送和 DCE 的数据接收同步，需注意以下两点。 （1）DTE 侧的接收时钟需要使用 RC 时钟（为 DCE 的本地时钟），否则 DCE 的发送时钟与 DTE 的接收时钟不同步，可能造成 DTE 接收到错误报文。 （2）DTE 侧的发送时钟要保证和 ETC 时钟同步，否则 DCE 侧接收可能会接收到错误报文，因为 DCE 接收时钟采用 RC 管脚接收的 ETC 时钟
dceclk2	TxClk = Local RxClk = Local	DCE 的发送时钟和接收时钟都采用本地时钟（通过 ETC 管脚向 DTE 发送）。此时，DTE 侧要保证自己的发送时钟和接收时钟都使用 RC 管脚接收到的 ETC 时钟（DCE 本地时钟），否则会造成数据传输异常
dceclk3	TxClk = RC RxClk = RC	DCE 的发送时钟和接收时钟都采用 RC 管脚接收的 ETC 时钟。为了保证 DTE 的数据发送和 DCE 的数据接收同步，需注意以下两点。 （1）DTE 侧的发送时钟要保证和 ETC 时钟同步，否则 DCE 侧可能会接收到错误报文。 （2）DTE 侧的接收时钟要保证和 ETC 时钟同步，否则 DTE 侧可能会接收到错误报文

同步方式下的 Serial 接口主要运用于企业分支机构和总部间通过 PPP 链路连接传输网，实现园区网间的互联，如图 1-30 所示。

2. Serial 接口工作在异步方式

当将 Serial 接口作为异步专线连接，或使用 Serial 接口进行 Modem 拨号、数据备份和接入终端时工作在异步方式。

图 1-30　同步方式下 Serial 接口的典型应用场景示意

异步传输方式中，Serial 链路两端不需要保持时钟同步，无需额外传输一路同步信号，也不分 DTE 和 DCE。异步传输是以字符为单位（远没有同步传输方式中的“帧”单位大）进行数据传输的。在同步传输方式中，不仅需要通过帧起始、结束标识符使接收端能准确地区分帧与帧的边界，而且还要通过同步时钟信号准确地控制数据信息的采样频率。在异步传输方式中，由于通常是以字符为传输单位的，字长比较小，所以采用了直接的在字符起始、结束位置插入特殊比特的方式进行字符间边界的区分，无需额外的同步时钟信号。具体方法是在发送每一字符代码的前面均加上一个“起始位”信号（1 比特，极性为 0），用以标记一个字符的开始；在一个字符代码的最后也加上一个“停止位”信号（1 或 2 比特，极性为 1），用以标记一个字符的结束。数据位占 5～8 位，具体取决于数据所采用的字符集，如电报码字符为 5 位，ASCII 码字符为 7 位。

在异步方式下，Serial 接口支持 RS232 协议，1SA 和 2SA 接口卡上的 Serial 接口支持的最大速率为 115.2 kbit/s，8SA 接口卡上的 Serial 接口支持的最大速率为 230.4 kbit/s。

异步方式下，Serial 接口可以工作在协议模式或流模式。

■ 协议模式是指 Serial 接口的物理连接建立之后，接口直接采用已有的链路层协议配置参数建立链路。在协议模式下，链路层协议类型为 PPP，支持 IP 网络层协议，即可以直接在 Serial 接口上配置 IP 地址。

■ 流模式是指 Serial 接口两端的设备进入交互阶段后，链路一端的设备可以向对端设备发送配置信息，设置对端设备的物理层参数，然后建立链路。在流模式下，不支持链路层协议和 IP 网络层协议配置。

1.3.3　配置同步方式下 Serial 接口

一般情况下，华为 AR 系列路由器的同步串口工作在 DTE 方式，作为 DTE 设备接收 DCE 设备提供的时钟。在配置同步方式 Serial 接口之前，需要在设备上成功安装、注册 1SA/2SA/8SA 接口卡，或者给 AR162F 和 AR2202-48FE 设备上电，且自检正常。

同步方式下 Serial 接口包括物理属性和链路层属性两方面的配置，下面分别介绍。

1. 配置同步方式 Serial 接口的物理属性

同步方式下 Serial 接口（DTE 或 DCE 工作方式）的物理属性都有缺省值，故一般大多数参数是不用配置的，也可根据实际需要按照表 1-11 所示的配置方法修改部分甚至全部属性配置（**参数配置无先后次序之分**）。

表 1-11　同步方式下 **Serial** 接口的物理属性配置步骤

步骤	命令	说明
1	**system-view** 例如：< Huawei > **system-view**	进入系统视图

续表

步骤	命令	说明
2	**interface serial** *interface-number* 例如：[Huawei] **interface serial** 1/0/0	键入要配置物理属性的 DTE 或者 DCE 方式下 Serial 接口，进入接口视图
3	**physical-mode sync** 例如：[Huawei-Serial1/0/0] **physical-mode async**	配置 Serial 接口工作在同步方式，**必须与对端设备的 Serial 接口配置相同的工作方式**。且如果在同一个 Serial 接口视图下重复执行 **physical-mode** 命令且选项不同时，则新配置将覆盖老配置。 【注意】Serial 接口在切换工作方式时，为了保证 Serial 接口流量统计正确，需要用户执行 **reset counters interface serial** *interface-number* 命令清除接口下的统计信息。 金融一体机 AR2202-48FE 主控板上的 Serial 接口仅支持同步方式，不支持该命令切换到异步方式。 缺省情况下，Serial 接口工作在同步方式
4	**virtualbaudrate** *baudrate* 例如：[Huawei-Serial1/0/0] **virtualbaudrate** 72000	（二选一可选）配置同步方式 **DTE 设备** Serial 接口的虚拟波特率。可选的虚拟波特率有：1 200、2 400、4 800、9 600、19 200、38 400、56 000、57 600、64 000、72 000、115 200、128 000、192 000、256 000、384 000、512 000、768 000、1 024 000 和 2 048 000，单位是 bit/s。 【注意】不同 SA 接口卡、使用不同 SA 线缆所支持的波特率范围不一样，配置时要注意。 • V.24DCE：1.2 ~ 64 kbit/s。 • 对于 V.35DCE、RS449DCE 和 RS530DCE，波特率范围如下。 ➢ 对于 1SA/2SA 接口卡，波特率范围为 1.2 kbit/s ~ 2.048 Mbit/s。 ➢ 对于 8SA 接口卡，波特率范围为 1.2 kbit/s ~ 8.192 Mbit/s。 ➢ 对于 AR2202-48FE 设备上的 Serial 接口，波特率范围为 1.2 kbit/s ~ 8.192 Mbit/s。 • 请保证配置的虚拟波特率与对端（DCE）配置的波特率相同，否则会导致报文被丢弃。如果在同一个 Serial 接口视图下重复执行本命令时，新配置将覆盖老配置。 缺省情况下，同步方式下 Serial 接口的虚拟波特率为 64 000 bit/s，可用 **undo virtualbaudrate** 命令恢复为缺省情况
	baudrate *baudrate*	（二选一可选）配置同步方式下 **DCE 设备** Serial 接口的波特率，要保证配置的波特率与对端（DTE）配置的虚拟波特率值相同，否则会导致报文被丢弃。 【说明】同步方式下 DCE Serial 接口，不同 SA 线缆、不同 SA 接口卡所支持的波特率范围与前面介绍的 Serial 接口虚拟波特率一样，要使链路两端所配置的值一致，否则会导致报文被丢弃。如果在同一个 Serial 接口视图下重复执行本命令时，新配置将覆盖老配置。 缺省情况下，同步方式下 Serial 接口的波特率为 64 000 bit/s，可用 **undo baudrate** 命令恢复为缺省情况

续表

步骤	命令	说明
5	**clock dte** { **dteclk1** | **dteclk2** | **dteclk3** } 例如：[Huawei-Serial1/0/0] **clock dte dteclk2**	（二选一可选）配置同步方式下 **DTE 设备的时钟选择方式**。 命令中的选项说明如下。 （1）**dteclk1**：多选一选项，指定同步方式下 Serial 接口在 DTE 侧的时钟选择方式为 **dteclk1**。 当 DTE 侧使用 X.21 线缆与 DCE 侧对接，选择 **dteclk1** 选项时，将执行 **dteclk2** 的配置结果。 （2）**dteclk2**：多选一选项，指定同步方式下 Serial 接口在 DTE 侧的时钟选择方式为 **dteclk2**。DTE 侧使用 V.24 线缆与 DCE 侧对接时，不支持配置该选项。 （3）**dteclk3**：指定同步方式下 Serial 接口在 DTE 侧的时钟选择方式为 **dteclk3**。 DTE 和 DCE 两端对接时的时钟选择方式的配置注意事项，参见表 1-9 和表 1-10。 缺省情况下，同步方式下 Serial 接口在 DTE 侧的时钟选择方式为 **dteclk1**，可用 **undo clock dte** 恢复缺省情况
	clock dce { **dceclk1** | **dceclk2** | **dceclk3** } 例如：[Huawei-Serial1/0/0] **clock dce dceclk2**	（二选一可选）配置同步方式下 **DCE 设备的时钟选择方式**。命令中的选项说明如下。 （1）**dceclk1**：多选一选项，指定同步方式下 Serial 接口在 DCE 侧的时钟选择方式为 **dceclk1**。 （2）**dceclk2**：多选一选项，指定同步方式下 Serial 接口在 DCE 侧的时钟选择方式为 **dceclk2**。 （3）**dceclk3**：多选一选项，指定同步方式下 Serial 接口在 DCE 侧的时钟选择方式为 **dceclk3**。对于 1SA/2SA 接口卡上的 Serial 接口，配置该选项将不生效。 DTE 和 DCE 两端对接时的时钟选择方式的配置注意事项，参见表 1-9 和表 1-10。 缺省情况下，同步方式下 Serial 接口在 DCE 侧的时钟选择方式为 **dceclk1**，可用 **undo clock dce** 命令恢复缺省情况
6	**invert transmit-clock** 例如：[Huawei-Serial1/0/0] **invert transmit-clock**	（可选）配置翻转同步方式下 Serial 接口的**发送时钟信号**。在某些特殊情况下，时钟在线路上会产生时延，导致两端设备失步或报文被大量丢弃，这时可以将 DTE 侧设备同步串口的发送或接收时钟信号翻转（翻转时钟信号的电平，以产生新的时钟），以消除时延的影响。 缺省情况下，不翻转同步方式下 Serial 接口发送的时钟信号，可用 **undo invert transmit-clock** 命令恢复为缺省情况
7	**invert receive-clock** 例如：[Huawei-Serial1/0/0] **invert receive-clock**	（二选一可选）配置翻转同步方式下 Serial 接口的**接收时钟信号**。 缺省情况下，不翻转同步方式下 Serial 接口的接收时钟信号，可用 **undo invert receive-clock** 命令恢复为缺省情况
	invert receive-clock auto 例如：[Huawei-Serial1/0/0] **invert receive-clock** auto	（二选一可选）配置同步方式下 Serial 接口的**接收时钟信号的自动翻转功能。该命令只有在 1SA、2SA 接口卡的 Serial 接口上配置才会生效**。 缺省情况下，不自动翻转同步方式下 Serial 接口的接收时钟信号，可用 **undo invert receive-clock auto** 命令取消自动翻转功能

续表

步骤	命令	说明
8	**detect dsr-dtr** 例如：[Huawei-Serial1/0/0] **detect dsr-dtr**	（可选）使能同步方式下 Serial 接口的 DSR（Data Set Ready，数据装置就绪）和 DTR（Data Terminal Ready，数据终端就绪）信号检测功能，可以用于判断同、异步方式下 Serial 接口的状态。DSR 信号用于由 DCE 设备通知 DTE 设备自己是否已经处于工作状态；DTR 信号用于由 DTE 设备通知 DCE 设备自己是否已经处于工作状态。 缺省情况下，使能同步方式下 Serial 接口的 DSR 和 DTR 信号检测功能，可用 **undo detect dsr-dtr** 命令去使能 Serial 接口的 DSR 和 DTR 信号检测功能
9	**detect dcd** 例如：[Huawei-Serial1/0/0] **detect dcd**	（可选）使能同步方式下 Serial 接口的 DCD（Data Carrier Detect，数据载波检测）信号检测功能，该功能和同步方式下 Serial 接口的 DSR 和 DTR 信号检测功能配合使用，用于判断同步串口的状态，监视通信线路和 DCE 设备的工作状态。 【说明】同步方式下 Serial 接口的状态判断分为以下两种情况。 ● 如果使能同步方式下 Serial 接口的 DSR 和 DTR 信号检测功能，系统在判断同步方式下 Serial 接口的状态（Up 或 Down）时，缺省情况下将同时检测 DSR 信号、DCD 信号以及接口是否外接电缆。只有当 DSR 信号和 DCD 信号有效且接口外接电缆时，系统才认为同步方式下 Serial 接口处于 Up 状态，否则为 Down 状态。 ● 如果不使能同步方式下 Serial 接口的 DSR 和 DTR 信号检测功能，系统在判断同步方式下 Serial 接口的状态（Up 或 Down）时，只要系统检测到外接电缆，就可以判断同步方式下 Serial 接口处于 Up 状态。 缺省情况下，已使能同步方式下 Serial 接口的 DCD 信号检测功能，可用 **undo detect dcd** 命令去使能同步方式下 Serial 接口的 DCD 信号检测功能
10	**reverse-rts** 例如：[Huawei-Serial1/0/0] **reverse- rts**	（可选）配置翻转同步方式下 Serial 接口的 RTS（Request To Send，请求发送）信号。主要用于半双工模式下，因为缺省情况时同步方式下 Serial 接口工作在全双工模式下，为了兼容一些工作在半双工模式的设备，可以使用本命令翻转同步方式下 Serial 接口的 RTS 信号，造成 RTS 信号无效，这样本端接口发送数据时，对端接口不会发送数据。 缺省情况下，不翻转同步方式下 Serial 接口的 RTS 信号，可用 **undo reverse-rts** 命令恢复为缺省情况

2. 配置同步方式下 Serial 接口的链路层属性

缺省情况时，同步方式下 Serial 接口的链路层属性都有缺省值，故一般无需配置，但可根据实际需要按照表 1-12 所示的配置方法修改全部或部分属性的配置（**参数配置无先后次序之分**）。

表 1-12　同步方式下 Serial 接口链路层属性的配置步骤

步骤	命令	说明
1	**system-view** 例如：<Huawei> **system-view**	进入系统视图

续表

步骤	命令	说明
2	**interface serial** *interface-number* 例如：[Huawei] **interface serial** 1/0/0	键入要配置链路属性的 DTE 或者 DCE 方式下 Serial 接口，进入接口视图
3	**physical-mode sync** 例如：[Huawei-Serial1/0/0] **physical-mode async**	配置 Serial 接口工作在同步方式
4	**link-protocol ppp** 例如：[Huawei-Serial1/0/0] **link-protocol ppp**	（多选一可选）配置同步方式下 Serial 接口封装 PPP。当接口目前封装的链路层协议不是 PPP，但需要封装成 PPP 时，需要使用此命令。 缺省情况下，除以太网接口和 LTE Cellular 接口外，其他接口封装的链路层协议均为 PPP，可用 **undo link-protocol ppp** 命令删除接口封装的 PPP
	link-protocol fr [**ietf** | **nonstandard**] 例如：[Huawei-Serial1/0/0:0] **link-protocol fr nonstandard**	（多选一可选）配置同步方式下 Serial 接口封装帧中继协议并指定其封装格式。命令中的选项说明如下。 （1）**ietf**：二选一可选项，指定帧中继封装格式为 IETF 标准封装格式，按 RFC1490 规定的格式进行封装。 （2）**nonstandard**：二选一可选项，指定帧中继封装格式为非标准兼容封装格式。 【说明】执行本步配置时要注意以下几个方面。 ● 改变接口的帧中继封装格式时，如果该接口下有子接口，需要先删除子接口。 ● 改变接口的帧中继封装格式后，系统会自动删除该接口下帧中继的所有配置，需要重新进行帧中继的相关配置。 ● 执行本命令修改封装格式后，需要先执行 **shutdown** 命令将接口关闭，再执行 **undo shutdown** 命令将接口重启，以保证配置生效。 ● 本命令为覆盖式命令，以最后一次配置为准。 缺省情况下，Serial 接口封装的链路层协议为 PPP，当封装帧中继协议时缺省的封装格式为 IETF，可用 **undo link-protocol fr** 命令恢复接口封装的链路层协议为 PPP
	link-protocol hdlc 例如：[Huawei-Serial1/0/0] **link-protocol hdlc**	（多选一可选）配置同步方式下 Serial 接口封装 HDLC 协议。接口封装 HDLC 协议时，IP 地址必须与对端接口的 IP 地址在同一网段，封装 PPP 时没这个要求。 缺省情况下，同步方式下 Serial 接口封装的链路层协议为 PPP，可用 **undo link-protocol hdlc** 命令恢复为缺省情况
	link-protocol x25 [**dce** | **dte**] [**ietf** | **nonstandard**] 例如：[Huawei-Serial1/0/0] **link-protocol x25 dce ietf**	（多选一可选）配置接口封装的链路层协议为 X.25。 X.25 协议是公用数据交换网上 DTE 和 DCE 之间的接口规程，定义了从物理层、数据链路层和分组层一共三层的内容。其中，数据链路层采用 LAPB 协议。X.25 网络一般用于要求传输费用比较低、远程传输速率和实时性要求又不高的广域网环境，如在部分国家和地区 X.25 作为专网依然在使用。命令中的选项说明如下。 （1）**dce**：二选一可选项，指定接口的工作方式为 DCE。 （2）**dte**：二选一可选项，指定接口的工作方式为 DTE。 （3）**Ietf**：二选一可选项，指定数据报封装格式为 IETF，即采用 IETF RFC1356 的标准封装格式在 X.25 网络上封

续表

步骤	命令	说明
4	**link-protocol x25** [**dce** | **dte**] [**ietf** | **nonstandard**] 例如：[Huawei-Serial1/0/0] **link-protocol x25 dce ietf**	装 IP 或其他的网络协议。 （4）**nonstandard**：二选一可选项，指定数据报封装格式为非标准封装格式，即采用非标准封装格式在 X.25 网络上封装 IP 或其他网络协议。 【注意】配置接口封装的链路层协议为 X.25 协议时，不同的场景应采用不同的配置方法。 ● 如果两台设备通过 X.25 网络相连，则两台设备一般都应该工作在 DTE 方式。 ● 如果设备使用 X.25 交换功能，则该设备通常工作在 DCE 方式。 ● 如果两台设备使用 X.25 协议直接背靠背相连时，应该配置一台设备工作在 DTE 方式，另一台设备工作在 DCE 方式，并且保证两端设备接口的数据报封装格式相同。 缺省情况下，接口的链路层协议为 PPP。当接口使用 X.25 协议时，接口缺省的工作方式为 DTE，数据报封装格式为 IETF，可用 **undo link-protocol x25** 命令恢复缺省配置
	link-protocol lapb [**dte** | **dce**] [**ip** | **multi-protocol**] 例如：[Huawei-Serial1/0/0] **link-protocol lapb dce**	（多选一可选）配置接口封装的链路层协议为 LAPB。 LAPB（Link Access Procedure，Balanced，平衡型链路接入规程）是一个面向比特的链路层协议，规定了在 DTE 和 DCE 之间的线路上交换帧的过程，提供了数据帧的正确排序和无错传输的机制。虽然 LAPB 是作为 X.25 的第二层被定义的，但是作为独立的链路层协议，它可以直接承载非 X.25 的上层协议进行数据传输。用户可以在同步串口上配置链路层协议为 LAPB，进行简单的本地数据传输。命令中的选项说明如下。 （1）**dce**：二选一选项，指定接口的工作方式为 DCE。 （2）**dte**：二选一选项，指定接口的工作方式为 DTE。 （3）**ip**：二选一选项，指定 LAPB 承载 IP。 （4）**multi-protocol**：二选一选项，指定 LAPB 可以承载多种网络层协议。 缺省情况下，接口封装的链路层协议为 PPP。当接口的链路层协议为 LAPB 时，缺省的工作方式为 DTE，承载 IP，可用 **undo link-protocol lapb** 恢复缺省配置
5	**code** { **nrz** | **nrzi** } 例如：Huawei-Serial1/0/0] **code nrzi**	配置同步方式下 Serial 接口的链路编码格式。命令中的选项说明如下。 （1）**nrz**：二选一选项，指定链路编码格式为 NRZ（Non Return to Zero，非归零）码格式。NRZ 码使用正电平和负电平代表不同的逻辑（1 或 0），信号在一个码元之间不需要返回零电平。 （2）**nrzi** 二选一选项，指定链路编码格式为 NRZI（Non Return to Zero Inverted，非归零翻转）码格式。NRZI 码用电平的翻转代表一个逻辑，电平保持不变代表另外一个逻辑，信号在一个码元间不需要返回零电平。信号电平的翻转可以提供一种同步机制。 【说明】有关 NRZ 和 NRZI 的具体编码格式参见《深入理解计算机网络》（新版）一书。如果在同一个 Serial 接口

续表

步骤	命令	说明
5	**code** { **nrz** | **nrzi** } 例如：Huawei-Serial1/0/0] **code nrzi**	视图下重复执行 **code** 命令且选项不同时，新配置将覆盖老配置。但使用同步方式下 Serial 接口通信的链路两端设备配置的链路编码方式必须相同，否则收到的数据帧会被解码错误，认为是错误帧而丢弃。 缺省情况下，同步方式下 Serial 接口的链路编码格式为 NRZ，可用 **undo code** 命令恢复为缺省情况
6	**crc** { **16** | **32** | **none** } 例如：[Huawei-Serial1/0/0] **crc 32**	（可选）配置同步方式下 Serial 接口的 CRC（Cyclic Redundancy Check，循环冗余校验）校验方式。命令中的选项说明如下。 （1）**16**：多选一选项，指定同步方式下 Serial 接口使用 16 位 CRC 校验方式（即采用 16 位 CRC 校验码）。 （2）**32**：多选一选项，指定同步方式下 Serial 接口使用 32 位 CRC 校验方式（即采用 32 位 CRC 校验码）。 （3）**none**：多选一选项，指定同步方式下 Serial 接口不进行 CRC 校验。 【说明】CRC 校验对数据的一致性进行验证，其算法的精度非常高，而 16 位与 32 位校验码长度的区别在于 32 位的校验精度会更高，但是会占用更多的资源。有关详细的 CRC 校验原理参见《深入理解计算机网络》（新版）一书。 如果在同一个 Serial 接口视图下重复执行 **crc** 命令且参数不同时，新配置将覆盖老配置。 缺省情况下，同步方式下 Serial 接口采用 16 位 CRC 校验方式，可用 **undo crc** 命令恢复为缺省情况
7	**idlecode** { **7e** | **ff** } 例如：[Huawei-Serial1/0/0] **idlecode ff**	（可选）配置同步方式下 Serial 接口的线路空闲码类型。由于同步方式下 Serial 接口传输的是电路信号，应该保证持续有数据在线路上传输，然而当线路比较空闲时，就需要使用线路空闲码表示线路的空闲状态。命令中的选项说明如下。 （1）**7e**：二选一选项，指定同步方式下 Serial 接口的线路空闲码为 0x7e。实际应用中，推荐使用缺省值，即线路的空闲码类型为 0x7e。 （2）**ff**：二选一选项，指定同步方式下 Serial 接口的线路空闲码为 0xff。 链路两端 Serial 接口使用的空闲码类型必须一致，否则会导致通信异常。如果在同一个串行接口视图下重复执行 **idlecode** 命令且参数不同时，新配置将覆盖老配置。 缺省情况下，同步方式下 Serial 接口的线路空闲码类型为 0x7e，可用 **undo idlecode** 命令恢复为缺省情况
8	**mtu** *mtu* 例如：[Huawei-Serial1/0/0] **mtu** 1200	（可选）配置同步方式下 Serial 接口的最大传输单元 MTU，取值范围为 128～1 500 整数个字节。执行完本命令后，需要依次执行 **shutdown** 和 **undo shutdown** 或 **restart** 命令，重新启动相应的物理接口，使配置生效。 缺省情况下，同步方式下 Serial 接口的 MTU 是 1 500 字节，可用 **undo mtu** 命令恢复为缺省情况

续表

步骤	命令	说明
9	**itf number** *number* 例如：[Huawei-Serial1/0/0] **itf number** 1	（可选）配置同步方式下 Serial 接口的帧间填充符的个数，整数形式，取值范围为 0～14。**每个帧间填充符占用一个字节的空间**。 【说明】帧间填充符是接口在没有发送业务数据时发送的码型，用来使接收设备在收到数据帧后有一定的缓冲时间对数据帧进行处理，并为接收下一帧做好充分准备。 **帧间填充符的个数表示两个相邻帧之间存在多少个帧间填充符**，而帧间填充符作为额外开销，会影响接口的实际传输速率。通过执行本命令，用户可以手动设置帧间填充符的数目，从而对传输速率进行适配。 在配置帧间填充符时要注意以下几点。 ● 线路两端的帧间填充符必须配置成相同的个数，否则可能导致通信异常。 ● 对于 1SA 和 2SA 接口卡，不支持配置帧间填充符数目为 2。 ● E1/T1 接口形成的 Serial 接口不支持配置本命令。 缺省情况下，同步方式下 Serial 接口的帧间填充符个数为 4，可用 **undo itf number** 命令恢复缺省情况

注意 SA 接口卡通过协议转换器（比如 CHANNEL-BANK）与对端 E1 接口卡对接，协议转换器必须配置为非通道化模式（即将整个 32 个 E1 信道捆绑在一起当作一个通道使用，E1 接口也要配置为非通道化模式，这样 SA 接口卡与 E1 接口卡对接才能协议 Up。有关 E1 接口将在本章的后面具体介绍。

在日常维护中，可使用 **display** 任意视图命令检查配置结果，管理 Serial 接口。

■ **display interface serial** [*interface-number*]：查看 Serial 接口的基本配置信息和统计信息。

■ **display interface brief serial** [*interface-number*]：查看 Serial 接口的物理状态、链路协议状态、带宽利用率及错误报文数等简要信息。

■ **display ip interface brief serial** [*interface-number*]：查看 Serial 接口的物理状态和 IP 地址等信息。

1.3.4 配置异步方式下 Serial 接口

当使用异步方式下 Serial 接口承载上层数据业务时，支持 RS232 协议。异步方式下 Serial 接口的工作方式和相关属性配置步骤见表 1-13（**各属性配置没有先后次序之分**）。但在配置异步方式下的 Serial 接口之前，需要在设备上成功安装、注册 1SA/2SA/8SA 接口卡。

表 1-13 异步方式下 **Serial** 接口属性配置步骤

步骤	命令	说明
1	**system-view** 例如：< Huawei > **system-view**	进入系统视图

续表

步骤	命令	说明
2	**interface serial** *interface-number* 例如：[Huawei] **interface serial** 1/0/0	键入要配置异步方式属性的 Serial 接口，进入接口视图
3	**physical-mode async** 例如：[Huawei-Serial1/0/0] **physical- mode async**	配置 Serial 接口工作在异步方式，**对端设备的 Serial 接口必须配置为相同的方式。** 缺省情况下，Serial 接口工作在同步方式
4	**async mode** { **flow** | **protocol** } 例如：[Huawei-Serial1/0/0] **async mode flow**	配置异步方式下 Serial 接口的工作模式。命令中的选项说明如下。 （1）**flow**：二选一选项，指定异步方式下 Serial 接口工作在流模式。 （2）**protocol**：二选一选项，指定异步方式下 Serial 接口工作在协议模式。 如果在同一个 Serial 接口视图下重复执行 **async mode** 命令且选项不同时，则新配置将覆盖老配置。 缺省情况下，异步方式下 Serial 接口工作在协议模式，可用 **undo async mode** 命令恢复为缺省情况
5	**detect dsr-dtr** 例如：[Huawei-Serial1/0/0] **detect dsr-dtr**	（可选）使能异步方式下 Serial 接口的 DSR（Data Set Ready，数据装置就绪）和 DTR（Data Terminal Ready，数据终端就绪）信号检测功能，可以用于判断同步方式下 Serial 接口和异步方式下 Serial 接口的状态。 DSR 信号用于由 DCE 设备通知 DTE 设备自己是否已经处于工作状态；DTR 信号用于由 DTE 设备通知 DCE 设备自己是否已经处于工作状态。 【说明】异步方式下 Serial 接口的状态判断分为以下两种情况。 ● 如果使能异步方式下 Serial 接口的 DSR 和 DTR 信号检测功能，系统将不仅检测异步方式下 Serial 接口是否外接电缆，同时还要检测 DSR 信号，只有当该信号有效时，系统才认为异步方式下 Serial 接口处于 Up 状态，否则，为 Down 状态。 ● 如果不使能异步方式下 Serial 接口的 DSR 和 DTR 信号检测功能，系统将不检测异步方式下 Serial 接口是否外接电缆，自动向用户报告异步方式下 Serial 接口的状态为 Up。 缺省情况下，已使能异步方式下 Serial 接口的 DSR 和 DTR 信号检测功能，可用 **undo detect dsr-dtr** 命令去使能 Serial 接口的 DSR 和 DTR 信号检测功能
6	**phy-mru** *mrusize* 例如：[Huawei-Serial1/0/0] **phy-mru** 1200	（可选）配置异步方式下 Serial 接口的 MRU（Maximum Receive Unit，最大接收单元），取值范围 4～1 700 整数字节。配置 Serial 接口上的 MRU 值大于等于接口的 MTU 值，可以保证通信双方都有能力接收来自对端的报文。如果在同一个 Serial 接口视图下重复执行 **phy-mru** 命令时，则新配置将覆盖老配置。 缺省情况下，异步方式下 Serial 接口的 MRU 为 1 700 字节，可用 **undo phy-mru** 命令恢复为缺省情况

续表

步骤	命令	说明
7	**mtu** *mtu* 例如：[Huawei-Serial1/0/0] **mtu** 1200	（可选）配置异步方式下 Serial 接口的最大传输单元 MTU，取值范围为 128～1 500 整数个字节。执行完本命令后，需要依次执行 **shutdown** 和 **undo shutdown** 或 **restart** 命令，重新启动相应的物理接口，使配置生效。 缺省情况下，异步方式下 Serial 接口的 MTU 是 1 500 字节，可用 **undo mtu** 命令恢复为缺省情况

1.3.5 同步方式下 Serial 接口连接网络的配置示例

本示例的基本结构如图 1-31 所示，RouterA 和 RouterB 通过 Serial 接口直接相连。已知 RouterA 的 Serial 接口为 DTE 接口，RouterB 的 Serial 接口为 DCE 接口，用户希望通信两端能够网络互通。

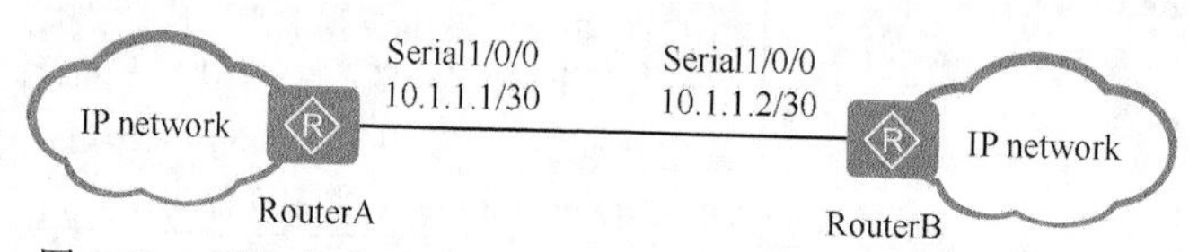

图 1-31 同步方式下 Serial 接口网络连接配置示例的拓扑结构

1. 基本配置思路分析

本示例是 Serial 接口在局域网中设备直连（电缆两端均为 DB-28 的 Serial 接口）的应用，所以需要工作在同步方式下，两端需分别配置工作在 DTE、DCE 方式。根据 1.3.3 节介绍的同步方式 Serial 接口的配置步骤，再结合本示例中实际要求可得出如下基本配置思路。

■ 因为 Serial 接口缺省就是同步方式，所以接口工作模式不用配置，但在配置中需要把两端的 Serial 接口工作方式分别作为 DTE 或 DCE 方式进行相关参数的配置。

■ 为了提高链路传输性能，在此假设修改 Serial 接口的传输速率为 72 000 bit/s、MTU 值为 1 400 字节。其他物理属性和链路层属性都直接采用缺省值。

注意 修改 Serial 接口的物理属性和链路层属性后要先关闭接口，然后再重启该接口，使配置生效。

■ 按图 1-31 中标识配置两接口的 IP 地址。

2. 具体配置步骤

下面是 RouterA 和 RouterB 上 Serial 接口的相关配置，RouterA 作为 DTE 设备，RouterB 作为 DCE 设备。

■ RouterA 上的配置。

```
<Huawei> system-view
[Huawei] sysname RouterA
[RouterA] interface serial 1/0/0
[RouterA-Serial1/0/0] virtualbaudrate 72 000      !---配置 DTE 设备上 Serial 接口的虚拟波特率为 72 000 bit/s
[RouterA-Serial1/0/0] link-protocol ppp
[RouterA-Serial1/0/0] mtu 1400
[RouterA-Serial1/0/0] shutdown
```

```
[RouterA-Serial1/0/0] undo shutdown
[RouterA-Serial1/0/0] ip address 10.1.1.1 30
[RouterA-Serial1/0/0] quit
```

■ RouterB 上的配置。

```
<Huawei> system-view
[Huawei] sysname RouterB
[RouterB] interface serial 1/0/0
[RouterB-Serial1/0/0] baudrate 72 000    !---配置 DCE 设备上 Serial 接口的波特率为 72 000 bit/s，要与 RouterA 上配置的虚拟波特率相等
[RouterB-Serial1/0/0] link-protocol ppp
[RouterB-Serial1/0/0] mtu 1400
[RouterB-Serial1/0/0] shutdown
[RouterB-Serial1/0/0] undo shutdown
[RouterB-Serial1/0/0] ip address 10.1.1.2 30
[RouterB-Serial1/0/0] quit
```

配置好后，可以通过 **display interface serial** [*interface-number*]命令查看 Serial 接口的配置信息和接口工作状态，验证配置结果，还可通过 **ping** 命令验证两路由器是否互联成功。

1.4 CE1/PRI 接口配置与管理

20 世纪 60 年代，随着 PCM（Pulse Code Modulation，脉冲码调制）技术的出现，TDM（Time Division Multiplexing，时分复用）技术在数字通信系统中逐渐得到广泛应用，以便尽可能地利用信道的每一个时间点进行业务数据传输，提高传输效率。

1.4.1 E1 和 T1 简介

说到 E1 和 T1，就要先从前面提到的 TDM 复用技术说起，然后再顺便提一下 PDH 和 SDH 这两种传输体系，最后再介绍 PDH 在不同国家应用的复用系统 E1 和 T1。

TDM（时分复用）是一种数字信号复用技术，首先把一个信道的抽样周期（T）均分成若干个时隙（TS*n*，*n*=0，1，2，3，……），然后把要利用该信道传输的各路信号（通常是模拟信号，如语音、图像信号）分别安排在一个独立的时隙内进行传输（先通过低通滤波器进行抽样），这样最终就可以使进入该信道传输的各路信号都被绑定在一个抽样周期内的固定时序进行抽样，最后把各路信号的抽样编码按顺序组成一个多路复用数字信号在信道中传输，这就完成了整个 TDM 过程。当然在对端还要进行解复用过程，在此不进行具体介绍，可以参见《深入理解计算机网络》（新版）一书。

通过 TDM 后，相当于将各路信号的传输时间分配在不同的时间间隙，达到了互相分离，互不干扰的目的。其好处是可以充分提高信道的利用率，因为如果一个信道只传输一路信号时，在一个抽样周期内只会进行一次抽样，往往会存在较多时间点没信号输出。

后来随着 TDM 技术的发展，TDM 技术又派生了同步时分复用（Synchronization Time-Division Multiplexing）和统计时分复用（Statistical Time Division Multiplexing）两大类。其中同步时分复用又有两类不同应用领域的系统支持，就是主要用于公共电话网 PSTN 的 PDH（Plesiochronous Digital Hierarchy，准同步数字系列）和主要用于骨干网络光纤通信的 SDH（Synchronous Digital Hierarchy，同步数字系列）。

PDH 系统是在数字通信网的每个节点上都分别设置高精度的时钟，这些时钟的信号都具有统一的标准速率。尽管每个时钟的精度都很高，但总还是有一些微小的差别。为了保证通信的质量，要求这些时钟的差别不能超过规定的范围。因此，这种同步方式严格来说不是真正的同步，所以叫作“准同步”。

在以前的电信网中，基本上都使用 PDH 系统，因为这种系列对传统的点到点通信有较好的适应性。但随着数字通信的迅速发展，点到点的直接传输越来越少，大部分数字传输都要经过转接，因而 PDH 系列便不能适合现代电信业务开发的需要，以及现代化电信网管理的需要。SDH 就是为了适应这种新的需要而出现的传输体系。

最早提出 SDH 概念的是美国贝尔通信研究所，称为光同步网络（SONET）。它是高速、大容量光纤传输技术和高度灵活、又便于管理控制的智能网技术的有机结合。最初的目的是在光纤传输路径上实现标准化，便于不同厂家的产品能在光路上互通，从而提高网络的灵活性。1988 年，国际电报电话咨询委员会（CCITT）接受了 SONET 的概念，重新命名为“同步数字系列（SDH）”，使它不仅适用于光纤，也适用于微波和卫星传输的技术体制，并且使其网络管理功能大大增强。

在公用电话交换网络中使用的 PDH 传输体系存在两种时分复用系统，一是 ITU-T 推荐的 E1 系统，广泛应用于欧洲以及中国；二是由 ANSI 推荐的 T1 系统，主要应用于北美和日本（日本采用的 J1，与 T1 基本相似，可以算作 T1 系统）。

E1 和 T1 具有相同的采样频率（8 kHz）、PCM 帧传输时长（125 μs）、每编码字位数（8 bit）、时隙位速率（64 kbit/s）。E1 中每个 PCM 基群帧包含 32 个时隙，每个 PCM 基群帧包含 256 bit，因此，E1 可提供的最大传输速率的计算公式为：帧比特数/帧传输时长= 256 bit/125 μs=2.048 Mbit/s。

T1 中每个 PCM 基群帧包含 24 个时隙，每个 PCM 基群帧也是包含 193 bit，PCM 帧传输时长与 E1 一样，也是 125 μs，因此，T1 可提供的最大传输速率的计算公式为：帧比特数/帧传输时长=193 bit/125 μs=1.544 Mbit/s。

1.4.2 CE1/PRI 接口简介

CE1/PRI（Channelized E1/Primary Rate Interface，通道化 E1/基群速率接口）是 E1 系统的一种物理接口，可以进行语音、数据和图像信号的传输。

在 AR G3 系列路由器中，CE1/PRI 接口是由 1E1/T1-M、2E1/T1-M、4E1/T1-M 和 8E1/T1-M 接口卡提供。另外，AR168F-4P 本身支持配置 CE1/PRI 接口。图 1-32 所示为 2E1/T1-M 接口卡外观（DB9 连接器），图 1-33 所示为 8E1/T1-M 接口卡外观（RJ45 连接器）。不同 E1/T1-M 接口卡在不同机型上的具体支持情况请查阅相应的产品手册。

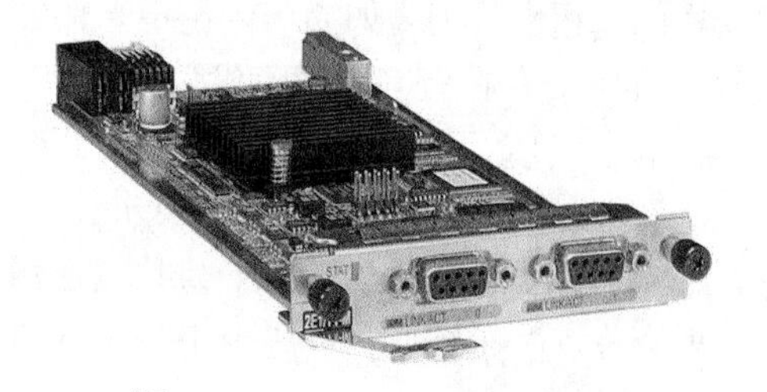

图 1-32 2E1/T1-M 接口卡外观

图 1-33 8E1/T1-M 接口卡外观

CE1/PRI 接口有 E1（非通道化方式）和 CE1/PRI（通道化方式）两种工作方式。当 CE1/PRI 接口工作在 E1 方式时，相当于一个不分时隙、数据带宽为 2.048 Mbit/s 的接口，即整个线路带宽分配给一个信息通道使用。其逻辑特性与同步串口（1.2 节介绍的 Serial 接口）相同，支持 PPP、帧中继等数据链路层协议，支持 IP 网络协议。

如图 1-34 所示，企业总部、分支机构通过租用的 2Mbit/s 带宽 E1 专线接入传输网（由网络运营商提供）。

图 1-34　企业总部和分支机构通过 CE1/PRI 接口 E1 专线接入传输网示意

当 CE1/PRI 接口工作在 CE1/PRI 方式时，原来的 2.048 Mbit/s 传输线路分成了 32 个 64 kbit/s 的时隙，对应编号为 0～31，其中 0 时隙用于传输帧同步信息，不能用来传输业务数据，16 时隙用来传输控制信令（也可用于传输数据）。此时，CE1/PRI 接口又有 CE1 接口和 PRI 接口两种使用方法。

■ 当作为 CE1 接口使用时，除 0 时隙外的全部 31 个时隙可任意分成**若干个通道组**（channel set），每个组中的所有时隙（**可以不包括 16 时隙**）一起捆绑形成一个个逻辑 Serial 接口，其逻辑特性与同步串口相同，也支持 PPP、HDLC 和 FR 数据链路层协议，支持 IP 网络协议。

如图 1-35 所示，企业总部、分支机构通过具有多个低速率通道（用于传输不同业务）的 E1 专线接入传输网（由网络运营商提供），比如两个时隙用于传输语音；4 个时隙用于传输数据。

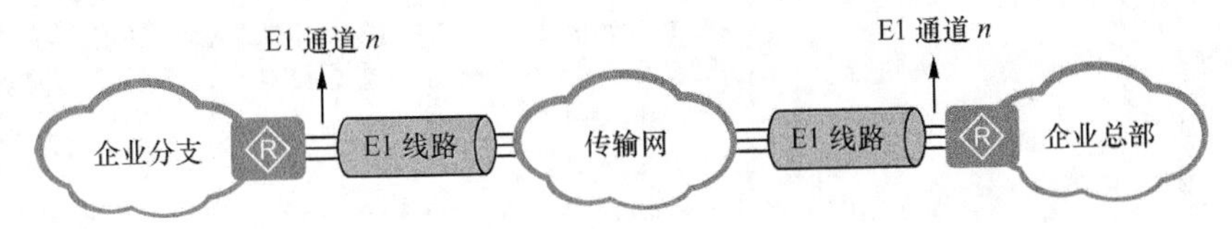

图 1-35　企业总部和分支机构通过 CE1 接口多个 E1 通道接入传输网示意

■ 当作为 PRI 接口使用时，16 时隙被作为 D 信道来传输信令，因此此时只能从除 0 和 16 时隙以外的时隙中任意选出**一组时隙**作为 B 信道，然后将它们与 0 时隙、16 时隙一起（**即必须同时捆绑 16 时隙**）捆绑成**一个基群组**（pri set），作为一个 ISDN PRI 接口（专门用于接入 ISDN 网络）使用，也支持 PPP、HDLC 和 FR 数据链路层协议，支持 IP 网络协议。

如图 1-36 所示，企业总部、分支机构通过 ISDN（由网络运营商提供）互联，使用 ISDN PRI 接口接入 ISDN。

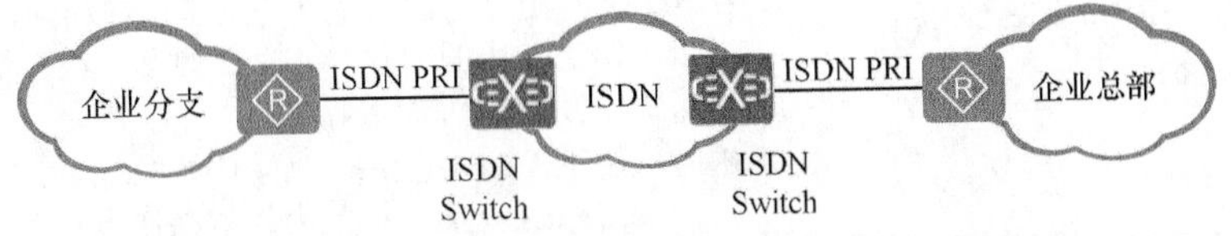

图 1-36　企业通过 ISDN PRI 接口接入 ISDN 示意

1.4.3　配置 CE1/PRI 接口工作在 E1 方式

当需要通过带宽为 2 Mbit/s 的 E1 专线（即把整个 E1 中的 32 个时隙当作一条信道使用）接入传输网时，可以配置 CE1/PRI 接口工作在 E1 方式，具体配置步骤见表 1-14（**属性参数都有缺省配置，可根据实际需要选择配置，且没有先后次序之分**）。

说明

CE1/PRI 接口无论工作在哪种方式，除了时钟模式配置外，其他参数的配置必须和对端一致，否则可能导致通信异常。配置 CE1/PRI 接口前，均需要确保 1E1T1-M/2E1T1-M/4E1T1-M/8E1T1-M 接口卡注册成功，或者直接在 AR168F-4P 设备上配置 CE1/PRI 接口。下同，不再赘述。

表 1-14　CE1/PRI 接口工作在 E1 方式的具体配置步骤

步骤	命令	说明
1	**system-view** 例如：< Huawei > **system-view**	进入系统视图
2	**set workmode slot** *slot-id* **e1t1 e1-data** 例如：[Huawei] **set workmode** slot 1 **e1t1 e1-data**	配置 1E1T1-M/2E1T1-M 接口卡工作在 CE1/PRI 模式（**4E1T1-M/8E1T1-M 接口卡的工作模式只能为 CE1/PRI，不需要，也不支持工作模式的切换**）。命令中的 *slot-id* 参数用来指定需要更改工作模式的接口卡所在的槽位号。 【说明】可先使用 **display device** 命令查看设备上的接口卡槽位号及类型，再找出单板类型带有“E1/T1-M”的单板槽位号，再使用 **display workmode** { **slot** *slot- id* | **all** }命令查看 1E1T1-M/2E1T1-M 接口卡的工作模式为 e1-data 的槽位号。 执行本命令后，系统将提示用户是否需要重启接口卡，如果选择“是”，系统自动重启接口卡，否则用户需要手工执行 **reset slot** 命令使该接口卡重启，然后等待一段时间才能使配置生效。 缺省情况下，1E1T1-M/2E1T1-M 接口卡的工作模式为 e1-data，即 CE1/PRI 模式
3	**controller e1** *interface-number* 例如：[Huawei] **controller e1** 1/0/0	进入指定的 CE1/PRI 接口视图。参数 *interface-number* 用来指定进入 CE1/PRI 接口的编号
4	（可选）配置取消 pri set 的捆绑（**当需要从 PRI 方式切换到 E1 方式时才需要执行本步骤**）。 ① 在系统视图下进入 PRI 接口形成的逻辑 Serial 接口视图，执行 **shutdown** 命令关闭该 Serial 接口。 ② 在 CE1/PRI 接口视图下，执行 **undo pri-set** 命令，取消 pri set 的捆绑	
5	**using e1** 例如：[Huawei-E1 1/0/0] **using e1**	配置 CE1/PRI 接口工作在 E1 方式。此时系统会自动创建一个 Serial 口。**Serial 接口的编号是 serial** *interface- number*:**0**。其中 *interface-number* 是 CE1/PRI 接口的编号，如 **serial** 1/0/0:0。此接口的逻辑特性与同步串口相同，可以视其为同步串口进一步的配置，包括 IP 地址、PPP 和帧中继等链路层协议参数、NAT 等。 缺省情况下，CE1/PRI 接口的工作方式为 CE1/PRI 方式，可用 **undo using** 命令恢复为缺省工作方式

续表

步骤	命令	说明
6	**line-termination** { **75-ohm** | **120-ohm** } 例如：[Huawei-E1 1/0/0] **line-termination 75-ohm**	配置 CE1/PRI 接口所连接的线缆类型。可连接 CE1/PRI 接口的线缆有两种：双绞线和同轴电缆，包括 75Ω DB9 转 BNC 线缆、75Ω RJ45 转 BNC 线缆、120Ω DB9 转 RJ45 线缆、120Ω RJ45 转 RJ45 线缆。更换线缆后需要使用本命令设置接口所连接的线缆类型。命令中的选项说明如下。 （1）**75 Ω**：二选一选项，设置 CE1/PRI 接口所连接的线缆是阻抗为 75 Ω的非平衡电缆，即同轴电缆。 （2）**120 Ω**：二选一选项，设置 CE1/PRI 接口所连接的线缆是阻抗为 120 Ω的平衡电缆，即双绞线。 缺省情况下，CE1/PRI 接口所连接的线缆是阻抗为 120 Ω的平衡电缆，即双绞线，可用 **undo line-termination** 命令恢复为缺省情况
7	**description** *text* 例如：[Huawei-E1 1/0/0] **description** To-[DeviceB] E1-1/0/0	（可选）配置 CE1/PRI 接口描述信息。参数 *text* 用来指定接口的描述信息，1～242 个字符，支持空格，区分大小写，且字符串中不能包含“?”
8	**clock** { **master** | **slave** | **system** } 例如：[Huawei-E1 1/0/0] **clock master**	（可选）配置 CE1/PRI 接口的时钟模式。命令中的选项说明如下。 （1）**master**：多选一选项，配置接口使用主时钟模式。当设备作为 DCE 设备使用时，应设置为 **master** 模式，为 DTE 设备提供时钟。 （2）**slave**：多选一选项，配置接口使用从时钟模式。当设备作为 DTE 设备使用时，应设置为 **slave** 模式，从 DCE 设备上获取时钟。 （3）**system**：多选一选项，配置接口使用系统时钟模式。当路由器的主控板从上游设备获取到高精度时钟，并且路由器将高精度时钟传递到下游设备时，需要将路由器接口的时钟模式配置为系统时钟模式。此时，下游设备接口的时钟模式需要配置为从时钟模式。该参数只有在 4E1T1-M/8E1T1-M 接口卡的接口上配置才能生效。 当两台路由器的 CT1/PRI 接口直接相连时，必须使两端分别工作在从时钟模式和主时钟模式。 缺省情况下，接口使用从时钟模式，可用 **undo clock** 命令恢复为缺省情况
9	**data-coding** { **inverted** | **normal** } 例如：[Huawei-E1 1/0/0] **data-coding inverted**	（可选）配置 CE1/PRI 接口是否对数据进行翻转。数据翻转的原理是将数据码流中的“1”变成“0”，“0”变成“1”，只有通信双方的 CT1/PRI 接口的数据翻转设置保持一致（都进行翻转或都不进行翻转），才能正常通信。命令中的选项说明如下。 （1）**inverted**：二选一选项，设置 CT1/PRI 接口对数据进行翻转。 （2）**normal**：二选一选项，设置 CT1/PRI 接口不对数据进行翻转。 缺省情况下，不对数据进行翻转，可用 **undo data-coding** 命令恢复为缺省情况

续表

步骤	命令	说明
10	**idlecode** { **7e** | **ff** } 例如：[Huawei-E1 1/0/0] **idlecode 7e**	（可选）配置 CE1/PRI 接口的线路空闲码类型。CE1/PRI 接口的线路空闲码类型有两种：0x7e 和 0xff。命令中的选项说明如下。 （1）**7e**：二选一选项，设置 CE1/PRI 接口的线路空闲码为 0x7e。 （2）**ff**：二选一选项，设置 CE1/PRI 接口的线路空闲码为 0xff。 **线路两端的空闲码类型必须一致，否则会导致通信异常。** 缺省情况下，CE1/PRI 接口的线路空闲码类型为 0x7e，可用 **undo idlecode** 命令恢复为缺省情况，推荐使用缺省值
11	**itf**_{ **number** *number* | **type** { **7e** |**ff** } } 例如：[Huawei-E1 1/0/0]**itf number** 10 [Huawei-E1 1/0/0] **itf_type ff**	（可选）配置 CE1/PRI 接口帧间填充符的类型和最少个数。命令中的参数和选项说明如下（注意：这里要分成两个命令来分别配置帧间填充符类型和帧间填充符个数，不能用一条命令配置）。 （1）**number** *number*：二选一参数，设置帧间填充符的最少个数，取值范围为 0～14 的整数。 （2）**type**：二选一选项，设置帧间填充符的类型。 （3）**7e**：二选一选项，设置帧间填充符类型为 0x7e。 （4）**ff**：二选一选项，设置帧间填充符类型为 0xff。 【说明】线路两端的帧间填充符必须配置成相同的码型和最少个数，否则可能导致通信异常。由于有帧间填充符作为额外开销，CE1/PRI 接口的实际传输速率一般达不到带宽值，为了提高 CE1/PRI 接口实际传输速率，用户可以执行 **itf number** 0 命令将帧间填充符的最小个数设置为 0。 缺省情况下，CE1/PRI 接口的帧间填充符类型为 0x7e，最少个数为 4 个，可用 **undo itf** { **number** | **type** }命令恢复为缺省情况
12	**undo detect-ais** 例如：[Huawei-E1 1/0/0] **undo detect-ais**	取消对当前 CE1/PRI 接口进行 AIS（Alarm Indication Signal，告警指示信号）检测。当 CE1/PRI 接口工作在 E1 方式时，需要配置本命令来取消 AIS 检测。 缺省情况下，对接口进行 AIS 检测

1.4.4 配置 CE1/PRI 接口工作在 CE1 方式

当需要使用多个低速率（比如 128 K、256 K）E1 通道传输不同业务时，可以配置 CE1/PRI 接口工作在 CE1 方式，具体配置步骤见表 1-15（**属性参数都有缺省配置，可根据实际需要选择配置，且没有先后次序之分**）。

表 1-15 **CE1/PRI** 接口工作在 **CE1** 方式的具体配置步骤

步骤	命令	说明
1	**system-view** 例如：< Huawei > **system-view**	进入系统视图
2	**set workmode slot** *slot-id* **e1t1 e1-data** 例如：[Huawei] **set workmode** slot 1 **e1t1 e1-data**	配置 1E1T1-M/2E1T1-M 接口卡工作在 CE1/PRI 模式。具体参见表 1-14 中的第 2 步

续表

步骤	命令	说明
3	**controller e1** *interface-number* 例如：[Huawei] **controller e1** 1/0/0	进入指定的 CE1/PRI 接口视图。参数 *interface-number* 用来指定进入的 CE1/PRI 接口的编号
4	**using ce1** 例如：[Huawei-E1 1/0/0] **using ce1**	配置 CE1/PRI 接口工作在 CE1/PRI 方式。当 CE1/PRI 接口使用 CE1/PRI 工作方式时，2 Mbit/s 的传输线路分成了 32 个 64 kbit/s 的时隙，对应编号为 0～31，其中 0 时隙用于传输同步信息。 执行本步骤后，系统会自动创建一个 Serial 口。Serial 接口的编号是 **serial** *interface-number : set-number*。其中 *interface-number* 是 CE1/PRI 接口的编号，*set-number* 是 channel set 的编号。此接口的逻辑特性与同步串口相同，可以视其为同步串口进一步的配置，包括：IP 地址、PPP 和帧中继等链路层协议参数、NAT 等。 缺省情况下，CE1/PRI 接口的工作方式为 CE1/PRI 方式，可用 **undo using** 命令恢复为缺省工作方式
5	（可选）配置取消 pri set 的捆绑（**当需要从 PRI 方式切换到 CE1 方式时，才需要执行本步骤**） （1）在系统视图下进入 PRI 接口形成的逻辑 Serial 接口视图，执行 **shutdown** 命令关闭该 Serial 接口。 （2）在 CE1/PRI 接口视图下，执行 **undo pri-set** 命令，取消 pri set 的捆绑	
6	**channel-set** *set-number* **timeslot-list** *list* 例如：[Huawei-E1 1/0/0] **channel-set** 0 **timeslot-list** 1,10-16,18	将 CE1/PRI 接口的时隙捆绑为 channel set。命令中的参数说明如下。 （1）*set-number*：指定该接口上时隙捆绑形成的通道编号，取值范围为 0～30 的整数。 （2）*list*：指定通道要捆绑的时隙列表，取值范围为 1～31 的整数。在指定捆绑的时隙时，可以用 *number* 的形式指定单个时隙，也可以用 *number1-number2* 的形式指定一个范围内的时隙，还可以使用 *number1*、*number2- number3* 的形式，同时指定多个时隙。 【注意】在一个 CE1/PRI 接口上同一个时间内只能支持一种时隙捆绑方式，即本命令不能和 **pri-set** 命令同时使用。一个 CE1 接口最多可以捆绑成 31 个通道，即一个时隙一个通道；最少可以只捆绑一个通道，即 31 个时隙捆绑成一个通道。 在指定的 CE1 接口下多次执行本命令就可以实现捆绑多个通道，**但同一个时隙不能同时绑定到多个通道中，且对端 CE1/PRI 接口捆绑的具体时隙需要和本端保持一致，否则，会导致通信异常**。 缺省情况下，不捆绑任何通道，可用 **undo channel-set** [*set-number*]命令取消指定的已有捆绑
7	**line-termination** { **75-ohm** | **120-ohm** } 例如：[Huawei-E1 1/0/0] **line-termination 75-ohm**	配置 CE1/PRI 接口所连接的线缆类型。其他说明参见表 1-14 中的第 6 步
8	**description** *text* 例如：[Huawei-E1 1/0/0] **description** To-[DeviceB]E1-1/0/0	（可选）配置 CE1/PRI 接口描述信息。参数 *text* 用来指定接口的描述信息，1～242 个字符，**支持空格，区分大小写**，且字符串中不能包含“?”

续表

步骤	命令	说明
9	**clock** { **master** | **slave** | **system** } 例如：[Huawei-E1 1/0/0] **clock master**	（可选）配置 CE1/PRI 接口的时钟模式。其他说明参见表 1-14 中的第 8 步
10	**frame-format** { **crc4** | **no-crc4** } 例如：[Huawei-E1 1/0/0] **frame-format crc4**	配置 CE1/PRI 接口的帧格式。CE1/PRI 接口作为 CE1 接口使用时，支持 CRC4 和非 CRC4 两种帧格式。**但通信双方的帧格式必须相同，否则会产生 CRC4 告警。** （1）**crc4**：二选一选项，设置 CE1/PRI 接口的帧格式为 CRC4 帧格式，是利用时隙 0 的第一比特形成的复帧，包含 16 个连续的 PCM 帧，支持对物理帧进行 4bit 的循环冗余校验。 （2）**no-crc4**：二选一选项，设置 CE1/PRI 接口的帧格式，指基本帧格式，又称双帧格式或奇偶帧格式，偶数帧时隙 0 传帧同步信号“0011011”，奇数帧时隙 0 第 2 位固定为“1”，以和偶数帧的第 2 位“0”区别，不支持对物理帧进行 4 比特的循环冗余校验。 **只有 CE1/PRI 接口工作在 CE1/PRI 方式（即配置了 using ce1 命令），才能执行本命令。** 缺省情况下，CE1/PRI 接口的帧格式为非 CRC4 帧格式，可用 **undo frame-format** 命令恢复为缺省情况
11	**data-coding** { **inverted** | **normal** } 例如：[Huawei-E1 1/0/0] **data-coding inverted**	（可选）配置 CE1/PRI 接口是否对数据进行翻转。其他说明参见表 1-14 中的第 9 步
12	**idlecode** { **7e** | **ff** } 例如：[Huawei-E1 1/0/0] **idlecode 7e**	（可选）配置 CE1/PRI 接口的线路空闲码类型。其他说明参见表 1-14 中的第 10 步
13	**itf** { **number** *number* | **type** { **7e** | **ff** } } 例如：[Huawei-E1 1/0/0]**itf number** 10 [Huawei-E1 1/0/0] **itf type ff**	（可选）配置 CE1/PRI 接口帧间填充符类型和最少个数。其他说明参见表 1-14 中的第 11 步
14	**detect-rai** 例如：[Huawei-E1 1/0/0] **detect-rai**	配置当前 CE1/PRI 接口进行 RAI 检测。当设备发现一些问题，如时钟不同步、LoS（Loss of Signal，信号丢失）等，导致本地出现帧失步时，如果开启了 RAI 告警检测功能，设备将会回发给对端设备 RAI 告警。 **只有 CE1/PRI 接口工作在 CE1 或 PRI 方式（即配置了 using ce1 命令），才能执行本命令。** 缺省情况下，接口进行 RAI 检测，可用 **undo detect-rai** 命令取消 RAI 检测

1.4.5 配置 CE1/PRI 接口工作在 PRI 方式

当需要使用 ISDN PRI 接口接入 ISDN 网络时，可以配置 CE1/PRI 接口工作在 PRI 方式，具体配置步骤见表 1-16（**属性参数都有缺省配置，可根据实际需要选择配置，且没有先后次序之分**）。总体上与上节 CE1 方式的 CE1/PRI 接口配置差不多，主要区别是 PRI 方式不用取消 pri set 的捆绑，需要将 CE1/PRI 接口的时隙捆绑为 pri set。

表 1-16　**CE1/PRI 接口工作在 PRI 方式的具体配置步骤**

步骤	命令	说明
1	**system-view** 例如：< Huawei > **system-view**	进入系统视图
2	**set workmode slot** *slot-id* **e1t1 e1- data** 例如：[Huawei] **set workmode** slot 1 **e1t1 e1-data**	配置 1E1T1-M/2E1T1-M 接口卡工作在 CE1/PRI 模式。具体参见 1.4.3 节表 1-14 中的第 2 步
3	**controller e1** *interface-number* 例如：[Huawei] **controller e1** 1/0/0	进入指定的 CE1/PRI 接口视图。参数 *nterface-number* 用来指定进入 CE1/PRI 接口的编号
4	**using ce1** 例如：[Huawei-E1 1/0/0] **using ce1**	配置 CE1/PRI 接口工作在 CE1 方式。其他说明参见 1.4.4 节表 1-15 中的第 4 步
5	**pri-set** [**timeslot-list** *list*] 例如：[Huawei-E1 1/0/0] **pri-set timeslot-list** 1, 5-8, 16	将 CE1/PRI 接口的时隙捆绑为 pri set，1E1T1-M/2E1T1-M/4E1T1-M/8E1T1-M 接口卡上的 CE1/PRI 接口支持捆绑为一个 pri set。可选参数 **timeslot-list** *list* 用来指定 pri set 中包含的时隙，其取值范围为 1～31 的整数，其中时隙 16 不能被单独捆绑，但必须包括时隙 16。在指定捆绑的时隙时，可以用 *number* 的形式指定单个时隙，也可以用 *number1-number2* 的形式指定一个范围内的时隙，还可以使用 *number1*, *number2- number3* 的形式，同时指定多个时隙。如果不配置该可选参数，则表示捆绑除 0 时隙外的其他所有时隙，形成一个速率为 30B+D 的 ISDN PRI 接口。**对端 CE1/PRI 接口捆绑的具体时隙需要和本端保持一致，否则，会导致通信异常。** 执行本命令后，将自动创建一个 Serial 接口，其逻辑特性与同步串口相同，该 Serial 接口通常被称为 ISDN PRI 接口。ISDN PRI 接口的编号是 **serial** *interface- number*: **15**。其中，*interface-number* 是 CE1/PRI 接口的编号。可以在 ISDN PRI 接口上进一步配置，包括 DCC 工作参数、PPP 及其验证参数、NAT 等。 在一个 CE1/PRI 接口上同一个时间内只能支持一种时隙捆绑方式，即本命令不能和 **channel-set** 命令同时使用。 缺省情况下，CE1/PRI 接口未捆绑成 pri set，可用 **undo pri-set** 命令取消已有的捆绑。但在执行 **undo pri-set** 命令删除 pri set 前，请先执行 **shutdown** 命令将对应的 Serial 接口关闭
6	**line-termination** { **75-ohm** | **120-ohm** } 例如：[Huawei-E1 1/0/0] **line-termination 75-ohm**	配置 CE1/PRI 接口所连接的线缆类型。其他说明参见 1.4.3 节表 1-14 中的第 6 步
7	**description** *text* 例如：[Huawei-E1 1/0/0] **description** To-[DeviceB]E1-1/0/0	（可选）配置 CE1/PRI 接口描述信息。参数 *text* 用来指定接口的描述信息，1～242 个字符，**支持空格，区分大小写**，且字符串中不能包含“?”
8	**clock** { **master** | **slave** | **system** } 例如：[Huawei-E1 1/0/0] **clock master**	（可选）配置 CE1/PRI 接口的时钟模式。其他说明参见 1.4.3 节表 1-14 中的第 8 步

续表

步骤	命令	说明
9	**frame-format** { **crc4** | **no-crc4** } 例如：[Huawei-E1 1/0/0] **frame-format crc4**	（可选）配置 CE1/PRI 接口的帧格式。其他说明参见 1.4.4 节表 1-15 中的第 10 步
10	**data-coding** { **inverted** | **normal** } 例如：[Huawei-E1 1/0/0] **data-coding inverted**	（可选）配置 CE1/PRI 接口是否对数据进行翻转。其他说明参见 1.4.3 节表 1-14 中的第 9 步
11	**idlecode** { 7e | ff } 例如：[Huawei-E1 1/0/0] **idlecode 7e**	（可选）配置 CE1/PRI 接口的线路空闲码类型。其他说明参见 1.4.3 节表 1-14 中的第 10 步
12	**itf** { **number** *number* | **type** { **7e** | **ff** } } 例如：[Huawei-E1 1/0/0]**itf number** 10 [Huawei-E1 1/0/0] **itf type ff**	（可选）配置 CE1/PRI 接口帧间填充符类型和最少个数。其他说明参见 1.4.3 节表 1-14 中的第 11 步
13	**detect-rai** 例如：[Huawei-E1 1/0/0] **detect-rai**	配置当前 CE1/PRI 接口进行 RAI 检测。其他说明参见 1.4.4 节表 1-15 中的第 14 步

1.4.6 CE1/PRI 接口管理

在日常维护中，可使用 **display** 任意视图命令检查配置结果、管理 CE1/PRI 接口，也可用用户视图命令清除 CE1/PRI 接口上的统计信息（若需要统计一定时间内 CE1/PRI 接口生成的串口的流量信息，必须在统计开始前清除该接口下原有的统计信息，重新进行统计）。

- **display controller e1** *interface-number*：查看对应的 CE1/PRI 接口的状态和参数。
- **display interface serial** *interface-number*：查看对应的 Serial 接口的状态及统计信息。
- **reset counters interface serial** [*interface-number*]：清除所有或者指定的 CE1/PRI 接口生成的串口上的统计信息。清除接口的统计信息后，所有的统计数据都不能被恢复。

还可为 CE1/PRI 接口配置环回检测功能，方法是在 CE1/PRI 接口视图下使用 **loopback** { **local** | **payload** | **remote** }命令配置。命令中的选项说明如下。

- **local**：多选一选项，设置接口对内自环，指对本设备输出方向环回，用于测试本端设备是否正常。在本端设备上执行命令 **display interface serial** *interface-number*，查看本端设备的 Serial 接口的物理状态（**current state**）是否为 **Up**。如果是 **Up** 状态，则表示本端设备收发报文正常；反之，则表示本端设备收发报文存在故障。
- **payload**：多选一选项，设置接口进行净荷环回，指对本设备输出方向环回有效载荷，通常 TS0（时隙 0）不参与环回。
- **remote**：多选一选项，设置接口对外环回，指对对端设备发送的输入数据流进行环回，用于测试设备之间链路是否正常。在对端设备上执行命令 **display interface serial** *interface-number*，查看对端设备的 Serial 接口的物理状态（**current state**）是否为 **Up**。如果是 **Up** 状态，则表示设备之间链路正常；反之，则表示设备之间链路存在故障。

进行环回测试将影响系统的性能。测试完毕后，应及时执行 **undo loopback** 命令关闭测试开关。

1.5　E1-F 接口配置与管理

E1-F 接口是 CE1/PRI 接口的简化版本（不能通道化），同样可以进行语音、数据和图像信号的传输，可以满足一些简单的 E1 接入需求。

1.5.1　E1-F 接口简介

在 E1 接入应用中，如果不需要划分出多个通道组（channel set）或不需要 ISDN PRI 功能，使用 CE1/PRI 接口就很浪费，此时可以利用 E1-F 接口来满足这些简单的 E1 接入需求，尽管 CE/PRI 接口中的 E1 或 CE1 方式也可达到相同的目的。

在 AR G3 系列路由器中，E1-F 接口主要是由 1E1/T1-F、2E1/T1-F（如图 1-37 所示，DB9 连接器）、4E1/T1-F 和 8E1/T1-F（如图 1-38 所示，RJ45 连接器）接口卡支持，AR2202-48FE 本身支持配置 E1-F 接口。不同 E1-F 接口卡在不同机型上的具体支持情况请查阅相应的产品手册。

图 1-37　2E1/T1-F 接口卡外观

图 1-38　8E1/T1-F 接口卡外观

E1-F 接口有两种工作方式：非成帧方式和成帧方式。

■ 当 E1-F 接口工作于非成帧方式时，相当于一个不分时隙、数据带宽为 2 048 kbit/s 的接口，其逻辑特性与同步串口（Serial 接口）相同，支持 PPP、HDLC 和 FR 数据链路层协议，支持 IP 网络协议，支持配置时钟模式、线路空闲码、帧间填充符和 AIS 检测等物理属性。

如图 1-39 所示，企业总部、分支机构通过 E1-F 接口，以租用的 2.048 Mbit/s 带宽的 E1 专线接入传输网（由网络运营商提供）。

图 1-39　企业总部和分支机构通过 E1-F 接口 E1 专线接入传输网示意

■ 当 E1-F 接口工作于成帧方式时，线路分为 32 个时隙，对应编号为 0～31。其中，0 时隙用于传输同步信息，其余时隙可以被任意捆绑成**一个通道（可以不包括 16 时隙，**

这点与 CE1/PRI 接口的 CE1 方式要求一样，但与 RPI 方式要求不一样）。E1-F 接口的带宽为 *n*×64 kbit/s（*n* 是指捆绑的时隙数，最大取值为 31），其逻辑特性与同步串口相同，支持 PPP、HDLC 和 FR 数据链路层协议，支持 IP 网络协议，支持配置时钟模式、帧格式、线路空闲码、帧间填充符和 RAI 检测等物理属性。

如图 1-40 所示，企业总部、分支机构通过 E1-F 接口，以租用的低速率 E1 通道接入传输网（由网络运营商提供）。这时需要将 E1 线路中的时隙捆绑为一个通道，然后利用该通道传输业务，比如 8 个时隙用于传输数据。

E1 通道：表示将 E1 线路时隙任意捆绑形成的通道

图 1-40　企业总部和分支机构通过 E1-F 接口 E1 通道接入传输网示意

与 CE1/PRI 接口相比，E1-F 接口有如下特点。

■ 工作在成帧方式时，E1-F 接口只能将时隙捆绑为一个通道；而 CE1/PRI 接口中的 CE1 方式下可以将时隙任意分组，捆绑成多个通道。

■ E1-F 接口不支持 PRI 方式。

1.5.2　配置 E1-F 接口工作在非成帧方式

当需要通过带宽为 2 Mbit/s 的 E1 专线接入传输网时，可以配置 E1-F 接口工作在非成帧方式，具体配置步骤见表 1-17（**属性参数都有缺省配置，可根据实际需要选择配置，且没有先后次序之分**）。

说明　E1-F 接口无论工作在哪种方式，除了时钟模式配置外，其他参数的配置必须和对端一致，否则可能导致通信异常。配置 E1-F 接口前，需要确保 1E1T1-F/2E1T1-F/4E1T1-F/8E1T1-F 接口卡注册成功，或者直接在 AR2202-48FE 设备上配置 E1-F 接口。下同，不再赘述。

表 1-17　　**E1-F 接口工作在非成帧方式的具体配置步骤**

步骤	命令	说明
1	**system-view** 例如：< Huawei > **system-view**	进入系统视图
2	**set workmode slot** *slot-id* **e1t1-f e1-f** 例如：[Huawei] **set workmode slot 1 e1t1-f t1-f**	配置 1E1T1-F/2E1T1-F 接口卡工作在 E1-F 模式（4E1T1-F/8E1T1-F **接口卡的工作模式只能为 E1-F，不能为 T1-F 模式，也不支持工作模式的切换**）。命令中的 *slot-id* 参数用来指定需要更改工作模式的接口卡所在的槽位号。 【说明】在配置本命令时 注意以下几点。 ● 可先使用 **display device** 命令查看设备上的接口卡槽位号及类型，再找出单板类型带有“E1/T1-F”的单板槽位号，再使用 **display workmode**{ **slot** *slot-id* | **all** }命令查看 1E1T1-F/2E1T1-F 接口卡的工作模式为 E1-F 的槽位号。 ● 1E1T1-F/2E1T1-F 接口卡分别实现了一个和两个部分通

续表

步骤	命令	说明
2	**set workmode slot** *slot-id* **e1t1-f e1-f** 例如：[Huawei] **set workmode slot 1 e1t1-f t1-f**	道化 E1/T1 接口的处理功能，但这块接口卡不能同时提供 E1-F 和 T1-F 接口功能。本命令就是用来设置 1E1T1-F/2E1T1-F 接口卡的工作模式。 • 执行本命令后，系统将提示用户是否需要重启单板，如果选择“是”，系统自动重启单板，否则用户需要手工执行 **reset slot** 命令使单板重启。 缺省情况下，1E1T1-F/2E1T1-F 接口卡的工作模式为 E1-F
3	**interface serial** *interface-number* 例如：[Huawei] **interface serial** 1/0/0	进入指定的 E1-F 接口视图。注意，E1-F 接口使用的是 Searial 接口视图
4	**fe1 unframed** 例如：[Huawei-Serial1/0/0]**fe1 unframed**	将 E1-F 接口的工作方式改为非成帧方式。 缺省情况下，E1-F 接口工作在成帧方式，可用 **undo fe1 unframed** 命令恢复为缺省情况
5	**fe1 line-termination** { **75-ohm** | **120-ohm** } 例如：[Huawei-Serial1/0/0]**undo fe1 line-termination 75-ohm**	配置 E1-F 接口所连接的线缆类型。命令中的选项说明具体参见 1.4.3 节表 1-14 中的第 6 步，只是这里对应的是 E1-F 接口。 缺省情况下，E1-F 接口所连接的线缆是阻抗为 120Ω的平衡电缆，即双绞线，可用 **undo fe1 line-termination** 命令恢复缺省情况
6	**description** *text* 例如：[Huawei-Serial1/0/0] **description** To-[DeviceB]E1-F	（可选）配置 E1-F 接口描述信息。参数 *text* 用来指定接口的描述信息，1～242 个字符，**支持空格，区分大小写**，且字符串中不能包含“?”
7	**fe1 clock** { **master** | **slave** | system } 例如：[Huawei-Serial1/0/0]**fe1 clock master**	（可选）配置 E1-F 接口的时钟模式。命令中的选项说明具体参见 1.4.3 节表 1-14 中的第 8 步，只是这里对应的是 E1-F 接口。 缺省情况下，接口使用从时钟模式，可用 **undo fe1 clock** 命令恢复为缺省情况
8	**fel data-coding** { **inverted** | **normal** } 例如：[Huawei-Serial1/0/0] **fel data-coding inverted**	（可选）配置 E1-F 接口是否对数据进行翻转。命令中的选项说明具体参见 1.4.4 节表 1-15 中的第 10 步，只是这里对应的是 E1-F 接口。 缺省情况下，E1-F 接口不对数据进行翻转，可用 **undo fe1 clock** 命令恢复为缺省情况
9	**fel idlecode** { **7e** | **ff** } 例如：[Huawei-Serial1/0/0] **fel idlecode 7e**	（可选）配置 E1-F 接口的线路空闲码类型。命令中的选项说明具体参见 1.4.3 节表 1-14 中的第 10 步，只是这里对应的是 E1-F 接口。 缺省情况下，E1-F 接口的线路空闲码类型为 0x7e，可用 **undo fe1 idlecode** 恢复缺省情况
10	**fel itf**_{ **number** *number* | **type** { **7e** | **ff** } } 例如：[Huawei-Serial1/0/0] **fel itf number** 10 [Huawei-Serial1/0/0] **fel itf_type ff**	（可选）配置 E1-F 接口帧间填充符类型和最少个数。命令中的选项说明具体参见 1.4.3 节表 1-14 中的第 11 步，只是这里对应的是 E1-F 接口。 缺省情况下，E1-F 接口的线路空闲码为 0x7e，可用 **undo fe1 idlecode** 命令恢复为缺省情况
11	**undo fel detect-ais** 例如：[Huawei-Serial1/0/0]**undo fel detect-ais**	取消对当前 E1-F 接口进行 AIS 检测。**当 E1-F 接口工作在非成帧方式时，需要配置本命令来取消 AIS 检测。** 缺省情况下，对接口进行 AIS 检测

续表

步骤	命令	说明
12	**crc** { **16** | **32** | **none** } 例如：[Huawei-Serial1/0/0] **crc 32**	（可选）配置E1-F接口形成的逻辑Serial接口的CRC（Cyclic Redundancy Check，循环冗余校验）方式。其他说明参见1.2.3节表1-12的第6步，不同的只是这里对应的是E1-F接口

1.5.3 配置E1-F接口工作在成帧方式

若需要使用一个低速率（比如512 kbit/s）E1通道传输业务，可以配置E1-F接口工作在成帧方式，具体配置步骤见表1-18（**属性参数都有缺省配置，可根据实际需要选择配置，且没有先后次序之分**）。总体配置与1.5.2节介绍的E1-F接口在非成帧方式的配置差不多，主要区别在于工作方式（这里为成帧方式）以及支持的配置帧格式、时隙捆绑和RAI检测（**但不再支持非成帧方式下的AIS检测**）。

表1-18　E1-F接口工作在非成帧方式的具体配置步骤

步骤	命令	说明
1	**system-view** 例如：< Huawei > **system-view**	进入系统视图
2	**set workmode slot** *slot-id* **e1t1-f e1-f** 例如：[Huawei] **set workmode slot 1 e1t1-f t1-f**	配置1E1T1-F/2E1T1-F接口卡工作在E1-F模式。其他说明参见上节表1-17中的第2步
3	**interface serial** *interface-number* 例如：[Huawei] **interface serial** 1/0/0	进入指定的E1-F接口视图
4	**undo fe1 unframed** 例如：[Huawei-Serial1/0/0]**fe1 unframed**	将E1-F接口的工作方式改为成帧方式。 缺省情况下，E1-F接口工作在成帧方式
5	**fe1 timeslot-list** *list* 例如：[Huawei-Serial1/0/0] **fe1 timeslot-list** 1-3,8,10	设置E1-F接口的时隙捆绑。参数*list*用来指定E1-F接口捆绑的时隙列表，其取值范围为1～31的整数。在指定捆绑的时隙时，可以用*number*的形式指定单个时隙，也可以用*number1-number2*的形式指定一个范围内的时隙，还可以使用*number1, number2-number3*的形式，同时指定多个时隙。当需要改变E1-F接口的速率时，需要执行本步骤。 缺省情况下，E1-F接口捆绑除0时隙外的其他31个时隙，即E1-F接口的缺省速率为1 984 kbit/s，可用**undo fe1 timeslot-list**命令恢复为缺省情况
6	**fe1 line-termination** { **75-ohm** | **120-ohm** } 例如：[Huawei-Serial1/0/0]**undo fe1 line-termination 75-ohm**	配置E1-F接口所连接的线缆类型。其他说明参见上节表1-17中的第5步
7	**description** *text* 例如：[Huawei-Serial1/0/0] **description** To-[DeviceB]E-F	（可选）配置E1-F接口描述信息。参数*text*用来指定接口的描述信息，1～242个字符，**支持空格**，**区分大小写**，且字符串中不能包含“?”
8	**fe1 frame-format** { **crc4** | **no-crc4** }	（可选）设置E1-F接口的帧格式。命令中的选项说明具体参见1.4.4节表1-15中的第10步，只是这里对应的是E1-F接口。

续表

步骤	命令	说明
8	例如：[Huawei-Serial1/0/0] **fe1 frame-format crc4**	缺省情况下，E1-F 接口的帧格式为非 CRC4 帧格式，可用 **undo fe1 frame-format** 命令恢复缺省情况
9	**fe1 clock** { **master** | **slave** | **system** } 例如：[Huawei-Serial1/0/0]**fe1 clock master**	（可选）配置 E1-F 接口的时钟模式。命令中的选项说明具体参见 1.4.3 节表 1-14 中的第 8 步，只是这里对应的是 E1-F 接口。 缺省情况下，接口使用从时钟模式，可用 **undo fe1 clock** 命令恢复为缺省情况
10	**fel data-coding** { **inverted** | **normal** } 例如：[Huawei-Serial1/0/0] **fel data-coding inverted**	（可选）配置 E1-F 接口是否对数据进行翻转。命令中的选项说明具体参见 1.4.4 节表 1-15 中的第 10 步，只是这里对应的是 E1-F 接口。 缺省情况下，E1-F 接口不对数据进行翻转，可用 **undo fe1 clock** 命令恢复为缺省情况
11	**fel idlecode** { **7e** | **ff** } 例如：[Huawei-Serial1/0/0] **fel idlecode 7e**	（可选）配置 E1-F 接口的线路空闲码类型。命令中的选项说明具体参见 1.4.3 节表 1-14 中的第 10 步，只是这里对应的是 E1-F 接口。 缺省情况下，E1-F 接口的线路空闲码类型为 0x7e，可用 **undo fe1 idlecode** 恢复缺省情况
12	**fel itf**_{ **number** *number* | **type** { **7e** | **ff** } } 例如：[Huawei-Serial1/0/0] **fel itf number** 10 [Huawei-Serial1/0/0] **fel itf_type ff**	（可选）配置 E1-F 接口帧间填充符类型和最少个数。命令中的选项说明具体参见 1.4.3 节表 1-14 中的第 11 步，只是这里对应的是 E1-F 接口。 缺省情况下，E1-F 接口的线路空闲码为 0x7e，可用 **undo fe1 idlecode** 命令恢复为缺省情况
13	**fe1 detect-rai** 例如：[Huawei-Serial1/0/0] **fe1 detect-rai**	配置 E1-F 接口进行 RAI 检测。缺省情况下，接口进行 RAI 检测，可用 **undo fe1 detect-rai** 命令取消 RAI 检测
14	**crc** { **16** | **32** | **none** } 例如：[Huawei-Serial1/0/0] **crc 32**	（可选）配置 E1-F 接口形成的逻辑 Serial 接口的 CRC 校验方式。其他说明参见 1.3.3 节表 1-12 中的第 6 步

1.5.4 E1-F 接口管理

在日常维护中，可使用 **display** 任意视图命令检查配置结果、管理 E1-F 接口，也可用 **reset** 用户视图命令清除 E1-F 接口上的统计信息（若需要统计一定时间内 E1-F 接口生成的串口的流量信息，必须在统计开始前清除该接口下原有的统计信息，重新进行统计）。

- **display fe1 serial** *interface-number*：查看指定 E1-F 接口的基本配置信息和告警。
- **display interface serial** *interface-number*：查看指定 E1-F 接口状态及统计信息。
- **reset counters interface serial** [*interface-number*]：可以清除所有或者指定 E1-F 接口生成的串口上的统计信息。

有关 E1-F 接口的环回检测功能配置方法与 1.4.6 节介绍的 CE1/PRI 接口的环回检测功能配置方法总体类似，只是这里要在 E1-F 接口视图下配置，配置环回检测功能并设置检测方式的命令为 **fe1 loopback** { **local** | **payload** | **remote** }，但对应的选项说明是一样的，参见即可。

1.6 CT1/PRI 接口配置与管理

当需要通过 T1 系统进行业务传输时，可以使用 CT1/PRI 接口。CT1/PRI 接口是 T1 系统的物理接口，可以用于语音、数据和图像信号的传输。

1.6.1 CT1/PRI 接口简介

T1 系统主要应用于北美和日本（日本采用的 J1，与 T1 基本相似，可以算作 T1 系统），由 24 个单独的通道组成，每个通道支持 64 kbit/s 的传输速率，最终可实现 1.544 Mbit/s 的传输速率（比 E1 线路的 2.048 Mbit/s 带宽要窄）。

AR G3 系列路由器是由 1E1/T1-M 和 2E1/T1-M 接口卡提供（2E1/T1-M 接口卡外观参见图 1-13），**4E1T1-M/8E1T1-M 接口卡的工作模式只能为 e1-data（即 CE1/PRI 模式），不能切换为 CT1/PRI 模式**。不同的 E1/T1-M 接口卡在不同机型上的具体支持情况请查阅相应的产品手册。

CT1/PRI 接口是 T1 系统的物理接口，有两种使用方法。

■ 当作为 CT1 接口使用时，可以将全部时隙（时隙 1～24）**任意地分成若干组**，每组时隙捆绑为一个 channel set。每组时隙捆绑后系统自动生成一个接口，其逻辑上等同于同步串口，支持 PPP、HDLC 和 FR 数据链路层协议，支持 IP 网络协议。

如图 1-41 所示，企业总部、分支通过传输网（由网络运营商提供）互联，需要使用多个低速率（比如：128 kbit/s、256 kbit/s）T1 通道传输不同业务，这时需要将 T1 线路中的时隙捆绑为多个通道，每个通道传输一种业务，比如：两个时隙用于传输语音；4 个时隙用于传输数据。

图 1-41 企业总部与分支机构通过 T1 通道接入传输网的示意

■ 当作为 PRI 接口使用时，由于编号为 24 的时隙用作 D 信道传输信令，因此只能从除 24 时隙以外的时隙中随意选出一组时隙作为 B 信道，将它们同 24 时隙一起捆绑（**即必须同时捆绑 24 时隙**）为一个 pri set，作为一个接口使用，其逻辑特性等同于 ISDN PRI 接口，支持 PPP、HDLC 和 FR 数据链路层协议，支持 IP 网络协议。

如图 1-42 所示，企业总部、分支通过 ISDN（由网络运营商提供）互联，使用 ISDN PRI 接口接入 ISDN。

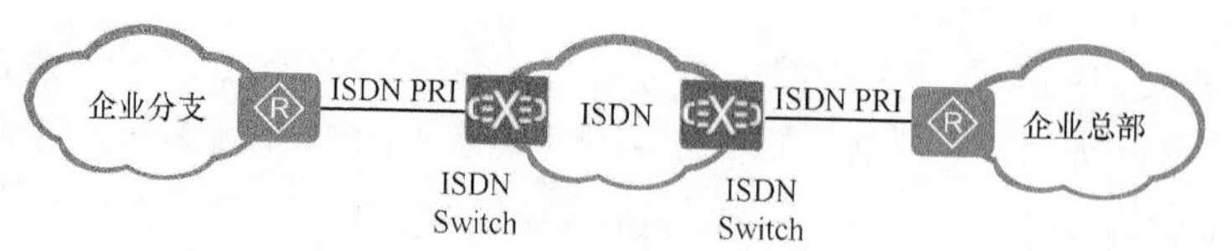

图 1-42 企业总部和分支机构通过 ISDN PRI 接口接入 ISDN 的示意

1.6.2　配置 CT1/PRI 接口工作在 CT1 方式

当需要使用多个低速率（比如：128 kbit/s、256 kbit/s）T1 通道传输不同业务时，可以配置 CT1/PRI 接口工作在 CT1 方式，具体配置步骤见表 1-19（**属性参数都有缺省配置，可根据实际需要选择配置，且没有先后次序之分**）。

说明　CT1/PRI 接口无论工作在哪种方式，除了时钟模式配置外，其他参数的配置必须和对端一致，否则可能导致通信异常。配置 CT1/PRI 接口前，需要确保 1E1T1-M/2E1T1-M 接口卡注册成功。下同，不再赘述。

表 1-19　**CT1/PRI** 接口工作在 **CT1** 方式的具体配置步骤

步骤	命令	说明
1	**system-view** 例如：< Huawei > **system-view**	进入系统视图
2	**set workmode slot** *slot-id* **e1t1 t1-data** 例如：[Huawei] **set workmode** slot 1 **e1t1 t1-data**	配置 1E1T1-M/2E1T1-M 接口卡工作在 CT1/PRI 模式（**4E1T1-M/8E1T1-M 接口卡的工作模式只能为 e1-data，即 CE1/PRI 模式，不支持工作模式的切换**）。命令中的 *slot-id* 参数用来指定需要更改工作模式的接口卡所在的槽位号。 缺省情况下，1E1T1-M/2E1T1-M 接口卡的工作模式为 e1-data，即 CE1/PRI 模式。 【说明】可先使用 **display device** 命令查看设备上的接口卡槽位号及类型，再找出单板类型带有“T1/T1-M”的单板槽位号，再使用 **display workmode** { **slot** *slot- id* | **all** }命令查看 1E1T1-M/2E1T1-M 接口卡的工作模式为 t1-data 的槽位号。 执行本命令后，系统将提示用户是否需要重启接口卡，如果选择“是”，系统自动重启接口卡，否则用户需要手工执行 **reset slot** 命令使该接口卡重启，然后等待一段时间才能使配置生效
3	**controller t1** *interface-number* 例如：[Huawei] **controller t1** 1/0/0	进入指定的 CT1/PRI 接口视图。参数 *nterface-number* 用来指定进入的 CT1/PRI 接口的编号
4	（可选）配置取消 pri set 的捆绑（**当需要从 PRI 方式切换到 CT1 方式时，才需要执行本步骤**）。 （1）在系统视图下进入 PRI 接口形成的逻辑 Serial 接口视图，执行 **shutdown** 命令关闭该 Serial 接口。 （2）在 CT1/PRI 接口视图下，执行 **undo pri-set** 命令，取消 pri set 的捆绑	
5	**channel-set** *set-number* **timeslot-list** *list* [**speed** { **56k** | **64k** }] 例如：[Huawei-T1 1/0/0] **channel-set** 0 **timeslot-list** 1, 10-16,18	将 CT1/PRI 接口的时隙捆绑为 channel set。命令中的参数和选项说明如下。 （1）*set-number*：指定该接口上时隙捆绑形成的通道编号，取值范围为 0～23 的整数。 （2）**timeslot-list** *list*：指定通道捆绑的时隙，其取值范围为 1～24 的整数。在指定捆绑的时隙时，可以用 *number* 的形式指定单个时隙，也可以用 *number1-number2* 的形式指定一个范围内的时隙，还可以使用 *number1, number2-number3* 的形式，同时指定多个时隙。 （3）**speed** { **56k** | **64k** }：可选项，指定时隙捆绑速率，单位

续表

步骤	命令	说明
5	**channel-set** *set-number* **timeslot-list** *list* [**speed** { **56k** | **64k** }] 例如：[Huawei-T1 1/0/0] **channel-set** 0 **timeslot-list** 1, 10-16,18	为 kbit/s。选用参数 56 k 时，通道速率为 *N*×56 kbit/s；选用参数 64 k 时，通道速率为 *N*×64 kbit/s（其中的 *N* 表示通道中捆绑的时隙数量）。系统缺省的时隙捆绑速率为 64 kbit/s，**但对端配置的时隙捆绑速率必须和本端设备保持一致，否则，会导致通信异常。** 执行本步骤后，系统会自动创建一个 Serial 口。Serial 接口的编号是 **serial** *interface-number :set-number*。其中 *interface-number* 是 CT1/PRI 接口的编号，*set-number* 是 channel set 的编号。此接口的逻辑特性与同步串口相同，可以视其为同步串口的进一步配置，包括 IP 地址、PPP 和帧中继等链路层协议参数、NAT 等。 【注意】在一个 CT1/PRI 接口上同一个时间内只能支持一种时隙捆绑方式，即本命令不能和 **pri-set** 命令同时使用。在指定的 CT1 接口下多次执行本命令就可以实现捆绑多个通道，但同一个时隙不能同时绑定多个通道。 缺省情况下，不捆绑任何通道，可用 **undo channel-set** *set-number* 命令取消指定的已有捆绑
6	**description** *text* 例如：[Huawei-T1 1/0/0] **description** To-[DeviceB]T1-1/0/0	（可选）配置接口描述信息。参数 *text* 用来指定接口的描述信息，1～242 个字符，**支持空格，区分大小写**，且字符串中不能包含“?”
7	**cable** { **long** { **-7.5db** | **-15db** | **-22.5db** } | **short** { **133ft** | **266ft** | **399ft** | **533ft** | **655ft** } } 例如：[Huawei-T1 1/0/0] **cable short 133ft**	（可选）配置 CT1/PRI 接口匹配的传输线路的衰减或长度。命令中的选项说明如下。 （1）**long** { **−7.5 db** | **−15 db** | **−22.5 db** }：二选一选项，配置 CT1/PRI 接口匹配长传输线路时的衰减。匹配 655 英尺（1 英尺=3048mn）以上的传输线路，衰减的选值有−7.5 dB、−15 dB、−22.5 dB，可根据接收端信号质量的不同进行区别选择，当线路质量越差时，信号衰减越大（衰减的绝对值越大）。 （2）**short** { **133ft** | **266ft** | **399ft** | **533ft** | **655ft** }：二选一选项，配置 CT1/PRI 接口匹配短传输线路时的长度。匹配 655 英尺以下的传输线路，可选参数有 133 ft、266 ft、399 ft、533 ft、655 ft，可根据传输线路的长度，选择相应的长度值。 本命令的主要作用是配置发送时的信号波形，以适应不同的传输需要。当接收端收到的信号质量较好时，不需要配置本命令，使用缺省配置即可。 缺省情况下，CT1/PRI 接口匹配的传输线路衰减为 long −7.5 dB，可用 **undo cable** 命令恢复为缺省情况
8	**clock** { **master** | **slave** } 例如：[Huawei-T1 1/0/0] **clock master**	（可选）配置 CT1/TPR 接口的时钟模式。命令中的两选项说明参见 1.4.3 节表 1-14 中的第 8 步。当两台路由器的 CT1/PRI 接口直接相连时，**必须使两端分别工作在从时钟模式和主时钟模式**。 缺省情况下，接口使用从时钟模式，可用 **undo clock** 命令恢复为缺省情况
9	**alarm-threshold** { **ais** { **level-1** | **level-2** } | **lfa** { **level-1** | **level-2** | **level-3** | **level-4** } | **los**	（可选）配置 CT1/PRI 接口告警的门限值。命令中的参数和选项说明如下。 （1）**ais** { **level-1** | **level-2** }：多选一选项，设置 AIS 告警的

续表

步骤	命令	说明
9	{ **pulse- detection** *value* | **pulse-recovery** *value* } } 例如：[Huawei-T1 1/0/0] **alarm-threshold los pulse-detection** 300	门限值。**level-1** 的门限为在一个 SF/ESF 帧内，比特流中 0 的个数小于等于 2，则 AIS 告警产生；**level-2** 的门限在 SF 格式时为一个 SF 帧内码流 0 的个数小于等于 3，在 ESF 格式时为一个 ESF 帧内码流 0 的个数小于等于 5。缺省情况下，AIS 告警门限值为 level-1。 （2）**lfa** { **level-1** | **level-2** | **level-3** | **level-4**}：多选一选项，设置 LFA 告警的门限值。level-1 为 4 个帧同步比特中丢失了两个；level-2 为 5 个帧同步比特中丢失了两个；leve-3 为 6 个帧同步比特中丢失了两个；level-4 仅仅对 ESF 格式有效，在连续 4 个 ESF 帧中出现错误时产生 LFA 告警。缺省情况下，LFA 告警门限值为 level-1。 （3）**los** { **pulse-detection** *value* | **pulse-recovery***value* }：多选一选项，设置 LOS 告警的门限值。LOS 告警有两个门限值，**pulse-detection** 选项用来配置 LOS 的检测时长门限，参数 *value* 用来指定检测时长门限，取值范围为 16～4 096 的整数，单位为“脉冲周期”；**pulse-recovery** 选项用来配置 LOS 的脉冲门限，就是在检测时长内（即 **pulse-detection** 配置的若干个脉冲周期内），检测到的脉冲个数如果小于 **pulse-recovery** 所配置的值，则产生 LOS 告警；脉冲门限的取值范围为 1～256 的整数，单位为“脉冲周期”。 缺省情况下，对于 AIS 告警，缺省值为 level-1；对于 LFA（Loss of Frame Alignment）告警，缺省值为 level-1；对于 LOS（Loss of Signal）告警，pulse-detection 参数的值为 176，pulse-recovery 的值为 22，即缺省情况下，如果在 176 个脉冲周期内检测到的脉冲数小于 22 个则认为载波丢失 LOS 告警产生，可用 **undo alarm-threshold** { **ais** | **lfa** | **los** { **ulse-detection** | **pulse- recovery** } }命令将告警门限值恢复为以上对应的缺省情况
10	**frame-format** { **esf** | **sf** } 例如：[Huawei-T1 1/0/0] **frame-format sf**	（可选）配置 CT1/PRI 接口的帧格式。命令中的选项说明如下。 （1）**esf**：二选一选项，设置 CT1/PRI 接口的帧格式为扩展超帧 ESF 格式。ESF 帧由 24 帧组成多帧，共享相同的帧同步信息和信令信息的扩展超帧技术。帧 6、12、18、24 为 4 个信令帧。 （2）**sf**：二选一选项，设置 CT1/PRI 接口的帧格式为超帧 SF 格式。SF 帧由 12 帧组成多帧，共享相同的帧同步信息和信令信息的超帧技术。帧 6 和 12 为两个信令帧。 缺省情况下，CT1/PRI 接口的帧格式为 ESF，可用 **undo frame-format** 命令恢复为缺省情况
11	**data-coding** { **inverted** | **normal** } 例如：[Huawei-T1 1/0/0] **data-coding inverted**	（可选）配置 CT1/PRI 接口是否对数据进行翻转。命令中的选项说明具体参见 1.4.3 节表 1-14 中的第 9 步。 缺省情况下，不对数据进行翻转，可用 **undo data-coding** 命令恢复缺省情况
12	**idlecode** { **7e** | **ff** } 例如：[Huawei-T1 1/0/0] **idlecode 7e**	（可选）配置 CT1/PRI 接口的线路空闲码类型。命令中的选项说明具体参见 1.4.3 节表 1-14 中的第 10 步。 缺省情况下，CT1/PRI 接口的线路空闲码类型为 0x7e，可用 **undo idlecode** 命令恢复缺省情况

续表

步骤	命令	说明
13	**itf** { **number** *number* | **type** { **7e** | **ff** } } 例如：[Huawei-T1 1/0/0]**itf number** 10 [Huawei-T1 1/0/0] **itf type ff**	（可选）配置 CT1/PRI 接口帧间填充符类型和最少个数。命令的选项说明具体参见 1.4.3 节表 1-14 中的第 11 步。 缺省情况下，CT1/PRI 接口的帧间填充符类型为 0x7e，个数为 4 个，可用 **undo itf** { **number** | **type** }命令恢复缺省情况
14	**detect-rai** 例如：[Huawei-T1 1/0/0] **detect-rai**	配置当前 CT1/PRI 接口进行 RAI 检测。其他说明参见 1.4.4 节表 1-15 中的第 14 步

1.6.3 配置 CT1/PRI 接口工作在 PRI 方式

当需要使用 ISDN PRI 接口接入 ISDN 网络时，可以配置 CT1/PRI 接口工作在 PRI 方式，具体配置步骤见表 1-20（**属性参数都有缺省配置，可根据实际需要选择配置，且没有先后次序之分**）。总体上与上节 CT1 方式下的 CT1/PRI 接口配置差不多，主要区别是 PRI 方式不用取消 pri set 的捆绑，需要将 CT1/PRI 接口的时隙捆绑为 pri set，而不是捆绑为一个 channel set。

表 1-20 CT1/PRI 接口工作在 RPI 方式的具体配置步骤

步骤	命令	说明
1	**system-view** 例如：< Huawei > **system-view**	进入系统视图
2	**set workmode slot** *slot-id* **e1t1 t1- data** 例如：[Huawei] **set workmode** slot 1 **e1t1 t1-data**	配置 1E1T1-M/2E1T1-M 接口卡工作在 CT1/PRI 模式。具体参见上节表 1-19 中的第 2 步
3	**controller t1** *interface-number* 例如：[Huawei] **controller t1** 1/0/0	进入指定的 CT1/PRI 接口视图。参数 *nterface-number* 用来指定进入的 CT1/PRI 接口的编号
4	**pri-set** [**timeslot-list** *list*] 例如：[Huawei-T1 1/0/0] **pri-set timeslot-list** 1, 5-8, 24	将 CT1/PRI 接口捆绑为一个 pri set。命令中的可选参数 timeslot-list *list* 用来指定 pri set 中包含的时隙，其取值范围为 1～24 的整数，其中时隙 24 作为 D 信道使用，**不能被单独捆绑，但必须同时捆绑 24 时隙**。在指定捆绑的时隙时，可用 *number* 的形式指定单个时隙，也可用 *number1-number2* 的形式指定一个范围内的时隙，还可以使用 *number1, number2-number3* 的形式，同时指定多个时隙。如果不配置该参数，则表示捆绑所有时隙形成一个速率为 23B+D 的 ISDN PRI 接口。 执行 **pri-set** 命令后，将自动创建一个 Serial 接口，其逻辑特性与 ISDN PRI 接口相同。Serial 接口的编号是“serial *interface-number*:23”。其中，*interface-number* 是 CT1/PRI 接口的编号。 【注意】在一个 CT1/PRI 接口上同一时间内只能支持一种时隙捆绑方式，即本命令不能和 **channel-set** 命令同时使用。**对端 CT1/PRI 接口捆绑的具体时隙需要和本端保持一致，否则会导致通信异常。** 缺省情况下，CT1/PRI 接口未捆绑成 pri set，可用 **undo pri-set** 命令取消已有的捆绑。但在执行 **undo pri-set** 命令删

续表

步骤	命令	说明
4		除 pri set 前，请先执行命令 **shutdown** 将对应的 Serial 接口关闭
5	**description** *text* 例如：[Huawei-T1 1/0/0] **description** To-[DeviceB]T1-1/0/0	（可选）配置接口描述信息。参数 *text* 用来指定接口的描述信息，1～242 个字符，**支持空格，区分大小写**，且字符串中不能包含“?”
6	**cable** { **long** { **−7.5db** | **−15db** | **−22.5db** } | **short** { **133ft** | **266ft** | **399ft** | **533ft** | **655ft** } } 例如：[uawei-T1 1/0/0] **cable short 133ft**	（可选）配置 CT1/PRI 接口匹配的传输线路的衰减或长度。其他说明参见上节表 1-19 中的第 7 步
7	**clock** { **master** | **slave** } 例如：[Huawei-T1 1/0/0] **clock master**	（可选）配置 CT1/TPR 接口的时钟模式。其他说明参见上节表 1-19 中的第 8 步
8	**alarm-threshold** { **ais** { **level-1** | **level-2** } | **lfa** { **level-1** | **level-2** | **level-3** | **level-4** } | **los** { **pulse-detection** *value* | **pulse-recovery** *value* } } 例如：[Huawei-T1 1/0/0] **alarm-threshold los pulse-detection** 300	（可选）配置 CT1/PRI 接口告警的门限值。其他说明参见上节表 1-19 中的第 9 步
9	**frame-format** { **esf** | **sf** } 例如：[Huawei-T1 1/0/0] **frame-format sf**	（可选）配置 CT1/PRI 接口的帧格式。其他说明参见上节表 1-19 中的第 10 步
10	**data-coding** { **inverted** | **normal** } 例如：[Huawei-T1 1/0/0] **data-coding inverted**	（可选）配置 CT1/PRI 接口是否对数据进行翻转。命令中的选项说明具体参见 1.4.3 节表 1-14 中的第 9 步。 缺省情况下，不对数据进行翻转，可用 **undo data-coding** 命令恢复缺省情况
11	**idlecode** { **7e** | **ff** } 例如：[Huawei-T1 1/0/0] **idlecode 7e**	（可选）配置 CT1/PRI 接口的线路空闲码类型。命令中的选项说明具体参见 1.4.3 节表 1-14 中的第 10 步。 缺省情况下，CT1/PRI 接口的线路空闲码类型为 0x7e，可用 **undo idlecode** 命令恢复缺省情况
12	**itf** { **number** *number* | **type** { **7e** | **ff** } } 例如：[Huawei-T1 1/0/0]**itf number** 10 [Huawei-T1 1/0/0] **itf type ff**	（可选）配置 CT1/PRI 接口帧间填充符类型和最少个数。命令的选项说明具体参见 1.4.3 节表 1-14 中的第 11 步。 缺省情况下，CT1/PRI 接口的帧间填充符类型为 0x7e，个数为 4 个，可用 **undo itf** { **number** | **type** }命令恢复缺省情况
13	**detect-rai** 例如：[Huawei-T1 1/0/0] **detect-rai**	配置当前 CT1/PRI 接口进行 RAI 检测。其他说明参见 1.4.4 节表 1-15 中的第 14 步

1.6.4　CT1/PRI 接口管理

在日常维护中，可使用 **display** 任意视图命令检查配置结果、管理 CT1/PRI 接口，也可用 **reset** 用户视图命令清除 CT1/PRI 接口上的统计信息（当需要统计一定时间内 CT1/PRI 接口生成的串口的流量信息时，必须在统计开始前清除该接口下原有的统计信息，重新进行统计）。

■ **display controller t1** *interface-number*：查看指定 CT1/PRI 接口的状态和参数。

■ **display interface serial** *interface-number*：查看指定 Serial 接口的状态及统计信息。

■ **reset counters interface serial** [*interface-number*]：清除所有或者指定 CT1/PRI 接口生成的串口上的统计信息。

有关 CT1/PRI 接口的环回检测功能配置方法与 1.4.6 节介绍的 CE1/PRI 接口的环回检测功能配置方法完全相同（只是这里要在 CT1/PRI 接口视图下配置），参见即可。

1.7　T1-F 接口配置与管理

与 CE1/PRI 接口有对应的简化版本 E1-F 接口一样，CT1/PRI 也有对应的简化版本——T1-F 接口（不能通道化）。T1-F 接口可进行语音、数据和图像信号的传输，可以用来满足一些简单的 T1 接入需求。

1.7.1　T1-F 接口简介

在 T1 接入应用中，如果不需要划分出多个通道组（channel set）或不需要 ISDN PRI 功能，使用 CT1/PRI 接口就显得浪费了，此时可以利用 T1-F 接口来满足这些简单的 T1 接入需求。

在 AR G3 系列路由器中，与 E1-F 接口一样，T1-F 接口由 1E1/T1-F 或 2E1/T1-F 接口卡提供（2E1/T1-F 接口卡外观参见图 1-31），4E1T1-F/8E1T1-F **接口卡的工作模式只能为 E1-F，不支持工作模式的切换**。不同的 E1-F 接口卡在不同机型上的具体支持情况请查阅相应的产品手册。

T1-F 接口只能工作在成帧工作方式。在成帧方式下，可以将 T1-F 接口的全部时隙（时隙 1～24）任意地**捆绑成一个组**（channel set）。T1-F 接口的带宽为 n×64 kbit/s 或 n×56 kbit/s（n 是指捆绑的时隙数），其逻辑上等同于同步串口，支持 PPP、HDLC 和 FR 数据链路层协议，支持 IP 网络协议。

与 CT1/PRI 接口相比，T1-F 接口有如下特点。

■ 工作在成帧方式时，**T1-F 接口只能将时隙捆绑为一个通道**；而 CT1/PRI 接口可以将时隙任意分组，捆绑出多个通道。

■ T1-F 接口不支持 PRI 方式。

1.7.2　配置 T1-F 接口工作在成帧方式

当需要使用一个低速率（比如 512 kbit/s）T1 通道传输业务时，可以配置 T1-F 接口。T1-F 接口的典型应用场景如图 1-43 所示。企业总部、分支通过传输网（由网络运营商提供）互联，需要使用一个低速率通道传输业务，这时需要将 T1 线路中的部分或全部时隙捆绑为一个通道，进行业务数据传输。

T1-F 接口的具体配置步骤见表 1-21（**属性参数都有缺省配置，可根据实际需要选择配置，且没有先后次序之分**）。其中多数配置与 1.6.2 节表 1-16 中 CT1 方式下 CT1/PRI 接口配置类似。

图 1-43　T1-F 接口通过 T1 通道接入传输网的示意

说明　T1-F 接口除了时钟模式配置外，其他参数的配置必须和对端一致，否则可能导致通信异常。配置 T1-F 接口前，需要确保 1E1/T1-F 或 2E1/T1-F 接口卡注册成功。

表 1-21　**T1-F 接口的具体配置步骤**

步骤	命令	说明
1	**system-view** 例如：< Huawei > **system-view**	进入系统视图
2	**set workmode slot** *slot-id* **e1t1-f t1-f** 例如：[Huawei] **set workmode slot 1 e1t1-f t1-f**	配置 1E1T1-F/2E1T1-F 接口卡工作在 T1-F 模式（**4E1T1-F/8E1T1-F 接口卡的工作模式只能为 E1-F，不支持工作模式的切换**）。命令中的 *slot-id* 参数用来指定需要更改工作模式的接口卡所在的槽位号。 【说明】可先使用 **display device** 命令查看设备上的接口卡槽位号及类型，再找出单板类型带有“E1/T1-F”的单板槽位号，再使用 **display workmode**{ **slot** *slot-id* | **all** }命令查看 1E1T1-F/2E1T1-F 接口卡的工作模式为 T1-F 的槽位号。 执行该命令后，系统将提示用户是否需要重启单板，如果选择“是”，系统自动重启单板，否则用户需要手工执行 reset slot 命令使单板重启。 1E1T1-F/2E1T1-F 接口卡分别实现了 1 个和两个部分通道化 E1/T1 接口的处理功能，但这块接口卡不能同时提供 E1-F 和 T1-F 接口功能。 缺省情况下，1E1T1-F/2E1T1-F 接口卡的工作模式为 E1-F
3	**interface serial** *interface-number* 例如：[Huawei] **interface serial** 1/0/0	进入指定的 T1-F 接口视图
4	**ft1 timeslot-list** *list* [**speed** { **56k** | **64k** }] 例如：[Huawei-Serial1/0/0] **ft1 timeslot-list** 1-3,8,10	配置 T1-F 接口捆绑时隙和速率。命令中的参数和选项说明如下。 （1）*list*：指定 T1-F 接口要捆绑的时隙列表，取值范围为 1～24 的整数。在指定捆绑的时隙时，可以用 *number* 的形式指定单个时隙，也可以用 *number1-number2* 的形式指定一个范围内的时隙，还可以使用 *number1, number2- number3* 的形式，同时指定多个时隙。 （2）**speed** {**56k** | **64k** }：指定时隙捆绑速率，单位为 kbit/s。选择 56 k 选项时，通道速率为 *n*×56 kbit/s；选择 64 k 选项时，通道速率为 *n*×64 kbit/s（其中 *n* 表示通道中捆绑的时隙数量）。系统缺省的时隙捆绑速率为 64 kbit/s。 缺省情况下，T1-F 接口对所有时隙进行捆绑，即 T1-F 接口的缺省速率为 1 536 kbit/s（时隙的缺省速率为 64 kbit/s），可用 **undo ft1 timeslot-list** 命令恢复为缺省情况
5	**description** *text* 例如：[Huawei-Serial1/0/0] **description** To-[DeviceB]T1-F	（可选）配置 T1-F 接口描述信息。参数 *text* 用来指定接口的描述信息，1～242 个字符，**支持空格，区分大小写**，且字符串中不能包含“?”

续表

步骤	命令	说明
6	**ft1 cable** { **long** { **-7.5db** | **-15db** | **-22.5db** } | **short** { **133ft** | **266ft** | **399ft** | **533ft** | **655ft** } } 例如：[Huawei-Serial1/0/0] **ft1 cable short** 133ft	（可选）配置 T1-F 接口匹配的传输线路的衰减或长度。命令中的选项具体说明参见 1.6.2 节表 1-19 的第 7 步，不同的只是这里对应的是 T1-F 接口。 缺省情况下，T1-F 接口匹配的传输线路衰减为 long −7.5dB，可用 **undo ft1 cable** 命令恢复为缺省情况
7	**ft1 clock** { **master** | **slave** } 例如：[Huawei-Serial1/0/0] **ft1 clock master**	（可选）配置 T1-F 接口的时钟模式。命令中的选项具体说明参见 1.6.2 节的表 1-19 第 8 步，不同的只是这里对应的是 T1-F 接口。 缺省情况下，接口使用从时钟模式，可用 **undo ft1 clock** 命令恢复为缺省情况
8	**ft1 alarm-threshold** { **ais** { **level-1** | **level-2** } | **lfa** { **level-1** | **level-2** | **level-3** | **level-4** } | **los** { **pulse-detection** *value* | **pulse-recovery** *value* } } 例如：[Huawei-Serial1/0/0] **ft1 alarm-threshold los pulse-detection** 300	（可选）配置 T1-F 接口的告警门限。其他说明参见 1.6.2 节表 1-19 的第 9 步，不同的只是这里对应的是 T1-F 接口。 缺省情况下：对于 AIS 告警，缺省值为 level-1；对于 LFA 告警，缺省值为 level-1；对于 LOS 告警，pulse-detection 参数的值为 176，pulse-recovery 的值为 22，即缺省情况下，如果在 176 个脉冲周期内检测到的脉冲数小于 22 个则认为载波丢失，LOS 告警产生。可用 **undo ft1 alarm-threshold** { **ais** | **lfa** | **los** { **pulse-detection** | **pulse-recovery** } 命令将对应的类型告警门限值恢复为缺省情况
9	**frame-format** { **esf** | **sf** } 例如：[Huawei-Serial1/0/0] **frame- format sf**	（可选）配置 T1-F 接口的帧格式。命令中的选项具体说明参见 1.6.2 节表 1-19 的第 10 步，不同的只是这里对应的是 T1-F 接口。 缺省情况下，T1-F 接口的帧格式为 ESF，可用 **undo ft1 frame-format** 命令恢复为缺省情况
10	**ftl data-coding** { **inverted** | **normal** } 例如：[Huawei-Serial1/0/0] **ftl data-coding inverted**	（可选）配置 T1-F 接口是否对数据进行翻转。命令中的选项具体说明参见 1.6.2 节表 1-19 的第 11 步，不同的只是这里对应的是 T1-F 接口。 缺省情况下，T1-F 接口不对数据进行翻转，可用 **undo ft1 data-coding** 命令恢复为缺省情况
11	**ftl idlecode** { **7e** | **ff** } 例如：[Huawei-Serial1/0/0] **ftl idlecode 7e**	（可选）配置 T1-F 接口的线路空闲码类型。命令中的选项具体说明参见 1.6.2 节表 1-19 的第 12 步，不同的只是这里对应的是 T1-F 接口。 缺省情况下，T1-F 接口的线路空闲码为 0x7e，可用 **undo ft1 idlecode** 命令恢复为缺省情况
12	**ftl itf_** { **number** *number* | **type** { **7e** | **ff** } } 例如：[Huawei-Serial1/0/0] **ftl itf number** 10 [Huawei-Serial1/0/0] **ftl itf_type ff**	（可选）配置 T1-F 接口帧间填充符类型和最少个数。命令中的选项具体说明参见 1.6.2 节表 1-19 的第 13 步，不同的只是这里对应的是 T1-F 接口。 缺省情况下，T1-F 接口的帧间填充符类型为 0x7e，最少个数为 4 个，可用 **undo ft1 itf** { **number** | **type** }命令恢复为缺省情况
13	**crc** { **16** | **32** | **none** } 例如：[Huawei-Serial1/0/0] **crc 32**	（可选）配置 T1-F 接口形成的逻辑 Serial 接口的 CRC 校验方式。其他说明参见 1.3.3 节表 1-12 的第 6 步，不同的只是这里对应的是 T1-F 接口
14	**ft1 detect-rai** 例如：[Huawei-Serial1/0/0]**undo ftl detect-ais**	配置当前 T1-F 接口进行 RAI 检测。其他说明参见 1.6.2 节表 1-19 的第 14 步，不同的只是这里对应的是 T1-F 接口

1.7.3 T1-F 接口管理

在日常维护中，可使用 **display** 任意视图命令检查配置结果、管理 T1-F 接口，也可用 **reset** 用户视图命令清除 T1-F 接口上的统计信息（当需要统计一定时间内 T1-F 接口生成的串口流量信息时，必须在统计开始前清除该接口下原有的统计信息，重新进行统计）。

- **display ft1 serial** *interface-number*：查看 T1-F 接口的基本配置信息和告警情况。
- **display interface serial** *interface-number*：查看 T1-F 接口的状态及统计信息。
- **reset counters interface serial** [*interface-number*]：清除 T1-F 接口生成的串口上的统计信息。

有关 T1-F 接口的环回检测功能配置方法与 1.4.6 节介绍的 CE1/PRI 接口的环回检测功能配置方法大体一样，只是这里要在 T1-F 接口视图下配置，配置环回检测功能并设置检测方式的命令为 **ft1 loopback** { **local** | **payload** | **remote** }，但对应的选项说明是一样的，参考即可。

1.8 CE3 接口配置与管理

CE3（通道化 E3）接口是 E3 系统的物理接口，可以进行语音、数据和图像信号的传输。E3 与 E1 同属于 ITU-T 的数字载波体系，但 E3 是 E1 系统的 3 次群复用而形成的，复用后的数据传输速率达到了 34.368 Mbit/s，线路编解码方式采用 HDB3，有关 HDB3 的具体编码原理参见《深入理解计算机网络》（新版）一书。

1.8.1 E3 系统及 CE3 接口简介

由 E1 形成 E3 要经过两次复用：首先是由 4 路 E1 系统复用形成 E2 系统，传输速率达到 8.448 Mbit/s（包括 120 个可用的业务信道）；然后再由 4 路 E2 系统复用形成 E3 系统，传输速率就达到 34.368 Mbit/s（包括 480 个可用的业务信道）。其实，采取同样的方式，还可复用生成更高速率的传输系统 E4（传输速率达到 139.264 Mbit/s）、E5（传输速率达到 565.148 Mbit/s）。

说明　以上介绍的 E2 速率并不是等于 4 倍 E1 速率，同样，E3 速率也不是 4 倍 E2 速率，究其原因就是因为在复用过程中会插入新的 bit，故复用后的传输速率大于 4 倍复用前速率。

E3 系统其实有两种工作方式，即 E3 方式（非通道化方式）和 CE3 方式（通道化方式），**但华为设备的 CE3 接口目前仅支持工作在 E3 方式**，相当于一个不分时隙、数据带宽为 34.368 Mbit/s 的接口，其逻辑特性与同步串口相同，支持 PPP、帧中继等数据链路层协议，支持 IP 网络协议。

AR G3 系列路由器的 CE3 接口是由 1E3/CE3/T3/CT3 接口卡提供支持，如图 1-44 所示。1E3/CE3/T3/CT3 接口卡目前仅支持非通道化 E3，后续可以通过软件升级支持 CE3/T3/CT3 功能。1E3/CE3/T3/CT3（1 端口-通道化/非通道化 E3/T3 WAN 接口卡）在不同机型上的具体支持情况请查阅相应的产品手册。

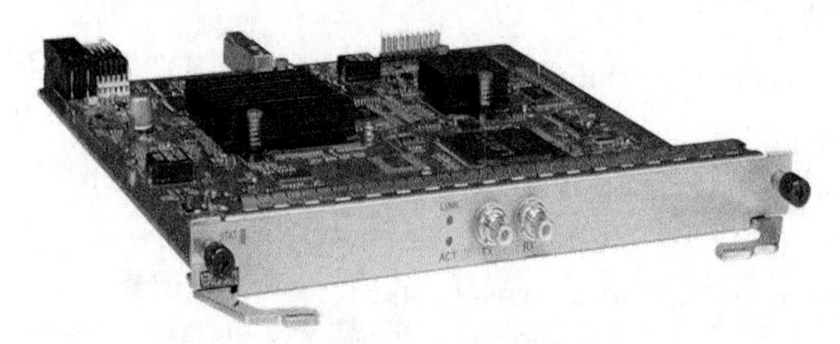

图 1-44　1E3/CE3/T3/CT3 接口卡外观

CE3 接口主要应用于企业总部和分支机构租用带宽为 34 Mbit/s 的 E3 专线，通过传输网（由网络运营商提供）进行互联，如图 1-45 所示。

图 1-45　企业通过 E3 专线接入传输网示意

1.8.2　配置 CE3 接口工作在 E3 方式

当需要通过带宽为 34 Mbit/s 的 E3 专线接入传输网时，可以配置 CE3 接口工作在 E3 方式。

CE3 接口的具体配置步骤见表 1-22（**属性参数都有缺省配置，可根据实际需要选择配置，且没有先后次序之分**）。配置 CE3 接口前，需完成 1E3/CE3/T3/CT3 接口卡的注册。

表 1-22　CE3 接口的具体配置步骤

步骤	命令	说明
1	**system-view** 例如：< Huawei > **system-view**	进入系统视图
2	**controller e3** *interface-number* 例如：[Huawei] **controller e3** 1/0/0	进入指定的 CE3 接口视图。参数 nterface-number 用来指定进入的 CE3 接口的编号
3	**using e3** 例如：[Huawei-E3 1/0/0] **using e3**	配置 CE3 接口工作在 E3 方式。将 CE3 接口工作方式改为 E3 方式后，系统会自动创建一个 Serial 口。Serial 接口的编号是 **serial** *interface-number* **/0:0**。其中 *interface-number* 是 CE3 接口的编号。此时 CE3 接口相当于一个不分时隙、数据带宽为 34.368 Mbit/s 的接口，其逻辑特性与同步串口相同，可以视其为同步串口进一步的配置，包括：IP 地址、PPP 和帧中继等链路层协议参数、NAT 等。 可用 **undo using** 命令取消配置 CE3 接口的工作方式为 E3 方式
4	**clock** { **master** | **slave** }	配置接口的时钟模式，其他说明参见 1.6.2 节表 1-19 的第 8 步，不同的只是此处针对 CE3 接口
5	**itf** { **number** *number* | **type** { **7e** | **ff** } }	配置接口帧间填充符类型和个数，其他说明参见 1.4.3 节表 1-14 中的第 11 步，不同的只是此处针对 CE3 接口

续表

步骤	命令	说明
6	**fe3** { **dsu-mode** { **0** | **1** } | **subrate** *number* } 例如：[Huawei-E3 1/0/0] **fe3 dsu-mode 1** [Huawei-E3 1/0/0] **fe3 subrate** 3000	配置 CE3 接口工作在 FE3（Fractional E3 或称 Subrate E3）模式，并配置 DSU 模式或子速率。 FE3 是 E3 的一种非标准应用模式。目前各厂商支持的速率等级均不一样，使用该命令可实现华为设备和其他厂家设备的 FE3 DSU 模式兼容，实现互通。命令中的选项和参数说明如下。 （1）**dsu-mode**：二选一选项，指定 FE3 的 DSU 模式。 （2）**0**：二选一选项，指定 DSU 模式为 0，即 Digital Link 模式。该模式下，支持的子速率范围为 358～34 010 kbit/s，共 95 个速率等级，级差 358 kbit/s。 （3）**1**：二选一选项，指定 DSU 模式为 1，即 Kentrox 模式。该模式下，支持的子速率范围为 500～24 500 kbit/s，以及 34 010 kbit/s，共 50 个速率等级，级差 500 kbit/s。 （4）**subrate** *number*：二选一参数，指定工作在 FE3 模式下的 CE3 接口的子速率，整数形式，取值范围为 1～34 010，单位是 kbit/s。 缺省情况下，DSU 模式为 1，即 Kentrox 模式；子速率为 34 010 kbit/s，可用 **undo fe3** { **dsu-mode** | **subrate** }命令恢复缺省设置
7	**national-bit** { **0** | **1** } 例如：[Huawei-E3 1/0/0] **national-bit 0**	配置 CE3 接口的国际位，命令中的选项说明如下 （1）**0**：二选一选项，指定配置国际位为 0，表明这个接口只能进行国内通信。 （2）**1**：二选一选项，指定配置国际位为 1，表明这个接口可以进行国际通信。 缺省情况下，CE3 接口的国际位为 1，可用 **undo national-bit** 命令恢复缺省配置。建议使用缺省值。只有在某些特殊情况下，才需要将 CE3 接口的 National bit 设为 0

1.8.3　CE3 接口管理

在日常维护中，可使用 **display** 任意视图命令检查配置结果、管理 CE3 接口，也可用 **reset** 用户视图命令清除 CE3 接口上的统计信息（当需要统计一定时间内 CE3 接口生成的串口流量信息时，必须在统计开始前清除该接口下原有的统计信息，重新进行统计）。

- **display controller e3** *interface-number*：查看 CE3 接口的状态和参数。
- **display interface serial** *interface-number*：查看对应的 Serial 接口的状态及统计信息。
- **reset counters interface serial** [*interface-number*]：清除 CE3 接口生成的串口上的统计信息。

还可在 CE3 接口视图下执行 **loopback** { **local** | **remote** }命令，配置环回检测功能并设置检测方式。

- **local**：二选一选项，设置接口对内自环，指对本设备输出方向环回，用于测试本端设备是否正常。在本端设备上执行命令 **display interface serial** *interface-number*，查看本端设备的 Serial 接口的物理状态（**current state**）是否为 **Up**。如果是 **Up** 状态，则表示本端设备收发报文正常；反之，则表示本端设备收发报文存在故障。

■ **remote**：二选一选项，设置接口对外环回，指对对端设备发送的输入数据流进行环回，用于测试设备之间的链路是否正常。在对端设备上执行命令 **display interface serial** *interface-number*，查看对端设备的 Serial 接口的物理状态（**current state**）是否为 **Up**。如果是 **Up** 状态，则表示设备之间链路正常；反之，则表示设备之间的链路存在故障。

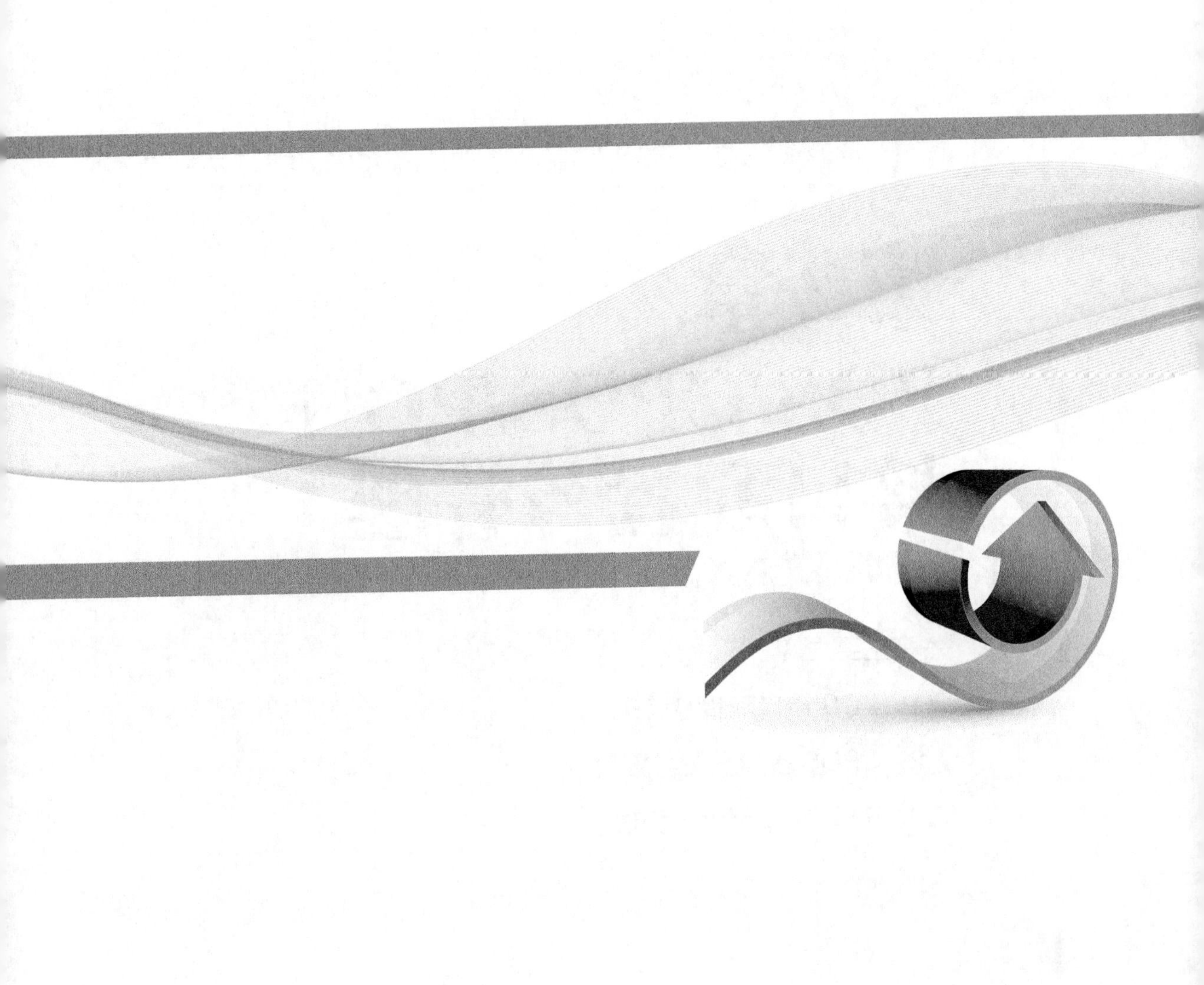

第2章 POS/CPOS/PON接口配置与管理

本章主要内容

第 1 章介绍了 AR G3 系列路由器中接口的一些基础知识，以及像 E1、T1 和 E3 这样的低速率专线系统中常用到的一些 WAN 接口（包括 Serial、CT1/PRI、CE1/PRI、E1-F、T1-F 和 CE3 接口）的配置与管理方法。

本章将继续介绍在一些高速率专线接入系统中所用的 WAN 接口，包括在 SONET/SDH 网络中使用的 POS 和 CPOS 接口，以及在 GPON 和 EPON 光网络中使用的 PON 接口的配置与管理方法。这些 WAN 接口与第 1 章介绍的 WAN 接口一样，都属于专线接入类型的，基本上配置好接口的物理参数后即可实现对应网络的连接。

2.1 POS 接口配置与管理

在第 1 章介绍的 WAN 接口中，基本上都是主要应用于 PDH 网络中的低速率接口，最高的也就是 E3 的 34.368 Mbit/s，本节介绍一种可提供更高速率、主要应用于 SONET 或 SDH 网络中的 POS（Packet Over SONET/SDH）接口。

2.1.1 POS 接口简介

POS 是一种应用在城域网及广域网中的技术，可利用 SONET/SDH 网络提供的高速传输通道直接传送 IP 数据业务。POS 可使用的链路层协议比较丰富，可以是 FR、PPP，或 HDLC 等。它们对 IP 数据包进行封装，然后由 SONET/SDH 通道层的业务适配器把封装后的 IP 数据包映射到 SONET/SDH 同步载荷中，然后经过 SONET/SDH 传输层和段层，加上相应的通道开销和段开销，把载荷装入一个 SONET/SDH 帧中，最后到达光网络，在光纤中传输。

SDH 是一整套可进行同步数字传输、复用和交叉连接的标准化数字信号的等级结构。SDH 与 SONET 是两种同步传输体制，分别由不同的组织制定，两者除了在技术细节参数上有一些差别外，在实质内容和主要规范上并没有很大的区别，但是两者应用的地域范围有所不同：SDH 主要应用于欧洲和中国，SONET 主要应用于北美和日本，不同设备厂商也有不同的缺省配置。

SONET 技术最早是由美国贝尔通信研究所提出的，后来成为 ANSI 定义的同步数字传输标准。SONET 为光纤传输系统定义了同步传输的线路速率等级结构，其传输速率以 51.840 Mbit/s 为基础。在电信号中，此速率称为第 1 级同步传送信号（Synchronous Transport Signal，STS-1），即 STS-1 数据帧是 SONET 中传送的基本单元。在光信号中，此速率称为第 1 级光载波（Optical Carrier），即 OC-1。

3 个 OC-1（STS-1）信号通过时分复用的方式可复用成 SONET 层次的下一个级别 OC-3，速率为 155.520 Mbit/s。更高速率的电路又可由多个低级速率的电路连续汇聚而成，最终复用的速率总是可以从它们的名称上获知。例如，4 个 OC-3 可以复用成 OC-12，4 个 STS-1 可以复用构成 STS-4。

SDH 是以 SONET 为基础发展的新型光纤技术，并最终由 ITU-T 制定出对应的国际标准，主要应用于欧洲。SDH 和 SONET 绝大部分都是相同的，只是 SDH 的基本速率为 155.520 Mbit/s，称为第 1 级同步传递模块（Synchronous Transfer Module），即 STM-1，相当于 SONET 体系中的 OC-3 速率。通过时分复用技术也可形成更高速率的 SDH 接入速率，如 4 路 STM-1 信号可复用构成一路 STM-4 信号，16 路 STM-1 或 4 路 STM-4 信号可复用构成一路 STM-16。

表 2-1 列出了 SONET 和 SDH 常见速率的对应关系。

在 AR G3 系列路由器中，POS 接口是由 1STM1、1STM4 和 4STM1 接口卡提供，如图 2-1 所示是 4STM1（4 个 155 M POS 端口）光接口卡，**仅有 AR2200、AR3200 和 AR3600 系列支持，且 AR2200** 系列中仅部分机型支持，详情参见对应产品的手册说明。

表 2-1　**SONET 和 SDH 常见速率的对应关系**

SONET		SDH	速率（Mbit/s）
电信号	光信号	光信号	
STS-1	OC-1	—	51.840
STS-3	OC-3	STM-1	155.520（155）
STS-9	OC-9	STM-3	466.560
STS-12	OC-12	STM-4	622.080（622）
STS-18	OC-18	STM-6	933.120
STS-24	OC-24	STM-8	1 244.160
STS-36	OC-36	STM-12	1 866.240
STS-48	OC-48	STM-16	2 488.320（2.5 Gbit/s）
STS-96	OC-96	STM-32	4 876.640
STS-192	OC-192	STM-64	9 953.280（10 Gbit/s）

图 2-1　4STM1 接口卡外观

目前，在 AR G3 系列路由器中提供两种速率的 POS 接口的支持：1STM1 和 4STM1 接口卡支持的 OC-3/STM-1（155 Mbit/s）速率等级，其中 4STM1 接口卡中编号为 0 的端口支持 622 Mbit/s，其他 3 个端口仅支持 155 Mbit/s；1STM4 接口卡支持 OC-12/STM-4（622 Mbit/s）速率等级。

POS 在 SONET/SDH 网络中典型应用的基本网络结构如图 2-2 所示，用于与 SONET 或 SDH 传输网连接。

图 2-2　POS 接口典型应用基本网络结构

2.1.2　配置 POS 接口

POS 接口主要包括一些物理参数和链路层协议的配置，具体包括接口的链路层协议、接口时钟模式、开销字节、MTU、帧格式、加扰功能、CRC 校验功能和日志门限等方面，配置步骤见表 2-2（**属性参数都有缺省配置，可根据实际需要选择配置，且没有先后次序之分**）。但在配置 POS 接口之前，需要在路由器上成功安装、注册 1STM1/1STM4/4STM1 接口卡。

表 2-2 **POS 接口的配置步骤**

步骤	命令	说明
1	**system-view** 例如：< Huawei > **system-view**	进入系统视图
2	**interface pos** *interface-number* 例如：[Huawei] **interface pos** 0/0/0	进入 POS 接口视图
3	**frame-format** { **sdh** | **sonet** } 例如：[Huawei-Pos2/0/0] **frame-format sonet**	配置 POS 接口的帧格式。由于不同的地域使用不同的同步传输体制(SDH 或 SONET)，需要根据所在区域的传输体制配置 POS 接口的帧格式。命令中的选项说明如下。 （1）**sdh**：二选一选项，指定 POS 接口的帧格式为 SDH，支持 SDH 网络。 （2）**sonet**：二选一选项，指定 POS 接口的帧格式为 SONET，支持 SONET 网络。 缺省情况下，POS 接口的帧格式为 SDH，可用 **undo frame-format** 命令恢复为缺省设置
4	**mtu** *mtu* 例如：[Huawei-Pos2/0/0] **mtu** 1200	配置 POS 接口的 MTU，不同 AR G3 路由器系列的取值范围有所不同：AR1200 系列、AR2220E、AR2204 和 AR2220L 为 128～1 610 的整数个字节；AR2220、AR2240、AR2240C、AR3260 和 AR3670 为 128～1 968 整数个字节。 如果在同一个 POS 接口视图下重复执行本命令时，新配置将覆盖老配置。使用本命令改变 POS 接口最大传输单元 MTU 后，需要在此接口视图下执行 **shutdown** 和 **undo shutdown** 或 **restart** 命令重启接口，以保证配置的 MTU 生效。**其实所有类型接口的 MTU 和传输速率的配置都一样需要重启接口才能使新配置生效。** 缺省情况下，POS 接口的 MTU 值为 1 500 字节，可用 **undo mtu** 命令恢复为缺省情况
5	**link-protocol** { **fr** | **hdlc** | **ppp** } 例如：[Huawei-Pos2/0/0] **link-protocol fr**	配置 POS 接口的链路层协议，只有配置了正确的链路层协议才能配置该协议相关的参数。命令中的选项说明如下。 （1）**fr**：多选一选项，指定 POS 接口的链路层协议为 FR（帧中继）。 （2）**hdlc**：多选一选项，指定 POS 接口的链路层协议为 HDLC（高级数据链路控制）。 （3）**ppp**：多选一选项，指定 POS 接口的链路层协议为 PPP。 缺省情况下，POS 接口的链路层协议为 PPP，可用 **undo link-protocol** { **fr** | **hdlc** }命令恢复 POS 接口的链路层协议为缺省情况
6	**clock** { **master** | **slave** | **system** } 例如：[Huawei-Pos2/0/0] **clock master**	配置 POS 接口的时钟模式，命令中的选项说明如下。 （1）**master**：多选一选项，配置接口使用主时钟模式。当设备作为 DCE 设备使用时，应设置为 **master** 模式，为 DTE 设备提供时钟。 （2）**slave**：多选一选项，配置接口使用从时钟模式。当设备作为 DTE 设备使用时，应设置为 **slave** 模式，从 DCE 设备上获取时钟。 （3）**system**：多选一选项，配置接口使用系统时钟模式。当路由器的主控板从上游设备获取到高精度时钟，并且路由器要将高精度时钟传递到下游设备时，需要将路由器接口的时钟模式配置为系统时钟模式。**此时，下游设备接口的时钟模式需要配置为从时钟模式。**

续表

步骤	命令	说明
6	**clock** { **master** | **slave** | system } 例如：[Huawei-Pos2/0/0] **clock master**	【说明】当路由器与对端设备的 POS 接口直连时，应配置一端使用主时钟模式，另一端使用从时钟模式；当与 SONET/SDH 设备相连时，由于 SONET/SDH 网络的时钟精度高于 POS 本身内部时钟源的精度，应配置 POS 接口使用从时钟模式。 缺省情况下，POS 接口的时钟模式为从时钟模式，可用 **undo clock** 命令恢复为缺省配置
7	**flag c2** *c2–value* **flag** { **j0** | **j1**} { **1byte-mode** *value* | **16byte-mode** *value* | **64byte-mode** *value* } 例如：[Huawei-Pos2/0/0] **flag j0 16byte-mode** aabb	配置 POS 接口的开销字节。SONET/SDH 帧具有丰富的开销字节，可完成对传输网的分层管理等运行维护功能 OAM（Operation Administration & Maintenance）。C2、J0 和 J1 字节主要用于在不同国家、不同地区或不同厂商的设备之间提供互通支持。但收发端的 C2、J0、J1 要一致，否则两端不能正常通信。这两个命令中的参数和选项说明如下。 （1）**c2** *c2–value*：指定信号标记字节（Path signal label byte），属于高阶通道开销字节，用来指示 VC 帧的复接结构和信息净负荷的性质，整数形式，取值范围是 0～255。 （2）**j0**：二选一选项，指定再生段踪迹字节（Regeneration Section Trace Message），属于再生段开销字节，用于接收端检测与发送端之间是否处于持续连接状态。 （3）**j1**：二选一选项，指定通道踪迹字节（Higher-Order VC-N path trace byte），属于高阶通道开销字节，用于接收端与指定的发送端之间是否处于持续的连接状态。 （4）**1byte-mode***value*：多选一参数，指定 J0/J1 的开销字节模式为 1 字节模式，参数 *value* 为 1 个字符。 （5）**16byte-mode** *value*：多选一参数，指定 J0/J1 的开销字节模式为 16 字节模式，参数 *value* 为 1～15 个字符。 （6）**64byte-mode** *value*：多选一参数，指定 J0/J1 的开销字节模式为 64 字节模式，参数 *value* 为 1～62 个字符。 缺省情况下，设备使用 SDH 帧格式的缺省值：开销字节 C2 为 0x16，J0 和 J1 都为空字符串，可用 **undo flag** { **c2** | **j0** | **j1** }命令恢复为缺省配置
8	**scramble** 例如：[Huawei-Pos2/0/0] **scramble**	配置 POS 接口对载荷数据加扰。为了避免出现过多连续的 1 或 0，便于接收端提取线路时钟信号，POS 接口支持对载荷数据的加扰功能。但要确保两端设备配置的加扰功能一致，否则会导致对接不成功。 缺省情况下，POS 接口对载荷数据加扰，可用 **undo scramble** 命令禁止加扰功能
9	**crc** { **16** | **32** } 例如：[Huawei-Pos2/0/0] **crc 16**	配置 POS 接口发送的帧 FCS 字段中支持的 CRC 校验字长度。POS 接口支持两种 CRC 校验字长度：16 bit 和 32 bit，但要保证两端设备配置的 CRC 校验字长度一致，否则会导致对接不成功。命令中的选项说明如下。 （1）**16**：二选一选项，指定 CRC 校验字长度为 16 bit。 （2）**32**：二选一选项，指定 CRC 校验字长度为 32 bit。 缺省情况下，POS 接口发送的帧中支持的 CRC 校验字长度为 32 位，可用 **undo crc** 命令恢复为缺省设置

续表

步骤	命令	说明
10	**threshold** { **sd** | **sf** } *value* 例如：[Huawei-Pos2/0/0] **threshold sd 8**	配置 POS 接口日志门限。根据不同业务对链路误码率要求的不同，设置 POS 接口误码率日志门限，以便在链路性能下降时及时产生日志，网络管理员可以根据日志发现并处理链路故障，避免对业务造成影响。 【说明】信号劣化（Signal Degrade，SD）和信号失效（Signal Fail，SF）日志都是用于指示当前链路性能的。它们产生的原因相同，都是接收端检测到了链路误码，当链路质量稍微下降时，产生 SD 日志，当链路质量严重下降时，产生 SF 日志。 命令中的选项说明如下。 （1）**sd** *value*：二选一选项，指定 SD（信号劣化）日志门限的指数，门限值以 10e-*value* 形式表示，*value* 为 3～9 的整数。 （2）**sf** *value*：二选一选项，指定 SF（信号失败）日志门限的指数，门限值以 10e-*value* 形式表示，*value* 为 3～9 的整数。但配置日志 SD 门限值要比 SF 门限值小。 缺省情况下，SD 门限值为 10e-6，SF 门限值为 10e-3，可用 **undo threshold** { **sd** | **sf** }命令恢复为缺省情况

以上配置完成后，可使用以下 **display** 任意视图命令检查配置结果，管理 POS 接口，也可用以下 **reset** 用户视图命令清除 POS 接口上的统计信息（当你需要统计一定时间内 POS 接口生成的串口的流量信息时，必须在统计开始前清除该接口下原有的统计信息，重新进行统计）。

■ **display interface pos** [*interface-number*]：查看所有或者指定 POS 接口配置及状态。

■ **display interface brief**：查看 POS 接口的简要信息。

■ **reset counters interface** [*interface-type* [*interface-number*]]：清除所有或者指定 POS 接口上的统计信息。

有关 POS 接口的环回检测功能配置方法与第 1 章 1.8.3 节介绍的 CE3 接口的环回检测功能配置方法大体一样，只是这里要在 POS 接口视图下配置，参见即可。

2.1.3 POS 接口物理参数配置示例

本示例的基本网络结构如图 2-3 所示，两台设备通过 SONET 或 SDH 网络相连，现假设 RouterB 已经完成如下参数设置，为了保证对接成功，需要用户完成 RouterA 的 POS 接口配置。

■ RouterB 的 POS 接口的帧格式为 SONET。

■ RouterB 的 POS 接口的链路层协议为 HDLC。

■ RouterB 的 POS 接口的时钟模式为从时钟模式。

■ RouterB 的 POS 接口的 MTU 值为 1 200 字节。

■ RouterB 的 POS 接口对载荷数据不加扰。

■ RouterB 的 POS 接口的 CRC 校验字长度为 16 位。

■ RouterB 的 POS 接口的开销字节 c2 为 3、j0 和 j1 都按 16 字节模式取值，其中 j0 为 abc、j1 为 xyz。

图 2-3　POS 接口物理参数配置示例的基本网络结构

1. 基本配置思路分析

本示例的配置很简单，因为两个路由器都是直接与 SONET、SDH 网络相连，所以可以直接采用 SONET 网络中精度更高的时钟，**都采用从时钟模式**。这样一来，两个路由器上的以上所有参数配置都**必须完全一致**（否则会出现物理层状态为 Up，链路层状态为 Down，连通不成功的现象）。

可直接根据 2.1.2 节的配置步骤（可根据实际需要选择要配置的参数），以及本示例以上给出的配置参数值进行配置。

2. 具体配置步骤

下面仅以连接 SONET 网络为例进行介绍。又因为 RouterB 上已完成了参数配置，故仅需完成 RouterA 的配置（除 IP 地址外，其他参数配置必须与 RouterB 上的对应参数配置一样）。

① 配置 RouterA 的 POS 接口帧格式为 SONET。

```
<Huawei> system-view
[Huawei] sysname RouterA
[RouterA] interface pos 2/0/0
[RouterA-Pos2/0/0] frame-format sonet
```

② 配置 RouterA 的 POS 接口链路层协议为 HDLC。

```
[RouterA-Pos2/0/0] link-protocol hdlc
```

③ 配置 RouterA 的 POS 接口使用从时钟模式。

```
[RouterA-Pos2/0/0] clock slave
```

④ 配置 RouterA 的 POS 接口 MTU 值为 1 200。

```
[RouterA-Pos2/0/0] mtu 1 200
```

⑤ 配置 RouterA 的 POS 接口开销字节，假设信号标记字节 c2 为 3、再生段踪迹字节 j0 为 16 字节模式 abc、通道踪迹字节 j1 为 16 字节模式 xyz。

```
[RouterA-Pos2/0/0] flag c2 3
[RouterA-Pos2/0/0] flag j0 16byte-mode abc
[RouterA-Pos2/0/0] flag j1 16byte-mode xyz
```

⑥ 配置 RouterA 的 POS 接口取消加扰功能。

```
[RouterA-Pos2/0/0] undo scramble
```

⑦ 配置 RouterA 的 POS 接口 CRC 校验字为 16 位。

```
[RouterA-Pos2/0/0] crc 16
```

⑧ 配置 RouterA 的 POS 接口 IP 地址。

```
[RouterA-Pos2/0/0] ip address 10.1.1.1 30
```

配置好后，可用 **display interface pos** 2/0/0 命令查看 RouterA 的 POS 接口连通状态，验证配置结果。也可以用 ping 命令验证两个路由器 POS 接口的连通性。

2.2　CPOS 接口配置与管理

从 2.1 节介绍的 POS 接口已经知道，目前 1STM4 接口卡已可支持 622 Mbit/s 接入带宽，最低都有155 Mbit/s。这么高的带宽如果仅用于一条通道，对于许多用户来说是一种浪费。于是就像通道化E1或T1接口一样，也对POS接口进行通道化（而且是按E1或T1的倍数带宽进行通道化），这就是本节要介绍的CPOS（通道化POS）接口，主要用于提高设备通过CPOS接口对低速接入的汇聚能力。当需要通过路由器汇聚SONET/SDH传输网的E1/T1线路时就可以使用CPOS。

2.2.1 CPOS接口简介

当把SDH信号看成由低速支路信号复用而成时，这些低速支路就称为通道。CPOS就是通道化的POS接口，它充分利用了SDH体制的特点，提供对带宽精细划分的能力，可减少组网中对设备低速物理端口的数量要求，并提高设备的专线接入能力。

如图2-4所示，在区域分部中采用CPOS接口汇聚接入各个分支的E1/T1线路（还可以汇聚接入E3和T3线路），从而提高了设备对低速接入的汇聚能力。

CPOS接口可以通道化形成多个E1/T1通道，一方面以便汇聚来自不同企业分支的E1/T1线路，另一方面也可使得多个E1/T1线路在同一个物理CPOS接口物理链路中彼此共存且隔离。其中，每个E1/T1线路可以包含一个通道，也可以包含多个通道。

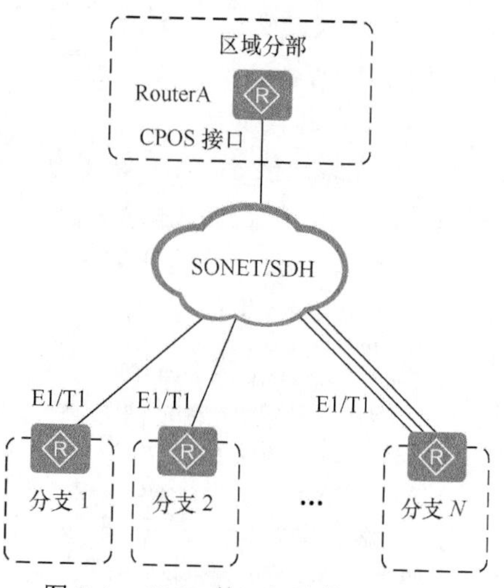

图2-4 CPOS接口汇聚接入E1/T1线路示意

CPOS接口形成E1通道时有两种工作模式：非通道化模式和通道化模式。

- 当E1通道工作在非通道模式时，它相当于一个不分时隙、数据带宽为2.048 Mbit/s的接口，其逻辑特性与同步串口相同。

此时，E1通道形成的接口的名称和编号为**serial** *interface-number*/*e1-number*:**0**。其中，*interface-number*是CPOS的接口编号，*e1-number*是E1通道的编号。

- 当E1通道工作在通道化模式时，2.048 Mbit/s的传输线路分成了32个64 K的时隙，对应编号为0～31，其中0时隙用于传输同步信息。除0时隙外的全部时隙任意分成**一个组**（channel set），这个组作为一个接口使用，其速率为*N*×64 kbit/s（*N*为捆绑的时隙数），逻辑特性与同步串口相同。

此时，E1通道形成的接口的名称和编号格式为**serial** *interface-number*/*e1-number*:*set-number*。其中，*interface-number*是CPOS的接口编号，*e1-number*是E1通道编号，*set-number*是时隙捆绑的捆绑集编号。

CPOS接口形成T1通道时也有两种工作模式：非通道化模式和通道化模式。

- 当T1通道工作在非通道化模式时，它相当于一个不分时隙、数据带宽为1.544 Mbit/s的接口，其逻辑特性与同步串口相同。

此时，T1通道形成的接口的名称和编号为**serial** *interface-number*/*t1-number*:0。其中，*interface-number*是CPOS的接口编号，*t1-number*是T1通道的编号。

■ 当 T1 通道工作在通道化模式时，其全部时隙（时隙 1～24）可以任意地分**成一个组**，这个组作为一个接口使用，其速率为 N×56kbit/s 或 N×64kbit/s（N 为捆绑的时隙数），逻辑特性与同步串口相同。

此时，T1 通道形成的接口的名称和编号格式为 **serial** *interface-number*/*t1-number*:*set-number*。其中，*interface-number* 是 CPOS 的接口编号，*t1-number* 是 T1 通道编号，*set-number* 是时隙捆绑的捆绑集编号。

在 AR G3 系列路由器中，CPOS 接口由 1CPOS-155M（如图 2-5 所示）或 1CPOS-155M-W 接口卡提供，仅 AR2200 系列（除 AR2201-48FE 和 AR2202-48FE 之外的所有款型）、AR3200 系列和 AR3600 系列支持，最多支持汇聚 63 个 E1 通道或 84 个 T1 通道，最大支持 155 M 带宽。

图 2-5　1CPOS-155M 接口卡

2.2.2　SDH 帧结构

为方便地从高速信号中直接分插低速支路信号，应尽可能使低速支路信号在一帧内均匀地、有规律地分布。ITU-T 规定 STM-N 的帧采用以字节为单位的矩形块状结构，如图 2-6 所示。

STM-N 是 9 行×270×N 列的块状帧结构，此处的 N 与 STM-N 中的 N 一致，表示此信号由 N 个 STM-1 信号复用而成。当 N=1 时，就是 STM-1 的帧结构，即一共 9×270=2 430 Bytes。STM-N 传输一帧需要 125 μs，每秒传输 8 000 帧，由此可得出 STM-N 的传输速率=N×9×270×8（一个字节包括 8 bit）×8 000=N×155.520 Mbit/s，N 为 1、4、16 和 64 等。

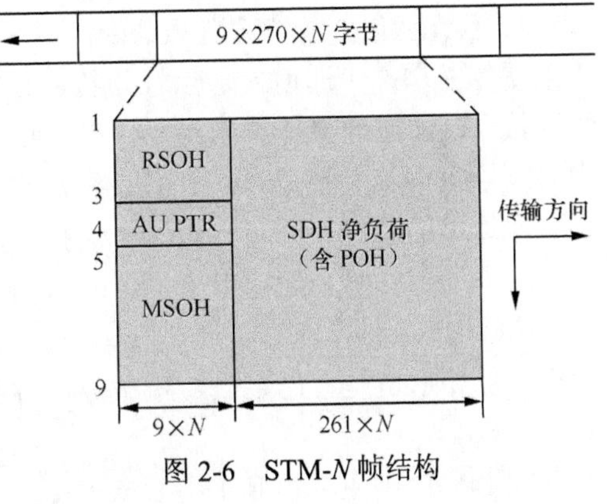

图 2-6　STM-N 帧结构

STM-N 的帧结构由 3 部分组成：段开销 SOH（Section Overhead）、管理单元指针（AU-PTR）和信息净负荷（payload），其中 SOH 又包括 RSOH（Regenerator Section Overhead，再生段开销）和 MSOH（Multiplex Section Overhead，复用段开销）两部分。每多复用一个 STM-1，则在每个组成部分中都会单独为这路 STM-1 信号进行特定描述，总的帧大小都会增加 2 430 字节。

1. 信息净负荷

SDH 净负荷是 STM-N 帧中用于存放各种业务信息的地方，同时会存在少量用于通道性能监视、管理和控制的 POH（Path Overhead，通道开销）字节，共 9 行×261 列×*N*。

在净负荷区中存放的是 2 Mbit/s、34 Mbit/s、140 Mbit/s 等 PDH 信号、ATM 信号、IP 信息包等打包而成的信息包。然后由 STM-*N* 信号承载，在 SDH 网络上传输。此时，如果将 STM-*N* 信号帧比作一辆货车，那净负荷区就可以理解为该货车的车厢，负责装载一个个信息包。

【经验之谈】一个 STM-*N* 帧既可以由多路低阶 SDH 信号（最低阶 SDH 是 155 Mbit/s 的 STM-1）复用形成，也可以由多路低速率 PDH 信号（如 E1、T1、34 Mbit/s 信号）复用形成，但高阶 SDH 信号通常不是直接由低速率 PDH 信号复用而成，而是先复用成低阶 SDH 信号，然后再由多路该低阶 SDH 复用形成高阶 SDH 信号。如 STM-4 不是直接由 E1、T1 这类低速率支路信号复用而成，而是由 4 路 STM-1 复用而成，而每路 STM-1 信号又可直接由多路低速率支路信号复用而成。

在将低速率信号（如 PDH 信号）打包装箱时，要在每一个信息包中加入通道开销 POH，以实现对本"车箱"（STM-*N* 帧）中所包含的每个"货物包"（信息包）在"运输"（信息传输）途中的状态监视。POH 又分为高阶通道开销（Higher-Order Path Overhead，HPOH）和低阶通道开销（Lower-Order Path Overhead，LPOH）。HPOH 负责对复用形成的各高阶速率 SDH 信号（对应后面将要介绍的高阶"虚容器"，可以看成"大包装"）之间的管理，LPOH 负责被复用的各低阶速率 PDH 信号（可以看成大包中嵌套的小包，对应后面将要介绍的低阶"虚容器"）之间的管理。

在 HPOH 中主要是通过两个字节对高阶 SDH 信号状态进行监测。

（1）高阶通道踪迹字节 J1（Higher-Order VC-N path trace byte）

J1 字节包含在高阶通道开销中，该字节的作用与 J0 字节类似（本节后面介绍），被用来重复发送高阶通道接入点标识符，使通道接收端能据此确认与指定的发送端处于持续连接（该通道处于持续连接）状态。要求收发两端 J1 字节匹配。相当于在海关报关单中必须给每个集装箱编号，并且使发送端和接收端都获悉，以便接收端获知每个集装箱在运输途中的状态，并可在货物到达接收端后进行验收。

（2）通道信号标记字节 C2（Path signal label byte）

C2 字节也包含在高阶通道开销中，C2 用来指示 VC 帧的复接结构和信息净负荷的性质，例如通道是否已装载、所载业务种类和它们的映射方式。要求收发两端 C2 字节匹配。

在 LPOH 中主要用到 J2（Low-Order VC-N path trace byte，低阶通道踪迹字节）字节，是对高阶 SDH 信号中复用的低阶 PDH 信号进行状态监测。该字节的作用与 J0、J1 字节类似，被用来重复发送低阶通道接入点标识符，使通道接收端能据此确认与指定的发送端处于持续连接（该通道处于持续连接）状态。要求收发两端 J2 字节匹配。相当于在海关报关单中除了填报了每个集装箱编号，还可能需要填写每个集装箱中装的具体货物包装编号，并且使发送端和接收端都获悉，以便接收端获知每个集装箱内的货物在运输途中的状态，并可在货物到达后接收端后进行验收。

2. SOH

STM-*N* 帧中的 SOH（Section Overhead，段开销）部分负责对整个 STM-*N* 信息帧净

负荷的性能监控，即对 STM-*N* 中所有“货物包”进行整体上的性能监控。SDH 的 RSOH、MSOH、POH 共同构成 SDH 层层细化的监控体系，如图 2-7 所示。

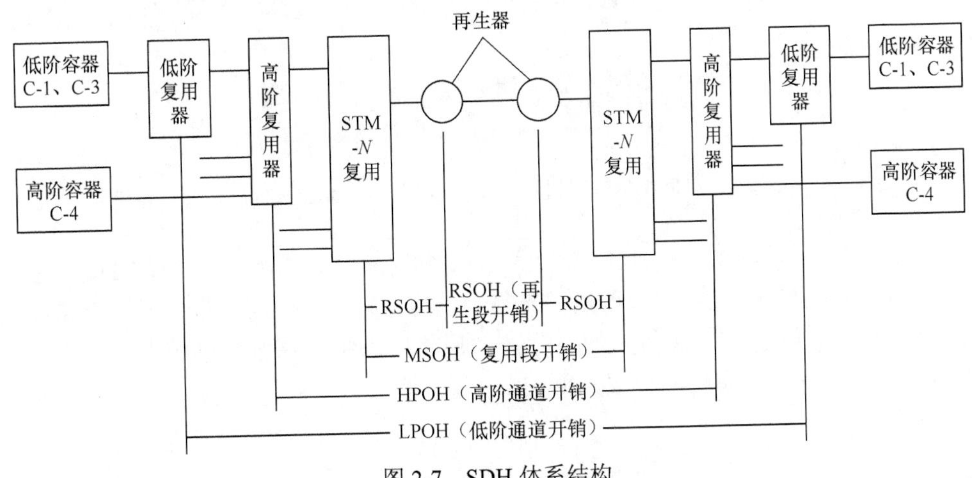

图 2-7　SDH 体系结构

SOH 包括 RSOH（再生段开销）和 MSOH（复用段开销）两部分。再生段就是两个再生器之间的传输段，复用段就是两个复用器之间的传输段。

■ RSOH：用于各个 REG（Regenerator，再生中继器）之间的管理，负责对 STM-*N* 帧整体信息结构的监控，可在再生器设备插入，也可在终端设备插入。

J0（Regeneration Section Trace Message，再生段踪迹）字节包含在 RSOH 中，该字节被用来重复地发送再生段接入点标识符（Section Access Point Identifier），以便接收端能据此确认与指定的发送端处于持续连接状态。在同一个运营商的网络内，该字节可为任意字符，而在不同两个运营商的网络边界处要使设备收、发两端的 J0 字节匹配。通过 J0 字节可使运营商提前发现和解决故障，缩短网络恢复时间。

■ MSOH：用于各个复用器（如终端复用器、分/插复用器）之间的管理，负责对 STM-*N* 复用段层结构进行监控，可透明通过中继器，在 AUG（管理单元组）组装和分组装的地方接入或终结。

3. AU-PTR

AU-PTR 用于定位低速信号在 STM-N 帧净负荷的位置，使低速信号在高速信号中的位置可预知，以便接收端能根据这个指针正确分离信息净负荷。具体如下。

■ 发送端在将低速信号包装入帧净负荷区时，为该信号包加上 AU-PTR，指示该信号包在该 STM-*N* 帧中的位置。相当于给装入“车厢”中的各“货物包”赋予一个位置坐标值。

■ 接收端根据信号包的 AU-PTR，从 STM-*N* 净负荷区中直接拆分出对应的低速支路信号。即相当于依据“货物包”位置坐标可从“车厢”中直接找到所需要的那一个“货物包”。

由于整个 STM-N 净负荷区中的低阶 STM-*N* 信号到高阶 STM-*N* 信号是采用字节间插复用方式，所以仅需对各支路信号的第一个信号包进行标记。图 2-8 所示的是 4 路 STM-1 复用成 SMT-4 的字节间插复用方式。

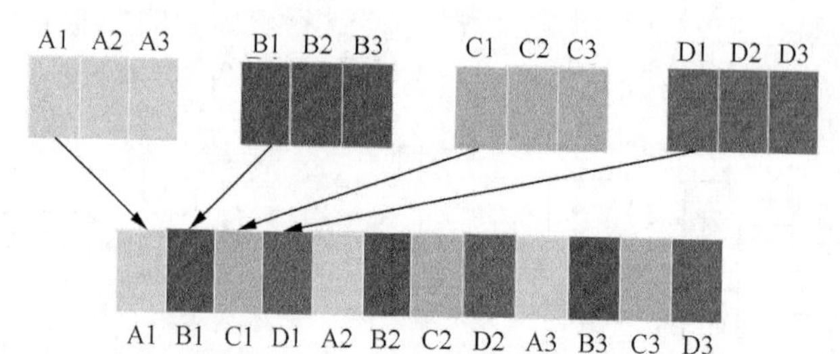

图 2-8 4 路低阶 STM-1 信号通过字间节插复用方式形成一路高阶 STM-4 信号

如果低速信号速率太小（如 E1/T1 信号），则需要进行二级指针 TU-PTR 定位，指示它在大包中的位置。其定位原理是：先将小信息包打包成中信息包，通过支路单元指针 TU-PTR 定位其在中信息包中的位置。然后将若干中信息包打包成大信息包，通过 AU-PTR 指示相应中信息包的位置，如图 2-9 所示。

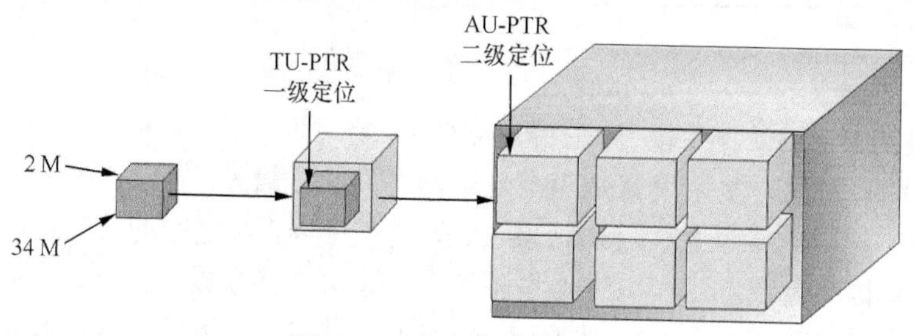

图 2-9 二级指针定位示意

2.2.3 SDH 帧复用基本概念

在正式介绍 SDH 的帧复用原理之前，先来向大家介绍其中涉及的一些基本概念。

SDH 在帧复用过程中包括一系列功能单元，如容器（C-*n*）、虚容器（VC-*n*）、支路单元（TU-*n*）、支路单元组（TUG-*n*）、管理单元（AU-*n*）和管理单元组（AUG-*n*），其中 *n* 为单元等级序号。下面具体介绍。

■ 容器（Container）：装载各种速率的业务信号的信息结构单元，完成基本速率信号单元的速率适配，使 PDH 信号可以进入标准的信息中，故也可以简单地理解为可以复用形成 STM-*N* 信号的几种基本速率信号单元。G.709 定义了 C-11（T1 速率 1.544 Mbit/s）、C-12（E1 速率 2.048 Mbit/s）、C-2（6.312 Mbit/s）、C-3（34 Mbit/s）和 C-4（140 Mbit/s）5 种标准容器的规范，都属于 PDH 标准速率。我们国家目前仅用到 C-12、C3 和 C4 这 3 种。

■ VC（Virtual Container，虚容器）：由对应容器中发送的数字信号流加上通道开销（POH）字节后形成。VC 用来支持 SDH 通道层连接，可实施对容器中的信号进行实时性能监控。图 2-10 显示的是容器 C3 生成 VC3 的基本过程。

■ TU（Tributary Unit，支路单元）：是一种在低阶通道层和高阶通道层之间提供适配功能的信息结构，由高阶 VC 加上支路单元指针（TU-PTR）组成，**是最小的“包装”**。图 2-11 显示的是由 VC 生成 TU 的基本过程。

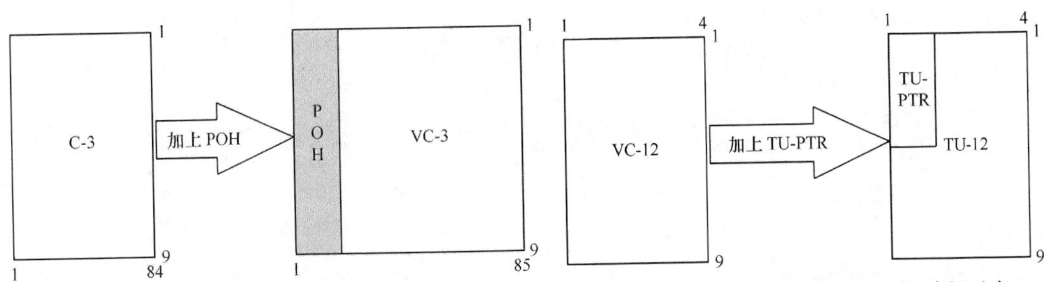

图 2-10　由 C 容器生成 VC 容器的过程示意　　图 2-11　由 VC 容器生成 TU 的过程示意

■ TUG（Tributary Unit Group，支路单元组）：由一个或多个在高阶 VC 净负荷中占据固定、确定位置的 TU 组成，各 TU 之间也采用“字节间插”复用方式。图 2-12 显示的是由 3 个 TU-12 复用生成 TUG-2 的基本过程。

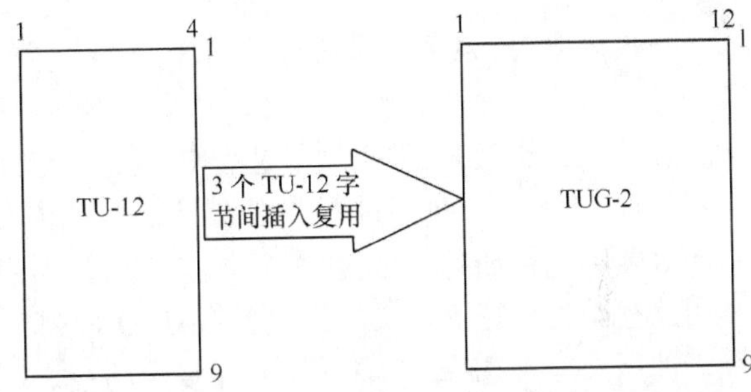

图 2-12　由 3 个 TU-12 复用形成 TUG-2 的过程示意

■ AU（Administration Unit，管理单元）：提供高阶通道层和复用段层之间适配功能的信息结构。由一个高阶 VC 加上管理单元指针（AU-PTR）组成，**是中等的“包装”**。AU 最小为 AU-3，由 VC-3 加 AU-PTR 生成。

■ AUG（Administration Unit Group，管理单元组）：在 STM-*N* 的净负荷中，由一个或多个占据固定、确定位置的 AU 组成，**是最大的“包装”**。AUG 最低为 AUG-1，由 1 个 AU-4，或者 3 个 AU-3 组成。

从以上介绍可知，支路信号在一级级字节间插入的复用过程中，要分别适配不同的信息结构，首先原始的支路信号要与各种容器适配，加上 POH 后生成对应的 VC，然后高阶 VC 再加上 TU-PTR 后生成 TU；多个 TU 又可复用成 TUG，加上 AU-PTR 后生成 AU；多个 AU 又可复用成 AUG。所以总的来说，一个 AUG（**最大包装**）中可以包含多个 AU（**中等包装**），一个 AU 中又可包含多个 TU（**最小包装**）。即 $n\times$TU→AU，$m\times$AU→AUG。

2.2.4　SDH 帧复用原理

SDH 网络的基本结构如图 2-13 所示，PDH、FDDI、ATM 甚至 IP 数据包都可以直接打包，形成 STM-*N* 信号，然后在 SDH 网络中传输到达接收端，再经过解复用，还原成一个个原始的信号包。

通常在各种信号复用映射进 STM-*N* 帧的过程都要经过映射、定位和复用 3 个步骤。

■ 映射是一种在 SDH 网络边界处把支路信号适配装入相应的虚容器的过程。

■ 定位是一种当支路或管理单元适配到支持层的帧结构时，帧偏移信息随之转移的过程，它要依靠 TU-PTR 指针和 AU-PTR 指针来完成。

■ 复用是一种使多个低阶通道层信号适配进高阶通道或将多个高阶通道层信号适配进复用阶层的过程。

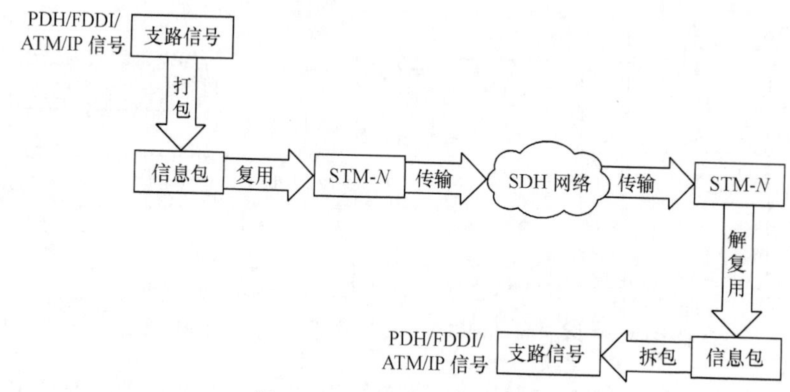

图 2-13　SDH 网络基本结构

说明　因为 SDH 帧复用原理比较复杂，涉及的内容也比较多，受篇幅限制，在此不能进行全面、深入的分析，如有需要，请参考本书的配套视频课程。

在 G.709 建议的 SDH 复用过程中，从一个支路信号到 STM-N 的复用线路并不唯一，E1/T1 向 STM-1 的复用过程分别如图 2-14、图 2-15 所示。从图中可以看出，E1 或 T1 生成 STM-1 信号的复用路径有多条，在实际应用中，不同的国家和地区可能采用不同的复用路径。为保证互通，华为设备在 CPOS 接口上提供 **multiplex mode** { **au-4** | **au-3** }命令，使用户可以选择 AU-3 或 AU-4 复用路径。

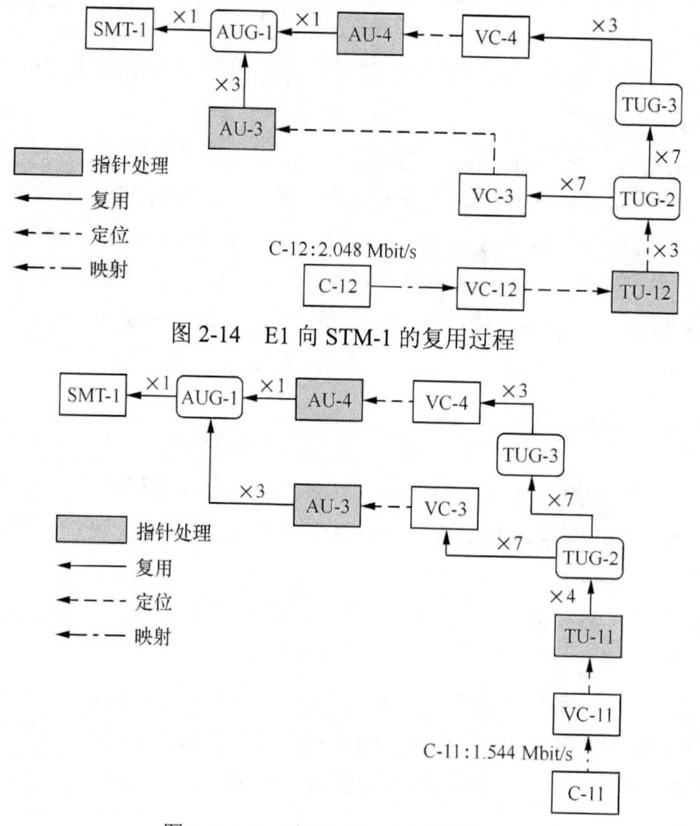

图 2-14　E1 向 STM-1 的复用过程

图 2-15　T1 向 STM-1 的复用过程

说明　“映射”发生在 C 容器和 VC 虚器之间，“复用”发生在 TU 和 TUG、AU 和 AUG 之间、TUG 和 TUG 之间、AUG 和 AUG 之间、TUG 和 VC 虚容器之间，以及 AUG 和 STM-*N* 之间。定位仅发生在 TU 和 AU 之上。

2.2.5　E1/T1 通道编号计算

通过前面的学习我们已经知道，一个 CPOS 接口可以复用多路低速率信号，如汇聚多路 E1、或 T1 线路，所以在配置时必须为每个支路分配一个唯一的通道号。但由于 CPOS 采用的是字节间插复用方式，一个高阶虚容器中所包括的各低阶虚容器（即所包括的支路信号）并不是顺序排列的，所以它们所使用的通道号也不一定是顺序排列的，需要专门计算。下面介绍在国内主要采用的两种复用路径下的通道编号计算方法。

注意　当 CPOS 接口配置为 63 个 E1 通道或 84 个 T1 通道时，可直接使用编号 1～63 或 1～84 来作为各 E1 或 T1 通道的序号，当然事先得规划好各 E1 或 T1 通道的序号，且相同编号 TUG 下关联的各 TU 的编号是连续的。仅当华为公司路由器与其他公司设备的通道化 STM-1 接口共同使用时，才需要注意由于对通道的引用方法不同而导致的通道序号编排上的差异。

1. E1 信号采用 AU-4 路径复用时各 TU12 通道编号计算

通过查看图 2-14 可知，E1 信号当采用 AU-4 复用路径时，最初的支路信号为 TU-12，对应于一路 E1 信号，复用为 VC-4 的复用结构为 3-7-3 结构，即 1 个 VC-4 是通过 3 个 TUG-3 复用而成的，而一个 1 个 TUG-3 又是通过 7 个 TUG-2 复用而成的，1 个 TUG-2 又是通过 3 个 TU-12 复用而成的，如图 2-16 所示。

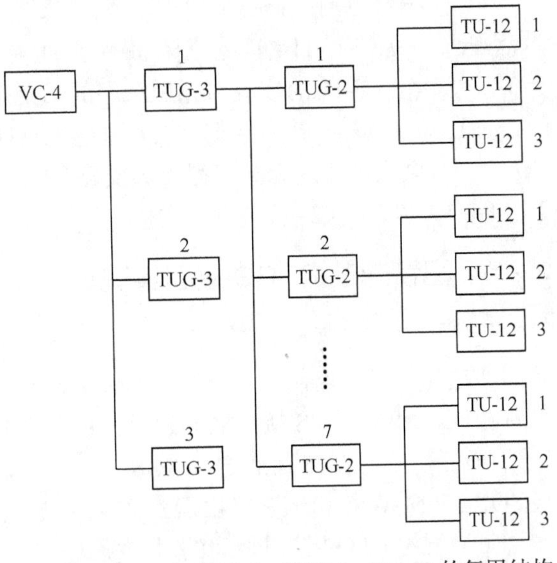

图 2-16　VC-4 中 TUG-3、TUG-2、TU-12 的复用结构

此时，计算同一个 VC-4 中不同位置 TU-12 序号的公式如下。

TU-12 序号=TUG-3 编号+（TUG-2 编号-1）×3+（TU-12 编号-1）×21。

TU-12 序号是指本 TU-12 是 VC-4 帧中 63（=3×7×3）个 TU-12 的按复用先后顺序的第几个 TU-12，也即是第几个 E1 通道。TUG-3 编号范围：1～3；TUG-2 编号范围：1～7；TU-12 编号范围：1～3。在一个 VC-4 中，相同 TUG-3、TUG-2 编号，TU-12 编号相差为 1 的两个 TU-12 是相邻通道。

如已知一 VC-4 帧中某支路 E1 通道在 AU-4 复用路径中的 TUG-3＝1，TUG-2＝4，TU-12＝2，则根据上述公式可得出该支路 E1 通道在 VC-4 帧中的通道编号的计算公式为：1＋（4−1）×3＋（2−1）×21=31。

注意 TU-12 的编号针对一起复用为 TUG-2 的 3 个 TU-12 进行编号（所以取值范围只能是 1～3），不是针对 VC-4 中包含的所有 TU-12 进行的统一编号，即 TU-12 的编号不等于 TU-12 的序号。

2. T1 信号采用 AU-3 路径复用时各 TU11 通道编号计算

当 T1 信号采用 AU-3 路径时，其复用结构是 3-7-4，即 1 个 VC4 是通过 3 个 VC-3 复用而成的，1 个 VC-3 又是通过 7 个 TUG-2 复用而成的，1 个 TUG-2 又是通过 4 个 TU-11 复用而成的，如图 2-17 所示。

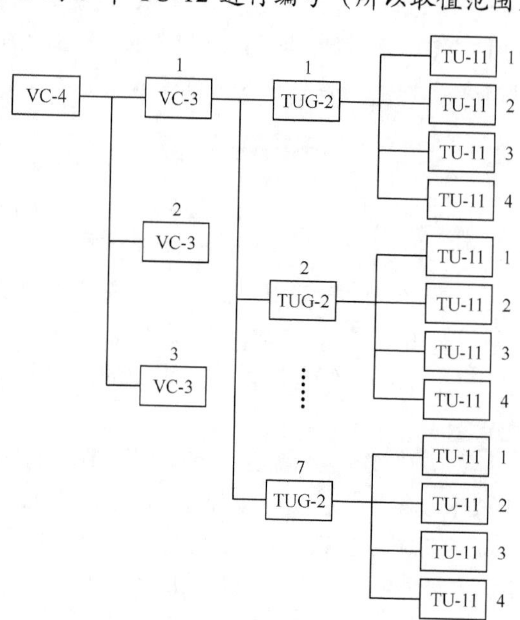

图 2-17 VC-4 中 VC-3、TUG-2、TU-11 的复用结构

此时，计算同一个 VC-4 中不同位置 TU-11 序号的公式为：

TU-11 序号=VC-3 编号+（TUG-2 编号-1）×3+（TU-11 编号-1）×21

VC-3 编号范围：1～3；TUG-2 编号范围：1～7；TU-11 编号范围：1～4。TU-11 序号是指本 TU-11 是一个 VC-4 帧中 84（=3×7×4）个 TU-11 的按复用先后顺序的第几个 TU-11，也即是第几个 E1 通道。

如已知一 VC-3 帧中某支路 T1 通道在 AU-3 复用路径中的 VC-3＝2，TUG-2＝4，TU-11＝2，则根据上述公式可得出该支路 T1 通道在 VC-3 帧中的通道编号的计算公式为：2＋（4–1）×3＋（2–1）×21=32。

2.2.6 配置通过 CPOS 接口实现设备相连

当企业总部与区域分部间通过 CPOS 接口长距离传输数据时，可以配置 CPOS 接口之间通过光纤直接连接，或通过 WDM（Wavelength Division Multiplexing，波分复用）设备相连。配置 CPOS 接口之间通过光纤直接相连或者 WDM 设备相连主要包括如下两项配置任务。但在配置通过 CPOS 接口实现设备相连前，需确保 1CPOS-155M 或 1CPOS-155M-W 接口卡在路由器上成功安装、注册。

（1）配置 CPOS 接口之间的对接模式

当本端设备和对端设备的 CPOS 接口通过光纤直接连接或通过 WDM 设备相连，**对端设备为非华为技术有限公司设备时，需要配置 CPOS 接口的对接模式。但当各个分支节点的 E1/T1 链路通过 SDH/SONET 网络汇聚到路由器的 CPOS 接口时，不需要配置 CPOS 接口的对接模式**，如后面 2.2.7 节和 2.2.8 节中的配置介绍。

AR G3 系列路由器提供了 3 种对接模式，分别用于与阿尔卡特设备、华为技术有限公司设备和朗讯设备对接，请根据实际情况选择对接模式。

（2）配置 CPOS 接口的线路属性

SDH 与 SONET 是两种同步传输体制，分别由不同的组织制定，两者除了在技术细节参数上有一些差别外，在实质内容和主要规范上并没有很大区别。由于不同的地域使用不同的同步传输体制（SDH 或 SONET），需要区别配置。

以上两项主要配置任务的具体配置步骤见表 2-3。

表 2-3　通过光纤直接连接或通过 WDM 设备连接时的 CPOS 接口的配置步骤

步骤	命令	说明
1	**system-view** 例如：< Huawei > **system-view**	进入系统视图
2	**controller cpos** *cpos-number* 例如：[Huawei] **controller cpos** 1/0/0	进入指定 CPOS 接口的接口视图
3	**multi-channel align-mode** { **alcatel** | **huawei** | **lucent** } 例如：[Huawei-Cpos1/0/0] **multi- channel align-mode align-mode lucent**	（可选）配置 CPOS 接口的对接模式。命令中的选项说明如下。 （1）**alcatel**：多选一选项，指定对接模式为阿尔卡特。当对端设备为阿尔卡特设备时，选择此模式。 （2）**huawei**：多选一选项，指定对接模式为华为。当对端设备为华为技术有限公司设备时，选择此模式。 （3）**lucent**：多选一选项，指定对接模式为朗讯。当对端设备为朗讯设备时，选择此模式。 缺省情况下，CPOS 接口的对接模式为 huawei，即缺省对端设备也为华为技术有限公司设备，可用 **undo multi-channel align-mode** 命令恢复为缺省情况
4	**frame-format** { **sdh** | **sonet** } 例如：[Huawei-Pos2/0/0] **frame- format sonet**	配置 CPOS 接口的帧格式。由于不同的地域使用不同的同步传输体制（SDH 或 SONET），因此需要根据所在区域的传输体制配置 POS 接口的帧格式。命令中的选项说明如下。 （1）**sdh**：二选一选项，指定 CPOS 接口的帧格式为 SDH。 （2）**sonet**：二选一选项，指定 CPOS 接口的帧格式为 SONET。 **CPOS 接口的帧格式必须与对端设备保持一致。** 缺省情况下，CPOS 接口的帧格式为 SDH，可用 **undo frame-format** 命令恢复为缺省设置
5	**multiplex mode** { **au-4** | **au-3** } 例如：[Huawei-Cpos1/0/0] **multiplex mode au-3**	（可选）配置**当 CPOS 接口帧格式为 SDH** 时的 AUG 复用路径。命令中的选项说明如下。 （1）**au-4**：二选一选项，指定 CPOS 接口的 AUG 复用路径为 AU-4，即图 2-14、图 2-15 中的 AU4 路径。 （2）**au-3**：二选一选项，指定 CPOS 接口的 AUG 复用路径为 AU-3，即图 2-14、图 2-15 中的 AU3 路径。 **当 CPOS 接口的帧格式为 SONET 时，则只能复用到 AU-3，不能使用本命令进行配置。** 缺省情况下，CPOS 接口的 AUG 复用路径为 AU-4，可用 **undo multiplex mode** 命令恢复缺省设置
6	**clock** { **master** | **slave** | **system** } 例如：[Huawei-Pos2/0/0] **clock master**	（可选）配置 CPOS 接口的时钟模式，**仅当 CPOS 接口的帧格式为 SONET 时需要配置**。本命令中的选项在第 1 章多处有说明，参见即可。**应配置一端使用主时钟模式，另一端使用从时钟模式。** 缺省情况下，CPOS 接口的时钟模式为从时钟模式，可用 **undo clock** 命令恢复为缺省配置
7	**flag** { **c2** *c2-value* | { **j0** | **j1** } { **1byte-mode** *1byte-string* | **16byte-mode** *16byte-string* |	（可选）配置 CPOS 接口 SONET/SDH 帧的开销字节。**C2、J0、J1 和 S1 字节主要用于在不同国家、不同地区或不同厂商的设备之间提供互通支持。但收发端的 C2、J0、J1 和 S1 要一致，**

续表

步骤	命令	说明
7	64byte-mode *64byte-string* } | **s1** *s1-string* } 例如：[Huawei-Cpos1/0/0] **flag s1** 10	**否则两端不能正常通信**。命令中的参数和选项说明如下。 （1）**c2** *c2–value*：指定信号标记字节，属于高阶通道开销字节，指示 VC 帧的复接结构和信息净负荷的性质，取值范围为 0～255 的整数。 （2）**j0**：二选一选项，指定再生段踪迹字节，属于再生段开销字节，用于接收端检测与发送端之间是否处于持续连接状态。 （3）**j1**：二选一选项，指定通道踪迹字节，属于高阶通道开销字节，用于接收端与指定的发送端之间是否处于持续的连接状态。 （4）**1byte-mode***value*：多选一参数，指定 J0/J1 的开销字节模式为 1 字节模式，为 1 个字符。 （5）**16byte-mode** *value*：多选一参数，指定 J0/J1 开销字节模式为 16 字节模式，为 1～15 个字符。 （6）**64byte-mode** *value*：多选一参数，指定 J0/J1 开销字节模式为 64 字节模式，为 1～62 个字符。 （7）**s1** *s1-string*：多选一参数，指定同步状态字节 S1，取值范围为 0～15 的整数。 缺省情况下，设备使用 SDH 帧格式的缺省值：开销字节 C2 的开销值为 2，J0 和 J1 都为空字符串，S1 为 15，可用 **undo flag** { **c2** | **j0** | **j1**| **s1** }命令恢复为缺省配置
8	**itf** { **number** *number* | **type** { **7e** | **ff** } } 例如：[Huawei-Cpos1/0/0] **itf type ff**	（可选）配置 CPOS 接口的帧间填充符类型和最少个数。命令中的参数和选项说明如下（**注意：这里要分成两个命令来分别配置帧间填充符类型和帧间填充符数，不能用一条命令配置**）。 （1）**number** *number*：二选一参数，设置帧间填充符的最少个数，取值范围为 0～14 的整数。 （2）**type**：二选一选项，设置帧间填充符的类型。 （3）**7e**：二选一选项，设置帧间填充符类型为 0x7e。 （4）**ff**：二选一选项，设置帧间填充符类型为 0xff。 **【注意】线路两端的帧间填充符必须配置成相同的码型和最少个数**，否则可能导致通信异常。 缺省情况下，CPOS 接口的帧间填充符类型为 0x7e，最少个数为 4 个，可用 **undo itf** { **number** | **type** }命令恢复为缺省情况

以上配置完成后，可在任意视图下执行 **display controller cpos** [*cpos-number*] 命令，查看 CPOS 接口及其所有 E1/T1 通道的物理层配置信息；执行 **display cpos multi-channel align-mode** 命令，查看 E1/T1 通道对应的复用路径支持单元组。

2.2.7 配置 CPOS 接口汇聚接入 E1 线路

当企业多个分支通过 E1、T1 线路接入到 SONET/SDH 传输网时，为了节约成本、提高设备对低速接入的汇聚能力，企业总部（也连接 SONET/SDH 传输网）可以使用 CPOS 接口汇聚接入这些 E1、T1 线路，以便实现企业总部与各个分支之间的数据传输。本节先介绍汇聚接入 E1 线路的 CPOS 接口配置，下节再介绍汇聚接入 T1 线路的 CPOS 接口配置。

实际情况中，CPOS 接口与各中低端路由器之间可能经过不止一级 SONET/SDH 传输网，各中低端路由器与 SONET/SDH 传输网之间可能还需要其他的传输手段进行中继。CPOS 接口可以通道化形成多个 E1/T1 逻辑通道，以便汇聚来自不同企业分支的 E1/T1 线路。其中，每个 E1/T1 线路可以包含一个通道，也可以包含多个通道。

CPOS 接口汇聚接入 E1 线路包括以下两项配置任务。

（1）配置 CPOS 接口的线路属性

这些线路属性与上节介绍的线路属性一样。

（2）配置 CPOS 接口下的 E1 通道

CPOS 接口形成 E1 通道有两种工作模式：非通道化模式和通道化模式。缺省情况下，E1 通道工作在通道化模式。

■ 当 E1 通道工作在非通道模式时，它相当于一个不分时隙、数据带宽为 2.048 Mbit/s 的接口，其逻辑特性与同步串口相同。

■ 当 E1 通道工作在通道化模式时，2.048 Mbit/s 的传输线路分成了 32 个 64 kbit/s 的时隙，对应编号为 0～31，其中 0 时隙用于传输同步信息。除 0 时隙外的全部时隙任意分成一个组（channel set），这个组作为一个逻辑 Serial 接口使用，其速率为 *N*×64 kbit/s（*N* 为绑定的时隙数），逻辑特性与同步串口相同。

以上两项配置任务的具体配置步骤见表 2-4。在配置 CPOS 接口汇聚接入 E1 线路前，需要确保 1CPOS-155M 或 1CPOS-155M-W 接口卡在路由器上成功安装、注册。**要确保 SDH 传输设备的各级复用单元配置与设备 CPOS 接口中的各 E1 通道编号对应正确（参见 2.2.5 节介绍的通道编号计算）。**

表 2-4　CPOS 接口汇聚接入 E1 线路的配置步骤

配置任务	步骤	命令	说明
公共配置	1	**system-view** 例如：< Huawei > **system-view**	进入系统视图
	2	**controller cpos** *cpos-number* 例如：[Huawei] **controller cpos** 1/0/0	进入指定 CPOS 接口的接口视图
配置 CPOS 接口的线路属性	3	**frame-format** { **sdh** | **sonet** } 例如：[Huawei-Pos2/0/0] **frame-format sonnet**	配置 CPOS 接口的帧格式。其他说明参见上节表 2-3 的第 4 步说明
	4	**multiplex mode** { **au-4** | **au-3** } 例如：[Huawei-Cpos1/0/0] **multiplex mode au-3**	（可选）配置当 **CPOS 接口帧格式为 SDH** 时的 AUG 复用路径。其他说明参见上节表 2-3 的第 5 步说明
	5	**clock** { **master** | **slave** | **system** } 例如：[Huawei-Cpos1/0/0] **clock master**	（可选）配置 CPOS 接口的时钟模式，**仅当 CPOS 接口的帧格式为 SONET 时需要配置**。当路由器与 SONET/SDH 设备相连时，由于通常 SONET/ SDH 网络的时钟精度高于 CPOS 本身内部时钟源的精度，建议配置 CPOS 使用从时钟模式。其他说明参见 2.1.2 节表 2-2 的第 6 步
	6	**quit** 例如：[Huawei-Cpos1/0/0] **quit**	退出 CPOS 接口视图，返回系统视图

续表

配置任务	步骤	命令	说明
配置 CPOS 接口下的 E1 通道	7	**set workmode slot** *slot-id* **cpos e1-data** 例如：[Huawei] **set workmode slot** 1 **cpos e1-data**	配置 CPOS 接口卡工作在 E1 模式下，参数 *slot-id* 用来指定需要更改工作模式的接口卡所在的槽位号。可先使用 **display device** 命令查看设备上的接口卡槽位号及类型，再找出单板类型带有“1CPOS- 155M”的单板槽位号，也可使用 **display workmode** 命令 1CPOS-155M 接口卡的工作模式为 e1-data 的板槽位号。 执行该步骤后，需要重启单板并等待一段时间才能使配置生效。 缺省情况下，CPOS 接口卡的工作模式为 e1- data，即 E1 模式
	8	**controller cpos** *cpos-number* 例如：[Huawei] **controller cpos** 1/0/0	进入指定 CPOS 接口的接口视图
	9	**e1** *e1-number* **unframed** 例如：[Huawei-Cpos1/0/0] **e1** 3 **unframed**	（二选一）配置 E1 通道工作在非通道化模式。参数 *e1-number* 用来指定 CPOS 接口的 E1 通道编号，取值范围为 1～63 的整数（**一个 CPOS 接口最多可汇聚 63 路 E1 信号**）。 【注意】这里的 E1 通道编号一定要与对端对应用户配置的 E1 通道编号一致，并且两端的通道参数配置保持一致。 配置完成后，设备将生成一个不分时隙、数据带宽为 2.048 Mbit/s 的逻辑通道。用户可通过执行命令 **interface serial** *cpos-number*/*e1-number*：**0** 访问该逻辑通道，其中 *interface-number* 是 CPOS 的接口编号，*e1-number* 是 E1 通道编号。 缺省情况下，E1 通道工作在通道化模式，可用 **undo e1** *e1-number* **unframed** 命令恢复指定 E1 通道为缺省情况。**在通道化模式之间切换前，需要先删除原先工作模式的配置**
		e1 *e1-number* **channel-set** *set-number* **timeslot-list** *slot-list* 例如：[Huawei-Cpos1/0/0] **e1 63 channel-set** 1 **timeslot-list** 1-31	（二选一）配置 E1 通道工作在通道化模式，并对 E1 通道进行时隙捆绑。命令中的参数说明如下。 （1）*e1-number*：指定 CPOS 接口的 E1 通道编号号，取值范围为 1～63 的整数。同样需要与对端对应用户配置的 E1 通道编号一致。 （2）*set-number*：指定捆绑集的编号，取值范围为 0～30 的整数。 （3）*slot-list*：指定用于捆绑的时隙编号或时隙范围，取值范围为 1～31 的整数，指定捆绑时隙时，可以指定单个时隙，也可以指定时隙范围，包括使用“,”分隔多个时隙以及使用“-”表示时隙范围。 配置完成后，设备将生成一个由时隙 *slot-list* 组成、速率为 N×64 kbit/s（N 为捆绑的时隙数）的逻辑通道。用户可通过执行命令 **interface serial** *cpos-number*/*e1-number*：*set-number* 访问该逻辑通道，其中，*interface-number* 是 CPOS 的接口编号，*e1-number* 是 E1 通道编号，*set-number* 是时隙捆绑的捆绑集编号。

续表

配置任务	步骤	命令	说明
配置 CPOS 接口下的 E1 通道	9		缺省情况下，设备不对 E1 通道进行时隙捆绑，可用 **undo e1** *e1-number* **channel-set** *set-number* 命令取消指定的时隙捆绑。**在通道化模式之间切换前，需要先删除原先的工作模式的配置**
	10	**e1** *e1-number* **set frame-format** { **crc4** | **no-crc4** } 例如：[Huawei-Cpos1/0/0] **e1** 1 **set frame-format crc4**	配置以上 E1 通道的帧格式。命令中的参数和选项说明如下。 （1）*e1-number*：指定 CPOS 接口的 E1 通道编号，取值范围为 1～63 的整数。 （2）**crc4**：二选一选项，指定 E1 通道的帧格式为 CRC4 帧格式，支持对物理帧进行 4 比特的循环冗余校验。 （3）**no-crc4**：二选一选项，指定 E1 通道的帧格式为非 CRC4 帧格式，又称双帧格式或奇偶帧格式，不支持对物理帧进行 4 比特的循环冗余校验。 【注意】E1 通道的帧格式必须与对端设备 E1 线路的帧格式保持一致。但如果使用了本第 9 步的 **e1 unframed** 命令配置 CPOS 接口的 E1 通道工作在非通道化模式，则无法使用本命令配置 E1 通道的帧格式，即本命令仅适用于通道化模式的 E1 通道配置。 缺省情况下，E1 通道的帧格式为非 CRC4 帧格式，可用 **undo e1** *e1-number* **set frame-format** 命令恢复指定 E1 通道的帧格式为缺省情况
	11	**e1** *e1-number* **set flag** { **j2** { **1byte-mode** *1byte-string* | **16byte-mode** *16byte-string* } | **v5** *v5-string* } 例如：[Huawei-Cpos1/0/0] **e1** 1 **set flag v5** 2	配置 E1 通道的通道开销。参数 **v5** *v5-string* 用来指定低阶通道信号标签字节 V5，取值范围为 0～5 的整数。E1 模式下，V5 只能取 1、3 和 5，缺省值是 1。其他参数说明参见上节表 1-23 中的第 7 步。 **建议 E1 通道的通道开销与对端设备 E1 线路的通道开销保持一致，否则可能会造成通信异常** 缺省情况下，J2 为空字符串，V5 取值为 1，可用 **undo e1** *e1-number* **set flag** { **j2** | **v5** } 命令恢复为缺省情况
	12	**e1** *e1-number* **set clock** { **master** | **slave** } 例如：[Huawei-Cpos1/0/0] **e1** 1 **set clock master**	配置 E1 通道的时钟模式。命令中的参数和选项说明如下。 （1）*e1-number*：指定 CPOS 接口的 E1 通道号，取值范围为 1～63 的整数。 （2）**master**：二选一选项，指定时钟模式为主时钟模式。 （3）**slave**：二选一选项，指定时钟模式为从时钟模式。 【注意】同一个 CPOS 接口的不同 E1 通道的时钟模式是相互独立的，但 **E1** 通道的时钟模式必须与对端设备 **E1** 线路的时钟模式不同。 缺省情况下，E1 通道的时钟模式为从时钟（slave），可用 **undo e1** *e1-number* **set clock** 命令恢复为缺省情况

续表

配置任务	步骤	命令	说明
配置 CPOS 接口下的 E1 通道	13	**e1** *e1-number* **shutdown** 例如：[Huawei-Cpos1/0/0] **e1** 1 **shutdown** 或 **undo e1** *e1-number* **shutdown** 例如：[Huawei-Cpos1/0/0] **undo e1** 1 **shutdown**	关闭或启动指定 E1 通道，参数 *e1-number* 用来指定要关闭或者启动的 CPOS 接口的 E1 通道编号。 缺省情况下，E1 通道是启动的

2.2.8 配置 CPOS 接口汇聚接入 T1 线路

当企业多个分支通过 T1 线路接入到 SONET/SDH 传输网时，为了节约成本、提高设备对低速接入的汇聚能力，企业区域分部可以使用 CPOS 接口汇聚接入这些 T1 线路，以便实现企业区域分部与各个分支之间的数据传输。北美和日本广泛应用 T1 系统。

配置 CPOS 接口汇聚接入 T1 线路也包括以下两项配置任务。

（1）配置 CPOS 接口的线路属性

这些线路属性与上节介绍的线路属性一样。

（2）配置 CPOS 接口下的 T1 通道

CPOS 接口形成 T1 通道有两种工作模式：非通道化模式和通道化模式。缺省情况下，T1 通道工作在通道化模式。

- 当 T1 通道工作在非通道化模式时，相当于一个不分时隙、数据带宽为 1.544 Mbit/s 的接口，其逻辑特性与同步串口相同。
- 当 T1 通道工作在通道化模式时，其全部时隙（时隙 1～24）可以任意地分成一个组，这个组作为一个接口使用，其速率为 *N*×56 kbit/s 或 *N*×64 kbit/s，逻辑特性与同步串口相同。

以上两项配置任务的具体配置步骤见表 2-5，总体与 2.2.7 节介绍的接入 E1 线路的配置类似，主要区别就在于用到的线路不同，所以其用到的命令关键词进行了对应修改（由原来的 **e1** 改为 **t1**）。在配置 CPOS 接口汇聚接入 T1 线路前，需要确保 1CPOS-155M 或 1CPOS-155M-W 接口卡在路由器上成功安装、注册。**要确保 SDH 传输设备的各级复用单元配置与设备 CPOS 接口中的各 T1 通道编号对应正确，且需要为每个 T1 通道进行单独配置。**

表 2-5 CPOS 接口汇聚接入 T1 线路的配置步骤

配置任务	步骤	命令	说明
公共配置	1	**system-view** 例如：< Huawei > **system-view**	进入系统视图
	2	**controller cpos** *cpos-number* 例如：[Huawei] **controller cpos** 1/0/0	进入指定 CPOS 接口的接口视图
配置 CPOS 接口的线路属性	3	**frame-format** { **sdh** | **sonet** } 例如：[Huawei-Pos2/0/0] **frame-format sonet**	配置 CPOS 接口的帧格式。其他说明参见 2.2.6 节表 2-3 第 4 步的说明

续表

配置任务	步骤	命令	说明
配置CPOS接口的线路属性	4	**multiplex mode** { **au-4** | **au-3** } 例如：[Huawei-Cpos1/0/0] **multiplex mode au-3**	（可选）配置当**CPOS接口帧格式为SDH**时的AUG复用路径。其他说明参见2.2.6节表2-3第5步的说明
	5	**clock** { **master** | **slave** | **system** } 例如：[Huawei-Cpos1/0/0] **clock master**	（可选）配置CPOS接口的时钟模式，**仅当CPOS接口的帧格式为SONET时需要配置**。其他说明参见2.2.6节表2-3第6步的说明
	6	**quit** 例如：[Huawei-Cpos1/0/0] **quit**	退出CPOS接口视图，返回系统视图
配置CPOS接口下的E1通道	7	**set workmode slot** *slot-id* **cpos e1-data** 例如：[Huawei] **set workmode slot** 1 **cpos t1-data**	配置1CPOS-155M接口卡工作在E1模式下，参数用来指定需要更改工作模式的接口卡所在的槽位号。可先使用**display device**命令查看设备上的接口卡槽位号及类型，再找出单板类型带有“1CPOS-155M”的单板槽位号，也可使用**display workmode**命令1CPOS-155M接口卡的工作模式为t1-data的板槽位号。 执行该步骤后，需要重启单板并等待一段时间才能使配置生效。 缺省情况下，1CPOS-155M接口卡的工作模式为e1-data，即E1模式
	8	**controller cpos** *cpos-number* 例如：[Huawei] **controller cpos** 1/0/0	进入指定CPOS接口的接口视图
	9	**t1** *t1-number* **unframed** 例如：[Huawei-Cpos1/0/0] **t1** 3 **unframed**	（二选一）配置T1通道工作在非通道化模式。参数*t1-number*用来指定CPOS接口的T1通道编号，取值范围为1～84的整数（**一个CPOS接口最多可汇聚84路T1信号**）。 【注意】这里的T1通道编号与对端对应用户配置的T1通道编号一致，并且两端的通道参数配置保持一致。 配置完成后，设备将生成一个不分时隙、数据带宽为1.544 Mbit/s的逻辑通道。用户可通过执行**interface serial** *cpos-number*/*t1-number*：**0**命令访问该逻辑通道，其中，*interface-number*是CPOS的接口编号，*t1-number*是T1通道的编号。 缺省情况下，T1通道工作在通道化模式，可用**undo e1** *t1-number* **unframed**命令恢复指定T1通道为缺省情况。 **在非通道模式和通道化模式之间切换前，需要先删除原先的工作模式的配置**
		t1 *e1-number* **channel-set** *set-number* **timeslot-list** *slot-list* [**speed** { **56k** | **64k** }] 例如：[Huawei-Cpos1/0/0] **t1** 63 **channel-set** 1 **timeslot- list** 1-24 **speed 64k**	（二选一）配置T1通道工作在通道化模式，并对T1通道进行时隙捆绑。命令中的参数说明如下。 （1）*t1-number*：指定CPOS接口的t1通道编号，取值范围为1～84的整数。同样需要与对端对应用户配置的E1通道编号一致。 （2）*set-number*：指定捆绑集的编号，取值范围为0～23的整数。

续表

配置任务	步骤	命令	说明
配置 CPOS 接口下的 E1 通道	9	**t1** *e1-number* **channel-set** *set-number* **timeslot-list** *slot-list* [**speed** { **56k** | **64k** }] 例如：[Huawei-Cpos1/0/0] **t1** 63 **channel-set** 1 **timeslot- list** 1-24 **speed 64k**	（3）*slot-list*：指定用于捆绑的时隙编号或时隙范围，取值范围为 0～24 的整数，指定捆绑时隙时，可以指定单个时隙，也可以指定时隙范围，包括使用“,”分隔多个时隙以及使用“-”表示时隙范围。 （4）**speed** { **56k** | **64k** }：可选项，指定捆绑的时隙速率（56 kbit/s 或 64 kbit/s）；如果不指定速率，缺省采用 64 kbit/s。 配置完成后，设备将生成一个由时隙 *slot-list* 组成、速率为 *N*×56 kbit/s 或 *N*×64 kbit/s（*N* 为捆绑的时隙数）的逻辑通道。用户可通过执行命令 **interface serial** *cpos-number/t1-number*: *set-number* 访问该逻辑通道，其中，*interface-number* 是 CPOS 的接口编号，*t1-number* 是 E1 通道编号，*set-number* 是时隙捆绑的捆绑集编号。 缺省情况下，设备不对 T1 通道进行时隙捆绑，可用 **undo t1** *t1-number* **channel-set** *set-number* 命令取消指定的时隙捆绑。**在通道化模式之间切换前，需要先删除原先的工作模式的配置**
	10	**t1** *t1-number* **set frame-format** { **esf** | **sf** } 例如：[Huawei-Cpos1/0/0] **t1** 1 **set frame-format esf**	配置 T1 通道的帧格式。命令中的参数和选项说明如下。 （1）*t1-number*：指定 CPOS 接口的 T1 通道编号，取值范围为 1～84 的整数。 （2）**esf**：二选一选项，指定 T1 通道的帧格式为 ESF 格式。ESF 帧是由 24 帧组成多帧、共享相同的帧同步信息和信令信息的扩展超帧技术，其中帧 6、12、18、24 共 4 个信令帧。 （3）**sf**：二选一选项，指定 T1 通道的帧格式为 SF 格式。SF 帧是由 12 帧组成多帧，共享相同的帧同步信息和信令信息的超帧技术，其中帧 6 和 12 共两个信令帧。 【注意】如果在本表第 9 步使用了 **t1 unframed** 命令配置 CPOS 接口的 T1 通道工作在非通道化模式，则无法使用此命令配置 T1 通道的帧格式。T1 通道的帧格式必须与对端设备 T1 线路的帧格式保持一致。 缺省情况下，T1 通道的帧格式为 ESF 帧格式，可用 **undo t1** *t1-number* **set frame-format** 命令恢复指定 T1 通道的帧格式为缺省情况
	11	**t1** *t1-number* **set flag** { **j2** { **1byte-mode** *1byte-string* | **16byte-mode** *16byte-string* } | **v5** *v5-string* } 例如：[Huawei-Cpos1/0/0] **t1** 1 **set flag v5** 2	配置 T1 通道的通道开销。命令中的参数和选项说明如下。 （1）*t1-number*：指定 CPOS 接口的 T1 通道编号，取值范围为 1～84 的整数。 （2）**j2 1byte-mode** *1byte-string*：多选一参数，指定低阶通道踪迹字节 J2 的开销字节模式为 1 字节模式，为 1 个字符。 （3）**j2 16byte-mode** *16byte-string*：多选一参数，指定低阶通道踪迹字节 J2 的开销字节模式为 16 字节模式，为 1～15 个字符。

续表

配置任务	步骤	命令	说明
配置 CPOS 接口下的 E1 通道	11		（4）**v5** *v5-string*：多选一参数，指定低阶通道信号标签字节 V5，取值范围为 2～4 的整数。 **建议 T1 通道的通道开销与对端设备 T1 线路的通道开销保持一致，否则可能会造成通信异常。** 缺省情况下，J2 为空字符串，V5 取值为 2，可用 **undo t1** *t1-number* **set flag** { **j2** | **v5** }命令恢复为缺省情况
	12	**t1** *t1-number* **set clock** { **master** | **slave** } 例如：[Huawei-Cpos1/0/0] **t1** 1 **set clock master**	配置 T1 通道的时钟模式。命令中的参数和选项说明如下。 （1）*t1-number*：指定 CPOS 接口的 T1 通道编号，取值范围为 1～84 的整数。 （2）**master**：二选一选项，指定 E1 通道的时钟模式为主时钟模式。 （3）**slave**：二选一选项，指定 E1 通道的时钟模式为从时钟模式。 【注意】同一个 CPOS 接口的不同 T1 通道的时钟模式是相互独立的，但 **T1 通道的时钟模式必须与对端设备 T1 线路的时钟模式不同。** 缺省情况下，T1 通道的时钟模式为从时钟（slave），可用 **undo t1** *t1-number* **set clock** 命令恢复为缺省情况
	13	**t1** *e1-number* **shutdown** 例如：[Huawei-Cpos1/0/0] **t1** 1 **shutdown** 或 **undo t1** *e1-number* **shutdown** 例如：[Huawei-Cpos1/0/0] **undo t1** 1 **shutdown**	关闭或启动指定 T1 通道，参数 *e1-number* 用来指定要关闭或者启动的 CPOS 接口的 T1 通道号。 缺省情况下，T1 通道是启动的

2.2.9 CPOS 接口管理

在日常维护中，可使用以下 **display** 任意视图命令检查配置结果，管理 CPOS 接口，也可用以下 **reset** 用户视图命令清除 CPOS 接口上的统计信息（当你需要统计一定时间内 CPOS 接口生成的串口的流量信息时，必须在统计开始前清除该接口下原有的统计信息，重新进行统计）。

- **display controller cpos** [*cpos-number*]：查看 CPOS 接口配置及其所有 E1/T1 通道的物理层配置信息状态。
- **display controller cpos** *cpos-number* **e1** *t1-number*：查看指定 CPOS 接口的指定 E1 通道的物理层配置信息。
- **display controller cpos** *cpos-number* **t1** *t1-number*：查看指定 CPOS 接口的指定 T1 通道的物理层配置信息。
- **reset counters interface** [*interface-type* [*interface-number*]]：清除 CPOS 接口或 CPOS 接口形成的 E1/T1 通道的统计信息。

POS 接口的环回检测功能配置的方法是在 POS 接口视图下根据实际的接口类型选

择配置。

■ 如果是检测 CPOS 接口，执行 **loopback** { **local** | **remote** }命令。

■ 如果是检测 CPOS 接口下的 E1 通道，执行 **e1** *e1-number* **set loopback** { **local** | **remote** }命令，参数 *e1-number* 用来指定要配置环回检测功能的 E1 通道编号，取值范围为 1～63 的整数。

■ 如果是检测 CPOS 接口下的 T1 通道，执行 **t1** *t1-number* **set loopback** { **local** | **remote** }命令，参数 *t1-number* 用来指定要配置环回检测功能的 T1 通道编号，取值范围为 1～84 的整数。

缺省情况下，禁止接口的环回检测功能。

2.2.10 CPOS 接口通过光纤直连的配置示例

如图 2-18 所示，RouterA 和 RouterB 的 CPOS 接口通过光纤直接相连。现已知如下条件。

■ RouterA 和 RouterB 所在区域使用 SDH 传输体制。

■ RouterA 和 RouterB 所在区域的 AUG 复用路径为 AU-3 复用。

■ RouterB 为阿尔卡特设备。

■ RouterB 的 CPOS 接口的时钟模式为从时钟模式。

■ RouterB 的 CPOS 接口开销字节 c2 为 3、s1 为 14，j0 和 j1 都按 16 字节模式取值，其中 j0 为 abc、j1 为 xyz。

为了保证对接成功，需要完成 RouterA 的 CPOS 接口配置。

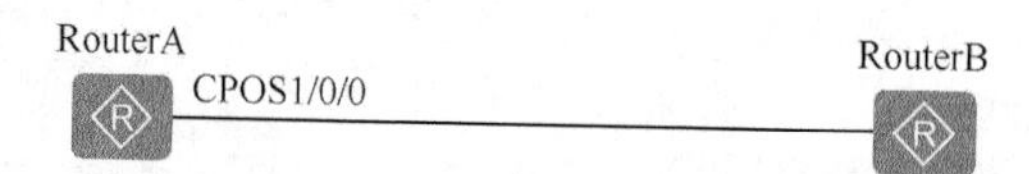

图 2-18 CPOS 接口通过光纤直连的配置示例的基本网络结构

1. 基本配置思路分析

根据本示例的已知条件以及 2.2.2 节介绍的配置方法可以得出本示例的配置思路如下（除时钟模式配置外，其他线路属性配置必须与 RouterB 上的配置一致）。

■ 配置 RouterA 的对接模式为 alcatel。

■ 配置 RouterA 的 CPOS 接口的帧格式为 SDH。

■ 配置 RouterA 的 CPOS 接口的 AUG 复用路径为 AU-3 复用。

■ 配置 RouterA 的 CPOS 接口开销字节 c2 为 3、s1 为 14，j0 和 j1 都按 16 字节模式取值，其中 j0 为 abc、j1 为 xyz，以保证两端设备的开销字节一致。

■ 配置 RouterA 的 CPOS 接口的时钟模式为主时钟模式，以保证两端设备的时钟模式不同。

2. 具体配置步骤

① 配置 RouterA 的对接模式为 alcatel。

```
<Huawei> system-view
[Huawei] sysname RouterA
[RouterA] interface cpos 1/0/0
[RouterA-Cpos1/0/0] multi-channel align-mode alcatel
```

② 配置RouterA的CPOS接口帧格式为SDH。

```
[RouterA-Cpos1/0/0] frame-format sdh
```

③ 配置RouterA的CPOS接口的AUG复用路径为AU-3复用。

```
[RouterA-Cpos1/0/0] multiplex mode au-3
```

④ 配置RouterA的POS接口开销字节，与RouterB上的对应开销字节配置一致。

```
[RouterA-Cpos1/0/0] flag c2 3
[RouterA-Cpos1/0/0] flag s1 14
[RouterA-Cpos1/0/0] flag j0 16byte-mode abc
[RouterA-Cpos1/0/0] flag j1 16byte-mode xyz
```

⑤ 配置RouterA的CPOS接口的时钟模式为主时钟模式（通过CPOS接口直连时，两端设备的时钟模式必须不同）。

```
[RouterA-Cpos1/0/0] clock master
[RouterA-Cpos1/0/0] quit
```

2.2.11　CPOS接口汇聚接入E1线路的配置示例

本示例的网络结构如图2-19所示，RouterA节点下有RouterB～H 7个分支节点，每个分支节点设备通过E1线路上行连接到SDH网络，RouterA通过CPOS接口也连接SDH，汇聚各分支节点的E1线路。

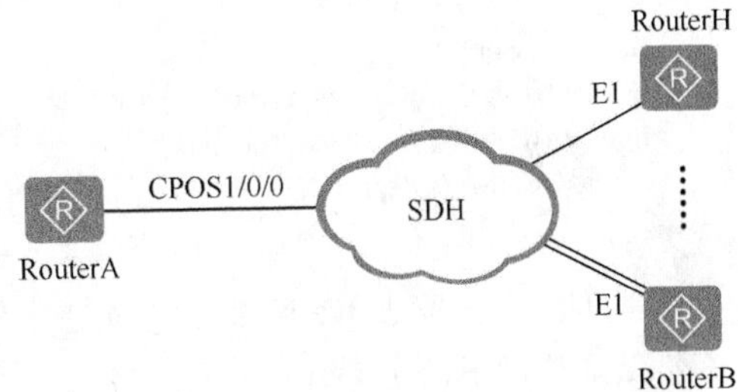

图2-19　CPOS接口汇聚接入E1线路配置示例的拓扑结构

现由于RouterB分支节点进行了扩容，一条E1线路满足不了需求，因此再添加了一条E1线路。要求用MP-group接口的方式，对这两条E1线路进行捆绑，用于RouterB与SDH网络连接。现已知如下条件。

■ RouterA使用来自SDH网络的时钟，即为从时钟模式。

■ RouterA的CPOS接口的帧格式是SDH，AUG复用路径为au-4。

1. 基本配置思路分析

本示例首先要对分支机构所使用的各E1线路的E1通道编号进行统一规划，编号为1～63，不得重复。根据本示例的网络结构特点可以得出主要有两方面的配置，一是在RouterB上要配置两条E1线路的捆绑（在对端的RouterA上也要对对应的两条E1通道进行捆绑），这其实是属于第4章才介绍的PPP链路捆绑内容，在此采用MP方式。另一部分就是在RouterA的CPOS接口下配置线路属性及所汇聚的各E1通道。

根据本示例的已知条件和要求，以及2.2.7节介绍的配置方法可以得出本示例的配置思路如下。

① 在RouterA上配置CPOS接口的线路属性，包括时钟模式、帧格式和AUG复用路径。但因缺省情况下，CPOS接口的时钟模式为从时钟模式、帧格式为SDH以及AUG复用路径为au-4，故本示例不需要配置CPOS接口的线路属性。

② 分别在RouterA和RouterB上创建并配置MP-Group，分别绑定RouterB所用的两条E1通道（假设E1通道编号分别为1、2），假设RouterB使用的是E1-F接口卡，工作在非成帧方式。有关MP-Group的配置方法参见本书的第4章。

③ 在 RouterA 的 CPOS 接口下配置其他 E1 通道，均需配置非通道化模式，E1 通道编号要与对应分支节点设备上配置的 E1 通道编号一致，但各分支机构使用的 E1 通道编号不能一致，取值范围为 1～63。

2. 具体配置步骤

■ RouterA 上的配置步骤。

① 在 RouterA 上创建并配置 MP-Group 接口 IP 地址，使其为三层模式。创建 MP-Group 接口的目的是为了绑定多条 PPP 通道。

```
<Huawei> system-view
[Huawei] sysname RouterA
[RouterA] interface mp-group 0/0/1
[RouterA-Mp-group0/0/1] ip address 100.10.10.1 24
[RouterA-Mp-group0/0/1] quit
```

② 在 CPOS 接口下配置 RouterB 所用的两条 E1 通道。此时既可以采用通道化模式，也可以采用非通道化模式来配置。在此仅以非通道化模式进行介绍，编号假设分别为 1、2（必须与在 RouterB 上配置的两条 E1 通道的编号一致）。配置后，各 E1 通道会生成一个对应的逻辑 Serial 接口。

```
[RouterA] controller cpos 1/0/0
[RouterA-Cpos1/0/0] e1 1 unframed   #---配置 1 号 E1 通道工作在非通道化模式
[RouterA-Cpos1/0/0] e1 2 unframed
[RouterA-Cpos1/0/0] quit
```

说明 其他分支节点 E1 通道也要进行本步配置，且各 E1 通道的编号要与对应分支节点设备上配置的 E1 通道编号一致，当然各 E1 通道的编号不能重复，取值范围为 1~63。其他配置可均直接采用缺省配置。

③ 将在 CPOS 接口下所配置的两条 E1 通道形成的逻辑 Serial 接口均与前面介绍的 MP-Group 接口进行绑定（**两条通道要当作一条通道使用时才需要 MP 绑定**）。两 Serial 接口编号中的 1/0/0 是 CPOS 接口编号，后面的 1、2 分别代表前面配置的两条 E1 通道的编号，冒号后面的 0 是非通道化模式中的固定值。

```
[RouterA] interface serial 1/0/0/1:0
[RouterA-Serial1/0/0/1:0] ppp mp mp-group 0/0/1   #---把以上生成的逻辑 Serial 接口与 MP-Group 0/0/1 接口绑定
[RouterA-Serial1/0/0/1:0] quit
[RouterA] interface serial 1/0/0/2:0
[RouterA-Serial1/0/0/2:0] ppp mp mp-group 0/0/1
[RouterA-Serial1/0/0/2:0] quit
```

■ RouterB 上的配置步骤。

① 在 RouterB 上创建并配置 MP-Group 接口 IP 地址，使其为三层模式。创建 MP-Group 接口的目的是为了绑定多条 PPP 通道。

```
<Huawei> system-view
[Huawei] sysname RouterB
[RouterB] interface mp-group 0/0/1
[RouterB-Mp-group0/0/1] ip address 100.10.10.2 24
[RouterB-Mp-group0/0/1] quit
```

② 将 RouterB 上的两个非成帧方式下的 E1-F 接口进行 MP 绑定（有关 E1-F 接口参见本书第 1 章）。因为 E1-F 接口直接生成的就是物理的 Serial 接口，所以需要在其对应的物理 Serial 接口下配置 MP。

```
[RouterB] interface serial 1/0/0
[RouterB-Serial1/0/0] fe1 unframed    #---配置工作在非成帧方式
[RouterB-Serial1/0/0] ppp mp mp-group 0/0/1    #---把以上 E1-F 接口对应的 Serial 接口绑定在 MP-Group0/0/1 接口上
[RouterB-Serial1/0/0] quit
[RouterB] interface serial 2/0/0
[RouterB-Serial2/0/0] fe1 unframed
[RouterB-Serial2/0/0] ppp mp mp-group 0/0/1
[RouterB-Serial2/0/0] quit
```

3. 配置结果验证

■ 在 RouterA 上执行 **display controller cpos** 1/0/0 **e1** 1 命令，查看 CPOS 1/0/0 的 1 号 E1 通道的状态信息。

```
[RouterA] display controller cpos 1/0/0 e1 1
Cpos1/0/0 current state : UP
Description : HUAWEI, AR Series, Cpos1/0/0 Interface
  Frame-format SDH, multiplex AU-4, clock slave, loopback not set
  Tx: J0: 0x1, J1: NULL, C2: 0x2
  Rx: J0: NULL, J1: NULL, C2: 0x0
Regenerator section:
  Alarm: none
  Error: 0 BIP
Multiplex section:
  Alarm: none
  Error: 0 BIP, 0 REI
Higher order path(VC-4-1):
  Alarm: none
  Error: 0 BIP, 0 REI
Lower order path:
  Alarm: none
  Error: 0 BIP, 0 REI
Cpos1/0/0    CE1 1 is up
  Frame-format NO-CRC4, clock slave, loopback not set
E1 framer(1-1-1-1):
  Alarm: none
  Error: 0 CEC, 0 FEBC, 0 REC
```

■ 执行 **display interface mp-group** 命令，查看 RouterA MP-Group 接口的状态信息。

```
[RouterA] display interface mp-group
Mp-group0/0/1 current state : UP
Line protocol current state : UP
Last line protocol up time : 2011-06-09 10:20:36
Description:HUAWEI, AR Series, Mp-group0/0/1 Interface
Route Port,The Maximum Transmit Unit is 1500
Internet Address is 100.10.10.1/24
Link layer protocol is PPP
LCP opened, MP opened, IPCP opened
Physical is MP, baudrate is 64000 bps
Current system time: 2011-02-09 10:21:48
    Last 300 seconds input rate 0 bytes/sec, 0 packets/sec
    Last 300 seconds output rate 0 bytes/sec, 0 packets/sec
    Realtime 0 seconds input rate 0 bytes/sec, 0 packets/sec
    Realtime 0 seconds output rate 0 bytes/sec, 0 packets/sec
    6 packets input, 84 bytes, 0 drops
    6 packets output, 84 bytes, 0 drops
    Input bandwidth utilization   : 0.00%
    Output bandwidth utilization : 0.00%
```

还可在 RouterA、RouterB 相互 ping 对方，测试一下网络的连通性。

2.2.12 CPOS 接口汇聚接入 T1 线路的配置示例

如图 2-20 所示，RouterA 节点下属有 RouterB～H 7 个分支节点，每个分支节点设备通过 T1 线路上行连接到 RouterA，RouterA 通过 CPOS 接口汇聚上行的 T1 线路。

由于 RouterB 分支节点进行了扩容，一条 T1 线路满足不了需求，因此添加了一条 T1 线路。要求用 MP-Group 接口的方式，对这两条 T1 线路进行捆绑。现已知：

- RouterA 使用来自 SDH 网络的时钟，即为从时钟模式；
- RouterA 的 CPOS 接口的帧格式是 SDH，AUG 复用路径为 au-4。

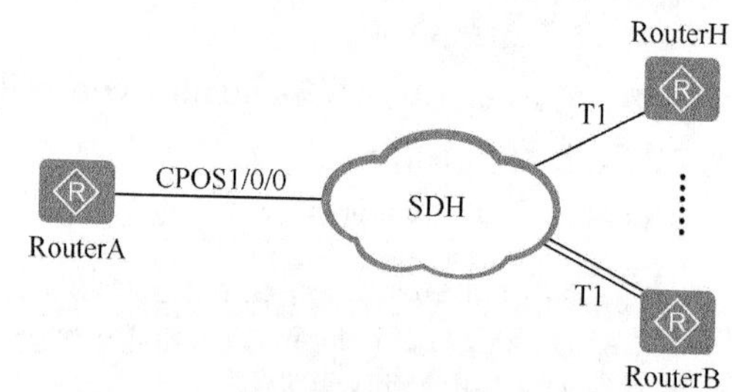

图 2-20 CPOS 接口汇聚接入 T1 线路配置示例的拓扑结构

1. 基本配置思路分析

本示例与上一节介绍的示例的配置思路差不多，首先也要对分支机构所使用的各 T1 线路所使用的 T1 通道编号进行统一规划，编号为 1～84，不得重复。根据本示例的网络结构特点可以得出主要有两方面的配置，一是在RouterB上要配置两条T1线路的捆绑（在对端的 RouterA 上也要对对应的两条 T1 通道进行捆绑），这也是属于第 4 章才介绍的 PPP 链路捆绑内容，在此采用 MP 方式。另一部分就是在 RouterA 的 CPOS 接口下配置线路属性及所汇聚的各 T1 通道。

根据 2.2.8 节介绍的 CPOS 接口汇聚 T1 线路的配置步骤可得出如下的配置思路。

① 在 RouterA 上配置 CPOS 接口的线路属性，包括：时钟模式、帧格式和 AUG 复用路径。但因为缺省情况下，CPOS 接口的时钟模式为从时钟模式、帧格式为 SDH 以及 AUG 复用路径为 au-4，与本示例要求是一致的，所以本示例不需要配置 CPOS 接口的线路属性。

② 分别在 RouterA 和 RouterB 上创建并配置 MP-Group，分别绑定 RouterB 所用的两条 T1 通道，假设 RouterB 使用的是 T1-F 接口卡（**T1-F 接口只能工作在成帧方式，参见本书的第 1 章**），但绑定了所有 24 个时隙。

③ 在 RouterA 的 CPOS 接口下配置其他 T1 通道，均需配置非通道化模式，T1 通道编号要与对应分支节点设备上配置的 T1 通道编号一致，但各分支机构使用的 T1 通道编号不能一致，取值范围为 1~84。

2. 具体配置步骤

- RouterA 上的配置步骤。

① 在 RouterA 上创建并配置 MP-Group 接口 IP 地址，使其为三层模式。

```
<Huawei> system-view
[Huawei] sysname RouterA
[RouterA] interface mp-group 0/0/1
[RouterA-Mp-group0/0/1] ip address 100.10.10.1 24
[RouterA-Mp-group0/0/1] quit
```

② 在 CPOS 接口下配置 RouterB 所用的两条 T1 通道。此时既可以采用通道化模式，

也可以采用非通道化模式来配置。在此仅以通道化模式进行介绍，但因为要使用 T1 线路的全部带宽，所以需要绑定所有 24 个时隙（假设两 T1 通道的时隙捆绑集编号分别为 1、2，也可以一样），T1 通道编号假设分别为 1、2（必须与在 RouterB 上配置的 T1 通道编号一致，且各分支机构上的 T1 通道编号配置不能重复，取值范围为 1~84）。

```
[RouterA] controller cpos 1/0/0
[RouterA-Cpos1/0/0] t1 1 channel-set 1 timeslot-list 1-24
[RouterA-Cpos1/0/0] t1 2 channel-set 2 timeslot-list 1-24
[RouterA-Cpos1/0/0] quit
```

③ 将在 CPOS 接口下所配置的两条 T1 通道形成的逻辑 Serial 接口与前面介绍的 MP-Group 接口进行绑定。两 Serial 接口编号中的 1/0/0 是 CPOS 接口编号，后面的 1、2 分别代表两条 E1 通道的编号，冒号后面的 1、2 是两个时隙捆绑集号。

```
[RouterA] interface serial 1/0/0/1:1
[RouterA-Serial1/0/0/1:0] ppp mp mp-group 0/0/1
[RouterA-Serial1/0/0/1:0] quit
[RouterA] interface serial 1/0/0/2:2
[RouterA-Serial1/0/0/2:0] ppp mp mp-group 0/0/1
[RouterA-Serial1/0/0/2:0] quit
```

■ RouterB 上的配置步骤。

① 在 RouterB 上创建并配置 MP-Group 接口 IP 地址，使其为三层模式。

```
<Huawei> system-view
[Huawei] sysname RouterB
[RouterB] interface mp-group 0/0/1
[RouterB-Mp-group0/0/1] ip address 100.10.10.2 24
[RouterB-Mp-group0/0/1] quit
```

② 将 RouterB 上两个成帧方式下的 T1-F 接口进行 MP 绑定。T1-F 接口只能工作在成帧方式，且直接生成的就是物理的 Serial 接口，所以需要在其对应的物理 Serial 接口下配置 MP。

```
[RouterB] interface serial 1/0/0
[RouterB-Serial1/0/0] ft1 timeslot-list 1-24
[RouterB-Serial1/0/0] ppp mp mp-group 0/0/1
[RouterB-Serial1/0/0] quit
[RouterB] interface serial 2/0/0
[RouterB-Serial2/0/0] ft1 timeslot-list 1-24
[RouterB-Serial2/0/0] ppp mp mp-group 0/0/1
[RouterB-Serial2/0/0] quit
```

3. 配置结果验证

■ 在 RouterA 上查看 CPOS 1/0/0 的 1 号 T1 通道的状态信息。

```
[RouterA] display controller cpos 1/0/0 t1 1
Cpos1/0/0 current state : UP
Description : HUAWEI, AR Series, Cpos1/0/0 Interface
  Frame-format SDH, multiplex AU-4, clock slave, loopback not set
  Tx: J0: 0x1, J1: NULL, C2: 0x2
  Rx: J0: NULL, J1: NULL, C2: 0x0
Regenerator section:
  Alarm: none
  Error: 0 BIP
Multiplex section:
  Alarm: none
  Error: 0 BIP, 0 REI
```

```
Higher order path(VC-3-2):
  Alarm: none
  Error: 0 BIP, 0 REI
Lower order path:
  Alarm: none
  Error: 4095 BIP, 2047 REI
Cpos1/0/0    CT1 1 is up
  Frame-format ESF, clock slave, loopback not set
T1 framer(2-1-1):
  Alarm: none
  Error: 0 CEC, 0 FEBC, 0 REC
```

■ 查看 RouterA MP-Group 接口的状态信息。

```
[RouterA] display interface mp-group
Mp-group0/0/1 current state : UP
Line protocol current state : UP
Last line protocol up time : 2018-06-09 10:20:36
Description:HUAWEI, AR Series, Mp-group0/0/1 Interface
Route Port,The Maximum Transmit Unit is 1500
Internet Address is 100.10.10.1/24
Link layer protocol is PPP
LCP opened, MP opened, IPCP opened
Physical is MP, baudrate is 64000 bps
Current system time: 2018-06-09 10:21:48
    Last 300 seconds input rate 0 bytes/sec, 0 packets/sec
    Last 300 seconds output rate 0 bytes/sec, 0 packets/sec
    Realtime 0 seconds input rate 0 bytes/sec, 0 packets/sec
    Realtime 0 seconds output rate 0 bytes/sec, 0 packets/sec
    6 packets input, 84 bytes, 0 drops
    6 packets output, 84 bytes, 0 drops
    Input bandwidth utilization    : 0.00%
    Output bandwidth utilization : 0.00%
```

还可在 RouterA、RouterB 相互 ping 对方，测试一下网络的连通性。

2.3 PON 接口配置与管理

PON（Passive Optical Network，无源光网络）技术是最近发展起来的点到多点的光纤接入技术，是一种纯介质网络（类似于以太局域网，网络连接好了即可通信），利用光纤实现数据、语音和视频的全业务接入。

PON 不包含任何有源电子器件，全部由无源光器件组成，避免了外部设备的电磁干扰和雷电影响，减少了线路和外部设备的故障率，同时简化了供电配置和网管的复杂度，提高了系统的可靠性，节省了维护成本。PON 的业务透明性较好，原则上可适用于任何制式和速率的信号。

2.3.1 PON 接口简介

PON 系统由 3 部分组成，分别为 OLT（Optical Line Terminal，光线路终端）、ODN（Optical Distribution Network，无源光分路器）和 ONU（Optical Network Unit，光网络单元），如图 2-21 所示。

■ OLT 是放置在局端的终结 PON 协议的 PON 接入汇聚设备，可以理解为支持 PON 接入的光纤路由器。

■ ODN 是一个连接 OLT 和 ONU 的无源设备，它的功能是分发下行数据（此时起到分线器的作用），并集中上行数据，类似于一个信号分发器。

■ ONU 是位于客户侧的给用户提供各种接口的用户侧终端，类似于有线电视网络中每个用户的“机顶盒”。此处讲的 AR G3 系列路由器是作为 ONU 来部署的。

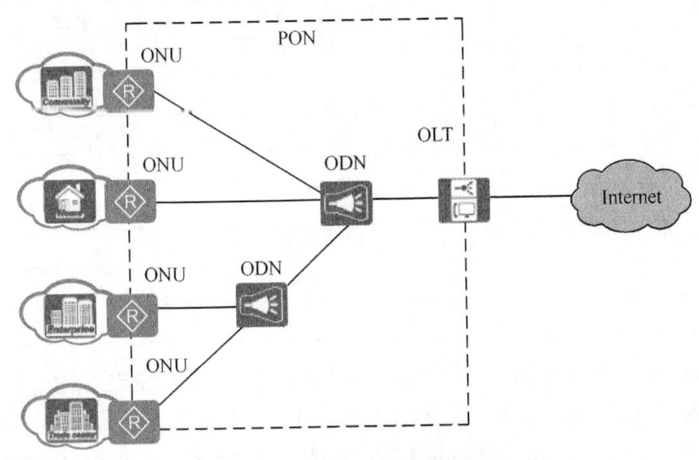

图 2-21　PON 系统典型结构

在 PON 系统中，OLT 到 ONU 的数据传输方向称之为下行方向，反之为上行方向。AR G3 系列路由器上的 PON 接口称为 PON 上行接口。上下行方向的数据传输原理有所不同。

■ 下行方向：**OLT 采用广播方式**，将 IP 数据、语音、视频等多种业务，通过 1:N（1 是指来自 OLT 的一路光信号，N 是指分发给下面连接的 N 路 ONU 设备）无源光分路器分配到所有 ONU 单元。当数据信号到达 ONU 时，ONU 根据 OLT 分配的逻辑标识，在物理层上进行判断，接收给它自己的数据帧，丢弃那些给其他 ONU 的数据帧。

■ 上行方向：来自各个 ONU 的多种业务信息，采用 TDMA（Time Division Multiple Access，时分多址接入）技术，分时隙互不干扰地通过 1:N 无源光分路器耦合到同一根光纤，最终送到 OLT。

目前主要的 PON 技术有 EPON（Ethernet PON，以太网 PON）、GPON（Gigabit PON，吉比特 PON）两种，对应标准分别由 IEEE 802.3ah 工作组和 ITU/FSAN 制定。EPON 是基于以太网的无源光网络，是由 2000 年 11 月成立的 EFM（Ethernet in the First Mile，第一英里以太网）工作组提出的，并在 IEEE 802.3ah 标准中进行规范。它将以太网技术与 PON 技术结合起来，可提供上下行对称的 1.25 Gbit/s 线路传输速率，实现点到多点结构的上、下行对称的吉比特以太网光纤接入系统。

在 EFM 提出 EPON 概念的同时，ITU/FSAN 又提出了 GPON，并对其进行了标准化。GPON 的技术特色是在二层采用 ITU-T 定义的 GFP（Generic Framing Procedure，通用成帧规程）对以太网、TDM、ATM 等多种业务进行封装映射，提供 1.25 Gbit/s 和 2.5 Gbit/s 两种下行速率，以及 155 Mbit/s、622 Mbit/s、1.25 Gbit/s、2.5 Gbit/s 多种上行速率，并

具有较强的 OAM（操作、管理和维护）功能。在高速率和支持多业务方面，GPON 有优势，但技术的复杂性和成本目前要高于 EPON，产品的成熟性也逊于 EPON。它们之间的主要特性比较见表 2-6。

表 2-6　**EPON 和 GPON 的主要特性比较**

项目	EPON	GPON
下行速率	1.25 Gbit/s	1.25 Gbit/s 或 2.5 Gbit/s
上行速率	1.25 Gbit/s	155 Mbit/s、622 Mbit/s、1.25 Gbit/s 或 2.5 Gbit/s
分路比	取决于光功率预算	取决于光功率预算
最大传输距离	10 km 或 20 km	20 km
数据链路层协议	以太网	GEM 或 ATM
封装效率	高	最高
技术标准化程度	完备	一般
芯片、器件成熟程度	高	一般
理论成本	低	低
实际成本	低	高

AR G3 系列路由器中的 PON 接口是由 1PON 接口卡（如图 2-22 所示）提供支持的，可在 AR1200 系列（除 AR1220C 和 AR1220-8GE 之外的所有款型）、AR2200 系列（除 AR2201-48FE 和 AR2202-48FE 之外的所有款型）、AR3200 系列和 AR3600 系列路由器上安装。

注意　虽然 1PON 接口卡上有两个端口，但是其中 1 个是备份端口，不能同时接两路 PON。另外，一款 AR G3 系列路由器只支持安装一块 PON 接口卡，后插入的 PON 接口卡不上电。

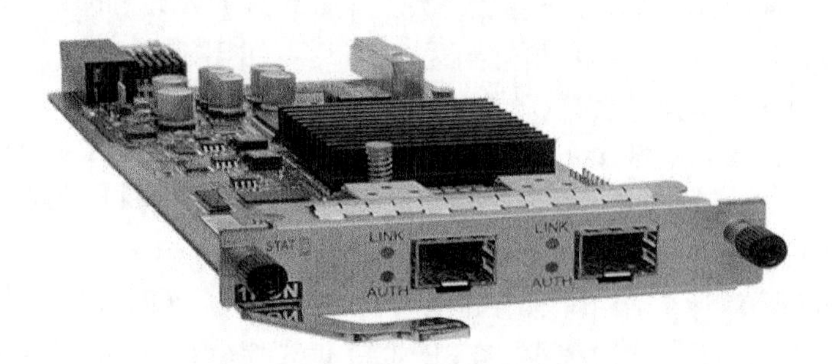

图 2-22　1PON 接口卡外观

2.3.2　配置 EPON 接口

通过配置 EPON 接口可使路由器与上行 OLT 设备完成对接。但在配置 EPON 接口之前，需要在路由器上成功安装、注册 PON 接口卡。

EPON 接口的配置任务主要包括以下 3 个方面。

1. 配置工作模式

为了实现设备与支持 EPON 模式的 OLT 的顺利对接，用户可以选择设备工作在自适应模式下，也可以通过 **port mode epon** PON 接口命令手动配置设备的 PON 接口，使其工作在 EPON 模式下。当 PON 接口上配有业务时，切换模式会导致业务中断，需谨慎操作。

推荐使用自适应模式，但是在自适应模式下只能自适应成功一次。例如，设备的 PON 接口已经成功自适应为 EPON 模式，当再次接入到 OLT 的 PON 接口下时，如果 OLT 的 PON 接口工作在 GPON 模式下，只有重启 PON 单板才能自适应成功。

2. 配置 ONU 认证参数

OLT 需要对 ONU 的有效性和合法性进行认证，以防非法 ONU 接入。EPON 系统支持表 2-7 所列的 3 种 ONU 认证方式。

表 2-7　EPON 系统支持的 3 种 ONU 认证方式及比较

ONU 认证方式	说明	优点	缺点	应用场景
物理标识认证	采用 ONU 的物理标识（如 ONU 的 MAC 地址）作为标识的认证方法	配置简单，可靠性高。基于 MAC 认证通过后，禁止用户更改 MAC 地址	当 ONU 损坏需要更换新 ONU 时，新的 MAC 地址必须在 OLT 上重新添加	适用于安全需求比较高的场景
逻辑标识认证	逻辑标识包括 LOID（Logical ONU ID，逻辑 ONU ID）和 Checkcode。进行认证时有两种处理方式：仅判断 LOID 或同时判断 LOID 和 Checkcode，可灵活配置	用户在变换物理位置时，不需要重新配置逻辑标识，且提供两种处理方式，提高了终端用户接入的灵活性	若非法 ONU 盗取了合法 ONU 的逻辑标识，OLT 进行认证时，最先通过认证 ONU 的业务先上线，可能会导致合法 ONU 无法正常上线	适用于移动性需求比较高的场景
密码认证	华为技术有限公司私有认证方式，对接的 OLT 设备也需为华为技术有限公司设备	配置简单，用户在变换物理位置时，不需要重新配置密码	对接的 OLT 需支持密码认证方式。对接的 OLT 设备也需为华为技术有限公司的设备	适用于移动性需求比较高的场景

这 3 种认证方式可单独使用，也可组合使用。但是，在 ONU 上配置的认证参数由局端的 OLT 预先分配，用户无法任意配置，否则认证将无法通过。因此，用户可根据 OLT 实际的认证方式配置 ONU 上的认证参数。

3.（可选）配置光模块参数

光模块参数方面主要可配置 EPON 接口光模块的发光模式、光模块偏置电流告警低门限和高门限值、光模块发送光功率告警低门限和高门限值、光模块温度告警低门限和高门限值、光模块电压告警低门限和高门限值等。

以上 3 项配置任务的具体配置步骤见表 2-8（**其中的光模块参数都有缺省配置，可根据实际需要选择配置，且没有先后次序之分**）。

表 2-8　EPON 接口配置步骤

配置任务	步骤	命令	说明
公共配置	1	**system-view** 例如：<Huawei> **system-view**	进入系统视图

续表

<table>
<tr><th>配置任务</th><th>步骤</th><th>命令</th><th colspan="2">说明</th></tr>
<tr><td>公共配置</td><td>2</td><td>interface pon interface- number
例如：[Huawei] interface pon 1/0/0</td><td colspan="2">进入 PON 接口视图</td></tr>
<tr><td rowspan="2">配置工作模式</td><td>3</td><td>port mode epon
例如：[Huawei-Pon1/0/0] port mode gpon</td><td colspan="2">配置当前 PON 接口工作模式为 EPON 模式。
缺省情况下，PON 接口的工作模式为自适应模式。在自适应模式下，设备会根据接入的光信号自动适应成 EPON 或者 GPON，具备较强的适应性，推荐使用自适应模式。
【注意】port mode 命令的执行结果是覆盖式的，即如果两次配置的工作模式不同，则第二次的配置生效。但 PON 接口不支持 EPON 模式和 GPON 模式之间直接切换，用户必须先将 PON 接口切换到自适应模式，才能进一步切换为 EPON 模式或 GPON 模式，且切换的时间间隔应不少于 30 s</td></tr>
<tr><td>4</td><td>epon compatibility dba
例如：[Huawei-Pon1/0/0] epon compatibility dba</td><td colspan="2">（可选）配置 EPON 接口的兼容性模式。
设备通过 EPON 接口与 OLT 进行对接，当对端 OLT 的 DBA 报文不符合 CTC（中国电信）规范时，设备 EPON 接口的物理状态为 Down。用户可以配置本步骤，兼容对端的不规范报文，使业务可以正常激活。配置本命令后，需要重启此设备配置才会生效。
缺省情况下，EPON 接口没有配置兼容性模式，可用 undo epon compatibility 命令恢复缺省配置</td></tr>
<tr><td rowspan="4">配置认证参数</td><td rowspan="4">5</td><td>epon-mac-address mac-address
例如：[Huawei-Pon1/0/0] epon-mac-address 1111-2222-3333</td><td colspan="2">（三选一）配置设备进行基于物理标识认证时使用的 MAC 地址，格式为 H-H-H，其中 H 为 4 位的十六进制数。但这里配置的认证方式一定要与 OLT 预先分配的认证参数一致，用户无法任意配置，否则认证将无法通过。
基于 MAC 认证通过后，禁止用户更改 MAC 地址，以确保设备 MAC 地址唯一</td></tr>
<tr><td>epon-loid loid
例如：[Huawei-Pon1/0/0] epon-loid hwloid</td><td rowspan="2">（三选一）配置基于逻辑标识认证</td><td>配置设备进行基于逻辑标识认证时使用的逻辑标识，1～24 个字符，不支持空格，但也与 OLT 预先分配的认证参数一致，用户无法任意配置，否则认证将无法通过。
在同一个视图下重复执行 epon-loid 命令后，新配置覆盖老配置</td></tr>
<tr><td>epon-checkcode checkcode
例如：[Huawei-Pon1/0/0] epon-checkcode eponcode</td><td>（可选）配置设备进行基于逻辑标识认证时使用的校验码，字符串类型，不支持空格，长度范围是 1～12。
在同一个视图下重复执行本命令后，新配置覆盖老配置。
【注意】ONU 上配置的认证参数由 OLT 预先分配，用户无法任意配置，否则认证将无法通过</td></tr>
<tr><td>epon-password cipher password</td><td colspan="2">（三选一）配置设备进行密码模式认证时使用的密码为 1～32 个字符，区分大小写，不支持空格，但也与 OLT 预先分配的认证参数一致，用户无法任意配置，否则认证将无法通过。
在同一个视图下重复执行 epon-password 命令后，新配置</td></tr>
</table>

续表

配置任务	步骤	命令	说明
配置认证参数	5	例如：[Huawei-Pon1/0/0] **epon-password cipher** hwpwd	覆盖老配置。 【注意】密码模式认证方式为华为技术有限公司私有认证方式，对接的 OLT 设备也需为华为技术有限公司的设备
（可选）配置光模块参数	6	**laser** { **auto** | **off** | **on** [*time-value*] } 例如：[Huawei-Pon1/0/0] **laser on 30**	配置当前 PON 接口光模块的发光模式。命令中的参数和选项说明如下。 （1）**auto**：多选一选项，指定当前 PON 接口光模块为正常发光模式 （2）**off**：多选一选项，指定当前 PON 接口光模块为关闭模式，当需要光模块不发光时选择该模式。此时请确认该接口没有承载业务。 （3）**on**：多选一选项，指定当前 PON 接口光模块为长发光模式，当需要测试光模块的发光功率时选择。 （4）*time-value*：可选参数，设置光口长发光时间，取值范围为（1～60）整数秒，缺省值为 20 s。当长发光时间过后，光模块发光模式将会自动切换为正常发光模式。 【注意】当前 PON 口模式为 GPON 时，不能直接从 off 模式切换到 on 模式，必须先切换到 auto 模式，再切换为 on 模式。 缺省情况下，PON 接口光模块的发光模式为 auto
	7	**optical-module threshold bias** { **lower-limit** *lower-limit* | **upper-limit** *upper-limit* }* 例如：[Huawei-Pon1/0/0] **optical-module threshold bias lower-limit** 5 **upper-limit** 50	配置光模块偏置电流告警低门限和高门限值。命令中的参数说明如下。 （1）*lower-limit*：可多选参数，指定偏置电流告警低门限，取值范围为 0～10 000 整数 mA，推荐使用值为 2 mA。如果同时设置上限和下限时，下限不能大于上限。 （2）*upper-limit*：可多选参数，指定偏置电流告警高门限，取值范围为 0～10 000 整数 mA，推荐使用值为 70 mA。 【说明】光模块偏置电流的正常工作范围为 0～10 000 mA，若超出此范围，光模块可能无法正常接收光信号，将导致 ONU 业务中断和下线。可使用此命令设置偏置电流的上下限值，当偏置电流超出上下限时，ONU 会向网管设备发送告警。新配置覆盖老配置
	8	**optical-module threshold rx-power** { **lower-limit** *lower-limit* | **upper-limit** *upper-limit* }* 例如：[Huawei-Pon1/0/0] **optical-module threshold rx-power lower-limit** -25 **upper-limit** 50	配置光模块接收光功率告警低门限和高门限值。命令中的参数说明如下。 （1）*lower-limit*：可多选参数，指定接收光功率告警低门限，为一浮点数类型，小数点后保留 2 位，取值范围为–99.00～100.00 dBm，推荐使用值为–35.00 dBm。如果同时设置上限和下限时，下限不能大于上限。 （2）*upper-limit*：可多选参数，指定接收光功率告警高门限，为一浮点数类型，小数点后保留 2 位，取值范围为–99.00～100.00 dBm，推荐使用值为 1.00 dBm。 【说明】光模块接收光功率的正常工作范围为–99.00～100.00 dBm，若超出此范围，光模块可能无法正常接收光信号，将导致 ONU 业务中断和下线。可使用此命令设置接收光功率的上下限值，当接收光功率超出上下限时，ONU 会向网管设备发送告警。新配置覆盖老配置

续表

配置任务	步骤	命令	说明
	9	**optical-module threshold tx-power** { **lower-limit** *lower-limit* | **upper-limit** *upper-limit* }* 例如：[Huawei-Pon1/0/0] **optical-module threshold tx-power lower-limit** -25 **upper-limit** 50	配置光模块发送光功率的告警低门限和高门限值。命令中的参数说明如下。 （1）*lower-limit*：可多选参数，指定发送光功率告警低门限，为一浮点数类型，小数点后保留 2 位，取值范围为–99.00～100.00 dBm，推荐使用值为–1.00 dBm。如果同时设置上限和下限时，下限不能大于上限。 （2）*upper-limit*：可多选参数，指定发送光功率告警高门限，为一浮点数类型，小数点后保留 2 位，取值范围为–99.00～100.00 dBm，推荐使用值为 7.00 dBm。 【说明】光模块发送光功率的正常工作范围为–99.00 ~ 100.00 dBm，若超出此范围，光模块可能无法正常接收光信号，将导致 ONU 业务中断和下线。可使用此命令设置发送光功率的上下限值，当发送光功率超出上下限时，ONU 会向网管设备发送告警。新配置覆盖老配置
（可选）配置光模块参数	10	**optical-module threshold temperature** { **lower-limit** *lower-limit* | **upper-limit** *upper-limit* }* 例如：[Huawei-Pon1/0/0] **optical-module threshold temperature lower-limit** -45 **upper-limit** 45	配置光模块温度的告警低门限和高门限值。命令中的参数说明如下。 （1）*lower-limit*：可多选参数，指定光模块温度告警低门限，为一浮点数类型，小数点后保留 2 位，取值范围为–99.00～300.00℃，推荐使用值为–10℃。如果同时设置上限和下限时，下限不能大于上限。 （2）*upper-limit*：可多选参数，指定光模块温度的告警高门限，为一浮点数类型，小数点后保留 2 位，取值范围为–99.00～100.00℃，推荐使用值为 100℃。 【说明】光模块温度的正常工作范围为–99.00 ~ 300.00℃，若超出此范围，光模块可能无法正常接收光信号，将导致 ONU 业务中断和下线。可使用此命令设置光模块温度的上下限值，当光模块的温度超出上下限时，ONU 会向网管设备发送告警。新配置覆盖老配置
	11	**optical-module threshold voltage** { **lower-limit** *lower-limit* | **upper-limit** *upper-limit* }* 例如：[Huawei-Pon1/0/0] **optical-module threshold voltage lower-limit 5 upper-limit 25**	配置光模块电压的告警低门限和高门限值。命令中的参数说明如下。 （1）*lower-limit*：可多选参数，指定光模块电压告警低门限，为一浮点数类型，小数点后保留 2 位，取值范围为 0～100.00 V，推荐使用值为 2.97 V。如果同时设置上限和下限时，下限不能大于上限。 （2）*upper-limit*：可多选参数，指定光模块温度告警高门限，为一浮点数类型，小数点后保留 2 位，取值范围为 0～100.00 V，推荐使用值为 3.63 V。 【说明】光模块电压的正常工作范围为 0 ~ 100.00 V，若超出此范围，光模块可能无法正常接收光信号，将导致 ONU 业务中断和下线。可使用此命令设置电压的上下限值，当光模块的电压超出上下限时，ONU 会向网管设备发送告警。新配置覆盖老配置

【说明】当用户需要取消以上步骤 6 ~ 10 所配置的所有光模块告警门限时，可以执行 **undo optical-module threshold** 命令。执行本命令后，设备将取消所有已配置的光模块告警门限，当偏置电流、接收光功率、发送光功率、温度或电压过高或过低时，ONU 不会向网管设备发送告警

2.3.3　配置 GPON 接口

当需要与 GPON 网络连接时，则需要配置 PON 接口为 GPON 接口。通过配置 GPON 接口属性可使路由器与上行 OLT 设备完成对接。在配置 GPON 接口之前，需在路由器上成功安装、注册 PON 接口卡。

GPON 接口的配置任务与上节介绍的 EPON 接口卡的配置任务类似，也包括以下 3 项主要配置任务。

1. 配置工作模式

为了实现设备与支持 GPON 模式的 OLT 的顺利对接，用户可以选择设备工作在自适应模式下，也可以手动配置设备的 PON 接口与对接设备的 PON 接口，使其工作在 GPON 模式下。

配置 GPON 模式的方法是在 PON 接口视图下使用 **port mode gpon** 命令，缺省情况下，PON 接口的工作模式为自适应（**adapt**）模式。当 PON 接口上配有业务时，切换模式会导致业务中断，请谨慎操作。

推荐使用自适应模式，但是在自适应模式下同样只能自适应成功一次。例如，设备的 PON 接口已经成功自适应为 EPON 模式，当再次接入到 OLT 的 PON 接口下时，如果 OLT 的 PON 接口工作在 GPON 模式下，只有重启 PON 单板才能自适应成功。

2. 配置认证参数

OLT 也需要对 ONU 的有效性和合法性进行认证，以防非法 ONU 接入。GPON 系统支持表 2-9 所示的两种 ONU 认证方式。

表 2-9　GPON 系统支持的两种 ONU 认证方式及比较

ONU 认证方式	说明	优点	缺点	应用场景
SN 认证	采用 ONU 的 SN 作为认证标识的认证方法。ONU 的 SN 是全球唯一的，由 13 个字符组成。前面 4 个字符代表生产厂家，华为技术有限公司生产的 ONU 的前 4 个字符为“hwhw”	无需用户手动配置，可靠性高	当 ONU 损坏需要更换新 ONU 时，OLT 上需添加新 ONU 的 SN，无法即插即用	因为设备天然支持 SN 认证，所以适用于所有场景
密码认证	采用 ONU 上报的密码和 OLT 预配置密码进行校验的认证方法	配置简单，用户在变换物理位置时，不需要重新配置密码，提高了终端用户接入的灵活性	若非法 ONU 盗取了合法 ONU 的密码，OLT 进行认证时，最先通过认证 ONU 的业务先上线，可能会导致合法 ONU 无法正常上线	适用于移动性需求比较高的场景

在 ONU 上配置的认证参数也是由局端的 OLT 预先分配，用户无法任意配置，否则认证将无法通过。可在 PON 接口视图下使用 **gpon-password cipher** *password* 命令配置 OLT 采用密码模式认证时使用的密码，为 1～10 个字符，区分大小写，不支持空格。在同一个视图下重复执行本命令后，新配置覆盖老配置。**设备缺省支持 SN 认证，无需用**

户配置。

GPON 系统对 ONU 进行认证有 3 种处理方式：仅采用 SN 认证、仅采用密码认证或采用 SN 和密码组合认证。当 GPON 系统采用密码认证，或 SN 和密码组合认证时，执行 **gpon-password** *password* 命令配置 ONU 向 OLT 注册时使用的密码。仅采用 SN 认证时无需另外配置。

3. （可选）配置光模块属性

这方面与上节介绍的EPON接口光模块属性的配置完全一样，可直接参见上节表2-8中的第 5～10 步。

2.3.4 PON 接口管理

在日常维护中，可使用以下 **display** 任意视图命令检查配置结果、管理 PON 接口，也可用以下 **reset** 用户视图命令清除 PON 接口上的统计信息（当你需要统计一定时间内 PON 接口生成的串口的流量信息时，必须在统计开始前清除该接口下原有的统计信息，重新进行统计）。

- **display epon-info interface pon** *interface-number*：查看 EPON 接口信息，包括 EPON 接口的发光模式、信号是否同步、逻辑链路标识、加密开关状态、加密模式、环回模式、MAC 地址、密码、逻辑标识、校验码等信息。
- **display pon-transceiver interface pon** *interface-number*：查看 PON 接口光模块信息，包括查看到 PON 接口光模块的光波波长、标识、传输距离、版本信息、偏置电流、供电电压等信息。
- **display pon-statistic interface pon** *interface-number*：查看 PON 接口流量统计信息，包括查看到 PON 接口接收帧、接收字节、上下行以太帧统计数、上下行实时流量等信息。
- **reset pon-statistic interface pon** *interface-number*：清除指定 EPON 和 GPON 接口的报文统计信息。

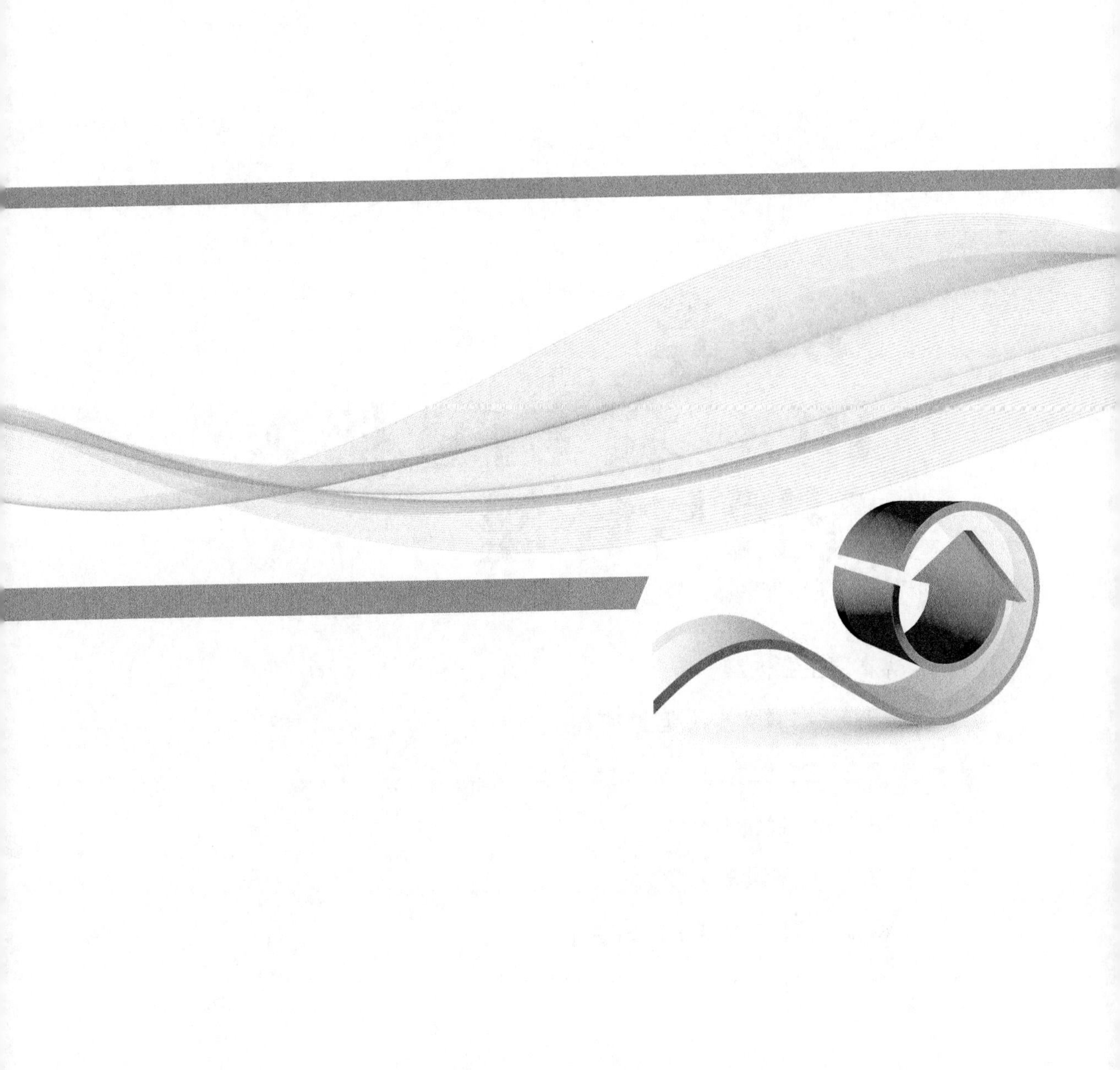

第3章 DCC和LTE接入配置与管理

本章主要内容

前面两章介绍了华为路由器中常见的一些专线类型的广域网接口及对应的接入技术，如 CE1/PRI、CT1/PRI、E1-F、T1-F、CE3、POS、CPOS 和 PON 接口。但其实在路由器的广域网连接中，对于中小型企业来说，出于成本考虑，更多的不是采用专线接入方式，而是采用按需拨号方式，特别是在当前新型移动互联网时代中的移动无线接入方式。

正因如此，本章就集中介绍两方面的内容：一是在各种按需拨号 WAN 接入中必须使用的 DCC（拨号控制中心）的配置方法，它同时适用于本章后面将要介绍的 LTE 移动无线接入，以及第 4 章将要介绍的各种 xDSL 接入；二是当前最新的 LTE 移动接入中 LTE Cellular 接口的配置方法，与本书上一版本介绍的 3G 移动接入中 3G Cellular 接口的配置方法类似。

3.1 广域网接入/互联概述

广域网接入/互联是指通过广域网（如 Internet 和其他广域网）接入线路，如 Modem、ISDN、ADSL、VDSL、G.SHDSL 等有线拨号或者专线线路（如 E1、T1、E3、T3 线路），以及像 3G、LTE 无线接入线路，或者通过专门的广域传输网（如 SONET、SDH、EPON、GPON 传输网等），实现远程设备或者网络间的接入或互联。

在本书的第 1、2 章介绍了一些用于专线接入/互联的 WAN 接口，它们只需配置好对应的 WAN 接口即可实现对应广域网线路的接入或互联，如通过 E1、T1、光纤专线进行的广域网接入与互联的 CE1/PRI、E1-F、CT1/RPI、T1-F、POS、CPOS、PON 等接口。但在广域网接入/互联网中还有另一类按需拨号接口，此时仅配置好对应的 WAN 接口是不够的，还需要配置拨号接口/账户属性和对应的拨号软件系统（如 PPPoE 拨号系统），如通过 ISDN、ADSL、VDSL、G.SHDSL 和 3G/LTE 无线线路连接的 PRI 接口、ADSL 接口、VDSL 接口、G.SHDSL 接口和 3G/LTE Cellular 接口（说明：ISDN、ADSL、VDSL、G.SHDSL 等也有专线接入方式，光纤接入也有拨号方式）。

本章和第 4 章介绍的都是按需拨号类型的 WAN 接口，以及广域网中最常使用的 PPP 和 PPPoE 协议的配置与管理方法。在华为 AR G3 系列路由器中，各种拨号服务采用 DCC（Dial Control Center，拨号控制中心）集中管理方式。这些按需拨号 WAN 接入方式的总体配置任务包括如下 3 个方面。

1. 配置各种拨号服务所使用的 WAN 接口

这方面的 WAN 接口也分物理接口和虚拟接口两大类，物理接口包括 Serial 接口、ADSL 接口、VDSL 接口、G.SHDSL 接口和 3G/LTE Cellular 接口，虚拟接口包括：Serial、Dialer、VA（虚拟访问）接口、VT（虚拟模板）和 VE（虚拟以太网）虚拟接口。

2. 配置 DCC

DCC 的作用就是配置各种拨号服务所需的拨号接口及其账户和链路属性，如轮询或共享 DCC 功能及属性参数、动态线路备份等。

3. （可选）配置各种 WAN 接口链路所封装的链路层协议

在广域网接入/互联中，主要涉及到 PPP、MP（多 PPP）和 PPPoE（基于以太网的 PPP）3 种点对点协议及相关功能的配置，PPPoE 协议是 C/S 模式，所以还涉及到 PPPoE 客户端和 PPPoE 服务器的配置。

以上基本配置思路同时适用于本章和第 4 章所介绍的拨号类型的 WAN 接入方式。

3.2 DCC 基础

DCC（拨号控制中心）是指路由器之间通过 ISDN 网络、xDSL 网络、3G/LTE 网络、PSTN 网络等进行互联，或者路由器作为 PPPoE、PPPoEoA（基于 AAL 的 PPPoE 协议）、PPPoA（基于 AAL 的 PPP）客户端与 PPPoE/PPPoEoA/PPPoA 服务器之间互联时采用的技术，主要提供按需拨号服务。

3.2.1 DCC概述

当需要传送的信息具有时间不确定性、突发性、总体数据量小等特点时，采用仅在有数据需要传送时才建立连接并通信的方式是最经济的一种接入方式，也称“按需拨号”方式，如我们家庭中最常用的普通Modem、ADSL拨号接入方式。

所谓“按需拨号”是指跨ISDN网络、3G/LTE网络、PSTN网络等相连的路由器之间，或者路由器作为PPPoE/PPPoEoA/PPPoA客户端与PPPoE/PPPoEoA/PPPoA服务器（通常位于局端）之间不预先建立连接，而是当它们之间有数据需要传送时才启动拨号流程，以拨号的方式建立连接并传送信息。当链路空闲时又会自动断开拨号连接。AR G3系列路由器中的DCC正是这样一种控制按需拨号的技术，可广泛应用于各种拨号接入方式，如Modem、ISDN、ADSL、VDSL、G.SHDSL和无线3G/LTE等。

AR G3系列路由器支持两种DCC配置方式，即C-DCC（Circular DCC，轮询DCC）和RS-DCC（Resource-Shared DCC，共享DCC）。

在轮询DCC中，在一个逻辑Diaer拨号接口中可以包括多个实际的物理拨号线路上的接口（即多个物理拨号接口加入到同一个拨号循环组中），也可以向一个或多个目的地进行拨号（到达不同目的地的拨号参数可以一样，也可以不一样）。当Dialer接口需要拨号时，就需要根据当前可用成员物理拨号接口的拨号优先级进行选择，这就是轮询DCC中“轮询”的含义，代表在同一个Dialer接口中发起不同拨号时最终选择的物理接口可能会不一样。

在共享DCC中，同样一个逻辑的Dialer接口可以包括多个实际物理拨号线路上的接口，且因为这些接口只能拨号到同一个目的地，所以共享相同的DCC拨号参数，这也就是共享DCC中“共享”的含义。

在此先介绍几个与DCC相关的术语。

■ 物理接口：实际存在的WAN拨号物理接口，如ISDN BRI、ISDN PRI、ADSL接口、VDSL接口、3G/LTECellular接口等。

■ Dialer接口：Dialer接口是为了配置DCC参数而创建的逻辑接口。物理接口可以通过绑定到Dialer接口而继承DCC配置信息，一个Dialer接口可以绑定多个物理接口。

■ 拨号接口：这里所说的“拨号接口”是对拨号连接接口的泛称，可以是前面的Dialer接口，也可以是捆绑到Dialer接口的WAN拨号物理接口，或者是直接配置DCC参数的WAN拨号物理接口。

在轮询DCC中，一个物理接口只能属于一个Dialer拨号接口，但不同物理接口可以属于同一个Dialer拨号接口，同一个Dialer拨号接口可以建立到达一个或多个目的地的拨号连接。在共享DCC中，一个物理接口可以属于多个Dialer拨号接口，建立到达不同目的地的拨号连接；不同物理接口也可以属于同一个Dialer拨号接口，建立到达同一目的地的拨号连接。有关这两种DCC的工作原理将在下节介绍。

【经验之谈】对于一个物理拨号接口来说，通过这两种DCC方式都可实现向多个目的地拨号，只是在这两种DCC方式中把所涉及的“可加入的Dialer拨号接口数”和“一个Dialer拨号接口可以向多少个目的地拨号”两个参数中哪个设置固定，哪个设置可变，要求不一样而已。轮询DCC中把前者固定，即一个物理拨号接口只能加入一个Dialer拨号接口，但后者又是可变的，即一个Dialer拨号接口可以向多个目的地拨号。此时，一个物理拨号接口加入一个 Dialer 接口就可以实现向多个目的地拨号。而在共享 DCC 中前者是可变的，即一个物理拨号接口可以加入多个 Dialer 拨号接口，但后者又是固定的，即一个 Dialer 拨号接口只能向一个目的地拨号。此时，一个物理拨号接口要向实现向多个目的地拨号就需要加入多个 Dialer 拨号接口。

在实际应用中，DCC 主要应用于以下两种场景。

■ 以备份形式为干线通信提供保障：在干线因为线路或其他原因出现故障而不能正常通信时，提供替代的辅助通信线路，确保业务正常进行。

■ 当路由器作为 PPPoE/PPPoEoA/PPPoA 客户端时，DCC 通过按需拨号的功能，为用户节省费用。

3.2.2 两种 DCC 的拨号控制原理

1. 轮询 DCC 工作原理

轮询 DCC 中一个物理接口（也可以是像 CE1/PRI、CT1/PRI、CE3 等接口生成的逻辑 Serial 接口）**只能属于一个 Dialer 拨号接口**，所以轮询 DCC 适用于物理链路较多、连接情况复杂的大中型站点。轮询 DCC 中物理接口与 Dialer 接口的对应关系有图 3-1 所示的几种，即①一个物理接口与一个 Dialer 接口对应，如图中的 Serial2/0/0:15 与 Dialer1；②多个物理接口与一个 Dialer 接口对应，如图中的 Serial1/0/0:15、Serial1/0/1:15 与 Dialer2；③物理接口不与 Dialer 接口对应，如图 3-1 中的 Serial2/0/1:15。

具体来讲，轮询 DCC 具有以下特点。

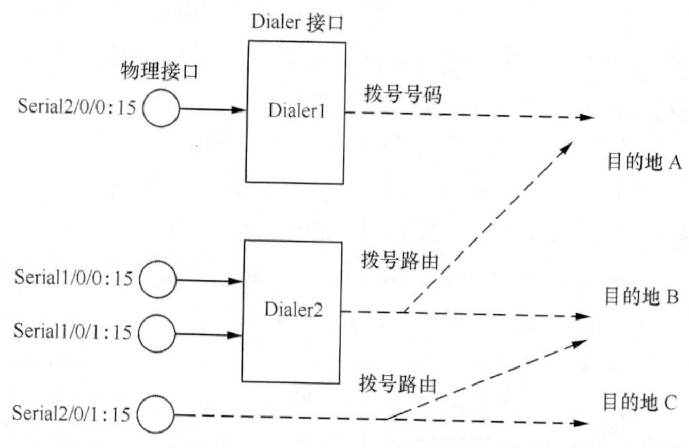

图 3-1 轮询 DCC 中物理接口与 Dialer 接口的对应关系

■ 一个 Dialer 接口中可以捆绑多个物理接口（如 Dialer2 中包括了两个物理接口），其中所有物理接口都继承同一个 Dialer 接口的属性。

■ 一个物理接口只能属于一个 Dialer 接口，即一个物理接口只能服务于一种拨号服务，或者说一个物理接口只提供一种拨号服务。**但物理接口也可以不属于任何 Dialer 接口（如 Serial1/0/1:15），而直接通过拨号路由（通过 dialer route 命令）方式映射到一个或多个目的地址**。

■ 一个 Dialer 接口可以通过配置多个拨号路由 **dialer route** 命令呼叫多个目的地，也可以配置 **dialer number** 命令呼叫单个目的地。

■ 物理接口既可以借助拨号循环组（Dialer Circular Group）绑定到 Dialer 接口来继承 DCC 参数，又可以直接配置 DCC 参数。即如果仅访问一个目的地址，则可以直接在物理接口上配置 DCC 参数，**但如果要访问多个目的地址，则必须要借助拨号循环组把对应物理接口绑定到 Dialer 接口来继承 DCC 参数**。服务于同一个拨号循环组的所有物理接口都继承同一个 Dialer 接口的属性。当然，在仅访问一个目的地址时，也可以通过拨号循环组把对应的物理接口绑定到 Dialer 接口来继承 DCC 参数。

综上所述，在轮询 DCC 中，如果使用 Dialer 接口，同一物理接口仅能属于一个 Dialer 接口，每个 Dialer 接口可以对应多个目的地址；每个 Dialer 接口可以包含多个物理接口。但物理接口也可以不属于任何 Dialer 接口，而直接映射到一个或多个目的地址。

2. 共享 DCC 工作原理

共享 DCC 中不同的 Dialer 接口可以共享同一个物理拨号链路，实现在不同的拨号中，同一个物理拨号链路使用不同的工作参数。物理链路工作参数的切换自动根据连接来决定，不需要管理员的干预。因此共享 DCC 主要适用于可用物理链路较少，但连接需求较多的中小型站点。

共享 DCC 中的物理接口、Dialer bundle（拨号捆绑）与 Dialer 接口的对应关系如图 3-2 所示，即①一个 Dialer 接口只能建立到达一个目的地的连接，如图中的 Dialer1 和 Dialer2 接口；②一个物理接口可以属于一个或多个 Dialer 接口，如图中的 Serial1/0/0:15 只属于 Dialer1，Serial1/0/1:15 和 Serial2/0/0:15 同时属于 Dialer1、Dialer2 接口；③一个 Dialer 可以包括一个或多个物理接口，如 Dialer1 包括 Serial1/0/0:15、Serial1/0/1:15 和 Serial2/0/0:15 3 个物理接口，Dialer2 包括 Serial1/0/1:15 和 Serial2/0/0:15 两个物理接口。

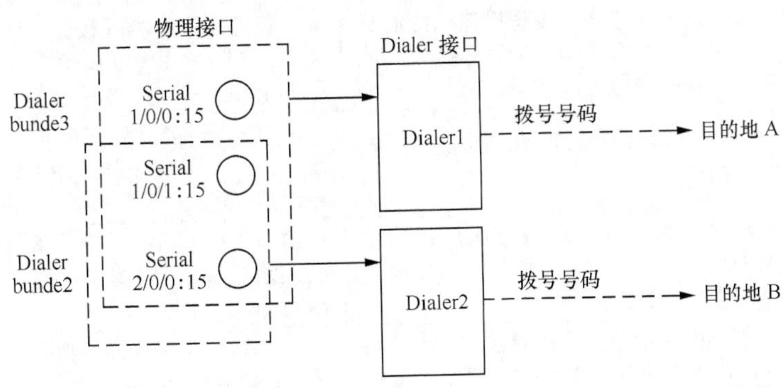

图 3-2 共享 DCC 的物理接口、Dialer bundle 和 Dialer 接口对应关系

由于实现了逻辑配置和物理配置的相互分离，共享 DCC 比轮询 DCC 简单，并具有良好的灵活性。具体来讲，共享 DCC 具有以下特点。

■ 将物理接口的配置与呼叫的逻辑配置分开进行，再将两者动态地捆绑起来，从而可以实现相同物理接口为多种不同拨号应用服务的目的。

■ 一个 Dialer 接口可以捆绑多个物理接口，同时任意一个物理接口也可属于多个 Dialer 接口，**即一个物理接口可以提供多种拨号服务**。使用共享属性集（RS-DCC set，包括 Dialer 接口、Dialer bundle 和物理接口等参数）来描述拨号属性，去往同一个目的网络的所有拨号呼叫使用同一个共享属性集。

■ 一个 Dialer 接口**只能对应一个呼叫目的地址**，因为是直接使用 **dialer number** 命令配置单个呼叫目的地，而不能使用拨号路由 **dialer route** 命令配置多个呼叫目的地。

■ **在物理接口上不能直接配置共享 DCC 参数**，物理接口必须通过绑定到 Dialer 接口才能实现共享 DCC 拨号功能。

从图 3-2 可以看出，在共享 DCC 方式，同一物理接口可以属于多个 Dialer bundle，并进而服务于多个 Dialer 接口。每个 Dialer 接口只能使用一个 Dialer bundle，同时也只能设置一个目的地址。

同一个 Dialer bundle 中的物理接口可以有不同的优先级，Dialer bundle 对应的 Dialer 口可以根据优先级选择呼叫时使用的物理接口，但相同的物理接口在不同的 Dialer bundle 中可以配置不同的优先级。比如图 3-2 中的 Dialer2 使用 Dialer bundle2，物理接口 Serial2/0/0:15、Serial1/0/1:15 属于 Dialer bundle2，每个物理接口具有不同的优先级。假设在 Dialer bundle2 中 Serial2/0/0:15 的优先级是 100，Serial1/0/1:15 的优先级是 50，则当 Dialer2 从 Dialer bundle2 中选择一个物理接口时，会优先使用 Serial2/0/0:15 接口。

总体来说，在共享 DCC 中，向同一个目的地址进行拨号的物理接口可以形成一个捆绑，然后与唯一的 Dialer 接口对应；如果一个物理接口需要向多个目的地址进行拨号，则需要加入多个捆绑，并且要对应不同的 Dialer 接口，因为此时每个 Dialer 接口只能对应一个目的地。

3. 轮询 DCC 和共享 DCC 的综合比较

对以上轮询 DCC 和共享 DCC 的主要特点进行综合比较，具体见表 3-1。

表 3-1 轮询 **DCC** 和共享 **DCC** 综合比较

比较选项	轮询 DCC	共享 DCC
物理接口与 Dialer 接口的对应关系	一个 Dialer 接口可以有多个物理接口为它服务，**但任意一个物理接口只能属于一个 Dialer 接口**，即一个物理接口只能提供一种拨号服务	一个 Dialer 接口可以有多个物理接口为它服务，**但任意一个物理接口可属于多个 Dialer 接口**，即一个物理接口可以提供多种分属于不同 Dialer 接口的拨号服务
目的地址	一个 Dialer 接口可以配置**一个或多个呼叫目的地址**	一个 Dialer 接口只能配置**一个呼叫目的地址**，即一个 Dialer 接口中的多物理接口共享一组拨号串
DCC 参数配置	物理接口既可以借助拨号循环组绑定到 Dialer 接口来继承 DCC 参数，**又可以直接配置 DCC 参数**	在物理接口上**不能直接配置共享 DCC 参数**，必须通过绑定到 Dialer 接口才能实现共享 DCC 拨号功能
拨号属性共享	服务于**同一个拨号循环组中的所有物理接口都共享同一个 Dialer 接口的属性**	使用共享属性集来描述拨号属性，**去往同一个目的网络的所有呼叫使用同一个共享属性集**
应用场景	适用于物理链路较多，连接情况复杂的大中型站点	适用于可用物理链路较少，但连接需求较多的中小型站点

3.2.3 DCC 的主要应用场景

在本章前面已提到，DCC 主要应用于以下两种场景。

- 以备份形式为主干线路通信提供保障：在主干线路因为线路或其他原因出现故障而不能正常通信时，提供替代的辅助通路，确保业务正常进行。

一般来讲，用户是通过与现有网络不同的网络进行备份的，比如通过 ISDN 网络备份 IP 网络中的主干线路链路。设备提供备份功能时，支持两种备份方式：通过接口备份实现；通过动态路由备份实现。

- 当路由器作为 PPPoE/PPPoEoA/PPPoA 客户端时，DCC 通过按需拨号的功能，为用户节省费用。

以上两种应用场景可体现在以下 3 种具体应用中。

1. 通过接口备份实现主干线路通信备份

图 3-3 所示为通过接口备份实现主干线路通信备份示例的基本网络结构。Dialer1 接

口是拨号接口，用来备份物理接口 GE1/0/0 的主干线路连接。当接口 GE1/0/0 因故障不能传输数据时，接口上的所有流量会切换到与 Dialer1 接口绑定的 PRI2/0/0:15 接口上。此时流量会触发 DCC 拨号，从而实现使用 ISDN 网络备份主干线路通信的目的。

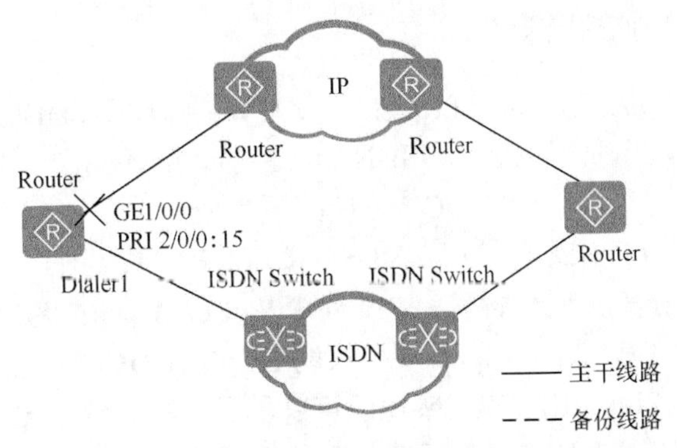

图 3-3　通过接口备份实现主干线路通信备份示例的基本网络结构

2. 通过动态路由备份实现主干线路通信备份

图 3-4 所示为通过动态路由备份实现主干线路通信备份示例的基本网络结构。当 RouterA 到 RouterB 的 10.10.10.1/24 网段没有有效路由时，RouterA 的 Dialer1 拨号接口会启动 DCC 拨号，从而实现使用 ISDN 网络备份主干线路通信。

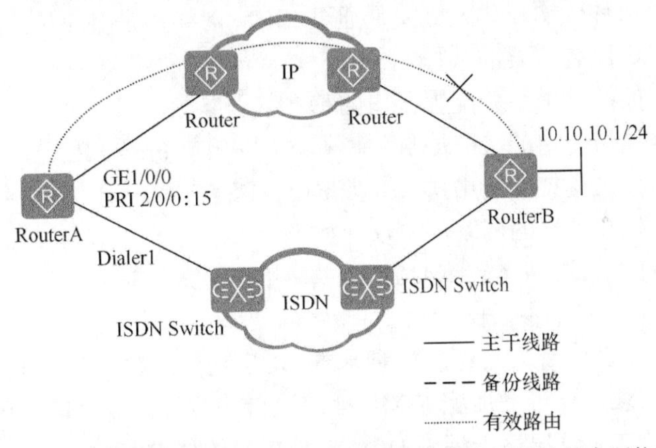

图 3-4　通过动态路由备份实现主干线路通信备份示例的基本网络结构

3. 路由器作为 PPPoE 客户端时的按需拨号

路由器作为 PPPoE 客户端时的按需拨号的基本网络结构如图 3-5 所示。在拨号连接已经建立的情况下，当 PPPoE 客户端到 PPPoE 服务器之间没有流量时，PPPoE 客户端启用闲时断开功能将连接断开。一旦 PPPoE 客户端到 PPPoE 服务器再有流量，会触发 DCC 拨号并建立连接。

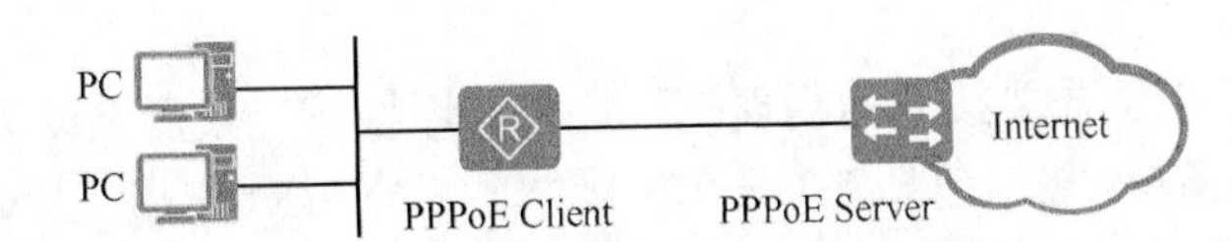

图 3-5　路由器作为 PPPoE 客户端时的按需拨号的基本网络结构

如果路由器作为 PPPoEoA/PPPoA 客户端，组网时还需要通过 DSLAM（Digital Subscriber Line Access Multiplexer，数字用户线路接入复用器）设备接入 PPPoEoA/PPPoA 服务器。用于该场景的 DCC 必须是共享 DCC。

3.2.4 配置 DCC 前的准备

AR G3 系列路由器支持 ISDN PRI 接口、ADSL 接口、G.SHDSL 接口、VDSL 接口、E1-IMA 接口、WAN 侧以太网接口、ISDN BRI 接口、Async 接口、3G/LTE Cellular 接口用于 DCC 特性，但它们所支持的 DCC 特性并不完全一样。

- ADSL 接口、G.SHDSL 接口、VDSL 接口、E1-IMA 接口、WAN 侧以太网接口**只能用于共享** DCC 配置实现设备作为 PPPoE/PPPoEoA/PPPoA 客户端时的按需拨号。
- Async 接口、3G/LTE Cellular 接口**只能用于轮询 DCC**。
- ISDN PRI 接口和 ISDN BRI 接口**既可以用于共享 DCC，也可以用于轮询 DCC**。但通过 ISDN BRI 接口实现 ISDN 专线时，**只能使用轮询 DCC**。

在 DCC 配置前应做好以下几个方面的准备。

（1）确定 DCC 应用的拓扑结构

- 确定哪些路由器将要提供 DCC 功能，这些提供 DCC 功能的路由器之间的连接关系如何，路由器与其他设备之间是否已经通过线缆正确连接。
- 确定路由器的哪些接口提供 DCC 功能，提供 DCC 功能的接口发挥什么作用。
- 确定采用何种传输介质，比如是通过 ISDN 网络还是 IP 网络等。

（2）确定 DCC 配置需要的数据

- 确定使用的接口类型并配置接口的基本物理参数。
- 确定拨号接口使用的链路层封装模式（如 PPP、Frame Relay 等）。
- 确定拨号接口支持的路由协议（如 RIP、OSPF 等）。
- 确定拨号接口使用的网络层协议（如 IP 等）。
- 确定 DCC 配置方法（轮询 DCC 或共享 DCC）。

（3）DCC 功能本身的参数配置

根据选定的 DCC 配置方法逐步配置基本 DCC 功能参数，实现 DCC 拨号功能。如果有特殊的应用需求，还可增加配置 MP 捆绑、自动拨号、拨号串循环备份功能，也可以根据拨号链路的实际情况适当调整 DCC 拨号接口的属性参数。

3.3 配置轮询 DCC

前面介绍到，华为 AR G3 系列的 DCC 功能包括轮询 DCC 和共享 DCC 两种配置方法，而且它们有各自不同的特性和主要应用场景。本节先介绍轮询 DCC 中的各项配置任务的具体配置方法。

轮询 DCC 适用于需要拨号的物理链路较多、连接情况较复杂的大中型站点。支持轮询 DCC 配置的 WAN 接口包括 ISDN PRI 接口、ISDN BRI 接口、Async 接口、3G/LTE Cellular 接口，**但不能是 ADSL、VDSL、G.SHDSL 接口和 WAN 侧以太网接口**。

轮询DCC所包括的主要配置任务如下（**必需配置的只有前面3项**）。

- 配置拨号接口链路层协议和IP地址。
- 使能轮询DCC并配置DCC拨号ACL及与接口的关联。
- 配置发起或接收轮询DCC呼叫。
- （可选）配置DCC拨号接口属性。
- （可选）配置DCC呼叫MP捆绑。
- （可选）配置拨号串循环备份。
- （可选）配置通过DCC实现动态路由备份。
- （可选）断开连接。

下面各节依次介绍这些配置任务的具体配置方法。

3.3.1 配置拨号接口链路层协议和IP地址

在轮询DCC中，拨号接口可以是物理接口（**可以是自动生成的逻辑Serial接口**），也可以是Dialer接口，所以具体的链路层协议和IP地址配置要视所采用的拨号接口类型而定。如果创建了Dialer接口，并且在Dialer接口下绑定了物理拨号接口，则需要在Dialer接口视图下配置链路层协议和IP地址，否则直接在物理拨号接口下配置。

在拨号接口的链路层可以封装的链路层协议包括PPP和FR，还可在拨号接口上配置IP地址（因为ISDN PRI接口、ISDN BRI接口、Async接口、3G/LTE Cellular接口均支持IP，以提供路由功能）。具体的配置步骤见表3-2。

说明 当拨号接口的链路层协议为PPP时，还可以配置PAP或者CHAP验证，具体将在第4章介绍PPP配置时介绍。

表3-2 **Dialer接口链路层协议和IP地址的配置步骤**

步骤	命令	说明
1	**system-view** 例如：< Huawei > **system-view**	进入系统视图
2	**interface** *interface-type interface-number* 例如：[Huawei] **interface dialer** 0	进入拨号接口视图，**可以是物理或逻辑 Serial 接口、Cellular 接口，也可以是 dialer 接口**
3	**link-protocol** [**ppp** | **fr**] 例如：[Huawei-Dialer0] **link-protocol ppp**	配置拨号接口的链路层协议为PPP或者FR（帧中继）。当封装FR协议时，缺省情况下，帧的封装格式为IETF。 缺省情况下，除以太网接口和LTE Cellular接口外，其他接口封装的链路层协议均为PPP，可用 **undo link-protocol** [**ppp** | **fr**]命令来删除接口封装的对应协议。 【注意】通过Async接口或3G/LTE Cellular接口进行DCC拨号时，**物理接口及所属的Dialer接口封装的链路层协议都不能为FR**
4	**ip address** *ip-address* { *mask* | *mask-length* } 例如：[Huawei-Dialer0]**ip address** 129.102.0.1 255.255.255.0	（二选一）直接配置拨号接口的IP地址

续表

步骤	命令	说明
4	**ip address ppp-negotiate** 例如：[Huawei-Dialer0]**ip address ppp-negotiate**	（二选一）配置本端接口接受 PPP 协商产生的由对端分配的 IP 地址。 执行本命令前，请确保对端接口已配置 IP 地址分配功能，通过 **remote address** { *ip-address* | **pool** *pool-name* } 命令直接指定，或者从配置的 IP 地址池中分配 IP 地址。 缺省情况下，接口不通过 PPP 协商获取 IP 地址，可用 **undo ip address ppp-negotiate** 命令取消接口通过 PPP 协商获取 IP 地址

3.3.2 使能轮询 DCC 并配置 DCC 拨号 ACL 及与接口的关联

要配置轮询 DCC，首先要在物理拨号接口，或者逻辑 Dialer 接口上使能轮询 DCC 功能。**在物理接口上直接使能轮询 DCC 仅适用于单个接口向一个或多个对端发起呼叫的情形；在 Dialer 接口上使能轮询 DCC 可适用于多个接口向单个或多个对端发起呼叫，**当然也可用于单个接口向外发起呼叫。

要想使 DCC 正常发送报文，必须配置 DCC 拨号控制列表，并将对应拨号接口（如物理接口、Dialer 接口）通过 **dialer-group** 命令与拨号控制列表关联起来，如果缺少此项配置，则 DCC 无法正常发送报文。**DCC 拨号控制列表既可以直接配置数据报文的过滤条件（即直接配置允许 permit 或拒绝 deny），也可以引入访问控制列表中的过滤规则。**

根据报文是否符合拨号 ACL 的允许（permit）或拒绝（deny）条件，DCC 的控制原则如下。

- 符合拨号 ACL permit 条件的报文，或者不符合拨号 ACL deny 条件的报文（**总的来说就是没有被拒绝的所有报文**），如果相应链路已经建立，DCC 将通过该链路发出报文，并清零 Idle 超时定时器；如果链路没有建立则发出新呼叫。
- 不符合拨号 ACL permit 条件的报文，或者符合拨号 ACL deny 条件的报文（**总的来说就是没有被允许的所有报文**），如果相应的链路已经建立，DCC 将通过此链路发出报文，但不清零 Idle 超时定时器；如果相应链路没有建立，则不发出呼叫并丢弃此报文。

使能轮询 DCC 功能和配置 DCC 拨号 ACL 的具体步骤见表 3-3。

表 3-3 使能轮询 DCC 并配置 DCC 拨号 ACL 及与接口关联的步骤

步骤	命令	说明
1	**system-view** 例如：< Huawei > **system-view**	进入系统视图
2	**dialer-rule** 例如：[Huawei] **dialer-rule**	进入 Dialer-rule 视图
3	**dialer-rule** *dialer-rule-number* { **acl** { *acl-number* | **name** *acl-name* } | **ip** { **deny** | **permit** } | **ipv6** { **deny** | **permit** } }	配置某个拨号访问组对应的拨号访问控制列表，指定引发 DCC 呼叫的条件。命令中的参数和选项说明如下。 （1）*dialer-rule-number*：指定拨号访问组的编号，取值范围为 1～255 的整数。取值要与下面 **dialer-group** 命令中的 *group-number* 参数值一致。 （2）**acl** { *acl-number* | **name** *acl-name* }：多选一选项，配置通过指定的 ACL 来配置 DCC 报文过滤规则。

续表

步骤	命令	说明
3	例如：[Huawei-dialer-rule] **dialer-rule** 1 **ip permit**	（3）**ip** { **deny** | **permit** }：多选一选项，直接配置 DCC 的 IPv4 协议数据报文过滤规则：禁止或允许。 （4）**ipv6** { **deny** | **permit** }：多选一选项，直接配置 DCC 的 IPv6 协议数据报文过滤规则：禁止或允许。 缺省情况下，未配置任何拨号访问控制列表，可用 **undo dialer-rule** *dialer-rule-number* [**acl** | **ip** | **ipv6**] 取消对应拨号访问组的拨号访问控制设置
4	**quit** 例如：[Huawei-dialer-rule] **quit**	退出 Dialer-rule 视图，返回系统视图
5	**interface** *interface-type interface-number* 例如：[Huawei] **interface** **interface** serial 1/0/0 或 **interface dialer** *interface-number* 例如：[Huawei] **interface** **dialer** 0	进入物理拨号接口（**单个接口向一个或多个对端发起呼叫时**）或者 Dialer 接口（**单个，或者多个接口向单个或多个对端发起呼叫时**）视图。 这里的接口**包括** ISDN BRI 接口视图、SDN PRI 接口视图、Cellular 接口视图、Async 接口视图，这里的 PRI 接口可以是 CE1 接口工作在 PRI 方式，也可以是 CT1 接口工作在 PRI 方式
6	**dialer enable-circular** 例如：[Huawei-Serial1/0/0] **dialer enable-circular** 或 例如：[Huawei-Dialer0] **dialer enable-circular**	在拨号接口上使能轮询 DCC 功能。在 Cellular 接口下执行本命令后，设备会把 DCC 自动拨号的时间间隔设置为 10s，防止自动拨号时间间隔时间过长。 缺省情况下，接口上去使能轮询 DCC 功能，可用 **undo dialer enable-circular** 命令去使能轮询 DCC 功能
7	**dialer circular-group** *number* 例如：[Huawei-Serial1/0/0] **dialer circular-group** 1	（可选）设置物理拨号接口所属的拨号循环组（Dialer Circular Group），整数形式，**该序号是使用 interface dialer 命令定义的 Dialer 接口编号**，即把对应的物理拨号接口加到指定的 Dialer 接口中。 缺省情况下，物理接口不属于任一个 Dialer Circular Group，可用 **undo dialer circular-group** 命令用来取消配置物理接口所属的拨号循环组
8	**dialer priority** *priority* 例如：[Huawei-Serial1/0/0] **dialer priority** 5	（可选）配置物理拨号接口在 Dialer Circular Group 中的优先级，整数形式，取值范围是 1～127。数值越大优先级越高。当有呼叫从一个 Dialer 接口上发起时，同属于该 Dialer 接口上 Circular Group 的物理接口按照优先级从高到低选择由谁建立呼叫。 在同一视图下多次执行本命令，新的配置覆盖老的配置。 缺省情况下，物理接口在 Dialer Circular Group 中的优先级为 1，可用 **undo dialer priority** 命令恢复优先级的缺省值
9	**dialer-group** *group-number* 例如：[Huawei-Serial1/0/0] **dialer-group** 1 或 例如：[Huawei-Dialer0] **dialer-group** 1	配置拨号接口的拨号访问组，这是配置用户的访问权限。参数 *group-number* 用来指定接口所属的拨号访问组的编号，这个拨号访问组由第 3 步的 **dialer-rule** 命令设定，要与其中的 *dialer-rule-number* 参数值一致，取值范围为 1～255 的整数。 【注意】配置此命令前，请先使用步骤 3 中的 **dialer-rule** 命令配置 DCC 拨号控制列表，且一个拨号接口只能属于一个 **dialer-group**，若重复配置，则将覆盖原来的配置。 缺省情况下，未配置 DCC 拨号控制列表及拨号接口所属的拨号访问组，可用 **undo dialer-group** 命令将接口从此拨号访问组中删除

3.3.3 配置发起或接收轮询 DCC 呼叫

要在路由器上配置轮询DCC功能，必须配置该路由器设备能够发起或接收轮询DCC呼叫。通过前面 3.2.2 节的学习已经知道，当使用轮询 DCC 方法来配置按需拨号时，可以有两种方法配置 DCC 参数。

■ 在物理拨号接口（**也包括自动生成的逻辑 Serial 接口**）上直接配置 DCC 参数：**适用于单个接口向一个（或多个）对端发起呼叫**。

■ 在 Dialer 接口上配置 DCC 参数：**适用于多个接口向单个（或多个）对端发起呼叫**，也可用于单个接口向外发起呼叫。

当采用在 Dialer 接口上配置 DCC 参数的方法时，拨号循环组将一个 Dialer 接口与一组物理拨号接口对应起来，对这个 Dialer 接口的 DCC 呼叫配置将会自动地被属于该拨号循环组中的所有物理接口继承。配置完拨号循环组的相关参数后，如果逻辑 Dialer 接口对应多个目的地，拨号循环组中的任一物理接口都可以呼叫设定好的任意一个目的地。

根据网络拓扑结构及 DCC 拨号需求的不同，如一个接口既发出呼叫又接收呼叫、多个接口既发出呼叫又接收呼叫等情况，可以灵活组合使用以下介绍的轮询 DCC 配置中的一种或几种。

说明 应用轮询 DCC 方法配置按需拨号时，拨号双方可选配置 PPP PAP 或 CHAP 认证，但是如果一方配置了认证，则另一方也必须配置。在具体组网应用中，出于确保拨号身份的安全性，推荐配置认证，但同时注意以下约束。

■ 在发送端，如果在物理接口直接使能 DCC，则直接在物理接口上配置 PAP 或 CHAP 认证；如果在 Dialer 接口上使能 DCC，则在 Dialer 接口上配置 PAP 或 CHAP 认证。

■ 在接收端配置 PAP 或 CHAP 认证时，建议在物理接口和 Dialer 接口上都配置。因为当物理接口接收到 DCC 呼叫请求时，首先进行 PPP 协商并认证拨入用户的合法性，然后将呼叫转交给上层 DCC 模块进行处理。

1. 发起呼叫的几种情况下的配置

（1）一个接口向一个对端发起呼叫

在一个接口向一个对端发起呼叫的情况下，DCC 呼叫配置**既可以在物理拨号接口上配置，也可以在 Dialer 接口上配置**。

如图 3-6 所示，本端单接口 interface1/0/0（简写为 if1/0/0）向对端单接口 if1/0/0 发起 DCC 呼叫。向单个对端发起呼叫时，可使用 **dialer number** 或 **dialer route** 命令配置拨号串。由于是从本端单个接口发起呼叫，因此可选择使用物理拨号接口或 Dialer 拨号接口使能 DCC，并可选配置 PAP 或 CHAP 认证。具体配置步骤见表 3-4（不包括 PPP 认证）。

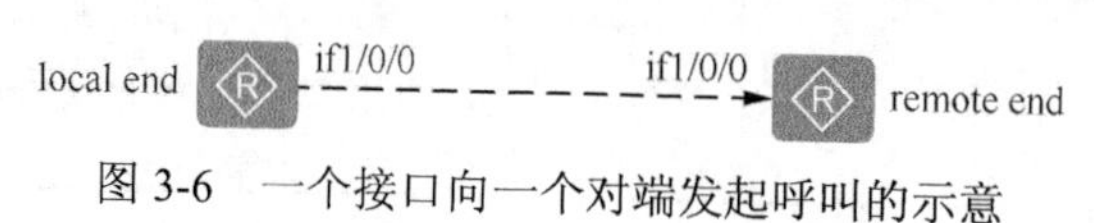

图 3-6 一个接口向一个对端发起呼叫的示意

表 3-4 一个接口向一个对端发起呼叫时的配置步骤

步骤	命令	说明
1	**system-view** 例如：< Huawei > **system-view**	进入系统视图
2	**interface** *interface-type interface-number* 例如：[Huawei] **interface serial** 1/0/0 或 例如：**interface dialer** *interface-number* 例如：[Huawei] **interface dialer** 0	进入物理接口（适用于单个接口向一个（或多个）对端发起呼叫）或 Dialer 接口（主要适用于多个接口向单个（或多个）对端发起呼叫）视图。 单接口向对端发起呼叫时可以在物理接口上配置，也可以在 Dialer 接口上配置
3	**dialer number** *dial-number* [**autodial**] 例如：[Huawei-Serial1/0/0] **dialer number** 12345 或 例如：[Huawei-Dialer0] **dialer number** 12345	（三选一）在物理或 **Dialer** 拨号接口上配置呼叫一个对端的拨号串。当轮询 **DCC** 的拨号接口作为主叫端，并且只需要呼叫一个目的地址时，可使用此命令配置拨号串。命令中的参数和选项说明如下。 （1）*dial-number*：指定在拨号接口下呼叫一个对端的拨号串，为 1～30 个字符，支持空格，区分大小写。 （2）**autodial**：可选项，配置接口根据拨号串自动拨号。缺省情况下，未使能自动拨号 autodial 功能。 【注意】使用本命令需要注意以下事项。 ● 如果拨号接口的 IP 地址配置为接受 PPP 协商产生的由对端分配的 IP 地址，此处需要使用 **dialer number** 命令。 ● 使用轮询 DCC，主叫端和被叫端的 **dialer number** 配置都允许重复。设备支持在同一个拨号接口下多次执行 **dialer number** 命令配置呼叫一个对端的多个拨号串。但是，以下情况例外：如果用户执行 **dialer number** 命令选择了 **autodial** 选项，那么该拨号接口只能执行一次 **dialer number** 命令配置呼叫一个对端的拨号串。 缺省情况下，没有设定去往对端的拨号串，可用 **undo dialer number** *dial-number* 命令删除已设定的拨号串
	dialer route ip *next-hop-address* [**user** *hostname* | **broadcast**] * *dial-string* [**autodial** | **interface** *interface-type interface-number*]* 例如：[Huawei-Dialer0]**dialer route ip** 10.10.10.5 **user** winda 123456	（三选一）在 **Dialer** 接口上配置从一个拨号接口呼叫一个指定目的地址（即拨号路由）。命令中的参数和选项说明如下。 （1）*next-hop-address*：指定拨号目的地的 IP 地址，且该 IP 地址为直连的下一跳地址。 （2）**user** *hostname*：可多选参数，指定对端用户名，用于对端接受本端呼叫时所进行的用户认证。若配置该参数，则必须配置 PPP 认证。 （3）**broadcast**：可多选选项，设置广播报文（比如，OSPF、RIP 报文）可以从这条链路发送。 （4）*dial-string*：指定去往对端的拨号串（也是拨号时所用的对端电话），为 1～30 个字符，支持空格，但区分大小写。 （5）**autodial**：可多选选项，配置接口根据拨号串自动拨号。选择此可选项时，路由器会每隔一定时间自动尝试用本 **dialer route** 拨号，该时间的间隔由 **dialer timer autodial** 命令设置。缺省情况下，未使能自动拨号 autodial 功能。 （6）**interface** *interface-type interface-number*：可多选参数，指

续表

步骤	命令	说明
3	**dialer route ip** *next-hop-address* [**user** *hostname* | **broadcast**] * *dial-string* [**autodial** | **interface** *interface-type interface-number*]* 例如：[Huawei-Dialer0]**dialer route ip** 10.10.10.5 **user** winda 123456	定拨号时所用的物理拨号接口。 【注意】配置本命令时要注意以下几点。 ● 当接口的链路层协议为 FR 时，不能配置该命令，只能使用 **dialer number** 命令配置拨号串。 ● 当拨号接口为 3G/LTE Cellular 接口或 Dialer 接口中包含的物理接口为 3G、LTE Cellular 时，不能配置该命令，只能使用 **dialer number** 命令配置拨号串。 ● 一个拨号接口（包括物理接口和 Dialer 接口）可以配置多条 **dialer route**。一个目的地址也可配置多条 **dialer route**，到同一目的的 **dialer route** 间实现相互备份。但一条 **dialer** route 命令只能对应一个目的地址，需要从一个 dialer 接口呼叫多个目的地址时，需要重复执行本命令。 缺省情况下，系统没有定义拨号路由，可用 **undo dialer route ip** *next-hop-address* [**user** *hostname*] [*dial-string*] [**interface** *interface-type interface-number*]命令删除指定的一条拨号路由
	dialer route ip *next-hop-address* [**user** *hostname* | **broadcast**] * [*dial-string*] [**autodial**] 例如：[Huawei-Serial1/0/0] **dialer route ip** 10.10.10.5 **user** winda 123456	（三选一）在**物理拨号接口**上配置从一个拨号接口呼叫一个指定目的地址。命令中的参数和选项，及其他说明同上一步介绍，参见即可。不同的只是在物理接口上配置时不能再配置 **interface** *interface-type interface-number* 可选参数。 缺省情况下，系统没有定义拨号路由，可用 **undo dialer route ip** *next-hop-address* [**user** *hostname*] [*dial-string*]命令删除指定的一条拨号路由

（2）一个接口向多个对端发起呼叫

在一个接口向多个对端发起呼叫的情况下，与前面介绍的一个接口向一个对端发起呼叫一样，DCC 呼叫**既可以在物理拨号接口上配置，也可以在 Dialer 接口上配置**。

如图 3-7 所示，本端单接口 if1/0/0 向多个对端接口 if1/0/0、if2/0/0、if2/0/1 等发起 DCC 呼叫。由于需要向多个对端发起呼叫，因此**必须使用 dialer route** 命令配置拨号串和目的地址（不能使用 **dialer number** 命令配置）。同样，由于是从本端单个接口发起呼叫，因此可选择使用物理拨号接口或 Dialer 拨号接口使能 DCC，另可选配置 PAP 或 CHAP 认证。

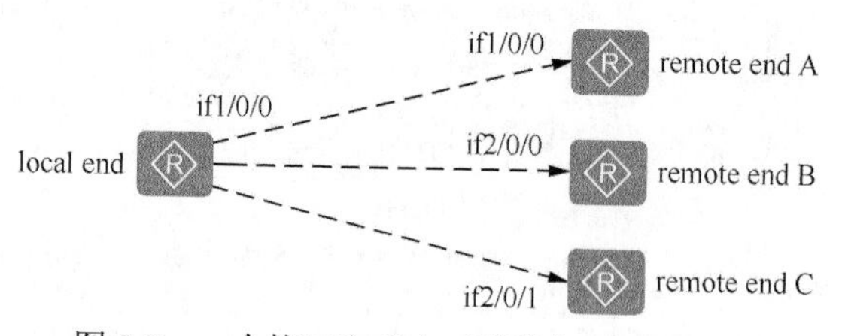

图 3-7 一个接口向多个对端发起呼叫的示意

一个接口向多个对端发起呼叫的配置步骤与前面介绍的一个接口向一个对端发起呼叫时的配置步骤基本一样，只是不能使用表 3-4 中的 **dialer number** 命令来指定拨号串，必须使用 **dialer route** 命令来指定到达多个目的地址的拨号串（多个目的地址的拨号串必须通过多条 **dialer route** 命令来配置），既可在物理拨号接口上配置，又可在 Dialer

接口上配置。其他方面参见表 3-4 即可。

（3）多个接口向多个对端发起呼叫

在多个接口向多个对端发起呼叫的情况下，DCC 配置**必须在 Dialer 接口上配置**。

如图 3-8 所示，本端多接口 if1/0/0、if1/0/1 和 if2/0/0 向多个对端接口 if1/0/0、if2/0/0、if2/0/1 发起 DCC 呼叫。由于向多个对端发起呼叫，因此必须使用 **dialer route** 命令配置拨号串和多个目的地址；由于是从多个接口发起呼叫，因此**必须使用 Dialer 接口使能 DCC**，另可选配置 PAP 或 CHAP 认证。具体配置步骤见表 3-5（不包括 PPP 认证）。

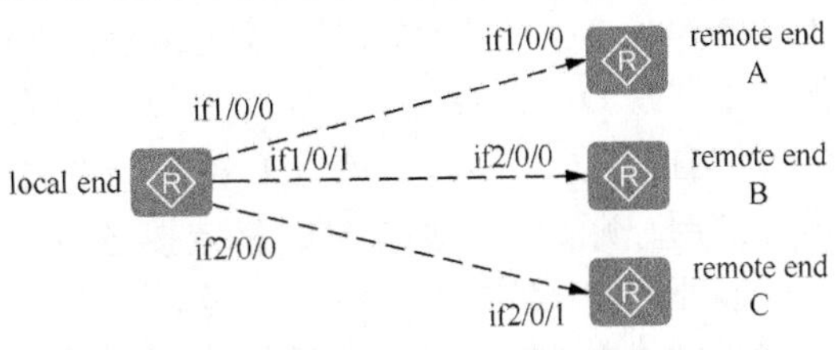

图 3-8　多个接口向多个对端发起呼叫的示意

表 3-5　多个接口向多个对端发起呼叫的配置步骤

步骤	命令	说明
1	**system-view** 例如：< Huawei > **system-view**	进入系统视图
2	**interface dialer** *interface-number* 例如：[Huawei] **interface dialer** 0	进入 Dialer 接口视图
3	**dialer route ip** *next-hop-address* [**user** *hostname* | **broadcast**] * *dial-string* [**autodial** | **interface** *interface-type* *interface-number*] * 例如：[Huawei-Dialer0] **dialer route ip** 10.10.10.5 **user** winda 123456	在 **Dialer 接口**上配置从一个拨号接口呼叫一个或多个指定目的地址（**即拨号路由**）。其他参见表 3-4 中第 3 步的介绍。 需要配置多条这个命令来为多个目的地址配置拨号路由
4	**quit** 例如：[Huawei-Dialer0] **quit**	退出 Dialer 接口视图，返回系统视图
5	**interface** *interface-type interface-number* 例如：[Huawei]**interface serial** 1/0/1	键入要与同一个拨号循环组（Dialer Circular Group）绑定的物理拨号接口，进入接口视图
6	**dialer circular-group** *number* 例如：[Huawei-Serial1/0/1] **dialer circular-group** 0	将物理拨号接口加入指定的拨号循环组中。参数 *number* 应该与第 2 步所创建的 Dialer 接口的编号保持一致。执行该命令后，接口上会自动使能轮询 DCC 功能。 缺省情况下，物理接口不属于任一个拨号循环组，可用 **undo dialer circular-group** 命令取消配置物理接口所属的拨号循环组
7	**dialer priority** *priority* 例如：[Huawei-Serial1/0/0] **dialer priority** 5	配置物理拨号接口在拨号循环组中的优先级，取值范围为 1～127 的整数。数值越大优先级越高，缺省的优先级为 1。 【说明】在拨号过程中，拨号循环组中的物理接口不使用自己的 IP 地址，而是继承 Dialer 接口的 IP 地址。在同一视图下多次执行本命令，新的配置覆盖老的配置。 缺省未创建任何 Dialer 接口，物理接口也不属于任何拨号循环组，物理接口加入拨号循环组时缺省优先级为 1，可用 **undo dialer priority** 命令恢复优先级为缺省值
8	重复步骤 5～8，为其他物理拨号接口配置所绑定的拨号循环组	

2. 几种接收呼叫情况下的配置

（1）一个接口从一个对端接收呼叫

一个接口从一个对端接收呼叫的情形如图 3-6 所示，不同的只是此时是从对端向本端呼叫（**箭头方向相反**）。即本端单接口 if1/0/0 从对端单接口 if1/0/0 接收 DCC 呼叫。由于本端为单个接口，所以既可以在对应物理拨号接口上配置 DCC，又可以选择使用拨号循环组（在 Dialer 接口上）来配置 DCC。可选配置 PAP 或 CHAP 认证。

缺省情况下，本端一个接口接收一个对端呼叫时**本端**只需要配置好用于对端呼叫时所需的用户账户、对端拨号时指定拨号串的线路，具体配置步骤见表 3-6，**可不用进行任何额外配置**。只是当需要对对端（主叫方）的 *next-hop-address*、*hostname* 进行验证时，或者指定的本端物理接口既需要发起呼叫又需要接收呼叫时才需要进行配置。

表 3-6　一个接口从一个对端接收呼叫的配置步骤

步骤	命令	说明
1	**system-view** 例如：< Huawei > **system-view**	进入系统视图
2	**interface** *interface-type interface- number* 例如：[Huawei] **interface serial** 1/0/0 或 例如：**interface dialer** *interface- number* 例如：[Huawei] **interface dialer** 0	进入物理接口（**适用于单个接口向一个（或多个）对端发起呼叫**）或 Dialer 接口（**主要适用于多个接口向单个（或多个）对端发起呼叫**）视图。 单接口向对端发起呼叫时可以在物理接口上配置，也可以在 Dialer 接口上配置
3	**dialer route ip** *next-hop-address* [**user** *hostname* | **broadcast**] * [*dial-string* [**autodial** | **interface** *interface-type interface-number*] *] 例如：[Huawei-Dialer0]**dialer route ip** 10.10.10.5 **user** winda 123456	（二选一）在 Dialer 接口上配置从一个拨号接口呼叫一个指定目的地址（即拨号路由）。其他说明参见表 3-4 中的步骤 3
	dialer route ip *next-hop-address* [**user** *hostname* | **broadcast**] * [*dial-string* [**autodial**]] 例如：[Huawei-Serial1/0/0] **dialer route ip** 10.10.10.5 **user** winda 123456	（二选一）在物理拨号接口上配置从一个拨号接口呼叫一个指定目的地址。命令中的参数和选项，及其他说明同上一步的介绍，参见即可

（2）一个接口从多个对端接收呼叫

一个接口从多个对端接收呼叫的情形如图 3-7 所示，只不过此时是从多个对端向一个本端接口发起呼叫（**箭头方向相反**）。即本端单接口 if1/0/0 从多个对端接口 if1/0/0、if2/0/0、if2/0/1 接收 DCC 呼叫。由于本端为单个接口，因此既可在物理拨号接口上配置，也可以选用拨号循环组（在 Dialer 接口上）配置 DCC。可选配置 PAP 或 CHAP 认证。

同样，缺省情况下，本端一个接口接收多个对端呼叫时**本端也可不用进行任何额外配置**，只需要配置好用于对端呼叫时所需的用户账户、对端拨号时指定的拨号串的线路即可，参见表 3-6。只是当需要对对端（主叫方）的 *next-hop-address*、*hostname* 进行验证时，或者指定的本端物理接口既需要发起呼叫又需要接收呼叫时才需要进行配置。

（3）多个接口从多个对端接收呼叫

多个接口从多个对端接收呼叫的情形如图 3-8 所示，只不过此时是从多个对端向多个本端接口发起呼叫（**箭头方向相反**）。即本端多接口 if1/0/0、if1/0/1 和 if2/0/0 从多个对端接口 if1/0/0、if2/0/0 等接收 DCC 呼叫。由于本端为多个接口，因此**必须使用拨号循环**

组（在 **Dialer** 接口上）配置 **DCC**。可选配置 PAP 或 CHAP 认证。

具体的配置步骤仍可按照表 3-5 所示的步骤进行，但第 3 步仅当需要对对端（主叫方）的 *next-hop-address*、*hostname* 进行验证时，或者指定的本端物理接口既需要发起呼叫又需要接收呼叫时才需要配置。

3.3.4 配置 DCC 拨号接口属性

拨号接口（包括物理拨号接口和 Dialer 接口）一旦创建，就会赋予一系列属性参数的缺省值，因此本项配置任务为可选项，可以根据实际需要进行修改。具体主要包括以下几个方面。

1. 链路空闲时间

如果某个拨号接口发出呼叫，则可以设置当链路空闲超过了指定时间后，DCC 将断开链路。这个空闲时间也即链路中不存在符合拨号访问控制列表的 permit 条件的报文传送时间。

2. 下次呼叫发起前的链路断开时间

当 DCC 呼叫链路因故障或挂断等原因进入断开状态时，必须经过指定时间后 才能建立新的拨号连接（即进行下一次呼叫的间隔时间），从而避免对端 PBX 设备过载。

3. 接口竞争时的链路空闲时间

当 DCC 开始发起新呼叫时，如果所有通道都被占满，则进入“竞争”状态。通常一条链路建立后 Idle 超时定时器将起作用。但如果同时去往另一目的地址的呼叫发生，则会引起竞争，此时 DCC 使用 Compete-idle 超时定时器取代 Idle 超时定时器，即链路空闲时间达到 Compete-idle 超时定时器的规定后将自动断开。

4. 呼叫建立超时的时间

为了有效控制发起呼叫到呼叫连接建立之间允许等待的时间，可以配置 Wait-carrier 定时器，可规定如果在指定时间内呼叫仍未建立，则 DCC 将终止该呼叫。

5. 拨号接口缓冲队列长度

没有为拨号接口配置缓冲队列的情况下，当拨号接口收到一个报文时，如果此时连接还没有成功建立，则这个报文将会被丢弃。如果为拨号接口配置了缓冲队列，则在连接成功建立之前报文将被缓存而不是被丢弃，待连接成功后再发送。

6. 自动拨号时间间隔

启动自动拨号功能后，路由器启动后，DCC 将自动尝试拨号连接对端，无需通过数据报文进行触发。如果无法与对端正常建立拨号连接，则每隔一段时间 DCC 会再次自动尝试建立拨号连接。与数据触发的非自动拨号 DCC 相比，该连接建立后不会因超时而自动挂断（即 **dialer timer idle** 命令对自动拨号不起作用）。

以上拨号接口属性的具体配置步骤见表 3-7 所示（**各参数配置没有先后次序之分**）。

说明　本节所说的“拨号接口”既可以是物理拨号接口，也可以是 Dialer 接口，具体在哪里配置要根据 3.3.3 节介绍的对应情形而定，即单接口发起拨号呼叫时既可以在物理接口上配置，也可以在 Dialer 接口上配置，而多接口发起拨号呼叫时一定要在 Dialer 接口上配置。

表 3-7 DCC 拨号接口属性的配置步骤

步骤	命令	说明
1	**system-view** 例如：< Huawei > **system-view**	进入系统视图
2	**interface** *interface-type interface- number* 例如：[Huawei]**interface serial** 1/0/0 或 **interface dialer** *interface-number* 例如：[Huawei] **interface dialer** 0	进入物理接口（适用于单个接口向一个（或多个）对端发起呼叫）或 Dialer 接口（主要适用于多个接口向单个（或多个）对端发起呼叫）视图。 单接口向对端发起呼叫时可以在物理接口上配置，也可以在 Dialer 接口上配置
3	**dialer timer idle** *seconds* 例如：[Huawei-Serial1/0/1] **dialer timer idle** 100 或 例如：[Huawei-Dialer0] **dialer timer idle** 100	配置拨号接口允许链路空闲的时间，整数形式，取值范围是 0～65 535，单位是秒。0 表示空闲时间无限大，即允许链路一直空闲。 【说明】为了避免链路建立以后，因长时间没有数据传输而导致的资源和金钱上的浪费，可以通过该命令配置允许链路空闲的时间。当链路上没有数据传输的时间达到本命令设置的时间时，链路自动断开。 在同一视图下多次执行本命令，新的配置覆盖老的配置。本命令不影响已经建立的呼叫，对后续建立的呼叫有影响。 缺省情况下，允许链路空闲的时间为 120 s，可用 **undo dialer timer idle** 命令恢复缺省情况
4	**dialer timer enable** *seconds* 例如：[Huawei-Serial1/0/1] **dialer timer enable** 10 或 例如：[Huawei-Dialer0] **dialer timer enable** 10	配置拨号接口下次呼叫发起前的链路断开时间，整数形式，取值范围是 5～65 535，单位是秒。 【说明】当 DCC 呼叫链路因故障或挂断等原因导致进入断开状态后，该链路必须经过指定时间后才能建立新的拨号连接（即进行下一次呼叫的间隔时间），从而避免对端 PBX 设备过载。 缺省情况下，下次呼叫发起前的间隔时间为 5 s，可用 **undo timer enable** 命令恢复下次呼叫发起前的间隔时间为缺省值
5	**dialer timer compete** *seconds* 例如：[Huawei-Serial1/0/1] **dialer timer compete** 5 或 例如：[Huawei-Dialer0] **dialer timer compete** 5	配置当拨号接口发生呼叫竞争后的接口空闲时间，整数形式，取值范围是 0～65 535，单位是秒。 【说明】所谓竞争，是指当 DCC 开始一个呼叫时没有空闲的通道可以使用的状态。通常情况下，当一条链路建立后，**dialer timer idle** 定时起作用。但若此时有一个去往另一个目的地址的呼叫发生，引起了竞争，则 DCC 使用 **dialer timer compete** 定时取代 **dialer timer idle** 定时，即链路空闲时间达到 **dialer timer compete** 超时定时器的规定后将自动断开。 本命令配置的竞争空闲时间要小于第 3 步中的 **dialer timer idle** 命令配置的链路空闲时间。 缺省情况下，接口发生呼叫竞争后的空闲时间为 20 s，可用 **undo dialer timer compete** 命令恢复发生呼叫竞争后的接口空闲时间为缺省情况
6	**dialer timer wait-carrier** *seconds* 例如：[Huawei-Serial1/0/1] **dialer timer wait-carrier** 20	配置拨号接口呼叫建立超时间隔，整数形式，取值范围是 0～65 535，单位是秒。 【说明】为了有效控制发起呼叫到呼叫连接建立之间允许等待的时间，用户可以使用此命令配置呼叫建立超时时间。配置此

续表

步骤	命令	说明
6	或 例如：[Huawei-Dialer0] **dialer timer wait-carrier** 20	命令后，若在指定时间内呼叫未建立，则 DCC 将终止该呼叫。 在同一视图下多次配置该命令，新的配置覆盖老的配置。 缺省情况下，呼叫建立超时时间为 60 s，可用 **undo dialer timer wait-carrier** 命令恢复为缺省情况
7	**dialer queue-length** *packets* 例如：[Huawei-Serial1/0/1] **dialer queue-length** 10 或 例如：[Huawei-Dialer0] **dialer queue-length** 10	配置拨号接口缓冲队列长度，取值范围是 1～100 的整数。 【说明】在没有为拨号接口配置缓冲队列的情况下，当拨号接口收到一个报文时，如果此时连接还没有成功建立，则这个报文将被丢弃。如果为拨号接口配置了缓冲队列，则在连接成功建立之前报文将被缓存，待连接成功后再发送。 在同一视图下多次执行本命令，新的配置覆盖老的配置。另外，如果接口的缓冲队列长度设置较长，则该接口丢包率相应较小，但占用系统的资源也较多。配置时建议该值不要大于 20。 缺省情况下，没有配置拨号接口缓冲队列，可用 **undo dialer queue-length** 命令恢复为缺省情况
8	**dialer timer autodial** *seconds* 例如：[Huawei-Serial1/0/1] **dialer timer autodial** 30 或 例如：[Huawei-Dialer0] **dialer timer autodial** 30	配置 DCC 自动拨号的时间间隔，即指定发起下次呼叫尝试的间隔时间，整数形式，取值范围是 1～604 800，单位是秒。 【说明】该功能只能和轮询 DCC 结合使用。自动拨号是指：在路由器启动后，DCC 将自动尝试拨号连接对端，无需通过数据报文进行触发。若无法与对端正常建立拨号连接，则每隔一段时间 DCC 将再次自动尝试建立拨号连接。 缺省情况下，未配置自动拨号功能。当启动自动拨号功能后，自动拨号间隔缺省为 300 s。使用 **dialer route** 命令配置拨号串时，通过指定 **autodial** 参数来启动自动拨号功能，可用 **undo dialer timer autodial** 命令恢复为缺省情况

3.3.5　配置 DCC 呼叫 MP 捆绑

有时为了满足用户的数据传输速率需求，可以捆绑配置一次 DCC 呼叫使用多个 PPP 连接，即多条 PPP 链路绑定成一条 MP 链路。以 CE1/PRI 接口为例，一个 PPP 连接的速率是 64 kbit/s，如果用户需要 1 024 kbit/s 的速率，就可以配置 MP 最大捆绑链路数为 16。具体配置步骤见表 3-8（仅可在 Dialer 接口下配置）。

表 3-8　**DCC 呼叫 MP 捆绑的配置步骤**

步骤	命令	说明
1	**system-view** 例如：<Huawei> **system-view**	进入系统视图
2	**interface dialer** *interface-number* 例如：[Huawei] **interface dialer** 0	进入要捆绑 PPP 链路的 Dialer 接口视图
3	**link-protocol ppp** 例如：[Huawei-Dialer0] **link-protocol ppp**	（可选）配置拨号接口的链路层协议为 PPP。 缺省情况下，除以太网接口外，其他接口封装的链路层协议均为 PPP

续表

步骤	命令	说明
4	**ppp mp** 例如：[Huawei-Dialer0] **ppp mp**	配置封装 PPP 的接口工作在 MP 方式。 这是按照 PPP 链路用户名查找 VT 实现 MP 捆绑的方式，即根据验证通过的对端用户名查找对应的虚拟接口模板，相同用户名绑定到一个虚拟接口模板实现 MP。 【注意】配置本命令的同时，必须在接口下配置 **PPP** 双向认证，具体将在第 4 章的后面介绍。 本命令与 **ppp mp virtual-template** *vt-number* 命令互斥，即同一个接口只能配置成“将 PPP 链路直接绑定到 VT 上实现 MP”或“按照 PPP 链路用户名查找 VT 实现 MP”（本步方式）中的一种。对于需要绑定在一起的接口，必须采用同样的捆绑方式。 缺省情况下，封装 PPP 的接口工作在普通 PPP 方式下，可用 **undo ppp mp** 命令恢复为缺省的 PPP 方式
5	**ppp mp max-bind** *max-bind-number* 例如：[Huawei-Dialer0] **ppp mp max-bind** 10	（可选）配置 MP 最大捆绑链路数，取值范围为 1～32 的整数。 缺省情况下，MP 最大捆绑链路数的值为 16，可用 **undo ppp mp max-bind** 命令恢复为缺省值。 【注意】设备最多支持 32 成员接口加入 MP。MP 下可以进行数据传送的链路数达到最大捆绑链路数后，不允许新的可用的 PPP 链路加入。如果超过 32 个成员接口加入 MP，则在 LCP 协商后无法成功绑定 MP 的成员接口就会 Down，之后再次进行 LCP 协商尝试绑定 MP，如此未绑定成功的成员接口便会反复的 Up 和 Down

3.3.6 配置拨号串循环备份

在轮询 DCC 中，可以配置多个呼叫**同一个对端**的目的地址及拨号串，以用于拨号串的循环备份。如果是单接口呼叫，则既可以在物理拨号接口上配置，也可以在 Dialer 接口上配置；如果是多接口呼叫，则必须在 Dialer 接口上配置。

拨号串循环备份的配置的方法是执行以下两条命令之一：

■ **dialer route ip** *next-hop-address* [**user** *hostname* | **broadcast**] * [*dial-string*] [**autodial** | **interface** *interface- type interface-number*] *命令（在 Dialer 接口上配置时）；

■ **dialer route ip** *next-hop- address* [**user** *hostname* | **broadcast**] * [*dial-string*] [**autodial**]命令（在物理拨号接口上配置时）。

命令中的具体参数和选项说明参见 3.3.3 节表 3-4 中的第 3 步。

3.3.7 配置通过 DCC 实现动态路由备份

动态路由备份很好地集成了备份和路由功能，提供了可靠的连接和规范的按需拨号服务。动态路由备份具有以下特点。

■ 动态路由备份主要是针对动态路由协议产生的路由进行备份，也可以对静态路由和直连路由进行备份。

■ 动态路由备份不对特定接口或特定链路进行备份，适用于多接口和多路由器的情况。

■ 动态路由备份的主链路断开时备份链路将自动启动，不会导致拨号延迟（该延迟未包括路由收敛时间）。

■ 动态路由备份不依赖于具体的路由协议，但可以和 RIP-1、RIP-2、OSPF、IS-IS、BGP 等路由协议配合工作。

注意 有些路由协议（如 BGP）缺省使用优选路由，若到达被监控网段的主链路故障中断，启用备份链路之后，备份链路通过 BGP 学习到达被监控网段的路由。当主链路再次启用后，主链路通过 BGP 学到的路由和备份链路学到的路由相比可能不是最优路由，因此继续使用从备份链路学到的路由，导致动态路由监控失败，备份链路在主链路恢复时无法挂断。需要使用下面的方法来解决这种问题：①备份链路的 IP 地址要大于主链路的 IP 地址；②配置负载分担，即让同一路由可以通过多条链路学到。

配置动态路由备份后，自动拨号失效。动态路由备份的具体配置步骤见表 3-9。同样，要根据不同的呼叫情形，选择在物理拨号接口上配置，或者在 Dialer 接口上配置。

表 3-9　**DCC 动态路由备份的配置步骤**

步骤	命令	说明
1	**system-view** 例如：< Huawei > **system-view**	进入系统视图
2	**standby routing-rule** *group-number* **ip** *ip-address* { *mask* | *mask-length* } 例如：[Huawei] **standby routing-rule** 1 **ip** 20.0.0.1 255.0.0.0	创建动态路由备份组，并将被监控网段加入动态路由备份组。这样当到所有被监控网段都无有效路由时，则拨号启用备用链路。命令中的参数说明如下。 （1）*group-number*：指定创建的动态路由备份组编号，取值范围为 1～255 的整数。 （2）*ip-address*：指定需监控的网段地址。 （3）*mask* | *mask-length*：指定需监控的网段地址的子网掩码（选择 *mask* 二选一参数时）或子网掩码长度（选择 *mask-length* 二选一参数时）。 【说明】使用相同的 *group-number* 参数重复执行本命令时，可以配置一个路由备份组监控不同的网段，各监控网段之间为“或”的关系，**即当到达备份组中指定的所有网段都不存在有效路由时，设备才拨通备份链路。** 缺省情况下，没有创建动态路由备份组，可用 **undo standby routing-rule** *group-number* [**ip** *ip-address* { *mask* | *mask-length* }] 命令删除动态路由备份组，或从动态路由备份组中删除被监控网段
3	**interface** *interface-type interface-number* 例如：[Huawei]**interface serial** 1/0/0 或 **interface dialer** *interface-number* 例如：[Huawei] **interface dialer** 0	进入配置动态路由备份的物理接口（**适用于单个接口向一个（或多个）对端发起呼叫**）或 Dialer 接口（**主要适用于多个接口向单个（或多个）对端发起呼叫**）视图。 单接口向对端发起呼叫时的动态路由备份可以在物理接口上配置，也可以在 Dialer 接口上配置
4	**standby routing-group** *group-number* 例如：[Huawei-Serial1/0/1]	在以上拨号备份接口（可以是物理拨号接口，也可以是 Dialer 接口）上启用动态路由备份功能。参数 *group-number* 用来指定应用动态路由备份的备份组编号，取值范围为 1～255 的整数，

续表

步骤	命令	说明
4	**standby routing-group** 1 或 例如：[Huawei-Dialer0] **standby routing-group** 1	即第 2 步创建的路由备份组。 【说明】通过创建动态路由备份组，将被监控网段加入动态路由备份组。当到被监控网段无有效路由时，则拨号启用备用链路。备用链路的选择需要根据本命令确定。例如：定义了动态路由备份组 1（监控到网段 20.0.0.0/8 的路由），且在接口 Serial1/0/0:15 上执行 **standby routing-group** 1 命令。当到网段 20.0.0.0/8 无可用路由时，则需要从接口 Serial1/0/0 拨起备用链路。 在配置该命令前，请确保备份拨号接口上已经配置基本 DCC 功能，已经执行步骤 2 中的 **standby routing-rule** 命令创建动态路由备份组。 缺省情况下，禁用动态路由备份功能，可用 **undo standby routing-group** *group-number* 命令删除指定备份组的在本地拨号接口上的动态路由备份功能
5	**standby timer routing-disable** *seconds* 例如：[Huawei-Serial1/0/1] **standby timer routing-disable** 20 或 例如：[Huawei-Dialer0] **standby timer routing-disable** 20	（可选）配置主链路重新接通后断开备份链路的延迟时间，取值范围为 0～65 535 s，取整数，当取值为 0 时，当主链路接通以后，系统会立即断开备份链路。 在主链路接通后，为了防止路由振荡，可以经过指定延迟时间再断开备份链路。缺省情况下，主链路接通后断开备份链路的延迟时间为 20 s，可用 **undo standby timer routing-disable** 命令恢复缺省情况
6	**quit** 例如：[Huawei-Serial1/0/1] **quit**	退出物理拨号接口或者 Dialer 接口视图，返回系统视图
7	**dialer timer warmup** *seconds* 例如：[Huawei-Serial1/0/1] **dialer timer warmup** 30 或 例如：[Huawei-Dialer0] **dialer timer warmup** 30	配置动态路由备份功能在系统启动后多久生效，在这段时间内不对备份链路进行呼叫，取值范围为 0～65 535 s，取整数。 缺省情况下，动态路由备份功能在系统启动 30 s 后生效，可用 **undo dialer timer warmup** 命令恢复缺省情况。 【说明】因为缺省情况下，系统启动后会进行配置恢复，配置恢复过程中由于主接口状态为 down，因此主接口上的路由不可达，导致备份链路被呼叫。配置恢复后，所有接口的状态变为 up，备份链路被呼叫成功，此时由于主接口路由恢复，备份链路再次被禁用，状态变为 down。为了避免系统启动后的短时间内备份链路 up/down 切换一次，可以配置在系统启动指定时间后动态路由备份功能才生效，在这段时间内不对备份链路进行呼叫

3.3.8　断开连接

为了缓解网络压力或调整拨号配置，需要临时拆除拨号链路时，可以通过命令手动拆除拨号链路。具体配置方法是在对应的拨号接口（可以是物理拨号接口，也可以是 Dialer 接口）视图下执行 **dialer disconnect** [**interface** *interface-type interface-number*]命令，临时拆除指定拨号接口上的拨号链路。

拆除拨号链路会中断所拆链路上的业务，请确保拆除链路前无在线用户。但本命令只是临时拆除拨号链路，如果被拆除的拨号链路配置了自动拨号，当达到自动拨号时间时，会重新建立拨号链路；如果被拆除的拨号链路未配置自动拨号，则当有报文需要传输时，也会再次触发拨号。

关于轮询DCC配置任务配置完成后，可在任意视图下执行以下**display**命令，查看相关配置，验证配置结果，或者在用户视图下执行以下**reset**命令，清除相磁统计信息。

- **display dialer** [**interface** *interface-type interface-number*]：查看接口的DCC信息。
- **display interface dialer** [*number*]：查看Dialer接口的信息。
- **reset counters interface** [dialer [*number*]]：清除Dialer接口统计信息。

3.4 配置共享DCC

共享DCC中一个物理接口可以属于多个Dialer bundle（轮询DCC中，一个物理接口只能属于一个Dialer bundle），服务于多个Dialer接口。但一个Dialer接口只对应一个目的地（轮询DCC中，一个Dialer接口可对应多个目的地），只能使用一个Dialer bundle。一个Dialer bundle中可以包含多个物理接口，每个物理接口具有不同的优先级。支持共享DCC的物理接口包括：ADSL接口、G.SHDSL接口、VDSL接口、E1-IMA接口、WAN侧以太网接口、ISDN PRI接口和ISDN BRI接口。

共享DCC的配置任务与轮询DCC的配置任务差不多，但因为共享DCC中一个Dialer接口中只能配置一个目的地址，所以没有拨号串循环备份功能。共享DCC的主要配置任务如下（**必需的只是前面3项**）。

① 配置链路层协议和IP地址。配置方法与3.3.1节完全一样，参见表3-2中的配置方法即可。**只是对于共享DCC，如果是主叫端，请在Dialer接口下配置PPP的相关命令**，但我们建议用户在物理拨号接口下也配置相同的PPP相关命令，以确保PPP链路参数协商的可靠性；**如果是被叫端，请在物理拨号接口下配置PPP相关命令**。

② 使能共享DCC并配置DCC拨号ACL及与接口的关联。

③ 配置共享DCC呼叫。

④（可选）配置DCC拨号接口属性。

配置方法与3.3.4节完全一样，参见表3-7中的配置步骤即可，只是共享DCC中的拨号接口只能是Dialer接口，不能是物理接口，即只能在Dialer接口下进行配置。

⑤（可选）配置DCC呼叫MP捆绑。

配置方法与3.3.5节完全一样，参见表3-8中的配置步骤即可。**只是对于共享DCC，如果是主叫端，请在Dialer接口下配置PPP的相关命令**，但我们建议用户在物理拨号接口下也配置相同的PPP相关命令，以确保PPP链路参数协商的可靠性；**如果是被叫端，请在Dialer接口和物理拨号接口下均配置PPP相关命令**。

⑥（可选）配置通过DCC实现动态路由备份。

配置方法与3.3.7节完全一样，参见表3-9中的配置步骤即可。

⑦（可选）断开连接。

与3.3.8节的配置方法完全一样，但在共享DCC中只能断开Dialer接口下的拨号连接，即需要在 Dialer 接口视图下操作。

下面介绍与轮询 DCC 配置完全不同的以上第②、③项配置任务的具体配置方法。

3.4.1 使能共享 DCC 并配置 DCC 拨号 ACL 及与接口的关联

在共享 DCC 中，使能共享 DCC、配置 DCC 拨号 ACL 及与接口的关联仅可在 Dialer 接口下配置，不能在物理拨号接口下配置。具体配置步骤见表 3-10。

表 3-10　使能共享 DCC 并配置 DCC 拨号 ACL 及与接口关联的步骤

步骤	命令	说明
1	**system-view** 例如：< Huawei > **system-view**	进入系统视图
2	**dialer-rule** 例如：[Huawei] **dialer-rule**	进入 Dialer-rule 视图
3	**dialer-rule** *dialer-rule-number* { **acl** { *acl-number* | **name** *acl-name* } | **ip** { **deny** | **permit** } | **ipv6** { **deny** | **permit** } } 例如：[Huawei-dialer-rule] **dialer-rule** 1 **ip permit**	配置某个拨号访问组对应的拨号访问控制列表，指定引发 DCC 呼叫的条件。其他说明参见 3.3.2 节中表 3-3 中的第 3 步
4	**quit** 例如：[Huawei-dialer-rule] **quit**	退出 Dialer-rule 视图，返回系统视图
5	**interface dialer** *interface-number* 例如：[Huawei] **interface dialer** 0	进入 Dialer 接口视图
6	**dialer user** *username* 例如：[Huawei-Dialer0] **dialer user** winda	在 Dialer 接口上使能共享 DCC 功能。参数 *username* 用来指定对端用户名，1～32 个字符，**不支持空格，区分大小写，**但该用户名必须与对端配置的 PPP 用户名一致。 【注意】在一个 Dialer 接口视图下多次执行本命令，新的配置不会覆盖老的配置。多次配置的结果是该 Dialer 接口和多个对端用户对应。 缺省情况下，共享 DCC 处于去使能状态且没有配置对端用户名，可用 **undo dialer user** [*user-name*]命令去使能共享 DCC 并删除已经配置的对端用户名，如果不指定 *user-name* 可选参数，则去使能共享 DCC 且删除所有已经配置的对端用户名
7	**dialer bundle** *number* 例如：[Huawei-Dialer0] **dialer bundle** 1	指定以上共享 DCC 的 Dialer 接口使用的 Dialer bundle（拨号捆绑），取值范围为 1～255 的整数。Dialer bundle 用于指定有哪些物理端口进行捆绑与一个 Dialer 接口对应的，**但一个 Dialer 接口只能对应一个 Dialer bundle，相同设备上不同 Dialer 接口的捆绑号必须不一样。** 缺省情况下，Dialer 接口没有对应的 Dialer bundle，可用 **undo dialer bundle** 命令删除共享 DCC 的对应 Dialer 接口使用的 Dialer bundle
8	**dialer-group** *group-number* 例如：[Huawei-Dialer0] **dialer-group** 1	配置以上 Dialer 接口的拨号访问组，**要与 dialer-rule 命令中指定的访问规则号一致，一个接口只能属于一个拨号访问组。**若配置第二次，则覆盖第一次的配置。其他说明参见 3.3.2 节中表 3-3 中的第 7 步

3.4.2　配置共享 DCC 呼叫

使用共享 DCC 实现按需拨号时，由于物理接口随着拨号串的不同而具有不同的属性，**因此必须在 Dialer 接口上配置 DCC 参数，并且只能使用 dialer number 命令配置呼叫对端的拨号串**。一个 Dialer 接口只能配置一个拨号串。具体配置步骤见表 3-11。

表 3-11　共享 DCC 呼叫的配置步骤

步骤	命令	说明
1	**system-view** 例如：< Huawei > **system-view**	进入系统视图
2	**interface dialer** *interface-number* 例如：[Huawei] **interface dialer** 0	进入 Dialer 接口视图
3	**dialer number** *dial-number* [**autodial**] 例如：[Huawei-Dialer0] **dialer number** 12345	在 Dialer 接口上配置呼叫一个对端的拨号串，字符串形式，不支持空格，区分大小写，长度范围是 1～30。选择 autodial 可选项时，配置接口根据拨号串自动拨号。当输入的字符串两端使用引号时，可在字符串中输入空格。 【说明】使用本命令时要注意以下几点。 ● 在共享 DCC 中，Dialer 接口封装 PPP 时，此时可以选择配置 **dialer number** 命令；当 Dialer 接口封装帧中继协议时，主叫端和被叫端都必须配置 **dialer number** 命令，主叫端根据配置的拨号串选择拨号接口，被叫端根据该命令配置的拨号串判断是否对呼叫进行应答。 ● 使用共享 DCC，主叫端不同拨号接口允许存在重复的 **dialer number** 配置，被叫端 **dialer number** 的配置不能重复，否则呼叫将失败。 ● 设备支持在同一个拨号接口下多次执行 **dialer number** 命令配置呼叫一个对端的多个拨号串。但是，以下情况例外：如果用户执行 **dialer number** 命令选择 **autodial** 参数，那么，该拨号接口只能执行一次 **dialer number** 命令配置呼叫一个对端的拨号串。 缺省情况下，不设定去往对端的拨号串，可用 **undo dialer number** *dial-number* 命令删除已设定的拨号串
4	**quit** 例如：[Huawei-Dialer0] **quit**	退出 Dialer 接口视图，返回系统视图
5	**interface** *interface-type interface-number* 例如：[Huawei] **interface** serial 1/0/0	键入要绑定在与以上 Dialer 接口对应的 Dialer bundle 的物理拨号接口，进入相应的接口视图
6	**dialer bundle-member** *number* [**priority** *priority*]	把以上物理拨号接口加入指定的 Dialer bundle 中，并为它设置拨号优先级。命令中的参数说明如下。 （1）*number*：指定以上物理拨号接口要加入的 Dialer bundle 编号，取值范围为 1～255 的整数。**一定要与上节表 3-10 中的第 7 步 dialer bundle** ***number*** **命令配置的捆绑号一致。** （2）*priority*：可选参数，指定物理接口在这个 Dialer bundle 中的优先级，取值范围为 1～255 的整数。数值越大表示优先级越高。拨号过程中，优先选择优先级高的物理接口。 【说明】此命令只能在物理接口下执行，一个物理接口可以是多个 Dialer bundle 的成员。

续表

步骤	命令	说明
6	例如：[Huawei-Serial1/0/0] **dialer bundle-member** 1 **priority** 50	在同一个视图下多次执行本命令，新配置不会覆盖老配置。多次配置的结果是一个物理接口属于多个 Dialer bundle。 缺省情况下，物理接口不属于任何 Dialer bundle，可用 **undo dialer bundle-member** *number* 命令将本地物理接口脱离指定的 Dialer bundle
配置链路层协议为 PPP，并且配置 PPP 认证（PAP 认证或者 CHAP 认证），具体参见第 4 章 PPP 配置的相关内容		

3.5 LTE Cellular 接口基础

当需要通过 LTE（Long Term Evolution，长期演进）移动网络传输语音、视频或数据业务时，可以配置 LTE Cellular 接口。在正式介绍 LTE Cellular 接口配置之前，先来了解一下 LTE Cellular 接口相关的基础知识以及它的基本拨号原理。

3.5.1 LTE Cellular 接口简介

LTE 是 3GPP（3rd Generation Partnership Project，第三代合作伙伴计划）主导的 UMTS（Universal Mobile Telecommunications System，通用移动通信系统）技术的长期演进。

说明 LTE 技术包括时分长期演进（TD-LTE，Time Division Long Term Evolution）和频分双工长期演进（FDD-LTE，Frequency-division duplex Long Term Evolution）两种技术体系。对于 LTE 网络，LTE Cellular 接口支持接入 FDD-LTE 网络和 TD-LTE 网络，在 FDD-LTE 的上行速率可达 50 Mbit/s、下行速率可达 100 Mbit/s。对于 2G/3G 网络，LTE Cellular 接口支持接入 GSM、WCDMA 和 TD-SCDMA 网络（传输速率不高），不支持接入 CDMA2000 网络。

1. LTE 带给企业用户的收益

LTE 是 3G 的演进，却并非人们普遍认为的 4G 技术，而是 3G 与 4G 技术之间的一个过渡。LTE 给企业用户带来了如下收益。

■ 有线广域链路备份：作为 Ethernet、DSL 等有线链路的备份链路，当主干链路发生故障时，通过 LTE 保证业务能够正常运行。

■ 灵活、高效、快速部署网络：在偏远地区或移动办公等应用场景，可以通过 LTE 快速部署网络，从而保证业务的覆盖范围。

■ VPN 安全接入：企业分支可以通过 LTE 链路与企业总部建立 VPN，如 GRE、L2TP、IPSec VPN，以满足企业分支用户快速、安全、高效地接入总部的需求。

■ 支持数据业务和多媒体业务：支持两个接入点名称（APN，Access Point Name）同时在线，路由器通过不同的 APN 访问不同的网关。例如，一个 APN 可以用来访问

Internet、另外一个APN可以用来访问IP多媒体系统（IMS，IP Multimedia Subsystem），并通过QoS来控制数据业务和多媒体业务的质量。

通过在路由器实现LTE技术，可以满足企业分支机构或中小企业的无线宽带接入及互联，与3G相比，LTE技术具备更大带宽的无线广域接入功能，进而为企业提供更为丰富的语音、数据、视频业务。

企业利用LTE技术，可以用来代替或备份Ethernet、DSL、帧中继或ISDN等有线广域链路。LTE为企业提供了灵活、高效、快速部署网络的解决方案，也为企业提供了一种有线广域链路的备份方法。

2. LTE功能的硬件

具备LTE功能的硬件包括LTE数据卡、LTE单板和LTE款型，其中，LTE数据卡、LTE单板与设备结合提供LTE接口，LTE款型是指自带LTE接口的AR路由器。LTE数据卡、LTE单板和LTE款型都内嵌LTE Modem。LTE接口对LTE modem进行管理，在物理层使用LTE Modem进行无线传输，链路层使用PPP或WWAN（Wireless Wide Area Network，无线广域网）协议，网络层使用IP。

AR路由器支持如下类型LTE Cellular接口。

■ 对于AR1200系列（除AR1220C）、AR2200系列（除AR2201-48FE和AR2202-48FE）、AR3200系列和AR3600系列，LTE Cellular接口可以由外置LTE数据卡的USB接口或1LTE-L、1LTE-LV和1LTEC接口卡提供。

■ 对于AR100&AR120&AR150&AR160&AR200系列、AR2201-48FE或AR2202-48FE，LTE Cellular接口可以由外置LTE数据卡的USB接口提供。在AR100&AR120&AR160系列中，AR121GW-L、AR129GW-L、AR109GW-L、AR129CGVW-L、AR161FG-Lc、AR161FG-L、AR169FGW-L、AR169FGVW-L、AR169G-L、AR169EGW-L、AR161G-L、AR161G-Lc、AR161FGW-La、AR161FGW-Lc和AR161FGW-L**本身也支持**LTE Cellular**接口**。当购买AR161FG-L、AR161FG-Lc、AR169FGW-L、AR169FGVW-L、AR169G-L、AR169EGW-L、AR161G-L、AR161G-Lc、AR161FGW-La、AR161FGW-Lc和AR161FGW-L设备时，可以根据需要灵活地选择不同类型的LTE Cellular接口。

■ 当选择使用AR109、AR109W、AR109GW-L、AR121GW-L、AR129GW-L、AR129CGVW-L、AR161FG-Lc、AR161FG-L、AR169FGW-L、AR169FGVW-L、AR169G-L、AR169EGW-L、AR161G-L、AR161G-Lc、AR161FGW-La、AR161FGW-Lc和AR161FGW-L本身支持的LTE Cellular接口时，其接口编号为Cellular 0/0/0。

■ 当选择使用外置LTE数据卡的USB接口提供的LTE Cellular接口时，其接口编号为Cellular 0/0/1。

此外，由1LTE-L接口卡提供的LTE Cellular接口支持生成两个LTE通道接口，通道接口编号分别取值为1和2。

3.5.2 LTE网络架构

说明 因为LTE网络涉及到许多专业的通信技术，包括一些以前很少听到的专业术语，所以在介绍LTE网络架构时有些难以理解，但这些对我们后面学习LTE网络功能的配置关系不大，在此可仅进行一般概念性了解。

LTE 网络的基本结构如图 3-9 所示，其中 UTRAN 代表 3G 网络的接入网，E-UTRAN 代表 LTE 网络的接入网，路由器作为 UE（用户终端）接入 LTE 网络，其他组成部分说明见表 3-12。

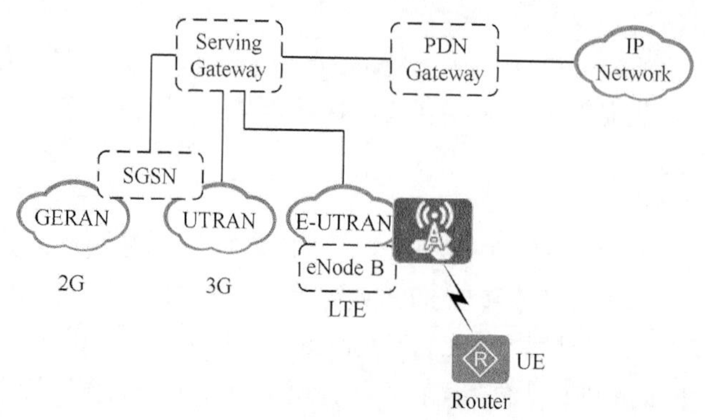

图 3-9 LTE 网络的基本结构

表 3-12 LTE 网络组成元素说明

LTE 网络元素	描述
PDN Gateway（PGW）	包数据网络网关，简称 PGW，全称为“The Packet Data Network Gateway”，为用户终端 UE（User Equipment）和外部 PDN（包数据网络,可以理解为“传输网”）提供连接，UE 和外部 PDN 网络的数据需要经过 PGW
Serving Gateway（SGW）	服务网关，简称 SGW，全称为“Serving Gateway”，用于对报文进行路由和转发，对用户层面的移动性进行管理，同时也对 LTE 和其他 3GPP 技术之间的移动性进行管理
SGSN	GPRS 服务支持节点，简称 SGSN，全称为“Service GPRS Support Node”，作为早期 GPRS/TD-SCDMA/WCDMA 网络中核心网分组域设备的重要组成部分，主要完成分组数据包的路由转发、移动性管理、会话管理、逻辑链路管理、鉴权和加密、话单产生和输出等功能
eNode B	eNode B，代表 LTE 网络的基站，通过标准的 S1-UP 接口与 SGW 互连，通过 Uu 接口与 UE 进行通信，主要完成 Uu 接口物理层协议和 S1-UP 接口协议的处理
UE	用户终端，包括手机、智能终端、多媒体设备以及流媒体设备等

与传统的 3GPP 接入网相比，LTE 采用由 eNode B（Evolved Node B，演进型 Node B，3G 中称 Node B）构成的单层结构，将原来 3G 网络中的 RNC（Radio Network Controller，无线网络控制器）节点和 Node B 节点合并，这样在基站侧可以完成电路的交换，因为无论是 eNode B，还是 Node B，都代表基站的意思。这种结构有利于简化网络和减小系统时延，实现了低复杂度和低时延的要求，降低了建网成本和维护成本。

3.5.3 LTE 拨号连接过程

LTE 采用轮询 DCC（Dial Control Center，拨号控制中心）进行拨号。拨号方式可以分为以下两种。

（1）自动拨号（永久在线方式）

在路由器启动后，DCC 自动尝试拨号连接对端，无需通过数据报文进行触发，相当于宽带路由器中的ADSL自动拨号。若无法与对端正常建立拨号连接，则每隔一段时间DCC将再次自动尝试建立拨号连接。

自动拨号方式适用于不计流量、不计时间的场合。比如包年业务，在规定时间内，该链路无流量和使用时间限制。

（2）按需拨号（非永久在线，流量触发链路建立）

只有存在数据需要传送时，路由器才会触发建立链路，相当早期在用户PC机上安装PPPoE拨号软件进行手动拨号连接一样，每次连接均需要由用户手工操作一样。而且当链路没有流量的时间到达超时时间后，路由器会拆除链路，以节约流量。

按需拨号方式适用于对流量和链路使用时间敏感的场合。比如包流量业务，在某一个时间段内，允许使用一定流量。当有流量触发或者到达拨号时间，路由器将采用轮询DCC触发Cellular接口拨号，并控制LTE Modem与PGW建立连接，具体流程如图3-10所示，具体描述如下。

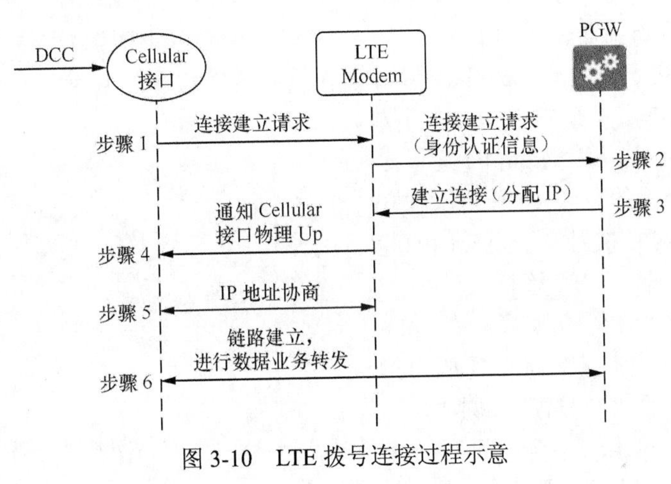

图3-10 LTE拨号连接过程示意

- 当有流量触发或者到达拨号时间，轮询DCC触发Cellular接口拨号，Cellular接口向LTE Modem发送连接建立请求。
- LTE Modem向PGW（包数据网络网关）发送连接建立请求，该请求中包含用户的身份认证信息，包括APN（接入点名称）、用户名和密码等信息。
- PGW对接入的用户进行认证，认证成功后，PGW与LTE Modem建立连接，并分配IP地址给LTE Modem。
- LTE Modem通知Cellular接口物理Up。
- Cellular接口与LTE Modem进行IP地址协商，并获取IP地址。
- Cellular接口成功与PGW建立链路，从而进行数据业务转发。

3.5.4 LTE APN简介

APN（Access Point Name，接入点名称）用来标识用户要访问的外部PDN（包数据网络），用户可以通过APN接入到相应的PDN网络。一个APN可以理解为一个移动无线AP，代表一个网络。

如图3-11所示，路由器（Router）可以通过配置指定运营商的APN接入到对应的

PDN 网络，如图中通过配置 APN1 接入运营商的 IMS 网络。也可以通过配置企业的 APN 接入到指定的企业网关，如图中通过配置 APN2 接入企业数据网关。

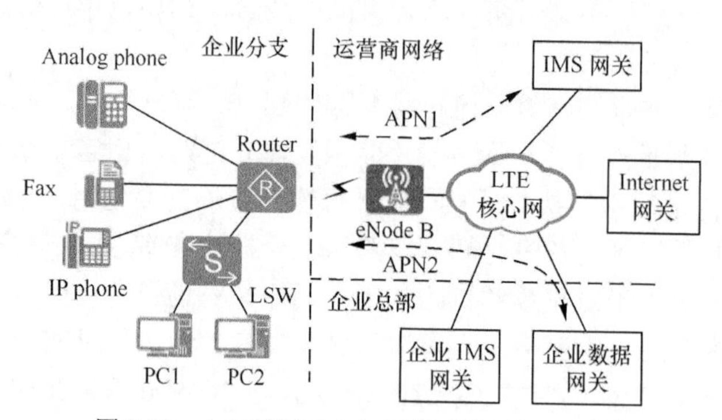

图 3-11 APN 接入 PDN 网络或企业网关示例

AR G3 系列路由器使用的 LTE-L 接口卡中，1 个 Cellular 接口支持配置两个 APN，即两个 APN 共用一个物理 Cellular 接口，但在路由器上却体现为两个 Cellular 通道接口，两个 APN 各自绑定一个 Cellular 通道接口，如图 3-12 所示。每个 Cellular 通道接口等同于一个逻辑的业务接口，可以独立配置 IP 地址、DCC 拨号及所要应用的业务，如语音、数据、VPN 等。

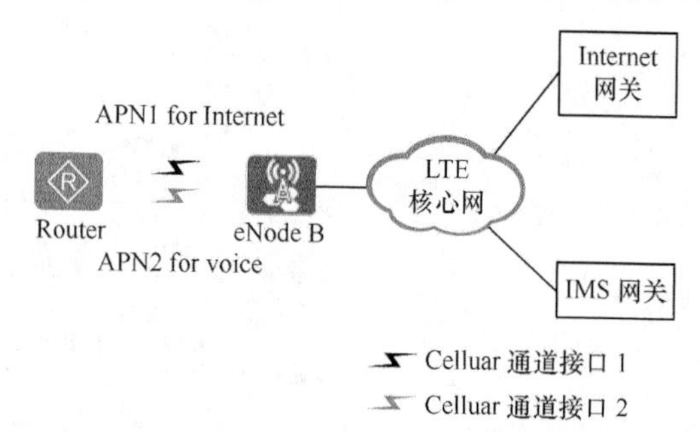

图 3-12 一个 LTE Cellular 接口支持多 APN 的示例

另外，两个 APN 共享同一个 LTE Cellular 接口的上行带宽，因此需要 QoS 来保证不同业务的 APN 调度。例如，一个 APN 用来传输语音业务，另外一个 APN 用来传输数据业务，需要优先保证语音业务的质量，则需要在 Cellular 接口进行 QoS 配置来保证语音业务的优先调度。有关 QoS 方面的配置请参见《华为交换机学习指南》（第二版）一书。

说明 AR109GW-L、AR121GW-L、AR129CGVW-L、AR161FG-Lc、AR161FG-L、AR169FGW-L、AR169FGVW-L、AR169G-L、AR169EGW-L、AR161G-L、AR161G-Lc、AR161FGW-Lc 和 AR161FGW-L 本身的 LTE Cellular 接口（接口编号为 Cellular 0/0/0），以及除了 1LTE-Lt 和 LTE-Lt-7 外的 LTE 接口卡都支持配置多 APN 功能。

3.5.5 LTE 的主要应用

LTE 网络因为其传输速率比较高、稳定性比较好，所以在企业网络中的应用也比较广泛。主要包括以下几个方面。

1. LTE 链路作为广域备份链路

LTE 链路可以作为以太链路、xDSL 链路的备份链路，也可以作为其他 LTE 链路的备份链路。

如图3-13所示，企业分支通过DSL链路作为广域接入的主链路，当主链路发生故障时，流量可以及时切换到LTE备份链路，从而增强企业分支接入Internet的可靠性。

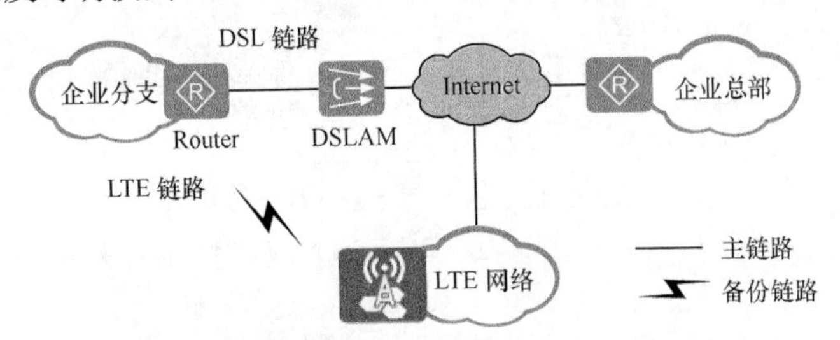

图3-13 LTE链路作为DSL链路的备份链路示例

如图3-14所示，LTE链路1作为企业分支的主链路接入运营商A的LTE网络1，LTE链路2作为企业分支的备份链路接入运营商B的LTE网络2，当主链路发生故障时，流量可以及时切换到LTE备份链路，从而增强企业接入Internet的可靠性。

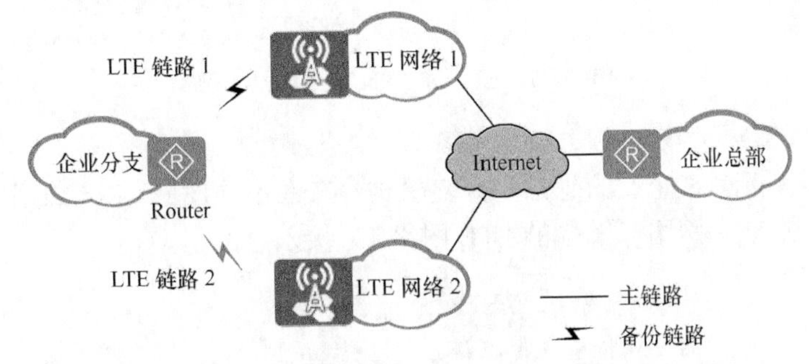

图3-14 LTE链路作为其他LTE链路的备份链路的示例

2. LTE链路作为广域接入的主链路

如图3-15所示，企业的某个分支位于偏远区域，无法获取有线广域接入服务，但该分支需要与外界进行业务传输。为了满足业务传输的需求，企业分支使用LTE链路作为广域接入的主链路，为分支用户的PC、话机等设备提供广域接入服务。

图3-15 LTE链路作为广域接入的主链路示例

3. LTE链路通过VPN接入企业总部

企业分支可以通过LTE链路拨号接入到Internet，再与企业总部建立VPN，如GRE、L2TP、IPSec VPN，以满足企业分支用户快速、安全、高效地接入总部的需求。有关GRE、L2TP和IPSec VPN请参见《华为VPN学习指南》一书。

如图3-16所示，企业分支通过LTE链路拨号接入到Internet，然后在分支和总部之间建立一个IPSec隧道，对分支与总部之间相互访问的流量进行安全保护。

4. 通过LTE多APN进行数据通信和VoIP语音通信

如图3-17所示，Router是企业A的出口网关，用户可以创建两个APN模板，然后在两个LTE通道接口上各自绑定一个APN模板，其中一个APN用来接入Internet进行数据通信，另一个 APN 用来接入 IMS 进行 VoIP 语音通信，并通过 QoS 来控制数据业务和语音业务的质量。

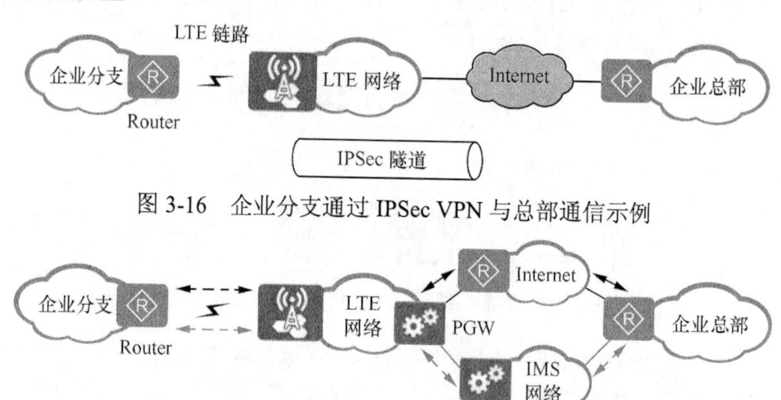

图 3-16 企业分支通过 IPSec VPN 与总部通信示例

图 3-17 LTE 多 APN 应用场景示例

5. 通过双 SIM 卡接入不同 LTE 网络

如图 3-18 所示，某企业的总部和分支机构分布在不同地域。Router 作为分支机构的出口网关，通过 LTE 网络（图中的 LTE 网络 1）接入总部。

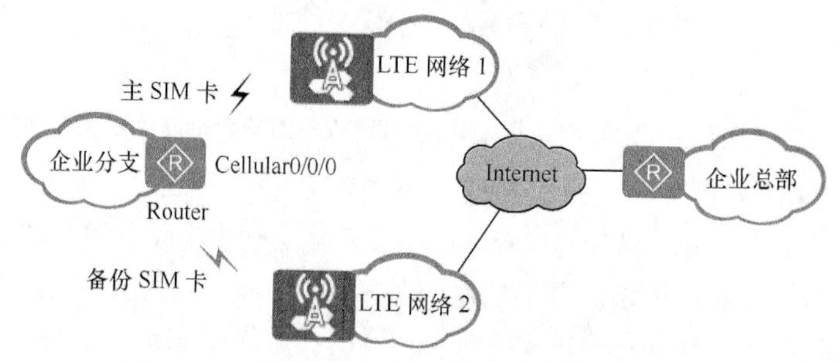

图 3-18 使用双 SIM 卡接入不同 LTE 网络示例

为了提高 LTE 链路进行数据传输的可靠性，分支机构选择可以插入两个 SIM 卡的 LTE Cellular 接口，一个 SIM 卡作为主 SIM 卡接入 LTE 网络 1，另一个 SIM 卡作为备份 SIM 卡接入 LTE 网络 2，这样，当主 SIM 卡费用不足、发生故障、形成的 LTE 链路信号质量差或者接入的 LTE 网络发生故障导致拨号失败时，流量就自动切换到备份 SIM 卡，从而保证企业的业务不发生中断。

3.6 LTE Cellular 接口配置与管理

配置 LTE Cellular 接口，首先要配置 LTE Cellular 接口的连接参数，然后配置轮询 DCC 拨号连接功能实现 LTE Cellular 接口接入 LTE 网络。此外，如果需要保证 SIM 卡的安全性，还可以配置 PIN 管理功能，以及短信收发和告警功能。

3.6.1　配置LTE Cellular接口的连接参数

在配置LTE Cellular接口的连接参数之前，需完成以下任务。

- 确认有可用的LTE网络覆盖所在的区域。
- 向运营商购买LTE服务并获取支持LTE业务的SIM卡。
- LTE数据卡和SIM卡都已在设备上安装好了。

请按以下过程完成LTE Cellular接口的连接参数的配置。其中，配置APN模板（单SIM卡单APN场景）、配置APN模板（单SIM卡双APN场景）和配置APN模板（双SIM卡单APN场景）是并列关系，其他配置是顺序执行关系。

- （可选）配置缺省APN。
- 配置选择PLMN。
- （可选）配置服务域。
- （可选）手动配置工作频段。
- 配置网络连接方式。
- （可选）配置网络拨号方式为PPP。
- 配置APN模板（单SIM卡单APN场景）。
- 配置APN模板（单SIM卡双APN场景）。
- 配置APN模板（双SIM卡单APN场景）。
- 配置MTU。

1. 配置缺省APN

对于LTE网络，有些运营商需要设备通过缺省APN才能接入网络，有些运营商则不需要缺省APN就能直接接入网络。用户需要根据具体运营商的情况，选择是否需要配置缺省APN。缺省APN的配置步骤见表3-13。缺省情况下，没有配置LTE网络的缺省APN。**LTE数据卡E8278不支持该配置。**

表3-13　缺省APN的配置步骤

步骤	命令	说明
1	**system-view** 例如：< Huawei > **system-view**	进入系统视图
2	**interface cellular** *interface-number* 例如：[Huawei] **interface cellular** 0/0/0	进入LTE Cellular接口视图。设备本身带的Cellular接口的编号为0/0/0，外围的LTE Cellular接口的编号为0/0/1
3	**profile create lte-default** *apn* [**user** *username* **password** *password* **authentication-mode** { **chap** | **pap** }]	配置LTE网络的缺省APN。命令中的参数和选项说明如下。 （1）*apn*：指定LTE网络的缺省APN，字符串形式，不支持空格，区分大小写，长度范围是1～99。当输入的字符串两端使用双引号时，可在字符串中输入空格。由运营商提供。 （2）**user** *username*：可选参数，指定接入外部PDN网络用户的用户名。由运营商提供。 （3）**password** *password*：可选参数，指定接入外部PDN网络用户的密码。由运营商提供。 （4）**authentication-mode** { **chap** | **pap** }：指定采用CHAP或PAP认证模式。由运营商提供。

续表

步骤	命令	说明
3	例如：[Huawei-Cellular0/0/0] **profile create lte-default** CMNET	【注意】缺省 APN 的以上参数值均由运营商分配，需向对应运营商索取，不能随意配置。对于 1LTE-Lt 接口卡，本命令的配置和 **apn** *apn-name* 命令配置的 APN 会互相覆盖。 缺省情况下，没有配置 LTE 网络的缺省 APN，当用户需要删除配置的 LTE 网络的缺省 APN 时，可用 **profile delete lte-default** 命令删除配置的 LTE 网络的缺省 APN

说明 在双卡单待场景下，通过对应的缺省 APN 接入不同的运营商网络，可提高网络的可靠性。用户需要根据具体运营商的情况，选择是否为其配置缺省 APN。此时缺省 APN 的配置方法与表 3-13 中的配置方法差不多，但需要额外在 **profile create lte-default** *apn* [**user** *username* **password** *password* **authentication-mode** { **chap** | **pap** }] **sim-id** *sim-id* 命令中指定所配置的缺省 APN 对应的 SIM 卡的 ID 号（整数形式，取值为 1 或 2，与设备编号相对应）。

2．配置选择 PLMN

对于 LTE 网络，用户可以采用自动或手动的方式选择 PLMN（Public Land Mobile Network，公共陆地移动网络）。缺省情况下，采用自动方式选择 PLMN。当购买网络运营商的 LTE 服务，并且从网络运营商获取 MCC（Mobile Country Code，移动国家编码）和 MNC（Mobile Network Code，移动网络编码）时，可以采用手动方式选择 PLMN，具体配置步骤见表 3-14。

表 3-14 PLMN 的配置步骤

步骤	命令	说明
1	**system-view** 例如：< Huawei > **system-view**	进入系统视图
2	**interface cellular** *interface-number* 例如：[Huawei] **interface cellular** 0/0/0	进入 LTE Cellular 接口视图
3	**plmn search** 例如：[Huawei-Cellular0/0/0] **plmn search**	搜索 PLMN。执行完本命令以后，用户需要等待一段时间
4	**plmn auto** 例如：[Huawei-Cellular0/0/0] **plmn auto**	（二选一）配置采用自动方式选择 PLMN。 缺省情况下，采用自动方式选择 PLMN，可通过以下 **plmn select manual** *mcc mnc* [**fail-over-auto**]命令选择手动方式选择 PLMN
	plmn select manual *mcc mnc* [**fail-over-auto**] 例如：[Huawei-Cellular0/0/0] **plmn select manual** 460 03	（二选一）配置采用手动方式选择 PLMN。命令中的参数和选项说明如下。 （1）*mcc*：指定移动国家编码，整数形式，取值范围为 0～999。 （2）*mnc*：指定移动网络编码，整数形式，取值范围为 0～999。 （3）**fail-over-auto**：可选项，表示手动选择 PLMN 失败的情况下，自动选择 PLMN。 缺省情况下，设备采用自动方式选择 PLMN，可用 **undo plmn select manual** 命令恢复采用自动方式选择 PLMN

3. 配置服务域

3G网络同时支持CS（Circuit Switching Domain，电路交换域）域和PS域（Packet Switching Domain，分组交换域），**LTE网络仅支持PS域**。为了避免CS域的业务导致用户使用的网络从LTE网络变更为3G网络，用户可以配置LTE Modem接入LTE网络时仅工作在PS域。

服务域是在LTE Cellular接口视图下通过 **service domain** { **ps-only** | **combined** }命令配置。命令中的选项说明如下。

- **ps-only**：二选一选项，指定3G/LTE modem只工作在PS域。
- **combined**：二选一选项，指定LTE modem同时工作在CS域和PS域。

缺省情况下，LTE modem同时工作在CS域和PS域。

4. 手动配置工作频段

网络运营商运营的GSM/WCDMA/LTE网络通常可以提供多种频段供用户接入。当LTE Cellular接口接入GSM/WCDMA/LTE网络后，在GSM/WCDMA/LTE网络频段发生跳变时，LTE数据卡会自动调整工作频段以适应网络环境的变化，从而影响LTE链路的稳定性。

当用户使用的GSM/WCDMA/LTE网络的网络频段基本固定，为了避免频率干扰导致网络频段跳变，从而影响LTE链路的稳定性，用户可以手动设置LTE Cellular接口接入的GSM/WCDMA/LTE网络的工作频段，具体配置步骤见表3-15。

表3-15 手动配置工作频段的步骤

步骤	命令	说明
1	**system-view** 例如：< Huawei > **system-view**	进入系统视图
2	**interface cellular** *interface-number* 例如：[Huawei] **interface cellular** 0/0/0	进入LTE Cellular接口视图
3	**band gsm** { **gsm1800** | **gsm1900** | **gsm850** | **gsm900** }* 例如：[Huawei-Cellular0/0/0] **band gsm gsm1800**	（可选）手动设置LTE Cellular接口接入的GSM网络的工作频段为1 800 MHz、1 900 MHz、850 MHz和900 MHz。 缺省情况下，LTE Cellular接口会自动选择接入GSM网络的工作频段，可用 **band auto** 命令删除已设置的GSM网络的工作频段，恢复为自动选择接入GSM网络的工作频段
	band wcdma { **wcdma1900** | **wcdma2100** | **wcdma850** | **wcdma900** | **AWS** }* 例如：[Huawei-Cellular0/0/0] **band wcdma wcdma850**	（可选）手动设置LTE Cellular接口接入的WCDMA网络的工作频段1 900 MHz、2 100 MHz、850 MHz、900 MHz和1 700/2 100（美国用）MHz 缺省情况下，LTE Cellular接口会自动选择接入WCDMA网络的工作频段，可用 **band auto** 命令删除已设置的WCDMA网络的工作频段，恢复为自动选择接入WCDMA网络的工作频段
	band lte { **band1** | **band2** | **band3** | **band4** | **band5** | **band7** | **band8** | **band17** | **band20** | **band38** | **band39** | **band40** | **band41** }*	（可选）手动设置LTE Cellular接口接入的LTE网络的工作频段，各频段说明如下。 （1）**band1**：可多选选项，上行链路为1 920 MHz～1 980 MHz，下行链路为2 110 MHz～2 170 MHz。 （2）**band2**：可多选选项，上行链路为1 850 MHz～1 910 MHz，下行链路为1 930 MHz～1 990 MHz。

续表

步骤	命令	说明
3	例如：[Huawei-Cellular0/0/0] **band lte band1**	（3）**band3**：可多选选项，上行链路为 1 710 MHz～1 785 MHz，下行链路为 1 805 MHz～1 880 MHz。 （4）**band4**：可多选选项，上行链路为 1 710 MHz～1 755 MHz，下行链路为 2 110 MHz～2 155 MHz。 （5）**band5**：可多选选项，上行链路为 824 MHz～849 MHz，下行链路为 869 MHz～894 MHz。 （6）**band7**：可多选选项，上行链路为 2 500 MHz～2 570 MHz，下行链路为 2 620 MHz～2 690 MHz。 （7）**band8**：可多选选项，上行链路为 880 MHz～915 MHz，下行链路为 925 MHz～960 MHz。 （9）**band17**：可多选选项，上行链路为 704 MHz～716 MHz，下行链路为 734 MHz～746 MHz。 （10）**band20**：可多选选项，上行链路为 832 MHz～862 MHz，下行链路为 791 MHz～821 MHz。 （11）**band38**：可多选选项，2 570 MHz～2 620 MHz。 （12）**band39**：可多选选项，1 880 MHz～1 920 MHz。 （13）**band40**：可多选选项，2 300 MHz～2 400 MHz。 （14）**band41**：可多选选项，2 496 MHz～2 690 MHz。 缺省情况下，LTE Cellular 接口会自动选择接入 LTE 网络的工作频段，可用 **band auto** 命令删除已设置的 LTE 网络的工作频段，恢复为自动选择接入 LTE 网络的工作频段

5. 配置网络连接方式

LTE Modem 连接 3G/LTE 网络的方式必须与运营商提供的 3G/LTE 网络一致，LTE Cellular 接口才能够成功接入 3G/LTE 网络。如果不一致，请执行本配置任务，以确保 LTE Modem 连接 3G/LTE 网络的方式与运营商提供的 3G/LTE 网络是一致的。

网络连接方式是在 LTE Cellular 接口视图下通过 **mode lte** { **auto** \| **gsm-only** \| **1xrtt-only** \| **evdo-only** \| **hybrid** \| **lte-only** \| **tdscdma-only** \| **umts-gsm** \| **umts-only** \| **wcdma-gsm** \| **wcdma-only** }命令配置。命令中的选项说明如下。

- **auto**：多选一选项，指定 LTE Modem 自动选择网络。
- **gsm-only**：多选一选项，指定 LTE Modem 只选择 GSM 网络。
- **1xrtt-only**：多选一选项，指定 LTE Modem 只选择 1xRTT 网络，1LTE-Lt 接口卡支持该选项。
- **evdo-only**：多选一选项，指定 LTE Modem 只选择 EV-DO 网络，1LTE-Lt、1LTE-Lt-7 接口卡支持该选项。
- **hybrid**：多选一选项，指定 LTE Modem1xRTT 和 EV-DO 混合网络，1LTE-Lt 接口卡支持该选项。
- **lte-only**：多选一选项，指定 LTE Modem 只选择 LTE 网络。
- **tdscdma-only**：多选一选项，指定 LTE Modem 只选择 TD-SCDMA 网络，1LTE-Lt 和 1LTEC 接口卡支持该选项。
- **umts-gsm**：多选一选项，指定 LTE Modem 选择 UMTS 网络或者 GSM 网络，优

先选择UMTS网络，1LTE-Lt、、1LTE-Lt-7接口卡支持该选项。

■ **umts-only**：多选一选项，指定LTE Modem只选择WCDMA网络或者TD-SCDMA网络，1LTE-Lt、、1LTE-Lt-7接口卡支持该选项。

■ **wcdma-gsm**：多选一选项，指定LTE Modem选择WCDMA网络或者GSM网络，优先选择WCDMA网络，1LTE-Lt、1LTE-Lt-7接口卡不支持该选项。

■ **wcdma-only**：多选一选项，指定LTE Modem只选择WCDMA网络，1LTE-Lt、1LTE-Lt-7接口卡不支持该选项。

如果在同一个LTE Cellular接口视图下重复执行本命令且选项不同时，则新配置将覆盖老配置。缺省情况下，LTE Modem连接3G/LTE网络的方式为auto。

6. 配置网络拨号方式为PPP

缺省情况下，LTE Modem连接3G/LTE网络采用网络驱动接口规范的标准接口拨号。当运营商仅支持PPP拨号方式接入3G/LTE网络时，需要手动配置设备拨号方式为PPP。

配置LTE Modem连接3G/LTE网络的拨号方式为PPP的方法是在LTE Cellular接口视图下执行**dialer mode ppp**命令，可用**undo dialer mode**命令来恢复LTE Modem连接3G/LTE网络的拨号方式为缺省情况。

7. 配置APN模板（单SIM卡单APN场景）

在本节前面介绍了缺省APN的配置方法，本节再来介绍通过APN模板创建APN的配置方法。

APN用来标识用户要访问的外部PDN网络，比如，Internet或IMS网络。在单SIM卡、单APN场景下，用户创建一个APN模板后，在LTE Cellular接口下绑定该APN模板，用户就可以使用该APN接入Internet进行数据通信，具体的配置方法见表3-16。

表3-16　单SIM卡单APN场景下APN模板的配置步骤

步骤	命令	说明
1	**system-view** 例如：< Huawei > **system-view**	进入系统视图
2	**apn profile** *profile-name* 例如：[Huawei] **apn profile** lteprofile	创建APN模板，并进入APN模板视图。 参数*profile-name*用来指定所创建的APN模板的名称，字符串形式，不支持空格，区分大小写，长度范围是1～64。 缺省情况下，设备没有创建APN模板，可用**undo apn profile** *profile-name*命令删除已创建的APN模板
3	**apn** *apn-name* 例如：[Huawei-apn-profile-lteprofile] **apn** 4gnet	配置APN，字符串形式，不支持空格，区分大小写，长度范围是1～99。 APN名称的获取需要咨询当地运营商。一般情况下，中国移动的APN为CMNET，中国电信的APN为CTLTE，中国联通的APN为3GNET。配置APN后，APN会记录在LTE数据卡中，以后会一直存在。如果APN值变化，需要重新配置。 【注意】在同一个APN模板视图重复执行本命令，则新配置覆盖老配置，**所以一个APN模板下只能配置一个APN。** 缺省情况下，设备没有在APN模板中配置APN，拨号时使用APN模板名作为APN，可用**undo apn**用来删除在APN模板中已配置的APN

续表

<table>
<tr><th>步骤</th><th>命令</th><th>说明</th></tr>
<tr><td>4</td><td>user name username password { cipher | simple } password [authentication-mode { auto | pap | chap }]
例如：[Huawei-apn-profile-lteprorile] user name winda password cipher huawei@123 authentication-mode chap</td><td>配置接入外部 PDN 网络用户的用户名、密码和认证方式。命令中的参数和选项说明如下。
（1）name username：指定接入外部 PDN 网络用户的用户名，字符串形式，不支持空格，区分大小写，长度范围是 1～64。由运营商提供。
（2）cipher：二选一选项，指定密码为密文显示。
（3）simple：二选一选项，指定密码为明文显示。同进密码将以明文形式保存在配置文件中。
（4）password：指定接入外部 PDN 网络用户的密码。字符串形式，支持空格，区分大小写，如果选择 simple，则 password 必须是明文密码，长度范围是 1～32；如果选择 cipher，则 password 可选长度范围是 24～68 位的密文密码，如：%^%#k5bf>8df@:_;Na'+R"U,#L#w88HE1M.L4YY2~W2u0%RDL#z#%^%#；也可以是长度范围 1～32 的明文密码，如：214357。由运营商提供。
（5）authentication-mode { auto | pap | chap }：指定认证模式为自动选择 PAP 认证或 CHAP 认证、PAP 认证或 CHAP 认证。当不指定该本选项时，缺省选择 auto 模式。
用户名、密码以及认证方式的配置需要咨询运营商，要与运营商为对应用户的配置保持一致。
缺省情况下，设备没有配置接入外部 PDN 网络用户的用户名、密码和认证方式，可用 undo user name username 命令删除接入外部 PDN 网络的用户</td></tr>
<tr><td>5</td><td>quit
例如：[Huawei-apn-profile-lteprorile] quit</td><td>退出 APN 模板视图，返回系统视图</td></tr>
<tr><td>6</td><td>interface cellular interface-number
例如：[Huawei] interface cellular 0/0/0</td><td>进入 LTE Cellular 接口视图</td></tr>
<tr><td>7</td><td>apn-profile profile-name [track nqa { admin-name test-name }&<1-2>]
例如：[Huawei-Cellular0/0/0] apn-profile lteprofile</td><td>配置 LTE Cellular 接口绑定 APN 模板。命令中的参数说明如下。
（1）profile-name：要绑定的 APN 模板的名称。
（2）track nqa admin-name test-name：可选参数，指定 NQA 测试例的管理者和测试例名。
【说明】当选择 track nqa 参数时，LTE Cellular 接口拨号成功后，设备会对 LTE 网络进行 NQA 探测。如果连续 3 次探测失败，设备将拆除 LTE 链路。此外，用户可以执行 dialer timer probe-interval interval 命令配置 NQA 探测的时间间隔。
NQA 测试例的测试类型必须为 ICMP 测试。选择该参数，用户必须完成配置 NQA 测试例，且到 NQA 测试例的目的地址必须路由可达。
缺省情况下，LTE Cellular 接口没有绑定 APN 模板，可用 undo apn-profile profile-name 命令删除 Cellular 接口上已绑定的 APN 模板</td></tr>
</table>

8. 配置 APN 模板（单 SIM 卡双 APN 场景）

在单 SIM 卡、双 APN 场景下，用户需要创建两个 APN 模板，然后在 LTE Cellular 接口生成的两个 LTE 通道接口上各自绑定一个 APN 模板，其中一个 APN 用来接入

Internet 进行数据通信，另一个 APN 用来接入 IMS 网络进行 VoIP 语音通信，具体的配置方法见表 3-17。

表 3-17　　单 SIM 卡双 APN 场景下的 APN 模板的配置步骤

步骤	命令	说明
1	**system-view** 例如：< Huawei > **system-view**	进入系统视图
2	**apn profile** *profile-name* 例如：[Huawei] **apn profile** lteprofile	创建 APN 模板，并进入 APN 模板视图。其他说明参见表 3-16 中的第 2 步
3	**apn** *apn-name* 例如：[Huawei-apn-profile-lteprofile] **apn** 4gnet	配置 APN，其他说明参见表 3-16 中的第 3 步
4	**user name** *username* **password** { **cipher** | **simple** } *password* [**authentication-mode** { **auto** | **pap** | **chap** }] 例如：[Huawei-apn-profile-lteprorile] **user name** winda **password cipher** huawei@123 **authentication-mode chap**	配置接入外部 PDN 网络用户的用户名、密码和认证方式。其他说明参见表 3-16 中的第 4 步
5	**quit** 例如：[Huawei-apn-profile-lteprorile] **quit**	退出 APN 模板视图，返回系统视图
重复执行本第 3～5 步创建另一个 APN 模板，以便使用该 APN 模板接入不同的 PDN 网络		
6	**interface cellular** *interface-number* 例如：[Huawei] **interface cellular** 0/0/0	进入 LTE Cellular 接口视图
7	**multi-apn enable** 例如：[Huawei-Cellular0/0/0] **multi-apn enable**	使能 LTE Cellular 接口的多 APN 功能。 一个 Cellular 接口可以生成两个 Cellular 通道接口。通过配置多 APN 功能，用户可以创建两个 APN 模板，然后在 Cellular 通道接口上各自绑定一个 APN 模板，其中一个 APN 用来接入 Internet 进行数据通信，另一个 APN 用来接入 IMS 网络进行 VoIP 语音通信。 AR109GW-L、AR121GW-L、AR129CGVW-L、AR161FG-Lc、AR161FG-L、AR169FGW-L、AR169FGVW-L、AR169G-L、AR169EGW-L、AR161G-L、AR161G-Lc、AR161FGW-Lc 和 AR161FGW-L 本身的 LTE Cellular 接口（接口编号为 Cellular 0/0/0）支持配置多 APN 功能。除了 1LTE-Lt 和 LTE-Lt-7 之外的 LTE 接口卡也支持多 APN 功能。 缺省情况下，设备没有使能 LTE Cellular 接口的多 APN 功能，可用 **undo multi-apn enable** 命令去使能 Cellular 接口的多 APN 功能
8	**quit** 例如：[Huawei-Cellular0/0/0] **quit**	退出 LTE Cellular 接口视图，返回系统视图
9	**interface cellular** *interface-number* 例如：[Huawei] **interface cellular** 0/0/0:1	进入 LTE 通道接口（类似于子接口）视图
10	**apn-profile** *profile-name* [**track nqa** { *admin-name test-name* }&<1-2>]	配置 LTE Cellular 通道接口绑定 APN 模板。命令中的参数说明如下。 （1）*profile-name*：指定要绑定的 APN 模板的名称，即本表前面创建的 APN 模板。

续表

步骤	命令	说明
10	例如：[Huawei-Cellular0/0/0:1] **apn-profile** lteprofile	（2）**track nqa** *admin-name test-name*：可选参数，指定 NQA 测试例的管理者和测试例名。如果选择该参数，Cellular 接口或 Cellular 通道接口拨号成功后，设备会对 3G/LTE 网络进行 NQA 检测。如果连续 3 次探测失败，设备将拆除 3G/LTE 链路。有关 NQA 的配置将在本书第 7 章介绍。 （3）&<1-2>表示最多可以带两组 *admin-name test-name* 参数。 缺省情况下，LTE Cellular 通道接口没有绑定 APN 模板，可用 **undo apn-profile** *profile-name* 命令删除 Cellular 通道接口上已绑定的 APN 模板
11	重复执行步骤 9、步骤 10，以便在另一个 LTE 通道接口上绑定 APN 模板	

9. 配置 APN 模板（双 SIM 卡单 APN 场景）

在双 SIM 卡、单 APN 场景下，用户需要创建两个 APN 模板，其中一个 APN 模板关联主 SIM 卡，另外一个 APN 模板关联备份 SIM 卡，然后在同一个 LTE Cellular 接口下绑定这两个 APN 模板。这样，一个 SIM 卡作为主 SIM 卡接入一个 LTE 网络，另一个 SIM 卡作为备份 SIM 卡接入另一个 LTE 网络。当主 SIM 卡费用不足、发生故障、形成的 LTE 链路信号质量差或者接入的 LTE 网络发生故障导致拨号失败时，流量就自动切换到备份 SIM 卡，从而保证企业的业务不发生中断。但主 SIM 卡和备份 SIM 卡不能同时工作，切换 SIM 时，会造成流量的短期中断。

双 SIM 卡、单 APN 场景下的 APN 模板的配置步骤见表 3-18，基本上与前面介绍的单 SIM 卡、双 APN 场景的配置方法一样。

表 3-18　双 SIM 卡单 APN 场景下的 APN 模板的配置步骤

步骤	命令	说明
1	**system-view** 例如：< Huawei > **system-view**	进入系统视图
2	**apn profile** *profile-name* 例如：[Huawei] **apn profile** lteprofile	创建 APN 模板，并进入 APN 模板视图。其他说明参见表 3-16 中的第 2 步
3	**apn** *apn-name* 例如：[Huawei-apn-profile-lteprofile] **apn** 4gnet	配置 APN，其他说明参见表 3-16 中的第 3 步
4	**sim-id** *sim-id* 例如： [Huawei-apn-profile-lteprofile]**sim-id** 2	配置 SIM 卡 ID，以指定 APN 模板关联主 SIM 卡还是备份 SIM 卡，取值为 1 或 2。取值为 1 指定 APN 模板关联主 SIM 卡；取值为 2 指定 APN 模板关联备份 SIM 卡。 缺省情况下，SIM 卡 ID 取值为 1，可用 **undo sim-id** 命令用来恢复缺省配置
5	**user name** *username* **password** { **cipher** | **simple** } *password* [**authentication-mode** { **auto** | **pap** | **chap** }] 例如：[Huawei-apn-profile-lteprorile] **user name** winda **password cipher** huawei@123 **authentication-mode chap**	配置接入外部 PDN 网络用户的用户名、密码和认证方式。其他说明参见表 3-16 中的第 4 步

续表

步骤	命令	说明
6	**quit** 例如：[Huawei-apn-profile-lteprorile] **quit**	退出 APN 模板视图，返回系统视图
创建关联主 SIM 卡的 APN 模板后，还需要再次执行本表步骤 2~5 创建关联备份 SIM 卡的 APN 模板		
7	**interface cellular** *interface-number* 例如：[Huawei] **interface cellular** 0/0/0	进入 LTE Cellular 接口视图
8	**apn-profile** *profile-name* [**track nqa** { *admin-name test-name* }&<1-2>] 例如：[Huawei-Cellular0/0/0] **apn-profile** lteprofile	配置 LTE Cellular 通道接口绑定 APN 模板。命令中的参数说明参见表 3-16 中的步骤 7。**要分别为主 SIM 卡的 APN 模板和备份 SIM 卡的 APN 模板执行本步与同一个 Cellular 接口进行绑定。** 缺省情况下，LTE Cellular 通道接口没有绑定 APN 模板，可用 **undo apn-profile** *profile-name* 命令删除 Cellular 通道接口上已绑定的 APN 模板
9	**sim switch rssi-threshold** *rssi-threshold* 例如： [Huawei-Cellular0/0/0] **sim switch rssi-threshold** 105	配置根据 RSSI 门限值自动切换 SIM 卡，整数形式，取值范围是–120～–60，单位为 dBm。推荐值为–105 dBm。在同一 Cellular 接口视图下重复执行本命令，新配置将覆盖老配置。当接收的信号强度小于 RSSI 门限值时，Cellular 接口会自动切换 SIM 卡。比如，切换 SIM 卡的 RSSI 门限值设置为–105 dBm，当接收的信号强度为小于–105 dBm 时，会进行 SIM 卡切换。 【说明】完成双 SIM 卡的配置后，当没有配置自动切换 SIM 卡功能或没有达到自动切换 SIM 卡的条件，但需要快速切换 SIM 卡时，可以在 LTE Cellular 接口视图下执行 **sim switch to** *sim-id* 命令手动切换 SIM 卡。 缺省情况下，LTE Cellular 接口不会根据 RSSI 门限值切换 SIM 卡，可用 **undo sim switch rssi-threshold** 命令取消根据 RSSI 门限值切换 SIM 卡
10	**sim switch-back enable** [**timer** *time*] 例如：[Huawei-Cellular0/0/0] **sim switch-back enable**	（可选）备份 SIM 卡自动回切到主 SIM 卡，参数 **timer** *time* 用来设置备份 SIM 卡自动回切到主 SIM 卡的时间，整数形式，取值范围是 1～65 535，单位为分钟。当不选择该参数时，备份 SIM 卡经过 60 分钟才自动回切到主 SIM 卡。 在同一 Cellular 接口视图下重复执行本命令，新配置将覆盖老配置。 缺省情况下，备份 SIM 卡不会自动回切到主 SIM 卡，可用 **undo sim switch-back enable** 命令取消备份 SIM 卡自动回切到主 SIM 卡

10. 配置 MTU

任何时候网络层接收到一份要发送的 IP 数据包时，它都要判断这个数据包要从本地设备的哪个接口发送出去，并查询该接口获得的 MTU（Maximum Transmission Unit，最大传输单元）。然后，网络层把 MTU 值与要发送的 IP 数据包长度进行比较，如果 IP 数据包的长度比 MTU 值大，则该 IP 数据包就需要进行分片，使分片后的数据包长度小于等于 MTU。

可为三层的 LTE Cellular 接口或 LTE 通道接口配置 MTU，具体方法是在对应视图下

面执行 **mtu** *mtu* 命令，整数形式，取值范围是 128～1 500，单位是字节。缺省情况下，Cellular 接口或 Cellular 通道接口的 MTU 是 1 500 字节，可用 **undo mtu** 命令用来恢复缺省情况。

注意 为 LTE Cellular 接口或 LTE 通道接口配置 MTU 时要注意以下几个方面。

■ 如果在同一个 Cellular 接口视图或 Cellular 通道接口下重复执行本命令时，新配置将覆盖老配置。

■ 执行完本命令后，要执行 **shutdown** 和 **undo shutdown** 或 **restart** 命令，重新启动相应的物理接口，才能使 MTU 配置生效。

■ MTU 大小设置不是随意的。由于 QoS 队列长度有限，如果 MTU 配置过小而报文尺寸较大，可能会造成分片过多，报文被 QoS 队列丢弃；反之，如果 MTU 值配置过大，会造成报文的传输速度较慢，甚至会造成报文丢失。

以上 LTE Cellular 接口的连接参数配置完成后，可执行 **display cellular** *interface-number* { **all** | **hardware** | **security** | **network** | **profile** | **radio** }命令，查看 LTE modem 的呼叫连接信息。执行 **display interface cellular** [*interface-number*] 命令，查看 LTE Cellular 接口的当前运行状态和接口统计信息。

3.6.2 配置轮询 DCC 拨号连接

当通过 LTE Cellular 接口接入 LTE 网络时，需要配置轮询 DCC 拨号连接功能。按照 LTE 链路使用的链路层协议的差异，LTE 链路的拨号方式可以分为以下两种。

■ PPP 拨号：链路层协议为 PPP，LTE 链路通过 PPP 协商获取 IP 地址（使用 **ip address ppp-negotiate** 命令配置）。

■ WWAN 拨号：链路层协议为 WWAN 协议，LTE 链路动态获取 IP 地址（使用 **ip address negotiate** 命令配置）。

LTE Cellular 接口 DCC 拨号连接的配置步骤见表 3-19，包括：配置拨号控制列表，使能轮询 DCC 和获取 IP 地址三方面的配置。在配置轮询 DCC 拨号连接之前，需要完成以下任务：

■ 已完成 3.6.1 节 LTE Cellular 接口的连接参数的配置；

■ 已向运营商获取拨号串。

表 3-19 **LTE Cellular 接口 DCC 拨号连接的配置步骤**

步骤	命令	说明
1	**system-view** 例如：< Huawei > **system-view**	进入系统视图
以下第 2、3 步是拨号控制列表的配置步骤，仅当采用按需拨号时需要配置		
2	**dialer-rule** 例如：[Huawei] **dialer-rule**	进入 Dialer-rule 视图
3	**dialer-rule** *dialer-rule-number* { **acl** { *acl-number* | **name** *acl-name* } | **ip** { **deny** | **permit** } }	配置某个拨号访问组对应的拨号访问控制列表，指定引发 DCC 呼叫的条件。命令中的参数和选项说明如下。 （1）*dialer-rule-number*：指定拨号访问组（dialer access group）

续表

步骤	命令	说明
3	例如：[Huawei-dialer-rule] **dialer-rule** 1 **ip permit**	的编号，取值需要与 **dialer-group** 命令中的 *group-number* 对应。但不同系列产品的取值范围有所不同。 • AR100&AR120&AR150&AR160&AR200 系列、AR1200 系列、AR2201-48FE、AR2202-48FE、AR2204-51GE-P、AR2204-51GE、AR2204-48GE-P、AR2204-51GE-R、AR2204-27GE-P、AR2204-27GE、AR2204E、AR2204E-D 和 AR2204：1～128。 • AR2204XE、AR2220L、AR2220E、AR2220、AR2240、AR2240C、AR3260 和 AR3670：1～255。 （2）**acl** { *acl-number* | **name** *acl-name* }：二选参数，指定通过 ACL 来配置允许或禁止特定 IPv4 数据报文通过的拨号控制条件，*acl-number* 的取值范围为 2 000～3 999，对应基于 ACL 和高级 ACL。 （3）**ip** { **deny** | **permit** }：二选一选项，指定直接配置禁止或允许所有 IPv4 协议数据报文通过的拨号控制条件。 缺省情况下，未配置任何拨号访问控制列表，可用 **undo dialer-rule** *dialer-rule-number* [**acl** | **ip**]命令取消该设置
4	**quit** 例如：[Huawei-dialer-rule] **quit**	退出 Dialer-rule 视图，返回系统视图
以下步骤 5～步骤 8 是使能轮询 DCC 的配置步骤（**采用物理接口作为拨号接口**）		
5	**interface cellular** *interface-number* 例如：[Huawei] **interface cellular** 0/0/0	进入 LTE Cellular 接口视图或 LTE Cellular 通道接口视图。当配置多 APN 功能时，进入 LTE 通道接口视图；否则，进入 LTE Cellular 接口视图
6	**dialer enable-circular** 例如：[Huawei-Cellular0/0/0] **dialer enable-circular**	使能轮询 DCC 功能，设备会把 DCC 自动拨号的时间间隔设置为 10s，防止自动拨号时间间隔时间过长。 缺省情况下，接口上未使能轮询 DCC 功能，可用 **undo dialer enable-circular** 命令去使能轮询 DCC 功能
7	**dialer-group** *group-number* 例如：[Huawei-Cellular0/0/0] **dialer-group** 1	配置拨号接口的拨号访问组，要与 **dialer-rule** 命令中的 *dialer-rule-number* 保持一致。 一个接口只能属于一个拨号访问组，如果在同一 Cellular 接口或者 Cellular 通道接口配置第二次，则覆盖第一次的配置。 缺省情况下，未配置拨号接口所属的拨号访问组，可用 **undo dialer-group** 命令将接口从此拨号访问组中删除
8	**rssi-threshold** *rssi-threshold* 例如：[Huawei-Cellular0/0/0] **rssi-threshold** 100	（可选）配置成功建立 LTE 链路的 RSSI（Received Signal Strength Indicator，接收信号强度指示）门限值，整数形式，取值范围是 –120～–60，单位为 dBm。 在同一个 Cellular 接口或 Cellular 通道接口上重复执行本命令时，新配置将覆盖老配置。同时在 Cellular 接口及其 Cellular 通道接口上配置该命令时，Cellular 通道接口的配置生效 缺省情况下，LTE 数据卡不根据 RSSI 门限值来建立 LTE 链路，可用 **undo rssi-threshold** 命令缺省配置
以下步骤 9 是获取 IP 地址的配置		
9	**ip address ppp-negotiate** 例如：[Huawei-Cellular0/0/0] **ip address ppp- negotiate**	（二选一）当采用两个 E392 数据卡双上行接入 Internet 时，**LTE 链路采用 PPP 拨号方式**配置本端接口接受 PPP 协商产生的由对端分配的 IP 地址。

续表

步骤	命令	说明
9		请确保接口封装的链路层协议为 PPP，以及确保对端接口已配置地址分配功能。 缺省情况下，Cellular 接口或 Cellular 通道接口不通过 PPP 协商获取 IP 地址，可用 **undo ip address ppp-negotiate** 命令取消接口通过 PPP 协商获取 IP 地址
	ip address negotiate 例如：[Huawei-Cellular0/0/0] **ip address negotiate**	（二选一）**当采用 WWAN 拨号方式时**，配置 LTE Cellular 接口或 LTE 通道接口动态获取 IP 地址。 当 Cellular 接口或 Cellular 通道接口视图需要从运营商动态获取 IP 地址时，可以执行本命令。 缺省情况下，Cellular 接口或 Cellular 通道接口不能动态获取 IP 地址，可用 **undo ip address negotiate** 命令取消 Cellular 接口或 Cellular 通道接口动态获取 IP 地址
10	**dialer number** *dial-number* [**autodial**] 例如：[Huawei-Cellular0/0/0] **dialer timer autodial** 60	配置呼叫一个对端的拨号串。拨号串由运营商提供，请向运营商获取，字符串形式，不支持空格，区分大小写，长度范围是 1～30。 选择 **autodial** 可选项时表示为自动拨号，缺省情况下，自动拨号间隔缺省为 300s，可以执行 **dialer timer autodial** *seconds* 命令来调整自动拨号的时间间隔；不选择 **autodial** 选项时表示为按需拨号方式 缺省情况下，DCC 自动拨号的时间间隔为 300s，可用 **undo dialer timer autodial** 命令用来恢复缺省情况
11	**quit** 例如：[Huawei-Cellular0/0/0] **quit**	退出 LTE Cellular 接口视图或 LTE Cellular 通道接口视图，返回系统视图
12	**ip route-static 0.0.0.0 0** { *nexthop-address* | *interface-type interface-number* } [**preference** *preference*] 例如：[Huawei] **ip route-static 0.0.0.0 0** Cellular0/0/0	配置以指定下一跳，或者 Cellular 接口、Cellular 通道接口为出接口的缺省路由，还可为该缺省路由配置优先级（取值范围为 1～255，缺省值是 60）

配置完成后，执行 **display cellular** *interface-number* { **all** | **hardware** | **security** | **network** | **profile** | **radio** }命令，查看 LTE 数据卡的呼叫连接信息。

3.6.3 配置 PIN 管理功能

PIN（Personal Identification Number，个人识别码）用来识别 SIM 卡使用者的身份，防止 SIM 卡被非法使用。为了确保用户信息安全，如果连续 3 次输入错误的 PIN 码，则 SIM 卡会被锁住，需要使用 PUK（Personal Identification Number UnBlock Key，个人识别码解锁钥匙）码才能解锁 SIM 卡。这些与我们使用手机卡时的 PIN 和 PUK 是一样的。

PIN 和 PUK 的配置步骤见表 3-20。

表 3-20 PIN 和 PUK 的配置步骤

步骤	命令	说明
1	**system-view** 例如：< Huawei > **system-view**	进入系统视图

续表

步骤	命令	说明
2	**interface cellular** *interface-number* 例如：[Huawei] **interface cellular** 0/0/0	进入LTE Cellular接口视图
3	**pin verification enable** [**auto**] 例如：[Huawei-Cellular0/0/0] **pin verification enable auto**	（可选）使能LTE modem的PIN码认证功能。选择可选项 **auto** 时表示PIN码认证的方式为自动认证。选择该选项后，后续在设备上启动SIM/USIM/UIM卡时，用户可以不手动输入PIN码就可以对PIN码进行认证，安全性不高。 执行本步骤，会提示“Enter Current Pin Code:”，需要输入PIN码（用于验证启用PIN码认证功能的用户身份合法），才能使能LTE modem的PIN码认证功能。PIN码由4～8位十进制整数组成。通常由运营商设置初始PIN码，初始PIN码请咨询运营商。 缺省情况下，PIN码认证功能处于未使能状态
4	**pin verify** [**auto**] 例如：[Huawei-Cellular0/0/0] **pin verify**	（可选）对PIN码进行认证。在上一步使能PIN码认证功能后，后续每次启动SIM卡时，设备都会要求用户对PIN码进行认证，否则LTE modem数据通信功能不可用。 执行本步骤时同样出现“Enter Current Pin Code:”提示，需要输入PIN码，然后等待一段时间。当接口下出现“PIN has been verified successfully.”提示信息后，表明PIN码认证成功。选择可选项 **auto** 时，表示PIN码认证的方式为自动认证。选择该选项后，后续在设备上启动SIM/USIM/UIM卡时，用户可以不手动输入PIN码就可以对PIN码进行认证
5	**pin modify** 例如：[Huawei-Cellular0/0/0] **pin modify**	（可选）修改SIM卡的PIN码。 使能PIN码认证功能后，用户可以定期修改PIN码，以提高SIM卡的安全性。 执行本步骤，会出现“Enter Pin Code:”和“Confirm Pin Code:”提示，需要依次输入当前PIN码和新PIN码，然后再次输入新PIN码以便确认新PIN码的正确性。当接口下出现“PIN has been changed successfully.”提示信息后，表明PIN码修改成功。
6	**pin unlock** 例如：[Huawei-Cellular0/0/0] **pin unlock**	（可选）配置使用PUK码解锁SIM卡。 PUK通常由网络运营商提供。为了确保用户信息安全，如果用户连续3次输入错误的PIN码，则SIM/USIM/UIM卡会被锁住，需要使用PUK码才能解锁SIM/USIM/UIM卡。 执行本步骤，需要依次输入PUK码和新PIN码，然后再次输入新PIN码以便确认新PIN码的正确性。当设备提示“Warning: PIN will be unlocked and changed. Continue? [Y/N]:”，选择“y”，然后等待一段时间。当接口下出现“PIN has been unlocked and changed successfully.”提示信息后，表明SIM卡已成功解锁。 当连续输入10次错误PUK码，该SIM/USIM/UIM卡会被永久锁住，只能去运营商更换SIM/USIM/UIM卡

3.6.4　配置短信收发功能

这是一项可选配置任务。可以配置设备通过SMS（Short Message Service，短信业务）发送短信给用户，也可以接收用户的短信并保存到SIM卡中。用户可以在设备上查看到接收的短信信息，当SIM卡中保存的短信达到最大存储量时，用户可以删除SIM卡中的短信。

设备通过短信业务 SMS 可以发送短信给指定号码的用户，发送时还需要指定短信中心的号码，具体的配置步骤见表 3-21。

表 3-21 发送短信的配置步骤

步骤	命令	说明
1	**system-view** 例如：< Huawei > **system-view**	进入系统视图
2	**sms send interface cellular** *interface-number destination-telephone-number* 例如：[Huawei] **sms send interface cellular** 0/0/0 +8613812345678	发送短信到指定的目的号码。命令中的参数说明如下。 （1）*interface-number*：指定发送短信的 Cellular 接口或 Cellular 通道接口的编号。 （2）*destination-telephone-number*：指定接收短信的目的号码，字符串形式，长度范围是 1～21。支持的字符有"*，+，#，0～9"，不支持空格。其中"+"只能出现在首位。首位是"+"时表示号码中最前面 2 位为国际区号（如中国为 86），最大字符串长度为 21。首位是其他字符时，最大字符串长度为 20。 【说明】本命令为交互式命令，执行完本命令按回车键可根据提示信息输入短信的内容。目前仅支持发送英文格式的短信。 短信内容长度为 0～160 个字符，支持空格，区分大小写，以"%"字符为结束符，"%"不计入短信内容长度。短信内容中换行符占两个字符长度，输入后无法删除
3	**interface cellular** *interface-number* 例如：[Huawei] **interface cellular** 0/0/0	进入 LTE Cellular 接口视图
4	**sms service-center-address** *service-center-number* 例如：[Huawei-Cellular2/0/0] **sms service-center-address** +8613800000000	在 Cellular 接口下配置短信中心号码，字符串形式，长度范围是 1～21。支持的字符有"*，+，#，0～9"，不支持空格。其中"+"只能出现在首位。首位是"+"时表示号码中最前面 2 位为国际区号（如中国为 86），最大字符串长度为 21。首位是其他字符时，最大字符串长度为 20。 缺省情况下，Cellular 接口下未配置短信中心号码，可用 **undo sms service-center-address** 命令删除已配置的短信中心号码

以上配置完成后，可在任意视图下执行 **display sms interface cellular** *interface-number* { **brief** \| **id** *sms-id* \| **verbose** }命令，查看接收的短信的信息，执行 **display sms interface cellular** *interface-number* **statistic s** 命令，查看短信的统计信息，也可在系统视图下执行 **sms delete interface cellular** *interface-number* { *sms-id* \| **all** }命令，删除保存在 SIM 卡中的短信。

3.6.5 配置短信告警功能

这也是一项可选配置任务。可以配置短信告警功能，可以向指定用户发送指定内容的短信，告知业务接口状态的变化。

在主备接口备份的场景中，当主备链路切换时，主备接口会发生 Up/Down 的状态变化。用户可以在设备上通过查看告警感知接口的状态变化。当用户需要随时随地感知到接口的状态变化时，可以通过表 3-22 所示的步骤在业务接口下配置短信告警功能，将接口状态变化的告警用短信的形式发送给用户，使用户能及时感知接口状态的变化。

表 3-22 短信告警功能的配置步骤

步骤	命令	说明
1	**system-view** 例如：< Huawei > **system-view**	进入系统视图
2	**sms-pool** 例如：[Huawei] **sms-pool**	进入短信业务池视图。 缺省情况下，短信业务池视图下没有配置，可用 **undo sms-pool** 命令删除短信业务池视图下的所有配置
3	**sms item** *item-id* **telephone-number** *tel-number* &<1-3> **content** 例如：[Huawei-sms-pool] **sms item** 1 **telephone-number** +8613812345678 **content** Info: Please input the sms content within 160 characters, end with '%': The interface is in Up state.%	在短信业务池中配置预接收短信的手机号码和预发送的文本短信的内容。命令中的参数说明如下。 （1）*item-id*：指定短信业务的 ID，整数形式，取值范围是 1～20。 （2）**telephone-number** *tel-number*：指定预接收短信的用户手机号码。最多指定 3 个号码。字符串形式，长度范围是 1～21。支持的字符有“+，0～9”，不支持空格。其中“+”只能出现在首位。首位是“+”时，最大字符串长度为 21。首位是数字字符时，最大字符串长度为 20。 （3）**content**：指定预发送的文本短信的内容，字符串形式，支持空格，区分大小写，长度范围是 1～160，以“%”结尾。 【说明】短信业务池中最多配置 20 个短信业务，每个短信业务最多预设 3 个手机号码，每条短信内容最多配置 160 个字符，配置时内容以“%”结尾。 缺省情况下，短信业务池中未配置短信业务，可用 **undo sms item** *item-id* 命令删除已配置的短信业务
4	**quit** 例如：[Huawei-sms-pool] **quit**	短信业务池视图，进入系统视图
5	**interface cellular** *interface-number* 例如：[Huawei] **interface cellular** 0/0/0	进入 LTE Cellular 接口视图
6	**sms send-item** *item-id* **track-interface** { **up** | **down** } [**after** *time*] 例如：[Huawei-Cellular0/0/0] **sms send-item** 2 **track-interface up after** 120	配置 LTE Cellular 接口 Up/Down 状态变化时，向指定用户发送预设的短信。命令中的参数和选项说明如下。 （1）*item-id*：指定引用短信业务的 ID，整数形式，取值范围是 1～20。 （2）**track-interface** { **up** | **down** }：指定探测到的链路状态 Up 或 Down 后，发送短信告警。 （3）**after** *time*：可选参数，指定发送短信告警的延迟时间。整数形式，取值范围是 1～65 535，单位：分钟。如果不指定本参数，则立即发送短信告警；指定本参数后，只有在链路状态保持 *time* 时间不变的情况下，才会发送短信告警。如果该时间内，链路状态发生变化，则不发送短信告警。避免接口 Up/Down 状态频繁变化导致设备频繁发送短信。**每个接口下最多配置 4 次本命令，每次配置的命令不会覆盖。** 缺省情况下，接口下未配置短信告警功能，可用 **undo sms send-item** *item-id* 命令删除已经配置的短信告警功能
7	**sms service-center-address** *service-center-number* 例如：[Huawei-Cellular0/0/0] **sms service-center-address** +8613800000000	在 LTE Cellular 接口下配置短信中心号码，其他说明参见上节表 3-21 中的第 4 步

以用户通过ADSL接口作为主链路，Cellular接口作为备份链路上行接入Internet的场景为例。配置短信告警功能后，当主链路发生故障，业务切换到备份链路时，可以立即给指定用户发送短信告警。当备份链路正常工作指定时间还没有切换回主链路，可以再次给指定用户发送短信。如果备份链路在指定时间内切换回主链路，则不用再次发送短信。

配置好后，可在任意视图下执行 **display sms send-history** 命令，查看保存在内存中已经发送的短信记录。

3.6.6 维护LTE Cellular接口

1. 手动重启LTE Modem

LTE Modem在运行过程中能够自动检测异常，并实施自动重启。如果LTE Modem无法自动重启，用户可以手动重启LTE Modem。

说明 SIM卡不支持热插拔。为了保证插入的SIM卡正常工作，热拔插SIM卡后，需要手动重启LTE Modem。

在LTE Cellular接口视图下执行 **modem reboot** 命令，手动重启LTE Modem。

2. 自动重启LTE Modem

当LTE Modem没有附着在分组交换（PS，Packet Switch）域上，可以配置自动重启LTE Modem并指定时间间隔，这样，LTE Modem将在时间间隔内自动重启并开始拨号，直到LTE Modem附着到PS域为止。

在LTE Cellular接口视图下执行 **packet-service recover** *interval* 命令，配置自动重启LTE Modem功能，并指定自动重启LTE Modem的时间间隔。

缺省情况下，设备不自动重启LTE Modem。

3. 连续拨号失败后重启LTE Modem

当LTE Cellular接口连续拨号失败时，用户可以设定拨号失败次数的阈值，当连续拨号失败的次数达到阈值时，设备将重启LTE Modem，方便用户不在现场时自动进行故障恢复。

在LTE Cellular接口视图下执行 **modem auto-recovery dial action modem-reboot fail-times fail-times** *times* 命令，配置设定拨号失败次数的阈值，当连续拨号失败的次数达到阈值时，设备将重启LTE Modem。

4. 清除LTE Cellular接口的统计信息

接口统计信息有助于分析接口的故障原因和接口的工作状态。当您需要统计一定时间内LTE Cellular接口的流量信息时，需要在统计开始前清除该接口下原有的统计信息。

在LTE Cellular接口视图下执行 **reset counters interface cellular** [*interface-number*] 命令，清除当前LTE Cellular接口的统计信息。

3.6.7 LTE Cellular接口作为主接口接入Internet的配置示例

企业的某个分支位于偏远区域，无法获取有线广域接入服务，但该分支需要与外界进行较大流量的业务传输。如图 3-19 所示，为了满足业务传输的需求，该分支使用 Router 作为出口网关，使用 LTE Cellular 接口通过 LTE 网络接入 Internet。

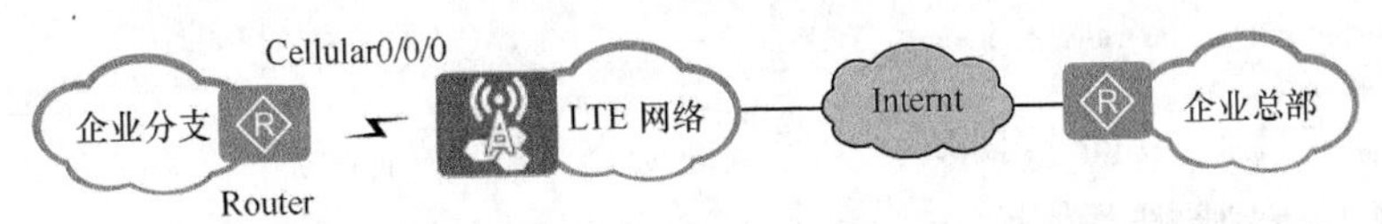

图 3-19　LTE Cellular 接口作为主接口接入 Internet 配置示例的拓扑结构

该企业分支办理了包年业务，采用自动拨号方式接入 Internet。该企业分支从运营商获取到的信息如下：APN 名为 ltenet，拨号串为*99#。分支内网所属网段为 192.168.100.0/24，主机都加入 VLAN10 中，该分支希望 Router 能够为该分支内网用户分配 IP 地址，并且希望内网用户可以访问外网。

1. 基本配置思路分析

本示例是一个分支机构网络需要通过 LTE 移动网络接入 Internet 的应用案例。同时，分支机构网关 Router 同时担当 DHCP 服务器和 NAT 设备的角色，为分支机构用户自动分配 IP 地址，并对访问 Internet 的数据报文 IP 地址进行转换，以便成功接入 Internet。

基于以上分析可得出本示例的如下基本配置思路（均在 Router 上配置）。

■ 配置 LTE 接口的连接参数，只需配置必选参数，参见 3.6.1 节。

■ 配置轮询 DCC 拨号连接，实现 LTE cellular 接口接入 LTE 网络，参见 3.6.2 节。

■ 配置 DHCP 服务器，创建 IP 地址为 192.168.100.0/24 网段的全局地址，为 VLAN10 中的用户分配 IP 地址。有关 DHCP 服务器的配置方法参见本书第 5 章。

■ 配置 Easy IP 方式动态 NAPT 功能，使用 LTE cellular 接口动态获得的公网 IP 地址为分支机构用户发送的报文进行 IP 地址转换。有关 NAT 的配置方法参见本书第 6 章。

■ 配置缺省路由，指定出接口为 LTE Cellular 接口，指导分支机构通过 LTE Cellular 接口访问 Internet 的报文转发过程。

2. 基本配置步骤

① 配置 LTE 接口的连接参数。只配置必选的配置项，包括通过 APN 模板创建 APN，指定网络连接方式。APN 模板中的 APN 参数从运营商获得。

■ 创建 APN 模板。

```
<Huawei> system-view
[Huawei] sysname Router
[Router] apn profile lteprofile    !---创建名为 lteprofile 的 APN 模板
[Router-apn-profile-lteprofile] apn ltenet    !---指导 APN 名称为 ltenet
[Router-apn-profile-lteprofile] quit
```

■ 配置网络连接方式为自动选择网络类型。

```
[Router] interface cellular 0/0/0
[Router-Cellular0/0/0] mode lte auto
```

■ 在 LTE Cellular 接口上绑定 APN 模板，然后重启接口，使配置生效。

```
[Router-Cellular0/0/0] dialer enable-circular    !---使能轮询 DCC 功能，实现可以自动拨号
[Router-Cellular0/0/0] apn-profile lteprofile    !---在 LTE Cellular 接口上绑定前面创建的 APN 模板
[Router-Cellular0/0/0] shutdown
[Router-Cellular0/0/0] undo shutdown
[Router-Cellular0/0/0] quit
```

② 配置轮询 DCC 拨号连接。

■ 配置拨号控制列表。

```
[Router] dialer-rule
[Router-dialer-rule] dialer-rule 1 ip permit
[Router-dialer-rule] quit
```

■ 配置 LTE Cellular 接口从移动运营商动态获取 IP 地址。

```
[Router] interface cellular 0/0/0
[Router-Cellular0/0/0] ip address negotiate
```

■ 配置拨号控制列表关联 Cellular0/0/0。

```
[Router-Cellular0/0/0] dialer-group 1    !---必须与 dialer-rule 中的 dialer-rule-number 参数值一致
```

■ 配置到达对端的拨号串，且允许 LTE Cellular 接口根据拨号串自动拨号。

```
[Router-Cellular0/0/0] dialer number *99# autodial
[Router-Cellular0/0/0] quit
```

③ 配置 DHCP 服务器。

■ 创建 VLAN10，将 Ethernet2/0/0 接口（连接分支机构交换机的接口）加入 VLAN10。连接内网的 Eth2/0/0 接口的 VLAN 有多种配置方式。

```
[Router] vlan 10
[Router-vlan10] quit
[Router] interface ethernet 2/0/0
[Router-Ethernet2/0/0] port link-type trunk
[Router-Ethernet2/0/0] port trunk allow-pass vlan 10
[Router-Ethernet2/0/0] quit
```

■ 创建全局地址池 192.168.100.0/24（也可采用接口地址池配置方式）。

```
[Router] dhcp enable    !----使能 DHCP 功能
[Router] ip pool 4gpool
[Router-ip-pool-4gpool] network 192.168.100.0 mask 255.255.255.0
[Router-ip-pool-4gpool] gateway-list 192.168.100.1    !---VLANIF10 接口的 IP 地址
[Router-ip-pool-4gpool] quit
```

■ 配置接口工作在全局地址池模式。

```
[Router] interface vlanif 10
[Router-Vlanif10] ip address 192.168.100.1 255.255.255.0
[Router-Vlanif10] dhcp select global
[Router-Vlanif10] quit
```

④ 配置 Easy IP 动态 NAPT 功能，使用 LTE Cellular 接口动态获取的公网 IP 地址为分支机构用户访问 Internet 的报文转换 IP 地址和端口。

```
[Router] acl number 3002
[Router-acl-adv-3002] rule 5 permit ip source 192.168.100.0 0.0.0.255
[Router-acl-adv-3002] quit
[Router] interface cellular 0/0/0
[Router-Cellular0/0/0] nat outbound 3002
[Router-Cellular0/0/0] quit
```

⑤ 配置用于指导分支机构用户访问 Internet 的流量转发的缺省路由，指定出接口为 Cellular0/0/0。**在 PPP 链路中的静态路由可以不指定下一跳，仅指定出接口**，具体将在本书第 9 章介绍。

```
[Router] ip route-static 0.0.0.0 0 cellular 0/0/0
```

3. 配置结果验证

■ 查看 LTE Cellular 接口的详细信息，当接口上有流量传送时，可以看到接口的物理状态和链路层协议状态都是 Up，接口动态获得的公网 IP 地址为 20.1.1.2/24。

```
[Router] display interface cellular 0/0/0
Cellular0/0/0 current state : UP
Line protocol current state : UP
Description:HUAWEI, AR Series, Cellular0/0/0 Interface
Route Port,The Maximum Transmit Unit is 1500, Hold timer is 10(sec)
Internet Address is 20.1.1.2/24
Current system time: 2011-06-08 11:35:23
Modem State: Present
Last 300 seconds input rate 555 bytes/sec 4440 bits/sec 12 packets/sec
Last 300 seconds output rate 11230 bytes/sec 89840 bits/sec 311 packets/sec
    Input: 210 packets, 87205 bytes
      Unicast:                200,       Ununicast:                10
    Output:225340 packets, 6760917 bytes
      Unicast:                225300,    Ununicast:                40
    Input bandwidth utilization  : 0.01%
    Output bandwidth utilization : 0.01%
```

■ 查看 LTE 数据卡的呼叫连接信息，可以看到 APN 为 ltenet、无线网络类型为 Automatic 以及网络连接方式为 LTE。

```
<Huawei> display cellular 0/0/0 all
Modem State:
Hardware Information.
======================
Model = E392
Modem Firmware Version =   11.833.15.00.000
Hardware Version = CD2E392UM
Integrate circuit card identity (ICCID) = 98681011274300909893
International Mobile Subscriber Identity (IMSI) = 460016002731442
International Mobile Equipment Identity (IMEI) = 861230010006485
Factory Serial Number (FSN) = T2Y01A9211900298
Modem Status = Online
Profile Information.
======================
Profile 1 = ACTIVE
--------
PDP Type = IPv4, Header Compression = OFF
Data Compression = OFF
Access Point Name (APN) = ltenet
Packet Session Status = Active
* - Default profile
Network Information.
======================
Current Service Status = Service available
Current Service = Combined
Packet Service = Attached
Packet Session Status = Active
Current Roaming Status = Home
Network Selection Mode = Automatic
Network Connection Mode = Automatic
Current Network Connection = LTE(LTE)
Mobile Country Code (MCC) = 460
Mobile Network Code (MNC) = 01
Mobile Operator Information = "CHN-CULTE"
Cell ID = 55924
Upstream Bandwidth = 50mbps
```

```
Downstream Bandwidth = 100mbps
Radio Information.
================
Current Band = AUTO
Current RSSI = -55 dBm
Modem Security Information.
==========================
PIN Verification = Disabled
PIN Status = Ready
Number of Retries remaining = 3
SIM Status = OK
```

3.6.8 LTE Cellular 接口作为备份接口接入 Internet 的配置示例

如图 3-20 所示，Router 是企业的出口网关，企业通过 VDSL 接口作为主接口上行接入 Internet。为了增强企业接入 Internet 的可靠性，防止主链路发生故障导致企业用户无法正常接入 Internet，企业希望使用 LTE Cellular 接口作为备份接口上行接入 Internet。

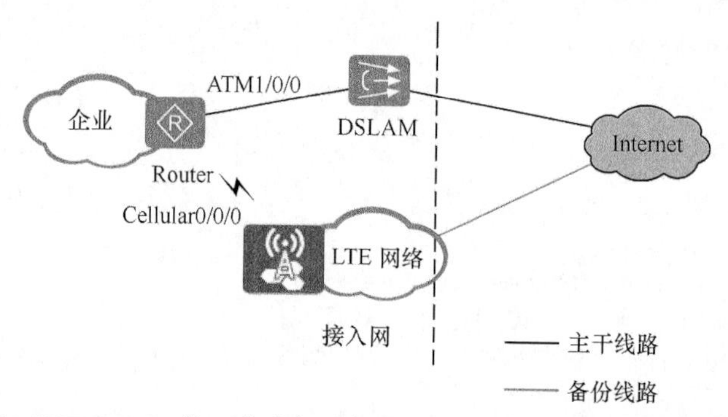

图 3-20　LTE Cellular 接口作为备份接口接入 Internet 配置示例的拓扑结构

图中只画出了接入侧，汇聚和核心网络的部署方式及相关产品在图中没有详细给出，请根据实际情况部署。

1. 基本配置思路分析

本示例其实与上节介绍的配置示例的配置方法差不多，不同的只是此处配置的 LTE 无线接入方式是作为 VDSL 接入方式的备份。基于上节介绍的要实现通过 LTE Cellular 接口无线接入 Internet 的配置思路，可得出本示例如下的基本配置思路。

■ 配置 DHCP 服务器。假设企业内网用户都在 VLAN 10 中，IP 网段为 192.168.100.0/24，VLANIF10 接口 IP 地址为 192.168.100.1/24，连接内网的接口为二层的 Eth2/0/0 接口。

■ 配置 VDSL 接口作为企业的上行主用接口，指定 LTE Cellular 接口为其备份接口，同时配置 Easy IP 动态 NAT。

■ 配置 LTE Cellular 接口，同时配置 Easy IP 动态 NAT。

■ 配置缺省路由，使企业内网的流量可以通过 VDSL 接口和 LTE Cellular 接口上行传输到 Internet，但优先选择 VDSL 接口路径。

2. 具体配置步骤

① 配置 DHCP 服务器，全局地址池为 192.168.100.0/24（也可采用接口地址池配置

方式），网关为 VLANIF10 接口 IP 地址 192.168.100.1/24。连接内网的 Eth2/0/0 接口的 VLAN 有多种配置方式。

```
<Huawei> system-view
[Huawei] sysname Router
[Router] vlan 10
[Router-vlan10] quit
[Router] dhcp enable
[Router] interface vlanif 10
[Router-Vlanif10] ip address 192.168.100.1 255.255.255.0
[Router-Vlanif10] dhcp select global
[Router-Vlanif10] quit
[Router] ip pool lan
[Router-ip-pool-lan] gateway-list 192.168.100.1
[Router-ip-pool-lan] network 192.168.100.0 mask 24
[Router-ip-pool-lan] quit
[Router] interface ethernet 2/0/0
[Router-Ethernet2/0/0] port link-type hybrid
[Router-Ethernet2/0/0] port hybrid pvid vlan 10
[Router-Ethernet2/0/0] port hybrid untagged vlan 10
[Router-Ethernet2/0/0] quit
```

② 配置 VDSL 接口作为企业的上行主用接口。

本示例中只介绍上行接口（VDSL 接口为 ATM 接口）的配置，由于上行设备种类和型号很多，具体配置请参考相关产品的手册。有关详细的 VDSL 接口及接入配置方法将在第 4 章介绍，有关接口备份的配置方法将在本书第 8 章介绍。

```
[Router] acl number 3002
[Router-acl-adv-3002] rule 5 permit ip source 192.168.100.0 0.0.0.255
[Router-acl-adv-3002] quit
[Router] interface virtual-template 10   !---创建名称为 10 的 VT 模板接口
[Router-Virtual-Template10] ip address ppp-negotiate   !---指定以上 VT 接口的 IP 地址由对端分配
[Router-Virtual-Template10] nat outbound 3002   !---使用 VT 接口获取的 IP 地址进行 Easy IP 方式的 NAT 地址转换
[Router-Virtual-Template10] quit
[Router] interface atm 1/0/0
[Router-Atm1/0/0] pvc voip 1/35
[Router-atm-pvc-Atm1/0/0-1/35-voip] map ppp virtual-template 10
[Router-atm-pvc-Atm1/0/0-1/35-voip] quit
[Router-Atm1/0/0] standby interface cellular 0/0/0   !---指定 LTE Cellular 接口作为 VDSL 接口的备份接口
[Router-Atm1/0/0] quit
```

③ 配置 LTE Cellular 接口，作为企业的上行备份接口。

本示例中的拨号串为“*99#”，APN 名称为“ltenet”，需要和运营商给定的一致。

```
[Router] apn profile ltenet
[Router-apn-profile-ltenet] quit
[Router] dialer-rule
[Router-dialer-rule] dialer-rule 1 ip permit
[Router-dialer-rule] quit
[Router] interface cellular 0/0/0
[Router-Cellular0/0/0] ip address negotiate   !---指定其 IP 地址由对端设备分配
[Router-Cellular0/0/0] dialer enable-circular
[Router-Cellular0/0/0] dialer-group 1
[Router-Cellular0/0/0] dialer timer idle 50
[Router-Cellular0/0/0] dialer number *99# autodial
[Router-Cellular0/0/0] nat outbound 3002   !---使用 LTE Cellular 接口获取的 IP 地址进行 Easy IP 方式的 NAT 地址转换
[Router-Cellular0/0/0] mode lte auto
```

```
[Router-Cellular0/0/0] apn-profile ltenet
[Router-Cellular0/0/0] shutdown
[Router-Cellular0/0/0] undo shutdown
[Router-Cellular0/0/0] quit
```

④ 配置两条优先级不同（通过 VDSL 路径的路由优先级为 40，高于通过 LTE 路径的路由器优先级 80）、路径不同的缺省路由，用于指导访问 Internet 的用户数据报文的转发，使 VDSL 路径作为主路径，LTE 路径为备份路径。

```
[Router] ip route-static 0.0.0.0 0.0.0.0 virtual-template 10 preference 40
[Router] ip route-static 0.0.0.0 0.0.0.0 cellular 0/0/0 preference 80
```

3. 验证配置结果

■ 配置完成后，在 Router 上执行 **display standby state** 命令检查主备接口状态，可以看到 ATM1/0/0 接口的状态为 UP，备份接口 Cellular0/0/0 接口的状态为 STANDBY。

```
[Router] display standby state
Interface                  Interfacestate Backupstate Backupflag Pri   Loadstate
ATM1/0/0                                  UP          MUP         MU
Cellular0/0/0                       STANDBY       STANDBY        BU     0

 Backup-flag meaning:
 M---MAIN   B---BACKUP     V---MOVED     U---USED
 D---LOAD   P---PULLED


-----------------------------------------------------------------------
Below is track BFD information:
Bfd-Name                   Bfd-State   BackupInterface              State

-----------------------------------------------------------------------
Below is track IP route information:
Destination/Mask              Route-State   BackupInterface          State

-----------------------------------------------------------------------
Below is track NQA Information:
Instance Name                         BackupInterface                State
```

■ 在 ATM1/0/0 接口上执行 **shutdown** 命令，模拟链路故障，然后再在 Router 上执行 **display standby state** 命令检查主备接口状态，此时可以看到 ATM1/0/0 的状态为 DOWN，备份接口 Cellular0/0/0 接口的状态为 UP，说明备份接口已被启用。

```
[Router-Atm1/0/0] shutdown
[Router-Atm1/0/0] quit
[RouterA] display standby state
Interface                  Interfacestate Backupstate Backupflag Pri   Loadstate
ATM1/0/0                              DOWN        MDOWN              MU
Cellular0/0/0                         UP          UP              BU  0

 Backup-flag meaning:
 M---MAIN   B---BACKUP     V---MOVED     U---USED
 D---LOAD   P---PULLED


-----------------------------------------------------------------------
Below is track BFD information:
Bfd-Name                   Bfd-State   BackupInterface              State
```

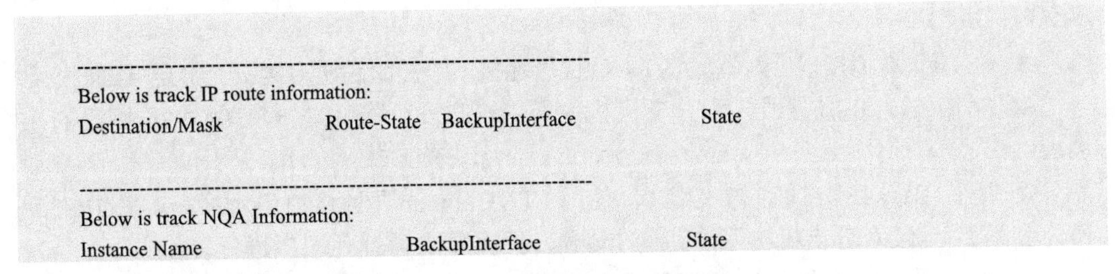

```
------------------------------------------------------------------------
Below is track IP route information:
Destination/Mask            Route-State   BackupInterface              State

------------------------------------------------------------------------
Below is track NQA Information:
Instance Name                    BackupInterface                  State
```

3.6.9　LTE Cellular 接口多 APN 功能的配置示例

如图 3-21 所示，企业的某个分支位于偏远区域，无法获取有线广域接入服务。但该分支需要与总部进行较大流量的业务传输，因此分支希望通过 Internet 与总部进行数据通信。另外，分支与总部间有语音通话的需求，且不希望有较大的通话成本，因此分支希望能够与总部之间进行 VoIP 语音通信。

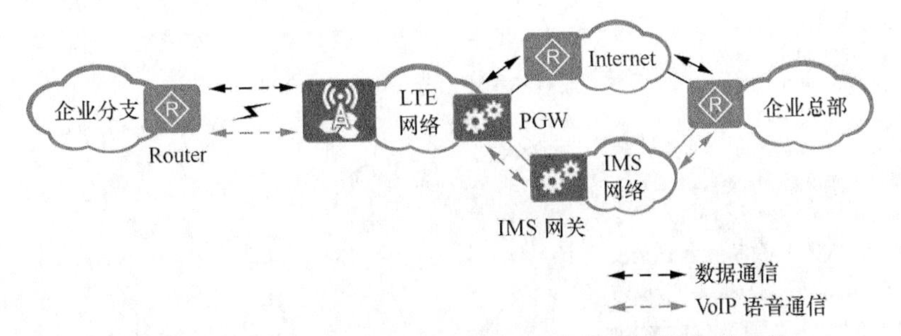

图 3-21　LTE Cellular 接口多 APN 功能配置示例的拓扑结构

由于该企业分支位于偏远区域，无法获取有线广域接入服务，因此不能使用传统的有线广域接入服务来提供数据通信和 VoIP 语音通信。为了满足业务传输的需求，该分支使用 Router 为出口网关，使用 LTE Cellular 接口通过 LTE 网络接入 PGW（Packet Data Network Gateway，分组数据网络网关）。PGW 通过 Internet 网关接入 Internet，通过 IMS（(IP Multimedia Subsystem，IP 多媒体子系统）网关接入 IMS 网络。分支内网所属网段为 192.168.100.0/24，主机都加入到 VLAN10，该分支希望 Router 能够为该分支内网用户分配 IP 地址，并且希望内网用户可以访问外网。

1. 基本配置思路分析

本示例要求企业能通过一个 LTE Cellular 接口同时实现数据和语音的通信需求，此时可利用 3.5.4 节介绍的 LTE Cellular 接口的多 APN 功能来实现。一个 LTE Cellular 接口支持配置两个 LTE 通道接口，用户可以在 LTE 通道接口上各自绑定一个 APN，其中一个 APN 用来接入 Internet 进行数据通信，另一个 APN 用来接入 IMS 网络进行 VoIP 语音通信。PGW 会为 LTE Cellular 接口的每个 LTE 通道接口各自分配一个 IP 地址。

基于以上分析，借助于前面两个示例所介绍的 LTE Cellular 接口配置方法，可得出本示例如下的基本配置思路（均在 Router 上配置）。

■ 创建两个 APN 模板，一个模板名称对应接入 Internet 的 APN，另一个模板名称对应接入 IMS 网络的 APN。

■ 配置 LTE Cellular 接口，并在 LTE Cellular 接口下配置网络连接方式，以及使能多 APN 功能。

■ 在 LTE 通道接口上配置轮询 DCC 拨号连接，并在 LTE 通道接口上绑定 APN 模板。

■ 配置 DHCP 服务器，为分支机构内网用户自动分配 192.168.100.0/24 网段的 IP 地址。

■ 配置 Easy IP 方式动态 NAPT，使用 LTE Cellular 通道接口由对端分配的 IP 地址作为公网 IP 地址对分支机构用户访问 Internet 的报文中地址和端口进行转换。

■ 配置用于指导内网用户访问 Internet、IMS 网络的报文转发的静态路由，指定出接口为对应的 LTE 通道接口，使该企业分支内网的流量通过 LTE 通道接口上行传输到 LTE 网络。

2. 具体配置步骤

① 配置两个 APN 模板。

■ 配置 APN 模板 datanet，该模板用来接入 Internet。

```
<Huawei> system-view
[Huawei] sysname Router
[Router] apn profile datanet   !---创建名为 datanet 的 APN 模板
[Router-apn-profile-datanet] user name lte-example password cipher 123456 authentication-mode chap   !---配置认证方式为 CHAP，认证用户名为 lte-example，密码为 123456
[Router-apn-profile-datanet] apn data   !---创建一个名为 data 的 APN
[Router-apn-profile-datanet] quit
```

■ 配置 APN 模板 voicenet，该模板用来接入 IMS 网络，假设不用认证。

```
[Router] apn profile voicenet
[Router-apn-profile-voicenet] apn voice
[Router-apn-profile-voicenet] quit
```

② 配置 LTE Cellular 接口。

■ 配置网络连接方式为自动识别模式。

```
[Router] interface cellular 1/0/0
[Router-Cellular1/0/0] mode lte auto
```

■ 使能 LTE Cellular 接口的多 APN 功能。

```
[Router-Cellular1/0/0] multi-apn enable
[Router-Cellular1/0/0] quit
```

③ 在 LTE 通道接口上配置轮询 DCC 拨号连接。

■ 配置拨号控制列表。

```
[Router] dialer-rule
[Router-dialer-rule] dialer-rule 1 ip permit
[Router-dialer-rule] quit
```

■ 在编号为 1 的 LTE 通道接口上配置轮询 DCC 拨号连接，并在 LTE 通道接口 1 上绑定 APN 模板 datanet。

```
[Router] interface cellular 1/0/0:1
[Router-Cellular1/0/0:1] ip address negotiate
[Router-Cellular1/0/0:1] dialer enable-circular
[Router-Cellular1/0/0:1] dialer-group 1
[Router-Cellular1/0/0:1] dialer timer autodial 20   !---指定拨号失败后需再隔 20 分钟重新拨号
[Router-Cellular1/0/0:1] dialer number *99# autodial
[Router-Cellular1/0/0:1] apn-profile datanet
[Router-Cellular1/0/0:1] shutdown
[Router-Cellular1/0/0:1] undo shutdown
[Router-Cellular1/0/0:1] quit
```

■ 在编号为 2 的 LTE 通道接口上配置轮询 DCC 拨号连接，并在 LTE 通道接口 2 上绑定 APN 模板 voicenet。

```
[Router] interface cellular 1/0/0:2
[Router-Cellular1/0/0:2] ip address negotiate
[Router-Cellular1/0/0:2] dialer enable-circular
[Router-Cellular1/0/0:2] dialer-group 1
[Router-Cellular1/0/0:2] dialer timer autodial 20
[Router-Cellular1/0/0:2] dialer number *99# autodial
[Router-Cellular1/0/0:2] apn-profile voicenet
[Router-Cellular1/0/0:2] shutdown
[Router-Cellular1/0/0:2] undo shutdown
[Router-Cellular1/0/0:2] quit
```

④ 配置 DHCP 服务器和 Easy IP 方式动态 NAT。假设 Router 连接企业分支机构内网的接口为 Eth2/0/0，加入 VLAN10 中。Eth2/0/0 接口加入 VLAN 的配置方法有多种。

■ 创建 VLAN10，将 Ethernet2/0/0 接口加入 VLAN10。

```
[Router] vlan 10
[Router-vlan10] quit
[Router] interface ethernet 2/0/0
[Router-Ethernet2/0/0] port link-type trunk
[Router-Ethernet2/0/0] port trunk allow-pass vlan 10
[Router-Ethernet2/0/0] quit
```

■ 创建全局地址池 192.168.100.0/24（也可采用接口地址池配置方式），网关为 VLANIF10 接口 IP 地址。

```
[Router] dhcp enable
[Router] ip pool 4gpool
[Router-ip-pool-4gpool] network 192.168.100.0 mask 255.255.255.0
[Router-ip-pool-4gpool] gateway-list 192.168.100.1
[Router-ip-pool-4gpool] quit
```

■ 配置接口工作在全局地址池模式。

```
[Router] interface vlanif 10
[Router-Vlanif10] ip address 192.168.100.1 255.255.255.0
[Router-Vlanif10] dhcp select global
[Router-Vlanif10] quit
```

⑤ 配置 Easy IP 方式 NAPT 功能，分别使用两 LTE 通道接口获取的 IP 地址对用户报文中的 IP 地址和端口进行转换。

```
[Router] acl number 3002
[Router-acl-adv-3002] rule 5 permit ip source 192.168.100.0 0.0.0.255
[Router-acl-adv-3002] quit
[Router] interface cellular 1/0/0:1
[Router-Cellular1/0/0:1] nat outbound 3002
[Router-Cellular1/0/0:1] quit
[Router] interface cellular 1/0/0:2
[Router-Cellular1/0/0:2] nat outbound 3002
[Router-Cellular1/0/0:2] quit
```

⑥ 配置到达 Internet 网关和 IMS 网关对应网段（假设分别为 1.1.1.0/24 和 2.2.2.0/24 网段）的静态省路由，指定出接口分别为对应的 LTE 通道接口。

```
[Router] ip route-static 1.1.1.0 255.255.255.0 cellular 0/0/0:1
[Router] ip route-static 2.2.2.0 255.255.255.0 cellular 0/0/0:2
```

配置完成后，企业分支内网的流量通过 LTE Cellular 接口上行传输到 LTE 网络，正式可以通过 LTE Cellular 接口同时进行数据通信和 VoIP 语音通信了。

3.6.10 使用双 SIM 卡接入不同 LTE 网络的配置示例

如图 3-22 所示，某企业的总部和分支机构分布在不同地域。Router 作为分支机构的出口网关，通过 LTE 网络（图中的 LTE 网络 1）接入总部。

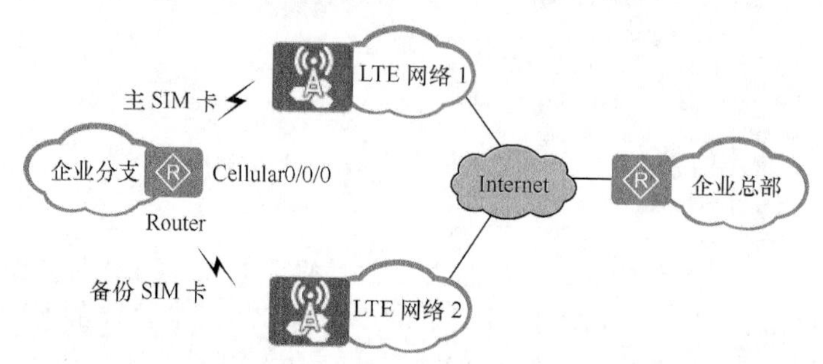

图 3-22 使用双 SIM 卡接入不同 LTE 网络配置示例的拓扑结构

为了提高 LTE 链路进行数据传输的可靠性，分支机构选择可以插入两个 SIM 卡的 LTE Cellular 接口，一个 SIM 卡作为主 SIM 卡接入 LTE 网络 1，另一个 SIM 卡作为备份 SIM 卡接入 LTE 网络 2，这样当主 SIM 卡费用不足、发生故障、形成的 LTE 链路信号质量差或者接入的 LTE 网络发生故障导致拨号失败时，流量就自动切换到备份 SIM 卡，从而保证企业的业务不发生中断。

1. 基本配置思路分析

根据 3.6.1 节和 3.6.2 节有关 LTE Cellular 接口，以及双 SIM 卡功能的配置方法，再结合前面介绍的几个有关 LTE Cellular 接口配置示例介绍的配置方法可得出本示例如下的基本配置思路。

■ 创建两个 APN 模板，一个模板关联主 SIM 卡，另一个模板关联备份 SIM 卡。

■ 在 LTE Cellular 接口上配置轮询 DCC 拨号连接。

■ 在 LTE Cellular 接口上绑定 APN 模板。

■ 配置 DHCP 服务器，为企业分支机构内网用户分配 IP 地址。

■ 配置 Easy IP 方式动态 NAPT 功能，指定以 LTE Cellular 接口的 IP 地址作为该企业分支的公网地址。

■ 配置用于指导访问 Internet 的用户数据报文转发的缺省路由，指定出接口为 LTE Cellular 接口，使该企业分支内网的流量通过 LTE Cellular 上行传输到 LTE 网络。

2. 具体配置步骤

① 配置 APN 模板。

■ 配置 APN 模板 mainCard，该模板用来关联主 SIM 卡，接入 LTE 网络 1。假设从运营商处获取 LTE 网络 1 的 APN 是 LTENET1。

```
<Huawei> system-view
[Huawei] sysname Router
[Router] apn profile mainCard
[Router-apn-profile-mainCard] sim-id 1
[Router-apn-profile-mainCard] apn LTENET1
[Router-apn-profile-mainCard] quit
```

■ 配置 APN 模板 backupCard，该模板用来关联备份 SIM 卡，接入 LTE 网络 2。从运营商处获取 LTE 网络 2 的 APN 是 LTENET2。

```
[Router] apn profile backupCard
[Router-apn-profile-backupCard] sim-id 2
[Router-apn-profile-backupCard] apn LTENET2
[Router-apn-profile-backupCard] quit
```

② 在 LTE Cellular 接口上配置轮询 DCC 拨号连接。

■ 配置拨号控制列表。

```
[Router] dialer-rule
[Router-dialer-rule] dialer-rule 1 ip permit
[Router-dialer-rule] quit
```

■ 在 LTE Cellular 接口上配置轮询 DCC 拨号连接。

```
[Router] interface cellular 0/0/0
[Router-Cellular0/0/0] ip address negotiate
[Router-Cellular0/0/0] mode lte auto
[Router-Cellular0/0/0] dialer enable-circular
[Router-Cellular0/0/0] dialer-group 1
[Router-Cellular0/0/0] dialer timer autodial 20
[Router-Cellular0/0/0] dialer number *99# autodial
```

③ 在 LTE Cellular 接口上绑定 APN 模板。

```
[Router-Cellular0/0/0] apn-profile mainCard priority 150    !---指定绑定主 APN 模板，并设置优先级为 150
[Router-Cellular0/0/0] apn-profile backupCard priority 120    !---指定绑定备份 APN 模板，并设置优先级为 120
[Router-Cellular0/0/0] sim switch rssi-threshold 105   !--- 指定切换 SIM 卡的 RSSI 门限值为 105 dBm
[Router-Cellular0/0/0] sim switch-back enable timer 1440    !---配置在主 SIM 卡故障排除后，备份 SIM 卡自动回切到主
SIM 卡的时间间隔为 1440 分钟
[Router-Cellular0/0/0] shutdown
[Router-Cellular0/0/0] undo shutdown
[Router-Cellular0/0/0] quit
```

④ 配置 DHCP 服务器，为分支机构内网用户分配 IP 地址。假设 Router 连接分支机构的接口为二层的 Eth2/0/0 接口，加入 VLAN10 中。Eth2/0/0 接口加入 VLAN10 的配置方法有多种。

■ 创建 VLAN10，将二层 Ethernet2/0/0 接口加入 VLAN10。

```
[Router] vlan 10
[Router-vlan10] quit
[Router] interface ethernet 2/0/0
[Router-Ethernet2/0/0] port link-type trunk
[Router-Ethernet2/0/0] port trunk allow-pass vlan 10
[Router-Ethernet2/0/0] quit
```

■ 创建全局地址池 192.168.100.0/24（也可采用接口地址池配置方式），网关为 VLANIF10 接口的 IP 地址。

```
[Router] dhcp enable
[Router] ip pool ltepool
[Router-ip-pool-ltepool] network 192.168.100.0 mask 255.255.255.0
[Router-ip-pool-ltepool] gateway-list 192.168.100.1
[Router-ip-pool-ltepool] quit
```

■ 配置接口工作在全局地址池模式。

```
[Router] interface vlanif 10
[Router-Vlanif10] ip address 192.168.100.1 255.255.255.0
[Router-Vlanif10] dhcp select global
[Router-Vlanif10] quit
```

⑤ 配置 Easy IP 方式动态 NAPT 功能，以 LTE Cellular 接口从对端获得的 IP 地址为

访问 Internet 的用户数据报文 IP 地址和端口转换。

```
[Router] acl number 3002
[Router-acl-adv-3002] rule 5 permit ip source 192.168.100.0 0.0.0.255
[Router-acl-adv-3002] quit
[Router] interface cellular 0/0/0
[Router-Cellular0/0/0] nat outbound 3002
[Router-Cellular0/0/0] quit
```

⑥ 配置用于指导访问 Internet 的用户数据报文转发的缺省路由，指定出接口为 LTE Cellular 接口，使该企业分支内网的流量通过 LTE Cellular 上行传输到 LTE 网络。

```
[Router] ip route-static 0.0.0.0 0 cellular 0/0/0
```

配置完成后，企业分支内网的流量通过主 SIM 卡上行传输到 LTE 网络 1，当主 SIM 卡费用不足、发生故障、形成的 LTE 链路信号质量差或者接入的 LTE 网络发生故障导致拨号失败时，流量就自动切换到备份 SIM 卡，通过备份 SIM 卡上行传输到 LTE 网络 2。

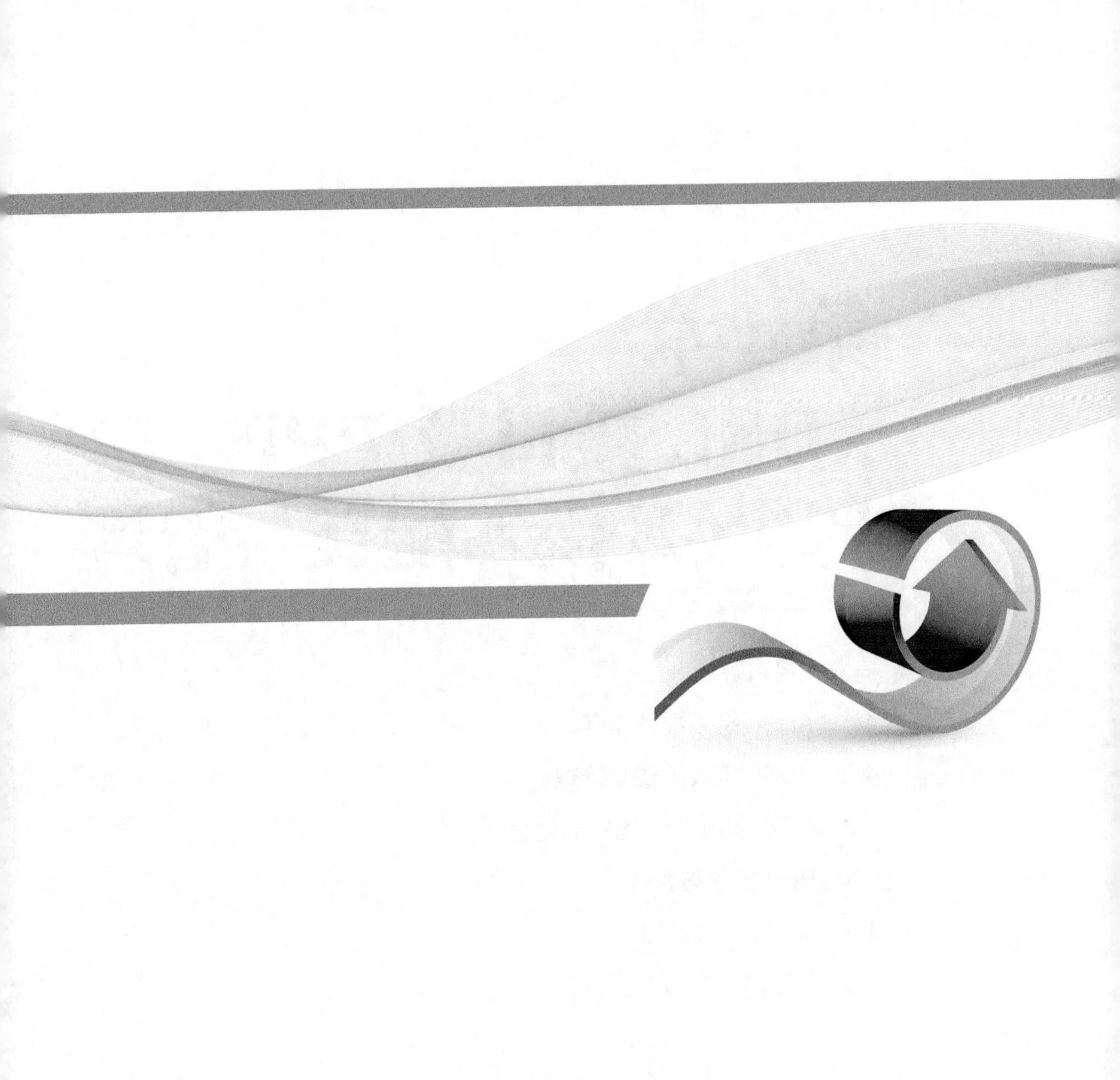

第 4 章 xDSL 接口及 PPP、PPPoE 接入配置与管理

本章主要内容

在中小型企业中，出于性价比和成本的考虑，大多数仍是选择 xDSL 宽带接入方式来连接 Internet 的。我们知道，通过宽带路由器可以实现，通过华为企业级路由器更是没问题，而且要远比宽带路由器的相应功能更强大，还集成了 xDSL Modem 功能，可适用于多种不同的企业网络应用场景中。

本章主要介绍华为 AR G3 系列路由器中 ADSL、VDSL 和 G.SHDSL 物理接口，及它们在 PPPoE 拨号接入应用中相关的 PPP、MP（多 PPP）和 PPPoE 协议的基础知识、主要工作原理，以及 PPPoE 客户机和 PPPoE 服务器的配置与管理方法。其中重点是 ADSL、VDSL 和 G.SHDSL 接口，以及 PPPoE 广域网接入中的 PPPoE 客户机和 PPPoE 服务器的配置方法。

4.1 ADSL 接入配置与管理

ADSL（Asymmetric Digital Subscriber Line，不对称数字用户线）是一种非对称的传输技术，利用了普通电话线中未使用的高频段，在双绞铜线上实现高速数据传输。当路由器作为 CPE（Customer Premises Equipment，用户端设备）部署时，为了使 ADSL 线路上业务的正常传输，首先要去激活 ADSL 接口，然后配置 ADSL 接口的上行线路参数，最后激活 ADSL 接口，使配置生效。

4.1.1 ADSL 概述

ADSL 采用频分复用技术把普通电话线分成了普通电话信道、上行信道、下行信道，从而避免了相互之间的串扰，并且提供通道化数据业务 E1/Tl、帧中继、IP 和 ATM 等，实现了高速率的视频、音频等数据信号的传送，并可实现高速数据的传输。

1. ADSL 技术演进

G.992.1（G.dmt）、G.992.2（G.lite）是 ITU 发布的第一代 ADSL 标准，支持上行速率 640 kbit/s～2 Mbit/s，下行速率 1 Mbit/s～8 Mbit/s，其有效的传输距离在 3～5 km。自 1999 年 6 月发布以来，ITU 对 ADSL 的传输性能、抗线路损伤、射频干扰能力、线路诊断和运行维护等方面不断进行改进。2002 年，ITU 公布了 ADSL 的两个新标准（G.992.3 和 G.992.4），也就是 ADSL2。2003 年，在新一代 ADSL2 标准的基础上，ITU 又制定了 G.992.5，也就是 ADSL2+。即 ADSL 目前至少有 5 个标准，G.992.1~ G.992.5。

ADSL2/ADSL2+使用的频段与 ADSL 相同，但具有如下特点。

- 传输速率更高：ADSL2 理论上最快的下行速率是 12 Mbit/s，上行速率是 1 Mbit/s；ADSL2+对使用的频谱进行扩展，下行最大传输速率可达 24 Mbit/s，上行速率为 1 Mbit/s。
- 传输距离更远：除了在速率上的提升之外，ADSL2/2+还通过提高调制效率、减小帧开销、提高编码增益、采用更高级的信号处理算法等措施，使长距离、受射频干扰等情况下的传输性能得到了进一步改善。ADSL 只能在 3 km 左右达到正常速率，用户线最长有 5 km，长距离下速度仅有 3 km 时的 1/4；而 ADSL2+的距离可达 6 km（仍是很短的距离），可以更好地解决一些边远地区的上网问题。
- 功耗更低：第一代 ADSL 不论是否有数据传输，功率始终相同，ADSL2/2+支持收发器在数据传输速率低或无数据传送时进入休眠状态，可大大降低功耗和散热要求。

2. ADSL 系统结构

ADSL 系统主要由局端设备 DSLAM（Digital Subscriber Line Access Multiplexer，数字用户线路访问复用器）和用户端设备 CPE（Customer Premise Equipment，用户前端设备）组成，如图 4-1 所示。DSLAM 是放置在局端的终结 ADSL 协议的汇聚设备，可以汇聚接入多路用户的 ADSL 线路；CPE 是位于客户端的给用户提供各种接口的用户侧终端（如 ADSL Modem，或者集成了 ADSL Modem 的路由器），用来对用户的数据进行调制和解调，并利用 ADSL 技术将用户的数据上传至 DSLAM 设备。此处的 AR G3 路由器是作为 CPE 来部署的，集成了 ADSL Modem 功能。

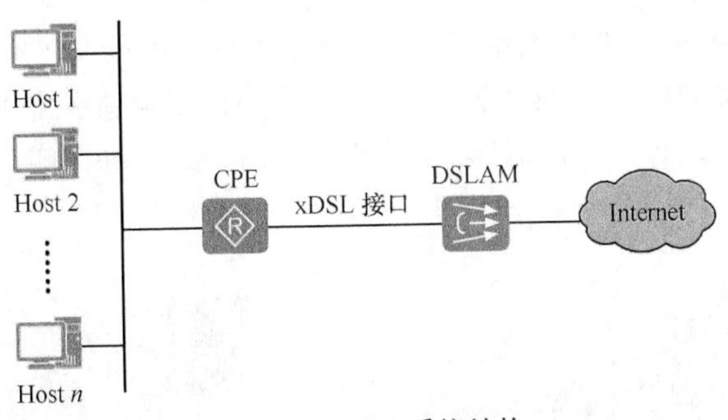

图 4-1　ADSL 系统结构

在 ADSL 系统中，DSLAM 到 CPE 的数据传输方向称之为下行方向，反之为上行方向。作为 CPE 设备的 AR 路由器的 ADSL 接口作为与 DSLAM 建立 PPPoE 或 PPPoEoA 会话的上行接口，也称之为 ADSL 上行接口。

为保证业务流在 ADSL 线路上正常传输，需要在 CPE 设备上按表 4-1 所示为 ADSL 接口选择配置所用的传输标准（需与局端保持一致）。推荐将传输标准配置为自适应方式，这样设备将根据局端的传输标准，从 G.DMT、ADSL2、AnnexL、ADSL2+、AnnexM 和 T1.413 中自动选择与局端相同的标准激活。

说明　AR150&AR200 系列只有 AR157、AR157W、AR157VW、AR157G-HSPA+7、AR207、AR207V、AR207VW、AR207V-P、AR207G-HSPA+7，以及 ADSL-A/M 单板的 ADSL 接口支持 AnnexL、AnnexM 和 T1.413 标准。AR150&AR160&AR200 系列中只有 AR156、AR156W 和 AR206，以及 ADSL-B/J 单板的的 ADSL 接口支持 AnnexJ 标准。

表 4-1　设备支持的 ADSL 传输标准

传输标准	说明
G.DMT(G.992.1)	其频谱为上行 25 kHz～138 kHz，下行 138 kHz～1 104 kHz，上行速率可达到 1 Mbit/s，下行速率可达到 8 Mbit/s
ADSL2(G.992.3)	ADSL2 通过改善调制速率、提高编码增益、减少帧头开销、改善初始化状态机、使用增强的信号处理算法，在和 ADSL 同样的频段上速率有了进一步的提高，上行速率可达到 1 Mbit/s，下行速率可达到 12 Mbit/s
AnnexL	ADSL2 附件中规定了 Reach extended ADSL2 标准，简称为 AnnexL，通过使用更窄的频带和对发送功率谱模板的优化，使得其在远距离的传输中获得较好的性能
ADSL2+(G.992.5)	使用频带范围扩展到 2.208 MHz，上行速率可达到 1Mbit/s，下行速率可达到 24 Mbit/s
AnnexM	AnnexM 通过对 ADSL2 或 ADSL2+标准上行频带的扩展，上行速率可达到 2 Mbit/s
AnnexJ	表示支持对 ADSL2 或 ADSL2+标准上行频带扩展，上行速率可达到 3 078 kbit/s
T1.413	全速率 ADSL，上行速率可达到 1 Mbit/s，下行速率可达到 8 Mbit/s

4.1.2　ADSL 接入方案配置任务

本节对 AR G3 系列路由器的 ADSL 接口**直接连接电话线**（而不是通过以太网接口连接用户侧的 ADSL Modem）而构建的 PPPoE 拨号网络方案所包括的配置任务进行介绍。

AR150&AR160&AR200 系列中只有 AR156、AR156W、AR157 系列、AR206、AR207 系列自身带有 ADSL 接口，AR1200/3200/3600 系列，以及除 AR2201-48FE 和 AR2202-48FE 之外的所有 AR2200 系列款型均可通过 1ADSL-A/M（如图 4-2 所示）和 1ADSL-B/J（如图 4-3 所示）接口卡支持配置 ADSL 接口。

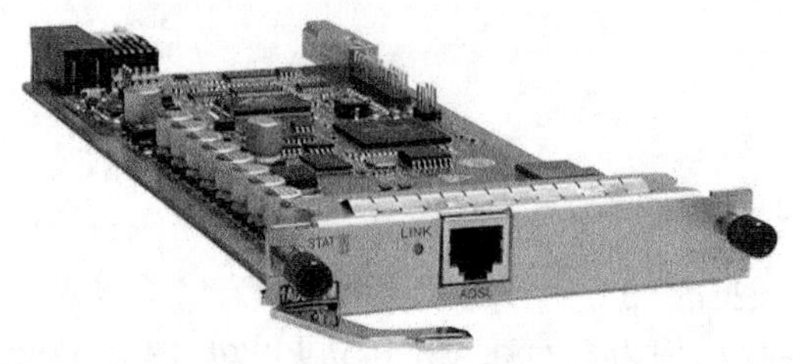

图 4-2　1ADSL-A/M 单板外观

图 4-3　1ADSL-B/J 单板外观

AR 路由器或者 1ADSL-A/M、1ADSL-B/JADSL 单板的 ADSL 接口为 RJ-11 结构，直接连接电话线即可构建 ADSL PPPoE 拨号网络，但这种 ADSL 接口属于 ATM 类型，链路上运行的是 ATM 协议，这就涉及到一个问题，即如何在 ATM 链路上传输 PPPoE 协议报文。这就要用到一种称之为 PPPoEoA（PPPoE over AAL5，基于 ATM AAL5 层的 PPPoE）的技术，其实质是用 ATM 信元封装 PPPoE 报文。在这种模式下，可以用一个 PVC（Permanent Virtual Circuit，永久虚电路）来模拟以太网的全部功能。

此时，在利用 ADSL 接口进行 PPPoE 拨号时，带有 ADSL 接口的 AR G3 路由器可以配置为 PPPoEoA 客户端，不带有 ADSL 接口（使用以太网接口）的 AR G3 路由器可以配置为 PPPoEoA 服务器，其实就是 PPPoE 服务器，其基本的网络结构如图 4-4 所示。

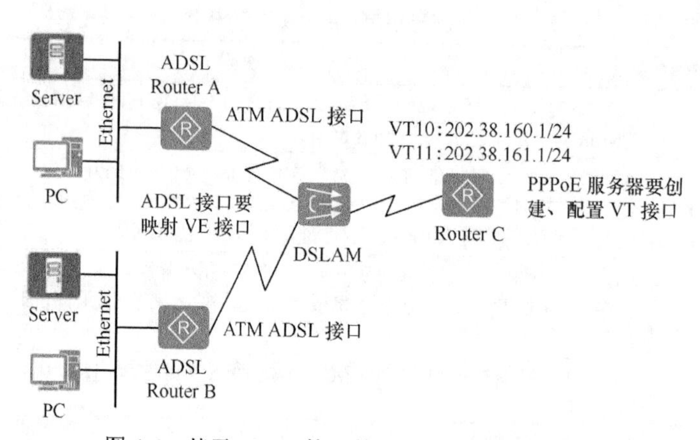

图 4-4　基于 ADSL 接口的 PPPoE 拨号组网结构

基于以上分析，在采用 ADSL 接口实现 PPPoEoA 拨号时所涉及的主要配置任务如下（有关 PPPoE 服务器的配置将在本章后面介绍）。

■ 配置 ADSL 接口。

■ 创建 Dialer 拨号接口并配置其共享 DCC 参数（可同时配置 PPP 验证）。

■ 创建 VE 接口，使设备担当 PPPoE 客户端角色，然后在 ATM ADSL 接口上配置 PVC 参数并映射 VE 接口。

■ 配置以 Dialer 接口作为出接口的缺省路由，指导访问 Internet 的报文转发。

下面介绍以上前 3 项配置任务的具体配置方法。

4.1.3　配置 ADSL 接口

在配置 ADSL 接口（属于 ATM 类型）之前，如果是 AR1200/2200/3200/3600 系列，则需要在路由器上将 ADSL-A/M 或 ADSL-B/J 接口卡注册成功。AR150&AR160&AR200 系列只有 AR156、AR156W、AR157 系列、AR206、AR207 系列可直接配置 ADSL 接口。

ADSL 接口的主要配置任务包括以下 3 个方面。

① 去激活 ADSL 接口。

缺省情况下，ADSL 接口处于激活状态。设备启动后，ADSL 接口自动进入激活状态。当 ADSL 接口上需要配置上行线路参数，以实现 CPE 和局端设备的对接时，**必须先将 ADSL 接口去激活**，然后配置 ADSL 参数，最后重新激活，使配置生效。

② 配置 ADSL 接口的上行线路参数。

当设备的 ADSL 接口已去激活后，可以为 ADSL 接口配置传输标准、比特交换功能、无缝自适应速率功能和格栅编码功能，**但均需要与局端保持一致，否则不能与局端设备建立通信。但各参数配置任务没有严格的先后次序。**

③ 激活 ADSL 接口。

已配置了 ADSL 接口的上行线路参数后，需要再次重新激活 ADSL 接口，以使设备与局端建立通信连接，进行业务传输。

以上 ADSL 接口配置任务的具体配置步骤见表 4-2（**注意：其中的属性参数都有缺省配置，可根据实际需要选择配置，且没有严格的先后次序**）。

表 4-2　ADSL 接口配置步骤

步骤	命令	说明
1	**system-view** 例如：< Huawei > **system-view**	进入系统视图
2	**interface atm** *interface-number* 例如：[Huawei] **interface atm** 1/0/0	进入 ADSL 接口视图
3	**shutdown** 例如：[Huawei-Atm1/0/0] **undo shutdown**	去激活 ADSL 接口。下面的配置必须在去激活 ADSL 接口后配置
4	**adsl standard** { **adsl2** [**annexm**] | **adsl2+** [**annexm**] | **annexl** | **auto** | **gdmt** | **t1413** }	配置 ADSL 接口的传输标准。命令中的选项说明如下。 （1）**adsl2**：多选一选项，指定 ADSL 接口的传输标准为 ADSL2（G.992.3）标准。上行速率可达到 1 Mbit/s，下行速率可达到 12 Mbit/s。 （2）**adsl2+**：多选一选项，指定 ADSL 接口的传输标准为 ADSL2+（G.992.5）标准。上行速率可达到 1 Mbit/s，下行速率可达到 24 Mbit/s。 （3）**annexm**：多选一选项，表示支持对 ADSL2 或 ADSL2+标准上行频带扩展，上行速率可达到 2 Mbit/s。**仅 ADSL-A/M 单板支持此选项。**

续表

步骤	命令	说明
4	例如：[Huawei-Atm1/0/0] **adsl standard t1413**	（4）**annexj**：多选一选项，表示支持对 ADSL2 或 ADSL2+标准上行频带扩展，上行速率可达到 3.078 Mbit/s。**仅 ADSL-B/J 单板支持此选项**。 （5）**annexl**：多选一选项，指定 ADSL 接口的传输标准为 AnnexL 标准。**仅 ADSL-A/M 单板支持此选项**。 （6）**auto**：多选一选项，指定 ADSL 接口的传输标准为自适应方式，可从 G.DMT、ADSL2、AnnexL、ADSL2+、AnnexM、T1.413 中自动选择与对端相同的标准激活。 （7）**gdmt**：多选一选项，指定 ADSL 接口的传输标准为 G.DMT（G.992.1）标准。上行速率可达到 1Mbit/s，下行速率可达到 8 Mbit/s。 （8）**t1413**：多选一选项，指定 ADSL 接口的传输标准为 T1.413 标准。全速率 ADSL，上行速率可达到 1 Mbit/s，下行速率可达到 8 Mbit/s。**仅 ADSL-A/M 单板支持此选项**。 缺省情况下，ADSL 接口的传输标准为 **auto**，可用 **undo adsl standard** 命令来恢复缺省情况
5	**adsl bitswap** { **off** | **on** } 例如：[Huawei-Atm1/0/0] **adsl bitswap off**	（可选）配置打开（选择 **on** 选项时）或关闭（选择 **off** 选项时）ADSL 接口的比特交换开关。 比特交换的目的就是让这些信噪比较低的子信道转移一些它们的比特到信噪比较高的子信道上去，或者减小信噪比较高子信道上的发送功率，然后把多出来的发送功率加到信噪比较低的子信道上，通过增加它们的发送功率来提高信噪比，从而降低误码率，同时这个动态调整过程中线路不会重新协商。 对接的两端设备必须都打开比特交换开关，线路重新激活后比特交换功能才生效。缺省情况下，ADSL 接口的比特交换开关处于打开状态
6	**adsl sra** { **off** | **on** } 例如：[Huawei-Atm1/0/0] **adsl sra off**	（可选）配置打开（选择 **on** 选项时）或关闭（选择 **off** 选项时）ADSL 接口的无缝速率自适应开关。 当线路环境变得很恶劣时，通过比特交换已不能满足线路的误码要求，此时单纯依靠比特交换，线路只能重新协商，以更小的速率激活。同样地，当线路环境变得很好时，由于比特交换不能调整速率，因此不能有效地利用线路环境。无缝速率自适应（SRA，Seamless Rate Adaptation）刚好解决了以上的问题，它能动态无缝地调节线路的速率，而无需重新激活线路。 对接的两端设备必须都打开了无缝速率自适应开关，线路激活后无缝速率自适应功能才生效。缺省情况下，ADSL 接口的无缝速率自适应开关处于关闭状态
7	**adsl trellis** { **off** | **on** } 例如：[Huawei-Atm1/0/0] **adsl trellis off**	（可选）配置打开（选择 **on** 选项时）或关闭（选择 **off** 选项时）ADSL 接口的格栅编码开关。 格栅编码就是通过特殊的编码算法达到最好的编码效益，以提高线路的信噪比增益，在线路格栅编码开关打开之后，激活速率会较不打开的情况下有较大幅度的提高。 对接的两端设备必须都打开了格栅编码开关，线路激活后格栅编码功能才生效。缺省情况下，ADSL 接口的格栅编码开关处于打开状态

续表

步骤	命令	说明
8	**undo shutdown** 例如：[Huawei-Atm1/0/0] **undo shutdown**	激活ADSL接口。 ADSL接口去激活后，设备与局端建立通信的连接不再存在，如果要进行业务传输，则必须重新激活该接口，以使以上ADSL接口的上行线路参数配置生效

以上配置好后，可在任意视图下执行以下**display**命令检查配置结果，管理ADSL接口。

- **display dsl interface atm** *interface-number*：查看ADSL接口的状态信息。
- **display interface atm** [*interface-number*]：查看ADSL接口的配置和性能统计信息，用户可以根据这些信息进行流量统计和接口的故障诊断等。

4.1.4 配置Dialer接口共享DCC参数

因为ADSL接口只支持共享DCC，所以其拨号参数不能直接在ADSL接口上配置，而必须在新创建的逻辑拨号接口——Dialer接口上配置，可选配置作为PAP或CHAP被认证方，具体配置步骤见表4-3。在ADSL接口进行PPPoEoA组网情形下，还需要把设备配置为PPPoEoA客户端，其实也就是要配置为PPPoE客户端，通过创建的VE接口承载PPPoE报文。

说明 在共享DCC中，**如果是主叫端，请在Dialer接口下配置PPP的相关命令**（包括PPP链路层协议和PPP认证），但建议在物理拨号接口下也配置相同的PPP相关命令，以确保PPP链路参数协商的可靠性；**如果是被叫端，须在物理拨号接口下配置PPP相关命令**。

表4-3 Dialer接口共享DCC参数的配置步骤

步骤	命令	说明
1	**system-view** 例如：<Huawei> **system-view**	进入系统视图
2	**dialer-rule** 例如：[Huawei] dialer-rule	进入Dialer-rule视图
3	**dialer-rule** *dialer-rule-number* { **acl** { *acl-number* | **name** *acl-name* } | **ip** { **deny** | **permit** } } 例如：[Huawei-dialer-rule] **dialer-rule** 1 **ip permit**	配置某个拨号访问组对应的拨号访问控制列表，指定引发DCC呼叫的条件。其他说明参见第3章3.3.2节表3-3中的第3步
4	**interface dialer** *interface-number* 例如：[Huawei] **interface dialer** 0	创建Dialer接口，并进入dialer接口视图
5	**link-protocol ppp** 例如：[Huawei-Dialer0] **link-protocol ppp**	（可选）配置拨号接口的链路层协议为PPP。缺省情况下，dialer接口封装的链路层协议就是PPP，故通常不用配置
6	**ip address** *ip-address* { *mask* | *mask-length* } 例如：[Huawei-Dialer0] **ip address** 20.1.1.1 24	（二选一）配置Dialer接口的IP地址
	ip address ppp-negotiate 例如：[Huawei-Dialer0] **ip address ppp-negotiate**	（二选一）配置本端接口接受PPP协商产生的由对端（PPPoE服务器）分配的IP地址

续表

步骤	命令	说明
7	**dialer user** *username* 例如：[Huawei-Dialer0] **dialer user** winda	使能共享 DCC，配置拨号用户名。其他说明参见第 3 章 3.4.1 节表 3-10 中的第 6 步
8	**dialer-group** *group-number* 例如：[Huawei-Dialer0] **dialer-group** 1	配置接口所属的拨号访问组。这里的 *group-number* 必须和步骤 3 中配置的 *dialer-rule-number* 相同
9	**dialer bundle** *number* 例如：[Huawei-Dialer0] **dialer bundle**	指定共享 DCC 的 Dialer 接口使用的 Dialer bundle，必须先使能共享 DCC。一个 Dialer 接口只能对应一个 Dialer bundle
10	**dialer number** *dial-number* [**autodial**] 例如：[Huawei-Dialer0] **dialer number** 12345	在 Dialer 接口上配置呼叫一个对端的拨号串，其他说明参见第 3 章 3.4.2 节表 3-11 的第 3 步
11	（可选）在 Dialer 接口上配置作为被认证方式的 PAP 或 CHAP 认证	
12	**dialer number** *dial-number* [**autodial**] 例如：[Huawei-Dialer0] **dialer number** 12345	在 Dialer 接口上配置呼叫一个对端的拨号串，其他参见第 3 章表 3-11 中的第 3 步
13	**interface** *interface-type interface- number* 例如：[Huawei] **interface atm** 1/0/0	键入要绑定在与以上 Dialer 接口对应的物理 ADSL 接口，进入相应的 ADSL 接口视图
14	**dialer bundle-member** *number* [**priority** *priority*] 例如：[Huawei-Atm1/0/0] **dialer bundle-member** 1 **priority** 50	把以上 ADSL 接口加入本表第 9 步为 Dialer 接口配置的 Dialer bundle 中，作为该 Dialer 接口的物理成员接口，并可选为该 ADSL 设置拨号优先级。一个物理接口可以是多个 Dialer bundle 的成员。其他说明参见第 3 章 3.4.2 节表 3-11 中的第 6 步

4.1.5 配置 PVC 的 PPPoEoA 映射

配置 PVC 上的 PPPoEoA 映射是将 PPP 报文封装在 ATM 信元内，在 ATM 网络上传输。本项配置任务主要包括在以下方面的配置：①创建 VE 接口，使能设备的 PPPoE 客户端功能，②在 ADSL 接口配置 PVC（要向运营商索取），③在 ADSL 接口上与 VE 接口建立映射关系，具体配置步骤见表 4-4。

表 4-4　　PVC 的 PPPoEoA 映射的配置步骤

步骤	命令	说明
1	**interface virtual-ethernet** *interface-number* 例如：[Huawei] **interface virtual-ethernet** 0/0/1	创建并进入 VE 接口视图，AR100&AR120&AR150&AR160&AR200 系列、AR1200 系列、AR2201-48FE、AR2202-48FE、AR2204-51GE-P、AR2204-51GE、AR2204-51GE-R、AR2204-27GE-P、AR2204-27GE、AR2204E、AR2204E-D 和 AR2204 的取值范围是 0～127，AR2220L、AR2220E、AR2220、AR2240、AR2240C、AR3200 和 AR3600 的取值范围是 0～1 023。 【说明】虚拟以太网接口是具有以太网性质的逻辑接口。当 PPPoE 报文或 IPoE 报文需要在 ATM 网络中传输时，需要 VE 接口实现 PPPoE 或 IPoE 和 ATM 的互通。 编号格式为槽号/卡号/顺序号，即使接口板上的卡不在位，也可以创建基于该子卡号的 VE 接口

续表

步骤	命令	说明
2	**pppoe-client dial-bundle-number** *number* [**on-demand**] [**no-hostuniq**] [**ppp-max-payload** *value*] [**service-name** *name*] 例如：[Huawei-Virtual-Ethernet0/0/1] **pppoe-client dial-bundle-number** 1	建立一个 PPPoE 会话，并指定 PPPoE 会话对应的 Dialer Bundle。命令中的参数和选项说明如下。 （1）*number*：指定与 PPPoE 会话相对应的 Dialer Bundle（拨号捆绑）编号，取值范围为 1～255 的整数，可以用来唯一标识一个 PPPoE 会话，也可以把它作为 PPPoE 会话的编号。**必须与上节表 4-3 中第 9 步在 Dialer 接口上 dialer bundle 命令配置的 Dialer bundle 编号保持一致。** （2）**on-demand**：可选项，指定 PPPoE 客户端拨号方式为按需拨号，则需要在 Dialer 接口下使用 **dialer timer idle** *seconds* 命令配置闲置切断时间（取值范围为 0～65 535 的整数秒，缺省值为 120 s）。目前设备支持的按需拨号方式为报文触发方式。如果不选择此可选项，则 PPPoE 会话工作在永久在线方式。 （3）**no-hostuniq**：可选项，指定在 PPPoE 客户端发起的呼叫中不携带 Host-Uniq 字段。不选择该选项时，则表示在 PPPoE 客户端发起的呼叫中携带 Host-Uniq 字段。缺省情况下，PPPoE 客户端发起的呼叫中携带 Host-Uniq 字段。该字段用于与主机的某个唯一特定的请求联系起来，使检查更加严格。 （4）**ppp-max-payload** *value*：可选参数，指定 PPPoE 会话建立过程中 PPP 协商的 MTU 的最大值，取值范围为 64～1 976 的整数字节。缺省情况下，PPPoE 会话建立过程，PPP 协商的 MTU 最大值为 1 500 字节。 （5）**service-name** *name*：可选参数，指定 PPPoE 客户端在 Discovery 阶段发送报文中 Service-Name Tag 的值，字符串形式，不支持空格，不能使用星号“*”、问号“?”、引号“"”等。区分大小写，长度范围是 1～128。当用户希望与提供指定服务的 PPPoE 服务器建立会话时，可以选择该参数。 【说明】在一个以太网接口或 PON 接口上可以配置多个 PPPoE 会话，即一个以太网接口或 PON 接口可以同时属于多个 Dialer Bundle，**但是一个 Dialer Bundle 中只能拥有一个以太网接口或 PON 接口。** PPPoE 会话是和 Dialer Bundle 一一对应的。如果某一 Dialer 接口的 Dialer Bundle 已经有一个以太网接口或 PON 接口被用于 PPPoE，那么此 Dialer Bundle 中不能加入其他任何接口。同样，如果在 Dialer Bundle 中已经有除 PPPoE 以太网接口或 PON 接口以外的接口，那么此 Dialer Bundle 也同样不能加入被用于 PPPoE 客户端的以太网接口或 PON 接口。 缺省情况下，未指定 PPPoE 会话对应的 Dialer Bundle，可用 **undo pppoe-client dial-bundle-number** *number* 命令删除 PPPoE 会话和 Dialer Bundle 的对应关系。但无论 PPPoE 会话工作在永久在线方式或报文触发方式，使用 **undo pppoe-client dial-bundle-number** *number* 命令都会永久删除对应的 PPPoE 会话。如果需要重新建立 PPPoE 会话，用户需要重新配置
3	**quit** 例如：[Huawei-Virtual-Ethernet0/0/1] **quit**	返回系统视图

续表

步骤	命令	说明
4	**interface atm** *interface-number* 例如：[Huawei] **interface atm** 1/0/0	进入 ADSL 的 ATM 接口视图
5	**pvc** { *pvc-name* [*vpi/vci*] | *vpi/vci* } 例如：[Huawei-Atm1/0/0] **pvc** huawei 1/101	创建 PVC，进入 PVC 视图。 ATM 是面向连接的交换，其连接是逻辑连接，即虚电路。每条虚电路（VC，Virtual Circuit）用虚路径标识符（VPI，Virtual Path Identifier）和虚通道标识符（VCI，Virtual Channel Identifier）来标识。一个 VPI/VCI 值对只在 ATM 节点之间的一段链路上有局部意义，它在 ATM 节点上被翻译。当一个连接被释放时，与此相关的 VPI/VCI 值对也被释放，被放回资源表，供其他连接使用。 命令中的参数说明如下。 （1）*pvc-name*：二选一参数，指定 PVC 名，字符串形式，长度范围是 1～16，不支持空格，不区分大小写，且不能包含字符“?”。 （2）*vpi*：指定 ATM 网络虚路径标识（VPI，Virtual Path Identifier），整数形式，取值范围是 0～255。 （3）*vci*：指定 ATM 网络虚通道标识（VCI，Virtual Channel Identifier），整数形式，取值范围是 0～2，5～65 534。 *vpi/vci* 参数对的值由 ISP 分配。 缺省情况下，不创建任何 PVC，可用 **undo pvc** { *pvc-name* [*vpi/vci*] | *vpi/vci* }命令删除指定的 PVC
6	**map bridge virtual-ethernet** *interface-number* 例如：[Huawei-atm-pvc-Atm1/0/0-1/101] **map bridge virtual-ethernet** 0/0/1	创建 PVC 上的 PPPoEoA 映射。参数 interface-number 要与第 1 步创建的 VE 接口编号一致。 缺省情况下，未在 PVC 上配置任何映射，可用 **undo map bridge** 命令删除 PVC 上的 IPoEoA 映射或者 PPPoEoA 映射

4.1.6 ADSL 接口的 PPPoEoA 客户端配置示例

如图 4-5 所示，企业内网中的用户要求全部通过 RouterA 上的 ADSL 接入连接到 Internet。RouterA 通过 ADSL 接口连接 DSLAM 接入 PPPoEoA 服务器，RouterA 作为 PPPoEoA 的客户端，通过 CHAP 来进行认证。

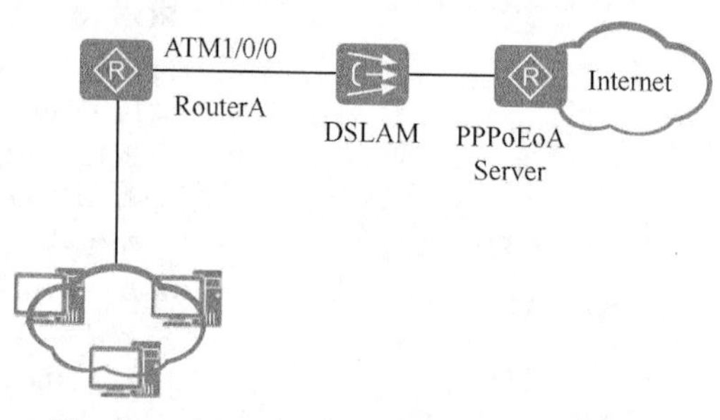

图 4-5 ADSL 接口的 PPPoEoA 客户端配置示例的拓扑结构

现已知 ISP 局端设备 ADSL 线路参数如下：

- 传输标准为 ADSL2+；
- 比特交换开关和格栅编码开关均处于打开状态；
- 无缝速率自适应开关处于关闭状态；
- vpi/vci=2/45。

1. 基本配置思路分析

根据前面各小节的介绍可以得知，PPPoEoA 客户端的配置至少要配置以下几方面的配置任务。

■ ADSL 接口物理参数。

■ 共享 DCC 拨号参数，包括创建逻辑 Dialer 拨号接口，配置拨号用户账户、拨号串、拨号访问组（指定特定访问规则）、拨号捆绑（把物理 ADSL 拨号接口与逻辑 Dialer 接口捆绑），还可选配置 PPP 认证。

■ 创建 VE 接口，配置与指定捆绑号关联，使能 PPPoEoA 客户端功能，并在 ADSL 接口下配置 PVC 的 PPPoEoA 映射。

根据以上分析，结合本示例需求可得出本示例的如下基本配置思路。

■ 配置 ADSL 接口物理层参数。

一般可直接采用缺省配置，无需修改。如果要改变配置，为了使 ADSL 线路上业务的正常传输，首先需要去激活 ADSL 接口，然后配置 ADSL 接口的上行线路参数，最后激活 ADSL 接口使配置生效。

■ 创建 Dialer 拨号接口，配置 PPPoE 拨号共享 DCC 参数。

■ 配置 ATM PVC PPPoEoA 映射，配置设备作为 PPPoEoA 客户端角色。

■ 配置 ADSL 线路作为内网用户 Internet 接入的缺省路由。

2. 具体配置步骤

① 配置 ADSL 接口物理层参数。

■ 去激活 ATM1/0/0 接口。

```
<Huawei> system-view
[Huawei] sysname RouterA
[RouterA] interface atm 1/0/0
[RouterA-Atm1/0/0] shutdown
```

■ 配置设备的 ADSL 接口参数，与局端的配置保持一致。

```
[RouterA-Atm1/0/0] adsl standard adsl2+      !---配置传输标准为 ADSL2+
[RouterA-Atm1/0/0] adsl bitswap on      !---打开设备的 ADSL 接口比特交换开关
[RouterA-Atm1/0/0] adsl sra off      !---关闭设备的 ADSL 接口无缝速率自适应开关
[RouterA-Atm1/0/0] adsl trellis on      !---打开设备的 ADSL 接口格栅编码开关
```

■ 激活 ATM1/0/0 接口。

```
[RouterA-Atm1/0/0] undo shutdown
[RouterA-Atm1/0/0] quit
```

配置好后可用 **display dsl interface atm** 1/0/0 命令查看 ADSL 接口的参数配置。

② 配置 Dialer 拨号接口的共享 DCC 参数，作为 CHAP 认证的被认证方。假设拨号串为 12345，拨号用户为 winda，密码为 huawei，拨号组编号为 10，拨号捆绑编号为 12，客户端是服务器端分配 IP 地址。

```
[RouterA] dialer-rule
[RouterA-dialer-rule] dialer-rule 10 ip permit
[RouterA-dialer-rule] quit
[RouterA] interface dialer 1 !---创建 Dielaer1 拨号接口
[RouterA-Dialer1] dialer user winda !---指定拨号用户名为 winda
[RouterA-Dialer1] dialer-group 10
[RouterA-Dialer1] dialer bundle 12
[RouterA-Dialer1] dialer bundle 12345      !---配置拨号串为 12345
[RouterA-Dialer1] ip address ppp-negotiate      !---配置由 PPPoE 服务器为 dialer 接口分配 IP 地址
[RouterA-Dialer1] link-protocol ppp
[RouterA-Dialer1] ppp chap user winda      !---配置认证用户名为 winda，要与拨号用户名一致
```

```
[RouterA-Dialer1] ppp chap password simple huawei     !---配置认证用户密码
[RouterA-Dialer1] quit
[RouterA] interface atm 1/0/0
[RouterA-Atm1/0/0] dialer bundle-member 12   !---把 ADSL 接口加入到捆绑组 12 所对应的 Dialer1 接口中
[RouterA-Atm1/0/0] quit
```

③ 配置 PVC 的 PPPoEoA 映射，配置设备担当 PPPoE 客户端角色。

■ 创建并配置 VE 接口。

```
[RouterA] interface virtual-ethernet 0/0/0
[RouterA-Virtual-Ethernet0/0/0] pppoe-client dial-bundle-number 12 !---必须与 dialer bundle 命令中配置的捆绑号一致
[RouterA-Virtual-Ethernet0/0/0] quit
```

■ 配置 PVC 上的 PPPoEoA 映射，映射的 PVC 由局端分配。

```
[RouterA] interface atm 1/0/0
[RouterA-Atm1/0/0] pvc pppoeoa 2/45
[RouterA-atm-pvc-Atm1/0/0-2/45-pppoeoa] map bridge virtual-ethernet 0/0/0   !---与前面创建的 VE 建立映射关系
[RouterA-atm-pvc-Atm1/0/0-2/45-pppoeoa] quit
[RouterA-Atm1/0/0] quit
```

④ 配置以 Dialer 接口为出接口的缺省路由，指导内网用户通过 VDSL 线路访问 Internet。

```
[RouterA] ip route-static 0.0.0.0 0 dialer 1
```

以上配置完成后，可在 RouterA 上执行 **display interface dialer** 命令查看拨号接口被分配到正确的 IP 地址；执行 **display virtual-access** 命令查看拨号接口生成的 VA 的 PPP 协商状态。

4.2 VDSL 接入配置与管理

VDSL（Very high data rate Digital Subscriber Line，甚高速数字用户环路）是在 ADSL 的基础上集成各种接口协议，通过复用上传和下传管道以获取更高的传输速率。通过价格低廉的双绞线，将 LAN 端接入的业务使用 VDSL 线路上传至上层设备。

4.2.1 VDSL 概述

ADSL 技术在提供图像业务方面带宽十分有限，而且成本偏高，这些缺点成了 ADSL 迅速发展的障碍。VDSL 技术作为 ADSL 技术的发展方向之一，是一种先进的数字用户线技术，传输速率方面有了较大提高。但 VDSL 的系统结构与 ADSL 系统一样，也主要由局端设备 DSLAM 和用户端设备 CPE 组成，参见 4.1.1 节的图 4-1 所示。

1. VDSL 技术优势

VDSL 与 ADSL 相比，有如下特点。

（1）数据传输速率

ADSL 上行数据速率为 640 kbit/s～2 Mbit/s，下行速率为 1 Mbit/s～8 Mbit/s，而 VDSL 非对称的上行速率为 0.8 Mbit/s～6.4 Mbit/s，下行速率为 6.5 Mbit/s～52 Mbit/s。因此，VDSL 在传输上比 ADSL 快得多。

（2）出线率

ADSL 的发射功率很大，线路之间的干扰不可避免，通常情况下，其出线率只有

10%～30%；而 VDSL 发射功率小，自身串扰极低，出线率大都在 90%以上，因此可通过 VDSL 解决 ADSL 出线率低的问题。

（3）传输方式

ADSL 仅支持非对称传输，VDSL 既支持非对称传输，也支持对称传输。

（4）工作频段

ADSL 使用 25 kHz～1.1 MHz 的频段传输数字信号，而 VDSL 在双绞线上使用更高的频段：0.138 MHz～12 MHz。

（5）传输质量

VDSL 具有良好的传输质量，可以实现高清晰度视频会议、视频点播以及电视广播，而 ADSL 是无法实现的。

（6）实现成本

VDSL 技术的实施过程比较简单、经济，可在一对铜质双绞线上实现信号传输，无需铺设新线路或对现有网络进行改造。

（7）兼容业务

与 ADSL 相比，VDSL 不仅可以兼容现有的传统话音业务，还可以兼容 ISDN 业务。在传输信息的兼容性方面，可以实现和原有的电话线、ISDN 共用同一对电话线。

综上所述，VDSL 与 ADSL 具有类似之处，都能够提供快速浏览 Internet 信息、收发电子邮件、上传下载文件、家庭办公、远程教学、远程购物等功能，但是 VDSL 又有其明显的优势。可以说 VDSL 技术能满足广大用户高速上网的需要，它充分利用现有的电话线网络，保护了运营商既有的投资，很好地解决“最后一公里”的网络瓶颈。

2. VDSL 工作模式

设备的 VDSL 接口支持两种工作模式。

- ATM（Asymmetric Transmission Mode，异步传输模式）模式：VDSL 线路承载的是 ATM 信元（分组长度固定为 53 字节），这就是 PPPoEoA VDSL 拨号模式，类似于 ADSL 接口的 ATM 模式。
- PTM（Packet Transmission Mode，分组传输模式）模式：VDSL 线路承载的是以太网报文，这就是 PPPoE VDSL 拨号模式。因为不需要将以太网帧切片成 ATM 信元再进行传递，省掉了 ATM 传输方式中的 1 483 B/1 483 R 协议封装、AAL5 帧和 ATM 信元的开销，所以 PTM 模式传输以太网业务的效率明显高于 ATM 模式。

在将路由器作为 CPE 部署时，选择哪种工作模式是由局端决定的。例如，当局端的 VDSL 接口配置成 ATM 模式时，设备的 VDSL 接口也需配置为 ATM 模式。

3. VDSL 线路激活

线路激活是指局端设备与 CPE 设备之间进行协商，协商内容包括传输标准、上下行线路速率、规定的噪声容限等，并检测线路距离和线路状况，确认能否在上述条件下正常工作。如果协商成功，则局端与 CPE 设备建立通信连接，称为接口激活。接口激活后，就可以在局端与 CPE 设备之间传输业务了。

设备启动后，VDSL 接口自动进入激活状态。当 VDSL 接口上需要配置上行线路参数，以实现 CPE 和局端设备的对接时，与 ADSL 接口一样，也需要先将 VDSL 接口去激活，然后配置 VDSL 参数，最后重新激活 VDSL 接口，使配置生效。

4. VDSL 参数

与 ADSL 接口一样，ATM 模式下 VDSL 接口的参数包括传输标准、比特交换开关、无缝自适应速率开关和格栅编码开关。

为保证业务流在 VDSL 线路上的正常传输，需要配置 VDSL 接口的传输标准。AR G3 系列路由器 VDSL 接口支持的传输标准见表 4-5。当设备作为 CPE 部署时，选择的传输标准需与局端保持一致。推荐将传输标准配置为自适应方式，设备将根据局端的传输标准，从 G.DMT、ADSL2、AnnexL、ADSL2+、AnnexM、T1.413 和 VDSL2 中自动选择与局端相同的标准激活。

表 4-5　AR G3 系列路由器 VDSL 接口支持的传输标准

传输标准	说明
G.DMT（G.992.1）	其频谱为上行 25 kHz～138 kHz，下行 138 kHz～1 104 kHz，上行速率可达到 1 Mbit/s，下行速率可达到 8 Mbit/s
ADSL2（G.992.3）	ADSL2 通过改善调制速率、提高编码增益、减少帧头开销、改善初始化状态机、使用增强的信号处理算法，在和 VDSL 同样的频段上速率有了进一步的提高，上行速率可达到 1 Mbit/s，下行速率可达到 12 Mbit/s
AnnexL	ADSL2 附件中规定了 Reach extended ADSL2 标准，简称为 AnnexL，通过使用更窄的频带和对发送功率谱模板的优化，使得其在远距离的传输中获得较好的性能。 AR169BF 不支持此标准
ADSL2+（G.992.5）	使用频带范围扩展到 2.208 MHz，上行速率可达到 1 Mbit/s，下行速率可达到 24 Mbit/s
AnnexM	AnnexM 通过对 ADSL2 或 ADSL2+标准上行频带的扩展，上行速率可达到 2 Mbit/s。 AR169BF 不支持此标准
AnnexJ	AnnexJ 通过对 ADSL2 或 ADSL2+标准上行频带的扩展，上行速率可达到 3 078 kbit/s。 【说明】仅 AR109、AR109W、AR109GW-L、AR129、AR129CVW、AR129CV、AR129GW-L、AR129CGVW-L、AR169、AR169EW、AR169CVW、AR169EGW-L、AR169CVW-4B4S、AR169BF、AR169G-L、AR169W-P-M9、AR169RW-P-M9、AR169-P-M9 支持此标准
AnnexA	AnnexA 应用于 ADSL Over POTS，兼容 POTS 业务。 【说明】仅 AR109、AR109W、AR109GW-L、AR129、AR129CVW、AR129CV、AR129GW-L、AR129CGVW-L、AR169、AR169EW、AR169CVW、AR169EGW-L、AR169CVW-4B4S、AR169F、AR169FVW、AR169FVW-8S、AR169JFVW-4B4S、AR169FGW-L、AR169FGVW-L、AR169G-L、AR169W-P-M9、AR169RW-P-M9、AR169-P-M9 和 VDSL2 单板支持此标准
AnnexB	AnnexB 应用于 ADSL Over ISDN，兼容 ISDN 业务。 【说明】仅 AR109、AR109W、AR109GW-L、AR129、AR129CVW、AR129CV、AR129GW-L、AR129CGVW-L、AR169、AR169EW、AR169CVW、AR169EGW-L、AR169CVW-4B4S、AR169BF、AR169G-L、AR169W-P-M9、AR169RW-P-M9、AR169-P-M9 支持此标准
T1.413	全速率 ADSL，上行速率可达到 800 kbit/s，下行速率可达到 8 Mbit/s。 【说明】仅 VDSL2 单板和 AR169F、AR169FVW、AR169FVW-8S、AR169JFVW-4B4S、AR169FGW-L 和 AR169FGVW-L 支持此标准
VDSL2	其上行速率可达到 100 Mbit/s，下行速率可达到 100 Mbit/s。 【说明】ATM 模式下的 VDSL 接口不支持 VDSL2 传输标准

4.2.2　VDSL 接入方案配置任务

本节对 AR G3 系列路由器的 VDSL 接口**直接连接电话线（也不是通过以太网接口连接** VDSL Modem）而构建的 PPPoE 拨号网络方案所包括的配置任务进行介绍。

在 AR G3 系列路由器中，AR109、AR109W、AR109GW-L、AR129、AR129CVW、AR129CV、AR129GW-L、AR129CGVW-L、AR129W、AR169、AR169EW、AR169CVW、AR169EGW-L、AR169CVW-4B4S、AR169F、AR169BF、AR169FVW、AR169FVW-8S、AR169JFVW-4B4S、AR169FGW-L、AR169G-L、AR169-P-M9、AR169W-P-M9、AR169RW-P-M9 和 AR169FGVW-L 本身支持配置 VDSL 接口。AR1200/3200/3600 系列，以及除 AR2201-48FE 和 AR2202-48FE 之外的 AR2200 系列款型均可通过安装 VDSL2（如图 4-6 所示）和 2VDSL2 单板来配置 VDSL 接口。

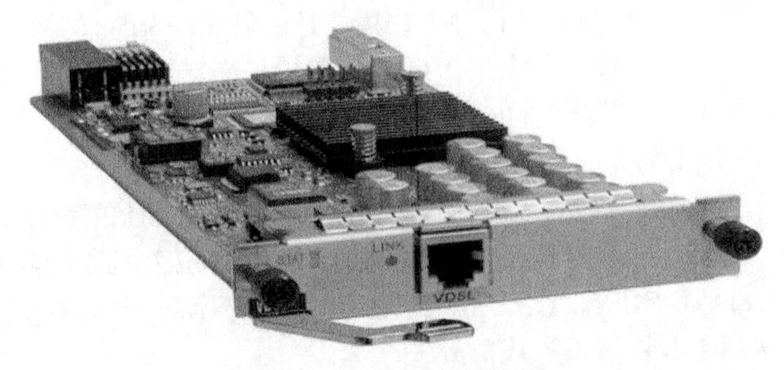

图 4-6　VDSL2 单板外观

在 VDSL 系统中，DSLAM 到 CPE 的数据传输方向称之为下行方向，反之为上行方向。因此设备的 VDSL 接口亦称之为 VDSL 上行接口。

当 VDSL 接口工作在 ATM 模式下时，VDSL 接入 PPPoEoA 客户端，包括的配置任务与 4.1.2 节介绍的 ADSL 接入方案的配置任务基本一样，具体如下。

■ 配置 ATM 模式 VDSL 接口。

■ 创建 Dialer 拨号接口并配置其共享 DCC 参数（可同时配置 PPP 验证）。

本项配置任务与 4.1.4 节介绍的配置方法完全一样，参见即可，不同的只是此处在 Dialer 接口中加入的物理拨号接口是 VDSL 接口。

■ 创建 VE 接口，使设备担当 PPPoE 客户端角色，然后在 VDSL 接口上配置 PVC 参数并映射 VE 接口。

本项配置任务与 4.1.5 节的配置方法完全一样，参见即可，不同的只是此处与 VE 接口映射的接口是 VDSL 接口。

■ 配置以 Dialer 接口作为出接口的缺省路由，指导访问 Internet 的报文转发。

当 VDSL 接口工作在 PTM 模式下时，VDSL 接入 PPPoE 客户端，所包括的配置任务如下。

■ 配置 PTM 模式 VDSL 接口。

■ 创建 Dialer 拨号接口并配置其共享 DCC 参数（可同时配置 PPP 验证）。

本项配置任务与 4.1.4 节介绍的配置方法完全一样，参见即可，不同的只是此处在

Dialer 接口中加入的物理拨号接口是 VDSL 接口。

■ 启用 VDSL 以太网接口的 PPPoE 客户端功能。

参见本章后面 4.6.4 节的介绍。

下面分别介绍 ATM 和 PTM 模式下 VDSL 接口的具体配置方法。

4.2.3 配置 ATM 模式 VDSL 接口

ATM 模式下的 VDSL 接口与前面介绍的 ADSL 接口一样，承载的也是 ATM 信元，所以 VDSL 接口的配置方法与 ADSL 接口的配置思路很类似。但在配置 VDSL 接口上行参数之前，对于 AR1200/2200/3200/3600 系列需要确保 VDSL 接口卡在路由器上成功注册。

ATM 模式 VDSL 接口的配置任务主要包括以下 5 项。

（1）配置 VDSL 接口工作在 ATM 模式

当设备作为 CPE 部署时，选择何种工作模式是由局端决定的。例如，当局端的 VDSL 接口配置成 ATM 模式时，CPE 设备的 VDSL 接口也需配置为 ATM 模式。且只有当设备的 VDSL 接口工作模式与局端相同时，设备和局端才能对接。

（2）去激活 VDSL 接口

缺省情况下，VDSL 接口处于激活状态。设备启动后，VDSL 接口自动进入激活状态。但当 VDSL 接口上需要配置上行线路参数，以实现 CPE 和局端设备的对接时，需先将 VDSL 接口去激活，然后配置 VDSL 参数，最后重新激活，使配置生效。

（3）配置 a43/b43/v43 载波频段的开关

a43、b43 和 v43 是 VDSL 接口的特定载波频段，可用来与局端设备进行对接协商。缺省情况下，VDSL 接口各载波频段信号开关处于打开状态，可以实现自协商的方式确定使用哪个载波频段。当局端设备不支持某个载波频段，可以关闭该载波频段。

（4）配置上行线路参数

在 VDSL 接口已去激活状态下，可以配置 VDSL 接口的上行线路参数，包括传输标准、比特交换功能、无缝自适应速率功能和格栅编码功能，均需与局端保持一致才能与局端设备建立通信。

（5）激活 VDSL 接口

配置好上行线路参数后，需要重新激活 VDSL 接口，使配置生效。

以上配置任务的具体配置步骤见表 4-6（**注意：其中的属性参数都有缺省配置，可根据实际需要选择配置，且没有严格的先后次序**）。

表 4-6 ATM 模式下的 VDSL 接口配置步骤

步骤	命令	说明
1	**system-view** 例如：< Huawei > **system-view**	进入系统视图
2	**set workmode slot** *slot-id* **vdsl atm** 例如：**set workmode slot 1 vdsl atm**	配置 VDSL 接口工作在 ATM 模式。参数 *slot-id* 用来指定 VDSL 接口所在的槽位号。执行该步骤后，需要重启单板并等待一段时间才能使配置生效。 缺省情况下，VDSL 接口工作在 PTM 模式下

续表

步骤	命令	说明
3	**interface atm** *interface-number* 例如：[Huawei] **interface atm** 1/0/0	进入 ATM 工作模式下的 VDSL 接口视图
4	**shutdown** 例如：[Huawei-Atm1/0/0] **undo shutdown**	去激活 VDSL 接口。下面的配置必须在去激活 VDSL 接口后配置
5	**vdsl band** { **a43** | **b43** | **v43** } { **off** | **on** } 例如：[Huawei-Atm1/0/0] **vdsl band v43 on**	（可选）配置打开或关闭 VDSL 接口的指定载波频段开关。命令中的选项说明如下。 （1）**a43**：多选一选项，指定 VDSL 接口的载波频段为 a43。 （2）**b43**：多选一选项，指定 VDSL 接口的载波频段为 b43。 （3）**v43**：多选一选项，指定 VDSL 接口的载波频段为 v43。 （4）**off**：二选一选项，关闭 VDSL 接口的指定载波频段开关。 （5）**on**：二选一选项，打开 VDSL 接口的指定载波频段开关。 缺省情况下，VDSL 接口的各载波频段开关处于打开状态
6	**adsl standard** { **adsl2** [**annexa** | **annexm** | **annexb** | **annexj** | **annexl**] | **adsl2+** [**annexa** | **annexm** | **annexb** | **annexj**] | **auto** [**over-pots** | **over-isdn**] | **gdmt** [**annexa** | **annexb**] | **t1413** }	配置 ATM 模式下 VDSL 接口的传输标准。命令中的选项说明如下。 （1）**adsl2**：多选一选项，指定 VDSL 接口的传输标准为 ADSL2（G.992.3）标准。 （2）**adsl2+**：多选一选项，指定 VDSL 接口的传输标准为 ADSL2+（G.992.5）标准，上行速率可达到 1 Mbit/s，下行速率可达到 24 Mbit/s。 （3）**annexa**：多选一选项，表示支持对 GDMT、ADSL2 或 ADSL2+标准 POTS 业务兼容。 （4）**annexj**：多选一选项，表示支持对 ADSL2 或 ADSL2+标准上行频带扩展，上行速率可达到 2.9 Mbit/s。 （5）**annexl**：多选一选项，指定 VDSL 接口的传输标准为 AnnexL 标准。**AR169BF 不支持配置此选项**。 （6）**auto**：多选一选项，指定 VDSL 接口的传输标准为自适应方式，从 G.DMT、ADSL2、AnnexL、ADSL2+、AnnexM 和 T1.413 中自动选择与对端相同的标准激活。 （7）**over-pots**：二选一可选项，指定 VDSL 接口的传输标准自适应为 AnnexA 标准。 （8）**over-isdn**：二选一可选项，指定 VDSL 接口的传输标准自适应为 AnnexB 标准。 （9）**gdmt**：多选一选项，指定 VDSL 接口的传输标准为 G.DMT（G.992.1）标准，上行速率可达到 1 Mbit/s，下行速率可达到 8 Mbit/s。 （10）**t1413**：多选一选项，指定 VDSL 接口的传输标准为 T1.413 标准，上行速率可达到 800 kbit/s，下行速率可达到 8 Mbit/s。仅 VDSL2 单板，以及 AR169F、AR169FVW、AR169FVW-8S、AR169JFVW-4B4S、AR169FGW-L 和 AR169FGVW-L 支持配置此选项。 【说明】仅 AR109、AR109W、AR109GW-L、AR129、AR129CVW、AR129CV、AR129GW-L、AR129CGVW-L、AR169、AR169EW、AR169CVW、AR169EGW-L、AR169CVW-4B4S、AR169F、AR169FVW、AR169FVW-8S、AR169JFVW-4B4S、AR169FGW-L、AR169FGVW-L、AR169G-L、AR169W-P-M9、AR169RW-P-M9、

续表

步骤	命令	说明
6	例如：[Huawei-Atm1/0/0] **adsl standard t1413**	AR169-P-M9 支持配置 **annexa**、**annexb**、**annexj** 选项，AR169BF 不支持配置 **annexa**、**annexm**、**annexl**、**t1413** 选项。 缺省情况下，ATM 模式下 VDSL 接口的传输标准为 **auto**，可用 **undo adsl standard** 命令恢复缺省情况
7	**adsl bitswap** { **off** | **on** } 例如：[Huawei-Atm1/0/0] **adsl bitswap off**	（可选）配置打开（选择 **on** 选项时）或关闭（选择 **off** 选项时）VDSL 接口的比特交换开关。对接的两端设备必须都打开了比特交换开关，线路重新激活后比特交换功能才生效。 缺省情况下，VDSL 接口的比特交换开关处于打开状态
8	**adsl sra** { **off** | **on** } 例如：[Huawei-Atm1/0/0] **adsl sra off**	（可选）配置打开（选择 **on** 选项时）或关闭（选择 **off** 选项时）VDSL 接口的无缝速率自适应开关。对接的两端设备必须都打开了无缝速率自适应开关，线路激活后无缝速率自适应功能才生效。 缺省情况下，VDSL 接口的无缝速率自适应开关处于关闭状态
9	**adsl trellis** { **off** | **on** } 例如：[Huawei-Atm1/0/0] **adsl trellis off**	（可选）配置打开（选择 **on** 选项时）或关闭（选择 **off** 选项时）VDSL 接口的格栅编码开关。对接的两端设备必须都打开了格栅编码开关，线路激活后格栅编码功能才生效。 缺省情况下，VDSL 接口的格栅编码开关处于打开状态
10	**undo shutdown** 例如：[Huawei-Atm1/0/0] **undo shutdown**	激活 VDSL 接口。 VDSL 接口去激活后，设备与局端建立通信的连接不再存在，如果要进行业务传输，则必须重新激活该接口，以使以上 VDSL 接口的上行线路参数配置生效

4.2.4 配置 PTM 模式下 VDSL 接口

当需要 VDSL 线路承载以太网报文时，可配置 VDSL 接口工作在 PTM 模式。同样，在配置 VDSL 接口之前，对于 AR1200/2200/3200/3600 系列需要在路由器上成功安装、注册 VDSL 接口卡。当局端的 VDSL 接口配置成 PTM 模式时，设备的 VDSL 接口也需配置为 PTM 模式。

PTM 模式 VDSL 接口包括以下几项配置任务（总体与 ATM 模式 VDSL 接口的配置任务差不多）。

- 配置 VDSL 接口工作在 PTM 模式。
- 去激活 VDSL 接口。
- 配置上行线路参数。
- 激活 VDSL 接口。

以上配置任务的具体配置步骤见表 4-7。

表 4-7 PTM 模式下的 VDSL 接口配置步骤

步骤	命令	说明
1	**system-view** 例如：< Huawei > **system-view**	进入系统视图
2	**set workmode slot** *slot-id* **vdsl ptm** 例如：**set workmode slot** 1 **vdsl ptm**	配置 VDSL 接口工作在 PTM 模式。参数 *slot-id* 用来指定 VDSL 接口所在的槽位号。缺省情况下，VDSL 接口工作在 PTM 模式下

续表

步骤	命令	说明
3	**interface ethernet** *interface-number* 例如：[Huawei] **interface** ethernet 0/0/0	进入 PTM 工作模式下的 VDSL 接口（是以太网接口）视图，参数 *interface-number* 用来指定 PTM 工作模式下的 VDSL 接口编号
4	**shutdown** 例如：[Huawei-Ethernet 0/0/0] **undo shutdown**	去激活 VDSL 接口。下面的配置必须在去激活 VDSL 接口后配置
5	**vdsl standard vdsl2 { annexa | annexb }** 例如：[Huawei-Ethernet 0/0/0] **vdsl standard vdsl2 annexa**	配置 PTM 模式下 VDSL 接口的传输标准。命令中的选项说明如下。 （1）**vdsl2**：指定 PTM 模式下 VDSL 接口的传输标准为 VDSL2（G993.2）标准，上行速率可达到 100 Mbit/s，下行速率可达到 100 Mbit/s。 （2）**annexa**：二选一选项，表示支持对 VDSL2 标准 POTS 业务兼容。 （3）**annexb**：二选一选项，表示支持对 VDSL2 标准 ISDN 业务兼容。 【说明】仅 AR109、AR109W、AR109GW-L、AR129、AR129CVW、AR129CV、AR129GW-L、AR129CGVW-L、AR169、AR169EW、AR169CVW、AR169EGW-L、AR169CVW-4B4S、AR169F、AR169FVW、AR169FVW-8S、AR169JFVW-4B4S、AR169FGW-L、AR169FGVW-L、AR169G-L、AR169W-P-M9、AR169RW-P-M9、AR169-P-M9 支持此命令。 缺省情况下，PTM 模式下 VDSL 接口自适应对端传输标准，可用 **undo vdsl standard** 命令来恢复缺省情况
6	**adsl bitswap { off | on }** 例如：[Huawei-Ethernet 0/0/0] **adsl bitswap off**	（可选）配置打开（选择 **on** 选项时）或关闭（选择 **off** 选项时）VDSL 接口的比特交换开关。对接的两端设备必须都打开了比特交换开关，线路重新激活后比特交换功能才生效。 缺省情况下，VDSL 接口的比特交换开关处于打开状态
7	**adsl sra { off | on }** 例如：[Huawei-Ethernet 0/0/0] **adsl sra off**	（可选）配置打开（选择 **on** 选项时）或关闭（选择 **off** 选项时）VDSL 接口的无缝速率自适应开关。对接的两端设备必须都打开了无缝速率自适应开关，线路激活后无缝速率自适应功能才生效。 缺省情况下，VDSL 接口的无缝速率自适应开关处于关闭状态
8	**adsl trellis { off | on }** 例如：[Huawei-Ethernet 0/0/0] **adsl trellis off**	（可选）配置打开（选择 **on** 选项时）或关闭（选择 **off** 选项时）VDSL 接口的格栅编码开关。对接的两端设备必须都打开了格栅编码开关，线路激活后格栅编码功能才生效。 缺省情况下，VDSL 接口的格栅编码开关处于打开状态
9	**undo vdsl bind** 例如：[Huawei-Ethernet 0/0/0] **undo vdsl bind**	（可选）取消对 PTM 模式下 VDSL 接口的两条线路的绑定。仅 2VDSL2 接口卡、AR169F、AR169FVW-8S、AR169JFVW-4B4S、AR169FVW、AR169FGW-L 和 AR169FGVW-L 支持本命令。 设备作为 CPE 部署，PTM 模式下 VDSL 接口有两条线路（Line0 和 Line1），缺省情况下绑定在一起使用，以增加带宽。当局端要求设备使用一条线路接入时，可以执行 **undo vdsl bind** 取消对 PTM 模式下 VDSL 接口的两条线路的绑定。 缺省情况下，PTM 模式下 VDSL 接口的两条线路处于绑定状态，可用 **undo vdsl bind** 命令取消对 PTM 模式下 VDSL 接口的两条线路的绑定

续表

步骤	命令	说明
10	**undo vdsl upstream-retrans enable** 例如：[Huawei-Ethernet 0/0/0] **undo vdsl upstream-retrans enable**	（可选）取消 PTM 模式下 VDSL 接口上行重传功能。仅 AR109、AR109W、AR109GW-L、AR129、AR129CVW、AR129CV、AR129GW-L、AR129CGVW-L、AR169、AR169CVW、AR169CVW-4B4S、AR169G-L、AR169W-P-M9、AR169RW-P-M9 和 AR169-P-M9 支持本命令。 设备作为 CPE 部署，缺省情况下，PTM 模式下 VDSL 接口上行重传功能已使能，以增强链路可靠性。设备重启时，会向局端设备发送 dying gasp 消息。当局端不支持上行重传时接收 dying gasp 消息，可以执行 **undo vdsl upstream-retrans enable** 取消 PTM 模式下 VDSL 接口上行重传功能。此时，局端设备可以正常回应设备的 dying gasp 消息。 缺省情况下，PTM 模式下 VDSL 接口上行重传功能已使能，可用 **undo vdsl upstream-retrans enable** 命令取消 PTM 模式下 VDSL 接口上行重传功能
11	**undo shutdown** 例如：[Huawei-Ethernet 0/0/0] **undo shutdown**	激活 VDSL 接口。 VDSL 接口去激活后，设备与局端建立通信的连接不再存在，如果要进行业务传输，则必须重新激活该接口，以使以上 VDSL 接口的上行线路参数配置生效

以上配置好后，可在任意视图下执行以下 **display** 命令检查配置结果，管理 VDSL 接口。

■ **display dsl interface atm** *interface-number*：查看 ATM 模式下 VDSL 接口的状态信息。

■ **display interface atm** *interface-number*：查看 ATM 模式下 VDSL 接口的配置和性能统计信息，用户可以根据这些信息进行流量统计和接口的故障诊断等。

■ **display interface ethernet** *interface-number*：查看 PTM 工作模式下的 VDSL 接口的配置和状态信息。

4.2.5 ATM 模式 VDSL 接口的 PPPoEoA 客户端配置示例

参见 4.1.6 节图 4-5，企业内网中的用户要求全部通过 Router 上的 ATM 模式 VDSL 接入连接到 Internet。现已知 ISP 局端设备 VDSL 线路参数如下：

■ 传输标准为自适应模式；

■ 比特交换开关和格栅编码开关均处于打开状态；

■ 无缝速率自适应开关处于关闭状态；

■ vpi/vci=2/45。

1. 基本配置思路分析

根据 4.2.2 节的介绍，路由器作为 ATM 模式 VDSL CPE 部署时包括如下配置任务。

■ 配置 VDSL 接口工作在 ATM 模式，仅对与缺省值不一样的参数重新配置。先配置 VDSL 接口工作模式为 ATM 模式，然后配置上行线路参数。

■ 创建 Dialer 拨号接口，配置 PPPoE 拨号共享 DCC 参数。包括创建逻辑 Dialer 拨号接口，配置拨号用户账户、拨号串、拨号访问组（指定特定访问规则）、拨号捆绑（把物理ADSL拨号接口与逻辑Dialer接口捆绑），还可选配置PPP认证。

- 创建VE接口，配置设备作为PPPoEoA客户端角色和PVC PPPoEoA映射。
- 配置VDSL线路作为内网用户Internet接入的缺省路由。

2. 具体配置步骤

① 配置VDSL接口的ATM工作模式，以及与局端一致的上行链路物理层参数。

```
<Huawei> system-view
[Huawei] sysname RouterA
[RouterA] set workmode slot 1 vdsl atm
[RouterA] interface atm 1/0/0
[RouterA-Atm1/0/0] shutdown
[RouterA-Atm1/0/0] adsl standard auto   !---配置设备的VDSL接口传输标准为自适应模式
[RouterA-Atm1/0/0] adsl bitswap on   !---打开设备的VDSL接口比特交换开关
[RouterA-Atm1/0/0] adsl sra off   !---关闭设备的VDSL接口无缝速率自适应开关
[RouterA-Atm1/0/0] adsl trellis on   !---打开设备的VDSL接口格栅编码开关
[RouterA-Atm1/0/0] undo shutdown
[RouterA-Atm1/0/0] quit
```

配置好后可用**display dsl interface atm** 1/0/0命令查看VDSL接口参数配置。

② 配置Dialer拨号接口的共享DCC参数，作为CHAP认证的被认证方。假设拨号串为12345，拨号用户为winda，密码为huawei，拨号组编号为10，拨号捆绑编号为12，客户端是服务器端分配IP地址。

```
[RouterA] dialer-rule
[RouterA-dialer-rule] dialer-rule 10 ip permit
[RouterA-dialer-rule] quit
[RouterA] interface dialer 1
[RouterA-Dialer1] dialer user winda
[RouterA-Dialer1] dialer-group 10
[RouterA-Dialer1] dialer bundle 12345
[RouterA-Dialer1] dialer bundle 12
[RouterA-Dialer1] ip address ppp-negotiate
[RouterA-Dialer1] link-protocol ppp
[RouterA-Dialer1] ppp chap user winda
[RouterA-Dialer1] ppp chap password simple huawei
[RouterA-Dialer1] quit
[RouterA] interface atm 1/0/0
[RouterA-Atm1/0/0] dialer bundle-member 12
[RouterA-Atm1/0/0] quit
```

③ 配置设备为PPPoEoA客户端，以及PVC上的PPPoEoA映射。映射的PVC由局端分配。

```
[RouterA] interface virtual-ethernet 0/0/0
[RouterA-Virtual-Ethernet0/0/0] pppoe-client dial-bundle-number 12
[RouterA-Virtual-Ethernet0/0/0] quit
[RouterA] interface atm 1/0/0
[RouterA-Atm1/0/0] pvc pppoeoa 2/45
[RouterA-atm-pvc-Atm1/0/0-2/45-pppoeoa] map bridge virtual-ethernet 0/0/0
[RouterA-atm-pvc-Atm1/0/0-2/45-pppoeoa] quit
[RouterA-Atm1/0/0] quit
```

④ 配置以Dialer接口为出接口的缺省路由，指定内网用户通过VDSL线路访问Internet。

```
[RouterA] ip route-static 0.0.0.0 0 dialer 1
```

说明 如果采用PTM模式VDSL PPPoE接入方案，在以上配置任务中，主要是第③项配置任务不同，当然此时第①项VDSL接口要配置工作在PTM模式，并在以太网接口视图下进行参数配置，而不是在ATM接口视图下进行参数配置。

以上第③项配置任务中的PPPoE客户端的配置如下（无需配置PVC）。

```
[RouterA] interface ethernet 0/0/0
[RouterA-Ethernet0/0/0] pppoe-client dial-bundle-number 12
[RouterA-Ethernet0/0/0] quit
```

4.3 G.SHDSL 接入配置与管理

G.SHDSL（G.Single-pair High Speed Digital Subscriber Line，单对高速数字用户线）是一种高速对称的传输技术，利用了普通电话线中未使用的高频段，在双绞铜线上实现高速数据传输。

4.3.1 G.SHDSL 概述

由于ADSL速率的不对称性，使得ADSL的应用存在不少局限，特别是商用宽带需求环境是一个双向的、对称的流量环境，对性能波动的容忍度比较低，ADSL接入技术已越来越不能满足人们对带宽和流量的需求。于是，G.SHDSL技术应运而生。

G.SHDSL是由ITU-T定义的在普通双绞线上提供双向对称带宽数据业务传输的一种技术，符合国际电联G.991.2推荐标准，由于采用性能优越的16电平网格编码脉冲幅度调制技术，压缩了传输频谱，提高了抗噪性能，因此与ADSL技术相比有着明显的技术优势。

1. G.SHDSL技术优势

G.SHDSL以高速宽带商用业务为主，其优越性能主要体现如下。

■ 对称的DSL技术：与传统的ADSL技术不同，G.SHDSL所提供的是对称服务。每对双绞线可提供从192 kbit/s～15 296 kbit/s的对称速率，并可通过接口绑定提供更大的带宽，这大大提升了服务范围，改善了服务质量。

■ 兼容性好：G.SHDSL可以和接入网中包括DSL技术在内的其他传输技术兼容，大大提高了传输距离。

■ 高速传输：G.SHDSL能够提供高传输速率，满足用户需求。

■ 远距离传输，干扰小：由于G.SHDSL调制方式的优点，同样的速率可得到更长的传输距离；同样的传输距离可获得更高的传输速率；同样的速率和传输距离可提高信噪比容限。

■ 性能强大，服务范围广：G.SHDSL既能为中小型企业以及大型企业的分支机构提供各种全面的解决方案，满足各种业务需求，如安全、VPN和业务延展规划，也可为服务供应商提供解决语音、视频会议等各种集成通信问题的方案。

2. G.SHDSL系统结构

G.SHDSL的系统结构如图4-7所示，主要由局端设备（CO，Central Office）和用户端设备 CPE 组成。CO 是放置在局端的终结 G.SHDSL 协议的汇聚设备；CPE 是位于客户端的给用户提供各种接口的用户侧终端，可对用户的数据进行调制和解调，并利用 G.SHDSL 技术，将用户的数据上传至局端设备。

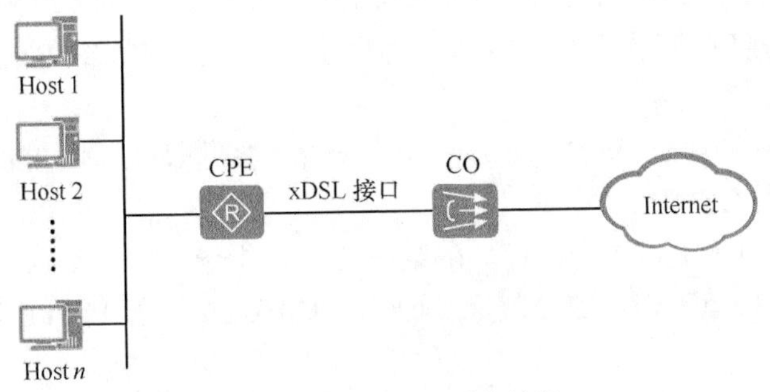

图 4-7　G.SHDSL 系统结构

AR G3 系列路由器既可以作为 CPE 来部署，也可以作为 CO 来部署。在 G.SHDSL 系统中，CO 到 CPE 的数据传输方向称之为下行方向，反之为上行方向。因此 CPE 设备的 G.SHDSL 接口亦称之为 G.SHDSL 上行接口。

G.SHDSL 接口与 VDSL 接口一样，也分 ATM 模式和 PTM 模式两种（**要与局端设备的传输模式一致**）。这两种 G.SHDSL 接口模式下，G.SHDSL PPPoE 接入方案的配置任务总体上与 4.2.2 节介绍的 ATM 模式和 PTM 模式 VDSL 接入方案配置任务一样，参见即可。

4.3.2　G.SHDSL 接入方案配置任务

在 AR G3 系列路由器的 AR150&AR160&AR200 系列中，仅 AR158E、AR158EVW、AR168F、AR168F-4P、AR208E 自身带有 G.SHDSL 接口，AR1200/3200/3600 以及除 AR2201-48FE 和 AR2202-48FE 之外的所有 AR2200 系列款型均可通过安装 4G.SHDSL 单板（如图 4-8 所示，1 个 RJ-45 接口，包含全部的 4 对芯线）配置 G.SHDSL 接口。

图 4-8　4G.SHDSL 单板外观

G.SHDSL 接口与 VDSL 接口一样，同时支持 ATM 和 PTM 两种模式。在 ATM 模式下，电话线路上承载的是 ATM 信元，对应的接口类型是 ATM 接口；在 PTM 模式下，电话线路上承载的是以太网报文，对应的接口类型是以太网接口。

当 G.SHDSL 接口工作在 ATM 模式下时，G.SHDSL 接入 PPPoEoA 客户端包括的配置任务与 4.1.2 节介绍 ADSL 接入方案的配置任务基本一样，具体如下。

① 配置 ATM 模式 G.SHDSL 接口。

② 创建 Dialer 拨号接口并配置其共享 DCC 参数（可同时配置 PPP 验证）。

本项配置任务与 4.1.4 节介绍的配置方法完全一样，参见即可，不同的只是此处在 Dialer 接口中加入的物理拨号接口是 G.SHDSL 接口。

③ 创建 VE 接口，使设备担当 PPPoE 客户端角色，然后在 G.SHDSL 接口上配置 PVC 参数并映射 VE 接口。

本项配置任务与 4.1.5 节的配置方法完全一样，参见即可，不同的只是此处与 VE 接口映射的接口是在 G.SHDSL 接口。

④ 配置以 Dialer 接口作为出接口的缺省路由，指导访问 Internet 的报文转发。

当 G.SHDSL 接口工作在 PTM 模式下时，G.SHDSL 接入 PPPoE 客户端所包括的配置任务如下。

① 配置 PTM 模式 G.SHDSL 接口。

② 创建 Dialer 拨号接口并配置其共享 DCC 参数（可同时配置 PPP 验证）。

本项配置任务与 4.1.4 节介绍的配置方法完全一样，参见即可，不同的只是此处在 Dialer 接口中加入的物理拨号接口是 G.SHDSL 接口。

③ 启用 G.SHDSL 以太网接口的 PPPoE 客户端功能。

参见在本章后面 4.6.4 节的介绍。

下面仅介绍 ATM 和 PTM 模式下的 G.SHDSL 接口的具体配置方法。有关 G.SHDSL PPPoE 接入方案的配置示例可参见 4.2.5 节的 VDSL 接入配置示例，区别仅体现在接口配置方面。

4.3.3 配置 G.SHDSL 接口

与前面介绍的 ADSL 接口和 VDSL 接口配置任务相比，G.SHDSL 接口可以配置的参数更多，更复杂些，主要包括如下配置任务（**下面的第 3 项到第 11 项配置任务中的各参数配置任务无先后次序之分**）。

（1）配置 G.SHDSL 接口的传输模式

G.SHDSL 接口支持两种传输模式：ATM 模式和 PTM 模式。当设备作为 CPE 部署时，选择何种传输模式是由局端决定的。只有设备的 G.SHDSL 接口传输模式与局端相同时，设备和局端才能对接。

G.SHDSL 接口的传输模式是在视图下使用 **set workmode slot** *slot-id* **shdsl** { **atm** | **ptm** }命令进行配置。缺省情况下，G.SHDSL 接口工作在 ATM 模式下。

说明 AR158E、AR158EVW、AR168F、AR168F-4P 和 AR208E 的主控板仅有一个 WAN 物理接口，但可虚拟成 4 个 G.SHDSL 接口。一旦设置了单板的传输模式，这 4 个 G.SHDSL 接口都将工作在相同的传输模式。其中，AR168F 和 AR168F-4P 的接口编号为 0～3；ATM 模式下，AR158E、AR158 和 AR208E 的接口编号为 0～3；PTM 模式下，AR158E、AR158EVW 的接口编号为 4～7，AR208E 的接口编号为 8～11。

AR1200、AR2204、AR2204-51GE-P、AR2204-51GE、AR2204-51GE-R、AR2204-

27GE-P、AR2204-27GE、AR2204E、AR2204E-D、AR2220L、AR2220E、AR2220、AR2240、AR2240C、AR3200和AR3600使用的4G.SHDSL单板仅有一个物理接口，但可虚拟成4个G.SHDSL接口，接口序号为0～3。一旦设置了单板的传输模式，这4个G.SHDSL接口都将工作在相同的传输模式。

（2）去激活G.SHDSL接口

设备启动后，G.SHDSL接口自动进入激活状态。当G.SHDSL接口上需要配置上行线路参数，以实现CPE和局端设备的对接时，需先将G.SHDSL接口去激活，然后配置G.SHDSL参数，最后重新激活，使配置生效。

■ 如果传输模式为ATM模式，则执行**interface atm** *interface-number*命令，进入ATM传输模式下的G.SHDSL接口。

■ 如果传输模式为PTM模式，则执行**interface ethernet** *interface-number*命令，进入PTM传输模式下的G.SHDSL接口。

然后执行**shutdown**命令去激活G.SHDSL接口。

（3）配置G.SHDSL接口的工作模式

设备的G.SHDSL接口支持两种工作模式：CO（局端）模式和CPE（客户端）模式。当两台设备在背对背连接时，必须把一端配置为CO（局端）模式，另一端配置成CPE（客户端）模式。配置方法是在第（2）步所进入的对应接口视图下执行**shdsl mode** { **co** | **cpe** }命令，选择G.SHDSL接口的工作模式即可。

（4）（可选）配置G.SHDSL接口的绑定

为了增加带宽，当局端设备配置了接口绑定时，路由器上也需配置与其相同的接口绑定。例如，局端配置了0号和1号接口绑定，路由器上也必须配置为0号和1号接口绑定。配置绑定时需注意以下情况。

■ 绑定的接口必须是同一单板（4G.SHDSL接口卡或SRU主控板）上的连续几个接口，绑定的接口号必须从偶数开始，开始绑定的接口为主接口，被绑定的接口为从接口。

■ 只有待绑定接口均处在去激活状态，且均没有配置业务时，才可配置接口绑定。

■ 配置G.SHDSL接口的绑定，仅需要在主接口下进行配置，从接口下无需配置。

说明　如果G.SHDSL接口的传输模式为ATM模式，则绑定模式为M-Pair模式；如果G.SHDSL接口的传输模式为PTM模式，则绑定模式为EFM模式。同一单板（4G.SHDSL或1GBIS4W接口卡）单端口上不支持配置两个绑定组。

如果传输模式为ATM模式，则在对应的ATM接口视图下执行**shdsl bind m-pair** *link-number*命令，配置指定G.SHDSL接口以M-Pair模式绑定。参数*link-number*用来指定绑定接口的数量，整数形式，取值范围是2～4，即支持2接口、3接口、4接口的绑定，分别为单接口速率的2倍、3倍、4倍。当设备工作在CPE（客户端）模式下时，也可以执行**shdsl bind m-pair auto**命令，配置G.SHDSL接口以自动模式绑定，这样本端根据对端接口连线模式进行协商，最终协商的连线模式与对端配置一致。

如果传输模式为PTM模式，则在对应以太网接口视图下执行**shdsl bind efm** *link-number*命令配置指定G.SHDSL接口以EFM模式绑定。参数*link-number*用来指定绑定接口的数量，整数形式，取值范围是2～4，支持最多4个接口的绑定，绑定后的速率为各接口的速率之和。

缺省情况下，G.SHDSL 接口未绑定任何模式，可用 **undo shdsl bind** 命令解除 G.SHDSL 接口绑定模式。

（5）（可选）配置 G.SHDSL 接口使用的传输标准

当局端（CO）设备配置了传输标准，CPE 端路由器上需配置与其相同的传输标准。AR G3 系列路由器支持的 G.SHDSL 接口的传输标准如下。

- G.991.2 Annex A 和 G.991.2 Annex F 标准为北美标准。
- G.991.2 Annex B 和 G.991.2 Annex G 标准为欧洲标准。

传输标准的配置方法是在第（2）项配置任务所进入的对应接口视图下执行 **shdsl annex** { **a** | **all** | **b** }命令，选项 **a** 表示 G.SHDSL 接口支持的传输标准符合 G.991.2 Annex A 和 G.991.2 Annex F 标准。当 G.SHDSL 接口线路实际净荷速率小于 2304kbit/s 时，设备将执行 G.991.2 Annex A 标准，当 G.SHDSL 接口线路实际净荷速率介于 2 304 kbit/s～5 696 kbit/s 之间时，设备将执行 G.991.2 Annex F 标准。

选项 **b** 表示 G.SHDSL 接口支持的传输标准符合 G.991.2 Annex B 标准和 G.991.2 Annex G 标准。当 G.SHDSL 接口线路实际净荷速率小于 2 304 kbit/s 时，设备将执行 G.991.2 Annex B 标准；当 G.SHDSL 接口传输速率介于 2 304 kbit/s～5 696 kbit/s 之间时，设备将执行 G.991.2 Annex G 标准。

选择 **all** 选项时，表示 G.SHDSL 接口支持的传输标准同时支持 **a**、**b** 选项所包含的传输标准，线路对接的两端将自适应进行选择。缺省情况下，选择 **all** 选项。

（6）（可选）配置 G.SHDSL 接口的功率频谱密度模式

当局端（CO）设备配置了功率频谱密度（PSD）模式，CPE 路由器上需配置与其相同的功率频谱密度模式。如果该接口处于 ATM 传输模式下的 M-Pair 绑定状态且不是主接口，则无法配置接口的 PSD 模式。AR G3 系列路由器支持的 G.SHDSL 接口的功率频谱密度模式如下。

- 对称模式：与其他的业务具有良好的频谱兼容性，消耗的功率也更低，适用于短距离传输。
- 非对称模式：采用较高的发送功率来实现更佳的传输性能，适用于长距离传输。

功率频谱密度模式的配置方法是在第（2）步所进入的对应接口视图下执行 **shdsl psd** { **asymmetry** | **symmetry** }命令，**asymmetry** 为非对称模式，**symmetry** 为对称模式。缺省情况下，G.SHDSL 接口的 PSD 为对称模式。

（7）（可选）配置 G.SHDSL 接口的发射功率

正常情况下，接口会根据线路的噪声情况，自动调整发送功率，以保证可以获得合适的信噪比。在线路噪声已知的情况下，或者自动调整不准确时，可以通过此命令手动调整发射功率。

G.SHDSL 接口发射功率的配置方法是在第（2）项配置任务所进入的对应接口视图下，正常情况下，执行 **shdsl pbo auto** 命令，接口会根据线路的噪声情况，自动调整发送功率；当线路的噪声已知的情况下，或者自动调整不准确时，执行 **shdsl pbo** *value* 命令，手动调整发射功率，整数形式，取值范围为 1～31，单位为 dB。缺省情况下，选择自动调节发送功率方式。

(8)(可选)配置 G.SHDSL 接口的单板能力

根据局端设备芯片类型不同，用户选择不同的单板能力，要求与局端设备保持一致，以便实现与局端设备的对接。例如，当局端设备为 g-shdsl 模式（还有 g-shdsl.bis 模式）时，设备上也需配置为 g-shdsl 模式，实现对局端设备的对接。

G.SHDSL 接口单板能力分为 g-shdsl.bis 模式和 g-shdsl 模式，具体配置步骤分别见表 4-8 和表 4-9。

表 4-8 g-shdsl.bis 模式的配置步骤

步骤	命令	说明
1	**system view** 例如：<Huawei> **system-view**	进入系统视图
2	**interface atm** *interface-number* 例如：[Huawei] **interface atm** 1/0/0	（二选一）进入 ATM 传输模式下的 G.SHDSL 接口
	interface ethernet *interface-number* 例如：[Huawei] **interface ethernet** 1/0/0	（二选一）进入 PTM 传输模式下的 G.SHDSL 接口。以下配置举例仅以 ATM 模式进行
3	**shdsl capability** { **auto** | **g-shdsl.bis** } 例如：[Huawei-Atm1/0/0] **shdsl capability g-shdsl.bis**	配置 G.SHDSL 接口的单板能力。命令中的选项说明如下。 (1) **auto**：二选一选项，指定 G.SHDSL 接口单板能力为自动模式。 (2) **g-shdsl.bis**：多选一选项，指定 G.SHDSL 接口单板能力为 g-shdsl.bis 模式。 如果在同一个 G.SHDSL 接口视图下重复执行 **shdsl capability** 命令时，新配置将覆盖老配置。 缺省情况下，G.SHDSL 接口的单板能力为 **auto** 模式，可用 **undo shdsl capability** 命令恢复缺省配置
4	**shdsl pam** { **16** | **32** | **64** | **128** | **auto** } 例如：[Huawei-Atm1/0/0] **shdsl pam 32**	配置 G.SHDSL 接口调制模式分别为 16 、32、64、128 PAM 和 **auto** 模式。**auto** 模式下仅支持自动配置 16 PAM 模式和 32 PAM 模式，64 PAM 模式和 128 PAM 模式仅支持手动配置。 缺省情况下，G.SHDSL 接口调制模式为 **auto** 模式，可用 **undo shdsl pam** 命令恢复缺省配置
5	**shdsl bind m-pair 2 pairs** { **auto-enhanced** | **enhanced** | **standard** } 例如：[Huawei-Atm1/0/0] **shdsl bind m-pair 2 pairs enhanced**	配置 G.SHDSL 接口绑定可选增强模式，**仅可在 ATM 传输模式下配置，且仅支持在序号为 0 或 2 的接口下进行配置**。命令中的选项说明如下。 (1) **auto-enhanced**：多选一选项，指定 G.SHDSL 接口绑定为自适应增强模式。 (2) **enhanced**：多选一选项，指定 G.SHDSL 接口绑定为增强模式。 (3) **standard**：多选一选项，指定 G.SHDSL 接口绑定为标准模式。 【说明】配置本命令时要注意以下两点。 ● 绑定的接口必须是同一 4G.SHDSL 单板上的连续几个接口，绑定的接口号必须从偶数开始，开始绑定的接口为主接口，被绑定的接口为从接口。 ● 只有待绑定接口均处在去激活状态，且从接口均没有配置业务时，才可配置接口绑定或解绑定。 缺省情况下，G.SHDSL 接口绑定模式为 **auto-enhanced** 模式，可用 **undo shdsl bind** 命令解除 G.SHDSL 接口绑定模式

续表

步骤	命令	说明
6	**shdsl rate maximum** *maximum* 例如：[Huawei-Atm1/0/0] **shdsl rate maximum** 2000	配置 G.SHDSL 接口手动设置速率的最大值，不同单板能力和接口调制模式的取值范围如下。 • g-shdsl.bis 模式下调制模式为 16 PAM 时，取值限制在 192～2 304 范围内，单位为 kbit/s。 • g-shdsl.bis 模式下调制模式为 32 PAM 时，取值限制在 192～5 696 范围内，单位为 kbit/s。 • g-shdsl.bis 模式下调制模式为 64 PAM 时，取值限制在 192～12 736 范围内，单位为 kbit/s。 • g-shdsl.bis 模式下调制模式为 128 PAM 时，取值限制在 192～15 296 范围内，单位为 kbit/s 【说明】参数 *maximum* 的粒度是 64 kbit/s（2 312 kbit/s 和 3 848 kbit/s 除外），比如当该值设为 650 kbit/s 时，此配置按 640 kbit/s 生效；当该值设为 2 312 kbit/s 时，此配置按照 2 312 kbit/s 生效。 如果在同一个 G.SHDSL 接口视图下重复执行 **shdsl rate maximum** 命令时，新配置将覆盖老配置。 缺省情况下，G.SHDSL 接口最大传输速率为 15 296 kbit/s，可用 **undo shdsl rate maximum** 命令恢复 G.SHDSL 接口最大传输速率为缺省值
7	**shdsl rate minimum** *minimum* 例如：[Huawei-Atm1/0/0] **shdsl rate minimum** 2000	配置 G.SHDSL 接口手动设置速率的最小值，不同单板能力和接口调制模式的取值范围如下。 （1）g-shdsl.bis 模式下调制模式为 16 PAM 时，取值限制在 192～2 304 范围内，单位为 kbit/s。 （2）g-shdsl.bis 模式下调制模式为 32 PAM 时，取值限制在 192～5 696 范围内，单位为 kbit/s。 （3）g-shdsl.bis 模式下调制模式为 64 PAM 时，取值限制在 192～12 736 范围内，单位为 kbit/s。 （4）g-shdsl.bis 模式下调制模式为 128 PAM 时，取值限制在 192～15 296 范围内，单位为 kbit/s。 【说明】参数 *maximum* 的粒度是 64 kbit/s（2 312 kbit/s 和 3 848 kbit/s 除外），比如当该值设为 650 kbit/s 时，此配置按 640 kbit/s 生效；当该值设为 2 312 kbit/s 时，此配置按照 2 312 kbit/s 生效。 如果在同一个 G.SHDSL 接口视图下重复执行 **shdsl rate minimum** 命令时，新配置将覆盖老配置。 缺省情况下，G.SHDSL 接口最小传输速率为 192 kbit/s，可用 **undo shdsl rate minimum** 命令恢复 G.SHDSL 接口最小传输速率为缺省值

表 4-9 g-shdsl 模式的配置步骤

步骤	命令	说明
1	**system-view** 例如：<Huawei> **system-view**	进入系统视图
2	**interface atm** *interface-number* 例如：[Huawei] **interface atm** 1/0/0	（二选一）进入 ATM 传输模式下的 G.SHDSL 接口

续表

步骤	命令	说明
2	**interface ethernet** *interface-number* 例如：[Huawei] **interface ethernet** 1/0/0	（二选一）进入 PTM 传输模式下的 G.SHDSL 接口。以下配置举例仅以 ATM 模式进行
3	**shdsl capability g-shdsl** 例如：[Huawei-Atm1/0/0] **shdsl capability g-shdsl**	配置 G.SHDSL 接口的 **g-shdsl** 单板能力。 缺省情况下，G.SHDSL 接口的单板能力为 **auto** 模式，可用 **undo shdsl capability** 命令恢复缺省配置
4	**shdsl pam** 16 例如：[Huawei-Atm1/0/0] **shdsl pam 16**	配置 G.SHDSL 接口调制模式分别为 16 PAM 模式。 缺省情况下，G.SHDSL 接口调制模式为 **auto** 模式，可用 **undo shdsl pam** 命令恢复缺省配置
5	**shdsl bind m-pair 2 [pairs enhanced]** 例如：[Huawei-Atm1/0/0] **shdsl bind m-pair 2 pairs enhanced**	配置 G.SHDSL 接口为增强模式，**仅可在 ATM 传输模式下配置，且仅支持在序号为 0 或 2 的接口下配置。** 【说明】配置本命令时要注意以下两点。 ● 绑定的接口必须是同一 4G.SHDSL 单板上的连续几个接口，绑定的接口号必须从偶数开始，开始绑定的接口为主接口，被绑定的接口为从接口。 ● 只有待绑定接口均处在去激活状态，且从接口均没有配置业务时，才可配置接口绑定或解绑定。 缺省情况下，G.SHDSL 接口绑定模式为 **auto-enhanced** 模式，可用 **undo shdsl bind** 命令解除 G.SHDSL 接口绑定模式
6	**shdsl rate maximum** *maximum* 例如：[Huawei-Atm1/0/0] **shdsl rate maximum** 2000	配置 G.SHDSL 接口手动设置速率的最大值，取值必须限制在 192～2 304 范围内,，单位为 kbit/s。 【说明】参数 *maximum* 的粒度是 64 kbit/s（2 312 kbit/s 和 3 848 kbit/s 除外），比如当该值设为 650 kbit/s 时，此配置按 640 kbit/s 生效；当该值设为 2 312 kbit/s 时，此配置按照 2 312 kbit/s 生效。 如果在同一个 G.SHDSL 接口视图下重复执行 **shdsl rate maximum** 命令时，新配置将覆盖老配置。 缺省情况下，G.SHDSL 接口最大传输速率为 15 296 kbit/s，可用 **undo shdsl rate maximum** 命令恢复 G.SHDSL 接口最大传输速率为缺省值
7	**shdsl rate minimum** *minimum* 例如：[Huawei-Atm1/0/0] **shdsl rate minimum** 2000	配置 G.SHDSL 接口手动设置速率的最小值，取值必须限制在 192～2 304 范围内，单位为 kbit/s。 【说明】参数 *maximum* 的粒度是 64 kbit/s（2 312 kbit/s 和 3 848 kbit/s 除外），比如当该值设为 650 kbit/s 时，此配置按 640 kbit/s 生效；当该值设为 2 312 kbit/s 时，此配置按照 2 312 kbit/s 生效。 如果在同一个 G.SHDSL 接口视图下重复执行 **shdsl rate minimum** 命令时，新配置将覆盖老配置。 缺省情况下，G.SHDSL 接口最小传输速率为 192 kbit/s，可用 **undo shdsl rate minimum** 命令恢复 G.SHDSL 接口最小传输速率为缺省值

（9）（可选）配置 G.SHDSL 上行接口的兼容性模式

根据局端设备芯片类型的不同，用户需选择不同的接口兼容能力，实现与局端设备的对接。AR G3 系列路由器的 G.SHDSL 接口支持的兼容性模式有探寻模式、厂家标识和互通模式，具体见表 4-10。

表 4-10 **G.SHDSL 接口支持的兼容性模式**

兼容性模式	子分类
探寻模式（pmms）	（1）**normal** 表示标准探寻模式 （2）**long** 表示兼容基于 2.5.x 和 3.0.x 的 Globespan 的收发器探寻模式
厂家标识模式（Vendor）	（1）**normal** 表示保留设备的 Vendor ID（厂商 ID）的值 （2）**gs** 表示使用 Globespan 的 Vendor ID。 （3）**gs enhanced** 表示使用 Globespan 的增强 Vendor ID。 【说明】在与使用 Globespan 的 Vendor ID 的局端设备对接时，局端发现对端不是自己厂商设备时会将对端设备强制下线。通过将 Vendor ID 设置为 Globespan 的 Verdor ID，可防止设备被强制下线。当配置使用 Globespan 的 Vendor ID 若与对端设备对接仍不成功时，可尝试使用 Globespan 的增强 Vendor ID 与对端设备进行对接
互通模式（filter）	（1）**normal** 表示保留缺省互通模式 （2）**specific** 表示在和 Globespan 的较低版本对接且速率低（小于 512 kbit/s）时，对端发送的信号功率谱密度不符合规范，通过设置物理层的互通模式为 specific，可以正确识别对端的信号

G.SHDSL 接口支持的兼容性模式的配置方法是在第（2）项配置任务所进入的对应接口视图下执行 **shdsl compatibility pmms** { **normal** | **long** } **vendor** { **normal** | **gs** [**enhanced**] } **filter** { **normal** | **specific** }命令，这 3 种模式的说明参见表 2-31。

缺省情况下，G.SHDSL 接口的兼容性模式使用 **normal** 模式，可用 **undo shdsl compatibility** 命令恢复缺省配置。

（10）（可选）配置 G.SHDSL 接口的信噪比

G.SHDSL 接口的信噪比仅支持工作在 ATM 传输模式下的 G.SHDSL 接口。AR G3 系列路由器可以配置以下两种 G.SHDSL 接口的信噪比。

■ 当前上下行信噪比：当设备的实际信噪比值大于设定的信噪比值时，设备将激活成功。

■ 最差上下行信噪比：当设备的最差信噪比值低于设定的信噪比值时，设备将直接掉线。

G.SHDSL 接口的信噪比的配置步骤见表 4-11。

表 4-11 **G.SHDSL 接口的信噪比的配置步骤**

步骤	命令	说明
1	**system-view** 例如：<Huawei> **system-view**	进入系统视图
2	**interface atm** *interface-number* 例如：[Huawei] **interface atm** 1/0/0	（二选一）进入 ATM 传输模式下的 G.SHDSL 接口
	interface ethernet *interface-number* 例如：[Huawei] **interface ethernet** 1/0/0	（二选一）进入 PTM 传输模式下的 G.SHDSL 接口。以下配置举例仅以 ATM 模式进行
3	**shdsl current target snr margin upstream** *value*	配置 G.SHDSL 接口当前上行信噪比，参数 *value* 的取值范围为 0～10 dB，取整数。 缺省情况下，G.SHDSL 接口的当前上行信噪比取值为 6 dB，

续表

步骤	命令	说明
3	例如：[Huawei-Atm1/0/0] **shdsl current target snr margin upstream** 8	可用 **undo shdsl current target snr margin upstream** 命令恢复缺省配置。 如果在同一个 G.SHDSL 接口视图下重复执行本命令时，新配置将覆盖老配置
4	**shdsl current target snr margin downstream** *value* 例如：[Huawei-Atm1/0/0] **shdsl current target snr margin downstream** 5	配置 G.SHDSL 接口当前下行信噪比，参数 *value* 的取值范围为 0～10 dB，取整数；下行值要比上行值小。 缺省情况下，G.SHDSL 接口的当前下行信噪比取值为 6 dB，可用 **undo shdsl current target snr margin downstream** 命令恢复缺省配置。 如果在同一个 G.SHDSL 接口视图下重复执行本命令时，新配置将覆盖老配置
5	**shdsl worst case target snr margin upstream** *value* 例如：[Huawei-Atm1/0/0] **shdsl worst case target snr margin upstream** 5	配置 G.SHDSL 接口最差上行信噪比，参数 *value* 的取值范围为 0～6 dB，取整数。 缺省情况下，G.SHDSL 接口的最差上行信噪比取值为 0 dB，可用 **undo shdsl worst case target snr margin upstream** 命令恢复缺省配置。 如果在同一个 G.SHDSL 接口视图下重复执行本命令时，新配置将覆盖老配置
6	**shdsl worst case target snr margin downstream** *value* 例如：[Huawei-Atm1/0/0] **shdsl worst case target snr margin downstream** 3	配置 G.SHDSL 接口最差下行信噪比，参数 *value* 的取值范围为 0～6 dB，取整数；下行值要比上行值小。 缺省情况下，G.SHDSL 接口的最差下行信噪比取值为 0 dB，可用 **undo shdsl worst case target snr margin downstream** 命令恢复缺省配置。 如果在同一个 G.SHDSL 接口视图下重复执行本命令时，新配置将覆盖老配置

（11）（可选）使能 G.SHDSL 线路探询功能

使能线路探询功能，在线路激活过程中路由器将以最佳的线路速率进行激活，具体表现在以下两个方面。

■ 如果局端配置的 G.SHDSL 线路的最大和最小速率不同，则线路的激活速率应在此范围内，否则无法激活，此时可通过使能线路探询功能，设备选择在此速率范围内且与实际线路最为匹配的速率激活。

■ 如果局端配置的 G.SHDSL 线路的最大和最小速率相同，则线路的激活速率应为此固定速率，否则无法激活，此时可通过去使能线路探询功能，选择局端配置的固定速率激活。

使能 G.SHDSL 线路探询功能的配置方法是在第（2）项配置任务所进入的对应接口视图下执行 **shdsl line-probing enable** 命令。缺省情况下，已使能线路探询功能。

（12）激活 G.SHDSL 接口

G.SHDS 接口去激活后，设备与局端建立通信的连接不再存在，如果要进行业务传输，则必须重新激活该接口。

激活 G.SHDSL 接口的配置方法是在第（2）项配置任务所进入的对应接口视图下执行 **undo shutdown** 命令，激活 G.SHDSL 接口。如果要激活以 M-Pair 模式绑定的 G.SHDSL

接口，只需激活主接口，从接口将一起被激活；如果要激活以 EFM 模式绑定的 G.SHDSL 接口，那么主从接口上都必须配置激活，并且需先激活主接口，再激活从接口。

以上配置好后，可使用 **display dsl interface** { **atm** | **ethernet** } *interface-number* 命令查看 G.SHDSL 接口的状态信息，包括 G.SHDSL 接口的链路状态信息、厂家信息和性能统计信息。

4.4 PPP 配置与管理

PPP（Point-to-Point Protocol，点对点协议）是一种点对点链路层协议，主要用于在全双工的同异步链路上进行点到点的数据传输。路由器中的 Serial 接口链路缺省运行的协议就是 PPP。当然，能够运行 PPP 的远不止 Serial 这一种接口，如 Async 接口、CPOS 接口、ISDN BRI 接口、E1-F 接口、CE1/PRI 接口、T1-F 接口、CT1/PRI 接口、3G Cellular 接口、Dialer 接口、虚拟模板接口、POS 接口等都可以运行 PPP。

4.4.1 PPP 简介及报文格式

PPP 是在 SLIP（Serial Line Internet Protocol，串行线 IP）的基础上发展起来的。由于 SLIP 具有只支持异步传输方式、无协商过程（尤其不能协商如双方 IP 地址等网络层属性），且只能承载 IP 一种网络层报文等缺陷，所以在发展过程中逐步被 PPP 替代。

由于 PPP 能够提供用户认证、支持多种网络层协议，并且支持同/异步通信，因而获得广泛应用。配置 PPP 可以实现 PPPoE、PPPoA、PPPoEoA 拨号上网及广域网互联，提供包括 PPPoE、PPPoA、PPPoEoA、PPPoFR 和 PPPoISDN 等多种业务。PPP 还运行于 E1、T1 等专线网络，实现企业总部与分支之间通过 DDN 网络进行对接。

PPP 在 TCP/IP 栈中的数据链路层，由以下 3 类协议族组成。

■ 链路控制协议族（Link Control Protocol）：主要用来建立、拆除和监控 PPP 数据链路。

■ 网络层控制协议族（Network Control Protocol）：主要用来协商在该数据链路上所传输的数据包的格式与类型。

■ 扩展协议族 CHAP（Challenge-Handshake Authentication Protocol）和 PAP（Password Authentication Protocol）：主要用于网络安全方面的验证。

1. PPP 报文格式

PPP 报文封装格式如图 4-9 所示。各字段的含义如下。

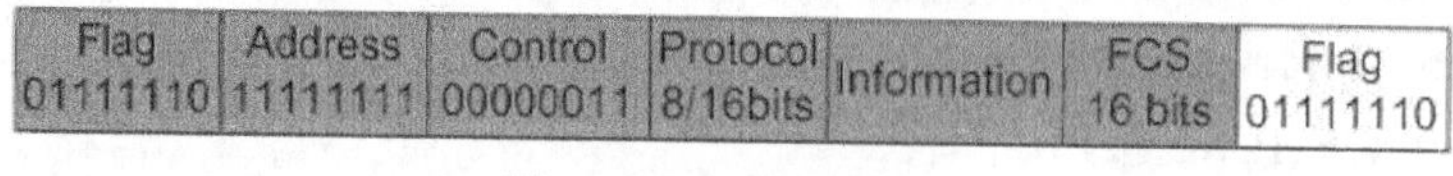

图 4-9 PPP 报文格式

■ Flag：1 字节，标识一个物理帧的起始和结束，该字节固定值为 0x7E。

■ Address：1 字节，可以理解为目的链路层地址，可以唯一标识对端。但因为 PPP 是被运用在点对点的链路上，使用 PPP 互连的两个通信设备无须知道对方的链路层地址，所以将该字节填充为全 1 的广播地址，对于 PPP 来说，该字段无实际意义。

■ Control：1 字节，缺省值为 0x03，表明是无序号帧，因为 PPP 缺省没有采用序列号和确认应答来实现可靠传输。

Address 和 Control 字段的特征一起标识此报文为 PPP 报文，即 PPP 报文头为 FF03。

■ Protocol：1 或 2 字节，可用来区分 PPP 数据帧中信息（Information）字段所承载的数据包类型，即上层协议类型。常见的协议类型代码见表 4-12。

表 4-12　PPP 报文可以承载的上层协信息的类型及代码

协议代码	协议类型
0021	Internet Protocol，即 IP
002b	Novell IPX，即 IPX 协议
002d	Van Jacobson Compressed TCP/IP，压缩版的 TCP/IP
002f	Van Jacobson Uncompressed TCP/IP，非压缩版 TCP/IP
8021	Internet Protocol Control Protocol，即 IPCP 协议
802b	Novell IPX Control Protocol，即 IPXCP 协议
C021	Link Control Protocol，即 LCP 协议
C023	Password Authentication Protocol，即 PAP 协议
C223	Challenge Handshake Authentication Protocol，即 CHAP 协议

■ Information：可变长，最大长度是 1 500 字节，包括填充的内容。Information 字段的最大长度称为最大接收单元（MRU，Maximum Receive Unit）。MRU 的缺省值为 1 500 字节，在实际应用当中可根据实际需要进行 MRU 的协商。

如果 Information 字段长度不足，可被填充，但不是必须的。如果填充则需通信双方的两端能辨认出填充信息和真正需要传送的信息，方可正常通信。

■ FCS：1 字节，帧校验序列字段，对 PPP 数据帧传输的正确性进行检测。

在数据帧中引入了一些传输的保证机制，会引入更多的开销，这样可能会增加应用层交互的延迟。

2. LCP 报文格式

当 PPP 报文载荷（Information 字段）部分封装的上层协议是 LCP 时，则对应的 PPP 报文就是 LCP 报文，其 Information 字段的封装格式如图 4-10 所示。

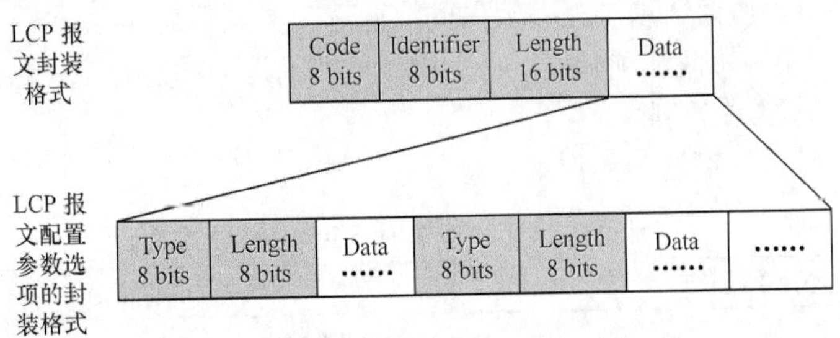

图 4-10　LCP 报文 Information 字段封装格式

在链路建立阶段，PPP 通过 LCP 报文进行链路的建立和协商。此时 LCP 报文作为 PPP 的净载荷被封装在 PPP 数据帧的 Information 字段中，帧中的协议（Protocol）字段的值固定填充 0xC021。

在链路建立阶段的整个过程中信息域的内容是变化的，所以 LCP 报文又分很多类型，通过以下 Code 字段来区分。

■ Code：1 字节，标识 LCP 数据报文的类型，常见的 code 值及所代表的报文类型见表 4-13。

表 4-13　　常见 code 值及代表的报文类型

code 值	报文类型
0x01	Configure-Request （配置请求）
0x02	Configure-Ack （配置确认）
0x03	Configure-Nak （配置否认）
0x04	Configure-Reject （配置拒绝）
0x05	Terminate-Request （结束请求）
0x06	Terminate-Ack （结束确认）
0x07	Code-Reject （代码拒绝）
0x08	Protocol-Reject （协议拒绝）
0x09	Echo-Request （回显请求）
0x0A	Echo-Reply （回显应答）
0x0B	Discard-Request （丢弃请求）
0x0C	Reserved （保留）

在链路建立阶段，接收方接收到 LCP 数据报文。当其 Code 域的值无效时，就会向对端发送一个 LCP 的代码拒绝报文（Code-Reject 报文）。

■ Identifier：1 字节，报文标识 ID，相当于报文序列号，用来匹配请求和响应报文，即响应报文的 ID 必须与对应的请求报文 ID（通常是从 0x01 开始逐步加 1 的）一致。当 Identifier 字段值为非法时，该报文将被丢弃。

■ Length：2 字节，标识 LCP 报文信息部分的总长度，包括 Code、Identifier、Length 和 Data 4 个字段长度的总和，但不包括 PPP 报头部分。

Length 字段所指示字节数之外的字节将被当作填充字节而忽略掉，而且该字段的内容不能超过 MRU 的值。

■ Data：LCP 协商报文的真正内容，包含以下子字段。

Type：1 字节，协商选项类型。常见的协商选项类型见表 4-14。

Length：1 字节，协商选项长度，它是指当前协商选项的总长度，包含 Type、Length 和 Data 3 个子字段的总长度。

Data：可变长，协商选项的详细信息。

表 4-14　　常见的 LCP 协商选项值及对应的报文类型

协商类型值	协商报文类型
0x01	Maximum-Receive-Unit
0x02	Async-Control-Character-Map
0x03	Authentication-Protocol
0x04	Quality-Protocol
0x05	Magic-Number
0x06	RESERVED

续表

协商类型值	协商报文类型
0x07	Protocol-Field-Compression
0x08	Address-and-Control-Field-Compression

4.4.2　PPP 的链路建立过程

整个 PPP 链路建立过程分为 5 个阶段，即 Dead（死亡）阶段、Establish（链路建立）阶段、Authenticate（身份认证）阶段、Network（网络控制协商）阶段和 Terminate（结束）阶段。不同阶段进行不同协议的协商，只有前面的协议协商出结果后，才能转入下一个阶段协议的协商。PPP 链路的基本建立过程如图 4-11 所示，具体描述如下。

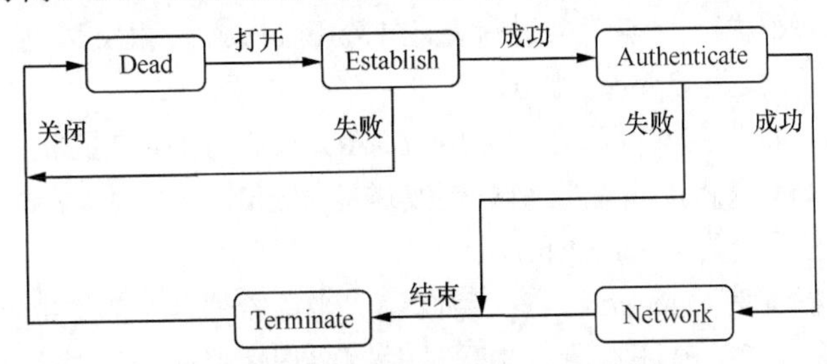

图 4-11　PPP 链路的基本建立过程

① 当有用户向 ISP 或者对端节点发起 PPP 连接请求时，首先打开物理接口，然后 PPP 在建立链路之前先通过封装了 LCP 的 PPP 帧与接口进行协商，协商内容包括工作方式是 SP（单 PPP 通信），还是 MP（多 PPP 通信），认证方式和最大传输单元等。

② LCP 协商完成后就进入 Establish 阶段，进行数据链路建立。这时主要启用 PPP 数据链路层协议，对接口进行封装。如果启用成功，则进入身份认证（Authenticate）阶段，并保持 LCP 为激活状态，否则返回关闭接口，LCP 的状态转换为 Down。

③ 如果数据链路建立成功，进入 Authenticate 阶段，对请求连接的用户进行身份认证。具体要根据通信双方所配置的身份认证方式来确定是采用 CHAP，还是 PAP 进行身份认证。

④ 如果认证成功就进入 Network 阶段，使用封装了 NCP 的 PPP 帧与对应的网络层协议进行协商，并为用户分配一个临时的网络层地址（如 IP 地址）；如果身份认证失败，则直接进入 Terminate（结束）阶段，拆除链路，返回到 Dead 阶段，LCP 状态转换为 Down。

⑤ PPP 链路将一直保持通信，直至有明确的 LCP 或 NCP 帧关闭这条链路，或发生了某些外部事件（如用户的干预），进入到 Terminate 阶段，然后关闭 NCP 协议，释放原来为用户分配的临时网络层地址，最后返回到 Dead 阶段，关闭 LCP。

下面再具体介绍以上所说的 5 个阶段。

1. Dead 阶段（链路不可用阶段）

Dead 阶段也称为物理层不可用阶段。PPP 链路都需从这个阶段开始和结束。当通信双方的两端检测到物理线路激活（通常是检测到链路上有载波信号）时，就会从 Dead 阶段跃迁至 Establish 阶段，进入链路建立阶段。链路被断开后又会返回到链路不可用的 Dead 阶段。

2. Establish 阶段（链路建立阶段）

在 Establish 阶段，PPP 链路进行 LCP 协商。协商内容包括工作方式是 SP 还是 MP、最大接收单元 MRU、认证方式和魔术字（magic number）等选项。当完成配置报文的交换后，则会继续向下一个阶段跃迁。

在链路建立阶段，LCP 的状态机会发生如下改变。

■ 当链路处于不可用阶段时，此时 LCP 的状态机处于初始化 Initial 状态或准备启动 Starting 状态。当检测到链路可用时，则物理层会向链路层发送一个 Up 事件。链路层收到该事件后，会将 LCP 的状态机从当前状态改变为 Request-Sent（请求发送）状态，根据此时的状态机 LCP 会进行相应的动作，也就是开始发送 Configure-Request 报文来配置数据链路。

■ 如果本端设备先收到 Configure-Ack 报文，则 LCP 的状态机从 Request-Sent 状态改变为 Ack-Received 状态，本端向对端发送 Configure-Ack 报文以后，LCP 的状态机从 Ack-Received 状态改变为 Opened 状态。

■ 如果本端设备先向对端发送 Configure-Ack 报文，则 LCP 的状态机从 Request-Sent 状态改变为 Ack-Sent 状态，本端收到对端发送的 Configure-Ack 报文以后，LCP 的状态机从 Ack-Sent 状态改变为 Opened 状态。

■ LCP 状态机变为 Opened 状态以后就完成当前阶段的协商，并向下一个阶段跃迁。

下一个阶段既可能是验证阶段，也可能是网络层协商阶段，选择是依据链路两端设备是否配置了验证功能。

3. Authenticate 阶段（验证阶段）

缺省情况下，PPP 链路不进行验证。如果要求验证，在链路建立阶段必须指定验证协议和验证字。PPP 验证主要是用于主机和设备之间，通过 PPP 网络服务器交换电路或拨号接入连接的链路，偶尔也用于专用线路。

PPP 提供密码验证协议（PAP，Password Authentication Protocol）和质询握手验证协议（CHAP，Challenge-Handshake Authentication Protocol）两种认证方式。

（1）PPP 验证过程

PPP 验证分单向验证和双向验证，单向验证是指一端作为认证方，另一端作为被认证方；双向验证是单向验证的简单叠加，即两端都是既作为认证方又作为被认证方。在实际应用中一般只采用单向验证。

PAP 验证协议为两次握手验证，口令为明文，验证过程如图 4-12 所示。

① 被认证方把本地用户名和口令发送到认证方。

② 认证方根据本地用户表查看是否有被认证方的用户名。如果有，则查看口令是否正确，若正确，则认证通过；若不正确，则认证失败。如果没有，则认证失败。

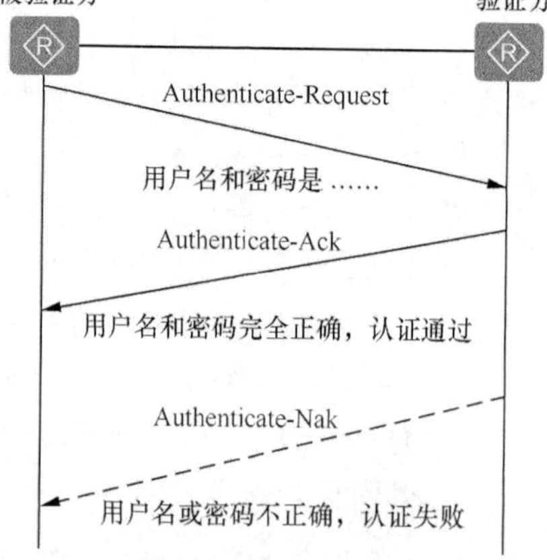

图 4-12 PAP 的验证过程

（2）CHAP 验证过程

CHAP 验证协议为 3 次握手验证协议。它只在网络上以明文方式传输用户名，密码是以加密方式传输的，因此安全性要比 PAP 高。

CHAP 单向验证过程分为两种情况：认证方配置了用户名和认证方没有配置用户名。推荐使用认证方配置用户名的方式，这样可以对认证方的用户名进行确认。但总体的验证过程差不多，如图 4-13 所示。

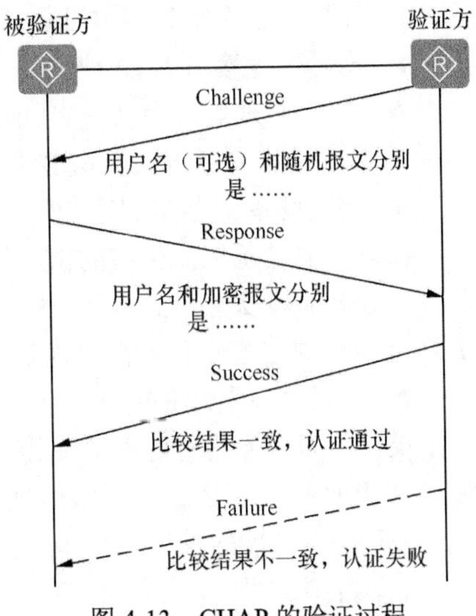

图 4-13　CHAP 的验证过程

（1）认证方配置了用户名的验证过程

① 认证方主动发起验证请求，认证方向被认证方发送一些随机产生的报文（Challenge），并同时将本端的用户名附带上一起发送给被认证方。

② 被认证方接到认证方的验证请求后，先检查本端接口上是否配置了 **ppp chap password** 命令，如果配置了该命令，则被认证方用报文 ID、**ppp chap password** 命令中配置的用户密码和 MD5 算法对该随机报文进行加密，将生成的密文和自己的用户名发回认证方（Response）。如果接口上未配置 **ppp chap password** 命令，则根据此报文中认证方的用户名在本端的用户表查找该用户对应的密码（**此密码一定要与认证方本地用户中配置的被认证方认证密码一致**），用报文 ID、此用户的密码和 MD5 算法对该随机报文进行加密，将生成的密文和被认证方自己的用户名发回认证方（Response）。

③ 认证方用自己保存的被认证方密码和 MD5 算法对原随机报文加密，与前面所接收的加密随机报文进行比较，一致则认证通过，不一致则认证失败。

（2）认证方没有配置用户名的验证过程

① 认证方主动发起验证请求，认证方向被认证方发送一些随机产生的报文（Challenge）。

② 被认证方接到认证方的验证请求后，利用报文 ID、**ppp chap password** 命令配置的 CHAP 密码和 MD5 算法对该随机报文进行加密，将生成的密文和自己的用户名发回认证方（Response）。

③ 认证方用自己保存的被认证方密码和 MD5 算法对原随机报文加密，与前面所接收的加密随机报文进行比较，一致则认证通过，不一致则认证失败。

4. Network 阶段（网络层协商阶段）

PPP 完成了前面几个阶段，通过 NCP 协商来选择和配置一个网络层协议并进行网络层参数协商。每个 NCP 协议可在任何时间打开和关闭，当一个 NCP 的状态机变成 Opened 状态时，则 PPP 就可以开始在链路上承载网络层数据传输。

5. Terminate 阶段（网络终止阶段）

PPP 能在任何时候终止链路。当载波丢失、认证失败或管理员人为关闭链路等情况均会导致链路终止。

4.4.3　配置 PPP 基本功能

PPP 基本功能包括配置接口的链路层协议为 PPP 和配置端口的 IP 地址。通信双方的 PPP 基本功能配置完成后，可以初步建立 PPP 链路。

配置 PPP 接口的 IP 地址主要有 3 种方式。

- 在接口上直接配置 IP 地址。
- 借用其他接口的 IP 地址。
- 通过 IP 地址协商获取 IP 地址。

通过 IP 地址协商方式获取 IP 地址时要配置链路两端设备分别作为客户端和服务器。

- 配置设备作为 PPP 客户端

如果本端设备接口封装的链路层协议为 PPP，且未配置 IP 地址，而对端已有 IP 地址时，可把本端设备配置为客户端，使本端设备接口接收 PPP 协商产生的由对端分配的 IP 地址。这种方式主要用在通过 ISP 访问 Internet 时，获得由 ISP 分配的 IP 地址。

- 配置设备作为 PPP 服务器

设备作为服务器时可以直接为客户端设备接口指定 IP 地址，或者先在系统视图下配置本地 IP 地址池，然后使用该地址池对客户端分配 IP 地址。

PPP 基本功能的具体配置步骤见表 4-15。

表 4-15　PPP 基本功能配置步骤

步骤	命令	说明
1	**system-view** 例如：< Huawei > **system-view**	进入系统视图
2	**interface** *interface-type interface-number* 例如：[Huawei] **interface serial** 1/0/0	进入接口视图，可以是 Serial 接口、Async 接口、CPOS 接口、ISDN BRI 接口、E1-F 接口、CE1/PRI 接口、T1-F 接口、CT1/PRI 接口、3G Cellular 接口、Dialer 接口、虚拟模板接口、POS 接口
3	**link-protocol ppp** 例如：[Huawei-Serial1/0/0]**link- protocol ppp**	配置接口封装的链路层协议为 PPP。 缺省情况下，除以太网接口外，其他接口封装的链路层协议均为 PPP
方式 1：设备作为 PPP 客户端时为自己配置 IP 地址		
4	**ip address** *ip-address* { *mask* | *mask-length* } 例如：[Huawei-Serial1/0/0] **ip address** 192.168.1.2 24	（三选一）直接为接口配置 IP 地址
	ip address unnumbered interface *interface-type interface-number* 例如：[Huawei-Serial1/0/0] **ip address unnumbered interface** loopback 0	（三选一）配置接口借用本地设备其他接口的 IP 地址。通常是借用 Loopback 接口的 IP 地址。 由于借用方接口本身没有 IP 地址，无法在此接口上启用动态路由协议，所以必须手工配置一条到对端网段的静态路由，才能实现设备路由间的连通。 缺省情况下，接口不借用其他接口的 IP 地址，可用 **undo ip address unnumbered** 命令取消接口借用其他接口的 IP 地址
	ip address ppp-negotiate 例如：[Huawei-Serial1/0/0] **ip address ppp-negotiate**	（三选一）配置接口通过 PPP 协商获取 IP 地址，但必须确保对端接口已配置了 IP 地址。 【说明】如果本端接口封装的链路层协议为 PPP，但还未配置 IP 地址，而对端已有 IP 地址时，可为本端接口配置 IP 地址可协商属性，使本端接口接受 PPP 协商产生的由对端分配的 IP 地址。这种方式主要用在通过 ISP 访问 Internet 时，获得由 ISP 分配的 IP 地址。 缺省情况下，接口不通过 PPP 协商获取 IP 地址，可用 **undo ip address ppp-negotiate** 命令取消接口通过 PPP 协商获取 IP 地址

续表

步骤	命令	说明
方式 2：设备作为 PPP 服务器时为对端设备配置 IP 地址		
4	**ip address** *ip-address* { *mask* | *mask-length* } 例如：[Huawei-Serial1/0/0] **ip address** 192.168.1.1 24	配置服务器设备的 IP 地址
5	**remote address** *ip-address* 例如：[Huawei-Serial1/0/0] **remote address** 192.168.1.2 24	（二选一）配置直接为对端分配 IP 地址。参数 *ip-address* 用来指定为对端分配的 IP 地址。 此时需要在作为客户端的设备上配置上面第 4 步中的 **ip address ppp-negotiate** 命令，以使对端接口接受由 PPP 协商产生的分配的 IP 地址。 缺省情况下，本端不为对端分配 IP 地址，可用 **undo remote address** 命令恢复缺省值
	remote address pool *pool-name* 例如：[Huawei-Serial1/0/0] **remote address pool** global1	（二选一）配置采用全局 IP 地址池为对端分配 IP 地址，此时也需要在作为客户端的设备上配置上面第 4 步中的 **ip address ppp-negotiate** 命令。参数 *pool-name* 用来指定为对端分配 IP 地址的 IP 地址池名称，将指定地址池中的一个 IP 地址分配给对端，1～64 个字符，不支持空格，区分大小写。 缺省情况下，本端不为对端分配 IP 地址，可用 **undo remote address** 命令恢复缺省值
6	**quit** 例如：[Huawei-Serial1/0/0] **quit**	退出接口视图，返回系统视图
7	**ip pool** *ip-pool-name* 例如：[Huawei] **ip pool** global1	（可选）创建全局地址池，**仅当在第 5 步中采用了全局 IP 地址池为对端分配 IP 地址时才需要配置**。参数 *ip-pool-name* 用来指定地址池名称，1～64 个字符，不支持空格，区分大小写。 缺省情况下，没有创建全局地址池，可用 **undo ip pool** *ip-pool-name* 命令删除指定的全局地址池
8	**network** *ip-address* [**mask** { *mask* | *mask-length* }] 例如：[Huawei-ip-pool-global1] **network** 192.1.1.0 **mask** 24	（可选）配置全局 IP 地址池下可分配的网段地址，**仅当在第 5 步中采用了全局 IP 地址池为对端分配 IP 地址时才需要配置**。 命令中的参数说明如下。 （1）*ip-address*：指定全局地址池中的 IP 地址段，是一个网络地址，**不是一个主机 IP 地址**。 （2）**mask** { *mask* | *mask-length* }：可选参数，指定以上 IP 地址段所对应的子网掩码（选择 *mask* 参数时）或子网掩码长度（选择 *mask-length* 参数时），**掩码长度不能为 0、1、31 和 32**。 缺省情况下，系统未配置全局地址池下动态分配的 IP 地址范围，可用 **undo network** 命令恢复网段地址为缺省值
9	**gateway-list** *ip-address* &<1-8> 例如：[Huawei-ip-pool-global1]**gateway-list** 10.1.1.1	（可选）配置地址池的出口网关地址，最多可配置 8 个。使得本地设备获知可以给哪些本地接口的对端设备接口从 IP 地址池中分配 IP 地址。**仅当在第 5 步中采用了全局 IP 地址池为对端分配 IP 地址时才需要配置**。 缺省情况下，未配置出口网关地址，可用 **undo gateway-list** { *ip-address* | **all** }命令删除已配置的出口网关地址

4.4.4 配置 PPP 的 PAP 认证

PAP 认证分为 PAP 单向认证与 PAP 双向认证：PAP 单向认证是指一端作为认证方，

另一端作为被认证方；双向认证是单向认证的简单叠加，即两端都是既作为认证方又作为被认证方。在配置 PPP 的 PAP 认证之前，需完成上节介绍的 PPP 基本功能配置。

【经验之谈】PAP 认证需要同时在认证方（实施认证的一方）和被认证方进行配置。在认证方本地要创建好用于对被认证方进行认证的用户账户信息（包括用户名和密码），而在被认证方要配置在进行认证时要发送的用户账户信息，且要与认证方本地用于认证的用户账户信息完全一致。当然，两端还要配置采用相同的 PPP 认证方式。

表 4-16 所示为一个方向的 PAP 认证配置方法，如果要进行双向 PAP 认证，则要在两端设备上同时配置表中的认证方和被认证方，**不同方向的认证所采用的认证账户信息可以一样，也可以不一样。**

表 4-16 PPP 的 PAP 认证配置步骤

步骤	命令	说明
1	**system-view** 例如：< Huawei > **system-view**	进入系统视图
2	**interface** *interface-type interface-number* 例如：[Huawei] **interface serial** 1/0/0	进入接口视图，可以是 Serial 接口、Async 接口、CPOS 接口、ISDN BRI 接口、E1-F 接口、CE1/PRI 接口、T1-F 接口、CT1/PRI 接口、3G Cellular 接口、Dialer 接口、虚拟模板接口、POS 接口
	认证方配置	
3	**ppp authentication-mode pap** [[**call-in**] **domain** *domain-name*] 例如：[Huawei-Serial1/0/0] **ppp authentication-mode pap domain** lycb	配置本端设备对对端设备采用 PAP 认证方式。命令中的参数和选项说明如下。 （1）**call-in**：可选项，指定只在远端用户呼入时才认证对方，**即仅进行服务器对客户端的单向认证，客户端无需对服务器进行认证。如果不选择此可选项，则表示要进行双向认证，服务器也需要主动向客户端发送认证请求。** （2）**domain** *domain-name*：可选参数，指定用户认证采用的域名，1～64 个字符，**不支持空格，区分大小写，且不能使用星号"*"、问号"?"、引号"""等**。所指定的域必须已通过 **domain** *domain-name* [**domain-index** *domain-index*]命令创建。 【说明】如果不指定域，则以对端发送的用户名中带的域认证用户；如果对端发送的用户名中也不包含域，则使用缺省域 default 认证用户。 缺省情况下，PPP 不进行认证，可用 **undo ppp authentication-mode** 命令恢复为缺省情况
4	**quit** 例如：[Huawei-Serial1/0/0] **quit**	退出接口视图，返回系统视图
5	**aaa** 例如：[Huawei] **aaa**	进入 AAA 视图
6	**local-user** *user-name* **password** 例如：[Huawei-aaa] **local-user** winda **password**	创建本地用户的用户名和密码。参数 *user-name* 用来指定用于认证的本地用户名字符串形式，不区分大小写，长度范围是 1～64，不支持空格、星号、双引号和问号。 密码采取交互方式配置，字符串形式，区分大小写，长度范围是 8～128。为了防止密码过于简单导致的安全隐患，用户输入的密码**必须包括大写字母、小写字母、数字和特殊字符中至少两种，且不能与用户名或用户名的倒写相同。**如果创建本地用户时没有

续表

步骤	命令	说明
6		配置密码，则密码为空，此时本地用户无法登录设备。 缺省情况下，本地账号的登录密码为 Admin@huawei
7	**local-user** *user-name* **service-type ppp** 例如：[Huawei-aaa] **local-user** winda **service-type ppp**	配置参数 *user-name* 指定的本地用户（**要与上一步配置的用户名一致**）使用的服务类型为 PPP。 缺省情况下，本地用户**关闭**所有的接入类型，可用 **undo local-user** *user-name* **service-type** 命令将指定的本地用户的接入类型恢复为缺省配置
	被认证方配置	
3	**ppp pap local-user** *username* **password** { **cipher** | **simple** } *password* 例如：[Huawei-Serial1/0/0] **ppp pap local-user** winda **cipher** huawei	配置本地被对端以 PAP 方式认证时本地发送的 PAP 用户名和密码。命令中的参数和选项说明如下。 （1）*username*：指定本地设备被对端设备采用 PAP 方式认证时发送的用户名，1～64 个字符，**不支持空格，区分大小写，要与认证方配置的用户名一致。** （2）**cipher**：二选一选项，指定密码为密文显示。 （3）**simple**：二选一选项，指定密码为明文显示。 （4）*password*：指定本地设备被对端设备采用 PAP 方式认证时发送的密码，**支持空格，区分大小写**，如果选择 **simple** 选项，则必须是 1～32 个字符的明文密码；如果选择 **cipher** 选项，则既可以是 24～68 个字符的密文密码，也可以是 1～32 个字符的明文密码，**但要与认证方配置的密码一致。** 缺省情况下，对端采用 PAP 认证时本地设备发送的用户名和密码均为空，可用 **undo ppp pap local-user** 命令取消配置的用户名和密码

注意　在认证方或者被认证方完成上述 PAP 认证配置后，必须在对应的接口视图下依次执行 **shutdown** 和 **undo shutdown** 重启接口，PAP 认证才能生效。

4.4.5　配置 PPP 的 CHAP 认证

CHAP 认证也分为 CHAP 单向认证与 CHAP 双向认证两种。另外，CHAP 认证过程分为两种情况：认证方配置了用户名和认证方没有配置用户名。推荐使用认证方配置用户名的方式，这样可以对认证方的资格进行确认。

【经验之谈】当认证方配置了用户名时，可以使被认证方验证认证方的资格，以防连接到非法的服务器端。也就是被认证方也有资格验证对方是否有资格对自己进行认证。就相当于一个双向认证：不仅认证方可以对被认证方进行认证，被认证方也可对认证方进行认证，这就是 CHAP 3 次握手过程的基本原理。在认证方没有配置用户名时，CHAP 认证过程就与前面介绍的 PAP 认证过程完全一样，仅是一个认证方对被认证方进行的单向认证。**但这里所说的“单向认证”和“双向认证”与前面所说的 PAP 和 CHAP 都支持“单向认证”和“双向认证”是不同的**，这里是针对同一次会话活动而言的，而 PAP 和 CHAP 中所支持的“单向认证”和“双向认证”则是针对两次会话活动而言的。

在配置 PPP 的 PAP 认证之前，需完成 4.4.3 节介绍的 PPP 基本功能配置。

认证方配置了用户名后的 CHAP 认证的具体配置步骤见表 4-17。**双方都要配置认证**

用户名，创建用于验证对方认证的本地用户账户，因为此时被认证方同时需要对认证的资格进行确认，适用于安全性较高的环境。

表 4-17　认证方配置了用户名时的 CHAP 认证具体配置步骤

步骤	命令	说明
1	**system-view** 例如：< Huawei > **system-view**	进入系统视图
2	**interface** *interface-type interface-number* 例如：[Huawei] **interface serial** 1/0/0	进入接口视图，其他说明参见上节表 4-16 中的第 2 步
	认证方配置	
3	**ppp authentication-mode chap** [[**call-in**] **domain** *domain-name*] 例如：[Huawei-Serial1/0/0] **ppp authentication-mode chap do main** lycb	配置本端设备对对端设备采用 CHAP 认证方式。命令中的参数和选项说明参见上节表 4-16 中认证方设备上配置的第 3 步
4	**ppp chap user** *username* 例如：[Huawei-Serial1/0/0] **ppp chap user** grfw	设置 CHAP 认证时自己所用的用户名。参数 *username* 用来指定发送到被认证方设备进行 CHAP 验证时使用的用户名（使被认证方确认认证方资格，**不需要在认证方本地创建**），1～64 个字符，**不支持空格，区分大小写。在被认证方上为认证方配置的本地用户的用户名必须与此处配置的一致**，即与本表下面被认证方配置的第 6 步通过 **local- user** 命令创建的用户名一致。 【说明】还可通过 **ppp chap password** { **cipher** | **simple** } *password* 命令为该账户配置密码。当被认证方已通过本命令配置了被认证方的认证用户账户密码时可不配置。 缺省情况下，CHAP 认证的用户名为空，可用 **undo ppp chap user** 命令删除 CHAP 认证的用户名
5	**quit** 例如：[Huawei-Serial1/0/0] **quit**	退出接口视图，返回系统视图
6	**aaa** 例如：[Huawei] **aaa**	进入 AAA 视图
7	**local-user** *user-name* **password** 例如：[Huawei-aaa] **local-user** winda **password**	创建本地用户的用户名和密码，这是用来对被认证方所发送的用户名进行认证的用户信息，**需要在认证方本地创建。这里配置的用户名要与被认证方配置的认证用户名一致**，即与本表下面被认证方配置的第 3 步通过 **ppp chap user** 命令配置的用户名一致。命令中的参数说明参见上节表 4-16 中认证方配置的第 6 步
8	**local-user** *user-name* **service-type ppp** 例如：[Huawei-aaa]**local-user** winda **service-type ppp**	配置参数 *user-name* 指定的本地用户（**要与上一步配置的用户名一致**）使用的服务类型为 PPP。其他说明参见上节表 4-16 中认证方配置的第 7 步
	被认证方配置	
3	**ppp chap user** *username* 例如：[Huawei-Serial1/0/0]**ppp chap user** winda	设置 CHAP 认证的用户名。参数 *username* 用来指定被认证方向认证方发送的用户名（用于认证方对被认证方的认证，**不需要在被认证方本地创建**），在认证方上为被认证方配置的本地用户的用户名必须与此处配置的一致，即与本表上面认证方配置的第 7 步通过 **local-user** 命令创建的用户名一致。

续表

步骤	命令	说明
3		【说明】还可通过 **ppp chap password** { **cipher** | **simple** } *password* 命令为该账户配置密码。当认证方已通过本命令配置了认证方的认证用户账户密码时可不配置。 其他说明参见本表认证方配置的第 4 步
4	**quit** 例如：[Huawei-Serial1/0/0] **quit**	退出接口视图，返回系统视图
5	**aaa** 例如：[Huawei] **aaa**	进入 AAA 视图
6	**local-user** *user-name* **password** 例如：[Huawei-aaa] **local-user** grfw **password**	创建本地用户的用户名和密码，用于验证认证方的资格，**需要在被认证方本地创建**。这里创建的用户名要和认证方配置的认证用户名一致，即与本表上面认证方配置的第 4 步通过 **ppp chap user** 命令配置的用户名一致。命令中的参数说明参见上节表 4-16 中认证方配置的第 6 步
7	**local-user** *user-name* **service-type ppp** 例如：[Huawei-aaa] **local-user** grfw **service-type ppp**	配置参数 *user-name* 指定的本地用户（**要与上一步配置的用户名一致**）使用的服务类型为 PPP。其他说明参见上节表 4-16 中认证方配置的第 7 步

认证方没有配置用户名的 CHAP 认证的具体配置步骤见表 4-18，此时**被认证方不需要对认证的资格进行确认**，适用于安全性较好的环境。但表中所列的都仅是针对 CHAP 单向认证进行介绍的，**双向认证时需要双方同时配置表中的认证方和被认证方。**

表 4-18　认证方没有配置用户名时的 CHAP 认证具体配置步骤

步骤	命令	说明
1	**system-view** 例如：< Huawei > **system-view**	进入系统视图
2	**interface** *interface-type interface-number* 例如：[Huawei] **interface serial** 1/0/0	进入接口视图，其他说明参见上节表 4-16 中的第 2 步
	认证方配置	
3	**ppp authentication-mode chap** [[**call-in**] domain *domain-name*] 例如：[Huawei-Serial1/0/0]**ppp authentication-mode chap domain** lycb	配置本端设备对对端设备采用 CHAP 认证方式。命令中的参数和选项说明参见上节表 4-16 中认证方设备配置的第 3 步
4	**quit** 例如：[Huawei-Serial1/0/0] **quit**	退出接口视图，返回系统视图
5	**aaa** 例如：[Huawei] **aaa**	进入 AAA 视图
6	**local-user** *user-name* **password** 例如：[Huawei-aaa] **local-user** winda **password**	创建本地用户的用户名和密码，这是用来对被认证方所发送的用户名进行认证的用户信息，**需要在认证方本地创建。这里配置的用户名要与被认证方配置的认证用户名一致**，即与本表下面被认证方配置的第 3 步和第 4 步配置的用户名和密码一致。命令中的参数说明参见上节表 4-16 中认证方的第 6 步

续表

步骤	命令	说明
7	**local-user** *user-name* **service-type ppp** 例如：[Huawei-aaa] **local-user** winda **service-type ppp**	配置参数 *user-name* 指定的本地用户（**要与上一步配置的用户名一致**）使用的服务类型为 PPP。其他说明参见上节表 4-16 中认证方配置的第 7 步
	被认证方配置	
3	**ppp chap user** *username* 例如：[Huawei-Serial1/0/0]**ppp chap user** winda	设置 CHAP 认证的用户名，是指被认证方向认证方发送的用户名（用于认证方对被认证方的认证，**不需要在被认证方本地创建**），在认证方上为被认证方配置的本地用户的用户名必须与此处配置的一致，即与本表中认证方配置的第 6 步通过 **local-user** 命令创建的用户名一致。其他说明参见本节表 4-17 中认证方配置的第 4 步
4	**ppp chap password** { **cipher** | **simple** } *password* 例如：[Huawei-Serial1/0/0] **ppp chap password cipher** huawei	配置 CHAP 验证的密码，一定要与本表中认证方配置的第 6 步通过 **local-user** 命令创建的用户密码一致。命令中的参数和选项说明参见上节表 4-16 中被认证方设备配置的第 3 步 缺省情况下，未配置 CHAP 验证的密码，可用 **undo ppp chap password** 命令删除配置的密码

4.4.6 配置 PPP 协商参数

在设备上还可以有选择地配置一些用于 PPP 协商的参数，具体包括以下可选配置任务。

1. 协商超时时间间隔

在 PPP 协商过程中，如果在某个时间间隔内没有收到对端的应答报文，则 PPP 会重发前一次发送的报文，这个时间间隔称为“超时时间间隔”。但这个时间间隔设置过大，会降低链路的传输效率；设置过小又将提高报文的重发率，增加链路负担，需根据实际情况调整其缺省配置。

2. 协商轮询时间间隔

“轮询时间间隔”是指接口发送 keepalive（保持活跃）报文的周期。keepalive 报文用于链路状态监测维护，接口如果在 5 个 keepalive 周期之后仍然无法收到对端的 keepalive 报文，它就会认为链路发生故障。

在低速链路上，超大报文可能会需要很长的时间才能传送完毕，这样就会延迟 keepalive 报文的发送与接收。而接口如果在 5 个 keepalive 周期之后仍然无法收到对端的 keepalive 报文，它就会认为链路发生故障而自动关闭。为了避免这种情况发生，要根据实际情况调整其缺省配置。

3. 协商 DNS 服务器地址

设备在进行 PPP 地址协商的过程中可以进行 DNS 地址协商，此时设备既可以配置为接收对端分配的 DNS 地址，也可以配置为向对方提供 DNS 地址。

当设备通过 PPP 连接运营商的接入服务器时，设备应配置为被动接收或主动请求对端指定 DNS 地址，这样设备就可以使用接入服务器分配的 DNS 来解析域名。当 PC 与设备通过 PPP 相连时（通常为 PC 拨号连接设备），设备可以为 PC 指定 DNS 地址，这样 PC 就可以访问 Internet。但路由器不能同时配置成既为对端指定 DNS 服务器地址，又接收对端为其指定的 DNS 服务器地址。

4. 配置 PPP 心跳报文的重传次数

设备发送 PPP 心跳报文以检测 PPP 链路的质量。当链路质量差，发送的心跳报文达到重传次数时，设备会断开 PPP 连接。

- 当业务对 PPP 链路质量要求高、链路质量恶化对业务影响大时，用户为了及时探知链路质量状态并采取措施，可以减少 PPP 心跳报文的重传次数。
- 当业务对 PPP 链路质量要求低、链路质量恶化对业务影响小时，用户为了避免 PPP 链路频繁断开，可以增大 PPP 心跳报文的重传次数。

5. 抑制对端主机路由加入本端直连路由表中

抑制对端主机路由加入本端直连路由表中，防止当有一端配错了 IP 地址，另一端自动把错误的对端主机路由加到本端直连路由表中，造成在网络中发布错误的路由信息。

以上 5 项配置任务的具体配置步骤见表 4-19。

表 4-19　PPP 协商参数配置步骤

<table>
<tr><th>步骤</th><th>命令</th><th colspan="2">说明</th></tr>
<tr><td>1</td><td>system-view
例如：< Huawei > system-view</td><td colspan="2">进入系统视图</td></tr>
<tr><td>2</td><td>interface interface-type interface-number
例如：[Huawei] interface serial 1/0/0</td><td colspan="2">进入接口视图，其他说明参见 4.4.3 节表 4-16 中的第 2 步</td></tr>
<tr><td>3</td><td>ppp timer negotiate seconds
例如：[Huawei-Serial1/0/0] ppp timer negotiate 5</td><td colspan="2">配置 PPP 协商超时时间间隔。参数 seconds 用来指定 PPP 协商超时时间间隔，取值范围为 1～10 整数秒。
缺省情况下，PPP 协商超时时间间隔为 3 s，可用 undo ppp timer negotiate 命令恢复为缺省值</td></tr>
<tr><td>4</td><td>timer hold seconds
例如：[Huawei-Serial1/0/0] timer hold 60</td><td colspan="2">配置轮询时间间隔。参数 seconds 用来指定接口轮询时间间隔，取值范围为 1～32 767 整数秒。如果将轮询时间间隔配置为 0 s，则表示不发送 keepalive 报文。
缺省情况下，轮询时间间隔为 10 s，可用 undo timer hold 命令恢复为缺省情况</td></tr>
<tr><td rowspan="2">5</td><td>ppp ipcp dns request
例如：[Huawei-Serial1/0/0]ppp ipcp dns request</td><td rowspan="2">（二选一）配置路由器接收对端分配的 DNS 服务器地址</td><td>（二选一）配置设备主动向对端请求 DNS 服务器的 IP 地址。
【说明】当设备通过 PPP 与其他设备相连时，若设备需要通过域名直接访问 Internet，则需要对端设备为其分配 DNS 服务器地址。
缺省情况下，设备不会主动向对端请求 DNS 服务器地址，可用 undo ppp ipcp dns request 命令恢复为缺省情况</td></tr>
<tr><td>ppp ipcp dns admit-any
例如：[Huawei-Serial1/0/0]ppp ipcp dns admit-any</td><td>（二选一）配置路由器被动地接收对端指定的 DNS 服务器地址。
【说明】当设备通过 PPP 与其他设备相连时，若设备需要通过域名直接访问 Internet，则需要对端设备为其分配 DNS 服务器地址。
缺省情况下，路由器不会被动地接收对端设备指定的 DNS 服务器的 IP 地址，可用 undo ppp ipcp dns admit-any 命令恢复为缺省情况</td></tr>
</table>

续表

步骤	命令	说明
5	**ppp ipcp dns** *primary-dns-address* [*secondary-dns-address*] 例如：[Huawei-Serial1/0/0] **ppp ipcp dns** 10.10.10.10 10.10.10.11	（二选一）配置设备为对端设备指定 DNS 服务器的 IP 地址。命令中的参数说明如下。 （1）*primary-dns-address*：指定为对端提供的主 DNS 服务器的 IP 地址。 （2）*secondary-dns-address*：可选参数，指定为对端提供的从 DNS 服务器的 IP 地址。 【说明】当主机与设备通过 PPP 相连时，主机若想通过域名直接访问 Internet，则需要设备为主机指定 DNS 服务器地址。 缺省情况下，设备不为对端设备指定 DNS 服务器的 IP 地址，可用 **undo ppp ipcp dns** *primary-dns-address* [*secondary- dns-address*] 命令禁止设备为对端设备指定 DNS 服务器的 IP 地址
6	**ppp keepalive retry-times** *retry-times* 例如：[Huawei-Serial1/0/0] **ppp keepalive retry-times 5**	配置 PPP 心跳报文的重传次数，整数形式，取值范围是 1～10。缺省情况下，PPP 心跳报文的重传次数是 4，可用 **undo ppp keepalive retry-times** 命令恢复缺省情况
7	**ppp peer hostroute-suppress** 例如：[Huawei-Serial1/0/0] **ppp peer hostroute-suppress**	使能抑制对端主机路由添加到本端直连路由表的功能。执行本命令后，本端的直连路由表中将不再包含对端主机路由。 缺省情况下，本端的直连路由表中包含对端主机路由，可用 **undo ppp peer hostroute-suppress** 命令去使能抑制对端主机路由添加到本端直连路由表的功能，使本端的直连路由表中包含对端主机路由。 【注意】修改本步配置后，要执行 **shutdown** 和 **undo shutdown** 或 **restart** 命令重新启动相应的接口，使配置生效

4.4.7 PAP 单向认证配置示例

本示例的基本网络结构如图 4-14 所示，RouterA 的 Serial1/0/0 和 RouterB 的 Serial1/0/0 相连。用户希望 RouterA 对 RouterB 进行简单的认证，而 RouterB 不需要对 RouterA 进行认证。

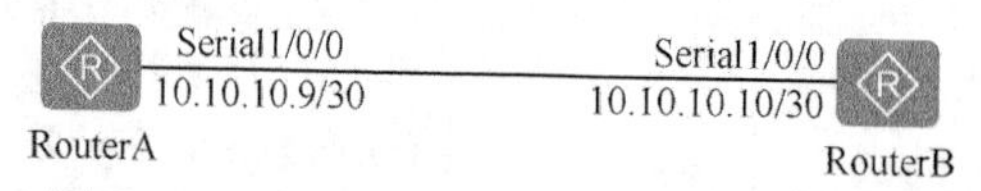

图 4-14 PAP 单向认证配置示例的拓扑结构

很显然，根据本示例的要求，采用 PPP PAP 认证方式最简单。此时 RouterA 作为 PAP 认证的认证方，RouterB 作为 PAP 认证的被认证方。现仅以 AAA 本地认证方案（用户名为 winda@system，ISP 域为缺省 system）为例进行介绍，具体的配置步骤如下。

1. 认证方 RouterA 上的配置

认证方涉及的配置包括 Serial 接口 IP 地址、PAP 认证方式、ISP 域（本示例采用缺省的 system 域）、本地认证方案，并创建用于对被认证方进行验证的本地用户账户（指定其支持 PPP 服务）。

① 配置接口 Serial1/0/0 的 IP 地址及封装的链路层协议为 PPP。因为本示例中明确指定了双方接口的 IP 地址，所以可直接为双方配置 IP 地址，不采用 IP 地址协商方式。

```
<Huawei> system-view
[Huawei] sysname RouterA
[RouterA] interface serial 1/0/0
[RouterA-Serial1/0/0] link-protocol ppp
[RouterA-Serial1/0/0] ip address 10.10.10.9 30
```

② 配置PPP认证方式为PAP、认证域采用缺省的system域。

```
[RouterA-Serial1/0/0] ppp authentication-mode pap domain system
[RouterA-Serial1/0/0] quit
```

③ 配置本地用户账户和域。因为要对被认证方进行认证，需要在本地创建用于认证的用户名和密码。此处仅以AAA本地认证方案为例进行介绍。

```
[RouterA] aaa
[RouterA-aaa] authentication-scheme system_a                 !---创建名为system_a的AAA认证方案
[RouterA-aaa-authen-system_a] authentication-mode local      !---指定以上认证方案采用本地认证方式
[RouterA-aaa-authen-system_a] quit
[RouterA-aaa] domain system                                  !---进入缺省的system域视图下
[RouterA-aaa-domain-system] authentication-scheme system_a   !---指定system域采用system_a认证方案
[RouterA-aaa-domain-system] quit
[RouterA-aaa] local-user winda@system password   !---创建本地用户帐户winda@systemm，并以交互方式配置其密码
[RouterA-aaa] local-user winda@system service-type ppp   !---指定winda@systemm为PPP用户
[RouterA-aaa] quit
```

④ 重启接口，保证配置生效。

```
[RouterA] interface serial 1/0/0
[RouterA-Serial1/0/0] shutdown
[RouterA-Serial1/0/0] undo shutdown
```

2. 被认证方RouterB上的配置

在单向认证中，被认证方的配置就比较简单，主要包括配置Serial接口IP地址，指定发送的PAP认证用户的账户信息。

① 配置接口Serial1/0/0的IP地址及封装的链路层协议为PPP。

```
<Huawei> system-view
[Huawei] sysname RouterB
[RouterB] interface serial 1/0/0
[RouterB-Serial1/0/0] link-protocol ppp
[RouterB-Serial1/0/0] ip address 10.10.10.10 30
```

② 配置向认证方RouterA发送PAP认证的PAP用户名和密码（要与在RouterA配置的本地用户账户名和密码一致）。

```
[RouterB-Serial1/0/0] ppp pap local-user winda@system password simple huawei123
```

③ 重启接口，保证配置生效。

```
[RouterB-Serial1/0/0] shutdown
[RouterB-Serial1/0/0] undo shutdown
```

配置好后执行**display interface serial** 1/0/0命令查看接口的配置信息，验证配置结果。从中可以看出接口的物理层和链路层的状态都是**Up**，并且PPP的LCP和IPCP都是**opened**状态（参见输出信息中粗体部分），说明链路的PPP协商已经成功，并且RouterA和RouterB可以互相Ping通对方。

```
[RouterB] display interface serial 1/0/0
Serial1/0/0 current state : Up
Line protocol current state : Up
Last line protocol up time : 2018-07-25 11:35:10
Description:HUAWEI, AR Series, Serial1/0/0 Interface
```

```
Route Port,The Maximum Transmit Unit is 1500, Hold timer is 0(sec)
Internet Address is 10.10.10.9/30
Link layer protocol is PPP
LCP opened, IPCP opened
Last physical up time    : 2018-07-25 11:35:10
Last physical down time : 2018-07-25 11:35:01
<省略>
```

4.4.8 CHAP 单向认证配置示例

本示例的基本网络结构参见 4.4.7 节的图 4-14，此处不同的只是用户希望 RouterA 对 RouterB 采用更可靠的 CHAP 认证方式，而 RouterB 不对 RouterA 进行认证。即 RouterA 作为 CHAP 认证的认证方，RouterB 作为 CHAP 认证的被认证方。

为了更加安全可靠，本示例采用了认证方配置了用户名的情形，具体配置步骤如下（在此也仅以 AAA 中的本地认证方案为例进行介绍）。

1. 认证方 RouterA 上的配置

因为本示例要求认证方配置认证用户名，根据根据 4.4.5 节表 4-17 介绍的配置方法可知，此时认证方需要配置 Serial 接口 IP 地址、CHAP 认证方式，用于被认证方验证的用户名、ISP 域、AAA 本地认证方案，以及用于验证被认证方的本地用户账户。

① 配置接口 Serial1/0/0 的 IP 地址及封装的链路层协议为 PPP。

```
<Huawei> system-view
[Huawei] sysname RouterA
[RouterA] interface serial 1/0/0
[RouterA-Serial1/0/0] link-protocol ppp
[RouterA-Serial1/0/0] ip address 10.10.10.9 30
```

② 配置 PPP 认证方式为 CHAP，用于被认证方 RouterB 进行认证方验证的用户名为 winda@system、认证域为 system。

```
[RouterA-Serial1/0/0] ppp authentication-mode chap domain system
[RouterA-Serial1/0/0] ppp chap user winda@system
[RouterA-Serial1/0/0] quit
```

③ 配置本地用户及域。本地用户（假设名为 lycb@system）是用来对被认证方 RouterB 进行认证的。

```
[RouterA] aaa
[RouterA-aaa] authentication-scheme system_a
[RouterA-aaa-authen-system_a] authentication-mode local
[RouterA-aaa-authen-system_a] quit
[RouterA-aaa] domain system
[RouterA-aaa-domain-system] authentication-scheme system_a
[RouterA-aaa-domain-system] quit
[RouterA-aaa] local-user lycb@system password     !----创建本地用户帐户 lycb@system，并以交互方式配置其密码
[RouterA-aaa] local-user lycb@system service-type ppp
[RouterA-aaa] quit
```

④ 重启接口，保证配置生效。

```
[RouterA] interface serial 1/0/0
[RouterA-Serial1/0/0] shutdown
[RouterA-Serial1/0/0] undo shutdown
```

2. 被认证方 RouterB 上的配置

在认证方配置了认证用户名的情形下，被认证方主要需配置 Serial 接口 IP 地址、本

地发送的 CHAP 认证凭据，以及用来验证认证方的本地账户。

① 配置接口 Serial1/0/0 的 IP 地址及封装的链路层协议为 PPP。

```
<Huawei> system-view
[Huawei] sysname RouterB
[RouterB] interface serial 1/0/0
[RouterB-Serial1/0/0] link-protocol ppp
[RouterB-Serial1/0/0] ip address 10.10.10.10 30
```

② 配置本地向认证方 RouterA 发送的 CHAP 认证用户名和密码，必须与在认证方 RouterA 上创建的本地用户名和密码一致。

```
[RouterB-Serial1/0/0] ppp chap user lycb@system
[RouterB-Serial1/0/0] ppp chap password cipher huawei123
```

③ 配置用于验证认证方的本地用户。

```
[RouterB] aaa
[RouterB-aaa] local-user winda@system password   !----创建本地用户帐户 winda@system，并以交互方式配置其密码
[RouterB-aaa] local-user winda@system service-type ppp
[RouterB-aaa] quit
```

④ 重启接口，保证配置生效。

```
[RouterB-Serial1/0/0] shutdown
[RouterB-Serial1/0/0] undo shutdown
```

配置好后，同样可以通过 **display interface serial** 1/0/0 命令查看接口的配置信息，验证配置结果。具体输出示例略。

4.5　MP 配置与管理

MP（MultiLink PPP）是将多个 PPP 链路捆绑使用的技术，可以满足增加整个通信链路的带宽、增强可靠性（因为捆绑的多条链路之间具有冗余、备份功能）的需求。MP 捆绑的是物理 PPP 链路，包括 Serial 接口（也可以是自动生成的逻辑 Serial 接口）、Async 接口、CPOS 接口、ISDN BRI 接口、E1-F 接口、CE1/PRI 接口、T1-F 接口、CT1/PRI 接口、虚拟模板接口、CPOS 接口、POS 接口。

4.5.1　MP 概述

当用户对带宽的要求较高时，单个 PPP 链路无法提供足够的带宽，这时将多个 PPP 链路进行捆绑形成 MP 链路，旨在增加链路的带宽并增强链路可靠性。

MP 主要有两种方式，一种是利用虚拟接口模板（VT，Virtual-Template），另一种是利用 MP-group 接口，具体见表 4-20。

表 4-20　MP 实现方式分类及对比

分类	子分类	特点及应用场景	限制
采用虚拟模板（VT）接口实现 MP	将多条 PPP 链路直接绑定到 VT 上实现 MP	通过多条 PPP 链路和一个虚拟接口模板的直接绑定实现 MP，物理接口可以配置验证，也可以配置不验证。 这种方法配置简单，但当采用不认证方式时安全性不高，因为可能被非法捆绑	同一个链路上这两种实现方式互斥

续表

分类	子分类	特点及应用场景	限制
采用虚拟模板（VT）接口实现 MP	按照 PPP 链路用户名查找 VT 实现 MP	系统可以根据验证通过的对端用户名找到绑定的虚拟接口模板，相同用户名绑定到一个虚拟接口模板。这种 MP 绑定方式一定要配置 PPP 验证，只有物理接口通过验证后，绑定才能生效。 这种方法实现灵活，但配置复杂（因为每条 PPP 链路都要配置相同的 PPP 认证），一般用于灵活性要求较高的场合	
采用 MP-Group 实现 MP	将多条 PPP 链路加入 MP-Group 实现 MP	MP-Group 接口是 MP 的专用逻辑接口，不能支持其他应用，通过直接将多条 PPP 链路加入 MP- Group 实现 MP。 这种方法快速高效、配置简单、容易理解，实际应用中多采用这种方法进行 PPP 绑定	—

说明

VT（Virtual-Template，虚拟模板）接口是用来在 PPP 链路中需要承载其他链路层协议（如此处的 MP）时所采用的一种逻辑接口。另外，在 ATM 和 VPN 应用中也经常要用到 VT 接口，如 PPPoA 专线 ADSL 中就有 ATM 应用，需要使用 VT。在实际应用环境中，虚拟访问模板的创建和删除由系统自动完成，**但 VT 接口在链路层只支持 PPP，网络层只支持 IP**（可直接配置 IP 地址，或者通过从对端协商获取 IP 地址）。

MP-Group 是一个专门用于 MP 的逻辑接口，通过建立接口和 MP-Group 的对应关系，将多个接口捆绑到一个 MP-Group 逻辑接口，实现 MP 捆绑。MP-Group 通常应用在具有动态带宽需求的场合。**但 MP-Group 接口在链路层只支持 PPP，网络层只支持 IP**（可直接配置 IP 地址，或者通过从对端协商获取 IP 地址）。

对于采用虚拟接口模板实现 MP 的方式，不管是将 PPP 链路直接绑定到 VT 上实现 MP，还是按照 PPP 链路用户名查找 VT 实现 MP，由一个虚拟接口模板都可以派生出若干个 MP Bundle，每个 MP Bundle 对应一条 MP 链路。为区分虚拟接口模板派生出的多个 MP Bundle，需要指定捆绑方式。设备在虚拟模板接口视图下提供了 **ppp mp binding-mode** 命令来指定绑定方式，绑定方式有 **authentication**、**descriptor** 和 **both** 3 种，缺省是 **both**。

■ 选择 **authentication** 时，只有具有相同对端用户名的链路才会加入到同一个 MP Bundle 中。

■ 选择 **descriptor** 时，只有具有相同终端标识符（LCP 协商时，会协商出这个选项值）的对端链路才会加入到同一个 MP Bundle 中。

■ 选择 **both** 时，只有具有相同的对端用户和相同终端标识符的对端链路才会加入到同一个 MP Bundle 中。

MP 建链过程与 PPP 建链过程类似，在 Dead 阶段与 Terminate 阶段与 PPP 一致，在其他阶段与 PPP 有一定的区别，主要表现在以下几方面。

① 在 Establish 阶段，在 MP 中的 PPP 链路进行 LCP 协商时，除了协商一般 LCP 参数外，还要验证终端描述符是否一致，以及对端接口是否也工作在 MP 方式下。如果

协商不一致，LCP 协商将不成功。

② 在 Authenticate 阶段，无论是 VT 接口还是 MP-Group 接口都不支持验证，只能在物理接口下进行验证配置。

③ 在 Network 阶段，在 MP 链路上进行 IPCP 协商，IPCP 协商通过后，MP 链路便可以正式使用，在上面传送 IP 报文了。

4.5.2 配置将 PPP 链路直接绑定到 VT 上实现 MP

设备通过多个接口和一个虚拟模板接口的直接绑定实现 MP。在这种 MP 实现方式下，可以配置 PPP 认证，也可以不配置 PPP 认证（**但认证均仅可在物理 PPP 接口上配置**）。配置 PPP 认证时，各 PPP 物理接口通过 PPP 认证后，绑定才能生效；不配置 PPP 认证时，当各 PPP 物理接口的 LCP 状态为 Up 后，绑定就生效。具体的配置步骤见表 4-21。

表 4-21　将 PPP 链路直接绑定到 VT 上实现 MP 的配置步骤

步骤	命令	说明
1	**system-view** 例如：< Huawei > **system-view**	进入系统视图
2	**interface virtual-template** *vt-number* 例如：[Huawei] **interface virtual- template** 10	创建并进入指定的虚拟模板接口视图。参数 *vt-number* 用来指定创建的虚拟模板接口的编号，AR100&AR120&AR150&AR160&AR200 系列的取值范围是 0～511；AR1200&AR2200&AR3200&AR3600 系列的取值范围是 0～1 023
3	**ip address** *ip-address* { *mask* | *mask-length* } 例如：[Huawei-Virtual-Template10] **ip address** 10.1.1.1 24	（二选一）直接为 VT 接口配置 IP 地址。**不要再在各物理 PPP 链路接口配置 IP 地址**
	ip address ppp-negotiate 例如：[Huawei-Virtual-Template10] **ip address ppp-negotiate**	（二选一）配置本端 VT 接口接受 PPP 协商产生的由对端 VT 接口分配的 IP 地址。**不要再在各物理 PPP 链路接口配置 IP 地址**
4	**quit** 例如：[Huawei-Virtual-Template10] **quit**	退出 VT 接口视图，返回系统视图
5	**interface** *interface-type interface-number* 例如：[Huawei] **interface serial** 1/0/0	键入要绑定到 VT 中的物理接口，进入对应的物理接口视图
6	**ppp mp virtual-template** *vt-number* 例如：[Huawei-Serial1/0/0] **ppp mp virtual-template** 10	将以上物理接口绑定在指定的 VT 上。这里的参数 *number* 取值要和步骤 2 中配置的 *number* 值一致
7	请根据需要配置认证或不配置，具体参见 4.4.4 节和 4.4.5 节	
8	重复步骤 5 至步骤 7，可以将多个接口和虚拟接口模板绑定，但对于需要绑定在一起的接口，必须采用同样的绑定方式	
9	为了使 PPP 重新协商，以保证所有物理接口成功绑定到 MP，配置完成后，请重启所有物理接口	

4.5.3 配置按照 PPP 链路用户名查找 VT 实现 MP

设备可以根据验证通过的对端用户名找到绑定的 VT 接口，以便使用相同用户名认证的 PPP 链路被绑定到同一个 VT 接口上。这种 MP 绑定方式一定要配置 PPP 认证，只有接口通过 PPP 认证后，绑定才能生效。具体的配置步骤见表 4-22。

表 4-22 按照 **PPP** 链路用户名查找 **VT** 实现 **MP** 的配置步骤

步骤	命令	说明
1	**system-view** 例如：< Huawei > **system-view**	进入系统视图
2	**interface virtual-template** *vt-number* 例如：[Huawei] **interface virtual-template** 10	创建并进入指定的虚拟模板接口视图
3	**ip address** *ip-address* { *mask* | *mask- length* } 例如：[Huawei-Virtual-Template10] **ip address** 10.1.1.1 24	（二选一）直接为 VT 接口配置 IP 地址。**不要再在各物理 PPP 链路接口配置 IP 地址**
	ip address ppp-negotiate 例如：[Huawei-Virtual-Template10] **ip address ppp-negotiate**	（二选一）配置本端 VT 接口接受 PPP 协商产生的由对端 VT 接口分配的 IP 地址。**不要再在各物理 PPP 链路接口配置 IP 地址**
4	**ppp mp binding-mode** { **authentication** | **descriptor** | **both** } 例如：[Huawei-Virtual-Template10] **ppp mp binding-mode authentication**	配置 MP 捆绑的条件。命令中的选项说明如下。 （1）**authentication**：多选一选项，指定根据对端用于 PPP 认证的用户名进行 PPP 捆绑。 （2）**descriptor**：多选一选项，指定根据对端设备的终端标识符进行 PPP 捆绑。此时要根据需要在对端设备上使用 **ppp mp endpoint** *endpoint-name* 命令配置终端描述符（1～20 个字符，不支持空格，**区分大小写**，当一个设备有多个 MP 时，可以配置多个终端描述符）。 （3）**both**：多选一选项，指定同时根据对端用户名和终端标识符进行 PPP 捆绑 **配置的 MP 捆绑条件需要和对端保持一致，否则会导致 MP 协商异常。** 缺省情况下，同时根据对端用户名和终端标识符进行 MP 捆绑，即捆绑模式为 **both**，可用 **undo ppp mp binding- mode** 命令恢复 PPP 捆绑条件为缺省条件
5	**quit** 例如：[Huawei-Virtual-Template10] **quit**	退出 VT 接口视图，返回系统视图
6	**ppp mp user** *username* **bind virtual-template** *vt-number* 例如：[Huawei] **ppp mp user** winda **bind virtual-template** 10	配置对端用户和虚拟接口模板的对应关系。命令中的参数说明如下。 （1）*username*：指定用户名，即指定 PPP 链路进行 PAP 或 CHAP 认证时所接收到的对端用户名，1～64 字符，不支持空格，**区分大小写**。 （2）*vt-number*：指定以上用户名要绑定的虚拟模板接口号要与步骤 2 中配置的 *number* 值一致
7	**interface** *interface-type interface-number* 例如：[Huawei] **interface serial** 1/0/0	键入要绑定到 VT 中的物理接口，进入对应的物理接口视图
8	**ppp mp** 例如：[Huawei-Serial1/0/0] **ppp mp**	配置封装 PPP 的接口工作在 MP 方式。 缺省情况下，接口工作在普通 PPP 方式，可用 **undo ppp mp** 命令恢复为缺省方式

续表

步骤	命令	说明
9	在接口下配置 PPP 双向认证（可以是 PAP 认证或者 CHAP 认证），具体参见 4.4.4 节和 4.4.5 节	
10	重复步骤 7 至步骤 9，可以将多个接口和虚拟接口模板绑定，但对于需要绑定在一起的接口，必须采用同样的绑定方式	
11	为了使 PPP 重新协商，以保证所有物理接口成功绑定到 MP，配置完成后，请重启所有物理接口	

4.5.4　配置将 PPP 链路加入 MP-Group 实现 MP

MP-Group 是一个专门用于 MP 的逻辑接口，通过建立接口（可以是物理接口，也可以是逻辑接口，如物理或逻辑 Serial 接口）和 MP-Group 的对应关系，将多个接口加入到一个 MP-Group 逻辑接口，实现 MP。而且这种方式实现更为简单，被广泛采用，具体配置步骤见表 4-23。

表 4-23　　将 PPP 链路加入 MP-Group 实现 MP 的配置步骤

步骤	命令	说明
1	**system-view** 例如：< Huawei > **system-view**	进入系统视图
2	**interface mp-group** *number* 例如：[Huawei] **interface mp-group** 0/0/1	创建一个 MP-Group 类型的接口并进入指定的 MP-Group 接口视图。参数 *number* 用来指定所创建的 MP-Group 接口的编号。编号为三维形式：0/0/顺序号，但不同系列或机型的取值范围有所不同，具体参见产品手册说明
3	**undo discriminator** 例如：[Huawei-Mp-group0/0/1] **undo discriminator**	（可选）去使能终端标识符协商功能。 设备与其他厂商设备采用 MP-Group 链路进行 MP 对接，当其他厂商设备不能识别设备的终端标识符而导致双方无法对接成功时，可以在 MP-Group 接口视图执行本命令去使能设备的终端标识符协商功能。 缺省情况下，使能终端标识符协商功能，可用 **discriminator** 命令使能终端标识符协商功能
4	**ip address** *ip-address* { *mask* | *mask-length* } 例如：[Huawei-Mp-group0/0/1] **ip address** 10.1.1.1 24	（二选一）直接为 MP-Group 接口配置 IP 地址。**不要再在各物理 PPP 链路接口配置 IP 地址**
	ip address ppp-negotiate 例如：[Huawei-Mp-group0/0/1] **ip address ppp-negotiate**	（二选一）配置本端 MP-Group 接口接受 PPP 协商产生的由对端接口分配的 IP 地址。**不要再在各物理 PPP 链路接口配置 IP 地址**
5	**quit** 例如：[Huawei-Mp-group0/0/1] **quit**	退出 MP-Group 接口视图，返回系统视图
6	**interface** *interface-type interface-number* 例如：[Huawei] **interface serial** 1/0/0	键入要绑定到 MP-Group 中的物理接口或逻辑接口，进入对应的接口视图
7	**ppp mp mp-group** *number* 例如：[Huawei-Serial1/0/0] **ppp mp mp-group** 10	将以上接口加入指定的 MP-Group 中，使该接口工作在 MP 方式。**这里的参数 *number* 取值要和步骤 2 中配置的 *number* 值一致**。 缺省情况下，接口工作在普通 PPP 方式下，可用 **undo ppp mp** 命令恢复缺省值

续表

步骤	命令	说明
8	请根据需要配置认证或不配置，具体参见 4.4.4 节和 4.4.5 节	
9	重复步骤 5 至步骤 7，可以将多个接口和 MP-Group 接口绑定	
10	为了使 PPP 重新协商，以保证所有物理接口成功绑定到 MP，配置完成后，请重启所有物理接口	

4.5.5 配置 MP 分片和捆绑数

在低速串行链路上进行实时交互式通信时，如 Telnet 和 VoIP，即使采取队列技术进行拥塞管理，往往也会由于低优先级超大报文的发送而导致阻塞延迟，使高优先级报文无法优先传输。例如，当超大报文被调度而等待发送时，语音报文到达，它需要等该超大报文被传输完毕后才能被调度，这会导致对端听到的话音断断续续。

交互式语音要求端到端的延迟小于等于 150 ms，一个 1 500 bytes 的报文需要花费 215 ms 穿过 56 kbit/s 的链路，这超过了人所能忍受的延迟限制。为了在低速链路上限制实时报文的延迟时间，需要一种方法将超大报文进行分片，将超大报文的分片和不需要分片的报文一起加入到队列。

LFI（Link Fragmentation and Interleaving，链路分片与交叉）将超大报文分割成小型报文，与其他小片的报文一起发送，这样高优先级的报文可以优先传输，从而避免了低优先级超大报文造成的阻塞延迟，减少了交互式通信在速度较慢的链路上的延迟和抖动。被分割的报文在目的地被重组。

图 4-15 描述了 LFI 的处理过程。超大报文和小的语音报文一起到达某个接口，该接口采用 WFQ 进行拥塞管理，LFI 将超大报文分割成小的分片，语音报文与这些小的分片一起交叉放入 WFQ，由于语音报文优先级高，可以得到优先传输。

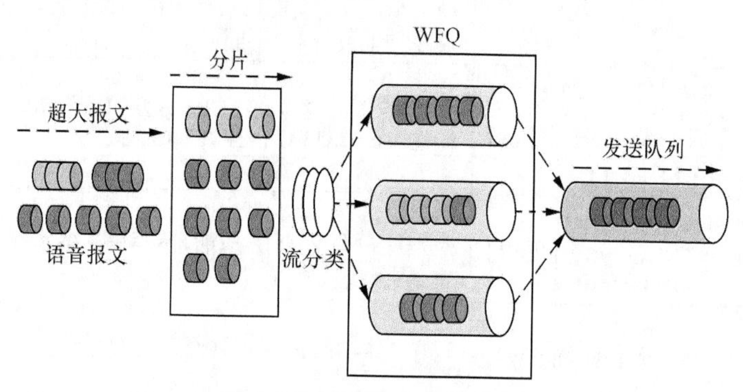

图 4-15 LFI 基本工作流程

LFI 功能和 PPP 链路捆绑数的具体配置步骤见表 4-24。

表 4-24 **MP 分片和捆绑数的配置步骤**

步骤	命令	说明
1	**system-view** 例如：<Huawei>**system-view**	进入系统视图

续表

步骤	命令	说明
2	**interface** *interface-type interface-number* 例如：[Huawei] **interface virtual-template** 10	进入 VT、MP-Group、Dialer 接口视图
3	**ppp mp min-fragment** *size* 例如：[Huawei-Virtual-Template10] **ppp mp min-fragment** 800	配置多链路捆绑中对 MP 出报文进行分片的最小报文长度。参数 *size* 用来指定 MP 出报文进行分片的最小报文长度，取值范围为 128～1 500 字节。当 MP 出报文长度小于这个值则不进行分片，大于等于这个值则开始分片。一般情况下，分片的最小报文长度不需要配置，推荐使用缺省值。 此命令在 LFI 功能未使能时生效。 缺省情况下，对 MP 出报文进行分片的最小报文长度为 500 字节，可用 **undo ppp mp min-fragment** 命令恢复为缺省值
4	**ppp mp lfi** 例如：[Huawei-Virtual-Template10] **ppp mp lfi**	在以上接口上使能链路分片与交叉 LFI 功能。 【说明】使能 LFI 功能后，分片的大小=（分片最大时延×接口的承诺信息速率）/8，单位为字节。其中，分片最大时延由 **ppp mp lfi delay-per-frag** *max-delay* 命令配置，接口的承诺信息速率由 **qos gts** cir *cir-value* [**cbs** *cbs-value*] 命令配置，但不受上面介绍的 **ppp mp min-fragment** *size* 命令配置的分片大小制约。如果接口的承诺信息速率未配置，则分片的大小固定为 500 字节。 缺省情况下，接口上未使能 LFI 功能，可用 **undo ppp mp lfi** 命令去使能接口的 LFI 功能
5	**ppp mp max-bind** *max-bind-number* 例如：[Huawei-Virtual-Template10] **ppp mp max-bind** 10	在以上接口上配置 MP 最大捆绑链路数。参数 *max-bind-number* 用来指定当前 MP 可以捆绑的最大的 PPP 链路数，取值范围为 1～32 的整数。 缺省情况下，MP 最大捆绑链路数的值为 16，可用 **undo ppp mp max-bind** 命令恢复为缺省值。仅在需要绑定后的接口带宽不能超过指定带宽时才要配置 MP 最大捆绑链路数
6	**shutdown** 和 **undo shutdown** 或 **restart** 例如：[Huawei-Virtual-Template10] **restart**	重启以上接口，使配置生效。对于 VT 接口，请重启相关的物理接口

配置好 PPP 后，可以通过以下 **display** 任意视图命令查看 PPP 配置信息，验证配置结果。

- **display ppp mp** [**interface** *interface-type interface-number*]：查看 MP 的捆绑信息及捆绑链路的统计信息。
- **display interface virtual-template** [*vt-number*]：查看指定虚拟模板接口的状态信息。
- **display interface mp-group** [*number*]：查看指定 MP-Group 接口的状态信息。

4.5.6　将 PPP 链路直接绑定到 VT 上实现 MP 的配置示例

本示例的基本网络结构如图 4-16 所示，路由器 RouterA 和 RouterB 的两对串口分别相连。现用户希望采用配置简单、安全性不需要很高的方法增加传输带宽，以保证数据的传输。

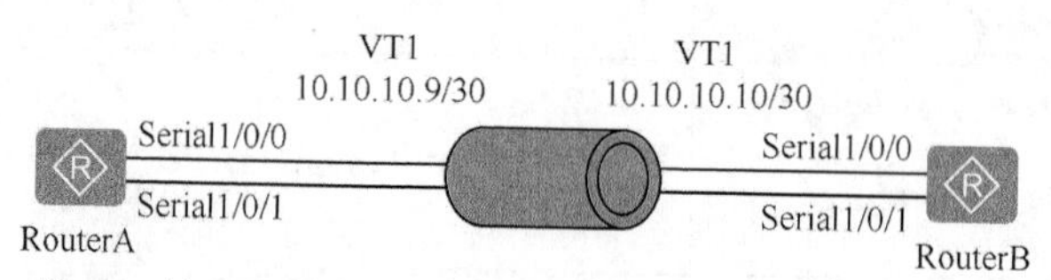

图 4-16 将 PPP 链路直接绑定到 VT 上实现 MP 配置示例的基本网络结构

本示例中用户要求配置简单，可以使用将 PPP 链路直接绑定到 VT 上的方式来实现 MP，同时用户对安全性要求又不高，故可无需配置每条 PPP 链路的用户认证。因为 RouterA 和 RouterB 的配置是对称的，基本一样（不同的只是 IP 地址），故在此仅以 RouterA 上的配置为例进行介绍。具体配置步骤如下。

① 创建并配置虚拟模板接口 VT1，然后根据图示为 VT1 配置 IP 地址。

```
<Huawei> system-view
[Huawei] sysname RouterA
[RouterA] interface virtual-template 1
[RouterA-Virtual-Template1] ip address 10.10.10.9 30
[RouterA-Virtual-Template1] quit
```

② 配置物理接口 Serial1/0/0、Serial1/0/1 和前面创建的 VT1 直接绑定，使物理接口工作在 MP 方式。

```
[RouterA] interface serial 1/0/0
[RouterA-Serial1/0/0] ppp mp virtual-template 1
[RouterA-Serial1/0/0] quit
[RouterA] interface serial 1/0/1
[RouterA-Serial1/0/1] ppp mp virtual-template 1
[RouterA-Serial1/0/1] quit
```

RouterB 上的配置与以上 RouterA 上的配置基本一样，参见即可（只是它的 VT1 接口 IP 地址不一样，为 10.10.10.10/30）。

配置好后，可使用 **display ppp mp** 命令查看绑定效果。下面是在 RouterA 上输出的结果。从输出显示的信息可以看到：**Bundle 10cd6d925ac6**，表示 MP 是通过虚拟接口模板直接绑定的，其中 **10cd6d925ac6** 是对端设备的终端描述符。从“The bundled sub channels are:”下面的列表可以看出，当前 MP 包含两个子链路，分别是 Serial1/0/0 和 Serial1/0/1。

```
[RouterA] display ppp mp
Template is Virtual-Template1
 Bundle 10cd6d925ac6, 2 members, slot 0, Master link is Virtual-Template1:0
  0 lost fragments, 0 reordered, 0 unassigned,
 sequence 0/0 rcvd/sent
 The bundled sub channels are:
       Serial1/0/0
       Serial1/0/1
```

4.5.7 按照 PPP 链路用户名查找 VT 实现 MP 的配置示例

本示例的基本网络结构仍参见 4.5.6 节的图 4-16，不同的只是现用户希望维护方便，需要根据 PPP 链路的用户名灵活地增加或减少传输带宽，且对安全性要求较高。

根据本示例用户希望维护方便和较高安全性的要求，可以选择使用按照 PPP 链路用户名查找 VT 实现 MP 的方式，并在每条物理 PPP 链路上配置 CHAP 双向认证（均采用缺省的 system 域的 AAA 本地认证方案）。根据 4.5.3 节介绍的配置步骤，可得出本示例的具体配置步骤如下（两端要同时配置，但配置基本一样）。

1. RouterA 上的配置

① 创建并配置虚拟模板接口 VT1，并指定采用根据对端用户名进行 PPP 捆绑，为 VT1 接口配置 IP 地址。

```
<Huawei> system-view
[Huawei] sysname RouterA
[RouterA] interface virtual-template 1
[RouterA-Virtual-Template1] ip address 10.10.10.9 30
[RouterA-Virtual-Template1] ppp mp binding-mode authentication    !---指定根据对端用户名进行 PPP 捆绑
[RouterA-Virtual-Template1] quit
```

② 配置 VT1 要绑定的对端用户名，假设为 userb@system。

```
[RouterA] ppp mp user userb@system bind virtual-template 1
```

③ 配置物理接口 Serial1/0/0、Serial1/0/1 工作在 MP 方式，并采用 CHAP 认证，配置设备作为认证方时需要配置的本地用户账户，以及作为被认证方时需要的 CHAP 认证用户名和密码。

```
[RouterA] aaa
[RouterA-aaa] local-user userb@system password    !---创建用于对对端进行认证的用户账户，并以交互方式配置密码
[RouterA-aaa] local-user userb@system service-type ppp    !---指定用户 userb@system 使用 PPP 服务
[RouterA-aaa] authentication-scheme system_a    ! ---创建一个名为 system_a 的 AAA 认证方案
[RouterA-aaa-authen-system_a] authentication-mode local    !---指定 system_a AAA 认证方案采用本地认证方式
[RouterA-aaa-authen-system_a] quit
[RouterA-aaa] domain system    !---进入缺省的 system 域视图
[RouterA-aaa-domain-system] authentication-scheme system_a    !---将 system 域与 system_a 认证方案关联
[RouterA-aaa-domain-system] quit
[RouterA-aaa] quit
[RouterA] interface serial 1/0/0
[RouterA-Serial1/0/0] ppp authentication-mode chap domain system    !---指定接口采用 CHAP 认证，域名为 system
[RouterA-Serial1/0/0] ppp chap user usera@system    !--- 指定向对端发送用于 CHAP 认证的用户名为
usera@system
[RouterA-Serial1/0/0] ppp chap password simple usera    !---指定 usera@system 用户的认证密码为 usera，一定要与
对端创建的本地用户账户交互方式配置的密码一致
[RouterA-Serial1/0/0] ppp mp    !---指定以上接口工作 MP 方式
[RouterA-Serial1/0/0] quit
[RouterA] interface serial 1/0/1
[RouterA-Serial1/0/1] ppp authentication-mode chap domain system
[RouterA-Serial1/0/1] ppp chap user usera@system
[RouterA-Serial1/0/1] ppp chap password simple usera
[RouterA-Serial1/0/1] ppp mp
[RouterA-Serial1/0/1] quit
```

④ 重启 Serial1/0/0、Serial1/0/1 接口，使 MP 配置生效。

```
[RouterA] interface serial 1/0/0
[RouterA-Serial1/0/0] shutdown
[RouterA-Serial1/0/0] undo shutdown
[RouterA-Serial1/0/0] quit
[RouterA] interface serial 1/0/1
[RouterA-Serial1/0/1] shutdown
[RouterA-Serial1/0/1] undo shutdown
[RouterA-Serial1/0/1] quit
```

2. RouterB 上的配置

① 创建并配置虚拟模板接口 VT1，并指定采用根据对端用户名进行 PPP 捆绑，为 VT1 接口配置 IP 地址。

```
<Huawei> system-view
[Huawei] sysname RouterB
[RouterB] interface virtual-template 1
[RouterB-Virtual-Template1] ip address 10.10.10.10 30
[RouterB-Virtual-Template1] ppp mp binding-mode authentication
[RouterB-Virtual-Template1] quit
```

② 配置对端用户名和 VT1 绑定。

```
[RouterB] ppp mp user usera@system bind virtual-template 1
```

③ 配置物理接口 Serial1/0/0、Serial1/0/1 工作在 MP 方式及物理接口采用 CHAP 认证，配置设备作为认证方时需要配置的本地用户账户，以及作为被认证方时需要的 CHAP 认证用户名和密码。

```
[RouterB] aaa
[RouterB-aaa] local-user usera@system password   !---创建用于对对端进行认证的用户账户，并以交互方式配置密码
[RouterB-aaa] local-user usera@system service-type ppp
[RouterB-aaa] authentication-scheme system_b
[RouterB-aaa-authen-system_b] authentication-mode local
[RouterB-aaa-authen-system_b] quit
[RouterB-aaa] domain system
[RouterB-aaa-domain-system] authentication-scheme system_b
[RouterB-aaa-domain-system] quit
[RouterB-aaa] quit
[RouterB] interface serial 1/0/0
[RouterB-Serial1/0/0] ppp authentication-mode chap domain system
[RouterB-Serial1/0/0] ppp chap user userb@system
[RouterB-Serial1/0/0] ppp chap password simple userb
[RouterB-Serial1/0/0] ppp mp
[RouterB-Serial1/0/0] quit
[RouterB] interface serial 1/0/1
[RouterB-Serial1/0/1] ppp authentication-mode chap domain system
[RouterB-Serial1/0/1] ppp chap user userb@system
[RouterB-Serial1/0/1] ppp chap password simple userb !--- 指定 userb@system 用户的认证密码为 userb，一定要与对端创建的本地用户账户交互方式配置的密码一致
[RouterB-Serial1/0/1] ppp mp
[RouterB-Serial1/0/1] quit
```

④ 重启 Serial1/0/0、Serial1/0/1 接口，使 MP 配置生效。

```
[RouterB] interface serial 1/0/0
[RouterB-Serial1/0/0] shutdown
[RouterB-Serial1/0/0] undo shutdown
[RouterB-Serial1/0/0] quit
[RouterB] interface serial 1/0/1
[RouterB-Serial1/0/1] shutdown
[RouterB-Serial1/0/1] undo shutdown
[RouterB-Serial1/0/1] quit
```

配置好后，可在 RouterA 和 RouterB 上分别执行 **display ppp mp** 命令，检查配置结果，查看绑定效果。以下是在 RouterA 上的输出结果。

```
[RouterA] display ppp mp
Template is Virtual-Template1
 Bundle userb@system, 2 members, slot 0, Master link is Virtual-Template1:0
```

```
  0 lost fragments, 0 reordered, 0 unassigned,
sequence 0/0 rcvd/sent
The bundled sub channels are:
    Serial1/0/0
    Serial1/0/1
```

根据显示信息可以看出：**Bundle userb@system** 表示 MP 是通过用户名验证绑定虚拟接口模板生成的，包含 Serial1/0/0 和 Serial1/0/1 两个成员等信息。

4.5.8　将 PPP 链路加入 MP-Group 实现 MP 的配置示例

本示例的基本网络结构仍参见 4.5.6 节的图 4-16，不同的只是此处用户希望采用配置快速高效、简单且安全性较高的方法增加传输带宽。根据用户的要求，可以将 PPP 链路加入 MP-Group 实现 MP，并对物理接口采用 CHAP 双向认证（均采用缺省的 system 域的 AAA 本地认证方案）。根据 4.5.4 节的介绍，可得出本示例的具体配置步骤如下。

1. RouterA 上的配置

① 创建并配置 MP-Group 接口，并为 MP-Group 接口配置 IP 地址。

```
<Huawei> system-view
[Huawei] sysname RouterA
[RouterA] interface mp-group 0/0/1
[RouterA-Mp-group0/0/1] ip address 100.10.10.9 30
[RouterA-Mp-group0/0/1] quit
```

② 把物理接口 Serial1/0/0、Serial1/0/1 加入 MP-Group，并配置接口采用 CHAP 认证，配置设备作为认证方时需要配置的本地用户以及作为被认证方时需要的 CHAP 认证用户名和密码。

```
[RouterA] aaa
[RouterA-aaa] local-user userb password     !---创建用于对对端进行认证的用户账户 userb，并以交互方式配置密码
[RouterA-aaa] local-user userb service-type ppp
[RouterA-aaa] authentication-scheme system_a
[RouterA-aaa-authen-system_a] authentication-mode local
[RouterA-aaa-authen-system_a] quit
[RouterA-aaa] domain system
[RouterA-aaa-domain-system] authentication-scheme system_a
[RouterA-aaa-domain-system] quit
[RouterA-aaa] quit
[RouterA] interface serial 1/0/0
[RouterA-Serial1/0/0] ppp authentication-mode chap domain system
[RouterA-Serial1/0/0] ppp chap user usera
[RouterA-Serial1/0/0] ppp chap password simple usera    !---指定 usera 用户的认证密码为 usera，一定要与对端创建的本地用户账户交互方式配置的密码一致
[RouterA-Serial1/0/0] ppp mp mp-group 0/0/1
[RouterA-Serial1/0/0] quit
[RouterA] interface serial 1/0/1
[RouterA-Serial1/0/1] ppp authentication-mode chap domain system
[RouterA-Serial1/0/1] ppp chap user usera
[RouterA-Serial1/0/1] ppp chap password simple usera
[RouterA-Serial1/0/1] ppp mp mp-group 0/0/1
[RouterA-Serial1/0/1] quit
```

③ 重启 RouterA 上的 MP 成员接口 Serial1/0/0、Serial1/0/1。

```
[RouterA] interface serial 1/0/0
[RouterA-Serial1/0/0] restart
```

```
[RouterA-Serial1/0/0] quit
[RouterA] interface serial 1/0/1
[RouterA-Serial1/0/1] restart
```

2. RouterB 上的配置

① 创建并配置 MP-Group 接口，并为 MP-Group 接口配置 IP 地址。

```
<Huawei> system-view
[Huawei] sysname RouterB
[RouterB] interface mp-group 0/0/1
[RouterB-Mp-group0/0/1] ip address 100.10.10.10 30
[RouterB-Mp-group0/0/1] quit
```

② 将物理接口 Serial1/0/0、Serial1/0/1 加入 MP-Group，并配置接口采用 CHAP 认证，配置设备作为认证方时需要配置的本地用户以及作为被认证方时需要的 CHAP 认证用户名和密码。

```
[RouterB] aaa
[RouterB-aaa] local-user usera password      !---创建用于对对端进行认证的用户账户 usera，并以交互方式配置密码
[RouterB-aaa] local-user usera service-type ppp
[RouterB-aaa] authentication-scheme system_b
[RouterB-aaa-authen-system_b] authentication-mode local
[RouterB-aaa-authen-system_b] quit
[RouterB-aaa] domain system
[RouterB-aaa-domain-system] authentication-scheme system_b
[RouterB-aaa-domain-system] quit
[RouterB-aaa] quit
[RouterB] interface serial 1/0/0
[RouterB-Serial1/0/0] ppp authentication-mode chap domain system
[RouterB-Serial1/0/0] ppp chap user userb
[RouterB-Serial1/0/0] ppp chap password simple userb
[RouterB-Serial1/0/0] ppp mp mp-group 0/0/1
[RouterB-Serial1/0/0] quit
[RouterB] interface serial 1/0/1
[RouterB-Serial1/0/1] ppp authentication-mode chap domain system
[RouterB-Serial1/0/1] ppp chap user userb
[RouterB-Serial1/0/1] ppp chap password simple userb !---指定 userb 用户的认证密码为 userb，一定要与对端创建的本地用户账户交互方式配置的密码一致
[RouterB-Serial1/0/1] ppp mp mp-group 0/0/1
[RouterB-Serial1/0/1] quit
```

③ 重启 RouterB 上的 MP 成员接口 Serial1/0/0、Serial1/0/1。

```
[RouterB] interface serial 1/0/0
[RouterB-Serial1/0/0] restart
[RouterB-Serial1/0/0] quit
[RouterB] interface serial 1/0/1
[RouterB-Serial1/0/1] restart
```

配置好后可以使用 **display ppp mp** 命令检查配置结果，查看绑定效果。下面是在 RouterA 上执行的结果，从中可以看出 MP 子链路的物理状态和协议状态、子链路数及 MP 的成员等信息。

```
[RouterA] display ppp mp interface Mp-group 0/0/1
Mp-group is Mp-group0/0/1
 ==========Sublinks status begin======
 Serial1/0/0 physical UP,protocol UP
 Serial1/0/1 physical UP,protocol UP
 ==========Sublinks status end=======
 Bundle Multilink, 2 members, slot 0, Master link is Mp-group0/0/1
  0 lost fragments, 0 reordered, 0 unassigned,
```

```
sequence 0/0 rcvd/sent
The bundled sub channels are:
    Serial1/0/0
    Serial1/0/1
```

4.6　PPPoE 协议配置与管理

PPPoE（PPP over Ethernet，基于以太网的 PPP）是指在以太网链路上运行 PPP，是一种把 PPP 帧封装到以太网帧中的链路层协议，在 ADSL 接入、小区组网建设等应用中广泛采用。PPPoE 使用 Client/Server 模型，提供了在以太网中多台主机连接到远端宽带接入 PPPoE 服务器上的一种标准。PPPoE 客户端向 PPPoE 服务器发起连接请求，两者之间会话协商通过后，PPPoE 服务器向 PPPoE 客户端提供接入控制、认证等功能。

4.6.1　PPPoE 帧格式

前面已经介绍，PPPoE 是一种把 PPP 帧封装到以太网帧中的链路层协议，所以 PPPoE 帧格式就是在以太网帧的载荷（Payload）部分封装了 PPP 报文，如图 4-17 所示。

从图中可以看出，PPPoE 帧的 Payload 部分封装了 PPPoE 协议报文，而 PPPoE 报文的 Payload 部分又封装了 PPP 报文（仅 PPP 帧中的信息部分）。所以，真正的 PPPoE 报文部分所包括的字段内容是图 2-30 中、右边两图，左图中除了 Payload 部分外就是以太网帧头和帧尾。图 4-17 中 PPPoE 帧各字段的完整说明见表 4-25。

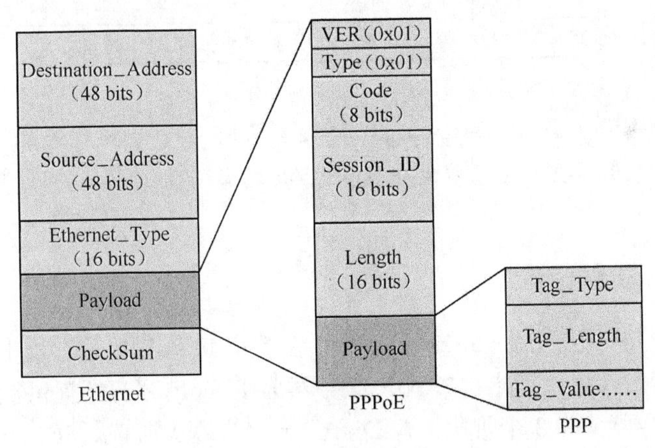

图 4-17　PPPoE 帧格式

表 4-25　PPPoE 帧字段说明

字段	长度	含义
Destination_ Address	48 比特	以太网单播目的地址或者以太网广播地址（0xFFFFFFFF）。 对于 Discovery 数据包来说，该字段的值是单播或者广播地址，PPPoE 客户端寻找 PPPoE 服务器的过程使用广播地址，确认 PPPoE 服务器后使用单播地址。 对于 Session 阶段来说，该字段必须是 Discovery 阶段已确定的通信对方的单播地址

续表

字段	长度	含义
Source_Address	48 比特	源设备的以太网 MAC 地址
Ethernet_Type	16 比特	表示 PPPoE 拨号的阶段。值为 0x8863 时表示 Discovery 阶段或 Terminate 阶段；值为 0x8864 时表示 Session 阶段
VER	4 比特	表示 PPPoE 版本号，值为 0x01
Type	4 比特	表示 PPPoE 类型，值为 0x01
Code	8 比特	表示 PPPoE 报文类型（具体在下节介绍）。 • 0x00：表示会话数据。 • 0x09：表示 PADI 报文。 • 0x07：表示 PADO 报文。 • 0x19：表示 PADR 报文。 • 0x65：表示 PADS 报文。 • 0xa7：表示 PADT 报文
Session_ID	16 比特	表示一个网络字节序的无符号值。 对一个给定的 PPPoE 会话来说该值是一个固定值，并且与以太网 Source_address 和 Destination_address 一起实际地定义了一个 PPPoE 会话。值 0xFFFF 为将来的使用保留，不允许使用
Length	16 比特	表示 PPPoE 报文的 Payload 字段长度。它包括后面所有的 Tag_Type、Tag_Length 和 Tag_Value 3 个字段的长度，但不包括以太网头部和 PPPoE 头部的长度
Tag_Type	16 比特	表示网络字节序
Tag_Length	16 比特	是一个网络字节序的无符号值，表示 Tag_Value 字段的字节数
Tag_Value	可变长	Tag 的实际内容
CheckSum	16 比特	表示校验和字段，用于检验报文的正确性

说明　表 4-25 中的 Tag_Type、Tag_Length 和 Tag_Value 3 个字段就是 PPP 报文中以 T-L-V 格式定义的一些特殊选项，也可以看成是 PPPoE 协议中的选项，分别代表选项类型、长度和值。

4.6.2　PPPoE 拨号原理

PPPoE 组网结构采用 Client/Server 模型，在整个 PPPoE 拨号过程中，PPPoE 客户端向 PPPoE 服务器发起连接请求，PPPoE 服务器为 PPPoE 客户端提供接入控制、认证等功能。PPPoE 拨号可分为 3 个阶段，即 Discovery（发现）阶段、Session（会话）阶段和 Terminate（结束）阶段，如图 4-18 所示。

1. Discovery 阶段

Discovery 阶段由 4 个过程组成，有点类似于 DHCP 服务器首次为 DHCP 客户端分配 IP 地址的过程，具体参见本书第 5 章。

① PPPoE 客户端以广播方式发送一个 PADI（PPPoE Active Discovery Initial，PPPoE 主动发现初始化）报文，在此报文中包含 PPPoE 客户端想要得到的服务类型信息。

② 所有的 PPPoE 服务器在收到 PADI 报文之后，将其中请求的服务与自己能够提供的服务进行比较，如果可以提供，则以单播方式回复一个 PADO（PPPoE Active

Discovery Offer，PPPoE 主动发现提供）报文。

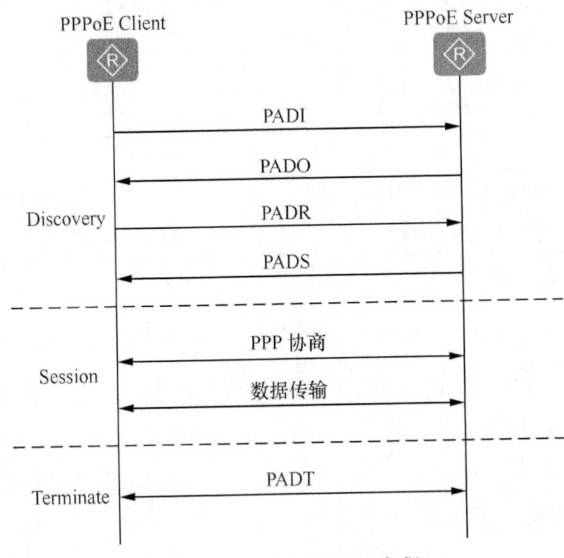

图 4-18　PPPoE 拨号流程

③ 根据网络的拓扑结构，PPPoE 客户端可能收到多个 PPPoE 服务器发送的 PADO 报文，PPPoE 客户端选择最先收到的 PADO 报文对应的 PPPoE 服务器作为自己的 PPPoE 服务器，并向该服务器以单播方式发送一个 PADR（PPPoE Active Discovery Request，PPPoE 主动发现请求）报文。

④ PPPoE 服务器在收到 PADR 报文后，会产生一个唯一的会话 ID（Session ID），标识和该 PPPoE 客户端的这个会话，并通过发送一个 PADS（PPPoE Active Discovery Session-confirmation，PPPoE 主动发现会话确认）报文把会话 ID 发送给 PPPoE 客户端，会话建立成功后便进入 PPPoE Session 阶段。

完成之后通信双方都会知道 PPPoE 的 Session_ID 以及对方的以太网地址，它们共同确定了唯一的 PPPoE Session。

说明　在进入第④步，发送 PADS 报文之前，PADI、PADO 和 PADR 的 Session ID 均为固定的 0x0000。除了 PADI 报文是以广播方式发送的外，其他报文均是以单播方式发送的。

PADI 报文的 Code 字段值为 0x09，Session_ID 字段值固定为 0x0000，Ethernet_Type 字段值固定为 0x8863，表示是 Discovery 阶段的报文。因为 PADI 报文采用广播方式发送，所以 Destination_Address（目的 MAC 地址）字段为 48 位全 1 的广播 MAC 地址，即 0xFFFFFFFFFFFF。

在 PADI 报文中，TAG_Type 字段部分必须包含一个代码为 0x0101（对应的 Tag 名为 Service-Name），表明后面紧跟的是服务的名称，当 Tag_Lenth 为 0 时，表明该 Tag 可接受任何服务，其他类型 Tag 可选。图 4-19 所示是一个 PADI 报文的结构示例。

PADO 报文的 Code 字段值为 0x07，Session_ID 字段值固定为 0x0000，Ethernet_Type 字段值也固定为 0x8863。但因为 PADO 报文是以单播方式发送，所以 Destination_Address

字段不是广播地址了，而是具体的 PPPoE 客户端主机的 MAC 地址。

0 15	19	23	31
0xFFFFFFFF			
0xFFFF	Host_MAC_address		
Host_MAC_address（Continue）			
Ethernet_Type（0x8863）	V=1	T=1	Code（0x09）
Session_ID（0x0000）	Length（0x0004）		
Tag_Type（0x0101）	Tag_Length（0x0000）		

图 4-19 PADI 报文结构示例

在 PADO 报文中的 TAG_Type 字段可以包括多种 Tag，如代码为 0x0101 的 Service-Name（表明后面紧跟的是服务的名称），代码为 0x0102 的 AC-Name（表明后面紧跟的字符串唯一地表示了某个特定的访问集中器）。但至少包括代码为 0x0101 的 TAG。图 4-20 所示是一个 PADO 报文结构的示例。

0 15	19	23	31
Host_MAC_address			
Host_MAC_address（Continue）	Access_Concentrator_MAC_address		
Access_Concentrator_MAC_address（Continue）			
Ethernet_Type（0x8863）	V=1	T=1	Code（0x07）
Session_ID（0x0000）	Length（0x0020）		
Tag_Type（0x0101）	Tag_Length（0x0000）		
Tag_Type（0x0102）	Tag_Length（0x0018）		

图 4-20 PADO 报文结构示例

PADR 的 Code 字段值为 0x19，Session_ID 字段值也固定为 0x0000，Ethernet_Type 字段值固定为 0x8863，Destination_Address 字段是特定的 PPPoE 服务器主机 MAC 地址。

在 TAG 方面，与 PADI 报文一样，至少包括代码为 0x0101 的 Service-Name，其他类型 TAG 可选。图 4-21 所示是 PADR 报文结构的示例。

0 15	19	23	31
Host_MAC_address			
Host_MAC_address（Continue）	Access_Concentrator_MAC_address		
Access_Concentrator_MAC_address（Continue）			
Ethernet_Type（0x8863）	V=1	T=1	Code（0x19）
Session_ID（0x0000）	Length（0x0020）		
Tag_Type（0x0101）	Tag_Length（0x0000）		

图 4-21 PADR 报文结构示例

PADS 报文的 Code 字段值为 0x65，Session_ID 字段值为 Discovery 阶段分配的数值（不再是 0x0000 了），Ethernet_Type 字段值固定为 0x8863，Destination_Address 字段具

体为 PPPoE 客户端主机的 MAC 地址，Tag 均为可选。图 4-22 所示是 PADS 报文结构的示例。

<table>
<tr><th>0</th><th>15</th><th>19</th><th>23 … 31</th></tr>
<tr><td colspan="4">Host_MAC_address</td></tr>
<tr><td>Host_MAC_address (Continue)</td><td colspan="3">Access_Concentrator_MAC_address</td></tr>
<tr><td colspan="4">Access_Concentrator_MAC_address (Continue)</td></tr>
<tr><td>Ethernet_Type (0x8863)</td><td>V=1</td><td>T=1</td><td>Code (0x65)</td></tr>
<tr><td>Session_ID (0x0001)</td><td colspan="3">Length (0x0026)</td></tr>
<tr><td>Tag_Type</td><td colspan="3">Tag_Length</td></tr>
</table>

图 4-22　PADS 报文结构示例

2. Session 阶段

在 Session 阶段，用户主机（PPPoE 客户端）与访问集中器（AC）根据在发现阶段所协商的 PPP 会话连接参数进行 PPP 会话。一旦 PPPoE 会话开始，PPP 数据就可以以任何其他的 PPP 封装形式发送，而不是前面所介绍的几种 Tag 选项了。在 PPPoE Session 阶段所有的以太网数据包都是以单播方式发送的。

PPPoE Session 阶段可划分为两部分，一是 PPP 协商阶段，二是 PPP 数据传输阶段，如图 4-18 所示。PPPoE Session 上的 PPP 协商和普通的 PPP 协商方式一致，分为 LCP、认证、NCP 3 个阶段。PPP 协商成功后，就可以承载 PPP 数据报文了。

① LCP 阶段主要完成建立、配置和检测数据链路连接。

② LCP 协商成功后，开始进行认证，认证协议类型由 LCP 协商结果（CHAP 或者 PAP）决定。

③ 认证成功后，PPP 进入 NCP 阶段。NCP 是一个协议族，用于配置不同的网络层协议，常用的是 IP 控制协议（IPCP），负责协商用户的 IP 地址和 DNS 服务器地址。

在 PPPoE Session 阶段，PPPoE 报文的 Ethernet_Type 字段值固定为 0x8864（表示这是 Session 阶段的报文），Code 字段值为 0x00（表示是会话数据）。Session_ID 字段值必须与 Discovery 阶段 PADS 报文中指定的一样。原来 Tag 选项部分用来封装 PPP 帧，Tag_Type 字段变成了 PPP Protocol-ID 字段，Tag_Length 和 Tag_Value 字段是真正的 PPP 帧数据。图 4-23 所示是一个 Session 阶段数据报文结构的示例，其中 Destination_Address 字段是前面在发现阶段 0x0102 Tag 所指定的 AC（Access Connectrator，访问集中器）的 MAC 地址，表示这是由 PPPoE 客户端发给 AC 的 PPP 帧。

<table>
<tr><th>0</th><th>15</th><th>19</th><th>23 … 31</th></tr>
<tr><td colspan="4">Access_Concentrator_MAC_address</td></tr>
<tr><td>Access_Concentrator_MAC_address (Continue)</td><td colspan="3">Host_MAC_address</td></tr>
<tr><td colspan="4">Host_MAC_address (Continue)</td></tr>
<tr><td>Ethernet_Type (0x8864)</td><td>V=1</td><td>T=1</td><td>Code (0x00)</td></tr>
<tr><td>Session_ID (0x0001)</td><td colspan="3">Length (0x????)</td></tr>
<tr><td>PPP Protocol (0xC021)</td><td colspan="3">PPP Payload</td></tr>
</table>

图 4-23　Session 阶段数据报文结构示例

3. Terminate 阶段

PPP 通信双方可以使用 PPP 自身来结束 PPPoE 会话，当无法使用 PPP 结束会话时可以使用 PADT（PPPoE Active Discovery Terminate，PPPoE 主动发现结束）报文来结束当前会话。

进入 PPPoE Session 阶段后，PPPoE 客户端和 PPPoE 服务器都可以通过发送 PADT 报文的方式来结束 PPPoE 连接。PADT 报文可以在会话建立以后的任意时刻以单播方式发送。在发送或接收到 PADT 后，就不允许再使用该会话发送 PPP 流量了。

PADT 报文的 Code 字段值为 0xa7，Ethernet_Type 字段值固定为 0x8863（表示这是 Terminate 阶段的报文），Session_ID 域为 Discovery 阶段分配的数值，无 TAG。图 4-24 是一个 PADT 报文结构的示例。

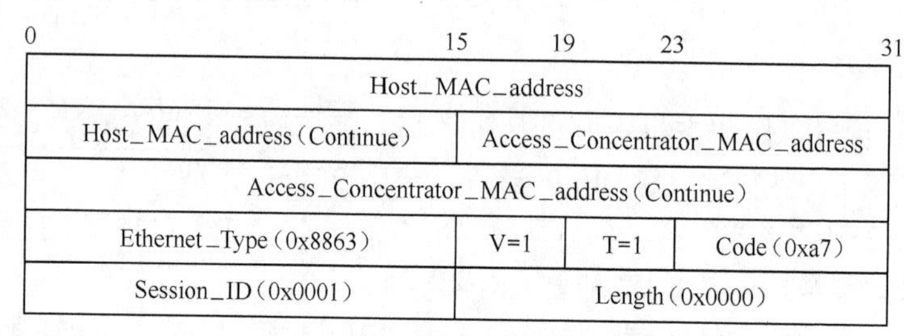

图 4-24 PADT 报文结构示例

4.6.3 PPPoE 典型应用

根据 PPP 会话的起、止点所在位置的不同，PPPoE 有两种组网结构。第一种部署方式是将企业中的路由器设备作为 PPPoE 客户端，与位于运营商中担当 PPPoE 服务器的路由器设备间建立 PPPoE 会话。

图 4-25 所示是典型的企业 ADSL 互联网接入组网方案。Router A 作为 PPPoE 客户端(可以同时集成图中的 ADSL Modem)下行连接局域网用户，Router B 是运营商的设备，作为 PPPoE 服务器。所有用户主机不用安装 PPPoE 客户端拨号软件，同一个局域网中的所有主机共享一个账号，通过 Router A 与 Router B 建立 PPPoE 会话，然后连接到 Internet 上。

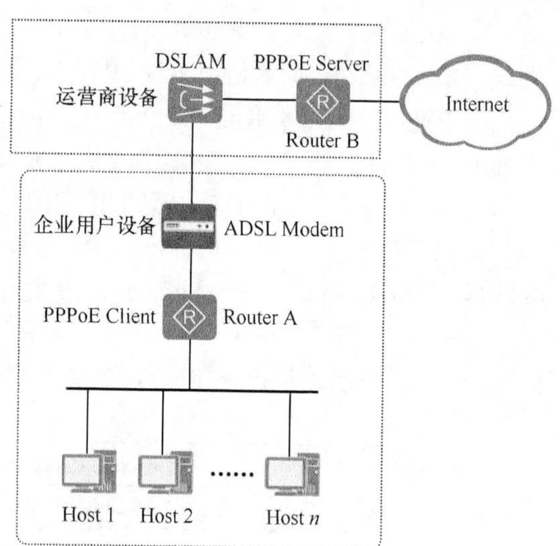

图 4-25 路由器作为 PPPoE 客户端的应用示例

第二种部署方式是将路由器设备作为 PPPoE 服务器，支持动态分配 IP 地址，提供多种认证方式，适用于校园、智能小区等通过以太网接入 Internet 的组网应用。

如图 4-26 所示，所有主机上安装 PPPoE Client 拨号软件，每个主机都是一个 PPPoE Client，分别与 Router 建立一个 PPPoE 会话。每个主机单独使用一个账号，方便运营商对用户进行计费和控制。

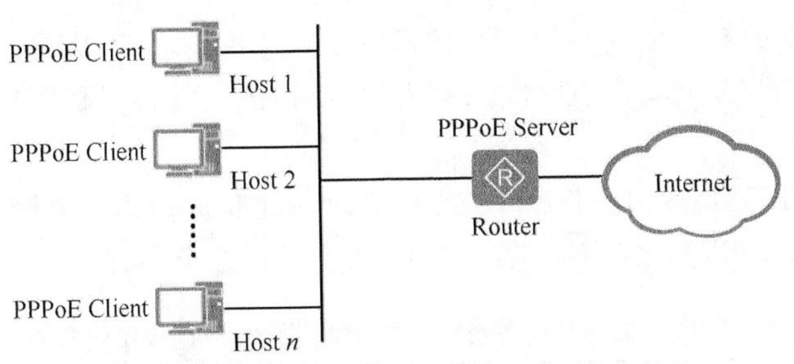

图 4-26　路由器作为 PPPoE 服务器的应用示例

4.6.4　配置设备作为 PPPoE 客户端

如图 4-25 所示，设备作为 PPPoE 客户端时下行连接局域网用户，使同一个局域网中的所有主机可以共享设备上配置的 PPPoE 一个账号，进行拨号上网。

PPPoE 会话支持的接口有：以太网接口、PON 接口和 ATM 接口，如本章前面介绍的 ADSL 接口就是 ATM 接口，而 VDSL、G.SHDSL 接口均同时支持 ATM 和 PTM 以太网接口（有的 VDSL、G.SHDSL 接口是 ATM 接口，有的 VDSL、G.SHDSL 接口是以太网接口）模式，它们都可以建立 PPPoE 会话。

当路由器作为 PPPoE 客户端时，可使同一个局域网中的所有主机共享一个 ADSL 账号进行拨号上网。主要包括以下 4 项配置任务。

1. （可选）配置接口

前面介绍了 PPPoE 会话支持以太网接口、PON 接口和 ATM 接口 3 种，对应的接入方式就包括 ADSL、VDSL、G.SHDSL 和 PON 接口，有关 ADSL、VDSL、G.SHDSL 接口的配置参见本章前面的对应小节，有关 PON 接口的配置方法参见第 2 章的相关内容。

2. 配置 Dialer 接口拨号共享 DCC 参数

对于 ADSL、VDSL、G.SHDSL、PON 拨号的 PPPoE 接入方案，都需要通过虚拟的 Dialer 接口进行拨号，而且仅支持共享 DCC 方式，所以都需要在 Dialer 接口上配置共享 DCC 参数，具体参见本书第 3 章 3.4 节。

3. （可选）配置 PPPoE Client 作为被认证方

当 PPPoE 服务器已经用 **ppp authentication-mode** 命令配置 PPP 认证方式为 PAP 或 CHAP 时，需要在 PPPoE 客户端上配置对应认证方式的用户名和密码。这方面的具体配置方法与 4.4.4 节或 4.4.5 节介绍的 PPP PAP 或 CHAP 认证中被认证方的配置一样，参见即可。

4. 在接口上启用 PPPoE 或 PPPoEoA 客户端功能

PPPoE 会话有两种工作方式：永久在线方式和报文触发方式。

■ 永久在线方式：当物理线路 Up 后，设备会立即发起 PPPoE 呼叫，建立 PPPoE 会话。除非用户删除 PPPoE 会话，否则此 PPPoE 会话将一直存在。

■ 报文触发方式：当物理线路 Up 后，设备不会立即发起 PPPoE 呼叫，只有当有数据需要传送时，设备才会发起 PPPoE 呼叫，建立 PPPoE 会话。如果 PPPoE 链路的空闲时间超过用户的配置，设备会自动中止 PPPoE 会话。

当 ADSL、VDSL、G.SHDSL 接口工作在 ATM 模式时，此时接口为 ATM 接口，要在设备上创建 VE（虚拟以太网接口），并把设备配置为 PPPoEoA 客户端（其实也是 PPPoE 客户端），然后在 PVC 上配置 ATM 接口和 VE 接口的映射，具体配置步骤参见 4.1.5 节的表 4-4。

当 DSL、G.SHDSL 接口工作在 PTM 模式时，此时接口为以太网接口，可直接在该以太网接口下使能 PPPoE 客户端功能，具体配置步骤见表 4-26。

表 4-26 以太网接口或 PON 接口 PPPoE 客户端的配置步骤

步骤	命令	说明
1	**system-view** 例如：< Huawei > **system-view**	进入系统视图
2	**interface** *interface-type interface-number* 例如：[Huawei] **interface gigabitethernet** 1/0/0	键入对应的以太网接口和 PON 接口
3	**pppoe-client dial-bundle-number** *number* [**on-demand**] [**no-hostuniq**] [**ppp-max-payload** *value*] [**service-name** *name*] 例如：[Huawei-GigabitEthernet1/ 0/0] **pppoe-client dial-bundle-number** 1	建立一个 PPPoE 会话，并指定 PPPoE 会话对应的 Dialer Bundle。其他说明参见 4.1.5 节表 4-4 的第 2 步
4	**quit** 例如：[Huawei-GigabitEthernet1/ 0/0] quit	返回系统视图
5	**ip route-static 0.0.0.0 0** { *nexthop-address* | *interface-type interface-number* } [**preference** *preference*] 例如：[Huawei] **ip route-static 0.0.0.0 0** dialer1	配置以 Dialer 接口为出接口、到达 PPPoE 服务器的缺省路由

5.（可选）配置接收 PPPoE Server 指定的 DNS 服务器地址

当设备作为 PPPoE Client，且 PPPoE Client 下挂的局域网主机需要通过域名请求方式直接访问 Internet 时，需要在 PPPoE Client 上配置接收 PPPoE Server 指定的 DNS 服务器地址。

配置 PPPoE 服务器分配的 DNS 服务器地址可选择以下两条命令或两条中的一条。

■ **ppp ipcp dns request**：配置 PPPoE Client 主动向 PPPoE Server 请求 DNS 服务器地址。缺省情况下，PPPoE Client 不会主动向 PPPoE Server 请求 DNS 服务器地址，可用 **undo ppp ipcp dns request** 命令恢复缺省值。

■ **ppp ipcp dns admit-any**：配置 PPPoE Client 被动地接收 PPPoE Server 指定的 DNS 服务器地址。缺省情况下，PPPoE Client 不会被动地接收 PPPoE Server 指定的 DNS 服务器地址，可用 **undo ppp ipcp dns admit-any** 命令禁止设备被动地接收对端设备指定的 DNS 服务器的 IP 地址。

以上两条命令均不能与 **ppp ipcp dns** *primary-dns-address* [*secondary-dns-address*]命令同时配置。

6.（可选）配置 NAT，使内网用户 IP 地址转换成公网 IP 地址

当设备作为 PPPoE 客户端下行接局域网内用户时，因为局域网内用户使用的 IP 地址为私有地址，所以需要在设备上配置 NAT 将私网地址转换为公网地址，以使局域网内用户正常接入 Internet。**有关 NAT 方面的配置将在本书第 6 章介绍**。

4.6.5 配置设备作为 PPPoE 服务器

路由器的 PPPoE 服务器功能可以配置在物理以太网接口或 PON 接口上，也可以配

置在由 ADSL 接口生成的虚拟以太网接口上。主要包括的配置任务如下。

1. 配置虚拟模板接口

虚拟模板接口 VT 和以太网接口或 PON 接口或 VLANIF 接口绑定后，可实现 PPPoE 功能。在此先介绍创建和配置 VT 接口的方法，具体配置步骤见表 4-27。本节后面将继续介绍利用 VT 接口配置 PPPoE 服务器功能的其他配置任务的配置方法。

表 4-27　**PPPoE 服务器的虚拟模板接口配置步骤**

步骤	命令	说明
1	**system-view** 例如：< Huawei > **system-view**	进入系统视图
2	**interface virtual-template** *vt-number* 例如：[Huawei] **interface virtual-template** 10	创建虚拟模板接口并进入虚拟模板接口视图。参数 *vt-number* 用来指定虚拟模板接口的编号，AR100&AR120&AR150&AR160&AR200 系列的取值范围是 0～511；AR1200&AR2200&AR3200&AR3600 的取值范围是 0～1 023。 PPP、ATM 等二层协议之间不能直接互相承载，需要通过虚拟访问接口 VA（Virtual-Access）进行通信
3	**ip address** *ip-address* { *mask* | *mask-length* } 例如：[Huawei-Virtual-Template10] **ip address** 192.168.1.1 24	配置虚拟模板接口的 IPv4 地址
4	**ppp keepalive in-traffic check** 例如：[Huawei-Virtual-Template10] **ppp keepalive in-traffic check**	（可选）配置设备作为 PPPoE 服务器时，有入方向的流量就不发送心跳报文 设备作为 PPPoE 服务器接入大量用户时，为了减少心跳报文对网络资源的占用，可以配置在有入方向的流量时，PPPoE 服务器不发送心跳报文。 缺省情况下，设备作为 PPPoE 服务器会定时发送心跳报文，可用 **undo ppp keepalive in-traffic check** 命令去使能虚拟模板接口有入方向流量时，不发送心跳报文的功能

2. 配置为 PPPoE Client 分配 IP 地址

采用 PPP 方式接入的用户（包括通过 Dialer 接口拨号的 PPPoE 用户），可以利用 PPP 的地址协商功能，由 PPPoE 服务器为 PPPoE 客户端分配 IP 地址。另外，PPPoE 服务器可以为 PPPoE 客户端指定 DNS 服务器的 IP 地址，这样 PPPoE 客户端可以通过 PPPoE 服务器获取 DNS 服务器地址，进而通过 DNS 服务器提供的域名服务访问 Internet。

PPPoE 服务器为客户端分配 IP 地址有两种方式：一种是直接为客户端分配一个静态 IP 地址，另一种是从本地 IP 地址池中为客户端随机分配一个 IP 地址。所分配的 IP 地址可以与 PPPoE 服务器上创建的 VT 接口 IP 地址在同一网段，否则会造成用户上不了线。具体的 PPPoE 服务器为客户端分配 IP 地址的配置方法见表 4-28。

说明　如果希望 PPPoE 服务器为 PPPoE 客户端分配的 IP 地址具有强制性，不允许 PPPoE 客户端使用自行配置的 IP 地址，可以在接口下配置 **ppp ipcp remote-address forced** 命令。

表 4-28　　**PPPoE 服务器为客户端分配 IP 地址的配置步骤**

步骤	命令	说明
1	**system-view** 例如：< Huawei > **system-view**	进入系统视图
2	**ppp ipcp dns** *primary-dns-address* [*secondary-dns-address*] 例如：[Huawei-Virtual-Template10] **ppp ipcp dns** 1.1.1.1	配置设备为对端设备指定主、从 DNS 服务器的 IP 地址。命令中的参数说明如下。 （1）*primary-dns-address*：为对端设备配置主 DNS 服务器 IP 地址。 （2）*secondary-dns-address*：可选参数，为对端设备配置从 DNS 服务器 IP 地址。 【说明】当主机与设备通过 PPP 相连时，主机若想通过域名直接访问 Internet，则需要设备为主机指定 DNS 服务器地址 缺省情况下，设备不为对端设备指定DNS服务器的IP地址，可用 **undo ppp ipcp dns** *primary-dns-address* [*secondary-dns-address*]命令删除设备为对端设备配置的指定主、从 DNS 服务器 IP 地址
方式一：直接为客户端分配静态 IP 地址		
3	**remote address** *ip-address* 例如：[Huawei-Virtual-Template10] **remote address** 192.168.1.2 24	配置为以上接口所连接的 PPPoE 客户端分配的 IP 地址。**这种 IP 地址分配方式仅适用于单个客户端连接情形**，如 PPPoE 客户端是华为路由器设备。 缺省情况下，本端不为对端分配 IP 地址，可用 **undo remote address** 命令恢复为缺省值
方式二：从 IP 地址池中为客户端动态分配 IP 地址		
3	**ip pool** *ip-pool-name* 例如：[Huawei] **ip pool** global1	创建全局地址池并进入全局地址池视图。参数 *ip-pool-name* 指定前面用于为客户端分配 IP 地址的地址池名称
4	**network** *ip-address* [**mask** { *mask* | *mask-length* }] 例如：[Huawei-ip-pool-global1] **network** 192.168.1.0	配置地址池下的 IP 地址范围。命令中的参数说明如下。 （1）*ip-address*：指定地址池中的网段地址（是网络地址）。 （2）*mask* | *mask-length*：可选参数，指定以上网段地址对应的子网掩码（选择 *mask* 参数时）或子网掩码长度（选择 *mask-length* 参数时），不能配置为 0、1、31 和 32。如果不指定此可选参数，则使用以上网段 IP 地址所对应的自然网段子网掩码。 缺省情况下，系统未配置全局地址池下动态分配的 IP 地址范围，可用 **undo network** 命令恢复网段地址为缺省值
5	**gateway-list** *ip-address* <1-8> 例如：[Huawei-ip-pool-global1] **gateway-list** 10.1.1.1	配置地址池的出口网关地址，最多可以分别配置 8 个网关地址，用空格分隔，不能是子网广播地址。服务器上配置了网关地址后，客户端会获取到该网关地址，并自动生成到该网关地址的缺省路由。 缺省情况下，未配置出口网关地址，可用 **undo gateway-list** { *ip-address* | **all** }命令删除已配置的出口网关地址
6	**quit** 例如：[Huawei-ip-pool-global1] **quit**	退回到系统视图
7	**interface virtual-template** *vt-number* 例如：[Huawei] **interface virtual-template** 10	进入虚拟接口模板视图

续表

步骤	命令	说明
8	**remote address pool** *pool-name* 例如：[Huawei-Virtual-Template10]**remote address pool** global1	配置为 PPPoE 客户端分配指定地址池，参数 *pool-name* 用来指定为对端分配 IP 地址的地址池，即将指定地址池中的一个 IP 地址分配给对端，1～64 个字符，不支持空格，区分大小写。 本 IP 地址分配方式适用于单个或者多个客户端连接时。 缺省情况下，本端不为对端分配 IP 地址，可用 **undo remote address** 命令恢复为缺省值

3. 配置接口上启用 PPPoE 服务器功能

用户需要将虚拟接口模板绑定到接口（三层物理以太网接口或 PON 接口，或 VLANIF，或者由 ADSL 接口生成的虚拟以太网接口），才可以实现 PPPoE 服务器功能。

PPPoE 服务器功能的配置步骤是在以上具体接口视图下配置 **pppoe-server virtual-template** *vt-number* 命令，将指定的虚拟模板绑定到当前接口上，并在当前接口上启用 PPPoE 服务器功能。

说明　将指定的虚拟接口模板绑定到接口上后，设备会把虚拟接口模板的轮询时间间隔设置为 30s，心跳报文的重传次数设置为 2，即心跳超时时间为 60～90s，避免心跳报文发送过快，影响设备性能。用户执行 **timer hold** *seconds* 命令可以配置协商轮询时间间隔，执行 **ppp keepalive retry-times** *retry-times* 命令可以配置 PPP 心跳报文的重传次数。

4.（可选）配置 PPPoE Server 作为认证方

缺省情况下，PPP 链路不进行验证。在 PPP 链路上，为了提高安全性需要对对端设备进行 PAP 或 CHAP 认证。当终端接入采用 PPPoE 认证方式时，必须配置认证，此时 PPPoE 服务器是作为认证方。

PPPoE 服务器作为 PPP 认证方的配置步骤见表 4-29。请根据实际情况选择是否执行 **domain** *domain-name* 命令配置域。系统存在缺省域 default，缺省域下有缺省的认证方案。用户接入时，如果不带域名，则缺省属于 default 域，缺省进行本地认证。

表 4-29　PPPoE 服务器作为 PPP 认证方的配置步骤

步骤	命令	说明
1	**system-view** 例如：<Huawei>**system-view**	进入系统视图
2	**interface virtual-template** *vt-number* 例如：[Huawei] **interface virtual-template** 10	创建虚拟模板接口并进入虚拟模板接口视图
3	**ppp authentication-mode** { **chap** | **pap** } [[**call-in**] **domain** *domain-name*]	配置虚拟接口模板的 PPP 认证方式。命令中的参数和选项说明如下。 （1）**chap**：二选一选项，指定本端设备对对端设备采用 CHAP 认证方式。 （2）**pap**：二选一选项，指定本端设备对对端设备采用 PAP 认证方式。 （3）**call-in**：可选项，指定只在远端用户呼入时才认证对

续表

步骤	命令	说明
3	例如：[Huawei-Virtual-Template10] **ppp authentication-mode chap**	方。即仅进行服务器对客户端的单向认证，客户端无需对服务器进行认证。如果不选择此可选项，则表示要进行双向认证，服务器也需要主动向客户端发送认证请求。 （4）**domain** *domain-name*：可选参数，指定用户认证采用的域名，1～64个字符，不支持空格，区分大小写，不能使用星号"*"、问号"?"、引号"""等。 缺省情况下，本端设备对对端设备不进行认证，可用 **undo ppp authentication-mode** 命令恢复为缺省情况
4	**ppp chap user** *username* 例如：例如：[Huawei-Virtual-Template10] **ppp chap user** winda	（可选）配置采用CHAP认证时认证方的用户名。 本命令配置的用户名要和PPPoE客户端配置的本地账户的用户名保持一致
5	**aaa** 例如：[Huawei] **aaa**	进入AAA视图
6	**local-user** *user-name* **password** 例如：[Huawei-aaa]**local-user user1**@vipdomain **password**	创建一个本地PPPoE认证用户。参数 *user-name* 用来指定创建的PPPoE认证用户名，字符串形式，不区分大小写，长度范围是1～64，不支持空格、星号、双引号和问号。 密码采用交互方式配置，键入命令后直接按回车键即可根据提示信息设置密码。输入的密码为字符串形式，区分大小写，长度范围是8～128。 配置的用户名和密码必须要和PPPoE客户端配置的认证用户名和密码一致。 缺省情况下，本地账号的登录密码为Admin@huawei
7	**local-user** *user-name* **service-type ppp** 例如：[Huawei-aaa]**local-user** user1 @vipdomain **service-type ppp**	配置以上本地PPPoE认证用户的接入类型为PPP。 缺省情况下，本地用户可以使用所有的接入类型，可用 **undo local-user** *user-name* **service-type** 命令将指定的本地用户的接入类型恢复为缺省配置

5.（可选）配置PPPoE会话参数

为了保证PPPoE服务器的处理能力，管理员可以对PPPoE会话数的最大值进行配置，包括PPPoE服务器能创建PPPoE会话的最大数目、PPPoE服务器的一个MAC地址上能创建的PPPoE会话的最大数目和PPPoE客户端的一个MAC地址上能创建PPPoE会话的最大数目。但这些都有对应的缺省值，故为可选配置任务。具体配置步骤见表4-30。

表4-30　PPPoE会话参数配置步骤

步骤	命令	说明
1	**system-view** 例如：< Huawei > **system-view**	进入系统视图
2	**pppoe-server max-sessions total** *number*	配置设备能创建PPPoE会话的最大数目，整数形式，取值范围如下。 （1）AR100&AR120&AR150&AR160&AR200系列、AR1200系列、AR2201-48FE、AR2202-48FE、AR2204-51GE-P、AR2204-51GE、AR2204-51GE-R、AR2204-48GE-P、AR2204-24GE、AR2204-27GE-P、AR2204-27GE、AR2204E、AR2204E-D和AR2204：1～128。 （2）AR2220L、AR2220E、AR2220、AR2240C：1～512。

续表

步骤	命令	说明
2	例如：[Huawei] **pppoe-server max-sessions total** 120	• AR2204XE：1～6 144。 • 对于AR2240和AR3260，不同主控板取值范围不同。 SRU40和SRU60：1～512。 SRU80：1～1 024。 SRU100、SRU100E、SRU200E和SRU200：1～6 144。 SRU400：1～10 240。 • AR3670（SRUX5）：1～6 144。 缺省情况下，各机型能创建PPPoE会话的最大数目取以上对应取值范围中的最大值，可用 **undo pppoe-server max-sessions total** 命令恢复为缺省值
3	**pppoe-server max-sessions local- mac** *number* 例如：[Huawei] **pppoe-server max-sessions local-mac** 20	配置在一个本端MAC地址上能创建的PPPoE会话的最大数，整数形式，取值范围如下。 • AR100&AR120&AR150&AR160&AR200系列、AR1200系列、AR2201-48FE、AR2202-48FE、AR2204-51GE-P、AR2204-51GE、AR2204-51GE-R、AR2204-48GE-P、AR2204-24GE、AR2204-27GE-P、AR2204-27GE、AR2204E、AR2204E-D和AR2204：1～128。 • AR2220L、AR2220E、AR2220、AR2240C：1～512。 • AR2204XE：1～6 144。 • 对于AR2240和AR3260，不同主控板取值范围不同。 SRU40和SRU60：1～512。 SRU80：1～1 024。 SRU100、SRU100E、SRU200E和SRU200：1～6 144。 SRU400：1～10 240。 • AR3670（SRUX5）：1～6 144。 缺省情况下，各机型在一个本端MAC地址上能创建的PPPoE会话的最大数取以上对应取值范围中的最大值，可用 **undo pppoe-server max-sessions local-mac** 命令恢复为缺省值

6.（可选）配置用户组功能

在实际应用场景中，接入用户数量众多但用户类别却是有限的。针对这种情况，可在设备上创建用户组，并使每个用户组关联到一组ACL规则，则同一组内的用户将共用一组ACL规则。

配置用户组的方法见表4-31。在创建用户组后，可为用户组配置优先级，这样不同用户组内的用户即具有了不同的优先级以及网络访问权限。这将能够使管理员更灵活地管理用户。

表4-31　PPPoE服务器用户组的配置步骤

步骤	命令	说明
1	**system-view** 例如：<Huawei> **system-view**	进入系统视图

续表

<table>
<tr><th>步骤</th><th>命令</th><th>说明</th></tr>
<tr><td>2</td><td>user-group group-name
例如：[Huawei] user-group test1</td><td>创建用户组并进入用户组视图。参数用来提定所创建的用户组的名称，字符串形式，区分大小写，不支持包含空格、/、\、:、*、?、"、<、>、|、@、'和%，不支持配置为-和--，长度范围是 1～64。
缺省情况下，未配置用户组，可用 undo user-group group-name 命令来删除指定的用户组</td></tr>
<tr><td>3</td><td>acl-id acl-number
例如：[Huawei-user-group-test] acl-id 3001</td><td>在用户组下绑定 ACL，整数形式，取值范围是 3 000～3 999，即仅限高级 ACL。
【注意】在为用户组绑定 ACL 时要注意以下几点。
● 若用户组内未配置 ACL 规则，则设备不会对该用户组内用户的网络访问权限进行限制。
● 在配置用户组内的 ACL 规则时，需要添加一条拒绝所有网络访问的规则并且保证该规则最后生效。
● 如果要求授权到用户组下的所有用户的网络访问权限相同，则用户组绑定的 ACL 中的规则不能配置源 IP；如果某一 ACL 规则配置了源 IP，则用户组中只有 IP 地址和该规则中的源 IP 相同的用户才能够匹配该 ACL 规则。
缺省情况下，用户组下未绑定 ACL，可用 undo acl-id { acl-number | all }命令来删除与用户组绑定的 ACL。但用户组内有用户在线的情况下，与该用户组绑定的 ACL 不允许在系统视图下直接修改或删除</td></tr>
<tr><td>4</td><td>remark { 8021p 8021p-value | dscp dscp-value | exp exp-value | lp lp-value }*
例如：[Huawei-user-group-abc] remark dscp 3</td><td>配置用户组优先级。为用户组配置优先级后，用户组中的用户报文将继承该优先级，即不同的用户报文具有不同的优先级别。这能够使管理员更加灵活地管理不同类别的用户。命令中的参数说明如下。
（1）8021p 8021p-value：可多选参数，指定对以太二层报文的处理优先级，整数形式，取值范围是 0～7。
（2）dscp dscp-value：可多选参数，指定对 IP 报文的处理优先级，整数形式，取值范围是 0～63。
（3）exp exp-value：可多选参数，指定对 MPLS 报文的处理优先级，整数形式，取值范围是 0～7。
（4）lp lp-value：可多选参数，指定对设备内部报文的处理优先级，整数形式，取值范围是 0～7。
缺省情况下，未配置用户组优先级，可用 undo remark { 8021p 8021p-value | dscp dscp-value | exp exp-value | lp lp-value }*命令取消配置的用户组优先级</td></tr>
</table>

配置好 PPPoE 服务器功能后，可用以下 **display** 任意视图命令查看相关配置，验证配置结果，或者在用户视图下执行以下 **reset** 命令清除相关统计信息。

■ **display access-user**：查看当前在线用户信息。

■ **display pppoe-client session** { **packet** | **summary** } [**dial-bundle-number** *number*]：查看 PPPoE 客户端的 PPPoE 会话状态和统计信息。

■ **display pppoe-server session** { **all** | **packet** }：查看 PPPoE 会话状态和统计信息。

■ **reset pppoe-server** { **all** | **interface** *interface-type interface-number* | **virtual-template** *number* }：清除 PPPoE 服务器上建立的 PPPoE 会话。

■ **reset pppoe-client** { **all** | **dial-bundle-number** *number* }：复位PPPoE客户端上的PPPoE会话。

说明 当PPPoE会话工作在永久在线方式时，如果使用**reset pppoe-client**命令终止PPPoE会话，设备会在16 s后自动重新建立PPPoE会话。

当PPPoE会话工作在报文触发方式时，如果使用**reset pppoe-client**命令终止PPPoE会话，设备会在有数据需要传送时，才重新建立PPPoE会话。

也可在AAA视图下执行**cut access-user user-id** *begin-number* [*end-number*] 命令强制断开指定ID的PPPoE会话。

4.6.6 PPPoE服务器配置示例

如图4-27所示，局域网内主机与设备直连，设备作为PPPoE服务器，企业网内的主机需要通过PPPoE拨号接入Internet。用户在主机上安装拨号软件，每个主机使用同一个账号进行拨号上网。用户需求如下。

■ PPPoE服务器为主机动态分配IP地址。

■ PPPoE服务器通过AAA本地认证来认证主机用户。

■ PPPoE服务器为主机分配DNS服务器地址。

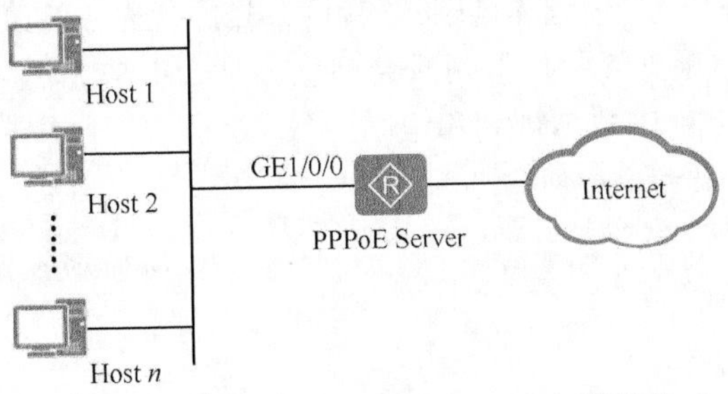

图4-27　PPPoE服务器配置示例的拓扑结构

1. 基本配置思路分析

根据本示例的要求以及4.6.5节中的配置方法（可选的PPPoE会话参数可不用配置，直接采用各自的缺省值），可以得出以下基本配置思路。

① 创建VT接口，使能设备的PPPoE服务器功能，并配置通过使用全局IP地址池给客户端分配IP地址和DNS服务器地址。

② 配置PPPoE认证用户，实现PPPoE服务器对用户主机的认证要求。

2. 具体配置步骤

① 配置VT，使能设备的PPPoE服务器功能，并通过IP地址池为客户端分配IP地址和DNS服务器IP地址。假设为客户端分配的IP地址在192.168.10.0/24网段，主、从DNS服务器IP地址分别为：10.10.10.10、10.10.10.11，VT接口（作为地址池网关）的IP地址为192.168.10.10/24。

```
<Huawei> system-view
[Huawei] sysname Router
[Router] ip pool pool1     !---创建名为pool1的IP地址池
```

```
[Router-ip-pool-pool1] network 192.168.10.10 mask 255.255.255.0
[Router-ip-pool-pool1] gateway-list 192.168.10.1
[Router-ip-pool-pool1] quit
[Router] interface virtual-template 1
[Router-Virtual-Template1] ppp authentication-mode chap domain system
[Router-Virtual-Template1] ip address 192.168.10.1 255.255.255.0
[Router-Virtual-Template1] remote address pool pool1    !---通过名为 pool1 的 IP 地址池为客户端分配 IP 地址
[Router-Virtual-Template1] ppp ipcp dns 10.10.10.10 10.10.10.11    !---为客户端分配主、从 DNS 服务器 IP 地址
[Router-Virtual-Template1] quit
[Router] interface gigabitethernet 1/0/0
[Router-GigabitEthernet1/0/0] pppoe-server bind virtual-template 1    !---使能设备的 PPPoE 服务器功能
[Router-GigabitEthernet1/0/0] quit
```

② 配置设备作为 CHAP 认证方，接受客户端发起的 CHAP 认证请求，假设认证用户名为 winda，密码为 Huawei，采用缺省的 system 域，以及 AAA 本地认证方式。

```
[Router] interface virtual-template 1
[Router-Virtual-Template1] ppp authentication-mode chap call-in    !---指定采用 CHAP 认证，并且指定仅需要服务器对拨入客户端进行认证，不需要客户端对服务器进行认证
[Router-Virtual-Template1] quit
[Router] aaa
[Router-aaa] local-user winda password    !---要以交互方式配置账户密码
[Router-aaa] local-user winda service-type ppp
[Router-aaa] quit
```

配置完成后，可以在 PPPoE 服务器上执行 **display pppoe-server session all** 命令，显示 PPPoE 会话的状态信息和配置信息（有会话条目即代表 PPPoE 客户端与服务器成功建立了 PPPoE 会话）。根据显示信息判断会话状态是否正常（状态为 UP 表示正常）、配置是否正确（是否和之前的数据规划和组网一致）。

```
[Router] display pppoe-server session all
SID Intf                State OIntf      RemMAC          LocMAC
1   Virtual-Template1   UP    GE1/0/0    0011.0914.1bd3  00e0.fc99.9999
```

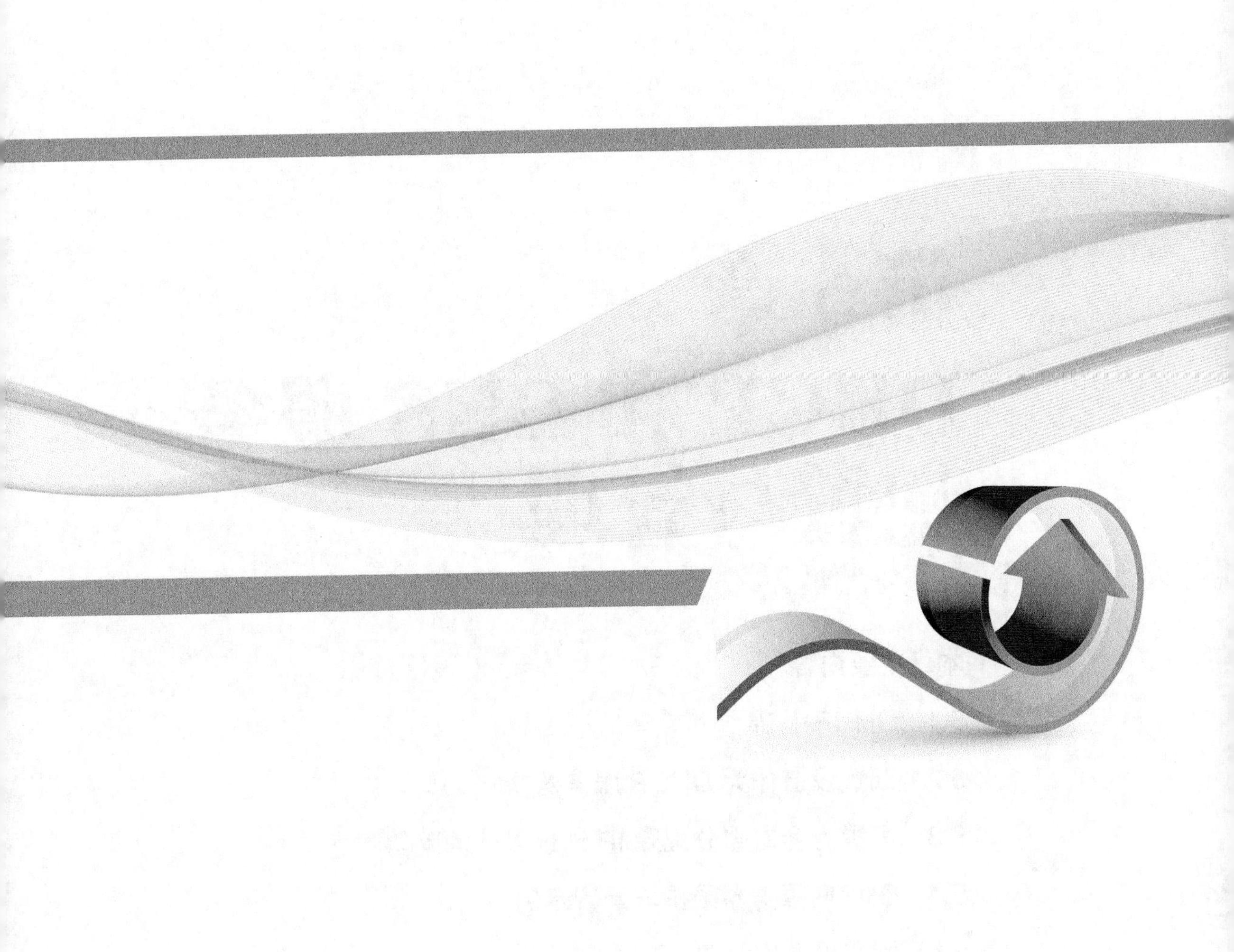

第5章 DHCP和DNS服务配置与管理

本章主要内容

5.1 DHCP基础

5.2 配置设备作为DHCP服务器

5.3 配置为客户端分配除IP地址以外的网络参数

5.4 DHCP服务器维护与配置示例

5.5 配置设备作为DHCP中继

5.6 DHCP Snooping配置与管理

5.7 配置DHCP/BOOTP客户端

5.8 DNS服务配置与管理

网络规模大了以后，看似很简单的用户主机 IP 地址配置就成了网络维护人员的一个繁重，且最容易出错的任务，特别是在网络新组建时。幸亏有这样一个能为客户主机自动分配 IP 地址，且还很可靠的自动 IP 地址配置机制，也就是本章要重点介绍的内容——DHCP（动态主机配置协议）。

本章主要介绍 IPv4 网络中的 DHCP 相关服务及功能配置与管理方法，包括 DHCP 协议的基础知识、华为设备中两种 DHCP 地址池（基于全局的地址池、基于接口的地址池）、DHCP 中继、DHCP Snooping、DHCP 客户端的配置与管理方法。在本章最后介绍 DNS 客户端、DNS 代理、DNS 中继和 DDNS 客户端的配置方法。

本章的重点是理解 DHCP 各种报文的格式、DHCP 服务器为客户端分配 IP 地址的基本工作原理，以及 DHCP 服务器两种地址池、DHCP 中继和 DHCP Snooping 服务的配置与管理方法。

5.1 DHCP 基础

DHCP（Dynamic Host Configuration Protocol，动态主机配置协议）技术实现了客户端 IP 地址和配置信息的动态分配和集中管理，可以快速、动态地为用户分配和管理 IP 地址，保证 IP 地址的合理分配，提高 IP 地址的使用效率。它采用 C/S（客户端/服务器）通信模式，由客户端向服务器提出配置申请（包括 IP 地址、子网掩码、缺省网关等参数），服务器根据策略返回相应的配置信息。

在以下场合通常利用 DHCP 服务来完成 IP 地址分配。

■ 网络规模较大，手工配置需要很大的工作量，并难以对整个网络进行集中管理。当然，各种服务器、网络设备节点都是需要采用静态 IP 地址分配的，否则用户可能无法访问你的服务器，网络设备也无法完成正常的数据转发和路由功能。

■ 网络中主机数目大于该网络支持的 IP 地址数量，无法给每个主机分配一个固定的 IP 地址。例如，Internet 接入服务提供商限制同时接入网络的用户数目，大量用户必须动态获得自己的 IP 地址。

■ 网络中只有少数主机需要固定的 IP 地址，大多数主机没有固定的 IP 地址需求。

5.1.1 DHCP 概述

随着网络规模的扩大和网络复杂度的提高，网络配置变得越来越复杂，再加上用户计算机数量剧增且位置不固定（如移动便携机或无线网络），引发了 IP 地址变化频繁以及 IP 地址不足的问题。为了实现网络为用户主机动态、合理地分配 IP 地址，减轻管理员手动配置用户 IP 地址的工作负担，提高 IP 地址的利用率，可以使用 DHCP 服务来完成。它可以实现与手动配置用户 IP 地址方式一样的效果，包括为用户主机配置 IP 地址、子网掩码、缺省网关等网络参数。

DHCP 服务基本构架如图 5-1 所示，主要包括以下 3 种角色。

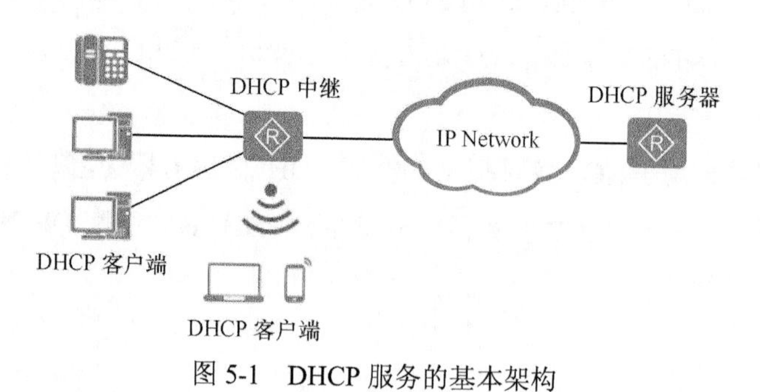

图 5-1 DHCP 服务的基本架构

1. DHCP Client（DHCP 客户端）

DHCP 客户端就是希望通过 DHCP 服务器（DHCP Server）获取 IP 地址信息分配的 IP 电话、用户 PC、手机、无盘工作站等。

2. DHCP Server（DHCP服务器）

DHCP服务器负责处理来自客户端或中继的地址分配、地址续租、地址释放等请求，为客户端分配IP地址和其他网络配置信息。

3. DHCP Relay（DHCP中继）

如果DHCP服务器和DHCP客户端不在同一个网段范围内（**如果DHCP服务器和DHCP客户端在同一个网段，则不需要DHCP中继**），则需要由DHCP中继负责DHCP服务器与DHCP客户端之间的DHCP报文转发。但不同于传统的IP报文转发，DHCP中继接收到DHCP请求或应答报文后，会重新修改报文格式并生成一个新的DHCP报文再进行转发。

在企业网络中，如果需要规划较多网段，且网段中的终端都需要通过DHCP自动获取IP地址等网络参数时，可以部署DHCP中继。这样，不同网段的终端可以共用一个DHCP服务器，节省了服务器资源，方便统一管理。

华为AR G3系列路由器可作为DHCP服务器、DHCP中继、DHCP客户端使用。

5.1.2　DHCP报文及其格式

DHCP服务也工作在C/S（客户端/服务器）模式，但两者进行报文传输时所使用的UDP传输端口是不一样的，DHCP客户端使用68号UDP端口发送请求报文；DHCP服务器使用67号UDP端口发送应答报文。DHCP客户端向DHCP服务器发送的报文称为DHCP请求报文，而DHCP服务器向DHCP客户端发送的报文称为DHCP应答报文。

1. DHCP报文种类

整个DHCP服务一共有8种类型的DHCP报文，分别为DHCP Discover、DHCP Offer、DHCP Request、DHCP ACK、DHCP NAK、DHCP Release、DHCP Decline、DHCP Inform。以上这些类型报文的基本功能见表5-1。

表5-1　DHCP报文类型

报文名称	说明
DHCP DISCOVER	DHCP客户端首次登录网络时进行DHCP服务交互过程发送的第一个报文，用来查找DHCP服务器。以广播方式发送
DHCP OFFER	DHCP服务器用来响应DHCP客户端发送的DHCP DISCOVER报文，此报文携带了各种配置信息。以广播方式发送
DHCP REQUEST	此报文有以下3种用途。 （1）DHCP客户端初始化后，以广播方式发送DHCP REQUEST报文回应DHCP服务器的DHCP OFFER报文。 （2）DHCP客户端重启后，以广播方式发送DHCP REQUEST报文，确认先前被分配的IP地址等配置信息。 （3）当DHCP客户端已经和某个IP地址绑定后，以单播（达到租约期1/2时）或广播（达到租约期7/8时）方式发送DHCP REQUEST报文更新IP地址的租约
DHCP ACK	DHCP服务器对DHCP客户端发送的DHCP REQUEST报文的确认响应报文，客户端收到此报文后，才真正获得了IP地址和相关的配置信息。以广播方式发送
DHCP NAK	DHCP服务器对DHCP客户端的DHCP REQUEST报文的拒绝响应报文，例如DHCP服务器收到DHCP REQUEST报文后，没有找到相应的租约记录，则发送DHCP NAK报文作为应答，告知DHCP客户端无法分配合适IP地址。以广播方式发送

续表

报文名称	说明
DHCP DECLINE	当 DHCP 客户端发现 DHCP 服务器分配给它的 IP 地址发生冲突时，会通过发送此报文来通知 DHCP 服务器，并且会重新向 DHCP 服务器申请地址。以单播方式发送
DHCP RELEASE	DHCP 客户端可通过发送此报文主动释放 DHCP 服务器分配给它的 IP 地址，当 DHCP 服务器收到此报文后，可将这个 IP 地址分配给其他的 DHCP 客户端。以单播方式发送
DHCP INFORM	DHCP 客户端获取 IP 地址后，如果需要向 DHCP 服务器获取更为详细的配置信息（网关地址、DNS 服务器地址），则向 DHCP 服务器发送 DHCP INFORM 请求报文。以单播方式发送

2. DHCP 报文格式

虽然 DHCP 服务的报文类型比较多，但每种报文的格式相同，不同类型的报文只是报文中的某些字段取值不同。DHCP 报文格式如图 5-2 所示。下面是各字段的说明，至于各 DHCP 报文的具体取值参见 5.1.3 节给出的示例。

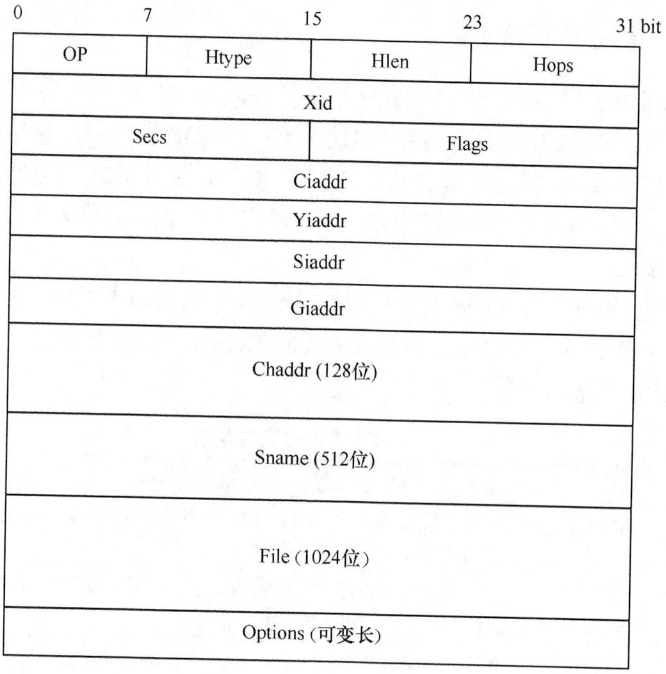

0	7	15	23	31 bit
OP	Htype	Hlen	Hops	
Xid				
Secs		Flags		
Ciaddr				
Yiaddr				
Siaddr				
Giaddr				
Chaddr (128位)				
Sname (512位)				
File (1024位)				
Options (可变长)				

图 5-2 DHCP 报文格式

① OP：Operation，指定 DHCP 报文的操作类型，占 8 位。请求报文置 1，应答报文置 2。表 5-1 中的 DHCP DISCOVER、DHCP REQUEST、DHCP RELEASE、DHCP INFORM 和 DHCP DECLINE 为请求报文，而 DHCP OFFER、DHCP ACK 和 DHCP NAK 为应答报文。

② Htype、Hlen：分别指定 DHCP 客户端的 MAC 地址类型和 MAC 地址长度，各占 8 位。MAC 地址类型其实用于指明网络类型，Htype 字段置 1 时表示为最常见的以太网 MAC 地址类型；以太网 MAC 地址长度为 6 字节，即对应 Hlen 字段值为 6。

③ Hops：指定 DHCP 报文经过的 DHCP 中继的数目，占 8 位。DHCP 请求报文每经过一个 DHCP 中继该字段就会增加 1。没有经过 DHCP 中继时值为 0。但 **DHCP 服务**

器和 DHCP 客户端之间的 DHCP 中继数目不能超过 16 个，也就是 Hops 值不能大于 16，否则 DHCP 报文将被丢弃。

④ Xid：客户端通过 DHCP Discover 报文发起一次 IP 地址请求时选择的随机数，相当于请求标识（占 32 位），用来标识一次 IP 地址请求过程。在一次请求中所有报文的 Xid 都是一样的。

⑤ Secs：DHCP 客户端从获取到 IP 地址或者续约过程开始到当前所消耗的时间，以秒为单位，占 16 位。在没有获得 IP 地址前该字段始终为 0。

⑥ Flags：标志位，占 16 位，第一位为广播应答标识位，用来标识 DHCP 服务器应答报文是采用单播还是广播方式发送，置 0 时表示采用单播发送方式，置 1 时表示采用广播发送方式。其余的 15 位均被置为 0。

注意 在客户端正式分配了 IP 地址之前的第一次 IP 地址请求过程中，所有 DHCP 报文都是以广播方式发送的，包括客户端发送的 DHCP DISCOVER 和 DHCP REQUEST 报文以及 DHCP 服务器发送的 DHCP OFFER、DHCP ACK 和 DHCP NAK 报文。当然，如果是由 DHCP 中继器转发给 DHCP 服务器的报文，则都是以单播方式发送的。另外，IP 地址续约、IP 地址释放的相关报文都是采用单播方式进行发送的。

⑦ Ciaddr：指示 DHCP 客户端的 IP 地址，占 32 位（4 字节）。仅在 DHCP 服务器发送的 ACK 报文中显示，在其他报文中均显示 0.0.0.0，因为在得到 DHCP 服务器确认前，DHCP 客户端还没有分配到 IP 地址。

⑧ Yiaddr：指示 DHCP 服务器分配给客户端的 IP 地址，占 32 位（4 字节）。仅在 DHCP 服务器发送的 OFFER 和 ACK 报文中显示，其他报文中显示为 0.0.0.0。

⑨ Siaddr：指示下一个为 DHCP 客户端分配 IP 地址等信息的 DHCP 服务器 IP 地址，占 32 位（4 字节）。仅在 OFFER、ACK 报文中显示，其他报文中显示为 0.0.0.0。

⑩ Giaddr：指示 DHCP 客户端发出请求报文后经过的第一个 DHCP 中继的 IP 地址，占 32 位（4 字节）。DHCP 服务器会根据此字段来判断出 DHCP 客户端所在的网段地址，从而选择合适的地址池，为客户端分配该网段的 IP 地址。DHCP 服务器还会根据此地址将响应报文发送给此 DHCP 中继，再由 DHCP 中继将此报文转发给客户端。如果没有经过 DHCP 中继，则显示为 0.0.0.0。

如果在到达 DHCP 服务器前经过了多个 DHCP 中继，该字段作为 DHCP 客户端所在的网段的标记，填充了第一个 DHCP 中继的 IP 地址后不会再变更，只是每经过一个 DHCP 中继，Hops 字段的数值会加 1。

⑪ Chaddr：指示 DHCP 客户端的 MAC 地址，占 128 位（16 字节）。在每个报文中都会显示对应 DHCP 客户端的 MAC 地址。

⑫ Sname：指示为 DHCP 客户端分配 IP 地址的 DHCP 服务器名称（DNS 域名格式），占 512 位（64 字节）。在 OFFER 和 ACK 报文中显示发送报文的 DHCP 服务器名称，其他报文显示为空。**如果填写，必须是一个以 0 结尾的字符串**。

⑬ File：指示 DHCP 服务器为 DHCP 客户端指定的启动配置文件名称及路径信息，占 1 024 位（128 字节）。仅在 DHCP OFFER 报文中显示，其他报文中显示为空。**如果填写，必须是一个以 0 结尾的字符串**。

⑭ Options：可选字段，长度可变，最多为 312 字节。DHCP 通过此字段包含了 DHCP 报文类型，服务器分配给终端的配置信息，如网关 IP 地址、DNS 服务器的 IP 地址、客户端可以使用 IP 地址的有效租期等信息。有关 DHCP 选项将在下节专门介绍。

5.1.3 DHCP 选项

DHCP 报文中的 Options 字段可以用来存放在上节介绍的 DHCP 协议报文中没有定义的控制信息和参数。如果用户在 DHCP 服务器端配置了 Options 字段，DHCP 客户端在申请 IP 地址时，会通过服务器端回应的 DHCP 报文获得 Options 字段中的配置信息。Options 字段的格式如图 5-3 所示。

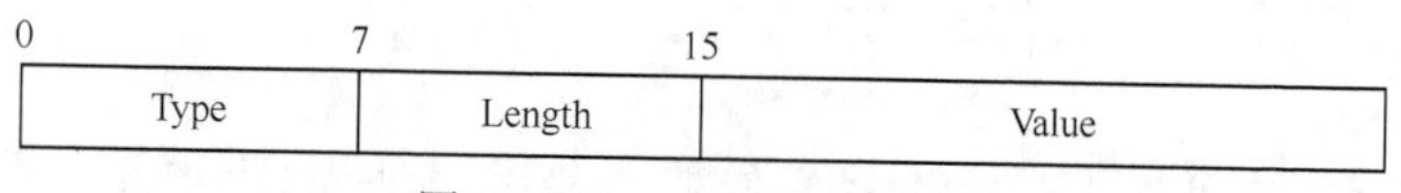

图 5-3 Options 字段的格式

■ Type：1 字节，表示信息类型，对应 DHCP Option 类型，取值 1～255，部分 DHCP 选项见表 5-2。有关常用的 DHCP 选项的含义和用法，请参见 RFC2132。

■ Length：1 字节，表示后面信息内容的长度。

■ Value：其长度为 Length 字段所指定，表示信息内容。

表 5-2 **部分知名 DHCP Option**

DHCP 选项类型	作用描述
1	设置子网掩码选项
3	设置网关地址选项
4	设置时间服务器地址选项
6	设置 DNS 服务器地址选项
7	设置日志服务器地址选项
12	设置 DHCP 客户端的主机名选项
15	设置域名后缀选项
17	设置根路径选项
28	设置组播地址选项
33	设置静态路由选项。该选项中包含一组有分类静态路由（即目的地址的掩码固定为自然掩码，不能划分子网），客户端收到该选项后，将在路由表中添加这些静态路由。但如果存在 Option121，则忽略该选项
42	设置 NTP 服务器地址选项
43	设置厂商自定义选项
44	设置 NetBios 服务器选项
46	设置 NetBios 节点类型选项
50	设置请求特定 IP 地址选项
51	设置 IP 地址租约时间选项
52	设置 Option 附加选项
53	设置 DHCP 消息类型
54	设置服务器标识

续表

DHCP 选项类型	作用描述	
55	设置请求选项列表。客户端利用该选项指明需要从服务器获取哪些网络配置参数。该选项内容为客户端请求的参数对应的选项值	
58	设置续约 T1 时间，一般是租期时间的 50%	
59	设置续约 T2 时间。一般是租期时间的 87.5%	
60	设置厂商分类信息选项，用于标识 DHCP 客户端的类型和配置	
61	设置客户端标识选项	
66	设置 TFTP 服务器名选项，用来指定为客户端分配的 TFTP 服务器的域名	
67	设置启动文件名选项，用来指定为客户端分配的启动文件名	
77	设置用户类型标识	
120	设置 SIP 服务器 IP 地址选项。当前仅支持解析 IP 地址，不支持解析域名	
121	设置无分类路由选项。该选项中包含一组无分类静态路由（即目的地址的掩码为任意值，可以通过掩码来划分子网），客户端收到该选项后，将在路由表中添加这些静态路由	
129	设置呼叫服务器地址选项	
141	设置为 DHCP 客户端分配的 SFTP/FTP 用户名	这些 DHCP 选项，可用于快速系统部署，具体应用方法参见《华为交换机学习指南》（第二版）第 3 章
142	设置为 DHCP 客户端分配的 SFTP/FTP 用户密码	
143	设置为 DHCP 客户端分配的 FTP 服务器 IP 地址	
145	设置为 DHCP 客户端分配的非配置文件信息	
146	设置用户指定动作的操作信息，包括存储空间不足时删除文件的策略和文件延迟生效时间	
147	设置认证信息	
149	设置为 DHCP 客户端分配的 SFTP 服务器 IP 地址和端口号	
150	设置为 DHCP 客户端分配的 TFTP 服务器 IP 地址	
184	保留选项，用户可以自定义该选项中携带的信息	

除了 RFC2132 中规定的字段选项外，还有部分选项内容没有统一规定，可以自定义，所以这类 DHCP 选项又称之为“自定选项”。例如 Option82（中继代理信息选项），该选项记录了 DHCP 客户端的位置信息，具体将在本章 5.3 节介绍。

5.1.4 DHCP 中继代理服务简介

因为在 DHCP 客户端初次从 DHCP 服务器获取 IP 地址的过程中，所有从 DHCP 客户端发出的请求报文和所有由 DHCP 服务器返回的应答报文均是**以广播方式**（目的地址为 255.255.255.255）进行发送的，所以 DHCP 服务只适用于 DHCP 客户端和 DHCP 服务器处于同一个子网（也就是 DHCP 服务器至少有一个端口是与 DHCP 客户端所在子网是直接连接的）的情况，因为广播包是不能穿越子网的。

基于 DHCP 服务的以上限制，如果 DHCP 客户端与 DHCP 服务器之间隔了路由设备，不在同一子网就不能直接通过这台 DHCP 服务器获取 IP 地址，即使 DHCP 服务器上已配置了对应的地址池。这也就意味着，如果想要让多个子网中的主机进行动态 IP 地址分配，就需要在网络中的所有子网中都设置一个 DHCP 服务器。这显然是很不经济的，也是没有必要的。

幸好，DHCP 中继功能可以很好地解决 DHCP 服务的以上难题。通过 DHCP 中继代理服务，与 DHCP 服务器不在同一子网的 DHCP 客户端可以通过 DHCP 中继代理（通常也是由路由器，或三层交换机设备担当，但需要开启 DHCP 中继功能）与位于其他网段的 DHCP 服务器通信，最终使 DHCP 客户端获取到从 DHCP 服务器上分配而来的 IP 地址。此时的 DHCP 中继代理就位于 DHCP 客户端和 DHCP 服务器之间，负责广播 DHCP 报文的转发，如图 5-4 所示。

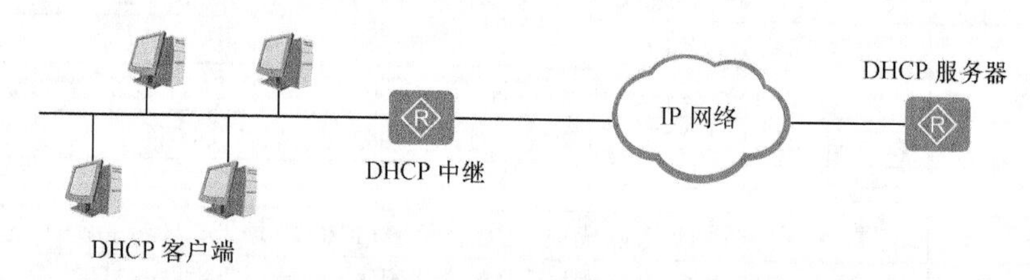

图 5-4　DHCP 中继代理的典型应用示例

当然，一个 DHCP 中继代理通过多个接口可以同时连接多个用户子网，作为多个 DHCP 客户端子网的中继代理。这样，多个子网上的 DHCP 客户端又可以使用同一个 DHCP 服务器来进行 IP 地址的自动分配了，既节省了成本，又便于进行集中管理。

Option 82 是 DHCP 报文中的中继代理信息选项（Relay Agent Information Option），记录了 DHCP 客户端的位置信息。管理员可以利用该选项定位 DHCP 客户端，实现对客户端的安全和计费等控制。支持 Option 82 选项的 DHCP 服务器还可以根据该选项的信息制订 IP 地址和其他参数的分配策略，提供更加灵活的地址分配方式。

在整个 Option 82 选项中，最多可以包含 255 个子选项，至少要定义一个子选项。目前的设备主要只支持两个子选项：sub-option 1（Circuit ID，电路 ID 子选项）和 sub-option 2（Remote ID，远程 ID 子选项），其格式分别如图 5-5 和图 5-6 所示。由于 RFC 3046 对于 Option 82 的内容没有统一规定，不同厂商通常根据需要进行填充。目前，华为设备作为 DHCP 中继时都支持 Option 82 子选项的扩展填充格式。

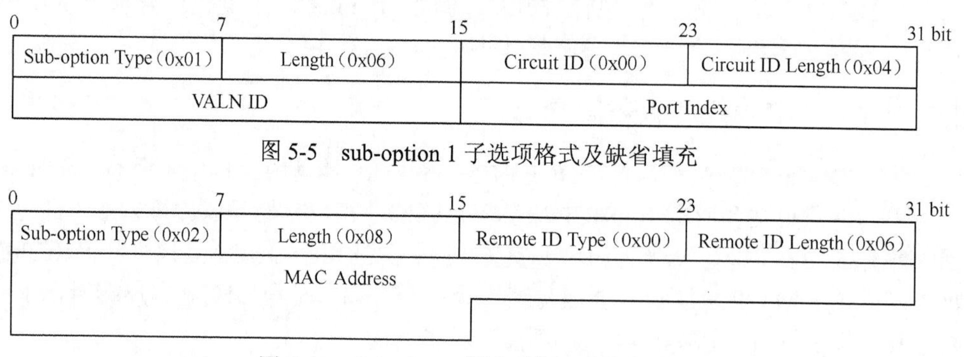

图 5-5　sub-option 1 子选项格式及缺省填充

图 5-6　sub-option 2 子选项格式及缺省填充

在图 5-5、图 5-6 所示的 sub-option 1 和 sub-option 2 子选项格式中，一些字段旁边括号中的内容为该字段的固定取值。sub-option 1 子选项中的内容是接收到 DHCP 客户端请求报文的端口所属 VLAN 的编号（对应“VLAN ID”字段，占 2 字节）以及端口索引（端口索引的取值为端口物理编号减 1，对应“Port Index”字段，占 2 字节）。sub-option 2

子选项的内容是接收到 DHCP 客户端请求报文的 DHCP 中继设备的 MAC 地址（对应“MAC Address”字段，占 6 字节）。

有关 sub-option 1 和 sub-option 2 两个子选项的填充有多种格式，具体格式及配置方法将在 5.5.3 节介绍。

5.1.5 DHCP 服务初次 IP 地址自动分配原理

在 DHCP 服务交互过程中，DHCP 客户端是以 UDP 68 号端口进行数据传输的，而 DHCP 服务器是以 UDP 67 号端口进行数据传输的。下面分别从无中继和有中继两种场景介绍 DHCP 客户端首次接入网络的工作原理。

1. 无中继场景时 DHCP 客户端首次接入网络的工作原理

DHCP 客户端首次接入网络时，通过图 5-7 所示的 4 个阶段与 DHCP 服务器交互 DHCP 报文，从而获取到 IP 地址等网络参数。DHCP 客户端在获得了一个 IP 地址以后，就可以发送一个免费 ARP 请求探测网络中是否还有其他主机使用此 IP 地址，来避免由于 DHCP 服务器地址池重叠而引发的 IP 冲突。

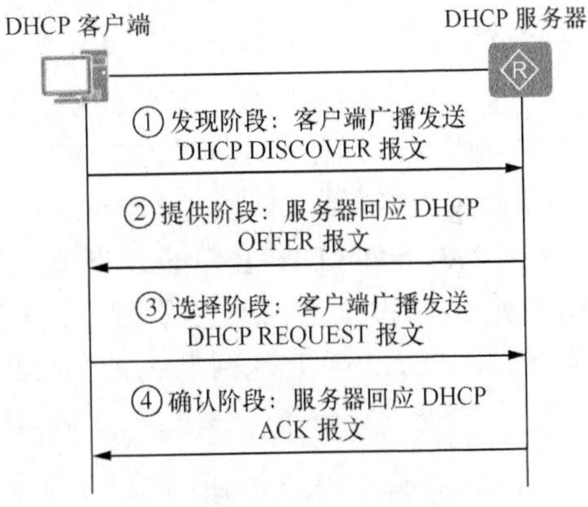

图 5-7 无中继场景时 DHCP 客户端首次接入网络的报文交互示意

（1）发现阶段

DHCP 客户端获取网络中 DHCP 服务器信息的阶段。在客户端配置了 DHCP 客户端程序并启动后，**以广播方式**发送 DHCP DISCOVER 报文来寻找网络中的 DHCP 服务器。此广播报文采用传输层的 UDP 68 号端口发送（封装的目的端口为 UDP 67 号端口），经过网络层 IP 封装后，源 IP 地址为 0.0.0.0（因为此时还没有分配 IP 地址）、目的 IP 地址为 255.255.255.255（有限广播 IP 地址，使同一网段内所有 DHCP 服务器或中继都能收到此报文），以及需要请求的参数列表选项（Option55 中填充的内容，标识了客户端需要从服务器获取的网络配置参数）、广播标志位（DHCP DISCOVER 报文中的 flags 字段，表示客户端请求服务器以单播或广播形式发送响应报文）等信息。

下面是一个 DHCP DISCOVER 报文封装的 IP 报头示例，可以看到 Destination Address（目的地址）是 255.255.255.255，而 Source Address（源地址）是 0.0.0.0。

```
IP:ID = 0x0; Proto = UDP; Len: 328
IP:Version = 4 (0x4)
IP:Header Length = 20 (0x14)
IP:Service Type = 0 (0x0)
IP:Precedence = Routine
IP:...0.... = Normal Delay
IP:....0... = Normal Throughput
IP:.....0.. = Normal Reliability
IP:Total Length = 328 (0x148)
IP:Identification = 0 (0x0)
IP:Flags Summary = 0 (0x0)
IP:.......0 = Last fragment in datagram
```

```
IP:......0. = May fragment datagram if necessary
IP:Fragment Offset = 0 (0x0) bytes
IP:Time to Live = 128 (0x80)
IP:Protocol = UDP - User Datagram          !---使用 UDP 传输层协议
IP:Checksum = 0x39A6
IP:Source Address = 0.0.0.0                !---源 IP 地址为 0.0.0.0
IP:Destination Address = 255.255.255.255   !----目的 IP 地址为 255.255.255.255
IP:Data:Number of data bytes remaining = 308 (0x0134)
```

【经验之谈】在以上 DHCP DISCOVER 报文中，IP 报头的目的地址（Destination Address）是 255.255.255.255 这个有限广播地址。这个有限广播地址就是代表任意一个 IPv4 子网的广播地址，因为此时 DHCP 客户端并不知道 DHCP 服务器在哪个子网上。下面所有其他 DHCP 报文中的 255.255.255.255 地址的含义也是一样的。

至于 IP 报头中的源地址（Source Address），由于当前 DHCP 客户端主机并未分配具体的 IP 地址，所以只能用具有任意代表功能的 0.0.0.0 地址来表示了。下面所有其他 DHCP 报文中指定的 0.0.0.0 地址的含义也是一样的。

因为此时 DHCP 客户端没有分配到 IP 地址，也不知道 DHCP 服务器或 DHCP 中继的 IP 地址，所以在 DHCP DISCOVER 报文中，Ciaddr（客户端 IP 地址）、Yiaddr（被分配的 DHCP 客户端 IP 地址）、Siaddr（下一个为 DHCP 客户端分配 IP 地址的 DHCP 服务器地址）、Giaddr（DHCP 中继 IP 地址，此处不采用 DHCP 中继）这 4 个字段均为 0.0.0.0，如下所示。另外，从中可以看到，在 Ciaddr 字段和 DHCP 选项中，Client Identifier 字段都标识了 DHCP 客户端网卡 MAC 地址。

```
DHCP:Discover                  (xid=21274A1D)
DHCP:Op Code                   (op)      = 1 (0x1)
DHCP:Hardware Type             (htype)   = 1 (0x1) 10Mb Ethernet
DHCP:Hardware Address Length (hlen) = 6 (0x6)
DHCP:Hops                      (hops)    = 0 (0x0)
DHCP:Transaction ID        (xid)     = 556223005 (0x21274A1D)
DHCP:Seconds                   (secs)    = 0 (0x0)
DHCP:Flags                     (flags)   = 1 (0x1)    !---标志位置 1，代表以广播方式发送
DHCP:1............... = Broadcast
DHCP:Client IP Address (ciaddr) = 0.0.0.0
DHCP:Your     IP Address (yiaddr) = 0.0.0.0
DHCP:Server IP Address (siaddr) = 0.0.0.0
DHCP:Relay    IP Address (giaddr) = 0.0.0.0
DHCP:Client Ethernet Address (chaddr) = 08002B2ED85E
DHCP:Server Host Name   (sname)   = <Blank>
DHCP:Boot File Name     (file)    = <Blank>
DHCP:Magic Cookie = [OK]
DHCP:Option Field          (options)
DHCP:DHCP Message Type          = DHCP Discover    !---DHCP 报文类型为 DHCP Discover
DHCP:Client-identifier          = (Type:1) 08 00 2b 2e d8 5e
DHCP:Host Name                  = JUMBO-WS      !---DHCP 服务器主机名
DHCP:Parameter Request List = (Length:7) 01 0f 03 2c 2e 2f 06
DHCP:End of this option field
```

（2）提供阶段

DHCP 服务器向 DHCP 客户端提供预分配 IP 地址的阶段。网络中的所有 DHCP 服务器接收到客户端的 DHCP DISCOVER 报文后，都会根据自己的地址池中 IP 地址分配的优先次序选出一个 IP 地址，然后与其他参数一起通过传输层的 UDP 67 号端口，在

DHCP OFFER 报文中**以广播方式**发送给客户端（目的端口是 DHCP 客户端的 UDP 68 号端口）。这样一来，理论上 DHCP 客户端可能会收到多个 DHCP OFFER 报文（当网络中存在多个 DHCP 服务器时），但 DHCP 客户端只接受第一个到来的 DHCP OFFER 报文。

DHCP 客户端通过封装在 DHCP OFFER 报文中的目的 MAC 地址（报文中的 CHADDR 字段值）的比对来确定是否接收该报文，也携带了希望分配给指定 MAC 地址客户端的 IP 地址（报文中的 Yiaddr 字段值）及其租期等配置参数（如果 DHCP 服务器的地址池中会指定 IP 地址的租期，且 DHCP DISCOVER 报文中携带了期望租期，则 DHCP 服务器会选择其中时间较短的租期分配给客户端）。

说明　DHCP 服务器会把地址池中 IP 地址根据不同状态分成不同的 IP 地址列表：把未分配出去的 IP 地址放在可分配的 IP 地址列表中；把已经分配出去的 IP 地址放在正在使用 IP 地址列表中；把处于冲突状态的 IP 地址放在冲突 IP 地址列表中；把不能分配的 IP 地址放在不能分配 IP 地址列表中。

DHCP 服务器在地址池中为客户端选择 IP 地址的优先顺序如下。

① DHCP 服务器上已配置的与客户端 MAC 地址静态绑定的 IP 地址。

② 客户端发送的 DHCP DISCOVER 报文中 Option50 字段（请求 IP 地址选项）指定的地址。

③ DHCP 服务器上记录的曾经分配给客户端的 IP 地址。

④ 在地址池内随机查找可供分配的 IP 地址。

⑤ 如果未找到可供分配的 IP 地址，则依次查询超过租期、处于冲突状态的 IP 地址，如果找到可用的 IP 地址，则进行分配；否则，发送 DHCP NAK 报文作为应答，通知 DHCP 客户端无法分配 IP 地址。DHCP 客户端需要重新发送 DHCP DISCOVER 报文来申请 IP 地址。

为了防止分配出去的 IP 地址与网络中其他客户端的 IP 地址冲突，DHCP 服务器在发送 DHCP OFFER 报文前通过发送源地址为 DHCP 服务器 IP 地址、目的地址为预分配出去 IP 地址的 ICMP ECHO REQUEST 报文对分配的 IP 地址进行地址冲突探测（**发送 ping 该 IP 地址的命令，次数可配置，最多可达 10 次**）。如果在指定的时间内没有收到应答报文，表示网络中没有客户端使用这个 IP 地址，可以分配给客户端；否则把此地址列为冲突地址，然后等待重新接收到 DHCP DISCOVER 报文后，按照前面介绍的选择 IP 地址的优先顺序重新选择可用的 IP 地址。**但此阶段 DHCP 服务器分配给客户端的 IP 地址不一定是最终确定使用的 IP 地址**，因为客户端在收到分配的 IP 地址后还要通过免费 ARP 报文进行冲突检测，发生冲突时还会向 DHCP 服务器发送 DECLINE 报文，请求分配新的 IP 地址，所以 DHCP OFFER 报文发送给客户端后等待 16s，在没有收到 DECLINE 报文后才可通过下面的选择阶段和确认阶段最终为原客户端分配该 IP 地址。

设备还支持在地址池中排除某些不能通过 DHCP 机制进行分配的 IP 地址。例如，客户端所在网段已经手工配置了地址为 192.168.1.100/24 的 DNS 服务器，DHCP 服务器上配置的网段为 192.168.1.0/24 的地址池中需要将 192.168.1.100 的 IP 地址排除，不能通过 DHCP 分配此地址，否则，会造成地址冲突。

DHCP OFFER 报文经过 IP 封装后的源 IP 地址为 DHCP 服务器自己的 IP 地址，目的地址仍是 255.255.255.255 广播地址，使用的协议仍为 UDP。

下面是一个 DHCP OFFER 报文的 IP 报头示例。

```
IP:ID = 0x3C30; Proto = UDP; Len: 328
IP:Version = 4 (0x4)
IP:Header Length = 20 (0x14)
IP:Service Type = 0 (0x0)
IP:Precedence = Routine
IP:...0.... = Normal Delay
IP:....0... = Normal Throughput
IP:.....0.. = Normal Reliability
IP:Total Length = 328 (0x148)
IP:Identification = 15408 (0x3C30)
IP:Flags Summary = 0 (0x0)
IP:.......0 = Last fragment in datagram
IP:......0. = May fragment datagram if necessary
IP:Fragment Offset = 0 (0x0) bytes
IP:Time to Live = 128 (0x80)
IP:Protocol = UDP - User Datagram
IP:Checksum = 0x2FA8
IP:Source Address = 157.54.48.151
IP:Destination Address = 255.255.255.255
IP:Data:Number of data bytes remaining = 308 (0x0134)
```

在 DHCP OFFER 报文中，Ciaddr 字段值仍为 0.0.0.0，因为客户端仍没有分配到 IP 地址；Yiaddr 字段已有值了，这是 DHCP 服务器为该客户端预分配的 IP 地址；Siaddr 字段值为 DHCP 服务器地址；因为没有经过 DHCP 中继服务器，所以 Giaddr 字段值仍为 0.0.0.0。另外，在 DHCP 可选项部分，可以看到由服务器随 IP 地址一起发送的各种选项。在这种情况下，服务器发送的是子网掩码、缺省网关（路由器）、租约时间、WINS 服务器地址（NetBIOS 名称服务）和 NetBIOS 节点类型。

下面是一个 DHCP OFFER 报文示例。

```
DHCP:Offer                    (xid=21274A1D)
DHCP:Op Code                  (op)       = 2 (0x2)
DHCP:Hardware Type            (htype)    = 1 (0x1) 10Mb Ethernet
DHCP:Hardware Address Length (hlen) = 6 (0x6)
DHCP:Hops                     (hops)     = 0 (0x0)
DHCP:Transaction ID           (xid)      = 556223005 (0x21274A1D)
DHCP:Seconds                  (secs)     = 0 (0x0)
DHCP:Flags                    (flags)    = 1 (0x1)
DHCP:1............... =       Broadcast
DHCP:Client IP Address (ciaddr) = 0.0.0.0
DHCP:Your    IP Address (yiaddr) = 157.54.50.5
DHCP:Server IP Address (siaddr) = 157.54.48.151
DHCP:Relay   IP Address (giaddr) = 0.0.0.0
DHCP:Client Ethernet Address (chaddr) = 08002B2ED85E
DHCP:Server Host Name         (sname)    = JUMBO-WS
DHCP:Boot File Name           (file)     = <Blank>
DHCP:Magic Cookie = [OK]
DHCP:Option Field             (options)
DHCP:DHCP Message Type        = DHCP Offer            !---DHCP 报文类型为 DHCP Offer
DHCP:Subnet Mask              = 255.255.240.0         !---所分配 IP 地址的子网掩码为 255.255.240.0
DHCP:Renewal Time Value (T1) = 8 Days,   0:00:00     !---想要继续租约原来分配的 IP 地址，则提出续约申请的
```

```
期限为 8 天
    DHCP:Rebinding Time Value (T2) = 14 Days,   0:00:00     !---如果上次申请续约失败，再次申请绑定原来分配到的 IP
地址的期限为 14 天
    DHCP:IP Address Lease Time   = 16 Days,   0:00:00     !---租约期限为 16 天，也就是 DHCP 客户端可使用此 IP
地址的最长时间为 16 天
    DHCP:Server Identifier       = 157.54.48.151          !---DHCP 服务器的 IP 地址为 157.54.48.151
    DHCP:Router                  = 157.54.48.1            !---缺省网关 IP 地址为 157.54.48.1
    DHCP:NetBIOS Name Service    = 157.54.16.154          !---DNS 服务器 IP 地址为 157.54.16.154
    DHCP:NetBIOS Node Type       = (Length: 1) 04
    DHCP:End of this option field
```

（3）选择阶段

DHCP 客户端选择 IP 地址的阶段。如果有多台 DHCP 服务器向该客户端发来 DHCP OFFER 报文，客户端只接受第一个收到的 DHCP OFFER 报文，然后以**广播方式**发送 DHCP REQUEST 报文。该报文中包含客户端想选择的 DHCP 服务器标识符（即 Option54）和客户端请求的 IP 地址（Requested Address，即 Option50，填充了接收的 DHCP OFFER 报文中 yiaddr 字段的 IP 地址）。另外，DHCP 客户端之所以以广播方式发送 DHCP REQUEST 报文，是为了通知所有的 DHCP 服务器，它已选择某个 DHCP 服务器提供的 IP 地址，其他 DHCP 服务器可以重新将曾经分配给客户端的 IP 地址分配给其他客户端。

在 DHCP REQUEST 报文封装的 IP 头部中，客户端的 Source Address 仍然是 0.0.0.0，Destination Address 仍然是 255.255.255.255，Requested Address 字段为所请求分配的 IP 地址，但 Ciaddr、Yiaddr、Siaddr、Giaddr 字段的地址均 0.0.0.0。

下面是一个 DHCP REQUEST 报文头部和 DHCP REQUEST 报文的示例。

```
IP:ID = 0x100; Proto = UDP; Len: 328
IP:Version = 4 (0x4)
IP:Header Length = 20 (0x14)
IP:Service Type = 0 (0x0)
IP:Precedence = Routine
IP:...0.... = Normal Delay
IP:....0... = Normal Throughput
IP:.....0.. = Normal Reliability
IP:Total Length = 328 (0x148)
IP:Identification = 256 (0x100)
IP:Flags Summary = 0 (0x0)
IP:.......0 = Last fragment in datagram
IP:......0. = May fragment datagram if necessary
IP:Fragment Offset = 0 (0x0) bytes
IP:Time to Live = 128 (0x80)
IP:Protocol = UDP - User Datagram
IP:Checksum = 0x38A6
IP:Source Address = 0.0.0.0
IP:Destination Address = 255.255.255.255
IP:Data:Number of data bytes remaining = 308 (0x0134)

DHCP:Request                  (xid=21274A1D)
DHCP:Op Code                  (op)      = 1 (0x1)
DHCP:Hardware Type            (htype)   = 1 (0x1) 10Mb Ethernet
DHCP:Hardware Address Length (hlen) = 6 (0x6)
DHCP:Hops                     (hops)    = 0 (0x0)
DHCP:Transaction ID       (xid)     = 556223005 (0x21274A1D)
DHCP:Seconds                  (secs)    = 0 (0x0)
```

```
DHCP:Flags                  (flags)   = 1 (0x1)
DHCP:1............... = Broadcast
DHCP:Client IP Address (ciaddr) = 0.0.0.0
DHCP:Your    IP Address (yiaddr) = 0.0.0.0
DHCP:Server IP Address (siaddr) = 0.0.0.0
DHCP:Relay   IP Address (giaddr) = 0.0.0.0
DHCP:Client Ethernet Address (chaddr) = 08002B2ED85E
DHCP:Server Host Name   (sname)    = <Blank>
DHCP:Boot File Name       (file)     = <Blank>
DHCP:Magic Cookie = [OK]
DHCP:Option Field          (options)
DHCP:DHCP Message Type          = DHCP Request
DHCP:Client-identifier           = (Type:1) 08 00 2b 2e d8 5e
DHCP:Requested Address          = 157.54.50.5
DHCP:Server Identifier          = 157.54.48.151
DHCP:Host Name                     = JUMBO-WS
DHCP:Parameter Request List = (Length:7) 01 0f 03 2c 2e 2f 06
DHCP:End of this option field
```

（4）确认阶段

DHCP 服务器确认分配给 DHCP 客户端 IP 地址的阶段。某个 DHCP 服务器在收到 DHCP 客户端发来的 DHCP REQUEST 报文后，只有 DHCP 客户端选择的服务器会进行如下操作：如果确认将地址分配给该客户端，则**以广播方式**返回 DHCP ACK 报文，表示同意将 DHCP REQUEST 报文中请求的 IP 地址（Option50 填充的）分配给客户端使用。

DHCP 客户端收到 DHCP ACK 报文，会广播发送免费 ARP 报文，探测本网段是否有其他终端使用服务器分配的 IP 地址，如果在指定时间内没有收到回应，表示客户端可以使用此地址。如果收到了回应，说明有其他终端使用了此地址，客户端会向服务器发送 DECLINE 报文，并重新向服务器请求 IP 地址，同时，服务器会将此地址列为冲突地址。当服务器没有空闲地址可分配时，再选择冲突地址进行分配，尽量减少分配出去的地址冲突。

当 DHCP 服务器收到 DHCP 客户端发送的 DHCP REQUEST 报文后，如果 DHCP 服务器由于某些原因（例如协商出错或者由于发送 REQUEST 过慢导致服务器已经把此地址分配给其他客户端）无法分配 DHCP REQUEST 报文中 Option50 填充的 IP 地址，则发送 DHCP NAK 报文作为应答，通知 DHCP 客户端无法分配此 IP 地址。DHCP 客户端需要重新发送 DHCP DISCOVER 报文来申请新的 IP 地址。

在 DHCP 服务器发送的 DHCP ACK 报文的 IP 头部中，Source Address 是 DHCP 服务器 IP 地址，Destination Address 仍然是广播地址 255.255.255.255。在 DHCP ACK 报文中的 Yiaddr 字段包含要分配给客户端的 IP 地址，而 Chaddr 和 Client Identifier 字段是发出请求的客户端中网卡的 MAC 地址。同时，在选项部分也会把在 DHCP OFFER 报文中所分配的 IP 地址的子网掩码、缺省网关、DNS 服务器、租约期、续约时间等信息加上。

```
IP:ID = 0x3D30; Proto = UDP; Len: 328
IP:Version = 4 (0x4)
IP:Header Length = 20 (0x14)
IP:Service Type = 0 (0x0)
IP:Precedence = Routine
IP:...0.... = Normal Delay
```

```
IP:....0... = Normal Throughput
IP:.....0.. = Normal Reliability
IP:Total Length = 328 (0x148)
IP:Identification = 15664 (0x3D30)
IP:Flags Summary = 0 (0x0)
IP:.......0 = Last fragment in datagram
IP:......0. = May fragment datagram if necessary
IP:Fragment Offset = 0 (0x0) bytes
IP:Time to Live = 128 (0x80)
IP:Protocol = UDP - User Datagram
IP:Checksum = 0x2EA8
IP:Source Address = 157.54.48.151
IP:Destination Address = 255.255.255.255
IP:Data:Number of data bytes remaining = 308 (0x0134)

DHCP:ACK                    (xid=21274A1D)
DHCP:Op Code                (op)       = 2 (0x2)
DHCP:Hardware Type          (htype)    = 1 (0x1) 10Mb Ethernet
DHCP:Hardware Address Length (hlen) = 6 (0x6)
DHCP:Hops                   (hops)     = 0 (0x0)
DHCP:Transaction ID         (xid)      = 556223005 (0x21274A1D)
DHCP:Seconds                (secs)     = 0 (0x0)
DHCP:Flags                  (flags)    = 1 (0x1)
DHCP:1............... = Broadcast
DHCP:Client IP Address (ciaddr) = 0.0.0.0
DHCP:Your    IP Address (yiaddr) = 157.54.50.5
DHCP:Server IP Address (siaddr) = 157.54.48.151
DHCP:Relay   IP Address (giaddr) = 0.0.0.0
DHCP:Client Ethernet Address (chaddr) = 08002B2ED85E
DHCP:Server Host Name       (sname)    = JUMBO-WS
DHCP:Boot File Name         (file)     = <Blank>
DHCP:Magic Cookie = [OK]
DHCP:Option Field           (options)
DHCP:DHCP Message Type               = DHCP ACK
DHCP:Renewal Time Value (T1) = 8 Days,    0:00:00
DHCP:Rebinding Time Value (T2) = 14 Days,    0:00:00
DHCP:IP Address Lease Time    = 16 Days,    0:00:00
DHCP:Server Identifier           = 157.54.48.151
DHCP:Subnet Mask                 = 255.255.240.0
DHCP:Router                      = 157.54.48.1
DHCP:NetBIOS Name Service        = 157.54.16.154
DHCP:NetBIOS Node Type           = (Length: 1) 04
DHCP:End of this option field
```

2. 有中继场景时 DHCP 客户端首次接入网络的工作原理

当 DHCP 客户端和 DHCP 服务器不是在同一个网段时，需要在它们之间部署 DHCP 中继设备来转发它们之间交互的 DHCP 报文。此时，DHCP 客户端首次接入网络时，通过图 5-8 所示的 4 个阶段与 DHCP 中继、DHCP 服务器交互 DHCP 报文，从而获取到 IP 地址等网络参数。DHCP 客户端和 DHCP 服务器的工作原理与前面介绍的无中继场景相同，此处不详细介绍，下面仅针对 DHCP 中继的工作原理进行介绍。

（1）发现阶段

DHCP 中继接收到 DHCP 客户端**以广播方式**发送的 DHCP DISCOVER 报文后，进行如下处理。

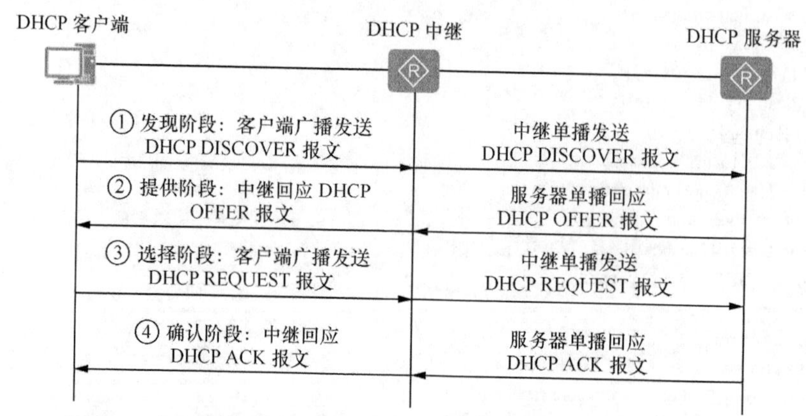

图 5-8 有中继场景时 DHCP 客户端首次接入网络的报文交互示意

① 检查 DHCP DISCOVER 报文中的 Hops 字段，如果大于 16，则丢弃 DHCP 报文；否则，将 Hops 字段加 1（表明经过一次 DHCP 中继），并继续下面的操作。

DHCP DISCOVER 报文中的 Hops 字段表示 DHCP 报文经过的 DHCP 中继的数目，该字段由 DHCP 客户端或 DHCP 服务器设置为 0，每经过一个 DHCP 中继时，该字段加 1。Hops 字段的作用是限制 DHCP 报文所经过的 DHCP 中继的数目。目前，设备最多支持 DHCP 客户端与服务器之间存在 16 个中继。

② 检查 DHCP DISCOVER 报文中的 Giaddr 字段。如果是 0，将 Giaddr 字段设置为 DHCP 中继设备接收 DHCP DISCOVER 报文的接口 IP 地址。如果不是 0，则不修改该字段，继续下面的操作。

说明 DHCP 报文中的 Giaddr 字段标识了 DHCP 客户端网关的 IP 地址。如果服务器和客户端不在同一个网段且中间存在多个 DHCP 中继，当客户端发出 DHCP 请求时，第一个 DHCP 中继会把自己的 IP 地址填入此字段，后面的 DHCP 中继不修改此字段内容，DHCP 服务器会根据此字段来判断出客户端所在的网段地址，从而为客户端分配该网段的 IP 地址。

③ 将 DHCP DISCOVER 报文的目的 IP 地址改为 DHCP 服务器或下一跳中继的 IP 地址，**源地址改为 DHCP 中继连接客户端的接口地址（源和目的 IP 地址都发生了改变，这点要特别注意）**，通过路由以单播方式将 DHCP DISCOVER 报文发送到 DHCP 服务器或下一跳 DHCP 中继设备。

如果 DHCP 客户端与 DHCP 服务器之间存在多个 DHCP 中继，后面的中继接收到 DHCP DISCOVER 报文的处理流程同前面所述。

（2）提供阶段

DHCP 服务器接收到 DHCP DISCOVER 报文后，选择与报文中 Giaddr 字段为同一网段的地址池，并为客户端分配 IP 地址等参数（选择原则与无中继场景相同），然后向 Giaddr 字段标识的 DHCP 中继设备**以单播方式**发送 DHCP OFFER 报文。

DHCP 中继收到 DHCP OFFER 报文后，会进行如下处理。

① 检查 DHCP OFFER 报文中的 Giaddr 字段，如果不是中继接口的地址，则丢弃该

报文；否则，继续下面的操作。

② 检查 DHCP OFFER 报文的广播标志位。如果广播标志位为 1，则将 DHCP OFFER 报文以广播方式发送给 DHCP 客户端；否则将以单播方式发送给 DHCP 客户端。

（3）选择阶段

DHCP 中继接收到来自客户端的 DHCP REQUEST 报文的处理过程与前面介绍的无 DHCP 中继场景下的“发现阶段”工作原理相同。

（4）确认阶段

DHCP 中继接收到来自服务器的 DHCP ACK 报文的处理过程与前面介绍的无 DHCP 中继场景下的“提供阶段”工作原理相同。

5.1.6　DHCP 客户端重用曾经使用过的地址的工作原理

如果 DHCP 客户端不是第一次接入网络时，此时可以重用曾经使用过的地址。下面以无中继场景为例介绍 DHCP 客户端重用曾经使用过地址的工作原理，有中继场景的区别在于 DHCP 中继的报文处理，其处理过程参见上节无中继场景下的 DHCP 客户端首次接入网络的工作原理。是否支持重用曾经使用过的 IP 地址，因不同客户端而异。下面的 DHCP 客户端以 PC 为例。

通过图 5-9 所示的两个阶段与 DHCP 服务器交互 DHCP 报文（即通常所说的“两步获取 IP 地址方式”，首次接入网络中采用的是 5.1.5 节介绍的 4 步获取 IP 地址方式），从而可以重新获取之前使用的 IP 地址等网络参数。

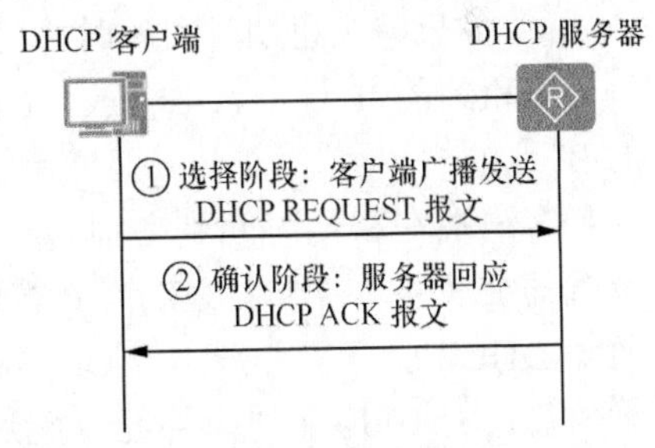

图 5-9　DHCP 客户端重用曾经使用过的 IP 地址的报文交互过程

① DHCP 客户端**以广播方式**发送包含前一次分配的 IP 地址的 DHCP REQUEST 报文，报文中的 Option50（请求的 IP 地址选项）字段填入曾经使用过的 IP 地址。

② DHCP 服务器收到 DHCP REQUEST 报文后，根据 DHCP REQUEST 报文中携带的 MAC 地址来查找有没有相应的租约记录，如果有则返回 DHCP ACK 报文，通知 DHCP 客户端可以继续使用这个 IP 地址。**否则，保持沉默**，等待客户端重新发送 DHCP DISCOVER 报文请求新的 IP 地址。

5.1.7　DHCP 服务 IP 地址租约更新原理

DHCP 服务器分配给客户端的 IP 地址都是有一定的租约期限的。DHCP 客户端向服务器申请地址时可以携带期望租期，服务器在分配租期时把客户端期望租期和地址池中租期配置比较，分配其中一个较短的租期给客户端。当租约期满后 DHCP 服务器会收回原来分配的这个 IP 地址，收回的 IP 地址可以继续分配给其他客户端使用。如果 DHCP 客户端希望继续使用该地址，则需要向 DHCP 服务器提出更新 IP 地址租约的申请，也就是前面所说到的“续约”。IP 地址租约更新，或者 IP 地址续约也就是更新服务器端对 IP 地址的租约信息，使其恢复为初始状态。

下面也分别从无中继和有中继介绍 DHCP 客户端更新租期的工作原理。

1. 无中继时DHCP客户端更新租期的工作原理

在无DHCP中继场景下，DHCP客户端申请更新租约的过程如图5-10所示，具体描述如下。

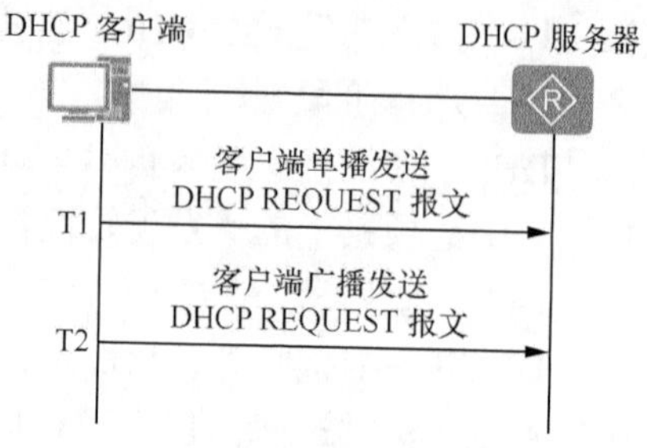

图5-10　DHCP客户端更新租期流程示意

① 在DHCP客户端的IP地址租约期限达到**1/2**（T1）时，DHCP客户端会向为它分配IP地址的DHCP服务器**以单播方式**发送DHCP REQUEST请求报文，以期进行IP租约的更新。

如果DHCP服务器同意续约，则DHCP服务器向客户端**以单播方式**返回DHCP ACK报文，通知DHCP客户端已经获得新IP租约，可以继续使用此IP地址（即租期从0开始计算）；如果收到DHCP NAK报文，则表示租约更新失败，DHCP客户端重新发送DHCP DISCOVER报文请求新的IP地址。

② 如果上面的续约申请失败，则DHCP客户端还会在租约期限达到**7/8**（T2）时，再次**以广播方式**发送DHCP REQUEST请求报文进行续约。DHCP服务器的处理方式同上，不再赘述。

③ 如果整个租期时间到时都**没有收到服务器的回应**，客户端停止使用此IP地址，则原来租约的IP地址将被释放，DHCP客户端重新发送DHCP DISCOVER报文请求新的IP地址。

客户端在租期时间到之前，如果用户不想使用分配的IP地址（例如客户端网络位置需要变更），会触发DHCP客户端向DHCP服务器发送DHCP RELEASE报文，通知DHCP服务器释放IP地址的租期。DHCP服务器会保留这个DHCP客户端的配置信息，将IP地址列为曾经分配过的IP地址中，以便后续重新分配给该客户端或其他客户端。

客户端可以通过发送DHCP INFORM报文向服务器请求更新配置信息。

【经验之谈】不管是在第一次分配，还是续约分配IP地址前，为防止IP地址重复分配导致地址冲突，DHCP服务器**在提供阶段**都需要先对预分配给客户端的IP地址进行探测。地址探测是通过Ping命令实现的，检测是否能在指定时间内得到Ping应答。如果没有得到应答，则继续发送Ping报文，直到发送Ping包的数量达到最大值。如果仍然超时，则可以认为这个IP地址的网段内没有设备使用该IP地址，从而确保客户端分配的IP地址是唯一的。DHCP客户端在获得了一个IP地址以后，也会发送一个免费ARP请求探测网络中是否还有其他主机使用此IP地址，来避免由于DHCP服务器地址池重叠而引发的IP冲突。

2. 有中继时DHCP客户端更新租期的工作原理

DHCP客户端通过中继更新租期的过程如图5-11所示，具体描述如下。

① 当租期达到**1/2**（T1）时，DHCP客户端会自动以**单播方式**向DHCP服务器发送DHCP REQUEST报文，请求更新IP地址租期。如果收到DHCP服务器回应的DHCP ACK报文，则租期更新成功（即租期从0开始计算）；如果收到DHCP NAK报文，则表示租约更新失败，DHCP客户端重新发送DHCP DISCOVER报文请求新的IP地址。

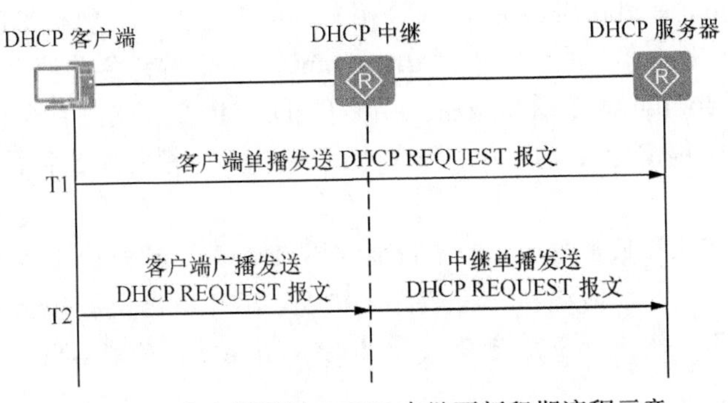

图 5-11 客户端通过 DHCP 中继更新租期流程示意

② 当租期达到 **7/8**（T2）时，如果仍未收到 DHCP 服务器的应答，DHCP 客户端会自动以广播的方式向 DHCP 中继发送 DHCP REQUEST 报文，DHCP 中继再以**广播方式**向 DHCP 服务器发送 DHCP REQUEST 报文（DHCP 中继收到报文的处理过程请参见 5.1.3 节中介绍的"有中继场景时 DHCP 客户端首次接入网络的工作原理"），请求更新 IP 地址租期。如果收到 DHCP 服务器回应的 DHCP ACK 报文，则租期更新成功（即租期从 0 开始计算）；如果收到 DHCP NAK 报文，则表示租约更新失败，DHCP 客户端重新发送 DHCP DISCOVER 报文请求新的 IP 地址。

③ 如果整个租期时间到时都**没有收到服务器的回应**，客户端停止使用此 IP 地址，重新发送 DHCP DISCOVER 报文请求新的 IP 地址。

5.2 配置设备作为 DHCP 服务器

担当 DHCP 服务器角色是路由器的一项重要功能，可为 DHCP 客户端分配 IP 地址和其他网络参数（例如，客户端的网关地址、DNS 服务、NetBIOS 服务和自定义选项等）。

配置 DHCP 服务器所包括的配置任务如下。

（1）开启 DHCP 功能

这项功能的配置很简单，具体将在 5.2.1 节介绍。

（2）配置为客户端分配 IP 地址的网络参数

本项配置任务所包括的具体配置非常多，而且全局方式和接口方式的 DHCP 地址池在这些方面的具体配置方法不一样，将在 5.2.2 节和 5.2.3 节分别介绍。

（3）（可选）配置为客户端分配除 IP 地址以外的网络参数

本项配置任务涉及的内容比较多，在 5.3 节中介绍。

（4）（可选）配置 DHCP 报文限速

将在 5.2.4 节介绍。

5.2.1 开启 DHCP 功能

配置 DHCP Server 功能之前，必须先在系统视图下执行 **dhcp enable** 命令开启 DHCP 功能。缺省情况下，DHCP 功能处于关闭状态，可用 **undo dhcp enable** 命令恢复缺省情况。但要注意，**dhcp enable** 命令是 DHCP 相关功能的总开关，包括 DHCP Relay、DHCP Snooping、DHCP Server 等功能，即执行 **dhcp enable** 命令后会全部使能这些 DHCP 服务。执行 **undo dhcp enable** 命令后，设备上所有的 DHCP 相关的配置会被删除；再次执行 **dhcp enable** 命令使能 DHCP 功能后，设备上所有 DHCP 相关配置将被恢复为缺省配置。

注意 设备作为 DHCP 服务器时，如果使能了 STP 功能，可能会造成 IP 地址分配较慢，因为启用了 STP 功能后，网络拓扑收敛会比较慢。STP 功能缺省处于使能状态，如果确认不需要使能 STP 功能，可以执行命令 **undo stp enable** 去使能 STP 功能。

5.2.2 配置全局方式 DHCP 地址池为客户端分配 IP 地址的网络参数

在华为设备中，根据 DHCP 地址池创建方式的不同，可分为基于接口方式的地址池和基于全局方式的地址池两种。

（1）基于接口方式的地址池

当 DHCP 服务器与 DHCP 客户端在同一个网段时，即不存在中继的场景下，可采用基于接口方式配置 DHCP 地址池。此时需要在 DHCP 服务器与 DHCP 客户端相连的接口（可以是物理接口，也可以是 VLANIF、以太网子接口之类的逻辑接口）上配置 IP 地址，地址池就是与此接口 IP 地址在同一网段的 IP 地址段，且该地址池中的 IP 地址只能分配给该接口下连接的 DHCP 客户端。

（2）基于全局方式的地址池

在系统视图下创建指定网段的地址池，且地址池中的 IP 地址可以分配给设备所有接口下的 DHCP 客户端。这种配置方式适用于：

■ DHCP 服务器与 DHCP 客户端在不同网段，即存在中继的场景；

■ DHCP 服务器与 DHCP 客户端在同一网段，但需要给一个接口下的 DHCP 客户端分配 IP 地址或者给多个接口下的 DHCP 客户端分别分配不同网段的 IP 地址。

采用全局方式配置 DHCP 地址池时，DHCP 服务器为具体客户端选择特定地址池的原则如下。

■ 无 DHCP Relay 场景下，DHCP 服务器选择与接收 DHCP 请求报文的接口 IP 地址处于同一网段的地址池。

■ 有 DHCP Relay 场景下，DHCP 服务器选择与 DHCP 请求报文中 Giaddr 字段（标识客户端所在网段）位于同一网段的地址池。

在整个 DHCP 服务器的配置中，涉及功能和参数的配置非常多，本节先来介绍与为客户端分配 IP 地址相关的功能和网络参数（如下所示）的配置方法。

■ 创建地址池

■ 使能 DHCP 服务器

■（可选）修改地址池地址范围

■（可选）配置地址池中不参与自动分配的 IP 地址

■（可选）配置为指定 DHCP Client 分配固定的 IP 地址

■（可选）修改地址租期

■（可选）配置分配 IP 地址时记录日志的功能

■（可选）配置分配 IP 地址时的冲突探测功能
■（可选）配置 DHCP 数据恢复功能
■（可选）配置地址池中冲突地址的自动回收功能
■（可选）配置强制 DHCP 服务器回复 NAK 拒绝响应报文
■（可选）配置地址池中地址耗尽的告警和告警恢复的百分比

因全局方式和接口方式下 DHCP 地址池的配置方法和命令都有较大的区别，所以分开进行介绍，本节先介绍全局方式 DHCP 地址池中为客户端分配 IP 地址的相关网络参数的配置方法，具体配置步骤见表 5-3（**大多数是可选的**），在配置 DHCP 服务器之前，需保证 DHCP 客户端和设备之间路由可达。

表 5-3　全局方式 DHCP 地址池为客户端分配 IP 地址的相关网络参数的配置步骤

步骤	命令	说明
1	**system-view** 例如：< Huawei > **system-view**	进入系统视图
2	**dhcp server bootp** 例如：[Huawei] **dhcp server bootp**	（可选）开启 DHCP 服务器应答 BOOTP 请求的功能。 缺省情况下，DHCP 服务器应答 BOOTP 请求的功能处于开启状态，可用 **undo dhcp server bootp** 命令关闭 DHCP 服务器应答 BOOTP 请求的功能
3	**dhcp server bootp automatic** 例如：[Huawei] **dhcp server bootp automatic**	（可选）开启 DHCP 服务器为 BOOTP 客户端动态分配地址的功能。 缺省情况下，DHCP 服务器为 BOOTP 客户端动态分配地址的功能处于关闭状态，可用 **undo dhcp server bootp automatic** 命令关闭 DHCP 服务器为 BOOTP 客户端动态分配地址的功能
4	**ip pool** *ip-pool-name* 例如：[Huawei] **ip pool** global1	创建全局地址池，同时进入全局地址池视图。参数 *ip-pool-name* 用来指定所创建的地址池名称，不支持空格，1～64 个字符，可以设定为包含数字、字母和下划线“_”或“.”的组合。 【说明】可以为不同网段的 DHCP 客户端创建多个不同网段的全局地址池，但多个地址池中的 IP 地址范围不能重叠或者交叉。 缺省情况下，设备上没有创建任何全局地址池，可用 **undo ip pool** *ip-pool-name* 命令删除指定的全局地址池。但如果全局地址池的 IP 地址正在使用，不能删除该全局地址池
5	**network** *ip-address* [**mask** { *mask* | *mask-length* }] 例如：[Huawei-ip-pool-global1] **network** 10.10.1.0 **mask** 24	配置全局地址池可动态分配的 IP 地址范围。命令中的参数说明如下。 （1）*ip-address*：指定地址中的网络地址段，必须是一个网络 IP 地址，必须是 A、B、C 3 类 IP 地址中的一种，但不能是主机 IP 地址和广播 IP 地址。 （2）**mask** { *mask* | *mask-length* }：可选参数，指定 IP 地址池中 IP 地址对应的子网掩码（选择 *mask* 参数时）或者子网掩码长度（选择 *mask-length* 参数时）。如果不指定该参数时，使用自然掩码。**掩码长度不能配置为 0、1、31 和 32（也不能是对应的掩码）**。 【注意】**每个 IP 地址池只能配置一个网段**，该网段可配置为需求的任意网段。如果系统需要多网段 IP 地址，则需要配置多个全局地址池，**但不同地址池中的 IP 地址范围不能重叠或者交叉，且所配置的地址池范围不能大于 64 K 个**（1 K=1 024）。 缺省情况下，系统未配置全局地址池下动态分配的 IP 地址范围，可用 **undo network** 命令删除所有配置的全局地址池中的地址范围

续表

步骤	命令	说明
6	**section** *section-id start-address* [*end-address*] 例如：[Huawei-ip-pool-global1] **section** 0 10.1.1.10 10.1.1.15	（可选）配置全局地址池中的 IP 地址段。命令中的参数说明如下。 （1）*section-id*：指定 IP 地址池中地址段的编号，整数形式，取值范围为 0～255。 （2）*start-address*：指定地址段的起始 IP 地址。 （3）*end-address*：可选参数，指定地址段的结束 IP 地址。**当不指定结束 IP 地址时，表示此地址段里只有一个起始 IP 地址。** 【注意】配置全局地址池中的 IP 地址段时，请遵循如下约束。 ● 如果先配置了第 5 步 **network** 命令，则本步命令中设置的地址段范围必须在 **network** 命令设置的地址范围之内。 ● 如果先配置了本步命令，则第 5 步的 **network** 命令设置的地址范围中必须包含本步设置的地址段。 ● IP 地址池由一个或多个 IP 地址段组成，各个地址段内的 IP 地址不能有重叠。必须先按照 5.2.4 节介绍的方法配置 IP 地址池的网关地址，才能配置 IP 地址池下的 IP 地址段。 缺省情况下，未配置 IP 地址池中的 IP 地址段，可用 **undo section** *section-id* 命令删除 IP 地址池里的 IP 地址段配置
7	**vpn-instance** *vpn-instance-name* 例如：[Huawei-ip-pool-global1]**vpn-instance huawei**	（可选）配置地址池下的 VPN 实例。 正常情况下，为了避免 IP 地址冲突，一个地址池只能为一个网段的客户端分配 IP 地址，但在 BGP/MPLS IP VPN 场景中（**参见《华为 MPLS 技术学习指南》和《华为 MPLS VPN 学习指南》两本书**），经常有不同 VPN 网络要使用相同网段地址的情况。如果不同 VPN 网络中客户端想要通过同一个 DHCP 服务器获取 IP 地址，则可以配置此步骤，使用同一个地址池为不同 VPN 网络中的客户端分配相同网段的 IP 地址。 【注意】在进行本步配置时要注意以下几点。 ● DHCP 服务器地址池绑定的 VPN 实例必须与 DHCP 中继端服务器组绑定的 VPN 实例一致，接口下的用户才可以通过该 DHCP 服务器组上线。 ● 地址池下配置 VPN 实例，表示此地址池分配的地址为 VPN 实例地址。 ● 如果要在接口地址池下绑定 VPN 实例，请在接口视图下执行 **ip binding vpn-instance** *vpn-instance-name* 命令。 缺省情况下，地址池下没有配置 VPN 实例，可用 **undo vpn-instance** 命令恢复缺省配置
8	**excluded-ip-address** *start-ip-address* [*end-ip-address*]	（可选）配置地址池中不参与自动分配的 IP 地址。网络规划时，地址池网段的某些 IP 地址可能已经被服务器或其他主机占用，或者某些客户端有特殊需求只能配置某些 IP 地址。这种情况下，需要把这些不能参与自动分配的 IP 地址在地址池中排除出去，防止这些地址被 DHCP 服务器自动分配出去，造成 IP 地址冲突。命令中的参数说明如下。 （1）*start-ip-address*：指定不参与自动分配的 IP 地址段的起始 IP 地址。 （2）*end-ip-address*：可选参数，指定不参与自动分配的 IP 地址段的结束 IP 地址。如果不指定该参数，表示只有一个 IP 地址，即 *start-ip-address*。

续表

步骤	命令	说明
8	例如：[Huawei-ip-pool-global1] **excluded-ip-address** 10.10.10.10 10.10.10.20	【注意】本步配置时要注意以下几点。 • 被排除的 IP 地址或 IP 地址段必须在本地址池范围内。 • **gateway-list** 命令（参见 5.2.4 节）配置的地址池网关 IP 地址不需要配置，设备自动将其加入到不参与自动分配的 IP 地址列表。 • DHCP 服务器连接 DHCP 客户端侧的接口 IP 地址不需要配置，地址分配时，设备自动将其置为冲突（Conflict）状态。 • 多次执行此命令可以排除多个不参与自动分配的 IP 地址或 IP 地址段。 • 执行 **display ip pool** 命令可查看当前地址池中已占用的 IP 地址，指定未占用的 IP 地址不参与自动分配。对于已经占用的 IP 地址，如果希望其不参与自动分配，首先需要执行 **reset ip pool** 命令回收被占用的 IP 地址。 缺省情况下，未配置地址池中不参与自动分配的 IP 地址，可用 **undo excluded-ip-address** *start-ip-address* [*end-ip-address*]命令删除指定的不参与自动分配的 IP 地址范围
9	**static-bind ip-address** *ip-address* **mac-address** *mac-address* [**option-template** *template-name* | **description** *description*] 例如：[Huawei-ip-pool-global1] **static-bind ip-address** 10.10.1.10 **mac-address** ***dcd2-fc96-e4c0***	（可选）配置为指定 DHCP 客户端分配固定 IP 地址。命令中的参数说明如下。 （1）**ip-address** *ip-address*：指定待绑定的 IP 地址，必须是当前全局地址池中的合法 IP 地址。被绑定的 IP 地址需要确保没有被设置为不参与分配的 IP 地址，也没有被 DHCP 服务器分配出去。 （2）**mac-address** *mac-address*：指定要静态分配 IP 地址的用户主机的 MAC 地址，格式为 H-H-H，其中 H 为 4 位的十六进制数。 （3）**option-template** *template-name*：二选一可选参数，指定 DHCP Option 模板名称。当需要针对静态客户端分配除 IP 地址以外的网络配置信息时，可以选择此参数调用所需 DHCP Option 模板。但先通过 **dhcp option template** *template-name* 命令创建 DHCP Option 模板，并配置静态客户端需要的网络配置信息，具体参见 5.3 节。 （4）**description** *description*：二选一可选参数，指定用户的描述信息，字符串形式，支持空格，区分大小写，长度为 1～256。 【注意】IP 地址与 MAC 地址绑定后，此 IP 地址不进行租期管理（无限期），并且当绑定的用户正在使用此 IP 地址时，不能删除此绑定设置。 缺省情况下，没有配置为指定 DHCP 客户端分配固定 IP 地址，可用 **undo static-bind** [**ip-address** *ip-address* | **mac-address** *mac-address*]命令删除全局地址池下 IP 地址与 MAC 地址的绑定关系
10	**lease** { **day** *day* [**hour** *hour* [**minute** *minute*]] | **unlimited** }	（可选）配置地址池中的 IP 地址租用期。命令中的参数和选项说明如下。 （1）**day** *day*：指定客户端租用 IP 地址的期限，取值范围为 0～999 的整数，缺省值是 1。 （2）**hour** *hour*：二选一可选参数，指定客户端租用 IP 地址的小时数，取值范围是 0～23 的整数，缺省值是 0。 （3）**minute** *minute*：可选参数，指定客户端租用 IP 地址的分钟数，取值范围是 0～59 的整数，缺省值是 0。 （4）**unlimited**：二选一可选选项，指定客户端可以无限期租用所分配的 IP 地址。

续表

步骤	命令	说明
10	例如：[Huawei-ip-pool-global1] **network** 10.10.10.0 **mask** 24	【说明】DHCP 服务器可以为不同的全局地址池指定不同的地址租用期限。通常在 DHCP 客户端启动、IP 地址租约期限达到一半或 87.5%时，DHCP 客户端会自动向 DHCP 服务器申请，以完成 IP 租约的更新。可通过 **display ip pool** 命令查看租约的相关信息。其中，回显信息中的 **lease** 和 **left** 项目分别表示配置的租约时长和剩余的租约时长。 缺省情况下，客户端租用 IP 地址的期限为 1 天，可用 **undo lease** 命令恢复地址池缺省租用期配置
11	**logging** 例如：[Huawei-ip-pool-global1] **logging**	（可选）使能 DHCP 服务器分配 IP 地址时记录日志的功能。配置 DHCP 服务器分配 IP 地址时记录日志的功能后，DHCP 服务器会记录 IP 地址分配、冲突、续租和释放的日志信息，有助于日常维护和出现故障时进行问题定位。可通过 **display ip pool name** *ip-pool-name* 命令查看 DHCP 服务器分配 IP 地址时记录日志功能的状态。 **缺省情况下，DHCP 服务器分配 IP 地址时记录日志的功能处于未使能状态**（建议开启），可用 **undo logging** 命令在 IP 地址池视图下关闭 DHCP 服务器分配 IP 地址时记录日志的功能
12	**conflict auto-recycle interval day** *day* [**hour** *hour* [**minute** *minute*]] 例如：[Huawei-ip-pool-global1] **conflict auto-recycle interval day** 1	（可选）使能全局地址池中冲突地址的自动回收功能，并配置自动回收的时间间隔。DHCP 服务器在给客户端分配 IP 地址时，网络中可能会存在部分主机因手工配置静态 IP 地址导致地址冲突的情况。在这种情况下，DHCP 服务器会将这部分地址一直置为冲突地址，只有等可用 IP 地址分配完，DHCP 服务器才会对它们进行分配。为了尽快将冲突地址回收，管理员可以在设备上执行该命令，使能冲突地址自动回收功能，并配置自动回收的时间间隔。命令中参数说明如下。 （1）**day** *day*：指定自动回收时间间隔的天数，整数形式，取值范围是 0～999，单位是天。缺省值是 0。 （2）**hour** *hour*：可选参数，指定自动回收时间间隔的小时数，整数形式，取值范围是 0～23，单位是小时。缺省值是 0。 （3）**minute** *minute*：可选参数，指定自动回收时间间隔的分钟数，整数形式，取值范围是 0～59，单位是分钟。缺省值是 0。 缺省情况下，未使能全局地址池中冲突地址的自动回收功能，可用 **undo conflict auto-recycle interval** 命令去使能全局地址池中冲突地址的自动回收功能，并删除配置的自动回收时间间隔
13	**alarm ip-used percentage** *alarm-resume-percentage alarm-percentage* 例如：[Huawei-ip-pool-global1] **alarm ip-used percentage** 80 90	（可选）配置地址池中地址耗尽的告警和告警恢复的百分比。命令中的参数说明如下。 （1）*alarm-resume-percentage*：指定地址池中地址耗尽的告警恢复百分比，整数形式，取值范围是 1～100，缺省值是 50，不超过告警百分比。 （2）*alarm-percentage*：指定地址池中地址耗尽的告警百分比，整数形式，取值范围是 1～100，缺省值是 100。 缺省情况下，地址池中地址耗尽的告警恢复百分比值为 50，告警百分比值为 100，可用 **undo alarm ip-used percentage** 命令恢复地址耗尽告警和告警恢复的百分比为缺省值
14	**quit** 例如：[Huawei-ip-pool-global1] **quit**	退出全局地址池视图，返回系统视图

续表

步骤	命令	说明
15	**dhcp server ping** { **packet** *number* | **timeout** *milliseconds* } * 例如：[Huawei] **dhcp server ping packet** 3 **timeout** 400	（可选）配置DHCP服务器发送Ping报文的最大数量和最长等待响应时间。配置此功能后，设备作为DHCP服务器应答客户端的请求报文，在发送DHCP OFFER报文前，发送源地址为DHCP服务器IP地址、目的地址为预分配出去IP地址的ICMP ECHO REQUEST报文对分配的IP地址进行地址冲突探测。命令中的参数说明如下。 （1）**packet** *number*：可多选参数，指定DHCP服务器发送Ping报文的最大数量，整数形式，取值范围是0～10。**0表示不进行Ping操作。** （2）**timeout** *milliseconds*：可多选参数，指定DHCP服务器等待Ping应答的最长时间，整数形式，取值范围是0～10 000，单位是毫秒。0表示不进行Ping操作。 缺省情况下，DHCP服务器发送ping报文最大数量为2，最长等待响应时间500ms
16	**dhcp server database** { **enable** | **recover** | **write-delay** *interval* } 例如：[Huawei] **dhcp server database write-delay** 2000	（可选）开启将当前DHCP数据保存到存储设备的功能。命令中的选项说明如下。 （1）**enable**：多选一选项，开启DHCP数据保存功能。 （2）**recover**：多选一选项，从存储设备恢复DHCP数据。 （3）**write-delay** *interval*：多选一参数，设置保存时延，即间隔多长时间执行一次保存操作，整数形式，取值范围是300～86 400，单位是秒。缺省值是3 600s。 【说明】为防止设备发生意外导致数据丢失，用户可以启用DHCP数据保存功能，系统将生成lease.txt和conflict.txt两个文件存放在存储器的DHCP文件夹中，分别保存正常的地址租借信息和地址冲突信息。系统每隔一定时间自动保存一次当前的DHCP数据，并覆盖之前的数据文件，可执行 **display dhcp server database** 命令查看DHCP数据保存的存储器路径。 缺省情况下，DHCP数据保存到存储设备的功能未开启，可用 **undo dhcp server database** { **enable** | **recover** | **write-delay** }命令取消DHCP数据保存功能
17	**interface** *interface-type interface-number* [.*subinterface-number*] 例如：[Huawei] **interface** gigabitethernet 1/0/0	进入三层接口视图或子接口视图
18	**ip address** *ip-address* { *mask* | *mask-length* } [**sub**] 例如：[Huawei-GigabitEthernet1/0/0] **ip address** 10.1.1.1 24	配置以上接口或子接口的主或从IP地址。接口配置IP地址后，此接口下的客户端申请IP地址时： （1）如果设备与客户端处于同一个网段（即无中继场景），设备**会首先选择与此接口的主IP地址在同一个网段的地址池来分配IP地址，如果主IP地址对应地址池耗尽或未配置主IP地址对应地址池，使用从IP地址对应的地址池给客户端分配地址；** （2）如果接口未配置IP地址，或者没有和接口地址在相同网段的地址池，客户端无法成功申请IP地址，**设备根据接口主/从IP地址选择全局地址池，仅适用于DHCP客户端和DHCP服务器处于同一个网段的场景；** （3）如果设备与客户端处于不同网段（即有中继场景），DHCP服务器解析收到的DHCP请求报文中Giaddr字段指定的IP地址，选择与此IP地址在同一个网段的地址池来进行IP地址分配。如果该IP地址匹配不到相应的地址池，客户端无法成功申请IP地址

续表

步骤	命令	说明
19	**dhcp select global** 例如：[Huawei-Gigabit Ethernet1/0/0] **dhcp select global**	使能接口采用全局地址池的 DHCP 服务器功能。使能接口采用全局地址池的 DHCP 服务器后，从该接口上线的用户可以从全局地址池中获取 IP 地址等网络参数。 【注意】如果 DHCP 客户端和设备之间存在 DHCP 中继，此步骤为可选，因为此时接口一定采用全局地址池为客户端分配 IP 地址；否则为必选，因为 DHCP 服务器与客户端在同一 IP 网段时，接口既可采用全局地址池，又可采用接口地址池为客户端分配 IP 地址。 缺省情况下，未使能接口采用全局地址池的 DHCP 服务器功能，可用 **undo dhcp select global** 命令关闭接口采用全局地址池的 DHCP 服务器功能

5.2.3 配置接口方式 DHCP 地址池为客户端分配 IP 地址的网络参数

接口方式 DHCP 地址池为客户端分配 IP 地址的相关网络参数所包括的配置任务与上节全局方式 DHCP 地址池的配置任务一样，具体配置步骤见表 5-4（**大多数是可选的**）。与全局方式的配置相比，多数只是命令格式和执行命令所在的命令行视图不一样。

表 5-4　接口方式 **DHCP** 地址池为客户端分配 **IP** 地址的相关网络参数的配置步骤

步骤	命令	说明
1	**system-view** 例如：< Huawei > **system-view**	进入系统视图
2	**dhcp server bootp** 例如：[Huawei] **dhcp server bootp**	（可选）开启 DHCP 服务器应答 BOOTP 请求的功能。其他说明参见 5.2.2 节表 5-3 的第 2 步
3	**dhcp server bootp automatic** 例如：[Huawei] **dhcp server bootp automatic**	（可选）开启 DHCP Server 为 BOOTP 客户端动态分配地址的功能。其他说明参见 5.2.2 节表 5-3 的第 3 步
4	**interface** *interface-type interface-number* 例如：**interface** gigabitethernet 1/0/0	键入要配置接口地址池的接口，进入接口视图。 支持工作在接口地址池模式的接口包括三层 GE 接口及其子接口、三层 Ethernet 接口及其子接口、三层 Eth-trunk 接口及其子接口和 VLANIF 接口
5	**ip address** *ip-address* { *mask* | *mask-length* } [**sub**] 例如：[Huawei-Gigabit Ethernet1/ 0/0] **ip address** 10.1.1.2 24	配置以上接口的 IP 地址，但接口 IP 地址的子网掩码不能配置为 31，否则会导致接口地址池配置失败
6	**dhcp select interface** 例如：[Huawei-Gigabit Ethernet1/ 0/0] **dhcp select interface**	使能以上接口采用接口地址池的 DHCP 服务器功能。接口地址池可动态分配的 IP 地址范围就是接口的 IP 地址所在的网段，且只在此接口下有效。如果设备作为 DHCP 服务器为多个接口下的客户端提供 DHCP 服务，需要分别在多个接口上重复执行此步骤使能 DHCP 服务功能。 缺省情况下，系统未使能接口采用接口地址池的 DHCP 服务器功能，可用 **undo dhcp select interface** 命令去使能接口采用接口地址池的 DHCP 服务器功能

续表

步骤	命令	说明
7	**dhcp server ip-range** *start-ip-address end-ip-address* 例如：[Huawei-GigabitEthernet1/ 0/0] **dhcp server ip-range** 192.168.1.2 192.168.1.100	（可选）指定 DHCP 服务器预分配给 DHCP 客户端的 IP 地址范围（**以前版本 VRP 系统没此功能**），非常实用，这样可限定可分配 IP 地址范围。参数 *start-ip-address end-ip-address* 分别用来指定可分配的 IP 地址范围中的起始、结束 IP 地址，**但必须是 DHCP 服务器接口 IP 地址所在网段中的 IP 地址**。 缺省情况下，未指定 DHCP 服务器预分配给 DHCP 客户端的 IP 地址范围，可用 **undo dhcp server ip-range** 命令删除可分配 IP 地址范围配置
8	**dhcp server mask** { *mask* | *mask-length* } 例如：[Huawei-GigabitEthernet1/ 0/0] **dhcp server mask** 255.255.255.0	（可选）指定 DHCP 服务器预分配给 DHCP 客户端的 IP 地址的子网掩码（**以前版本 VRP 系统没此功能**），**掩码长度等于 DHCP 服务器接口 IP 地址的子网掩码**。 缺省情况下，未指定 DHCP 服务器预分配给 DHCP 客户端的 IP 地址的子网掩码，可用 **undo dhcp server mask** 命令删除可分配 IP 地址子网掩码配置
9	**dhcp server lease** { **day** *day* [**hour** *hour* [**minute** *minute*]] | **unlimited** } 例如：[Huawei-GigabitEthernet1/ 0/0]**dhcp server lease day** 2 **hour** 2 **minute** 30	（可选）配置接口地址池中的 IP 地址租期。命令中的参数说明参见 5.2.2 节表 5-3 的第 10 步。 缺省情况下，接口地址池中 IP 地址的租用有效期限为 1 天，可用 **undo dhcp server lease** 命令恢复 IP 地址的租用有效期为缺省配置
10	**dhcp server excluded-ip-address** *start-ip-address* [*end-ip-address*] 例如：[Huawei-GigabitEthernet1/ 0/0]**dhcp server excluded-ip-address** 10.10.10.11 10.10.10.20	（可选）配置接口地址池中要排除分配的 IP 地址。命令中的参数说明参见 5.2.2 节表 5-3 的第 8 步。 缺省情况下，地址池中所有 IP 地址都参与自动分配，可用 **undo dhcp server excluded-ip-address** *start-ip-address* [*end-ip-address*] 命令删除指定的要被排除的 IP 地址范围
11	**dhcp server static-bind ip-address** *ip-address* **mac-address** *mac-address* 例如：[Huawei-GigabitEthernet1/ 0/0]**dhcp server static-bind ip-address** 10.10.10.10 **mac-address** dcd2-fc96-e4c0	（可选）配置为指定 DHCP Client 分配固定 IP 地址。命令中的参数说明参见 5.2.2 节表 5-3 的第 9 步。 缺省情况下，没有配置为指定 DHCP Client 分配固定 IP 地址，可用 **undo dhcp server static-bind** [**ip-address** *ip-address* | **mac-address** *mac-address*] 命令删除接口地址池下 IP 地址与 DHCP Client 的 MAC 地址的绑定
12	**dhcp server logging** 例如：[Huawei-GigabitEthernet1/ 0/0] **dhcp server logging**	（可选）使能 DHCP 服务器分配 IP 地址时记录日志的功能。其他说明参见 5.2.2 节表 5-3 中的第 11 步。 缺省情况下，DHCP 服务器分配 IP 地址时记录日志的功能处于未使能状态，可用 **undo dhcp server logging** 命令在接口视图下，关闭 DHCP Server 分配 IP 地址时记录日志的功能
13	**dhcp server conflict auto-recycle interval day** *day* [**hour** *hour* [**minute** *minute*]] 例如：[Huawei-GigabitEthernet1/ 0/0] **dhcp server conflict auto-recycle interval day** 1	（可选）使能接口地址池中冲突地址的自动回收功能，并配置自动回收的时间间隔。命令中的参数说明参见 5.2.2 节表 5-3 中的第 12 步。 缺省情况下，未使能接口地址池中冲突地址的自动回收功能，可用 **undo dhcp server conflict auto-recycle interval** 命令去使能接口地址池中冲突地址的自动回收功能，并删除配置的自动回收时间间隔

续表

步骤	命令	说明
14	**dhcp server alarm ip-used percentage** *alarm-resume-percentage alarm-percentage* 例如：[Huawei-Gigabit Ethernet1/ 0/0]**dhcp server alarm ip-used percentage** 80 90	配置地址池中地址耗尽的告警和告警恢复的百分比。命令中的参数说明参见 5.2.2 节表 5-3 中的第 13 步。 缺省情况下，地址池中地址耗尽的告警恢复百分比值为 50，告警百分比值为 100，可用 **undo dhcp server alarm ip-used percentage** 命令恢复接口地址池的地址耗尽时告警和告警恢复的百分比为缺省值
配置 DHCP 服务器发送 Ping 报文的最大数量和最长等待响应时间，开启将当前 DHCP 数据保存到存储设备的功能的配置方法与 5.2.2 节表 5-3 中的第 15、16 步完全一样，参见即可		

5.2.4 配置 DHCP 报文限速

为了避免受到攻击者发送大量 DHCP 报文攻击，可以在设备上配置 DHCP 报文限速功能。这样，在一定的时间内只允许处理规定数目的 DHCP 报文，多余的报文将被丢弃。

DHCP 报文限速是针对客户端发送的 DHCP 报文，因此，此功能建议配置在靠近用户侧的设备上。如果设备作为 DHCP 服务器直接连接客户端，可以在设备上配置此功能；如果设备作为 DHCP 服务器，下面还有 DHCP 中继或 DHCP Snooping 设备，则建议在 DHCP 中继或 DHCP Snooping 设备上配置。

用户可以在系统视图、VLAN 视图或接口（**必须是三层接口**）视图下配置此功能，具体配置步骤分别见表 5-5、表 5-6 和表 5-7。配置生效的优先级从高到低的顺序是接口视图最高，VLAN 视图其次，全局视图最低，但均是可选配置的。

表 5-5　　系统视图下配置 DHCP 报文限速的步骤

步骤	命令	说明
1	**system-view** 例如：< Huawei > **system-view**	进入系统视图
2	**dhcp check dhcp-rate enable** [**vlan** { *vlan-id1* [**to** *vlan-id2*] } &<1-10>] 例如：[Huawei] **dhcp check dhcp-rate enable**	使能 DHCP 报文限速功能。可选参数 **vlan** { *vlan-id1* [**to** *vlan-id2*] }用来指定要使能 DHCP 报文速率检查功能的 VLAN，如果不指定则在所有 VLAN 中都使能 DHCP 报文速率检查功能。 执行本命令前，需要执行 **dhcp enable** 命令使能全局下的 DHCP 功能。 缺省情况下，DHCP 报文限速功能处于未使能状态，可用 **undo dhcp check dhcp-rate enable** [**vlan** { *vlan-id1* [**to** *vlan-id2*] } &<1-10>]命令去使能 DHCP 报文速率检查功能
3	**dhcp check dhcp-rate** *rate* [**vlan** { *vlan-id1* [**to** *vlan-id2*] } &<1-10>] 例如：[Huawei] **dhcp check dhcp-rate** 50	配置 DHCP 报文上送到 DHCP 协议栈的最大速率，取值范围是 1～100，单位是 pps。可选参数 **vlan** { *vlan-id1* [**to** *vlan-id2*] }用来指定要配置 DHCP 报文上送到 DHCP 协议栈的检查速率的 VLAN，如果不指定则是为所有 VLAN 配置。 缺省情况下，DHCP 报文上送到 DHCP 协议栈的最大速率是 100 pps，超过此速率的 DHCP 报文会被丢弃，可用 **undo dhcp check dhcp-rate** 命令恢复 DHCP 报文上送到 DHCP 协议栈的检查速率为缺省值
4	**dhcp alarm dhcp-rate enable**	（可选）使能 DHCP 报文限速告警功能。使能此功能后，如果丢弃的 DHCP 报文达到告警阈值，将产生告警。

续表

步骤	命令	说明
4	例如：[Huawei] **dhcp alarm dhcp-rate enable**	缺省情况下，使能 DHCP 报文限速告警功能处于未使能状态，可用 **undo dhcp alarm dhcp-rate enable** 命令去使能 DHCP 报文速率告警功能
5	**dhcp alarm dhcp-rate threshold** *threshold* 例如：[Huawei] **dhcp alarm dhcp-rate threshold** 150	（可选）配置 DHCP 报文限速的告警阈值，整数形式，取值范围是 1～1 000。使能 DHCP 报文限速告警功能后，当 DHCP 报文速率超过配置的最大速率后，报文将被丢弃。如果丢弃的报文数量达到配置的告警阈值时，将产生告警信息。 缺省情况下，DHCP 报文速率的告警阈值为 100，可用 **undo dhcp alarm dhcp-rate threshold** 命令恢复 DHCP 报文速率检查告警阈值为缺省值

表 5-6　**VLAN** 视图下配置 **DHCP** 报文限速的步骤

步骤	命令	说明
1	**system-view** 例如：< Huawei > **system-view**	进入系统视图
2	**vlan** *vlan-id* 例如：[Huawei] **vlan** 100	进入要配置 DHCP 报文限速的 VLAN 的 VLAN 视图
3	**dhcp check dhcp-rate enable** 例如：[Huawei-vlan100] **dhcp check dhcp-rate enable**	在当前 VLAN 中使能 DHCP 报文限速功能。 执行本命令前，需要执行 **dhcp enable** 命令使能全局下的 DHCP 功能。 缺省情况下，DHCP 报文限速功能处于未使能状态，可用 **undo dhcp check dhcp-rate enable** 命令去使能 DHCP 报文速率检查功能
4	**dhcp check dhcp-rate** *rate* 例如：[Huawei-vlan100] **dhcp check dhcp-rate** 50	配置当前 VLAN 中 DHCP 报文上送到 DHCP 协议栈的最大速率，取值范围是 1～100，单位是 pps。 缺省情况下，DHCP 报文上送到 DHCP 协议栈的最大速率是 100 pps，超过此速率的 DHCP 报文会被丢弃，可用 **undo dhcp check dhcp-rate** 命令用来恢复 DHCP 报文上送到 DHCP 协议栈的检查速率为缺省值

表 5-7　接口视图下配置 **DHCP** 报文限速的步骤

步骤	命令	说明
1	**system-view** 例如：< Huawei > **system-view**	进入系统视图
2	**interface** *interface-type interface-number* [*.subinterface-number*] 例如：**interface ethernet** 2/0/0	进入要配置 DHCP 报文限速的三层接口视图或子接口视图
3	**dhcp check dhcp-rate enable** 例如：[Huawei-Ethernet2/0/0] **dhcp alarm dhcp-rate enable**	在当前接口或子接口下使能 DHCP 报文限速功能。执行本命令前，需要执行 **dhcp enable** 命令使能全局下的 DHCP 功能。 缺省情况下，DHCP 报文限速功能处于未使能状态，可用 **undo dhcp check dhcp-rate enable** 命令去使能 DHCP 报文速率检查功能

续表

步骤	命令	说明
4	**dhcp check dhcp-rate** *rate* 例如：[Huawei-Ethernet2/0/0] **dhcp check dhcp-rate** 50	在当前接口或子接口下配置 DHCP 报文上送到 DHCP 协议栈的最大速率，取值范围是 1～100，单位是 pps。 缺省情况下，DHCP 报文上送到 DHCP 协议栈的最大速率是 100 pps，超过此速率的 DHCP 报文会被丢弃，可用 **undo dhcp check dhcp-rate** 命令恢复 DHCP 报文上送到 DHCP 协议栈的检查速率为缺省值
5	**dhcp alarm dhcp-rate enable** 例如：[Huawei-Ethernet2/0/0]**dhcp alarm dhcp-rate enable**	（可选）在当前接口或子接口下使能 DHCP 报文限速告警功能。使能此功能后，如果丢弃的 DHCP 报文达到告警阈值，将产生告警。 缺省情况下，使能 DHCP 报文限速告警功能处于未使能状态，可用 **undo dhcp alarm dhcp-rate enable** 命令去使能 DHCP 报文速率告警功能
6	**dhcp alarm dhcp-rate threshold** *threshold* 例如：[Huawei-Ethernet2/0/0] **dhcp alarm dhcp-rate threshold** 150	（可选）在当前接口或子接口下配置 DHCP 报文限速的告警阈值，整数形式，取值范围是 1～1 000。使能 DHCP 报文限速告警功能后，当 DHCP 报文速率超过配置的最大速率后，报文将被丢弃。如果丢弃的报文数量达到配置的告警阈值时，将产生告警信息。 缺省情况下，DHCP 报文速率的告警阈值为 100，可用 **undo dhcp alarm dhcp-rate threshold** 命令恢复 DHCP 报文速率检查告警阈值为缺省值

5.3 配置为客户端分配除 IP 地址以外的网络参数

配置华为设备作为 DHCP 服务器，除了可以为客户端分配 IP 地址外，还可以分配其他网络参数，例如 DNS 服务器、启动配置文件和自定义选项等。

为客户端分配的除 IP 地址以外的网络参数包括以下配置任务：

- 配置 DHCP 客户端的网关地址；
- 配置 DHCP 客户端的 DNS 和 NetBIOS 服务；
- 配置 DHCP 客户端的 SIP Server 的 IP 地址；
- 配置 DHCP 客户端的配置文件；
- 配置 DHCP 客户端的自定义选项信息。

注意 在配置为客户端分配除 IP 地址以外的以上网络参数时，**采用基于接口方式 DHCP 地址池时，针对动态客户端和静态客户端**（绑定了 IP 地址和 MAC 地址的客户端）**的相关配置命令相同**。采用基于全局方式 DHCP 地址池时，针对动态客户端和静态客户端的相关配置命令不同，具体如下（后面各小节不再赘述）。

- 动态客户端的网络参数是在全局地址池视图下配置的。
- 静态客户端（**此处仅指全局地址池下配置的静态客户端**）的网络参数是在全局地址池视图和 DHCP Option 模板中配置的，**但仅当需要为静态客户端分配不同于动态客户端的网络参数时，才需要配置 DHCP Option 模板，即 DHCP Option 模板视图下配置的网络参数仅对全局地址池下配置的静态客户端生效**。此时，如果 DHCP Option 模板视图和全局地址池视图下同时配置了某个网络参数，对于静态客户端来说，以 DHCP Option

模板视图下的配置为准。

5.3.1 配置DHCP客户端的网关地址

针对接口方式，如果网关设备和DHCP服务器为同一台设备，DHCP服务器连接客户端的接口地址即为客户端的出口网关，不需要配置出口网关的地址；如果网关设备和DHCP服务器不是同一台设备，需要配置出口网关的地址。

说明 针对全局地址池方式，如果DHCP服务器上配置了网关地址，客户端会获取到DHCP服务器分配的网关地址，并自动生成到该网关地址的缺省路由。但若DHCP服务器同时执行 **option121** 命令，配置了分配给客户端的无分类静态路由，客户端上此时只会据此生成路由，不会自动生成到网关的缺省路由。

针对接口地址池方式，由于DHCP服务器接客户端的接口地址即为客户端的出口网关，客户端会获取到该接口地址作为网关，并自动生成到该接口地址的缺省路由。但若DHCP服务器同时执行 **DHCP服务器 option121** 命令，配置了分配给客户端的无分类静态路由，客户端上此时只会据此生成路由，不会自动生成到网关的缺省路由。

基于全局地址池方式，以下两种情况下，不需要配置此任务。

- 在无DHCP中继的场景下，如果是以DHCP服务器连接客户端的接口IP地址作为客户端的网关地址时，可以不用配置此任务。
- 在有DHCP中继的场景下，如果是以DHCP中继连接客户端的接口IP地址作为客户端的网关地址时，也可以不用配置此任务。

在VRRP+DHCP的综合场景中，如果VRRP备份组设备作为DHCP服务器，则需要执行此任务，配置客户端的出口网关地址为备份组虚拟IP地址。

在DHCP客户端网关的配置中，采用基于接口方式DHCP地址池时，针对动态客户端和静态客户端的配置方法相同，具体见表5-8。采用基于全局方式DHCP地址池时，动态客户端和静态客户端的配置命令不同：动态客户端的网络参数是在全局地址池视图下配置的，具体配置步骤见表5-9；静态客户端的网络参数是在全局地址池视图和DHCP Option模板中配置的（**与动态客户端配置不同的参数必须在 Option 模板中进行配置，相同的在全局地址池视图下配置，此要求同时适用于下面各小节**），其中在DHCP Option模板中的具体配置步骤见表5-10。为了对流量进行负载分担或提高网络的可靠性，可以执行此任务，配置多个出口网关。每个地址池最多可以配置8个网关地址。

表5-8 基于接口方式的DHCP客户端网关的配置步骤

步骤	命令	说明
1	**system-view** 例如：< Huawei > **system-view**	进入系统视图
2	**interface** *interface-type interface-number* [*.subinterface-number*] 例如：**interface ethernet** 2/0/0	进入要配置DHCP客户端网关的接口视图或子接口视图

续表

步骤	命令	说明
3	**dhcp server gateway-list** *ip-address* &<1-8> 例如：[Huawei-Ethernet 2/0/0] **dhcp server gateway-list** 10.1.1.1	配置到达 DHCP 服务器预分配给 DHCP 客户端的缺省网关地址。参数 *ip-address* &<1-8>用来为对应地址池中 DHCP 客户端指定最多 8 个（**以空格分隔**）网关 IP 地址，不能设置为广播地址。 缺省情况下，没有配置出口网关地址，可用 **undo dhcp server gateway-list** { *ip-address* | **all** }命令删除对应指定的或所有的网关配置

表 5-9 基于全局方式的 **DHCP** 客户端网关的配置步骤

步骤	命令	说明
1	**system-view** 例如：< Huawei > **system-view**	进入系统视图
2	**ip pool** *ip-pool-name* 例如：[Huawei] **ip pool** global1	进入要配置 DHCP 客户端网关的 DHCP 地址池视图
3	**gateway-list** *ip-address* &<1-8> 例如：[Huawei-ip-pool-global1] **gateway-list** 10.1.1.1	配置到达 DHCP 服务器预分配给 DHCP 客户端的缺省网关地址。参数 *ip-address* &<1-8>用来为对应地址池中 DHCP 客户端指定最多 8 个（**以空格分隔**）网关 IP 地址，不能设置为广播地址。 缺省情况下，没有配置出口网关地址，可用 **undo gateway-list** { *ip-address* | **all** }命令删除对应指定的或所有的网关配置

表 5-10 针对 **DHCP Option** 模板视图的 **DHCP** 客户端网关的配置步骤

步骤	命令	说明
1	**system-view** 例如：< Huawei > **system-view**	进入系统视图
2	**dhcp option template** *template-name* 例如：[Huawei] **dhcp option template** test	创建 DHCP Option 模板并进入 DHCP Option 模板视图。参数 *template-name* 用来指定所创建的 DHCP Option 模板的名称，字符串形式，不支持空格，区分大小写，长度范围是 1～31。可以设定为包含数字、字母和下划线“_”、中划线“-”或“.”的组合，但不能配置为“-”和“--”。 【说明】当需要为全局地址池下的静态客户端分配除 IP 地址以外的网络参数时，才需要配置 DHCP Option 模板。DHCP Option 模板视图下配置的网络参数仅对静态客户端生效，一个 DHCP Option 模板可以被多个用户绑定（配置静态客户端与 DHCP Option 模板绑定的命令是 **static-bind ip-address** *ip-address* **mac-address** *mac-address* [**option-template** *template-name* | **description** *description*]，参见 5.2.2 节表 5-3 中的第 9 步）。 对于全局地址池下的静态客户端来说，如果 DHCP Option 模板视图和全局地址池视图下同时配置了某个网络参数，以 DHCP Option 模板视图下的配置为准。但如果仅需要为静态客户端分配 IP 地址（不需要分配其他参数），则不需要配置 DHCP Option 模板。 缺省情况下，未创建 DHCP Option 模板，可用 **undo dhcp option template** *template-name* 命令创建 DHCP Option 模板并进入 DHCP Option 模板视图

续表

步骤	命令	说明
3	**gateway-list** *ip-address* & <1-8> 例如：[Huawei-dhcp-option-template-test] **gateway-list** 10.1.1.1	为全局地址池下配置的静态 DHCP 客户端配置到达 DHCP 服务器的缺省网关地址。其他说明参见表 5-9 中的第 3 步

5.3.2　配置 DHCP 客户端的 DNS 服务和 NetBIOS 服务

当 DHCP 客户端需要通过主机名与其他网络设备通信时，就需要为客户端部署 DNS 或 NetBIOS 服务。其中，NetBIOS（Network Basic Input Output System，网络基本输入/输出系统）是由 IBM 公司定义的，主要用于数十台计算机的小型局域网，可以提供：

■ 名字服务（使用 UDP 端口 137，提供同一网段内的主机名服务）；

■ 数据服务（使用 UDP 端口 138，用于应用程序之间传输数据、浏览器服务通知，这些消息用于在用户桌面系统构建网上邻居）；

■ 会话服务（使用 TCP 端口 139，用于文件共享和打印服务）。

对于使用 Windows 操作系统的客户端，由 WINS（Windows Internet Naming Service，Windows 互联网名称服务）服务器为通过 NetBIOS 协议通信的客户端提供主机名到 IP 地址的解析。但是 NetBIOS 存在安全性问题，容易被攻击，微软在 Windows 2000 之后，作为一个可选的服务，用户可以根据需要选择打开或关闭。

DHCP 客户端使用 NetBIOS 协议通信时，需要在主机名和 IP 地址之间建立映射关系。根据获取映射关系的方式不同，NetBIOS 节点分为 4 种。

■ b 类节点（b-node）："b"代表广播（broadcast），即此类节点采用广播的方式获取映射关系，如在广播式的以太网中可采用这种类型，但效率较低。

■ p 类节点（p-node）："p"代表端到端（peer-to-peer），即此类节点采用单播与 NetBIOS 服务器（如 Windows 系统中的 WINS 服务器）通信的方式获取映射关系。在网络中配置了 NetBIOS 服务器时通常采用这种方式，效率更高。

■ m 类节点（m-node）："m"代表混合（mixed），是具有部分广播特性的 p 类节点，即先发送广播报文，没有获取到时，再发送单播报文与服务器获取映射关系，比单一的 b 节点类型或者 p 节点类型更加可靠。

■ h 类节点（h-node）："h"代表混合（hybrid），是具备"端对端"通信机制的 b 类节点，即先发送单播报文，没有获取到时，再发送广播报文与服务器获取映射关系。

说明　对于使用 Windows 操作系统的计算机，都必须定义一个主机名，该名在系统安装时指定，如果不指定，则由系统随机生成。主机名在网络中保证唯一。

地址池中的 DNS 服务器 IP 地址、DNS 域名后缀和 NetBIOS 服务器 IP 地址配置信息可以静态指定，也可以自动获取，但 NetBIOS 节点类型只能静态指定。如果采用自动获取方式，则要求作为 DHCP 服务器的设备同时作为 DHCP 客户端（连接远端 DHCP 服务器的接口配置 DHCP 客户端功能），从远端 DHCP 服务器获取 DNS 服务器 IP 地址、DNS 域名后缀和 NetBIOS 服务器 IP 地址配置信息之后，通过地址池的 **import** 功能，将这些信息再分配给下行的客户端。例如，某公司的 DHCP 服务器希望从运营商获取统一的 DNS 服务器 IP 地址、DNS 域名后缀和 NetBIOS 服务器 IP 地址配置信息，同时又将这些信息分配给下行的客户端，此时可以选择自动获取方式。

在 DHCP 客户端的 DNS 服务和 NetBIOS 服务配置中，采用基于接口方式 DHCP 地址池时，针对动态客户端和静态客户端的配置方法相同，具体见表 5-11。采用基于全局方式 DHCP 地址池时，动态客户端和静态客户端的配置命令不同：动态客户端的网络参数是在全局地址池视图下配置的，具体配置步骤见表 5-12；静态客户端的网络参数是在全局地址池视图和 DHCP Option 模板中配置的，其中在 DHCP Option 模板中的具体配置步骤见表 5-13。

表 5-11　基于接口方式 DHCP 客户端的 DNS 服务和 NetBIOS 服务的配置步骤

步骤	命令	说明
1	**system-view** 例如：< Huawei > **system-view**	进入系统视图
2	**interface** *interface-type interface-number* [*.subinterface-number*] 例如：**interface ethernet** 2/0/0	进入要配置 DHCP 客户端 DNS/NetBIOS 服务的接口视图或子接口视图
3	**dhcp server import all** 例如：[Huawei-Ethernet2/0/0] **dhcp server import all**	（可选）使能接口地址池下动态获取 DNS 服务器 IP 地址、DNS 域名后缀和 NetBIOS 服务器 IP 地址的功能。 缺省情况下，接口地址池下动态获取 DNS 服务器 IP 地址、DNS 域名后缀和 NetBIOS 服务器 IP 地址的功能处于未使能状态，可用 **undo import all** 命令去使能接口地址池下动态获取 DNS 服务器 IP 地址、DNS 域名后缀和 NetBIOS 服务器 IP 地址的功能
4	**dhcp server dns-list** *ip-address* &<1-8> 例如：[Huawei-Ethernet2/0/0] **dhcp server dns-list** 10.10.10.10	（可选）指定接口地址池下的 DNS 服务器地址，最多可以配置 8 个 DNS Server 的 IP 地址，用空格分隔。其中第一个分配给客户端作为主用地址，其他 7 个作为备用地址（还可用于对流量进行负载分担和提高网络的可靠性）。 【说明】当用户主机以域名方式访问网络服务器时，需要先将域名请求发送至 DNS 服务器，DNS 服务器将待访问的域名解析为 IP 地址并返回给主机后，主机才可以进行正常通信。为了保证 DHCP 客户端可以正确接入网络，DHCP 服务器需要在全局地址池上指定 DNS 服务器的 IP 地址，DHCP 服务器在为客户端分配 IP 地址的同时也指定了 DNS 服务器 IP 地址。 缺省情况下，接口地址池下未配置 DNS 服务器地址，可用 **undo dns-list** { *ip-address* | **all** }命令删除接口地址池下指定的或者全部 DNS 服务器 IP 地址
5	**dhcp server domain-name** *domain-name* 例如：[Huawei-Ethernet2/0/0] **dhcp server domain-name** huawei.com	（可选）配置为 DHCP 客户端分配的域名后缀。参数 *domain-name* 用来指定为 DHCP 客户端分配的域名后缀，1～50 个字符，不支持空格，可以设定为包含数字、字母和下划线"_"或"."的组合。 【说明】通过本命令可以在每个接口地址池上指定分配给客户端使用的 DNS 域名后缀。在给客户端分配 IP 地址的同时，也将域名后缀发送给客户端。 缺省情况下，系统未配置为 DHCP 客户端分配的域名后缀，可用 **undo domain-name** 命令删除为对应地址池中的 DHCP 客户端配置的域名后缀

续表

步骤	命令	说明
6	**dhcp server nbns-list** *ip-address* &<1-8> 例如：[Huawei-Ethernet2/0/0] **nbns-list** 1.1.1.1	（可选）指定接口地址池下的 NetBIOS 服务器地址。最多可以配置 8 个 DNS Server 的 IP 地址，用空格分隔。其中第一个分配给客户端的作为主用地址，其他 7 个作为备用地址 【说明】当用户主机之间通信时，需要借助 NetBIOS 服务器将待访问的 NetBIOS 主机名解析为 IP 地址后进行通信。为了使主机能正常通信，可使用本命令配置 DHCP 服务器当前接口地址池中的 NetBIOS 服务器地址。当 DHCP 服务器给用户分配 IP 地址时，也一并将 NetBIOS 服务器地址分配给用户。 缺省情况下，接口地址池下没有配置 NetBIOS 服务器，可用 **undo nbns-list** { *ip-address* | **all** }命令删除接口地址池下指定的或者全部 NetBIOS 服务器 IP 地址
7	**dhcp server netbios-type** { **b-node** | **h-node** | **m-node** | **p-node** } 例如：[Huawei-Ethernet2/0/0] **dhcp server netbios-type b-node**	（可选）配置当前接口连接的 DHCP 客户端的 NetBIOS 节点类型。命令中的选项说明如下。 （1）**b-node**：多选一选项，指定 DHCP 客户端为广播模式节点（broadcast），采用广播模式获取主机名和 IP 地址之间的映射。 （2）**h-node**：多选一选项，指定 DHCP 客户端为混合 h 模式节点（hybrid），是具备“端到端”通信机制的 b 类节点。 （3）**m-node**：多选一选项，指定 DHCP 客户端为混合 m 模式节点（mixed），是具有部分广播特性的 p 类节点。 （4）**p-node**：多选一选项，指定 DHCP 客户端的端到端模式节点（peer-to-peer），采用与 NetBIOS 服务器通信的方式来获取映射关系。 【说明】DHCP 客户端在使用 NetBIOS 协议通信时，需要在主机名和 IP 地址之间建立映射关系，使用本命令可配置接口地址池客户端的 NetBIOS 节点类型。DHCP 服务器在给客户端分配 IP 地址的同时，也将 NetBIOS 节点类型发送给客户端。 缺省情况下，不指定接口下客户端的 NetBIOS 节点类型，可用 **undo netbios-type** 命令恢复缺省配置

表 5-12　基于全局方式 **DHCP** 客户端的 **DNS** 服务和 **NetBIOS** 服务的配置步骤

步骤	命令	说明
1	**system-view** 例如：< Huawei > **system-view**	进入系统视图
2	**ip pool** *ip-pool-name* 例如：[Huawei] **ip pool** global1	进入前面创建的全局地址池
3	**import all** 例如：[Huawei-ip-pool-global] **import all**	（可选）使能全局地址池下动态获取 DNS 服务器 IP 地址、DNS 域名后缀和 NetBIOS 服务器 IP 地址的功能。 缺省情况下，全局地址池下动态获取 DNS 服务器 IP 地址、DNS 域名后缀和 NetBIOS 服务器 IP 地址的功能处于未使能状态，可用 **undo import all** 命令去使能全局地址池下动态获取 DNS 服务器 IP 地址、DNS 域名后缀和 NetBIOS 服务器 IP 地址的功能
4	**dns-list** *ip-address* &<1-8> 例如：[Huawei-ip-pool-global1] **dns-list** 10.10.10.10	（可选）配置全局地址池下 DHCP 客户端使用的 DNS 服务器的 IP 地址，其他说明参见表 5-11 中的第 4 步。 缺省情况下，全局地址池下未配置 DNS 服务器地址，可用 **undo dns-list** { *ip-address* | **all** }命令删除全局地址池下指定的或者全部 DNS 服务器 IP 地址

续表

步骤	命令	说明
5	**domain-name** *domain-name* 例如：[Huawei-ip-pool-global1] **domain-name** huawei.com	（可选）配置为 DHCP 客户端分配的域名后缀，其他说明参见表 5-11 中的第 4 步。 缺省情况下，系统未配置为 DHCP 客户端分配的域名后缀，可用 **undo domain-name** 命令删除为对应地址池中的 DHCP 客户端配置的域名后缀
6	**nbns-list** *ip-address* &<1-8 > 例如：[Huawei-ip-pool-global1] **nbns-list** 1.1.1.1	（可选）配置全局地址池下 DHCP 客户端的 NetBIOS 服务器地址，其他说明参见表 5-11 中的第 6 步。 缺省情况下，全局地址池中没有配置 NetBIOS 服务器，可用 **undo nbns-list** { *ip-address* | **all** }命令删除全局地址池下指定的或者全部 NetBIOS 服务器 IP 地址
7	**netbios-type** { **b-node** | **h-node** | **m-node** | **p-node** } 例如：[Huawei-ip-pool-global1] **netbios-type b-node**	（可选）配置 DHCP 客户端的 NetBIOS 节点类型，其他说明参见表 5-11 中的第 7 步。 缺省情况下，不指定客户端的 NetBIOS 节点类型，可用 **undo netbios-type** 命令恢复缺省配置

表 5-13　针对 DHCP Option 模板视图下 DHCP 客户端的 DNS 服务和 NetBIOS 服务的配置步骤

步骤	命令	说明
1	**system-view** 例如：< Huawei > **system-view**	进入系统视图
2	**dhcp option template** *template-name* 例如：[Huawei] **dhcp option template** test	创建 DHCP Option 模板并进入 DHCP Option 模板视图，其他说明参见 5.3.1 节表 5-10 中的第 2 步
3	**dns-list** *ip-address* &<1-8> 例如：[Huawei-dhcp-option-template-test] **dns-list** 10.10.10.10	（可选）配置全局地址池下的静态 DHCP 客户端使用的 DNS 服务器的 IP 地址，其他说明参见表 5-11 中的第 4 步。 缺省情况下，全局地址池下的静态 DHCP 客户端未配置 DNS 服务器地址，可用 **undo dns-list** { *ip-address* | **all** }命令删除指定的或者全部 DNS 服务器 IP 地址
4	**domain-name** *domain-name* 例如：[Huawei-dhcp-option-template-test] **domain-name** huawei.com	（可选）配置为全局地址池下的静态 DHCP 客户端分配的域名后缀，其他说明参见表 5-11 中的第 4 步。 缺省情况下，系统未配置为全局地址池下的静态 DHCP 客户端分配的域名后缀，可用 **undo domain-name** 命令删除为静态 DHCP 客户端配置的域名后缀
5	**nbns-list** *ip-address* &<1-8> 例如：[Huawei-dhcp-option-template-test] **nbns-list** 1.1.1.1	（可选）配置全局地址池下的静态 DHCP 客户端的 NetBIOS 服务器地址，其他说明参见表 5-11 中的第 6 步。 缺省情况下，全局地址池下的静态 DHCP 客户端没有配置 NetBIOS 服务器，可用 **undo nbns-list** { *ip-address* | **all** }命令删除为静态 DHCP 客户端配置的指定或者全部 NetBIOS 服务器 IP 地址
6	**netbios-type** { **b-node** | **h-node** | **m-node** | **p-node** } 例如：[Huawei-dhcp-option-template-test] **netbios-type b-node**	（可选）配置全局地址池下的静态 DHCP 客户端的 NetBIOS 节点类型，其他说明参见表 5-11 中的第 7 步。 缺省情况下，不指定局地址池下的静态 DHCP 客户端的 NetBIOS 节点类型，可用 **undo netbios-type** 命令恢复缺省配置

5.3.3　配置 DHCP 客户端的配置文件

某些客户端（例如 IP Phone 等）除了自动获取 IP 地址外，还需要配置一些其他参数才能正常工作。这些参数通常是通过配置文件配置的，通过执行本节任务，可以为客户端自动分配配置文件信息。这些配置文件不一定存放在 DHCP 服务器上，可能会存放在专门的文件服务器上，DHCP 服务器也可以为客户端指定文件服务器的地址，以方便客户端去指定文件服务器上获取文件。当然，此时需要保证 DHCP 客户端与获取配置文件的服务器之间路由可达。

在配置 DHCP 客户端的配置文件中，采用基于接口方式 DHCP 地址池时，针对动态客户端和静态客户端的配置方法相同，具体见表 5-14。采用基于全局方式 DHCP 地址池时，动态客户端和静态客户端的配置命令不同：动态客户端的网络参数是在全局地址池视图下配置的，具体配置步骤见表 5-15；静态客户端的网络参数是在全局地址池视图和 DHCP Option 模板中配置的，其中在 DHCP Option 模板中的具体配置步骤见表 5-16。

表 5-14　基于接口方式 DHCP 客户端的配置文件的配置步骤

步骤	命令	说明
1	**system-view** 例如：< Huawei > **system-view**	进入系统视图
2	**interface** *interface-type interface-number* [*.subinterface-number*] 例如：**interface ethernet** 2/0/0	进入要配置 DHCP 客户端配置文件的接口视图或子接口视图
3	**dhcp server bootfile** *bootfile* 例如：[Huawei-Ethernet2/0/0] **dhcp server bootfile** start.ini	配置当前接口地址池 DHCP 客户端的启动配置文件名称，字符串形式，不支持空格，区分大小写，长度范围是 1～127。 配置 DHCP 客户端的启动配置文件名称后，DHCP 服务器向客户端发送的 OFFER 和 ACK 报文中会携带此文件名称。然后 DHCP 客户端根据文件名称去指定的文件服务器获取启动配置文件。 缺省情况下，未配置 DHCP 客户端的启动配置文件名称，可用 **undo dhcp server bootfile** 命令删除已配置的当前接口地址池 DHCP 客户端的启动配置文件名称
4	**dhcp server sname** *sname* 例如：[Huawei-Ethernet2/0/0] **dhcp server sname** Huawei	配置当前接口地址池 DHCP 客户端获取启动配置文件的服务器名称，字符串形式，不支持空格，区分大小写，长度范围是 1～63。 配置 DHCP 客户端获取启动配置文件的服务器名称后，DHCP 客户端根据服务器名称去指定的文件服务器获取启动配置文件。 缺省情况下，未配置 DHCP 客户端获取启动配置文件的服务器名称，可用 **undo dhcp server sname** 命令删除已配置的当前接口地址池 DHCP 客户端获取启动配置文件的服务器名称
5	**dhcp server next-server** *ip-address* 例如：[Huawei-Ethernet2/0/0] **dhcp server next-server** 192.168.1.2	（可选）指定当前接口地址池 DHCP 客户端获取 IP 地址后下一步使用的网络服务器 IP 地址。如果需要向文件服务器获取文件，才需要执行此步骤。 缺省情况下，DHCP 服务器未指定客户端下一步使用的网络服务器 IP 地址，可用 **undo dhcp server next-server** 命令恢复当前接口地址池 DHCP 客户端使用的网络服务器 IP 地址缺省值

表 5-15 基于全局方式 DHCP 客户端的配置文件的配置步骤

步骤	命令	说明
1	**system-view** 例如：< Huawei > **system-view**	进入系统视图
2	**ip pool** *ip-pool-name* 例如：[Huawei] **ip pool** global1	进入前面创建的全局地址池
3	**bootfile** *bootfile* 例如：[Huawei-ip-pool-global1] **bootfile** start.ini	配置全局地址池 DHCP 客户端的启动配置文件名称，其他说明参见表 5-14 中的第 3 步。 缺省情况下，未配置 DHCP 客户端的启动配置文件名称，可用 **undo bootfile** 命令删除已配置的全局地址池 DHCP 客户端的启动配置文件名称
4	**sname** *sname* 例如：[Huawei-ip-pool-global1] **sname** Huawei	配置 DHCP 客户端获取启动配置文件的服务器名称，其他说明参见表 5-14 中的第 4 步。 缺省情况下，未配置 DHCP 客户端获取启动配置文件的服务器名称，可用 **undo sname** 命令删除已配置的全局地址池 DHCP 客户端获取启动配置文件的服务器名称
5	**next-server** *ip-address* 例如：[Huawei-ip-pool-global1] **next-server** 192.168.1.2	（可选）指定全局地址池客户端获取 IP 地址后下一步使用的网络服务器 IP 地址，其他说明参见表 5-14 中的第 5 步。 缺省情况下，DHCP 服务器未指定客户端下一步使用的网络服务器 IP 地址，可用 **undo next-server** 命令恢复全局地址池 DHCP 客户端使用的网络服务器 IP 地址缺省值

表 5-16 针对 DHCP Option 模板视图下 DHCP 客户端的配置文件的配置步骤

步骤	命令	说明
1	**system-view** 例如：< Huawei > **system-view**	进入系统视图
2	**dhcp option template** *template-name* 例如：[Huawei] **dhcp option template** test	创建 DHCP Option 模板并进入 DHCP Option 模板视图，其他说明参见表 5-14 中的第 2 步
3	**bootfile** *bootfile* 例如：[Huawei-ip-pool-pool1] **bootfile** start.ini	配置全局地址池静态 DHCP 客户端的启动配置文件名称，其他说明参见表 5-14 中的第 3 步。 缺省情况下，未配置 DHCP 客户端的启动配置文件名称，可用 **undo bootfile** 命令删除已配置的全局地址池静态 DHCP 客户端的启动配置文件名称
4	**sname** *sname* 例如：[Huawei-ip-pool-pool1] **sname** Huawei	配置全局地址池静态 DHCP 客户端获取启动配置文件的服务器名称，其他说明参见表 5-14 中的第 4 步。 缺省情况下，未配置 DHCP 客户端获取启动配置文件的服务器名称，可用 **undo sname** 命令删除已配置的全局地址池静态 DHCP 客户端获取启动配置文件的服务器名称
5	**next-server** *ip-address* 例如：[Huawei-ip-pool-pool1] **next-server** 192.168.1.2	（可选）指定全局地址池静态 DHCP 客户端获取 IP 地址后下一步使用的网络服务器 IP 地址，其他说明参见表 5-14 中的第 5 步。 缺省情况下，未指定客户端下一步使用的网络服务器 IP 地址，可用 **undo next-server** 命令恢复全局地址池静态 DHCP 客户端使用的网络服务器 IP 地址缺省值

5.3.4 配置 DHCP 客户端的自定义选项信息

不同厂商可以自定义 DHCP 选项信息。设备作为 DHCP 服务器时可以实现为客户端分配厂商自定义的网络参数，具体功能如下。

■ 根据 DHCP 客户端请求的 Option 选项为客户端分配网络参数：通过 **dhcp server option**（基于接口方式）或 **option**（基于全局方式）命令配置 Option 选项，只有当客户端请求此选项时，设备才会提供此选项信息。

■ 强制插入选项信息为客户端分配网络参数：通过 **dhcp server force insert option**（基于接口方式）或 **force insert option**（基于全局方式）命令配置 Option 选项，不管客户端是否请求了此选项，设备都会提供此选项信息。

在配置 DHCP 客户端的自定义选项信息中，采用基于接口方式 DHCP 地址池时，针对动态客户端和静态客户端的配置方法相同，具体见表 5-17。采用基于全局方式 DHCP 地址池时，动态客户端和静态客户端的配置命令不同：动态客户端的网络参数是在全局地址池视图下配置的，具体配置步骤见表 5-19；静态客户端的网络参数是在全局地址池视图和 DHCP Option 模板中配置的，其中在 DHCP Option 模板中的具体配置步骤见表 5-20。

表 5-17　基于接口方式 DHCP 客户端的自定义选项信息的配置步骤

步骤	命令	说明
1	**system-view** 例如：< Huawei > **system-view**	进入系统视图
2	**dhcp server trust option82** 例如：[Huawei] **dhcp server trust option82**	（可选）开启 DHCP Server 信任 Option82 选项功能。 Opiton82 是中继代理信息选项，记录 Client 的位置信息，服务器可以根据位置信息为 Client 选择灵活的分配策略（包括分配 IP 地址和其他网络参数）。不同厂商可以根据需求自行定义 Option82 携带的内容。设备作为 DHCP Server，暂时不支持基于策略为 Client 分配 IP 地址等网络参数。开启此功能后，设备会按照正常方式为 Client 分配 IP 地址。如果未开启信任 Option82 选项功能，设备接收了携带 Option82 选项的报文后会丢弃。 缺省情况下，设备信任 Option82 选项功能处于开启状态，可用 **undo dhcp server trust option82** 命令关闭 DHCP Server 信任 Option82 选项功能
3	**interface** *interface-type interface-number* [*.subinterface-number*] 例如：**interface ethernet** 2/0/0	进入要配置 DHCP 客户端自定义选项信息的接口视图或子接口视图
4	**dhcp server force insert option** *code* &<1-254> 例如：[Huawei-Ethernet2/0/0] **dhcp server force insert option** 4	（可选）配置 DHCP 服务器在回应 DHCP 客户端时，强制插入当前接口地址池下配置的 Option 字段信息，整数形式，取值范围是 1～254。用户可同时指定强制回复一个或多个 Option 选项。配置了此步骤，不管客户端是否请求了此选项，设备都会提供此选项信息。 缺省情况下，系统未配置 DHCP 服务器在回应报文中强制插入指定的 Option 字段信息，可用 **undo dhcp server force insert option** 命令删除 DHCP 服务器在回应 DHCP 客户端时，强制插入接口地址池中当前接口地址池下指定的 Option 字段信息

续表

步骤	命令	说明
5	**dhcp server option** *code* [**sub-option** *sub-code*] { **ascii** *ascii-string* | **hex** *hex-string* | **cipher** *cipher-string* | **ip-address** *ip-address* &<1-8> } 例如：[Huawei-Ethernet2/0/0] **dhcp server option 64 hex** 11	配置当前接口地址池下的 DHCP 自定义选项，命令中的参数说明如下。 （1）*code*：指定自定义的 Option 选项的数值，整数形式，取值范围是 1～254，但 1、3、6、15、44、46、50、51、52、53、54、55、57、58、59、61、82、120、121、184 不能配置。 （2）**sub-option** *sub-code*：可选参数，指定自定义的 Option 子选项的数值，整数形式，取值范围是 1～254。 （3）**ascii** *ascii-string*：多选一参数，指定自定义的选项码为 ASCII 字符串类型，字符串形式，如果不选择关键字 sub-option，则长度范围是 1～255；如果选择关键字 sub-option，则长度范围是 1～253。**输入的字符必须是对应选项的取值范围。** （4）**hex** *hex-string*：多选一参数，指定自定义的选项码为十六进制字符串类型，偶数位长度的十六进制字符串（如 hh 或 hhhh），如果不选择关键字 **sub-option**，则长度范围是 2～254；如果选择关键字 **sub-option**，则长度范围是 2～252。可以配置为包含 0～9、A～F 和 a～f 的组合。**输入的字符必须是对应选项的取值范围。** （5）**cipher** *cipher-string*：多选一参数，指定自定义的选项码为密文字符串类型，字符串形式，长度范围是 1～64 或 32～104。输入的密文字符串可以是显式或者密文形式。当输入显式密码时，长度范围为 1～64；当输入密文密码时，长度是 48～108。**但无论是显式输入还是密文输入，配置文件中都以密文形式体现，报文中都以显式形式填充。** （6）**ip-address** *ip-address*：多选一参数，指定自定义的选项码为 IP 地址类型。 【说明】常用的功能，如客户端的 NetBIOS 服务、租期等，可以通过本命令进行配置，但是以相关命令的配置优先。如果相关命令没有配置，而配置了对应的 Option 选项，那么会取用本命令配置的值。 配置了 Option 选项，只有当 DHCP 客户端请求此选项时，设备才会提供此选项信息。但有些 Option 选项是通过其他命令来配置的，不能通过自定义方式配置，具体如表 5-18 所示。 缺省情况下，未配置自定义选项，可用 **undo dhcp server option** [*code* [**sub-option** *sub-code*]]命令删除当前接口地址池下的指定自定义选项
6	**dhcp server option121 ip-address** { *ip-address mask-length gateway-address* } &<1-8> 例如：[Huawei-Ethernet2/0/0] **dhcp server option121 ip-address** 10.10.10.10 24 192.168.11.11	配置当前接口地址池分配给 DHCP 客户端的无分类静态路由，参数 *ip-address mask-length gateway-address* 用于配置无分类静态路由表项，分别代表静态路由的目的地址、目的地址子网掩码和下一跳 IP 地址，一条命令下最多可以配置 8 条无分类静态路由表项，可重复执行本命令配置多条静态路。 缺省情况下，未配置分配给 Client 的无分类静态路由，可用 **undo dhcp server option121** [**ip-address** *ip-address mask-length gateway-address*] 命令删除 DHCP 服务器当前接口地址池分配给客户端的一条或所有无分类静态路由
7	**dhcp server option184** { **as-ip** *ip-address* | **fail-over** *ip-address dialer-string* | **ncp-ip** *ip-address* | **voice-vlan** *vlan-id* }	配置当前接口地址池下发给 DHCP 客户端的 Option184 字段内容。命令中的参数说明如下。 （1）**ncp-ip** *ip-address*：多选一参数，配置网络呼叫处理器 IP 地址。 （2）**as-ip** *ip-address*：多选一参数，配置备份网络呼叫处理器 IP 地址。 （3）**fail-over** *ip-address dialer-string*：多选一参数，配置 fail-over（失效切换）IP 地址和拨号字符串，拨号字符串为字符串形式，取值范围是 1～64。 （4）**voice-vlan** *vlan-id*：多选一参数，配置 voice-vlan 的 VLAN 编号，

续表

步骤	命令	说明
7	例如：[Huawei-Ethernet2/0/0] **dhcp server option184 as-ip** 10.10.10.10	整数形式，取值范围是1～4 094。 缺省情况下，未配置 Option184 字段内容，可用 **undo dhcp server option184** [**as-ip** | **fail-over** | **ncp-ip** | **voice-vlan**]命令删除 DHCP 服务器当前接口地址池下发给客户端的 Option184 字段内容

表 5-18　　Option 选项值与配置命令

Option 选项	配置命令	说明
Option1	指定 **ip address** *ip-address* { *mask* | *mask-length* }中的参数 *mask-length*	了网掩码选项
Option3	**ip address** *ip-address* { *mask* | *mask-length* }中的参数 *ip-address*	网关地址选项
Option6	**dhcp server dns-list** *ip-address* &<1-8>	DNS 服务器地址选项
Option15	**dhcp server domain-name**（接口视图）*domain-name*	域名选项
Option44	**dhcp server nbns-list** *ip-address* &<1-8>	NetBios 服务器地址选项
Option46	**dhcp server netbios-type** { **b-node** | **h-node** | **m-node** | **p-node** }	NetBios 节点类型选项
Option50	不需要在 DHCP 服务器上配置	客户端请求的 IP 地址选项
Option51	**dhcp server lease** { **day** *day* [**hour** *hour* [**minute** *minute*]] | **unlimited** }	IP 地址租期时间选项
Option52	不需要在 DHCP 服务器上配置	Option 附加选项
Option53	不需要在 DHCP 服务器上配置	DHCP 消息类型选项
Option54	不需要在 DHCP 服务器上配置	服务器标识选项
Option55	不需要在 DHCP 服务器上配置	请求参数列表选项
Option57	不需要在 DHCP 服务器上配置	最大 DHCP 报文长度选项
Option58	不需要在 DHCP 服务器上配置	租期的 T1 时间选项（一般是租期时间的 50%）
Option59	不需要在 DHCP 服务器上配置	租期的 T2 时间选项（一般是租期时间的 87.5%）
Option61	不需要在 DHCP 服务器上配置	Client 标识选项
Option82	不需要在 DHCP 服务器上配置	中继代理信息选项
Option121	**dhcp server option121 ip-address** { *ip-address mask-length gateway-address* } &<1-8>	无分类路由选项
Option184	**dhcp server option184** { **as-ip** *ip-address* | **fail-over** *ip-address dialer-string* | **ncp-ip** *ip-address* | **voice-vlan** *vlan-id* }	语音参数选项

表 5-19　　基于全局方式 DHCP 客户端的自定义选项信息的配置步骤

步骤	命令	说明
1	**system-view** 例如：< Huawei > **system-view**	进入系统视图
2	**dhcp server trust option82** 例如：[Huawei] **dhcp server trust option82**	（可选）开启 DHCP Server 信任 Option82 选项功能。其他说明参见本节表 5-17 中的第 2 步
3	**ip pool** *ip-pool-name* 例如：[Huawei] **ip pool** global1	进入前面创建的全局地址池

续表

步骤	命令	说明
4	**force insert option** *code* &<1-254> 例如：[Huawei-ip-pool-global1] **force insert option** 4	（可选）配置 DHCP 服务器在回应 DHCP 客户端时，强制插入全局地址池中指定的 Option 字段信息。其他说明参见本节表 5-17 中的第 4 步
5	**option** *code* [**sub-option** *sub-code*] { **ascii** *ascii-string* | **hex** *hex-string* | **cipher** *cipher-string* | **ip-address** *ip-address* &<1-8> } 例如：[Huawei-ip-pool-global1] **option** 64 **hex** 11	配置全局地址池下的 DHCP 自定义选项。其他说明参见本节表 5-17 中的第 5 步
6	**option121 ip-address** { *ip-address mask-length gateway-address* } &<1-8> 例如：[Huawei-ip-pool-global1] **option121 ip-address** 10.10.10.10 24 192.168.11.11	配置全局地址池下分配给 DHCP 客户端的无分类静态路由。其他说明参见本节表 5-17 中的第 6 步
7	**option184** { **as-ip** *ip-address* | **fail-over** *ip-address dialer-string* | **ncp-ip** *ip-address* | **voice-vlan** *vlan-id* } 例如：[Huawei-ip-pool-global1] **option184 as-ip** 10.10.10.10	配置全局地址池下发给 DHCP 客户端的 Option184 字段内容。其他说明参见本节表 5-17 中的第 7 步

表 5-20　针对 DHCP Option 模板视图下 DHCP 客户端的自定义选项信息的配置步骤

步骤	命令	说明
1	**system-view** 例如：< Huawei > **system-view**	进入系统视图
2	**dhcp option template** *template-name* 例如：[Huawei] **dhcp option template** test	创建 DHCP Option 模板并进入 DHCP Option 模板视图，其他说明参见上节表 5-14 中的第 2 步
3	**force insert option** *code* &<1-254> 例如：[Huawei-ip-pool-global1] **force insert option** 4	（可选）配置 DHCP 服务器在回应全局地址池静态 DHCP 客户端时，强制插入全局地址池中指定的 Option 字段信息。其他说明参见本节表 5-17 中的第 4 步
4	**option** *code* [**sub-option** *sub-code*] { **ascii** *ascii-string* | **hex** *hex-string* | **cipher** *cipher-string* | **ip-address** *ip-address* &<1-8> } 例如：[Huawei-ip-pool-global1] **option** 64 **hex** 11	配置全局地址池下的静态 DHCP 客户端的自定义选项。其他说明参见本节表 5-17 中的第 5 步
5	**option121 ip-address** { *ip-address mask-length gateway-address* } &<1-8> 例如：[Huawei-ip-pool-global1] **option121 ip-address** 10.10.10.10 24 192.168.11.11	配置全局地址池下分配给静态 DHCP 客户端的无分类静态路由。其他说明参见本节表 5-17 中的第 6 步
6	**option184** { **as-ip** *ip-address* | **fail-over** *ip-address dialer-string* | **ncp-ip** *ip-address* | **voice-vlan** *vlan-id* } 例如：[Huawei-ip-pool-global1] **option184 as-ip** 10.10.10.10	配置全局地址池下发给静态 DHCP 客户端的 Option184 字段内容. 其他说明参见本节表 5-17 中的第 7 步

5.4 DHCP 服务器维护与配置示例

前面 5.2 节和 5.3 节已把基于全局和基本接口方式地址池的 DHCP 服务器各方面功

能、参数的配置方法进行了全面介绍，本节要介绍一些 DHCP 服务器维护的方法，然后介绍一些典型的 DHCP 服务器配置示例，以便大家加深对前面介绍的配置方法的理解。

5.4.1　DHCP 服务器配置管理命令

以上有关 DHCP 服务器的配置任务完成后，可通过以下任意视图 **display** 命令查看相关配置，验证配置结果；在用户视图下执行以下 **reset** 命令清除相关统计信息。

■ **display ip pool** [**interface** *interface-pool-name* [*start-ip-address* [*end-ip-address*] | **all** | **conflict** | **expired** | **used**]]：查看当前接口地址池的 IP 地址分配信息。

■ **display ip pool** [**name** *ip-pool-name* [*start-ip-address* [*end-ip-address*] | **all** | **conflict** | **expired** | **used** [**user-type** { **dhcp** | **pppoe** | **l2tp** | **ipsec** | **ssl-vpn** | **ppp** }]]]：查看当前全局地址池的 IP 地址分配信息。

■ **display dhcp server database**：查看 DHCP 数据保存的存储器路径。

■ **display dhcp option template** [**name** *template-name*]：查看 DHCP Option 模板的配置信息。

■ **display ip pool import all**：查看地址池将自动获取的分配给 DHCP 客户端的 DNS 和 NetBIOS 配置信息。

■ **display dhcp server configuration**：查看 DHCP 服务器的配置信息。

■ **display dhcp server statistics**：查看设备作为 DHCP Server 接收和发送 DHCP 报文的统计信息。

■ **display dhcp client statistics** [**interface** *interface-type interface-number*]：查看设备作为 DHCP Client 接收和发送 DHCP 报文的统计信息。

■ **display dhcp statistics**：查看设备接收和发送 DHCP 报文的统计信息。

■ **display dhcp configuration**：查看 DHCP 公共模块的配置信息。

■ **reset dhcp server statistics**：清除设备作为 DHCP 服务器接收和发送 DHCP 报文的统计信息。

■ **reset dhcp client statistics** [**interface** *interface-type interface-number*]：清除设备作为 DHCP 客户端接收和发送 DHCP 报文的统计信息。

■ **reset dhcp statistics**：清除设备接收和发送 DHCP 报文的统计信息。

5.4.2　复位 DHCP 地址池和释放 IP 地址

当配置设备作为 DHCP 服务器时，如果需要重新为客户端分配 IP 地址或者想将地址池中的地址重新置为空闲状态（处于空闲状态的地址会优先被分配出去）时，可以复位 DHCP 地址池。

复位设备上已经配置的 DHCP 地址池的方法如下。

■ 针对接口地址池：执行 **reset ip pool interface** *interface-name* { *start-ip-address* [*end-ip-address*] | **all** | **conflict** | **expired** | **used** }命令。

■ 针对全局地址池：执行 **reset ip pool name** *ip-pool-name* { *start-ip-address* [*end-ip-address*] | **all** | **conflict** | **expired** | **used** }命令。

以上两命令中的参数和选项说明如下。

- **interface** *interface-name*：指定需要重置的接口地址池名称。
- **name** *ip-pool-name*：指定需要重置的全局 IP 地址池名称。
- *start-ip-address*：多选一参数，指定需要重置的地址池中地址段的起始地址。
- *end-ip-address*：可选参数，指定需要重置的地址池中地址段的结束地址。
- **all**：多选一选项，指定需要重置的地址为所有的地址。
- **conflict**：多选一选项，指定需要重置的地址为已经产生冲突的 IP 地址。
- **expired**：多选一选项，指定需要重置的地址为过期的 IP 地址。
- **used**：多选一选项，指定需要重置的地址为已经使用的 IP 地址。

执行 **reset ip pool import** { **all** | **dns** | **domain-name** | **nbns** }命令，可清除地址池自动获取的分配给 DHCP 客户端的 DNS 和 NetBIOS 配置信息。

当设备作为 DHCP 中继时，可在系统视图或具体的 DHCP 中继接口视图下执行 **dhcp relay release** *client-ip-address mac-address* [**vpn-instance** *vpn-instance-name*] [*server-ip-address*]命令，请求 DHCP 服务器释放分配给指定 DHCP 客户端的 IP 地址。执行以上命令后，DHCP 中继会主动向指定的 DHCP 服务器发送 DHCP RELEASE 报文，DHCP 服务器在收到该报文后，将会复位指定 IP 地址至空闲状态。这样，释放的 IP 地址可以再被分配给其他 DHCP 客户端。命令中的参数说明如下。

- *client-ip-address*：要被释放的 DHCP 客户端 IP 地址。
- *mac-address*：要被释放 IP 地址的 DHCP 客户端 MAC 地址，格式为 H-H-H，其中 H 为 1～4 位的十六进制数。
- *server-ip-address*：可选参数，指定 DHCP 服务器的 IP 地址。如果选择了此参数，则只向指定 DHCP 服务器发送释放客户端申请到的 IP 地址的请求。
- **vpn-instance** *vpn-instance-name*：可选参数，指定要释放 IP 地址的 DHCP 服务器所在的 VPN 实例的名称。

说明 执行 **dhcp relay release** 命令时要注意以下几个方面。

- 接口视图下不支持 **vpn-instance** *vpn-instance-name* 参数。
- 在系统视图下配置时，如果不指定 DHCP 服务器，则向所有配置为中继模式的接口所对应的 DHCP 服务器发送释放申请；如果指定了 DHCP 服务器的 IP 地址，则只向指定 DHCP 服务器发送释放申请。
- 在接口视图下配置时，如果不指定 DHCP 服务器，则向该接口所对应的 DHCP 服务器发送释放申请；如果指定了 DHCP 服务器的 IP 地址，则只向指定 DHCP 服务器发送释放申请。

5.4.3 典型故障分析与排除

在 DHCP 服务器的配置中，经常会出现 DHCP 客户端无法获取 IP 地址的故障现象，下面介绍这种故障的排除方法。

① 执行 **display current-configuration** | **include dhcp enable** 命令，检查 DHCP 功能是否已经使能。**缺省情况下，DHCP 功能未使能。**

- 如果无任何 DHCP 相关显示信息，说明 DHCP 功能未使能，可在系统视图下执

行 **dhcp enable** 命令使能 DHCP 功能。

■ 如果显示了“dhcp enable”，说明 DHCP 功能已经使能，则继续以下检查。

② 在接口视图下，执行 **display this** 命令检查是否正确选择了 DHCP 分配地址的方式。

■ 如果显示的是“dhcp select global”，则表明接口已经选择全局地址池为 DHCP 客户端分配 IP 地址，这时请继续下面的步骤③。

■ 如果显示的是“dhcp select interface”，则表明接口已经选择接口地址池为 DHCP 客户端分配 IP 地址，这时请继续下面的步骤④。

■ 如果无上述显示信息，则表明接口没有选择 DHCP 分配地址的方式，则需要在对应的接口视图下配置 **dhcp select global** 或者 **dhcp select interface** 命令，配置接口选择全局或者接口地址池的 IP 地址分配方式。

③ 执行命令 **display ip pool**，查看全局地址池是否存在。

■ 如果全局地址池不存在，则要使用 **network** *ip-address* [**mask** { *mask* | *mask-length* }] 命令创建全局地址池。

■ 如果全局地址池存在，可通过执行 **display ip pool** name *ip-pool-name* 命令查看全局地址池中的 IP 地址是否与接口的 IP 地址在同一个网段中。

a．如果 DHCP 客户端与 DHCP 服务器在同一个网段内（中间没有中继设备）。

* 如果全局地址池中的 IP 地址与连接 DHCP 客户端的路由器接口的 IP 地址不在同一个网段中，则执行 **ip address** *ip-address* { *mask* | *mask-length* } [**sub**] 命令修改接口的 IP 地址，使二者在一个网段中。

* 如果全局地址池中的 IP 地址与连接 DHCP 客户端的路由器接口的 IP 地址在同一个网段中，则继续下面的步骤④。

b．如果 DHCP 客户端与 DHCP 服务器不在同一个网段内（中间存在中继设备）。

* 如果连接 DHCP 中继的路由器接口的 IP 地址与中继设备接口的 IP 地址不在同一个网段中，则执行 **ip address** *ip-address* { *mask* | *mask-length* } [**sub**] 命令修改接口的 IP 地址，使二者在一个网段中。

* 如果连接 DHCP 中继的路由器接口的 IP 地址与中继设备接口的 IP 地址在同一个网段中，请继续下面的步骤④。

④ 执行 **display ip pool** [{ **interface** *interface-pool-name* | **name** *ip-pool-name* } [*start-ip-address* [*end-ip-address*] | **all** | **conflict** | **expired** | **used**]] 命令，检查全局/接口地址池中 IP 地址的使用情况。当其中的“**Idle（Expired）**”值等于 0 时，说明地址池中的 IP 地址已经用尽。

■ 如果接口选择全局地址池为 DHCP 客户端分配 IP 地址，可通过减小掩码长度来调大地址范围；当然也可以重新创建一个全局地址池，该地址池的网段不能和前一个地址池的网段重叠，但网段可以相连。

■ 如果 DHCP 服务器选择接口地址池为 DHCP 客户端分配 IP 地址，用户可以配置减小接口 IP 地址的掩码长度，从而扩大可分配的 IP 地址范围。

5.4.4 基于全局地址池的 DHCP 服务器的配置示例

如图 5-12 所示，Router 作为企业出口网关，PC 和 IP Phone 为某办公区办公设备。

为了方便统一管理，降低手工配置成本，管理员希望网络主机通过 DHCP 协议动态获取 IP 地址。其中，PC 为值班室固定终端，需要永久在线，且需要通过域名访问网络设备；IP Phone 使用固定 IP 地址 10.1.1.4/24，MAC 地址为 dcd2-fc96-e4c0，除了获取 IP 地址，还需要动态获取启动配置文件，且启动配置文件 configuration.ini 存放在 FTP 文件服务器上。IP Phone 与 FTP 文件服务器路由可达。PC 和 IP Phone 的网关地址为 10.1.1.1/24。

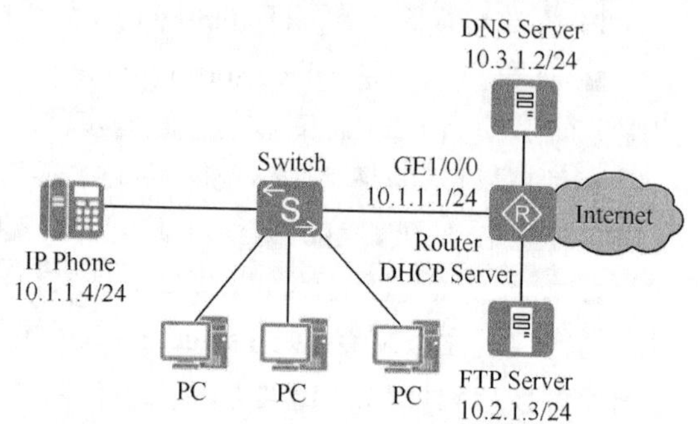

图 5-12 基于全局地址池的 DHCP 服务器配置示例的拓扑结构

1. 基本配置思路分析

本示例中所有的 DHCP 客户端都在 DHCP 服务器的一个接口侧，分配的 IP 地址在同一网段，所以其实既可以采用全局方式创建 DHCP 地址池，又可以采用接口方式创建 DHCP 地址池。在此以全局地址池的方式进行介绍。

另外，本示例有两类不同的 DHCP 客户端，一类是动态分配 IP 地址的 PC，因为要求地址的租期为无限长，且需要获取 DNS 服务器信息，所以需要配置 PC 客户端的租用期为无限期长，并指定 DNS 服务器地址。另一类是需要静态绑定 IP 地址的 IP Phone，除了与动态客户端 PC 有一样的要求外，还要求获取启动配置文件，所以需要针对 IP Phone 用户采用 DHCP Option 模板来配置启动配置文件获取信息。

根据以上分析可以得出本示例如下的基本配置思路。

① 在 Router 上配置 DHCP 服务器 GE1/0/0 接口 IP 地址，并使能 DHCP 服务。

② 在 Router 上创建 DHCP Option 模板，并在 DHCP Option 模板视图下为静态客户端 IP Phone 配置启动配置文件和获取启动配置文件的网络服务器的地址。

③ 在 Router 上创建全局地址池，并在全局地址池视图下为动态客户端 PC 配置租期和 DNS 服务器信息；为静态客户端 IP Phone 配置 IP 地址与 MAC 地址的绑定并绑定 DHCP Option 模板，从而实现为动态客户端和静态客户端分配不同的网络参数。

④ 在 Router 的 GE1/0/0 接口上使能全局地址池的 DHCP 服务器功能。

2. 具体配置步骤

① 在 Router 上配置接口 IP 地址，使能 DHCP 服务功能。

```
<Huawei> system-view
[Huawei] sysname Router
[Router] interface gigabitethernet 1/0/0
[Router-GigabitEthernet1/0/0] ip address 10.1.1.1 24
[Router-GigabitEthernet1/0/0] quit
[Router] dhcp enable
```

② 创建 DHCP Option 模板，并在 DHCP Option 模板视图下配置需要为静态客户端 IP Phone 分配的启动配置文件（configuration.ini）和获取启动配置文件的文件服务器地址（10.1.1.3）。

```
[Router] dhcp option template template1
[Router-dhcp-option-template-template1] gateway-list 10.1.1.1
[Router-dhcp-option-template-template1] bootfile configuration.ini
[Router-dhcp-option-template-template1] next-server 10.2.1.3
[Router-dhcp-option-template-template1] quit
```

③ 创建全局地址池，并在地址池视图下为 PC 配置网关地址、租期和 DNS 服务器地址；为 IP Phone 分配固定 IP 地址和启动配置文件信息（调用前面创建的 DHCP Option 模板）。

```
[Router] ip pool pool1
[Router-ip-pool-pool1] network 10.1.1.0 mask 255.255.255.0
[Router-ip-pool-pool1] dns-list 10.3.1.2
[Router-ip-pool-pool1] gateway-list 10.1.1.1
[Router-ip-pool-pool1] lease unlimited
[Router-ip-pool-pool1] static-bind ip-address 10.1.1.4 mac-address dcd2-fc96-e4c0 option-template template1
[Router-ip-pool-pool1] quit
```

④ 在 GE1/0/0 接口下使能全局地址池 DHCP 服务器功能。

```
[Router] interface gigabitethernet 1/0/0
[Router-GigabitEthernet1/0/0] dhcp select global
[Router-GigabitEthernet1/0/0] quit
```

3．配置结果验证

① 在 Router 上使用 display ip pool name pool1 命令来查看 IP 地址池的配置情况。

```
[Router] display ip pool name pool1
  Pool-name          : pool1
  Pool-No            : 0
  Lease              : unlimited
  Domain-name        : -
  DNS-server0        : 10.1.1.2
  NBNS-server0       : -
  Netbios-type       : -
  Position           : Local          Status        : Unlocked
  Gateway-0          : 10.1.1.1
  Network            : 10.1.1.0
  Mask               : 255.255.255.0
  VPN instance       : --
  Logging            : Disable
  Conflicted address recycle interval: 1 Days 0 Hours 0 Minutes
  Address Statistic: Total      :253        Used      :4
                     Idle       :247        Expired   :0
                     Conflict   :0          Disable   :2

  ------------------------------------------------------------------------
  Network section
        Start           End        Total    Used Idle(Expired) Conflict Disabled
  ------------------------------------------------------------------------
     192.168.1.1   192.168.1.254    253      4      247(0)        0       2
  ------------------------------------------------------------------------
```

② 在 Router 上使用 **display dhcp option template name template1** 命令来查看 DHCP Option 模板的配置情况。

```
[Router] display dhcp option template name template1
  ------------------------------------------------------------------------
   Template-Name      : template1
   Template-No        : 0
   Next-server        : 10.2.1.3
   Domain-name        : -
   DNS-server0        : -
   NBNS-server0       : -
   Netbios-type       : -
```

```
Gateway-0          : 10.1.1.1
Bootfile           : configuration.ini
```

5.4.5 基于接口地址池的 DHCP 服务器的配置示例

如图 5-13 所示，某企业为办公终端规划了两个网段，网段 10.1.1.0/24 内的 PC 为员工固定办公终端，网段 10.1.2.0/24 供企业出差人员临时接入网络。为方便管理员统一管理，希望企业终端能够自动获取 IP 地址和 DNS 服务器 IP 地址（当用户希望以域名方式访问时需要配置域名解析的 DNS 服务器）。其中，企业管理者的办公 PC（Client_1）由于业务需要，希望使用固定 IP 地址 10.1.1.100/24。

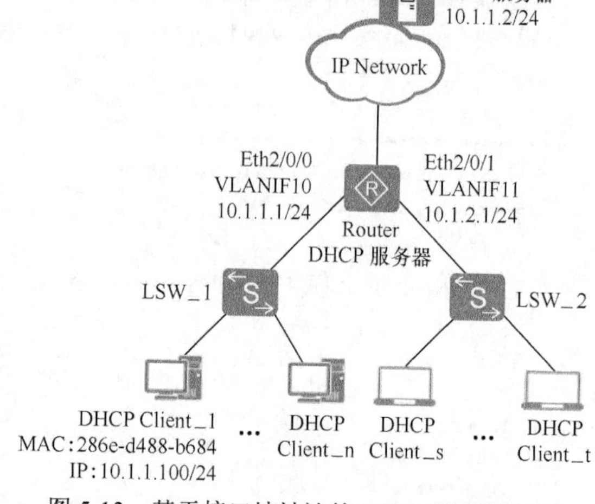

图 5-13 基于接口地址池的 DHCP 服务器配置示例的拓扑结构

1. 基本配置思路分析

从图 5-13 中的网络结构可以看出，员工固定办公终端和出差人员办公终端连接到 Router 不同的接口，而且预分配的 IP 网段也不同，所以采用基于接口地址池的 DHCP 服务器的配置方式更为简单，具体如下。

■ 在 Router 上创建 VLAN，并配置 VLANIF 接口 IP 地址，使能 DHCP 服务功能。

■ 在 VLANIF10 接口下为员工固定办公终端配置 10.1.1.0/24 网段地址池，IP 地址租期配置为 30 天，并通过 DHCP 静态方式为 DHCP Client_1 分配固定 IP 地址（10.1.1.100/24）；在 VLANIF20 接口下为出差人员办公终端配置 10.1.2.0/24 网段地址池，IP 地址租期配置为两天。

说明 二层交换机 LSW_1 和 LSW_2 上，需要配置接口的链路类型和加入的 VLAN，实现二层互通。在此不进行介绍。

2. 具体配置步骤

① 创建 VLAN，配置 VLANIF 接口，并使能 DHCP 服务。

```
<Huawei> system-view
[Huawei] sysname Router
[Router] dhcp enable
```

■ 配置 Eth2/0/0 接口加入 VLAN10。

```
[Router] vlan batch 10 to 11
[Router] interface ethernet 2/0/0
[Router-Ethernet2/0/0] port link-type access
[Router-Ethernet2/0/0] port default vlan 10
[Router-Ethernet2/0/0] quit
```

■ 配置 Eth2/0/1 接口加入 VLAN11。

```
[Router] interface ethernet 2/0/1
[Router-Ethernet2/0/1] port link-type access
```

```
[Router-Ethernet2/0/1] port default vlan 11
[Router-Ethernet2/0/1] quit
```

■ 配置 VLANIF10、VLANIF20 接口地址。

```
[Router] interface vlanif 10
[Router-Vlanif10] ip address 10.1.1.1 24
[Router-Vlanif10] quit
[Router] interface vlanif 11
[Router-Vlanif11] ip address 10.1.2.1 24
[Router-Vlanif11] quit
```

② 分别为固定办公和出差人员终端配置接口地址池。

■ 配置 VLANIF10 接口下的客户端从接口地址池中获取 IP 地址和相关网络参数。

```
[Router] interface vlanif 10
[Router-Vlanif10] dhcp select interface
[Router-Vlanif10] dhcp server lease day 30
[Router-Vlanif10] dhcp server domain-name huawei.com
[Router-Vlanif10] dhcp server dns-list 10.1.1.2
[Router-Vlanif10] dhcp server excluded-ip-address 10.1.1.2
[Router-Vlanif10] dhcp server static-bind ip-address 10.1.1.100 mac-address 286e-d488-b684
[Router-Vlanif10] quit
```

■ 配置 VLANIF11 接口下的客户端从接口地址池中获取 IP 地址和相关网络参数。

```
[Router] interface vlanif 11
[Router-Vlanif11] dhcp select interface
[Router-Vlanif11] dhcp server lease day 2
[Router-Vlanif11] dhcp server domain-name huawei.com
[Router-Vlanif11] dhcp server dns-list 10.1.1.2
[Router-Vlanif11] quit
```

3. 验证配置结果

■ 在 Router 上执行 **display ip pool** 命令来查看接口地址池的分配情况，“Used”字段显示已经分配出去的 IP 地址数量。

```
[Router] display ip pool interface vlanif10
  Pool-name          : Vlanif10
  Pool-No            : 0
  Lease              : 30 Days 0 Hours 0 Minutes
  Domain-name        : huawei.com
  DNS-server0        : 10.1.1.2
  NBNS-server0       : -
  Netbios-type       : -
  Position           : Interface         Status              : Unlocked
  Gateway-0          : 10.1.1.1
  Network            : 10.1.1.0
  Mask               : 255.255.255.0
  VPN instance       : --
  Logging            : Disable
  Conflicted address recycle interval: 1 Days 0 Hours 0 Minutes
  Address Statistic: Total       :253        Used        :1
                     Idle        :251        Expired     :0
                     Conflict    :0          Disable     :1

 -------------------------------------------------------------------------
  Network section
         Start          End         Total   Used Idle(Expired) Conflict Disabled
 -------------------------------------------------------------------------
```

```
         10.1.1.1        10.1.1.254      253          1           251(0)         0      1
    ---------------------------------------------------------------------------------
    [Router] display ip pool interface vlanif11
      Pool-name             : Vlanif11
      Pool-No               : 1
      Lease                 : 2 Days 0 Hours 0 Minutes
      Domain-name           : huawei.com
      DNS-server0           : 10.1.1.2
      NBNS-server0          : -
      Netbios-type          : -
      Position              : Interface         Status              : Unlocked
      Gateway-0             : 10.1.2.1
      Network               : 10.1.2.0
      Mask                  : 255.255.255.0
      VPN instance          : --
      Logging               : Disable
      Conflicted address recycle interval: 1 Days 0 Hours 0 Minutes
      Address Statistic: Total       :253        Used        :1
                         Idle        :251        Expired     :0
                         Conflict    :0          Disable     :1

    ---------------------------------------------------------------------------------
     Network section
            Start           End          Total   Used Idle(Expired) Conflict Disabled
    ---------------------------------------------------------------------------------
         10.1.2.1        10.1.2.254      253          1           252(0)         0      0
    ---------------------------------------------------------------------------------
```

5.5 配置设备作为 DHCP 中继

DHCP 客户端可以通过 DHCP 中继与其他网段的 DHCP 服务器通信，最终获取到 IP 地址。这样，多个网络上的 DHCP 客户端可以使用同一个 DHCP 服务器，既节省了成本，又便于进行集中管理。需要事先配置 DHCP 中继设备与 DHCP 服务器之间的路由协议，保证中继设备与 DHCP 服务器之间路由可达。

注意 当 AR G3 系列路由器接口上同时使能 DHCP 服务器功能和 DHCP 中继功能时，会优先处理 DHCP 服务器的流程，也就是优先使用本地 DHCP 服务器（即与接口 IP 地址同网段的 DHCP 服务器）分配 IP 地址。当本地服务器无法分配 IP 地址时，再通过 DHCP 中继使用远端服务器分配 IP 地址。

DHCP 中继服务所包括的配置任务如下。

① 使能 DHCP 功能。

这部分与 5.2.1 节介绍的配置方法完全一样，参见即可。

② 使能 DHCP 中继功能。

③ 配置 DHCP 服务器的 IP 地址。

④（可选）配置 DHCP 中继对 Option82 选项的处理策略。

⑤（可选）配置 DHCP 报文限速。

这部分与 5.2.4 节介绍的配置方法完全一样，参见即可。

5.5.1　使能 DHCP 中继功能

按表 5-21 所示的配置步骤，在连接 DHCP 客户端侧的三层接口上使能 DHCP 中继。

表 5-21　使能 DHCP 中继功能的配置步骤

步骤	命令	说明
1	**system-view** 例如：< Huawei > **system-view**	进入系统视图
2	**interface** *interface-type interface-number* 例如：[Huawei] **interface** gigabitethernet 1/0/0	键入连接 DHCP 客户端的 DHCP 中继设备三层接口，进入接口视图。 支持工作在 DHCP 中继模式的接口可以是三层物理/Eth-trunk 接口、子接口和 VLANIF 接口
3	**ip address** *ip-address* { *mask* | *mask-length* } 例如：[Huawei-GigabitEthernet1/ 0/0] **ip address** 129.102.0.1 255. 255.255.0	为以上 DHCP 中继接口配置 IP 地址。 一般情况下，DHCP 中继会配置在用户侧的网关接口上。此时，网关接口的 IP 地址必须与服务器上配置的地址池在同一网段，否则会导致 DHCP 客户端无法获取 IP 地址
4	**dhcp select relay** 例如：[Huawei-GigabitEthernet1/ 0/0]**dhcp select relay**	在以上三层接口上使能 DHCP 中继功能。 【注意】在使能接口中继功能时要注意以下几点。 ● 为保证 DHCP 报文能从 DHCP 中继转发到 DHCP 服务器，必须在使能 DHCP 中继的接口上使用命令 **dhcp relay server-select** 或 **dhcp relay server-ip** 配置正确的 DHCP 服务器的 IP 地址，将在下节介绍。 ● 为保证 DHCP 报文能从 DHCP 服务器转发到 DHCP 中继，必须在 DHCP 服务器上配置到 DHCP 中继的路由。 ● DHCP 服务器必须从全局地址池中选择和 DHCP 中继接口在同一网段的 IP 地址进行分配，目的是保证 DHCP 客户端获取到的是本网段的 IP 地址，**DHCP 服务器与 DHCP 中继相连的接口不允许再配置接口地址池**。 ● 对于 G.SHDSL 和 VDSL 接口，本命令支持在 PTM 模式下进行配置。 ● 在子接口上使能 DHCP 中继功能时，需要在子接口上配置 **arp broadcast enable** 命令，使能终结子接口的 ARP 广播功能。缺省情况下，终结子接口的 ARP 广播功能处于使能状态。 ● 如果一个 Super-Vlan 下使能了 DHCP 中继功能后，则该 Super-Vlan 下不能使能 DHCP Snooping 功能。 缺省情况下，系统未使能 DHCP 中继功能，可用 **undo dhcp select relay** 命令去使能接口的 DHCP 中继功能

5.5.2　配置 DHCP 服务器的 IP 地址

当配置设备作为 DHCP 中继时，需要把接收到的客户端的 DHCP 请求报文转发给 DHCP 服务器，以实现 DHCP 服务器通过 DHCP 中继为客户端分配 IP 地址等网络参数。通过本节配置任务，可为 DHCP 客户端指定 DHCP 服务器的 IP 地址，以实现向 DHCP 服务器申请 IP 地址。

DHCP 服务器 IP 地址支持以下两种配置方法。

■ 直接在接口视图下配置：在使能了 DHCP 中继服务的接口下指定 DHCP 服务器的 IP 地址，具体配置步骤见表 5-22。当设备作为 DHCP 中继，如果仅需要在一个接口下配置 DHCP 中继，或者需要在多个接口上配置 DHCP 中继，但是每个接口上对应的 DHCP 服务器 IP 地址不同，推荐采用这种配置方法。

■ 在 DHCP 服务器组视图下配置：在系统视图下创建 DHCP 服务器组，然后在 DHCP 服务器组中添加 DHCP 服务器成员（即指定各个 DHCP 服务器的 IP 地址），然后在各 DHCP 中继接口下应用 DHCP 服务器组，具体的配置步骤见表 5-23。当设备作为 DHCP 中继时，如果需要在多个接口下配置 DHCP 中继，且每个接口对应相同的 DHCP 服务器，推荐采用这种配置方法。

注意 DHCP 服务器和 DHCP 客户端之间的 DHCP 报文中继次数不能超过 16 次，否则 DHCP 报文将被丢弃。

DHCP 中继转发 DHCP DISCOVER 报文时，不会检查 DHCP 服务器的状态是否 DOWN。接口下同时配置多个 DHCP 服务器的 IP 地址时，会有多个服务器回应 DHCP OFFER 报文，但 DHCP 客户端一般只使用第一个收到的报文，这样会造成第一个服务器 IP 地址池紧张而其他服务器空闲的情况。为了使每台服务器分配出去的 IP 地址相同，DHCP 中继每转发一次 DHCP DISCOVER 报文都会调整转发顺序，以达到 DHCP 服务器之间负载均衡的效果。具体的转发处理方式如下。

■ 缺省向所有的 DHCP 服务器转发，并且每收到一次 DHCP DISCOVER 报文调整一次转发顺序。

■ 为了减少 DHCP 服务器接收报文的数量，减轻服务器的压力，可以配置 **ip relay address cycle** 命令，使中继设备每次只向一个 DHCP 服务器转发，并且每收到一次 DHCP DISCOVER 报文切换一个 DHCP 服务器。

表 5-22 在接口视图下配置 **DHCP** 服务器的 **IP** 地址的步骤

步骤	命令	说明
1	**system-view** 例如：< Huawei > **system-view**	进入系统视图
2	**ip relay address cycle** 例如：[Huawei] **ip relay address cycle**	（可选）配置 DHCP 中继的轮询功能，可使 DHCP 中继收到 DHCP DISCOVER 报文后，每次只向一个服务器转发，并且每收到一次 DHCP DISCOVER 报文切换一个服务器，使多个服务器分配出去的 IP 地址数量持平，达到 DHCP 服务器之间负载均衡的效果。 缺省情况下，DHCP 中继的轮询功能处于未使能状态，可用 **undo ip relay address cycle** 命令去使能 DHCP 中继的轮询功能
3	**dhcp set ttl** { **unvaried** | *ttl-value* }	（可选）设置 DHCP 请求报文在经过 DHCP 中继三层转发之后的 TTL 值，命令中的参数和选项说明如下。 （1）**unvaried**：二选一选项，指定 DHCP 请求报文在经过 DHCP 中继三层转发之后 TTL 值保持不变，即设备对 TTL 值不进行减 1 处理。 （2）*ttl-value*：二选一参数，指定 DHCP 请求报文在经过 DHCP 中继三层转发之后的 TTL 值为固定数值，整数形式，取值范围是 1～255。

续表

步骤	命令	说明
3	例如：[Huawei] **dhcp set ttl** 16	当 DHCP 中继接收到 DHCP 请求报文且其 TTL 值为 1 时，中继设备会对 DHCP 请求报文 TTL 值的缺省减 1 处理会导致其 TTL 值变为 0，这样中继设备的下一跳路由设备收到 TTL 值为 0 的报文后会直接丢弃，造成 DHCP 服务器无法成功接收到 DHCP 中继转发的 DHCP 请求报文。此时可以使用本命令设置 DHCP 请求报文在三层转发之后的固定 TTL 值（建议为 16），确保转发后的 DHCP 请求报文 TTL 值不为 0，DHCP 服务器成功接收到客户端发送的 DHCP 请求报文。 缺省情况下，DHCP 请求报文在经过 DHCP 中继三层转发之后 TTL 值减 1
4	**interface** *interface-type interface-number* [.*subinterface-number*] 例如：Huawei] **interface** gigabitethernet 1/0/0	进入使能了 DHCP 中继的接口视图或子接口视图
5	**dhcp-server** *ip-address* 例如：[Huawei-GigabitEthernet1/0/0] **dhcp-server** 10.10.78. 56	配置 DHCP 服务器的 IP 地址，每个接口下最多可以配置 8 个 DHCP 服务器，如要添加多个 DHCP 服务器地址时，则需要多次执行本命令。 缺省情况下，未配置 DHCP 服务器的 IP 地址，可用 **undo dhcp relay server-ip** { *ip-address* | **all** }命令删除指定的，或所有 DHCP 服务器 IP 地址

表 5-23　在 DHCP 服务器组视图下配置 DHCP 服务器的 IP 地址的步骤

步骤	命令	说明
1	**system-view** 例如：< Huawei > **system-view**	进入系统视图
2	**ip relay address cycle** 例如：[Huawei] **ip relay address cycle**	（可选）配置 DHCP 中继的轮询功能。其他说明参见表 5-22 中的第 2 步
3	**dhcp set ttl** { **unvaried** | *ttl-value* } 例如：[Huawei] **dhcp set ttl** 16	（可选）设置 DHCP 请求报文在经过 DHCP 中继三层转发之后的 TTL 值。其他说明参见表 5-22 中的第 3 步
4	**dhcp server group** *group-name* 例如：[Huawei] **dhcp server group** dhcp-srv1	创建 DHCP 服务器组并进入 DHCP 服务器组视图。参数用来指定创建的 DHCP 服务器组名称，字符串形式，区分大小写，不支持空格。长度范围是 1～32。一台设备最多可以配置 64 个 DHCP 服务器组。 缺省情况下，未配置 DHCP 服务器组，可用 **undo dhcp server group** *group-name* 命令删除已经创建的 DHCP 服务器组
5	**dhcp-server** *ip-address* [*ip-address-index*]	在 DHCP 服务器组中配置 DHCP 服务器成员。命令中的参数说明如下。 （1）*ip-address*：指定 DHCP 服务器 IP 地址。 （2）*ip-address-index*：可选参数，指定 DHCP 服务器 IP 地址索引，整数形式，取值范围是 0～7。如果不指定索引，此时系统将自动分配一个空闲的索引。 每个 DHCP 服务器组下最多可以配置 8 个 DHCP 服务器。

续表

步骤	命令	说明
5	例如：[Huawei-dhcp-server-group-dhcp-srv1] **dhcp-server** 10.10.78.56	缺省情况下，未配置 DHCP 服务器成员，可用 **undo dhcp-server** { *ip-address* | *ip-address-index* }命令从 DHCP 服务器组中删除指定的 DHCP 服务器成员
6	**gateway** *ip-address* 例如：[Huawei-dhcp-server-group- dhcp-srv1] **gateway** 10.10.10.1	（可选）配置 DHCP 客户端的网关地址，**当以 DHCP 中继连接客户端的接口地址作为网关地址时，可以不用配置此步骤。本步配置的网关地址必须跟 DHCP 服务器上配置的客户端的出口网关地址保持一致。** 缺省情况下，系统未配置网关地址，可用 **undo gateway** 命令恢复缺省配置
7	**vpn-instance** *vpn-instance-name* 例如：[Huawei-dhcp-server-group-dhcp-srv1] **vpn-instance vpn-1**	（可选）将 DHCP 服务器组绑定到已创建好的 VPN 实例。参数 *vpn-instance-name* 用来指定 VPN 实例名称，1～31 个字符，区分大小写，不支持空格，可以设定为包含数字、字母和下划线“_”或“.”的组合。 【注意】DHCP 中继的服务器组绑定的 VPN 实例必须与 DHCP 服务器端地址池绑定的 VPN 实例一致，接口下的用户才可以通过该 DHCP 服务器组上线。 缺省情况下，DHCP 服务器组未绑定 VPN 实例，可用 **undo vpn-instance** 命令删除 DHCP 服务器组绑定的 VPN 实例
8	**quit** 例如：[Huawei-dhcp-server-group-dhcp-srv1] **quit**	退出 DHCP 服务器组视图，返回系统视图
9	**interface** *interface-type interface-number* [*.subinterface-number*] 例如：[Huawei] **interface** gigabitethernet 1/0/0	进入 DHCP 中继接口视图或子接口视图
10	**dhcp relay server-select** *group-name* 例如：[Huawei-GigabitEthernet1/0/0] **dhcp relay server-select** group1	配置接口应用的 DHCP 服务器组，从而配置 DHCP 中继所代理的 DHCP 服务器地址。 【注意】在 DHCP 中继接口上应用 DHCP 服务器组时要注意以下几点。 ● 每个 DHCP 服务器组可以对应多个接口，但是一个接口下只能指定一个 DHCP 服务器组。 ● DHCP 服务器组中服务器的 IP 地址不能与 DHCP 中继的接口 IP 地址在同一网段。 ● 同一个接口视图下重复执行 **dhcp relay server-select** 命令后，最新的配置生效。如果新指定的 DHCP 服务器组不存在，则新的配置不成功，接口对应的 DHCP 服务器组还是维持上一次配置的 DHCP 服务器组不变。 缺省情况下，未指定 DHCP 服务器组，可用 **undo dhcp relay server-select** 命令删除 DHCP 中继所对应的 DHCP 服务器组

5.5.3 配置 DHCP 中继对 Option82 选项的处理策略

在 5.1.4 节已介绍到，Option82 是中继代理信息选项，用于记录客户端的位置信息，这样 DHCP 服务器可以根据位置信息为客户端选择灵活的分配策略（包括分配 IP 地址和其他网络参数）。

在 DHCP 中继上可以配置 DHCP 中继对 DHCP 报文中 Option82 信息的处理策略，具体配置步骤见表 5-24。

说明 由于 Option82 记录的是客户端的位置信息，所以建议在尽量靠近用户侧的设备上配置。如果 DHCP 中继下面还有 DHCP Snooping 设备，则建议在 DHCP Snooping 设备上配置 Option82。有关 DHCP Snooping 技术将在本章节后面介绍。

设备作为第一跳 DHCP 中继时支持对 Option82 选项进行处理；作为第二跳及以上 DHCP 中继时不支持对 Option82 选项进行处理。

表 5-24　**DHCP 中继对 Oprion82 选项的处理策略的配置步骤**

步骤	命令	说明
1	**system-view** 例如：< Huawei > **system-view**	进入系统视图
2	**dhcp relay trust option82** 例如：[Huawei] **dhcp relay trust option82**	使能 DHCP 中继信任 Option82 选项功能。 使能该功能后，DHCP 中继收到带有 Option82 选项的 DHCP 报文，设备将接收此报文，处理后生成新的 DHCP 报文发送给 DHCP 服务器。如果执行 **undo dhcp relay trust option82** 命令去使能了 DHCP 中继信任 Option82 选项功能，设备将丢弃携带 Option82 选项的 DHCP 报文。 缺省情况下，使能 DHCP 中继信任 Option82 选项功能处于使能状态，可用 **undo dhcp relay trust option82** 命令去使能 DHCP Relay 信任 Option82 选项功能
方式一（第 3~5 步）：在 VLAN 视图下配置 DHCP 报文中添加 Option82 选项功能，对中继设备所有接口接收到的属于该 VLAN 的 DHCP 报文均生效		
3	**vlan** *vlan-id* 例如：[Huawei] **vlan** 100	进入要配置 DHCP 报文中添加 Option82 选项功能的 VLAN 视图
4	**dhcp option82 { insert | rebuild } enable** 例如：[Huawei-vlan100] **dhcp option82 rebuild enable**	配置在 DHCP 报文中添加 Option82 选项功能。命令中的选项说明如下。 （1）**insert**：二选一选项，指定使能在接收的 DHCP 请求报文中插入 Option82 选项功能。如果接收到的 DHCP 请求报文中没有 Option82 选项，则插入 Option82 选项；如果该报文中含有 Option82 选项，则判断 Option82 选项中是否包含 remote-id 子选项，如果包含，则保持 Option82 选项不变，如果不包含，则插入 remote-id 子选项。 （2）**rebuild**：二选一选项，指定使能在接收到的 DHCP 请求报文中强制替换式插入 Option82 选项功能。如果接收到的 DHCP 请求报文中没有 Option82 选项，则插入 Option82 选项；如果该报文中含有 Option82 选项，则删除该 Option82 选项并插入管理员自己在设备上配置的 Option82 选项。 对于 Insert 和 Rebuild 两种方式，当设备接收到 DHCP 服务器的响应报文时，处理方式一致。 （1）DHCP 响应报文中有 Option82 选项： • 如果 DHCP 中继设备原来收到的 DHCP 请求报文中没有 Option82 选项（**表明下游设备不支持 Option82 选项**），则中继设备将删除 DHCP 响应报文中的 Option82 选项，之后转发给 DHCP 客户端； • 如果 DHCP 中继设备原来收到的 DHCP 请求报文中有 Option82 选项

续表

步骤	命令	说明
4		（**表明下游设备支持 Option82 选项**），则中继设备将 DHCP 响应报文中的 Option82 选项格式还原为原来接收到的 DHCP 请求报文中的 Option82 选项，之后转发给 DHCP 客户端。 （2）DHCP 响应报文不含有 Option82 选项时，直接转发给 DHCP 客户端 【注意】设备在收到 DHCP 请求报文时首先会检测报文中的 giadder 字段是否为零，为零则本命令功能生效，否则不生效。**这样一来表明只有第一个 DHCP 中继设备才支持 DHCP Option82 选项。** 缺省情况下，未使能在 DHCP 报文中添加 Option82 选项功能，可用 **undo dhcp option82** { **insert** | **rebuild** } **enabl** 命令去使能在 DHCP 报文中添加 Option82 选项功能
5	**quit** 例如：[Huawei-vlan100] **quit**	退出 VLAN 视图，返回系统视图
方式二（第 6～8 步）：在接口视图下配置 DHCP 报文中添加 Option82 选项功能，仅对指定接口接收到的 DHCP 报文生效		
6	**interface** *interface-type interface-number*[.*subinterface-number*] 例如：[Huawei] **interface** ethernet 2/0/0	进入配置 DHCP 报文中添加 Option82 选项功能的 DHCP 中接口视图或子接口视图
7	**dhcp option82** { **insert** | **rebuild** } **enable** 例如：[Huawei-Ethernet2/0/0] **dhcp option82 insert enable**	配置在 DHCP 报文中添加 Option82 选项功能，其他说明参见本表第 4 步
8	**quit** 例如：[Huawei-Ethernet2/0/0] **quit**	退出接口视图，返回系统视图
9	**dhcp option82** [**vlan** *vlan-id*] [**ce-vlan** *ce-vlan-id*] [**circuit-id** | **remote-id**] **format** { **default** | **common** | **extend** | **user-defined** *text* }	（二选一）在系统视图下配置 Option82 选项的格式，这是为在接收到的 DHCP 请求报文中插入的 Option82 选项做准备的。命令中的参数和选项说明如下。 （1）**vlan** *vlan-id*：可选参数，指定 DHCP 请求报文外层 VLAN 的编号，整数形式，取值范围是 1～4 094。如果指定该 VLAN，则仅会配置属于该 VLAN 的 DHCP 报文中的 Option82 选项的格式；如果不指定该 VLAN，则会配置接口收到的所有 DHCP 报文中的 Option82 选项的格式。 （2）**ce-vlan** *ce-vlan-id*：可选参数，指定 DHCP 请求报文内层 VLAN 编号，整数形式，取值范围是 1～4 094。此时表明要求 DHCP 请求报文中有双层 VLAN 标签。如果指定该 VLAN，则仅会配置具有该内层 VLAN 标签的 DHCP 报文中的 Option82 选项的格式；如果不指定该 VLAN，则会配置接口收到的带有所有内层 VLAN 标签（包括不带有内层 VLAN 标签）的 DHCP 报文中的 Option82 选项的格式。 （3）**circuit-id**：二选一选项，指定配置 Option82 的 circuit-id（CID）子选项。若不选择该子选项，则其格式为缺省格式 **default**。 （4）**remote-id**：二选一选项，指定配置 Option82 的 remote-id（RID）

续表

步骤	命令	说明
9	例如：[Huawei] **dhcp option82 circuit-id format user-defined** "%portname:%svlan.%cvlan %sysname"	子选项。若不选择该子选项，则其格式为缺省格式 **default**。 （5）**default**：多选一选项，指定 Option82 选项为缺省格式。CID 格式为"接口名:svlan.cvlan 主机名/0/0/0/0/0"，svlan 为外层 VLAN，cvlan 为内层 VLAN，采用 ASCII 字符串式封装；RID 格式为"DHCP 中继接口 MAC 地址"，HEX（十六进制）封装。 （6）**common**：多选一选项，指定 Option82 选项为通用格式。CID 格式为"{eth|trunk}槽位号/子卡号/端口号:svlan.cvlan 主机名/0/0/0/0/0"，ASCII 封装；RID 格式为"DHCP 中继接口 MAC 地址"，ASCII 封装。 （7）**extend**：二选一选项，指定 Option82 选项为扩展格式。CID 格式为：circuit-id type(0)+ length(4)+SVLAN(2byte)+slot(5bit)+subslot(3bit)+port(1byte)，采用 HEX 封装；RID 格式为：remote-id type(0)+length(6)+mac(6byte)，采用 HEX 封装。括号中的 0 或 4 表示该字段固定填 0 或 4；2 byte 表示该字段长度为 2 字节；5 bit 表示该字段长度为 5 位。 （8）**user-defined** *text*：多选一参数，指定 Option82 选项格式为用户自定义格式，字符串格式，长度范围是 1～255。**详细说明在本表结束后介绍**。 缺省情况下，在 DHCP 报文中添加的 Option82 选项的格式为 **default** 格式，可用 **undo dhcp option82** [**vlan** *vlan-id*] [**ce-vlan** *ce-vlan-id*] [**circuit-id** | **remote-id**] **format** 命令恢复在 DHCP 报文中添加的 Option82 选项的格式为缺省格式
10	**interface** *interface-type interface-number* 例如：[Huawei] **interface ethernet 2/0/0**	进入配置 DHCP Option82 选项格式的 DHCP 中接口视图或子接口视图
11	**dhcp option82** [**vlan** *vlan-id*] [**ce-vlan** *ce-vlan-id*] [**circuit-id** | **remote-id**] **format** { **default** | **common** | **extend** | **user-defined** *text* } 例如：[Huawei-Ethernet2/0/0] **dhcp option82 remote-id format user-defined** %mac	在接口视图下配置 Option82 选项的格式。其他说明参见本表的第 9 步

在用户自定义 Option82 的格式时，可以使用如下的关键字。格式化字符串可以定义为 HEX 封装的格式、ASCII 封装的格式，或者 HEX 和 ASCII 混合的封装格式。关键字之间应该要有分隔符，不然会出现无法解析的情况。所以约定：**任意两个关键字之间必须要有非数字的分隔符**。

■ sysname：接入点（中继设备）标识。只允许出现在 ASCII 格式中。

■ portname：接口名。如 Eth2/0/0，只允许出现在 ASCII 格式中。

■ porttype：接口类型。允许定义在字符串格式和 HEX 格式中。比如定义在 ASCII 格式中封装内容为 Ethernet，而定义在 HEX 格式中封装内容为 15。

■ iftype：接口类型。包括 eth、trunk，只允许出现在 ASCII 格式中。

■ mac：接口 MAC 地址。在 ASCII 格式中是 H-H-H 形式，在 HEX 中则用 6 字节按顺序封装。

■ slot：槽位号。允许定义在 ASCII 格式和 HEX 格式中。

■ subslot：子槽位号。允许定义在 ASCII 格式和 HEX 格式中。

■ port：端口号。允许定义在 ASCII 格式和 HEX 格式中。

■ svlan：外层 vlan，取值范围 1～4 094，如果没有缺省填 0。允许定义在 ASCII 格式和 HEX 格式中。

■ cvlan：内层 vlan，取值范围 1～4 094，如果没有缺省填 0。允许定义在 ASCII 格式和 HEX 格式中。

■ length：length 关键字后面内容的总长度，不包括 length 关键字的长度。

■ *n*：*n* 在关键字 svlan、cvlan 的前面表示外层 VLAN 或内层 VLAN 不存在时的取值。VLAN 不存在时，在 ASCII 中缺省取 4 096，HEX 中缺省取全 F。允许定义在 ASCII 格式和 HEX 格式中。

在自定义 Option82 的格式还用到一些特殊含义字符，具体如下。

■ %后面跟上面定义的关键字表示格式化的格式，**每个关键字的最前面均必须带上这个符号。**

■ %号后面、关键字前面可以跟数字表示格式化的长度。在 ASCII 格式字符串中，“%05”与 C 语言中“%05d”意思一样。在 HEX 格式字符串中，该数字表明封装时后面关键字占用多少 bit。

■ [ ]里面的内容表示可选项，里面只能是 svlan、cvlan 关键字之一。表示该关键字存在的话才封装进去，并且该符号不允许嵌套，以便于语法检查。

■ \表示转义字符，\后面的特殊字符%、\、[ ]表示字符本身。比如\\表示字符“\”。

■ **""表示双引号扩起来的内容使用字符串格式进行封装，否则，没有双引号或者双引号之外的内容使用 HEX 进行封装。**

■ 其他的符号都作为普通字符处理。ASCII 格式和 HEX 格式封装时的规则如下：

ASCII 格式字符串中可以允许的字符包含阿拉伯数字、大写英文字母、小写英文字母以及这些符号：!@#$%^&*()_+|-=\[]{};:'"/?.,<>`；

在 ASCII 格式字符串中，各关键字缺省长度取实际长度；

HEX 格式字符串中仅可以允许出现数字、空格、%+关键字（不允许出现“!@#$%^&*()_+|-=\[]{};:'"/?.,<>”这些字符）；

HEX 格式字符串中，数字将直接以十六进制形式封装进 option82 中。0～255 之间的数字占用 1 字节；256～65 535 之间的数字占用 2 字节；65 536～4 294 967 295 之间的数字占用 4 字节；不支持更大的数字，如果需要封装多个连续的数字，**各数字之间以空格分开**，否则认为是一个数字；

字符串进行 HEX 格式封装后，会删除 HEX 格式字符串中所有空格；

在 HEX 格式字符串中，槽位号、子槽位号、端口号、vlan 关键字缺省占用 2 字节。length 缺省占用 1 字节；

在 HEX 格式字符中，如果指定了各关键字位宽，那么 HEX 格式总位宽应该是 8 的整数倍；如果指定的关键字位宽超过32位，则低32位封装实际的值，其他部分填0；

只允许数字型关键字出现在HEX封装中，比如接口名不能以HEX封装；

如果格式字符串未加双引号，则缺省封装格式是HEX。如果需要封装ASCII格式，请用""将配置的格式扩起来。比如槽位号是3，端口号是4，格式%slot %port的封装结果是16进制的00030004（**HEX格式会忽略字符串中间的空格**）；而格式"%slot %port"封装的结果是3 4（**ASCII格式保留原来的空格**）；

支持HEX与ASCII的混合配置，比如配置格式为%slot %port "%sysname %portname:%svlan.%cvlan"是允许的。

注意　系统视图下或同一个接口视图下配置的所有Option82选项共用1～255字节长度，因此，所有Option82选项长度之和不能超过255字节，否则会导致部分Option82选项信息丢失。

虽然设备不限制配置多少个Option82选项，但是大量配置会占用很多内存，并延长设备处理时间。为保证设备性能，建议用户根据自身需要和设备内存大小来配置Option82选项。

【示例1】配置Option82选项的CID使用缺省格式。

```
<Huawei> system-view
[Huawei] dhcp option82 circuit-id format default
```

【示例2】配置Option82选项的CID和RID使用扩展格式。

```
<Huawei> system-view
[Huawei] dhcp option82 format extend
```

【示例3】配置Option82的CID为自定义的格式，按ASCII封装接口名、外层VLAN、内层VLAN、系统名。ASCII封装格式的首尾要用双引号括住，各关键字最前面均带有%符号分隔，其中的":"和"."符号是根据需要加上去的，主要是为了便于关键字值的区分（如Eth2/0/0:20.10RouterA），也可不带上这些符号。

```
<Huawei> system-view
[Huawei] dhcp option82 circuit-id format user-defined "%portname:%svlan.%cvlan %sysname"
```

【示例4】配置Option82的CID为自定义的格式，按HEX封装CID类型（固定填0，表示是HEX封装）、长度（不包含CID类型和长度域）、外层VLAN、槽位号（占5 bit）、子槽位号（占3 bit）、端口号（占8 bit），各部分间用空格分隔。

```
<Huawei> system-view
[Huawei] dhcp option82 circuit-id format user-defined 0 %length %svlan %5slot %3subslot %8port
```

【示例5】配置Option82的RID格式为自定义格式，填充按HEX封装的DHCP中继设备接口MAC地址。

```
<Huawei> system-view
[Huawei] dhcp option82 remote-id format user-defined %mac
```

【示例6】在接口Eth2/0/0下配置Option82选项的CID使用缺省格式。

```
<Huawei> system-view
[Huawei] interface ethernet 2/0/0
[Huawei-Ethernet2/0/0] dhcp option82 circuit-id format default
```

【示例7】在接口Eth2/0/0下配置VLAN10的DHCP报文中添加Option82选项的CID和RID使用扩展格式。

```
<Huawei> system-view
```

```
[Huawei] interface ethernet 2/0/0
[Huawei-Ethernet2/0/0] dhcp option82 vlan 10 format extend
```

【示例 8】在接口 Eth2/0/0 下配置 Option82 的 CID 为自定义的格式，按 ASCII 封装接口名、外层 VLAN、内层 VLAN、系统名。

```
<Huawei> system-view
[Huawei] interface ethernet 2/0/0
[Huawei-Ethernet2/0/0] dhcp option82 circuit-id format user-defined "%portname:%svlan.%cvlan %sysname"
```

以上 DHCP 中继服务配置好后，可在任意视图执行以下 **display** 命令检查配置信息，验证配置结果，在用户视图下执行以下 **reset** 命令清除相关统计信息。

■ **display dhcp relay** { **all** | **interface** *interface-type interface-number* }：查看中继接口配置的 DHCP 服务器组或服务器信息。

■ **display dhcp server group** [*group-name*]：查看 DHCP 服务器组的配置信息。

■ **display dhcp relay statistics**：查看设备作为 DHCP 中继接收和发送 DHCP 报文的统计信息。

■ **reset dhcp relay statistics**：清除设备作为 DHCP 中继接收和发送 DHCP 报文的统计信息。

5.5.4 DHCP 中继配置示例

如图 5-14 所示，某企业将 DHCP 服务器部署在核心层设备 RouterB 上，DHCP 服务器与企业内的终端不在同一个网段。企业希望使用该 DHCP 服务器为远程终端动态分配 IP 地址。

1. 基本配置思路分析

本示例中，DHCP 服务器 RouterB 与 DHCP 客户端之间仅隔离了一个三层设备 RouterA，所以可把 RouterA 配置为 DHCP 中继，用于转发 DHCP 服务器和 DHCP 客户端之间的 DHCP 报文。此时的 DHCP 中继接口就是 RouterA 的 VLANIF100 接口（因为 Eth2/0/1 本示例中为二层接口），同时作为 DHCP 服务器为客户端分配 IP 地址的网关。另外，因为 DHCP 客户端与 DHCP 服务器不在同一网段，所以在 DHCP 服务器上只能采用全局方式来配置 DHCP 地址池。

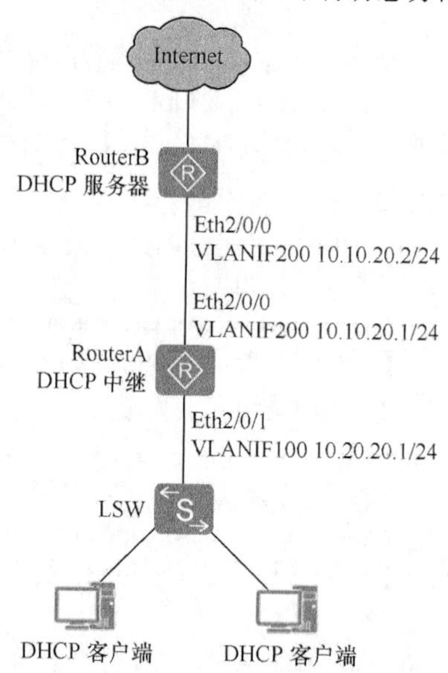

图 5-14 DHCP 中继配置示例的拓扑结构

根据图 5-14 所示的网络结构，以及前面介绍的 DHCP 服务器全局地址池，以及 DHCP 中继服务配置方法，可得出本示例的基本配置思路如下。

① 在 RouterA 和 RouterB 上创建所需的 VLAN，并使各接口允许对应的 VLAN 通过，然后配置各 VLANIF 接口 IP 地址。

② 在 RouterA 上配置 DHCP 中继，实现设备作为 DHCP 中继转发终端与 DHCP 服务器之间的 DHCP 报文。

③ 在 RouterB 上配置基于全局地址池的 DHCP 服务器，实现 DHCP 服务器从全局

地址池中选择 IP 地址分配给企业终端。

④ 二层交换机 LSW 上，需要配置接口的链路类型和加入的 VLAN，实现二层互通（略）。

2. 具体配置步骤

① 配置 VLAN 及相关设置。这里的接口加入 VLAN 的方式不是固定的，有很多种配置方法，如 Eth2/0/0 接口也可为 Access 类型加入到 VLAN 200 中。

■ RouterA 上的配置。

```
<Huawei> system-view
[Huawei] sysname RouterA
[RouterA] vlan batch 100 200
[RouterA] interface ethernet 2/0/1
[RouterA-Ethernet2/0/1] port link-type access
[RouterA-Ethernet2/0/1] port default vlan 100
[RouterA-Ethernet2/0/1] quit
[RouterA] interface ethernet 2/0/0
[RouterA-Ethernet2/0/0] port link-type trunk
[RouterA-Ethernet2/0/0] port trunk allow-pass vlan 200
[RouterA-Ethernet2/0/0] quit
[RouterA] interface vlanif 200
[RouterA-Vlanif200] ip address 10.10.20.1 24
[RouterA-Vlanif200] quit
[RouterA] interface vlanif 100
[RouterA-Vlanif100] ip address 10.20.20.1 24
[RouterA-Vlanif100] quit
```

■ RouterB 上的配置。

```
<Huawei> system-view
[Huawei] sysname RouterB
[RouterB] dhcp enable
[RouterB] vlan 200
[RouterB-vlan200] quit
[RouterB] interface ethernet 2/0/0
[RouterB-Ethernet2/0/0] port link-type trunk
[RouterB-Ethernet2/0/0] port trunk allow-pass vlan 200
[RouterB-Ethernet2/0/0] quit
[RouterB] interface vlanif 200
[RouterB-Vlanif200] ip address 10.10.20.2 24
[RouterB-Vlanif200] quit
```

② 在 RouterA 上配置 DHCP 中继服务。

■ 在 VLANIF100 接口下使能 DHCP 中继功能，指定 DHCP 服务器 IP 地址（即 RouterB 的 VLANIF200 接口 IP 地址）。

```
[RouterA] dhcp enable
[RouterA] interface vlanif 100
[RouterA-Vlanif100] dhcp select relay
[RouterA-Vlanif100] dhcp relay server-ip 10.10.20.2
[RouterA-Vlanif100] quit
```

■ 在 RouterA 上配置访问外部网络的缺省路由。

```
[RouterA] ip route-static 0.0.0.0 0.0.0.0 10.10.20.2
```

③ 在 RouterB 上配置基于全局地址池的 DHCP 服务器。

■ 在 VLANIF200 接口下使能全局方式 DHCP 服务器功能，创建全局地址池。

假设全局地址池名称为pool1，所在网段为DHCP中继接口VLANIF100的IP地址所在网段10.20.20.0/24，网关就是DHCP中继接口VLANIF100的IP地址10.10.20.1/24，然后还通过Option121配置一条用于客户端访问DHCP服务器接口（RouterB的VLANIF200接口）所在网段的静态路由，下一跳为DHCP中继接口IP地址。

```
<Huawei> system-view
[RouterB] dhcp enable
[RouterB] interface vlanif 200
[RouterB-Vlanif200] dhcp select global
[RouterB-Vlanif200] quit
[RouterB] ip pool pool1
[RouterB-ip-pool-pool1] network 10.20.20.0 mask 24
[RouterB-ip-pool-pool1] gateway-list 10.20.20.1
[RouterB-ip-pool-pool1] option121 ip-address 10.10.20.0 24 10.20.20.1
[RouterB-ip-pool-pool1] quit
```

■ 在RouterB上配置访问DHCP客户端网络的缺省路由。

```
[RouterB] ip route-static 0.0.0.0 0.0.0.0 10.10.20.1
```

3. 配置结果验证

■ 在RouterA上执行命令**display dhcp relay interface vlanif** 100命令来查看DHCP中继的配置信息。其中显示了所配置的DHCP服务器IP地址和网关地址。

```
[RouterA] display dhcp relay interface vlanif 100
 DHCP relay agent running information of interface Vlanif100 :
 Server IP address [00] : 10.10.20.2
 Gateway address in use : 10.20.20.1
```

■ 在RouterB上使用**display ip pool name** pool1命令来查看IP地址池的分配情况，“Used”字段表示已经分配出去的IP地址数量。

```
[RouterB] display ip pool name pool1
  Pool-name          : pool1
  Pool-No            : 0
  Lease              : 1 Days 0 Hours 0 Minutes
  Domain-name        : -
  Option-code        : 121
    Option-subcode : --
    Option-type      : hex
    Option-value     : 180A0A140A141401
  DNS-server0        : -
  NBNS-server0       : -
  Netbios-type       : -
  Position           : Local            Status              : Unlocked
  Gateway-0          : 10.20.20.1
  Network            : 10.20.20.0
  Mask               : 255.255.255.0
  VPN instance       : --
  Logging            : Disable
  Conflicted address recycle interval: -
  Address Statistic: Total        :253        Used         :1
                     Idle         :252        Expired      :0
                     Conflict     :0          Disable      :0

 -------------------------------------------------------------------------
 Network section
         Start              End                Total    Used Idle(Expired) Conflict Disabled
```

```
----------------------------------------------------------------------
      10.20.20.1       10.20.20.254      253        1        252(0)        0      0
----------------------------------------------------------------------
```

5.6 DHCP Snooping 配置与管理

DHCP Snooping 是一种 DHCP 安全技术，通过设置非信任接口，能够有效防止网络中仿冒 DHCP 服务器的攻击，保证客户端从合法的服务器获取 IP 地址。另外，DHCP Snooping 功能可通过 DHCP 应答报文信息，记录 DHCP 客户端 IP 地址与 MAC 地址等参数的对应关系，进而生成绑定表，然后通过对接收的 DHCP 报文中的 IP 地址和 MAC 地址与绑定表的比较，可以防范各种基于 DHCP、ARP 服务的攻击。

注意 AR G3 系列路由器中的 DHCP Snooping 功能只能在 LAN 接口卡上实现，即如果不安装 LAN 接口卡就无法配置 DHCP Snooping 功能。但在 S 系列交换机中，可以随意实现。通过 DHCP Snooping 记录表可预防 ARP 中间人攻击，所采用的技术是 DAI（Dynamic ARP Inspection，动态 ARP 检测），有关 DAI 功能的配置参见《华为交换机学习指南》（第二版）的第 15 章。

5.6.1 DHCP Snooping 概述

目前，DHCP 在应用的过程中遇到很多安全方面的问题，网络中存在一些针对 DHCP 的各种攻击，如 DHCP 服务器仿冒者攻击、DHCP 服务器拒绝服务攻击、仿冒 DHCP 报文攻击等。

DHCP Snooping 能够实现“信任功能”和“分析功能”。下面分别予以介绍。

1. 信任功能

DHCP Snooping 的信任功能能够保证客户端从合法的服务器获取 IP 地址。

网络中如果存在私自架设的伪 DHCP 服务器，则可能导致 DHCP 客户端获取错误的 IP 地址和网络配置参数，无法正常通信。DHCP Snooping 的信任功能可以控制 DHCP 服务器应答报文的来源，防止网络中可能存在的伪造或非法 DHCP 服务器为其他主机分配 IP 地址及其他配置信息。

DHCP Snooping 信任功能允许将设备端口分为信任接口和非信任接口。

- 信任接口正常接收 DHCP 服务器响应的 DHCP ACK、DHCP NAK 和 DHCP Offer 报文。
- 非信任接口在接收到 DHCP 服务器响应的 DHCP ACK、DHCP NAK 和 DHCP Offer 报文后，丢弃该报文。

管理员在部署网络时，一般将直接或间接连接合法 DHCP 服务器的端口设置为信任端口，其他端口设置为非信任端口，从而保证 DHCP 客户端只能从合法的 DHCP 服务器获取 IP 地址，而私自架设的伪 DHCP 服务器无法为 DHCP 客户端分配 IP 地址。

2. 分析功能

开启 DHCP Snooping 功能后，设备能够通过分析 DHCP 的报文交互过程，生成 DHCP

Snooping 绑定表，绑定表项包括客户端的 MAC 地址、获取到的 IP 地址、与 DHCP 客户端连接的接口及该接口所属的 VLAN 等信息。DHCP Snooping 绑定表根据 DHCP 租期进行老化或根据用户释放 IP 地址时发出的 DHCP Release 报文自动删除对应表项。

在设备通过 DHCP Snooping 功能生成绑定表后，管理员可以方便地记录 DHCP 用户申请的 IP 地址与所用主机的 MAC 地址之间的对应关系，这样就可以通过对报文与 DHCP Snooping 绑定表进行匹配检查，有效防范非法用户的攻击。但为了保证设备在生成 DHCP Snooping 绑定表时能够获取到用户 MAC 等参数，DHCP Snooping 功能需应用于二层网络中的接入设备或第一个 DHCP 中继上。

5.6.2 DHCP Snooping 支持的 Option82 功能

在传统的 DHCP 动态分配 IP 地址过程中，DHCP 服务器不能根据 DHCP 请求报文感知到用户的具体物理位置，以致同一 VLAN 的用户得到的 IP 地址所拥有的权限是完全相同的，这就不能对同一 VLAN 中特定的用户进行有效的控制。

RFC 3046 定义的 DHCP Option 82 记录了 DHCP 客户端的位置信息，这方面已在 5.1.4 节有详细介绍。DHCP Snooping 设备或 DHCP 中继通过在 DHCP 请求报文中添加 Option82 选项，就可以将 DHCP 客户端的精确物理位置信息传递给 DHCP 服务器，从而使得 DHCP 服务器能够为主机分配合适的 IP 地址和其他配置信息，实现对客户端的安全控制。

在 5.1.4 节已介绍 Option82 通常包含两个子选项，Circuit ID（Sub-option 1）和 Remote ID（Sub-option 2）。其中 Circuit ID 子选项主要用来标识客户端所在的 VLAN、端口等信息，Remote ID 子选项主要用来标识客户端接入的设备，一般为设备的 MAC 地址。

设备作为 DHCP 中继时，使能或未使能 DHCP Snooping 功能都可支持 Option82 选项功能，但若设备在二层网络作为接入设备，则必须使能 DHCP Snooping 功能方可支持 Option82 功能。Option82 选项仅记录了 DHCP 用户的精确物理位置信息并通过 DHCP 请求报文将该信息发送给 DHCP 服务器。如果需要对不同的用户部署不同的地址分配或安全策略，则需 DHCP 服务器支持 Option82 功能，并在其上已配置了 IP 地址分配或安全策略。

Option82 选项携带的用户位置信息与 DHCP Snooping 绑定表记录的用户参数是两个相互独立的概念，没有任何关联。Option82 选项携带的用户位置信息是在 DHCP 用户申请 IP 地址时（此时用户还未分配到 IP 地址），由设备添加到 DHCP 请求报文中。DHCP Snooping 绑定表中的位置信息是在设备收到 DHCP 服务器回应的 DHCP Ack 报文时（此时已为用户分配了 IP 地址），设备根据 DHCP Ack 报文信息自动生成。

使能设备的 Option82 功能有 Insert 和 Rebuild 两种方式，使能方式不同，设备对报文的处理也不同。具体参见 5.5.3 节表 5-24 中的第 4 步介绍。

5.6.3 DHCP Snooping 的典型应用

DHCP Snooping 功能的主要应用体现在以下几个方面。

- 防止 DHCP 服务器仿冒者攻击。
- 防止非 DHCP 用户攻击。

■ 防止 DHCP 报文泛洪攻击。
■ 防止仿冒 DHCP 报文攻击。
■ 防止 DHCP 服务器拒绝服务攻击。
■ 通过 Option82 的支持实现对 DHCP 客户端的安全控制。

下面分别介绍这几种应用。

1. 防止DHCP服务器仿冒者攻击

由于 DHCP 服务器和 DHCP 客户端之间没有认证机制，所以如果在网络上随意添加一台 DHCP 服务器，它就可以为客户端分配 IP 地址以及其他网络参数。如果该 DHCP 服务器为用户分配了错误的 IP 地址和其他网络参数，将会对网络造成非常大的危害。

如图 5-15 所示，DHCP 客户端发送的 DHCP Discover 报文是以广播形式发送的，无论是合法的 DHCP 服务器，还是非法的 DHCP 服务器都可以接收到。如果此时 DHCP 服务器仿冒者回应给 DHCP 客户端仿冒信息，如错误的网关地址、错误的 DNS 服务器、错误的 IP 等信息，如图 5-16 所示，DHCP 客户端将无法获取正确的 IP 地址和相关信息，导致合法客户无法正常访问网络或信息安全受到严重威胁。

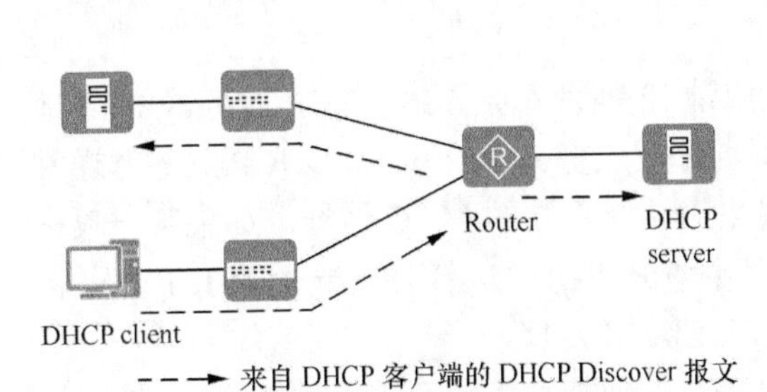

图 5-15 DHCP 客户端发送 DHCP Discover 报文示意

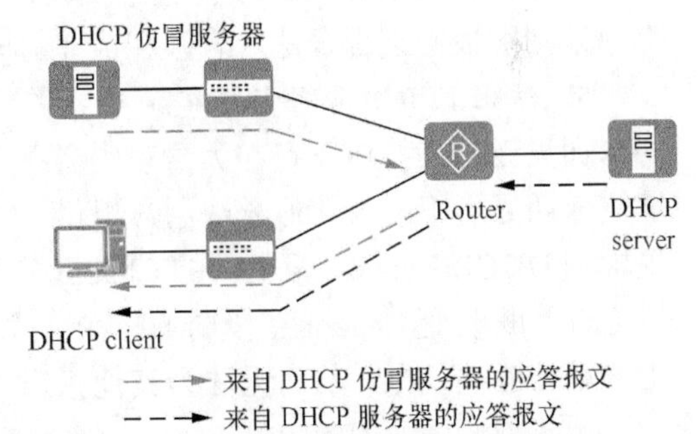

图 5-16 DHCP 服务器仿冒者攻击示意

为了防止这种 DHCP 服务器仿冒者攻击，可配置设备接口的“信任（Trusted）/非信任（Untrusted）”工作模式，将与合法 DHCP 服务器直接或间接连接的接口设置为信任接口，其他端口设置为非信任接口。此后，从“非信任（Untrusted）”接口上收到的 DHCP 回应报文将被直接丢弃，这样可以有效防止 DHCP 服务器仿冒者的攻击。

2. 防止非DHCP用户攻击

在 DHCP 网络中，静态获取 IP 地址的用户（非 DHCP 用户）对网络可能存在多种攻击，譬如仿冒 DHCP 服务器、构造虚假 DHCP Request 报文等。这将给合法 DHCP 用户正常使用网络带来一定的安全隐患。

为了有效地防止这种非 DHCP 用户攻击，可开启设备根据 DHCP Snooping 绑定表生成接口的静态 MAC 表项功能。之后，设备将根据接口下所有的 DHCP 用户对应的 DHCP Snooping 绑定表项，自动执行命令生成这些用户的静态 MAC 表项，并同时关闭接口学习动态 MAC 表项的能力。这样，只有源 MAC 地址与静态 MAC 表项匹配的报文才能够通过该接口，否则报文会被丢弃。因此对于该接口下的非 DHCP 用户，只有管理员手动配置了此类用户的静态 MAC 表项，其报文才能通过，否则报文将被丢弃。

3. 防止 DHCP 报文泛洪攻击

在 DHCP 网络环境中，若攻击者短时间内向设备发送大量的 DHCP 报文，将会对设备的性能造成巨大的冲击，可能会导致设备无法正常工作。

为了有效地防止这种 DHCP 报文泛洪攻击，在使能设备的 DHCP Snooping 功能时，可同时使能设备对 DHCP 报文上送 DHCP 报文处理单元的速率进行检测的功能。此后，设备将会检测 DHCP 报文的上送速率，并仅允许在规定速率内的报文上送至 DHCP 报文处理单元，而超过规定速率的报文将会被丢弃。

4. 防止仿冒 DHCP 报文攻击

在 DHCP 服务提供过程中，已获取到 IP 地址的合法用户通过向服务器发送 DHCP Request 或 DHCP Release 报文续租或释放 IP 地址。如果攻击者冒充合法用户不断地向 DHCP 服务器发送 DHCP Request 报文来续租 IP 地址，会导致这些到期的 IP 地址无法正常回收，以致一些合法用户不能获得 IP 地址；而若攻击者仿冒合法用户的 DHCP Release 报文发往 DHCP 服务器，会导致用户异常下线。

为了有效地防止这种仿冒 DHCP 报文攻击，可使用 DHCP Snooping 绑定表的功能。设备通过将 DHCP Request 续租报文和 DHCP Release 报文与绑定表进行匹配操作，能够有效地判别报文是否合法，若匹配成功则转发该报文，匹配不成功则丢弃。

5. 防止 DHCP 服务器拒绝服务攻击

如果设备某接口下存在大量攻击者恶意申请 IP 地址，会导致 DHCP 服务器中 IP 地址快速耗尽而不能为其他合法用户提供 IP 地址分配服务。另一方面，DHCP 服务器通常仅根据 DHCP Request 报文中的 Chaddr 字段来确认客户端的 MAC 地址。如果某一攻击者通过不断改变 Chaddr 字段向 DHCP 服务器申请 IP 地址，同样将会导致 DHCP 服务器上的地址池被耗尽，从而无法为其他正常用户提供 IP 地址。

为了抑制大量 DHCP 用户恶意申请 IP 地址，在使能设备的 DHCP Snooping 功能后，可配置设备或接口允许接入的最大 DHCP 用户数，当接入的用户数达到该值时，则不再允许任何用户通过此设备或接口成功申请到 IP 地址。而对通过改变 DHCP Request 报文中的 Chaddr 字段方式的攻击，可使能设备检测 DHCP Request 报文帧头 MAC 地址与 DHCP 数据区中 Chaddr 字段是否一致功能，此后设备将检查上送的 DHCP Request 报文中的帧头 MAC 地址是否与 Chaddr 值相等，相等则转发，否则丢弃。

6. 通过支持的 Option82 实现对客户端的安全控制

Option82 称为中继代理信息选项，该选项记录了 DHCP 客户端的位置信息。DHCP Snooping 设备或 DHCP 中继通过在 DHCP 请求报文中添加 Option82 选项，将 DHCP 客户端的位置信息传递给 DHCP 服务器，从而使得 DHCP 服务器能够为主机分配合适的 IP 地址和其他配置信息，并实现对客户端的安全控制。

如图 5-17 所示，用户通过 DHCP 方式获取 IP 地址。在管理员组建该网络时需要控制接口 interface1 下用户对网络资源的访问以提高网络的安全性。在传统的 DHCP 动态分配 IP 地址过程中，DHCP 服务无法区分同一 VLAN 内的不同用户，以致同一 VLAN 内的用户得到的 IP 地址所拥有的权限是完全相同的。

为实现上述目的，管理员在使能 RouterA 的 DHCP Snooping 功能之后可使能其 Option82 功能。之后 RouterA 在接收到用户申请 IP 地址发送的 DHCP Request 报文时，会在报文中插入 Option82 选项，以标注用户的精确位置信息，譬如 MAC 地址、所属 VLAN、所连接的端口号等参数。DHCP 服务器在接收到携带有 Option82 选项的 DHCP 请求报文后，即可通过 Opion82 选项的内容获悉用户的精确物理位置，进而根据其上已部署的 IP 地址分配策略或其他安全策略为用户分配合适的 IP 地址和其他配置信息。

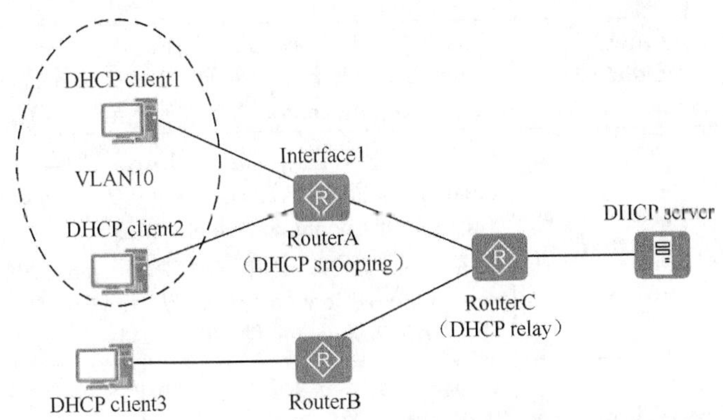

图 5-17　通过 Option82 的支持实现对客户端安全控制的示例

5.6.4　DHCP Snooping 的基本功能配置与管理

DHCP Snooping 的基本功能能够保证客户端从合法的服务器获取 IP 地址，而且能够记录 DHCP 客户端 IP 地址与 MAC 地址等参数的对应关系，进而生成绑定表。

DHCP Snooping 的基本功能的配置任务如下（**只有前面两项是必选的**）。

- 使能 DHCP Snooping 功能。
- 配置接口信任状态。
- （可选）使能 DHCP Snooping 用户位置迁移功能。
- （可选）配置 ARP 与 DHCP Snooping 的联动功能。
- （可选）配置丢弃 GIADDR 字段非零的 DHCP Request 报文。

1. 使能 DHCP Snooping 功能

在配置 DHCP Snooping 各安全功能之前，需首先使能 DHCP Snooping 功能。使能 DHCP Snooping 功能的配置顺序是先使能全局下的 DHCP Snooping 功能，再使能接口或 VLAN 下的 DHCP Snooping 功能，具体配置步骤见表 5-25。

说明　对于 AR120&AR150&AR160&AR200 系列产品以及 AR1200 系列产品，为使设备能够获取到用户的绑定表项，在接口或 VLAN 下使能 DHCP Snooping 功能之前，需确保已在该接口或 VLAN 对应的 VLANIF 口上使能了 DHCP 中继或 DHCP 服务器功能。其他 AR 系列路由器没有这方面的要求。

DHCP Snooping 不支持 BOOTP 协议，而无盘工作站使用 BOOTP 协议，所以无盘工作站不能通过 DHCP Snooping 生成动态绑定表。如果无盘工作站要使用以上功能，需要执行 **user-bind static** { { **ip-address** | **ipv6-address** } { *start-ip* [**to** *end-ip*] } <1-10> | **mac-address** *mac-address* } * [**interface** *interface-type interface-number*] [**vlan** *vlan-id* [**ce-vlan** *ce-vlan-id*]]命令配置静态绑定表。

表 5-25　　**使能 DHCP Snooping 功能的配置步骤**

步骤	命令	说明
1	**system-view** 例如：< Huawei > **system-view**	进入系统视图
2	**dhcp snooping enable** 例如：[Huawei]**dhcp snooping enable**	全局使能 DHCP Snooping 功能。 缺省情况下，设备全局未使能 DHCP Snooping 功能，可用 **undo dhcp snooping enable** 命令去使能全局 DHCP Snooping 功能
3	**dhcp snooping enable vlan** { *vlan-id1* [**to** *vlan-id2*] } &<1-10>	（多选一可选）在加入指定 VLAN 的所有接口中上使能 DHCP Snooping 功能，参数 **vlan** { *vlan-id1* [**to** *vlan-id2*] }用来指定要使能 DHCP Snooping 功能的 VLAN。 缺省情况下，设备未使能 DHCP Snooping 功能，可用 **undo dhcp snooping enable vlan** { *vlan-id1* [**to** *vlan-id2*] } &<1-10>命令去使能 DHCP Snooping 功能
4	**vlan** *vlan-id* 例如：[Huawei] **vlan** 2	（二选一可选）键入要使能 DHCP Snooping 功能的 VLAN，进入 VLAN 视图
	interface *interface-type interface-number* 例如：[Huawei] **interface** ethernet 2/0/0	（二选一可选）键入要使能 DHCP Snooping 功能的二层物理接口，进入接口视图
5	**dhcp snooping enable** 例如：[Huawei-vlan2] **dhcp snooping enable** 或者[Huawei-Ethernet2/0/0]**dhcp snooping enable**	（多选一可选）使能以上 VLAN 或接口下的 DHCP Snooping 功能。在 VLAN 视图下执行此命令，则对设备所有接口接收到的属于该 VLAN 的 DHCP 报文命令功能生效；在接口下执行该命令，则对该接口下的所有 DHCP 报文命令功能生效。 【注意】如果使用 **dot1q termination vid** *low-pe-vid* 命令配置了子接口 dot1q，封装了某单层 VLAN ID，则不能在该 VLAN 内使能 DHCP Snooping 功能。 缺省情况下，设备未使能 DHCP Snooping 功能，可用 **undo dhcp snooping enable** 命令去使能对应 VLAN 或者接口的 DHCP Snooping 功能

2. 配置接口信任状态

为使 DHCP 客户端能通过合法的 DHCP 服务器获取 IP 地址，需将与信任的 DHCP 服务器直接或间接连接的设备接口设置为信任接口，其他接口设置为非信任接口。其中，信任接口正常转发接收到的 DHCP 应答报文；非信任接口在接收到 DHCP 服务器响应的 DHCP 应答报文后，丢弃该报文。这样就可以保证 DHCP 客户端只能从合法的 DHCP 服务器获取 IP 地址，私自架设的伪 DHCP 服务器无法为 DHCP 客户端分配 IP 地址。

在连接用户的接口或 VLAN 下使能 DHCP Snooping 功能之后，需将连接 DHCP 服务器的接口配置为“信任”模式，具体见表 5-26，两者同时生效的设备才能够生成 DHCP Snooping 动态绑定表。

说明 在 VLAN 视图下配置信任接口，则仅对加入该 VLAN 的接口收到的属于此 VLAN 的 DHCP 报文生效。在接口下配置，则对当前接口接收到的所有 DHCP 报文生效。

表 5-26　接口信任状态的配置步骤

步骤	命令	说明
1	**system-view** 例如：< Huawei > **system-view**	进入系统视图
方式 1：在接口下配置接口信任状态		
2	**interface** *interface-type interface-number* 例如：[Huawei]**interface** ethernet 2/0/0	键入要配置为信任状态的接口（通常所直接或间接连接 DHCP 服务器的接口），进入接口视图
3	**dhcp snooping trusted** 例如：[Huawei-Ethernet2/0/0] **dhcp snooping trusted**	配置以上接口为"信任"接口。 缺省情况下，接口的状态为"非信任"状态，可用 **undo dhcp snooping trusted** 命令恢复以上接口为非信任状态
方式 2：在 VLAN 下配置接口信任状态		
2	**vlan** *vlan-id* 例如：[Huawei] **vlan** 2	键入要配置信任接口的 VLAN，进入 VLAN 视图
3	**dhcp snooping trusted interface** *interface-type interface-number* 例如：[Huawei-vlan2] **dhcp snooping trusted interface** ethernet 2/0/0	配置指定接口为 VLAN 中的"信任"接口。参数 *interface-type interface-number* 用来指定要配置为信任状态的接口。 缺省情况下，接口的状态为"非信任"状态，可用 **undo dhcp snooping trusted interface** *interface-type interface-number* 命令恢复指定接口为非信任状态

3. 使能 DHCP Snooping 用户位置迁移功能

在移动应用场景中，若某一用户由接口 A 上线，然后要切换到接口 B，这时为了让用户能够上线，需要使能 DHCP Snooping 用户位置迁移功能。

使能 DHCP Snooping 用户位置迁移功能的配置方法很简单，仅需在系统视图下执行 **dhcp snooping user-transfer enable** 命令，使用户切换了所连接的交换机接口后仍能保持网络连接。

缺省情况下，已使能 DHCP Snooping 用户位置迁移功能，可用 **undo dhcp snooping user-transfer enable** 命令去使能 DHCP Snooping 用户位置迁移功能。

4. 配置 ARP 与 DHCP Snooping 的联动功能

DHCP Snooping 设备在收到 DHCP 用户发出的 DHCP Release 报文时，会删除该用户对应的绑定表项，但若用户发生了异常下线而无法发出 DHCP Release 报文时，DHCP Snooping 设备将不能及时地删除该 DHCP 用户对应的绑定表。

使能 ARP 与 DHCP Snooping 的联动功能后，如果查找不到 DHCP Snooping 表项中 IP 地址对应的 ARP 表项，则 DHCP Snooping 设备会对该 IP 地址进行 ARP 探测。如果连续 4 次探测不到用户（每次探测间隔为 20s，并且探测次数和间隔为固定值，不能修改），则 DHCP Snooping 设备会将该 IP 地址对应的 DHCP Snooping 表项删除。如果该 DHCP Snooping 设备支持 DHCP 中继功能，此后，该 DHCP Snooping 设备将替代 DHCP 客户端发送 DHCP RELEASE 报文，通知 DHCP 服务器释放该 IP 地址。

使能 ARP 与 DHCP Snooping 的联动功能的配置方法也很简单，仅需在系统视图下执行 **arp dhcp-snooping-detect enable** 命令。缺省情况下，设备没有使能 ARP 与 DHCP Snooping 的联动功能，可用 **undo arp dhcp-snooping-detect enable** 命令去使能 ARP 与 DHCP Snooping 的联动功能。

5. 配置丢弃 Giaddr 字段非零的 DHCP Request 报文

DHCP 请求报文中的 Giaddr（网关 IP 地址）字段记录了 DHCP 请求报文经过的第一个 DHCP 中继的 IP 地址。正常情况下，当客户端发出 DHCP 请求时，如果 DHCP 服务器和客户端不在同一个网段，那么第一个 DHCP 中继在将 DHCP 请求报文转发给 DHCP 服务器前把自己的 IP 地址填入 Giaddr 字段中。DHCP 服务器在收到 DHCP 请求报文后，会根据 Giaddr 字段值来判断出客户端所在的网段地址，从而选择合适的地址池，为客户端分配该网段的 IP 地址。

然而，在通过 DHCP Snooping 的基本侦听功能生成绑定表的过程中，为了保证设备能够获取到客户端 MAC 地址等参数，DHCP Snooping 功能需应用于二层接入设备或第一个 DHCP 中继上。此时，在 DHCP Snooping 设备接收到的 DHCP 请求报文中 Giaddr 字段必然为 0.0.0.0，如果不为 0.0.0.0，则为非法报文，需丢弃此类报文。

可在 VLAN 视图或者接口视图下通过 **dhcp snooping check dhcp-giaddr enable** 命令使能检测 DHCP 请求报文中 Giaddr 字段是否非零的功能。当在 VLAN 视图下配置时，则对 DHCP Snooping 设备上所有接口在接收到的属于该 VLAN 的 DHCP 请求报文时都要进行 Giaddr 字段是否非零的检测，而在接口视图下配置时，仅对对应接口上收到的 DHCP 请求报文进行 Giaddr 字段是否非零的检测。

缺省情况下，若未使能检测 DHCP Request 报文中 Giaddr 字段是否非零的功能，可用 **undo dhcp snooping check dhcp-giaddr enable** 命令去使能对应 VLAN 或者接口下检测 DHCP Request 报文中 Giaddr 字段是否非零的功能。

6. DHCP Snooping 基本功能管理

在配置完成 DHCP Snooping 的基本功能后，可通过以下 **display** 任意视图命令查看相关配置信息，验证配置结果；也可以使用以下 **reset** 用户视图命令清除相关统计信息。

① **display dhcp snooping** [**interface** *interface-type interface-number* | **vlan** *vlan-id*]：查看指定接口或全部接口的 DHCP Snooping 运行信息。

② **display dhcp snooping configuration** [**vlan** *vlan-id* | **interface** *interface-type interface-number*]：查看指定 VLAN 或者指定接口或者全部的 DHCP Snooping 配置信息。

③ **display dhcp snooping user-bind** { { **interface** *interface-type interface-number* | **ip-address** *ip-address* | **mac-address** *mac-address*| **vlan** *vlan-id* } * | **all** } [**verbose**]：查看指定接口、IP 地址、MAC 地址、VLAN 或者所有 DHCP Snooping 绑定表信息。

④ **reset dhcp snooping statistics global**：清除全局的报文丢弃统计计数。

⑤ **reset dhcp snooping statistics interface** *interface-type interface-number* [**vlan** *vlan-id*]：清除指定接口下、指定 VLAN 或者所有 VLAN 中的报文丢弃统计计数。

⑥ **reset dhcp snooping statistics vlan** *vlan-id* [**interface** *interface-type interface-number*]：清除指定 VLAN 下、指定接口或者所有接口的报文丢弃统计计数。

⑦ **reset dhcp snooping user-bind** [**vlan** *vlan-id* | **interface** *interface-type interface-number*] *：清除指定 VLAN、指定接口或者所有 DHCP Snooping 动态绑定表。

5.6.5 配置防止 DHCP 服务器仿冒者攻击

在使能 DHCP Snooping 功能并配置了接口的信任状态之后，设备将能够保证客户端从合法的服务器获取IP地址，这将能够有效地防止DHCP Server仿冒者攻击。但是此时却不能够定位DHCP Server仿冒者的位置，使得网络中仍然存在着安全隐患。

通过配置DHCP服务器探测功能，DHCP Snooping设备会检查并在日志中记录所有DHCP应答（DHCP Reply）报文中携带的DHCP服务器地址与端口等信息，此后网络管理员可根据日志来判定网络中是否存在伪DHCP服务器，进而对网络进行维护。

说明　日志文件名由系统自动生成，其后缀是“*.log”或者“*.dblg”，可用 **display logfile** *file-name* 任意视图命令查看日志文件，也可用 **display logbuffer** 任意视图命令查看Log缓冲区记录的日志信息。

DHCP服务器探测功能的方法很简单，仅须在系统视图下执行 **dhcp server detect** 命令即可。但在执行本命令之前，需确保已使用 **dhcp snooping enable** 命令使能了设备的DHCP Snooping功能。

缺省情况下，未使能DHCP Server探测功能，可用 **undo dhcp server detect** 命令去使能DHCP Server探测功能。

5.6.6　配置防止仿冒DHCP报文攻击

在DHCP网络环境中，如果攻击者仿冒合法用户的DHCP Request报文并发往DHCP服务器，将导致合法用户的IP地址租约到期之后不能及时释放，也无法使用该IP地址；如果攻击者仿冒合法用户的DHCP Release报文发往DHCP服务器，又将导致合法用户异常下线。

使能了DHCP Snooping功能后，设备可根据生成的DHCP Snooping绑定表项，对DHCP Request报文或DHCP Release报文进行匹配检查，只有匹配成功的报文设备才将其转发，否则将丢弃。这可有效地防止非法用户通过发送伪造DHCP Request或DHCP Release报文冒充合法用户续租或释放IP地址。

DHCP Snooping设备对DHCP Request报文或DHCP Release报文的匹配检查规则如下。

（1）对DHCP Request报文

① 首先检查报文的目的MAC地址是否为全F，如果是，则认为是第一次上线的DHCP Request广播报文，直接通过；如果报文的目的MAC地址不是全F，则认为是续租报文，将根据绑定表项对报文中的VLAN、IP地址、接口信息进行匹配检查，完全匹配才通过。

② 检查报文中的Chaddr字段值是否与绑定表中的网关地址匹配，如果不匹配，则认为是用户第一次上线，直接通过；如果匹配，则继续检查报文中的VLAN、IP地址、接口信息是否均和绑定表匹配，完全匹配通过，否则丢弃。

（2）对DHCP Release报文

将直接检查报文中的VLAN、IP地址、MAC地址、接口信息是否匹配绑定表，匹配则通过，不匹配则丢弃。

防止仿冒DHCP报文攻击的配置步骤见表5-27。

表 5-27 防止仿冒 **DHCP** 报文攻击的配置步骤

步骤	命令	说明
1	**system-view** 例如：< Huawei > **system-view**	进入系统视图
2	**vlan** *vlan-id* 例如：[Huawei] **vlan** 10	（二选一）键入要使能对 DHCP 报文进行绑定表匹配检查的功能的 VLAN，进入 VLAN 视图
	interface *interface-type interface-number* 例如：[Huawei] **interface** ethernet 2/0/0	（二选一）键入要使能对 DHCP 报文进行绑定表匹配检查的功能，或使能 DHCP Snooping 告警功能的接口，进入接口视图
3	**dhcp snooping check user-bind enable** 例如：[Huawei-vlan10] **dhcp snooping check user-bind enable** 或 [Huawei-Ethernet2/0/0] **dhcp snooping check user-bind enable**	在 VLAN 视图或接口视图下使能对 DHCP 报文进行绑定表匹配检查的功能。 【说明】在 VLAN 视图下执行此命令，则对 DHCP Snooping 设备上所有接口接收到的属于该 VLAN 的 DHCP 报文都将进行绑定表匹配检查。 缺省情况下，未使能对 DHCP 报文进行绑定表匹配检查功能，可用 **undo dhcp snooping check user-bind enable** 命令去使能该功能
4	**dhcp snooping alarm user-bind enable** 例如：[Huawei-Ethernet2/0/0] **dhcp snooping alarm user-bind enable**	**在接口视图下**使能与绑定表不匹配而被丢弃的 DHCP 报文数达到阈值时的 DHCP Snooping 告警功能。使能告警功能后，如果有对应的攻击，并且丢弃的攻击报文超过阈值，会有相应的告警信息出现。发送告警的最小时间间隔为 1 min。 缺省情况下，未使能 DHCP Snooping 告警功能，可用 **undo dhcp snooping alarm enable** 命令去使能该功能
5	**quit**	返回系统视图
6	**dhcp snooping alarm threshold** *threshold* 例如：[Huawei] **dhcp snooping alarm threshold** 50	（可选）在系统视图下配置 DHCP Snooping 丢弃报文的告警阈值（当设备丢弃的**所有类型报文总数**达到阈值时将会告警），取值范围是 1～1 000 的整数。 缺省情况下、全局情况下，DHCP Snooping 丢弃报文数量的告警阈值为 100 个包，可用 **undo dhcp snooping alarm threshold** 命令恢复全局告警阈值为缺省值
7	**interface** *interface-type interface-number* 例如：[Huawei] **interface** ethernet 2/0/0	（可选）键入要 DHCP Snooping 丢弃报文数量的告警阈值的接口，进入接口视图
8	**dhcp snooping alarm user-bind threshold** *threshold* 例如：[Huawei-Ethernet2/0/0] **dhcp snooping alarm user-bind threshold** 10	（可选）在接口视图下配置**与绑定表不匹配而被丢弃的 DHCP 报文数**的告警阈值，取值范围是 1～1 000 的整数。 缺省情况下，接口下 DHCP Snooping 丢弃报文数量的告警阈值为在系统视图下使用 **dhcp snooping alarm threshold** *threshold* 命令配置的值，可用 **undo dhcp snooping alarm threshold** 命令恢复对应接口的告警阈值为缺省值。 【说明】如果在系统视图、接口视图下同时进行了配置，则接口下 DHCP Snooping 丢弃报文数量的告警阈值以两者最小值为准

5.6.7 配置防止 DHCP 服务器拒绝服务攻击

若在网络中存在 DHCP 用户恶意申请 IP 地址，将会导致 IP 地址池中的 IP 地址快速耗尽以致 DHCP 服务器无法为其他合法用户分配 IP 地址。另外，DHCP 服务器通常仅根据 CHADDR 字段来确认客户端的 MAC 地址。如果攻击者通过不断改变 DHCP 请求报文中的 CHADDR 字段向 DHCP 服务器申请 IP 地址，将会导致 DHCP 服务器上的地址池被耗尽，从而无法为其他正常用户提供 IP 地址。

为了抑制 DHCP 用户恶意申请 IP 地址，可配置接口允许学习的 DHCP Snooping 绑定表项的最大个数，当用户数达到该值时，则任何用户将无法通过此接口成功申请到 IP 地址。为了防止攻击者不断改变 DHCP 报文中的 CHADDR 字段进行攻击，可使能检测 DHCP 请求报文帧头 MAC 地址与 DHCP 数据区中 CHADDR 字段是否相同的功能，相同则转发报文，否则丢弃。

防止 DHCP 服务器拒绝服务攻击的配置步骤见表 5-28。

表 5-28　　防止 DHCP 服务器拒绝服务攻击的配置步骤

步骤	命令	说明
1	**system-view** 例如：< Huawei > **system-view**	进入系统视图
2	**vlan** *vlan-id* 例如：[Huawei] **vlan** 10	(二选一)键入要配置最大接入用户数的 VLAN，进入 VLAN 视图
	interface *interface-type interface-number* 例如：[Huawei] **interface** ethernet 2/0/0	（二选一）键入要配置最大接入用户数的接口，进入接口视图
3	**dhcp snooping max-user-number** *max-number* 例如：[Huawei-vlan10]**dhcp snooping max-user-number** 100 或[Huawei-Ethernet2/0/0]**dhcp snooping max-user-number** 20	配置接口允许学习的 DHCP Snooping 绑定表项的最大个数，取值范围为 1～1 024 的整数。 【说明】如果是在 VLAN 视图下配置的，则 VLAN 内所有的接口接入的总用户最大数为该命令所配置的值；如果是在接口视图配置的，则仅指对应接口下的用户最大数。 缺省情况下，单个接口允许学习的 DHCP Snooping 绑定表项的最大个数不同版本有所不同，V2R5 版本为 1 024，可用 **undo dhcp snooping max-user-number** 命令恢复接口允许学习的 DHCP Snooping 绑定表项的最大个数为缺省值
4	**dhcp snooping check mac-address enable** 例如：[Huawei-vlan10]**dhcp snooping check mac-address enable** 或[Huawei-Ethernet2/0/0]**dhcp snooping check mac-address enable**	使能检测 DHCP Request 报文帧头 MAC 地址与 DHCP 数据区中 CHADDR 字段是否一致功能。 【说明】在 VLAN 视图下执行此命令，则对设备所有接口接收到的属于该 VLAN 的 DHCP 报文命令功能生效；在接口下执行该命令，则仅对该接口接收到的所有 DHCP 报文命令功能生效
5	**quit** 例如：[Huawei-vlan10] **quit**	从以上 VLAN 视图或接口视图返回系统视图
6	**dhcp snooping alarm threshold** *threshold* 例如：[Huawei] **dhcp snooping alarm threshold** 200	（可选）配置全局 DHCP Snooping 丢弃报文数量的告警阈值，整数形式，取值范围是 1～1 000。 在系统视图下配置 DHCP Snooping 丢弃报文数量的告警阈值，则对设备所有的接口该命令功能生效，并且当设备丢弃的所有类型报文总数达到阈值时将会告警。 缺省情况下，全局 DHCP Snooping 丢弃报文数量的告警阈值为 100 packets，可用 **undo dhcp snooping alarm threshold** 命令恢复告警阈值为缺省值

续表

步骤	命令	说明
7	**interface** *interface-type interface-number* 例如：[Huawei] **interface** ethernet 2/0/0	（可选）键入要配置 DHCP Snooping 丢弃报文数量的告警阈值的接口，进入接口视图
8	**dhcp snooping alarm mac-address threshold** *threshold* 例如：[Huawei-Ethernet2/0/0] **dhcp snooping alarm mac-address threshold** 1000	（可选）配置以上接口帧头 MAC 地址与 DHCP 数据区中 CHADDR 字段不匹配而被丢弃的 DHCP 报文的告警阈值，整数形式，取值范围是 1～1 000。 如果在系统视图、接口视图下同时进行了配置，则接口下 DHCP Snooping 丢弃报文数量的告警阈值以两者最小值为准。 缺省情况下，接口下 DHCP Snooping 丢弃报文数量的告警阈值为在系统视图下使用第 6 步命令配置的值，可用 **undo dhcp snooping alarm mac-address threshold** 命令恢复告警阈值为缺省值

以上 DHCP Snooping 的攻击防范功能配置完成后，可在任意视图下执行以下 display 命令检查相关的配置，验证配置结果，在用户视图下执行以下 **reset** 命令清除相关统计信息。

- **display dhcp snooping** [**interface** *interface-type interface-number* | **vlan** *vlan-id*]：查看 DHCP Snooping 的运行信息。
- **display dhcp snooping configuration** [**vlan** *vlan-id* | **interface** *interface-type interface-number*]：查看 DHCP Snooping 的配置信息。
- **display dhcp snooping statistics**：查看设备接收到的各类型 DHCP 报文的统计信息。
- **reset dhcp snooping statistics global**：清除全局的报文丢弃统计计数。
- **reset dhcp snooping statistics interface** *interface-type interface-number* [**vlan** *vlan-id*]：清除接口下的报文丢弃统计计数。
- **reset dhcp snooping statistics vlan** *vlan-id* [**interface** *interface-type interface-number*]：清除 VLAN 下的报文丢弃统计计数。
- **reset dhcp snooping user-bind** [[**vlan** *vlan-id* | **interface** *interface-type interface-number*] * | **ip-address** [*ip-address*] | **ipv6-address** [*ipv6-address*]]：清除 DHCP Snooping 绑定表。

5.6.8 配置在 DHCP 报文中添加 Option82 字段

通过对本章前面的学习我们已经知道，为使 DHCP 服务器能够获取到 DHCP 用户的精确物理位置信息，可在 DHCP 报文中添加 Option82 字段。这项功能不仅可以在三层 DHCP 中继设备上实现，也可以在二层 DHCP Snooping 设备上实现，包括以下几项配置任务。

（1）使能在 DHCP 报文中添加 Option82 选项功能

可在 VLAN 视图或接口视图下执行 **dhcp option82** { **insert** | **rebuild** } **enable** 命令使能在 DHCP 报文中添加 Option82 选项功能，命令中的选项说明参见 5.5.3 节表 5-24 中的

第 4 步。在 VLAN 视图下进行配置，对设备所有接口接收到的属于该 VLAN 的 DHCP 报文功能生效；在接口视图下进行配置，仅对指定接口功能生效。

缺省情况下，未使能在 DHCP 报文中添加 Option82 选项功能，可用 **undo dhcp option82** { **insert** | **rebuild** } **enable** 命令去使能在 DHCP 报文中添加 Option82 选项功能。

（2）（可选）配置 Option82 选项的格式

可在系统视图或接口视图下通过 **dhcp option82** [**vlan** *vlan-id*] [**ce-vlan** *ce-vlan-id*] [**circuit-id** | **remote-id**] **format** { **default** | **common** | **extend** | **user-defined** *text* }命令配置 Option82 选项的格式。命令中的参数和选项说明参见 5.5.3 节表 5-24 中的第 9 步。在系统视图下进行配置，对设备所有的接口功能生效；在接口下进行配置，仅对指定的接口功能生效。

缺省情况下，在 DHCP 报文中添加的 Option82 选项的格式为 **default** 格式，可用 **undo dhcp option82** [**vlan** *vlan-id*] [**ce-vlan** *ce-vlan-id*] [**circuit-id** | **remote-id**] **format** 命令恢复在 DHCP 报文中添加的 Option82 选项的格式为缺省格式。

（3）（可选）配置插入 DHCP Option82 选项中的子选项

可在系统视图、VLAN 视图或接口视图下通过 **dhcp option82 encapsulation** { **circuit-id** | **remote-id** | **subscriber-id** }*命令配置插入 DHCP Option82 选项中的 circuit-id、remote-id 和（或）subscriber-id（SID）子选项。在系统视图下进行配置，对设备所有的接口功能生效；在 VLAN 视图下进行配置，对设备所有接口接收到的属于该 VLAN 的 DHCP 报文功能生效；在接口下进行配置，仅对指定的接口功能生效。

缺省情况下，插入 DHCP Option82 选项中的子选项为 circuit-id（CID）子选项和 remote-id（RID）子选项，可用 **undo dhcp option82 encapsulation** 命令恢复插入 DHCP Option82 选项中的子选项为缺省配置。

以上配置好后，可在任意视图下执行 **display dhcp option82 configuration** [**vlan** *vlan-id* | **interface** *interface-type interface-number*]命令，查看 DHCP Option82 的配置信息。

5.6.9　DHCP Snooping 的攻击防范功能配置示例

本示例的基本网络结构如图 5-18 所示，RouterA 与 RouterB 为接入设备，RouterC 为 DHCP 中继。Client1 与 Client2 分别通过 Eth2/0/0 与 Eth2/0/1 接入 RouterA，Client3 通过 Eth2/0/0 接入 RouterB，其中 Client1 与 Client3 通过 DHCP 方式获取 IP 地址，而 Client2 使用静态配置的 IP 地址。网络中存在非法用户的攻击，导致合法用户不能正常获取 IP 地址，管理员希望能够防止网络中针对 DHCP 的攻击，为 DHCP 用户提供更优质的服务。

1. 基本配置思路分析

本示例的要求比较含糊，因为前面介绍的各种 DHCP 攻击（包括仿冒 DHCP 服务器攻击、仿冒 DHCP 报文攻击和 DHCP 服务器拒绝服务攻击）都可能最终导致合法用户不能正常从 DHCP 服务器中获取 IP 地址，所以本示例需要全面配置防止这些攻击的方法。具体可以在 RouterC 上进行如下配置。

① 使能 DHCP Snooping 功能，这是基本配置，只有使能了它，其他防止 DHCP 攻击的功能才能进行配置。

② 配置接口的信任状态，防止仿冒 DHCP 服务器攻击，以保证客户端从合法的服

务器获取 IP 地址。

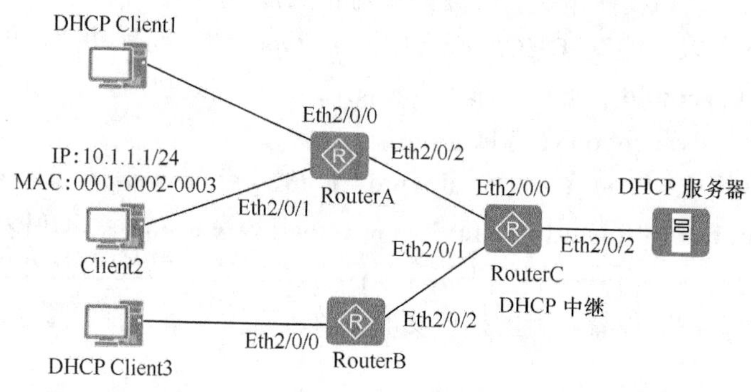

图 5-18 DHCP Snooping 的攻击防范配置示例基本网络结构

③ 使能 ARP 与 DHCP Snooping 的联动功能，防止仿冒合法用户进行欺骗攻击，保证 DHCP 用户在异常下线时实时更新绑定表。

④ 使能对 DHCP 报文进行绑定表匹配检查的功能，防止仿冒 DHCP 报文攻击。

⑤ 配置允许接入的最大用户数以及使能检测 DHCP Request 报文帧头 MAC 与 DHCP 数据区中 CHADDR 字段是否一致功能，防止 DHCP 服务器拒绝服务攻击。

⑥ 配置丢弃报文告警和报文限速告警功能。

2. 具体配置步骤

① 使能 DHCP Snooping 功能，包括全局使能和在接口上使能。

```
<Huawei> system-view
[Huawei] sysname RouterC
[RouterC] dhcp enable
[RouterC] dhcp snooping enable
[RouterC] interface ethernet 2/0/0
[RouterC-Ethernet2/0/0] dhcp snooping enable
[RouterC-Ethernet2/0/0] quit
[RouterC] interface ethernet 2/0/1
[RouterC-Ethernet2/0/1] dhcp snooping enable
[RouterC-Ethernet2/0/1] quit
```

② 配置接口的信任状态：将连接 DHCP 服务器的接口状态配置为“信任”状态，其他接口保持为缺省的“非信任”状态。

```
[RouterC] interface ethernet 2/0/2
[RouterC-Ethernet2/0/2] dhcp snooping trusted
[RouterC-Ethernet2/0/2] quit
```

③ 使能 ARP 与 DHCP Snooping 的联动功能，防止仿冒合法用户进行欺骗攻击。

```
[RouterC] arp dhcp-snooping-detect enable
```

④ 在用户侧接口使能对 DHCP 报文进行绑定表匹配检查功能，防止仿冒 DHCP 报文攻击。

```
[RouterC] interface ethernet 2/0/0
[RouterC-Ethernet2/0/0] dhcp snooping check user-bind enable
[RouterC-Ethernet2/0/0] quit
[RouterC] interface ethernet 2/0/1
[RouterC-Ethernet2/0/1] dhcp snooping check user-bind enable
[RouterC-Ethernet2/0/1] quit
```

⑤ 在用户侧接口使能检测 DHCP Request 报文中 GIADDR 字段是否非零的功能。

```
[RouterC] interface ethernet 2/0/0
[RouterC-Ethernet2/0/0] dhcp snooping check dhcp-giaddr enable
[RouterC-Ethernet2/0/0] quit
[RouterC] interface ethernet 2/0/1
[RouterC-Ethernet2/0/1] dhcp snooping check dhcp-giaddr enable
[RouterC-Ethernet2/0/1] quit
```

⑥ 在用户侧接口配置允许接入的最大用户数（如 20），并使能对 CHADDR 字段检查功能。

```
[RouterC] interface ethernet 2/0/0
[RouterC-Ethernet2/0/0] dhcp snooping max-user-number 20
[RouterC-Ethernet2/0/0] dhcp snooping check mac-address enable
[RouterC-Ethernet2/0/0] quit
[RouterC] interface ethernet 2/0/1
[RouterC-Ethernet2/0/1] dhcp snooping max-user-number 20
[RouterC-Ethernet2/0/1] dhcp snooping check mac-address enable
[RouterC-Ethernet2/0/1] quit
```

⑦ 在用户侧接口配置丢弃报文告警阈值和报文限速告警功能。

```
[RouterC] interface ethernet 2/0/0
[RouterC-Ethernet2/0/0] dhcp snooping alarm mac-address enable
[RouterC-Ethernet2/0/0] dhcp snooping alarm user-bind enable
[RouterC-Ethernet2/0/0] dhcp snooping alarm untrust-reply enable
[RouterC-Ethernet2/0/0] dhcp snooping alarm mac-address threshold 120
[RouterC-Ethernet2/0/0] dhcp snooping alarm user-bind threshold 120
[RouterC-Ethernet2/0/0] dhcp snooping alarm untrust-reply threshold 120
[RouterC-Ethernet2/0/0] quit
[RouterC] interface ethernet 2/0/1
[RouterC-Ethernet2/0/1] dhcp snooping alarm mac-address enable
[RouterC-Ethernet2/0/1] dhcp snooping alarm user-bind enable
[RouterC-Ethernet2/0/1] dhcp snooping alarm untrust-reply enable
[RouterC-Ethernet2/0/1] dhcp snooping alarm mac-address threshold 120
[RouterC-Ethernet2/0/1] dhcp snooping alarm user-bind threshold 120
[RouterC-Ethernet2/0/1] dhcp snooping alarm untrust-reply threshold 120
[RouterC-Ethernet2/0/1] quit
```

配置好后，可以执行 **display dhcp snooping configuration** 命令查看 DHCP Snooping 的配置信息，验证配置结果，具体略。还可执行 **display dhcp snooping interface** 命令查看接口下的 DHCP Snooping 运行信息，具体略。

5.7 配置 DHCP/BOOTP 客户端

AR G3 系列路由器也可配置作为 DHCP 或者 BOOTP 客户端使用，通过 DHCP 协议使其接口可从指定的 DHCP 服务器动态获得 IP 地址及其他配置信息。**但仅设备有线侧支持 DHCP 客户端功能。**

在配置 DHCP/BOOTP 客户端之前，需完成以下任务。

- 配置 DHCP 服务器。
- 配置 DHCP 中继（根据实际需要，可选择配置）。
- 配置路由器到 DHCP 中继或 DHCP 服务器的路由。

把 AR G3 系列路由器配置成 DHCP 或者 BOOTP 客户端的主要配置任务如下（**仅最后一项是必选的**，其他属性均有缺省值，可根据实际需要修改配置）。

- （可选）配置 DHCP/BOOTP 客户端属性。
- （可选）配置 DHCP Client 期望租期。
- （可选）配置 DHCP/BOOTP 客户端网关探测功能。
- （可选）配置 DHCP/BOOTP 客户端动态获取路由信息。
- （可选）配置 DHCP 客户端请求的选项信息。
- （可选）配置 DHCP Client 下发静态 ARP 表项。
- 使能开启 DHCP/BOOTP 客户端功能。

5.7.1 配置 DHCP/BOOTP 客户端属性

DHCP/BOOTP 客户端属性配置主要包括配置 DHCP 客户端的主机名、标识、Option60 字段、网关探测功能、期望租期，并使能 DHCP 服务。通过配置 DHCP/BOOTP 客户端属性，有助于 DHCP/BOOTP 客户端和 DHCP 服务器之间的通信。具体配置步骤见表 5-29（**属性之间没有严格的配置次序**），要注意的是，其中多数配置仅适用于 DHCP 客户端，已用粗体字特别强调。

表 5-29 **DHCP/BOOTP** 客户端属性的配置步骤

步骤	命令	说明
1	**system-view** 例如：< Huawei > **system-view**	进入系统视图
2	**dhcp client class-id** *class-id* 例如：[Huawei] **dhcp client class-id** huawei	全局配置 DHCP 客户端发送 DHCP 请求报文中的 Option60 字段。系统视图下配置此命令后，设备作为 DHCP 客户端时，所有接口发送的 DHCP 请求报文中将用配置的内容填充 Option60 字段。 Option60 为厂商分类标识符选项，用来标识 DHCP 客户端的厂商类型和配置。不同厂商可以根据自己的需要定义特定的厂商分类标识符选项，以向 DHCP 服务器传递客户端的特定配置或标识信息。 缺省情况下，Option60 的缺省值与设备相关，表示为"huawei 设备型号"，可用 **undo dhcp client class-id** 命令恢复 DHCP 请求报文中的 Option60 字段为缺省值
3	**interface** *interface-type interface-number* 例如：[Huawei] **interface** gigabitethernet 1/0/0	键入要使能 DHCP 或者 BOOTP 客户端功能的接口（连接客户端侧的三层接口），进入接口视图。 支持工作在 DHCP 客户端的接口可以是三层物理接口及其子接口、三层 Eth-trunk 接口及其子接口和 VE 接口
4	**dhcp client class-id** *class-id*	配置当前接口下连接的 DHCP 客户端发送 DHCP 请求报文中的 Option60 字段（用来设置厂商分类信息选项，标识 DHCP 客户端的类型和配置），1～64 个字符，区分大小写。 【说明】DHCP 服务器需要根据请求报文中的 Option60 字段内容来区分不同设备，用户可以使用此命令自定义设备作为 DHCP 客户端时，发送的请求报文中封装的 Option60 内容接口下。配置此命令后，设备作为 DHCP 客户端时（包括 auto-config 时获取地址阶段），从该接口发送的 DHCP 请求报文中将使用配置的内容填充 Option60 字段。

续表

步骤	命令	说明
4	例如：[Huawei-GigabitEthernet1/ 0/0] **dhcp client class-id** huawei	缺省情况下，未配置 Option60 字段，可用 **undo dhcp client class-id** 命令删除已配置的 DHCP 请求报文中的 Option60 字段
5	**dhcp client hostname** *hostname* 例如：[Huawei-GigabitEthernet1/ 0/0] **dhcp client hostname** huawei gateway	配置 **DHCP 客户端或 BOOTP 客户端**的主机名，1～64 个字符，**支持空格，但区分大小写。** 缺省情况下，系统未配置 DHCP/BOOTP 客户端的主机名，可用 **undo dhcp client hostname** 命令删除配置的 DHCP/ BOOTP 客户端的主机名
6	**dhcp client client-id** *client-id* 例如：[Huawei-GigabitEthernet1/ 0/0] **dhcp client client-id** huawei_ client	配置 **DHCP 客户端**的标识，1～64 个字符，**不支持空格，区分大小写**。客户端标识信息填充在 Option61 选项中，用来唯一标识 DHCP 客户端，以便 DHCP 服务器识别。 【说明】DHCP 客户端在申请 IP 地址时，DHCP 服务器会获取请求报文中的 DHCP 客户端标识信息，DHCP 服务器将根据该标识，为 DHCP 客户端分配 IP 地址。 缺省情况下，DHCP 客户端的标识是客户端的 MAC 地址，可用 **undo dhcp client client-id** 命令恢复 DHCP 客户端的标识为缺省值

5.7.2 使能 DHCP/BOOTP 客户端功能

在 DHCP/BOOTP 客户端配置任务中，DHCP/BOOTP 客户端功能的使能必须放在最后进行，否则路由器会使用错误的属性配置来从 DHCP 服务器获取 IP 地址。

使能 DHCP/BOOTP 客户端功能的方法很简单，就是在对应的 DHCP 或者 BOOTP 客户端接口视图下分别执行 **ip address dhcp-alloc** 或者 **ip address bootp-alloc** 命令。

缺省情况下，接口下 DHCP、BOOTP 客户端功能处于未使能状态，分别可用 **undo ip address dhcp-alloc** 或 **undo ip address bootp-alloc** 命令去使能接口下的 DHCP 或 BOOTP 客户端功能。

5.7.3 配置其他功能

因为 DHCP/BOOTP 客户端的一些其他功能的配置都比较简单，所以在此集中进行介绍，具体配置步骤见表 5-30，各功能配置没有先后次序之分，**且均为可选。**

表 5-30　DHCP/BOOTP 客户端其他功能的配置步骤

步骤	命令	说明
1	**system-view** 例如：< Huawei > **system-view**	进入系统视图
2	**interface** *interface-type interface-number* 例如：[Huawei] **interface** gigabitethernet 1/0/0	进入 DHCP 或者 BOOTP 客户端接口视图。 支持工作在 DHCP 客户端的接口可以是三层物理接口及其子接口、三层 Eth-trunk 接口及其子接口和 VE 接口
3	**dhcp client expected-lease** *time*	配置 **DHCP 客户端**期望的租期时间。参数 *time* 用来指定 DHCP 客户端期望的租期时间，取值范围为 60～864 000 的整数秒。 【说明】DHCP 客户端向服务器申请地址时，可以携带期望地址租用期，该信息存放于报文的 Option51 字段中。当服务器在分配地址租约时，会把客户端期望租用时间和地址池中的地址租用

续表

步骤	命令	说明
3	例如：[Huawei-GigabitEthernet1/ 0/0] **dhcp client expected-lease** 7200	期进行比较，选择其中一个时间较短的租期分配给 DHCP 客户端。设备作为 DHCP Client 时，租期不能小于 8s，否则，会造成报文丢弃。因此，对端 Server 上配置的租期也不能小于 8s。 缺省情况下，系统未配置 DHCP 客户端期望的租用时间，可用 **undo dhcp client expected-lease** 命令删除 DHCP 客户端期望的租用时间
4	**dhcp client gateway-detect period** *period* **retransmit** *retransmit* **timeout** *time* 例如：[Huawei-GigabitEthernet1/ 0/0] **dhcp client gateway-detect period** 3600 **retransmit** 3 **timeout** 500	配置 **DHCP/BOOTP 客户端**的网关探测功能。命令中的参数说明如下。 （1）**period** *period*：指定 DHCP 客户端的网关探测周期，取值范围为 1～86 400 的整数秒。 （2）**retransmit** *retransmit*：指定 DHCP 客户端的网关探测的重传次数，取值范围为 1～10 的整数。 （3）**timeout** *time*：指定 DHCP 客户端的网关探测的超时时间，取值范围为 1～1 000 的整数秒。 【注意】DHCP 客户端网关探测功能**仅适用于双上行链路场景**，这时，当 DHCP Client 成功获取 IP 地址后，该功能可以使 DHCP Client 迅速检测正在使用的网关状态，如果当前网关地址错误或网关设备故障，DHCP 客户端就可以通过其他上行链路（即其他网关）向 DHCP 服务器重新发送 IP 地址请求。 缺省情况下，系统未配置 DHCP/BOOTP 客户端网关探测功能，可用 **undo dhcp client gateway-detect** 命令删除配置的 DHCP 客户端网关探测功能
5	**dhcp client default-route preference** *preference-value* 例如：[Huawei-GigabitEthernet1/0/0] **dhcp client default-route preference** 30	配置 DHCP 服务器下发给 DHCP/BOOTP **客户端**的路由表项优先级，整数形式，取值范围是 1～255。 客户端与其他网络设备通信时，需要在客户端上配置下一跳地址是客户端网关地址的路由。如果客户端网关地址是通过 DHCP 服务器动态获取，且在客户端上配置静态路由时，当网关地址发生变化时，还需要手工修改静态路由。配置 DHCP 客户端通过 DHCP 方式获取路由表项，静态路由的下一跳地址会根据网关地址的变化而变化，从而降低了维护成本。 DHCP 服务器还可以下发路由表项给 DHCP 客户端。设备作为 DHCP 客户端时，支持配置 DHCP 服务器下发给 DHCP 客户端的路由表项优先级，从而实现 DHCP 客户端动态刷新客户端路由表。 缺省情况下，DHCP 服务器下发给 DHCP 客户端的路由表项缺省优先级为 60，可用 **undo dhcp client default-route preference** 命令恢复 DHCP 服务器下发给 DHCP 客户端的路由表项优先级为缺省值
6	**dhcp client request option-list exclude** *option-code* &<1-8> 例如：[Huawei-GigabitEthernet1/0/0] **dhcp client request option-list exclude** 3	配置 DHCP 请求报文中 Option55 选项不携带的缺省请求选项列表，取值包括 3、6、15、28、33、44、121 和 184。 DHCP 请求报文中的 Option55 选项用于设置请求选项列表。DHCP 客户端利用该选项指明需要从 DHCP 服务器获取哪些网络配置参数。 缺省情况下，Option55 选项缺省携带的请求选项包括：3、6、15、28、33、44、121 和 184。用户可以根据网络要求，通过本命令可设置排除选项列表，使 Option55 选项不携带这些缺省选项信息，可用 **undo dhcp client request option-list exclude** *option-code* 命令恢复缺省配置

续表

步骤	命令	说明
7	**dhcp client request option-list** *option-code* &<1-9> 例如：[Huawei-Gigabit Ethernet1/0/0] **dhcp client request option-list** 4	配置 DHCP 请求报文中 Option55 选项携带的缺省选项外的请求选项列表，取值包括 4、7、17、42、43、66、67、120 和 129。 缺省情况下，DHCP 请求报文中 Option55 选项缺省携带的请求选项包括：3、6、15、28、33、44、121、184，可用 **undo dhcp client request option-list** *option-code* &<1-9>命令恢复缺省配置
8	**dhcp link arp** 例如：[Huawei-Gigabit Ethernet1/0/0] **dhcp link arp**	配置接口下收到服务器回复的 DHCP ACK 报文时，下发一条基于 DHCP 客户端的静态 ARP 表项。适用于路由器作为 DHCP 客户端，其中安装的 LTE Modem 作为 DHCP 服务器场景，用于 DHCP 服务器指导报文发往担当 DHCP 客户端的路由器接口。 缺省情况下，接口下收到服务器回复的 DHCP ACK 报文时，不下发一条静态 ARP 表项，可用 **undo dhcp link arp** 命令配置接口下收到服务器回复的 DHCP ACK 报文时，不下发一条静态 ARP 表项

5.7.4 DHCP 客户端配置示例

如图 5-19 所示，Router 的 GE0/0/1 接口使能 DHCP 客户端功能，从运营商的 DHCP 服务器动态获取 IP 地址等网络信息。同时，Router 在 GE0/0/2 接口上开启 DHCP 服务器功能，为下挂的 PC 机分配 IP 地址、网关地址等信息。为保证分配给 PC 的 DNS 和 NetBIOS 服务器的配置信息与运营商分配的完全一致，Router 还需开启 GE0/0/2 接口地址池下的 DNS、NetBIOS 服务器配置信息的自动获取功能。

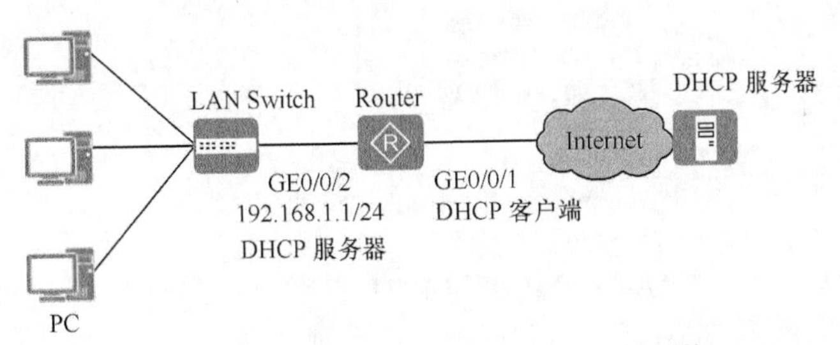

图 5-19　DHCP 客户端配置示例的拓扑结构

1. 基本配置思路分析

① 在 Router 的 GE0/0/1 接口上使能 DHCP 客户端功能，实现 Router 可以从 DHCP 服务器动态获取 IP 地址、DNS 和 NetBIOS 服务器等信息。

② 在 Router 的 GE0/0/2 上使能采用接口地址池进行地址分配的 DHCP 服务器功能，并开启 DNS 和 NetBIOS 服务器配置信息的自动获取功能，实现为 PC 分配 IP 地址、DNS 和 NetBIOS 服务器配置信息等网络参数。

说明 配置前需确保网络中各设备之间已能互通。本例中运营商的 DHCP 服务器会将 DNS 服务器地址 10.1.2.1、域名后缀 huawei、NetBIOS 服务器地址 10.1.3.1 这些配置信息一起下发给 Router。进行 Router 配置前需在运营商 DHCP 服务器上进行相关配置。

2. 具体配置步骤

① 在 GE0/0/1 上配置 DHCP 客户端功能。

```
<Huawei> system-view
[Huawei] sysname Router
[Router] interface gigabitethernet 0/0/1
[Router-GigabitEthernet0/0/1] ip address dhcp-alloc    #---使能 DHCP 客户端功能
[Router-GigabitEthernet0/0/1] quit
```

② 在 GE0/0/2 上使能采用接口地址池进行地址分配的 DHCP 服务器功能，并开启 DNS 和 NetBIOS 服务器配置信息的自动获取功能。

```
[Router] dhcp enable
[Router] interface gigabitethernet 0/0/2
[Router-GigabitEthernet0/0/2] ip address 192.168.1.1 24
[Router-GigabitEthernet0/0/2] dhcp select interface
[Router-GigabitEthernet0/0/2] dhcp server import all   #---在 GE0/0/2 上开启 DNS 和 NetBIOS 服务器配置信息的自动获取功能
[Router-GigabitEthernet0/0/2] quit
```

3. 验证配置结果

① 在 Router 上执行 **display dhcp client** 命令，查看 DHCP 客户端功能的状态信息。

```
[Router] display dhcp client
DHCP client lease information on interface GigabitEthernet0/0/1 :
 Current machine state          : Bound
 Internet address assigned via : DHCP
 Physical address               : 5489-98f7-310f
 IP address                     : 10.1.5.254
 Subnet mask                    : 255.255.255.0
 Gateway ip address             : 10.1.5.1
 DHCP server                    : 10.1.5.1
 Lease obtained at              : 2015-02-10 08:47:41
 Lease expires at               : 2015-02-11 08:47:41
 Lease renews at                : 2015-02-10 20:47:41
 Lease rebinds at               : 2015-02-11 05:47:41
 Domain name                    : huawei
 DNS                            : 10.1.2.1
 NBNS                           : 10.1.3.1
```

② 在 Router 上执行 **display ip pool import all** 命令，查看 Router 动态获取到 DNS、NetBIOS 服务器的配置信息。

```
[Router] display ip pool import all
---------------------------------------------------------------------
Parameter      Update time            Protocol Value
---------------------------------------------------------------------
domain-name    2015-02-10 08:47:41    dhcp     huawei
dns-server     2015-02-10 08:47:41    dhcp     10.1.2.1
nbns-server    2015-02-10 08:47:41    dhcp     10.1.3.1
---------------------------------------------------------------------
```

5.8 DNS 服务配置与管理

DNS 是一种用于 TCP/IP 应用程序的分布式数据库，提供域名与 IP 地址之间的转换服务。AR G3 系列路由器支持作为 DNS 客户端、DNS 代理/中继（Proxy/Relay）和 DDNS

客户端（**不能配置作为 DNS 服务器**）。因篇幅原因，DNS、DNS 代理/中继（Proxy/Relay）和 DDNS 的工作原理在此不进行介绍，请参考相关专业书籍，如《深入理解计算机网络》（新版）。

5.8.1　配置作为 DNS 客户端

当设备需要通过域名请求方式访问网站或者与其他设备进行通信时，需要配置其作为 DNS 客户端，支持静态域名解析和动态域名解析。静态域名解析即手动建立域名和 IP 地址之间的对应关系，相当于建立了一个域名和 IP 地址映射关系列表的主机文件，所以也称主机文件方式。在设备上配置静态域名表项后，当 DNS 客户端需要域名所对应的 IP 地址时，会查询静态域名解析表，获得域名所对应的 IP 地址。

动态域名解析有专用的 DNS 服务器，负责接收 DNS 客户端提出的域名解析请求。DNS 服务器首先在本机数据库内部解析，如果判断不属于本域范围之内，就将请求交给上一级的 DNS 服务器，直到完成解析，解析的结果为获得域名对应的 IP 地址或者该域名对应的 IP 地址不存在，DNS 服务器将最终解析的结果反馈给 DNS 客户端。

DNS 客户端的静态域名解析和动态域名解析（**二者选其一**）的配置方法见表 5-31。

表 5-31　DNS 客户端的配置步骤

步骤	命令	说明
1	**system-view** 例如：< Huawei > **system-view**	进入系统视图
配置静态 DNS 客户端		
2	**ip host** *host-name ip-address* 例如：[Huawei] **ip host** www. huawei. com 10.10.10.4	配置静态 DNS 表项。命令中的参数说明如下。 （1）*host-name*：指定要解析的域名，1～24 个字符，**不支持空格，区分大小写**。 （2）*ip-address*：指定参数 *host-name* 配置的域名所对应的 IP 地址。 缺省情况下，未配置静态 DNS 表项，可用 **undo ip host** *host-name* [*ip-address*]命令取消已配置的静态 DNS 表项。 缺省情况下，未配置静态 DNS 表项。 【注意】每个主机名只能对应一个 IP 地址，当对同一主机名进行多次配置时，最后配置的 IP 地址有效。如果有多个主机名需要解析，则需要重复本步骤
配置动态 DNS 客户端		
2	**dns resolve** 例如：[Huawei] **dns resolve**	使能动态域名解析功能。如果用户希望使用动态域名解析功能，通过 DNS 服务器来获取域名对应的 IP 地址，则需要在设备上通过本命令来使能设备的动态域名解析功能。 缺省情况下，动态域名解析功能处于未使能状态，可用 **undo dns resolve** 命令去使能动态域名解析功能
3	**dns server** *ip-address* 例如：[Huawei] **dns server** 10.10.1.1	配置 DNS 客户端访问的 DNS 服务器的 IP 地址。系统支持最多可以配置 6 个 DNS 服务器的 IP 地址，如果需要配置多个时则要重复配置本命令。 缺省情况下，没有配置 DNS 服务器的 IP 地址，可用 **undo dns server** [*ip-address*]命令删除指定的或者所有配置的 DNS 服务器 IP 地址

续表

步骤	命令	说明
4	**dns server source-ip** *ip-address* 例如：[Huawei]**dns server source-ip** 172.16.1.10	（可选）指定本端设备作为 DNS 客户端，进行 DNS 报文交互时的源 IP 地址，可以是自己设备的地址，也可以不是，但一定要使 DNS 服务器可达。 缺省情况下，未配置 DNS 报文交互时的源 IP 地址，可用 **undo dns server source-ip** 命令删除设备进行 DNS 报文交互时的源 IP 地址
5	**dns server vpn-instance** *vpn-instance-name* 例如：[Huawei] **dns server vpn-instance** vpn1	（可选）配置设备向指定 VPN 网络的 DNS 服务器发送 DNS 查询请求。参数 *vpn-instance-name* 用来指定 VPN 实例名称，必须是已存在的 VPN 实例。 多次执行此命令，新的配置会覆盖原来的配置。 缺省情况下，设备只支持向公网内的 DNS 服务器发送 DNS 查询功能，可用 **undo dns server vpn-instance** 命令取消设备向指定 VPN 网络的 DNS 服务器发送 DNS 查询请求
6	**dns-server-select-algorithm** { **fixed** | **auto** } 例如：[Huawei] **dns-server-select-algorithm auto**	（可选）配置设备选择目的 DNS 服务器算法。命令中的选项说明如下。 （1）**fixed**：二选一选项，配置目的 DNS 服务器选择算法为 fixed（固定）顺序算法。此时，设备每次发送 DNS 查询请求时，都会首先向配置的第一个 DNS 服务器发送 DNS 查询请求，如果在规定时间内没有收到响应，则重新发送 DNS 查询请求，如果重新发送多次 DNS 查询请求后，设备仍然没有得到 DNS 服务器回应，则向下一个 DNS 服务器查询请求，依次进行，直到得到响应或者依次查询完所有配置的 DNS 服务器为止。这样就保证主服务器发生故障又恢复正常后，设备优先选择的 DNS 服务器仍为主服务器。 （2）**auto**：二选一选项，配置目的 DNS 服务器选择算法为 auto（自动）顺序算法。首先通过内部算法计算出所有配置的 DNS 服务器（执行 **dns server** *ip-address* 命令可以配置 DNS 服务器的 IP 地址）的优先级顺序，然后向优先级最高的 DNS 服务器发送 DNS 查询请求。如果在规定时间内没有收到响应，则重新发送 DNS 查询请求。如果重新发送多次 DNS 查询请求后，设备仍然没有得到 DNS 服务器回应，则向优先级次高的 DNS 服务器发送 DNS 查询请求。依次进行，直到得到响应或者依次查询完所有配置的 DNS 服务器为止。 缺省情况下，系统选择 DNS 服务器的算法为 auto 顺序算法，可用 **undo dns-server-select-algorithm** 命令恢复缺省配置
7	**dns forward retry-number** *number* 例如：[Huawei]**dns forward retry-number** 3	（可选）配置设备向目的 DNS 服务器发送查询请求的重传次数，取值范围为 0～15 的整数。 缺省情况下，系统向目的 DNS 服务器发送查询请求的重传次数为 2 次，可用 **undo dns forward retry-number** 命令恢复向目的 DNS 服务器发送查询请求的重传次数为缺省值
8	**dns forward retry-timeout** *time* 例如：[Huawei]**dns forward retry-timeout** 10	（可选）配置设备向目的 DNS 服务器发送查询请求的超时重传时间，取值范围为（0～15）的整数秒。 【说明】确定设备的查询超时时间，需要结合 DNS 查询请求的重传次数、重传超时时间和选择目的 DNS 服务器模式：当在第 6 步中选择目的 DNS 服务器算法为 auto 顺序算法时，DNS 设备超时时间为（重传次数+1）×重传超时时间；当在第 6 步中选择目的 DNS 服务器算法为 fixed 顺序算法时，DNS 设备超时时间为（重传次数+1）×重传超时时间×DNS 服务器个数。 缺省情况下，系统向目的 DNS 服务器发送查询请求的超时重传时间是 3 s，可用 **undo dns forward retry-timeout** 命令恢复向目的 DNS 服务器发送查询请求的重传超时时间为缺省值

续表

步骤	命令	说明
9	**dns domain** *domain-name* 例如：[Huawei] **dns domain** com.cn	（可选）配置域名后缀，1～63 个字符，不支持空格，区分大小写，可以设定为包含数字、字母和下划线“_”或“.”的组合。公网中的域名后缀必须是在域名颁发机构注册的，如 com、cn、com.cn、org、net 等。设置域名后缀是为了便于在访问对应主机时可不用输入其域名，只需输入其前面 NetBIOS 名部分即可。 DNS 客户端最多支持 10 个域名后缀，用户如果想要配置多个域名后缀，可重复配置本命令。 缺省情况下，DNS 客户端上未配置域名后缀，可用 **undo dns domain** [*domain-name*]命令删除 DNS 客户端上配置的指定或全部域名后缀

DNS 客户端配置好后，可在任意视图下执行以下 **display** 命令查看相关配置，验证配置结果。

- **display dns configuration**：查看 DNS 全局配置信息。
- **display ip host**：查看静态 DNS 表项。
- **display dns server** [**verbose**]：查看 DNS 服务器的配置信息。
- **display dns domain** [**verbose**]：查看域名后缀的配置信息。

5.8.2 配置 DNS Proxy/Relay

AR G3 系列路由器可以配置作为 DNS Proxy/Relay（代理/中继）使用，转发 DNS 请求和应答报文，实现 DNS 客户端的域名解析功能。

在使用了 DNS 代理/中继（DNS Proxy/Relay）功能的组网中，DNS 客户端将 DNS 请求报文直接发送给 DNS Proxy/Relay，然后 DNS Proxy/Relay 将收到的 DNS 请求报文转发至 DNS 服务器，并在收到 DNS 服务器的应答报文后将其返回给 DNS 客户端，从而实现域名解析。这样一来，当 DNS 服务器的地址发生变化时，只需改变 DNS Proxy/Relay 上的配置，无需逐一改变局域网内每个 DNS 客户端的配置，从而简化了网络管理。这就是使用 DNS Proxy/Relay 所带来的好处。

说明 DNS Relay 和 DNS Proxy 功能相同，区别在于 DNS Proxy 接收到 DNS 客户端的 DNS 查询报文后会查找本地缓存，有时查询的效率更高；而 DNS Relay 不会查询本地缓存，而是直接转发给 DNS 服务器进行解析，从而节省了 DNS Relay 上的 DNS 缓存开销，但查询效率往往较低。

DNS Proxy/Relay 主要涉及以下两项配置任务，但在之前，需要配置好对应的 DNS 服务器以及与 DNS 客户端和 DNS 服务器之间的路由。

（1）配置目的 DNS 服务器

本项配置任务首先要全局使能 DNS Proxy/Relay 功能，然后配置 DNS Proxy/Relay 要访问的目的 DNS 服务器及相关的参数属性。

在设备上使能 DNS Proxy 或者 DNS Relay 功能后，可用于在 DNS 客户端和 DNS 服务器之间转发 DNS 请求和应答报文。局域网内的 DNS 客户端把 DNS Proxy 或者 DNS Relay 当作 DNS 服务器，将 DNS 请求报文发送给 DNS Proxy 或 DNS Relay。DNS Proxy

或 DNS Relay 将该请求报文转发到真正的 DNS 服务器，并将 DNS 服务器的应答报文返回给 DNS 客户端，从而实现域名解析。当配置设备作为 DNS Proxy 或 DNS Relay 后，可为企业网用户提供 DNS 服务器功能，用户无需直接和 DNS 服务器进行交互，简化了路由部署，同时提高了 DNS 服务器的性能和安全性。

（2）（可选）配置 DNS Spoofing 功能

当设备使能 DNS Proxy/Relay 功能后，如果设备上没有配置 DNS 服务器地址或不存在到达 DNS 服务器的路由，则设备不会转发 DNS 服务器的域名解析请求，也不会应答该请求。如果此时设备上同时使能了 DNS Spoofing 功能，则会利用配置的 IP 地址作为域名解析结果，欺骗性地应答域名解析请求。

【经验之谈】其实 DNS Spoofing 功能非常常见，如我们通常会把宽带路由器当成 DNS 服务器使用，其实宽带路由器本身不具备 DNS 服务器功能，所使用的就是 DNS Spoofing 功能。但如果在路由器上没有使能 DNS Spoofing 功能时，路由器接收到主机发送的域名解析请求报文后，如果不存在对应的域名解析表项，则需要向 DNS 服务器发送域名解析请求。但由于此时拨号接口尚未建立连接，路由器上不存在 DNS 服务器地址，Router 不会向 DNS 服务器发送域名解析请求，也不会应答 DNS 客户端的请求，最终导致域名解析失败，且没有流量触发拨号接口建立连接。

如果使能了 DNS Spoofing 功能，即使路由器上不存在 DNS 服务器的 IP 地址或到达 DNS 服务器的路由，路由器也会利用指定的 IP 地址作为域名解析结果，应答 DNS 客户端的域名解析请求。DNS 客户端后续发送的报文可以用来触发拨号接口建立连接。

要让 DNS Spoofing 生效，除了需要使能 DNS Proxy 或者 DNS Relay 外，还需要满足如下条件之一。

■ 没有配置 DNS 服务器，或者配置了 DNS 服务器，但是没有使能 DNS 动态解析功能。

■ 没有到达 DNS 服务器的路由。

■ 通往 DNS 服务器的出接口上没有可用的源 IP 地址。

当满足以上某一个条件，DNS Proxy 或者 DNS Relay 接收到一个 A 类（主机类）查询时，使用 DNS Spoofing 配置的 IP 地址进行应答。

以上两项 DNS Proxy/Relay 配置任务的具体配置步骤见表 5-32。

表 5-32 DNS Proxy/Relay 的配置步骤

配置任务	步骤	命令	说明
公共配置步骤	1	**system-view** 例如：< Huawei > **system-view**	进入系统视图
配置目的 DNS 服务器	2	**dns proxy enable** 或 **dns relay enable** 例如：[Huawei] **dns proxy enable** 或[Huawei] **dns relay enable**	使能 DNS Proxy 或 DNS Relay 功能。 缺省情况下，系统未使能 DNS Proxy 或 DNS Relay 功能，可分别用 **undo dns proxy enable**、**undo dns relay enable** 命令去使能 DNS Proxy 或 DNS Relay 功能
	3	**dns resolve** 例如：[Huawei] **dns resolve**	使能动态域名解析功能。其他说明参见 5.8.1 节表 5-31 中动态 NDS 解析配置中的第 2 步

续表

配置任务	步骤	命令	说明
配置目的 DNS 服务器	4	**dns server** *ip-address* 例如：[Huawei] **dns server** 10.10.1.1	配置 DNS Proxy/Relay 访问的 DNS 服务器。其他说明参见 5.8.1 节表 5-31 中动态 NDS 解析配置中的第 3 步
	5	**dns server source-ip** *ip- address* 例如：[Huawei]**dns server source-ip** 172.16. 1.10	（可选）指定与 DNS 服务器进行 DNS 报文交互时的源 IP 地址。其他说明参见 5.8.1 节表 5-31 中动态 NDS 解析配置中的第 4 步
	6	**dns-server-select-algorithm** { **fixed** | **auto** } 例如：[Huawei]**dns-server-select-algorithm auto**	（可选）配置 DNS Proxy/Relay 选择目的 DNS 服务器算法。其他说明参见 5.8.1 节表 5-31 中动态 NDS 解析配置中的第 6 步
	7	**dns forward retry-number** *number* 例如：[Huawei]**dns forward retry-number** 3	（可选）配置 DNS Proxy/Relay 向目的 DNS 服务器发送查询请求的重传次数。**这条命令只有 V2R5 的版本才有**。其他说明参见 5.8.1 节表 5-31 中动态 NDS 解析配置中的第 7 步
	8	**dns forward retry-timeout** *time* 例如：[Huawei]**dns forward retry-timeout** 10	（可选）配置 DNS Proxy/Relay 向目的 DNS 服务器发送查询请求的超时重传时间。其他说明参见 5.8.1 节表 5-31 中动态 NDS 解析配置中的第 8 步
配置 DNS Spoofing 功能	9	**dns spoofing** *ip-address* 例如：[Huawei]**dns spoofing** 192.168.1.1	（可选）使能 DNS Spoofing 功能，并指定应答的 IP 地址。 缺省情况下，系统未使能 DNS Spoofing 功能，可用 **undo dns spoofing** 命令去使能 DNS Spoofing 功能

5.8.3 配置 DDNS 客户端

DNS 仅提供了域名和 IP 地址之间的静态对应关系，当节点的 IP 地址发生变化时，DNS 无法动态地更新域名和 IP 地址的对应关系。此时，如果仍然使用域名访问该节点，则通过域名解析得到的 IP 地址是错误的，从而导致访问失败。动态域名系统 DDNS 可用来动态更新 DNS 服务器上域名和 IP 地址之间的对应关系，保证通过域名解析到正确的 IP 地址。

DDNS 采用的是 Client/Server 工作模式，提供了两种更新方式。

■ RFC2136 定义的 DDNS 更新方式：设备作为 DDNS Client，动态更新 DNS Server 中域名和 IP 地址的映射关系。

■ 通过 DDNS 服务器实现的 DDNS 更新方式：设备作为 DDNS 客户端，将域名与 IP 地址的映射关系发送给指定 URL 地址的 DDNS 服务器，然后 DDNS 服务器通知 DNS 服务器动态更新域名和 IP 地址之间的映射关系。此时，DDNS 客户端需要在 DDNS 服务器网站上进行用户注册。

部署 DDNS 需要 DDNS 服务提供商的支持。目前设备支持以下的 DDNS 服务提供商：www.3322.org、www.oray.cn、www.dyndns.com。由于 DDNS 服务器通常部署在 Internet，所以在应用 DDNS 时，需要保证 DDNS 客户端（即 Router）能正常访问 Internet。

配置 AR G3 系列路由器为 DDNS 客户端时主要包括以下两项配置任务。

（1）配置 DDNS 策略

通过配置 DDNS 策略，可以指定更新请求发送到 DDNS 服务器或 DNS 服务器。

（2）绑定 DDNS 策略

通过在接口上应用指定的 DDNS 策略来更新指定的域名与 IP 地址的映射关系，并启动 DDNS 更新。

以上两项 DDNS 客户端配置任务的具体配置步骤见表 5-33。

表 5-33 DDNS 客户端的配置步骤

配置任务	步骤	命令	说明
公共配置	1	**system-view** 例如：< Huawei > **system-view**	进入系统视图
配置 DDNS 策略	2	**ddns policy** *policy-name* 例如：[Huawei] **ddns policy** mypolicy	创建 DDNS 策略，并进入 DDNS 策略视图。参数 *policy-name* 用来指定创建的 DDNS 策略名称，1～32 个字符，不支持空格，**区分大小写**。支持最多配置 10 个 DDNS 策略。 缺省情况下，系统未创建 DDNS 策略，可用 **undo ddns policy** *policy-name* 命令删除指定的 DDNS 策略
	3	**method** { **ddns** [**both**] | **http** | **vendor-specific** } 例如：[Huawei-ddns-policy-mypolicy] **method ddns both**	配置设备作为 DDNS 客户端的更新方式。命令中的选项说明如下。 （1）**ddns** [**both**]：多选一选项，指定设备作为 DDNS Client 时的更新方式为 ddns（RFC2136 定义的）。选择 **both** 可选项，表示同时更新 A 和 PTR 类记录，否则，只更新 A 类记录。 （2）**http**：多选一选项，指定设备作为 DDNS 客户端时的更新方式为 http。选择此参数，设备作为 DDNS 客户端可以与普通 DDNS 服务器通过 HTTP 方式通信。 （3）**vendor-specific**：多选一选项，指定设备作为 DDNS 客户端时的更新方式为 vendor-specific。此时，设备作为 DDNS 客户端可以与 www.3322.org、www.dyndns.com 和 www.oray.cn 类型的 DDNS 服务器通信。 缺省情况下，配置设备作为 DDNS 客户端的更新方式为 **vendor-specific**，可用 **undo method** 命令恢复设备作为 DDNS Client 的 DNS 表项更新方式为缺省值
	4	**name-server** *name-server* [**vpn-instance** *vpn-instance-name*] 例如：[Huawei-ddns-policy-mypolicy] **name-server** ns.huawei.com	（可选）当在第 3 步选择配置更新方式为 **ddns** 选项时，配置接收 DDNS 更新消息的域名服务器。命令中的参数说明如下。 （1）*name-server*：指定接收 DDNS 客户端更新消息的 DNS 服务器，可以是域名，也可以是 IP 地址。 （2）**vpn-instance** *vpn-instance-name*：可选参数，指定接收 DDNS 客户端更新消息的 DNS 服务器所属的 VPN 实例的名称。 缺省情况下，未配置接收 DDNS 更新消息的域名服务器，可用 **undo name-server** 命令删除已配置的接收 DDNS 客户端更新消息的 DNS 服务器
	5	**interval** *interval-time*	（可选）当在第 3 步选择配置更新方式为 **ddns** 选项时，指定 DDNS 更新启动后，定时发起更新请求的时间间隔，整数形式，取值范围为 60～31 536 000，单位是秒。使能 DDNS 策略后，通过设置定时刷新时间间隔来触发定时刷新。 不论是否到达定时发起更新请求的时间，只要对应接口的主 IP

续表

配置任务	步骤	命令	说明
	5	例如：[Huawei-ddns-policy-mypolicy] **interval** 3000	地址发生改变或接口的链路状态由 down 变为 up，都会立即发起更新请求。 缺省情况下，定时发起更新请求的时间间隔为 3 600s，可用 **undo interval** 命令恢复为缺省的时间间隔
配置 DDNS 策略	6	**url** *request-url* [**username** *username* **password** *password*]	（可选）当在第 3 步选择配置更新方式为 **vendor-specific** 或 **http** 选项时，指定 DDNS 更新请求的 URL 地址。命令中的参数说明如下。 （1）*request-url* 用来指定请求的 URL 地址，20～256 个字符，不支持空格，区分大小写。 （2）**username** *username* **password** *password*：可选参数，指定登录 DDNS 服务器的用户名和密码信息，其中 *username* 为字符串形式，不支持空格，区分大小写，长度范围是 1～32 字符；*password* 为字符串形式，不支持空格，区分大小写，长度范围是 1～32 字符的显式密码或 48～68 字符的密文密码。 设备向不同 DDNS 服务器请求更新的过程各不相同， DDNS 服务器 URL 地址的配置方式也存在差异。 ① 如果用户不选择 **username** *username* **password** *password* 参数，则表明 URL 地址中已包含用户名和密码信息，且用户名和密码的配置信息为显式信息。 • 设备基于 HTTP 与 www.3322.org 通信时，DDNS 更新请求的 URL 地址格式为：http://*username*: *password*@members.3322.org/dyndns/update?system=dyndns&hostname=<h>&ip=<a>。 • 设备基于 HTTP 与 www.dyndns.com 通信时，DDNS 更新请求的 URL 地址格式为：http://*username*: *password*@update.dyndns.com/nic/update?hostname=<h>&myip=<a>。 • 设备基于 TCP 与 www.oray.cn 通信时，DDNS 更新请求的 URL 地址格式为：oray://*username*: *password*@phddnsdev. oray.net。 • 设备基于 HTTPS 与西门子类型的 DDNS 服务器通信时，DDNS 更新请求的 URL 地址是自由定义类型，比如：https://194.138.36.67/nic/update?group=med&user=huawei_test&password=12345&myip=192.168.19.2。 • 设备基于 HTTP 与普通 DDNS 服务器通信时，DDNS 更新请求的 URL 地址格式类似为：http://*username*:*password*@merri.s.dnaip.fi/reg/h=<h>&a=<a>。 ② 如果选择了 **username** *username* **password** *password*，则 URL 地址中就不包含用户名和密码信息，只包含固定格式 <*username*>:<*password*>。用户名和密码信息通过关键字 **username** 和 **password** 指定，且密码的配置信息以密文显示。 • 设备基于 HTTP 与 www.3322.org 通信时，DDNS 更新请求的 URL 地址格式为：http://<*username*>:<*password*>@members.3322.org/dyndns/update?system=dyndns&hostname=<h>&myip=<a>。 • 设备基于 HTTP 与 www.dyndns.com 通信时，DDNS 更新请求的 URL 地址格式为：http://<*username*>:<*password*>@update.dyndns.com/nic/update?hostname=<h>&myip=<a>。

续表

配置任务	步骤	命令	说明
配置DDNS策略	6	例如：[Huawei-ddns-policy-mypolicy] **url** oray://winda:123456@phddnsdev.oray.net **username** steven **password** nevets	• 设备基于 TCP 与 www.oray.cn 通信时，DDNS 更新请求的 URL 地址格式为：oray://<*username*>:<*password*>@phddnsdev.oray.net。 • 设备基于 HTTPS 与西门子类型的 DDNS 服务器通信时，DDNS 更新请求的 URL 地址是自由定义类型，比如：https://194.138.36.67/nic/update?group=med&user=<*username*>&password=<*password*>&myip=192.168.19.2。 • 设备基于 HTTP 与普通 DDNS 服务器通信时，DDNS 更新请求的 URL 地址格式类似为：http://<*username*>:<*password*>@merri.s.dnaip.fi/reg/h=<h>&a=<a>。 缺省情况下，设备没有指定 DDNS 更新请求的 URL 地址，可用 **undo url** 命令删除已指定的 DDNS 更新请求的 URL 地址
	7	**ssl-policy** *policy-name* 例如：[Huawei-ddns-policy-mypolicy] **ssl-policy** siemens	（可选）在 DDNS 策略下绑定 SSL 策略。参数 *policy-name* 用来指定以上要绑定在 DDNS 策略下的 SSL 策略的名称。 只有西门子的 DDNS 服务器通信时才需要绑定 SSL 策略，对于其他两种的 DDNS 策略不需要绑定 SSL 策略。 缺省情况下，系统在 DDNS 策略下未绑定 SSL 策略，可用 **undo ssl-policy** 命令删除绑定的 SSL 策略
	8	**interval** *interval-time* 例如：[Huawei-ddns-policy-mypolicy] **interval** 3600	（可选）指定 DDNS 更新启动后，定时发起更新请求的时间间隔，取值范围为（60～31 536 000）的整数秒。使能 DDNS 策略后，通过设置定时刷新时间间隔来触发定时刷新。 【注意】重复执行本命令，配置不同的 DDNS 更新请求的时间间隔时，后面的配置将覆盖先前的配置。 不论是否到达定时发起更新请求的时间，只要对应接口的主 IP 地址发生改变或接口的链路状态由 down 变为 up，都会立即发起更新请求。如果修改了定时刷新时间，会立刻触发一次刷新。 缺省情况下，定时发起更新请求的时间间隔为 3 600 s，可用 **undo interval** 命令恢复为缺省的时间间隔
绑定DDNS策略	9	**interface** *interface-type interface-number* 例如：[Huawei] **interface** gigabitethernet 1/0/0	键入要绑定 DDNS 策略的 DDNS 客户端接口，进入接口视图
	10	**ddns apply policy** *policy- name* [**fqdn** *domain-name*] 例如：[Huawei-Gigabit Ethernet1/0/0]**undo ddns apply policy** mypolicy	在 DDNS 客户端接口上绑定 DDNS 策略。命令中的参数说明如下。 （1）*policy-name*：指定要绑定的以上创建的 DDNS 策略名称。一个接口上最多可以应用 6 个 DDNS 策略。 （2）**fqdn** *domain-name*：可选参数，指定 DDNS 更新的完全合格域名名称。只有当 DDNS 服务器为 www.3322.org 或 www.dyndns.com 时，才支持配置完全合格域名 FQDN

配置好以上 DDNS 客户端功能后，可在任意视图下执行以下 **display** 命令查看相关信息，验证配置结果。

- **display ddns policy** [*policy-name*]：查看 DDNS 策略的信息。
- **display ddns interface** *interface-type interface-number*：查看接口下 DDNS 策略的信息。

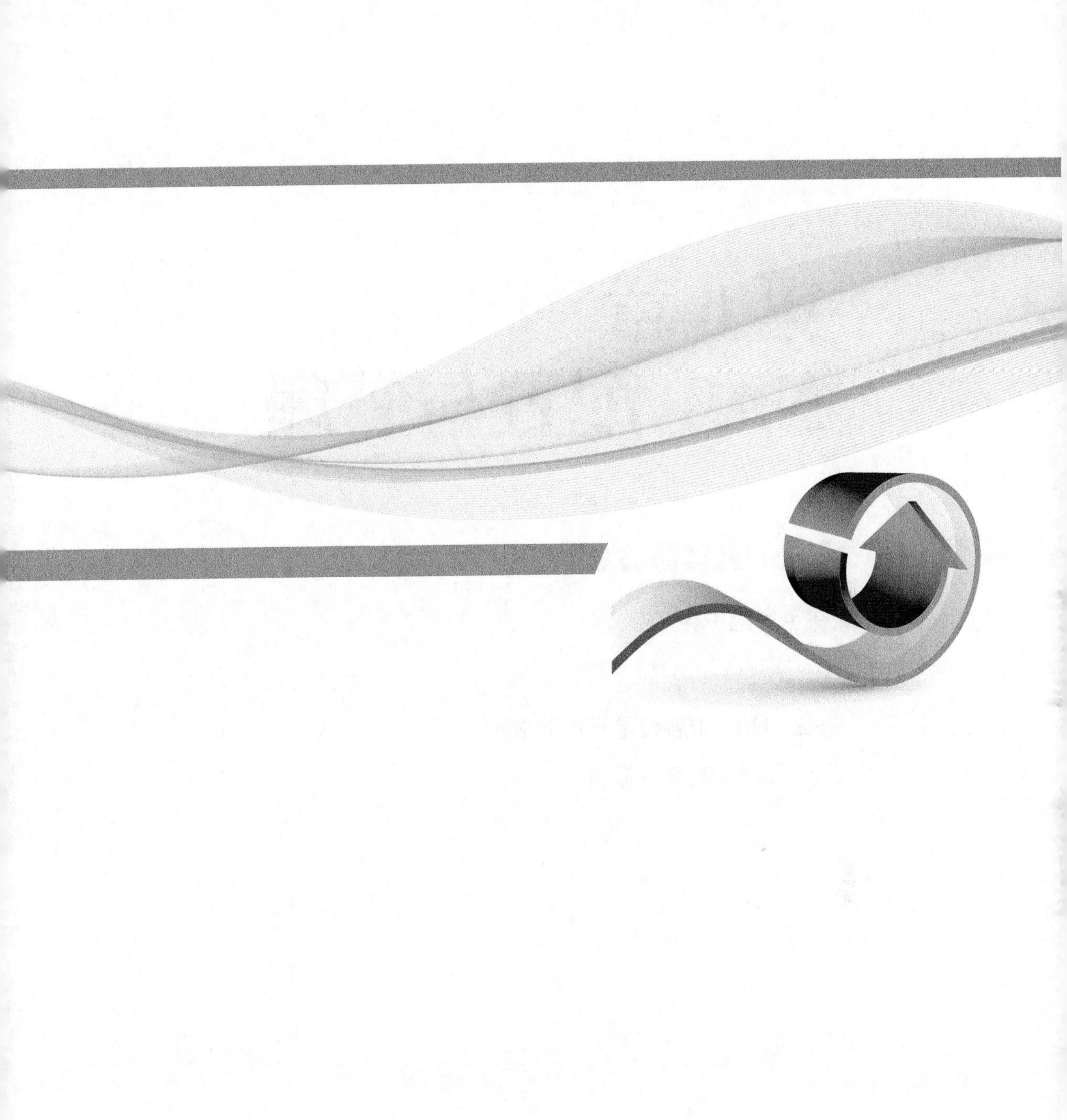

第6章 NAT配置与管理

本章主要内容

6.1 NAT 基础

6.2 NAT 扩展技术及主要应用

6.3 NAT 配置与管理

NAT（网络地址转换）是一项网络地址转换技术，我们每天都在使用，哪怕你在家中，都使用了这种NAT技术（如你家中的宽带路由器）来使我们位于内网中的主机接入到Internet中，只不过我们平时没注意而已。NAT的主要目的就是为了节省公网IPv4地址的使用，使得各企业用户仅通过少数公网IPv4地址就可以实现整个公司员工共享上网，而企业内网仍然可以使用在不同公司内网中可重复使用的私网IPv4地址。

本章主要介绍华为设备中NAT技术的主要工作原理，以及包括静态NAT、静态NAPT、动态NAT、动态NAPT、Easy IP、NAT Server等几种NAT应用类型的相关功能配置与管理方法，以及NAT ALG、DNS Mapping、两次NAT、NAT过滤、NAT映射等相关技术原理及应用配置方法。

6.1 NAT 基础

随着 Internet 的发展和网络应用终端的增加，IPv4 地址的日益枯竭早已成为制约全球计算机网络发展的瓶颈。虽然 IPv6 可以从根本上解决 IPv4 地址空间不足的问题，但是 IPv6 的普及还需要一个过程（目前国家正在大力推广 IPv6 应用）。在此之前，迫切需要一些过渡技术来解决这个问题，NAT（Network Address Translation，网络地址转换）技术就是其中主要的解决手段之一（还有 VLSM、CIDR 也对此有所帮助）。

6.1.1 NAT 的技术背景

在 IPv4 网络中，根据适用的网络场景，IP 地址分为私网 IP 地址（或称私有 IP 地址）和公网 IP 地址（或称公有 IP 地址）两大类。私网 IP 地址是可以供各用户在自己的私网中共享使用，无需注册，如图 6-1 中 3 个 LAN 中的用户都使用了 192.168.0.0/24 这个网段，且都连接到了 Internet。公网 IP 地址则是唯一的，即只能分配给一个用户使用，且需要向专门的 IP 地址管理机构 IANA（The Internet Assigned Numbers Authority，互联网数字分配机构）购买和注册，主要应用于公共的广域网络，如 Internet。

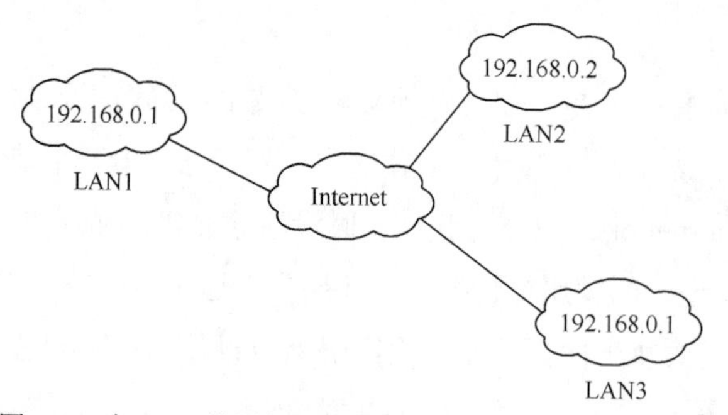

图 6-1 多 LAN 使用相同私有地址段连接 Internet 的示意

正因为有如上特性，私网 IP 地址就不能在公共网络中使用，一方面是因为连接公共网络的私网用户非常多，他们可能使用相同的私网 IP 地址进行分配，如果在公网中依靠私网 IP 地址进行路由的话，就无法获知报文的真正转发出接口（因为不具有唯一性），即无法获知真正的目的用户。另一方面，由于公网中不使用私网 IP 地址，所以在公网设备中是没有配置，也无法配置与私网 IP 地址相关的路由表项，也就使得携带有私网 IP 地址的报文无法在公网中进行路由转发。

这样就带来了一个实质问题，那就是私网中用户要想访问 Internet，报文中的 IP 地址必须经过转换，把原来的私网 IP 地址换成公网中可以识别、路由的公网 IP 地址。但是随着互联网应用的飞速发展，有限的 IPv4 公网地址在全球几十亿用户的使用下，早已无地址可用了，更别说为每个私网用户分配一个用于访问 Internet 的公网地址了。于是就想到了，是否可以多个私网用户共享一个公网 IP 地址访问 Internet，这就是 NAT 技术诞生的最初动机和目的，因为这样可以大大节省公网 IP 地址的使用，同时又满足了用户访问 Internet 的需求。

NAT 可以将来自一个网络的 IP 数据报报头中的 IP 地址（可以是源 IP 地址，或者目的 IP 地址，或者两者同时）转换为另一个网络的 IP 地址，主要用于实现私网用户和公网用户之间的互访。NAT 技术在局域网中也有应用，如图 6-2 所示，当有两个重叠地址的网络（LAN1 和 LAN3）需要合并，并且不想重新规划、分配 IP 地址时，就可以采用 NAT 技术对一方用户在访问对方网络时对报文中的 IP 地址进行转换，最终实现两个物理网段的互通，好像在同一个网络中一样。

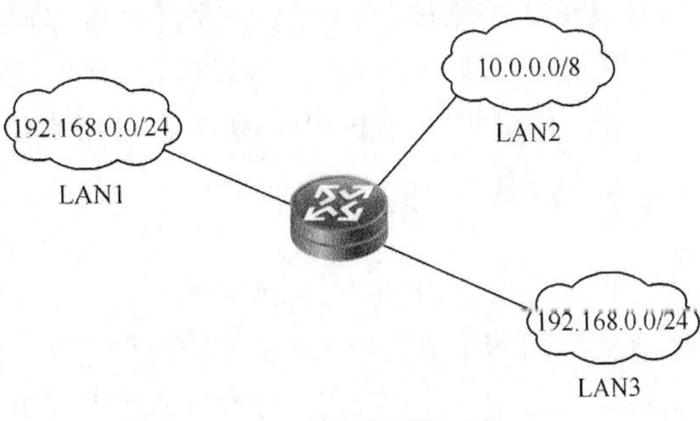

图 6-2　重叠网络示意

另外，由于 NAT 技术对报文中的私网 IP 地址进行了转换，屏蔽了用户真实的私网 IP 地址，所以在一定程度上也提高了用户网络的安全性。

综上所述，NAT 技术可以带来以下好处。

■ 节省公网 IPv4 地址的使用，因为私网内多个用户可以共享一个公网 IP 地址对公网进行访问。

■ 在实现地址转换的同时，还隐藏了内网主机的真实 IP 地址，从而防止外部网络对内部主机的攻击，提高了内网的安全性。

■ 方便重叠网络的合并。

【经验之谈】随着 2011 年 2 月 4 日最后 5 个 A 级地址块由 IANA 分配给用户后，公网 IPv4 地址就正式全部用完了。但互联网仍在发展，新的互联网用户和应用每天都在不断涌现，可 IPv6 还没有正式“接班”。

为了缓解这种局面，两种称之为 NAT444、NAT44 的方案由此诞生，也称之为 CGN（Carrier-grade NAT，运营商级 NAT）方案。它将过去每个宽带用户独立分配公网 IP 的方式改为分配一些原来保留的 IPv4 地址段（如 100.64.0.0/10）给每个用户，其中 NAT444 方案对应传统宽带用户，NAT44 方案则对应 3G 或者 4G 移动上网终端。这样一来，运营商就无需为每个用户分配一个独立的公网 IP 地址，而是为许多用户分配一个可以供不同运营商共享的保留 IPv4 地址，节省了公网 IPv4 地址的使用。

在这里要着重说一下 100.64.0.0/10 地址段，它在 IANA 中定义为共享地址空间（Shared Address Space）。通过这个共享地址段就可把 ISP 原来为宽带接入或移动接入用户通过NAT 分配公网 IP 地址的单层架构分成双层架构。其基本思想就是先通过一层NAT 为用户分配一个或少数几个位于 100.64.0.0/10 网段中的 IPv4 地址（通常是采用 PAT 方式，多用户通过携带不同传输层端口转换成同一个 IP 地址），相当于让这些用户连接到了运营商内部的局域网，然后再通过一层 NAT，使得这些在接入了同一个局域网中的宽带或移动接入用户再次以 PAT 的方式接入互联网，但此时这些用户只需共享同一个或少数几个公网 IPv4 地址（但使用不同的端口号）即可。通过两次 PAT，就可使得一个公网 IPv4 地址理论上可以为 65 535×65 535 个用户提供地址转换服务，大大提高了公网 IPv4 地址的利用率。

但在CGN中，由于用户没有分配独立的公网IP地址，不能再通过公网IPv4地址进行定位，也不可能再绑定特定的域名。而且100.64.0.0/10中的IPv4地址不是公网IP地址，不能在公网中路由，其特性与局域网IPv4类似，但仅应用于运营商，各运营商可以共享使用这个地址段，在各运营商的内部网络中可以进行路由，但不能通过这些地址在公网中进行寻址、路由，所以进入公网时还必须进行一次NAT。

有关CGN、100.64.0.0/10共享地址空间的详细介绍，请参见RFC6598。

6.1.2 NAT主要分类

根据报文中IP地址的转换过程以及NAT技术的主要应用，在AR G3系列路由器中把所支持的NAT特性分为3大类：动态NAT、静态NAT和NAT Server（NAT服务器）。在实际应用中，它们分别对应动态地址转换、静态地址转换和内部服务器。

1. 动态NAT

“动态NAT”，顾名思义，其中的私网IP地址与公网IP地址之间的转换不是固定的，具有动态性，是通过把需要访问公网的私网IP地址动态地与公网IP地址建立临时映射关系，并将报文中的私网IP地址进行对应的临时替换，待返回报文到达设备时再根据映射表“反向”把公网IP地址临时替换回对应的私网IP地址，然后转发给主机，实现内网用户和外网的通信。

在华为设备中，动态NAT的实现方式包括Basic NAT和NAPT两种方式（Easy IP是NAPT的一种特例，主要应用于中小型企业Internet接入时的NAT地址转换）。

Basic NAT是一种“一对一”的动态地址转换，即一个私网IP地址与一个公网IP地址进行映射；而NAPT则通过引入“端口”变量，是一种“多对一”的动态地址转换，即多个私网IP地址可以与同一个公网IP地址进行映射（**但所映射的公网传输层端口必须不同**）。目前使用最多的是NAPT方式，因为它能提供一对多的映射功能，节省公网IP地址的使用，达到NAT技术设计的初衷。有关Basic NAT（基本NAT）、NAPT（Network Address Port Translation，网络地址端口转换）和Easy IP这3种NAT的详细实现原理将在本章的后面具体介绍。

2. 静态NAT

动态NAT在转换地址时做不到在不同时间固定地使用同一个公网IP地址、端口号替换同一个私网IP地址、端口号，因为在动态NAT中，具体用哪个公网IP地址、端口来与私网IP地址、端口进行映射，纯粹是从地址池和端口表中随机选取空闲的地址和端口号。这虽然可以提高公网IP地址的利用率（因为所建立的映射是临时的，当用户断开NAT应用时将释放所建立的映射），但同时无法让一些内网重要的主机固定使用同一个公网IP地址访问外网。

静态NAT可以建立固定的一对一的公网IP地址和私网IP地址的映射（**如果是静态NAPT，则还包括传输层端口之间的静态映射**），特定的私网IP地址只会被特定的公网IP地址替换，相反亦然。这样，就保证了重要主机使用固定的公网IP地址访问外网，可同时应用双向通信。但在实际应用中，这种情形并不多见，因为采用固定公网IP地址的通常是内部网络服务器，而这时通常采用下面将要介绍的NAT Server，主要用于外网用户对内部服务器的访问。

3. NAT Server

前面介绍的静态 NAT 和动态 NAT 都是由内网向外网发起访问（**静态 NAT 还可同时应用于由外向内访问的 IP 地址转换**），且都不是基于特定应用的访问，这时通过 NAT 一方面可以实现多个内网用户共用一个或者多个公网 IP 地址访问外网，同时又因为私网 IP 地址都经过了转换，所以具有"屏蔽"内部主机 IP 地址的作用。

有时内网需要向外网提供特定的应用服务，如架设于内网的各种应用服务器（如 Web 服务器、FTP 服务器、邮件服务器等）要向外网用户提供服务。这时就不能再依靠前面介绍的静态 NAT 和动态 NAT 来实现了，因为它们都没有针对特定应用服务器的应用服务传输层端口进行映射（**静态 NAPT 也可同时进行 IP 地址和传输层端口转换**），也就无法实现对位于内网中应用服务器进行访问了。

NAT Server 可以很好地解决这个问题。当外网用户访问内网服务器时，它通过事先配置好的基于应用服务器的"公网 IP 地址：端口号"与应用服务器的"私网 IP 地址：端口号"间的固定映射关系，即将服务器的"公网 IP 地址：端口号"根据映射关系替换成对应的"私网 IP 地址：端口号"，以实现外网用户对位于内网的应用服务器的访问。从私网 IP 地址与公网 IP 地址的映射关系看，它也是一种静态映射关系，但与静态 NAT 相比，多了传输层端口的转换，因为其目的是使外网用户可以通过固定的公网 IP 地址和传输层端口号访问位于内网中的各种所需访问的应用服务器。

下面各小节分别介绍以上各种 NAT 特性的实现原理。

6.1.3　Basic NAT 实现原理

Basic NAT 方式属于一对一的动态地址转换。在这种转换方式下，在内网用户向公网发起连起请求时，请求报文中的私网 IP 地址就会通过事先准备好的公网 IP 地址池动态地建立私网 IP 地址与公网 IP 地址的 NAT 映射表项，并利用所映射的公网 IP 地址将报文中的源 IP 地址（也就是内网用户主机的私网 IP 地址）进行替换（**但只转换 IP 地址，而不处理 TCP/UDP 的端口号，一个公网 IP 地址不能同时被多个私网 IP 地址映射**），然后送达给外网的目的主机。而当外网主机收到请求报文后进行响应时，响应报文到达 NAT 设备后，又将依据前面请求报文所建立的私网 IP 地址与公网 IP 地址的映射关系反向将报文中的目的 IP 地址（为内部主机私网 IP 地址映射后的公网 IP 地址）替换成对应的私网 IP 地址，然后送达给内部源主机。

图 6-3 所示为 Basic NAT 的基本原理，实现过程如下（**需要先在 Router 上创建公网地址池**）。

① 当内网侧 Host（主机）要访问公网侧 Server（服务器）时，向 Router 发送请求报文（即 Outbound 方向），此时报文中的源 IP 地址为 Host 自己的 10.1.1.100，目的 IP 地址为 Server 的 IP 地址 211.100.7.34。

② Router 在收到来自 Host 的请求报文后，会从事先配置好的公网地址池中选取一个空闲的公网 IP 地址，建立与内网侧报文源 IP 地址间的 NAT 转换映射表项，包括正（Outbound）、反（Inbound）两个方向，然后依据查找的正向 NAT 表项结果将报文中的源 IP 地址转换成对应的公网 IP 地址后向公网侧发送。此时发送的报文的源 IP 地址已是转换后的公网 IP 地址 162.105.178.65（**不再是原来的 Host IP 地址 10.1.1.100**），目的 IP

地址不变，仍为 Server 的 IP 地址 211.100.7.34。

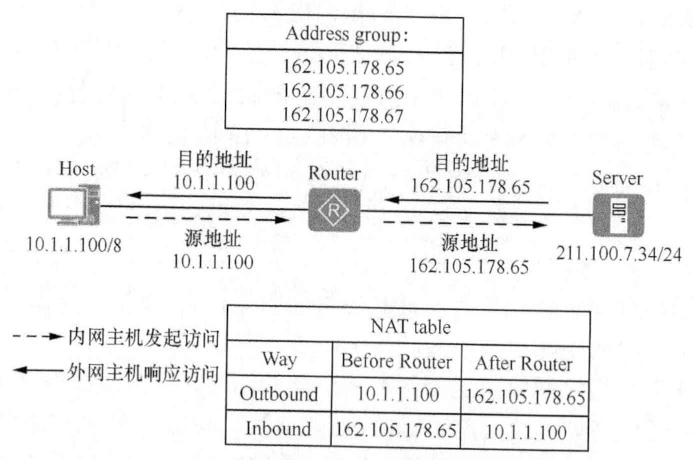

图 6-3　Basic NAT 实现原理示意

③ 当 Server 收到请求报文后，需要向 Router 发送响应报文（即 Inbound 方向），此时只需将收到的请求报文中的源 IP 地址和目的 IP 地址对调即可，即报文的源 IP 地址就是 Server 自己的 IP 地址 211.100.7.34，目的 IP 地址是 Host 私网 IP 地址转换后的公网 IP 地址 162.105.178.65。

④ 当 Router 收到来自公网侧 Server 发送的响应报文后，会根据报文中的目的 IP 地址查找反向 NAT 映射表项，并根据查找结果将报文中的目的 IP 地址转换成 Host 主机对应的私网 IP 地址（源地址不变）后向私网侧发送，即此时报文中的源 IP 地址仍是 Server 的 IP 地址 211.100.7.34，目的 IP 地址已转换成了 Host 的私网 IP 地址 10.1.1.100。

【经验之谈】从以上 Basic NAT 实现原理分析可以看出，**Basic NAT 中的请求报文转换的仅是其中的源 IP 地址**（目的 IP 地址不变），即仅需关心源 IP 地址（且不关心传输层端口）。**而响应报文转换的仅是其中的目的 IP 地址**（源 IP 地址不变），即仅需关心目的 IP 地址（也不关心传输层端口）。两个方向所转换的 IP 地址是相反的。但实际上这种应用目前来说是比较少的，因为它不能节省公网 IP 地址的使用。

6.1.4　NAPT 实现原理

由于 Basic NAT 这种一对一的转换方式并未实现公网地址的复用，不能有效解决 IP 地址短缺的问题，因此在实际应用中并不常见。本节要介绍的 NAPT 可以实现并发的地址转换，且允许多个内部地址映射到同一个公有地址上，因此也可以称为“多对一地址转换”或地址复用。

NAPT 使用“IP 地址＋端口号”的形式进行转换，相当于增加了一个变量，最终可以使多个私网用户共用一个公网 IP 地址访问外网。图 6-4 所示为 NAPT 的实现原理，具体过程如下（**需先在 Router 上创建好公网地址池**）。

① 假设是私网侧 HostA 主机要访问公网侧 Server，向 Router 发送请求报文（即 Outbound 方向），此时报文中的源地址是 HostA 的 IP 地址 10.1.1.100，源端口号 1 025。

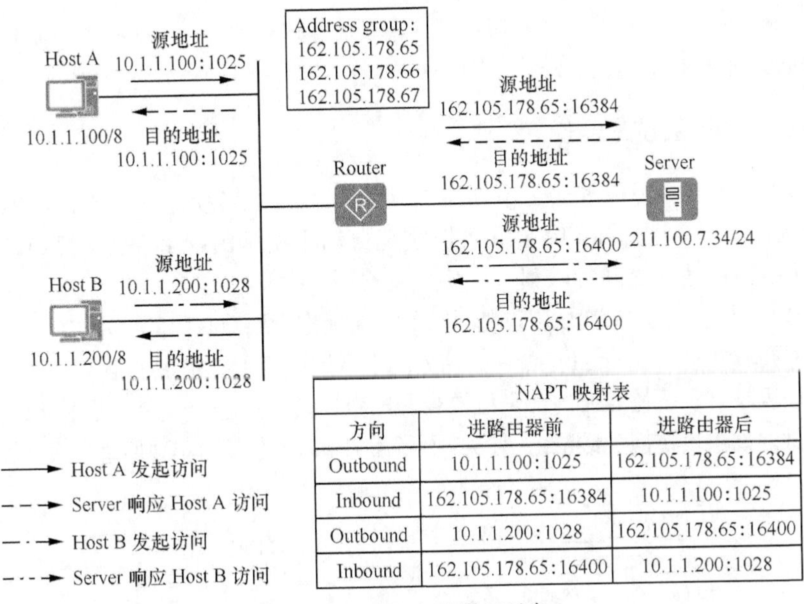

NAPT 映射表		
方向	进路由器前	进路由器后
Outbound	10.1.1.100:1025	162.105.178.65:16384
Inbound	162.105.178.65:16384	10.1.1.100:1025
Outbound	10.1.1.200:1028	162.105.178.65:16400
Inbound	162.105.178.65:16400	10.1.1.200:1028

图 6-4　NAPT 实现原理示意

② Router 在收到来自 HostA 发来的请求报文后，从事先配置好的公网地址池中选取一对空闲的“公网 IP 地址:端口号”，建立与内网侧 HostA 发送的请求报文中的“源 IP 地址:源端口号”间的 NAPT 映射表项，然后依据正向 NAPT 表项的查找结果将请求报文中的“源 IP 地址:源端口号”（10.1.1.100:1025）转换成对应的“公网 IP 地址:端口号”（162.105.178.65:16384）后向公网侧发送。即此时经过 Router 的 NAPT 转换后，发送的请求报文中的源 IP 地址为 162.105.178.65，源端口号为 16 384，目的 IP 地址和目的端口号不变。

③ 公网侧 Server 在收到由 Router 转发的请求报文后，需要向 Router 发送响应报文（即 Inbound 方向），此时只需将收到的请求报文中的源 IP 地址、源端口和目的 IP 地址、目的端口对调即可，即此时报文中的目的 IP 地址和目的端口号就是收到的请求报文中的源 IP 地址和源端口（162.105.178.65:16384）。

④ 当 Router 收到来自 Server 的响应报文后，根据其中的“目的 IP 地址:目的端口号”查找反向 NAPT 映射表，并依据查找结果将报文转换后向私网侧发送。此时，报文中的目的 IP 地址和目的端口又将转换成请求报文在到达 Router 前的源 IP 地址和源端口，即 10.1.1.100:1025。

此时，如果 HostB 主机也要访问公网中的 Server，当请求报文到达 Router 时，报文中的源 IP 地址和源端口号也将进行转换，且它仍然可以使用 HostA 原来使用过的公网 IP 地址，但所用的端口号一定要不同，假设由原来的（10.1.1.200:1028）转换为 162.105.178.65:16400。Server 发给 HostB 的响应报文在 Router 上目的 IP 地址和目的端口也要经过转换，利用前面形成的 NATP 转换映射表进行逆向转换，即由原来的 162.105.178.65:16400 转换为 10.1.1.200:1028。

【经验之谈】从以上 NAPT 实现原理分析可以看出，**请求报文中转换的仅是源 IP 地址和源端口号**（目的 IP 地址和目的端口号不变），即仅需关心源 IP 地址和源端口号；**而响应报文中转换的是目的 IP 地址和目的端口号**（源 IP 地址和源端口号不变），即仅需关心目的 IP 地址和目的端口号。不同私网主机可以转换成同一个公网 IP 地址，**但转换后的端口号必须不一样**。

6.1.5 Easy IP 实现原理

Easy IP 方式的实现原理与上节介绍的地址池 NAPT 转换原理类似，可以算是 NAPT 的一种特例，不同的是 Easy IP 方式可以实现**自动根据路由器上 WAN 接口的公网 IP 地址实现与私网 IP 地址之间的映射（无需创建公网地址池）**。

Easy IP 主要应用于将路由器 WAN 接口 IP 地址作为要被映射的公网 IP 地址的情形，特别适合小型局域网接入 Internet 的情况。这里的小型局域网主要是指中小型网吧、小型办公室等环境，一般具有以下特点：内部主机较少、出接口通过拨号方式获得临时（或固定）公网 IP 地址以供内部主机访问 Internet。图 6-5 所示为 Easy IP 方式的实现原理，具体过程如下。

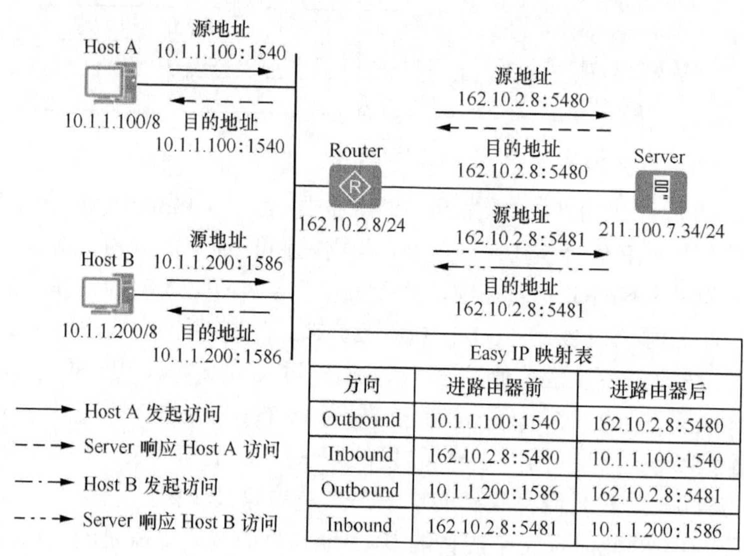

Easy IP 映射表		
方向	进路由器前	进路由器后
Outbound	10.1.1.100:1540	162.10.2.8:5480
Inbound	162.10.2.8:5480	10.1.1.100:1540
Outbound	10.1.1.200:1586	162.10.2.8:5481
Inbound	162.10.2.8:5481	10.1.1.200:1586

图 6-5 Easy IP 实现原理示意

① 假设私网中的 Host A 主机要访问公网的 Server，首先要向 Router 发送一个请求报文（即 Outbound 方向），此时报文中的源地址是 10.1.1.100，端口号 1540。

② Router 在收到请求报文后自动利用公网侧 WAN 接口临时或者固定的“公网 IP 地址:端口号”（162.10.2.8:5480），建立与内网侧报文“源 IP 地址:源端口号”间的 Easy IP 映射表项，并依据正向 Easy IP 表项的查找结果将报文转换后向公网侧发送。此时，转换后的报文源地址和源端口号由原来的（10.1.1.100:1540）转换成了（162.10.2.8:5480）。

③ Server 在收到请求报文后需要向 Router 发送响应报文（即 Inbound 方向），此时只需将收到的请求报文中的源 IP 地址、源端口号和目的 IP 地址、目的端口号对调即可，即此时的响应报文中的目的 IP 地址、目的端口号为 162.10.2.8:5480。

④ Router 在收到公网侧 Server 的回应报文后，根据其“目的 IP 地址:目的端口号”查找反向 Easy IP 映射表，并依据查找结果将报文转换后向内网侧发送。即转换后的报文中的目的 IP 地址为 10.1.1.100，目的端口号为 1 540，与 Host A 发送请求报文中的源 IP 地址和源端口完全一样。

如果私网中的 Host B 也要访问公网，则它所利用的公网 IP 地址与 Host A 一样，都是路由器 WAN 口的公网 IP 地址，但转换时所用的端口号一定要与 Host A 转换时所用的端口不一样。

6.1.6　NAT Server 实现原理

NAT Server 用于外网用户需要使用固定公网 IP 地址访问内部服务器的情形。它通过事先配置好的服务器的“公网 IP 地址+端口号”与服务器的“私网 IP 地址+端口号”间的静态映射关系来实现。图 6-6 所示为 NAT Server 的实现原理，具体过程如下（**要先在 Router 上配置好静态的 NAT Server 映射表**）。

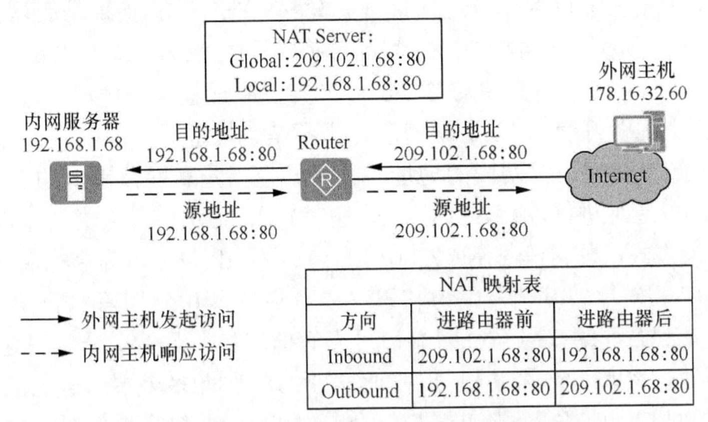

方向	进路由器前	进路由器后
Inbound	209.102.1.68:80	192.168.1.68:80
Outbound	192.168.1.68:80	209.102.1.68:80

图 6-6　NAT Server 实现原理示意

① Router 在收到外网用户发起的访问请求报文后（即 Inbound 方向），根据该请求的“目的 IP 地址:端口号”查找 NAT Server 映射表，找出对应的“私网 IP 地址:端口号”，然后用查找的结果直接替换报文的“目的 IP 地址:端口号”，最后向内网侧发送。如本示例中外网主机发送的请求报文中目的 IP 地址是 209.102.1.68，端口号为 80，经 Router 转换后的目的 IP 地址和端口号为 192.168.1.68:80。

② 内网服务器在收到由 Router 转发的请求报文后，向 Router 发送响应报文（即 Outbound 方向），此时报文中的源 IP 地址、端口号与目的 IP 地址、端口号与所收到的请求报文中的完全对调，即响应报文中的源 IP 地址和端口号为前面的 192.168.1. 68:80。

③ Router 在收到内网服务器的回应报文后，又会根据该响应报文中的“源 IP 地址:源端口号”查找 NAT Server 转换表项，找出对应的“公网 IP 地址:端口号”，然后用查找结果替换报文的“源 IP 地址:源端口号”。如本示例中内网服务器响应外网主机的报文的源 IP 地址和端口号是 192.168.1.68:80，经 Router 转换后的源 IP 地址和端口号为 209.102.1.68:80。

【经验之谈】 从以上 NAT Server 实现原理可以看出，**由外网向内网服务器发送的请求报文中，转换的仅是其目的 IP 地址和目的端口号**（源 IP 地址和源端口号不变），即仅需关心目的 IP 地址和目的端口号。**而从内网向外网发送的响应报文中，转换的仅是其源 IP 地址和源端口号**（目的 IP 地址和目的端口号不变），即仅需关心源 IP 地址和源端口号。两个方向所转换的 IP 地址和端口号是相反的。

综合前面的介绍可以得出，**NAT 中凡是由内网向外网发送的报文**（不管是请求报文，还是响应报文），**在 NAT 路由器上转换的都是源 IP 地址**（或者同时包括源端口号），**而凡是由外网向内网发送的报文**（也不管是请求报文，还是响应报文），**在 NAT 路由器上转换的都是目的 IP 地址**（或者同时包括源目的端口号）。

6.1.7 静态 NAT/NAPT

当私网内设备允许公网设备通过固定 IP 地址访问时，可以配置静态 NAT，将该私网设备的私网 IP 地址和指定的公网 IP 地址进行转换。例如，私网中的服务器对公网设备提供服务，公网设备可以通过某一固定公网 IP 地址访问到该私网服务器。

静态 NAT 是指在进行 NAT 转换时，内部网络主机的 IP 地址与公网 IP 地址进行一对一的静态转换，不涉及传输层端口之间的转换，且每个公网 IP 只会分配给固定的内网主机转换使用。这与 6.1.3 节介绍的 Basic NAT 实现原理基本一样，**不同的只是这里先要在 NAT 路由器上配置好静态 NAT 映射表，而不是地址池。**

静态 NAT 还支持网段对网段的地址转换，即在指定私网范围内的 IP 地址和指定的公网范围内的 IP 地址进行互相转换，这就是“静态 NAPT”。它类似于动态 NAT 中的 NAPT 地址转换方式，使得静态 NAPT 中的一个公网 IP 也可以为多个私网 IP 使用。

静态 NAPT 相对比较复杂，因为它不仅涉及到私网 IP 地址和公网 IP 地址之间的转换，还可能涉及到私网端口号与公网端口号之间的转换，具体又分以下几种情形。

- 多个私网 IP 地址/一个端口号与一个公网 IP 地址/多个端口号的映射。
- 多个私网 IP 地址/多个端口号与一个公网 IP 地址/多个端口号的映射。
- 一个私网 IP 地址/多个端口号与一个公网 IP 地址/多个端口号的映射。

静态 NAPT 与 6.1.3 节介绍的 NAPT 的实现原理基本一样，不同的也是这里先要在 **NAT** 路由器上配置好静态 **NAPT** 映射表（包括 IP 地址和端口号），也不是地址池。当内部主机访问外部网络时，如果该主机地址在指定的内部主机地址范围内，则会被转换为对应的公网地址。同样，当公网主机对内部主机进行访问时，如果该公网主机 IP 经过 NAT 转换后对应的私网 IP 地址在指定的内部主机地址范围内，则也可以直接访问到内部主机。

6.1.8 NAT 与路由的本质区别

表面上看，NAT 与路由功能有些相似之处，即都可以实现网络的互联。为此，许多读者对 NAT 和路由的区别不是很清楚，总想不通为什么有了路由还要 NAT，或者反过来问。其实这两种技术之间还是存在一些本质的区别。

1. 实现机制不同

NAT 和路由虽然都是用来解决网络互联的问题，但 NAT 是通过**解决两个网络间互访的“身份”问题**来实现两个网络中主机的互访，即通过将报文中的源 IP 地址或者目的 IP 地址，或者两者同时（仅在两个网络中使用了同一网段的情况下）转换为对方网络可以识别的 IP 地址来实现两个网络中的主机互访。这里报文中的 IP 地址转换就相当于“身份”的转换，即使一个网络中的主机具有访问对方网络的合法“身份”。就相当于我们到国外去旅游或定居，要申办外国的护照，相当于让你有一个临时或永久的合法外国居民身份一样，否则你是进不了别的国家的。

路由则是通过**解决两个网络互访"渠道"问题**来实现两个网络的主机互访，即建立一条互访的"路径"（即路由表）来实现双方主机的互访，而双方传输报文中的源IP地址和目的IP地址都是不变的，也就是双方的"身份"不需要经过转换。这很显然，要通过路由实现互通，通信双方网络必须属于同一类型（如同属局域网或同属广域网），可以相互识别并认可。就像同一个国家中的两个城市的公民不需要办理护照即可实现自由通行一样。

2. 主要应用不同

之所以NAT要解决互访的"身份"问题，是因为NAT主要应用于内部局域主机与Internet主机互访的情形（**当然NAT也可以实现两个局域网之间的互联，但这不是NAT的主要应用**），以便解决当前公网IPv4地址严重不足的问题。因为在局域网和Internet中使用的IP地址类型是完全不同的（局域网中使用的是私网IP地址，而Internet中使用的是公网IP地址），且彼此不识别（是因为没有，也不可能有相互到达对方的路由表项）。通过NAT就非常容易实现，只要你把私网IP地址转换成你拥有的一个公网IP地址，就可以使私网中的用户以这个公网IP地址，在公网中以"合法"的身份实现对应权限的Internet访问了。

路由之所以会选择通过建立路径来实现两个网络的主机互访，是因为路由主要都是使用相同类型IP地址、有明确IP网段的网络之间的互联。也因为它们所使用的IP地址都是同种类型，所以彼此是可识别的，可直接配置到达对方的路由表项，也就不存在"身份"问题，不需要在报文中经过IP地址转换。

当然，NAT和路由还有其他方面的一些不同，如NAT可以通过多对一的地址、端口映射，达到节省公网IP地址使用的目的，而路由就没这种功能。路由不仅可以实现连接在同一路由设备上的不同网段的互联，还可以实现非直连的网段互联，而NAT只能实现连接在同一NAT路由器上的两个网段之间的互联。路由还有更多功能，如配置路由策略、实现策略路由、实现路由表的动态更新等，这些都是NAT所不具备的。

3. NAT离不开路由

虽然表面上看，NAT也可以实现连接在同一路由器上的两个不同网络的互联，但实际上NAT仅会对发往对方网络的报文进行IP地址（或同时包括端口）信息的转换，并不会自己指导报文向对方网络转发。正因如此，通常在NAT地址转换时，还需要路由功能（如缺省路由、静态路由，当然也可以是各种动态路由）指导从一方网络发往另一方网络的报文的转发路径，否则即使发往对方网络的报文经过了IP地址、端口转换，也可能不能正确地转发到对方网络，因为一个路由器设备上存在多个三层出接口。但路由功能却不需要借助NAT功能来实现网络的互联。

6.2 NAT扩展技术及主要应用

在AR G3系列路由器中，为了满足一些特殊应用环境中的NAT应用，还提供了几种扩展NAT技术，它们是NAT ALG（Application Level Gateway，应用层网关）、DNS Mapping（DNS映射）、NAT关联VPN、两次NAT、NAT过滤和NAT映射。但要说明的是，**这些NAT扩展技术也必须是在以上介绍的静态NAT、动态NAT和NAT Server这3种基本NAT特性中应用，不能单独配置应用**。下面分别进行介绍。

6.2.1 NAT ALG

NAT 和 NAPT 只能对 IP 报文的头部地址和 TCP/UDP 头部的端口信息进行转换，没有对来自应用层数据（报文“载荷”部分）中可能包括的 IP 地址和端口信息进行对应转换。然而，对于一些应用层协议，它们的报文的数据载荷中也可能包含 IP 地址或端口信息，这些载荷信息也必须进行有效的转换，否则可能导致对方获取到错误的地址信息。如用户通过 DNS 响应报文可获取 DNS 服务器所解析出的域名对应的 IP 地址和传输层端口，而这些信息是位于报文的应用层数据部分。

ALG（Application Level Gateway，应用层网关）可将报文数据载荷部分的 IP 地址和端口信息同时根据映射表项进行替换，实现报文正常穿越 NAT。**ALG 可全面应用于静态 NAT、动态 NAT 和 NAT Server 3 种 NAT 特性中**。目前支持 ALG 功能的协议包括：DNS、FTP、SIP、PPTP 和 RTSP 等，但这些协议中的 ALG 应用原理各有不同，下面对常见的 DNS、FTP 应用中的 ALG 应用原理进行介绍。

1. DNS ALG 工作原理

如图 6-7 所示，Web 服务器主机位于私网内，而用于为服务器进行域名解析的 DNS 服务器位于公网内。

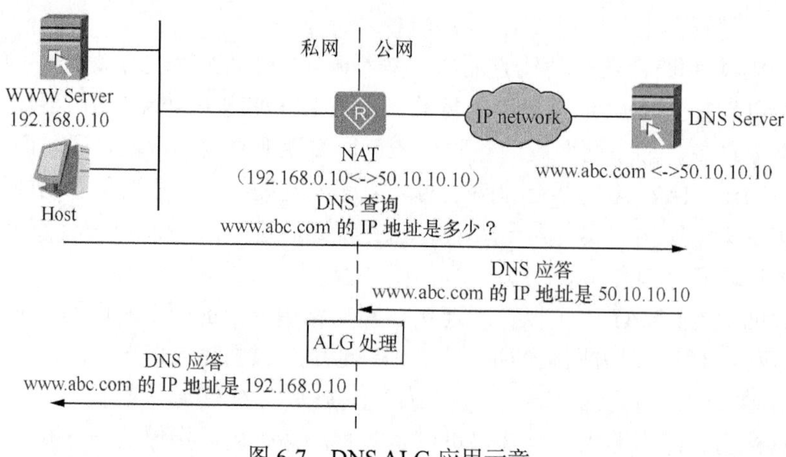

图 6-7 DNS ALG 应用示意

① 当私网用户 Host 通过公网域名（假设为 www.abc.com）访问 Web 服务器时，首先会向位于公网中的 DNS 服务器发出域名解析请求报文。

② DNS 服务器收到请求报文后，通过解析获知该域名对应的 IP 地址为 50.10.10.10，然后通过 DNS 应答报文向私网主机进行应答。

③ 当这个 DNS 应答报文到达 NAT 路由器时，除了会对报头部分的目的 IP 地址用私网主机 Host 的私网 IP 地址进行替换外，还会通过 DNS ALG 技术把数据载荷部分的 IP 地址（解析出的 Web 服务器的公网 IP 地址）用原来建立好的映射表中对应的私网 IP 地址 192.168.0.10 进行替换。

④ 当在载荷部分携带转换后的 Web 服务器私网 IP 地址的 DNS 应答报文到达主机 Host 后，就可以从载荷部分获知 Web 服务器的实际 IP 地址 192.168.0.10，于是可直接通过这个 IP 地址对 Web 服务器进行访问了。

2. FTP ALG 工作原理

FTP 应用需要先后建立“控制连接”和“数据连接”，而数据连接又有“主动模式”和“被动模式”两种建立方式。主动模式的数据连接是由 FTP 服务器主动发起的，被动模式的数据连接是由 FTP 客户端主动发起的。

在主动模式中，FTP 客户端需要通过 Port 命令告知 FTP 服务器自己在建立数据连接时所用的 TCP 端口（大于 1024 的随机端口，然后持续监听），FTP 服务器端通过对所接收的 Port 报文分析后，再通过 TCP 20 端口主动向 FTP 客户端发起数据连接。在被动模式中，当客户端发送 Pasv 命令（不携带地址和端口信息）发起连接时，服务器会在发送给客户端的 Pasv 响应报文中携带自己的 IP 地址和端口号（大于 1024 的随机端口，然后持续监听）。

如果 FTP 客户端和 FTP 服务器不在同一类网络中（分别位于私网和公网中，如图 6-8 所示），则需要在 NAT 路由器使用 FTP ALG 特性，对来自 FTP 客户端发送的 Port 报文（主动模式）或来自 FTP 服务器的 Pasv 响应报文（被动模式），除了要进行头部 IP 地址和端口进行转换外，还需要对两报文中数据部分的 IP 地址和端口信息进行转换。如图 6-8 FTP 主动模式中，把 Port 命令中原来的 192.168.0.10,1024 转换为 50.10.10.10,5000。但如果 FTP 客户端和 FTP 服务器在同一类网络中，则无需使用 ALG 技术对 FTP 客户端发出的 Port 报文数据部分的 IP 地址和端口信息进行替换。

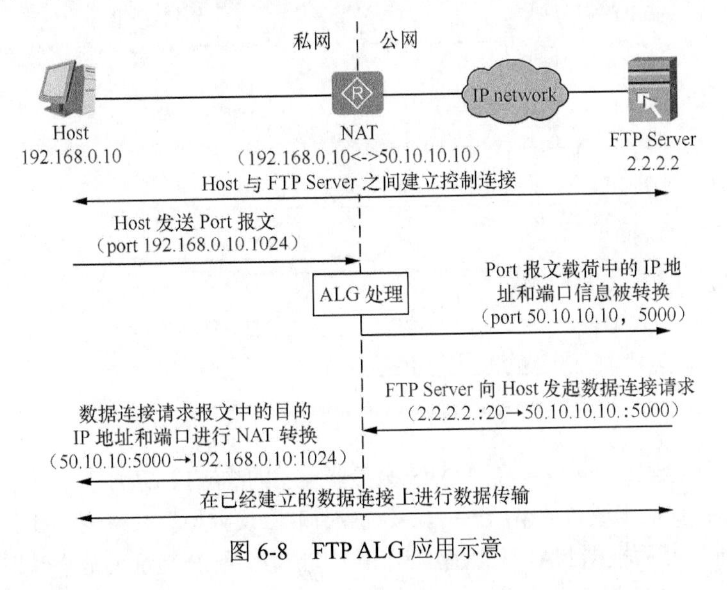

图 6-8　FTP ALG 应用示意

6.2.2　DNS Mapping

在某些应用中，私网用户希望通过公网域名访问位于同一私网的内部服务器，而此时用于解析内部服务器域名的 DNS 服务器却位于公网。这样，当用户访问时首先会通过 NAT 处理位于公网的 DNS 服务器发出的域名解析请求，公网中的 DNS 服务器发出响应报文时在数据部分携带的是内部服务器对应的公网 IP 地址（也就是在 NAT Server 上配置的公网映射 IP 地址）。这时，如果在 NAT Server 上没将 DNS 服务器解析的公网 IP 替换成内部服务器对应的私网 IP 地址，私网用户在收到应答报文后仍将无法直接通过域名解析到的 IP 地址访问到内部服务器，因为此时私网用户访问的是服务器的公网 IP 地址，而实际上服务器是在私网中，配置的是私网 IP 地址。

通过 6.2.1 节 DNS ALG 的介绍我们已经知道，这个问题可以使用 DNS ALG 来解决，可以直接用配置的映射表中对应的私网 IP 地址、端口号替换载荷中解析后得出的对应域名的公网 IP 地址、端口号。但 DNS ALG 仅可以实现载荷部分的 IP 地址和端口号转换，不能基于域名、应用层协议进行 IP 地址和端口信息的替换。而事实上，需要使用 DNS 服务进行域名解析的应用层服务比较多（如 Web 服务器、FTP 服务、E-mail 服务等），所以这时就专门推出了 DNS Mapping 技术，它可以实现对载荷部分基于域名和应用层协议的 IP 地址和端口信息转换。这时需要事先在 NAT 路由器上静态配置好所需的“域名-公网 IP 地址-公网端口-协议类型”和“域名-私网 IP 地址-私网端口-协议类型”的映射表项（**仅可应用于静态 NAPT 和 NAT Server 中**），NAT 路由器在收到 DNS 应答报文后在映射表中找到对应域名所映射的公网 IP 地址，然后用映射表中的内部服务器私网 IP 地址、端口、应用协议信息进行替换。如图 6-9 所示，私网用户 Host 希望通过域名方式访问 Web 服务器，Router 作为 NAT Server，DNS 服务器位于公网中。

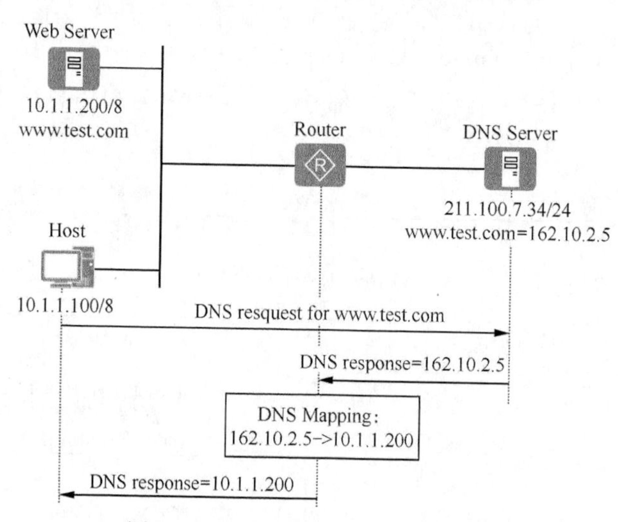

图 6-9　DNS Mapping 工作原理示意

在图 6-9 中，当 Router 设备收到 DNS 服务器发出的响应报文后，先根据其中携带的域名（www.test.com）查找“域名-公网 IP 地址-公网端口-协议类型”映射表，找到对应域名所用的公网 IP 地址，然后根据 NAT 上配置公网 IP 地址与私网 IP 地址的静态映射关系，将应答报文载荷部分的 Web 服务器公网 IP 地址（或同时将端口）替换为对应的 Web 服务器私网 IP 地址 10.1.1.200（或同时替换端口）。这样，Host 收到的 DNS 响应报文中就携带了 Web 服务器的私网 IP 地址，从而可以实现直接通过域名来访问同时位于私网的 Web 服务器了。

注意　配置 DNS Mapping 时必须同时使能 DNS ALG，否则转换了载荷部分地址信息的 DNS 应答报文不能穿越 NAT 设备被内网中的主机接收。

6.2.3　NAT 关联 VPN

NAT 不仅可以使内部网络的用户访问外部网络，还允许内部网络中分属于不同 VPN

实例（有关 VPN 实例技术的详细介绍参见《华为 MPLS 技术学习指南》和《华为 MPLS VPN 学习指南》两本书）的用户通过同一个出口访问外部网络，解决内部网络中 IP 地址重叠的 VPN 实例中的用户同时访问外网主机的问题。另外，NAT 还支持 VPN 实例关联的 NAT Server 应用，允许外部网络中的主机访问内网中分属不同 VPN 实例中的不同服务器，同时支持内网多个 VPN 实例使用重叠 IP 地址的场景。

1. VPN 关联的源 NAT

VPN 关联的源 NAT 就是指前面所说的**内部网络中分属于不同 VPN 实例**的用户通过**同一个 NAT 出口访问外部网络，仅可应用于静态 NAT 中**。

图 6-10 对 VPN 关联的源 NAT 的实现原理进行了描述，具体过程如下。

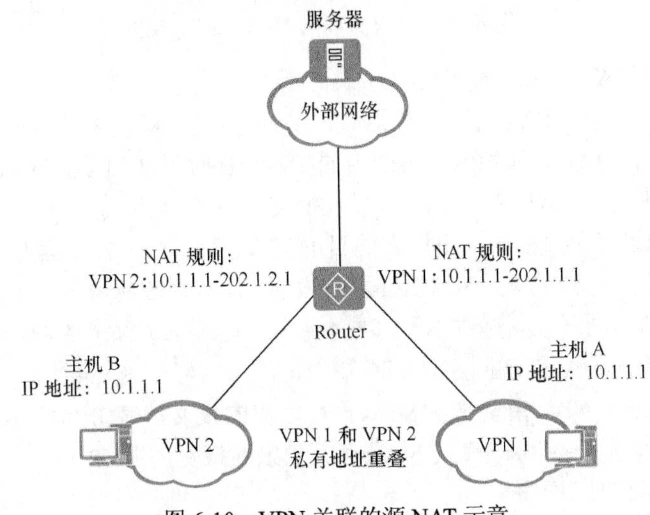

图 6-10　VPN 关联的源 NAT 示意

① VPN 1 实例内的主机 A 和 VPN 2 实例内的主机 B 地址重叠，都为私网地址 10.1.1.1，都要同时访问外部网络的一个服务器。

② Router 在进行源 NAT 地址转换时，将内部 VPN 实例名作为一个 NAT 地址转换的匹配条件，将主机 A 发出报文的源 IP 地址转换为 202.1.1.1，将主机 B 发出报文的源 IP 转换为 202.1.2.1，同时在建立的 NAT 转换表中，记录用户的 VPN 实例信息。

③ 同样，当外部网络服务器回应内部网络主机 A 和主机 B 的报文经过 Router 时，根据已建立的 NAT 映射表，NAT 模块将发往位于 VPN 1 实例中的主机 A 报文的目的 IP 从 202.1.1.1 转换为 10.1.1.1，然后发往 VPN 1 的目的主机；将发往位于 VPN 2 实例中的主机 B 报文的目的 IP 从 202.1.2.1 转换为 10.1.1.1，然后发往 VPN 2 的目的主机。

2. VPN 关联的 NAT Server

VPN 关联的 NAT Server 是指外网主机通过 **NAT** 技术可以访问内网中分属不同 VPN 实例、IP 地址重叠的服务器，**仅可应用于 NAT Server 中**。

如图 6-11 所示，VPN 1 实例内 Server A 和 VPN 2 实例内的 Server B 的地址都是 10.1.1.1；使用 202.1.10.1 作为 VPN 1 内的 Server A 的外部地址，使用 202.1.20.1 作为 VPN 2 内的 Server B 的外部地址。这样，外部网络的用户使用 202.1.10.1 就可以访问 VPN 1 提供的服务，使用 202.1.20.1 就可以访问 VPN 2 提供的服务。

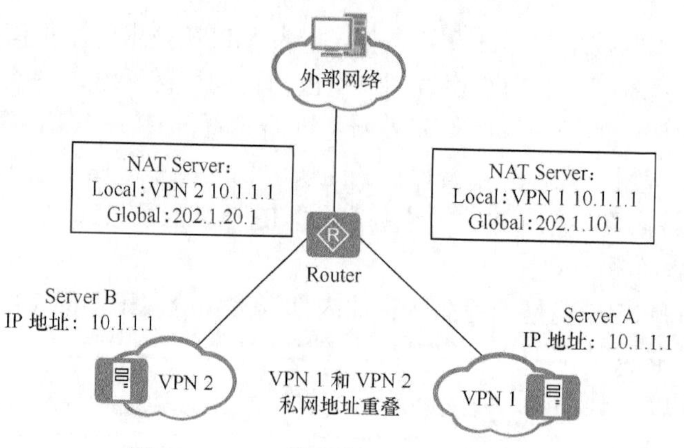

图 6-11 VPN 关联的 NAT Server 示意

VPN 关联的 NAT Server 的实现方式如下。

① 外部网络的主机访问内网服务器时，访问 VPN 1 实例内的 Server A 时的报文目的 IP 地址为 202.1.10.1；访问 VPN 2 实例内的 Server B 时报文的目的 IP 地址为 202.1.20.1。

② Router 在充当 NAT Server 时，根据报文的目的 IP 地址及 VPN 实例信息进行判断，将目的 IP 地址是 202.1.10.1 的报文的目的 IP 转换为 10.1.1.1，然后发往 VPN 1 的目的 Server A；将目的 IP 地址是 202.1.20.1 的报文的目的 IP 转换为 10.1.1.1，然后发往 VPN 2 的目的 Server B；同时在新建的 NAT 映射表中，记录下关联的 VPN 实例信息。

③ 当内部 Server A 和 B 回应外部网络主机的报文经过 Router 时，根据已建立好的 NAT Server 映射表，NAT 模块将从 Server A 发出的报文的源 IP 地址从 10.1.1.1 转换为 202.1.10.1，再发往外部网络；将从 Server B 发出的报文的源 IP 地址从 10.1.1.1 转换为 202.1.20.1，再发往外部网络。

6.2.4 两次 NAT

两次 NAT 是指源 IP 地址和目的 IP 地址同时转换（前面介绍的 NAT 技术都是一个方向仅转换源 IP 地址或者目的 IP 地址），报文入接口和出接口均为 NAT 接口。

两次 NAT 技术对于内网访问外网的报文和外网访问内网的报文，均在入接口进行目的 IP 地址转换，在出接口进行源 IP 地址转换，主要应用于内部网络主机地址与外部网络上主机地址重叠的情况。它的设计思想就是通过一个具有多个 IP 地址中间网络地址池来分别对双向的源和目的 IP 地址进行转换。**两次 NAT 可全面应用于静态 NAT、动态 NAT 和 NAT Server 3 种 NAT 特性中，但被访问方要能通过域名访问。**

图 6-12 所示为两次 NAT 转换的过程，图中分别位于内、外网的 Host A 和 Host B 的 IP 网段是一样的，且本示例中 IP 地址都一样。具体转换原理如下（假设内、外部网络地址均为 1.1.1.0/24）。

① 内网 Host A 要访问地址重叠的外部网络 Host B 的域名，首先 Host A 会向位于外部网络的 DNS 服务器发送访问外网 Host B 的 DNS 解析请求，DNS 服务器应答 Host B 的 IP 地址为 1.1.1.1。

② DNS 应答报文在经过 Router 时，通过 DNS ALG 将 DNS 应答报文数据部分中的重叠地址 1.1.1.1 转换为唯一的临时地址 3.3.3.1，然后转发给 Host A。

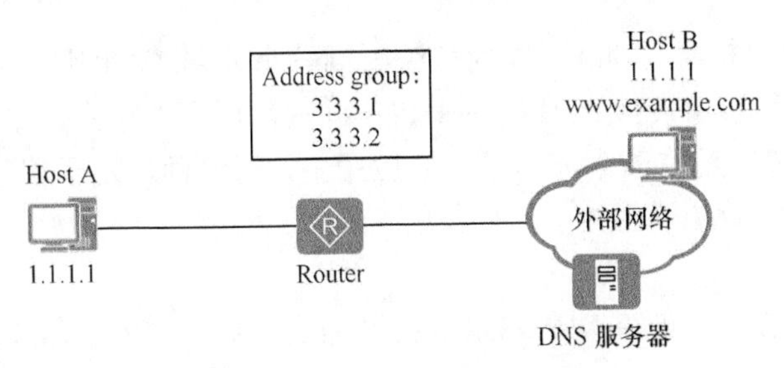

图 6-12 两次 NAT 转换示意

③ Host A 获取了 Host B 的 IP 地址（其实是转换后的 IP 地址 3.3.3.1）后，开始访问 Host B，目的 IP 为临时地址 3.3.3.1。

④ 请求报文在到达 Router 时，先进行正常的 NAT Outbound 转换，将报头中的源 IP 地址（1.1.1.1）转换为源 NAT 地址池中的地址 3.3.3.2；同时 Router 检查到此时报文中的目的 IP 地址 3.3.3.1 与转换后的源 IP 地址 3.3.3.2 重叠（在同一网段），于是再根据以前创建的映射表进行目的 IP 地址转换，将报文的目的 IP 地址 3.3.3.1 反向转换为 Host B 的真实地址 1.1.1.1，最后将报文转发到 Host B。**这里发生了双向 NAT 转换过程，即同时对报头中的源 IP 地址和目的 IP 地址转换。**

⑤ Host B 收到 Host A 的访问请求后发出响应报文，其中的目的 IP 为 Host A 的 NAT Outbound 地址池地址 3.3.3.2，源 IP 为 Host B 的地址 1.1.1.1。

⑥ 响应报文在到达 Router 时，先进行正常的 NAT Inbound 转换，将报文中的目的 IP 地址（3.3.3.2）根据源 NAT 地址池地址的映射关系转换为 Host A 的私网地址 1.1.1.1；同时，Router 检查到此时报文中的源 IP 地址又与目的 IP 地址重叠，于是再进行源 IP 地址转换，将报文的源 IP 地址 1.1.1.1 转换为对应的临时地址 3.3.3.1，再将报文转发到 Host A。**这里也发生了双向 NAT 转换过程，即同时对报头中的目的 IP 地址和源 IP 地址转换。**

考虑到内网中可能有多个 VPN 实例，且内网多个 VPN 的地址重叠的情形，还可在路由器配置 DNS ALG 的同时增加内网 VPN 信息作为重叠地址池到临时地址的映射关系匹配条件之一，如图 6-13 所示。内网多 VPN 情况下的两次 NAT 转换过程和以上介绍的两次 NAT 转换的过程类似，只是 VPN A 中的 Host A 转换为临时地址 3.3.3.1，而 VPN B 中的 Host B 转换为临时地址 4.4.4.1。

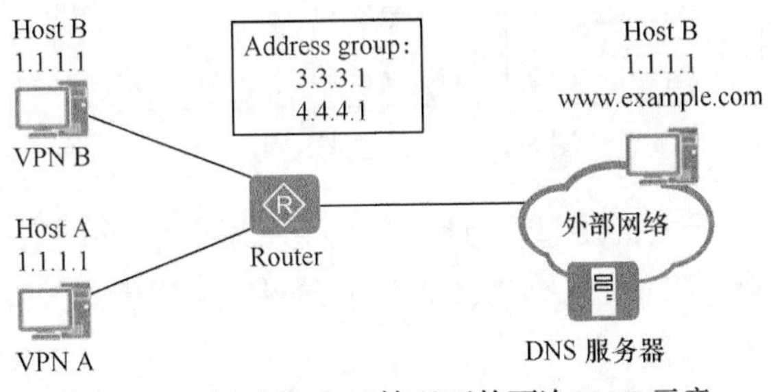

图 6-13 内网多 VPN 情况下的两次 NAT 示意

6.2.5 NAT 过滤和 NAT 映射

NAT 过滤功能可以让 NAT 设备对外网发到内网的流量进行过滤；NAT 映射功能可

以让内网中的一组主机通过 NAT 映射表映射到一个公网 IP 地址，共享这一个公网 IP 地址（但不同时进行端口转换），使所有来自不同内网用户的信息流看起来好像来源于同一个 IP 地址。**NAT 过滤和映射应用于 SIP 应用中，可全面应用于静态 NAT、动态 NAT 和 NAT Server 3 种 NAT 特性中**。

1. NAT 过滤

NAT 过滤是指 NAT 设备对外网发到内网的流量进行过滤。根据过滤的条件，NAT 过滤分为 3 种类型。

- 与外部地址无关的 NAT 过滤行为。
- 与外部地址相关的 NAT 过滤行为。
- 与外部地址和端口都相关的 NAT 过滤行为。

NAT 过滤的典型应用场景如图 6-14 所示。图中私网用户 PC-1 通过 NAT 设备与外网用户 PC-2、PC-3 进行通信。数据报文 1 代表私网主机 PC-1 访问公网 PC-2 的报文，此时 PC-1 使用的源端口号为 1 111，访问 PC-2 的目的端口号为 2 222；经过 NAT 设备时，源 IP 地址由 PC-1 的 IP 地址 10.1.1.1 转换为 202.169.10.1。

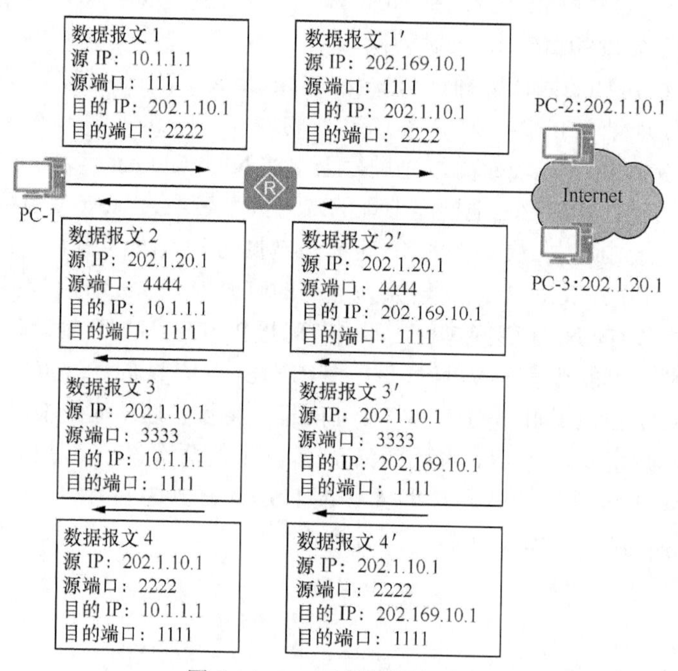

图 6-14 NAT 过滤应用示例

在私网主机向某公网主机发起访问后，公网主机发向私网主机的流量经过 NAT 设备时需要进行过滤。数据报文 2、数据报文 3 和数据报文 4 代表 3 种场景，分别对应上述 3 种 NAT 过滤类型。

① 数据报文 2 代表公网主机 PC-3（与前面的数据报文 1 的目的地址不同，**证明它不是 PC-1 要访问的对象**）访问私网主机 PC-1 的报文，此时目的端口号为 1 111。这种情况下，只有在 NAT 设备上配置了外部地址无关的 NAT 过滤行为才会允许该报文通过（因为 PC-3 不是 PC-1 要访问的对象），否则被 NAT 设备过滤掉。

②数据报文 3 代表公网主机 PC-2（与前面的数据报文 1 的目的地址相同）访问私网主机 PC-1 的报文，此时目的端口号为 1 111，源端口号为 3 333（与数据报文 1 的目的端口不同，**证明 PC-2 是换了端口号对 PC-1 进行访问的**）。这种情况下，只有配置了外部地址相关的 NAT 过滤行为，或者配置了外部地址无关的 NAT 过滤行为（**均不涉及端口号**），才会允许该报文通过，否则被 NAT 设备过滤掉。

③ 数据报文 4 代表公网服务器 PC-2（与数据报文 1 的目的地址相同）访问私网主机 PC-1 的报文，此时目的端口号为 1 111，源端口号为 2 222（与数据报文 1 的目的端口相同，**证明 PC-2 没有更换端口，直接对 PC-1 进行访问**）。这属于外部地址和端口都相关的 NAT 过滤行为，是缺省的过滤行为，不配置或者配置任何类型的 NAT 过滤行为，都允许此报文通过，不会被过滤掉。

2. NAT 映射

NAT 映射是 NAT 设备对**内网发到外网的流量**进行的映射，可以使得一组内网主机共享唯一的外部地址对外进行通信。在 Internet 中使用 NAT 映射功能后，可使所有来自不同内网主机的信息流看起来好像来源于同一个 IP 地址，便于整体监控内网到外网的数据流。当位于内部网络中的主机通过 NAT 设备向外部主机发起会话请求时，NAT 设备就会查询 NAT 表，看是否有相关会话记录，如果有相关记录，就会将内部 IP 地址及端口同时进行转换，再转发出去；如果没有相关记录，进行 IP 地址和端口转换的同时，还会在 NAT 表增加一条该会话的记录。

根据不同的映射条件，NAT 映射包括以下两种类型。

① 外部地址无关的映射：对相同的内部 IP 地址和端口号使用相同的公网 IP 地址和公网端口号进行映射，**不考虑所访问的外部 IP 地址**。

② 外部地址和端口相关的映射：对相同的内部 IP 地址和端口号，**访问相同的外部 IP 地址和端口号**时使用相同的公网端口号进行映射。

6.2.6　NAT 的主要应用

NAT 的应用非常广泛，也是路由器的一项非常重要的功能（目前三层交换机均不具备 NAT 的功能）。本节介绍几种典型的 NAT 应用。

1. 私网主机访问公网服务器

在许多小区、学校和企业的内网规划中，由于公网 IP 地址资源有限，内网用户实际使用的都是私网 IP 地址上网。在这种情况下，可以使用 NAT 技术来实现私网用户对公网的访问。如图 6-15 所示，通过在路由器上配置 Easy IP 就可以实现私网主机访问公网服务器的目的。有关 Easy IP 的实现原理参见 6.1.5 节。

2. 公网主机访问私网服务器

在某些场合，私网内部有一些服务器需要向公网提供服务，比如一些位于私网内的 Web 服务器、FTP 服务器等，NAT 可以支持这样的应用。如图 6-16 所示，通过配置 NAT Server，即定义“公网 IP 地址:端口号”与“私网 IP 地址:端口号”间的映射关系，使位于公网的主机能够通过该映射关系访问到位于私网的服务器。有关 NAT Server 的实现原理参见 6.1.6 节。

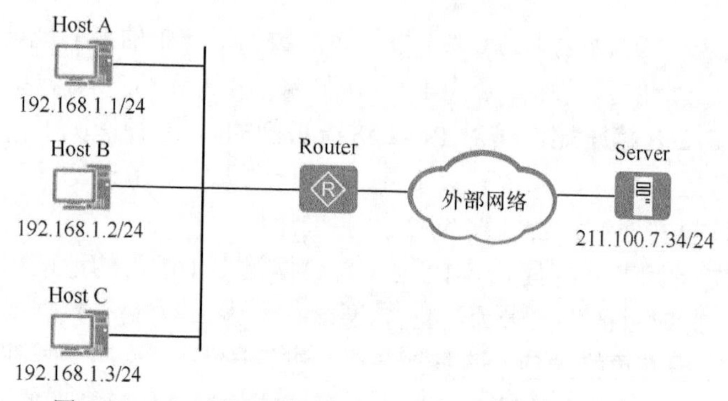

图 6-15 NAT 在私网主机访问公网服务器中的应用示例

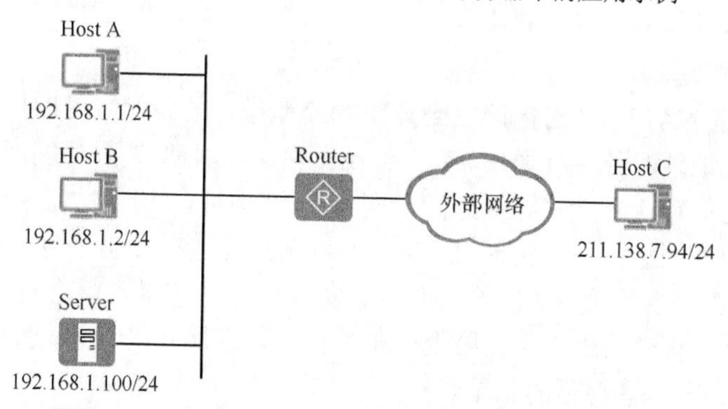

图 6-16 NAT 在公网主机访问私网服务器中的应用示例

3．私网主机通过域名访问私网服务器

在某些场合，私网用户希望通过域名访问位于同一私网的内部服务器，而 DNS 服务器却位于公网，此时可通过同时配置 NAT Server 和 DNS Mapping 来实现。有关 NAT Server 的实现原理参见 6.1.6 节；有关 DNS Mapping 的实现原理参见 6.2.2 节。

如图 6-17 所示，通过配置 DNS Mapping 映射表，即定义"域名-公网 IP 地址-公网端口-协议类型"间的映射关系，将 DNS 响应报文中携带的公网 IP 地址替换成内部服务器的私网 IP 地址，从而使私网用户可以通过域名来访问该服务器。

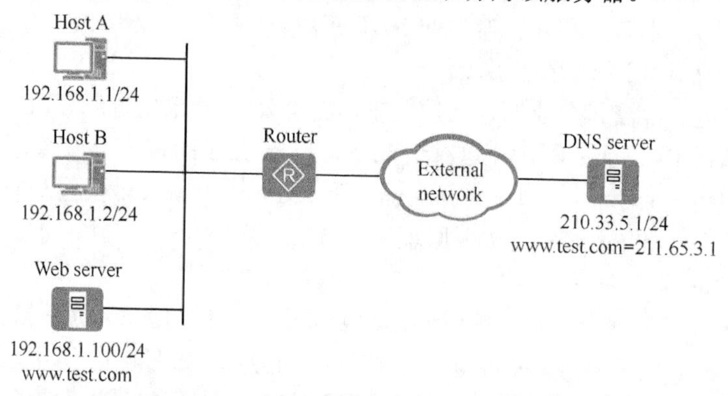

图 6-17 NAT 在私网主机通过域名访问私网服务器中的应用示例

4．NAT 多实例

当分属不同 MPLS VPN 的主机使用相同的私网地址，并通过同一个出口设备访问

Internet 时，NAT 多实例可使这些地址重叠的主机同时访问公网服务器。如图 6-18 所示，尽管 HostA 和 HostB 具有相同的私网地址，但由于其分属不同的 VPN，通过使用 NAT 关联 VPN 技术，可以使 NAT 能够区分属于不同 VPN 的主机，允许二者同时访问公网服务器。有关 NAT 关联 VPN 的技术原理参见 6.2.3 节。

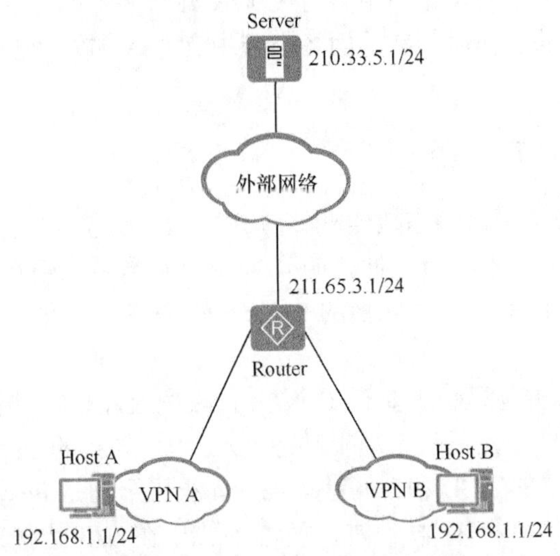

图 6-18　NAT 多实例的应用示例

6.2.7　NAT 的配置任务

前面已介绍了 NAT 的多种特性，不同 NAT 有不同的应用场景，用户可以根据实际应用场景选择对应的 NAT 特性完成配置任务，具体见表 6-1。

表 6-1　NAT 的配置任务

场景	描述	对应任务
内网主机使用内网 IP 地址访问外网主机	企业内的主机使用私网 IP 地址可以实现内网主机间的通信，但不能和外网通信。设备通过配置动态 NAT 功能可以把需要访问外网的私网 IP 地址替换为公网 IP 地址，并建立映射关系，待返回报文到达设备时再“反向”把公网 IP 地址替换回私网 IP 地址，然后转发给主机，即可实现内网用户和外网的通信	配置动态 NAT
内网的重要主机的 IP 地址和端口号映射成固定外网 IP 地址和端口号与外网主机通信	动态 NAT 在转换地址时，做不到用固定的公网 IP 和端口号替换同一个私网 IP 和端口号。而一些重要主机需要对外通信时使用固定的公网 IP 地址和端口号，此时动态 NAT 无法满足要求。 静态 NAT 可以建立固定的一对一的公网 IP 地址和私网 IP 地址的映射，特定的私网 IP 地址只会被特定的公网 IP 地址替换。这样，就保证了重要主机使用固定的公网 IP 地址访问外网	配置静态 NAT
外网用户访问内网服务器	NAT 具有“屏蔽”内部主机的作用，但有时内网需要向外网提供服务，如提供 WWW 服务或 FTP 服务。这种情况下需要内网的服务器不被“屏蔽”，外网用户可以随时访问内网。 NAT Server 可以很好地解决这个问题，当外网访问内网时，它通过事先配置好的“公网 IP 地址+端口号”与“私网 IP 地址+端口号”间的映射关系，将服务器的“公网 IP 地址+端口号”根据映射关系替换成对应的“私网 IP 地址+端口号”	配置 NAT Server

6.3 NAT 配置与管理

在本章前面介绍了华为设备中主要有 3 种 NAT 特性：静态 NAT、动态 NAT 和 NAT Server，这 3 种 NAT 的工作原理在前面各小节中有介绍，在此继续介绍它们的具体配置与管理方法。

6.3.1 配置动态 NAT

通过配置动态 NAT 可以动态地建立私网 IP 地址和公网 IP 地址的映射表项，实现私网用户访问公网，同时节省了所需拥有的公网 IP 地址数量。但在这里要特别说明的是，动态 NAT 包括前面介绍的一对一转换的 Basic NAT 和多对一转换的 NAPT、Easy IP 3 种 NAT 实现方式。

动态 NAT 的基本配置思想主要有 3 个方面：首先通过 ACL 指定允许使用 NAT 进行 IP 地址转换的用户范围，然后创建用于动态 NAT 地址转换的公网地址池，最后在 NAT 的出接口上把前面配置的 ACL 和公网地址池（如果采用的是 Easy IP 方式，则此时的公网地址池就是 NAT 出接口的 IP 地址）进行关联，相当于在 NAT 出接口上应用所配置的 ACL 和公网地址池。当然，还可以根据实际需要选择在 6.2 节介绍的其他 NAT 扩展技术。总体来说，动态 NAT 的主要配置任务如下（**各可选配置任务之间没有严格的配置先后次序**）。

- 配置地址转换的 ACL 规则。
- 配置出接口的地址关联。
- （可选）使能 NAT ALG 功能。
- （可选）配置 NAT 过滤方式和映射模式。
- （可选）配置两次 NAT。
- （可选）配置 NAT 日志输出。
- （可选）配置 NAT 地址映射表项老化时间。
- （可选）使能 NAT 业务优先功能

1. 配置地址转换的 ACL 规则

这是一项必选配置任务，因为下面的出接口地址关联配置任务中必须要用到这里配置好的地址转换 ACL，用于控制允许使用 NAT 进行地址转换的用户私网 IP 地址的范围和网络应用范围。这又是因为一个路由器可能有多个 LAN 接口连接多个内网，具体要为哪个 LAN 接口连接的网段用户提供地址转换服务，就是通过 ACL 来配置的。

可根据实际情况选择配置基本 ACL 规则或者高级 ACL 规则，指定允许使用 NAT 进行地址转换的用户主机源 IP 地址的范围，可使用高级 ACL 同时限制使用 NAT 的通信协议类型，**但在规则中的地址范围方面仅可指定源 IP 地址，不能指定目的 IP 地址**。

说明　仅可在动态 NAT 中调用 ACL 来控制允许使用地址池进行地址转换的内部网络用户，在静态 NAT 和 NAT Server 中，因为静态配置了一对一的地址映射表，相当于指定了允许进行地址转换的内网网段，所以不需要 ACL 来控制。

动态 NAT 地址转换 ACL 的配置方法很简单，只需先在系统视图下使用 **acl** [**number**] *acl-number* [**match-order** { **auto** | **config** }]命令创建一个基本 ACL 或者高级 ACL（如果仅需要过滤 NAT 应用报文中的源 IP 地址，则可配置基本 ACL，否则要配置高级 ACL），然后利用对应的基本 ACL 或者高级 ACL 中的 **rule** 命令配置相应的 ACL 规则。有关 ACL 的配置方法请参见配套图书《华为交换机学习指南》（第二版）的第 11 章。

【示例 1】允许内部网络 192.168.1.0/24 网段的用户使用 NAT 地址池进行地址转换。

```
<Huawei> system-view
[Huawei] acl 2001
[Huawei-acl-basic-2001] rule 1 permit source 192.168.1.0 0.0.0.255
```

【示例 2】允许内部网络 192.168.1.10/24 的用户使用 NAT 地址池进行地址转换。

```
<Huawei> system-view
[Huawei] acl 2001
[Huawei-acl-basic-2001] rule 1 permit source 192.168.1.10 0
```

【示例 3】允许内部网络 192.168.1.0/24 网段的用户在进行 TCP 通信时使用 NAT 地址池进行地址转换。

```
<Huawei> system-view
[Huawei] acl 3001
[Huawei-acl-adv-3001] rule 3 permit tcp source 192.168.1.0 0.0.0.255
```

2. 配置出接口的地址关联

这也是一项必选配置任务。出接口的地址关联就是把所创建的公网地址池（当采用 Easy IP 实现方式时为出接口的 IP 地址）与前面配置的地址转换 ACL 在 NAT 出接口上进行关联。

NAT Outbound 所用地址池是用来存放动态 NAT 使用到的 IP 地址的集合，在进行动态 NAT 时会选择地址池中的某个地址用于地址转换。如果用户想通过动态 NAT 访问外网时，可以根据自己公网 IP 的规划情况选择以下的一种方式。

■ 如果用户在配置了 NAT 设备出接口的 IP 地址和其他应用之后，还有空闲的公网 IP 地址，可以选择带地址池的 NAT Outbound，具体配置步骤见表 6-2。

表 6-2　地址池配置方式下的出接口地址关联配置步骤

步骤	命令	说明
1	**system-view** 例如：< Huawei > **system-view**	进入系统视图
2	**nat address-group** *group-index start-address end-address*	配置 NAT 公网地址池。命令中的参数说明如下。 （1）*group-index*：指定 NAT 地址池索引号，整数形式，取值范围如下。 • AR120、AR150、AR160、AR200 和 AR1200 系列的取值范围是 0～7。 • AR2201-48FE、AR2202-48FE、AR2204E、AR2204E-D、AR2204-27GE、AR2204-27GE-P、AR2204-51GE、AR2204-51GE-P 和 AR2204-51GE-R 的取值范围是 0～7。 • AR2204、AR2220L、AR2220E、AR2220、AR2240 和 AR2240C 的取值范围是 0～255。 • AR3200 和 AR3600 系列的取值范围是 0～255。 （2）*start-address*：指定地址池中的起始 IP 地址。 （3）*end-address*：指定地址池中的结束 IP 地址。

续表

步骤	命令	说明
2	例如：[Huawei]**nat address-group** 1 202.110.10.10 202.110.10.15	地址池的起始地址必须小于等于结束地址，且起始地址到结束地址之间的地址个数不能大于 255。 缺省情况下，系统未配置 NAT 地址池，可用 **undo nat address-group** *group-index* 命令删除 NAT 地址池
3	**interface** *interface-type interface-number* 例如：[Huawei] **interface** gigabitethernet 1/0/0	键入 NAT 路由器的**出接口**（只能是三层接口，但不包括 Loopback 接口和 NULL 接口），进入接口视图
4	**nat outbound** *acl-number* **address-group** *group-index* [**no-pat**] 例如：[Huawei-GigabitEthernet1/0/0] **nat outbound** 2001 **address-group** 1 **no-pat**	将前面创建的 ACL 和第 2 步配置的公网地址池在以上出接口上进行关联，使符合 ACL 中规定的私网 IP 地址可以使用公网地址池进行地址转换。命令中的参数和选项说明如下。 （1）*acl-number*：指定前面创建的用于控制 NAT 应用的 ACL 编号。 （2）**address-group** *group-index*：指定要与 ACL 关联的地址池索引号。 （3）**no-pat**：可选项，表示使用一对一的地址转换，只转换数据报文的 IP 地址而不转换传输层端口信息。 【注意】可以在同一个接口上配置不同的地址转换关联，对来自不同内网中的用户报文进行不同的地址转换 缺省情况下，系统未配置地址转换规则，可用 **undo nat outbound** *acl-number* [**address-group** *group-index* [**no-pat**] | **interface** *interface-type interface-number*]命令删除相应的地址转换规则

■ 如果用户在配置了 NAT 设备出接口的 IP 地址和其他应用之后，已没有其他可用的公网 IP 地址，则可以选择 Easy IP 方式，因为 Easy IP 可以借用 NAT 设备出接口的 IP 地址完成动态 NAT，具体配置步骤见表 6-3。

表 6-3　Easy IP 配置方式下的出接口地址关联配置步骤

步骤	命令	说明
1	**system-view** 例如：< Huawei > **system-view**	进入系统视图
2	**interface** *interface-type interface-number* 例如：[Huawei] **interface** gigabitethernet 1/0/0	键入 NAT 路由器的**出接口**（只能是三层接口，但不包括 Loopback 接口和 NULL 接口），进入接口视图
3	**nat outbound** *acl-number* [**interface** *interface-type interface-*	配置 Easy IP 地址转换，命令中的参数说明如下。 （1）*acl-number*：指定前面创建用于控制 NAT 应用的 ACL 编号。 （2）**interface** *interface-type interface-number* [*.subnumber*]：可选参

续表

步骤	命令	说明
3	*number* [*.subnumber*]] [**vrrp** *vrrpid*] 例如：[Huawei-GigabitEthernet1/ 0/0] **nat outbound** 2001	数，配置以指定的接口或子接口的 IP 地址作为转换后的地址。**不指定本参数的话，则直接使用当前接口 IP 地址作为转换后的公网 IP 地址。** （3）**vrrp** *vrrpid*：可选参数，指定 VRRP ID，整数形式，取值范围是 1～255。当 VRRP 备份组的设备都配置了 NAT 地址池后，当采用多备份组时，可能出现两台设备都对报文进行 NAT 转换，导致冲突。配置 **vrrp** *vrrpid* 可以选择仅使指定备份组中的 Master 进行 NAT 转换，有效避免冲突。 缺省情况下，系统未配置 Easy-IP 地址转换，可用 **undo nat outbound** *acl-number* 命令删除相应的 Easy IP 方式的 NAT 地址转换规则

3. 使能 NAT ALG 功能

这是一项可选配置任务，仅在要通过 NAT 设备进行 DNS、FTP、SIP 和 RTSP 等应用，且客户端和服务器分属于私网和公网不同侧时才需要配置 NAT ALG 功能。使能 ALG 功能可以使 NAT 设备识别被封装在报文数据部分的 IP 地址或端口信息，并根据动态形成的 NAT 地址（或同时包括端口号）映射表项进行替换，使报文正常穿越 NAT。有关 NAT ALG 的工作原理参见 6.2.1 节。

使能 NAT ALG 功能的配置方法见表 6-4。

表 6-4 使能 NAT ALG 功能的配置步骤

步骤	命令	说明
1	**system-view** 例如：< Huawei > **system-view**	进入系统视图
2	**nat alg** { **all** | *protocol-name* } **enable** 例如：[Huawei] **nat alg all enable**	使能指定应用协议的 NAT ALG 功能。命令中的参数和选项说明如下。 （1）**all**：二选一选项，全部使能 DNS、FTP、SIP、PPTP 及 RTSP 协议的 NAT ALG 功能。 （2）*protocol-name*：二选一参数，使能指定协议的 NAT ALG 功能，取值包括：dns、ftp、sip、pptp 和 rtsp。 缺省情况下，NAT ALG 处于未使能状态，可用 **undo nat alg** { **all** | *protocol-name* } **enable** 命令关闭应用协议的 NAT ALG 功能
3	**port-mapping** { **dns** | **ftp** | **sip** | **rtsp** | **pptp** } **port** *port-number* **acl** *acl-number* 例如：[Huawei] **port-mapping http port** 10000	配置端口映射，使服务器可以利用非知名端口对外提供各种应用层服务，可以使服务器更少地受到针对某种服务的恶意攻击。当使能 NAT ALG 功能的应用协议采用非知名端口号，即非缺省定义的端口号时，需要执行本命令配置端口映射。命令中的参数和选项说明如下。 （1）{ **dns** | **ftp** | **sip** | **rtsp** | **pptp** }：指定要配置端口映射的协议。 （2）*port-number*：指定协议对应的端口号，整数形式，取值范围是 1～65 535。通常是大于等于 1 024 的端口号。 可用 **undo port-mapping** { **all** | { **dns** | **ftp** | **http** | **sip** | **rtsp** | **pptp** } **port** *port-number* **acl** *acl-number* }命令清除端口和应用层协议的映射关系
4	**tcp proxy** *ip-address port-number* [**acl** *acl-number*]	（可选）使能 TCP 代理功能，**专用于 SIP ALG 应用。** 在 SIP ALG 场景下，如果 SIP 客户端发送的 SIP 数据包过大，无法一次性发送到 SIP 服务器上时，客户端会将过大的 SIP 数据包分成多个小的数据包发送给 SIP 服务器。此时，需要使能设备的 TCP 代理功能，使能 TCP 代理功能后，设备会根据命令中绑定的 IP 地址和端口进行侦听，然后与发起 TCP 连接的主机建立 TCP 连接，连接成功后，设备再主动

续表

步骤	命令	说明
4	例如：[Huawei] **tcp proxy** 10.1.1.1 3333	与目的端主机建立 TCP 连接，最终保证了源/目的主机能够正常会话。然后将收到的多个小的数据包重组成原始的 SIP 数据包，经过 NAT 转换之后转发到 SIP 服务器。命令中的参数说明如下。 （1）*ip-address*：指定 TCP 代理绑定的 IP 地址。 （2）*port-number*：指定 TCP 代理的侦听端口，整数形式，取值范围是 1 024～65 000。此端口号不能是被其他模块占用的端口号。 （3）**acl** *acl-number*：可选参数，指定 ACL 编号，整数形式，取值范围是 3 000～3 999。建议对 TCP 连接发起端的 IP 地址进行 ACL 过滤。如果不指定本参数，则本步设置适用于任何 TCP 连接发起端。 缺省情况下，设备没有使能 TCP 代理功能，可用 **undo tcp proxy** 命令去使能 TCP 代理功能
5	**tcp proxy aging-time** *aging-time* 例如：[Huawei] **tcp proxy aging-time** 240	（可选）配置 TCP 代理连接的老化时间，整数形式，取值范围是 10～3 600，单位为秒。**专用于 SIP ALG 应用。** 在第 4 步使能 TCP 代理功能后，设备会与主机间存在 TCP 保活（keepalive）报文，如果在 3 倍的 TCP 代理连接的老化时间内，设备没有收到 TCP 保活报文，就会自动删除 TCP 连接，并删除对应的会话连接表。 缺省情况下，TCP 代理连接的老化时间为 120s，可用 **undo tcp proxy aging-time** 命令恢复 TCP 代理连接的老化时间为缺省值

4. 配置 NAT 过滤方式和映射模式

这也是一项可选配置任务，仅当网络中存在来自不同厂商的设备，且在 SIP 应用中使用 STUN（Simple Traversal of UDP Through NAT，通过 NAT 的 UDP 简单穿越）、TURN（raversal Using Relay NAT，使用中继 NAT 穿越）、ICE（Interactive Connectivity Establishment，交互式连通建立）技术时才需要配置。因为不同厂商的 NAT 功能可能不完全一样，可能会导致使用这些技术的应用软件无法穿越 NAT。

SIP 属于多通道应用，在功能实现时需要创建多个数据通道链接。为了保障多个通道的链接，必须配置 NAT 的映射模式和过滤方式，只允许符合映射关系、过滤条件的报文通过。有关 NAT 过滤和 NAT 映射的工作原理参见 6.2.5 节。

配置 NAT 过滤方式和映射模式的方法见表 6-5。

表 6-5　NAT 过滤方式和映射模式的配置步骤

步骤	命令	说明
1	**system-view** 例如：<Huawei> **system-view**	进入系统视图
2	**nat mapping-mode endpoint-independent** [*protocol-name* [**dest-port** *port-number*]]	配置 NAT 映射模式。命令中的参数和选项说明如下。 （1）**endpoint-independent**：指定 NAT 映射类型为与外部终端地址不相关的模式。 （2）*protocol-name*：可选参数，指定 NAT 映射应用的通信协议类型，取值包括：tcp 和 udp。 （3）**dest-port** *port-number*：可选参数，指定 NAT 映射应用的 TCP 或 UDP 的目的端口号，取值范围为 1～65 535 的整数。 如果不指定 TCP 或者 UDP，以及不指定目的端口号，则表示 NAT 映射与传输协议和传输层端口均无关。

续表

步骤	命令	说明
2	例如：[Huawei] **nat mapping-mode endpoint-independent**	缺省情况下，NAT 映射模式为与外部地址和端口相关的映射，可用 **undo nat mapping-mode endpoint-independent** [*protocol-name* [**dest-port** *port-number*]]命令取消已配置的对应 NAT 映射模式
3	**nat filter-mode** { **endpoint-dependent** | **endpoint-independent** | **endpoint-and-port-dependent** } 例如：[Huawei] **nat filter-mode endpoint-dependent**	配置 NAT 过滤方式。命令中的选项说明如下。 （1）**endpoint-dependent**：多选一选项，指定 NAT 过滤与外部终端地址相关、端口无关，则以“源 IP+目的 IP+目的端口+协议号”为 Key 查询反向映射表，如果查询到相应的匹配条目，则生成反向流表，流表替换动作按照映射表中的条目进行替换。 （2）**endpoint-independent**：多选一选项，指定 NAT 过滤与外部地址和端口均无关，只以“目的 IP+目的端口+协议号”为 Key 查询反向映射表，如果查询到相应的匹配条目，则生成反向流表，流表的目的地址和端口替换为相应内网的 IP 和端口号。 （3）**endpoint-and-port-dependent**：多选一选项，指定 NAT 过滤与外部终端地址和端口同时相关，则以“源 IP+源端口＋目的 IP+目的端口+协议号”为 key 查询反向映射表，如果查询到相应的匹配条目，则生成反向流表，流表替换动作按照映射表中的条目进行替换。 缺省情况下，NAT 过滤方式为 **endpoint-and-port- dependent**

5. 配置两次 NAT

这也是一项可选配置任务，仅当内外网地址重叠（也就是属于同一 IP 网段）时才需要通过两次 NAT 来实现内外网的正常通信。此时内外网主机可以根据重叠地址池和临时地址池的映射关系，将重叠地址同时替换为临时地址（**即源 IP 地址和目的 IP 地址要同时转换**），以实现内外网的互访。重叠地址池用来指定内网哪些 IP 允许和外网重叠，只有属于重叠地址池的地址才会进行两次 NAT；临时地址池指定了可用哪些临时 IP 地址来替换重叠地址池里的地址。

配置两次 NAT 就是要配置重叠地址池和临时地址池的映射关系，方法是在系统视图下使用 **nat overlap-address** *map-index overlappool-startaddress temppool-startaddress* **pool-length** *length* [**inside-vpn-instance** *inside-vpn-instance-name*]命令配置。命令中的参数说明如下。

■ *map-index*：指定重叠地址池到临时地址池映射关系索引号，取值范围如下：AR150/150-S 系列为 0～3 的整数，AR200/200-S/1200/1200-S 系列为 0～7 的整数，AR2200/2200-S 系列为 0～15，AR3200 系列为 0～31 的整数。

■ *overlappool-startaddress temppool-startaddress*：分别用来指定重叠地址池、临时地址池的起始地址，不同地址池的地址不能有交集。

■ **pool-length** *length*：指定以上两个相互关联的重叠地址池与临时地址池的长度，即包括的 IP 地址个数，临时地址池的长度必须与需要进行两次 NAT 的重叠地址池的长度相等，取值范围为 1～255 的整数。**只有属于以上** *overlappool-startaddress*、*length* **参数指定范围内的重叠地址池中的 IP 地址才会进行两次 NAT，转换为临时地址池中的 IP 地址。**

■ **inside-vpn-instance** *inside-vpn-instance-name*：可选参数，指定要应用以上地址池映射的内网 VPN 实例名。

缺省情况下，系统未配置重叠地址池到临时地址池的映射，可用 **undo nat overlap-address** { *map-index* | **all** | **inside-vpn-instance** *inside-vpn-instance-name* }命令删除已配置的指定或全部映射。当配置中的 VPN 实例删除时，两次 NAT 的配置也同步删除。

注意 配置好重叠地址池到临时地址池后的映射后还需要配置从 NAT 出接口到达临时地址的静态路由（目的 IP 地址为临时 IP 地址，出接口为 NAT 出接口，下一跳 IP 地址通常为运营商侧的公网 IP 地址），否则 NAT 流量仍然无法通过出接口发出去。

6. 配置 NAT 日志输出

这也是一项可选配置任务。可根据实际需要在 NAT 设备上配置 NAT 日志输出功能，保存在进行 NAT 应用时所生成的信息记录。该记录包括报文的源 IP 地址、源端口、目的 IP 地址、目的端口、转换后的源 IP 地址、转换后的源端口以及 NAT 的时间信息和用户执行的操作等。网络管理员可以通过查看 NAT 日志实时定位用户通过 NAT 访问网络的情况，增强网络的安全性。

配置 NAT 日志输出的步骤见表 6-6。

表 6-6　NAT 日志输出的配置步骤

步骤	命令	说明
1	**system-view** 例如：< Huawei > **system-view**	进入系统视图
2	**firewall log session enable** 例如：[Huawei] **firewall log session enable**	使能防火墙流日志功能，包括通过定义 ACL 规则对符合条件的流所记录的日志以及对 NAT 转换的流所记录的日志。 缺省情况下，防火墙日志功能未使能，可用 **undo firewall log enable** 命令去使能防火墙日志功能
3	**firewall log session nat enable** 例如：[Huawei]**firewall log session nat enable**	使能 NAT 类型的流日志功能，包括通过定义 ACL 规则对符合条件的流所记录的日志以及对 NAT 转换的流所记录的日志。 缺省情况下，NAT 类型的流日志功能未使能，可用 **undo firewall log session nat enable** 命令去使能 NAT 类型的流日志功能
4	**nat log-format elog** 例如：[Huawei] **nat log-format elog**	（可选）将 NAT 日志设置为 elog 格式，输出日志为 elog 服务器规定的可以对接的格式。 在设备与 elog 日志服务器对接的场景下，设备需要向 elog 日志服务器发送符合指定格式的日志报文，就可以达成对接的目标。 缺省情况下，NAT 日志格式为普通格式，可用 **undo nat log-format elog** 命令将当前 NAT 日志格式由 elog 切换为普通格式
5	**info-center enable** 例如：[Huawei] **info-center enable**	（可选）使能信息中心功能。设备运行时，信息中心会通过信息的形式实时记录设备运行情况。只有使能了信息中心功能，系统才会向日志主机、控制台等方向输出系统信息。网络管理员可以存储和查阅输出信息，为监控设备的运行情况和诊断网络故障提供依据。 缺省情况下，**信息中心功能已处于使能状态**，故本步可选，可用 **undo info-center enable** 命令去使能信息中心功能。执行 **undo info-center enable** 命令行后，设备上产生的 Log、Trap 和 Debug 信息都不再记录，包括执行 **undo info-center enable** 命令产生的日志信息也不记录

续表

步骤	命令	说明
6	**info-center loghost** *ip-address* [**channel** { *channel-number* | *channel-name* } | **facility** *local-number* | { language *language-name* |binary [*port*] } | { **vpn-instance** *vpn- instance-name* | **public-net** }] * 例如：[Huawei] **info-center loghost** 202.38. 160.1 **channel** channel6	配置日志信息输出到日志主机所使用的通道。命令中的参数说明如下。 （1）*ip-address*：指定日志主机的 IP 地址。 （2）**channel** { *channel-number* | *channel-name* }：可多选参数，指定向日志主机发送信息所使用的信息通道，选择参数 *channel-number* 时指定通道号，取值范围为 0～9 的整数；选择参数 *channel-name* 时指定通道名称，1～30 个字符，区分大小写，只能由字母或数字组成，并且第一个字符只能为字母。 （3）**facility** *local number*. 可多选参数，指定设置日志主机的记录工具，取值范围为 local0～local7。缺省值是 local7。 （4）**language** *language-name*|**binary** [*port*]：可多选参数，指定信息输出到日志主机所显示的语言模式（选择参数 **language** *language-name*|时，取值为 English）或指定向日志主机发送二进制形式的日志（选择参数 **binary** [*port*]时），并指定发送日志时所用的端口号（取值范围为 1～65 535 的整数，缺省值为 514）。 （5）**vpn-instance** *vpn-instance-name* | **public-net**：：可多选参数，指定日志主机所在的 VPN 实例名（选择 **vpn-instance** *vpn-instance-name* 参数时）或者指定在公网中连接日志主机（选择 **public-net** 选项时）。 系统最多可配置 8 个日志主机，实现日志主机间相互备份的功能。缺省情况下，不向日志主机输出信息，可用 **undo info-center loghost** *ip-address* [**vpn-instance** *vpn-instance-name*]命令取消向指定的日志主机输出信息
7	**firewall log binary-log host** *host-ip-address host-port* **source** *source-ip-address source-port* [**vpn-instance** *vpn-instance-name*] 例如：[Huawei] **firewall log binary-log host** 10.10.10.1 3456 **source** 10.10.10.2 20000	（可选）配置二进制日志服务器。命令中的参数说明如下。 （1）*host-ip-address*：指定日志服务器的 IP 地址。 （2）*host-port*：指定日志服务器所使用的端口号，整数形式，取值范围是 1～65 535。 （3）*source-ip-address*：发送日志设备所使用的 IP 地址。 （4）*source-port*：发送日志设备所使用的端口号，整数形式，取值范围是 10 240～55 534。 （5）**vpn-instance** *vpn-instance-name*：可选参数，指定日志服务器所属的 VPN 实例。 缺省情况下，二进制日志服务器未配置，可用 **undo firewall log binary-log host** 来删除所配置的二进制日志服务器

7. 配置 NAT 地址映射表项老化时间

这也是一项可选配置任务，可根据需要为动态形成的 NAT 地址映射表配置老化时间，以控制用户对 NAT 配置的使用，确保内、外网的通信安全。

配置 NAT 地址映射表项老化时间的方法也很简单，只需在系统视图下使用 **firewall-nat session** { { **dns** | **ftp** | **ftp-data** | **http** | **icmp** | **tcp** | **tcp-proxy** | **udp** | **sip** | **sip-media** | **rtsp** | **rtsp-media** | **pptp** | **pptp-data** } | { **tcp** | **udp** } **user-define** *port-number* } **aging-time** *time-value* 命令配置即可。参数 *time-value* 的取值范围为 1～65 535 的整数秒。如果要配置多个会话表项的超时时间，需要分别用本命令配置。

缺省情况下，各协议的老化时间为：DNS（120s）、ftp（120s）、ftp-data（120s）、HTTP（120s）、icmp（20s）、tcp（600s）、tcp-proxy（10s）、udp（120s）、sip（1 800s）、sip-media（120s）、rtsp（60s）、rtsp-media（120s）、pptp（600s）、pptp-data（600s）。TCP/UDP自定义端口下的会话表项缺省老化时间与对应协议一致，可用 **undo firewall-nat session** { { **all** | **dns** | **ftp** | **ftp-data** | **http** | **icmp** | **tcp** | **tcp-proxy** | **udp**| **sip** | **sip-media** | **rtsp** | **rtsp-media** | **pptp** | **pptp-data** } | { **tcp** | **udp** } **user-define** *port-number* } **aging-time** 命令恢复对应会话表项的超时时间为缺省值。

8. （可选）使能 NAT 业务优先功能

在某些特殊场景下，要求 NAT 业务的优先级高于路由业务，即要求先进行 NAT 地址转换，然后对转换后的地址查路由表，指导流量转发。

例如：当私网设备允许公网设备通过固定公网 IP 地址访问时，先配置静态 NAT，将私网设备的私网 IP 地址和指定的公网 IP 地址进行转换，然后再配置一条到该公网 IP 地址的静态路由，使公网发往私网的流量能通过 NAT 引流。

使能 NAT 业务优先功能的配置方法是在系统视图下执行 **nat inside priority enable** 命令。执行本命令前需要先配置私网 IP 地址到公网 IP 地址的静态映射关系，具体方法参见6.3.4节的介绍。缺省情况下，系统缺省为路由业务优先，可用 **undo nat inside priority enable** 命令去使能 NAT 业务优先功能，恢复为路由业务优先。

9. 配置管理命令

以上动态 NAT 功能配置好后，可在任意视图下执行以下 **display** 命令检查配置，验证配置结果。

- **display nat address-group** [*group-index*] [**verbose**]：查看 NAT 地址池的配置信息。
- **display nat outbound** [**acl** *acl-number* | **address-group** *group-index* | **interface** *interface-type interface-number* [*.subnumber*]]：查看 NAT Outbound 信息。
- **display nat alg**：查看 NAT ALG 的配置信息。
- **display nat overlap-address** { *map-index* | **all** | **inside-vpn-instance** *inside-vpn-instance-name* }：查看 NAT 双向地址转换的相关信息。
- **display firewall-nat session aging-time**：查看 NAT 表项老化时间的相关信息。
- **display nat sip cac bandwidth information** [**verbose**]：查看设备上的当前总带宽及被占用带宽。
- **display nat filter-mode**：查看当前的 NAT 过滤方式。
- **display nat mapping-mode**：查看 NAT 映射模式。
- **display nat mapping table** { **all** | **number** }或者 **display nat mapping table inside-address** *ip-address* **protocol** *protocol-name* **port** *port-number* [**vpn-instance** *vpn-instance-name*]：查看 NAT 映射表所有表项信息或个数。

6.3.2 动态 NAT 地址转换配置示例

本示例的拓扑结构如图 6-19 所示，某公司 A 区和 B 区的私网用户和 Internet 相连，路由器上出接口 GigabitEthernet3/0/0 的公网地址为 202.169.10.1/24，对端运营商侧地址为 202.169.10.2/24。

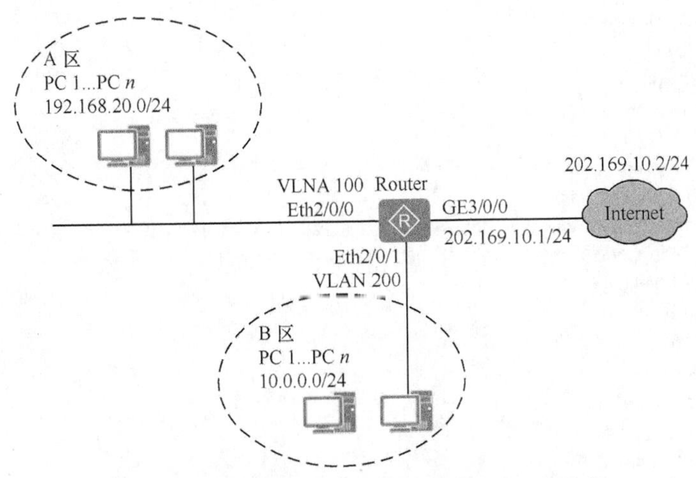

图 6-19　动态 NAT 地址转换配置示例的拓扑结构

A 区用户希望使用公网地址池中的地址（202.169.10.100～202.169.10.200），采用基本 NAT 方式（只进行 IP 地址替换，不替换传输层端口）替换 A 区内部的主机 IP 地址（网段为 192.168.20.0/24）访问 Internet；B 区用户希望结合 B 区的公网 IP 地址比较少的情况，使用公网地址池（202.169.10.80～202.169.10.83），采用 IP 地址和端口同时替换的方式（NAPT 方式）替换 B 区内部的主机 IP 地址（网段为 10.0.0.0/24）访问 Internet。

1. 基本配置思路分析

本示例中有两个不同的内网用户区域，采用了不同的公网地址池，所以需要配置两个 NAT 地址池，其中 A 区用户采用动态 NAT（即仅转换 IP 地址）方式，B 区用户采用 NAPT（即同时转换 IP 地址和传输层端口）方式。然后通过两个 ACL 限制两个用户区域中允许使用对应动态地址转换应用的内部网络用户。

基于以上分析可以得出本示例的如下基本配置思路。

① 根据图示在 Router 上创建 VLAN，并把接口加入到对应 VLAN 中，配置各 VLANIF 接口 IP 地址（因为在进行 NAT 应用中，内外部接口必须是三层模式的）。

② 创建两个基本 ACL，分别用于控制可进行 NAT 地址转换的 A 区和 B 区用户。

③ 创建两个 NAT 公网地址池，分别用于 A 区和 B 区用户报文的地址转换，A 区进行普通的动态 NAT 地址转换，B 区进行动态 NAPT 地址/端口转换。

④ 配置 NAT 业务优先功能，以及一条指向 Internet 的缺省路由，用于指导那些经过了地址转换、需要访问 Internet 的报文的转发。

说明　因本示例中没有 ALG、DNS Mapping、NAT 过滤和映射、NAT 日志输出、NAT 地址映射表项老化时间的应用需求，所以不进行这些方面的配置。

2. 具体配置步骤

① 在 Router 上创建并配置 VLAN，并配置各 VLANIF 接口 IP 地址。

假设 VLANIF100 接口 IP 地址为 192.168.20.1/24，VLANIF200 接口 IP 地址为

10.0.0.1/24。

```
<Huawei> system-view
[Huawei] sysname Router
[Router] vlan 100
[Router-vlan100] quit
[Router] interface vlanif 100
[Router-Vlanif100] ip address 192.168.20.1 24
[Router-Vlanif100] quit
[Router] interface ethernet 2/0/0
[Router-Ethernet2/0/0] port link-type access  !---因为该接口连接的是单个 VLAN，所以仅需要配置为不带标签的Access，或者不带标签的 Hybrid 类型接口即可。下面的 Ethernet 2/0/1 的接口类型配置一样
[Router-Ethernet2/0/0] port default vlan 100
[Router-Ethernet2/0/0] quit
[Router] vlan 200
[Router-vlan200] quit
[Router] interface vlanif 200
[Router-Vlanif200] ip address 10.0.0.1 24
[Router-Vlanif200] quit
[Router] interface ethernet 2/0/1
[Router-Ethernet2/0/1] port link-type access
[Router-Ethernet2/0/1] port default vlan 200
[Router-Ethernet2/0/1] quit
[Router] interface gigabitethernet 3/0/0
[Router-GigabitEthernet3/0/0] ip address 202.169.10.1 24
[Router-GigabitEthernet3/0/0] quit
```

② 配置两个用于控制 A 区和 B 区用户应用动态 NAT 地址转换的 ACL。因为这里仅需要控制作为源 IP 地址（不用控制通信协议类型）的用户私网 IP 地址，所以仅需配置基本 ACL 即可。

```
[Router] acl 2000
[Router-acl-basic-2000] rule 5 permit source 192.168.20.0 0.0.0.255
[Router-acl-basic-2000] quit
[Router] acl 2001
[Router-acl-basic-2001] rule 5 permit source 10.0.0.0 0.0.0.255
[Router-acl-basic-2001] quit
```

③ 配置两个动态 NAT 出接口地址池。然后在 NAT 出接口 GE3/0/0 接口上应用 NAT 地址池和前面创建的 NAT ACL，A 区进行普通的动态 NAT 地址转换，B 区进行动态 NAPT 地址/端口转换。

```
[Router] nat address-group 1 202.169.10.100 202.169.10.200
[Router] nat address-group 2 202.169.10.80 202.169.10.83
[Router] interface gigabitethernet 3/0/0
[Router-GigabitEthernet3/0/0] nat outbound 2000 address-group 1 no-pat
[Router-GigabitEthernet3/0/0] nat outbound 2001 address-group 2
[Router-GigabitEthernet3/0/0] quit
```

④ 配置 NAT 业务优先功能，以及一条访问 Internet 的缺省路由，指定下一跳地址为运营商侧设备 IP 地址 202.169.10.2，用于指导那些经过了地址转换、需要访问 Internet 的报文的转发。

```
[Router] nat inside priority enable    #---使能 NAT 业务优先功能
[Router] ip route-static 0.0.0.0 0.0.0.0 202.169.10.2
```

说明 如果需要在 Router 上执行 **ping-a** *source-ip-address* 命令，通过指定发送 ICMP

ECHO-REQUEST 报文的源 IP 地址来验证内网用户是否可以访问 Internet，则还需要配置 **ip soft-forward enhance enable** 命令，使能设备产生的控制报文的增强转发功能，这样 ping 报文中的私网源 IP 地址才能通过 NAT 转换为公网地址，使得最终的 ICMP 回应报文正确返回私网 ping 主机上。但缺省情况下，设备产生的控制报文的增强转发功能处于使能状态。

3. 配置结果验证

配置好后，可以在 Router 上执行 **display nat outbound** 命令，查看地址转换配置，具体如下。

```
<Router> display nat outbound
 NAT Outbound Information:
 ------------------------------------------------------------------
 Interface                Acl      Address-group/IP/Interface    Type
 ------------------------------------------------------------------
 GigabitEthernet3/0/0     2000                        1          no-pat
 GigabitEthernet3/0/0     2001                        2          pat
 ------------------------------------------------------------------
  Total : 2
```

6.3.3 配置两次 NAT 示例

本示例的基本拓扑结构如图 6-20 所示，路由器（Router）出接口 GE1/0/0 的 IP 地址为 202.11.1.2/24，LAN 侧接口 IP 地址为 202.10.0.1/24，对端运营商 IP 地址为 202.11.1.1/24。公司内网一台主机的 IP 地址分配不合理，PC1 和公网中的服务器 Server A 的地址重叠，即均为 202.10.0.1100/24。这时，如果内部网络主机 PC2 使用 Server A 的域名访问该服务器时很可能访问到的是同一内网中的主机 PC1。现用户希望通过两次 NAT 的方案解决。

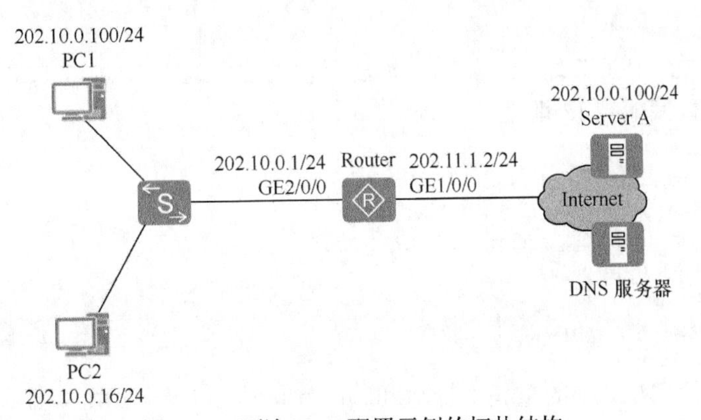

图 6-20 两次 NAT 配置示例的拓扑结构

1. 基本配置思路分析

首先要明确，这是一个通过动态 NAT 实现内网主机访问外网主机的示例，但本示例有一个特殊之处就是在内网中有一个主机的 IP 地址与要访问的外网 Server A 的 IP 地址相同，造成了 IP 地址重叠，所以本示例在要配置动态 NAT 的基础上还要配置两次 NAT，使得 PC2 通过域名访问外网中的 Server A 时不会访问到与 PC2 同处内网，并且 IP 地址与 Server A 的 IP 地址相同的 PC1。

本示例中的两次NAT实现的思想是这样的，当PC2通过域名访问Server A（此处对IP报头也要进行正常的源IP地址动态NAT转换），DNS服务器首先会解析出它的公网IP地址202.10.0.100，在DNS响应报文到达Router后会发现，载荷部分解析出的服务器IP地址与PC2在同一IP网段，于是要用临时地址（假设为202.12.1.100）进行转换（此处对IP报头仍进行正常的目的IP地址动态NAT转换），建立一个映射关系。通过DNS ALG技术把载荷中转换了解析地址的DNS响应报文传输给内网中的PC2。这样PC2获得DNS响应报文后就认为转换后的临时地址202.12.1.100是Server A的IP地址，于是再以这个IP地址进行访问（目的地址就是临时地址202.12.1.100）。访问请求报文到了Router后，再利用原来建立的映射表项进行逆向转换（此处对IP报头同样要进行正常的源IP地址动态NAT转换），即把目的IP地址转换为Server A的真实IP地址202.10.0.100，这样就可以成功访问服务器了。

基于以上分析，可得出本示例的如下基本配置思路。

① 根据图中标识配置各接口IP地址。

② 配置两次NAT，即配置重叠地址池和临时地址池的映射关系。因为临时地址池与重叠地址池要处于不同的IP网段，所以还需要配置从NAT接口到达临时地址的静态路由（如果需要为内网中所有用户访问Server A进行两次NAT配置，则需要为每个临时地址，或者整个临时地址池网段配置静态路由）。

③ 配置动态NAT，用于正常的源IP地址或目的IP地址NAT地址转换，地址池也是采用上一配置任务创建的临时地址池。配置高级ACL限定允许进行动态NAT地址转换的内网用户所发送的IP报文，并使能DNS ALG功能。

④ 配置NAT业务优先功能，以及一条指向Internet的缺省路由，用于指导这些经过地址转换、需要访问Internet的报文的转发。

2. 具体配置步骤

① 配置各接口的IP地址。从图中标注可以看出，这里LAN接口和WAN接口均为三层接口，可直接配置IP地址。

```
<Huawei> system-view
[Huawei] sysname Router
[Router] interface gigabitethernet 1/0/0
[Router-GigabitEthernet1/0/0] ip address 202.11.1.2 24
[Router-GigabitEthernet1/0/0] quit
[Router] interface ethernet 2/0/0
[Router-Ethernet2/0/0] ip address 202.10.0.1 24
[Router-Ethernet2/0/0] quit
```

② 配置两次NAT中的重叠地址池和临时地址池，以及到达临时地址池中IP地址的静态路由。假设重叠地址池的起始地址为202.10.0.100，临时地址池的起始地址为202.12.1.100，一共100个。

```
[Router] nat overlap-address 0 202.10.0.100 202.12.1.100 pool-length 100
[Router] ip route-static 202.12.1.100 32 gigabitethernet 1/0/0 202.11.1.1
```

③ 配置动态NAT，NAT地址池为前面创建的临时地址池，NAT ACL采用高级ACL，限定仅允许指定网段用户发送的IP报文到达Router后可以进行NAT地址转换。同时使能DNS ALG功能，允许更换了载荷部分地址信息的DNS应答报文通过NAT路由器传输到内网。

```
[Router] acl 3100
[Router-acl-adv-3100] rule 5 permit ip source 202.10.0.0 0.0.0.255  !---定义允许内部地址使用NAT地址转换的高级ACL规则（同时限定仅允许IP通信可使用NAT地址转换）
[Router-acl-adv-3100] quit
[Router] nat address-group 1 202.12.1.100 202.12.1.200  !---指定NAT地址池，范围要与前面指定的临时地址范围一致
[Router] interface gigabitethernet 1/0/0
[Router-GigabitEthernet1/0/0] nat outbound 3100 address-group 1  !---在NAT出接口上关联内部网络地址和NAT公网地址池
[Router-GigabitEthernet1/0/0] quit
[Router] nat alg dns enable  !---使能DNS的NAT ALG功能
```

④ 配置 NAT 业务优先功能，以及一条用于指导这些经过了地址转换、需要访问 Internet 的报文转发的缺省路由。

```
[Router] nat inside priority enable
[Router] ip route-static 0.0.0.0 0.0.0.0 202.11.1.1
```

3. 配置结果验证

配置好后，可执行 **display nat overlap-address all** 命令查看地址池映射关系。具体如下。

```
<Router> display nat overlap-address all
Nat Overlap Address Pool To Temp Address Pool Map Information:
-----------------------------------------------------------------------
Id  Overlap-Address  Temp-Address   Pool-Length     Inside-VPN-Instance-Name
-----------------------------------------------------------------------
0   202.10.0.100     202.12.1.100   100
-----------------------------------------------------------------------
 Total : 1
```

也可执行 **display nat outbound** 命令查看 NAT 地址池信息。具体如下。

```
[Router] display nat outbound
 NAT Outbound Information:
--------------------------------------------------------
 Interface                Acl      Address-group/IP/Interface      Type
--------------------------------------------------------
 GigabitEthernet1/0/0     3100                 1                    pat
--------------------------------------------------------
  Total : 1
```

6.3.4　配置静态 NAT

静态 NAT 可以实现私网 IP 地址和公网 IP 地址的固定的一对一映射，其基本的配置思想就是配置用户私网 IP 地址与用于 NAT 地址转换的公网 IP 地址之间（或同时在传输层端口之间）的一对一静态映射表项。同时，也可根据实际需要选择配置在 6.2 节介绍的其他 NAT 扩展应用技术，具体可配置的任务如下（**仅第一项为必选配置任务**）。各可选配置任务之间没有严格的先后配置次序。但因为最后 6 项配置任务已在 6.3.1 节中有对应的介绍，且配置方法完全一样，故在此仅介绍前面的两项配置任务的具体配置方法。

■ 配置静态地址映射。

■（可选）配置 DNS Mapping。

■（可选）使能 NAT ALG 功能。

■（可选）配置 NAT 过滤方式和映射模式。

■（可选）配置两次 NAT。

■（可选）配置 NAT 日志输出。

■（可选）配置 NAT 地址映射表项老化时间。

■（可选）使能 NAT 业务优先功能。

1．配置静态地址映射

这里所说的“静态地址映射”同时包括单独 IP 地址之间的一对一地址转换的静态 NAT，以及同时包括 IP 地址和端口号之间的一对一、或者一对多地址转换的静态 NAPT，具体可参见 6.1.7 节说明。

静态地址映射可以在系统视图下为所有 NAT 出口全局配置，也可以在 NAT 出接口视图下仅为该接口配置。

（1）全局静态地址映射配置方法

全局配置静态地址映射的配置方法是在系统视图下根据特定的网络场景和应用选择以下命令之一（以下的“一对多”是指一个公网 IP 地址映射多个私网 IP 地址）。

■ 仅适用于 TCP 或 UDP 报文的一对一，或一对多静态地址映射。

nat static protocol { **tcp** | **udp** } **global** *global-address global-port* [*global-port2*] **inside** *host-address* [*host-address2*] [*host-port*] [**vpn-instance** *vpn-instance-name*] [**netmask** *mask*] [**description** *description*]

本命令中，如果不配置 *global-port2*、*host-address2* 参数，则实现的是一对一静态 IP 地址（不转换传输层端口）映射，如果配置了这两个参数，则可实现一对多（一个公网 IP 地址与多个私网 IP 地址）的静态 NAPT 地址映射，仅适用于 TCP 和 UDP 报文。可用 **undo nat static protocol** { **tcp** | **udp** } **global** *global-address global-port* [*global-port2*] **inside** *host-address* [*host-address2*] [*host-port*] [**vpn-instance** *vpn-instance-name*] [**netmask** *mask*] [**description** *description*]命令来删除全局下已经配置的 NAT 一对一，或一对多静态地址映射。

■ 仅适用于 TCP 或 UDP 报文、使用 Loopback 接口地址作为公网地址的一对一，或一对多静态地址映射。

nat static protocol { **tcp** | **udp** } **global interface loopback** *interface-number global-port* [*global-port2*] [**vpn-instance** *vpn-instance-name*] **inside** *host-address* [*host-address2*] [*host-port*] [**vpn-instance** *vpn-instance-name*] [**netmask** *mask*] [**description** *description*]

本命令与前面一条命令基本一样，也是仅适用于 TCP 和 UDP 报文，既可以实现一对一静态地址态映射，也可实现一对多的静态地址映射，唯一不同的是本命令中的公网 IP 地址是指定的 Loopback 接口的 IP 地址。可用 **undo nat static protocol** { **tcp** | **udp** } **global interface loopback** *interface-number global-port* [*global-port2*] [**vpn-instance** *vpn-instance-name*] **inside** *host-address* [*host-address2*] [*host-port*] [**vpn-instance** *vpn-instance-name*] [**netmask** *mask*] [**description** *description*]命令来删除全局下已经配置的 NAT 一对一，或一对多静态地址映射。

■ 适用于所有协议报文的一对一静态地址映射。

nat static [**protocol** { *protocol-number* | **icmp** | **tcp** | **udp** }] **global** { *global-address* | **interface loopback** *interface-number* } **inside** *host-address* [**vpn-instance** *vpn-instance-name*] [**netmask** *mask*] [**description** *description*]

本命令仅可实现一对一的纯 IP 地址静态映射，不涉及端口之间的映射，但适用于所

有报文。可用 **undo nat static** [**protocol** { *protocol-number* | **icmp** | **tcp** | **udp** }] **global** { *global-address* | **interface loopback** *interface-number* } **inside** *host-address* [**vpn-instance** *vpn-instance-name*] [**netmask** *mask*] [**description** *description*]命令来删除全局下已经配置的 NAT 一对一静态地址映射。

■ 仅适用于 TCP 或 UDP 报文的一对一静态地址映射。

nat static protocol { **tcp** | **udp** } **global** *global-address global-port global-port2* **inside** *host-address host-port host-port2* [**vpn-instance** *vpn-instance-name*] [**netmask** *mask*] [**description** *description*]

本命令中，公网 IP 地址和私网 IP 地址均只有一个，但可以通过参数 *global-port global-port2*、*host-port host-port2* 指定端口范围来实现同一 IP 主机下的多种应用层服务的一对一端口映射，仅适用于TCP和UDP报文。可用 **undo nat static protocol** { **tcp** | **udp** } **global** *global-address global-port global-port2* **inside** *host-address host-port host- port2* [**vpn-instance** *vpn-instance-name*] [**netmask** *mask*] [**description** *description*]命令来删除全局下已经配置的 NAT 一对一静态地址映射。

■ 仅适用于 TCP 或 UDP 报文、使用 Loopback 接口地址作为公网地址的一对一静态地址映射。

nat static protocol { **tcp** | **udp** } **global interface loopback** *interface-number global-port global-port2* [**vpn-instance** *vpn-instance-name*] **inside** *host-address host-port host-port2* [**vpn-instance** *vpn-instance-name*] [**netmask** *mask*] [**description** *description*]

本命令与上一个命令基本一样，虽然公网 IP 地址和私网 IP 地址均只有一个，但可以通过参数 *global-port global-port2*、*host-port host-port2* 指定端口范围来实现同一 IP 主机下的多种应用层服务的一对一端口映射，仅适用于 TCP 和 UDP 报文。可用 **undo nat static protocol** { **tcp** | **udp** } **global interface loopback** *interface-number global-port global-port2* [**vpn-instance** *vpn-instance-name*] **inside** *host-address host-port host-port2* [**vpn-instance** *vpn-instance-name*] [**netmask** *mask*] [**description** *description*]命令来删除全局下已经配置的 NAT 一对一静态地址映射。

以上命令的参数和选项说明见表 6-7。

表 6-7 全局静态地址映射 nat static 命令的参数和选项说明

参数	参数说明	取值
protocol-number	配置仅对指定协议号的协议报文进行静态 NAT/NAPT 地址转换，通常仅当需对除 TCP、UDP 和 ICMP 之外的报文中地址进行转换时才需要使用本参数指定报文的协议号	整数形式，取值范围是 1～255
icmp	指定对 ICMP 协议报文进行地址转换	—
tcp	指定对 TCP 协议报文进行地址转换	—
udp	指定对 UDP 报文进行地址转换	—
global-address	指定 NAT 的公网 IP 地址。	点分十进制格式。
global-port	指定提供给外部访问的服务的端口号。如果不配置此参数，则表示是 any 的情况，即端口号为零，任何类型的服务都提供	整数形式，取值范围是 0～65 535

续表

参数	参数说明	取值
global-port2	指定公网结束端口。配置该参数时表示转换一段连续的端口，如果不配置此参数，则表示仅转换 *global-port* 端口	整数形式，取值范围是 0～65 535
host-address	指定 NAT 的私网 IP 地址	点分十进制格式。
host-address2	指定私网结束地址。配置该参数时表示转换一段连续的私网 IP 地址，如果不配置此参数，则表示仅转换 *host-address* 一个私网 IP 地址	点分十进制格式
host-port	指定私网设备提供的服务端口号。如果不配置此参数，则和 *global-port* 端口号一致	整数形式，取值范围是 0～65 535
host-port2	指定私网结束端口号。配置该参数时表示转换一段连续的端口，如果不配置此参数，则表示仅转换 *host-port* 端口	整数形式，取值范围是 0～65 535
vpn-instance *vpn-instance-name*	指定 VPN 实例名称	必须是已存在的 VPN 实例名称
netmask *mask*	指定静态 NAT 网络掩码，**表明映射私网和公网 IP 地址所在的网段，缺省与对应的自然网段掩码一样**	取值范围是 255.255.255.0～255.255.255.255
description *description*	指定 NAT 的描述信息	字符串格式，长度为 1～255。支持空格，区分大小写，字符串中不能包含"?"
interface loopback *interface-number*	指定 global 地址为 Loopback 的接口地址	整数形式，取值范围：0～1 023

然后在对应的 NAT 接口（可以是三层物理接口或子接口）视图下执行 **nat static enable** 命令使能静态 NAT 功能即可。

注意 在全局配置静态地址映射时要注意以下几个方面。

■ 在设备上执行对应的 **undo nat static** 命令，设备上的静态映射表项不会立刻消失，如果需要立刻清除静态 NAT 映射表项，请手动执行 **reset nat session** { **all** | **transit interface** *interface-type interface-number* [*.subnumber*] }命令来清除静态映射表项信息。

■ 当选择参数 *global-port2* 配置一组公网端口号时，必须同时选择 *host-address2* 配置一组私网地址，且端口号的数量需要跟私网地址的数量相同。

■ **nat static protocol** { **tcp** | **udp** } **global interface loopback** *interface-number global-port* [*global-port2*] [**vpn-instance** *vpn-instance-name*] **inside** *host-address* [*host-address2*] [*host-port*] [**vpn-instance** *vpn-instance-name*] [**netmask** *mask*] [**description** *description*] 命令中第一个 *vpn-instance-name* 指定的是 LoopBack 接口绑定的 VPN 实例，第二个 *vpn-instance-name* 是私网侧 VPN 实例。

■ 如果接口下执行命令 **ip binding vpn-instance** *vpn-instance-name* 绑定了公网侧 VPN，则系统视图下的 **nat static** 命令不生效，需要在该接口下配置 **nat static** 或 **nat server**。

【示例 1】在 TCP 报文中，公网地址为 Loopback 4 接口 IP 地址，端口为 43，与对应的私网地址 192.168.2.55 之间建立对应转换关系。即所有源 IP 地址为 192.168.2.55（端口任意）的 TCP 报文到达 NAT 路由器后源 IP 地址都转换为 192.168.8.8，传输层端口均为 TCP 43。

```
<Huawei> system-view
[Huawei] interface loopback 4
[Huawei-LoopBack4] ip address 192.168.8.8 24
[Huawei-LoopBack4] quit
[Huawei] nat static protocol tcp global interface loopback 4 43 inside 192.168.2.55 netmask 255.255.255.255
```

【示例 2】把内网中 IP 地址从 192.168.1.10/24~192.168.1.254 的主机发送的所有 UDP 报文的源 IP 地址分别映射为 IP 地址为 202.1.1.10、端口为 1 024～1 268。

```
[Huawei] nat static protocol udp global 202.1.1.10 1024 1268 inside 192.168.1.10 192.168.1.254
```

（2）接口静态地址映射配置方法

在 NAT 接口（可以是物理接口或子接口）下配置静态地址映射的方法是根据特定的网络场景和应用在的接口视图下选择以下命令之一。

■ 仅适用于 TCP 或 UDP 报文的一对一，或一对多静态地址映射。

nat static protocol { **tcp** | **udp** } **global** { *global-address* | **current-interface** | **interface** *interface-type interface-number* [*.subnumber*] } *global-port* [*global-port2*] [**vrrp** *vrrpid*] **inside** *host-address* [*host-address2*] [*host-port*] [**vpn-instance** *vpn-instance-name*] [**netmask** *mask*] [**acl** *acl-number*] [**global-to-inside** | **inside-to-global**] [**description** *description*]

本命令中，如果不配置 *global-port2*、*host-address2* 参数，则实现的是一对一静态地址映射，如果配置了这两个参数，则可实现一对多（一个公网 IP 地址与多个私网 IP 地址）的静态地址映射，仅适用于 TCP 或 UDP 报文。其中的公网 IP 地址可以是参数 *global-address* 指定的，也可以是当前 NAT 接口或子接口的 IP 地址，还可以是参数 **interface** *interface-type interface-number* [*.subnumber*]指定的其他接口或子接口的 IP 地址。另外，还可通过 **global-to-inside**、**inside-to-global** 选项指定静态地址映射作用的报文方向。可用 **undo nat static protocol** { **tcp** | **udp** } **global** { *global-address* | **current-interface** | **interface** *interface-type interface-number* [*.subnumber*] } *global-port* [*global-port2*] [**vrrp** *vrrpid*] **inside** *host-address* [*host-address2*] [*host-port*] [**vpn-instance** *vpn-instance-name*] [**netmask** *mask*] [**global-to-inside** | **inside-to-global**]命令来删一对一，或一对多的静态地址映射。

■ 适用于所有协议报文的一对一静态地址映射。

nat static [**protocol** { *protocol-number* | **icmp** | **tcp** | **udp** }] **global** { *global-address* | **current-interface** | **interface** *interface-type interface-number* [*.subnumber*] } [**vrrp** *vrrpid*] **inside** *host-address* [**vpn-instance** *vpn-instance-name*] [**netmask** *mask*] [**acl** *acl-number*] [**global-to-inside** | **inside-to-global**] [**description** *description*]

本命令中，仅可进行纯 IP 地址的静态映射，不涉及端口映射，但可针对所有协议报文。可用 **undo nat static** [**protocol** { *protocol-number* | **icmp** | **tcp** | **udp** }] **global** { *global-address* | **current-interface** | **interface** *interface-type interface-number* [*.subnumber*] } [**vrrp** *vrrpid*] **inside** *host-address* [**vpn-instance** *vpn-instance-name*] [**netmask** *mask*] [**global-to-inside** | **inside-to-global**]命令来删除私网 IP 地址和公网 IP 地址的静态映射关系。

■ 仅适用于 TCP 和 UDP 报文的一对多静态地址映射。

nat static protocol { **tcp** | **udp** } **global** { *global-address* | **current-interface** | **interface** *interface-type interface-number* [*.subnumber*] } *global-port global-port2* [**vrrp** *vrrpid*] **inside** *host-address host-port host-port2* [**vpn-instance** *vpn-instance-name*] [**netmask** *mask*] [**acl** *acl-number*] [**description** *description*]

本命令中，公网 IP 地址和私网 IP 地址均只有一个，但可以通过参数 *global-port global-port2*、*host-port host-port2* 指定端口范围来实现同一 IP 主机下的多种应用层服务的一对一端口映射，仅适用于 TCP 和 UDP 报文。可用 **undo nat static protocol** { **tcp** | **udp** } **global** { *global-address* | **current-interface** | **interface** *interface-type interface-number* [*.subnumber*] } *global-port global-port2* [**vrrp** *vrrpid*] **inside** *host-address host-port host-port2* [**vpn-instance** *vpn-instance-name*] [**netmask** *mask*]命令来删除私网 IP 地址和公网 IP 地址的静态映射关系。

以上命令的参数和选项中绝大多数与表 6-7 一样，不同的见表 6-8。

表 6-8 基于 NAT 接口静态地址映射 nat static 命令的参数和选项说明

参数	参数说明	取值
vpn-instance *vpn-instance-name*	指定私网侧 VPN 实例名称	必须是已存在的 VPN 实例名称
vrrp *vrrpid*	指定 VRRP ID。当 VRRP 备份组的多台成员设备都配置了 NAT 地址池后，当创建了多个备份组时，就可能出现多台设备都对报文进行 NAT 转换，导致冲突。配置 vrrp *vrrpid* 可以选择指定备份组中的 Master 设备进行 NAT 转换，有效避免冲突	整数形式，取值范围是 1～255
acl *acl-number*	指定访问控制列表的索引值。可以利用 ACL 控制地址转换的使用范围，只有满足 ACL 规则的数据报文才可以进行地址转换	整数形式，取值范围是 2 000～3 999
global-to-inside	指定静态地址映射配置仅作用于公网到私网方向的静态 NAT。如果不配置单向静态 NAT，则两个方向都进行转换	—
inside-to-global	指定静态地址映射配置仅作用于私网到公网方向的静态 NAT。如果不配置单向静态 NAT，则两个方向都进行转换	—
current-interface	指定 global 地址为当前的接口 IP 地址	—
interface *interface-type interface-number* [*.subnumber*]	指定 global 地址为接口或子接口的 IP 地址。其中：*interface-type*：代表指定接口的接口类型。*interface-number* [*.subnumber*]：代表指定接口或子接口的接口编号。通常是 Loopback 接口	

注意 在 NAT 接口下配置静态地址转换时要注意以下几个方面。

■ 在设备上执行对应 **undo nat static** 命令，设备上的静态映射表项不会立刻消失。如果需要立刻清除静态 NAT 映射表项，请执行命令 **reset nat session** { **all** | **transit interface** *interface-type interface-number* [*.subnumber*] }手动清除静态映射表项信息。

■ 当选择参数 *global-port2* 配置一组公网端口号时，必须同时选择 *host-address2* 配置一组私网地址，且端口号的数量需要跟私网地址的数量相同。

■ 配置参数 **vrrp** *vrrpid* 时，配置 **nat static** 命令所在的接口需支持 VRRP 功能。

■ 命令中指定的 *vpn-instance-name* 是私网侧 VPN 实例，对 *global-address* 不起作

用。接口下执行命令 **ip binding vpn-instance** *vpn-instance-name* 绑定的是公网侧 VPN 实例。

【示例 3】在 TCP 报文中公网地址为 202.10.10.1、端口为 200 与对应的私网地址是 10.10.10.1、端口为 300 之间建立一对一的映射关系。

```
<Huawei> system-view
[Huawei] interface gigabitethernet 1/0/0
[Huawei-GigabitEthernet1/0/0] nat static protocol tcp global 202.10.10.1 200 inside 10.10.10.1 300
```

【示例 4】将来自 VPN 为 huawei 并且与 IP 地址 10.2.2.2（24 位掩码）在同一网段的报文，替换为 10.3.3.3（24 位掩码）网段的对应 IP 地址。相当于 10.2.2.0/24 与 10.3.3.0/24 网段的 IP 地址直接互换。

```
<Huawei> system-view
[Huawei] ip vpn-instance huawei
[Huawei-vpn-instance-huawei]   quit
[Huawei] interface gigabitethernet 1/0/0
[Huawei-GigabitEthernet1/0/0] nat static global 10.3.3.3 inside 10.2.2.2 vpn-instance huawei netmask 255.255.255.0
```

2.（可选）配置 DNS Mapping

企业内如果没有内网的 DNS 服务器，而且又有使用域名访问内网服务器的需求，这就要求企业内网用户必须使用外网的 DNS 服务器来实现域名访问。

内网用户可以通过 NAT 使用外网的 DNS 服务器访问外网服务器，但如果内网用户通过外网的 DNS 服务器访问内网服务器时就会失败。因为来自外网的 DNS 解析结果是内网服务器对外宣称的 IP 地址，并非内网服务器真实的私网 IP 地址。此时就需要在配置静态地址转换时配置 DNS Mapping 功能，指明“域名-公网 IP 地址-公网端口-协议类型”映射表项。当 DNS 解析报文到达 NAT 设备时，NAT 设备会根据 DNS Mapping 建立的映射表项查找静态地址表项（**故还需配置公网 IP 地址与私网 IP 地址的静态映射**），得到公网 IP 地址对应的私网 IP 地址，再用该私网地址替换 DNS 的解析结果转发给用户。**但 DNS 报文必须与 NAT ALG 结合使用，否则仍不能正常穿越 NAT。**

DNS Mapping 的配置方法是在系统视图下执行 **nat dns-map** *domain-name* { *global-address* | **interface** *interface-type interface-number* [*.subnumber*] } *global-port protocol-name* 命令，配置域名到外部 IP 地址、端口号、协议类型的映射。命令中的参数说明如下。

■ *domain-name*：指定可被公网 DNS 服务器正确解析的合法域名，也就是内部服务器的域名。字符串形式，不支持空格，不区分大小写，长度范围是 1～255。各级域名以.分隔，每级域名不超过 63 个字符，总长度不超过 255 个字符。不包括/ < > : @ \ | % ' "字符。

■ *global-address*：二选一参数，指定以上域名所映射的公网 IP 地址。

■ **interface** *interface-type interface-number* [*.subnumber*]：二选一参数，指定某接口或子接口的类型和接口编号，即以某指定接口或子接口的 IP 地址作为所配置的公网域名映射的公网 IP 地址。

■ *global-por*：指定配置的域名所使用的传输层端口号，取值范围为 1～65 535 的整数。

■ *protocol-name*：表示 IP 承载的协议类型，只能是 tcp 或 udp。

缺省情况下，系统未配置域名到公网 IP 地址、端口号、协议类型的映射，可用 **undo nat dns-map** *domain-name* { *global-address* | **interface** *interface-type interface-number* [*.subnumber*] } *global-port protocol-name* 命令删除一条域名到公网 IP 地址、端口号、协

议类型的映射。

【示例 5】配置一条域名到外部 IP 地址、端口号、协议类型的映射。

```
<Huawei> system-view
[Huawei] nat dns-map www.test.com 10.1.1.1 2012 tcp
```

3. 配置管理命令

以上静态 NAT 配置好后，可在任意视图下执行以下 **display** 命令检查配置，验证配置结果。

- **display nat alg**：查看 NAT ALG 的配置信息。
- **display nat dns-map** [*domain-name*]：查看 DNS Mapping 信息。
- **display nat overlap-address** { *map-index* | **all** | **inside-vpn-instance** *inside-vpn-instance-name* }：查看 NAT 双向地址转换的相关信息。
- **display firewall-nat session aging-time**：查看 NAT 表项老化时间的相关信息。
- **display nat static** [**global** *global-address* | **inside** *host-address* [**vpn-instance** *vpn-instance-name*] | **interface** *interface-type interface-name* [*.subnumber*] | **acl** *acl-number*]：查看 NAT Static 的配置信息。
- **display nat sip cac bandwidth information** [**verbose**]：查看设备上的当前总带宽及被占用带宽。
- **display nat filter-mode**：查看当前的 NAT 过滤方式。
- **display nat mapping-mode**：查看 NAT 映射模式。
- **display nat mapping table** { **all** | **number** }或者 **display nat mapping table inside-address** *ip-address* **protocol** *protocol-name* **port** *port-number* [**vpn-instance** *vpn-instance-name*]：查看 NAT 映射表所有表项信息或个数。
- **display nat static interface enable**：查看接口下静态 NAT 功能的使能情况。

6.3.5 静态一对一 NAT 配置示例

本示例的基本拓扑结构如图 6-21 所示，路由器的出接口 GE2/0/0 的 IP 地址为 202.10.1.2/24，LAN 侧网关地址为 192.168.0.1/24。对端运营商侧地址为 202.10.1.1/24。现 IP 地址为 192.168.0.2/24 的内网主机需要使用固定的公网 IP 地址 202.10.1.3/24 来访问 Internet。

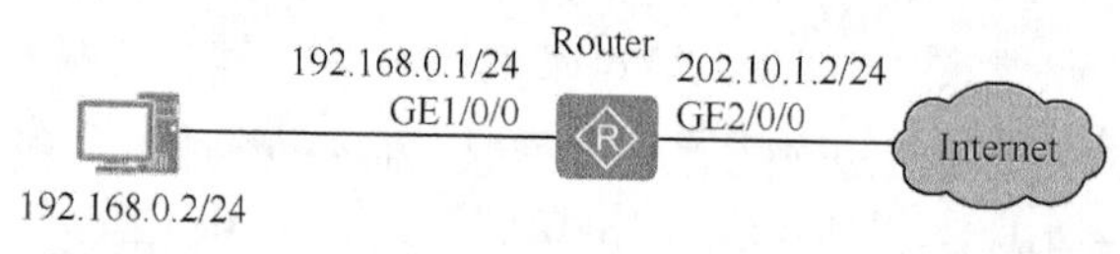

图 6-21 一对一静态 NAT 配置示例的基本网络结构

1. 基本配置思路分析

这是一个为所有协议类型报文配置一对一纯 IP 地址的静态地址映射的配置示例。根据 6.3.4 节介绍的配置方法，可以知道最基本的配置就是要求在系统视图或者出接口视图下配置静态地址转换表。当然，同样需要在 NAT 设备上配置到达 Internet 的缺省路由，指导经过转换后的报文的转发。其他可选配置任务本示例均可不配置，因为没有这方面的实际应用需求。

2. 具体的配置步骤

① 配置各接口IP地址。根据图中标注，本示例中的LAN和WAN接口都是三层接口，均可直接配置IP地址。

```
<Huawei> system-view
[Huawei] sysname Router
[Router] interface gigabitethernet 2/0/0
[Router-GigabitEthernet2/0/0] ip address 202.10.1.2 24
[Router-GigabitEthernet2/0/0] quit
[Router] interface ethernet 1/0/0
[Router-Ethernet1/0/0] ip address 192.168.0.1 24
[Router-Ethernet1/0/0] quit
```

② 配置出接口GE2/0/0一对一的静态NAT映射表项。因为本示例中没有限定需要经过地址转换的报文协议类型，所以不指定报文协议类型。不指定报文协议类型的静态地址映射只能是IP地址的一对一映射，可以在系统视图下全局配置，也可直接在NAT接口下配置，在此以NAT接口下配置为例进行介绍。

```
[Router] interface gigabitethernet 2/0/0
[Router-GigabitEthernet2/0/0] nat static global 202.10.1.3 inside 192.168.0.2
[Router-GigabitEthernet2/0/0] quit
```

③ 配置访问Internet的缺省路由，下一跳地址为运营商侧IP地址202.10.1.1。

```
[Router] ip route-static 0.0.0.0 0.0.0.0 202.10.1.1
```

配置好后，可在Router上执行**display nat static**命令查看地址池映射关系。具体如下。

```
<Router> display nat static
  Static Nat Information:
  Interface    : GigabitEthernet2/0/0
    Global IP/Port         : 202.10.1.3/----
    Inside IP/Port         : 192.168.0.2/----
    Protocol : ----
    VPN instance-name    : ----
    Acl number           : ----
    Netmask    : 255.255.255.255
    Description : ----

  Total :      1
```

6.3.6 配置NAT Server

NAT Server又称内部服务器。通过配置内部服务器，可以使外网用户直接使用内部服务器所映射的公网IP地址来访问位于内网的服务器。其实前面介绍的静态地址映射也可以实现相同的功能，但此处的NAT Server功能仅作用于由外到内访问的协议报文，**对于内网主动访问外网的情况不进行端口替换，仅进行地址替换**。

NAT Server所包括的配置任务如下。

- 配置内部服务器地址映射。
- （可选）配置DNS Mapping。
- （可选）使能NAT ALG功能。
- （可选）配置NAT过滤方式和映射模式。
- （可选）配置两次NAT。
- （可选）配置NAT日志输出。

■（可选）配置 NAT 地址映射表项老化时间。

■（可选）使能 NAT 业务优先功能。

以上除第 1 项外，其他配置任务均已在 6.3.1 节或 6.3.4 节进行了全面的介绍，配置方法也完全一样，故在此仅介绍第 1 项配置任务的具体配置方法。

内部服务器地址映射可在三层 NAT 接口或子接口视图下可根据需要选择以下命令之一进行配置。

■ **nat server protocol** { **tcp** | **udp** } **global** { *global-address* | **current-interface** | **interface** *interface-type interface-number* [*.subnumber*] } *global-port* [*global-port2*] [**vrrp** *vrrpid*] **inside** *host-address* [*host-address2*] [*host-port*] [**vpn-instance** *vpn-instance-name*] [**acl** *acl-number*] [**description** *description*]

■ **nat server** [**protocol** { *protocol-number* | **icmp** | **tcp** | **udp** }] **global** { *global-address* | **current-interface** | **interface** *interface-type interface-number* [*.subnumber*] } [**vrrp** *vrrpid*] **inside** *host-address* [**vpn-instance** *vpn-instance-name*] [**acl** *acl-number*] [**description** *description*]

以上两条命令的参数和选项说明，以及配置注意事项均与 6.3.4 节中在 NAT 接口或子接口下执行的 **nat static** 命令中的对应说明基本一样，只是其中的 **acl** *acl-number* 参数是用来限定可以访问内部服务器的外网用户。

【经验之谈】配置好了 NAT Server 后，如果 DNS 服务器位于外网，一般情况下，外网用户可通过所配置的公网地址与私网地址映射关系直接访问位于内网中的服务器。但是内网用户就不一定能成功访问了，具体受内部服务器的域名和 IP 地址配置的影响。

■ 当内部服务器**有内网域名**，DNS **服务器在内网**，**内网用户需要通过域名访问**内部服务器，或者内部服务器**没有域名**，**内网用户需要通过私网 IP 地址访问**内部服务器时，无需另外的配置。

■ 当内部服务器**有公网域名**，DNS **服务器在公网**，**内网用户需要通过域名访问**内部服务器时，除了需要配置内部服务器地址映射外，还需要配置 DNS Mapping 和 DNS ALG。

■ 内部服务器**没有域名**，**内网用户需通过公网 IP 地址访问**内部服务器时，除了需要配置内部服务器地址映射外，还需要通过 QoS 流策略重定向下一跳行为，定义内网用户以公网 IP 地址访问内部服务器时的下一跳为 NAT 出接口 IP 地址，并在 NAT 路由器内部接口入方向进行应用。有关 QoS 流策略的创建与配置方法请参见配套图书《华为交换机学习指南》（第二版）的第 12 章。

下面是一个流策略重定向的示例，假设内部网络的 IP 网段为 192.168.1.0/24，内部服务器的公网 IP 地址为 1.1.1.10/24，NAT 出接口 IP 地址为 1.1.1.1/24，NAT 内部接口为 Ethernet 0/0/1。

```
<Huawei> system-view
[Huawei]acl number 3000
[Huawei-acl-adv-3000]rule 5 permit ip source 192.168.1.0 0.0.0.255 destination 1.1.1.10 0
                                   !---定义一个限定内网用户访问内部服务器公网 IP 地址的高级 ACL
[Huawei-acl-adv-3000]quit
[Huawei]traffic classifier redirect operator or          !---创建流分类，并指明下面的匹配规划为逻辑或类型
[Huawei-classifier- redirect]if-match acl 3000
```

```
[Huawei-classifier- redirect]quit
[Huawei]traffic behavior redirect                          !---创建流行为
[Huawei-behavior- redirect] redirect ip-nexthop 1.1.1.1            !----重定向下一跳为 NAT 出接口 IP 地址
[Huawei-behavior- redirect]quit
[Huawei]traffic policy redirect                            !---创建流策略
[Huawei-trafficpolicy-redirec] classifier redirect behavior redirect    !---关联流分类和流行为
[Huawei-trafficpolicy-redirec]quit
[Huawei]interface Ethernet0/0/1
[Huawei-Ethernet0/0/1] traffic-policy redirect inbound-----------在 NAT 内部接口入方向上应用以上流策略
```

以上 NAT Server 功能配置好后，可在任意视图下执行以下 **display** 命令检查配置，验证配置结果。

- **display nat server** [**global** *global-address* | **inside** *host-address* [**vpn-instance** *vpn-instance-name*] | **interface** *interface-type interface-number* [*.subnumber*] | **acl** *acl-number*]：查看 NAT Server 的配置信息。
- **display nat alg**：查看地址转换应用层网关 ALG 的配置信息。
- **display nat dns-map** [*domain-name*]：查看 DNS Mapping 信息。
- **display nat overlap-address** { *map-index* | **all** | **inside-vpn-instance** *inside-vpn-instance-name* }：查看 NAT 双向地址转换的相关信息。
- **display firewall-nat session aging-time**：查看 NAT 表项老化时间的相关信息。
- **display nat sip cac bandwidth information** [**verbose**]：查看设备上的当前总带宽及被占用带宽。
- **display nat filter-mode**：查看当前的 NAT 过滤方式。
- **display nat mapping-mode**：查看 NAT 映射模式。
- **display nat mapping table** { **all** | **number** }或者 **display nat mapping table inside-address** *ip-address* **protocol** *protocol-name* **port** *port-number* [**vpn-instance** *vpn-instance-name*]：查看 NAT 映射表所有表项信息或个数。

6.3.7　NAT Server 配置示例

本示例的基本拓扑结构如图 6-22 所示，某公司的网络提供 WWW Server 和 FTP Server 供外部网络用户访问。WWW Server 的内部 IP 地址为 192.168.20.2/24，提供服务的端口为 8080，对外公布的地址为 202.169.10.5/24。FTP Server 的内部 IP 地址为 10.0.0.3/24，对外公布的地址为 202.169.10.33/24，对端运营商侧地址为 202.169.10.2/24。现要求通过 NAT Server 功能的配置，使得外网用户可以通过公网 IP 地址访问位于内网中的 WWW Server 和 FTP Server。

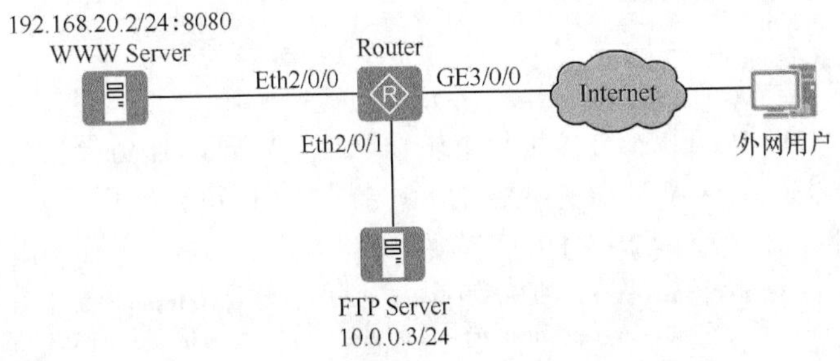

图 6-22　NAT Server 配置示例的拓扑结构

1. 基本配置思路分析

本示例的要求比较简单，仅要求把内部 WWW 服务器、FTP 服务器发布到 Internet 上，而没有要求采用域名访问 WWW 服务器（即不需要 DNS 服务），也没要求内网用户能通过服务器的公网 IP 地址或域名访问，所以仅需要配置基本的 NAT Server 即可，不需要配置 DNS Mapping 和流策略重定向。对于 WWW 服务器也就不需要配置 DNS ALG，但对于 FTP 服务器，仍需要配置 ALG FTP，因为此时外网 FTP 客户端与内网 FTP 服务器之间仍然需要在建立数据通道时转换载荷中的地址和端口信息。

基于以上分析，可得出本示例如下的基本配置思路。

① 配置各接口 IP 地址。NAT 的内、外部接口必须是三层的，现假设 Eth2/0/0 和 Eth2/0/1 接口都是二层的，可通过配置 VLANIF 接口来转换。

② 配置 WWW 服务器、FTP 服务器的公网/私网 IP 地址/端口号映射。

③ 使能 FTP ALG 功能，并配置用于指导内网的应答报文通过 Internet 转发到外网用户的缺省路由。

2. 具体配置步骤

① 配置各接口 IP 地址。这里假设连接 WWW 和 FTP 服务器的两 LAN 接口是二层接口，都必须先加入到一个 VLAN 中（假设 Eth2/0/0 接口以 Access 类型加入到 VLAN 100 中，Eth2/0/1 接口以 Access 类型加入到 VLAN 200 中），然后在对应的 VLANIF 接口上配置 IP 地址。

```
<Huawei> system-view
[Huawei] sysname Router
[Router] vlan 100
[Router-vlan100] quit
[Router] interface ethernet 2/0/0
[Router-Ethernet2/0/0] port link-type access
[Router-Ethernet2/0/0] port default vlan 100
[Router-Ethernet2/0/0] quit
[Router] interface vlanif 100
[Router-Vlanif100] ip address 192.168.20.1 24
[Router-Vlanif100] quit
[Router] vlan 200
[Router-vlan200] quit
[Router] interface ethernet 2/0/1
[Router-Ethernet2/0/1] port link-type access
[Router-Ethernet2/0/1] port default vlan 200
[Router-Ethernet2/0/1] quit
[Router] interface vlanif 200
[Router-Vlanif200] ip address 10.0.0.1 24
[Router-Vlanif200] quit
[Router] interface gigabitethernet 3/0/0
[Router-GigabitEthernet3/0/0] ip address 202.169.10.1 24
```

② 配置 WWW 和 FTP 服务器地址、端口映射。WWW 服务器的内网端口号为 TCP 8080，外网端口号采用 WWW 服务缺省的 80 号端口（也可直接用 www 服务替代），FTP 服务器的内、外网端口号均采用 FTP 服务缺省的 21 号端口（也可直接用 FTP 服务替代）。

```
[Router-GigabitEthernet3/0/0] nat server protocol tcp global 202.169.10.5 www inside 192.168.20.2 8080
[Router-GigabitEthernet3/0/0] nat server protocol tcp global 202.169.10.33 ftp inside 10.0.0.3 ftp
[Router-GigabitEthernet3/0/0] quit
```

③ 使能 FTP 的 NAT ALG 功能，配置内网访问 Internet 的缺省路由，下一跳地址为运营商侧的 IP 地址 202.169.10.2。

```
[Router] nat alg ftp enable
[Router] ip route-static 0.0.0.0 0.0.0.0 202.169.10.2
```

3．配置结果验证

配置好后，可以执行 **display nat server** 命令检查 NAT Server 配置，验证配置结果。具体如下。

```
<Router> display nat server
  Nat Server Information:
 Interface   : gigabitethernet 3/0/0
   Global IP/Port        : 202.169.10.5/80(www)
   Inside IP/Port        : 192.168.20.2/8080
   Protocol : 6(tcp)
   VPN instance-name   : ----
   Acl number            : ----
   Description           : ----

   Global IP/Port        : 202.169.10.33/21(ftp)
   Inside IP/Port        : 10.0.0.3/21(ftp)
   Protocol : 6(tcp)
   VPN instance-name   : ----
   Acl number            : ----
   Description           : ----

 Total :     2
```

6.3.8　PPPoE 拨号通过 Easy IP 访问外网的配置示例

如图 6-23 所示，路由器作为 PPPoE 客户端由 PPPoE 服务器分配 IP 地址。其中，路由器的 Eth2/0/1 地址为 192.168.0.1/24，PPPoE 服务器的 IP 地址为 178.18.1.1/16。企业内的主机通过路由器连接网络。路由器的 GE1/0/0 接口采用 PPPoE 拨号方式从 PPPoE 服务器动态获取公网 IP 地址。用户希望企业网内的主机可以访问外网。

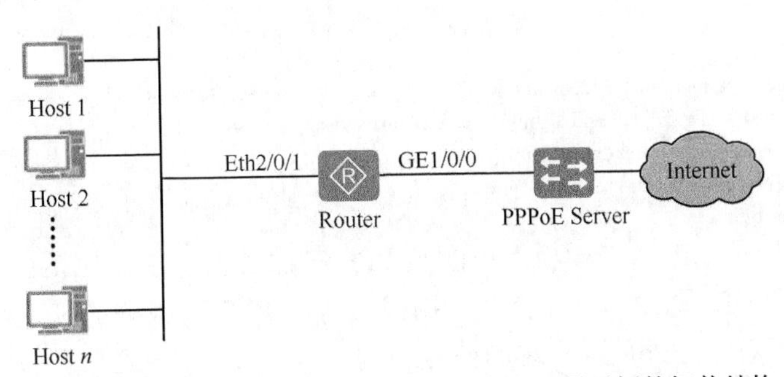

图 6-23　PPPoE 拨号通过 Easy IP 访问外网配置示例的拓扑结构

1．基本配置思路分析

本示例在 Router 上不仅要配置动态 NAT（因为本示例没有说明有多余的公网 IP 地址，故只能采用 Easy IP 方式），还涉及配置 PPPoE 客户端和 PPPoE 服务器，基本配置思路如下（有关 PPPoE 客户端和 PPPoE 服务器的配置方法参见本书的第 4 章）。

① 配置 PPPoE 服务器。

② 在 Router 上创建拨号口并配置拨号口相关参数，配置为 PPPoE 客户端。然后配置以拨号接口为出接口的缺省路由，用于指导内网用户通过 PPPoE 拨号访问 Internet 的报文的转发。

③ 在 Router 上配置 Easy IP，实现配置 PPPoE 拨号通过 Easy IP 访问外网的目标。

2. 具体配置步骤

① 配置 PPPoE 服务器。

PPPoE 服务器端需要配置认证方式、IP 地址获取方式或设置为 PPPoE 客户端分配的 IP 地址或地址池。因为本示例中的 PPPoE 客户端仅为 Router 上的拨号接口，故其 IP 地址可采用直接由 PPPoE 服务器 VT 接口分配，不需要配置全局地址池。

■ 配置 PPPoE 认证用户。

本示例中的 PPPoE 服务器采用在缺省的 ISP 域下的本地认证、授权 AAA 方案，配置用于对 PPPoE 客户端认证的本地账户名为 winda，密码为 Huawei@123.com（密码采用交互式配置）。

```
<Huawei> system-view
[Huawei] sysname pppoeserver
[pppoeserver] aaa
[pppoeserver-aaa] authentication-scheme system_a
[pppoeserver-aaa-authen-system_a] authentication-mode local
[pppoeserver-aaa-authen-system_a] quit
[pppoeserver-aaa] authorization-scheme system_a
[pppoeserver-aaa-author-system_a] authorization-mode local
[pppoeserver-aaa-author-system_a] quit
[pppoeserver-aaa] domain system
[pppoeserver-aaa-domain-system] authentication-scheme system_a
[pppoeserver-aaa-domain-system] authorization-scheme system_a
[pppoeserver-aaa-domain-system] quit
[pppoeserver-aaa] local-user winda password
Please configure the login password (8-128)
It is recommended that the password consist of at least 2 types of characters, i
ncluding lowercase letters, uppercase letters, numerals and special characters.
Please enter password:
Please confirm password:
Info: Add a new user.
Warning: The new user supports all access modes. The management user access mode
s such as Telnet, SSH, FTP, HTTP, and Terminal have security risks. You are advi
sed to configure the required access modes only.
[pppoeserver-aaa] local-user winda service-type ppp
[pppoeserver-aaa] quit
```

■ 创建并配置 VT。VT 模板上可配置 PPPoE 服务器属性，包括认证方式、使用的 ISP 域、为客户端分配的 IP 地址。当客户端拨号访问 PPPoE 服务器时会自动生成 VA（虚拟访问）接口，接受 PPPoE 客户端的拨号访问。

```
[pppoeserver] interface virtual-template 1
[pppoeserver-Virtual-Template1] ppp authentication-mode chap domain system
[pppoeserver-Virtual-Template1] ip address 178.18.1.1 255.255.0.0
[pppoeserver-Virtual-Template1] remote address 178.18.1.2   !----为 PPPoE 客户端分配的 IP 地址为 178.1.1.2。
[pppoeserver-Virtual-Template1] quit
```

■ 在 PPPoE 服务器接口（假设为 GE1/0/0）上启用 PPPoE Server 功能。

```
[pppoeserver] interface gigabitethernet 1/0/0
[pppoeserver-GigabitEthernet1/0/0] pppoe-server bind virtual-template 1
```

```
[pppoeserver-GigabitEthernet1/0/0] quit
[pppoeserver] quit
```

② 配置 PPPoE 客户端。

本示例中 Router 担当 PPPoE 设备，需要配置向 PPPoE 服务器发起拨号的相关功能。

■ 配置拨号口，拨号用户与 PPPoE 服务器上的配置一致，用户名为 winda，密码为 Huawei@123.com，采用 CHAP 认证方式。

```
<Huawei> system-view
[Huawei] sysname Router
[Router] dialer-rule
[Router-dialer-rule] dialer-rule 1 ip permit
[Router-dialer-rule] quit
[Router] interface dialer 1    !---创建拨号接口 Dialer1
[Router-Dialer1] dialer user winda    !---指定拨号用户帐户
[Router-Dialer1] dialer-group 1       !---创建 1 号拨号访问组
[Router-Dialer1] dialer bundle 1      !---创建号拨号捆绑
[Router-Dialer1] dialer timer idle 300
INFO:  The configuration will become effective after link reset.
[Router-Dialer1] dialer queue-length 8
[Router-Dialer1] ppp chap user winda
[Router-Dialer1] ppp chap password cipher Huawei@123.com
[Router-Dialer1] ip address ppp-negotiate    !---配置本端 IP 地址由对端（即 PPPoE 服务器的 VT 接口）分配
[Router-Dialer1] quit
```

■ 建立 PPPoE 会话，与前面创建的拨号捆绑（1）进行关联，进行按需拨号。

```
[Router] interface gigabitethernet 1/0/0
[Router-GigabitEthernet1/0/0] pppoe-client dial-bundle-number 1 on-demand
[Router-GigabitEthernet1/0/0] quit
```

■ 配置访问外部网络的缺省路由，出接口为 Dialer1。

```
[Router] ip route-static 0.0.0.0 0 dialer 1
```

③ 在拨号口上配置 Easy IP 方式的 NAT Outbound，通过基本 ACL 指定允许通过 Easy IP 进行地址转换的内部网络用户 IP 地址范围。

```
[Router] acl 2000
[Router-acl-basic-2000] rule 5 permit source 192.168.0.0 0.0.0.255
[Router-acl-basic-2000] quit
[Router] interface dialer 1
[Router-Dialer1] nat outbound 2000
[Router-Dialer1] quit
```

3. 验证配置结果

PPPoE 客户端配置好后，执行命令 **display pppoe-client session summary** 查看 PPPoE 会话的状态和配置信息。根据显示信息判断会话状态是否正常（状态为 up 表示正常）、配置是否正确（是否和之前的数据规划和组网一致）。

```
<Router> display pppoe-client session summary
PPPoE Client Session:
ID   Bundle  Dialer  Intf          Client-MAC     Server-MAC     State
1    1       1       GE1/0/0       00e0fc030201   00e0fc030206   PPPUP
```

待拨号成功后，在 Router 上执行 **display nat outbound** 操作，结果如下，可以看出采用的是 Easy IP 地址转换方式，使用的公网 IP 地址是 Dialer1 接口的 IP 地址，当前从 PPPoE 服务器获得的 IP 地址为 178.18.1.2。

```
<Router> display nat outbound
NAT Outbound Information:
```

```
------------------------------------------------------------------
Interface                  Acl     Address-group/IP/Interface     Type
------------------------------------------------------------------
Dialer1                    2000                  178.18.1.2       easyip
------------------------------------------------------------------
Total : 1
```

6.3.9 NAT 综合配置示例

本示例的基本网络结构如图 6-24 所示，Web 服务器的内部 IP 地址为 192.168.0.100/24，采用 8080 端口提供 Web 服务；对外发布的公网 IP 地址为 202.10.1.3/24，域名为 www.TestNat.com。NAT 路由器出接口 GE1/0/0 的 IP 地址为 202.10.1.2/24，内部接口 GE2/0/0 的 IP 地址为 192.168.0.1。除此之外，该公司没有其他公网 IP 地址。对端运营商侧地址为 202.10.1.1/24。

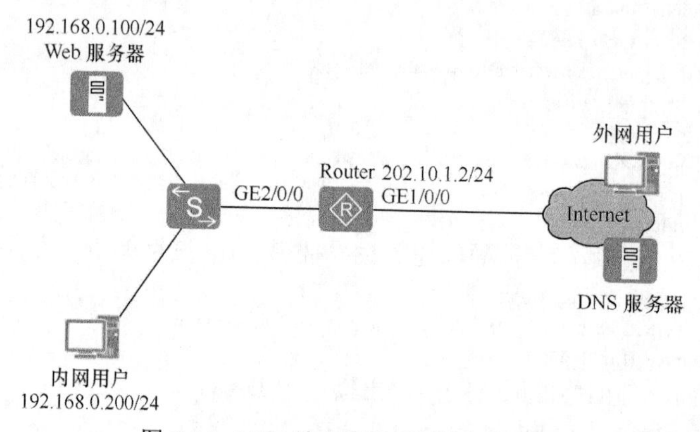

图 6-24 NAT 综合配置示例的拓扑结构

现该公司要求通过公司内部的 Web 服务器对外网用户提供 Web 服务，同时公司的内网用户还可以访问外网，而且内网用户也可以通过外网的 DNS 服务器使用域名访问公司内部的 Web 服务器。

1. 基本配置思路分析

本示例的条件和要求主要有以下几个方面。

■ 本示例中仅有的一个富余公网 IP 地址分配给了 Web 服务器，所以内网用户访问 Internet 只能共享 NAT 接口 IP 地址进行转换了，即需要配置 Easy IP 方式的动态 NAPT 来实现内网用户的私网地址转换。内网中的 Web 服务器需通过配置 NAT Server 功能向外网发布。所以本示例要同时配置 Easy IP 和 NAT Server。

■ 因为用户要能够通过域名访问位于内部网络，但 DNS 服务器又位于 Internet 的 Web 服务器，这时就需要同时配置 DNS ALG 和 DNS Mapping。

基于以上分析，可得出本示例的如下基本配置思路。

① 配置各接口 IP 地址，NAT 的内外部接口均必须是三层的。

② 配置 Easy-IP，供内网用户访问 Internet。

③ 配置 NAT Server，Web 服务器向外发布的公网 IP 地址为 202.10.1.3/24，公网端口号采用 Web 服务缺省的 TCP 80 号端口，内网端口号为 TCP 8080。

④ 配置DNS Mapping和DNS ALG，同时配置一条指导访问Internet、DNS服务器的报文转发的缺省静态路由。

2. 具体配置步骤

① 配置各接口IP地址。根据图中标注，LAN和WAN接口都是三层接口，均可直接配置IP地址。

```
<Huawei> system-view
[Huawei] sysname Router
[Router] interface gigabitethernet 1/0/0
[Router-GigabitEthernet1/0/0] ip address 202.10.1.2 24
[Router-GigabitEthernet1/0/0] quit
[Router] interface gigabitethernet 2/0/0
[Router-Gigabitethernet 2/0/0] ip address 192.168.0.1 24
[Router-Gigabitethernet 2/0/0] quit
```

② 配置Easy IP，使内网用户访问Internet时共享采用NAT出接口IP地址进行动态NAPT的地址转换（通过ACL限定可使用Easy IP功能的内网用户）。

```
[Router] acl 2000
[Router-acl-basic-2000] rule 5 permit source 192.168.0.0 0.0.0.255
[Router-acl-basic-2000] quit
[Router] interface gigabitethernet 1/0/0
[Router-GigabitEthernet1/0/0] nat outbound 2000
[Router-GigabitEthernet1/0/0] quit
```

③ 配置NAT Server，向外网发布Web服务器。

```
[Router] interface gigabitethernet 1/0/0
[Router-GigabitEthernet1/0/0] nat server protocol tcp global 202.10.1.3 www inside 192.168.0.100 8080   !---配置内部Web服务器公网IP地址、公网端口号（以www代表标准的TCP 80端口）和私网IP地址、私网端口号的映射
[Router-GigabitEthernet1/0/0] quit
```

④ 配置DNS ALG、DNS Mapping功能和访问Internet缺省路由。配置DNS Mapping映射表后，当解析出服务器对应的公网IP地址后，即可再根据前面NAT Server配置的Web服务器公网/私网IP地址、端口的映射关系对DNS应答报文载荷部分的地址和端口信息转换成对应的私网IP地址和端口号，再通过DNS ALG功能使DNS应答报文穿越NAT设备到达内网用户。

```
[Router] nat alg dns enable   !---使能DNS ALG功能
[Router] nat dns-map www.TestNat.com 202.10.1.3 80 tcp   !----配置内部Web服务器“域名-公网IP地址-端口号-协议类型”的映射表
[Router] quit
[Router] ip route-static 0.0.0.0 0.0.0.0 202.10.1.1   !---配置访问Internet的缺省路由，指定下一跳地址为运营商侧公网IP地址202.10.1.1
```

3. 配置结果验证

配置好后，可在Router上执行**display nat outbound**操作，查看NAT地址映射表，结果如下。从中可以看到，已在NAT出接口GE1/0/0上正确关联了内部IP地址（由ACL 2000指定）和公网IP地址。

```
<Router> display nat outbound
 NAT Outbound Information:
 --------------------------------------------------------------------------
 Interface                    Acl      Address-group/IP/Interface      Type
 GigabitEthernet1/0/0         2000                  202.10.1.2         easyip
 --------------------------------------------------------------------------
  Total : 1
```

也可在 Router 上执行 **display nat server** 操作，查看 NAT Server 映射表，从中可以看到已在 NAT 出接口 GE1/0/0 上正确配置了内部 Web 服务器的 NAT Server 映射表。

```
<Router> display nat server
  Nat Server Information:
  Interface   : GigabitEthernet 1/0/0
    Global IP/Port        : 202.10.1.3/80(www)
    Inside IP/Port        : 192.168.0.100 8080
    Protocol : 6(tcp)
    VPN instance-name     : ----
    Acl number            : ----
    Description : ----
  Total :      1
```

还可在 Router 上执行 **display nat alg** 操作，查看各协议的 ALG 功能使能情况，结果显示只有 DNS 使能了 ALG 功能。

```
<Router> display nat alg
NAT Application Level Gateway Information:
--------------------------------
  Application              Status
--------------------------------
  dns                       Enabled
  ftp                       Disabled
  rtsp                      Disabled
  sip                       Disabled
--------------------------------
```

6.3.10 典型故障分析与排除

在 NAT 的配置和应用中，经常出现以下 3 种故障。

- 动态 NAT 中内网用户无法访问公网。
- NAT Server 中外网主机无法访问内部服务器。
- 两次 NAT 中内网重叠地址主机无法访问内部服务器。

1. *动态 NAT 中内网用户无法访问公网*

这类故障的常见原因包括以下两个方面。

① 没有在 NAT 出接口上正确配置地址关联。

② 用于指定内部地址的 ACL 配置错误。

下面是具体的排除步骤。

① 在 NAT 设备上执行 **display interface** *interface-type interface-number*（这里为 NAT 内部接口）命令，查看显示信息的 **Input** 字段值，检查设备的接口是否有报文进入。

如果 **Input** 字段值为 0，表示设备没有报文进入，请排查接口的配置，保证接口能接收报文；如果 **Input** 字段值不为 0，请继续执行下一步。

② 在设备上执行 **display nat outbound** 命令，查看出接口上是否正确配置了 NAT 出接口关联。从显示信息可知 NAT 出接口关联的 ACL 号，然后查看对应 ACL 的规则配置是否正确。如果 ACL 未配置正确的 IP 地址、端口号或协议类型，将导致报文无法正常出入网络。

如果 ACL 匹配规则配置错误，请重新进行配置；如果 ACL 匹配规则配置正确，故障仍然存在，请继续执行下面的步骤。

③ 在设备上执行 **display nat address-group** 命令，查看出接口上所绑定的公网 IP 地址池是否正确。针对 Easy IP 方式，需要在设备上执行 **display nat outbound** 命令，查看 NAT 出接口上配置的 Easy IP 信息。

2. NAT Server 中外网主机无法访问内网服务器

这类故障的常见原因主要包括两个方面。

① NAT Server 配在错误的接口上（比如配置在出接口上，或其他不相关的接口上），应该正确配置在**外网主机访问内网的入接口上**。

② NAT Server 配置错误（比如配置的内部 Server 对应的公网、私网 IP 地址不对，私网端口和内部服务器打开的端口不一样）。

下面是具体的排除步骤。

① 检查内网 NAT Server 上的应用服务正常。

当从外网无法访问 NAT Server 所提供的服务时，先确认内网服务器上相应的服务（例如 HTTP Server、FTP Server 等）是否打开。可以从内网其他主机上尝试访问内网服务器，以确保相应服务正在运行。

如果内网 NAT Server 上的应用服务未正常运行，请打开相应服务；如果内网 NAT Server 上的应用服务正常运行，故障仍然存在，请继续执行下面的步骤。

② 在设备上执行 **display nat server** 命令，查看 NAT Server 是否配置在正确的 NAT 接口上，是否配置了正确的协议、端口和地址信息。

特别需要注意被映射的内网地址和端口是否正确。某些服务传送报文数据时，会使用到多个端口（有些端口是随机产生的），例如 FTP 和 TFTP，因此为这些服务配置 NAT Server 时，应该把对端口的限制放开，使得内部服务器可以正常提供服务。

如果 NAT Server 配置错误，请重新进行正确配置；如果 NAT Server 配置正确，故障仍然存在，请继续执行下面的步骤。

③ 检查 NAT Server 外网接口上的 IP 地址以及为 NAT Server 配置的公网 IP 地址是否正确。例如，是否和该网段的其他地址发生冲突。从外网主机上 ping NAT Server 的外网接口地址，确保外网主机到 NAT Server 之间的连通性。

如果外网主机和 NAT Server 外网接口之间的连通性存在问题，请检查并确保连通性正常；如果外网主机和 NAT Server 外网接口之间的连通性正常，故障仍然存在，请继续执行下面的步骤。

④ 检查内网服务器上是否配置了正确的路由或者网关，使得发向外网的报文可以正确地送到 NAT 网关。

3. 两次 NAT 中内网重叠主机无法访问外网服务器

本类故障的常见原因包括以下几个方面。

- 内网访问公网对应的出接口上配置 NAT 地址关联错误。
- 未使能 DNS 协议的 NAT ALG。
- 配置的 DNS Mapping 错误（比如，对应的公网地址和外网服务器 IP 地址不同）。
- 没有配置从内网临时地址到 NAT 公网出接口的路由。

下面是具体的排除步骤。

① 在设备上执行 **display nat outbound** 命令，查看 NAT 出接口上是否配置了地址

关联。通过执行 **display nat address-group** 命令查看地址池的配置信息。

最后再查看 NAT 出接口关联的 ACL 规则是否正确，ACL 规则常见问题有：没有配置合适的地址、协议、端口等，导致内网报文无法送出或外网报文无法进入。

如果 NAT 出接口地址关联配置错误，请修改对应配置；如果 NAT 出接口地址关联配置正确，故障仍然存在，请继续执行下面的步骤。

② 在设备上执行 **display nat dns-map** 命令，查看 DNS Mapping 是否配置在正确的 NAT 出接口上，是否配置了正确的协议、端口和地址信息。

如果 DNS Mapping 配置错误，请修改或重新配置；如果 DNS Mapping 配置正确，故障仍然存在，请继续执行下面的步骤。

③ 在设备上执行命令 **display nat alg**，查看 DNS ALG 是否使能。如果 DNS 的 NAT ALG 未使能，请使能；如果 DNS ALG 已使能，故障仍然存在，请继续执行下面的步骤。

④ 在设备上执行 **display nat overlap-address** 命令，查看所有已配置的重叠地址池到临时地址池的映射是否正确。

临时地址池是设备上空闲可用的 IP 地址，不能和接口地址、VRRP 地址、NAT 类型地址存在冲突。如果映射关系不正确，请重新进行正确配置；如果映射关系正确故障仍然存在，请继续执行下面的步骤。

⑤ 在设备上执行 **display ip routing-table** 命令，查看公网上的所有路由，特别是所用的临时地址到 NAT 出接口需要配置好缺省路由。

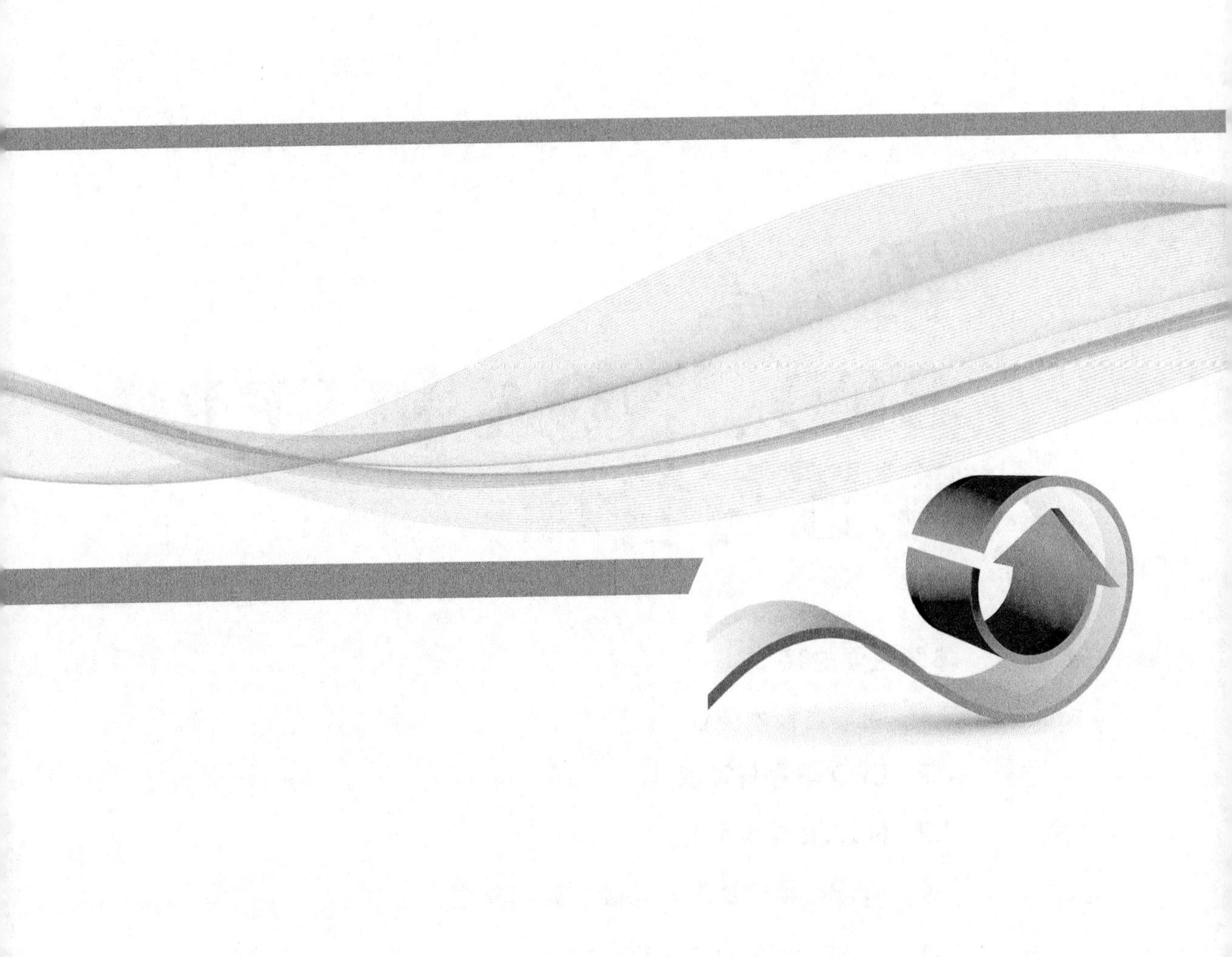

第7章 BFD、NQA和VRRP配置与管理

本章主要内容

在我们日常的网络维护中，经常会遇到这样两个问题：一是某段链路出了故障，依靠路由协议自身不仅难以发现，而且出了故障后网络拓扑重新收敛的效率也太低，容易出现用户数据的丢失，二是在一些业务繁重的网关节点，经常出现因为网关出现了故障而导致整个内网的业务都不能与外界通信。在当前互联网时代，网关一断，就相当于整个公司业务处于瘫痪状态，会带来严重的损失。

本章所介绍的3项技术中，BFD（双向转发检测）和NQA（网络质量分析）就是用来解决上述第一个问题的，通常是与其他功能联动，以提高对应功能应用的收敛性能，如与各种路由协议的联动。VRRP 是用来解决上述第二个问题的，可提供冗余网关功能的，解决了重要节点——网关的单点故障问题，也可大大提高网络的可靠性。

7.1 可靠性技术概述

随着网络的快速普及和应用的日益深入，各种增值业务（如 IPTV、视频会议等）得到了广泛部署，使得企业各项业务对计算机网络的依赖性越来越强，网络的中断就可能影响大量业务、造成重大损失。因此，作为业务承载主体的基础网络，其可靠性日益成为受关注的焦点。

在实际的网络应用中，总避免不了各种非技术因素造成的网络故障和服务中断。因此，提高系统容错能力、提高故障恢复速度、降低故障对业务的影响，是提高系统可靠性的有效途径。下面从用户对网络的可靠性需求、可靠性度量的方法，以及可采取的可靠性技术等几个方面进行简单介绍。

1. 可靠性需求

可靠性需求根据其目标和实现方法的不同可分为 3 个级别，各级别的目标和实现方法见表 7-1。第 1 级别需求的满足应在网络设备的设计和生产过程中予以考虑，这是网络软/硬件开发工程师需要考虑的，是最高级别需求；第 2 级别需求的满足应在设计网络架构时予以考虑，这是网络架构规划、设计工程师需要考虑的；第 3 级别需求则应在网络部署过程中，根据网络架构和业务特点采用相应的可靠性技术来予以满足，这才是我们网络维护工程师所必须要考虑的。本章所介绍的可靠性技术都是第 3 级别的。

表 7-1 可靠性需求等级

级别	目标	实现方法
1	减少系统的软、硬件故障	硬件：简化电路设计、提高生产工艺、进行可靠性试验等。 软件：软件可靠性设计、软件可靠性测试等
2	即使发生故障，系统功能也不受影响	设备和链路的冗余设计、部署倒换策略、提高倒换成功率
3	尽管发生故障导致功能受损，但系统能够快速恢复	提供故障检测、诊断、隔离和恢复技术

2. 可靠性度量

通常，我们使用 MTBF（Mean Time Between Failures，平均故障间隔时间）和 MTTR（Mean Time to Repair，平均修复时间）这两个技术指标来评价系统的可靠性。

- MTBF：指一个系统无故障运行的平均时间，通常以小时为单位。MTBF 越大，可靠性也就越高。
- MTTR：指一个系统从故障发生到恢复所需的平均时间，广义的 MTTR 还涉及备件管理、客户服务等，是设备维护的一项重要指标。

MTTR 的计算公式为：MTTR=故障检测时间+硬件更换时间+系统初始化时间+链路恢复时间+路由覆盖时间+转发恢复时间。MTTR 值越小，可靠性就越高。

3. 可靠性技术

通过提高 MTBF 或降低 MTTR 都可以提高网络的可靠性。在实际网络中，各种因素造成的故障难以避免，因此能够让网络从故障中快速恢复的技术就显得非常重要。下面将要向大家介绍的可靠性技术主要从降低 MTTR 的角度，为满足第 3 级别的可靠性需求来提供技术手段。

可靠性技术的种类繁多，根据其解决网络故障的侧重不同，它们分为故障检测技术和保护倒换技术两大类。故障检测技术侧重于网络的故障检测和诊断，主要包括 BFD 和 EFM 两种技术。

■ BFD（Bidirectional Forwarding Detection，双向转发检测），是一个通用的、标准化的、介质无关、协议无关的快速故障检测机制，用于快速检测、监控网络中链路或 IP 路由的转发连通状况。

■ EFM（Ethernet in the First Mile，最后一公里以太网）是一种监控网络故障的工具，主要用于解决以太网接入"最后一公里"中常见的链路问题。用户通过在两个点到点连接的设备上启用 EFM 功能，可以监控这两台设备之间的链路状态。因为这种技术应用比较少，所以本章不进行介绍。

说明 还有一种与 BFD 类似的技术，那就是 NQA（Network Quality Analysis，网络质量分析）。虽然并没有把它归入可靠性功能，但它的确可以与 BFD 一样对链路状态进行快速检测，并与一些其他功能（如 VRRP、静态路由、备份接口等）进行联动，以提高链路状态的检测效率。所以本章也将对 NQA 技术及应用进行介绍。

保护倒换技术侧重于网络的故障恢复，主要通过对硬件、链路、路由信息和业务信息等进行冗余备份以及故障时的快速切换，从而保证网络业务的连续性，所包括的主要技术见表 7-2。

表 7-2 主要保护倒换技术

技术名称	简介
接口备份	接口备份是保证业务通畅的一个重要手段。当路由器上某个接口出现故障或者带宽不足时，通过配置接口备份，可以快速平滑地将该接口上的业务切换到其他正常接口
GR	平滑重启（GR，Graceful Reastart），是一种保证转发业务在设备进行 IP/MPLS 转发协议（如 BGP、IS-IS、OSPF、LDP 和 RSVP-TE 等）重启或主备倒换时不中断的技术。它需要周边设备的配合来完成路由等信息的备份与恢复。支持该技术的协议有 RIP、ISIS、ISISv6、OSPF、OSPFv3、BGP、BGP4+、IGMP/MLD、PIM、MSDP、IPv4 L3VPN、RSVP、LDP。具体将在本书后面对应动态路由协议章中介绍，但在 AR G3 系列路由器中仅 AR2204XE 和 AR2240C 设备支持
NSR	不间断路由（NSR，Non-stop Routing），是一种保证数据传输在设备进行主备倒换时不中断的技术。它通过将 IP/MPLS 等转发信息从主用主控板备份到备用主控板，从而在设备进行主备倒换时，无需周边设备配合即可完成上述信息的备份与恢复。支持该技术的协议有 ISIS、ISISv6、OSPF、OSPFv3、BGP、BGP4+、IGMP/MLD、PIM、MSDP、IPv4 L3VPN、RSVP、LDP。具体将在本书后面对应动态路由协议章节中介绍，但在 AR G3 系列路由器中仅 AR2240C 设备支持
接口监控组	将网络侧接口加入接口监控组，通过监控网络侧接口的状态触发相应的接入侧接口状态变化，以此达到接入侧主备链路切换的目的
VRRP	VRRP（Virtual Router Redundancy Protocol，虚拟路由冗余协议）是一种容错协议，在具有组播或广播能力的局域网（如以太网）中，使设备出现故障时仍能提供缺省链路，有效地避免了单一链路发生故障后出现网络中断的问题
双机热备份	双机热备份为各个业务模块提供统一的备份机制，当主用设备出现故障后，备用设备及时接替主用设备的业务运行，以提高网络的可靠性

7.2 BFD 配置与管理

BFD 是一种全网统一的检测机制，用于快速检测、监控网络中链路或者 IP 路由的转发连通状况。BFD 也是一种提高网络可靠性的非常重要的技术，广泛应用于链路故障检测，并能实现与接口状态、静态路由、RIP 路由、IS-IS 路由、OSPF 路由和 BGP 路由、VRRP 等联动（联动是指使对应接口状态或者路由协议、VRRP 等可根据 BFD 会话状态进行对应的接口状态改变、路由收敛和 VRRP 主备切换等）。

7.2.1 BFD 概述

为了减小设备故障对业务的影响，提高网络的可靠性，网络设备需要能够尽快地检测到与相邻设备间的通信故障，以便及时采取措施，保证业务继续进行。在与网友的交流中也经常听到这样一些声音，说要是能让设备自动地发现网络链路故障，并自动绕过故障链路重新进行拓扑收敛就好了。现在要告诉你的是，BFD 就是这样一种满足你需要的技术。

在现有网络中，有些链路通常是通过硬件检测信号（如 SDH 告警）来检测链路故障的，但并不是所有的介质都能够提供硬件检测功能。此外，还有依靠上层协议（如各种路由协议）自身的 Hello 报文机制来进行故障检测的，但是这些上层协议的 Hello 检测机制的检测时间通常都在 1 s 以上，这对某些关键应用来说是无法容忍的。同时，在一些小型三层网络中，如果没有部署路由协议，则无法使用路由协议的 Hello 报文机制来检测故障。

BFD 是为了解决上述检测机制的不足而产生的，是一种通用的、标准化的与介质和协议均无关的快速链路故障检测机制，可为各上层协议（如路由协议、VRRP）等统一地快速检测两台路由器间（**不一定是直接连接的**）双向转发路径的故障，具有以下优点。

- 对相邻转发引擎之间的通道提供轻负荷、快速故障检测。这些故障包括接口、数据链路，甚至有可能是转发引擎本身。
- 用单一的机制对任何介质、任何协议层进行实时检测。

7.2.2 BFD 检测原理

如前所述，BFD 可在两台网络设备间建立用来监测设备间双向转发路径的 BFD 会话，为上层应用服务。但 BFD 本身并没有邻居发现机制，而是靠被服务的上层应用通知其邻居信息以建立会话。会话建立后会周期性地快速发送 BFD 报文，如果在检测时间内没有收到 BFD 报文，则认为该双向转发路径发生了故障，通知被服务的上层应用进行相应的处理。下面以 OSPF 与 BFD 联动为例，简单介绍会话建立与故障检测的工作流程。

1. *BFD 会话建立流程*

BFD 会话的建立有两种方式，即静态建立 BFD 会话和动态建立 BFD 会话。静态和动态创建 BFD 会话的主要区别在于本地标识符（Local Discriminator）和远端标识符（Remote Discriminator）的配置方式不同。

标识符是用来标识对应 BFD 会话中本地和远端实体的数字标识，BFD 通过控制报文中的本地标识符和远端标识符来区分不同的 BFD 会话。**当然，这个“本地”和“远端”是相对的，即本地配置的远端标识符就是对端配置的本地标识符，本地配置的本地标识符也就是对端配置的远端标识符。**

（1）静态建立 BFD 会话

静态建立 BFD 会话是指通过命令行手动配置 BFD 会话参数，包括配置本地标识符和远端标识符等，然后手工下发 BFD 会话建立请求。

（2）动态建立 BFD 会话

动态 BFD 联动主要是由各种路由协议（如 RIP、OSPF 等）触发的，具体将在本书后面介绍各种动态路由协议的章节中进行介绍。在建立动态 BFD 会话时，系统对本地标识符和远端标识符分别采用如下处理方式。

① 动态分配本地标识符

当应用程序触发动态创建 BFD 会话时，系统分配本地动态会话标识符区域中可用的一个标识值作为本次 BFD 会话的本地标识符，然后向对端发送远端标识符值为 0 的 BFD 控制报文（**之所以采用 0 来标识远端标识符，是因为在静态标识符配置中 0 是保留不能配置的，代表要动态建立** BFD **会话**），进行会话协商。

② 自学习远端标识符

当 BFD 会话的另一端收到远端标识符的值为 0 的 BFD 控制报文时，判断该报文是否与本地 BFD 会话匹配（查看 0 号标识符是否已被占用），如果匹配，则学习接收到的 BFD 本地标识符的值，以获取远端标识符，否则中断 BFD 会话。这种 BFD 会话方式主要用于与动态路由协议的联动中，并且同一时刻、同一链路只允许建立一组 BFD 会话。

图 7-1 所示为一个简单的 BFD 检测示例，RouterA 和 RouterB 两台设备上同时配置了 OSPF 与 BFD。总体来说，BFD 会话建立的基本流程如图 7-1 所示（有关 OSPF 路由协议将在本书后面有详细介绍）。

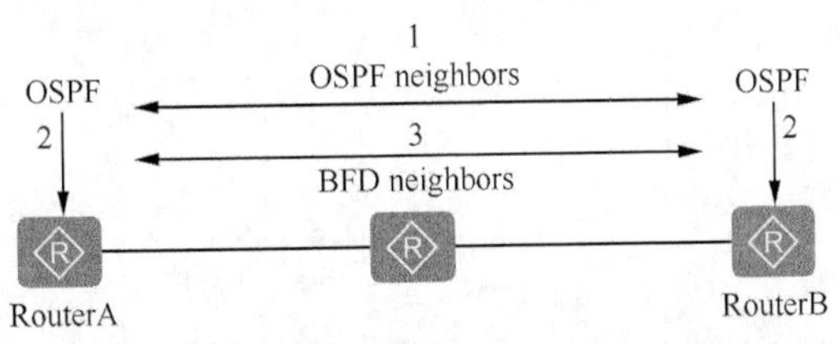

图 7-1　BFD 与 OSPF 联动会话建立流程示意

① RouterA 和 RouterB 通过自己的 OSPF 的 Hello 机制发现邻居并建立连接。

② OSPF 建立好新的邻居关系后，将相应的邻居信息（包括邻居的 IP 址和本设备的 IP 地址等）通告给本设备的 BFD 功能模块。

③ BFD 根据收到的邻居信息与对应邻居开始会话建立过程（BFD 会话的建立可以是以上介绍的静态建立和动态建立两种方式）。会话建立以后，BFD 才能开始检测链路状态，一旦出现故障可做出快速反应。

2. BFD 检测机制

BFD 的检测机制是先在两个系统间建立 BFD 会话，然后沿它们之间的路径周期性发送 BFD 控制报文，如果一方在既定的时间内没有收到对方发来的 BFD 控制报文或者自己发送的 BFD 报文返回（配置单臂回声功能时），则认为路径上发生了故障。

现假设在图 7-1 所示的网络中，RouterB 检测到到达邻居 RouterA 的链路出现了故障，如图 7-2 所示，则 RouterA 和 RouterB 上的 BFD 功能会进行如下处理。

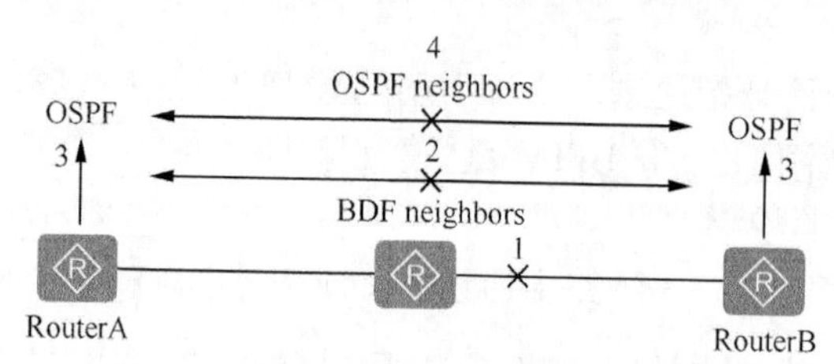

图 7-2 检测到故障时的 BFD 处理机制

① 通过 BFD 检测机制快速检测到链路出现故障（假设为 RouterB 与中间路由器之间的链路出现了故障）。

② RouterB 与 RouterA 之间的 BFD 会话状态首先变为 Down。

③ 然后，RouterB 与 RouterA 各自的 BFD 功能模块通知本地 OSPF 进程 BFD 邻居不可达。

④ 本地 OSPF 进程中断与对端设备的 OSPF 邻居关系，由 OSPF 进行重新拓扑计算，实现快速的网络收敛。

3. BFD 会话管理

BFD 会话有 4 种状态：Down、Init、Up 和 AdminDown。会话状态的变化通过 BFD 报文的 State 字段传递，系统根据自己本地的会话状态和接收到的对端 BFD 报文驱动状态改变。BFD 状态机的建立和拆除都采用 3 次握手机制，以确保两端系统都能知道状态的变化。下面仅以 BFD 会话建立为例，简单介绍状态机的迁移流程，如图 7-3 所示（仍以图 7-1 所示的网络为例）。

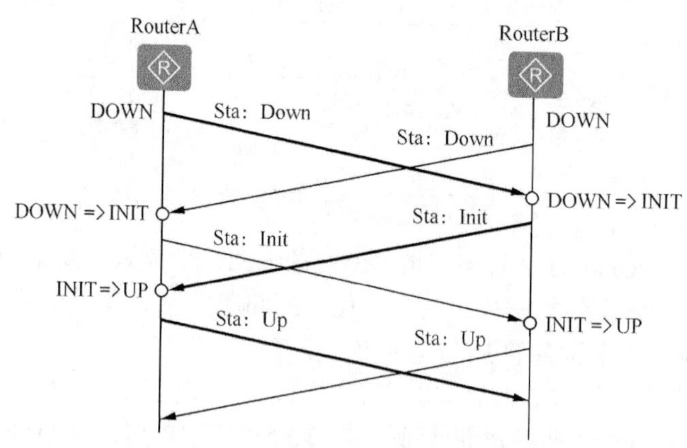

图 7-3 BFD 会话建立时的状态机迁移流程

① RouterA 和 RouterB 各自启动 BFD 状态机，初始状态为 Down，发送状态为 Down 的 BFD 报文。对于静态配置 BFD 会话，报文中的远端标识符的值是用户指定的；对于

动态创建 BFD 会话，远端标识符的值是 0。

② RouterB 收到来自 RouterA 的状态为 Down 的 BFD 报文后，状态切换至 Init，并发送状态为 Init 的 BFD 报文，同时不再处理接收状态为 Down 的 BFD 报文。同理，RouterA 在收到来自 RouterB 的状态为 Down 的 BFD 报文后，状态也切换至 Init，并发送状态为 Init 的 BFD 报文，也不再处理接收状态为 Down 的 BFD 报文。

③ RouterB 在收到来自 RouterA 的状态为 Init 的 BFD 报文后，本地状态切换至 Up；RouterA 在收到来自 RouterB 的状态为 Init 的 BFD 报文后，本地状态切换至 Up。

7.2.3 BFD 主要应用

AR G3 系列路由器支持的 BFD 特性主要包括：单跳和多跳检测、静态标识符自协商 BFD、单臂回声功能、各种联动功能和 BFD 参数调整。下面分别予以简单介绍，至于 BFD 与各种路由协议的联动功能配置将在本书后面对应章节中具体介绍。

1. BFD 检测 IP 链路

在 IP 链路上建立 BFD 会话，可以利用 BFD 检测机制快速检测故障。BFD 检测 IP 链路（即三层链路）支持单跳检测和多跳检测，但也可检测二层链路状态。

① BFD 单跳检测是指对两个直连系统进行 IP 连通性检测，“单跳”是 IP 链路的一跳。

② BFD 多跳检测是指 BFD 可以检测两个系统间的多跳路径。

图 7-4 所示为 BFD 检测两台设备之间的 IP 单跳路径（**中间还可以有一个或多个二层设备**）。此时，BFD 会话绑定本端的出接口，因为在直连情况下确定出接口后，相应要检测的到达对端设备的链路也被唯一确定了。

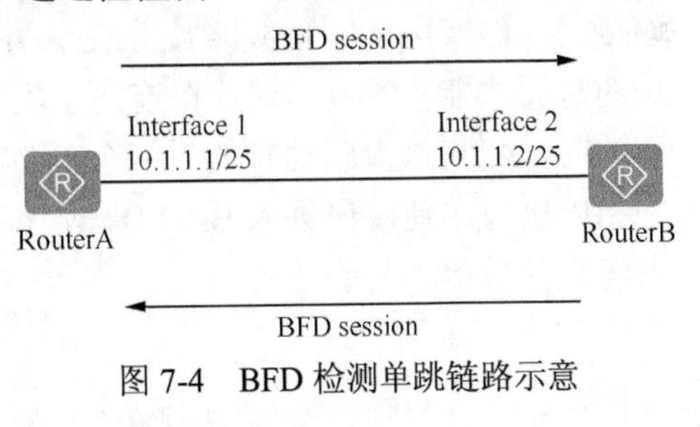

图 7-4　BFD 检测单跳链路示意

图 7-5 所示为 BFD 检测 RouterA 和 RouterC 之间的 IP 多跳路径。此时，BFD 会话绑定对端的 IP 地址，但不绑定本端出接口。因为在这种非直连情况下，绑定出接口不能唯一确定要检测的对端设备（因为中间可能还有多个设备），只有绑定了要监测设备的 IP 地址，才能最终唯一确定要检测所到达的设备。

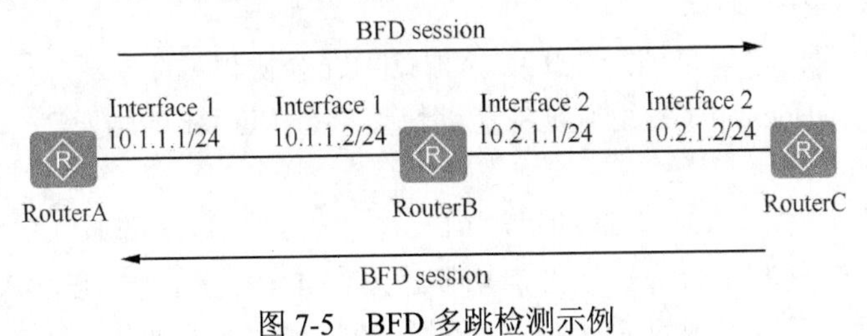

图 7-5　BFD 多跳检测示例

2. BFD 单臂回声功能

单臂回声功能是指通过 BFD 报文的环回操作来检测转发链路的连通性，主要应用于在两台单跳的三层设备（中间可以有一台或多台二层设备）中只有一台支持 BFD 功能，另一台设备不支持 BFD 功能，但支持基本的网络层转发的情形下。也就是说，这种**单臂回声功能只适用于 BFD 单跳检测，且不支持二层设备间的链路检测（对端设备接口必须**

配备 IP 地址），即使是直接连接的。

为了能够快速地检测这样两台设备之间的故障，可在支持 BFD 功能的设备上配置单臂回声功能的 BFD 会话，主动发起回声请求功能，不支持 BFD 功能的设备接收到这样的 BFD 报文后会直接将其环回（**只进行环回转发，不进行其他任何处理**），从而实现转发链路的连通性检测功能。

如图 7-6 所示，RouterA 支持 BFD 功能，RouterB 不支持 BFD 功能。在 RouterA 上配置单臂回声功能的BFD会话后，可以检测 RouterA 到 RouterB 之间的单跳路径。RouterB 接收到 RouterA 发送的 BFD 报文后，直接在网络层将该报文环回。通过这一特性，就可以实现快速检测 RouterA 和 RouterB 之间的直连链路的连通性。

3. BFD 与接口状态联动

BFD 与接口状态联动提供了一种简单的联动机制，使得 BFD 检测行为可以关联指定接口的状态，提高了接口感应链路故障的灵敏度。在 BFD 与接口状态联动中，BFD 检测到链路故障后会立即上报 Down 消息到相应接口，使得接口进入一种特殊的 Down 状态，即 BFD Down 状态。该状态等效于链路协议 Down 状态，在该状态下接口只可以处理 BFD 报文，从而使该接口也可以快速感知链路故障，向系统日志发出告警信息。

如图 7-7 所示，链路中间存在其他**二层设备**，虽然在源端和目的端的三层仍是有效连接的，但实际的物理线路被分成了两段。一旦中间链路出现故障，两端设备需要比较长的时间才能检测到，导致直连路由收敛慢。如果在 RouterA 和 RouterB 上配置 BFD 会话的同时配置接口联动功能后，当 BFD 检测到链路出现故障时就会立即上报 Down 消息到相应接口，使接口进入 BFD Down 状态，该接口也可以快速感知链路故障，在控制台中向管理员提示告警信息。

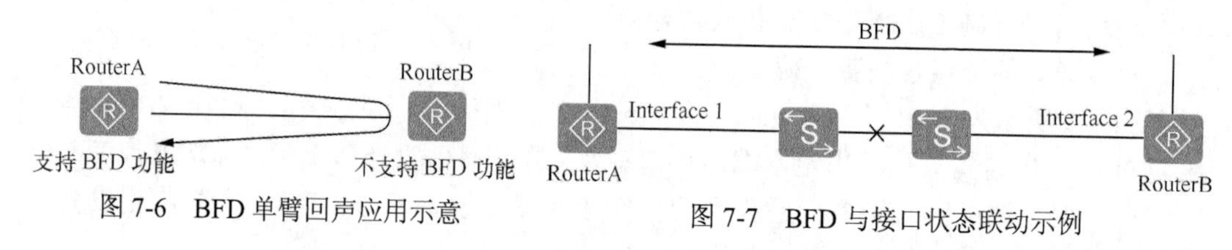

图 7-6 BFD 单臂回声应用示意

图 7-7 BFD 与接口状态联动示例

4. BFD 与 VRRP 联动

在本章后面我们将学习到，VRRP（虚拟路由冗余协议）的主要特点是当 Master（主）设备出现故障时，Backup（备用）设备能够快速接替 Master 的转发工作，尽量缩短数据流的中断时间。

在没有采用 BFD 与 VRRP 联动机制前，当 Master 出现故障时，VRRP 依靠 Backup 设置的超时时间来判断是否应该抢占，切换速度在 1 s 以上。将 BFD 应用于 Backup 对 Master 的检测后，可以实现对 Master 故障的快速检测，如果通信不正常，可在 50 ms 以内自动升级成 Master，实现快速的主、备切换，缩短用户流量的中断时间。

如图 7-8 所示，RouterA 和 RouterB 之间配置 VRRP 备份组建立主备关系，RouterA 为主用设备，RouterB 为备用设备，用户过来的流量从 RouterA 出去。当在 RouterA 和 RouterB 之间建立 BFD 会话后，VRRP 备份组监视该 BFD 会话，当 BFD 会话状态变为 Down 时，系统会自动通过修改备份组优先级实现主备快速切换。

例如，当BFD检测到RouterA和RouterC之间的链路故障时，上报给VRRP一个BFD检测Down事件，RouterB上VRRP备份组的优先级增加，增加后的优先级大于RouterA上的VRRP备份组的优先级，于是RouterB立刻升为Master，后继的用户流量就会通过RouterB转发，从而实现VRRP的主备快速切换。

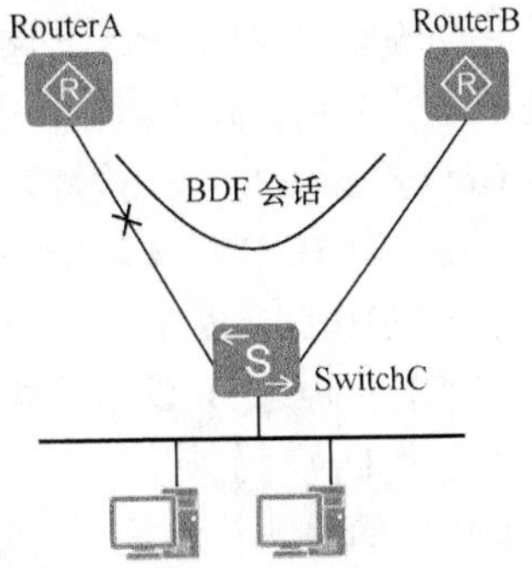

图7-8 BFD与VRRP联动示意

5. BFD与PIM联动

在PIM（协议相关模式）组播中，在没有采用BFD与PIM联动机制前，如果共享网段上的当前DR（Designate Router，指定路由器）出现故障，其他PIM邻居会等到邻居关系超时才触发新一轮的DR竞选过程，组播数据传输中断的时间将比较长（通常是秒级）。有关PIM组播方面的基础知识和配置方面，请参见配套图书**《华为交换机学习指南》（第二版）**。

BFD与PIM联动的特点是可以进行快速故障检测，能够在毫秒级内通知PIM模块触发新一轮的DR竞选，而不是等到邻居关系超时。BFD与PIM联动同时也适用于共享网段上Assert（断言）竞选的过程，可以快速响应Assert Winner接口故障。

如图7-9所示，在与用户主机相连的共享网段上，RouterC的下游接口Interface1和RouterD的下游接口Interface2之间建立PIM BFD会话，通过在链路两端发送BFD检测报文检测链路状态。RouterC作为当前DR，下游接口Interface1负责接收端组播数据的转发。若接口Interface1发生故障，BFD快速地把会话状态通告给组播路由模块，再由组播路由模块通告给PIM。PIM模块触发新一轮的DR竞选，最终RouterD作为新当选的DR，这样下游接口Interface2可以在短时间内向接收端转发组播数据，从而缩小组播数据传输的中断时间。

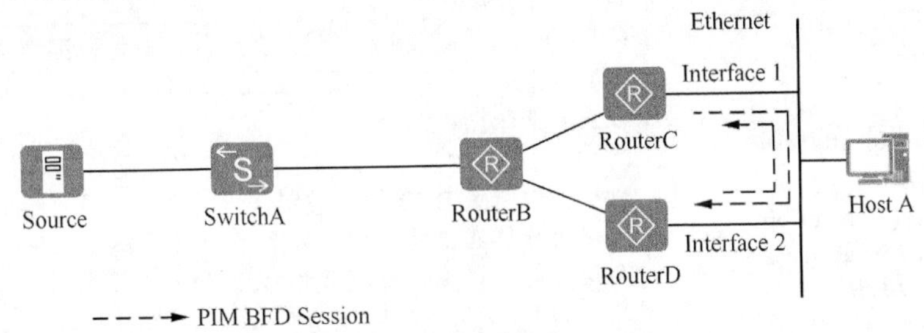

图7-9 BFD与PIM联动示例

6. BFD与各种路由协议的联动

BFD除了可以与以上功能联动外，还可以与静态路由、RIP路由、OSPF路由、IS-SI路由、BGP路由等进行联动。这里所说的“联动”就是指当发现某条路由所通过的路径上某条链路发生故障时，快速地通知路由管理功能模块及时进行相应的处理，重新进行路由计算，以实现快速拓扑收敛。有关这些路由协议与BFD的联动处理及配置将在本书后面对应的章节介绍。

7.2.4 配置静态BFD单跳检测

单跳检测中的“单跳”是指三层IP的一跳（不是指设备数），也就是建立BFD会话两设备接口在同一个 IP 网段。这里有两种情形，一是两个设备间直接连接，二是两个设备间虽然是非直连连接，但它们之间只有其他二层设备。局域网内，多个二层设备间的 BFD 检测也是单跳检测。

在单跳 BFD 检测环境中，两设备间连接的接口可以是三层，也可以是二层的。通过配置静态 BFD 单跳检测，可实现单跳链路的快速检测。

在配置静态 BFD 单跳检测之前，需要配置接口的链路层协议参数，使接口的链路协议状态为 Up。另外，如果是三层接口，则还需要为接口配置 IP 地址。对于二层接口和三层接口的单跳检测配置方法有些区别，具体将在下面的配置中体现。

静态 BFD 单跳检测的主要配置任务如下。

- 使能全局 BFD 功能。
- （可选）配置 BFD 缺省组播 IP 地址。
- 创建 BFD 会话的绑定信息，建立 BFD 组播会话。
- 配置 BFD 会话的本端和远端标识符。

以上配置任务的具体配置步骤见表 7-3（**注意：需要在直连设备两端同时配置**）。

表 7-3 **静态 BFD 单跳检测的配置步骤**

步骤	命令	说明
1	**system-view** 例如：< Huawei > **system-view**	进入系统视图
2	**bfd** 例如：[Huawei] **bfd**	使能全局 BFD 功能，并进入 BFD 视图。 缺省情况下，全局 BFD 功能处于未使能状态，可用 **undo bfd** 命令全局去使能 BFD 功能。执行 **undo bfd** 命令后，BFD 的所有功能将会关闭；如果已经配置了 BFD 会话信息，则所有的 BFD 会话都会被删除
3	**default-ip-address** *ip-address* 例如：[Huawei-bfd] **default-ip-address** 224.0.0.150	（可选）配置 BFD 缺省组播 IP 地址，取值范围为 224.0.0.107～224.0.0.250。**主要当对端设备无法配置 IP 地址（如对端为二层设备）时采用。** **【注意】不同 BFD 会话所在的设备必须配置不同的缺省组播 IP 地址，以避免 BFD 报文被错误地转发。**当前网络中存在其他协议使用原缺省组播地址，或者 BFD 检测路径上存在重叠的 BFD 会话时需要更改缺省组播地址。但如果已经配置了采用缺省组播地址的 BFD 会话，则不能再更改缺省组播地址。 缺省情况下，BFD 使用组播 IP 地址 224.0.0.184 发送 BFD 协议报文，可用 **undo default-ip-address** 命令恢复组播地址为缺省值
4	**quit** 例如：[Huawei-bfd] **quit**	退出 BFD 视图，返回系统视图
5	**bfd** *session-name* **bind peer-ip** *ip-address* [**vpn-instance** *vpn-name*] **interface** *interface-type interface-number* [**source-ip** *ip-address*]	（二选一）**仅适用于三层接口或三层子接口，创建单播 BFD 会话**的绑定信息，并进入 BFD 会话视图。命令中的参数说明如下。 （1）*session-name*：指定 BFD 会话的名称，1～15 个字符，不支持空格。当输入的字符串两端使用双引号时，可在字符串中输入空格。 （2）**peer-ip** *ip-address*：指定 BFD 会话绑定的对端 IP 地址。它与 **source-ip** *ip-address* 参数指定的源 IP 地址在同一 IP 网段。 （3）**vpn-instance** *vpn-name*：可选参数，指定 BFD 会话绑定的

续表

步骤	命令	说明
5	例如：[Huawei] **bfd** test **bind peer-ip** 1.1.1.2 **interface** gigabitethernet 1/0/0.1	VPN实例名称（该VPN实例必须已创建）。如果不指定VPN实例，则认为对端IP地址是公共网络中的IP地址。 （4）**interface** *interface-type interface-number*：指定绑定BFD会话的本端接口类型和接口编号。**单跳检测必须绑定对端IP地址和本端出接口（必须是三层的），下节将要介绍的多跳检测只需绑定对端IP地址。** （5）**source-ip** *ip-address*：可选参数，指定BFD报文携带的源IP地址。在BFD会话协商阶段，如果不配置该参数，则系统将在本地路由表中查找去往对端IP地址的出接口，然后以该出接口的IP地址作为本端发送BFD报文的源IP地址；在BFD会话检测链路阶段，如果不配置该参数，则系统会将BFD报文的源IP地址设置为一个固定的值。**通常情况下不需要配置该参数**，但当BFD与URPF（Unicast Reverse Path Forwarding，单播逆向路径转发）特性一起应用时，由于URPF会对接收到的报文进行源IP地址检查，则用户需要手工配置BFD报文的源IP地址。 【说明】在第一次创建单跳BFD会话时，必须绑定对端IP地址和本端相应接口，且创建后不可修改。如果需要修改，则只能删除后重新创建。在创建BFD配置项时，系统只检查IP地址是否符合IP地址格式，不检查其正确性，绑定错误的对端IP地址或源IP地址将导致BFD会话无法建立。 **目前，BFD会话不会感知路由切换，所以如果绑定的对端IP地址改变引起路由切换到其他链路上，除非原链路转发不通，否则BFD不会重新协商。** 缺省情况下，未创建BFD会话绑定，可用 **undo bfd** *session- name* 命令删除指定的BFD会话，同时取消对应BFD会话的绑定信息
	bfd *session-name* **bind peer-ip default-ip interface** *interface-type interface-number* [**source-ip** *ip-address*] 例如：[Huawei] **bfd** test **bind peer-ip default-ip interface** gigabitethernet 1/0/0.1	（二选一）**同时适用于二层接口、三层接口或三层子接口**，创建检测链路物理状态的**组播**BFD会话绑定，并进入BFD会话视图。命令中的 **peer-ip default-ip** 用来指定BFD会话绑定由本表第3步配置的缺省组播IP，缺省情况下，组播缺省地址为224.0.0.184。其他参数说明参见本表前面介绍，**本端出接口可以是二层或三层的。** 缺省情况下，未创建BFD会话绑定，可用 **undo bfd** *session- name* 命令删除指定的BFD会话，同时取消对应BFD会话的绑定信息。 【注意】在三层接口或者三层子接口上创建组播BFD会话时，需要在三层接口上配置IP地址使其协议层Up，否则，组播BFD会话无法协商成功。 当组播BFD会话绑定的三层接口协议状态为Down时，通过配置 **unlimited-negotiate** 命令，使能组播BFD会话无条件协商功能，使得BFD检测可以顺利执行
6	**discriminator local** *discr-value*	配置BFD会话的本地标识符，标识符用来区分两个系统之间的多个BFD会话，取值范围为1～8 191的整数。 【注意】在配置标识符时要注意以下几点。 • **只有静态BFD会话才能配置本地标识符和远端标识符。** • BFD会话的本地标识符和远端标识符分别对应，即本端的本地标识符与对端的远端标识符相同，否则会话无法Up。 • **对于使用缺省组播IP地址的BFD会话，同一设备上配置的本**

续表

步骤	命令	说明
6	例如：[Huawei-bfd-session-test] **discriminator local** 80	**地标识符和远端标识符不能相同（其他情况下可以相同）。** ● 静态 BFD 会话的本地标识符和远端标识符配置成功后，不可以修改。如果需要修改静态 BFD 会话本地标识符或者远端标识符，则必须先删除该 BFD 会话，然后再配置本地标识符或者远端标识符
7	**discriminator remote** *discr-value* 例如：[Huawei-bfd-session-test] **discriminator remote** 80	配置 BFD 会话的远端标识符，标识符用来区分两个系统之间的多个 BFD 会话，取值范围为 1～8 191 的整数。 其他注意事项参见上一步的 **discriminator local** *discr-value* 命令
8	**commit** 例如：[Huawei-bfd-session-test] **commit**	提交 BFD 会话配置。**无论改变任何 BFD 配置，必须执行本命令后才能使配置生效。** 【说明】BFD 会话建立需要满足一定的条件，包括绑定的接口状态是 Up、有去往 peer-ip 的可达路由，在使用本命令提交配置时，如果当前不满足会话建立条件，系统将保留该会话的配置表项，但会话表项不能建立

配置好 BFD 功能后，可通过以下 **display** 任意视图命令检查配置结果，查看已配置的 BFD 会话的情况，也可用以下 **reset** 用户视图命令清除 BFD 会话统计信息。以下命令同样适合后面所介绍的 BFD 功能配置管理。

■ **display bfd interface** [*interface-type interface-number*]：查看使能了 BFD 功能的指定接口或者所有接口的信息。

■ **display bfd session** { **all** | **static** | **discriminator** *discr-value* | **dynamic** | **peer-ip** { **default- ip** | *peer-ip* [**vpn-instance** *vpn-instance-name*] } | **static-auto** } [**verbose**]：查看符合指定条件或者所有 BFD 会话信息。

■ **display bfd statistics**：查看 BFD 全局统计信息。

■ **display bfd statistics session** { **all** | **static** | **dynamic** | **discriminator** *discr-value* | **peer-ip default-ip** | **peer-ip** *peer-ip* [**vpn-instance** *vpn-name*] | **static-auto** }：查看符合指定条件或者所有 BFD 会话统计信息。

■ **reset bfd statistics** { **all** | **discriminator** *discr-value* }：清除指定标识符或者所有 BFD 会话的统计信息。

7.2.5 单跳检测二层链路配置示例

本示例的基本拓扑结构如图 7-10 所示，RouterA 和 RouterB 通过二层接口连通。用户希望可以实现设备间链路故障的快速检测。

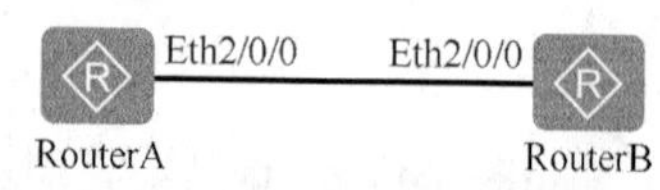

图 7-10 单跳检测二层链路配置示例的拓扑结构

本示例因为要采用静态建立 BFD 会话配置方式，所以需要在链路两端设备上分别配置。又因 BFD 会话的两端设备是单跳二层连接，所以在 7.2.4 节中要采用 **bfd** *session-name* **bind peer-ip default-ip interface** *interface-type interface-number* [**source-ip** *ip-address*] 命令来创建组播 BFD，即采用缺省的 BFD 组播 IP 地址与对端建立 BFD 会话，同时在创建 BFD 会话绑定时一定要指定本端出接口。

根据以上分析，及 7.2.4 节介绍的配置步骤很容易得出本示例如下的具体配置步骤。**要注意，一端配置的本地标识符要与另一端配置的远端标识符一致。**

1. RouterA 上的配置

① 使能 RouterA 上的全局 BFD 功能。

```
<Huawei> system-view
[Huawei] sysname RouterA
[RouterA] bfd
[RouterA-bfd] quit
```

② 配置 RouterA 上的 BFD 会话。注意：要同时配置使用缺省 BFD 组播 IP 地址建立 BFD 会话，并指定本端出接口。

```
[RouterA] bfd atob bind peer-ip default-ip interface ethernet 2/0/0   !---创建一个名为 atob 的 BFD 会话绑定信息
[RouterA-bfd-session-atob] discriminator local 1        !---配置本地标识符为 1，与 RouterB 上配置的远端标识符一致
[RouterA-bfd-session-atob] discriminator remote 2       !---配置远端标识符为 2，与 RouterB 上配置的本地标识符一致
[RouterA-bfd-session-atob] commit
[RouterA-bfd-session-atob] quit
```

2. RouterB 上的配置

① 使能 RouterB 上的全局 BFD 功能。

```
<Huawei> system-view
[Huawei] sysname RouterB
[RouterB] bfd
[RouterB-bfd] quit
```

② 配置 RouterB 上的 BFD 会话。要同时配置使用缺省 BFD 组播 IP 地址建立 BFD 会话，并指定本端出接口。

```
[RouterB] bfd btoa bind peer-ip default-ip interface ethernet 2/0/0
[RouterB-bfd-session-btoa] discriminator local 2
[RouterB-bfd-session-btoa] discriminator remote 1
[RouterB-bfd-session-btoa] commit
[RouterB-bfd-session-btoa] quit
```

配置好后在 RouterA 和 RouterB 上分别执行 **display bfd session all verbose** 命令可看到建立了一个单跳（**One Hop**）检测的 BFD 会话，且会话状态为 Up。下面是 RouterA 上的输出示例。

```
<RouterA> display bfd session all verbose
--------------------------------------------------------------------------
Session MIndex : 4097        (One Hop) State : Up          Name : atob
--------------------------------------------------------------------------
  Local Discriminator      : 1                    Remote Discriminator    : 2
  Session Detect Mode      : Asynchronous Mode Without Echo Function
  BFD Bind Type            : Interface(Ethernet2/0/0)
  Bind Session Type        : Static
  Bind Peer IP Address     : 224.0.0.184
  NextHop Ip Address       : 224.0.0.184
  Bind Interface           : Ethernet2/0/0
  FSM Board Id             : 0                    TOS-EXP                 : 7
  Min Tx Interval (ms)     : 1000                 Min Rx Interval (ms)    : 1000
  Actual Tx Interval (ms): 1000                   Actual Rx Interval (ms): 1000
<略>

       Total UP/DOWN Session Number : 1/0
```

现对 RouterA 的 Eth2/0/0 接口执行 **shutdown** 命令操作，模拟链路故障。配置完成后，在 RouterA 和 RouterB 上执行 **display bfd session all verbose** 命令即可看到建立了一个单跳检测的 BFD 会话，且会话状态为 Down。下面是 RouterA 上的输出示例。

```
<RouterA> display bfd session all verbose
--------------------------------------------------------------------------------
Session MIndex : 4097          (One Hop) State : Down           Name : atob
--------------------------------------------------------------------------------
  Local Discriminator       : 1                  Remote Discriminator     : 2
  Session Detect Mode       : Asynchronous Mode Without Echo Function
  BFD Bind Type             : Interface(Ethernet2/0/0)
  Bind Session Type         : Static
  Bind Peer IP Address      : 224.0.0.184
  NextHop Ip Address        : 224.0.0.184
  Bind Interface            : Ethernet2/0/0
<略>
--------------------------------------------------------------------------------

      Total UP/DOWN Session Number : 0/1
```

7.2.6 VLANIF 接口 BFD 单跳检测配置示例

如图 7-11 所示，RouterA 和 RouterB 通过 VLANIF 接口实现三层互通。用户希望可以实现设备间链路故障的快速检测。

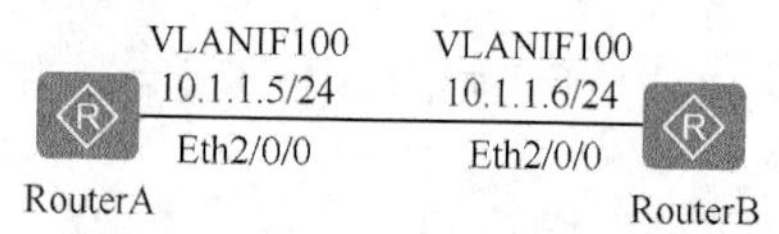

图 7-11 VLANIF 接口 BFD 单跳检测配置示例的拓扑结构

1. 基本配置思路分析

本示例与上节介绍的示例差不多，主要的不同是本示例中通过三层 VLANIF 接口实现设备间三层连接（物理接口仍是二层的）。根据 7.2.4 节的介绍，当 BFD 接口是三层接口时既可以采用 BFD 组播 IP 地址建立 BFD 会话，又可以通过接口单播 IP 地址建立 BFD 会话。因为采用组播 IP 地址建立 BFD 会话的配置示例在上节已介绍，故本节采用 BFD 接口单播 IP 地址建立 BFD 会话的方式来进行介绍。

根据 7.2.4 节的介绍，采用 BFD 接口单播 IP 地址建立 BFD 会话时要指定对端 BFD 接口的 IP 地址（不使用 BFD 组播 IP 地址），同时因为也是单跳检测，所以也要指定本端出接口（本示例中为三层 VLANIF 接口）。当然首先要把直连的两个物理接口加入对应的 VLAN 中，然后为两端 VLANIF 接口配置 IP 地址（通常直连两端是采用同一网段 IP 地址的）。

根据以上分析，再结合 7.2.4 节介绍的配置方法可得出本示例如下基本配置思路。

- 在 RouterA 和 RouterB 上分别创建 VLAN 100，并把 Ethernet2/0/0 接口加入 VLAN 中，配置 VLANIF100 接口 IP 地址。
- 在 RouterA 和 RouterB 上分别配置到达对端的单跳 BFD 会话。

2. 具体配置步骤

① 配置 VLAN，使能 RouterA 上的全局 BFD 功能。Ethernet2/0/0 接口可以是任意

类型，只要该接口的PVID值为VLAN 100，并且允许VLAN 100中的数据帧通过即可。在此假设采用Access类型。

注意　两端设备的VLAN 100中须仅有Ethernet2/0/0这个唯一的成员接口，否则在模拟BFD链路出现故障时，关闭Eth2/0/0接口不能使对应的VLANIF100状态变为down，从而不能使原来所建立的对应BFD会话状态变为down。

■ RouterA上的配置。

```
<Huawei> system-view
[Huawei] sysname RouterA
[RouterA] vlan batch 100
[RouterA] interface ethernet2/0/0
[RouterA-Ethernet2/0/0] port link-type access
[RouterA-Ethernet2/0/0] port default vlan 100
[RouterA-Ethernet2/0/0] quit
[RouterA] interface vlan 100
[RouterA-vlanif100]   ip address 10.1.1.5 24
[RouterA-vlanif100] quit

<Huawei> system-view
[Huawei] sysname RouterB
[RouterB] vlan batch 100
[RouterB] interface ethernet2/0/0
[RouterB-Ethernet2/0/0] port link-type access
[RouterB-Ethernet2/0/0] port default vlan 100
[RouterB-Ethernet2/0/0] quit
[RouterB] interface vlan 100
[RouterB-vlanif100]   ip address 10.1.1.6 24
[RouterB-vlanif100] quit
```

② 在RouterA和RouterB上分别配置BFD单跳检测。要指定具体的对端BFD接口的IP地址和本端出接口。

■ RouterA上的配置。

```
[RouterA] bfd
[RouterA-bfd] quit
[RouterA] bfd atob bind peer-ip 10.1.1.6 interface vlanif 100
[RouterA-bfd-session-atob] discriminator local 1
[RouterA-bfd-session-atob] discriminator remote 2
[RouterB-bfd-session-atob] commit
[RouterA-bfd-session-atob] quit
```

■ RouterB上的配置。

```
[RouterB] bfd
[RouterB-bfd] quit
[RouterB] bfd btoa bind peer-ip 10.1.1.5 interface vlanif 100
[RouterB-bfd-session-btoa] discriminator local 2
[RouterB-bfd-session-btoa] discriminator remote 1
[RouterB-bfd-session-btoa] commit
[RouterB-bfd-session-btoa] quit
```

配置完成后，同样可在RouterA和RouterB上执行**display bfd session all verbose**命令，此时可以看到建立了一个单跳检测的BFD会话，且会话状态为Up。具体输出示例略。

也可对 RouterA 的 Eth2/0/0 接口执行 **shutdown** 操作，模拟链路故障。配置完成后，在 RouterA 和 RouterB 上执行 **display bfd session all verbose** 命令，可以看到建立了一个单跳检测的 BFD 会话，且会话状态为 Down。具体输出示例略。

7.2.7 配置静态 BFD 多跳检测

前面介绍的均为 BFD 单跳检测，即单跳 IP 设备间的链路状态的检测。本节再来介绍利用 BFD 实现非直连、多跳 IP 设备间的多跳链路状态检测。因为 BFD 会话设备间相隔三层 IP 网段，BFD 自身没有邻居发现机制，所以在配置 BFD 多跳检测之前，需要配置路由协议，以保证 BFD 会话两端的设备路由可达。

总体来讲，静态 BFD 多跳检测的配置任务和配置方法与 7.2.4 节介绍的静态 BFD 单跳检测的配置任务和配置方法非常类似，具体见表 7-4。

与静态单跳 BFD 检测配置相比，多跳检测配置的区别主要体现在 3 个方面：①不需要配置 BFD 缺省缺省组播 IP 地址，因为多跳检测中的多跳就是两端隔离了多个 IP 网段，不能通过仅可单跳传输的缺省 BFD 组播 IP 地址 224.0.0.184 传输 BFD 控制报文；②两端用于建立 BFD 会话的接口必须是三层接口或子接口，不能是二层接口；③在创建 BFD 会话绑定信息时仅需要指定要绑定的对端 IP 地址，不需要指定本端出接口，因为此时具体的检测路径是通过路由表项确定的。

表 7-4　　BFD 多跳检测的配置步骤

步骤	命令	说明
1	**system-view** 例如：< Huawei > **system-view**	进入系统视图
2	**bfd** 例如：[Huawei] **bfd**	使能全局 BFD 功能，并进入 BFD 视图。其他说明参见 7.2.4 节表 7-3 中的第 2 步
3	**multi-hop destination-port{ 3784 | 4784 }**	（可选）配置多跳 BFD 会话的目的端口号为 UDP 3784 或 4784。与以前版本的设备互通时，设备使用 3784 作为多跳 BFD 会话报文的目的端口号；与其他厂商的设备互通时，可以使用 4784 作为多跳 BFD 会话报文的目的端口号。 用户配置多跳 BFD 会话时，请根据该设备是否需要和其他厂商设备互通多跳 BFD 会话，提前规划好多跳 BFD 会话使用 3784 还是 4784 的端口号。如果用户未选定端口号，需要在 BFD 会话协商 UP 后修改全局端口号配置，请在修改端口号前首先 shutdown 相关 BFD 会话，然后再进行操作。避免由于修改端口号而导致所有多跳 BFD 会话状态振荡一次，从而对业务产生影响。 【注意】在配置目的端口号时要注意以下几点。 • 如果使用 4784 作为多跳 BFD 会话报文的目的端口，则同使用 3784 作为多跳 BFD 会话报文的目的端口进行协商时将会失败。 • 如果使用 3784 作为多跳 BFD 会话报文的目的端口，则可以和使用 4784 作为多跳 BFD 会话报文的目的端口进行互通，同时 3784 侧可以自动更新此多跳 BFD 会话的目的端口。 • 如果使用 3784 作为多跳 BFD 会话报文的目的端口，同使用 3784 作为多跳 BFD 会话报文的目的端口进行互通时，单跳多跳的处理需要结合接收到会话报文的 TTL 值进行判断。

续表

步骤	命令	说明
3	例如：[Huawei-bfd] **multi-hop destination-port 4784**	● 当配置的多跳会话较多时，更新对应的多跳会话目的端口号会比较耗费时间，若多跳配置之间的时间间隔太短，系统将会提示当前会话更新正在进行，请稍后配置。 ● 更新多跳 BFD 会话报文的目的端口号时，如果此时会话正处于 UP 状态，则会转变为 DOWN 状态，会话将重新协商。 缺省情况下，使用 3784 作为多跳 BFD 会话报文的目的端口号，可用 **undo multi-hop destination-port** 命令恢复多跳 BFD 会话的目的端口号为缺省值
4	**quit** 例如：[Huawei-bfd] **quit**	退出 BFD 视图，返回系统视图
5	**bfd** *session-name* **bind peer-ip** *ip-address* [**vpn-instance** *vpn-name*] [**source-ip** *ip-address*] 例如：[Huawei] **bfd** test **bind peer-ip** 1.1.1.2	创建检测 IP 连通性的 BFD 会话绑定信息，并进入 BFD 会话视图。**在创建多跳 BFD 会话时，必须绑定对端 IP 地址**。配置 BFD 多跳会话时，如果 peer-ip 地址与某 MPLS LDP-LSP/静态-LSP 的 32 位目的地址相同，则该 BFD 会话会联动该 LSP，即：当 BFD 会话检测到故障时，会触发 LSP 进行保护切换（有关 MPLS LSP 请参见《华为 MPLS 技术学习指南》一书）。其他说明参见 7.2.4 节表 7-3 中的第 5 步
6	**discriminator local** *discr-value* 例如：[Huawei-bfd-session-test] **discriminator local** 80	配置 BFD 会话的本地标识符。其他说明参见 7.2.4 节表 7-3 中的第 6 步
7	**discriminator remote** *discr-value* 例如：[Huawei-bfd-session-test] **discriminator remote** 80	配置 BFD 会话的远端标识符。其他说明参见 7.2.4 节表 7-3 中的第 7 步
8	**commit** 例如：[Huawei-bfd-session-test] **commit**	提交 BFD 会话配置。其他说明参见 7.2.4 节表 7-3 中的第 8 步

7.2.8　BFD 多跳检测配置示例

本示例的基本拓扑结构如图 7-12 所示，RouterA 和 RouterC 之间通过配置静态路由实现互通。用户希望可以实现对 RouterA 和 RouterC 之间的链路故障进行快速检测。

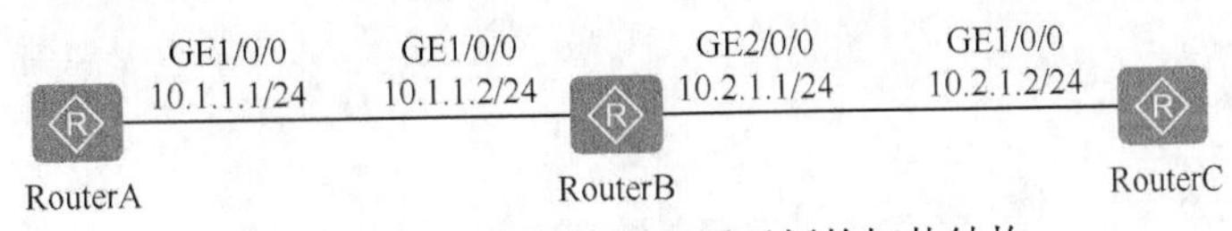

图 7-12　BFD 多跳检测配置示例的拓扑结构

1. 基本配置思路分析

因为本示例中 RouterA 和 RouterC 中间隔离了三层设备 RouterB，所以需要采用多跳检测方式。根据本示例拓扑结构及 7.2.7 节介绍的静态 BFD 多跳检测配置方法的介绍可以得出本示例如下的配置思路。

■ 配置各接口 IP 地址，并在 RouterA 和 RouterC 上分别配置到达对端的静态路由。

■ 在 RouterA 和 RouterC 上分别配置与对端之间链路的多跳 BFD 检测。要注意，一端配置的本地标识符要与另一端配置的远端标识符一致。

2. 具体配置步骤

① 配置各接口 IP 地址，以及 RouterA 和 RouterC 到达对端的静态路由。

■ RouterA 上的配置。

```
<Huawei> system-view
[Huawei] sysname RouterA
[RouterA] interface gigabitethernet1/0/0
[RouterA-GigabitEthernet1/0/0]  ip address 10.1.1.1 24
[RouterA-GigabitEthernet1/0/0]  quit
[RouterA] ip route-static 10.2.0.0 24 10.1.1.2
```

■ RouterB 上的配置。

```
<Huawei> system-view
[Huawei] sysname RouterB
[RouterB] interface gigabitethernet1/0/0
[RouterB-GigabitEthernet1/0/0]  ip address 10.1.1.2 24
[RouterB-GigabitEthernet1/0/0]  quit
[RouterB] interface gigabitethernet2/0/0
[RouterB-GigabitEthernet2/0/0]  ip address 10.2.1.1 24
[RouterB-GigabitEthernet2/0/0]  quit
```

■ RouterC 上的配置。

```
<Huawei> system-view
[Huawei] sysname RouterC
[RouterC] interface gigabitethernet1/0/0
[RouterC-GigabitEthernet1/0/0]  ip address 10.2.1.2 24
[RouterC-GigabitEthernet1/0/0]  quit
[RouterC] ip route-static 10.1.0.0 24 10.2.1.1
```

② 在 RouterA 和 RouterC 上配置与对端之间的多跳检测 BFD 会话。因为是多跳检测，所以配置时不要指定出接口，但要指定对端 IP 地址。

■ RouterA 上的配置。

```
[RouterA] bfd
[RouterA-bfd] quit
[RouterA] bfd atoc bind peer-ip 10.2.1.2
[RouterA-bfd-session-atoc] discriminator local 10
[RouterA-bfd-session-atoc] discriminator remote 20
[RouterA-bfd-session-atoc] commit
[RouterA-bfd-session-atoc] quit
```

■ RouterC 上的配置。

```
[RouterC] bfd
[RouterC-bfd] quit
[RouterC] bfd ctoa bind peer-ip 10.1.1.1
[RouterC-bfd-session-ctoa] discriminator local 20
[RouterC-bfd-session-ctoa] discriminator remote 10
[RouterC-bfd-session-ctoa] commit
[RouterC-bfd-session-ctoa] quit
```

配置完成后，在 RouterA 和 RouterC 上执行 **display bfd session all verbose** 命令，可以看到建立了一个多跳（**Multi Hop**）BFD 会话，且状态为 Up。下面是 RouterA 上的输出示例。

```
<RouterA> display bfd session all verbose
--------------------------------------------------------------------------
Session MIndex : 256          (Multi Hop) State :Up          Name : atoc
```

```
------------------------------------------------------------------------------
Local Discriminator       : 10             Remote Discriminator      : 20
Session Detect Mode       : Asynchronous Mode Without Echo Function
BFD Bind Type             : Peer Ip Address
Bind Session Type         : Static
Bind Peer Ip Address      : 10.2.1.2
Track Interface           : -
FSM Board Id              : 0              TOS-EXP                   : 7
Min Tx Interval (ms)      : 1000           Min Rx Interval (ms)      : 1000
Actual Tx Interval (ms): 1000              Actual Rx Interval (ms): 1000
Local Detect Multi        : 3              Detect Interval (ms)      : 3000
Echo Passive              : Disable        Acl Number                : -
Destination Port          : 3784           TTL                       : 254
Proc interface status     : Disable        Process PST               : Disable
WTR Interval (ms)         : -
Active Multi              : 3
Last Local Diagnostic     : No Diagnostic
Bind Application          : No Application Bind
Session TX TmrID          : -              Session Detect TmrID      : -
Session Init TmrID        : -              Session WTR TmrID         : -
Session Echo Tx TmrID     : -
PDT Index                 : FSM-0|RCV-0|IF-0|TOKEN-0
Session Description       : -
------------------------------------------------------------------------------
     Total UP/DOWN Session Number : 1/0
```

对 RouterA 的 GE1/0/0 接口执行 **shutdown** 操作，模拟链路故障。配置完成后，在 RouterA 和 RouterC 上执行 **display bfd session all verbose** 命令，可以看到建立了一个多跳检测的 BFD 会话，且会话状态为 Down。输出示例略。

7.2.9　配置静态标识符自协商 BFD

如果对端设备采用动态 BFD 协商，而本端设备既要与之互通，又要能够实现 BFD 检测静态路由，则必须配置静态标识符自协商 BFD。该功能主要用于检测采用静态路由实现三层互通的网络中。

在配置静态标识符自协商 BFD 之前需要为三层接口正确配置 IP 地址（**相连的必须是三层接口**）。配置静态标识符自协商 BFD 的具体步骤见表 7-5。

表 7-5　　静态标识符自协商 BFD 的配置步骤

步骤	命令	说明
1	**system-view** 例如：< Huawei > **system-view**	进入系统视图
2	**bfd** 例如：[Huawei] **bfd**	使能全局 BFD 功能，并进入 BFD 视图。其他说明参见 7.2.4 节表 7-3 中的第 2 步
3	**quit** 例如：[Huawei-bfd] **quit**	退出 BFD 视图，返回系统视图
4	**bfd** *session-name* **bind peer-ip** *ip-address* [**vpn-instance** *vpn-name*] [**interface** *interface-type interface-number*] **source-ip** *ip-address* **auto**	创建静态标识符自协商 BFD 会话，并进入 BFD 会话视图。关键字 **auto** 用来使能静态标识符自协商功能。其他参数说明参见 7.2.4 节表 7-3 中的第 5 步 【说明】在创建静态标识符自协商 BFD 会话时要注意。 ● **必须配置源 IP 地址和对端 IP 地址，不能使用组播 IP 地**

续表

步骤	命令	说明
4	例如：[Huawei]**bfd** test **bind peer-ip** 10.1.1.2 **interface** gigabitethernet 1/0/0 **source-ip** 10.1.1.1 **auto**	址建立 BFD 会话。 ● 如果同时指定了对端 IP 地址和本端接口，则表示检测单跳链路，即检测以该接口为出接口、以 peer-ip 为下一跳地址的一条固定路由；如果仅指定对端 IP 地址时，表示检测多跳链路。 ● 如果用同时指定了对端 IP 地址、VPN 实例和本端接口，表示检测 VPN 路由的单跳链路；如果仅同时指定了对端 IP 地址和 VPN 实例，则表示检测 VPN 路由的多跳链路。 ● **source-ip** 参数用于保证在使能了 URPF 特性的情况下，使 BFD 报文不会被错误地丢弃。但该参数的配置必须正确，因为系统只检查该参数是否是合法的源 IP（例如，不能是组播或广播地址），不进行正确性检查。 缺省情况下，未创建静态标识符自协商 BFD，可用 **undo bfd** *session-name* 命令删除指定的 BFD 会话，并取消 BFD 会话的绑定信息
5	**commit** 例如：[Huawei-bfd-session-test] **commit**	提交 BFD 会话配置。其他说明参见 7.2.4 节表 7-3 中的第 8 步

7.2.10 配置静态 BFD 单臂回声功能

在两台直接三层相连（**中间可以有一台或多台二层设备**）的设备中，当一端不支持 BFD 功能，可通过配置静态单臂回声功能实现快速检测并监控网络中的直连链路。在配置单臂回声功能之前需要为三层接口正确配置 IP 地址。静态 BFD 单跳回声功能的配置任务如下。

- 全局使能 BFD 功能。
- 建立静态单臂回声功能的 BFD 会话。
- 配置会话标识符。

以上 3 项配置任务的具体配置步骤见表 7-6。

表 7-6 **静态 BFD 单跳回声功能的配置步骤**

步骤	命令	说明
1	**system-view** 例如：< Huawei > **system-view**	进入系统视图
2	**bfd** 例如：[Huawei] **bfd**	使能全局 BFD 功能，并进入 BFD 视图
3	**quit** 例如：[Huawei-bfd] **quit**	退出 BFD 视图，返回系统视图
4	**bfd** *session-name* **bind peer-ip** *peer- ip* [**vpn-instance** *vpn-instance-name*] **interface** *interface-type interface-number* [**source-ip** *ip-address*]**one-arm-echo** 例如：[Huawei] **bfd** test **bind**	创建静态标识符自协商 BFD 会话，并进入 BFD 会话视图。关键字 **one-arm-echo** 用来建立单臂回声功能的 BFD 会话。其他参数说明参见 7.2.4 节表 7-3 中的第 5 步。 【注意】单臂回声功能的 BFD 会话只能应用在单跳检测中。但如果在单臂回声功能的 BFD 会话配置成功后，再修改出接口的 IP 地址，则 BFD 报文中的源 IP 地址不会更新，最终会影响回环 BFD 报文无法正确返回。

续表

步骤	命令	说明
4	**peer-ip** 1.1.1.1 **interface** gigabitethernet 1/0/0 **one-arm-echo**	缺省情况下，未配置单臂回声功能的 BFD 会话，可用 **undo bfd** *session-name* 命令删除指定的 BFD 会话，并取消 BFD 会话的绑定信息
5	**commit** 例如：[Huawei-bfd-session-test] **commit**	提交 BFD 会话配置。其他说明参见 7.2.4 节表 7-3 中的第 8 步

7.2.11　单臂回声功能配置示例

本示例的基本拓扑结构如图 7-13 所示，RouterA 和 RouterB 通过直连链路连接（也可中间隔离二层设备），但 RouterA 支持 BFD 功能，RouterB 不支持 BFD 功能。用户希望实现对 RouterA 和 RouterB 之间的链路故障的快速检测。

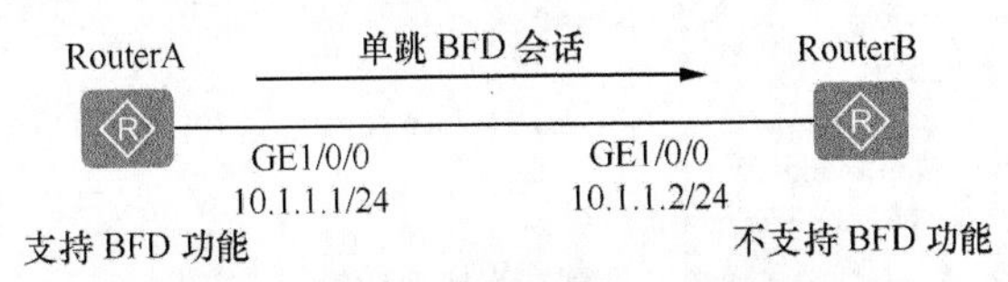

图 7-13　单臂回声功能配置示例拓扑结构

本示例很简单，仅需在 RouterA 上配置单臂回声功能 BFD 会话就可以实现检测 RouterA 到 RouterB 的直连链路。但要注意的是，**单臂回声功能仅适用于单跳检测功能**。

根据 7.2.10 节介绍的配置方法可以很容易得出本示例如下所示的具体配置步骤。

① 配置 RouterA 和 RouterB 的接口 IP 地址。

```
<Huawei> system-view
[Huawei] sysname RouterA
[RouterA] interface gigabitethernet 1/0/0
[RouterA-GigabitEthernet1/0/0] ip address 10.1.1.1 24
[RouterA-GigabitEthernet1/0/0] quit

<Huawei> system-view
[Huawei] sysname RouterB
[RouterB] interface gigabitethernet 1/0/0
[RouterB-GigabitEthernet1/0/0] ip address 10.1.1.2 24
[RouterB-GigabitEthernet1/0/0] quit
```

② 在 RouerA 上配置单臂回声 BFD 会话。

```
[RouterA] bfd
[RouterA-bfd] quit
[RouterA] bfd atob bind peer-ip 10.1.1.2 interface gigabitEthernet1/0/0 one-arm-echo
[RouterA-bfd-session-atob] discriminator local 1
[RouterA-bfd-session-atob] min-echo-rx-interval 100
[RouterA-bfd-session-atob] commit
[RouterA-bfd-session-atob] quit
```

配置完成后，在 RouterA 上（不能在 RouterB 上）执行 **display bfd session all verbose** 命令，可以看到建立了一个单跳的 BFD 会话，且状态为 Up，只有本端标识符（Local Discriminator），无远端标识符（Remote Discriminator），表示建立的是单臂回声 BFD 会话，且已建立成功。

```
<RouterA> display bfd session all verbose
--------------------------------------------------------------------------
Session MIndex : 256          (One Hop) State : Up          Name : atob
--------------------------------------------------------------------------
  Local Discriminator      : 1                Remote Discriminator     : -
  Session Detect Mode      : Asynchronous One-arm-echo Mode
  BFD Bind Type            : Interface(GigabitEthernet1/0/0)
  Bind Session Type        : Static
  Bind Peer IP Address     : 10.1.1.2
  NextHop Ip Address       : 10.1.1.2
  Bind Interface           : GigabitEthernet1/0/0
  FSM Board Id             : 0                TOS-EXP                  : 7
  Echo Rx Interval (ms)    : 100
  Actual Tx Interval (ms): 1000               Actual Rx Interval (ms): 1000
  Local Detect Multi       : 3                Detect Interval (ms)     : 3000
  Echo Passive             : Disable          Acl Number               : -
  Destination Port         : 3784             TTL                      : 255
  Proc Interface Status    : Disable          Process PST              : Disable
  WTR Interval (ms)        : -
  Active Multi             : 3                Echo Rx Interval(ms)     : 10
  Last Local Diagnostic    : No Diagnostic
  Bind Application         : No Application Bind
  Session TX TmrID         : 87               Session Detect TmrID     : 88
  Session Init TmrID       : -                Session WTR TmrID        : -
  Session Echo Tx TmrID    : -
  PDT Index                : FSM-0 | RCV-0 | IF-0 | TOKEN-0
  Session Description      : -
--------------------------------------------------------------------------

     Total UP/DOWN Session Number : 1/0
```

7.2.12 配置静态 BFD 与接口/子接口状态联动

当建立 BFD 会话中的两设备间存在二层设备时，与接口本身的链路协议故障检测机制相比，BFD 能够更快地检测到链路故障。另外，对于 Eth-Trunk 或 VLANIF 等逻辑接口来说，链路协议状态是由其成员接口的链路协议状态决定的。因此，为了将 BFD 检测结果更快地通告给应用程序，在设备接口管理模块中为每个接口增加了一个 BFD 状态属性，即与该接口绑定的 BFD 会话的状态。这样，系统可以根据接口绑定的 BFD 状态来得出接口的最终状态，然后快速地将结果通告给应用程序。

静态 BFD 会话状态与接口状态联动功能是指当 BFD 会话的状态变化时，直接修改接口或子接口（**可以是二层的，也可以是三层的**）的 BFD 状态，但这项功能**仅针对绑定了出接口，且使用缺省组播 IP 地址进行检测的单跳检测 BFD 会话**。

1. BFD 会话状态与其绑定的接口状态联动

当 BFD 会话状态变为 Down 时，与其绑定的接口的 BFD 状态变为 Down，然后将接口状态通告给接口上的应用；当 BFD 会话的状态变为 Up 时，与其绑定的接口的 BFD 会话状态变为 Up。

2. BFD 会话状态与绑定接口的子接口状态联动

在 BFD 会话状态与子接口状态联动中，BFD 会话绑定的接口必须是主接口。当主接口的 BFD 会话状态变为 Down 时，与其绑定的主接口及其所有子接口的 BFD 状态都变为 Down，然后通告给各子接口上的应用程序；当主接口的 BFD 会话状态恢复为 Up 时，与其绑定的主接口及其所有子接口的 BFD 会话状态恢复为 Up。**因为不是与某个具体的子接口状态绑定，所以此时创建的是静态组播 BFD 会话。**

静态 BFD 状态与接口/子接口状态联动的主要配置任务如下。

- 使能全局 BFD 功能。
- （可选）配置 BFD 缺省组播 IP 地址。
- 创建组播静态 BFD 会话。
- 配置静态 BFD 会话标识符。
- 配置 BFD 会话与接口/子接口状态联动。

对比 7.2.4 节介绍的静态单跳检测配置可以看出，BFD 会话状态与接口/子接口状态联动功能的配置与单跳 BFD 会话的配置差不多，只是在最后多了一个 BFD 会话与接口/子接口状态联动的配置。具体配置步骤见表 7-7。

表 7-7　静态 BFD 会话状态与接口/子接口状态联动功能的配置步骤

步骤	命令	说明
1	**system-view** 例如：< Huawei > **system-view**	进入系统视图
2	**bfd** 例如：[Huawei] **bfd**	使能全局 BFD 功能，并进入 BFD 视图
3	**default-ip-address** *ip-address* 例如：[Huawei-bfd]**default-ip-address** 224.0.0.150	（可选）配置 BFD 缺省组播 IP 地址，取值范围为 224.0.0.107～224.0.0.250。缺省情况下，BFD 使用组播地址 224.0.0.184。其他说明参见 7.2.4 节表 7-3 的第 3 步
4	**quit** 例如：[Huawei-bfd] **quit**	退出 BFD 视图，返回系统视图
5	**bfd** *session-name* **bind peer-ip default-ip interface** *interface-type interface-number* [**source-ip** *ip-address*] 例如：[Huawei] **bfd** test **bind peer-ip default-ip interface** gigabitethernet 1/0/0.1	创建检测链路物理状态的 BFD 会话绑定，并进入 BFD 会话视图。关键字 **peer-ip default-ip** 用来指定 BFD 会话绑定缺省组播 IP 地址，**必须使用缺省组播 IP 地址进行绑定，且必须同时指定出接口（且必须是主接口）**。其他说明参见 7.2.4 节表 7-3 的第 5 步
6	**discriminator local** *discr-value* 例如：[Huawei-bfd-session-test] **discriminator local** 80	配置 BFD 会话的本地标识符，标识符用来区分两个系统之间的多个 BFD 会话，取值范围为 1～8 191 的整数。其他说明参见 7.2.4 节表 7-3 的第 6 步
7	**discriminator remote** *discr-value* 例如：[Huawei-bfd-session-test] **discriminator remote** 80	配置 BFD 会话的远端标识符，标识符用来区分两个系统之间的多个 BFD 会话，取值范围为 1～8 191 的整数。其他说明参见 7.2.4 节表 7-3 的第 7 步
8	**process-interface-status**（与接口联动） 或 **process-interface-status sub-if**（与子接口联动） 例如：[Huawei-bfd-session-test] **process-interface-status**	配置当前 BFD 会话与其绑定接口或子接口状态联动。 【注意】只能对采用缺省组播 IP 地址检测的单跳 BFD 会话配置本命令，支持 BFD 会话绑定主接口或子接口。如果有多个 BFD 会话绑定到同一个接口，只能在一个会话中执行本命令，**即只能有一个会话的状态会改变绑定接口或子接口的 BFD 状态**。 缺省情况下，BFD 会话不与绑定的接口或子接口进行状态联动，即 BFD 会话状态的变化不修改接口管理模块中的接口或子接口状态，可用 **undo process-interface-status** 命令恢复缺省设置

续表

步骤	命令	说明
9	**commit** 例如：[Huawei-bfd-session-test] **commit**	提交 BFD 会话配置。当 BFD 会话状态变为 Down 时，与会话绑定的主接口及其子接口的 BFD 状态都会变为 Down。其他说明参见 7.2.4 节表 7-3 的第 8 步

7.2.13 BFD 状态与接口状态联动配置示例

如图 7-14 所示，RouterA 和 RouterB 网络层直连，链路中间存在二层传输设备 SwitchA 和 SwitchB。用户希望两端设备能够快速感知到链路故障，触发路由快速收敛。

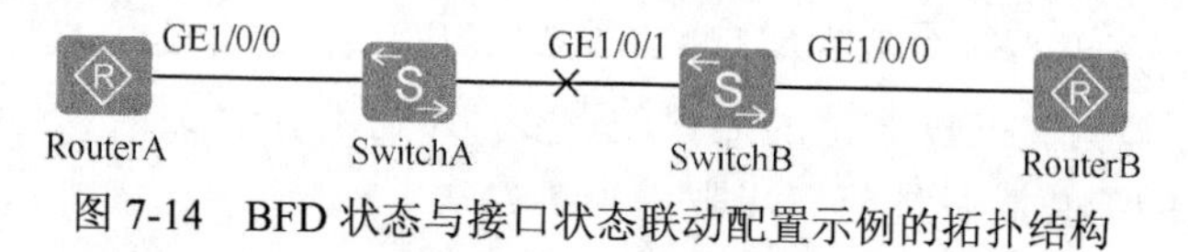

图 7-14 BFD 状态与接口状态联动配置示例的拓扑结构

1. 基本配置思路分析

在本示例中，两个路由器中间还有两台二层交换机，现假设路由器与交换机之间连接的接口也是二层的，则需要把它们加入对应的 VLAN 中（有的二层接口也可转换为三层模式）。然后在 RouterA 和 RouterB 上分别配置 BFD 会话，以实现 RouterA 和 RouterB 间链路的检测，当 BFD 会话状态 Up 以后分别在 RouterA 和 RouterB 上配置 BFD 状态与接口状态联动。本示例可以采用三层接口配置，此时需要配置 VLANIF 接口 IP 地址，这种配置方式的具体配置方法参见 7.2.6 节；也可以直接采用二层接口配置，本示例以此种配置方式进行介绍。

根据以上分析，再结合 7.2.12 节的配置方法介绍，可得出如下基本配置思路。

- 在 RouerA 和 RouterB 上配置 VLAN（假设为 VLAN 10），把 GE1/0/0 接口加入到对应的 VLAN（假设为 VLAN 10）中。当然，SwitchA 和 SwitchB 上也要配置，在此不进行介绍。
- 在 RouterA 和 RouterB 上分别以二层接口方式配置到达对端设备接口的单跳静态 BFD 检测。
- 在 RouterA 和 RouterB 上分别配置 BFD 会话状态与其 GE1/0/0 接口状态的联动。

2. 具体配置步骤

① 把 RouterA 和 RouterB 的 GE1/0/0 接口加入对应的 VLAN 中（具体的配置方法其实还要结合 SwitchA 和 SwitchB 上的配置考虑）。

- RouterA 上的配置。

```
<Router> system-view
[Router] sysname RouterA
[RouterA] interface gigabitethernet 1/0/0
[RouterA-GigabitEthernet1/0/0] port link-type trunk
[RouterA-GigabitEthernet1/0/0] port trunk pvid vlan 10
[RouterA-GigabitEthernet1/0/0] quit
```

- RouterB 上的配置。

```
<Router> system-view
[Router] sysname RouterB
[RouterB] interface gigabitethernet 1/0/0
```

```
[RouterB-GigabitEthernet1/0/0] port link-type trunk
[RouterB-GigabitEthernet1/0/0] port trunk pvid vlan 10
[RouterB-GigabitEthernet1/0/0] quit
```

② 在 RouterA 和 RouterB 上配置到达对方设备接口的单跳静态 BFD 会话。注意：这里需要使用缺省的组播 BFD IP 地址（可以修改），并指定本端出接口。

■ RouterA 上的配置。

```
[RouterA] bfd
[RouterA-bfd] quit
[RouterA] bfd atob bind peer-ip default-ip interface gigabitethernet 1/0/0
[RouterA-bfd-session-atob] discriminator local 10
[RouterA-bfd-session-atob] discriminator remote 20
[RouterA-bfd-session-atob] commit
[RouterA-bfd-session-atob] quit
```

■ RouterB 上的配置。

```
[RouterB] bfd
[RouterB-bfd] quit
[RouterB] bfd btoa bind peer-ip default-ip interface gigabitethernet 1/0/0
[RouterB-bfd-session-btoa] discriminator local 20
[RouterB-bfd-session-btoa] discriminator remote 10
[RouterB-bfd-session-btoa] commit
[RouterB-bfd-session-btoa] quit
```

配置完成后，在 RouterA 和 RouterB 上执行 **display bfd session all verbose** 命令，可以看到建立了一个单跳的 BFD Session，状态为 Up，但是“Proc interface status”字段显示为“Disable”，表明还没有配置 **process-interface-status** 命令（如果已配置该命令，则显示为 Enable）。以下是 RouterA 上的输出示例。

```
[RouterA] display bfd session all verbose
------------------------------------------------------------------------------
  Session MIndex : 16384        (One Hop) State : Up          Name : atob
------------------------------------------------------------------------------
  Local Discriminator       : 10              Remote Discriminator      : 20
  Session Detect Mode       : Asynchronous Mode Without Echo Function
  BFD Bind Type             : Interface(GigabitEthernet1/0/0)
  Bind Session Type         : Static
  Bind Interface            : GigabitEthernet1/0/0
  FSM Board Id              : 3               TOS-EXP                   : 7
  Min Tx Interval (ms)      : 10              Min Rx Interval (ms)      : 10
  Actual Tx Interval (ms): 10                 Actual Rx Interval (ms): 10
  Local Detect Multi        : 3               Detect Interval (ms)      : 30
  Echo Passive              : Disable         Acl Number                : --
  Destination Port          : 3784            TTL                       : 255
  Proc interface status     : Disable         Process PST               : Disable
  WTR Interval (ms)         : 300000
  Active Multi              : 3
  Last Local Diagnostic     : No Diagnostic
  Bind Application          : No Application Bind
  Session TX TmrID          : --              Session Detect TmrID      : --
  Session Init TmrID        : --              Session WTR TmrID         : --
  Session Echo Tx TmrID     : -
  PDT Index                 : FSM-0 | RCV-0 | IF-0 | TOKEN-0
  Session Description       : --
------------------------------------------------------------------------------
      Total UP/DOWN Session Number : 1/0
```

③在 RouterA 和 RouterB 上配置 BFD 状态与接口状态联动。

```
[RouterA] bfd atob
[RouterA-bfd-session-atob] process-interface-status
[RouterA-bfd-session-atob] commit
[RouterA-bfd-session-atob] quit

[RouterB] bfd btoa
[RouterB-bfd-session-btoa] process-interface-status
[RouterB-bfd-session-btoa] commit
[RouterB-bfd-session-btoa] quit
```

配置好后，在 RouterA 和 RouterB 上执行 **display bfd session all verbose** 命令，可以看到 BFD Session（BFD 会话）状态为 Up，“Proc interface status”字段显示为“Enable”，表明已配置 **process-interface-status** 命令。以下是 RouterA 上的输出示例。

```
[RouterA] display bfd session all verbose
--------------------------------------------------------------------------------
  Session MIndex : 16384        (One Hop) State : Up          Name : atob
--------------------------------------------------------------------------------
  Local Discriminator      : 10                  Remote Discriminator    : 20
  Session Detect Mode      : Asynchronous Mode Without Echo Function
  BFD Bind Type            : Interface(GigabitEthernet1/0/0)
  Bind Session Type        : Static
  Bind Peer Ip Address     : 224.0.0.184
  NextHop Ip Address       : 224.0.0.184
  Bind Interface           : GigabitEthernet1/0/0
  FSM Board Id             : 3                   TOS-EXP                 : 7
  Min Tx Interval (ms)     : 10                  Min Rx Interval (ms)    : 10
  Actual Tx Interval (ms): 10                    Actual Rx Interval (ms): 10
  Local Detect Multi       : 3                   Detect Interval (ms)    : 30
  Echo Passive             : Disable             Acl Number              : --
  Destination Port         : 3784                TTL                     : 255
  Proc interface status    : Enable              Process PST             : Disable
  WTR Interval (ms)        : 300000
  Active Multi             : 3
  Last Local Diagnostic    : No Diagnostic
  Bind Application         : No Application Bind
  Session TX TmrID         : --                  Session Detect TmrID    : --
  Session Init TmrID       : --                  Session WTR TmrID       : --
  Session Echo Tx TmrID    : -
  PDT Index                : FSM-0 | RCV-0 | IF-0 | TOKEN-0
  Session Description      : --
--------------------------------------------------------------------------------
      Total UP/DOWN Session Number : 1/0
```

对 RouterB 的 GE1/0/1 接口执行 **shutdown** 操作，模拟二层传输设备故障，BFD 会话的状态变为 Down。然后在 RouterA 上执行 **display bfd session all verbose** 命令和 **display interface** gigabitethernet 1/0/0 命令，可以看到 BFD Session（BFD 会话）状态为 Down，但 GE1/0/0 接口的状态仍为 UP。输出示例略。

7.2.14 调整 BFD 参数

通过调整 BFD 检测参数，可使 BFD 会话更快速地检测和监控网络中的链路，但基本上可直接采用对应的缺省值，不用配置。可调整的 BFD 参数包括 BFD 检测时间、BFD 等待恢复时间、BFD 会话描述信息、BFD 会话延迟 Up 功能和全局 TTL 功能。调整 BFD

检测参数的具体配置步骤见表 7-8（各参数配置没有先后次序之分）。

表 7-8　**调整 BFD 参数的配置步骤**

步骤	命令	说明
1	**system-view** 例如：< Huawei > **system-view**	进入系统视图
2	**bfd** *session-name* 例如：[Huawei] **bfd** test	进入指定的 BFD 会话视图
3	**min-tx-interval** *interval* 例如：[Huawei-bfd-session-test] **min-tx-interval** 1000	配置 BFD 报文的发送间隔，整数形式，取值范围是 10～2 000，单位是毫秒。 【说明】用户可以根据网络的实际状况增大或者降低 BFD 报文的发送间隔。BFD 报文的发送间隔直接决定了 BFD 会话的检测时间。对于不太稳定的链路，如果配置的 BFD 报文的发送间隔较小，则 BFD 会话可能会发生振荡，这时可以选择增大 BFD 报文的发送间隔。**通常情况下，建议使用缺省值，不随意修改发送间隔**。如果 BFD 会话在设置的检测周期内没有收到对端发来的 BFD 报文，则认为链路发生了故障，BFD 会话的状态将会置为 Down。为降低对系统资源的占用，一旦检测到 BFD 会话状态变为 Down，系统自动将本端的发送间隔调整为大于 1 000 ms 的一个随机值，当 BFD 会话的状态重新变为 Up 后，再恢复成用户配置的时间间隔。 缺省情况下，BFD 报文的发送间隔是 1 000 ms，可用 **undo min-tx-interval** 命令恢复 BFD 报文的发送间隔为缺省值
4	**min-rx-interval** *interval* 例如：[Huawei-bfd-session-test] **min-rx-interval** 500	配置 BFD 报文的接收间隔，整数形式，取值范围是 10～2 000，单位是毫秒，通常是要小于上一步配置的 BFD 报文发送时间间隔。 缺省情况下，BFD 报文的接收间隔是 1 000 ms，可用 **undo min-rx-interval** 命令恢复 BFD 报文的接收间隔为缺省值
5	**detect-multiplier** *multiplier* 例如：[Huawei-bfd-session-test] **detect-multiplier** 10	配置本地检测倍数，取值范围为 3～50 的整数。 【说明】BFD 会话的本端检测倍数直接决定了对端 BFD 会话的检测时间，检测时间=接收到的远端 Detect Multi × max（本地的 RMRI，接收到的 DMTI），其中，Detect Mult（Detect time multiplier）是检测倍数，通过本条命令配置；RMRI（Required Min Rx Interval）是本端能够支持的最短 BFD 报文接收间隔，通过本表第 3 步 **min-rx-interval** 命令配置；DMTI（Desired Min Tx Interval）是本端想要采用的最短 BFD 报文的发送间隔，通过本表第 4 步 **min-tx-interval** 命令配置。 缺省情况下，本地检测倍数为 3，可用 **undo detect- multiplier** 命令恢复 BFD 会话的本地检测倍数为缺省值
6	**wtr** *wtr-value* 例如：[Huawei-bfd-session-test] **wtr** 30	配置 BFD 会话的等待恢复时间，整数形式，取值范围是 1～60，单位是分钟。 【注意】如果 BFD 会话发生振荡，则与之关联的应用将在主备之间频繁切换。为避免这种情况的发生，可以配置 BFD 会话的等待恢复时间 WTR。当 BFD 会话从状态 Down 变为状态 Up 时，BFD 等待 WTR 超时后才将这个变化通知给上层应用，但其他状态变化的事件仍立即上报，不受 WTR 影响。**需要在两端配置相同的 WTR**，否则，当一端会话状态变化时，两端应用程序感知到的 BFD 会话状态将不一致。 缺省情况下，WTR 为 0，即不等待，可用 **undo wtr** 命令取消 BFD 会话的等待恢复时间为缺省值

续表

步骤	命令	说明
7	**description** *description* 例如：[Huawei-bfd-session-test] **description** RouterA_to_RouterB	配置 BFD 会话的描述信息，方便用户识别具体的 BFD 会话。如果用户需要识别不同的 BFD 会话，可以配置 BFD 会话的描述信息对 BFD 会话监视的链路进行简单描述。参数 *description* 用来配置 BFD 会话的描述信息，1～51 个字符，支持空格，区分大小写。 【注意】**本命令仅对静态配置的 BFD 会话有效**，对于动态配置的 BFD 会话和静态标识符自协商 BFD 会话无效。且如果已经配置了 BFD 会话的描述信息，则再次执行本命令后，原来的描述信息将被覆盖，此时不会有任何的提示信息。 缺省情况下，BFD 会话的描述信息是空，可用 **undo description** 命令删除 BFD 会话的描述信息
8	**quit** 例如：[Huawei-bfd-session-test] **quit**	退出 BFD 会话视图，返回系统视图
9	**bfd** 例如：[Huawei] **bfd**	使能全局 BFD 功能并进入 BFD 视图。 缺省情况下，全局 BFD 功能未使能，可用 **undo bfd** 命令全局去使能 BFD 功能。执行 **undo bfd** 命令后，BFD 的所有功能将会关闭。如果已经配置了 BFD 会话信息，则所有的 BFD 会话都会被删除
10	**delay-up** *time* 例如：[Huawei-bfd] **delay-up** 100	配置 BFD 会话延迟 Up 的时间，取值范围为 1～600 整数秒。 【说明】在实际组网环境中，一些设备只根据 BFD 会话是否 Up 来启动流量切换。由于路由协议 Up 的时间比接口 Up 的时间晚，这样可能导致流量回切时查不到路由，从而导致流量丢失。为避免这种情况的发生，需要 BFD 会话在建立并协商 Up 之前通过本命令延迟一段时间。但本命令只影响系统中所有未提交 BFD 配置的会话。对于已经创建的 BFD 会话，会话状态变化时如果要再次协商 Up，则会延迟用户配置的时间间隔。 缺省情况下，BFD 会话延迟 Up 的时间是 0 s，可用 **undo delay-up** 命令取消延迟 BFD 会话 Up 的功能
11	**peer-ip** *peer-ip mask-length* **ttl** { **single-hop** | **multi-hop** } *ttl-value*	配置 BFD 报文的生存时间。使用某些不同 VRP 系统版本的设备进行互通时，BFD 会话双方 TTL 设置及检测方法不一致时可能会导致报文被丢弃。为了使不同版本的设备能够互通，并考虑后续版本升级以及和其他厂商的设备互通，此时可通过本命令配置全局 TTL 功能。命令中的参数和选项说明如下。 （1）*peer-ip*：指定 BFD 会话绑定的对端 IP 地址。 （2）*mask-length*：指定 BFD 会话绑定的对端 IP 地址的子网掩码长度，取值范围为 8～32 的整数。 （3）**single-hop**：二选一选项，指定所配置的 BFD 报文生存时间的 BFD 会话为单跳会话类型。 （4）**multi-hop**：二选一选项，指定所配置的 BFD 报文生存时间的 BFD 会话为多跳会话类型。 （5）*ttl-value*：指定 BFD 报文的 TTL 值，取值范围为 1～255 的整数。 【注意】在配置 BFD 报文的生存时间时要注意以下几个方面。 • IP 网段地址必须和指定的掩码长度相匹配，长掩码的配置会优先于短掩码的配置。 • 对不同 BFD 会话中的 BFD 报文生存时间不能配置 IP 网段地址、掩码长度、TTL 值类型这三者都相同。

续表

步骤	命令	说明
11	例如：[Huawei-bfd] **peer-ip** 1.1.1.0 24 **ttl single-hop** 254	• 对于同一 IP 地址、同一掩码，单跳类型的 TTL 值必须大于多跳类型的 TTL 值。 • 当配置的会话较多时，更新对应会话的 TTL 值会比较耗费时间，若多次配置之间的时间间隔太短，系统将会提示当前会话更新正在进行，请稍后配置。 • 配置同一 IP 网段地址的多跳 TTL 值后，会对设备单跳动态会话造成影响，此时应该增加同一 IP 地址、长掩码（长于多跳 TTL 配置掩码）、单跳类型的 TTL 值配置。 缺省情况下，不配置 BFD 报文的生存时间，采用缺省值。对于静态配置的 BFD 会话，单跳 BFD 报文的生存时间为 255，多跳 BFD 报文的生存时间为 254；对于动态建立的 BFD 会话，单跳 BFD 报文的生存时间为 255，多跳 BFD 报文的生存时间为 253

7.3 NQA 配置与管理

随着 Internet 的高速发展，网络支持的业务和应用日渐增多，传统的网络性能分析方法（如 Ping、Tracert 等）已经不能满足用户对业务多样性和监测实时性的要求。NQA（网络质量分析）是一种实时的网络性能探测和统计技术，可以对响应时间、网络抖动、丢包率等网络信息进行统计。NQA 能够实时监视网络 QoS，在网络发生故障时进行有效的故障诊断和定位。

7.3.1 NQA 综述

NQA 通过发送测试报文，对网络性能或服务质量进行分析，为用户提供网络性能参数。它可监测网络上运行的多种协议的性能，使用户能够实时采集到各种网络运行指标，例如 HTTP 的总时延、TCP 连接时延、DNS 解析时延、文件传输速率、FTP 连接时延、DNS 解析错误率等。通过对 NQA 测试结果的分析，用户可以及时了解网络的性能状况，针对不同的网络性能，进行相应的处理。对网络故障进行诊断和定位。

在 NQA 测试中，把测试的两端称为客户端和服务器端（或者称为源端和目的端），并由客户端（源端）发起测试。在客户端通过命令行配置测试例或由网管端发送相应测试例操作后，NQA 把相应的测试例放入测试例队列中进行调度。

启动 NQA 测试例，可以选择立即启动、延迟启动、定时启动。在定时器的时间到达后，则根据测试例的测试类型，构造符合相应协议的报文。但配置的测试报文的大小如果无法满足发送本协议报文的最小尺寸，则按照本协议规定的最小报文尺寸来构造报文发送。

测试例启动后，根据返回的报文，可以对相关协议的运行状态提供数据信息。发送报文时的时间作为测试报文的发送时间，并给报文打上时间戳，再发送给服务器端。服务器端接收报文后，返回给客户端相应的回应信息，客户端在接收到报文时，再一次读取系统的时间，给报文加上时间戳。根据报文的发送和接收时间，计算出报文的往返时间。

AR G3 系列路由器中支持的 NQA 测试例包括 DHCP 测试、DNS 测试、FTP 测试、

HTTP 测试、ICMP 测试、SNMP 测试、TCP 测试、Trace 测试、UDP 测试、UDP Jitter 测试、基于接口板发包的 UDP Jitter 测试、LSP Ping 测试和 LSP Trace 测试。其中，ICMP 测试、Trace 测试和 UDP Jitter 测试支持 IPv6 网络，但 AR150/150-S/160/200/200-S 系列不支持 LSP Ping 测试和 LSP Trace 测试。本章仅介绍最常用的 ICMP 测试，至于其他测试原理，大家可以到官网上查看相关文档。

说明 对于 Jitter 测试例，不仅客户端需要给报文加时间戳，而且服务器端在接收到报文和发送报文时，也要读取自己的本地系统时间，再加上时间戳，从而能够计算出抖动时间。这样用户就可以通过查看测试数据信息了解网络的运行情况和服务质量。

NQA 还提供了与 Track 和应用模块联动的功能，实时监控网络状态的变化，及时进行相应的处理，从而避免通信的中断或服务质量的降低。

7.3.2 ICMP NQA 测试基本原理

NQA 的 ICMP 测试例用于检测源端到目的端的路由是否可达，可以与许多其他功能进行联动，如本书后面将要介绍的 VRRP、静态路由、备份接口和策略路由等。

ICMP 测试提供类似于普通命令行下的 Ping 命令功能，但输出信息更为丰富。缺省情况下能够保存最近 5 次的测试结果。结果中能够显示平均时延、丢包率、最后一个报文正确接收的时间等信息。

如图 7-15 所示，ICMP 测试的过程如下。

■ 源端（RouterA）向目的端（RouterB）发送构造的 ICMP Echo Request 报文。

■ 目的端（RouterB）在收到报文后，直接回应 ICMP Echo Reply 报文给源端（RouterA）。

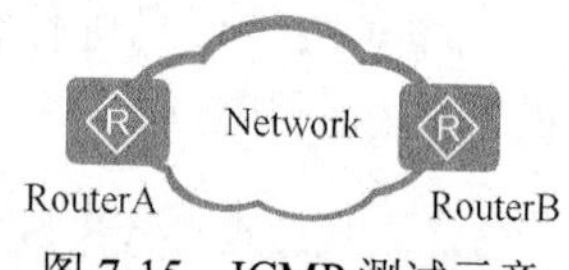

图 7-15 ICMP 测试示意

源端（RouterA）收到报文后，通过计算源端（RouterA）接收时间和源端（RouterA）发送时间差，计算出源端（RouterA）到目的端（RouterB）的通信时间，从而清晰地反应出网络性能。如果没有收到 ICMP Echo Reply 报文则表示目的端不可达，可以据此判断监测的链路出现了故障，可通告对应功能模块及时做出相应的处理，如进行备份链路的切换，备份路由的启用。

ICMP 测试的结果和历史记录将记录在测试例中，可以通过命令行来查看探测结果和历史记录。具体将在本章后面介绍。

7.3.3 配置 ICMP NQA 测试

在配置 ICMP 测试之前，需要 NQA 客户端与被测试设备间路由可达。然后在 NQA 客户端进行见表 7-9 的配置（**只需在客户端配置**）。

表 7-9 ICMP NQA 测试的配置步骤

步骤	命令	说明
1	**system-view** 例如：< Huawei > **system-view**	进入系统视图

续表

步骤	命令	说明
2	**nqa test-instance** *admin-name test-name* 例如：[Huawei] **nqa test-instance** user test	创建NQA测试例，并进入NQA测试例视图。命令中的参数说明如下。 （1）*admin-name*：创建进行NQA测试的管理员账户，1～32个字符，不支持空格，区分大小写。 （2）*test-name*：配置NQA测试例的测试例名称，1～32个字符，不支持空格，区分大小写。 缺省情况下，没有创建NQA测试例，可用 **undo nqa** { **test-instance** *admin-name test-name* | **all-test-instance** }命令删除指定或所有的NQA测试例
3	**test-type icmp** 例如：[Huawei-nqa-user-test] **test- type icmp**	配置以上创建的NQA测试例的类型为ICMP NQA测试例。 缺省情况下，未配置任何测试类型，可用 **undo test-type** 命令删除NQA测试例的测试类型的配置
4	**destination-address ipv4** *ipv4-address* 例如：[Huawei-nqa-user-test] **destination-address ipv4** 1.1.1.1	（可选）配置NQA测试例的目的IPv4地址。 缺省情况下，没有配置目的地址，可用 **undo destination- address** 命令删除对应NQA测试例的目的IPv4地址
5	**description** *string* 例如：[Huawei-nqa-user-test] **description** icmp	（可选）配置NQA测试例的描述信息，取值范围为1～230个字符，支持空格，区分大小写。 缺省情况下，NQA测试例没有配置描述信息，可用 **undo description** 命令删除以上NQA测试例的描述信息。 【注意】本命令为覆盖型命令，以最后一次配置为准，且不能修改正在执行的测试例的描述信息
6	**frequency** *interval* 例如：[Huawei-nqa-user-test] **frequency** 20	（可选）配置NQA测试例自动执行测试的时间间隔，取值范围为1～604 800的整数秒。**但取值必须大于下面第16步interval和第14步probe-count两命令的配置值的乘积。** 缺省情况下，没有配置自动测试间隔，即只进行一次测试，可用 **undo frequency** 命令取消配置的NQA测试例自动执行测试的时间间隔
7	**timeout** *time* 例如：[Huawei-nqa-user-test] **timeout** 20	（可选）配置NQA测试例的一次探测的超时时间，取值范围为1～60的整数秒。如果超过此时间没有收到响应报文，认为该次测试失败。对于质量较差、传输速率不高的网络，为了保证NQA探测报文能够收到回应，需要加大发送探测报文的超时时间。 缺省情况下，超时时间为3 s，可用 **undo timeout** 命令恢复NQA测试例的一次探测的超时时间的缺省值
8	**source-interface** *interface-type interface-number* 例如：[Huawei-nqa-user-test] **source-interface** gigabitethernet 1/0/0	（可选）配置NQA测试例的源端接口（**必须是已经配置了IP地址的接口**）。 【说明】如果通过下面第9步的 **source-address** 命令指定NQA测试例的源IP地址，并且通过本命令指定了NQA测试例的源端接口，则报文会从指定源接口发送出去，但是回应报文会从配置的源IP地址的接口返回；如果没有指定NQA测试例的源IP地址，而通过本命令指定了源端接口，则NQA测试例将使用指定的源端接口的IP地址作为NQA测试例的源IP地址，且NQA测试例的发送和回应报文都会“走”本命令指定的源接口路径。 缺省情况下，没有配置NQA测试例的源端接口，可用 **undo source-interface** 命令取消NQA测试例的源端接口配置

续表

步骤	命令	说明
9	**source-address ipv4** *ipv4-address* 例如：[Huawei-nqa-user-test] **source-address ipv4** 1.1.1.1	（可选）配置 NQA 测试的源端的 IPv4 地址，相当于 **ping** 命令中的"**-a**"选项。 【说明】当测试报文到达目的地址后，会将 NQA 测试例配置的源 IP 地址作为目的地址进行回应。执行本命令配置本次测试的源 IP 地址。若不指定源 IP 地址，系统将使用发送测试报文的接口 IP 地址作为源 IP 地址 缺省情况下，使用发送测试报文的接口 IP 地址作为源 IP 地址，可用 **undo source-address** 命令恢复 NQA 测试的源端的 IP 地址为缺省情况
10	**ttl** *number* 例如：[Huawei-nqa-user-test] **ttl** 10	（可选）配置 NQA 测试例测试报文的 TTL 值，相当于 **ping** 命令中的"**-h**"选项，取值范围为 1～255 的整数。 【说明】在最初创建测试报文时，**ttl** 命令设置 TTL 为某个特定的值。当测试报文逐个沿三层路由设备进行传输时，每台三层路由设备都使 TTL 的数值减 1，当 TTL 的值减为 0 时，三层路由设备会丢弃该测试报文并向发送端发送错误信息。从而有效地防止了报文的无休止传输。如果已经配置过 TTL 值，那么再次执行本命令将覆盖原有配置。 缺省情况下，TTL 值为 30，可用 **undo ttl** 命令恢复 NQA 测试例测试报文的 TTL 值为缺省值
11	**datasize** *size* 例如：[Huawei-nqa-user-test] **datasize** 100	（可选）配置 NQA 测试例的报文数据区大小，相当于 **ping** 命令中的"-s"选项，实现模拟实际业务数据包大小，得到更加精确的统计数据，取值范围为 0～8 100 整数字节。如果配置的报文大小比报文缺省长度小，实际的报文大小就按缺省报文长度处理。 缺省情况下，NQA 测试例数据区大小为 0，表示不携带负载报文，可用 **undo datasize** 命令恢复 NQA 测试例的报文大小为缺省值
12	**datafill** *fillstring* 例如：[Huawei-nqa-user-test] **datafill** abcd	（可选）配置 NQA 测试例的填充字符（用于实现对测试报文的标识，区分不同的测试例发出的报文），相当于 **ping** 命令中的"**-p**"选项，取值范围为 1～230 个字符，支持空格，区分大小写，支持特殊字符，但必须小于等于 **datasize** *size* 命令配置的数据区大小。 缺省值是空字符串（长度为零），可用 **undo datafill** 命令删除 NQA 测试例的填充字符
13	**sendpacket passroute** 例如：[Huawei-nqa-user-test] **sendpacket passroute**	（可选）配置 NQA 测试例不查找路由表发送报文，但此时会造成同时配置的 **ttl** 或 **ip-forwarding** 命令无效。 缺省情况下，NQA 测试查找路由表发送报文，可用 **undo sendpacket passroute** 命令恢复 NQA 测试例查找路由表发送报文
14	**probe-count** *number* 例如：[Huawei-nqa-user-test] **probe-count** 6	（可选）配置 NQA 测试例的一次测试探针数目，取值范围为 1～15 的整数。**对于不可靠网络，可将探测次数取值设置相对大些，因为可能发送较大次数的探测报文才能获得探测成功。** 缺省情况下，一次测试探针数目是 3，可用 **undo probe-count** 命令恢复 NQA 测试例的一次测试探针数目为缺省值
15	**tos** *value* 例如：[Huawei-nqa-user-test] **tos** 10	（可选）配置 NQA 测试报文的服务类型（通过配置 ToS 值，可以设置探测报文的优先级别（数值越大，优先级越高），在报文流量较大时可以先处理优先级高的报文），相当于 **ping** 命令中的"**-tos**"选项，取值范围为 0～255 的整数。 缺省情况下，ToS 的值为 0，可用 **undo tos** 命令恢复 NQA 测试报文的服务类型为缺省值

续表

步骤	命令	说明
16	**fail-percent** *percent* 例如：[Huawei-nqa-user-test] **fail-percent** 10	（可选）配置NQA测试失败百分比，用来判断某次测试是否失败，即如果发送探测包失败的次数超过该比值，则认为该次测试失败，取值范围为1～100的整数。 缺省情况下，测试失败百分比为100%，即只有全部探测失败，本次测试才视为失败，可用 **undo fail-percent** 命令删除NQA测试失败百分比配置
17	**interval seconds** *interval* 例如：[Huawei-nqa-user-test] **interval** 30	（可选）配置测试报文的发送间隔，相当于 **ping** 命令中的"–m"选项，取值范围为1～60的整数秒，**但必须大于本表第7步配置的一次探测的超时时间。** 缺省情况下，ICMP测试例发送报文的时间间隔为4 s，可用 **undo interval** 命令恢复NQA测试例的发送报文的时间间隔为缺省值
18	**vpn-instance** *vpn-instance-name*	（可选）配置NQA测试例的VPN实例名，1～31个字符。 缺省情况下，未配置VPN实例名，可用 **undo vpn-instance** 命令删除NQA测试例的VPN实例名
19	**records history** *number* 例如：[Huawei-nqa-user-test] **records history** 30	（可选）配置NQA测试的最大历史记录数目，取值范围为1～50的整数。 缺省情况下，历史记录为50，可用 **undo records** history 命令恢复NQA测试的历史记录最大数目为缺省值
20	**records result** *number* 例如：[Huawei-nqa-user-test] **records result** 5	（可选）配置NQA测试的最大测试结果记录数目，取值范围为1～10的整数。 缺省情况下，结果记录数为5，可用 **undo records result** 命令恢复NQA测试的结果记录的最大数目为缺省值
21	**agetime** *hh:mm:ss* 例如：[Huawei-nqa-user-test] **agetime** 1:0:0	（可选）配置NQA测试例的老化时间（改变测试例在系统中存在的时间），*hh* 用来指定小时数，取值范围为0～23的整数，*mm* 用来指定分钟数，取值范围为0～59的整数，*ss* 用来指定秒数，取值范围为0～59的整数。 缺省情况下，老化时间为0，表示测试例永不老化，可用 **undo agetime** 命令恢复NQA测试例老化时间为缺省值
22	**ip-forwarding** 例如：[Huawei-nqa-user-test] **ip-forwarding**	（可选）配置头节点强制走IP转发。但是在MPLS网络中，当MPLS网络故障且控制层面无法正常感知时，会出现 **ping** 不通的情况，指定 **ping** 头节点强制走IP转发，区分是MPLS网络问题还是IP网络问题，可以帮助用户快速定位故障
23	**nexthop ipv4** *ip-address*	（可选）配置测试例的下一跳IPv4地址。**本命令仅V200R005及以后VRD系统版本支持。** 【说明】NQA联动静态路由场景下，当链路故障时，ICMP NQA测试例检测结果是失败，同时联动静态路由变为DOWN。一旦链路故障恢复，由于ICMP测试例报文发送时需要查找路由表，但此时路由已经被NQA联动置DOWN，导致ICMP测试例仍然检测失败，联动的静态路由也一直得不到恢复，业务流量也无法回切到原先的链路。解决方案是指定ICMP测试例发送报文时的下一跳地址，这样在链路故障恢复之后可以正常发送NQA探测报文，测试结果恢复成功，同时可联动恢复静态路由。 配置测试的下一跳地址后，测试例报文发送时将不再查找路由表，而是直接按指定的下一跳地址发送。**但指定的下一跳地址和出接口相互匹配，且指定的出接口不能是逻辑接口的成员接口。指定下一跳地址时，不支持同时在本表第17步中指定VPN。**

续表

步骤	命令	说明
23	例如：[Huawei-nqa-user-test] **nexthop ipv4** 10.1.1.1	缺省情况下，查找路由表获取下一跳地址，可用 **undo nexthop** 命令删除配置的 NQA 测试的下一跳地址
24	**quit** 例如：[Huawei-nqa-user-test] **quit**	退出测试例视图
25	**nqa-group** *group-name* 例如：[Huawei] **nqa-group** group1	（可选）创建一个 NQA 组，并进入 nqa-group 视图。 可以将多个 NQA 测试例加入到一个 NQA 组中，对 NQA 组进行管理可以实现同时探测多条链路。只要有一个 NQA 测试例探测成功，则认为这个 NQA 组探测成功。所有 NQA 测试例都探测失败，则认为这个 NQA 组探测失败 参数 *group-name* 用来指定所创建的 NQA 组的名称，字符串形式，不支持空格，区分大小写，长度范围是 1～32。 可用 **undo nqa-group** *group-name* 命令删除 NQA 组
26	**nqa** *admin-name test-name* 例如：[Huawei-nqa-group-group1] **nqa** admin1 test1	（可选）将指定的NQA测试例加入当前NQA组。参数 *admin-name test-name* 用来指定要加入 NQA 组的 NQA 测试例的管理者和测试例名。 可用 **undo nqa** *admin-name test-name* 命令将指定的 NQA 测试例退出当前 NQA 组。如果删除了已经存在于 NQA 组中的 NQA 测试例，NQA 组里面也会自动删除这个测试例

ICMP NQA 测试例配置好，可以根据需要启动或终止测试例，具体的操作步骤见表 7-10。

表 7-10 启动或终止 NQA 测试例的操作步骤

<table>
<tr><th>步骤</th><th>命令</th><th colspan="2">说明</th></tr>
<tr><td>1</td><td>system-view
例如：< Huawei > system-view</td><td colspan="2">进入系统视图</td></tr>
<tr><td>2</td><td>nqa test-instance admin-name test-name
例如：[Huawei] nqa test-instance user test</td><td colspan="2">进入 NQA 测试例视图</td></tr>
<tr><td rowspan="3">3</td><td>start now [end { at [yyyy/mm/dd] hh:mm:ss | delay { seconds second | hh:mm:ss } | lifetime { seconds second | hh:mm:ss } }]
例如：[Huawei-nqa-user-test] start delay 10:00:00</td><td>（三选一）立即启动 NQA 测试例</td><td rowspan="3">3 个命令中的参数和选项说明如下。
（1）start now：指定立即启动执行当前测试例。
（2）end at [yyyy/mm/dd] hh:mm:ss：二选一参数，在指定的时间点结束当前执行的测试例。
（3）start at [yyyy/mm/dd] hh:mm:ss：二选一参数，指定开始执行测试例的时间。
（4）end delay { seconds second | hh:mm: ss }：二选一参数，指定延迟结束测试例的执行，即从当前执行命令的时间开始算起，一直持续到所设定的延迟时间后才结束。该延迟是相对于当前系统时间的延迟。例如：当用户在 8:59:40 执行命令 start at 9:00:00 end delay seconds 60（从 8:59:40 开始延迟 60 s 后结束）时，测试例在 9:00:00 开始执行，在 9:00:40 结束。</td></tr>
<tr><td>start at [yyyy/mm/dd] hh:mm:ss [end { at [yyyy/mm/dd] hh:mm:ss | delay { seconds second | hh:mm:ss } |lifetime { seconds second | hh:mm:ss } }]
例如：[Huawei-nqa-user-test] start at 9:00:00</td><td>（三选一）在指定时刻启动 NQA 测试例</td></tr>
<tr><td>start delay { seconds second | hh:mm:ss } [end { at [yyyy/mm/dd] hh: mm:ss | delay { seconds second | hh:mm:ss } | lifetime</td><td>（三选一）延迟指定时间后启动 NQA 测试例</td></tr>
</table>

续表

步骤	命令	说明
3	{ **seconds** *second* | *hh:mm:ss* } }] 例如：[Huawei-nqa-user-test] **start delay seconds** 60 **end lifetime seconds** 120	（三选一）延迟指定时间后启动 NQA 测试例 （5）**end lifetime** { **seconds** *second* | *hh:mm: ss* }：二选一参数，配置测试例的持续时间，**但从测试例启动的时间开始算起**。例如：当用户在 9:00:00 执行命令 **start delay seconds** 60 **end lifetime seconds** 120 时，测试例开始执行时间是 09:01:00，持续时间为 120 s，结束时间是 09:03:00。 缺省情况下，测试报文发送完毕后，测试自动结束，可用 **undo start** 命令终止当前正在执行的测试例或者删除未执行 NQA 测试例的启动方式和结束方式的配置
4	**restart** 例如：[Huawei-nqa-user-test] **restart**	（可选）重新启动 NQA 测试例。**仅当需要重新启动测试例时才执行本命令**
5	**undo start** 例如：[Huawei-nqa-user-test] **undo start**	（二选一）终止当前正在执行的测试例或者删除未执行 NQA 测试例的启动方式和结束方式的配置
	stop 例如：[Huawei-nqa-user-test] **stop**	（二选一）终止正在执行的 NQA 测试例

完成 ICMP NQA 测试例的配置之后，可通过执行下列 **display** 任意视图命令查看 ICMP NQA 测试例的配置信息，使用以下 **clear** 或者 **reset** NQA 测试例视图命令清除 ICMP 测试例统计信息（但不允许清除正在运行的测试例的统计信息）。

- **display nqa application**：查看 NQA 客户端与业务对应的 NQA 测试例类型。
- **display nqa-parameter**：查看 NQA 客户端当前测试例的参数配置信息。
- **display nqa support-server-type**：查看 NQA 客户端支持的服务器类型。
- **display nqa support-test-type**：查看 NQA 客户端支持的测试例类型。
- **display nqa-agent**：查看 NQA 测试的客户端状态和配置信息。
- **display nqa-server**：在 NQA 服务器端查看服务器信息。
- **display nqa results** [**collection** | **success** | **failed**] [**test-instance** *admin-name test-name*]：查看所有或者指定的 NQA 测试例的 NQA 测试结果信息。
- **display nqa history** [**test-instance** *admin-name test-name*] [**from** *start-date start-time* **to** *end-date end-time*]：查看所有或者指定 NQA 测试例的 NQA 测试的历史统计信息。
- **clear-records**：清除 NQA 测试例的统计信息。
- **reset ip nqa-compatible responder statistics**：清除设备收到第三方设备或网管软件发送的 NQA 握手报文的统计信息。

7.3.4　ICMP NQA 测试配置示例

本示例的基本拓扑结构如图 7-16 所示，RouterA 作为 NQA 客户端（Client），现要测试 RouterB（作为 NQA 服务器端）是否可达。

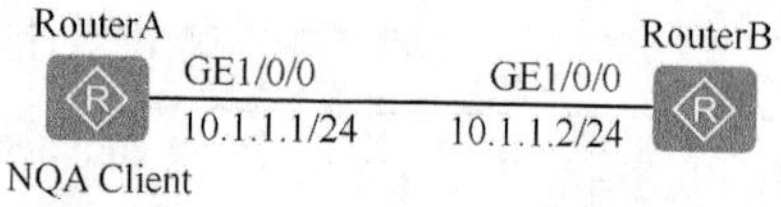

RouterA
GE1/0/0 10.1.1.1/24
NQA Client
RouterB
GE1/0/0 10.1.1.2/24

图 7-16 ICMP NQA 测试配置示例的拓扑结构

1. 基本配置思路分析

本示例的配置很简单，仅需要使用 ICMP NQA 测试功能，配置一个 ICMP 测试例（采用缺省的 3 次探测次数），测试报文在本端（RouterA）和指定的目的端（RouterB）之间是否可达和往返时间。至于 7.3.3 节介绍的其他可选配置，在此可不用配置。

2. 具体配置步骤

① 配置 RouterA 和 RouterB 的相关接口 IP 地址。

■ RouterA 上的配置。

```
<Huawei> system-view
[Huawei] sysname RouterA
[RouterA] interface gigabitethernet 1/0/0
[RouterA-GigabitEthernet1/0/0] ip address 10.1.1.1 24
[RouterA-GigabitEthernet1/0/0] quit
```

■ RouterB 上的配置。

```
<Huawei> system-view
[Huawei] sysname RouterB
[RouterB] interface gigabitethernet 1/0/0
[RouterB-GigabitEthernet1/0/0] ip address 10.1.1.2 24
[RouterB-GigabitEthernet1/0/0] quit
```

② 在 RouterA 上使能 NQA 客户端，配置一个名为 icmp，管理者账户为 admin 的 ICMP 类型的 NQA 测试例。

```
[RouterA] nqa test-instance admin icmp
[RouterA-nqa-admin-icmp] test-type icmp
[RouterA-nqa-admin-icmp] destination-address ipv4 10.1.1.2
```

③ 立即启动测试。

```
[RouterA-nqa-admin-icmp] start now
```

配置好后，可用 **display nqa results** 命令查看测试结果，验证配置是否正确。输出信息 Min/Max/Average Completion Time 显示的是 3 次探测中，最小/最大/平均完成时间分别为 31、46、36，单位为秒。

```
[RouterA-nqa-admin-icmp] display nqa results test-instance admin icmp
 NQA entry(admin, icmp) :testflag is inactive, testtype is icmp
  1 . Test 1 result   The test is finished
   Send operation times: 3                    Receive response times: 3
   Completion:success                           RTD OverThresholds number: 0
   Attempts number:1                            Drop operation number:0
   Disconnect operation number:0              Operation timeout number:0
   System busy operation number:0             Connection fail number:0
   Operation sequence errors number:0       RTT Stats errors number:0
   Destination ip address:10.1.1.2
   Min/Max/Average Completion Time: 31/46/36
   Sum/Square-Sum  Completion Time: 108/4038
   Last Good Probe Time: 2018-8-2 10:7:11.4
   Lost packet ratio: 0 %
```

7.4　VRRP 基础及基本功能配置与管理

VRRP（Virtual Router Redundancy Protocol，虚拟路由冗余协议）是一种容错协议，可通过把几台路由设备联合组成一台虚拟的路由设备，将虚拟路由设备的 IP 地址作为用户的缺省网关实现与外部网络的通信。当网关设备发生故障时，VRRP 机制能够快速选举新的网关设备承担数据流量，从而保障网络的可靠通信。VRRP 在华为 S 系列三层交换机、AR G3/NE 系列路由器中都可得到应用。

7.4.1　VRRP 概述

在一般的网络部署中，主机一般使用缺省网关与外部网络联系，这样一来，如果缺省网关发生故障，主机与外部网络的通信将被中断。虽然配置动态路由协议（如 RIP、OSPF）或 ICMP 路由发现协议等可以提高系统的可靠性，但是配置过程比较复杂，而且并不能保证每台上一跳设备都支持配置动态路由协议，比如，上一跳设备是用户主机或者二层交换机就不支持。

VRRP 的出现很好地解决了这个问题。VRRP 能够在不改变组网的情况下，将多台路由设备组成一个虚拟路由器，通过配置虚拟路由器的 IP 地址作为缺省网关，实现对缺省网关的备份（因为这个虚拟路由器的 IP 地址可代表整个虚拟路由器中各个成员路由设备）。当现有网关设备发生故障时，VRRP 机制能够选举新的网关设备承担数据流量，从而保障网络的可靠通信。

如图 7-17 所示，HostA 通过 SwitchA 双线连接到 RouterA 和 RouterB。现在 RouterA 和 RouterB 上配置 VRRP 备份组，对外体现为一台虚拟路由器，实现到达 Internet 的链路冗余备份。

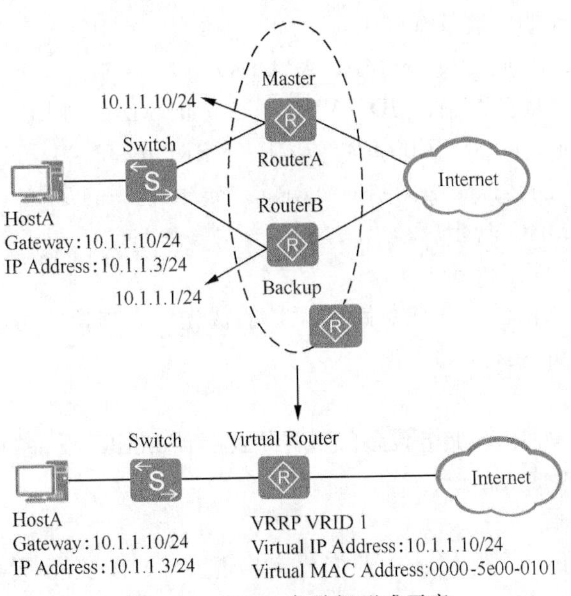

图 7-17　VRRP 备份组形成示意

1．基本概念

因为在后面正式介绍VRRP工作原理和配置过程中会遇到许多与VRRP相关的基本概念，所以在此先介绍这些VRRP的基本概念。

（1）VRRP路由器（VRRP Router）

VRRP路由器是指运行VRRP的设备（可以是路由器，也可以是三层交换机，下同），**可加入到一个或多个虚拟路由器备份组中。在同一个备份组中各路由器的下行VRRP接口的IP地址必须在同一IP网段。**

（2）虚拟路由器（Virtual Router）

又称VRRP备份组，**由一个Master（主用）设备和一个或多个Backup（备用）设备组成**，被当作一个共享局域网内主机的缺省网关。

（3）Master路由器（主用路由器）

VRRP备份组中当前承担转发报文任务的VRRP设备，如图中的RouterA。

（4）Backup路由器（备用路由器）

VRRP备份组中一组没有承担转发任务的VRRP设备（如图中的RouterB），但当Master设备出现故障时，它们将可通过选举成为新的Master设备。

（5）VRID

虚拟路由器标识，用来唯一标识一个VRRP备份组。

（6）虚拟IP地址（Virtual IP Address）

分配给虚拟路由器的IP地址。一个虚拟路由器可以有一个或多个IP地址（多个IP地址时，只有一个是主IP地址，其他均为从IP地址），由用户配置，**但必须与下行VRRP接口对应主或从IP地址在同一IP网段。**

（7）IP地址拥有者（IP Address Owner）

如果一个VRRP设备将虚拟路由器的IP地址与其VRRP接口IP地址一样，则该设备被称为IP地址拥有者。**如果该IP地址拥有者是可用的，将直接成为Master，不用选举，也不可抢占**，除非该设备不可用。

（8）虚拟MAC地址（Virtual MAC Address）

虚拟路由器根据虚拟路由器ID（VRID）生成的MAC地址。一个虚拟路由器拥有一个虚拟MAC地址，00-00-5E-00-01-{*VRID*}（VRRP for IPv4）；00-00-5E-00-02-{*VRID*}（VRRP for IPv6）。当虚拟路由器回应ARP请求时，使用的是虚拟MAC地址，而不是VRRP接口的真实MAC地址。

（9）VRRP优先级（Priority）

用来标识虚拟路由器中各成员路由设备的优先级。虚拟路由器根据优先级选举出Master设备和Backup设备。

（10）抢占模式

在抢占模式下，如果Backup设备的优先级比当前Master设备的优先级高，则Backup设备主动将自己切换成Master。

（11）非抢占模式

在非抢占模式下，只要Master设备没有出现故障，Backup设备即使随后被配置了更高的优先级也不会成为Master设备。

2. VRRP 的主要好处

配置 VRRP 功能，可以带来以下好处。

■ 简化网络管理：VRRP 能在当前网关设备出现故障时仍然提供高可靠的缺省链路，且无需修改动态路由协议、路由发现协议等配置信息，可有效避免单一链路发生故障后的网络中断问题。

■ 适应性强：VRRP 报文封装在 IP 报文中，支持各种上层协议。

■ 网络开销小：VRRP 只定义了一种报文，即 VRRP 报文，有效减轻了网络设备的额外负担。

7.4.2 VRRP 报文

要理解 VRRP 的工作原理，先要了解 VRRP 报文。VRRP 报文是通过下行的 VRRP 接口发送的，用来将 Master 设备的优先级和状态通告给同一备份组的所有 Backup 设备，**即仅 Master 设备会发送 VRRP 报文**。它们封装在 IP 报文中，通过 VRRP 组播 IP 地址进行发送，报文头中源地址为发送报文的 VRRP 接口的主 IP 地址（不是虚拟路由器的 IP 地址），目的地址为 VRRP 组播 IP 地址 224.0.0.18，TTL 是 255，协议号是 112。

目前，VRRP 包括两个版本：VRRPv2 和 VRRPv3。VRRPv2 仅适用于 IPv4 网路，VRRPv3 适用于 IPv4 和 IPv6 两种网络。VRRPv2 和 VRRPv3 的报文结构分别如图 7-18 和图 7-19 所示，各字段说明见表 7-11。

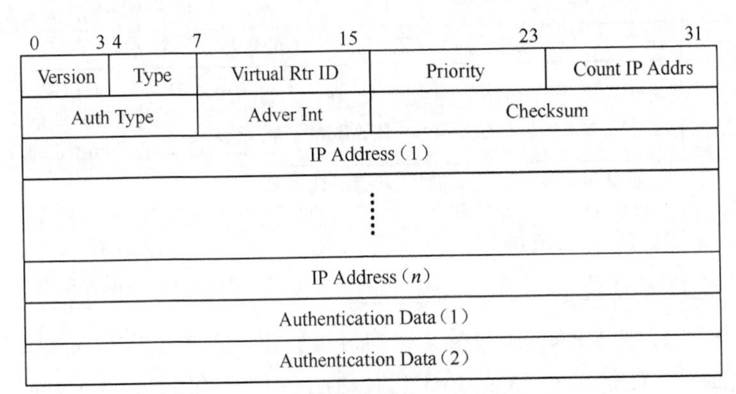

图 7-18　VRRPv2 报文结构

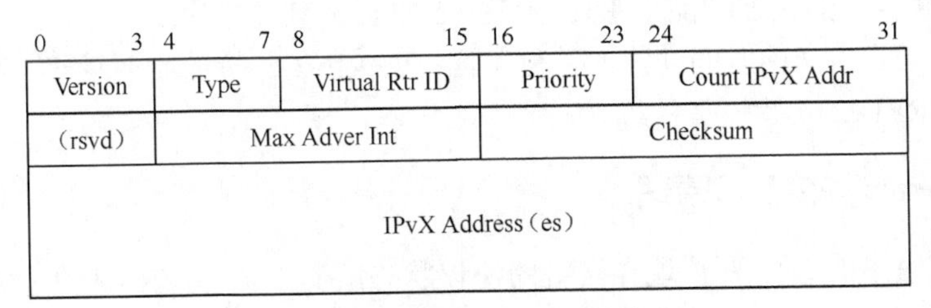

图 7-19　VRRPv3 报文结构

表 7-11 **VRRPv2 和 VRRPv3 报文字段说明**

报文字段	说明	
	VRRPv2	VRRPv3
Version	VRRP 版本号，取值为 2	VRRP 版本号，取值为 3
Type	VRRP 报文类型，取值为 1，表示 Advertisement（通告）类型	
Virtual Rtr ID（VRID）	虚拟路由器 ID，取值范围为 1～255	
Priority	表示 Master 设备在备份组中的优先级，取值范围是 0～255。0 表示设备要停止参与 VRRP 备份组，用来使备份设备尽快成为 Master 设备（**会立即发送 VRRP 通告报文，而不必等到计时器超时**）；255 则保留给虚拟路由器 IP 地址的拥有者。缺省值是 100	
Count IP Addrs/ Count IPvX Addr	表示 VRRP 备份组中配置的虚拟 IPv4 地址的个数	表示 VRRP 备份组中配置的虚拟 IPv4 或虚拟 IPv6 地址的个数
Auth Type	VRRP 报文的认证类型。协议中指定了以下 3 种类型。 • 0：Non Authentication，表示不进行认证。 • 1：Simple Text Password，表示采用明文密码认证方式。 • 2：IP Authentication Header，表示采用 MD5 认证方式	无此字段
Adver Int/Max Adver Int	表示 VRRP 通告报文的发送时间间隔，单位是秒，缺省值为 1 s，即 100 厘秒	表示 VRRP 通告报文的发送时间间隔，单位是厘秒，缺省值为 100 厘秒，可以配置更小的报文发送时间间隔
Checksum	16 位校验和，用于检测 VRRP 报文中的数据破坏情况	
IP Address/IPvX Address(es)	表示 VRRP 备份组的虚拟 IPv4 地址，所包含的地址数定义在 Count IP Addrs 字段	表示 VRRP 备份组的虚拟 IPv4 地址或者虚拟 IPv6 地址，所包含的地址数定义在 Count IPvX Addrs 字段
Authentication Data	表示认证数据。目前只有明文密码认证和 MD5 认证才用到该部分，对于其他认证方式，一律填 0	无此字段
rsvd	无此字段	VRRP 报文的保留字段，必须设置为 0

由以上 VRRPv2 和 VRRPv3 的报文结构可以看出，两者的主要区别如下。

■ 支持的网络类型不同。VRRPv3 同时适用于 IPv4 和 IPv6 两种网络，而 VRRPv2 仅适用于 IPv4 网络。

■ 认证功能不同。VRRPv3 不支持认证功能，而 VRRPv2 支持认证功能，那是因为 IPv6 协议已有自己的认证功能，IPSec 是 IPv6 的必备组成部分。

■ 发送通告报文的时间间隔的单位不同：VRRPv3 支持的是厘秒级（发送频率可以更高），而 VRRPv2 支持的是秒级。

7.4.3 VRRP 基本工作原理

VRRP 的工作原理主要体现在设备的协议状态改变上。在 VRRP 中定义了 3 种状态机：初始状态（Initialize）、活动状态（Master）、备份状态（Backup）。其中，只有处于 Master 状态的设备才可以转发发送到虚拟路由器 IP 地址的数据报文。这 3 种协议状态之间的转换关系如图 7-20 所示，具体说明见表 7-12。

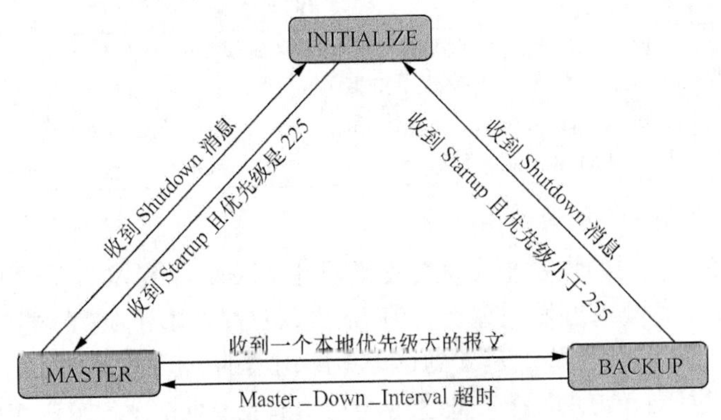

图 7-20　VRRP 3 种状态机之间的转换关系

表 7-12　**VRRP 的 3 种状态及相互转换关系**

状态	说明
Initialize	初始状态，为 VRRP 不可用状态，在此状态时设备不会对 VRRP 报文进行任何处理。通常刚配置 VRRP 时或设备检测到故障时会进入该状态。 收到接口 Startup（启动）的消息后，如果设备的优先级为 255（表示该设备为虚拟路由器 IP 地址拥有者），则直接成为 Master 设备，如果设备的优先级小于 255，则会先切换至 Backup 状态
Master	活动状态，表示当前设备为 Master 设备。当 VRRP 设备处于 Master 状态时，该设备会做下列工作。 （1）定时发送 VRRP 通告报文。 （2）以虚拟 MAC 地址响应对虚拟 IP 地址的 ARP 请求。 （3）转发目的 MAC 地址为虚拟 MAC 地址的 IP 报文。 （4）如果它是这个虚拟 IP 地址的拥有者，则接收目的 IP 地址为这个虚拟 IP 地址的 IP 报文；否则，丢弃这个 IP 报文。 （5）如果收到比自己优先级大的 VRRP 报文，或者收到与自己优先级相等的 VRRP 报文，且本地接口 IP 地址小于源端接口 IP 地址时，则立即转变为 Backup 状态（**仅在抢占模式下生效**）。 （6）收到接口 Shutdown（关闭）消息后，则立即转变为 Initialize 状态
Backup	备份状态，表示当前设备为 Backup 设备。当 VRRP 设备处于 Backup 状态时，该设备将会做下列工作。 （1）接收 Master 设备发送的 VRRP 通告报文，判断 Master 设备的状态是否正常。 （2）对虚拟路由器 IP 地址的 ARP 请求不进行响应。 （3）丢弃目的 MAC 地址为虚拟路由器 MAC 地址的 IP 报文。 （4）丢弃目的 IP 地址为虚拟路由器 IP 地址的 IP 报文。 （5）如果收到优先级和自己相同，或者比自己高的 VRRP 报文，则重置 Master_Down_Interval 定时器（不进一步比较 IP 地址）。 【说明】Master_Down_Interval 定时器是用来确定 Master 设备是否工作正常的定时器。Backup 设备在该定时器超时后仍未收到 Master 设备发来的 VRRP 通告报文时，就会直接转换为 Master 状态。计算公式如下：Master_Down_Interval=(3 × Advertisement_Interval) + Skew_time。其中，Skew_Time=(256–Priority)/256 • 如果收到比自己优先级小的 VRRP 报文，且该报文优先级是 0（表示发送 VRRP 报文的原 Master 设备声明不再参与 VRRP 组了）时，定时器时间设置为 Skew_time（偏移时间）。

续表

状态	说明
Backup	• 如果收到比自己优先级小的 VRRP 报文，且该报文优先级不是 0，则丢弃报文，立刻转变为 Master 状态（**仅在抢占模式下生效**）。 • 如果 Master_Down_Interval 定时器超时，则立即转变为 Master 状态。 • 如果收到接口 Shutdown 消息，则立即转变为 Initialize 状态

总体来说，VRRP 的基本工作原理如下。

① VRRP 备份组中的设备根据优先级选举出 Master，具体选举规则将在下节介绍。选举后的 Master 设备会通过**发送免费 ARP 报文**，将虚拟 MAC 地址通知给与它连接的设备或者主机，以便在这些设备上建立到达虚拟路由器的 ARP 映射表。同时，Master 设备又会周期性地通过下行 VRRP 接口向备份组内所有 Backup 设备发送 VRRP 通告报文，以公布其配置信息（优先级等）和工作状况。

② 如果当前 Master 设备出现故障，将在 Master_Down_Interval 定时器超时后，或者由其他联动技术（如与 BFD 的联动）检测到 Master 设备故障后，VRRP 备份组中的 Backup 设备根据优先级重新选举新的 Master。如果备份组中原来就只有两台设备，则原来的 Backup 设备直接转换为 Master 设备。

③ 新的 Master 设备会立即发送携带虚拟路由器的虚拟 MAC 地址和虚拟 IP 地址信息的免费 ARP 报文，刷新与它连接的主机或设备中的 MAC 表项，从而把用户流量引到新的 Master 设备上来，整个过程对用户完全透明（也就不需要用户干预）。

④ 当原 Master 设备故障恢复时，如果该设备为虚拟路由器 IP 地址拥有者（优先级为 255），将直接切换至 Master 状态；否则，将首先切换至 Backup 状态，且其优先级恢复为故障前配置的优先级。

⑤ 如果 Backup 设备设置为抢占方式，则当 Backup 设备的优先级高于当前 Master 设备时，将立即抢占现有 Master 设备，否则仅在当前 Master 设备不可用时 Backup 设备才有可能会成为 Master 设备。

7.4.4 VRRP Master 选举和状态通告

从上节介绍的 VRRP 基本工作原理可以知道，为了保证 Master 设备和 Backup 设备能够协调工作，VRRP 需要实现以下两项基本功能，下面分别予以介绍。

- Master 设备的选举。
- Master 设备状态的通告。

1. Master 设备的选举

VRRP 根据优先级来确定虚拟路由器中每台设备的角色，Master 设备或 Backup 设备，对应于上节介绍的 Master 状态或 Backup 状态。优先级越高，则越有可能成为 Master 设备。下面是 Master 设备的整个选举过程。

① 初始创建的 VRRP 设备都工作在 Initialize 状态，当 VRRP 设备收到 VRRP 接口 Startup 的消息后，如果此设备的优先级等于 255（也就是所配置的虚拟路由器 IP 地址是本设备 VRRP 接口的真实 IP 地址），将会直接切换至 Master 状态，**并且无需进行下面的 Master 选举**。否则，都会先切换至 Backup 状态，待 Master_Down_Interval 定时器超时

后再切换至 Master 状态（因为一开始，还没有最终选举 Master 设备，则这个 Master_Down_Interval 定时器最终肯定会超时）。

② 首先切换至 Master 状态的 VRRP 设备通过 VRRP 通告报文的交互获知虚拟设备中其他成员的优先级，然后根据以下规则进行 Master 的选举。

■ 如果收到的 VRRP 报文中显示的 Master 设备的优先级高于或等于自己的优先级，则当前 Backup 设备保持 Backup 状态。

■ 如果 VRRP 报文中 Master 设备的优先级低于自己的优先级，当采用抢占方式时（**缺省为抢占方式**），则当前 Backup 设备将切换至 Master 状态；当采用非抢占方式时，当前 Backup 设备仍保持 Backup 状态。

■ 如果创建了备份组的某 VRRP 设备为 IP 地址拥有者，则在收到接口 Up 的消息后直接切换至 Master 状态。

说明　如果有多个 VRRP 设备同时切换到 Master 状态，通过 VRRP 通告报文的交互进行协商后，优先级较低的 VRRP 设备将切换成 Backup 状态，优先级最高的 VRRP 设备成为最终的 Master 设备；优先级相同时，再根据 VRRP 设备上 VRRP 备份组所在接口主 IP 地址大小进行比较，**IP 地址较大的成为 Master 设备**。

2. Master 设备状态的通告

Master 设备会周期性地发送 VRRP 通告报文，在 VRRP 备份组中公布其配置信息（优先级等）和工作状况。Backup 设备通过接收到 Master 设备发来的 VRRP 报文的情况来判断 Master 设备是否工作正常。

① 当 Master 设备主动放弃 Master 地位（如 Master 设备退出备份组）时，会发送优先级为 0 的 VRRP 通告报文，使 Backup 设备快速切换成 Master 设备（**当有多台 Backup 设备时也要进行以上介绍的 Master 选举**），而不用等到 Master_Down_Interval 定时器超时。这个切换的时间称为 Skew_time，计算方式为：（256–Backup 设备的优先级）/256，单位为秒。因为各 Backup 设备的优先级可能不同，所以这个时间也用来避免 Master 路由器出现故障时，备份组中的多个 Backup 路由器在同一时刻同时转变为 Master 路由器。

② 当 Master 设备发生网络故障（如设备本身出现故障，或下行链路出现故障）而不能发送 VRRP 通告报文时，Backup 设备并不能立即知道其工作状况，要等到 Master_Down_Interval 定时器超时后，才会认为 Master 设备无法正常工作，从而将状态切换为 Master（**同样，当有多台 Backup 设备时也要进行以上介绍的 Master 选举**）。其中，Master_Down_Interval 定时器取值为：3×Advertisement_ Interval+Skew_time，单位为秒。

说明　在性能不稳定的网络中，网络堵塞可能导致 Backup 设备在 Master_Down_Interval 定时器超时后仍没有收到 Master 设备的报文后，使得 Backup 设备主动切换为 Master。如果此时原 Master 设备发送的 VRRP 通告报文又到达了，新 Master 设备将再次切换回 Backup。这样就会出现 VRRP 备份组成员状态频繁切换的现象。为了缓解这种现象，可以配置抢占延时，使得 Backup 设备在等待了 Master_Down_Interval 定时器后再等待抢占延迟时间（具体将在本章后面介绍）。如果在此期间仍没有收到通告报文，Backup 设备才会切换为 Master 设备。

③ Master 设备还可在监视到其上行链路接口变为 Down 状态后，降低自己的优先级，然后在下次 VRRP 通告报文发送定时器超时后向备份组中发送 VRRP 通告报文（**不立即发送 VRRP 通告报文**），让其他 Backup 设备成为 Master。

7.4.5 VRRP 的两种主备模式

在 VRRP 的主备应用中，根据不同的应用需求可以配置为主备备份和负载分担两种模式。下面分别予以介绍。

1. VRRP 主备备份模式

主备备份模式是 VRRP 提供备份功能的基本模式，就是同一时间仅由 Master 设备负责业务数据的处理，所有 Backup 设备均仅处于待命备份状态，不进行业务数据的处理，仅在当前 Master 设备出现故障时，再从 Backup 设备中选举一台设备成为新的 Master 设备，接替原来 Master 设备的业务处理工作。显然，这不是一种经济的方式，因为至少有一台设备长期处于待命状态，造成设备浪费。

图 7-21 所示为一个 VRRP 主备备份模式的示例。在所建立的虚拟路由器中包括一个 Master 设备和两台 Backup 设备。

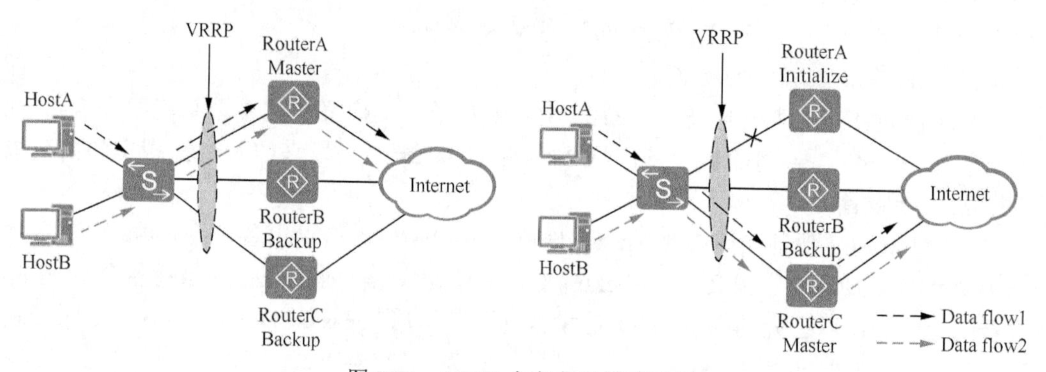

图 7-21 VRRP 主备备份模式示例

正常情况下，RouterA 为 Master 设备并承担业务转发任务，RouterB 和 RouterC 为 Backup 设备且不承担业务转发。RouterA 定期发送 VRRP 通告报文通知 RouterB 和 RouterC 自己工作正常。如果 RouterA 发生故障，RouterB 和 RouterC 会根据上节介绍的选举规则重新选举新的 Master 设备，继续为主机提供数据转发服务，实现网关备份的功能。

当 RouterA 故障恢复后，在抢占方式下，将重新抢占为 Master，因为它的优先级比 RouterB 和 RouterC 设备的高，除非它们中至少有一台修改为比 RouterA 更高的优先级；在非抢占方式下，RouterA 将继续保持为 Backup 状态，直到新 Master 设备出现故障时才有可能通过重新选举成为 Master 状态。

2. VRRP 负载分担模式

以上主备备份模式显然有些浪费资源了，因为大多数时间 Backup 设备都没有发挥作用，所以通常采用的是“VRRP 负载分担模式”。负载分担模式可以充分发挥每台 VRRP 设备的业务处理能力。但要注意的是，**负载分担模式需要建立多个指派不同设备为 Master 设备的 VRRP 备份组**，同一台 VRRP 设备可以加入多个备份组，在不同的备份组中具有不同的优先级。但每个备份组与 VRRP 主备备份模式的基本原理和报文协商过程都是相同的，对于每一个VRRP备份组，也都包含一个Master设备和若干Backup设备。

通过创建多个带虚拟IP地址的VRRP备份组，为不同的用户指定不同的VRRP备份组作为网关，实现负载分担。这是最常用的负载分担方式。

在图7-22所示的网络中，配置了两个VRRP备份组：在VRRP备份组1中，RouterA为Master设备，RouterB为Backup设备；在VRRP备份组2中，RouterB为Master设备，RouterA为Backup设备。

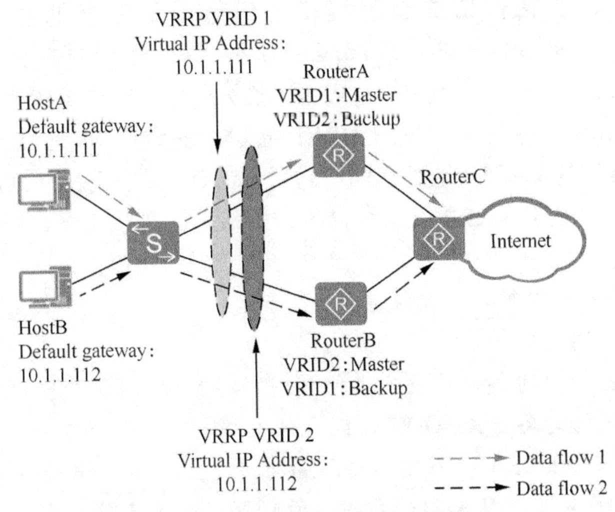

图7-22　多网关负载分担示意

这样就可以使一部分用户（如一个VLAN中的用户）将VRRP备份组1作为网关，另一部分用户（如另一个VLAN中的用户）将VRRP备份组2作为网关。这样既可实现对基于不同用户（如基于VLAN）的业务流量的负载分担，同时又起到了相互备份的作用。

7.4.6　VRRP基本功能配置与管理

所谓“基本功能”就是完成这些功能配置后即可实现对应的协议主要功能。总体来讲，VRRP的基本功能包括以下主要配置任务（**只有前面两项为必选配置任务，且需要在VRRP备份组中的每台路由器上配置**），但在配置VRRP基本功能前，要配置各设备VRRP接口的网络层属性，使其路由可达。

- 创建VRRP备份组。
- 配置设备在备份组中的优先级。
- （可选）配置VRRP的版本。
- （可选）配置VRRP的时间参数。
- （可选）配置VRRP报文在Super-VLAN中的发送方式。
- （可选）配置禁止检测VRRP报文跳数。
- （可选）配置VRRP报文的认证方式。
- （可选）使能虚拟IP地址Ping功能。

1. 创建VRRP备份组

VRRP备份组能够在不改变组网的情况下，采用将多台设备虚拟成一台网关设备，将虚拟交换机设备的 IP 地址作为用户的缺省网关的方式实现下一跳网关的备份。配置 VRRP 备份组后，流量通过 Master 设备转发，当 Master 设备故障时能迅速选举出新的 Master 设备继续承担流量转发的任务，实现了网关冗余备份。如果在网关冗余备份的同时要实现对流量的负载分担，则可以配置由不同的设备担当 Master 设备的多个 VRRP 备份组。

VRRP 备份组的创建方法很简单，就是在 VRRP 接口（即 **VRRP 设备的下行接口，可以是物理接口、逻辑接口或者子接口，但必须是三层的**）视图下通过 **vrrp vrid** *virtual-router-id* **virtual- ip** *virtual-address* 命令创建。命令中的参数说明如下。

① *virtual-router-id*：指定所创建的 VRRP 备份组号，取值范围为 1～255 的整数。

② *virtual-address*：指定所创建的 VRRP 备份组的虚拟 IP 地址。**虚拟路由器的 IP 地址必须和对应接口的真实 IP 地址在同一网段**，如果配置了不在同网段的虚拟路由器的 IP 地址，该备份组会处于 VRRP 尚未配置的初始状态，此状态下，VRRP 不起作用。

注意 在配置 VRRP 备份组时，要注意以下几点。

■ 各备份组之间的虚拟 IP 地址不能重复。

■ 保证同一备份组的各成员设备上配置相同的备份组 ID。

■ 不同接口之间的备份组 ID 可以重复使用。

■ 在配置虚拟 IP 地址时，一定不要配置与用户主机相同的 IP 地址，否则本网段报文都将被发送到用户主机，从而导致本网段的数据不能被正确转发。

如要实现多网关负载分担，则需要重复执行上述 **vrrp** 命令在接口上配置两个或多个 VRRP 备份组，各备份组之间以备份组号（*virtual-router-id*）区分。

对于网络中具有相同 VRRP 可靠性需求的用户，为了便于管理，并避免用户侧缺省网关地址随 VRRP 配置而改变，**可以为同一个备份组配置多个虚拟 IP 地址（也都必须与对应 VRRP 接口的主或从 IP 地址在同一网段），不同的虚拟 IP 地址为不同用户群服务**，每个备份组最多可配置 16 个虚拟 IP 地址。

说明 如果下游设备上送至网关的报文中带有 VLAN Tag，则需要进入子接口视图，并根据实际情况进行如下配置。

■ 报文中带有一层 Tag 时，先要通过 **dot1q termination vid** *vid* 子接口视图命令配置对指定 VLAN Tag 的终结功能，然后再执行 **dot1q vrrp vid** *vid* 命令配置在指定 VLAN 内发送 VRRP 报文。两命令中的参数 *vid* 用来指定终结的单层 VLAN ID。

■ 报文中带有两层 Tag 时，先要通过 **qinq termination pe-vid** *pe-vid* **ce-vid** *ce-vid* 子接口视图命令配置子接口对指定的双层 VLAN Tag 报文的终结功能，然后再执行 **qinq vrrp pe-vid** *pe-vid* **ce-vid** *ce-vid* 命令配置在指定睥 VLAN 内发送 VRRP 报文。两命令中的参数 *pe-vid* 和 ce-vid 分别用来指定终结的外层和内层 VLAN ID。

■ 在子接口上配置 VRRP 时，建议同时使用 **arp broadcast enable** 命令使能终结子接口的 ARP 广播功能，以允许对应终结子接口能转发广播报文。

有关单层和双层 VLAN Tag 的封装，以及 Dot1q、QinQ 终结子接口的配置参见配套图书《**华为交换机学习指南**》（**第二版**）。

在设备上同时配置 VRRP 和静态 ARP 时，需要注意以下两点。

■ 当在 Dot1q 终结子接口、QinQ 终结子接口或者 VLANIF 接口下配置 VRRP 时，**不能将与这些接口下相关的静态 ARP 表项对应的映射 IP 地址作为 VRRP 的虚拟地址**，否则会导致设备之间转发不通。例如：如果设备上已经存在了一条静态 ARP 表项且其映射 IP 地址为 10.1.1.1，那么在 Dot1q 终结子接口、QinQ 终结子接口或者 VLANIF 接口下配置 VRRP 时，就不能再使用 10.1.1.1 作为 VRRP 的虚拟 IP 地址。

■ 当在 Dot1q 终结子接口、QinQ 终结子接口或者 VLANIF 接口下配置 VRRP 后，再配置静态 ARP 表项时，**不能指定 VRRP 的虚拟地址作为该静态 ARP 表项中对应的映射 IP 地址**，否则可能导致设备之间转发不通。例如：设备上 Dot1q 终结子接口、QinQ 终结子接口或者 VLANIF 接口下配置了 VRRP 的虚拟 IP 地址为 10.1.1.1，那么再配置静态 ARP 表项时，就不能再使用 10.1.1.1 作为该静态 ARP 表项中对应的映射 IP 地址。

缺省情况下，设备上无 VRRP 备份组，可用 **undo vrrp vrid** *virtual-router-id* [**virtual-ip** *virtual-address*]命令删除指定 VRRP 备份组的虚拟 IP 地址。如果备份组中的虚拟 IP 地址被全部删除，则系统会自动将此备份组删除。

【示例 1】在路由器 GE 1/0/0 接口上创建一个 VRRP 备份组，其中备份组号为 1，虚拟 IP 地址为 10.10.10.10。

```
<Huawei> system-view
[Huawei] interface gigabitethernet 1/0/0
[Huawei-GigabitEthernet1/0/0] vrrp vrid 1 virtual-ip 10.10.10.10
```

【示例 2】在路由器 GE 2/0/0.1 子 接口上终结 VLAN 10，并创建一个 VRRP 备份组，其中备份组号为 1，虚拟 IP 地址为 100.1.1.111。

```
[Huawei] interface gigabitethernet 2/0/0.1
[Huawei -GigabitEthernet2/0/0.1] dot1q termination vid 10
[Huawei -GigabitEthernet2/0/0.1] arp broadcast enable
[Huawei -GigabitEthernet2/0/0.1] dot1q vrrp vid 10
[Huawei -GigabitEthernet2/0/0.1] vrrp vrid 1 virtual-ip 100.1.1.111
```

【示例 3】在路由器 GE 2/0/0.1 子 接口上终结外层 VLAN 100、内层 VLAN 10，并创建一个 VRRP 备份组，其中备份组号为 1、虚拟 IP 地址为 100.1.1.111。

```
[Huawei] interface gigabitethernet 2/0/0.1
[Huawei -GigabitEthernet2/0/0.1] qinq termination pe-vid 100 ce-vid 10
[Huawei -GigabitEthernet2/0/0.1] arp broadcast enable
[Huawei -GigabitEthernet2/0/0.1] qinq vrrp pe-vid 100 ce-vid 10
[Huawei -GigabitEthernet2/0/0.1] vrrp vrid 1 virtual-ip 100.1.1.111
```

2. 配置设备在备份组中的优先级

VRRP 根据优先级决定设备在备份组中的地位，优先级越高，越可能成为 Master 设备。通过配置优先级，可以指定 Master 设备，以承担流量转发业务。

VRRP 备份组中设备优先级是在对应的 VRRP 接口视图下使用 **vrrp vrid** *virtual-router-id* **priority** *priority-value* 命令进行配置的。命令中的参数说明如下。

① *virtual-router-id*：指定要配置当前路由器优先级的 VRRP 备份组号（在上节已创建）。

② *priority-value*：指定当前路由器在前面指定的 VRRP 备份组中的优先级，取值范围为 1～254 的整数，数值越大，优先级越高。如果需要配置当前设备作为缺省网关，可以执行此命令配置本设备在备份组中拥有最高的优先级，即指定其为 Master 设备。

注意 优先级0是系统保留作为特殊用途的，优先级值255保留给IP地址拥有者（即配置了路由器的某接口IP地址为虚拟路由器IP地址的路由设备）。**IP地址拥有者的优先级不可配置，也不需要配置，直接为最高的255。**

在VRRP备份组中设备优先级取值相同的情况下，先切换至Master状态的设备为Master设备，其余Backup设备不再进行抢占；如果同时竞争Master，则比较VRRP备份组所在VRRP接口的IP地址大小，IP地址较大的接口所在的设备当选为Master设备。

缺省情况下，优先级的取值是100，可用 **undo vrrp vrid** *virtual-router-id* **priority** 命令恢复设备在指定VRRP备份组中的优先级为缺省值。

【示例4】配置路由器在VRRP备份组1中的优先级为150。

```
<Huawei> system-view
[Huawei] interface gigabitethernet 1/0/0
[Huawei-GigabitEthernet1/0/0] vrrp vrid 1 priority 150
```

3.（可选）配置VRRP的版本

基于IPv4的VRRP支持VRRPv2和VRRPv3两个版本。如果VRRP备份组内各路由器上配置的协议版本不同，可能导致VRRP报文不能互通。

- 配置了v2版本的备份组：只能发送和接收v2版本的VRRP通告报文。如果接收到v3版本的VRRP通告报文，则将此报文丢弃。
- 配置了v3版本的备份组：能接收v2或v3版本的VRRP通告报文，发送报文的格式可以选择配置，包括仅发送v2版本报文、仅发送v3版本报文和既发送v2版本报文也发送v3版本报文。使用时可以根据需要进行配置。

配置当前设备的VRRP版本号的方法是在系统视图下通过 **vrrp version** { **v2** | **v3** }命令配置。缺省情况下，VRRP版本号为2，可通过 **undo vrrp version** 命令恢复当前设备的VRRP版本号为缺省值。

如果选择v3版本，还可以通过 **vrrp version-3 send-packet-mode** { **v2-only** | **v3-only** | **v2v3-both** }命令配置VRRPv3发送的通告报文版本。缺省情况下，VRRPv3版本备份组发送通告报文的版本为v3-only，即发送v3版本的通告报文。

4. 配置VRRP的时间参数

VRRP所涉及的时间参数包括VRRP通告报文的发送间隔、路由器在VRRP备份组中的抢占延时、Master设备发送免费ARP报文的超时时间和VRRP备份组的状态恢复延迟时间，具体说明见表7-13，具体配置步骤见表7-14。它们都有对应的缺省值，且一般情况下无需修改，故本项配置任务可根据实际需要选择配置。

表7-13 **VRRP时间参数**

功能	说明
VRRP通告报文的发送间隔	Master设备会以Advertisement_Interval为定时器向组内的Backup设备发送VRRP通告报文，通告自己工作正常。如果Backup设备在Master_Down_Interval定时器（=3×Advertisement_Interval + Skew_time）超时后仍未收到VRRP通告报文，则重新选举Master。 网络流量过大或设备的定时器差异等因素可能会导致Backup设备无法及时接收

续表

功能	说明
VRRP 通告报文的发送间隔	到 VRRP 报文而发生状态转换，当原 Master 发送的报文到达新 Master 时，新 Master 将再次发送状态切换。这时，通过延长 Master 设备发送 VRRP 报文的时间间隔可以解决此类问题
路由器在 VRRP 备份组中的抢占延时	在不稳定的网络中，可能存在 VRRP 备份组监测的 BFD 等状态频繁振荡或 Backup 设备不能及时收到 VRRP 通告报文的情况，导致 VRRP 发生频繁切换而造成网络振荡。通过调整路由器在 VRRP 备份组中的抢占延时，可使 Backup 设备在指定的时间后再进行抢占，有效避免了 VRRP 备份组状态的频繁切换
Master 设备发送免费 ARP 报文的超时时间	在 VRRP 备份组中，为了确保下游交换机的 MAC 表项正确，Master 设备会定时发送免费 ARP 报文，用来刷新下游交换机上的 MAC 地址表项。 【注意】为避免 VRRP 振荡，请不要在 VRRP 备用设备上把系统 MAC 或 VRRP 虚 MAC 等一些特殊的 MAC 地址配置成黑洞 MAC
VRRP 备份组的状态恢复延迟时间	在不稳定的网络中，VRRP 备份组监测的 BFD 或接口等状态频繁振荡会导致 VRRP 备份组状态频繁切换。通过配置 VRRP 备份组的状态恢复延迟时间，VRRP 备份组在接收到接口或 BFD 会话的 Up 事件时不会立刻响应，而是等待配置的状态恢复延迟时间后，再进行相应的处理，防止因接口或 BFD 会话的频繁振荡而导致的 VRRP 状态的频繁切换

表 7-14　**VRRP 时间参数的配置步骤**

步骤	命令	说明
1	**system-view** 例如：< Huawei > **system-view**	进入系统视图
2	**interface** *interface-type interface-number* 例如：[Huawei] **interface** gigabitethernet 1/0/0	键入 VRRP 接口，可以是物理接口、逻辑接口或者子接口，进入接口视图
3	**vrrp vrid** *virtual-router-id* **timer advertise** *advertise-interval* 例如：[Huawei-GigabitEthernet1/ 0/0]**vrrp vrid** 1 **timer advertise** 5	配置路由器发送 VRRP 通告报文的时间间隔。命令中的参数说明如下。 （1）*virtual-router-id*：指定要配置 VRRP 通告报文发送时间间隔的 VRRP 备份组的 ID。 （2）*advertise-interval*：指定备份组中的 Master 设备发送 VRRP 通告报文的时间间隔，如果是 v2 版本，则取值范围为 1～255 的整数，如果是 v3 版本，则取值范围为 1～40 的整数，单位是 s。 缺省情况下，发送 VRRP 通告报文的时间间隔是 1 s，可用 **undo vrrp vrid** *virtual-router-id* **timer advertise** 命令恢复指定 VRRP 备份组中 Master 发送 VRRP 报文的时间间隔为缺省值
4	**vrrp vrid** *virtual-router-id* **preempt-mode timer delay** *delay-value*	配置路由器为延迟抢占方式，并配置抢占延迟时间。命令中的参数说明如下。 （1）*virtual-router-id*：指定要配置路由器抢占延迟时间的 VRRP 备份组的 ID。 （2）*delay-value*：指定路由的抢占延迟时间，取值范围为（0～3 600）的整数秒。 缺省情况下，抢占延迟时间为 0，即为立即抢占。立即抢占方式下，Backup 设备一旦发现自己的优先级比当前的 Master 的优先级高，就会抢占成为 Master，执行 **undo vrrp vrid** *virtual-router-id* **preempt-mode** 命令可以恢复缺省的立即抢占方式。

续表

步骤	命令	说明
4	例如：[Huawei-GigabitEthernet1/ 0/0] **vrrp vrid** 1 **preempt-mode timer delay** 5	【说明】可以执行 **vrrp vrid** *virtual-router-id* **preempt-mode disable** 命令设置对应 VRRP 备份组中的路由器采用非抢占方式。在非抢占方式下，一旦备份组中的某台路由器成为 Master，只要它没有出现故障，其他路由器即使随后被配置更高的优先级也不会成为 Master。在配置 VRRP 备份组内各路由器的延迟方式时建议 Backup 设备配置为立即抢占，Master 设备配置为延时抢占，指定一定的延迟时间。这样配置的目的是为了在网络环境不稳定时，为上下行链路的状态恢复一致性等待一定时间，以免出现双 Master 设备或由于主备双方频繁抢占导致用户设备学习到错误的 Master 设备地址。 抢占延迟时间需根据网络情况合理配置，对于较稳定的网络，可以配置较小的抢占延迟时间，避免 Master 故障后，Backup 设备长时间没有切换成 Master 而导致的流量丢失；对于不稳定的网络，可以配置较大的抢占延迟时间，避免由于 VRRP 状态频繁切换而导致流量丢失
5	**quit** 例如：[Huawei-GigabitEthernet1/ 0/0] **quit**	退出接口视图，返回系统视图
6	**vrrp recover-delay** *delay-value* 例如：[Huawei] **vrrp recover-delay** 5	配置当前路由器在 VRRP 备份组的状态恢复延迟时间，取值范围为 0～60 的整数秒。执行此命令后，该路由器上所有 VRRP 备份组配置了相同的状态恢复延迟时间。 缺省情况下，VRRP 备份组状态恢复延迟时间为 0 s，可用 **undo vrrp recover-delay** 命令恢复 VRRP 备份组的状态恢复延迟时间为缺省值
7	**vrrp gratuitous-arp timeout** *time* 例如：[Huawei] **vrrp gratuitous-arp timeout** 100	配置当前路由器 Master 发送免费 ARP 报文的超时时间，取值范围为（30～1 200）的整数秒。配置的 Master 设备发送免费 ARP 报文超时时间应小于用户侧设备的 MAC 地址表项老化时间，否则太快地发送免费报文就没什么意义了。 缺省情况下，Master 每隔 120 s 发送一次免费 ARP 报文，可用 **undo vrrp gratuitous-arp timeout** 命令恢复 Master 发送免费 ARP 报文的超时时间为缺省值。如果不需要发送免费 ARP 报文，则在系统视图下执行 **vrrp gratuitous-arp timeout disable** 命令

5. （可选）配置 VRRP 报文在 super-vlan 中的发送方式

当 VRRP 备份组配置在聚合 VLAN 时，用户可以通过命令行配置，使 VRRP 报文在指定的 sub-VLAN 中传输，避免 VRRP 通告报文在所有 sub-VLAN 内广播，以节约网络带宽。

在 Super-Vlan 视图下通过 **vrrp advertise send-mode** { *sub-vlan-id* | **all** }命令可配置 VRRP 通告报文在指定的或所有的 Sub-VLAN 中发送。缺省情况下，Master 设备向 Super-VLAN 中状态为 Up 的且 VLAN ID 最小的 Sub-VLAN 发送 VRRP 通告报文，可用 **undo vrrp advertise send-mode** 命令恢复 Master 设备向 Super-VLAN 中发送 VRRP 通告报文的方式为缺省值。

6. （可选）配置禁止检测 VRRP 报文跳数

VRRP 通告报文有一个非常显著的特点，那就是报文中的 TTL 字值固定为 255。系统对收到的 VRRP 通告报文的 TTL 值进行检测，如果 TTL 值不等于 255，则认为是非法 VRRP 报文，于是丢弃这个报文。但在不同设备制造商的设备配合使用的组网环境中，检测 VRRP 报文的 TTL 值可能导致错误地丢弃合法报文，此时用户可以配置系统不检测 VRRP 报文的 TTL 值，以实现不同设备制造商的设备之间互通。

在 VRRP 接口视图下执行 **vrrp un-check ttl** 命令可配置对 VRRP 报文的 TTL 值不进行检测。缺省情况下，检测 VRRP 报文的 TTL 值，可用 **undo vrrp un-check ttl** 命令来恢复对 VRRP 报文 TTL 值的检测情况为缺省值。

7.（可选）配置 VRRP 报文的认证方式

在一些不安全的网络环境中，需要配置 VRRP 报文认证，以确保路由器对要发送和接收的 VRRP 报文都是真实、合法的。VRRPv2 支持在通告报文中设定不同的认证方式和认证字，支持无认证、简单字符认证和 MD5 认证 3 种方式。

① 无认证方式：设备对要发送的 VRRP 通告报文不进行任何认证处理，收到通告报文的设备也不进行任何认证，认为收到的都是真实的、合法的 VRRP 报文。

② 简单字符（Simple）认证：发送 VRRP 通告报文的路由器将认证方式和认证字填充到通告报文中，而收到通告报文的路由器则会将报文中的认证方式和认证字符与本端配置的认证方式和认证字符进行匹配。如果相同，则认为接收到的报文是合法的 VRRP 通告报文；否则认为接收到的报文是一个非法报文，并丢弃这个报文。

③ MD5 认证：发送 VRRP 通告报文的路由器利用 MD5 算法对认证字符进行加密，加密后保存在 Authentication Data 字段中。收到通告报文的路由器会对报文中的认证方式和解密后的认证字符进行匹配，检查该报文的合法性。它比简单字符认证更安全。

VRRP报文认证方式是在VRRP接口视图下通过**vrrp vrid** *virtual-router-id* **authentication-mode** { **simple** { *key* | **plain** *key* | **cipher** *cipher-key* } | **md5** *md5-key* }命令配置。命令中的参数和选项说明如下。

■ *virtual-router-id*：指定要配置 VRRP 认证方式的 VRRP 备份组号，整数形式，取值范围是 1～255。

■ **simple**：二选一选项，指定采用 Simple 认证方式。

■ *key*：多选一参数，指定 Simple 认证方式的认证字符，字符串形式，不支持空格，区分大小写，长度范围是 1～8。当输入的字符串两端使用双引号时，可在字符串中输入空格。

■ **plain** *key*：多选一参数，指定明文认证方式的认证字符，字符串形式，不支持空格，区分大小写，长度范围是 1～8。当输入的字符串两端使用双引号时，可在字符串中输入空格。

■ **cipher** *cipher-key*：多选一参数，指定密文认证方式的认证字符，字符串形式，不支持空格，区分大小写，明文长度范围是 1～8，密文长度为 32 或 48。当输入的字符串两端使用双引号时，可在字符串中输入空格。

■ **md5** *md5-key*：二选一参数，指定 MD5 认证方式的认证字符，字符串形式，不支持空格，区分大小写，明文长度范围是 1～8，密文长度为 24 或 32 或 48。当输入的字符串两端使用双引号时，可在字符串中输入空格。

同一 VRRP 备份组的认证方式和认证字符必须相同，否则 Master 设备和 Backup 设备无法协商成功。缺省情况下，VRRP 备份组采用无认证方式，可用 **undo vrrp**

vrid *virtual-router-id* **authentication-mode** 命令取消指定 VRRP 备份组的认证方式和认证字符。

8. （可选）使能虚拟 IP 地址 Ping 功能

路由器支持对虚拟 IP 地址的 Ping 功能，可用于检测备份组中的 Master 设备是否有效，检测是否能通过使用某虚拟 IP 地址作为缺省网关与外部通信。

可在系统视图下执行 **vrrp virtual-ip ping enable** 命令，允许 Master 设备响应目的 IP 地址是虚拟 IP 地址的 Ping 报文。缺省情况下，Master 设备支持响应目的 IP 地址是虚拟 IP 地址的 Ping 报文，可用 **undo vrrp virtual-ip ping enable** 或 **vrrp virtual-ip ping disable** 命令来禁止 Master 设备响应目的 IP 地址是虚拟 IP 地址的 Ping 报文。

以上 VRRP 基本功能配置好后，可通过以下 **display** 任意视图命令查看配置信息、验证配置结果；或者查看 VRRP 报文统计信息，了解 VRRP 运行情况；也可以通过以下 **reset** 用户视图命令清除 VRRP 统计信息，以便了解最新的 VRRP 运行情况。

- **display vrrp** [**interface** *interface-type interface-number*] [*virtual-router-id*] [**brief**] 或 **display vrrp** [**admin-vrrp** | [**interface** *interface-type interface-number* [*virtual-router-id*] | *virtual-router-id*] [**verbose**]]：查看指定接口、指定 VRRP 备份组或者所有 VRRP 备份组的状态信息和配置参数。
- **display vrrp protocol-information**：查看 VRRP 的相关信息。
- **display vrrp** [**interface** *interface-type interface-number*] [*virtual-router-id*] **statistics**：查看指定接口、指定 VRRP 备份组或者所有 VRRP 备份组的报文收发统计信息。
- **reset vrrp** [**interface** *interface-type interface-number*] [**vrid** *virtual-router-id*] **statistics**：清除指定接口、指定 VRRP 备份组或者所有 VRRP 备份组的 VRRP 报文统计信息。

7.4.7 VRRP 主备备份配置示例

本示例的基本拓扑结构如图 7-23 所示，HostA 通过 Switch 双线连接到 RouterA 和 RouterB。用户希望实现：正常情况下，主机以 RouterA 为缺省网关接入 Internet；而当 RouterA 发生故障时，RouterB 接替作为网关继续进行工作，实现网关的冗余备份；RouterA 故障恢复后，可以在 20 s 内重新成为网关（即抢占延时为 20 s）。

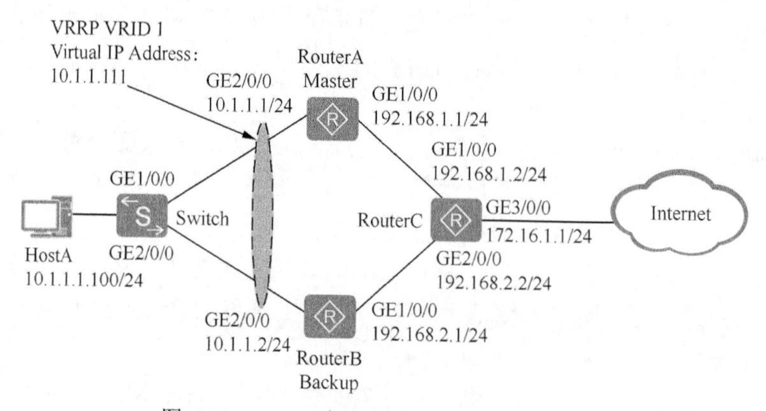

图 7-23 VRRP 主备备份配置示例拓扑结构

1. 基本配置思路分析

本示例仅要求实现主备备份，故可仅配置一个备份组。两成员设备的下行 VRRP 接口必须是三层的（可以是物理接口，也可以是 VLANIF、Eth-Trunk 或子接口）。假设整个网络（包括 VRRP 路由器下行的 VRRP 接口所连网段）采用 OSPF 配置路由。用户主机上要以 VRRP 备份组 IP 地址作为缺省网关。

根据 7.4.6 节介绍的配置方法（不需要配置其他可选配置任务）可以得出本示例的基本配置思路如下。

① 配置各设备接口 IP 地址及 OSPF 路由协议，使各设备间网络层连通。

② 在 RouterA 和 RouterB 上创建并配置一个 VRRP 备份组。其中，RouterA 上配置较高优先级和 20 s 抢占延时，作为 Master 设备承担流量转发；RouterB 上配置较低优先级，作为 Backup 设备，实现网关冗余备份。

2. 具体配置步骤

① 配置各设备接口 IP 地址及 OSPF 路由协议。

首先配置设备各接口的 IP 地址。在此仅以 RouterA 为例进行介绍，RouterB 和 RouterC 的配置与之类似，略。

```
<Huawei> system-view
[Huawei] sysname RouterA
[RouterA] interface gigabitethernet 2/0/0
[RouterA-GigabitEthernet2/0/0] ip address 10.1.1.1 24
[RouterA-GigabitEthernet2/0/0] quit
[RouterA] interface gigabitethernet 1/0/0
[RouterA-GigabitEthernet1/0/0] ip address 192.168.1.1 24
[RouterA-GigabitEthernet1/0/0] quit
```

然后配置 RouterA、RouterB 和 RouterC 间采用 OSPF 进行互连。也仅以 RouterA 为例进行介绍，RouterB 和 RouterC 的配置与之类似，略。在单 OSPF 区域网络中，区域 ID 可以任意，有关 OSPF 路由的配置将在本书后面介绍。

```
[RouterA] ospf 1                                      !---创建 OSPF 进程 1
[RouterA-ospf-1] area 0                               !---创建骨干区域 0
[RouterA-ospf-1-area-0.0.0.0] network 10.1.1.0 0.0.0.255      !---把位于 10.1.1.0/24 网段的接口加入到区域 0 中
[RouterA-ospf-1-area-0.0.0.0] network 192.168.1.0 0.0.0.255 !--- 把位于 192.168.1.0/24 网段的接口加入到区域 0 中
[RouterA-ospf-1-area-0.0.0.0] quit
[RouterA-ospf-1] quit
```

② 配置主备备份 VRRP 备份组。

在 RouterA 上创建 VRRP 备份组 1，配置虚拟路由器 IP 地址（**必须与 VRRP 接口 GE2/0/0 的 IP 地址在同一网段**），并设置 RouterA 在该备份组中的优先级为 120、抢占时间为 20 s。

```
[RouterA] interface gigabitethernet 2/0/0                    !---进入到 VRRP 接口 GE2/0/0（下行接口）视图
[RouterA-GigabitEthernet2/0/0] vrrp vrid 1 virtual-ip 10.1.1.111   !---创建 1 号备份组，并配置 IP 地址为 10.1.1.111
[RouterA-GigabitEthernet2/0/0] vrrp vrid 1 priority 120       !---配置 RouterA 在备份组 1 中的优先级为 120
[RouterA-GigabitEthernet2/0/0] vrrp vrid 1 preempt-mode timer delay 20 !---配置 RouterA 在备份组 1 中为抢占模式，
抢占延时为 20 s，使其在故障恢复后能立即恢复为 Master 设备角色
[RouterA-GigabitEthernet2/0/0] quit
```

在 RouterB 上创建 VRRP 备份组 1，配置与 RouterA 上备份组 1 相同的虚拟 IP 地址，并配置其在该备份组中的优先级为缺省值 100，使它成为 Backup 设备。

```
[RouterB] interface gigabitethernet 2/0/0
```

```
[RouterB-GigabitEthernet2/0/0] vrrp vrid 1 virtual-ip 10.1.1.111
[RouterB-GigabitEthernet2/0/0] quit
```

3．配置结果验证

以上配置好后，可在 RouterA 和 RouterB 上分别执行 **display vrrp** 命令，查看 RouterA 在备份组中的状态为 Master，RouterB 在备份组中的状态为 Backup。输出示例如下。

```
<RouterA> display vrrp
  GigabitEthernet2/0/0 | Virtual Router 1
    State          : Master
    Virtual IP     : 10.1.1.111
    Master IP      : 10.1.1.1
    PriorityRun    : 120
    PriorityConfig : 120
    MasterPriority : 120
    Preempt : YES    Delay Time : 20 s
    TimerRun : 1 s
    TimerConfig : 1 s
    Auth type : NONE
    Virtual MAC : 0000-5e00-0101
    Check TTL : YES
    Config type : normal-vrrp
    Create time : 2018-05-11 11:39:18
    Last change time : 2018-05-26 11:38:58
<RouterB> display vrrp
  GigabitEthernet2/0/0 | Virtual Router 1
    State          : Backup
    Virtual IP     : 10.1.1.111
    Master IP      : 10.1.1.1
    PriorityRun    : 100
    PriorityConfig : 100
    MasterPriority : 120
    Preempt : YES    Delay Time : 0 s
    TimerRun : 1 s
    TimerConfig : 1 s
    Auth type : NONE
    Virtual MAC : 0000-5e00-0101
    Check TTL : YES
    Config type : normal-vrrp
    Create time : 2018-05-11 11:39:18
    Last change time : 2018-05-26 11:38:58
```

在 RouterA 的接口 GE2/0/0 上执行 **shutdown** 命令，模拟 RouterA 出现故障。再在 RouterB 上执行 **display vrrp** 命令查看 VRRP 的状态信息，可看到 RouterB 的状态已是 Master，表明切换成功。输出示例如下。

```
<RouterB> display vrrp
  GigabitEthernet2/0/0 | Virtual Router 1
    State          : Master
    Virtual IP     : 10.1.1.111
    Master IP      : 10.1.1.2
    PriorityRun    : 100
    PriorityConfig : 100
    MasterPriority : 100
    Preempt : YES    Delay Time : 0 s
    TimerRun : 1 s
    TimerConfig : 1 s
```

```
        Auth type : NONE
        Virtual MAC : 0000-5e00-0101
        Check TTL : YES
        Config type : normal-vrrp
        Create time : 2018-05-11 11:39:18
        Last change time : 2018-05-26 11:38:58
```

再在 RouterA 的接口 GE2/0/0 上执行 **undo shutdown** 命令，等待 20 s 后在 RouterA 上执行 **display vrrp** 命令查看 VRRP 的状态信息，可看到RouterA的状态又恢复成Master。输出示例如下。

```
[RouterA] interface gigabitethernet 2/0/0
[RouterA-GigabitEthernet2/0/0] undo shutdown
[RouterA-GigabitEthernet2/0/0] quit
<RouterA> display vrrp
  GigabitEthernet2/0/0 | Virtual Router 1
    State          : Master
    Virtual IP     : 10.1.1.111
    Master IP      : 10.1.1.1
    PriorityRun    : 120
    PriorityConfig : 120
    MasterPriority : 120
    Preempt : YES    Delay Time : 20 s
    TimerRun : 1 s
    TimerConfig : 1 s
    Auth type : NONE
    Virtual MAC : 0000-5e00-0101
    Check TTL : YES
    Config type : normal-vrrp
    Create time : 2018-05-11 11:39:18
    Last change time : 2018-05-26 11:38:58
```

通过以上验证，表示配置是正确的。

最后在 Switch 连接的 HostA 主机上配置指向 VRRP 虚拟 IP 地址的网关即可。

7.4.8　VRRP 多网关负载分担配置示例

本示例的基本拓扑结构如图 7-24 所示，HostA 和 HostC 通过 Switch 双线连接到 RouterA 和 RouterB。用户希望 HostA 以 RouterA 为缺省网关接入 Internet，RouterB 作为备份网关；HostC 以 RouterB 为缺省网关接入 Internet，RouterA 作为备份网关，以实现流量的负载均衡。原 Master 设备故障恢复后，可以在 20 s 内重新成为网关。

1. 基本配置思路分析

本示例要求两台用户主机采用不同的设备作为缺省网关实现流量的负载均衡，所以需要采用 VRRP 多网关负载分担方式。负载分担方式 VRRP 备份组的配置方法与主备备份方式 VRPP 组的配置方法是一样的，不同的只是在不同备份组中要指定不同的成员设备担当 Master 设备，但多个备份组的虚拟 IP 地址是在网一 IP 网段的。用户主机上要以对应的 VRRP 备份组的 IP 地址作为缺省网关。

根据以上分析，以及 7.4.6 节的介绍可得出本示例如下的基本配置思路。

① 配置各设备接口 IP 地址及路由协议（假设同样采用 OSPF），使各设备间的网络层连通。

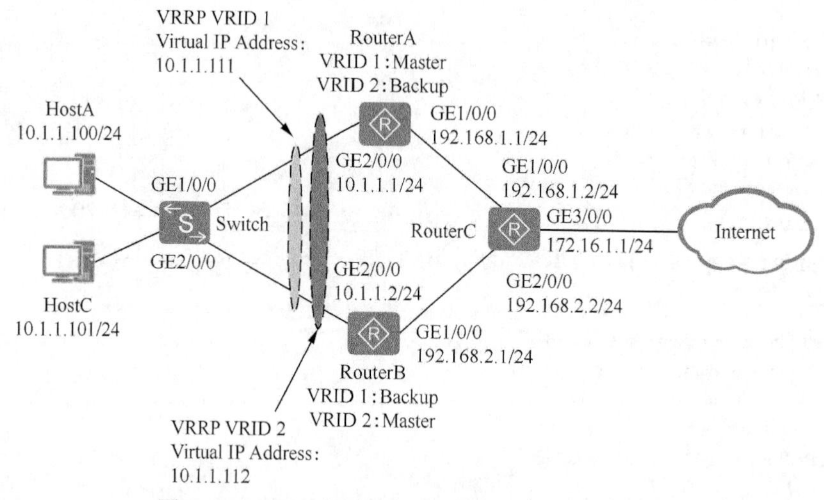

图 7-24 VRRP 多网关负载分担配置示例拓扑结构

② 在 RouterA 和 RouterB 上分别创建 VRRP 备份组 1 和 VRRP 备份组 2。在备份组 1 中，配置 RouterA 为 Master 设备，RouterB 为 Backup 设备；在备份组 2 中，配置 RouterB 为 Master 设备，RouterA 为 Backup 设备，以实现流量的负载均衡。同时在对应备份组中的 Master 设备上配置工作在抢占模式下，抢占延时均为 20 s。

2. 具体配置步骤

① 配置各设备接口 IP 地址及路由协议和 OSPF 路由协议。

首先配置设备各接口的 IP 地址。在此仅以 RouterA 为例进行介绍，RouterB 和 RouterC 的配置与之类似，略。

```
<Huawei> system-view
[Huawei] sysname RouterA
[RouterA] interface gigabitethernet 1/0/0
[RouterA-GigabitEthernet1/0/0] ip address 192.168.1.1 24
[RouterA-GigabitEthernet1/0/0] quit
[RouterA] interface gigabitethernet 2/0/0
[RouterA-GigabitEthernet2/0/0] ip address 10.1.1.1 24
[RouterA-GigabitEthernet2/0/0] quit
```

然后配置 RouterA、RouterB 和 RouterC 间采用 OSPF 进行互连。也仅以 RouterA 为例进行介绍，RouterB 和 RouterC 的配置与之类似，略。

```
[RouterA] ospf 1
[RouterA-ospf-1] area 0
[RouterA-ospf-1-area-0.0.0.0] network 10.1.1.0 0.0.0.255
[RouterA-ospf-1-area-0.0.0.0] network 192.168.1.0 0.0.0.255
[RouterA-ospf-1-area-0.0.0.0] quit
[RouterA-ospf-1] quit
```

② 配置两个 VRRP 备份组，并指定不同设备担当 Master 角色，配置抢占模式和抢占延时。

在 RouterA 和 RouterB 上分别创建 VRRP 备份组 1，并配置虚拟路由器 IP 地址（**必须与 VRRP 接口 GE2/0/0 的 IP 地址在同一网段**），配置 RouterA 的优先级为 120、抢占延时为 20 s；RouterB 的优先级为缺省值 100（**这样可使在 VRRP 备份组 1 中 RouterA 的优先级更高**），使 RouterA 为 Master 设备，RouterB 为 Backup 设备。

```
[RouterA] interface gigabitethernet 2/0/0
[RouterA-GigabitEthernet2/0/0] vrrp vrid 1 virtual-ip 10.1.1.111          !---要与 GE2/0/0 接口 IP 地址在同一网段
[RouterA-GigabitEthernet2/0/0] vrrp vrid 1 priority 120
[RouterA-GigabitEthernet2/0/0] vrrp vrid 1 preempt-mode timer delay 20 !---配置工作在抢占模式，抢占延时为 20 s
[RouterA-GigabitEthernet2/0/0] quit

[RouterB] interface gigabitethernet 2/0/0
[RouterB-GigabitEthernet2/0/0] vrrp vrid 1 virtual-ip 10.1.1.111
[RouterB-GigabitEthernet2/0/0] quit
```

在 RouterA 和 RouterB 上分别创建 VRRP 备份组 2，并配置虚拟路由器 IP 地址（**要与备份组 1 的虚拟 IP 地址不同，但也必须与 VRRP 接口 GE2/0/0 的 IP 地址在同一网段**），这里要配置 RouterB 的优先级为 120（担当 Master 设备），抢占延时为 20 s；RouterA 的优先级为缺省值 100（**这样可使在 VRRP 备份组 2 中 RouterB 的优先级更高**），使 RouterB 为 Master 设备，RouterA 为 Backup 设备。

```
[RouterB] interface gigabitethernet 2/0/0
[RouterB-GigabitEthernet2/0/0] vrrp vrid 2 virtual-ip 10.1.1.112
[RouterB-GigabitEthernet2/0/0] vrrp vrid 2 priority 120
[RouterB-GigabitEthernet2/0/0] vrrp vrid 2 preempt-mode timer delay 20
[RouterB-GigabitEthernet2/0/0] quit

[RouterA] interface gigabitethernet 2/0/0
[RouterA-GigabitEthernet2/0/0] vrrp vrid 2 virtual-ip 10.1.1.112
[RouterA-GigabitEthernet2/0/0] quit
```

3. 配置结果验证

以上配置好后，可在 RouterA 上执行 **display vrrp** 命令，可以看到 RouterA 在备份组 1 中作为 Master 设备，在备份组 2 中作为 Backup 设备。输出示例如下。

```
<RouterA> display vrrp
  GigabitEthernet2/0/0 | Virtual Router 1
    State         : Master
    Virtual IP    : 10.1.1.111
    Master IP     : 10.1.1.1
    PriorityRun   : 120
    PriorityConfig : 120
    MasterPriority : 120
    Preempt : YES    Delay Time : 20 s
    TimerRun : 1 s
    TimerConfig : 1 s
    Auth type : NONE
    Virtual MAC : 0000-5e00-0101
    Check TTL : YES
    Config type : normal-vrrp
    Create time : 2018-05-11 11:39:18
    Last change time : 2018-05-26 11:38:58
  GigabitEthernet2/0/0 | Virtual Router 2
    State         : Backup
    Virtual IP    : 10.1.1.112
    Master IP     : 10.1.1.2
    PriorityRun   : 100
    PriorityConfig : 100
    MasterPriority : 120
    Preempt : YES    Delay Time : 0 s
    TimerRun : 1 s
```

```
TimerConfig : 1 s
Auth type : NONE
Virtual MAC : 0000-5e00-0102
Check TTL : YES
Config type : normal-vrrp
Create time : 2018-05-11 11:40:18
Last change time : 2018-05-26 11:48:58
```

同样，在 RouterB 上执行 **display vrrp** 命令，可以看到 RouterB 在备份组 1 中作为 Backup 设备，在备份组 2 中作为 Master 设备。输出示例略。

最后，在 Switch 连接的用户主机上配置指向对应 VRRP 虚拟 IP 地址的网关即可。

7.4.9 Dot1q 终结子接口支持 VRRP 配置示例

本示例的基本拓扑结构如图 7-25 所示，局域网内的主机通过 Switch 双线连接到 RouterA 和 RouterB，Switch 上送的用户报文中带有一层 VLAN Tag。用户希望实现：正常情况下，主机以 RouterA 为缺省网关接入 Internet，当 RouterA 故障时，RouterB 接替作为网关继续进行工作，实现网关的冗余备份；RouterA 故障恢复后，可以在 20 s 内重新成为网关。

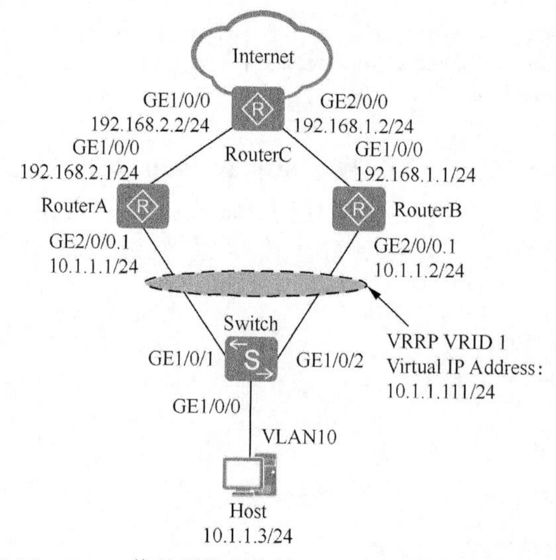

图 7-25 Dot1q 终结子接口支持 VRRP 配置示例的拓扑结构

1. 基本配置思路分析

本示例与 7.4.7 节介绍的配置示例是一样的，都是主备备份模式的 VRRP 备份组配置，不同的只是用户发送的是带有 VLAN 标签的二层报文。而我们知道，VRRP 接口必须是三层的，所以此时需要在 VRRP 接口上终结报文中的 VLAN 标签。而终结 VLAN 标签的三层接口只能是子接口，本示例要终结的是一层 VLAN 标签，所以要配置 Dot1q 子接口（注意：Dot1q 终结子接口也可支持一定范围内的单层 VLAN 标签的终结）。

根据前面的分析，以及 7.4.6 节介绍的配置方法可得出本示例如下的基本配置思路。

■ 配置各设备接口 IP 地址、VLAN 及路由协议（同样假设采用 OSPF），使网络层路由可达。

■ 在 RouterA 和 RouterB 的子接口上配置 VLAN 终结和 VRRP 备份组，其中，RouterA 上配置较高优先级和 20 s 抢占延时，作为 Master 设备承担流量转发；RouterB 上配置较低优先级，作为备用路由器。

2. 具体配置步骤

① 配置各设备接口 IP 地址、VLAN 及 OSPF 路由协议。

先配置各路由器接口（包括子接口）的 IP 地址。在此仅以 RouterA 为例，其余路由器的配置与之类似，略。

```
<Huawei> system-view
[Huawei] sysname RouterA
[RouterA] interface gigabitethernet 2/0/0.1
[RouterA-GigabitEthernet2/0/0.1] ip address 100.1.1.1 24
[RouterA-GigabitEthernet2/0/0.1] quit
[RouterA] interface gigabitethernet 1/0/0
[RouterA-GigabitEthernet1/0/0] ip address 192.168.2.1 24
[RouterA-GigabitEthernet1/0/0] quit
```

配置 Switch 的二层接口加入 VLAN。

```
<Huawei> system-view
[Huawei] sysname Switch
[Switch] vlan 10
[Switch-vlan10] quit
[Switch] interface gigabitethernet 1/0/0
[Switch-GigabitEthernet1/0/0] port link-type access
[Switch-GigabitEthernet1/0/0] port default vlan 10
[Switch-GigabitEthernet1/0/0] quit
[Switch] interface gigabitethernet 1/0/1
[Switch-GigabitEthernet1/0/1] port link-type trunk
[Switch-GigabitEthernet1/0/1] port trunk allow-pass vlan 10
[Switch-GigabitEthernet1/0/1] quit
[Switch] interface gigabitethernet 1/0/2
[Switch-GigabitEthernet1/0/2] port link-type trunk
[Switch-GigabitEthernet1/0/2] port trunk allow-pass vlan 10
[Switch-GigabitEthernet1/0/2] quit
```

配置 RouterA、RouterB 和 RouterC 间采用 OSPF 进行互连。也仅以 RouterA 为例，RouterB 和 RouterC 的配置与之类似，略。

```
[RouterA] ospf 1
[RouterA-ospf-1] area 0
[RouterA-ospf-1-area-0.0.0.0] network 100.1.1.0 0.0.0.255
[RouterA-ospf-1-area-0.0.0.0] network 192.168.2.0 0.0.0.255
[RouterA-ospf-1-area-0.0.0.0] quit
[RouterA-ospf-1] quit
```

② 配置 Dot1q 终结子接口和 VRRP 备份组。

在 RouterA 的子接口 GE2/0/0.1 上终结 VLAN 10，创建 VRRP 备份组 1，配置 RouterA 在该备份组中的优先级为 120，并配置抢占时间为 20 s。在 RouterB 的子接口 GE2/0/0.1 上终结 VLAN 10，创建 VRRP 备份组 1，其在该备份组中的优先级为缺省值 100。

```
[RouterA] interface gigabitethernet 2/0/0.1
[RouterA-GigabitEthernet2/0/0.1] dot1q termination vid 10 !---在 GE2/0/0.1 子接口上终结 VLAN 10
[RouterA-GigabitEthernet2/0/0.1] arp broadcast enable !---使能终结子接口的 ARP 广播功能
[RouterA-GigabitEthernet2/0/0.1] dot1q vrrp vid 10      !---配置子接口使用 VLAN 10 发送 VRRP 报文
[RouterA-GigabitEthernet2/0/0.1] vrrp vrid 1 virtual-ip 100.1.1.111        !---要与 GE2/0/0.1 子接口 IP 地址在同一网段
```

```
[RouterA-GigabitEthernet2/0/0.1] vrrp vrid 1 priority 120
[RouterA-GigabitEthernet2/0/0.1] vrrp vrid 1 preempt-mode timer delay 20
[RouterA-GigabitEthernet2/0/0.1] quit

[RouterB] interface gigabitethernet 2/0/0.1
[RouterB-GigabitEthernet2/0/0.1] dot1q termination vid 10
[RouterB-GigabitEthernet2/0/0.1] arp broadcast enable
[RouterB-GigabitEthernet2/0/0.1] dot1q vrrp vid 10
[RouterB-GigabitEthernet2/0/0.1] vrrp vrid 1 virtual-ip 100.1.1.111
[RouterB-GigabitEthernet2/0/0.1] quit
```

3. 配置结果验证

以上配置完成后，分别在 RouterA 和 RouterB 上执行 **display vrrp** 命令，可以看到 RouterA 在备份组中的状态是 Master，RouterB 在备份组中的状态为 Backup。下面是 RouterA 上的输出示例。

```
<RouterA> display vrrp
  GigabitEthernet2/0/0.1 | Virtual Router 1
    State            : Master
    Virtual IP       : 100.1.1.111
    Master IP        : 100.1.1.1
    PriorityRun      : 120
    PriorityConfig   : 120
    MasterPriority   : 120
    Preempt          : YES    Delay Time : 20 s
    TimerRun         : 1 s
    TimerConfig      : 1 s
    Auth Type        : NONE
    Virtual Mac      :  0000-5e00-0101
    Check TTL        : YES
    Config type      : normal-vrrp
    Create time : 2018-05-30 21:25:47
    Last change time : 2018-05-30 21:25:51
```

分别在 RouterA 和 RouterB 上执行 **display ip routing-table** 命令，RouterA 上可以看到路由表中有一条目的地址为虚拟 IP 地址的直连路由，而 RouterB 上该路由为 OSPF 路由，因为此时 RouterA 担当 Master 设备，而 RouterB 为 Backup 设备。

```
[RouterA] display ip routing-table
Route Flags: R - relay, D - download to fib
------------------------------------------------------------------------------
Routing Tables: Public
         Destinations : 11        Routes : 11
Destination/Mask    Proto  Pre  Cost      Flags NextHop         Interface
      100.1.1.0/24  Direct 0    0           D   100.1.1.1       GigabitEthernet2/0/0.1
      100.1.1.1/32  Direct 0    0           D   127.0.0.1       GigabitEthernet2/0/0.1
      100.1.1.2/32  Direct 0    0           D   100.1.1.2       GigabitEthernet2/0/0.1
    100.1.1.111/32  Direct0     0           D   127.0.0.1       GigabitEthernet2/0/0.1
      127.0.0.0/8   Direct 0    0           D   127.0.0.1       InLoopBack0
      127.0.0.1/32  Direct 0    0           D   127.0.0.1       InLoopBack0
    192.168.1.0/24  OSPF   10   2           D   192.168.2.2     GigabitEthernet1/0/0
    192.168.2.0/30  OSPF   10   2           D   192.168.2.2     GigabitEthernet1/0/0
    192.168.2.1/32  Direct 0    0           D   127.0.0.1       GigabitEthernet1/0/0
    192.168.2.2/32  Direct 0    0           D   192.168.2.2     GigabitEthernet1/0/0

[RouterB] display ip routing-table
```

```
Route Flags: R - relay, D - download to fib
------------------------------------------------------------------------------
Routing Tables: Public
        Destinations : 10       Routes : 10
Destination/Mask    Proto  Pre  Cost      Flags NextHop         Interface
      100.1.1.0/24  Direct 0    0           D   100.1.1.2       GigabitEthernet2/0/0.1
      100.1.1.1/32  Direct 0    0           D   100.1.1.1       GigabitEthernet2/0/0.1
      100.1.1.2/32  Direct 0    0           D   127.0.0.1       GigabitEthernet2/0/0.1
  100.1.1.111/32  OSPF   10   2           D   100.1.1.1       GigabitEthernet2/0/0.1
      127.0.0.0/8   Direct 0    0           D   127.0.0.1       InLoopBack0
      127.0.0.1/32  Direct 0    0           D   127.0.0.1       InLoopBack0
    192.168.1.0/24  Direct 0    0           D   192.168.1.1     GigabitEthernet1/0/0
    192.168.1.1/32  Direct 0    0           D   127.0.0.1       GigabitEthernet1/0/0
    192.168.1.2/32  Direct 0    0           D   192.168.1.2     GigabitEthernet1/0/0
    192.168.2.0/30  OSPF   10   2           D   192.168.1.2     GigabitEthernet1/0/0
```

在 RouterA 的接口 GE2/0/0.1 上执行 **shutdown** 命令，模拟链路故障。然后分别在 RouterA 和 RouterB 上执行 **display vrrp** 命令，可以看到 RouterA 在备份组中的状态切换为 Initialize，RouterB 在备份组中的状态切换为 Master。输出示例略。

然后在 RouterA 的接口 GE2/0/0.1 上执行 **undo shutdown** 命令，恢复链路故障。20 s 后，分别在 RouterA 和 RouterB 上执行 **display vrrp** 命令，可以看到 RouterA 在备份组中的状态恢复为 Master，RouterB 在备份组中的状态恢复为 Backup。输出示例略。

7.4.10 QinQ 终结子接口支持 VRRP 配置示例

本示例的基本拓扑结构如图 7-26 所示，局域网内的主机通过 LSW1 双归属到 RouterA 和 RouterB，其中 HostA 属于 VLAN10，HostB 属于 VLAN20。LSW1 上送到网关的用户报文中带有两层 VLAN Tag（假设经 LSW1 的 QinQ 封装后的外层 VLAN 为 VLAN 100）。

现用户希望实现：正常情况下，主机以 RouterA 为缺省网关接入 Internet，当 RouterA 故障时，RouterB 接替作为网关继续进行工作，实现网关的冗余备份；RouterA 故障恢复后，可以在 20 s 内重新成为网关。

1. 基本配置思路分析

本示例其实总体来说也与 7.4.7 节介绍的配置示例是一样的，也是主备备份模式的 VRRP 备份组配置。但是因为从 LSW1 上送到网关的用户数据报文中携带有两层 VLAN 标签，而 VRRP 接口必须是三层的，所以在网关上配置 QinQ（双层 VLAN）封装方式的终结子接口，然后在该子接口上配置 VRRP 备份组。

另外，因为有两个来自内网不同 VLAN（VLAN 10、VLAN 20，作为 QinQ 封装后的内层 VLAN 标签）的用户数据报文到达网关，为了实现 VLAN 的标签终结，需要在两个网关设备的 VRRP 接口上各自创建两个 QinQ 子接口。

根据以上分析，以及 7.4.6 节介绍的配置方法，再结合本示例的实际，可得出如下的基本配置思路。

① 在 LSW2、LSW3 上配置好基本 VLAN，在 LSW1 上配置好 VLAN ID 的灵活 QinQ（原来的 VLAN 10 和 VLAN 20 报文均添加 VLAN 100 外层标签），使经 LSW1 的 GE1/0/2 和 GE1/0/3 接口上送到网关的报文携带有两层 VLAN 标签。

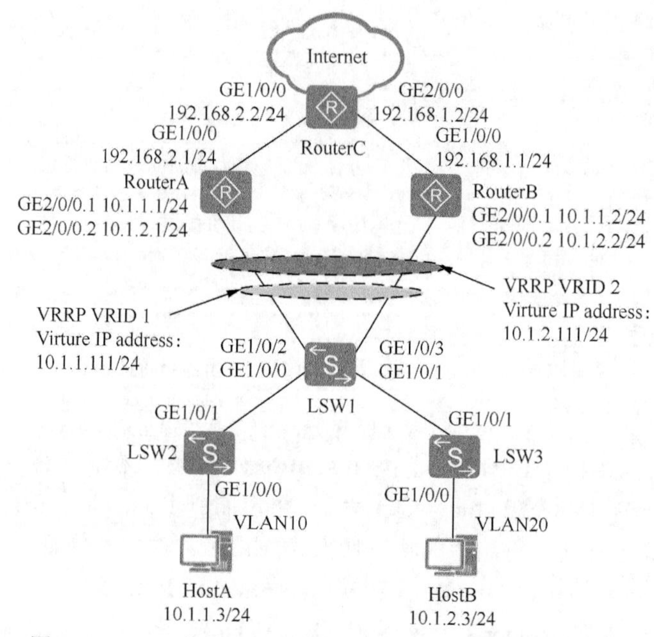

图 7-26 QinQ 终结子接口支持 VRRP 配置示例的拓扑结构

② 配置各设备接口的 IP 地址及路由协议（仍采用 OSPF），使网络层路由可达。

③ 在 RouterA 和 RouterB 各创建两个以太网子接口，然后在这些子接口上配置 QinQ 终结和 VRRP 备份组，其中，RouterA 上配置较高优先级和 20 s 抢占延时，作为 Master 设备承担流量转发；RouterB 上配置较低优先级，作为备用路由器。

2. 具体配置步骤

① 配置 VLAN 和灵活 QinQ。

■ LSW2 上的 VLAN 配置。

```
<Huawei> system-view
[Huawei] sysname LSW2
[LSW2] vlan 10
[LSW2-vlan10] quit
[LSW2] interface gigabitethernet 1/0/0
[LSW2-GigabitEthernet1/0/0] port link-type access
[LSW2-GigabitEthernet1/0/0] port default vlan 10
[LSW2-GigabitEthernet1/0/0] quit
[LSW2] interface gigabitethernet 1/0/1
[LSW2-GigabitEthernet1/0/1] port link-type trunk
[LSW2-GigabitEthernet1/0/1] port trunk allow-pass vlan 10
[LSW2-GigabitEthernet1/0/1] quit
```

■ LSW3 上的 VLAN 配置。

```
<Huawei> system-view
[Huawei] sysname LSW3
[LSW3] vlan 20
[LSW3-vlan20] quit
[LSW3] interface gigabitethernet 1/0/0
[LSW3-GigabitEthernet1/0/0] port link-type access
[LSW3-GigabitEthernet1/0/0] port default vlan 20
[LSW3-GigabitEthernet1/0/0] quit
```

```
[LSW3] interface gigabitethernet 1/0/1
[LSW3-GigabitEthernet1/0/1] port link-type trunk
[LSW3-GigabitEthernet1/0/1] port trunk allow-pass vlan 20
[LSW3-GigabitEthernet1/0/1] quit
```

■ LSW1 上的 VLAN 和基于 VLAN ID 的灵活 QinQ 配置。

```
<Huawei> system-view
[Huawei] sysname LSW1
[LSW1] vlan 100
[LSW1-vlan100] quit
[LSW1] interface gigabitethernet 1/0/0
[LSW1-GigabitEthernet1/0/0] port vlan-stacking vlan 10 stack-vlan 100 !---配置对 VLAN 10 报文添加 VLAN 100 标签
[LSW1-GigabitEthernet1/0/0] quit
[LSW1] interface gigabitethernet 1/0/1
[LSW1-GigabitEthernet1/0/1] port vlan-stacking vlan 20 stack-vlan 100
[LSW1-GigabitEthernet1/0/1] quit
[LSW1] interface gigabitethernet 1/0/2
[LSW1-GigabitEthernet1/0/2] port link-type trunk
[LSW1-GigabitEthernet1/0/2] port trunk allow-pass vlan 100
[LSW1-GigabitEthernet1/0/2] quit
[LSW1] interface gigabitethernet 1/0/3
[LSW1-GigabitEthernet1/0/3] port link-type trunk
[LSW1-GigabitEthernet1/0/3] port trunk allow-pass vlan 100
[LSW1-GigabitEthernet1/0/3] quit
```

② 配置各设备接口（包括子接口）的 IP 地址和 OSPF。

在 RouterA 和 RouterB 的 VRRP 接口上各要创建两个子接口，然后分别为它们配置 IP 地址和 OSPF。在此仅以 RouterA 为例，RouterB 的配置与 RouterA 类似，略。还需要配置 RouterC 各接口的 IP 地址和 OSPF。

```
<Huawei> system-view
[Huawei] sysname RouterA
[RouterA] interface gigabitethernet 2/0/0.1
[RouterA-GigabitEthernet2/0/0.1] ip address 10.1.1.1 24
[RouterA-GigabitEthernet2/0/0.1] quit
[RouterA] interface gigabitethernet 2/0/0.2
[RouterA-GigabitEthernet2/0/0.2] ip address 10.1.2.1 24
[RouterA-GigabitEthernet2/0/0.2] quit
[RouterA] interface gigabitethernet 1/0/0
[RouterA-GigabitEthernet1/0/0] ip address 192.168.2.1 24
[RouterA-GigabitEthernet1/0/0] quit
[RouterA] ospf 1
[RouterA-ospf-1] area 0
[RouterA-ospf-1-area-0.0.0.0] network 10.1.1.0 0.0.0.255
[RouterA-ospf-1-area-0.0.0.0] network 10.1.2.0 0.0.0.255
[RouterA-ospf-1-area-0.0.0.0] network 192.168.2.0 0.0.0.255
[RouterA-ospf-1-area-0.0.0.0] quit
[RouterA-ospf-1] quit
```

③ 配置 QinQ 终结子接口支持 VRRP。

■ 在 RouterA 的两个以太网子接口上配置 QinQ 终结，并各自创建一个 VRRP 备份组，配置 RouterA 在两个备份组中的优先级均为 120（在两个备份组中均担当 Master 角色），并配置抢占时间均为 20 s。

```
[RouterA] interface gigabitethernet 2/0/0.1
[RouterA-GigabitEthernet2/0/0.1] qinq termination pe-vid 100 ce-vid 10
```

```
[RouterA-GigabitEthernet2/0/0.1] qinq vrrp pe-vid 100 ce-vid 10
[RouterA-GigabitEthernet2/0/0.1] vrrp vrid 1 virtual-ip 10.1.1.111
[RouterA-GigabitEthernet2/0/0.1] vrrp vrid 1 priority 120
[RouterA-GigabitEthernet2/0/0.1] vrrp vrid 1 preempt-mode timer delay 20
[RouterA-GigabitEthernet2/0/0.1] quit
[RouterA] interface gigabitethernet 2/0/0.2
[RouterA-GigabitEthernet2/0/0.2] qinq termination pe-vid 100 ce-vid 20
[RouterA-GigabitEthernet2/0/0.2] qinq vrrp pe-vid 100 ce-vid 20
[RouterA-GigabitEthernet2/0/0.2] vrrp vrid 2 virtual-ip 10.1.2.111
[RouterA-GigabitEthernet2/0/0.2] vrrp vrid 2 priority 120
[RouterA-GigabitEthernet2/0/0.2] vrrp vrid 2 preempt-mode timer delay 20
[RouterA-GigabitEthernet2/0/0.2] quit
```

■ 在 RouterB 的两个以太网子接口上配置 QinQ 终结，并各自创建一个 VRRP 备份组，配置 RouterB 在两个备份组中的优先级均为缺省值（在两个备份组中均担当 Backup 角色）。

```
[RouterB] interface gigabitethernet 2/0/0.1
[RouterB-GigabitEthernet2/0/0.1] qinq termination pe-vid 100 ce-vid 10
[RouterB-GigabitEthernet2/0/0.1] qinq vrrp pe-vid 100 ce-vid 10
[RouterB-GigabitEthernet2/0/0.1] vrrp vrid 1 virtual-ip 10.1.1.111
[RouterB-GigabitEthernet2/0/0.1] quit
[RouterB] interface gigabitethernet 2/0/0.2
[RouterB-GigabitEthernet2/0/0.2] qinq termination pe-vid 100 ce-vid 20
[RouterB-GigabitEthernet2/0/0.2] qinq vrrp pe-vid 100 ce-vid 20
[RouterB-GigabitEthernet2/0/0.2] vrrp vrid 2 virtual-ip 10.1.2.111
[RouterB-GigabitEthernet2/0/0.2] quit
```

3. 配置结果验证

完成以上配置以后，在 RouterA 和 RouterB 上分别执行 **display vrrp** 命令，可以看到 RouterA 在备份组中的状态均为 Master，RouterB 在备份组中的状态均为 Backup。下面是 RouterA 上的输出示例。

```
[RouterA] display vrrp
  GigabitEthernet2/0/0.1 | Virtual Router 1
    State : Master
    Virtual IP : 100.1.1.111
    Master IP : 100.1.1.1
    PriorityRun : 120
    PriorityConfig : 120
    MasterPriority : 120
    Preempt : YES     Delay time : 20 s
    TimerRun : 1
    TimerConfig : 1
    Auth type : NONE
    Virtual MAC :    0000-5e00-0101
    Check TTL : YES
    Config type : normal-vrrp
    Create time : 2018-05-29 21:25:47
    Last change time : 2018-05-29 21:27:10

  GigabitEthernet2/0/0.2 | Virtual Router 2
    State : Master
    Virtual IP : 200.1.1.111
    Master IP : 200.1.1.1
    PriorityRun : 120
```

```
PriorityConfig : 120
MasterPriority : 120
Preempt : YES    Delay time : 20 s
TimerRun : 1
TimerConfig : 1
Auth type : NONE
Virtual MAC :  0000-5e00-0102
Check TTL : YES
Config type : normal-vrrp
Create time : 2018-05-29 21:25:47
Last change time : 2018-05-29 21:27:10
```

分别在 RouterA 和 RouterB 上执行 **display ip routing-table** 命令，RouterA 上可以看到路由表中有一条目的地址为虚拟 IP 地址的直连路由，而 RouterB 上该路由为 OSPF 路由，同样是因为当前 RouterA 为两个备份组中的 Master 设备，而 RouterB 为两个备份组中的 Backup 设备。

```
[RouterA] display ip routing-table
Route Flags: R - relay, D - download to fib
------------------------------------------------------------------------------
Routing Tables: Public
         Destinations : 14        Routes : 16
Destination/Mask    Proto   Pre  Cost      Flags NextHop         Interface
      100.1.1.0/24  Direct  0    0           D   100.1.1.1       GigabitEthernet2/0/0.1
      100.1.1.1/32  Direct  0    0           D   127.0.0.1       GigabitEthernet2/0/0.1
    100.1.1.111/32  Direct  0    0           D   127.0.0.1       GigabitEthernet2/0/0.1
    100.1.1.255/32  Direct  0    0           D   127.0.0.1       GigabitEthernet2/0/0.1
      127.0.0.0/8   Direct  0    0           D   127.0.0.1       InLoopBack0
      127.0.0.1/32  Direct  0    0           D   127.0.0.1       InLoopBack0
    192.168.1.0/24  OSPF    10   2           D   100.1.1.2       GigabitEthernet2/0/0.1
                    OSPF    10   2           D   200.1.1.2       GigabitEthernet2/0/0.2
                    OSPF    10   2           D   192.168.2.2     GigabitEthernet1/0/0
    192.168.2.0/24  Direct  0    0           D   192.168.2.1     GigabitEthernet1/0/0
    192.168.2.1/32  Direct  0    0           D   127.0.0.1       GigabitEthernet1/0/0
    192.168.2.2/32  Direct  0    0           D   192.168.2.2     GigabitEthernet1/0/0
      200.1.1.0/24  Direct  0    0           D   200.1.1.1       GigabitEthernet2/0/0.2
      200.1.1.1/32  Direct  0    0           D   127.0.0.1       GigabitEthernet2/0/0.2
    200.1.1.111/32  Direct  0    0           D   127.0.0.1       GigabitEthernet2/0/0.2
    200.1.1.255/32  Direct  0    0           D   127.0.0.1       GigabitEthernet2/0/0.2

[RouterB] display ip routing-table
Route Flags: R - relay, D - download to fib
------------------------------------------------------------------------------
Routing Tables: Public
         Destinations : 14        Routes : 18
Destination/Mask    Proto   Pre  Cost      Flags NextHop         Interface
      100.1.1.0/24  Direct  0    0           D   100.1.1.2       GigabitEthernet2/0/0.1
      100.1.1.2/32  Direct  0    0           D   127.0.0.1       GigabitEthernet2/0/0.1
    100.1.1.111/32  OSPF    10   2           D   100.1.1.1       GigabitEthernet2/0/0.1
                    OSPF    10   2           D   200.1.1.1       GigabitEthernet2/0/0.2
    100.1.1.255/32  Direct  0    0           D   127.0.0.1       GigabitEthernet2/0/0.1
      127.0.0.0/8   Direct  0    0           D   127.0.0.1       InLoopBack0
      127.0.0.1/32  Direct  0    0           D   127.0.0.1       InLoopBack0
    192.168.1.0/24  Direct  0    0           D   192.168.1.1     GigabitEthernet1/0/0
    192.168.1.1/32  Direct  0    0           D   127.0.0.1       GigabitEthernet1/0/0
    192.168.1.2/32  Direct  0    0           D   192.168.1.2     GigabitEthernet1/0/0
    192.168.2.0/24  OSPF    10   2           D   100.1.1.1       GigabitEthernet2/0/0.1
```

```
                    OSPF    10   2        D  200.1.1.1      GigabitEthernet2/0/0.2
                    OSPF    10   2        D  192.168.1.2    GigabitEthernet1/0/0
    200.1.1.0/24   Direct 0     0        D  200.1.1.2      GigabitEthernet2/0/0.2
    200.1.1.2/32   Direct 0     0        D  127.0.0.1      GigabitEthernet2/0/0.2
  200.1.1.111/32   OSPF    10   2        D  100.1.1.1      GigabitEthernet2/0/0.1
                    OSPF    10   2        D  200.1.1.1      GigabitEthernet2/0/0.2
  200.1.1.255/32   Direct 0     0        D  127.0.0.1      GigabitEthernet2/0/0.1
```

在 RouterA 的接口 GE2/0/0.1 上执行 **shutdown** 命令，模拟链路故障。分别在 RouterA 和 RouterB 上执行 **display vrrp** 命令，可以看到 RouterA 在备份组 1 中的状态切换为 Initialize，RouterB 在备份组 1 中的状态切换为 Master。下面是 RouterA 上的输出示例。

```
[RouterA] display vrrp
  GigabitEthernet2/0/0.1 | Virtual Router 1
    State : Initialize
    Virtual IP : 100.1.1.111
    Master IP : 0.0.0.0
    PriorityRun : 120
    PriorityConfig : 120
    MasterPriority : 0
    Preempt : YES     Delay time : 20 s
    TimerRun : 1
    TimerConfig : 1
    Auth type : NONE
    Virtual MAC :   0000-5e00-0101
    Check TTL : YES
    Config type : normal-vrrp
    Create time : 2018-05-29 21:27:47
    Last change time : 2018-05-29 21:29:10

  GigabitEthernet2/0/0.2 | Virtual Router 2
    State : Master
    Virtual IP : 200.1.1.111
    Master IP : 200.1.1.1
    PriorityRun : 120
    PriorityConfig : 120
    MasterPriority : 120
    Preempt : YES     Delay time : 20 s
    TimerRun : 1
    TimerConfig : 1
    Auth type : NONE
    Virtual MAC :   0000-5e00-0102
    Check TTL : YES
    Config type : normal-vrrp
    Create time : 2018-05-29 21:25:47
    Last change time : 2018-05-29 21:27:10
```

在 RouterA 的接口 GE2/0/0.1 上执行 **undo shutdown** 命令，恢复链路故障。20 s 后，分别在 RouterA 和 RouterB 上执行 **display vrrp** 命令，可以看到 RouterA 在备份组 1 中的状态恢复为 Master，RouterB 在备份组 1 中的状态恢复为 Backup。输出示例略。

7.5 VRRP 联动功能配置与管理

通过前面的学习，我们已经知道，可以利用 VRRP 实现网关设备的主备备份或者负载分担。但是 VRRP 备份组监控功能还存在一些不足：**一是仅能及时感知其 VRRP 接口状态的变化，无法及时感知 VRRP 设备上行接口或者直连上行链路状态**，导致用户业务流量的中断；二是当 Master 设备自身出现故障时，Backup 设备需要等待 Master_Down_Interval 后才能感知故障并切换为 Master 设备，且切换时间通常在 3 s 以上，无法满足一些业务量大的用户需求。

为了解决了 VRRP 的这些不足，就引入了一些可以与 VRRP 技术实现联动的解决方案，包括与接口状态、BFD、NQA 和路由的联动。配置基于 IPv4 的 VRRP 联动功能，可实现 VRRP 在自身或上行链路故障时能够及时感知并进行主备切换，优化和增强了 VRRP 的主备切换功能，进一步提高了网络的可靠性。

【经验之谈】其实通过与其他功能联动也不能完全解决 VRRP 本身存在的一些问题，如 Master 设备的下行链路出现了故障，而同时 Backup 设备的上行链路也出现了故障时，局域网内主机无法与外网通信。另外，Master 设备下行链路出现故障时，会出现多 Master 现象，因为此时 Master 设备本身并没有故障，仍将发送 VRRP 通告报文，优先级不降低，角色也仍是 Master，但通告报文却到达不了 Backup 设备，使得 Backup 设备在超过定时器后也转换为 Master。

这些不足不能依靠 VRRP 自身解决，也不能依靠 VRRP 与其他功能的联动来解决，要结合 MSTP 来解决。因篇幅关系，在此不进行具体介绍，需要的朋友请参见配套视频课程。

7.5.1 配置 VRRP 与接口状态联动监视上行接口

VRRP 与接口状态联动监视上行接口的方案是为了解决 VRRP 备份组只能及时感知其所在接口（**下行接口**）状态的变化，而无法及时感知 VRRP 设备上行接口或直连链路的故障，导致业务流量中断的问题。**在 Master 设备上**部署了 VRRP 与接口状态联动监视上行接口功能后，当 Master 设备的上行接口或直连链路发生故障时，可通过调整自身优先级触发主备切换，确保流量正常转发。被监视的接口故障恢复时，原 Master 设备在备份组中的优先级将恢复为原来的值，重新抢占成为 Master，继续承担流量转发的业务。

如图 7-27 所示，RouterA 和 RouterB 之间配置了 VRRP 备份组，其中 RouterA 为 Master 设备，RouterB 为 Backup 设备，RouterA 和 RouterB 皆工作在抢占方式下。在担当 Master 设备的 RouterA 上配置以 Reduced 方式监视上行接口 Interface1，当 Interface1 故障时，RouterA 降低自身的优先级，通过报文协商，RouterB 抢占成为 Master，确保用户流量正常转发。

注意 在配置 VRRP 与接口状态联动时要注意以下几点。

- 配置 VRRP 与接口状态联动时，备份组中 Master 和 Backup 设备必须都工作在抢占方式下。建议 Backup 设备配置为立即抢占，Master 设备配置为延时抢占。
- 当设备为 IP 地址拥有者，即该设备将虚拟路由器的 IP 地址作为真实的接口地址时，不允许对其配置监视接口。
- 多个 VRRP 备份组可以监视同一个接口，一个 VRRP 备份组最多可以同时监视 8 个接口。

VRRP 可以通过 Increased 和 Reduced 方式来监视接口状态。

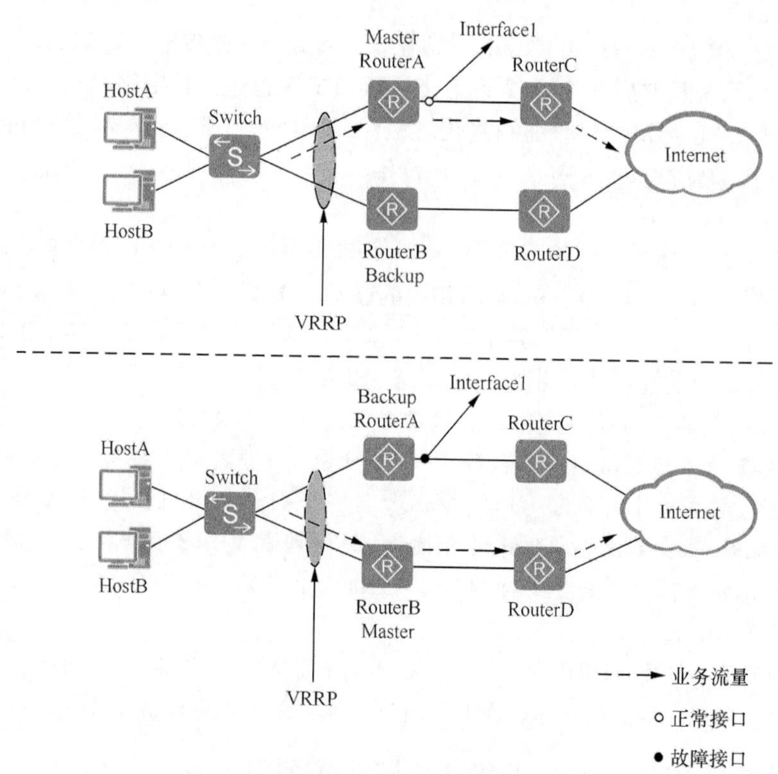

图 7-27 VRRP 监视上行接口的应用示例

■ 如果 VRRP 设备上配置以 Increased 方式监视一个接口，当被监视的接口状态变成 Down 后，本地 VRRP Backup 设备的优先级增加指定值，需要在 Backup 设备上配置。

■ 如果 VRRP 设备上配置以 Reduced 方式监视一个接口，当被监视的接口状态变为 Down 后，本地 VRRP Master 设备的优先级降低指定值，需要在 Master 设备上配置。

VRRP 与接口状态联动监视上行接口的方法是**进入 Master 或 Backup 设备**上 VRRP 备份组所在的 VRRP 接口视图，通过 **vrrp vrid** *virtual-router-id* **track interface** *interface-type interface-number* [**increased** *value-increased* | **reduced** *value-reduced*]命令进行配置的。命令中的参数说明如下。

■ **vrid** *virtual-router-id*：指定 VRRP 备份组号，整数形式，取值范围是 1～255。

■ **interface** *interface-type interface-number*：指定被监视接口的类型和编号，**可以是二层接口或三层接口**。当被监视的接口为二层接口时，VRRP 监视的对象是二层接口的物理状态，VRRP 备份组根据接口的物理状态调整自身优先级；当被监视的接口为三层接口时，VRRP 监视的对象是三层接口的协议状态，VRRP 备份组根据接口的协议状态调整自身优先级。

■ **increased** *value-increased*：二选一可选参数，**当前设备是** Backup **设备**，且指定当被监视的接口状态变为 Down 时，优先级增加的数值。增加后的优先级最高只能达到 254，Backup 设备的优先级增加后要使 VRRP 备份组能够进行主备切换。

■ **reduced** *value-reduced*：二选一可选参数，**当前设备是** Master **设备**，且指定当被监视的接口状态变为 Down 时，优先级降低的数值。整数形式，取值范围 1～255。配置的优先级降低值必须确保优先级降低后 Master 设备的优先级低于 Backup 设备的优先级，以触发主备切换。优先级最低可以降至 1。

如果不选择[**increased** *value-increased* | **reduced** *value-reduced*]可选参数，缺省情况下，当被监视的接口状态变为 Down 时，优先级的数值降低 10。

缺省情况下，VRRP 通过监视接口的状态实现主备快速切换的功能未使能，可用 **undo vrrp vrid** *virtual-router-id* **track interface** [*interface-type interface-number*]命令取消配置 VRRP 与接口状态联动监视接口功能。

7.5.2　配置 VRRP 与 BFD 联动实现快速切换

VRRP 备份组通过收发 VRRP 报文进行主备状态的协商，以实现设备的冗余备份功能。当 VRRP 备份组之间的链路（**下行链路**）出现故障时，Backup 设备需要等待 Master_Down_Interval 后才能感知故障并切换为 Master 设备，切换时间通常在 3 s 以上。在等待切换期间内，业务流量仍会发往 Master 设备，此时会造成数据丢失。

通过部署 VRRP 与 BFD 联动功能，可以有效解决上述问题。通过在 Master 设备和 Backup 设备下行链路之间建立 BFD 会话并与 VRRP 备份组进行绑定，快速检测 VRRP 备份组之间的连通状态，并在出现故障时及时通知 VRRP 备份组进行主备切换，实现了毫秒级的切换速度，减少了流量丢失。当 VRRP 备份组设备间下行链路故障恢复时，Backup 设备在备份组中的优先级将恢复为原来的值，原 Master 设备将重新抢占成为 Master，继续承担流量转发的业务。

如图 7-28 所示，RouterA 和 RouterB 之间配置 VRRP 备份组，RouterA 为 Master 设备，RouterB 为 Backup 设备，用户侧的流量通过 RouterA 转发。RouterA 和 RouterB 皆工作在抢占方式下，其中 RouterB 为立即抢占。在 RouterA 和 RouterB 两端配置 BFD 会话，并在 RouterB 上配置 VRRP 与 BFD 联动。当 RouterB 与 RouterA 之间的下行链路出现故障时，BFD 快速检测故障并通知 RouterB 增加指定的优先级（**此时 RouterB 的优先级需高于 RouterA 的优先级**），RouterB 立即抢占为 Master，用户侧流量通过 RouterB 转发，实现了主备的快速切换。

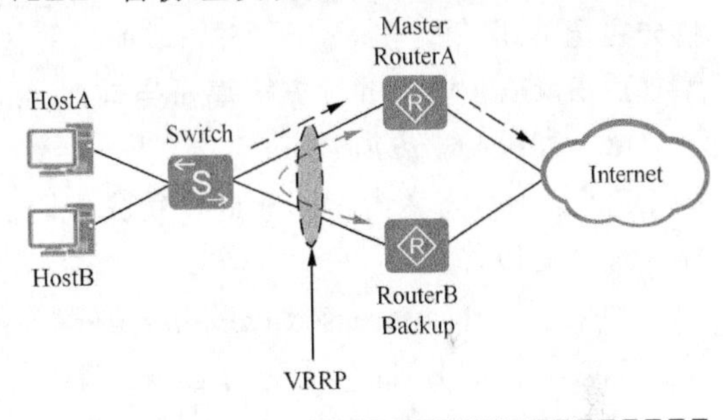

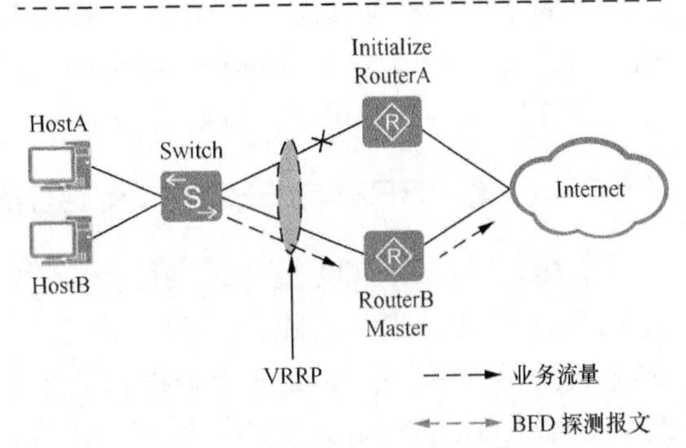

图 7-28　VRRP 以普通方式与 BFD 联动的应用示例

注意　在 VRRP 与 BFD 联动实现主备快速切换的配置中，要注意以下几点。

■ VRRP 与 BFD 联动仅支持静态和静态标识符自协商类型的 BFD 会话。

■ 配置 VRRP 与 BFD 联动时，备份组中 Master 和 Backup 设备必须都工作在抢占方式下。建议 Backup 设备配置为立即抢占，Master 设备配置为延时抢占。

■ 多个 VRRP 备份组可以监视同一个 BFD 会话，一个 VRRP 备份组最多可以同时监视 8 个 BFD 会话。

■ 缺省情况下，系统不允许删除已经跟 VRRP 或者静态路由联动的 BFD 会话，如果要删除，则可以配置 **bfd session nonexistent-config-check disable** 命令去使能检查被联动的 BFD 会话是否被删除的功能。

VRRP 与 BFD 联动（监视下行链路状态）实现主备快速切换的方法是**进入 Master 或 Backup 设备**上 VRRP 备份组所在的 VRRP 接口视图，通过 **vrrp vrid** *virtual-router-id* **track bfd-session** { *bfd-session-id* | **session-name** *bfd-configure-name* } [**increased** *value-increased* | **reduced** *value-reduced*]命令进行配置。命令中的参数说明如下。

■ *virtual-router-id*：指定要配置与 BFD 联动的 VRRP 备份组号，整数形式，取值范围是 1～255。

■ *bfd-session-id*，二选一参数，指定被监视的 BFD 会话的本地标识符，取值范围为 1～8 191 的整数。

■ **session-name** *bfd-configure-name*：二选一参数，指定被监视的 BFD 会话的名称，1～15 个字符，不支持空格，**不区分大小写**。

■ **increased** *value-increased*：二选一参数，**当前设备是** Backup **设备**，且指定当被监视的 BFD 会话状态变为 Down 时，Backup 设备优先级增加的数值（**不是指增加后的优先级值**），取值范围是 1～253，增加后的优先级最高只能达到 254，**但必须确保优先级增加后 Backup 设备的优先级高于当前 Master 设备的优先级，以触发主备切换**。

■ **reduced** *value-reduced*：二选一参数，**当前设备是** Master **设备**，且指定当被监视的 BFD 会话状态变为 Down 时，优先级降低的数值，整数形式，取值范围 1～255。优先级最低可以降至 1。

如果不选择[**increased** *value-increased* | **reduced** *value-reduced*]可选参数，缺省情况下，当被监视的 BFD 会话变为 Down 时，优先级的数值降低 10。

缺省情况下，未使能 VRRP 通过监视 BFD 会话状态实现快速主备切换的功能，可用 **undo vrrp vrid** *virtual-router- id* **track interface** [*interface-type interface-number*]命令去使能指定 VRRP 备份组通过监视指定 BFD 会话状态实现快速主备切换的功能。

7.5.3 配置 VRRP 与 BFD/NQA/路由联动监视上行链路

VRRP 与 BFD/NQA/路由联动监视上行链路也是为了解决 VRRP 不能感知 Master 设备的上行非直连链路故障，导致用户流量丢失的问题。**通过在 Master 设备上配置 BFD/NQA/路由检测 Master 上行链路的连通状况**，当 Master 设备的上行链路发生故障时，BFD/NQA/路由可以快速检测故障并通知 Master 设备调整自身优先级，触发主备切换，确保流量正常转发。上行链路故障恢复时，原 Master 设备在备份组中的优先级将恢复为原来的值，重新抢占成为 Master，继续承担流量转发的业务。

如图 7-29 所示，RouterA 和 RouterB 之间配置了 VRRP 备份组，其中 RouterA 为 Master 设备，RouterB 为 Backup 设备，RouterA 和 RouterB 皆工作在抢占方式下。配置 BFD/NQA/路由监测 RouterA 到 RouterE 之间的链路，并在 RouterA 上配置 VRRP 与 BFD/NQA/路由联动。当 BFD/NQA/路由检测到 RouterA 到 RouterE 之间的链路故障时，

通知RouterA降低自身优先级，触发主备切换以实现链路切换，减小链路故障对业务转发的影响。当上行链路故障恢复时，原Master设备在备份组中的优先级将恢复为原来的值，重新抢占成为Master，继续承担流量转发的业务。

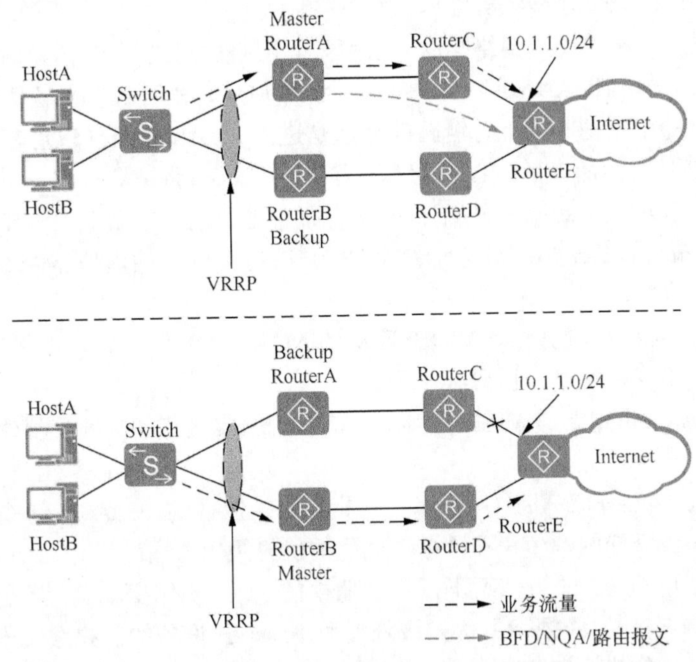

图7-29　VRRP与BFD/NQA/路由联动监视上行链路的应用示例

注意　在配置VRRP与BFD/NQA/路由联动时，要注意以下几点。

■ 备份组中的Master和Backup设备必须都工作在抢占方式下。建议Backup设备配置为立即抢占，Master设备配置为延时抢占，以实现在上行链路故障恢复时，**原Master设备在备份组中的优先级恢复为原来的值**，重新抢占成为Master，继续承担流量转发的业务。

■ BFD可以实现毫秒级的故障检测，联动BFD可以快速地检测故障，从而使主备切换的速度更快，**但仅支持联动静态和静态标识符自协商类型的BFD会话**。

■ 多个VRRP备份组可以监视同一个BFD会话，一个VRRP备份组最多可以同时监视8个BFD会话。

■ NQA可以对响应时间、网络抖动、丢包率等网络信息进行统计，通过配置NQA测试失败百分比，联动NQA还可以实现在上行链路质量较差时触发主备切换，**但仅支持联动ICMP类型的NQA测试例**。

■ 联动路由时的链路切换时间依赖于VRRP所联动的路由协议的收敛速度，且VRRP与静态路由联动时仅能检测Master设备上行直连链路的故障，如需检测Master上行非直连链路的故障，请配置VRRP与动态路由联动。

■ **VRRP备份组中不能含有IP地址拥有者**，否则该功能无法配置成功。

1. 配置VRRP与BFD联动监视上行链路

VRRP与BFD联动监视上行接口的方法是**进入Master或Backup设备**上VRRP备

份组所在的 VRRP 接口视图，通过 **vrrp vrid** *virtual-router-id* **track bfd-session** { *bfd-session-id* | **session-name** *bfd-configure-name* } [**increased** *value-increased* | **reduced** *value-reduced*]命令进行配置。命令中的参数参见 7.5.2 节的说明。

2. 配置 VRRP 与 NQA 联动监视上行链路

NQA 可以对响应时间、网络抖动、丢包率等网络信息进行统计，通过配置 NQA 测试失败百分比，联动 NQA 还可以实现在上行链路质量较差时触发主备切换。

VRRP 与 NQA 联动监视上行链路的方法是**进入** Master **设备（仅可在** Master **设备上配置）**上 VRRP 备份组所在的 VRRP 接口视图，通过 **vrrp vrid** *virtual-router-id* **track nqa** *admin-name test-name* [**reduced** *value-reduced*]命令进行配置。命令中的参数说明如下。

- **vrid** *virtual-router-id*：指定配置 VRRP 与 NQA 联动的虚拟路由器编号，取值范围为 1～255 的整数。
- *admin-name*：创建用于与 VRRP 联动的 NQA ICMP 测试实例的管理员账户名称，1～32 个字符，不支持空格，**区分大小写**。
- *test-name*：指定要与 VRRP 联动的 NQA 测试实例名（必须先创建 ICMP 类型的 NQA 测试例）。
- **reduced** *value-reduced*：可选参数，指定当被监视的 NQA 实例探测到上行链路不可达时，优先级降低的数值（**不是指降低后的优先级值**），取值范围为 1～255 的整数。优先级最低可以降至 1，缺省情况下，当被监视的 NQA 实例探测到上行链路不可达时，优先级的数值降低 10。**必须确保优先级降低后 Master 设备的优先级低于当前 Backup 设备的优先级，以触发主备切换**

缺省情况下，未使能 VRRP 备份监视 NQA 实例状态实现主备切换功能，可用 **undo vrrp vrid** *virtual-router-id* **track nqa** [*admin-name test-name*]命令去使能指定 VRRP 备份组通过监视指定 NQA 实例的状态来实现主备切换功能。

3. 配置 VRRP 与路由联动监视上行链路

通过联动路由，使用 VRRP 监控设备上行转发路径的路由条目，当上行转发路由条目撤销或是变为非活跃状态时，通知 VRRP 备份组降低 Master 设备优先级，触发主备切换，以实现链路切换，减小链路故障对业务转发的影响。**但 VRRP 与静态路由联动时仅能检测 Master 设备上行直连链路的故障**，因为静态路由仅可用于指导报文的单跳转发。

VRRP 与路由联动监视上行链路的方法是**进入** Master **设备（仅可在 Master 设备上配置）**上 VRRP 备份组所在的 VRRP 接口视图，通过 **vrrp vrid** *virtual-router-id* **track ip route** *ip-address* { *mask-address* | *mask-length* } [**vpn-instance** *vpn-instance-name*] [**reduced** *value-reduced*]命令配置。参数 *ip-address* { *mask-address* | *mask-length* }用来指定被监控的路由的目的地址和子网掩码，*vpn-instance-name* 用来指定被监控路由所在的 VPN 实例的名称，其他参数与前面在 **vrrp vrid track nqa** 命令中介绍的一样，参见即可。缺省情况下，VRRP 监控路由功能未使能，可用 **undo vrrp vrid** *virtual-router-id* **track ip route** [*ip-address* { *mask-address* | *mask-length* } [**vpn-instance** *vpn-instance-name*]]命令去使能 VRRP 联动指定的路由功能。

7.5.4 VRRP与接口状态联动监视上行接口的配置示例

本示例的基本拓扑结构如图7-30所示，局域网主机通过Switch双线连接到部署了VRRP备份组的RouterA和RouterB，其中RouterA为Master。现用户希望当RouterA的上行接口GE1/0/0状态Down时，VRRP备份组能够及时感知并进行主备切换，由RouterB接替作为网关继续承担业务转发，以减小接口状态Down对业务传输的影响。

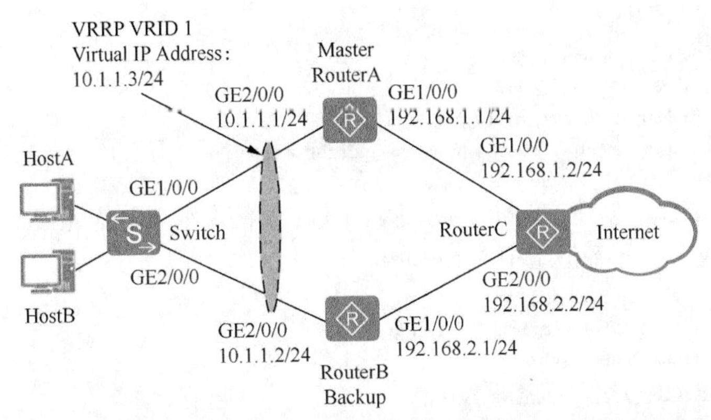

图7-30 VRRP与接口状态联动监视上行接口配置示例的拓扑结构

1. 基本配置思路分析

本示例要监控的是Master设备的上行接口，故可采用VRRP与接口状态联动来实现对上行接口故障的感知及主备网关的切换。其基本的配置思路如下。

① 配置各设备接口的IP地址及路由协议（假设采用OSPF），使网络层路由可达。

② 在RouterA和RouterB上配置VRRP备份组。其中，RouterA上配置较高优先级，作为Master设备承担业务转发；RouterB上配置较低优先级，作为Backup设备。

③ 在担当Master设备的RouterA上配置VRRP与接口状态联动，监视上行接口GE1/0/0，实现在RouterA到RouterC间的链路出现故障时，VRRP备份组及时感知，RouterA自动降低自己的优先级，向RouterB发送VRRP通告，实现快速主备切换的目的。

2. 具体配置步骤

① 配置各设备接口的IP地址及OSPF路由协议。

首先配置设备各接口的IP地址。在此仅以RouterA为例，RouterB和RouterC的配置与之类似，略。

```
<Huawei> system-view
[Huawei] sysname RouterA
[RouterA] interface gigabitethernet 2/0/0
[RouterA-GigabitEthernet2/0/0] ip address 10.1.1.1 24
[RouterA-GigabitEthernet2/0/0] quit
[RouterA] interface gigabitethernet 1/0/0
[RouterA-GigabitEthernet1/0/0] ip address 192.168.1.1 24
[RouterA-GigabitEthernet1/0/0] quit
```

然后配置RouterA、RouterB和RouterC间采用OSPF进行互连。也仅以RouterA为例，RouterB和RouterC的配置与之类似，略。

```
[RouterA] ospf 1
[RouterA-ospf-1] area 0
[RouterA-ospf-1-area-0.0.0.0] network 10.1.1.0 0.0.0.255
[RouterA-ospf-1-area-0.0.0.0] network 192.168.1.0 0.0.0.255
[RouterA-ospf-1-area-0.0.0.0] quit
[RouterA-ospf-1] quit
```

② 配置 VRRP 备份组。

■ 在 RouterA 上创建 VRRP 备份组 1，配置 RouterA 在该备份组中的优先级为 120，并配置抢占延时为 20 s。

```
[RouterA] interface gigabitethernet 2/0/0
[RouterA-GigabitEthernet2/0/0] vrrp vrid 1 virtual-ip 10.1.1.3
[RouterA-GigabitEthernet2/0/0] vrrp vrid 1 priority 120
[RouterA-GigabitEthernet2/0/0] vrrp vrid 1 preempt-mode timer delay 20
[RouterA-GigabitEthernet2/0/0] quit
```

■ 在 RouterB 上创建 VRRP 备份组 1，其在该备份组中的优先级为缺省值 100。最终是 RouterA 成为 1 号备份组中的 Master。

```
[RouterB] interface gigabitethernet 2/0/0
[RouterB-GigabitEthernet2/0/0] vrrp vrid 1 virtual-ip 10.1.1.3
[RouterB-GigabitEthernet2/0/0] quit
```

③ 配置 VRRP 与接口状态联动。

在 RouterA 上配置 VRRP 与接口状态联动，当监视到其 GE1/0/0 接口状态为 Down 时，RouterA 的优先级降低 40（这时 RouterA 的优先级就降为 80，低于原来 Backup 设备 RouterB 的优先级 100，可使 RouterB 切换为 Master 状态）。

```
[RouterA] interface gigabitethernet 2/0/0
[RouterA-GigabitEthernet2/0/0] vrrp vrid 1 track interface gigabitethernet 1/0/0 reduced 40
[RouterA-GigabitEthernet2/0/0] quit
```

3. 配置结果验证

完成上述配置后，在 RouterA 和 RouterB 上分别执行 **display vrrp** 命令，可以看到 RouterA 为 Master 设备，联动的接口状态为 Up，RouterB 为 Backup 设备。下面是 RouterA 上的输出示例。

```
<RouterA> display vrrp
  GigabitEthernet2/0/0 | Virtual Router 1
    State            : Master
    Virtual IP        : 10.1.1.3
    Master IP          : 10.1.1.1
    PriorityRun       : 120
    PriorityConfig    : 120
    MasterPriority    : 120
    Preempt            : YES    Delay Time : 20 s
    TimerRun            : 1 s
    TimerConfig       : 1 s
    Auth Type          : NONE
    Virtual Mac     :   0000-5e00-0101
    Check TTL           : YES
    Config type : normal-vrrp
    Track IF            : GigabitEthernet1/0/0    Priority reduced : 40
    IF state        : UP
    Create time         : 2018-05-22 17:32:56
    Last change time : 2018-05-22 17:33:00
```

在 RouterA 的接口 GE1/0/0 上执行 **shutdown** 命令模拟链路故障，然后再在 RouterA 和 RouterB 上分别执行 **display vrrp** 命令，可以看到 RouterA 的状态切换成 Backup，联动的接口状态为Down，RouterB的状态切换为Master，证明配置是成功的。下面是RouterB上的输出示例。

```
<RouterB> display vrrp
  GigabitEthernet2/0/0 | Virtual Router 1
    State              : Master
    Virtual IP         : 10.1.1.3
    Master IP          : 10.1.1.2
    PriorityRun        : 100
    PriorityConfig     : 100
    MasterPriority     : 100
    Preempt            : YES    Delay Time : 0 s
    TimerRun           : 1 s
    TimerConfig        : 1 s
    Auth Type          : NONE
    Virtual Mac        :  0000-5e00-0101
    Check TTL          : YES
    Config type        : normal-vrrp
    Create time        : 2018-05-22 17:34:00
    Last change time : 2018-05-22 17:34:04
```

然后在 RouterA 的接口 GE1/0/0 上执行 **undo shutdown** 命令恢复链路故障，再在 RouterA 和 RouterB 上分别执行 **display vrrp** 命令，20 s 后，可以看到联动的接口状态为 Up，RouterA 的状态又恢复为 Master，RouterB 的状态恢复为 Backup。

7.5.5 VRRP 与 BFD 联动实现快速切换配置示例

本示例的基本拓扑结构如图 7-31 所示，局域网内的主机通过 Switch 双线连接到部署了 VRRP 备份组的 RouterA 和 RouterB，其中 RouterA 为 Master。用户希望当 RouterA 或 RouterA 到 Switch 间的下行链路出现故障时，主备网关间的切换时间小于 1 s，以减少故障对业务传输的影响。

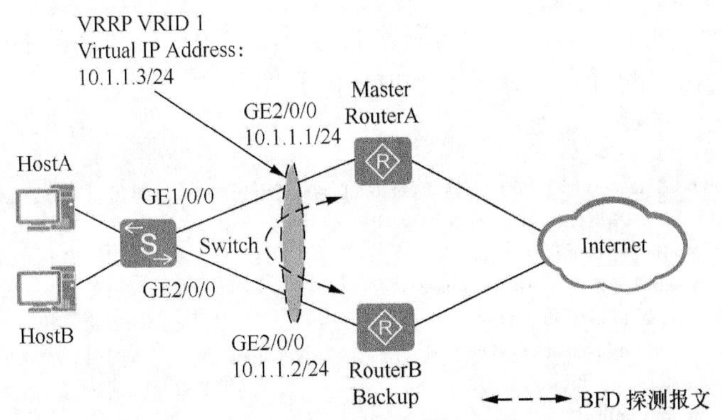

图 7-31 VRRP 与 BFD 联动实现快速切换配置示例的拓扑结构

1. 基本配置思路分析

本示例要监控的是RouterA和RouterB之间的下行链路状态，故可采用VRRP与BFD联动实现主备网关间的快速切换。其基本配置思路如下。

① 配置各设备接口的 IP 地址及路由协议（假设为 OSPF），使网络层路由可达。

② 在 RouterA 和 RouterB 上配置 VRRP 备份组，其中 RouterA 的优先级为 120，抢占延时为 20 s，作为 Master 设备；RouterB 的优先级为缺省值，作为 Backup 设备。

③ 在 RouterA 和 RouterB 上配置静态 BFD 会话，监测备份组之间的链路。

④ 在 RouterB 上配置 VRRP 与 BFD 联动，实现链路故障时 VRRP 备份组的快速切换。

2. 具体配置步骤

① 配置设备各接口的 IP 地址和 OSPF。在此仅以 RouterA 为例，RouterB 的配置与之类似，略。

```
<Huawei> system-view
[Huawei] sysname RouterA
[RouterA] interface gigabitethernet 2/0/0
[RouterA-GigabitEthernet2/0/0] ip address 10.1.1.1 24
[RouterA-GigabitEthernet2/0/0] quit
[RouterA] ospf
[RouterA-ospf-1] area 0
[RouterA-ospf-1-area-0.0.0.0] network 10.1.1.0 0.0.0.255
[RouterA-ospf-1-area-0.0.0.0] quit
[RouterA-ospf-1] quit
```

② 配置 VRRP 备份组。

■ 在 RouterA 上创建 VRRP 备份组 1，配置 RouterA 在该备份组中的优先级为 120，并配置抢占延时为 20 s。

```
[RouterA] interface gigabitethernet 1/0/0
[RouterA-GigabitEthernet1/0/0] vrrp vrid 1 virtual-ip 10.1.1.3
[RouterA-GigabitEthernet1/0/0] vrrp vrid 1 priority 120
[RouterA-GigabitEthernet1/0/0] vrrp vrid 1 preempt-mode timer delay 20
[RouterA-GigabitEthernet1/0/0] quit
```

■ 在 RouterB 上创建 VRRP 备份组 1，其在该备份组中的优先级为缺省值 100。最终使 RouterA 成为 Master。

```
[RouterB] interface gigabitethernet 1/0/0
[RouterB-GigabitEthernet1/0/0] vrrp vrid 1 virtual-ip 10.1.1.3
[RouterB-GigabitEthernet1/0/0] quit
```

③ 在 RouterA 和 RouterB 上分别配置 RouterA 与 RouterB 之间的静态 BFD 会话。有关静态 BFD 会话的配置步骤参见本章前面的介绍。

```
[RouterA] bfd   !---全局使能 BFD 功能
[RouterA-bfd] quit
[RouterA] bfd atob bind peer-ip 10.1.1.2 interface gigabitethernet 2/0/0   !---创建名为 atob 的 BFD 会话，绑定对端（即RouterB 的 VRRP 接口 IP 地址）和出接口（RouterA 的 VRRP 接口）
[RouterA-bfd-session-atob] discriminator local 1        !---配置本地标识符为 1
[RouterA-bfd-session-atob] discriminator remote 2       !---配置对端标识符为 2
[RouterA-bfd-session-atob] min-rx-interval 50           !---配置最大 BFD 会话报文的接收时间间隔为 50 ms
[RouterA-bfd-session-atob] min-tx-interval 50           !---配置最大 BFD 会话报文的发送时间间隔为 50 ms
[RouterA-bfd-session-atob] commit                       !---提交 BFD 会话配置
[RouterA-bfd-session-atob] quit

[RouterB] bfd
[RouterB-bfd] quit
[RouterB] bfd btoa bind peer-ip 10.1.1.1 interface gigabitethernet 2/0/0
[RouterB-bfd-session-btoa] discriminator local 2
[RouterB-bfd-session-btoa] discriminator remote 1
```

```
[RouterB-bfd-session-btoa] min-rx-interval 50
[RouterB-bfd-session-btoa] min-tx-interval 50
[RouterB-bfd-session-btoa] commit
[RouterB-bfd-session-btoa] quit
```

静态BFD会话配置好后，在RouterA或RouterB上分别执行 **display bfd session** 命令，可以看到BFD会话的状态为Up。下面是RouterA的输出示例，从中可以看出BFD会话已建立（呈Up状态）。

```
<RouterA> display bfd session all
--------------------------------------------------------------------------
Local Remote PeerIpAddr      State     Type        InterfaceName
--------------------------------------------------------------------------
1       2       10.1.1.2        Up        S_IP_IF      GigabitEthernet1/0/0
--------------------------------------------------------------------------
     Total UP/DOWN Session Number : 1/0
```

④ 在Backup设备RouterB上配置VRRP与BFD的联动功能，当BFD会话状态Down时，RouterB的优先级增加40。

```
[RouterB] interface gigabitethernet 2/0/0
[RouterB-GigabitEthernet1/0/0] vrrp vrid 1 track bfd-session 2 increased 40
[RouterB-GigabitEthernet1/0/0] quit
```

3. 配置结果验证

以上配置完成后，在RouterA和RouterB上分别执行 **display vrrp** 命令，可以看出RouterA为Master设备，RouterB为Backup设备，联动的BFD会话状态为Up。下面是RouterA上的输出示例。

```
<RouterA> display vrrp
  GigabitEthernet2/0/0 | Virtual Router 1
    State             : Master
    Virtual IP         : 10.1.1.3
    Master IP          : 10.1.1.1
    PriorityRun        : 120
    PriorityConfig     : 120
    MasterPriority     : 120
    Preempt            : YES     Delay Time : 20 s
    TimerRun           : 1 s
    TimerConfig        : 1 s
    Auth Type          : NONE
    Virtual Mac        :   0000-5e00-0101
    Check TTL          : YES
    Config type        : normal-vrrp
    Create time        : 2018-05-22 17:32:56
    Last change time : 2018-05-22 17:33:00
```

在RouterA的接口GE2/0/0上执行 **shutdown** 命令，模拟链路故障。此时再在RouterA和RouterB上分别执行 **display vrrp** 命令，可以看出RouterA的状态变为Initialize，RouterB的状态变为Master，联动的BFD会话状态为Down。输出示例如下。

```
<RouterA> display vrrp
  GigabitEthernet2/0/0 | Virtual Router 1
    State             : Initialize
    Virtual IP         : 10.1.1.3
    Master IP          : 0.0.0.0
    PriorityRun        : 120
    PriorityConfig     : 120
```

```
    MasterPriority    : 0
    Preempt           : YES    Delay Time : 20 s
    TimerRun          : 1 s
    TimerConfig       : 1 s
    Auth Type         : NONE
    Virtual Mac       :  0000-5e00-0101
    Check TTL         : YES
    Config type       : normal-vrrp
    Create time       : 2018-05-22 17:32:56
    Last change time : 2018-05-22 17:33:06
<RouterB> display vrrp
  GigabitEthernet2/0/0 | Virtual Router 1
    State             : Master
    Virtual IP        : 10.1.1.3
    Master IP         : 10.1.1.2
    PriorityRun       : 140
    PriorityConfig    : 100
    MasterPriority    : 140
    Preempt           : YES    Delay Time : 0 s
    TimerRun          : 1 s
    TimerConfig       : 1 s
    Auth Type         : NONE
    Virtual Mac       :  0000-5e00-0101
    Check TTL         : YES
    Config type       : normal-vrrp
    Track BFD         : 2    Priority increased : 40
    BFD-Session State: DOWN
    Create time       : 2018-05-22 17:33:00
    Last change time : 2018-05-22 17:33:06
```

再在 RouterA 的接口 GE2/0/0 上执行 **undo shutdown** 命令，模拟故障恢复。20 s 后，分别在 RouterA 和 RouterB 上执行 **display vrrp** 命令，可以看出 RouterA 的状态恢复为 Master，RouterB 的状态恢复为 Backup，联动的 BFD 会话状态恢复为 Up。输出示例如下。

```
<RouterA> display vrrp
  GigabitEthernet2/0/0 | Virtual Router 1
    State             : Master
    Virtual IP        : 10.1.1.3
    Master IP         : 10.1.1.1
    PriorityRun       : 120
    PriorityConfig    : 120
    MasterPriority    : 120
    Preempt           : YES    Delay Time : 20 s
    TimerRun          : 1 s
    TimerConfig       : 1 s
    Auth Type         : NONE
    Virtual Mac       :  0000-5e00-0101
    Check TTL         : YES
    Config type       : normal-vrrp
    Create time       : 2018-05-22 17:32:56
    Last change time : 2018-05-22 17:33:50
<RouterB> display vrrp
  GigabitEthernet2/0/0 | Virtual Router 1
    State             : Backup
```

```
Virtual IP          : 10.1.1.3
Master IP           : 10.1.1.1
PriorityRun         : 100
PriorityConfig      : 100
MasterPriority      : 120
Preempt             : YES    Delay Time : 0 s
TimerRun            : 1 s
TimerConfig         : 1 s
Auth Type           : NONE
Virtual Mac         :  0000-5e00-0101
Check TTL           : YES
Config type         : normal-vrrp
Track BFD           : 2   Priority increased : 40
BFD-Session State: UP
Create time         : 2018-05-22 17:33:00
Last change time : 2018-05-22 17:33:50
```

7.5.6 VRRP 与 BFD 联动监视上行链路的配置示例

本示例的基本拓扑结构如图 7-32 所示，局域网内的主机通过 Switch 双归属到部署了 VRRP 备份组的 RouterA 和 RouterB，其中 RouterA 为 Master。正常情况下，RouterA 承担网关工作，用户侧流量经 Switch→RouterA→RouterC→RouterE 进行转发。用户希望当 RouterC 到 RouterE 之间的链路故障时，VRRP 备份组可以在 1 s 内感知故障，并快速进行主备切换，启用 RouterB 承担业务转发，以减小链路故障对业务转发的影响。

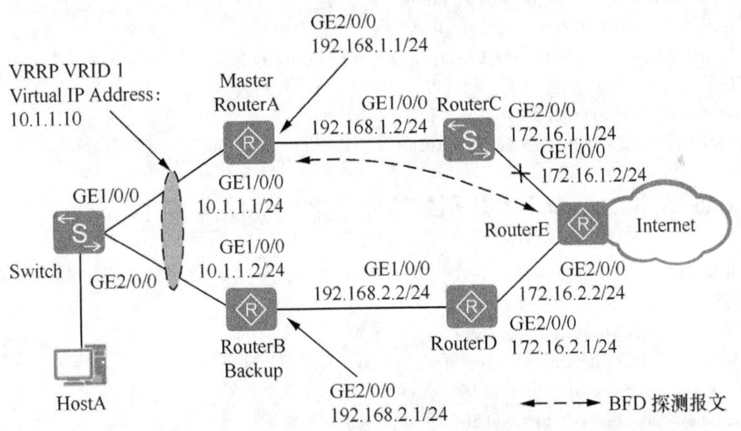

图 7-32　VRRP 与 BFD 联动监视上行链路配置示例的拓扑结构

1. 基本配置思路分析

本示例监控的是上行**非直连链路**，可采用与 BFD 联动的方式，基本的配置思路如下。

① 配置各设备接口的 IP 地址及路由协议，使网络层路由可达。

② 在 RouterA 和 RouterB 上配置 VRRP 备份组，其中 RouterA 的优先级为 120，抢占延时为 20 s，作为 Master 设备；RouterB 的优先级为缺省值，作为 Backup 设备。

③ 在 RouterA 和 RouterE 上配置静态 BFD 会话，监测 RouterA 到 RouterE 之间的链路。

④ 在 RouterA 上配置 VRRP 与 BFD 联动，实现链路故障时触发 VRRP 备份组主备

切换的目的。

2. 具体配置步骤

① 配置设备间的网络互连。先配置设备各路由器接口的 IP 地址。在此仅以 RouterA 为例，其余设备的配置与之类似，略。

```
<Huawei> system-view
[Huawei] sysname RouterA
[RouterA] interface gigabitethernet 1/0/0
[RouterA-GigabitEthernet1/0/0] ip address 10.1.1.1 24
[RouterA-GigabitEthernet1/0/0] quit
[RouterA] interface gigabitethernet 2/0/0
[RouterA-GigabitEthernet2/0/0] ip address 192.168.1.1 24
[RouterA-GigabitEthernet2/0/0] quit
```

然后配置各路由器间采用 OSPF 进行互连。在此仅以 RouterA 为例，其余 Router 的配置类似，略。

```
[RouterA] ospf 1
[RouterA-ospf-1] area 0
[RouterA-ospf-1-area-0.0.0.0] network 10.1.1.0 0.0.0.255
[RouterA-ospf-1-area-0.0.0.0] network 192.168.1.0 0.0.0.255
[RouterA-ospf-1-area-0.0.0.0] quit
[RouterA-ospf-1] quit
```

② 在 RouterA 和 RouterB 上分别创建 VRRP 备份组 1，配置 RouterA 在该备份组中的优先级为 120，并配置抢占时间为 20 s，RouterB 在该备份组中的优先级为缺省值 100。

```
[RouterA] interface gigabitethernet 1/0/0
[RouterA-GigabitEthernet1/0/0] vrrp vrid 1 virtual-ip 10.1.1.10
[RouterA-GigabitEthernet1/0/0] vrrp vrid 1 priority 120
[RouterA-GigabitEthernet1/0/0] vrrp vrid 1 preempt-mode timer delay 20
[RouterA-GigabitEthernet1/0/0] quit
[RouterB] interface gigabitethernet 1/0/0
[RouterB-GigabitEthernet1/0/0] vrrp vrid 1 virtual-ip 10.1.1.10
[RouterB-GigabitEthernet1/0/0] quit
```

③ 在 RouterA 和 RouterE 上分别配置它们之间的静态 BFD 会话。

```
[RouterA] bfd
[RouterA-bfd] quit
[RouterA] bfd atoe bind peer-ip 20.1.1.2
[RouterA-bfd-session-atoe] discriminator local 1
[RouterA-bfd-session-atoe] discriminator remote 2
[RouterA-bfd-session-atoe] min-rx-interval 50
[RouterA-bfd-session-atoe] min-tx-interval 50
[RouterA-bfd-session-atoe] commit
[RouterA-bfd-session-atoe] quit

[RouterE] bfd
[RouterE-bfd] quit
[RouterE] bfd etoa bind peer-ip 192.168.1.1
[RouterE-bfd-session-etoa] discriminator local 2
[RouterE-bfd-session-etoa] discriminator remote 1
[RouterE-bfd-session-etoa] min-rx-interval 50
[RouterE-bfd-session-etoa] min-tx-interval 50
[RouterE-bfd-session-etoa] commit
[RouterE-bfd-session-etoa] quit
```

④ 在 RouterA 上配置 VRRP 与 BFD 联动，当 BFD 会话状态为 Down 时，RouterA

的优先级降低40。

```
[RouterA] interface gigabitethernet 1/0/0
[RouterA-GigabitEthernet1/0/0] vrrp vrid 1 track bfd-session 1 reduced 40
[RouterA-GigabitEthernet1/0/0] quit
```

3. 配置结果验证

完成上述配置后，在RouterA和RouterB上分别执行**display vrrp**命令，可看出RouterA为Master设备，BFD会话的状态为Up，RouterB为Backup设备。以下是RouterA上的输出示例。

```
<RouterA> display vrrp
  GigabitEthernet1/0/0 | Virtual Router 1
    State              : Master
    Virtual IP         : 10.1.1.10
    Master IP          : 10.1.1.1
    PriorityRun        : 120
    PriorityConfig     : 120
    MasterPriority     : 120
    Preempt            : YES    Delay Time : 20 s
    TimerRun           : 1 s
    TimerConfig        : 1 s
    Auth Type          : NONE
    Virtual Mac        :  0000-5e00-0101
    Check TTL          : YES
    Config type        : normal-vrrp
    Track BFD          : 1   Priority reduced : 40
    BFD-Session State: UP
    Create time        : 2018-05-22 17:32:56
    Last change time : 2018-05-22 17:33:00
```

在RouterE的接口GE1/0/0上执行**shutdown**命令，模拟链路故障。然后在RouterA和RouterB上分别执行**display vrrp**命令，可看出RouterA的状态切换为Backup，联动的BFD会话状态变为Down，RouterB的状态切换为Master。下面是RouterA上的输出示例。

```
<RouterA> display vrrp
  GigabitEthernet1/0/0 | Virtual Router 1
    State              : Backup
    Virtual IP         : 10.1.1.10
    Master IP          : 10.1.1.2
    PriorityRun        : 80
    PriorityConfig     : 120
    MasterPriority     : 100
    Preempt            : YES    Delay Time : 20 s
    TimerRun           : 1 s
    TimerConfig        : 1 s
    Auth Type          : NONE
    Virtual Mac        :  0000-5e00-0101
    Check TTL          : YES
    Config type        : normal-vrrp
    Track BFD          : 1   Priority reduced : 40
    BFD-Session State: DOWN
    Create time        : 2018-05-22 17:34:56
    Last change time : 2018-05-22 17:35:00
```

再在RouterE的接口GE1/0/0上执行**undo shutdown**命令，恢复链路故障。20 s后，在RouterA和RouterB上分别执行**display vrrp**命令，可看出RouterA的状态恢复为Master，联动

的BFD会话状态恢复为Up，RouterB的状态恢复为Backup。下面是RouterA上的输出示例。

```
<RouterA> display vrrp
  GigabitEthernet1/0/0 | Virtual Router 1
    State              : Master
    Virtual IP         : 10.1.1.10
    Master IP          : 10.1.1.1
    PriorityRun        : 120
    PriorityConfig     : 120
    MasterPriority     : 120
    Preempt            : YES   Delay Time : 20 s
    TimerRun           : 1 s
    TimerConfig        : 1 s
    Auth Type          : NONE
    Virtual Mac        :  0000-5e00-0101
    Check TTL          : YES
    Config type        : normal-vrrp
    Track BFD          : 1  Priority reduced : 40
    BFD-Session State: UP
    Create time        : 2018-05-22 17:36:56
    Last change time : 2018-05-22 17:37:00
```

7.5.7 VRRP与NQA联动监视上行链路的配置示例

如图7-33所示，局域网内的主机通过Switch双线连接到部署了VRRP备份组的RouterA和RouterB，其中RouterA为Master。正常情况下，RouterA承担网关工作，用户侧流量由Switch→RouterA→RouterC→RouterE进行转发。用户希望当RouterC到RouterE之间的链路故障或链路质量较差时，VRRP备份组可以感知并进行主备切换，启用RouterB承担业务转发，以减小链路故障对业务转发的影响。

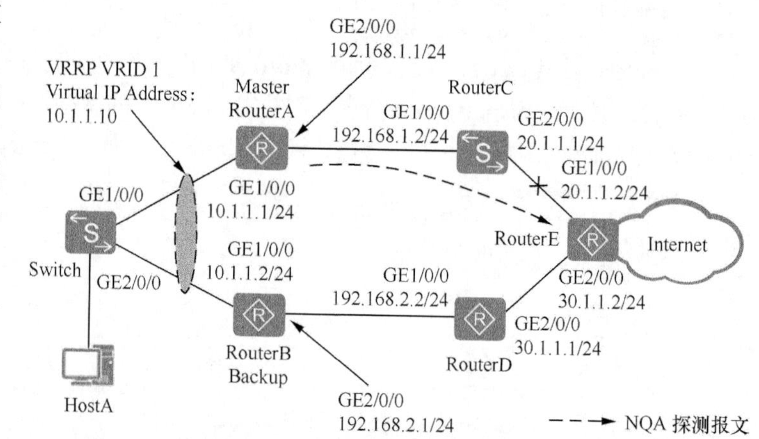

图7-33 VRRP与NQA联动监视上行链路配置示例的拓扑结构

1. 基本配置思路分析

本示例要监控非直连上行链路，可采用VRRP与NQA联动实现对上行链路故障的感知及主备网关的切换。其基本配置思路如下。

① 配置各设备接口的IP地址及路由协议，使网络层路由可达。

② 在RouterA和RouterB上配置VRRP备份组，其中RouterA的优先级为120，抢占延时为20 s，作为Master设备；RouterB的优先级为缺省值，作为Backup设备。

③ 在RouterA上配置ICMP类型的NQA测试例，配置目的地址为RouterE上接口GE1/0/0的IP地址，监测RouterA到RouterE的接口GE1/0/0间链路的连通性。

④ 在RouterA上配置VRRP和NQA联动，当NQA检测到链路故障时，触发VRRP

备份组进行主备切换。

2. 具体配置步骤

① 配置设备间的网络互连。先配置各路由器接口的IP地址，在此仅以RouterA为例，其余路由器的配置与之类似，略。

```
<Huawei> system-view
[Huawei] sysname RouterA
[RouterA] interface gigabitethernet 1/0/0
[RouterA-GigabitEthernet1/0/0] ip address 10.1.1.1 24
[RouterA-GigabitEthernet1/0/0] quit
[RouterA] interface gigabitethernet 2/0/0
[RouterA-GigabitEthernet2/0/0] ip address 192.168.1.1 24
[RouterA-GigabitEthernet2/0/0] quit
```

然后配置各路由器间采用OSPF进行互连。也仅以RouterA为例，其余路由器的配置类似，略。

```
[RouterA] ospf 1
[RouterA-ospf-1] area 0
[RouterA-ospf-1-area-0.0.0.0] network 10.1.1.0 0.0.0.255
[RouterA-ospf-1-area-0.0.0.0] network 192.168.1.0 0.0.0.255
[RouterA-ospf-1-area-0.0.0.0] quit
[RouterA-ospf-1] quit
```

② 在RouterA和RouterB上分别创建VRRP备份组1，配置RouterA在该备份组中的优先级为120，并配置抢占时间为20 s，RouterB在该备份组中的优先级为缺省值100。

```
[RouterA] interface gigabitethernet 1/0/0
[RouterA-GigabitEthernet1/0/0] vrrp vrid 1 virtual-ip 10.1.1.10
[RouterA-GigabitEthernet1/0/0] vrrp vrid 1 priority 120
[RouterA-GigabitEthernet1/0/0] vrrp vrid 1 preempt-mode timer delay 20
[RouterA-GigabitEthernet1/0/0] quit
[RouterB] interface gigabitethernet 1/0/0
[RouterB-GigabitEthernet1/0/0] vrrp vrid 1 virtual-ip 10.1.1.10
[RouterB-GigabitEthernet1/0/0] quit
```

③ 在RouterA上配置目的IP地址为20.1.1.2/24的ICMP类型的NQA测试例，当丢包率达到80%时，判定测试例failed（失败）。

```
[RouterA] nqa test-instance user test    !---创建管理者为user，名为test的NQA测试例，并进入NQA测试例视图
[RouterA-user-test] test-type icmp    !---指定上述NQA测试例为ICMP测试
[RouterA-user-test] destination-address ipv4 20.1.1.2  !---配置上述NQA测试例的目的IP地址为20.1.1.2（即RouterE与RouterC连接的接口IP地址）
[RouterA-user-test] frequency 20    !--- 配置上述NQA测试例自动执行测试的时间间隔为20秒
[RouterA-user-test] probe-count 5    !--- 配置NQA测试例的一次测试探针数目为5
[RouterA-user-test] fail-percent 80    !---指定当丢包率达到80%时，判定测试例失效
[RouterA-user-test] start now    !--- 立即启动执行上述NQA测试例
[RouterA-user-test] quit
```

④ 在RouterA配置VRRP与NQA的联动功能，当NQA测试例failed时，RouterA的优先级降低40。

```
[RouterA] interface gigabitethernet 1/0/0
[RouterA-GigabitEthernet1/0/0] vrrp vrid 1 track nqa user test reduced 40
[RouterA-GigabitEthernet1/0/0] quit
```

3. 配置结果验证

完成上述配置后，分别在RouterA和RouterB上执行**display vrrp**命令，可以看到RouterA的状态为Master，联动的NQA测试例状态为success（成功），RouterB的状态

为 Backup。下面是 RouterA 上的输出示例。

```
<RouterA> display vrrp
  GigabitEthernet1/0/0 | Virtual Router 1
    State              : Master
    Virtual IP         : 10.1.1.10
    Master IP          : 10.1.1.1
    PriorityRun        : 120
    PriorityConfig     : 120
    MasterPriority     : 120
    Preempt            : YES   Delay Time : 20 s
    TimerRun           : 1 s
    TimerConfig        : 1 s
    Auth Type          : NONE
    Virtual Mac        :  0000-5e00-0101
    Check TTL          : YES
    Config type        : normal-vrrp
    Track NQA : user   test   Priority reduced : 40
    NQA state : success
    Create time        : 2018-05-22 17:32:56
    Last change time : 2018-05-22 17:33:00
```

在 RouterE 的接口 GE1/0/0 上执行 **shutdown** 命令，模拟链路故障。然后在 RouterA 上执行 **display nqa results test-instance** user test 命令，可以看到 NQA 测试实例的状态为 failed。

```
<RouterA> display nqa results test-instance user test
NQA entry(user, test) :testflag is active ,testtype is icmp
  1 .Test 1 result   The test is finished
   Send operation times: 5                  Receive response times: 0
   Completion:failed                         RTD OverThresholds number: 0
   Attempts number:1                           Drop operation number:0
   Disconnect operation number:0            Operation timeout number:5
   System busy operation number:0           Connection fail number:0
   Operation sequence errors number:0     RTT Stats errors number:0
   Destination ip address:20.1.1.2
   Min/Max/Average Completion Time: 0/0/0
   Sum/Square-Sum   Completion Time: 0/0
   Last Good Probe Time: 0000-00-00 00:00:00.0
   Lost packet ratio: 100 %
```

再分别在 RouterA 和 RouterB 上执行 **display vrrp** 命令，可以看到 RouterA 的状态切换为 Backup，联动的 NQA 测试例状态为 failed，RouterB 的状态切换为 Master。下面是 RouterA 上的输出示例。

```
<RouterA> display vrrp
  GigabitEthernet1/0/0 | Virtual Router 1
    State              : Backup
    Virtual IP         : 10.1.1.10
    Master IP          : 10.1.1.1
    PriorityRun        : 80
    PriorityConfig     : 120
    MasterPriority     : 100
    Preempt            : YES   Delay Time : 20 s
    TimerRun           : 1 s
    TimerConfig        : 1 s
    Auth Type          : NONE
    Virtual Mac        :  0000-5e00-0101
    Check TTL          : YES
```

```
Config type        : normal-vrrp
Track NQA : user   test    Priority reduced : 40
NQA state : failed
Create time        : 2018-05-22 17:34:56
Last change time : 2018-05-22 17:35:00
```

在RouterE的接口GE1/0/0上执行**undo shutdown**命令，恢复链路故障。20 s后，分别在RouterA和RouterB上执行**display vrrp**命令，可以看到RouterA的状态恢复为Master，联动的NQA测试例状态恢复为success，RouterB的状态恢复为Backup。下面是RouterA上的输出示例。

```
<RouterA> display vrrp
  GigabitEthernet1/0/0 | Virtual Router 1
    State              : Master
    Virtual IP         : 10.1.1.10
    Master IP          : 10.1.1.1
    PriorityRun        : 120
    PriorityConfig     : 120
    MasterPriority     : 120
    Preempt            : YES    Delay Time : 20 s
    TimerRun           : 1 s
    TimerConfig        : 1 s
    Auth Type          : NONE
    Virtual Mac        :  0000-5e00-0101
    Check TTL          : YES
    Config type        : normal-vrrp
    Track NQA : user   test    Priority reduced : 40
    NQA state : success
    Create time        : 2018-05-22 17:36:56
    Last change time : 2018-05-22 17:37:00
```

7.5.8　VRRP与路由联动监视上行链路配置示例

本示例的基本拓扑结构如图7-34所示，局域网内的主机通过Switch双线连接到部署了VRRP备份组的RouterA和RouterB，其中RouterA为Master。正常情况下，RouterA承担网关工作，用户侧流量经Switch→RouterA→RouterC→RouterE进行转发。用户希望当RouterC到RouterE之间的路由撤销或者状态变为非激活时，VRRP备份组能感知并进行主备切换，启用RouterB承担业务转发，以减小链路故障对业务转发的影响。

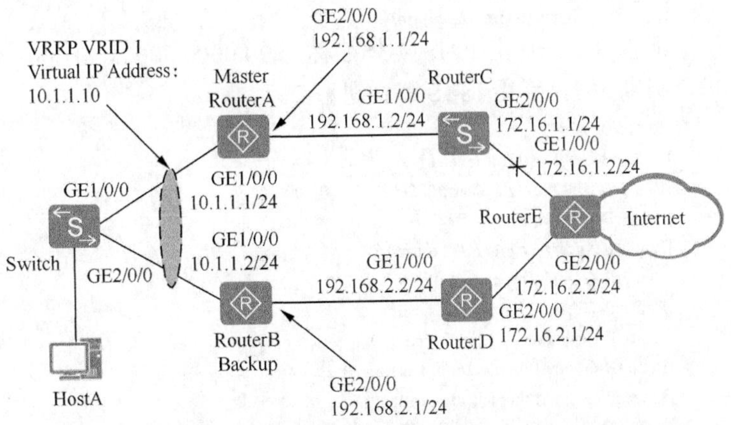

图7-34　VRRP与路由联动监视上行链路配置示例的拓扑结构

1．基本配置思路分析

本示例监控的对象是上行链路的路由，

故可以采用 VRRP 与路由联动监视上行链路的方案。其基本配置思路如下。

① 配置各设备接口的 IP 地址及路由协议（假设为 IS-IS 协议），使网络层路由可达。

② 在 RouterA 和 RouterB 上配置 VRRP 备份组，其中，RouterA 上配置较高优先级和 20 s 抢占延时，作为 Master 设备承担流量转发；RouterB 上配置较低优先级，作为备用路由器。

③ 在 RouterA 上配置 VRRP 与路由联动功能，实现监控路由撤销或状态变为非激活时，触发 VRRP 备份组进行主备切换的目的。

2. 基本配置步骤

① 配置各路由器接口的 IP 地址和 IS-IS 协议。

■ 配置接口的 IP 地址。在此仅以 RouterA 为例，RouterB、RouterC、RouterD 和 RouterE 的配置与 RouterA 类似，略。

```
<Huawei> system-view
[Huawei] sysname RouterA
[RouterA] interface gigabitethernet 1/0/0
[RouterA-GigabitEthernet1/0/0] ip address 10.1.1.1 24
[RouterA-GigabitEthernet1/0/0] quit
[RouterA] interface gigabitethernet 2/0/0
[RouterA-GigabitEthernet2/0/0] ip address 192.168.1.1 24
[RouterA-GigabitEthernet2/0/0] quit
```

■ 配置 IS-IS 路由。RouterA、RouterC 和 RouterE 的 GE1/0/0 接口同在 IS-IS 区域 10 中，RouterB、RouterD 和 RouterE 的 GE2/0/0 接口同在 IS-IS 区域 20 中，但均为 Level-1 级别。当然，此处各路由器均在同一 IS-IS 区域、启用相同 IS-IS 路由进程也可以。

配置 RouterA 上 IS-IS 实体名称为 10.0000.0000.0001.00（区域 ID 为 10，系统 ID 为 1），级别为 1，启用 IS-IS 路由进程 1。

```
[RouterA] isis 1                                      !---创建 IS-IS 进程 1
[RouterA-isis-1] is-level level-1                     !---指定 RouterA 为 level-1 路由器
[RouterA-isis-1] network-entity 10.0000.0000.0001.00  !---配置 RouterA 的 IS-IS 实体名称为 10.0000.0000.0001.00
[RouterA-isis-1] quit
[RouterA] interface gigabitethernet 1/0/0
[RouterA-GigabitEthernet1/0/0] isis enable 1          !---在 GE1/0/0 接口上使能 IS-IS 进程 1
[RouterA-GigabitEthernet1/0/0] quit
[RouterA] interface gigabitethernet 2/0/0
[RouterA-GigabitEthernet2/0/0] isis enable 1
[RouterA-GigabitEthernet2/0/0] quit
```

配置 RouterB 上 IS-IS 实体名称为 20.0000.0000.0001.00（区域 ID 为 20，系统 ID 为 1），级别为 1，启用 IS-IS 路由进程 2。

```
[RouterB] isis 2
[RouterB-isis-2] is-level level-1
[RouterB-isis-2] network-entity 20.0000.0000.0001.00
[RouterB-isis-2] quit
[RouterB] interface gigabitethernet 1/0/0
[RouterB-GigabitEthernet1/0/0] isis enable 2
[RouterB-GigabitEthernet1/0/0] quit
[RouterB] interface gigabitethernet 2/0/0
[RouterB-GigabitEthernet2/0/0] isis enable 2
[RouterB-GigabitEthernet2/0/0] quit
```

配置 RouterC 上 IS-IS 实体名称为 10.0000.0000.0002.00（区域 ID 为 10，系统 ID 为 2），级别为 1，启用 IS-IS 路由进程 1。

```
[RouterC] isis 1
[RouterC-isis-1] is-level level-1
[RouterC-isis-1] network-entity 10.0000.0000.0002.00
[RouterC-isis-1] quit
[RouterC] interface gigabitethernet 1/0/0
[RouterC-GigabitEthernet1/0/0] isis enable 1
[RouterC-GigabitEthernet1/0/0] quit
[RouterC] interface gigabitethernet 2/0/0
[RouterC-GigabitEthernet2/0/0] isis enable 1
[RouterC-GigabitEthernet2/0/0] quit
```

配置 RouterD 上 IS-IS 实体名称为 20.0000.0000.0002.00（区域 ID 为 20，系统 ID 为 2），级别为 1，启用 IS-IS 路由进程 2。

```
[RouterD] isis 2
[RouterD-isis-2] is-level level-1
[RouterD-isis-2] network-entity 20.0000.0000.0001.00
[RouterD-isis-2] quit
[RouterD] interface gigabitethernet 1/0/0
[RouterD-GigabitEthernet1/0/0] isis enable 2
[RouterD-GigabitEthernet1/0/0] quit
[RouterD] interface gigabitethernet 2/0/0
[RouterD-GigabitEthernet2/0/0] isis enable 2
[RouterD-GigabitEthernet2/0/0] quit
```

配置 RouterE 上 IS-IS 1 路由进程的实体名称为 10.0000.0000.0003.00（区域 ID 为 10，系统 ID 为 3），IS-IS 2 路由进程的实体名称这 20.0000.0000.0003.00（区域 ID 为 20，系统 ID 为 2）。

```
[RouterE] isis 1
[RouterE-isis-1] is-level level-1
[RouterE-isis-1] network-entity 10.0000.0000.0003.00
[RouterE-isis-1] quit
[RouterE] interface gigabitethernet 1/0/0
[RouterE-GigabitEthernet1/0/0] isis enable 1
[RouterE-GigabitEthernet1/0/0] quit
[RouterE] isis 2
[RouterE-isis-2] is-level level-1
[RouterE-isis-2] network-entity 20.0000.0000.0003.00
[RouterE-isis-2] quit
[RouterE] interface gigabitethernet 2/0/0
[RouterE-GigabitEthernet2/0/0] isis enable 2
[RouterE-GigabitEthernet2/0/0] quit
```

② 在 RouterA 和 RouterB 上分别创建 VRRP 备份组 1，配置 RouterA 在该备份组中的优先级为 120，并配置抢占时间为 20 s，RouterB 在该备份组中的优先级为缺省值 100。

```
[RouterA] interface gigabitethernet 1/0/0
[RouterA-GigabitEthernet1/0/0] vrrp vrid 1 virtual-ip 10.1.1.10
[RouterA-GigabitEthernet1/0/0] vrrp vrid 1 priority 120
[RouterA-GigabitEthernet1/0/0] vrrp vrid 1 preempt-mode timer delay 20
[RouterA-GigabitEthernet1/0/0] quit

[RouterB] interface gigabitethernet 1/0/0
[RouterB-GigabitEthernet1/0/0] vrrp vrid 1 virtual-ip 10.1.1.10
[RouterB-GigabitEthernet1/0/0] quit
```

③ 在 RouterA 上配置 VRRP 与路由联动的功能，当到达被监控链路所在网络的路由（网络 IP 地址为 20.1.1.0/24）撤销时，RouterA 的优先级降低 40。

```
[RouterA] interface gigabitethernet 1/0/0
[RouterA-GigabitEthernet1/0/0] vrrp vrid 1 track ip route 20.1.1.0 24 reduced 40
[RouterA-GigabitEthernet1/0/0] quit
```

3. 配置结果验证

完成上述配置后，在 RouterA 上执行 **display isis route** 命令，可以看到存在一条去往 20.1.1.0/24 网段的路由。

```
<RouterA> display isis route

                        Route information for ISIS(1)
                        -----------------------------

                       ISIS(1) Level-1 Forwarding Table
                       --------------------------------

IPV4 Destination     IntCost    ExtCost ExitInterface    NextHop        Flags
-------------------------------------------------------------------------------
192.168.1.0/24       10          NULL     GE0/0/2         Direct          D/-/L/-
20.1.1.0/24          20          NULL     GE0/0/2         192.168.1.2     A/-/-/-
10.1.1.0/24          10          NULL     Vlanif18        Direct          D/-/L/-
10.1.1.10/32         10          NULL     Vlanif18        Direct          D/-/L/-
     Flags: D-Direct, A-Added to URT, L-Advertised in LSPs, S-IGP Shortcut,
                            U-Up/Down Bit Set
```

分别在 RouterA 和 RouterB 上执行 **display vrrp** 命令，可以看到 RouterA 的状态为 Master，联动的路由状态为 Reachable（可达），RouterB 的状态为 Backup。以下是 RouterA 上的输出示例。

```
<RouterA> display vrrp
  GigabitEthernet1/0/0 | Virtual Router 1
    State              : Master
    Virtual IP         : 10.1.1.10
    Master IP          : 10.1.1.1
    PriorityRun        : 120
    PriorityConfig     : 120
    MasterPriority     : 120
    Preempt            : YES    Delay Time : 20 s
    TimerRun           : 1 s
    TimerConfig        : 1 s
    Auth Type          : NONE
    Virtual Mac        :  0000-5e00-0101
    Check TTL          : YES
    Config type        : normal-vrrp
    Track IP route : 20.1.1.0/24   Priority reduced : 40
    IP route state : Reachable
    Create time : 2018-05-29 21:25:47
    Last change time : 2018-05-29 21:25:51
```

在 RouterE 的接口 GE1/0/0 上执行 **shutdown** 命令，模拟链路故障。然后在 RouterA 上执行 **display isis route** 命令，可以看到去往 20.1.1.0/24 网段的路由被撤销了。

```
<RouterA> display isis route

                        Route information for ISIS(1)
                        -----------------------------

                       ISIS(1) Level-1 Forwarding Table
```

```
                    -------------------------------
   IPV4 Destination      IntCost    ExtCost ExitInterface    NextHop        Flags
   -------------------------------------------------------------------------------
   192.168.1.0/24        10         NULL     GE2/0/0          Direct         D/-/L/-
   10.1.1.0/24           10         NULL     Vlanif18         Direct         D/-/L/-
   10.1.1.10/32          10         NULL     Vlanif18         Direct         D/-/L/-
          Flags: D-Direct, A-Added to URT, L-Advertised in LSPs, S-IGP Shortcut,
                                  U-Up/Down Bit Set
```

分别在 RouterA 和 RouterB 上执行 **display vrrp** 命令，可以看到 RouterA 的状态切换为 Backup，联动的路由状态为 Uneachable（不可达），RouterB 的状态切换为 Master。以下是 RouterA 上的输出示例。

```
<RouterA> display vrrp
  GigabitEthernet1/0/0 | Virtual Router 1
    State               : Backup
    Virtual IP          : 10.1.1.10
    Master IP           : 10.1.1.2
    PriorityRun         : 80
    PriorityConfig      : 120
    MasterPriority      : 100
    Preempt             : YES    Delay Time : 20 s
    TimerRun            : 1 s
    TimerConfig         : 1 s
    Auth Type           : NONE
    Virtual Mac         :  0000-5e00-0101
    Check TTL           : YES
    Config type         : normal-vrrp
    Track IP route : 20.1.1.0/24   Priority reduced : 40
    IP route state : Unreachable
    Create time : 2018-05-29 21:25:47
    Last change time : 2018-05-29 21:25:51
```

在 RouterE 的接口 GE1/0/0 上执行 **undo shutdown** 命令，恢复链路故障。20 s 后，分别在 RouterA 和 RouterB 上执行 **display vrrp** 命令，可以看到 RouterA 的状态恢复为 Master，联动的路由状态恢复为 Reachable，RouterB 的状态恢复为 Backup。以下是 RouterA 上的输出示例。

```
<RouterA> display vrrp
  GigabitEthernet1/0/0 | Virtual Router 1
    State               : Master
    Virtual IP          : 10.1.1.10
    Master IP           : 10.1.1.1
    PriorityRun         : 120
    PriorityConfig      : 120
    MasterPriority      : 120
    Preempt             : YES    Delay Time : 20 s
    TimerRun            : 1 s
    TimerConfig         : 1 s
    Auth Type           : NONE
    Virtual Mac         :  0000-5e00-0101
    Check TTL           : YES
    Config type         : normal-vrrp
    Track IP route : 20.1.1.0/24   Priority reduced : 40
    IP route state : Reachable
    Create time : 2018-05-29 21:27:47
    Last change time : 2018-05-29 21:27:51
```

第 8 章 接口备份、接口监控组和双机热备份配置与管理

本章主要内容

在可靠性方面，除了第 7 章介绍的 BFD、NQA 和 VRRP 3 种主要技术外，还经常面临这样的现实需求：从本地设备出发的任何单一路径都可能存在着接口单点故障的风险，特别是一些重要的报文转发路径。此时如果本地设备有可用的空余接口，就可以通过接口备份技术来使两接口互为备份，或者进行负载分担，这就是本章要介绍的接口备份技术。而本章介绍的双机热备份技术其实可以看成是接口备份技术的扩展，此时备份的不仅仅是接口，而可以是整个设备。

本章还介绍了一项可靠性技术，那就是接口监控组技术，用的不是很多，可以实现设备接入侧接口的状态随着设备网络侧接口状态的变化而变化。即当网络监控接口组中处于 Up 状态的接口比例高于设置的阈值时，接入侧绑定的接口状态保持 Up 状态；而如果网络监控接口组中处于 Up 状态的接口比例低于、等于设置的阈值时，接入侧绑定的接口状态也跟着变为 Down 状态，从而可以使用户数据选择其他设备进行转发，以便实现更好的数据转发性能。

8.1 接口备份配置与管理

重要的业务数据传输需要有高可靠性的传输线路，如果数据业务由一条链路来传输，就容易出现“单点故障”导致业务中断。此时，可以采用接口备份技术来解决这一问题。接口备份一般用于一台设备上同时存在主、备上行链路的场景，当主接口出现故障或者带宽不足时，可以将流量快速地切换到备份接口，提高数据业务的可靠性。

8.1.1 接口备份概述

与第 7 章介绍的 VRRP 技术一样，接口备份也是保证业务通畅的一个重要手段。它可实现在路由器上某个接口出现故障或者带宽不足时，通过配置接口备份，快速平滑地将该接口上的业务切换到其他正常接口。但与 VRRP 技术不一样的是，接口备份技术不是双设备间的冗余、备份，**而是同一设备上的多接口间的冗余、备份，且可以应用在网络中各位置设备上**，而不像 VRRP 技术仅能应用于网关设备上。

接口备份中涉及以下 3 个基本概念。

- 主接口：主接口为当前承担业务传输的设备接口。
- 备份接口：备份接口是为主接口提供备份功能的接口。
- 备份接口优先级：接替主接口工作或者分担主接口流量的优先级，优先级数值越大表示其优先级越高。在主备接口备份方式下，主接口 Down 后优先级较高的备份接口将优先被启用。在负载分担接口备份方式下，主接口流量超过阈值时，优先级较高的备份接口将优先被启用；主接口流量低于阈值时，优先级较低的备份接口将首先被关闭。

在 AR G3 系列路由器中，可以作为主接口和备份接口的接口包括：三层以太网接口及其子接口、Dialer 接口、ATM 接口、ISDN BRI 接口、3G/LTE Cellular 接口、PON 接口、Async 接口、MP-group 接口、MFR 及其子接口和 Serial 接口及其子接口。这些接口均为 WAN 接口，但主、备接口可以是不同的接口类型。

8.1.2 接口备份主要特性

在 AR G3 系列路由器中，接口备份特性主要体现在 3 方面：主备接口备份功能、负载分担接口备份功能和主备接口备份与其他功能联动。其中主备接口备份的联动功能方面又包括与 BFD、NQA 和路由的联动功能。下面分别予以介绍。

1. 主备接口备份功能

主备接口备份与第 7 章介绍的主备 VRRP 备份的备份机制是一样的，即多个接口间互为备份关系，其中只有一个接口当前承担转发工作，称之为主接口，而其他接口为主接口的备份接口，仅当主接口对应的链路出现故障时才从备份接口中选举新的主接口，接替原来主接口的业务转发工作，否则这些备份接口一直处于待命状态，不承担业务转发工作。

如图 8-1 所示，在 RouterA 与 RouterB 间有 3 条直接相连的链路，通过主备接口备份功能可配置 Interface2 接口作为主接口，Interface1 接口和 Interface3 接口作为备份接口

（类似于链路聚合中的链路备份能）。这样，当 Interface2 对应的主链路故障时，可以将业务切换到备份接口，从而提高了业务传输的可靠性。具体体现如下。

① 当主接口 Interface2 正常工作时，Interface1、Interface3 处于备份状态（不传输业务数据），通过主接口 Interface2 进行业务传输。

② 路由器跟踪各接口状态，当主接口 Interface2 因故障无法进行业务传输时，启动优先级最高的备份接口进行业务传输。

③ 当原先故障的主接口恢复正常时，业务传输会重新切换回主接口 Interface2。

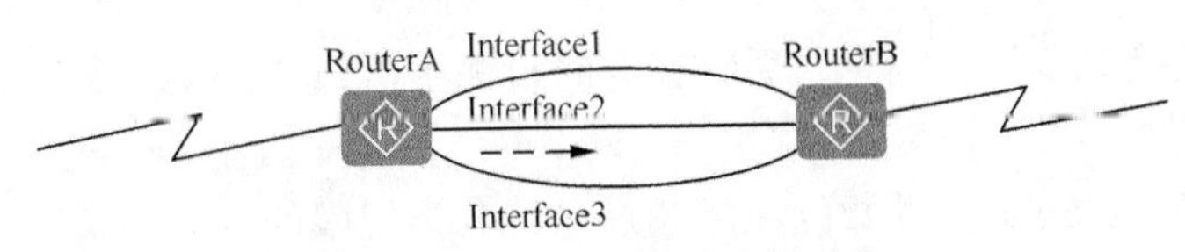

图 8-1　主备接口备份功能示意

图 8-2 所示为主备接口备份功能在局域网与广域网（主要是 Internet）间相连的一种应用。某企业的出口网关 RouterA 通过 ADSL 接口 ATM3/0/0 接入 Internet，为了防止出现因 ADSL 接口故障导致企业用户无法连接到 Internet 的情况，该企业同时配置了通过 3G Cellular 接口接入 Internet 的备份链路。当 ADSL 主接口故障时，启用备份链路，提高了网络的可靠性。

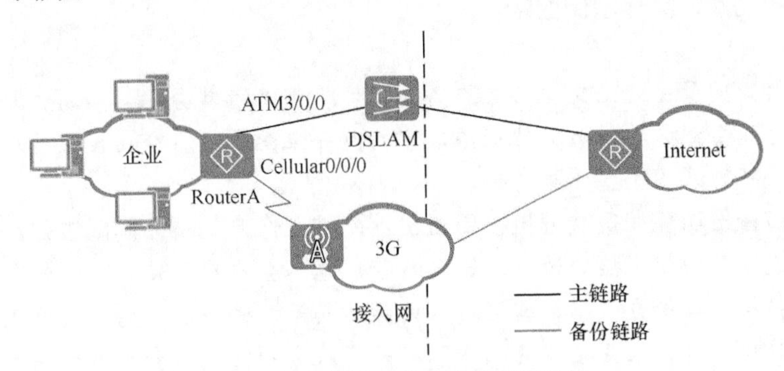

图 8-2　主备接口备份功能应用示例

注意 **主备接口备份功能只能检测出直连链路的故障**，当主接口上行非直连链路故障时，由于无法检测，系统不会进行主备接口切换，将会导致业务传输中断。为了检测整条链路的状态，可使用本节后面将要介绍的主备接口备份与 NQA、BFD 或路由联动功能。这一点与第 7 章介绍的 VRRP 技术是类似的。

2. 负载分担接口备份

负载分担接口备份也与第 7 章介绍的负载分担 VRRP 备份的备份机制是一样的。即多个接口互为备份关系，但当流量增大，主接口无法承受时，根据为各接口配置的备份优先级设置，选择对应的一个或多个备份接口同时参与业务转发，以分担主接口链路上的流量，而当流量减小时，又会优先减小备份接口链路上的流量，甚至仅主接口链路承担业务转发工作。

在如图 8-3 所示的应用中，可以在 3 条直连链路间配置负载分担功能，如配置

Interface2 接口作为主接口，Interface1 接口和 Interface3 接口作为备份接口。当 Interface2 的带宽不足时，启用备份接口来分担流量。

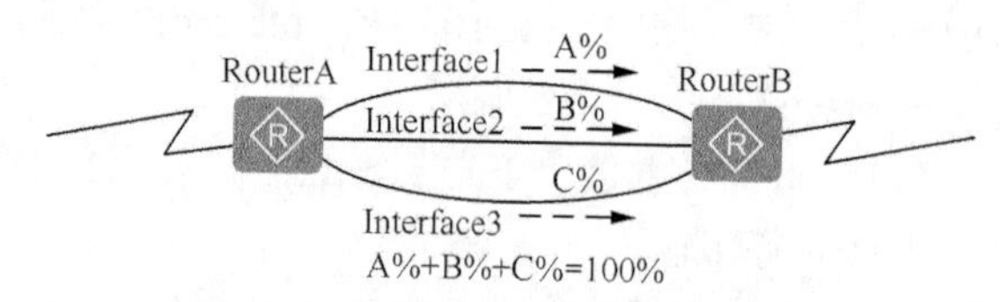

图 8-3 负载分担接口备份应用示例

在负载分担接口备份方式下，系统会定时检测主接口 Interface2 流量是否超过设置的门限阈值。

① 当主接口 Interface2 的数据流量超过负载分担门限的上限阈值时，优先级最高的可用备份接口将被启用，与主接口 Interface2 一起传输业务，进行负载分担。

② 如果负载分担后流量还是超过上限阈值，优先级次高的另一个可用的备份接口将被启用，在这 3 个接口间进行负载分担，依此类推，直至启用了所有的备份接口。

③ 在负载分担过程中，如果流量低于设定的下限阈值，优先级最低的在用备份接口将被关闭。依此类推，直至仅有主接口 Interface2 承担业务流量。

同理，也可以在图 8-2 所示的主备接口备份基本功能应用示例中为两条 WAN 线路配置负载分担功能，具体示例图略。

说明 主备接口间最终是采用主备接口备份功能，还是负载分担接口备份功能，是根据用户是否配置了负载分担的百分比门限决定的。一旦配置了百分比门限，则采用负载分担接口备份，否则采用主备接口备份。

主备接口备份功能和负载分担接口备份这两种工作方式不会同时生效：在主备接口备份功能方式下，即使主接口流量超出其负荷，也不会启用备份接口对流量进行分流；而在负载分担接口备份方式下，当主接口因故障而无法传输数据时，会启用优先级最高的一个备份接口接替原来主接口的工作，但是负载分担功能不会生效，因为此时生效的是主备接口备份功能。

3. 主备接口备份与 BFD/NQA/路由联动

配置主备接口备份功能时，如果主接口的上行非直连链路出现故障，是无法感知的，将导致业务中断，这时就可以通过与 BFD、NQA 或者路由联动来实现切换，因为通过第 7 章的学习，我们已知道 BDF、NQA 和路由功能都可以实现对上行接口非直连链路的故障检测。有关 BFD 和 NQA 的详细介绍请参见本书第 7 章。

BFD 提供了通用的、标准化的、介质无关、协议无关的快速故障检测机制，可以对两台路由器间双向转发路径的故障实现毫秒级的检测。通过配置接口备份与 BFD 联动功能可以对主链路的连通状态进行快速检测，实现主链路故障时主备链路的快速切换，提高了业务传输的可靠性。

NQA 是一种实时的网络性能探测和统计技术，通过对响应时间、网络抖动、丢包率等网络信息进行统计，可以清晰地反映出网络的畅通情况。通过配置主备接口备份功能与 NQA 联动功能也可以对主链路的连通状态进行实时检测，实现主链路故障时主备链路的快速切换，提高了业务传输的可靠性。

路由状态可以反映出一条链路的连通状况，当链路故障时，路由会撤销或状态变为非激活。通过配置接口备份与路由联动功能也可以对主链路的连通状态进行检测，实现主链路发生故障时主备链路的快速切换，提高了业务传输的可靠性。

如图 8-4 所示，公司总部的出口网关 RouterA 通过接口 GE1/0/0 接入 Internet 作为业务传输的主链路与公司分部进行通信，ADSL 接口 ATM0/0/0 接入 Internet 作为备份链路。通过与 BFD 联动时，可在 RouterA 和 RouterB 上配置 BFD 会话，并在备份接口 ATM0/0/0 上配置接口备份与 BFD 联动。这样可实现在 RouterD 到 RouterB 间的链路发生故障时，BFD 会话快速检测出故障并通知 RouterA 启用备份接口 ATM0/0/0，由备份链路临时承担业务传输。

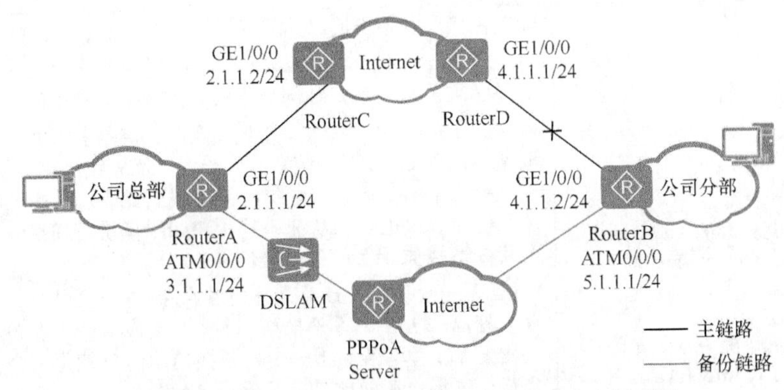

图 8-4 主备接口备份与 BFD/NQA/路由联动应用示例

如果采用与 NQA 联动的方法，可在 RouterA 上配置 NQA 测试例，并在备份接口 ATM0/0/0 上配置接口备份与 NQA 联动。这样也可实现在 RouterD 到 RouterB 之间链路发生故障时，NQA 测试例可以检测出故障并通知 RouterA 启用备份接口 ATM0/0/0，由备份链路临时承担业务传输。

如果使用与路由联动的功能，则可在备份接口 ATM0/0/0 上配置接口备份与路由联动，检测主链路的路由状态。这样也可实现在 RouterD 到 RouterB 之间链路发生故障时，路由模块感知主链路路由撤销，通知 RouterA 启用备份接口 ATM0/0/0，由备份链路临时承担业务传输。

8.1.3 配置主备接口备份基本功能

通过前面的介绍，已经可以得出接口备份功能包括 3 种功能特性的配置：①主备接口备份的基本功能，②主备接口备份的联动功能，③负载分担接口备份。自本节开始，依次介绍这种特性的具体配置方法。

配置主备接口备份的基本功能，可以使主接口及所在直连链路因故障而无法进行业务传输时，启用备份接口，以提高业务传输的可靠性。配置好主备接口备份的基本功能后，当主接口 Down 时，这些备份接口会根据优先级的高低决定启用顺序，优先级最高的接口优先被启用；如果各备份接口优先级相同，则会优先选择先配置的备份接口。

主备接口备份的基本功能的配置很简单，主要就是两个方面的配置：一是在主接口视图下配置各备份接口及优先级，二是配置主备接口的切换延时，具体配置步骤见表 8-1。在配置主备接口备份基本功能前，需配置主链路和备份链路的路由协议，保证各自的网络层连通。

表 8-1 主备接口备份基本功能的配置步骤

步骤	命令	说明
1	**system-view** 例如：< Huawei > **system-view**	进入系统视图
2	**interface** *interface-type interface-number* 例如：[Huawei]**interface** gigabitethernet 1/0/0	键入主接口，进入接口视图
3	**standby interface** *interface-type interface-number* [*priority*] 例如：[Huawei-GigabitEthernet1/0/0] **standby interface** gigabitethernet 2/0/0 20	配置主接口的备份接口并配置其优先级。命令中的参数说明如下。 （1）*interface-type interface-number*：指定要作为主接口的备份接口（必须是与主接口在同一设备上的 WAN 侧接口）。 （2）*priority*：可选参数，指定所配置的备份接口所在的优先级，取值范围为 0～255 的整数，**值越大，优先级越高**，缺省值为 0 。当主接口 Down 时，这些备份接口根据优先级的高低决定启用顺序，优先级高的接口优先被启用；**如果备份接口优先级相同，则会优先选择先配置的备份接口**。 【注意】一台设备上最多允许同时存在 10 个主接口，一个主接口最多可以配置 3 个备份接口。如果需要配置多个备份接口，则需要重复配置本命令。**但一个备份接口同时只能为一个主接口提供备份**；主接口不能配置为其他接口的备份接口，备份接口也不能配置成其他接口的主接口。 **当一个接口被指定为其他接口的备份接口后，其协议状态会立即变为 down，而且其物理状态也将立即变为“^down”状态，表示该接口为备份接口。备份接口对应链路配置的路由也将变为无效。而此时的主接口协议和物理状态，以及路由均工作正常。** 缺省情况下，系统中无任何备份接口，可用 **undo standby interface** *interface-type interface-number* 命令删除指定主接口的备份接口
4	**standby timer delay** *enable-delay disable-delay* 例如：[Huawei-GigabitEthernet1/ 0/0] **standby timer delay** 10 10	（可选）配置主备接口切换延时。命令中的参数说明如下。 （1）*enable-delay*：指定主接口切换到备份接口的延时，取值范围为 0～65 535 的整数秒。缺省延时为 5 s。 （2）*disable-delay*：指定备份接口切换到主接口的延时，取值范围为 0～65 535 的整数秒。缺省延时为 5 s。 【说明】当路由器升级或者主备倒换时，容易导致接口状态不稳定，使主备接口频繁切换，可能引起网络振荡。为避免出现该情况，可通过本命令设置主备接口切换延时。即当主接口状态由 Up 转为 Down 掉后，系统并不立即切换到备份接口，而是等待一个预先设置好的延时。如果超过这个延时后，主接口的状态仍为 Down 状态，切换到备份接口；如果在延时时间段中，主接口状态恢复正常，则不进行切换。 对于传输数据要求不高的网络，可以将切换延时时间配置为较大值，防止网络振荡的现象；而对于传输数据要求较高的网络，建议将切换时间配置为较小值，防止数据流量的丢失。 缺省情况下，主备接口切换延时为 5 s，可用 **undo standby timer delay** 命令恢复主备接口切换延时为缺省值

完成上述配置后，可执行 **display standby state** 命令查看主备接口的状态信息。

8.1.4　以太链路+以太链路的主备接口备份配置示例

本示例的基本拓扑结构如图 8-5 所示，是一个典型的多以太网链路主备接口备份应用。RouterA 通过 3 个接口与 RouterB 直接直连，正常情况下，HostA 通过 RouterA 的 GE2/0/0 接口与 HostB 进行数据传输。为了提高 HostA 与 HostB 间数据传输的可靠性，用户希望当 GE2/0/0 接口出现故障时，能够优先将流量切换到 GE1/0/0 接口。

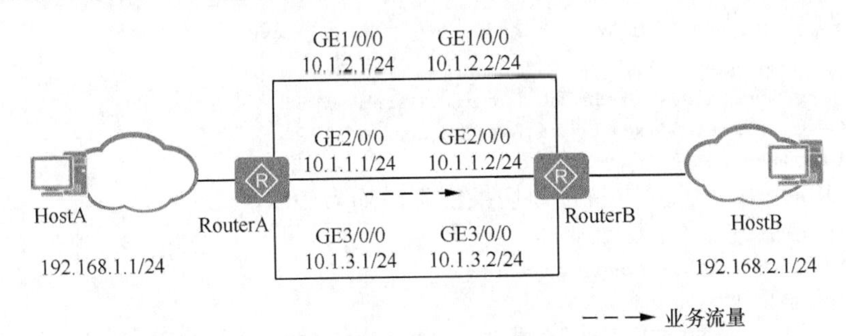

图 8-5　以太链路+以太链路主备接口备份配置示例的拓扑结构

1. 基本配置思路分析

根据 8.1.3 节介绍的主备接口备份基本功能的配置方法，结合本示例的具体要求，可以得出本示例的基本配置思路如下。

① 配置各接口的 IP 地址及 HostA 与 HostB 3 条链路各自的静态路由，确保每条链路的网络层互通。

② 在 RouterA 上配置 GE2/0/0 为主接口，GE1/0/0 和 GE3/0/0 为 GE2/0/0 的备份接口，且 GE1/0/0 的优先级较高，实现主接口故障时，GE1/0/0 优先提供备份服务。

③ 配置主接口与备份接口相互切换的延时，避免主备接口的频繁切换而导致网络振荡。

2. 具体配置步骤

① 配置各接口的 IP 地址及 HostA 与 HostB 之间的静态路由。

下面先配置各接口的 IP 地址。在此仅以 RouterA 为例，RouterB 的配置类似，略。

```
<Huawei> system-view
[Huawei] sysname RouterA
[RouterA] interface gigabitethernet 1/0/0
[RouterA-GigabitEthernet1/0/0] ip address 10.1.2.1 255.255.255.0
[RouterA-GigabitEthernet1/0/0] quit
[RouterA] interface gigabitethernet 2/0/0
[RouterA-GigabitEthernet2/0/0] ip address 10.1.1.1 255.255.255.0
[RouterA-GigabitEthernet2/0/0] quit
[RouterA] interface gigabitethernet 3/0/0
[RouterA-GigabitEthernet3/0/0] ip address 10.1.3.1 255.255.255.0
[RouterA-GigabitEthernet3/0/0] quit
```

然后配置 3 条链路到达对端网络主机的各自往返静态路由。注意：静态路由具有单向性，需要配置好双向静态路由，具体将在本书第 9 章介绍。

下面是在 RouterA 上配置去往 HostB 所在网段的 3 条静态路由。

```
[RouterA] ip route-static 192.168.2.0 24 10.1.2.2
[RouterA] ip route-static 192.168.2.0 24 10.1.1.2
[RouterA] ip route-static 192.168.2.0 24 10.1.3.2
```

下面是在 RouterB 上配置去往 HostA 所在网段的 3 条静态路由。

```
[RouterB] ip route-static 192.168.1.0 24 10.1.2.1
[RouterB] ip route-static 192.168.1.0 24 10.1.1.1
[RouterB] ip route-static 192.168.1.0 24 10.1.3.1
```

② 在 RouterA 上配置 GE2/0/0 为主接口，GE1/0/0 和 GE3/0/0 为备份接口，且 GE1/0/0 和 GE3/0/0 的优先级分别为 30 和 20，即 GE1/0/0 的优先级更高。此时 GE1/0/0 和 GE3/0/0 接口的协议状态立即变为 down，所在链路处于断开状态。

```
[RouterA] interface gigabitethernet 2/0/0
[RouterA-GigabitEthernet2/0/0] standby interface gigabitethernet 1/0/0 30
[RouterA-GigabitEthernet2/0/0] standby interface gigabitethernet 3/0/0 20
[RouterA-GigabitEthernet2/0/0] quit
```

③ 在 RouterA 上配置主备接口切换的延时均为 10 s。

```
[RouterA] interface gigabitethernet 2/0/0
[RouterA-GigabitEthernet2/0/0] standby timer delay 10 10
[RouterA-GigabitEthernet2/0/0] quit
```

配置好后，在 RouterA 上执行 **display standby state** 命令查看主备接口的状态信息，可以看到主接口 GigabitEthernet2/0/0 的状态是 UP，备份接口 GigabitEthernet1/0/0 和 GigabitEthernet3/0/0 的状态是 STANDBY。

```
<RouterA> display standby state
Interface                  Interfacestate Backupstate Backupflag Pri Loadstate
GigabitEthernet2/0/0                UP          MUP          MU
GigabitEthernet1/0/0             STANDBY      STANDBY          BU  30
GigabitEthernet3/0/0             STANDBY      STANDBY          BU  20
Backup-flag meaning:
M---MAIN   B---BACKUP     V---MOVED     U---USED
D---LOAD   P---PULLED


--------------------------------------------------------------------
Below is track BFD information:
Bfd-Name                   Bfd-State  BackupInterface              State

--------------------------------------------------------------------
Below is track IP route information:
Destination/Mask      Route-State  BackupInterface              State

--------------------------------------------------------------------
Below is track NQA Information:
Instance Name                      BackupInterface              State
```

在 RouterA 主接口 GE2/0/0 上执行 **shutdown** 命令，模拟链路故障，然后执行 **display standby state** 命令，可以看到主接口 GigabitEthernet2/0/0 的状态为 Down，备份接口 GigabitEthernet1/0/0 的状态为 Up，表示备份接口已经启用。

```
<RouterA> display standby state
Interface                  Interfacestate Backupstate Backupflag Pri Loadstate
GigabitEthernet2/0/0              DOWN        MDOWN          MU
GigabitEthernet1/0/0               UP           UP        BU  30
GigabitEthernet3/0/0            STANDBY      STANDBY          BU  20
Backup-flag meaning:
```

```
M---MAIN   B---BACKUP      V---MOVED      U---USED
D---LOAD   P---PULLED

------------------------------------------------------------------------
Below is track BFD information:
Bfd-Name                  Bfd-State   BackupInterface                  State

------------------------------------------------------------------------
Below is track IP route information:
Destination/Mask       Route-State   BackupInterface                  State

------------------------------------------------------------------------
Below is track NQA Information:
Instance Name                         BackupInterface                  State
```

8.1.5 配置负载分担接口备份

负载分担接口备份与上节介绍的主备接口备份的基本功能相比，最大的区别就是可以在主接口带宽不足时，使各备份接口参与到主接口的数据业务传输，从而提高数据传输的可靠性。在配置方法上，与上节介绍的主备接口备份的基本功能相比，主要区别有两个方面。

① 在负载分担接口备份功能中不需要配置主备接口切换延时，因为主备接口备份和负载分担接口备份是两种不能共存的方式，只能工作在一种方式下。

② 在负载分担接口备份功能中多了负载分担的百分比门限及相关参数配置。

具体配置步骤见表 8-2。但在配置负载分担接口备份之前，也需配置主链路和备份链路各自的路由协议，以保证各自链路在网络层连通。**如果采用动态路由协议，建议主接口和备份接口到目的网段的路由采用等价路由配置。**

表 8-2　　负载分担接口备份的配置步骤

步骤	命令	说明
1	**system-view** 例如：< Huawei > **system-view**	进入系统视图
2	**interface** *interface-type interface-number* 例如：[Huawei]**interface** gigabitethernet 1/0/0	键入主接口，进入接口视图
3	**standby interface** *interface-type interface-number* [*priority*] 例如：[Huawei-GigabitEthernet1/0/0] **standby interface** gigabitethernet 2/0/0 20	配置主接口的备份接口并配置其优先级。 【说明】如果多个备份接口配置不同的优先级，优先级数值越大表示将被启用或关闭的优先级越高，即在主接口带宽不足时，优先级高的备份接口将优先启用进行负载分担；当流量小于主接口带宽时，优先级最低的将优先退出负载分担。 如果多个备份接口的优先级相同，将根据其配置的先后顺序来决定备份接口的启用或关闭，即在主接口带宽不足时，先配置的备份接口将被优先启用参与负载分担；而当流量小于主接口带宽时，后配置的备份接口将优先退出负载分担。 其他说明参见 8.1.3 节表 8-1 中的第 3 步

续表

步骤	命令	说明
4	**standby threshold** *enable-threshold disable-threshold* 例如：[Huawei-GigabitEthernet1/ 0/0] **standby threshold** 80 20	配置负载分担门限的上限和下限阈值。命令中的参数说明如下。 （1）*enable-threshold*：指定负载分担门限的上限百分比，取值范围为 1～99 的整数。参数 *enable-threshold* 的取值必须大于参数 *disable-threshold* 的取值。 （2）*disable-threshold*：指定负载分担门限的下限百分比，取值范围为 1～99 的整数。 本命令设置的上/下限阈值是实际流量占用当前接口最大可用带宽的百分比。超过上限阈值时启用负载分担，低于下限阈值时禁用负载分担。在缺省情况下，系统没有使能接口备份的负载分担功能。一旦通过本命令配置了百分比门限，则表示采用负载分担方式，否则采用主备备份方式。 【注意】配置负载分担功能后，**如果主接口发生故障，系统将转换为主备接口备份模式**。具体又分以下两种情况。 • 如果主接口故障时未启用备份接口（就是当前没有备份接口参与负载分担），则启用优先级最高的备份接口进行业务传输，优先级相同时，启用先配置的备份接口。 • 如果主接口故障时已启用备份接口（就是当前已有备份接口参与负载分担），则保留优先级最高的备份接口进行业务传输，优先级相同时，保留最先配置的备份接口。 缺省情况下，没有配置负载分担门限，可用 **undo standby threshold** 命令恢复负载分担门限的上限和下限阈值的缺省值，此时**如果已经有备份接口被启用，将关闭所有的备份接口，只保留主接口**
5	**standby bandwidth** *size* 例如：[Huawei-GigabitEthernet1/0/0] **standby bandwidth** 10000	（可选）配置负载分担方式下主接口的最大可用带宽，取值范围为 0～4 000 000 bit/s，当然不能超出具体主接口的实际物理带宽。本命令必须要在执行第 3 步的 **standby interface** 命令配置了备份接口之后才能正常执行。 缺省情况下，主接口的最大可用带宽为主接口实际物理带宽，可用 **undo standby bandwidth** 命令恢复负载分担方式下主接口的最大可用带宽为缺省值
6	**standby timer flow-check** *time* 例如：[Huawei-Gigabit Ethernet1/0/0] **standby timer flow-check** 60	（可选）配置检测主接口流量的时间间隔，取值范围为（10～600）的整数秒。 缺省情况下，检测主接口流量的时间间隔为 10 s，可用 **undo standby timer flow-check** 命令恢复流量检测时间间隔为缺省值

完成上述负载分担配置后，可执行 **display standby state** 命令查看主备接口以及负载分担的状态。

8.1.6 以太链路+以太链路的负载分担接口备份配置示例

本示例的基本拓扑结构参见 8.1.4 节的图 8-5。为了提高 HostA 与 HostB 间数据传输的可靠性，用户希望当 GE2/0/0 接口上流量达到其最大可用带宽的 80%时，优先启动 GE1/0/0 接口进行负载分担，而当 GE2/0/0 接口上流量低于此带宽的 20%时，关闭优先级较低的接口。

1. 基本配置思路分析

本示例是典型的多以太网链路负载分担应用。根据本章前面的介绍已经知道，负载分担模式与主备备份模式相比主要就是多了一个负载分担门限值的配置，也就是本示例要求的，当主接口 GE2/0/0 上的流量达到其最大可用带宽的 80%时，优先启动备份接口 GE1/0/0 进行负载分担，而当主接口 GE2/0/0 上的流量低于其带宽的 20%时，关闭优先级较低的接口。

根据 8.1.5 节的配置可得出本示例的如下基本配置思路。

① 配置各接口的 IP 地址及 HostA 与 HostB 之间 3 条路径的静态路由，实现网络层互通，直接参见 8.1.4 节的第①项配置任务。

② 在 RouterA 上配置 GE2/0/0 为主接口，GE1/0/0 和 GE3/0/0 为 GE2/0/0 的备份接口，且 GE1/0/0 的优先级较高。这样就实现了主接口流量过高时，优先启用 GE1/0/0 进行负载分担的目的。

③ 配置负载分担门限，确定启用备份接口的条件。同时可选配置主接口最大可用带宽，缺省无需配置，直接采用接口的实际带宽。

2. 具体配置步骤

① 配置各接口的 IP 地址及 HostA 与 HostB 之间静态路由的步骤略，可直接参见 8.1.4 节的第①步配置。

② 在 RouterA 上配置主备接口及两备份接口的优先级，即配置 GE2/0/0 为主接口，GE1/0/0 和 GE3/0/0 为备份接口，假设 GE1/0/0 和 GE3/0/0 的优先级分别为 30 和 20，GE1/0/0 接口的优先级高于 GE3/0/0 接口。**此时 GE1/0/0 和 GE3/0/0 接口的协议状态立即变为 down，所在链路处于断开状态。**

```
[RouterA] interface gigabitethernet 2/0/0
[RouterA-GigabitEthernet2/0/0] standby interface gigabitethernet 1/0/0 30
[RouterA-GigabitEthernet2/0/0] standby interface gigabitethernet 3/0/0 20
[RouterA-GigabitEthernet2/0/0] quit
```

③ 在 RouterA 上配置负载分担的百分比门限的上限阈值为 80%，下限阈值为 20%，同时配置主接口 GE2/0/0 接口的最大可用带宽为 10 000 kbit/s。

```
[RouterA] interface gigabitethernet 2/0/0
[RouterA-GigabitEthernet2/0/0] standby threshold 80 20
[RouterA-GigabitEthernet2/0/0] quit

[RouterA] interface gigabitethernet 2/0/0
[RouterA-GigabitEthernet2/0/0] standby bandwidth 10000
[RouterA-GigabitEthernet2/0/0] quit
```

配置好后，在 RouterA 上执行 **display standby state** 命令查看主备接口的状态信息，可以看到，“Loadstate”字段显示为 TO-HYPNOTIZE，表明接口处于负载分担方式，且主接口 GigabitEthernet2/0/0 的状态是 UP，备份接口 GigabitEthernet1/0/0 和 Gigabit Ethernet3/0/0 的状态是 STANDBY，表明配置是正确、成功的。

```
<RouterA> display standby state
Interface                  Interfacestate Backupstate Backupflag Pri Loadstate
GigabitEthernet2/0/0            UP            MUP         MU        TO-HYPNOTIZE
GigabitEthernet1/0/0         STANDBY        STANDBY        BU   30
GigabitEthernet3/0/0         STANDBY        STANDBY        BU   20
Backup-flag meaning:
M---MAIN   B---BACKUP    V---MOVED    U---USED
D---LOAD   P---PULLED
```

```
------------------------------------------------------------------------
Below is track BFD information:
Bfd-Name                    Bfd-State   BackupInterface              State

------------------------------------------------------------------------
Below is track IP route information:
Destination/Mask      Route-State   BackupInterface              State

------------------------------------------------------------------------
Below is track NQA Information:
Instance Name                           BackupInterface              State
```

8.1.7 配置主备接口备份联动功能

配置主备接口备份联动功能，可在主链路因发生故障而无法进行业务传输时，启用备份接口，提高业务传输的可靠性，包括以下 3 种联动方式。

① 配置主备接口备份与 BFD 联动功能。

② 配置主备接口备份与 NQA 联动功能。

③ 配置主备接口备份与路由联动功能。

下面分别对以上 3 种联动功能的配置方法进行具体介绍。

说明 如果配置接口备份的主链路和备份链路**采用静态路由**，由于静态路由自身没有收敛机制，所以尽管配置了接口备份联动功能，但当主链路出现故障时，仍会因为路由不能及时切换而造成数据流量丢失。因此，为了保证数据流能正常切换，**可以配置备份链路路由的优先级比主链路的优先级高**（仅针对到达同一目的网段的不同路径静态路由，到达不同目的网段的静态路由优先级可以一样），**或者配置主链路的静态路由与 BFD 或 NQA 联动**（不是接口备份功能与 BFD、NQA 的联动），当 BFD 会话或 NQA 测试例检测到主链路不可达时，删除路由表中主链路对应的静态路由。

1. 配置主备接口备份与 BFD 联动功能

BFD 提供了通用的、标准化的、介质无关、协议无关的快速故障检测机制，可以为各上层协议如路由协议、MPLS 等统一地快速检测两台路由器间双向转发路径的故障。通过配置接口备份与 BFD 联动功能可以对主链路的连通状态进行快速检测，实现主链路故障时主备链路的快速切换，以保证业务的正常传输。

接口备份与 BFD 联动功能的配置步骤见表 8-3，但在配置之前，需按照前面的说明配置主链路和备份链路各自的路由协议，保证网络层连通。**接口备份与 BFD 联动功能仅支持联动静态和静态自协商类型的 BFD 会话**。有关这两种 BFD 会话的配置方法请参见本书的第 7 章。

表 8-3 主备接口备份与 **BFD** 联动功能的配置步骤

步骤	命令	说明
1	**system-view** 例如：< Huawei > **system-view**	进入系统视图
2	**ip route-static** *ip-address* { *mask* | *mask-length* }	（可选）为主链路的 IPv4 静态路由绑定 BFD 会话或者配置主、备链路的路由优先级。命令中的参数说明如下。

续表

步骤	命令	说明
2	{ *nexthop-address* | *interface-type interface-number* [*nexthop-address*] } [**preference** *preference* | **tag** *tag*] * [**track bfd-session** *cfg-name*] [**description** *text*] 例如：[Huawei]**ip route-static** 4.1.1.0 255.255.255.0 2.1.1.2 **preference** 80	(1) *ip-address*：指定静态路由的目的 IP 地址。 (2) *mask* | *mask-length*：指定静态路由的目的 IP 地址所对应的子网掩码（选择 *mask* 参数时）或子网掩码长度（选择 *mask-length* 参数时）。如果目的 IP 地址和掩码都为 0.0.0.0，配置的路由为缺省路由。如果检查路由表时没有找到相关路由，则使用缺省路由进行报文转发。 (3) *nexthop-address*：二选一参数，指定静态路由的下一跳 IP 地址。 (4) *interface-type interface-number* [*nexthop-address*]：二选一参数，指定静态路由的出接口，或同时指定静态路由的下一跳 IP 地址。 (5) **preference** *preference*：可多选参数，指定静态路由的优先级，取值范围是 1～255。**值越大，优先级越低**。如果不配置此可选参数，则采用缺省优先级 60。 (6) **tag** *tag*：可多选参数，指定静态路由的 tag 属性值。配置不同的 tag 属性值，可对静态路由进行分类，以实现不同的路由管理策略。例如，其他协议引入静态路由时，可通过路由策略引入具有特定 tag 属性值的路由。 (7) **bfd-session** *cfg-name*：可选参数，指定与静态路由进行绑定的静态 BFD 会话的名称，1～15 个字符，不支持空格。 (8) **description** *text*：可选参数，指定静态路由的描述信息，1～35 个字符，支持空格。 【说明】当主链路和备份链路采用静态路由时，**需要执行本步骤，配置主链路的 BFD 与静态路由联动，或者配置备份链路的路由优先级比主链路的路由优先级高**，而当主链路和备份链路采用动态路由时，不需要执行本步。 配置静态路由时，可根据实际需要指定出接口或下一跳 IP 地址。对于点到点接口，只需指定出接口；对于 NBMA（Non Broadcast Multiple Access，非广播多路访问）接口，只需配置下一跳；对于广播类型接口，必须指定下一跳 IP 地址。 在某些情况下，如链路层被 PPP 封装，即使不知道对端地址，也可以在路由器配置时指定出接口。这样，即使对端地址发生了改变也无需改变该路由器的配置。 缺省情况下，没有为主链路的 IPv4 静态路由绑定 BFD 会话或者没有配置主备链路的路由优先级，可用 **undo ip route- static** *ip-address* { *mask* | *mask-length* } [*nexthop-address* | *interface- type interface-number* [*nexthop-address*]] [**preference** *prefer-ence* | **tag***tag*] * **track bfd-session** 命令为主链路的 IPv4 静态路由绑定 BFD 会话，或者删除配置的主备链路的路由优先级
3	**interface** *interface-type interface-number* 例如：[Huawei]**interface** gigabitethernet 1/0/0	键入**备份接口**，进入接口视图
4	**standby track bfd-session session-name** *session-name*	使能接口备份与 BFD 联动功能。通过本命令也间接指定了当前接口所在链路为备份链路，**此时该接口被指定作为其他接口的备份接口，其协议状态会立即变为 down，而且其物理状态也将立即变为“^down”状态，表示该接口为备份接口。备份接口对应链路配置的路由也将变为无效**。参数 *session-name* 用来指定与接

续表

步骤	命令	说明
4	例如：[Huawei-GigabitEthernet1/0/0] **standby track bfd-session session-name** test	口备份功能联动的 BFD 会话的名称，1～15 个字符，不支持空格，不区分大小写。 【注意】一个备份接口只能联动一个 BFD 会话，而同一个 BFD 会话可以为多个备份接口配置联动功能。 缺省情况下，未使能接口备份与 BFD 联动功能，可用 **undo standby track bfd-session session-name** *session-name* 命令去使能对应备份接口的接口备份与指定 BFD 会话的联动功能
如果有多个备份接口，则要分别进行第 3～4 步的配置		

2. 配置主备接口备份与 NQA 联动功能

NQA 是一种实时的网络性能探测和统计技术，可以对响应时间、网络抖动、丢包率等网络信息进行统计。当 NQA 检测到主链路状态良好时，由主链路承担业务传输；当 NQA 检测到主链路不可达或链路质量较差时，通知设备启用备份接口，由备份链路临时承担业务传输；当 NQA 检测到原先故障的主链路恢复正常时，业务会重新切换到主链路。

接口备份与 NQA 联动功能的配置步骤见表 8-4，整体上与前面介绍的与 BFD 联动的配置差不多。但在配置之前，需按照前面的说明配置主链路和备份链路各自的路由协议，保证网络层连通。**接口备份与 NQA 联动功能仅支持联动 ICMP 类型的 NQA 测试例。** 有关 NQA ICMP 测试例的配置方法请参见本书的第 7 章。

表 8-4　主备接口备份与 NQA 联动功能的配置步骤

步骤	命令	说明
1	**system-view** 例如：< Huawei > **system-view**	进入系统视图
2	**ip route-static** *ip-address* { *mask* | *mask-length* } { *nexthop-address* | *interface-type interface-number* [*nexthop-address*] } [**preference** *preference* | **tag** *tag*] * [**track nqa** *admin-name test-name*] [**description** *text*] 例如：[Huawei]**ip route-static** 4.1.1.0 255.255.255.0 2.1.1.2 **preference** 80	（可选）配置主链路的 IPv4 静态路由与 NQA 测试例联动或者配置主、备链路的路由优先级。 命令中的 **track nqa** *admin-name test-name* 可选参数分别用来指定与静态路由绑定的 NQA 测试例的管理者名称和 NQA 测试例的测试例名称，其他参数的说明参见表 8-3 中的第 3 步。 【说明】当主链路和备份链路采用静态路由时，需要执行本步骤，**配置主链路的 NQA 与静态路由联动，或者配置备份链路的路由优先级比主链路的路由优先级高，**而当主链路和备份链路采用动态路由时，不需要执行本步。 缺省情况下，没有为主链路的 IPv4 静态路由绑定 NQA 会话或者没有配置主备链路的路由优先级，可用 **undo ip route-static** *ip-address* { *mask* | *mask-length* } [*nexthop-address* | *interface-type interface-number* [*nexthop-address*]] [**preference** *preference* | **tag***tag*] * [**track nqa**]命令为主链路的 IPv4 静态路由绑定 NQA 会话，或者删除配置的主备链路的路由优先级
3	**interface** *interface-type interface-number* 例如：[Huawei]**interface** gigabitethernet 1/0/0	键入**备份接口**，进入接口视图

续表

步骤	命令	说明
4	**standby track nqa** *admin-name test-name* 例如：[Huawei-GigabitEthernet1/0/0]**standby track nqa** user test	使能接口备份与NQA联动功能。通过本命令也间接指定了当前接口所在链路为备份链路，**此时该接口被指定作为其他接口的备份接口，其协议状态会立即变为** down，**而且其物理状态也将立即变为**“^down”**状态，表示该接口为备份接口。备份接口对应链路配置的路由也将变为无效。**参数 *admin-name test-name* 分别用来指定与接口备份功能联动的NQA测试例的管理者名和测试例名，均为1～32个字符，不支持空格，**区分大小写。** 【注意】一个备份接口只能联动一个NQA测试例，而同一个NQA测试例可以为多个备份接口配置联动功能。 缺省情况下，未使能接口备份与NQA联动功能，可用 **undo standby track nqa** *admin-name test-name* 命令去使能对应备份接口的接口备份与指定NQA会话的联动功能
如果有多个备份接口，则要分别进行第3～4步的配置		

3. 配置主备接口备份与路由联动功能

通过在设备的备份接口上配置接口备份与路由联动，即可实现对主链路路由状态的检测和主备链路的切换。接口备份模块监控设备上行链路的路由条目，如果路由撤销或变为非活跃状态，则启用备份接口，由备份链路来临时承担业务传输；当路由状态恢复正常时，业务会重新切换到主链路。但接口备份与路由联动功能仅支持联动动态路由。

配置接口备份与路由联动功能的方法很简单，仅需在备份接口视图下使用 **standby track ip route** *ip-address* { *mask-address* | *mask-length* } [**vpn-instance** *vpn-instance-name*] 命令配置接口备份和路由联动功能。通过本命令也间接指定了当前接口所在链路为备份链路，**此时该接口被指定作为其他接口的备份接口，其协议状态会立即变为** down，**而且其物理状态也将立即变为**“^down”**状态，表示该接口为备份接口。备份接口对应链路配置的路由也将变为无效。**但在配置接口备份与路由联动功能之前，需配置主链路和备份链路各自的路由协议，保证网络层连通。命令中的参数说明如下。

■ *ip-address*：指定接口备份功能联动的动态路由的目的 IP 地址，是一个主机 IP 地址。

■ *mask-address* | *mask-length*：指定以上动态路由的目的 IP 地址所对应的子网掩码（选择 *mask* 参数时）或子网掩码长度（选择 *mask-length* 参数时）。

■ **vpn-instance** *vpn-instance-name*：可选参数，指定要应用接口备份与路由联动功能的 VPN 实例的名称，1～31 个字符，不支持空格，**区分大小写。**

缺省情况下，未使能接口备份与路由联动功能，可用 **standby track ip route** 命令使能接口备份与路由联动功能。

【示例】指定接口 GE1/0/0 作为备份接口，并在 GE1/0/0 上配置接口备份与到达 10.1.1.2/24 的动态路由进行联动。

```
<Huawei> system-view
[Huawei] interface gigabitethernet 1/0/0
[Huawei-GigabitEthernet1/0/0] standby track ip route 10.1.1.2 24
```

4. 接口备份管理

接口备份管理包括上节介绍的主备接口备份的基本功能和本节介绍的接口备份与

各种其他技术联动的功能，都可以使用 **display standby state** 任意视图命令查看各接口备份的配置和状态信息，验证配置结果。

8.1.8　以太链路+以太链路的接口备份与 BFD 联动配置示例

本示例的基本拓扑结构如图 8-6 所示，正常情况下，HostA 和 HostB 通过 RouterA、RouterB 和 RouterD 之间的链路作为主链路进行业务传输，RouterA、RouterC 和 RouterD 之间的链路作为备份链路。用户希望能在 50 ms 内检测到链路故障，并快速启用备份链路临时承担业务传输，以尽量减小主链路故障对业务传输的影响。

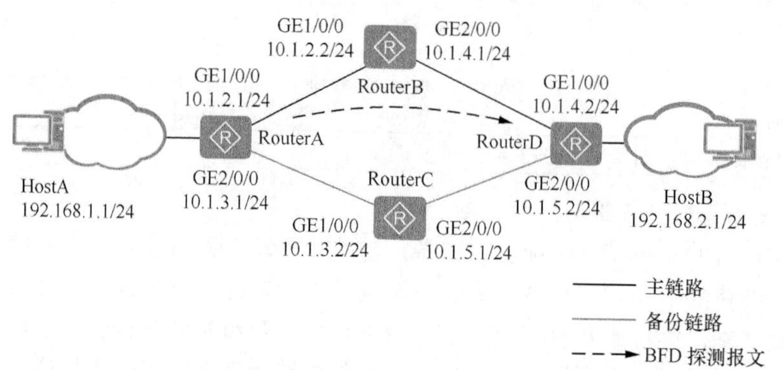

图 8-6　以太链路+以太链路接口备份与 BFD 联动配置示例的拓扑结构

1. 基本配置思路分析

本示例要求实现毫秒级的主备接口快速切换，因此可采用接口备份与 BFD 联动功能来实现。在这里要特别注意的是，为了确保 HostA 和 HostB 主机之间的通信路径一致，需要在 RouterA 和 RouterD 两端同时配置接口备份与 BFD 联动功能。

假设本示例中主、备链路都采用静态路由配置，而静态路由表项必须是由管理员手工明确配置，不能自动生成。又因为要通过 BFD 在备份接口上监测主链路的状态，而本示例中的主、备链路都有多跳，所以要配置好主、备链路的静态路由，**特别要在主链路上配置到达对端接口**（如 RouterD 的 GE1/0/0 接口、RouterA 的 GE1/0/0 接口）**所在网段的静态路由**，否则在通过 BFD 检测到达对端的链路的状态时会因为无可用路由指导 BFD 报文的转发而使检测失败。

另外，在 8.1.7 节中已介绍到，如果主、备链路都采用静态路由实现网络的三层互通，则必须要么配置通过备链路到达对端网段的静态路由的优先级要高于通过主链路到达同一对端网段静态路由的优先级，要么配置 BFD 或 NQA 与主链路的静态路由进行联动，否则因为静态路由不能自动收敛，使得在主链路出现故障时不能有效切换到备份链路上。

根据以上分析，再结合 8.1.7 节的介绍可得出本示例的基本配置思路如下。

① 配置各接口的 IP 地址及主、备链路路由（此处假设采用静态路由），确保主备链路的路由畅通。配置时要注意，通过主链路到达对端主机所在网段的静态路由的优先级要低于通过备份链路到达对端主机所在网段的静态路由的优先级。

② 分别在 RouterA 和 RouterD 上配置主链路对应的静态 BFD 会话，实现对主链路

状态的检测。

③ 在 RouterA、RouterD 的备份接口 GE2/0/0 上配置接口备份与 BFD 联动功能，以便在 BFD 检测到主链路故障时，流量可以快速切换到备份链路，并确保 RouterA 到 RouterD 的流量和 RouterD 到 RouterA 的流量选择的路径保持一致。

2. 具体配置步骤

① 配置各接口的 IP 地址和主备链路静态路由，要确保到达对端同一目的网段静态路由时，通过备份链路的静态路由的优先级要高于主链路静态路由的优先级。首先按组网需求配置各接口的 IP 地址，此处仅以 RouterA 为例介绍。

```
<Huawei> system-view
[Huawei] sysname RouterA
[RouterA] interface gigabitethernet 1/0/0
[RouterA-GigabitEthernet1/0/0] ip address 10.1.2.1 255.255.255.0
[RouterA-GigabitEthernet1/0/0] quit
[RouterA] interface gigabitethernet 2/0/0
[RouterA-GigabitEthernet2/0/0] ip address 10.1.3.1 255.255.255.0
[RouterA-GigabitEthernet2/0/0] quit
```

在 RouterA 上配置去往 RouterD 的 10.1.4.0/24 和 10.1.5.0/24 两个网段的静态路由，在 RouterD 上配置去往 RouterA 的 10.1.2.0/24 和 10.1.3.0/24 两个网段的静态路由。此处因为目的网段不一样，所以这两条静态路由的优先级配置不做要求。

```
[RouterA] ip route-static 10.1.4.0 255.255.255.0 10.1.2.2
[RouterA] ip route-static 10.1.5.0 255.255.255.0 10.1.3.2

[RouterD] ip route-static 10.1.2.0 255.255.255.0 10.1.4.1
[RouterD] ip route-static 10.1.3.0 255.255.255.0 10.1.5.1
```

在 RouterA 上配置通过主备链路分别到达 HostB 主机所在 192.168.2.0/24 网段的静态路由，此时通过备份链路到达的静态路由的优先级（采用缺省值 60）要高于通过主链路到达的静态路由的优先级（**值为 80，优先级值越小，路由优先级越高**），否则当主链路出现故障时，可能因为其中某部分链路仍工作正常，导致备份链路不能完全接替主链路的工作。

```
[RouterA] ip route-static 192.168.2.0 255.255.255.0 10.1.2.2  preference 80
[RouterA] ip route-static 192.168.2.0 255.255.255.0 10.1.3.2

[RouterD] ip route-static 192.168.1.0 255.255.255.0 10.1.4.1 preference 80
[RouterD] ip route-static 192.168.1.0 255.255.255.0 10.1.5.1
```

② 在 RouterA 到 RouterD 之间分别配置用于监测主链路状态的静态 BFD 会话，注意这里需要双向配置。本地必须要有到达监测的目的端所在网段的路由。

■ RouterA 上的配置。

```
[RouterA] bfd
[RouterA-bfd] quit
[RouterA] bfd test bind peer-ip 10.1.4.2  !---配置与 RouterD 的 GE1/0/0 接口之间的 BFD 会话
[RouterA-bfd-session-test] discriminator local 10
[RouterA-bfd-session-test] discriminator remote 100
[RouterA-bfd-session-test] commit
[RouterA-bfd-session-test] quit
```

■ RouterD 上的配置。

```
[RouterD] bfd
[RouterD-bfd] quit
```

```
[RouterD] bfd test bind peer-ip 10.1.2.1    !---配置与 RouterA 的 GE1/0/0 接口之间的 BFD 会话
[RouterD-bfd-session-test] discriminator local 100
[RouterD-bfd-session-test] discriminator remote 10
[RouterD-bfd-session-test] commit
[RouterD-bfd-session-test] quit
```

③ 在 RouterA 和 RouterD 的备份接口 GE2/0/0 上均配置接口备份与前面在主链路上创建的 BFD 会话联动。此时相当于指定了 GE2/0/0 接口为备份接口，其协议状态立即变为 down，所在链路处于断开状态。

```
[RouterA] interface gigabitethernet 2/0/0
[RouterA-GigabitEthernet2/0/0] standby track bfd-session session-name test

[RouterD] interface gigabitethernet 2/0/0
[RouterD-GigabitEthernet2/0/0] standby track bfd-session session-name test
```

3. 配置结果验证

以上配置好后，在 RouterA 和 RouterD 上执行 **display ip routing-table** 命令，可以发现在 RouterA 没有备份链路上配置的、优先级更高的、到达 192.168.2.0/24 网段的静态路由，而在主链路上却有配置的、优先级更低的、到达该网段的静态路；同样，在 RouterD 没有备份链路上配置的、优先级更高的、到达 192.168.1.0/24 网段的静态路由，而在主链路上却有配置的、优先级更低的、到达该网段的静态路，那是因为在指定 RouterA、RouterD 的 GE2/0/0 接口为备份接口后，该接口的状态为 Down（**在物理状态中显示“^down”，表示该接口是备份接口**），自然对应的路由是无效的，不会在 IP 路由表中存在。

```
<RouterA>display ip routing-table
Route Flags: R - relay, D - download to fib
------------------------------------------------------------------------------
Routing Tables: Public
         Destinations : 9        Routes : 9

Destination/Mask    Proto   Pre  Cost      Flags NextHop         Interface

      10.1.2.0/24   Direct  0    0           D   10.1.2.1        GigabitEthernet1/0/0
      10.1.2.1/32   Direct  0    0           D   127.0.0.1       GigabitEthernet1/0/0
    10.1.2.255/32   Direct  0    0           D   127.0.0.1       GigabitEthernet1/0/0
      10.1.4.0/24   Static  60   0           RD  10.1.2.2        GigabitEthernet1/0/0
      127.0.0.0/8   Direct  0    0           D   127.0.0.1       InLoopBack0
     127.0.0.1/32   Direct  0    0           D   127.0.0.1       InLoopBack0
127.255.255.255/32  Direct  0    0           D   127.0.0.1       InLoopBack0
    192.168.2.0/24  Static  80   0           RD  10.1.2.2        GigabitEthernet1/0/0
255.255.255.255/32  Direct  0    0           D   127.0.0.1       InLoopBack0

<RouterD>display ip routing-table
Route Flags: R - relay, D - download to fib
------------------------------------------------------------------------------
Routing Tables: Public
         Destinations : 9        Routes : 9

Destination/Mask    Proto   Pre  Cost      Flags NextHop         Interface

      10.1.2.0/24   Static  60   0           RD  10.1.4.1        GigabitEthernet1/0/0
      10.1.4.0/24   Direct  0    0           D   10.1.4.2        GigabitEthernet1/0/0
      10.1.4.2/32   Direct  0    0           D   127.0.0.1       GigabitEthernet1/0/0
```

```
       10.1.4.255/32  Direct  0    0          D   127.0.0.1       GigabitEthernet1/0/0
          127.0.0.0/8  Direct  0    0          D   127.0.0.1       InLoopBack0
         127.0.0.1/32  Direct  0    0          D   127.0.0.1       InLoopBack0
  127.255.255.255/32  Direct  0    0          D   127.0.0.1       InLoopBack0
       192.168.1.0/24  Static  80   0          RD  10.1.4.1        GigabitEthernet1/0/0
  255.255.255.255/32  Direct  0    0          D   127.0.0.1       InLoopBack0

<RouterA>display ip interface brief
*down: administratively down
^down: standby
(l): loopback
(s): spoofing
The number of interface that is UP in Physical is 3
The number of interface that is DOWN in Physical is 1
The number of interface that is UP in Protocol is 3
The number of interface that is DOWN in Protocol is 1

Interface                         IP Address/Mask     Physical    Protocol
GigabitEthernet1/0/0              10.1.2.1/24         up          up
GigabitEthernet2/0/0              10.1.3.1/24         ^down       down
NULL0                             unassigned          up          up(s)
```

在 RouterA 执行 **display bfd session all verbose** 命令，可看到与 RouterD 之间已建立的 BFD 会话的状态为 Up。

```
[RouterA] display bfd session all verbose
--------------------------------------------------------------------------------
Session MIndex : 256          (Multi Hop) State :Up          Name : test
--------------------------------------------------------------------------------
  Local Discriminator    : 10                Remote Discriminator   : 100
  Session Detect Mode    : Asynchronous Mode Without Echo Function
  BFD Bind Type          : Peer Ip Address
  Bind Session Type      : Static
  Bind Peer Ip Address   : 10.1.4.2
  Bind Interface         : -
  FSM Board Id           : 0                 TOS-EXP                : 7
  Min Tx Interval (ms)   : 1000              Min Rx Interval (ms)   : 1000
  Actual Tx Interval (ms): 1000              Actual Rx Interval (ms): 1000
  Local Detect Multi     : 3                 Detect Interval (ms)   : 3000
  Echo Passive           : Disable           Acl Number             : -
  Destination Port       : 3784              TTL                    : 254
  Proc interface status  : Disable           Process PST            : Disable
  WTR Interval (ms)      : -
  Active Multi           : 3
  Last Local Diagnostic  : No Diagnostic
  Bind Application       : No Application Bind
  Session TX TmrID       : -                 Session Detect TmrID   : -
  Session Init TmrID     : -                 Session WTR TmrID      : -
  PDT Index              : FSM-0|RCV-0|IF-0|TOKEN-0
  Session Description    : -
--------------------------------------------------------------------------------
      Total UP/DOWN Session Number : 1/0
```

在 RouterA 上通过执行 **display standby state** 命令查看 BFD 会话和备份接口的状态信息，可以看到 BFD 会话的状态是 UP，备份接口 GigabitEthernet2/0/0 的状态是 STANDBY。

```
<RouterA> display standby state
Interface                     Interfacestate Backupstate Backupflag Pri    Loadstate

 Backup-flag meaning:
 M---MAIN   B---BACKUP      V---MOVED      U---USED
 D---LOAD   P---PULLED


 ----------------------------------------------------------------------
 Below is track BFD Information:
 Bfd-Name                   Bfd-State  BackupInterface              State
 test                       UP     GigabitEthernet2/0/0           STANDBY
 ----------------------------------------------------------------------
 Below is track IP route information:
 Destination/Mask           Route-State   BackupInterface             State

 ----------------------------------------------------------------------
 Below is track NQA Information:
 Instance Name                         BackupInterface                State
```

在 RouterB 的 GE2/0/0 接口执行 **shutdown** 命令，模拟链路故障，然后在 RouterA 上执行 **display bfd session all verbose** 命令，可以看到 BFD 会话的状态为 Down。

```
[RouterA] display bfd session all verbose
--------------------------------------------------------------------------
Session MIndex : 256          (Multi Hop) State :Down          Name : test
--------------------------------------------------------------------------
  Local Discriminator      : 10              Remote Discriminator    : 100
  Session Detect Mode      : Asynchronous Mode Without Echo Function
  BFD Bind Type            : Peer Ip Address
  Bind Session Type        : Static
  Bind Peer Ip Address     : 10.1.4.2
  Bind Interface           : -
  FSM Board Id             : 0               TOS-EXP                 : 7
  Min Tx Interval (ms)     : 1000            Min Rx Interval (ms)    : 1000
  Actual Tx Interval (ms): 1000              Actual Rx Interval (ms): 1000
  Local Detect Multi       : 3               Detect Interval (ms)    : 3000
  Echo Passive             : Disable         Acl Number              : -
  Destination Port         : 3784            TTL                     : 254
  Proc interface status    : Disable         Process PST             : Disable
  WTR Interval (ms)        : -
  Active Multi             : 3
  Last Local Diagnostic    : No Diagnostic
  Bind Application         : No Application Bind
  Session TX TmrID         : -               Session Detect TmrID    : -
  Session Init TmrID       : -               Session WTR TmrID       : -
  PDT Index                : FSM-0|RCV-0|IF-0|TOKEN-0
  Session Description      : -
--------------------------------------------------------------------------
     Total UP/DOWN Session Number : 0/1
```

此时再在 RouterA 上执行 **display standby state** 命令时，可看到此时 BFD 会话的状态是 ERR，备份接口 GigabitEthernet2/0/0 的状态是 UP，说明备份接口被启用。

```
<RouterA> display standby state
Interface                     Interfacestate Backupstate Backupflag Pri    Loadstate
```

```
Backup-flag meaning:
M---MAIN   B---BACKUP      V---MOVED      U---USED
D---LOAD   P---PULLED

------------------------------------------------------------------------
Below is track BFD Information:
Bfd-Name                 Bfd-State   BackupInterface               State
test                     ERR    GigabitEthernet2/0/0               UP
------------------------------------------------------------------------
Below is track IP route information:
Destination/Mask            Route-State   BackupInterface              State

------------------------------------------------------------------------
Below is track NQA Information:
Instance Name                       BackupInterface                State
```

此时再在 RouterA、RouterD 上查看 IP 路由表时会发现，到达对端主机所在网段的静态路由全切换到通过备份链路到达的静态路由了。

```
<RouterA>display ip routing-table
Route Flags: R - relay, D - download to fib
------------------------------------------------------------------------
Routing Tables: Public
         Destinations : 9          Routes : 9

Destination/Mask    Proto   Pre  Cost      Flags NextHop         Interface

      10.1.3.0/24   Direct  0    0           D   10.1.3.1        GigabitEthernet2/0/0
      10.1.3.1/32   Direct  0    0           D   127.0.0.1       GigabitEthernet2/0/0
    10.1.3.255/32   Direct  0    0           D   127.0.0.1       GigabitEthernet2/0/0
      10.1.5.0/24   Static  60   0          RD   10.1.3.2        GigabitEthernet2/0/0
     127.0.0.0/8    Direct  0    0           D   127.0.0.1       InLoopBack0
     127.0.0.1/32   Direct  0    0           D   127.0.0.1       InLoopBack0
127.255.255.255/32  Direct  0    0           D   127.0.0.1       InLoopBack0
    192.168.2.0/24  Static  60   0          RD   10.1.3.2        GigabitEthernet2/0/0
255.255.255.255/32  Direct  0    0           D   127.0.0.1       InLoopBack0

<RouterD>display ip routing-table
Route Flags: R - relay, D - download to fib
------------------------------------------------------------------------
Routing Tables: Public
         Destinations : 9          Routes : 9

Destination/Mask    Proto   Pre  Cost      Flags NextHop         Interface

      10.1.2.0/24   Static  60   0          RD   10.1.4.1        GigabitEthernet1/0/0
      10.1.3.0/24   Static  60   0          RD   10.1.5.1        GigabitEthernet2/0/0
      10.1.4.0/24   Direct  0    0           D   10.1.4.2        GigabitEthernet1/0/0
      10.1.4.2/32   Direct  0    0           D   127.0.0.1       GigabitEthernet1/0/0
    10.1.4.255/32   Direct  0    0           D   127.0.0.1       GigabitEthernet1/0/0
      10.1.5.0/24   Direct  0    0           D   10.1.5.2        GigabitEthernet2/0/0
      10.1.5.2/32   Direct  0    0           D   127.0.0.1       GigabitEthernet2/0/0
    10.1.5.255/32   Direct  0    0           D   127.0.0.1       GigabitEthernet2/0/0
     127.0.0.0/8    Direct  0    0           D   127.0.0.1       InLoopBack0
     127.0.0.1/32   Direct  0    0           D   127.0.0.1       InLoopBack0
```

```
127.255.255.255/32  Direct  0    0        D   127.0.0.1       InLoopBack0
    192.168.1.0/24  Static  60   0       RD   10.1.5.1        GigabitEthernet2/0/0
255.255.255.255/32  Direct  0    0        D   127.0.0.1       InLoopBack0
```

对 RouterB GE2/0/0 接口执行 **undo shutdown** 命令，GE2/0/0 接口恢复 UP 状态后，在 RouterA 上使用 **display standby state** 命令，可以看到此时 BFD 会话的状态是 UP，备份接口 GigabitEthernet2/0/0 又回到原来的 STANDBY 状态。输出示例略。

8.1.9 以太链路+ADSL 链路的接口备份与 BFD 联动的配置示例

如图 8-7 所示，某公司总部的出口网关 RouterA 通过接口 GE1/0/0 接入 Internet 作为业务传输的主链路与公司分部进行通信，ADSL 接口 ATM0/0/0 接入 Internet 作为备份链路。现用户希望能在 50 ms 内检测到主链路故障，并快速启用备份链路临时承担业务传输，以尽量减小主链路故障对业务传输的影响。

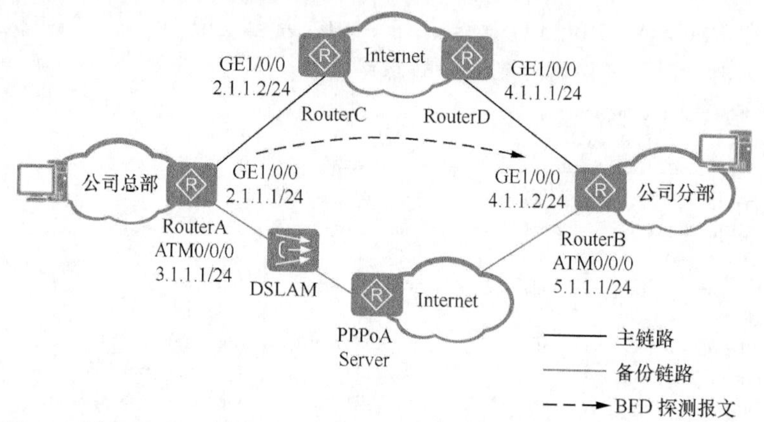

图 8-7 以太链路+ADSL 链路的接口备份与 BFD 联动配置示例的拓扑结构

1. 基本配置思路分析

本示例与 8.1.8 节介绍的配置示例的需求基本一样，不同的只是用户的备份链路不是永久连接的以太网，而是按需建立的 ADSL 拨号链路。

注意 如果公司总部、公司分部要配置到达对端网络的静态路由，则也必须确保通过备份链路的静态路由的优先级要高于通过主链路的静态路由的优先级。本示例后面的配置不包括此部分。

本示例中 ADSL 拨号采用的是 PPPoA（PPP over AAL5）协议，这时无需创建 VE 接口，也无需配置 ATM 接口与 VE 接口之间建立 PPPoEoA 映射和 PPPoEoA 客户端，直接配置与运行 PPP 的 Dialer 接口建立 PPPoA 映射就行了，相当于配置 PPPoA 客户端。

根据以上分析，再结合 8.1.7 节介绍的主备接口备份与 BFD 功能联动的配置方法，得出本示例如下基本配置思路。

① 配置主链路上各接口的 IP 地址和静态路由协议，保证网络层互通。

② 在备份链路的 RouterA 上配置共享 DCC 拨号、指导公司总部用户访问公司分部时的报文转发的静态路由，并建立 ATM 接口与 Diaer 接口之间的 PPPoA 映射，实现通

过拨号使用备份链路进行业务传输。

③ 配置 PPPoA 服务器。因为在 PPPoA 服务器上也需要在以太网上传输 PPP 报文，所以 PPPoA 实际上也是使能 PPPoE 服务器功能。

④ 分别在 RouterA 和 RouterB 主链路上配置对应的静态 BFD 会话，实现对主链路状态的检测。然后，在 RouterA 的备份接口 ATM0/0/0 上配置接口备份与 BFD 联动功能，实现当 BFD 检测到主链路故障时，流量可以快速切换到备份接口。

2. 具体配置步骤

① 配置主链路各接口 IP 地址和静态路由，使主链路三层互通。

■ 配置 RouterA 的接口 IP 地址。

```
<Huawei> system-view
[Huawei] sysname RouterA
[RouterA] interface gigabitethernet 1/0/0
[RouterA-GigabitEthernet1/0/0] ip address 2.1.1.1 255.255.255.0
[RouterA-GigabitEthernet1/0/0] quit
```

■ 配置 RouterB 的接口 IP 地址。

```
<Huawei> system-view
[Huawei] sysname RouterB
[RouterB] interface gigabitethernet 1/0/0
[RouterB-GigabitEthernet1/0/0] ip address 4.1.1.2 255.255.255.0
[RouterB-GigabitEthernet1/0/0] quit
```

■ 配置 RouterC 的接口 IP 地址。

```
<Huawei> system-view
[Huawei] sysname RouterC
[RouterC] interface gigabitethernet 1/0/0
[RouterC-GigabitEthernet1/0/0] ip address 2.1.1.2 255.255.255.0
[RouterC-GigabitEthernet1/0/0] quit
```

■ 配置 RouterD 的接口 IP 地址。

```
<Huawei> system-view
[Huawei] sysname RouterD
[RouterD] interface gigabitethernet 1/0/0
[RouterD-GigabitEthernet1/0/0] ip address 4.1.1.1 255.255.255.0
[RouterD-GigabitEthernet1/0/0] quit
```

■ 在 RouterA 上配置去往 RouterB 的 4.1.1.0/24 网段的静态路由。

```
[RouterA] ip route-static 4.1.1.0 255.255.255.0 2.1.1.2
```

■ 在 RouterB 上配置去往 RouterA 的 2.1.1.0/24 网段的静态路由。

```
[RouterB] ip route-static 2.1.1.0 255.255.255.0 4.1.1.1
```

② 在 RouterA 上配置共享 DCC 拨号。因为 ADSL 只能采用共享 DCC 配置拨号，所以首先需要创建逻辑拨号接口 Dialer，配置相关拨号参数，然后配置 PPPoA 映射。可选配置 PPP 认证，如果配置，则在 PPPoA 服务器端也要对应配置。

■ 配置拨号接口。

```
[RouterA] dialer-rule
[RouterA-dialer-rule] dialer-rule 10 ip permit
[RouterA-dialer-rule] quit
[RouterA] interface dialer 1
[RouterA-Dialer1] dialer user winda
[RouterA-Dialer1] dialer-group 10
[RouterA-Dialer1] dialer bundle 10
```

```
[RouterA-Dialer1] ip address 3.1.1.1 255.255.255.0
[RouterA-Dialer1] dialer number 666
[RouterA-Dialer1] quit
```

■ 配置 ATM 接口。因为 RouterA 的 ADSL 接口连接的是 DSLAM，所以其接口工作在 ATM 模式，需要配置 *vpi/vci* 参数对，并与 Dialer 接口建立 PPPoA 映射。

```
[RouterA] interface atm 0/0/0
[RouterA-Atm0/0/0] pvc pppoa 2/40
[RouterA-atm-pvc-Atm0/0/0-2/40-pppoa] map ppp dialer 1   !---必须与创建的 Dialer 接口编号一致
[RouterA-atm-pvc-Atm0/0/0-2/40-pppoa] quit
[RouterA-Atm0/0/0] quit
```

■ 配置备份链路的静态路由，用于指导公司总部用户拨号访问公司分部时的数据报文的转发。

```
[RouterA] ip route-static 5.1.1.0 255.255.255.0 dialer1
```

③ 配置 PPPoA 服务器。

说明

DSLAM 设备的配置请参考具体 DSLAM 设备的产品手册。PPPoA 服务器的配置很简单，只需创建一个 VT 接口，并配置好接口 IP 地址，在以太网接口上使能 PPPoA 服务器功能，另根据需要可选配置为客户端分配 IP 地址、PPP 认证功能。本示例中，PPPoA 服务器的 IP 地址假设为 3.1.1.2。

```
<Huawei> system-view
[Huawei] sysname PPPoAServer
[PPPoAServer] interface Virtual-Template 0   !---创建 VT 接口
[PPPoAServer-Virtual-Template0] ip address 3.1.1.2 255.255.255.0
[PPPoAServer-Virtual-Template0] quit
[PPPoAServer] interface GigabitEthernet1/0/0
[PPPoAServer-GigabitEthernet] pppoe-server bind Virtual-Template 0   !---使能 PPPoE 服务器功能（PPPoA 服务器实际上就是 PPPoE 服务器）
[PPPoAServer-GigabitEthernet] quit
```

④ 在主链路上配置 RouterA 到 RouterB 之间的静态 BFD 会话。

■ 在 RouterA 上配置到目的 IP 地址为 4.1.1.2/24 的 BFD 会话。

```
[RouterA] bfd
[RouterA-bfd] quit
[RouterA] bfd test bind peer-ip 4.1.1.2
[RouterA-bfd-session-test] discriminator local 10
[RouterA-bfd-session-test] discriminator remote 100
[RouterA-bfd-session-test] commit
[RouterA-bfd-session-test] quit
```

■ 在 RouterB 上配置到目的 IP 地址为 2.1.1.1/24 的 BFD 会话。

```
[RouterB] bfd
[RouterB-bfd] quit
[RouterB] bfd test bind peer-ip 2.1.1.1
[RouterB-bfd-session-test] discriminator local 100
[RouterB-bfd-session-test] discriminator remote 10
[RouterB-bfd-session-test] commit
[RouterB-bfd-session-test] quit
```

■ 在 RouterA 的备份接口 ATM0/0/0 上配置接口备份与 BFD 联动功能。**此时 ATM0/0/0 接口的协议状态立即变为 down，所在链路处于断开状态。**

```
[RouterA] interface atm 0/0/0
[RouterA-Atm0/0/0] standby track bfd-session session-name test
```

3. 实验结果验证

以上配置完成后，在 RouterA 执行命令 **display bfd session all verbose**，可以看到 BFD 会话的状态为 Up。

```
[RouterA] display bfd session all verbose
--------------------------------------------------------------------------------
Session MIndex : 256          (Multi Hop) State :Up          Name : test
--------------------------------------------------------------------------------
  Local Discriminator      : 10              Remote Discriminator    : 100
  Session Detect Mode      : Asynchronous Mode Without Echo Function
  BFD Bind Type            : Peer Ip Address
  Bind Session Type        : Static
  Bind Peer Ip Address     : 4.1.1.2
  Bind Interface           : -
  FSM Board Id             : 0               TOS-EXP                 : 7
  Min Tx Interval (ms)     : 1000            Min Rx Interval (ms)    : 1000
  Actual Tx Interval (ms): 1000              Actual Rx Interval (ms): 1000
  Local Detect Multi       : 3               Detect Interval (ms)    : 3000
  Echo Passive             : Disable         Acl Number              : -
  Destination Port         : 3784            TTL                     : 254
  Proc interface status    : Disable         Process PST             : Disable
  WTR Interval (ms)        : -
  Active Multi             : 3
  Last Local Diagnostic    : No Diagnostic
  Bind Application         : No Application Bind
  Session TX TmrID         : -               Session Detect TmrID    : -
  Session Init TmrID       : -               Session WTR TmrID       : -
  PDT Index                : FSM-0|RCV-0|IF-0|TOKEN-0
  Session Description      : -
--------------------------------------------------------------------------------
     Total UP/DOWN Session Number : 1/0
```

■ 在 RouterA 上执行 **display standby state** 命令查看 BFD 会话和备份接口的状态信息，可以看到 BFD 会话的状态是 UP，备份接口 Atm0/0/0 的状态是 STANDBY。

```
<RouterA> display standby state
Interface                    Interfacestate Backupstate Backupflag Pri    Loadstate

 Backup-flag meaning:
 M---MAIN   B---BACKUP     V---MOVED     U---USED
 D---LOAD   P---PULLED


--------------------------------------------------------------------------------
Below is track BFD information:
Bfd-Name                     Bfd-State   BackupInterface              State
test                         UP          Atm0/0/0                     STANDBY
--------------------------------------------------------------------------------
Below is track IP route information:
Destination/Mask          Route-State BackupInterface              State

--------------------------------------------------------------------------------
Below is track NQA Information:
Instance Name                            BackupInterface              State
```

■ 配置 RouterB 的 GE1/0/0 接口执行 **shutdown** 操作，模拟链路故障。在 RouterA

上执行命令 **display bfd session all verbose**，可以看到 BFD 会话的状态为 Down。

```
[RouterA] display bfd session all verbose
--------------------------------------------------------------------------------
Session MIndex : 256        (Multi Hop) State :Down        Name : test
--------------------------------------------------------------------------------
  Local Discriminator      : 10            Remote Discriminator     : 100
  Session Detect Mode      : Asynchronous Mode Without Echo Function
  BFD Bind Type            : Peer Ip Address
  Bind Session Type        : Static
  Bind Peer Ip Address     : 4.1.1.2
  Bind Interface           : -
  FSM Board Id             : 0             TOS-EXP                  : 7
  Min Tx Interval (ms)     : 1000          Min Rx Interval (ms)     : 1000
  Actual Tx Interval (ms): 1000            Actual Rx Interval (ms): 1000
  Local Detect Multi       : 3             Detect Interval (ms)     : 3000
  Echo Passive             : Disable       Acl Number               : -
  Destination Port         : 3784          TTL                      : 254
  Proc interface status    : Disable       Process PST              : Disable
  WTR Interval (ms)        : -
  Active Multi             : 3
  Last Local Diagnostic    : No Diagnostic
  Bind Application         : No Application Bind
  Session TX TmrID         : -             Session Detect TmrID     : -
  Session Init TmrID       : -             Session WTR TmrID        : -
  PDT Index                : FSM-0|RCV-0|IF-0|TOKEN-0
  Session Description      : -
--------------------------------------------------------------------------------
     Total UP/DOWN Session Number : 0/1
```

■ 在 RouterA 上执行 **display standby state** 命令，可以看到此时 BFD 会话的状态是 ERR，备份接口 Atm0/0/0 的状态是 UP，说明备份接口被启用。

```
<RouterA> display standby state
Interface                     Interfacestate Backupstate Backupflag Pri   Loadstate

 Backup-flag meaning:
 M---MAIN   B---BACKUP    V---MOVED    U---USED
 D---LOAD   P---PULLED



---------------------------------------------------------------------------
Below is track BFD information:
Bfd-Name                Bfd-State   BackupInterface             State
test                    ERR         Atm0/0/0                    UP
---------------------------------------------------------------------------
Below is track IP route information:
Destination/Mask       Route-State    BackupInterface           State

---------------------------------------------------------------------------
Below is track NQA Information:
Instance Name                         BackupInterface           State
```

■ 配置 RouterB 的 GE1/0/0 接口执行 **undo shutdown** 命令，GE1/0/0 接口恢复为 UP 状态后，在 RouterA 上使用 **display standby state** 命令，可以看到此时 BFD 会话的状态是 UP，备份接口 Atm0/0/0 又回到 STANDBY 状态。

```
<RouterA> display standby state
Interface                    Interfacestate Backupstate Backupflag Pri    Loadstate

 Backup-flag meaning:
 M---MAIN   B---BACKUP     V---MOVED     U---USED
 D---LOAD   P---PULLED


 ------------------------------------------------------------------------
 Below is track BFD information:
 Bfd-Name                Bfd-State   BackupInterface                State
 test                    UP          Atm0/0/0                       STANDBY
 ------------------------------------------------------------------------
 Below is track IP route information:
 Destination/Mask     Route-State   BackupInterface              State

 ------------------------------------------------------------------------
 Below is track NQA Information:
 Instance Name                      BackupInterface                 State
```

8.1.10　以太链路+以太链路的接口备份与 NQA 联动的配置示例

本示例的拓扑结构可参见 8.1.8 节的图 8-6。正常情况下，HostA 和 HostB 间通过将 RouterA、RouterB 和 RouterD 之间的链路作为主链路进行业务传输，RouterA、RouterC 和 RouterD 之间的链路作为备份链路。现用户希望能实时监测主链路的网络状况，一旦检测到主链路出现故障，快速启用备份链路临时承担业务传输，以尽量减小主链路故障对业务传输的影响。

1．基本配置思路分析

本节的基本配置思路与 8.1.8 节介绍的主备接口备份与 BFD 联动示例的配置类似，只是这里采用的是主备接口备份与 NQA 联动（**也需要在 RouterA 和 RouterD 上进行双向联动配置**），具体如下。

① 配置各接口的 IP 地址及主备链路的静态路由，确保网络层互通。在 RouterA、RouterD 上配置到达对端主机所在网段的静态路由时，通过备份链路的静态路由优先高于通过主链路的静态路由优先级。

② 在 RouterA、RouterD 上配置 ICMP 类型的 NQA 测试例，并在备份接口 GE2/0/0 上配置接口备份与 NQA 联动，以便当 NQA 检测到主链路故障时，流量可以快速切换到备份链路，并确保 RouterA 到 RouterD 的流量和 RouterD 到 RouterA 的流量选择的路径保持一致。

2．具体配置步骤

① 配置各路由器接口的 IP 地址和在 RouterA 到 RouterD 之间主、备链路的双向静态路由，与 8.1.8 节的第（1）步配置完全一样，参见即可。

② 在 RouterA 和 RouterD 上分别配置用于监测主链路状态的 NQA ICMP 测试例，并与备份接口 GE2/0/0 进行联动。

下面是在 RouterA 上配置的 ICMP 类型 NQA 测试例与接口备份的联动。

```
[RouterA] nqa test-instance user test
[RouterA-nqa-user-test] test-type icmp
```

```
[RouterA-nqa-user-test] destination-address ipv4 10.1.4.2
[RouterA-nqa-user-test] frequency 10
[RouterA-nqa-user-test] probe-count 2
[RouterA-nqa-user-test] start now
[RouterA-nqa-user-test] quit
[RouterA] interface gigabitethernet 2/0/0
[RouterA-GigabitEthernet2/0/0] standby track nqa user test
[RouterA-GigabitEthernet2/0/0] quit
```

下面是在 RouterD 上配置的 ICMP 类型 NQA 测试例，并在备份接口 GE2/0/0 上配置接口备份与 BFD 的联动。**此时 GE2/0/0 接口的协议状态立即变为 down，所在链路处于断开状态。**

```
[RouterD] nqa test-instance admin test
[RouterD-nqa-admin-test] test-type icmp
[RouterD-nqa-admin-test] destination-address ipv4 10.1.2.1
[RouterD-nqa-admin-test] frequency 10
[RouterD-nqa-admin-test] probe-count 2
[RouterD-nqa-admin-test] start now
[RouterD-nqa-admin-test] quit
[RouterD] interface gigabitethernet 2/0/0
[RouterD-GigabitEthernet2/0/0] standby track nqa admin test
[RouterD-GigabitEthernet2/0/0] quit
```

3. 配置结果验证

以上配置好后，在 RouterA 上执行 **display nqa results test-instance** user test 命令，可以看到 NQA 测试实例的状态为 success。

```
[RouterA] display nqa results test-instance user test
NQA entry(user, test) :testflag is active ,testtype is icmp
  1 .Test 1 result    The test is finished
   Send operation times: 3                 Receive response times: 3
   Completion:success                        RTD OverThresholds number: 0
   Attempts number:1                         Drop operation number:0
   Disconnect operation number:0           Operation timeout number:0
   System busy operation number:0          Connection fail number:0
   Operation sequence errors number:0    RTT Stats errors number:0
   Destination ip address:10.1.4.2
   Min/Max/Average Completion Time: 60/90/80
   Sum/Square-Sum  Completion Time: 240/19800
   Last Good Probe Time: 2018-08-19 16:38:38.7
   Lost packet ratio: 0 %
```

然后在 RouterA 上通过 **display standby state** 命令查看 NQA 测试例和备份接口的状态信息，可以看到 NQA 测试例的状态是 OK，备份接口 GigabitEthernet2/0/0 的状态是 STANDBY（**参见输出信息粗体字部分**）。

```
<RouterA> display standby state
Interface                    Interfacestate Backupstate Backupflag Pri    Loadstate

 Backup-flag meaning:
 M---MAIN    B---BACKUP       V---MOVED       U---USED
 D---LOAD    P---PULLED


----------------------------------------------------------------------------------
Below is track BFD Information:
```

```
Bfd-Name                  Bfd-State   BackupInterface              State

----------------------------------------------------------------------
Below is track IP route information:
Destination/Mask               Route-State   BackupInterface            State

----------------------------------------------------------------------
Below is track NQA Information:
Instance Name                          BackupInterface              State
user
test                                                                  OK
                                     GigabitEthernet2/0/0           STANDBY
```

对 RouterB 的 GE2/0/0 接口执行 **shutdown** 命令，模拟链路故障，然后在 RouterA 上执行 **display nqa results test-instance** user test 命令，可以看到 NQA 测试实例的状态为 failed（**参见输出信息粗体字部分**）。

```
[RouterA] display nqa results test-instance user test
NQA entry(user, test) :testflag is active ,testtype is icmp
  1 .Test 1 result    The test is finished
   Send operation times: 3              Receive response times: 0
   Completion:failed                      RTD OverThresholds number: 0
   Attempts number:1                       Drop operation number:3
   Disconnect operation number:0        Operation timeout number:0
   System busy operation number:0       Connection fail number:0
   Operation sequence errors number:0   RTT Stats errors number:0
   Destination ip address:10.1.4.2
   Min/Max/Average Completion Time: 0/0/0
   Sum/Square-Sum   Completion Time: 0/0
   Last Good Probe Time: 0000-00-00 00:00:00.0
   Lost packet ratio: 100 %
```

再在 RouterA 上执行 **display standby state** 命令，可以看到此时 NQA 测试试例的状态是 ERR，备份接口 GigabitEthernet2/0/0 的状态是 UP，说明备份接口被启用（**参见输出信息粗体字部分**）。

```
<RouterA> display standby state
Interface                    Interfacestate Backupstate Backupflag Pri    Loadstate

  Backup-flag meaning:
  M---MAIN   B---BACKUP      V---MOVED     U---USED
  D---LOAD   P---PULLED

----------------------------------------------------------------------
Below is track BFD Information:
Bfd-Name                  Bfd-State   BackupInterface              State

----------------------------------------------------------------------
Below is track IP route information:
Destination/Mask               Route-State   BackupInterface            State

----------------------------------------------------------------------
Below is track NQA Information:
Instance Name                          BackupInterface              State
user
```

```
test                                                  ERR
                    GigabitEthernet2/0/0              UP
```

再对 RouterB 的 GE2/0/0 接口执行 **undo shutdown** 命令，GE2/0/0 接口恢复 UP 状态后，在 RouterA 上使用 **display standby state** 命令，可以看到此时 NQA 测试例的状态是 OK，备份接口 GigabitEthernet2/0/0 又回到原来的 STANDBY 状态。

同样也可以在 RouterD 上进行以上类似的测试和查看，不再赘述。

8.1.11 以太链路+ADSL 链路的接口备份与 NQA 联动的配置示例

本示例的拓扑结构参见 8.1.9 节中的图 8-7，某公司总部的出口网关 RouterA 通过接口 GE1/0/0 接入 Internet 作为业务传输的主链路与公司分部进行通信，ADSL 接口 ATM0/0/0 接入 Internet 作为备份链路。现公司希望能实时监测主链路的网络状况，一旦检测到主链路故障，快速启用备份链路临时承担业务传输，以尽量减小主链路故障对业务传输的影响。

1. 基本配置思路分析

本示例与 8.1.9 节介绍的配置示例的拓扑结构一样，主链路采用静态路由配置实现网络互通，而备份链路也是先采用 ADSL 拨号方式与局端建立连接。在用户需求方面也是一样的，不同的只是本示例要采用接口备份功能与 NQA 的联动来实现在主链路出现故障时主备链路切换。

按照前面的分析，以及 8.1.9 节的介绍可以得出本示例如下的基本配置思路。

① 配置主链路对应的路由器各接口的 IP 地址及静态路由协议，实现网络层互通。

② 在 RouterA 的备份链路上配置共享 DCC、指导公司总部用户拨号访问公司分部的数据报文转发的静态路由，并建立 ATM 接口与 Diaer 接口之间的 PPPoA 映射，实现通过拨号使用备份链路进行业务传输。

③ 配置 PPPoA 服务器。因为在 PPPoA 服务器上也是需要在以太网上传输 PPP 报文，所以 PPPoA 实际上也是使能 PPPoE 服务器功能。

④ 在 RouterA 上配置主链路对应的 NQA 测试例，实现对主链路状态的实时检测。然后在 RouterA 的备份接口 ATM0/0/0 上配置接口备份与 NQA 联动功能，实现当 NQA 检测到主链路故障时，流量可以快速切换到备份接口。

2. 具体配置步骤

以上第①～③项配置任务的具体配置与 8.1.9 节对应的配置任务的配置完全相同，参见即可。下面仅介绍第④配置任务的具体配置方法。

④ 在 RouterA 上配置到目的地址为 4.1.1.2/24 的 NQA 测试例，以及接口备份与 NQA 的联动。

■ 在 RouterA 的系统视图下配置 ICMP 类型的 NQA 测试例，管理者和测试例名假设分别为 user 和 test。

```
[RouterA] nqa test-instance user test
[RouterA-nqa-user-test] test-type icmp    !---创建 ICMP 测试例
[RouterA-nqa-user-test] destination-address ipv4 4.1.1.2
[RouterA-nqa-user-test] frequency 10    !--- 配置 NQA 测试例自动执行测试的时间间隔为 10 秒
[RouterA-nqa-user-test] start now    !--- 立即启动执行当前测试例
```

■ 在 RouterA 的备份接口 ATM0/0/0 上配置接口备份与 NQA 联动功能。**此时**

ATM0/0/0 接口的协议状态立即变为 down，所在链路处于断开状态。

```
[RouterA]interface atm 0/0/0
[RouterA-Atm0/0/0] standby track nqa user test
```

3. 配置结果验证

■ 配置完成后，执行命令 **display nqa results test-instance user test**，可以看到 NQA 测试实例的状态为 succes。

```
[RouterA] display nqa results test-instance user test
NQA entry(user, test) :testflag is active ,testtype is icmp
 1 .Test 1 result    The test is finished
  Send operation times: 3              Receive response times: 3
  Completion:success                    RTD OverThresholds number: 0
  Attempts number:1                     Drop operation number:0
  Disconnect operation number:0        Operation timeout number:0
  System busy operation number:0       Connection fail number:0
  Operation sequence errors number:0   RTT Stats errors number:0
  Destination ip address:4.1.1.2
  Min/Max/Average Completion Time: 60/90/80
  Sum/Square-Sum  Completion Time: 240/19800
  Last Good Probe Time: 2011-04-19 16:38:38.7
  Lost packet ratio: 0 %
```

■ 在 RouterA 上执行 **display standby interface** 命令，查看 NQA 测试例和备份接口的状态信息，可以看到 NQA 测试例的状态是 OK，备份接口 Atm0/0/0 的状态是 STANDBY。

```
<RouterA> display standby state
Interface                    Interfacestate Backupstate Backupflag Pri    Loadstate

 Backup-flag meaning:
 M---MAIN   B---BACKUP      V---MOVED      U---USED
 D---LOAD   P---PULLED


 ------------------------------------------------------------------------
 Below is track BFD information:
 Bfd-Name                   Bfd-State   BackupInterface            State

 ------------------------------------------------------------------------
 Below is track IP route information:
 Destination/Mask      Route-State   BackupInterface            State

 ------------------------------------------------------------------------
 Below is track NQA Information:
 Instance Name                       BackupInterface            State
 user
 test                                                              OK
                                     Atm0/0/0                      STANDBY
```

■ 配置 RouterA 的 GE1/0/0 接口执行 **shutdown** 操作，模拟链路故障。在 RouterA 上执行命令 **display nqa results test-instance user test**，可以看到 NQA 测试实例的状态为 failed。

```
[RouterA] display nqa results test-instance user test
NQA entry(user, test) :testflag is active ,testtype is icmp
 1 .Test 1 result    The test is finished
```

```
Send operation times: 3                    Receive response times: 0
Completion:failed                          RTD OverThresholds number: 0
Attempts number:1                          Drop operation number:3
Disconnect operation number:0              Operation timeout number:0
System busy operation number:0             Connection fail number:0
Operation sequence errors number:0         RTT Stats errors number:0
Destination ip address:4.1.1.2
Min/Max/Average Completion Time: 0/0/0
Sum/Square-Sum  Completion Time: 0/0
Last Good Probe Time: 0000-00-00 00:00:00.0
Lost packet ratio: 100 %
```

■ 在 RouterA 上执行 **display standby state** 命令，可以看到此时 NQA 测试例的状态是 ERR，备份接口 Atm0/0/0 的状态是 UP，说明备份接口被启用。

```
<RouterA> display standby state
Interface                          Interfacestate Backupstate Backupflag Pri    Loadstate

 Backup-flag meaning:
 M---MAIN   B---BACKUP      V---MOVED      U---USED
 D---LOAD   P---PULLED


-----------------------------------------------------------------
Below is track BFD information:
Bfd-Name                    Bfd-State   BackupInterface                  State

-----------------------------------------------------------------
Below is track IP route information:
Destination/Mask       Route-State   BackupInterface                  State

--------------------------------------------------------------------
Below is track NQA Information:
Instance Name                       BackupInterface                  State
user
test
                                                                      ERR
                                      Atm0/0/0                        UP
```

■ 配置 RouterA 的 GE1/0/0 接口执行 **undo shutdown** 命令，在 RouterA 上使用 **display standby state** 命令，可以看到此时 NQA 测试例的状态是 OK，备份接口 Atm0/0/0 又回到 STANDBY 状态。

```
<RouterA> display standby state
Interface                          Interfacestate Backupstate Backupflag Pri    Loadstate

 Backup-flag meaning:
 M---MAIN   B---BACKUP      V---MOVED      U---USED
 D---LOAD   P---PULLED


-----------------------------------------------------------------
Below is track BFD information:
Bfd-Name                    Bfd-State   BackupInterface                  State

-----------------------------------------------------------------
Below is track IP route information:
Destination/Mask       Route-State   BackupInterface                  State
```

```
-----------------------------------------------------------------------------
Below is track NQA Information:
Instance Name                  BackupInterface              State
user
test                                                        OK
                               Atm0/0/0                     STANDBY
```

8.1.12　以太链路+以太链路的接口备份与路由联动的配置示例

本示例的拓扑结构同样可参见 8.1.8 节的图 8-6。正常情况下，HostA 和 HostB 进行业务传输时，以 RouterA、RouterB 和 RouterD 之间的链路作为主链路，RouterA、RouterC 和 RouterD 之间的链路作为备份链路。现用户希望通过监控主链路路由状态的方式检测主链路的连通状态，当主链路路由撤销或状态变为非激活时，快速启用备份接口临时承担业务传输，以尽量减小主链路故障对业务传输的影响。

1. 基本配置思路分析

因为静态路由没有收敛功能，仅支持接口备份与动态路由的联动，所以**本示例必须为主链路配置动态路由**（备份链路可以是静态路由）。其基本的配置思路如下。

① 配置各接口的 IP 地址。

② 在 RouterA、RouterB 到 RouterD 的主链路上配置 IS-IS 路由协议，使主链路路由可达。有关 IS-IS 路由协议的配置方法将在本书第 13 章介绍。

③ 在 RouterA、RouterC 到 RouterD 的备份链路上配置静态路由，使备份链路各 Router 间路由可达。

④ 在 RouterA 的备份接口 GE2/0/0 上配置接口备份与路由联动功能，当主链路的路由撤销或者状态变为非激活时，启用备份接口，实现主备接口的快速切换。

2. 具体配置步骤

① 按组网需求配置各接口的 IP 地址，在此仅以 RouterA 为例进行介绍。

```
<Huawei> system-view
[Huawei] sysname RouterA
[RouterA] interface gigabitethernet 1/0/0
[RouterA-GigabitEthernet1/0/0] ip address 10.1.2.1 255.255.255.0
[RouterA-GigabitEthernet1/0/0] quit
[RouterA] interface gigabitethernet 2/0/0
[RouterA-GigabitEthernet2/0/0] ip address 10.1.3.1 255.255.255.0
[RouterA-GigabitEthernet2/0/0] quit
```

② 在主链路各路由器上配置 IS-IS 协议，使能对应的 IS-IS 路由进程。假设 RouterA、RouterB 和 RouterD 均位于区域 10 中，RouterA 为 Level-1 路由器，RouterB 和 RouterD 为 Lervel-1-2 路由器。

■ RouterA 上的配置。

```
[RouterA] isis 1
[RouterA-isis-1] is-level level-1
[RouterA-isis-1] network-entity 10.0000.0000.0001.00
[RouterA-isis-1] quit
[RouterA] interface gigabitethernet 1/0/0
[RouterA-GigabitEthernet1/0/0] isis enable 1
[RouterA-GigabitEthernet1/0/0] quit
```

■ RouterB 上的配置。

```
[RouterB] isis 1
[RouterB-isis-1] network-entity 10.0000.0000.0002.00
[RouterB-isis-1] quit
[RouterB] interface gigabitethernet 1/0/0
[RouterB-GigabitEthernet1/0/0] isis enable 1
[RouterB-GigabitEthernet1/0/0] quit
[RouterB] interface gigabitethernet 2/0/0
[RouterB-GigabitEthernet2/0/0] isis enable 1
[RouterB-GigabitEthernet2/0/0] quit
```

■ RouterC 上的配置。

```
[RouterD] isis 1
[RouterD-isis-1] network-entity 10.0000.0000.0003.00
[RouterD-isis-1] quit
[RouterD] interface gigabitethernet 1/0/0
[RouterD-GigabitEthernet1/0/0] isis enable 1
[RouterD-GigabitEthernet1/0/0] quit
```

以上配置好后，在 RouterA 执行 **display isis lsdb** 命令，可看到 IS-IS LSDB 信息，具体如下。

```
[RouterA] display isis lsdb

                        Database information for ISIS(1)
                        --------------------------------

                          Level-1 Link State Database

LSPID                  Seq Num       Checksum     Holdtime     Length   ATT/P/OL
--------------------------------------------------------------------------------
0000.0000.0001.00-00* 0x0000000d    0x61b6        797           96       0/0/0
0000.0000.0001.02-00* 0x00000003    0xaadf        797           55       0/0/0
0000.0000.0002.00-00  0x0000000e    0xa507        1124          84       0/0/0
0000.0000.0003.00-00  0x00000005    0xb274        250           68       0/0/0
0000.0000.0003.01-00  0x00000002    0xc5c2        250           55       0/0/0

Total LSP(s): 5
    *(In TLV)-Leaking Route, *(By LSPID)-Self LSP, +-Self LSP(Extended),
           ATT-Attached, P-Partition, OL-Overload
```

在 RouterA 上执行 **display isis route** 命令查看路由信息，可以看到有路由可以正确到达 RouterD 的 10.1.4.0/24 网络。

```
[RouterA] display isis route

                        Route information for ISIS(1)
                        -----------------------------

                        ISIS(1) Level-1 Forwarding Table
                        --------------------------------

IPV4 Destination     IntCost    ExtCost ExitInterface    NextHop        Flags
--------------------------------------------------------------------------------
10.1.2.0/24          10         NULL    GE1/0/0          Direct         D/-/L/-
10.1.4.0/24          20         NULL    GE1/0/0          10.1.2.2       A/-/L/-
     Flags: D-Direct, A-Added to URT, L-Advertised in LSPs, S-IGP Shortcut,
                          U-Up/Down Bit Set
```

③ 在备份链路上配置 RouterA、RouterC 到 RouterD 链路间的静态路由。因为 RouterA 和 RouterD 中间只相隔一台路由器 RouterC，所以实际上就是配置 RouterA 和 RouterD 之间互通的双向静态路由。

```
[RouterA] ip route-static 10.1.5.0 255.255.255.0 10.1.3.2
[RouterD] ip route-static 10.1.3.0 255.255.255.0 10.1.5.1
```

④ 在 RouterA 的备份接口 GE2/0/0 上配置主备接口备份与路由联动功能，当 RouterA 检测到主链路中到达 10.1.4.0/24 网络的路由不通时切换到备份链路。**此时 GE2/0/0 接口的协议状态立即变为 down，所在链路处于断开状态。**

```
[RouterA] interface gigabitethernet 2/0/0
[RouterA-GigabitEthernet2/0/0] standby track ip route 10.1.4.0 255.255.255.0
```

3. 配置结果验证

以上配置完成后，在 RouterA 可以 Ping 通目的地址 10.1.4.2/24，结果证实是通的。然后，在 RouterA 上查看路由和备份接口的状态信息，可以看到到达目的网段 10.1.4.0/24 的路由状态是 OK，备份接口 GigabitEthernet2/0/0 的状态是 STANDBY（**参见输出信息粗体字部分**），具体如下。

```
<RouterA> display standby state
Interface                 Interfacestate Backupstate Backupflag Pri    Loadstate

 Backup-flag meaning:
 M---MAIN   B---BACKUP      V---MOVED      U---USED
 D---LOAD   P---PULLED

------------------------------------------------------------------------
Below is track BFD information:
Bfd-Name                 Bfd-State          BackupInterface              State

------------------------------------------------------------------------
Below is track IP route information:
Destination/Mask            Route-State   BackupInterface              State
10.1.4.0/24                   OK              GigabitEthernet2/0/0     STANDBY

------------------------------------------------------------------------
Below is track NQA Information:
Instance Name                                  BackupInterface              State
```

在 RouterB 的 GigabitEthernet2/0/0 接口上执行 **shutdown** 命令，模拟链路故障，然后在 RouterA 上执行 **display standby state** 命令，可以看到此时路由的状态是 ERR，备份接口 GigabitEthernet2/0/0 的状态是 UP，说明备份接口被启用（**参见输出信息粗体字部分**）。

```
<RouterA> display standby state
Interface                 Interfacestate Backupstate Backupflag Pri    Loadstate

 Backup-flag meaning:
 M---MAIN   B---BACKUP      V---MOVED      U---USED
 D---LOAD   P---PULLED

------------------------------------------------------------------------
Below is track BFD information:
Bfd-Name                 Bfd-State          BackupInterface              State
```

```
------------------------------------------------------------------------
Below is track IP route information:
Destination/Mask          Route-State   BackupInterface              State
10.1.4.0/24               ERR           GigabitEthernet2/0/0         UP

------------------------------------------------------------------------
Below is track NQA Information:
Instance Name                           BackupInterface              State
```

最后，在 RouterB 的 GigabitEthernet2/0/0 接口上执行 **undo shutdown** 命令，GE2/0/0 接口恢复 UP 状态后，在 RouterA 上使用 **display standby state** 命令，可以看到此时路由的状态是 OK，备份接口 GigabitEthernet2/0/0 又回到 STANDBY 状态。

8.1.13 以太链路+ADSL 链路的接口备份与路由联动的配置示例

本示例的拓扑结构仍参见 8.1.9 节中的图 8-7，某公司 A 总部的出口网关 RouterA 通过接口 GE1/0/0 接入 Internet 作为业务传输的主链路与公司 A 分部进行通信，ADSL 接口 ATM0/0/0 接入 Internet 作为备份链路。现公司希望通过监控主链路路由状态的方式检测主链路的连通状态，当主链路路由撤销或状态变为非激活时，快速启用备份接口临时承担业务传输，以尽量减小主链路故障对业务传输的影响。

1. 基本配置思路分析

本示例与上节介绍的配置示例应用需求是一样的，只是本示例中的备份链路不是永久的以太网连接，而是 ADSL 拨号链路，所以需要配置好备份链路上的 ADSL 拨号功能，然后再通过配置的静态缺省路由（主链路由上不能采用静态路由配置）实现备份链路的三层互通。

结合 8.1.9 节中的 ADSL PPPoA 拨号配置，以及上节介绍的接口备份与路由联动的配置方法可得出本示例如下的基本配置思路。

① 配置主链路对应的路由器各接口的 IP 地址和 OSPF 路由协议，实现网络层互通。

② 在 RouterA 的备份链路上配置共享 DCC、缺省路由，并建立 ATM 接口与 Diaer 接口之间的 PPPoA 映射，实现通过拨号使用备份链路进行业务传输。

③ 配置 PPPoA 服务器。因为在 PPPoA 服务器上也是需要在以太网上传输 PPP 报文，所以 PPPoA 实际上也是使能 PPPoE 服务器功能。

④ 在 RouterA 的备份接口 ATM0/0/0 上配置接口备份与主链路上动态路由联动功能，实现当主链路路由撤销或者状态变为非激活时，流量可以快速切换到备份接口。

2. 具体配置步骤

以上第②、③项配置任务的具体配置与 8.1.9 节对应配置任务的配置完全一样，参见即可。下面仅介绍第①、④项配置任务的配置方法。

（1）按组网需求配置主链路各接口的 IP 地址和 OSPF 路由协议，实现主链路网络三层互通。

① 配置 RouterA 的接口 IP 地址。

```
<Huawei> system-view
[Huawei] sysname RouterA
[RouterA] interface gigabitethernet 1/0/0
```

```
[RouterA-GigabitEthernet1/0/0] ip address 2.1.1.1 255.255.255.0
[RouterA-GigabitEthernet1/0/0] quit
```

② 配置 RouterB 的接口 IP 地址。

```
<Huawei> system-view
[Huawei] sysname RouterB
[RouterB] interface gigabitethernet 1/0/0
[RouterB-GigabitEthernet1/0/0] ip address 4.1.1.2 255.255.255.0
[RouterB-GigabitEthernet1/0/0] quit
```

③ 配置 RouterC 的接口 IP 地址。

```
<Huawei> system-view
[Huawei] sysname RouterC
[RouterC] interface gigabitethernet 1/0/0
[RouterC-GigabitEthernet1/0/0] ip address 2.1.1.2 255.255.255.0
[RouterC-GigabitEthernet1/0/0] quit
```

④ 配置 RouterD 的接口 IP 地址。

```
[RouterD] interface gigabitethernet 1/0/0
[RouterD-GigabitEthernet1/0/0] ip address 4.1.1.1 255.255.255.0
[RouterD-GigabitEthernet1/0/0] quit
```

⑤ 配置主链路上的 OSPF，假设均位于区域 0 中。

■ RouterA 上的配置如下。

```
[RouterA] ospf
[RouterA-ospf-1] area 0
[RouterA-ospf-1-area-0.0.0.0] network 2.1.1.0 0.0.0.255
[RouterA-ospf-1-area-0.0.0.0] quit
```

■ RouterB 上的配置如下。

```
[RouterB] ospf
[RouterB-ospf-1] area 0
[RouterB-ospf-1-area-0.0.0.0] network 4.1.1.0 0.0.0.255
[RouterB-ospf-1-area-0.0.0.0] quit
```

■ RouterC 上的配置如下。

```
[RouterC] ospf
[RouterC-ospf-1] area 0
[RouterC-ospf-1-area-0.0.0.0] network 2.1.1.0 0.0.0.255
[RouterC-ospf-1-area-0.0.0.0] quit
```

■ RouterD 上的配置如下。

```
[RouterD] ospf
[RouterD-ospf-1] area 0
[RouterD-ospf-1-area-0.0.0.0] network 4.1.1.0 0.0.0.255
[RouterD-ospf-1-area-0.0.0.0] quit
```

以上配置完成后，在 RouterA 上执行 **display ospf routing**，查看 OSPF 路由信息，看是否已有主链路上各网段的 OSPF 路由。

```
          OSPF Process 1 with Router ID 192.168.200.208
                   Routing Tables

 Routing for Network
 Destination        Cost  Type       NextHop         AdvRouter          Area
 2.1.1.0/24         1     Transit    2.1.1.1         192.168.200.208    0.0.0.0
 2.2.2.2/32         0     Stub       2.2.2.2         192.168.200.208    0.0.0.0
 3.3.3.3/32         1     Stub       2.1.1.2         10.1.1.2           0.0.0.0
 4.1.1.0/24         3     Transit    2.1.1.2         10.137.217.165     0.0.0.0
 4.4.4.4/32         3     Stub       2.1.1.2         10.10.10.2         0.0.0.0
```

```
5.1.1.0/24          2     Transit    2.1.1.2       10.1.1.2        0.0.0.0
10.2.1.0/24         53    Stub       2.1.1.2       10.10.10.2      0.0.0.0

Total Nets: 7
Intra Area: 7   Inter Area: 0   ASE: 0   NSSA: 0
```

第②、③项的具体配置参见 8.1.9 节对应的第②、③项配置。

（4）在 RouterA 的备份接口 ATM0/0/0 上配置接口备份与主链路路由联动。**此时 ATM0/0/0 接口的协议状态立即变为 down，所在链路处于断开状态。**

```
[RouterA] interface atm 0/0/0
[RouterA-Atm0/0/0] standby track ip route 4.1.1.0 255.255.255.0
```

3. 配置结果验证

① 配置完成后，在 RouterA 可以 Ping 通目的地址 4.1.1.2/24。

```
<RouterA> ping -a 2.1.1.1 4.1.1.2
  PING 4.1.1.2: 56 data bytes, press CTRL_C to break
    Reply from 4.1.1.2: bytes=56 Sequence=1 ttl=255 time=1 ms
    Reply from 4.1.1.2: bytes=56 Sequence=2 ttl=255 time=5 ms
    Reply from 4.1.1.2: bytes=56 Sequence=3 ttl=255 time=1 ms
    Reply from 4.1.1.2: bytes=56 Sequence=4 ttl=255 time=2 ms
    Reply from 4.1.1.2: bytes=56 Sequence=5 ttl=255 time=1 ms

  --- 4.1.1.2 ping statistics ---
    5 packet(s) transmitted
    5 packet(s) received
    0.00% packet loss
    round-trip min/avg/max = 1/2/5 ms
```

② 在 RouterA 上执行 **display standby state**，查看路由和备份接口的状态信息，可以看到到达目的网段 4.1.1.0/24 的路由状态是 OK，备份接口 Atm0/0/0 的状态是 STANDBY。

```
<RouterA> display standby state
Interface                    Interfacestate Backupstate Backupflag Pri    Loadstate

 Backup-flag meaning:
 M---MAIN   B---BACKUP      V---MOVED      U---USED
 D---LOAD   P---PULLED



--------------------------------------------------------------------
Below is track BFD information:
Bfd-Name                 Bfd-State   BackupInterface              State

--------------------------------------------------------------------
Below is track IP route information:
Destination/Mask      Route-State   BackupInterface               State
4.1.1.0/24              OK            Atm0/0/0                      STANDBY

--------------------------------------------------------------------
Below is track NQA Information:
Instance Name                        BackupInterface              State
```

③ 配置 RouterA 的 GE1/0/0 接口执行 **shutdown** 操作，模拟链路故障。

在 RouterA 上执行 **display standby state** 命令，可以看到到达目的网段 4.1.1.0/24 的路由状态是 ERR，备份接口 Atm0/0/0 的状态是 UP，说明备份接口被启用。

```
<RouterA> display standby state
Interface                    Interfacestate Backupstate Backupflag Pri    Loadstate
```

```
Backup-flag meaning:
M---MAIN    B---BACKUP      V---MOVED     U---USED
D---LOAD    P---PULLED

------------------------------------------------------------------------
Below is track BFD information:
Bfd-Name                    Bfd-State  BackupInterface               State

------------------------------------------------------------------------
Below is track IP route information:
Destination/Mask     Route-State  BackupInterface                State
4.1.1.0/24           ERR          Atm0/0/0                        UP

------------------------------------------------------------------------
Below is track NQA Information:
Instance Name                     BackupInterface                State
```

④ 配置 RouterA GE1/0/0 接口执行 **undo shutdown** 命令，GE1/0/0 接口恢复为 UP 状态后，在 RouterA 上使用 **display standby state** 命令，可以看到到达目的网段 4.1.1.0/24 的路由状态是 OK，备份接口 Atm0/0/0 的状态又回到 STANDBY。

```
<RouterA> display standby state
Interface                  Interfacestate Backupstate Backupflag Pri    Loadstate

 Backup-flag meaning:
 M---MAIN    B---BACKUP      V---MOVED     U---USED
 D---LOAD    P---PULLED

------------------------------------------------------------------------
Below is track BFD information:
Bfd-Name                    Bfd-State  BackupInterface               State

------------------------------------------------------------------------
Below is track IP route information:
Destination/Mask     Route-State  BackupInterface                State
4.1.1.0/24           OK           Atm0/0/0                        STANDBY

------------------------------------------------------------------------
Below is track NQA Information:
Instance Name                     BackupInterface                State
```

8.2　接口监控组配置与管理

接口监控组功能是将设备网络侧接口加入到一个创建的接口监控组，然后通过对监控组中的网络侧接口的状态（目前，接口监控组只能监控接口的物理状态和 BFD 状态）变化而触发相应的接入侧接口状态变化，以此达到接入侧主备链路切换的目的。

8.2.1　接口监控组简介

可以把设备网络侧所有被监控的接口加入到一个组中，这个组就称之为“接口监控组”，每一个接口监控组通过唯一的名称来标识。其中被监控的接口称为 Binding 接口，接入侧与监控组联动的接口叫作 Track 接口。这些 Track 接口通过跟踪监控组的状态，来触发自己的状态变化。**Binding 接口和 Track 接口必须是同一设备上的接口。**

图 8-8 中有 10 个 Binding 接口，可为每个 Binding 接口设置其 Down 权重值。图中的接口 a、b、c 和 d 就是监控组的 Track 接口，可手动调整 Track 接口 Down 的权重临界值。

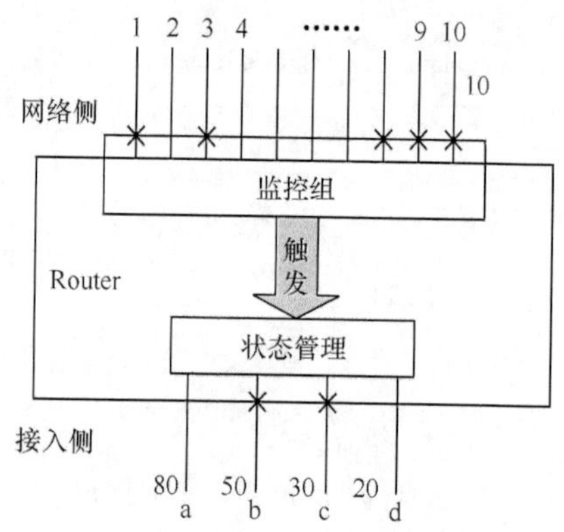

图 8-8 接口监控组原理示意

监控组会监控所有加入该监控组的 Binding 接口状态，当监控组中超过一定比例的 Binding 接口状态为 Down 时，就会触发对应 Track 接口的状态也变为 Down，将用户业务切换到备用链路上。当监控组中状态为 Down 的 Binding 接口个数小于一定比例时，对应 Track 接口的状态恢复，链路回切，从而保障用户业务的通畅。

如图 8-8 所示，所有 Binding 接口的 Down 权重均为 10，Track 接口 a、b、c 和 d 自动触发 Down 的权重临界值分别为 80、50、30 和 20。也就是说，当监控组中接口状态为 Down 的 Binding 接口数量累计达到两个时，系统会自动触发接口 d 的状态变为 Down。依次类推，接口状态为 Down 的 Binding 接口数量累计达到 8 个时，系统会自动触发接口 a 的状态变为 Down。当监控组中接口状态为 Down 的 Binding 接口累计小于 8 个时，接口 a 的状态会自动恢复为 Up。

8.2.2 接口监控组的典型应用

接口监控组功能主要应用于双机备份场景，此时，当网络侧链路故障时，通过接口监控组对网络侧接口状态的监控，当发现一定比例的网络侧接口状态发生变化时，就触发接入侧相应接口状态发生对应变化，使接入侧链路发生主备链路切换，从而控制用户的接入，避免流量过载，保障业务的通畅。

如图 8-9 所示，Router2 是 Router1 的备份设备，3 个 LSW 双归属到两个路由器来实现链路负载分担，网络侧路由器接入到 3 个路由器。当 Router1 和 RouterA 之间、Router1 和 RouterB 之间的链路均故障时，网络侧仅剩余 Router1 和 RouterC 之间的链路，LSW 设备感知不到该故障的产生，不会相应地切换接入侧链路到 Router2，仍然通过 Router1 向 RouterC 发送报文，而由于网络侧可用链路数量的减少，可能会造成流量过载。

这种情况下，可在 Router1 和 Router2 设备上部署接口监控组，将网络侧路由器的多个接口加入监控组中。这样，当网络侧发生链路故障时，通过监控组监控网络侧接口的状态，当一定比例的网络侧接口状态变化时（如 Router1 中有两个接口状态为 Down 时），就会触发路由器接入侧相应接口的状态变化，使接入侧链路发生主备链路切换（从 Router1 切换到 Router2，使 Router2 成为主设备），从而控制用户从 LSW 的接入，避免流量过载，保障业务的通畅。

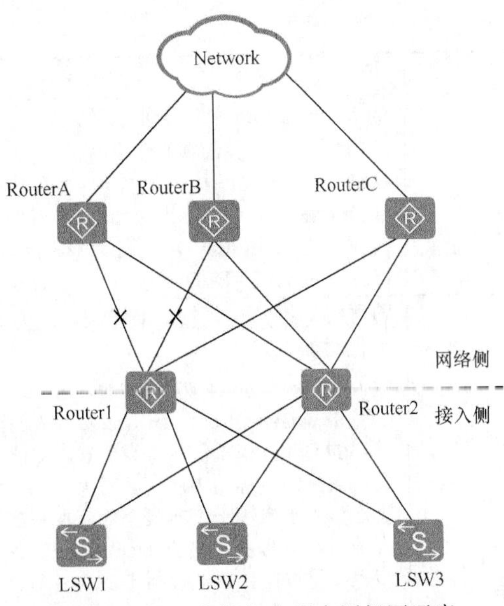

图 8-9　接口监控组典型应用组网示意

8.2.3　配置接口监控组

在双机备份的场景中，通过配置接口监控组，可以根据网络侧接口的状态变化来触发接入侧接口的状态变化，以此达到接入侧主备链路切换的目的。

接口监控组的具体配置步骤见表 8-5。

表 8-5　　接口监控组的配置步骤

步骤	命令	说明
1	**system-view** 例如：< Huawei > **system-view**	进入系统视图
2	**monitor-group** *monitor-group-name* 例如：[Huawei] **monitor-group** group1	创建接口监控组，并进入监控组视图。参数 *monitor-group- name* 用来指定接口监控组的名称，字符串格式，区分大小写，不支持空格，长度范围为 1～31。 缺省情况下，未创建任何接口监控组，可用 **undo monitor- group** *monitor-group-name* 命令删除接口监控组，此时将删除接口监控组的所有相关配置。但如果还有接口 Track 监控组时，不可以删除接口监控组
3	**trigger-up-delay** *trigger-up-delay-value* 例如：[Huawei-monitor-group-group1] **trigger-up-delay** 20	（可选）设置接口监控组的 Track 接口恢复 Up 的时延，整数形式，取值范围是 1～4 294 967 295。单位是秒。配置本命令后，Binding 接口故障恢复之后，经过设置的 *trigger-up- delay-value* 时间，Track 接口才会联动 Up。 缺省情况下，Binding 接口故障恢复之后，Track 接口会立即 Up，可用 **undo trigger-up-delay** 命令恢复缺省配置
4	**monitor enable** 例如：[Huawei-monitor-group-group1] **monitor enable**	启动接口监控组的联动功能。 【注意】当用户需要向接口监控组中加入或退出大量的 Binding 接口时，因为 Down 权重的频繁变化，可能造成 Track 接口状态（Up/Down）的振荡。这种情况下，通过 **undo monitor enable** 命令可以中断监控组和所有接口的联动，直到配置完成再执行

续表

步骤	命令	说明
4		**monitor enable** 命令恢复联动。 缺省情况下，关闭接口监控组的联动功能，可用 **undo monitor enable** 命令关闭接口监控组的联动功能。执行 **undo monitor enable** 命令后，将中止接口监控组和所有接口的联动，但可以正常地加入或退出，并且可以感知到 Binding 接口的物理状态（Up/Down）和 BFD 状态（Up/Down）变化
5	**binding interface** *interface-type interface-number* [**down-weight** *down-weight-value*] 例如：[Huawei-monitor-group-group1] **binding interface** GigabitEthernet 1/0/0 **down-weight** 20	将网络侧接口加入接口监控组，成为 Binding 接口。命令中的参数说明如下。 （1）*interface-type interface-number*：指定 Binding 接口的类型和编号。 （2）**down-weight** *down-weight-value*：可选参数，指定 Binding 接口的 Down 权重值，整数形式，取值范围是 1～1 000。缺省值是 10。**当接口监控组中所有状态为 Dwon 的 Binding 接口的 Down 权重之和大于或等于在本表第 8 步配置的 Track 接口的 Down 权重临界值时，会触发联动的 Track 接口的状态变为 Down**。重复执行本步骤，可以向接口监控组中加入多个 Binding 接口。 【注意】一个接口监控组中，最多允许加入 32 个 Binding 接口，但一个接口不能既是 Binding 接口，又是 Track 接口。Eth-trunk 接口和其成员接口不能同时加入接口监控组。 缺省情况下，接口监控组中无任何 Binding 接口，可用 **undo binding interface** *interface-type interface-number* 命令将接口从接口监控组中删除
6	**quit** 例如：[Huawei-monitor-group-group1] **quit**	退出监控组视图，返回系统视图
7	**interface** *interface-type interface-number* 例如：[Huawei] **interface** GigabitEthernet 2/0/0	进入指定接入侧 Track 接口的接口视图
8	**track monitor-group** *monitor-group-name* [**trigger-down-weight** *trigger-down-weight-value*] 例如：[Huawei-GigabitEthernet2/0/0] **track monitor-group** group1 **trigger-down-weight** 100	将以上接入侧 Track 接口与指定的接口监控组联动。命令中的参数说明如下。 （1）*monitor-group-name*：指定接口需 Track（跟踪）的接口监控组名称。 （2）**trigger-down-weight** *trigger-down-weight-value*：可选参数，指定 Track 接口自动 Down 的权重临界值，整数形式，取值范围是 1～1 000。Track 接口的 *trigger-down-weight* 必须小于等于监控组所有 Binding 接口的 *down-weight* 之和。缺省值是监控组中所有 Binding 接口的 Down 权重之和。 【注意】一个接口只能 Track 一个接口监控组，一个监控组最多只能被 256 个接口 Track。 Track 接口支持的类型有：VE 主接口、以太类物理接口及其子接口、ATM 接口及其子接口、Eth-Trunk 接口及其子接口、Tunnel 接口。其中 Eth-trunk 接口和其成员接口不能同时绑定监控组。 缺省情况下，接口不 Track 任何接口监控组，**undo track monitor-group** 命令删除接口和接口监控组的 Track 关系
9	**quit**	退出接口视图，返回系统视图
重复执行第 7 步和第 8 步，可以将多个接口 Track 一个接口监控组。一个监控组最多只能被 256 个接口 Track，但一个接口只能 Track 一个监控组		

以上配置好后，可在任意视图下执行 **display monitor-group** [*monitor-group-name*] 命令，查看接口监控组的相关信息。

当设备的单板异常，如单板被拔出后，接口监控组中该单板上的接口将会变为无效接口，由于接口已经不存在，无法将此类接口退出监控组。这种情况下，建议在用户视图下执行 **clear monitor-group** *monitor-group-name* **invalid-interface { binding | track }**命令，清除接口监控组中的无效接口。但在清除无效接口前，建议先确认该操作是否会导致部分 Track 接口的 trigger-down-weight 大于监控组所有 Binding 接口的 down-weight 之和，以免接口监控组失效。

8.2.4 接口监控组配置示例

如图 8-10 所示，某证券企业使用路由器 Router1 和 Router2 作为企业网关接入到运营商网络，LAN 侧通过 Switch1 和 Switch2 接入到 2 台路由器。由于证券企业数据流量大，对可靠性要求高，WAN 侧设备和 LAN 侧设备都通过双归属方式接入，实现链路的主备备份和负载分担。

如果 Router1 和 RouterC 之间的链路故障时，在 Router1 上行只有到 RouterA 的一条链路，但用户侧 Switch 设备感知不到该故障的产生，不会将流量切换到 Router2，仍然通过 Router1 向 RouterA 发送报文，可能会造成 Router1 到 RouterA 流量过载而丢失，影响正常业务。现要求解决这一问题。

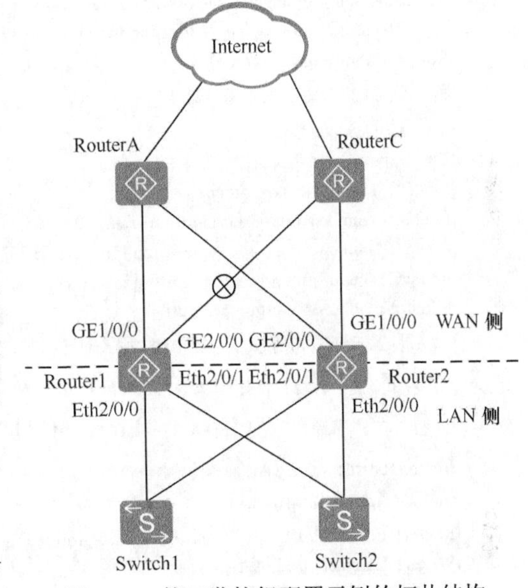

图 8-10 接口监控组配置示例的拓扑结构

1. 基本配置思路分析

本示例的需求就是使设备的接入侧会随着网络侧接口状态的变化而变化，这正好是接口监控组的功能，即可以在 Router1 和 Router2 上配置接口组监控功能，当 Router1 或 Router2 上的一条网络侧链路断掉后，则该设备的 Ethernet2/0/1 接口自动变为 Down 状态，这样一来，与它相连的交换机设备就不会将流量发到本接口上转发，减轻本设备的流量转发负载。如 Router1 的 G2/0/0 接口所在链路 Down 掉了，则 Router1 的 Ethernet2/0/1 接口状态立即变为 Down 状态，这样一来，Switch2 就不会把报文发到 Router1 来转发，而是只能通过 Router2 上转发，减轻了 Router1 的报文转发负载。

根据以上分析，再结合本示例的拓扑结构可得出本示例如下的基本配置思路。

（1）在 Router1 和 Router2 网络侧接口配置 IP 地址及路由协议，并且通过配置等价路由，实现上行链路主备和负载分担。可以采用任意路由协议，但通常是采用 IGP 类型的动态路由协议，这部分本示例暂时不介绍。

（2）在 Router1 和 Router2 用户侧接口配置二层互通，本示例也不介绍，具体根据用户的 VLAN 划分来配置。

（3）在 Router1 和 Router2 上配置端口监控组，使得当一条网络侧链路断掉后，接入侧接口 Ethernet2/0/1 状态可自动变为 Down 状态，将部分流量切换到另外一台设备。这就要求网络侧每个 Binding 接口的 Down 权重值要大于等于为 Track 接口 Ethernet2/0/1 配置的自动 Down 的权重临界值。

2. 具体配置步骤

在此仅介绍以上配置任务中的第（3）项，在 Router1 和 Router2 上配置端口监控组。

（1）创建接口监控组（名称假设均为 group1），并将 Router1 和 Router2 的 GE1/0/0、GE2/0/0 接口加入接口监控组，每个接口 Down 的权值为 400。

- Router1 上的配置如下。

```
<Huawei> system-view
[Huawei] sysname Router1
[Router1] monitor-group group1
[Router1-monitor-group-group1] monitor enable
[Router1-monitor-group-group1] binding interface gigabitethernet 1/0/0 down-weight 400
[Router1-monitor-group-group1] binding interface gigabitethernet 2/0/0 down-weight 400
[Router1-monitor-group-group1] quit
```

- Router2 上的配置如下。

```
<Huawei> system-view
[Huawei] sysname Router2
[Router2] monitor-group group1
[Router2-monitor-group-group1] monitor enable
[Router2-monitor-group-group1] binding interface gigabitethernet 1/0/0 down-weight 400
[Router2-monitor-group-group1] binding interface gigabitethernet 2/0/0 down-weight 400
[Router2-monitor-group-group1] quit
```

（2）配置接入侧接口 Etherent2/0/1 接口 Track 接口监控组，接口自动 Down 的临界值为 300，低于网络侧接口 GE1/0/0、GE2/0/0 的 Down 权重值，使得只要 GE1/0/0、GE2/0/0 接口任意一个状态变为 Down，Etherent2/0/1 接口的状态也自动变为 Down。

- Router1 上的配置如下。

```
[Router1] interface ethernet 2/0/1
[Router1-Ethernet2/0/1] track monitor-group group1 trigger-down-weight 300
[Router1-Ethernet2/0/1] quit
```

- Router2 上的配置如下。

```
[Router2] interface ethernet 2/0/1
[Router2-Ethernet2/0/1] track monitor-group group1 trigger-down-weight 300
[Router2-Ethernet2/0/1] quit
```

3. 配置结果验证

以上配置完成后，在 Router1 上执行 **display monitor-group** [*monitor-group-name*] 命令，可以看到 Track 接口 Ethernet2/0/1 的状态为 **NORMAL**。

```
<Router1> display monitor-group   group1
monitor-group group1
    Index               : 1
    Down weight         : 400
    Weight sum          : 800
    Max track weight : 300
    Trigger-up delay : 0 (s) (default)
    Status              : Active
----------------------------------------------------
  monitor-group binding interface number : 2
----------------------------------------------------
```

```
Interface name   :  GigabitEthernet1/0/0
Interface index :  16
Down-weight      :  400
Phystatus        :  UP
Bfdstatus        :  -
LastPhyuptime    :  -
LastPhydowntime :  -
LastBFDuptime    :  -
LastBFDdowntime :  -
ValidFlag        :  valid

Interface name   :  GigabitEthernet2/0/0
Interface index :  65
Down-weight      :  400
Phystatus        :  UP
Bfdstatus        :  -
LastPhyuptime    :  -
LastPhydowntime :  -
LastBFDuptime    :  -
LastBFDdowntime :  -
ValidFlag        :  valid

----------------------------------------------------
monitor-group track interface number : 1
----------------------------------------------------
Interface name          :  Ethernet2/0/1
Interface index         :  63
Trigger-down-weight :  300
TriggerStatus           :  NORMAL
LastTriggerUpTime     :  -
LastTriggerDownTime :  -
ValidFlag               :  valid
```

将 Router1 上的 GE1/0/0 接口 shutdown，再执行 **display monitor-group** [*monitor-group-name*]命令，此时可以看到 Track 接口 Ethernet2/0/1 的状态变为 **TRIGGER DOWN**，表明配置是成功的。

```
[Router1] interface gigabitethernet 1/0/0
[Router1-GigabitEthernet1/0/0] shutdown
[Router1-GigabitEthernet1/0/0] display monitor-group   group1
 monitor-group group1
  Index                 : 1
  Down weight           : 400
  Weight sum            : 800
  Max track weight : 300
  Trigger-up delay : 0 (s) (default)
  Status                : Active
----------------------------------------------------
monitor-group binding interface number : 2
----------------------------------------------------
  Interface name   :  GigabitEthernet1/0/0
  Interface index :  16
  Down-weight      :  400
  Phystatus        :  DOWN
  Bfdstatus        :  -
  LastPhyuptime    :  -
```

```
    LastPhydowntime :  -
    LastBFDuptime    :  -
    LastBFDdowntime :  -
    ValidFlag        :  valid

    Interface name  :  GigabitEthernet2/0/0
    Interface index :  65
    Down-weight      :  400
    Phystatus        :  UP
    Bfdstatus        :  -
    LastPhyuptime    :  -
    LastPhydowntime :  -
    LastBFDuptime    :  -
    LastBFDdowntime :  -
    ValidFlag        :  valid

--------------------------------------------------
  monitor-group track interface number : 1
--------------------------------------------------
    Interface name         :  Ethernet2/0/1
    Interface index        :  63
    Trigger-down-weight :  300
    TriggerStatus          :  TRIGGER DOWN
    LastTriggerUpTime      :  -
    LastTriggerDownTime :  2013-09-16 02:47:36
    ValidFlag              :  valid
```

8.3 双机热备份基础

本章前面介绍的接口备份功能是为了解决同一设备上单一接口（或者说是单一链路）带来的单点故障问题，而本节介绍的双机热备份功能则是解决单一设备所带来的单点故障问题。因为在一些关键应用环境，如果只使用一台设备，无论其可靠性多高，网络都必然要承受因单点故障而导致业务中断的风险。

为了解决上述问题，引入了双机热备份（Hot-Standby Backup，HSB）。双机热备份实现了双机业务的备份功能，业务信息通过备份链路实现批量备份和实时备份，保证在主设备故障时业务能够不中断地顺利切换到备份设备，从而降低了单点故障的风险，提高了网络的可靠性。

8.3.1 双机热备份的备份方式

双机热备份是指当两台设备在确定主用（Master）设备和备份（Backup）设备后，由主用设备进行业务的转发，而备用设备处于监控状态，同时主用设备定时向备用设备发送状态信息和需要备份的信息。当主用设备出现故障后，备用设备及时接替主用设备的业务运行。

ARG3 系统路由器支持主备方式的双机热备份解决方案，需要与 VRRP 热备功能配合使用。

主备方式就是在正常情况下由主设备处理所有业务，并将产生的会话信息通过主备通道传送到备份设备进行备份。备份设备不处理业务，只用作备份。当主设备发生故障时，备份设备会接替主设备处理业务。此时，由于已经在备用设备上备份了会话信息，从而可以保证新发起的会话能正常建立，当前正在进行的会话也不会中断，提高了网络的可靠性。当原来的主用设备故障恢复之后，用户可以根据需要配置是否将业务流量回切到原来的主用设备上。

如图 8-11 所示，RouterA 与 RouterB 组成一个 VRRP 备份组。正常情况下主设备 RouterA 处理所有业务，并将产生的会话信息通过主备通道传送到备份设备 RouterB 进行备份。RouterB 不处理业务，只用作备份。

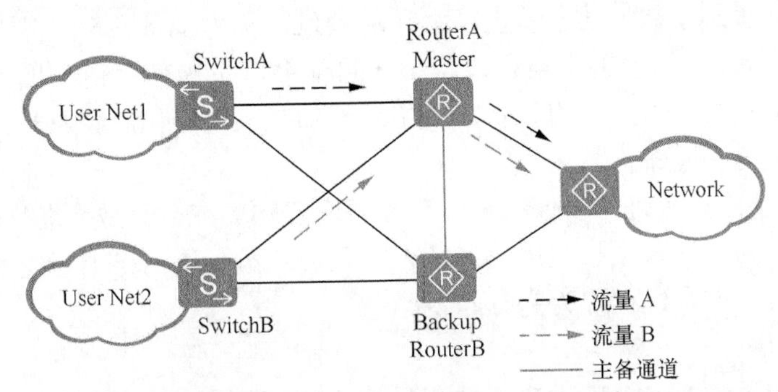

图 8-11　双机热备份主备方式组网图（正常工作时）

当主设备 RouterA 发生故障，备份设备 RouterB 接替主设备 RouterA 处理业务，如图 8-12 所示。由于已经在备用设备上备份了会话信息，从而可以保证新发起的会话能正常建立，当前正在进行的会话也不会中断，提高了网络的可靠性。

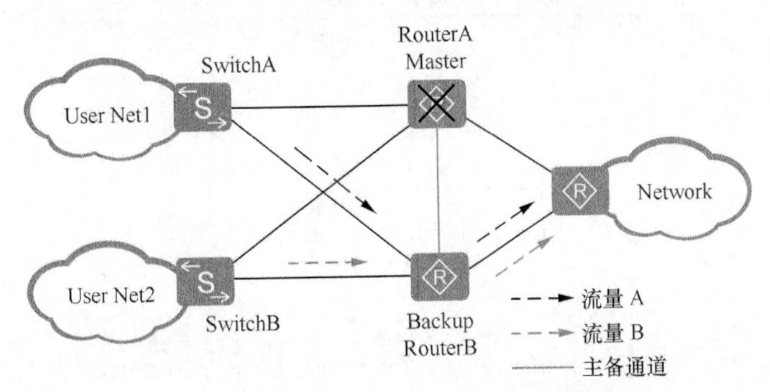

图 8-12　双机热备份主备方式组网图（发生故障时）

当原来的主用设备故障恢复之后，在抢占方式下，将重新选举成为 Master；在非抢占方式下，将保持在 Backup 状态。

8.3.2　双机热备份的实现机制

双机热备份功能的实现包括两个主要环节，即正常情况下进行的主、备设备上的数据同步，该环节保证主备设备信息一致；在主设备出现故障以及主设备故障恢复时的流量切换，该环节保证故障后业务能够不中断地运行。

1. 数据同步机制

当主用设备出现故障、流量切换到备份设备时，要求主用设备和备份设备的会话表项完全一致，否则有可能导致会话中断。因此，需要一种机制在主用设备上当会话建立或表项变化时能将相关信息同步保存到备份设备上。HSB 主备服务处理模块可以提供数据的备份功能，它负责在两个互为备份的设备间建立主备通道，并维护主备通道的链路状态，提供报文的收发服务。

数据同步的方式有批量备份、实时备份和定时同步 3 种。

■ 批量备份：主用设备工作了一段时间后，可能已经存在大量的会话表项，此时加入备份设备，在两台设备上配置双机热备份功能后，先运行的主用设备会将已有的会话表项一次性同步到新加入的备份设备上，这个过程称为批量备份。

■ 实时备份：主用设备在运行过程中，可能会产生新的会话表项。为了保证与备份设备上表项的完全一致，主用设备在产生新表项或表项变化后会及时备份到备份设备上，这个过程称为实时备份。

■ 定时同步：为了进一步保证主、备设备上表项的完全一致，备用设备会每隔 30 分钟检查其已有的会话表项与主用设备是否一致，若不一致则将主用设备上的会话表项同步到备用设备，这个过程称为定时同步。

2. 流量切换

双机热备份通过 VRRP 特性来实现流量的切换，即 VRRP 热备份。

如图 8-13 所示，RouterA 和 RouterB 上配置了 VRRP 功能，其中 RouterA 配置为 VRRP 备份组的 Master 设备，RouterB 配置为 VRRP 备份组的 Backup 设备。

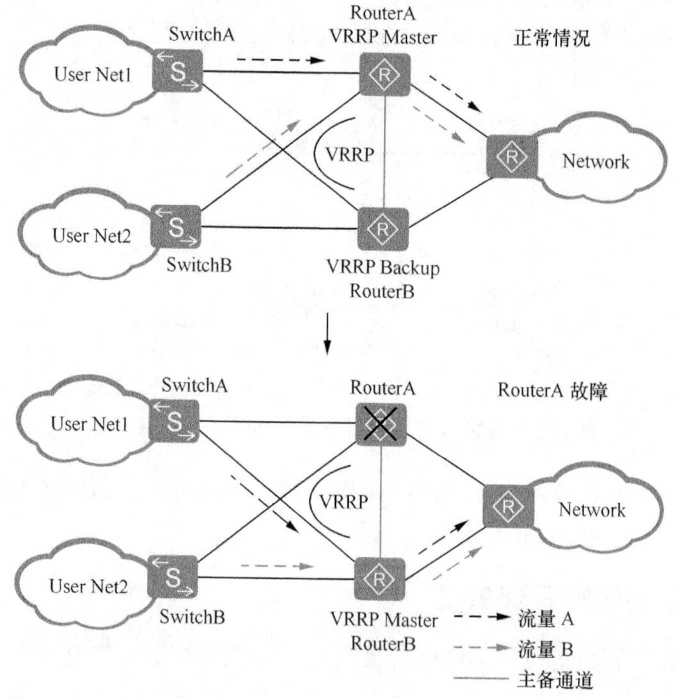

图 8-13 双机热备份通过 VRRP 实现流量切换组网图（切换前）

双机热备份根据 VRRP 的主备状态，协商出 RouterA 作为双机热备份的主用设备，RouterB 作为双机热备份的备份设备（**即双机热备份主备设备的选择与 VRRP 组主备设备的选择保持一致**），HSB 主备服务会将主设备 RouterA 上的相关信息备份到备份设备 RouterB 上。

正常情况下，业务流量通过主用设备 RouterA 转发。如果发生故障，如图 8-14 所示，VRRP 备份组会根据 VRRP 的优先级选举 RouterB 成为 VRRP 备份组新的 Master 设备，进行业务流量的转发，从而实现了流量的切换。

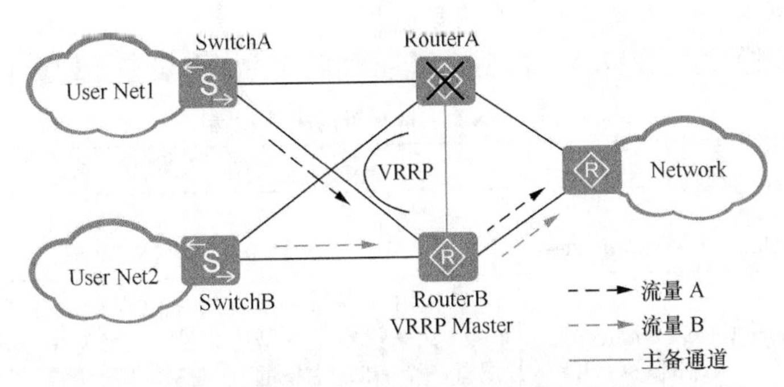

图 8-14 双机热备份通过 VRRP 实现流量切换组网图（切换后）

8.3.3 配置双机热备份功能

在 8.3.2 已介绍到，双机热备份功能是基于 VRRP 热备份机制实现的，所以在这种流量切换实现机制中，需要同时配置 VRRP 备份组和 HSB 备份组，并且把 HSB 备份组与 VRRP 备份组进行绑定，实现 HSB 备份组设备的状态与 VRRP 备份组设备的状态同步、一致。也正因如此，双机热备份功能包括以下配置任务。

① 创建 VRRP 备份组：在两台设备的 VRRP 接口下分别创建序号相同的 VRRP 备份组，并最好配置这两台设备在该备份组中具有不同的优先级，使系统可自动根据设备的 VRRP 优先级选举 Master 设备。如果需要实现负载分担，则需要在两台设备上各自创建两个 VRRP 备份组。

有关 VRRP 备份组的配置方法参见本书的第 7 章，在此不再赘述。

② 创建 HSB 主备服务。

③ 配置 HSB 备份组。

④ 使能 HSB 备份组。

但在配置双机热备份功能之前，需要配置接口的网络层属性，使网络层路由可达。

1. 创建 HSB 主备服务

HSB 主备服务负责在两个互为备份的设备间建立主备备份通道，维护主备通道的链路状态，为其他业务提供报文的收发服务，并在备份链路发生故障时通知主备业务备份组进行相应的处理。

总体来说，HSB 主备服务主要包括两个方面。

■ 建立主备备份通道：通过配置主备服务本端和对端的 IP 地址和端口号，建立主备机制报文发送的 TCP 通道，为其他业务提供报文的收发以及链路状态变化通知服务。

■ 维护主备通道的链路状态：通过发送主备服务报文和重传等机制来防止 TCP 较长时间中断而协议栈没有检测到该连接中断的情况发生。它可以使在主备服务报文时间间隔与重传次数乘积的时间内还未收到对端发送的主备服务报文时，设备会收到异常通知，并且准备重建主备备份通道。

说明 配置完成过后不能直接修改 HSB 主备备份通道参数，如果要进行修改，需要先删除 HSB 主备服务，再重新配置。但只有使能双机热备份功能后，配置的 HSB 主备服务报文的重传次数和发送间隔参数才会生效。

HSB 主备服务的配置步骤见表 8-6（**需要同时在主、备设备上配置**）。

表 8-6　HSB 主备服务的配置步骤

步骤	命令	说明
1	**system-view** 例如：< Huawei > **system-view**	进入系统视图
2	**hsb-service** *service-index* 例如：[Huawei] **hsb-service** 0	创建 HSB 主备服务并进入 HSB 备份服务视图。参数 *service-index* 用来指定主备服务编号，**仅可为 0，即一个设备上仅可配置一个 HSB 主备服务**。HSB 备份组需要绑定 HSB 主备服务才能实现双机热备份功能
3	**key cipher** *key-string*	（可选）配置 HSB 主备两端的共享密钥，为了防止存在中间仿冒、通过修改报文内容进行攻击的风险。参数 *key-string* 用来配置 HSB 主备两端的共享密钥，字符串形式，可以是 48 位的密文形式；也可以是长度范围是 8～16 的明文形式。 HSB 主备两端的共享密钥必须配置一致，否则会导致 HSB 连接不稳定，反复连接断开。配置 HSB 主备两端的共享密钥会影响双机热备的性能，在网络环境安全的情况下，不建议配置该功能。 缺省情况下，未配置 HSB 主备两端的共享密钥，可用 **undo key** 命令删除 HSB 主备两端的共享密钥
4	**service-ip-port local-ip** *local-ip-address* **peer-ip** *peer-ip-address* **local-data-port** *local-port* **peer-data-port** *peer-port* 例如：[Huawei-hsb-service-0] **service-ip-port local-ip** 192.168.1.1 **peer-ip** 192.168.1.2 **local-data-port** 10240 **peer-data-port** 10240	配置 HSB 主备服务的 IP 地址和端口号。命令中的参数说明如下。 （1）*local-ip-address*：指定 HSB 主备服务绑定的本端 IP 地址。 （2）*peer-ip-address*：指定 HSB 主备服务绑定的对端 IP 地址。 （3）*local-port*：指定 HSB 主备服务绑定的本端端口号，取值范围为 10 240～49 152 的整数。 （4）*peer-port*：指定 HSB 主备服务绑定的对端端口号，取值范围为 10 240～49 152 的整数。 【说明】这里所配置的本端和对端 IP 地址是指热备份的双机主备通道上两端设备直连接口上的 IP 地址。HSB 主备备份通道参数必须在本端和对端同时配置，且本端的源 IP 地址、目的 IP 地址、源端口和目的端口分别为对端的目的 IP 地址、源 IP 地址、目的端口和源端口。 缺省情况下，HSB 主备服务的 IP 地址和端口号未配置，可用 **undo service-ip-port** [**local-ip** *local-ip-address* **peer-ip** *peer-ip-address* **local-data-port** *local-port* **peer-data-port** *peer-port*]命令删除 HSB 主备服务配置的指定 IP 地址和端口号

续表

步骤	命令	说明
5	**service-keep-alive detect retransmit** *retransmit-times* **interval** *interval-value* 例如：[Huawei-hsb-service-0] **service-keep-alive detect retransmit** 5 **interval** 1	（可选）配置 HSB 主备服务报文的重传次数和发送时间间隔。命令中的参数说明如下。 （1）*retransmit-times*：指定 HSB 主备服务检测报文的重传次数，取值范围为 1～20 的整数。 （2）*interval-value*：指定 HSB 主备服务检测报文的重传时间间隔，取值范围为 1～10 的整数秒。 缺省情况下，HSB 主备服务报文的时间间隔为 3 s，重传次数为 5，可用 **undo service-keep-alive** [**detect retransmit** *retransmit-times* **interval** *interval value*]命令恢复对应 HSB 主备服务报文的重传次数和发送间隔为缺省值。 【说明】HSB 主备服务报文的相关参数，包括发送时间间隔、重传次数在本端和对端都需要配置，且两端配置的参数值要保持一致

2. 配置 HSB 备份组

HSB 主备业务备份组负责通知各个业务模块进行批量备份、实时备份和状态同步。各个业务备份功能依赖于业务备份组提供的状态协商和事件通知机制，实现业务信息的主备同步。

HSB 主备业务备份组依赖于 HSB 主备服务处理提供的主备通道，进行备份信息的同步，并响应主备服务处理的链路通断事件。需要为 HSB 备份组绑定 HSB 主备服务，才能使 HSB 备份组正常工作。此外，HSB 备份组还需要通过与 VRRP 备份组的绑定，根据 VRRP 的状态协商出业务的主备状态。并通过监控所绑定的主备通道状态和 VRRP 状态的变化，通知各个业务模块进行批量备份、实时备份和状态同步。

HSB 备份组的配置步骤见表 8-7（**需要同时在主、备设备上配置**）。

表 8-7　　HSB 备份组的配置步骤

步骤	命令	说明
1	**system-view** 例如：< Huawei > **system-view**	进入系统视图
2	**hsb-group** *group-index* 例如：[Huawei] **hsb-group** 0	创建 HSB 备份组并进入 HSB 备份组视图。参数 *group-index* 用来指定主备备份组编号，**仅可为 0**。 缺省情况下，设备上未创建 HSB 备份组，可用 **undo hsb-group** *group-index* 命令删除指定的 HSB 备份组
3	**bind-service** *service-index* 例如：[Huawei-hsb-group-0] **bind-service** 0	配置 HSB 备份组绑定的主备服务。参数 *service-index* 用来指定要绑定的 HSB 主备服务，**仅可为 0**。 缺省情况下，HSB 备份组未绑定 HSB 主备服务，可用 **undo bind-service** *service-index* 命令删除 HSB 备份组绑定的指定的 HSB 主备服务
4	**track vrrp vrid** *vitual-router-id* **interface** *interface-type inter f-ace-number*	配置 HSB 备份组绑定的 VRRP 备份组。命令中的参数说明如下。 （1）*vitual-router-id*：指定 HSB 备份组要绑定的 VRRP 备份组编号，取值范围为 1～255 的整数。 （2）*interface-type interface-number*：指定当前设备中 VRRP 备份组所在的接口类型和接口编号。

续表

步骤	命令	说明
4	例如：[Huawei-hsb-group-0] **track vrrp vrid** 4 **interface** gigabitethernet 1/0/0	【说明】缺省备份组中路由器采用抢占模式，抢占前要将原主设备上的数据批量备份到本设备。由于批量备份数据根据业务量的多少需要一定的时间，为了保证主备切换时批量数据能够备份成功，不影响已有业务，在主设备的 VRRP 备份组上，先执行 **vrrp vrid** *virtual-router-id* **preempt-mode timer delay** *delay-value* 命令配置抢占延时功能。要根据设备业务规格大小所需的批量备份时间配置适当的抢占延时，建议延时时间大于批量备份的时间。 在实际组网中，确定上行链路可达的情况下，推荐执行 **vrrp vrid** *virtual-router-id* **preempt-mode disable** 命令设置备份组中路由器采用非抢占模式。在非抢占模式下，一旦备份组中的某台路由器成为 Master，只要它没有出现故障，其他路由器即使随后被配置为更高的优先级也不会成为 Master。 缺省情况下，HSB 备份组未绑定 VRRP 备份组，可用 **undo track vrrp** [**vrid** *virtual-router-id* **interface** *interface-type interface-number*]命令删除 HSB 备份组绑定的指定的 VRRP 备份组
5	**quit** 例如：[Huawei-hsb-group-0] **quit**	退出 HSB 备份组视图，返回系统视图
6	**hsb-service-type firewall hsb-group** *group-index* 例如：[Huawei] **hsb-service-type firewall hsb-group** 0	（可选）使能防火墙主备功能，绑定主备备份组。参数 *group-index* 用来指定要绑定的 HSB 备份组编号，**只能为 0**。 【说明】HSB 备份组使能（下节介绍）后不能进行业务功能与 HSB 备份组绑定的操作，请在使能 HSB 备份组前进行业务功能的绑定。 缺省情况下，未使能防火墙主备功能，可用 **undo hsb-service-type firewall hsb-group** *group-index* 命令去使能防火墙主备功能

3. 使能 HSB 备份组

HSB 备份组使能后，对 HSB 备份组的相关配置才会生效，HSB 备份组才会在状态发生变化时通知相应的业务模块进行处理。

使能 HSB 备份组的方法是通过 **hsb-group** *group-index* 命令进入 HSB 备份组视图，然后执行 **hsb enable** 命令。

8.3.4 双机热备份配置管理及故障排除

以上双机热备份功能配置后，可以通过以下任意视图 **display** 命令进行配置管理，以验证配置结果。

- **display hsb-group** *group-index*：查看指定 HSB 主备备份组的信息。
- **display hsb-service** *service-index*：查看指定 HSB 主备服务的信息。

另外，配置双机热备份后可能出现一些故障，如主备通道无法建立，主用设备上的信息无法正常备份到备份设备上，导致双机热备份功能不正常。

出现这种故障可能的原因主要有两个：①两端主备通道参数配置不匹配，包括本端的源 IP 地址、源端口号和对端的目的 IP 地址、目的端口号不一致；②两端主备服务报文的重传次数和重传间隔不一致。

这时，可先在任意视图下执行 **display hsb-service** *service-index* 命令，检查主用设备和备用设备上主备通道的参数配置是否匹配。

① 如果本端的源 IP 地址、源端口号和对端的目的 IP 地址、目的端口号不一致，则执行 **service-ip-port** local-ip *local-ip-address* **peer-ip** *peer-ip-address* **local-data-port** *local-port* **peer-data-port** *peer-port* 命令，重新进行配置。

② 如果主用设备和备用设备上主备服务报文的重传次数和重传间隔不一致，则执行 **service-keep-alive detect retransmit** *retransmit-times* **interval** *interval-value* 命令，重新进行配置。

8.3.5　双机热备份配置示例

本示例的基本拓扑结构如图 8-15 所示，用户网络通过 Switch 双线连接到 RouterA 和 RouterB。现用户希望实现，在正常情况下，用户网络内主机以 RouterA 为缺省网关接入 Internet，RouterA 上的业务信息可以实现批量备份和实时备份到 RouterB 上；而当 RouterA 故障时，RouterB 接替 RouterA 继续进行工作，网络的运行不间断。

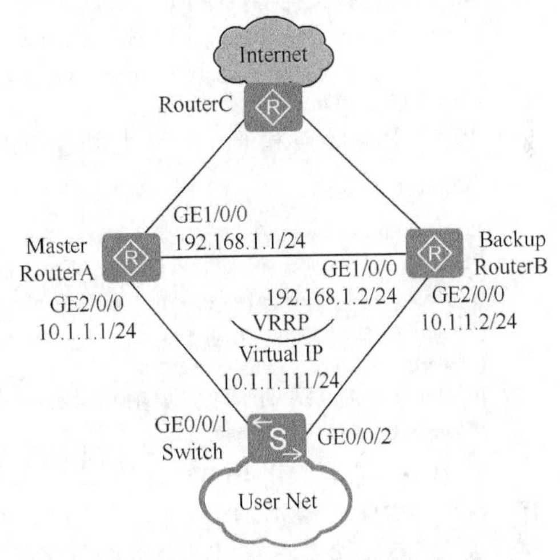

图 8-15　双机热备份配置示例的拓扑结构

1. 基本配置思路分析

大家可能一看到这个要求就觉得很熟悉，这不是我们在第 7 章介绍的 VRRP 主备备份功能吗？是的，的确有太多相似之处，但这里有一个唯一的区别，那就是这里除了要求进行主备备份外，还要求主设备将备份业务信息实时同步到备用设备上，所以在拓扑结构中，**两设备之间有一条用来建立主备通道的直连线，这是在 VRRP 主备备份中没有的。**

根据 8.3.3 节介绍的双机热备份配置方法，可以得出本示例如下的基本配置思路。

（1）配置各设备接口的 IP 地址及二层网络，使 Switch 设备发送到两路由器的报文不带标签，因为本示例中 VRRP 接口为三层物理接口。

（2）在 RouterA 和 RouterB 上分别创建一个 VRRP 备份组。其中，RouterA 上配置较高的优先级，作为主设备承担流量转发；RouterB 上配置较低的优先级，作为备份设备。

（3）配置双机热备份功能，将 RouterA 上的业务信息通过链路批量备份和实时备份备份到 RouterB 上，保证在主设备故障时业务能够不中断地顺利切换到备份设备。包括创建 HSB 主备服务、配置 HSB 备份组和使能 HSB 备份组。

2. 具体配置步骤

① 配置接口的 IP 地址及交换机上的二层设置。

■ 配置设备各接口的 IP 地址，以 RouterA 为例。RouterB 的配置与之类似，略。

```
<Huawei> system-view
[Huawei] sysname RouterA
```

```
[RouterA] interface gigabitethernet 2/0/0
[RouterA-GigabitEthernet2/0/0] ip address 10.1.1.1 24
[RouterA-GigabitEthernet2/0/0] quit
[RouterA] interface gigabitethernet 1/0/0
[RouterA-GigabitEthernet1/0/0] ip address 192.168.1.1 24
[RouterA-GigabitEthernet1/0/0] quit
```

■ 配置 Switch 的二层透传功能，即把下面内网的 VLAN 数据报文以不带标签的方式向网关设备传输。假设用户网络划分到 VLAN 100 内。

```
<Huawei> system-view
[Huawei] sysname Switch
[Switch] vlan 100
[Switch-vlan100] quit
[Switch] interface gigabitethernet 0/0/1
[Switch-GigabitEthernet0/0/1] port hybrid pvid vlan 100          !---指定接口的 PVID 为 VLAN 100
[Switch-GigabitEthernet0/0/1] port hybrid untagged vlan 100      !---以不带标签方式允许 VLAN 100 报文通过，以实现 VLAN 报文上行二层透传
[Switch-GigabitEthernet0/0/1] quit
[Switch] interface gigabitethernet 0/0/2
[Switch-GigabitEthernet0/0/2] port hybrid pvid vlan 100
[Switch-GigabitEthernet0/0/2] port hybrid untagged vlan 100
[Switch-GigabitEthernet0/0/2] quit
```

② 在 RouterA 和 RouterB 上创建 VRRP 备份组，并指定 RouterA 具有更高的优先级，作为 Master 设备。

```
[RouterA] interface gigabitethernet 2/0/0
[RouterA-GigabitEthernet2/0/0] vrrp vrid 1 virtual-ip 10.1.1.111
[RouterA-GigabitEthernet2/0/0] vrrp vrid 1 priority 120
[RouterA-GigabitEthernet2/0/0] quit
[RouterB] interface gigabitethernet 2/0/0
[RouterB-GigabitEthernet2/0/0] vrrp vrid 1 virtual-ip 10.1.1.111
[RouterB-GigabitEthernet2/0/0] quit
```

③ 在 RouterA 和 RouterB 上配置双机热备份功能，创建 HSB 主备服务和 HSB 备份组，并将 HSB 备份组与 HSB 主备服务和 VRRP 备份进行绑定，最后使能 HSB 功能。

```
[RouterA] hsb-service 0
[RouterA-hsb-service-0]service-ip-port local-ip 192.168.1.1 peer-ip 192.168.1.2 local-data-port 10241 peer-data-port 10241
[RouterA-hsb-service-0]quit
[RouterA] hsb-group 0
[RouterA-hsb-group-0]bind-service 0
[RouterA-hsb-group-0]track vrrp vrid 1 interface gigabitethernet 2/0/0
[RouterA-hsb-group-0] hsb enable
[RouterB] hsb-service 0
[RouterB-hsb-service-0] service-ip-port local-ip 192.168.1.2 peer-ip 192.168.1.1 local-data-port 10241 peer-data-port 10241
[RouterB-hsb-service-0]quit
[RouterB] hsb-group 0
[RouterB-hsb-group-0] bind-service 0
[RouterB-hsb-group-0] track vrrp vrid 1 interface gigabitethernet 2/0/0
[RouterB-hsb-group-0] hsb enable
```

3. 配置结果验证

完成上述配置以后，在 RouterA 和 RouterB 上分别执行 **display vrrp** 命令，可以看到 RouterA 在备份组中的状态为 Master，RouterB 在备份组中的状态为 Backup。

```
<RouterA> display vrrp
  GigabitEthernet2/0/0 | Virtual Router 1
    State          : Master
    Virtual IP     : 10.1.1.111
    Master IP      : 10.1.1.1
    PriorityRun    : 120
    PriorityConfig : 120
    MasterPriority : 120
    Preempt : YES     Delay Time : 0 s
    TimerRun : 1 s
    TimerConfig : 1 s
    Auth type : NONE
    Virtual MAC : 0000-5e00-0101
    Check TTL : YES
    Config type : normal-vrrp
    Backup-forward : disabled
    Create time : 2012-05-11 11:39:18 UTC-08:00
    Last change time : 2012-05-26 11:38:58 UTC-08:00

<RouterB> display vrrp
  GigabitEthernet2/0/0 | Virtual Router 1
    State          : Backup
    Virtual IP     : 10.1.1.111
    Master IP      : 10.1.1.1
    PriorityRun    : 100
    PriorityConfig : 100
    MasterPriority : 120
    Preempt : YES     Delay Time : 0 s
    TimerRun : 1 s
    TimerConfig : 1 s
    Auth type : NONE
    Virtual MAC : 0000-5e00-0101
    Check TTL : YES
    Config type : normal-vrrp
    Backup-forward : disabled
    Create time : 2012-05-11 11:39:18 UTC-08:00
    Last change time : 2012-05-26 11:38:58 UTC-08:00
```

在 RouterA 和 RouterB 上分别执行 **display hsb-service** *service-index* 命令，可以看到 **Service State** 字段的显示为 **Connected**，说明主备服务通道已经成功建立。下面是 RouterA 上的输出示例。

```
<RouterA> display hsb-service 0
Hot Standby Service Configuration:
----------------------------------------------------------
  Local IP Address          : 192.168.1.1
  Peer IP Address           : 192.168.1.2
  Source Port               : 10241
  Destination Port          : 10241
  Keep Alive Times          : 5
  Keep Alive Interval       : 3
  Service State             : Connected
  Service Batch Modules     :
----------------------------------------------------------
```

在 RouterA 和 RouterB 上分别执行 **display hsb-group** *group-index* 命令，可以看到

HSB 备份组当前为活跃状态，RouterA 为主用设备，RouterB 为备用设备。下面是 RouterB 上的输出示例。

```
<RouterB> display hsb-group 0
Hot Standby Group Configuration:
----------------------------------------------------------
  HSB-group ID              : 0
  Vrrp Group ID             : 2
  Vrrp Interface            : Vlanif100
  Service Index             : 0
  Group Vrrp Status         : Backup
  Group Status              : Active
  Backup Service Type       : Firewall
  Firewall Backup Process   :
```

在 RouterA 的接口 GE2/0/0 和 GE1/0/0 上执行 **shutdown** 命令，模拟 RouterA 出现故障。然后在 RouterB 上执行 **display hsb-group** *group-index* 命令，查看 HSB 备份组状态信息，可以看到 RouterB 已转换成 Master 状态，证明切换成功。

```
<RouterB> display hsb-group 0
Hot Standby Group Configuration:
----------------------------------------------------------
  HSB-group ID              : 0
  Vrrp Group ID             : 2
  Vrrp Interface            : Vlanif100
  Service Index             : 0
  Group Vrrp Status         : Master
  Group Status              : Active
  Backup Service Type       : Firewall
  Firewall Backup Process   :
```

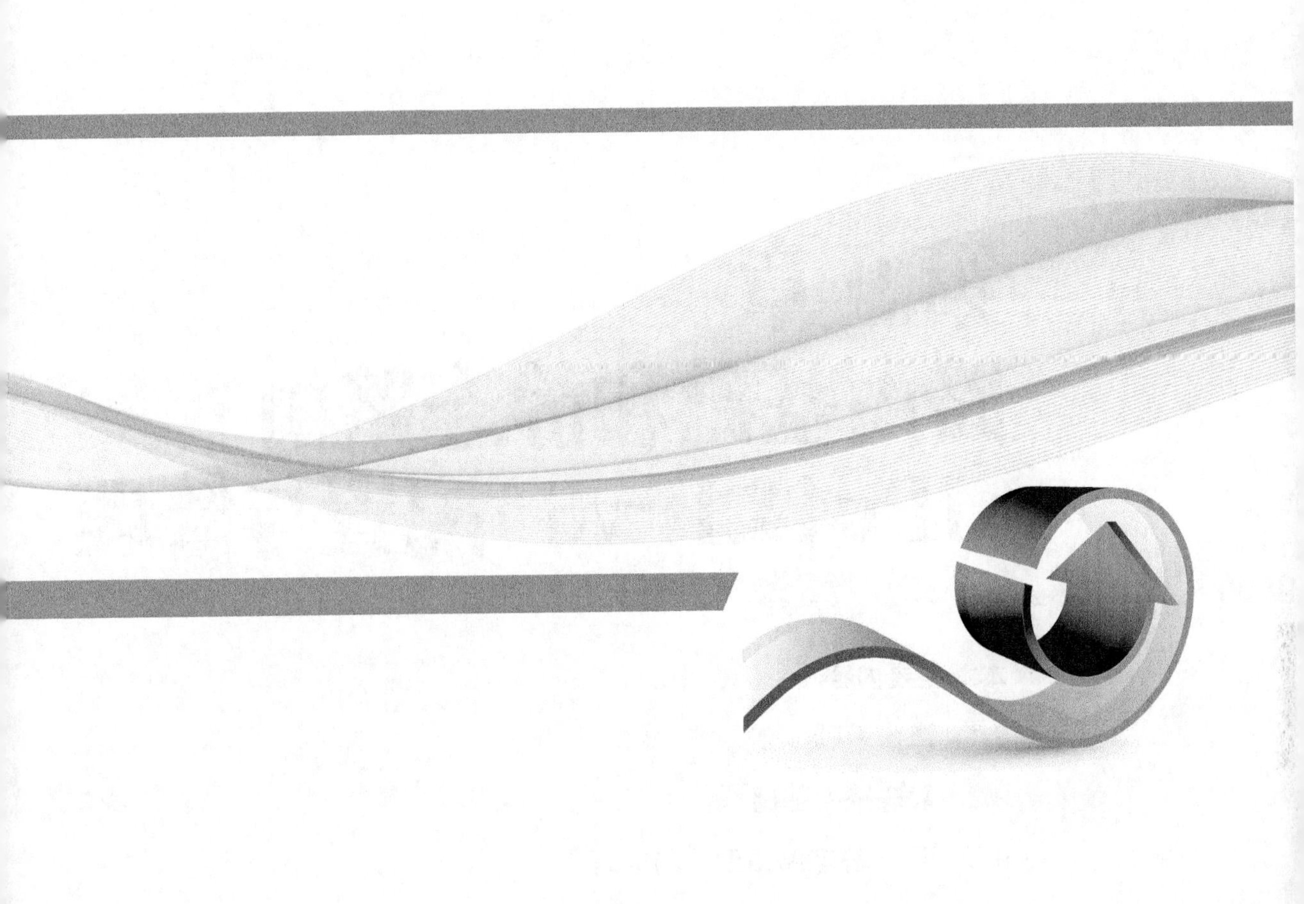

第9章 路由基础和静态路由（IPv4&IPv6）配置与管理

本章主要内容

经过前面几章的学习，我们已掌握了把华为 AR G3 系列路由器中的一些常用功能，以及一些 WAN 接口、WAN 接入方案的配置与管理方法。但还没涉及路由器的最核心技术——路由的介绍，所以从本章开始就要依次对各方面的路由技术、各种路由协议的配置与管理方法进行全面、深入的介绍。

本章首先介绍与路由相关的一些基础知识，然后重点介绍 IPv4 和 IPv6 两种网络环境中静态路由在各方面应用的配置与管理方法。但要注意，尽管 IPv6 网络与 IPv4 网络相比区别很大，但其实它们的静态路由原理及配置方法基本一样，有时甚至会感觉 IPv6 中对应功能的配置更加简单，这方面在本书后面介绍其他各种动态路由协议时，你会有更深刻的感受。也正因如此，不要对 IPv6 网络中的动态路由配置心存恐惧，其实工作原理上与 IPv4 网络中的对应路由协议基本一样，各功能的配置思路和命令也差不多，有的甚至更简单。

9.1 路由基础

"路由"，简单地说就是报文从源端到目的端的整条传输路径，路由信息就是指导报文发送的路径信息，路由的过程就是报文转发的过程。当报文从当前路由器到目的网段有多条路由可达时，路由器会根据所有路由表中到达该目的网段的最优路由进行转发。最优路由的选择与发现这些路由的路由协议的优先级，以及所配置的路由度量有关，具体将在本章的后面介绍。

当多条到达同一目的地的路由的协议优先级与路由度量都相同（即均为最优路由）时，这些路由之间可以实现负载分担，反之，这些路由之间可以构成路由备份（优先级最高，或者度量最小的路由为主路由，其他的为备份路由），以提高网络的可靠性。

9.1.1 路由的分类

因为路由协议的种类比较多，开发的目的及特点又各不相同，所以路由的分类标准也有多种。

① 根据路由目的地类型的不同，路由可划分为以下两类。

■ 网段路由：路由目的地为一个网段，IPv4 地址子网掩码长度小于 32 位，或 IPv6 地址前缀长度小于 128 位。

■ 主机路由：路由目的地为一台主机或一个接口，IPv4 地址子网掩码长度为 32 位，或 IPv6 地址前缀长度为 128 位。

② 根据目的地与该路由器是否直接相连，路由又可划分为以下两类。

■ 直连路由：路由目的地所在网络与本地路由器设备直接相连，**不需要配置**，只要链路状态为 Up，则一直存在。**直连路由不会传播，也仅可用于本地设备指导报文进行单跳转发**，但可以引入到其他协议路由表中，在网络中进行传播。

■ 间接路由：路由目的地所在网络与本地路由器不是直接相连。

③ 根据目的地址类型的不同，路由还可以分为以下两类。

■ 单播路由：表示将报文转发的目的地址是一个单播 IPv4 或 IPv6 地址。

■ 组播路由：表示将报文转发的目的地址是一个组播 IPv4 或 IPv6 地址。

④ 根据生成的方式，路由还可分为以下两类。

■ 静态路由：通过网络管理员手动配置生成的路由。

静态路由配置方便，对系统要求低，适用于拓扑结构简单并且稳定的小型网络。缺点是不能自动适应网络拓扑的变化，需要人工干预。

■ 动态路由：通过动态路由协议自动发现并生成的路由，可生成动态路由的协议又包括 RIP、OSPF、IS-IS、BGP 等多种。

动态路由协议有自己的路由算法，能够自动适应网络拓扑的变化，适用于具有一定数量三层设备的网络。缺点是对系统的要求高于静态路由，配置比较复杂，并将占用一定的网络资源和系统资源。

⑤ 根据作用范围的不同，以上动态路由协议又可分为以下两类。

■ IGP（Interior Gateway Protocol，内部网关协议）：在一个自治系统内部运行。常见的 IGP 协议包括 RIP、OSPF 和 IS-IS。

■ EGP（Exterior Gateway Protocol，外部网关协议）：运行于不同自治系统之间。目前常用的 EGP 就是 BGP。

⑥ 根据使用的路由算法不同，以上这些动态路由协议又可分为以下两类。

■ 距离矢量协议（Distance-Vector Protocol）：包括 RIP 和 BGP。其中，RIP 的距离度量是路径中所经过的跳（Hop）数，BGP 也被称为路径矢量协议（Path-Vector Protocol），其度量为路径中所经过的 AS 数。

■ 链路状态协议（Link State Protocol）：包括 OSPF 和 IS-IS。

以上两种算法的主要区别在于发现路由和计算路由的机制不同，具体将在本书后面对应的章节介绍。

说明　还有一种比较少用，且比较陌生的路由，那就是 UNR（User Network Route，用户网路由），主要用于在用户上线过程中由于无法使用动态路由协议时，由 PPPoE、DHCP 等协议为用户流量分配路由。

9.1.2　路由表的分类及组成

路由器在对报文进行路由转发时不是凭空进行的，所依据的就是与路由密切相关的两张“表”——路由表（Routing Table）和 FIB（Forwarding Information Base，转发信息库）表。路由器通过路由表选择用于报文转发的路由，然后再通过 FIB 表中的对应转发表项指导报文的转发。本节先介绍路由表。

每台运行动态路由协议的路由器中都至少有一张“路由表”，即保存了所有最优路由表项的本地核心路由表（即通常所说的 IP 路由表），还可能有保存对应运行的路由协议路由表项的协议路由表，如 RIP 路由表、BGP 路由表等。

1. 本地核心路由表

“本地核心路由表”又称 IP 路由表，是用来保存本地路由器到达网络中各目的地的**当前各种最优协议路由**（依据到达同一目的地的各种协议路由的优先级和度量值来选择），**只有到达某一目的地的最优路由才会进入本地核心路由表中**，并负责把这些最优路由下发到 FIB 表，**生成对应的 FIB 表项**，指导报文的转发。也就是说，尽管某协议路由表中可能有许多路由表项，但实际上在当前可能都是无效的，不能用于指导报文的转发，因为这些路由与到达相同目的地的其他协议路由相比不是最优的。

说明　对于支持 L3VPN（Layer 3 Virtual Private Network，三层 VPN）的路由器，每一个 VPN-Instance 拥有一个自己的本地核心路由表。

2. 协议路由表

协议路由表中存放着该协议已发现的所有路由信息，**但就所有路由表来说，协议路由表中的路由不一定是最优路由，不一定会进入本地核心路由表中，也就是说不一定会最终用来进行数据报文路由**。路由协议还可以引入并发布其他协议生成的路由。例如，在路由器上运行 OSPF，需要使用 OSPF 通告直连路由、静态路由或者 IS-IS 路由时，则要先将这些路由引入到 OSPF 的路由表中。

在路由器中执行 **display ip routing-table** 命令时可查看路由器的 IP 路由表信息（**均为有效的最优路由，非有效、非最优路由不会在 IP 路由表中显示**），如下所示。

```
<Huawei> display ip routing-table
Route Flags: R - relay, D - download to fib
------------------------------------------------------------------------------
Routing Tables: Public
         Destinations : 14          Routes : 14

Destination/Mask    Proto   Pre  Cost      Flags NextHop         Interface

        0.0.0.0/0   Static  60   0           RD   10.137.216.1    GigabitEthernet  2/0/0
     10.10.10.0/24  Direct  0    0           D    10.10.10.10     GigabitEthernet  1/0/0
    10.10.10.10/32  Direct  0    0           D    127.0.0.1       InLoopBack0
   10.10.10.255/32  Direct  0    0           D    127.0.0.1       InLoopBack0
     10.10.11.0/24  Direct  0    0           D    10.10.11.1      LoopBack0
     10.10.11.1/32  Direct  0    0           D    127.0.0.1       InLoopBack0
   10.10.11.255/32  Direct  0    0           D    127.0.0.1       InLoopBack0
   10.137.216.0/23  Direct  0    0           D    10.137.217.208  GigabitEthernet  2/0/0
 10.137.217.208/32  Direct  0    0           D    127.0.0.1       InLoopBack0
 10.137.217.255/32  Direct  0    0           D    127.0.0.1       InLoopBack0
       127.0.0.0/8  Direct  0    0           D    127.0.0.1       InLoopBack0
      127.0.0.1/32  Direct  0    0           D    127.0.0.1       InLoopBack0
127.255.255.255/32  Direct  0    0           D    127.0.0.1       InLoopBack0
255.255.255.255/32  Direct  0    0           D    127.0.0.1       InLoopBack0
```

从以上 IP 路由表信息可以看出，IP 路由表中包含了下列字段。

■ Destination：表示此路由的目的地址，用来标识 IP 数据包要转发的最终目的地址或目的网络。

■ Mask：表示此目的地址的子网掩码长度，与目的地址一起来标识目的主机或目的网络所在的网段地址。

■ Proto：表示学习此路由的路由协议，包括静态路由（Static）、直连路由（Direct）和各种动态路由等。

■ Pre：即 Preference，表示此路由的路由协议优先级，具体参见 9.1.4 节。**这是用来比较不同协议类型、相同目的地址的多条路由的优先级**。同一目的地可能存在不同的下一跳、出接口等多条路由，这些不同的路由可能是由不同的路由协议发现的，也可以是手工配置的静态路由。优先级高（数值小）者将成为当前的最优路由，才会在 IP 路由表中显示。

■ Cost：路由开销，**这是用来比较同一种协议类型、相同目的地址的多条路由的优先级**。当到达同一目的地的多条路由具有相同的路由优先级时，路由开销最小的将成为当前的最优路由，才会在 IP 路由表中显示。但不同类型协议路由的开销类型不同，如距离矢量类协议采用的是“距离”，即将“跳数”作为路由开销，而链路状态类协议采用的是“链路状态”（由链路带宽、网络传输性能等参数共同决定）作为路由开销，**所以不能直接依据不同协议类型路由的开销值来比较不同路由的优先级**。

说明 Preference 主要用于比较到达同一目的地，由不同路由协议产生的多条路由的优先级，但也可用于比较到达同一目的地，相同路由协议产生的多条路由的优先级，如本章后面所介绍的“浮动静态路由”，动态路由协议产生的路由也可通过路由策略更改具体路由的优先级。

- Flags：显示路由标记，即路由表头的 Route Flags。其中 R 为 relay（中继）的意思，表明该路由是迭代路由，需根据路由的下一跳 IP 地址获取出接口。配置静态路由时，如果只指定下一跳 IP 地址，而不指定出接口，那么就是迭代路由，需要根据下一跳 IP 地址的路由获取出接口。D 是 download to fib 的意思，表示该路由表项已成功下发到 FIB 表中了。
- NextHop：表示此路由的下一跳 IP 地址。指明数据转发路径中的下一个二层设备。
- Interface：表示此路由从本地设备发出的出接口。

在图 9-1 所示的网络中，路由器 A 与 3 个网络直接相连，因此在其 IP 路由表中有 3 个目的 IP 地址、下一跳和出接口，参见图中所示。

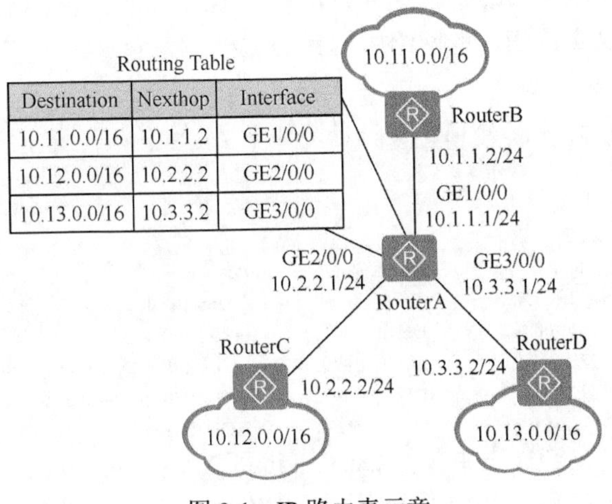

图 9-1　IP 路由表示意

至于各种动态路由协议的路由表的格式，因动态路由协议类型的不同而不同，具体将在本书后面的对应章节介绍。

3. 路由超限自动恢复

本地核心路由表里保存着各路由协议的路由，如果本地核心路由表里的路由数量达到系统上限，协议路由表将无法向本地核心路由表添加路由，尽管新的路由也是当前最优路由。

本地核心路由表有以下几种路由限制（不同机型的硬件配置不一样，对应的以下路由限制范围也不一样）。

- 整机路由限制：指定所有路由条数的上限值。
- 整机路由前缀限制：指定所有路由的地址前缀范围。
- 组播 IGP 路由限制：指定组播 IGP 路由条数的上限值。
- 多拓扑路由限制：指定多拓扑路由条数的上限值。
- 所有私网路由限制：指定所有私网路由条数的上限值。
- VPN 路由限制：指定 VPN 路由条数的上限值。

■ VPN 路由前缀限制：指定 VPN 路由的地址前缀范围。

如果协议由于某种路由限制而向本地核心路由表添加路由失败，系统会记录本次添加路由的协议和对应的路由表 Table ID。当协议删除本地核心路由表里的路由，释放了路由表的空间之后，路由超限解除，系统会通知所有向本地核心路由表添加路由失败的协议，重新向本地核心路由表添加路由，使得本地核心路由表中的路由能够得到最大程度的恢复。当然，是否可以完全恢复，取决于释放的路由表空间的大小。

9.1.3 FIB 表的组成及最长掩码匹配原则

在 IP 路由表中的路由表项将下发到 FIB 表中，以生成对应的 FIB 表项（**所以 FIB 表中的表项是与 IP 路由表中的表项有一一对应的关系**）。当对应目的地址的报文到达路由器时，会通过查找 FIB 表中的对应表项进行转发，如果在 FIB 表中找不到对应的转发表项，则不能转发。FIB 表中每条表项都指明到达某网段或某主机的报文应通过路由器的哪个物理接口或逻辑接口发送，这样就可到达该路径的下一个路由器，或者不再经过别的路由器而传送到直接相连的网络中的目的主机。

1．FIB 表的组成

可用 **display fib** 命令查看 FIB 表信息，如下所示。

```
<Huawei> display fib
FIB Table:
 Total number of Routes : 5
Destination/Mask    Nexthop         Flag TimeStamp     Interface              TunnelID
0.0.0.0/0           192.168.0.2     SU    t[37]        GigabitEthernet1/0/0   0x0
10.8.0.0/16         192.168.0.2     DU    t[37]        GigabitEthernet1/0/0   0x0
10.9.0.0/16         172.16.0.2      DU    t[9992]      GigabitEthernet3/0/0   0x0
10.9.1.0/24         192.168.0.2     DU    t[9992]      GigabitEthernet2/0/0   0x0
10.20.0.0/16        172.16.0.1      U     t[9992]      GigabitEthernet4/0/0   0x0
```

从中可以看出，在 FIB 表中包括 Destination、Mask、Nexthop、Flag、TimeStamp、Interface 和 TunnelID 字段，其中 Destination、Mask、Nexthop、Interface 字段与 IP 路由表中的对应字段一样，没有 IP 路由表中的 Proto、Pre、Cost 和 Flags 这 4 个字段，因为在进行报文转发时只需要获知转发路径，至于路由中的这 4 个字段的取值对报文转发没有直接意义。在 FIB 表中的其他 3 个字段说明如下。

① Flag：转发表项的标志，这与 IP 路由表中的 Flags 字段是不一样的。在 FIB 表中，FIB 表项中的 Flag 可能是 G、H、U、S、D、B、L 中一个或多字母的组合。

■ G（Gateway 网关路由）：表示下一跳是网关。

■ H（Host 主机路由）：表示该路由为主机路由。

■ U（Up 可用路由）：表示该路由状态是 Up。

■ S（Static 静态路由）：表示该路由为手动配置路由。

■ D（Dynamic 动态路由）：表示该路由为根据路由算法自动生成的路由。

■ B（Black Hole 黑洞路由）：表示下一跳是空接口。

■ L（Vlink Route）：表示 Vlink 类型路由。

② TimeStamp：转发表项的时间戳，表示该表项已存在的时间，单位是 s。

③ TunnelID：表示转发表项索引。该值不为 0 时，表示匹配该项的报文通过对应的

隧道进行转发，即采用 MPLS 转发。该值为 0 时，表示报文不通过隧道转发，即采用普通的 IP 转发。

2. FIB 表的最长掩码匹配原则

因为在 IPv4 封装中，**IPv4 报头只封装了源 IP 地址和目的 IP 地址，没有封装对应的子网掩码**，所以这时如果在 FIB 表中有多条同时到达同一目的地，但处于相同自然网段的子网转发项时，就涉及最终选择哪条转发表的问题了。**这就是 FIB 表中的“最长掩码”匹配原则**，也即最精细路由匹配原则。具体方法是，在查找 FIB 表时，先将报文的目的地址**与 FIB 中各表项的掩码**按位进行“逻辑与”运算，得到与之匹配的目的网络地址（**可能有多个**），然后在这些对应的 FIB 表项中选择一个最长掩码的 FIB 表项进行报文转发。

例如，假设路由器上当前的 FIB 表如前所示，一个目的地址是 10.9.1.2 的报文进入路由器，查找对应的 FIB 表。首先，目的地址 10.9.1.2 与 FIB 表中各表项的掩码“0、16、24”进行“逻辑与”运算，得到下面的网段地址：0.0.0.0/0、10.9.0.0/16、10.9.1.0/24。这 3 个结果可以匹配到 FIB 表中对应的 3 个表项。最终，路由器会选择最长匹配 10.9.1.0/24 表项，从接口 GE2/0/0 转发这条目的地址是 10.9.1.2 的报文。

9.1.4　路由协议的优先级

对于相同的目的地，不同的路由协议（包括静态路由）可能会发现不同的路由，但这些路由并不都是最优的。事实上，在某一时刻，到某一目的地的当前路由**仅能由唯一的路由协议来决定**。为了判断最优路由，各路由协议都被赋予了一个优先级，当存在多个路由信息源时，具有较高优先级（**取值较小**）的路由协议发现的路由将成为最优路由，并将最优路由放入 IP 路由表中。

路由协议的优先级又分“外部优先级”和“内部优先级”两种。**选择路由时先比较路由的外部优先级，当不同的路由协议配置了相同的外部优先级时，系统才会通过内部优先级决定哪个路由协议发现的路由（内部优先级最高的）将成为最优路由**。

外部优先级是指用户可以手动为各路由协议配置的优先级，我们通常所说的路由协议优先级就是指外部优先级。缺省情况下各路由协议的外部优先级见表 9-1，数值越小，优先级越高。其中，0 表示直接连接的路由，优先级最高，255 表示任何来自不可信源端的路由，静态路由的优先级比 OSPF、IS-IS 中的路由优先级要低（**这点与 Cisco 中的不一样**）。除直连路由（DIRECT）外，各种路由协议的优先级都可由用户手动进行配置，**每条静态路由的优先级都可以不同**。

表 9-1　路由协议缺省时的外部优先级

路由协议的类型	路由协议的外部优先级
DIRECT（直连路由）	0
OSPF	10
IS-IS	15

续表

路由协议的类型	路由协议的外部优先级
STATIC	60
UNR（User Network Route，用户网络路由）	• DHCP（Dynamic Host Configuration Protocol）：60 • AAA-Download：60 • IP Pool：61 • Frame：62 • Host：63 • NAT（Network Address Translation）：64 • IPSec（IP Security）：65 • NHRP（Next Hop Resolution Protocol）：65 • PPPoE（Point-to-Point Protocol over Ethernet）：65 • SSL VPN（Secure Sockets Layer Virtual Private Network）：66
RIP	100
OSPF ASE	150
OSPF NSSA	150
IBGP	255
EBGP	255

【经验之谈】直连路由的外部优先级最高，且不可修改，而其他协议路由的外部优先级虽然可改，但优先级的最低值也只能为1，不能配置为直连路由的优先级值0，**所以如果某网段是直接连接在本地路由上，则在其IP路由表中不可能出现该网段的其他类型路由表项**，仅会存在该网段的直连路由表项，但在其他协议路由表中可能存在该网段的对应协议路由表项。

选择路由时先比较路由的外部优先级，**当不同的路由协议配置了相同的外部优先级值后**（如可以把静态路由和OSPF路由的外部优先级值均设为10），**系统会通过内部优先级决定哪个路由协议发现的路由将成为最优路由。路由协议的内部优先级则不能被用户手动修改**，各路由协议的内部优先级见表9-2。

表9-2　　路由协议内部优先级

路由协议的类型	路由协议的内部优先级
DIRECT	0
OSPF	10
IS-IS Level-1	15
IS-IS Level-2	18
STATIC	60
UNR	65
RIP	100
OSPF ASE	150
OSPF NSSA	150
IBGP	200
EBGP	20

例如，现有到达同一目的地10.1.1.0/24的两条路由可供选择，一条是静态路由，另一条是OSPF路由，且这两条路由的外部优先级值都被配置成5。根据前面介绍的路由

选择规则，这时路由器系统将会根据内部优先级进行判断。因为 OSPF 的内部优先级是 10，高于静态路由的内部优先级 60，所以系统选择 OSPF 发现的这条路由作为最终的优先路由，进行报文转发，尽管到达同一目的的静态路由与这条 OSPF 路由具有相同的外部优先级。

9.1.5　路由度量

路由的度量标示出了这条路由到达指定的目的地址的代价，但不同协议路由的代价标识方法不一样，通常受以下因素的影响。

（1）路径长度

路径长度是最常见的影响路由度量的因素，但不同类型路由协议标识路径长度的方法也不一样。链路状态路由协议可以为每一条链路设置一个链路开销来标示此链路的路径长度，此时路径长度就是指路由路径中经过的所有链路的链路开销的总和，链路开销总和越小越优先。

距离矢量路由协议（如 RIP）使用跳数来标示路径长度。跳数是指数据从源端到目的端所经过的三层设备数量，跳数越少越优先。例如，路由器到与它直接相连网络的跳数为 0，通过一台路由器可达的网络的跳数为 1，其余以此类推。

BGP 路由也是距离矢量协议，它的度量是 AS，即路由路径中所经过的 AS 数，经过的 AS 越少优先级越高。

（2）网络带宽

网络带宽是指一条链路的最大传输能力，与传输速率是不同的概念，传输速率是即时的，是要小于等于带宽的。理论上讲，网络带宽越高，传输能力也越强。例如，一个 10 Gbit/s 的链路要比 1 Gbit/s 的链路更优越，传输能力更强。虽然带宽是指一个链路能达到的最大传输速率，但这不能说明在高带宽链路上的路由就一定要比低带宽链路上的更优越，因为此时还要考虑到链路的拥塞程度。比如说，一个高带宽的链路正处于拥塞的状态下，那报文在这条链路上转发时将会花费更多的时间。

（3）负载

负载是一个网络资源的使用程度。计算负载的方法包括 CPU 的利用率和它每秒处理数据包的数量。持续监测这些参数可以及时了解网络的使用情况。

（4）通信开销

通信开销衡量了一条链路的运营成本。尤其是只注重运营成本而不在乎网络性能的时候，通信开销就成了一个重要的指标。

9.1.6　负载分担与路由备份

当多条到达同一目的地的路由协议和路由度量都相同时，这几条路由就称之为等价路由，**多条等价路由就可以实现负载分担。而当几条到达同一目的地的路由为非等价路由时，就只能实现路由备份。**

【经验之谈】因为路由协议优先级有内、外之分，且当到达同一目的地的多个路由具有相同的外部优先级时，还需要比较它们的内部优先级，而不同协议的内部优先级是不可能相同的，也不可能更改，所以要最终成为等价路由，只能是到达相同目的地，且由相同路由发现的路由，**不可能是不同协议路由**。

1. 负载分担

路由器支持多路由模式，即允许配置多条目的地相同，且优先级也相同的路由。**当到达同一目的地存在同一路由协议发现的多条路由时，且这几条路由的开销值也相同，那么就满足负载分担的条件**。当实现负载分担时，路由器根据报文中的五元组（源 IP 地址、目的 IP 地址、源端口、目的端口、协议）进行报文转发。**当五元组相同时，路由器总是选择与上一次相同的下一跳 IP 地址进行报文转发**；而当五元组不同时，路由器会选取相对空闲的路径进行转发。

如图 9-2 所示，RouterA 已经通过接口 GE1/0/0 转发到目的地址 10.1.1.0/24 的第 1 个报文 P1，随后又需要分别转发报文到目的地址 10.1.1.0/24 和 10.2.1.0/24。其转发过程如下。

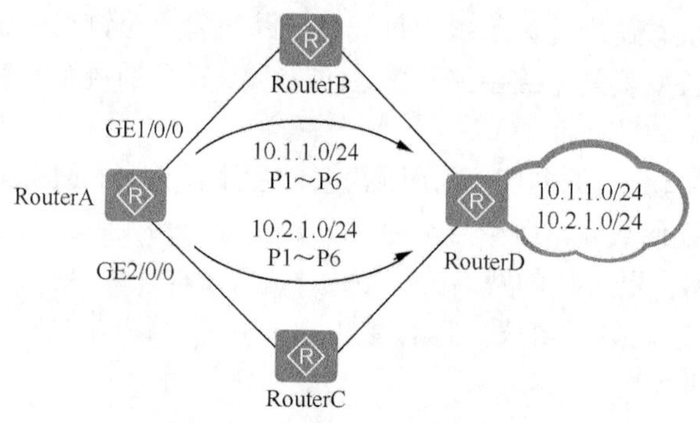

图 9-2 多路由负载分担示例

① 当转发到达 10.1.1.0/24 的第两个报文 P2 时，发现此报文与到达 10.1.1.0/24 的第 1 个报文 P1 的五元组一致，所以之后到达该目的地的报文都从 GE1/0/0 转发。

② 当转发到达 10.2.1.0/24 的第 1 个报文 P1 时，发现此报文与到达 10.1.1.0/24 的第 1 个报文 P1 的五元组不一致，所以选取从 GE2/0/0 转发，并且之后到达该目的地的报文都从 GE2/0/0 转发。

2. 路由备份

为了提高网络的可靠性，用户可以根据实际情况，配置到同一目的地的多条路由，其中一条路由的优先级最高，作为主路由，其余的作为备份路由。正常情况下，路由器采用主路由转发数据。当主链路出现故障时，主路由变为非激活状态，路由器选择备份路由中优先级最高的路由转发数据，这样就实现了主路由到备份路由的切换。而当主链路恢复正常时，由于主路由的优先级最高，路由器重新选择主路由来发送数据，这样就实现了从备份路由回切到主路由。

实现路由备份的多条路由可以是相同，或者不同路由协议发现的，但必须是到达相同的目的地，这些路由间至少存在路由协议或者路由度量上的不同。

9.1.7 路由的收敛与路由迭代

不管是何种路由，都存在收敛性能的问题，即当网络拓扑发生变化时，依靠路由协议自身重新计算网络拓扑的能力，这就是路由收敛能力。另外，针对不同业务的路由，收敛的先后次序还可以区分对待，这就是路由收敛优先级。路由迭代是指路由的下一跳不是与本地设备直接连接的，这时就要通过其他路由（不包括直连路由）来到达下一跳，否则该路由就是无效的。

1. 路由收敛

路由收敛是指网络拓扑变化引起的通过重新计算路由而发生替代路由的行为。随着网络的融合，区分服务的需求越来越强烈。某些路由可能指导关键业务（如 VoIP、视频会议、组播等）转发，而这些关键的业务路由需要尽快收敛，而非关键路由可以相对慢一点收敛。因此，系统需要对不同路由按不同的收敛优先级处理，来提高网络的可靠性。

按优先级收敛是指系统为路由设置不同的收敛优先级，从高到低分为 critical（临界）、high（高）、medium（中）、low（低）4 种。系统根据这些路由的收敛优先级采用相对的优先收敛原则，即按照一定的调度比例进行路由收敛，指导业务的转发。

缺省情况下，公网路由收敛优先级见表 9-3。对于私网路由，除了 OSPF 和 IS-IS 的 32 位主机路由标识为 medium 外，其余路由统一标识为 low。

表 9-3 缺省时的公网路由收敛优先级

路由协议或路由种类	收敛优先级
DIRECT	high
STATIC	medium
OSPF 和 IS-IS 的 32 位主机路由	medium
OSPF（除 32 位主机路由外）	low
IS-IS（除 32 位主机路由外）	low
RIP	low
BGP	low

如图 9-3 所示，网络上运行 OSPF 和 IS-IS 协议，组播接收者在 RouterA 端，组播源服务器 10.10.10.10/32 在 RouterB 端【有关 IP 组播请参见配套图书**《华为交换机学习指南》（第二版）**】，要求到组播服务器的路由优先于其他路由（例如 12.10.10.0/24）收敛。这时可以配置路由 10.10.10.10/32 的收敛优先级高于路由 12.10.10.0/24 的收敛优先级，这样当网络路由重新收敛时，就能确保到组播源的路由 10.10.10.10/32 优先收敛，保证组播业务的转发。

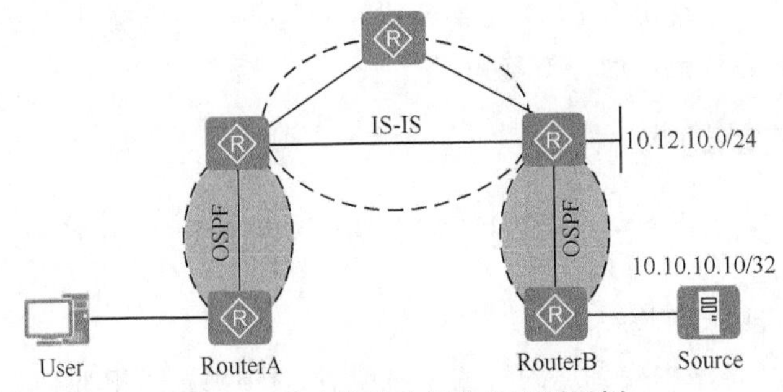

图 9-3 路由按优先级收敛应用示例

至于路由的收敛能力，静态路由收敛能力最差，因为静态路由表项不能自动生成，也不能自动传播，必须由管理员手动配置，只能根据当前的静态路由配置来进行拓扑收敛。而各种动态路由协议的收敛能力也各不相同，还与特定的网络拓扑结构有关，具体将在本书后面的对应章节中体现。

2. 路由迭代

每条路由都必须有直连的下一跳才能够指导转发，但是在路由生成时，下一跳可能不是直连的，此时就需要计算出一个直连的下一跳和本地对应的出接口，这个过程就叫作路由迭代。BGP 路由、静态路由和 UNR 路由的下一跳都有可能不是直连的，都需要进行路由迭代。

例如，BGP 路由的下一跳一般是非直连的对端 loopback 地址，不能指导转发，需要进行迭代。即以 BGP 学习到的下一跳为目的 IP 地址在 IP 路由表中查找，当找到一条具有直连的下一跳、出接口信息的路由后（一般为一条 IGP 路由），将其下一跳、出接口信息填入这条 BGP 路由的 IP 路由表中并生成对应的 FIB 表项。

对于 BGP 私网路由，需要隧道进行转发，路由的下一跳一般是远端 PE 的 Loopback 地址，也不能指导转发，此时也需要进行路由迭代，即在隧道列表中查找到达该 Loopback 地址的隧道，将该隧道信息填入路由表中并生成对应的 FIB 表项。

9.2 静态路由基础

静态路由是一种需要管理员手动配置的特殊路由，而且一条静态路由只负责把报文转发到下一跳，报文的后续转发要依靠其他路由。静态路由比动态路由使用更少的带宽，并且不占用 CPU 资源来计算和分析路由更新。但是，当网络发生故障或者拓扑发生变化后，静态路由不会自动更新，必须手动重新配置。

【经验之谈】静态路由也可能因不能自动感知网络的变化，而无法进行自动路由收敛。如在设备上配置的某条静态路由中，因某段链路出现了故障而不通，但到达下一跳的这段链路没出故障，所以此静态路由不会从路由表中消失，这是因为静态路由只能感知直连的下一跳状态变化，却感知不到非直连链路状态的变化。

也正如此，在本书第 8 章介绍接口备份功能时就说到，如果主、备链路采用静态路由配置时，必须要求备份链路静态路由的优先级要高于主链路的静态路由，或者在备份链路上配置主链路静态路由与 BFD 或者 NQA 联动功能，才能确保在主链路出现故障后，路由能自动切换到备份链路的静态路由。

9.2.1 静态路由的组成

静态路由包括 5 个主要的参数：目的 IP 地址和子网掩码、出接口和下一跳 IP 地址、优先级。

1. 目的 IP 地址/子网掩码

目的 IP 地址就是路由要到达的目的主机或者目的网络的 IP 地址，子网掩码就是目的地址所对应的子网掩码。**当目的地址和掩码都为零时，表示静态缺省路由，代表目的地为任意网络和任意主机。**

2. 出接口和下一跳 IP 地址

根据不同的出接口类型，在配置静态路由时，可以单独指定出接口，也可单独指定下一跳 IP 地址，还可以同时指定出接口和下一跳 IP 地址，具体如下。

① 对于点到点类型的接口（如运行 PPP 的接口），**可仅指定出接口或下一跳 IP 地址。当然，也可同时指定出接口和下一跳 IP 地址**，但这没有意义了，因为在点对点网络中，对端是唯一的，指定出接口或下一跳任一参数均可确定唯一的转发路径。

② 对于 NBMA（Non Broadcast Multiple Access，非广播多路访问）类型的接口（如 FR、ATM 接口），**可仅指定下一跳 IP 地址（可同时指定出接口，但不能仅指定出接口）**。因为这类接口支持点到多点网络，但又不支持广播发送方式，所以只要指定了下一跳 IP 地址就可确定唯一的转发路径。另外，在 NBMA 网络中，此时除了配置静态路由外，还需在链路层建立 IP 地址到链路层地址的映射，这样指定了下一跳 IP 地址就相当于指定了路由路径。

③ 对于广播类型的接口（如以太网接口）和 VT（Virtual-template，虚拟模板）接口，**必须指定下一跳 IP 地址（可同时指定出接口，但不能仅指定出接口）**。因为以太网接口是广播类型的接口，而 VT 接口下可以关联多个虚拟访问接口（Virtual Access Interface），这都会导致出现多个下一跳，无法唯一地确定下一跳。

当存在多出接口时还需要同时指定出接口。如图 9-4 所示，假设 AR1 和 AR2 之间的 3 台交换机均作为二层交换机使用，AR1 和 AR2 上的 Loopback0 接口各代表一个用户网络，当要求 AR1 上的 172.168.10.0/24 网络中的用户访问 AR2 上 172.16.1.0/24 网络中的用户并经过 LSW1 的路径时，如果采用静态路由配置，则在指定下一跳 IP 地址（AR2 的 GE0/0/0 接口 IP 地址 192.168.1.10/24）的同时还要指定在 AR1 上的出接口 GE0/0/0，因为此时从 AR1 到达下一跳有两条路径。

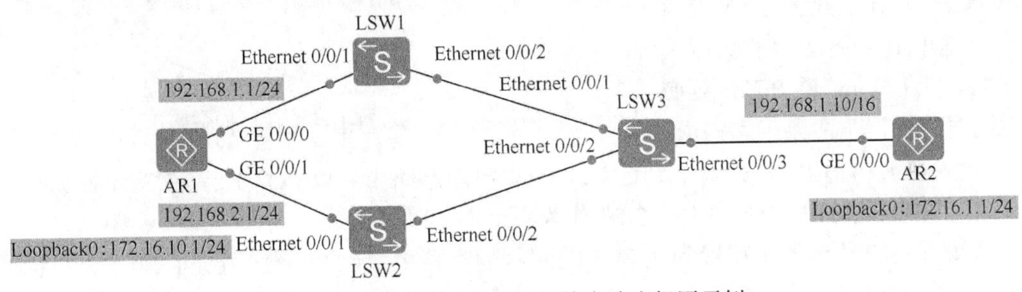

图 9-4　多出接口广播网络静态路由组网示例

3. 静态路由优先级

对于不同的静态路由，可以为它们配置不同的优先级（这里是指外部优先级）。但要注意，优先级值越小表示对应静态路由的优先级越高。**配置到达相同目的地的多条静态路由，如果指定相同的外部优先级，则可实现负载分担；如果指定不同的外部优先级，则仅可实现路由备份。**

9.2.2 静态路由的主要特点

正因为静态路由的配置比较简单，决定了静态路由具有许多特点。在配置和应用静态路由时，我们应当全面地了解静态路由的以下几个主要特点。

1. 手动配置

静态路由需要管理员根据实际需要一条条地手动配置，路由器不会自动生成所需的静态路由。静态路由中包括目标节点或目标网络的 IP 地址，还可以包括下一跳 IP 地址、出接口，或者两者同时配置。

2. 路由路径相对固定

因为静态路由是手动配置的、静态的，所以每个配置的静态路由在本地路由器上的路径基本上是不变的，除非由管理员自己修改。另外，当网络的拓扑结构或链路的状态发生变化时，这些静态路由也不能自动修改，需要网络管理员手动修改路由表中相关的静态路由信息。

3. 不可通告性

静态路由信息在缺省情况下是私有的，不会主动通告给其他路由器，也就是当在一个路由器上配置了某条静态路由时，它不会被通告到网络中相连的其他路由器上。但网络管理员还是可以在本地设备的动态路由中引入静态路由，然后以对应动态协议路由进行通告，使得网络中其他路由器也可获知此静态路由。

4. 单向性

静态路由具有单向性，也就是说它仅为数据提供沿着下一跳的方向进行路由，不提供反向路由。所以如果想要使源节点与目标节点或网络进行双向通信，就必须同时配置回程静态路由。在与读者朋友的交流中经常发现这样的问题，就是明明配置了到达某节点的静态路由，可还是 Ping 不通，其中一个重要的原因就是没有配置回程静态路由。

如图 9-5 所示，如果想要使得 PC1（PC1 已配置了 A 节点的 IP 地址 10.16.1.2/24 作为网关地址）能够 Ping 通 PC2，则必须同时配置以下两条静态路由。

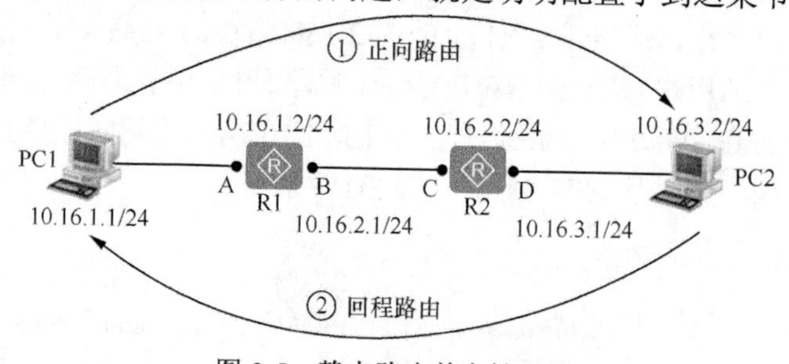

图 9-5 静态路由单向性示例

① 在 R1 路由器上配置了到达 PC2 的正向静态路由（以 PC2 10.16.3.2/24 作为目标节点，以 C 节点 IP 地址 10.16.2.2/24 作为下一跳 IP 地址）。

② 在 R2 路由器上配置到达 PC1 的回程静态路由（以 PC1 10.16.1.1/24 作为目标节点，以 B 节点 IP 地址 10.16.2.1/24 作为下一跳 IP 地址），以提供 Ping 过程回程 ICMP 消息的路由路径。

5. 接力性

因为静态路由只负责把报文转发到达下一跳，后续报文的转发需要借助其他路由来完成，所以如果某条静态路由的源端和目的端之间经过的跳数大于 1（即整条路由路径经历了 3 个或 3 个以上的路由器节点），则必须在除最后一个路由器外的其他路由器上依次配置到达相同目标节点或目标网络的静态路由，这就是静态路由的“接力”特性。

就像要从长沙到北京去，假设中间要途经的站点包括武汉、郑州、石家庄，可人家只告诉你目的地是北京以及从长沙出发的下一站是武汉。对于一个没有多少旅游经验的人来说，你是不可能知道到了武汉后又该如何走，必须有人告诉你到了武汉后再怎么走，到了郑州后又该怎么走……这就是“接力性”。

如图 9-6 所示为一个 3 个路由器串联的简单网络，各个路由器节点及 PC 的 IP 地址均在图中进行了标注，PC1 已配置好指向 R1 的 A 节点地址的网关，现假设要使 PC1 能

ping 得通 PC2，则需要在各路由器上配置以下 4 条静态路由（两条正向，两条回程）。

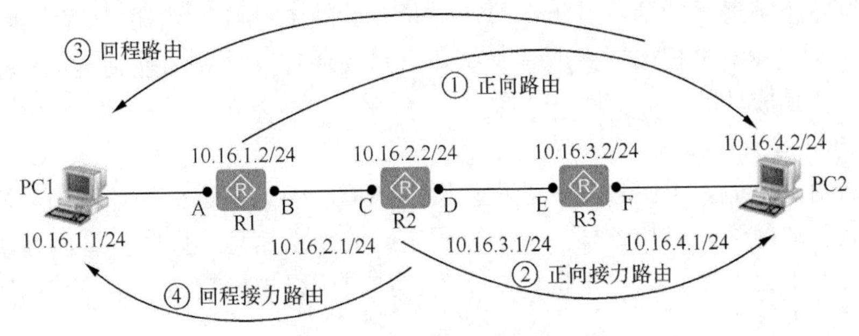

图 9-6 静态路由接力性示例

① 在 R1 路由器上配置到达 PC2 的正向静态路由（以 PC2 所在网段 10.16.4.0/24 作为目标节点，以 C 节点 IP 地址 10.16.2.2/24 作为下一跳 IP 地址）。

② 在 R2 路由器上配置到达 PC2 的正向接力静态路由（同样以 PC2 所在网段 10.16.4.0/24 作为目标节点，以 E 节点 IP 地址 10.16.3.2/24 作为下一跳 IP 地址）。

③ 在 R3 路由器上配置到达 PC1 的回程静态路由（以 PC1 所在网段 10.16.1.1/24 作为目标节点，以 D 节点 IP 地址 10.16.3.1/24 作为下一跳 IP 地址），以提供 Ping 通信回程 ICMP 消息的路由路径。

④ 在 R2 路由器上配置到达 PC1 的回程接力静态路由（同样以 PC1 所在网段 10.16.1.1/24 作为目标节点地址，以 B 节点 IP 地址 10.16.2.1/24 作为下一跳 IP 地址），以提供 Ping 通信回程 ICMP 消息的接力路由路径。

【经验之谈】路由器各端口上直接连接的各个网络都是直接互通的，因为它们之间缺省就有直连路由，因此无需另外配置其他路由。也即连接在同一路由器上的各网络之间的跳数为 0。如图 9-6 所示，R1 路由器上连接的 10.16.1.0/24 和 10.16.2.0/24 网络，R2 路由器上连接的 10.16.2.0/24 和 10.16.3.0/24 网络，R3 路由器上连接的 10.16.3.0/24 和 10.16.4.0/24 网络都是直接互通的。也正因如此，在图 9-6 中，PC1 要 ping 通 PC2，只需要配置图中所示的正、反向各两条静态路由，而不用配置从 R2 到 R3 路由器以及从 R2 到 R1 路由器的静态路由。

但由于静态路由是手动配置的，在仅采用静态路由配置时，仅当明确配置有到达某个节点或网络的静态路由时，到达这些节点或网络的报文才可以选择对应路由进行转发，否则也将不可达，即使后续节点或网络可达。如图 9-6 中仅配置以上 4 条静态路由即可实现 PC1 与 PC2 互通，但 PC1 Ping R2 的 D 节点、R3 的 E 节点，或者 PC2 Ping R2 的 C 节点、R1 的 B 节点都是不通的。

6. 迭代性

许多读者一直存在一个错误的认识，那就是认为静态路由的“下一跳”必须是与本地路由器直接连接的下一个路由器接口，其实这是错误的。前面说了，静态路由没有建立邻接关系的 Hello 包，静态路由也不会被通告给邻居路由器，所以它的下一跳纯粹是由配置的“下一跳 IP 地址”直接指定的，或者通过配置的“出接口”间接指定。理论上来说，静态路由的下一跳可以是路径中其他路由器中的任意一个接口，只要能保证到达下一跳就行了。这就是静态路由的“迭代性”。

在图 9-6 所示的网络中，如果要在 R1 上配置一条到达 R3 所连接的 10.16.4.0/24 静态路由，按照正常思维的话，其下一跳应该是 R2 的 C 接口。不过，其实也可以是 R2 的 D 接口，或者 R3 的 E 接口，或者 F 接口。只要通过其他路由能到达这些接口，则这条静态路由就是成功的。

7. 适用小型网络

静态路由一般适用于比较简单的小型网络环境，因为在这样的环境中，网络管理员易于清楚地了解网络的拓扑结构，便于设置正确的路由信息。同时小型网络所需配置的静态路由条目不会太多，工作量也可以承受。如果网络规模较大，拓扑结构比较复杂，则不宜采用静态路由。

静态路由的缺点在于：它们需要在路由器上手动配置。因此，如果网络结构复杂，或者跳数较多的话，仅通过静态路由来实现路由，不仅要配置的静态路由可能非常多，而且还可能造成路由环路。另外，如果网络的拓扑结构发生改变，路由器上的静态路由必须跟着改变，否则原来配置的静态路由将可能失效。

9.2.3 静态缺省路由

缺省路由是另外一种特殊的路由，分静态缺省路由和动态缺省路由两类。简单来说，缺省路由是在路由表中找不到匹配的路由表项时才使用的候补路由。如果报文的目的地址不能与路由表的任何路由表项进行匹配，而此时路由表中恰好有一条缺省路由，则该报文将最终选择该条缺省路由尝试转发，如果路由表中没有缺省路由，则该报文将被丢弃，并向源端返回一个 ICMP 报文，报告该目的地址或网络不可达。

缺省路由的目的网络地址为 0.0.0.0，掩码也为 0.0.0.0，可以指定具体的下一跳。可通过命令 **display ip routing-table** 查看当前是否设置了缺省路由。通常情况下，管理员可以通过手动方式配置缺省静态路由；但有些时候，也可以使动态路由协议生成动态缺省路由，如 OSPF 和 IS-IS。

【经验之谈】因为缺省路由器的目的网络是相同的，都是 0.0.0.0/0，所以在一个路由表中通常只配置一条缺省路由，否则采用缺省路由转发的报文将不知道要采用哪条缺省路由路径来转发了，除非多条缺省路由所配置的优先级不一样。

缺省路由有时可以减轻路由的配置工作量，减小路由表规模。在图 9-7 中，如果不配置静态缺省路由，则需要在 RouterA 上配置分别到网络 3、4、5 的 3 条静态路由，在 RouterB 上配置分别到网络 1、5 的两条静态路由，在 RouterC 上配置分别到网络 1、2、3 的 3 条静态路由才能实现网络的互通。

如果配置缺省静态路由，因为 RouterA 发往 3、4、5 网络的报文下一跳都是 RouterB，所以在 RouterA 上只需配置一条缺省路由，即可代替上个例子中通往 3、4、5 网络的 3 条静态路由。同理，RouterC 也只需要配置一条到 RouterB 的缺省路由，即可代替上个例子中通往 1、2、3 网络的 3 条静态路由。减轻了静态路由的配置工作量，也减小了设备了路由表规模。但是缺省路由的路由转发效率是最低的，因为它是在正常的路由匹配过程中实在没有找到

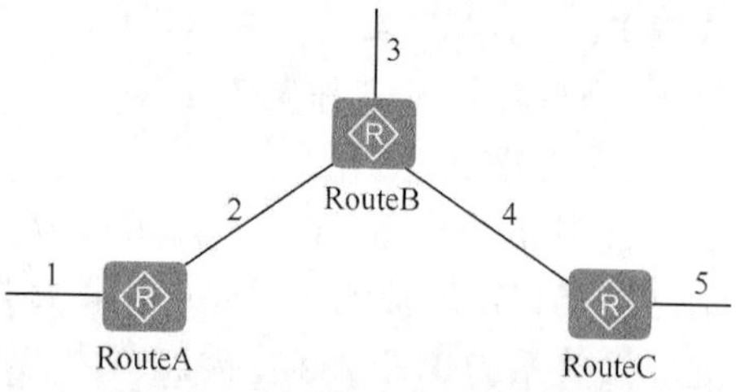

图 9-7 静态缺省路由应用示意

其他具体路由指导某报文的转发时才做的最后选择。

9.2.4　静态路由负载分担和路由备份

在本章前面已介绍，对于到达同一个目的地，如果设备上存在多条优先级也相同的静态路由时，这些静态路由可以起到负载分担的作用，如果这些静态路由虽然目的地相同，但优先级不同，则它们可以起到相互备份的作用。

如图9-8所示，从RouterA到RouterC有两条优先级相同的静态路由。如果两条静态路由的链路都正常，则这两条路由都会出现在IP路由表中（要确保没有其他路由协议生成到达相同目的地，但优先级更高的路由），同时进行数据的转发。

如图9-9所示，从RouterA到RouterC有两条优先级不同的静态路由。此时下一跳为RouterB接口IP地址的静态路由的优先级较高，该路由所在链路作为主链路。下一跳是RouterD接口IP地址的静态路由的优先级较低，作为备份路由，该路由所在链路作为备份链路。

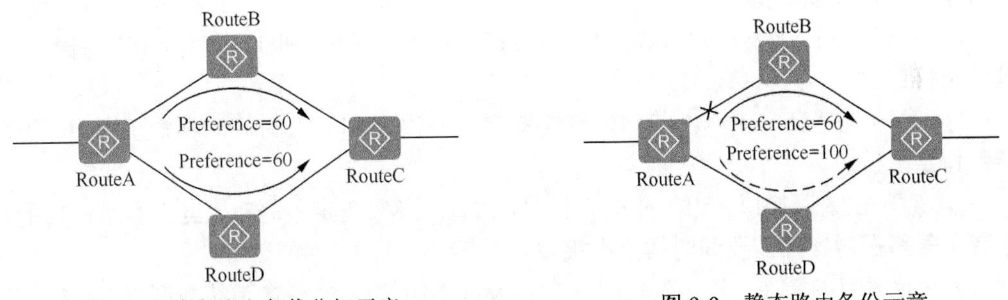

图9-8　静态路由负载分担示意　　图9-9　静态路由备份示意

在图9-9中，在正常情况下，主链路静态路由被激活，承担数据转发业务。备份链路静态路由不在IP路由表中出现。而当主路由直连下一跳的链路出现故障时，其静态路由在IP路由表中将被删除（**但如果是非直连下一跳链路出现故障时，由于RouterA感知不到，则不会从其IP路由表中删除该静态路由**），而备份链路上配置的静态路由则作为备份路由被激活，备份链路承担数据转发业务。

在主链路恢复正常后，主链路上配置的静态路由重新被激活，主链路承担数据转发业务。而备份链路上配置的静态路由作为备份路由将在IP路由表中被删除。因此这条备份路由也叫作浮动静态路由。

9.3　IPv4静态路由配置与管理

在IPv4网络中，静态路由可根据应用需求的不同，选择配置以下配置任务（第一项是必选的）。

- 配置IPv4静态路由。
- （可选）配置IPv4静态路由与静态BFD联动。
- （可选）配置IPv4静态路由与NQA联动。

9.3.1 配置 IPv4 静态路由

配置 IPv4 静态路由可以准确地控制网络的路由选择。在配置 IPv4 静态路由之前，需配置接口的链路层协议参数和 IP 地址，使相邻节点网络层可达。

整个 IPv4 静态路由的配置包括以下配置任务：

- 创建 IPv4 静态路由；
- （可选）配置 IPv4 静态路由的缺省优先级；
- （可选）静态路由按迭代深度优先选择；
- （可选）配置 IPv4 静态路由永久发布；
- （可选）配置静态路由对 BFD Admin down 状态的处理方式；
- （可选）配置静态路由禁止迭代到黑洞路由。

1. 创建静态路由

在创建静态路由时，可以同时指定出接口和下一跳。对于不同的出接口类型，也可以只指定出接口或只指定下一跳。

① 对于点到点接口，**可仅指定出接口或下一跳 IP 地址，也可同时指定下一跳 IP 地址和出接口。**

② 对于 NBMA 、P2MP 接口，**可仅指定下一跳 IP 地址（可同时指定出接口，但不能仅指定出接口）。**

③ 对于以太网接口、VLAN 接口和 VT 接口，**必须指定下一跳，当到达某一目的网络有多条路径时，还需要同时指定出接口。**

在公网（目的端在公网中）上配置 IPv4 静态路由的方法是在系统视图下，根据不同的网络场景和应用需要选择执行以下命令之一。

- 普通的公网静态路由配置命令：**ip route-static** *ip-address* { *mask* | *mask-length* } { *nexthop-address* | *interface-type interface-number* [*nexthop-address*] | **vpn-instance** *vpn-instance-name nexthop-address* } [**preference** *preference* | **tag** *tag*] * [**description** *text*]。
- 在 MPLS 公网要求 LDP 与静态路由同步场景中：**ip route-static** *ip-address* { *mask* | *mask-length* } *interface-type interface-number* [*nexthop-address*] [**preference** *preference* | **tag** *tag*] * **ldp-sync** [**description** *text*]。
- 在公网下一跳 IP 地址由 DHCP 服务器分配场景中：**ip route-static** *destination-address* { *mask* | *mask-length* } *interface-type interface-number* **dhcp** [**preference** *preference* | **tag** *tag*] * [**track nqa** *admin-name test-name*] [**description** *text*]。

在 VPN 私网（目的端在特定 VPN 实例中）中配置 IPv4 静态路由的方法是在系统视图下执行以下命令之一。

- 普通的 VPN 私网静态路由配置命令：**ip route-static vpn-instance** *vpn-source-name destination-address* { *mask* | *mask-length* } { *nexthop-address* [**public**] | *interface-type interface-number* [*nexthop-address*] | **vpn-instance** *vpn-destination-name nexthop-address* } [**preference** *preference* | **tag** *tag*] * [**description** *text*]。
- 在 MPLS VPN 私网要求 LDP 与静态路由同步场景中：**ip route-static vpn-instance** *vpn-source-name destination-address* { *mask* | *mask-length* } *interface-type interface-number*

[*nexthop-address*] [**preference** *preference* | **tag** *tag*] * **ldp-sync** [**description** *text*]。

■ 在 VPN 私网下一跳 IP 地址由 DHCP 服务器分配场景中：**ip route-static vpn- instance** *vpn-source-name destination-address* { *mask* | *mask-length* } *interface-type interface- number* **dhcp** [**preference** *preference* | **tag** *tag*] * [**track nqa** *admin-name test-name*] [**description** *text*]。

以上 6 条静态路由配置命令中的参数和选项说明如下。

■ *ip-address* 或 *destination-address*：指定静态路由的目的 IP 地址，**可以是主机 IP 地址（创建主机静态路由时），也可以是网络 IP 地址（创建网络静态路由时）**。

■ *mask* | *mask-length*：指定静态路由的目的 IP 地址所对应的子网掩码（选择 *mask* 参数时）或子网掩码长度（选择 *mask-length* 参数时）。**如果创建的是主机静态路由，子网掩码为 255.255.255.255，对应的子网掩码长度为 32**。如果目的 IP 地址和掩码都为 0.0.0.0，则配置的路由为缺省路由。如果检查路由表时没有找到相关路由，则将使用缺省路由进行报文转发。

■ *nexthop-address*：多选一参数，指定静态路由的下一跳 IP 地址。

■ **public**：**可选项**，指定 *nexthop-address* 参数值是公网中的 IP 地址，而不是源 VPN 中的 IP 地址。在为 VPN 实例配置静态路由时，下一跳 IP 地址可以属于 VPN 实例，也可以属于公网。如果属于公网，则必须选择此可选项。

■ *interface-type interface-number* [*nexthop-address*]：多选一参数，指定静态路由的出接口，或同时选择指定静态路由的下一跳 IP 地址。

注意 当同时指定下一跳 IP 地址和出接口时，出接口一定在下一跳 IP 地址的前面，不要写反，而且出接口是直接写接口类型和编号，不要带 **interface** 关键字，否则会提示格式错误。

■ **vpn-instance** *vpn-instance-name nexthop-address*：多选一参数，指定静态路由在由参数 *vpn- instance-name* 指定的 VPN 实例中的下一跳 IP 地址。如果指定了 VPN 实例的名称，静态路由将根据配置的 *nexthop-address* 在 VPN 实例路由表中查找出接口。

■ **vpn-instance** *vpn-source-name*：指定源 VPN 实例的名称，1～31 个字符，区分大小写，不支持空格。配置的静态路由将被加入指定 VPN 实例的路由表中。

■ **vpn-instance** *vpn-destination-name*：多选一参数，指定目的地址所在接口绑定的 VPN 实例，1～31 个字符，区分大小写，不支持空格。

■ **preference** *preference*：可多选参数，指定静态路由的优先级，取值范围为 1～255 的整数，缺省值是 60。

■ **tag** *tag*：可多选参数，指定静态路由的 tag 属性值，取值范围为 1～4 294 967 295 的整数，缺省值是 0。配置不同的 tag 属性值，可对静态路由进行分类，以实现不同的路由管理策略。例如，其他协议引入静态路由时，可通过路由策略引入具有特定 tag 属性值的路由。**有关路由策略的详细介绍和配置参见第 15 章**。

■ **ldp-sync**：使能 LDP（标签分发协议）和静态路由同步功能，这样当主备链路发生切换时，MPLS 公网中的 LSP 路径和静态路由可以同步切换。

■ **description** *text*：可选参数，配置静态路由的描述信息，1～35 个字符，支持空格。

■ **dhcp**：在下一跳由 DHCP 服务器分配 IP 地址时，使能静态路由与 DHCP 联动功能，以便获取下一跳实时更新的 IP 地址。

缺省情况下，系统没有配置任何单播静态路由，可用对应的 **undo** 格式命令删除指定，或所有的静态路由。

2.（可选）配置静态路由的缺省优先级

通过前面的静态路由配置命令的学习，我们已经知道，**可以为每条 IPv4 静态路由专门配置优先级**。也可以在配置静态路由时不专门指定优先级，此时就会使用静态路由的缺省优先级。

可在系统视图下执行 **ip route-static default-preference** *preference* 命令，修改 IPv4 静态路由的缺省优先级。参数 *preference* 用来指定 IPv4 静态路由协议缺省优先级的值，整数形式，取值范围为 1~255。数值越小表明优先级越高。**重新设置缺省优先级后，仅对后面新增的 IPv4 静态路由有效**。

缺省情况下，IPv4 静态路由的缺省优先级是 60，可用 **undo ip route-static default-preference** 命令恢复 IPv4 静态路由的缺省优先级的缺省值。

3.（可选）使能静态路由按递归深度优先选择

路由迭代是通过路由的下一跳信息来找到直连出接口的过程。迭代深度是指路由迭代中查找路由的次数，次数越少迭代深度越小。当系统中存在若干条同一前缀，但迭代深度不同的静态路由时，迭代深度较小的路由稳定性较高。配置了基于迭代深度的优选之后，系统会选择迭代深度较小的静态路由作为活跃路由，并下发 FIB，其他路由为不活跃的路由。

可在系统视图下执行 **ip route-static selection-rule relay-depth** 命令配置静态路由按迭代深度进行优先选择。缺省情况下，静态路由不按迭代深度进行优选，可用 **undo ip route-static selection-rule relay-depth** 命令去使能静态路由按迭代深度进行优选功能。

4.（可选）配置静态路由永久发布

静态路由永久发布就是通过 Ping 静态路由目的地址的方式来检测链路的有效性。**配置静态路由永久发布后，静态路由会一直生效，不受路由出接口状态的影响（缺省情况下，如果出接口状态变为 Down，则该静态路由将从路由器表中被删除）**。

配置永久发布属性后，之前无法发布的静态路由仍然被优选并添加到路由表中。具体可以分为以下两种情况：

■ 静态路由配置出接口且出接口的 IP 地址存在时，无论接口状态是 Up 或 Down，只要配置了永久发布属性，静态路由都会被优选并添加到路由表。

■ 静态路由没有配置出接口时，无论静态路由是否能迭代到出接口，只要配置了永久发布属性，路由都会被优选并添加到路由表中。

可在系统视图下通过 **ip route-static** *ip-address* { *mask* | *mask-length* } { *nexthop-address* | *interface-type interface-number* [*nexthop-address*] | **vpn-instance** *vpn-instance-name nexthop-address* } **permanent** 命令配置 IPv4 静态路由的永久发布。命令中的参数参见本节前面的介绍。

缺省情况下，没有配置 IPv4 静态路由的永久发布，可用 **undo ip route-static** *ip-address* { *mask* | *mask-length* } [*nexthop-address* | *interface-type interface-number* [*nexthop-address*]] **permanent** 命令取消永久发布指定的静态路由。

5.（可选）配置静态路由对 BFD Admin down 状态的处理方式

缺省情况下，在华为设备中，与静态路由绑定的 BFD 会话处于 Admin down 状态时，这些静态路由是可以参与选路的。但是在有些厂商的设备上，这种情况下的静态路由无法参与选路。当路由器与这些厂商的设备对接时，会由于静态路由对 BFD 状态的处理方式不同，导致网络出现问题。

可在系统视图下通过 **ip route-static track bfd-session session-name** *bfd-name* **admindown invalid** 命令配置与 BFD 会话绑定的静态路由在 BFD 会话处于 Admin down 时不可以参与选路，这样可以统一路由器与某些厂商设备上静态路由对 BFD Admin down 状态的处理方式，避免与这些厂商的设备对接时出现问题。

6.（可选）配置静态路由禁止迭代到黑洞路由

如果在网络中同时存在到达同一目的网络的 IGP 协议（如 OSPF）、静态路由和黑洞路由的情况下，当链路故障时，静态路由可能会迭代到黑洞路由，使静态路由仍然活跃。而且，如果此时所配置的 OSPF 路由的优先级值低于（优先级高于）静态路由，则 OSPF 路由也不会被选择，从而导致业务中断。通过本项功能配置后，当静态路由中的链路出现故障时，静态路由也无法迭代到黑洞路由，最终可使对应的静态路由变得不活跃，从而不参与选路，使所配置的 OSPF 路由被成功选上，保证业务不中断。

说明　黑洞路由是指下一跳是 NULL0 接口的路由。在配置静态黑洞路由时，下一跳 IP 地址用 NULL0 代替。匹配下一跳为 NULL0 接口的黑洞路由时，报文将被直接丢弃，不会向下游邻居转发。

可在系统视图下执行 **ip route recursive-lookup blackhole protocol static disable** 命令，配置静态路由禁止迭代到黑洞路由。缺省情况下，静态路由允许迭代到黑洞路由，可用 **ip route recursive-lookup blackhole protocol static disable** 命令配置静态路由禁止迭代到黑洞路由。

以上配置好后，可使用 **display ip routing-table** 命令查看 IPv4 路由表的摘要信息；使用 **display ip routing-table verbose** 命令查看 IPv4 路由表的详细信息。

9.3.2　静态路由配置经验分享

本节专门通过一个示例向大家分享两个比较重要的经验：①在以太网链路两端的接口的 IP 地址不能在两个完全不同的网段中，但可以在相同，或者存在包含关系的两个网段中；②在数据通信过程中，往、返报文可以走相同的路径，也可以走不同的路径。下面通过图 9-10 进行说明。

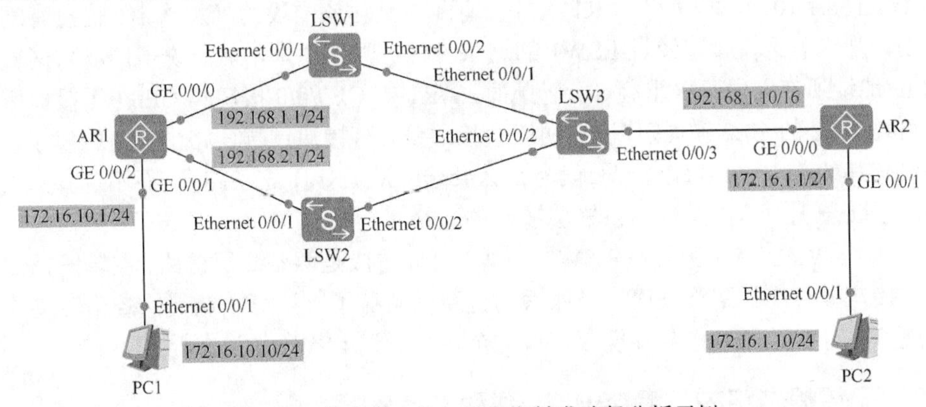

图 9-10　静态路由往、返报文转发路径分析示例

在图 9-10 中，各交换机都仅当二层交换机使用，AR1 的 GE0/0/0 接口 IP 地址为

192.168.1.1/24、GE0/0/0 接口 IP 地址为 192.168.2.1/24，而 AR2 的 GE0/0/0 接口的 IP 地址为 192.168.1.10/16。大家认为这样配置是否可以呢？答案是肯定的，因为 AR1 和 AR2 之间的链路两端的 IP 地址有包含关系，即 192.168.0.0/16 包含了对端的 192.168.1.0/24 和 192.168.2.0/24 这两个网段。

下面假设在 AR1 上已配置了一条经过 LSW2、下一跳为 192.168.1.10/26、到达 PC2 所在网段 172.16.1.0/24 的静态路由，在 AR2 上也配置了一条以 AR1 的 GE0/0/1 接口 IP 地址 192.168.2.1/24 为下一跳、到达 PC1 所在网段 172.16.10.0/24 的静态路由，这样大家思考一下，如果我们在 PC2 上 ping PC1，ICMP 报文往、返的路径是哪条，而如果是在在 AR2 上 ping PC1，ICMP 报文往、返的路径又是哪条？下面来分析。

如果是在 PC2 上 ping PC1，去往 PC1 的 ICMP 请求报文会在 AR2 上选择可用路由来进行报文转发。因为此时报文的目的 IP 地址是在 172.16.10.0/24 网段的，正好在 AR2 上配置了基于这个目的网络的静态路由，下一跳为 GE0/0/1 接口 IP 地址 192.168.2.1/24，所以此时的 ICMP 请求报文的转发路径为 PC2-AR2-LSW3-LSW2-AR1-PC1。而返程的 ICMP 应答报文中的源 IP 地址和目的 IP 地址与前面去往 PC1 的 ICMP 请求报文中的源 IP 地址和目的 IP 地址正好互调，所以从 PC1 返回给 PC2 的 ICMP 应答报文中的目的 IP 地址为 PC2 的 IP 地址 172.16.1.10/24，到了 AR1 时，因为恰好有基于该网段的静态路由，所以选择了经过 LSW2 的路径进行转发，即返程报文的路径为 PC1-AR1-LSW2-LSW3-AR2-PC2。从中可以得出，此时往、返报文的 ICMP 转发路径是相同的。

下面再来看一下从 AR2 上 ping PC1 的往、返报文转发路径。首先去往 PC1 的 ICMP 请求报文在AR2上也可以基于目的主机PC1的IP地址找到对应的静态路由，即下一跳为GE0/0/1 接口 IP 地址 192.168.2.1/24、到达 172.16.1.0/24 网段的静态路由，经过了 LSW2。但通过抓包会发现，返回的 ICMP 应答报文此时就会发现不走去往 PC1 的报文转发路径了，而是走了经过 LSW1 的这条路径，这是为什么呢？为什么与在 PC2 上 ping PC1 时返程 ICMP 应答报文走的路径不一样呢？况且我们在 AR1 上并没有配置经过 LSW1 的这条路径的静态路由。

这时，就要分析返程 ICMP 应答报文的目的 IP 地址了。因为去往 PC1 的 ICMP 请求报文是从 AR2 上直接发出的，所以此时报文的源 IP 地址就是 AR2 的 GE0/0/0 接口 IP 地址 192.168.1.10/16，到了 PC1 后进行应答时的返程 ICMP 应答报文的目的 IP 地址就自然为 192.168.1.10/16 了，而在 AR1 上并没有配置到达该网段的静态路由，也没有配置缺省路由，那它怎么直接走经过 LSW1 的这条路径了呢？原来，前面说了，以太网链路两端的 IP 地址所在网段可以重叠，所以此时，AR1 的 GE0/0/0 接口和 GE0/0/1 接口所在网段均可与 AR2 的 GE0/0/0 接口所在网段直接通信，直接通过直连路由就可转发了，所以即使没有其他路由照样可以转发。但为什么会选择从 LSW1 这条路径，而不选择从 LSW2 这条路径转发呢？这涉及到两条二层链路的选择了。

AR1-LSW1-LSW3 和 AR1-LSW2-LSW3 可以看成是两条二层链路，在转发报文时优先从出接口编号小的链路发送，当原来的链路满负荷了，还可以从其他链路转发，即可以实现负载分担。所以你会发现应答报文全走了经过 LSW1 的这条路径了。

9.3.3 配置静态路由与静态 BFD 联动

配置静态路由（可以是静态缺省路由）与静态 BFD 联动，可以快速感知从本地到路由目的地址的链路变化，提高网络的可靠性。但在配置静态路由与静态 BFD 联动之前，需要配置好对应的静态 BFD 会话，具体配置方法参见第 7 章。

在公网环境中，可在系统视图下执行 **ip route-static** *ip-address* { *mask* | *mask-length* } { *nexthop-address* | *interface-type interface-number* [*nexthop-address*] } [**preference** *preference* | **tag** *tag*] * **track bfd-session** *cfg-name* [**description** *text*]命令。在 VPN 实例私网环境中，可在系统视图下执行 **ip route-static vpn-instance** *vpn-source-name destination-address* { *mask* | *mask-length* } { *nexthop-address* [**public**] | *interface-type interface-number* [*nexthop-address*] | **vpn-instance** *vpn-destination-name nexthop-address* } [**preference** *preference* | **tag** *tag*] * **track bfd-session** *cfg-name* [**description** *text*]命令，配置静态路由与 BFD 会话联动。命令中的参数 **track bfd-session** *cfg-name* 就是用来指定与所指定的公网静态路由绑定的 BFD 会话名称（所绑定的静态 BFD 会话要事先配置好），为 1～15 个字符，不支持空格。其他参数说明请参见 9.3.1 节的介绍。但一定要注意：**要确保 BFD 会话和静态路由配置在同一链路上，通常是在主路由路径上，用于监控主路由的有效性。**

【示例】将目的地址为 172.16.1.0/16、下一跳 IP 地址为 192.168.1.2/24 的静态路由与名为 atob 的 BFD 会话进行绑定。

```
<Huawei> system-view
[Huawei] ip route-static 172.16.1.0 16 192.168.1.2 track bfd-session atob
```

9.3.4 配置静态路由与 NQA 联动

如果互通设备不支持 BFD 功能，可以配置静态路由与 NQA 联动（在此仅介绍与 NQA ICMP 测试例的联动），利用 NQA 测试例对链路状态进行检测，从而提高网络的可靠性。NQA 把测试两端称为客户端和目的端（或者服务器端），并在客户端发起测试，目的端接收到报文后，返回给源端相应的响应信息。根据返回的报文信息，了解相应的网络状况。

静态与 NQA ICMP 测试例联动也可在公网或 **VPN** 实例网络环境中进行配置，具体的配置步骤见表 9-4（第 2～8 步为 **NQA** 测试例的创建与配置，第 10 步为静态路由与 **NQA** 测试例的联动）。

表 9-4　　配置静态路由与 NQA 联动的步骤

步骤	命令	说明
1	**system-view** 例如：< Huawei > **system-view**	进入系统视图
2	**nqa test-instance** *admin-name test-name* 例如：[Huawei] **nqa test-instance** admin test	创建 NQA 测试例，并进入 NQA 测试例视图。命令中的参数说明如下。 （1）*admin-name*：创建 NQA 测试例的管理员账户，1～32 个字符，不支持空格，区分大小写。 （2）*test-name*：指定 NQA 测试例的测试例名，1～32 个字符，不支持空格，区分大小写。 缺省情况下，不创建任何 NQA 测试例，可用 **undo nqa** { **test-instance** *admin-name test-name* | **all-test-instance** }命令删除指定或所有 NQA 测试例

续表

步骤	命令	说明
3	**test-type icmp** 例如：[Huawei-nqa-admin-test] **test-type icmp**	配置测试例类型为 ICMP。静态路由与 NQA 联动时仅采用 ICMP 测试例来检测源端到目的端的路由是否可达。 缺省情况下，未配置任何测试类型，可用 **undo test-type** 命令取消对应 NQA 测试例的测试类型配置
4	**destination-address ipv4** *ip-address* 例如：[Huawei-nqa-admin-test] **destination-address ipv4** 1.1.1.1	配置 NQA 测试例的目的 IP 地址（也就是 NQA 测试例的服务器端 IP 地址）。 缺省情况下，没有配置目的地址，可用 **undo destination-address** 命令删除 NQA 测试例的目的地址
5	**frequency** *interval* 例如：[Huawei-nqa-admin-test] **frequency** 25	（可选）配置 NQA 测试例的自动执行测试的时间间隔，取值范围为 1～604 800 的整数秒，**必须大于下面第 6 步和第 7 步的取值的乘积**。 缺省情况下，没有配置自动测试间隔，即只进行一次测试，可用 **undo frequency** 命令取消 NQA 测试例自动执行测试的时间间隔
6	**interval** { **milliseconds** *interval* | **seconds** *interval* } 例如：[Huawei-nqa-admin-test] **interval seconds** 5	（可选）配置 NQA 测试例的发送报文的时间间隔，命令中的参数说明如下。 （1）**milliseconds** *interval*：二选一参数，以 ms 为单位设置发送报文的时间间隔（当配置的发包间隔的毫秒数是 1 000 的整数倍时，系统会自动把毫秒数转换为秒的形式），取值范围为 10～60 000 ms。 （2）**seconds** *interval*：二选一参数，指定以秒设置发送报文的时间间隔，取值范围为 1～60 整数秒。 缺省情况下，ICMP 测试类型的发送报文时间间隔为 4 s，可用 **undo interval** 命令恢复 NQA 测试例的发送报文的时间间隔的缺省值
7	**probe-count** *number* 例如：[Huawei-nqa-admin-test] **probe-count** 4	（可选）配置 NQA 测试例一次测试的探针数目，取值范围为 1～15 的整数。通过多次发送 NQA 测试例的测试探针，可以根据统计数据更加准确地评估网络质量。 缺省情况下，测试探针数目是 3，可用 **undo probe-count** 命令恢复 NQA 测试例的一次测试探针数目的缺省值
8	立即启动测试例： **start now** [**end** { **at** [*yyyy/mm/dd*] *hh:mm:ss* | **delay** { **seconds** *second* | *hh:mm:ss* } | **lifetime** { **seconds** *second*| *hh:mm:ss* } }] 例如：[Huawei-nqa-admin-test] **start now end at** 08:10:0 在指定时刻启动测试例： **start at** [*yyyy/mm/dd*] *hh:mm:ss* [**end** { **at** [*yyyy/mm/dd*] *hh:mm:ss* | **delay** { **seconds** *second* | *hh:mm:ss* } |**lifetime** { **seconds** *second* | *hh:mm:ss* } }] 例如：[Huawei-nqa-admin-test] **start at delay** 3600	3 个命令根据实际需要三选一，命令中的参数说明如下。 （1）**start at** [*yyyy/mm/dd*] *hh:mm:ss*：指定开始执行测试例的时间点，各部分均为整数形式。其中可选参数 *yyyy/mm/dd* 用来指定测试例启动的日期，*yyyy* 指定年，取值范围为 2 000～2 099，*mm* 指定月，取值范围为 1～12，*dd* 指定日，取值范围为 1～31；*hh:mm:ss* 用来指定测试例启动的时刻，*hh* 指定时，取值范围为 0～23；*mm* 指定分钟，取值范围为 0～59；*ss* 指定秒，取值范围为 0～59。 （2）**start delay** { **seconds** *second* | *hh:mm:ss* }：指定延迟启动测试例执行的时间段。其中 **seconds** *second*：指定以秒为单位的延迟启动时间，取值范围为 1～86 399 的整数；*hh:mm:ss* 指定延迟启动的小时、分钟和秒数时间。但以这种方式指定延迟时间后，系统最终会自动转换成以秒表示的形式。比如 1:0:0 表示延迟 1 小时（即 3 600 s）后启动。 （3）**end at** [*yyyy/mm/dd*] *hh:mm:ss*：多选一参数，在指定的时间点结束当前执行的测试例。

续表

步骤	命令	说明
8	延迟指定时间后启动测试例： **start delay** { **seconds** *second* | *hh:mm:ss* } [**end** { **at** [*yyyy/mm/dd*] *hh:mm:ss* | **delay** { **seconds** *second* |*hh:mm:ss* } | **lifetime** { **seconds** *second* | *hh:mm:ss* } }] 例如：[Huawei-nqa-admin-test] **start delay lifetime seconds** 600	（4）**end delay** { **seconds** *second* | *hh:mm:ss* }：多选一参数，指定延迟结束测试例执行的时间。该延迟是相对于当前系统时间的延迟。其中 **seconds** *second* 指定以秒为单位的延迟停止的时间，取值范围为（6～86 399）的整数秒；*hh:mm:ss* 指定延迟指定的时间后停止。 （5）**end lifetime** { **seconds** *second* | *hh:mm:ss* }：多选一参数，配置测试例的持续时间，以测试例启动时间开始算起。其中 **seconds** *second* 指定以秒为单位设置测试例的生命周期，取值范围为 6～86 399 的整数秒；*hh:mm:ss* 设置测试例的生命周期。 缺省情况下，测试报文发送完毕后，测试自动结束，可用 **undo start** 命令终止当前正在执行的测试例或者删除未执行 NQA 测试例的启动方式和结束方式的配置
9	**quit** 例如：[Huawei-nqa-admin-test] **quit**	退出测试例视图，返回系统视图
10	公网环境中： **ip route-static** *ip-address* { *mask* | *mask-length* } { *nexthop-address* | *interface-type interface-number* [*nexthop-address*] } [**preference** *preference* | **tag** *tag*] * **track nqa** *admin-name test-name* [**description** *text*] 例如：[Huawei-nqa-admin-test] **ip route-static** 172.16.2.0 16 **nqa** test VPN 实例环境中： **ip route-static vpn-instance** *vpn-source-name destination-address* { *mask* | *mask-length* } { *nexthop-address* [**public**] | *interface-type interface-number* [*nexthop-address*] | **vpn-instance** *vpn-destination-name nexthop-address* } [**preference** *preference* | **tag** *tag*] * **track nqa** *admin-name test-name* [**description** *text*] 或 **ip route-static vpn-instance** *vpn-source-name destination-address* { *mask* | *mask-length* } *interface-type interface-number* **dhcp** [**preference** *preference* | **tag** *tag*] * **track nqa** *admin-name test-name* [**description** *text*]	配置静态路由与 NQA 测试例联动。命令中的 **track nqa** *admin-name test-name* 参数用来指定要联动的NQA测试例管理员账户和测试例名称，一定要与本表第 2 步中配置的NQA测试例管理员名和测试例名称一致。其他参数说明请参考 9.3.1 节的介绍。 【说明】配置静态路由与 NQA 测试例联动时，**NQA 测试例的目的地址不能和检测的静态路由的目的地址相同**。配置同一条静态路由与其他 NQA 测试例联动时，会解除与前一个 NQA 测试例的联动关系。 缺省情况下，没有配置任何静态路由与 NQA 联动，可用对应的 **undo** 格式命令删除指定的静态路由与 NQA 联动

9.3.5 静态路由配置示例

本示例的基本拓扑结构如图 9-11 所示，3 台路由器连接了 3 台属于不同网段的 PC。现要求通过配置静态路由实现不同网段的任意两台主机之间能够互通。

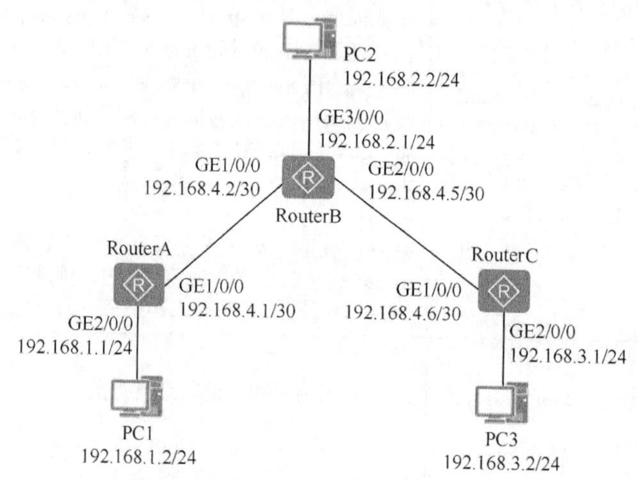

图 9-11 静态路由配置示例拓扑结构

1. 基本配置思路分析

静态路由的配置比较简单，虽然在 9.3.1 节介绍静态路由命令时看起来参数选项比较多，但大多数情况下，我们只需要根据 9.3.1 节介绍的不同类型接口的下一跳 IP 地址和出接口配置原则配置 5 个主要的参数：目的 IP 地址/子网掩码、下一跳 IP 地址、出接口、优先级。

另外，在配置静态路由时一定要注意它的单向性，也就是要使双方能相互访问，必须同时配置往返路径的两条静态路由，也就是通常所说的必须同时有回程路由。当然，还必须在各主机上配置指向所连接的三层设备 LAN 接口的 IP 地址作为缺省网关。

本示例中，各三层接口都是以太网接口，且到达某一目的网段均只有一个出接口，所以可仅配置下一跳 IP 地址，不配置出接口（也可配置出接口）。

另外，由于 PC1 和 PC3 访问外网时只能有一条路径，所以可以利用最简单的缺省路由进行配置，这样可减少需要配置的明细静态路由的数目，但在一些较大型的网络中，建议尽可能不要采用缺省路由，因为它的路由效率是最低的。

2. 具体配置步骤

① 配置各路由器接口的 IP 地址。

下面仅以 RouterA 上的接口 IP 地址配置为例进行介绍，RouterB 和 RouterC 上的接口 IP 地址配置方法一样，略。

```
[RouterA] interface gigabitethernet 1/0/0
[RouterA-GigabitEthernet1/0/0] ip address 192.168.4.1 30
[RouterA-GigabitEthernet1/0/0] quit
[RouterA] interface gigabitethernet 2/0/0
[RouterA-GigabitEthernet2/0/0] ip address 192.168.1.1 24
```

② 配置静态路由。

这里可以在 RouterA 和 RouterC 上仅通过配置缺省路由来实现，而在 RouterB 上则分别配置到达 PC1 和 PC3 所在网段的两条静态路由。配置静态路由时一定要确保每一路通信都有往、返双程路由，否则网络不通。

```
[RouterA] ip route-static 0.0.0.0 0.0.0.0 192.168.4.2   !---配置以 RouterB 的 GE1/0/0 接口 IP 地址作为下一跳的缺省路由
[RouterB] ip route-static 192.168.1.0 255.255.255.0 192.168.4.1   !---配置以 RouterA 的 GE1/0/0 接口 IP 地址作为下一跳，到达 PC1 所在的 192.168.1.0/24 网段的静态路由
[RouterB] ip route-static 192.168.3.0 255.255.255.0 192.168.4.6   !---配置以 RouterC 的 GE1/0/0 接口 IP 地址作为下一跳，到达 PC1 所在的 192.168.3.0/24 网段的静态路由
[RouterC] ip route-static 0.0.0.0 0.0.0.0 192.168.4.5   !---配置以 RouterB 的 GE2/0/0 接口 IP 地址作为下一跳的缺省路由
```

配置好以上 4 条静态路由后，就可以实现 PC1、PC2 和 PC3 3 台主机二层互通。下面来分析一下。

■ PC1 与 PC2 之间的通信：PC1 发送报文给 PC2 时首先发给 RouterA，RouterA 再采用缺省路由到达 RouterB，然后 RouterB 再以下一跳为 RouterC GE1/0/0 接口的 IP 地址 192.168.4.6 的静态路由把报文转发给 RouterC，RouterC 再依据直连路由转发给目的主机 PC2。PC2 的返回报文发给 PC1 时，首先发给 RouterC，RouterC 再采用缺省路由到达 RouterB，然后 RouterB 再以下一跳为 RouterA GE1/0/0 接口的 IP 地址 192.168.4.1 的静态路由把报文转发给 RouterA，RouterA 再依据直连路由转发给目的主机 PC1。

■ PC1 与 PC3 之间的通信：PC1 发送报文给 PC3 时首先发给 RouterA，RouterA 再采用缺省路由到达 RouterB，RouterB 再依据直连路由转发给目的主机 PC3。PC3 返回报文发给 PC1 时首先发给 RouterB，RouterB 再采用下一跳为 RouterA GE1/0/0 接口的 IP 地址 192.168.4.1 的静态路由把报文转发给 RouterA，RouterA 再依据直连路由转发给目的主机 PC1。

■ PC2 与 PC3 之间的通信：PC2 发送报文给 PC3 时首先发给 RouterC，RouterC 再采用缺省路由到达 RouterB，RouterB 再依据直连路由转发给目的主机 PC3。PC3 返回报文发给 PC2 时首先发给 RouterB，RouterB 再采用下一跳为 RouterC GE1/0/0 接口的 IP 地址 192.168.4.6 的静态路由把报文转发给 RouterC，RouterC 再依据直连路由转发给目的主机 PC2。

从以上分析可以看出，经过以上的静态路由配置，PC1、PC2 和 PC3 3 个网段的主机都可以实现三层互通了，即每一跳都有入、返静态路由指导报文的转发。

说明　其实在 RouterA 和 RouterC 上也可以采用以下效果更好的、到达 PC2 所在网段的具体静态路由，而不用上面介绍的静态缺省路由。

```
[RouterA] ip route-static 192.168.2.0 255.255.255.0 192.168.4.2
[RouterC] ip route-static 192.168.2.0 255.255.255.0 192.168.4.5
```

③ 配置主机 PC1 的缺省网关为 192.168.1.1，主机 PC2 的缺省网关为 192.168.2.1，主机 PC3 的缺省网关为 192.168.3.1。

3. 配置结果验证

以上配置好后，可以在各路由器上通过执行 **display ip routing-table** 命令查看 IP 路由表，以验证配置结果。下面仅是 RouterA 上的输出示例，从中可以看出，在 IP 路由表中已有一条在前面创建的缺省静态路由（**参见输出信息中的粗体字部分**），其他均为直连

路由。其他路由器上的 IP 路由表类似。

```
[RouterA] display ip routing-table
Route Flags: R - relay, D - download to fib
------------------------------------------------------------------------------
Routing Tables: Public
         Destinations : 11        Routes : 11
Destination/Mask    Proto   Pre  Cost      Flags NextHop         Interface
        0.0.0.0/0   Static  60   0           RD  192.168.4.2     GigabitEthernet1/0/0
     192.168.1.0/24  Direct 0    0           D   192.168.1.1     GigabitEthernet2/0/0
     192.168.1.1/32  Direct 0    0           D   127.0.0.1       GigabitEthernet2/0/0
   192.168.1.255/32  Direct 0    0           D   127.0.0.1       GigabitEthernet2/0/0
     192.168.4.0/30  Direct 0    0           D   192.168.4.1     GigabitEthernet1/0/0
     192.168.4.1/32  Direct 0    0           D   127.0.0.1       GigabitEthernet1/0/0
   192.168.4.255/32  Direct 0    0           D   127.0.0.1       GigabitEthernet1/0/0
        127.0.0.0/8  Direct 0    0           D   127.0.0.1       InLoopBack0
       127.0.0.1/32  Direct 0    0           D   127.0.0.1       InLoopBack0
127.255.255.255/32   Direct 0    0           D   127.0.0.1       InLoopBack0
255.255.255.255/32   Direct 0    0           D   127.0.0.1       InLoopBack0
```

也可以使用 **Ping** 或者 **Tracert** 命令验证各 PC 主机间的连通性，具体示例略。

说明

IP 路由表中"Flags"是路由标记，可以是 R（表示该路由是迭代路由）和 D（表示该路由已下发到 FIB 表）字母，或者它们的组合。但 IP 路由表中的所有路由均有 D 标记，因为它们都下发到了 FIB 中。

9.3.6 静态路由与 BFD 联动的配置示例

本示例的基本拓扑结构如图 9-12 所示，RouterA 通过配置静态路由，经由 RouterB 与外部网络相连，其中 RouterA 与 RouterB 之间通过二层交换机 SwitchC 互连。现要求 RouterA 能正常访问外部网络，且要在 RouterA 和 RouterB 之间实现毫秒级故障感知，提高收敛速度。

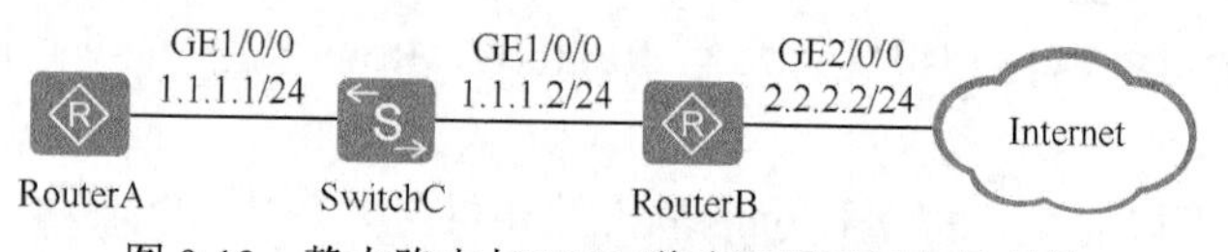

图 9-12 静态路由与 BFD 联动配置示例拓扑结构

1. 基本配置思路分析

本示例要求实现毫秒级的链路故障感知，所以可通过与 BFD 会话进行绑定实现。可以在 RouterA 和 RouterB 上分别创建 BFD 会话，并绑定 RouterA 到达外部网络的静态路由（在这种单一出口网络中可以直接使用静态缺省路由），实现 RouterA 和 RouterB 之间的毫秒级故障感知。

2. 具体配置步骤

① 按照图中标注配置好各路由器的接口 IP 地址。在此仅以 RouterA 为例进行介绍，RouterB 上的配置与 RouterA 上的配置方法一样，略。

```
[RouterA] interface gigabitethernet 1/0/0
[RouterA-GigabitEthernet1/0/0] ip address 1.1.1.1 24
```

② 在 RouterA 上创建并配置与 RouterB 之间的 BFD 会话，名称为 aa。

```
<RouterA> system-view
[RouterA] bfd
[RouterA-bfd] quit
[RouterA] bfd aa bind peer-ip 1.1.1.2
[RouterA-bfd-session-aa] discriminator local 10
[RouterA-bfd-session-aa] discriminator remote 20
[RouterA-bfd-session-aa] commit
[RouterA-bfd-session-aa] quit
```

③ 在 RouterB 上配置与 RouterA 之间的 BFD 会话，名称为 bb。

```
<RouterB> system-view
[RouterB] bfd
[RouterB-bfd] quit
[RouterB] bfd bb bind peer-ip 1.1.1.1
[RouterB-bfd-session-bb] discriminator local 20
[RouterB-bfd-session-bb] discriminator remote 10
[RouterB-bfd-session-bb] commit
[RouterB-bfd-session-bb] quit
```

④ 在 RouterA 上配置到外部网络的静态缺省路由，并绑定 BFD 会话。

```
[RouterA] ip route-static 0.0.0.0 0 1.1.1.2 track bfd-session aa
```

3．配置结果验证

以上配置完成后，在 RouterA 和 RouterB 上执行 **display bfd session all** 命令，可以看到 BFD 会话已经建立，且状态为 Up。在系统视图下执行 **display current-configuration | include bfd** 命令，可以看到静态路由已经绑定 BFD 会话，如下所示。

```
[RouterA] display bfd session all
--------------------------------------------------------------------------
Local  Remote PeerIpAddr     State     Type        InterfaceName
--------------------------------------------------------------------------
10     20     1.1.1.2        Up        S_IP_PEER   -
--------------------------------------------------------------------------
       Total UP/DOWN Session Number : 1/0

[RouterA] display current-configuration | include bfd
bfd
bfd aa bind peer-ip 1.1.1.2
ip route-static 0.0.0.0 0.0.0.0 1.1.1.2 track bfd-session aa
```

在 RouterA 上执行 **display ip routing-table** 命令，可查看到已配置的静态路由（参见输出信息中的粗体字部分）。

```
[RouterA] display ip routing-table
Route Flags: R - relay, D - download to fib
--------------------------------------------------------------------------
Routing Tables: Public
         Destinations : 3          Routes : 3
Destination/Mask    Proto   Pre  Cost      Flags NextHop         Interface
        0.0.0.0/0   Static  60   0           RD  1.1.1.2         GigabitEthernet1/0/0
       1.1.1.0/24   Direct  0    0           D   1.1.1.1         GigabitEthernet1/0/0
       1.1.1.1/32   Direct  0    0           D   127.0.0.1       GigabitEthernet1/0/0
```

对 RouterB 的 GE1/0/0 接口执行 **shutdown** 命令模拟链路故障。然后查看 RouterA 的路由表，发现除了直连路由，静态缺省路由 0.0.0.0/0 也不存在了，如下所示。因为静态缺省路由绑定了 BFD 会话，所以当 BFD 检测到故障后，就会迅速通知所绑定的静态路由不可用。如果未配置静态路由绑定 BFD 会话，静态缺省路由 0.0.0.0/0 不会立即从 IP

路由表中删除，可能会造成流量损失。

```
[RouterA] display ip routing-table
Route Flags: R - relay, D - download to fib
------------------------------------------------------------------------------
Routing Tables: Public
         Destinations : 2        Routes : 2
Destination/Mask    Proto   Pre  Cost      Flags NextHop         Interface
        1.1.1.0/24  Direct  0    0           D   1.1.1.1         GigabitEthernet1/0/0
        1.1.1.1/32  Direct  0    0           D   127.0.0.1       GigabitEthernet1/0/0
```

9.3.7 静态路由与 NQA 联动的配置示例

如图 9-13 所示，在 RouterB 和 RouterC 上都配置了到用户交换机的静态路由，RouterB 为主用路由器，RouterC 为备用路由器。现要求在正常情况下，SwitchA 上的用户业务流量走主用链路 RouterB→SwitchA，而当主用链路出现故障后，这些用户的业务流量切换到备用链路 RouterC→SwitchA。同样也可配置 SwitchB 上的用户流量主备链路切换。

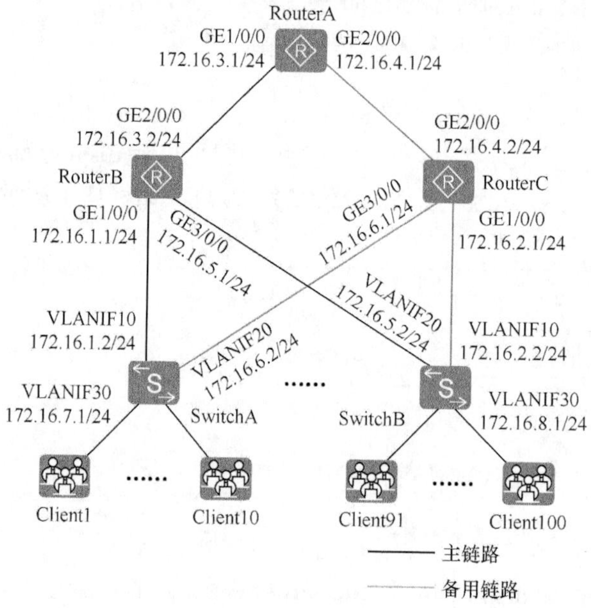

图 9-13 静态路由与 NQA 联动配置示例的拓扑结构

1．基本配置思路分析

本示例是要监控 RouterA 与 SwitchA 之间的链路状态，可以采用静态路由与 NQA 联动的方式进行。但这里还涉及一个问题，就是如何使得通过 RouterB 转发到 RouterA 的路径成为主路由路径。

在本示例中 RouterA、RouterB 和 RouterC 网络侧都要配置 OSPF，而 RouterB、RouterC 到达用户侧网络采用的是静态路由配置。最终要使运行 OSPF 的 RouterA 确定从 RouterB 学习到的用户网络路由优先、成为主路由路径，则必须使得 RouterA 从 RouterB 学习到的用户网络路由优先级高或者开销小。这些到达用户网络的静态路由在引入到 OSPF 路由进程时可以指定引入后的开销，所以就可以通过在 RouterB、RouterC 上配置引入静态路由时设置不同的开销值来达到目的（RouterB 上引入静态路由时开销更小）。

根据以上分析，可得出本示例如下的基本配置思路。

① 配置各路由器的接口 IP 地址。

② 配置 RouterA、RouterB 和 RouterC 网络侧的 OSPF，并在 RouterB、RouterC 上配置引入静态路由，RouterB 引入静态路由后的路由开销值为 10，RouterC 引入静态路由后的路由开销值为 20，使得最终 RouterA 学习到的到达同一用户网络的引入 OSPF 路由时，从 RouterB 学到的路由优先级更高，成为这些路由的主用路由器。

③ 在 RouterB 与 SwitchA 之间建立 ICMP 类型的 NQA 测试例，监测主路由路径的连通性。

④ 配置 RouterB 和 RouterC 到 SwitchA 连接的用户网络的静态路由，并且将在 RouterB 配置的静态路由与 NQA 测试例联动，达到快速感知链路故障、实现业务切换的目的。

2. 操作步骤

① 配置各路由器的 IP 地址。现仅以 RouterA 各接口的 IP 地址配置为例进行介绍，其他路由器接口的 IP 地址配置方法与其一样，略。至于各交换机上 VLANIF 接口的配置方法很简单，参见配套图书《华为交换机学习指南》（第二版）。

```
[RouterA] interface gigabitEthernet 1/0/0
[RouterA-GigabitEthernet1/0/0] ip address 172.16.3.1 24
[RouterA-GigabitEthernet1/0/0] quit
[RouterA] interface gigabitEthernet 2/0/0
[RouterA-GigabitEthernet2/0/0] ip address 172.16.4.1 24
```

② 在 RouterA、RouterB 和 RouterC 上配置 OSPF 动态路由协议，使它们之间三层可达。下面也仅以 RouterA 上的 OSPF 配置为例进行介绍，RouterB 和 RouterC 上的配置方法一样，略。

■ 创建 OSPF 区域，宣告网段。

此处把它们都放到同一个骨干区域 0 中，宣告网络侧接口所在网段。

```
[RouterA] router id 1.1.1.1   !---配置路由器 ID
[RouterA] ospf
[RouterA-ospf-1] area 0
[RouterA-ospf-1-area-0.0.0.0] network 172.16.3.0 0.0.0.255
[RouterA-ospf-1-area-0.0.0.1] network 172.16.4.0 0.0.0.255
```

■ 在 RouterB 上配置 OSPF 动态路由协议，引入静态路由，并且把路由开销值设置为 10，小于 RouterC 上引入的静态路由的开销，优先级更高，使 RouterB 成为这些用户网络路由的主路由器。

```
[RouterB] ospf 1
[RouterB-ospf-1] import-route static cost 10
[RouterB-ospf-1] quit
```

■ 在 RouterC 上配置 OSPF 动态路由协议，引入静态路由，并且把路由开销值设置为 20，使 RouterC 成为这些用户网络路由的主路由器。

```
[RouterC] ospf 1
[RouterC-ospf-1] import-route static cost 20
[RouterC-ospf-1] quit
```

③ 在 RouterB 上配置 RouterB 和 SwitchA 之间的 NQA ICMP 测试例，监测主路由路径的连通性。有关 NAQ ICMP 测试例的配置方法参见第 7 章。

```
<RouterB> system-view
[RouterB] nqa test-instance aa bb
[RouterB-nqa-aa-bb] test-type icmp
[RouterB-nqa-aa-bb] destination-address ipv4 172.16.1.2
[RouterB-nqa-aa-bb] frequency 3
[RouterB-nqa-aa-bb] probe-count 1
[RouterB-nqa-aa-bb] start now
[RouterB-nqa-aa-bb] quit
```

④ 在 RouterB 和 RouterC 上分别配置到达 SwitchA 上连接的 Client1 所在网段 172.16.7.0/24 的静态路由（在存在多个出接口可到达同一目的地时，在静态路由中要同时指定出接口和下一跳 IP 地址），但在 RouterB 上配置静态路由时要与配置的 NQA ICMP 测试例进行联动。

到达其他用户网段的静态路由，以及与 NQA 联动的配置方法一样。

```
[RouterB] ip route-static 172.16.7.0 255.255.255.0 gigabitethernet 1/0/0 172.16.1.2 track nqa aa bb

[RouterC] ip route-static 172.16.7.0 255.255.255.0 gigabitethernet 3/0/0 172.16.6.2
```

3. 配置结果验证

以上配置完成后，在 RouterB 的系统视图下执行 **display current-configuration | include nqa** 命令，可以看到静态路由已经绑定 NQA 测试例。执行 **display nqa results** 命令可以看到 NQA 测试例已经建立。如果可以看到“Lost packet ratio: 0 %”，说明链路状态完好。

```
[RouterB] display current-configuration | include nqa
 ip route-static 172.16.7.0 255.255.255.0 GigabitEthernet1/0/0 172.16.1.2 track nqa aa bb
nqa test-instance aa bb

[RouterB] display nqa results test-instance aa bb
 NQA entry(aa, bb) :testflag is active ,testtype is icmp
  1 . Test 1987 result    The test is finished
   Send operation times: 1                   Receive response times: 1
   Completion:success                          RTD OverThresholds number: 0
   Attempts number:1                           Drop operation number:0
   Disconnect operation number:0             Operation timeout number:0
   System busy operation number:0            Connection fail number:0
   Operation sequence errors number:0      RTT Status errors number:0
   Destination ip address:172.16.1.2
   Min/Max/Average Completion Time: 120/120/120
   Sum/Square-Sum  Completion Time: 120/14400
   Last Good Probe Time: 2012-01-06 19:14:57.5
   Lost packet ratio: 0 %
```

还可通过 **display ip routing-table** 命令查看 RouterB 上的 IP 路由表，从中可以看到静态路由存在于路由表中（**参见输出信息中的粗体字部分**）。

```
[RouterB] display ip routing-table
Route Flags: R - relay, D - download to fib
------------------------------------------------------------------------------
Routing Tables: Public
         Destinations : 13        Routes : 13

Destination/Mask    Proto   Pre  Cost      Flags NextHop         Interface

      127.0.0.0/8   Direct  0    0           D   127.0.0.1       InLoopBack0
      127.0.0.1/32  Direct  0    0           D   127.0.0.1       InLoopBack0
    172.16.1.0/24   Direct  0    0           D   172.16.1.1      GigabitEthernet1/0/0
```

```
    172.16.1.1/32   Direct  0     0        D    127.0.0.1       GigabitEthernet1/0/0
    172.16.3.0/24   Direct  0     0        D    172.16.3.2      GigabitEthernet2/0/0
    172.16.3.2/32   Direct  0     0        D    127.0.0.1       GigabitEthernet2/0/0
    172.16.4.0/24   OSPF    10    2        D    172.16.3.1      GigabitEthernet2/0/0
    172.16.5.0/24   Direct  0     0        D    172.16.5.1      GigabitEthernet3/0/0
    172.16.5.1/32   Direct  0     0        D    127.0.0.1       GigabitEthernet3/0/0
    172.16.7.0/24   Static  60    0        D    172.16.1.2      GigabitEthernet1/0/0
```

同时可以通过 **display ip routing-table** 命令查看 RouterA 的 IP 路由表。从中可以看到，有一条到 172.16.7.0/24 的路由，下一跳指向 172.16.3.2，cost 值为 10，因此业务流量会优先走链路 RouterB→SwitchA（参见输出信息中的粗体字部分）。证明前面在 RouterB 和 RouterC 上配置的到达 SwitchA 的不同静态路由优先级是成功的。

```
[RouterA] display ip routing-table
Route Flags: R - relay, D - download to fib
------------------------------------------------------------------------------
Routing Tables: Public
         Destinations : 9        Routes : 9

Destination/Mask    Proto   Pre  Cost      Flags NextHop         Interface

      127.0.0.0/8   Direct  0    0           D   127.0.0.1       InLoopBack0
      127.0.0.1/32  Direct  0    0           D   127.0.0.1       InLoopBack0
    172.16.3.0/24   Direct  0    0           D   172.16.3.1      GigabitEthernet1/0/0
    172.16.3.1/32   Direct  0    0           D   127.0.0.1       InLoopBack0
    172.16.3.2/32   Direct  0    0           D   172.16.3.2      GigabitEthernet1/0/0
    172.16.4.0/24   Direct  0    0           D   172.16.4.1      GigabitEthernet2/0/0
    172.16.4.1/32   Direct  0    0           D   127.0.0.1       InLoopBack0
    172.16.4.2/32   Direct  0    0           D   172.16.4.2      GigabitEthernet2/0/0
    172.16.7.0/24   O_ASE   150  10          D   172.16.3.2      GigabitEthernet1/0/0
```

现在通过 **shutdown** 命令关闭 RouterB 的 GE1/0/0 接口，模拟链路故障。通过 **display nqa results** 命令查看 NQA 测试结果，可以看到"Lost packet ratio: 100 %"（参见输出信息中的粗体字部分），这说明链路发生了故障。

```
[RouterB] display nqa results test-instance aa bb
 NQA entry(aa, bb) :testflag is active ,testtype is icmp
  1 . Test 2086 result    The test is finished
   Send operation times: 1                 Receive response times: 0
   Completion:failed                        RTD OverThresholds number: 0
   Attempts number:1                         Drop operation number:1
   Disconnect operation number:0            Operation timeout number:0
   System busy operation number:0           Connection fail number:0
   Operation sequence errors number:0     RTT Status errors number:0
   Destination ip address:172.16.1.2
   Min/Max/Average Completion Time: 0/0/0
   Sum/Square-Sum   Completion Time: 0/0
   Last Good Probe Time: 0000-00-00 00:00:00.0
   Lost packet ratio: 100 %
```

此时再通过 **display ip routing-table** 命令查看 RouterB 上的 IP 路由表，可以看到原来的这条到达 SwitchA 的静态路由消失了，因为 NQA 已通知路由模块对应路由出现了故障，所以路由模块立即删除了这条静态路由。

在 RouterA 上查看 IP 路由表时，发表到达 SwitchA 的静态路由改为了原来通过 SwitchC 的静态路由（参见输出信息中的粗体字部分）。即通往目的网段 172.16.7.0/24 的路由下一跳指向 172.16.4.2，cost 值为 20，RouterA 仅能从 RouterC 处学到通往 172.16.7.0/24 的路由。由此证明以上的静态路由与 NQA 的联动配置是成功的。

```
[RouterA] display ip routing-table
Route Flags: R - relay, D - download to fib
------------------------------------------------------------------------------
Routing Tables: Public
        Destinations : 9        Routes : 9

Destination/Mask   Proto   Pre  Cost    Flags NextHop        Interface

      127.0.0.0/8   Direct  0    0        D   127.0.0.1       InLoopBack0
      127.0.0.1/32  Direct  0    0        D   127.0.0.1       InLoopBack0
    172.16.3.0/24   Direct  0    0        D   172.16.3.1      GigabitEthernet1/0/0
    172.16.3.1/32   Direct  0    0        D   127.0.0.1       InLoopBack0
    172.16.3.2/32   Direct  0    0        D   172.16.3.2      GigabitEthernet1/0/0
    172.16.4.0/24   Direct  0    0        D   172.16.4.1      GigabitEthernet2/0/0
    172.16.4.1/32   Direct  0    0        D   127.0.0.1       InLoopBack0
    172.16.4.2/32   Direct  0    0        D   172.16.4.2      GigabitEthernet2/0/0
    172.16.7.0/24   O_ASE   150  20       D   172.16.4.2      GigabitEthernet2/0/0
```

9.4 IPv6 静态路由配置与管理

9.3 节介绍了 IPv4 网络中的静态路由配置与管理方法，本节要介绍 IPv6 网络环境中的静态路由配置与管理方法。在配置 IPv6 静态路由之前，配置接口的链路层协议参数和 IPv6 地址，使相邻节点网络层可达。

9.4.1 创建 IPv6 静态路由

与 IPv4 中的静态路由配置一样，在创建 IPv6 静态路由时，对于不同的出接口类型，也可以只指定出接口或只指定下一跳，或同时指定出接口和下一跳。

■ 对于点到点接口，IPv6 静态路由**可仅指定出接口或下一跳 IPv6 地址，也可同时指定下一跳 IPv6 地址和出接口**。

■ 对于 NBMA 、P2MP 接口，IPv6 静态路由**可仅指定下一跳 IPv6 地址**（**可同时指定出接口，但不能仅指定出接口**）。

■ 对于广播类型接口，IPv6 静态路由需指定出接口。如果也指定下一跳，下一跳 IPv6 地址可以不是链路的本地地址（**通常以链路本地地址作为下一跳 IP 地址**）。

在创建多个目的地相同的 IPv6 静态路由时，如果指定了相同的路由优先级（缺省也是 60），则可实现负载分担，如果指定不同的路由优先级，则可实现路由备份。在创建 IPv6 静态路由时，如果将目的地址与掩码配置为全零，则表示配置的是 IPv6 静态缺省路由。缺省情况下，没有创建 IPv6 静态缺省路由。这些都与 IPv4 网络中的静态路由特点是一样的。

在公网上创建 IPv6 静态路由：**ipv6 route-static** *dest-ipv6-address prefix-length* { *interface-type interface-number* [*nexthop-ipv6-address*] | *nexthop-ipv6-address* } [**preference** *preference* | **tag** *tag*] * [**bfd enable** | **track** { **bfd-session** *cfg-name* | **nqa** *admin-name test-name* }] [**description** *text*]。

在 VPN 实例中创建 IPv6 静态路由：**ipv6 route-static vpn-instance** *vpn-instance-name dest-ipv6-address prefix-length* { [*interface-type interface-number*] *nexthop-ipv6-address* | *nexthop-ipv6-address* [**public**] | **vpn-instance** *vpn-destination-name nexthop-ipv6-address* } [**preference** *preference* | **tag** *tag*] * [**description** *text*]。

以上两个命令中的参数和选项说明见表 9-5。

表 9-5　　IPv6 静态路由创建命令的参数和选项说明

参数	参数说明	取值
dest-ipv6-address	指定目的 IPv6 地址	32 位 16 进制数，格式为 X:X:X:X:X:X:X:X
prefix-length	指定 IPv6 前缀的长度	整数形式，取值范围是 0～128
interface-type interface-number	指定出接口的类型和编号	
vpn-instance *vpn-destination-name*	指定 VPN 实例的名称，此时静态路由将根据配置的 *nexthop-ipv6-address* 在 VPN 实例路由表中查找出接口	字符串形式，区分大小写，不支持空格，长度范围是 1～31
nexthop-ipv6-address	指定设备的下一跳 IPv6 地址，通常是链路本地地址	32 位 16 进制数，格式为 X:X:X:X:X:X:X:X
dhcp	指定 IPv6 静态路由联动 DHCP，获取下一跳 IPv6 地址	
preference *preference*	指定路由优先级	整数形式，取值范围为 1～255。缺省值是 60
tag *tag*	指定静态路由的 tag 属性值。配置不同的 tag 属性值，可对静态路由进行分类，以实现不同的路由管理策略。例如，其他协议引入静态路由时，可通过路由策略引入具有特定 tag 属性值的路由	整数形式，取值范围是 1～4 294 967 295。缺省值是 0
track nqa *admin-name test-name*	指定与 NQA 联动时的 NQA ICMP 测试例的管理者名称和测试例名称	字符串形式，不支持空格，区分大小写，长度范围是 1～32
permanent	指定 IPv6 静态路由永久发布。仅 V200R009C00SPC300 及以后版本支持	
inherit-cost	指定 IPv6 静态路由继承迭代路由的开销值。仅 V200R009C00SPC300 及以后版本支持	
description *text*	指定静态路由的描述信息	字符串形式，支持空格，长度范围是 1～80

缺省情况下，系统没有配置任何 IPv6 静态路由，可用 **undo ipv6 route-static** *dest-ipv6-address prefix-length* [*interface-type interface-number* [*nexthop-ipv6-address*] | *nexthop-ipv6-address*] [**preference** *preference* | **tag** *tag*] * [**permanent**]或 **undo ipv6 route-static** *dest-ipv6-address prefix-length interface-type interface-number* **dhcp** [**preference** *preference* | **tag** *tag*] *或 **undo ipv6 route-static** all 命令删除指定的或所有的 IPv6 静态路由。但 **undo** 格式命令中配置 **permanent** 可选项时，只能取消 IPv6 静态路由永久发布，不能删除 IPv6 静态路由。

还可在系统视图下通过 **ipv6 route-static default-preference** *preference* 命令配置 IPv6 静态路由的缺省优先级，整数形式，取值范围是 1～255。缺省情况下，IPv6 静态路由的缺省优先级与 IPv4 静态路由的缺省优先级一样，均为 60。重新设置缺省优先级后，仅对新增的 IPv6 静态路由有效。

IPv6 静态路由配置好后，可在任意视图下执行 **display ipv6 routing-table** 命令，查看 IPv6 路由表的摘要信息；执行 **display ipv6 routing-table verbose** 命令，查看 IPv6 路由表的详细信息。

9.4.2 IPv6 静态路由配置示例

如图 9-14 所示，IPv6 网络中属于不同网段的主机通过几台路由器相连，要求采用静态路由实现不同网段的任意两台主机之间能够互通。

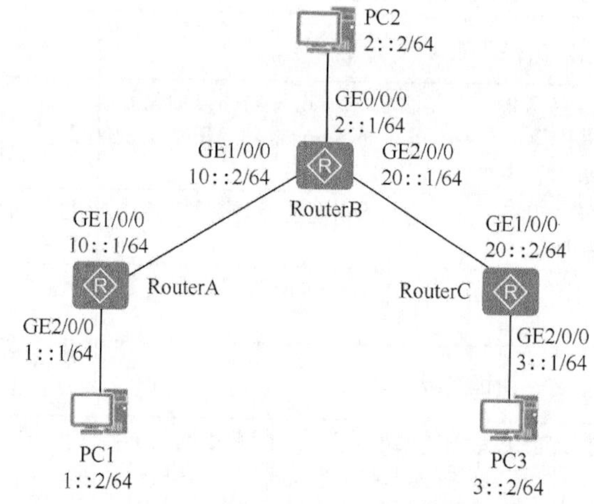

图 9-14 IPv6 静态路由配置示例的拓扑结构

1. 基本配置思路分析

IPv6 静态路由的工作原理与 IPv4 静态路由的工作原理相同，配置思路也是一样的。本示例的拓扑结构与 9.3.4 节中的拓扑结构是一样的，只不过本示例中各接口的 IP 地址是 IPv6 地址，所以可得出本示例如下的基本配置思路。

① 配置各接口的 IPv6 地址。

② 在各台 Router 上配置 IPv6 静态路由及缺省路由。

③ 在各主机上配置 IPv6 缺省网关。

2. 具体配置步骤

① 按图中标识配置各路由器接口的全球单播 IPv6 地址。在此，仅以 RouterA 为例进行介绍，RouterB 和 RouterC 上各接口 IPv6 地址的配置方法与 RouterA 相同，略。有关 IPv6 地址的配置方法参见本书第 1 章的 1.2.9 节。

```
<Huawei> system-view
[Huawei] sysname RouterA
[RouterA] ipv6
[RouterA] interface gigabitethernet 1/0/0
[RouterA-GigabitEthernet1/0/0] ipv6 enable
[RouterA-GigabitEthernet1/0/0] ipv6 address 10::1/64
[RouterA-GigabitEthernet1/0/0] quit
[RouterA] interface gigabitethernet 2/0/0
```

```
[RouterA-GigabitEthernet2/0/0] ipv6 enable
[RouterA-GigabitEthernet2/0/0] ipv6 address 1::1/64
```

② 配置 IPv6 静态路由。

因为 PC1 通过 RouterA，以及 PC3 通过 RouterC 访问外部网络时均仅有一个出接口，所以在这两台路由器可以采用静态缺省路由配置方式。但 PC2 通过 RouterB 访问外部网络的出接口不是唯一的，所以不能采用静态缺省路由配置方式，需要配置明细路由。

■ 在 RouterA 上配置 IPv6 缺省路由。

```
[RouterA] ipv6 route-static :: 0 gigabitethernet 1/0/0 10::2
```

■ 在 RouterB 上配置两条分别访问 PC1、PC3 所在网段的 IPv6 静态路由。

```
[RouterB] ipv6 route-static 1:: 64 gigabitethernet 1/0/0 10::1
[RouterB] ipv6 route-static 3:: 64 gigabitethernet 2/0/0 20::2
```

■ 在 RouterC 上配置 IPv6 缺省路由。

```
[RouterC] ipv6 route-static :: 0 gigabitethernet 1/0/0 20::1
```

③ 配置主机地址和网关。

根据图中标识配置好各主机的 IPv6 地址，并将 PC1 的缺省网关配置为 RouterA 的 GE2/0/0 接口 IPv6 地址 1::1，PC2 的缺省网关配置为 RouterB 的 GE0/0/0 接口 IPv6 地址 2::1，主机 3 的缺省网关配置为 RouterC 的 GE2/0/0 接口 IPv6 地址 3::1。

3. 配置结果验证

■ 在各路由器上执行 **display ipv6 routing-table** 命令，查看 RouterA 的 IPv6 路由表。以下是在 RouterA 上执行该命令的输出示例。在输出信息中，第 1 条静态路由是手动配置的，其他 6 条均为直连（Direct）路由。

```
[RouterA] display ipv6 routing-table
Routing Table : Public
     Destinations : 7      Routes : 7

 Destination   : ::                          PrefixLength : 0
 NextHop       : 10::2                         Preference   : 60
 Cost          : 0                             Protocol     : Static
 RelayNextHop : ::                             TunnelID     : 0x0
 Interface     : GigabitEthernet1/0/0        Flags        : RD

 Destination   : ::1                         PrefixLength : 128
 NextHop       : ::1                           Preference   : 0
 Cost          : 0                             Protocol     : Direct
 RelayNextHop : ::                             TunnelID     : 0x0
 Interface     : InLoopBack0                 Flags        : D

 Destination   : 1::                         PrefixLength : 64
 NextHop       : 1::1                          Preference   : 0
 Cost          : 0                             Protocol     : Direct
 RelayNextHop : ::                             TunnelID     : 0x0
 Interface     : GigabitEthernet2/0/0        Flags        : D

 Destination   : 1::1                        PrefixLength : 128
 NextHop       : ::1                           Preference   : 0
 Cost          : 0                             Protocol     : Direct
 RelayNextHop : ::                             TunnelID     : 0x0
 Interface     : GigabitEthernet2/0/0        Flags        : D
```

```
Destination    : 10::                     PrefixLength : 64
NextHop        : 10::1                    Preference   : 0
Cost           : 0                        Protocol     : Direct
RelayNextHop : ::                         TunnelID     : 0x0
Interface      : GigabitEthernet1/0/0     Flags        : D

Destination    : 10::1                    PrefixLength : 128
NextHop        : ::1                      Preference   : 0
Cost           : 0                        Protocol     : Direct
RelayNextHop : ::                         TunnelID     : 0x0
Interface      : GigabitEthernet1/0/0     Flags        : D

Destination    : FE80::                   PrefixLength : 10
NextHop        : ::                       Preference   : 0
Cost           : 0                        Protocol     : Direct
RelayNextHop : ::                         TunnelID     : 0x0
Interface      : NULL0                    Flags        : D
```

■ 使用 IPv6 Ping 命令进行验证。

```
[RouterA] ping ipv6 3::1
  PING 3::1 : 56   data bytes, press CTRL_C to break
    Reply from 3::1
    bytes=56 Sequence=1 hop limit=64   time = 63 ms
    Reply from 3::1
    bytes=56 Sequence=2 hop limit=64   time = 62 ms
    Reply from 3::1
    bytes=56 Sequence=3 hop limit=64   time = 62 ms
    Reply from 3::1
    bytes=56 Sequence=4 hop limit=64   time = 63 ms
    Reply from 3::1
    bytes=56 Sequence=5 hop limit=64   time = 63 ms
  --- 3::1 ping statistics ---
    5 packet(s) transmitted
    5 packet(s) received
    0.00% packet loss
    round-trip min/avg/max = 62/62/63 ms
```

■ 使用 IPv6 Tracert 命令进行验证。

```
[RouterA] tracert ipv6 3::1
traceroute to 3::1   30 hops max,60 bytes packet
 1 10::2 11 ms   3 ms   4 ms
 2 3::1 4 ms   3 ms   3 ms
```

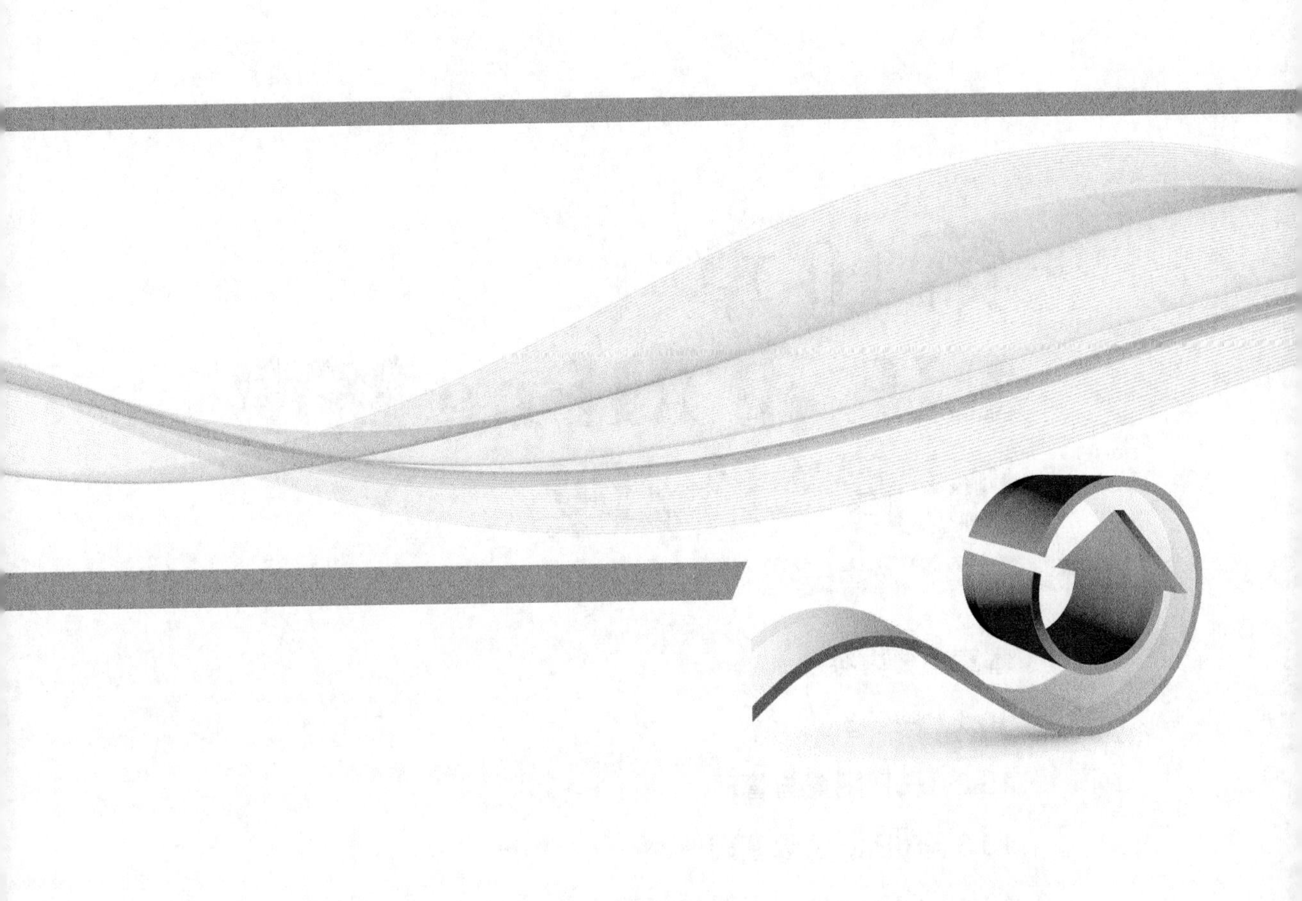

第 10 章 RIP 和 RIPng 路由配置与管理

本章主要内容

第 9 章介绍的静态路由虽然配置很简单（仅一条命令），但能力不强，不能自动传播，也不能自动收敛，而且不适用于复杂结构，或者规模较大的网络，因为静态路由表项必须由网络管理人员一条条手工配置，不仅工作量大，而且容易出错。所以在较大型网络中，通常采用动态路由协议来配置，静态路由最多作为动态路由的补充，在特定的位置采用。

本章介绍的是适用于中小型企业的 RIP（IPv4 网络中）、RIPng（IPv6 网络中）路由的配置与管理方法。RIPng 和 RIP 的基础知识和工作原理基本一样，所以学好了 IPv4 网络中 RIP 的路由原理及相关功能的配置与管理方法，IPv6 网络中 RIPng 的路由原理及相关功能的配置与管理方法就很容易掌握了。其实，在后面的学习中你还会发现，RIPng 在一些方面的配置比 IPv4 中的 RIP 路由的配置还简单。

10.1 RIP 基础

RIP（Routing Information Protocol，路由信息协议）是 IPv4 网络环境中（IPv6 网络环境中称之为 RIPng，本章后面将介绍）一种较为简单的内部网关协议（IGP），包括 RIP-1 和 RIP-2 两个版本。RIP-2 对 RIP-1 进行了扩充，支持 CIDR（Classless Inter-Domain Routing，无类别域间路由）和 VLSM（Variable Length Subnet Mask，可变长子网掩码）技术，支持安全认证。

由于 RIP 的功能较为简单，在配置和维护管理方面也远比 OSPF 和 IS-IS 容易，因此在一些较小规模的网络中也常常使用，例如校园网以及结构较简单的地区性网络。对于更为复杂的环境和大型网络，一般选择 OSPF 或 IS-IS 协议，具体原因就是因为 RIP 有着诸多天然的不足，具体将在本章后面的介绍中体现。

10.1.1 RIP 的度量机制

RIP 是一种基于距离矢量（Distance-Vector）算法的协议，简单地使用跳数（Hop Count，即所经过的三层设备数量）作为度量来衡量到达目的网络的距离。

缺省情况下，设备到与它直接相连网络的跳数为 0，然后每经过一个三层设备跳数增加 1（**路由器信息从本地设备发往下一跳设备时，报文中携带的跳数字段值就已加 1**）。也就是说，度量值等于从本网络到达目的网络间所经过的三层设备数量，**但并不等于所经过的网段数**。

如图 10-1 所示的网络中，假设 4 个路由器都运行了 RIP。此时，从 PC1 所在网络到达 PC2 所在网络的跳数就是 3（PC1 直接连接的 R1 不算在内，其他每个路由器算一跳）。但是，这 4 个路由器所连接的网段数有 5 个（从 1.1.1.0/24 到 5.1.1.0/24），所以跳数并不等于所经过的网段数，因为每个路由器还可以连接多个网络，而且与起始 RIP 路由器直连的网段都不计算跳数的。另外要注意的是，在同一个路由器上直接连接的多个网络，彼此间的度量值为 0，因为它们是直连路由。

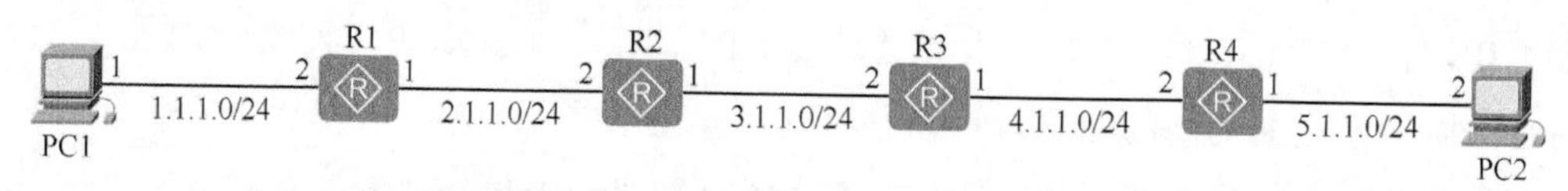

图 10-1　RIP 路由跳数计算示例一

RIP 以跳数作为度量进行路由选优存在一个明显的不足，那就是可能选择的路径不是最优的，仅仅是经过的路由器数少而已。如图 10-2 所示，S1 去往 192.168.10.0/24 网段的路径有两条。

■ S1-S2-S5：中间经过 S2、S5 两台设备，该路径的度量值为 2 跳，带宽为 1.544 Mbit/s。

■ S1-S3-S4-S5：中间经过 S3、S4、S5 3 台设备，该路径的度量值为 3 跳，但是带宽很大，为吉比特链路。

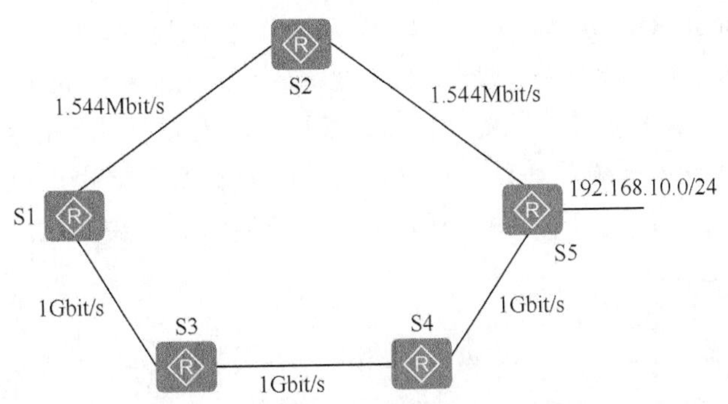

图 10-2　RIP 以跳数作为度量进行选优的不足示例

按照 RIP 的度量标准，转发报文时会优选经过 S2 的这条路径，但这条路径的链路带宽并不是最优的。这就导致 RIP 网络带宽的利用率低下，不利于进行 QoS 管理。

此外，为了防止 RIP 路由在网络中被无限泛洪使得跳数累加到无穷大，同时也为了限制收敛时间，RIP 规定度量值取 0～15 之间的整数，大于或等于 16 的跳数被定义为无穷大，即目的网络或主机不可达。最大跳数的设定虽然解决了度量值计数到无穷大的问题，但也限制了 RIP 所能支持的网络规模，使得 RIP 不适合在大型网络中应用，当然这不是根本的原因，因为这个问题可以通过 RIP 进程间路由的相互引入得到解决，具体的原因本章后面将介绍。

10.1.2　RIP 的 4 个定时器

因为 RIP 的路由更新和维护涉及到以下 4 个定时器，所以在此先进行介绍。

■ 更新定时器（Update timer）

此为定期更新定时器（缺省为 30 s），当此定时器超时时，立即向邻居路由器发送 RIP 路由更新报文。

■ 老化定时器（Age timer）

当从邻居路由器学习到一条路由并添加到 RIP 路由表中时，即启动该路由的老化定时器（缺省为 180 s）。如果在该老化定时器超时后，本地设备仍没有收到**来自同一邻居**的该路由更新报文，则认为该路由不可达，并把该路由的度量值设为 16（使该 RIP 路由变为无效），同时启动下面将要介绍的“垃圾收集定时器”。

■ 垃圾收集定时器（Garbage-collect timer）

当某路由的老化定时器超时、变为不可达路由后，启动垃圾收集定时器，如果该路由在垃圾收集定时器（缺省为 120 s）内仍没有收到**来自同一邻居**的该路由更新报文，则将该路由从 RIP 路由表中彻底删除。

■ 抑制定时器（Suppress timer）

当 RIP 设备收到度量值为 16 的路由更新后，则将该路由置于抑制状态，并启动抑制定时器（缺省为 180 s）。这时，为了防止路由振荡，在抑制定时器超时之前，**只有来自同一邻居，且度量值小于 16 的该路由更新才会被路由器接收**，其他关于该路由的更新一律不接收。当抑制定时器超时后，就重新允许接受该路由的所有更新报文。

【经验之谈】每一条路由表项对应两个定时器：老化定时器和垃圾收集定时器。当学到一条路由并添加到 RIP 路由表中时，即启动老化定时器。如果老化定时器超时（缺省为 180 s），设备仍没有收到同一邻居发来的更新报文，则把该路由的度量值置为 16（表示路由不可达），再启动垃圾收集定时器。如果垃圾收集定时器超时（缺省为 120 s），设备仍然没有收到来自同一邻居的该路由更新报文，则在 RIP 路由表中删除该路由。即一条 RIP 路由从邻居学习后，到因为不可达而被彻底删除至少要经过 180 s+120 s = 300 s。

10.1.3 RIP 路由表的形成

每种动态路由协议都有自己的路由表，运行 RIP 的三层设备会在本地生成对应的 RIP 路表，然后通过在邻居设备间以接力的方式传播、交互彼此的 RIP 路由信息，生成整个 RIP 路由各网段的 RIP 路由，最终实现整个 RIP 网络的三层互通。

RIP 通过 UDP 进行路由信息的交换，使用的源和目的端口号均为 520。只要在设备的一个接口上启动了 RIP，就会在本地创建一个 RIP 路由表。**而且 RIP 是多进程路由协议，所以每一个 RIP 进程都会有其独立的 RIP 路由表**。但在初始阶段，RIP 路由表中并没有任何 RIP 路由表项，第一次向邻居路由器发送的 RIP 路由更新信息仅包括本地设备在对应 RIP 进程中运行的三层接口所在网段的直连网段路由信息，在从邻居路由器学习到其他网段的 RIP 路由表项后，在后续的路由更新中才会包括网络中其他网段的路由信息。

【经验之谈】尽管本地直连路由信息会向邻居路由器发送，但不会在本地 RIP 路由表中生成对应的 RIP 路由表项，即本地 RIP 路由表中所有的路由表项均是本地非直连网段的路由，都是从邻居设备学习到的路由。

RIP 路由器启动时，初始路由表仅包含本设备的一些直连接口的路由信息（但在本地 RIP 路由表中没有这些路由信息），然后从所有运行 RIP 对应进程的链路上以广播或组播方式发送（具体以什么方式发送要视所运行的 RIP 版本而定，具体将在本章后面介绍）这些直连路由信息。通过相邻设备互相 RIP 学习路由表项，才能通过 RIP 路由实现各网段的路由互通。

下面以图 10-3 为例，介绍 RIP 路由表的形成（以 RIP-1 版本为例）。

① 假设 RouterA 先启动，RIP 启动之后，RouterA 会向相邻的路由器 RouterB 广播一个 Request（请求）报文，希望从邻居处获取路由信息。

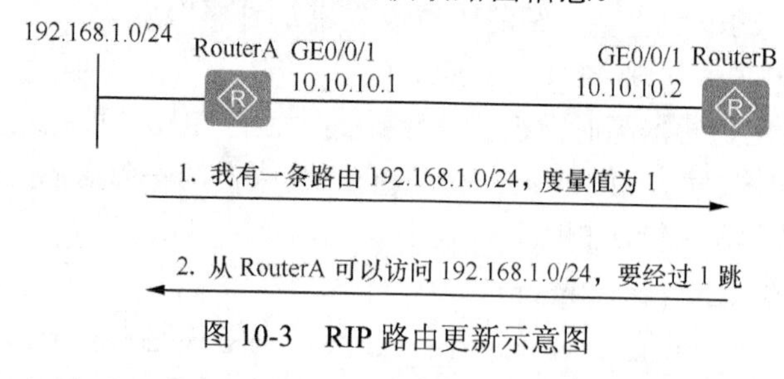

图 10-3 RIP 路由更新示意图

② 当 RouterB 从接口接收到 RouterA 发送的 Request 报文后，把自己的 RIP 路由表（初始时只发送 RouterB 的直连路由信息）封装在 Response（响应）报文内，然后向该接口对应的网络广播。

③ RouterA 收到 RouterB 发送的 Response 报文后，生成对应的 RIP 路由表项。

同样，RouterB 也可以向 RouterA 请求路由，然后在收到 RouterA 的响应报文后生成自己的 RIP 路由表。

从以上 RIP 路由表形成的基本原理可以看出，RIP 是采用最终路由通告方式进行路由更新，并直接依据所接收的路由进行选路。这样就会导致路由器并不了解整个网络的拓扑结构，只知道到达目的网络的距离，以及到达目的网络应该走哪个方向或者哪个接口，所以得出的路径可能不是最优的，也容易产生路由环路。

如图 10-3 所示，RouterB 收到了来自 RouterA 的路由通告，此时 RouterB 知道经过 RouterA 可以到达 192.168.1.0/24 网络，度量值是 1 跳，除此之外 RouterB 不知道其他的信息。即使这个通告因为某种原因已经是错误的信息，RouterB 依然认为经过 RouterA 可以到达 192.168.1.0/24 网络，度量值是 1。这是导致 RIP 网络容易产生路由环路的最根本原因。

10.1.4　RIP 路由更新方法

所有动态路由协议都是依靠对应协议路由信息，以接力方式在邻居路由器之间发布路由更新信息实现整个网络路由收敛的目的。RIP 路由信息的更新也是在邻居路由器之间，一级一级地扩散，最终实现整个 RIP 网络路由的同步。

总体来说，RIP 路由更新方法如下。

① 路由表项每经过一次邻居路由器之间的传递，其度量值加 1（最大值为 15，下同）。

在图 10-4 所示的网络中，R1 路由器把它所直连的 1.1.1.0/24 网络的路由信息向 R2 通告时，在 RIP 路由更新报文中的度量值就已由原来的 0（因为该网段是直接连在 R1 上的）变为 1 了，当 R2 再把它获取的到达 1.1.1.0/24 网络的路由发给 R3 时，再把其度量值由 1 改为 2，而当 R3 把获取的到达 1.1.1.0/24 网络的路由发给 R4 时，再把其度量值由 2 改为 3，所以最终 R4 上到达 1.1.1.0/24 网络的度量就为 3。

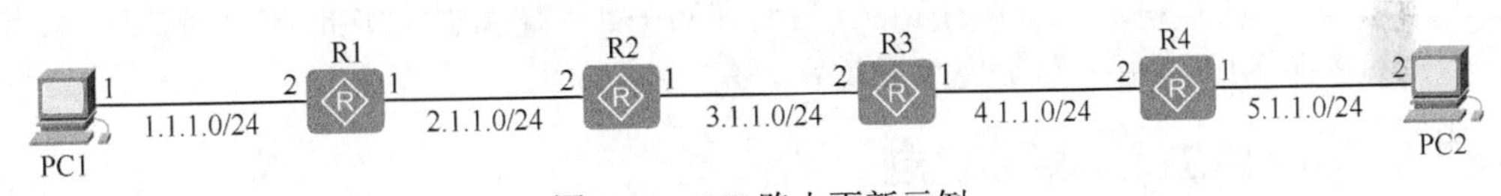

图 10-4　RIP 路由更新示例

② 路由器在收到新的路由更新表项时，会在其路由表中添加新的路由表项，同时在新添加的路由表项中标注其下一跳地址就是发送路由更新的邻居路由器的接口，指定了到达该目的网络的报文转发路径。

在图 10-4 所示的示例中，假设 R4 在收到来自 R3 的路由表更新时发现包含了一条到达 1.1.1.0/24 网络的新路由表项，并且其度量为 3，这时 R3 就会在自己的路由表中添加这条新的路由表项，下一跳地址为 R3 和 R4 相连的接口 IP 地址为 4.1.1.1/24。

③ 当收到原有路由表项中已有的路由更新时，须与原有路由表项中的原度量进行比较，**仅接收度量值比本地 RIP 路由表中原有路由度量更小的更新，忽略度量值比本地路由度量值更大或相等的路由更新**。

假设在图 10-4 的某时刻，R2 中原有的 RIP 路由表项如图 10-5 所示，R3 中原有的 RIP 路由表如图 10-6 所示。R3 在下次更新定时器超时后向 R2 发布 RIP 路由更新，现假设此时的路由更新中各RIP路由表项信息如图10-7所示。

目的网络	下一跳	距离
2.1.1.0	—	0
3.1.1.0	—	0
4.1.1.0	3.1.1.2	1
5.1.1.0	3.1.1.2	2

图10-5　R2路由器上原来的RIP路由表

目的网络	下一跳	距离
2.1.1.0	3.1.1.1	1
3.1.1.0	—	0
4.1.1.0	—	0
5.1.1.0	4.1.1.2	1

图10-6　R3路由器上原来的RIP路由表

目的网络	下一跳	距离
2.1.1.0	3.1.1.2	2
3.1.1.0	3.1.1.2	1
4.1.1.0	3.1.1.2	1
5.1.1.0	3.1.1.2	2

图10-7　R3发给R2的RIP路由更新

当R2收到R3的更新后，从图10-7和图10-5中可以看出，到达2.1.1.0网络和3.1.1.0网络的度量值比原来的还大，所以忽略更新，而到达4.1.1.0网络和5.1.1.0网络的度量值是相等的，也不更新，所以最终R2上的路由表还是如图10-5所示。

说明　如果一个接口连接的网络没有指定（也就是没有宣告该接口直接连接的网络），则它不会在任何RIP更新中被通告。如图10-4所示，如果在R1的配置中没有宣告它所连接的1.1.1.0/24网络，则其他路由器上也就没有到达这个网络的RIP路由表项。

到达同一目的网络，也有可能度量是一样的多条RIP路由，这时相同目的网络、度量一样的多条RIP路由之间实现负载均衡。

10.1.5　RIP路由定期更新机制

RIP有两种更新机制：一是定期更新，二是触发更新，本节先介绍定期更新机制。无论是定期更新，还是触发更新，RIP路由的更新规则如下。

- 如果更新的某路由表项在路由表中没有，则直接在路由表中添加该路由表项。
- 如果路由表中已有相同目的网络的路由表项，**且来源端口相同**，那么无条件根据最新的路由信息更新其路由表。如果新的路由更新中不再包含某RIP路由，则需要在本地RIP路由表中删除。
- 如果路由表中已有相同目的网络的路由表项，**但来源端口不同**，则要比较它们的度量值，将度量值较小的一个作为自己的路由表项。
- 如果路由表中已有相同目的网络的路由表项，**且度量值相等**，则保留原来的路由表项。

RIP定期更新就是根据10.1.2节介绍的更新定时器定期发送RIP路由信息报文。该通告报文中携带了除“水平分割”机制（将在本章后面介绍）抑制的RIP路由之外的本地路由器中的**所有 RIP 路由信息**。即通常情况下，在定期自动更新过程中，**RIP 路由器采用完整路由表更新方式**，也就是每个 RIP 路由器会把自己完整的 RIP 路由表发给相邻的 RIP 路由器，以此来进行彼此的路由表交互。

为了更好地理解 RIP 路由表的更新机制，下面以图 10-8 所示的简单的互连网络为例来讨论图中各个路由器中的 RIP 路由表是如何建立的。

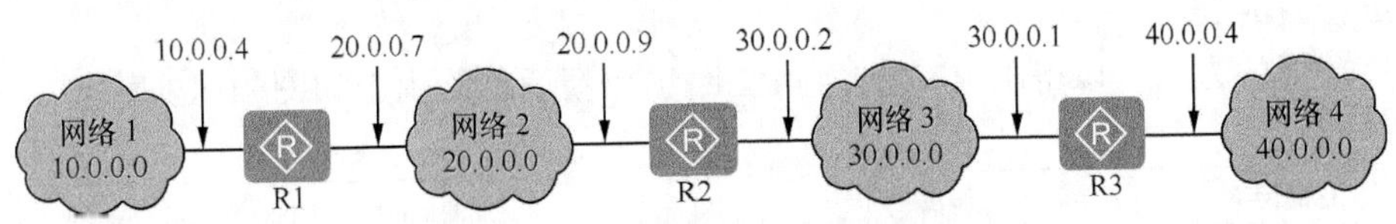

图 10-8　RIP 路由表建立网络示例

① 最初所有路由器中的 IP 路由表只有自己直接连接的网络的直连路由表项信息，没有在接口下运行 RIP 前，也没有建立 RIP 路由表，更没有 RIP 路由表项。这些直连路由表项，无下一跳（用“--”表示），度量“距离”也均为 0 。图 10-8 中 3 台路由器的初始 IP 路由表如图 10-9 所示，均只有两条直连网络的路由表项。

R1 的路由表

目的网络	下一跳	距离
10.0.0.0	—	0
20.0.0.0	—	0

R2 的路由表

目的网络	下一跳	距离
20.0.0.0	—	0
30.0.0.0	—	0

R3 的路由表

目的网络	下一跳	距离
30.0.0.0	—	0
40.0.0.0	—	0

图 10-9　R1、R2 和 R3 的初始 IP 路由表

② 在各路由器上配置好 RIP 后，各路由器就会按设置的周期（缺省为 30 s）向邻居路由器发送路由更新，第一次发送的仅是以上直连路由信息。具体哪个路由器会先发送路由更新，取决于哪个路由器先启动。

现假设路由器 R2 先收到来自路由器 R1 和 R3 的路由更新，并更新了自己的路由表，结果如图 10-10 所示。从图中可以看出，它新添加了分别通过 R1 到达 10.0.0.0 网络，通过 R3 到达 30.0.0.0 网络的路由表项，度量值均为 1，因为它只经过了一跳。

③ R2 在更新定时器超时后，会把自己完整的 RIP 路由表以及本地直连路由信息发给邻居路由器 R1 和 R3。路由器 R1 和 R3 在收到 R2 发来的路由更新后，再分别对自己的 RIP 路由表进行更新。根据前面介绍的 RIP 路由表更新的规则可以知道，R1 收到从 R2 发来的路由更新是在如图 10-10 所示的 R2 路由表基础上每个表项度量加 1，得到的路由表如图 10-11 所示。

目的网络	下一跳	距离
20.0.0.0	—	0
30.0.0.0	—	0
10.0.0.0	20.0.0.7	1
40.0.0.0	30.1.1.1	1

图 10-10　R2 在路由更新后的路由表

目的网络	下一跳	距离
20.0.0.0	20.0.0.9	1
30.0.0.0	20.0.0.9	1
10.0.0.0	20.0.0.9	2
40.0.0.0	20.0.09	2

图 10-11　R1 对收到的来自 R2 路由表进行度量加 1 后形成的路由表

④ 然后 R1 把图 10-11 所示的路由表与自己原来的路由表（图 10-9 中的左图所示）进行比较，凡是新添加的和度量值小于等于原来的路由表项均将更新，度量值相等或更大的路由表项将忽略更新。经过比较发现有两条新的路由表项，其目的网络分别为 30.0.0.0 和 40.0.0.0，直接在路由表中添加。而原来已有的两条 10.0.0.0 和 20.0.0.0 表项，发现它们的度量（“距离”）值 1 均比原来的 0 大，忽略更新，结果就得到如图 10-12 所示的更新后的 R1 路由表。

用同样的方法可以得出 R3 在收到 R2 路由更新后的路由表如图 10-13 所示。

目的网络	下一跳	距离
10.0.0.0	—	0
20.0.0.0	—	0
30.0.0.0	20.0.0.9	1
40.0.0.0	20.0.0.9	2

图 10-12　R1 在收到 R2 路由更新后的路由表

目的网络	下一跳	距离
30.0.0.0	—	0
40.0.0.0	—	0
10.0.0.0	30.0.0.2	2
20.0.0.0	30.0.0.2	1

图 10-13　R3 在收到 R2 路由更新后的路由表

10.1.6　RIP 路由触发更新机制

RIP 触发更新则是 RIP 路由器仅在有路由表项发生变化时发送 RIP 路由通告报文，**且路由更新报文中仅携带本地路由表中有变化的路由信息。**

RIP 的触发更新机制可使 RIP 路由器一旦发现路由表有变化，就尽快甚至是立即发送路由更新报文，而不用等待更新定时器超时的到来，主要用于避免路由环路的产生。而且只要触发更新的速度足够快，就可以极大限度地防止“计数到无穷大”（下节介绍）的发生，但是这一现象还是有可能发生的。

如图 10-14 所示，当网络 10.4.0.0 不可达时，RouterC 最先得到这一信息。

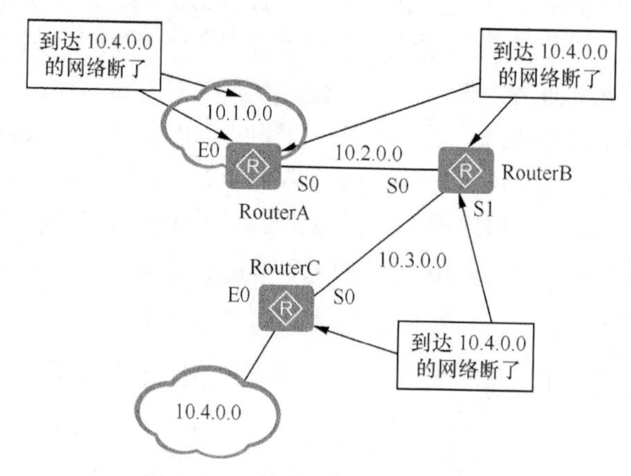

图 10-14　触发更新原理示意图

如果设备不具有触发更新功能，RouterC 发现网络故障之后，需要等待更新定时器超时。在等待过程中，如果 RouterB 的更新报文可能传到了 RouterC，RouterC 就会学习到通过 RouterB 的去往网络 10.4.0.0 的错误路由，因为事实上这是不可能的。这样 RouterB

和 RouterC 上去往网络 10.4.0.0 的路由都指向对方，从而形成路由环路。

如果设备具有触发更新功能，RouterC 发现网络故障之后，不必等待更新定时器超时，立即发送路由更新信息（此时已不包括 10.4.0.0 网段路由了）给 RouterB，RouterB 就会及时删除该路由，同时在向 RouterA 发布路由更新时，也不会再包括该路由，使得 RouterA 也会从 RIP 路由表中删除该路由，这样就避免了整个网络中路由环路的产生。

10.1.7　RIP 路由收敛机制

任何距离矢量类路由协议都存在一个问题，就是路由器不知道网络的全局情况，必须依靠相邻路由器来获取网络的可达信息。由于采用 UDP 进行的路由更新信息在网络上传播得慢，所以所有距离矢量路由算法都有一个收敛慢的问题，这个问题将导致网络中各路由器的路由信息不一致现象的产生。RIP 使用以下机制可以减少因网络上的不一致性带来的路由选择环路的可能性。

1. 记数到无穷大机制

RIP 允许最大跳数值为 15。大于 15 跳的目的地被认为是不可达的。这个数字在一定程度上限制了网络规模大小的同时也防止了一个叫作“记数到无穷大”的问题。记数到无穷大机制的工作原理如图 10-15 所示。

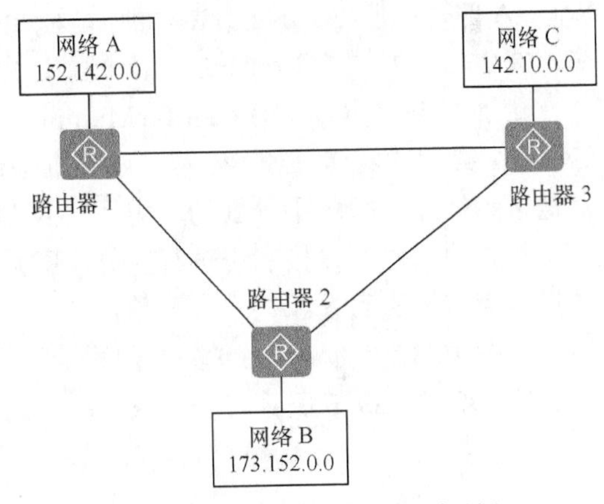

图 10-15　路由器收敛机制示例

① 现假设路由器 1 断开了与网络 A 的连接，此时路由器 1 会采用触发更新机制立即产生一个路由更新向其邻居路由器 2 和路由器 3 通告，告诉它们，路由器 1 不再有到达网络 A 的路径。假设这个更新信息传输到路由器 2 时被推迟了（CPU 忙、链路拥塞等），但到达了路由器 3，所以路由器 3 会立即从路由表中去掉到网络 A 的路径。

② 但由于路由器 2 没有收到路由器 1 的这个路由更新信息，于是它仍会定期向它的邻居（包括路由器 1 和路由器 3）发送路由更新信息，通告网络 A 是以 2 跳的距离可达。路由器 3 收到这个更新信息后，认为出现了一条通过路由器 2 到达网络 A 的新路径，于是路由器 3 告诉路由器 1 可以以 3 跳的距离到达网络 A。

③ 路由器 1 在收到路由器 3 的路由更新后，把这个信息再加上 1 跳后向路由器 2 和路由器 3 同时发出更新信息，告诉它们可以以 4 跳的距离到达网络 A。

④ 路由器 2 在收到路由器 1 的消息后，比较发现与原来到达网络 A 的路径不符，于是更新成可以以 4 跳的距离到达网络 A。这个消息会再次发往路由器 3，以此循环，直到跳数达到超过 RIP 允许的最大值（在 RIP 中定义为 16）。一旦一个路由器达到这个值，它将声明这条路径不可用，并从路由表中删除此路径。

由于记数到无穷大的问题，路由选择信息将从一个路由器传到另一个路由器，每次跳数加 1。路由选择环路问题将无限制地进行下去，除非达到某个限制。这个限制就是 RIP 的最大跳数。当路径的跳数超过 15，这条路径才从路由表中删除。

2. 水平分割法

“水平分割”（Split Horizon）就是使路由器不向对应路由更新表项输入的方向回传此条路由表信息，使它只沿一个方向通告。通俗地讲就是，如果一条路由信息是从某个接口学习到的，那么从该接口发出的路由更新中将不再包含该条路由信息，其目的就是为了避免出现路由更新环路。

水平分割在不同网络中的实现有所区别。在广播网、P2P 和 P2MP 网络中是按照接口进行水平分割的，如图 10-16 所示。

RouterA 会向 RouterB 发送到网络 10.0.0.0/8 的路由信息，如果没有配置水平分割，RouterB 会将从 RouterA 学习到的这条路由再反向发送回给 RouterA。这样，RouterA 可以学习到两条到达 10.0.0.0/8 网络的路由：一条为跳数为 0 的直连路由；另一条为下一跳指向 RouterB，跳数为 2 的路由，最终仍是保留原来度量为 0 的这条路由。

当 RouterA 到网络 10.0.0.0 的路由变成不可达，并且 RouterB 还没有收到该路由不可达的信息时，RouterB 可能会继续向 RouterA 发送 10.0.0.0/8 可达的路由信息。使 RouterA 接收到错误的路由信息，认为可以通过 RouterB 到达 10.0.0.0/8 网络；而 RouterB 仍旧认为可以通过 RouterA 到达 10.0.0.0/8 网络，从而形成路由环路。在 RouterB 连接 RouterA 的接口使能了水平分割功能后，RouterB 将不会再把从 RouterA 收到的 10.0.0.0/8 网络的路由信息发回给 RouterA，由此避免了路由环路的产生。

对于 NBMA（Non-Broadcast Multiple Access）网络，由于一个接口上连接多个邻居（NBMA 类型的网络，如 FR 是通过虚拟路径建立邻居连接的），**所以此时的水平分割功能是按照邻居进行水平分割的**。NBMA 网络中，路由信息也是以单播方式发送，同一接口上收到的路由可以按邻居进行区分，**即从某一接口的对端邻居处学习到路由，不会再通过该接口发送回去**。

如图 10-17 所示，在 NBMA 网络配置了水平分割之后，RouterA 会将从 RouterB 学习到的 172.16.0.0/16 路由发送给 RouterC，但是不会再发送回 RouterB。

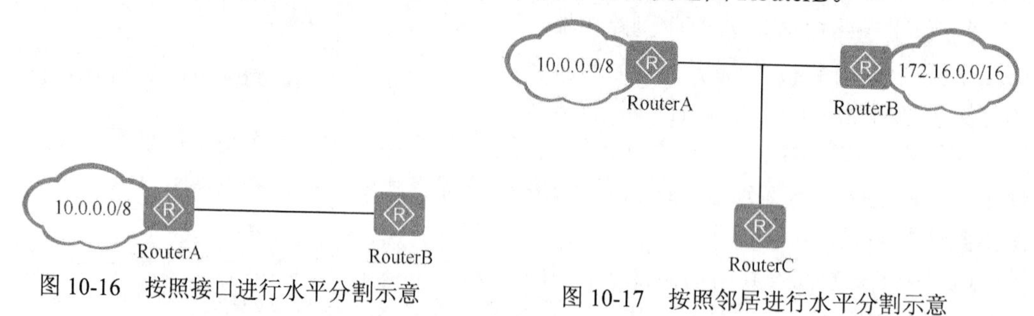

图 10-16 按照接口进行水平分割示意

图 10-17 按照邻居进行水平分割示意

3. 毒性反转

前面介绍的“水平分割”功能是路由器用来防止把从一个接口得到的路由又从此接口回传，导致路由更新环路的出现。“毒性反转”（Poison Reverse）方法是在更新信息中允许包括这些回传路由，但会把这些回传路由的跳数直接设为 16（无穷），直接使该路由变为不可达路由（这可能是取“毒性反转”这个看似很严重的名称的原因吧）。

通俗地讲就是，如果一条路由信息是从某个接口学习到的，那么从该接口发出的路由更新报文中将继续包含该条路由信息，但将这些路由信息的 metric 置为 16。这样收到路由更新的路由器就可以从本地 RIP 路由表中清除以邻居路由器为下一跳的 RIP 路由表项了，因为一旦收到跳数为 16 的路由后，就相当于使本地路由器获知不能通过对端到达指定网络。但这样做增加了路由更新的负担，因为毕竟还是会包括许多原本无需发送的路由更新。

仍以图 10-16 为例进行介绍。在 RouterB 连接 RouterA 的接口上使能了毒性反转功能后，RouterB 在接收到从 RouterA 发来的 10.0.0.0/8 网段路由后，会向 RouterA 发送一个这条路由不可达的消息（将该路由的开销设置为 16），RouterA 收到这样的路由更新后，就会立即删除从 RouterB 到达 10.0.0.0/8 网段的路由，从而可以避免路由环路的产生。

4. 抑制定时器法

“抑制定时器法”是设置路由信息被抑制的时间，缺省为 180 s。当收到度量为 16 的路由更新后，会启动一个抑制定时器，在这个定时器时间内，**不接受来自其他邻居关于该网络的更新，也不向邻居发布这条路由的更新**，一直持续到接收到一个来自同一邻居，且带有更好度量的对应路由更新，或者这个抑制定时器到期为止。这样一来，R2 在收到 R1 发来的 16 度量的 10.0.0.0 网络更新后，即启动一个定时器，不接受来自其他邻居关于本网络的更新，自然不会接受 R3 对该网络的更新了。

在图 10-15 所示的网络中，假设路由器 1 与网络 A 断开了连接，会立即向邻居路由器 2、3 发布路由更新。但由于线路拥塞的原因，从路由器 1 发往路由器 2 的路由更新被延迟到达，致使路由器 2 不能及时更新，所以路由器 2 仍会以原来的错误路由信息向路由器 3 发送，路由器 3 也会接受来自路由器 2 的关于网络 A 的错误路由更新。但使用了“抑制定时器”法后，这种情况将不会发生，因为路由器 3 在收到来自路由器 1 的网络 A 不可达的路由更新后，将在 180 s 内不接受来自其他邻居（如路由器 2）通向网络 A、新的路由信息更新（**但仍会接受来自路由器 1 关于网络 A 的路由更新**）。而当抑制定时器超时后，路由器 2 也已正确地进行了更新，也不会再发送错误的路由 A 更新信息给路由器 3 了。

10.1.8　RIP 报文格式

目前 RIP 有两种版本，即 RIP-1 和 RIP-2。

RIP-1 是有类别路由协议（Classful Routing Protocol），**只支持以广播方式发布协议报文**。RIP-1 的协议报文中没有携带子网掩码信息，所以**只能识别 A、B、C 类自然网段的路由**（如果连接的是子网，则在进行路由更新通告时也只能向外通告对应的自然网段路由），不支持子路由聚合，也不支持不连续子网（Discontiguous Subnet）。

RIP-2 是一种无类别路由协议（Classless Routing Protocol）。与 RIP-1 相比，RIP-2 具有以下优势。

① 支持外部路由标记，可以在路由策略中根据 Tag 对路由进行灵活的控制。

② 报文中携带掩码信息，支持任意掩码长度的路由聚合和 CIDR（Classless Inter-Domain Routing，无类别域间路由），即能识别子网路由。

③ 支持指定下一跳，在广播网上可以选择到目的网段的最佳下一跳 IP 地址。

④ 支持以组播方式（目的 IP 地址为 224.0.0.9）发送更新报文，减少资源消耗，但只有支持 RIP-2 的设备才能接收这种更新报文。

⑤ 支持对协议报文进行认证，增强安全性。

下面先来介绍上面提到的两个重要概念：连续子网与不连续子网。

1. 连续子网和不连续子网

所谓“不连续子网”是指在网络中，某几个连续子网在中间**被两个或以上（这个特点很重要）**其他网段的子网或网络隔开了。如图 10-18 所示，由 172.16.0.0/16 划分的子网 172.16.1.0/24、172.16.2.0/24 被中间的 192.168.0.0/24 和 192.168.1.0/24 分隔开了，这就是一个不连续子网。

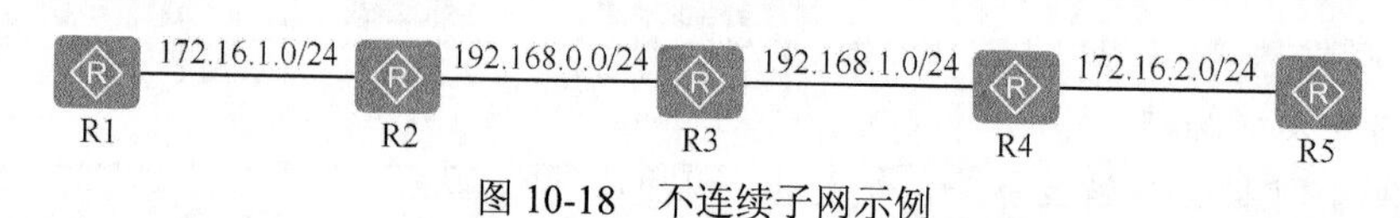

图 10-18 不连续子网示例

而图 10-19 所示为一个连续子网，因为在 R3 的左边和右边所连接的子网都不是由一个网络划分的子网，是完全不同的子网。

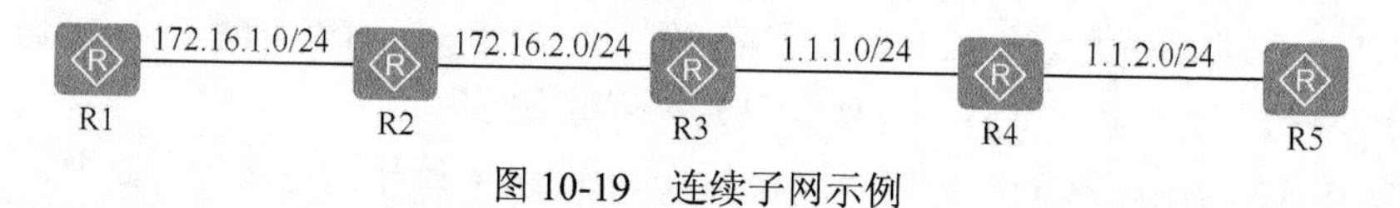

图 10-19 连续子网示例

那么为什么 RIP-1 不支持不连续子网呢？原因就是 **RIP-1 路由器接口在收到与接收接口 IP 地址处于不同自然网段的路由更新时会自动进行路由聚合**（如果是处于同一自然网段下，则不会聚合，是以具体子网路由显示的），而且该自动聚合功能不可关闭。

在如图 10-18 所示的不连续子网中，R3 左边接口在收到 R1 和 R2 连接网段 172.16.1.0/24 的 RIP 路由通告后，由于它与该接口 IP 地址所在网段 192.168.0.0/24 不在同一自然网段下，所以会在 R3 上自动聚合成 172.16.0.0/16 自然网段的聚合路由，其出接口是 R3 左边接口。同理，R3 右边接口也会对所收到的 R4 和 R5 所连接的 172.16.2.0/24 子网进行自动聚合，且聚合路由也是 172.16.0.0/16 自然网段路由，其出接口是 R3 右边接口。

这时 R3 就不能识别了，因为两边形成的聚合路由是一样的，都是 172.16.0.0/16 网段，但出接口和下一跳不一样，即在 R3 的 RIP 路由表中会存在两个出接口、下一跳不同，但目的网络均为 172.16.0.0/16 的路由，这时就认为网络中出现了环路。这样的结果就是，在 R3 的左、右边的路由器不能相互学习到所连接的路由，自然也就不能互通了。

如果在图 10-18 中 R2 和 R3 之间连接的是 172.16.3.0/24 网段，则 R3 在收到 R1 和 R2 之间连接网段 172.16.1.0/24 的路由时，在 R3 上就不会被聚合成 172.16.0.0/16，而是以 172.16.1.0/24 的子网路由显示。这时也就不会出现前面所说的环路了，**此时图 10-18 就不是不连续子网了，因为中间只隔离了一个其他子网。**

2. RIP 报文格式

图 10-20 所示为 RIP-1 版本的报文格式，图 10-21 所示为 RIP-2 版本的报文格式。

整个 RIP 报文可分为“报头”（Header）和“路由条目”（Route Entries）两大部分。“报头”包括 Command、Version 和 Unused 3 个字段，其余字段都属于“路由条目”部分。在一个 RIP 报文中，最多可以有 25 个路由条目，即一个分组中最多可一次性通告

25 条 RIP 路由表项。下面具体介绍两图中的各个字段。

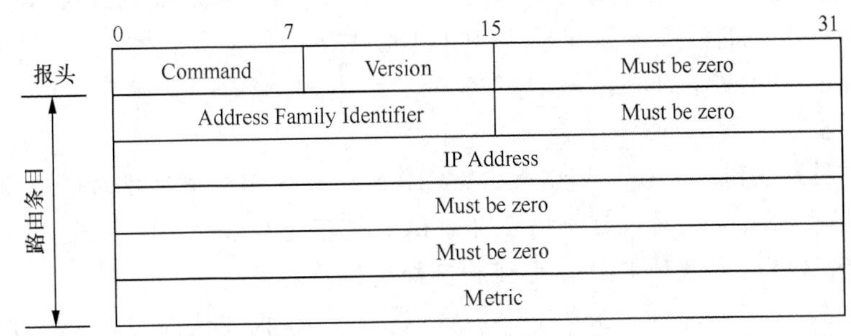

图 10-20 RIP-1 版本报文格式

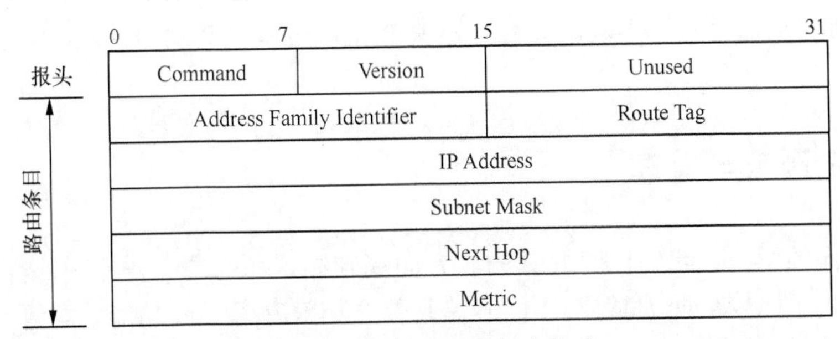

图 10-21 RIP-2 版本报文格式

■ Command：命令字段，占 1 字节，只能取 1 或者 2，1 表示该消息是请求（Request）消息，2 表示该消息是响应（Response）消息。请求分组是请求邻居路由器发送全部或部分路由表信息的分组，采用广播或组播发送方式（视 RIP 版本而定），响应分组可以是路由器主动提供的周期性路由更新分组，或者是对请求分组的响应，**对请求报文响应时采用单播发送方式**，其他情形采用广播或组播发送方式（视 RIP 版本而定）。

■ Version：版本字段，占 1 字节，RIP-1 版本值为 1，RIP-2 版本值为 2，均为十六进制。

■ Unused：未使用的字段，占 2 字节，值固定为 0。

■ Address Family Identifier（AFI）：地址族标识符字段，占 2 字节，指出所使用的地址族。RIP 设计用于携带多种不同网络的路由信息，IP 地址族的 AFI 是 2。

■ Route Tag：路由标记字段，占 2 字节，**仅适用于 RIP-2**，RIP-1 版本不适用（值固定为 0）。它提供区分内部路由（由 RIP 学习得到）和外部路由（由引入其他协议路由得到）的方法，缺省为 0。

■ IP Address：IP 地址字段，占 4 字节，用于指定路由的目的网络地址，可以是标准自然网段地址或子网地址。

■ Subnet Mask：子网掩码字段，占 4 字节，用于指定目的网络的子网掩码，**仅适用于 RIP-2**，RIP-1 版本中该字段的值固定为 0。因为 RIP-1 版本不支持无类别网络，也就是不支持子网路由（但仍可以连接子网，只是在生成 RIP 路由表项时会以有类网络路由显示），仅支持标准的有类自然网络，所以携带子网掩码也就失去了意义。

■ Next Hop：下一跳字段，占 4 字节，**也仅适用于 RIP-2**，指出 RIP 路由下一跳的 IP 地址。如果为 0.0.0.0，则表示发布此条路由信息的路由器地址就是最佳下一跳地址。RIP-1 版本中该字段的值固定为 0。因为 RIP-1 版本采用广播方式发送，无具体的下一跳。

■ Metric：RIP 路由的 Metric（度量）值字段，也就是“跳数”值，占 4 字节，最大有效值为 15，值为 16 时表示该路由不可达。

【经验之谈】从图 10-20 中可以看出，RIP-1 报文中有多个字段的值必须固定为 0，这是 RIP-1 报文的特点。通过这个特点可以识别是不是合法的 RIP 报文，因为有些非法设备接入到网络时所发送的 RIP 报文可能不知道这个特点。

从图 10-21 中可以看出，虽然 RIP-2 协议支持协议报文认证功能，但却没有对应的认证字段。原来，当配置了认证功能后，RIP 报头会添加 3 个字段，即一个全为 1 的 2 字节 0xFFFF，一个 2 字节的“认证类型”（包括简单认证和 MD5 认证两种）字段和一个 16 字节的“认证信息”字段。此时一个 RIP 报文最多只能携带 24 条路由条目了。

10.2 RIP 配置与管理

通过前面的学习，我们已对 RIP 的各方面基础知识和主要工作原理，特别是 RIP 路由更新原理有了比较全面的掌握。下面开始具体介绍 RIP 各方面功能的配置与管理方法，下面先介绍 RIP 中涉及的主要配置任务。

10.2.1 RIP 主要配置任务

RIP 主要包括以下配置任务，但最基本的配置只需完成 RIP 的基本功能。相比后面各章节将要介绍的其他动态路由协议而言，RIP 的功能比较弱，配置也比较简单。

（1）配置 RIP 的基本功能

RIP 的基本功能主要包括启动 RIP、指定运行 RIP 的网段以及版本号，是能够使用 RIP 特性的前提。

（2）配置 RIP-2 特性

RIP-2 是一种无类别路由协议，报文中带有子网掩码信息。因此部署 RIP-2 网络可以节省 IP 地址。并且因为在 RIP-1 中不支持不连续子网，此时只能部署 RIP-2。

RIP-2 还支持对协议报文进行验证，提供多种认证方式以增强安全性。

（3）防止路由环路

RIP 是一种基于距离矢量算法的路由协议，由于它向邻居通告的是本地路由表，所以存在路由环路的可能性。

RIP 通过水平分割和毒性反转来防止路由环路。

■ 水平分割：RIP 从某个接口学到的路由，不会再从该接口发回给邻居设备。这样不但减少了带宽消耗，还可以防止路由环路。

■ 毒性反转：RIP 从某个接口学到路由后，将该路由的开销设置为 16（不可达），然后从原接口发回邻居设备。利用这种方式，可以清除对方路由表中的无用信息，还可以防止路由环路。

（4）控制 RIP 的路由选路

为了在现网中更灵活地应用 RIP，满足用户的各种需求，可以通过配置不同的参数，实现对 RIP 选路的控制。

（5）控制 RIP 路由信息的发布和接收

在实际应用中，可以通过配置不同的参数，实现对 RIP 路由信息的发布和接收进行更为精确的控制，以满足网络的需要。

（6）提升 RIP 网络的性能

在实际应用中，可以通过配置 RIP 的一些特殊功能，以提升 RIP 网络的性能。

- 通过调整 RIP 定时器来改变 RIP 网络的收敛速度。
- 通过调整接口发送更新报文的数量和时间间隔来减少对设备资源的消耗和对网络带宽的占用。
- 通过使能 Replay-protect 功能，保证邻居双方重启 RIP 进程后可以正常通信。
- 通过对报文进行有效性检查和验证，可以满足安全性较高的网络需求。

（7）RIP 与 BFD 联动

通常情况下，RIP 通过定时接收和发送更新报文来保持邻居关系，在老化定时器时间内没有收到邻居发送的更新报文则宣告邻居状态变为 Down。老化定时器的缺省值为 180s，如果出现链路故障，RIP 至少要经过 180s 才会检测到。如果网络中部署了高速数据业务，在此期间将导致数据的大量丢失。

BFD 能够提供毫秒级别的故障检测机制，及时检测到被保护的链路或节点故障，并上报给 RIP，提高 RIP 进程对网络拓扑变化做出响应的速度，从而实现 RIP 路由的快速收敛。

10.2.2 配置 RIP 基本功能

RIP 的基本功能主要包括以下几个方面。

（1）启动 RIP 进程

全局启动 RIP 进程是进行所有 RIP 配置的前提。如果在全局启动 RIP 前，在接口视图下配置了 RIP 相关命令，这些配置只有在全局 RIP 启动后才会生效。

（2）在指定网段使能 RIP

这也就是通常所说的网络宣告。RIP 只在进行网络宣告时 IP 地址在指定网段的接口上运行，对于 IP 地址不在指定网段上的接口，RIP 既不通过它接收和发送路由，也不将它的接口路由转发出去。因此，RIP 启动后必须指定其工作网段。

（3）（可选）配置 NBMA 网络的 RIP 邻居

通常情况下，RIP 使用广播或组播 IP 地址发送报文。**如果在不支持广播或组播报文的 NBMA 网络（如 X.25、ATM 和 FR 等网络）链路上运行 RIP，则必须在链路两端手动相互指定 RIP 的邻居**，这样报文就会以单播形式发送到对端。

（4）（可选）配置 RIP 的版本号

RIP 的版本包括 RIP-1 和 RIP-2 两种，它们的功能有所不同。一般情况下，只需配置全局 RIP 版本号即可。如果需要在指定接口配置与全局不同的 RIP 版本号，则在指定接口下配置接口的 RIP 版本号。

以上 4 项 RIP 基本功能配置任务的具体配置步骤见表 10-1。

表 10-1 **RIP 基本功能的配置步骤**

配置任务	步骤	命令	说明
公共配置步骤	1	**system-view** 例如：< Huawei > **system-view**	进入系统视图
启动 RIP 进程	2	**rip** [*process-id*] [**vpn-instance** *vpn-instance-name*] 例如：[Huawei] **rip** 10	使能指定的 RIP 进程，进入 RIP 视图（**在一个 RIP 路由器上可以运行多个 RIP 进程**）。命令中的参数说明如下。 （1）*process-id*：可选参数，指定要使能的 RIP 进程号，取值范围为 1～65 535 的整数。缺省值是 1。 RIP 支持多进程，即不同接口上可使能不同的 RIP 路由进程，**但一个接口只能使能一个 RIP 路由进程，且 RIP 路由进程（其他动态路由协议进程也一样）仅有本地意义**，仅用于在本地设备区分所连接的不同 RIP 网络，**链路两端所使能的进程号一样或不一样**，都可以直接进行路由信息的交互。 （2）**vpn-instance** *vpn-instance-name*：可选参数，指定要使能由参数 *process-id* 指定的 RIP 进程的接口所属的 VPN 实例名，1～31 个字符，不支持空格，**区分大小写**。如果没有指定 VPN 实例，则该 RIP 进程将在公网（非特定 VPN 实例网络）或缺省 VPN 实例下运行。 【注意】必须首先全局使能 RIP 进程，才能进行后面各项 RIP 功能和参数的配置，但配置与接口相关的 RIP 参数时，不受这个限制，**即可在没有使能 RIP 进程时配置与接口相关的 RIP 参数**。 缺省情况下，没有使能 RIP 进程，可用 **undo rip** *process-id* 命令去使能指定的 RIP 进程
	3	**description** *text* 例如：[Huawei-rip-10]**description** this process is for HR depart	（可选）为 RIP 进程配置描述信息，以便识别特定的 RIP 进程、理解不同 RIP 进程的配置。参数 *text* 用来指定 RIP 进程的描述信息，1～80 个字符，支持空格，**区分大小写**。 缺省情况下，RIP 进程不附带描述信息，可用 **undo description** 命令删除为对应 RIP 进程配置的描述信息
在指定网段使能 RIP	4	**undo verify-source** 例如：[Huawei-rip-10]**undo verify-source**	（可选）禁止对 RIP 报文的源地址检查。 缺省情况下，RIP 对收到的路由更新报文的源 IP 地址进行检查，**如果发送路由更新报文接口的 IP 地址与本地设备接收该路由更新报文的接口的 IP 地址不在同一网段，则不处理**。如果原来已禁止，则可用 **verify-source** 命令使能该功能。**但当 P2P 网络中链路两端的 IP 地址属于不同网段时，只有取消报文的源地址进行检查，链路两端才能建立起正常的邻居关系**
	5	**network** *network-address* 例如：[Huawei-rip-10]**network** 10.0.0.0	对指定网段的接口使能 RIP，即宣告网络。参数 *network-address* 用来指定使能 RIP 的网络地址，**不带子网掩码或通配符掩码，因为该地址必须是自然网段的网络地址，不能是子网的网络地址**。这一点与本书后面将要介绍的 OSPF 和 BGP 路由不一样。 【注意】在进行网段 RIP 进程使能时要注意以下几点。 ● 如果路由器的多个接口连接的是同一自然网段下的多个子网，则只需用一条对应自然网段的该命令进行使能 RIP 路由，**也就是一条命令使能了全部同处于该自然网段的所有接口上的 RIP**。

续表

配置任务	步骤	命令	说明
在指定网段使能 RIP	5	**network** *network-address* 例如：[Huawei-rip-10]**network** 10.0.0.0	• 对于一个配置了多个子接口 IP 地址的物理接口，如果已经将该接口上的任一网段与某 RIP 进程相关联，则该接口无法后续再和其他 RIP 进程相关联；一个接口上配置了多个 IP 地址，各 IP 地址所对应的网段也只能运行在同一个 RIP 进程中，因为一个物理接口只能运行一个 RIP 路由进程。 • PPPOE 接口的 IP 地址是动态分配的，这样会导致网络发生变化。在这种情况下，为了应对动态 IP 地址变化，并且便于在接口上配置 RIP，需要支持在所有接口使能 RIP。此时可通过运行 **network** 0 0 0 0 命令在所有接口上使能 RIP。 • 因为 RIP 只能以自然网段进行宣告，如果路由器某接口的 IP 地址在该自然网段范围内，但又不想启动 RIP 路由进程时就没办法了，所以 RIP 的适用性不是很好。这要求在设计网络时就要考虑好各接口所连接的网段，**使那些无需运行 RIP 进程的接口与需要运行 RIP 进程的接口不在同一自然网段范围内。** 缺省情况下，对指定网段没有使能 RIP 路由，可用 **undo network** *network-address* 命令对指定网段接口去使能 RIP 路由
（可选）配置 NBMA 网络的 RIP 邻居	6	**peer** *ip-address* 例如：[Huawei-rip-10] **peer** 10.0.1.1	（可选）指定 NBMA 网络中的 RIP 邻居的 IP 地址，**仅用于 NBMA 网络（如 ATM、X.25 和 FR 网络）中**。配置此命令后，**RIP 路由更新报文将以单播形式发送到对端**，而不采用正常的组播或广播的发送形式。 缺省情况下，系统中没有指定 RIP 邻居的 IP 地址，可用 **undo peer** *ip-address* 命令删除指定的邻居 IP 地址
（可选）配置 RIP 的版本号	7	**version** { **1** | **2** } 例如：[Huawei-rip-10] **version** 2	（可选）指定一个全局 RIP 版本，1 代表 RIP-1 版本，2 代表 RIP-2 版本。 缺省情况下，**只广播发送 RIP-1 报文，但可以同时接收所有 RIP-1 和 RIP-2 的报文**（这个特点很重要，要记住），可用 **undo version** 命令恢复全局 RIP 版本的缺省值
	8	**quit** 例如：[Huawei-rip-10] **quit**	退出 RIP 视图，返回系统视图
	9	**interface** *interface-type interface-number* 例如：[Huawei] **interface** gigabitethernet 1/0/0	（可选）键入要配置 RIP 版本的 RIP 路由器接口，进入接口视图
	10	**rip version** { **1** | **2** [**broadcast** | **multicast**] } 例如：[Huawei-GigabitEthernet1/0/0] **rip version** 2 **broadcast**	（可选）配置接口的 RIP 版本。如果配置为 RIP-2 版本，还可选择发送 RIP-2 版本协议报文的方式：**broadcast** 为广播方式发送，**multicast** 为组播方式发送。 缺省情况下，接口的 RIP 版本配置是继承全局的 RIP 版本配置，即只发送 RIP-1 报文，但可以接收 RIP-1 和 RIP-2 的报文，可用 **undo rip version** 命令恢复缺省配置

当接口中配置的 RIP 版本与全局配置的 RIP 版本不同时，则该接口以本地接口配

置的 RIP 版本为准。接口配置不同的 RIP 版本，可以发送和接收的报文不同，具体如下。

- 如果全局和接口均没有配置 RIP 的版本，则接口采用全局的缺省情况，即以广播方式发送 RIP-1 报文，可接收所有 RIP-1 和 RIP-2 报文。
- 如果接口配置为 RIP-1 版本，则只以广播方式发送 RIP-1 报文，仅可接收广播方式发送的 RIP-1 报文。
- 如果接口配置为 RIP-2 版本或 RIP-2（multicast）版本，则只以组播方式发送 RIP-2 报文，可接收组播或广播方式的 RIP-2 报文。
- 如果接口配置为广播的 RIP-2（broadcast）版本，则只以广播方式发送 RIP-2 报文，可接收所有 RIP-1 和 RIP-2 的报文。

以上在接口上配置不同 RIP 版本时所支持的 RIP 报文发送和接收方式，在配套的实战视频课程中有相关的实验进行验证。

RIP 基本功能配置好后，可使用以下任意视图 **display** 命令查看相关信息，验证配置结果。

- **display rip** [*process-id* | **vpn-instance** *vpn-instance-name*]：查看 RIP 的当前运行状态及配置信息。
- **display rip** *process-id* **route**：查看所有从其他设备学习到的 RIP 路由。
- **display default-parameter rip**：查看 RIP 的缺省配置信息。
- **display rip** *process-id* **statistics interface** { **all** | *interface-type interface-number* [**verbose** | **neighbor** *neighbor-ip-address*] }：查看 RIP 接口的统计信息。

10.2.3 RIP 基本功能的配置示例

本示例的基本拓扑结构如图 10-22 所示，在网络中有 4 台路由器，要求在 RouterA、RouterB、RouterC 和 RouterD 上通过 RIP 实现网络互联。

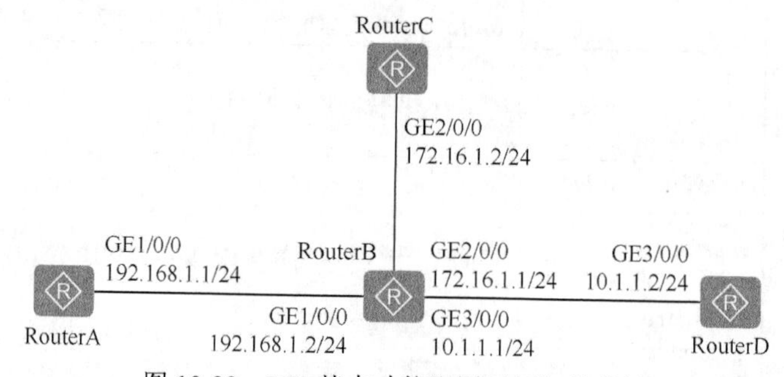

图 10-22　RIP 基本功能配置示例拓扑结构

1．基本配置思路分析

本示例中各路由器接口都在不同的网段，不存连续和非连续子网的问题，所以可以根据需要采用 RIP-1 或 RIP-2 版本配置，在此假设各路由器均采用最新的 RIP-2 版本。另外，本示例仅需要通过 RIP 路由实现各网段的互通，所以只需配置 RIP 的基本功能就可以了。其基本配置思路如下。

① 配置各路由器的接口 IP 地址。

② 在各路由器上创建 RIP 进程。**各路由器的 RIP 进程号可以不一样，因为路由进**

程号仅在本地有意义（在此为了方便起见，假设均采用缺省的 1 号进程），并通过 **network** 命令在对应路由器接口上使能 RIP 的对应进程。

③ 在各路由器上配置 RIP 版本（建议为 RIP-2 版本），以提升 RIP 路由扩展性能。

2. 具体配置步骤

① 按照图中的标注配置各路由器接口的 IP 地址。在此，仅以 RouterA 上的接口 IP 地址为例进行介绍，RouterB、RouterC 和 RouterD 的接口 IP 地址配置方法与 RouterA 的一样，略。

```
[RouterA] interface gigabitethernet 1/0/0
[RouterA-GigabitEthernet1/0/0] ip address 192.168.1.1 24
```

② 配置 RIP 的基本功能。创建 RIP 进程号，并通过 **network** 命令配置范围内的各接口使能对应的 RIP 路由进程。但要注意，**network** 命令后面跟的都是对应自然网段的网络地址，不能是子网的网络地址，也不能是主机地址。

- RouterA 上的配置如下。

```
[RouterA] rip
[RouterA-rip-1] network 192.168.1.0
[RouterA-rip-1] quit
```

- RouterB 上的配置如下。

```
[RouterB] rip
[RouterB-rip-1] network 192.168.1.0
[RouterB-rip-1] network 172.16.0.0
[RouterB-rip-1] network 10.0.0.0
[RouterB-rip-1] quit
```

- RouterC 上的配置如下。

```
[RouterC] rip
[RouterC-rip-1] network 172.16.0.0
[RouterC-rip-1] quit
```

- RouterD 上的配置如下。

```
[RouterD] rip
[RouterD-rip-1] network 10.0.0.0
[RouterD-rip-1] quit
```

以上配置好后，可以通过 **display rip route** 命令查看各路由器的 RIP 路由表。下面是 RouterA 的 RIP 路由表，从中可以看出，因为 RIP-1 版本不支持无类别的子网路由，所以 RIP-1 路由表中从邻居学来的 RIP 路由都是自然网段的路由。

```
[RouterA] display rip 1 route
 Route Flags: R - RIP
              A - Aging, S - Suppressed, G - Garbage-collect
---------------------------------------------------------------------
 Peer 192.168.1.2   on GigabitEthernet1/0/0
      Destination/Mask        Nexthop        Cost   Tag     Flags   Sec
         10.0.0.0/8           192.168.1.2      1     0       RA      14
         172.16.0.0/16        192.168.1.2      1     0       RA      14
```

③ 在各 RIP 路由器上配置全局 RIP-2 版本。在此，仅以 RouterA 上的 RIP-2 版本配置为例进行介绍，RouterB、RouterC 和 RouterD 的配置一样，略。

```
[RouterA] rip
[RouterA-rip-1] version 2
[RouterA-rip-1] quit
```

再执行 **display rip 1 route** 命令，查看 RouterA 的 RIP 路由表。此时，从路由表中可

以发现，RIP-2 路由表中的路由是对应接口上所连接的具体子网路由了，因为 RIP-2 版本支持无类别的子网路由。

```
[RouterA] display rip 1 route
 Route Flags: R - RIP
              A - Aging, S - Suppressed, G - Garbage-collect
-------------------------------------------------------------------
 Peer 192.168.1.2  on GigabitEthernet1/0/0
      Destination/Mask        Nexthop      Cost   Tag     Flags    Sec
         10.1.1.0/24          192.168.1.2    1     0        RA      32
         172.16.1.0/24        192.168.1.2    1     0        RA      32
```

配置好后，还可以通过 Ping 命令验证各网络是否可以三层互通了。结果证明，各设备上的网段都可以通过 RIP 路由实现三层互通了。

10.2.4 配置 RIP-2 特性

RIP-2 与 RIP-1 的不同主要体现在：RIP-2 支持 VLSM（可变长子网掩码）和 CIDR（无类别域间路由），并支持验证功能，RIP-1 版本不支持。在 RIP-2 特性配置中，主要包括以下两方面的配置任务，但它们均不是必须要进行的配置任务，可根据实际需要选择配置。但在配置 RIP-2 特性之前，需要配置好上节介绍的 RIP-2 基本功能。

1. 配置 RIP-2 的路由聚合

使用路由聚合可以大大减小路由表的规模，但 RIP-1 版本不支持。另外，通过对路由进行聚合，隐藏一些具体的路由，可以减少路由振荡对网络带来的影响。

RIP-2 支持两种聚合方式：自动路由聚合和手动路由聚合。**自动路由聚合只能聚合成对应的有类自然网段**，且只能在系统视图下全局使能的，即所有接口在发送路由更新报文时都以聚合路由（**哪怕在该自然网段下只有一个子网运行该 RIP 进程**）进行通告；**而手动路由聚合的子网掩码长度可变**，而且是在具体 RIP 路由器接口下配置的，可选择性地指定仅在某个接口上发布 RIP 路由更新时以聚合路由进行通告，其他接口仍以具体的子网路由进行通告。自动聚合的路由优先级低于手动指定聚合的路由优先级。

说明 缺省情况下，如果配置了水平分割或毒性反转，有类路由聚合功能将失效。因此在向自然网段边界外发送聚合路由时，应关闭相关视图下的水平分割和毒性反转功能。此时接口发送路由更新报文时仅包括聚合路由，不包含子网路由，而当接口使能水平分割或毒性反转功能时，该接口仅发送子网路由。

如图 10-23 所示，假设在 AR2 的 RIP-2 进程视图下全局使能自动路由聚合功能，在 GE0/0/2 接口上使能了水平分割或毒性反转功能，则尽管 AR2 上已生成自然网段的聚合路由（本地生成的聚合路由，不会出现在本地 RIP 路由表中）192.168.1.0/24，但从 GE0/0/2 接口发送路由更新消息时不包括该聚合路由更新，仅包括 192.168.1.0/25 和 192.168.1.128/25 两个子网的路由信息，最终 AR4 的 RIP 路由表中也不会有聚合路由 192.168.1.0/24，仅有 192.168.1.0/25 和 192.168.1.128/25 这两个子网路由。

如果关闭了 AR2 的 GE0/0/2 接口上的水平分割和毒性反转功能，则针对 192.168.1.0/25 和 192.168.1.128/25 两个子网，AR2 向 AR4 仅发布它们的聚合路由——192.168.1.0/24，AR4 也仅从 AR2 学习到聚合路由，而没有两子网路由。

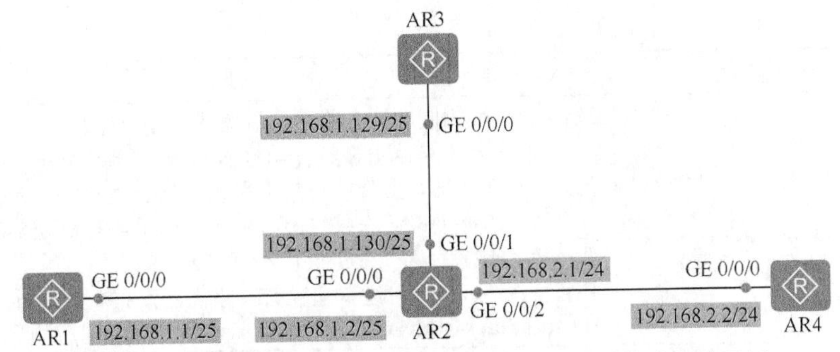

图 10-23　有类路由聚合与水平分割、毒性反转功能冲突的示例

RIP-2 的自动路由聚合和手动路由聚合的配置步骤见表 10-2。

表 10-2　　RIP-2 的自动路由聚合和手动路由聚合配置步骤

步骤	命令	说明
1	**system-view** 例如：< Huawei > **system-view**	进入系统视图
		方式 1：配置 RIP-2 自动路由聚合
2	**rip** [*process-id*] 例如：[Huawei]**rip** 10	进入指定的 RIP 视图。如果不指定参数，则直接进入 RIP 进程 1 视图
3	**version 2** 例如：[Huawei-rip-10] **Version 2**	设置 RIP 版本为 RIP-2。只有 RIP-2 的自动路由聚合功能是可配置的，RIP-1 的自动路由聚合功能是不可配置的，总是使能的
4	**summary** [**always**] 例如：[Huawei-rip-10] **summary**	使能 RIP 有类的自动路由聚合，**聚合后的路由仅使用自然掩码的路由形式发布（没有子网路由）**，但有类聚合对于 RIP-1 版本不起作用，因为 RIP-1 版本始终发布的是自然网段路由，相当于始终进行有类路由聚合。 在有类聚合被使能的情况下，路由器在向自然网段边界（**即发送路由更新信息的接口的 IP 地址与被聚合的子网路由不在同一自然网段**）外发布路由时会将子网地址聚合到自然网络边界。如果选择可选项 **always**，则无论水平分割或毒性反转功能是否配置均使能；但如果不选择 **always** 选项，则在配置水平分割或毒性反转的情况下，有类聚合将失效。 **缺省情况下，RIP-2 启用有类聚合功能**，仅发布聚合路由信息，不发布子网路由信息，可用 **undo summary** 命令取消有类聚合以便在子网之间进行路由，此时，子网的路由信息就会被发布出去
		方式 2：配置 RIP-2 手动路由聚合
2	**interface** *interface-type interfa-ce-number* 例如：[Huawei] **interface** gigabitethernet 1/0/0	键入要配置手动路由聚合的 RIP 路由器接口，进入接口视图
3	**rip summary-address** *ip-address mask* [**avoid-feedback**]	配置 RIP 手动无类别的路由聚合，发布路由更新时对应子网路由也被抑制，即**不发布各被聚合的子网路由，仅发布它们的聚合路由**。命令中的参数和选项说明如下。 （1）*ip-address mask*：指定聚合路由的网络 IP 地址和子网掩码，可以是自然网段，也可以是超网（**但掩码长度不能小 8 位**）。 （2）**avoid-feedback**：可选项，不再从邻居路由器学习到和已发布的

续表

步骤	命令	说明
3	例如：[Huawei-GigabitEthernet1/0/0] **rip summary-address** 10.0.0.0 255.255.0.0	聚合 IP 地址相同的聚合路由，以免形成路由环路。 【注意】接口上的路由聚合优先级高于 RIP 进程中的自动路由聚合优先级，即当接口上的手动路由聚合和 RIP 进程中的自动聚合同时存在时，只有那些不在接口上指定的手动聚合路由边界范围内的子网路由才能聚合成有类路由，发布出去。 缺省情况下，系统中没有配置 RIP 路由器发布聚合路由，可用 **undo rip summary-address** *ip-address mask* 命令删除对应的聚合路由

【经验之谈】因为 RIP-1 版本协议发送的路由更新报文中是不带有“子网掩码”(Subnet Mask）字段的，所以 RIP-1 版本路由更新报文中的“网络地址”（IP Address）字段仅可以是对应自然网段的网络地址。这也就相当于 RIP-1 版本是天然具有自动路由聚合功能，直接把对应网段的路由汇聚到对应的自然网段路由，从邻居接收的路由信息也都是自然网段路由信息（本地直连的网段路由仍可以是子网路由，但均是以直连路由在 IP 路由表中存在），**在 RIP-1 路由表中也全是自然网段路由，无子网路由**。但 RIP-1 的这种功能并不是通过路由聚合功能实现的，而只能看作是 RIP-1 版本的一种天然特性。

2. 配置 RIP-2 报文的认证方式

在安全性要求较高的网络中，可以通过配置 RIP-2 报文的认证来提高 RIP 网络的安全性。RIP-2 支持对协议报文进行认证，并提供简单认证和 MD5 认证两种方式。其中，简单认证使用未加密的认证字段随报文一同传送，其安全性比 MD5 认证要低。

RIP-2 报文认证需在 RIP 路由器接口上配置，具体配置步骤见表 10-3。

表 10-3　　RIP-2 报文认证的配置步骤

步骤	命令		说明
1	**system-view** 例如：< Huawei > **system-view**		进入系统视图
2	**interface** *interface-type interface-e-number* 例如：[Huawei] **interface** gigabitethernet 1/0/0		键入要配置手动路由聚合的 RIP 路由器接口，进入接口视图
3	**rip authentication-mode simple** { **plain** *plain-text* | [**cipher**] *password-key* } 例如：[Huawei-GigabitEthernet1/0/0]**rip authentication-mode simple plain** huawei	(三选一)配置 RIP-2 报文为简单认证方式	3 个命令中的参数和选项说明如下。 （1）**simple**：指定使用简单认证方式。 （2）**md5**：指定使用 MD5 密文认证方式。 （3）**usual**：表示 MD5 密文认证报文使用通用报文格式（IETF 标准）。 （4）**nonstandard**：表示 MD5 密文认证报文使用非标准报文格式。
4	**rip authentication-mode md5 usual** { **plain** *plain-text* | [**cipher**] *password-key* } 或	(三选一)配置 RIP-2 报文为 MD5 密文认证方式	（5）**plain** *plain-text*：**多选一参数**，指定明文认证密码，可以为字母或数字，**区分大小写，不支持空格**。当认证模式为 **simple** 或 **md5 usual** 时，长度为 1～16 个字符；认证模式为 **md5 nonstandard** 或 **hmac-sha256** 时，长度为 1～255 个字符。**但只能键入明文认证密码**，在

续表

步骤	命令	说明	
4	**rip authentication-mode md5 nonstandard** { **keychain** *keych-ain-name* | { **plain** *plain-text* | [**cipher**] *password-key*} *key-id* } 例如：[IIuawci-GigabitEthernet1/0/0] **rip authentication-mode md5 nonstandard keychain** ripauth		查看配置文件时以明文方式显示，且密码将以明文形式保存在配置文件中。 （6）[**cipher**] *password-key*：多选一参数，指定密文方式显示的认证密码，可以为字母或数字，**区分大小写，不支持空格**。当认证模式为 **simple** 或 **md5 usual** 时，长度为 1～16 个字符的明文或 24 位和 32 位的密文；认证模式为 **md5 nonstandard** 或 **hmac-sha256** 时，长度为 1～255 个字符的明文或 20～392 位的密文。**可以键入明文或密文认证密码，但在查看配置文件时均以密文方式显示**。 （7）**keychain** *keychain-name*：多选一参数，指定使用密钥链表认证方式（**对应的密钥链必须通过命令 keychain** *keychain-name* **mode { absolute | periodic { daily | weekly | monthly | yearly } }已创建好**），密钥链名称为 1～47 个字符，不区分大小写，不支持空格，具体参见产品手册。 （8）*key-id*：指定 MD5 密文认证标识符，取值范围为 1～255 的整数。 （9）**hmac-sha256**：指定使用 HMAC-SHA256 密文认证方式。 【说明】密码长度小于等于 16 个字符时，设备上显示以#结尾；密码长度大于 16 个字符时，设备上显示以^#^#开始和结尾。 在采用简单认证、MD5 认证方式中，**链路两端所配置的密码必须一致**，否则不能正常建立 UDP 连接，交互 RIP 消息。采用密钥链认证方式以提高 UDP 连接的安全性，**但链路两端必须都配置** Keychain **认证，且配置的** Keychain **必须使用相同的加密算法和密码**，才能正常建立 UDP 连接，交互 RIP 消息。 缺省情况下，没有配置认证，可用 **undo rip authentication-mode** 命令取消所有 RIP-2 认证
	rip authentication-mode hmac-sha256 { **plain** *plain-text* | [**cipher**] *password-key* } *key-id* 例如：[Huawei-GigabitEthernet1/0/0] **rip authentication-mode hmac-sha256 plain** huawei	（三选一）配置 RIP-2 报文为HMAC-SHA256 密文认证方式	

以上配置好后，可使用以下任意视图 **display** 命令查看相关配置，验证配置结果。

- **display rip** *process-id* **database** [**verbose**]：查看 RIP 发布数据库的所有激活路由。
- **display rip** *process-id* **route**：查看所有从其他设备学习到的 RIP 路由。
- **display rip** *process-id* **interface** [*interface-type interface-number*] [**verbose**]：查看 RIP 的接口信息。

10.2.5　配置防止路由环路

通过配置 RIP 的水平分割和毒性反转特性，可以有效地防止路由环路。水平分割和毒性反转也是在具体的 RIP 路由器接口上配置的，配置也很简单，就是根据需要在对应接口上使能这两种特性，具体配置步骤见表 10-4（**两项配置任务是并列关系，没有先后次序之分**）。在配置 RIP 的水平分割和毒性反转特性之前，也需要完成 RIP 基本功能的配置。

表 10-4 水平分割和毒性反转特性的配置步骤

步骤	命令	说明
1	**system-view** 例如：< Huawei > **system-view**	进入系统视图
2	**interface** *interface-type interface-number* 例如：[Huawei] **interface** gigabitethernet 1/0/0	键入要配置水平分割或毒性反转的 RIP 路由器接口，进入接口视图
3	**rip split-horizon** 例如：[Huawei-Gigabit Ethernet1/0/0] **rip split-horizon**	（可选）使能 RIP 的水平分割功能。使能了水平分割功能后，从一个接口学习到的路由，当它再从这个接口向外发布时将被禁止。 【说明】在配置水平分割功能时要注意以下几方面。 ● 通常情况下，建议不要取消 RIP 水平分割功能。 ● 如果一个接口使能了水平分割并且这个接口还配置了从 IP 地址，RIP 更新报文可能不会被每一个从 IP 地址都发送出去，即除非水平分割被禁止，否则一个路由更新不会把每个网络都作为源。 ● 如果一个接口与 NBMA 网络连接，那么在缺省情况下，这个接口的水平分割功能将被禁止。 ● 如果毒性反转和水平分割都配置了，仅毒性反转生效。 缺省情况下，使能 RIP 的水平分割功能，可用 **undo rip split-horizon** 命令去使能 RIP 的水平分割功能
4	**rip poison-reverse** 例如：[Huawei-Gigabit Ethernet1/0/0] **rip poison-reverse**	（可选）使能 RIP 的毒性反转功能。当配置了毒性反转后，RIP 从某个接口学到路由后，将该路由的开销值设置为 16（不可达），并从原接口发回邻居设备，使邻居设备认为该路由不可达。同时配置水平分割和毒性反转的话，只有毒性反转生效。 缺省情况下，没有使能毒性反转功能，可用 **undo rip poison-reverse** 命令去使能 RIP 的毒性反转功能

10.2.6 控制 RIP 的路由选路

通过控制 RIP 的路由选路，使得网络满足复杂环境中的需要。控制 RIP 的路由选路包括的可选配置任务如下（它们是并列关系），可根据实际需要选择配置。在配置 RIP 的路由选路属性之前，也需要先完成 RIP 基本功能的配置。

（1）配置 RIP 优先级

当多个路由协议发现目的地相同的路由时，通过配置 RIP 的协议优先级来改变路由协议的优先顺序。

（2）配置接口的附加度量值

对于 RIP 接收和发布路由，可通过调整 RIP 接口的附加度量值来影响路由的选择（**度量值越小越优先**）。附加路由度量值是指在 RIP 路由原来度量值的基础上所增加的度量值（跳数）。

（3）配置最大等价路由条数

通过配置 RIP 的最大等价路由条数，可以调整进行负载分担的路由数目。

以上 3 项配置任务的具体配置步骤见表 10-5（**各项配置任务是并列关系，没有先后**

次序之分）。

表 10-5　**控制 RIP 的路由选路的配置步骤**

步骤	命令	说明
1	**system-view** 例如：< Huawei > **system-view**	进入系统视图
2	**rip** [*process-id*] 例如：[Huawei]**rip**	进入对应的 RIP 进程视图
3	**preference** { *preference* | **route-policy** *route-policy-name* } * 例如：[Huawei-rip-1] **preference** 120 **route-policy** rt-policy1	（可选）配置 RIP 路由的优先级。命令中的参数说明如下。 （1）*preference*：可多选参数，指定路由的优先级，取值范围为 1～255 的整数。缺省值是 100。优先级值越小，优先级越高。如果想让 RIP 路由具有比从其他 IGP 协议学习来的路由更高的优先级，需要配置小的优先级值。优先级的高低将最后决定 IP 路由表中的路由采取哪种路由算法获取最佳路由。 （2）**route-policy** *route-policy-name*：可多选参数，指定路由策略，仅对满足条件的特定 RIP 路由设置由参数 *preference* 配置的优先级，1～40 个字符，不支持空格，区分大小写。**有关路由策略的详细介绍和配置方法参见第 15 章。** 如果不配置 **route-policy** *route-policy-name* 参数，则参数 *preference* 所设置的路由优先级会对当前进程下的所有 RIP 路由生效，否则仅对符合路由策略过滤条件的部分 RIP 路由生效。 缺省情况下，RIP 路由的优先级的缺省值为 100，可用 **undo preference** 命令恢复路由优先级的缺省值
4	**maximum load-balancing** *number* 例如：[Huawei-rip-1] **maximum load-balancing** 4	（可选）配置进行负载分担的最大等价路由条数。参数 *number* 用来指定等价路由的数量，AR100&AR120&AR150&AR160&AR200 系列、AR1200 系列、AR2201-48FE、AR2202-48FE、AR2204-27GE、AR2204-27GE-P、AR2204-51GE-P、AR2204-51GE、AR2204-51GE-R、AR2204E、AR2204E-D 和 AR2204 的取值范围是 1～4；AR2220、AR2220L、AR2220E、AR2204XE、AR2240（主控板为 SRU40、SRU60、SRU80 或 SRU100 或 SRU100E）、AR2240C、AR3200（主控板为 SRUX5）和 AR3200（主控板为 SRU40、SRU60、SRU80 或 SRU100 或 SRU100E）系列的取值范围是 1～8；AR2240（主控板为 SRU200 或 SRU200E 或 SRU400）、AR3200（主控板为 SRUX5）和 AR3200（主控板为 SRU200 或 SRU200E 或 SRU400）系列的取值范围是 1～16。 缺省情况下，设备支持最大等价路由的数量是 8，可用 **undo maximum load-balancing** 命令恢复最大等价路由条数的缺省值
5	**quit** 例如：[Huawei-rip-1] **quit**	退出 RIP 视图，返回系统视图
6	**interface** *interface-type interfa-ce-number* 例如：[Huawei] **interface** gigabitethernet 1/0/0	键入要配置附加度量值的 RIP 路由器接口，进入接口视图
7	**rip metricin** { *value* | { *acl-number* | **acl-name** *acl-name* | **ip-prefix** *ip-prefix-name*} *value1*} 例如：[Huawei-Gigabit	（可选）配置接口接收 RIP 路由更新报文时要给对应路由增加的度量值。用于在接收到路由后，给其增加一个附加度量值，再加入 RIP 路由表中，**使得路由表中该路由的度量值发生变化。**运行该命令会影响到本地设备和其他设备的路由选择。命令中的参数说明如下。

续表

步骤	命令	说明
7	Ethernet1/0/0]**rip metricin acl-name** abcd 12	（1）*value*：二选一参数，指定对接收到的路由增加度量值，取值范围为 0～15 的整数。**缺省值是 0**。 （2）*acl-number* | **acl-name** *acl-name* | **ip-prefix** *ip-prefix-name*：指定用于接收路由信息过滤的 ACL 表号（**仅支持基本 ACL**），或者 ACL 名称，或者地址前缀列表名，**用于对要接收的 RIP 路由的目的 IP 地址过滤**。 （3）*value1*：二选一参数，指定可以通过 ACL 或者 IP 地址前缀列表过滤的度量值，取值范围为 1～15 的整数。 缺省情况下，接口接收 RIP 报文时不给路由增加度量值，可用 **undo rip metricin** 命令恢复该附加度量值的缺省值
8	**rip metricout** { *value* | { *acl-number* | **acl-name** *acl-name* | **ip-prefix** *ip-prefix-name*} *value1*} 例如：[Huawei-Gigabit Ethernet1/0/0]**rip metricout ip-prefix** p1 12	（可选）配置接口发送 RIP 路由更新报文时要给对应路由增加的度量值。用于自身路由的发布，发布时增加一个附加的度量值，**但 RIP 路由表中对应路由的度量值不会发生变化**。运行该命令不会影响本地设备的路由选择，但是会影响其他设备的路由选择。命令中的参数说明参见上一步中对应的参数，只不过这里是对接口发送的 RIP 路由报文所增加的附加度量值，且**参数 *value* 的取值范围是 1～15。缺省值为 1**；***value1* 的取值范围是 2～15**。 缺省情况下，接口发送 RIP 报文时给路由增加的度量值为 1，可用 **undo rip metricout** 命令恢复该度量值为缺省值

10.2.7 控制 RIP 路由信息的发布

对 RIP 路由信息的发布进行精确的控制，可以满足复杂网络环境中的需要。主要包括以下可选配置任务，可根据实际需要选择配置。同样，在控制 RIP 路由信息的发布之前，需要配置 RIP 的基本功能。

（1）配置 RIP 发布缺省路由

在路由表中，RIP 缺省路由也是以到网络 0.0.0.0（掩码也为 0.0.0.0，代表任意网络）的路由形式出现。RIP 缺省路由与静态缺省路由的特点是一样的，只不过它是由 RIP 自动生成的，不需要管理员手动配置，也是当报文的目的地址不能与 IP 路由表的任何目的地址匹配时，如果有 RIP 缺省路由，则设备可以选取该 RIP 缺省路由转发该报文。

（2）配置 RIP 引入外部路由信息

RIP 可以引入其他进程或其他协议学习到的路由信息，从而实现与其他协议的网络互通。

（3）禁止接口发送更新报文

通过配置禁止接口发送更新报文，可以防止路由环路，也可用于隔离网络。禁止接口发送更新报文有两种实现方式：一是在 RIP 进程下配置接口为抑制状态；二是在接口视图下禁止具体接口发送 RIP 报文。在 RIP 进程下配置接口为抑制状态的优先级要高于在接口视图下禁止接口发送 RIP 报文。

以上 3 项配置任务的具体配置步骤见表 10-6（**各项配置任务是并列关系，没有先后次序之分**）。

表 10-6 控制 **RIP** 路由信息发布的配置步骤

<table>
<tr><th>配置任务</th><th>步骤</th><th>命令</th><th>说明</th></tr>
<tr><td rowspan="2">公共配置步骤</td><td>1</td><td>**system-view**
例如：< Huawei > **system-view**</td><td>进入系统视图</td></tr>
<tr><td>2</td><td>**rip** [*process-id*]
例如：[Huawei]**rip**</td><td>进入对应的 RIP 视图</td></tr>
<tr><td>配置 RIP 发布缺省路由</td><td>3</td><td>**default-route originate** [**cost** *cost* | **tag** *tag* | { { **match default** | **route-policy** *route-policy-name* [**advertise-tag**] } [**avoid-learning**] }]*
例如：[Huawei-rip-1] **default-route originate cost** 2</td><td>（可选）配置当前设备新生成一条 RIP 缺省路由，或者将 IP 路由表中存在的缺省路由发送给邻居路由器。命令中的参数和选项说明如下。
（1）**cost** *cost*：可多选参数，指定生成的缺省路由的度量值，取值范围为 0～15 的整数，缺省值是 0。
（2）tag *tag*：可多选参数，指定缺省路由时的标记值，整数形式，取值范围是 0～65 535。缺省值是 0。路由标记 Tag 可将路由按实际需求分类，同类路由打上相同的 Tag，在路由策略中根据 Tag 对路由进行灵活的控制和管理。**仅 RIP-2 版本支持。**
（3）**match default**：二选一选项，指定当在 IP 路由表中存在其他路由协议或其他 RIP 进程生成的缺省路由时，则向邻居发布该缺省路由。
（4）**route-policy** *route-policy-name*：二选一参数，指定生成缺省路由策略名称，1～40 个字符，区分大小写，不支持空格。**通过该参数可以配置路由器只有当符合指定路由策略时才会生成缺省路由。**
（5）**advertise-tag**：可选项，指定缺省路由继承路由策略中使用的 tag 值。
（6）**avoid-learning**：可选项，表示避免 RIP 进程引入缺省路由。**如果 IP 路由表中已存在的缺省路由为活跃状态，选用该参数可以将此缺省路由置为不活跃状态。**
缺省情况下，当前设备不向邻居发送缺省路由，可用 **undo default-route originate** 命令恢复缺省情况</td></tr>
<tr><td rowspan="2">配置 RIP 引入外部路由信息</td><td>4</td><td>**default-cost** *cost*
例如：[Huawei-rip-1] **default-cost** 2</td><td>（可选）**配置引入路由的缺省开销值**，取值范围为 0～15 的整数，缺省值为 0。
缺省情况下，引入路由的缺省开销值为 0，可用 **undo default-cost** 命令恢复引入路由的缺省开销值为缺省值</td></tr>
<tr><td>5</td><td>**import-route bgp** [**permit-ibgp**] [**cost** { *cost* | **transparent** } | **route-policy** *route-policy-name*] *
或
import-route {{**static** | **direct** | **unr**} | { { **rip** | **ospf** | **isis** } [*process-id*] } } [**cost** *cost* | **route-policy** *route-policy-name*] *</td><td>引入外部路由信息，包括静态路由、直连路由、BGP/OSPF/IS-IS 路由，以及其他进程的 RIP 路由。两个命令中的参数和选项说明如下。
（1）**bgp** | **static** | **direct** | **rip** | **ospf** | **isis**| **unr**：多选一选项，指定要引入 BGP 路由、静态路由、直连路由、RIP 路由、OSPF 路由、IS-IS 路由和用户网终端主机上的路由。
（2）**permit-ibgp**：可选项，指定公网实例下的 RIP 进程可以引入 IBGP 路由，**在 RIP VPN 实例中不能配置该选项。**
（3）*process-id*：可选参数，指定要进入的路由的进程号，取值范围为 1～65 535 的整数，**仅适用于引入 RIP、OSPF、IS-IS 路由。**
（4）**cost** *cost*：二选一可选参数，指定引入路由的开销值，取值范围为 0～15 的整数。</td></tr>
</table>

续表

配置任务	步骤	命令	说明
	5	例如：[Huawei-rip-1] **import-route isis** 7 **cost** 7	（5）**cost transparent**：二选一可选项，指定引入路由的开销值为BGP路由的MED（多出口区分）特性值。 【说明】如果同时不配置 **cost** *cost* 参数和 **cost transparent** 选项，则引入后的路由的开销直接采用上一步 **default-cost** *cost* 命令配置的缺省开销值。 • **route-policy** *route-policy-name*：可多选参数，指定用于过滤路由信息引入的路由策略名称，1～40个字符，不支持空格，区分大小写。 缺省情况下，不从其他路由协议引入路由，可用 **undo import-route** { { **static** | **direct** | **bgp** | **unr** } | { { **rip** | **ospf** | **isis** } [*process-id*] } }命令取消从对应的外部路由协议中引入路由
配置RIP引入外部路由信息	6	**filter-policy** { *acl-number* | **acl-name** *acl-name* | **ip-prefix** *ip-prefix-name* } **export** [*protocol* [*process-id*] | *interface-type interface-number*] 例如：[Huawei-rip-1] **filter-policy** 2002 **export isis** 1	（可选）在向外发布路由更新时对引入的路由信息进行过滤。**只有通过过滤的路由才能被加入至路由表中，并通过更新报文发布出去。** 【说明】上一步的 **route-policy** *route-policy-name* 参数是对从其他协议类型路由或者其他RIP进程中引入路由时对路由进行过滤（**限制是否可以引入某路由**），本步是对引入后的外部路由在向邻居发布时进行路由过滤（**限制是否可以向外发布所引入的某路由**），两者是不一样的，要注意区分。 本命令配置的是路由信息过滤策略，使用的是 **filter-policy** 命令，其中的参数说明如下。 • *acl-number* | **acl-name** *acl-name* | **ip-prefix** *ip-prefix-name*：指定用于路由信息发布过滤的ACL表号，或者ACL名称，或者地址前缀列表名，**用于对要发布的外部路由基于目的IP地址过滤。** • *protocol*：二选一可选参数，指定要过滤向外发布的引入路由信息的协议类型，可以是 **static**、**direct**、**rip**、**ospf**、**isis**、**bgp** 和 **unr**。如果没有指定本参数，则对所有符合ACL或IP地址前缀列表参数指定的过滤条件的路由信息进行过滤。 • *process-id*：可选参数，指定要过滤向外发布的引入路由信息所对应的路由进程号，取值范围为1～65 535的整数，当参数 *protocol* 取值为 **isis**、**rip** 和 **ospf** 时必须同时指定进程号。 • *interface-typeinterface-number*：二选一可选参数，指定要过滤向外发布的引入路由信息所对应的出接口（也就是引入该外部路由的接口），**即对从指定接口引入的外入的外部路由在向外发布时进行过滤。** 【注意】如果基于接口或者协议对路由进行路由发布过滤，**则一个接口或协议只能配置一个过滤策略**；在没有指定接口和协议的情况下，就认为是配置全局过滤策略，但同样每次只能配置一个策略，如果重复配置，新的策略将覆盖之前的策略。 RIP-2规定的Tag字段长度为16 bit，其他路由协议的Tag字段长度为32 bit。如果在引入其他路由协议时，应用的路由策略中使用Tag时，则应确保Tag值不超过65 535，否则

续表

配置任务	步骤	命令	说明
配置 RIP 引入外部路由信息	6		将导致路由策略失效或者产生错误的匹配结果。 缺省情况下，系统中没有配置该过滤策略，可用 **undo filter-policy** [*acl-number* | **acl-name** *acl-name* | **ip-prefix** *ip-prefix-name*] **export** [*protocol* [*process-id*] | *interface-type interface-number*]命令删除指定的引入路由信息向外发布的过滤策略。如果已经配置了基于接口的路由策略，使用命令 **undo filter-policy export** 删除策略时，必须指定 *interface-type interface-number* 参数，且一次只能删除一个接口上的过滤策略
禁止接口发送更新报文	7	**silent-interface** { **all**| *interface-type interface-number* } 例如：[Huawei-rip-100] **silent-interface** gigabitethernet 1/0/0	（可选）抑制所有（选择 **all** 选项时）或者指定（选择 *interface-type interface-number* 参数时）RIP 路由器接口，使其只接收 RIP 报文，更新自己的 RIP 路由表，而不发送 RIP 报文。但该接口的直连路由仍然可以发布给其他接口。 如果使用 **silent-interface all** 命令配置所有接口为抑制状态后，可以通过执行 **silent-interface disable** *interface-type interface-number* 命令激活指定接口。 缺省情况下，不使能该抑制功能，可用 **undo silent- interface** { **all** | *interface-type interface-number* }命令使能所有或者指定 RIP 路由器接口发送更新报文。 【说明】本命令的配置优先级要高于下面第 10 步在接口下配置 **undo rip output** 命令。**silent-interface all** 命令可与 **peer** *ip-address* 命令协同使用，使被抑制的部分接口仍可向指定的邻居路由器发布 RIP 路由更新，而不向其他邻居发布 RIP 路由更新
	8	**quit** 例如：[Huawei-rip-1] **quit**	退出 RIP 视图，返回系统视图
	9	**interface** *interface-type interface-number* 例如：[Huawei] **interface** gigabitethernet 1/0/0	键入要禁止发送 RIP 报文的接口，进入接口视图
	10	**undo rip output** 例如：[Huawei-GigabitEthernet1/0/0] **undo rip output**	（可选）禁止以上接口发送 RIP 报文，其优先级小于第 7 步的 **silent-interface** 命令。 缺省情况下，允许接口发送 RIP 报文，可用 **rip output** 命令允许接口发送 RIP 报文。但第 7 步的配置优先级高于本步

以上配置好后，可在任意视图下使用 **display rip** *process-id* neighbor [**verbose**]命令查看 RIP 的邻居信息。

【示例 1】设置路由表中存在的缺省路由的度量值为 2。

```
<Huawei> system-view
[Huawei] rip 100
[Huawei-rip-100] default-route originate match default cost 2
```

【示例 2】设置路由器基于符合路由策略、名称为 filter 的路由生成一条缺省路由，并设置其 cost 值为 15。

```
<Huawei> system-view
[Huawei] rip 100
[Huawei-rip-100] default-route originate route-policy filter cost 15
```

【示例 3】避免引入其他路由协议或其他 RIP 进程的缺省路由。

```
<Huawei> system-view
[Huawei] rip 100
[Huawei-rip-100] default-route originate match default avoid-learning
```

【示例 4】按照地址前缀列表 abc，对引入的静态路由过滤，通过过滤的路由加入 RIP 路由表，并作为 RIP 路由更新报文发送出去。

```
<Huawei> system-view
[Huawei] rip 100
[Huawei-rip-100] filter-policy ip-prefix abc export static
```

【示例 5】按照 ACL 2002，对引入的 IS-IS 进程 1 路由过滤，通过过滤的路由加入 RIP 路由表，并作为 RIP 路由更新报文发送出去。

```
<Huawei> system-view
[Huawei] rip 100
[Huawei-rip-100] filter-policy 2002 export isis 1
```

【示例 6】配置 RIP 接口 GE1/0/0 为抑制状态，但仍可以向 IP 地址为 10.1.1.1/24 的网段邻居发送 RIP 路由更新报文。

```
<Huawei> system-view
[Huawei] rip 100
[Huawei-rip-100] silent-interface gigabitethernet 1/0/0
[Huawei-rip-100] peer 10.1.1.1
```

10.2.8 RIP 引入外部路由的配置示例

本示例的基本拓扑结构如图 10-24 所示，RouterB 上运行两个 RIP 进程：RIP100 和 RIP200。要求通过两个 RIP 进程的路由相互引入实现 RouterA 与 192.168.3.0/24 网段互通，但不要与 192.168.4.0/24 网段互通。

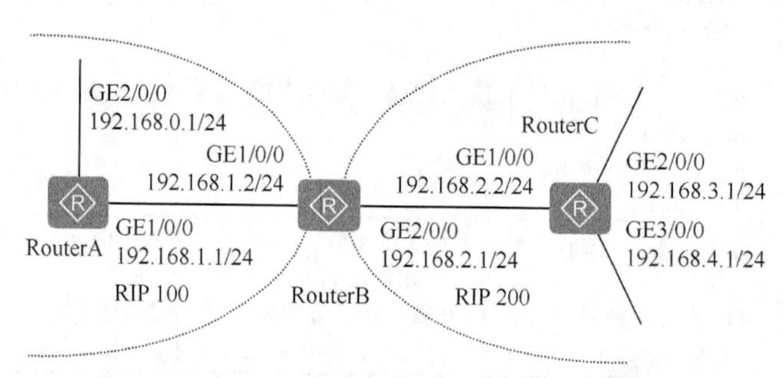

图 10-24 RIP 引入外部路由配置示例的拓扑结构

1. 基本配置思路分析

本示例中，RouterB 上使能了两个不同的 RIP 路由进程，其他各路由器均仅使能一个 RIP 路由进程。要实现 RouterA 可与 192.168.3.0/24 网段互通，但不与 192.168.4.0/24 网段互通的目的，就需要在 RouterB 上对两个 RIP 进程中的路由进行相互引入，且根据需要，在 RIP100 进程中仅需要引入 RIP200 中的 192.168.3.0/24 网段的路由，在 RIP200 中要引入 RIP100 中的全部路由。

根据以上分析，再结合本示例的拓扑结构可得出如下基本配置思路。

① 在各路由器上配置各接口 IP 地址。

② 在各路由器上配置基本功能。RouterB 上要使能两个路由进程 RIP100 和 RIP200，其他路由器均只需使能一个路由进程（进程号任意）。

③ 在 RouterB 上配置 RIP100 和 RIP200 之间的路由相互引入，实现两进程路由互通。但在 RIP100 进程中配置向外发布路由的过滤策略，通过基本 ACL 过滤，禁止向 RouterA 发布引入 RIP200 中的 192.168.4.0/24 网段网络，使 RouterA 仅与网段 192.168.3.0/24 互通。

2. 具体配置步骤

① 配置各路由器接口的 IP 地址。此处，仅以 RouterA 的配置为例，RouterB 和 RouterC 的配置方法一样，略。

```
[RouterA] interface gigabitethernet 1/0/0
[RouterA-GigabitEthernet1/0/0] ip address 192.168.1.1 24
[RouterA-GigabitEthernet1/0/0] quit
```

② 在各路由器上分别配置 RIP 的基本功能。注意，**network** 命令中指定的网络地址都必须是对应的自然网段的网络地址，且不带子网掩码。

【经验之谈】这里关键是 RIP 进程号的配置。前面已介绍到，动态路由协议的进程号仅有本地意义，只用于在本地设备上隔离不同进程中的路由。即一条链路两端的 RIP 路由进程号可以一样，也可以不一样，都可以直接实现路由信息交互。所以本示例中，RouterB 上要使能 RIP100 和 RIP200 两个进程，并把 GE1/0/0 接口加入到 RIP100 进程中，把 GE2/0/0 接口加入到 RIP200 进程中，至于其他路由器的 RIP 的进程号可以任意。但按本示例图中标识，为了便于区别不同网络，在 RouterA 上使能 RIP100 进程，在 RouterB 上使 RIP200 进程。

■ RouterA 上的配置如下。

```
[RouterA] rip 100
[RouterA-rip-100] network 192.168.0.0
[RouterA-rip-100] network 192.168.1.0
[RouterA-rip-100] quit
```

■ RouterB 上的配置如下。

```
[RouterB] rip 100
[RouterB-rip-100] network 192.168.1.0
[RouterB-rip-100] quit
[RouterB] rip 200
[RouterB-rip-200] network 192.168.2.0
[RouterB-rip-200] quit
```

■ RouterC 上的配置如下。

```
[RouterC] rip 200
[RouterC-rip-200] network 192.168.2.0
[RouterC-rip-200] network 192.168.3.0
[RouterC-rip-200] network 192.168.4.0
[RouterC-rip-200] quit
```

此时在 RouterA 上可通过 **display ip routing-table** 命令查看 IP 路由表信息，发现并没有 RIP 200 进程下的各网段路由，在 RouterC 上查看时也会发现没有任何 RIP100 进程中的各网段路由，因为此时这两个进程中的路由在 RouterB 上被隔离了。

```
[RouterA] display ip routing-table
Route Flags: R - relay, D - download to fib
------------------------------------------------------------------------------
Routing Tables: Public
         Destinations : 7        Routes : 7
Destination/Mask    Proto   Pre  Cost      Flags NextHop         Interface
      127.0.0.0/8   Direct  0    0           D   127.0.0.1       InLoopBack0
      127.0.0.1/32  Direct  0    0           D   127.0.0.1       InLoopBack0
    192.168.0.0/24  Direct  0    0           D   192.168.0.1     GigabitEthernet2/0/0
    192.168.0.1/32  Direct  0    0           D   127.0.0.1       InLoopBack0
    192.168.1.0/24  Direct  0    0           D   192.168.1.1     GigabitEthernet1/0/0
    192.168.1.1/32  Direct  0    0           D   127.0.0.1       InLoopBack0
    192.168.1.2/32  Direct  0    0           D   192.168.1.2     GigabitEthernet1/0/0
```

③ 在 RouterB 上配置 RIP100 和 RIP200 进程的路由相互引入。

■ 将两个不同 RIP 进程的路由相互引入到对方进程的 RIP 路由表中，并假设配置引入外部路由时，生成的 RIP 路由度量值为 3。

```
[RouterB] rip 100
[RouterB-rip-100] default-cost 3
[RouterB-rip-100] import-route rip 200
[RouterB-rip-100] quit
[RouterB] rip 200
[RouterB-rip-200] import-route rip 100
[RouterB-rip-200] quit
```

此时再在 RouterA 上执行 **display ip routing-table** 命令，查看 IP 路由表信息（也可查看 RIP 路由表），发现 RIP 进程 200 中的各网段路由已在 RouterA 的 IP 路由表中了。它们的开销值要在配置的缺省值 3 的基础上再加 1，最终等于 4（参见输出信息中的粗体字部分），因为引入后的路由传播到 RouerA 还要经过一跳。

```
[RouterA] display ip routing-table
Route Flags: R - relay, D - download to fib
------------------------------------------------------------------------------
Routing Tables: Public
         Destinations : 10       Routes : 10
Destination/Mask    Proto   Pre  Cost      Flags NextHop         Interface
      127.0.0.0/8   Direct  0    0           D   127.0.0.1       InLoopBack0
      127.0.0.1/32  Direct  0    0           D   127.0.0.1       InLoopBack0
    192.168.0.0/24  Direct  0    0           D   192.168.0.1     GigabitEthernet2/0/0
    192.168.0.1/32  Direct  0    0           D   127.0.0.1       InLoopBack0
    192.168.1.0/24  Direct  0    0           D   192.168.1.1     GigabitEthernet1/0/0
    192.168.1.1/32  Direct  0    0           D   127.0.0.1       InLoopBack0
    192.168.1.2/32  Direct  0    0           D   192.168.1.2     GigabitEthernet1/0/0
    192.168.2.0/24  RIP     100  4           D   192.168.1.2     GigabitEthernet1/0/0
    192.168.3.0/24  RIP     100  4           D   192.168.1.2     GigabitEthernet1/0/0
    192.168.4.0/24  RIP     100  4           D   192.168.1.2     GigabitEthernet1/0/0
```

■ 在 RouterB 上配置一基本 ACL，拒绝源地址为 192.168.4.0/24 的报文。

```
[RouterB] acl 2000
[RouterB-acl-basic-2000] rule deny source 192.168.4.0 0.0.0.255
[RouterB-acl-basic-2000] rule permit
[RouterB-acl-basic-2000] quit
```

■ 在 RouterB 的 RIP100 进程中配置向外发布路由时调用前面配置的 ACL 2000，以控制在向 RouterA 发布路由更新时，不发布引入 192.168.4.0/24 网段路由。

```
[RouterB] rip 100
```

```
[RouterB-rip-100] filter-policy 2000 export
[RouterB-rip-100] quit
```

再执行 **display ip routing-table** 命令，查看 RouterA 上的 IP 路由表，发现已没有原来的 192.168.4.0/24 网段路由了（参见输出信息的粗体字部分），表示过滤成功。

```
[RouterA] display ip routing-table
Route Flags: R - relay, D - download to fib
------------------------------------------------------------------------------
Routing Tables: Public
         Destinations : 9          Routes : 9
Destination/Mask    Proto   Pre  Cost      Flags NextHop         Interface
      127.0.0.0/8   Direct  0    0           D   127.0.0.1       InLoopBack0
      127.0.0.1/32  Direct  0    0           D   127.0.0.1       InLoopBack0
    192.168.0.0/24  Direct  0    0           D   192.168.0.1     GigabitEthernet2/0/0
    192.168.0.1/32  Direct  0    0           D   127.0.0.1       InLoopBack0
    192.168.1.0/24  Direct  0    0           D   192.168.1.1     GigabitEthernet1/0/0
    192.168.1.1/32  Direct  0    0           D   127.0.0.1       InLoopBack0
    192.168.1.2/32  Direct  0    0           D   192.168.1.2     GigabitEthernet1/0/0
    192.168.2.0/24  RIP     100  4           D   192.168.1.2     GigabitEthernet1/0/0
    192.168.3.0/24  RIP     100  4           D   192.168.1.2     GigabitEthernet1/0/0
```

10.2.9 控制 RIP 路由信息的接收

对 RIP 路由信息的接收进行精确的控制，可以满足复杂网络环境中的需要。要实现控制，主要需进行以下配置。这些配置任务是并列关系，可根据实际需要选择配置。同样，在控制 RIP 路由信息的接收之前，需要配置 RIP 的基本功能。

（1）禁止 RIP 接收主机路由

在某些特殊情况下，路由器会收到大量来自同一网段的 RIP 的 32 位主机路由，这些路由对于路由寻址没有多少作用，却占用了大量的网络资源。

（2）配置 RIP 对接收的路由进行过滤

通过指定访问控制列表和地址前缀列表，可以配置入口过滤策略，对接收的 RIP 路由进行过滤，使只有通过过滤的路由才能被加入到本地 RIP 路由表中。

（3）禁止接口接收更新报文

通过配置禁止接口接收 RIP 更新报文，可以防止路由环路，也可用于网络隔离。

以上 3 项配置任务的具体配置步骤见表 10-7（**各项配置任务是并列关系，没有先后次序之分**）。

表 10-7　　控制 RIP 路由信息接收的配置步骤

配置任务	步骤	命令	说明
公共配置步骤	1	**system-view** 例如：< Huawei >**system-view**	进入系统视图
	2	**rip** [*process-id*] 例如：[Huawei]**rip**	进入对应的 RIP 视图
禁止 RIP 接收主机路由	3	**undo host-route** 例如：[Huawei-rip-1] **undo host-route**	禁止 32 位主机路由加入 RIP 路由表。因为缺省情况下，RIP 会自动生成各网段的主机 RIP 路由，但实际上这些主机路由没有什么意义，所以可以禁止。 缺省情况下，允许主机路由加入 RIP 路由表里，可用 **host-route** 命令允许 32 位主机路由加入 RIP 路由表

续表

配置任务	步骤	命令	说明
配置 RIP 对接收的路由进行过滤	4	**filter-policy** { *acl-number* | **acl-name** *acl-name* } **import** [*interface-type interface-number*] 例如：[Huawei-rip-1] **filter-policy** 2002 **import** gigabitethernet 1/0/0	（三选一）配置基于 ACL 过滤学到的路由信息。命令中的参数说明如下。 （1）*acl-number* | **acl-name** *acl-name*：指定用于过滤学到的路由信息的 ACL 列表号（取值范围为 2 000～2 999 的整数，即仅可是基本 ACL）或列表名称。 （2）*interface-type interface-number*：指定基于入接口过滤学习到的 RIP 路由信息的接口。如果不指定此可选参数，则所有符合 ACL 规则的路由都将接收。 缺省情况下，系统中没有配置该过滤策略，可用 **undo filter-policy** [*acl-number* | **acl-name** *acl-name*] **import** [*interface-type interface-number*] 命令来删除指定的过滤策略
		filter-policy gateway *ip-prefix-name* **import** 例如：[Huawei-rip-1] **filter-policy gateway** abc **import**	（三选一）配置基于发布网关（也就是发布对应流入路由的邻居路由器）过滤邻居发布的 RIP 路由信息。命令中的 *ip-prefix- name* 参数用来指定用于过滤学习到的 RIP 路由信息所对应的发布网关的地址前缀列表名称。 缺省情况下，系统中没有配置该过滤策略，可用 **undo filter-policy gateway** *ip-prefix-name* **import** 命令删除指定的过滤策略
		filter-policy ip-prefix *ip-prefix-name* [**gateway** *ip-prefix-name*] **import** [*interface-type interface-number*] 例如：[Huawei-rip-1] **filter-policy ip-prefix** abc **gateway** wgprefix **import**	（三选一）配置对指定接口学习到的 RIP 路由进行基于目的地址前缀、网关地址前缀和基于邻居的过滤。命令中的参数参见本表前面的介绍。 缺省情况下，系统中没有配置该过滤策略，可用 **undo filter-policy ip-prefix** *ip-prefix-name* [**gateway** *ip-prefix-name*] **import** [*interface-type interface-number*]命令删除指定的过滤策略
禁止接口接收更新报文	5	**quit** 例如：[Huawei-rip-1] **quit**	退出 RIP 视图，返回系统视图
	6	**interface** *interface-type interface-number* 例如：[Huawei] **interface** gigabitethernet 1/0/0	键入要禁止发送 RIP 报文的 RIP 路由器接口，进入接口视图
	7	**undo rip input** 例如：[Huawei-GigabitEthernet1/0/0] **undo rip output**	（可选）禁止以上接口接收 RIP 报文。10.2.7 节介绍的 **silent-interface** 命令的优先级大于本命令的优先级，缺省情况下接口为不抑制状态。 缺省情况下，允许接口接收 RIP 报文，可用 **rip input** 命令允许接口接收 RIP 报文

10.2.10 调整 RIP 网络性能参数

在某些特殊的网络环境中可能需要重新调整一些 RIP 参数，如 RIP 定时器、报文的发送间隔、最大数量等，以便提升 RIP 网络的性能，主要包括以下配置任务，它们的配置是并列关系，可根据实际需要选择配置。同样，在调整 RIP 性能参数之前，需要配置

RIP 的基本功能。

（1）配置 RIP 定时器

RIP 有 3 个影响路由收敛性能的定时器：Update（更新定时器）、Age（老化定时器）和 Garbage-collect（垃圾收集定时器）。改变这几个定时器的值，可以影响 RIP 的收敛速度。有关这 3 个定时器的说明参见 10.1.2 节。

（2）配置 RIP 对更新报文进行有效性检查

通过 RIP 对更新报文进行有效性检查，可以提高网络的安全性。该有效性检查包括 RIP-1 报文的零域检查和 RIP 更新报文的源地址检查两种。

① RIP-1 报文中有些字段必须为零（Must be zero），称为零域（参见 10.1.8 节的图 10-20）。RIP-1 在接收报文时将对零域进行检查，若 RIP-1 报文中零域的值不为零，该报文将不被处理。

② RIP 在接收报文时将对源 IP 地址进行检查，即检查发送报文的接口 IP 地址与接收报文接口的 IP 地址是否在同一网段。如果没有通过检查，则该 RIP 报文将不被路由器处理。串行链路上要去使能该功能，因为串行链路允许两端接口 IP 地址不在同一网段。

（3）配置报文的发送间隔和发送报文的最大数量

通过设置 RIP 发送更新报文的时间间隔和每次发送报文的最大数量，可以很好地控制路由器用于处理 RIP 更新报文的内存资源。

（4）使能 Replay-protect 功能

通过使能 Replay-protect（重放保护）功能，可以得到接口 Down 之前所发送 RIP 报文的 Identification（标识号），避免双方的 RIP 路由信息不同步、丢失。其中 Identification 是 IP 数据报中的标识字段。

假设运行 RIP 的接口状态变为 Down 之前发送的最后的 RIP 报文的 Identification 为 X，当该接口状态重新变为 Up 后，再次发送的第一个 RIP 报文的 Identification 又会从 0 开始。如果对方没有收到这个 **Identification 为 0 的 RIP 报文**，那么后续的 RIP 报文都将被丢弃，直到收到 Identification 为 $X+1$ 的 RIP 报文。这样就会导致双方的 RIP 路由信息不同步、丢失。通过使能 Replay-protect 功能，当接口从 Down 变为 Up 之后，再次发送 RIP 报文的 Identification 会在 Down 之前发送的 RIP 报文标识号基础上顺序加 1，从而避免了上述情况的发生。

以上 4 项配置任务的具体配置步骤见表 10-8。（**各项配置任务是并列关系，没有先后次序之分**）。

表 10-8　调整 RIP 网络性能参数的配置步骤

配置任务	步骤	命令	说明
公共配置步骤	1	**system-view** 例如：< Huawei >**system-view**	进入系统视图
	2	**rip** [*process-id*] 例如：[Huawei]**rip**	进入对应的 RIP 视图
配置 RIP 定时器	3	**timers rip** *update age garbage-collect*	调整 RIP 定时器，更改后会立即生效。命令中的参数说明如下。 （1）*update*：指定路由更新报文的发送间隔，取值范围为 1～86 400 的整数秒。

续表

配置任务	步骤	命令	说明
配置 RIP 定时器	3	例如：[Huawei-rip-1] **timers rip** 35 170 240	（2）*age*：指定 RIP 路由的老化时间，取值范围为 1～86 400 的整数秒。 （3）*garbage-collect*：指定不可达路由被从 RIP 路由表中删除的时间，取值范围为 1～86 400 的整数秒。 以上 3 个定时器参数的取值要遵循以下关系：*update*<*age*，*update*<*garbage-collect*。如果这 3 个定时器的值配置不当，会引起路由不稳定。 在实际应用中，Garbage-collect 定时器的超时时间并不是固定的，当 Update 定时器设为 30s 时，Garbage-collect 定时器可能在 90～120s 之间。这是因为：**RIP 在将不可达路由从路由表中彻底删除前，还将通过发送 4 次定时更新报文对外发布这条路由（发送时权值设为 16），从而使所有邻居了解这条路由已经处于不可达状态。由于路由变为不可达状态并不总是恰好在一个更新周期的开始，因此，Garbage-collect 定时器的实际时长是 Update 定时器的 3～4 倍**。 缺省情况下，Update 定时器是 30s，Age 定时器是 180s，Garbage-collect 定时器则是 Update 定时器的 4 倍，即 120s，可用 **undo timers rip** 命令恢复缺省值
配置 RIP 对更新报文进行有效性检查	4	**checkzero** 例如：[Huawei-rip-1] **checkzero**	使能对 RIP-1 报文中的零域进行检查。 缺省情况下，已使能对 RIP-1 报文的零域检查功能，可用 **undo checkzero** 命令去使能该功能
	5	**verify-source** 例如：[Huawei-rip-1] **verify-source**	使能对收到的 RIP 路由更新报文进行源 IP 地址检查，即检查发送报文的接口 IP 地址与接收报文接口的 IP 地址是否在同一网段。如果不在同一网段，则该 RIP 报文将不被设备处理。 缺省情况下，已使能对收到的 RIP 路由更新报文进行源 IP 地址检查，可用 **undo verify-source** 命令去使能该功能
配置报文的发送间隔和发送报文的最大数量	6	**quit** 例如：[Huawei-rip-1] **quit**	退出 RIP 视图，返回系统视图
	7	**interface** *interface-type interface-number* 例如：[Huawei] **interface** gigabitethernet 1/0/0	键入要配置 RIP 报文的发送时间间隔和发送报文的最大数量，或者配置重放保护功能的 RIP 路由器接口，进入接口视图
	8	**rip pkt-transmit** { **interval** *interval* | **number** *pkt-count* } * 例如：[Huawei-GigabitEthernet1/0/0] **rip pkt-transmit interval** 60 **number** 100	在以上接口上设置 RIP 发送更新报文的时间间隔和每次发送报文的数量。命令中的参数说明如下。 （1）**interval** *interval*：可多选参数，指定 RIP 路由更新报文发送的时间间隔，取值范围为 50～500 的整数秒。 （2）**number** *pkt-count*：可多选参数，指定队列中每次发送的 RIP 路由更新报文的数量，取值范围为 25～100 的整数。 缺省情况下，RIP 接口发送 RIP 路由更新报文的时间间隔为 200 ms，每次发送的 RIP 路由更新报文数量为 50，可用 **undo rip pkt-transmit** 命令恢复接口上其缺省值

续表

配置任务	步骤	命令	说明
使能 Replay-protect 功能	9	**rip authentication-mode md5 nonstandard** *password-key key-id* 例如：[Huawei-GigabitEthernet1/0/0] **rip authentication-mode md5 nonstandard** hawei 1	配置 RIP-2 使用 MD5 密文的验证方式，验证报文使用非标准报文格式。命令中的参数说明如下。 （1）*password-key*：指定密文方式显示的验证密码，可以为字母或数字，1～255 个字符的明文或 20～392 位的密文密码，**区分大小写**，不支持空格。 （2）*key-id*：指定 MD5 密文验证标识符，取值范围为 1～255 的整数。 **必须在同一链路两端配置相同的验证方式和验证密码。** 缺省情况下，没有配置验证，可用 **undo rip authentication-mode** 命令取消所有验证
	10	**rip replay-protect** 例如：[Huawei-GigabitEthernet1/0/0] **rip replay-protect**	在以上接口上使能 replay-protect（回放保护）功能。 缺省情况下，不使能 replay-protect 功能，可用 **undo rip replay-protect** 命令去使能该功能

10.2.11　配置 RIP 与 BFD 联动

通常情况下，RIP 通过定时接收和发送路由更新报文来保持邻居关系，若在老化定时器设定的时间内没有收到邻居发送的更新报文，则宣告邻居状态变为 Down。因为老化定时器的缺省值为 180 s，所以在链路出现故障时，RIP 至少要经过 180 s 才会检测到，才会使对应网段路由变为不可达状态。这时，如果网络中部署了高速数据业务，在此期间将导致数据大量丢失。BFD 能够提供毫秒级别的故障检测机制，可以及时检测到被保护的链路或节点故障，并上报给 RIP，从而实现 RIP 路由的快速收敛。

当网络中运行高速率数据业务时，可以通过配置 BFD 与 RIP 联动实现 RIP 对网络中的故障快速做出响应的目的。可以配置 RIP 与静态或者动态 BFD 联动（它们是并列关系），并可根据实际需要选择配置。但在配置 RIP 与 BFD 联动之前，也需要完成 RIP 基本功能的配置。有关 BFD 的详细介绍参见第 7 章。

如图 10-25 所示，RouterA、RouterB、RouterC 及 RouterD 建立 RIP 邻接。经过路由计算，RouterA 到达 RouterD 的路由下一跳为 RouterB。在 RouterA 及 RouterB 上使能 RIP 与动态 BFD 联动检测机制。

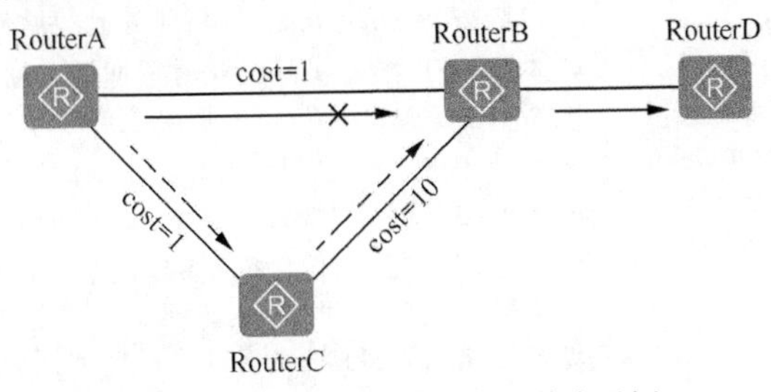

图 10-25　RIP 路由与 BFD 联动示例

当 RouterA 和 RouterB 之间的链路出现故障时，BFD 快速感知并通知给 RouterA，RouterA 删除下一跳为 RouterB 的路由。然后 RouterA 重新进行路由计算并选取新的路径，新的路由经过 RouterC、RouterB 到达 RouterD。当 RouterA 与 RouterB 之间的链路恢复之后，二者之间的 BFD 会话重新建立，RouterA 收到 RouterB 的路由信息，重新选择最优路径进行报文转发。

1. 配置 RIP 与动态 BFD 联动

配置 RIP 与动态 BFD 联动有两种方式。

① RIP 进程下使能 BFD。当网络中大部分 RIP 接口需要使能 RIP 与动态 BFD 联动时，建议选择此方式，具体配置步骤见表 10-9。

表 10-9 在 RIP 进程下使能 BFD 的配置步骤

步骤	命令	说明
1	**system-view** 例如：< Huawei > **system-view**	进入系统视图
2	**bfd** 例如：[Huawei] **bfd**	使能全局 BFD 功能，并进入 BFD 全局视图
3	**quit** 例如：[Huawei-bfd] **quit**	退出 BFD 视图，返回系统视图
4	**rip** [*process-id*] 例如：[Huawei] **rip** 100	进入 RIP 视图
5	**bfd all-interfaces enable** 例如：[Huawei-rip-100]**bfd all-interfaces enable**	在 RIP 进程下使能所有接口的 BFD 特性。当配置了全局 BFD 特性，且邻居状态为 Up 时，RIP 为该进程下所有在对应进程下的接口使用缺省的 BFD 参数值建立 BFD 会话。 缺省情况下，RIP 进程的 BFD 特性未使能，可用 **undo bfd all-interfaces enable** 命令在 RIP 进程下去使能所有接口的 BFD 特性
6	**bfd all-interfaces** { **min-rx-interval** *min-receive-value* | **min-tx-interval** *min-transmit-value* | **detect-multiplier** *detect-multiplier-value* } * 例如：[Huawei-rip-100] **bfd all-interfaces min-tx-interval** 500	（可选）配置 BFD 会话的参数值。命令中的参数说明如下。 （1）**min-rx-interval** *min-receive-value*：可多选参数，指定期望从对端接收 BFD 报文的最小接收间隔，取值范围为 10～2 000 的整数毫秒。 （2）**min-tx-interval** *min-transmit-value*：可多选参数，指定向对端发送BFD报文的最小发送间隔，取值范围为10～2 000的整数毫秒。 （3）**detect-multiplier** *detect-multiplier-value*：可多选参数，指定本地检测倍数，取值范围为 3～50 的整数。 【说明】执行该命令后，所有 RIP 接口建立 BFD 会话的参数都会改变。至于以上参数的配置，请注意以下几个方面。 ● 本地BFD报文实际发送时间间隔 = MAX { 本地配置的发送时间间隔 *transmit-value*，对端配置的接收时间间隔 *receive-value* }。 ● 本地BFD报文实际接收时间间隔 = MAX { 对端配置的发送时间间隔 *transmit-value*，本地配置的接收时间间隔 *receive-value* }。 ● 本地 BFD 报文实际检测时间 = 本地实际接收时间间隔 ×对端配置的 BFD 检测倍数 *detect-multiplier-value*。 ● 对于网络可靠性要求较高的链路，可以通过配置减小 BFD 报文实际发送时间间隔；对于网络可靠性要求较低的链路，可以通过配置增大 BFD 报文实际发送时间间隔。 缺省情况下，BFD 会话采用缺省参数值，即 *min-receive-value* 和 *min-transmit-value* 为 1 000 ms，*detect-multiplier-value* 为 3 倍，可用 **undo bfd all-interfaces** { **min-rx-interval** [*min-receive-value*] | **min-tx-interval** [*min-transmit-value*] | **detect-multiplier** [*detect- multiplier-value*] } *命令恢复 BFD 会话参数为缺省值

续表

步骤	命令	说明
7	**quit** 例如：[Huawei-rip-100] **quit**	退出 RIP 视图，返回系统视图
8	**interface** *interface-type interfa-ce-number* 例如：[Huawei] **interface** gigabitethernet 1/0/0	（可选）键入要阻塞创建 BFD 会话的 RIP 路由器接口，进入接口视图。**仅当有 RIP 路由器接口不需要使能 BFD 特性时配置**
9	**rip bfd block** 例如：[Huawei-Gigabit Ethernet1/0/0]**rip bfd block**	（可选）阻塞以上接口创建 BFD 特性。 缺省情况下，不使能该阻塞功能，可用 **undo rip bfd block** 命令取消该阻塞功能
对所有不希望创建 BFD 会话的 RIP 路由器接口，均要配置步骤 8～9 来阻塞这些接口的 BFD 功能		

② RIP 接口下使能 BFD。当网络中只有小部分 RIP 接口需要使能 RIP 与动态 BFD 联动时，建议选择此方式，具体配置步骤见表 10-10。

表 10-10　在 RIP 接口下使能 BFD 的配置步骤

步骤	命令	说明
1	**system-view** 例如：< Huawei > **system-view**	进入系统视图
2	**bfd** 例如：[Huawei] **bfd**	使能全局 BFD 功能，并进入 BFD 全局视图
3	**quit** 例如：[Huawei-bfd] **quit**	退出 BFD 视图，返回系统视图
4	**interface** *interface-type interface-number* 例如：[Huawei] **interface** gigabitethernet 2/0/0	键入要使能 BFD 会话功能的 RIP 路由器接口，进入接口视图
5	**rip bfd enable** 例如：[Huawei-Gigabit Ethernet2/0/0]**rip bfd enable**	使能指定接口的 BFD 特性，建立缺省参数值的 BFD 会话。 如果没有使能全局 BFD，接口上的 BFD 参数可以配置，但不会创建 BFD 会话，**所以必须先按本表第 2 步全局使能 BFD 会话功能。** 缺省情况下，不使能 RIP 接口的 BFD 特性，可用 **undo rip bfd enable** 命令取消指定接口的 BFD 特性
6	**rip bfd** { **min-rx-interval** *min-receive-value* | **min-tx-interval** *min-transmit-value* | **detect-multiplier** *detect-multiplier-value* } * 例如：[Huawei-Gigabit Ethernet2/0/0] **rip bfd min-tx-interval** 600 **detect-multiplier** 4	在以上接口上配置动态 BFD 会话的参数值，其中的参数说明与表 10-9 中第 6 步的对应参数一致，参见即可。 【说明】只有接口使能了 BFD 特性，进程中所配置的 BFD 会话参数才会生效。在接口上配置的 BFD 优先级高于在进程中配置的 BFD 优先级，如果接口配置了 BFD 参数，则按照接口上配置的 BFD 参数建立会话。 缺省情况下，动态 BFD 会话参数为缺省值，即 *min-receive-value* 和 *min-transmit-value* 为 1 000 ms，*detect-multiplier-value* 为 3 倍，可用 **undo rip bfd** { **min-rx-interval** [*min-receive-value*] | **min-tx-interval** [*min-transmit-value*] | **detect-multiplier** [*detect- multiplier-value*] } *命令恢复指定接口上动态 BFD 会话参数为缺省值

2. 配置 RIP 与静态 BFD 联动

配置 RIP 与静态 BFD 联动是实现 BFD 检测功能的一种方式，可以有以下两种配置方法。

① 单臂回声 BFD：当支持 BFD 的设备与不支持 BFD 的设备对接时，可以**在单端 RIP 路由器上**通过配置静态 BFD 来实现单臂回声 BFD 检测功能，具体配置步骤见表 10-11。

表 10-11　　配置 RIP 与单臂回声 BFD 联动的步骤

步骤	命令	说明
1	**system-view** 例如：< Huawei > **system-view**	进入系统视图
2	**bfd** 例如：[Huawei] **bfd**	使能全局 BFD 功能，并进入 BFD 全局视图
3	**quit** 例如：[Huawei-bfd] **quit**	退出 BFD 视图，返回系统视图
4	**bfd** *session-name* **bind peer-ip** *peer-ip* **interface** *interface-type interface-number* [**source-ip** *source-ip*] **one-arm-echo** 例如：[Huawei] **bfd** test **bind peer-ip** 10.10.10.1 **interface** gigabitethernet 1/0/0 **one-arm-echo**	创建单臂回声功能的 BFD 会话，单臂回声功能的 BFD 会话只能应用在单跳检测中。命令中的参数说明如下。 （1）*session-name*：指定创建的单臂回声功能的 BFD 会话的名称，字符串形式，不支持空格，不区分大小写，长度范围是 1～15。当输入的字符串两端使用引号时，可在字符串中输入空格。 （2）**peer-ip** *peer-ip*：单臂回声功能的 BFD 会话绑定的对端 IP 地址。 *interface-type interface-number*：指定绑定 BFD 会话的本地出接口。 （3）**source-ip** *ip-address*：可选参数，BFD 报文携带的源 IP 地址。如果不配置该参数，系统将在本地路由表中查找去往对端 IP 地址的出接口，以该出接口的 IP 地址作为本端发送的 BFD 报文的源 IP 地址，通常情况下不需要配置该参数。 （4）**one-arm-echo**：指定创建的是单臂回声功能的 BFD 会话。 缺省情况下，未配置单臂回声功能的 BFD 会话，可用 **undo bfd** *session-name* 命令删除指定的 BFD 会话，并取消 BFD 会话的绑定信息
5	**discriminator local** *discr-value* 例如：[Huawei-bfd-session-test] **discriminator local** 80	配置本地标识符，整数形式，取值范围是 1～8 191。 静态 BFD 会话的本地标识符和远端标识符配置成功后，不可以修改。如果需要修改静态 BFD 会话本地标识符或者远端标识符，则必须先删除该 BFD 会话，然后再配置本地标识符或者远端标识符
6	**min-echo-rx-interval** *interval* 例如：[Huawei-bfd-session-test] **min-echo-rx-interval** 100	（可选）配置单臂 BFD 的最小接收间隔，整数形式，取值范围是 10～2 000，单位是毫秒。 缺省情况下，单臂回声功能的 BFD 报文的最小接收间隔为 1 000 ms，可用 **undo min-echo-rx-interval** 命令恢复单臂回声功能的 BFD 报文的最小接收间隔为缺省值
7	**commit** 例如：[Huawei-bfd-session-test] **commit**	提交配置
8	**quit** 例如：[Huawei-bfd-session-test] **quit**	返回系统视图

续表

步骤	命令	说明
9	**interface** *interface-type interface-number* 例如：[Huawei] **interface** gigabitethernet 2/0/0	键入要使能 BFD 会话功能的 RIP 路由器接口，进入接口视图
10	**rip bfd static** 例如：[Huawei-Gigabit Ethernet2/0/0]**rip bfd static**	在使能 RIP 的特定接口下使能静态 BFD 特性。**仅需要在支持 BFD 的一端 RIP 路由器接口上配置**。 缺省情况下，RIP 接口不使能静态 BFD 特性，可用 **undo rip bfd static** 命令在使能 RIP 的特定接口下去使能静态 BFD 特性

② 普通单跳 BFD：在某些对故障响应速度要求高且两端设备都支持 BFD 的链路上，可以**在两端 RIP 路由器上**通过配置静态 BFD 来实现普通 BFD 检测功能，具体配置步骤见表 10-12。

表 10-12　配置 RIP 与普通 BFD 联动的步骤

步骤	命令	说明
1	**system-view** 例如：< Huawei > **system-view**	进入系统视图
2	**bfd** 例如：[Huawei] **bfd**	使能全局 BFD 功能，并进入 BFD 全局视图
3	**quit** 例如：[Huawei-bfd] **quit**	退出 BFD 视图，返回系统视图
4	**bfd** *session-name* **bind peer-ip** *ip-address* [**interface** *interface-type interface-number*] [**source-ip** *ip-address*] 例如：[Huawei] **bfd** test **bind peer-ip** 10.10.10.1 **interface** gigabitethernet 1/0/0	创建普通 BFD 会话。命令中的参数说明参见表 10-11 中的第 4 步对应的说明，只是在创建普通 BFD 会话时，单跳检测必须绑定对端 IP 地址和本端相应接口，多跳检测只需绑定对端 IP 地址。 缺省情况下，未创建 BFD 会话，可用 **undo bfd** *session-name* 命令删除指定的 BFD 会话，并取消 BFD 会话的绑定信息
5	**discriminator** local *discr-value* 例如：[Huawei-bfd-session-test] **discriminator local** 80	配置本地标识符，整数形式，取值范围是 1～8 191。其他说明参见表 10-11 中的第 5 步
6	**discriminator remote** *discr-value*	配置远端标识符，整数形式，取值范围是 1～8 191。 BFD 会话两端设备的本地标识符和对端设备的远端标识符需要分别对应，即本端的本地标识符和对端的远端标识符相同，否则会话无法正确建立。并且，本地标识符和远端标识符配置成功后不可修改
7	**min-echo-rx-interval** *interval* 例如：[Huawei-bfd-session-test] **min-echo-rx-interval** 100	（可选）配置单臂 BFD 的最小接收间隔，整数形式，取值范围是 10～2 000，单位是毫秒。 缺省情况下，单臂回声功能的 BFD 报文的最小接收间隔为 1 000 ms，可用 **undo min-echo-rx-interval** 命令恢复单臂回声功能的 BFD 报文的最小接收间隔为缺省值
8	**commit** 例如：[Huawei-bfd-session-test] **commit**	提交配置

续表

步骤	命令	说明
9	**quit** 例如：[Huawei-bfd-session-test] **quit**	返回系统视图
10	**interface** *interface-type interface-number* 例如：[Huawei] **interface** gigabitethernet 2/0/0	键入要使能 BFD 会话功能的 RIP 路由器接口，进入接口视图
11	**rip bfd static** 例如：[Huawei-GigabitEthernet2/0/0]**rip bfd static**	在使能 RIP 的特定接口下使能静态 BFD 特性。**要在 BFD 会话的两端 RIP 路由器接口上配置。** 缺省情况下，RIP 接口不使能静态 BFD 特性，可用 **undo rip bfd static** 命令在使能 RIP 的特定接口下去使能静态 BFD 特性

10.2.12 RIP 与单臂回声静态 BFD 联动特性的配置示例

本示例的基本拓扑结构如图 10-26 所示，在小型网络中有 4 台路由器通过 RIP 实现网络互通。其中业务流量经过主链路 RouterA→RouterB→RouterD 进行传输。现为了提高从 RouterA 到 RouterB 数据转发的可靠性，要求当主链路发生故障时，业务流量能快速切换到经由 RouterC 的另一条路径进行传输。现假设 RouterB 不支持 BFD。

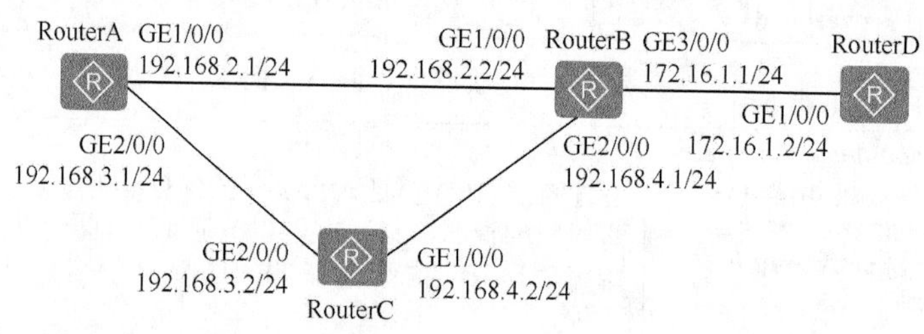

图 10-26 RIP 与单臂回声静态 BFD 联动配置示例的拓扑结构

1. 基本配置思路分析

因为 RouterB 不支持 BFD，所以只能采用与单臂回声静态 BFD 联动的方式。根据 10.2.11 节表 10-11 的介绍可得出其基本的配置思路如下。

① 配置各路由器的接口 IP 地址。

② 配置各路由器的 RIP 基本功能。

③ 在 RouterA 上配置 RIP 与单臂回声静态 BFD 联动，通过 BFD 快速检测 RouterA 到 RouterB 之间的主链路状态，从而提高 RIP 的收敛速度，实现链路的快速切换。

2. 具体配置步骤

① 配置各路由器的接口 IP 地址。仅以 RouterA 进行介绍，RouterB、RouterC 和 RouterD 的配置方法一样，略。

```
[RouterA] interface gigabitethernet 1/0/0
[RouterA-GigabitEthernet1/0/0] ip address 192.168.2.1 24
[RouterA-GigabitEthernet1/0/0] quit
[RouterA] interface gigabitethernet 2/0/0
[RouterA-GigabitEthernet2/0/0] ip address 192.168.3.1 24
[RouterA-GigabitEthernet2/0/0] quit
```

② 配置各路由器的 RIP 基本功能，宣告它们各自直连网段所对应的自然网段，然后把它们的 RIP 版本号配置为 2，以提高它们的可扩展性。

■ RouterA 上的配置如下。

```
<RouterA> system-view
[RouterA] rip 1
[RouterA-rip-1] version 2
[RouterA-rip-1] network 192.168.2.0.0
[RouterA-rip-1] network 192.168.3.0
[RouterA-rip-1] quit
```

■ RouterB 上的配置如下。

```
<RouterB> system-view
[RouterB] rip 1
[RouterB-rip-1] version 2
[RouterB-rip-1] network 192.168.2.0
[RouterB-rip-1] network 192.168.4.0
[RouterB-rip-1] network 172.16.0.0
[RouterB-rip-1] quit
```

■ RouterC 上的配置如下。

```
<RouterC> system-view
[RouterC] rip 1
[RouterC-rip-1] version 2
[RouterC-rip-1] network 192.168.3.0
[RouterC-rip-1] network 192.168.4.0
[RouterC-rip-1] quit
```

■ RouterD 上的配置如下。

```
<RouterD> system-view
[RouterD] rip 1
[RouterD-rip-1] version 2
[RouterD-rip-1] network 172.16.0.0
[RouterD-rip-1] quit
```

此时可通过 **display rip neighbor** 命令查看 RouterA、RouterB 以及 RouterC 之间已经建立的邻居关系。下面是 RouterA 上的输出示例。

```
[RouterA] display rip 1 neighbor
---------------------------------------------------------------

 IP Address         Interface                    Type     Last-Heard-Time
---------------------------------------------------------------
 192.168.2.2        GigabitEthernet1/0/0          RIP        0:0:1
 Number of RIP routes    : 1
 192.168.3.3        GigabitEthernet2/0/0          RIP        0:0:2
 Number of RIP routes    : 2
```

可通过 **display ip routing-table** 命令查看各 RIP 路由器的 IP 路由表信息。下面是 RouterA 上的输出示例。从中可以看出，去往 172.16.0.0/16 网段的下一跳 IP 地址是 RouterB 的 GE1/0/0 接口中的 IP 地址 192.168.2.2，出接口是 RouterA 的 GE1/0/0。即流量在主链路 RouterA→RouterB 上进行传输，因为这条路由的开销（1）比起经由 RouterC 再到达 RouterB 的路由开销（2）要小。

```
[RouterA] display ip routing-table
Route Flags: R - relay, D - download to fib
-------------------------------------------------------------------------
```

```
Routing Tables: Public
         Destinations : 8          Routes : 9

Destination/Mask    Proto   Pre  Cost      Flags NextHop         Interface

    192.168.2.0/24  Direct  0    0           D   192.168.2.1     GigabitEthernet1/0/0
    192.168.2.1/32  Direct  0    0           D   127.0.0.1       GigabitEthernet1/0/0
    192.168.3.0/24  Direct  0    0           D   192.168.3.1     GigabitEthernet2/0/0
    192.168.3.1/32  Direct  0    0           D   127.0.0.1       GigabitEthernet2/0/0
    192.168.4.0/8   RIP     100  1           D   192.168.2.2     GigabitEthernet1/0/0
                    RIP     100  1           D   192.168.3.3     GigabitEthernet2/0/0
  127.0.0.0/8       Direct  0    0           D   127.0.0.1       InLoopBack0
  127.0.0.1/32      Direct  0    0           D   127.0.0.1       InLoopBack0
 172.16.0.0/16      RIP     100  1           D   192.168.2.2     GigabitEthernet1/0/0
```

③ 在 RouterA 上配置以 RouterB 的 GE1/0/0 接口为对端的单臂回声静态 BFD 会话。要求同时绑定对端 IP 地址和本地出接口。

```
[RouterA] bfd
[RouterA-bfd] quit
[RouterA] bfd 1 bind peer-ip 192.168.2.2 interface gigabitethernet 1/0/0 one-arm-echo
[RouterA-session-1] discriminator local 1
[RouterA-session-1] min-echo-rx-interval 200
[RouterA-session-1] commit
[RouterA-session-1] quit
[RouterA] interface gigabitethernet 1/0/0
[RouterA-GigabitEthernet1/0/0] rip bfd static   !---使能本地 GigabitEthernet1/0/0 接口的静态 BFD 功能
[RouterA-GigabitEthernet1/0/0] quit
```

完成上述配置之后，在 RouterA 上执行 **display bfd session all** 命令，可以看到静态 BFD 会话已经建立。

```
[RouterA] display bfd session all
--------------------------------------------------------------------------------
Local  Remote  PeerIpAddr      State    Type        InterfaceName
--------------------------------------------------------------------------------
1      -       192.168.2.2     Up       S_IP_IF     GigabitEthernet1/0/0
--------------------------------------------------------------------------------
     Total UP/DOWN Session Number : 1/0
```

在 RouterB 的接口 GigabitEthernet1/0/0 上执行 **shutdown** 命令，模拟主链路故障。然后通过 **display bfd session all** 命令查看 RouterA 的 BFD 会话信息，可以看到 RouterA 及 RouterB 之间已不存在 BFD 会话信息了。

如果通过 **display ip routing-table** 命令查看 RouterA 的 IP 路由表，就会发现，在主链路发生故障后备份链路 RouterA→RouterC→RouterB 被启用，去往 172.16.0.0/16 网段的路由下一跳 IP 地址是 RouterC 的 GE2/0/0 接口的 IP 地址 192.168.3.3，出接口为 RouterA 的 GE2/0/0 接口（参见输出信息中的粗体字部分），表明切换成功。

```
[RouterA] display ip routing-table
Route Flags: R - relay, D - download to fib
------------------------------------------------------------------------------
Routing Tables: Public
         Destinations : 6          Routes : 6

Destination/Mask    Proto   Pre  Cost      Flags NextHop         Interface
```

```
    192.168.3.0/24  Direct  0    0         D   192.168.3.1        GigabitEthernet2/0/0
    192.168.3.1/32  Direct  0    0         D   127.0.0.1          GigabitEthernet2/0/0
    192.168.4.0/8   RIP     100  1         D   192.168.3.3        GigabitEthernet2/0/0
  127.0.0.0/8       Direct  0    0         D   127.0.0.1          InLoopBack0
  127.0.0.1/32      Direct  0    0         D   127.0.0.1          InLoopBack0
172.16.0.0/16       RIP     100  2         D   192.168.3.3        GigabitEthernet2/0/0
```

10.2.13　RIP 与动态 BFD 联动特性的配置示例

本示例的基本拓扑结构参见图 10-26，其中业务流量经过主链路 RouterA→RouterB→RouterD 进行传输，备份链路为 RouterA→RouterC→RouterB→RouterD。与上一示例唯一的区别在于现在 RouterB 已支持 BFD，且要求采用 RIP 与动态 BFD 联动以实现主备链路的切换。

本示例采用的是 RIP 与动态 BFD 联动的方式，要求分别在 RouterA 和 RouterB 上配置 RIP 与动态 BFD 联动，其他的各路由器接口 IP 地址和 RIP 基本功能配置与上一示例完全一样，参见即可。故在此仅介绍在 RouterA 和 RouterB 上配置动态 BFD 会话以及 RIP 与动态 BFD 联动的部分。

配置 RouterA 上所有接口的 BFD 特性，其中的 BFD 会话的参数值的配置方法参见 10.2.11 节表 10-9 中的介绍。RouterB 的配置与此相同，略。

```
[RouterA] bfd
[RouterA-bfd] quit
[RouterA] rip 1
[RouterA-rip-1] bfd all-interfaces enable
[RouterA-rip-1] bfd all-interfaces min-rx-interval 100 min-tx-interval 100 detect-multiplier 10
[RouterA-rip-1] quit
```

完成以上配置之后，在路由器上执行 **display rip bfd session** 命令，可以看到 RouterA 与 RouterB 之间已经建立起 BFD 会话。下面是 RouterA 上的输出示例，从中可以看出 BFDState 字段显示为 Up（参见输出信息中的粗体字部分）。

```
[RouterA] display rip 1 bfd session all
 LocalIp        :192.168.2.1      RemoteIp   :192.168.2.2      BFDState :Up
 TX             :100              RX         :100              Multiplier:10
 BFD Local Dis:8192              Interface  :GigabitEthernet1/0/0
 DiagnosticInfo: No diagnostic information
 LocalIp        :192.168.3.1      RemoteIp   :192.168.3.2      BFDState :Down
 TX             :0                RX         :0                Multiplier:0
 BFD Local Dis :8200             Interface :GigabitEthernet2/0/0
 Diagnostic Info:No diagnostic information
```

在 RouterB 的接口 GigabitEthernet1/0/0 上执行 **shutdown** 命令，模拟主链路故障。然后通过执行 **display rip bfd session** 命令查看 RouterA 的 BFD 会话信息，可以看到 RouterA 及 RouterB 之间不存在 BFD 会话信息。

```
[RouterA] display rip 1 bfd session all
 LocalIp        :192.168.3.1      RemoteIp   :192.168.3.2      BFDState   :Down
 TX             :0                RX         :0                Multiplier:0
 BFD Local Dis :8200             Interface :GigabitEthernet2/0/0
 Diagnostic Info:No diagnostic information
```

如果通过 **display ip routing-table** 命令查看 RouterA 的 IP 路由表，就会发现，当主链路发生故障后，备份链路 RouterA→RouterC→RouterB 被启用，去往 172.16.0.0/16 网

段的路由下一跳 IP 地址是 RouterC 的 GE2/0/0 接口的 IP 地址 192.168.3.2，出接口为 RouterA 的 GE2/0/0 接口（参见输出信息中的粗体字部分），表明切换成功。

```
[RouterA] display ip routing-table
Route Flags: R - relay, D - download to fib
------------------------------------------------------------------------------
Routing Tables: Public
         Destinations : 6          Routes : 6

Destination/Mask    Proto   Pre  Cost      Flags NextHop         Interface

    192.168.3.0/24  Direct  0    0           D   192.168.3.1     GigabitEthernet2/0/0
    192.168.3.1/32  Direct  0    0           D   127.0.0.1       GigabitEthernet2/0/0
    192.168.4.0/8   RIP     100  1           D   192.168.3.2     GigabitEthernet2/0/0
      127.0.0.0/8   Direct  0    0           D   127.0.0.1       InLoopBack0
      127.0.0.1/32  Direct  0    0           D   127.0.0.1       InLoopBack0
     172.16.0.0/16  RIP     100  2           D   192.168.3.2     GigabitEthernet2/0/0
```

10.3 RIPng 协议基础

随着 IPv6 网络的建设，同样需要动态路由协议为 IPv6 报文的转发提供准确有效的路由信息。因此，IETF 在保留了 RIP 优点的基础上针对 IPv6 网络修改形成了 RIPng（RIP next generation，下一代 RIP）。

与 IPv4 网络中应用的 RIP 一样，RIPng 协议也主要用于规模较小的网络中，比如校园网以及结构较简单的地区性网络。由于 RIPng 的实现较为简单，在配置和维护管理方面也远比 OSPFv3 和 IS-IS（IPv6）容易，因此在实际组网中仍有广泛的应用。但由于 RIPng 没有安全认证机制，存在安全隐患，所以通常建议选择同样可应用于 IPv6 网络中的 OSPFv3、IS-IS（IPv6）或 BGP4+来代替。

10.3.1 RIPng 主要特性

RIPng 协议与 RIP 一样也是基于距离矢量（Distance-Vector）算法的路由协议。它也通过 UDP 报文交换路由信息，但使用的端口号为 521（RIP 使用的是 520 端口）。

1. RIPng 更新机制

RIPng 的更新机制与 RIP 一样，具体体现在以下几个方面。

RIPng 也使用跳数来衡量到达目的地址的距离（也称为度量值或开销）。在 RIPng 中，从一个路由器到其直连网络的跳数为 0，通过与其相连的路由器到达另一个网络的跳数为 1，其余以此类推。当跳数大于或等于 16 时，目的网络或主机就被定义为不可达。

RIPng 每 30 s（RIP 报文发送定时器）发送一次路由更新报文，如果在 180 s（RIP 路由老化定时器）内没有收到网络邻居的路由更新报文，RIPng 将从邻居学到的所有路由标识为不可达。如果再过 120 s（垃圾收集定时器）内仍没有收到邻居的路由更新报文，RIPng 将从路由表中删除这些路由。

为了提高性能并避免形成路由环路，RIPng 既支持水平分割也支持毒性逆转。此外，RIPng 还可以从其他的路由协议引入路由。

2. RIPng 路由数据库组成

每个运行 RIPng 的路由器都管理一个路由数据库，该路由数据库包含了到所有可达目的地的路由项。这些路由表项可通过 **display ripng** *process-id* **route** 命令查看，主要包含下列字段信息。

```
<Huawei> display ripng 100 route
   Route Flags: R - RIPng
                A - Aging, G - Garbage-collect
 ----------------------------------------------------------------
 Peer FE80::200:5EFF:FE04:B602   on gigabitethernet1/0/0
 Dest 3FFE:C00:C18:1::/64,
      via FE80::200:5EFF:FE04:B602, cost   2, tag 0, RA, 34 Sec
 Dest 3FFE:C00:C18:2::/64,
      via FE80::200:5EFF:FE04:B602, cost   2, tag 0, RA, 34 Sec
```

- 目的地址（Des）：主机或网络的 IPv6 地址。
- 下一跳地址（via）：为到达目的地，需要经过的相邻路由器的接口 IPv6 地址。
- 出接口（on 后面接的接口）：转发 IPv6 报文通过的出接口。
- 度量值（cost）：本路由器到达目的地的开销。
- 路由时间（Sec）：从路由项最后一次被更新到现在所经过的时间，路由项每次被更新时，路由时间重置为 0。
- 路由标记（tag）：用于标识外部路由，以便在路由策略中根据 Tag 对路由进行灵活的控制。

3. RIPng 报文类型

RIPng 与 RIP 一样，也有两种报文：Request 报文和 Response 报文。当 RIPng 路由器启动后或者需要更新部分路由表项时，便会发出 Request 报文，向邻居请求需要的路由信息。通常情况下以组播方式发送 Request 报文，以单播（对请求报文进行响应时）或组播方式发送 Response 响应报文。

Response 报文包含本地路由表的信息，一般在下列情况下产生：

- 对某个 Request 报文进行响应；
- 作为更新报文周期性地发出；
- 在路由发生变化时触发更新。

收到 Request 报文的 RIPng 路由器会以 Response 报文形式发回给请求路由器。收到 Response 报文的路由器会更新自己的 RIPng 路由表。为了保证路由的准确性，RIPng 路由器会对收到的 Response 报文进行有效性检查，比如源 IPv6 地址是否是链路本地地址，端口号是否正确等，没有通过检查的报文会被忽略。

4. RIPng 与 RIP 的区别

为了实现在 IPv6 网络中的应用，RIPng 对原有的 RIP 进行了修改。

- RIPng 使用 UDP 的 521 端口（RIP 使用 520 端口）发送和接收路由信息。
- RIPng 的目的地址使用 128 比特的前缀长度（掩码长度）。
- RIPng 使用 128 比特的 IPv6 地址作为下一跳地址。
- **RIPng 使用链路本地地址 FE80::/10 作为源地址发送 RIPng 路由信息更新报文。**
- **RIPng 使用组播方式周期性地发送路由信息，并使用 FF02::9 作为链路本地范围**

内的路由器组播地址。

■ RIPng 报文由头部（Header）和多个路由表项（RTE，Route Table Entry）组成。在同一个 RIPng 报文中，RTE 的最大数目根据接口的 MTU 值来确定。

10.3.2 RIPng 报文格式

前面已介绍到，RIPng 也与 RIP 一样，只有请求报文和响应报文两种，本节具体介绍 RIPng 报文的格式。

1. RIPng 报文格式

RIPng 的请求报文和响应报文格式一样，如图 10-27 所示，各字段的含义如下。

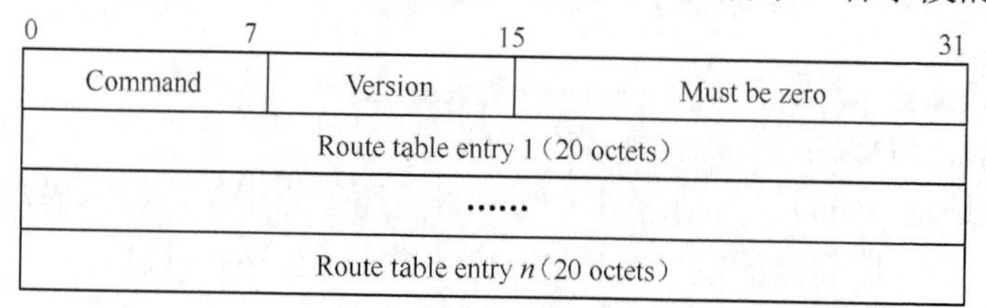

图 10-27 RIPng 报文格式

■ Command：1 字节，定义报文的类型，0x01 表示 Request（请求）报文，0x02 表示 Response（响应）报文。

■ Version：1 字节，标识 RIPng 的版本，目前其值只能为 0x01。

■ Must be zero：2 字节，必须置 0。

■ RTE（Route Table Entry）：通告的 RIPng 路由表项，每项的长度为 20 字节。

下面具体介绍 RTE 的格式。

2. RTE 格式

在 RIPng 里有以下两类 RTE。

■ 下一跳 RTE：位于一组具有相同下一跳的“IPv6 前缀 RTE”的前面，它定义了下一跳的 IPv6 地址，即代表邻居的 IPv6 地址。

■ IPv6 前缀 RTE：位于某个“下一跳 RTE”的后面。同一个“下一跳 RTE”的后面可以有多个不同的“IPv6 前缀 RTE”，描述了 RIPng 路由表中来自同一邻居路由器的多个 IPv6 RIPng 路由表项，每个路由表项包括目的 IPv6 地址、路由标记、前缀长度以及度量值等字段。

下一跳 RTE 的格式如图 10-28 所示。其中，IPv6 next hop address 表示下一跳的 IPv6 地址。Must be zero 是零域，值必须为 0。

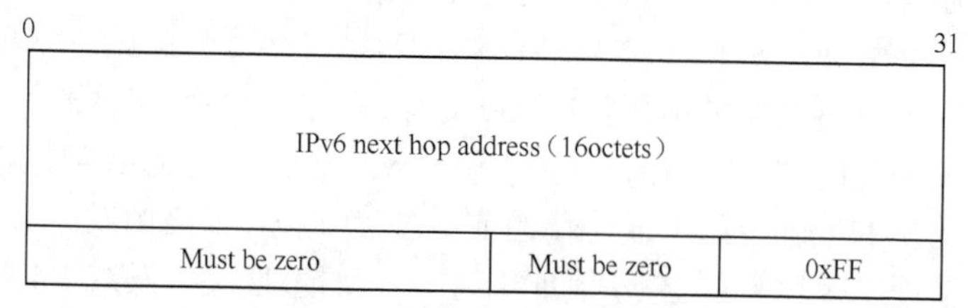

图 10-28 下一跳 RTE 格式

IPv6 前缀 RTE 的格式如图 10-29 所示。各字段的解释如下。

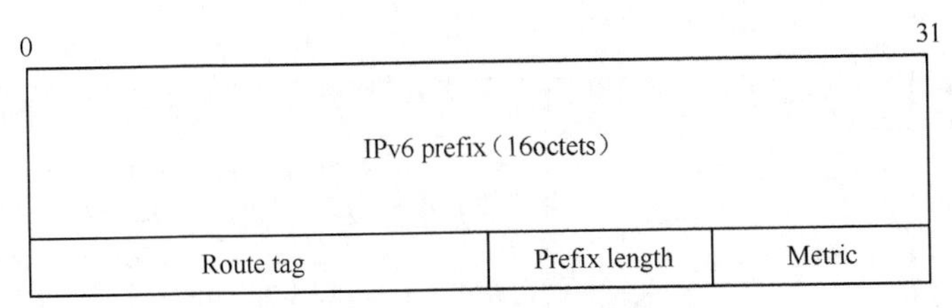

图 10-29　IPv6 前缀 RTE 格式

- IPv6 prefix：16 字节，表示某目的 RIPng 路由的 IPv6 地址前缀。
- route tag：2 字节，路由标记，用于对路由分类。
- prefix len：1 字节，标识该 RIPng 路由中目的 IPv6 地址的前缀长度。
- metric：1 字节，标识 RIPng 路由的度量值。

10.4　RIPng 协议配置与管理

因为 RIPng 的主要技术基础和工作原理都与 IPv4 网络中使用的 RIP 一样，所以学习起来感觉简单许多，仅通过 10.3 节的学习就可以正式来学习 RIPng 协议的各方面功能配置与管理方法了。

10.4.1　配置 RIPng 的基本功能

RIPng 协议所涉及的配置任务与 RIP 的配置任务差不多，也包括基本功能、防止路由环路、控制路由选路、控制路由信息发布和接收等几个方面，下面各小节分别予以介绍。

配置 RIPng 的基本功能主要包括启动 RIPng 进程和在接口下使能 RIPng 进程（相当于 RIP 中通过 **network** 命令把接口加入到对应的进程中），是能够使用 RIPng 特性的前提，具体配置步骤见表 10-13，配置过程比 RIP 基本功能的配置还简单。RIPng 基本功能配置好后就可以通过 RIPng 协议实现网络的三层互通。

表 10-13　　RIPng 基本功能的配置步骤

配置任务	步骤	命令	说明
公共配置步骤	1	**system-view** 例如：< Huawei > **system-view**	进入系统视图
启动 RIPng 进程	2	**ripng** [*process-id*] [**vpn-instance** *vpn-instance-name*] 例如：[Huawei] **ripng** 100	使能指定的 RIPng 进程，进入 RIPng 视图（**在一个 RIPng 路由器上可以运行多个 RIPng 进程**）。命令中的参数说明如下。 （1）*process-id*：可选参数，指定要使能的 RIP 进程号，取值范围为 1～65 535 的整数。缺省值是 1。 RIPng 协议也支持多进程，即不同接口上可使能不同的 RIPng 路由进程，但一个接口只能使能一个 RIPng 路由进程，**且 RIPng 路由进程（其他动态路由协议进程也一样）仅有本地意义**，仅用于在本地设备区分所连接的不同 RIPng 网络，**链路两端所使能的进程号可以一样，也可以不一样**，都可以直接进行路由信息的交互。

续表

配置任务	步骤	命令	说明
启动 RIPng 进程	2		（2）**vpn-instance** *vpn-instance-name*：可选参数，指定要使能由参数 *process-id* 指定的 RIPng 进程的 VPN 实例名，1～31 个字符，不支持空格，**区分大小写**。如果没有指定 VPN 实例，则该 RIP 进程将在公网（非特定 VPN 实例网络）或缺省 VPN 实例下运行。 【注意】必须首先全局使能 RIPng 进程，才能进行后面各项 RIP 功能和参数的配置。 缺省情况下，没有使能 RIPng 进程，可用 **undo ripng** *process-id* 命令去使能指定的 RIPng 进程
	3	**description** *text* 例如：[Huawei-ripng-10]**description** this process configure the poison reverse process	（可选）为 RIPng 进程配置描述信息，以便识别特定的 RIPng 进程、理解不同 RIPng 进程的配置。参数 *text* 用来指定 RIPng 进程的描述信息，1～80 个字符，支持空格，**区分大小写**。 本命令为覆盖式命令，新配置将覆盖原来的配置。 缺省情况下，RIPng 进程没有描述信息，可用 **undo description** 命令删除为对应 RIP 进程配置的描述信息
在接口下使能 RIPng	4	**interface** *interface-type interface-number* 例如：Huawei] **interface** gigabitethernet 1/0/0	进入要使能 RIPng 进程的接口视图
	5	**ripng** *process-id* **enable** 例如：[Huawei-GigabitEthernet1/0/0] **ripng** 100 **enable**	在以上接口下使能指定的 RIPng 进程。但接口必须先使能 IPv6 功能、配置 IPv6 地址，否则本命令不可执行。在 ATM 接口上不支持此命令。 如果需要在一台路由器的多个接口下使能 RIPng 进程，请重复上一步骤和本步骤。 【经验之谈】还记得本章前面说到，在 RIP 中根本无法禁止具体接口使能的 RIP 路由进程，而在 RIPng 中进行了改进。这种配置方法比 RIP 中的接口 RIP 进程使能方法要灵活许多，可以灵活地控制哪个接口可使能 RIPng 进程。 缺省情况下，接口上未使能 RIPng 路由进程，可用 **undo ripng** 命令去使能一个接口的 RIPng 路由进程

【经验之谈】RIP 的多进程功能可以解决 RIP 最多 15 跳的限制，因为一个 RIP 路由从一个 RIP 进程引入到另一个 RIP 进程后，它的跳数又恢复从 0 开始，所以理论上该路由报文又可最多传输 15 跳，后续同样可以通过 RIP 进程路由引入的方式继续扩展 RIP 路由所能传输的跳数。但在实际上应用中，并不常用，因为 RIP 路由收敛性能太差，且容易形成路由环路。

RIPng 的基本功能配置好后，可在任意视图下执行以下 **display** 命令查看相关配置，验证配置结果。

- **display ripng** [*process-id*]：查看 RIPng 进程的配置信息。
- **display ripng** *process-id* **route**：查看所有从其他路由器学习到的 RIPng 路由。
- **display default-parameter ripng**：查看 RIPng 进程的缺省配置信息。
- **display ripng** *process-id* **statistics interface** { **all** | *interface-type interface-number*

[**neighbor** *neighbor-ipv6-address* | **verbose**] }：查看 RIPng 接口的数据信息。

还可在用户视图下执行命令 **reset ripng** *process-id* statistics [**interface** { *interface-type interface-number* [**neighbor** *neighbor-ip-address*] }]，清除由 RIPng 进程维护的计数器的统计数据。

10.4.2 配置 RIPng 防止路由环路

与 RIP 一样，RIPng 也有水平分割和毒性反转特性，也是用来防止路由环路的，且配置方法也基本一样，具体见表 10-14。

表 10-14 RIPng 防止路由环路的配置步骤

步骤	命令	说明
1	**system-view** 例如：< Huawei > **system-view**	进入系统视图
2	**interface** *interface-type interface-number* 例如：[Huawei] **interface** gigabitethernet 1/0/0	键入要配置水平分割或毒性反转的 RIPng 路由器接口，进入接口视图
3	**ripng split-horizon** 例如：[Huawei-GigabitEthernet1/0/0] **ripng split-horizon**	（可选）使能 RIPng 的水平分割功能。使能了水平分割功能后，从一个接口学习到的路由，当它再从这个接口向外发布时将被禁止。配置此命令前，必须执行 **ipv6 enable** 命令使能接口的 IPv6 能力。 如果毒性反转和水平分割都配置了，仅毒性反转生效。 缺省情况下，使能 RIP 的水平分割功能，可用 **undo ripng split-horizon** 命令去使能 RIP 的水平分割功能
4	**ripng poison-reverse** 例如：[Huawei-GigabitEthernet1/0/0] **ripng poison-reverse**	（可选）使能 RIPng 的毒性反转功能。当配置了毒性反转后，RIPng 从某个接口学到路由后，将该路由的开销值设置为 16（不可达），并从原接口发回邻居设备，使邻居设备认为该路由不可达。同时配置水平分割和毒性反转的话，只有毒性反转生效。配置此命令前，必须执行 **ipv6 enable** 命令使能接口的 IPv6 能力。 缺省情况下，没有使能毒性反转功能，可用 **undo ripng poison-reverse** 命令去使能 RIP 的毒性反转功能

可在任意视图下通过 **display ripng** *process-id* **interface** [*interface-type interface-number*] [**verbose**]命令查看 RIPng 的接口信息。

10.4.3 控制 RIPng 的路由选路

通过控制 RIPng 的选路，使得网络可以满足复杂环境的需要。也与 RIP 的控制路由选路的配置任务一样，包括配置 RIPng 协议优先级、配置接口的附加度量值、配置最大等价路由条数 3 大配置任务，具体配置步骤见表 10-15。

表 10-15 控制 RIPng 的路由选路的配置步骤

步骤	命令	说明
1	**system-view** 例如：< Huawei > **system-view**	进入系统视图

续表

步骤	命令	说明
2	**ripng** [*process-id*] [**vpn-instance** *vpn-instance-name*] 例如：[Huawei]**ripng**	进入对应的 RIPng 进程视图
3	**preference** { *preference* | **route-policy** *route-policy-name* } * 例如：[Huawei-ripng-1] **preference** 120 **route-policy** rt-policy1	（可选）配置 RIPng 路由的优先级。命令中的参数说明如下。 （1）*preference*：可多选参数，指定路由的优先级，取值范围为 1～255 的整数。缺省值是 100。优先级值越小，优先级越高。如果想让 RIPng 路由具有比从其他 IGP 协议学来的路由更高的优先级，需要配置小的优先级值。优先级的高低将最后决定 IP 路由表中的路由采取哪种路由算法获取的最佳路由。 （2）**route-policy** *route-policy-name*：可多选参数，指定路由策略，对满足条件的特定路由设置由参数 *preference* 配置的优先级，1～40 个字符，不支持空格，区分大小写。**有关路由策略的详细介绍和配置方法参见第 15 章**。 如果不配置 **route-policy** *route-policy-name* 参数，则参数 *preference* 所设置的路由优先级会对当前进程下的所有 RIPng 路由生效，否则仅对符合路由策略过滤条件的部分 RIPng 路由生效。 缺省情况下，RIPng 路由的优先级的缺省值为 100，可用 **undo preference** 命令恢复路由优先级的缺省值
4	**maximum load-balancing** *number* 例如：[Huawei-rip-1] **maximum load-balancing** 4	（可选）配置进行负载分担的最大等价路由条数。参数 *number* 用来指定等价路由的数量，AR100&AR120&AR150&AR160&AR200 系列、AR1200 系列、AR2201-48FE、AR2202-48FE、AR2204-27GE、AR2204-27GE-P、AR2204-51GE-P、AR2204-51GE、AR2204-51GE-R、AR2204E、AR2204E-D 和 AR2204 的取值范围是 1～4；AR2220、AR2220L、AR2220E、AR2204XE、AR2240（主控板为 SRU40、SRU60、SRU80 或 SRU100 或 SRU100E）、AR2240C、AR3200（主控板为 SRUX5）和 AR3200（主控板为 SRU40、SRU60、SRU80 或 SRU100 或 SRU100E）系列的取值范围是 1～8；AR2240（主控板为 SRU200 或 SRU200E 或 SRU400）、AR3200（主控板为 SRUX5）和 AR3200（主控板为 SRU200 或 SRU200E 或 SRU400）系列的取值范围是 1～16。 缺省情况下，设备支持最大等价路由的数量是 8，可用 **undo maximum load-balancing** 命令恢复最大等价路由条数的缺省值
5	**quit** 例如：[Huawei-rip-1] **quit**	退出 RIPng 视图，返回系统视图
6	**interface** *interface-type interfa-ce-number* 例如：[Huawei] **interface** gigabitethernet 1/0/0	键入要配置附加度量值的 RIPng 路由器接口，进入接口视图
7	**ripng metricin** *value* 例如：[Huawei-Gigabit Ethernet1/0/0]**ripng metricin** 2	（可选）配置接口接收 RIPng 路由更新报文时要给对应路由增加的度量值，整数形式，取值范围是 0～15。**缺省值是** 0。用于在接收到路由后，给其增加一个附加度量值，再加入路由表中，使得 RIP 路由表中对应路由的度量值发生变化。运行该命令会影响到本地设备和其他设备的路由选择。 缺省情况下，接口接收 RIP 报文时不给路由增加度量值，可用 **undo rip metricin** 命令恢复该附加度量值的缺省值

续表

步骤	命令	说明
8	**ripng metricout** { *value* | { *acl6-number* | **acl6-name** *acl-name* | **ipv6-prefix** *ipv6-prefix-name*} *value1*} 例如：[Huawei-GigabitEthernet1/0/0]**ripng metricout ipv6-prefix** p1 2	（可选）配置接口发送 RIP 路由更新报文时要给对应路由增加的度量值。用于自身路由的发布，发布时增加一个附加的度量值，但 RIP 路由表中对应路由的度量值不会发生变化。运行该命令不会影响本地设备的路由选择，但是会影响其他设备的路由选择。命令中的参数说明如下。 （1）*value*：二选一参数，指定对接收到的路由增加度量值，取值范围为 0～15 的整数。**缺省值是** 1。 （2）*acl6-number* | **acl6-name** *acl-name* | **ipv6-prefix** *ip-prefix-name*：指定用于接收路由信息过滤的 ACL6 表号（**仅支持基本 ACL6**），或者 ACL6 名称，或者地址前缀列表名，**用于对要接收的 RIPng 路由的目的 IP 地址过滤**。 （3）*value1*：二选一参数，指定可以通过 ACL 或者 IP 地址前缀列表过滤的度量值，取值范围为 2～15 的整数。 缺省情况下，接口发送 RIPng 报文时给路由增加度量值为 1，可用 **undo ripng metricout** 命令恢复该度量值为缺省值

以上控制 RIPng 路由选路参数配置好后，可在任意视图下执行以下 **display** 命令，查看相关配置，验证配置结果。

- **display ripng** [*process-id* | **vpn-instance** *vpn-instance-name*]：查看 RIPng 的当前运行状态及配置信息。
- **display ripng** *process-id* **database** [**verbose**]：查看 RIPng 发布数据库的所有激活路由。
- **display ripng** *process-id* **route**：查看所有从其他路由器学习到的 RIPng 路由。

10.4.4　控制 RIPng 路由信息的发布和接收

对 RIPng 路由信息的发布进行精确的控制，可以满足复杂网络环境中的需要。所包括的配置任务如下。

（1）配置 RIPng 路由聚合

路由聚合可以大大减小路由表的规模，另外通过对路由进行聚合，隐藏一些具体的路由，可以减少路由振荡对网络带来的影响。**但 RIPng 仅支持手工路由聚合，不支持自动路由聚合**，因为 IPv6 网络中不涉及“自然网段”的概念。

（2）配置 RIPng 发布缺省路由

在 IPv6 路由表中，缺省路由以到网络::/0 的路由形式出现。当报文的目的地址不能与路由表的任何目的地址相匹配时，如果 IPv6 路由表中有 RIPng 缺省路由，则路由器会选取这条缺省路由转发该报文。

RIPng 缺省路由的发布有两种方式：仅发布缺省路由、同时发布缺省路由和其他路由，可以根据组网的实际情况配置发布缺省路由。

（3）配置 RIPng 引入外部路由

与 IPv4 网络中的 RIP 一样，RIPng 也可以引入其他进程或其他协议学到的路由信息，从而实现与其他路由域中的网络三层互通。

（4）禁止接口发送、接收 RIPng 更新报文

禁止接口发送、接收 RIPng 更新报文是禁止与特定网络互通、预防路由循环的方法之一。

（5）控制 RIPng 路由信息的接收

对 RIPng 路由信息的接收进行精确的控制，可以满足复杂网络环境中的需要。

以上 5 项配置任务的具体配置步骤见表 10-16。

表 10-16　控制 RIPng 路由信息发布和接收的配置步骤

配置任务	步骤	命令	说明
	1	**system-view** 例如：< Huawei > **system-view**	进入系统视图
配置 RIPng 路由聚合	2	**interface** *interface-type interface-number* 例如：[Huawei] **interface** gigabitethernet 1/0/0	进入对应的 RIPng 接口视图
	3	**ripng summary-address** *ipv6-address prefix-length* **[avoid-feedback]** 例如：[Huawei-GigabitEthernet1/0/0] **ripng summary-address** fc00:200::35	配置 RIPng 路由聚合。命令中的参数和选项说明如下。 （1）*ipv6-address*：指定聚合路由的 IPv6 网络地址，32 位 16 进制数，格式为 X:X:X:X:X:X:X:X。 （2）*prefix-length*：指定聚合 IPv6 路由的网络前缀，整数形式，取值范围是 0～128。 （3）**avoid-feedback**：可选项，表示禁止从此接口学习到相同的聚合路由，以避免路由环路。 【注意】执行该命令之前，必须首先使能 RIPng 进程及接口的 IPv6 能力。 缺省情况下，没有配置 RIPng 路由器发布聚合的 IPv6 地址
配置 RIPng 发布缺省路由	4	**ripng default-route** { **only** | **originate** } [**cost** *cost*] 例如：[Huawei-GigabitEthernet1/0/0] **ripng default-route originate**	配置 RIPng 发布缺省路由。**生成的 RIPng 缺省路由将强制通过指定接口的路由更新报文发布出去。该路由的发布不考虑其是否已经存在于 IPv6 路由表中**。命令中的参数和选项说明如下。 （1）**only**：二选一选项，表示仅发布 IPv6 缺省路由（::/0），抑制其他路由的发布。如果本设备处于网络边缘，希望隐藏本地网络细节，使其他网络的设备只通过本设备访问本地网络，可以选择该选项。 （2）**originate**：二选一选项，表示发布 IPv6 缺省路由（::/0），但同时不影响其他路由的发布。如果本设备处于网络边缘，希望隐藏本地网络部分细节，使其他网络的设备在访问本地网络某些设备时使用缺省路由时，可以选择该选项。 （3）**cost** *cost*：可选参数，指定缺省路由的开销，整数形式，取值范围是 0～15。缺省值是 0。 缺省情况下，RIPng 路由域中没有缺省路由，可用 **undo ripng default-route** 命令禁止发布 RIPng 缺省路由和转发 IPv6 缺省路由
禁止接口发送 RIPng 更新报文	5	**undo ripng output** 例如：[Huawei-GigabitEthernet1/0/0] **undo ripng output**	配置去使能指定接口发送 RIPng 更新报文。 当 RIPng 设备与运行其他路由协议的网络相连接时，可以在与外部网络相连的 RIPng 设备接口上配置本命令，从而避免向外部网络发送无用的报文。**当然也可通过在具体接口上执行 ripng *process-id* enable 命令去使能 RIPng** 路由进

续表

配置任务	步骤	命令	说明
禁止接口发送 RIPng 更新报文	5		程的方法来达到同时禁止接口发送和接收 RIPng 报文的目的。 缺省情况下，接口可以发送 RIPng 更新报文，可用 **ripng output** 命令使能指定接口发送 RIPng 报文
禁止接口接收 RIPng 更新报文	6	**undo ripng input** 例如：[Huawei-GigabitEthernet1/0/0] **undo ripng input**	配置去使能指定接口接收 RIPng 更新报文。 当 RIPng 设备与运行其他路由协议的网络相连接时，可以与外部网络相连的 RIPng 设备接口上配置本命令，从而避免从外部网络接收无用的报文。 缺省情况下，接口可以接收 RIPng 报文，可用 **ripng input** 命令使能指定接口接收 RIPng 报文
配置 RIP 引入外部路由信息	7	**quit** 例如：[Huawei-GigabitEthernet1/0/0]**quit**	退出接口视图，返回系统视图
	8	**ripng** [*process-id*] [**vpn-instance** *vpn-instance-name*] 例如：[Huawei] **ripng** 1	进入 RIPng 视图
	9	**default-cost** *cost* 例如：[Huawei-ripng-1] **default-cost** 2	（可选）**配置引入路由的缺省开销值**，取值范围为 0～15 的整数，缺省值为 0。如果在引入路由时没有指定权值，则使用缺省权值。 缺省情况下，引入路由的缺省开销值为 0，可用 **undo default-cost** 命令恢复引入路由的缺省开销值为缺省值
	10	**import-route** { { **ripng** | **isis** | **ospfv3** } [*process-id*] | **bgp** [**permit-ibgp**] | **unr** | **direct** | **static** } [[**cost** *cost* | **inherit-cost**] | **route-policy** *route-policy-name*] *	引入外部路由信息，包括静态路由、直连路由、BGP/OSPF/IS-IS 路由，以及其他进程的 RIPng 路由。两个命令中的参数和选项说明如下。 （1）**ripng** | **isis** | **ospfv3** | **bgp**| **unr** | **direct** | **static**：多选一选项，指定要引入其他进程 RIPng 路由、ISIS 路由、OSPFv3 路由、BGP 路由、用户网络路由、直连路由和静态路由。 （2）**permit-ibgp**：可选项，指定公网实例下的 RIPng 进程可以引入 IBGP 路由。 （3）*process-id*：可选参数，指定要进入的路由的进程号，取值范围为 1～65 535 的整数，仅适用于 RIPng、OSPFv3、IS-IS 路由。 （1）**cost** *cost*：二选一可选参数，指定引入路由的开销值，取值范围为 0～15 的整数。如果没有指定权值，则使用上一步 **default-cost** 命令设置的缺省权值。 （2）inherit-cost：二选一可选项，指定继承引入路由的原始开销值。 （3）**route-policy** *route-policy-name*：可多选参数，指定用于过滤路由信息引入的路由策略名称，1～40 个字符，不支持空格，区分大小写。 通过路由策略可指定仅允许符合条件的外部路由。如果不指定路由策略，则对所有指定协议或进程中的外部路由进行引入。

续表

配置任务	步骤	命令	说明
配置 RIP引入外部路由信息	10	例如：[Huawei-ripng-1] **import-route bgp permit-ibgp cost** 5 **route-policy** abc	缺省情况下，不从其他路由协议引入路由，可用 **undo import-route** *protocol* [*process-id*]命令取消从对应的外部路由协议中引入路由，参数 *protocol* 可以是下列关键字中的一个：**direct**、**static**、**ripng**、**isis**、**unr**、**bgp** 或 **ospfv3**
	11	**filter-policy** { *acl6-number* | **acl6-name** *acl6-name* | **ipv6-prefix** *ipv6-prefix-name* | **route-policy** *route-policy-name* } **export** [*protocol* [*process-id*]] 例如：[Huawei-ripng-1] **filter-policy ipv6-prefix** Filter2 **export**	（可选）配置 RIPng **对引入的路由向邻居发布时**进行过滤，即仅允许指定的引入的外部路由向邻居进行通告。命令中的参数说明如下。 （1）*acl6-number* | **acl6-name** *acl-name* | **ipv6-prefix** *ip-prefix-name*：指定用于路由信息发布过滤的 ACL6 表号，或者 ACL6 名称，或者地址前缀列表名，**用于对要发布的外部路由的目的 IPv6 地址过滤**。 （2）*route-policy-name*：指定用于过滤向邻居发布的引入路由的路由策略的名称。 （3）*protocol*：二选一参数，指定要过滤向外发布的引入路由信息的协议类型，可以是 **bgp**、**direct**、**isis**、**unr**、**ripng**、**static** 或 **ospfv3**。 （4）*process-id*：可选参数，指定要过滤向外发布的引入路由信息所对应的路由进程号，取值范围为 1～65 535 的整数，当参数 *protocol* 取值为 **isis**、**ripng** 或 **ospfv3** 协议时，必须同时指定进程号。 缺省情况下，系统中没有配置发布引入路由的过滤策略，可用 **undo filter-policy** [*acl6-number* | **acl6-name** *acl6-name* | **ipv6-prefix** *ipv6-prefix-name* | **route-policy** *route-policy-name*] **export** [*protocol* [*process-id*]]命令删除指定的引入路由信息发布的过滤策略
控制 RIPng 路由信息的接收	12	**filter-policy** { *acl6-number* | **acl6-name** *acl6-name* | **ipv6-prefix** *ipv6-prefix-name* | **route-policy** *route-policy-name* } **import** 例如：[Huawei-ripng-1] **filter-policy ipv6-prefix** Filter1 **import**	（可选）对接收的 RIPng 路由信息进行过滤，**仅接收指定的、邻居发来的 RIPng 路由信息**。可以使用 ACL6、路由策略和 IPv6 前缀列表对接收的路由信息进行过滤，只有通过过滤的 RIPng 路由才能被接收，并加入到本地 RIPng 路由表。参数说明参见上一步的 **filter-policy export** 命令。 缺省情况下，没有配置 RIPng 路由接收过滤功能，可用 **undo filter-policy** [*acl6-number* | **acl6-name** *acl6-name* | **ipv6-prefix** *ipv6-prefix-name* | **route-policy** *route-policy-name*] **import** 命令取消接收 RIPng 路由的过滤策略

10.4.5 提升 RIPng 网络的性能

在某些特殊的网络环境中配置 RIPng 的一些特性功能，例如配置 RIPng 定时器、报文的发送间隔、最大数量等，可以提升 RIPng 网络的性能，但一般不需要配置。

这方面的配置方法也与 RIP 的相关参数配置方法差不多，具体见表 10-17。

表 10-17　　提升 RIPng 网络性能的配置步骤

配置任务	步骤	命令	说明
公共配置步骤	1	**system-view** 例如：<Huawei> **system-view**	进入系统视图

续表

配置任务	步骤	命令	说明
公共配置步骤	2	**ripng**[*process-id*] [**vpn-instance** *vpn-instance-name*] 例如：[Huawei] **ripng**	进入对应的 RIPng 进程视图
配置 RIPng 定时器	3	**timers ripng** *update age garbage-collect* 例如：[Huawei-ripng-1] **timers rip** 35 170 240	调整 RIPng 定时器，更改后会立即生效。命令中的参数说明如下。 （1）*update*：指定路由更新报文的发送间隔，取值范围为 1～86 400 的整数秒。 （2）*age*：指定 RIPng 路由的老化时间，取值范围为 1～86 400 的整数秒。 （3）*garbage-collect*：指定路由被从路由表中删除的时间，取值范围为 1～86 400 的整数秒。 其他说明参见 10.2.10 节表 10-8 中第 3 步说明。 缺省情况下，Update 定时器是 30 s，Age 定时器是 180 s，Garbage-collect 定时器则是 Update 定时器的 4 倍，即 120 s，可用 **undo timers ripng** 命令恢复缺省值
使能 RIPng 报文的零域检查	4	**checkzero** 例如：[Huawei-ripng-1] **checkzero**	使能对 RIPng 报文中的零域进行检查。 在 10.3.2 节已介绍到，RIPng 报文中有些字段的值必须为 0，缺省情况下，路由器将拒绝处理零域中包含非零位的 RIPng 报文。如果能确保所有报文都是可信任的，则不需要进行该项检查，以节省 CPU 资源。 缺省情况下，已使能对 RIPng 报文的零域检查功能，可用 **undo checkzero** 命令去使能该功能
配置报文的发送间隔和发送报文的最大数量	5	**quit** 例如：[Huawei-ripng-1] **quit**	退出 RIPng 视图，返回系统视图
	6	**interface** *interface-type interface-number* 例如：[Huawei] **interface** gigabitethernet 1/0/0	键入要配置 RIPng 报文的发送时间间隔和发送报文的最大数量，或者配置重放保护功能的 RIPng 路由器接口，进入接口视图
	7	**ripng pkt-transmit** { **interval** *interval* | **number** *pkt-count* }* 例如：[Huawei-GigabitEthernet1/0/0] **rip pkt-transmit interval** 60 **number** 100	在以上接口上设置 RIPng 发送更新报文的时间间隔和每次发送报文的数量。命令中的参数说明如下。 （1）**interval** *interval*：可多选参数，指定 RIPng 路由更新报文发送的时间间隔，取值范围为 50～500 的整数秒。 （2）**number** *pkt-count*：可多选参数，指定队列中每次发送的 RIPng 路由更新报文的数量，取值范围为 25～100 的整数。 缺省情况下，RIPng 接口发送 RIPng 路由更新报文的时间间隔为 200 ms，每次发送的 RIPng 路由更新报文数量为 30，可用 **undo ripng pkt-transmit** 命令恢复接口上其缺省值

10.4.6　RIPng 接收路由过滤的配置示例

如图 10-30 所示，图中所有 IPv6 地址的前缀长度都为 64，且相邻路由器之间使用 IPv6 链路本地地址连接（**RIPng 使用链路本地地址 FE80::/10 作为源地址发送 RIPng 路

由信息更新报文）。要求所有路由器通过 RIPng 来学习网络中的 IPv6 路由信息，并且在 RouterB 上对接收的 RouterC 的路由（fc03::/64）进行过滤，使其不加入到 RouterB 的路由表中，也不发布给 RouterA。

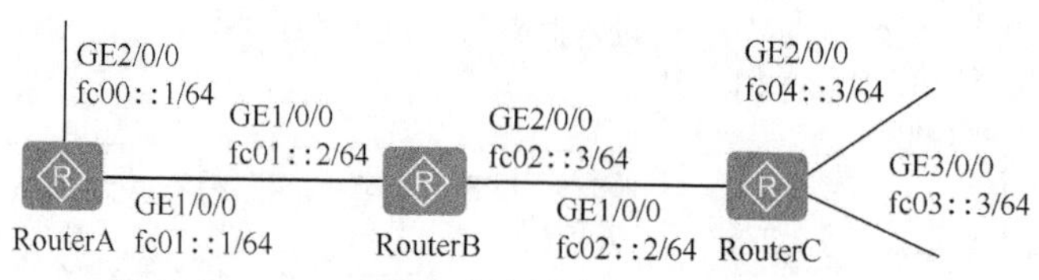

图 10-30　RIPng 接收路由过滤配置示例的拓扑结构

1. 基本配置思路分析

根据 10.4.4 节的介绍可知，对路由器 RIPng 路由信息进行过滤可以基于 IPv6 ACL 方式、基于 IPv6 地址前缀列表方式和路由策略方式。本示例假设采用基于 IPv6 ACL 方式进行配置。

RIPng 路由信息的过滤是在完成 RIPng 基本功能配置之后进行的，所以本示例先要完成各路由器的 RIPng 基本功能配置，然后再在 RouterB 配置基于 ACL 的 RIPng 路由信息过滤，基本配置思路如下。

① 配置各路由器接口的 IPv6 地址。

② 在各路由器上使能 RIPng 基本功能，使各路由器互通。

③ 在 RouterB 上配置 ACL，对接收的路由进行过滤。

2. 具体配置步骤

① 配置各路由器接口的 IPv6 地址。在此仅以 RouterA 为例进行介绍，RouterB 和 RouterC 上各接口 IPv6 地址的配置方法一样，略。

从图中的 IPv6 前缀 fc00::/7 可以看出，各路由器接口的 IPv6 地址都是唯一的本地地址，由此可知本示例是位于企业局域网中。**在接口上配置 IPv6 地址之前必须先在设备全局使能 IPv6 功能，然后还要在对应接口上使能 IPv6 功能。**

```
<Huawei> system-view
[Huawei] sysname RouterA
[RouterA] ipv6
[RouterA] interface gigabitethernet 1/0/0
[RouterA-GigabitEthernet1/0/0] ipv6 enable
[RouterA-GigabitEthernet1/0/0] ipv6 address FC01::1/64
[RouterA-GigabitEthernet1/0/0] quit
[RouterA] interface gigabitethernet 2/0/0
[RouterA-GigabitEthernet2/0/0] ipv6 enable
[RouterA-GigabitEthernet2/0/0] ipv6 address FC00::1/64
```

② 配置 RIPng 的基本功能，各路由器运行的 RIPng 进程号可以一样，也可以不一样。RIPng 基本功能的配置与 RIP 基本功能的配置有一个最大的不同，就是 RIPng 在接口上使能 RIPng 进程的方法不再是通过 **network** 命令来指定，而是直接在对应的接口上使能对应的 RIPng 进程。

■ RouterA 上的配置如下。

```
[RouterA] ripng 1
[RouterA-ripng-1] quit
[RouterA] interface GigabitEthernet 2/0/0
```

```
[RouterA-GigabitEthernet2/0/0] ripng 1 enable
[RouterA-GigabitEthernet2/0/0] quit
[RouterA] interface GigabitEthernet 1/0/0
[RouterA-GigabitEthernet1/0/0] ripng 1 enable
[RouterA-GigabitEthernet1/0/0] quit
```

■ RouterB 上的配置如下。

```
[RouterB] ripng 1
[RouterB-ripng-1] quit
[RouterB] interface GigabitEthernet 1/0/0
[RouterB-GigabitEthernet1/0/0] ripng 1 enable
[RouterB-GigabitEthernet1/0/0] quit
[RouterB] interface GigabitEthernet 2/0/0
[RouterB-GigabitEthernet2/0/0] ripng 1 enable
[RouterB-GigabitEthernet2/0/0] quit
```

■ RouterC 上的配置如下。

```
[RouterC] ripng 1
[RouterC-ripng-1] quit
[RouterC] interface GigabitEthernet 1/0/0
[RouterC-GigabitEthernet1/0/0] ripng 1 enable
[RouterC-GigabitEthernet1/0/0] quit
[RouterC] interface GigabitEthernet 2/0/0
[RouterC-GigabitEthernet2/0/0] ripng 1 enable
[RouterC-GigabitEthernet2/0/0] quit
[RouterC] interface GigabitEthernet 3/0/0
[RouterC-GigabitEthernet3/0/0] ripng 1 enable
[RouterC-GigabitEthernet3/0/0] quit
```

以上配置好后，先来执行 **display ripng** 1 **route** 命令，查看 RouterB 的 RIPng 路由表，此时会发现 RouterB 已成功学习到网络中除了自己的直连网段外的其他全部 3 个网段（FC00::/64、FC03::/64 和 FC04::/64）的 RIPng 路由表项。

```
[RouterB] display ripng 1 route
    Route Flags: R - RIPng
                 A - Aging, G - Garbage-collect
 ----------------------------------------------------------------
 Peer FE80::F54C:0:9FDB:1   on GigabitEthernet2/0/0
 Dest FC04::/64,
     via FE80::F54C:0:9FDB:1, cost   1, tag 0, A, 3 Sec
 Dest FC03::/64,
     via FE80::F54C:0:9FDB:1, cost   1, tag 0, A, 3 Sec
 Peer FE80::D472:0:3C23:1   on GigabitEthernet1/0/0
 Dest FC00::/64,
     via FE80::D472:0:3C23:1, cost   1, tag 0, A, 4 Sec
```

再在 RouterA 上执行 **display ripng** 1 **route** 命令，查看 RIPng 路由表，发现也有全部 3 个非直连网段的 RIPng 路由表项。

```
[RouterA] display ripng 1 route
    Route Flags: R - RIPng
                 A - Aging, G - Garbage-collect
 ----------------------------------------------------------------
 Peer FE80::476:0:3624:1   on GigabitEthernet1/0/0
 Dest FC02::/64,
     via FE80::2E0:FCFF:FE14:2D14, cost   1, tag 0, RA, 14 Sec
 Dest FC04::/64,
     via FE80::476:0:3624:1, cost   2, tag 0, A, 21 Sec
```

```
Dest FC03::/64,
     via FE80::476:0:3624:1, cost  2, tag 0, A, 21 Sec
```

③ 配置 RouterB 采用 IPv6 基本 ACL 对接收的路由进行过滤，禁止接收 fc03::/64 网段的 RIPng 路由更新。

```
[RouterB] acl ipv6 number 2000
[RouterB-acl6-basic-2000] rule deny source fc03:: 64
[RouterB-acl6-basic-2000] rule permit
[RouterB-acl6-basic-2000] quit
[RouterB] ripng 1
[RouterB-ripng-1] filter-policy 2000 import
[RouterB-ripng-1] quit
```

3．配置结果验证

在 RouterB 上配置好后，再在 RouterB 和 RouterA 上执行 **display ripng 1 route** 命令，查看 RIPng 路由表，会发现没有 fc03::/64 网段的路由表项了，表示 RouterB 上的过滤配置是成功的。

```
[RouterB] display ripng 1 route
   Route Flags: R - RIPng
                    A - Aging, G - Garbage-collect
 ----------------------------------------------------------------
 Peer FE80::F54C:0:9FDB:1   on GigabitEthernet2/0/0
 Dest FC04::/64,
     via FE80::F54C:0:9FDB:1, cost  1, tag 0, A, 14 Sec
 Peer FE80::D472:0:3C23:1   on GigabitEthernet1/0/0
 Dest FC00::/64,
     via FE80::D472:0:3C23:1, cost  1, tag 0, A, 25 Sec

[RouterA] display ripng 1 route
   Route Flags:   A - Aging, G - Garbage-collect
 ----------------------------------------------------------------
 Peer FE80::476:0:3624:1   on GigabitEthernet1/0/0
 Dest FC04::/64,
     via FE80::476:0:3624:1, cost  2, tag 0, A, 7 Sec
```

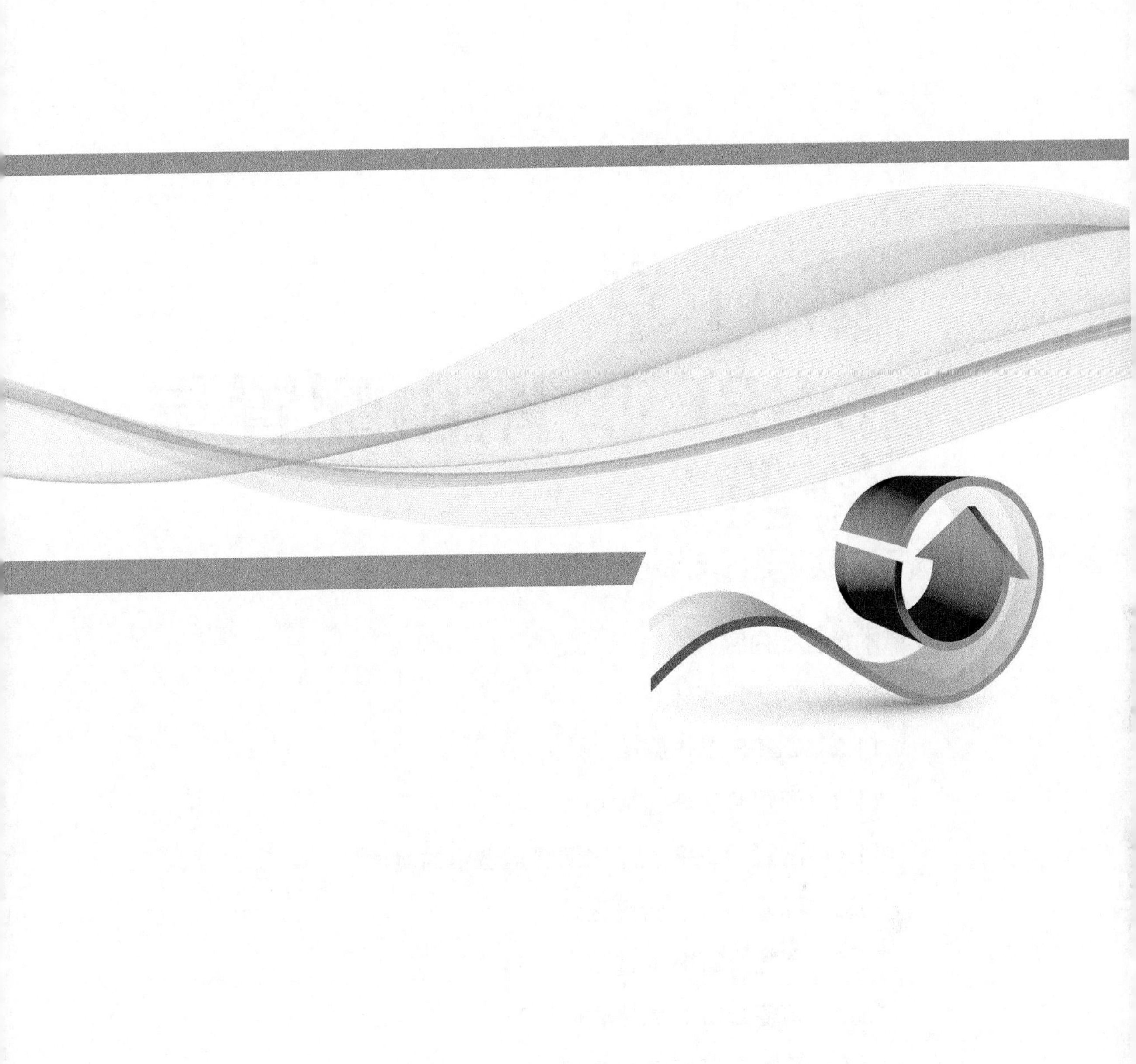

第11章 OSPFv2路由配置与管理

本章主要内容

第 10 章介绍的 RIP、RIPng 路由配置很简单，主要适用于中小型网络，一则因为它的收敛性能较差，另外容易产生路由环路。也正因如此，RIP、RIPng 的跳数被限制在 15 跳以内，尽管可以通过进程间路由的相互引入来突破 15 跳的限制，但一般也不这样做，原因就是前面所说的两个主要方面。

目前无论是在企业内部网络中，还是在 Internet 公网中，一个 AS 内主要使用的动态路由协议还是本章将要介绍的 OSPF，以及后面章节中将要介绍的 IS-IS 协议。它们都是链路状态协议，不会产生自环，网络收敛性能也远比 RIP 和 RIPng 好许多。另外，OSPF 网络还可划分区域，每个区域内部的路由可独立管理，所以 OSPF 协议适用于大、中型网络，当然更适合小型网络。

目前 OSPF 协议有两个主要的版本：IPv4 网络环境中使用的 OSPFv2（简称 OSPF）版本，IPv6 网络环境中使用的 OSPFv3 版本。它们的技术基础和主要工作原理基本一样。本章专门介绍 OSPFv2，第 12 章再介绍 OSPFv3。

11.1 OSPF 基础

OSPF（Open Shortest Path First，开放式最短路径优先）协议是 IETF 组织开发的一个基于链路状态的 AS 内部的 IGP（内部网关协议），广泛应用在接入网和城域网中。

在 OSPF 出现前，网络上广泛使用 RIP 作为内部网关协议。但由于 RIP 是基于距离矢量算法的路由协议，存在着收敛慢、路由环路、可扩展性差等问题，所以最终逐渐被可全面解决 RIP 以上问题的 OSPF 所取代。

此外，OSPF 还具有以下优点。

■ OSPF 主要采用组播形式收发报文（也可采用单播发送方式），可以减少对其他不运行 OSPF 路由器的影响。

■ OSPF 支持无类型域间选路（CIDR）。

■ OSPF 支持对等价路由进行负载分担。虽然 RIP 也可实现多路由负载分担，但由于 RIP 仅以跳数作为度量，并没有考虑路径链路的性能，所以不能真正有效地实现负载分担。

■ OSPF 支持报文加密。

11.1.1 OSPF 简介

OSPF 是一种典型的链路状态路由协议，目前主要有两种版本：针对 IPv4 协议使用的 OSPFv2（RFC2328）版本；针对 IPv6 协议使用的 OSPFv3（RFC2740）版本。如无特殊说明，本章中所指的 OSPF 均为 OSPFv2 版本，第 12 章再具体介绍适用于 IPv6 网络的 OSPFv3 的配置与管理方法。

概括地讲，OSPF 具有以下基本特点。

■ 把自治系统（AS，Autonomous System）划分成逻辑意义上的一个或多个区域。

■ 通过 LSA（Link State Advertisement，链路状态通告）的形式发布路由。

■ 依靠在 OSPF 区域内各设备间交互 OSPF 报文来达到路由信息的统一。

■ OSPF 直接运行在 IP 之上，使用 IP 号 89，是一种网络层的协议（第 10 章介绍的 RIP、RIPng 是应用层协议），可以采用单播或组播的形式发送。

如图 11-1 所示，在 OSPF 网络中，每台路由器根据自己周围的网络拓扑结构生成链路状态通告 LSA，并通过路由更新报文将 LSA 发送给网络中的其他路由器。同时，每台路由器又都会收集网络中其他路由器发来的 LSA，所有的 LSA 放在一起便组成了自己的 LSDB（Link State DataBase，链路状态数据库）。

LSA 是对路由器周围网络拓扑结构的描述，LSDB 则是对整个自治系统的网络拓扑结构的描述。每台 OSPF 路由器都通过 LSDB 掌握全网的拓扑结构。在网络拓扑稳定的情况下，各个路由器得到的有向图是完全相同的。

【经验之谈】与 RIP 在邻居路由器上直接交互路由表不同，OSPF 交互的是各自的直连链路状态信息，不是最终的路由表。也就是说，RIP 中路由器的选路直接依赖于邻居路由器的路由信息，但不管邻居路由器传达的路由信息是否正确。而 OSPF 中路由器中的路由是要以自己为根重新计算的，其路由选路是一种“自主行为”，邻居间交互的 LSA 只是一种选路的参考信息，所以 OSPF 得出的路由信息可以充分体现当前的拓扑结构，在路由选路时更加真实、有效。

在划分区域的情形下，OSPF 路由器只需与所在区域内的其他 OSPF 路由器相互交换各自的链路状态信息，然后生成 LSDB。同一区域中所有路由器上的 LSDB 相同，以实现区域内路由计算时基础信息的同步。然后再由 OSPF 路由器根据自己的 LSDB、利用 SPF（Shortest Path First，最短路径优先）路由算法、**以自己为根**计算到达 AS 中任意目的网络的路径，而不是直接根据路由通告来获取路由信息。每台路由器最终会形成一个以自己为根的最短路径树（SPT），这棵树给出了到自治系统中各节点的路由。

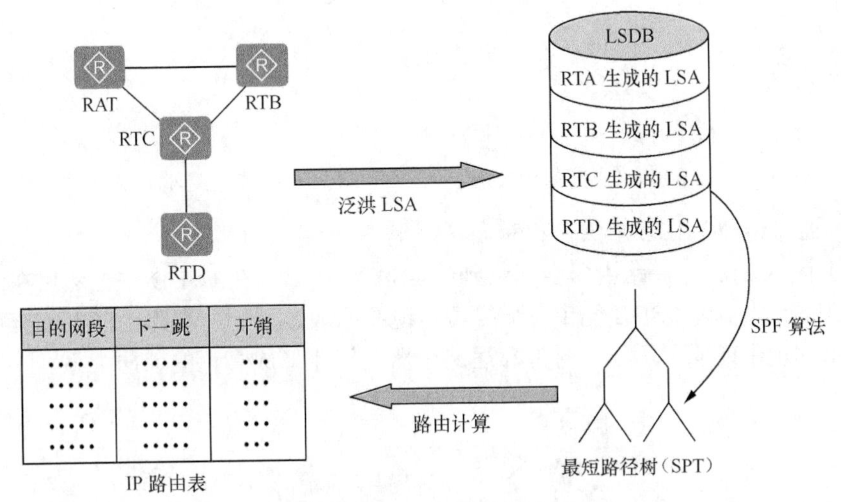

图 11-1　OSPF 路由计算基本原理

11.1.2　OSPF 基本运行机制

11.1.1 节其实简单地介绍了 OSPF 路由计算的基本原理，当然，整个 OSPF 的运行机制不仅包括路由计算过程，还包括邻居关系的建立和维护，具体有以下 5 个步骤。

（1）通过交互 Hello 报文形成邻居关系

OSPF 与其他许多协议一样，邻居关系的建立通常也是采用体积很小的 Hello 报文的交互方式来实现的，类似于现实生活中彼此简单地打一下招呼就算相互认识了。路由器运行 OSPF 后，会从所有启动 OSPF 的接口上发送 Hello 报文，如图 11-2 所示。如果两台路由器共享一条公共数据链路，并且能够成功协商各自 Hello 报文中所指定的某些参数，就能形成邻居关系。

（2）通过泛洪 LSA 通告链路状态信息

在 OSPF 网络中，路由器间仅形成邻居关系还不够，还需要进一步形成“邻接”关系，以实现邻居路由器间的 LSDB 同步。

形成邻居关系的路由器之间就可以交互 LSA 了，如图 11-3 所示。LSA 描述了路由器所有的链路、接口、邻居及链路状态等信息。路由器通过交互这些链路信息来了解整个网络的拓扑信息。由于链路类型和 OSPF 路由类型的多样性，OSPF 定义了多种 LSA 类型，具体将在本章的后面介绍。

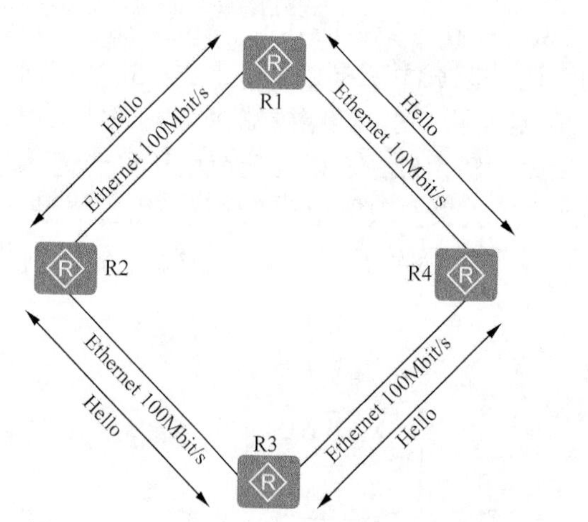

图 11-2 通过交互 Hello 报文形成邻居关系

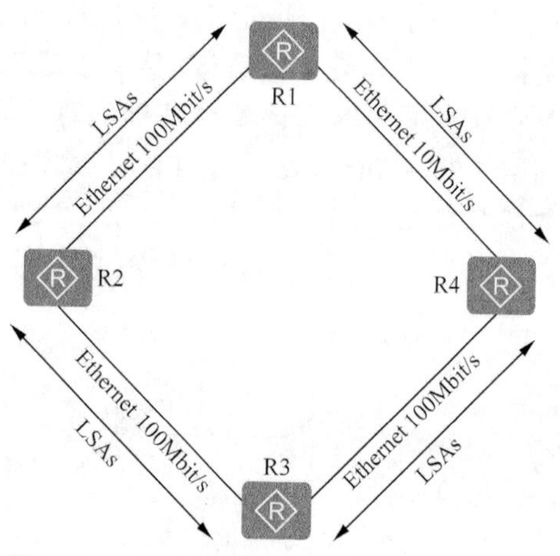

图 11-3 通过泛洪 LSA 通告链路状态信息

（3）通过组建 LSDB 形成带权有向图

通过 LSA 的泛洪，路由器会把收到的 LSA 汇总记录在 LSDB 中。然后在区域内邻居路由器间彼此实现 LSDB 同步，最终可实现在同区域内的所有路由器上都会形成同样的 LSDB，如图 11-4 所示。此时，邻居路由器之间才形成真正的邻居关系。

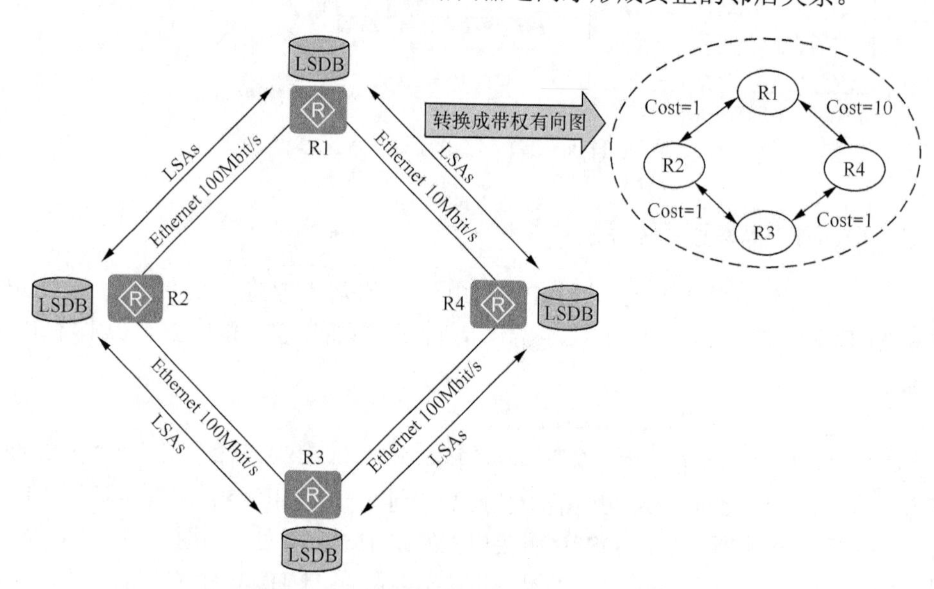

图 11-4 通过组建 LSDB 形成带权有向

（4）通过 SPF 算法计算并形成路由

当区域内各路由器 LSDB 同步完成之后，每台路由器都将以其自身为根，使用 SPF 算法来计算一个无环路的拓扑图，描述它所知道的到达 OSPF 网络中任意目的地的最短路径，如图 11-5 所示。这个拓扑图就是最短路径树（SPT）。有了这棵树，路由器就能知道到达自治系统中各个网络节点的最优路径。

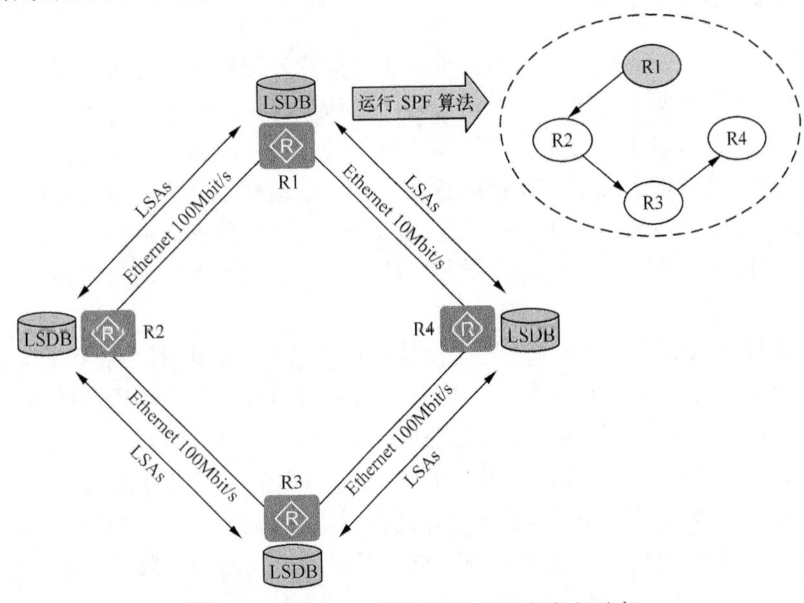

图 11-5　通过 SPF 算法计算并形成路由示意

（5）维护和更新路由表

根据 SPF 算法得出最短路径树后，OSPF 路由器再根据这些最短路径生成对应的 OSPF 路由表项，指导数据报文转发，并且可与邻居路由器之间进行实时更新，如图 11-6 所示。同时，邻居路由器之间继续通过交互 Hello 报文进行邻居关系保活，维持它们之间的邻居关系或邻接关系，并且周期性地重传 LSA，以更新 LSDB，以便及时根据网络拓扑变化更新各路由器上的 OSPF 路由表。

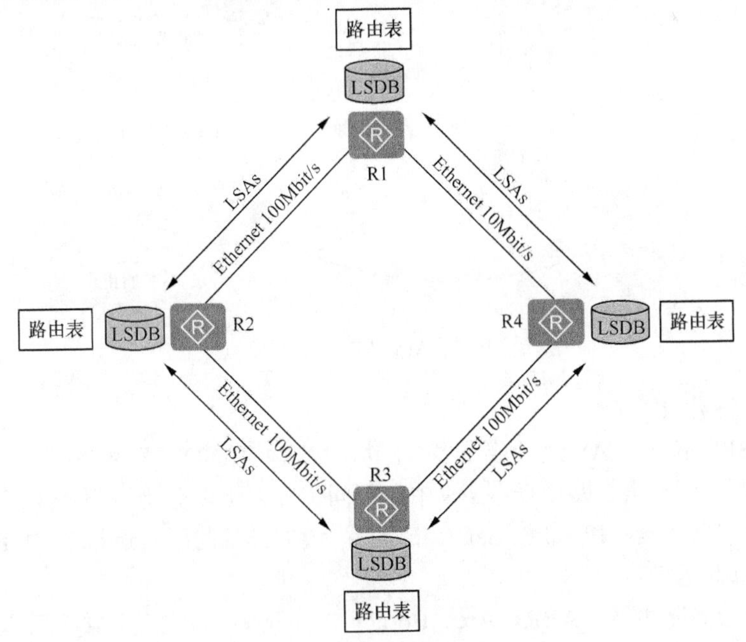

图 11-6　维护和更新路由表示意

11.1.3 理解 OSPF 区域

在大中型网络中，路由器设备可能非常多，如果不进行区域划分的话，则整个网络中的所有设备都要彼此学习路由信息，最终所生成的路由信息数据库就可能非常庞大，这样既大大消耗了路由器的有限存储空间，也不利于进行高效的路由选择。

另外，网络规模增大之后，拓扑结构发生变化的概率也增大，这样可能使网络时常处于“动荡”之中，造成网络中会有大量的 OSPF 报文在传递，降低了网络的带宽利用率。更为严重的是，每一次变化都会导致网络中所有的路由器重新进行路由计算，消耗大量的设备和网络带宽资源。

OSPF 通过将 AS 划分成多个不同层次的区域来解决 LSDB 频繁更新的问题，提高了网络的利用率。区域是从逻辑上将路由器划分为不同的组，每个组用区域号（Area ID）来标识，以 IPv4 地址格式显示（也可以整数形式输入）。划分区域后，各路由器发送的大多数 LSA 只需在区域内传播，仅有少数用于计算区域间路由的 LSA 需要跨区域传播。这样一来，既可大大减少网络中 LSA 传输的数量，降低每台路由器用于存储 LSDB 所需的存储空间需求，也使单一链路故障对整个网络所带来的影响降到最低，使网络总体更加稳定。

图 11-7 所示为 Area 与 AS 之间的关系示意图，即一个 AS 中可以包括多个区域，不同的协议路由域使用不同的 AS。不同路由域（也即不同 AS）中的路由需要经过本书后面第 14 章中介绍的 BGP 进行连接。但在了解 OSPF 区域之前，需要先了解与区域相关的两个概念：路由器类型和路由类型。

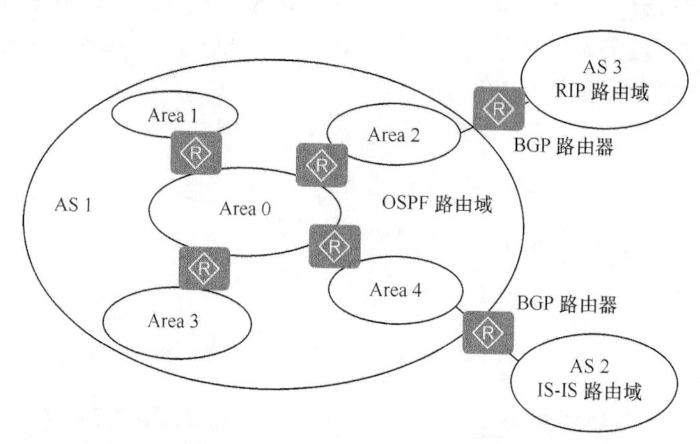

图 11-7 Area 与 AS 关系示意

1. 路由器类型

由于 OSPF 把一个 AS 划分成了多个区域，这就使得 OSPF 网络中不同路由器的角色可能会有所不同。根据路由器在 AS 中的不同位置，可以分为以下 4 类。

- 区域内路由器（IR，Internal Routers）：该类设备的**所有运行了 OSPF 的接口都在同一个 OSPF 区域内**。

- 区域边界路由器（ABR，Area Border Routers）：该类设备接口**可以分别属不同 OSPF 区域，但其中一个接口必须连接骨干区域**。ABR 用来连接骨干区域和非骨干区域，与骨干区域之间既可以是物理连接，也可以是逻辑上的连接（即“虚连接”）。

■ 骨干路由器（BR，Backbone Routers）：该类设备**至少有一个接口属于骨干区域。所有的 ABR 和位于骨干区域的内部路由器都是骨干路由器。**

■ 自治系统边界路由器（ASBR，AS Boundary Routers）：可直接与其他 AS 中的设备交换路由信息的设备称之为 ASBR。虽然 ASBR 通常是位于 **AS** 的边界，但也可以是 IR 或 ABR，**只要一台 OSPF 设备引入了外部路由**（包括直连路由、静态路由、RIP、IS-IS 路由、BGP 路由，或者其他 OSPF 进程路由等）**的信息，它就成为 ASBR**。

各种 OSPF 路由器类型对应的位置如图 11-8 所示。

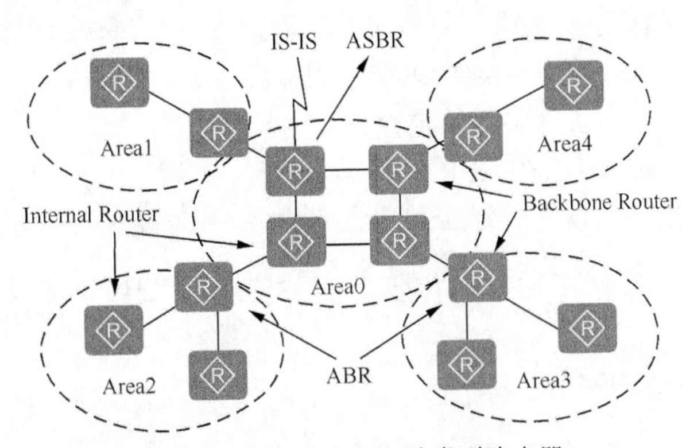

图 11-8　OSPF 中的各种类型路由器

2. 路由类型

划分区域的目的就是想减少 LSA 的数量，减少路由器上依据 LSA 形成的路由数量，这就自然会想到对在区域内部，或者区域之间，甚至从其他 AS 外引入的路由进行分类。在 OSPF 网络中，有以下 4 类路由。

■ 区域内（Intra Area）路由：**仅用于区域内 IR 路由器之间的路由**，用于 IR 设备间的互联，不向区域外通告。

■ 区域间（Inter Area）路由：**仅用于区域间 ABR 之间的路由**，通过骨干区域与其他区域相互通告路由信息。

■ 第一类外部（Type-1 External）路由：这是经由 ASBR 引入的外部路由，且通常是 IGP 类型（如直连路由、静态路由、RIP、IS-IS 路由或者其他 OSPF 进程路由）的外部路由，它们的开销值计算方法与 OSPF 的开销值计算方法具有可比性，可信度较高。**到第一类外部路由的开销=本设备到相应的 ASBR 的开销+ASBR 到该路由目的地址的开销。**

■ 第二类外部（Type-2 External）路由：这也是经由 ASBR 引入的外部路由，但通常是 EGP 类型（如 BGP 路由）的外部路由，它们的开销值计算方法与 OSPF 的开销值计算方法不具有可比性，可信度较低。OSPF 认为，从 ASBR 到自治系统之外的开销远远大于在自治系统之内到达 ASBR 的开销，所以 OSPF 计算第二类外部路由的开销时只考虑 ASBR 到自治系统之外的开销，即**到第二类外部路由的开销=ASBR 到该路由目的地址的开销。**

以上第一类外部路由和第二类外部路由不是由系统自动判定的，而是由管理员依据上述两种路由的特性手动设置的，缺省为第二类外部路由。

OSPF 区域的边界是路由器，而不是链路，**所以一个网段（链路）只能属于一个区域，或者说链路两端的接口必须属于同一个区域**（这与第 13 章将要介绍的 IS-IS 区域的边界完全相反）。划分了区域后，一个区域内参与 SPF 算法的只有本区域内的 LSA，其他区域的 LSA 不参与本区域的 SPF 算法，这样可以最小化由于网络拓扑变化带来的影响。

如图 11-9 所示，Area 1 中的链路质量不好一直处于闪断中，所以 Area 1 的 SPF 算法会频繁运算。但是这种影响仅局限在 Area 1 内，其他区域不会因此而重新进行 SPF 运算，使得网络的振荡被限制在一个更小的范围内，提高了网络的稳定性。

另外，划分区域后，可以在 ABR 路由器上进行路由聚合，不同区域之间仅向外通告其聚合路由，这样就可以大大减少通告到其他区域的 LSA（链路状态通告）数量。

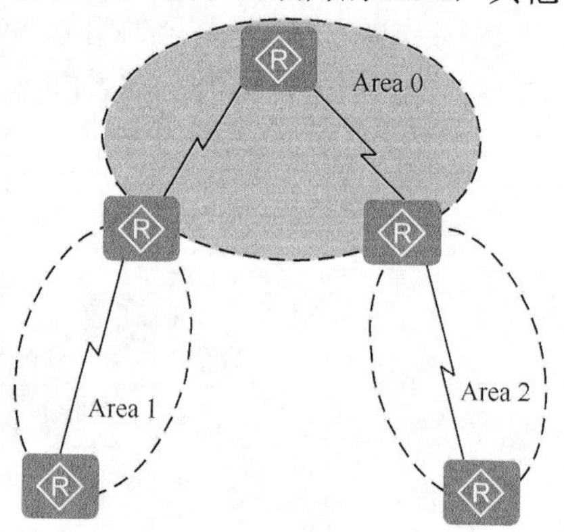

图 11-9　划分区域后链路震荡的影响范围减小示例

11.1.4 OSPF 报文种类

OSPF 把自治系统划分成逻辑意义上的一个或多个区域，通过 LSA 的形式发布路由信息，然后依靠在 OSPF 区域内各设备间各种 OSPF 报文的交互来达到区域内路由信息的统一，最终在区域内部路由器中构建成完全同步的 LSDB。因为 OSPF 是专为 TCP/IP 网络而设计的路由协议，所以 OSPF 的各种报文是封装在 IP 报文内的，可以采用单播或组播的形式发送。

OSPF 报文主要有 5 种：Hello 报文、DD（Database Description，数据库描述）报文、LSR（LinkState Request，链路状态请求）报文、LSU（LinkState Update，链路状态更新）报文和 LSAck（LinkState Acknowledgment，链路状态应答）报文。LSA 信息是在 LSU 报文中携带的。

（1）Hello 报文

Hello 报文用于建立和维护邻接关系。使能了 OSPF 功能的接口会周期性地向 OSPF 邻居设备发送 Hello 报文。Hello 报文中包括一些定时器的数值、本网段中的 DR、BDR 以及已知的邻居信息。

（2）DD 报文

两台路由器在邻接关系初始化时，DD 报文（也称 DBD 报文）用来协商主从关系，此时报文中不包含 LSA 头（Header）。在两台路由器交换 DD 报文的过程中，一台为 Master，另一台为 Slave。由 Master 规定起始序列号，每发送一个 DD 报文序列号加 1，Slave 方使用 Master 的序列号作为确认。

邻接关系建立之后，路由器使用 DD 报文描述本端路由器的 LSDB，进行数据库同步。DD 报文里包括本地 LSDB 中每一条 LSA 的头部（**LSA 头部可以唯一标识一条 LSA**），即所有 LSA 的摘要信息。LSA 头部只占一条 LSA 整个数据量的一小部分，这样可以减少路由器之间的协议报文流量。对端路由器根据所收到的 DD 报文中包含的 LSA 头部就可判断出是否已有这条 LSA 了。如果已有该 LSA，则在后面就不用通过 LSR 报文向对方请求该 LSA。

（3）LSR 报文

两台路由器互相交换过 DD 报文之后，需要通过向对端 OSP 邻居设备发送 LSR 报文请求对端有、而本端没有的 LSA。LSR 报文里包括所需要的 LSA 的摘要信息，即仅包含所需 LSA 的头部。

（4）LSU 报文

LSU 报文是用来对所收到的 LSR 报文的响应，向对端路由器发送对端在 LSR 报文所请求的 LSA，或者用于主动向 OSPF 邻居设备泛洪本端的 LSA，其报文内容是多条完整的 LSA 的集合。

（5）LSAck 报文

为了实现 LSU 报文泛洪的可靠性传输，需要对端在收到 LSU 报文后使用 LSAck 报文进行确认（内容是需要确认的 LSA 头），对没有收到 LSAck 确认报文的 LSA 需要本端进行重传，重传的 LSA 是直接以单播方式发送到对应的邻居设备。LSAck 报文用来对接收到的 LSU 报文进行确认。一个 LSAck 报文可对多个 LSA 进行确认。

从以上介绍可以看出 DD、LSR、LSU 和 LSAck 4 种报文的关系如图 11-10 所示。

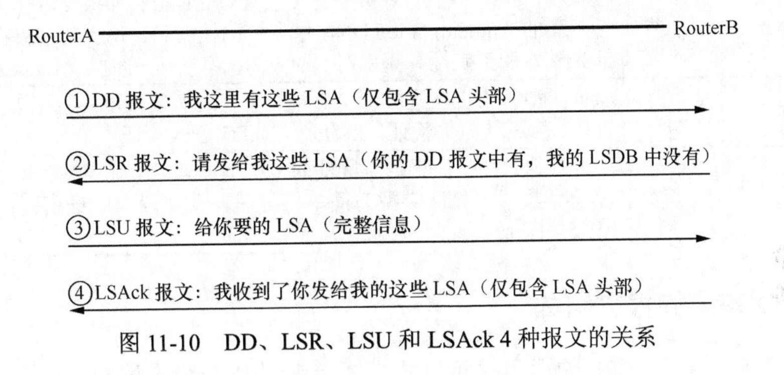

图 11-10　DD、LSR、LSU 和 LSAck 4 种报文的关系

11.1.5　OSPF 报头格式

11.1.4 节介绍的 5 种 OSPF 报文均使用如图 11-11 所示的 OSPF 报头，如图 11-12 所示是一个 OSPF 报头的示例。各字段说明见表 11-1。

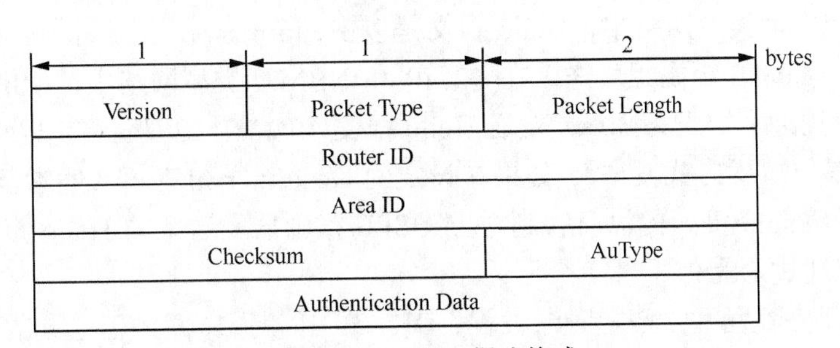

图 11-11　OSPF 报头格式

```
⊟ OSPF Header
    OSPF Version: 2
    Message Type: LS Update (4)
    Packet Length: 92
    Source OSPF Router: 10.0.2.2 (10.0.2.2)
    Area ID: 0.0.0.0 (Backbone)
    Packet Checksum: 0xe479 [correct]
    Auth Type: Null
    Auth Data (none)
```

图 11-12　一个 OSPF 报头示例

表 11-1　　OSPF 报头字段说明

字段名	长度	功能
Version	1 字节	版本字指出所采用的 OSPF 版本号，OSPFv2 的版本值就为 2，即 0000 0010
Packet Type	1 字节	报文类型字段，标识对应 OSPF 报文的类型，取值为 1～5 的整数，分别对应前面说的 Hello 报文、DD 报文、LSR 报文、LSU 报文、LSAck 报文这 5 种 OSPF 报文。这些报文的具体格式将在下节介绍
Packet Length	2 字节	OSPF 报文长度，标识整个报文（包括 OSPF 报头和报文内容部分）的字节长度
Router ID	4 字节	路由器 ID，指定发送本 OSPF 报文的源路由器的路由器 ID
Area ID	4 字节	区域 ID，指定发送报文的路由器接口所在的 OSPF 区域号
Checksum	2 字节	校验和，是对整个 OSPF 报文（包括 OSPF 报头和报文具体内容，但不包括下面的 Authentication Dtata 字段）的校验和，用于**对端路由器**校验报文的完整性和正确性。正确时显示 correct，不正确时显示 incorrect
AuType	2 字节	验证类型，指定在进行 OSPF 报文交互时所需采用的验证类型，0 为不验证，1 为进行简单验证，2 为采用 MD5 方式验证
Authentication Data	8 字节	验证数据，具体值根据不同的验证类型而定。验证类型为不验证时，此字段没有数据；验证类型为简单验证时，此字段为验证密码；验证类型为 MD5 验证时，此字段为 MD5 摘要消息

11.1.6　OSPF 的报文格式

11.1.5 节介绍了 OSPF 的通用报头格式，本节要具体介绍 5 种 OSPF 报文的格式。

1．OSPF Hello 报文格式

OSPF 使用一种称之为 Hello 的报文来建立和维护相邻邻居路由器之间的邻居或邻接关系。这个报文很小，仅用来向邻居路由器证明自己的存在，就像人与人之间打招呼一样。

在 P2P 和广播类型网络中，Hello 报文是以 HelloInterval 为周期（缺省为 10 s），**以组播方式向 224.0.0.5 组播组发送**。在 P2MP 和 NBMA 类型网络中，OSPF 路由器是以 PollInterval 为周期（缺省为 30 s）发送 Hello 报文（**P2MP 类型网络是以组播方式发送，NBMA 网络是以单播方式发送**）。如果在设定的 DeadInterval 时间（**通常至少是 Hello 报文发送时间间隔的 4 倍**）内没有收到对方 OSPF 路由器发送来的 Hello 报文，则本地路由器会认为该路由器无效。

Hello 报文内容包括一些定时器设置、DR、BDR 以及本路由器已知的邻居路由器信息。整个 Hello 报文格式如图 11-13 所示，上部分为图 11-11 所示的 OSPF 报头部分，下部分为 Hello 报文内容部分。

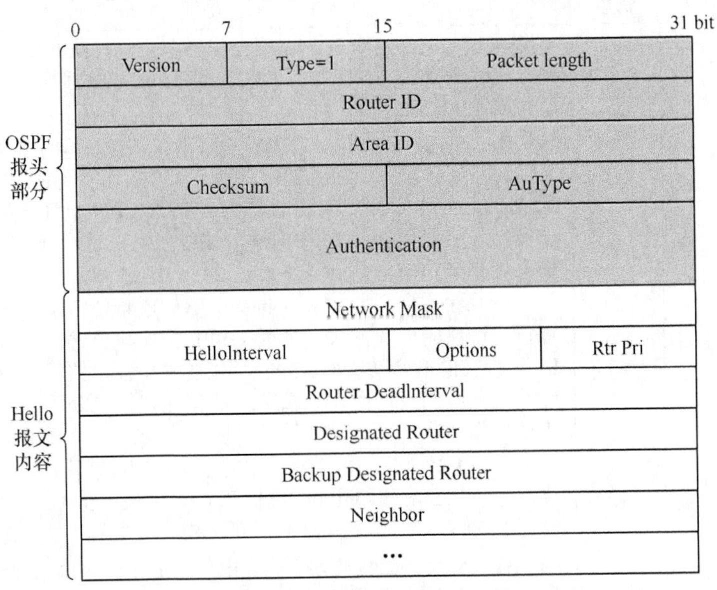

图 11-13　Hello 报文格式

图 11-14 所示是一广播网络 Hello 报文内容示例，图 11-13 中各字段说明见表 11-2。

```
⊟ OSPF Hello Packet
    Network Mask: 255.255.255.0
    Hello Interval: 10 seconds
  ⊟ Options: 0x02 (E)
      0... .... = DN: DN-bit is NOT set
      .0.. .... = O: O-bit is NOT set
      ..0. .... = DC: Demand Circuits are NOT supported
      ...0 .... = L: The packet does NOT contain LLS data block
      .... 0... = NP: NSSA is NOT supported
      .... .0.. = MC: NOT Multicast Capable
      .... ..1. = E: External Routing Capability
      .... ...0 = MT: NO Multi-Topology Routing
    Router Priority: 255
    Router Dead Interval: 40 seconds
    Designated Router: 10.1.234.2
    Backup Designated Router: 10.1.234.3
    Active Neighbor: 10.0.2.2
    Active Neighbor: 10.0.4.4
```

图 11-14　OSPF Hello 报文示例

表 11-2　Hello 报文内容部分字段说明

字段名	长度	功能
Network Mask	4 字节	发送 Hello 报文接口的 IP 地址所对应的子网掩码
HelloInterval	2 字节	指定发送 Hello 报文的时间间隔。P2P、Broadcast 类型接口发送 Hello 报文的时间间隔的值为 10 s；P2MP、NBMA 类型接口发送 Hello 报文的时间间隔的值为 30 s
Options	1 字节	可选项，置“1”时代表具有相应特性，置“0”时代表不具备相应特性。1 字节的 8 位中每一位代表一种特性（参见图 11-14）。 （1）DN：Down 比特位，仅在 MPLS VPN 环境中应用，**且仅在 LSA 报文中可以置 1，Hello 报文中总是置 0**。在 LSA 中，置 1 时，则指示对端仅可将该 LSA 放进 LSDB，而不能利用该 LSA 计算出 OSPF 路由装

续表

字段名	长度	功能
Options	1 字节	载进对端 OSPF 路由表，也不会传播至 OSPF MPLS VPN 骨干网上，用于避免环路。置 0 时，其他 PE 才会将从 CE 收到的该 LSA 传播给 OSPF MPLS VPN 骨干网上。 （2）O：Opaque 比特位，描述当前路由器是否有能力发送和接收 opaque LSA。当我们部署 MPLS TE，且使用 OSPF 作为 TE 的时候（**参见《华为 MPLS 技术学习指南》和《华为 MPLS VPN 学习指南》两书**），OSPF 就需要扩展以便支持 MPLS TE，这时候就可以看到 0 bit 位的置位了，而其他报文中的 option 里 0 bit 仍然为 0。 （3）DC：Demand Circuit（按需电路）比特位，描述当前路由器对按需拨号链路的处理方式。使用 OSPF 按需电路选项可以抑制 Hello 和 LSA 报文的刷新功能。OSPF 可以建立按需链路，以形成邻接并完成初始数据库同步，而该邻接关系即使在按需电路的二层协议关闭之后仍可保持活跃。 （4）L：LLS（Link Local Signaling，链路本地信令） Data Block 比特位，包括 Extended Options TLV 和 Cryptographic Authentication TLV 两种新的 TLV，带有这两种 TLV 的 OSPF 报文置 1，否则置 0。 （5）NP：N 或 P 比特位，分别只出现在 Hello 及 LSA 报文中。在 Hello 报文中为 N bit，指示当前路由器为 NSSA 区域路由器。当 N bit 被置 1 时 E bit 就必须被清零。在 LSA 报文中为 P bit，表示当前路由器支持处理 Type-7 LSA，即位于 NSSA 区域。 （6）MC：MultiCast（组播）比特位，描述当前路由器是否允许转发 IP 组播报文，置 1 时允许。 （7）**E**：External Routing（外部路由）比特位，描述当前路由器是否有接受 AS 外部 LSA 的能力，置 1 时具有，**但仅在 LSA 报文中有效，在 Hello 报文中总为 0**。在所有的 AS 外部 LSA 和所有始发于骨干区域以及非末梢区域的 LSA 中该位将置 1。而在所有始发于末梢区域的 LSA 中该位置 0。另外，可以在 Hello 数据包中使用该位来表明一个接口具有接收和发送 Type-5 的 LSA 的能力。E 位配置错误的邻居路由器将不能形成邻接关系，这个限制可以确保—个区域的所有路由器都同样地具有支持末梢区域的能力。 （8）MT：Muti-Topology（多拓扑）比特位，描述当前路由器是否支持多拓扑路由，置 1 时支持
Rtr Pri	1 字节	指定本路由器的 DR 优先级值，缺省为 1。如果设为 0，则表示本路由器不参与 DR/BDR 选举
RouterDeadInterval	4 字节	指定检测本地路由器失效的时间。P2P、Broadcast 类型接口的 OSPF 邻居失效时间为 40 s，P2MP、NBMA 类型接口的 OSPF 邻居失效时间为 120 s。指示当收到此 Hello 报文的路由器在此时间内没有收到本路由器再次发来的 Hello 报文，则认为本路由器已失效
Designated Router	4 字节	指定 DR 的接口 IP 地址
Backup Designated Router	4 字节	指定 BDR 的接口 IP 地址
Neighbor	4 字节	指定已发现的邻居路由器的 Router ID。图 11-13 最下面的省略号（…）表示可以指定多个邻居路由器的 Router ID，即图 11-14 最下面的多个“Active Neighbor”

2. OSPF DD 报文格式

DD 报文用来描述本地路由器的链路状态数据库（LSDB），即在本地 LSDB 中包括哪些 LSA。在两个 OSPF 路由器初始化连接时要交换 DD 报文（**除了 P2P 网络中是以组播方式发送外，其他网络类型均以单播方式发送**），以便进行 LSDB 同步。

DD 报文的内容部分包括 DD 报文序列号和本地 LSDB 中每一条 LSA 的头部，如图 11-15 所示，如图 11-16 所示是一 DD 报文内容示例，对应的各字段说明见表 11-3。

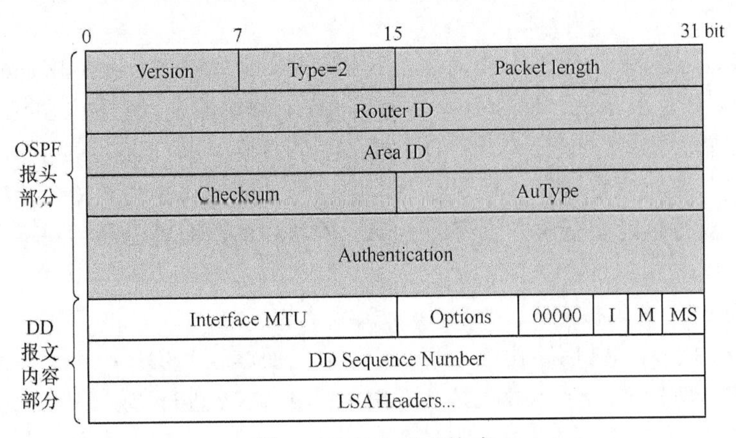

图 11-15　DD 报文格式

```
⊟ OSPF DB Description
    Interface MTU: 0
  ⊟ Options: 0x02 (E)
      0... .... = DN: DN-bit is NOT set
      .0.. .... = O: O-bit is NOT set
      ..0. .... = DC: Demand Circuits are NOT supported
      ...0 .... = L: The packet does NOT contain LLS data block
      .... 0... = NP: NSSA is NOT supported
      .... .0.. = MC: NOT Multicast Capable
      .... ..1. = E: External Routing Capability
      .... ...0 = MT: NO Multi-Topology Routing
  ⊞ DB Description: 0x07 (I, M, MS)
    DD Sequence: 63
```

图 11-16　DD 报文内容示例

表 11-3　　DD 报文内容部分字段说明

字段名	长度	功能
Interface MTU	2 字节	指出发送 DD 报文的接口在不分段的情况下，可以发出的最大 IP 报文长度
Options	1 字节	选项，参见表 11-2 中的 Options 说明
I	1 比特	指定在连续发送多个 DD 报文，如果是第一个 DD 报文则置 1，其他的均置 0。在图 11-16 中的“DB Description”部分
M	1 比特	指定在连续发送多个 DD 报文，如果是最后一个 DD 报文则置 0，否则均置 1。在图 11-16 中的“DB Description”部分
M/S	1 比特	设置进行 DD 报文双方的主从关系，如果本端是 Master（主）角色，则置 1，Slave（从）角色置 0。在图 11-16 中的“DB Description”部分
DD Sequence Number	4 字节	指定所发送的 DD 报文序列号。主、从双方利用主端设备的 DD 报文序列号来确保 DD 报文传输的可靠性和完整性。即图 11-16 中的“DB Sequence”字段
LSA Header	4 字节	指定 DD 报文中所包括的 LSA 头部。后面的省略号（…）表示可以指定多个 LSA 头部

对端路由器根据所收到的 DD 报文内容部分所列出的 LSA 头部，可以判断出本地是否已有这条 LSA。由于 LSDB 的内容可能相当长，所以可能需要多个 DD 报文的交互来完成双方 LSDB 的同步。所以有 3 个专门用于标识 DD 报文序列的比特位，即 DD 报文格式中的 I、M 和 M/S 这 3 位。接收方对接收到的连续 DD 报文重新排序，使其能还原所接收的 DD 报文。

DD 交换过程按询问/应答方式进行，在 DD 报文交换中，一台为 Master（主）角色，另一台为 Slave（从）角色。Master 路由器向 Slave 路由器发送它的 LSDB 中的 LSA 头部，并规定起始序列号，每发送一个 DD 报文，序列号加 1，Slave 路由器则使用 Master 路由器的序列号进行确定应答。**但是显然，主、从之间的关系会因每个 DD 交换的不同而不同，因为双方可能都有对方没有的 LSA，网络中的所有路由器会在不同时刻担当不同的角色。**

3. OSPF LSR 报文格式

LSR 报文用于请求邻居路由器 LSDB 中存在，而本地 LSDB 中不存在的 LSA（通过对 DD 报文中所包括的 LSA 头部与本地 LSDB 中的 LSA 进行比对得出）。当两台路由器互相交换完 DD 报文后，知道对端路由器有哪些 LSA 是本 LSDB 所没有的，以及哪些 LSA 是已经失效的，则需要发送一个 LSR 更新报文，向对方请求所需的 LSA。

LSR 报文内容包括本端需要向对端请求（**除了 P2P 网络中是以组播方式发送外，其他网络类型均以单播方式发送**）的 LSA 摘要（即仅包括 LSA 头部），具体格式如图 11-17 所示，图 11-18 所示为一个 LSR 报文内容示例，LSR 报文内容部分各字段说明见表 11-4。

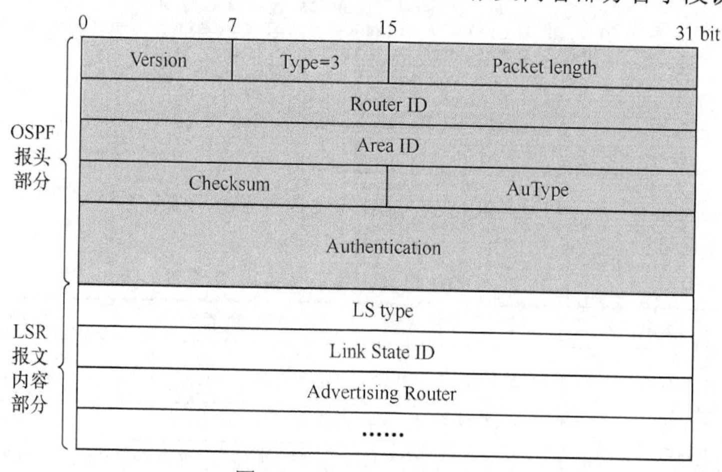

图 11-17　LSR 报文格式

```
⊟ Link State Request
    Link-State Advertisement Type: Router-LSA (1)
    Link State ID: 10.0.4.4
    Advertising Router: 10.0.4.4 (10.0.4.4)
```

图 11-18　LSR 报文内容示例

表 11-4　　LSR 报文内容部分字段说明

字段名	长度	功能
LS type	4 字节	指定所请求的 LSA 类型，主要有 6 类，将在 11.1.8 节介绍。对应图 11-18 中的“Link-State Advertisement Type”字段

续表

字段名	长度	功能
Link State ID	4 字节	用于指定 OSPF 所描述的部分区域，该字段的使用方法根据 LSA 类型不同而不同：当为 Type-1 LSA 时，该字段值是产生该 LSA 的路由器的 Router-ID；当为 Type-2 LSA 时，该字段值是 DR 的接口 IP 地址；当为 Type-3 LSA 时，该字段值是目的网络的网络 IP 地址；当为 Type-4 LSA 时，该字段值是 ASBR 的 Router-ID；当为 Type-5 LSA 和 Type-7 LSA 时，该字段值是目的网络的网络 IP 地址
Advertising Router	4 字节	指定发送此 LSR 报文的路由器的 Router ID

4. OSPF LSU 报文格式

LSU 报文是 LSR 请求报文的应答报文，用来向对端路由器发送所需的真正 LSA 内容或者泛洪本端更新的 LSA，可以是多条完整 LSA 内容的集合。LSU 报文内容部分格式如图 11-19 所示，图 11-20 所示为一 LSU 报文内容示例（仅包括一个 Router-LSA），报文内容部分的两个字段见表 11-5。

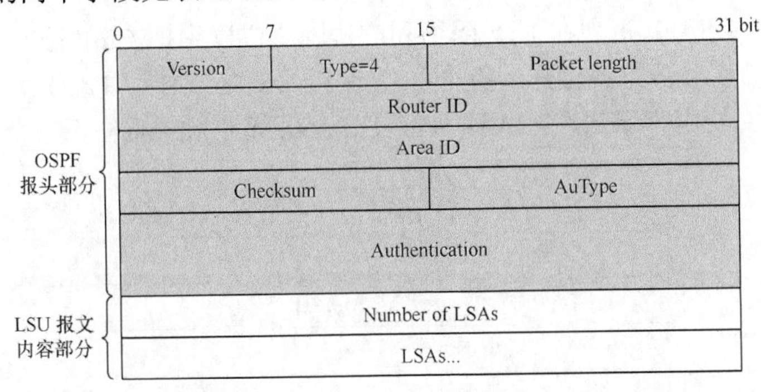

图 11-19　LSU 报文格式

```
⊟ LS Update Packet
    Number of LSAs: 8
  ⊟ LS Type: Router-LSA
      LS Age: 1 seconds
      Do Not Age: False
    ⊟ Options: 0x02 (E)
        0... .... = DN: DN-bit is NOT set
        .0.. .... = O: O-bit is NOT set
        ..0. .... = DC: Demand Circuits are NOT supported
        ...0 .... = L: The packet does NOT contain LLS data block
        .... 0... = NP: NSSA is NOT supported
        .... .0.. = MC: NOT Multicast Capable
        .... ..1. = E: External Routing Capability
        .... ...0 = MT: NO Multi-Topology Routing
      Link-State Advertisement Type: Router-LSA (1)
      Link State ID: 10.0.3.3
      Advertising Router: 10.0.3.3 (10.0.3.3)
      LS Sequence Number: 0x80000008
      LS Checksum: 0x24f8
      Length: 48
    ⊞ Flags: 0x01 (B)
      Number of Links: 2
    ⊟ Type: Transit   ID: 10.1.234.2      Data: 10.1.234.3      Metric: 1
        IP address of Designated Router: 10.1.234.2
        Link Data: 10.1.234.3
        Link Type: 2 - Connection to a transit network
        Number of TOS metrics: 0
        TOS 0 metric: 1
    ⊟ Type: Stub      ID: 10.0.3.0        Data: 255.255.255.0   Metric: 0
        IP network/subnet number: 10.0.3.0
        Link Data: 255.255.255.0
        Link Type: 3 - Connection to a stub network
        Number of TOS metrics: 0
        TOS 0 metric: 0
```

图 11-20　LSU 报文内容示例

表 11-5 **LSU 报文内容部分字段说明**

字段名	长度	功能
Number of LSA	4 字节	指定此报文中共发送的 LSA 数量。如图 11-20 中的"Number of LSAs"为 8，表示此 LSU 报文中包含 8 个完整的 LSA 信息，但图中仅显示了一个 LSA 的内容
LSAs	4 字节	是一条条具体的 LSA 完整信息，后面的省略号表示可有多条 LSA

LSA 头部及各种不同 LSA 的格式将在后面两小节中依次介绍。

LSU 报文在 P2P 网络和广播网络中以组播方式发送（非 DR 设备向 DR 和 BDR 发送 LSU 报文的目的 IP 地址为 224.0.0.6，其他所有 OSPF 组播报文的目的 IP 地址均为 224.0.0.5），**在 NBMA 网络和 P2MP 网络中以单播方式发送**，并且对没有收到对方确认应答（就是下面将要介绍的 LSAck 报文）的 LSA 进行重传，但重传时的 LSA 是直接送到没有收到确认应答的邻居路由器上，即采用单播发送方式，而不再是泛洪。

5．OSPF LSAck 报文格式

LSAck 报文是路由器在收到对端发来的 LSU 报文后发出的确认报文，内容是需要确认的 LSA 头部。**LSAck 报文在 P2P 网络和广播网络中以组播方式发送，在 NBMA 网络和 P2MP 网络中以单播方式发送**。整个 LSAck 报文的格式如图 11-21 所示，图 11-22 所示是 LSAck 报文的内容示例，LSA Header（LSA 头部）格式将在下节介绍。

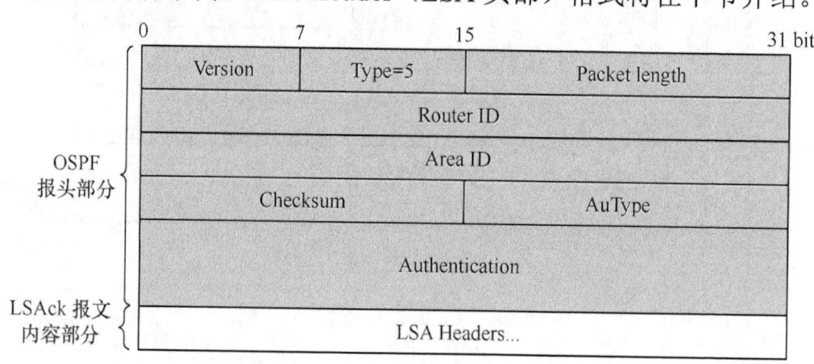

图 11-21　LSAck 报文格式

```
⊟ LSA Header
    LS Age: 1 seconds
    Do Not Age: False
  ⊟ Options: 0x02 (E)
      0... .... = DN: DN-bit is NOT set
      .0.. .... = O: O-bit is NOT set
      ..0. .... = DC: Demand Circuits are NOT supported
      ...0 .... = L: The packet does NOT contain LLS data block
      .... 0... = NP: NSSA is NOT supported
      .... .0.. = MC: NOT Multicast Capable
      .... ..1. = E: External Routing Capability
      .... ...0 = MT: NO Multi-Topology Routing
    Link-State Advertisement Type: Router-LSA (1)
    Link State ID: 10.0.3.3
    Advertising Router: 10.0.3.3 (10.0.3.3)
    LS Sequence Number: 0x80000009
    LS Checksum: 0x22f9
    Length: 48
```

图 11-22　LSAck 报文内容示例

11.1.7　OSPF LSA 头部格式

在 OSPF 网络中对各 OSPF 路由器根据其用途进行了分类，不同类型的 OSPF 路由器所发送的 LSA 的用途和可以通告的范围也各不相同。本节要介绍 OSPF 主要的 LSA 类型及其报文格式。

常见的 OSPF LSA 包括以下 6 类：Router-LSA、Network-LSA、Network-summary-LSA、ASBR-summary-LSA、AS-external-LSA 和 NSSA-External-LSA，**采用组播方式发送**。每个 LSA 报文包括 LSA 头部和 LSA 信息两部分，且所有类型 LSA 报文的 LSA 头部格式均如图 11-23 所示，各字段说明如下。但不同类型 LSA 头部中的 Link State ID 字段的含义有所不同，当然，不同 LSA 中信息部分的格式和内容也不完全相同。

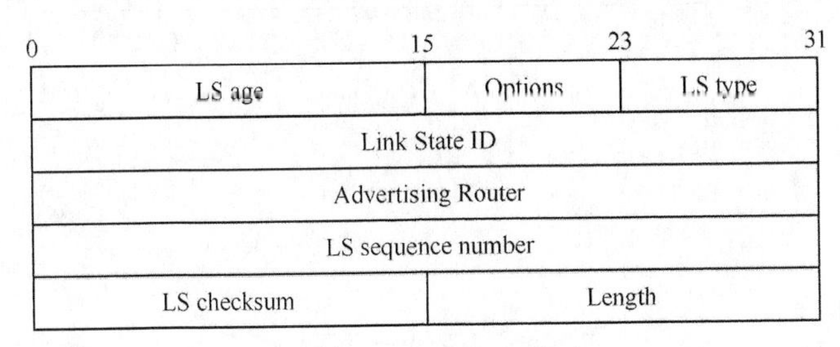

图 11-23　LSA 头部格式

① LS age：2 字节，LSA 自产生后所经过的时间，以秒为单位。无论 LSA 是在链路上传输，还是在 LSDB 中保存，一直处于计时状态。每个 LSA 都会被老化的，缺省的老化时间为 3 600 s。

② Option：可选项，1 字节，参见 11.1.6 节中表 11-1 中的 Options 字段说明。

③ LS type：Link-State Advertisement Type，1 字节，表示 LSA 的类型，主要有以下几类。

- 1：Router-LSA。
- 2：Network-LSA。
- 3：Network-summary-LSA。
- 4：ASBR-summary-LSA。
- 5：AS-external-LSA。
- 7：NSSA-external-LSA。

④ Link State ID：4 字节，链路状态 ID，不同类型 LSA 有不同的含义。

⑤ Advertising Router：4 字节，发布 LSA 通告的路由器的 Router ID，即始发该 LSA 的路由器的 Router ID。

⑥ LS Sequence Number：4 字节，标识 LSA 的序号。每一个 LSA 都有一个相同的初始序列号，路由器每更新一次该 LSA，该 LSA 的序列号都加 1。最大的序列号是 0x7FFFFFFF，最小的是 0x80000001，0x80000000 被保留，没有使用。

⑦ LS Checksum：2 字节，对除 LSA 的 LS age 字段外的其他各字段进行校验和计算，用于验证 LSA 在传输过程中是否被篡改。

⑧ Length：2 字节，标识整个 LSA（包括 LSA 头部和信息部分）的长度，以字节为单位。

11.1.8　OSPF LSA 种类及报文格式

11.1.7 节介绍了所有 LSA 报文共用的 LSA 头部格式，本节介绍主要的 LSA 的报文格式。

1. Type-1 LSA：路由器 LSA（Router-LSA）

Router-LSA 是一种最基本的 LSA，**每个 OSPF 路由器都会产生这种 LSA**。Router-LSA 用于描述设备当前各链路的状态和开销，其报文格式如图 11-24 所示，上面深色部分是 11.1.7 节介绍的 LSA 头部，**其中的 Link State ID 代表始发本 LSA 的路由器的 Router ID**。下面信息部分各字段的含义说明如下。

0	15	23	31
LS age		Options	LS type=1
Link State ID			
Advertising Router			
LS sequence number			
LS checksum		length	
0 V E B 0		#links	
Link ID			
Link Data			
Type	# TOS	metric	
......			
TOS	0	TOS metric	
Link ID			
Link Data			
......			

图 11-24 Router-LSA 报文格式

① V：1 位，如果产生此 LSA 的路由器是虚连接的端点，则此位置 1，否则置 0。

② E：1 位，如果产生此 LSA 的路由器是 ASBR，则此位置 1，否则置 0。

③ B：1 位，如果产生此 LSA 的路由器是 ABR，则此位置 1，否则置 0。

④ # links：2 字节，标识本地路由器中属于相同区域的链路数，代表该 LSA 泛洪的范围。

⑤ Link ID：4 字节，标识链路连接对象，取值会根据下面的 Type（实为 Link Type）字段的取值（链路类型）不同而不同。

⑥ Link Data：4 字节，链路数据，取值也会根据下面的 Type（实为 Link Type）字段的取值（链路类型）不同而不同。

⑦ Type：1 字节，实为 Link Type（链路类型），有以下 4 种类型，Link ID 和 Link Data 字段的值会根据本字段的值的不同而有所不同。

■ 1：P2P（点对点），此时 Link ID 表示邻居路由设备的 Router ID，Link Data 表示路由器发送该 LSA 的接口的 IP 地址。

■ 2：Transit（传送网络），此时 Link ID 表示 DR 接口的 IP 地址，Link Data 表示路由器发送该 LSA 的接口的 IP 地址。

■ 3：Stub（末梢网络），此时 Link ID 表示 IP 网络或子网地址，Link Data 表示发送该 LSA 的接口所在网络的子网掩码。

■ 4：Virtual Link（虚链路），此时 Link ID 表示邻居路由设备的 Router ID，Link Data 表示发送该 LSA 的接口的 MIB-II ifIndex（接口索引）值。

⑧ # TOS：1 字节，本来用于实现基于 TOS（服务类型）的 QoS 路由，对于不同的 TOS 值，链路可以配置不同的开销值，但现在固定为 0。

⑨ metric：2 字节：对应链路开销。

⑩ TOS metric：2 字节，基于 TOS 所附加的开销。

Router-LSA 仅在路由器所属的区域内传播，如一路由器的不同接口分别加入了区域 0 和区域 10 中，则该路由器的 Router-LSA 会同时在这两个区域中传播。

2. Type-2 LSA：网络 LSA（Network-LSA）

Network-LSA 由 DR（指定路由器）产生，描述了 DR 所在网段的链路状态，记录本网段内所有路由器的 Router ID。Network-LSA 的报文格式如图 11-25 所示，上面深色部分也是 11.1.7 节介绍的 LSA 头部，**其中的 Link State ID 代表 DR 路由器接口的 IP 地址**。下面信息部分各字段的含义说明如下。

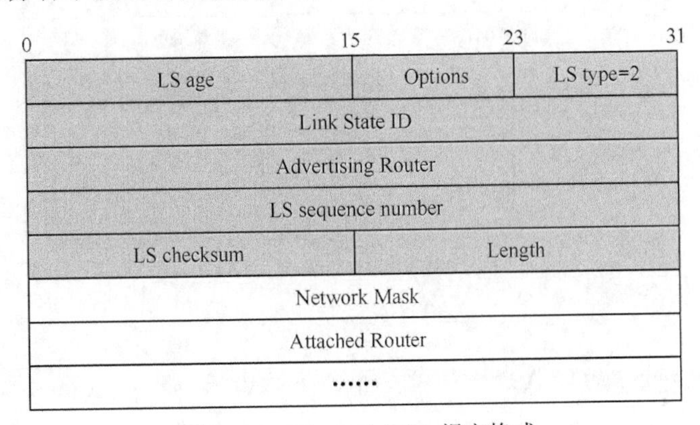

图 11-25　Network-LSA 报文格式

■ Network Mask：4 字节，该广播或 NBMA 网络的子网掩码。

■ Attached Router：4 字节，本网段中所有与当前 DR 形成完全邻接关系的路由器（Attached Router）的 Router ID（包括 DR 自身的 Router ID）。

Network-LSA **也仅在所属的区域内传播**。因为 DR 仅在广播网络、NBMA（非广播多路访问）网络中存在，所以 Network-LSA 也仅在广播网络、NBMA 网络中存在。有关 OSPF 支持的网络类型将在 11.1.10 节具体介绍。

通过 Router-LSA 和 Network-LSA 在区域内洪泛，区域内每个路由器可以完成 LSDB 同步，这就解决了区域内部的通信问题。

3. Type-3 LSA：网络聚合 LSA（Network-summary-LSA）

Network-summary-LSA **由 ABR 产生**，发布到所连接的区域，通告从该区域到其他区域的目的地址。实际上，ABR 是将区域内部的 Type-1 和 Type-2 的信息收集起来并汇总之后扩散出去，这就是 Summay 的含义。

Network-summary-LSA 的报文格式如图 11-26 所示，上面深色部分也是 11.1.7 节介绍的 LSA 头部，**其中的 Link State ID 代表通告的目的网络地址**。下面信息部分各字段的含义说明如下。

- Network Mask：4 字节，通告的目的网络的子网掩码。
- metric：3 字节，到达目的网络的链路开销之和。
- TOS：1 字节，到达目的网络的服务类型，即 QoS 优先级。
- TOS metric：3 字节，TOS 附加的链路开销。

如果一台 ABR 在与它本身相连的区域内有多条路由可以到达目的地，那么它将只会发送单一的一条网络汇总 LSA 到骨干区域，而且这条网络汇总 LSA 是上述多条路由中开销最低的。**但 Network-summary-LSA 不会通告给 Totally Stub 和 Totally NSSA 区域。** 有关 Stub 区域、Totally Stub 区域、NSSA 区域和 Totally NSSA 区域将在 11.1.9 节介绍。

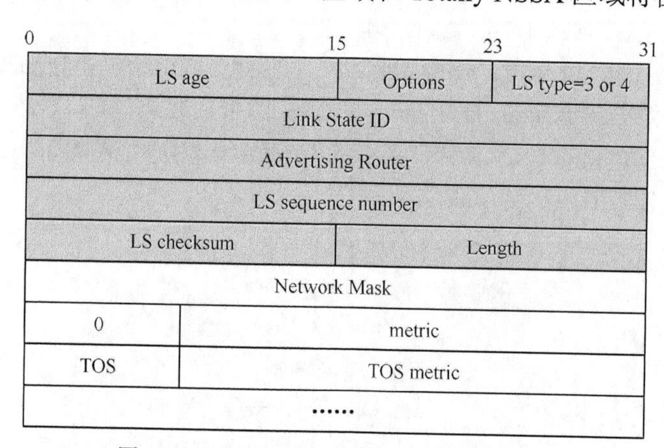

图 11-26 Network-summary-LSA 报文格式

说明 如果一条Type-3的LSA通告的是一条缺省路由器，那么其Link State ID和Network Mask都为0。

4. Type-4 LSA：ASBR 聚合 LSA（ASBR-summary-LSA）

ASBR-summary-LSA 也由 ABR 产生，描述从该 ABR 到达 OSPF 路由域中各个 ASBR 连接本地 AS 的路由器接口所在网段的路由，通告给整个 OSPF 网络的**普通区域**（不能进入 Stub 区域、Totally Stub 区域、NSSA 区域和 Totally NSSA 区域）。

ASBR-summary-LSA 的报文格式与 Network-summary-LSA 的报文格式一样，参见图 11-26，**其中 Link State ID 表示该 LSA 所描述的 ASBR 接口的 IP 地址**，**在信息字段部分的 Net Mask 字段固定为 0.0.0.0**，**因为 ASBR-summary-LSA 是用于计算到达 ASBR 接口 IP 地址的主机路由。**

5. Type-5 LSA：自治系统外部 LSA（AS-external-LSA）

AS-external-LSA 由 ASBR 产生，描述到达 AS 外部的路由，**也仅可向普通区域中泛洪**，不能进入 Stub 区域、Totally Stub 区域、NSSA 区域和 Totally NSSA 区域。

AS-external-LSA 的报文格式如图 11-27 所示，上面深色部分也是 11.1.7 节介绍的 LSA 头部，**其中 Link State ID 代表外部网络目的 IP 地址**，下面信息部分各字段的含义如下。

- Network Mask：4 字节，通告的 AS 外部网络的子网掩码。
- E：1 位，描述外部路由的类型，置 0 代表第一类外部路由，置 1 代表第二类外部路由。

■ metric：3 字节，到达 AS 外部网络的开销总和。

■ Forwarding Address：4 字节，转发地址，即到达目的地址的数据包应该由指定地址的设备进行转发。**如果是 0.0.0.0，表示要经过 ASBR 转发到 AS 外部目的网络**。

■ External Route Tag：4 字节，外部路由标记，用于对外部路由进行分类，应用特定的路由策略。

■ TOS：1 字节，到达目的网络的服务类型，即 QoS 优先级。

■ TOS metric：3 字节，TOS 附加的链路开销。

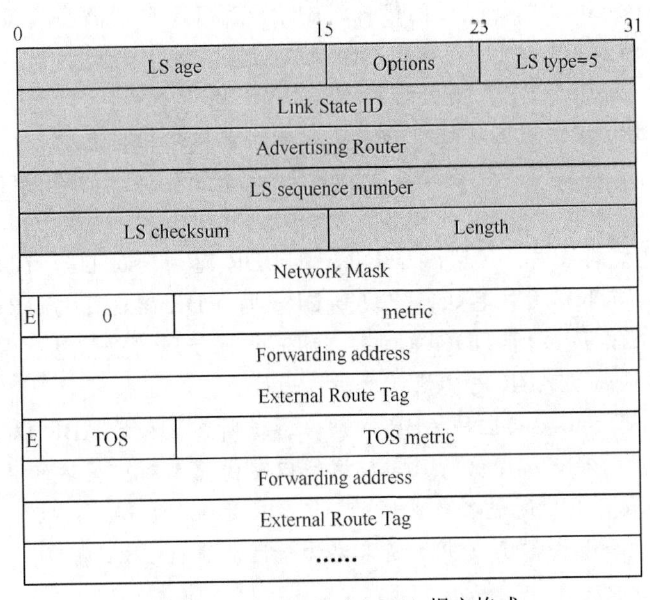

图 11-27　AS-external-LSA 报文格式

6. Type-7 LSA：NSSA LSA

NSSA LSA 也是由 ASBR 产生的，内容几乎和 Type-5 LSA 相同，**但它专用于 NSSA 区域和 Totally NSSA 区域连接的 ASBR 向 NSSA 区域内泛洪外部 AS 的路由**，然后经过 NSSA 区域 ABR 上转换成 Type-5 LSA 向 OSPF 路由域内其他区域中传播。

NSSA LSA 所有的字段与 AS-external-LSA 字段均相同，报文格式参见图 11-27。但这两种 LSA 始发的路由器类型和泛洪的区域不同：AS-external-LSA 是由普通区域的 ASBR 始发，在整个 AS 普通区域泛洪，而 NSSA LSA 是由 NSSA 区域的 ASBR 始发，仅在 NSSA 区域中泛洪。为了使外部路由能被引入到除 NSSA 区域以外的其他区域，NSSA LSA 需要在 ABR 上转换成 AS-external-LSA。

NSSA LSA 中 Forward Adress 总不为 0.0.0.0，因为不能通过一条 Type-5 LSA 直接计算到达 NSSA 区域的 ASBR 的路由（Type-5 LSA 不能在 NSSA 区域内传播），具体转发地址根据以下原则选取该 ASBR 上启用 OSPF 的接口的 IP 地址。

■ 如果该路由器上存在 loopback 接口启用 OSPF，则 FA 地址将等于启用 OSPF 的 loopback 接口地址（若存在多个的话，则转发地址等于**最后启用** OSPF 的 loopback 接口的地址）。

■ 如果该路由器上不存在loopback接口启用OSPF，则FA地址将等于启用OSPF的物理接口地址（若存在多个的话，则转发地址等于**最后启用** OSPF 的物理接口的地址）。

7. Type-9/Type-10/Type-11 LSA：Opaque LSA

Opaque LSA是一个被提议的LSA类别，由在标准的LSA头部后面加上特殊应用的信息组成，可以直接由OSPF使用，或者由其他应用分发信息到整个OSPF域间接使用。Opaque LSA分为Type-9、Type-10、Type-11 3种类型，但它们各自可泛洪的区域不同：其中，Type-9 LSA仅在接口所在网段范围内传播，用于支持GR的Grace LSA就是Type-9 LSA的一种；Type-10 LSA在区域内传播，用于支持TE的LSA就是Type-10 LSA的一种；Type-11 LSA在自治系统内传播，目前还没有实际应用的例子。

【经验之谈】在OSPF中主要用到的就是Type-1～Type-5和Type-7这6种LSA。下面介绍在整个OSPF路由域各区域中的设备是如何获取路由信息的。

■ 在区域内部各路由器设备通过Type-1 LSA来获取彼此的路由信息，实现相互路由通信。

■ 在广播类型网络中，区域内非DR、非BDR路由器与DR、BDR路由器之间是通过Type-2 LSA获取路由信息的，实现非DR、非BDR路由器与DR、BDR路由器之间的路由通信；各非DR、非BDR路由器之间不相互获取路由信息，需全部通过DR或者BDR，以及该区域的ABR与其他区域进行通信。

■ 在区域内部路由器与区域ABR之间，通过所在区域的ABR以Type-3 LSA向内发布本区域各网段的聚合路由信息，实现区域内路由器与对应区域的ABR路由通信。

■ 在不同区域之间，通过各自区域的ABR以Type-3 LSA向内、外发布本区域和外部区域各网段的聚合路由信息（中间还需要骨干区域进行LSA转发），实现不同区域的路由器间的路由通信。

■ 在区域内部路由器与外部AS之间，先通过各区域的ABR以Type-4 LSA向内发布到达ASBR的聚合路由信息，实现与ASBR的路由通信，然后通过对应ASBR向普通区域内部发布的Type-5 LSA或者向NSSA区域和Totally NSSA区域发布的Type-7 LSA实现与外部AS的路由通信。

11.1.9 几种特殊的OSPF区域

在OSPF网络的区域中，除了11.1.8节介绍的普通区域（**本节将要介绍的骨干区域也属于普通区域**）外，还包括一些特殊区域，那就是本节将要介绍的Stub区域、Totally Stub区域、NSSA区域和Totally NSSA区域。

1. 骨干区域

OSPF中的骨干区域是普通区域中的一种特殊区域，它的区域号固定为0.0.0.0，也即区域0。另外，骨干区域是连续的，或者通过前面介绍的“虚连接”（Virtual Link）连接两个或多个分离的骨干区域，但这些分离的骨干区域的区域号必须均为0.0.0.0。同时，要求其他区域必须与骨干区域直接连接，或者通过“虚连接”虚拟连接。如图11-28所示，普通区域2没有与骨干区域0直接连接（中间隔了一个区域1），这时就可以在区域1中连接骨干区域0和普通区域2的两端ABR中配置“虚连接”。

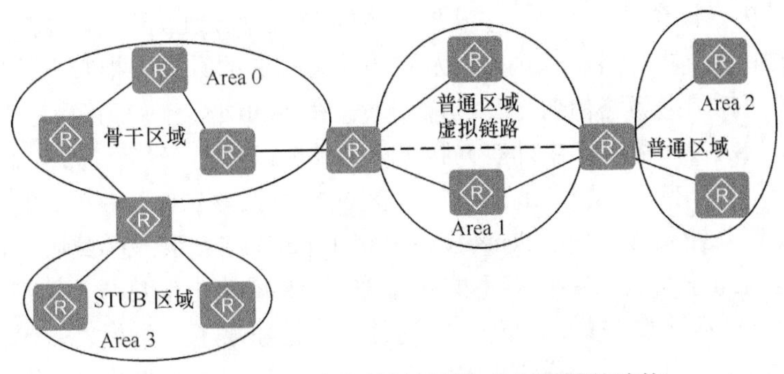

图 11-28　OSPF 中的普通区域与骨干区域的连接

"虚连接"被认为属于骨干区域（相当于骨干区域的延伸），在 OSPF 路由协议看来，虚连接两端的两个路由器被一个点对点的链路连在一起，这样，原本没有与骨干区域连接的区域就变成直接连接的了，成为合法的普通区域连接了。区域间的通信先要被路由到骨干区域，然后再路由到目的区域，最后被路由到目的区域中的主机。

【经验之谈】虚连接不仅可以把中间隔离骨干区域一个普通区域（如图 11-28 中的区域 2 与骨干区域 0 之间仅隔离了一个普通区域 1）的区域变成直接与骨干区域连接，还可以中间隔离多个普通区域。**虚连接是分段配置的，每段只能位于一个普通区域的内部，**不能跨多个区域。假设在图 11-28 的区域 2 右边再连接了一个普通区域 4，因该区域也没有与骨干区域直接连接，所以也需要通过虚连接来实现。但此时，需要配置两段虚链接，一段是位于区域 1 中，另一段是位于区域 2 中，要分别对两端的 ABR 配置。

通过虚连接也可连接两个分离的骨干区域 0。另外，**当 OSPF 网络划分一个区域时，区域 ID 可以任意，**不一定非要是骨干区域 0，但如果网络中划分成了多个区域，则其中一个区域必须是骨干区域 0，其他区域必须直接或通过虚连接直接与骨干区域连接。

2. Stub（末梢）区域

Stub 区域是一种专门为那些由性能较低的路由器组成，并与 AS 外部没有太多通信的 AS 边缘区域，简化区域内部路由器上的路由表而采取的一种优化措施。**只有处于 AS 边缘，且只有一个 ABR，没有 ASBR，没有虚连接穿越的非骨干区域才可配置为 Stub 区域，**因为只有这样才能尽可能地减少区域内路由器的路由表项数量。

如图 11-29 所示，OSPF 划分了 Area 0 和 Area 2，并且 Area 0 内的 ASBR 引入了外部路由。如果 Area 2 作为一个普通区域，那么可能存在 Type-1、Type-2、Type-3、Type-4、Type-5 共计 5 种类型的 LSA。但对于 Area 2 中的路由器来说，因为它只有一个 ABR，所以无论想到达区域外的哪个网络，都必须首先到达这个 ABR 路由器，也就是说这个时候 Area 2 中的其他路由器并不需要了解外部网络的细节。这种情况下，就产生了 OSPF 的 Stub 区域。

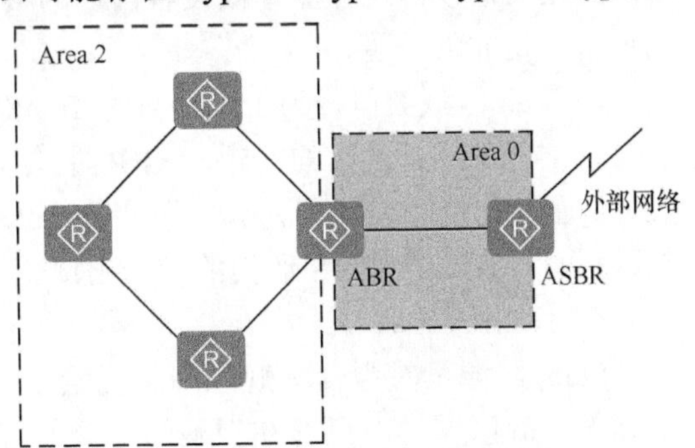

图 11-29　Stub 区域示例

Stub 区域通过禁止 ABR 接收到的 AS 外部路由相关的 Type-4 LSA 和 Type-5 LSA

进入 Stub 区域内，仅允许同一 AS 中其他区域的 Type-3 LSA 通过 ABR 进入区域，来实现在这些区域中路由器的路由表规模以及路由信息传递的数量大幅减少的目的，减少设备内存资源的消耗，提高路由效率。这样一来，在 Stub 区域内部路由器中**仅有 Type-1 LSA、Type-2 LSA（广播网络中才有）和 Type-3 LSA 存在**，没有 Type-4 LSA 和 Type-5 LSA（更没有专用于 NSSA 和 Totally NSSA 区域的 Type-7 LSA）。

在阻止了与 AS 外部相关的 Type-4 LSA 和 Type-5 LSA 进入区域后，也会带来一个问题，那就是 Stub 区域内部路由器不能获知外部 AS 的路由信息，不能与 AS 外部进行通信。但有时又的确需要与外部 AS 进行通信，于是新增了一条折衷的解决方法，就是由 Stub 区域的 **ABR** 自动产生一条缺省的 Summary LSA（Type-3 LSA）通告到整个 Stub 区域内，生成缺省路由（**0.0.0.0**），使 Stub 区域 ABR 作为区域内部路由器与外部 AS 通信的唯一出口。

【经验之谈】当一个 OSPF 的区域只存在一个区域出口点（只与一个其他区域连接）时，我们可以将该区域配置成一个 Stub 区域。这时，该区域的 ABR 会对区域内通告缺省路由信息。需要注意的是，一个 Stub 区域中的所有路由器都必须知道自身属于该区域（也就是需要在其中的路由器启用这项功能），否则 Stub 区域的设置不会起作用。下面的其他特殊区域配置也一样。

3. Totally Stub 区域

对于图 11-29 中的 Area 2 中的路由器来说，其实区域间的明细路由也没必要都了解，仅保留一个出口让 Area 2 中路由器的数据包能够出去就足够了，这就产生了 OSPF 的 Totally Stub（完全末梢）区域。Totally Stub 区域中，**既不允许自治系统外部的路由在区域内传播，也不允许区域间路由在区域内传播**，这样就进一步减少了区域内 LSA 的数量。

Totally Stub 区域所需满足的条件与 Stub 区域一样，**即只有处于 AS 边缘，且只有一个连接其他区域的 ABR，没有 ASBR，没有虚连接穿越的非骨干区域**才可配置为 Totally Stub 区域。但在 LSA 的限制上，Totally Stub 区域比 Stub 区域更加严格，除了不允许与 AS 外部路由相关的 Type-4 LSA 和 Type-5 LSA 进入区域内外，**还不允许同一 AS 中其他区域的 Type-3 LSA 经由 ABR 向区域内部路由器泛洪**。这样一来，在 Totally Stub 区域内部路由器中**仅有 Type-1 LSA 和 Type-2 LSA（广播网络中才有），没有 Type-3 LSA、Type-4 LSA 和 Type-5 LSA**（同样更没有 Type-7 LSA），可进一步大大减小区域内部路由器的路由表规模，进一步降低设备内在的资源消耗，提高路由效率，这对那些较低配置的设备来说非常重要。

与 Stub 区域类似，为了解决有时 Totally Stub 区域内部路由器需要与其他区域，或者与 AS 外部进行通信的问题，**ABR** 也会自动产生一条缺省的 Summary LSA（Type-3 LSA）通告到整个 Stub 区域内，使得 Totally Stub 区域的 ABR 作为区域内部路由器与其他区域，以及与外部 AS 通信的唯一出口。

4. NSSA 区域

Stub 区域虽然为合理规划网络描绘了美好的前景，但在实际的组网中，利用率并不高（Stub 区域一般只存在于网络边缘）。但此时的 OSPF 已经基本成型，不可能再进行大的修改。为了弥补缺陷，协议设计者提出了一种新的概念——NSSA（Not-So-

Stubby Area，非纯末梢区域），并且作为 OSPF 的一种扩展属性单独在 RFC 1587 中描述。

在图 11-29 中，如果假设 Area 2 原来作为一个 Stub 区域运行，但是有个外部网络需要通过 Area 2 接入到这个 OSPF 网络，也就是需要将自治系统外部路由引入并传播到整个 OSPF 自治系统中。此时可以在 RouterA 上将外部路由注入到 OSPF 自治系统，但是这样 RouterA 将成为 ASBR，而 Area 2 就不是 Stub 区域了，变成了另一种特殊的 OSPF 区域——NSSA 区域，如图 11-30 所示。

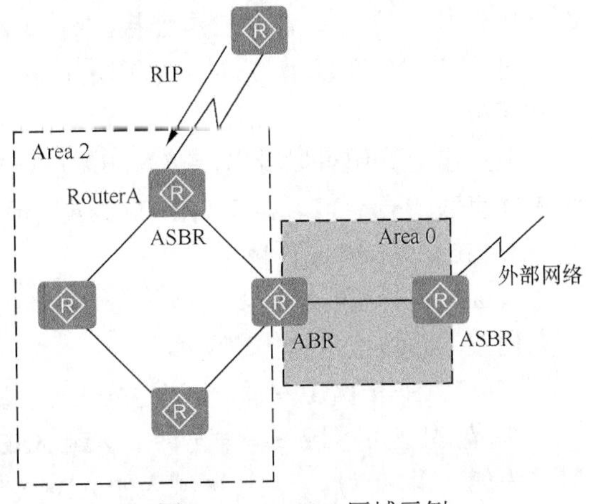

图 11-30　NSSA 区域示例

从前面的介绍可知，NSSA 区域可以说是对原来的 Stub 区域概念的延伸，或者说是 Stub 区域修订版本，在必备条件方面有所放宽，即 **NSSA 区域可以位于非边缘区域，可以有多个 ABR（Stub 区域仅允许有一个 ABR），可以有一个或多个 ASBR（Stub 区域中不允许有 ASBR）**。在 LSA 的限制方面，NSSA 区域与 Stub 区域既有相同的地方，也有不同的地方，毕竟 NSSA 区域允许有 ASBR，且可以有多个 ABR。具体表现如下。

① 允许本区域 ASBR 上引入的 AS 外部路由以 Type-7 LSA 进入 NSSA 区域中泛洪，然后在 ABR 上转换成 Type-5 LSA 后，**以自己的身份**（源 IP 地址为 ABR 的，**相当于此 ABR 又是 ASBR 了**）发布到区域之外，因为 Type-7 LSA 是专门为 NSSA 区域新定义的，非 NSSA 区域设备不可识别。图 11-31 所示是一个在 NSSA 区域（如图中的区域 1）中通过 Type-7 LSA 发布 AS 外部路由信息，经过 ABR 转换成 Type-5 LSA，向 OSPF 网络中其他普通区域（如图中的区域 0 和区域 2）泛洪的示例。

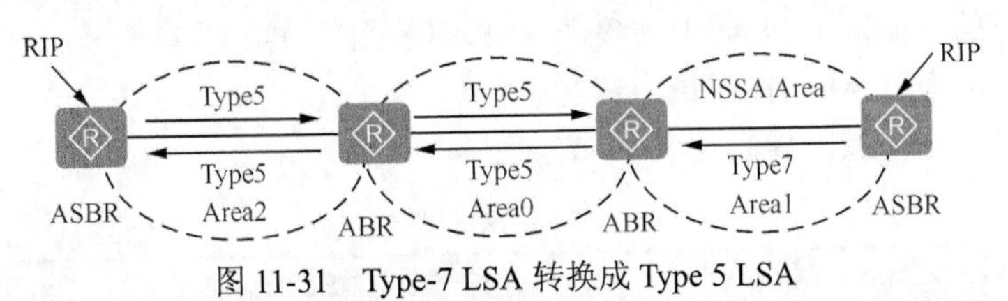

图 11-31　Type-7 LSA 转换成 Type 5 LSA

② 与 Stub 区域一样，允许区域间的 Type-3 LSA 进入 NSSA 区域内部泛洪，不允许与其他区域中 ASBR 发布的 AS 外部路由相关的 Type-4 LSA 和 Type-5 LSA 进入 NSSA 区域内泛洪。

说明　为了将 NSSA 区域引入的外部路由发布到其他区域，需要把 Type-7 LSA 转化为 Type-5 LSA 以便在整个 OSPF 网络中通告。

P-bit (Propagate bit) 用于告知转化路由器该条 Type-7 LSA 是否需要转化。只有 P-bit 置位，并且 FA (Forwarding Address，转发地址）不为 0 的 NSSA LSA 才能转化为 Type-5 AS-external-LSA。FA 用来表示发送的某个目的地址的报文将被转发到 FA 所指定的地址。

ASBR 产生的 NSSA LSA 不会置位 P-bit。缺省情况下，转化路由器是 NSSA 区域中 Router ID 最大的 ABR。

从以上可以看出，NSSA 区域也限制了由其他区域中的 ASBR 所引入的 AS 外部路由进入区域内，但同样 NSSA 区域内部路由器有可能需要与其他区域连接的外部 AS 进行通信。为了解决这一问题，NSSA 区域仍采用缺省路由的方式来解决，就是在该区域的 **ABR** 上向区域内部路由器泛洪一条指向自己的缺省路由，使该 ABR 作为区域内部路由器与其他区域 ASBR 所连接的外部 AS 进行通信的唯一路由。但在 NSSA 区域中，可能同时存在多个 ABR，为了防止路由环路的产生，**ABR 之间不计算对方发布的缺省路由**。

通过以上介绍可以看出，**在 NSSA 区域中存在 Type-1 LSA、Type-2 LSA（广播网络中才有）、Type-3 LSA 和 Type-7 LSA，但没有 Type-4 LSA 和 Type-5 LSA**。

5. Totally NSSA 区域

Totally NSSA 区域可以说是前面介绍的 Totally Stub 区域和 NSSA 区域的结合体，具有它们双方的特点，具体表现如下。

① **与 NSSA 区域一样，可以位于非边缘区域，可以有多个 ABR 和 ASBR。**

② **与 NSSA 区域一样，允许本区域 ASBR 引入的 AS 外部路由以 Type-7 LSA 进入区域内部泛洪**，然后经由该区域内的 ABR 转换成 Type-5 LSA 向 OSPF 路由域中其他所有区域进行发布，但不允许其他区域中的 ASBR 引入的路由进入区域内部，即**不允许 Type-4 LSA 和 Type-5 LSA 进入区域内部泛洪**。

③ **与 Totally Stub 区域一样，不允许 Type-3 LSA 进入区域内部泛洪**（NSSA 区域是允许的），这样可进一步减少区域内部路由器的路由表规模。

同样，因为 Totally NSSA 区域禁止了其他区域的 Type-3 LSA 和其他区域中 ASBR 连接的外部 AS 相关 Type-4 LSA、Type-5 LSA 进入区域内，所以使得区域内部路由器无法获知到达这些地方的路由信息。为了解决这一问题，Totally NSSA 区域的 **ABR** 会自动产生一条缺省的 Type-3 LSA 通告到整个 NSSA 区域内。这样，其他区域的外部路由和区域间路由都可以通过 ABR 在区域内传播。

以上 4 类特殊区域的异同见表 11-6。

表 11-6 4 种特殊区域的比较

特点	Stub 区域	Totally Stub 区域	NSSA 区域	Totally NSSA 区域
是否必须位于 AS 边缘	是	是	不是	不是
ABR 数量	一个	一个	一个或多个	一个或多个
是否允许有 ASBR	不允许	不允许	允许一个或多个	允许一个或多个
是否允许虚连接穿过	不允许	不允许	不允许	不允许
Type-3 LSA	允许	不允许	允许	不允许
Type-4 LSA 和 Type-5 LSA	不允许	不允许	不允许	不允许
Type-7 LSA	不允许	不允许	允许	允许

续表

特点	Stub 区域	Totally Stub 区域	NSSA 区域	Totally NSSA 区域
缺省路由	作为区域内部路由器与**AS 外部**通信时在到达 ABR 前的唯一路由，也作为**外部 AS** 与区域内部路由器通信时在到达 ABR 后的唯一路由	作为区域内部路由器与**其他区域、AS 外部**通信时在到达 ABR 前的唯一路由，也作为**其他区域、外部 AS** 与区域内部路由器通信时在到达 ABR 后的唯一路由	作为区域内部路由器与**其他区域 ASBR 连接的 AS 外部**通信时在到达 ABR 前的唯一路由，也作为**其他区域 ASBR 连接的外部 AS** 与区域内部路由器通信时在到达 ABR 后的唯一路由	作为区域内部路由器与**其他区域、其他区域 ASBR 连接的 AS 外部**通信时在到达 ABR 前或者 ASBR 的唯一路由，也作为**其他区域、其他区域 ASBR 连接的外部 AS** 与区域内部路由器通信时在到达 ABR 或者 ASBR 后的唯一路由
允许的 LSA	Type-1 LSA、Type-2 LSA 和 Type-3 LSA	Type-1 LSA 和 Type-2 LSA	Type-1 LSA、Type-2 LSA、Type-3 LSA 和 Type-7 LSA	Type-1 LSA、Type-2 LSA 和 Type-7 LSA
不允许的 LSA	Type-4 LSA、Type-5 LSA 和 Type-7 LSA	Type-3 LSA、Type-4 LSA、Type-5 LSA 和 Type-7 LSA	Type-4 LSA 和 Type-5 LSA	Type-3 LSA、Type-4 LSA 和 Type-5 LSA

11.1.10　OSPF 的网络类型

OSPF 支持多种不同类型的网络，当然必须都是运行 IP 的。根据链路层协议类型的不同将这些可支持的网络分为下列 4 种类型（**不同类型网络的报文发送方式不一样**）。

1. 广播（Broadcast）类型

当链路层协议是 Ethernet 或 FDDI（Fiber Distributed Digital Interface，光纤分布式数据接口）时，OSPF 缺省网络类型是广播（Broadcast）类型。在这种网络中，OSPF 的各种报文发送方式如下（有关 OSPF 的各种报文格式参见 11.1.7 节）。

① **以组播形式**（224.0.0.5，是运行 OSPF 设备的预留 IP 组播地址）发送 Hello 报文及所有源自 DR（指定路由器）的选举报文（有关 DR 和 BDR 选举将在 11.2.3 节介绍）。

② **以组播形式**（224.0.0.6，是 OSPF DR 的预留 IP 组播地址）向 DR 发送 LSU（链路状态更新）报文，然后 DR 将该 LSU 报文发送到 224.0.0.5。

③ **以单播形式**发送 DD（数据库描述）报文、LSR（链路状态请求）报文和所有重传报文。

④ 正常情况下，以组播形式（224.0.0.5）发送 LSAck（链路状态应答）报文。当设备收到重复的 LSA 或达到最大生存时间的 LSA 被删除时，LSAck 以单播形式发送。

2. NBMA（Non-Broadcast Multi-Access）类型

当链路层协议是帧中继、X.25 时，OSPF 缺省网络类型是 NBMA。在该类型的网络中，**以单播形式**发送所有类型 OSPF 报文。

3. 点到多点（point-to-multipoint，P2MP）类型

因为链路层协议中没有 Point-to-Multipoint 的概念，所以 P2MP 必须是由其他的网络类型强制更改的。在该类型的网络中，以组播形式（224.0.0.5）发送 Hello 报文，以单播

形式发送 DD 报文、LSR 报文、LSU 报文、LSAck 报文。

4. 点到点 P2P（point-to-point）类型

当链路层协议是 PPP、HDLC 和 LAPB 时，OSPF 缺省网络类型是 P2P。在该类型的网络中，**以组播形式**（224.0.0.5）发送所有类型 OSPF 报文。

以上 4 种网络类型的特点及缺省选择见表 11-7。

表 11-7　OSPF 的网络类型特点及缺省选择

网络类型	特点	缺省选择
广播类型（Broadcast）	通常以组播形式发送 Hello 报文、LSU 报文和 LSAck 报文，以单播形式发送 DD 报文和 LSR 报文	当链路层协议是 Ethernet、FDDI 时，缺省情况下 OSPF 认为网络类型是 Broadcast
NBMA 类型	**以单播形式发送所有 OSPF 报文**，包括 Hello 报文、DD 报文、LSR 报文、LSU 报文、LSAck 报文。NBMA 网络必须是全连通的，即网络中任意两台路由器之间都必须直接可达	当链路层协议是 ATM 时，缺省情况下 OSPF 认为网络类型是 NBMA
P2P 类型	**以组播形式发送所有 OSPF 报文**，包括 Hello 报文、DD 报文、LSR 报文、LSU 报文、LSAck 报文	当链路层协议是 PPP、HDLC 和 LAPB 时，缺省情况下 OSPF 认为网络类型是 P2P
P2MP 类型	以组播形式发送 Hello 报文，以单播形式发送 DD 报文、LSR 报文、LSU 报文、LSAck 报文。P2MP 网络中的掩码长度必须一致	没有一种链路层协议会被缺省为是 P2MP 类型，必须是由其他的网络类型强制更改的

11.1.11　OSPF 网络的设计考虑

如前所述，OSPF 比 RIP 复杂很多，主要表现在 OSPF 可以支持更大规模的网络（有更多的路由器）。另外，OSPF 还可以把网络中的路由器划分成不同的区域、不同的路由器角色，结构更复杂。这就决定了在配置 OSPF 路由之前必须先设计好相关的 OSPF 网络，然后才能进行各方面的 OSPF 路由配置工作，而不像 RIP 路由那样基本上不需要设计，可直接在需要启用 RIP 路由进程的路由器上进行相关的 RIP 路由配置任务。

1. OSPF 网络的设计规划

对于一个可适用于大型广域网络的复杂动态路由协议，在配置之前必须做好整个 OSPF 网络的规划工作，具体如下。

（1）确定需运行 OSPF 的路由器

在设计 OSPF 网络时，首先要确定的是哪些路由器的接口要启用 OSPF 路由进程。这个相对来说比较好确定，因为通常来说，在一个自治系统内部，各路由器上需运行相同的动态路由协议，所以如果确定采用 OSPF 路由协议的话，绝大多数情况下是整个自治系统内部的各个路由器的各个接口上都要运行 OSPF。

（2）合理地划分 OSPF 区域

前面已分析到，如果 OSPF 网络规模较大，为了提高路由计算和收敛的效率、提高网络的稳定性，通常要对整个网络划分区域。按一般经验，在一个区域内路由器的数量最好不要超过 50 台，且当网络中的路由器的台数少于 20 台时，也可以只划分一个区域，即骨干区域。

另外，根据 OSPF 规定，所有的其他区域均必须与骨干区域连接，所以在规划区域时应该合理地选择骨干区域的位置。通常是将骨干区域置于网络的中央，这样可以使更多的其他区域与骨干区域直接连接。当然，如果实在有不能直接与骨干区域连接的区域，则需要使用虚连接来解决。同时，由于骨干区域中的路由器要负责整个 OSPF 网络各个区域的路由信息传输，负荷比较大，所以骨干区域中的路由器应该选择性能好、处理能力强的高端路由器来承担。

（3）注意 ABR 和 ASBR 的性能要求

在 OSPF 网络中的每个 ABR 都要负责所连接的两个或多个区域间的路由信息传输工作，需要保存每个连接区域的 LSDB，而 ASBR 更要负责两个或多个自治系统间的路由信息传输，需要保存每个连接自治系统的 LSDB，负担都非常重，所以 ABR 通常也要由性能比较高的路由器来承担，ASBR 的性能要求更高。为了不使 ABR 的负担太重，通常建议在一台 ABR 上一般最多连接 3 个区域，即一个骨干区域和两个普通区域。ASBR 类似，一个 ASBR 不要连接太多的自治系统。

2. OSPF 区域划分原则

OSPF 网络不同区域的划分不是随意的，一般可以遵循以下几个原则。

（1）按照地理区域或者行政管理单位来划分

因为 OSPF 网络主要应用于广域网系统，所以它一般是跨市、跨省，甚至遍布全国、全球的。面对这样一个大的 OSPF 网络，最简单的区域划分原则就是根据各路由器所在的地理区域（区域单位可以是市、省，甚至国家，或者其他区域形式），或者以行政管理单位来划分。

（2）按照网络中的路由器性能来划分

一个 OSPF 网络中的设备往往不是同一个档次，一般也可以按照交换机那样分为接入层、汇聚层和核心层 3 个大的层次，它们对应的路由器性能相应地被分为低、中、高 3 个档次。在 OSPF 网络区域划分中通常是将一台高端路由器下面连接的多个中段或者低端路由器划分在一个区域，这样划分的好处是可以合理地选择 ABR（区域分界路由器）。

（3）按照 IP 网段来划分

在实际的 OSPF 网络中，整个网络的 IP 地址被划分成不同的子网，这时就可以根据不同的网段来划分 OSPF 区域。比如可以将位于同一自然网段网络之下的各个子网（如 172.16.0.0/18）中的路由器划分到同一区域中。这样划分的好处是便于在 ABR 上配置路由汇聚，减少网络中路由信息的数量。

（4）区域中路由器数量的考虑

通常情况下认为，在 OSPF 的一个区域中最好不要超过 50 台路由器。但现在的路由器 CPU 的处理速度、内存容量都在日益增强，有测试表明，200 台路由器一个区域都可以非常快速地收敛。

11.2　OSPF 工作原理

本节将介绍 OSPF 中一些重要的技术原理，包括 OSPF 接口状态机、OSPF 邻居状态，以及 OSPF 邻接关系建立流程、OSPF 路由计算流程等。

11.2.1 OSPF 接口状态机

OSPF 设备从接口获取链路信息后，要与相邻设备建立邻接关系，交互链路状态信息。在建立邻接关系之前，邻居设备间需要明确角色分工才能正常建立连接。OSPF 接口信息的 State（状态）字段（可通过 **display ospf interface** 命令查看）表明了本端 OSPF 设备在对应链路中的作用。

OSPF 接口共有以下 7 种状态。

- **Down**：接口的初始状态。表明此时接口不可用，不能用于收发流量。
- **Loopback**：设备到网络的接口处于环回状态。环回接口不能用于正常的数据传输，但可以通过 Router-LSA 进行通告。因此，进行连通性测试时能够发现到达这个接口的路径。
- **Waiting**：设备正在判定网络上的 DR 和 BDR。在设备参与 DR 和 BDR 选举前，接口上会启动 Waiting 定时器。**在这个定时器超时前，设备发送的 Hello 报文不包含 DR 和 BDR 信息，设备不能被选举为 DR 或 BDR**。这样可以避免不必要地改变链路中已存在的 DR 和 BDR。仅 NMBA 网络、广播网络有此状态。
- **P-2-P**：接口连接到物理点对点网络或者是虚拟链路，此时设备会与链路连接的另一端设备建立邻接关系。仅 P2P、P2MP 网络有此状态。
- **DROther**：设备没有被选为 DR 或 BDR，会与 DR 和 BDR 建立邻接关系，DROther 之间仅需建立邻居关系。仅 NMBA 网络、广播网络有此状态。
- **BDR**：设备是相连的网段中的 BDR，并将在当前的 DR 失效时直接成为 DR。该设备需要与接入该网段的所有其他设备建立邻接关系。仅 NMBA 网络、广播网络有此状态。
- **DR**：设备是相连的网段中的 DR。该设备需要与接入该网段的所有其他设备建立邻接关系。仅 NMBA 网络、广播网络有此状态。

OSPF 接口根据不同的情况（即输入事件）在以上各状态中进行灵活转换，这样就形成了一个高效运作的接口状态机，如图 11-32 所示。表 11-8 列出了不同状态切换时的输入事件 InputEvent（图中简称 IE）。

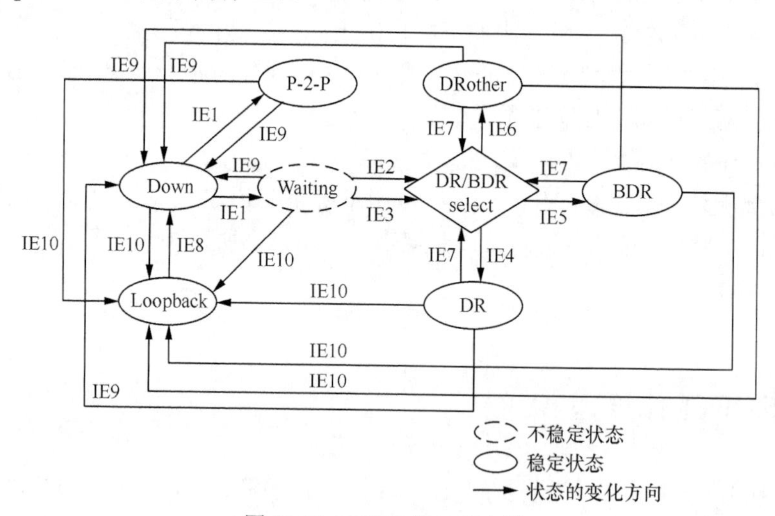

图 11-32 OSPF 接口状态机

表 11-8　**OSPF 接口状态切换的输入事件**

输入事件	描述
IE1	InterfaceUP：底层协议表明接口是可操作的
IE2	WaitTimer：等待定时器超时，表明本地路由器可参与本网段 DR 和 BDR 选举的等待时间
IE3	BackupSeen：设备已检测过网段中是否存在 BDR。发生这个事件主要有下面两种方式： （1）接口收到邻居设备的 Hello 报文，宣称自己是 BDR。 （2）接口收到邻居设备的 Hello 的报文，宣称自己是 DR，而没有指明有 BDR。 这都说明邻居间已进行了相互通信，可以结束 Waiting 状态了（即 **Waiting 计时器可以提前结束**）
IE4	接口所在的设备在网段中被选举为 DR
IE5	接口所在的设备在网段中被选举为 BDR
IE6	接口所在的设备在网段中没有被选举为 DR 或 BDR
IE7	NeighborChange：与该接口相关的邻居关系变化的事件发生，这表明 DR 和 BDR 需要重新选举。下面的这些邻居关系变化可能会导致 DR 和 BDR 重新选举。 （1）接口所在的设备和一个邻居设备建立了双向通信关系。 （2）接口所在的设备和一个邻居设备之间丢失了双向通信关系。 （3）通过邻居设备发送的 Hello 报文检测到邻居设备重新宣称自己是 DR 或 BDR。 （4）通过邻居设备发送的 Hello 报文再一次检测到邻居设备宣称自己不再是 DR 或 BDR。 （5）通过邻居设备发送的 Hello 报文再一次检测到相邻设备的 DR 优先级都已经改变
IE8	UnLoopInd：网管系统或者底层协议表明接口不再处于环回状态
IE9	InterfaceDown：底层协议表明接口不可操作。任何一种状态都可能触发此事件切换到 Down 状态
IE10	LoopInd：网管系统或者底层协议表明接口处于环回状态。任何一种状态都可能触发此事件切换到 Loopback 状态

11.2.2　OSPF 邻居状态机

在 OSPF 网络中，相邻设备间通过不同的邻居状态切换，最终可以形成完全的邻接关系，完成 LSA 信息的交互。OSPF 邻居信息的 State 字段（可通过 **display ospf peer** 命令查看）表明了本端与对端在建立邻接关系过程中当前所处的邻居状态。

OSPF 邻居共有以下 8 种状态。

■ **Down**：邻居会话的初始阶段。表明没有在邻居失效时间间隔（DeadInterval）内收到来自邻居设备的 Hello 报文。此时，除了 NBMA 网络 OSPF 路由器会每隔 PollInterval 时间对外（包括向处于 Down 状态的邻居路由器，即失效的邻居路由器）轮询发送 Hello 报文之外，其他网络是不会向失效的邻居路由器发送 Hello 报文的。

■ **Attempt**：**这种状态仅适用于 NBMA 网络**，邻居路由器是通过 **peer** 命令手工指定的。邻居关系处于本状态时，路由器会每隔 HelloInterval 时间向自己手工配置的邻居发送 Hello 报文，尝试建立邻居关系。

■ **Init**：本状态表示已经收到了邻居的 Hello 报文，但是对端还没有收到本端发送的 Hello 报文，因为在收到的 Hello 报文的邻居列表中并没有包含本端的 Router ID，**双向通信仍然没有建立。**

■ 2-Way：互为邻居。本状态表示双方互相收到了对端发送的 Hello 报文，收到的 Hello 报文中的邻居列表已包含本端的 Router ID，邻居关系和双向通信建立。**如果不形成邻接关系则邻居状态机就停留在此状态，否则进入 ExStart 状态。DR 和 BDR 只有在邻居状态处于这个状态或者更高的状态才会被选举出来。**

注意

在 NBMA 网络中，OSPF 路由器没有 2-Way 状态，在建立邻居关系时也无需进入该状态，因为在 NBMA 网络中的邻居是手动配置的。

■ **ExStart**：协商主从关系，通过仅带有 LSA Header 字段内容的 DD 报文协商主、从关系，并确定 DD 报文的序列号。建立主从关系主要是为了保证在后续的 DD 报文交换中能够有序地发送。邻居间从此时才正式开始建立邻接关系。

■ **Exchange**：交换 DD 报文，主设备开始向从设备正式发送带有 LSA Header 字段内容的 DD 报文。

■ **Loading**：正在同步 LSDB。两端设备发送 LSR 报文向邻居请求对方的 LSA，并用 LSU 报文对对方的请求进行应答，同步 LSDB。

■ **Full**：建立邻接。当设备收到对端发来的、由自己所请求的 LSA 报文后向对端发送 LSAck 报文，同时发给对端的 LSA 后也收到了来自对端的 LSAck 报文，即本端向对端发送了 LSAck 报文，也收到了对方发来的 LSAck 报文后，则本地设备自动切换为 Full 状态了，本端设备和邻居设备建立了完全的邻接关系。

以上 8 种 OSPF 邻居状态的切换流程如图 11-33 所示，表 11-9 列出了不同状态切换时的输入事件 InputEvent（图中简称 IE）。

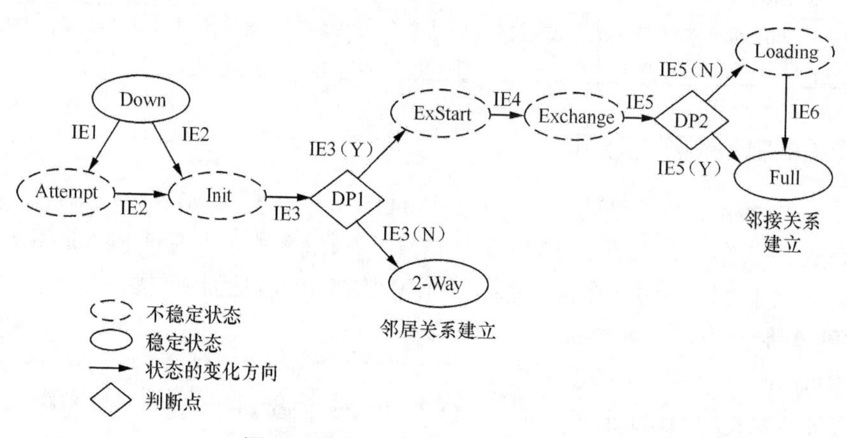

图 11-33　OSPF 邻居状态切换流程

表 11-9　**OSPF 邻居状态切换的输入事件**

输入事件	描述
IE1	Start：以 HelloInterval 间隔向邻居设备发送 Hello 报文，尝试建立邻居关系。**仅 NMBA 网络适用**
IE2	HelloReceived：从邻居设备收到一个 Hello 报文
IE3	2-WayReceived：从邻居设备收到的 Hello 报文中包含了自己的 RouterID，邻居间建立了双向通信关系。接下来会进行如下判断。

续表

输入事件	描述
IE3	（1）IE3(Y)：如果相邻设备间应当建立邻接关系，会将邻居状态切换为 ExStart。 （2）IE3(N)：如果相邻设备间不应当建立邻接关系，只建立邻居关系，会将邻居状态切换为 2-Way
IE4	NegotiationDone：邻居间主从关系已经协商完成，DD 序列号已经交换
IE5	ExchangeDone：邻居间成功交换了数据库描述报文。接下来会进行如下判断。 （1）IE5(Y)：如果链路状态请求列表为空，会将邻居状态切换为 Full 状态，表示链路状态数据已全部交换完成，邻居间建立了完全的邻接关系。 （2）IE5(N)：如果链路状态请求列表不为空，会将邻居状态切换为 Loading 状态，开始或继续向邻居发送 LSR 报文，请求还没有接收到的链路状态数据
IE6	LoadingDone：链路请求状态列表为空，转换为 Full 状态，建立邻接关系

11.2.3 Router ID 和 DR、BDR 选举原理

在了解 DR/BDR 的选举过程之前，需要先了解 Router ID。Router ID 是用于在自治系统中唯一标识一台运行 OSPF 的路由器的 32 位整数。每个运行 OSPF 的路由器都有一个 Router ID，其格式和 IPv4 地址的格式是一样的。在实际网络部署中，考虑到协议的稳定，推荐使用路由器上 Loopback 接口的 IP 地址作为路由器的 Router ID，因为 Loopback 接口一旦创建即永久有效（不能关闭，但可以删除）。

1. Router ID 选举规则

Router ID 的选取有两种方式：通过命令行手动配置和设备自动选举。如果没有手动配置 Router ID，设备会从当前活跃接口所配置的 IP 地址中自动选举一个作为 Router ID。其选择顺序是：**优先从 Loopback 地址中选择最大的 IP 地址**作为 Router ID。如果没有配置 Loopback 接口，则在接口地址中选取**最大的 IP 地址**作为 Router ID。

Router ID 一旦配置即不会改变，**即使对应的接口不存在或者关闭了也不会再改变。只有在重新配置系统的 Router ID 或 OSPF 的 Router ID，并且重新启动 OSPF 进程后，才会重新进行 Router ID 的选举。**

总体 Router ID 的选举和刷新规则如下。

① 如果在系统视图下通过 **router id** *router-id* 命令进行了配置，则按照配置结果设置。

② 如果没有在系统视图下通过 **router id** *router-id* 命令进行配置，并且已经存在配置有 IP 地址的 loopback 接口，则选择 loopback 接口地址中最大的作为 Router ID。

③ 如果没有在系统视图下通过 **router id** *router-id* 命令进行配置，并且不存在配置有 IP 地址的 loopback 接口，则从其他接口的 IP 地址中选择最大的一个作为 Router ID（不考虑接口的 UP/DOWN 状态）。

④ 当且仅当被选为 Router ID 的接口 IP 地址被删除或修改时，才触发重新选择 Router ID 的过程。接口状态的改变不会导致 Router ID 的重新选择。

⑤ 原来选择了一个非 loopback 接口的地址作为了 Router ID，现在又配置了一个 loopback 接口地址，不会导致 Router ID 的重新选择。

⑥ 现在配置了一个更大的接口 IP 地址，也不会导致 Router ID 的重新选择。

⑦ 系统启动过程中，在协议希望获取 Router ID 时，路由模块可能还没有取得所有

的接口地址信息，因此很可能选择一个比较小的接口地址作为 Router ID 来返回给协议，这不应被视为问题。

⑧ Router ID 不可以是 0.0.0.0 或者 255.255.255.255。

2. 选举 DR 和 BDR 的原因

在广播网络和 NBMA 网络中，任意两台路由器之间都要传递路由信息。如图 11-34 所示，网络中有 n 台路由器，则需要建立 $n*(n-1)/$两个邻接关系，如图中的左图。这使得任何一台路由器的路由变化都会导致多次传递，浪费了带宽资源。

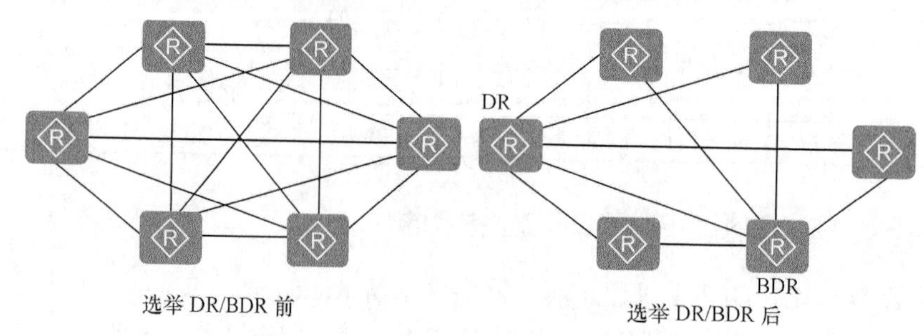

图 11-34 DR 和 BDR 选举前后的拓扑

为解决这一问题，OSPF 定义了 DR。通过选举产生 DR 后，所有其他设备都只将信息发送给 DR，由 DR 将网络链路状态 LSA 广播出去。

为了防止 DR 发生故障，重新选举 DR 时会造成业务中断，除了 DR 之外，还会选举一个备份指定路由器 BDR。这样除 DR 和 BDR 之外的路由器（称为 DR Other）之间将不再建立邻接关系，也不再交换任何路由信息，这样就减少了广播网和 NBMA 网络上各路由器之间邻接关系的数量，参见图 11-34 中的右图。

3. DR 和 BDR 选举的原则

在广播网络和 NBMA 网络中，为了稳定地进行 DR 和 BDR 选举，OSPF 规定了一系列的选举规则，包括选举制、终身制和继承制。

（1）选举制

选举制是指 DR 和 BDR 不是人为指定的，而是由本网段中所有的路由器共同选举出来的。路由器接口的 DR 优先级决定了该接口在选举 DR、BDR 时所具有的资格，本网段内 DR 优先级大于 0 的路由器都可作为“候选人”。选举中使用的“选票”就是 Hello 报文，每台路由器将自己选出的 DR 写入 Hello 报文中，发给网段上的其他路由器。

当处于同一网段的两台路由器同时宣布自己是 DR 时，**优先级最高者为 DR，次高者为 BDR。如果优先级相等，则 Router ID 大者胜出**。如果一台路由器的优先级为 0，则它不会被选举为 DR 或 BDR。如图 11-35 所示，根据选举规则可得出要使 10.1.1.0/24 网段中 AR1 为 DR，AR3 为 BDR。

（2）终身制

终身制也叫非抢占制。每一台新加入的路由器并不急于参加选举，而是先考察一下本网段中是否已存在 DR，观察时长为 Waiting 计时器。在 Waiting 计时器时间内，发送的 Hello 报文中不会带有 DR 和 BDR 信息，即不能被选举为 DR 或 BDR。但是如果在 Waiting 计时器时间内所收到的 Hello 报文中都没有 DR、BDR 信息，则在 Waiting 计时器超时后发送指定本地路由器作为 DR 的 Hello 报文发给本网段其他路由器。

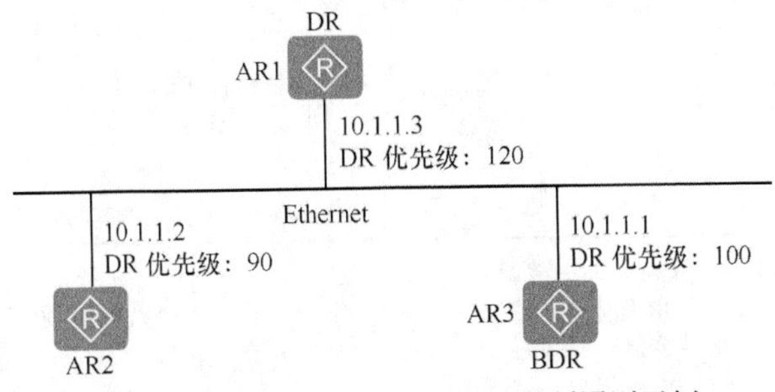

图 11-35　DR 和 BDR 选举的选举制原则示例

如果在本地路由器的 Waiting 计时器时间内，收到了其他路由器发来的 Hello 报文中带有 DR 和 BDR 信息，则表明目前网段中已经存在 DR、BDR，**这样即使本地路由器的 DR 优先级比现有的 DR 还高，也不会再声称自己是 DR，而是承认现有的 DR**。因为网段中的每台路由器都只和 DR、BDR 建立邻接关系（DROther 之间仅需建立邻居关系），如果 DR 频繁更换，则会引起本网段内的所有路由器重新与新的 DR、BDR 建立邻接关系。这样会导致短时间内网段中有大量的 OSPF 报文在传输，降低网络的可用带宽。

如图 11-36 所示，假设 AR1 是后面才加入网络的，在此之前 AR2 和 AR3 之间已选举好了 DR 和 BDR。这样 AR1 在收到 AR2、AR3 的 Hello 报文后，肯定会发现 AR3 为 DR、AR2 为 BDR，于是虽然 AR1 的优先级（120）要高于当前 DR（AR3）的优先级，也不参与 DR、BDR 选举，而是直接承认原来的 DR 和 BDR。

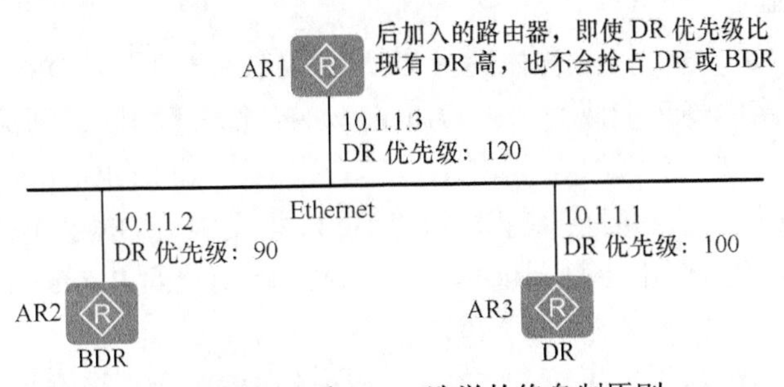

图 11-36　DR 和 BDR 选举的终身制原则

终身制有利于增加网络的稳定性、提高网络的可用带宽。实际上，在一个广播网络或 NBMA 网络上，最先启动的两台具有 DR 选举资格的路由器将成为 DR 和 BDR。

（3）继承制

继承制是指如果原来 DR 发生故障了，**那么下一个当选为 DR 的一定是 BDR**，其他的路由器只能去竞选 BDR 的位置。这个原则可以保证 DR 的稳定，避免频繁地进行选举。由于 DR 和 BDR 的数据库是完全同步的，这样当 DR 故障后，BDR 立即成为 DR，履行 DR 的职责，而且邻接关系已经建立，所以从角色切换到承载业务的时间会很短。同时，在 BDR 成为新的 DR 之后，还会选举出一个新的 BDR，虽然这个过程所需的时间比较长，但已经不会影响路由的计算了。

如图 11-37 所示，原来的 DR 是 AR1，现假设出现了故障，则原来的 BDR AR3 会直接成为新的 DR，而原来为 DROther 的 AR2 成为新的 BDR（如果本网段中还有其他路由器，AR2 会再与其他路由器进行 BDR 选举）。

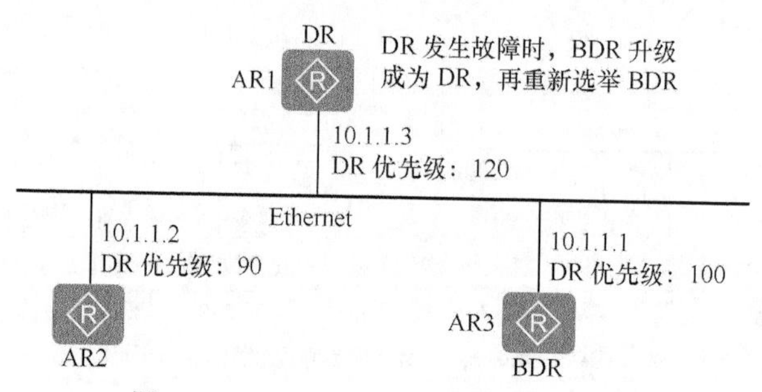

图 11-37　DR 和 BDR 选举的继承原则

4. DR 和 BDR 选举过程

DR 和 BDR 的选举仅在广播链路或者 NMBA 链路上进行，具体选举过程如下。

① 运行 OSPF 的接口 UP 后会向邻居路由器发送 Hello 报文，同时进入到 Waiting 状态。在 Waiting 状态下会有一个 Waiting 计时器，该计时器的长度与 Dead 计时器是一样的（缺省值为 40 s，**用户不可自行调整**）。

② **在 Waiting 计时器超时前发送的 Hello 报文是不带 DR 和 BDR 字段信息的**，即本地路由器不能参与网段的 DR 和 BDR 选举，仅可接受网段中其他路由器间选举的已有 DR 和 BDR。但在 Waiting 计时器超时后，如果还没有收到来自网段中其他路由器发送的、带有 DR 和 BDR 的 Hello 报文，则发送声称自己为 DR 的 Hello 报文，参与网段中的 DR 和 BDR 选举。

DR 和 BDR 的选举规则是：优先选择 DR 优先级最高的作为 DR，次高的作为 BDR。**DR 优先级为 0 的路由器只能成为 DR Other**；如果优先级相同，则优先选择 Router ID 较大的路由器成为 DR，次大的成为 BDR，其余路由器成为 DR Other。

③ 在 Waiting 计时器超时前如果收到的 Hello 报文中有 DR 和 BDR，那么直接承认网络中的 DR 和 BDR，而不会触发选举，无论本地路由器的 Router ID 或者 DR 优先级有多大。直接离开 Waiting 状态，开始邻居同步。

④ 当原来 DR 因为故障 Down 掉之后，原来的 BDR 会直接继承 DR 的角色，同网段中剩下的优先级大于 0 的路由器会竞争成为新的 BDR。

【经验之谈】根据前面分析可得出，**只有连接在同一网段中的不同 Router ID，或者配置不同 DR 优先级的路由器接口同时 Up，在同一时刻进行 DR 选举**（即在同一时间它们的 Waiting 计时器超时）**才会在整个网段路由器中真正应用 DR 选举规则选举产生 DR、BDR**。否则总有至少一台路由器不能真正参与 DR、BDR 选举，**最先启动的都将成为 DR**，因为在这台路由器的 Waiting 计时器超时前不会收到任何同网段中其他路由器发来的 Hello 报文中带有 DR、BDR 字段信息。

11.2.4 广播网络 OSPF 邻接关系的建立流程

OSPF 设备启动后，会通过 OSPF 接口向外发送 Hello 报文。网络中其他收到 Hello 报文的 OSPF 设备会检查该报文中所定义的参数，比如 Hello 报文发送间隔、网络类型、

IP 地址掩码等。如果双方 Hello 报文中的参数一致就会形成邻居关系，两端设备互为邻居，对应于 11.2.2 节介绍的 **2-Way** 状态。

OSPF 邻接关系位于邻居关系之上，两端需要进一步交换 DD 报文、交互 LSA 信息时才建立邻接关系，**要达到 ExStart 或以上状态**。

在广播链路和 NBMA 链路上，**因为 DR Other 之间不需要交换 LSA 信息，所以它们之间建立的仅是邻居关系**。而 DR 与 BDR 之间，DR、BDR 与 DR Other 之间需要交互 LSA 信息，所以建立的是邻接关系。如图 11-38 所示，两台 DR Other 各有 3 个邻居，但是分别只有两个邻接。而 **P2P 链路和 P2MP 链路上只有 OSPF 邻接关系**。

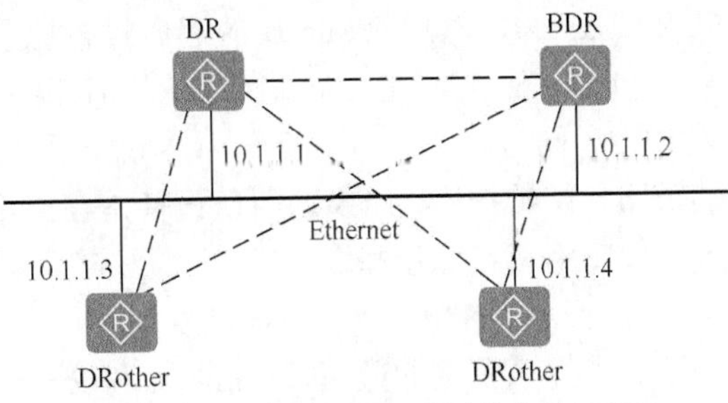

图 11-38　广播和 NBMA 网络中的 OSPF 邻居关系和邻接关系

本节先介绍广播网络和 P2P 网络中 OSPF 邻接关系的建立流程，下节再介绍 NBMA 网络中的邻接关系建立流程。

在广播网络中，DR、BDR 和网段内的每一台路由器都要形成邻接关系，但 DR other 之间只形成邻居关系。广播网络中，OSPF 邻接关系建立的流程如图 11-39 所示（**假设两设备同时启动，同时参与 DR、BDR 选举**），总体分为 3 大部分：建立邻居关系/主从关系协商、DD 报文交换和 LSDB 同步。

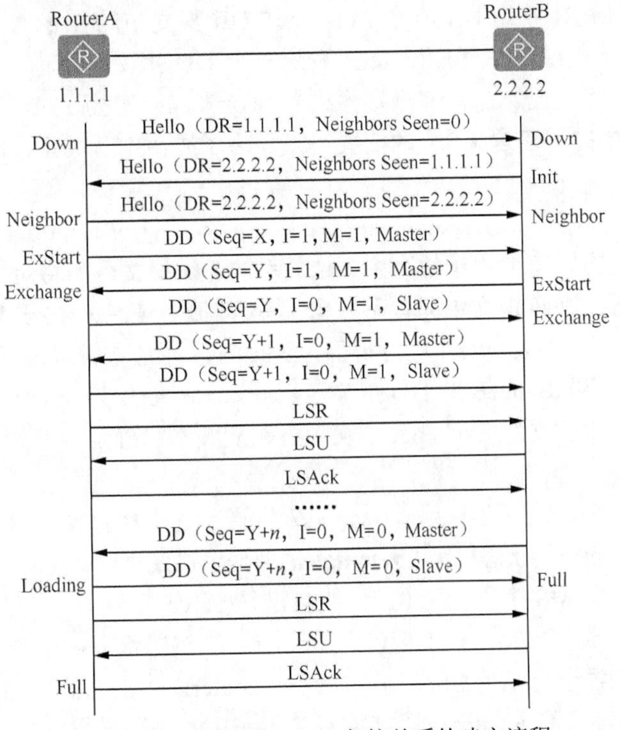

图 11-39　广播网络 OSPF 邻接关系的建立流程

1. 建立邻居关系

① RouterA 连接到广播类型网络的接口上使能了 OSPF 后，组播发送 Hello 报文（使

用组播地址 224.0.0.5）。此时，RouterA 认为自己是 DR 设备（DR=1.1.1.1），但不确定邻居是哪台设备（Neighbors Seen=0）。

② RouterB 收到 RouterA 发送的 Hello 报文后，以单播方式发送一个 Hello 报文回应给 RouterA，并且在报文中的 Neighbors Seen 字段中填入 RouterA 的 Router ID（Neighbors Seen=1.1.1.1），表示已收到 RouterA 的 Hello 报文，并且根据选举规则（此处假设两设备均采用缺省优先级，RouterB 的 Router ID 大），宣告 DR 设备是 RouterB（DR=2.2.2.2），然后 RouterB 的邻居状态机置为 Init。

③ RouterA 收到 RouterB 回应的 Hello 报文后，获知并接受 RouterB 为 DR，自己即为 BDR，同时将邻居状态机置为 2-Way 状态，建立邻居关系，下一步双方开始发送各自的链路状态数据库。**如果这两台设备是在广播网络中，且两个接口状态是 DROther 的设备之间将停留在此步骤**。

2. 主从关系协商、DD 报文交换

为了提高发送的效率，RouterA 和 RouterB 首先了解对端数据库中哪些 LSA 是需要更新的，不需要全盘复制。如果某一条 LSA 在 LSDB 中已经存在，就不再需要请求更新了。为了达到这个目的，RouterA 和 RouterB 先发送 DD 报文，DD 报文中包含了对本地 LSDB 中 LSA 的摘要描述（每一条摘要可以唯一标识一条 LSA）。为了保证报文在传输过程中的可靠性，在 DD 报文的发送过程中需要确定双方的主从关系，作为 Master 的一方定义一个序列号 Seq，每发送一个新的 DD 报文将 Seq 加 1，**作为 Slave 的一方，每次发送 DD 报文时使用接收到的上一个 Master 的 DD 报文中的 Seq**。

① 现假设 RouterA 首先向 RouterB 发送一个 DD 报文，宣称自己是 Master（即将 DD 报文中的 MS 字段置为 1），并规定序列号 Seq=X。I=1 表示这是第一个 DD 报文，**但此时的 DD 报文中并不包含 LSA 的摘要**，只是为了协商主从关系。M=1 说明这不是最后一个报文。

② RouterB 在收到 RouterA 的 DD 报文后，将本地针对 RouterA 的邻居状态机改为 ExStart（**收到了对方发来的用于协商主、从关系的 DD 报文后即将对方置于该状态**），并且回应一个 **DD** 报文（**该报文中同样不包含 LSA 的摘要信息**）。**由于 RouterB 的 Router ID 较大**，所以在报文中 RouterB 认为自己是 Master，并且重新规定了序列号 Seq=Y。

③ RouterA 收到 RouterB 的 DD 报文后，同意 RouterB 为 Master，然后将本地针对 RouterB 的邻居状态机改为 Exchange，表示主、从关系已确定，开始向该邻居发送带有 LSA 摘要的 DD 报文。

RouterA 使用 RouterB 的序列号 Seq=Y 来发送新的 DD 报文，该报文开始正式传送 LSA 的摘要（**仅会向邻居状态机为 Exchange 的邻居发送此类带有 LSA 摘要的 DD 报文**）。在报文中 RouterA 将 MS 字段置为 0，说明自己是 Slave。

④ RouterB 收到报文后，将本地针对 RouterA 的邻居状态机也改为 Exchange，并发送新的 DD 报文来描述自己的 LSA 摘要，此时 RouterB 将报文的序列号改为 Seq=Y+1。

上述过程持续进行，RouterA 通过重复 RouterB 的序列号发送新的 DD 报文来确认已收到 RouterB 的报文。RouterB 通过将序列号 Seq 加 1 发送新的 DD 报文来确认已收到 RouterA 的报文。当 RouterA、RouterB 发送最后一个 DD 报文时，在报文中写上 M=0。

3. LSDB 同步（LSA 请求、LSA 传输、LSA 应答）

① RouterA 收到最后一个 DD 报文后，发现 RouterB 的数据库中有许多 LSA 是自己没有的，于是将本地针对 RouterB 的邻居状态机改为 Loading 状态，表示需要与该邻居进行 LSDB 同步。此时 RouterB 也收到了 RouterA 的最后一个 DD 报文，但如果 RouterA 中的 LSA RouterB 都已经有了，就不需要再请求，直接将本地针对 RouterA 的邻居状态机改为 Full 状态。

② RouterA 发送 LSR 报文向 RouterB 请求更新 LSA。RouterB 用 LSU 报文来回应 RouterA 的请求。RouterA 收到后，发送 LSAck 报文确认。

上述过程持续到 RouterA 中的 LSA 与 RouterB 的 LSA 完全同步为止，此时 RouterA 将本地针对 RouterB 的邻居状态机改为 Full 状态。当链路两端 OSPF 路由器交换完 DD 报文，并更新所有的 LSA 后，彼此之间就建立了双向邻接关系。

说明　P2P、P2MP 网络中 OSPF 邻接关系建立的过程与广播网络相似。不同的是，在 P2P、P2MP 网络中不需要选举 DR 和 BDR，且 P2P 网络中的 DD 报文是组播发送的（**广播网络中 DD 报文是以单播方式发送的**）。

11.2.5　NBMA 网络 OSPF 邻接关系的建立流程

在 NBMA 网络中，**所有路由器只与 DR 和 BDR 之间均要形成邻接关系**。与 11.2.4 节介绍的广播网络中 OSPF 邻接关系的建立过程的区别仅体现在邻居关系的建立过程中，具体区别体现在以下两点。

- 在 NBMA 网络中，处于 **Attempt** 状态的 OSPF 路由器会每隔 PollInterval 时间对外（包括向处于 Down 状态的邻居路由器）轮询发送 Hello 报文，而包括广播在内的其他类型网络中的 OSPF 路由器均不会向处于 Down 状态的邻居路由器发送 Hello 报文。
- 在 NBMA 网络中无 2-Way 状态，邻居关系的建立也无需进入 2-Way 状态，**只要收到对方发来的的 Hello 报文即进入 int 状态，双方都收到对方发来的 Hello 报文即可进行下一步的 DD 报文交换阶段**。不一定需要双方都收到对方发来的、含有本地路由器 Router ID 的 Hello 报文，所以整个邻居的建立过程更为简单。

下面具体以图 11-40 为例介绍 NBMA 网络中的 OSPF 邻居关系建立流程（可与 11.2.4 节的图 11-39 进行比较）。

① 进入 Attempt 状态的 RouterB 会向 RouterA 的一个状态为 Down 的接口发送 Hello 报文后，RouterB 的邻居状态机置为 Attempt。此时，RouterB 认为自己是 DR 设备（DR=2.2.2.2），但不确定邻居是哪台设备（Neighbors Seen=0）。

② RouterA 收到来自 RouterB 的 Hello 报文后，将本地针对 RouterB 的邻居状态机置改为 Init，与之建立邻居关系，然后再回复一个 Hello 报文。此时，RouterA 同意 RouterB 是 DR 设备（DR=2.2.2.2），并且在 Neighbors Seen 字段中填入邻居设备的 Router ID（Neighbors Seen=2.2.2.2）。

③ RouterB 收到来自 RouterA 的 Hello 报文后，将本地针对 RouterA 的邻居状态机也改为 Init。此时就可进入下一步的 DD 报文交换阶段。

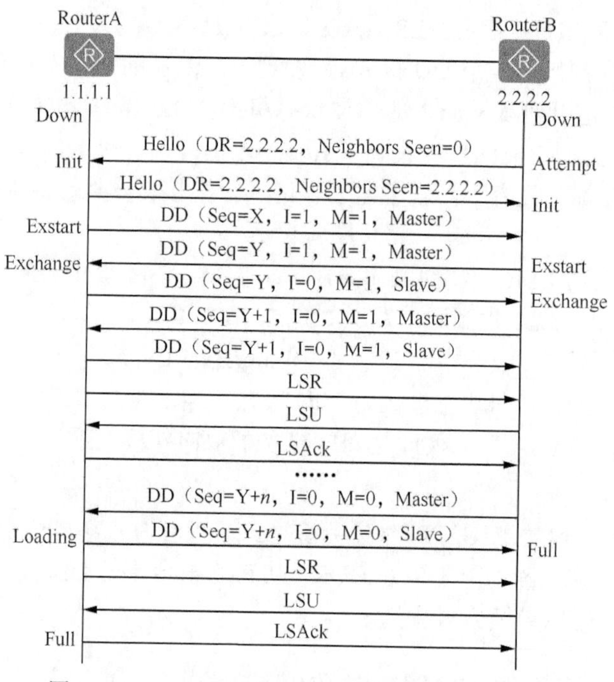

图 11-40 NBMA 网络 OSPF 邻接关系的建立过程

在 NBMA 网络中，两个接口状态是 DROther 的设备之间将停留在此步骤，因为它们之间无需建立邻接关系。

主从关系协商、DD 报文交换过程，及 LSDB 同步阶段的过程与 11.2.4 节一样。

11.2.6 OSPF 路由计算原理

我们知道，OSPF 网络是在一个 AS 中以区域为单位的分层结构，而且在区域中又分为两种不同的角色：骨干区域和普通区域。这就决定了 OSPF 的路由也必定是分层的，分为区域内路由和区域间路由，而不是像 RIP 路由那样是扁平的。

整个 OSPF 路由计算过程是在 OSPF 设备间建立了完全的邻接关系后进行的，依据的就是路由器为所连接的各个区域所保存的 LSDB（每个连接区域都有一个专门的 LSDB）。但在具体的 OSPF 路由计算中，又分区域内路由和区域间路由两个方面，下面依次介绍。

1. OSPF 区域内路由计算原理

当网络重新稳定下来后，OSPF 路由器会根据其各自的 LSDB 采用 SPF（最短路径优先）算法（具体算法为 Dijkstra，IS-IS 路由也采用这种算法）独立地计算到达每一个目的网络的路径，并将路径存入路由表中。路由表中包含该路由器到每一个可到达目的地址、开销和下一跳。OSPF 区域内路由是由 OSPF 内部路由器使用最小开销的路径到达目的网络，且区域内的路由不被聚合。

OSPF 的 Dijkstra 算法是利用开销来计算路由路径性能的，开销最小者即为最短路径。在配置 OSPF 路由器时可根据实际情况，如链路带宽、时延等设置链路的开销大小。开销越小，则该链路被选为路由的可能性越大。这里的开销是根据链路类型来计算的，不同的链路类型对应的开销值不一样。下面，具体介绍 Dijkstra 算法的原理。

在 Dijkstra 算法中，为了在一对给定的路由器节点之间选择一条最短（其实是指链路开销最小）路由路径，只需在通信子网拓扑图中找到在起始和结束节点之间的中间节点串连起来后链路开销最短的路径即可。它把最短路由的节点标识为工作节点，并且是永久性的节点，其到达源节点的距离值是不能改变的，其他的标识为临时性的节点，其到达源节点的距离可能会随工作节点的不同而改变。所有工作节点串联起来就是对应源节点和目的节点之间的最短路由路径。

图 11-41 所示的子网图是一个典型的最短路径路由算法子网图，图中的每一个节点（以字母标注）代表一台 OSPF 路由器，每条线段代表一条通信链路，线段上的数字代表对应链路的开销值。现假设要使用 Dijkstra 算法计算节点 A 到节点 D 之间的最短路径。在网络中路由器启动时，首先需要初始化，测量每条链路的开销，参见图中各条线段上的数字。下面是从 A 节点到达 D 节点的路由确定流程。

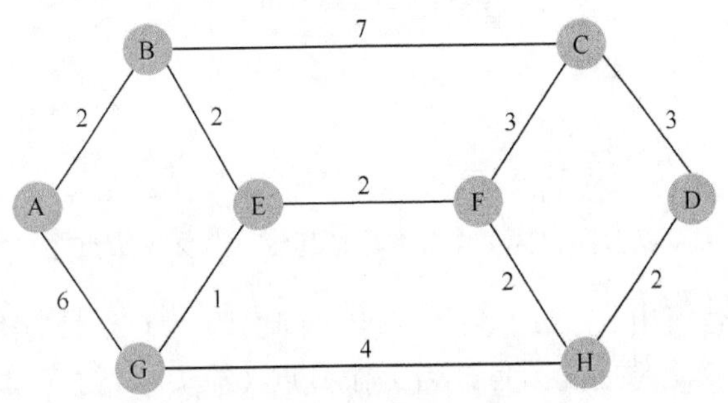

图 11-41　典型的 Dijkstra 算法子网图

① 首先将源节点 A 标记为永久性工作节点（用箭头来特别标识），然后依次检查每一个与 A 节点直接连接的相邻节点，并且把它们与 A 节点之间的距离重新以（*n*，*N*）的方式进行标识，其中的 *n* 为与 A 节点相距的链路开销，*N* 为最近的工作节点。

因为本示例中与节点 A 直接相邻的节点只有 B 和 G，所以仅需标识这两个节点与 A 节点之间的距离。此时的工作节点为 A，如图 11-42 所示，B 节点的标识为（2，A），G 节点的标识为（6，A），因为 B 节点到 A 节点的链路开销为 2，G 节点到 A 节点的链路开销为 6。其他与 A 节点不相邻的节点的距离标识为无穷远。

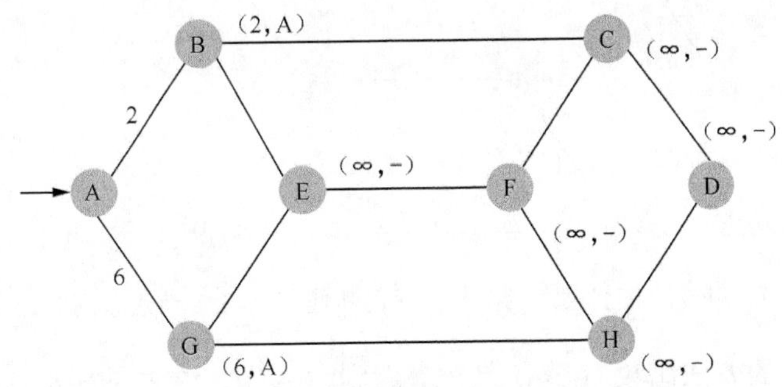

图 11-42　以 A 节点为工作节点标记其他相邻节点与 A 节点之间的距离

② 比较 B 和 G 这两个节点与 A 节点之间距离，可以看出 B 节点的距离更短，于是

把B节点改为工作节点（箭头移到B），同时变为永久性节点，其他节点（包括G节点）标注为临时节点。然后以B节点为工作节点，标记直接相邻的节点到源节点A的距离，当然对于前面已经计算过的节点将略过，如源节点A和G节点。

在本示例与B节点直接相邻的节点中，除了A节点外还有C、E这两个节点。C节点到达A节点的距离就是C节点到B节点的链路开销7，再加上B节点到A节点的链路开销2，所以C节点到A节点的距离为2+7=9，标识为（9，B）。同理，E节点到A节点的距离为2+2=4，标识为（4，B），如图11-43所示。其他既不与A节点，又不与B节点相邻的仍为无穷远。

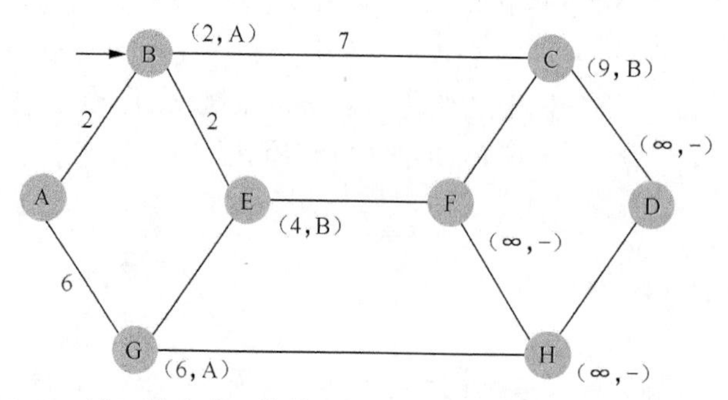

图 11-43　以B节点为工作节点标记其他节点与A节点之间的距离

③ 同样经过比较得出，E节点到A节点之间的距离（为4），比C节点到A节点的距离（为9）近，所以此时把E节点改为工作节点（箭头移到E），同时标注E节点为永久性节点，其他节点（包括C节点）标注为临时节点。

按同样方法标记与E节点直接相邻的节点（包括节点B、节点G和节点F）到E节点的距离，但对于前面已计算过的永久性B节点不再重新计算，而对于虽然原来已计算过，但为临时性节点的G以及F节点均需要重新计算。最终G节点的标识改为（5，E）（在此步以前为（6，A）），F节点标识为（6，E），表示G节点和F节点到达A节点的距离分别为5和6，如图11-44所示。

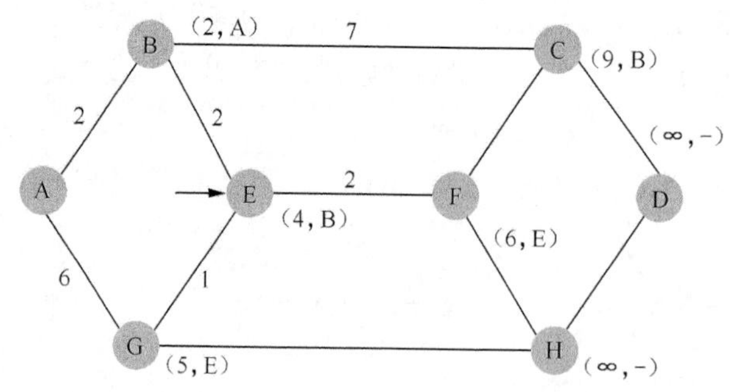

图 11-44　以E节点为工作节点标记其他节点与A节点之间的距离

④ 再用同样的方法比较G节点和F节点到达A节点之间的距离，可以得出G节点更近，所以此时把G节点改为工作节点（箭头移到E），同时标注G节点为永久性节点，其他节点（包括F节点）标注为临时节点，如图11-45所示。

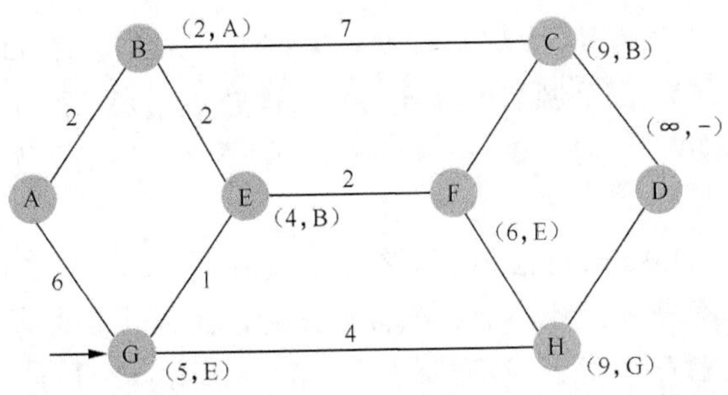

图 11-45　以 G 节点为工作节点标记其他节点与 A 节点之间的距离

再看一下与 G 节点直接相邻的节点，包括 A、E、H 这 3 个节点，但是 A、E 这两个节点在前面都已标识为永久性节点了，标识是不能更改的，所以在这里只需对 H 节点计算到达 A 节点的距离了。经过计算得出为（9，G）。

在这里就要出现问题了，按照上面的计算，此时应该把 H 节点标识为下一个工作节点，但事实上，由 H 节点经 G 节点到达 E 节点的距离（4+1=5）要长于由 H 节点经 F 节点到达 E 节点的距离（2+2=4），所以经过后面的计算发现，在前面把 G 节点标识为永久节点是错误的，这时要把 F 节点标识为工作节点（箭头移到 F），撤销 G 节点永久工作节点的资格，如图 11-46 所示。

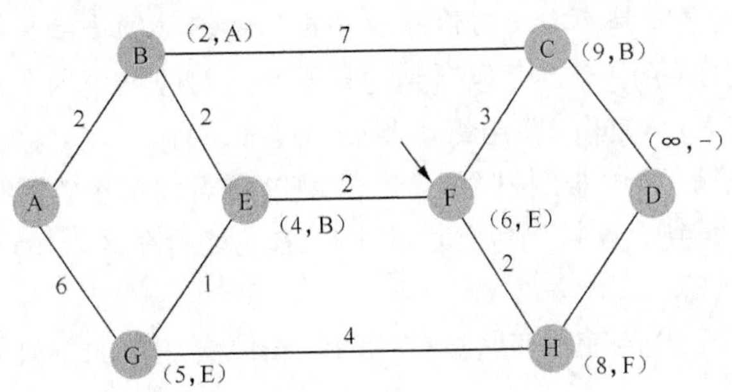

图 11-46　以 F 节点为工作节点标记其他节点与 A 节点之间的距离

⑤ 再检查与 F 节点相连接的相邻节点，除了原来已标识为永久性节点的 E 外，其余就是 C 和 H 这两个临时节点了。重新计算它们到节点 A 间的距离，得到的值分别为 9 和 8。这里还要注意一个现象，就是对于 C 节点，本来属于临时节点，需要重新计算距离值，可是经过 F 节点到 A 节点的距离与原来计算所得的经过 B 节点到达 A 节点的距离是一样的，所以距离值不需要改变。此时把距离较短的 H 节点标识为工作节点（箭头移到 H）和永久性节点，如图 11-47 所示。

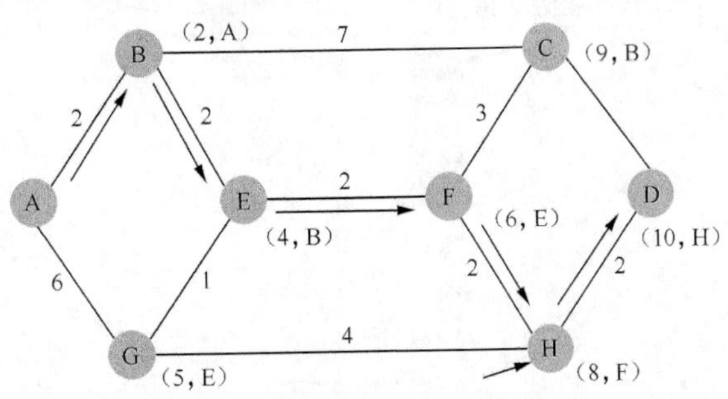

图 11-47　以 H 节点为工作节点标记其他节点与 A 节点之间的距离

此时，因为H节点是直接与目的节点D相连的，所以无需再进行选举了，直接标识D节点的距离为(10，H)。即从源节点A到目标节点D的最短距离就为10，即2+2+2+2+2，如图11-47所示的连线：A→B→E→F→H→D。这样，就找出了源节点到目的节点的最短距离了。

从以上可以看出，Dijkstra算法虽然能得出最短路径，但由于它遍历计算的节点很多，所以效率低。另外，有些节点还不能一次标识正确，因为还要考虑后续节点到达源节点的距离，如以上示例中G节点和F节点的工作节点标识，最初的标识就是错误的，因为它没有考虑后续节点到源节点的距离。

2. OSPF区域间路由计算原理

OSPF路由器的ABR连接多了OSPF区域，所以它保存了多个区域的LSDB。但是在ABR与所连区域的内部路由器，以及其他区域内路由器的通信都不是像区域内部那样是以具体的明细路由进行的，而是采用聚合路由进行的，因为都是通过Summary类型的LSA计算。

在ABR上会以Type-3 LSA向所连区域内，以及其他区域通告所连区域的网络聚合路由，其他区域的路由也是以Type-3 LSA向所连区域内通告的。所以，区域内路由器与ABR，以及ABR与其他区域的通信都是以网络聚合路由进行的。但是要注意的是，两个非骨干区域之间是不能直接进行LSA通告的，而是必须借助骨干区域进行转发，同样，两个非骨干区域之间是不能直接进行路由通信的，必须借助骨干区域的路由转发。所以在区域间的路由路径中一定会包括到达骨干区域对应路由器所连接网段的路由。

总体来说，OSPF区域间的路由将按照以下过程进行。

① 在源区域内部的路由器，按照到达最近ABR的开销最小的网络聚合路由进行通信。

② 骨干区域按照到达连接到包含目的主机IP地址所在区域最近ABR的开销最小的网络聚合路由进行通信。

③ 包含目的主机IP地址所在区域的ABR，按照到达目的主机的开销最小网络聚合路由进行通信。

在图11-48中，假设Area1中IP地址为192.168.1.10/26的HostA要向位于Area2中的IP地址为172.16.2.10/24的HostB发送数据报文。

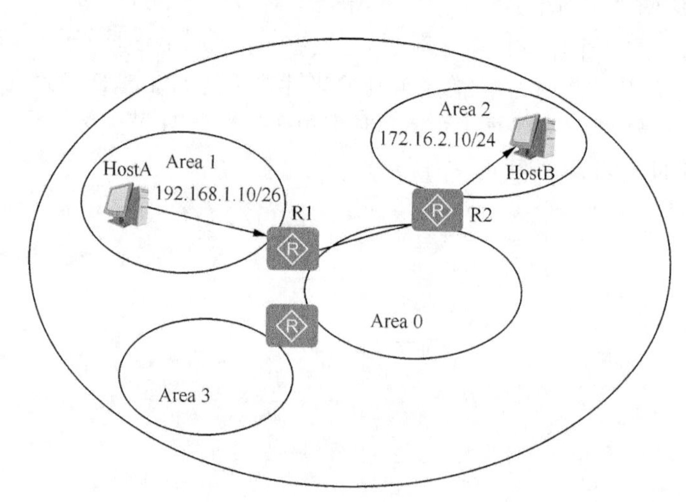

图11-48 OSPF区间路由示例

① 首先，从 Area1 中的内部路由器以一个对应的聚合地址（这个可以由管理员在 R1 上配置，假设为 192.168.1.0/24，也可进行自动路由聚合）到达 R1（ABR/骨干路由器）。

② 然后，数据报文再通过骨干区域 Area0 中的路由转发到 R2。

③ 最后，数据报文通过对应的聚合路由（这个也可以由管理员在 R2 上配置，假设为 172.16.0.0/16，也可以是自动路由聚合）转发，通过 Area2 中的内部路由器到达目的主机。

3. OSPF 路由更新

当链路状态发生变化时，OSPF 通过泛洪过程在区域内广播给其他路由器。OSPF 路由器接收到包含有新信息的链路状态更新报文，将更新自己的 LSDB，然后用 SPF 算法重新在区域内各路由器上计算 OSPF 路由表。在重新计算过程中，各路由器继续使用原来的路由表，直到 SPF 完成新的路由表计算。要注意的是，即使链路状态没有发生改变，OSPF 路由信息也会自动更新，缺省时间为 30 min。

11.2.7　理解 OSPF 进程

因为 OSPF 是一个支持多进程的动态路由协议，所以有"进程"的概念（RIP、IS-IS 也支持多进程，但 BGP 不支持多进程，所以其没有进程的概念）。

OSPF 支持多进程，就是指在同一台路由器上可以运行多个不同的 OSPF 进程，它们之间互不影响，彼此独立。不同 OSPF 进程之间的路由交互相当于不同路由协议之间的路由交互。OSPF 多进程的一个典型应用就是在 VPN 场景中 PE 和 CE 之间运行 OSPF（参见《华为 MPLS VPN 学习指南》一书），同时 VPN 骨干网上的 IGP 也采用 OSPF。在 PE 上，这两个 OSPF 进程互不影响。**但一个路由器接口只能属于某一个 OSPF 进程**。

1. 不同进程之间不相互交换路由信息，缺省是不通的

其实可以简单地把**同一路由器上**多个不同 OSPF 进程理解为多个不同的动态路由协议的进程。我们知道，不同路由协议下的路由信息是不能直接进行交换的，最终也造成通过不同路由协议学习到的动态路由都是不通的。OSPF 上的不同进程也是如此，不同进程各自有不同的 LSDB（链路状态数据库），彼此之间是不交换路由信息的，当然，彼此之间的网络也就不会直接相通了。这就是**相当于把一个物理网络划分成多个虚拟网络**。但是不同 OSPF 进程的路由是可以引入的，第 10 章介绍的 RIP 路由中也是如此。

假设有以下这样的一个 OSPF 网络，R1、R2 和 R3 均会运行 OSPF，但 R2 上配置了 10 和 20 两个进程，如图 11-49 所示。这时，如果没有配置本章后面所要讲的两个 OSPF 进程相互进行路由引入的话，R1 上连接的 192.168.1.0/24 网络是不能与 R3 上连接的 192.168.4.0/24 网络相通的，因为 R2 路由器的 S1 接口所学习到的 R1 路由器上的 192.168.1.0/24 网络路由是不会向 R3 路由器通告的，同样 R2 路由器的 S0 接口所学习到的 R3 路由器上的 192.168.4.0/24 网络路由也不会向 R1 路由器通告。但是在 R2 上连接的两个网络还是可以直接通信的，因为它们在 R2 路由器上是直连路由，优先级最高，不需要 OSPF 的支持。

如果在 R2 路由器上将位于 OSPF 进程 10 的 S1 接口学习到的 OSPF 路由和直连路由引入到 OSPF 进程 20，则 R3 路由器将学习到路由 192.168.1.0/24 和 192.168.2.0/24 网

络。同理，如果在R2路由器上将位于OSPF进程20的S0接口学习到的OSPF路由和直连路由引入到OSPF进程10，则R1路由器将学习到路由192.168.3.0/24和192.168.4.0/24网络。

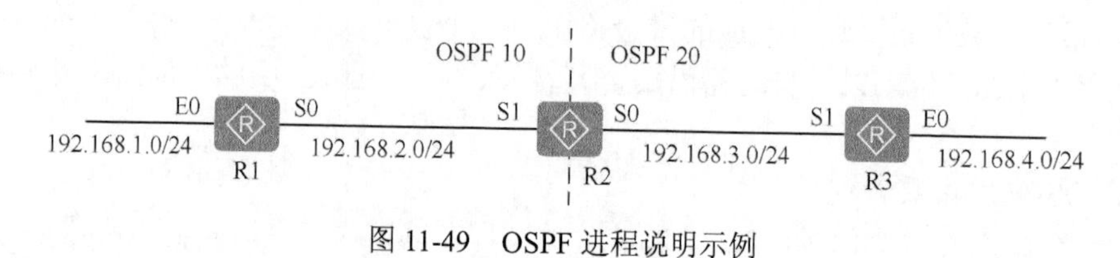

图11-49　OSPF进程说明示例

2. 路由进程仅对本地路由器有意义，相连路由器的进程可以不同

关于OSPF进程，我们要理解的另一个重点就是，不同的OSPF进程仅对本地路由器有意义，也就是它仅将本地路由器划分成多个虚拟网络。把各路由器接口划分到不同的路由进程后，对应接口只与相连路由器接口所在的OSPF进程中的各路由接口交换路由信息，但一定要注意的是，**相连的两个路由器接口的路由进程号可以不一样，也可以一样，因为进程号仅对本地路由器有意义**。如图11-49所示，R1路由器的S0接口的OSPF进程号可以与R2路由器的S1接口的OSPF进程号一样，即都为10，也可以不是10，如20、30等都可以。同理，R3路由器的S1接口OSPF进程号可以与R2路由器的S0接口的OSPF进程号一样，即都为20，也可以不一样。

11.3　配置OSPF基本功能

动态路由有一个共同的特点，那就是整个协议功能比较复杂，但都可以通过一个简单的基本功能配置即可实现网络的三层互连。OSPF路由也一样，通过简单的OSPF基本功能配置就可以组建起最基本的OSPF网络。但在配置OSPF的基本功能之前，需配置接口的网络层地址，使各相邻节点网络层可达。

OSPF基本功能的配置任务和流程如下（仅前面3项必须配置，第4项和第5项配置任务没有先后次序），下面各节将分别具体介绍它们的配置步骤。

① 创建OSPF进程。

② 创建OSPF区域。

③ 使能OSPF。

④（可选）创建虚连接。

⑤（可选）配置对OSPF更新LSA的泛洪限制。

说明　在同一区域内配置多台路由器时，大多数的配置数据（如定时器、路由过滤、路由聚合等）都应该以区域为单位进行统一规划。错误的配置可能会导致相邻路由器之间无法相互传递信息，甚至导致路由信息的阻塞或者自环。另外，在接口视图下配置的OSPF命令不受OSPF是否使能的限制。在关闭OSPF后，原来在接口下配置的相关命令仍然存在。

11.3.1　创建 OSPF 进程

OSPF 是支持多进程的，所以要使用 OSPF，首先就要创建一个 OSPF 进程。一台路由器如果要运行 OSPF，必须存在 Router ID，而 Router ID 可以通过自动选举得到，也可通过手动配置指定。为保证 OSPF 运行的稳定性，在进行网络规划时应该确定路由器 ID 的划分并手动配置。

创建 OSPF 进程的方法很简单，仅需在系统视图下通过 **ospf** [*process-id* | **router-id** *router-id* | **vpn-instance** *vpn-instance-name*] * 命令配置即可。配置此命令后将启动对应的 OSPF 进程，进入 OSPF 视图。命令中的参数说明如下。

① *process-id*：可多选参数，指定要启动的 OSPF 进程的编号，取值范围是 1～65 535 的整数，缺省值为 1。OSPF 路由器支持多进程，可以根据业务类型划分不同的进程。**设备的一个接口只能属于某一个 OSPF 进程，且进程号是本地概念，不影响与其他路由器之间的报文交换**。因此不同的路由器之间，即使进程号不同也可以进行报文交换。

② **router-id** *router-id*：可多选参数，指定本地路由器的路由器 ID，为点分十进制格式，即 IP 地址形式，但又不起 IP 地址的作用。也可以单独用 **router id** *router-id* 系统视图命令创建路由器的路由器 ID。

Router ID 一旦确定，不会随便改变，即使对应的 IP 地址的接口关闭了，只要不重启对应的 OSPF 路由进程，Router ID 也不会改变。总体而言，仅以下 3 种情况会进行 Router ID 的重新选取。

- 通过本命令重新配置 OSPF 的 Router ID，然后重启 OSPF 进程。
- 重新在系统视图下执行 **router id** *router-id* 配置系统的 Router ID，并且重新启动 OSPF 进程。
- 原来被选举为系统的 Router ID 的 IP 地址被删除并且重新启动 OSPF 进程。

缺省情况下，在没有手动配置路由器 ID 情况下，系统会优先从已配置的 Loopback 接口 IP 地址中选择最大的 IP 地址作为设备的路由器 ID，如果没有配置 Loopback 接口，则在其他接口 IP 地址中选取最大的 IP 地址作为设备的路由器 ID。

③ **instance** *vpn-instance-name*：可多选参数，指定所启动的 OSPF 进程所属的 VPN 实例的名称，1～31 个字符，区分大小写。如果不指定 VPN 实例，所启动的 OSPF 进程属于公网实例。**OSPF 进程实例不可更改，只能在第一次使能该进程时指定**。

缺省情况下，系统不运行 OSPF，即不运行 OSPF 进程，可用 **undo ospf** *process-id* [**flush-waiting-timer** *time*] 命令关闭指定的 OSPF 进程，并可通过可选参数 **flush-waiting-timer** *time* 设定让其对端设备删除原来保留的该设备上的 LSA 的时间，取值范围为 1～40 的整数秒。

在关闭 OSPF 进程时选择了 **flush-waiting-timer** *time* 可选参数时，设备会在设定的时间内再次产生自己的 LSA，并将其 age 字段置为 3 600（让此 LSA 立即老化）。其他设备收到 age 字段为 3 600 的 LSA 后，会立刻删除与本设备相关的 LSA。如果没有选择此可选参数，其他设备会一直保留这个 OSPF 进程中早先产生的已无效的关于本设备的 LSA，占用了系统内存，只有这些 LSA 超时（即 LSA 中的 age 字段达到 3 600 s）才会被删除。

11.3.2 创建 OSPF 区域

随着网络规模的日益扩大，设备数量越来越多，导致 LSDB 非常庞大，设备负担很重。OSPF 通过将自治系统划分成不同的区域（Area）来解决上述问题。

OSPF 区域的创建是在对应的 OSPF 进程视图下进行的，创建的方法很简单，就是在对应的 OSPF 进程视图下使用 **area** *area-id* 命令配置。参数 *area-id* 用来指定区域的标识，**可以采用十进制整数或 IPv4 地址形式输入，但显示时使用 IPv4 地址形式**。采取整数形式时，取值范围为 0～4 294 967 295。其中 0 固定为骨干区域的 ID。

注意 在区域划分和配置中要注意以下事项。

■ 区域的边界是路由器，不是链路，即一个网段（链路）的两端接口只能属于一个区域。

■ 骨干区域负责区域之间的路由，非骨干区域之间的路由信息必须通过骨干区域来转发。

■ 所有非骨干区域必须与骨干区域保持连通，骨干区域自身也必须保持连通。

■ **单区域 OSPF 网络中的区域 ID 可随意**，只要符合区域 ID 的取值范围即可。多区域 OSPF 网络中必须有一个骨干区域 0。

缺省情况下，系统未创建 OSPF 区域，可用 **undo area** *area-id* 命令删除指定区域。但在删除一个区域后，则该区域中的所有配置都将同时删除。

11.3.3 使能 OSPF

创建 OSPF 进程后，还需要配置区域所包含的网段，也就是第 10 章介绍 RIP 路由时用 **network** 命令进行的“网络宣告”。该处的网段是指运行 OSPF 接口的 IP 地址所在的网段，**一个网段只能属于一个区域**，但这里的网络宣告与 RIP 不一样，**可以是子网和超网宣告**，而不一定需要采用自然网段进行宣告。

OSPF 路由器会对接收到的 Hello 报文进行网络掩码检查，当接收到的 Hello 报文中携带的网络掩码和本设备上宣告的网络掩码不一致时，则丢弃这个 Hello 报文，即不能建立邻居关系。当然，可以人工关闭这种检查机制，否则在串行链路上两端接口不在同一网段时会建立不了 OSPF 邻居关系的，具体在本章后面介绍。

OSPF 的使能既可在具体区域下一次性地对一个或多个接口进行配置，也可在具体的 OSPF 接口下对一个接口进行配置。如果用两种配置方式同时配置，则对应 OSPF 接口下的配置优先级高于区域中为该接口的配置。

1. 在 OSPF 区域视图下配置

在 OSPF 区域下是通过 **network** *ip-address wildcard-mask* 命令对指定网段范围的所有 OSFP 接口一次性使能 OSPF，并指定所属的 OSPF 区域。命令中的参数说明如下。

① *ip-address*：指定要使能 OSPF 的网段 IP 地址。

② *wildcard-mask*：IP 地址的反码，相当于将 IP 地址的子网掩码反转（0 变 1，1 变 0）。它是用来与参数 *ip-address* 一起确定要使能指定 OSPF 进程的网段范围的，其中，“1”表示忽略 IP 地址中对应的位，“0”表示必须匹配的位，这样就可以在一个区域内包含本

地设备的一个或多个接口。

满足下面两个条件，OSPF 才能在接口上运行。

■ 接口的 IP 地址掩码长度≥**network** 命令中的掩码长度。OSPF 使用反掩码，例如 0.0.0.255 表示掩码长度 24 位。当 **network** 命令配置的 *wildcard-mask* 为全 0 时，如果接口的 IP 地址与 **network** *network-address* 命令配置的 IP 地址相同，则此接口也会运行 OSPF。

■ 接口的主 IP 地址必须在 **network** 命令指定的网段范围之内。

注意 在区域视图下使能 OSPF 进程时要注意以下事项。

■ **设备不支持基于接口从地址形成 OSPF 邻居关系。**

■ 配置 **network** 0.0.0.0 255.255.255.255 命令会将管理口 IP 地址所在的网段路由也引入到 OSPF 路由表，请谨慎配置。

■ 对于同一个 **network** *address wildcard-mask* **description** *text* 命令所配置的描述信息以最后一次配置的为准。

■ 对于 Loopback 接口，缺省情况下 OSPF 以 32 位主机路由的方式对外发布其 IP 地址，与接口上配置的掩码长度无关。**如果要发布 Loopback 接口的网段路由，需要在接口下执行 ospf network-type { broadcast | nbma } 命令配置网络类型为广播或者 NBMA。**

■ 在同一个实例的不同进程之间，或者同一个进程的不同区域之间，不能同时配置具有包含关系的两个区域。

■ 在接口上使能 OSPF 的优先级高于本命令。

缺省情况下，接口不属于任何区域，可用 **undo network** *address wildcard-mask* 命令从该区域中删除运行 OSPF 的对应接口。

2. 在接口视图下配置

在接口视图下使用 **ospf enable** [*process-id*] **area** *area-id* 命令使能对应接口的 OSPF 功能，指定所启动的 OSPF 进程和所加入的 OSPF 区域。

注意 在接口上使能 OSPF 进程要注意以下事项。

① **一个接口上仅能配置一个 OSPF 进程。**

② 配置的接口和 OSPF 进程必须属于同一个 VPN 实例。

■ 如果先执行 **ospf enable** 命令配置接口使能，然后再创建 OSPF 进程，则 **ospf enable** 命令在进程不存在的情况下也可以配置，不会自动创建进程。但是到创建进程时，进程所属的 VPN 必须和 **ospf enable** 命令的接口保持一致。

■ 如果先创建进程，然后再执行 **ospf enable** 命令配置接口使能 OSPF 进程，需要检查该接口使能的进程与已经存在的进程 VPN 实例是否一致，如果不一致，是不允许配置的。

■ 如果没有创建进程，属于不同实例的接口，不能被使能到相同的进程。

缺省情况下，接口没有使能 OSPF，可用 **undo ospf enable** [*process-id*] **area** *area-id* 命令在接口上去使能 OSPF。执行 **undo ospf enable** 命令在接口上去使能 OSPF 后，该接口网段上的 **network** 命令配置会自动生效。

11.3.4 创建虚连接

因为 OSPF 规定，在划分 OSPF 区域之后，非骨干区域之间的 OSPF 路由更新必须通过骨干区域交换完成，所以要求所有非骨干区域必须与骨干区域保持连通，并且骨干区域之间也要保持连通。但有时实际网络环境达不到这个要求，如有些区域不能与骨干区域进行直接连接，而有时骨干区域又是分离的，这时就需要通过配置 OSPF“虚连接”来解决。

虚连接支持验证，以防非法建立虚连接。具体的配置方法是在中间穿越虚连接的传输区域两端或者分离的骨干区域两端的 ABR 上对应区域视图下通过 **vlink-peer** *router-id* [**smart-discover** | **hello** *hello-interval* | **retransmit** *retransmit-interval* | **trans-delay** *trans-delay-interval* |**dead** *dead-interval* | [**simple** [**plain** *plain-text* | [**cipher**] *cipher-text*] | { **md5** | **hmac-md5** | **hmac-sha256** } [*key-id* { **plain** *plain-text*| [**cipher**] *cipher-text* }] | **authentication-null** | **keychain** *keychain-name*]] * 命令进行配置。命令中的参数和选项说明如下。**虚连接必须在每个传送区域两端的 ABR 上同时配置，且每段虚连接的参数（除对端 Router ID 外）配置必须一致。**

- *router-id*：指定建立虚连接的**对端设备**的路由器 ID。
- **smart-discover**：可多选项，设置主动发送 Hello 报文。
- **hello** *hello-interval*：可多选参数，指定接口发送 Hello 报文的时间间隔，取值范围为 1～65 535 的整数秒，缺省值为 10 s。但该值必须与建立虚连接路由器上的 *hello-interval* 值相等。
- **retransmit** *retransmit-interval*：可多选参数，指定接口在发送 LSU 报文后，多长时间后没有收到 LSAck 应答报文即重传原来发送的 LSA 报文，取值范围为 1～3 600 的整数秒，缺省值为 5 s。
- **trans-delay** *trans-delay-interval*：可多选参数，指定接口延迟发送 LSA（为了避免频繁发送 LSA，而造成设备 CPU 负担过重）的时间间隔，取值范围为 1～3 600 的整数秒，缺省值为 1 s。
- **dead** *dead-interval*：可多选参数，指定在多长时间没收到对方发来的 Hello 报文后即宣告对方路由器失效，取值范围为 1～235 926 000 的整数秒，缺省值为 40 s。**该值必须与对端设备的该参数值相等，并至少为** *hello-interval* **参数值的 4 倍。**
- **simple**：多选一可选项，设置采用简单验证模式。
- **plain** *plain-text*：二选一可选参数，指定采用明文密码类型。此时只能键入明文密码，在查看配置文件时也是以明文方式显示密码的。同时指定明文密码，**simple** 模式下的取值范围为 1～8 个字符，不支持空格；**md5**、**hmac-md5**、**hmac-sha256** 模式下的取值范围为 1～255 个字符，不支持空格。
- [**cipher**] *cipher-text*：二选一可选参数，指定采用密文密码类型。可以键入明文或密文密码，但在查看配置文件时均以密文方式显示密码。**simple** 验证模式缺省是 **cipher** 密码类型。同时指定密文密码，**simple** 模式下的取值范围为 1～8 个字符明文密码，或者 32 个字符密文密码，不支持空格。**md5**、**hmac-md5**、**hmac-sha256** 模式下的取值范围为 1～255 个字符对应明文，20～392 个字符密文密码，不支持空格。

■ **md5**：多选一选项，设置采用 MD5 验证模式。缺省情况下，**md5** 验证模式缺省是 **cipher** 密码类型。

■ **hmac-md5**：多选一可选项，设置采用 HMAC-MD5 验证模式。缺省情况下，**hmac-md5** 验证模式是 **cipher** 密码类型。

■ **hmac-sha256**：多选一可选项，设置采用 HMAC-SHA256 验证模式。缺省情况下，**hmac-sha256** 验证模式是 **cipher** 密码类型。

■ *key-id*：可选参数，指定接口密文验证的验证字标识符，取值范围为 1～255 的整数，但必须与对端的验证字标识符一致。

■ **authentication-null**：多选一可选项，设置采用无验证模式。

■ **keychain** *keychain-name*：多选一可选项，设置采用 Keychain 验证模式，并指定所使用的 Keychain 的名称，长度范围为 1～47 个字符，不区分大小写。采用此验证模式前，需要首先通过 **keychain** *keychain-name* 命令创建一个 keychain，并分别通过 **key-id** *key-id*、**key-string** { [**plain**] *plain-text* | [**cipher**] *cipher-text* }和 **algorithm** { **hmac-md5** | **hmac-sha-256** | **hmac-sha1-12** | **hmac-sha1-20** | **md5** | **sha-1** | **sha-256** | **simple** }命令配置该 keychain 采用的 key-id、密码及其验证算法，否则会造成 OSPF 验证始终为失败状态。

缺省情况下，OSPF 不配置虚连接，可用 **undo vlink-peer** *router-id* [**dead** | **hello** | **retransmit** | **smart-discover** | **trans-delay** | [**simple** | **md5** | **hmac-md5** | **hmac-sha256** | **authentication-null** | **keychain**]] * 命令删除指定虚连接或恢复指定虚连接的参数为缺省值。

【经验之谈】别看这条命令参数选项非常多，但绝大多数参数和选项是可选的，如在虚连接中可选配置的多种不同的验证方式以及可选配置的 Hello 报文和 LSA 报文发送和接收定时器参数，但一般情况下是不需要配置验证的，也不需要重新调整这些定时器参数，所以只需要指定对端设备的 Router ID，配置还是比较简单的。

另外，每段虚连接只能在一个普通区域内，且需要分别配置。

11.3.5 配置对 OSPF 更新 LSA 的泛洪限制

当邻居数量或者需要泛洪的 LSA 报文数量较多时，邻居路由器会在短时间内收到大量的 LSU 更新报文。如果邻居路由器不能及时处理这些突发的大量报文，则有可能因为忙于处理更新报文而丢弃了维护邻居关系的 Hello 报文，造成邻居断开。而这样再重建邻居时，需要交互的报文数量将会更大，由此导致报文数量过大的情况进一步恶化。此时，可通过对 OSPF 更新 LSA 的泛洪进行限制，从而有效地避免以上情况的发生，起到了维护邻居关系的作用。

对 OSPF 更新 LSA 的泛洪限制是在对应的 OSPF 进程下通过 **flooding-control** [**number** *transmit-number* | **timer-interval** *transmit-interval*] * 命令进行配置的。通过本命令可设置本地设备每次泛洪更新 LSA 的数量和泛洪更新 LSA 的时间间隔。配置本命令后，对 **OSPF** 更新 **LSA** 泛洪的限制功能将立刻生效。命令中的参数说明如下。

■ **number** *transmit-number*：可多选参数，设置每次泛洪更新 LSA 的数量，取值范围为 1～1 000 的整数，缺省值是 50。如果发现频繁有邻居路由器断开的日志提示时，可适当减小本参数值。

■ **timer-interval** *transmit-interval*：可多选参数，设置每次泛洪更新 LSA 的时间间隔，取值范围为 30～100 000 ms，缺省值是 30。如果发现频繁有邻居路由器断开的日志提示时，可适当加大本参数值。

缺省情况下，当邻居数量超过 256 个时自动使能 OSPF 更新 LSA 泛洪的控制功能，可用 **undo flooding-control** [**number** | **timer-interval**] *命令取消 OSPF 更新 LSA 泛洪的控制功能。

已完成以上各小节的 OSPF 基本功能配置后，可通过以下任意视图 **display** 命令查看相关配置，验证配置结果。

① **display ospf** [*process-id*] **peer**：查看指定进程或所有进程下的 OSPF 邻居信息。

② **display ospf** [*process-id*] **interface**：查看指定进程或所有进程下的 OSPF 接口信息。

③ **display ospf** [*process-id*] **routing**：查看指定进程或所有进程下的 OSPF 路由表信息。

④ **display ospf** [*process-id*] **lsdb**：查看指定进程或所有进程下的 OSPF LSDB 信息。

11.3.6 OSPF 基本功能配置示例

本示例的基本拓扑结构如图 11-50 所示，所有的路由器都运行 OSPF，并将整个自治系统划分为 3 个区域，其中 RouterA 和 RouterB 作为 ABR 来转发区域之间的路由。配置完成后，每台路由器都应学到 AS 内到所有网段的路由。

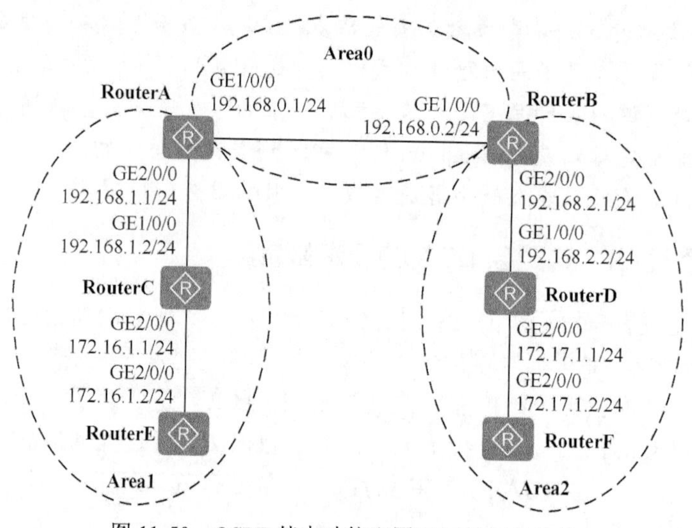

图 11-50 OSPF 基本功能配置示例的拓扑结构

1. 基本配置思路分析

本示例只需要各网段通过 OSPF 实现三层互通，而且区域 1 和区域 2 都直接与骨干区域 0 直接连接了，不涉及包括虚连接和 LSA 更新的泛洪限制等要求，所以只需要配置好 OSPF 基本功能中的前 3 项必选配置任务即可。当然，在进行 OSPF 基本功能配置之前，还需要配置好各路由器接口的 IP 地址。

本示例采用在区域视图下使能 OSPF 进程的方式进行配置，不在具体接口上进行单独使能，基本的配置思路如下。

① 配置各路由器接口 IP 地址。

② 在各路由器上使能所需的 OSPF 路由进程（本示例采用单 OSPF 路由进程配置），然后创建所连接的区域，并在对应区域视图下宣告所连接的网段。

2. 具体配置步骤

① 配置各路由器接口的 IP 地址。在此，仅以 RouterA 上的接口配置为例进行介绍，RouterB、RouterC、RouterD、RouterE 和 RouterF 的配置方法一样，略。

```
<Huawei> system-view
[Huawei] sysname RouterA
[RouterA] interface gigabitethernet 1/0/0
[RouterA-GigabitEthernet1/0/0] ip address 192.168.0.1 24
[RouterA-GigabitEthernet1/0/0] quit
[RouterA] interface gigabitethernet 2/0/0
[RouterA-GigabitEthernet2/0/0] ip address 192.168.1.1 24
[RouterA-GigabitEthernet2/0/0] quit
```

② 配置 OSPF 的基本功能。因为本示例中都是单进程，所以在创建 OSPF 进程时，进程号可以不写，都采用缺省的 1 号进程。

■ RouterA 上的配置如下。

RouterA 属于 ABR，所以要分别创建所连接的两个区域，并在每个区域中宣告区域中接口所连接的网段。

```
[RouterA] ospf router id 1.1.1.1
[RouterA-ospf-1] area 0
[RouterA-ospf-1-area-0.0.0.0] network 192.168.0.0 0.0.0.255
[RouterA-ospf-1-area-0.0.0.0] quit
[RouterA-ospf-1] area 1
[RouterA-ospf-1-area-0.0.0.1] network 192.168.1.0 0.0.0.255
[RouterA-ospf-1-area-0.0.0.1] quit
```

【经验之谈】在配置 OSPF 基本功能时，最关键的一点就是各 OSPF 接口的网段通告。与第 10 章介绍的 RIP 接口网段通告类似，可以通过一条 **network** 命令对多个连接在同一网段下的各子接口进行一次性通告。但 OSPF 中的 **network** 命令与 RIP 中的 **network** 命令存在较大的不同。RIP 中所通告的路由只能是自然网段的路由，通告网段路由是不带子网掩码的，因为是直接采用对应 IP 地址所在的自然网段的子网掩码；而 OSPF 中所通告的路由可以是对应的自然网段，甚至超网路由，具体由在通告网段路由时所**必须同时指定**的 IP 地址和反码（也就是通常所说的“通配符掩码”）一起来指定。

另外，在 OSPF 网段通告时要特别注意的是，**在不同区域、不同进程中所通告的网段路由不能有包含、交叉关系，当然更不能是完全重叠关系（这种情况主要发生在连接多个区域的 ABR 上）**。如本示例中的 RouterA 上的 GE1/0/0 接口所连接的网段是 192.168.0.0/24，GE2/0/0 接口连接的网段是 192.168.1.0/24，如果它们是在同一区域中，则完全可以用 192.168.0.0/16 的路由进行通告，但因为现在它们是在不同的区域中，所以两个区域中都不能这样宣告，只能分别宣告，以免重叠。同时，如果两个接口位于不同 OSPF 进程，也一样不能宣告成 192.168.0.0/16 路由的，因为这样两个进程所宣告的网段就是重叠的了。本示例中的 RouterB 也一样。

■ RouterB 上的配置如下。

RouterB 与 RouterA 一样属于 ABR，配置方法也一样。

```
[RouterB] ospf router id 2.2.2.2
[RouterB-ospf-1] area 0
[RouterB-ospf-1-area-0.0.0.0] network 192.168.0.0 0.0.0.255
[RouterB-ospf-1-area-0.0.0.0] quit
[RouterB-ospf-1] area 2
[RouterB-ospf-1-area-0.0.0.2] network 192.168.2.0 0.0.0.255
[RouterB-ospf-1-area-0.0.0.2] quit
```

■ RouterC 上的配置如下。

RouterC 属于 Area1 区域的内部路由器，所以仅需要创建 Area1 区域，并对其中的接口连接的网段进行宣告。

```
[RouterC] ospf router id 3.3.3.3
[RouterC-ospf-1] area 1
[RouterC-ospf-1-area-0.0.0.1] network 192.168.1.0 0.0.0.255
[RouterC-ospf-1-area-0.0.0.1] network 172.16.1.0 0.0.0.255
[RouterC-ospf-1-area-0.0.0.1] quit
```

■ RouterD 上的配置如下。

RouterD 与 RouterC 一样属于区域内部路由器，配置方法也一样。

```
[RouterD] ospf router id 4.4.4.4
[RouterD-ospf-1] area 2
[RouterD-ospf-1-area-0.0.0.2] network 192.168.2.0 0.0.0.255
[RouterD-ospf-1-area-0.0.0.2] network 172.17.1.0 0.0.0.255
[RouterD-ospf-1-area-0.0.0.2] quit
```

■ RouterE 上的配置如下。

RouterE 与 RouterC 一样属于区域内部路由器，配置方法也一样。

```
[RouterE] ospf router id 5.5.5.5
[RouterE-ospf-1] area 1
[RouterE-ospf-1-area-0.0.0.1] network 172.16.1.0 0.0.0.255
[RouterE-ospf-1-area-0.0.0.1] quit
```

■ RouterF 上的配置

RouterF 与 RouterC 一样属于区域内部路由器，配置方法也一样。

```
[RouterF] ospf router id 6.6.6.6
[RouterF-ospf-1] area 2
[RouterF-ospf-1-area-0.0.0.2] network 172.17.1.0 0.0.0.255
[RouterF-ospf-1-area-0.0.0.2] quit
```

3. 实验结果验证

通过以上配置就完成了整个网络的 OSPF 基本路由配置。下面可以在各路由器上通过 **display ospf peer** 视图命令查看各自的 OSPF 邻居。下面是 RouterA 上的输出示例，从中可以看出，它与 RouterB 和 RouterC 建立了完全（Full）的邻接关系（参见粗体字部分的输出信息）。

```
[RouterA] display ospf peer
          OSPF Process 1 with Router ID 1.1.1.1
                  Neighbors
 Area0.0.0.0 interface 192.168.0.1(GigabitEthernet1/0/0)'s neighbors
Router ID: 2.2.2.2          Address: 192.168.0.2
   State: Full   Mode:Nbr is   Master   Priority: 1
   DR: 192.168.0.2   BDR: 192.168.0.1     MTU: 0
   Dead timer due in 36    sec
   Retrans timer interval: 5
```

```
    Neighbor is up for 00:15:04
    Authentication Sequence: [ 0 ]
                      Neighbors
  Area0.0.0.1 interface 192.168.1.1(GigabitEthernet2/0/0)'s neighbors
 Router ID: 3.3.3.3          Address: 192.168.1.2
    State: Full   Mode:Nbr is   Master   Priority: 1
    DR: 192.168.1.2   BDR: 192.168.1.1     MTU: 0
    Dead timer due in 39    sec
    Retrans timer interval: 5
    Neighbor is up for 00:07:32
    Authentication Sequence: [ 0 ]
```

也可以使用 **display ospf routing** 视图命令在各路由器上查看各自的 OSPF 路由信息。下面是 RouterA 的输出示例，从中可以看出，它已建立了到达所有**非直连网段（直连网段的直连路由不会在本地 OSPF 路由表中出现，仅会出现在 IP 路由表中）**的 OSPF 路由，表明以上配置是成功的。

```
[RouterA] display ospf routing
          OSPF Process 1 with Router ID 1.1.1.1
                  Routing Tables
 Routing for Network
 Destination      Cost  Type        NextHop          AdvRouter        Area
 172.16.1.0/24     2    Transit     192.168.1.2      3.3.3.3          0.0.0.1
 172.17.1.0/24     3    Inter-area  192.168.0.2      2.2.2.2          0.0.0.0
 192.168.0.0/24    1    Transit     192.168.0.1      1.1.1.1          0.0.0.0
 192.168.1.0/24    1    Transit     192.168.1.1      1.1.1.1          0.0.0.1
 192.168.2.0/24    2    Inter-area  192.168.0.2      2.2.2.2          0.0.0.0
 Total Nets: 5
 Intra Area: 3   Inter Area: 2   ASE: 0   NSSA: 0
```

还可通过 **display ospf lsdb** 视图命令查看各路由器上的 LSDB。下面是 RouterA 上的输出示例，从中可以看出，在 RouterA 上分别为所连接的 Area0 和 Area1 保存的 LSDB，其中 LinkState ID 代表链路 ID，但不同 LSA 所代表的含义不同，具体参见 11.1.4 节的说明。AdvRouter 为发布对应 LSA 的源路由器的路由器 ID。

```
[RouterA] display ospf lsdb
          OSPF Process 1 with Router ID 1.1.1.1
                  Link State Database
                          Area: 0.0.0.0
 Type       LinkState ID     AdvRouter        Age  Len   Sequence   Metric
 Router     2.2.2.2          2.2.2.2          317  48    80000003     1
 Router     1.1.1.1          1.1.1.1          316  48    80000002     1
 Network    192.168.0.2      2.2.2.2          399  32    800000F8     0
 Sum-Net    172.16.1.0       1.1.1.1          250  28    80000001     2
 Sum-Net    172.17.1.0       2.2.2.2          203  28    80000001     2
 Sum-Net    192.168.2.0      2.2.2.2          237  28    80000002     1
 Sum-Net    192.168.1.0      1.1.1.1          295  28    80000002     1
                          Area: 0.0.0.1
 Type       LinkState ID     AdvRouter        Age  Len   Sequence   Metric
 Router     5.5.5.5          5.5.5.5          214  36    80000004     1
 Router     3.3.3.3          3.3.3.3          217  60    80000008     1
 Router     1.1.1.1          1.1.1.1          289  48    80000002     1
 Network    192.168.1.1      1.1.1.1          202  28    80000002     0
 Network    172.16.1.1       3.3.3.3          670  32    80000001     0
 Sum-Net    172.17.1.0       1.1.1.1          202  28    80000001     3
 Sum-Net    192.168.2.0      1.1.1.1          242  28    80000001     2
 Sum-Net    192.168.0.0      1.1.1.1          300  28    80000001     1
```

11.3.7 OSPF 虚连接的配置示例

本示例的基本拓扑结构如图 11-51 所示，Area2 没有与骨干区域直接相连。Area1 被用作传输区域（Transit Area）来连接 Area2 和 Area0。为了使 Area2 与骨干区域连通，需要在 RouterA 和 RouterB 之间配置一条虚连接（Virtual Link）。

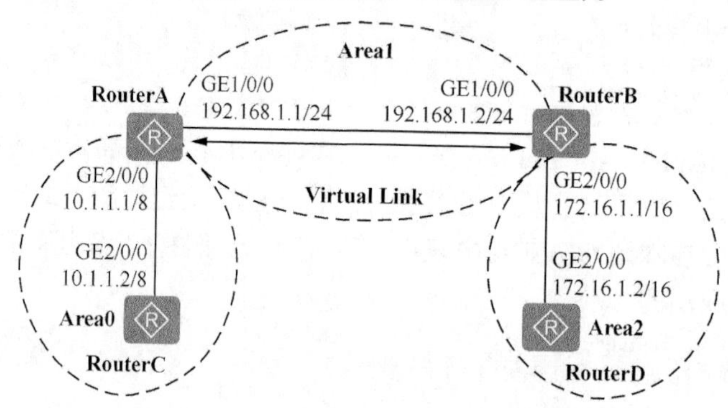

图 11-51 OSPF 虚连接配置示例的拓扑结构

1. 基本配置思路分析

OSPF 虚连接需要在配置 OSPF 基本功能的基础上进行配置，所以首先也需要配置各路由器的 OPSF 基本功能，使各路由器通过 OSPF 三层互通，然后在 RouterA 和 RouterB 上分别配置虚连接，使非骨干区域与骨干区域连通。

根据以上分析可得出本示例如下的基本配置思路。

① 配置各路由器的接口 IP 地址。

② 在各路由器上使能所需的 OSPF 路由进程（本示例采用单 OSPF 路由进程配置），然后创建所连接的区域，并在对应区域视图下宣告所连接的网段。

③ 在区域中的 RouterA 和 RouterB 路由器配置虚连接，使区域 2 也直接与骨干区域 0 连接。

2. 具体配置步骤

① 配置各路由器接口的 IP 地址。在此，仅以 RouterA 上的接口 IP 地址配置为例进行介绍，RouterB、RouterC 和 RouterD 的配置方法一样，略。

```
<Huawei> system-view
[Huawei] sysname RouterA
[RouterA] interface gigabitethernet 1/0/0
[RouterA-GigabitEthernet1/0/0] ip address 192.168.1.1 24
[RouterA-GigabitEthernet1/0/0] quit
[RouterA] interface gigabitethernet 2/0/0
[RouterA-GigabitEthernet2/0/0] ip address 10.1.1.1 8
[RouterA-GigabitEthernet2/0/0] quit
```

② 配置 OSPF 的基本功能。因为本示例中都是单进程，所以在创建 OSPF 进程时，进程号可以不写，都采用缺省的 1 号进程。

■ RouterA 上的配置如下。

RouterA 属于 ABR，所以要分别创建所连接的两个区域，并在每个区域中宣告区域中接口所连接的网段。

```
[RouterA] ospf router-id 1.1.1.1
[RouterA-ospf-1] area 0
[RouterA-ospf-1-area-0.0.0.0] network 10.0.0.0 0.255.255.255
[RouterA-ospf-1-area-0.0.0.0] quit
[RouterA-ospf-1] area 1
[RouterA-ospf-1-area-0.0.0.1] network 192.168.1.0 0.0.0.255
[RouterA-ospf-1-area-0.0.0.1] quit
```

■ RouterB 上的配置如下。

RouterB 与 RouterA 一样属于 ABR，配置方法也一样。

```
[RouterB] ospf router-id 2.2.2.2
[RouterB-ospf-1] area 1
[RouterB-ospf-1-area-0.0.0.1] network 192.168.1.0 0.0.0.255
[RouterB-ospf-1-area-0.0.0.1] quit
[RouterB-ospf-1] area 2
[RouterB - ospf-1-area-0.0.0.2] network 172.16.0.0 0.0.255.255
[RouterB - ospf-1-area-0.0.0.2] quit
```

■ RouterC 上的配置如下。

RouterC 属于骨干区域的内部路由器，所以仅需要创建 Area0 区域，并对其中的接口连接的网段进行宣告。

```
[RouterC] ospf router-id 3.3.3.3
[RouterC-ospf-1] area 0
[RouterC-ospf-1-area-0.0.0.0] network 10.0.0.0 0.255.255.255
[RouterC-ospf-1-area-0.0.0.0] quit
```

■ RouterD 上的配置如下。

RouterD 与 RouterC 一样属于区域内部路由器，配置方法也一样。

```
[RouterD] ospf router-id 4.4.4.4
[RouterD-ospf-1] area 2
[RouterD-ospf-1-area-0.0.0.2] network 172.16.0.0 0.0.255.255
[RouterD-ospf-1-area-0.0.0.2] quit
```

此时可通过 **display ospf routing** 视图命令查看 RouterA 的 OSPF 路由表。由于 Area2 没有与 Area0 直接相连，所以 RouterA 的路由表中没有 Area2 中的路由。

```
[RouterA] display ospf routing
          OSPF Process 1 with Router ID 1.1.1.1
                   Routing Tables
 Routing for Network
 Destination        Cost   Type        NextHop        AdvRouter      Area
 10.0.0.0/8         1      Transit     10.1.1.1       1.1.1.1        0.0.0.0
 192.168.1.0/24     1      Transit     192.168.1.1    1.1.1.1        0.0.0.1
 Total Nets: 2
 Intra Area: 2   Inter Area: 0   ASE: 0   NSSA: 0
```

③ 配置虚连接，需要在 RouterA 和 RouterB 上同时配置，不启用认证功能。

■ RouterA 上的配置如下。

```
[RouterA] ospf
[RouterA-ospf-1] area 1
[RouterA-ospf-1-area-0.0.0.1] vlink-peer 2.2.2.2
[RouterA-ospf-1-area-0.0.0.1] quit
```

■ RouterB 上的配置如下。

```
[RouterB] ospf
[RouterB-ospf-1] area 1
[RouterB-ospf-1-area-0.0.0.1] vlink-peer 1.1.1.1
[RouterB-ospf-1-area-0.0.0.1] quit
```

现在通过 **display ospf routing** 视图命令查看 RouterA 的 OSPF 路由表，从中可以发现 RouterA 已通过 OSPF 学习到了 Area2 中的路由（参见输出信息中的粗体部分），证明虚连接的配置是成功的。

```
[RouterA] display ospf routing
          OSPF Process 1 with Router ID 1.1.1.1
                    Routing Tables
Routing for Network
Destination       Cost  Type         NextHop        AdvRouter     Area
172.16.0.0/16     2     Inter-area   192.168.1.2    2.2.2.2       0.0.0.2
10.0.0.0/8        1     Transit      10.1.1.1       1.1.1.1       0.0.0.0
192.168.1.0/24    1     Transit      192.168.1.1    1.1.1.1       0.0.0.1
Total Nets: 3
Intra Area: 2   Inter Area: 1   ASE: 0   NSSA: 0
```

11.4 配置 OSPF 在不同网络类型中的属性

通过 11.1.10 节表 11-7 中介绍的 OSPF4 种网络类型的特点可以看出，它们的差异主要集中在发送报文的形式不同，因此，在 4 种网络类型中配置的 OSPF，主要区别体现在协议报文的发送形式上。在不同网络类型属性的配置中，主要包括以下 3 项配置任务，且配置接口的网络类型是配置 P2MP 和 NBMA 网络属性的前置任务。

① 配置接口的网络类型。

② 配置 P2MP 网络属性。

③ 配置 NBMA 网络属性。

同样，在配置 OSPF 在不同网络类型中的属性之前，需完成以下任务。

① 配置接口的网络层地址，使各相邻节点网络层可达。

② 配置 OSPF 的基本功能。

11.4.1 配置接口的网络类型

配置接口的网络类型很简单，只需在对应接口视图下通过 **ospf network-type** { **broadcast** | **nbma** | **p2mp** | **p2p** [**peer-ip-ignore**]}命令配置即可。命令的 4 个多选一选项分别代表广播网络类型、NBMA 网络类型、P2MP 网络类型和 P2P 网络类型，可选项 **peer-ip-ignore** 指定 OSPF 在使用广播网类型的接口修改成的点到点接口建立邻居，且接口没有配置地址借用时忽略网段检查。缺省情况下，未配置 **peer-ip-ignore** 参数，OSPF 在建立邻居时，会进行网段检查。网段检查是指将本地接口的掩码分别与本端和对端的接口地址进行与运算，若得到的结果一致，则 OSPF 可以建立邻居；若结果不一致，则 OSPF 不能建立邻居。

当用户为接口配置了新的网络类型后，原接口的网络类型将被替换。

缺省情况下，接口的网络类型是根据物理接口类型而定的，即以太网接口的网络类型为广播，串口和 POS 口（封装 PPP 或 HDLC 协议时）的网络类型为 P2P，ATM 和 Frame-relay（帧中继）接口的网络类型为 NBMA。可用 **undo ospf network-type** 命令恢复 OSPF 接口为缺省的网络类型。

可根据实际情况配置接口的网络类型，但也不是随意的，具体要考虑以下几个方面。

① 如果同一网段内只有两台设备运行 OSPF，也可以将接口的网络类型改为 P2P。

② 如果接口的网络类型是广播，但在广播网络上有不支持组播地址的路由器，可以将接口的网络类型改为 NBMA。

③ 如果接口的网络类型是 NBMA，且网络是全连通的，即任意两台路由器都直接可达。此时，可以将接口类型改为 Broadcast，可不必配置邻居。

说明　一个 NBMA 类型的网络可以改为广播类型的条件是：任意两台设备之间都有一条虚电路直接可达，或者说，这个网络是全连通的。**如果网络不满足这个条件，必须将接口的网络类型改为 P2MP**。这样，两台不能直接可达的设备之间可以通过一台与两者都直接可达的设备来交换路由信息。接口的网络类型改为点到多点后，就不必再配置邻居。

在配置网络类型时，要注意以下几个方面。

■ P2MP 网络类型必须是由其他的网络类型强制更改的。

■ 接口的网络类型为 NBMA 或使用本命令将接口的网络类型手工改为 NBMA 时，必须使用 **peer** 命令来配置邻接点。

■ 一般情况下，链路两端的 OSPF 接口的网络类型必须一致，否则双方不可以建立起邻居关系。

■ 当链路两端的 OSPF 接口的网络类型一端是广播网而另一端是 P2P 时，双方仍可以正常地建立起邻居关系，但互相学习不到 OSPF 路由信息。

11.4.2　配置 P2MP 网络属性

缺省情况下，在 P2MP 网络上，接口 IP 地址的子网掩码长度不一致的设备不可以建立邻居关系。但可以通过配置设备间忽略对 Hello 报文中网络掩码的检查，就可以正常建立 OSPF 邻居关系了。另外，在 P2MP 网络中，当两台路由器之间存在多条链路时，通过对出方向的 LSA 进行过滤可以减少 LSA 在某些链路上的传送，减少不必要的重传，节省带宽资源。这两项功能的具体配置步骤见表 11-10。

表 11-10　P2MP 网络属性配置步骤

步骤	命令	说明
1	**system-view** 例如：< Huawei > **system-view**	进入系统视图
2	**interface** *interface-type interfa-ce-number* 例如：[Huawei] **interface** gigabitethernet 1/0/0	键入要配置为 P2MP 网络类型的接口，进入接口视图
3	**ospf network-type p2mp** 例如：[Huawei-GigabitEthernet1/0/0] **ospf network-type p2mp**	配置以上接口为 P2MP 网络类型。**P2MP 网络类型必须是由其他的网络类型强制更改的**，可用 **undo ospf network-type** 命令恢复 OSPF 接口为缺省的网络类型

续表

步骤	命令	说明
4	**ospf p2mp-mask-ignore** 例如：[Huawei-Gigabit Ethernet1/0/0] **ospf p2mp-mask-ignore**	配置在 P2MP 网络上忽略对网络掩码的检查。 OSPF 需要对接收到的 Hello 报文进行网络掩码检查，当接收到的 Hello 报文中携带的网络掩码和本设备不一致时，则丢弃这个 Hello 报文。在 P2MP 网络上，当设备的掩码长度不一致时，使用此命令忽略对 Hello 报文中网络掩码的检查，从而可以正常建立 OSPF 邻居关系。 缺省情况下，不使能在 P2MP 网络上对网络掩码检查的功能，可用 **undo ospf p2mp-mask-ignore** 命令使能在 P2MP 网络上对网络掩码检查的功能
5	**quit** 例如：[Huawei-Gigabit Ethernet1/0/0] **quit**	退出接口视图，返回系统视图
6	**ospf** [*process-id*] 例如：[Huawei] **ospf** 10	启动对应的 OSPF 进程，进入 OSPF 视图
7	**p2mp-peer** *ip-address* **cost** *cost* 例如：[HUAWEI-ospf-100] **p2mp-peer** 10.1.1.1 **cost** 100	（可选）配置 P2MP 网络上到指定邻居所需的开销值，整数形式，取值范围是 1～65 535。 缺省情况下，P2MP 网络上到指定邻居所需的开销值等于接口的开销值，可用 **undo p2mp-peer** *ip-address* 命令恢复 P2MP 网络上到指定邻居所需的开销值为缺省值
8	**filter-lsa-out peer** *ip-address* { **all** | { **summary** [**acl** { *acl-number* | *acl-name* }] | **ase** [**acl** { *acl-number* | *acl-name* }] | **nssa** [**acl** { *acl-number* | *acl-name* }] } * } 例如：[Huawei-ospf-10] **filter-lsa-out peer** 10.1.1.1 **all**	配置在 P2MP 网络中对发送的 LSA 进行过滤。命令中的参数和选项说明如下。 （1）*ip-address*：指定要过滤发送 LSA 的 P2MP 邻居的 IP 地址，不向这个邻居发送 LSA。 （2）**all**：二选一可选项，指定对除 Grace-LSA 之外的所有 LSA 进行过滤。 （3）**summary**：可多选选项，指定对 Type-3 LSA 进行过滤。 （4）**ase**：可多选选项，指定对 Type-5 LSA 进行过滤。 （5）**nssa**：可多选选项，指定对 Type-7 LSA 进行过滤。 （6）**acl** { *acl-number* | *acl-name* }：可选参数，指定用于对要发送的 Type-3 LSA 或者 Type-5 LSA 或者 Type-7 LSA 进行过滤的 ACL 表号（取值范围为 2 000～2 999）或者 ACL 名称（1～32 个字符，但开头第一个字母必须为英文字母形式，区分大小写），用 *source* 参数过滤发送的 LSA 中的 IP 报头源 IP 地址范围。对于使用命名型 ACL 中的规则进行过滤时，只有 *source* 参数指定的源地址范围和 *time- range* 参数指定的时间段对配置规则过滤规则有效。 缺省情况下，在 P2MP 网络中不对指定邻居发送的 LSA 进行过滤，可用 **undo filter-lsa-out peer** *ip-address* 命令取消在 P2MP 网络中对指定邻居发送的 LSA 进行过滤

11.4.3 配置 NBMA 网络属性

NBMA 网络属性配置主要包括以下 3 项配置任务。

1. （可选）配置 NBMA 网络类型

当确定某 OSPF 接口连接的是 NBMA 网络时，可以配置该接口的网络类型为 NBMA。但要注意的是，NBMA 网络必须是全连通的，所以网络中任意两台路由器之间都必须直接可达（无需经过其他中间路由器）。如果这个要求无法满足，则必须通过命令强制将网络的类型改变为 P2MP。

2. （可选）配置 NBMA 网络发送轮询报文的时间间隔

在 NBMA 网络上，当邻居失效后，路由器将按设置的轮询时间间隔定期地发送 Hello 报文。但因为有缺省配置，所以本项配置任务也是可选的。

3. 配置 NBMA 网络的邻居

当网络类型为 NBMA（例如 X.25 或帧中继网络）时，可以通过配置映射使整个网络达到全连通状态（即网络中任意两台设备之间都存在一条虚电路且直接可达）。这样，OSPF 就可以看作是广播网络进行 DR、BDR 选举等。但由于无法通过广播 Hello 报文的形式动态发现相邻设备，必须手动通过 **peer** 命令指定相邻设备的 IP 地址以及用于 DR 选举的优先级。

以上 3 项配置任务的具体配置步骤见表 11-11。

表 11-11　NBMA 网络属性的配置步骤

步骤	命令	说明
1	**system-view** 例如：< Huawei > **system-view**	进入系统视图
2	**interface** *interface-type interface-number* 例如：[Huawei] **interface** gigabitethernet 1/0/0	键入要配置为 NBMA 网络类型的接口，进入接口视图
3	**ospf network-type nbma** 例如：[Huawei-GigabitEthernet1/0/0] **ospf network-type nbma**	配置以上接口为 NBMA 网络类型，可用 **undo ospf network-type** 命令恢复 OSPF 接口为缺省的网络类型
4	**ospf timer poll** *interval* 例如：[Huawei-GigabitEthernet1/0/0] **ospf timer poll** 150	配置 NBMA 网络上发送轮询 Hello 报文的时间间隔，取值范围为 1～3 600 整数秒。轮询 Hello 报文的发送时间间隔值至少应为 Hello 报文发送时间间隔的 4 倍。 缺省情况下，时间间隔为 120 s，可用 **undo ospf timer poll** 命令恢复发送轮询 Hello 报文间隔的缺省值
5	**quit** 例如：[Huawei-GigabitEthernet1/0/0] **quit**	退出接口视图，返回系统视图
6	**ospf** [*process-id*] 例如：[Huawei] **ospf** 10	启动对应的 OSPF 进程，进入 OSPF 视图
7	**peer** *ip-address* [**dr-priority** *priority*] 例如：[Huawei-ospf-10] **peer** 1.1.1.1	配置 NBMA 网络的邻居，**需要重复使用本命令指定其他邻居**。命令中的参数说明如下。 （1）*ip-address*：指定邻居的接口主 IP 地址。 （2）**dr-priority** *priority*：指定相邻设备的优先级，用于 DR、BDR 选举，取值范围为 0～255 的整数，缺省值为 1。**值为 0 时无资格参加 DR、BDR 选举**。 缺省情况下，没有在 NBMA 网络上指定相邻路由器的 IP 地址，也没有配置 DR 选举权，可用 **undo peer** *ip-address* 命令取消指定 IP 地址的设备为接口的邻居路由器

完成以上 NBMA 网络和 P2MP 网络属性配置后，可以通过以下 **display** 任意视图命

令查看相关配置信息，验证配置结果。

■ **display ospf** [*process-id*] **lsdb** [**brief**]或 **display ospf** [*process-id*] **lsdb** [{ **router** | **network** | **summary** | **asbr** | **ase** | **nssa** | **opaque-link** | **opaque-area** |**opaque-as** } [*link-state-id*]] [**originate-router** [*advertising-router-id*] | **self-originate**] [**age** { **min-value** *min-age-value* | **max-value** *max-age-value* } *]：查看指定的或者所有 OSPF 的链路状态数据库（LSDB）信息。

■ **display ospf** [*process-id*] **peer** [[*interface-type interface-number*] *neighbor-id* | **brief** | **last-nbr-down**]：查看指定的或者所有 OSPF 邻居的信息。

■ **display ospf** [*process-id*] **nexthop**：查看指定进程或者所有进程下 OSPF 的下一跳信息。

■ **display ospf** [*process-id*] **routing router-id** [*router-id*]或 **display ospf** [*process-id*] **routing** [*ip-address* [*mask* | *mask-length*]] [**interface** *interface-type interface-number*] [**nexthop** *nexthop-address*]：查看指定的或者所有 OSPF 路由表的信息。

■ **display ospf** [*process-id*] **interface** [**all** | *interface-type interface-number*] [**verbose**]：查看指定的或者所有 OSPF 的接口信息。

11.4.4 OSPF 的 DR 选举配置示例

本示例的拓扑结构如图 11-52 所示，在一个广播型 OSPF 网络中，配置 RouterA 的优先级为 100，这是网络上的最高优先级，被选举为 DR；RouterC 是优先级第二高的，被选为 BDR；RouterB 的优先级为 0，这意味着它将无法成为 DR 或 BDR；RouterD 没有配置优先级，取缺省值 1。

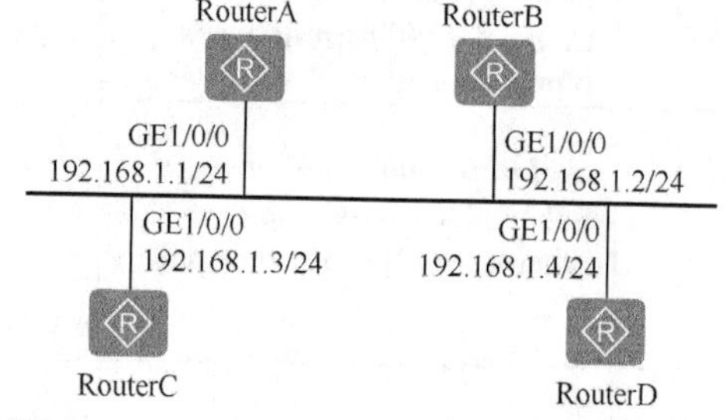

图 11-52 OSPF 的 DR 选举配置示例拓扑结构

1. 基本配置思路分析

本示例的配置很简单，首先需要在各路由器上配置 OSPF 的基本功能，使整个网络通过 OSPF 可达，然后分别按要求为 RouterA、RouterB 和 RouterC 配置用于 DR、BDR 选举的 DR 优先级，RouterD 直接采用缺省 DR 优先级 1，不用另外配置。要注意，**选举了 DR 和 BDR 后，区域内路由器仅与 DR、BDR 交互 LSA，DROther 之间不需要交互 LSA 的**。

2. 具体配置步骤

① 配置各接口的 IP 地址。在此，仅以 RouterA 上各接口 IP 地址的配置为例进行介绍，RouterB、RouterC 和 RouterD 上的接口 IP 地址配置方法相同，略。

```
<Huawei> system-view
[Huawei] sysname RouterA
[RouterA] interface gigabitethernet 1/0/0
[RouterA-GigabitEthernet1/0/0] ip address 192.168.1.1 255.255.255.0
[RouterA-GigabitEthernet1/0/0] quit
```

② 在各路由器上配置 OSPF 的基本功能，均采用缺省的 OSPF 进程 1。然后宣告各区域中的接口所在网段，配置各自的 Router ID（假设 RouterA~RouterD 的 Router ID 分

别为 1.1.1.1、2.2.2.2、3.3.3.3t 4.4.4.4）。

■ RouterA 上的配置如下。

```
[RouterA] router id 1.1.1.1
[RouterA] ospf
[RouterA-ospf-1] area 0
[RouterA-ospf-1-area-0.0.0.0] network 192.168.1.0 0.0.0.255
[RouterA-ospf-1-area-0.0.0.0] quit
```

■ RouterB 上的配置如下。

```
[RouterB] router id 2.2.2.2
[RouterB] ospf
[RouterB-ospf-1] area 0
[RouterB-ospf-1-area-0.0.0.0] network 192.168.1.0 0.0.0.255
[RouterB-ospf-1-area-0.0.0.0] quit
```

■ RouterC 上的配置如下。

```
[RouterC] router id 3.3.3.3
[RouterC] ospf
[RouterC-ospf-1] area 0
[RouterC-ospf-1-area-0.0.0.0] network 192.168.1.0 0.0.0.255
[RouterC-ospf-1-area-0.0.0.0] quit
```

■ RouterD 上的配置如下。

```
[RouterD] router id 4.4.4.4
[RouterD] ospf
[RouterD-ospf-1] area 0
[RouterD-ospf-1-area-0.0.0.0] network 192.168.1.0 0.0.0.255
[RouterD-ospf-1-area-0.0.0.0] quit
```

此时可通过 **display ospf peer** 任意视图命令查看各路由器的邻居信息。下面是 RouterA 上的输出示例，因为此时它们都是直接采用缺省的优先级值 1，DR 优先级均相同，故此时 DR 和 BDR 角色选举的依据是 Router ID，高的为 DR 或者 BDR，所以最终 RouterD 为 DR，RouterC 为 BDR（**参见输出信息中的粗体字部分**）。

```
[RouterA] display ospf peer
          OSPF Process 1 with Router ID 1.1.1.1
                 Neighbors
 Area0.0.0.0 interface 192.168.1.1(GigabitEthernet1/0/0)'s neighbors
 Router ID: 2.2.2.2          Address: 192.168.1.2
State: Full   Mode:Nbr is   Master   Priority: 1
DR: 192.168.1.4   BDR: 192.168.1.3   MTU: 0
   Dead timer due in 32   sec
   Retrans timer interval: 5
   Neighbor is up for 00:04:21
   Authentication Sequence: [ 0 ]
 Router ID: 3.3.3.3          Address: 192.168.1.3
State: Full   Mode:Nbr is   Master   Priority: 1
DR: 192.168.1.4   BDR: 192.168.1.3   MTU: 0
   Dead timer due in 37   sec
   Retrans timer interval: 5
   Neighbor is up for 00:04:06
   Authentication Sequence: [ 0 ]
 Router ID: 4.4.4.4          Address: 192.168.1.4
State: Full   Mode:Nbr is   Master   Priority: 1
DR: 192.168.1.4   BDR: 192.168.1.3   MTU: 0
   Dead timer due in 37   sec
```

```
Retrans timer interval: 5
Neighbor is up for 00:03:53
Authentication Sequence: [ 0 ]
```

③ 为 RouterA、RouterB 和 RouterC 接口配置相应的 DR 优先级。

■ RouterA 上的配置如下。

```
[RouterA] interface gigabitethernet 1/0/0
[RouterA-GigabitEthernet1/0/0] ospf dr-priority 100
[RouterA-GigabitEthernet1/0/0] quit
```

■ RouterB 上的配置如下。

```
[RouterB] interface gigabitethernet 1/0/0
[RouterB-GigabitEthernet1/0/0] ospf dr-priority 0
[RouterB-GigabitEthernet1/0/0] quit
```

■ RouterC 上的配置如下。

```
[RouterC] interface gigabitethernet 1/0/0
[RouterC-GigabitEthernet1/0/0] ospf dr-priority 2
[RouterC-GigabitEthernet1/0/0] quit
```

现在通过 **display ospf peer** 命令查看网络中的 DR/BDR 的状态。下面是 RouterD 上的输出示例，从中可以出，尽管它们的 DR 优先级进行了修改，但是 DR 和 BDR 角色仍没有变，仍是以 RouterD 为 DR，RouterC 为 BDR（**参见输出信息中的粗体字部分**），因为重新配置了 DR 优先级后，要重启 OSPF 进程才能进行新的 DR 选举。

```
[RouterD] display ospf peer
            OSPF Process 1 with Router ID 4.4.4.4
                  Neighbors
 Area0.0.0.0 interface 192.168.1.4(GigabitEthernet1/0/0)'s neighbors
 Router ID: 1.1.1.1          Address: 192.168.1.1
   State: Full   Mode:Nbr is   Slave   Priority: 100
DR: 192.168.1.4   BDR: 192.168.1.3   MTU: 0
   Dead timer due in 31   sec
   Retrans timer interval: 5
   Neighbor is up for 00:11:17
   Authentication Sequence: [ 0 ]
 Router ID: 2.2.2.2          Address: 192.168.1.2
   State: Full   Mode:Nbr is   Slave   Priority: 0
DR: 192.168.1.4   BDR: 192.168.1.3   MTU: 0
   Dead timer due in 35   sec
   Retrans timer interval: 5
   Neighbor is up for 00:11:19
   Authentication Sequence: [ 0 ]
 Router ID: 3.3.3.3          Address: 192.168.1.3
   State: Full   Mode:Nbr is   Slave   Priority: 2
DR: 192.168.1.4   BDR: 192.168.1.3   MTU: 0
   Dead timer due in 33   sec
   Retrans timer interval: 5
   Neighbor is up for 00:11:15
   Authentication Sequence: [ 0 ]
```

④ 在各路由器的用户视图下，同时执行 **reset ospf** 1 **process** 命令，以重启 OSPF 进程。此时再通过 **display ospf peer** 命令查看 OSPF 邻居状态，就会发现已是以 RouterA 为 DR，RouterC 为 BDR（参见输出信息中的粗体字部分）。如果邻居的状态是 Full，这说明它和邻居之间形成了邻接关系；**如果停留在 2-Way 的状态，则说明它们都是 DROther，两者之间不需要交换 LSA。**

```
[RouterD] display ospf peer
          OSPF Process 1 with Router ID 4.4.4.4
                  Neighbors
 Area0.0.0.0 interface 192.168.1.4(GigabitEthernet1/0/0)'s neighbors
 Router ID: 1.1.1.1          Address: 192.168.1.1
State: Full   Mode:Nbr is   Slave   Priority: 100
DR: 192.168.1.1   BDR: 192.168.1.3   MTU: 0
   Dead timer due in 35    sec
   Retrans timer interval: 5
   Neighbor is up for 00:07:19
   Authentication Sequence: [ 0 ]
 Router ID: 2.2.2.2          Address: 192.168.1.2
State: Full   Mode:Nbr is   Master   Priority: 0
DR: 192.168.1.1   BDR: 192.168.1.3   MTU: 0
   Dead timer due in 35    sec
   Retrans timer interval: 5
   Neighbor is up for 00:07:19
   Authentication Sequence: [ 0 ]
 Router ID: 3.3.3.3          Address: 192.168.1.3
State: Full   Mode:Nbr is   Slave   Priority: 2
DR: 192.168.1.1   BDR: 192.168.1.3   MTU: 0
   Dead timer due in 37    sec
   Retrans timer interval: 5
   Neighbor is up for 00:07:17
   Authentication Sequence: [ 0 ]
```

还可通过命令查看 OSPF 接口的状态，如果 OSPF 接口的状态是 DROther，则说明它既不是 DR，也不是 BDR。下面分别是 RouterA 和 RouterB 上的输出示例。

```
[RouterA] display ospf interface
          OSPF Process 1 with Router ID 1.1.1.1
                  Interfaces
 Area: 0.0.0.0
 IP Address   Type        State    Cost  Pri   DR             BDR
 192.168.1.1 Broadcast    DR        1    100 192.168.1.1 192.168.1.3

[RouterB] display ospf interface
          OSPF Process 1 with Router ID 2.2.2.2
                  Interfaces
 Area: 0.0.0.0
 IP Address       Type        State     Cost  Pri   DR             BDR
 192.168.1.2      Broadcast   DROther   1     0 192.168.1.1 192.168.1.3
```

11.5 配置 OSPF 特殊区域

通过将位于 AS 边缘的一些非骨干区域配置成 Stub 区域（包括 Totally Stub 区域）或者 NSSA 区域（包括 Totally NSSA 区域），可以缩减 LSDB 和路由表规模，减少需要传递的路由信息数量。当然，Stub 区域和 NSSA 区域都是一种可选的配置属性。

配置 Stub 和 NSSA 区域时需要注意以下几点。

- 骨干区域（Area0）不能配置成 Stub 区域或者 NSSA 区域。
- 如果要将一个区域配置成 Stub 区域或者 NSSA 区域，则该区域中的所有路由器都要配置 Stub 区域或者 NSSA 区域属性。

■ Stub 区域内**不能有 ASBR**，即自治系统外部的路由不能在 Stub 区域内传播，**且只有一个 ABR**。**NSSA 区域可以有一个或者多个 ABR 和 ASBR**，允许自治系统外部的路由通过 Type-7 LSA 在 NSSA 区域内传播，然后在 NSSA 区域的 ABR 上转换成 Type-5 LSA 向其他 OSPF 区域传播。

■ Stub 区域和 NSSA 区域内都不能存在虚连接。

有关 Stub 区域和 NSSA 区域的特点参见本章 11.1.9 节。

11.5.1 配置 OSPF 的 Stub/Totally Stub 区域

Stub 区域的配置很简单，主要包括以下 3 项配置任务。

① 配置当前区域为 Stub 区域。

②（可选）配置发送到 Stub 区域缺省路由的开销。

③ 如果要配置为 Totally Stub 区域，则还要在 ABR 上禁止 Type-3 LSA 向区域内泛洪。

当区域配置为 Stub 或者 Totally Stub 区域后，为保证到达外部自治系统，或者同时包括到达其他区域（仅在配置为 Totally Stub 区域时）的路由可达，Stub 或者 Totally Stub 区域的 ABR 将**自动**生成一条缺省路由，并发布给区域内的其他路由器。

以上几项配置任务的具体配置步骤见表 11-12。在配置 OSPF 的 Stub 或者 Totally Stub 区域前，需要先配置好接口的网络层地址，使各相邻节点网络层可达，同时也要先完成 OSPF 基本功能的配置。

表 11-12 Stub 或者 Totally Stub 区域的配置步骤

步骤	命令	说明
1	**system-view** 例如：< Huawei > **system-view**	进入系统视图
2	**ospf** [*process-id*] 例如：[Huawei] **ospf** 10	启动对应的 OSPF 进程，进入 OSPF 视图
3	**area** *area-id* 例如：[Huawei-ospf-10] **area** 10	键入要配置为 Stub 或 Totally Stub 区域的区域，进入 OSPF 区域视图
4	**stub** [**no-summary** | **default-route-advertise** **backbone-peer-ignore**] * 例如：[Huawei-ospf-10area-0.0.0.10] **stub**	配置当前区域为 Stub 或 Totally Stub 区域。**需要在区域内所有路由器上配置，包括该区域中唯一的 ABR**。命令中的选项说明如下。 （1）**no-summary**：可多选选项，禁止 ABR 向 Stub 区域内发送 Summary LSA，此时，当前区域就会配置为 Totally Stub 区域。缺省不禁止。 （2）**default-route-advertise**：可多选选项，在 ABR 上配置产生缺省的 Type-3 LSA 到 Stub 或 Totally Stub 区域，作为区域内用户到达外部 AS 网络，或同时（配置为 Totally Stub 区域时）到达其他区域网络的缺省路由。缺省产生。 （3）**backbone-peer-ignore**：可多选选项，忽略检查骨干区域的邻居状态。即骨干区域中只要存在 Up 状态的接口，无论是否存在 Full 状态的邻居，ABR 都会产生缺省的 Type-3 LSA 到 Stub 区域。缺省会检查骨干区域的邻居状态，当骨干区域中不存在 Up 状态的接口时，ABR 不产生缺省的 Type-3 LSA 到 Stub 区域。

续表

步骤	命令	说明
4		【注意】配置或取消 Stub 属性，可能会触发区域更新，所以只有在上一次区域更新完成后，才能进行再次配置或取消配置操作。 缺省情况下，没有区域被设置为 Stub 区域，可用 **undo stub** 命令取消对应区域为 Stub 区域
5	**default-cost** *cost* 例如：[Huawei-ospf-10area-0.0.0.10] **default-cost** 10	（可选）**在 Stub 区域 ABR** 上配置发送到 Stub 或 Totally Stub 区域缺省路由的开销，取值范围为 0～16 777 214 的整数。**当然必须在本地路由表中已存在该缺省路由**，即已在上一步的 **stub** 命令中选择了 **default-route-advertise** 选项。 缺省情况下，发送到 Stub 区域的 Type3 缺省路由的开销为 1，可用 **undo default-cost** 命令将 Stub 区域缺省路由的开销恢复为缺省值

11.5.2　配置 OSPF 的 NSSA/Totally NSSA 区域

NSSA 区域的配置也很简单，主要包括以下 3 项配置任务。

① 配置当前区域为 NSSA 区域。

②（可选）配置发送到 NSSA 区域缺省路由的开销。

③ 如果要配置为 Totally NSSA 区域，则还要在 ABR 上禁止 Type-3 LSA 向区域内泛洪。

当区域配置为 NSSA 或者 Totally NSSA 区域后，**为保证到达非本区域直连的外部自治系统**，或者同时包括到达其他区域（仅当配置为 Totally NSSA 区域时）的路由可达，NSSA 或者 Totally NSSA 区域的 ABR 将**自动**生成一条缺省路由，并发布给 NSSA 区域中的其他路由器。

以上几项配置任务的具体配置步骤见表 11-13。在配置 OSPF 的 NSSA 区域之前，也需要先配置接口的网络层地址，使相邻节点之间网络层可达。同时还要配置 OSPF 的基本功能。

表 11-13　NSSA 区域配置步骤

步骤	命令	说明
1	**system-view** 例如：< Huawei > **system-view**	进入系统视图
2	**ospf** [*process-id*] 例如：[Huawei] **ospf** 10	启动对应的 OSPF 进程，进入 OSPF 视图
3	**area** *area-id* 例如：[Huawei-ospf-10] **area** 10	键入要配置为 NSSA 或 Totally NSSA 区域的区域，进入 OSPF 区域视图。
4	**nssa** [{ **default-route-advertise** [**backbone-peer-ignore**] | **suppress-default-route** } | **flush-waiting-timer** *interval-value* | **no-import-route** | **no-summary** | **set-n-bit** | **suppress-forwarding-address** |	配置当前区域为 NSSA 或 Totally NSSA 区域。命令中的参数和选项说明如下。 （1）**default-route-advertise**：可多选选项，**在 ASBR** 上配置产生缺省的 Type-7 LSA 到 NSSA 或 Totally NSSA 区域。在 ABR 上会自动产生缺省的 Type-7 LSA 缺省路由到 NSSA 或 Totally NSSA 区域。**但 ASBR 上仅当路由表中存在缺省路由 0.0.0.0/0，才会产生 Type-7 LSA 缺省路由。**

续表

步骤	命令	说明
4	**translator-always** | **translator-interval** *interval-value* | **zero-address-forwarding** | **translator-strict**]* 例如：[Huawei-ospf-10area-0.0.0.10] **nssa**	（2）**backbone-peer-ignore**：可选项，忽略检查骨干区域的邻居状态。即骨干区域中只要存在 Up 状态的接口，无论是否存在 Full 状态的邻居，ABR 都会自动产生缺省的 Type-7 LSA 到 NSSA 或 Totally NSSA 区域。 （3）**suppress-default-route**：可多选选项，在 ABR 或者 ASBR 上禁止产生缺省的 Type-7 LSA 到 NSSA 或 Totally NSSA 区域。 （4）**flush-waiting-timer** *interval-value*：可多选参数，**在 ASBR 上**配置向 NSSA 区域内部路由器发送老化 Type-5 LSA（老化时间被置为最大值——3 600 s 的 Type-5 LSA）的时间间隔，取值范围为 1～40 的整数秒，用以及时清除区域内其他路由器上原来产生，但现已经没用的 Type-5 LSA（因为在 NSSA 区域中已不再支持 Type-5 LSA，仅支持 Type-7 LSA 了），但本端路由器上的已经没用的 Type-5 LSA 会自动立即删除。**当 ASBR 同时还是 ABR 时，本参数配置不会生效，防止删除非 NSSA 区域的 Type-5 LSA**。 （5）**no-import-route**：可多选选项，**当 ASBR 同时还是 ABR 时**，指定不向 NSSA 区域泛洪在 ABR 上由 **import-route** 命令引入的外部路由。 （6）**no-summary**：可多选选项，**在 ABR 上**禁止向 NSSA 区域内发送 Type-3 LSA。**此时 NSSA 区域就成了 Totally NSSA 区域**。 （7）**set-n-bit**：可多选选项，指定在 DD 报文中设置 N-bit 位的标志。选择本可选项后，本端路由器会在与邻居路由器同步时，在 DD 报文中设置 N-bit 位的标志，代表自己是直接连接在 NSSA 区域。 （8）**suppress-forwarding-address**：可多选选项，**在 ABR 上**配置将转换后生成的 Type-5 LSA 的 FA（Forwarding Aaddress）设置为 0.0.0.0。 （9）**translator-always**：可多选选项，**在 ABR 上**指定为转换路由器。当 NSSA 区域中有多个 ABR 时，系统会根据规则自动选择一个 ABR 作为转换路由器（通常情况下 NSSA 区域选择 Router ID 最大的设备），将 Type-7 LSA 转换为 Type-5 LSA。通过本选项，可指定当前 ABR 为转换路由器。如果需要指定某两台 ABR 进行负载分担，可以分别在这两台 ABR 上通过配置此可选项来使两个转换器同时工作。 （10）**translator-interval** *interval-value*：可多选参数，在转换路由器上配置当前转换器失效的时间，取值范围为 1～120 的整数秒，缺省值是 40 s，主要用于转换器切换，保障切换平滑进行。 （11）**zero-address-forwarding**：可多选选项，**在 ABR 上**配置引入外部路由时将生成的 NSSA LSA 的 FA 置为 0.0.0.0。 （12）**translator-strict**：可多选选项，设置转换路由器对 P-bit（Propagate bit）进行严格检查。P-bit 用于告知转换路由器是否将 Type-7 LSA 转换成 Type-5 LSA。 缺省情况下，OSPF 没有区域被设置成 NSSA 区域，可用 **undo nssa** [**flush-waiting-timer** *interval-value*]命令取消 NSSA 区域，恢复 OSPF 区域为普通区域

续表

步骤	命令	说明
5	**default-cost** *cost* 例如：[Huawei-ospf-10area-0.0.0.10] **default-cost** 10	（可选）**在 ABR 上**配置发送到 NSSA 或 Totally NSSA 区域的 Type-3 LSA 的缺省路由的开销，取值范围为 0～16 777 214 的整数。在 NSSA 或 Totally NSSA 区域中的 ABR 会自动产生一条 Type-7 LSA 缺省路由，但在 ASBR 上必须在上一步选择了 **default-route-advertise** 选项，才会产生 Type-7 LSA 缺省路由。 【注意】在 NSSA 和 Totally NSSA 区域中，可能同时存在多个边界路由器。为了防止路由环路产生，边界路由器之间不计算对方发布的缺省路由。 缺省情况下，发送到 NSSA 区域的 Type-3 缺省路由的开销为 1，可用 **undo default-cost** 命令将 NSSA 区域缺省路由的开销恢复为缺省值

【经验之谈】转发地址（Fowrding Address）是指到达所通告的外部网络目的地的数据包应该先被转发到的地址，用于确定最佳转发路径。如果转发地址是 0.0.0.0，那么先依据将数据包转发到始发 ASBR 上来计算到达 ASBR 的下一跳；如果不为 0，那么其他路由器的数据包如果要发往外部目的网络，则先要计算将数据包转发到这个 FA 地址的下一跳，再通过 FA 地址所在的路由器转发出去。

OSPF 中产生 Type-5 LSA 时，转发地址不为 0 的 3 个条件：

- 引入的这条外部路由对应的 ASBR 出接口启用了 OSPF；
- 引入的这条外部路由对应的 ASBR 出接口未设置为 passive-interface；
- 引入的这条外部路由对应的 ASBR 出接口的 OSPF 网络类型为 broadcast（即非 P2P、P2MP、NBMA 网络类型）。

此时，其 FA 地址等于该引入外部路由的下一跳 IP 地址。

Type-7 LSA 中的转发地址均不为 0，具体参见本章 11.1.5 节的介绍。

以上 Stub 区域和 NSSA 区域配置好后，可以通过以下 **display** 任意视图命令查看相关配置，验证配置结果。

① **display ospf** [*process-id*] **routing** [*ip-address* [*mask* | *mask-length*]] [**interface** *interface-type interface-number*] [**nexthop** *nexthop-address*]或 **display ospf** [*process-id*] **routing router-id** [*router-id*]：查看指定的或者所有的 OSPF 路由表的信息。

② **display ospf** [*process-id*] **abr-asbr** [*router-id*]：查看 OSPF ABR 和 ASBR 信息。

③ **display ospf** [*process-id*] **interface** [**all** | *interface-type interface-number*] [**verbose**]：查看指定或所有进程下的指定或者所有 OSPF 接口信息。

11.5.3　OSPF 的 Totally Stub 区域配置示例

本示例的基本拓扑结构如图 11-53 所示，所有的路由器都运行 OSPF，整个自治系统划分为 3 个区域。其中 RouterA 和 RouterB 作为 ABR，用来转发区域之间的路由，RouterD 作为 ASBR 引入了外部静态路由（**从本示例可见 ASBR 不一定要位于区域边缘**）。现要求将 Area1 配置为 Totally Stub 区域，以最大限度地减少通告到此区域内的 LSA 数量，但又不影响与 AS 外部和其他区域间的路由可达性。

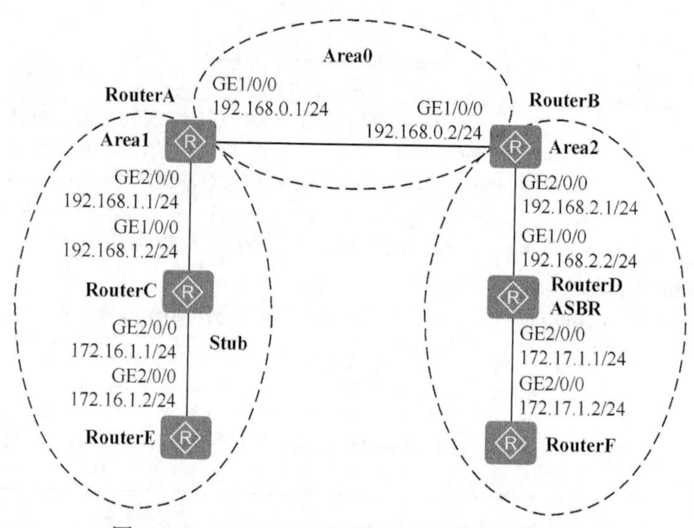

图 11-53 OSPF Stub 区域配置示例的拓扑结构

1. 基本配置思路分析

无论是哪种特殊区域，首先要完成的都是各区域的 OSPF 基本功能配置，然后再在对应区域中进行特殊区域属性的配置，基本配置思路如下。

① 在各路由器上配置各路由器接口 IP 地址。

② 在各路由器上完成 OSPF 基本功能配置。

③ 在 RouterD 上配置静态路由，并在 OSPF 进程中引入，以此来验证当把 Area1 配置为 Totally Stub 区域后，区域内的各路由器的 OSPF 路由表中不能见到所引入的外部路由。

④ 在 Area1 内所有的路由器上配置 Stub 区域，同时在 RouterA 上配置禁止向 Stub 区域通告 Type-3 LSA，使 Area1 成为 Totally Stub 区域。

2. 具体配置步骤

① 配置各路由器接口的 IP 地址。下面仅以 RouterA 的接口 IP 地址为例进行介绍，RouterB、RouterC、RouterD、RouterE 和 RouterF 的配置方法一样，略。

```
<Huawei> system-view
[Huawei] sysname RouterA
[RouterA] interface gigabitethernet 1/0/0
[RouterA-GigabitEthernet1/0/0] ip address 192.168.0.1 24
[RouterA-GigabitEthernet1/0/0] quit
[RouterA] interface gigabitethernet 2/0/0
[RouterA-GigabitEthernet2/0/0] ip address 192.168.1.1 24
[RouterA-GigabitEthernet2/0/0] quit
```

② 在整个 OSP 网络中的各路由器上配置 OSPF 基本功能，实现 OSPF 路由互通。均采用缺省的 OSPF 进程 1，所以在创建进程时不用写具体的进程号。假设示例中各路由器没有再连接除已标识的网段外的其他网段。

■ RouterA 上的配置如下。

```
[RouterA] router id 1.1.1.1
[RouterA] ospf
[RouterA-ospf-1] area 0
[RouterA-ospf-1-area-0.0.0.0] network 192.168.0.0 0.0.0.255
```

```
[RouterA-ospf-1-area-0.0.0.0] quit
[RouterA-ospf-1] area 1
[RouterA-ospf-1-area-0.0.0.1] network 192.168.1.0 0.0.0.255
[RouterA-ospf-1-area-0.0.0.1] quit
[RouterB] router id 2.2.2.2
```

■ RouterB 上的配置如下。

```
[RouterB] ospf
[RouterB-ospf-1] area 0
[RouterB-ospf-1-area-0.0.0.0] network 192.168.0.0 0.0.0.255
[RouterB-ospf-1-area-0.0.0.0] quit
[RouterB-ospf-1] area 2
[RouterB-ospf-1-area-0.0.0.2] network 192.168.2.0 0.0.0.255
[RouterB-ospf-1-area-0.0.0.2] quit
```

■ RouterC 上的配置如下。

```
[RouterC] router id 3.3.3.3
[RouterC] ospf
[RouterC-ospf-1] area 1
[RouterC-ospf-1-area-0.0.0.1] network 192.168.1.0 0.0.0.255
[RouterC-ospf-1-area-0.0.0.1] network 172.16.1.0 0.0.0.255
[RouterC-ospf-1-area-0.0.0.1] quit
[RouterD] router id 4.4.4.4
```

■ RouterD 上的配置如下。

```
[RouterD] ospf
[RouterD-ospf-1] area 2
[RouterD-ospf-1-area-0.0.0.2] network 192.168.2.0 0.0.0.255
[RouterD-ospf-1-area-0.0.0.2] network 172.17.1.0 0.0.0.255
[RouterD-ospf-1-area-0.0.0.2] quit
```

■ RouterE 上的配置如下。

```
[RouterE] router id 5.5.5.5
[RouterE] ospf
[RouterE-ospf-1] area 1
[RouterE-ospf-1-area-0.0.0.1] network 172.16.1.0 0.0.0.255
[RouterE-ospf-1-area-0.0.0.1] quit
```

■ RouterF 上的配置如下。

```
[RouterF] router id 6.6.6.6
[RouterF] ospf
[RouterF-ospf-1] area 2
[RouterF-ospf-1-area-0.0.0.2] network 172.17.1.0 0.0.0.255
[RouterF-ospf-1-area-0.0.0.2] quit
```

③ 在 RouterD 上配置一条到达 200.0.0.0/8 的“黑洞”（以 NULL0 接口为出接口）静态路由，使到达 200.0.0.0/8 网络的报文均直接丢弃，并在 OSPF 1 进程中引入。此处对于本示例来说没什么意义，只是用来说明下面在把 Area1 配置为 Totally Stub 区域后，该区域内各路由器上见不到由 OSPF 引入的这条外部静态路由。

```
[RouterD] ip route-static 200.0.0.0 8 null 0
[RouterD] ospf
[RouterD-ospf-1] import-route static type 1
[RouterD-ospf-1] quit
```

此时可通过 **display ospf abr-asbr** 命令查看 RouterC 的 ABR/ASBR 信息，可以看到 RouterA 为 ABR，RouterD 为 ASBR。

```
[RouterC] display ospf abr-asbr
          OSPF Process 1 with Router ID 3.3.3.3
```

```
                    Routing Table to ABR and ASBR
 RtType        Destination      Area       Cost    Nexthop          Type
 Intra-area    1.1.1.1          0.0.0.1    1       192.168.1.1      ABR
 Inter-area    4.4.4.4          0.0.0.1    3       192.168.1.1      ASBR
```

再通过 **display ospf routing** 命令查看 RouterC 的 OSPF 路由表。此时，当 RouterC 所在区域 Area1 作为普通区域时，可以看到路由表中存在 AS 外部的路由，即前面在 RouterD 上引入的静态路由（**参见输出信息中的粗体字部分**），其他路由器的 OSPF 路由表中也可见。

```
[RouterC] display ospf routing
     OSPF Process 1 with Router ID 3.3.3.3
                 Routing Tables
 Routing for Network
 Destination        Cost  Type         NextHop         AdvRouter       Area
 172.16.1.0/24      1     Transit      172.16.1.1      3.3.3.3         0.0.0.1
 172.17.1.0/24      4     Inter-area   192.168.1.1     1.1.1.1         0.0.0.1
 192.168.0.0/24     2     Inter-area   192.168.1.1     1.1.1.1         0.0.0.1
 192.168.1.0/24     1     Transit      192.168.1.2     3.3.3.3         0.0.0.1
 192.168.2.0/24     3     Inter-area   192.168.1.1     1.1.1.1         0.0.0.1
 Routing for ASEs
 Destination     Cost      Type       Tag        NextHop          AdvRouter
 200.0.0.0/8     4         Type1      1          192.168.1.1      4.4.4.4
 Total Nets: 6
 Intra Area: 2   Inter Area: 3   ASE: 1   NSSA: 0
```

④ 现在来配置 Area1 为 Totally Stub 区域，**需要在区域内各路由器上配置**。

先仅把 Area1 配置为 Stub 区域。下面仅以 RouterA 上的配置为例进行介绍，其他路由器的配置一样，略。

```
[RouterA] ospf
[RouterA-ospf-1] area 1
[RouterA-ospf-1-area-0.0.0.1] stub
[RouterA-ospf-1-area-0.0.0.1] quit
```

执行 **display ospf routing** 命令查看 RouterC 的 OSPF 路由表。此时可以发现，当把 RouterC 所在区域配置为 Stub 区域时，已经看不到 AS 外部的路由，取而代之的是一条缺省路由（参见输出信息中的粗体字部分）。

```
[RouterC] display ospf routing
          OSPF Process 1 with Router ID 3.3.3.3
                 Routing Tables
 Routing for Network
 Destination        Cost  Type         NextHop         AdvRouter       Area
 0.0.0.0/0          2     Inter-area   192.168.1.1     1.1.1.1         0.0.0.1
 172.16.1.0/24      1     Transit      172.16.1.1      3.3.3.3         0.0.0.1
 172.17.1.0/24      4     Inter-area   192.168.1.1     1.1.1.1         0.0.0.1
 192.168.0.0/24     2     Inter-area   192.168.1.1     1.1.1.1         0.0.0.1
 192.168.1.0/24     1     Transit      192.168.1.2     3.3.3.3         0.0.0.1
 192.168.2.0/24     3     Inter-area   192.168.1.1     1.1.1.1         0.0.0.1
 Total Nets: 6
 Intra Area: 2   Inter Area: 4   ASE: 0   NSSA: 0
```

再在 Area1 的 ABR——RouterA 上配置禁止向 Stub 区域通告 Type-3 LSA，把 Area1 配置成 Totally Stub 区域。

```
[RouterA] ospf
[RouterA-ospf-1] area 1
```

```
[RouterA-ospf-1-area-0.0.0.1] stub no-summary
[RouterA-ospf-1-area-0.0.0.1] quit
```

此时可再通过 **display ospf routing** 命令查看 RouterC 的 OSPF 路由表。从中可以看出，禁止向 Stub 区域通告 Summary LSA 后，Stub 路由器的路由表项进一步减少，凡是区域间的路由都没有了，只保留了一条通往区域外部的缺省路由（参见输出信息中的粗体字部分）。

```
[RouterC] display ospf routing
          OSPF Process 1 with Router ID 3.3.3.3
                   Routing Tables
 Routing for Network
 Destination        Cost  Type        NextHop         AdvRouter      Area
 0.0.0.0/0          2     Inter-area  192.168.1.1     1.1.1.1        0.0.0.1
 172.16.1.0/24      1     Transit     172.16.1.1      3.3.3.3        0.0.0.1
 192.168.1.0/24     1     Transit     192.168.1.2     3.3.3.3        0.0.0.1
 Total Nets: 3
 Intra Area: 2  Inter Area: 1  ASE: 0  NSSA: 0
```

通过以上步骤就完成了本示例的全部配置，并且证明配置是成功的。

11.5.4　OSPF 的 NSSA 区域配置示例

本示例的基本拓扑结构如图 11-54 所示，所有的路由器都运行 OSPF，整个自治系统划分为两个区域。其中 RouterA 和 RouterB 作为 ABR，用来转发区域之间的路由，RouterD 作为 ASBR 引入了外部路由（这里也以静态路由为例）。现要求将 Area1 配置为 NSSA 区域。配置 NSSA 区域中的 RouterA 和 RouterB 为转换路由器，配置 RouterD 为引入外部路由（静态路由）的 ASBR，且路由信息可正确地在 AS 内传播。

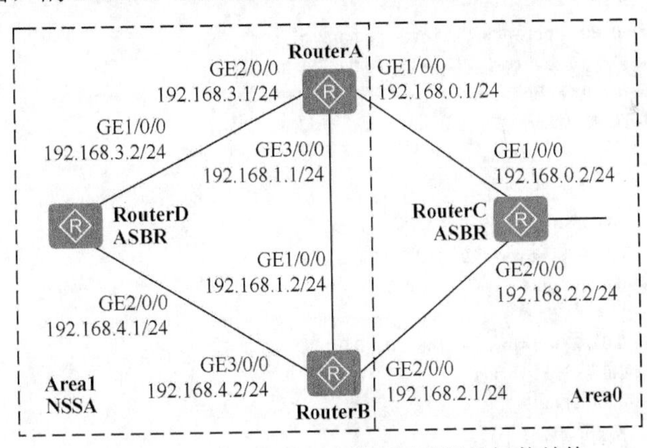

图 11-54　OSPF NSSA 区域配置示例的拓扑结构

1. 基本配置思路分析

本示例的配置思路其实与 11.5.3 节介绍的 Stub 区域配置示例的配置思路差不多，只不过本示例配置不是 Stub 区域，而是 NSSA 区域，基本配置思路如下。

① 在各路由器上配置各路由器接口的 IP 地址。

② 在各路由器上完成 OSPF 基本功能配置。

③ 在 RouterD 上配置静态路由，并在 OSPF 进程中引入，以此来验证当把 Area1 配置为 NSSA 区域后各区域内部路由器的 OSPF 路由表中可见到所引入的外部路由。

④ 配置 RouterA 作为 NSSA 区域中的转换路由器，使 NSSA 区域中引入的外部路由转换通过 RouterA 向其他区域中的路由器（如本示例中的 RouterC）进行通告，验证转换器的配置。

2. 具体配置步骤

① 配置各路由器接口的 IP 地址。下面仅以 RouterA 的接口 IP 地址为例进行介绍，RouterB、RouterC 和 RouterD 的配置方法一样，略。

```
<Huawei> system-view
[Huawei] sysname RouterA
[RouterA] interface gigabitethernet 1/0/0
[RouterA-GigabitEthernet1/0/0] ip address 192.168.0.1 24
[RouterA-GigabitEthernet1/0/0] quit
[RouterA] interface gigabitethernet 2/0/0
[RouterA-GigabitEthernet2/0/0] ip address 192.168.3.1 24
[RouterA-GigabitEthernet2/0/0] quit
[RouterA] interface gigabitethernet 3/0/0
[RouterA-GigabitEthernet3/0/0] ip address 192.168.1.1 24
[RouterA-GigabitEthernet3/0/0] quit
```

② 配置各路由器的 OSPF 基本功能，实现 OSPF 路由互通，也是均采用缺省的 OSPF 进程 1。假设示例中各路由器没有再连接除已标识的网段外的其他网段。

■ RouterA 上的配置如下。

```
[RouterA] router id 1.1.1.1
[RouterA] ospf
[RouterA-ospf-1] area 0
[RouterA-ospf-1-area-0.0.0.0] network 192.168.0.0 0.0.0.255
[RouterA-ospf-1-area-0.0.0.0] quit
[RouterA-ospf-1] area 1
[RouterA-ospf-1-area-0.0.0.1] network 192.168.1.0 0.0.0.255
[RouterA-ospf-1-area-0.0.0.1] network 192.168.3.0 0.0.0.255
[RouterA-ospf-1-area-0.0.0.1] quit
```

■ RouterB 上的配置如下。

```
[RouterB] router id 2.2.2.2
[RouterB] ospf
[RouterB-ospf-1] area 0
[RouterB-ospf-1-area-0.0.0.0] network 192.168.2.0 0.0.0.255
[RouterB-ospf-1-area-0.0.0.0] quit
[RouterB-ospf-1] area 1
[RouterB-ospf-1-area-0.0.0.2] network 192.168.1.0 0.0.0.255
[RouterB-ospf-1-area-0.0.0.2] network 192.168.4.0 0.0.0.255
[RouterB-ospf-1-area-0.0.0.2] quit
```

■ RouterC 上的配置如下。

```
[RouterC] router id 3.3.3.3
[RouterC] ospf
[RouterC-ospf-1] area 0
[RouterC-ospf-1-area-0.0.0.1] network 192.168.0.0 0.0.255.255
[RouterC-ospf-1-area-0.0.0.1] quit
```

■ RouterD 上的配置如下。

```
[RouterD] router id 4.4.4.4
[RouterD] ospf
[RouterD-ospf-1] area 1
[RouterD-ospf-1-area-0.0.0.2] network 192.168.0.0 0.0.255.255
[RouterD-ospf-1-area-0.0.0.2] quit
```

③ 在 RouterD 上配置一条到达 100.0.0.0/8 的“黑洞”（以 NULL0 接口为出接口）静态路由，使到达 100.0.0.0/8 网络的报文均直接丢弃，并在 OSPF 1 进程中引入。这里也仅用于证明下面将要介绍的 NSSA 区域可以引入自己 ASBR 所引入的外部路由。

```
[RouterD] ip route-static 100.0.0.0 8 null 0
[RouterD] ospf
[RouterD-ospf-1] import-route static
[RouterD-ospf-1] quit
```

④ 把 Area1 区域配置为 NSSA 区域。要在区域内所有路由器上配置，下面仅以 RouterA 上的配置为例进行介绍，其他路由器的配置一样，略。

```
[RouterA] ospf
[RouterA-ospf-1] area 1
[RouterA-ospf-1-area-0.0.0.1] nssa
[RouterA-ospf-1-area-0.0.0.1] quit
```

此时可执行 **display ospf routing** 命令，查看 RouterC 的 OSPF 路由表。可以看到 NSSA 区域引入的 AS 外部路由的发布路由器的路由器 ID 为 2.2.2.2（**参见输出信息中的粗体字部分**），即 RouterB，相当于 RouterB 既是 ABR，又是引入外部 AS 路由的 ASBR。

说明　在 NSSA 区域中的转换路由器（NSSA 区域 ABR）同时也是 ASBR，因为它要负责把 NSSA 区域 ASBR 发布的 AS 外部 Type-7 LSA 转换成可进行普通传播的 Type-5 LSA，且向普通区域发布 AS 外部路由器，通告路由器的 ID 为转换路由器自身，而不是 NSSA 区域的 ASBR。另外，在本示例中虽然在 Area1 中有两个 ABR，但缺省情况下，OSPF 会选举 Router ID 较大的 ABR 作为转换路由器，所以最终的转换器是 RouterB，RouterA 不能转换 Type-7 LSA。

```
[RouterC] display ospf routing

          OSPF Process 1 with Router ID 3.3.3.3
                   Routing Tables

 Routing for Network
 Destination        Cost  Type        NextHop         AdvRouter        Area
 192.168.3.0/24     2     Inter-area  192.168.0.1     1.1.1.1          0.0.0.0
 192.168.4.0/24     2     Inter-area  192.168.2.1     2.2.2.2          0.0.0.0
 192.168.0.0/24     1     Transit     192.168.0.2     3.3.3.3          0.0.0.0
 192.168.1.0/24     2     Inter-area  192.168.0.1     1.1.1.1          0.0.0.0
 192.168.1.0/24     2     Inter-area  192.168.2.1     2.2.2.2          0.0.0.0
 192.168.2.0/24     1     Transit     192.168.2.2     3.3.3.3          0.0.0.0

 Routing for ASEs
 Destination        Cost      Type       Tag    NextHop         AdvRouter
 100.0.0.0/8        1         Type2      1      192.168.2.1     2.2.2.2

 Total Nets: 7
 Intra Area: 2  Inter Area: 4  ASE: 1  NSSA: 0
```

执行 **display ospf lsdb** 命令，查看 RouterC 的 OSPF LSDB，可以看到所引入的外部 LSA（参见输出信息中的粗体字部分）。

```
[RouterC] display ospf lsdb

          OSPF Process 1 with Router ID 3.3.3.3
```

```
                    Link State Database

                          Area: 0.0.0.0
 Type       LinkState ID    AdvRouter          Age   Len    Sequence     Metric
 Router     3.3.3.3         3.3.3.3            345   72     80000004       1
 Router     2.2.2.2         2.2.2.2            346   48     80000005       1
 Router     1.1.1.1         1.1.1.1            193   48     80000006       1
 Network    192.168.0.2     3.3.3.3            385   32     80000007       0
 Network    192.168.2.2     3.3.3.3            387   32     80000008       0
 Sum-Net    192.168.4.0     2.2.2.2            393   28     80000001       1
 Sum-Net    192.168.4.0     1.1.1.1            189   28     80000001       2
 Sum-Net    192.168.3.0     1.1.1.1            189   28     80000002       1
 Sum-Net    192.168.3.0     2.2.2.2            192   28     80000002       2
 Sum-Net    192.168.1.0     2.2.2.2            393   28     80000001       1
 Sum-Net    192.168.1.0     1.1.1.1            189   28     80000002       1


                    AS External Database
 Type       LinkState ID    AdvRouter          Age   Len    Sequence     Metric
 External   100.0.0.0       2.2.2.2            257   36     80000002       1
```

再配置 RouterA 为转换路由器，然后再在 RouterC 上执行 **display ospf routing** 命令，查看 OSPF 路由表。此时，可以看到 NSSA 区域引入的 AS 外部路由的发布路由器的 Router ID 变为 1.1.1.1，即 RouterA 成为了转换路由器（参见输出信息中的粗体字部分）。

```
[RouterA] ospf
[RouterA-ospf-1] area 1
[RouterA-ospf-1-area-0.0.0.1] nssa default-route-advertise no-summary translator-always
[RouterA-ospf-1-area-0.0.0.1] quit
[RouterA-ospf-1] quit
[RouterC] display ospf routing

          OSPF Process 1 with Router ID 3.3.3.3
                  Routing Tables
 Routing for Network
 Destination        Cost   Type          NextHop          AdvRouter       Area
 192.168.3.0/24     2      Inter-area    192.168.0.1      1.1.1.1         0.0.0.0
 192.168.4.0/24     2      Inter-area    192.168.2.1      2.2.2.2         0.0.0.0
 192.168.0.0/24     1      Transit       192.168.0.2      3.3.3.3         0.0.0.0
 192.168.1.0/24     2      Inter-area    192.168.2.1      2.2.2.2         0.0.0.0
 192.168.1.0/24     2      Inter-area    192.168.0.1      1.1.1.1         0.0.0.0
 192.168.2.0/24     1      Transit       192.168.2.2      3.3.3.3         0.0.0.0

 Routing for ASEs
 Destination        Cost      Type       Tag     NextHop         AdvRouter
 100.0.0.0/8        1         Type2      1       192.168.0.1     1.1.1.1

 Total Nets: 7
 Intra Area: 2   Inter Area: 4   ASE: 1   NSSA: 0
```

说明 缺省情况下，新指定的转换路由器会和以前的转换路由器共同承担 40 s 转换路由器的角色，过了 40 s 后，新指定的转换路由器会继续独立完成转换路由器的工作。

如果再在 RouterC 上执行 **display ospf lsdb** 命令，查看 OSPF LSDB，此时，同样可以发现外 AS 的 LSA 也是通过 RouterA 来进行通告（参见输出信息中的粗体字部分）。

```
[RouterC] display ospf lsdb
```

```
          OSPF Process 1 with Router ID 3.3.3.3
                  Link State Database

                         Area: 0.0.0.0
Type        LinkState ID     AdvRouter          Age  Len    Sequence   Metric
Router      3.3.3.3          3.3.3.3            493  72     80000004      1
Router      2.2.2.2          2.2.2.2            494  48     80000005      1
Router      1.1.1.1          1.1.1.1            341  48     80000006      1
Network     192.168.0.2      3.3.3.3            501  32     80000007      0
Network     192.168.2.2      3.3.3.3            503  32     80000008      0
Sum-Net     192.168.4.0      2.2.2.2            541  28     80000001      1
Sum-Net     192.168.4.0      1.1.1.1            337  28     80000001      2
Sum-Net     192.168.3.0      1.1.1.1            337  28     80000002      1
Sum-Net     192.168.3.0      2.2.2.2            340  28     80000002      2
Sum-Net     192.168.1.0      2.2.2.2            541  28     80000001      1
Sum-Net     192.168.1.0      1.1.1.1            337  28     80000002      1

                  AS External Database
Type        LinkState ID     AdvRouter          Age  Len    Sequence   Metric
External    100.0.0.0        1.1.1.1            248  36     80000001      1
```

通过以上步骤就完成了本示例的全部配置，并且证明配置是成功的。

11.6　调整 OSPF 的选路

在复杂网络环境中，可通过调整 OSPF 的功能参数来实现灵活组网、优化网络负载分担。可根据具体应用环境选择以下一项或几项任务进行配置。

① 配置 OSPF 的接口开销。

② 配置等价路由。

③ 配置 OSPF 路由选择规则。

④ 抑制接口接收和发送 OSPF 报文。

但在调整 OSPF 的选路之前，也需要先配置接口的网络层地址，使各相邻节点网络层可达，同时要配置 OSPF 的基本功能。

11.6.1　配置 OSPF 的接口开销

OSPF 接口开销值影响路由的选择，开销值越大，优先级越低。OSPF 既可以根据接口的带宽自动计算其链路开销值，也可以通过命令固定配置。根据该接口的带宽自动计算开销值的公式为：接口开销=带宽参考值/接口带宽，取计算结果的整数部分作为接口开销值（当结果小于 1 时取 1），通过改变带宽参考值可以间接改变接口的开销值。这样一来，就可以有两种方式来调整 OSPF 的接口开销：一是直接配置接口的开销值；二是通过改变带宽参考值调整接口开销值。这两种方法的具体配置步骤见表 11-14。

【经验之谈】链路状态路由协议（包括 **OSPF** 和 **IS-IS** 协议）的接口开销也即链路开销，是二层的概念，是指接口所在链路的开销，主要依据接口带宽确定，具体将在本节的后面介绍。如果链路两端接口带宽不一致，则以带宽低的接口为准计算接口开销。路由开销等于所经过的链路开销之和，但同一路由器上的不同接口之间的链路开销为 0。

表 11-14 **OSPF 接口开销的配置步骤**

步骤	命令	说明
1	**system-view** 例如：< Huawei > **system-view**	进入系统视图
方式 1：直接配置方法		
2	**interface** *interface-type interface-number* 例如：[Huawei] **interface** gigabitethernet 1/0/0	键入要配置 OSPF 开销的接口，进入接口视图
3	**ospf cost** *cost* [Huawei-GigabitEthernet1/0/0] **ospf cost** 65	直接配置接口的 OSPF 开销，取值范围为 1～65 535 的整数，缺省值是 1。 缺省情况下，OSPF 会根据该接口的带宽自动计算其开销值。计算公式为：接口开销＝带宽参考值/接口带宽，取计算结果的整数部分作为接口开销值（当结果小于 1 时取 1）。缺省情况下，OSPF 的带宽参考值为 100 Mbit/s，根据以上公式可以得到一些主要类型的接口缺省开销值如下。 • 56 kbit/s 串口：1 785。 • 64 kbit/s 串口：1 562。 • E1（2.048 Mbit/s）：48。 • Ethernet（100 Mbit/s）：1。 • GigabitEthernet（1 000 Mbit/s）：1。 可用 **undo ospf cost** 命令恢复接口上运行 OSPF 所需开销的缺省值。 【说明】由于 Eth-Trunk 接口开销是各个成员接口开销的总和，并且各个成员接口是变化的，所以 Eth-Trunk 接口没有缺省的接口开销值
方式 2：通过改变带宽参考值间接调整接口开销的方法		
2	**ospf** [*process-id*] 例如：[Huawei] **ospf** 10	启动对应的 OSPF 进程，进入 OSPF 视图
3	**bandwidth-reference** *value* 例如：[Huawei-ospf-10] **bandwidth-reference** 1000	设置通过公式计算接口开销所依据的带宽参考值，取值范围为（1～2 147 483 648）Mbit/s。配置成功后，进程内所有接口的带宽参考值都会改变，**必须保证该进程中所有路由器的带宽参考值一致**。 【说明】本命令对于 Eth-Trunk 接口的处理方式同物理接口一样，但接口带宽等于该接口绑定的所有成员接口的带宽之和。 缺省情况下，带宽参考值为 100 Mbit/s，可用 **undo bandwidth-reference** 命令恢复带宽参考值为缺省值

11.6.2 配置等价路由

当网络中存在多条由**相同路由协议发现**（这是前提条件，因为路由优先级有内、外之分，而当外部优先级配置相同时，还要比较内部优先级，而不同路由协议的内部优先级肯定是不同的）的到达同一目的地的路由，且这几条路由的开销值也相同时，则这些路由就是等价路由，可以实现负载分担。

例如，如图 11-55 所示，路由器 A 和路由器 B 之间的 3 条路由都运行 OSPF，且几条路由的开销值也相同（均为 15），那么这 3 条路由就是等价路由，形成了负载分担。

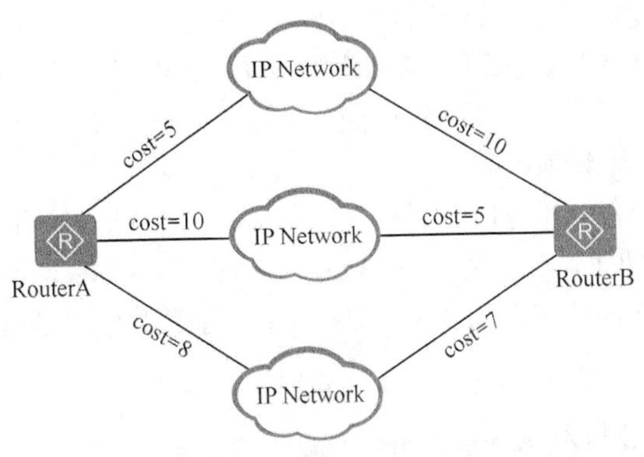

图 11-55　等价路由示例

在 OSPF 中可以配置最大的等价路由条数，具体的配置步骤见表 11-15。

表 11-15　**OSPF 等价路由的配置步骤**

步骤	命令	说明
1	**system-view** 例如：< Huawei > **system-view**	进入系统视图
2	**ospf** [*process-id*] 例如：[Huawei] **ospf** 10	启动对应的 OSPF 进程，进入 OSPF 视图
3	**maximum load-balancing** *number* 例如：[Huawei-ospf-10] **maximum load-balancing** 2	配置最大等价路由数量，但不同 AR G3 系列的取值范围不一样，具体参见对应的产品手册说明。如果需要取消负载分担，可以将 *number* 参数设置为 1。 缺省情况下，不同系列所支持的最大等价路由的数量不同，具体参见对应的产品手册说明，可用 **undo maximum load-balancing** 命令恢复等价路由的最大数量为缺省值
4	**nexthop** *ip-address* **weight** *value* 例如：[Huawei-ospf-10] **nexthop** 10.0.0.3 **weight** 1	（可选）配置 OSPF 的负载分担优先级。如果网络中存在的等价路由数量大于在上一步配置的最大等价路由数量时，则可以通过本命令配置路由的优先级，指定哪些等价路由可以用于负载分担（依次按优先级高低进行选择）。命令中的参数说明如下。 （1）*ip-address*：指定要配置路由优先级的某条等价路由的下一跳 IP 地址。 （2）*value*：指定由参数 *ip-address* 指定的路由的优先级，取值范围是 1～254 的整数，值越小，路由优先级越高。 缺省情况下，weight 的取值是 255（最低），即各等价路由间没有优先级高低之分，同时转发报文，进行负载分担，可用 **undo nexthop** *ip-address* 命令取消对应下一跳的等价路由的优先级设置。 【说明】如果网络中的流量比较小，则可能不会有最大数量的等价路由进行负载分担，这时也是依据本命令配置的路由优先级取消一些路由的负载分担的，优先级越低的越先取消，最小可以仅靠一条优先级最高的路由在承载负载流量

11.6.3　配置 OSPF 路由选择规则

OSPFv2 在发展的过程中，经过了几次大的修改，其中影响最大的就是 RFC1583 和 RFC2328 这两个修订版（目前最新的版本就是 RFC2328，本章也是按照这个版本进行介绍的）。在这两个版本中，在计算外部路由时的规则不一样，可能会导致路由环路。它们各自的外部路由计算规则比较复杂，在此就不进行具体介绍。为了避免路由环路的发生，在最新的 RFC2328 中提出了 RFC1583 的兼容特性，使能 RFC1583 兼容特性后，OSPF 采用 RFC1583 的路由计算规则。

OSPF 路由选择规则的配置很简单，仅需在对应的 OSPF 进程视图下通过 **rfc1583 compatible** 命令配置即可。缺省情况下，OSPF 支持 RFC1583 定义的规则，但如果 OSPF 域的其他设备配置的都是 RFC2328 的选路规则，则需要通过 **undo rfc1583 compatible** 命令配置成 RFC2328 定义的选路规则。

11.6.4 抑制接口接收和发送 OSPF 报文

通过抑制接口的 OSPF 报文接收和发送，使路由信息不被某一网络中的路由器获得，且使本地路由器不接收网络中其他路由器发布的路由更新信息，从而达到优先保证某条路由的目的。如本地路由器有一条到达某个目的地的路由，但通过其他区域的路由通告，或者引入外部路由，可能还有其他更佳的路由到达同一目的地。这时为了使本路由器上的这条路由最终生效，就可以配置对应接口为抑制状态。

注意 OSPF 中的 Silent 接口与 RIP、RIPng 中的 Silent 接口有些不一样：在 RIP、RIPng 中的 Silent 接口是仅禁止向邻居发送 RIP、RIPng 报文，而 OSPF 中的 Silent 接口既不能向邻居设备发送 OSPF 报文，也不能接收邻居发来的 OSPF 报文。

配置抑制接口接收和发送 OSPF 报文的方法就是在对应的 OSPF 进程视图下通过 **silent-interface** { **all** | *interface-type interface-number* } 命令把本地路由器上的所有接口（选择二选一选项 **all** 时）或者指定接口（选择二选一参数 *interface-type interface-number* 时）（**除了可以是物理接口外，还可以是像 VLANIF 和 Eth-Trunk 等之类的逻辑接口**）配置为静默接口。

抑制接口收发 OSPF 报文后，该接口的直连路由仍可以通过其他 OSPF 接口发布出去，但接口的 OSPF Hello 报文将被阻塞，接口上无法建立邻居关系。这样可以增强 OSPF 的组网适应能力，减少系统资源的消耗。但本命令仅对已经使能当前进程的 OSPF 接口起作用，对其他进程中的接口不起作用。

11.7 调整 OSPF 网络收敛性能

OSPF 路由的收敛性能与路由报文的收敛优先级、各种报文发送和接收定时器参数的配置密切相关。本节将主要介绍这些定时器参数的配置方法。

11.7.1 调整 OSPF 网络收敛性能的配置任务

在 OSPF 网络的收敛性能中，可根据应用环境选择其中一项或几项进行配置。

1. 配置路由的收敛优先级

通过配置 OSPF 路由的收敛优先级，允许用户配置特定路由（如对网络收敛性能敏感度较高的业务路由，如 VOD 业务路由、PE 与 PE 之间的端到端路由等）的优先级，使这些路由能够比其他的路由优先进行收敛。

2. 配置 LSA 更新时间间隔

LSA 更新时间间隔是指路由器主动通过泛洪 LSU 报文（不是指在收到对方路由器的 LSR 请求报文后作为应答的 LSU 报文）**发布 LSA 更新的时间间隔**。通过恰当的设置，可以做到既不会引起网络的收敛性能问题，又不会引起网络振荡，也不会消耗过多的其他设备 CPU 资源。

在华为 AR G3 系列路由器中，可以针对不同类型的 LSA 设置不同的更新时间间隔，且可对 Router LSA（Type-1 LSA）和 Network LSA（Type-2 LSA）采用智能定时器来设置更新时间间隔。在网络相对稳定、对路由收敛时间要求较高的组网环境中，可以指定 LSA 的更新时间间隔为 0 来取消 LSA 的更新时间间隔，使得在网络拓扑或者路由发生变化时可以立即通过 LSA 发布到网络中，从而加快网络中路由的收敛速度。

3. 配置接收 LSA 的时间间隔

前面说的 LSA 更新时间间隔是为了避免过多消耗其他设备 CPU 资源、频繁引起网络振荡而设置的 LSU 报文发送时间间隔，而此处的接收 LSA 的时间间隔则是为了避免过多消耗本地设备的 CPU 资源，频繁引起网络振荡而设置的接收 LSU 报文的时间间隔。

在华为 AR G3 系列路由器中，除了可以手动指定固定的 LSA 接收时间间隔外，还可针对 Router LSA（Type-1 LSA）和 Network LSA（Type-2 LSA）采用智能定时器来设置接收间隔时间。

4. 配置 SPF 计算的时间间隔

当 OSPF 的 LSDB 发生改变时，需要重新计算最短路径。如果网络频繁变化，由于需要不断地计算最短路径，会占用大量的系统资源，影响设备的效率，同时也会引起网络频繁振荡。在华为 AR G3 系列路由器中，除了可以手动指定固定的 SPF 计算时间间隔外，还可采用智能定时器来设置 SPF 计算间隔时间。

5. 配置接口发送 Hello 报文的时间间隔

Hello 报文是最常用的一种 OSPF 报文，报文内容包括一些定时器的数值、DR、BDR 以及自己已知的邻居，其作用是为了建立和维护邻接关系，会以设置的 Hello Interval 定时器为时间单位周期性地在使能了 OSPF 的接口上发送。在配置时要注意，**OSPF 邻居之间的 Hello 定时器的时间间隔要保持一致，否则不能协商为邻居。**

6. 配置相邻邻居失效的时间

邻居失效定时器（Dead Interval）是指在该时间间隔内，如果没有收到邻居的 Hello 报文就认为该邻居已失效。**通常最少是 Hello Interval 定时器时间值的 4 倍**。

7. 配置 Smart-discover

缺省情况下，OSPF 路由器必须等待 Hello 报文发送时间间隔超时后才能再次发送 Hello 报文。这样一来，路由器的邻居状态或者多址网络（广播型或 NBMA）上的 DR、BDR 发生变化时会影响设备间建立邻居的速度。

通过配置 Smart-discover 功能，当网络中邻居状态或者 DR、BDR 发生变化时，设备不必等到 Hello 报文发送时间间隔超时就可以立刻主动向邻居发送 Hello 报文，从而提高建立邻居的速度，达到网络快速收敛的目的。

11.7.2 调整 OSPF 网络收敛性能的配置步骤

11.7.1 节介绍的各项配置任务的具体配置步骤见表 11-16（各项配置任务间没有严格的先后次序）。同样，在配置 OSPF 定时器参数之前，需完成以下任务。

① 配置各 OSPF 接口的链路层协议。

② 配置接口的网络层地址，使各相邻节点网络层可达。

③ 配置 OSPF 的基本功能。

表 11-16 OSPF 网络收敛性能调整的配置步骤

步骤	命令	说明
1	**system-view** 例如：< Huawei > **system-view**	进入系统视图
2	**ospf** [*process-id*] 例如：[Huawei] **ospf** 10	在 ABR 上启动对应的 OSPF 进程，进入 OSPF 视图
3	**prefix-priority** { **critical** | **high** | **medium** } **ip-prefix** *ip-prefix-name* 例如：[Huawei-ospf-10] **prefix-priority critical ip-prefix** critical-prefix	（可选）配置 OSPF 路由的收敛优先级，适用于较大规模网络，且存在不同优先级的业务时才需要配置。命令中的参数和选项说明如下。 （1）**critical**：多选一选项，指定本进程中符合参数 *ip-prefix- name* 指定的 OSPF 路由的计算优先级为关键。 （2）**high**：多选一选项，指定本进程中符合参数 *ip-prefix-name* 指定的 OSPF 路由的计算优先级为高。 （3）**medium**：多选一选项，指定本进程中符合参数 *ip-prefix- name* 指定的 OSPF 路由的计算优先级为中。 （4）*ip-prefix-name*：指定用于过滤设置路由优先级的 IP 地址前缀列表的名称，不支持空格，区分大小写，取值范围为 1～169 个字符。 【说明】收敛优先级的优先级顺序为：critical>high>medium> low。当一个 LSA 满足多个策略优先级时，最高优先级生效。 OSPF 依次按区域内路由、区域间路由、自治系统外部路由顺序进行 LSA 计算，通过本命令可以使 OSPF 按照指定的路由计算优先级分别计算这 3 类路由。为了加速处理高优先级的 LSA，在泛洪过程中需要按照优先级将相应的 LSA 分别存放在对应的 critical、high、medium 和 low 的队列中。 缺省情况下，公网 32 位主机路由的收敛优先级为 **medium**，其他 OSPF 路由的收敛优先级为 **low**，可用 **undo prefix- priority** { **critical** | **high** | **medium** }命令恢复 OSPF 路由为缺省收敛优先级
4	**lsa-originate-interval** { **0** | { **intelligent-timer** *max-interval start-interval hold-interval* | **other-type** *interval* } * } 例如：[Huawei-ospf-10] **lsa-originate-interval** 0	（可选）设置 OSPF LSA 的更新时间间隔，**即主动泛洪发送 LSU 报文的时间间隔**。命令中的参数的选项说明如下。 （1）**0**：二选一选项，指定 LSA 更新的时间间隔为 0，即取消 LSA 的 5 s 的更新时间间隔。 （2）**intelligent-timer** *max-interval start-interval hold-interval*：可多选参数，指定通过智能定时器分别设置更新 OSPF Router LSA 和 Network LSA 的最长间隔时间（取值范围为 1～10 000 的整数毫秒）、初始间隔时间（取值范围为 0～1 000 的整数毫秒）和基数间隔时间（取值范围为 1～5 000 的整数毫秒）。 （3）**other-type** *interval*：可多选参数，指定设置除 OSPF Router LSA

续表

步骤	命令	说明
4		和 Network LSA 外其他 LSA 的更新间隔时间，取值范围为 0～10 的整数秒，缺省值是 5。 【说明】使能智能定时器后。 （1）初次更新 LSA 的间隔时间由 *start-interval* 参数指定。 （2）第 n（n≥2）次更新 LSA 的间隔时间为 *hold-interval*×$2^{(n-2)}$。 （3）当 *hold-interval*×$2^{(n-2)}$达到指定的最长间隔时间 *max-interval* 时，OSPF 连续 3 次更新 LSA 的时间间隔都是最长间隔时间，之后，再次返回步骤 1，按照初始间隔时间 *start-interval* 更新 LSA。 缺省情况下，使能智能定时器 intelligent-timer 更新 LSA 的最长间隔时间为 5 000 ms、初始间隔时间为 500 ms、基数间隔时间为 1 000 ms（全是以毫秒为单位），可用 **undo lsa- originate-interval** 命令恢复缺省设置
5	**lsa-arrival-interval** { *interval* | **intelligent-timer** *max-interval start-interval hold-interval* } 例如：[Huawei-ospf-10] **lsa-arrival-interval** 10	（可选）设置 OSPF LSA 接收的间隔时间，**即接收 LSU 报文的时间间隔**。命令中的参数说明如下。 （1）*interval*：二选一参数，指定 LSA 接收的间隔时间，取值范围为 0～10 000 的整数毫秒。 （2）**intelligent-timer** *max-interval start-interval hold-interval*：二选一参数，指定通过智能定时器分别设置 LSA 接收的最长间隔时间（取值范围为 1～10 000 的整数毫秒）、初始间隔时间（取值范围为 0～1 000 的整数毫秒）和基数间隔时间（取值范围为 1～5 000 的整数毫秒）。 【说明】使能智能定时器后。 （1）初次接收 LSA 的间隔时间由 *start-interval* 参数指定。 （2）第 n（n≥2）次接收 LSA 的间隔时间为 *hold-interval*×$2^{(n-2)}$。 （3）当 *hold-interval*×$2^{(n-2)}$达到指定的最长间隔时间 *max-interval* 时，OSPF 连续 3 次接收 LSA 的间隔时间都是最长间隔时间，之后，再次返回步骤 1，按照初始间隔时间 *start-interval* 接收 LSA。 缺省情况下，使能智能定时器 intelligent-timer，接收 LSA 的最长间隔时间为 1 000 ms、初始间隔时间为 500 ms、基数间隔时间为 500 ms（全是以毫秒为单位），可用 **undo lsa-arrival-interval** 命令恢复缺省设置
6	**spf-schedule-interval** { *interval1* | **intelligent-timer** *max-interval start-interval hold-interval* | **millisecond** *interval2* } 例如：[Huawei-ospf-10] **spf-schedule-interval** 6	（可选）设置通过 SPF 算法进行 OSPF 路由计算的时间间隔。命令中的参数说明如下。 （1）*interval*：多选一参数，以秒为单位指定 OSPF SPF 计算时间间隔，取值范围为 1～10 的整数秒。 （2）**intelligent-timer** *max-interval start-interval hold-interval*：多选一参数，指定通过智能定时器分别设置 OSPF SPF 计算的最长间隔时间（取值范围为 1～20 000 的整数毫秒）、初始间隔时间（取值范围为 1～1 000 的整数毫秒）和基数间隔时间（取值范围为 1～5 000 的整数毫秒）。 （3）**millisecond** *interval2*：多选一参数，以毫秒为单位指定 OSPF SPF 计算时间间隔，取值范围为 1～10 000 的整数毫秒。 【说明】使能智能定时器后。 （1）初次计算 SPF 的间隔时间由 *start-interval* 参数指定。 （2）第 n（n≥2）次计算 SPF 的间隔时间为 *hold-interval*×$2^{(n-2)}$。

续表

步骤	命令	说明
6		（3）当 *hold-interval*×$2^{(n-2)}$达到指定的最长间隔时间 *max-interval* 时，OSPF 连续 3 次计算 SPF 的时间间隔都是最长间隔时间，之后，再次返回步骤 1，按照初始间隔时间 *start-interval* 计算 SPF。 缺省情况下，使能智能定时器 intelligent-timer，SPF 计算的最长间隔时间为 10 000 ms、初始间隔时间为 500 ms、基数间隔时间为 1 000 ms（全是以毫秒为单位），可用 **undo spf-schedule-interval** 命令恢复缺省设置
7	**quit** 例如：[Huawei-ospf-10] **quit**	退出 OSPF 视图，返回系统视图
8	**interface** *interface-type interfa-ce-number* 例如：[Huawei] **interface** gigabitethernet 1/0/0	进入接口视图
9	**ospf timer hello** *interval* 例如：[Huawei-Gigabit Ethernet1/0/0]**ospf timer hello** 20	（可选）设置接口发送 Hello 报文的时间间隔，取值范围为 1～65 535 的整数秒，取值不小于 5。取值越小，网络拓扑改变的速度越快，但相应的路由开销也就越大，**并要确定接口和邻接设备的本参数要保持一致。** 缺省情况下，P2P、Broadcast 类型接口发送 Hello 报文的时间间隔的值为 10 s；P2MP、NBMA 类型接口发送 Hello 报文的时间间隔的值为 30 s，且同一接口上邻居失效时间是 Hello 间隔时间的 4 倍，可用 **undo ospf timer hello** 命令恢复该时间间隔为缺省值
10	**ospf timer dead** *interval* 例如：[Huawei-Gigabit Ethernet1/0/0] **ospf timer dead** 60	（可选）设置 OSPF 的邻居失效时间，取值范围为 1～235 926 000 的整数秒，建议配置的失效时间大于 20 s，否则可能会造成邻接关系的中断，**必须大于上一步配置的发送 Hello 报文的时间间隔 hello** ***interval*****，且同一网段上的设备的本参数值也必须相同**
11	**ospf smart-discover** 例如：[Huawei-Gigabit Ethernet1/0/0] **ospf smart-discover**	（可选）在接口上使能 Smart-discover 功能。通过在接口上使能 Smart-discover 功能，设备的邻居状态或者多址网络（广播型或 NBMA）上的 DR、BDR 发生变化时，不必等到 Hello 定时器到时，就立刻主动地向邻居发送 Hello 报文。 缺省情况下，接口不使能 Smart-discover 功能，可用 **undo ospf smart-discover** 命令在接口上关闭 Smart-discover 功能

11.8 配置 OSPF 邻居或邻接的会话参数

在 OSPF 网络中，所有链路状态信息都在邻居或邻接中传递、交换。虽然邻居或邻接的会话参数都有对应的缺省值，但在具体的网络中，根据实际网络环境，合理地配置这些参数对整网的稳定性起着重要作用。但一般情况下，不用配置本项任务，即本项配置任务为可选配置。可根据实际网络环境选择以下任务中的一项或两项进行配置。

① 配置 OSPF 报文重传限制。

② 使能在 DD 报文中填充接口的实际 MTU。

在配置 OSPF 邻居或邻接关系的会话参数之前，需完成以下任务。

① 配置链路层协议。

② 配置接口的网络层地址，使各相邻节点网络层可达。

③ 配置 OSPF 的基本功能。

1. 配置 OSPF 报文重传限制

OSPF 路由器在发送完 DD、LSR 和 LSU 这 3 种报文后，如果没有在规定时间内收到相应的 LSAck，报文会再次重传。当达到限定报文重传次数后，本端就断开和对方的邻接关系。为此可以调整最大的 DD、LSR 和 LSU 报文的重传次数，以避免频繁出现邻接关系断开的现象。

配置最大的 DD、LSR 和 LSU 报文的重传次数的方法很简单，仅需在对应的 OSPF 进程下使用 **retransmission-limit** [*max-number*]命令进行配置即可。可选参数 *max-number* 的取值范围是 2～255 的整数，缺省值是 30。

缺省情况下，最大重传限制数的缺省值是 30，可用 **undo retransmission-limit** 命令取消恢复为缺省的重传次数。可使用 **display ospf** [*process-id*] **retrans-queue** [*interface-type interface-number*] [*neighbor-id*] [**low-level-of-retrans-times-range** *min-time*] [**high-level-of- retrans-times-range** *max-time*]命令查看指定或者所有的 OSPF 重传列表。

2. 使能在 DD 报文中填充接口的实际 MTU

DD 报文中的 Interface MTU 字段（参见 11.1.6 节中的图 11-15）填写的是接口的 MTU 值，缺省为 0（代表不配置），但是在网络中存在不同厂商的设备，建立虚连接时，不同的设备制造商可能会使用不同的 MTU 缺省设置。为此，有时需要取消设备缺省为 0 的 MTU 值。

取消采用缺省为 0 的 MTU 值的方法是在对应接口视图下执行 **ospf mtu-enable** 命令，使能接口发送 DD 报文时填充 MTU 值，即使用接口的实际 MTU 值填写。**配置本命令后，系统会自动重启 OSPF 进程，也会使邻居关系重新建立，所以通常不建议修改。**可用 **undo ospf mtu-enable** 命令恢复缺省设置。

11.9　配置 OSPF 安全功能

在对安全性要求较高的网络中，可以通过配置 GTSM（Generalized TTL Security Mechanism，通用 TTL 安全保护机制）以及 OSPF 区域认证和接口认证来提高 OSPF 网络的安全性。但在配置这些 OSPF 安全功能之前，需完成以下配置任务。

① 配置接口的网络层地址，使各相邻节点网络层可达。

② 配置 OSPF 的基本功能。

11.9.1　配置 OSPF GSTM 功能

如果攻击者模拟真实的 OSPF 单播报文，对一台路由器不断地发送报文，而路由器接口在收到这些报文后，发现目的 IP 地址是本设备的接口地址，则会直接上送给控制层面的 OSPF 处理，不辨别其“合法性”，这样就会导致路由器控制层面因为忙于处理这些假合法的报文使系统异常繁忙，占用较多的 CPU 资源。此时，可通过 GTSM 检查 IP 报文头中的 TTL 值是否在一个预先定义好的范围内，对 IP 层以上的业务进行保护。但

GTSM 仅对单播报文有效，对组播报文无效，这是因为组播报文本身具有 TTL 值固定为 255 的限制，不需要使用 GTSM 进行保护。**GTSM 不支持基于 Tunnel 的邻居**。

GTSM 的实现机制是：对于直连的协议邻居，将需要发出的单播协议报文的 TTL 值设定为 255；而对于多跳的邻居则可以定义一个合理的 TTL 范围。使能了 GTSM 特性和策略的设备会对收到的所有 IP 单播报文进行策略检查，对于没有通过策略的报文丢弃或者上送控制平面，从而达到防止攻击的目的。GSTM 的策略内容主要包括以下几种。

① 发送给本机 IP 报文的源地址。

② 报文所属的 VPN 实例。

③ IP 报文的协议号（OSPF 是 89，BGP 是 6）。

④ TCP/UDP 之上协议的协议源端口号、目的端口号。

⑤ 有效 TTL 范围（**OSPFv2 版本中仅支持这一策略**）。

应用 GTSM 功能，需要在 OSPF 连接的两端都使能 GTSM。被检测报文的 TTL 值的有效范围为 [255−*hops*+1, 255]。GTSM 只会对匹配 GTSM 策略的报文进行 TTL 检查。对于未匹配策略的报文，可以设置为通过或丢弃。如果配置 GTSM 缺省报文动作为丢弃，就需要在 GTSM 中配置所有可能的路由器连接情况，没有配置的路由器发送的报文将被丢弃，无法建立连接。因此，在保证安全性的同时会损失一些易用性。对于丢弃的报文，可以通过 Log 信息开关控制是否对报文被丢弃的情况记录日志。记录日志有助于用户在需要时进行故障定位。

OSPF GTSM 功能的主要配置任务包括以下几种。

① 使能 GTSM 功能。

②（可选）配置未匹配 GSTM 策略的报文处理动作。

③（可选）配置日志功能。

这 3 项配置任务的具体配置步骤见表 11-17。

表 11-17　　OSPF GTSM 功能的配置步骤

步骤	命令	说明
1	**system-view** 例如：< Huawei > **system-view**	进入系统视图
2	**ospf valid-ttl-hops** *hops* [**nonstandard-multicast**] [**vpn-instance** *vpn-instance-name*] 例如：[Huawei] **ospf valid-ttl-hops** 5	使能 OSPF GTSM 特性，并配置需要检测 TTL 值的 GTSM 策略。命令中的参数说明如下。 （1）*hops*：指定需要检测的最大 TTL 值，取值范围为 1～255 的整数，缺省值为 255。 （2）**nonstandard-multicast**：可选项，指定 TTL 检测对组播报文同样有效。当选择此选项后，对外发送的组播数据包的 TTL 被设置为 255；接收的组播数据包的 TTL 必须是 1 或者在[255–*hops*+1, 255]范围内。 （3）**vpn-instance** *vpn-instance-name*：可选参数，指定使能 GSTM 特性的 VPN 实例的名称，1～31 个字符，区分大小写，不支持空格。若使用此参数，则只设置指定私网实例需要检测的 TTL 值。否则将同时在公网和私网中使能 OSPF GTSM 特性。 【说明】GTSM 只会对匹配 GTSM 策略的报文进行 TTL 检查，而对于未匹配策略的报文，可以通过下面第 3 步中的 **gtsm default-action** 命令的参数 pass 通过报文或 drop 丢弃报文。

续表

步骤	命令	说明
2		缺省情况下，没有使能 OSPF GTSM 特性，可用 **undo ospf valid-ttl-hops** [*hops*] [**vpn-instance** *vpn-instance-name*] 命令删除相应的 OSPF GTSM 特性
3	**gtsm default-action** { **drop** | **pass** } 例如：[Huawei] **gtsm default-action drop**	（可选）设置未匹配 GTSM 策略的报文的缺省动作是丢弃（选择二选一选项 **drop** 时）还是通过（选择二选一选项 **pass** 时）。如果配置 GTSM 缺省报文动作为丢弃，路由器可能无法建立连接。 【说明】对于丢弃的报文，可以通过下面第 4 步的 **gtsm log drop-packet** 命令打开 LOG 信息开关，对报文被丢弃的情况记录日志，以便进行故障定位。 缺省情况下，未匹配 GTSM 策略的报文可以通过过滤，可用 **undo gtsm default-action drop** 命令取消未匹配 GTSM 策略的报文不能通过过滤的设置
4	**gtsm log drop-packet all** 例如：[Huawei]**gtsm log drop-packet all**	（可选）打开所有单板的 Log 信息开关，在单板 GTSM 丢弃报文时记录 Log 信息。仅当上一步通过 **gtsm default-action drop** 命令设置丢弃（**drop**）报文时才有效。 缺省情况下，在单板 GTSM 丢弃报文时不记录 Log 信息，可用 **undo gtsm log drop-packet all** 命令关闭所有单板 Log 信息的开关

11.9.2　配置 OSPF 安全认证功能

为了拒绝非法 OSPF 报文进入，OSPF 支持报文的认证功能，使只有通过认证的 OSPF 报文才能被接收，否则将不能正常建立邻居。路由器支持两种认证方式：①区域认证方式；②接口认证方式。**使用区域认证时，一个区域中所有的路由器在该区域下的认证模式和密码必须一致。**

OSPF 区域和接口认证的具体配置步骤见表 11-18（可仅采用一种配置方式，也可同时配置，**但如果同时配置了两种认证方式，则优先使用接口认证方式**）。

表 11-18　**OSPF 区域和接口认证的配置步骤**

步骤	命令	说明
1	**system-view** 例如：< Huawei > **system-view**	进入系统视图
		一、配置区域认证方式
2	**ospf** [*process-id*] 例如：[Huawei] **ospf** 10	键入要配置区域认证的 OSPF 进程，进入 OSPF 视图
3	**area** *area-id* 例如：[Huawei-ospf-10] **area** 1	键入要配置区域认证的区域 ID，进入区域视图
4	**authentication-mode simple** [**plain** *plain-text* | [**cipher**] *cipher-text*] 例如：[Huawei-ospf-10-area-0.0.0.1] **authentication-mode simple cipher** huawei	（三选一）配置 OSPF 区域的简单认证模式。命令中的参数和选项说明如下。 （1）**plain** *plain-text*：二选一参数，指定简单认证的明文密码，1～8 个字符，可以为字母或数字，区分大小写，不支持空格。此模式下只能键入明文密码，密码将以明文形式保存在配置文件中。 （2）**cipher**：可选项，指定为密文密码，此时可以键入明文或密文密码，但在查看配置文件时是以密文方式显示的。

续表

步骤	命令	说明
4		（3）*cipher-text*：二选一参数，指定简单认证的密文密码，可以为字母或数字，区分大小写，不支持空格，长度为 1～8 位明文密码或 32 位密文密码。 缺省情况下，没有配置区域认证模式，可用 **undo authentication-mode** 命令取消对应区域已配置的认证模式
	authentication-mode { **md5** | **hmac-md5** | **hmac-sha256** } [*key-id* { **plain** *plain-text* | [**cipher**] *cipher-text* }] 例如：[Huawei-ospf-10-area-0.0.0.1] **authentication-mode md5** 1 **cipher** huawei	（三选一）配置 OSPF 区域的 **md5** 或 **hmac-md5** 或 **hmac- sha256** 认证模式。命令中的参数和选项说明如下。 （1）**md5**：多选一选项，指定使用 MD5 密文认证模式。 （2）**hmac-md5**：多选一选项，指定使用 HMAC MD5 密文认证模式。 （3）**hmac-sha256**：多选一选项，使用 HMAC-SHA256 密文认证模式。 （4）*key-id*：可选参数，指定密文认证的认证密钥标识符，取值范围为 1～255 的整数，必须与对端的认证密钥标识符一致。 （5）**plain** *plain-text*：二选一可选参数，指定认证的明文密码，1～255 个字符，可以为字母或数字，区分大小写，不支持空格。此模式下只能键入明文密码，密码将以明文形式保存在配置文件中。 （6）**cipher**：可选项，指定为密文密码，此时可以键入明文或密文密码，但在查看配置文件时是以密文方式显示的。 （7）*cipher-text*：二选一可选参数，指定简单认证的密文密码，可以为字母或数字，区分大小写，不支持空格，长度为 1～255 位明文密码或 20～392 位密文密码。 缺省情况下，没有配置区域认证模式，可用 **undo authentication-mode** 命令取消对应区域已配置的认证模式
	authentication-mode keychain *keychain-name* 例如：[Huawei-ospf-10-area-0.0.0.1] **authentication-mode keychain** areachain	（三选一）配置 OSPF 区域的 Keychain 认证模式，参数 *keychain-name* 用来指定 Keychain 名称，1～47 个字符，不区分大小写，不支持空格。 【说明】所使用的 Keychain（密钥链）需已使用 **keychain** *keychain-name* 命令创建，然后分别通过 **key-id** *key-id*、**key-string** { [**plain**] *plain-text* | [**cipher**] *cipher-text* }和 **algorithm** { **hmac-md5** | **hmac-sha-256** | **hmac-sha1-12** | **hmac-sha1-20** | **md5** | **sha-1** | **sha-256** | **simple** }命令配置该 keychain 采用的 key-id、密码及其认证算法，必须保证本端和对端的 key-id、algorithm、key-string 相同，才能建立 OSPF 邻居。 缺省情况下，没有配置区域认证模式，可用 **undo authentication-mode** 命令取消对应区域已配置的认证模式
		二、配置接口认证方式
2	**interface** *interface-type interface-number* 例如：[Huawei] **interface** gigabitethernet 1/0/0	键入要配置接口认证的 OSPF 接口，进入接口视图
3	**ospf authentication-mode simple** [**plain** *plain-text* | [**cipher**] *cipher-text*] 例如：[Huawei-GigabitEthernet1/0/0] **ospf authentication-mode simple cipher** huawei	（三选一）配置 OSPF 接口的简单认证模式，命令中的参数和选项说明参见本表前面介绍的区域简单认证方式。 缺省情况下，接口不对 OSPF 报文进行认证，可用 **undo ospf authentication-mode** 命令删除接口下已设置的认证模式

续表

步骤	命令	说明
3	**ospf authentication-mode** { **md5** | **hmac-md5** | **hmac-sha256**} [*key-id* { **plain** *plain-text* | [**cipher**] *cipher-text* }] 例如：[Huawei-GigabitEthernet1/0/0] **ospf authentication-mode md5** 1 **cipher** huawei	（三选一）配置 OSPF 接口的 **md5** 或 **hmac-md5** 或 **hmac- sha256** 认证模式，命令中的参数和选项说明参见本表前面介绍的区域 **md5** 或 **hmac-md5** 或 **hmac-sha256** 认证方式。 缺省情况下，接口不对 OSPF 报文进行认证，可用 **undo ospf authentication-mode** 命令删除接口下已设置的认证模式
	ospf authentication-mode keychain *keychain-name* 例如：[Huawei-GigabitEthernet1/0/0] **ospf authentication-mode keychain** areachain	（三选一）配置 OSPF 接口的 Keychain 认证模式，命令中的参数及其他说明参见本表前面介绍的区域 Keychain 认证方式。 缺省情况下，接口不对 OSPF 报文进行认证，可用 **undo ospf authentication-mode** 命令删除接口下已设置的认证模式

11.10 控制 OSPF 路由信息的发布和接收

控制 OSPF 路由信息的发布和接收包括外部路由引入控制、缺省路由通告控制、路由聚合控制和路由、LSA 的发布或接收过滤。具体可以根据应用环境选择其中一项或几项任务进行配置。

① 配置 OSPF 引入外部路由。

② 配置 OSPF 将缺省路由通告到 OSPF 区域。

③ 配置 OSPF 路由聚合。

④ 配置 OSPF 对接收和发布的路由进行过滤。

⑤ 配置对发送的 LSA 进行过滤。

⑥ 配置对 ABR Type-3 LSA 进行过滤。

但在控制 OSPF 的路由信息之前，也要先配置接口的网络层地址，使各相邻节点网络层可达。配置 OSPF 的基本功能。

11.10.1 配置 OSPF 引入外部路由

当 OSPF 网络中的设备需要访问运行其他协议的网络中的设备时，需要将其他协议的路由引入 OSPF 进程中，但这**仅可以在 ASBR 上进行配置**。

注意 尽管 OSPF 是一个无环路的动态路由协议，但这是针对域内路由和域间路由而言的，其对引入的外部路由环路没有很好的防范机制，所以在配置 OSPF 引入外部路由时一定要慎重，防止手动配置引起的环路。

在 OSPF ASBR 上配置引入外部路由的步骤见表 11-19（**仅针对引入非缺省路由**）。

表 11-19 **OSPF ASBR** 引入外部路由的配置步骤

步骤	命令	说明
1	**system-view** 例如：< Huawei > **system-view**	进入系统视图
2	**ospf** [*process-id*] 例如：[Huawei] **ospf** 10	启动对应的 OSPF 进程，进入 OSPF 视图
3	**import-route** { **limit** *limit-number* | { **bgp** [**permit-ibgp**] | **direct** | **unr** | **rip** [*process-id-rip*] | **static** | **isis** [*process-id-isis*] | **ospf** [*process-id-ospf*] } [**cost** *cost* | **type** *type* | **tag** *tag* | **route-policy** *route-policy-name*] * } 例如：[Huawei-ospf-10] **import-route rip** 40 **type** 2 **tag** 33 **cost** 50 （引入 RIP 进程 40 的路由，并设置外部路由类型为 2，路由标记为 33，开销值为 50）	引入其他路由协议学习到的**非缺省路由信息**。命令中的参数和选项说明如下。 （1）**limit** *limit-number*：二选一参数，指定在一个 OSPF 进程中可引入的最大外部路由数量，取值范围为 1～4 294 967 295 的整数。 （2）**bgp**：多选一选项，指定引入 BGP 路由。 （3）**permit-ibgp**：可选项，指定允许同时引入 IBGP 路由。但由于引入 IBGP 路由后可能导致路由环路，所以在非必要场合请不要选择。 （4）**direct**：多选一选项，指定引入直连路由。 （5）**unr**：多选一选项，指定引入 UNR（User Network Route，用户网络路由）。UNR 主要用于在用户上线过程中由于无法使用动态路由协议时给用户分配的路由。 （6）**rip**：多选一选项，指定引入 RIP 路由。 （7）*process-id-rip*：可多选参数，指定仅引入指定进程的 RIP 路由，取值范围为 1～65 535 的整数，缺省值是 1。 （8）**static**：多选一选项，指定引入静态路由。 （9）**isis**：多选一选项，指定引入 IS-IS 路由。 （10）*process-id-isis*：可多选参数，指定仅引入指定进程的 IS-IS 路由，取值范围为 1～65 535 的整数，缺省值是 1。 （11）**ospf**：多选一选项，指定引入 OSPF 路由。 （12）*process-id-ospf*：可多选参数，指定仅引入指定进程的 OSPF 路由，取值范围为 1～65 535 的整数，缺省值是 1。 （13）**cost** *cost*：可多选参数，指定引入后的外部路由开销值，取值范围为 0～16 777 214 的整数，缺省值是 1。 （14）**type** *type*：可多选参数，指定引入后的外部路由的类型，取值为 1（代表第一类外部路由）或 2（代表第二类外部路由），缺省值是 2。 （15）**tag** *tag*：可多选参数，指定引入后的外部路由的标记，取值范围为 0～4 294 967 295 的整数，缺省值是 1。 （16）**route-policy** *route-policy-name*：可多选参数，只能引入符合指定路由策略的路由（相应的路由策略必须已创建）。**有关路由策略的详细介绍和配置方法参见本书第 15 章**。 缺省情况下，不引入其他协议的路由信息，可用 **undo import-route** { **limit** | **bgp** | **direct** | **unr** | **rip** [*process-id-rip*] | **static** | **isis** [*process-id-isis*] | **ospf** [*process-id-ospf*] }命令删除指定引入的外部路由信息
4	**default** { **cost** { *cost-value* | **inherit-metric** } | **limit** *limit* | **ag** *tag* | **type** *type* } *	（可选）对于没有在上一步为引入的外部路由配置开销值、引入的路由条数、标记和外部路由类型等参数的外部路由，可以统一配置引入外部路由时的参数缺省。命令中的参数和选项说明如下。 （1）**cost**：可多选选项，配置引入的外部路由的缺省开销。 （2）*cost-value*：二选一参数，指定引入的外部路由的缺省度量值，

续表

步骤	命令	说明
4	例如：[Huawei-ospf-10] **default cost** 10 **tag** 100 **type** 2	取值范围是 0～16 777 214 的整数。 （3）**inherit-metric**：二选一选项，指定引入路由的开销值为路由自带的开销值。 （4）**limit** *limit*：可多选参数，指定单位时间内引入外部路由上限的缺省值，取值范围为 1～2 147 483 647 的整数。 （5）**tag** *tag*：可多选参数，指定引入的外部路由的标记，取值范围为 0～4 294 967 295 的整数。 （6）**type** *type*：可多选参数，指定引入的外部路由的缺省类型，取值为 1 或 2。 缺省情况下，OSPF 引入外部路由的缺省度量值为 1，一次可引入外部路由数量的上限为 2 147 483 647，引入的外部路由类型为 Type2，缺省标记值为 1，可用 **undo default** { **cost** | **limit** | **tag** | **type** } * 命令恢复各项为缺省值。 【注意】设置引入路由的开销值有 3 种方法，其中采用本命令的方法优先级最低，仅作用于没有应用 **apply cost** [+ | −] *cost*（本命令的设置优先级最高）路由策略视图命令配置的外部路由，没有在本表第 3 步通过 **import-route**（本命令的优先级次之）引入外部路由时配置具体开销的外部路由

11.10.2　配置 OSPF 将缺省路由通告到 OSPF 区域

在 OSPF 实际组网应用中，区域边界和自治系统边界通常都是由多个路由器组成的多出口冗余备份或者负载分担。此时，为了减少路由表的容量，可以配置缺省路由来保证网络的高可用性。

OSPF 缺省路由通常应用于下面两种情况。

① 由 ABR 发布 Type-3 LSA，用来指导区域内路由器进行区域之间报文的转发。

② 由 ASBR 发布 Type-5 LSA 或 Type-7 LSA，用来指导 OSPF 路由域内路由器进行域外报文的转发。

当路由器无精确匹配的路由时，就可以通过缺省路由进行报文转发。Type-3 LSA 缺省路由的优先级要高于 Type-5 LSA 或 Type-7 LSA 路由。OSPF 缺省路由的发布方式取决于引入该缺省路由的区域类型，具体见表 11-20。配置 OSPF 将缺省路由通告到 OSPF 路由区域的方法见表 11-21，**仅需在 ASBR 上配置**。

表 11-20　不同缺省路由的不同发布方式

区域类型	产生条件	发布方式	产生 LSA 的类型	泛洪范围
普通区域	通过 **default-route-advertise** 命令配置	ASBR 发布	Type-5 LSA	普通区域
Stub 区域	自动产生	ABR 发布	Type-3 LSA	Stub 区域
NSSA 区域	通过 **nssa** [**default-route-advertise**] 命令配置	ASBR 发布	Type-7 LSA	NSSA 区域
完全 NSSA 区域	ABR 上自动产生，ABSR 上有缺省路由时产生	ABR 或者 ASBR 发布	Type-3 LSA 或者 Type-7 LSA	NSSA 区域

表 11-21　　配置 **OSPF** 将缺省路由通告到 **OSPF** 路由区域的步骤

步骤	命令	说明
1	**system-view** 例如：< Huawei > **system-view**	进入系统视图
2	**ospf** [*process-id*] 例如：[Huawei] **ospf** 10	启动对应的 OSPF 进程，进入 OSPF 视图
3	**default-route-advertise** [[**always** | **permit-calculate-other**] |**cost** *cost* | **type** *type* | **route-policy** *route-policy-name* [**match-any**]] * 例如：[Huawei-ospf-10] **default-route-advertise always**	（可选）在 **ASBR** 上将缺省路由通告到 OSPF 路由区域。配置该命令后，ASBR 将产生一个 Link State ID 为 0.0.0.0、网络掩码为 0.0.0.0 的 ASE LSA（Type-5），并且通告到整个 OSPF 区域中。前面介绍的 **import-route** 命令不能引入外部路由的缺省路由（包括静态缺省路由）。命令中的参数和选项说明如下。 （1）**always**：二选一可选项，指定无论本机是否存在激活的非 OSPF 缺省路由，OSPF 本身都将在整个区域中产生并通告一条 OSPF 缺省路由，**不再计算来自其他设备的缺省路由**。如果不选择此可选项，本机路由表中必须有激活的非 OSPF 缺省路由时才生成缺省路由的 LSA。 （2）**permit-calculate-other**：二选一可选项，指定在 OSPF 发布自己的缺省路由后，**当本机存在激活的非 OSPF 缺省路由**时才会产生并发布一个缺省路由的 ASE LSA，且设备仍然计算来自于其他设备的缺省路由。如果既没有选择本可选项，也没有选择 **always** 可选项时，本机存在激活的非 OSPF 缺省路由时，设备不再计算来自其他设备的缺省路由；本机不存在激活的非 OSPF 缺省路由时，设备仍然计算来自于其他设备的缺省路由。 （3）**cost** *cost*：可多选参数，指定引入的外部缺省路由的开销值，取值范围为 0～16 777 214 的整数，缺省值是 1。 （4）**type** *type*：可多选参数，指定引入的外部缺省路由的类型，取值为 1 或 2，缺省值是 2。 （5）**route-policy** *route-policy-name*：可多选参数，通过路由策略，实现在路由表中有匹配的非 OSPF 产生的缺省路由表项时，按路由策略所配置的参数发布缺省路由。 （6）**match-any**：可选项，通过路由策略，实现在路由表中有匹配的路由表项时，按路由策略所配置的参数发布缺省路由。如果有多条路由通过策略，选取最优者来生成缺省 LSA。选取最优者的原则按照优先级从高到低的顺序如下。 设置了 **type** 的路由优先于未设置 **type** 的路由，如果都设置了 **type**，值越小越优先。 设置了 **cost** 的路由优先于未设置 **cost** 的路由，如果都设置了 **cost**，值越小越优先。 设置了 **tag** 的路由优先于未设置 **tag** 的路由，如果都设置了 **tag**，值越小越优先。 【说明】本机必须存在激活的非本 OSPF 进程的缺省路由时才会产生并发布一个缺省路由的 ASE LSA。如果在其中某 OSPF 设备上同时配置了静态缺省路由和自己通告的缺省路由，要使 OSPF 自己通告的缺省路由加入到当前的路由表中，则必须保证 OSPF 自己通告的缺省路由比所配置的静态缺省路由的优先级高。 缺省情况下，在普通 OSPF 区域内的 OSPF 设备不产生缺省路由，可用 **undo default-route-advertise** 命令取消通告缺省路由到普通 OSPF 区域

续表

步骤	命令	说明
4	**default-route-advertise summary cost** *cost* 例如：[Huawei-ospf-10] **default-route-advertise summary cost** 10	（可选）在 **ASBR** 上指定 Type-3 Summary-LSA 的缺省开销值，整数形式，取值范围是 0～16 777 214。缺省值是 1。**但在配置本命令时必须首先配置 VPN，否则不能配置该命令。** 缺省情况下，在普通 OSPF 区域内的 OSPF 设备不产生缺省路由，可用 **undo default-route-advertise** 命令取消通告缺省路由到普通 OSPF 区域

11.10.3　配置 OSPF 路由聚合

当 OSPF 网络规模较大时，配置路由聚合可以有效地减少路由表中的条目，减小对系统资源的占用。配置路由聚合后，如果被聚合的 IP 地址范围内的某条链路频繁 Up 和 Down，该变化并不会通告到被聚合的 IP 地址范围外的设备（因为被聚合的各子路由最终是以聚合路由对外通告的），可以避免网络中的路由振荡，在一定程度上提高了网络的稳定性。**仅可在运行 OSPF 的 ABR 和 ASBR 上配置路由聚合**，具体配置步骤见表 11-22。

说明　在 ABR 或 ASBR 上配置路由聚合后，**ABR 和 ASBR 本地的 OSPF 路由表保持不变，仍为各网段的明细路由**，但是在它们向区域内其他 OSPF 设备通告时，这些连续子网路由将只以一条聚合路由进行通告，这样，区域内其他路由器上的 OSPF 路由表中只有这一条聚合路由到达对应聚合网段的路由。直到网络中被聚合的路由**都出现故障**而消失时，该聚合路由才会消失。

在 ASBR 上对引入的路由进行路由聚合后，有以下几种情况。

① 如果本地设备是 ASBR 且处于普通区域中，本地设备将对引入的聚合地址范围内的所有 Type-5 LSA 进行路由聚合。

② 如果本地设备是 ASBR 且处于 NSSA 或者 Totally NSSA 区域中，本地设备对引入的聚合地址范围内的所有 Type-5 LSA 和 Type-7 LSA 进行路由聚合。

③ 如果本地设备既是 ASBR 又是 ABR，且处于 NSSA 或者 Totally NSSA 区域中，本地设备除对引入的聚合地址范围内的所有 Type-5 LSA 和 Type-7 LSA 进行路由聚合外，还将对由 Type-7 LSA 转化成的 Type-5 LSA 也进行路由聚合。

表 11-22　　OSPF 路由聚合配置步骤

步骤	命令	说明
1	**system-view** 例如：< Huawei > **system-view**	进入系统视图
2	**ospf** [*process-id*] 例如：[Huawei] **ospf** 10	启动对应的 OSPF 进程，进入 OSPF 视图
		一、在 ABR 上配置路由聚合
3	**area** *area-id* 例如：[Huawei-ospf-10] **area** 1	键入 ABR 所连接的、要配置路由聚合的区域，进入区域视图

续表

步骤	命令	说明
4	**abr-summary** *ip-address mask* [[**advertise** | **not-advertise** | **generate-null0-route**] | **cost** { *cost* | **inherit-minimum** }] * 例如：[Huawei-ospf-10-area-0.0.0.1]**abr-summary** 36.42.0.0 255.255.0.0	配置 ABR 对区域内路由进行路由聚合（**不能聚合不同区域中的路由**）。ABR 向其他区域发送路由信息时，是以网段为单位生成 Type-3 LSA。**当区域中存在连续的网段**（具有相同前缀的路由信息）时，可以通过本命令将这些网段聚合成一个网段，这样，ABR 只需向其他区域发送一条聚合后的 LSA，而不用单独发送，从而减小路由表的规模，提高路由器的性能。命令中的参数和选项说明如下。 （1）*ip-address mask*：指定聚合路由的 IP 地址和子网掩码。**聚合路由的子网掩码长度肯定要小于等于所有被聚合路由的子网掩码长度**。 （2）**advertise**：二选一选项，指定向其他区域发布聚合路由。 （3）**not-advertise**：二选一选项，指定不向其他区域发布聚合路由。 （4）**cost** *cost*：可多选参数，指定聚合路由的开销值，取值范围为 0～16 777 214 的整数。如果不配置此参数，则取所有被聚合的路由中**最大的那个开销值**作为聚合路由的开销。 （5）**inherit-minimum**：二选一选项，设置以聚合前所有路由开销值中的最小值为聚合后路由的开销值。 （6）**generate-null0-route**：可多选选项，生成黑洞路由，用来防止路由环路。 缺省情况下，区域边界路由器不对路由聚合，可用 **undo abr-summary** *ip-address mask* 命令取消在区域边界路由器上进行路由聚合的功能
二、在 ASBR 上配置路由聚合		
3	**asbr-summary type nssa-trans-type-reference** [**cost nssa-trans-cost-reference**] 例如：[Huawei-ospf-10] **asbr-summary type nssa-trans-type-reference**	（可选）配置 OSPF 设置聚合路由类型（Type）和开销值（Cost）时考虑 Type-7 转换到 Type-5 的 LSA。不配置此命令时，OSPF 在设置聚合路由类型和开销时都不考虑 Type-7 转换到 Type-5 的 LSA。命令中的选项说明如下。 （1）**type nssa-trans-type-reference**：指定设置聚合路由类型（Type）时考虑 Type-7 转换到 Type-5 的 LSA。缺省 OSPF 在设置聚合路由类型时不考虑 Type-7 转换到 Type-5 的 LSA。 （2）**cost nssa-trans-cost-reference**：可选项，指定设置聚合路由开销值（Cost）时考虑 Type-7 转换到 Type-5 的 LSA。缺省情况下，OSPF 在设置聚合路由类型和开销时不考虑 Type-7 转换到 Type-5 的 LSA。 缺省情况下，ASBR 不对 OSPF 引入的路由进行路由聚合，可用 **undo asbr-summary type** 命令取消相关配置
4	**asbr-summary** *ip-address mask* [**not-advertise** | **tag** *tag* | **cost** *cost* | **distribute-delay** *interval*] *	设置 ASBR 对 OSPF 引入的外部路由进行路由聚合（如果 ASBR 同时是 ABR，则还可进行上面介绍的 ABR 上的路由聚合配置）。命令中的参数和选项说明如下。 （1）*ip-address mask*：指定聚合路由的 IP 地址和子网掩码。**聚合路由的子网掩码长度肯定要小于等于所有被聚合路由的子网掩码长度**。 （2）**not-advertise**：可多选选项，设置不发布该聚合路由，如果不选择此可选项，则向区域内发布该聚合路由。 （3）**tag** *tag*：可多选参数，指定聚合路由的标记，取值范围为 0～4 294 967 295 的整数。如果不指定此可选参数，缺省值为 1。

续表

步骤	命令	说明
4	例如：[Huawei-ospf-10] **asbr-summary** 10.2.0.0 255.255.0.0 **not-advertise tag** 2 **cost** 100	（4）**cost** *cost*：可多选参数，设置聚合路由的开销，取值范围为 0～16 777 214 的整数。如果不配置此可选参数，对于 1 类外部路由，取所有被聚合路由中的**最大开销值**作为聚合路由的开销；对于 2 类外部路由，则取所有被聚合路由中的**最大开销值再加 1** 作为聚合路由的开销。 （5）**distribute-delay** *interval*：可多选参数，指定延迟发布该聚合路由的时间，取值范围为 1～65 535 的整数秒。 缺省情况下，ASBR 不对 OSPF 引入的路由进行路由聚合，可用 **undo asbr-summary** *ip-address mask* 命令取消 ASBR 对 OSPF 引入的路由进行指定的路由聚合

11.10.4 配置 OSPF 对接收和发布的路由进行过滤

OSPF 对接收的路由的过滤**适用于任意 OSPF 路由器**，是通过对接收的路由设置过滤策略，**只允许通过过滤策略的路由被添加到本地设备的 IP 路由表中（对进入 OSPF 路由表不进行过滤）**，这主要是为了减小本地设备的 IP 路由表规模，同时抑制一些已有其他路由实现同样效果的路由，或者起到本地设备与特定的目的网络三层隔离的目的。**但被过滤的接收路由不影响对外发布**，所以下游路由器仍可以接收到该路由，因为 OSPF 中邻居设备间交互的是 LSA，不是路由表，而 OSPF 的接收路由过滤又正好不是基于 LSA 过滤的。

OSPF 对发布的路由的过滤仅针对在 ASBR 上引入的外部路由，通过设置发布策略，设备仅允许满足条件的外部路由生成的 Type-5 LSA 向区域中的路由器发布出去，这主要是为了避免路由环路的产生。

OSPF 对接收和发布的路由过滤的配置步骤见表 11-23。

表 11-23 OSPF 对接收和发布的路由过滤的配置步骤

步骤	命令	说明
1	**system-view** 例如：< Huawei > **system-view**	进入系统视图
2	**ospf** [*process-id*] 例如：[Huawei] **ospf** 10	启动对应的 OSPF 进程，进入 OSPF 视图
一、在任意 OSPF 路由器上配置接收路由的过滤		
3	**filter-policy** { *acl-number* | **acl-name** *acl-name* | **ip-prefix** *ip-prefix-name* | **route-policy** *route-policy-name* [**secondary**] } **import** 例如：[Huawei-ospf-10] **filter-policy** 2000 **import**	按照过滤策略设置 OSPF 对接收的路由**进入 IP 路由表**进行过滤。命令中的参数和选项说明如下。 （1）*acl-number*：多选一参数，指定用于过滤接收路由的**基本** ACL 的列表号（取值范围为 2 000～2 999 的整数）。 （2）**acl-name** *acl-name*：多选一参数，指定用于过滤接收路由的 ACL 名称（取值范围为 1～32 个字符，**且要以英文字母 a～z 或 A～Z 开始，区分大小写**）。 （3）**ip-prefix** *ip-prefix-name*：多选一参数，指定用于过滤接收路由的 IP 地址前缀列表名称，取值范围为 1～169 个字符，不支持空格，区分大小写。

续表

步骤	命令	说明
3		（4）**route-policy** *route-policy-name*：多选一参数，指定用于过滤接收路由的路由策略名称，取值范围为1～40个字符。 （5）**secondary**：可选项，设置优先选择过滤次优路由。 【说明】当使用命名型ACL过滤接收的路由信息时，仅 **source** 参数指定的源地址范围和 **time-range** 参数指定的时间段对配置的过滤规则有效。 缺省情况下，不对OSPF接收的路由进行过滤，可用 **undo filter-policy** [*acl-number* | **acl-name** *acl-name* | **ip-prefix** *ip-prefix-name* | **route-policy** *route-policy-name* [**secondary**]] **import** 命令取消OSPF对接收的符合指定条件的路由进行过滤
二、在ASBR上配置发布路由的过滤		
3	**filter-policy** { *acl-number* | **acl-name** *acl-name* | **ip-prefix** *ip-prefix-name* } **export** [*protocol* [*process-id*]] 例如：[Huawei-ospf-10] **filter-policy** 2000 **export**	在 **ASBR** 上配置对通过 **import-route** 命令引入的外部路由进行过滤，只有通过过滤的外部路由才能在ABR上转换成Type-5 LSA并发布到普通区域中。命令中的参数说明如下。 （1）*acl-number*：多选一参数，指定用于过滤发布路由的基本ACL列表号（取值范围为2 000～2 999的整数）。 （2）**acl-name** *acl-name*：多选一参数，指定用于过滤发布路由的ACL名称（取值范围为1～32个字符，以英文字母a～z或A～Z开始，区分大小写）。 （3）**ip-prefix** *ip-prefix-name*：多选一参数，指定用于过滤发布路由的IP地址前缀列表名称，取值范围为1～169个字符，不支持空格，区分大小写。 （4）*protocol*：可多选参数，指定要过滤的发布路由信息的协议，目前包括 **direct**、**rip**、**isis**、**bgp**、**ospf**、**unr** 和 **static**。 （5）*process-id*：可多选参数，指定要过滤的发布路由信息的路由进程号，取值范围为1～65 535的整数，缺省值是1。仅当发布的路由协议为RIP、IS-IS、OSPF时才可指定。 缺省情况下，不对引入的路由在发布时进行过滤，可用 **undo filter-policy** [*acl-number* | **acl-name** *acl-name* | **ip-prefix** *ip-prefix-name*] **export** [*protocol* [*process-id*]]命令取消对符合条件的引入路由在发布时进行过滤

11.10.5 配置对发送的LSA进行过滤

当两台路由器之间存在多条链路时，通过对发送的LSA进行过滤，可以在某些链路上过滤LSA的传送，减少不必要的重传，节省带宽资源。

对发送的LSA进行过滤，可在任意OSPF路由器上配置（除一些特定选项外），具体方法就是在对应的接口视图下使用 **ospf filter-lsa-out** { **all** \| { **summary** [**acl** { *acl-number* \| *acl-name* }] \| **ase** [**acl** { *acl-number* \| *acl-name* }] \| **nssa** [**acl** {*acl-number* \| *acl-name* }] } * }命令进行LSA发送过滤策略的配置。命令中的参数和选项说明如下。

① **all**：多选一选项，指定对除Grace LSA外的所有LSA进行过滤。

② **summary**：可多选选项，对Type-3 LSA进行过滤，**仅可在ABR上配置**。

③ **ase**：可多选选项，对Type-5 LSA进行过滤，**仅可在普通区域ASBR上配置**。

④ **nssa**：可多选选项，对Type-7 LSA进行过滤，**仅可在NSSA区域ASBR上配置**。

⑤ **acl** { *acl-number* | *acl-name* }：可选参数，指定用于过滤 Type-3 LSA，或者 Type-5 LSA，或者 Type-7 LSA 的基本 ACL 列表号（取值范围为 2 000～2 999 的整数）或者 ACL 名称（取值范围为 1～32 个字符，**且需以英文字母 a～z 或 A～Z 开始，区分大小写**）。对于使用命名型 ACL 中的规则进行过滤时，只有 **source** 参数指定的源地址范围和 **time-range** 参数指定的时间段对配置规则的过滤规则有效。

缺省情况下，不对发送的 LSA 进行过滤，可用 **undo ospf filter-lsa-out** 命令取消对 OSPF 接口出方向的 LSA 进行过滤。

11.10.6　配置对 ABR Type-3 LSA 进行过滤

可在 **ABR** 上通过对区域内出、入方向的 Type-3 LSA 设置过滤条件，进一步减少区域间 LSA 的发布和接收。如不想某个区域中的 Type-3 LSA 向另外一个区域发布，或者不想接收某个区域发来的 Type-3 LSA，都可以按照表 11-24 所示的配置进行过滤。

表 11-24　在 ABR 上过滤 Type-3 LSA 的配置步骤

步骤	命令	说明
1	**system-view** 例如：< Huawei > **system-view**	进入系统视图
2	**ospf** [*process-id*] 例如：[Huawei] **ospf** 10	在 ABR 上启动对应的 OSPF 进程，进入 OSPF 视图
3	**area** *area-id* 例如：[Huawei-ospf-10] **area** 1	键入要配置 Type-3 LSA 过滤的区域，进入区域视图
4	**filter** { *acl-number* | **acl-name** *acl-name* | **ip-prefix** *ip-prefix-name* | **route-policy** *route-policy-name* } **export** 例如：[Huawei-ospf-10-area-0.0.0.1] **filter** 2000 **export**	（可选）对本区域出方向（也就是发送方向）的 Type-3 LSA 进行过滤。命令中的参数说明如下。 （1）*acl-number*：多选一参数，指定用于过滤出方向 Type-3 LSA 的基本 ACL 列表号（取值范围为 2 000～2 999 的整数）。 （2）**acl-name** *acl-name*：多选一参数，指定用于过滤出方向 Type3 LSA 的 ACL 名称（取值范围为 1～32 个字符，**且要以英文字母 a～z 或 A～Z 开始，区分大小写**）。对于使用命名型 ACL 的规则进行过滤时，只有 **source** 参数指定的源地址范围和 **time-range** 参数指定的时间段对配置规则的过滤规则有效。 （3）**ip-prefix** *ip-prefix-name*：多选一参数，指定用于过滤出方向 Type-3 LSA 的 IP 地址前缀列表名称，取值范围为 1～169 个字符，不支持空格，区分大小写。 （4）**route-policy** *route-policy-name*：多选一参数，指定用于过滤出方向 Type-3 LSA 的路由策略名称，取值范围为 1～40 个字符，不支持空格，区分大小写。 缺省情况下，不对区域内出方向的 Type-3 LSA 进行过滤，可用 **undo filter** [*acl-number* | **acl-name** *acl-name* | **ip-prefix** *ip-prefix-name* | **route-policy** *route-policy-name*] **export** 命令取消对区域内出方向的 Type-3 LSA 进行过滤
5	**filter** { *acl-number* | **acl-name** *acl-name* | **ip-prefix** *ip-prefix-name* | **route-policy** *route-policy-name* } **import**	（可选）对区域内入方向（也就是接收方向）的 Type-3 LSA 进行过滤。命令中的参数说明参见上一步，不同的只是此处是用于入方向 Type-3 LSA 的过滤。 缺省情况下，不对区域内入方向的 Type-3 LSA 进行过滤，可用

续表

步骤	命令	说明
5	例如：[Huawei-ospf-10-area-0.0.0.1] **filter ip-prefix** my-prefix-list **import**	**undo filter** [*acl-number* | **acl-name** *acl-name* | **ip-prefix** *ip-prefix-name* | **route-policy** *route-policy-name*] **import** 命令取消对区域内入方向的 Type-3 LSA 进行过滤

说明 配置好控制 OSPF 路由信息的各种功能后，可以使用 **display ospf** [*process-id*] **interface** [**all** | *interface-type interface-number*] [**verbose**]命令查看 OSPF 接口上的各种过滤配置信息。使用 **display ospf** [*process-id*] **asbr-summary** [*ip-address mask*]命令查看 OSPF ASBR 聚合路由信息。

11.10.7 OSPF 路由过滤的综合配置示例

如图 11-56 所示，在 AR3 上配置了到达网段的静态路由，然后引入在 172.16.1.0/24 网段静态路由到 OSPF 进程中，使得其他路由器所连接的网段均不能访问 172.16.1.0/24，同时要求在 AR4 连接的网段不能访问 192.168.1.0/24 网段。

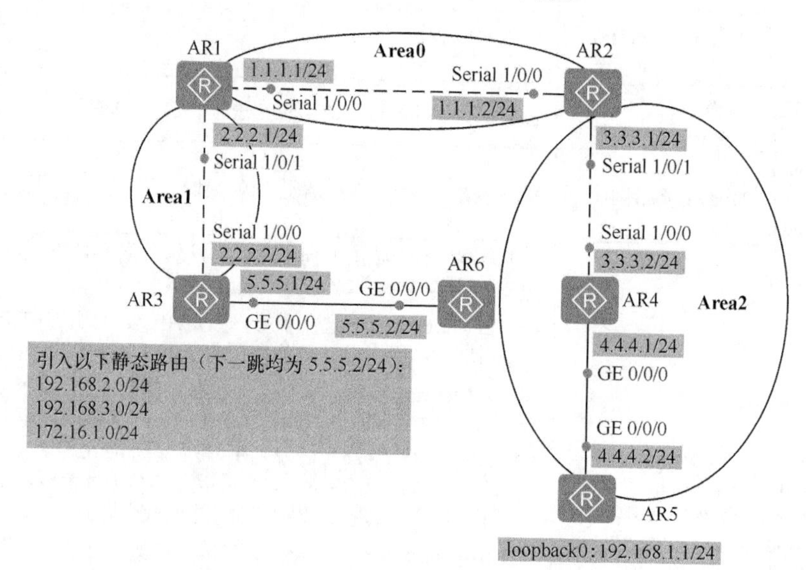

图 11-56 OSPF 路由过滤配置示例的拓扑结构

1. 基本配置思路分析

本示例涉及到在 ASBR AR3 上对引入的静态路由进行过滤，即仅向 OSPF 路由域中发布所需的、引入的静态路由。另外，本示例还涉及到普通的 OSPF 路由器接收路由过滤的需求，即 AR4 不能接收连接到 AR5 上的 192.168.10/24 网段路由，但该网段路由信息仍会通过 AR4 扩散到 AR2、AR1 和 AR3 上，即这些路由器所连接的网段仍可以与 192.168.10/24 网段三层互通。

根据以上分析可得出本示例的如下基本配置思路。

① 按图中标识配置好各路由器的接口 IP 地址。

② 配置好各路由器的 OSPF 基本功能。

③ 在 AR3 上配置 3 条均以 5.5.5.2/24 为下一跳，分别到达 172.16.1.0/24、192.168.2.0/24 和 192.168.3.0/24 网段的静态路由，然后引入到 OSPF 路由进程。

④ 在 AR3 上把引入的静态路由中的 172.16.1.0/24 网段过滤掉，验证此时其他路由器是否已没有原来引入的该网段路由。

⑤ 在 AR4 上配置接收路由过滤，不接收 192.168.1.0/24 网段路由信息，验证在其 IP 路由表中已没有该网段路由了，但其 OSPF 路由表，以及其他路由器的 OSPF 路由表中仍有该网段路由。

2. 具体配置步骤

① 配置各路由器接口的 IP 地址。

■ AR1 上的配置如下。

```
<Huawei> system-view
[Huawei] sysname AR1
[AR1] interface Serial 1/0/0
[AR1-Serial1/0/0] ip address 1.1.1.1 255.255.255.0
[AR1-Serial1/0/0] quit
[AR1] interface Serial 1/0/1
[AR1-Serial1/0/1] ip address 2.2.2.1 255.255.255.0
[AR1-Serial1/0/1] quit
```

■ AR2 上的配置如下。

```
<Huawei> system-view
[Huawei] sysname AR2
[AR2] interface Serial 1/0/0
[AR2-Serial1/0/0] ip address 1.1.1.2 255.255.255.0
[AR2-Serial1/0/0] quit
[AR2] interface Serial 1/0/1
[AR2-Serial1/0/1] ip address 3.3.3.1 255.255.255.0
[AR2-Serial1/0/1] quit
```

■ AR3 上的配置如下。

```
<Huawei> system-view
[Huawei] sysname AR3
[AR3] interface Serial 1/0/0
[AR3-Serial1/0/0] ip address 2.2.2.2 255.255.255.0
[AR3-Serial1/0/0] quit
[AR3] interface gigabitethernet0/0/0
[AR3-GigabitEthernet0/0/0] ip address 5.5.5.1 255.255.255.0
[AR3-GigabitEthernet0/0/0] quit
```

■ AR4 上的配置如下。

```
<Huawei> system-view
[Huawei] sysname AR4
[AR4] interface Serial 1/0/0
[AR4-Serial1/0/0] ip address 3.3.3.2 255.255.255.0
[AR4-Serial1/0/0] quit
[AR4] interface gigabitethernet0/0/0
[AR4-GigabitEthernet0/0/0] ip address 4.4.4.1 255.255.255.0
[AR4-GigabitEthernet0/0/0] quit
```

■ AR5 上的配置如下。

```
<Huawei> system-view
[Huawei] sysname AR5
[AR5] interface gigabitethernet 0/0/0
```

```
[AR5-GigabitEthernet0/0/0] ip address 4.4.4.2 255.255.255.0
[AR5-GigabitEthernet0/0/0] quit
[AR5] interface loopback0
[AR5-Loopback0] ip address 192.168.1.1 255.255.255.0
[AR5-Loopback0] ospf network-type broadcast    #---把 Loopback 接口转换成广播网络类型，使其可以通告具体子网路由，而不是缺省的 32 位主机路由
[AR5-Loopback0] quit
```

■ AR6 上的配置如下。

```
<Huawei> system-view
[Huawei] sysname AR6
[AR6] interface gigabitethernet 0/0/0
[AR6-GigabitEthernet0/0/0] ip address 5.5.5.2 255.255.255.0
[AR6-GigabitEthernet0/0/0] quit
```

② 配置各设备 OSPF 路由、静态路由和静态路由引入。假设 AR1～AR6 的 Router ID 分别为 1.1.1.1～6.6.6.6，都使能缺省的 1 号 OSPF 路由进程。

■ AR1 上的配置如下。

```
[AR1]router id 1.1.1.1
[AR1]ospf
[AR1-ospf-1]area 0
[AR1-ospf-1-area-0.0.0.0]network 1.1.1.0 0.0.0.255
[AR1-ospf-1-area-0.0.0.0]quit
[AR1-ospf-1]area 1
[AR1-ospf-1-area-0.0.0.1]network 2.2.2.0 0.0.255.255
[AR1-ospf-1-area-0.0.0.1]quit
[AR1-ospf-1]quit
```

■ AR2 上的配置如下。

```
[AR2]router id 2.2.2.2
[AR2]ospf
[AR2-ospf-1]area 0
[AR2-ospf-1-area-0.0.0.1]network 1.1.1.0 0.0.0.255
[AR2-ospf-1-area-0.0.0.1]quit
[AR2-ospf-1]area 2
[AR2-ospf-1-area-0.0.0.2]network 3.3.3.0 0.0.0.255
[AR2-ospf-1-area-0.0.0.2]quit
```

■ AR3 上的配置如下。

```
[AR3]router id 3.3.3.3
[AR3]ip route-static 192.168.2.0   24 5.5.5.2
[AR3]ip route-static 192.168.3.0   24 5.5.5.2
[AR3]ip route-static 172.16.1.0   24 5.5.5.2
[AR3]ospf
[AR3-ospf-1]area 1
[AR3-ospf-1-area-0.0.0.1]network 2.2.2.0 0.0.0.255
[AR3-ospf-1-area-0.0.0.1]quit
[AR3-ospf-1]import-route static   !---引入全部的静态路由
[AR3-ospf-1]quit
```

■ AR4 上的配置如下。

```
[AR4]router id 4.4.4.4
[AR4]ospf
[AR4-ospf-1]area 2
[AR4-ospf-1-area-0.0.0.2]network 3.3.3.0 0.0.0.255
[AR4-ospf-1-area-0.0.0.2]network 4.4.4.0 0.0.0.255
[AR4-ospf-1-area-0.0.0.2]quit
```

■ AR5 上的配置如下。

```
[AR5]ospf
[AR5-ospf-1]area 2
[AR5-ospf-1-area-0.0.0.2]network 4.4.4.0 0.0.0.255
[AR5-ospf-1-area-0.0.0.2]network 192.168.1.0 0.0.0.255
[AR5-ospf-1-area-0.0.0.2]quit
```

此时，在除 AR3 外的其他各路由器上执行 **display ospf routing** 命令，查看 OSPF 路由表发现均有 AR3 所引入的所有 3 条外部静态路由，如下所示（参见输出信息的粗体字部分）。

```
<AR1>display ospf routing

         OSPF Process 1 with Router ID 1.1.1.1
                 Routing Tables

 Routing for Network
 Destination        Cost  Type        NextHop         AdvRouter       Area
 1.1.1.0/24         48    Stub        1.1.1.1         1.1.1.1         0.0.0.0
 2.2.2.0/24         48    Stub        2.2.2.1         1.1.1.1         0.0.0.1
 3.3.3.0/24         96    Inter-area  1.1.1.2         2.2.2.2         0.0.0.0
 4.4.4.0/24         97    Inter-area  1.1.1.2         2.2.2.2         0.0.0.0
 192.168.1.0/24     97    Inter-area  1.1.1.2         2.2.2.2         0.0.0.0

 Routing for ASEs
 Destination        Cost      Type       Tag         NextHop         AdvRouter
 172.16.1.0/24      49        Type1      1           2.2.2.2         3.3.3.3
 192.168.2.0/24     49        Type1      1           2.2.2.2         3.3.3.3
 192.168.3.0/24     49        Type1      1           2.2.2.2         3.3.3.3

 Total Nets: 8
 Intra Area: 2  Inter Area: 3  ASE: 3  NSSA: 0

<AR2>display ospf routing

         OSPF Process 1 with Router ID 2.2.2.2
                 Routing Tables

 Routing for Network
 Destination        Cost  Type        NextHop         AdvRouter       Area
 1.1.1.0/24         48    Stub        1.1.1.2         2.2.2.2         0.0.0.0
 3.3.3.0/24         48    Stub        3.3.3.1         2.2.2.2         0.0.0.2
 2.2.2.0/24         96    Inter-area  1.1.1.1         1.1.1.1         0.0.0.0
 4.4.4.0/24         49    Transit     3.3.3.2         5.5.5.5         0.0.0.2
 192.168.1.0/24     49    Stub        3.3.3.2         5.5.5.5         0.0.0.2

 Routing for ASEs
 Destination        Cost      Type       Tag         NextHop         AdvRouter
 172.16.1.0/24      97        Type1      1           1.1.1.1         3.3.3.3
 192.168.2.0/24     97        Type1      1           1.1.1.1         3.3.3.3
 192.168.3.0/24     97        Type1      1           1.1.1.1         3.3.3.3

 Total Nets: 8
 Intra Area: 4  Inter Area: 1  ASE: 3  NSSA: 0
```

③ 在 AR3 进行如下配置，使得 AR3 向 OSPF 路由域引入静态路由时过滤掉 172.16.

1.0/24 网段，此时再来看其他路由器上是否有该网段的外部路由。

```
[AR3]acl number 2001
[AR3-acl-basic-2001]rule 5 deny source 172.16.1.0 0.0.0.255
[AR3-acl-basic-2001]rule 10 permit
[AR3-acl-basic-2001]quit
[AR3]ospf
[AR3-ospf-1]filter-policy 2001 export
[AR3-ospf-1]quit
```

再在除 AR3 外的其他各路由器上执行 **display ospf routing-table** 命令，查看 OSPF 路由表发现已没有 172.16.1.0/24 这条引入的静态路由了。如下所示，在 AR1 和 AR2 上都没有原来的 172.16.1.0/24 这条外部路由了，证明过滤是成功的。

```
<AR1>display ospf routing

         OSPF Process 1 with Router ID 1.1.1.1
                 Routing Tables

 Routing for Network
 Destination        Cost  Type        NextHop         AdvRouter       Area
 1.1.1.0/24         48    Stub        1.1.1.1         1.1.1.1         0.0.0.0
 2.2.2.0/24         48    Stub        2.2.2.1         1.1.1.1         0.0.0.1
 3.3.3.0/24         96    Inter-area  1.1.1.2         2.2.2.2         0.0.0.0
 4.4.4.0/24         97    Inter-area  1.1.1.2         2.2.2.2         0.0.0.0
 192.168.1.0/24     97    Inter-area  1.1.1.2         2.2.2.2         0.0.0.0

 Routing for ASEs
 Destination        Cost      Type       Tag         NextHop         AdvRouter
 192.168.2.0/24     49        Type1      1           2.2.2.2         3.3.3.3
 192.168.3.0/24     49        Type1      1           2.2.2.2         3.3.3.3

 Total Nets: 7
 Intra Area: 2  Inter Area: 3  ASE: 2  NSSA: 0

<AR2>display ospf routing

         OSPF Process 1 with Router ID 2.2.2.2
                 Routing Tables

 Routing for Network
 Destination        Cost  Type        NextHop         AdvRouter       Area
 1.1.1.0/24         48    Stub        1.1.1.2         2.2.2.2         0.0.0.0
 3.3.3.0/24         48    Stub        3.3.3.1         2.2.2.2         0.0.0.2
 2.2.2.0/24         96    Inter-area  1.1.1.1         1.1.1.1         0.0.0.0
 4.4.4.0/24         49    Transit     3.3.3.2         5.5.5.5         0.0.0.2
 192.168.1.0/24     49    Stub        3.3.3.2         5.5.5.5         0.0.0.2

 Routing for ASEs
 Destination        Cost      Type       Tag         NextHop         AdvRouter
 192.168.2.0/24     97        Type1      1           1.1.1.1         3.3.3.3
 192.168.3.0/24     97        Type1      1           1.1.1.1         3.3.3.3

 Total Nets: 7
 Intra Area: 4  Inter Area: 1  ASE: 2  NSSA: 0
```

④ 先查看各 OSPF 路由表进行验证，除 AR5 外均有基于 192.168.1.0/24 网段的路由，

参见上一步 AR1、AR2 上的输出信息中的粗体字部分。而且在 AR4 上的 IP 路由表中还有这条 OSPF 路由，如下所示（参见输出信息的粗体字部分）。

```
<AR4>display ip routing-table
Route Flags: R - relay, D - download to fib
------------------------------------------------------------------------------
Routing Tables: Public
         Destinations : 16          Routes : 16

Destination/Mask    Proto   Pre  Cost      Flags NextHop         Interface

        1.1.1.0/24  OSPF    10   96          D   3.3.3.1         Serial1/0/0
        2.2.2.0/24  OSPF    10   144         D   3.3.3.1         Serial1/0/0
        3.3.3.0/24  Direct  0    0           D   3.3.3.2         Serial1/0/0
        3.3.3.1/32  Direct  0    0           D   3.3.3.1         Serial1/0/0
        3.3.3.2/32  Direct  0    0           D   127.0.0.1       Serial1/0/0
      3.3.3.255/32  Direct  0    0           D   127.0.0.1       Serial1/0/0
        4.4.4.0/24  Direct  0    0           D   4.4.4.1         GigabitEthernet0/0/0
        4.4.4.1/32  Direct  0    0           D   127.0.0.1       GigabitEthernet0/0/0
      4.4.4.255/32  Direct  0    0           D   127.0.0.1       GigabitEthernet0/0/0
        127.0.0.0/8 Direct  0    0           D   127.0.0.1       InLoopBack0
      127.0.0.1/32  Direct  0    0           D   127.0.0.1       InLoopBack0
127.255.255.255/32  Direct  0    0           D   127.0.0.1       InLoopBack0
    192.168.1.0/24  OSPF    10   1           D   4.4.4.2         GigabitEthernet0/0/0
    192.168.2.0/24  O_ASE   150  145         D   3.3.3.1         Serial1/0/0
    192.168.3.0/24  O_ASE   150  145         D   3.3.3.1         Serial1/0/0
255.255.255.255/32  Direct  0    0           D   127.0.0.1       InLoopBack0
```

在 AR4 进行如下配置，过滤掉对 192.168.1.0/24 网段路由的接收，再在 AR4 的 IP 路由表中查看它已没有该网段路由了，但它的 OSPF 路由表中，以及其他路由器的 OSPF 路由表中仍有该路由。

```
[AR4]acl number 2001
[AR4-acl-basic-2001]rule 5 deny source 192.168.1.0 0.0.0.255
[AR4-acl-basic-2001]rule 10 permit source any
[AR4-acl-basic-2001]quit
[AR4]ospf
[AR4-ospf-1]filter-policy 2001 import
[AR4-ospf-1] quit
[AR4-ospf-1]display ospf routing

         OSPF Process 1 with Router ID 4.4.4.4
                  Routing Tables

 Routing for Network
 Destination        Cost   Type         NextHop        AdvRouter      Area
 3.3.3.0/24         48     Stub         3.3.3.2        4.4.4.4        0.0.0.2
 4.4.4.0/24         1      Transit      4.4.4.1        4.4.4.4        0.0.0.2
 1.1.1.0/24         96     Inter-area   3.3.3.1        2.2.2.2        0.0.0.2
 2.2.2.0/24         144    Inter-area   3.3.3.1        2.2.2.2        0.0.0.2
 192.168.1.0/24     1      Stub         4.4.4.2        5.5.5.5        0.0.0.2

 Routing for ASEs
 Destination        Cost      Type       Tag        NextHop        AdvRouter
 192.168.2.0/24     145       Type1      1          3.3.3.1        3.3.3.3
 192.168.3.0/24     145       Type1      1          3.3.3.1        3.3.3.3
```

```
Total Nets: 7
Intra Area: 3   Inter Area: 2   ASE: 2   NSSA: 0

AR1>display ospf routing

        OSPF Process 1 with Router ID 1.1.1.1
                Routing Tables

Routing for Network
Destination        Cost  Type        NextHop         AdvRouter       Area
1.1.1.0/24         48    Stub        1.1.1.1         1.1.1.1         0.0.0.0
2.2.2.0/24         48    Stub        2.2.2.1         1.1.1.1         0.0.0.1
3.3.3.0/24         96    Inter-area  1.1.1.2         2.2.2.2         0.0.0.0
4.4.4.0/24         97    Inter-area  1.1.1.2         2.2.2.2         0.0.0.0
192.168.1.0/24     97    Inter-area  1.1.1.2         2.2.2.2         0.0.0.0

Routing for ASEs
Destination        Cost      Type       Tag         NextHop         AdvRouter
192.168.2.0/24     49        Type1      1           2.2.2.2         3.3.3.3
192.168.3.0/24     49        Type1      1           2.2.2.2         3.3.3.3

Total Nets: 7
Intra Area: 2   Inter Area: 3   ASE: 2   NSSA: 0

<AR2>display ospf routing

        OSPF Process 1 with Router ID 2.2.2.2
                Routing Tables

Routing for Network
Destination        Cost  Type        NextHop         AdvRouter       Area
1.1.1.0/24         48    Stub        1.1.1.2         2.2.2.2         0.0.0.0
3.3.3.0/24         48    Stub        3.3.3.1         2.2.2.2         0.0.0.2
2.2.2.0/24         96    Inter-area  1.1.1.1         1.1.1.1         0.0.0.0
4.4.4.0/24         49    Transit     3.3.3.2         5.5.5.5         0.0.0.2
192.168.1.0/24     49    Stub        3.3.3.2         5.5.5.5         0.0.0.2

Routing for ASEs
Destination        Cost      Type       Tag         NextHop         AdvRouter
192.168.2.0/24     97        Type1      1           1.1.1.1         3.3.3.3
192.168.3.0/24     97        Type1      1           1.1.1.1         3.3.3.3

Total Nets: 7
Intra Area: 4   Inter Area: 1   ASE: 2   NSSA: 0
```

通过以上的验证，证明配置是正确的，实验是成功的，符合前面介绍的对应 OSPF 路由的过滤原理。

11.11 OSPF 与 BFD 联动配置与管理

OSPF 通过周期性地向邻居发送 Hello 报文来实现邻居检测，但检测到故障所需的时间比较长（缺省情况下，P2P、Broadcast 类型接口的 OSPF 邻居失效时间为 40 s，P2MP、NBMA 类型接口的 OSPF 邻居失效时间为 120 s）。随着科技的发展，语音、视频及其他点播业务应用广泛，而这些业务对于丢包和时延非常敏感，当数据达到吉比特速率级时，较长的检测时间会导致大量数据丢失，无法满足电信级网络高可靠性的需求。

为了解决上述问题，与本书前面介绍的静态路由、RIP 路由与 BFD 联动一样，也可以配置指定进程或指定接口的 OSPF 与 BFD 联动，以便快速检测链路的状态。其故障检测时间可以达到毫秒级，可大大提高链路状态变化时的 OSPF 路由收敛速度。

说明　目前，BFD 会话不会感知路由切换。如果绑定的对端 IP 地址改变引起路由切换到其他链路上，除非原链路转发不通，否则，BFD 不会重新协商。

11.11.1　配置 OSP 与 BFD 联动

配置 OSPF 与 BFD 联动的流程如下（后面两个可选配置任务没有先后次序之分，且可根据实际需要选择配置）。

① 配置全局 BFD 功能。

② 配置全局的 OSPF BFD 特性。

③（可选）阻止接口动态创建 BFD 会话。

仅当要对对应 OSPF 进程下某些接口上创建 BFD 会话，才需要进行本项配置任务。

④（可选）配置指定接口的 OSPF BFD 特性。

如果希望单独只对某些指定的接口配置与全局配置不一样的 BFD 与 OSPF 联动特性，那么当这些接口的链路发生故障时，路由器可以快速地感知，并及时通知 OSPF 重新计算路由，从而提高 OSPF 的收敛速度。当 OSPF 邻居关系为 Down 时，则动态删除 BFD 会话。但在接口上 OSPF 创建 BFD 会话也需要先进行第一项配置任务，使能全局 BFD 功能。

以上配置任务的具体配置步骤见表 11-25。

表 11-25　OSPF 与 BFD 联动的配置步骤

配置任务	步骤	命令	说明
公共配置步骤	1	**system-view** 例如：< Huawei > **system-view**	进入系统视图
配置全局 BFD 功能	2	**bfd** 例如：[Huawei] **bfd**	配置全局 BFD 功能并进入全局 BFD 视图
配置全局的 OSPF BFD 特性	3	**quit** 例如：[Huawei-bfd] **quit**	退出 BFD 视图，返回系统视图
	4	**ospf** [*process-id*] 例如：[Huawei] **ospf** 10	进入 OSPF 视图
	5	**bfd all-interfaces enable** 例如：[Huawei-ospf-10] **bfd all-interfaces enable**	打开 OSPF BFD 特性的开关，建立 BFD 会话。这样，当配置了全局 BFD 特性，且邻居状态达到 Full 时，OSPF 为该进程下所有具有邻接关系的邻居建立 BFD 会话

续表

配置任务	步骤	命令	说明
配置全局的 OSPF BFD 特性	6	**bfd all-interfaces** { **min-rx-interval** *receive-interval* | **min-tx-interval** *transmit-interval* | **detect-multiplier***multiplier-value* | **frr-binding** } * 例如：[Huawei-ospf-10] **bfd all-interfaces min-tx-interval** 400	（可选）指定需要建立 BFD 会话的各个参数值（一般推荐使用缺省值）。命令中的参数说明如下。 （1）**min-rx-interval** *receive-interval*：可多选参数，指定期望从对端接收 BFD 报文的最小接收间隔，取值范围为 10～2 000 的整数毫秒，缺省值是 1 000 ms。 （2）**min-tx-interval** *transmit-interval*：可多选参数，指定向对端发送 BFD 报文的最小发送间隔，取值范围为 10～2 000 的整数毫秒，缺省值是 1 000 ms。 （3）**detect-multiplier***multiplier-value*：可多选参数，指定本地检测倍数，取值范围为 3～50 的整数，缺省值是 3。 （4）**frr-binding**：可多选选项，将 BFD 会话状态与接口的链路状态进行绑定。当 BFD 会话状态变为 Down 时，接口的物理层链路状态也会变为 Down，从而触发流量切换到备份路径。 【说明】以上这些参数具体如何配置，取决于网络状况以及对网络可靠性的要求，对于网络可靠性要求较高链路，可以减小 BFD 报文实际发送时间间隔，否则可以增大 BFD 报文实际发送时间间隔。 • 本地 BFD 报文实际发送时间间隔 = MAX {本地配置的发送时间间隔 *transmit-interval*，对端配置的接收时间间隔 *receive-interval* }。 • 本地 BFD 报文实际接收时间间隔 = MAX {对端配置的发送时间间隔 *transmit-interval*，本地配置的接收时间间隔 *receive-interval* }。 • 本地 BFD 报文实际检测时间 = 本地实际接收时间间隔×对端配置的 BFD 检测倍数 *multiplier-value*。缺省情况下，在 OSPF 进程下不使能 BFD 特性，可用 **undo bfd all-interfaces** { **min-rx-interval** | **min-tx-interval** | **detect-multiplier** | **frr-binding** } * 命令恢复对应 BFD 会话参数为缺省值
	7	**quit** 例如：[Huawei-ospf-10] **quit**	退出 OSPF 视图，返回系统视图
（可选）阻止接口动态创建 BFD 会话	8	**interface** *interface-typei nterface-number* 例如：[Huawei] **interface** gigabitethernet 1/0/0	键入要阻止动态 BFD 会话的接口，进入接口视图
	9	**ospf bfd block** 例如：[Huawei-GigabitEthernet1/0/0] **ospf bfd block**	（可选）阻止以上接口动态创建 BFD 会话。因为在执行完第 3 步的 **bfd all-interfaces enable** 命令后，该进程下所有使能OSPF且邻居状态为Full的邻居都将创建BFD会话。如果不希望某些接口使能 BFD 特性，则需要在这些接口上配置本命令阻止动态创建 BFD 会话。 缺省情况下，不阻塞接口动态创建 BFD 特性，可用 **undo ospf bfd block** 或者 **ospf bfd enable** 命令取消该阻塞特性

续表

配置任务	步骤	命令	说明
（可选）阻止接口动态创建 BFD 会话	10	**quit** 例如：[Huawei-ospf-10] **quit**	退出接口视图，返回系统视图
（可选）配置指定接口的 OSPF BFD 特性	11	**interface** *interface-type interface-number* 例如：[Huawei] **interface** gigabitethernet 2/0/0	键入要使能 BFD 特性的 OSPF 接口，进入接口视图
	12	**ospf bfd enable** 例如：[Huawei-GigabitEthernet2/0/0] **ospf bfd enable**	打开接口 BFD 特性的开关，建立 BFD 会话
	13	**ospf bfd** { **min-rx-interval** *receive-interval* | **min-tx-interval** *transmit-interval* | **detect-multiplier** *multiplier-value* | **frr-binding** } * 例如：[Huawei-GigabitEthernet2/0/0] **ospf bfd min-rx-interval** 400 **detect-multiplier** 4	（可选）在使能了 OSPF 接口下配置 BFD 特性和 BFD 会话的参数值。具体参数和其他说明参见本表第 4 步，只不过这里是针对特定接口配置的。 【说明】接口下的 BFD 会话参数配置优先级高于第 4 步在 OSPF 进程下进行的 BFD 会话参数配置。即如果在 OSPF 进程和具体接口下都进行了 BFD 会话参数配置，则该接口将以本步配置为准。 缺省情况下，OSPF 接口下不使能 BFD 特性，可用 **undo ospf bfd** { **min-rx-interval** | **min-tx-interval** | **detect-multiplier** | **frr-binding** } * 命令取消对应接口下的 BFD 特性，恢复 BFD 会话参数为缺省值

以上配置好后，可在任意视图下执行以下 **display** 命令查看 OSPF 与 BFD 联动的会话信息。

- **display ospf** [*process-id*] **bfd session** *interface-type interface-number* [*router-id*]。
- **display ospf** [*process-id*] **bfd session** { *router-id* | **all** }。

11.11.2　OSPF 与 BFD 联动的配置示例

如图 11-57 所示，AR1、AR2 和 AR3 上运行 OSPF 实现网络层相互可达。当 AR1 和 AR2 通过二层链路出现故障时，BFD 能够快速感知通告 OSPF，并且切换到通过 AR3 进行通信。

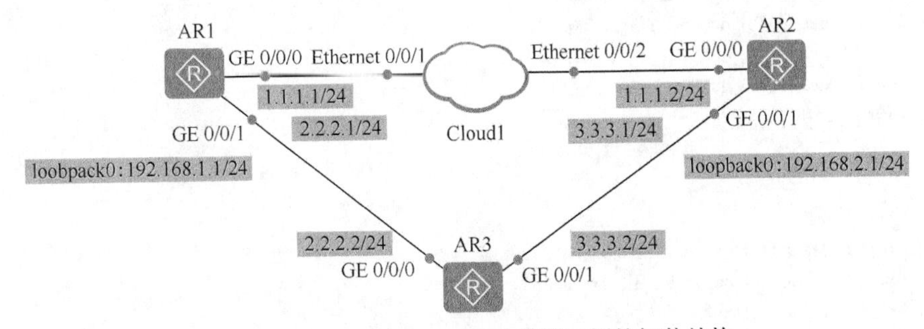

图 11-57　OSPF 与 BFD 联动配置示例的拓扑结构

1. 基本配置思路分析

本示例需要配置 OSPF 路由与 BFD 联动功能，使得主 OSPF 路由路径上出现故障时能及时切换到备份 OSPF 路由路径上。

① 在各路由器上配置各路由器接口 IP 地址。

② 在各路由器上使能 OSPF 基本功能。

③ 在主路径 AR1 和 AR2 上使能全局 BFD 特性，并在 GE0/0/0 接口上使能 OSPF BFD 检测机制。

2. 具体配置步骤

① 配置各 AR 路由器的接口 IP 地址。在此仅以 AR1 上的配置为例进行介绍，AR2 和 AR3 上的配置方法一样，略。

```
<Huawei> system-view
[Huawei] sysname AR1
[AR1] interface gigabitethernet 0/0/0
[AR1-GigabitEthernet0/0/0] ip address 1.1.1.1 255.255.255.0
[AR1-GigabitEthernet0/0/0] quit
[AR1] interface gigabitethernet 0/0/1
[AR1-GigabitEthernet0/0/1] ip address 2.2.2.1 255.255.255.0
[AR1-GigabitEthernet0/0/1] quit
[AR1] interface loopback0
[AR1-Loopback0] ip address 192.168.1.1 255.255.255.0
[AR1-Loopback0] ospf network-type broadcast    !---配置该接口为广播网络类型
[AR1-Loopback0] quit
```

② 配置各路由器上的 OSPF 基本功能。假设 AR1～AR3 的 Router ID 分别为 1.1.1.1、2.2.2.2 和 3.3.3.3，都启动缺省的 1 号 OSPF 路由进程。

■ AR1 上的配置如下。

```
[AR1]router id 1.1.1.1
[AR1]ospf
[AR1-ospf-1]area 1
[AR1-ospf-1-area-0.0.0.1]network 1.1.1.0 0.0.0.255
[AR1-ospf-1-area-0.0.0.1]network 2.2.2.0 0.0.0.255
[AR1-ospf-1-area-0.0.0.1]network 192.168.1.0 0.0.0.255
[AR1-ospf-1-area-0.0.0.1]quit
```

■ AR2 上的配置如下。

```
[AR2]router id 2.2.2.2
[AR2]ospf
[AR2-ospf-1]area 1
[AR2-ospf-1-area-0.0.0.1]network 1.1.1.0 0.0.0.255
[AR2-ospf-1-area-0.0.0.1]network 3.3.3.0 0.0.0.255
[AR2-ospf-1-area-0.0.0.1]network 192.168.2.0 0.0.0.255
[AR2-ospf-1-area-0.0.0.1]quit
```

■ AR3 上的配置如下。

```
[AR3]router id 3.3.3.3
[AR3]ospf
[AR3-ospf-1]area 1
[AR3-ospf-1-area-0.0.0.1]network 2.2.2.0 0.0.0.255
[AR3-ospf-1-area-0.0.0.1]network 3.3.3.0 0.0.0.255
[AR3-ospf-1-area-0.0.0.1]quit
```

③ 在 AR1 和 AR2 上分别配置 OSPF 与动态 BFD 会话联动。

■ AR1 上的配置如下。

```
[AR1]bfd
[AR1-bfd]quit
[AR1]interface gigabitethernet0/0/0
[AR1-GigabitEthernet0/0/0] ospf bfd enable
[AR1-GigabitEthernet0/0/0] ospf bfd min-tx-interval 500 min-rx-interval 500 detect-multiplier 4
[AR1-GigabitEthernet0/0/0]quit
```

■ AR2 上的配置如下。

```
[AR2]bfd
[AR2-bfd]quit
[AR2]interface gigabitethernet0/0/0
[AR2-GigabitEthernet0/0/0] ospf bfd enable
[AR2-GigabitEthernet0/0/0] ospf bfd min-tx-interval 500 min-rx-interval 500 detect-multiplier 4
[AR2-GigabitEthernet0/0/0]quit
```

3. 实验结果验证

首先验证在正常情况下，AR1 上的 192.168.1.0/24 网段与 AR2 上的 192.168.2.0/24 网段通信时走的是 AR1→AR2 主链路，可通过在 AR1 和 AR2 上执行 **display ip routing-table** 命令查看 AR1、AR2 上的 IP 路由表就可以得出（参见粗体字部分）。

```
<AR1>display ip routing-table
Route Flags: R - relay, D - download to fib
------------------------------------------------------------------------------
Routing Tables: Public
         Destinations : 15        Routes : 16

Destination/Mask    Proto   Pre  Cost      Flags NextHop         Interface

        1.1.1.0/24  Direct  0    0           D   1.1.1.1         GigabitEthernet0/0/0
        1.1.1.1/32  Direct  0    0           D   127.0.0.1       GigabitEthernet0/0/0
      1.1.1.255/32  Direct  0    0           D   127.0.0.1       GigabitEthernet0/0/0
        2.2.2.0/24  Direct  0    0           D   2.2.2.1         GigabitEthernet0/0/1
        2.2.2.1/32  Direct  0    0           D   127.0.0.1       GigabitEthernet0/0/1
      2.2.2.255/32  Direct  0    0           D   127.0.0.1       GigabitEthernet0/0/1
        3.3.3.0/24  OSPF    10   2           D   1.1.1.2         GigabitEthernet0/0/0
                    OSPF    10   2           D   2.2.2.2         GigabitEthernet0/0/1
        127.0.0.0/8 Direct  0    0           D   127.0.0.1       InLoopBack0
       127.0.0.1/32 Direct  0    0           D   127.0.0.1       InLoopBack0
127.255.255.255/32  Direct  0    0           D   127.0.0.1       InLoopBack0
     192.168.1.0/24 Direct  0    0           D   192.168.1.1     LoopBack0
     192.168.1.1/32 Direct  0    0           D   127.0.0.1       LoopBack0
   192.168.1.255/32 Direct  0    0           D   127.0.0.1       LoopBack0
     192.168.2.0/24 OSPF    10   1           D   1.1.1.2         GigabitEthernet0/0/0
255.255.255.255/32  Direct  0    0           D   127.0.0.1       InLoopBack0

<AR2>display ip routing-table
Route Flags: R - relay, D - download to fib
------------------------------------------------------------------------------
Routing Tables: Public
         Destinations : 15        Routes : 16

Destination/Mask    Proto   Pre  Cost      Flags NextHop         Interface

        1.1.1.0/24  Direct  0    0           D   1.1.1.2         GigabitEthernet0/0/0
        1.1.1.2/32  Direct  0    0           D   127.0.0.1       GigabitEthernet0/0/0
```

```
      1.1.1.255/32  Direct  0    0        D   127.0.0.1       GigabitEthernet0/0/0
        2.2.2.0/24  OSPF    10   2        D   1.1.1.1         GigabitEthernet0/0/0
                    OSPF    10   2        D   3.3.3.2         GigabitEthernet0/0/1
        3.3.3.0/24  Direct  0    0        D   3.3.3.1         GigabitEthernet0/0/1
        3.3.3.1/32  Direct  0    0        D   127.0.0.1       GigabitEthernet0/0/1
      3.3.3.255/32  Direct  0    0        D   127.0.0.1       GigabitEthernet0/0/1
       127.0.0.0/8  Direct  0    0        D   127.0.0.1       InLoopBack0
      127.0.0.1/32  Direct  0    0        D   127.0.0.1       InLoopBack0
127.255.255.255/32  Direct  0    0        D   127.0.0.1       InLoopBack0
    192.168.1.0/24  OSPF    10   1        D   1.1.1.1         GigabitEthernet0/0/0
    192.168.2.0/24  Direct  0    0        D   192.168.2.1     LoopBack0
    192.168.2.1/32  Direct  0    0        D   127.0.0.1       LoopBack0
  192.168.2.255/32  Direct  0    0        D   127.0.0.1       LoopBack0
255.255.255.255/32  Direct  0    0        D   127.0.0.1       InLoopBack0
```

另外，还可在 AR1 或 AR2 上执行 **display ospf bfd session all** 命令，查看 AR1 和 AR2 上创建的动态 BFD 状态已为 UP（参见粗体字部分）。

```
<AR1>display ospf bfd session all

         OSPF Process 1 with Router ID 1.1.1.1
   Area 0.0.0.1 interface 1.1.1.1(GigabitEthernet0/0/0)'s BFD Sessions

 NeighborId:1.1.1.2          AreaId:0.0.0.1          Interface:GigabitEthernet0/
0/0
 BFDState:up                 rx    :500              tx     :500
 Multiplier:4                BFD Local Dis:8192      LocalIpAdd:1.1.1.1
 RemoteIpAdd:1.1.1.2         Diagnostic Info:No diagnostic information

<AR2>display ospf bfd session all

         OSPF Process 1 with Router ID 1.1.1.2
   Area 0.0.0.1 interface 1.1.1.2(GigabitEthernet0/0/0)'s BFD Sessions

 NeighborId:1.1.1.1          AreaId:0.0.0.1          Interface:GigabitEthernet0/
0/0
 BFDState:up                 rx    :500              tx     :500
 Multiplier:4                BFD Local Dis:8192      LocalIpAdd:1.1.1.2
 RemoteIpAdd:1.1.1.1         Diagnostic Info:No diagnostic information
```

验证当 AR1→AR2 主链路出现故障时（假设 AR2 的 GE0/0/0 接口 down 了），再分别在 AR1 和 AR2 上执行 **display ip routing-table** 命令，可发现 192.168.1.0/24 和 192.168.2.0/24 网段之间 OSPF 路由路径已切换到备份路径 AR1→AR3→AR2（参见粗体字部分）。证明 OSPF 路由与 BFD 联动是成功的。

```
<AR1>display ip routing-table
Route Flags: R - relay, D - download to fib
------------------------------------------------------------------------------
Routing Tables: Public
         Destinations : 15        Routes : 15

Destination/Mask    Proto   Pre  Cost      Flags NextHop         Interface

        1.1.1.0/24  Direct  0    0           D   1.1.1.1         GigabitEthernet0/0/0
        1.1.1.1/32  Direct  0    0           D   127.0.0.1       GigabitEthernet0/0/0
      1.1.1.255/32  Direct  0    0           D   127.0.0.1       GigabitEthernet0/0/0
        2.2.2.0/24  Direct  0    0           D   2.2.2.1         GigabitEthernet0/0/1
```

```
         2.2.2.1/32  Direct  0    0           D   127.0.0.1       GigabitEthernet0/0/1
       2.2.2.255/32  Direct  0    0           D   127.0.0.1       GigabitEthernet0/0/1
         3.3.3.0/24  OSPF    10   2           D   2.2.2.2         GigabitEthernet0/0/1
        127.0.0.0/8  Direct  0    0           D   127.0.0.1       InLoopBack0
       127.0.0.1/32  Direct  0    0           D   127.0.0.1       InLoopBack0
127.255.255.255/32   Direct  0    0           D   127.0.0.1       InLoopBack0
     192.168.1.0/24  Direct  0    0           D   192.168.1.1     LoopBack0
     192.168.1.1/32  Direct  0    0           D   127.0.0.1       LoopBack0
   192.168.1.255/32  Direct  0    0           D   127.0.0.1       LoopBack0
     192.168.2.0/24  OSPF    10   2           D   2.2.2.2         GigabitEthernet0/0/1
255.255.255.255/32   Direct  0    0           D   127.0.0.1       InLoopBack0

<AR2>display ip routing-table
Route Flags: R - relay, D - download to fib
------------------------------------------------------------------------------
Routing Tables: Public
         Destinations : 13        Routes : 13

Destination/Mask    Proto   Pre  Cost      Flags NextHop         Interface

         1.1.1.0/24  OSPF    10   3           D   3.3.3.2         GigabitEthernet0/0/1
         2.2.2.0/24  OSPF    10   2           D   3.3.3.2         GigabitEthernet0/0/1
         3.3.3.0/24  Direct  0    0           D   3.3.3.1         GigabitEthernet0/0/1
         3.3.3.1/32  Direct  0    0           D   127.0.0.1       GigabitEthernet0/0/1
       3.3.3.255/32  Direct  0    0           D   127.0.0.1       GigabitEthernet0/0/1
        127.0.0.0/8  Direct  0    0           D   127.0.0.1       InLoopBack0
       127.0.0.1/32  Direct  0    0           D   127.0.0.1       InLoopBack0
127.255.255.255/32   Direct  0    0           D   127.0.0.1       InLoopBack0
     192.168.1.0/24  OSPF    10   2           D   3.3.3.2         GigabitEthernet0/0/1
     192.168.2.0/24  Direct  0    0           D   192.168.2.1     LoopBack0
     192.168.2.1/32  Direct  0    0           D   127.0.0.1       LoopBack0
   192.168.2.255/32  Direct  0    0           D   127.0.0.1       LoopBack0
255.255.255.255/32   Direct  0    0           D   127.0.0.1       InLoopBack0
```

第12章 OSPFv3路由配置与管理

本章主要内容

第 11 章介绍了适用于 IPv4 网络的 OSPFv2 协议的技术基础、工作原理，以及各项功能的配置与管理方法，本章专门介绍适用于 IPv6 网络环境的 OSPFv3 版本协议各功能的配置与管理方法，因为在技术基础和工作原理方面，基本上与第 11 章介绍的 OSPFv2 版本一样。

与 RIPng 一样，OSPFv3 版本也是专门为 IPv6 网络开发的，所以也有一个配置前提，那就是要在路由器上先全局使能 IPv6 能力，然后还要在各三层接口上使能 IPv6 能力，配置 IPv6 地址，然后才能配置相关的路由功能。

本章仅介绍一些常用的 OSPFv3 功能，包括基本功能、特殊区域、虚连接、路由聚合、路由发布和接收过滤、外部路由引入等。经过与第 11 章 OSPFv2 版本相同功能的配置相比，发现绝大多数配置中仅是命令中多了一个 ipv6 关键字，有些甚至比 OSPFv2 版本的配置方法还简单，所以也很容易学习。

12.1 OSPFv3 协议基础

OSPFv3 是运行于 IPv6 网络的 OSPF 路由协议（RFC2740），在 OSPFv2 的基础上进行了增强，是一个独立的网络层路由协议，但 IP 号与 OSPFv2 一样，仍为 89。OSPFv3 在许多方面均与 OSPFv2 一致或类似，如在 Hello 机制、报文类型、路由器类型、路由类型、状态机、LSDB、泛洪机制和路由计算等方面。下面主要介绍一些与 OSPFv2 区别比较大的方面。

12.1.1 OSPFv3 支持的网络类型

OSPFv3 与 OSPFv2 一样，根据链路层协议类型，也将网络分为见表 12-1 的 4 种类型，但与 OSPFv2 版本的 4 种网络类型的特性相比，在对 Hello 报文、DD 报文、LSR 报文、LSU 报文、LSAck 报文采用组播发送方式时的组播目的地址有些不一样。

表 12-1　　OSPFv3 支持的 4 种网络类型

网络类型	含义
广播类型（Broadcast）	当链路层协议是 Ethernet、FDDI 时，缺省情况下，OSPFv3 认为网络类型是 Broadcast。在该类型的网络中： （1）通常以组播形式发送 Hello 报文、LSU 报文和 LSAck 报文，其中，FF02::5 为 OSPFv3 路由器的预留 IPv6 组播地址；FF02::6 为 OSPFv3 DR/BDR 的预留 IPv6 组播地址； （2）以单播形式发送 DD 报文和 LSR 报文
NBMA 类型（Non-broadcast multiple access）	当链路层协议是帧中继（FR）、ATM 或 X.25 时，缺省情况下，OSPFv3 认为网络类型是 NBMA。 在该类型的网络中，以单播形式发送所有类型的 OSPFv3 协议报文
点到多点 P2M 类型（Point-to-Multipoint）	没有一种链路层协议会被缺省地认为是 Point-to-Multipoint 类型。P2MP 必须是由其他的网络类型强制更改的。常用做法是将非全连通的 NBMA 改为点到多点的网络。在该类型的网络中： （1）以组播形式（FF02::5）发送 Hello 报文； （2）以单播形式发送其他协议报文（DD 报文、LSR 报文、LSU 报文、LSAck 报文）
点到点 P2P 类型（point-to-point）	当链路层协议是 PPP、HDLC 和 LAPB 时，缺省情况下，OSPFv3 认为网络类型是 P2P。 在该类型的网络中，以组播形式（FF02::5）发送所有类型 OSPFv3 协议报文

12.1.2 OSPFv3 的 LSA 类型

OSPFv3 包括的 LSA 类型见表 12-2。与 OSPFv2 版本相比新增了几类 LSA。

表 12-2　　OSPFv3 LSA 类型

LSA 类型	LSA 作用
Router-LSA（Type-1）	设备会为每个运行 OSPFv3 接口所在的区域产生一个 LSA，描述了设备的链路状态和开销，在所属的区域内传播

续表

LSA 类型	LSA 作用
Network-LSA（Type-2）	由广播网络和 NBMA 网络的 DR 产生，描述本网段接口的链路状态，只在 DR 所处区域内传播
Inter-Area-Prefix-LSA（Type-3）	由 ABR 产生，描述一条到达本自治系统内其他区域的 IPv6 地址前缀的路由，并在与该 LSA 相关的区域内传播
Inter-Area-Router-LSA（Type-4）	由 ABR 产生，描述一条到达本自治系统内的 ASBR 的路由，并在与该 LSA 相关的区域内传播
AS-External-LSA（Type-5）	由 ASBR 产生，描述到达其他 AS 的路由，传播到整个 AS（Stub 区域和 NSSA 区域除外）。缺省路由也可以用 Type-5 LSA 来描述
NSSA LSA（Type-7）	由 NSSA 区域的 ASBR 产生，描述到达其他 AS 的路由，仅在 NSSA 区域内传播
Link-LSA（Type-8）	每个设备都会为每条链路产生一个 Link-LSA，描述到此链路上的 link-local 地址和 IPv6 地址前缀，并提供将会在 Network-LSA 中设置的链路选项，仅在此链路内传播
Intra-Area-Prefix-LSA（Type-9）	这是由于 Router LSA 和 Network LSA 不再包含 IP 地址信息，导致了 Intra-Area-Prefix LSA 的引入。每个设备及 DR 都会产生一个或多个此类 LSA，在所属的区域内传播。 （1）设备产生的此类 LSA，描述与 Route-LSA 相关联的 IPv6 前缀地址。 （2）DR 产生的此类 LSA，描述与 Network-LSA 相关联的 IPv6 前缀地址
Grace LSA（Type-11）	由 Restarter 在重启时生成，在本地链路范围内传播。这个 LSA 描述了重启设备的重启原因和重启时间间隔，目的是通知邻居本设备将进入 GR（Graceful Restart，平滑重启）

12.1.3　OSPFv3 和 OSPFv2 协议的不同

前面说了，OSPFv3 和 OSPFv2 协议在基础技术原理方面总体上是相同的，但为了适应不同的网络环境，OSPFv3 还是引入了一些新的技术。本节就专门介绍 OSPFv3 与 OSPFv2 的不同之处。

1. OSPFv3 基于链路，而不是网段，因为 IPv6 是基于链路而不是网段的

要这样理解这个特性：在 IPv6 网络中，链路两端的连接可以说是自动完成的，因为在运行 IPv6 协议的接口上除了可以配置多个全局地址（包括广域网中使用的全球单播 IPv6 地址和局域网中使用的唯一本地地址）用于全网路由外，还会自动生成（也可手工配置）一个链路本地地址。接口上的每个 IPv6 全局地址都可以通过 LSA 发布出去。

IPv6 网络中的链路连接可直接依据这个仅在本地链路有效的链路本地地址进行，如 OSPFv3 报文就是以链路本地地址作为源 IPv6 地址发送的。正因如此，一条链路无论是否配置了全局地址、链路两端的 IPv6 地址是否在同一网段，OSPFv3 邻居路由器间均可建立邻居关系。而 OSPFv2 中链路两端缺省情况下必须配置在同一网段的 IPv4 地址才能建立邻居关系。

2. OSPFv3 上移除了 IP 地址的意义

OSPFv3 是通过 Router ID 来标识邻居；OSPFv2 则是通过 IPv4 地址来标识邻居。这样做的目的是为了使“拓扑与地址分离”，同样是因为 OSPFv3 可以不依赖 IPv6 全局地址，直接依赖各接口上自动生成或配置的链路本地地址来计算出 OSPFv3 的拓扑结构。IPv6 全局地址仅用于 Vlink 接口及报文的转发。

3. OSPFv3的报文及LSA格式发生改变

■ 除了LSU报文的LSA外，其他OSPFv3报文均不携带IPv6地址信息。

■ OSPFv3的Router-LSA和Network-LSA里不包含IP地址，只反映网络拓扑信息。它们的IP地址部分分别由新增的Link LSA和Intra Area Prefix LSA宣告。

■ OSPFv3的Router ID、Area ID和LSA Link State ID不再表示IP地址，但仍保留IPv4地址格式。

■ 在广播网络、NBMA网络和P2MP网络中，邻居不再由IP地址标识，而是只由Router ID标识。

4. OSPFv3的LSA报文里添加LSA的泛洪范围

OSPFv3在LSA报文头的LSA Type里添加了LSA的泛洪范围，这使得OSPFv3的路由器更加灵活，可按以下方式处理不能识别类型的LSA。

■ OSPFv3可存储或泛洪不能识别报文，而OSPFv2只简单地丢弃掉不能识别报文。

■ OSPFv3允许泛洪范围为区域或链路本地（Link-local），并且设置了U比特，描述了当路由器收到一个类型未知的LSA报文时处理方式（可以当成具有链路本地范围的LSA一样处理，也可在产生该LSA报文路由器所在区域，或整个自治系统内进行泛洪）。

例如，RouterA和RouterB都可识别某类LSA，它们之间通过RouterC连接，但RouterC不能识别该类LSA。这样，当RouterA泛洪此类LSA时，邻居RouterC在收到后虽然不能识别，但还是可以继续泛洪给其邻居RouterB，RouterB收到后继续处理。但如果运行的是OSPFv2协议，则只会丢弃不能识别的报文，RouterB不能收到此类LSA。

5. OSPFv3支持一个链路上的多个进程

一个OSPFv2物理接口只能和一个实例（即OSPF进程）绑定，但一个OSPFv3物理接口可以和多个实例绑定，并用不同的Instance ID区分。这些运行在同一条物理链路上的多个OSPFv3实例分别与链路对端设备建立邻居及发送报文，且互不干扰。这样可以充分共享同一链路资源。

6. OSPFv3利用IPv6链路本地地址

IPv6使用链路本地（Link-local）地址在同一链路上发现邻居及自动配置等。运行IPv6的路由器不转发目的地址为链路本地地址的IPv6报文，此类报文只在同一链路有效。链路本地地址前缀为FE80::/10，只出现在Link-LSA中，不在其他LSA中出现。

OSPFv3是运行在IPv6上的路由协议，同样使用链路本地地址来维持邻居，同步LSA数据库。**除Vlink外的所有OSPFv3接口都使用链路本地地址作为源地址及下一跳来发送OSPFv3报文。**

这样的好处是：①不需要配置IPv6全局地址，就可以得到OSPFv3拓扑，实现拓扑与地址分离；②通过在链路上泛洪的报文不会传到其他链路上，减少报文不必要的泛洪来节省带宽。

7. OSPFv3移除所有认证字段

OSPFv3的认证直接使用IPv6 IPSec扩展报头进行认证及安全处理，不再需要其自身来完成认证，所以在OSPFv3报头中不再包含Autype和Authentication这两个字段。

8. 新增两种LSA

■ Link LSA：用于路由器宣告各个链路上对应的链路本地地址及其所配置的IPv6全局地址，**仅在链路内泛洪**。

■ Intra Area Prefix LSA：用于向其他路由器宣告本路由器或本网络（广播网络及 NBMA 网络）的 IPv6 全局地址信息，可在区域内泛洪。

12.1.4　OSPFv3 报头和报文格式

在第 11 章 11.1.5 节中介绍了 OSPFv2 的报头格式，OSPFv3 报头格式与 OSPFv2 报头相比，仅是取消了 Autype 和 Authentication 这两个字段，又新增了一个 Instance ID（链路实例 ID）和一个全 0 字段。图 12-1 所示是 OSPFv3 报头和 OSPFv2 报头的格式对比。

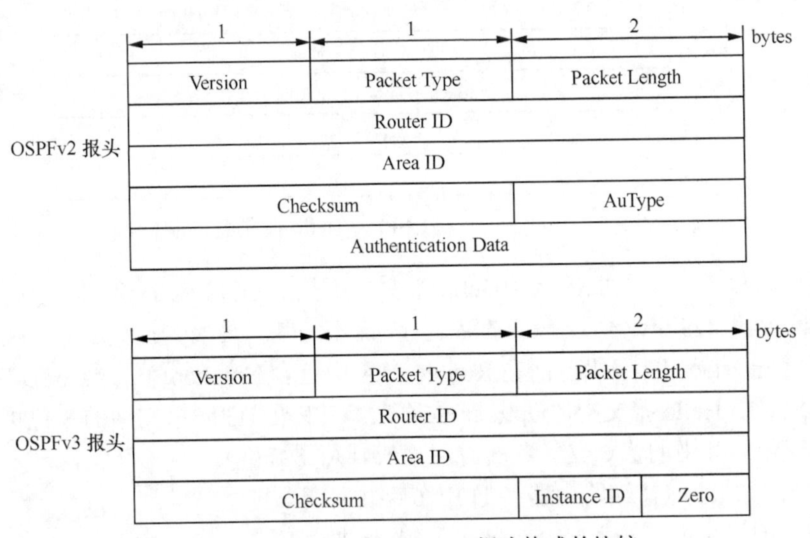

图 12-1　OSPFv3 与 OSPFv2 报头格式的比较

在 OSPFv3 报文中，Hello 报文与 OSPFv2 的区别比较大，对比如图 12-2 所示。其他 4 种报文的格式基本与 OSPFv2 的对应类型报文的格式相同。

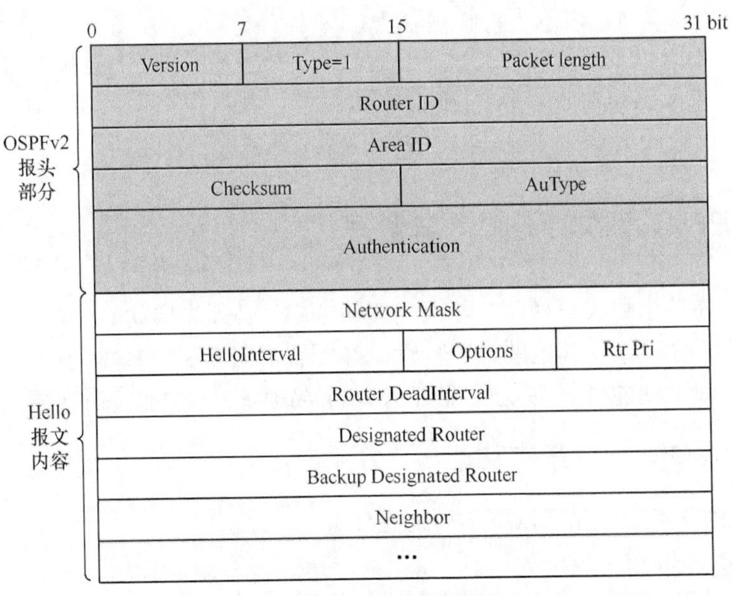

图 12-2　OSPFv3 Hello 报文与 OSPFv2 Hello 报文格式的比较

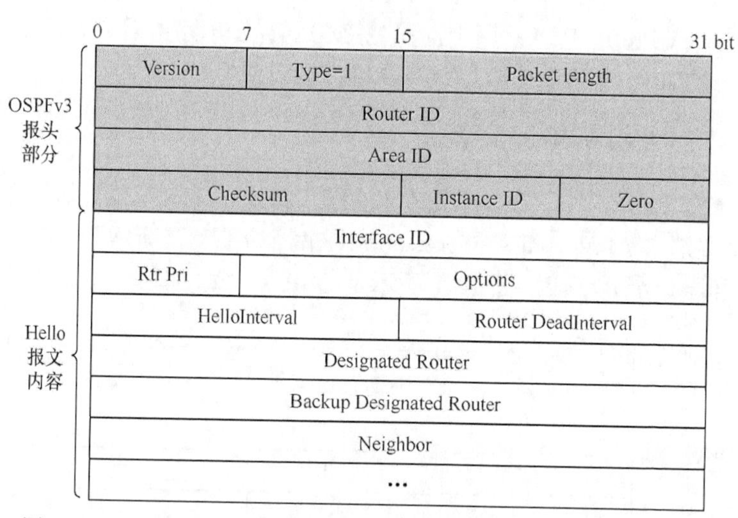

图 12-2 OSPFv3 Hello 报文与 OSPFv2 Hello 报文格式的比较（续）

从图中可以看出，在 OSPFV3 Hello 报文中不包括 OSPFv2 Hello 报文中的 Network Mask 字段，因为 OSPFv3 协议基于链路运行，而不是基于网段运行。另外，OSPFv3 Hello 报文中新增 Interface ID 字段，而在 Router-LSA 中包含 Neighbor Interface ID 字段。

在 OSPFv3 Hello 报文中，Options 由原来 OSPFv2 Hello 报文中的 8 位扩展到了 24 位，目前仅用了其中的低 6 位（依次占用由低到高比特位）。

- V6：如果为 1，该路由器参加 IPv6 路由计算。
- E：如果为 1，支持 AS-External-LSA 泛洪。
- MC：如果为 1，表示支持转发组播数据。
- N：如果为 1，表示当前路由器在 NSSA 区域中。
- R：如果为 1，表示该路由器转发非本地始发报文。
- DC：如果为 1，表示支持按需拨号。

另外，在 OSPFv3 中，各种 LSA 的格式也有所变化，在此因篇幅关系，不多介绍，如有需求可参见本书配套的实战视频课程。

12.2 OSPFv3 基本功能配置与管理

与其他动态路由协议一样，在各项配置任务中，必须先启动 OSPFv3，完成 OSPFv3 的基本配置之后才能配置其他的功能特性。在配置 OSPFv3 的基本功能之前，需在设备全局和对应接口上使能 IPv6 能力，配置 IPv6 全局地址，使各相邻节点网络层可达。

12.2.1 配置 OSPFv3 基本功能

OSPFv3 的基本功能包括以下 3 项配置任务。

（1）启动 OSPFv3

OSPFv3 支持多进程，在一台路由器可以启动多个 OSPFv3 进程，不同 OSPFv3 进程之间由不同的进程号区分。OSPFv3 进程号也只在本地有效，不影响与其他路由器之间的报文交换，与 OSPFv2 版本一样。

注意 **OSPFv3 的 Router ID 必须手工配置**，不能像 OSPFv2 那样从接口 IP 地址那里自动选举得到，因为在 OSPFv3 中的 Router ID 仍采用 IPv4 格式，而接口 IP 地址已是 IPv6 格式了。而且在缺省情况下，没有设置 OSPFv3 协议的路由器 ID 号。所以，在 OSPFv3 路由器上，如果没有配置 ID 号，OSPFv3 无法正常运行。

（2）在接口上使能 OSPFv3

在系统视图使能 OSPFv3 后，还需要在接口使能 OSPFv3。由于接口多实例化（OSPFv2 不支持），所以在接口上使能到 OSPFv3 进程时，需要指定是在哪个接口实例中使能该 OSPFv3 进程。如果不指定实例 ID，则缺省是在实例 0 中使能 OSPFv3 进程，**不同进程所绑定的实例名不能相同，但建立邻居的接口上使能的实例 ID 必须相同。**

【经验之谈】在本项配置任务中，接口加入区域的配置方法与 OSPFv2 的配置不一样了（其实这已在第 10 章介绍 RIPng 时就体现了），OSPFv3 中只能在具体的接口视图下分别指定所加入的区域，使能的 OSPF 路由进程，不能在区域视图下通过 **network** 命令进行全局配置。考虑到 IPv6 地址太长，用 **network** 命令一一通告的话，可能很容易出错，直接在接口上使能对应进程的配置方法更为简单、可靠。

（3）进入 OSPFv3 区域视图

在配置同一区域内的 OSPFv3 路由器时，应注意大多数配置数据都应该对区域统一考虑，否则可能会导致相邻路由器之间无法交换信息，甚至导致路由信息的阻塞或者产生路由环路。

以上 3 项配置任务的具体配置步骤见表 12-3。

表 12-3　　OSPFv3 基本功能的配置步骤

配置任务	步骤	命令	说明
启动 OSPFv3 进程	1	**system-view** 例如：<Huawei> **system-view**	进入系统视图
	2	**ospfv3** [*process-id*] [**vpn-instance** *vpn-instance-name*] 例如：[Huawei] **ospfv3**	启动 OSPFv3，进入 OSPFv3 视图。命令中的参数说明如下。 （1）*process-id*：可选参数，整数形式，取值范围是 1～65 535。如果不指定进程号，缺省使用进程号 1。 （2）**vpn-instance** *vpn-instance-name*：可选参数，指定要使能参数 *process-id* 设定的 OSPFv3 路由进程所处的 VPN 实例的名称。如果没有指定 VPN 实例，OSPFv3 进程属于公网实例。 缺省情况下，系统不运行 OSPFv3 协议，可用 **undo ospfv3** *process-id* 命令关闭 OSPFv3 进程
	3	**router-id** *router-id* 例如：[Huawei-ospfv3-1] **router-id** 10.1.1.3	配置 Router ID，Router ID 是一个 32 比特无符号整数，采用 IPv4 地址形式，是一台路由器在自治系统中的唯一标识。**在同一 AS 中，任意设备间均不能配置相同的 Router ID，同一设备上在不同进程中的 Router ID 号也必须不同。** 【说明】如果路由器检测到 Router ID 冲突，则有两种处理方式。

续表

配置任务	步骤	命令	说明
启动OSPFv3进程	3		• 手动配置新的 Router ID。 • 执行 **undo ospfv3 router-id auto-recover disable** 命令，使能 Router ID 冲突后的自动恢复功能，自动分配新的 Router ID。 使能 Router ID 冲突自动恢复功能后，如果 OSPFv3 区域内非直连的路由器存在 Router ID 冲突，则当前已经生效的 Router ID 会被修改为路由器自动计算出的 Router ID，**即使用户手动配置的 Router ID 也会被修改**。更改 Router ID 后，如果 OSPFv3 区域内依然存在 Router ID 冲突，最多重新选择 3 次。 缺省情况下，没有设置 OSPFv3 协议的路由器 ID 号，可用 **undo router-id** 命令删除当前进程下已设置的路由器 ID 号
	4	**quit** 例如：[Huawei-ospfv3-1] **quit**	返回系统视图
在接口下使能OSPFv3	5	**interface** *interface-type interface-number* 例如：[Huawei] **interface** gigabitethernet 1/0/0	进入接口视图
	6	**ospfv3** *process-id* **area** *area-id* [**instance** *instance-id*] 例如： [Huawei-GigabitEthernet1/0/0] **ospfv3** 1 **area** 1	在接口上使能指定的 OSPFv3 进程。命令中的参数说明如下。 （1）*process-id*：指定当前接口要使能的 OSPFv3 进程的 ID 号，整数形式，取值范围是 1～65 535。 （2）**area** *area-id*：**创建并指定**当前接口所在链路要加入的区域号，可以是十进制整数（取值范围是 0～4 294 967 295）或 IPv4 地址格式。 （3）**instance** *instance-id*：可选参数，指定接口所属实例的 ID 号，整数形式，取值范围是 0～255，缺省值是 0。 【注意】如果接口支持多实例，则在接口使能 OSPFv3 时，必须指定是在哪个实例中使能当前 OSPFv3 进程，即必须指定 *instance-id* 参数。如果不指定实例 ID，则缺省是在实例 0 中使能当前 OSPFv3 进程，可能会出现错误的配置。 这个 instance 就是 MPLS VPN 网络中的 VPN 实例名称，应用于 MPLS 网络中，具体参见《华为 MPLS 技术学习指南》和《华为 MPLS VPN 学习指南》两本书。 缺省情况下，接口上不使能 OSPFv3 协议，可用 **undo ospfv3** *process-id* **area** *area-id* [**instance** *instance-id*]命令将接口去使能 OSPFv3
	7	**ospfv3 network-type** { **broadcast** | **nbma** | **p2mp** [**non-broadcast**] | **p2p** } [**instance** *instance-id*] 例如： [Huawei-GigabitEthernet1/0/0] **ospfv3 network-type nbma**	（可选）配置接口的网络类型。命令中的参数和选项说明如下。 （1）**broadcast**：多选一选项，将接口的网络类型改为广播类型。 （2）**nbma**：多选一选项，将接口的网络类型改为 NBMA 类型。 （3）**p2mp**：多选一选项，将接口的网络类型改为 P2MP 类型。

续表

配置任务	步骤	命令	说明
在接口下使能 OSPFv3	7		（4）**non-broadcast**：可选项，将接口的网络类型改为非广播的点到多点。 （5）**p2p**：多选一选项，将接口的网络类型改为 P2P 类型。 （6）**instance** *instance-id*：指定接口所属的实例的 ID 号，整数形式，取值范围是 0～255，缺省值是 0。**仅当接口支持多实例时才需要指定。** 缺省情况下，接口的网络类型根据物理接口而定。以太网接口的网络类型为 **broadcast**，串口（封装 PPP 或 HDLC 协议时）网络类型为 **p2p**，ATM 和 Frame-relay 接口的网络类型为 **nbma**，可用 **undo ospfv3 network-type** [**broadcast** | **nbma** | **p2mp** [**non-broadcast**] | **p2p**] [**instance** *instance-id*]命令恢复 OSPFv3 接口缺省的网络类型
	8	**quit** 例如： [Huawei-GigabitEthernet1/0/0] **quit**	返回系统视图
进入 OSPFv3 区域视图	9	**ospfv3** [*process-id*] 例如：[Huawei] **ospfv3**	进入 OSPFv3 视图
	10	**area** *area-id* 例如：[Huawei-ospfv3-1] **area** 0	创建指定的 OSPFv3 区域视图，配置区域特性。区域 ID 可以采用十进制整数或 IPv4 地址形式输入，但显示时使用 IPv4 地址形式。 **OSPFv3 的区域不能直接删除**（OSPFv2 中的区域可以直接删除），仅当区域视图下的所有配置都删除，此区域才会被系统自动删除

12.2.2　OSPFv3 基本功能管理

12.2.1 节介绍的 OSPFv3 基本功能配置好后，可在任意视图下执行以下 **display** 命令查看相关配置，验证配置结果。

- **display ospfv3** [*process-id*]：查看 OSPFv3 进程的概要信息。
- **display ospfv3** [*process-id*] **interface** [**area** *area-id*] [*interface-type interface-number*]：查看 OSPFv3 接口信息。
- 使用以下命令查看 OSPFv3 的 LSDB 信息：

display ospfv3 [*process-id*] **lsdb** [**area** *area-id*] [**originate-router** *advertising-router-id* \| **self-originate**] [{ **router** \| **network** \| **inter-router** [**asbr-router** *asbr-router-id*] \| { **inter-prefix** \| **nssa** } [*ipv6-address prefix-length*] \| **link** \| **intra-prefix** \| **grace** } [*link-state-id*]]；

display ospfv3 [*process-id*] **lsdb** [**originate-router** *advertising-router-id* \| **self-originate**] **external** [*ipv6-address prefix-length*] [*link-state-id*]。

- **display ospfv3** [*process-id*] [**area** *area-id*] **peer** [*interface-type interface-number*] [**verbose**]或 **display ospfv3** [*process-id*] [**area** *area-id*] **peer** *neighbor-id* [**verbose**]：查看 OSPFv3 邻居信息。

■ **display ospfv3** [*process-id*] **routing** [**abr-routes** | **asbr-routes** | **statistics** [**uninstalled**] | *ipv6-address prefix-length* | **intra-routes** | **inter-routes** | **ase-routes** | **nssa-routes**]：查看 OSPFv3 路由表信息。

■ **display ospfv3** [*process-id*] **path**：查看 OSPFv3 的路径信息。

■ **display default-parameter ospfv3**：查看 OSPFv3 缺省配置信息。

12.2.3　OSPFv3 基本功能的配置示例

如图 12-3 所示，所有的路由器都运行 OSPFv3，整个自治系统划分为 3 个区域。其中 RouterB 和 RouterC 作为 ABR 来转发区域之间的路由。

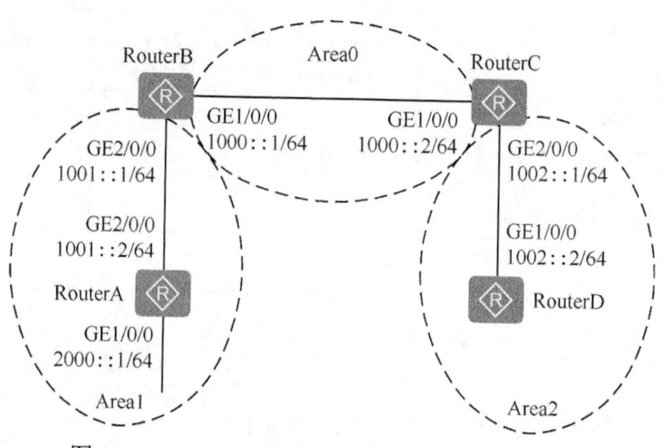

图 12-3　OSPFv3 基本功能配置示例的拓扑结构

1. 基本配置思路分析

本示例的拓扑结构很简单，均运行单个 OSPFv3 进程，而且区域划分也符合常规，即普通区域 1、2 都直接与骨干区域连接，所以只需配置基本的 OSPFv3 功能即可实现全网三层互通。

但要注意的是，缺省情况下，华为设备是没有使能 IPv6 能力的，所以需要先使能 IPv6 能力，包括全局使能和接口使能，还要配置好 IPv6 地址（本示例中各接口配置的是全球单播地址）。

根据以上分析可各得出本示例如下基本配置思路。

① 按照图中标识配置好各路由器接口的全球单播 IPv6 地址。

② 在各路由器上配置 OSPFv3 的基本功能，实现网络的三层互通。

在 OSPFv3 基本功能配置方面包括创建所需区域，然后全局和接口上使能 OSPFv3，并把具体接口加入到指定的区域中。

2. 具体配置步骤

① 配置各接口的全球单播 IPv6 地址。

下面仅以 RouterA 上的 IPv6 地址配置为例进行介绍，RouterB、RouterC 和 RouterD 上各接口 IPv6 地址的配置方法相同，略。有关接口 IPv6 地址的配置方法参见本书第 1 章 1.2.9 节。

```
<Huawei> system-view
[Huawei] sysname RouterA
```

```
[RouterA] ipv6
[RouterA] interface gigabitethernet 1/0/0
[RouterA-GigabitEthernet1/0/0] ipv6 enable
[RouterA-GigabitEthernet1/0/0] ipv6 address 2000::1/64
[RouterA-GigabitEthernet1/0/0] quit
[RouterA] interface gigabitethernet 2/0/0
[RouterA-GigabitEthernet2/0/0] ipv6 enable
[RouterA-GigabitEthernet2/0/0] ipv6 address 1001::2/64
[RouterA-GigabitEthernet2/0/0] quit
```

② 配置 OSPFv3 的基本功能。假设都使能的是 1 号 OSPFv3 路由进程，RouterA、RouterB、RouterC 和 RouterD 的 Router ID 分别为 1.1.1.1、2.2.2.2、3.3.3.3 和 4.4.4.4，必须配置。

■ RouterA 上的配置如下。

```
[RouterA] ospfv3
[RouterA-ospfv3-1] router-id 1.1.1.1
[RouterA-ospfv3-1] quit
[RouterA] interface gigabitethernet 1/0/0
[RouterA-GigabitEthernet1/0/0] ospfv3 1 area 1
[RouterA-GigabitEthernet1/0/0] quit
[RouterA] interface gigabitethernet 2/0/0
[RouterA-GigabitEthernet2/0/0] ospfv3 1 area 1
[RouterA-GigabitEthernet2/0/0] quit
```

■ RouterB 上的配置如下。

```
[RouterB] ospfv3
[RouterB-ospfv3-1] router-id 2.2.2.2
[RouterB-ospfv3-1] quit
[RouterB] interface gigabitethernet 1/0/0
[RouterB-GigabitEthernet1/0/0] ospfv3 1 area 0
[RouterB-GigabitEthernet1/0/0] quit
[RouterB] interface gigabitethernet 2/0/0
[RouterB-GigabitEthernet2/0/0] ospfv3 1 area 1
[RouterB-GigabitEthernet2/0/0] quit
```

■ RouterC 上的配置如下。

```
[RouterC] ospfv3
[RouterC-ospfv3-1] router-id 3.3.3.3
[RouterC-ospfv3-1] quit
[RouterC] interface gigabitethernet 1/0/0
[RouterC-GigabitEthernet1/0/0] ospfv3 1 area 0
[RouterC-GigabitEthernet1/0/0] quit
[RouterC] interface gigabitethernet 2/0/0
[RouterC-GigabitEthernet2/0/0] ospfv3 1 area 2
[RouterC-GigabitEthernet2/0/0] quit
```

■ RouterD 上的配置如下。

```
[RouterD] ospfv3
[RouterD-ospfv3-1] router-id 4.4.4.4
[RouterD-ospfv3-1] quit
[RouterD] interface gigabitethernet 1/0/0
[RouterD-GigabitEthernet1/0/0] ospfv3 1 area 2
[RouterD-GigabitEthernet1/0/0] quit
```

3. 配置结果验证

以上配置好成后，可执行一系列 **display** 命令查看相关配置，验证配置结果。

■ 在 RouterB 上执行 **display ospfv3 peer** 命令，查看其 OSPFv3 邻居状态。从中可以看出，RouterB 已与 RouterA、RouterC 建立了完全（Full）状态的邻接关系。

```
[RouterB] display ospfv3 peer
OSPFv3 Process (1)
OSPFv3 Area (0.0.0.1)
Neighbor ID      Pri   State          Dead Time Interface        Instance ID
1.1.1.1            1   Full/ -        00:00:34   GE2/0/0                   0
OSPFv3 Area (0.0.0.0)
Neighbor ID      Pri   State          Dead Time Interface        Instance ID
3.3.3.3            1   Full/ -        00:00:32   GE1/0/0                   0
```

■ 在 RouterC 上执行 **display ospfv3 peer** 命令，查看其 OSPFv3 邻居状态。同样可以从中看出，RouterC 已与 RouterB、RouterD 建立了完全状态的邻接关系。

```
[RouterC] display ospfv3 peer
OSPFv3 Process (1)
OSPFv3 Area (0.0.0.0)
Neighbor ID      Pri   State          Dead Time   Interface      Instance ID
2.2.2.2            1   Full/ -        00:00:37    GE1/0/0                  0
OSPFv3 Area (0.0.0.2)
Neighbor ID      Pri   State          Dead Time   Interface      Instance ID
4.4.4.4            1   Full/ -        00:00:33    GE2/0/0                  0
```

■ 在 RouterD 上执行 **display ospfv3 routing** 命令，查看其 OSPFv3 路由表信息，发现已有到达除本地直连网段外的所有其他网段的 OSPFv3 路由。

```
[RouterD] display ospfv3 routing
Codes : E2 - Type 2 External, E1 - Type 1 External, IA - Inter-Area,
N - NSSA, U - Uninstalled
OSPFv3 Process (1)
   Destination                                        Metric
     Next-hop
 IA 1000::/64                                         2
            via FE80::1572:0:5EF4:1, GigabitEthernet1/0/0
 IA 1001::/64                                         3
            via FE80::1572:0:5EF4:1, GigabitEthernet1/0/0
    1002::/64                                         1
            directly-connected, GigabitEthernet1/0/0
 IA 2000::/64                                         4
            via FE80::1572:0:5EF4:1, GigabitEthernet1/0/0
```

此时，可通过 IPv6 ping 命令验证各网段已实现了三层互通。

12.3 OSPFv3 特殊区域和虚连接配置与管理

OSPFv3 与 OSPFv2 一样，也有 Stub（包括 Totally Stub）和 NSSA（包括 Totally NSSA）区域，以及虚连接功能，本节集中进行介绍。

12.3.1 配置 OSPFv3 Stub 或 Totally Stub 区域

对位于 AS 边缘的一些非骨干区域，为了缩减其路由表规模和降低 LSA 的数量，可以将它们配置为 Stub 或 Totally Stub 区域。

Stub 区域中没有 ASBR，仅有一个 ABR，且不接受到达其他区域 ASBR 的 Type-4

LSA，以及到达其他区域 ASBR 引入的 AS 外部路由生成的 Type-5 LSA，但会在 ABR 上自动生成一条到达 AS 外部的缺省路由向 Stub 区域泛洪。Totally Stub 区域除了具有 Stub 区域的限制外，还不接收区域间的 Type-3 LSA，ABR 上自动生成的缺省路由，将同时作为到达其他区域和其他 AS 的 ABSR 引入的外部网络的路由。

Stub 或 Totally Stub 区域的配置是在该区域内**每台 OSPFv3 路由器**上进行见表 12-4 的配置。

表 12-4　OSPFv3 Stub 区域的配置步骤

步骤	命令	说明
1	**system-view** 例如：<Huawei> **system-view**	进入系统视图
2	**ospfv3** [*process-id*] 例如：[Huawei] **ospfv3**	启动 OSPFv3，进入 OSPFv3 视图
3	**area** *area-id* 例如：[Huawei-ospfv3-1] **area** 1	进入 OSPFv3 区域视图
4	**stub** [**no-summary**] 例如：[Huawei-ospfv3-1-area-0.0.0.1] **stub**	配置一个区域为 Stub 或 Totally Stub 区域。可选项 **no-summary** 只有在 ABR 上配置时才生效，使 Stub 或 Totally Stub 区域 ABR 只向本区域内发布一条生成缺省路由的 Summary-LSA（包括 Type-3 LSA 和 Type-4 LSA），不生成任何其他 Summary-LSA，**此时配置的就是 Totally Stub 区域**
5	**default-cost** *cost* 例如：[Huawei-ospfv3-1-area-0.0.0.1] **default-cost** 60	（可选）**在 ABR 上**配置发送到 Stub 或 Totally Stub 区域的缺省路由的开销值，整数形式，取值范围是 0～16 777 214。 缺省情况下，发送到 Stub 或 Totally Stub 区域缺省路由的开销值为 1，可用 **undo default-cost** 命令将 OSPFv3 发送到 Stub 区域缺省路由的开销恢复为缺省值

12.3.2　配置 OSPFv3 NSSA 或 Totally NSSA 区域

通过将位于 AS 边缘的非骨干区域配置成 NSSA 或 Totally NSSA 区域，可以缩减其路由表规模，减少需要传递的路由信息数量。配置 NSSA 区域的缺省路由的开销，还可以调整缺省路由的选路。

NSSA 与 Stub 区域有许多相同的属性，如不允许到达其他区域的 ASBR 的 Type-4 LSA，或者到达其他区域 ABSR 引入的路由生成的 Type-5 LSA 进入区域内部，但可允许区域间的 Type-3 LSA 进入。与 Stub 区域不同的是，NSSA 区域可以有一个或多个 ABR 和 ASBR，本区域的 ASBR 引入 AS 外部路由时发布的是 Type-7 LSA，而不是 Type-5 LSA，要向普通区域泛洪时，需由 NSSA 区域中担当转换路由器的 ABR 把 Type-7 LSA 转换成 Type-5 LSA。

Totally NSSA 区域是在 NSSA 区域的基础上进一步限制了 Type-3 LSA 向区域内泛洪，所以 Totally NSSA 区域中不允许 Type-3 LSA、Type-4 LSA 和 Type-5 LSA 进入，引入的 AS 外部路由也是以 Type-7 LSA 发布的，在向其他普通区域泛洪时也必须由本区域担当转换路由器的 ABR 转换成 Type-5 LSA。

NSSA、Totally NSSA 区域的配置是在该区域内**每台 OSPFv3 路由器**上进行见表 12-5

所示的配置。

表 12-5　**OSPFv3 NSSA 区域的配置步骤**

步骤	命令	说明
1	**system-view** 例如：<Huawei> **system-view**	进入系统视图
2	**ospfv3** [*process-id*] 例如：[Huawei] **ospfv3**	启动 OSPFv3，进入 OSPFv3 视图
3	**lsa-forwarding-address** { **standard** | **zero-translate** } 例如：[Huawei-ospfv3-1] **lsa-forwarding-address standard**	（可选）使能 OSPFv3 的转发地址 FA（Forwarding Address）功能。命令中的选项说明如下。 （1）**standard**：二选一选项，指定兼容 RFC 3101（描述 NSSA 选项的 RFC），指定如果 P-bit 置位（置 1），则仅当转发地址为非 0（表示不是以引入对应外部路由的 NSSA 区域 ASBR 为网关）的 Type-7 LSA 才可以转换成 Type-5 LSA。此时，Type-5 LSA 复制 Type-7 LSA 的非 0 转发地址。仅当 Type-5 是由聚合类型 Type-7 LSA 转换而来，转发地址才允许为 0。 （2）**zero-translate**：二选一选项，指定允许 P-bit 置位（置 1），且 FA 为 0（表示直接以引入对应外部路由的 NSSA 区域 ASBR 为网关）的 Type-7 LSA 转化为 Type-5 LSA。 缺省情况下，未使能 OSPFv3 的转发地址功能，可用 **undo lsa-forwarding-address** 命令去使能 OSPFv3 的转发地址功能
4	**area** *area-id* 例如：[Huawei-ospfv3-1] **area** 1	进入 OSPFv3 区域视图
5	**nssa** [**default-route-advertise** [**cost** *cost* | **type** *type* | **tag** *tag*] * | **no-import-route** | **no-summary** | **translator-always** | **translator-interval** *translator-interval* | **set-n-bit**] * 例如：[Huawei-ospfv3-1-area-0.0.0.1] **nssa translator-interval** 20	配置一个区域为 NSSA 或 Totally NSSA 区域。命令中的参数和选项说明如下。 （1）**default-route-advertise**：可多选选项，**在 ASBR** 上配置产生缺省的 Type-7 LSA 到 NSSA 或 Totally NSSA 区域，以生成 Type-7 缺省路由::/0。 【说明】在 ABR 上无论路由表中是否存在路由::/0，都会产生 Type-7 LSA 缺省路由，在 ASBR 上当路由表中存在路由::/0，才会产生 Type-7 LSA 缺省路由。 （2）**cost** *cost*：可多选参数，标识 Type7 LSA 的缺省开销值，整数形式，取值范围是 1～16 777 214，缺省值是 1。 （3）**type** *type*：可多选参数，指定外部路由的类型，1 或 2。 （4）**tag** *tag*：可多选参数，标识引入到 NSSA 或 Totally NSSA 区域的 AS 外部 OSPFv3 路由的 tag 值，整数形式，取值范围是 0～4 294 967 295，缺省值是 0。 （5）**no-import-route**：可多选选项，**当 ASBR** 同时还是 **ABR** 时，指定不向 NSSA 或 Totally NSSA 区域泛洪在 ABR 上由 **import-route** 命令引入的外部路由。 （6）**no-summary**：可多选选项，**在 ABR** 上禁止向 NSSA 区域内发送 Type-3 LSA。**此时 NSSA 区域就成了 Totally NSSA 区域**。 （7）**translator-always**：可多选选项，**指定当前 ABR 总为转换路由器**。当 NSSA 区域中有多个 ABR 时，系统会根据规则自动选择一个 ABR 作为转换器（通常情况下 NSSA 区域选择 Router ID 最大的设备），将 Type-7 LSA 转换为 Type-5 LSA。如果需要指定

续表

步骤	命令	说明
5		某两台 ABR 进行负载分担，可以分别在这两台 ABR 上通过配置此可选项来使两个转换器同时工作。 （8）**translator-interval** *interval-value*：可多选参数，指定当前转换路由器失效的时间（**必须还有其他 ABR 已配置为转换路由器**），取值范围为 1～120 的整数秒，缺省值是 40 s，主要用于转换器切换，保障切换平滑进行。 （9）**set-n-bit**：可多选选项，指定在 DD 报文中设置 N-bit 位的标志。选择本可选项后，本端路由器会在与邻居路由器同步时，在 DD 报文中设置 N-bit 位（置 1）的标志，代表自己是直接连接在 NSSA 区域，会和本 NSSA 区域内的相邻路由器重新建立邻居关系。 缺省情况下，OSPFv3 没有区域被设置成 NSSA 或 Totally NSSA 区域，可用 **undo nssa** 命令取消 NSSA 区域，恢复 OSPFv3 区域为普通区域

12.3.3 配置 OSPFv3 虚连接

与 OSPFv2 一样，在划分 OSPFv3 区域之后，非骨干区域之间的 OSPFv3 路由更新是通过骨干区域来交换完成的。对此，OSPFv3 要求所有非骨干区域必须与骨干区域保持直接连接，并且骨干区域自身也要保持连通。但在实际应用中，可能会因为各方面条件的限制，无法满足这个要求。这时可以通过配置 OSPFv3 虚连接予以解决。

虚连接的具体配置方法是在中间穿越虚连接的传输区域两端的 ABR 对应区域视图下通过 **vlink-peer** *router-id* [**hello** *hello-interval* | **retransmit** *retransmit-interval* | **trans-delay** *trans-delay-interval* | **dead** *dead-interval* | **instance** *instance-id* | **authentication-mode** { **hmac-sha256 key-id** *key-id* { **plain** *plain-text* | [**cipher**] *cipher-text* } | **keychain** *keychain-name* }] * 命令进行配置。命令中的参数和选项说明如下。

■ *router-id*：指定每段虚连接的**对端设备**的路由器 ID。

■ **hello** *hello-interval*：可多选参数，指定接口发送 Hello 报文的时间间隔，取值范围为 1～65 535 的整数秒，缺省值为 10 s。但该值必须与建立虚连接路由器上的 *hello-interval* 值相等。

■ **retransmit** *retransmit-interval*：可多选参数，指定接口在发送 LSU 报文后，多长时间后没有收到 LSAck 应答报即重传原来发送的 LSA 报文，取值范围为 1～3 600 的整数秒，缺省值为 5 s。

■ **trans-delay** *trans-delay-interval*：可多选参数，指定接口延迟发送 LSA（为了避免频繁发送 LSA，而造成设备 CPU 负担过重）的时间间隔，取值范围为 1～3 600 的整数秒，缺省值为 1 s。

■ **dead** *dead-interval*：可多选参数，指定在多长时间没收到对方发来的 Hello 报文后即宣告对方路由器失效，取值范围为 1～235 926 000 的整数秒，缺省值为 40 s。**该值必须与对端设备的该参数值相等，并至少为 *hello-interval* 参数值的 4 倍**。

■ **hmac-sha256**：多选一可选项，设置采用 HMAC-SHA256 验证模式。

■ *key-id*：可选参数，指定接口密文验证的验证字标识符，取值范围为 1～255 的整数，但必须与对端的验证字标识符一致。

■ **plain** *plain-text*：多选一参数，指定采用简单的认证方式，配置简单口令验证字（在查看配置文件时以明文方式显示口令），字符串形式，取值范围是 1～255。

■ [**cipher**] *cipher-text*：多选一参数，指定采用密文密码类型。可以键入明文或密文密码，但在查看配置文件时均以密文方式显示密码，字符串形式，明文验证字的长度范围是 1～255，密文验证字的长度范围是 20～392。

■ **md5**：多选一选项，设置采用 MD5 验证模式。缺省情况下，**md5** 验证模式是 **cipher** 密码类型。

■ **keychain** *keychain-name*：多选一参数，设置采用 Keychain 验证模式，并指定所使用的 Keychain 的名称，长度范围为 1～47 个字符，不区分大小写。采用此验证模式前，需要首先通过 **keychain** *keychain-name* 命令创建一个 keychain，并分别通过 **key-id** *key-id*、**key-string** { [**plain**] *plain-text* | [**cipher**] *cipher-text* }和 **algorithm** { **hmac-md5** | **hmac-sha-256** | **hmac-sha1-12** | **hmac-sha1-20** | **md5** | **sha-1** | **sha-256** | **simple** }命令配置该 keychain 采用的 key-id、密码及其验证算法，否则会造成 OSPF 验证始终为失败状态。

注意 虚连接可以有多段，即虚连接可以经过多个传输区域，此时配置时要分段进行配置。虚连接必须在每个传送区域两端的 ABR 上同时配置，且每段虚连接的参数（除对端 Router ID 外）配置必须一致。

缺省情况下，OSPF 不配置虚连接，可用 **undo vlink-peer** *router-id* [**hello** [*hello-interval*] | **retransmit** [*retransmit-interval*] | **trans-delay** [*trans-delay-interval*] | **dead** [*dead- interval*] | **ipsec sa** [*sa-name*] | **authentication-mode** { **hmac-sha256 key-id** *key-id* | **keychain** }] * 命令删除指定虚连接或恢复指定虚连接的参数为缺省值。

配置好虚链接后，可使用 **display ospfv3** [*process-id*] **vlink** 命令查看 OSPFv3 虚连接信息。

12.3.4　OSPFv3 Stub 区域配置示例

如图 12-4 所示，所有的路由器都运行 OSPFv3，整个自治系统划分为 3 个区域。其中 AR2 和 AR3 作为 ABR 来转发区域之间的路由。要求将 Area 2 配置为 Stub 区域，减少通告到此区域内的 LSA 数量，但不影响路由的可达性。

1. 基本配置思路分析

根据前面的介绍，Stub 区域是在 OSPFv3 基本功能完成后进行配置的，所以可得出本示例的基本配置思路如下。

① 配置各路由器接口的 IPv6 地址。

② 配置各路由器 OSPFv3 的基本功能。

③ 在区域 2 中的 AR3 和 AR4 上配置 Stub 区域特性。

2. 具体配置步骤

① 配置各路由器的接口 IPv6 地址。在此仅以 AR1 上的配置为例进行介绍，其他路由器接口 IP 地址的配置方法一样，略。

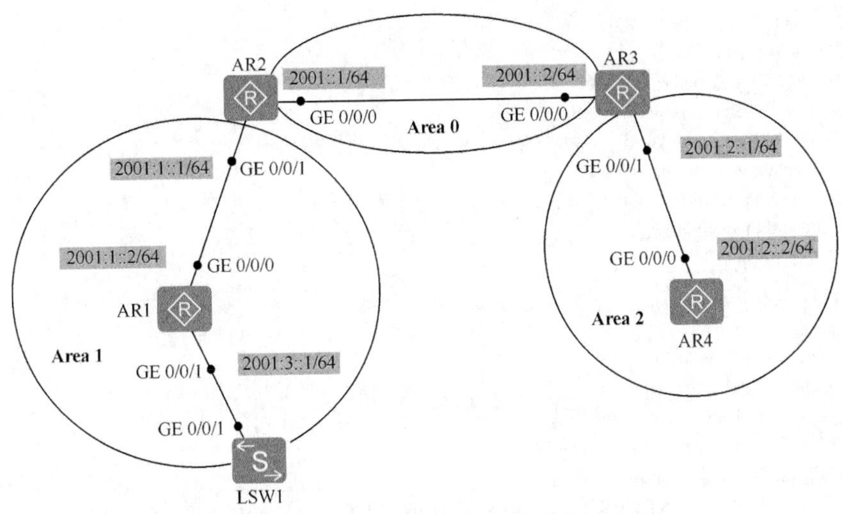

图 12-4　OSPFv3 Stub 区域配置示例的拓扑结构

```
<Huawei> system-view
[Huawei] sysname AR1
[AR1] ipv6
[AR1] interface gigabitethernet 0/0/0
[AR1-GigabitEthernet0/0/0] ipv6 enable
[AR1-GigabitEthernet0/0/0] ipv6 address 2001:1::2/64
[AR1-GigabitEthernet0/0/0] quit
[AR1] interface gigabitethernet 0/0/1
[AR1-GigabitEthernet0/0/1] ipv6 enable
[AR1-GigabitEthernet0/0/1] ipv6 address 2001:3::1/64
```

② 配置各路由器的 OSPFv3 基本功能，假设 AR1~AR4 的 Router ID 依次为 1.1.1.1、2.2.2.2、3.3.3.3 和 4.4.4.4，都使能缺省的 1 号路由进程。

■ AR1 上的配置如下。

```
[AR1] ospfv3 1
[AR1-ospfv3-1] router-id 1.1.1.1
[AR1-ospfv3-1] quit
[AR1] interface gigabitethernet 0/0/0
[AR1-GigabitEthernet0/0/0] ospfv3 1 area 1
[AR1-GigabitEthernet0/0/0] quit
[AR1] interface gigabitethernet 0/0/1
[AR1-GigabitEthernet0/0/1] ospfv3 1 area 1
[AR1-GigabitEthernet0/0/1] quit
```

■ AR2 上的配置如下。

```
[AR2] ospfv3 1
[AR2-ospfv3-1] router-id 2.2.2.2
[AR2-ospfv3-1] quit
[AR2] interface gigabitethernet 0/0/0
[AR2-GigabitEthernet0/0/0] ospfv3 1 area 0
[AR2-GigabitEthernet0/0/0] quit
[AR2] interface gigabitethernet 0/0/1
[AR2-GigabitEthernet0/0/1] ospfv3 1 area 1
[AR2-GigabitEthernet0/0/1] quit
```

■ AR3 上的配置如下。

```
[AR3] ospfv3 1
```

```
[AR3-ospfv3-1] router-id 3.3.3.3
[AR3-ospfv3-1] quit
[AR3] interface gigabitethernet 0/0/0
[AR3-GigabitEthernet0/0/0] ospfv3 1 area 0
[AR3-GigabitEthernet0/0/0] quit
[AR3] interface gigabitethernet 0/0/1
[AR3-GigabitEthernet0/0/1] ospfv3 1 area 2
[AR3-GigabitEthernet0/0/1] quit
```

■ AR4 上的配置如下。

```
<AR4> system-view
[AR4] ospfv3 1
[AR4-ospfv3-1] router-id 4.4.4.4
[AR4-ospfv3-1] quit
[AR4] interface gigabitethernet 0/0/0
[AR4-GigabitEthernet0/0/0] ospfv3 1 area 2
[AR4-GigabitEthernet0/0/0] quit
```

■ 查看 AR2 的 OSPFv3 邻居状态，发现 AR2 已与 AR1 和 AR3 建立了完全状态的邻接关系。

```
[AR2] display ospfv3 peer

OSPFv3 Process (1)
OSPFv3 Area (0.0.0.0)
Neighbor ID     Pri  State          Dead Time Interface          Instance ID
3.3.3.3           1  Full/Backup    00:00:33   GE0/0/0                    0
OSPFv3 Area (0.0.0.1)
Neighbor ID     Pri  State          Dead Time Interface          Instance ID
1.1.1.1           1  Full/DR        00:00:36   GE0/0/1                    0
```

■ 查看 AR3 的 OSPFv3 邻居状态，发现 AR3 已与 AR2 和 AR4 建立了完全状态的邻接关系。

```
[AR3] display ospfv3 peer
OSPFv3 Process (1)
OSPFv3 Area (0.0.0.0)
Neighbor ID     Pri  State          Dead Time Interface          Instance ID
2.2.2.2           1  Full/DR        00:00:37   GE0/0/0                    0
OSPFv3 Area (0.0.0.2)
Neighbor ID     Pri  State          Dead Time Interface          Instance ID
4.4.4.4           1  Full/Backup    00:00:32   GE0/0/1                    0
```

■ 查看 AR4 的 OSPFv3 路由表信息，发现 AR4 上除了自己的一条直连路由外，还有本示例中全部 3 条连接在其他设备上的非直连网段路由。

```
[AR4] display ospfv3 routing

 Codes : E2 - Type 2 External, E1 - Type 1 External, IA - Inter-Area,
         N - NSSA, U - Uninstalled

OSPFv3 Process (1)
     Destination                                                  Metric
       Next-hop
  IA 2001::/64                                                       2
       via FE80::2E0:FCFF:FEE1:4700, GigabitEthernet0/0/0
  IA 2001:1::/64                                                     3
       via FE80::2E0:FCFF:FEE1:4700, GigabitEthernet0/0/0
     2001:2::/64                                                     1
```

```
        directly connected, GigabitEthernet0/0/0
  IA 2001:3::/64                                                    4
        via FE80::2E0:FCFF:FEE1:4700, GigabitEthernet0/0/0
```

③ 在 AR3 和 AR4 上配置 Stub 区域特性。

■ AR3 上的配置。设置发送到 Stub 区域的缺省路由的开销为 10。

```
[AR3] ospfv3
[AR3-ospfv3-1] area 2
[AR3-ospfv3-1-area-0.0.0.2] stub
[AR3-ospfv3-1-area-0.0.0.2] default-cost 10
```

■ AR4 上的配置如下。

```
[AR4] ospfv3
[AR4-ospfv3-1] area 2
[AR4-ospfv3-1-area-0.0.0.2] stub
[AR4-ospfv3-1-area-0.0.0.2] quit
[AR4-ospfv3-1] quit
```

此时在 AR4 上执行 **display ospfv3 routing** 命令，查看其 OSPFv3 路由表信息，可以看到路由表中多了一条缺省路由，它的开销值为直连路由的开销和所配置的开销值之和，等于 10（因为直连路由开销为 0）。

```
[AR4] display ospfv3 routing

Codes : E2 - Type 2 External, E1 - Type 1 External, IA - Inter-Area,
        N - NSSA, U - Uninstalled

OSPFv3 Process (1)
    Destination                                                     Metric
      Next-hop
  IA ::/0                                                           11
        via FE80::2E0:FCFF:FEE1:4700, GigabitEthernet0/0/0
  IA 2001::/64                                                      2
        via FE80::2E0:FCFF:FEE1:4700, GigabitEthernet0/0/0
  IA 2001:1::/64                                                    3
        via FE80::2E0:FCFF:FEE1:4700, GigabitEthernet0/0/0
     2001:2::/64                                                    1
        directly connected, GigabitEthernet0/0/0
  IA 2001:3::/64                                                    4
        via FE80::2E0:FCFF:FEE1:4700, GigabitEthernet0/0/0
```

说明　大家可能会问，怎么配置成 Stub 区域后，区域中路由器上的路由表项还更多了呢？其实这是由于本示例没有引入 AS 外部路由的特殊性决定的。因为我们知道 Stub 区域仅减少了引入的 AS 外部路由（但增加一条到达 AS 外部网络的缺省路由），不减少区域内、区域间的路由。而下面将要介绍的 Totally Stub 区域配置就减少了区域间的路由了。

如果想进一步减少 Stub 区域路由表规模，还可将 Area 2 配置为 Totally Stub 区域。此时只需要在 AR3 的 Area 2 上配置禁止发送 Type-3 LSA 即可。

```
[AR3-ospfv3-1-area-0.0.0.2] stub no-summary
```

此时再查看 AR4 的 OSPFv3 路由表，可以发现路由表项数目大大减少了，其他非直连路由都被抑制，只有缺省路由被保留。

```
[AR4] display ospfv3 routing

Codes : E2 - Type 2 External, E1 - Type 1 External, IA - Inter-Area,
```

```
          N - NSSA, U - Uninstalled

 OSPFv3 Process (1)
      Destination                                                    Metric
        Next-hop
   IA ::/0                                                             11
        via FE80::2E0:FCFF:FEE1:4700, GigabitEthernet0/0/0
      2001:2::/64                                                      1
        directly connected, GigabitEthernet0/0/0
```

12.3.5 OSPFv3 NSSA 区域配置示例

本示例的拓扑结构与 12.3.4 节的配置示例一样，参见图 12-4。现要求将 Area 1 配置为 NSSA 区域，同时将 AR1 配置为 ASBR，引入外部路由（静态路由），且使引入的静态路由信息可正确地在整个 AS 内传播。

1. 基本配置思路分析

本示例与 12.3.4 节介绍的配置示例的唯一区别是本示例要把区域 1 配置为 NSSA 区域，且把 AR1 引入的静态路由引入到 OSPFv3 路由进程中，并配置 AR2 为转换路由器，对 AR1 引入的外部路由 LSA 进行由 Type-7 到 Type-5 的转换，使引入的静态路由信息可以在整个 AS 中传播。

根据以上分析可以得出本示例如下的基本配置思路。

① 配置各路由器接口的 IPv6 地址，参见 12.3.4 节。

② 配置各路由器 OSPFv3 基本功能，参见 12.3.4 节。

③ 在区域 1 中的 AR1 和 AR2 上配置 NSSA 区域特性。

④ 在 AR1 上配置静态路由，并引入到 OSPFv3 路由进程中，查看其他区域中的路由器是否有所引入网段的这条路由。

2. 具体配置步骤

因为以上①和②项配置任务的配置与 12.3.4 节介绍的完全一样，参见即可。下面仅介绍③和④项配置任务的具体配置方法。

① 配置 Area 1 为 NSSA 区域。

■ AR1 上的配置如下。

```
[AR1] ospfv3
[AR1-ospfv3-1] area 1
[AR1-ospfv3-1-area-0.0.0.1] nssa
[AR1-ospfv3-1-area-0.0.0.1] quit
[AR1-ospfv3-1] quit
```

■ AR2 上的配置如下。

```
[AR2] ospfv3
[AR2-ospfv3-1] area 1
[AR2-ospfv3-1-area-0.0.0.1] nssa
[AR2-ospfv3-1-area-0.0.0.1] quit
[AR2-ospfv3-1] quit
```

此时在 AR1 上执行命令，查看其 OSPFv3 路由表信息，此时会看到因为配置区域 1 为 NSSA 区域后新增的一条缺省路由。

```
Codes : E2 - Type 2 External, E1 - Type 1 External, IA - Inter-Area,
          N - NSSA, U - Uninstalled
```

```
OSPFv3 Process (1)
     Destination                                              Metric
       Next-hop
  E2 ::/0                                                       1
  N      via FE80::2E0:FCFF:FE59:79DF, GigabitEthernet0/0/0
  IA 2001::/64                                                  2
         via FE80::2E0:FCFF:FE59:79DF, GigabitEthernet0/0/0
     2001:1::/64                                                1
         directly connected, GigabitEthernet0/0/0
  IA 2001:2::/64                                                3
         via FE80::2E0:FCFF:FE59:79DF, GigabitEthernet0/0/0
     2001:3::/64                                                1
         directly connected, GigabitEthernet0/0/1
```

② 在 AR1 上配置并引入静态路由。

这里仅为了举例验证，配置了一条随意的黑洞静态路由。

```
[AR1] ipv6 route-static 1234:: 64 null 0
[AR1] ospfv3 1
[AR1-ospfv3-1] import-route static
[AR1-ospfv3-1] quit
```

此时查看 AR1 的 OSPFv3 路由表，发现仍保持不变（因为引入后的外部 OSPF 路由仅会向邻居进行通告，本地仍以外部路由存在），但查看 AR4 的 OSPFv3 路由表，可以看到 NSSA 区域引入的这条 AS 外部静态路由。

```
[AR4] display ospfv3 1 routing
Codes : E2 - Type 2 External, E1 - Type 1 External, IA - Inter-Area,
        N - NSSA, U - Uninstalled

OSPFv3 Process (1)
     Destination                                              Metric
       Next-hop
  E2 1234::/64                                                  1
         via FE80::2E0:FCFF:FEE1:4700, GigabitEthernet0/0/0
  IA 2001::/64                                                  2
         via FE80::2E0:FCFF:FEE1:4700, GigabitEthernet0/0/0
  IA 2001:1::/64                                                3
         via FE80::2E0:FCFF:FEE1:4700, GigabitEthernet0/0/0
     2001:2::/64                                                1
         directly connected, GigabitEthernet0/0/0
  IA 2001:3::/64                                                4
         via FE80::2E0:FCFF:FEE1:4700, GigabitEthernet0/0/0
```

12.3.6　OSPFv3 的虚连接配置示例

如图 12-5 所示，所有的路由器都运行 OSPFv3，整个自治系统划分为 3 个区域。其中 AR2、AR3 作为 ABR 来转发区域之间的路由。Area2 是没有与 backbone（Area0）直连的区域，Area1 是连接 Area0 和 Area2 的传送区域。现要求在 AR2、AR3 的 Area1 配置虚连接，使 AR1、AR4 可达，即使得 Area2 与 Area0 直接连接。

1. 基本配置思路分析

虚连接也是在 OSPFv3 基本功能的基础上进行配置的，而且在本示例中，Area2 与骨干区域 Area 0 之间仅隔离了一个普通区域 Area 1，所以仅需在 Area 1 的两个分别连接

Area 0、Area 2 的 ABR 上配置虚连接即可，具体配置思路如下。

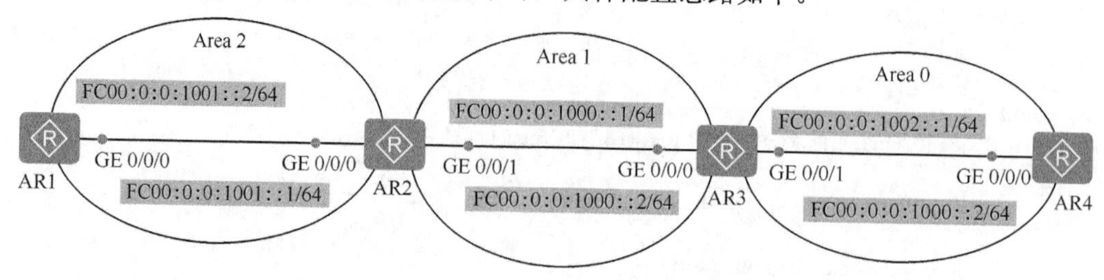

图 12-5 OSPFv3 的虚连接配置示例的拓扑结构

① 配置各路由器接口的 IPv6 地址。

② 配置各路由器上的 OSPFv3 基本功能。

③ 在 AR2、AR3 上配置虚连接，使非骨干区域与骨干区域连通。

2. 具体配置步骤

① 配置各路由器接口 IPv6 地址。本示例中各接口的 IPv6 的前缀都在 FC00::/7 范围中，所以均为唯一本地地址，是一个局域网。在此仅以 AR1 上的配置为例进行介绍，AR2、AR3 和 AR4 的配置方法一样，略。

```
<Huawei> system-view
[Huawei] sysname AR1
[AR1] ipv6
[AR1] interface gigabitethernet 0/0/0
[AR1-GigabitEthernet0/0/0] ipv6 enable
[AR1-GigabitEthernet0/0/0] ipv6 address fc00:0:0:1001::2/64
[AR1-GigabitEthernet0/0/0] quit
```

② 配置各路由器的 OSPFv3 基本功能。假设 AR1~AR4 的 Router ID 分别为 10.1.1.1、10.2.2.2、10.3.3.3 和 10.4.4.4，均使能 1 号 OSPFv3 路由进程。

■ AR1 上的配置如下。

```
[AR1] ospfv3
[AR1-ospfv3-1] router-id 10.1.1.1
[AR1-ospfv3-1] quit
[AR1] interface gigabitethernet 0/0/0
[AR1- GigabitEthernet0/0/0] ospfv3 1 area 2
```

■ AR2 上的配置如下。

```
[AR2] ospfv3
[AR2-ospfv3-1] router-id 10.2.2.2
[AR2-ospfv3-1] quit
[AR2] interface gigabitethernet 0/0/0
[AR2- GigabitEthernet0/0/0] ospfv3 1 area 2
[AR2- GigabitEthernet0/0/0] quit
[AR2] interface GigabitEthernet0/0/1
[AR2- GigabitEthernet0/0/1] ospfv3 1 area 1
[AR2- GigabitEthernet0/0/1] quit
```

■ AR3 上的配置如下。

```
[AR3] ospfv3
[AR3-ospfv3-1] router-id 10.3.3.3
[AR3-ospfv3-1] quit
[AR3] interface gigabitethernet 0/0/0
[AR3- GigabitEthernet0/0/0] ospfv3 1 area 1
```

```
[AR3- GigabitEthernet0/0/0] quit
[AR3] interface GigabitEthernet0/0/1
[AR3- GigabitEthernet0/0/1] ospfv3 1 area 0
[AR3- GigabitEthernet0/0/1] quit
```

■ AR4 上的配置如下。

```
[AR4] ospfv3
[AR4-ospfv3-1] router-id 10.4.4.4
[AR4-ospfv3-1] quit
[AR4] interface gigabitethernet 0/0/0
[AR4- GigabitEthernet0/0/0] ospfv3 1 area 0
[AR4- GigabitEthernet0/0/0] quit
```

此时在 AR3 上执行 **display ospfv3 routing** 命令，查看其 OSPFv3 路由表，可以发现由于 Area2 没有与 Area0 直接相连，所以 AR3 路由表中没有 Area2 中的路由。

```
[AR3] display ospfv3 routing

Codes : E2 - Type 2 External, E1 - Type 1 External, IA - Inter-Area,
        N - NSSA, U - Uninstalled

OSPFv3 Process (1)
     Destination                                          Metric
       Next-hop
     FC00:0:0:1000::/64                                      1
       directly connected, GigabitEthernet0/0/0
     FC00:0:0:1002::/64                                      1
       directly connected, GigabitEthernet0/0/1
```

③ 在 AR2 和 AR3 的 Area1 中配置虚连接，本示例中不启用虚连接认证功能。这里要特别注意的是，**vlink-peer** 命令指定本区域中虚连接对端 ABR 的 Router ID，而不是接口 IPv6 地址。

■ AR2 上的配置如下。

```
[AR2] ospfv3
[AR2-ospfv3-1] area 1
[AR2-ospfv3-1-area-0.0.0.1] vlink-peer 10.3.3.3
[AR2-ospfv3-1-area-0.0.0.1] return
```

■ AR3 上的配置如下。

```
[AR3] ospfv3
[AR3-ospfv3-1] area 1
[AR3-ospfv3-1-area-0.0.0.1] vlink-peer 10.2.2.2
[AR3-ospfv3-1-area-0.0.0.1] return
```

3. 配置结果验证

以上配置完成后，再在 AR3 上执行 **display ospfv3 routing** 命令，查看其 OSPFv3 路由表，发现此时已学习到区域 2 中的路由了，参见输出信息中的粗体字部分。另外，还新增了两条 AR2 和 AR3 虚链路两端接口的主机路由（128 位地址前缀的）。

```
<AR3> display ospfv3 routing

OSPFv3 Process (1)
     Destination                                          Metric
       Next-hop
     FC00:0:0:1000::/64                                      1
       directly connected, GigabitEthernet0/0/0
     FC00:0:0:1000::1/128                                    1
```

```
        via FE80::2E0:FCFF:FE20:503B, GigabitEthernet0/0/0
     FC00:0:0:1000::2/128                                      0
        directly connected, GigabitEthernet0/0/0
IA FC00:0:0:1001::/64                                          2
        via FE80::2E0:FCFF:FE20:503B, GigabitEthernet0/0/0
     FC00:0:0:1002::/64                                        1
        directly connected, GigabitEthernet0/0/1
```

12.4 配置 OSPFv3 的路由属性

在实际应用中，可以通过配置 OSPFv3 的路由属性改变 OSPFv3 的选路策略，以满足复杂网络环境中的需要。具体可以通过以下两项配置实现。

- 设置 OSPFv3 接口的开销值。
- 使用多条等价路由进行负载分担。

1. 配置 OSPFv3 接口的开销值

我们知道，OSPFv3 协议与 OSPFv2 协议一样，路由是以链路开销作为度量的，到达同一目的地的多个 OSPFv3 路由，开销越小优先级越高。所以通过在接口上为不同的实例配置不同的 OSPFv3 的链路开销值，就可以影响不同实例的路由计算。

在 OSPFv3 路由器接口上可通过 **ospfv3 cost** *cost* [**instance** *instance-id*]命令配置 OSPFv3 接口的开销值，整数形式，取值范围是 1～65 535。如果该接口启动了多进程，则可通过 **instance** *instance-id* 可选参数指定接口所属的实例 ID。

缺省情况下，运行 OSPF 的接口开销值是通过公式“接口开销＝带宽参考值/接口带宽”来计算的，其中，带宽参考值可以通过 **bandwidth-reference** *value* 命令调整（缺省值为 100 Mbit/s），可用 **undo ospfv3 cost** [*cost*] [**instance** *instance-id*]命令恢复接口在不同实例下 OSPFv3 的缺省开销值。

2. 配置 OSPFv3 最大等价路由条数

缺省情况下，当路由表中存在到达同一目的地址，且同一路由协议发现的多条路由时，只要这几条路由的开销值也相同，就称之为等价路由，可以进行彼此负载分担。但有时我们不希望所有等价路由都参与负载分担，而只选其中一部分最大等价路由进行负载分担，而另一部分仅用来担当备份路由的作用，这时可以在 OSPFv3 进程视图下通过 **maximum load-balancing** *number* 命令配置允许参与负载分担的等价路由条数，从而优化路由的选路策略，满足复杂网络环境的需要。不同系列设备的取值范围有所不同，具体参见对应的产品手册说明。缺省情况下，设备支持最大等价路由的数量也因不同的系列设备而不同，参见具体的产品手册说明。

说明 当组网中存在的等价路由数量大于 **maximum load-balancing** *number* 命令配置的等价路由数量时，会随机选取有效路由进行负载分担。如果需要指定负载分担的有效路由，可以通过 **nexthop** *router-id interface-type interface-number* **weight** *value* 命令配置每条等价路由（通过路由下一跳和出接口指定）的优先级，将需要指定的、允许参与负载分担的路由的优先级设置为高。

12.5　控制 OSPFv3 的路由信息

本节将要介绍可以控制 OSPFv3 的路由信息发布与接收相关的功能配置与管理方法，包括路由聚合和路由信息过滤、外部路由引入等。

12.5.1　配置 OSPFv3 路由聚合

OSPFv3 与 OSPFv2 一样，也可以在 ABR 或者 ASBR 配置路由聚合功能，对来自同一区域的连续网段，或者对引入的 AS 外部连续网段路由进行聚合，以减小在区域间传输，或者进入 AS 中的外部路由 LSA 的数目。

如果某区域中存在多个连续的网段，则可通过路由聚合功能将它们聚合成一个网段，这样 ABR 只需发送一条聚合后的 LSA，所有落入本命令指定的聚合网段范围的 LSA 将不再被单独发送出去，这样可减少其他区域中 LSDB 的规模。当大量路由被引入时，可以在 ASBR 上配置路由聚合功能对引入的路由进行聚合，减少进入 AS 内除本地 ASBR 外的其他各设备上的 LSDB 的规模。

1. 在 ABR 上配置路由聚合

在 ABR 的对应区域视图下通过 **abr-summary** *ipv6-address prefix-length* [**cost** *cost* | **not-advertise**] * 命令对该区域中的某些连续网段路由进行聚合，所有在聚合路由范围的各网段路由 Type-3 LSA 被抑制，仅发布对应的聚合路由 Type-3 LSA。命令中的参数说明如下。

- *ipv6-address*：指定聚合路由的 IPv6 网络地址，32 位 16 进制数，格式为 X:X:X:X:X:X:X:X。
- *prefix-length*：指定聚合路由的地址前缀长度，整数形式，取值范围是 1～128。
- **cost** *cost*：可多选参数，聚合路由的开销值，整数形式，取值范围是 1～16 777 214。不选择此参数时，所有参与聚合的路由的最大开销值为聚合路由的开销值。
- **not-advertise**：可多选选项，指定不通告当前聚合 IPv6 路由。

一个区域可配置多条聚合网段，这样 OSPFv3 可对多个网段进行聚合。缺省情况下，ABR 不对 IPv6 路由进行聚合，可用 **undo abr-summary** *ipv6-address prefix-length* 命令取消在 ABR 上进行 IPv6 路由聚合的功能。

2. 在 ASBR 上配置路由聚合

在 ASBR 的 OSPFv3 视图下通过 **asbr-summary** *ipv6-address summary-prefix-length* [**cost** *summary-cost* | **tag** *summary-tag* | **distribute-delay** *dist-delay-interval* | **not-advertise**] * 命令可配置 AS 外部路由聚合，所有在聚合路由范围的各外部路由 Type-5 或 Type-7 LSA 都将被抑制，仅发布对应的聚合路由 Type-5 或 Type-7 LSA。命令中的参数和选项说明如下。

- *ipv6-address*：指定聚合路由的 IPv6 网络地址，32 位 16 进制数，格式为 X:X:X:X:X:X:X:X。
- *summary-prefix-length*：指定聚合路由的地址前缀长度，整数形式，取值范围是 1～

128。

■ **cost** *summary-cost*：可多选参数，设置聚合路由的开销。不选择此参数时，取所有被聚合的路由中最大的开销值作为聚合路由的开销。

■ **tag** *summary-tag*：可多选参数，为聚合路由打上一个可用于路由分类的标签，整数形式，*tag* 的取值范围是 0～4 294 967 295。

■ **distribute-delay** *dist-delay-interval*：可多选参数，设置发布聚合路由的时延，整数形式，*interval* 的取值范围是 1～65 535，单位是秒。如果不选择此参数，则在聚合路由生成后立即向邻居路由器进行通告。

■ **not-advertise**：可多选选项，指定不通告当前聚合 IPv6 路由。

一个 ASBR 可以配置多条 ASBR 聚合路由，因此 OSPFv3 可以对多个外部 AS 网段进行聚合。缺省情况下，ASBR 不进行路由聚合，可用 **undo asbr-summary** *ipv6-address summary-prefix-length* 命令取消在 ASBR 上进行的路由聚合的功能。

12.5.2 OSPFv3 发布 ASBR 聚合路由的配置示例

如图 12-6 所示，AR1、AR2 和 AR3 位于 Area 2 内。

■ AR2 上运行两个 OSPFv3 进程：1 和 2，通过进程 1 和 AR1 交换路由信息，通过进程 2 和 AR3 交换路由信息。

■ 在 AR1 的接口 GigabitEthernet0/0/1 上配置 2:1:1::1/64、2:1:2::1/64、2:1:3::1/64 3 个全球单播 IPv6 地址，并在 AR2 上配置 OSPFv3 进程 2 引入直连路由和 OSPFv3 进程 1 的路由，使得 AR3 能够学习到连接在 AR1 上的 2:1:1::/64、2:1:2::/64、2:1:3::/64 3 条外部路由，以及 AR1 与 AR2 直连的 1::/64 网段路由。

■ 为了减小 AR3 的路由表规模，在 AR2 上配置 ASBR（因为 AR2 引入了外部路由，所以是 ASBR）聚合路由，只发布 2:1:1::/64、2:1:2::/64、2:1:3::/64 3 个网段聚合后的路由 2::/16。

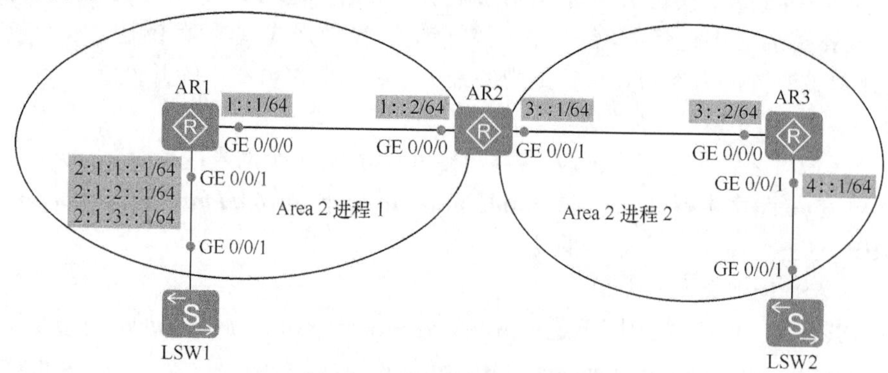

图 12-6 OSPFv3 路由聚合配置示例的拓扑结构

1. 基本配置思路分析

本示例要在引入的另一 OSPFv3 进程路由的 ASBR——AR2 上配置 ASBR 路由聚合功能，使其从 OSPFv3 1 号进程引入的 2::/64、2:1:1::/64、2:1:2::/64、2:1:3::/64 3 个网段路由被聚合成 2::/16，然后在 OSPFv3 2 号进程中的邻居路由器中发布。当然，聚合路由功能需要建立在 OSPFv3 的基本功能基础上，所以需要先配置好各设备的 OSPFv3 基本功能。

在这里要注意的一点的是，在 AR2 上两个接口所加入的区域都是 Area 2，但它们是不同的区域，因为它们所运行的 OSPFv3 进程不一样，所以在不进行路由引入时，两个不同进程中的路由是相互隔离的，尽管它们的区域 ID 是一样的。

根据以上分析可得出本示例如下的基本配置思路。

① 配置各路由器接口的 IPv6 地址。

② 配置各路由器的 OSPFv3 基本功能。

③ 在 AR2 的 OSPFv3 2 号进程上配置引入直连路由和 1 号进程中的 OSPFv3 路由，此时检查到 AR3 的 OSPFv3 路由表中会有 1 号进程的 2::/64、2:1:1::/64、2:1:2::/64、2:1:3::/64 3 个网段路由。

④ 在 AR2 上配置 ASBR 聚合路由 2::/16，再查看 AR3 上的 OSPFv3 路由表，会发现没有原来的 2::/64、2:1:1::/64、2:1:2::/64、2:1:3::/64 3 个网段路由了，但新增了一条所配置的聚合路由 2::/16。

2. 具体配置步骤

① 配置各路由器接口的 IPv6 地址。本示例中各接口的 IPv6 地址都是全球单播 IPv6 地址。在此仅以 AR1 上的配置为例进行介绍，AR2 和 AR3 的配置方法一样，略。

```
<Huawei> system-view
[Huawei] sysname AR1
[AR1] ipv6
[AR1] interface gigabitethernet 0/0/0
[AR1-GigabitEthernet0/0/0] ipv6 enable
[AR1-GigabitEthernet0/0/0] ipv6 address 1::1/64
[AR1-GigabitEthernet0/0/0] quit
[AR1] interface gigabitethernet 0/0/1
[AR1-GigabitEthernet0/0/1] ipv6 enable
[AR1-GigabitEthernet0/0/1] ipv6 address 2:1:1::1/64
[AR1-GigabitEthernet0/0/1] ipv6 address 2:1:2::1/64
[AR1-GigabitEthernet0/0/1] ipv6 address 2:1:3::1/64
[AR1-GigabitEthernet0/0/1] quit
```

② 配置各路由器的 OSPFv3 基本功能，假设 AR 的 Router ID 为 1.1.1.1、AR2 的进程 1、2 的 Router ID 分别为 2.2.2.2 和 3.3.3.3，AR3 的 Router ID 为 4.4.4.4。

■ Router A 上的配置如下。

启动 OSPFv3 进程 1（**也可以是其他进程**），GE0/0/0 和 GE0/0/1 接口加入区域 2 中。

```
<AR1> system-view
[AR1] ospfv3 1
[AR1-ospfv3-1] router-id 1.1.1.1
[AR1-ospfv3-1] quit
[AR1] interface gigabitethernet 0/0/0
[AR1-GigabitEtherne0/0/0] ospfv3 1 area 2
[AR1-GigabitEthernet0/0/0] quit
[AR1] interface gigabitethernet 0/0/1
[AR1-GigabitEthernet0/0/1] ospfv3 1 area 2
[AR1-GigabitEthernet0/0/1] quit
```

■ Router B 上的配置如下。

启动 1、2 号 OSPFv3 进程，其中 G0/0/0 接口运行 1 号进程，G0/0/2 接口运行 2 号进行，均加入对应的区域 2 中。

```
[AR2] ospfv3 1
[AR2-ospfv3-1] router-id 2.2.2.2
[AR2-ospfv3-1] quit
[AR2] interface gigabitethernet 0/0/0
[AR2-GigabitEthernet0/0/0] ospfv3 1 area 2
[AR2-GigabitEthernet0/0/0] quit
[AR2] ospfv3 2
[AR2-ospfv3-2] router-id 3.3.3.3
[AR2-ospfv3-2] quit
[AR2] interface gigabitethernet 0/0/1
[AR2-GigabitEthernet0/0/1] ospfv3 2 area 2
[AR2-GigabitEthernet0/0/1] quit
```

■ Router C 上的配置如下。

启动 OSPFv3 进程 2（**也可以是其他进程**），GE0/0/0 和 GE0/0/1 接口都加入进程 2 的区域 2 中。

```
[AR3] ospfv3 2
[AR3-ospfv3-2] router-id 4.4.4.4
[AR3-ospfv3-2] quit
[AR3] interface gigabitethernet 0/0/0
[AR3-GigabitEthernet0/0/0] ospfv3 2 area 2
[AR3-GigabitEthernet0/0/0] quit
[AR3] interface gigabitethernet 0/0/1
[AR3-GigabitEthernet0/0/1] ospfv3 2 area 2
[AR3-GigabitEthernet0/0/1] quit
```

此时分别在 AR3、AR1 上执行 **display ospfv3 routing** 命令，会发现没有在 AR2 进程 1 中所在区域 2 中的所有路由，而在 AR1 上也没有 AR2 进程 2 中所在区域 2 中的所有路由，如下所示。这是因为被 AR2 上的两个不同 OSPFv3 进程隔离了。

```
<AR3>display ospfv3 routing

Codes : E2 - Type 2 External, E1 - Type 1 External, IA - Inter-Area,
        N - NSSA, U - Uninstalled

OSPFv3 Process (2)
    Destination                                              Metric
      Next-hop
    3::/64                                                        1
      directly connected, GigabitEthernet0/0/0
    4::/64                                                        1
      directly connected, GigabitEthernet0/0/1

<AR1>display ospfv3 routing

Codes : E2 - Type 2 External, E1 - Type 1 External, IA - Inter-Area,
        N - NSSA, U - Uninstalled

OSPFv3 Process (1)
    Destination                                              Metric
      Next-hop
    1::/64                                                        1
      directly connected, GigabitEthernet0/0/0
    2:1:1::/64                                                    1
      directly connected, GigabitEthernet0/0/1
    2:1:2::/64                                                    1
```

```
        directly connected, GigabitEthernet0/0/1
    2:1:3::/64                                              1
        directly connected, GigabitEthernet0/0/1
```

③ 在 AR2 的进程 2 中配置 OSPFv3 引入直连路由和 OSPFv3 进程 1 的路由。

```
[AR2] ospfv3 2
[AR2-ospfv3-2] import-route ospfv3 1
[AR2-ospfv3-2] import-route direct
[AR2-ospfv3-2] quit
```

配置好外部路由引入后，在 AR3 上执行 **display ospfv3 routing** 命令，查看其 IPv6 路由表信息，会发现有 AR2 在进程 1 中的直连路由 1::/64，以及连接在 AR1 的 GE0/0/1 接口上 3 个网段的路由，参见输出信息中的粗体字部分，都是第 2 类外部路由（**E2**）。

```
<AR3>display ospfv3 routing

Codes : E2 - Type 2 External, E1 - Type 1 External, IA - Inter-Area,
        N - NSSA, U - Uninstalled

OSPFv3 Process (2)
     Destination                                          Metric
       Next-hop
  E2 1::/64                                                  1
       via FE80::2E0:FCFF:FEBC:144, GigabitEthernet0/0/0
  E2 2:1:1::/64                                              1
       via FE80::2E0:FCFF:FEBC:144, GigabitEthernet0/0/0
  E2 2:1:2::/64                                              1
       via FE80::2E0:FCFF:FEBC:144, GigabitEthernet0/0/0
  E2 2:1:3::/64                                              1
       via FE80::2E0:FCFF:FEBC:144, GigabitEthernet0/0/0
     3::/64                                                  1
       directly connected, GigabitEthernet0/0/0
     4::/64                                                  1
       directly connected, GigabitEthernet0/0/1
```

④ 在 AR2 上配置 OSPFv3 进程 2 发布 ASBR 聚合路由 2::/16。

```
[AR2] ospfv3 2
[AR2-ospfv3-2] asbr-summary 2:: 16
[AR2-ospfv3-2] quit
```

此时再查看路由聚合后 AR3 上的 IPv6 路由表信息，发现原来的 3 条引入的 2::/64、2:1:1::/64、2:1:2::/64、2:1:3::/64 路由没了，取而代之的是一条 2::/16 的聚合路由，参见输出信息中的粗体字部分。

```
<AR3>display ospfv3 routing

Codes : E2 - Type 2 External, E1 - Type 1 External, IA - Inter-Area,
        N  NSSA, U - Uninstalled

OSPFv3 Process (2)
     Destination                                          Metric
       Next-hop
  E2 1::/64                                                  1
       via FE80::2E0:FCFF:FEBC:144, GigabitEthernet0/0/0
  E2 2::/16                                                  2
       via FE80::2E0:FCFF:FEBC:144, GigabitEthernet0/0/0
     3::/64                                                  1
       directly connected, GigabitEthernet0/0/0
```

```
4::/64                                                    1
  directly connected, GigabitEthernet0/0/1
```

12.5.3 配置 OSPFv3 对接收的路由进行过滤

与 OSPFv2 一样，每台 OSPFv3 路由器在接收到 LSA 后，可以根据一定的过滤条件来决定是否将根据接收到的 LSA 计算后得到的路由信息加入到本地 IPv6 路由表中（并不是过滤要加入 LSDB 中的 LSA，也不过滤加入本地 OSPF 的路由表）。

配置 OSPFv3 对接收的路由进行过滤的方法是在 OSPFv3 进程视图下通过 **filter-policy** { *acl6-number* | **acl6-name** *acl6-name* | **ipv6-prefix** *ipv6-prefix-name* } **import** 命令配置进入本地 IP 路由表中的 OSPF 路由过滤策略。命令中所使用的过滤器可以是 IPv6 基本 ACL、IPv6 前缀列表，要事先配置好。有关 IPv6 ACL 的配置方法参见《华为交换机学习指南》（第二版）的第 11 章，IPv6 地址前缀列表将在本书第 15 章介绍。

缺省情况下，不对接收的路由信息过滤，可用 **undo filter-policy** [*acl6-number* | **acl6-name** *acl6-name* | **ipv6-prefix** *ipv6-prefix-name*] **import** 命令删除指定的过滤配置。

12.5.4 配置 OSPFv3 引入外部路由

也与 OSPFv2 一样，因为 OSPFv3 也是基于链路状态的路由协议，不能直接对发布的 LSA 进行过滤，所以也只能在 OSPFv3 引入外部路由时进行过滤，只有符合条件的外部路由才能变成 LSA 发布出去。**很显然，这是在 ASBR 上配置的**，具体配置步骤见表 12-6。

表 12-6 **OSPFv3** 引入外部路由的配置步骤

步骤	命令	说明
1	**system-view** 例如：<Huawei> **system-view**	进入系统视图
2	**ospfv3** [*process-id*] 例如：[Huawei] **ospfv3**	启动 OSPFv3，进入 OSPFv3 视图
3	**default** { **cost** *cost* | **tag** *tag* | **type** *type* } * 例如：[Huawei-ospfv3-1] **default cost** 10	配置引入路由的缺省参数值。命令中的参数说明如下。 （1）**cost** *cost*：可多选参数，设置 OSPFv3 引入外部路由的缺省开销值，整数形式，取值范围是 1～16 777 214。缺省值是 1。 （2）**tag** *tag*：可多选参数，设置引入的外部路由标记，整数形式，取值范围是 0～4 294 967 295。缺省值是 1。 （3）**type** *type*：可多选参数，指定引入后的外部路由的类型为 1 或 2
4	**import-route** { **bgp** [**permit-ibgp**] | **unr** | **direct** | **ripng** *help-process-id* | **static** | **isis** *help-process-id* | **ospfv3** *help-process-id* } [{ **cost** *cost* | **inherit-cost** } | **type** *type* | **tag** *tag* | **route-policy** *route-policy-name*] * 例如：[Huawei-ospfv3-1] **import-route ripng** 1 **type** 2 **cost** 50	引入外部路由信息（**不能引入外部缺省路由**）。命令中的参数和选项说明如下。 （1）**bgp**：多选一选项，指定引入 BGP 路由。 （2）**permit-ibgp**：可选项，允许引入 IBGP 路由。由于此选项将 IBGP 路由引入，可能导致路由环路，在非必要场合请不要配置。 （3）**unr**：多选一选项，指定引入 unr 路由。 （4）**direct**：多选一选项，指定引入直连路由。 （5）**static**：多选一选项，指定引入 IPv6 静态路由。 （6）**isis**：多选一选项，指定引入 IPv6 IS-IS 路由。 （7）**ospfv3**：多选一选项，指定引入其他进程的 OSPFv3 路由。

续表

步骤	命令	说明
4		（8）**ripng**：多选一选项，指定引入 RIPng 路由。 （9）*help-process-id*：指定引入的源路由的进程号，当引入路由协议为 **ripng**、**isis** 或 **ospfv3** 时，需要指定该值，整数形式，取值范围是 1～65 535。 （10）**cost** *cost*：二选一参数，指定引入路由的开销值，整数形式，取值范围是 1～16 777 214。缺省值是 1。 （11）**inherit-cost**：二选一选项，指定采用引入路由的原始开销值。 （12）**tag** *tag*：可多选参数，设定引入的外部路由标记，整数形式，取值范围是 0～4 294 967 295。缺省值是 1。 （13）**type** *type*：可多选参数，指定引入后的外部路由的类型为 1 或 2。 （14）**route-policy** *route-policy-name*：可多选参数，指定用于引入路由过滤的路由策略，只有满足指定匹配条件的路由才被引入。 缺省情况下，不引入其他协议的路由信息，可用 **undo import-route** { **bgp** | **unr** | **direct** | **ripng** *help-process-id* | **static** | **isis** *help-process-id* | **ospfv3** *help-process-id* }来取消对外部路由信息的引入
5	**default-route-advertise** [**always** | **cost** *cost* | **type** *type* | **tag** *tag* | **route-policy** *route-policy-name*] * 例如：[Huawei-ospfv3-1] **default-route-advertise always**	（可选）将缺省路由通告到 OSPFv3 路由区域。如果选择命令中的 **always** 选项，则无论本机是否存在激活的非 OSPFv3 缺省路由，都会产生并发布一个描述缺省路由的 LSA。配置了 **always** 参数的路由器不再计算来自其他路由器的缺省路由。**如果没有指定该可选项，本机路由表中必须有激活的非 OSPFv3 缺省路由时才生成缺省路由的 LSA。** 其他参数说明参见上一步
6	**filter-policy** { *acl6-number* | **acl6-name** *acl6-name* | **ipv6-prefix** *ipv6-prefix -name* } **export** [*protocol* [*process-id*]] 例如：[Huawei-ospfv3-1] **filter-policy** 2002 **export**	（可选）对引入的外部路由信息向本 OSPF 路由域发布时进行过滤。过滤器仍可以是 IPv6 基本 ACL 和 IPv6 地址前缀列表。如果还需要过滤指定协议路由，则可通过 *protocol* 可选参数指定，其取值可以是 **direct**、**bgp**、**unr**、**static**、**ripng**、**isis** 或 **ospfv3**，不指定本参数时，将对所有引入的路由信息进行过滤。 【注意】本命令只对本机使用第 4 步 **import-route** 命令引入的路由（即当本机 OSPFv3 路由器成为 ASBR 时）起作用，它在 OSPF 引入路由时对其进行过滤，被过滤掉的路由也就不会变成 LSA 被 OSPF 发布出去。 缺省情况下，不对引入的路由信息过滤，可用 **undo filter-policy** [*acl6-number* | **acl6-name** *acl6-name* | **ipv6-prefix** *ipv6-prefix-name* | **route-policy** *route-policy-name*] **export** [*protocol* [*process-id*]] 命令恢复缺省配置

12.5.5　OSPFv3 外部路由引入的配置示例

如图 12-7 所示，AR1、AR2 和 AR3 位于 Area 2 内。

■ AR2 上运行两个 OSPFv3 进程：OSPFv3 1 和 OSPFv3 2。AR2 通过 OSPFv3 1 和 AR1 交换路由信息，通过 OSPFv3 2 和 AR3 交换路由信息。

■ 在 AR2 上配置 OSPFv3 进程 2 引入直连路由和 OSPFv3 进程 1 的路由，并将引入的外部路由的缺省度量值设置为 3，使得 AR3 能够学习到达 1::0/64 和 2::0/64 的路由，但 AR1 不能学习到达 3::0/64 和 4::0/64 的路由，即在 AR2 的 OSPFv3 进程 1 中不引入

OSPFv3 进程 2 路由。

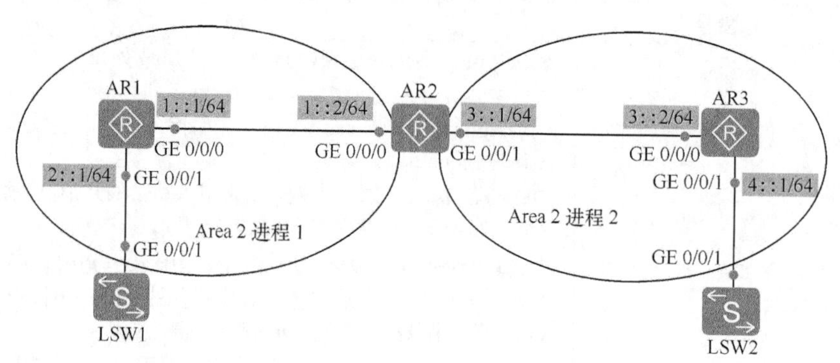

图 12-7 OSPFv3 外部路由引入配置示例的拓扑结构

1. 基本配置思路分析

OSPFv3 外部路由引入功能也是在 OSPFv3 基本功能的配置基础上完成的，所以可得出本示例的如下基本配置思路。

① 配置各路由器接口的 IPv6 地址。

② 配置各路由器的 OSPFv3 基本功能。

③ 在 AR2 的 OSPFv3 2 号进程上配置引入直连路由和 1 号进程中的 OSPFv3 路由，此时检查到 AR3 的 OSPFv3 路由表中会有 1 号进程的 1::/64 和 2::/64 两个网段路由，但 AR1 上仍没有进程 2 中的 3::/64 和 4::/64 网段路由。

2. 具体配置步骤

① 配置各路由器接口的 IPv6 地址。本示例中各接口的 IPv6 地址都是全球单播 IPv6 地址。在此仅以 AR1 上的配置为例进行介绍，AR2 和 AR3 的配置方法一样，略。

```
<Huawei> system-view
[Huawei] sysname AR1
[AR1] ipv6
[AR1] interface gigabitethernet 0/0/0
[AR1-GigabitEthernet0/0/0] ipv6 enable
[AR1-GigabitEthernet0/0/0] ipv6 address 1::1/64
[AR1-GigabitEthernet0/0/0] quit
[AR1] interface gigabitethernet 0/0/1
[AR1-GigabitEthernet0/0/1] ipv6 enable
[AR1-GigabitEthernet0/0/1] ipv6 address 2::1/64
[AR1-GigabitEthernet0/0/1] quit
```

② 配置各路由器的 OSPFv3 基本功能，假设 AR1 的 Router ID 为 1.1.1.1、AR2 的进程 1、2 的 Router ID 分别为 2.2.2.2 和 3.3.3.3，AR3 的 Router ID 为 4.4.4.4。

■ AR1 上的配置如下。

启动 OSPFv3 进程 1（**也可以是其他进程**），GE0/0/0 和 GE0/0/1 接口加入区域 2 中。

```
<AR1> system-view
[AR1] ospfv3 1
[AR1-ospfv3-1] router-id 1.1.1.1
[AR1-ospfv3-1] quit
[AR1] interface gigabitethernet 0/0/0
[AR1-GigabitEtherne0/0/0] ospfv3 1 area 2
[AR1-GigabitEthernet0/0/0] quit
```

```
[AR1] interface gigabitethernet 0/0/1
[AR1-GigabitEthernet0/0/1] ospfv3 1 area 2
[AR1-GigabitEthernet0/0/1] quit
```

■ AR2 上的配置如下。

启动 1、2 号 OSPFv3 进程，其中 G0/0/0 接口运行 1 号进程，G0/0/2 接口运行 2 号进行，均加入对应的区域 2 中。

```
[AR2] ospfv3 1
[AR2-ospfv3-1] router-id 2.2.2.2
[AR2-ospfv3-1] quit
[AR2] interface gigabitethernet 0/0/0
[AR2-GigabitEthernet0/0/0] ospfv3 1 area 2
[AR2-GigabitEthernet0/0/0] quit
[AR2] ospfv3 2
[AR2-ospfv3-2] router-id 3.3.3.3
[AR2-ospfv3-2] quit
[AR2] interface gigabitethernet 0/0/1
[AR2-GigabitEthernet0/0/1] ospfv3 2 area 2
[AR2-GigabitEthernet0/0/1] quit
```

■ AR3 上的配置如下。

启动 OSPFv3 进程 2（**也可以是其他进程**），GE0/0/0 和 GE0/0/1 接口都加入进程 2 的区域 2 中。

```
[AR3] ospfv3 2
[AR3-ospfv3-2] router-id 4.4.4.4
[AR3-ospfv3-2] quit
[AR3] interface gigabitethernet 0/0/0
[AR3-GigabitEthernet0/0/0] ospfv3 2 area 2
[AR3-GigabitEthernet0/0/0] quit
[AR3] interface gigabitethernet 0/0/1
[AR3-GigabitEthernet0/0/1] ospfv3 2 area 2
[AR3-GigabitEthernet0/0/1] quit
```

此时分别在 AR3、AR1 上执行 **display ospfv3 routing** 命令，会发现没有在 AR2 进程 1 所在区域 2 中的所有路由，而在 AR1 上也没有 AR2 进程 2 所在区域 2 的所有路由，如下所示。这是因为被 AR2 上的两个不同 OSPFv3 进程隔离了。

```
<AR3>display ospfv3 routing

Codes : E2 - Type 2 External, E1 - Type 1 External, IA - Inter-Area,
        N - NSSA, U - Uninstalled

OSPFv3 Process (2)
     Destination                                              Metric
       Next-hop
     3::/64                                                      1
       directly connected, GigabitEthernet0/0/0
     4::/64                                                      1
       directly connected, GigabitEthernet0/0/1

<AR1>display ospfv3 routing

Codes : E2 - Type 2 External, E1 - Type 1 External, IA - Inter-Area,
        N - NSSA, U - Uninstalled
```

```
OSPFv3 Process (1)
    Destination                                          Metric
      Next-hop
    1::/64                                                  1
      directly connected, GigabitEthernet0/0/0
    2::/64                                                  1
      directly connected, GigabitEthernet0/0/1
```

③ 在 AR2 的进程 2 中配置 OSPFv3 引入直连路由和 OSPFv3 进程 1 的路由。假设引入后的 AS 外部路由的开销值为 3。

```
[AR2] ospfv3 2
[AR2-ospfv3-2] import-route ospfv3 1
[AR2-ospfv3-2] import-route direct
[AR2-ospfv3-2] default cost 3
[AR2-ospfv3-2] quit
```

配置好外部路由引入后，在 AR3 上执行 **display ospfv3 routing** 命令，查看其 OSPFv3 路由表信息，会发现有 AR2 在进程 1 中的直连路由 1::/64，以及连接在 AR1 的 GE0/0/1 接口上 2::/64 网段的路由，参见输出信息中的粗体字部分，都是第 2 类外部路由（**E2**）。

```
<AR3>display ospfv3 routing

Codes : E2 - Type 2 External, E1 - Type 1 External, IA - Inter-Area,
        N - NSSA, U - Uninstalled

OSPFv3 Process (2)
     Destination                                         Metric
       Next-hop
 E2 1::/64                                                  3
       via FE80::2E0:FCFF:FEBC:144, GigabitEthernet0/0/0
 E2 2::/64                                                  3
       via FE80::2E0:FCFF:FEBC:144, GigabitEthernet0/0/0
    3::/64                                                  1
       directly connected, GigabitEthernet0/0/0
    4::/64                                                  1
       directly connected, GigabitEthernet0/0/1
```

此时，虽然 AR3 上有连接在 AR1 上两网段的路由，但两设备直连网段间仍不能实现三层互通，此时可通过在 AR3 上 ping AR1 上的 1::1/64、2::1/64 地址验证。

```
<AR3>ping ipv6 1::1
  PING 1::1 : 56  data bytes, press CTRL_C to break
    Request time out
    Request time out
    Request time out
    Request time out
    Request time out

  --- 1::1 ping statistics ---
    5 packet(s) transmitted
    0 packet(s) received
    100.00% packet loss
    round-trip min/avg/max = 0/0/0 ms
```

如果在 AR2 的 1 号 OSPFv3 进程中也引入了 2 号进程的 OSPFv3 路由，则 AR1 和 AR3 之间就可以相互 ping 通了。这是因为通信是双向的，只要一方向另一方向发送报文时找不到可用的路由就不能实现相互通信，所以两个路由隔离的进程中，要实现互通，需要相互引入对方进程的路由。

```
[AR2] ospfv3 1
[AR2-ospfv3-2] import-route ospfv3 2
[AR2-ospfv3-2] quit
<AR3>ping ipv6 1::1
  PING 1::1 : 56   data bytes, press CTRL_C to break
    Reply from 1::1
    bytes=56 Sequence=1 hop limit=63   time = 40 ms
    Reply from 1::1
    bytes=56 Sequence=2 hop limit=63   time = 30 ms
    Reply from 1::1
    bytes=56 Sequence=3 hop limit=63   time = 40 ms
    Reply from 1::1
    bytes=56 Sequence=4 hop limit=63   time = 20 ms
    Reply from 1::1
    bytes=56 Sequence=5 hop limit=63   time = 40 ms

  --- 1::1 ping statistics ---
    5 packet(s) transmitted
    5 packet(s) received
    0.00% packet loss
    round-trip min/avg/max = 20/34/40 ms

<AR1>ping ipv6 4::1
  PING 4::1 : 56   data bytes, press CTRL_C to break
    Reply from 4::1
    bytes=56 Sequence=1 hop limit=63   time = 50 ms
    Reply from 4::1
    bytes=56 Sequence=2 hop limit=63   time = 30 ms
    Reply from 4::1
    bytes=56 Sequence=3 hop limit=63   time = 50 ms
    Reply from 4::1
    bytes=56 Sequence=4 hop limit=63   time = 30 ms
    Reply from 4::1
    bytes=56 Sequence=5 hop limit=63   time = 40 ms

  --- 4::1 ping statistics ---
    5 packet(s) transmitted
    5 packet(s) received
    0.00% packet loss
    round-trip min/avg/max = 30/40/50 ms
```

12.5.6　配置对区域内的 LSA 进行过滤

本功能就是在 OSPFv2 中介绍的 Type-3 LSA 过滤功能。通过对进入当前区域，或从当前区域发出的 Type-3 LSA（Inter-Area-Prefix LSA）设置过滤条件，使只有符合过滤条件的 LSA 才能被接收、发布，这样可以过滤掉一些无用的 LSA，减少区域内路由器的 LSDB 的大小，从而提高网络的收敛速度，但可能会影响 ABR 上的路由聚合功能的实现效果。**此功能仅在 ABR 上配置**，具体配置步骤见表 12-7。

表 12-7 对区域内的 **LSA** 进行过滤

步骤	命令	说明
1	**system-view** 例如：<Huawei> **system-view**	进入系统视图
2	**ospfv3** [*process-id*] 例如：[Huawei] **ospfv3**	启动 OSPFv3，进入 OSPFv3 视图
3	**area** *area-id* 例中：[Huawei-ospfv3-1] **area** 1	进入 OSPFv3 区域视图
4	**filter** { *acl6-number* | **acl6-name** *acl6-name* | **ipv6-prefix** *ipv6-prefix-name* | **route-policy** *route-policy-name* } **import** 例如：[Huawei-ospfv3-1-area-0.0.0.1] **filter ipv6-prefix** my-prefix-list **import**	配置对区域内入方向（即从其他区域向当前区域进入的方向）的 Type3 LSA 进行过滤。过滤器包括 IPv6 基本 ACL、IPv6 地址前缀列表和路由策略 缺省情况下，不对区域内入方向的 Type-3 LSA 进行过滤，可用 **undo filter** [*acl6-number* | **acl6-name** *acl6-name* | **ipv6-prefix** *ipv6-prefix-name* | **route-policy** *route-policy-name*] **import** 命令取消对区域内入方向的 Type-3 LSA 进行过滤
5	**filter** { *acl6-number* | **acl6-name** *acl6-name* | **ipv6-prefix** *ipv6-prefix-name* | **route-policy** *route-policy-name* } **export** 例如：[Huawei-ospfv3-1-area-0.0.0.1] **filter** 2000 **export**	配置对区域内出方向（即从当前区域向其他区域发出的方向）的 Type3 LSA 进行过滤。过滤器包括 IPv6 基本 ACL、IPv6 地址前缀列表和路由策略。 缺省情况下，不对区域内出方向的 Type3 LSA 进行过滤，可用 **undo filter** [*acl6-number* | **acl6-name** *acl6-name* | **ipv6-prefix** *ipv6-prefix-name* | **route-policy** *route-policy-name*] **export** 命令取消对区域内出方向的 Type3 LSA 进行过滤

12.6 调整和优化 OSPFv3 网络

在某些特殊的网络环境中配置 OSPFv3 的一些特性功能，对 OSPFv3 网络的性能进行调整和优化。如通过改变 OSPFv3 的报文定时器，可以调整 OSPFv3 网络的收敛速度以及协议报文带来的网络负荷。在一些低速链路上，需要考虑接口传送 LSA 的延迟时间。通过调整 SPF 计算间隔时间，可以抑制由于网络频繁变化带来的资源消耗问题。对于广播网，通过配置接口的 DR 优先级来影响 DR/BDR 的选择。

12.6.1 配置用于调整和优化 OSPFv3 网络的功能

可以用于调整和优化 OSPFv3 网络的配置功能如下。

- 配置 SPF 定时器。
- 设置 LSA 频繁振荡时路由计算的延迟时间。
- 配置接收 LSA 的时间间隔。
- 配置生成 LSA 的智能定时器。
- 抑制接口接收和发送 OSPFv3 报文。
- 配置接口的 DR 优先级。
- 配置 Stub 路由器。
- 忽略 DD 报文中的 MTU 检查。

1. 配置 SPF 定时器

当 OSPFv3 的链路状态数据库 LSDB 发生改变时，需要重新进行 SPF 计算。此时就涉及到一个启动 SPF 计算时间间隔的问题，SPF 计算间隔设置得较小，可以加快网络收敛速度，但同时也会占用较多资源，如果网络频繁变化可能造成带宽耗尽。如果 SPF 计算间隔设置得较大，会占用较少的资源，避免因网络频繁变化而导致带宽耗尽，但同时网络收敛速度会相对较慢。请根据网络的实际情况配置。

在华为设备中，SPF 定时器有两种：一种称之为常用定时器，是直接指定固定的计时周期，另一种称之为智能定时器，在指定一个初始计时周期的基础上，可根据网络拓扑变化情况自动在初始计时周期上增加对应的计时时间，即网络变化越频繁，SPF 定时器会越长。

以上两种 SPF 定时器的配置方法是在 OSPFv3 进程视图下通过 **spf-schedule-interval** { *delay-interval hold-interval* | **intelligent-timer** *max-interval start-interval hold-interval-1* } 命令进行的。命令中的参数说明如下。

■ *delay-interval hold-interval*：二选一参数，这是 SPF 常用定时器的配置方法，其中 *delay-interval* 用来指定从 OSPFv3 收到网络变化到开始进行 SPF 计算的延迟时间，整数形式，取值范围是 0～65 535，单位是秒，缺省值是 5 s；*hold-interval* 用来指定 OSPFv3 两次连续的 SPF 计算抑制间隔时间，整数形式，取值范围是 0～65 535，单位是秒，缺省值是 10 s。

■ **intelligent-timer** *max-interval start-interval hold-interval-1*：二选一参数，这是 SPF 智能定时器的配置方法，其中 *max-interval* 用来指定 SPF 计算的最长间隔时间，整数形式，取值范围是 1～20 000，单位是毫秒；*start-interval* 用来指定 OSPFv3 SPF 计算的初始间隔时间，整数形式，取值范围是 1～1 000，单位是毫秒；*hold-interval-1* 用来指定 OSPFv3 SPF 计算的基数间隔时间，整数形式，取值范围是 1～5 000，单位是毫秒。

缺省情况下，使能智能定时器 intelligent-timer。SPF 计算的最长间隔时间为 10 000 ms、初始间隔时间为 500 ms、基数间隔时间为 2 000 ms，可用 **undo spf-schedule-interval** 命令恢复缺省设置。

配置本命令后，SPF 计算的时间间隔如下。

① 初次计算 SPF 的间隔时间由 *start-interval* 参数指定。

② 第 n（$n \geq 2$）次计算 SPF 的间隔时间为 *hold-interval*$\times 2^{(n-2)}$。

③ 当 *hold-interval*$\times 2^{(n-2)}$达到指定的最长间隔时间 *max-interval* 时，OSPFv3 计算 SPF 的时间间隔都是最长间隔时间，直到网络超过 *max-interval* 时间间隔不再振荡或进程被重启。

2. 设置 LSA 频繁振荡时路由计算的延迟时间

当网络中某设备故障时会引起 OSPFv3 LSA 持续频繁振荡，进而导致路由振荡，从而影响正常的业务流量。为了解决路由振荡问题，当设备收到已经达到最大老化时间的 Router-LSA 时路由被延迟计算。

设置设备收到已经达到最大老化时间的 Router-LSA 时路由计算的延迟时间的方法是在 OSPFv3 视图下通过 **maxage-lsa route-calculate-delay** *delay-interval* 命令进行配置，整数形式，取值范围是 0～65 535，单位是秒，取值为 0 表示路由计算没有被延迟。

缺省情况下，OSPFv3 LSA 频繁振荡时路由计算的延迟时间为 20 s，可用 **undo maxage-lsa route-calculate-delay** 命令恢复缺省值。

3. 配置接收 LSA 的时间间隔

当网络变得不稳定时，可以在 OSPFv3 进程视图下通过 **lsa-arrival-interval** *arrival-interval* 命令改变接收同一条 LSA 更新信息的最小时间间隔，整数形式，取值范围是 1～10 000，单位是毫秒。为避免由于网络变化造成的冗余 LSA 更新信息，缺省情况下，OSPFv3 将接收同一条 LSA 更新信息的时间间隔设置为 1 000 ms。

4. 配置生成 LSA 的智能定时器

如果把重新生成同一 LSA 实例的时间间隔设置为毫秒级，将加快网络收敛的速度。当网络变得不稳定时，可以在 OSPFv3 进程视图下通过 **lsa-originate-interval intelligent-timer** *max-interval start-interval hold-interval* 命令限制生成 LSA 的智能定时器来延迟重新生成 LSA 的时间间隔，以避免频繁地进行路由计算。命令中的参数说明如下。

■ *max-interval* 用来设置 LSA 更新的最大间隔时间。取值范围是 1～10 000，单位是毫秒。

■ *start-interval* 用来设置 LSA 更新的初始间隔时间。取值范围是 0～1 000，单位是毫秒。

■ *hold-interval* 用来设置 LSA 更新的抑制时间间隔。取值范围是 1～5 000，单位是毫秒。

缺省情况下，设置 LSA 更新的最大间隔时间为 5 000 ms，初始间隔时间为 500 ms，抑制时间间隔为 1 000 ms，可用 **undo lsa-originate-interval** 命令恢复缺省值。

5. 抑制接口接收和发送 OSPFv3 报文

如果要使路由器生成的 OSPFv3 路由信息不被某一网络中的其他路由器获得，且该路由器不接收其他路由器的路由信息，可以在 OSPFv3 进程视图下通过 **silent-interface** { **all** | *interface-type interface-number* }命令抑制使能了 OSPFv3 的接口接收和发送（**注意：接收和发送 OSPFv3 报文的能力同时被抑制了**）OSPFv3 报文来达到目的。命令中的参数和选项说明如下。

■ **all**：二选一选项，表示在所有使能了同一 OSPFv3 进程的接口上进行收发 OSPFv3 报文抑制配置，通常不会这么做。

■ *interface-type interface-number*：二选一参数，指定要抑制收发 OSPFv3 报文的接口。

缺省情况下，允许接口收发 OSPFv3 报文，可用 **undo silent-interface** { **all** | *interface-type interface-number* }命令恢复所有接口或指定接口为缺省设置。

说明 不同的进程可以对同一接口抑制收发 OSPFv3 报文，但本命令只对本进程已经使能的 OSPFv3 接口起作用，对其他进程的接口不起作用。当运行 OSPFv3 协议的接口被配置为 Silent 状态后，该接口的直连路由仍可以通过同一路由器的其他接口发送的 Intra-Area-Prefix-LSA 发布，**但接口上不会建立 OSPFv3 邻居关系**。这一特性可以增强 OSPFv3 的组网适应能力。

6. 配置接口的 DR 优先级

路由器接口的 DR 优先级将影响接口在选举 DR 时所具有的资格，优先级高的在选举时被优先考虑，优先级为 0 的路由器不会被选举为 DR 或 BDR。配置 DR 优先级的方法是在具体接口视图下通过 **ospfv3 dr-priority** *priority* [**instance** *instance-id*]命令进行配置，命令中的参数说明如下。

■ *priority*：指定接口的 DR/BDR 选举中的优先级，整数形式，取值范围是 0～255。

■ **instance** *instance-id*：可选参数，指定接口所属的 VPN 实例的 ID，整数形式，取值范围是 0～255，缺省值是 0。仅当接口上创建了多个 VPN 实例时才需要指定。

缺省情况下，接口在实例中选举 DR/BDR 时的优先级为 1，可用 **undo ospfv3 dr-priority** [*priority*] [**instance** *instance-id*]命令恢复接口在实例中的优先级为缺省值。

改变优先级后，可以利用下面两种方法重新进行 DR/BDR 的选择，但是这会导致路由器之间的 OSPFv3 邻接关系中断。

■ 重启所有路由器。

■ 在建立了 OSPFv3 邻居的接口上执行 **shutdown/undo shutdown** 命令。

7. 配置 Stub 路由器

Stub 路由器用来控制流量，它告知其他 OSPFv3 路由器不要使用这个 Stub 路由器来转发数据，但可以拥有一个到 Stub 路由器的路由。但要注意，这里的 Stub 路由器与 Stub 区域里的路由器没有必然的联系。

配置某个路由器为 Stub 路由器的方法是在 OSPFv3 进程视图下通过 **stub-router** [**on-startup** [*interval*]]命令进行的。命令中的 **on-startup** [*interval*]参数设备在发生重启或故障时保持为 Stub 路由器的时间间隔。

■ 如果未配置 **on-startup** 可选项，则表示该设备始终保持为 Stub 路由器，即所有来自这个设备的路由条目 Cost 值均设为 65 535。

■ 如果配置了 **on-startup** 可选项，则表示该设备仅在重启或者故障时保持为 Stub 路由器，保持时间由 *interval* 参数决定，整数形式，取值范围是 5～65 535，单位是秒。此时若未配置 *interval* 参数，则使用 *interval* 的缺省值 500 s。

本命令是通过增大该路由器所生成的 Router-LSA 中链路的度量值（65 535），告知其他 OSPFv3 设备不要使用这个 Stub 路由器来转发数据。但由于度量值不是无穷大，因此其他设备仍然可以拥有一个到本 Stub 路由器的路由。Stub 路由器生成的 Router-LSA 中，所有链路的度量值都设置为 65 535。

8. 忽略 DD 报文中的 MTU 检查

忽略 DD 报文中的 MTU 检查的配置方法是在 OSPFv3 视图下通过 **ospfv3 mtu-ignore** [**instance** *instance-id*]命令配置。缺省情况下，对 DD 报文中的 MTU 字段进行检查，可用 **undo ospfv3 mtu-ignore** [**instance** *instance-id*]命令来恢复其缺省值。

12.6.2 OSPFv3 的 DR 选择配置示例

在图 12-8 中，RouterA 的优先级为 100，它是网络上的最高优先级，所以 RouterA 被选为 DR；RouterC 是优先级第二高的，被选为 BDR；RouterB 的优先级为 0，这意味着它将无法成为 DR 或 BDR；RouterD 没有配置优先级，取缺省值 1。

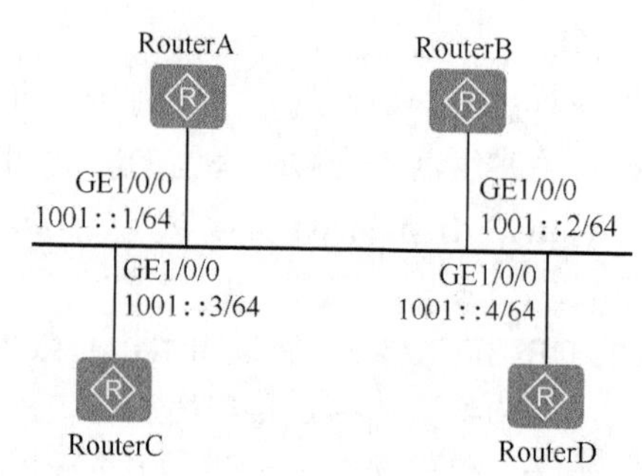

图 12-8 OSPFv3 的 DR 选择配置示例的拓扑结构

1. 基本配置思路分析

本示例要求按说明为 4 台路由器配置 DR 优先级，使 1001::/64 网段中 RouterA 为 DR，RouterC 为 BDR，而 RouterB 不能参与 DR、BDR 选举。而 DR 优先级的配置是在完成 OSPFv3 基本功能配置后进行配置的，故可得出本示例如下基本配置思路。

① 配置各路由器接口 IPv6 地址。

② 配置各路由器的 OSPFv3 基本功能。

③ 按要求配置接口上的 DR 优先级，查看 DR/BDR 状态，验证配置结果。

2. 具体配置步骤

① 配置各接口的 IPv6 地址。

在此仅以 RouterA 上各接口的 IPv6 地址为例进行介绍，RouterB、RouterC 和 RouterD 上的配置方法一样，略。

```
<Huawei> system-view
[Huawei] sysname RouterA
[RouterA] ipv6
[RouterA] interface gigabitethernet 1/0/0
[RouterA-GigabitEthernet1/0/0] ipv6 enable
[RouterA-GigabitEthernet1/0/0] ipv6 address 1001::1/64
[RouterA-GigabitEthernet1/0/0] quit
```

② 配置各路由器的 OSPFv3 基本功能。假设 RouterA~RouterD 的 Router ID 依次为 1.1.1.1、2.2.2.2、3.3.3.3、4.4.4.4，均使能 1 号 OSPFv3 路由进程。

■ RouterA 上的配置如下。

```
[RouterA] ipv6
[RouterA] ospfv3
[RouterA-ospfv3-1] router-id 1.1.1.1
[RouterA-ospfv3-1] quit
[RouterA] interface gigabitethernet 1/0/0
[RouterA-GigabitEthernet1/0/0] ospfv3 1 area 0
[RouterA-GigabitEthernet1/0/0] quit
```

■ RouterB 上的配置如下。

```
[RouterB] ipv6
[RouterB] ospfv3
[RouterB-ospfv3-1] router-id 2.2.2.2
[RouterB-ospfv3-1] quit
[RouterB] interface gigabitethernet 1/0/0
[RouterB-GigabitEthernet1/0/0] ospfv3 1 area 0
[RouterB-GigabitEthernet1/0/0] quit
```

■ RouterC 上的配置如下。

```
[RouterC] ipv6
[RouterC] ospfv3
[RouterC-ospfv3-1] router-id 3.3.3.3
[RouterC-ospfv3-1] quit
[RouterC] interface gigabitethernet 1/0/0
[RouterC-GigabitEthernet1/0/0] ospfv3 1 area 0
[RouterC-GigabitEthernet1/0/0] quit
```

■ RouterD 上的配置如下。

```
[RouterD] ipv6
[RouterD] ospfv3
[RouterD-ospfv3-1] router-id 4.4.4.4
[RouterD-ospfv3-1] quit
[RouterD] interface gigabitethernet 1/0/0
[RouterD-GigabitEthernet1/0/0] ospfv3 1 area 0
[RouterD-GigabitEthernet1/0/0] quit
```

■ 在 RouterA 上执行 **display ospfv3 peer** 命令，查看其邻居信息，可以看到 DR 优先级（缺省为 1）以及邻居状态，此时 RouterD 为 DR，RouterC 为 BDR。

说明 截至目前，还没有为各路由器配置 DR 优先级，即所有路由器均具有相同的缺省 DR 优先级 1。在 DR 选举规则中规定，当 DR 优先级相同时，Router ID 高的为 DR。如果路由器的某个 Ethernet 接口成为 DR 之后，则这台路由器的其他广播接口在进行后续的 DR 选择时，具有高优先权。即选择已经是 DR 的路由器作为 DR，且不可抢占。

```
[RouterA] display ospfv3 peer
OSPFv3 Process (1)
OSPFv3 Area (0.0.0.0)
Neighbor ID     Pri  State            Dead Time Interface      Instance ID
2.2.2.2           1  2-Way/DROther    00:00:32  GE1/0/0                  0
3.3.3.3           1  Full/Backup      00:00:36  GE1/0/0                  0
4.4.4.4           1  Full/DR          00:00:38  GE1/0/0                  0
```

■ 在 RouterD 上执行 **display ospfv3 peer** 命令，查看其邻居信息，可以看到 RouterD 和其他邻居之间的邻居状态都为 Full，进一步证明了 RouterD 为 DR，或者 BDR，因为 DRother 之间不能建立 Full 状态。

```
[RouterD] display ospfv3 peer
OSPFv3 Process (1)
OSPFv3 Area (0.0.0.0)
Neighbor ID     Pri  State            Dead Time Interface      Instance ID
1.1.1.1           1  Full/DROther     00:00:32  GE1/0/0                  0
2.2.2.2           1  Full/DROther     00:00:35  GE1/0/0                  0
3.3.3.3           1  Full/Backup      00:00:30  GE1/0/0                  0
```

③ 配置接口的 DR 优先级 ，把 RouterA 的 DR 优先级改为 100，RouterB 的 DR 优先级改为 0，RouterC 的 DR 优先级改为 2，RouterD 的 DR 优先级保持缺省。

```
[RouterA] interface gigabitethernet 1/0/0
[RouterA-GigabitEthernet1/0/0] ospfv3 dr-priority 100
[RouterA-GigabitEthernet1/0/0] quit
[RouterB] interface gigabitethernet 1/0/0
[RouterB-GigabitEthernet1/0/0] ospfv3 dr-priority 0
[RouterB-GigabitEthernet1/0/0] quit
[RouterC] interface gigabitethernet 1/0/0
```

```
[RouterC-GigabitEthernet1/0/0] ospfv3 dr-priority 2
[RouterC-GigabitEthernet1/0/0] quit
```

■ 在 RouterA 上执行 **display ospfv3 peer** 命令，查看其邻居信息，可以看到 DR 优先级已经更新，但 DR/BDR 并未改变，原因就是 DR 优先级是不抢占的，需要重启路由器或 OSPFv3 接口才能重新按照新配置进行 DR 选举。

```
[RouterA] display ospfv3 peer
OSPFv3 Process (1)
OSPFv3 Area (0.0.0.0)
Neighbor ID     Pri  State            Dead Time Interface         Instance ID
2.2.2.2           0  2-Way/DROther     00:00:34  GE1/0/0             0
3.3.3.3           2  Full/Backup       00:00:38  GE1/0/0             0
4.4.4.4           1  Full/DR           00:00:31  GE1/0/0             0
```

重启所有路由器（或者在建立了 OSPFv3 邻居的接口上配置 **shutdown** 或 **undo shutdown** 命令），使 OSPFv3 重新进行 DR/BDR 的选择。

■ 最后再在 RouterA 上执行 **display ospfv3 peer** 命令，查看其邻居信息，可以看到 RouterC 为 BDR。

```
[RouterA] display ospfv3 peer
OSPFv3 Process (1)
OSPFv3 Area (0.0.0.0)
Neighbor ID     Pri  State            Dead Time Interface         Instance ID
2.2.2.2           0  Full/DROther      00:00:31  GE1/0/0             0
3.3.3.3           2  Full/Backup       00:00:36  GE1/0/0             0
4.4.4.4           1  Full/DROther      00:00:39  GE1/0/0             0
```

在 RouterD 上执行 **display ospfv3 peer** 命令，查看其邻居信息，可以看到 RouterA 为 DR。这样就达到最终目的了。

```
[RouterD] display ospfv3 peer
OSPFv3 Process (1)
OSPFv3 Area (0.0.0.0)
Neighbor ID     Pri  State            Dead Time Interface         Instance ID
1.1.1.1         100  Full/DR           00:00:39  GE1/0/0             0
2.2.2.2           0  2-Way/DROther     00:00:35  GE1/0/0             0
3.3.3.3           2  Full/Backup       00:00:39  GE1/0/0             0
```

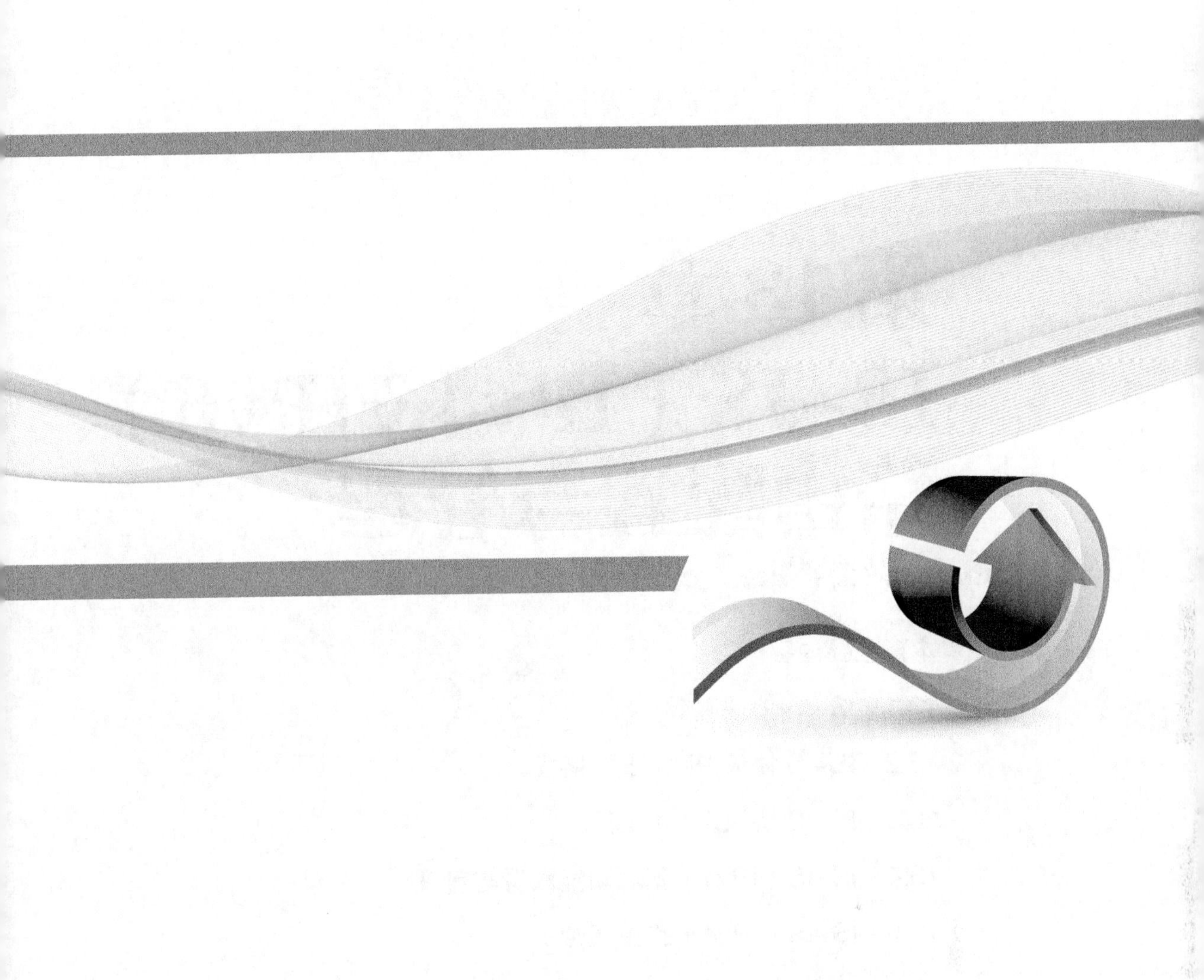

第 13 章 IS-IS（IPv4&IPv6）路由配置与管理

本章主要内容

IS-IS 也是目前最常用的一种 IGP 类型的动态路由协议，而且它与本书前面介绍的 OSPF（包括 OSPFv3）协议一样，都是基于链路状态、采用 SPF 算法的 IGP 动态路由协议。但 IS-IS 与 OSPF 有着本质的区别，首先 IS-IS 最初并不是为 TCP/IP 网络开发的，而是为 OSI 网络的路由计算而开发的，后来才对 TCP/IP 架构提供支持。另外，IS-IS 是多堆栈的，同时支持 IPv4 和 IPv6 网络环境，所以适应性和可扩展性要比前面介绍的 RIP 和 OSPF 更强。最后 IS-IS 是数据链路层协议，而 OSPF 是网络层协议。

因为 IS-IS 是一个同时支持 IPv4 和 IPv6 网络环境的协议，所以本章除了要全面介绍 IS-IS 路由协议的主要技术基础和工作原理外，还将集中介绍 IS-IS 协议在 IPv4 和 IPv6 网络中应用的各主要功能的配置与管理方法。

13.1 IS-IS 协议基础

IS-IS（Intermediate System-to-Intermediate System，中间系统到中间系统）协议与本书前面介绍的 OSPF 非常类似，也是一种链路状态动态路由协议，也使用最短路径优先 SPF（Shortest Path First）算法进行路由计算，但两者还是有着许多不同，具体将在本章的后面介绍。

13.1.1 OSI 网络基础

IS-IS 最初是 ISO（国际标准化组织）为它定义的 OSI（Open System Interconnection，开放系统互联）网络中的 CLNP（ConnectionLess Network Protocol，无连接网络协议）设计的一种动态路由协议。随着 TCP/IP 的流行，为了提供对 IP 路由的支持，IETF 在 RFC1195 中对 IS-IS 进行了扩充和修改，使它能够同时应用在 TCP/IP 和 OSI 网络环境中，称为集成 IS-IS（Integrated IS-IS 或 Dual IS-IS）。

在 OSI 网络中定义了两类网络层服务：CLNS（Connectionless Network Service，无连接网络服务）和 CONS（Connection-oriented Network Service，面向连接的网络服务）。其中，提供 CLNS 服务的协议主要包括 CLNP（Connectionless Network Protocol，无连接网络协议）、IS-IS 和 ES-IS（End System to Intermediate System，终端系统到中间系统），它们分别起着不同的作用。CLNS 类似于 TCP/IP 中的 IP 簇，都是无连接服务；而 CONS 类似于 TCP/IP 网络中的 TCP，都是面向连接的服务。

1. CLNP

CLNP 是 OSI 网络的网络层数据报协议，提供了与 TC/IP 网络中 IP 类似的功能，因此 CLNP 又称之为 ISO-IP。与 IP 一样，CLNP 也是一个无连接的网络层协议，提供无连接的网络层服务。但是，IP 是 TCP/IP 栈中唯一的网络层协议，来自高层的协议和数据绝大多数需要封装在 IP 报文中，然后再传输到数据链路层，重新封装在帧中进行传输。而在 OSI 网络环境中，前面说的 CLNP、IS-IS、ES-IS 都是独立的网络层协议，都直接被封装到数据链路层的帧中进行传输。CLNP 使用 NSAP（网络服务访问协议）地址来识别网络设备。

2. IS-IS

IS-IS 协议最早是由 DEC 公司于 20 世纪 80 年代后期开发的，并在 ISO/IEC 10589 中以标准的形式发布，是一种动态路由协议。IS-IS 最初仅用于在使用 CLNP 的 OSI 网络中实现各路由器间的路由信息交换。随着 TCP/IP 的流行，为了提供对 IP 路由的支持，IETF 在 RFC1195 中对 IS-IS 进行了扩充和修改，使它能够同时应用在 TCP/IP 和 OSI 网络环境中，也就是前面所说的“集成 IS-IS”。再后来的 IETF 标准扩展又定义了 IS-IS 对 IPv6 网络的支持。目前的 IS-IS 版本为 ISO/IEC 10589:2002，可以全面支持 OSI 和 TCP/IP 网络环境。

说明 从以上的介绍可以看出，IS-IS 是一个能够同时处理多个网络层协议（例如 IP 和

CLNP）的路由选择协议。而同属链路状态路由协议的 OSPFv2 和 OSPFv3 协议只支持 IP，专为 TCP/IP 网络设计。

3. ES-IS

ES-IS 也是由 ISO 开发，用来允许终端系统（如 PC 机）和中间系统（指路由器）进行路由信息的交换（也就是通常所说的 PC 主机与路由器之间的路由），以推动 OSI 网络环境下网络层的路由选择和中继功能的操作。ES-IS 在 CLNP 网络中就像 IP 网络中的 ARP、ICMP 一样，为用户主机与路由器间提供路由信息交换功能。

13.1.2　IS-IS 基本术语

要正确理解 IS-IS 路由协议的工作原理，首先要理解以下基本专业术语。

1. IS（Intermediate System，中间系统）

IS 是指运行 IS-IS 协议的路由设备。它是 IS-IS 协议中生成路由和传播路由信息的基本单元。在本章后面讲的 IS 和路由器具有相同的含义。

2. ES（End System，终端系统）

ES 相当于通常所说的主机系统。ES 不参与 IS-IS 路由协议的处理，在 OSI 网络环境中使用专门的 ES-IS 协议定义 ES 与 IS 间的路由通信。

3. RD（Routing Domain，路由域）

RD 是指由多个使用 IS-IS 协议的路由器所组成的范围。

4. Area（区域）

Area 是 IS-IS 路由域的细分单元。IS-IS 与 OSPF 一样，允许将整个路由域分为多个区域，且总体上也分为普通区域和骨干区域两级分层结构，骨干区域仅包含 Level-2 路由器，普通区域中没有 Level-2 路由器，只有 Level-1 路由器和和 Level-1-2 路由器，Level-1-2 路由器用于连接普通区域和骨干区域，类似于 OSPF 中的 ABR。但 IS-IS 中的骨干区域不像 OSPF 那样定为 Area 0，而是随意的，**而且普通区域必须与骨干区域直接连接（没有 OSPF 中的“虚连接”概念），普通区域之间不能有直接连接**。有关路由器的类型将在下节具体介绍。

5. Sys ID（System ID，系统 ID）

在 IS-IS 协议中使用 Sys ID 唯一标识一台路由器，必须保证在整个 IS-IS 路由域中每台路由器的系统 ID 都是唯一的，与 OSPF 中的路由器 ID（Router ID）一样。

6. LSP（Link-State Packet，链路状态报文）

ISP 是 IS-IS 网络中的设备用来通过泛洪方式向所有邻居通告自己的链路状态信息的报文，类似于 OSPF 中的 LSA（链路状态通告）。网络中每台路由器都会产生带有自己系统 ID 标识的 LSP 报文，可以通过发送 LSP 不断更新自己的链路状态信息。

7. LSDB（Link State DataBase，链路状态数据库）

也与 OSPF 路由器一样，IS-IS 路由器的每个区域也都有一个专门存放该区域所接收的所有 LSP 报文的数据库，这就是 LSDB。通过 LSP 的泛洪，最终使整个区域内的所有路由器拥有相同的 LSDB。IS-IS 路由器利用各个区域的 LSDB，通过 SPF 算法（与 OSPF 使用的算法一样）计算生成自己的 IS-IS 路由表。

8. DIS（Designated IS，指定 IS）

与在 OSPF 广播网络、NBMA 中要选举一个 DR（指定路由器）一样，在 IS-IS 广播网络类型中也需要选举一个指定 IS（DIS），以便周期性地向区域内其他路由器进行区域 LSDB 数据库的泛洪（**区域内的非 DIS 仅与 DIS 之间进行 LSDB 交互，非 DIS 之间不能直接进行 LSDB 交互**），使整个区域中各路由器的 LSDB 同步。但与 OSPF 中有备份 BDR（备份指定路由器）不一样，**IS-IS 中没有备份 DIS 的角色**。

13.1.3 IS-IS 路由器类型

与 OSPF 根据路由器所处的网络位置以及作用不同，把网络中的所有路由器划分为区域内部路由器（IR）、骨干路由器（BR）、区域边界路由器（ABR）、自治系统边界路由器（ASBR）类似，IS-IS 协议也根据各路由器所处的网络位置不同，或者作用不同分成了 3 类：Level-1（简称 L1）、Level-2（简称 L2）和 Level-1-2（简称 L1/2）。所有 IS-IS 路由器缺省都是 L1/2 类型的。下面分别介绍这 3 种 IS-IS 路由器及各自可以有的邻接关系。

1. L1 路由器

L1 路由器是一个 IS-IS **普通区域内部**的路由器，类似于 OSPF 网络中的普通区域内部路由器（IR），**只能在非骨干区域中存在**。而且 L1 路由器只能与属于同一区域的 L1 和 L1/2 路由器建立 L1 邻接关系（**不能与 L2 路由器建立邻接关系**），交换路由信息，并维护和管理本区域内部的一个 L1 LSDB。

L1 路由器的邻居都在同一个区域中，其 LSDB 包含本区域的路由信息以及到达同一区域中最近 L1/2 路由器的缺省路由，但到区域外的数据需由最近的 L1/2 路由器进行转发。也就是说，L1 路由器只能转发区域内的报文，或者将到达其他区域的报文转发到距离它最近，且在同一区域的 L1/2 路由器。

2. L1/2 路由器

L1/2 路由器类似于 OSPF 网络中的 ABR（区域边界路由器），用于普通区域与骨干区域间的连接，缺省所有 IS-IS 路由器都是 L1/2 类型的。L1/2 路由器既可以与同一普通区域的 L1 路由器以及其他 L1/2 路由器建立 L1 邻接关系，也可以与骨干区域 L2 路由器建立 L2 邻接关系。L1 路由器必须通过本区域内的 L1/2 路由器（如果有多个则选择“最近”的一个）才能与骨干区域中的设备通信。

其于以上分析可得知，L1/2 路由器必须维护两个 LSDB：用于区域内路由计算的 L1 LSDB，用于区域间路由计算的 L2 LSDB。但要注意的是，**L1/2 路由器不一定要位于区域边界，在区域内部也有可能存在 L1/2 路由器**（就像 OSPF 中的 ASBR 不一定位于 AS 边界，也可以是区域内路由器一样），图 13-1 中箭头指示的那台路由器就不是位于区域边界。**这是因为 IS-IS 网络中所有 L2、L1/2 的路由器的连接必须是连续的**。

3. L2 路由器

L2 路由器是**骨干区域**中的路由器（骨干区域中全是 L2 路由器，L1/2 路由器只能在普通区域），主要用于通过与普通区域中的 L1/2 路由器连接，用于转发非骨干区域之间的报文，类似于 OSPF 网络中的 BR（骨干路由器）。

L2 路由器可与本区域中的其他 L2 路由器，以及其他区域中的 L1/2 路由器建立 L2 邻接关系，交换路由信息，维护一个 L2 的 LSDB。网络中的所有 L2 路由器和所有 L1/2 路由器连接在一起共同构成 IS-IS 网络的骨干网（Backbone，**注意，不是骨干区域**），也称L2区域。**IS-IS中的L2区域不是一个特定的区域，是由连接网络中各个区域的L1/2和L2路由器组成的，但必须物理连续**。而IS-IS网络中所有L1路由器与L1/2路由器连接所形成的区域统称为L1区域。**L1区域是分散的，不是连续的。**

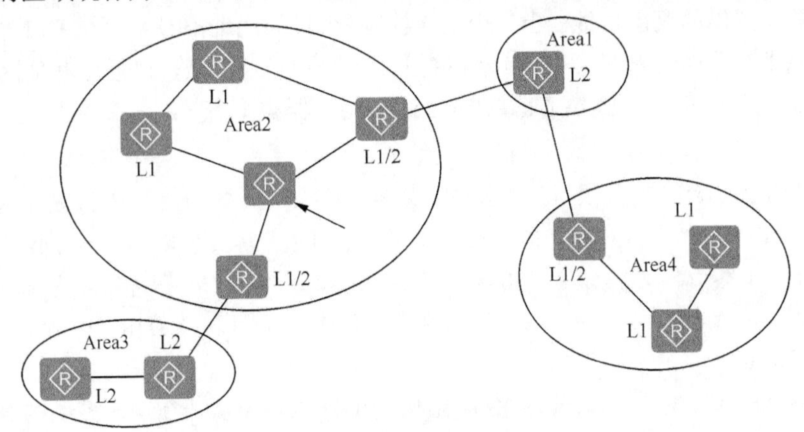

图13-1 IS-IS骨干网连续性示例

13.1.4 OSI网络/IS-IS路由类型

通过前面的介绍我们已经知道，IS-IS最初是为OSI网络而开发的网络层路由协议，所以它的路由选择功能就与TCP/IP网络中的路由功能在实现上有些不一样。

在整个OSI网络中，它的路由系统是分层次的，包括了4个路由级别（或称4种路由类型）：L0（Level-0）、L1（Level-1）、L2（Level-2）和L3（Level-3）。IS-IS所能提供的路由仅包括中其中的L1、L2这两个级别。

1. L0路由

L0路由是OSI网络中ES（终端系统，类似于主机）与IS（中间系统，就是运行IS-IS协议的路由器，也可以是三层交换机）之间的路由（**不属于IS-IS协议所提供的路由功能**），使用ES-IS协议进行路由信息交换。在ES-IS协议中，ES通过侦听IS发送的IIH报文（IS到IS的Hello报文）来获知IS的存在。当ES要向其他ES发送ESH报文（ES到ES的Hello报文）时将同时把报文发送到IS。同样，IS也会侦听ES发送的ESH报文以获知ES的存在，当有数据要发送到某个ES时，会根据所获取的ESH信息进行发送。这个过程就称为L0路由选择过程。

2. L1路由

L1路由是OSI或者TCP/IP网络中在同一普通区域内各IS之间的路由，即普通区域内路由，**是IS-IS协议提供的路由功能**。同一个普通区域中的IS之间通过交换路由信息后，便得知了本区域内的所有路径。当IS收到一个到目标地址是本区域内地址的报文后，通过查看包的目的地址即可将报文发往正确的链路或目的节点。能提供L1路由的IS-IS路由器类型有L1路由器和L1/2路由器。

说明 尽管同一普通区域内部IS间路由仅需要L1路由即可，但是并不能就此推断，在同一普通区域中的IS都只能是L1路由器，也可以是同时支持L1路由和L2路由的L1/2

路由器，只是说L1路由是仅用于区域内部的路由。

3. L2路由

L2路由是OSI或者TCP/IP网络中不同区域间各IS之间的路由，即区域间路由，**也是IS-IS协议提供的路由功能**。当一个IS收到一个目的地址不是本区域CLNP地址的报文时，便将其转发到正确的目的地或者将报文转发到其他区域，以便由其他区域中的IS转发到正确的目的地。能提供L2路由的IS-IS路由器类型有L2路由器和L1/2路由器。

说明 尽管L2路由是用于IS-IS区域间的路由，但是L2路由也可能需要在区域内部传递，如骨干区域内部，甚至在普通区域内部的多个L1/2路由器之间。为了既能提供普通区域内部的L1路由，又能传递不同区域间的L2路由，所以在普通区域内部（不一定位于区域边界）的路由器也可能是L1/2类型，具体参见13.1.3节的图13-1。

4. L3路由

L3路由是OSI网络中不同IS-IS路由域间的路由，**不属于IS-IS提供的路由功能**。L3路由类似于TCP/IP网络中的BGP（Border Gateway Protocol，边界网关协议），其目的是在不同的路由域或自治系统（AS）间交换路由信息，并将去往其他AS的包转发到正确的AS，以便到达最终目的地。这些AS之间可能拥有不同的路由拓扑，所以不能直接进行路由信息的交换。通常L3路由是由IRDP（Inter-Domain Routing Protocol，域间路由选择协议）来完成的。

从以上分析可看出，IS-IS所能完成的路由功能包括上面所介绍的L1和L2路由功能（同时提供L1和L2的路由称之为L1/2路由），这仅是整个OSI网络中路由选择功能的一部分。

13.1.5 IS-IS区域与OSPF区域的比较

IS-IS网络与OSPF网络一样也可以划分多个区域，但是IS-IS工作在数据链路层，其报文直接以帧格式封装；而OSPF工作在网络层，其报文需要由网络层的IP进行封装。所以尽管它们两者划分区域的方法是不一样的，但在IS-IS与OSPF区域之间仍有诸多不同之处。

1. IS-IS可以有多个骨干区域

OSPF的设计基于骨干区域，而且只有一个骨干区域（可以有多个分离的骨干区域，但区域号固定为0），所有的非骨干区域（通过ABR）必须直接与骨干区域相连（非骨干区域与骨干区域之间没有直接物理连接的话，则要通过虚连接连接）。而**IS-IS中可以有多个骨干区域，且骨干区域ID**任意，但它与OSPF一样，要求所有的非骨干区域（通过L1/2路由器）必须直接与骨干相连，普通区域之间不能直接连接。IS-IS中的骨干区域全由L2路由器构成，在骨干区域内部必须与其他L2路由器直连，与普通区域之间必须通过L1/2路由器连接，不能与L1路由器相连。

图13-2所示为一个运行IS-IS协议的典型网络结构。在这种拓扑结构中，整个骨干网（backbone）不仅包括骨干区域Area1中的所有路由器，还包括其他区域的Level-1-2路由器。图中，各L2和L1/2之间均有直接、连续的连接，中间没有L1路由器。

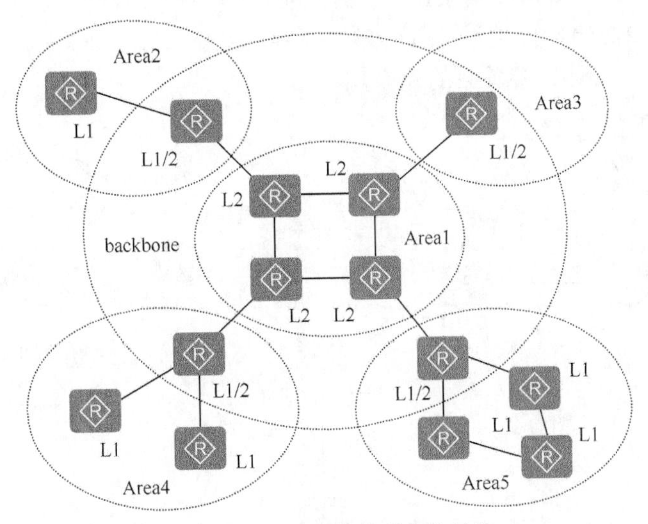

图 13-2　IS-IS 网络典型拓扑结构

图 13-3 所示为 IS-IS 网络的另外一种拓扑结构图，Level-2 级别的路由器没有在同一个区域，而是分别属于 Area1 和 Area3。此时所有物理连续的 Level-1-2 和 Level-2 路由器就构成了 IS-IS 的骨干网，也即前面所说的 L2 区域。即 IS-IS 骨干网是由所有的 L2 路由器和各区域边界的 L1/2 路由器构成，它们可以属于不同的区域，**但必须物理连续**，即中间不能为 L1 路由器。

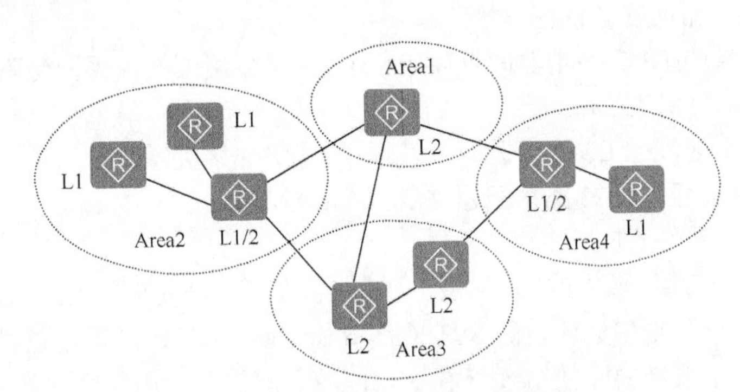

图 13-3　IS-IS 网络的一种非典型拓扑结构

2. 区域边界不同

OSPF 的区域边界在设备接口上，即 OSPF 的每条链路的两端接口都必须属于同一个区域，一台设备的不同接口可以位于不同的区域中，如图 13-4 所示。而 IS-IS 的区域边界在链路上，即**同一链路的两端接口可分属不同区域**（参见图 13-3），**且一台 IS-IS 路由器中同一路由进程下的各个接口都必须同属一个区域**。

3. 不同区域间路由器的邻接关系不同

OSPF 使用路由器接口来划分区域，一台路由器可能同时属于多个区域，并可以与多个区域的路由器形成邻接关系。而 IS-IS 协议规定路由器上在同一路由进程下的各个接口属于同一个特定的区域，L1 路由器只能建立 L1 级邻接关系；L2 路由器只能建立

L2 级邻接关系；L1/2 既可以与 L1 路由器建立 L1 级邻接关系，又可以与 L2 或者其他 L1/2 路由器建立 L2 级邻接关系。即在 IS-IS 路由协议中，只有同一层次的相邻路由器才可能成为邻接体。具体邻接关系的建立规则如下。

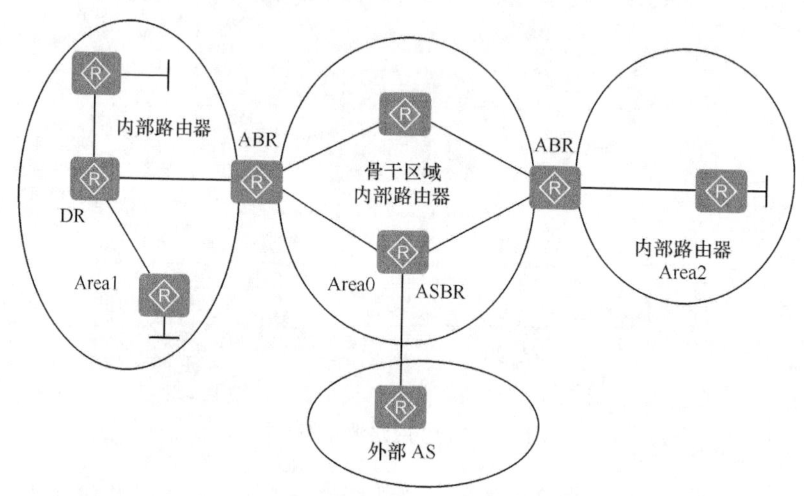

图 13-4 OSPF 中的区域边界示例

■ 同一区域的 L1 路由器间可以建立 L1 级邻接，不同区域的 L1 路由器间不可能建立任何邻接关系。

■ L1 路由器可与同一区域的 L1/2 路由器建立 L1 级邻接，但不能与不同区域的 L1/2 路由器和 L2 路由器间建立任何邻接关系。

■ 同一区域的 L1/2 路由器间可以建立 L1 和 L2 级邻接关系，**但不同区域的 L1/2 路由器间不能建立邻接关系。**

■ 同一骨干区域的 L2 路由器间可以建立 L2 级邻接关系。

■ L2 路由器可与 L1/2 路由器建立 L2 级邻接关系。

4. SPF 路由算法的使用不同

在 IS-IS 中，普通区域内的 L1 路由、区域间和骨干区域内部的 L2 路由都是采用 SPF 算法进行计算的，分别生成各自的 SPT（Shortest Path Tree，最短路径树）。而在 OSPF 中，只有在同一个区域内才使用 SPF 算法，区域之间的路由需要通过骨干区域来转发。

13.1.6 IS-IS 的两种地址格式

在 IS-IS 协议中有两种地址：一种是用来标识网络层服务的 NSAP（Network Service Access Point，网络服务访问点）地址，另一种是用来标识设备的 NET（Network Entity Titile，网络实体名称）地址。下面分别予以介绍。

1. NSAP 地址格式

NSAP 地址仅适用于 OSI 网络，用来标识 CLNS 网络层地址，每个通信进程（不是每个接口）对应一个 NSAP 地址，类似于 TCP/IP 网络中的 Socket 套接字服务。

NSAP 地址由主要两个部分组成，IDP（Inter-Domain Portion，域间部分）和 DSP（Domain Service Portion，域服务部分），如图 13-5 所示。这与 IP 地址中由网络 ID 和主

机 ID 两部分组成类似：其中的 IDP 部分相当于 TCP/IP 网络 IP 地址中的主网络 ID 部分，而 DSP 部分则相当于 TCP/IP 网络 IP 地址中的子网 ID、主机 ID 和端口号的总和。

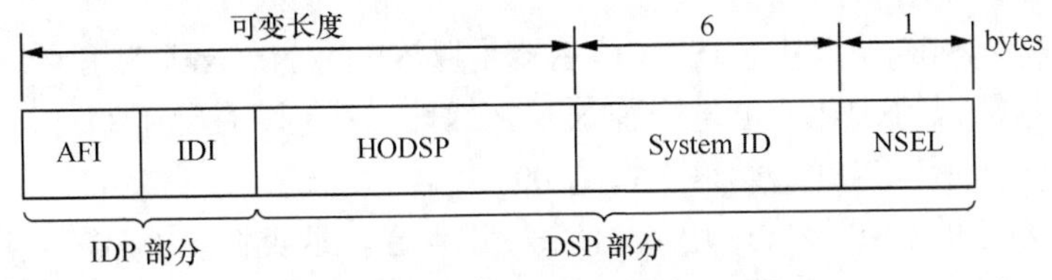

图 13-5 IS-IS NSAP 地址格式

IDP 由以下两个子部分组成。

① AFI（Authority and format ID，颁发机构与格式 ID）：用来标识 NSAP 地址格式和对应地址的分配机构，占 1 字节。**AFI 等于 49 的地址是私有地址，就像 IP 地址中的局域网地址一样，而 AFI 等于 39 或 47 的地址属于 ISO 注册地址，相当于 IP 地址的公网地址**。

② IDI（Inter-Domain ID，域间 ID）：用来标识、区分 AFI 字段下不同的 IS-IS 路由域，最长可达 10 字节。

DSP 由以下 3 个子部分组成。

① HODSP（High Order DSP，DSP 高位）：用来在一个 IS-IS 路由域中分割多个区域，相当于 IP 地址中的子网 ID 部分。

② 系统 ID（System ID，SID）：占 6 字节，用来区分主机，通常以 MAC 地址进行标识，类似于 OSPF 中的 Router ID，相当于 IP 地址中的主机 ID 部分。LSP 的识别就是依据路由器 NSAP 地址中的系统 ID。当 IS 工作在 L1 级别时，则在所有同区域中的 L1 路由器的系统 ID 必须唯一；当 IS 工作在 L2 级别时，则在同一个路由域中所有路由器的系统 ID 必须唯一。

③ NSEL（Network-Selector，网络选择器）：占 1 字节，用来指示选定的服务，相当于 TCP 协议中的端口号。在 IS-IS 路由选择过程中没有使用 NSEL，所以 NSEL 始终保持为 00。

从以上可以看出，NSAP 地址中包含了很多不同的字段，看起来有些复杂。但实际上可以将 NSAP 地址进行简化，各种字段可以归类为 3 个部分：区域地址（Area address）、System ID 和 NSEL，如图 13-6 所示。其中“Area Address”（区域地址）包括了图 13-5 中的 AFI、IDI 和 HODSP 3 个字段，长度可变，在 1～13 字节之间。System ID 和 NSEL 两部分与图 13-5 中的对应字段一样，参见前面介绍即可。

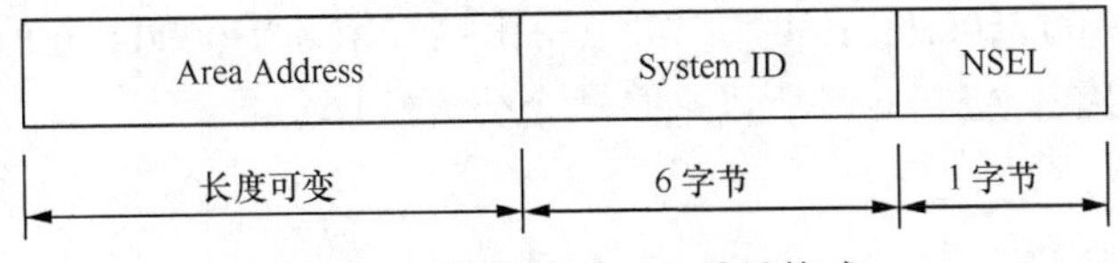

图 13-6 简化的 NSAP 地址格式

由于一般情况下 1 字节（两个十六进制数字）的长度足够定义 Area Address，所以在大多数的 IS-IS 实现中，NSAP 地址最小长度为 8 字节。对于 IP 应用程序而言，在 NSAP

地址中，1 字节定义 AFI，最少 2 字节定义实际的区域信息（IDI），6 字节定义 System ID，1 字节定义 NSEL，所以此种情况下的 NSAP 地址最少为 10 字节。

2. NET 地址格式

在 IP 网络的 IS-IS 协议中，IS-IS 路由器是以 NET（Network Entity Title，网络实体名称）地址进行标识的。NET 也是一种 NSAP 地址，只是没有使用 OSI 网络中 NSAP 地址的 NSEL 部分，所以 NSEL 始终保持为 00。

路由器在发送的 LSP 报文中用 NET 来标识自己，这类似于 OSPF 发送的 LSA 中的路由器 ID（Router ID）。通常情况下，一台路由器只需配置一个 NET 即可，当区域需要重新划分时，由于最多可配置 3 个区域，所以 NET 最多也只能配置 3 个。

NET 地址的整个长度范围与 NSAP 一样，也是 8～20 字节，分成 3 个部分（参见图 13-6）。

① 区域地址（Area Address）：是整个地址的最高字节序列，长度范围为 1～13 字节，相当于 OSPF 网络中的“区域 ID”。一个 IS-IS 路由进程实例可以配置多个区域地址，此时所有区域地址都具有相同的含义，主要用于区域合并或者区域划分。可以简单地配置成 0000.0000.0001、0000.0000.0002 和 0000.0000.0003 格式（各数字均为十六进制）。

② 系统 ID（System ID，SID）：它是继“区域地址”字段后的 6 字节（固定为 6 字节），并且是以数字开始的。**当路由器为 L1 IS 时，则该 IS 的系统 ID 必须在同一区域中的所有 L1 IS 中唯一；当路由器为 L2 IS 时，则该 IS 的系统 ID 必须在整个 IS-IS 路由域中唯一。**

可以把路由器 Loopback 接口 IP 地址转换为系统 ID，只需要把每个字节都用 3 个数字来表示，然后再转换成 3 段（原来 IP 地址是 4 段）即可。如先将 192.31.231.16 转换成 192.031.231.016，再转换成 3 段得到 1920.3123.1016 即可，这样就可用作系统 ID 了。不过，通常也是以 0000.0000.0001、0000.0000.0002 和 0000.0000.0003 格式来配置，以便于区分。

③ NSEL（网络选择器）：在“系统 ID”字段之后的 1 字节（也是固定为 1 字节），其值总为“00”。

从以上介绍可以看出，一个 NET 地址的 3 个部分中，最后两部分的字节长度是固定的，仅有第一个部分（区域地址）的长度是可变的，所以在给定一个 NET 地址时，往往是从最后往前来得出每部分的值。

如果一个 NSAP 地址为 49.0001.aaaa.bbbb.cccc.00，NSEL（1 字节，2 位十六进制）为 00，系统 ID（6 字节，12 位十六进制）为 aaaa.bbbb.cccc，区域地址为 49.0001，此时区域地址仅为 3 字节，又因其 AFI=49，所以它是一个私有地址。又如另一个 NSAP 地址为 39.0f01.0002.0000.0c00.1111.00，则可以得出系统 ID 为 0000.0c00.1111，区域地址为 39.0f01.0002，又因其 AFI=39，所以它是一个公有地址。

13.2 IS-IS 协议 PDU 报文格式

IS-IS 路由协议和其他路由协议不同，直接运行在数据链路层之上，对等路由器间通过 PDU（Protocol Data Unit，协议数据单元）来传递链路状态信息，完成链路状态 PDU 数据库（LSPDB）的同步。

说明 其实这里所说的"PDU"是 OSI 网络数据单元的称呼。OSI 体系结构中不同层次有不同的 PDU，如数据链路层中的数据单元称之为 DPDU（数据链路协议数据单元），其实在 TCP/IP 网络中就是"帧"，网络层中的数据单元称之为 NPDU（网络协议数据单元），在 TCP/IP 网络中就是"包"或"分组"，传输层中的数据单元就是 TPDU（传输协议数据单元），在 TCP/IP 网络中就是"段"。具体可参见《深入理解计算机网络》（新版）一书。

13.2.1 IS-IS 主要 PDU 类型

IS-IS 网络中使用的 PDU 类型主要有 3 种：Hello PDU、LSP（Link-State PDU，链路状态 PDU）和 SNP（Sequence Number PDU，序列号 PDU）。本节先进行简单的介绍，IS-IS PDU 报头及各种 PDU 的格式将在后面各小节介绍。

1. Hello PDU

与 OSPF 的 Hello 报文一样，IS-IS 的 Hello PDU 也是周期性地向邻居路由器发送的，也用于建立和维持邻居关系，称为 IIH（IS-to-IS Hello）。但因为 IS-IS 是数据链路层协议，所以在建立邻居关系前无需建立 TCP 传输连接。

另外，在 IS-IS 协议中，不同类型网络使用的 Hello PDU 格式有所不同。广播网中 L1 邻居关系的建立和维护使用的是 L1 LAN IIH（类型号为 15）；广播网中 L2 邻居关系的建立和维护使用的是 L2 LAN IIH（类型号为 16）；P2P 网络中则使用 P2P IIH（类型号为 17）。它们的报文格式有所不同，具体将在 13.2.3 节介绍。

2. LSP PDU

LSP PDU 是包含 IS-IS 路由器链路状态信息的 PDU，用于与其他 IS-IS 路由器交换链路状态信息，类似于 OSPF 中的 LSA 报文。每个 IS-IS 路由器都会产生自己的 LSP，并向邻居路由器进行泛洪，同时又可以学习由邻居路由器泛洪而来的其他 IS-IS 路由器的 LSP。

LSP 也分为两种：L1 LSP（类型号为 18）和 L2 LSP（类型号为 20）。L1 LSP 可由 L1 或者 L1/2 IS-IS 路由器产生，类型于 OSPF 中的 Router-LSA；L2 LSP 可由 L2 或者 L1/2 IS-IS 路由器产生，类似于 OSPF 中的 Network-Summary-LSA，但有较大的区别。这些 LSP 是在对应级别 LSDB 中，同一区域中各路由器上同级别的 LSDB 是完全同步的，而各级 LSDB 又是路由器通过 SPF 算法计算 SPT（最短路径树）和 IS-IS 路由表的依据。

3. SNP PDU

SNP PDU 通过描述全部或部分数据库中的 LSP 来同步各 LSDB，从而维护相同区域中同级别 LSDB 的完整与同步，类似于 OSPF 中的 DD 报文。SNP 又包括 CSNP（Complete SNP，完全序列号 PDU）和 PSNP（Partial SNP，部分序列号 PDU）两种。

PSNP 只列举最近收到的一个或多个 LSP 的序号，能一次对多个 LSP 进行确认。同时，当发现自己的 LSDB 与对端邻居，或者广播网络中 DIS 的 LSDB 不同步时，也是用

PSNP 来请求邻居或者 DIS 发送新的 LSP。

CSNP 包括本地某个级别 LSDB 中所有 LSP 的摘要信息，从而可以在相邻路由器间保持同级别 LSDB 同步。**在广播网络中，CSNP 由 DIS 周期性发送（缺省的发送周期为 10 s）；在 P2P 网络中，CSNP 只会在第一次建立邻接关系时发送。**

CSNP 和 PSNP 也可分为 L1 CSNP（类型号为 24）、L2 CSNP（类型号为 25）、L1 PSNP（类型号为 26）和 L2 PSNP（类型号为 27）。

以上这些报文在广播网络中都是以二层组播方式发送，L1 级别的报文中的目的 MAC 地址为组播 MAC 地址 01-80-C2-00-00-14；L2 级别的报文中的目的 MAC 地址为组播 MAC 地址 01-80-C2-00-00-15。

13.2.2 IS-IS PDU 报头格式

以上这些 IS-IS PDU 的结构如图 13-7 所示，都包括一个报头和可变长字段两部分。报头又包括"通用报头"和"专用报头"。对所有 PDU 来说，通用报头是相同的，如图 13-8 所示，专用报头不同 PDU 类型有所不同，具体后面各小节介绍。

图 13-7 IS-IS PDU 基本结构

IS-IS PDU 通用报头各字段说明如下。

① Intradomain Routing Protocol Discriminator：域内路由协议标识符，占 1 字节，用于标识网络层 PDU 的类型，IS-IS PDU 的固定值为 0x83。

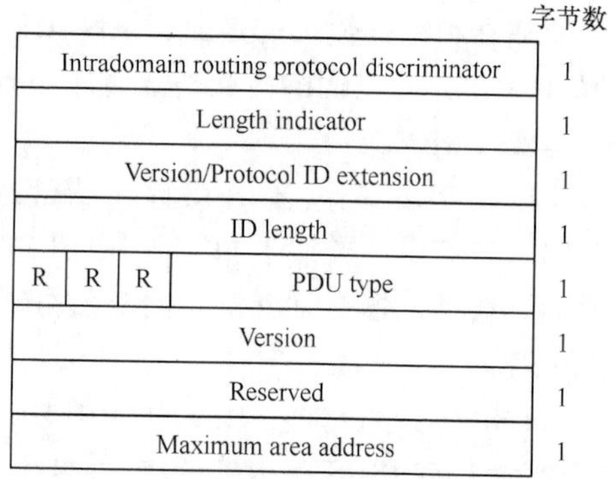

图 13-8 IS-IS PDU 通用报头格式

② Length Indicator：长度指示器，占 1 字节，**用于标识报头部分**（包括通用报头和各种 PDU 的专用报头两部分）长度，以字节为单位。

③ Version/Protocol ID Extension：版本/协议 ID 扩展，占 1 字节，当前值固定为 0x01。

④ ID Length：ID 长度，占 1 字节，**用于标识系统 ID 长度**。在 IS-IS 的 NET 地址中此字段固定为 6。

⑤ PDU Type：PDU 类型，占 5 位，用于标识 IS-IS PDU 的类型。值为 15 表示 L1 LAN IIH；值为 16 表示 L2 LAN IIH；值为 18 表示 L1 LSP；值为 20 表示 L2 LSP；值为 24 表示 L1 CSNP；值为 25 表示 L2 CSNP；值为 26 表示 L1 PSNP；值为 27 表示 L2 CSNP。

⑥ Version：IS-IS 协议版本号，占 1 字节，当前值为 0x01。

⑦ Reserved：保留位，占 1 字节，当前值固定为 0。

⑧ Maximum Area Addresses：最多区域地址，占 1 字节，标识支持的最大区域数，表示可以为一个路由器配置多少个不同的区域前缀。缺省值为 0，表示最多支持 3 个区域地址数。**IS-IS 路由器中在同一路由进程下的各接口均必须在同一个区域中。**

13.2.3　IIH PDU 报文格式

IIH（IS-IS Hello）PDU 用来建立和维持 IS-IS 路由器之间的邻接关系。IIH PDU 包括 IS-IS PDU 通用报头、IIH 专用报头和可变长字段 3 部分。在 IIH 专用报头部分包括了发送者的系统 ID、分配的区域地址和发送路由器已知的链路上邻居标识。另外，IIH 有以下 3 种类型。

① L1 LAN IS-IS Hello PDU（类型号为 15）：广播网中 L1 路由器发送的 IIH。

② L2 LAN IS-IS Hello PDU（类型号为 16）：广播网中 L2 路由器发送的 IIH。

③ P2P IS-IS Hello PDU（类型号为 17）：在点对点网络上路由器发送的 IIH。

前面两种统称之为广播 LAN IIH，采用二层组播方式发送，其中 L1 IIH 发送的目的地址为组播 MAC 地址 01-80-C2-00-00-14，L2 IIH 发送的目的地址为组播 MAC 地址 01-80-C2-00-00-15。后面一种称为 P2P IIH，PPP 帧中的“地址”字段没有实际意义，固定为 0xff。

不同类型的 IIH PDU 报文格式不完全一样，图 13-9 所示的是广播网中 L1 和 L2 路由器发送的 IIH 报文的格式，图 13-10 所示的是 P2P 网络中路由器发送的 IIH 报文的格式。通过比较可以发现，总体来说，**P2P IIH 中相对于 LAN IIH 多了一个表示本地链路 ID 的 Local Circuit ID 字段，少了表示广播网中 DIS 优先级的 Priority 字段，以及表示 DIS 和伪节点 System ID 的 LAN ID 字段，因为在 P2P 网络中不需要 DIS 选举。**

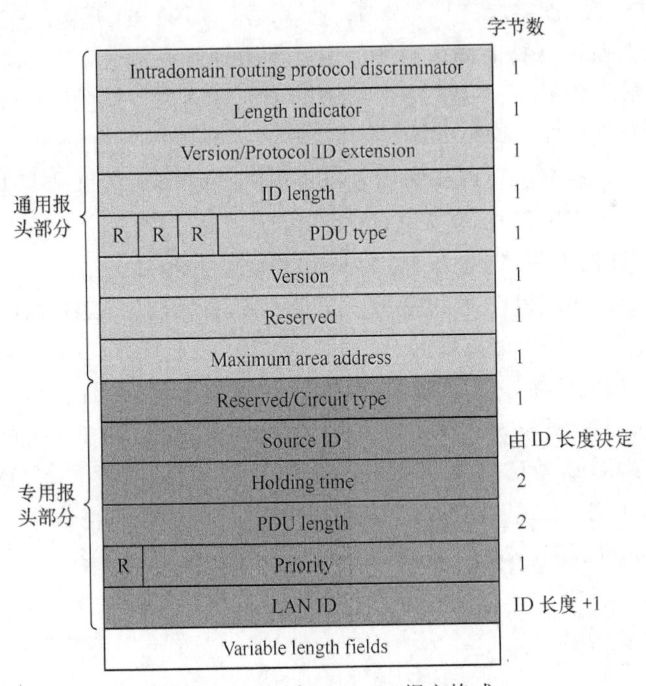

图 13-9　广播 LAN IIH 报文格式

下面介绍这些 IIH PDU 专用报头部分的各个字段。

① Reserved：保留字段，占 6 位。当前没有使用，始终为 0。

② Circuit Type：电路类型字段，占 2 位。0x01 表示 L1 路由器，0x10 表示 L2 路由

器，0x11 表示 L1/2 路由器。

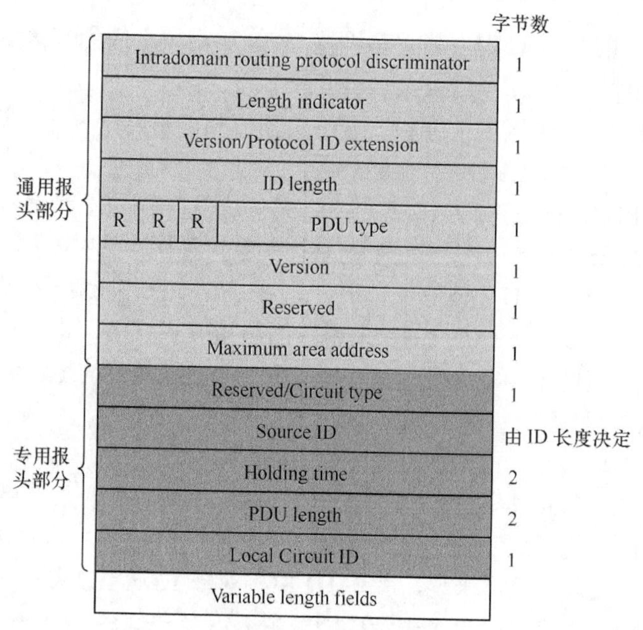

图 13-10 P2P IIH 报文格式

③ Source ID：源 ID 字段，占 1 字节，标识发送该 IIH PDU 报文的源路由器系统 ID。

④ Holding Time：保持时间，占 2 字节，用来通知它的邻居路由器在认为这台路由器失效之前应该等待的时间。如果在保持时间内收到邻居发送的下一个 IIH PDU，将认为邻居依然处于存活状态。这个保持时间就相当于 OSPF 中的 DeadInterval（死亡时间间隔）。在 IS-IS 中，缺省情况下保持时间是发送 IIH PDU 间隔的 3 倍，但是在配置保持时间时，通过指定一个 IIH PDU 乘数（Hello-Multiplier）进行配置。例如，如果 IIH PDU 的间隔为 10 s，IIH PDU 乘数为 3，那么保持时间就是 30 s。

⑤ PDU Length：IIH PDU 长度字段，占 2 字节，标识整个 IIH PDU 报文（包括 IS-IS PDU 报头）的长度（以字节为单位）。

⑥ Priority：优先级字段（**仅在 LAN IIH 中有此字段**），占 7 位，标识本路由器在 DIS 选举中的优先级。值越大，优先级越高，该路由器成为 DIS 的可能性越大。

⑦ LAN ID：局域网 ID 字段（**仅在 LAN IIH 中有此字段**），由 DIS 路由器的系统 ID+1 字节的伪节点 ID 组成，用来区分同一台 DIS 上的不同 LAN。

⑧ Local Circuit ID：本地电路 ID（**仅在 P2P IIH 中有此字段**），占 1 字节，用来标识本地链路 ID。

13.2.4 LSP PDU 报文格式

一个 LSP 包含了一个路由器的所有基本信息，如邻接关系、连接的 IP 地址前缀、OSI 终端系统、区域地址等。LSP PDU 共分为两种类型。

1. L1 LSP（类型号为 18）

L1 LSP 是由支持 L1 路由的 L1 或者 L1/2 路由器产生的，会在本区域内部邻居路由器上泛洪。本区域中的所有 L1 LSP 交换完成后会在所有本区域 L1 或者 L1/2 路由器上形成完全一致的 L1 LSPDB。

2. L2 LSP（类型号为 20）

L2 LSP 是由支持 L2 路由的 L2 或者 L1/2 路由器产生的，在位于不同区域中的邻居路由器上泛洪。当整个网络中所有 L2 LSP 交换完成后，在各支持 L2 路由的路由器上会形成完全一致的 L2 LSPDB。

这两种 LSP PDU 具有相同的格式，如图 13-11 所示。下面是 LSP 专用报头部分各字段说明。

① PDU Length：LSP PDU 长度字段，占 2 字节，标识整个 LSP PDU 报文的长度（包括通用报头）。

② Remaining Lifetime：剩余生存时间字段，占 2 字节，标识此 LSP PDU 所剩的生存时间，单位为秒。当生存时间为 0 时，LSP 将被从 LSDB 中清除。

③ LSP ID：LSP 标识符字段，占“系统 ID 长度+2”字节，用来标识不同的 LSP PDU 和生成 LSP 的源路由器。它包括 3 部分：Source ID（源 ID，也即 System ID）、Pseudonode ID（伪节点 ID，简称“PN-ID”，**普通路由器 LSP 的伪节点 ID 为 0，伪节点 LSP 的伪节点 ID 不为 0**）和 LSP Number（LSP 序列号，即 LSP 的分片号，简称“Frag-Nr”）。图 13-12 所示为一个 LSP ID 示例，其中标注了各部分的组成。

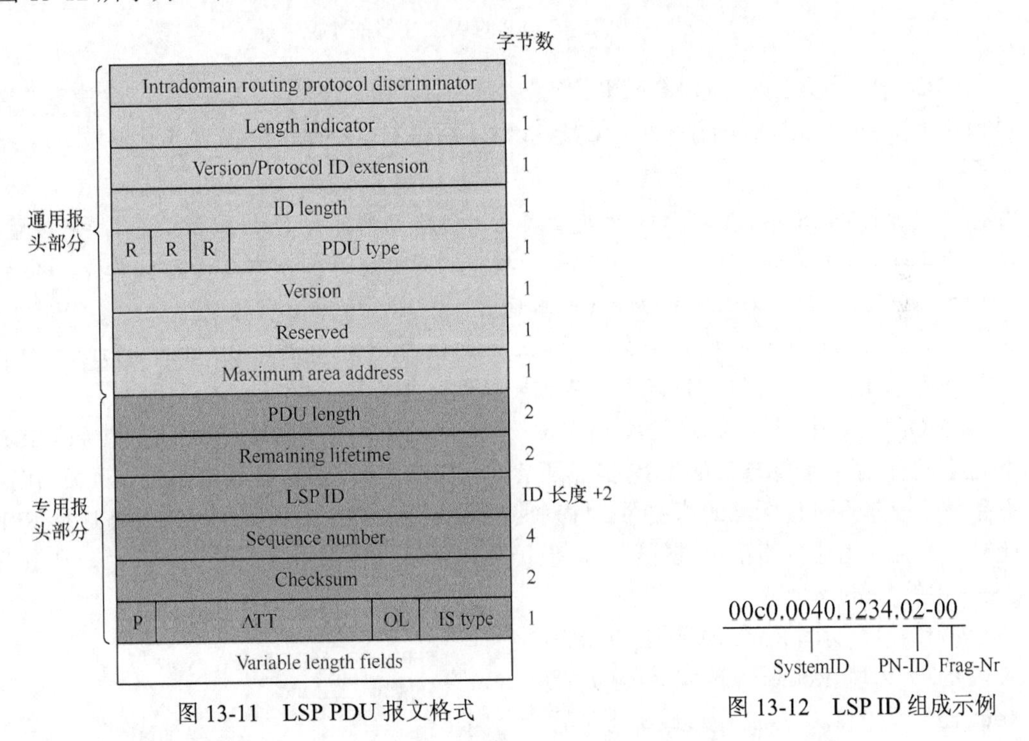

图 13-11　LSP PDU 报文格式

图 13-12　LSP ID 组成示例

④ Sequence Number：序列号字段，占 4 字节，标识每个 LSP PDU 的序列号。每一个 LSP 都拥有一个标识自己的 4 字节的序列号。**它是针对本地路由器发送的 LSP 而言的**，在路由器启动时所发送的第一个 LSP 报文中的序列号为 1，以后当需要生成新的 LSP 时，新 LSP 的序列号在前一个 LSP 序列号的基础上加 1。更高的序列号意味着更新的

LSP。

⑤ Checksum：校验和字段，占 2 字节，用于接收端校验传送的 LSP PDU 的完整性和正确性。当一台路由器收到一个 LSP 时，在将该 LSP 放入本地链路数据库和将其再泛洪给其他邻接路由器之前，会重新计算 LSP 的校验和，如果校验和与 LSP 中携带的校验和不一致，则说明此 LSP 传输过程中已经被破坏，不再泛洪。

⑥ P（Partition）：分区字段，占 1 位，表示区域划分或者分段区域的修复位，**仅与 L2 LSP 有关**。当 P 位被设置为 1 时，表明始发路由器支持自动修复区域的分段情况。

⑦ ATT（Attached）：区域关联字段，占 4 位，表示产生此 LSP PDU 的路由器与多个区域相连。虽然 ATT 位同时在 L1 LSP 和 L2 LSP 中进行了定义，但是它**只会在 L1/2 路由器的 L1 LSP 中被设置**。当 L1/2 路由器在 L1 区域内传送 L1 LSP 时，如果 L1 LSP 中设置了 ATT 位（目前仅指 Default metric 位置 1，如图 13-13 所示），则表示该区域中的 L1 路由器可以通过此 L1/2 路由器通往外部区域。

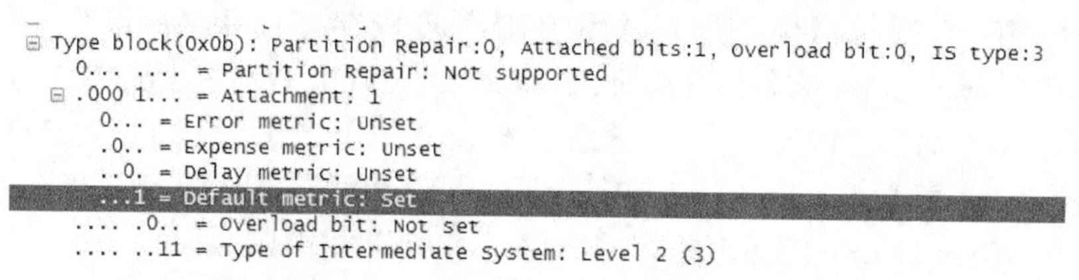
Type block(0x0b): Partition Repair:0, Attached bits:1, Overload bit:0, IS type:3
0... .... = Partition Repair: Not supported
.000 1... = Attachment: 1
0... = Error metric: Unset
.0.. = Expense metric: Unset
..0. = Delay metric: Unset
...1 = Default metric: Set
.... .0.. = Overload bit: Not set
.... ..11 = Type of Intermediate System: Level 2 (3)

图 13-13 IS-IS LSP 的 ATT 字段的 4 位

L1/2 路由器发送的 L1 LSP ATT 位置 1 后，区域中的 L1 路由器也不一定会生成一个以该路由器为下一跳的缺省路由，还要看该 L1 路由器是不是离它最近（开销最小）。

说明 最初的 IS-IS 参数定义了 4 种度量类型，链路开销作为 Default metric（缺省度量，缺省为 10），是指路径中所有 IS-IS 协议出接口的开销总和，所有路由器均支持。Delay metric（延时度量）、Expense metric（成本度量）和 Error metric（错误度量）是可选的 3 种度量类型。Delay metric 计算传输延时，Expense metricy 计算链路使用成本，Error metric 计算出现与链路相关的错误的概率。目前大多数仅支持 Default metric。

⑧ OL（Overload）：过载字段，占 1 位，置 1 时表示本路由器因内存不足而导致 LSDB 不完整。**设置了过载标志位的 LSP 虽然还会在网络中扩散，但在各路由器中计算路由时，不会考虑设置了过载标志的路由器**。即对路由器设置过载位后，其他路由器在进行 SPF 计算时不会使用这台路由器进行转发，但仍会计算该过载路由器上的直连路由。类似于 OSPF 中的 Stub 路由器。

如 13-14 所示，RouterA 到 1.1.1.0/24 网段的报文由 RouterB 转发，但如果 RouterB 所发的 LSP 报文中过载标志位置 1，RouterA 会认为 RouterB 的 LSDB 不完整，于是将报文通过 RouterD、RouterE 转发到 1.1.1.0/24 网段，转发到 RouterB 直连网段的报文则不受影响。

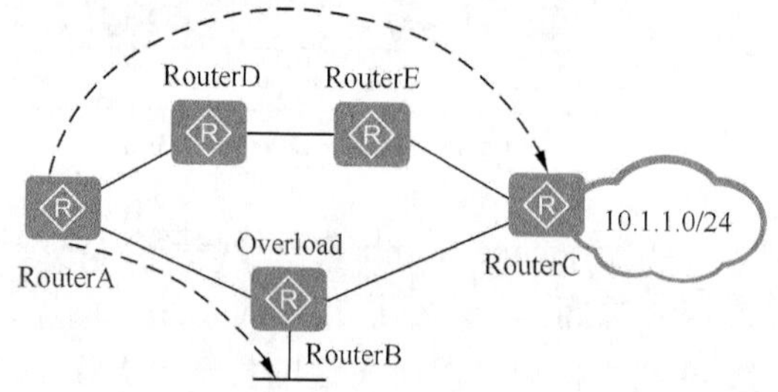
RouterD
RouterE
RouterA
Overload
RouterC
10.1.1.0/24
RouterB

图 13-14 LSP PDU 中设置了 OL 标志位的应用示例

当系统因为各种原因无法保存新的 LSP，以致无法维持正常的 LSDB 同步时，该系统计算出的路由信息将出现错误。在这种情况下，系统就可以自动进入过载状态，即通过该设备到达的路由不计算，但该设备的直连路由不会被忽略。

说明 除了设备异常可导致自动进入过载状态外，也可以通过手动配置使系统进入过载状态。当网络中的某些 IS-IS 设备需要升级或维护时，需要暂时将该设备从网络中隔离。此时可以给该设备设置过载标志位，这样就可以避免其他设备通过该节点来转发流量。

如果因为设备进入异常状态导致系统进入过载状态，此时系统将删除全部引入或渗透的路由信息；而如果因为用户配置导致系统进入过载状态，此时会根据用户的配置决定是否删除全部引入或渗透路由。有关渗透路由将在 13.3.5 节介绍。

⑨ IS Type：路由器类型字段，占 2 位，用来指明生成此 LSP 的路由器类型是 L1 路由器还是 L2 路由器，也表示收到此 LSP 的路由器将把这个 LSP 放在 L1 LSPDB 中还是放在 L2 LSPDB 中。01 表示 L1，11 表示 L2。

13.2.5 SNP PDU 报文格式

SNP 分为 CSNP 和 PSNP。CSNP PDU 报文格式如图 13-15 所示，PSNP PDU 报文格式如图 13-16 所示。这两种 SNP PDU 中专用报头部分的字段说明如下。

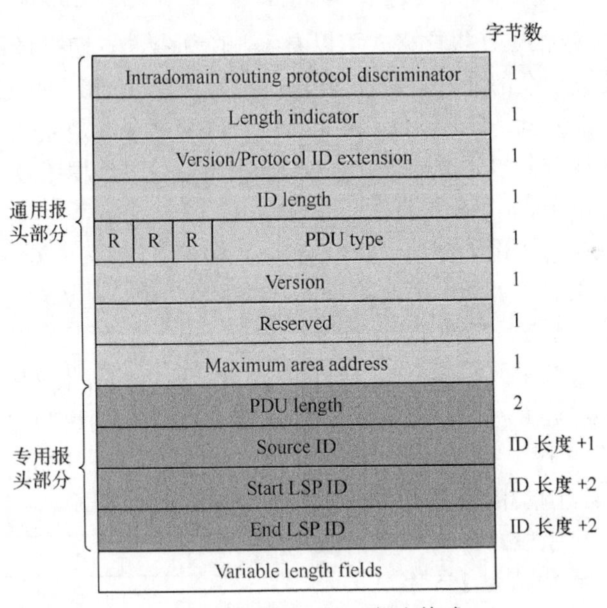

图 13-15 CSNP PDU 报文格式

① PDU Length：SNP PDU 长度字段，占 2 字节，标识整个 SNP PDU 报文的长度（包括通用报头）。

② Source ID：源 ID 字段，占“系统 ID 长度+1”字节，标识发送该 SNP PDU 的路由器的 System ID。

③ Start LSP ID：起始 LSP ID 字段（**仅 CSNP PDU 中有此字段**），占“系统 ID 长度+2”字节，表示在下面的可变字段中描述的 LSP 范围中的第一个 LSP ID 号。

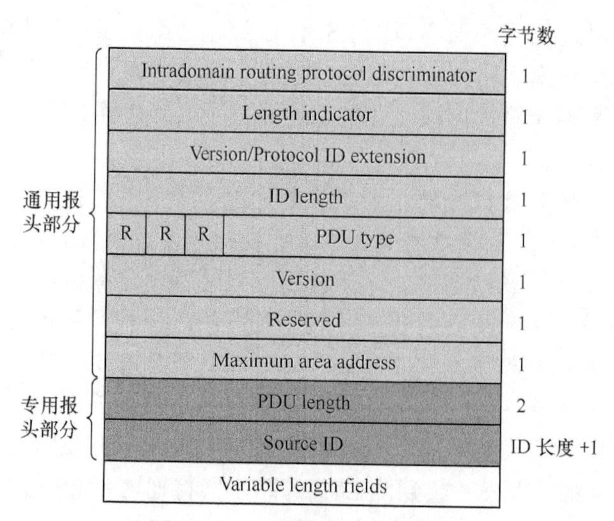

图 13-16　PSNP PDU 报文格式

④ End LSP ID：结束 LSP ID 字段（**仅 CSNP PDU 中有此字段**），占“系统 ID 长度 +2”字节，表示在下面的可变字段中描述的 LSP 范围中的最后一个 LSP ID 号。

13.2.6　IS-IS PDU 可变长字段格式

从上面介绍的各种 PDU 报文格式可以看到，除了报头（包括通用报头和专用报头）部分之外，最后还有一个部分，就是“可变长字段”（Variable length fields）部分。这个“可变长字段”部分就是各种 PDU 报文的真正内容部分，是整个 PDU 报文的核心部分。因为这部分内容都是以“Type-Length-Value”（类型-长度-值）格式列出的，所以也称为“TLV”部分。

TLV 编址方式由 3 大部分组成：T（Type），即 PDU 报文类型，不同类型由不同的值定义；L（Length），即 Value 字段的长度，以字节为单位；V（Value），即报文的真正内容，是最重要的部分。但在 ISO10589 和 RFC1195 这两种当前的 IS-IS 标准中，使用“code”（代码）替换了前面所说的“Type”部分，所以这种报文编址方式通常也称为 CLV（Code-Length-Value），如图 13-17 所示。这 3 个字段的说明如下。

① Code：代码字段，占 1 字节，表示 PDU 类型，不同的 IS-IS PDU 使用不同的类型，具体参见 13.2.1 节的相关说明。

② Length：长度字段，占 1 字节，表示 Value 字段的长度，最大值为 255 字节。

③ Value：值字段，长度可变，表示实际承载的 PDU 内容，最大为 255 字节。

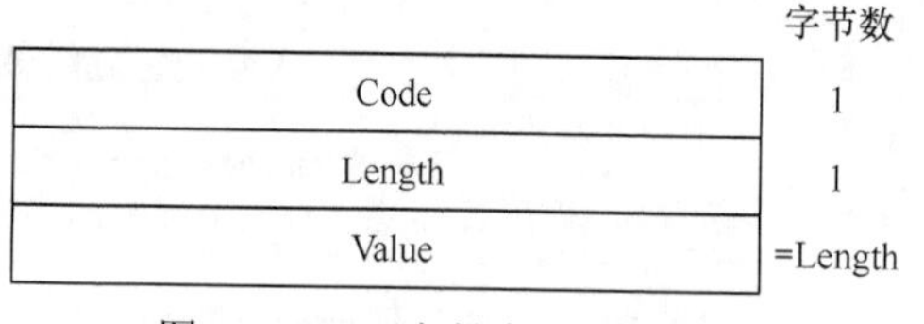

图 13-17　可变长字段部分格式

在 IS-IS PDU 使用的各种 TLV 中，既有 ISO 10589 中定义的，也有 RFC 1195 中定义的。ISO 中定义的 TLV 用于 CLNP 网络环境，但是其中的大多数也用于 IP 网络环境。RFC 中定义的 TLV 只用于 IP 环境。也就是说，对于一个 IS-IS PDU，后面既可以携带支持 CLNP 的 TLV，又可以携带支持 IP 的 TLV。如果一个路由器不能识别一个 TLV，那么将忽略它。

不同 TLV 类型和各种 IS-IS PDU 的对应关系见表 13-1。其中，Type 值为 1～10 的 TLV 在 ISO10589 中定义，其他几种 TLV 在 RFC1195 中定义。

表 13-1　TLV 类型与 IS-IS PDU 的对应关系

TLV Type	名称	所应用的 PDU 类型
1	Area Addresses	IIH、LSP
2	IS Neighbors（LSP）	LSP
4	Partition Designated Level2 IS	L2 LSP
6	IS Neighbors（MAC Address）	LAN IIH
7	IS Neighbors（SNPA Address）	LAN IIH
8	Padding	IIH
9	LSP Entries	SNP
10	Authentication Information	IIH、LSP、SNP
128	IP Internal Reachability Information	LSP
129	Protocols Supported	IIH、LSP
130	IP External Reachability Information	L2 LSP
131	Inter-Domain Routing Protocol Information	L2 LSP
132	IP Interface Address	IIH、LSP

13.3　IS-IS 协议基本原理

IS-IS 是一种链路状态路由协议，每一台路由器都会生成自己的 LSP（会不断更新），这些 LSP 包含了该路由器所有使能 IS-IS 协议接口的链路状态信息。通过跟相邻设备建立 IS-IS 邻接关系，相互交互 LSDB，可以实现整个 IS-IS 网络各设备的 LSDB 同步。然后，根据 LSDB 运用 SPF 算法计算出 IS-IS 路由。如果此 IS-IS 路由是到目的地址的最优路由，则此路由会下发到本地 IP 路由表中，并指导报文的转发。

13.3.1　DIS 和伪节点

在广播网络中，IS-IS 需要在同网段中所有的路由器中选举一个路由器作为 DIS（Designated Intermediate System，指定 IS）。DIS 用来创建和更新伪节点（Pseudonodes），并负责生成伪节点的 LSP，用来描述这个网段上有哪些网络设备。伪节点是用来模拟广播网络的一个虚拟节点，并非真实的路由器。在 IS-IS 中，**伪节点使用 DIS 的 System ID 和 1 字节的 Circuit ID（非 0 值）标识**。

如图 13-18 所示，可以把一个共享网段模拟成一个伪节点，网段中的各路由器均与该伪节点有虚拟连接（Virtual connection），相当于点到多点的连接。这样一来，使用伪节点可以简化网络拓扑，当网络发生变化时，需要产生的 LSP 数量也会较少（因为此时仅由伪节点发布），减少 SPF 的资源消耗。

Level-1 和 Level-2 的 DIS 是分别选举的，用户可以为不同级别的 DIS 选举设置不同的优先级。DIS 优先级数值最大的被选为 DIS。如果优先级数值最大的路由器有多台，则其中 MAC 地址最大的路由器会被选中。不同级别的 DIS 可以是同一台路由器，也可以是不同的路由器。

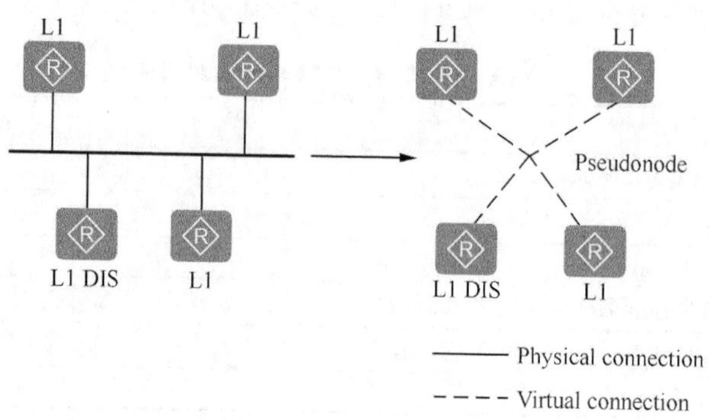

图 13-18 伪节点示意

IS-IS 协议中 DIS 与 OSPF 中 DR（Designated Router）的区别。

■ 在 IS-IS 广播网中，**优先级为 0 的路由器也参与 DIS 的选举**，而在 OSPF 中优先级为 0 的路由器则不参与 DR 的选举。

■ 在 IS-IS 广播网中，**当有新的路由器加入，并符合成为 DIS 的条件时，这个路由器会被选中成为新的 DIS，原有的伪节点被删除，即是抢占模式**。此更改会引起一组新的 LSP 泛洪。而在 OSPF 中，当一台新路由器加入后，即使它的 DR 优先级值最大，也不会立即成为该网段中的 DR，为非抢占模式。

■ 在 IS-IS 广播网中，**同一网段上的同一级别的路由器之间都会形成邻接关系，包括所有的非 DIS 路由器之间也会形成邻接关系**，但 LSDB 的同步仍然依靠 DIS 来保证。而在 OSPF 中，路由器只与 DR 和 BDR 建立邻接关系。

■ IS-IS 中没有备份 DIS（OSPF 中有 BDR），当 DIS 出现故障时直接选举新的 DIS。

13.3.2 IS-IS 邻居关系的建立

本书前面介绍的 OSPF 支持 Braocast（广播）、P2P（点对点）、NBMA（非广播多路访问）、P2MP（点对多点）4 种主要网络类型，但 IS-IS 仅支持 Braocast（如以太网、令牌环网、FDDI）和 P2P（链路封装 PPP 或者 HDLC 协议的网络）两种网络类型。若要在 NBMA 网络中使用（如 X.25、FR 和 ATM 网络），需要配置子接口，并配置子接口的类型为 P2P。IS-IS 不能在 P2MP 网络上运行。

1. IS-IS 邻居建立原则

IS-IS 按如下原则建立邻居关系。

① 只有同一层次（具体参见 13.1.5 节）的**相邻**路由器才有可能成为邻居，**即只能建立单跳的邻居关系，不能跨路由器建立邻居关系**。

② 建立邻居的 L1 路由器间必须在同一区域。

③ 链路两端 IS-IS 接口的网络类型必须一致。通过将以太网接口模拟成 P2P 接口，可以建立 P2P 链路邻居关系。

④ **链路两端 IS-IS 接口必须有处于同一网段的 IP 地址**。

由于 IS-IS 是直接运行在数据链路层上的协议，并且最早的设计是给 CLNP 使用的，因此 IS-IS 邻居关系的形成与 IP 地址无关。但在 IP 网络上运行 IS-IS 时，需要检查对方的 IP 地址。如果接口配置了从 IP，**则只要双方有某个 IP（主 IP 或者从 IP）在同一网段就能建立邻居，不一定要与主 IP 地址在同一网段。**

说明　当链路两端 IS-IS 接口的 IP 地址不在同一网段时，如果配置接口对接收的 Hello 报文不进行 IP 地址检查，也可以建立邻居关系。对于 P2P 接口，可以配置接口忽略 IP 地址检查；对于以太网接口，需要将以太网接口模拟成 P2P 接口，然后才可以配置接口忽略 IP 地址检查。

两台运行 IS-IS 的路由器在交互协议报文实现路由功能之前必须首先建立邻居关系。在不同类型的网络上，IS-IS 的邻居建立方式不同，下面分别予以介绍。

2. 在广播链路上建立邻居关系

IS-IS 在广播链路上采用二层组播方式发送 Hello 报文，L1 IIH 报文发送时的目的 MAC 地址为 01-80-C2-00-00-14 组播 MAC 地址，如图 13-19 所示；L2 IIH 发送时的目的 MAC 地址为 01-80-C2-00-00-15 组播 MAC 地址，如图 13-20 所示。当邻居双方都收到了对方发来的 Hello 报文后，它们之间的邻居关系就建立了。

No.	Time	Source	Destination	Protocol	Info
1	0.000000	HuaweiTe_dc:2f:e4	ISIS-all-level-1-IS	ISIS	L1 CSNP, Source-ID: 0000.0000.2222.00,
2	0.000000	HuaweiTe_dc:2f:e4	ISIS-all-level-1-IS	ISIS	L1 HELLO, System-ID: 0000.0000.2222
3	0.282000	HuaweiTe_c8:13:bc	ISIS-all-level-1-IS	ISIS	L1 HELLO, System-ID: 0000.0000.3333
4	2.000000	HuaweiTe_dc:2f:e4	ISIS-all-level-1-IS	ISIS	L1 HELLO, System-ID: 0000.0000.2222
5	4.000000	HuaweiTe_dc:2f:e4	ISIS-all-level-1-IS	ISIS	L1 HELLO, System-ID: 0000.0000.2222
6	6.016000	HuaweiTe_dc:2f:e4	ISIS-all-level-1-IS	ISIS	L1 HELLO, System-ID: 0000.0000.2222
7	8.016000	HuaweiTe_dc:2f:e4	ISIS-all-level-1-IS	ISIS	L1 HELLO, System-ID: 0000.0000.2222
8	10.000000	HuaweiTe_dc:2f:e4	ISIS-all-level-1-IS	ISIS	L1 CSNP, Source-ID: 0000.0000.2222.00,
9	10.016000	HuaweiTe_dc:2f:e4	ISIS-all-level-1-IS	ISIS	L1 HELLO, System-ID: 0000.0000.2222
10	10.282000	HuaweiTe_c8:13:bc	ISIS-all-level-1-IS	ISIS	L1 HELLO, System-ID: 0000.0000.3333
11	12.016000	HuaweiTe_dc:2f:e4	ISIS-all-level-1-IS	ISIS	L1 HELLO, System-ID: 0000.0000.2222
12	14.016000	HuaweiTe_dc:2f:e4	ISIS-all-level-1-IS	ISIS	L1 HELLO, System-ID: 0000.0000.2222

```
⊞ Frame 2: 1514 bytes on wire (12112 bits), 1514 bytes captured (12112 bits)
⊟ IEEE 802.3 Ethernet
  ⊞ Destination: ISIS-all-level-1-IS's (01:80:c2:00:00:14)
  ⊞ Source: HuaweiTe_dc:2f:e4 (00:e0:fc:dc:2f:e4)
    Length: 1500
⊞ Logical-Link Control
⊞ ISO 10589 ISIS InTRA Domain Routeing Information Exchange Protocol
```

图 13-19　L1 IIH PDU 的目的 MAC 地址

No.	Time	Source	Destination	Protocol	Info
1	0.000000	HuaweiTe_2e:18:40	ISIS-all-level-2-IS	ISIS	L2 HELLO, System-ID: 0000.0000.0002
2	4.500000	HuaweiTe_5d:65:18	ISIS-all-level-2-IS	ISIS	L2 HELLO, System-ID: 0000.0000.0001
3	10.000000	HuaweiTe_2e:18:40	ISIS-all-level-2-IS	ISIS	L2 HELLO, System-ID: 0000.0000.0002
4	10.109000	HuaweiTe_2e:18:40	ISIS-all-level-2-IS	ISIS	L2 LSP, LSP-ID: 0000.0000.0002.00-00,
5	14.500000	HuaweiTe_5d:65:18	ISIS-all-level-2-IS	ISIS	L2 HELLO, System-ID: 0000.0000.0001
6	14.500000	HuaweiTe_5d:65:18	ISIS-all-level-2-IS	ISIS	L2 HELLO, System-ID: 0000.0000.0001
7	14.546000	HuaweiTe_5d:65:18	ISIS-all-level-2-IS	ISIS	L2 LSP, LSP-ID: 0000.0000.0001.01-00,
8	14.546000	HuaweiTe_5d:65:18	ISIS-all-level-2-IS	ISIS	L2 LSP, LSP-ID: 0000.0000.0001.00-00,
9	16.500000	HuaweiTe_5d:65:18	ISIS-all-level-2-IS	ISIS	L2 HELLO, System-ID: 0000.0000.0001
10	18.500000	HuaweiTe_5d:65:18	ISIS-all-level-2-IS	ISIS	L2 HELLO, System-ID: 0000.0000.0001
11	20.000000	HuaweiTe_2e:18:40	ISIS-all-level-2-IS	ISIS	L2 HELLO, System-ID: 0000.0000.0002
12	20.500000	HuaweiTe_5d:65:18	ISIS-all-level-2-IS	ISIS	L2 HELLO, System-ID: 0000.0000.0001
13	22.500000	HuaweiTe_5d:65:18	ISIS-all-level-2-IS	ISIS	L2 HELLO, System-ID: 0000.0000.0001

```
⊞ Frame 2: 1514 bytes on wire (12112 bits), 1514 bytes captured (12112 bits)
⊟ IEEE 802.3 Ethernet
  ⊞ Destination: ISIS-all-level-2-IS's (01:80:c2:00:00:15)
  ⊞ Source: HuaweiTe_5d:65:18 (00:e0:fc:5d:65:18)
    Length: 1500
⊞ Logical-Link Control
⊞ ISO 10589 ISIS InTRA Domain Routeing Information Exchange Protocol
```

图 13-20　L2 IIH PDU 的目的 MAC 地址

总体来说，**IS-IS 在广播链路上需要进行三次握手验证，邻居关系才可以建立**。在这一点上与 OSPF 广播类型网络邻居的建立是一致的。但要注意的是，OSPF 是以 IP 封装的，所以是以组播 IP 地址发送 Hello 报文，而 IS-IS 是链路层协议，直接以帧封装，是通过组播 MAC 地址发送的，里面封装的是邻居的 SNPA（Subnetwork Point of Attachment，子网连接点）地址。

下面以 L2 路由器为例介绍广播链路中建立邻居关系的过程，如图 13-21 所示。L1 路由器之间建立邻居与此相同。在此假设 RouterA 的 IS-IS 接口先使能 IS-IS。

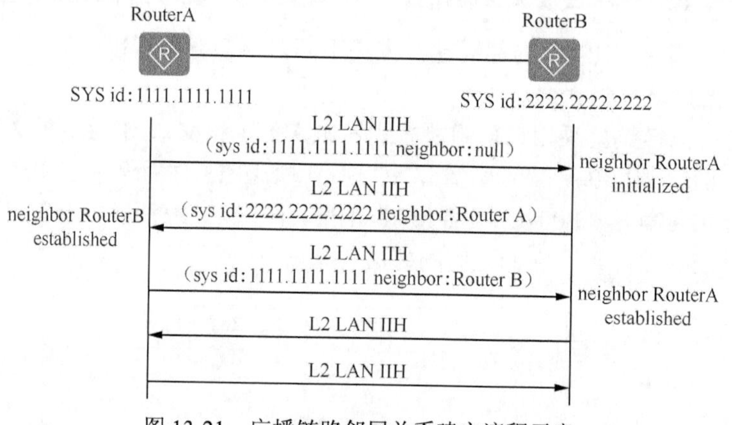

图 13-21 广播链路邻居关系建立流程示意

① 在 RouterA 连接 RouterB 的接口使能 IS-IS 协议后，立即以组播方式发送 L2 LAN IIH（因为此处是假设 RouterA 和 RouterB 均为 L2 路由器），此时报文中包含一个 LAN ID，即 DIS，另外报文中的 IS Neighbors（SNPA Address）TLV 字段（参见 13.2.6 节的表 13-1）没有邻居的 SNPA 地址（通常是映射成路由器的主机名），因为还没收到邻居的 Hello 报文。

② RouterB 收到此报文后会进行系列的校验动作，如 System ID 长度是否匹配、Max Area Address 是否匹配、验证密码（配置报文验证时）是否正确等。通过检验后，将自己和 RouterA 的邻居状态标识为 Initial（初始化）状态。然后，从 IIH 报文的 Source ID 字段中获取 RouterA 的 System ID，添加到邻居表中。再向 RouterA 回复 L2 LAN IIH 报文，报文中的 IS Neighbors（SNPA Address）TLV 字段为 RouterA 的 SNPA 地址，标识 RouterA 为自己的邻居。

③ 在 RouterA 收到此报文后，发现报文中有自己的 SNPA 地址，于是将自己与 RouterB 的邻居状态标识为 Up，将 RouterB 的 System ID 添加到自己的邻居表中，标识 RouterB 为自己的邻居。然后 RouterA 再向 RouterB 发送一个在 IS Neighbors（SNPA Address）TLV 字段中标识 RouterB 的 SNPA 地址的 L2 LAN IIH 报文。

④ 在 RouterB 收到此报文后，发现有自己的 SNPA 地址，于是将自己与 RouterA 的邻居状态标识为 Up。这样，两个路由器就成功建立了邻居关系。

因为是广播网络，需要选举 DIS，所以在邻居关系建立后，路由器会等待两个 Hello 报文间隔，再进行 DIS 的选举。Hello 报文中包含 Priority 字段，**Priority 值最大的将被选举为该广播网的 DIS**。如果优先级相同，**接口 MAC 地址较大的被选举为 DIS**。

3. P2P 链路邻居关系的建立

在 P2P 链路上，邻居关系的建立不同于广播链路，**分为两次握手机制和三次握手机制**。在两次握手机制中，只要路由器收到对端发来的在 IS Neighbors（SNPA Address）TLV 字段中包含自己 SNPA 地址的 Hello 报文，就单方面宣布邻居为 Up 状态，建立邻居关系。而在三次握手机制中，需要通过三次发送 P2P 的 IS-IS Hello PDU 才能最终建立起邻居关系，类似广播链路上邻居关系的建立，参见图 13-21，不同的只是在 P2P 链路上发送的是 P2P IIH 报文，而不是 LAN IIH 报文。

两次握手机制存在明显的缺陷。当路由器间存在两条及以上的链路时，如果某条链路上到达对端的单向状态为 Down，而另一条链路同方向的状态为 Up，路由器之间还是能建立起邻接关系。SPF 在计算时会使用状态为 UP 的链路上的参数，这就导致没有检测到故障的路由器在转发报文时仍然试图通过状态为 Down 的链路。三次握手机制解决了上述不可靠的点到点链路中存在的问题。这种方式下，路由器只有在知道邻居路由器也接收到它的报文时，才宣布邻居路由器处于 Up 状态，从而建立邻居关系。

13.3.3 IS-IS 的 LSP 交互过程

IS-IS 路由域内的所有路由器都会产生自己的 LSP，当发生以下事件时会触发一个新的 LSP。

① 邻居 Up 或 Down。

② IS-IS 相关接口 Up 或 Down。

③ 引入的 IP 路由发生变化。

④ 区域间的 IP 路由发生变化。

⑤ 接口被赋予新的 metric 值。

⑥ 周期性更新。

在收到邻居新的 LSP 后，将接收的新的 LSP 合并到自己的 LSDB 中，并标记为 flooding（泛洪），然后发送新的 LSP 到本地除了收到该 LSP 的接口之外的其他所有同进程 IS-IS 接口。邻居收到后再扩散到它们的邻居，一级级地扩散，最终实现整个 IS-IS 网络中各路由器的 LSDB 同步。

说明　LSP 报文的“泛洪”（flooding）是指当一个路由器向相邻路由器通告自己的 LSP 后，相邻路由器再将同样的 LSP 报文传送到除发送该 LSP 的路由器外的其他邻居，这样逐级将 LSP 传送到整个层次内所有路由器的一种方式。通过这种“泛洪”，整个层次内的每一个路由器都可以拥有相同的 LSP 信息，并保持 LSDB 的同步。

每一个 LSP 都拥有一个标识自己的 4 字节的序列号。在路由器启动时所发送的第一个 LSP 报文中的序列号为 1，以后当需要生成新的 LSP 时，新 LSP 的序列号在前一个 LSP 序列号的基础上加 1。更高的序列号意味着更新的 LSP。

1. 广播链路中新加入路由器与 DIS 同步 LSDB 的过程

下面以图 13-22 为例介绍广播链路中新加入路由器与 DIS 同步 LSDB 的流程。假设 RouterC 是新加入的，在广播网络中，这些 IS-IS 报文均以二层组播方式发送。

① 新加入的路由器 RouterC 首先发送 Hello 报文，与该广播域中的相邻路由器建立邻居关系。

② 建立邻居关系之后，RouterC 等待 LSP 刷新定时器超时，然后将自己的 LSP 发往组播地址（参见图中的 1 号报文）。这样网络上的所有邻居都将收到该 LSP。

③ 该网段中的 DIS（RouterB）会把收到 RouterC 的 LSP 加入 LSDB 中，并等待 CSNP 报文定时器超时并向网络内组播发送 CSNP 报文（参见图中的 2 号报文），进行该网络内的 LSDB 同步。而其他邻居在收到 RouterC 发来的 LSP 时会直接丢弃，因为在广播网络中，区域内的非 DIS 只能与 DIS 进行 LSP 交互。

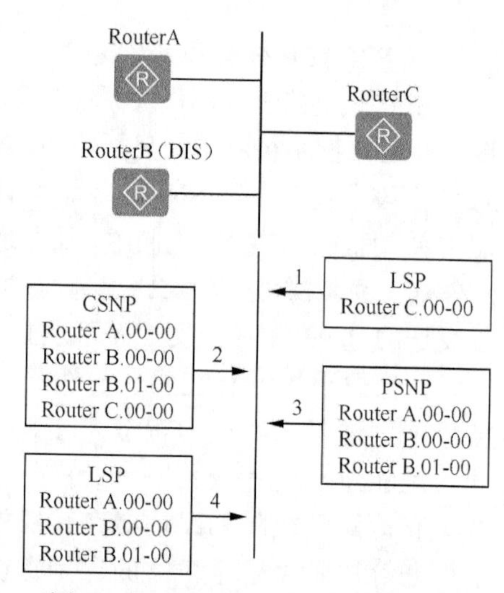

图 13-22 广播链路 LSDB 更新流程

④ RouterC 收到 DIS 发来的 CSNP 报文，对比自己的 LSDB 数据库，发现有许多 LSP 在本地数据库中没有，于是向 DIS 发送 PSNP 报文（参见图中的 3 号报文），请求自己没有的 LSP。

⑤ DIS 收到该 PSNP 报文请求后，向 RouterC 发送对应的 LSP（参见图中的 4 号报文）进行 LSDB 的同步。

上述过程中的 LSDB 更新过程如下。

① DIS 接收到 LSP 后在自己的 LSDB 中搜索对应的记录。如果没有该 LSP（每个 IS-IS 路由器都会向邻居设备发送自己的 LSP，通过 LSP ID 中的 System ID 进行区分），则将其加入 LSDB 数据库，并在网络内泛洪新的 LSDB。

② 如果收到的 LSP 序列号大于本地已有的对应路由器的 LSP 的序列号（此时新接收的 LSP 更新），就替换为新的 LSP 报文，并在网络中泛洪新的 LSDB；如果收到的 LSP 序列号小于本地已有的对应路由器的 LSP 的序列号（比本地 LSP 还旧），则向入端接口发送本地已有的对应路由器的 LSP 报文，使对端更新 LSDB。

③ 如果新接收的 LSP 与本地已有的对应路由器的 LSP 的序列号相等，则比较两 LSP 报文中的 Remaining Lifetime（剩余生存时间）字段值。如果收到的 LSP 报文的 Remaining Lifetime 为 0，则将本地的报文替换为新报文（随后将因为 Remaining Lifetime 计时器超时而被删除），并泛洪新的 LSDB；如果收到的 LSP 报文的 Remaining Lifetime 不为 0，而本地 LSP 报文的 Remaining Lifetime 为 0，就向入端接口发送本地 LSP 报文，使对端从 LSDB 中删除对应的 LSP。

说明 每个 IS-IS LSP 都有一个 Remaining Lifetime（剩余生存时间）字段（参见 13.2.4 节的图 13-11），用来标识当前 LSP 剩余的生存时间，是一个倒计时的计时器，用于老化 LSP，当该计时器为 0 时，对应的 LSP 需要从当前设备的 LSDB 中删除。

④ 如果收到的 LSP 和本地已有的对应路由器的 LSP 的序列号相同，且 Remaining Lifetime 都不为 0，则比较 Checksum。如果收到的 LSP 的 Checksum 大于本地 LSP 的 Checksum，就替换为新报文，并泛洪新的 LSDB；如果收到的 LSP 的 Checksum 小于本

地 LSP 的 Checksum，就向入端接口发送本地 LSP 报文。

⑤ 如果收到的 LSP 和本地对应路由器的 LSP 的序列号、Remaining Lifetime 和 Checksum 都相等，则不转发该报文。

2. P2P 链路上 LSDB 数据库的同步过程

在 P2P 链路中不存在 DIS，LSDB 的同步、更新是在链路两端的路由器上进行的。下面以图 13-23 为例介绍 P2P 链路上 LSDB 的同步与更新流程。先介绍 LSDB 的同步流程。

① RouterA 先与 RouterB 建立邻居关系。

② 建立邻居关系之后，RouterA 与 RouterB 会先发送各自的 CSNP 给对端设备。如果一方发现自己的 LSDB 没有与接收到的 CSNP 同步（里面的数据库内容存在不一致的地方），则该方向另一方发送 PSNP 报文（参见图中 1 号报文），请求索取相应的 LSP。

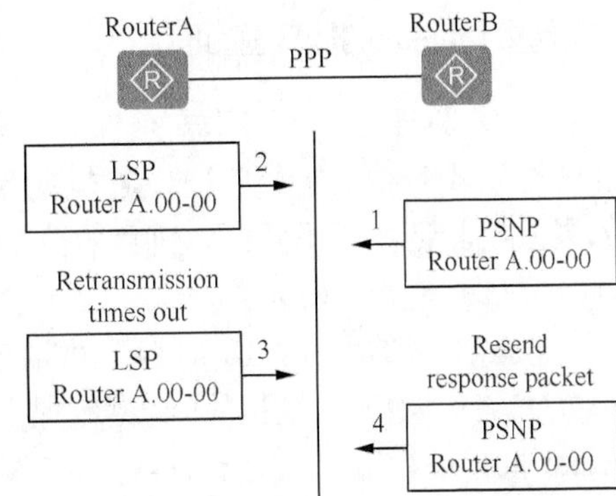

图 13-23　P2P 链路 LSDB 数据库同步流程

③ 现假定 RouterB 通过 PSNP 报文向 RouterA 索取某些所需的 LSP，RouterA 在收到该 PSNP 报文后，向 RouterB 发送所请求的 LSP（参见图中 2 号报文），同时启动 LSP 重传定时器，并等待 RouterB 发来用作收到确认的 PSNP 报文。

④ 如果在 LSP 重传定时器超时后，RouterA 还没有收到 RouterB 发送的 PSNP 报文作为应答，则重新发送原来已发送的对应 LSP（参见图中 3 号报文），直至收到了来自 RouterB 的响应 PSNP 报文（参见图中 4 号报文）。

说明　从以上过程可以看出，在 P2P 链路上的 PSNP 报文有两种作用：一是用来向对方请求所需的 LSP，二是作为 Ack 应答以确认收到的 LSP。

在 P2P 链路中，设备的 LSDB 更新过程如下。

① 如果收到的 LSP 比本地对应路由器的 LSP 的序列号更小（新收到的 LSP 更旧），则直接给对方发送本地的 LSP，然后等待对方给自己一个 PSNP 报文作为确认；如果收到的 LSP 比本地对应路由器的 LSP 的序列号更大（新收到的 LSP 更新），则将这个新的 LSP 存入自己的 LSDB，再通过一个 PSNP 报文来确认收到此 LSP，最后再将这个新 LSP 发送给除了发送该 LSP 的邻居以外的邻居。

② 如果收到的 LSP 序列号和本地对应路由器的 LSP 的序列号相同，则比较 Remaining Lifetime，如果收到的 LSP 报文的 Remaining Lifetime 为 0，则将收到的 LSP 存入 LSDB 中，并发送 PSNP 报文来确认收到此 LSP，然后将该 LSP 发送给除了发送该 LSP 的邻居以外的邻居（可使邻居从 LSDB 中删除该 LSP，更新其 LSDB）；如果收到的 LSP 报文的 Remaining Lifetime 不为 0，而本地对应路由器的 LSP 报文的 Remaining Lifetime 为 0，则直接给对方发送本地的 LSP（也可使对端从 LSDB 中删除该 LSP，更新 LSDB），然后等待对方给自己一个 PSNP 报文作为确认。

③ 如果收到的 LSP 和本地对应路由器的 LSP 的序列号相同，且 Remaining Lifetime 都

不为0，则比较Checksum，如果收到LSP的Checksum大于本地LSP的Checksum，则将收到的LSP存入LSDB中，并发送PSNP报文来确认收到此LSP，然后将该LSP发送给除了发送该LSP的邻居以外的邻居；如果收到LSP的Checksum小于本地对应路由器的LSP的Checksum，则直接给对方发送本地的LSP，然后等待对方给自己一个PSNP报文作为确认。

④ 如果收到的LSP和本地对应路由器的LSP的序列号、Remaining Lifetime和Checksum都相同，则不转发该报文。

13.3.4 IS-IS报文验证

IS-IS验证是基于网络安全性的要求而实现的一种验证手段，通过在IS-IS报文中增加验证字段对报文进行验证。当本地路由器接收到远端路由器发送过来的IS-IS报文时，如果发现验证密码不匹配，则将收到的报文丢弃，达到自我保护的目的。

1. IS-IS验证的分类

根据报文的种类，IS-IS验证可以分为以下3类。

① 接口验证：是指使能IS-IS协议的接口以指定的方式和密码对L1和L2级别的Hello报文进行验证。对于IS-IS接口验证，有以下两种设置。

- 发送带验证TLV的验证报文，本地对收到的报文也进行验证检查。
- 发送带验证TLV的验证报文，但是本地对收到的报文不进行验证检查。

接口验证不通过的相邻设备间不能建立IS-IS邻居关系。

② 区域验证：是指在运行IS-IS的区域内部以指定的方式和密码对接收的L1 SNP和LSP报文进行验证。

③ 路由域验证：是指在运行IS-IS的路由域内部不同区域间以指定的方式和密码对接收的L2 SNP和LSP报文进行验证。

对于区域和路由域验证，可以设置为SNP和LSP分开验证。

- 本地发送的LSP报文和SNP报文都携带验证TLV，对收到的LSP报文和SNP报文都进行验证检查。
- 本地发送的LSP报文携带验证TLV，对收到的LSP报文进行验证检查；发送的SNP报文携带验证TLV，但不对收到的SNP报文进行检查。
- 本地发送的LSP报文携带验证TLV，对收到的LSP报文进行验证检查；发送的SNP报文不携带验证TLV，也不对收到的SNP报文进行验证检查。
- 本地发送的LSP报文和SNP报文都携带验证TLV，对收到的LSP报文和SNP报文都不进行验证检查。

以上3种验证又有以下3种验证方式。

① 明文验证：一种简单的验证方式，将配置的密码直接加入报文中，这种验证方式的安全性不够。

② MD5验证：将配置的密码进行MD5散列运算之后再加入报文中，这样提高了密码的安全性。

③ Keychian验证：通过配置随时间变化的密码链表来进一步提升网络的安全性。

2. 验证信息的携带形式

IS-IS是通过TLV的形式携带验证信息，验证TLV的类型为10，具体格式如下。

① Type：ISO 定义验证报文的类型值为 10，长度为 1 字节。

② Length：指定验证 TLV 值的长度，长度 1 字节。0 为保留的类型，1 为明文验证，54 为 MD5 验证，255 为路由域私有验证方式。

③ Value：指定验证的类型和密码，长度为 1～254 字节。

13.3.5　IS-IS 路由渗透

在 IS-IS 协议中规定，**L1 区域必须且只能与 L2 区域相连，不同的 L1 区域之间不直接相连**。而且，**缺省情况下，L1 区域内的路由信息可通过 L1/2 路由器发布到 L2 区域**，（即 L2 路由器知道整个 IS-IS 路由域的路由信息），**但 L2 路由器并不将自己知道的其他 L1 区域以及 L2 区域的路由信息发布到自己所连接的 L1 区域**。这样，该 L1 区域中的路由器将不了解本区域以外的路由信息，只将去往其他区域的报文发送到最近的 L1/2 路由器。而不同的 L1/2 路由器到达目的的开销又可能相差很大，如果 L1 路由器在选择 L1/2 路由器时仅考虑它们之间的链路开销，就可能导致对本区域之外的目的地址无法选择最佳的路由。

为解决上述问题，IS-IS 提供了路由渗透（Route Leaking）功能，人为地把骨干网（即 L2 区域）的路由信息注入到普通的 L1 区域，保证普通区域也拥有整个 IS-IS 路由域的路由信息。路由渗透特性可以将 L2 区域的 IP 路由引入到 L1 区域路由器中去，这样可以允许 L1 区域中的路由器对某些或全部的 L2 路由选择出最佳路由路径。当然也增加了区域内路由器的路由表规模。

IS-IS 路由渗透功能是在 L1/2 路由器上通过定义 ACL、路由策略、Tag 标记等方式，将符合条件的路由筛选出来，实现将其他 L1 区域和 L2 区域的部分路由信息通报给自己所在 L1 区域的目的。

如图 13-24 所示，RouterA 发送报文给 RouterF，选择的最佳路径应该是 RouterA→RouterB→RouterD→RouterE→RouterF。因为这条链路上的 cost 值为 10+10+10+10=40，但在 RouterA 上实际查看发现发送到 RouterF 的报文选择的路径是：RouterA→RouterC→RouterE→RouterF，其 cost 值为 10+50+10=70，不是 RouterA 到 RouterF 的最优路由。

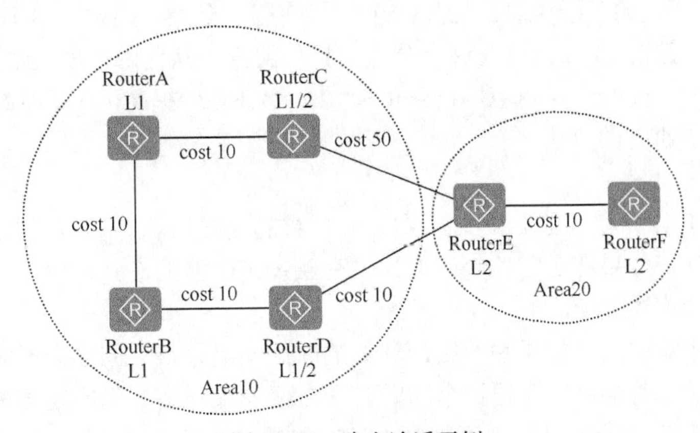

图 13-24　路由渗透示例

这是因为，RouterA 作为 L1 路由器并不知道本区域外部的路由，发往区域外的报文只会选择由最近的 L1/2 路由器产生的缺省路由发送，所以会出现 RouterA 选择次优路由 RouterA→RouterC→RouterE→RouterF 转发报文的情况。

如果分别在 L1/2 路由器 RouterC 和 RouterD 上使能路由渗透功能，Aera10 中的 L1 路由器就会拥有经过这两个 L1/2 路由器通向区域外的路由信息。经过路由计算，就可以直接选择最优转发路径 RouterA→RouterB→RouterD→RouterE→RouterF。

13.3.6 IS-IS 网络收敛

在 IS-IS 网络收敛方面，有快速收敛和按优先级收敛两种方式。快速收敛侧重于从路由的计算角度加快收敛速度；按优先级收敛侧重于从路由优先级角度提高网络的性能。

1．快速收敛

IS-IS 快速收敛是为了提高路由的收敛速度而提出的扩展特性。它包括以下几个功能。

（1）I-SPF

I-SPF（Incremental SPF，增量最短路径优先算法）是指当网络拓扑改变时，只对受影响的节点进行路由计算，不对全部节点重新进行路由计算，从而加快了路由的计算。

在 ISO10589 中规定使用 SPF 算法进行路由计算。当网络拓扑中有一个节点发生变化时，这种算法需要重新计算网络中的所有节点，计算时间长，占用过多的 CPU 资源，影响整个网络的收敛速度。而 I-SPF 改进了这个算法，除了第一次计算时需要计算全部节点外，后面的每次计算只需计算受到影响的节点，大大降低了 CPU 的占用率，提高了网络收敛速度。

（2）PRC

PRC（Partial Route Calculation，部分路由计算）的基本原理与 I-SPF 一样，也是指当网络上路由发生变化时，只对发生变化的路由进行重新计算。但不同的是，PRC 不需要计算节点路径，而是直接根据 I-SPF 计算出来的 SPT 来更新路由，所以 RPC 需要 I-SPF 支持。

在路由计算中，叶子代表路由，节点则代表路由器。如果 I-SPF 计算后的 SPT 改变，PRC 会只处理那个变化的节点上的所有叶子；如果经过 I-SPF 计算后的 SPT 并没有变化，则 PRC 只处理变化的叶子信息。比如一个节点使能一个 IS-IS 接口，则整个网络拓扑的 SPT 是不变的，这时 PRC 只更新这个节点的接口路由，从而降低 CPU 的占用率。

PRC 和 I-SPF 配合使用可以将网络的收敛性能进一步提高，它是原始 SPF 算法的改进，已经代替了原有的算法。

（3）智能定时器

在进行 SPF 计算和产生 LSP 时用到了一种智能定时器。该定时器的首次超时时间是一个固定的时间，如果在定时器超时前，又有触发定时器的事件发生，则该定时器下一次的超时时间会增加。

改进了路由算法后，如果触发路由计算的时间间隔较长，同样会影响网络的收敛速度。使用毫秒级定时器可以缩短这个间隔时间，但如果网络变化比较频繁，又会过度占用 CPU 资源。SPF 智能定时器既可以对少量的外界突发事件进行快速响应，又可以避免过度地占用 CPU。通常情况下，一个正常运行的 IS-IS 网络是稳定的，发生大量网络变动的机率很小，IS-IS 不会频繁地进行路由计算，所以第一次触发的时间可以设置得非常短（毫秒级）。如果拓扑变化比较频繁，智能定时器随着计算次数的增加，间隔时间也会逐渐延长，从而避免占用大量的 CPU 资源。

与 SPF 智能定时器类似的还有 LSP 生成智能定时器。在 IS-IS 协议中，当 LSP 生成定时器到期时，系统会根据当前拓扑重新生成一个自己的 LSP。原有的实现机制是采用间隔时间固定的定时器，这样就不能同时满足快速收敛和低 CPU 占用率的需求。为此，将 LSP 生成定时器也设计成智能定时器，使其可以对突发事件（如接口 Up/Down）快速响应，加快网络的收敛速度，同时，当网络变化频繁时，智能定时器的间隔时间会自动延长，避免过度占用 CPU 资源。

（4）LSP 快速扩散

正常情况下，当 IS-IS 收到其他路由器发来的 LSP 时，如果此 LSP 比本地 LSDB 中相应的 LSP 要新，则更新 LSDB 中的 LSP，并用一个定时器定期将 LSDB 内已更新的 LSP 扩散出去。

LSP 快速扩散特性改进了这种方式，使能了此特性的设备在收到一个或多个较新的 LSP 时，在路由计算之前，先将小于指定数目的 LSP 扩散出去，加快 LSDB 的同步过程，也可以加快 LSP 的扩散速度。这种方式在很大程度上可以提高整个网络的收敛速度。

2. 按优先级收敛

IS-IS 按优先级收敛是指在大量路由的情况下，能够让某些特定的路由（例如匹配指定 IP 前缀的路由）优先收敛的一种技术。因此用户可以把和关键业务相关的路由配置成相对较高的优先级，使这些路由更快地收敛，从而使关键业务受到的影响减小。通过对不同的路由配置不同的收敛优先级，达到重要的路由先收敛的目的，提高网络的可靠性。

13.4　IS-IS（IPv4）基本功能配置与管理

从本节开始先介绍 IPv4 网络中的 IS-IS 路由配置与管理方法，本节先介绍其基本功能的配置方法，只有配置了 IS-IS 基本功能，才可组建 IS-IS 网络，进行本章后面其他的配置。

IS-IS 的基本功能包括以下几项配置任务。创建 IS-IS 进程是配置网络实体名称、配置全局 Level 级别以及建立 IS-IS 邻居的前提。在配置 IS-IS 基本功能之前，还需要配置接口 IP 地址，使相邻节点的网络层可达。

① 创建 IS-IS 进程。

② 配置网络实体名称。

③ 配置全局 Level 级别。

④ 建立 IS-IS 邻居。

13.4.1　创建 IS-IS 进程

IS-IS 也是一个支持多进程的动态路由协议，在同一个 VPN 实例下（或者同在公网下）可以创建多个 IS-IS 进程，每个进程之间互不影响，彼此独立。不同进程之间的路由信息交互相当于不同路由协议之间的路由交互，缺省是隔离的。**但 IS-IS 进程也仅针**

对本地路由器而言，路由两端的 IS-IS 进程号可以一样，也可以不一样。

IS-IS 多进程允许为一个指定的 IS-IS 进程关联一组接口，从而保证该进程进行的所有协议操作都仅限于这一组接口。这样，就可以使一台路由器有多个 IS-IS 协议进程，每个进程负责唯一的一组接口。创建 IS-IS 进程是进行所有 IS-IS 配置的前提，具体步骤见表 13-2。

表 **13-2** 创建 **IS-IS** 进程的步骤

步骤	命令	说明
1	**system-view** 例如：<Huawei> **system-view**	进入系统视图
2	**isis** [*process-id*] [**vpn-instance** *vpn-instance-name*] 例如：[Huawei] **isis** 10	创建 IS-IS 进程，使能 IS-IS 协议，并进入 IS-IS 视图。命令中的参数说明如下。 （1）*process-id*：可选参数，指定要创建的 IS-IS 进程号，取值范围为 1～65 535 的整数。如果不指定本参数，则直接创建并启动 IS-IS 1 进程。 （2）**vpn-instance** *vpn-instance-name*：可选参数，指定创建的 IS-IS 所属的 VPAN 实例的名称，1～31 个字符，区分大小写，不支持空格。如果不指定本参数，则创建的 IS-IS 进程属于公网。 缺省情况下，未创建 IS-IS 进程，也没有使能 IS-IS 协议，可用 **undo isis** *process-id* 命令删除指定的 IS-IS 进程，去使能该进程下的 IS-IS 协议。 【说明】一个 IS-IS 进程只能绑定到一个 VPN 上，一个 VPN 可以绑定多个 IS-IS 进程。VPN 实例删除时，与该 VPN 绑定的 IS-IS 进程也将被删除。 必须在创建 IS-IS 进程时绑定 VPN 实例，否则无法通过配置将一个已存在的 IS-IS 进程绑定到一个 VPN 实例上
3	**description** *description* 例如：[Huawei-isis-10] **description** this process configure the area-authentication-mode	（可选）配置 IS-IS 进程的描述信息，可以方便地识别特殊进程，便于维护。参数 *description* 用来指定 IS-IS 进程的描述信息，取值范围为 1～80 个字符，区分大小写，支持空格。 【说明】使用本命令配置的 IS-IS 进程描述信息，不会在 LSP 中发布，但使用 **is-name** *symbolic-name* 命令配置的 IS-IS 进程描述信息，会在 LSP 中发布。 缺省情况下，不配置 IS-IS 进程的描述信息，可用 **undo description** 命令删除对应 IS-IS 进程下的描述信息
4	**purge-originator-identification enable** [**always**] 例如：[Huawei-isis-1] **purge-originator-identification enable**	（可选）使能 IS-IS 在本地发送的 PURGE 报文中添加 purge-originator-identification（清除发起者标识，POI） TLV 的功能。使能该功能后，如果本地配置了动态主机名功能，也会在 PURGE 报文中添加主机名（Hostname）TLV。 当 LSP 报文的 Remaining Lifetime 字段为 0 时，证明此报文已失效，此时该 LSP 报文称为 PURGE 报文。通常情况下，PURGE 报文不会记录任何产生该报文的设备信息，因此当网络发生问题时，很难定位到报文的源头。为解决这一问题，可使用本命令，在 IS-IS 设备发送的 PURGE 报文中添加 POI TLV。同时，如果本地配置了动态主机名功能，PURGE 报文中也会添加主机名 TLV，为定位问题提供方便。具体指定策略为： （1）如果配置 **purge-originator-identification enable** 命令，同时配置任意认证，则生成 Purge LSP 时不携带 POI/Hostname TLV； （2）如果配置 **purge-originator-identification enable** 命令，且没有配置任何认证，则生成 Purge LSP 时携带 POI/Hostname TLV；

续表

步骤	命令	说明
4		（3）如果配置 **purge-originator-identification enable always** 命令，无论是否配置认证，生成 Purge LSP 时均携带 POI/Hostname TLV。 缺省情况下，IS-IS 设备发送的 PURGE 报文中不添加 POI TLV 和主机名 TLV，可用 **undo purge-originator-identification enable** 命令删除本地设备发送的 PURGE 报文中的 POI TLV 和主机名 TLV
5	**quit** 例如：[Huawei-isis-1] **quit**	退出 IS-IS 进程视图，返回系统视图
6	**isis system-id auto-recover disable** 例如：[Huawei] **isis system-id auto-recover disable**	（可选）使当检测到 System ID 冲突时自动修改 IS-IS System ID 的功能失效。 在 IS-IS 网络中，System ID 用来在区域内唯一标识一台 IS-IS 设备，当区域中存在多个相同 System ID 时，可能会引起路由振荡。因此，IS-IS 缺省使能当 System ID 冲突时自动修改 System ID 的功能。当出现 System ID 冲突时，IS-IS 自动修改本地 System ID，解除网络冲突。System ID 自动修改规则为：前两个字节设置为 F，后 4 个字节随机生成。如：FFFF:1234:5678。 如果不希望某台设备具有自动修复功能（System ID 自动修改规则不能满足要求），而是希望在发生冲突时手动解决，则可以配置本命令关闭该功能。 【注意】对于两台直连设备之间存在的 System ID 冲突，由于这种情况只会造成邻居建立不成功，对整网没有影响，因此不自动调整。 在广播网中，自动产生的 System ID 不记录配置文件，因此，重启设备后，因为该 System ID 会恢复为最先配置的值，所以会再次重新生成，新生成的 System ID 可能跟重启前不一致。另外，如果连续 3 次自动修改的 System ID 仍然存在冲突，则不继续调整。 缺省情况下，当网络中存在 System ID 冲突时，IS-IS 可以自动修改本地 System ID，解除冲突，可用 **undo isis system-id auto-recover disable** 命令恢复 IS-IS 当检测到 System ID 冲突时自动修复的功能

13.4.2　配置网络实体名称

网络实体名称 NET 是 NSAP 的特殊形式，由以下 3 部分组成。

- 区域 ID（Area ID），区域 ID 的长度可以是变化的（1～13 字节）。
- 系统 ID（System ID），长度为固定值 6 字节，用于识别不同的 IS-IS 路由器。
- SEL：最后 1 字节，固定为 00。其中的系统 ID。

通常情况下，一个 IS-IS 进程下配置一个 NET 即可。当需要重新划分区域时，例如要将多个区域合并，或者将一个区域划分为多个区域，这种情况下配置多个 NET 可以在重新配置时仍然能够保证路由的正确性。由于在一个 IS-IS 进程中一台路由器的区域地址最多可配置 3 个，所以一台路由器在一个进程中的 NET 最多也只能配 3 个。**在一个 IS-IS 路由器上配置多个 NET 时，必须保证它们的 System ID 部分都相同。只有在完成 IS-IS 进程的 NET 配置后，IS-IS 协议才能真正启动。**

配置网络实体名的方法很简单，只需在对应的 IS-IS 进程视图下使用 **network-entity** *net* 命令配置即可。参数 *net* 用来指定本地路由器在对应进程下的网络实体名称，格式为 X…X.XXXX.XXXX.XXXX.00（都是十六进制数），前面的“X…X”（1～13 字节）是区域地址，中间的 12 个“X”（共代表 6 字节）是路由器的 System ID，最后的“00”（1 字节）是 SEL。

区域 ID 用来唯一标识路由域中的不同区域，同一 L1 区域内所有路由器必须具有相同的区域地址。L2 区域（骨干网）内的路由器可以具有不同的区域 ID，但在整个 L1 区域和 L2 区域中，每台路由器的系统 ID 必须保持唯一。**IS-IS 在建立 L2 邻居时，不检查区域 ID 是否相同，而在建立 L1 邻居时，区域 ID 必须相同，否则无法建立邻居。**

缺省情况下，IS-IS 进程没有配置 NET，可用 **undo network-entity** *net* 命令删除 IS-IS 进程下指定的 NET。

【示例】指定 IS-IS 进程 1 的 NET 为 10.0001.1010.1020.1030.00。其中系统 ID 是 1010.1020.1030，区域 ID 是 10.0001。

```
<Huawei> system-view
[Huawei] isis 1
[Huawei-isis-1] network-entity 10.0001.1010.1020.1030.00
```

13.4.3 配置全局 Level 级别

建议在设计 IS-IS 网络之初就全局规划好各路由器的 Level 级别，也就是配置 IS-IS 路由器类型。在配置设备的 Level 级别时要充分考虑以下几个方面。

① 当 Level 级别为 L1 时，设备只与属于同一区域的 L1 和 L1/2 设备形成邻居关系，并且只负责维护 L1 的链路状态数据库 LSDB。

② 当 Level 级别为 L2 时，设备可以与同一或者不同区域的 L2 设备或者其他区域的 L1/2 设备形成邻居关系，并且只维护一个 L2 的 LSDB。

③ 当 Level 级别为 L1/2 时，设备会为 L1 和 L2 分别建立邻居，分别维护 L1 和 L2 两个 LSDB。

一般来说，将 L1 路由器部署在区域内，L2 路由器部署在骨干区域，L1/2 路由器部署在 L1 和 L2 路由器的中间。IS-IS 路由器的 Level 级别和接口的 Level 级别共同决定了建立邻居关系的 Level 级别。如果只有一个区域，建议用户将所有路由器的 Level 全部设置为 L1 或者全部设为 L2，因为没有必要让所有路由器同时维护两个完全相同的数据库。在 IP 网络中使用时，建议将所有的路由器都设置为 L2，这样有利于以后的扩展。

配置设备的 Level 级别的方法很简单，只需在对应的 IS-IS 进程下使用 **is-level** { **level-1** | **level-1-2** | **level-2** }命令配置即可。3 个多选一选项分别对应 L1 级别、L1/2 级别和 L2 级别。

缺省情况下，IS-IS 设备级别为 L1/2，即同时参与 L1 和 L2 的路由计算，维护 L1 和 L2 两个 LSDB，可用 **undo is-level** 命令恢复为缺省配置。在网络运行过程中，改变 IS-IS 设备的级别可能会导致IS-IS进程重启，并可能造成IS-IS邻居断连，建议用户在配置IS-IS 的同时完成设备级别的配置。

13.4.4 建立 IS-IS 邻居

由于 IS-IS 在广播网中和 P2P 网络中建立邻居的方式不同，因此，针对不同类型的接口，可以配置不同的 IS-IS 属性。

① 在广播网中，IS-IS 需要选择 DIS，因此通过配置 IS-IS 接口的 DIS 优先级，可以使拥有接口优先级最高的设备优选为 DIS。具体配置步骤见表 13-3。

② 在 P2P 网络中，IS-IS 不需要选择 DIS，因此无需配置接口的 DIS 优先级。但是为了保证 P2P 链路的可靠性，可以配置 IS-IS 使用 P2P 接口在建立邻居时采用 3-way（也就是 3 次握手）模式，以检测单向链路故障。具体配置步骤见表 13-4。

说明 在 P2P 网络中，通常情况下，IS-IS 会对收到的 Hello 报文进行 IP 地址检查，只有当收到的 Hello 报文的源地址和本地接收报文的接口地址在同一网段时，才会建立邻居。但当两端接口 IP 地址不在同一网段时，如果均配置了 **isis peer-ip-ignore** 命令，就会忽略对对端 IP 地址的检查，此时链路两端的 IS-IS 接口间仍可以建立正常的邻居关系。

表 13-3 广播网络中 **IS-IS** 邻居建立的配置步骤

步骤	命令	说明
1	**system-view** 例如：< Huawei > **system-view**	进入系统视图
2	**interface** *interface-type interfac-e-number* 例如：[Huawei]**interface** gigabitethernet 1/0/0	键入要建立 IS-IS 邻居的广播类型 IS-IS 接口，进入接口视图
3	**isis enable** [*process-id*] 例如：[Huawei-GigabitEthernet1/0/0] **isis enable** 1	在接口上使能 IS-IS 进程，可选参数 *process-id* 用来指定要使能的 IS-IS 进程号，取值范围为 1～65 535 的整数，缺省值为 1。**一个接口只能使能一个 IS-IS 进程**。配置该命令后，IS-IS 将通过该接口建立邻居、扩散 LSP 报文。 【注意】在通过 13.4.1 节全局使能 IS-IS 功能后，还必须在对应的 IS-IS 接口上使能 IS-IS 功能，否则接口仍然无法使用 IS-IS 协议。配置该命令后，IS-IS 将通过该接口建立邻居、扩散 LSP 报文。但由于 Loopback 接口不需要建立邻居，**因此如果在 Loopback 接口下使能 IS-IS，只会将该接口所在的网段路由通过其他 IS-IS 接口发布出去。** 缺省情况下，接口上未使能 IS-IS 功能，可用 **undo isis enable** 命令在接口上去使能 IS-IS 功能，并取消与 IS-IS 进程号的关联
4	**isis circuit-level** [**level-1** | **level-1-2** | **level-2**] 例如：[Huawei-GigabitEthernet1/0/0] **isis circuit-level level-1**	（可选）配置 IS-IS 路由器的接口链路类型，命令中的多选项说明如下。 （1）**level-1**：多选一可选项，指定接口链路类型为 L1，即在本接口只能建立 L1 的邻接关系，仅可发送 L1 的报文。 （2）**level-1-2**：多选一可选项，指定接口链路类型为 L1/2，即在本接口可以同时建立 L1 和 L2 邻接关系，会同时发送 L1 和 L2 级别的报文。 （3）**level-2**：多选一可选项，指定接口链路类型为 L2，即在本接口只能建立 L2 邻接关系，仅会发送 L2 级别的报文。 【注意】**仅需在 L1/2 路由器的不同接口上配置对应的 Level 级**别，L1、L2 级别的 IS-IS 路由器各接口直接继承 **is-level** 命令的全局级别配置。 在网络运行过程中，改变 IS-IS 接口的级别可能会导致网络振荡。建议用户在配置 IS-IS 时即完成路由器接口级别的配置。 缺省情况下，级别为 L1/2 的 IS-IS 路由器上的接口链路类型为 L1/2，可以同时建立 L1 和 L2 的邻接关系，可用 **undo isis circuit-level** 命令恢复 L1/2 路由器的接口链路类型为缺省配置

续表

步骤	命令	说明
5	**isis dis-priority** *priority* [**level-1** | **level-2**] 例如：[Huawei-GigabitEthernet1/0/0] **isis dis-priority** 127 **level-2**	（可选）设置接口在进行 DIS 选举时的优先级，命令中的参数和选项说明如下。 （1）*priority*：设置接口在进行 DIS 选举时的优先级，取值范围为 0～127 的整数，值越大优先级越高。 （2）**level-1**：二选一可选项，指定所设置的优先级为选举 L1 DIS 时的优先级。 （3）**level-2**：二选一可选项，指定所设置的优先级为选举 L2 DIS 时的优先级。 如果同时不选择 Level-1 和 Level-2 可选项，则所设置的优先级同时适用于 L1 和 L2 DIS 选举。 【说明】DIS 的优先级以 Hello 报文的形式发布。拥有最高优先级的路由器可作为 DIS。**在优先级相等的情况下，拥有最高 MAC 地址的路由器被选为 DIS**。 如果通过 **isis circuit-type** 命令将广播接口模拟为 P2P 接口，则本命令在该接口失效。如果通过 **undo isis circuit-type** 命令将该接口恢复为广播接口，则 DIS 优先级也恢复为缺省优先级。 缺省情况下，广播网中 IS-IS 接口在 L1 和 L2 级别的 DIS 优先级均为 64，可用 **undo isis dis-priority** [*priority*] [**level-1** | **level-2**] 命令恢复缺省优先级
6	**isis silent** [**advertise-zero-cost**] 例如：[Huawei-GigabitEthernet1/0/0]**isis silent**	（可选）配置 IS-IS 接口为抑制状态，即抑制该接口接收和发送 IS-IS 报文，**但此接口所在网段的直连路由仍可以通过 IS-IS LSP 被发布出去**。如果选择 **advertise-zero-cost** 可选项，则指定在发布直连路由时其开销值为 0，缺省情况下 IS-IS 路由的链路开销值为 10。 缺省情况下，不配置 IS-IS 接口为抑制状态，可用 **undo isis silent** 命令恢复为缺省状态
7	**isis delay-peer track last-peer-expired** [**delay-time** *delay-interval*] 例如：[Huawei-GigabitEthernet1/0/0] **isis delay-peer track last-peer-expired delay-time** 100	（可选）配置 IS-IS 接口延迟邻居关系重新建立的时间，整数形式，取值范围是 1～3 600，单位是秒。如果修改后的时间比延迟剩余时间小，则立即将延迟的剩余时间调整为新修改的时间；如果修改后的时间比延迟剩余时间大，则继续按原来的延迟剩余时间进行延迟，新的 *delay-interval* 在下一次触发延迟时生效。 缺省情况下，IS-IS 邻居由于超时导致邻居关系失效后，在收到新的Hello 报文后重新建立邻居，可用 **undo isis delay-peer** [**track last-peer-expired** [**delay-time** *delay-interval*]]命令取消延迟，IS-IS 由于超时导致邻居关系失效后，会在收到新的 Hello 报文后重新建立邻居

表 13-4　　P2P 网络中 IS-IS 邻居建立的配置步骤

步骤	命令	说明
1	**system-view** 例如：< Huawei > **system-view**	进入系统视图
2	**interface** *interface-type interface-number* 例如：[Huawei]**interface** gigabitethernet 1/0/0	键入要 P2P 邻居的 P2P IS-IS 接口，进入接口视图

续表

步骤	命令	说明
3	**isis enable** [*process-id*] 例如：[Huawei-GigabitEthernet1/0/0]**isis enable** 1	在接口上使能 IS-IS 进程号，其他说明参见表 13-3 中的第 3 步
4	**isis circuit-level** [**level-1** | **level-1-2** | **level-2**] 例如：[Huawei-GigabitEthernet1/0/0] **isis circuit-level level-1**	配置 IS-IS 路由器的接口链路类型，其他说明参见表 13-3 中的第 4 步
5	**isis circuit-type p2p** [**strict-snpa-check**] 例如：[Huawei-GigabitEthernet1/0/0] **isis circuit-type p2p**	（可选）将 IS-IS 广播网接口的网络类型模拟为 P2P 类型。选择 **strict-snpa-check** 可选项时，指定 IS-IS 对 LSP 和 SNP 报文的 SNPA 进行检查，只有报文中的 SNPA 地址存在于本地的邻居地址列表中才接收，否则丢弃，从而保证网络的安全。 【说明】在使能 IS-IS 的接口上，当接口类型发生改变时，相关配置发生改变，具体如下。 ● 使用本命令将广播网接口模拟成 P2P 接口时，接口发送 Hello 报文的间隔时间、宣告邻居失效前 IS-IS 没有收到的邻居 Hello 报文数目、点到点链路上 LSP 报文的重传间隔时间以及 IS-IS 各种验证均恢复为缺省配置，而 DIS 优先级、DIS 名称、广播网络上发送 CSNP 报文的间隔时间等配置均失效。 ● 使用 **undo isis circuit-type** 命令恢复接口的网络类型时，接口发送 Hello 报文的间隔时间、宣告邻居失效前 IS-IS 没有收到的邻居 Hello 报文数目、点到点链路上 LSP 报文的重传间隔时间、IS-IS 各种验证、DIS 优先级和广播网络上发送 CSNP 报文的间隔时间均恢复为缺省配置。 缺省情况下，接口网络类型根据物理接口决定，可用 **undo isis circuit-type** 命令恢复 IS-IS 接口的缺省网络类型
6	**isis ppp-negotiation** { **2-way** | **3-way** [**only**] } 例如：[Huawei-GigabitEthernet1/0/0] **isis ppp-negotiation 2-way**	（可选）指定在建立邻接关系时采用的 PPP 协商类型。命令中的选项说明如下。 （1）**2-way**：二选一选项，指定建立邻接关系时使用二次握手（2-Way Handshake）的协商模型。 （2）**3-way**：二选一选项，指定建立邻接关系时使用 3 次握手（3-Way Handshake）的协商模型。3 次握手模型为后向兼容，如果对方只支持二次握手，则建立二次握手模型下的邻接关系。 （3）**only**：可选项，指定建立邻接关系时只使用 3 次握手的协商模型，不支持后向兼容。 **本命令只适用于点到点链路接口，对于广播接口，需在接口上配置链路类型为 P2P 后才可使用。** 缺省情况下，采用 3 次握手协商模型，可用 **undo isis ppp-negotiation** 命令恢复协商模式为缺省模式
7	**isis peer-ip-ignore** 例如：[Huawei-GigabitEthernet1/0/0] **isis peer-ip-ignore**	（可选）配置对接收的 Hello 报文不进行 IP 地址检查。 缺省情况下，IS-IS 检查对端 Hello 报文的 IP 地址，可用 **undo isis peer-ip-ignore** 命令恢复为缺省状态
8	**isis ppp-osicp-check** 例如：[Huawei-GigabitEthernet1/0/0] **isis ppp-osicp-check**	（可选）配置 PPP 链路协议的接口检查 OSICP（开放系统互联控制协议，相当于 TCP/IP 网络中的 TCP）协商状态，协商状态会影响接口在 IS-IS 下的状态。**本命令仅适用于 OSI 网络。** 缺省情况下，IS-IS 忽略 PPP 的 OSICP 状态，可用 **undo isis ppp-osicp-check** 命令恢复为缺省情况

续表

步骤	命令	说明
9	**isis delay-peer track last-peer-expired** [**delay-time** *delay-interval*] 例如：[Huawei-GigabitEthernet1/0/0] **isis delay-peer track last-peer-expired**	（可选）配置 IS-IS 接口延迟邻居关系重新建立的时间，其他说明参见表 13-3 中的第 7 步

13.4.5 IS-IS 基本功能管理

配置好 IS-IS 基本功能后，可通过以下 **display** 视图命令查看相关信息，验证配置结果，也可使用以下 **reset** 用户视图命令复位 IS-IS 数据结构或者邻居关系。

① **display isis peer** [**verbose**] [*process-id* | **vpn-instance** *vpn-instance-name*]：查看指定或所有 IS-IS 进程中的邻居信息。

② **display isis interface** [**verbose**] [*process-id* | **vpn-instance** *vpn-instance-name*]：查看指定或所有 IS-IS 进程中使能了 IS-IS 的接口信息。

③ **display isis route** [*process-id* | **vpn-instance** *vpn-instance-name*] [**ipv4**] [**verbose** | [**level-1** | **level-2**] | *ip-address* [*mask* |*mask-length*]] *：查看指定或所有 IS-IS 进程中的 IS-IS 的路由信息。

④ **display isis** *process-id* **lsdb** [[**level-1** | **level-2**] | **verbose** | [**local** | *lsp-id* | **is-name** *symbolic-name*]] *：查看指定进程下符合条件的 IS-IS 的链路状态数据库信息。

⑤ **display isis name-table**：查看本地和远端 IS-IS 设备主机名到系统 ID 的映射关系表。

⑥ **reset isis all** [[*process-id* | **vpn-instance** *vpn-instance-name*] | **graceful-restart**] *：复位指定或所有 IS-IS 进程的数据结构。

⑦ **reset isis peer** *system-id* [*process-id* | **vpn-instance** *vpn-instance-name*]：复位指定或所有 IS-IS 进程的特定邻居。**当 IS-IS 路由策略或协议发生变化后，需要通过复位 IS-IS 特定邻居使新的配置生效。**

13.4.6 IS-IS 基本功能配置示例

本示例的基本拓扑结构如图 13-25 所示，现网中有 4 台路由器。用户希望利用这 4 台路由器通过 IS-IS 协议实现网络互联，并且因为 RouterA 和 RouterB 的性能相对较低，所以还要使这两台路由器处理的数据信息相对较少。

1. 基本配置思路分析

本示例没有特殊要求，仅要求通过配置 IS-IS 基本功能实现各网络的三层互通。但要特别注意的是，示例中要求 RouterA 和 RouterB 仅需处理较少的数据，就需要把它们配置成普通区域中的 L1 路由器。当然首先还得配置各路由器接口的 IP 地址，使它们之间三层可达。

根据本示例的拓扑结构可以得出，同时与 RouterA 和 RouterB 相连的 RouterC 成为

L1/2 路由器，相当于 OSPF 中的区域边界路由器，RouterD 在骨干区域中，为 L2 路由器。

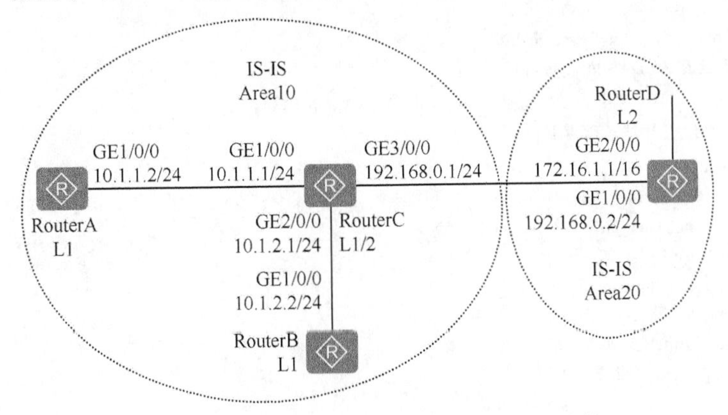

图 13-25　IS-IS 基本功能配置示例的拓扑结构

注意　IS-IS 网络与 OSPF 网络一样，也可以仅划分一个区域，此时该区域的 ID 号任意，区域中的路由器级别也可任意，但必须是同一级别的，如同是 L1 或 L2 级别的，通常不采用缺省的 L1/2 级别，主要是为了减少网络中发送无用 IS-IS 报文的数量。

根据以上分析可得出本示例如下的基本配置思路。

① 按图中标识配置各路由器接口的 IP 地址。

② 按图中标识配置各路由器的 IS-IS 基本功能。

2. 具体配置步骤

① 配置各路由器接口的 IP 地址。下面仅以 RouterA 为例进行介绍，RouterB、RouterC 和 RouterD 的配置方法一样，略。

```
[RouterA] interface gigabitethernet 1/0/0
[RouterA-GigabitEthernet1/0/0] ip address 10.1.1.2 24
[RouterA-GigabitEthernet1/0/0] quit
```

② 配置各路由器的 IS-IS 基本功能，包括启动 IS-IS 进程（同样进程号只对本地设备有意义），配置全局路由器级别、网络实体名称，并在各 IS-IS 接口上使能 IS-IS 功能。这里为了方便区分和记忆，把这 4 台路由器的 System ID 分别配置为 0000.0000. 0001、0000.0000.0002、0000.0000.0003、0000.0000.0004（每个必须是 12 位十六进制数）。

注意　RouterA、RouterB 为 L1 路由器，故需要全局配置 Level-1 级别（缺省为 L1/2 级别），但不需要在各接口上再配置 Level 级别，直接继承全局的 Level-1 配置。RouterD 为 L2 路由器，故需要全局配置 Level-2 级别，但不需要在各接口上再配置 Level 级别，直接继承全局的 Level-2 配置。

RouterC 为 L1/2 路由器，与缺省的 Level 级别一样，故不需要全局配置 Level 级别，但在各接口上建议根据所连接的路由器类型，选择配置 Level-1 或 Level-2，以避免接口发送一些不必要的 IS-IS 报文。

■ RouterA 上的配置如下。

```
[RouterA] isis 1
[RouterA-isis-1] is-level level-1
```

```
[RouterA-isis-1] network-entity 10.0000.0000.0001.00
[RouterA-isis-1] quit
[RouterA] interface gigabitethernet 1/0/0
[RouterA-GigabitEthernet1/0/0] isis enable 1
[RouterA-GigabitEthernet1/0/0] quit
```

■ RouterB 上的配置如下。

```
[RouterB] isis 1
[RouterB-isis-1] is-level level-1
[RouterB-isis-1] network-entity 10.0000.0000.0002.00
[RouterB-isis-1] quit
[RouterB] interface gigabitethernet 1/0/0
[RouterB-GigabitEthernet1/0/0] isis enable 1
[RouterB-GigabitEthernet1/0/0] quit
```

■ RouterC 上的配置如下。

```
[RouterC] isis 1
[RouterC-isis-1] network-entity 10.0000.0000.0003.00
[RouterC-isis-1] quit
[RouterC] interface gigabitethernet 1/0/0
[RouterC-GigabitEthernet1/0/0] isis enable 1
[RouterC-GigabitEthernet1/0/0] quit
[RouterC] interface gigabitethernet 2/0/0
[RouterC-GigabitEthernet2/0/0] isis enable 1
[RouterC-GigabitEthernet2/0/0] quit
[RouterC] interface gigabitethernet 3/0/0
[RouterC-GigabitEthernet3/0/0] isis enable 1
[RouterC-GigabitEthernet3/0/0] quit
```

■ RouterD 上的配置如下。

```
[RouterD] isis 1
[RouterD-isis-1] is-level level-2
[RouterD-isis-1] network-entity 20.0000.0000.0004.00
[RouterD-isis-1] quit
[RouterD] interface gigabitethernet 2/0/0
[RouterD-GigabitEthernet2/0/0] isis enable 1
[RouterD-GigabitEthernet2/0/0] quit
[RouterD] interface gigabitethernet 1/0/0
[RouterD-GigabitEthernet1/0/0] isis enable 1
[RouterD-GigabitEthernet1/0/0] quit
```

【经验之谈】因为本示例中各以太网链路两端均只有一个以太网端口，类似于 P2P 连接，所以为了减少不必要的 DIS 选举，可以把这些以太网接口都通过 **isis circuit-type p2p** 命令配置为 P2P 接口。下同，不再赘述。

3. 实验结果验证

以上配置完成后，可以在各路由器上执行 **display isis lsdb** 命令显示 IS-IS LSDB 信息，查看它们的 LSDB 是否同步，验证配置结果。其中"*(In TLV)"表示渗透路由，"*(By LSPID)"表示本地生成的 LSP，"+"表示本地生成的扩展 LSP。在 L1 路由器中有 L1 LSDB，在 L1/2 路由器中同时有 L1 LSDB 和 L2 LSDB，在 L2 路由器只有 L2 LSDB。

从在各路由器上执行 **display isis lsdb** 命令后的输出信息中可以看到，同处于区域 10 的 RouterA、RouterB 和 RouterC 的 L1 LSDB 是完全一样的，实现了同步；而同位于 L2 区域的 RouterC 和 RouterD 的 L2 LSDB 也是完全一样的，也实现了同步。

```
[RouterA] display isis lsdb
```

```
                        Database information for ISIS(1)
                        -------------------------------

                          Level-1 Link State Database

LSPID                   Seq Num        Checksum      Holdtime      Length  ATT/P/OL
-------------------------------------------------------------------------
0000.0000.0001.00-00* 0x00000006    0xbf7d         649           68       0/0/0
0000.0000.0002.00-00  0x00000003    0xef4d         545           68       0/0/0
0000.0000.0003.00-00  0x00000008    0x3340         582           111      1/0/0
Total LSP(s): 3
*(In TLV)-Leaking Route, *(By LSPID)-Self LSP, +-Self LSP(Extended),
           ATT-Attached, P-Partition, OL-Overload

[RouterB] display isis lsdb

                        Database information for ISIS(1)
                        -------------------------------

                          Level-1 Link State Database

LSPID                   Seq Num        Checksum      Holdtime      Length  ATT/P/OL
-------------------------------------------------------------------------
0000.0000.0001.00-00  0x00000006    0xbf7d         642           68       0/0/0
0000.0000.0002.00-00* 0x00000003    0xef4d         538           68       0/0/0
0000.0000.0003.00-00  0x00000008    0x3340         574           111      1/0/0
Total LSP(s): 3
*(In TLV)-Leaking Route, *(By LSPID)-Self LSP, +-Self LSP(Extended),
           ATT-Attached, P-Partition, OL-Overload

[RouterC] display isis lsdb

                        Database information for ISIS(1)
                        -------------------------------

                          Level-1 Link State Database

LSPID                   Seq Num        Checksum      Holdtime      Length  ATT/P/OL
-------------------------------------------------------------------------
0000.0000.0001.00-00  0x00000006    0xbf7d         638           68       0/0/0
0000.0000.0002.00-00  0x00000003    0xef4d         533           68       0/0/0
0000.0000.0003.00-00* 0x00000008    0x3340         569           111      1/0/0
Total LSP(s): 3

*(In TLV)-Leaking Route, *(By LSPID)-Self LSP, +-Self LSP(Extended),
           ATT-Attached, P-Partition, OL-Overload

                          Level-2 Link State Database

LSPID                   Seq Num        Checksum      Holdtime      Length  ATT/P/OL
-------------------------------------------------------------------------
0000.0000.0003.00-00* 0x00000008    0x55bb         650           100      0/0/0
0000.0000.0004.00-00  0x00000005    0x6510         629           84       0/0/0
Total LSP(s): 2
*(In TLV)-Leaking Route, *(By LSPID)-Self LSP, +-Self LSP(Extended),
```

```
        ATT-Attached, P-Partition, OL-Overload

[RouterD] display isis lsdb

                         Database information for ISIS(1)
                         --------------------------------

                           Level-2 Link State Database

LSPID                    Seq Num      Checksum      Holdtime      Length   ATT/P/OL
-------------------------------------------------------------------------
0000.0000.0003.00-00   0x00000008    0x55bb        644           100       0/0/0
0000.0000.0004.00-00*  0x00000005    0x6510        624           84        0/0/0
Total LSP(s): 2
*(In TLV)-Leaking Route, *(By LSPID)-Self LSP, +-Self LSP(Extended),
        ATT-Attached, P-Partition, OL-Overload
```

还可通过 **display isis route** 命令显示各路由器的 IS-IS 路由信息。L1 路由器的路由表中应该有一条缺省路由，且下一跳为 L1/2 路由器，L2 路由器应该有所有 L1 和 L2 的路由（参见输出信息中的粗体字部分）。输出信息中的“IntCost”为 IS-IS 路由的开销值，“ExtCost”为由外部引入的其他协议路由的开销值，“ExitInterface”为路由的出接口，“NextHop”为路由的下一跳地址。当目的网段为设备直连网段时，显示为 Direct，“Flags”为路由信息标记，不同路由的标记具体如下所示。

① D：表示直连路由。

② A：表示此路由被加入单播路由表中。

③ L：表示此路由通过 LSP 发布出去。

```
[RouterA] display isis route

                         Route information for ISIS(1)
                         -----------------------------

                        ISIS(1) Level-1 Forwarding Table
                        --------------------------------

IPV4 Destination   IntCost   ExtCost ExitInterface   NextHop        Flags
-------------------------------------------------------------------------
10.1.1.0/24        10        NULL    GE1/0/0         Direct         D/-/L/-
10.1.2.0/24        20        NULL    GE1/0/0         10.1.1.1       A/-/-/-
192.168.0.0/24     20        NULL    GE1/0/0         10.1.1.1       A/-/-/-
0.0.0.0/0          10        NULL    GE1/0/0         10.1.1.1       A/-/-/-

     Flags: D-Direct, A-Added to URT, L-Advertised in LSPs, S-IGP Shortcut,
                         U-Up/Down Bit Set

[RouterB] display isis route

                         Route information for ISIS(1)
                         -----------------------------

                        ISIS(1) Level-1 Forwarding Table
                        --------------------------------
```

```
IPV4 Destination    IntCost    ExtCost ExitInterface    NextHop        Flags
-------------------------------------------------------------------------
10.1.2.0/24         10         NULL     GE1/0/0         Direct         D/-/L/-
10.1.1.0/24         20         NULL     GE1/0/0         10.1.2.1       A/-/-/-
192.168.0.0/24      20         NULL     GE1/0/0         10.1.2.1       A/-/-/-
0.0.0.0/0           10         NULL     GE1/0/0         10.1.2.1       A/-/-/-

     Flags: D-Direct, A-Added to URT, L-Advertised in LSPs, S-IGP Shortcut,
                                U-Up/Down Bit Set

[RouterC] display isis route

                          Route information for ISIS(1)
                          -----------------------------

                          ISIS(1) Level-1 Forwarding Table
                          --------------------------------

IPV4 Destination    IntCost    ExtCost ExitInterface    NextHop        Flags
-------------------------------------------------------------------------
10.1.1.0/24         10         NULL     GE1/0/0         Direct         D/-/L/-
10.1.2.0/24         10         NULL     GE2/0/0         Direct         D/-/L/-
192.168.0.0/24      10         NULL     GE3/0/0         Direct         D/-/L/-

     Flags: D-Direct, A-Added to URT, L-Advertised in LSPs, S-IGP Shortcut,
                                U-Up/Down Bit Set


                          ISIS(1) Level-2 Forwarding Table
                          --------------------------------

IPV4 Destination    IntCost    ExtCost ExitInterface    NextHop        Flags
-------------------------------------------------------------------------
10.1.1.0/24         10         NULL     GE1/0/0         Direct         D/-/L/-
10.1.2.0/24         10         NULL     GE2/0/0         Direct         D/-/L/-
192.168.0.0/24      10         NULL     GE3/0/0         Direct         D/-/L/-
172.16.0.0/16       20         NULL     GE3/0/0         192.168.0.2    A/-/-/-

     Flags: D-Direct, A-Added to URT, L-Advertised in LSPs, S-IGP Shortcut,
                                U-Up/Down Bit Set

[RouterD] display isis route

                          Route information for ISIS(1)
                          -----------------------------

                          ISIS(1) Level-2 Forwarding Table
                          --------------------------------

IPV4 Destination    IntCost    ExtCost ExitInterface    NextHop        Flags
-------------------------------------------------------------------------
192.168.0.0/24      10         NULL     GE3/0/0         Direct         D/-/L/-
10.1.1.0/24         20         NULL     GE3/0/0         192.168.0.1    A/-/-/-
10.1.2.0/24         20         NULL     GE3/0/0         192.168.0.1    A/-/-/-
172.16.0.0/16       10         NULL     GE2/0/0         Direct         D/-/L/-
```

```
Flags: D-Direct, A-Added to URT, L-Advertised in LSPs, S-IGP Shortcut,
       U-Up/Down Bit Set
```

13.5 IS-IS（IPv4）路由聚合

在部署 IS-IS 的大规模网络中，路由条目过多，会导致在转发数据时降低路由表的查找速度，同时会增加管理的复杂度。通过配置路由聚合，可以减小路由表的规模。同时，如果被聚合的 IP 地址范围内的某条链路频繁 Up 和 Down，该变化不会通告到被聚合的 IP 地址范围外的设备，可以避免网络中的路由振荡，提高了网络的稳定性。

13.5.1 配置 IS-IS 路由聚合

IS-IS 的路由聚合可以在任意 IS-IS 路由器上进行配置，被聚合的路由可以是 IS-IS 路由，也可以是被引入的其他协议路由。聚合后路由的开销值取所有被聚合路由中的最小开销值。

与其他动态路由协议一样，配置 IS-IS 路由聚合后，也不会影响本地设备的路由表，即本地 IP 路由表中仍然会以原有路由类型显示每一条具体路由。但是会减少向邻居路由器发布 LSP 报文的扩散，接收到该 LSP 报文的其他设备的 IS-IS 路由表中对应连续网段中只会出现一条聚合路由。直到网络中被聚合的路由都出现故障而消失时，该聚合路由才会消失。

在对应的 IS-IS 进程下使用 **summary** *ip-address mask* [**avoid-feedback** | **generate_null0_route** | **tag** *tag* | [**level-1** | **level-1-2** | **level-2**]] * 命令配置 IS-IS 生成聚合路由。命令中的参数和选项说明如下。

① *ip-address mask*：指定聚合路由的网络 IP 地址和子网掩码。IS-IS 聚合路由的子网掩码的前缀长度也必须小于所有被聚合路由的子网掩码长度，可以是对应的自然网段路由，甚至超网路由。

② **avoid-feedback**：可多选选项，避免本地路由器通过路由 SPF 计算再次学习到这条聚合路由。因为聚合路由是用来向外发布的，不需要在本地路由表中存在。

③ **generate_null0_route**：可多选选项，为防止路由环路，在本地路由器上为配置的聚合路由生成一条以聚合路由为目的地址，下一跳为 Null 0 的黑洞路由。这样在本地路由器上所有到达指定聚合路由网段的报文都将直接丢弃，使聚合路由在本地路由器上不起报文转发作用。

④ **tag** *tag*：可多选选项，表示为发布的聚合路由分配管理标记，取值范围为 1～4 294 967 295 的整数，主要用于路由策略中进行路由分类。

⑤ **level-1**：多选一可选项，表示只对发布到本地路由器 L1 区域的路由进行聚合。如果没有指定 Level 级别，缺省为 L2。**如果路由器是 L2 类型的，则不能选择此选项，**但因为 L1 路由缺省是渗透到 L2 区域的，所以在 L2 区域中的路由器中也会见到这条聚合路由，而没有具体的明细路由。

⑥ **level-1-2**：多选一可选项，表示对发布到本地路由器的 L1 区域和 L2 区域的路由

都进行聚合。如果没有指定 Level 级别，缺省为 L2。**如果路由器是 L1 或 L2 类型的，则不能选择此选项。**

⑦ **level-2**：多选一可选项，表示只对发布到本地路由器的 L2 区域的路由进行聚合。如果没有指定 Level 级别，缺省为 L2。**如果路由器是 L1 类型的，则不能选择此选项。**

缺省情况下，没有配置 IS-IS 生成聚合路由，可用 **undo summary** *ip-address mask* [**level-1** | **level-1-2** | **level-2**]命令取消 IS-IS 生成的指定聚合路由。

【示例】在一个 L1/2 路由器中配置一条 202.0.0.0/8 的 IS-IS 聚合路由。

```
<Huawei> system-view
[Huawei] isis
[Huawei-isis-1] summary 202.0.0.0 255.0.0.0
```

在 L1/2 路由器上配置好聚合路由后，可在网络中的其他路由器上通过执行 **display isis route** 命令查看 IS-IS 路由表中的聚合路由；可在网络中的其他路由器上通过执行 **display ip routing-table** [**verbose**]命令查看 IP 路由表中的聚合路由。

13.5.2 IS-IS 路由聚合配置示例

本示例的基本拓扑结构如图 13-26 所示，网络中有 3 台路由器通过 IS-IS 路由协议实现互联，且 RouterA 为 L2 路由器，RouterB 为 L1/2 路由器，RouterC 为 L1 路由器。但是由于 IS-IS 网络的路由条目过多，造成 RouterA 系统资源负载过重，现要求降低 RouterA 的系统资源的消耗。

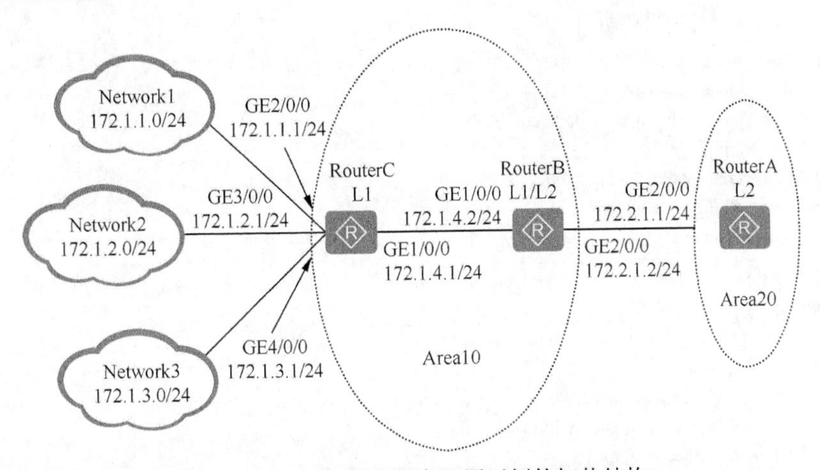

图 13-26　IS-IS 路由聚合配置示例的拓扑结构

1. 基本配置思路分析

本示例主要是希望对连接在 RouterC 的 4 个连续子网：172.1.1.0/24、172.1.2.0/24 和 172.1.3.0/24 和 172.1.4.0/24 的 IS-IS 路由，在由 RouterB 向 RouterA 发布的 L2 级别 IS-IS LSP 时进行路由聚合，减小 RouterA 的路由表规模。

IS-IS 路由聚合功能也是在 IS-IS 基本功能完成的基础上进行配置的，由此可得出本示例如下的基本配置思路。

① 配置各路由器的接口 IP 地址。

② 在各路由器上配置 IS-IS 基本功能，实现网络互联。

③ 在RouterB上配置对172.1.1.0/24、172.1.2.0/24和172.1.3.0/24，以及172.1.4.0/24 4个连续子网的IS-IS路由进行聚合。

2. 具体配置步骤

① 配置各路由器的接口IP地址。在此仅以RouterA上的配置为例进行介绍，RouterB和RouterC的配置方法一样，略。

```
[RouterA] interface gigabitethernet 2/0/0
[RouterA-GigabitEthernet2/0/0] ip address 172.2.1.1 24
[RouterA-GigabitEthernet2/0/0] quit
```

② 在各路由器上配置IS-IS基本功能，包括全局使能IS-IS功能、配置网络实体名称、在各接口上使能IS-IS功能。RouterA、RouterB和RouterC的系统ID分别设为0000.0000.0001、0000.0000.0002和0000.0000.0003（均为12位十六进制）。

注意 RouterA为L2路由器，故需要全局配置Level-2级别（缺省为L1/2级别），但不需要在各接口上再配置Level级别，直接继承全局的Level-2配置。RouterC为L1路由器，故需要全局配置Level-1级别，但不需要在各接口上再配置Level级别，直接继承全局的Level-1配置。

RouterB为L1/2路由器，与缺省的Level级别一样，故不需要全局配置Level级别，但在各接口上建议根据所连接的路由器类型，选择配置Level-1或Level-2，以避免接口发送一些不必要的IS-IS报文。

■ RouterA上的配置如下。

```
[RouterA] isis 1
[RouterA-isis-1] is-level level-2
[RouterA-isis-1] network-entity 20.0000.0000.0001.00
[RouterA-isis-1] quit
[RouterA] interface gigabitethernet 2/0/0
[RouterA-GigabitEthernet2/0/0] isis enable 1
[RouterA-GigabitEthernet2/0/0] quit
```

■ RouterB上的配置如下。

```
[RouterB] isis 1
[RouterB-isis-1] network-entity 10.0000.0000.0002.00
[RouterB-isis-1] quit
[RouterB] interface gigabitethernet 2/0/0
[RouterB-GigabitEthernet2/0/0] isis enable 1
[RouterB-GigabitEthernet2/0/0] quit
[RouterB] interface gigabitethernet 1/0/0
[RouterB-GigabitEthernet1/0/0] isis enable 1
[RouterB-GigabitEthernet1/0/0] quit
```

■ RouterC上的配置如下。

```
[RouterC] isis 1
[RouterC-isis-1] is-level level-1
[RouterC-isis-1] network-entity 10.0000.0000.0003.00
[RouterC-isis-1] quit
[RouterC] interface gigabitethernet 1/0/0
[RouterC-GigabitEthernet1/0/0] isis enable 1
[RouterC-GigabitEthernet1/0/0] quit
[RouterC] interface gigabitethernet 2/0/0
[RouterC-GigabitEthernet2/0/0] isis enable 1
```

```
[RouterC-GigabitEthernet2/0/0] quit
[RouterC] interface gigabitethernet 3/0/0
[RouterC-GigabitEthernet3/0/0] isis enable 1
[RouterC-GigabitEthernet3/0/0] quit
[RouterC] interface gigabitethernet 4/0/0
[RouterC-GigabitEthernet4/0/0] isis enable 1
[RouterC-GigabitEthernet4/0/0] quit
```

以上配置好后，可以在 RouterA 上通过 **display isis route** 命令查看 IS-IS 路由表信息。从中可以看出，在 RouterA 上面有到达 RouterC 上连接的 4 个连续子网的 IS-IS 路由表项（参见输出信息中的粗体字部分）。

```
[RouterA] display isis route
                         Route information for ISIS(1)
                         -----------------------------
                       ISIS(1) Level-2 Forwarding Table
                       --------------------------------
IPV4 Destination     IntCost    ExtCost    ExitInterface     NextHop       Flags
-------------------------------------------------------------------------
172.1.1.0/24         30         NULL       GE2/0/0           172.2.1.2     A/-/L/-
172.1.2.0/24         30         NULL       GE2/0/0           172.2.1.2     A/-/L/-
172.1.3.0/24         30         NULL       GE2/0/0           172.2.1.2     A/-/L/-
172.1.4.0/24         20         NULL       GE2/0/0           172.2.1.2     A/-/L/-
172.2.1.0/24         10         NULL       GE2/0/0           Direct        D/-/L/-
     Flags: D-Direct, A-Added to URT, L-Advertised in LSPs, S-IGP Shortcut,
                              U-Up/Down Bit Set
```

③ 在 RouterB 上配置路由聚合，将 172.1.1.0/24、172.1.2.0/24、172.1.3.0/24、172.1.4.0/24 4 个连续子网的路由聚合成 172.1.0.0/16。这里要注意的是，因为希望减少 RouterA 上 LSDB 中 LSP 的数量，所以需要对发布的 L2 LSP 进行路由聚合。

```
[RouterB] isis 1
[RouterB-isis-1] summary 172.1.0.0 255.255.0.0 level-2
[RouterB-isis-1] quit
```

现在再在 RouterA 上执行 **display isis route** 命令，查看其 IS-IS 路由表，会发现原来的 172.1.1.0/24、172.1.2.0/24、172.1.3.0/24 和 172.1.4.0/24 4 条路由不见了，取而代之的是一条聚合路由 172.1.0.0/16（参见输出信息中的粗体字部分）。

```
[RouterA] display isis route
                         Route information for ISIS(1)
                         -----------------------------
                       ISIS(1) Level-2 Forwarding Table
                       --------------------------------
IPV4 Destination     IntCost    ExtCost ExitInterface    NextHop           Flags
-------------------------------------------------------------------------
172.1.0.0/16         20         NULL       GE2/0/0           172.2.1.2     A/-/L/-
172.2.1.0/24         10         NULL       GE2/0/0           Direct        D/-/L/-
     Flags: D-Direct, A-Added to URT, L-Advertised in LSPs, S-IGP Shortcut,
                              U-Up/Down Bit Set
```

13.6　控制 IS-IS（IPv4）的路由信息交互

在控制 IS-IS 路由信息交互方面，主要涉及到以下功能配置（它们是并列关系，根据实际需要选择一项或多项进行配置）。

① 配置 IS-IS 发布缺省路由。

② 配置 IS-IS 引入外部路由。

③ 配置 IS-IS 发布部分外部路由到 IS-IS 路由域。

④ 配置将部分 IS-IS 路由下发到 IP 路由表。

在配置控制 IS-IS 的路由信息的交互之前，也需要配置 IS-IS 的基本功能。

13.6.1 配置 IS-IS 发布缺省路由

通常，当网络中部署了 IS-IS 和其他路由协议时，为了实现 IS-IS 域内的用户可以访问 IS-IS 域外网络，通常有如下两种方式。

① **在边界设备上**（引入外部路由的设备）配置向 IS-IS 域设备发布到达外部网络的缺省路由。

② **在边界设备上**将其他路由域的路由引入 IS-IS 中。

其中，配置发布缺省路由的方式较为简单，不需要学习外部路由。在具有外部路由的边界设备上配置 IS-IS 发布缺省路由，可以使该设备在 IS-IS 路由域内发布一条 0.0.0.0/0 的缺省路由（下一跳是发布该缺省路由的接口的 IP 地址），这样，IS-IS 域内的其他设备在转发流量时，将所有去往外部路由域的流量首先通过这条缺省路由转发到该设备，然后通过该设备去往外部路由域。

说明 虽然配置静态缺省路由也可以达到以上目的，但是当网络中有大量设备时，配置工作量巨大，且不利于管理。另外，采用 IS-IS 发布缺省路由的方式更加简单、灵活。例如，如果存在多个边界设备，那么可以通过配置路由策略，使某台边界设备在满足条件时才向 IS-IS 域内发布缺省路由，从而避免造成路由黑洞。

IS-IS 发布缺省路由的方法是在 IS-IS 进程下执行 **default-route-advertise** [**always** | **match default** | **route-policy** *route-policy-name*] [**cost** *cost* | **tag** *tag* | [**level-1** | **level-1-2** | **level-2**]] * [**avoid-learning**]命令。命令中的参数和选项说明如下。

① **always**：多选一选项，指定设备无条件地发布缺省路由，且发布的缺省路由中将自己作为下一跳。

② **match default**：多选一选项，指定如果在路由表中存在其他路由协议或其他 IS-IS 进程生成的缺省路由，则在 LSP 中发布该缺省路由。如果不选择此可选项，则会强制产生该缺省路由。

③ **route-policy** *route-policy-name*：多选一参数，指定当该边界设备的路由表中存在满足指定名称（1～40 个字符，区分大小写，不支持空格）路由策略的外部路由时，才向 IS-IS 域发布缺省路由，避免由于链路故障等原因造成该设备已经不存在某些重要的外部路由时，仍然发布缺省路由，从而造成路由黑洞。**但此处的路由策略不影响 IS-IS 引入外部路由**。如果不选择此可选参数，则不会基于边界设备路由表中的路由进行过滤，直接根据其他条件产生缺省路由。

④ **cost** *cost*：可多选参数，指定缺省路由的开销值，取值范围要根据 cost-style 而定。当 cost-style 为 narrow、narrow-compatible 或 compatible 时，取值范围为 0～63 的整数；

当 cost-style 为 wide 或 wide-compatible 时，取值范围为 0～4 261 412 864 的整数。

⑤ **tag** *tag*：可多选参数，指定发布的缺省路由的标记值。只有当 IS-IS 的开销类型为 wide、wide-compatible 或 compatible 时，发布的 LSP 中才会携带 tag 值。

⑥ **level-1** | **level-1-2** | **level-2**：可多选选项，分别指定发布的缺省路由级别为 L1、L1/2、L2。如果不指定级别，则缺省为生成 L2 级别的缺省路由。如果在 L1 设备上配置了该命令，那么该设备只会向 L1 区域发布缺省路由，不会将缺省路由发布到 L2 区域；如果在 L2 设备上配置了该命令，那么该设备只会向 L2 区域发布缺省路由，不会将缺省路由发布到 L1 区域。缺省同时发布到 L1、L2 区域中。

⑦ **avoid-learning**：可选项，指定避免 IS-IS 进程学到其他路由协议或其他 IS-IS 进程生成的缺省路由，并添加到 IS-IS 路由表。如果路由表中已存在学习到的缺省路由为活跃状态，则将此路由置为不活跃状态。

缺省情况下，运行 IS-IS 协议的设备不生成缺省路由，可用 **undo default-route-advertise** 命令取消运行 IS-IS 协议的设备生成缺省路由。

13.6.2 配置 IS-IS 引入外部路由

按照 13.6.1 节介绍的方法，**在 IS-IS 路由域边界设备**上配置 IS-IS 发布缺省路由，可以将去往 IS-IS 路由域外部的流量全部转到该设备来处理，这样一来就可能会造成该边界设备的负担过重。此外，在有多个边界设备时，会存在去往其他路由域的最优路由的选择问题。此时，通过在具体边界设备上引入所连接的外部路由，让 IS-IS 域内的其他设备获悉全部或部分外部路由的方法就可以解决以上两个问题。

引入的外部路由包括其他进程 IS-IS 路由、静态路由、直连路由、RIP 路由、OSPF 路由和 BGP 路由等。**配置引入外部路由后，IS-IS 设备将把引入的外部路由全部发布到 IS-IS 路由域。但要实现网络互通，必须双向相互引入**。在这里有两种不同的配置方式。

① 当需要对引入路由的开销进行设置时，可在对应 IS-IS 进程下通过 **import-route** { { **rip** | **isis** | **ospf** } [*process-id*] | **static** | **direct** | **unr** | **bgp** [**permit-ibgp**] } [**cost-type** { **external** | **internal** } | **cost** *cost* | **tag** *tag* | **route-policy** *route-policy-name* | [**level-1** | **level-2** | **level-1-2**]] * 命令配置 IS-IS 引入外部路由。

② 当需要保留引入路由的原有开销时，可在对应 IS-IS 进程下通过 **import-route** { { **rip** | **isis** | **ospf** } [*process-id*] | **direct** | **unr** | **bgp** } **inherit-cost** [**tag** *tag* | **route-policy** *route-policy-name* | [**level-1** | **level-2** | **level-1-2**]] * 命令配置 IS-IS 引入外部路由。但此时引入的源路由协议不能是 **static**（静态路由）。

以上两个命令中的参数和选项说明如下。

- **rip**：多选一选项，引入 RIP 路由。
- **isis**：多选一选项，引入其他进程 IS-IS 路由。
- **ospf**：多选一选项，引入 OSPF 路由。
- *process-id*：可选参数，指定引入的 RIP，或者 IS-IS，或者 OSPF 路由的进程号，取值范围为 1～65 535 的整数。指定此参数时，缺省值为 1。
- **static**：多选一选项，指定引入静态路由。
- **direct**：多选一选项，指定引入直连路由。

■ **unr**：多选一选项，指定引入用户网络路由。

■ **bgp**：多选一选项，指定引入 BGP 路由。

■ **permit-ibgp**：可选项，指定在引入 iBGP 路由时，若不指定此可选项，则引入的为 eBGP 路由。

■ **cost-type** {**external** |**internal** }：可多选选项，指定引入外部路由的开销类型。缺省情况下为 **external**。此参数的配置会影响引入路由的 cost 值：当引入的路由开销类型配置为 **external** 时，路由 cost 值=源路由 cost 值+64；当引入的路由开销类型配置为 **internal** 时，路由 cost 值继承源路由的 cost 值。当路由器的 cost-style 为 wide、compatible 或 wide-compatible 时，引入外部路由的开销类型将不区分 **external** 和 **internal**。

■ **cost** *cost*：可多选参数，指定引入后的路由开销值，当路由器的 cost-style 为 wide 或 wide-compatible 时，引入路由的开销值取值范围是 0～4 261 412 864，否则取值范围是 0～63。缺省值是 0。

■ **inherit-cost**：表示引入外部路由时保留路由的原有开销值，这时将不能配置引入路由的开销类型和开销值。

■ **tag** *tag*：可多选参数，指定引入后的路由标记，取值范围为 1～4 294 967 295 的整数，主要用于在路由策略中进行路由分类。

■ **route-policy** *route-policy-name*：可多选参数，指定用于限制外部路由引入的路由策略名称，命名规则包括 1～40 个字符、区分大小写、不支持空格。

■ **level-1**：多选一选项，表示引入路由到 L1 的路由表中。如果不指定级别，缺省为引入路由到 L2 路由表中。

■ **level-2**：多选一选项，表示引入路由到 L2 的路由表中。如果不指定级别，缺省为引入路由到 L2 路由表中。

■ **level-1-2**：多选一选项，表示引入路由同时到 L1 和 L2 的路由表中。如果不指定级别，缺省为引入路由到 L2 路由表中。

尽管以上参数和选项非常多，但其中绝大多数是可选参数和可选项，都有缺省值，所以一般情况下，在配置路由引入时仅需指定必需的少数几个参数和选项。

注意 在 IS-IS 协议中，本地引入的外部路由会在本地 IS-IS 路由表的“Redistribute Table”（重发布表）中存在（如下所示），而在本书前面介绍的 RIP、OSPF 中，引入的外部路由在本地 RIP 路由表或 OSPF 路由表中是不存在的，这是 IS-IS 与它们的一个区别。但在重发布表中的不是 IS-IS 路由，也没下发到本地的“Fowrding Table”（转发表）中，不会用来指导本地数据报文的转发。只有发布到邻居设备后，才会在邻居设备上生成对应的转发表项，指导数据报文的转发。

```
[AR6]display isis route

                         Route information for ISIS(1)
                         -----------------------------

                        ISIS(1) Level-1 Forwarding Table
                        --------------------------------
```

```
IPV4 Destination      IntCost    ExtCost ExitInterface    NextHop        Flags
-------------------------------------------------------------------------------
0.0.0.0/0             10         NULL     GE0/0/0         5.5.5.1        A/-/-/-
5.5.5.0/24            10         NULL     GE0/0/0         Direct         D/-/L/-
4.4.4.0/24            20         NULL     GE0/0/0         5.5.5.1        A/-/-/-
192.168.3.0/24        20         NULL     GE0/0/0         5.5.5.1        A/-/-/-
     Flags: D-Direct, A-Added to URT, L-Advertised in LSPs, S-IGP Shortcut,
                              U-Up/Down Bit Set


                    ISIS(1) Level-1 Redistribute Table
                    ----------------------------------

 Type IPV4 Destination       IntCost     ExtCost Tag
-------------------------------------------------------------------------------
 S       192.168.4.128/26      0           10
 S       192.168.4.0/26        0           10
 S       192.168.4.192/26      0           10
 S       192.168.4.64/26       0           10

          Type: D-Direct, I-ISIS, S-Static, O-OSPF, B-BGP, R-RIP, U-UNR
```

缺省情况下，IS-IS 不引入其他路由协议的路由信息，以上两个配置命令可分别用 **undo import-route** { { **rip** | **isis** | **ospf** } [*process-id*] | **static** | **direct** | **unr** | **bgp** [**permit-ibgp**] } [**cost-type** { **external** |**internal** } | **cost** *cost* | **tag** *tag* | **route-policy** *route-policy-name* | [**level-1** | **level-2** | **level-1-2**]]*、**undo import-route** { { **rip** | **isis** | **ospf** } [*process-id*] | **direct** | **unr** | **bgp** [**permit-ibgp**] } **inherit-cost** [**tag** *tag* | **route-policy***route-policy-name* | [**level-1** | **level-2** | **level-1-2**]]*命令删除指定的路由引入配置。

13.6.3　配置 IS-IS 发布部分外部路由到 IS-IS 路由域

当 IS-IS 路由域边界路由器将引入的外部路由发布给其他 IS-IS 设备时，如果对方 IS-IS 设备不需要拥有全部的外部路由，则可以通过配置基本 ACL 或 IP 地址前缀列表或路由策略来控制只发布部分外部路由给其他 IS-IS 设备。此时可在 IS-IS 进程视图下执行 **filter-policy** { *acl-number* | **acl-name** *acl-name* | **ip-prefix** *ip-prefix-name* | **route-policy** *route-policy-name* }**export** [*protocol* [*process-id*]]命令配置发布部分外部路由到 IS-IS 路由域。其中的参数说明如下。

① *acl-number*：多选一参数，指定用于过滤外部路由发布的 ACL 列表号，取值范围为 2 000～2 999 的整数，即仅可以是基本 ACL，用于过滤路由中的目的 IP 地址。

② **acl-name** *acl-name*：多选一参数，指定用于过滤外部路由发布的 ACL 名称，1～32 个字符，区分大小写，不支持空格。只有 **source** 参数指定的源地址范围和 **time-range** 参数指定的时间段对过滤规则有效。

③ **ip-prefix** *ip-prefix-name*：多选一参数，指定用于过滤外部路由发布的 IP 地址前缀列表名称，1～169 个字符，区分大小写，不支持空格。

④ **route-policy** *route-policy-name*：多选一参数，指定用于过滤外部路由发布的路由策略名称，1～40 个字符，区分大小写，不支持空格。

⑤ *protocol*：可选参数，指定哪些已引入的路由信息在发布时要进行过滤，取值包

括 **direct**、**static**、**rip**、**bgp**、**unr**、**ospf** 以及其他 IS-IS 进程。如果省略该参数，将对所有发布的外部路由都进行过滤。

⑥ *process-id*：可选参数，当要进行发布过滤的外部路由是 **rip**、**ospf** 或其他 **IS-IS** 进程路由时，指定对应外部路由的进程号，取值范围为 1～65 535 的整数。如果不指定本参数，则进程号为缺省值 1。

13.6.4 配置允许将部分 IS-IS 路由下发到 IP 路由表

IP 报文是根据 IP 路由表进行转发的，IS-IS 路由表中的路由表项需要被成功下发到 IP 路由表中才能用于指导报文转发。因此，可以通过配置基本 ACL、IP 地址前缀列表、路由策略等方式，只允许匹配的 IS-IS 路由下发到 IP 路由表；不匹配的 IS-IS 路由将被阻止进入 IP 路由表，更不会被优选。**这与 OSPF 的接收路由过滤功能对应**。

如果 IS-IS 路由表中有到达某个目的网段的路由，但是并不希望将该路由下发到 IP 路由表中，此时可以使用该命令结合基本 ACL、IP-Prefix、路由策略等方式，只将部分 IS-IS 路由下发到 IP 路由表中，配置方法是在 IS-IS 进程视图下通过 **filter-policy** { *acl-number* | **acl-name** *acl-name* | **ip-prefix** *ip-prefix-name* | **route-policy** *route-policy-name* }**import** 命令，以控制仅将部分符合条件的 IS-IS 路由下发到 IP 路由表中指导报文转发。命令中的参数说明如下。

① *acl-number*：多选一参数，指定用于过滤 IS-IS 路由下发到 IP 路由表的 ACL 列表号，取值范围为 2 000～2 999 的整数，即仅可以是基本 ACL，用于过滤路由中的目的 IP 地址。

② **acl-name** *acl-name*：多选一参数，指定用于过滤 IS-IS 路由下发到 IP 路由表的 ACL 名称，1～32 的整数，区分大小写，不支持空格。只有 **source** 参数指定的源地址范围和 **time-range** 参数指定的时间段对过滤规则有效。

③ **ip-prefix** *ip-prefix-name*：多选一参数，指定用于过滤 IS-IS 路由下发到 IP 路由表的 IP 地址前缀列表名称，1～169 的整数，区分大小写，不支持空格。

④ **route-policy** *route-policy-name*：多选一参数，指定用于过滤 IS-IS 路由下发到 IP 路由表的路由策略名称，1～40 的整数，区分大小写，不支持空格。

配置该命令后，不会影响本地设备的 LSP 的扩散和 LSDB 的同步，只会影响本地的 IP 路由表，即最终决定有哪些 IS-IS 路由在本地设备上生效。

缺省情况下，没有配置 IS-IS 路由加入 IP 路由表时的过滤策略，可用 **undo filter-policy** [*acl-number* | **acl-name** *acl-name* | **ip-prefix** *ip-prefix-name* | **route-policy** *route-policy-name*] **import** 命令取消指定的 IS-IS 路由下发到 IP 路由表的过滤配置。

13.6.5 IS-IS 外部路由引入配置示例

如图 13-27 所示，RouterA、RouterB、RouterC 和 RouterD 属于同一自治系统，要求它们之间通过 IS-IS 协议达到 IP 网络互连的目的。其中 RouterA 和 RouterB 为 L1 路由器，RouterD 为 L2 路由器，RouterC 作为 L1/2 路由器将两个区域相连。RouterA、RouterB 和 RouterC 的区域号为 10，RouterD 的区域号为 20。

现在 RouterD 又连接了一个 RIP 网络，为了实现 IS-IS 网络和 RIP 网络的三层互通，需要在 IS-IS 进程中引入 RIP 路由，同时也需要在 RIP 进程中引入 IS-IS 路由。

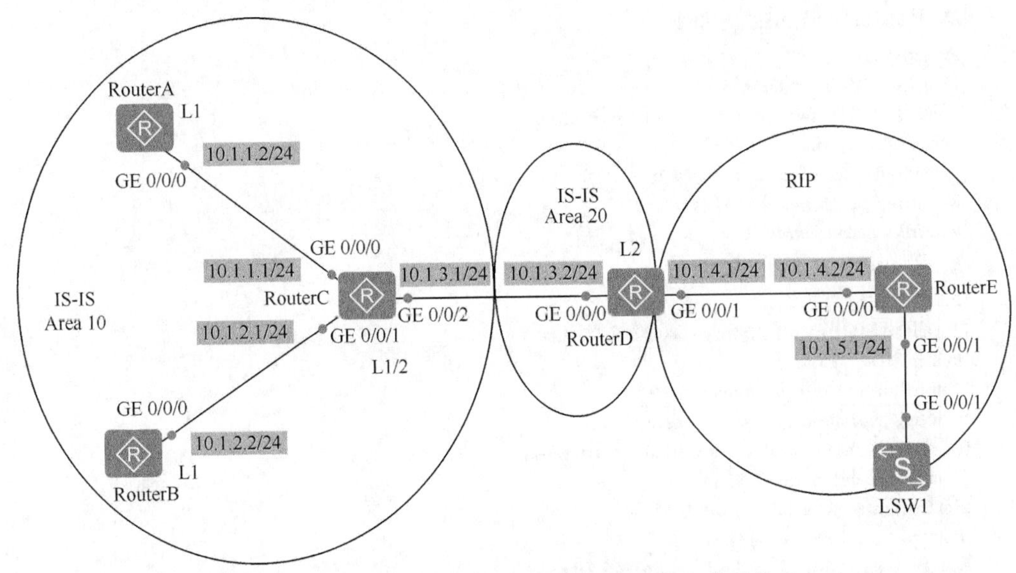

图 13-27　IS-IS 外部路由引入配置示例的拓扑结构

1. 基本配置思路分析

本示例涉及到 IS-IS 路由和 RIP 路由基本功能的配置，以及 IS-IS 路由引入 RIP 路由，RIP 路由引入 IS-IS 路由，由此可得出本示例如下的基本配置思路。

① 按图中标识配置各路由器的接口 IP 地址。

② 在 RouterA、RouterB、RouterC 和 RouterD 上配置 IS-IS 基本功能，其中 RouterD 上仅 GE0/0/0 接口上运行 IS-IS 协议。

③ 在 RouterD 的 GE0/0/1 接口和 RouterE 上配置 RIP 基本功能。

④ 在 RouterD 上配置 IS-IS 进程和 RIP 进程中的路由相互引入。

2. 具体配置步骤

① 配置各路由器的接口 IP 地址。在此，仅以 RouterA 上的配置为例进行介绍，其他各路由器接口 IP 地址的配置方法一样，略。

```
<RouterA> system-view
[RouterA]interface gigabitethernet0/0/0
[RouterA-Gigabitethernet0/0/0] ip address 10.1.1.2 24
[RouterA-Gigabitethernet0/0/0] quit
```

② 配置 IS-IS 基本功能。

RouterA、RouterB 均为 L1 路由器，RouterC 为 L1/2 路由器，RouterD 为 L2 路由器，假设 RouterA～RouterD 的系统 ID 分别为 0000.0000.0001～0000.0000.0004，都使能 1 号路由进程。

■ RouterA 上的配置如下。

```
[RouterA] isis 1
[RouterA-isis-1] is-level level-1
[RouterA-isis-1] network-entity 10.0000.0000.0001.00
[RouterA-isis-1] quit
[RouterA] interface gigabitethernet 0/0/0
```

```
[RouterA-Gigabitethernet0/0/0] isis enable 1
[RouterA-Gigabitethernet0/0/0] quit
```

■ RouterB 上的配置如下。

```
[RouterB] isis 1
[RouterB-isis-1] is-level level-1
[RouterB-isis-1] network-entity 10.0000.0000.0002.00
[RouterB-isis-1] quit
[RouterB] interface gigabitethernet 0/0/0
[RouterB-Gigabitethernet0/0/0] isis enable 1
[RouterB-Gigabitethernet0/0/0] quit
```

■ RouterC 上的配置如下。

```
[RouterC] isis 1
[RouterC-isis-1] network-entity 10.0000.0000.0003.00
[RouterC-isis-1] quit
[RouterC] interface gigabitethernet 0/0/0
[RouterC-Gigabitethernet0/0/0] isis enable 1
[RouterC-Gigabitethernet0/0/0] isis circuit-level  level-1
[RouterC-Gigabitethernet0/0/0] quit
[RouterC] interface gigabitethernet 0/0/1
[RouterC-Gigabitethernet0/0/1] isis enable 1
RouterC-Gigabitethernet0/0/1] isis circuit-level  level-1
[RouterC-Gigabitethernet0/0/1] quit
[RouterC] interface gigabitethernet 0/0/2
[RouterC-Gigabitethernet0/0/2] isis enable 1
RouterC-Gigabitethernet0/0/2] isis circuit-level  level-2
[RouterC-Gigabitethernet0/0/2] quit
```

■ RouterD 上的配置如下。

```
[RouterD] isis 1
[RouterD-isis-1] is-level level-2
[RouterD-isis-1] network-entity 20.0000.0000.0004.00
[RouterD-isis-1] quit
[RouterD] interface gigabitethernet 0/0/0
[RouterD-Gigabitethernet0/0/0] isis enable 1
[RouterD-Gigabitethernet0/0/0] quit
```

以上配置完成后，可在 RouterA~RouterD 上执行 **display isis route** 命令查看各路由器的 IS-IS 路由信息。在 L1 路由器（如 RouterA）上会看到仅有一个 L1 LSDB，其中包含一条由本区域 L1/2 路由器发布、用于区域内路由器访问区域外网络的缺省路由和本区域的 L1 级别的路由。

```
<RouterA>display isis route

                         Route information for ISIS(1)
                         -----------------------------

                        ISIS(1) Level-1 Forwarding Table
                        --------------------------------

IPV4 Destination     IntCost    ExtCost ExitInterface    NextHop          Flags
-------------------------------------------------------------------------------
0.0.0.0/0            10         NULL     GE0/0/0         10.1.1.1         A/-/-/-
10.1.2.0/24          20         NULL     GE0/0/0         10.1.1.1         A/-/-/-
10.1.1.0/24          10         NULL     GE0/0/0         Direct           D/-/L/-
     Flags: D-Direct, A-Added to URT, L-Advertised in LSPs, S-IGP Shortcut,
                              U-Up/Down Bit Set
```

在 L1/2 路由器（如 RouterC）上有 L1、L2 两个 LSDB，在 L1 LSDB 中仅包括本区域内的路由，没有缺省路由，因为在 L1 路由器中的那条缺省路由就是由此 L1/2 路由器发布的，在 L2 LSDB 中包括了整个 IS-IS 中的所有路由。

```
<RouterC>display isis route

                         Route information for ISIS(1)
                         ----------------------------

                        ISIS(1) Level-1 Forwarding Table
                        --------------------------------

IPV4 Destination      IntCost    ExtCost ExitInterface     NextHop          Flags
-------------------------------------------------------------------------------
10.1.2.0/24           10         NULL    GE0/0/1           Direct           D/-/L/-
10.1.1.0/24           10         NULL    GE0/0/0           Direct           D/-/L/-
     Flags: D-Direct, A-Added to URT, L-Advertised in LSPs, S-IGP Shortcut,
                              U-Up/Down Bit Set

                        ISIS(1) Level-2 Forwarding Table
                        --------------------------------

IPV4 Destination      IntCost    ExtCost ExitInterface     NextHop          Flags
-------------------------------------------------------------------------------
10.1.3.0/24           10         NULL    GE0/0/2           Direct           D/-/L/-
10.1.2.0/24           10         NULL    GE0/0/1           Direct           D/-/L/-
10.1.1.0/24           10         NULL    GE0/0/0           Direct           D/-/L/-
     Flags: D-Direct, A-Added to URT, L-Advertised in LSPs, S-IGP Shortcut,
                              U-Up/Down Bit Set
```

在 L2 路由器（如 RouterD）上会看到整个 IS-IS 网络中的网段路由，因为缺省情况下，各区域中的所有 L1 路由都会向 L2 区域渗透，但 L2 区域的路由缺省路由不向 L1 区域渗透。

```
<RouterD>display isis route

                         Route information for ISIS(1)
                         ----------------------------

                        ISIS(1) Level-2 Forwarding Table
                        --------------------------------

IPV4 Destination      IntCost    ExtCost ExitInterface     NextHop          Flags
-------------------------------------------------------------------------------
10.1.3.0/24           10         NULL    GE0/0/0           Direct           D/-/L/-
10.1.2.0/24           20         NULL    GE0/0/0           10.1.3.1         A/-/-/-
10.1.1.0/24           20         NULL    GE0/0/0           10.1.3.1         A/-/-/-
     Flags: D-Direct, A-Added to URT, L-Advertised in LSPs, S-IGP Shortcut,
                              U-Up/Down Bit Set
```

③ 在 Router D 和 Router E 上配置 RIPv2。

■ Router D 上的配置如下。

```
[RouterD] rip 1
[RouterD-rip-1] network 10.0.0.0
[RouterD-rip-1] version 2
```

```
[RouterD-rip-1] undo summary   #---取消自动路由聚合
[RouterD-rip-1] quit
```

■ Router E 上的配置如下。

```
[RouterE] rip 1
[RouterE-rip-1] network 10.0.0.0
[RouterE-rip-1] version 2
[RouterE-rip-1] undo summary
```

以上配置完成后，在 RouterD 上执行 **display rip 1 route** 命令，查看 RIP 路由表会发现此时仍只有 1 条非直连的 RIP 路由 10.1.5.0/24。此时 RouterE 与 RouterA、RouterB 不通。

```
<RouterD>display rip 1 route
 Route Flags : R - RIP
               A - Aging, G - Garbage-collect
 ----------------------------------------------------------------
 Peer 10.1.4.2 on GigabitEthernet0/0/1
      Destination/Mask       Nexthop      Cost   Tag    Flags   Sec
         10.1.5.0/24         10.1.4.2       1     0      RA       5
```

④ 在 Router D 上配置 IS-IS 进程路由和 RIP 进程路由相互引入。

■ 在 RouterD 的 IS-IS 进程中引入 RIP 进程路由到 L2 区域。

```
[RouterD] isis 1
[RouterD–isis-1] import-route rip 1 level-2
[RouterD–isis-1] quit
```

此时在 Router C 上执行 **display isis route** 命令，查看其 IS-IS 路由信息，发现已有在 RouterD L2 LSDB 中引入的 RIP 路由了，参见输出信息中的粗体字部分。但此时 RouterE 与 RouterA、RouterB 仍不通。

```
<RouterD>display isis route

                         Route information for ISIS(1)
                         -----------------------------

                        ISIS(1) Level-2 Forwarding Table
                        --------------------------------

IPV4 Destination     IntCost    ExtCost ExitInterface    NextHop         Flags
-------------------------------------------------------------------------------
10.1.3.0/24          10           NULL      GE0/0/0       Direct          D/-/L/-
10.1.2.0/24          20           NULL      GE0/0/0       10.1.3.1        A/-/-/-
10.1.1.0/24          20           NULL      GE0/0/0       10.1.3.1        A/-/-/-
     Flags: D-Direct, A-Added to URT, L-Advertised in LSPs, S-IGP Shortcut,
                            U-Up/Down Bit Set

                       ISIS(1) Level-2 Redistribute Table
                       ----------------------------------

 Type IPV4 Destination       IntCost     ExtCost Tag
-------------------------------------------------------------------------------
 R      10.1.5.0/24              0             0
 D      10.1.4.0/24              0             0

        Type: D-Direct, I-ISIS, S-Static, O-OSPF, B-BGP, R-RIP, U-UNR
```

■ 在 RouterD 的 RIP 进程中引入 IS-IS 路由。

```
[RouterD] rip 1
[RouterD-rip-1] import-route isis 1
[RouterD-rip-1] quit
```

然后在 RouterE 上执行 **display rip 1 route** 命令，查看其 RIP 路由表，发现已有 IS-IS 网络中的各网段路由，此时 RouterE 与 RouterA、RouterB 也可以互通了。

```
<RouterE>display rip 1 route
 Route Flags : R - RIP
               A - Aging, G - Garbage-collect
 -------------------------------------------------------------------------
 Peer 10.1.4.1 on GigabitEthernet0/0/0
      Destination/Mask        Nexthop      Cost   Tag    Flags   Sec
         10.1.3.0/24          10.1.4.1      1      0      RA      17
         10.1.2.0/24          10.1.4.1      1      0      RA      17
         10.1.1.0/24          10.1.4.1      1      0      RA      17

<RouterE>ping 10.1.1.1
  PING 10.1.1.1: 56  data bytes, press CTRL_C to break
    Reply from 10.1.1.1: bytes=56 Sequence=1 ttl=254 time=120 ms
    Reply from 10.1.1.1: bytes=56 Sequence=2 ttl=254 time=40 ms
    Reply from 10.1.1.1: bytes=56 Sequence=3 ttl=254 time=40 ms
    Reply from 10.1.1.1: bytes=56 Sequence=4 ttl=254 time=50 ms
    Reply from 10.1.1.1: bytes=56 Sequence=5 ttl=254 time=40 ms

  --- 10.1.1.1 ping statistics ---
    5 packet(s) transmitted
    5 packet(s) received
    0.00% packet loss
    round-trip min/avg/max = 40/58/120 ms
<RouterA>ping 10.1.5.1
  PING 10.1.5.1: 56  data bytes, press CTRL_C to break
    Reply from 10.1.5.1: bytes=56 Sequence=1 ttl=253 time=30 ms
    Reply from 10.1.5.1: bytes=56 Sequence=2 ttl=253 time=30 ms
    Reply from 10.1.5.1: bytes=56 Sequence=3 ttl=253 time=40 ms
    Reply from 10.1.5.1: bytes=56 Sequence=4 ttl=253 time=40 ms
    Reply from 10.1.5.1: bytes=56 Sequence=5 ttl=253 time=30 ms

  --- 10.1.5.1 ping statistics ---
    5 packet(s) transmitted
    5 packet(s) received
    0.00% packet loss
    round-trip min/avg/max = 30/34/40 ms
```

13.7　控制 IS-IS（IPv4）的路由选路

影响 IS-IS 选路的因素比较多，如 IS-IS 协议的优先级、IS-IS 接口的开销、等价路由的处理方式、IS-IS 路由渗透的配置和 IS-IS 缺省路由的发布，具体可选的配置任务如下。用户可根据具体的应用环境选择其中一项或多项配置任务，通过对这些任务的调整可以实现对路由选择的精确控制。但在配置这些任务之前，也需配置 IS-IS 的基本功能。

① 配置 IS-IS 协议的优先级。

② 配置 IS-IS 接口的开销。

③ 配置 IS-IS 对等价路由的处理方式。

④ 配置 IS-IS 路由渗透。

⑤ 控制 Level-1 设备是否生成缺省路由。

13.7.1 配置 IS-IS 协议的优先级

一台路由器可能会同时运行多个路由协议，这时可能会发现到达同一目的地存在多条不同的协议路由，其中协议优先级高的路由将被优选。通过配置 IS-IS 协议的优先级，**可以将所有 IS-IS 路由的优先级提高**，使 IS-IS 的路由被优选。如果结合路由策略的使用，还可以灵活地**仅将期望的部分 IS-IS 路由的优先级提高**，而不影响其他的路由选择。

IS-IS 协议优先级的具体配置方法是在对应的 IS-IS 进程视图下通过 **preference** { *preference* | **route-policy** *route-policy-name* }* 命令进行的，分为以下 3 种命令格式。

① **preference** *preference*：为所有 IS-IS 协议的路由设定优先级。

② **preference** *preference* **route-policy** *route-policy-name*：为通过匹配的 IS-IS 路由和没有通过匹配的路由设定不同的优先级。

③ **preference route-policy** *route-policy-name preference*：为通过匹配的 IS-IS 路由设定优先级，不影响其他 IS-IS 路由的优先级。

以上 3 种格式命令中的参数说明如下。

■ *preference*：可多选参数，指定 IS-IS 协议的优先级，取值范围为 1～255 的整数，值越小，优先级越高。

■ **route-policy** *route-policy-name*：可多选参数，指定用于过滤应用 IS-IS 优先级设置的路由的路由策略名称，1～40 个字符，区分大小写，不支持空格。如果不指定本参数，则本命令的设置将应用于所有 IS-IS 路由。

如果在路由策略中配置 **apply preference** *preference* 子句，则通过路由策略匹配的 IS-IS 路由，应用 **apply preference** *preference* 子句设定的优先级；没有通过路由策略匹配的 IS-IS 路由，其优先级由本命令中的 *preference* 参数设定

缺省情况下，IS-IS 协议的优先级为 15，可用 **undo preference** 命令恢复所有 IS-IS 路由为缺省优先级。

13.7.2 配置 IS-IS 接口的开销

IS-IS 有 3 种方式来确定接口的开销，按照优先级由高到低分别如下。

① 接口开销：为单个接口设置开销，优先级最高。

② 全局开销：为所有接口设置开销，优先级中等。

③ 自动计算开销：根据接口带宽自动计算开销，优先级最低。

用户可根据需要选择其中一种或多种接口开销配置方式。在配置接口开销前，可根据实际需要配置 IS-IS 的开销类型，因为不同类型的开销的取值范围不一样。如果没有为 IS-IS 接口配置任何开销值，**IS-IS 接口的缺省开销均为 10**，开销类型是 **narrow**。在实际应用中，为了方便 IS-IS 实现其扩展功能，通常将 IS-IS 的路由开销类型设置为 **wide** 模式。

【经验之谈】IS-IS 接口开销也即 IS-IS 链路开销，是二层概念，代表接口所在链路的

开销。IS-IS 链路开销（OSPF 中的链路开销也一样）通常是由链路接口的带宽确定的，具体将在下面介绍。**但如果链路两端的接口带宽不一致，则以带宽低的接口来计算整条链路的开销**。IS-IS 路由开销是指该路由所经过链路的链路开销之和，但同一路由器上的不同接口之间的链路开销为 0。

如果需要修改 IS-IS 的路由开销类型，需在配置 IS-IS 的基本功能时完成 cost-style 的配置，否则在网络运行过程中修改路由开销类型会导致 IS-IS 进程重启，并可能造成邻居重新建立邻接。

1. 配置 IS-IS 接口开销类型

配置 IS-IS 接口开销类型的方法是在对应的 IS-IS 进程下使用 **cost-style** { **narrow** | **wide** | **wide-compatible** | { { **narrow-compatible** | **compatible** } [**relax-spf-limit**] } }命令进行的。命令中的选项说明如下。

① **narrow**：多选一选项，指定 IS-IS 设备所有接口只能接收和发送开销类型为 narrow 的路由。narrow 模式下路由的开销值取值范围为 1～63 的整数。

② **wide**：多选一选项，指定 IS-IS 设备所有接口只能接收和发送开销类型为 wide 的路由。wide 模式下路由的开销值取值范围为 1～16 777 215 的整数。

③ **wide-compatible**：多选一选项，指定 IS-IS 设备所有接口可以接收开销类型为 narrow 和 wide 的路由，但却只发送开销类型为 wide 的路由。

④ **narrow-compatible**：二选一选项，指定 IS-IS 设备所有接口可以接收开销类型为 narrow 和 wide 的路由，但却只发送开销类型为 narrow 的路由。

⑤ **compatible**：二选一选项，指定 IS-IS 设备所有接口可以接收和发送开销类型为 narrow 和 wide 的路由。

⑥ **relax-spf-limit**：可选项，指定 IS-IS 设备所有接口可以接收开销值大于 1 023 的路由，对接口的链路开销值和路由开销值均没有限制，按照实际的路由开销值正常接收该路由。如果不选择此可选项，则会根据具体情况分别进行如下处理。

■ 如果路由开销值小于或等于 1 023，且该路由经过的所有接口的链路开销值都小于等于 63，则这条路由的开销值按照实际值接收，即**路由的开销值为该路由所经过的所有接口的链路开销值总和**。

■ 如果路由开销值小于或等于 1 023，但该路由经过的所有接口中有的接口链路开销值大于 63，则**设备只能学习到该接口所在设备的其他接口的直连路由和该接口所引入的路由**，路由的开销值按照实际值接收，路由此后要经过的接口将丢弃该路由。此接口之后的路由将被丢弃。

■ 如果路由开销值大于 1 023，**设备可以接收链路开销值小于 1 023 的接口所在网段的所有路由**；对于路由开销值大于 1 023 的，则仅按照 1 023 接收，不能接收链路开销值大于 1 023 的接口所在网段的所有路由。

缺省情况下，IS-IS 设备各接口接收和发送路由的开销类型为 **narrow**，可用 **undo cost-style** 命令恢复 IS-IS 设备各接口接收和发送路由的开销类型为缺省类型。

2. 配置接口开销

根据前面的介绍，IS-IS 接口的开销可以有 3 种配置方式，具体配置步骤见表 13-5。一般只需选择一种配置方式，如果同时配置了，则会按照前面介绍的优先级顺序来应用。

表 13-5 **IS-IS 接口开销的 3 种配置方法**

步骤	命令	说明
1	**system-view** 例如：< Huawei > **system-view**	进入系统视图
2	**isis** [*process-id*] 例如：[Huawei] **isis**	启动对应的 IS-IS 进程，进入 IS-IS 视图
方式 1：全局开销配置（优先级中等）		
3	**circuit-cost** { *cost* | **maximum** } [**level-1** | **level-2**] 例如：[Huawei-isis-1] **circuit-cost** 30	设置 IS-IS 全局开销。命令中的参数和选项说明如下。 （1）*cost*：二选一参数，指定接口的链路开销值，当开销类型为 narrow、narrow-compatible 或 compatible 时，取值范围为 1～63 的整数；当开销类型为 wide 或 wide-compatible 时，取值范围为 1～16 777 214 的整数。 （2）**maximum**：二选一选项，指定接口的链路开销值为最大值——16 777 215，只有当 IS-IS 的开销类型为 wide 或 wide-compatible 模式时才可以选择该选项，此时该接口所在链路上生成的邻居 TLV 不能用于路由计算，仅用于传递 TE 相关信息。 （3）**level-1**：二选一选项，指定开销值设置仅作用于 L1 链路，如果不指定配置链路开销的链路级别，则开销值设置同时作用于 L1 和 L2 级别的链路，具体要根据对应路由器的类型而定。 （4）**level-2**：二选一选项，指定开销值设置仅作用于 L2 链路，如果不指定配置链路开销的链路级别，则开销值设置同时作用于 L1 和 L2 级别的链路，具体要根据对应路由器的类型而定。 【注意】改变接口的链路开销值，会造成整个网络的路由重新计算，引起流量转发路径变化。 缺省情况下，没有配置所有 IS-IS 接口的链路开销值，可用 **undo circuit-cost** [*cost* | **maximum**] [**level-1** | **level-2**] 命令取消配置的所有 IS-IS 接口的链路开销值
方式 2：自动计算开销配置（优先级最低，**仅适用于 wide 或 wide-compatible 开销类型的接口**）		
3	**bandwidth-reference** *value* 例如：[Huawei-isis-1] **bandwidth-reference** 1000	配置计算带宽的参考值，取值范围为 1～2 147 483 648 的整数，单位是 Mbit/s。 【说明】只有当开销类型为 **wide** 或 **wide-compatible** 时，使用本命令配置的带宽参考值才是有效的，此时各接口的开销值=（bandwidth-reference/接口带宽值）×10；**当开销类型为 narrow、narrow-compatible 或 compatible 时，各个接口的开销值根据表 13-6 来确定。** 缺省情况下，带宽参考值为 100 Mbit/s，可用 **undo bandwidth-reference** 命令恢复 IS-IS 接口开销自动计算功能中所使用的带宽参考值为缺省值 100 Mbit/s
4	**auto-cost enable** 例如[Huawei-isis-1] **auto-cost enable**	使能自动计算接口的开销值。当使能此功能后，对于某个 IS-IS 接口来说，如果既没有在接口视图下配置其开销值，也没在 IS-IS 视图下配置全局开销值，则此接口的开销由系统自动计算，计算方法见上一步说明。 缺省情况下，未使能 IS-IS 根据带宽自动计算接口开销的功能，可用 **undo auto-cost enable** 命令去使能 IS-IS 根据带宽自动计算接口开销的功能
方式 3：接口开销配置（优先级最高）		
3	**quit** 例如：[Huawei-isis-1] **quit**	退出 IS-IS 视图，返回系统视图

续表

步骤	命令	说明
4	**interface** *interface-type interface-number* 例如：[Huawei] **interface** gigabitethernet 1/0/0	键入要配置开销的 IS-IS 接口，进入接口视图
5	**isis cost** { *cost* | **maximum** } [**level-1** | **level-2**] 例如：[Huawei-GigabitEthernet1/0/0] **isis cost** 5 **level-2**	为 IS-IS 接口设置具体的开销。命令中的参数和选项说明参见本表上面全局开销配置中 **circuit-cost** 命令的对应说明，只不过这里的参数和选项仅作用于对应的具体接口，而不是所有 IS-IS 接口。 【注意】只有当 IS-IS 的开销类型为 wide 或 wide-compatible 模式时，才可以选择 **maximum** 选项。**要改变 Loopback 接口的开销，只能通过本命令进行设置**，不能通过上面介绍的全局和自动计算方式配置。 缺省情况下，IS-IS 接口的链路开销为 10，可用 **undo isis cost** [*cost* | **maximum**] [**level-1** | **level-2**]命令恢复指定类型链路 IS-IS 接口的开销值为缺省值

IS-IS 接口开销和接口带宽对应关系见表 13-6。

表 13-6　IS-IS 接口开销和接口带宽对应关系

接口开销值	接口带宽范围
60	接口带宽≤10 Mbit/s
50	10 Mbit/s＜接口带宽≤100 Mbit/s
40	100 Mbit/s＜接口带宽≤155 Mbit/s
30	155 Mbit/s＜接口带宽≤622 Mbit/s
20	622 Mbit/s＜接口带宽≤2.5 Gbit/s
10	2.5 Gbit/s＜接口带宽

13.7.3　配置 IS-IS 对等价路由的处理方式

当 IS-IS 网络中有多条冗余链路时，可能会出现多条等价路由，此时有两种配置方式。

① 配置负载分担：等价路由优先级相等，流量被均匀地分配到每条等价路由链路上。该方式可以提高网络中链路的利用率，减少某些链路负担过重造成阻塞发生的情况。但是由于对流量转发具有一定的随机性，因此该方式可能不利于对业务流量的管理。

② 配置等价路由优先级：为等价路由中的每一条路由明确配置优先级，使流量仅在优先级最高的路由路径上传输，优先级低的路由作为备用链路。该方式可以在不修改原有配置的基础上，指定某条路由被优选，便于业务的管理，同时可提高网络的可靠性。

以上两种等价路由处理方式的配置步骤见表 13-7。

表 13-7　IS-IS 等价路由处理方式的配置步骤

步骤	命令	说明
1	**system-view** 例如：<Huawei> **system-view**	进入系统视图
2	**isis** [*process-id*] 例如：[Huawei] **isis**	启动对应的 IS-IS 进程，进入 IS-IS 视图

续表

步骤	命令	说明
		方式 1：配置负载分担方式
3	**maximum load-balancing** *number* 例如：[Huawei-isis-1] **maximum load-balancing** 2	配置在负载分担方式下的等价路由的最大数量，取值范围会因为不同系列有所不同，具体参见对应产品手册说明。 【说明】当组网中存在的等价路由数量大于本命令配置的等价路由数量时，将按照下面原则选取有效路由进行负载分担。 ● 路由优先级：选取优先级高的等价路由进行负载分担。 ● 下一跳设备的 System ID：如果路由的优先级相同，则比较下一跳设备的 System ID，选取 System ID 小的路由进行负载分担。 ● 下一跳 IP 地址：如果路由优先级和接口索引都相同，则比较下一跳 IP 地址，选取 IP 地址大的路由进行负载分担。 缺省情况下，不同系列支持最大等价路由的数量有所不同，参见对应产品手册说明，可用 **undo maximum load-balancing** [*number*]命令删除所有或者指定的负载分担方式下的等价路由数量配置，恢复为缺省配置
		方式 2：配置等价路由优先级
3	**nexthop** *ip-address* **weight** *value* 例如：[Huawei-isis-1] **nexthop** 10.0.0.3 **weight** 1	配置指定等价路由的优先级。命令中的参数说明如下。 （1）*ip-address*：指定某条等价路由的下一跳 IP 地址，用于确定要配置优先级的等价路由。 （2）*value*：指定以上指定的等价路由的优先级值，取值范围为 1～254 的整数。值越小，优先级越高。 【说明】使用该命令可以配置每条等价路由优先级，**在不修改接口开销的情况下，明确指定路由的下一跳，使得该路由被优选。**但配置该命令后，IS-IS 设备在转发到达目的网段的流量时，将不采用负载分担方式，而是将所有流量都转发到优先级最高的下一跳。 缺省情况下，等价路由的优先级的值为 255，可用 **undo nexthop** *ip-address* 命令取消指定等价路由的优先级设置

13.7.4 配置 IS-IS 路由渗透

如果在一个 L1 区域中有多台 L1/2 设备与 L2 区域相连，每台 L1/2 设备都会在 L1 LSP 中设置 ATT 标志位，则该区域中就有到达 L2 区域和其他 L1 区域的多条出口路由。

说明 ATT 比特标志位是 IS-IS LSP 报文中的一个字段，用来标识 L1 区域是否与其他区域关联。L1/2 设备在其生成的 L1 LSP 中设置该比特位为 1，以通知同一区域中的 L1 设备自己与其他区域相连，也就是说与 L2 骨干区域相连(因为 L1 区域之间不能直接直连)。当 L1 区域中的设备收到 L1/2 设备发送的 ATT 比特位被置位的 L1 LSP 后，它将生成一条指向 L1/2 设备的缺省路由，以便数据可以被路由到其他区域。

缺省情况下，L1 区域的路由会渗透到 L2 区域中，因此 L1/2 设备和 L2 设备了解整个网络的拓扑信息，但 L1 区域的设备只维护本地 L1 区域的 LSDB 数据库，不知道整个网络的拓扑信息。这样一来，L1 路由器只能选择将流量转发到最近（开销最小）的 L1/2 设备，再由 L1/2 设备将流量转发到 L2 区域。然而，该路由可能不是到达目的地的最优路由，因为尽管 L1 路由器到达该 L1/2 的开销是最小的，但该 L1/2 路由器到达目的区域的开销不一定是最小的。

为了帮助 L1 区域内的设备选择到达其他区域的最优路由，可以**在 L1/2 路由器上**配置 IPv4 IS-IS 路由渗透，将 L2 区域的某些路由渗透到本地 L1 区域，这样 L1 区域中的路由器就可以自己根据路由计算选择到达目的区域的最优路由。另外，考虑到网络中部署的某些业务可能只在本地 L1 区域内运行，则无需将这些路由渗透到 L2 区域中，可以**在 L1/2 路由器上**通过配置策略仅将部分 L1 区域的路由渗透到 L2 区域。**在 IS-IS 路由渗透配置方面包括两个方向：一是可以控制由 L2 区域向 L1 区域的路由渗透，同时还可控制 L1 区域向 L2 区域的路由渗透。**

1．配置 L2 区域的路由渗透到 L1 区域

在 L1/2 路由器上配置 L2 区域的路由渗透到 L1 区域的方法是在对应的 IS-IS 进程下使用 **import-route isis level-2 into level-1 [filter-policy** { *acl-number* | **acl-name** *acl-name* | **ip-prefix** *ip-prefix-name* | **route-policy** *route-policy-name* } | **tag** *tag* | **direct** { **allow-filter-policy** | **allow-up-down-bit** } *] *命令进行配置。命令中的参数说明如下。

① **filter-policy**：可多选选项，指定渗透路由的过滤条件。

② *acl-number*：多选一参数，指定用来过滤允许渗透的路由的基本 ACL 列表号，取值范围为 2 000～2 999 的整数。

③ **acl-name** *acl-name*：多选一参数，指定用来过滤允许渗透的路由的 ACL 名称，1～32 个字符，区分大小写，不支持空格。只有 **source** 参数指定的源地址范围和 **time-range** 参数指定的时间段对过滤规则有效。

④ **ip-prefix***ip-prefix-name*：多选一参数，指定用来过滤允许渗透的路由的 IP 地址前缀列表名称，1～19 个字符，区分大小写，不支持空格。

⑤ **route-policy** *route-policy-name*：多选一参数，指定用来过滤允许渗透的路由的路由策略名称，1～40 个字符，区分大小写，不支持空格。

⑥ **tag** *tag*：可多选参数，指定允许渗透的引入的外部路由的标记，取值范围为 1～4 294 967 295 的整数。

⑦ **direct allow-filter-policy**：可多选选项，指定直连路由在渗透时可以使用过滤策略，使只有通过过滤策略的 Level-2 直连路由才会渗透到 Level-1 区域。如果不配置该参数，所有 Level-2 区域的直连路由都将渗透到 Level-1 区域。

⑧ **direct allow-up-down-bit**：可多选选项，指定直连路由在渗透时可以使用 Up/Down 比特位，使渗透到 Level-1 区域的直连路由优先级最低，且不能反向渗透。

缺省情况下，L2 区域的路由信息不渗透到 L1 区域，可用 **undo import-route isis level-2 into level-1 [filter-policy** { *acl-number* | **acl-name** *acl-name* | **ip-prefix** *ip-prefix-name* | **route-policy** *route-policy-name* } | **tag** *tag* | **direct** { **allow-filter-policy** | **allow-up-down-bit** } *] * 命令禁止指定的 L2 区域的路由向 L1 区域渗透。

2．配置 L1 区域的路由渗透到 L2 区域

在 L1/2 路由器上配置 L1 区域的路由渗透到 L2 区域的方法是在对应的 IS-IS 进程下使用 **import-route isis level-1 into level-2 [tag** *tag* | **filter-policy** { *acl-number* | **acl-name** *acl-name* | **ip-prefix** *ip-prefix-name* | **route-policy** *route-policy-name* }| **direct allow-filter-**

policy] *命令进行配置。命令中的参数说明参见前面的 **import-route isis level-2 into level-1** 命令，只不过此处过滤的是允许向 L1 区域渗透的 L2 区域路由。可选项 **direct allow-filter-policy** 用来指定直连路由在渗透时可以使用过滤策略，只有通过过滤策略的 Level-1 直连路由才会渗透到 Level-2 区域。如果不配置该参数，所有 Level-1 区域的直连路由都会渗透到 Level-2 区域。

配置该命令后，只有通过过滤策略的路由才能渗透到 L2 区域中。缺省情况下，L1 区域的路由信息全部渗透到 L2 区域，可用 **undo import-route isis level-1 into level-2** [**filter-policy** { *acl-number* | **acl-name** *acl-name* | **ip-prefix** *ip-prefix-name* | **route-policy** *route-policy-name* } | **tag** *tag* | **direct allow-filter-policy**] *命令禁止指定的 L1 路由向 L2 区域渗透。

13.7.5 控制 Level-1 设备是否生成缺省路由

IS-IS 协议规定，如果 IS-IS L1/2 设备根据其 LSDB 判断通过 L2 区域比通过 L1 区域能够到达更多的区域，则该设备会在所发布的 L1 LSP 内将 ATT 比特位置位（即置为 1）。这样，收到这个 ATT 比特位置位的 LSP 报文的 L1 设备会生成一条目的地为发送该 LSP 的 L1/2 设备的缺省路由。

以上是 IS-IS 协议的缺省原则，在实际应用中，可以根据需要对 ATT 比特位进行手动配置以更好地为网络服务。这里有两种配置方式：一是在 L1/2 路由器上配置发布的 LSP 报文中 ATT 比特位的置位情况；二是在 L1 路由器上设置在收到 ATT 比特位置位的 L1 LSP 报文后不生成缺省路由。下面具体介绍它们各自的配置方法。

1. 在 L1/2 路由器上配置发布的 LSP 报文中 ATT 比特位的置位情况

在 L1/2 路由器上配置 ATT 比特位的配置方法是在对应的 IS-IS 进程视图下通过 **attached-bit advertise** { **always** | **never** }命令进行的。命令中的选项说明如下。

■ **always**：二选一选项，设置 ATT 比特位永远置位，这样，缺省情况下收到该 LSP 的 L1 路由器就会生成缺省路由。L1 区域路由器最终是否会选择该路由器作为访问区域外部的网关，还要看 L1 区域中对应路由器的缺省路由生成设置，具体将在本小节后面介绍。

■ **never**：二选一选项，设置 ATT 比特位永远不置位，这样可使收到该 LSP 的 L1 路由器不生成缺省路由。永远不会成为 L1 区域内路由器访问外部区域的网关设备。

说明 虽然 ATT 比特位同时在 L1 LSP 和 L2 LSP 中进行了定义，但是它只会在 L1 LSP 中被置位，并且只有 L1/2 路由器才会设置这个字段，因此该命令仅对 L1/2 设备生效。

缺省情况下，L1/2 设备发布的 LSP 的 ATT 比特位根据本节前面介绍的缺省置位规则来决定置位情况，可用 **undo attached-bit advertise** 命令恢复 ATT 比特位缺省置位规则。

2. 在 L1 路由器上设置不生成缺省路由

在 L1 路由器上配置在收到 ATT 比特位置位的 L1 LSP 报文后也不生成缺省路由的配置方法是在对应的 IS-IS 进程视图下通过 **attached-bit avoid-learning** 命令进行的。**通常在配置 L2 区域向 L1 区域进行路由渗透后，要在 L1 路由器上配置不生成缺省路由，**

以免在与外部区域进行通信时选择了次优路由，因为此时到达外部网络已有具体路由了。

缺省情况下，IS-IS 按 ATT 比特位缺省使用规则生成缺省路由，可用 **undo attached-bit avoid-learning** 命令恢复当 L1 路由器收到 ATT 比特位置位的 LSP 报文时生成缺省路由。

13.8 调整 IS-IS（IPv4）路由的收敛性能

提高对 IS-IS 网络中故障的响应速度，加快出现网络故障时的路由收敛速度，可以提高 IS-IS 网络的可靠性。通过以下几方面的措施可调整 IS-IS 网络的收敛性能，用户可根据具体的应用环境选择其一项或多项配置任务。但在配置 IS-IS 路由的收敛性能之前，需配置 IS-IS 的基本功能。

① 配置 Hello 报文参数。

② 配置 LSP 报文参数。

③ 配置 CSNP 报文参数。

④ 调整 SPF 的计算时间间隔。

⑤ 配置 IS-IS 路由按优先级收敛。

13.8.1 配置 Hello 报文参数

IS-IS 协议通过 Hello 报文的收发来维护与相邻设备的邻居关系，当本端设备在一段时间（邻居保持时间）内没有收到对端发送的 Hello 报文时，将认为邻居已经失效。所以这里涉及两个时间的配置：一是 Hello 报文的发送时间间隔，二是邻居的保持时间。

在 IS-IS 中，本端设备与相邻设备保持邻居关系的时间长短可以通过设置发送 Hello 报文的时间间隔和 IS-IS 的邻居保持时间来控制。

① Hello 报文发送间隔越短，就需要占用越多的系统资源来发送 Hello 报文，造成 CPU 负载过重。

② 如果 IS-IS 的邻居保持时间配置得太大，那么如果对端邻居已经失效，本端设备需要等待过长的时间才能检测到，从而减慢了 IS-IS 路由收敛速度。

③ 如果 IS-IS 的邻居保持时间配置得太小，由于网络传输延时和传播差错等原因可能会造成个别 Hello 报文的丢失或出错，那么邻居关系会频繁地在 Up 和 Down 之间变化，造成 IS-IS 网络的路由振荡。

通常建议 IS-IS 网络中的所有设备配置相同的 Hello 报文发送间隔和邻居保持时间，以免造成某些设备对链路故障的检测速度低于其他设备而减慢全网 IS-IS 路由的收敛速度。

Hello 报文发送时间间隔和邻居保持时间的配置步骤见表 13-8。

表 13-8　　Hello 报文参数的配置步骤

步骤	命令	说明
1	**system-view** 例如：< Huawei >**system-view**	进入系统视图

续表

步骤	命令	说明
2	**interface** *interface-type interface-number* 例如：[Huawei] **interface** gigabitethernet 1/0/0	键入要配置 Hello 报文发送时间间隔的 IS-IS 接口，进入接口视图。需要先通过 **isis enable** 命令在该接口上使能 IS-IS 功能，具体参见 13.3.1 节
3	**isis timer hello** *hello-interval* [**level-1** | **level-2**] 例如：[Huawei-GigabitEthernet1/0/0] **isis timer hello** 20 **level-2**	（可选）配置接口上 Hello 报文的发送间隔。命令中的参数和选项说明如下。 （1）*hello-interval*：设置接口发送 Hello 报文的时间间隔，取值范围为（3～255）整数秒。 （2）**level-1**：二选一选项，以上 Hello 报文发送时间间隔的设置仅适用于 L1 级别 Hello 报文，如果没有指定级别，则将同时作用于 L1 和 L2 级别 Hello 报文。**仅可在广播接口上配置，在点到点链路上，只有一种 Hello 报文，不需要指定 L1 和 L2 级别。** （3）**level-2**：二选一选项，以上 Hello 报文发送时间间隔的设置仅适用于 L2 级别 Hello 报文，如果没有指定级别，则将同时作用于 L1 和 L2 级别 Hello 报文。**也仅可在广播接口上配置，在点到点链路上，只有一种 Hello 报文，不需要指定 L1 和 L2 级别。** **缺省情况下，IS-IS 接口发送 Hello 报文的间隔时间是 10 s**，可用 **undo isis timer hello** [*hello-interval*] [**level-1** | **level-2**]命令恢复 IS-IS 接口指定级别的 Hello 报文发送间隔时间为缺省值
4	**isis timer holding-multiplier** *number* [**level-1** | **level-2**] 例如：[Huawei-GigabitEthernet1/0/0] **isis timer holding-multiplier** 6 **level-2**	（可选）配置 Hello 报文的发送间隔时间的倍数，以达到修改 IS-IS 的邻居保持时间的目的。命令中的参数和选项说明如下。 （1）*number*：指定邻居保持时间为 Hello 报文的发送间隔时间的倍数，取值范围为 3～1 000 的整数。 （2）**level-1**：二选一选项，以上 Hello 报文发送时间间隔的倍数设置仅适用于 L1 级别 Hello 报文，如果没有指定级别，则将同时作用于 L1 和 L2 级别 Hello 报文。**仅可在广播接口上配置，在点到点链路上，只有一种 Hello 报文，不需要指定 L1 和 L2 级别。** （3）**level-2**：二选一选项，以上 Hello 报文发送时间间隔的倍数设置仅适用于 L2 级别 Hello 报文，如果没有指定级别，则将同时作用于 L1 和 L2 级别 Hello 报文。**也仅可在广播接口上配置，在点到点链路上，只有一种 Hello 报文，不需要指定 L1 和 L2 级别。** **【说明】**如果通过 **isis circuit-type** 命令将广播接口模拟为 P2P 接口或者通过 **undo isis circuit-type** 命令将该接口恢复为广播接口，则邻居保持时间相对于 Hello 报文的发送间隔时间的倍数恢复为缺省值。 缺省情况下，Hello 报文的发送间隔时间的倍数值为 3，**即邻居保持时间为 Hello 报文的发送间隔时间的 3 倍**，可用 **undo isis timer holding-multiplier** [*number*] [**level-1** | **level-2**] 命令恢复指定级别的 Hello 报文的发送间隔时间的倍数为缺省值

13.8.2 配置 LSP 报文参数

LSP 报文用于交换链路状态信息，可以配置 LSP 报文的大小及最大有效时间，还可以通过使能 LSP 加速扩散，以及减小接口发送 LSP 报文的最小时间间隔和 LSP 报文的刷新周期加快 LSP 报文的扩散速度，使得网络快速收敛。还可以通过配置 LSP 生成的智能定时器，自动根据网络环境计算出生成 LSP 报文的时间间隔，这样既可以快速响应突发事件，加快网络的收敛速度，又可以在网络变化频繁时自动延长智能定时器的间隔时间，避免过度占用 CPU 资源。这些参数的具体说明见表 13-9。

表 13-9　LSP 报文参数说明

配置的参数	作用	说明
LSP 报文的大小	控制生成和接受 LSP 报文的大小	当链路状态信息变大时，可以增大生成 LSP 报文的长度，使得每个 LSP 报文可以携带更多的信息
LSP 报文的最大有效时间	控制LSP报文的最大有效时间，保证在未收到更新的LSP之前旧LSP报文的有效性	在路由器向邻居发送自己生成的 LSP 报文时，会在其中填写此 LSP 报文的最大有效时间，接收路由器可根据此时间来计算出认为该 LSP 无效的时间。当此 LSP 被邻居路由器接收后，它的有效时间会随着时间的变化不断减小。如果邻居路由器一直没有收到源路由器的 LSP 报文更新，而原来的 LSP 报文的有效时间已减少到 0，**则该 LSP 再继续保持** 60 s，如果还没收到新的 LSP，那么此 LSP 将被从邻居路由器的 LSDB 中删除
LSP 报文的刷新周期	控制LSP报文的泛洪定时刷新，保持LSBD的同步	IS-IS 网络主要通过 LSP 报文的泛洪实现链路状态的同步。泛洪是指一个路由器向相邻路由器发送自己的LSP报文后，相邻路由器再将同样的 LSP 报文传送到除发送该 LSP 报文的路由器外的其他邻居的逐级扩展方式。这样就可以一级一级地将 LSP 报文传送到整个层次（L1 路由或者 L2 路由），使整个层次内的每一个路由器就都可以拥有相同的 LSP 信息，并保持 LSDB 的同步
接口发送 LSP 报文的最小时间间隔	控制在LSP报文刷新时单个LSP报文之间的发送间隔	减小发送 LSP 报文的最小时间间隔可以加快 LSP 报文的扩散速度，但这样会加重设备的 CPU 负担，也可能频繁引起网络振荡
LSP 报文生成的智能定时器	智能控制LSP报文生成的频率，平衡提高收敛速度与减轻系统负荷之间的关系	在运行 IS-IS 的网络中，当本地路由信息发生变化时，路由器需要产生新的 LSP 报文来通告这些变化。但当本地路由信息变化比较频繁时，这样做会占用大量的系统资源。为了加快网络的收敛速度，同时又不影响系统性能，可通过配置 LSP 报文生成的智能定时器，使路由器可根据路由信息的变化频率自动调整生成 LSP 报文的延迟时间（不是固定的）
LSP 报文快速扩散	控制接口每次扩散 LSP 报文的数量，以便加快 IS-IS 网络的收敛速度	缺省情况下，当 IS-IS 收到其他路由器发来的 LSP 报文时，如果此 LSP 报文比本地 LSDB 中相应的 LSP 报文版本要新，则更新 LSDB 中的 LSP 报文，**并用一个定时器定期将 LSDB 内已更新的 LSP 报文扩散出去**。LSP 快速扩散特性改进了这种方式，可使设备在收到一个或多个比较新的 LSP 报文时，在路由计算之前，先将小于指定数目的 LSP 报文扩散出去，加快 LSDB 的同步过程
点到点链路上的 LSP 报文重传时间间隔	控制LSP报文的重传间隔，保证点到点网络中 LSDB 的同步	在 P2P 网络中，链路两端的设备通过 LSP 报文扩散达到 LSDB 的同步。链路其中一端的设备发送 LSP 报文，如果另一端的设备收到该 LSP 报文，则回复 PSNP 报文进行确认。如果在一定时间内，发送报文的设备未收到对端的 PSNP 确认报文，则会重新发送该 LSP 报文

以上 LSP 报文参数的具体配置步骤见表 13-10（**各参数配置无先后次序之分**）。

表 13-10 **LSP 报文参数的配置步骤**

步骤	命令	说明
1	**system-view** 例如：< Huawei > **system-view**	进入系统视图
2	**isis** [*process-id*] 例如：[Huawei] **isis**	启动对应的 IS-IS 进程，进入 IS-IS 视图
3	**lsp-length** { **originate** | **receive** } *max-size* 例如：[Huawei-isis-1] **lsp-length originate** 1024	配置当前 IS-IS 路由器生成的 LSP 报文的最大长度和接收 LSP 报文的最大长度。命令中的参数和选项说明如下。 （1）**originate**：二选一选项，指定配置生成的 LSP 报文的最大长度。 （2）**receive**：二选一选项，指定配置接收的 LSP 报文的最大长度。 （3）*max-size*：指定 LSP 报文的最大长度，取值范围为 512～16 384 整数个字节。 【注意】所配置的生成的 LSP 报文的最大长度必须小于或等于所配置的接收的 LSP 报文的最大长度。并且要注意：以太网接口的 MTU 值要大于或等于最大长度值加 3; P2P 接口的 MTU 值要大于或等于最大长度值。由于目前接口支持的 MTU 最大值是 9 600 字节，因此，为了实现两端的正常通信，LSP 的报文最大长度（包括生成和接收）允许的最大取值为 9 600–3=9 597 字节。 缺省情况下，IS-IS 路由器生成的 LSP 报文和接收的 LSP 报文长度均为 1 497 字节，可用 **undo lsp-length** { **originate** | **receive** }命令恢复当前 IS-IS 路由器生成 LSP 报文的长度或者接收 LSP 报文的长度为缺省值
4	**timer lsp-max-age** *age-time* 例如：[Huawei-isis-1] **timer lsp-max-age** 1500	配置当前 IS-IS 进程生成的 LSP 的最大有效时间，取值范围为 2～65 535 的整数秒。 缺省情况下，LSP 的最大有效时间为 1 200 s，可用 **undo timer lsp-max-age** 命令恢复当前 IS-IS 进程生成的 LSP 的最大有效时间为缺省值
5	**timer lsp-refresh** *refresh-time* 例如：[Huawei-isis-1] **timer lsp-refresh** 1200	配置 LSP 的刷新周期，取值范围为 1～65 534 的整数秒。 缺省情况下，LSP 的刷新周期是 900 s，可用 **undo timer lsp-refresh** 命令恢复 LSP 的刷新周期为缺省值
6	**flash-flood** [*lsp-count* | **max-timer-interval** *interval* | [**level-1** | **level-2**]] 例如：[Huawei-isis-1] **flash-flood** 6 **max-timer-interval** 100	使能 LSP 报文的快速扩散特性，以便加快 IS-IS 网络的收敛速度。命令中的参数和选项说明如下。 （1）*lsp-count*：可多选参数，指定每个接口一次扩散 LSP 的最大数量，取值范围为 1～15 的整数，缺省值是 5。 （2）**max-timer-interval** *interval*：可多选参数，指定 LSP 扩散的最大间隔时间，取值范围为 10～50 000 的整数毫秒，缺省值是 10 ms。配置此定时器后，在路由计算之前如果这个定时器未超时，则立即扩散；否则在该定时器超时后发送。 （3）**level-1**：二选一选项，指定以上设置仅作用于 L1 LSP 报文，如果没有指定级别，则以上设置同时作用于 L1 和 L2 LSP 报文 （4）**level-2**：二选一选项，指定以上设置仅作用于 L2 LSP 报文，如果没有指定级别，则以上设置同时作用于 L1 和 L2 LSP 报文。 缺省情况下，未使能 LSP 快速扩散特性，可用 **undo flash-flood** [*lsp-count* | **max-timer-interval** *interval* | [**level-1** | **level-2**]] *命令去使能指定级别 LSP 报文的快速扩散特性

续表

步骤	命令	说明
7	**timer lsp-generation** *max-interval* [*init-interval* [*incr-interval*]] [**level-1** | **level-2**] 例如：[Huawei-isis-1] **timer lsp-generation** 20 50 2000	配置 LSP 生成智能定时器。命令中的参数和选项说明如下。 （1）*max-interval*：指定产生具有相同的 LSP ID 的 LSP 报文的最大延迟时间，取值范围为 1～120 的整数秒，缺省值为 2。 （2）*init-interval*：可选参数，指定初次触发产生 LSP 报文的延迟时间，取值范围为 1～60 000 的整数毫秒，缺省情况下不使用这个延迟时间。如果只选择此参数，则智能定时器退化为一般的一次性触发定时器。 （3）*incr-interval*：可选参数，指定两次产生具有相同的 LSP ID 的 LSP 报文之间的递增延迟时间，取值范围为 1～60 000 的整数毫秒，缺省情况下不使用这个延迟时间。 （4）**level-1**：二选一选项，指定以上设置仅作用于 L1 LSP 报文，如果没有指定级别，则以上设置同时作用于 L1 和 L2 LSP 报文。 （5）**level-2**：二选一选项，指定以上设置仅作用于 L2 LSP 报文，如果没有指定级别，则以上设置同时作用于 L1 和 L2 LSP 报文。 【说明】在配置以上参数时有以下几个注意事项。 ● 如果同时配置了 *init-interval* 及 *incr-interval* 参数时，初次产生 LSP 报文的延迟时间为 *init-interval*；第二次产生具有相同 LSP ID 的 LSP 报文的延迟时间为 *incr-interval*。随后，路由每变化一次，产生 LSP 报文的延迟时间都增大为前一次的两倍，直到 *max-interval*。稳定在 *max-interval* 3 次或者 IS-IS 进程被重启，延迟时间又降回到 *init-interval*。 ● 如果配置了 *init-interval* 参数，但没有配置 *incr-interval* 参数，则初次产生 LSP 报文时使用 *init-interval* 作为延迟时间，随后都是使用 *max-interval* 作为延迟时间。同样，稳定在 *max-interval* 3 次或者 IS-IS 进程被重启，延迟时间又降回到 *init-interval*。 ● 如果所配置的产生 LSP 的延迟时间过长，则本地路由信息的变化无法及时通告给邻居，导致网络的收敛速度变慢。 缺省情况下，没有配置 LSP 生成智能定时器，可用 **undo timer lsp-generation** [*max-interval* [*init-interval* [*incr-interval*]]] [**level-1** | **level-2**]命令取消配置指定的 LSP 生成的智能定时器
8	**quit** 例如：[Huawei-isis-1] **quit**	退出 IS-IS 视图，进入接口视图
9	**interface** *interface-type interface-number* 例如：[Huawei] **interface** gigabitethernet 1/0/0	键入要配置 LSP 报文参数的 IS-IS 接口，进入接口视图。需要先通过 **isis enable** 命令在该接口上使能 IS-IS 功能，具体参见 13.3.1 节
10	**isis timer lsp-throttle** *throttle-interval* [**count** *count*] 例如：[Huawei-GigabitEthernet1/0/0] **isis timer lsp-throttle** 500	配置 IS-IS 接口发送 LSP 报文的最小间隔时间和此时间内发送的最大的报文数。命令中的参数说明如下。 （1）*throttle-interval*：指定接口发送 LSP 报文的最小间隔时间，取值范围为 1～10 000 的整数毫秒。 （2）**count** *count*：可选参数，指定在 *throttle-interval* 时间间隔内发送 LSP 报文的最大数目，取值范围为 1～1 000 的整数。 缺省情况下，接口上发送 LSP 报文的最小间隔时间是 50 ms，每次发送 LSP 报文的最大数目是 10，可用 **undo isis timer lsp-throttle** 命令恢复 IS-IS 接口发送 LSP 报文的最小间隔时间和此时间内发送的最大的报文数为缺省值

续表

步骤	命令	说明
11	**isis circuit-type p2p** 例如：[Huawei-GigabitEthernet1/0/0] **isis circuit-type p2p**	（可选）将 IS-IS 广播网接口的网络类型模拟为 P2P 类型。如果接口已是 P2P 类型，则不需要执行本步。 缺省情况下，接口网络类型根据物理接口决定，可用 **undo isis circuit-type** 命令恢复 IS-IS 接口的缺省网络类型
12	**isis timer lsp-retransmit** *retransmit-interval* 例如：[Huawei-GigabitEthernet 1/0/0] **isis timer lsp-retransmit** 10	配置 P2P 链路上 LSP 报文的重传间隔时间，取值范围为 1～300 的整数秒 【说明】由于只有 P2P 网络中设备才会发送 PSNP 报文进行确认，因此本命令只能配置设备在 P2P 接口上才有效。 本命令可以用来配置设备重新发送 LSP 报文的间隔时间。配置该命令后，设备发送 LSP 报文后，会等待时间间隔 *retransmit-interval*。在这段时间内，如果收到对端的 PSNP 确认报文，则不会重传该 LSP 报文，否则重传该 LSP 报文。 缺省情况下，点到点链路上 LSP 报文的重传间隔时间为 5 s，可用 **undo isis timer lsp-retransmit** 命令恢复点到点链路上 LSP 报文的重传间隔时间为缺省值

13.8.3 配置 CSNP 报文参数

CSNP（全序列号报文）包括本地设备上某个 LSDB 中所有的 LSP 摘要信息，用来保证相邻设备间 LSDB 的同步。在广播网链路和点到点链路中，CSNP 的运行机制略有不同。

① **在广播网络中，CSNP 是由 DIS 设备周期性发送的**。当邻居发现 LSDB 不同步时，向 DIS 发送 PSNP 报文来请求缺失的 LSP 报文。

② **在 P2P 网络中，CSNP 只在第一次建立邻接关系时发送。**

正因为在 P2P 网络中 CSNP 报文仅发送一次，所以 CSNP 报文参数仅可在广播网络中配置，而且仅可配置 CSNP 报文的发送时间间隔。由于 IS-IS 路由的收敛速度依赖于 LSDB 的同步速度，因此减小 CSNP 报文的发送间隔时间可以加快 LSDB 的同步以及 IS-IS 路由的收敛。但是如果该值设置得过小，则 DIS 会频繁发送 CSNP 报文，从而造成设备的 CPU、内存及网络带宽占用过高，影响正常业务的运行。

在广播网络中，CSNP 报文参数的具体配置方法是在对应的接口（当然该接口必须是已使能了 IS-IS 功能的接口）视图下使用 **isis timer csnp** *csnp-interval* [**level-1** | **level-2**] 命令进行的。命令中的参数和选项说明如下。

① *csnp-interval*：指定 CSNP 报文在广播网络中发送的间隔时间，取值范围为 1～65 535 的整数秒。

② **level-1**：二选一选项，指定以上 CSNP 报文发送时间间隔配置仅作用于 L1 CSNP，如果不指定则将同时作用于 L1 CSNP 和 L2 CSNP。

③ **level-2**：二选一选项，指定以上 CSNP 报文发送时间间隔配置仅作用于 L2 CSNP，如果不指定则将同时作用于 L1 CSNP 和 L2 CSNP。

缺省情况下，在广播网络上发送 CSNP 报文的间隔时间是 10 s，可用 **undo isis timer csnp** [*csnp-interval*] [**level-1** | **level-2**] 命令恢复指定级别 CSNP 报文发送时间间隔为缺省值。如果通过 **undo isis circuit-type** 命令将某 IS-IS 接口恢复为广播接口，则该接口的

IS-IS 发送 CSNP 报文的间隔时间也将恢复为缺省值。

13.8.4　调整 SPF 的计算时间间隔

当网络变化比较频繁时，IS-IS 会频繁地进行 SPF 计算，而这样会消耗系统大量的 CPU 资源，影响其他业务的运行。这时可通过配置智能定时器灵活调整不同时期 SPF 路由计算的时间间隔，这样可使路由器在刚开始进行 SPF 计算时，两次计算的间隔时间较小，保证 IS-IS 路由的收敛速度，而这之后随着整个 IS-IS 网络的拓扑趋于稳定时，就可以适当地延长两次 SPF 计算的间隔时间，从而减少不必要的资源消耗。具体的配置步骤见表 13-11。

表 13-11　SPF 计算智能定时器的配置步骤

步骤	命令	说明
1	**system-view** 例如：< Huawei > **system-view**	进入系统视图
2	**isis** [*process-id*] 例如：[Huawei] **isis**	启动对应的 IS-IS 进程，进入 IS-IS 视图
3	**timer spf** *max-interval* [*init-interval* [*incr-interval*]] 例如：[Huawei-isis-1] **timer spf** 15 10 5000	设置 SPF 计算智能定时器。命令中的参数说明如下。 （1）*max-interval*：指定路由计算最大延迟时间，取值范围为 1～120 的整数秒，缺省值是 5 s。 （2）*init-interval*：可选参数，指定初次路由计算的延迟时间，取值范围为 1～60 000 的整数毫秒，缺省值是 50 ms。缺省情况下不使用这个延迟时间。如果不指定 *init-interval*，智能定时器就退化为一般的一次性触发定时器。 （3）*incr-interval*：可选参数，指定两次路由计算之间的递增延迟时间。如果不指定 *incr-interval*，初次进行 SPF 计算用 *init-interval* 作为延迟时间，随后都是使用 *max-interval* 作为延迟时间，取值范围为 1～60 000 的整数毫秒，缺省值是 200 ms。如果不指定本参数，初次进行 SPF 计算用 *init-interval* 作为延迟时间，随后都是使用 *max-interval* 作为延迟时间。 【说明】如果同时配置 *init-interval* 和 *incr-interval* 参数，则初次进行 SPF 计算的延迟时间为 *init-interval*；第二次进行 SPF 计算的延迟时间为 *incr-interval*。随后，每变化一次，SPF 计算的延迟时间增大为前一次的两倍，直到 *max-interval* 稳定在 *max-interval* 3 次或者 IS-IS 进程被重启，延迟时间又降回到 *init-interval*。 缺省情况下，SPF 路由计算的最大延迟时间为 5 s，可用 **undo timer spf** 命令恢复 SPF 计算的最大延迟时间为缺省值
4	**spf-slice-size** *duration-time* 例如：[Huawei-isis-1] **spf-slice-size** 50	（可选）配置 IS-IS 每次路由计算的最大持续时间，取值范围为 1～5 000 的整数毫秒。 当路由表中的路由数目非常多时，为防止路由计算占用系统资源的时间过长，可以通过本命令来缩短每次路由计算的最大持续时间。 缺省情况下，每次路由计算的最大持续时间为 2 ms，可用 **undo spf-slice-size** 命令恢复每次路由计算的最大持续时间为缺省配置

13.8.5 配置 IS-IS 路由按优先级收敛

随着网络的融合，区分服务的需求越来越强烈。某些路由可以指导关键业务的转发，如 VoIP、视频会议、组播等，这些关键的业务路由需要尽快收敛，而非关键路由可以相对慢一点收敛。因此，系统需要对不同路由按不同的收敛优先级处理，来提高网络的可靠性。

系统为路由设置了不同的收敛优先级，分为 critical、high、medium、low 4 种，其中 critical 路由的收敛优先级最高，low 路由的收敛优先级最低，系统根据这些路由的收敛优先级采用相对的优先收敛原则，即按照一定的调度比例进行路由收敛安装，指导业务的转发。

AR G3 系列路由器支持通过配置 IS-IS 路由的收敛优先级，使某些重要路由在网络拓扑发生变化时优先收敛。IS-IS 路由收敛优先级的应用规则如下。

① 对于已存在的 IS-IS 路由，收敛优先级将依据以下将要介绍的 **prefix-priority** 命令重新进行设置。

② 对新增加的 IS-IS 路由，收敛优先级将依据以下将要介绍的 **prefix-priority** 命令的过滤结果进行设置。

③ 如果一条路由符合多个收敛优先级的匹配规则，则这些收敛优先级中最高者当选为路由的收敛优先级。

④ L1 IS-IS 路由的收敛优先级高于 L2 IS-IS 路由的收敛优先级。

配置 IS-IS 路由按优先级收敛的步骤见表 13-12。

表 13-12　IS-IS 路由按优先级收敛的配置步骤

步骤	命令	说明
1	**system-view** 例如：< Huawei > **system-view**	进入系统视图
2	**isis** [*process-id*] 例如：[Huawei] **isis**	启动对应的 IS-IS 进程，进入 IS-IS 视图
3	**prefix-priority** [**level-1** | **level-2**] { **critical** | **high** | **medium** } { **ip-prefix** *prefix-name* | **tag** *tag-value* } 例如：[Huawei-isis-1] **prefix-priority level-1 critical tag** 3	配置 IS-IS 路由（包括 IS-IS 主机路由和缺省路由）的收敛优先级。命令中参数和选项说明如下。 （1）**level-1**：二选一可选项，指定设置 L1 级别的 IS-IS 路由的收敛优先级，如果没有指定路由级别，则同时为 L1 和 L2 级别的 IS-IS 路由设置收敛优先级。 （2）**level-2**：二选一可选项，指定设置 L2 级别的 IS-IS 路由的收敛优先级，如果没有指定路由级别，则同时为 L1 和 L2 级别的 IS-IS 路由设置收敛优先级。 （3）**critical**：多选一选项，指定 IS-IS 路由的收敛优先级为 critical（最高级别）。 （4）**high**：多选一选项，指定 IS-IS 路由的收敛优先级为 high（高级别）。 （5）**medium**：多选一选项，指定 IS-IS 路由的收敛优先级为 medium（中级别）。 （6）**ip-prefix***prefix-name*：二选一参数，指定用于过滤要设置收敛性能的 IS-IS 路由的 IP 地址前缀列表名称，1～169 个字符，区分大小写，不支持空格。

续表

步骤	命令	说明
3		（7）**tag** *tag-value*：二选一参数，指定用于过滤要设置收敛性能的 IS-IS 路由的标记，取值范围为 1～4 294 967 295 的整数。 缺省情况下，IS-IS 主机路由和缺省路由的收敛优先级为 medium，其他 IS-IS 路由的收敛优先级为 low，可用 **undo prefix-priority** [**level-1** | **level-2**] { **critical** | **high** | **medium** }命令恢复指定级别的 IS-IS 路由为缺省收敛优先级
4	**quit** 例如：[Huawei-isis-1] **quit**	退出 IS-IS 视图，返回系统视图
5	**ip route prefix-priority-scheduler** *critical-weight high-weight medium-weight low-weight* 例如：[Huawei] **ip route prefix-priority-scheduler** 10 2 1 1	（可选）配置 IPv4 路由按优先级调度的比例。为了防止高优先级路由过多而导致低优先级路由迟迟得不到处理进而影响网络的性能，可运行本命令来调整 IPv4 路由按优先级调度的比例。命令中的参数说明如下。 （1）*critical-weight*：指定 Critical 队列的调度加权值（也就是比重），取值范围为 1～10 的整数。 （2）*high-weight*：指定 High 队列的调度加权值，取值范围为 1～10 的整数。 （3）*medium-weight*：指定 Medium 队列的调度加权值，取值范围为 1～10 的整数。 （4）*low-weight*：指定 Low 队列的调度加权值，取值范围为 1～10 的整数。 缺省情况下，IPv4 路由按优先级调度的比例为 8:4:2:1，可用 **undo ip route prefix-priority-scheduler** 命令恢复 IPv4 路由按优先级调度为缺省比例

13.9　提高 IS-IS（IPv4）网络的安全性

在对安全性要求较高的网络中，可以通过配置 IS-IS 认证来提高 IS-IS 网络的安全性。IS-IS 认证包括接口认证、区域认证、路由域认证 3 种，还可配置 optional checksum TLV 校验和认证（用得比较少，在此不进行介绍）。但在配置 IS-IS 网络安全性之前，需配置 IS-IS 的基本功能。

13.9.1　配置 IS-IS 接口认证

通常情况下，IS-IS 不对发送的 IS-IS 报文封装认证信息，也不对收到的报文进行认证检查。这样，当有恶意报文对网络进行攻击时可能会导致整个网络的信息被窃取，因此，需要配置 IS-IS 认证提高网络的安全性。

通过配置 IS-IS 接口认证，可以封装认证信息到 Hello 报文中，以确认邻居的有效性和正确性。IS-IS 接口认证包括简单认证、MD5 认证、HMAC-SHA256 认证和 Keychain（密钥链）认证几种模式，具体的配置步骤见表 13-13（**需要在邻居设备同一链路上的 IS-IS 接口上配置相同的认证模式和密码**）。

表 13-13 **IS-IS 接口认证的配置步骤**

<table>
<tr><th>步骤</th><th>命令</th><th>说明</th></tr>
<tr><td>1</td><td>system-view
例如：< Huawei > system-view</td><td>进入系统视图</td></tr>
<tr><td>2</td><td>interface interface-type interfac-e-number
例如：[Huawei]interface gigabitethernet 1/0/0</td><td>键入要配置接口认证的 IS-IS 接口，进入接口视图。需要先通过 isis enable 命令在该接口上使能 IS-IS 功能，具体参见 13.3.1 节</td></tr>
<tr><td rowspan="2">3</td><td>isis authentication-mode simple { plain plain-text | [cipher] plain-cipher-text } [level-1 | level-2] [ip| osi] [send-only]
例如：[Huawei-GigabitEthernet1/0/0] isis authentication-mode simple huawei</td><td>（四选一）配置 IS-IS 接口的简单认证模式。命令中的参数和选项说明如下。
（1）plain plain-text：二选一参数，指定简单认证的明文密码，1～16 个字符，可以为字母或数字，区分大小写，不支持空格。此模式下只能键入明文密码，且密码将以明文形式保存在配置文件中
（2）cipher：可选项，指定为密文密码，此时可以键入明文或密文密码，但在查看配置文件时以密文方式显示。
（3）plain-cipher-text：二选一参数，指定简单认证的密文密码，可以为字母或数字，区分大小写，不支持空格，长度为 1～16 位明文密码或 32 位密文密码 。
（4）level-1：二选一可选项，指定所设置的认证密码仅作用于 L1 级 IS-IS Hello 报文交互认证，如果不指定报文级别，则同时作用于 L1 和 L2 级 IS-IS Hello 报文交互认证。
（5）level-2：二选一可选项，指定所设置的认证密码仅作用于 L2 级 IS-IS Hello 报文交互认证，如果不指定报文级别，则同时作用于 L1 和 L2 级 IS-IS Hello 报文交互认证。
（6）ip：二选一可选项，指定所设置的认证密码仅作用于 IP 网络，如果不指定，则缺省仅作用于 OSI 网络。
（7）osi：二选一可选项，指定所设置的认证密码仅作用于 OSI 网络，如果不指定，则缺省仅作用于 OSI 网络。
（8）send-only：可选项，指定仅对发送的 Hello 报文加载认证信息，不对接收的 Hello 报文进行认证。如果不指定此选项，则缺省为对发送的 Hello 报文加载认证信息且对接收的 Hello 报文进行认证。
缺省情况下，IS-IS 的 Hello 报文中不添加认证信息，对接收到的 Hello 报文也不进行认证，可用 undo isis authentication- mode simple { plain plain-text | cipher plain-cipher-text } [level-1 | level-2] [ip | osi] [send-only]命令取消简单认证，同时删除 Hello 报文中的简单认证信息</td></tr>
<tr><td>isis authentication-mode md5 { plain plain-text | [cipher] plain-cipher-text } [level-1 | level-2] [ip |osi] [send-only]
例如：[Huawei-GigabitEthernet1/0/0] isis authentication-mode md5 huawei</td><td>（四选一）配置 IS-IS 接口的 MD5 认证模式。命令中的参数和选项说明如下。
（1）plain plain-text：二选一可选参数，指定认证的明文密码，1～255 个字符，可以为字母或数字，区分大小写，不支持空格。此模式下只能键入明文密码，密码将以明文形式保存在配置文件中。
（2）cipher：可选项，指定为密文密码，此时可以键入明文或密文密码，但在查看配置文件时以密文方式显示。
（3）cipher-text：二选一可选参数，指定简单认证的密文密码，可以为字母或数字，区分大小写，不支持空格，长度为 1～255 位明文密码或 20～392 位密文密码。
其他参数和选项说明参见上面介绍的简单认证模式配置命令。</td></tr>
</table>

续表

步骤	命令	说明
		缺省情况下，IS-IS 的 Hello 报文中不添加认证信息，对接收到的 Hello 报文也不进行认证，可用 **undo isis authentication- mode md5** { **cipher** *plain-cipher-text* | **plain** *plain-text* } [**level-1** | **level-2**] [**ip** | **osi**] [**send-only**]命令取消 MD5 认证，同时删除 Hello 报文中的 MD5 认证信息
3	**isis authentication-mode hmac-sha256 key-id** *key-id* { **plain** *plain-text* | [**cipher**] *plain-cipher-text* } [**level-1** | **level-2**] [**send-only**] 例如：[Huawei-GigabitEthernet1/0/0] **isis authentication-mode hmac-sha256** 1 huawei	（四选一）配置 IS-IS 接口的 HMAC-SHA256 认证模式。命令中的 *key-id* 参数用来指定 HMAC-SHA256 算法的密钥 ID，取值范围为 0～65 535 的整数。**其他参数和选项说明参见上面介绍的 MD5 认证模式配置命令。** 缺省情况下，IS-IS 的 Hello 报文中不添加认证信息，对接收到的 Hello 报文也不进行认证，可用 **undo isis authentication-mode hmac-sha256 key-id** *key-id* { **plain** *plain-text* | **cipher***plain-cipher-text* } [**level-1** | **level-2**] [**send-only**]命令取消 HMAC-SHA256 认证，同时删除 Hello 报文中的 HMAC-SHA256 认证信息
	isis authentication-mode keychain *keychain-name* [**level-1** | **level-2**] [**send-only**] 例如：[Huawei-GigabitEthernet1/0/0] **isis authentication-mode keychain** isiskey	（四选一）配置 IS-IS 接口的 Keychain 认证模式。命令中的参数 *keychain-name* 用来指定 Keychain 名称，1～47 个字符，不区分大小写，不支持空格。**其他选项说明参见前面介绍的简单认证模式配置命令。** **【说明】**所使用的 Keychain（密钥链）需已使用 **keychain** *keychain-name* 命令创建，然后分别通过 **key-id** *key-id*、**key-string** { [**plain**] *plain-text* | [**cipher**] *cipher-text* }和 **algorithm** { **hmac-md5** | **hmac-sha-256** | **hmac-sha1-12** | **hmac-sha1-20** | **md5** | **sha-1** | **sha-256** | **simple** }命令配置该 keychain 采用的 key-id、密码及其认证算法，必须保证本端和对端的 key-id、algorithm、key-string 相同，才能建立 IS-IS 邻居。 缺省情况下，IS-IS 的 Hello 报文中不添加认证信息，对接收到的 Hello 报文也不进行认证，可用 **undo isis authentication-mode keychain** *keychain-name* [**level-1** | **level-2**] [**send-only**]命令取消 Keychain 认证，同时删除 Hello 报文中的 Keychain 认证信息

13.9.2 配置区域、路由域的认证

区域认证会将认证密码封装在 L1 区域的 IS-IS **非 Hello 报文**中，只有通过认证的报文才会被接收。因此，**当需要对 L1 区域进行认证时，需要对该 L1 区域所有 IS-IS 设备（包括 L1 设备和 L1/2 设备）配置 IS-IS 区域认证。**

路由域认证是将认证密码封装在 L2 区域的 IS-IS **非 Hello 报文**中，只有通过认证的报文才会被接收。因此，**当需要对 L2 区域进行认证时，需要对 L2 区域所有 IS-IS 设备（包括 L2 设备和 L1/2 设备）配置 IS-IS 路由域认证。**

注意　在配置 IS-IS 认证时，要求同一区域或路由域的所有设备的认证方式和密码都必须一致，只有这样 IS-IS 报文才会正常扩散。**但无论是否通过区域认证或者路由域认证，均不影响 L1 或者 L2 邻居关系的建立，**因为这些认证信息不在 Hello 报文中携带。

IS-IS 区域和路由域认证的配置步骤见表 13-14（区域认证和路由域认证是并列关系，可单独配置，也可同时配置）。

表 13-14 **IS-IS 区域和路由域认证的配置步骤**

步骤	命令	说明
1	**system-view** 例如：< Huawei > **system-view**	进入系统视图
2	**isis** 例如：[Huawei]**isis**	启动对应的 IS-IS 进程，进入 IS-IS 视图
3	**area-authentication-mode** { { **simple** | **md5** } { **plain** *plain-text* | [**cipher**] *plain-cipher-text* } [**ip** | **osi**] |**keychain** *keychain-name* | **hmac-sha256 key-id** *key-id* } [**snp-packet** { **authentication-avoid** | **send-only** } | **all-send-only**] 例如：[Huawei-isis-1]**area-authentication-mode md5** hello	（可选）配置区域认证模式，设置 IS-IS 区域按照预定的方式和密码认证收到的 L1 路由信息报文（LSP 和 SNP），并为发送的 L1 报文加上认证信息。它支持简单认证、MD5 认证、HMAC-SHA256 认证和 Keychain 认证 4 种模式。命令中除以下选项外，其他参数和选项说明参见 13.9.1 节表 13-13 中的对应参数和选项说明，只不过这里是对 L1 区域的报文（非 Hello 报文）进行认证。 （1）**snp-packet**：二选一选项，指定认证 SNP 报文。 （2）**authentication-avoid**：二选一选项，指定不对产生的 SNP 报文封装认证信息，也不认证收到的 SNP 报文。只对产生的 LSP 报文封装认证信息，并认证收到的 LSP 报文。 （3）**send-only**：二选一选项，指定对产生的 LSP 和 SNP 报文封装认证信息，只认证收到的 LSP 报文，不认证收到的 SNP 报文。 （4）**all-send-only**：二选一选项，指定仅对产生的 LSP 和 SNP 报文封装认证信息，不认证收到的 LSP 和 SNP 报文。 缺省情况下，系统不对产生的 L1 路由信息报文封装认证信息，也不认证收到的 L1 路由信息报文，可用 **undo area-authentication-mode** 命令恢复 IS-IS 区域认证为缺省状态
4	**domain-authentication-mode** {{ **simple** | **md5** }{**plain** *plain-text* | [**cipher**] *plain-cipher-text* } [**ip** | **osi**] | **keychain***keychain-name* | **hmac-sha256 key-id** *key-id* } [**snp-packet** { **authentication-avoid** | **send-only** } | **all-send-only**] 例如：[Huawei-isis-1] **domain-authentication-mode simple** huawei	(可选)设置 IS-IS 路由域中按照预设的方式和密码认证收到的 L2 路由信息报文,并在发送的 L2 区域报文中添加认证信息。命令中的参数和选项**参见本表第 3 步区域认证的对应参数和选项说明**，只不过这里是对 L2 区域的报文（非 Hello 报文）进行认证。 缺省情况下，系统不对产生的 L2 路由信息报文封装认证信息,也不会认证收到的L2 路由信息报文,可用 **undo domain-authentication-mode** 命令恢复路由域认证为缺省状态

说明 以上 IS-IS 区域认证和路由域认证支持以下几种组合形式。

① 对发送的 LSP 和 SNP 报文都封装认证信息，并认证收到的 LSP 和 SNP 报文是否通过认证，丢弃没有通过认证的报文。该情况下不能选择 **snp-packet** 或 **all-send-only** 选项。

② 仅对发送的 LSP 报文封装认证信息，并认证收到的 LSP 报文，不对发送的 SNP 报文封装认证信息，也不认证收到的 SNP 报文。该情况下能选择 **snp-packet authentication- avoid** 选项。

③ 对发送的 LSP 和 SNP 报文都封装认证信息，仅认证收到的 LSP 报文，不认证收到的 SNP 报文。这种情况下需要选择 **snp-packet send-only** 选项。

④ 对发送的 LSP 和 SNP 报文都封装认证信息，但对收到的 LSP 和 SNP 报文都不认证。这种情况下需要选择 **all-send-only** 选项。

13.9.3 IS-IS 认证配置示例

如图 13-28 所示，RouterA、RouterB、RouterC 和 RouterD 属于同一路由域，要求它们之间通过 IS-IS 协议达到 IP 网络互连的目的。其中，RouterA、RouterB 和 RouterC 属于同一个区域，区域号为 10，RouterD 属于另外一个区域，区域号为 20。

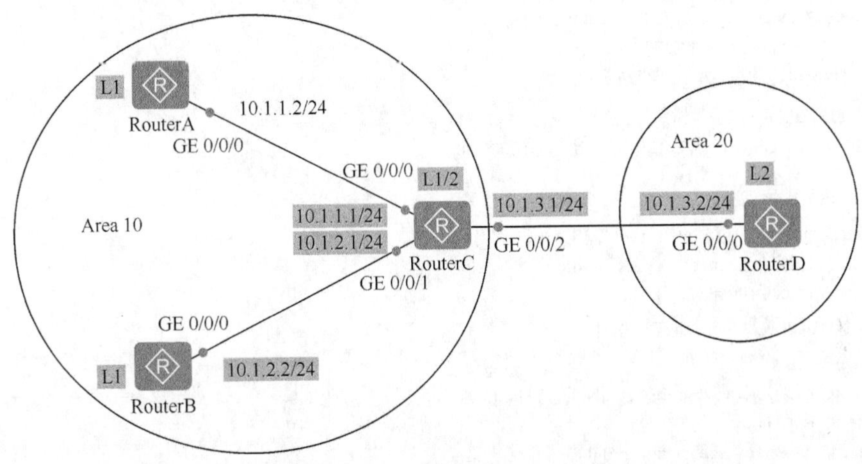

图 13-28 IS-IS 认证配置示例的拓扑结构

在区域 10 内配置区域验证，防止不可信的路由信息加入到区域 10 的 LSDB 中；在 RouterC 和 RouterD 上配置路由域验证，防止将不可信的路由信息注入当前路由域；分别在 RouterA、RouterB、RouterC 和 RouterD 上配置邻居关系验证。

1. 基本配置思路分析

从示例要求可以看出，本示例要求配置 IS-IS 所支持的全部 3 种认证功能，即邻居认证、区域认证和路由域认证，但它们都是在 IS-IS 基本功能基础上完成的，所以可得出本示例如下的基本配置思路。

① 配置各路由器的接口 IP 地址。

② 配置各路由器的 IS-IS 基本功能。

③ 在 RouterA、RouterB、RouterC 和 RouterD 之间配置邻居关系认证功能。

④ 在 RouterA、RouterB 和 RouterC 上配置区域认证功能。

⑤ 在 RouterC 和 RouterD 上配置路由域认证证功能。

2. 具体配置步骤

① 配置各路由器的接口 IP 地址。在此，仅以 RouterA 上的配置为例进行介绍，其他各路由器接口 IP 地址的配置方法一样，略。

```
<RouterA> system-view
[RouterA]interface gigabitethernet0/0/0
[RouterA-Gigabitethernet0/0/0] ip address 10.1.1.2 24
[RouterA-Gigabitethernet0/0/0] quit
```

② 配置各路由器的 IS-IS 基本功能。

RouterA 和 RouterB 均为 L1 路由器，RouterC 为 L1/2 路由器，RouterD 为 L2 路由器，假设 RouterA～RouterD 的系统 ID 分别为 0000.0000.0001～0000.0000.0004，都使能 1 号路由进程。

■ Router A 上的配置如下。

```
[RouterA] isis 1
[RouterA-isis-1] is-level level-1
[RouterA-isis-1] network-entity 10.0000.0000.0001.00
[RouterA-isis-1] quit
[RouterA] interface gigabitethernet 2/0/1
[RouterA-Gigabitethernet2/0/1] isis enable 1
[RouterA-Gigabitethernet2/0/1] quit
```

■ Router B 上的配置如下。

```
[RouterB] isis 1
[RouterB-isis-1] network-entity 10.0000.0000.0002.00
[RouterB-isis-1] is-level level-1
[RouterB-isis-1] quit
[RouterB] interface gigabitethernet 2/0/1
[RouterB-Gigabitethernet2/0/1] isis enable 1
[RouterB-Gigabitethernet2/0/1] quit
```

■ Router C 上的配置如下。

```
[RouterC] isis 1
[RouterC-isis-1] network-entity 10.0000.0000.0003.00
[RouterC-isis-1] quit
[RouterC] interface gigabitethernet 0/0/0
[RouterC-Gigabitethernet0/0/0] isis enable 1
[RouterC-Gigabitethernet0/0/0] isis circuit-level  level-1
[RouterC-Gigabitethernet0/0/0] quit
[RouterC] interface gigabitethernet 0/0/1
[RouterC-Gigabitethernet0/0/1] isis enable 1
[RouterC-Gigabitethernet0/0/1] isis circuit-level  level-1
[RouterC-Gigabitethernet0/0/1] quit
[RouterC] interface gigabitethernet 0/0/2
[RouterC-Gigabitethernet0/0/2] isis enable 1
[RouterC-Gigabitethernet0/0/2] isis circuit-level  level-2
[RouterC-Gigabitethernet0/0/2] quit
```

■ Router D 上的配置如下。

```
[RouterD] isis 1
[RouterD-isis-1] network-entity 20.0000.0000.0004.00
[RouterD-isis-1] is-level level-2
[RouterD-isis-1] quit
[RouterD] interface gigabitethernet 0/0/0
[RouterD-Gigabitethernet0/0/0] isis enable 1
[RouterD-Gigabitethernet0/0/0] quit
```

以上配置完成后，在各路由器上执行 **display isis route** 命令，可查看各自的 IS-IS 路由表，发现 RouterD 上已有 IS-IS 网络中的全部路由。

```
<RouterD>display isis route

                        Route information for ISIS(1)
                        -----------------------------

                       ISIS(1) Level-2 Forwarding Table
```

```
                          --------------------------------
 IPV4 Destination    IntCost    ExtCost ExitInterface    NextHop         Flags
 ------------------------------------------------------------------------------
 10.1.3.0/24         10         NULL     GE0/0/0          Direct          D/-/L/-
 10.1.2.0/24         20         NULL     GE0/0/0          10.1.3.1        A/-/-/-
 10.1.1.0/24         20         NULL     GE0/0/0          10.1.3.1        A/-/-/-
       Flags: D-Direct, A-Added to URT, L-Advertised in LSPs, S-IGP Shortcut,
                                  U-Up/Down Bit Set
```

③ 在RouterA、RouterB、RouterC和RouterD之间配置邻居关系认证。

■ 分别在RouterA的Gigabitethernet0/0/0、RouterC的Gigabitethernet0/0/0配置邻居关系认证，认证方式为MD5明文，认证密码为“eRg”。

说明 在配置过程中可以通过执行 **display isis peer** 命令，验证一条链路只配置一端的邻居关系认证功能时，链路两端设备间是不能最终建立邻居关系的，只有链路两端同时配置相同的认证方式、相同的认证密码时才能成功建立邻居关系。

```
[RouterA] interface gigabitethernet 0/0/0
[RouterA-Gigabitethernet0/0/0] isis authentication-mode md5 plain eRg
[RouterA-Gigabitethernet0/0/0] quit
[RouterC] interface gigabitethernet 0/0/0
[RouterC-Gigabitethernet0/0/0] isis authentication-mode md5 plain eRg
[RouterC-Gigabitethernet0/0/0] quit
```

■ 分别在RouterB的Gigabitethernet0/0/0、RouterC的Gigabitethernet0/0/1配置邻居关系认证，认证方式为MD5明文，认证密码为“t5Hr”。

```
[RouterB] interface gigabitethernet 0/0/0
[RouterB-Gigabitethernet0/0/0] isis authentication-mode md5 plain t5Hr
[RouterB-Gigabitethernet0/0/0] quit
[RouterC] interface gigabitethernet 0/0/1
[RouterC-Gigabitethernet0/0/1] isis authentication-mode md5 plain t5Hr
[RouterC-Gigabitethernet0/0/1] quit
```

■ 分别在RouterC的Gigabitethernet0/0/2、RouterD的Gigabitethernet0/0/0配置邻居关系认证，认证方式为MD5明文，认证密码为“hSec”。

```
[RouterC] interface gigabitethernet 0/0/2
[RouterC-Gigabitethernet0/0/2] isis authentication-mode md5 plain hSec
[RouterC-Gigabitethernet0/0/2] quit
[RouterD] interface gigabitethernet 0/0/0
[RouterD-Gigabitethernet0/0/0] isis authentication-mode md5 plain hSec
[RouterD-Gigabitethernet0/0/0] quit
```

④ 在RouterA、RouterB和RouterC上配置区域认证，认证方式为MD5明文认证，认证密码为“10Sec”。

说明 在配置过程中可以验证，区域认证配置是否成功不影响邻居设备间的邻居关系的建立，仅会影响设备之间的IS-IS报文交互和LSDB同步。

```
[RouterA] isis 1
[RouterA-isis-1] area-authentication-mode md5 plain 10Sec
[RouterA-isis-1] quit
[RouterB] isis 1
[RouterB-isis-1] area-authentication-mode md5 plain 10Sec
```

```
[RouterB-isis-1] quit
[RouterC] isis 1
[RouterC-isis-1] area-authentication-mode md5 plain 10Sec
[RouterC-isis-1] quit
```

⑤ 在 RouterC 和 RouterD 上配置路由域认证，认证方式为 MD5 明文认证，认证密码为“1020Sec”。

说明 在配置过程中可以验证，路由域认证配置是否成功不影响邻居设备间的邻居关系的建立，仅会影响设备之间的 IS-IS 报文交互和 LSDB 同步。

```
[RouterC] isis 1
[RouterC-isis-1] domain-authentication-mode md5 plain 1020Sec
[RouterC-isis-1] quit
[RouterD] isis 1
[RouterD-isis-1] domain-authentication-mode md5 plain 1020Sec
```

13.10 配置 IS-IS（IPv4）设备进入过载状态

在 13.2.4 节已介绍到，在 IS-IS LSP 中有一个 OL 标志位，它是用来设置当前路由器是否处于过载状态的。对设备设置过载标志位后，其他设备在进行 SPF 计算时不会使用这台设备进行转发，只计算该设备上的直连路由。

配置 IS-IS 设备进入过载状态可以使某台 IS-IS 设备暂时从网络中隔离，从而避免造成路由黑洞，具体配置方法是在对应的 IS-IS 进程视图下通过 **set-overload** [**on-startup** [*timeout1* | **start-from-nbr** *system-id* [*timeout1* [*timeout2*]] | **wait-for-bgp** [*timeout1*]] [**send-sa-bit** [*timeout3*]]] [**allow** { **interlevel** | **external** }*]命令配置非伪节点 LSP 的过载标志位。命令中的参数和选项说明如下。

- **on-startup**：多选一选项，表示路由器重启或者出现故障时，过载标志位在后面参数配置的时间内将保持被置位（即将 OL 标志位置 1）状态。如果需要在本路由器重启或发生故障时不被其他路由器计算 SPF 使用，则选择本选项。如果需要本路由器不被其他路由器计算 SPF 使用，则不要选择本选项，这样系统会立即在其发送的 LSP 报文中设置过载标志位。

- *timeout1*：二选一参数，指定系统启动后维持过载标志位的时间，取值范围是 5～86 400，单位是秒，缺省值是 600 s。

- **start-from-nbr** *system-id*：二选一参数，表示根据 system ID 指定的邻居状态，配置系统保持过载标志位时长。

- *timeout1* [*timeout2*]：可选参数，指定与邻居状态相关的过载标志位置位的时间，如果指定的邻居在 *timeout2* 超时前没有正常 Up，则系统过载标志位维持时间为 *timeout2*。*timeout2* 的取值范围是 5～86 400，单位是秒，缺省值为 1 200 s（20 分钟）；如果指定的邻居在 *timeout2* 超时前正常 Up，系统过载标志位将继续维持 *timeout1* 时长。*timeout1* 的取值范围是 5～86 400，单位是秒，缺省值是 600 s（10 分钟）。

- **wait-for-bgp**：多选一选项，表示根据 BGP 收敛的状态，设置系统保持过载标志位时长。

■ **send-sa-bit**：可选项，指定设备重启后发送的 Hello 报文中携带 SA Bit。SA 的全称为 Suppress adjacency Advertisement，抑制邻接通告。邻居在接收到这种 SA 位被置 1 的 Hello 报文后不会将该设备通过 LSP 扩散出去，这样其他设备就不会与该设备建立邻接关系，主要是为了避免出现路由黑洞。

■ *timeout3*：可选参数，指定设备重启后发送的 Hello 报文中携带 SA Bit 的时间，整数形式，取值范围是 5～120，单位是秒。缺省值是 30 s。

■ **allow**：可选项，表示允许发布地址前缀。缺省情况下，当系统进入过载状态时不允许发布地址前缀。

■ **interlevel**：可多选选项，表示当配置 **allow** 选项时，允许发布从不同层次 IS-IS 学来的 IP 地址前缀。

■ **external**：可多选选项，表示当配置 **allow** 时，允许发布从其他协议学来的 IP 地址前缀。

当路由器内存不足时，系统自动在发送的 LSP 报文中设置过载标志位，与用户是否配置了本命令无关。

缺省情况下，没有配置非伪节点 LSP 的过载标志位，可用 **undo set-overload** 命令恢复非伪节点 LSP 的过载标志位为零。

13.11　配置 IS-IS（IPv4）与 BFD 联动

可以通过配置 IS-IS Auto FRR（在此不进行介绍）、IS-IS 与 BFD 联动和 IS-IS GR（在此不进行介绍）提高 IS-IS 路由的可靠性。在配置 IS-IS 可靠性之前，也需要配置 IS-IS 的基本功能。

说明　目前，BFD 会话不会感知路由切换。如果绑定的对端 IP 地址改变引起路由切换到其他链路上，除非原链路转发不通，否则，BFD 不会重新协商。且由于 IS-IS 只能建立单跳邻居，所以 IS-IS 与 BFD 联动只对 IS-IS 邻居间的单跳链路进行检测。

13.11.1　IS-IS 与 BFD 联动简介

在 IS-IS 网络中，IS-IS 邻居之间通过定时发送 Hello 报文来感知邻居状态的变化，缺省情况下当发送 3 个无效的 Hello 报文（30 s）之后，即认为邻居变为 Down 状态。而这个感知速度对于一些对网络收敛速度要求较高且不能容忍丢包的网络来说是不可接受的。为了解决上述问题，IS-IS 协议引入了 IS-IS 与 BFD 联动功能。因为 BFD 检测是毫秒级的，可以大幅度提高 IS-IS 路由的收敛速度，保障链路快速切换，减少流量损失。

如图 13-29 所示，各路由器上使能 IS-IS 基本功能。在 RouterA 和 RouterD 上使能 IS-IS 与 BFD 联动检测机制，就可实现当主路径上的链路出现故障时，BFD 能够快速检测到故障并通告给 IS-IS 协议。同时，IS-IS Down 掉故障链路的接口邻居并删除邻接对应的 IP 路由，从而触发拓扑计算，同时更新 LSP，使得其他邻居（如 RouterC）及时收到 RouterB

的更新 LSP，实现了网络拓扑的快速收敛。

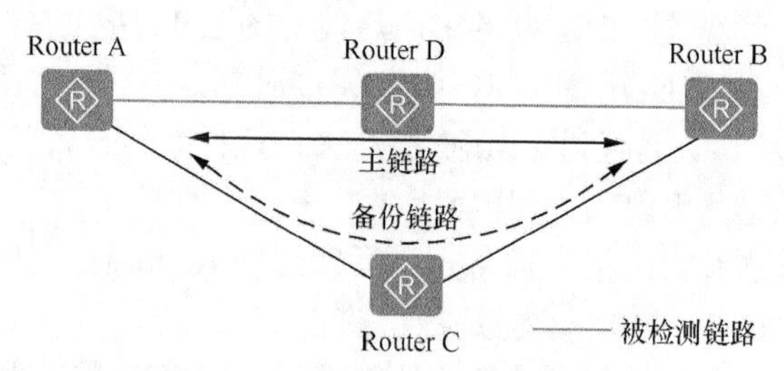

图 13-29 IS-IS 与 BFD 联动示意

IS-IS 既可以与动态 BFD 联动，又可以与静态 BFD 联动，具体见表 13-15。

表 13-15 **IS-IS 与 BFD 联动的两种实现方式**

联动实现方式	工作原理	区别
IS-IS 与静态 BFD 联动	通过命令行手工配置 BFD 会话参数，包括配置本地标识符和远端标识符等，然后手工下发 BFD 会话建立请求	静态 BFD 的优点是可以人为控制，部署比较灵活，为了节省内存，同时又保证关键链路的可靠性，可以在某些指定链路部署 BFD，而其他链路不部署。 静态 BFD 的缺点在于建立和删除 BFD 会话时都需要手工触发，配置时缺乏灵活性。而且有可能造成人为的配置错误
IS-IS 与动态 BFD 联动	通过 IS-IS 动态创建 BFD 的会话，不再依靠手工配置。当 BFD 检测到故障时，通过路由管理通知 IS-IS。IS-IS 进行相应邻居 Down 处理，快速发布变化的 LSP 信息和进行增量路由计算，从而实现路由的快速收敛	动态 BFD 比静态 BFD 更具有灵活性。动态 BFD 由路由协议动态触发 BFD 会话的建立，避免了人为控制可能导致的配置错误，且配置比较简单，适用于全网需要配置 BFD 的情况

1. BFD 会话的创建与删除

RM（Routing Management Module，路由管理模块）为 IS-IS 提供与 BFD 模块交互的相关服务。IS-IS 通过 RM 通知 BFD 来动态创建或删除 BFD 会话，同时 BFD 的事件消息也通过 RM 传递给 IS-IS。

创建 IS-IS 与 BFD 联动的条件如下。

■ 各路由器配置了 IS-IS 基本功能并且在接口下使能了 IS-IS。

■ 各路由器配置了全局 BFD 功能并且使能了接口或者进程的 BFD 特性。

■ 使能了接口或者进程的 BFD 特性，且相邻路由器的邻居状态为 Up（广播网中须等到 DIS 选举出来）。

在 P2P 网络中，满足创建 BFD 会话的条件后，IS-IS 将通过 RM 模块通知 BFD 模块直接在邻居间创建 BFD 会话。而在广播网络中，满足创建 BFD 会话的条件，且 DIS 已经选举出来后，IS-IS 将通过 RM 模块通知 BFD 模块，DIS 与每台路由器之间都自动创建 BFD 会话。不是 DIS 的两台路由器之间不建立 BFD 会话。

说明 虽然广播网中 IS-IS 同一网段上的同一级别的路由器之间都会形成邻接关系，包括所有的非 DIS 路由器之间也会形成邻接关系，但在 IS-IS 与 BFD 联动的实现上，只在

DIS 和非 DIS 之间建立 BFD 会话，非 DIS 之间不启动 BFD 会话，而 P2P 网络直接在邻居间创建会话。

如果同一链路上的同一对路由器形成的是 Level-1-2 类型的邻居，在广播网中 IS-IS 会针对这两个 Level 分别创建两个 BFD 会话，但在 P2P 网络中 IS-IS 只会创建一个 BFD 会话。

删除 BFD 会话的条件如下。

■ 在 P2P 网络中，当 IS-IS 在 P2P 网络接口类型上建立的邻接关系断开（非 Up 状态）或者邻居对应的 IP 类型删除时，删除对应的 BFD 会话。

■ 在广播网络中，当 IS-IS 在广播网络接口类型上建立的邻接关系断开（非 Up 状态），邻居对应的 IP 类型删除或者广播网络 DIS 发生变化时，删除对应的 BFD 会话。

在 IS-IS 进程下去使能全局动态 BFD 后，则该进程下的所有接口上创建的 BFD 会话都被删除。

2. IS-IS 响应 BFD 会话 Down 事件

当 BFD 检测到链路发生故障并产生 Down 事件时，会通知 RM。RM 通知 IS-IS 删除此邻接。IS-IS 响应这个事件并重新进行路由计算，实现网络的迅速收敛。

当本地路由器与邻居路由器均为 Level-1-2 路由器时，二者之间会针对不同的 Level 分别创建两个邻居，此时 IS-IS 也会创建两个不同 Level 的会话。在这种情况下，当 BFD 检测到链路发生故障并产生 Down 事件时，RM 会通知 IS-IS 分别删除相应 Level 的邻接关系。

13.11.2　配置 IS-IS 与静态 BFD 联动

IS-IS 与静态 BFD 联动的配置步骤见表 13-16（**需要在 BFD 检测的主链路两端的设备上分别配置**）。

表 13-16　IS-IS 与静态 BFD 联动的配置步骤

步骤	命令	说明
1	**system-view** 例如：< Huawei > **system-view**	进入系统视图
2	**bfd** 例如：[Huawei] **bfd**	使能全局 BFD 功能，并进入 BFD 视图
3	**quit** 例如：[Huawei-bfd] **quit**	退出 BFD 视图，返回系统视图
4	**bfd** *session-name* **bind peer-ip** *ip-address* [**interface** *interface-type interface-number*] 例如：[Huawei] **bfd** test **bind peer-ip** 1.1.1.2 **interface** gigabitethernet 1/0/0.1	创建 BFD 绑定。指定对端 IP 和本端接口，表示检测单跳链路，即检测以该接口为出接口、以 **peer-ip** 为下一跳地址的一条固定路由，并进入 BFD 会话视图。命令中的参数说明如下。 （1）*session-name*：指定 BFD 会话的名称，1～15 个字符，不支持空格。 （2）**peer-ip** *ip-address*：指定 BFD 会话绑定的对端 IP 地址。 （3）**interface** *interface-type interface-number*：可选参数，指定绑定 BFD 会话的本端接口类型和接口编号。**单跳检测必须绑定对端 IP 地址和本端相应接口，多跳检测只需绑定对端 IP 地址。**

续表

步骤	命令	说明
4		【说明】在第一次创建单跳 BFD 会话时，必须绑定对端 IP 地址和本端相应接口，且创建后不可修改。如果需要修改，则只能删除后重新创建。在创建 BFD 配置项时，系统只检查 IP 地址是否符合 IP 地址格式，不检查其正确性，但绑定错误的对端 IP 地址或源 IP 地址都将导致 BFD 会话无法建立。 目前，BFD 会话不会感知路由切换，所以如果绑定的对端 IP 地址改变引起路由切换到其他链路上，除非原链路转发不通，否则 BFD 不会重新协商。 缺省情况下，未创建 BFD 会话绑定，可用 **undo bfd** *session-name* 命令删除指定的 BFD 会话，同时取消对应 BFD 会话的绑定信息
5	**discriminator local** *discr-value* 例如：[Huawei-bfd-session-test] **discriminator local** 80	配置 BFD 会话的本地标识符，标识符用来区分两个系统之间的多个 BFD 会话，取值范围为 1～8 191 的整数。 【注意】配置标识符时，本端的本地标识符与对端的远端标识符必须相同，否则 BFD 会话无法正确建立，并且本地标识符和远端标识符配置成功后不可修改。对于使用缺省组播 IP 地址的 BFD 会话，本地标识符和远端标识符不能相同（其他情况下可以相同）。 静态 BFD 会话的本地标识符和远端标识符配置成功后，不可以修改。如果需要修改静态 BFD 会话本地标识符或者远端标识符，则必须先删除该 BFD 会话，然后配置本地标识符或者远端标识符
6	**discriminator remote** *discr-value* 例如：[Huawei-bfd-session-test] **discriminator remote** 80	配置 BFD 会话的远端标识符，标识符用来区分两个系统之间的多个 BFD 会话，取值范围为 1～8 191 的整数。 其他注意事项参见上一步的 **discriminator local** *discr-value* 命令
7	**commit** 例如：[Huawei-bfd-session-test] **commit**	提交 BFD 会话配置。**无论改变任何 BFD 配置，必须执行本命令后才能使配置生效**
8	**interface** *interface-type interface-number* 例如：[Huawei] **interface** gigabitethernet 1/0/0	键入要绑定 BFD 会话的 IS-IS 接口，进入接口视图。该接口必须事先已使能了 IS-IS 功能
9	**isis bfd static** 例如：[Huawei-GigabitEthernet1/0/0]**isis bfd static**	使能指定 IS-IS 接口的静态 BFD 特性。 缺省情况下，IS-IS 接口未使能静态 BFD 特性，可用 **undo isis bfd static** 命令去使能指定 IS-IS 接口的静态 BFD 特性

以上配置好后，可通过执行 **display isis** [*process-id* | **vpn-instance** *vpn-instance-name*] **bfd session** { **peer** *ip-address* | **all** }命令查看 BFD 会话信息；也可以通过执行 **display isis interface verbose** 命令看到 IS-IS 进程的静态 BFD 的状态为 Yes。

13.11.3 配置 IS-IS 与动态 BFD 联动

IS-IS 与动态 BFD 联动由 IS-IS 协议动态触发建立 BFD 会话，即 IS-IS 在建立邻居关系时，将邻居的参数及检测参数（包括目的地址、源地址等）通告给 BFD，BFD 根据收到的参数建立起会话。

动态 BFD 比静态 BFD 更具有灵活性。动态 BFD 由路由协议动态触发 BFD 会话的建立，避免了人为控制可能导致的配置错误，且配置比较简单，适用在全网需要配置 BFD 的情况。通过配置动态 BFD 特性，可以配合 IS-IS 更快地检测到邻居状态变化，从而实现网络的快速收敛。

IS-IS 与动态 BFD 的联动可以在 IS-IS 进程下全局配置，也可以在接口上具体配置，还可以同时配置，但接口下的配置优先级高于进程中的配置。这两种 IS-IS 与动态 BFD 联动的配置方法的具体配置步骤见表 13-17（**需要在 BFD 检测的主链路两端的设备上分别配置**）。

表 13-17　IS-IS 与动态 BFD 联动的配置步骤

步骤	命令	说明
1	**system-view** 例如：< Huawei > **system-view**	进入系统视图
2	**bfd** 例如：[Huawei] **bfd**	使能全局 BFD 功能，并进入 BFD 视图
3	**quit** 例如：[Huawei-bfd] **quit**	退出 BFD 视图，返回系统视图
方式 1：在 IS-IS 进程下全局配置 IS-IS 与 BFD 联动		
4	**isis** *process-id* 例如：[Huawei] **isis**	启动对应的 IS-IS 进程，进入 IS-IS 视图
5	**bfd all-interfaces enable** 例如：[Huawei-isis-1] **bfd all-interfaces enable**	在 IS-IS 进程下使能所有的 IS-IS 接口的 BFD 特性。配置此命令会为所有 IS-IS 接口使用缺省的 BFD 参数值建立 BFD 会话。 缺省情况下，IS-IS 进程下未使能 BFD 特性，可用 **undo bfd all-interfaces enable** 命令去使能 IS-IS 进程下的 BFD 特性
6	**bfd all-interfaces** { **min-rx-interval** *receive-interval* | **min-tx-interval** *transmit-interval* | **detect-multiplier** *multiplier-value* | **frr-binding** } * 例如：[Huawei-isis-1] **bfd all-interfaces min-tx-interval** 600	（可选）指定用于建立 BFD 会话的各个参数值。执行该命令后，所有 IS-IS 接口建立 BFD 会话的参数都会改变。命令中的参数和选项说明如下。 （1）**min-rx-interval** *receive-interval*：可多选参数，指定期望从对端接收 BFD 报文的最小接收间隔，取值范围为 10～2 000 的整数毫秒。BFD 报文的接收间隔直接决定了 BFD 会话的检测时间。对于不太稳定的链路，如果配置的 BFD 报文的接收间隔较小，则 BFD 会话可能会发生振荡，这时可以选择增大 BFD 报文的接收间隔。 （2）**min-tx-interval** *transmit-interval*：可多选参数，指定向对端发送 BFD 报文的最小发送间隔，取值范围为 10～2 000 的整数毫秒。BFD 报文的发送间隔也直接决定了 BFD 会话的检测时间。对于比较稳定的链路，由于不需要频繁地检测链路状态，因此可以增大 BFD 报文的发送间隔。 （3）**detect-multiplier** *multiplier-value*：可多选参数，指定本地检测倍数，取值范围为 3～50 的整数，缺省值是 3。对于比较稳定的链路，由于不需要频繁地检测链路状态，因此可以增大 BFD 会话的检测倍数。 （4）**frr-binding**：可多选选项，指定将 BFD 会话状态与 IS-IS Auto FRR 进行绑定。BFD 检测到接口链路故障后，BFD 会话状态会变为 Down 并触发系统进行快速重路由，将流量从故障链路切换到备份链路上，从而达到流量保护的目的。但 AR150/160/200 系列不支持该选项。

续表

步骤	命令	说明
		【说明】本端的 **min-rx-interval** 配置值与对端的 **min-tx-interval** 配置值协商得到最终的 *receive-interval* 参数值，如果在 *receive-interval*×*multiplier-value* 时间间隔内没有收到对方发送的BFD报文，就宣告邻居失效。 缺省情况下，BFD 会话参数的值均为缺省值，即 *receive- interval* 和 *transmit-interval* 为 1 000 ms，*multiplier-value* 为 3 倍，可用 **undo bfd all-interfaces** { **min-rx-interval** [*receive-interval*] | **min-tx-interval** [*transmit-interval*] | **detect-multiplier** [*multiplier-value*] | **frr-binding** } * 命令恢复 BFD 会话参数为缺省值
7	**quit** 例如：[Huawei-isis-1] **quit**	退出 IS-IS 视图，返回系统视图
8	**interface** *interface-type interface-number* 例如：[Huawei] **interface** gigabitethernet 1/0/0	键入要禁止 BFD 特性的 IS-IS 接口，进入接口视图
9	**isis bfd block** 例如：[Huawei-GigabitEthernet1/0/0]**isis bfd block**	（可选）阻止 IS-IS 接口动态创建 BFD 会话的功能，对不需要使能 BFD 特性的 IS-IS 接口取消 BFD 特性。 缺省情况下，不阻止 IS-IS 接口动态创建 BFD 会话的功能，**undo isis bfd block** 命令用来恢复为缺省状态
方式 2：在指定接口下配置 IS-IS 与动态 BFD 联动		
4	**interface** *interface-type interface-number* 例如：[Huawei] **interface** gigabitethernet 2/0/0	键入要使能 BFD 会话特性的 IS-IS 接口，进入接口视图。必须是已使能 IS-IS 功能的接口
5	**isis bfd enable** 例如：[Huawei-GigabitEthernet2/0/0] **isis bfd enable**	使能以上 IS-IS 接口的 BFD 特性。 缺省情况下，IS-IS 接口未使能 BFD 特性，可用 **undo isis bfd enable** 命令去使能指定 IS-IS 接口的 BFD 特性
6	**isis bfd** { **min-rx-interval** *receive-interval* | **min-tx-interval** *transmit-interval* | **detect-multiplier** *multiplier-value* | **frr-binding** } * 例如：[Huawei-GigabitEthernet2/0/0] **isis bfd min-rx-interval** 600 **detect-multiplier** 4	在指定 IS-IS 接口上配置 BFD 会话的参数值。命令中的参数和选项说明参见本表前面介绍的在 IS-IS 进程下配置中第 6 步 **bfd all-interfaces** 命令的说明。 【说明】接口配置的 BFD 特性优先级高于进程配置的 BFD 特性优先级。如果打开了接口的 BFD 开关，则按照接口上 BFD 参数建立 BFD 会话。 缺省情况下，BFD 会话参数的值均为缺省值，即 *receive- interval* 和 *transmit-interval* 为 1 000 ms，*multiplier-value* 为 3 倍，可用 **undo isis bfd** { **min-rx-interval** [*receive- interval*] | **min-tx-interval** [*transmit-interval*] | **detect-multiplier**[*multiplier-value*] | **frr-binding** } * 命令恢复以上 IS-IS 接口上 BFD 会话参数为缺省值

当链路两端均使能 BFD 特性后，执行 **display isis** [*process-id* | **vpn-instance** *vpn-instance-name*] **bfd session** { **all** | **peer** *ip-address* | **interface***interface-type interface-number* } 命令，可以查看到 BFD 的状态为 Up。

13.11.4 IS-IS 与静态 BFD 联动的配置示例

本示例的基本拓扑结构如图 13-30 所示，现网中有 3 台路由器通过 IS-IS 协议实现路由互通，且 RouterA 与 RouterB 之间通过一台二层交换机实现互连。现要求当 RouterA

与 RouterB 之间出现链路故障时，能快速检测到。

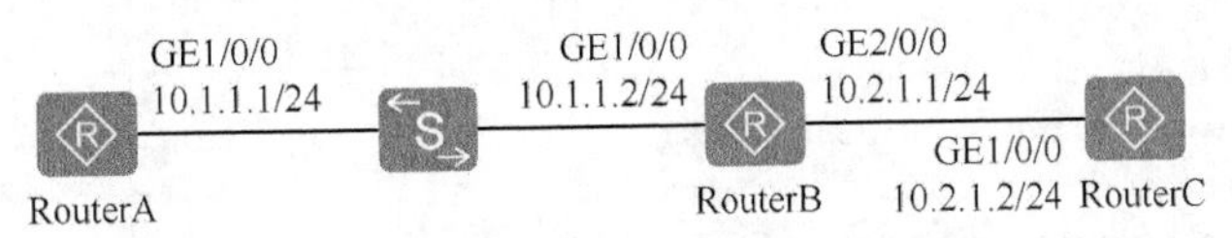

图 13-30　IS-IS 与静态 BFD 联动配置示例的拓扑结构

1. 基本配置思路分析

由于本示例中 RouterA 和 RouterC 中间隔了一个 RouterB，所以不能建立 IS-IS 邻居，不能通过 IS-IS 与 BFD 的联动检测 RouterA 到 RouterC 之间的多跳链路（**因为 IS-IS 只能建立单跳邻居关系**），只能在 RouterA 和 RouterB 之间检测单跳链路。根据 13.10.2 节介绍的 IS-IS 与静态 BFD 联动的配置方法可得出本示例如下的基本配置思路。

① 配置各路由器的接口 IP 地址。

② 配置各路由器的 IS-IS 基本功能，实现路由器之间路由可达。

③ 在 RouterA 和 RouterB 上分别配置 IS-IS 与静态 BFD 联动，使得双方设备可以快速感知它们之间链路的故障状态变化。

2. 具体配置步骤

① 配置各路由器的接口 IP 地址。

现仅以 RouterA 上的接口 IP 地址配置为例进行介绍，RouterB、RouterC 上的接口 IP 地址配置方法一样，略。

```
[RouterA] interface gigabitethernet 1/0/0
[RouterA-GigabitEthernet1/0/0] ip address 10.1.1.1 24
[RouterA-GigabitEthernet1/0/0] quit
```

② 配置各路由器的 IS-IS 基本功能。

假设 RouterA、RouterB 和 RouterC 的系统 ID 分别配置为 1111.1111.1111、2222.2222.2222、3333.3333.3333，同处一个骨干区域 aa 中（即 3 台路由器均为 L2 路由器），均使能缺省的 1 号 IS-IS 路由进程。

■ RouterA 上的配置如下。

```
[RouterA] isis 1
[RouterA-isis-1] is-level level-2
[RouterA-isis-1] network-entity aa.1111.1111.1111.00
[RouterA-isis-1] quit
[RouterA] interface gigabitethernet 1/0/0
[RouterA-GigabitEthernet1/0/0] isis enable 1
[RouterA-GigabitEthernet1/0/0] quit
```

■ RouterB 上的配置如下。

```
[RouterB] isis 1
[RouterB-isis-1] is-level level-2
[RouterB-isis-1] network-entity aa.2222.2222.2222.00
[RouterB-isis-1] quit
[RouterB] interface gigabitethernet 1/0/0
[RouterB-GigabitEthernet1/0/0] isis enable 1
[RouterB-GigabitEthernet1/0/0] quit
[RouterB] interface gigabitethernet 2/0/0
[RouterB-GigabitEthernet2/0/0] isis enable 1
[RouterB-GigabitEthernet2/0/0] quit
```

■ RouterC 上的配置如下。

```
[RouterC] isis 1
[RouterC-isis-1] is-level level-2
[RouterC-isis-1] network-entity aa.3333.3333.3333.00
[RouterC-isis-1] quit
[RouterC] interface gigabitethernet 1/0/0
[RouterC-GigabitEthernet1/0/0] isis enable 1
[RouterC-GigabitEthernet1/0/0] quit
```

以上配置好后，可以在 RouterA 上执行 **display isis peer** 命令，即可看到 RouterA 与 RouterB 建立了邻居关系。

```
[RouterA] display isis peer
                          Peer information for ISIS(1)
                          ----------------------------
  System Id     Interface        Circuit Id            State  HoldTime Type   PRI
2222.2222.2222 GE1/0/0          2222.2222.2222.00      Up     23s      L2     64
```

也可在 RouterA 上通过执行 **display isis route** 命令查看到其 IS-IS 路由表中有去往 RouterB 和 RouterC 的路由表项。表明以上各路由器的基本 IS-IS 功能配置是成功的。

```
[RouterA] display isis route
                          Route information for ISIS(1)
                          -----------------------------
                          ISIS(1) Level-2 Forwarding Table
                          --------------------------------
 IPV4 Destination   IntCost   ExtCost   ExitInterface    NextHop    Flags
-------------------------------------------------------------------------
 10.1.1.0/24        10        NULL      GE1/0/0          Direct     D/-/L/-
 10.2.1.0/24        20        NULL      GE1/0/0          10.1.1.2   A/-/L/-
        Flags: D-Direct, A-Added to URT, L-Advertised in LSPs, S-IGP Shortcut,
                                 U-Up/Down Bit Set
```

③ 在 RouterA 和 RouterB 上分别配置 IS-IS 与静态 BFD 联动，包括静态 BFD 会话的创建配置。

■ RouterA 上的配置如下。

```
[RouterA] bfd
[RouterA-bfd] quit
[RouterA] bfd atob bind peer-ip 10.1.1.2 interface gigabitethernet 1/0/0
[RouterA-bfd-session-atob] discriminator local 1
[RouterA-bfd-session-atob] discriminator remote 2
[RouterA-bfd-session-atob] commit
[RouterA-bfd-session-atob] quit
[RouterA] interface gigabitethernet 1/0/0
[RouterA-GigabitEthernet1/0/0] isis bfd static
[RouterA-GigabitEthernet1/0/0] quit
```

■ RouterB 上的配置如下。

```
[RouterB] bfd
[RouterB-bfd] quit
[RouterB] bfd btoa bind peer-ip 10.1.1.1 interface gigabitethernet 1/0/0
[RouterB-bfd-session-btoa] discriminator local 2
[RouterB-bfd-session-btoa] discriminator remote 1
[RouterB-bfd-session-btoa] commit
[RouterB-bfd-session-btoa] quit
[RouterB] interface gigabitethernet 1/0/0
[RouterB-GigabitEthernet1/0/0] isis bfd static
[RouterB-GigabitEthernet1/0/0] quit
```

以上配置好后，通过在 RouterA 或 RouterB 上执行 **display bfd session** 命令可以看到它们之间的 BFD 会话的状态为 Up。以下是 RouterA 上的输出示例。

```
[RouterA] display bfd session all
--------------------------------------------------------------------------------
 Local Remote PeerIpAddr      State     Type        InterfaceName
--------------------------------------------------------------------------------
 1      2      10.1.1.2        Up        S_IP_IF     GE1/0/0
--------------------------------------------------------------------------------
      Total UP/DOWN Session Number : 1/0
```

在 RouterA 上打开终端显示信息中心发送的日志信息功能。

```
<RouterA> terminal logging
<RouterA> terminal monitor
```

对 RouterB 的 GigabitEthernet1/0/0 接口执行 **shutdown** 命令，模拟链路故障。此时就可以在 RouterA 连接的终端上看到以下日志信息和调试信息，表明 IS-IS 根据 BFD 报告的故障删除了与 RouterB 的邻居关系。

```
ISIS/4/PEER_DOWN_BFDDOWN/1880166931 UL/R "ISIS 1 neighbor
2222.2222.2222 was Down on interface GE1/0/0
because the BFD node was down. The Hello packet was received at 11:32:10 last
time; the maximum interval for sending Hello packets was 9247;the local router sent 426 Hello
 packets and received 61 packets;the type of the Hello packet was Lan Level-2."
```

再在 RouterA 上执行 **display isis route** 或 **display isis peer** 命令，没显示任何信息，表明 RouterA 与 RouterB 之间的 IS-IS 邻居关系已经拆除。

13.11.5　IS-IS 与动态 BFD 联动的配置示例

本示例的基本拓扑结构如图 13-31 所示，在网络中有 3 台路由器通过 IS-IS 协议实现路由互通，且 RouterA 与 RouterB 之间通过一台二层交换机实现互连。现要求当 RouterA 与 RouterB 之间经交换机的链路出现故障时，这两台路由器能快速地对故障结果做出反应，并把流量切换至经 RouterC 链路转发。

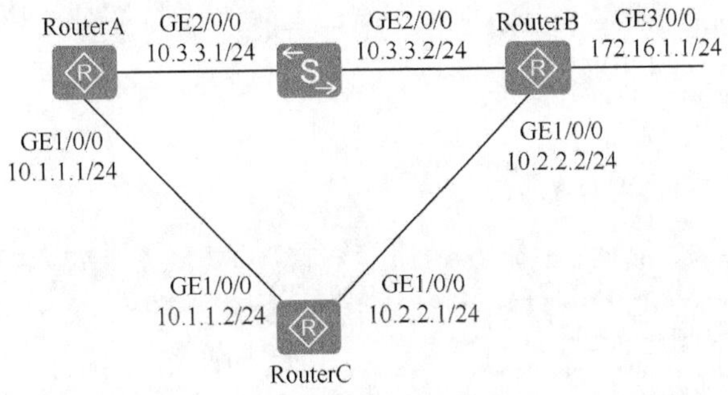

图 13-31　IS-IS 与动态 BFD 联动配置示例的拓扑结构

1. 基本配置思路分析

本示例采用 IS-IS 与动态 BFD 联动的特性，要实现主备链路切换，这就涉及主备路由的问题。**如果没有为 IS-IS 接口配置任何开销值，IS-IS 接口的缺省开销均为 10**（开销类型是 narrow），所以缺省情况下，RouterA 访问 172.16.1.0/24 网段时走经二层交换机的路径。在 RouterA、RouterB 上配置 IS-IS 与动态 BFD 联动，实现当检测到经二层交换机链路出现故障时可将流量及时切换至经 RouterC 的备份链路转发。当然，同样在此之前要配置各路由器的接口 IP 地址以及 IS-IS 基本功能，实现路由器之间路由可达。

根据以上分析可得出本示例如下基本配置思路。

① 配置各路由器接口的 IP 地址。

② 配置各路由器的 IS-IS 基本功能，实现路由器之间路由可达。

③ 在 RouterA 和 RouterB 上配置 IS-IS 与动态 BFD 联动，使 RouterA 经过二层交换机与 RouterB 访问 172.16.1.0/24 网段的路径出现故障时可及时切换到经 RouterC 的备份路由路径。

2. 具体配置步骤

① 配置各路由器的接口 IP 地址。

现仅以 RouterA 上的接口 IP 地址配置为例进行介绍，RouterB、RouterC 上的接口 IP 地址配置方法一样，略。

```
[RouterA] interface gigabitethernet 1/0/0
[RouterA-GigabitEthernet1/0/0] ip address 10.1.1.1 24
[RouterA-isis-1] quit
[RouterA] interface gigabitethernet 2/0/0
[RouterA-GigabitEthernet2/0/0] ip address 10.3.3.1 24
[RouterA-GigabitEthernet2/0/0] quit
```

② 配置各路由器的 IS-IS 基本功能。假设 3 台路由器的系统 ID 分别配置为 0000.0000.0001、0000.0000.0002、0000.0000.0003，同处一个骨干区域 10 中（均为 L2 路由器），均使能缺省的 1 号 IS-IS 路由进程。

■ RouterA 上的配置如下。

```
[RouterA] isis
[RouterA-isis-1] is-level level-2
[RouterA-isis-1] network-entity 10.0000.0000.0001.00
[RouterA-isis-1] quit
[RouterA] interface gigabitethernet 1/0/0
[RouterA-GigabitEthernet1/0/0] isis enable 1
[RouterA-GigabitEthernet1/0/0] quit
[RouterA] interface gigabitethernet 2/0/0
[RouterA-GigabitEthernet2/0/0] isis enable 1
[RouterA-GigabitEthernet2/0/0] quit
```

■ RouterB 上的配置如下。

```
[RouterB] isis
[RouterB-isis-1] is-level level-2
[RouterB-isis-1] network-entity 10.0000.0000.0002.00
[RouterB-isis-1] quit
[RouterB] interface gigabitethernet 1/0/0
[RouterB-GigabitEthernet1/0/0] isis enable 1
[RouterB-GigabitEthernet1/0/0] quit
[RouterB] interface gigabitethernet 2/0/0
[RouterB-GigabitEthernet1/0/0] isis enable 1
[RouterB-GigabitEthernet1/0/0] quit
[RouterB] interface gigabitethernet 3/0/0
[RouterB-GigabitEthernet3/0/0] isis enable 1
[RouterB-GigabitEthernet3/0/0] quit
```

■ RouterC 上的配置如下。

```
[RouterC] isis
[RouterC-isis-1] is-level level-2
```

```
[RouterC-isis-1] network-entity 10.0000.0000.0003.00
[RouterC-isis-1] quit
[RouterC] interface gigabitEthernet 1/0/0
[RouterC-GigabitEthernet1/0/0] isis enable 1
[RouterC-GigabitEthernet1/0/0] quit
[RouterC] interface gigabitethernet 2/0/0
[RouterC-GigabitEthernet2/0/0] isis enable 1
[RouterC-GigabitEthernet2/0/0] quit
```

以上配置好后，可以使用 **display isis peer** 命令查看到 RouterA 和 RouterB、RouterA 和 RouterC 已建立了邻居关系。以下为 RouterA 的输出示例。

```
[RouterA] display isis peer
                          Peer information for ISIS(1)
                          ---------------------------
  System Id       Interface          Circuit Id            State HoldTime     Type     PRI
0000.0000.0002   GE2/0/0           0000.0000.0002.01 Up     9s              L2       64
0000.0000.0003   GE1/0/0           0000.0000.0001.02 Up     21s             L2       64
Total Peer(s): 2
```

在 RouterA 上执行 **display isis route** 命令，也可以查看到 3 台路由器之间已经互相学习到路由。从路由表中可以看出，到达 172.16.1.0/24 路由的下一跳地址为 10.3.3.2（RouterB 的 GE2/0/0 接口 IP 地址），表明此时流量在主链路 RouterA→RouterB 上传输（参见输出信息中的粗体字部分）。

```
<RouterA>display isis route

                         Route information for ISIS(1)
                         ---------------------------

                        ISIS(1) Level-2 Forwarding Table
                        ------------------------------

IPV4 Destination      IntCost    ExtCost ExitInterface    NextHop          Flags
-------------------------------------------------------------------------
172.16.1.0/24         10          NULL     GE0/0/0         10.3.3.2        A/-/-/-
10.1.1.0/24           10          NULL     GE1/0/0          Direct          D/-/L/-
10.2.2.0/24           20          NULL     GE1/0/0         10.1.1.2        A/-/-/-
                                           GE0/0/0          10.3.3.2
10.3.3.0/24             10        NULL     GE0/0/0         Direct          D/-/L/-
     Flags: D-Direct, A-Added to URT, L-Advertised in LSPs, S-IGP Shortcut,
                             U-Up/Down Bit Set
```

③ 在 RouterA 和 RouterB 上分别使能 IS-IS 进程下的 BFD 特性，假设指定最小发送和接收间隔为 100 ms，本地检测时间倍数为 4（这些参数可不配置，直接采用缺省值）。

■ RouterA 上的配置如下。

```
[RouterA] bfd
[RouterA-bfd] quit
[RouterA] isis
[RouterA-isis-1] bfd all-interfaces enable
[RouterA-isis-1] quit
[RouterA] interface gigabitethernet 2/0/0
[RouterA-GigabitEthernet2/0/0] isis bfd enable
[RouterA-GigabitEthernet2/0/0] isis bfd min-tx-interval 100 min-rx-interval 100 detect-multiplier 4
[RouterA-GigabitEthernet2/0/0] quit
```

■ RouterB 上的配置如下。

```
[RouterB] bfd
[RouterB-bfd] quit
[RouterB] isis
[RouterB-isis-1] bfd all-interfaces enable
[RouterB-isis-1] quit
[RouterB] interface gigabitethernet 2/0/0
[RouterB-GigabitEthernet2/0/0] isis bfd enable
[RouterB-GigabitEthernet2/0/0] isis bfd min-tx-interval 100 min-rx-interval 100 detect-multiplier 4
[RouterB-GigabitEthernet2/0/0] quit
```

以上配置好后，在 RouterA 或 RouterB 上执行 **display isis bfd session all** 命令便可以查看到 BFD 参数已生效，并且 BFD 会话状态为 Up。以下是 RouterB 上的输出示例。

```
[RouterB] display isis bfd session all
                          BFD session information for ISIS(1)
                          ----------------------------------
Peer System ID : 0000.0000.0001          Interface : GE2/0/0
TX : 100            BFD State : up        Peer IP Address : 10.3.3.1
RX : 100            LocDis : 8192         Local IP Address: 10.3.3.2
Multiplier : 4      RemDis : 8192         Type : L2
Diag : No diagnostic information
```

现对 RouterB 的 GigabitEthernet2/0/0 接口执行 **shutdown** 命令，模拟主链路故障。此时查看 RouterA 上的 IP 路由表，可以看出，到达 172.16.1.0/24 的路由下一跳地址为 10.1.1.2（RouterC 的 GE1/0/0 接口 IP 地址），流量在主链路 RouterA→RouterC→RouterB 上传输（参见输出信息中的粗体字部分）。

```
<RouterA>display isis route

                          Route information for ISIS(1)
                          ----------------------------

                          ISIS(1) Level-2 Forwarding Table
                          ------------------------------

IPV4 Destination      IntCost    ExtCost ExitInterface    NextHop         Flags
---------------------------------------------------------------------------
172.16.1.0/24         20         NULL      GE1/0/0        10.1.1.2        A/-/-/-
10.1.1.0/24           10         NULL      GE1/0/0        Direct          D/-/L/-
10.2.2.0/24           20         NULL      GE1/0/0        10.1.1.2        A/-/-/-
10.3.3.0/24           10         NULL      GE0/0/1        Direct          D/-/L/-
       Flags: D-Direct, A-Added to URT, L-Advertised in LSPs, S-IGP Shortcut,
                        U-Up/Down Bit Set
```

当主链路恢复正常后，到达 172.16.1.0/24 的路由又将恢复为主链路，因为主链路的路由开销（10）要低于备份链路的路由开销（20），优先级更高。

13.12 IS-IS IPv6 基础

随着 IPv6 网络的建设，IS-IS 路由协议结合自身具有的良好扩展性的特点，实现了对 IPv6 网络层协议的支持，可以发现和生成 IPv6 路由。但 IS-IS 对 IPv6 的支持并不像 RIP 和 OSPF 那样，开发独立的路由协议，而是由 IS-IS 自身直接对 IPv6 提供支持，没有独立的 IS-IS IPv6 协议。

也正因为是由 IS-IS 直接提供对 IPv6 的支持，所以它的技术基础和工作原理均与本章前面介绍的一样，而且在许多功能配置上也直接与 IPv4 网络环境中的 IS-IS 对应功能的配置方法一样或基本一样。如 IS-IS IPv6 进程的创建、全局 Level 级别、IS-IS IPv6 安全认证等都与本章前面介绍的 IS-IS IPv4 对应功能的配置方法完全一样。在此仅介绍一些主要的 IS-IS IPv6 功能配置与管理方法。

13.12.1　IS-IS IPv6 新增的 TLV 和 NLPID

为支持 IPv6 路由计算，IETF 的 draft-ietf-isis-ipv6-05 中规定了 IS-IS 新增了两个 TLV（Type-Length-Value）和一个新的 NLPID（Network Layer Protocol Identifier，网络层协议标识）。其中新增的两个 TLV 分别如下所述（TLV 是位于 IS-IS PDU 的"Variable length fields"部分，参见 13.2.6 节）。

- 236 号 TLV（IPv6 Reachability，IPv6 可达性）：通过定义路由信息前缀、度量值等信息来说明网络的可达性。
- 232 号 TLV（IPv6 Interface Address，IPv6 接口地址）：它相当于 IPv4 中的"IP Interface Address"TLV，只不过把原来的 32 比特的 IPv4 地址改为 128 比特的 IPv6 地址。

NLPID 是标识网络层协议报文的一个 8 比特字段，IPv6 的 NLPID 值为 142（0x8E）。如果 IS-IS 支持 IPv6，那么向外发布 IPv6 路由时必须携带 NLPID 值。

13.12.2　IS-IS 多拓扑

从 IPv4 网络向 IPv6 网络过渡的过程中，IPv4 和 IPv6 两种拓扑必然有一段较长的共存时间。双协议栈是一项广泛应用于 IPv4 和 IPv6 网络互通的技术，可使一台同时支持 IPv4 和 IPv6 两种协议的路由器可以与只支持 IPv4 或 IPv6 的路由器通信。

IPv4 和 IPv6 的混合拓扑被看成是一个集成的拓扑，使用同样的最短路径进行 SPF 计算。这就要求所有的 IPv6 和 IPv4 拓扑信息必须一致。但在实际应用中，IPv4 和 IPv6 协议在网络中的部署可能不一致，所以 IPv4 和 IPv6 的拓扑信息可能不同。

在混合拓扑中，一些路由器和链路还可能不支持 IPv6 协议，但是支持双协议栈的路由器无法感知到这些路由器和链路，仍然会把 IPv6 报文转发给它们，这就导致 IPv6 报文因无法转发而被丢弃。同样，当以后网络中存在不支持 IPv4 的路由器和链路时，IPv4 报文也无法转发。

IS-IS 的多拓扑 MT（Multi-Topology）特性用来解决上述问题。IS-IS MT 是 IS-IS 为了支持多拓扑而进行的扩展，遵循《draft-ietf-IS-IS-wg-multi-topology》中关于 IS-IS 部分扩展的规定，通过在 IS-IS 报文中定义新的 TLV，MT 信息被传播，并且可以按不同的拓扑分别进行 SPF 计算。

IS-IS MT 是指在一个 IS-IS 自治域内运行多个独立的 IP 拓扑。例如 IPv4 拓扑和 IPv6 拓扑，而不是将它们视为一个集成的单一拓扑。这有利于 IS-IS 在路由计算中根据实际的组网情况来单独考虑 IPv4 和 IPv6 网络。根据链路所支持的 IP 类型，不同拓扑运行各自的 SPF 计算，实现网络的相互屏蔽。

下面以图 13-32 中的网络拓扑为例介绍 IS-IS MT。图中的数值表示对应链路上的开销值。RouterA、RouterC 和 RouterD 支持 IPv4 和 IPv6 双协议栈，RouterB 只支持 IPv4

协议，不能转发 IPv6 报文。

如果 RouterA 不支持 IS-IS MT，进行 SPF 计算时只考虑单一的整体拓扑，则 RouterA 到 RouterC 的最短路径是 RouterA→RouterB→RouterC，但由于 RouterB 不支持 IPv6，所以 RouterA 发送的 IPv6 报文将无法通过 RouterB 到达 RouterC。

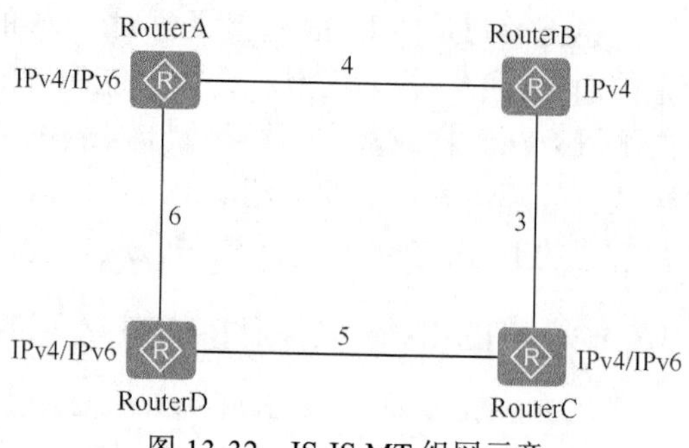

图 13-32　IS-IS MT 组网示意

如果在 RouterA 上使能了 IS-IS MT，那么此时 RouterA 在进行 SPF 计算时会根据不同的拓扑分别计算。当 RouterA 需要发送 IPv6 报文给 RouterC 时，RouterA 只考虑 IPv6 链路来确定 IPv6 报文的转发路径，则 RouterA→RouterD→RouterC 路径被选为从 RouterA 到 RouterC 的 IPv6 最短路径。而当 RouterA 需要发送 IPv4 报文给 RouterC 时，RouterA 只考虑 IPv4 链路来确定 IPv4 报文转发路径，则 RouterA→RouterB→RouterC 路径被选为从 RouterA 到 RouterC 的 IPv4 最短路径。

13.13　IS-IS（IPv6）基本功能配置与管理

只有配置了基本功能，才可组建 IS-IS 网络。IS-IS IPv6 基本功能的配置任务中与 IS-IS IPv4 中对应配置任务的配置方法基本一样，甚至是完全一样。在配置 IS-IS 的基本功能（IPv6）之前，需完成以下任务。

- 使能设备的 IPv6 转发能力。
- 配置接口的 IPv6 地址，使相邻节点的网络层可达。

IS-IS（IPv6）基本功能所包括的配置任务如下（创建 IS-IS 进程是配置网络实体名、配置全局 Level 级别以及建立 IS-IS 邻居的前置任务）。

（1）创建 IS-IS IPv6 进程

与 IS-IS IPv4 中的 IS-IS 进程创建方法完全一样，参见 13.4.1 节。

（2）配置网络实体名称和使能 IS-IS IPv6 功能

与 IS-IS IPv4 中的网络实体名称配置方法相比，仅多了需要最后在对应的 IS-IS 进程视图下执行 **ipv6 enable** 命令，使能 IS-IS IPv6 功能，其他配置方法完全一样。

（3）配置全局 Level 级别

与 IS-IS IPv4 中的全局 Level 级别配置方法完全一样，参见 13.4.3 节。

（4）建立 IS-IS IPv6 邻居

这部分与 IS-IS IPv4 中的配置方法也基本一样，具体将在下节介绍。

13.13.1　配置建立 IS-IS IPv6 邻居

在广播网络中，IS-IS IPv6 邻居建立的具体配置方法见表 13-18；在 P2P 网络中，IS-IS IPv6 邻居建立的具体配置方法见表 13-19。

表 13-18　广播网络中 **IS-IS IPv6** 邻居建立的配置步骤

步骤	命令	说明
1	**system-view** 例如：< Huawei > **system-view**	进入系统视图
2	**interface** *interface-type interfac-e-number* 例如：[Huawei]**interface** gigabitethernet 1/0/0	键入要建立 IS-IS 邻居的广播类型 IS-IS 接口，进入接口视图
3	**ipv6 enable** 例如：[Huawei-Gigabit Ethernet1/0/0] **ipv6 enable**	（可选）使能指定接口的 IPv6 能力。如果先配置了 IPv6 地址，则肯定已使能了 IPv6 能力，则无需再使能了
4	**isis ipv6 enable** [*process-id*] 例如：[Huawei-Gigabit Ethernet1/0/0]**isis enable** 1	在接口上使能 IS-IS IPv6 功能，并指定要关联的 IS-IS 进程号，可选参数 *process-id* 用来指定要关联的 IS-IS 进程号，取值范围为 1～65 535 的整数，缺省值为 1。**一个接口只能与一个 IS-IS 进程相关联。** 【注意】在全局使能 IS-IS 功能后，还必须在对应的 IS-IS 接口上使能 IS-IS 功能，否则接口仍然无法使用 IS-IS 协议。配置该命令后，IS-IS 将通过该接口建立邻居、扩散 LSP 报文。但由于 Loopback 接口不需要建立邻居，因此如果在 Loopback 接口下使能 IS-IS，只会将该接口所在的网段路由通过其他 IS-IS 接口发布出去。 缺省情况下，接口上未使能 IS-IS 功能，可用 **undo isis enable** 命令在接口上去使能 IS-IS 功能，并取消与 IS-IS 进程号的关联
5	**isis circuit-level** [**level-1** | **level-1-2** | **level-2**] 例如：[Huawei-Gigabit Ethernet1/0/0] **isis circuit-level level-1**	（可选）配置 IS-IS 路由器的接口链路类型，命令中的多选项说明如下。 （1）**level-1**：多选一可选项，指定接口链路类型为 L1，即在本接口只能建立 L1 的邻接关系，仅可发送 L1 的报文。 （2）**level-1-2**：多选一可选项，指定接口链路类型为 L1/2，即在本接口可以同时建立 L1 和 L2 邻接关系，会同时发送 L1 和 L2 级别的报文。 （3）**level-2**：多选一可选项，指定接口链路类型为 L2，即在本接口只能建立 L2 邻接关系，仅会发送 L2 级别的报文。 【注意】**仅需在 L1/2 路由器上的不同接口上配置对应的 Level 级别**，L1、L2 级别的 IS-IS 路由器各接口直接继续 **is-level** 命令的全局级别配置。 在网络运行过程中，改变 IS-IS 接口的级别可能会导致网络振荡。建议用户在配置 IS-IS 时即完成路由器接口级别的配置。 缺省情况下，级别为 L1/2 的 IS-IS 路由器上的接口链路类型为 L1/2，可以同时建立 L1 和 L2 的邻接关系，可用 **undo isis circuit-level** 命令恢复 L1/2 路由器的接口链路类型为缺省配置
6	**isis dis-priority** *priority* [**level-1** | **level-2**] 例如：[Huawei-Gigabit Ethernet1/0/0] **isis dis-priority** 127 **level-2**	（可选）设置接口在进行 DIS 选举时的优先级，命令中的参数和选项说明如下。 （1）*priority*：设置接口在进行 DIS 选举时的优先级，取值范围为 0～12 的整数，值越大优先级越高。 （2）**level-1**：二选一可选项，指定所设置的优先级为选举 L1 DIS 时的优先级。 （3）**level-2**：二选一可选项，指定所设置的优先级为选举 L2 DIS 时的优先级。

续表

步骤	命令	说明
6		如果不选择 Level-1 和 Level-2 可选项，则所设置的优先级同时适用于 L1 和 L2 DIS 选举。 【说明】DIS 的优先级以 Hello 报文的形式发布。拥有最高优先级的路由器可作为 DIS。**在优先级相等的情况下，拥有最高 MAC 地址的路由器被选作 DIS。** 如果通过 **isis circuit-type** 命令将广播接口模拟为 P2P 接口，则本命令在该接口失效。如果通过 **undo isis circuit-type** 命令将该接口恢复为广播接口，则 DIS 优先级也恢复为缺省优先级。 缺省情况下，广播网中 IS-IS 接口在 L1 和 L2 级别的 DIS 优先级均为 64，可用 **undo isis dis-priority** [*priority*] [**level-1** | **level-2**] 命令恢复缺省优先级
7	**isis silent** [**advertise-zero-cost**] 例如：[Huawei-GigabitEthernet1/0/0]**isis silent**	（可选）配置 IS-IS 接口为抑制状态，即抑制该接口接收和发送 IS-IS 报文，**但此接口所在网段的直连路由仍可以通过 IS-IS LSP 被发布出去。**如果选择 **advertise-zero-cost** 可选项，则指定在发布直连路由时其开销值为 0，缺省情况下 IS-IS 路由的链路开销值为 10。 缺省情况下，不配置 IS-IS 接口为抑制状态，可用 **undo isis silent** 命令恢复为缺省状态

表 13-19　　P2P 网络中 IS-IS IPv6 邻居建立的配置步骤

步骤	命令	说明
1	**system-view** 例如：< Huawei > **system-view**	进入系统视图
2	**interface** *interface-type interface-number* 例如：[Huawei]**interface** gigabitethernet 1/0/0	键入要 P2P 邻居的 P2P IS-IS 接口，进入接口视图
3	**ipv6 enable** 例如：[Huawei-GigabitEthernet1/0/0] **ipv6 enable**	（可选）使能指定接口的 IPv6 能力。如果先配置了 IPv6 地址，则肯定已使能了 IPv6 能力，则无需再使能了
4	**isis ipv6 enable** [*process-id*] 例如：[Huawei-GigabitEthernet1/0/0]**isis enable** 1	在接口上使能 IS-IS Iv6 功能并指定要关联的 IS-IS 进程号，其他说明参见表 13-18 中的第 4 步
5	**isis circuit-level** [**level-1** | **level-1-2** | **level-2**] 例如：[Huawei-GigabitEthernet1/0/0] **isis circuit-level level-1**	配置 IS-IS 路由器的接口链路类型，其他说明参见表 13-18 中的第 5 步
6	**isis circuit-type p2p** 例如：[Huawei-GigabitEthernet1/0/0] **isis circuit-type p2p**	（可选）将 IS-IS 广播网接口的网络类型模拟为 P2P 类型。 【说明】在使能 IS-IS 的接口上，当接口类型发生改变时，相关配置发生改变，具体如下。 ● 使用本命令将广播网接口模拟成 P2P 接口时，接口发送 Hello 报文的间隔时间、宣告邻居失效前 IS-IS 没有收到的邻居 Hello 报文数目、点到点链路上 LSP 报文的重传间隔时间以及 IS-IS 各种验证均恢复为缺省配置，而 DIS 优先级、DIS 名称、广播

续表

步骤	命令	说明
6		网络上发送 CSNP 报文的间隔时间等配置均失效。 ● 使用 **undo isis circuit-type** 命令恢复接口的网络类型时，接口发送 Hello 报文的间隔时间、宣告邻居失效前 IS-IS 没有收到的邻居 Hello 报文数目、点到点链路上 LSP 报文的重传间隔时间、IS-IS 各种验证、DIS 优先级和广播网络上发送 CSNP 报文的间隔时间均恢复为缺省配置。 缺省情况下，接口网络类型根据物理接口决定，可用 **undo isis circuit-type** 命令恢复 IS-IS 接口的缺省网络类型
7	**isis ppp-negotiation** { **2-way** | **3-way** [**only**] } 例如：[Huawei-GigabitEthernet1/0/0] **isis ppp-negotiation 2-way**	指定在建立邻接关系时采用的 PPP 协商类型。命令中的选项说明如下。 （1）**2-way**：二选一选项，指定建立邻接关系时使用二次握手（2-Way Handshake）的协商模型。 （2）**3-way**：二选一选项，指定建立邻接关系时使用 3 次握手（3-Way Handshake）的协商模型。3 次握手模型为后向兼容，如果对方只支持二次握手，则建立二次握手模型下的邻接关系。 （3）**only**：可选项，指定建立邻接关系时只使用 3 次握手的协商模型，不支持后向兼容。 **本命令只适用于点到点链路接口，对于广播接口，需在接口上配置链路类型为 P2P 后才可使用。** 缺省情况下，采用 3 次握手协商模型，可用 **undo isis ppp-negotiation** 命令恢复协商模式为缺省模式
8	**isis peer-ip-ignore** 例如：[Huawei-GigabitEthernet1/0/0] **isis peer-ip-ignore**	（可选）配置对接收的 Hello 报文不进行 IP 地址检查。 【说明】通常情况下，IS-IS 会对收到的 Hello 报文进行 IP 地址检查，只有这个地址和本地接收报文的接口地址在同一网段时，才会建立邻居。但如果两端接口 IP 地址不在同一网段，均配置了 **isis peer-ip-ignore** 命令，就会忽略对对端 IP 地址的检查，此时链路两端的 IS-IS 接口间可以建立正常的邻居关系。路由表中有这两个不同网段的路由，但是不能互相 Ping 通。 缺省情况下，IS-IS 检查对端 Hello 报文的 IP 地址，可用 **undo isis peer-ip-ignore** 命令恢复为缺省状态
9	**isis ppp-osicp-check** 例如：[Huawei-GigabitEthernet1/0/0] **isis ppp-osicp-check**	（可选）配置 PPP 链路协议的接口检查 OSICP（开放系统互联控制协议，相当于 TCP/IP 网络中的 TCP）协商状态，协商状态会影响接口在 IS-IS 下的状态。**本命令仅适用于 OSI 网络。** 缺省情况下，IS-IS 忽略 PPP 的 OSICP 状态，可用 **undo isis ppp-osicp-check** 命令恢复为缺省情况

IS-IS IPv6 基本功能配置好后，可在任意视图下执行以下 **display** 命令查看相关配置，验证配置结果。

■ **display isis peer** [**verbose**] [*process-id* | **vpn-instance** *vpn-instance-name*]：查看 IS-IS 的邻居信息。

■ **display isis interface** [**verbose**] [*process-id* | **vpn-instance** *vpn-instance-name*]：查看使能了 IS-IS 的接口信息。

■ **display isis route** [*process-id* | **vpn-instance** *vpn-instance-name*] **ipv6** [**verbose** | [**level-1** | **level-2**] | *ipv6-address* [*prefix-length*]]*：查看 IS-IS 的路由信息。

13.13.2 IS-IS IPv6 的基本功能配置示例

如图 13-33 所示，在 IPv6 拓扑网络中有 4 台路由器，现要求在这 4 台路由器上实现网络互联，并且因为 RouterA 和 RouterB 性能相对较低，所以还要使这两台路由器处理相对较少的数据信息。

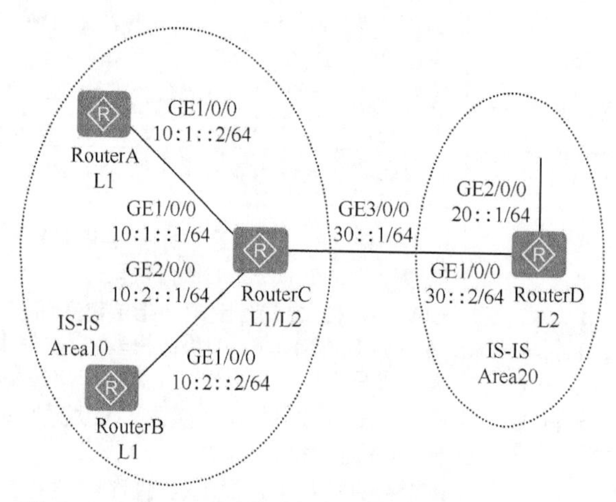

图 13-33 IS-IS IPv6 的基本功能配置示例的拓扑结构

1. 基本配置思路分析

本示例没什么特殊要求，仅要求通过配置 IS-IS 基本功能实现各网络的三层互通。但要特别注意的是，示例中要求 RouterA 和 RouterB 仅需处理较少的数据，就需要把它们配置成普通区域中的 L1 路由器。当然首先还得配置各路由器接口的 IPv6 地址，使它们之间三层可达。

根据以上分析可得出本示例如下的基本配置思路。

① 按图中标识配置各路由器接口的 IPv6 地址。

② 按图中标识配置各路由器的 IS-IS IPv6 基本功能。

2. 具体配置步骤

① 配置各路由器接口的 IPv6 地址。

在此，仅以 RouterA 为例，其他路由器的配置方法相同，略。

```
<Huawei> system-view
[Huawei] sysname RouterA
[RouterA] ipv6
[RouterA] interface gigabitethernet 1/0/0
[RouterA-GigabitEthernet1/0/0] ipv6 enable
[RouterA-GigabitEthernet1/0/0] ipv6 address 10:1::2/64
[RouterA-GigabitEthernet1/0/0] quit
```

② 配置 IS-IS IPv6 基本功能。

假设 RouterA～RouterD 的系统 ID 分别为 0000.0000.0001～0000.0000.0004，均使能缺省的 1 号 IS-IS IPv6 进程。其中 RouterA 和 RouterB 为 L1 路由器，RouterC 为 L1/2 路由器，RouterD 为 L2 路由器。

■ RouterA 上的配置如下。

```
[RouterA] isis 1
[RouterA-isis-1] is-level level-1
[RouterA-isis-1] network-entity 10.0000.0000.0001.00
[RouterA-isis-1] ipv6 enable    !---全局使能 IS-IS IPv6 能力
[RouterA-isis-1] quit
[RouterA] interface gigabitethernet 1/0/0
[RouterA-GigabitEthernet1/0/0] isis ipv6 enable 1
[RouterA-GigabitEthernet1/0/0] quit
```

■ RouterB 上的配置如下。

```
[RouterB] isis 1
[RouterB-isis-1] is-level level-1
[RouterB-isis-1] network-entity 10.0000.0000.0002.00
[RouterB-isis-1] ipv6 enable
[RouterB-isis-1] quit
[RouterB] interface gigabitethernet 1/0/0
[RouterB-GigabitEthernet1/0/0] isis ipv6 enable 1
[RouterB-GigabitEthernet1/0/0] quit
```

■ RouterC 上的配置如下。

```
[RouterC] isis 1
[RouterC-isis-1] network-entity 10.0000.0000.0003.00
[RouterC-isis-1] ipv6 enable
[RouterC-isis-1] quit
[RouterC] interface gigabitethernet 1/0/0
[RouterC-GigabitEthernet1/0/0] isis ipv6 enable 1
[RouterC-GigabitEthernet1/0/0] isis circuit-level level-1
[RouterC-GigabitEthernet1/0/0] quit
[RouterC] interface gigabitethernet 2/0/0
[RouterC-GigabitEthernet2/0/0] isis ipv6 enable 1
[RouterC-GigabitEthernet2/0/0] isis circuit-level level-1
[RouterC-GigabitEthernet2/0/0] quit
[RouterC] interface gigabitethernet 3/0/0
[RouterC-GigabitEthernet3/0/0] isis ipv6 enable 1
[RouterC-GigabitEthernet3/0/0] isis circuit-level level-2
[RouterC-GigabitEthernet3/0/0] quit
```

■ RouterD 上的配置如下。

```
[RouterD] isis 1
[RouterD-isis-1] is-level level-2
[RouterD-isis-1] network-entity 20.0000.0000.0004.00
[RouterD-isis-1] ipv6 enable
[RouterD-isis-1] quit
[RouterD] interface GigabitEthernet 1/0/0
[RouterD-GigabitEthernet1/0/0] isis ipv6 enable 1
[RouterD-GigabitEthernet1/0/0] quit
[RouterD] interface GigabitEthernet 2/0/0
[RouterD-GigabitEthernet2/0/0] isis ipv6 enable 1
[RouterD-GigabitEthernet2/0/0] quit
```

3. 实验结果验证

以上配置好后，在 RouterA 上执行 **display isis route** 命令，查看其 IS-IS 路由表，发现除了本区域内的两个网段路由外，还新增了一条用于访问外部区域、外部 AS 路由的缺省路由，这是由本区域 L1/2 路由器（本示例中为 RouterC）下发的。

```
[RouterA] display isis route
                         Route information for ISIS(1)
```

```
                    ----------------------------
                    ISIS(1) Level-1 Forwarding Table
                    ------------------------------
IPV6 Dest.    ExitInterface       NextHop                    Cost      Flags
-----------------------------------------------------------------------
::/0          GigabitEthernet1/0/0   FE80::2E0:FCFF:FE96:142F   10        A/-/-
 10:1::/64    GigabitEthernet1/0/0   Direct                     10        D/L/-
 10:2::/64    GigabitEthernet1/0/0   FE80::A83E:0:3ED2:1        20        A/-/-
          Flags: D-Direct, A-Added to URT, L-Advertised in LSPs, S-IGP Shortcut,
                              U-Up/Down Bit Set
```

在 RouterC 上执行命令查看 IS-IS 邻居的详细信息，发现其已与其他 3 台路由器分别建立了邻居关系。

```
[RouterC] display isis peer verbose
                    Peer information for ISIS(1)
  System Id      Interface          Circuit Id        State  HoldTime   Type    PRI
-----------------------------------------------------------------------
0000.0000.0001   GE1/0/0          0000000001          Up       24s        L1       --
  MT IDs supported        : 0(UP)
  Local MT IDs            : 0
  Area Address(es)        : 10
  Peer IPv6 Address(es): FE80::996B:0:9419:1
  Uptime                  : 00:44:43
  Adj Protocol            : IPv6
  Restart Capable         : YES
  Suppressed Adj          : NO
  Peer System Id          : 0000.0000.0001
0000.0000.0002   GE2/0/0          0000000001          Up       28s        L1       --
  MT IDs supported        : 0(UP)
  Local MT IDs            : 0
  Area Address(es)        : 10
  Peer IPv6 Address(es): FE80::DC40:0:47A9:1
  Uptime                  : 00:46:13
  Adj Protocol            : IPV6
  Restart Capable         : YES
  Suppressed Adj          : NO
  Peer System Id          : 0000.0000.0002
0000.0000.0004   GE3/0/0          0000000001          Up       24s        L2       --
  MT IDs supported        : 0(UP)
  Local MT IDs            : 0
  Area Address(es)        : 20
  Peer IPv6 Address(es): FE80::F81D:0:1E24:2
  Uptime                  : 00:53:18
  Adj Protocol            : IPV6
  Restart Capable         : YES
  Suppressed Adj          : NO
  Peer System Id          : 0000.0000.0004
Total Peer(s): 3
```

在 RouterC 上执行 **display isis lsdb verbose** 命令，查看其 IS-IS LSDB 的详细信息，发现有 L1 和 L2 两个 LSDB。

```
<RouterC>display isis lsdb verbose

                    Database information for ISIS(1)
                    --------------------------------
```

```
                    Level-1 Link State Database

LSPID                  Seq Num       Checksum      Holdtime       Length  ATT/P/OL
--------------------------------------------------------------------------------
0000.0000.0001.00-00  0x00000005    0xfcee          985            86       0/0/0
 SOURCE          0000.0000.0001.00
 NLPID          IPV6
 AREA ADDR      10
 INTF ADDR V6 10:1::2
 Topology        Standard
 NBR   ID          0000.0000.0003.01   COST: 10
 IPV6            10:1::/64                        COST: 10

0000.0000.0002.00-00  0x00000005    0x6780          946            86       0/0/0
 SOURCE          0000.0000.0002.00
 NLPID          IPV6
 AREA ADDR      10
 INTF ADDR V6 10:2::2
 Topology        Standard
 NBR   ID          0000.0000.0003.02   COST: 10
 IPV6            10:2::/64                        COST: 10

0000.0000.0003.00-00* 0x0000000d    0x5618          1167           143      1/0/0
 SOURCE          0000.0000.0003.00
 NLPID          IPV6
 AREA ADDR      10
 INTF ADDR V6 10:1::1
 INTF ADDR V6 10:2::1
 INTF ADDR V6 30::1
 Topology        Standard
 NBR   ID          0000.0000.0003.01   COST: 10
 NBR   ID          0000.0000.0003.02   COST: 10
 IPV6            10:1::/64                        COST: 10
 IPV6            10:2::/64                        COST: 10

0000.0000.0003.01-00* 0x00000002    0xb213          1165           55       0/0/0
 SOURCE          0000.0000.0003.01
 NLPID          IPV6
 NBR   ID          0000.0000.0003.00   COST: 0
 NBR   ID          0000.0000.0001.00   COST: 0

0000.0000.0003.02-00* 0x00000002    0xc7fb          1165           55       0/0/0
 SOURCE          0000.0000.0003.02
 NLPID          IPV6
 NBR   ID          0000.0000.0003.00   COST: 0
 NBR   ID          0000.0000.0002.00   COST: 0

Total LSP(s): 5
    *(In TLV)-Leaking Route, *(By LSPID)-Self LSP, +-Self LSP(Extended),
           ATT-Attached, P-Partition, OL-Overload

                    Level-2 Link State Database
```

```
LSPID                    Seq Num     Checksum    Holdtime    Length  ATT/P/OL
-------------------------------------------------------------------------------
0000.0000.0003.00-00* 0x0000000e   0x8cf9      1165         146     0/0/0
 SOURCE        0000.0000.0003.00
 NLPID         IPV6
 AREA ADDR     10
 INTF ADDR V6 10:1::1
 INTF ADDR V6 10:2::1
 INTF ADDR V6 30::1
 Topology      Standard
 NBR  ID        0000.0000.0003.03  COST: 10
 IPV6          10:1::/64                     COST: 10
 IPV6          10:2::/64                     COST: 10
 IPV6          30::/64                       COST: 10

0000.0000.0003.03-00* 0x00000002   0xf8c7      1164         55      0/0/0
 SOURCE        0000.0000.0003.03
 NLPID         IPV6
 NBR  ID        0000.0000.0003.00  COST: 0
 NBR  ID        0000.0000.0004.00  COST: 0

0000.0000.0004.00-00  0x00000005   0xd21a      618          116     0/0/0
 SOURCE        0000.0000.0004.00
 NLPID         IPV6
 AREA ADDR     20
 INTF ADDR V6 30::2
 INTF ADDR V6 20::1
 Topology      Standard
 NBR  ID        0000.0000.0003.03  COST: 10
 IPV6          30::/64                       COST: 10
 IPV6          20::/64                       COST: 10

Total LSP(s): 3
    *(In TLV)-Leaking Route, *(By LSPID)-Self LSP, +-Self LSP(Extended),
           ATT-Attached, P-Partition, OL-Overload
```

13.14　控制 IS-IS（IPv6）的路由信息交互

在网络中同时部署了 IS-IS 和其他路由协议时，需要配置 IS-IS 与其他路由协议的路由交互，才能使运行不同协议的网络正常通信。另外，还可以控制 IS-IS 缺省路由的发布，控制 IS-IS 路由下发到 IPv6 路由表等，具体包括以下配置任务如下（它们是并列关系，根据实际需要选择一项或多项进行配置）。

① 配置 IS-IS 发布缺省路由。

② 配置 IS-IS 引入外部路由。

③ 配置 IS-IS 发布部分外部路由到 IS-IS 路由域。

④ 配置将部分 IS-IS 路由下发到 IPv6 路由表。

⑤ 配置 IS-IS 路由聚合（IPv6）。

13.14.1　配置控制 IS-IS（IPv6）的路由信息的交互功能

以上这些配置任务的具体配置方法其实与前面介绍的 IS-IS IPv4 对应配置任务的配置方法是一样的，只不过在一些命令中添加了 **ipv6** 关键字，下面分别具体介绍。

1. 配置 IS-IS 发布缺省路由

在具有外部路由的边界设备上配置 IS-IS 发布缺省路由可以使该设备在 IS-IS 路由域内发布一条::/0 的缺省路由，这样 IS-IS 域内的其他设备在转发到达该外部网络流量时，将所有去往外部路由域的流量首先转发到该设备，然后通过该设备去往外部路由域。

说明　配置静态缺省路由虽然也可以实现该功能，但是当现网中有大量设备时，配置工作量巨大且不利于管理。此外，采用 IS-IS 发布缺省路由的方式更加灵活。例如，如果存在多个边界设备，那么可以通过配置路由策略，使某台边界设备在满足条件时才发布缺省路由，从而避免造成路由黑洞。

在 IS-IS IPv6 中配置发布缺省 IPv6 路由的方法是在 IS-IS 进程视图下通过 **ipv6 default-route-advertise** [**always** | **match default** | **route-policy** *route-policy-name*] [**cost** *cost* | **tag** *tag* | [**level-1** | **level-1-2** | **level-2**]] * [**avoid-learning**]命令进行的。本命令中的参数和选项说明与 13.6.1 节介绍的一样，参见即可。

2. 配置 IS-IS 引入外部路由

通过上文介绍的方法在 IS-IS 路由域边界设备上配置 IS-IS 发布缺省路由，可以将去往 IS-IS 路由域外部的流量吸收到该设备来处理。但是由于 IS-IS 域内的其他设备上没有去往外部的路由，因此大量的流量都会被转发到该边界设备，造成该设备负担过重。此外，在有多个边界设备时，会存在去往其他路由域的最优路由的选择问题。

此时，通过让 IS-IS 域内的其他设备获悉全部或部分外部路由的方法就可以解决以上两个问题，这就是本节要介绍的 IS-IS 外部路由引入功能。引入的外部路由包括其他进程 IS-IS IPv6 路由、IPv6 静态路由、直连路由、RIPng 路由、OSPFv3 路由和 BGP 路由等。**配置引入外部路由后，IS-IS 设备将把引入的外部路由全部发布到 IS-IS 路由域。**在这里有两种不同的配置方式。

- 当需要对引入路由的开销进行设置时，可在对应 IS-IS 进程下通过{ **static** | **direct** | **unr** | { **ospfv3** | **ripng** | **isis** } [*process-id*] | **bgp** [**permit-ibgp**] } [**cost** *cost* | **tag** *tag* | **route-policy** *route-policy-name* | [**level-1** | **level-2** | **level-1-2**]] *命令配置 IS-IS 引入外部路由。
- 当需要保留引入路由的原有开销时，可在对应 IS-IS 进程下通过 **ipv6 import-route** { **direct** | **unr** | { **ospfv3** | **ripng** | **isis** } [*process-id*] | **bgp** [**permit-ibgp**] } **inherit-cost** [**tag** *tag* | **route-policy** *route-policy-name* | [**level-1** | **level-2** | **level-1-2**]] *命令配置 IS-IS 引入外部路由。但此时引入的源路由协议不能是 **static**（静态路由）。

以上这两条 IS-IS IPv6 外部路由引入命令中的参数和选项说明与 13.6.2 节介绍的命令参数和选项有对应关系，参见即可。

3. 配置 IS-IS 发布部分外部路由到 IS-IS 路由域

上节介绍的 IS-IS IPv6 外部路由引入功能，在配置引入外部路由后，IS-IS 设备将把

引入的外部路由全部发布到 IS-IS 路由域。但在本地 IS-IS 设备将引入的外部路由发布给其他 IS-IS 设备时，如果其他 IS-IS 设备不需要拥有全部的外部路由，则可以通过配置基本 IPv6 ACL 或 IPv6 地址前缀列表或路由策略来控制只发布部分外部路由给其他 IS-IS 设备，具体配置方法是在对应的 IS-IS 进程视图下通过 **ipv6 filter-policy** { *acl6-number* | **acl6-name** *acl6-name* | **ipv6-prefix** *ipv6-prefix-name* | **route-policy** *route-policy-name* } **export** [*protocol* [*process-id*]]命令配置仅允许向外发布符合条件的外部路由。如果指定了 *protocol* 参数，则只对特定协议引入的路由进行过滤。命令中的 IPv6 ACL、IPv6 地址前缀列表、路由策略将在本书第 15 章介绍。

4. 配置将部分 IS-IS 路由下发到 IPv6 路由表

IPv6 报文是根据 IPv6 路由表来进行转发的。IS-IS 路由表中的路由条目需要被成功下发到 IPv6 路由表中，该路由条目才生效。因此，可以通过配置 IPv6 地址前缀列表、路由策略等方式，只允许匹配的 IS-IS 路由下发到 IPv6 路由表中，不匹配的 IS-IS 路由将会被阻止进入 IPv6 路由表（**但不影响在 IS-IS 路由表中存在**），更不会被优选。

配置方法是在 IS-IS 进程视图下通过 **ipv6 filter-policy** { *acl6-number* | **acl6-name** *acl6-name* | **ipv6-prefix** *ipv6-prefix-name* | **route-policy** *route-policy-name* } **import** 命令将部分 IS-IS 路由下发到 IPv6 路由表。

5. 配置 IS-IS IPv6 路由聚合

可以将有相同 IP 前缀的路由聚合为一条路由，这样，一方面可以减小路由表规模，另外可以减少本路由器生成的 LSP 报文大小和 LSDB 的规模。**IS-IS 的路由聚合是在任意 IS-IS 路由器上进行配置，被聚合的路由可以是 IS-IS 协议发现的路由，也可以是被引入的 IPv6 路由**。另外，聚合后路由的开销值取所有被聚合路由中学到 IPv6 路由的最小开销值。

可在 IS-IS 进程视图下通过 **ipv6 summary** *ipv6-address prefix-length* [**avoid-feedback** | **generate_null0_route** | **tag** *tag* | [**level-1** | **level-1-2** | **level-2**]] * 命令设置 IS-IS 生成 IPv6 聚合路由。参数 *ipv6-address prefix-length* 用来指定生成的聚合 IPv6 路由的网络地址和前缀长度，其他参数和选项的说明参见 13.5.1 节介绍。

配置了 IS-IS 路由聚合后，本地 IS-IS 设备的路由表保持不变。但是其他 IS-IS 设备的路由表中将只有一条聚合路由，没有具体路由。直到网络中被聚合的路由都出现故障而消失时，该聚合路由才会消失。

以上功能配置好后，可以在任意视图下执行以下 **display** 命令查看相关配置，验证配置结果。

- **display isis lsdb** [{ **level-1** | **level-2** } | **verbose** | { **local** | *lsp-id* | **is-name** *symbolic-name* }] * [*process-id* | **vpn-instance** *vpn-instance-name*]：查看 IS-IS 的链路状态数据库信息。
- **display ipv6 routing-table**：查看 IPv6 路由表信息。

13.14.2 IS-IS IPv6 外部路由引入的配置示例

如图 13-34 所示，AR2 是一个 ASBR 路由器，一端连接了 OSPFv3 网络，另一端连接了 IS-IS IPv6 网络。现要求两网络能实现三层互通。

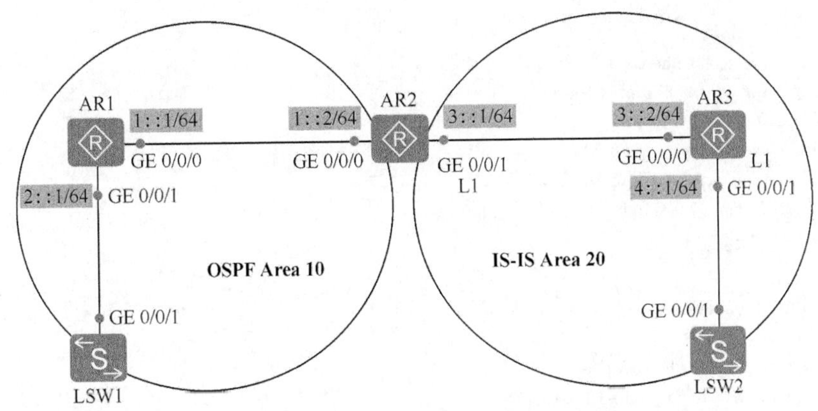

图 13-34 IS-IS IPv6 外部路由引入配置示例的拓扑结构

1. 基本配置思路分析

要实现 OSPFv3 和 IS-IS IPv6 网络三层互通，就需要在彼此路由进程中相互引入对方路由，但前提是要先完成 OSPFv3 基本功能和 IS-IS IPv6 基本功能的配置，故可得出本示例的如下基本配置思路。

① 配置各路由器的接口 IPv6 地址。

② 配置 AR1、AR2 上的 OSPFv3 基本功能。

③ 配置 AR2 和 AR3 的 IS-IS IPv6 基本功能。

④ 在 AR2 的 OSPFv3 进程上配置引入 IS-IS IPv6 进程路由，此时检查到 AR1 的 OSPFv3 路由表中会有 IS-IS 网络中的 3::/64 和 4::/64 两个网段路由，但 AR3 上仍没有 OSPFv3 网络中的 1::/64 和 2::/64 网段路由，故 AR1 和 AR3 仍不能互通。

⑤ 在 AR2 的 IS-IS 进程上配置引入 OSPFv3 进程路由，此时检查到 AR3 的 IS-IS 路由表中会有 OSPFv3 网络中的 1::/64 和 2::/64 两个网段路由，AR1 和 AR3 已能互通了。

2. 具体配置步骤

① 配置各路由器的接口 IPv6 地址。本示例中各接口的 IPv6 地址都是全球单播 IPv6 地址。在此，仅以 AR1 上的配置为例进行介绍，AR2 和 AR3 的配置方法一样，略。

```
<Huawei> system-view
[Huawei] sysname AR1
[AR1] ipv6
[AR1] interface gigabitethernet 0/0/0
[AR1-GigabitEthernet0/0/0] ipv6 enable
[AR1-GigabitEthernet0/0/0] ipv6 address 1::1/64
[AR1-GigabitEthernet0/0/0] quit
[AR1] interface gigabitethernet 0/0/1
[AR1-GigabitEthernet0/0/1] ipv6 enable
[AR1-GigabitEthernet0/0/1] ipv6 address 2::1/64
[AR1-GigabitEthernet0/0/1] quit
```

② 配置 AR1 和 AR2 的 OSPFv3 基本功能，假设 AR1 的 Router ID 为 1.1.1.1、AR2 的 Router ID 为 2.2.2.2，均在区域 10 中，均使能 1 号 OSPFv3 路由进程。

■ AR1 上的配置如下。

```
<AR1> system-view
[AR1] ospfv3 1
[AR1-ospfv3-1] router-id 1.1.1.1
```

```
[AR1-ospfv3-1] quit
[AR1] interface gigabitethernet 0/0/0
[AR1-GigabitEtherne0/0/0] ospfv3 1 area 10
[AR1-GigabitEthernet0/0/0] quit
[AR1] interface gigabitethernet 0/0/1
[AR1-GigabitEthernet0/0/1] ospfv3 1 area 10
[AR1-GigabitEthernet0/0/1] quit
```

■ AR2 上的配置如下。

```
[AR2] ospfv3 1
[AR2-ospfv3-1] router-id 2.2.2.2
[AR2-ospfv3-1] quit
[AR2] interface gigabitethernet 0/0/0
[AR2-GigabitEthernet0/0/0] ospfv3 1 area 10
[AR2-GigabitEthernet0/0/0] quit
```

③ 配置 AR2 和 AR3 的 IS-IS IPv6 基本功能。假设两路由器的系统 ID 分别为 0000.0000.0002、0000.0000.0003，均为 L1 类型路由器，均在区域 20 中，均使能 1 号 IS-IS IPv6 路由进程。

■ AR2 上的配置如下。

```
[AR2] isis 1
[AR2-isis-1] is-level level-1
[AR2-isis-1] network-entity 20.0000.0000.0002.00
[AR2-isis-1] ipv6 enable
[AR2-isis-1] quit
[AR2] interface gigabitethernet 0/0/1
[AR2-GigabitEthernet0/0/1] isis ipv6 enable 1
[AR2-GigabitEthernet0/0/1] quit
```

■ AR3 上的配置如下。

```
[AR3] isis 1
[AR3-isis-1] is-level level-1
[AR3-isis-1] network-entity 20.0000.0000.0002.00
[AR3-isis-1] ipv6 enable
[AR3-isis-1] quit
[AR3] interface gigabitethernet 0/0/0
[AR3-GigabitEthernet0/0/0] isis ipv6 enable 1
[AR3-GigabitEthernet0/0/0] quit
[AR3] interface gigabitethernet 0/0/1
[AR3-GigabitEthernet0/0/1] isis ipv6 enable 1
[AR3-GigabitEthernet0/0/1] quit
```

以上配置完成后，在 AR1 上执行 **display ospfv3 routing** 命令，会发现没有区域 20 中的所有路由，而在 AR3 上执行 **display isis route** 命令也没有发现在区域 10 中的所有路由，如下所示。这是因为这两个区域运行的是不同的路由协议，缺省是隔离的。

```
<AR1>display ospfv3 routing

Codes : E2 - Type 2 External, E1 - Type 1 External, IA - Inter-Area,
        N - NSSA, U - Uninstalled

OSPFv3 Process (1)
    Destination                                         Metric
      Next-hop
    1::/64                                                1
      directly connected, GigabitEthernet0/0/0
```

```
    2::/64                                                                    1
      directly connected, GigabitEthernet0/0/1
<AR3>display isis route

                         Route information for ISIS(1)
                         -----------------------------

                        ISIS(1) Level-1 Forwarding Table
                        --------------------------------

 IPV6 Dest.          ExitInterface      NextHop                 Cost        Flags
--------------------------------------------------------------------------------
 4::/64              GE0/0/1            Direct                  10          D/L/-
 3::/64              GE0/0/0            Direct                  10          D/L/-

     Flags: D-Direct, A-Added to URT, L-Advertised in LSPs, S-IGP Shortcut,
                              U-Up/Down Bit Set
```

④ 在 AR2 的 OSPFv3 进程中配置引入 IS-IS IPv6 进程 1 的路由。假设引入后的 AS 外部路由的开销值为 3。

```
[AR2] ospfv3 1
[AR2-ospfv3-1] import-route isis 1
[AR2-ospfv3-1] quit
```

再在 AR1 上执行 **display ospfv3 routing** 命令，查看其 OSPFv3 路由表信息，会发现有区域 20 中的路由 3::/64 和 4::/64 路由了，参见输出信息中的粗体字部分，都是第 2 类外部路由（**E2**）。

```
<AR1>display ospfv3 routing

Codes : E2 - Type 2 External, E1 - Type 1 External, IA - Inter-Area,
        N - NSSA, U - Uninstalled

OSPFv3 Process (1)
     Destination                                                        Metric
       Next-hop
     1::/64                                                                  1
       directly connected, GigabitEthernet0/0/0
     2::/64                                                                  1
       directly connected, GigabitEthernet0/0/1
  E2 3::/64                                                                  1
       via FE80::2E0:FCFF:FE40:D2D, GigabitEthernet0/0/0
  E2 4::/64                                                                  1
       via FE80::2E0:FCFF:FE40:D2D, GigabitEthernet0/0/0
```

此时虽然 AR1 上有连接在 AR3 上两网段的路由，但两设备直连网段间仍不能实现三层互通，此时可通过在 AR1 上 ping AR1 上的 3::1/64、4::1/64 地址验证。

如果在 AR2 的 IS-IS 1 号进程中也引入了 OSPFv3 1 号进程路由（**因为本示例中 AR2 和 AR3 均为 L1 路由器，所以需要向 L1 区域发布，缺省是向 L2 区域发布的**），则在 AR3 上也有区域 10 中的路由了，AR1 和 AR3 之间就可以相互 ping 通了。这是因为通信是双向的，只要一方向另一方发送报文时找不到可用的路由就不能实现相互通信，所以两个路由隔离的进程中，要实现互通，需要相互引入对方进程的路由。

```
[AR2] isis 1
[AR2-isis-1] ipv6 import-route ospfv3 1 level-1
```

```
[AR2-isis-1] quit

<AR3>display isis route

                         Route information for ISIS(1)
                         -----------------------------

                         ISIS(1) Level-1 Forwarding Table
                         --------------------------------

 IPV6 Dest.       ExitInterface    NextHop                       Cost       Flags
-----------------------------------------------------------------------------
 4::/64           GE0/0/1          Direct                        10         D/L/-
 3::/64           GE0/0/0          Direct                        10         D/L/-
 2::/64           GE0/0/0          FE80::2E0:FCFF:FE40:D2E       10         A/-/-
 1::/64           GE0/0/0          FE80::2E0:FCFF:FE40:D2E       10         A/-/-

     Flags: D-Direct, A-Added to URT, L-Advertised in LSPs, S-IGP Shortcut,
                              U-Up/Down Bit Set

<AR1>ping ipv6 3::2
  PING 3::2 : 56   data bytes, press CTRL_C to break
    Reply from 3::2
    bytes=56 Sequence=1 hop limit=63   time = 30 ms
    Reply from 3::2
    bytes=56 Sequence=2 hop limit=63   time = 40 ms
    Reply from 3::2
    bytes=56 Sequence=3 hop limit=63   time = 30 ms
    Reply from 3::2
    bytes=56 Sequence=4 hop limit=63   time = 40 ms
    Reply from 3::2
    bytes=56 Sequence=5 hop limit=63   time = 50 ms

  --- 3::2 ping statistics ---
    5 packet(s) transmitted
    5 packet(s) received
    0.00% packet loss
    round-trip min/avg/max = 30/38/50 ms

<AR3>ping ipv6 2::1
  PING 2::1 : 56   data bytes, press CTRL_C to break
    Reply from 2::1
    bytes=56 Sequence=1 hop limit=63   time = 30 ms
    Reply from 2::1
    bytes=56 Sequence=2 hop limit=63   time = 20 ms
    Reply from 2::1
    bytes=56 Sequence=3 hop limit=63   time = 40 ms
    Reply from 2::1
    bytes=56 Sequence=4 hop limit=63   time = 30 ms
    Reply from 2::1
    bytes=56 Sequence=5 hop limit=63   time = 40 ms

  --- 2::1 ping statistics ---
    5 packet(s) transmitted
    5 packet(s) received
    0.00% packet loss
    round-trip min/avg/max = 20/32/40 ms
```

13.14.3　IS-IS IPv6 路由聚合配置示例

如图 13-35 所示，AR1 和 AR2 位于 Area 10 内，AR3 位于 Area 20 内。其中 AR1 为 L1 路由器，AR2 为 L1/2 路由器，AR3 为 L2 路由器。现在 AR1 的 GigabitEthernet0/0/1 接口上配置了 2:1:1::1/64、2:1:2::1/64、2:1:3::1/64 3 个全球单播 IPv6 地址。

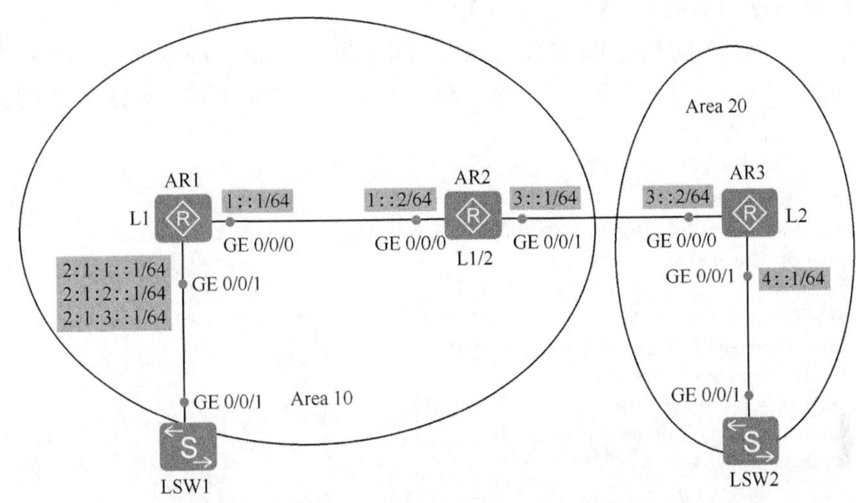

图 13-35　IS-IS IPv6 路由聚合配置示例的拓扑结构

为了减小网络中其他路由器的路由表规模，在 AR1 上配置 IS-IS IPv6 聚合路由，只发布 2:1:1::/64、2:1:2::/64、2:1:3::/64 3 个网段聚合后的路由 2::/16。

1. 基本配置思路分析

本示例是在完成 IS-IS IPv6 基本功能配置的基础上，再在一 L1 路由器 AR1 上配置路由聚合，这样 AR1 在区域 10 内部向邻居路由器发布路由时，2:1:1::1/64、2:1:2::1/64、2:1:3::1/64 这 3 个地址对应的网段路由将被抑制发布，取而代之的是一条对应的聚合路由 2::/64，所以 AR2 的 L1 IS-IS 路由表中到时候也会用 2::/64 替代 2:1:1::/64、2:1:2::/64、2:1:3::/64 这 3 个网段的明细路由。由于 L1 路由缺省会渗透到 L2 区域，所以 AR3 上的情形也与 AR2 上的一样。

根据以上分析可得出本示例如下基本配置思路。

① 配置各路由器的接口 IPv6 地址。

② 配置各路由器的 IS-IS IPv6 基本功能。

③ 在 AR1 上配置向 L1 区域发布的 2::/64 聚合路由。

2. 具体配置步骤

① 配置各路由器的接口 IPv6 地址。本示例中各接口的 IPv6 地址都是全球单播 IPv6 地址。在此仅以 AR1 上的配置为例进行介绍，AR2 和 AR3 的配置方法一样，略。

```
<Huawei> system-view
[Huawei] sysname AR1
[AR1] ipv6
[AR1] interface gigabitethernet 0/0/0
[AR1-GigabitEthernet0/0/0] ipv6 enable
[AR1-GigabitEthernet0/0/0] ipv6 address 1::1/64
```

```
[AR1-GigabitEthernet0/0/0] quit
[AR1] interface gigabitethernet 0/0/1
[AR1-GigabitEthernet0/0/1] ipv6 enable
[AR1-GigabitEthernet0/0/1] ipv6 address 2:1:1::1/64
[AR1-GigabitEthernet0/0/1] ipv6 address 2:1:2::1/64
[AR1-GigabitEthernet0/0/1] ipv6 address 2:1:3::1/64
[AR1-GigabitEthernet0/0/1] quit
```

② 配置各路由器的 IS-IS IPv6 基本功能。

假设 AR1～AR3 的系统 ID 分别为 0000.0000.0001～0000.0000.0003，均使能缺省的 1 号 IS-IS IPv6 进程。其中 AR 为 L1 路由器、AR 为 L1/2 路由器、AR3 为 L2 路由器。

■ AR1 上的配置如下。

```
[AR1] isis 1
[AR1-isis-1] is-level level-1
[AR1-isis-1] network-entity 10.0000.0000.0001.00
[AR1-isis-1] ipv6 enable
[AR1-isis-1] quit
[AR1] interface gigabitethernet 0/0/0
[AR1-GigabitEthernet0/0/0] isis ipv6 enable 1
[AR1-GigabitEthernet0/0/0] quit
[AR1] interface gigabitethernet 0/0/1
[AR1-GigabitEthernet0/0/1] isis ipv6 enable 1
[AR1-GigabitEthernet0/0/1] quit
```

■ AR2 上的配置如下。

```
[AR2] isis 1
[AR2-isis-1] network-entity 10.0000.0000.0002.00
[AR2-isis-1] ipv6 enable
[AR2-isis-1] quit
[AR2] interface gigabitethernet 0/0/0
[AR2-GigabitEthernet0/0/0] isis ipv6 enable 1
[AR2-GigabitEthernet0/0/0] isis circuit-level level-1
[AR2-GigabitEthernet0/0/0] quit
[AR2] interface gigabitethernet 0/0/1
[AR2-GigabitEthernet0/0/1] isis ipv6 enable 1
[AR2-GigabitEthernet0/0/1] isis circuit-level level-2
[AR2-GigabitEthernet0/0/1] quit
```

■ AR3 上的配置如下。

```
[AR3] isis 1
[AR3-isis-1] is-level level-2
[AR3-isis-1] network-entity 20.0000.0000.0003.00
[AR3-isis-1] ipv6 enable
[AR3-isis-1] quit
[AR3] interface GigabitEthernet 0/0/0
[AR3-GigabitEthernet0/0/0] isis ipv6 enable 1
[AR3-GigabitEthernet0/0/0] quit
[AR3] interface GigabitEthernet 0/0/1
[AR3-GigabitEthernet0/0/1] isis ipv6 enable 1
[AR3-GigabitEthernet0/0/1] quit
```

以上配置好后，在没有配置 IS-IS IPv6 路由聚合功能前，在 AR2、AR3 上执行 **display isis route** 命令，查看其 IS-IS 路由表，可以发现它们从 AR1 学到了的 3 条连续网段路由，参见输出信息中的粗体字部分。

```
<AR2>display isis route
```

```
                    Route information for ISIS(1)
                    -----------------------------

                    ISIS(1) Level-1 Forwarding Table
                    --------------------------------

IPV6 Dest.      ExitInterface   NextHop                       Cost      Flags
--------------------------------------------------------------------------------
2:1:2::/64      GE0/0/0         FE80::2E0:FCFF:FE56:5170      20        A/L/-
2:1:1::/64      GE0/0/0         FE80::2E0:FCFF:FE56:5170      20        A/L/-
1::/64          GE0/0/0         Direct                        10        D/L/-
2:1:3::/64      GE0/0/0         FE80::2E0:FCFF:FE56:5170      20        A/L/-

     Flags: D-Direct, A-Added to URT, L-Advertised in LSPs, S-IGP Shortcut,
                          U-Up/Down Bit Set

                    ISIS(1) Level-2 Forwarding Table
                    --------------------------------

IPV6 Dest.      ExitInterface   NextHop                       Cost      Flags
--------------------------------------------------------------------------------
4::/64          GE0/0/1         FE80::2E0:FCFF:FE70:2BC2      20        A/-/-
3::/64          GE0/0/1         Direct                        10        D/L/-
1::/64          GE0/0/0         Direct                        10        D/L/-

     Flags: D-Direct, A-Added to URT, L-Advertised in LSPs, S-IGP Shortcut,
                          U-Up/Down Bit Set
<AR3>display isis route

                    Route information for ISIS(1)
                    -----------------------------

                    ISIS(1) Level-2 Forwarding Table
                    --------------------------------

IPV6 Dest.      ExitInterface   NextHop                       Cost      Flags
--------------------------------------------------------------------------------
2:1:2::/64      GE0/0/0         FE80::2E0:FCFF:FE7B:3E57      30        A/-/-
4::/64          GE0/0/1         Direct                        10        D/L/-
3::/64          GE0/0/0         Direct                        10        D/L/-
2:1:1::/64      GE0/0/0         FE80::2E0:FCFF:FE7B:3E57      30        A/-/-
1::/64          GE0/0/0         FE80::2E0:FCFF:FE7B:3E57      20        A/-/-
2:1:3::/64      GE0/0/0         FE80::2E0:FCFF:FE7B:3E57      30        A/-/-

     Flags: D-Direct, A-Added to URT, L-Advertised in LSPs, S-IGP Shortcut,
                          U-Up/Down Bit Set
```

③ 在 AR1 上配置 IS-IS IPv6 路由聚合。

把 2:1:1::1/64、2:1:2::1/64、2:1:3::1/64 这 3 个地址对应的网段路由聚合成一条 2::/64 路由，因为 AR1 是在区域 10 内部，是 L1 路由器，所以它只能向 L1 区域发布。

```
[AR1] isis 1
[AR1-isis-1] ipv6 summary 2:: 64 level-1
[AR1-isis-1] quit
```

在 AR1 上配置好路由聚合后，再在 AR2 和 AR3 上执行 **display isis route** 命令，查

看其IS-IS路由表，可以发现原来的3条连续网段路由不见了，但多了一条2::/64路由，这是聚合路由，参见输出信息中的粗体字部分。由此可以证明，IS-IS IPv6路由聚合功能的配置是成功的。

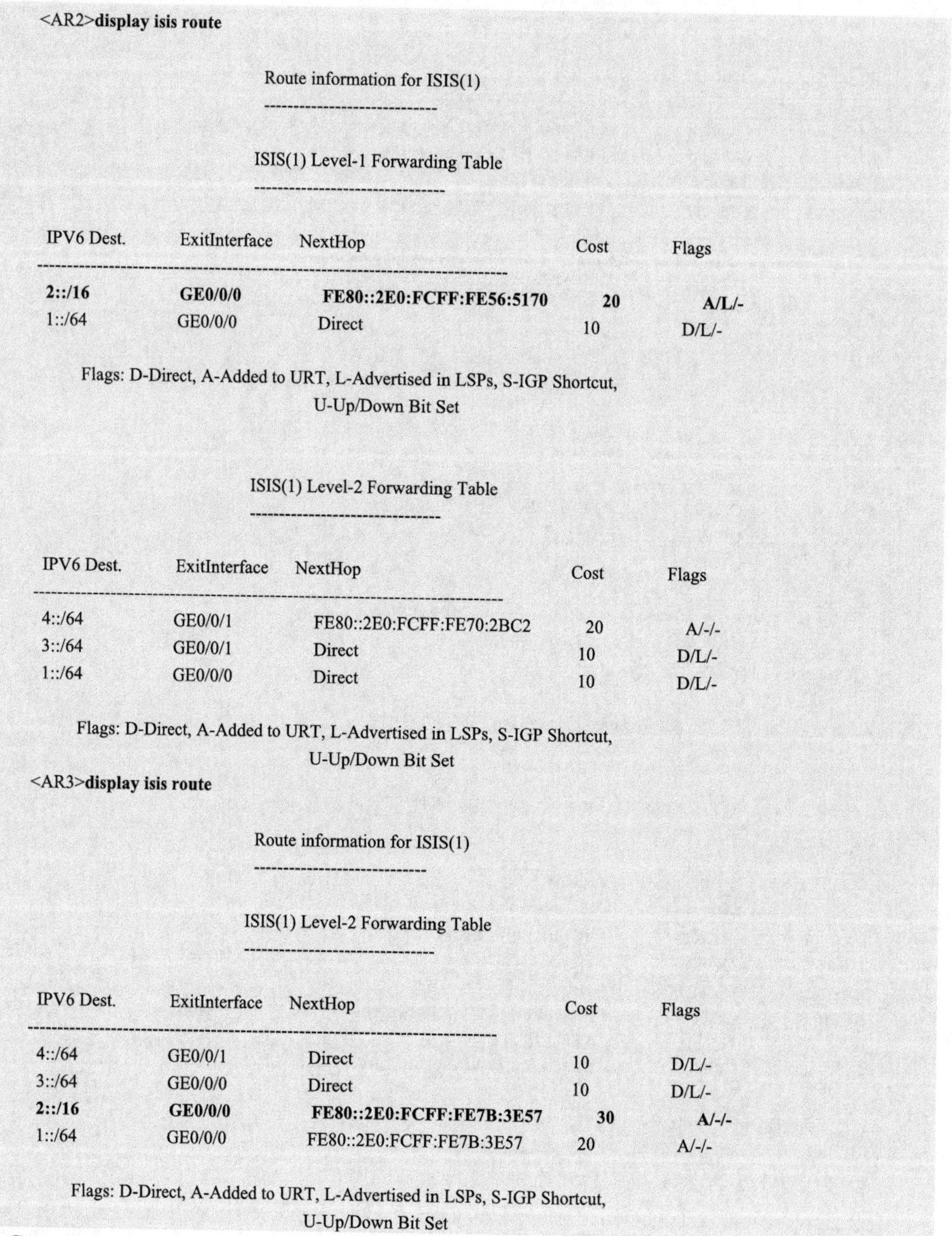

```
<AR2>display isis route

                         Route information for ISIS(1)
                         -----------------------------

                        ISIS(1) Level-1 Forwarding Table
                        --------------------------------

 IPV6 Dest.        ExitInterface     NextHop                     Cost      Flags
--------------------------------------------------------------------------------
 2::/16            GE0/0/0           FE80::2E0:FCFF:FE56:5170     20        A/L/-
 1::/64            GE0/0/0           Direct                       10        D/L/-

     Flags: D-Direct, A-Added to URT, L-Advertised in LSPs, S-IGP Shortcut,
                                U-Up/Down Bit Set

                        ISIS(1) Level-2 Forwarding Table
                        --------------------------------

 IPV6 Dest.        ExitInterface     NextHop                     Cost      Flags
--------------------------------------------------------------------------------
 4::/64            GE0/0/1           FE80::2E0:FCFF:FE70:2BC2     20        A/-/-
 3::/64            GE0/0/1           Direct                       10        D/L/-
 1::/64            GE0/0/0           Direct                       10        D/L/-

     Flags: D-Direct, A-Added to URT, L-Advertised in LSPs, S-IGP Shortcut,
                                U-Up/Down Bit Set
<AR3>display isis route

                         Route information for ISIS(1)
                         -----------------------------

                        ISIS(1) Level-2 Forwarding Table
                        --------------------------------

 IPV6 Dest.        ExitInterface     NextHop                     Cost      Flags
--------------------------------------------------------------------------------
 4::/64            GE0/0/1           Direct                       10        D/L/-
 3::/64            GE0/0/0           Direct                       10        D/L/-
 2::/16            GE0/0/0           FE80::2E0:FCFF:FE7B:3E57     30        A/-/-
 1::/64            GE0/0/0           FE80::2E0:FCFF:FE7B:3E57     20        A/-/-

     Flags: D-Direct, A-Added to URT, L-Advertised in LSPs, S-IGP Shortcut,
                                U-Up/Down Bit Set
```

说明 如果是在AR2上配置对以上3网段进行路由聚合，且指定仅向L2区域发布，则仅会在AR3的IS-IS路由表中存在2::/64这条聚合路由，在AR2上仍是3条明细路由，也不会向Area 10中的路由器进行发布。

13.15 控制 IS-IS（IPv6）的路由选路

影响 IS-IS 选路的因素比较多，如 IS-IS 协议的优先级、IS-IS 接口的开销、等价路由的处理方式、IS-IS 路由渗透的配置和 IS-IS 缺省路由的发布，具体可选的配置任务如下。用户可根据具体的应用环境选择其中一项或多项配置任务，通过对这些因素的调整可以实现对路由选择的精确控制。但在配置这些因素之前，也需配置 IS-IS 的基本功能。

- 配置 IS-IS（IPv6）协议的优先级。
- 配置 IS-IS 接口的开销。
- 配置 IS-IS（IPv6）对等价路由的处理方式。
- 配置 IS-IS IPv6 路由渗透。
- 控制 Level-1 设备是否生成缺省路由。

以上这些配置任务的具体配置方法也与 13.7 节介绍的对应配置任务的配置方法基本一样，区别也主要体现在一些命令中添加了 **ipv6** 关键字，下面分别进行具体介绍。

1. 配置 IS-IS（IPv6）协议的优先级

一台设备同时运行多个路由协议时，可以发现到达同一目的地的多条路由，其中协议优先级高的路由将被优选。通过配置 IS-IS 协议生成 IPv6 路由的优先级，可以将 IS-IS IPv6 路由的优先级提高，使 IS-IS IPv6 路由被优选。并且结合路由策略的使用，可以灵活地仅将期望的部分 IS-IS IPv6 路由的优先级提高，而不影响其他的路由选择。

配置方法是在对应的 IS-IS 进程视图下通过 **ipv6 preference** { **route-policy** *route-policy-name* | *preference* }* 命令配置 IS-IS 协议生成 IPv6 路由的优先级，整数类型，取值范围是 1～255，值越小，优先级越高。如果指定 **route-policy** *route-policy-name* 参数，则仅对符合路由策略的 IS-IS IPv6 路由修改优先级。

缺省情况下，IS-IS 协议生成 IPv6 路由的优先级为 15，可用 **undo ipv6 preference** 命令用来恢复 IS-IS 协议 IPv6 路由的缺省优先级。

2. 配置 IS-IS 接口在 IPv6 网络中的开销

这项配置任务的具体配置方法与第 13.7.2 节介绍的配置方法基本一样，也只是在一些命令中添加了 **ipv6** 关键字。

IS-IS 开销的类型的配置方法完全一样，也是在 IS-IS 进程视图下通过 **cost-style** { **narrow** | **wide** | **wide-compatible** | { **narrow-compatible** | **compatible** } [**relax-spf-limit**] } 命令配置的。

IS-IS 接口开销的 3 种配置方式的具体配置方法见表 13-20。

表 13-20 IS-IS 接口开销的三种配置方法

步骤	命令	说明
1	**system-view** 例如：< Huawei > **system-view**	进入系统视图
2	**isis** [*process-id*] 例如：[Huawei] **isis**	启动对应的 IS-IS 进程，进入 IS-IS 视图

续表

步骤	命令	说明
	方式 1：全局开销配置（优先级中等）	
3	**ipv6 circuit-cost** { *cost* | **maximum** } [**level-1** | **level-2**] 例如：[Huawei-isis-1] **ipv6 circuit-cost** 30	设置 IS-IS 全局开销，命令中的参数和选项说明参见 13.7.2 节表 13-5。 【注意】改变接口的链路开销值，会造成整个网络的路由重新计算，引起流量转发路径变化。 缺省情况下，没有配置所有 IS-IS 接口的链路开销值，可用 **undo ipv6 circuit-cost** [*cost* | **maximum**] [**level-1** | **level-2**] 命令取消配置的所有 IS-IS 接口的链路开销值。
	方式 2：自动计算开销配置（优先级最低，**仅适用于 wide 或 wide-compatible 开销类型的接口**）	
3	**ipv6 bandwidth-reference** *value* 例如：[Huawei-isis-1] **ipv6 bandwidth-reference** 1000	配置计算带宽的参考值，取值范围为 1～2 147 483 648 的整数，单位是 Mbit/s。 【说明】**只有当开销类型为** wide **或** wide-compatible **时**，使用本命令配置的带宽参考值才是有效的，此时各接口的开销值=（bandwidth-reference/接口带宽值）×10；当开销类型为 **narrow**、**narrow-compatible** 或 **compatible** 时，各个接口的开销值根据 13.7.2 节的表 13-6 来确定。 缺省情况下，带宽参考值为 100 Mbit/s，可用 **undo ipv6 bandwidth-reference** 命令恢复 IS-IS 接口开销自动计算功能中所使用的带宽参考值为缺省值 100 Mbit/s
4	**ipv6 auto-cost enable** 例如[Huawei-isis-1] **auto-cost enable**	使能自动计算接口的开销值。当使能此功能后，对于某个 IS-IS 接口来说，如果既没有在接口视图下配置其开销值，也没在 IS-IS 视图下配置全局开销值，则此接口的开销由系统自动计算，计算方法见上一步的说明。 缺省情况下，未使能 IS-IS 根据带宽自动计算接口开销的功能，可用 **undo ipv6 auto-cost enable** 命令去使能 IS-IS 根据带宽自动计算接口开销的功能
	方式 3：接口开销配置（优先级最高）	
3	**quit** 例如：[Huawei-isis-1] **quit**	退出 IS-IS 视图，返回系统视图
4	**interface** *interface-type interface-number* 例如：[Huawei]**interface** gigabitethernet 1/0/0	键入要配置开销的 IS-IS 接口，进入接口视图
5	**isis ipv6 cost** { *cost* | **maximum** } [**level-1** | **level-2**] 例如：[Huawei-GigabitEthernet1/0/0] **isis ipv6 cost** 5 **level-2**	为 IS-IS 接口设置具体的开销。命令中的参数和选项说明参见本表上面全局开销配置中 **ipv6 circuit-cost** 命令的对应说明，只不过这里的参数和选项仅作用于对应的具体接口，而不是所有 IS-IS 接口。 【注意】只有当 IS-IS 的开销类型为 wide 或 wide-compatible 模式时，才可以选择 **maximum** 选项。**要改变** Loopback **接口的开销，只能通过本命令进行设置**，不能通过上面介绍的全局和自动计算方式配置。 缺省情况下，IS-IS 接口的链路开销为 10，可用 **undo isis ipv6 cost** [*cost* | **maximum**] [**level-1** | **level-2**]命令恢复指定类型链路 IS-IS 接口的开销值为缺省值

3. 配置 IS-IS（IPv6）对等价路由的处理方式

当 IS-IS 网络中有多条冗余链路时，可能会出现多条等价路由，此时可以配置负载分担，流量会被均匀地分配到每条链路上。配置负载分担可以提高网络中链路的利用率及减少某些链路负担过重造成阻塞发生的情况。但是由于对流量转发具有一定的随机性，因此可能不利于对业务流量的管理。

可在对应的IS-IS进程视图下通过**ipv6 maximum load-balancing** *number*命令配置在负载分担方式下的IS-IS IPv6等价路由的最大数量，不同系列的取值范围和缺省支持的最大等价路由条数不同，参见对应产品手册说明即可。

当组网中存在的等价路由数量大于**ipv6 maximum load-balancing**命令配置的等价路由数量时，按照下面原则选取有效路由进行负载分担。

■ 路由优先级：负载分担选取优先级高的等价路由进行负载分担。

■ 接口索引：如果路由的优先级相同，则比较接口的索引，负载分担选取接口索引大的路由进行负载分担。

■ 下一跳 IP 地址：如果接口的优先级和接口索引都相同，则比较下一跳 IP 地址，负载分担选取 IP 地址大的路由进行负载分担。

4. 配置 IS-IS IPv6 路由渗透

缺省情况下，L1 区域的路由会渗透到 L2 区域中，因此 L1/2 设备和 L2 设备了解整个网络的拓扑信息。由于 L1 区域的设备只维护本地 L1 区域的 LSDB 数据库，不知道整个网络的拓扑信息，所以只能选择将流量转发到最近的 L1/2 设备，再由 L1/2 设备将流量转发到 L2 区域。然而，该路由可能不是到达目的地的最优路由，因为，如果在一个 L1 区域中有多台 L1/2 设备与 L2 区域相连，每台 L1/2 设备都会在 L1 LSP 中设置 ATT 标志位，则该区域中就有到达 L2 区域和其他 L1 区域的多条出口路由。

为了帮助 L1 区域内的设备选择到达其他区域的最优路由，可以配置 IS-IS IPv6 路由渗透，将 L2 区域的某些路由渗透到某个 L1 区域。另外，考虑到网络中部署的某些业务可能只需在本地 L1 区域内运行，则无需将这些路由渗透到 L2 区域中，因此可有选择性地通过路由策略配置，仅将某 L1 区域的部分路由渗透到 L2 区域。

可在 IS-IS 进程视图下通过 **ipv6 import-route isis level-2 into level-1** [**tag** *tag* | **filter-policy** { *acl6-number* | **acl6-name** *acl6-name* | **ipv6-prefix** *ipv6-prefix-name* | **route-policy** *route-policy-name* } | **direct** { **allow-filter-policy** | **allow-up-down-bit** } *] *命令将 L2 区域和其他 L1 区域的部分 IS-IS IPv6 路由渗透到本地 L1 区域。

可在 IS-IS 进程视图下通过 **ipv6 import-route isis level-1 into level-2** [**tag** *tag* | **filter-policy** { *acl6-number* | **acl6-name** *acl6-name* | **ipv6-prefix** *ipv6-prefix-name* | **route-policy** *route-policy-name* }| **direct allow-filter-policy**] *命令将 L1 区域的部分 IS-IS IPv6 路由渗透到本地 L2 区域。

以上两命令中的 IPv6 ACL 和 IPv6 地址前缀列表将在本书第 15 章介绍，其他参数和选项说明参见 13.7.4 节。

5. 控制 Level-1 设备是否生成缺省路由

IS-IS 协议规定，如果 IS-IS Level-1-2 设备根据链路状态数据库判断通过 L2 区域比 L1 区域能够到达更多的区域，该设备会在所发布的 L1 LSP 内将 ATT 比特位置位。对于收到 ATT 比特位置位的 LSP 报文的 L1 设备，会生成一条目的地为发送该 LSP 的 L1/2 设备的缺省路由。

以上是协议的缺省原则，在实际应用中，可以根据需要对 ATT 比特位进行手动配置，以便更好地为网络服务，具体配置方法参见 13.7.5 节。

第14章 BGP（IPv4&IPv6）路由配置与管理

本章主要内容

14.1 BGP基础

14.2 BGP报文及基本工作原理

14.3 BGP的主要路由属性和选路策略

14.4 BGP路由反射器与联盟工作原理

14.5 BGP基本功能配置与管理

14.6 BGP路由选路和负载分担配置与管理

14.7 简化IBGP网络连接

14.8 控制BGP路由的发布和接收

14.9 调整BGP网络的收敛速度

14.10 配置BGP安全性

14.11 BGP与BFD联动配置与管理

前面几章介绍的 RIP、OSPF 和 IS-IS 协议都属于 IGP（内部网关协议）类型的协议，就是只能用于在同一个 AS 内的网络互联配置。如果要连接位于不同 AS 中的网络，则需要用到本章介绍的 EGP（外网关网协议）——BGP 了。

BGP 与前面介绍的 IS-IS 一样，也支持多协议栈，即同时支持多种网络，如 IPv4、IPv6，而且同时支持单播、组播，甚至 VPN 环境，所以在 BGP 中有许多种地址族，适用不同的网络环境。但 BGP 不支持多进程，所以在 BGP 中也没有进程的概念。BGP 也不能自身学习、生成路由，BGP 路由表中的路由都是通过引入 IGP 路由生成的。

BGP 是一个非常复杂的动态路由协议，里面涉及许多比较复杂的技术，如各种 BGP 报文格式，BGP 对等体建立、各种 BGP 路由属性、BGP 的选路规则、BGP 路由聚合、BGP 安全认证、BGP 负载分担，以及像 BGP 的路由引入、BGP 路由信息的接收和发布控制、调整 BGP 网络收敛速度、简化 IBGP 网络连接的路由反射器和联盟技术等。本章将对以上各项基础知识、工作原理，以及在 IPv4 和 IPv6 网络环境中各主要功能的配置与管理方法进行详细介绍，并同时列举大量的实际配置案例，以加深对基础知识、工作原理和配置方法的理解。

14.1 BGP 基础

BGP（Border Gateway Protocol，边界网关协议）是一种实现 AS（自治系统）之间路由的距离矢量性动态路由协议。它不同于本书前面各章介绍的 RIP、OSPF 和 IS-IS 协议，它们均是用于解决一个 AS 内部网络路由的 IGP（内部网关协议），而 BGP 则是用于解决不同 AS 间网络路由的 EGP（Exterior Gateway Protocol，外部网关协议）。

14.1.1 BGP 的基本概念

为了方便管理规模不断扩大的网络，网络被分成了不同的自治系统。1982 年，EGP 被用于在 AS 之间动态交换路由信息。但是 EGP 设计得比较简单，只发布网络可达的路由信息，而不对路由信息进行优选，同时也没有考虑环路避免等问题，所以很快就无法满足网络管理的要求。

BGP 是用于取代最初的 EGP 而设计的另一种外部网关协议。与最初的 EGP 不同，BGP 能够进行路由优选、避免路由环路、更高效地传递路由和维护大量的路由。

BGP 早期发布的 3 个版本分别是 BGP-1（RFC1105）、BGP-2（RFC1163）和 BGP-3（RFC1267）。1994 年开始使用 BGP-4（RFC1771）; 2006 年之后单播 IPv4 网络使用 BGP-4（RFC4271）版本，其他网络（如 IPv6）使用 MP-BGP（多协议 BGP，对应 RFC4760）版本。MP-BGP 对 BGP-4 进行了扩展，来达到在不同网络中应用的目的，但 BGP-4 原有的消息机制和路由机制并没有改变。MP-BGP 在 IPv6 单播网络上的应用称为 BGP4+，在 IPv4 组播网络上的应用称为 MBGP（Multicast BGP，组播 BGP）。在此，先介绍 BGP 相关的基本概念。

说明 AR G3 系列路由器的 BGP 特性均同时支持 BGP-4、BGP4+和 MP-BGP，且在 BGP 视图下的配置将对 BGP-4、BGP4+和 MP-BGP 同时生效，因为 BGP 视图是 BGP 的一级视图。缺省情况下，**在 BGP IPv4 单播地址族视图下配置的命令也可以在 BGP 视图下直接配置，但只对 BGP-4 生效**，因为这些配置命令仅适于 IPv4 单播网络环境。例如，如果在 BGP 视图下配置 BGP 引入路由后，则只对 BGP-4 生效，对 BGP4+和 MP-BGP 不生效，它们需要在对应的地址族视图下配置。

另外，虽然 BGP 用于在 AS 之间传递路由信息，但并不是所有 AS 之间传递路由信息都需要运行 BGP。在一些网络出口比较单一的 AS 边界，可以用更为简单的静态路由来配置。比如在数据中心上行连入 Internet 的出口上，为了避免 Internet 海量路由对数据中心内部网络的影响，设备采用静态路由代替 BGP 与外部网络通信。

1. BGP 中的 AS

AS 是指在一个组织机构管辖下的、拥有相同选路策略的 IP 网络。BGP 网络中的每个 AS 都被分配了一个唯一的 AS 号，用于区分不同的 AS。BGP 中的 AS 号分为 2 字节 AS 号和 4 字节 AS 号，最初仅 2 字节 AS 号，取值范围为 1～65 535 的整数，4 字节 AS 号是后来才引入的，以便有更多 AS 号可以分配，其取值范围为 1～4 294 967 295 的整数（可以有不同的表示格式），属于扩展 AS 号。支持 4 字节 AS 号的设备能够与支持 2 字节 AS 号的设备兼容。

在 BGP AS 中不仅有两种不同长度的 AS 编号方法，而且还有不同的输入格式，同时还有公网 AS 和私网 AS 之分，具体将在下节介绍。

2. BGP 分类

BGP 按照运行方式分为 EBGP（External/Exterior BGP，外部 BGP）和 IBGP（Internal BGP，内部 BGP）。这两种 BGP 在网络中运行的位置如图 14-1 所示。

① EBGP：运行于不同 AS 之间的 BGP 称为 EBGP。为了防止 AS 间产生环路，当 BGP 设备接收 EBGP 对等体发来的路由时，会将带有本地 AS 号的路由丢弃。

② IBGP：运行于同一 AS 内部的 BGP 称为 IBGP。为了防止 AS 内产生环路，BGP 设备不将从 **IBGP 对等体学习到的路由再发布给其他 IBGP 对等体**，并缺省需要与所有 IBGP 对等体建立全连接才能实现 AS 内部各 IBGP 设备间的路由互通。为了解决现实网络中多数情况下 AS 内部各 IBGP 设备间很难实现全连接的问题，BGP 提供了“路由反射器”和“联盟”两种解决方案。具体将在本章的后面介绍。

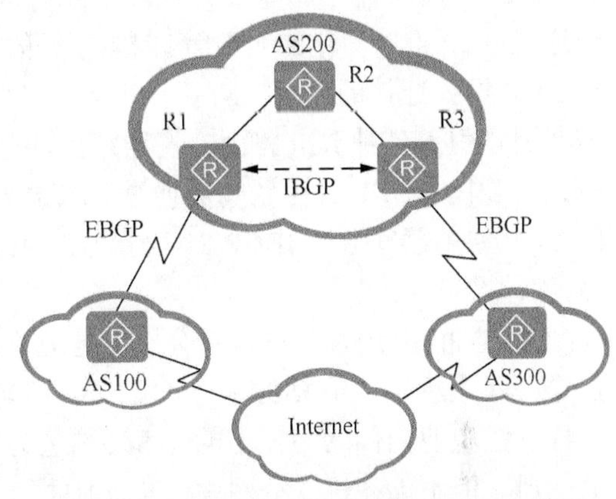

图 14-1　EBGP 和 IBGP 运行的网络位置示意

如果在 AS 内一台 BGP 设备收到 EBGP 对等体发送的路由后，需要通过另一台 BGP 设备将该条路由信息传播给其他 AS 时，则建议将在这两台 BGP 设备上配置运行 IBGP。如图 14-1 所示，位于 AS200 中的 R1 收到 AS100 中 EBGP 对等体发送的路由后，希望把这条路由信息通过 R3 传播到 AS300 中，所以 R1 与 R3 要配置为运行 IBGP。实际上就是让它们成为 IBGP 对等体（有关“对等体”的概念将在本节后面具体介绍），由此可见 **IBGP 对等体不一定就是直接连接的，EBGP 对等体也可以不是直接连接的**。

3. 两种 BGP 报文交互角色

BGP 报文交互中分为 Speaker 和 Peer 两种角色。

① Speaker：发送 BGP 报文的设备称为 BGP Speaker（发言者）。它接收或产生新的报文信息，并发布给其他 BGP Speaker。Speaker 角色是针对具体报文发送过程而言的，网络中每台 BGP 路由器均可成为自己发送 BGP 报文的 Speaker。

② Peer：相互交换报文的 Speaker 之间互称 Peer（对等体）。多个相关的对等体可以构成对等体组（Peer Group），然后可以为这个对等体组进行集中配置。

4. BGP 的路由器 ID（Router ID）

与 OSPF 一样，BGP 也是采用 Router ID（路由器 ID）来标识一个 BGP 设备的。路由器 ID 会在 BGP 会话建立时发送的 Open 报文中携带，也是一个 32 位值，通常是 IPv4 地址的形式。在对等体之间建立 BGP 会话时，整个 BGP 网络中的每台 BGP 设备都必须有唯一的路由器 ID，否则对等体之间不能建立 BGP 连接。

BGP 的 Router ID 与 OSPF 的 Router ID 是一样的，既可以手动配置，也可以让 BGP

自己在设备上选取。**缺省情况下，BGP 选择设备上的 Loopback 接口的最大 IP 地址作为 BGP 的路由器 ID**。如果设备上没有配置 Loopback 接口，系统会选择接口中最大的 IPv4 地址作为 BGP 的 Router ID。**一旦选出 Router ID，除非发生接口地址删除等事件，否则即使配置了更大的地址，也保持原来的 Router ID**。

14.1.2 BGP AS

BGP 的 AS 用于将整个外部网络划分为多个应用本地路由策略的路由子域，这样公司通过 BGP 可以简化路由域管理和统一策略配置，因为一个 BGP 设备可以连接多个 AS。在 BGP 设备连接的每个 AS 中可以支持多种不同的路由协议，但 BGP 本身不产生路由，需要通过引入各种 IGP 路由、直连路由和静态路由来实现与各个子网络的连接。不同的 BGP AS 中的 BGP 路由器间需通过 EBGP 对等会话动态交换路由信息；同一个 AS 内部的 BGP 路由器间通过 IBGP 对等会话交换路由信息。

1. AS 的分类

AS 也和 IP 地址一样，有公、私之分。公网中使用的 AS（称之为“公网 AS”）必须在是公网注册，并由 ISP 统一分配，且在整个 Internet 中都是唯一的，就像公网 IP 地址一样。在企业内部网络使用的 AS（称之为“私网 AS”）可以由各企业重复使用，且无需注册，但不能在进入公网中的报文中携带。

RFC 5398 中规定，在 1～64 511 的 2 字节 AS 号是公网 AS，64 512～65 534，共 23 个 2 字节 AS 号是私网 AS（AS 65 535 保留用于特定用途）。图 14-2 所示是两个在不同公网 AS 中路由器通过 BGP 建立的 EBGP 对等体连接。

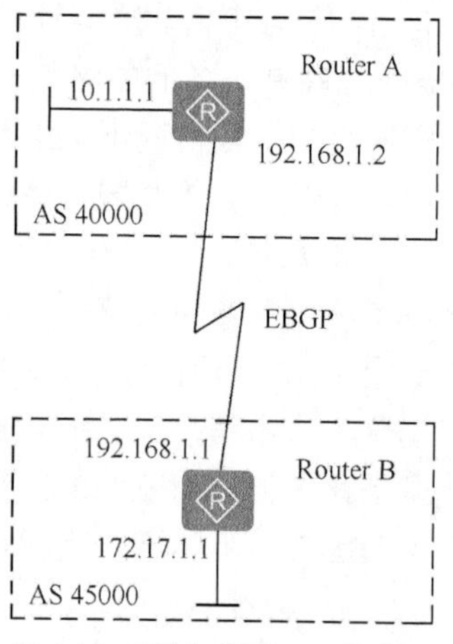

图 14-2 两个公网 AS 中路由器建立 EBGP 对等体连接示例

2. BGP AS 号格式

在 2009 年 1 月之前，RFC 4271 BGP-4 中使用的 AS 号是一个 2 字节数，取值为 1～65 535。为了满足日益增加的 AS 号需求，IANA 从 2009 年 1 月开始在 RFC 5396 中定义了 4 字节的 AS 号，取值范围为 65 536～4 294 967 295。

AS 又有以下两种表示格式。

（1）Asplain AS（无格式 AS）

Asplain AS 号格式是一个普通的十进制整数，是 BGP 缺省的 AS 号格式。Asplain AS 号格式中的 AS 可以是 2 字节的，也可以是 4 字节的，不同长度仅代表 AS 编号的取值范围不同。如 65 526 是一个 2 字节的 AS 号，而 234 567 是一个 4 字节的 AS 号。

（2）Asdot AS（点分 AS）

Asdot 格式 AS 号是一个点分记数法所表示的十进制数。它规定：如果是 2 字节的 AS 号（最大值为 65 535），则直接用它的十进制整数表示；如果是 4 字节的 AS 号，则要采用点分计数法表示。

点分计数法的计算方法是先把这个十进制 AS 号转换成二进制，然后**从右向左**每 16 位（2 字节）分成一段，在两段之间以小圆点分隔，再将这两段分别换算成十进制。例如 65 526 是一个 2 字节的 AS 号，仍采用 65 526 表示，而 234 567 是一个 4 字节的 AS

号，则要表示为 3.379 59。转换方法是先把 234 567 十进制数转换成二进制，结果为 111001010001000111，然后从右向左每 16 位分成一段，分别得到 11 和 1001010001000111，然后在两段之间以小圆点分隔，再对这两段分别换算成十进制即为 3.379 59。

尽管可以任意使用 Asplain 格式或者 Asdot 格式 4 字节 AS 号，但在 **display** 命令的输出中，或者在正则表达式中仅显示或控制一种格式。在使用正则表达式来匹配 Asdot 格式 AS 号时，因为在 Asdot 格式 AS 中包括了一个在正则表达式中代表特殊含义的句点（.）符号，所以在句点前必须键入一个反斜杠（\），如 1\.14，以确保正则表达式不会匹配失败。

表 14-1 所示为采用缺省的 Asplain 格式时，两种不同 AS 配置格式的输出及正则表达式匹配的格式。从中可以看出，当采用 Asdot 格式输入 4 字节的 AS 号时，最终是以 Asplain 格式显示和匹配的，原来点分格式的 1.0～65 535.655 35 转换成了非点分格式的 65 536～4 294 967 295。

表 14-1　采用缺省的 Asplain 格式时，配置格式与输出及正则表达式匹配的格式比较

配置格式	display 命令输出格式及正则表达式匹配格式
Asplain 格式：2 字节：1～65 535， 4 字节：65 536～4 294 967 295	2 字节：1～65 535 4 字节：65 536～4 294 967 295
Asdot 格式：2 字节：1～65 535， 4 字节：1.0～65 535.655 35	2 字节：1～65 535 4 字节：65 536～4 294 967 295

表 14-2 所示为当强制设置为 Asdot 格式时，两种不同 AS 配置格式的输出及正则表达式匹配的格式。从中可以看出，当采用 Asplain 格式输入 4 字节的 AS 号时，最终是以 Asdot 格式显示和匹配的，原来非点分格式的 65 536～4 294 967 295 转换成了点分格式的 1.0～65 535.655 35。

表 14-2　采用 Asdot 格式时，配置格式与输出及正则表达式匹配的格式比较

配置格式	display 命令输出格式及正则表达式匹配格式
Asplain 格式：2 字节：1～65 535 4 字节：65 536～4 294 967 295	2 字节：1～65 535 4 字节：1.0～65 535.655 35
Asdot 格式：2 字节：1～65 535 4 字节：1.0～65 535.655 35	2 字节：1～65 535 4 字节：1.0～65 535.655 35

3. 保留的 AS 号

在 RFC 4893 BGP-4 标准中，支持由 2 字节 AS 向 4 字节的过渡。但在这个标准中新增了保留的 AS 号 23 456。后来又在新的 RFC 5398 标准中规定了新的保留 AS 号，它们是在 64 496～64 511 之间的 2 字节 AS 号和在 65 536～65 551 之间的 4 字节 AS 号。

14.1.3　BGP 地址族

最初的 BGP-4 标准仅支持 IPv4 网络，为了解决 BGP 对多种网络层协议的支持，IETF 对 BGP-4 进行了地址族能力扩展，形成 MP-BGP（Multi-Protocol BGP，多协议 BGP），使 BGP 能够为多种网络应用提供路由信息。在 RFC4760（Multiprotocol Extensions for BGP-4）中，定义了两个新的可选非过渡属性（“非过渡属性”就是该属性不能传递到其他设备上，仅在本地设备上使用，具体将在 14.3 节介绍），BGP 的多种协议扩展都用到了这两个属性。

① 扩展协议可达 NLRI（MP_REACH_NLRI，属性类型 14）。

② 扩展协议不可达 NLRI（MP_UNREACH_NLRI，属性类型 15）。

这两种扩展属性适用于所有的 BGP 扩展。为了对不同的扩展类型进行区分，在这两种属性中都携带了 BGP 地址族（Address Family）和子地址族（Sub-Address Family）信息。所谓“地址族”就是一种网络层协议（如 TCP/IP 网络中的 IPv4、IPv6，以及 OSI 网络中的 CNLS）配置模块，简单地说，就是把不同类型的网络分块进行配置。其目的就是针对运行不同网络层协议的网络分别进行功能配置，这样配置起来就更加有条理，因为这些不同网络层协议的地址格式的应用需求或许根本不一样。

为了进一步区分同一类型网络中不同类型的网络应用（如 IPv4 和 IPv6 网络中都有单播、组播、VPN 等），又可在地址族下划分子地址族。“地址族”使用 AFI（Address Family Identifier，地址族标识符）进行标识，对应的子地址族为 SAFI（Subsequent Address Family Identifier，子序列地址族标识符）。

目前，在 IP 网络中，MP-BGP 主要包括 4 个地址族：IPv4、IPv6、L2VPN 和 VPLS 地址族。在 IPv4 地址族下又有 IPv4 单播、IPv4 组播、IPv4 VPN、IPv4 MPLS 和 IPv4 MDT 子地址族等，IPv6 地址族下又有 IPv6 单播和 IPv6 组播子地址族等。表 14-3 列出了这些地址族对应的 AFI 和 SAFI 值。

表 14-3　BGP 常用地址族及子地址族

MP-BGP 族	AFI	SAFI
IPv4 Unicast（IPv4 单播）	1	1
IPv4 Multicast（IPv4 组播）	1	2
IPv4 Lable（IPv4 MPLS）	1	4
IPv4 VPNv4（IPv4 VPN） AR100&AR120&AR150&AR160&AR200 系列不支持 BGP-VPNv4 地址族	1	128
IPv6 Unicast（IPv6 单播）	2	1
IPv4 MDT（IPv4 组播分布树）	1	66
IPv6 Multicast（IPv6 组播）	2	2
L2VPN（二层 VPN）	196	128
VPLS（虚拟专用局域网服务）	25	65

14.2 BGP 报文及基本工作原理

BGP 对等体的建立、更新和删除等交互过程主要有 5 种报文、6 种状态机和 5 个原则。

14.2.1 5 种 BGP 报文的格式

BGP-4 协议有 5 种报文：Open（建立）、Update（更新）、Notification（通知）、Keepalive

（保持活跃）和 Route-refresh（路由刷新），其中 Keepalive 报文为周期性发送，其余报文为触发式发送。

① Open 报文：用于建立 BGP 对等体的连接，类似于 OSPF 和 IS-IS 中通过 Hello 报文建立邻居关系一样。

② Update 报文：用于在对等体之间交换路由信息，类似于 OSPF 中的 LSU 报文。

③ Notification 报文：用于中断 BGP 连接。

④ Keepalive 报文：用于保持 BGP 对等体连接，类似于在 OSPF 和 IS-IS 中通过 Hello 报文维护邻居关系。

⑤ Route-refresh 报文：用于在改变路由策略后请求对等体重新发送路由信息。只有支持路由刷新（Route-refresh）能力的 BGP 设备才会发送和响应此报文。

这 5 种 BGP 报文有相同的报头，其格式如图 14-3 所示。

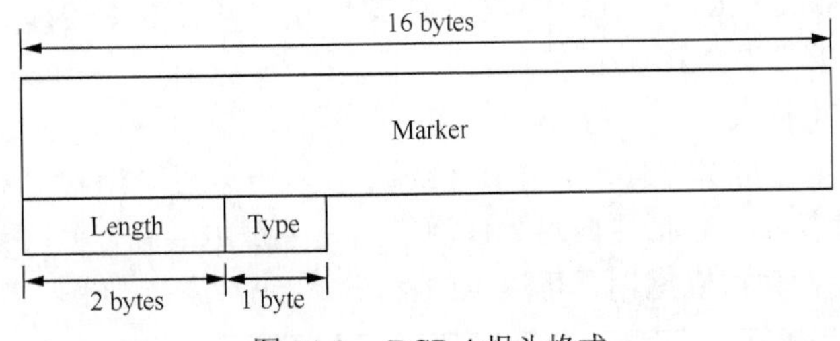

图 14-3 BGP-4 报头格式

各字段解释如下。

① Marker：占 16 字节，用于标明 BGP 报文边界，固定值为所有比特均为"1"，相当于一个报文的头部标识符。

② Length：占 2 字节，标识 BGP 报文总长度（包括报头在内），以字节为单位。

③ Type：占 1 字节，标识 BGP 报文的类型。其取值为十六进制的 1~5，分别表示 Open、Update、Notification、Keepalive 和 Route-refresh 消息。其中，前 4 种报文在 RFC 1771 中定义，而第 5 种报文在 RFC 2918 中定义。

1. Open 报文格式

Open（建立）是 TCP 连接建立后发送的第一个报文，包含本地 Speaker 信息以及用于后面与对等体间建立 TCP 会话的信息，用于建立 BGP 对等体之间的连接关系。其报文格式如图 14-4 所示。Open 报文中的各字段信息必须在对等体之间进行路由信息交换之前协商确定好。

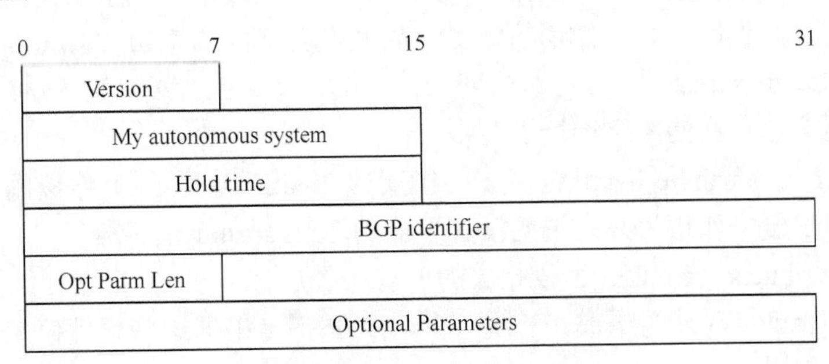

图 14-4 Open 报文格式

各字段解释如下。

① Version：标识本地设备使用的 BGP 版本，占 1 字节。对于 BGP-4 来说，其值为 4。

② My autonomous system：标识本地 AS 号，占 2 字节或 4 字节。通过比较两端的 AS 号可以确定是 EBGP 连接（不同时）还是 IBGP 连接（相同时）。

③ Hold time：标识对等体与本设备保持连接的时间，占 2 字节，以秒为单位。在建立对等体关系时两端要协商 Hold Time，并保持一致。如果在这个时间内未收到对端发来的 Keepalive 消息或 Update 消息，则认为 BGP 连接中断。

④ BGP identifier：标识 BGP 路由器的路由器 ID，占 4 字节，采用点分十进制格式的 IP 地址的形式，用来识别 BGP 路由器。

⑤ Opt Parm Len（Optional Parameters Length）：可选参数的长度，占 1 字节，标识可选参数的总长度，如果为 0 则没有可选参数。

⑥ Optional parameters：可选参数，长度可变，用于多协议扩展（Multiprotocol Extensions）等功能，如 BGP 验证信息。

2. Update 报文格式

在 BGP 对等体之间成功建立了 BGP 会话后，双方就可开始利用 Update（更新）报文进行路由信息交换了，包括要向对等体通告的每条路由信息。**但 Update 报文既可以发布可达路由信息，也可以撤销不可达路由信息**。其报文格式如图 14-5 所示。

Unfeasible routes length	2 Octets
Withdrawn routes	*N* Octets
Total path attribute length	2 Octets
Path attributes	*N* Octets
NLRI	*N* Octets

图 14-5　Update 报文格式

一条 Update 报文可以通告**一类具有相同路径属性**的可达路由，这些路由放在 NLRI（Network Layer Reachable Information，网络层可达信息）字段中，Path Attributes 字段携带了这些路由的属性，BGP 根据这些属性进行路由的选择。同时 Update 报文还可以携带多条不可达路由信息，被撤销的路由放在 Withdrawn Routes 字段中，用来通知对等体要撤销的路由。各字段解释如下。

① Unfeasible routes length：标识不可达路由（Withdrawn routes）字段的长度，占 2 字节，以字节为单位，包含通知对等体从它的 BGP 路由表中要撤销的当前不可达路由的数量。如果为 0 则说明没有要撤销的路由，也就没有下面的 Withdrawn routes 字段。

② Withdrawn routes：不可达路由列表，长度可变，包含要从对等体 BGP 路由表中撤销的当前不可达路由的网络地址及前缀。

③ Total path attribute length：标识路径属性（Path attributes）字段的长度，占 2 字节，以字节为单位。如果为 0 则说明没有下面的 Path attributes 字段。

④ Path atributes：与 NLRI 字段相关的所有路径属性列表，每个路径属性由一个 TLV（Type-Length-Value）3 元组构成，长度可变。BGP 正是根据这些属性值来避免环路，进行选路、协议扩展等。

⑤ NLRI（Network Layer Reachability Information）：标识网络层可达信息，包含要向对等体通告的每条可达路由的前缀，长度可变。这些可达路由信息来自本地 Adj-RIB-In（Adjacent Routing Information Base, Incoming，入方向邻接路由信息库），然后又将加入到对端 Adj-RIB-In 中。

3. Notification 报文格式

当 BGP 检测到错误状态时，就会向对等体发出 Notification（通知）报文，之后 BGP 连接会立即中断。其报文格式如图 14-6 所示。各字段解释如下。

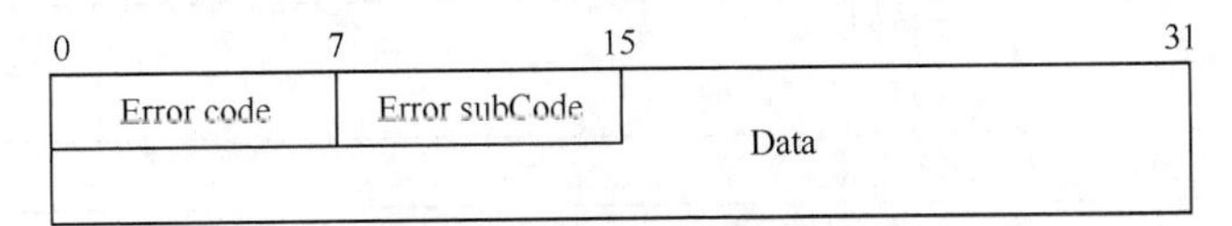

图 14-6　Notification 报文格式

① Error code：差错码，占 1 字节，指定错误类型。包括消息头出错、Open 消息错误、Update 消息错误、保持计时器超时、状态机错误、连接终止共 6 类，对应十六进制中的 1～6。

② Error subcode：差错子码，占 1 字节，描述错误类型的详细信息。

③ Data：错误消息内容，可变长度，用于辅助发现错误的原因。它的内容依赖于具体的差错码和差错子码，记录的是出错部分的数据。

主要 Notification 报文差错码、差错子码说明见表 14-4。

表 14-4　Notification 报文差错码、差错子码说明

错误代码	子错误代码	错误说明
1	1	Marker 错误
	2	报文长度错误
	3	报文类型错误
2	1	不支持的 BGP 版本号
	2	Peer AS 错误
	3	BGP Identify 错误
	4	不支持的可选参数
	5	验证失败
	6	不可接受的保持时间
	7	不支持的协商能力
3	1	畸形的属性列表（报文过大）
	2	不可识别的公认属性
	3	缺少公认属性
	4	属性标识错误
	5	属性长度错误
	6	无效的源属性
	7	AS 号环路
	8	无效的下一跳属性
	9	可选属性错误

续表

错误代码	子错误代码	错误说明
3	10	无效的网络层信息
	11	畸形的 AS-Path 属性
4	0	保持计时器超时
5	0	状态机错误
6	1	路由前缀超限
	2	管理员关闭
	3	邻居重新配置
	4	管理员重新连接
	5	拒绝连接
	6	其他配置变更
	7	连接冲突
	8	资源不足
	9	BFS 通知邻居 Down

4. Keepalive 报文格式

BGP 会周期性地向对等体发出 Keepalive（保持活跃）报文，用来保持对等体连接的有效性。其报文格式中仅包含图 14-3 所示的 BGP 报头，没有附加其他任何字段。

5. Route-refresh 报文格式

Route-refresh（路由刷新）报文用来要求对等体重新发送指定地址族的路由信息。其报文格式如图 14-7 所示。各字段解释如下。

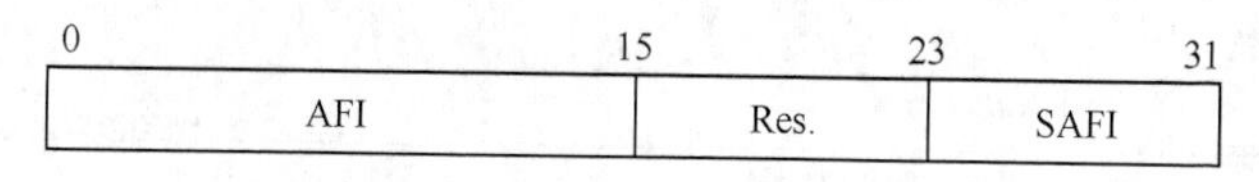

图 14-7 Route-refresh 报文格式

① AFI：Address Family Identifier，地址族标识，占 2 字节，用于标识所采用的地址族类型。不同类型地址族对应的 AFI 值参见本章前面介绍的表 14-3。

② Res.：保留，占 1 字节，必须置 0。

③ SAFI：Subsequent Address Family Identifier，子地址族标识，占 1 字节，用于标识子地址族类型。不同类型子地址族对应的 SAFI 值参见本章前面介绍的表 14-3。

14.2.2 6 种 BGP 状态机

在 BGP 对等体的报文交互过程中存在 6 种状态机：空闲（Idle）、连接（Connect）、活跃（Active）、Open 报文已发送（OpenSent）、Open 报文已确认（OpenConfirm）和连接已建立（Established）。这 6 种状态机的转换过程如图 14-8 所示。其中，在 BGP 对等体建立的过程中，使用了 Idle、Active 和 Established 3 种状态机。但要注意的是，BGP 是一个应用层协议，而且使用的是 TCP 传输层协议，所以在 BGP 对等体连接建立前先要在对等体间建立 TCP 连接。

① Idle 状态是 BGP 的初始状态。在 Idle 状态下，BGP 拒绝邻居发送的连接请求。只有在收到本设备的 Start（开始）事件后，BGP 才开始尝试和其他 BGP 对等体进行 TCP

连接，并转换至 Connect（连接）状态。

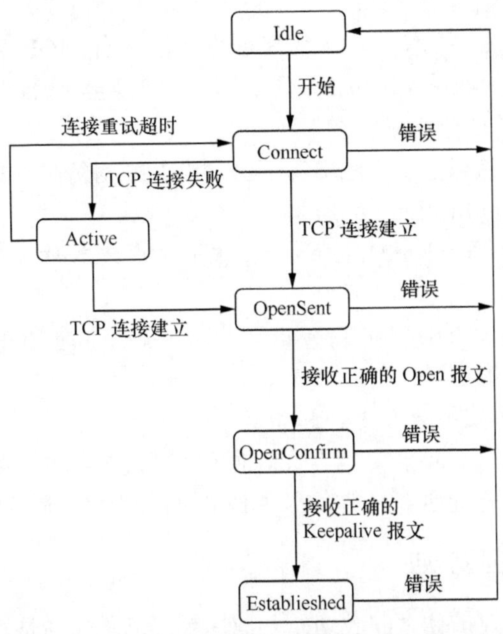

图 14-8　BGP 对等体交互中的状态机转换流程

说明 Start 事件是由一个操作者配置一个 BGP 过程，或者重置一个已经存在的过程，或者路由器软件重置 BGP 过程引发的。任何状态中收到 Notification 报文或 TCP 拆链通知等 Error（错误）事件后，BGP 都会转换至 Idle 状态。

② 在 Connect 状态下，BGP 启动连接重传定时器（Connect Retry），等待 TCP 完成连接。

- 如果 TCP 连接成功，那么本地 BGP 向 BGP 对等体发送 Open 报文，并转换至 OpenSent 状态。
- 如果 TCP 连接失败，那么本地 BGP 转换至 Active 状态。
- 如果连接重传定时器超时后本地 BGP 仍没有收到 BGP 对等体的响应，那么本地 BGP 会继续尝试和其他 BGP 对等体进行 TCP 连接，停留在 Connect 状态。

③ 在 Active 状态下，本地 BGP 总是在试图建立 TCP 连接。

- 如果 TCP 连接成功，那么本地 BGP 向 BGP 对等体发送 Open 报文，关闭连接重传定时器，并转换至 OpenSent 状态。
- 如果 TCP 连接失败，那么本地 BGP 停留在 Active 状态。
- 如果连接重传定时器超时后本地 BGP 仍没有收到 BGP 对等体的响应，那么本地 BGP 转换至 Connect 状态。

④ 在 OpenSent 状态下，本地 BGP 等待对等体的 Open 报文，并对收到的 Open 报文中的 AS 号、版本号、认证码等进行检查。

- 如果收到的 Open 报文正确，那么本地 BGP 向 BGP 对等体发送 Keepalive 报文，并转换至 OpenConfirm 状态。

■ 如果发现收到的Open报文有错误，那么本地BGP向BGP对等体发送Notification报文给对等体，并转换至Idle状态。

⑤ 在OpenConfirm状态下，本地BGP等待来自BGP对等体的Keepalive或Notification报文。如果收到Keepalive报文，则转换至Established状态；如果收到Notification报文，则转换至Idle状态。

⑥ 在Established状态下，本地BGP可以和BGP对等体交换Update、Keepalive、Route-refresh报文和Notification报文。

■ 如果收到正确的Update或Keepalive报文，那么本地BGP就认为对端处于正常运行状态，将保持BGP连接。

■ 如果收到错误的Update或Keepalive报文，那么本地BGP发送Notification报文通知对端，并转换至Idle状态。

■ Route-refresh报文不会改变BGP状态。

■ 如果收到Notification报文，那么本地BGP转换至Idle状态。

■ 如果收到TCP拆链通知，那么本地BGP断开连接，转换至Idle状态。

14.2.3 5种路由交互原则

BGP设备与BGP对等体之间成功建立邻居关系后，缺省情况下将采取以下5种路由信息交互原则。

■ **从IBGP对等体获得的BGP路由，只发给它的EBGP对等体。**

■ **从EBGP对等体获得的BGP路由，可发给它所有EBGP和IBGP对等体。**

■ 当存在多条到达同一目的地址的有效路由时，BGP设备只将最优路由发布给对等体。BGP路由表中的无效路由均不会发布，也不会进入到IP路由表中，不会指导数据报文的转发。

■ 路由更新时，BGP设备**只发送要更新的BGP路由，不是发送整个路由表。**

■ 所有对等体发送的路由，BGP设备都会接收。即只要是对等体发来的路由，本地BGP设备都会接收，除非是对等体不能向本地BGP设备发送的路由，如前面几种情况，或者在本地配置了BGP路由接收过滤。

14.2.4 BGP与IGP交互原理

由于BGP与IGP在设备中使用不同的路由表，因此为了实现不同AS间的相互通信，BGP需要与IGP进行交互，即BGP路由表和IGP路由表相互引入。

1. BGP引入IGP路由

BGP本身不产生、不发现路由，因此需要将其他路由引入BGP路由表中，以实现AS间的路由互通。当一个AS需要将路由发布给其他AS时，AS边缘路由器会在BGP路由表中引入IGP的路由。为了更好地规划网络，BGP在引入IGP的路由时，可以使用路由策略进行路由过滤和路由属性设置，也可以设置MED属性（将在本章后面介绍）指导EBGP对等体判断流量进入AS时的选路。

BGP引入路由时支持Import和Network两种方式。

① Import方式是按协议类型，将包括静态路由、直连路由，以及RIP、OSPF、ISIS

等协议的动态路由通过 **import-route** 命令引入到 BGP 路由表中。**此时引入的路由不一定是当前有效的**，因为在协议路由表中的路由不一定是当前最优的。另外，也是一种笼统的引入方式，最多只能通过路由策略进行过滤，否则将引入对应类型的全部 IGP 路由。

② Network 方式是逐条**将 IP 路由表中已经存在的有效路由**引入到 BGP 路由表中，比 Import 引入方式更精确，且引入的都是当前有效、最优的路由。

2. IGP 引入 BGP 路由

当一个 AS 需要引入其他 AS 的路由时，AS 边缘路由器会在 IGP 路由表中引入 BGP 的路由。为了避免大量 BGP 路由对 AS 内设备造成影响，当 IGP 引入 BGP 路由时，可以使用路由策略进行路由过滤和路由属性设置。

如图 14-9 所示，某公司海外市场部在区域 AS100 部署 OSPF 网络，国内研发部在区域 AS200 部署 IS-IS 网络，现要求 AS100 与 AS200 通过部署 BGP 实现互通。

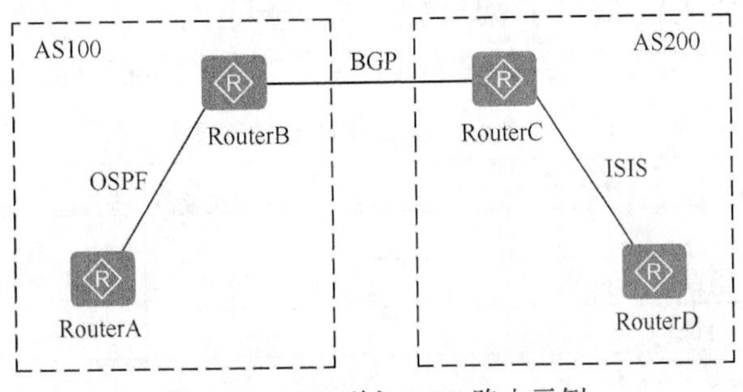

图 14-9　IGP 引入 BGP 路由示例

这就同时涉及了 BGP 引入 IGP 路由，IGP 引入 BGP 路由。为了实现以上要求，必须让 AS100 中的设备知道 AS200 的路由，同时让 AS200 中的设备知道 AS100 的路由。

配置方法是在 RouterC 上部署 BGP 引入本地 AS 中的 IGP IS-IS 路由，使 RouterC 的 BGP 路由表中存在 AS200 中的路由，并通过 EBGP 把引入的路由发布给 RouterB，然后在 RouterB 上部署 OSPF 引入 BGP 路由，实现 AS100 内设备知道 AS200 的路由。同理，要在 RouterB 上部署 BGP 引入本地 AS 中的 IGP OSPF 路由，使 RouterB 的 BGP 路由表中存在 AS100 中的路由，并通过 EBGP 把引入的路由发布给 RouterC，然后在 RouterC 上部署 IS-IS 引入 BGP 路由，实现 AS200 内设备知道 AS100 的路由，最终实现两个 AS 中的设备能够互通。

14.3　BGP 的主要路由属性和选路策略

BGP 路由属性是随着 Update 报文发送的 BGP 路由信息一起发布的一组参数。它对特定的路由进行了进一步的描述，使得路由接收者能够根据路由属性值对路由进行过滤和选择。它们可以被看作是选择路由的度量（metric）。

14.3.1　BGP 路由属性分类

BGP 路由信息包括许多属性，总体可以分成以下 4 类。

① 公认必须遵循（Well-known mandatory）：所有 BGP 设备都可以识别此类属性（这就是“公认”的含义），**且必须在 Update 报文中存在**（这就是“必须遵守”的含义），否则对应的路由信息就会出错。

② 公认任意（Well-known discretionary）：所有 BGP 设备都可以识别此类属性，但不要求必须存在于 Update 报文中（这就是“任意”的含义），即就算缺少这类属性，路由信息也不会出错。

③ 可选过渡（Optional transitive）：BGP 设备可以不识别此类属性（这就是“可选”的含义），但仍然会接收这类属性，**且可将该属性通告给其他对等体或其他** AS（这就是“过渡”的含义）。

④ 可选非过渡（Optional non-transitive）：BGP 设备可以不识别此类属性，也会接收这类属性，**但在接收时忽略该属性，不会将该属性通告给其他对等体或其他** AS（这就是“非过渡”的含义），即仅在本地路由器上使用。

常见 BGP 路由属性及所属类型见表 14-5。这些属性将在下面各小节中具体介绍。

表 14-5 常见 **BGP** 路由属性及所属类型

属性名	类型
Origin（源）属性	公认必须遵循
AS_Path（AS 路径）属性	
Next_Hop（下一跳）属性	
Local_Pref（本地优先级）属性	公认任意
Community（团体）属性	可选过渡
MED（Multi-Exit Discriminators，多出口区分）属性	可选非过渡
Originator_ID 属性	
Cluster_List 属性	

14.3.2 Origin（源）属性

Origin 属性是公认必须遵循（也就是所有 BGP 路由器都可识别，且必须在 Update 报文中存在）的 BGP 路由属性，用来标记一条 BGP 路由的路由信息源类型，指明当前 BGP 路由是从哪类设备中产生的。它有以下 3 种类型。

① IGP(i)：是 IBGP 设备通过 **network** 命令通告的路由，是本 AS 内产生的路由（可以是本地 IP 路由表中的静态路由、直连路由和其他 IGP 路由），优先级最高。

② EGP(e)：是从 EBGP 对等体那里学习得到的路由，优先级次之。

③ incomplete(?)：优先级最低，是通过其他方式学习到的路由信息，比如 BGP 通过 **import-route** 命令引入的外部路由。但它并不是说明路由不可达，而是表示路由的来源无法确定。

14.3.3 AS_Path 属性

AS_Path（AS 路径）属性也是公认必须遵循的 BGP 路由属性。AS_Path 属性按矢量（所谓“矢量”就是带有方向的变量）顺序记录某条路由从本地到达目的地址所经过的所有 AS 号，即“AS 路径列表”的含义。

AS 路径列表可以理解为一个小括号里面包括所经过的 AS 号，各 AS 号间以逗号分隔，且离本地设备越近的 AS 编号越在前面（即小括号的左边），如（200，400，100）表示该路由经过了 AS200、AS400 和 AS100 这 3 个 AS，其中 AS200 离本地设备最近，AS100 离本地设备最远，也即路由的源 AS。

通过观察路由的 AS_Path 属性，BGP 设备可以找出该路由是从哪个 AS 产生的，以及该路由在传递过程中经过了多少 AS。AS 路径最右边的 AS 号就是路由的产生者（即源 AS），最左边的 AS 号就是刚刚声明该路由的那个相邻的 AS。处于 AS_Path 中间的 AS 号是路由传递经过的 AS。这样的 AS_Path 序列称为 AS_Sequence。

当 BGP 路由器在通告路由信息时，遵循以下原则。

（1）当 BGP Speaker 通告自身引入的路由时

① 当 BGP Speaker 将这条路由发布到 EBGP 对等体时，便会在 Update 报文中创建一个携带本地 AS 号的 AS 路径列表。

② 当 BGP Speaker 将这条路由发布给 IBGP 对等体时，便会在 Update 报文中创建一个空的 AS 路径列表。

（2）当 BGP Speaker 通告从其他 BGP Speaker 的 Update 报文中学习到的路由时

① 当 BGP Speaker 将这条路由发布给 EBGP 对等体时，便会把本地 AS 编号添加在 AS 路径列表的最前面（最左面）。收到此路由的 BGP 设备根据 AS_Path 属性就可以知道去目的地址所要经过的 AS。离本地 AS 最近的相邻 AS 号排在前面，其他 AS 号按顺序依次排列。

② 当 BGP Speaker 将这条路由发布给 IBGP 对等体时，不会改变这条路由相关的 AS_Path 属性。

如图 14-10 所示，有两条从 AS50 区域中路由器到达目的网络 8.0.0.0 的路由，根据箭头所示的路由发布方向（**路由发布方向是到达目的地址的路由路径的反方向**）可以看出，在 AS_Path 列表中依次添加了所经过的 AS 号，并且是最近的处于最前面，其他 AS 号按顺序依次排列，中间以逗号分隔。如最后 D=8.0.0.0（30，20，10）和 D=8.0.0.0（40，10）。

缺省情况下，BGP 不会接受 AS_Path 中已包含本地 AS 号的路由，从而避免了形成路由环路的可能，与 RIP 的水平分割特性功能类似。**只有在 EBGP 对等体之间通告路由时才会在 AS 路径列表中添加本地 AS 号，同一个 AS 中的通告不会添加本地 AS 号**。如果某台 BGP 路由器从其外部对等体收到某条路由的 AS 路径列表中包含了自己的 AS 号，则该路由就知道出现了环路，因而将丢弃该路由。

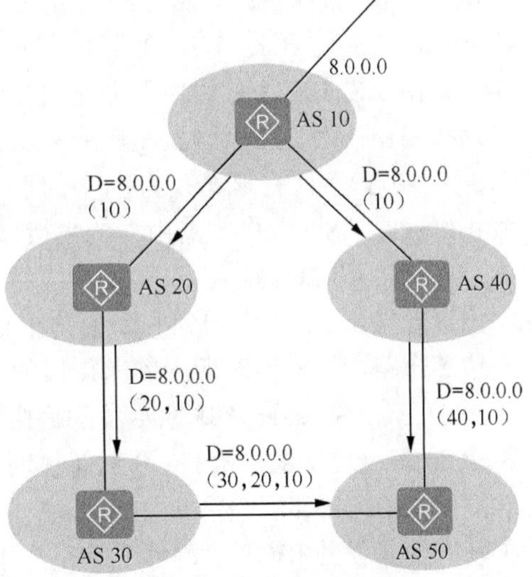

图 14-10 AS_Path 属性示例

同时，AS_Path 属性也可用于路由的选择和过滤。在其他因素相同的情况下，BGP 会优先选择路径较短的路由。如图 14-10 所示，AS50 中的 BGP 路由器会优先选择经过 AS40

的路径作为到目的地址 8.0.0.0 的最优路由。

根据以上原则可以得出，在某些应用中，可以使用路由策略来人为地增加 AS 路径的长度，以便更为灵活地控制 BGP 路由路径的选择。通过配置 AS 路径过滤列表，还可以针对 AS_Path 属性中所包含的 AS 号来对路由进行过滤。这里涉及到的就是路由策略，具体将在第 15 章介绍。

14.3.4 NEXT_Hop 属性

Next_Hop（下一跳）属性也是公认必须遵循的 BGP 属性。但要注意，动态路由（包括本书前面介绍的 RIP、OSPF、IS-IS 和本章所介绍的 BGP）的“下一跳”都是针对接收路由信息的设备而言的，而不是针对发送路由信息而言的，因为路由中的目的地址所在网络总是在通告路由的路由器之前，**即路由自身的路径与路由被通告的路径是相反的。**只有理解了这一点，才能理解下面介绍的“BGP 路由下一跳为路由器的出接口 IP 地址”的含义。另外，要注意的一点是，无论是 EBGP 对等体，还是 IBGP 对等体，不一定都是直接连接的，**非直接连接的 BGP 路由器之间也可建立 EBGP 或者 IBGP 对等体连接。**

Next_Hop 属性遵循下面的规则。

① BGP Speaker 在向 EBGP 对等体发布某条路由（包括本地始发的路由和转发的路由）时，会把该路由信息的下一跳属性修改为**本地与对端建立 EBGP 对等体连接关系的出接口 IP 地址。**

如图 14-11 所示，AS 100 路由器产生到达 8.0.0.0 网络的路由并发布给 AS 200 路由器时，下一跳地址就是 AS 100 路由器与 AS 200 路由器连接时所用的出接口 IP 地址 1.1.1.1/24。

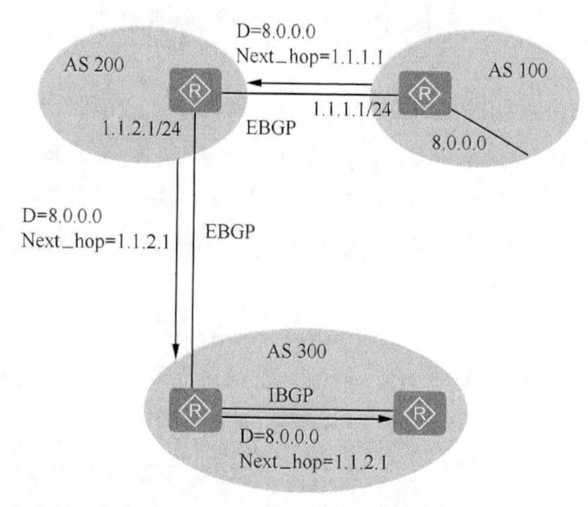

图 14-11 BGP 下一跳属性示例

这里再次解释一下为什么该路由的下一跳会变成发送路由发布的 AS 100 中的路由器的出接口 IP 地址 1.1.1.1/24。因为对于接收这条路由的 AS200 中的路由器来说，它到达 1.1.1.1/24 的路由方向其实就是由 AS 100 中的路由器向它自己通告这条路由的反方向（也就是图中箭头方向的反方向），而在这个反方向中的下一跳正好就是 AS 100 中的路由器的出接口。

同理，AS 200 向 AS 300 中左边那台路由器转发从 AS 100 得到的路由发布时，其路由的下一跳地址为 AS 200 与 AS 300 中左边那台路由器相连时所用的出接口的 IP 地址 1.1.2.1/24。

② BGP Speaker 将**本地始发的路由**（也就是这条路由的目的网络就是直接连接在该 BGP Speaker 上）**发布给 IBGP 对等体时，**也会把该路由信息的下一跳属性设置为本地与对端建立 IBGP 邻居关系的出接口 IP 地址。但是收到该 IBGP 路由的 IBGP 对等体不会再转发给其他的 IBGP 对等体，这是为了避免在 AS 内部出现路由环路。

③ BGP Speaker **在向 IBGP 对等体转发从 EBGP 对等体学习到的路由时，**不改变该

路由信息的下一跳属性（但通过配置也可改为转发路由的 BGP 设备的出接口 IP 地址，具体将在本章的后面介绍）。**且如果配置了负载分担，路由被发给 IBGP 对等体时则会修改其下一跳属性**。

如图 14-11 所示，AS 300 左边那台路由器转发从 AS 200 获得的路由发布到相同区域中的右边那台路由器时，其下一跳没有改变，仍为 AS 200 与 AS 300 中左边那台路由器相连时所用接口的 IP 地址 1.1.2.1/24。

14.3.5　LOCAL_Pref 属性

Local_Pref（本地优先级）属性是公认任意（也是所有 BGP 路由器都可识别，但可以不在 Update 报文中存在）的 BGP 属性，表明 BGP 路由器自身（**不是针对具体路由**）的 BGP 优先级（**Local_Pref 属性值越大，优先级越高**），用于判断流量**离开本地 AS 时**的最佳路由（**后面将要介绍的 MED 属性是进入 AS 时的最优路由**）。路由器配置了 Local_Pref 属性后，本路由器上所有的 BGP 路由都具有相同的本地优先级。

Local_Pref 属性仅在 **IBGP** 对等体之间交换和比较，不通告给其他 AS，所以这里所说的“本地”可以理解为在同一 AS 中各路由器在本地 AS 中的优先级。当一个 AS 内部的 BGP 设备（**非 AS 边缘设备**）可通过不同 IBGP 对等体（**AS 边缘设备或非 AS 边缘设备均可**）到达位于其他 AS 中同一目的地址时，将优先选择 Local_Pref 属性值较高的路由。如果路由没有配置 Local_Pref 属性，BGP 选路时将该路由的 Local_Pref 值按缺省值 100 来处理。

如图 14-12 所示，在 Router D 上学习到了两条通过同一 AS 中的 IBGP 路由器路径到达 Router A 的路由，这时就可以使用本地优先级进行选路了，经过比较最终确定选择 Router C 作为从 AS 20 到 AS 10 的出口（如虚箭头方向），因为 Router C 中的 Local_Pref 属性值为 200，高于 Router B 中的 Local_Pref 属性值 100。

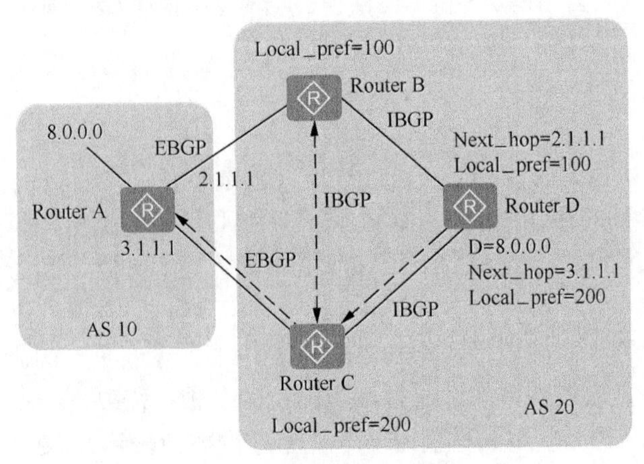

图 14-12　BGP Local_Pref 属性示例

14.3.6　MED 属性

MED（多出口）属性是一个可选非过渡（也就是不要求在 Update 中必须存在，且不可向其他对等体通告）属性，**用于 EBGP 对等体判断流量进入其他 AS 时的最优路由，相当于 OSPF、IS-IS 协议中的链路开销（cost）**。

MED 属性仅在相邻两个 AS 之间交换，收到此属性的 AS 一方不会再将其通告给任何其他第三方 AS。**即接收携带有此 MED 属性的对等体可以向其 IBGP 邻居转发，但不允许向其 EBGP 对等体转发**。

当一个 BGP 路由器（**AS 边缘设备**）通过不同的 EBGP 对等体（**AS 边缘设备**）得到目的地址相同，但下一跳不同的多条路由时，在其他条件相同的情况下，**将优先选择 MED 值较小者作为进入 EBGP 对等体所在 AS 的最优路由，即 MED 值越小，优先级越高**。如果路由没有配置 MED 属性，BGP 选路时将该路由的 MED 值按缺省值 0 来处理。

如图 14-13 所示，从 AS 10 到 AS 20 的流量将选择 Router B 作为入口（如虚箭头方向），因为 Router B 中的 MED 值为 0，小于 Router C 中的 MED 值 100。

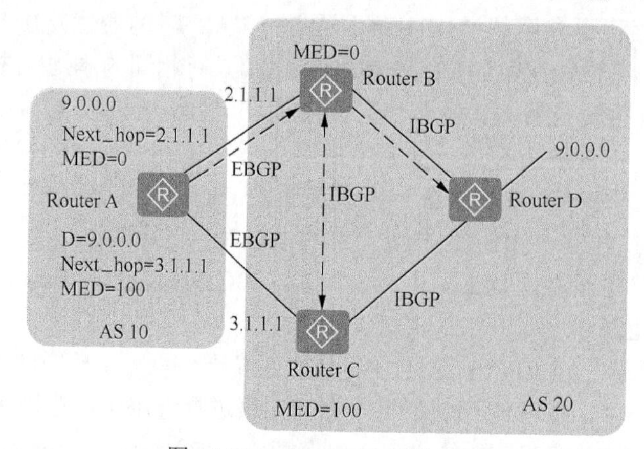

图 14-13 BGP MED 属性示例

一般情况下，EBGP 路由器只比较来自同一个其他 AS 中多个 EBGP 对等体路径的 MED 属性，不比较来自不同 AS 的 MED 值。若非要比较的话，则可以通过手动配置强制 BGP 比较来自不同 AS 的路由的 MED 属性值。

14.3.7 团体属性

Community（团体）属性是一个可选过渡（也是不要求在 Update 中必须存在，但可向其他对等体通告）的 BGP 属性。BGP 将具有相同特征的路由归为一组，称为一个团体。团体主要用来简化路由策略的应用和降低维护管理的难度，因为可以为团体中的路由成员一次性配置相同的参数属性和路由策略，也可通过团体属性进行路由过滤。团体中的路由成员没有物理上的边界，不同 AS 的路由可以属于同一个团体。

团体在路由中是通过团体属性进行标识路由的。根据需要，一条路由可以携带一个或多个团体属性值（每个团体属性值用一个 4 字节的整数表示）。接收到该路由的路由器可以通过比较团体属性值对路由做出适当的处理（比如决定是否发布该路由、在什么范围发布等），而不需要匹配复杂的过滤规则（如 ACL），从而简化路由策略的应用和降低维护管理的难度。

BGP 团体属性可分为基本团体属性和扩展团体属性两种，下面分别予以介绍。

1. 基本团体属性

基本团体属性的“Type code”（类型代码）字段值是 8，属性取值占 32 位，可以解析为一个十进制数，也可以解析为 aa:nn 的格式，各占 16 位。32 位团体属性值中 0x00000000～0x0000FFFF 和 0xFFFF0000～0xFFFFFFFF 被保留。RFC1997 中规定，**前 16 位表示路由的源 AS 号，后 16 位可以理解为源 AS 划分的子 AS 号，也可用来标识路由来自不同的 IGP 路由类型，或者其他属性，如本地优先级值、MED 属性值等**，应用非常灵活。

RFC1997 规定了以下 4 种公认的基本团体属性。

① INTERNET：缺省情况下，所有的路由都属于 INTERNET 团体。具有此属性的路由可以被通告给所有的 BGP 对等体。

② NO_EXPORT（属性值为十进制的 4 294 967 041，或者十六进制的 0xFFFFFF01）：具有此属性的路由在被收到后，不能发布到本地 AS 之外（**不能发布给 EBGP 对等体，但却可以发布给 IBGP 对等体**）。如果使用了联盟（Confederation），则不能发布到 BGP 联盟之外，**但可以发布给联盟中的其他子 AS**。

说明　BGP 联盟其实就是一个 AS 下面的子 AS 划分，满足一些较大企业用户需要多个 AS，但又想进行集中路由域管理的需求。这样就将一个大的组织机构划分为多个子网络管理区域，每个子区域独立分配成为 1 个子 AS，可以减少同一个 AS 中 BGP 路由的数量，提高了路由和管理效率。联盟子 AS 之间的 BGP 邻居是联盟 EBGP 关系，具体将在下节介绍。

③ NO_ADVERTISE（属性值为十进制的 4 294 967 042，或者十六进制的 0xFFFFFF02）：具有此属性的路由被接收后，**不能被通告给任何 BGP 对等体**。

④ NO_EXPORT_SUBCONFED（属性值为十进制的 4 294 967 043，或者十六进制的 0xFFFFFF03）：具有此属性的路由被接收后，不能被通告到本地 AS 之外，**也不能通告到联盟中的其他子 AS**。

设备在收到带有这几个公认的团体属性的路由后，自动按照 RFC1997 规定来执行，不需要再配置路由策略。当然，**除了以上公认的团体属性外，用户还可以使用团体属性列表自定义团体属性**，以便更为灵活地控制路由策略。

2. 扩展团体属性

因为团体属性的使用越来越丰富，原有的 32 位定义已经不能满足各种应用，所以应运而生了扩展团体属性。扩展团体属性使用了新的“Type code”（为 16）格式，在 RFC4360 中定义。比起原来的基本团体属性，扩展团体属性提供了更长的取值范围（占 64 位），以减少冲突的可能。同时，还增加了一个 Type 字段，可以使得路由策略直接基于扩展团体属性的 Type 字段进行操作。相当于将一些原来需要通过复杂的团体属性配置才能实现的功能，直接添加到了扩展团体属性的结构中。

目前，设备支持的扩展团体属性有 VPN Target 属性和 SoO（Site of Origin，源站点）属性。在此仅简单地介绍，具体可参见《**华为 MPLS 技术学习指南**》和《**华为 MPLS VPN 学习指南**》两本书。

VPN Target 属性在 MPLS L3 VPN 中使用，又称之为 Route Target 属性，用来控制

VPN 路由信息的发布。它可以分为两部分：Export Target 与 Import Target。前者表示我发出的路由的属性，而后者表示我对哪些路由感兴趣。同时，RT 的应用比较灵活，每个 VRF 的 Export Target 与 Import Target 都可以配置多个属性，只有本地配置的至少一个 Import Target 属性与接收的路由中携带的 Export Target 属性相同，才会接收该 VPN 路由信息。

SoO 扩展团体属性用来标识路由的原始站点。路由器不会将带有 SoO 属性的路由发布给具有该 SoO 标识的站点，确保来自某个站点的路由不会再被发布到该站点，从而避免了路由环路。

SoO 属性有 3 种表示格式。

① 16 位自治系统号:32 位用户自定义数，例如：101:3。

② 32 位 IP 地址:16 位用户自定义数，例如：192.168.122.15:1。

③ 32 位自治系统号:16 位用户自定义数，其中的自治系统号最小值为 65 536。例如：65 536:1。

14.3.8 BGP 的选路策略

由于 BGP 连接的是一个非常复杂，且可能混合多种 IGP 路由协议的网络，因此就可能通过不同接口学习到多条到达同一目的地的不同路径、不同协议的路由，这就决定了 BGP 在路由选择方面要考虑到许多方面。

为了指导路由选路，BGP 规定了下一跳策略和路由选路策略，其中下一跳策略就是首先丢弃下一跳（Next_Hop）不可达的路由的策略，其优先级比 BGP 路由选路策略高。当到达同一目的地存在多条下一跳可达路由时，BGP 依次对比下列属性来选择路由（由上至下优先级依次降低）。

① 优选协议首选值（Preferred-value）属性值最高的路由。协议首选值（PrefVal）是华为设备的特有属性，该属性仅在本地有效。

② 优选本地优先级（Local_Pref）属性值最高的路由。如果路由没有本地优先级，BGP 选路时将该路由按缺省的本地优先级 100 来处理。通过执行 **default local-preference** 命令可以修改 BGP 路由的缺省本地优先级。

③ 依次优选手动聚合路由、自动聚合路由、**network** 命令引入的路由、**import-route** 命令引入的路由、从对等体学习的路由。

④ 优选 AS 路径（AS_Path）最短的路由。

⑤ 依次优选 Origin 类型为 IGP、EGP、Incomplete 的路由。

⑥ 对于来自同一 AS 的路由，优选 MED 属性值最低的路由。

⑦ 依次优选 EBGP 路由、IBGP 路由、LocalCross 路由、RemoteCross 路由。

PE 上某个 VPN 实例的 VPNv4 路由的 ERT（Export Target）匹配其他 VPN 实例的 IRT（Import Target）后复制到该 VPN 实例，称为 LocalCross。从远端 PE 学习到的 VPNv4 路由的 ERT 匹配某个 VPN 实例的 IRT 后复制到该 VPN 实例，称为 RemoteCross。

⑧ 优选到 BGP 下一跳（BGP 的下一跳是下一个 AS）IGP 度量值（metric）最小的路由。但在 IGP 类型路由协议中，对到达同一目的地址的不同路由，不同 IGP 路由协议会根据本身的路由算法计算路由的度量值。

⑨ 优选 Cluster_List 最短的路由。

⑩ 优选 Router ID 最小的设备发布的路由。但如果该路由携带 Originator_ID 属性，选路过程中将比较 Originator_ID 的大小，不比较 Router ID，优选 Originator_ID 最小的路由。

⑪ 优选从具有最小 IP 地址的对等体学来的路由。

当到达同一目的地址存在多条等价路由时，可以通过 BGP 等价负载分担实现均衡流量的目的。形成 BGP 等价负载分担的条件是以上 BGP 选择路由策略中的 1～8 条规则中需要比较的属性值完全相同。

14.4　BGP 路由反射器与联盟工作原理

在 BGP 中，为了防止路由环路的出现，对于 EBGP 路由和 IBGP 路由分别做了如下规定。

① 对于 AS 之间学习到的 EBGP 路由，通过 AS_Path 属性记录途经的 AS 路径，规定在收到带有本地 AS 号的路由将被直接丢弃。

② 对于 AS 内部学习到的 IBGP 路由，规定在收到路由后禁止向其他 IBGP 对等体发布。也就是 IBGP 对等体之间仅能学习到对等体（IBGP 的对等体可以是非直连的）之间的路由，不能学习到非对等体之间的路由。

从上面的说明可以看出，IBGP 设备之间只有对等体之间可以相互学习到对方的路由，这样一来就带来了一个问题，**即非 IBGP 对等体之间不能彼此交互路由信息**，变成路由不可达了。为保证 IBGP 对等体之间的连通性，需要在 IBGP 对等体之间建立全连接关系。即假设在一个 AS 内部有 n 台设备，那么建立的 IBGP 连接数就为 $n(n-1)/2$。但这样一来，当一个 AS 中的 BGP 设备数目很多时，设备配置将十分复杂，而且配置后网络资源和 CPU 资源的消耗都很大。

为了解决以上问题，BGP 提供了两种解决方案，一个就是在 IBGP 对等体间使用路由反射器（Route Reflector，RR），另一个就是联盟（Confederation）。下面分别予以介绍。

14.4.1　路由反射器

在 IBGP 对等体间使用路由反射器（Route Reflector，RR）可以解决在一个 AS 内各设备间需要全连通的问题。在 RR 技术中，为一个 AS 内部的各 IBGP 设备定义了以下几种角色，如图 14-14 所示。

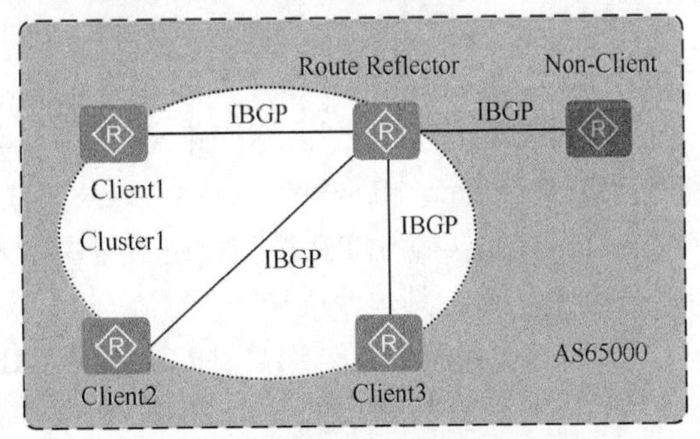

图 14-14　路由反射器中的相关角色

① 路由反射器（RR）：允许把从 IBGP 对等体学习到的路由反射到其他 IBGP 对等体，与 OSPF 网络中的 DR（指定路由器）或者 IS-IS 网络中的 DIS（指定 IS）类似。

② 客户机（Client）：与 RR 形成反射邻居关系的 IBGP 设备，类似于 OSPF 中的

DROther，或者 IS-IS 网络中的 DISOther。在 AS 内部，客户机只需要与 RR 直连，彼此交换路由信息，客户机之间无需直接连接，也无需交换路由信息。

③ 非客户机（Non-Client）：既不是 RR，也不是客户机的 IBGP 设备。在 AS 内部非客户机与 RR 之间，以及所有的非客户机之间仍然**必须建立全连接关系**。

④ 集群（Cluster）：路由反射器及其客户机的集合。通过专门的 Cluster_List 属性可防止集群间产生路由环路。

⑤ 始发者（Originator）：在 AS 内部始发 IBGP 路由的 BGP 设备。通过专门的 Originator_ID 属性可防止集群内产生路由环路。

1. 路由反射器原理

在路由反射器技术中规定，同一集群内的客户机只需要与该集群的 RR 直接交换路由信息，因此客户机只需要与 RR 之间建立 IBGP 连接，不需要与其他客户机建立 IBGP 连接，从而减少了 IBGP 连接数量。类似于 OSPF 广播网络中一个网段的 DRother 仅可与 DR、BDR 建立邻接关系，DRother 不能建立邻接关系。

如图 14-14 所示，在 AS65000 内，一台设备作为 RR，3 台设备作为客户机，形成 Cluster1。此时，AS65000 中 IBGP 的连接数从配置 RR 前的 10 条减少到 4 条，不仅简化了设备的配置，也减轻了网络和 CPU 的负担。

RR 突破了“从 IBGP 对等体获得的 IBGP 路由只能发布给它的 EBGP 对等体”的限制，并采用独有的 Cluster_List 属性和 Originator_ID 属性分别防止了集群之间和集群内部的路由环路的出现。

RR 向 IBGP 邻居发布路由规则如下。

① 从非客户机学习到的路由，发布给所有客户机。

② 从客户机学习到的路由，发布给所有非客户机和客户机（发起此路由的客户机除外）。

③ 从 EBGP 对等体学习到的路由，发布给所有的非客户机和客户机。

2. Cluster_List 属性

路由反射器和它的客户机组成一个集群（Cluster），使用 AS 内唯一的 Cluster ID 作为标识。为了防止集群间产生路由环路，路由反射器使用 Cluster_List 属性来记录路由经过的所有集群的 Cluster ID，类似于 EBGP 路由中所使用的 AS_Path 属性。具体流程如下。

① 当一条路由第一次被 RR 通告时，RR 会把本地 Cluster ID 添加到 Cluster_List 的前面。如果没有 Cluster_List 属性，RR 就创建一个。

② 当 RR 接收到一条更新路由时，RR 会检查 Cluster_List。如果 Cluster_List 中已经有本地 Cluster ID，则丢弃该路由；否则，将其加入 Cluster List，然后通告该更新路由。

3. Originator_ID 属性

Originator_ID 由 RR 产生，使用路由始发者的 Router ID 进行标识，用于防止集群内产生路由环路。具体流程如下。

① 当一条路由第一次被 RR 通告时，RR 将路由始发者的 Originator_ID 属性加入这条路由，标识这条路由的发起设备。如果一条路由中已经存在了 Originator_ID 属性，则 RR 将不会创建新的 Originator_ID 属性。

② 当 IBGP 接收到这条路由时，将比较收到的 Originator_ID 和本地的 Router ID，如果两个 ID 相同，则丢弃该路由，否则，接收该更新路由。

4. 备份路由反射器

为增加网络的可靠性，防止单点故障对网络造成的影响，有时需要在一个集群中配置一个以上的 RR。由于 RR 打破了从 IBGP 对等体收到的 BGP 路由不能传递给其他 IBGP 对等体的限制，所以，如果同一集群内存在多个 RR，则它们之间又可能存在环路，因此这里又规定，同一集群中的所有 RR 必须使用相同的 Cluster ID，以避免 RR 之间的路由环路。

如图 14-15 所示，路由反射器 RR1 和 RR2 在同一个集群内，配置了相同的 Cluster ID。下面是备份路由反射器解决路由环路的具体流程。

① 当客户机 Client1 从 EBGP 对等体接收到一条更新路由时，它将通过 IBGP 同时向 RR1 和 RR2 通告这条路由。

② RR1 和 RR2 在接收到该更新路由后，将本地 Cluster ID 添加到 Cluster List 前面，然后向其他的客户机（Client2、Client3）通告。对于到达同一目的地的路由，它们只接收先到的路由，因为由 RR1 和 RR2 发送的到达同一目的的两份路由信息中的 Cluster ID 相同，相当于是来自同一个 RR 的多个副本。

③ 当 Client2、Client3 客户向 RR1 和 RR2 进行路由发布时，RR1 和 RR2 有可能收到原来由自己向客户机通告的路由。这时 RR1 和 RR2 会检查路由发布中的 Cluster List，如果发现自己的 Cluster ID 已经包含在通告路由的 Cluster List 中，就丢弃该更新路由，从而避免了路由环路。

5. 多集群路由反射器

一个 AS 中可以存在多个集群，各个集群的 RR 之间可以建立 IBGP 对等体。当 RR 所处的网络层不同时，可以将较低网络层次的 RR 配成客户机，形成分级 RR。当 RR 所处的网络层相同时，可以将不同集群的 RR 全连接，形成同级 RR。在实际的 RR 部署中，常用的是分级 RR 的场景。

如图 14-16 所示，ISP 为 AS100 提供 Internet 路由。AS100 内部分为两个集群，其中 Cluster1 内的 4 台设备是核心路由器，采用备份 RR 的形式保证可靠性；而 Cluster2 内的两台设备是下级路由器，采用单 RR 结构。

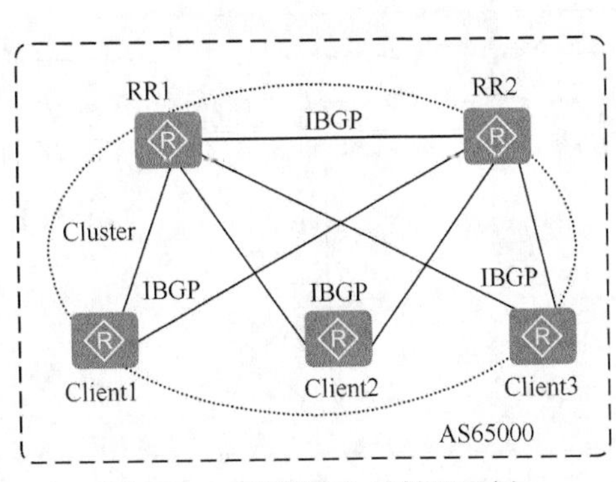

图 14-15　备份路由反射器示例

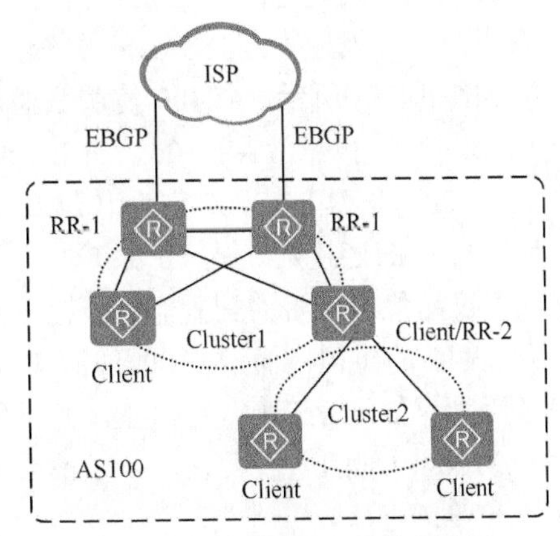

图 14-16　分级路由反射器示例

如图 14-17 所示，一个骨干网被分成多个集群。各集群的 RR 间互为非客户机关系，并建立全连接。此时，虽然每个客户机只与所在集群的 RR 建立 IBGP 连接，但所有 RR 和客户机都能收到全部的路由信息。

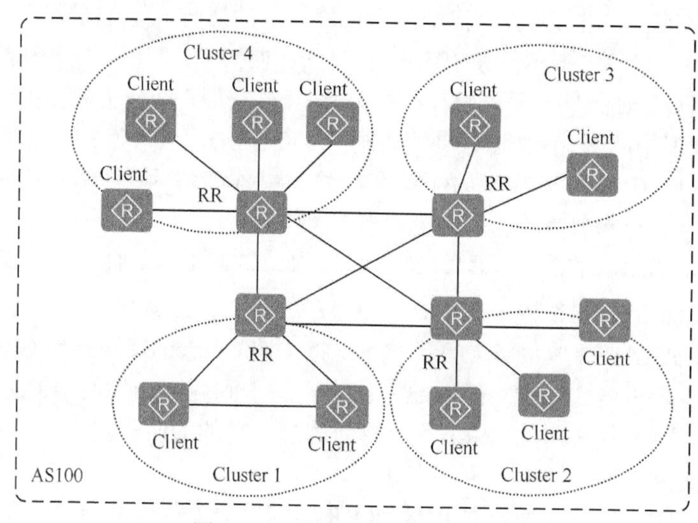

图 14-17 同级路由反射器示例

14.4.2 BGP 联盟

解决 AS 内部要求 IBGP 对等体间全连通的问题，除了可使用 14.4.1 节介绍的路由反射器解决方案之外，还可以使用联盟（Confederation）技术。联盟的基本思想是将一个 AS 划分为若干个子 AS，这样一来，原来有些设备间的 IBGP 对等体关系就可能变成了 EBGP 对等体，就可以继续发布路由了。

在联盟内，只需每个子 AS 内部建立了 IBGP 全连接关系即可，子 AS 之间的设备间没有全连通的要求，而且子 AS 间可以建立联盟内部的 EBGP 对等体关系，但联盟外部 AS 仍会认为联盟是一个 AS。配置联盟后，**原 AS 号将作为每个路由器的联盟 ID**。这样有两个好处：一是可以保留原有的 IBGP 属性，包括 Local Preference 属性、MED 属性和 Next_Hop 属性等；二是联盟相关的属性在传出联盟时会自动被删除，即管理员无需在联盟的出口处配置过滤子 AS 号等信息的操作。

如图 14-18 所示，AS100 使用联盟后被划分为 3 个子 AS：AS65001、AS65002 和 AS65003，使用 AS100 作为联盟 ID。此时 IBGP 的连接数量从 10 条减少到 4 条，不仅简化了设备的配置，也减轻了网络和 CPU 的负担。而 AS100 外的 BGP 设备因为仅知道 AS100 的存在，并不知道 AS100 内部的联盟关系，所以不会增加 CPU 的负担。

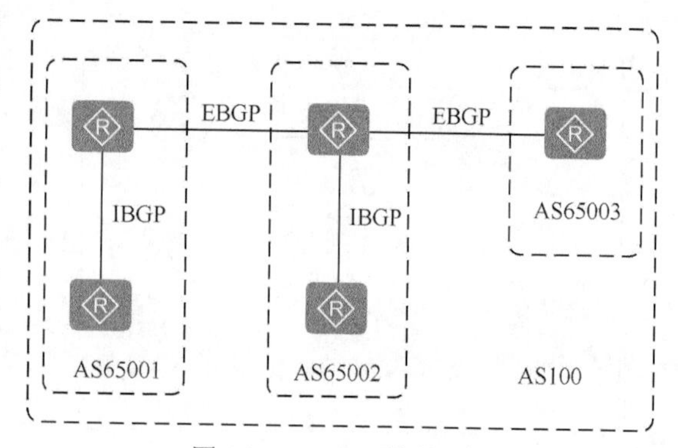

图 14-18 BGP 联盟示例

联盟的缺陷是：从非联盟方案向联盟

方案转变时，要求路由器重新进行配置，逻辑拓扑也要改变。在大型 BGP 网络中，路由反射器和联盟可以被同时使用。表 14-6 从配置、设备连接和应用方面对路由反射器和联盟进行了比较。

表 14-6　路由反射器与联盟的比较

路由反射器	联盟
不需要更改现有的网络拓扑，兼容性好	需要改变逻辑拓扑
配置方便，只需要对作为反射器的设备进行配置，客户机并不需要知道自己是客户机	所有设备需要重新进行配置
集群与集群之间仍然需要全连接	联盟的子 AS 之间是特殊的 EBGP 连接，不需要全连接
适用于中、大规模网络	适用于大规模网络

14.5　BGP 基本功能配置与管理

与本书前面介绍的 RIP、OSPF、IS-IS 协议一样，虽然 BGP 本身功能很强大，配置也很复杂，但是要建立一个基本的 BGP 网络，配置还是比较简单的，仅需要配置 BGP 的一些基本功能。同时，BGP 基本功能的配置也是组建 BGP 网络的基础，是能够使用 BGP 其他功能的前提。但在配置 BGP 的基本功能之前，也需要先配置接口的 IP 地址，使相邻节点的网络层可达。

因为 BGP 中可以把一些需要配置相同属性的对等体配置为一个对等体组（**一般是仅在规模比较大、存在较多 BGP 设备的网络中使用对等体组进行配置**），同时又有 EBGP 对等体组和 IBGP 对等体组之分，所以在 BGP 基本功能的配置上，要有所区分。总体来说，BGP 基本功能所包括的配置任务见表 14-7（要注意配置顺序），要根据不同的配置对象选择所需的配置任务（Y 表示要配置，N 表示不需要配置）。

表 14-7　BGP 基本功能的配置流程

配置任务	配置单个对等体	配置 IBGP 对等体组	配置 EBGP 对等体组
（1）启动 BGP 进程	Y	Y	Y
（2）配置 BGP 对等体	Y	N	Y
（3）配置 BGP 对等体组	N	Y	Y
（4）配置 BGP 引入路由	Y	Y	Y

14.5.1　启动 BGP 进程

当 BGP 设备各接口连接的都是位于同一 AS 中的设备时，其运行的是 IBGP；当设备至少有一个接口连接的是其他 AS 中的设备时，其运行的是 EBGP。**但每台 BGP 设备只能运行于一个 AS 内**，即只能指定一个本地 AS 号。同时，**BGP 是单进程路由协议，所以它本身没有进程号，只能用所处的 AS 号进行标识。**

BGP 进程的配置其实就是为设备指定所处的 AS，配置用于在 BGP 网络中唯一标识设备的路由器 ID 的过程，具体配置步骤见表 14-8。

表 14-8 **启动 BGP 进程的配置步骤**

步骤	命令	说明
1	**system-view** 例如：< Huawei > **system-view**	进入系统视图
2	**bgp** { *as-number-plain* | *as-number-dot* } 例如：[Huawei] **bgp** 100	启动 BGP，进入 BGP 视图。命令中的参数说明如下。 （1）*as-number-plain*：二选一参数，指定整数形式的 AS 号，取值范围为 1～4 294 967 295 的整数。 （2）*as-number-dot*：二选一参数，指定点分形式的 AS 号，格式为 *x.y*，*x* 和 *y* 都是整数形式，*x* 的取值范围为 1～65 535 的整数，*y* 的取值范围为 0～65 535 的整数。 【注意】BGP 用于在 AS 之间传递路由信息，并不是所有情况都需要运行 BGP。下列条件至少存在一个时，才应该使用 BGP。 • 自治系统允许数据包穿越它到达其他自治系统。 • 自治系统有多条外部连接到多个 ISP；拥有多条到 Internet 的连接。 • 自治系统必须对进入和离开 AS 的数据流进行控制。 以下情况不需要运行 BGP。 • 用户只与一个 ISP 相连。 • ISP 不需要向用户提供 Internet 路由。 • AS 间使用了缺省路由进行连接。 缺省情况下，BGP 是关闭的，可用 **undo bgp** [*as-number- plain* | *as-number-dot*]命令关闭指定进程的 BGP。但一个 BGP 设备只能位于一个 AS 中，即只能为 BGP 设备配置一个 AS 号
3	**router-id** *ipv4-address* 例如：[Huawei-bgp] **router-id** 1.1.1.1	配置 BGP 设备的 Router ID，IPv4 地址的点分十进制格式。**缺省情况下，BGP 会自动选取系统视图下的** Router ID **作为** BGP **的** Router ID。如果在系统视图下也没有通过 **router id** 命令配置 Router ID，则按照下面的规则进行选择。 （1）如果存在配置了 IP 地址的 Loopback 接口，则选择 Loopback 接口地址中**最大**的作为 Router ID。 （2）如果没有配置了 IP 地址的 Loopback 接口，则从其他接口的 IP 地址中选择**最大**的作为 Router ID（不考虑接口的 UP/DOWN 状态）。 如果选中的 Router ID 是物理接口的 IP 地址，当 IP 地址发生变化时，会引起路由的振荡。为了提高网络的稳定性，通常建议将 Router ID 手动配置为 Loopback 接口地址，因为 Loopback 接口一旦创建，永远有效。缺省情况下，**在路由器没有配置任何接口时，路由管理的** Router ID **是** 0.0.0.0。 【注意】当且仅当被选为 Router ID 的接口 IP 地址被删除/修改，才触发重新选择过程。其他情况（例如接口处于 DOWN 状态；已经选取了一个非 Loopback 接口地址后又配置了一个 Loopback 接口地址；配置了一个更大的接口地址等）不触发重新选择的过程。 缺省情况下，BGP 选择 Router ID 依次优选**在系统视图下**通过 **router id** *router-id* 命令配置的 Router ID、Loopback 接口最大的 IP 地址、接口最大 IP 地址、IP 地址“0.0.0.0”，可用 **undo router-id** 命令恢复缺省配置

14.5.2 配置 BGP 对等体

BGP 中的“对等体”就是类似于 RIP、OSPF 和 IS-IS 中的邻居，但 BGP 的对等体不一定就是直连的设备，而且所属的 AS 可能相同，也可能不同，所以在 BGP 中需要手动指定对等体，**且需要在对等体双方分别配置**。

配置 BGP 对等体时，如果指定的对等体所属的 AS 编号与本地 AS 编号相同，表示配置 IBGP 对等体；如果指定对等体所属的 AS 编号与本地 AS 编号不同，表示配置 EBGP 对等体。为了增强 BGP 连接的稳定性，推荐使用路由可达的 Loopback 接口 IP 地址建立 BGP 连接，但此时需有到达对等体设备 Loopback 接口所在网段的路由，还要指定出接口，否则对等体关系建立会失败。

BGP 对等体可以每个单独配置，但如果有大量对等体的属性配置相同，则可以采用 BGP 对等体组的配置方式。本节仅介绍单独配置方式，具体配置步骤见表 14-9（**需要在对等体双方分别配置**），对等体组配置方式将在下节介绍。

表 14-9　　配置 **BGP** 对等体的步骤

步骤	命令	说明
1	**system-view** 例如：< Huawei > **system-view**	进入系统视图
2	**bgp** { *as-number-plain* | *as-num-ber-dot* } 例如：[Huawei]**bgp** 100	启动 BGP，进入 BGP 视图
3	**peer** *ipv4-address* **as-number** { *as-number-plain* | *as-number-dot* } 例如：[Huawei-bgp] **peer** 1.1.1.2 **as-number** 100	创建 BGP 对等体。命令中的参数说明如下。 （1）*ipv4-address*：指定要创建 BGP 对等体连接的对等体的 IP 地址。 （2）*as-number-plain*：二选一参数，指定对等体所属 AS 的整数形式，取值范围为 1～4 294 967 295 的整数。 （3）*as-number-dot*：二选一参数，指定对等体所属 AS 的点分形式，格式为 *x.y*，*x* 和 *y* 都是整数形式，*x* 的取值范围为 1～65 535 的整数，*y* 的取值范围为 0～65 535 的整数。 缺省情况下，没有创建 BGP 对等体，可用 **undo peer** *ipv4- address* 命令删除指定的对等体
4	**peer** { *group-name* | *ipv4-address* | *ipv6-address* } **enable** 例如：[Huawei-bgp] **peer 10.1.1.2 enable**	在地址族视图下使能与指定对等体（组）之间交换相关的路由信息。命令中的参数说明如下。 （1）*group-name*：多选一参数，指定要使能与本地 BGP 设备交互路由信息的对等体组的名称。 （2）*ipv4-address*：多选一参数，指定要使能与本地 BGP 设备交互路由信息的对等体的 IPv4 地址。可在 BGP 视图、BGP-IPv4 单播地址族视图、BGP-IPv4 组播地址族视图、BGP-IPv6 单播地址族视图、BGP-VPNv4 地址族视图、BGP-EVPN 地址族视图下生效。 （3）*ipv6-address*：多选一参数，指定要使能与本地 BGP 设备交互路由信息的对等体的 IPv6 地址。**仅在 BGP-IPv6 单播地址族视图下生效。** 缺省情况下，只有 BGP-IPv4 单播地址族的对等体是自动使能的（**可不配置**），可用 **undo peer** { *group-name* | *ipv4-address* | *ipv6-address* } **enable** 命令禁止与指定对等体（组）交换路由信息
5	**peer** { *group-name* | *ipv4-address* } **label-route-capability** [**check-tunnel-reachable**]	（可选）使能发送标签路由能力，仅用来在 MPLS VPN 环境下检查 IPv4 公网隧道是否可达。命令中的参数和选项说明如下。 （1）*group-name*：多选一参数，指定要在本地设备使能发送标签路由能力的对等体组的名称。 （2）*ipv4-address*：多选一参数，指定要在本设备使能发送标签路由能力的对等体的 IPv4 地址。

续表

步骤	命令	说明
5	例如：[Huawei-bgp]：**peer** 10.1.1.2 **label-route-capability**	（3）**check-tunnel-reachable**：可选项，当引入路由作为标签路由转发时，检查路由隧道的可达性。**仅支持在 BGP 视图、BGP-IPv4 单播地址族视图下选择**。 【说明】如果选择 **check-tunnel-reachable** 可选项，则当路由隧道不可达时向邻居发布 IPv4 单播路由，当隧道可达时发布标签路由。在 VPN 场景下，这样可以防止出现 PE 间建立 MP-EBGP 对等体成功而其中一段 LSP 建立失败，造成数据转发失败的情况。如果不选择 **check-tunnel-reachable** 可选项，则不论引入路由隧道是否可达均发布标签路由。 如果已经使能了 **check-tunnel-reachable** 功能，现在需要去使能 **check-tunnel-reachable** 功能，可通过重新配置 **peer** { *group-name* | *ipv4-address* } **label-route-capability** 命令取代之前的配置来实现。 缺省情况下，未使能发送标签路由能力，可用 **undo peer** { *group-name* | *ipv4-address* } **label-route-capability** 命令去使能发送标签路由能力
6	**peer** *ipv4-address* **connect-interface** *interface-type interface-number* [*ipv4-source-address*] 例如：[Huawei-bgp] **peer** 1.1.1.2 **connect-interface** gigabitethernet 1/0/0	（可选）指定 BGP 对等体之间建立 TCP 连接会话的源接口（或同时指定源 IP 地址），**仅当使用 Loopback 接口 IP 地址建立 BGP 连接时配置，且需要两端同时配置**，以保证两端 TCP 连接的接口和地址的正确性。如果仅有一端配置该命令，可能导致 BGP 连接建立失败。命令中的参数说明如下。 （1）*ipv4-address*：指定要与本端建立 TCP 连接会话的对端设备的 Loopback 接口的 IP 地址。 （2）*interface-type interface-number*：指定本地设备与由参数 *ipv4-address* 指定的对等体建立 TCP 连接会话的源接口（通常也是 Loopback 接口）。 （3）*ipv4-source-address*：可选参数，指定源接口的源 IP 地址。**仅当源接口配置了多个 IP 地址时才需要指定本参数**。 缺省情况下，BGP 使用与邻居直连的物理接口作为 TCP 连接的源接口和源 IP 地址，可用 **undo peer** *ipv4-address* **connect-interface** 命令恢复缺省设置
7	**peer** { *ipv4-address* | *ipv6-address* } **ebgp-max-hop** [*hop-count*] 例如：[Huawei-bgp] **peer** 1.1.1.2 **as-number** 200	（可选）指定建立 **EBGP** 连接（**不能是 IBGP 连接**）允许的最大跳数，以允许 **BGP** 与非直连网络上的设备建立 **EBGP** 对等体连接。**当使用 Loopback 接口的 IP 地址建立 EBGP 连接时必须配置本命令，否则 EBGP 连接将无法建立**。命令中的参数说明如下。 （1）*ipv4-address*：指定要配置建立 EBGP 对等体连接所允许的最大跳数的对等体的 IPv4 地址。 （2）*ipv6-address*：指定要配置建立 EBGP 对等体连接所允许的最大跳数的对等体的 IPv6 地址。 （3）*hop-count*：可选参数，指定允许的最大跳数，范围为 1～255 的整数，缺省值为 255。当最大跳数指定为 1 时，表示建立的是直连 EBGP 连接，**则不能与非直连网络上的设备建立 EBGP 对等体连接**。 【注意】如果在 EBGP 连接的其中一端配置了本命令，另一端也需要配置本命令。当 BGP 设备使用 Loopback 口建立 EBGP 对等体时，*hop-count* 值必须≥2，否则邻居无法建立。 缺省情况下，只能在物理直连链路上建立 **EBGP** 连接，可用 **undo peer** { *group-name* | *ipv4-address* | *ipv6-address* } **ebgp-max-hop** 命令恢复缺省配置

续表

步骤	命令	说明
8	**peer** *ipv4-address* **description** *description-text* 例如：[Huawei-bgp] **peer** 1.1.1.2 **description** ISP1	（可选）配置对等体的描述信息。命令中的参数说明如下。 （1）*ipv4-address*：指定要配置对等体描述信息的对等体的 IP 地址。 （2）*description-text*：指定对等体描述信息，1～80 个字符，可以是字母和数字，支持空格。 缺省情况下，没有配置对等体的描述信息，可用 **undo peer** *ipv4-address* **description** 命令删除指定对等体的描述信息
9	**ipv4-family multicast** 或 **ipv6-family** [**unicast**] 例如：[Huawei-bgp] **ipv4-family multicast**	（可选）使能 BGP 的 IPv4 组播地址族，或 BGP-IPv6 单播地址族，并进入对应的地址族视图。**当在 IPv4 组播网络，或者 IPv6 单播网络中需要配置 BGP 对等体才需要进入对应地址族视图。** 缺省情况下，进入 BGP-IPv4 单播地址族视图，未使能 BGP 的 IPv4 组播地址族和各种 IPv6 地址族，可用 **undo ipv4-family multicast** 命令删除 BGP 的 IPv4 组播地址族视图下的所有配置、**undo ipv6-family unicast** 命令从 IPv6 单播地址族视图退出并删除该视图下的所有配置
10	**peer** { *ipv4-address* | *ipv6-address* } **enable** 例如：[Huawei-bgp-af-multicast] **peer** 1.1.1.2 **enable**	（可选）为 BGP 对等体使能 MP-BGP 功能，使之成为 MP-BGP 对等体（**具体使能的是哪种对等体，要视本命令是在哪个地址族视图下配置的**）。**仅当需要在非 BGP-IPv4 单播地址族下建立 BGP 对等体时才需要配置本步骤，因为 BGP-IPv4 单播地址族下的对等体功能是缺省使能的。** 缺省情况下，只有 BGP-IPv4 单播地址族的对等体是自动使能的，可用 **undo peer** { *ipv4-address* | *ipv6-address* } **enable** 命令去使能指定对等体的 MP-BGP 功能

14.5.3　配置 BGP 对等体组

在大型 BGP 网路中，对等体的数目众多，配置和维护极为不便。这时，对于那些存在相同配置的 BGP 对等体，可以通过一次性配置将它们加入一个 BGP 对等体组进行批量配置，以简化管理的难度，并提高路由发布效率。**但对等体组中的成员可以配置不同的路由接收、发布策略。**

同样，这里所说的“对等体组”也可以是 IBGP 对等体组，或者 EBGP 对等体组，具体的配置步骤见表 14-10。对比 14.5.2 节介绍的 BGP 对等体配置可以看出，它们的配置方法非常类似，只不过这里是针对对等体组进行的配置，将在对等组中所有成员上生效。

说明　当对单个对等体和其所加入的对等体组同时配置了某个功能时，对单个对等体的配置优先生效。重复表中的步骤 5，可向对等体组中加入多个对等体。当需要将 EBGP 对等体加入同一对等体组时，**必须先按 14.5.2 节介绍的方法配置各个 EBGP 对等体**，然后配置步骤 5。但当只需要将 IBGP 对等体加入同一对等体组时，则可以直接配置步骤 5，系统会自动在 BGP 视图下创建该对等体，并设置其 AS 编号为对等体组的 AS 号。

当使用 Loopback 接口或子接口的 IP 地址建立 BGP 对等体连接时，建议对等体两端同时配置表中的步骤 6，以保证两端连接的正确性。如果仅有一端配置该命令，可能导致 BGP 连接建立失败。当使用 Loopback 接口建立 EBGP 对等体连接时，必须配置步骤 7，且 *hop-count* 参数值必须≥2，否则 EBGP 对等体连接将无法建立。

表 14-10 **BGP 对等体组的配置步骤**

步骤	命令	说明
1	**system-view** 例如：< Huawei > **system-view**	进入系统视图
2	**bgp** { *as-number-plain* | *as-num-ber-dot* } 例如：[Huawei]**bgp** 100	启动 BGP，进入 BGP 视图
3	**group** *group-name* [**external** | **internal**] 例如：[Huawei-bgp] **group ex internal**	创建对等体组。命令中的参数和选项说明如下。 （1）*group-name*：指定所创建的对等体组的名称，1～47 个字符，区分大小写，不支持空格。 （2）**external**：二选一可选项，指定创建 EBGP 对等体组。 （3）**internal**：二选一可选项，指定创建 IBGP 对等体组。当不指定对等体组是 IBGP 对等体组还是 EBGP 对等体组时，**缺省创建的是 IBGP 对等体组。** 【说明】如果 BGP 对等体组内的对等体在某属性配置上与其所加入的对等体组上的相同属性配置不一致，则当在恢复该对等体上对应属性配置时，该对等体会从对其所加入的对等体组上继承对应属性配置。 缺省情况下，系统中未创建对等体组，可用 **undo group** *roup-name* 命令删除指定的对等体组。但删除对等体组会导致该组内没有配置 AS 号的对等体间中断连接，建议先删除对等体组里没有配置 AS 号的对等体或给这些对等体先配置上 AS 号，然后删除对等体组，这样就不会中断对等体中的连接
4	**peer** *group-name* **as-number** { *as-number-plain* | *as-number-dot* } 例如：[Huawei-bgp] **peer** ex **as-number** 100	（可选）配置 EBGP 对等体组的 AS 号，**如果是 IBGP 对等体组，则不用配置本步骤。要求所有对等体组成员都处于同一个 AS 中。** 缺省情况下，没有指定 EBGP 对等体组 AS 号，可用 **undo** *group-name* **peer as-number** 命令删除为指定的对等体组配置 AS 号
5	**peer** *ipv4-address* **group** *group-name* 例如：[Huawei-bgp] **peer** 1.1.1.2 **group** ex	向对等体组中加入对等体，**如果是向 EBGP 对等体组中加入 EBGP 对等体，则需先按 14.5.2 节介绍的方法配置好各个 EBGP 对等体，再来配置本步骤；如果是向 IBGP 对等体组中加入 IBGP 对等体，可直接进行本步骤。**命令中的参数 *ipv4-address* 和 *group-name* 分别用来指定要加入对等体组的对等体 IP 地址以及所加入的对等体组的名称。 **需要对本地对等体组中的每个对等体成员执行本步操作。** 缺省情况下，对等体组中没有对等体，可用 **undo peer** *pv4-ddress* **group** *group-name* 命令从指定的对等体组中移除指定的对等体
6	**peer** *group-name* **connect-interface** *interface-type interface-number* [*ipv4-source-address*] 例如：[Huawei-bgp] **peer** ex **connect-interface** gigabitethernet 1/0/0	（可选）指定本地设备与 BGP 对等体组中的对等体成员之间建立 TCP 连接会话的源接口和源 IP 地址。命令中的参数 *group-name* 用来指定要配置建立 TCP 连接会话的源接口和源地址的 BGP 对等体所属的对等体组的名称。 **配置本命令后，本地设备与所有对等体组成员之间的 TCP 连接会话使用相同的源接口和源 IP 地址。** 缺省情况下，BGP 使用与邻居直连的物理接口作为 TCP 连接的源接口，可用 **undo peer** *group-name* **connect-interface** 命令恢复缺省设置

续表

步骤	命令	说明
7	**peer** *group-name* **ebgp-max-hop** [*hop-count*] 例如：[Huawei-bgp] **peer** ex **as-number** 200 ebgp-maxhop2	（可选）指定本地设备与对等体组中的对等体成员建立 **EBGP** 连接（**不能是 IBGP 连接**）时所允许的最大跳数，以允许 BGP 与非直连网络上的设备建立 EBGP 对等体连接。命令中的参数 *group-name* 用来指定要配置 EBGP 对等体连接允许的最大跳数的 EBGP 对等体组名称
8	**peer** *group-name* **description** *description-text* 例如：[Huawei-bgp] **peer** ex **description** ISP1	（可选）配置对等体组的描述信息。命令中的参数 *group-name* 用来指定要配置描述信息的对等体组名称
9	**ipv4-family multicast** 或 **ipv6-family** [**unicast**] 例如：[Huawei-bgp]**ipv4-family multicast**	（可选）使能 BGP 的 IPv4 组播地址族，或 BGP-IPv6 单播地址族，并进入对应的地址族视图
10	**peer** *group-name* **enable** 例如：[Huawei-bgp-af-multicast] **peer ex enable**	（可选）为指定 BGP 对等体组使能 MP-BGP 功能，使之成为 MP-BGP 对等体组

14.5.4　配置 BGP 引入路由

BGP 本身不发现路由，因此需要将位于本地设备路由表中的其他路由（如 IGP 路由等）**引入到 BGP 路由表中**，从而将这些路由在 AS 之内或 AS 之间通过 BGP 传播。BGP 支持通过以下两种方式引入路由。

■ Import 方式：按协议类型将 RIP 路由、OSPF 路由、ISIS 路由等协议的路由，以及静态路由、直连路由引入 BGP 路由表中，引入的路由不一定是当前有效的。具体配置步骤见表 14-11。

■ Network 方式：**逐条将 IP 路由表中已经存在的路由**（可能是静态路由、直连路由，也可能是 RIP、OSPF、IS-IS 路由）引入到 BGP 路由表中，比 Import 方式更精确，且引入的路由肯定是当前最优且有效的。具体配置步骤见表 14-12。

表 14-11　　通过 Import 方式引入路由的配置步骤

步骤	命令	说明
1	**system-view** 例如：< Huawei > **system-view**	进入系统视图
2	**bgp** { *as-number-plain* | *as-num-ber-dot* } 例如：[Huawei]**bgp** 100	启动 BGP，进入 BGP 视图
3	**ipv4-family** { **unicast** | **multicast** } 或 **ipv6-family** [**unicast**]	进入要引入路由的对应的 IP 地址族视图。命令中的选项说明如下。 （1）**unicast**：二选一选项，进入 IPv4 或 IPv6 单播视图，引入 IPv4 或 IPv6 单播路由。 （2）**multicast**：二选一选项，进入 IPv4 组播视图，引入 IPv4 组播路由。

续表

步骤	命令	说明
3	例如：[Huawei-bgp] **ipv4-family unicast**	缺省情况下，进入 BGP-IPv4 单播地址族视图，未使能 BGP 的各 IPv6 地址族，可用 **undo ipv4-family** { **unicast** | **multicast** }命令删除 BGP 的相应 IP 地址族视图下的所有配置。如果希望取消缺省使能 IPv4 单播地址族功能，可以执行 **undo default ipv4-unicast** 命令。可用 **undo ipv6-family unicast** 命令从 IPv6 单播视图退出并删除该视图下的所有配置
4	**import-route** *protocol* [*process-id*] [**med** *med* | **route-policy** *route-policy-name*] * 例如：[Huawei-bgp-af-ipv4] **import-route rip** 1	配置 BGP 引入其他协议的路由（**但不包括各种缺省路由**）进入本地 BGP 路由表中。命令中的参数说明如下。 （1）*protocol*：指定要引入的路由的路由协议类型，可以选择 **direct**、**isis**、**ospf**、**rip**、**static**、**unr**。 （2）*process-id*：可选参数，指定当引入 RIP、OSPF、IS-IS 协议路由时的对应进程号，取值范围为 1～65 535 的整数。 （3）**med** *med*：可多选参数，指定路由引入后的 MED 属性值，取值范围为 0～4 294 967 295 的整数。用于判断进入其他 AS 时的路由优先级。 （4）**route-policy** *route-policy-name*：可多选参数，指定用于过滤要引入和修改 MED 属性的路由的路由策略名称，1～40 个字符，不支持空格，区分大小写。 【说明】配置 **import-route direct** 会将管理口 IP 所在的网段路由也引入 BGP 路由表，请谨慎配置。 本命令的路由引入比较粗，缺省情况下（即不使用 **route-policy** *route-policy-name* 参数过滤要引入的路由时），它是对同一类协议、同一进程下的所有路由都引入到 BGP 路由表中，不像下面将要介绍的在 Network 方式下使用 network 命令可以精确地指出要引入的路由。 缺省情况下，BGP 未引入任何路由信息，可用 **undo import-route** *protocol* [*process-id*]命令删除指定的引入路由
5	**default-route imported** 例如：[Huawei-bgp-af-ipv4] **default-route imported**	（可选）允许将本地 IP 路由表中**已存在**的缺省路由（包括静态缺省路由，以及 RIP、OSPF 缺省路由）引入本地 BGP 路由表中。 如果需要在本地 IP 路由表中不存在缺省路由的情况下，而又需要向对等体（组）发布缺省路由，则需要使用 **peer default-route-advertise** 命令。 缺省情况下，BGP 不将缺省路由引入 BGP 路由表中，可用 **undo default-route imported** 命令配置不将缺省路由引入到 BGP 路由表中

表 14-12　通过 Network 方式引入路由的配置步骤

步骤	命令	说明
1	**system-view** 例如：<Huawei> **system-view**	进入系统视图
2	**bgp** { *as-number-plain* | *as-number-dot* } 例如：[Huawei]**bgp** 100	启动 BGP，进入 BGP 视图

续表

步骤	命令	说明
3	**ipv4-family**{ **unicast** | **multicast**} 或 **ipv6-family** [**unicast**] 例如：[Huawei-bgp] **ipv4-family unicast**	进入对应的 IP 地址族视图
4	**network** { *ipv4-address* [*mask* | *mask-length*] | *ipv6-address prefix-length* } [**route-policy** *route-policy-name*] 例如：[Huawei-bgp-af-ipv4] **network** 10.0.0.0 255.255.0.0	将 IPv4 或 IPv6 路由表中的路由（**可以是各种路由**，最终引入的是哪种协议的路由要视路由的优先级而定）以静态方式引入到 BGP 路由表中，并发布给对等体。如果存在到达同一网段多条不同协议的路由，**最终会从各路由协议的路由中选出的最优路由**。命令中的参数说明如下。 （1）*ipv4-address*：二选一参数，指定发布的 IPv4 路由的目的地址。 （2）*mask* | *mask-length*：可选参数，指定 BGP 发布的 IPv4 路由目的地址的子网掩码（选择二选一参数 *mask* 时）或子网掩码长度（选择二选一参数 *mask-length* 时），如果没有指定本参数，则按自然网段地址的掩码进行处理。 （3）*ipv6-address*：二选一参数，指定发布的 IPv6 路由的目的地址。 （4）*prefix-length*：指定 BGP 发布的 IPv6 路由网络地址的前缀长度，整数形式，取值范围是 0～128。 • **route-policy** *route-policy-name*：指定用于过滤路由发布的路由策略名称，1～40 个字符，不支持空格，区分大小写。 【说明】本命令用来发布精确匹配的路由。也就是说，指定的目的地址和前缀长度必须与本地 IP 路由表中对应的表项完全一致，路由才能正确发布。如果网络掩码没有指定，此路由将会按照自然网段精确匹配。 缺省情况下，BGP 不将 IP 路由表中的路由以静态方式加入 BGP 路由表中，可用 **undo network** *ipv4-address* [*mask* | *mask-length*] 命令删除指定的以静态方式加入 BGP 路由表中的路由

14.5.5　BGP 基本功能管理

配置好 BGP 基本功能后，可以使用以下 **display** 视图命令进行管理，以验证配置结果。

① **display bgp peer** [**verbose**]：查看所有 BGP 对等体的信息。

② **display bgp peer** *ipv4-address* { **log-info** | **verbose** }：查看指定 BGP 对等体的信息。

③ **display bgp routing-table** [*ipv4-address* [*mask* | *mask-length*]]：查看指定或所有 BGP 路由信息。

【经验之谈】BGP 路由表中并不是所有的路由都有效，且 BGP 设备仅向对等体通告当前设备上有效的 BGP 路由，无效的 BGP 路由不能被通告。有效的 BGP 路由前面有一个*号（如果是最优路由，则前面还有一个“>”号），无效的 BGP 路由没有*号，如下所示。无效 BGP 路由主是要因为下一跳不可达原因造成的。可通过在各 BGP 路由器上引入直连路由，或者在上游 IBGP 设备上修改发送 BGP 路由的下一跳为本地设备出接口来解决，具体配置方法将在本章后面介绍。

```
<Huawei> display bgp routing-table
 BGP Local router ID is 10.1.1.2
 Status codes: * - valid, > - best, d - damped, h - history,
               i - internal, s - suppressed, S - Stale
               Origin : i - IGP, e - EGP, ? - incomplete
 Total Number of Routes: 4
      Network          NextHop        MED        LocPrf    PrefVal Path/Ogn
 *    10.1.1.0/24      10.1.1.1       0                    0      100?
 *    10.1.1.2/32      10.1.1.1       0                    0      100?
 *>   10.1.1.0/24      10.1.1.1       0                    0      100?
      10.2.1.0/24      10.2.1.1       0                    0      100?
```

④ **display bgp group** [*group-name*]：查看指定或所有对等体组信息。

⑤ **display bgp multicast peer** [[*peer-address*] **verbose**]：查看指定或所有 MBGP 对等体的信息。

⑥ **display bgp multicast group** [*group-name*]：查看指定或所有 MBGP 对等体组的信息。

⑦ **display bgp multicast network**：查看 MBGP 发布的路由信息。

⑧ **display bgp multicast routing-table** [*ip-address* [*mask-length* [**longer-prefixes**] | *mask* [**longer-prefixes**]]]：查看指定或所有 MBGP 路由表信息。

14.5.6 BGP 基本功能配置示例

本示例的基本拓扑结构如图 14-19 所示，需要在所有 Router 间运行 BGP，其中 RouterA、RouterB 之间建立 EBGP 连接，RouterB、RouterC 和 RouterD 之间建立 IBGP 全连接。现要通过 BGP 实现各路由器所连网段的三层互通。

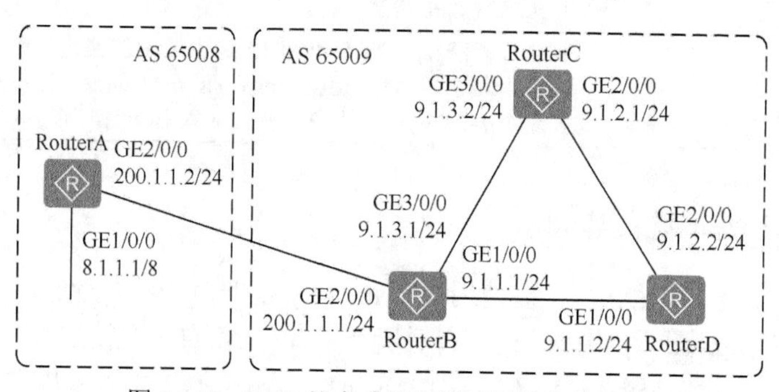

图 14-19 BGP 基本功能配置示例的拓扑结构

1. 基本配置思路分析

本示例要求通过 BGP 实现网络的三层互通，只需配置 BGP 基本功能即可。在配置 BGP 基本功能过程中，因为 BGP 本身不能发现和产生路由，所以 BGP 路由表中的路由全都是从 IGP 路由引入的。根据本节前面的介绍可得出本示例中 BGP 基本功能的配置思路如下。

① 配置各路由器的接口 IP 地址。

② 在各路由器上启动 BGP 进程，配置 EBGP 或 IBGP 对等体。

③ 引入必要的路由即可。14.5.2 节表 14-9 中的可选配置均可不予配置。

2. 具体配置步骤

（1）配置各路由器的接口 IP 地址

下面仅以 RouterA 上的接口为例进行介绍，其他路由器各接口的 IP 地址的配置方法一样，略。

```
<RouterA> system-view
[RouterA] interface gigabitethernet 1/0/0
[RouterA-GigabitEthernet1/0/0] ip address 8.1.1.1 8
```

（2）在各路由器上使能 BGP 进程，配置对等体连接

① 配置 RouterB、RouterC 和 RouterD 之间的 IBGP 连接。注意，每个对等体连接均需要在双方设备上分别配置，且如果是 IBGP 对等体，则双方都须处于同一个 AS 中。

因为本示例没有配置 Loopback 接口，也没有在系统视图下全局配置 Router ID，所以需要在 BGP 视图下手动配置各路由器的 Router ID。为了便于区分，RouterB、RouterC 和 RouterD 的 Router ID 分别设为 2.2.2.2、3.3.3.3 和 4.4.4.4。此处，IBGP 连接的源接口和源 IP 地址均缺省采用设备的物理接口和物理接口 IP 地址。

■ RouterB 上的配置

```
[RouterB] bgp 65009
[RouterB-bgp] router-id 2.2.2.2
[RouterB-bgp] peer 9.1.1.2 as-number 65009
[RouterB-bgp] peer 9.1.3.2 as-number 65009
```

■ RouterC 上的配置

```
[RouterC] bgp 65009
[RouterC-bgp] router-id 3.3.3.3
[RouterC-bgp] peer 9.1.3.1 as-number 65009
[RouterC-bgp] peer 9.1.2.2 as-number 65009
```

■ RouterD 上的配置

```
[RouterD] bgp 65009
[RouterD-bgp] router-id 4.4.4.4
[RouterD-bgp] peer 9.1.1.1 as-number 65009
[RouterD-bgp] peer 9.1.2.1 as-number 65009
```

② 配置 RouterA 与 RouterB 之间的 EBGP 连接，也需要在双方分别配置，此处也采用缺省的物理接口和物理接口 IP 地址作为 EBGP 连接源接口和源 IP 地址。RouterA 的路由器 ID 设为 1.1.1.1。

■ RouterA 上的配置如下。

```
[RouterA] bgp 65008
[RouterA-bgp] router-id 1.1.1.1
[RouterA-bgp] peer 200.1.1.1 as-number 65009
```

■ RouterB 上的配置如下。

```
[RouterB-bgp] peer 200.1.1.2 as-number 65008
```

配置好 BGP 对等体后，可通过 **display bgp peer** 命令查看各设备上的 BGP 对等体的连接状态。下面是同时有 IBGP 连接和 EBGP 连接的 RouterB 上的输出结果，从中可以看出，RouterB 到其他路由器的 BGP 连接均已建立（参见输出信息中的粗体字部分）。

```
[RouterB] display bgp peer
 BGP local router ID : 2.2.2.2
 Local AS number : 65009
 Total number of peers : 3                Peers in established state : 3
  Peer            V    AS  MsgRcvd  MsgSent  OutQ    Up/Down            State PrefRcv
```

```
  9.1.1.2        4 65009     49      62      0 00:44:58 Established      0
  9.1.3.2        4 65009     56      56      0 00:40:54 Established      0
  200.1.1.2      4 65008     49      65      0 00:44:03 Established      1
```

（3）在各路由器上引入所需的 IGP 路由

配置 RouterA 发布与 EBGP 对等体之间的非直连路由 8.0.0.0/8。注意，这里要在对应的地址视图下进行配置，因为如果是在 BGP 视图下发布，将在多种地址族下生效。

```
[RouterA-bgp] ipv4-family unicast
[RouterA-bgp-af-ipv4] network 8.0.0.0 255.0.0.0
```

此时可通过 **display bgp routing-table** 命令查看各路由器上的 BGP 路由表信息，可发现它们均已有 RouterA 发表的这条 8.0.0.0/8 路由，其中前面带*的路由表示有效路由。从中可以看出，RouterA 和 RouterB 上的该路由都是有效的，而 RouterC 虽然学习到了 AS65008 中的 8.0.0.0/8 路由，但因为下一跳 200.1.1.2 不可达（**因为目前还没有 BGP 路由到达**），所以也不是有效路由。

```
[RouterA] display bgp routing-table
 BGP Local router ID is 1.1.1.1
 Status codes: * - valid, > - best, d - damped,
               h - history,  i - internal, s - suppressed, S - Stale
               Origin : i - IGP, e - EGP, ? - incomplete


 Total Number of Routes: 1
       Network            NextHop        MED        LocPrf    PrefVal Path/Ogn

 *>    8.0.0.0            0.0.0.0         0                     0      i

[RouterB] display bgp routing-table
 BGP Local router ID is 2.2.2.2
 Status codes: * - valid, > - best, d - damped,
               h - history,  i - internal, s - suppressed, S - Stale
               Origin : i - IGP, e - EGP, ? - incomplete


 Total Number of Routes: 1
       Network            NextHop        MED        LocPrf    PrefVal Path/Ogn

 *>    8.0.0.0            200.1.1.2       0                     0      65008i

[RouterC] display bgp routing-table
 BGP Local router ID is 3.3.3.3
 Status codes: * - valid, > - best, d - damped,
               h - history,  i - internal, s - suppressed, S - Stale
               Origin : i - IGP, e - EGP, ? - incomplete


 Total Number of Routes: 1
       Network            NextHop        MED        LocPrf    PrefVal Path/Ogn

   i   8.0.0.0            200.1.1.2       0         100         0      65008i
```

【经验之谈】从以上路由表信息可以看到，RouterA 上的 8.0.0.0/8 路由的下一跳为 0.0.0.0，因为这条路由是本地设备通告的，没有经过下一跳，而 RouterB 和 RouterC 上的 8.0.0.0/8 路由的下一跳均为 200.1.1.2，那是因为在 EBGP 对等体之间的 EBGP 路由发布时，下一跳将为发送路由器的出接口 IP 地址，**在 IBGP 对等体之间的 EBGP 路由发布时，下一跳不变。**而 IBGP 对等体之间进行 IBGP 路由发布时只能进行单跳通告，收到 IBGP 路由的设备不再通告给它自己的对等体。

在路由表中最后一列的“Path/Ogn”用来表示路由的 AS 路径和路由源类型，因为 8.0.0.0/8 路由是通过 **network** 命令通告的，所以显示为 i，代表 IGP 类型。

为了解决 RouterC 和 RouterD 能够到达 8.0.0.0/8 路由的下一跳 200.1.1.2，只须在它们共同连接的 RouterB 上使 BGP 引入直连路由即可。

```
[RouterB-bgp] ipv4-family unicast
[RouterB-bgp-af-ipv4] import-route direct
```

此时可以看到，在 RoutcrA 的 BGP 路由表中除了有原来自己通告的 8.0.0.0/8 路由表项外，还有 RouterB 引入的 3 条直连路由，具体如下所示（参见输出信息中的粗体字部分），其中带>的表示到达对应网段的优选路由。

```
[RouterA] display bgp routing-table
 BGP Local router ID is 1.1.1.1
 Status codes: * - valid, > - best, d - damped,
               h - history,   i - internal, s - suppressed, S - Stale
               Origin : i - IGP, e - EGP, ? - incomplete


 Total Number of Routes: 4
       Network            NextHop           MED         LocPrf    PrefVal Path/Ogn

 *>    8.0.0.0            0.0.0.0           0                     0       i
 *>    9.1.1.0/24         200.1.1.1         0                     0       65009?
 *>    9.1.3.0/24         200.1.1.1         0                     0       65009?
       200.1.1.0          200.1.1.1         0                     0       65009?
```

在 RouterC 的 BGP 路由表中也可见到 RouterB 所引入的 3 条直连路由，另外，原来的 8.0.0.0/8 路由变为有效、可到达（前面有一个*号），具体如下所示（参见输出信息中的粗体字部分）。可以通过 ping 命令验证 Router C 可以访问 8.1.1.1 地址了。

```
[RouterC] display bgp routing-table
 BGP Local router ID is 3.3.3.3
 Status codes: * - valid, > - best, d - damped,
               h - history,   i - internal, s - suppressed, S - Stale
               Origin : i - IGP, e - EGP, ? - incomplete


 Total Number of Routes: 4
       Network         NextHop          MED        LocPrf    PrefVal   Path/Ogn

 *>i   8.0.0.0         200.1.1.2        0          100       0         65008i
 *>i   9.1.1.0/24      9.1.3.1          0          100       0         ?
   i   9.1.3.0/24      9.1.3.1          0          100       0         ?
 *>i   200.1.1.0       9.1.3.1          0          100       0         ?
```

14.5.7　MBGP 基本功能配置示例

本示例的基本拓扑结构如图 14-20 所示，接收者（Receiver）通过组播方式接收视频点播信息，接收者与组播源（Source）位于不同的 AS 中，现需要在两个 AS 之间传输组播路由信息。网络中各路由器接口 IP 地址见表 14-13。

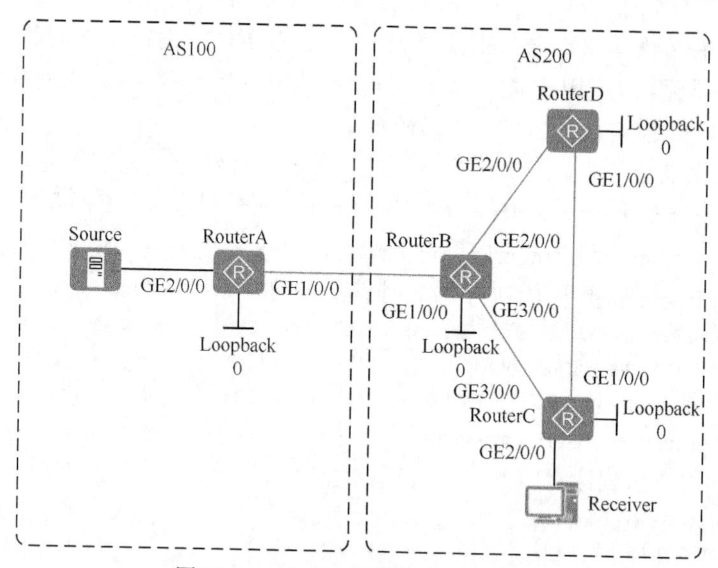

图 14-20 MBGP 配置示例拓扑结构

表 14-13 示例中各路由器接口 IP 地址

设备	接口	IP 地址	设备	接口	IP 地址
RouterA	GE1/0/0	10.1.1.1/24	RouterC	GE1/0/0	10.4.1.1/24
	GE2/0/0	10.10.10.1/24		GE2/0/0	10.168.1.1/24
	Loopback0	1.1.1.1/32		GE3/0/0	10.2.1.1/24
RouterB	GE1/0/0	10.1.1.2/24		Loopback0	3.3.3.3/32
	GE2/0/0	10.3.1.2/24	RouterD	GE1/0/0	10.4.1.2/24
	GE3/0/0	10.2.1.2/24		GE2/0/0	10.3.1.1/24
	Loopback0	2.2.2.2/32		Loopback0	4.4.4.4/32

1. 基本配置思路分析

本示例是通过 MBGP 来实现跨 AS 组播通信，而实现组播通信的前提是单播路由畅通，所以要先配置路由单播路由，同时 MBGP 也与 BGP 一样，也是自身不能生成、发现路由的，所以 MBGP 也需要从 IGP 路由中引入。

在 AS100 中，因为只有一台 BGP 设备，可以在 BGP 和 MBGP 视图下引入直连路由，然后由边缘路由器 RouterA 向其 EBGP 对等体发布；在 AS200 中，需要先在其中配置 OSPF 路由实现 AS 内三层互通，然后再由边缘路由器 RouterB 向其 BGP 和 MBGP 的 EBGP 对等体发布。由此可得出本示例如下的基本配置思路。

① 配置各路由器的接口 IP 地址以及 AS200 内 RouterB、RouterC 和 RouterD 之间通过 OSPF 实现网络互通。

② 配置两个 AS 中各路由器的 MBGP 对等体，建立 AS 内、AS 间的组播路由。

③ 配置各路由器在 MBGP 视图下要引入的路由。

④ 使能各路由器的组播功能。

⑤ 在各 AS 内部配置 PIM-SM 基本功能，在主机侧接口上使能 IGMP 功能。

⑥ 在两个 AS 的 PIM 域间相连的接口上配置 BSR 服务边界。

⑦ 在两个 AS 的 PIM 域间边界路由器上配置 MSDP 对等体，实现传输域间组播源信息。

有关 IP 组播方面的配置请参见配套图书《华为交换机学习指南》（第二版）。

2. 具体配置步骤

① 配置各路由器的接口 IP 地址以及 AS200 内 3 台路由器上的 OSPF。注意，RouterB 的 GE1/0/0 接口上不启用 OSPF 路由进程，而是 EBGP。

以下是 RouterA 上接口 IP 地址的配置，RouterB、RouterC 和 RouterD 上接口 IP 地址的配置方法一样，略。

```
<RouterA> system-view
[RouterA] interface gigabitethernet 1/0/0
[RouterA-GigabitEthernet1/0/0] ip address 10.1.1.1 24
[RouterA-GigabitEthernet1/0/0]quit
[RouterA] interface gigabitethernet 2/0/0
[RouterA-GigabitEthernet2/0/0] ip address 10.10.10.1 24
[RouterA-GigabitEthernet2/0/0] quit
[RouterA] interface loopback 0
[RouterA-loopback0] ip address 1.1.1.1 32
```

下面是 AS200 中各路由器的 OSPF 路由配置。因为没有划分区域，区域 ID 可以任意，在此假设都在区域 0 中。

■ RouterB 上的配置如下。

```
[RouterB] ospf
[RouterB-ospf-1] area 0
[RouterB-ospf-1-area-0.0.0.200] network 10.2.1.0 0.0.0.255
[RouterB-ospf-1-area-0.0.0.200] network 10.3.1.0 0.0.0.255
[RouterB-ospf-1-area-0.0.0.200] network 2.2.2.2 0.0.0.0
[RouterB-ospf-1-area-0.0.0.200] quit
```

■ RouterC 上的配置如下。

```
[RouterC] ospf
[RouterC-ospf-1] area 0
[RouterC-ospf-1-area-0.0.0.200] network 10.2.1.0 0.0.0.255
[RouterC-ospf-1-area-0.0.0.200] network 10.4.1.0 0.0.0.255
[RouterC-ospf-1-area-0.0.0.200] network 10.168.1.0 0.0.0.255
[RouterC-ospf-1-area-0.0.0.200] network 3.3.3.3 0.0.0.0
[RouterC-ospf-1-area-0.0.0.200] quit
```

■ RouterD 上的配置如下。

```
[RouterD] ospf
[RouterD-ospf-1] area 0
[RouterD-ospf-1-area-0.0.0.200] network 10.3.1.0 0.0.0.255
[RouterD-ospf-1-area-0.0.0.200] network 10.4.1.0 0.0.0.255
[RouterD-ospf-1-area-0.0.0.200] network 4.4.4.4 0.0.0.0
[RouterD-ospf-1-area-0.0.0.200] quit
```

② 在各路由器上使能 MBGP 协议，配置 MBGP 对等体。

注意　配置 MBGP 对等体前必须先在 BGP 视图下创建 BGP 对等体，然后在 BGP-IPv4 组播地址族下使能与 BGP 对等体交换组播路由信息的功能。因为创建 BGP 对等体后缺省只是使能 BGP-IPv4 单播地址族下与 BGP 对等体的路由信息交换功能，所以其他地址族下的该功能使能必须手动配置。

■ RouterA 上的配置如下。

```
[RouterA] bgp 100
[RouterA-bgp] peer 10.1.1.2 as-number 200
```

```
[RouterA-bgp] ipv4-family multicast
[RouterA-bgp-af-multicast] peer 10.1.1.2 enable
[RouterA-bgp-af-multicast] quit
[RouterA-bgp] quit
```

■ RouterB 上的配置如下。

```
[RouterB] bgp 200
[RouterB-bgp] peer 10.1.1.1 as-number 100
[RouterB-bgp] peer 10.2.1.1 as-number 200
[RouterB-bgp] peer 10.3.1.1 as-number 200
[RouterB-bgp] ipv4-family multicast
[RouterB-bgp-af-multicast] peer 10.1.1.1 enable
[RouterB-bgp-af-multicast] peer 10.2.1.1 enable
[RouterB-bgp-af-multicast] peer 10.3.1.1 enable
[RouterB-bgp-af-multicast] quit
[RouterB-bgp] quit
```

■ RouterC 上的配置如下。

```
[RouterC] bgp 200
[RouterC-bgp] peer 10.2.1.2 as-number 200
[RouterC-bgp] peer 10.4.1.2 as-number 200
[RouterC-bgp] ipv4-family multicast
[RouterC-bgp-af-multicast] peer 10.2.1.2 enable
[RouterC-bgp-af-multicast] peer 10.4.1.2 enable
[RouterC-bgp-af-multicast] quit
[RouterC-bgp] quit
```

■ RouterD 上的配置如下。

```
[RouterD] bgp 200
[RouterD-bgp] peer 10.3.1.2 as-number 200
[RouterD-bgp] peer 10.4.1.1 as-number 200
[RouterD-bgp] ipv4-family multicast
[RouterD-bgp-af-multicast] peer 10.3.1.2 enable
[RouterD-bgp-af-multicast] peer 10.4.1.1 enable
[RouterD-bgp-af-multicast] quit
[RouterD-bgp] quit
```

③ 在各路由器上配置要引入的路由，包括用于 IPv4 单播通信，在 BGP 视图下引入的路由，以及用于组播通信，在 IPv4 组播地址族视图下引入的路由。

■ RouterA 上的配置如下。

因为 RouterA 与 RouterB 之间建立的是 EBGP 连接，所以必须要在组播地址族下引入 RouterA 上的直连路由，以便向 RouterB 通告其连接的直连路由，然后由 RouterB 在 AS200 内部通告，使得 AS200 中的所有设备可以访问到 RouterA 上连接的网络。

```
[RouterA] bgp 100
[RouterA-bgp] import-route direct
[RouterA-bgp] ipv4-family multicast
[RouterA-bgp-af-multicast] import-route direct
[RouterA-bgp-af-multicast] quit
[RouterA-bgp] quit
```

■ RouterB 上的配置如下。

同样，因为 RouterB 与 RouterA 之间建立的是 EBGP 连接，所以必须要在组播地址族下同时引入它的直连路由以及 AS200 内部的 OSPF 路由，以便向 RouterA 通告其直连路由和所学习到的 OSPF 路由，实现 RouterA 可以访问 AS200 中所有设备的目的。因为直连路由的优先级高于 OSPF 路由，如果仅引入 OSPF 路由，则直连网段部分仍然无法实现互通。

```
[RouterB] bgp 200
[RouterB-bgp] import-route direct
[RouterB-bgp] import-route ospf 1
[RouterB-bgp] ipv4-family multicast
[RouterB-bgp-af-multicast] import-route direct
[RouterB-bgp-af-multicast] import-route ospf 1
[RouterB-bgp-af-multicast] quit
[RouterB-bgp] quit
```

RouterC 和 RouterD 上的路由引入配置与 RouterB 上的配置有些区别，因为 RouterC 和 RouterD 不是 EBGP 设备，无需对外发布 AS 内的 OSPF 路由，所以在 BGP 视图下无需引入 OSPF 路由，但仍需要在 IPv4 组播地址族视图下引入 OSPF 路由，以生成对应的组播路由表项。

■ RouterC 上的配置如下。

```
[RouterC] bgp 200
[RouterC-bgp] import-route direct
[RouterC-bgp] ipv4-family multicast
[RouterC-bgp-af-multicast] import-route direct
[RouterC-bgp-af-multicast] import-route ospf 1
[RouterC-bgp-af-multicast] quit
[RouterC-bgp] quit
```

■ RouterD 上的配置如下。

```
[RouterD] bgp 200
[RouterD-bgp] import-route direct
[RouterD-bgp] ipv4-family multicast
[RouterD-bgp-af-multicast] import-route direct
[RouterD-bgp-af-multicast] import-route ospf 1
[RouterD-bgp-af-multicast] quit
[RouterD-bgp] quit
```

④ 使能各路由器及其相连接口的组播功能。同时，要在 RouterC 连接接收者主机的 GE2/0/0 接口上使能 IGMP 功能。

■ RouterA 上的配置如下。

```
[RouterA] multicast routing-enable
[RouterA] interface gigabitethernet 1/0/0
[RouterA-GigabitEthernet1/0/0] pim sm
[RouterA-GigabitEthernet1/0/0] quit
[RouterA] interface gigabitethernet 2/0/0
[RouterA-GigabitEthernet2/0/0] pim sm
[RouterA-GigabitEthernet2/0/0] quit
```

■ RouterB 上的配置如下。

```
[RouterB] multicast routing-enable
[RouterB] interface gigabitethernet 1/0/0
[RouterB-GigabitEthernet1/0/0] pim sm
[RouterB-GigabitEthernet1/0/0] quit
[RouterB] interface gigabitethernet 2/0/0
[RouterB-GigabitEthernet2/0/0] pim sm
[RouterB-GigabitEthernet2/0/0] quit
```

```
[RouterB] interface gigabitethernet 3/0/0
[RouterB-GigabitEthernet3/0/0] pim sm
[RouterB-GigabitEthernet3/0/0] quit
```

■ RouterC 上的配置如下。

```
[RouterC] multicast routing-enable
[RouterC] interface gigabitethernet 1/0/0
[RouterC-GigabitEthernet1/0/0] pim sm
[RouterC-GigabitEthernet1/0/0] quit
[RouterC] interface gigabitethernet 2/0/0
[RouterC-GigabitEthernet2/0/0] pim sm
[RouterC-GigabitEthernet2/0/0] igmp enable
[RouterC-GigabitEthernet2/0/0] quit
[RouterC] interface gigabitethernet 3/0/0
[RouterC-GigabitEthernet3/0/0] pim sm
[RouterC-GigabitEthernet3/0/0] quit
```

■ RouterD 上的配置如下。

```
[RouterD] multicast routing-enable
[RouterD] interface gigabitethernet 1/0/0
[RouterD-GigabitEthernet1/0/0] pim sm
[RouterD-GigabitEthernet1/0/0] quit
[RouterD] interface gigabitethernet 2/0/0
[RouterD-GigabitEthernet2/0/0] pim sm
[RouterD-GigabitEthernet2/0/0] quit
```

⑤ 在两个 AS 系统内的 PIM 域中分别配置 BSR 和 RP。BSR 位于 PIM 域边界，通常是把 BSR 与 RP 配置成一样。

■ RouterA 上的配置如下。

```
[RouterA] interface loopback 0
[RouterA-LoopBack0] ip address 1.1.1.1 255.255.255.255
[RouterA-LoopBack0] pim sm
[RouterA-LoopBack0] quit
[RouterA] pim
[RouterA-pim] c-bsr loopback 0
[RouterA-pim] c-rp loopback 0
[RouterA-pim] quit
```

■ RouterB 上的配置如下。

```
[RouterB] interface loopback 0
[RouterB-LoopBack0] ip address 2.2.2.2 255.255.255.255
[RouterB-LoopBack0] pim sm
[RouterB-LoopBack0] quit
[RouterB] pim
[RouterB-pim] c-bsr loopback 0
[RouterB-pim] c-rp loopback 0
[RouterB-pim] quit
```

在 AS100 和 AS200 这两个 PIM 域中配置域间相连接口为各自 PIM 域的 BSR 服务边界。

■ RouterA 上的配置如下。

```
[RouterA] interface gigabitethernet 1/0/0
[RouterA-GigabitEthernet1/0/0] pim bsr-boundary
[RouterA-GigabitEthernet1/0/0] quit
```

■ RouterB 上的配置如下。

```
[RouterB] interface gigabitethernet 1/0/0
```

```
[RouterB-GigabitEthernet1/0/0] pim bsr-boundary
[RouterB-GigabitEthernet1/0/0] quit
```

⑥ 配置 MSDP 对等体。

因为涉及到两个 AS 之间的 PIM 域间通信，所以需要通过 MSDP 服务进行连接，需要在 PIM 域间的边界设备上分别使能 MSDP 功能，并且分别配置 MSDP 对等体。对等体就是对端接口的 IP 地址。

■ RouterA 上的配置如下。

```
[RouterA] msdp
[RouterA-msdp] peer 10.1.1.2 connect-interface gigabitethernet 1/0/0
[RouterA-msdp] quit
```

■ RouterB 上的配置如下。

```
[RouterB] msdp
[RouterB-msdp] peer 10.1.1.1 connect-interface gigabitethernet 1/0/0
[RouterB-msdp] quit
```

配置好以上内容后，可通过使用 **display bgp multicast peer** 命令查看两个 PIM 域边界路由器之间 MBGP 对等体的关系。以下是 RouterA 上 MBGP 对等体关系的信息，RouterB 上的类似。

```
[RouterA] display bgp multicast peer
 BGP local router ID : 1.1.1.1
 Local AS number : 100
 Total number of peers : 1                 Peers in established state : 1
  Peer         V   AS    MsgRcvd   MsgSent   OutQ  Up/Down          State      PrefRcv
  10.1.1.2     4   200      82        75      0 00:30:29  Established        17
```

也可使用 **display msdp brief** 命令查看路由器之间 MSDP 对等体的建立情况。以下是 RouterB 上 MSDP 对等体关系，RouterA 上的类似。

```
[RouterB] display msdp brief
MSDP Peer Brief Information of VPN-Instance: public net
  Configured      Up        Listen          Connect        Shutdown       Down
  1               1         0               0              0              0
  Peer's Address  State     Up/Down time    AS             SA Count       Reset Count
  10.1.1.1        Up        00:07:17        100            1              0
```

14.6　BGP 路由选路和负载分担配置与管理

BGP 具有很多路由属性（如 BGP 优先级、下一跳属性、本地优先级属性、AS 路径属性、MED 属性、团体属性等），而这些属性又可能影响 BGP 的最终选路结果。所以，本节涉及的配置任务比较多，具体如下。这些任务均为并列关系，用户可根据具体的应用环境和需求选择其中的一项或多项进行配置。在配置控制 BGP 的路由选择之前，需先配置 BGP 的基本功能。

① 配置 BGP 优先级。

② 配置 Next_Hop 属性。

③ 配置 BGP 路由首选值。

④ 配置本机缺省 Local_Pref 属性。

⑤ 配置 AS_Path 属性。

⑥ 配置 MED 属性。

⑦ 配置 BGP 团体属性。

⑧ 配置 BGP 负载分担。

下面各小节将分别介绍以上配置任务的具体配置方法。

14.6.1 配置 BGP 优先级

由于路由器上可能同时运行多个路由协议，就存在各个路由协议之间路由信息共享和路由路径选择的问题。系统为每一种路由协议设置一个缺省的内、外部优先级，具体参见第 9 章 9.1.4 节的表 9-1 和表 9-2。在不同协议发现同一条路由时，优先级高的路由将被优选。

BGP 优先级（这里包括 EBGP 优先级、IBGP 优先级和本地优先级 3 种）的具体配置步骤见表 14-14。

表 14-14　　BGP 优先级配置步骤

步骤	命令	说明
1	**system-view** 例如：< Huawei > **system-view**	进入系统视图
2	**bgp** { *as-number-plain* | *as-number-dot* } 例如：[Huawei]**bgp** 100	启动 BGP，进入 BGP 视图
3	**ipv4-family** { **unicast** | **multicast** } 或 **ipv6-family** [**unicast**] 例如：[Huawei-bgp] **ipv4-family unicast**	进入要配置 BGP 优先级的对应 IP 地址族视图。**BGP 路由在不同的地址族视图下可分别配置不同的协议优先级**
4	**preference** { *external internal local* | **route-policy** *route-policy-name* } 或 **preference** *external internal local* **route-policy** *route-policy-name*	配置 EBGP、IBGP、本地路由的协议优先级。命令中的参数说明如下。 （1）*external*：指定 EBGP 路由的协议优先级。外部路由是从其他 AS 的对等体学来的最佳路由，取值范围为 1～255 的整数，值越小，优先级越高。本参数与下面的 *internal* 和 *local* 参数共同构成一个二选一参数。 （2）*internal*：指定 IBGP 路由的协议优先级。内部路由是从同一个 AS 的对等体学来的路由，取值范围为 1～255 的整数，值越小，优先级越高。 （3）*local*：指定 BGP 本地路由的协议优先级。本地路由是指通过聚合命令（**summary automatic** 自动聚合和 **aggregate** 手动聚合）所聚合的路由，取值范围为 1～255 的整数，值越小，优先级越高。有关 BGP 路由聚合将在本章的后面具体介绍。 （4）**route-policy** *route-policy-name*：二选一参数，指定用于配置 BGP 优先级的路由策略名称，1～40 个字符，区分大小写，不支持空格。 【说明】如果同时配置了 *external internal local* 和 **route-policy** *route-policy-name*，则通过策略的路由按路由策略中的规则设置，未通过策略的路由优先级按 *external internal local* 设置。 使用路由策略配置 BGP 优先级的操作步骤如下（有关路由策略的具体配置方法将在本书第 15 章介绍）。

续表

步骤	命令	说明
4	例如：[Huawei-bgp-af-ipv4] **preference** 2 2 20	• 使用 **route-policy** 命令创建 Route-Policy，并且进入 Route-Policy 视图。 • 配置 **if-match** 子句，为路由设置匹配条件。对于同一个 Route-Policy 节点，在匹配的过程中，各个 **if-match** 子句间是“与”的关系，即路由信息必须同时满足所有匹配条件，才可以执行 **apply** 子句的动作。如不指定 **if-match** 子句，则所有路由信息都会通过该节点的过滤。 • 使用 **apply preference** 命令，为通过过滤的路由设定优先级。 缺省情况下，EBGP、IBGP 和 BGP 本地路由的优先级均为 255，可用 **undo preference** 命令恢复优先级的缺省值

14.6.2　配置 Next_Hop 属性

BGP 在 Next_Hop 属性中规定，当 ASBR（连接 EBGP 对等体的路由器也称之为 ASBR）将从 EBGP 对等体学习到的路由转发给本 AS 内其他 IBGP 对等体时，**缺省不修改下一跳**。这样一来，在 IBGP 对等体收到该路由后，会发现下一跳不可达（因为其下一跳不是直连设备的接口 IP 地址），于是将该路由设为非活跃路由，不通过该路由指导流量转发。

这时，如果希望 IBGP 邻居通过该路由指导流量转发，可以在 ASBR 上配置向 IBGP 对等体（组）转发路由时，将自身出接口 IP 地址作为下一跳。以使 IBGP 对等体在收到 ASBR 从 EBGP 邻居学习来的路由后发现下一跳可达，将路由设为活跃路由。

注意　当 BGP 路由发生变化时，BGP 需要对非直连的下一跳重新进行迭代。如果不对迭代后的路由进行任何限制，则 BGP 可能会将下一跳迭代到一个错误的转发路径上，从而造成流量丢失。此时，可配置 BGP 按路由策略迭代下一跳，避免流量丢失。

配置 BGP Next_Hop 属性的步骤见表 14-15。

表 14-15　BGP Next_Hop 属性的配置步骤

步骤	命令	说明
1	**system-view** 例如：< Huawei > **system-view**	进入系统视图
2	**bgp** { *as-number-plain* | *as-number-dot* } 例如：[Huawei]**bgp** 100	启动 BGP，进入 BGP 视图
3	**ipv4-family** { **unicast** | **multicast** } 或 **ipv6-family** [**unicast**] 例如：[Huawei-bgp] **ipv4-family unicast**	进入要配置 BGP Next_Hop 属性的对应 IP 地址族视图。**BGP 路由在不同的地址族视图下可分别配置不同的 Next_Hop 属性**

续表

步骤	命令	说明
4	**peer** { *ipv4-address* | *group-name* } **next-hop-local** 例如：[Huawei-bgp-af-ipv4]**peer** 1.1.1.2 **next-hop-local**	（可选）配置 IBGP 设备向 **IBGP 对等体（组）发布来自 EBGP 对等体的路由时**，把下一跳地址设为自身出接口的 IP 地址。命令中的 *ipv4-address* | *group-name* 参数分别用来指定对等体的 IP 地址或对等体组的名称。 缺省情况下，IBGP 设备向 **IBGP 对等体发布来自 EBGP 对等体的路由时，不修改下一跳地址**，可用 **undo peer** { *ipv4-address* | *group-name* } **next-hop-local** 命令来恢复发给指定对等体（组）的 EBGP 路由不改变下一跳
5	**nexthop recursive-lookup route-policy** *route-policy-name* 例如：[Huawei-bgp-af-ipv4] **nexthop recursive-lookup route-policy** rp_nexthop	（可选）配置 BGP 按路由策略对从 **IBGP 对等体收到的路由进行下一跳迭代**。命令中的参数 **route-policy** *route- policy-name* 用来指定进行下一跳迭代的路由策略的名称，1～47 个字符，区分大小写，不支持空格。 【说明】可以利用路由策略来限制迭代后的路由，如果迭代后的路由不能通过指定路由策略的过滤，则将该路由标识为不可达。这样就能避免将非直连下一跳迭代到错误的转发路径上。执行本命令前，需要先确定允许被迭代到的路由，并配置相应的路由策略。 **对于从直连 EBGP 对等体收到的路由，本命令不生效。** 缺省情况下，BGP 不按路由策略进行下一跳迭代，可用 **undo nexthop recursive-lookup route-policy** 命令恢复缺省配置
6	**peer** { *group-name* | *ipv4-address* } **next-hop-invariable** 例如：[Huawei-bgp-af-ipv4] **peer** 1.1.1.2 **next-hop-invariable**	（可选）配置不同 AS 域的 PE 向 EBGP 对等体发布路由时不改变下一跳；向 IBGP 对等体发布引入的 IGP 路由时使用 IGP 路由的下一跳地址。 参数 *group-name* | *ipv4- address* 分别指定要发布引入的 IGP 路由时的 IBGP 对等体组的名称和 IBGP 对等体的 IP 地址。 【注意】在采用 RR 的跨域 VPN OptionC 方式组网中，需要在 RR 上执行本命令，配置向 EBGP 对等体发布路由时不改变下一跳，保证对端 PE 可以在流量传输时迭代到通往本端 PE 的 BGP LSP。有关 BGP LSP 参见《华为 MPLS 技术学习指南》和《华为 MPLS VPN 学习指南》两本书。 在向 IBGP 对等体（组）通告路由时，本命令和前面第 4 步介绍的 **peer next-hop-local** 命令互斥。 缺省情况下，对等体在发布所引入的 IGP 路由时会将下一跳地址改为本地与对端连接的接口地址，可用 **undo peer** { *ipv4-address* | *group-name* } **next-hop-invariable** 命令恢复为缺省配置

14.6.3 配置 BGP 路由首选值

协议首选值（PrefVal）是华为设备的私有属性，**仅在本地路由器上有效**。当 BGP 路由表中存在到达相同目的地址的多条路由时，将优先选择协议首选值高的路由（**而不管其他属性值**，因为首选属性值是最先进行比较的，具体参见 14.3.8 节）。

BGP 路由首选值的具体配置步骤见表 14-16。

表 14-16　**BGP 路由首选值的配置步骤**

步骤	命令	说明
1	**system-view** 例如：< Huawei > **system-view**	进入系统视图
2	**bgp** { *as-number-plain* | *as-number-dot* } 例如：[Huawei]**bgp** 100	启动 BGP，进入 BGP 视图
3	**ipv4-family** { **unicast** | **multicast** } 或 **ipv6-family** [**unicast**] 例如：[Huawei-bgp]**ipv4-family unicast**	进入要配置 BGP 路由信息首选值的对应 IP 地址族视图。**BGP 路由在不同的地址族视图下可分别配置不同的 BGP 路由信息首选值**
4	**peer** { *group-name* | *ipv4-address* } **preferred-value** *value* 例如：[Huawei-bgp-af-ipv4] **peer** 1.1.1.2 **preferred-value** 50	为从指定对等体学来的所有路由配置首选值。但在为对等体分配首选值之前必须先配置 BGP 对等体。命令中的参数说明如下。 （1）*group-name* | *ipv4-address*| *ipv6-address*：分别指定要设置首选值的路由所来自的 IBGP 对等体组的名称和 IPv4、IPv6 IBGP 对等体的 IP 地址。 （2）*value*：指定要为来自参数 *group-name* | *ipv4-address* 指定的对等组或对等体路由所分配的首选值，取值范围为 0～65 535 的整数，**值越大，优先级越高**。如果是对对等体组设置首选值，则对等体组里的每个对等体都继承这个配置。 缺省情况下，从其他 BGP 对等体学来的路由的首选值为 0，可用 **undo peer** { *group-name* | *ipv4-address* | *ipv6-address* } **preferred-value** 命令恢复来自指定对等体（组）的路由的首选值为缺省值

14.6.4　配置本机缺省 Local_Pref 属性

Local_Pref（本地优先级）属性用于判断流量**离开 AS 时的最佳路由**。当 BGP 的设备通过不同的 IBGP 对等体得到到达外部 AS 的目的地址相同，但下一跳不同的多条路由时，将优先选择 Local_Pref 属性值较高的路由。但 Local_Pref 属性**仅在 IBGP 对等体之间交换和比较，不通告给其他 AS。它表明 BGP 路由器的优先级，而不是路由的优先级。**

另外，因为 Local_Pref 属性是在 14.6.3 节介绍的 PrefVal 属性比较之后（具体参见 14.3.8 节），所以仅当多条相同目的地址路由具有相同 PrefVal 属性值后才按 Local_Pref 属性值进行比较。

BGP 本地机缺省 Local_Pref 属性的具体配置步骤见表 14-17。

表 14-17　**BGP 本地机缺省 Local_Pref 属性的具体配置步骤**

步骤	命令	说明
1	**system-view** 例如：< Huawei > **system-view**	进入系统视图
2	**bgp** { *as-number-plain* | *as-number-dot* } 例如：[Huawei]**bgp** 100	启动 BGP，进入 BGP 视图

续表

步骤	命令	说明
3	**ipv4-family** { **unicast** | **multicast** } 或 **ipv6-family** [**unicast**] 例如：[Huawei-bgp] **ipv4-family unicast**	进入要配置 Local_Pref 属性的对应 IP 地址族视图。**BGP 路由器在不同的地址族视图下可分别配置不同的 Local_ Pref 属性值**
4	**default local-preference** *local-preference* 例如：[Huawei-bgp-af-ipv4] **default local-preference** 200	配置本地 BGP 路由器缺省的本地优先级属性值，其取值范围为 0～4 294 967 295 的整数，值越大，优先级越高。 【注意】如果设备上已经配置了 BGP 的缺省本地优先级，当用户再次配置本地缺省优先级时，新的缺省优先级会取代原有的缺省优先级。 缺省情况下，BGP 路由器的本地优先级的值为 100，可用 **undo default local-preference** 命令恢复 BGP 路由器的缺省本地优先级为缺省值

14.6.5 配置 AS_Path 属性

AS_Path（AS 路径）属性按矢量顺序记录了某条路由从本地到目的地址所要经过的所有 AS 编号。配置不同的 AS_Path 属性功能，可以实现灵活的路由选路。在配置 AS_Path 属性时，可以考虑以下几方面，根据实际需要选择其中一项或多项进行配置，具体见表 14-18。

① 通常情况下，将 AS_Path 属性内的 AS_Path 数量作为 BGP 选路条件，路径越长，优先级越低。当不需要 AS_Path 属性作为选路条件时，可以配置不将 AS_Path 属性作为选路条件。

② 通常情况下，BGP 通过 AS 号检测路由环路，即路由中的 AS 路径中包括本地 AS 号的路由不再接收。但在 Hub and Spoke 组网方式下，为保证路由能够正确传递，从 Hub-CE 发布私网路由到 Spoke-CE 途中经过的相关 BGP 对等体需要配置允许 AS_Path 中 AS 号重复一次的路由通过。

③ 公有 AS 号可以直接在 Internet 上使用，私有 AS 号直接发布到 Internet 上可能造成环路现象。为了解决上述情况，可以在把路由发布到 Internet 前，配置发送 EBGP 更新报文时，AS_Path 属性中仅携带公有 AS 编号。

④ 在重构 AS_Path 或聚合生成新路由时，可以对 AS_Path 中的 AS 号最大个数予以限制。配置 AS_Path 属性中 AS 号的最大个数后，接收路由时会检查 AS_Path 属性中的 AS 号是否超限，如果超限则丢弃路由。

⑤ 常规情况下，一个设备只支持一个 BGP 进程，即只支持一个 AS 号。但是在某些特殊情况下，例如网络由于迁移而更换 AS 号时，为了保证网络切换的顺利进行，可以为指定对等体设置一个伪 AS 号。

⑥ BGP 会检查 EBGP 对等体发来的更新消息中 AS_Path 列表的第一个 AS 号，确认第一个 AS 号必须是该 EBGP 对等体所在的 AS。否则，该更新信息被拒绝，EBGP 连接中断。如果不需要 BGP 检查 EBGP 对等体发来的更新消息中 AS_Path 列表的第一个

AS 号，可以去使能此功能。

表 14-18　**AS_Path** 属性的配置步骤

步骤	命令	说明
1	**system-view** 例如：< Huawei > **system-view**	进入系统视图
2	**route-policy** *route-policy-name*{ **deny** | **permit** } **node** *node* 例如：[Huawei] **route-policy policy permit node** 10	创建路由策略的节点，并进入路由策略视图（**有关路由策略的具体配置方法将在第 15 章介绍**）。命令中的参数和选项说明如下。 （1）*route-policy-name*：指定 Route-Policy 名称，1～40 个字符，区分大小写。如果该名称的路由策略不存在，则创建一个新的路由策略并进入它的路由策略视图。如果该名称的路由策略已经存在，则直接进入它的路由策略视图。 （2）**deny**：二选一选项，指定路由策略节点的匹配模式为拒绝。如果路由与节点所有的 if-match 子句匹配成功，则该路由将被拒绝通过；否则进行下一节点。 （3）**permit**：二选一选项，指定路由策略节点的匹配模式为允许。如果路由与节点所有的 **if-match** 子句匹配成功，该路由可通过过滤并执行此节点 **apply** 命令中规定的一系列动作；否则进行下一节点。 （4）*node*：指定路由策略的节点号，取值范围为 0～65 535 的整数。当使用路由策略时，*node* 的值小的节点先进行匹配。一个节点匹配成功后，路由将不再匹配其他节点。全部节点匹配失败后，路由将被过滤。 【说明】路由策略用于过滤路由信息以及为通过过滤的路由信息设置路由属性。一个路由策略由多个节点构成。一个节点包括多个 **if-match** 和 **apply** 子句。**if-match** 子句用来定义该节点的匹配条件，**apply** 子句用来定义通过过滤的路由行为。**if-match** 子句的过滤规则关系是"与"，即该节点的所有 **if- match** 子句都必须匹配。路由策略节点间的过滤关系是"或"，即只要通过了一个节点的过滤，就可通过该路由策略。如果没有通过任何一个节点的过滤，路由信息将无法通过该路由策略。 缺省情况下，系统中没有路由策略，可用 **undo route-policy** *route-policy-name* [**node** *node*]命令删除指定的路由策略
3	（可选）配置路由策略匹配规则，只有满足匹配规则的路由才会改变 AS_Path 属性，有关路由策略的配置将在第 15 章介绍。缺省情况下，所有路由都满足匹配规则	
4	**apply as-path** { *as-number-plain* | *as-number-dot* } &<1-10> { **additive** | **overwrite** } 例如：[Huawei-route-policy] **apply as-path** 200 10.10 **additive**	设置 BGP 路由的 AS_Path 属性，命令中的参数和选项说明如下。 （1）*as-number-plain*：二选一参数，指定要替换或增加的整数形式的 AS 号，取值范围为 1～4 294 967 295 的整数。在同一个命令行中最多可以同时指定 10 个 AS 号。 （2）*as-number-dot*：二选一参数，指定要替换或增加的点分形式的 AS 号，格式为 *x.y*，*x* 和 *y* 都是整数形式，*x* 的取值范围为 1～65 535 的整数，*y* 的取值范围为 0～65 535 的整数。在同一个命令行中最多可以同时指定 10 个 AS 号。 （3）**additive**：二选一选项，指定要在路由的 AS 路径列表中添加指定的 AS 编号。 （4）**overwrite**：二选一选项，用指定的 AS 号覆盖原有的 AS_Path 列表。 【说明】配置本命令后，符合匹配条件的 BGP 路由的 AS_Path 列

续表

<table>
<tr><th>步骤</th><th>命令</th><th>说明</th></tr>
<tr><td>4</td><td>**apply as-path** { *as-number-plain* | *as-number-dot* } &<1-10> { **additive** | **overwrite** }
例如：[Huawei-route-policy] **apply as-path** 200 10.10 **additive**</td><td>表将会改变。假设原来 AS_Path 为（30，40，50），在符合匹配条件的情况下进行如下处理。
① 如果配置了 **apply as-path 60 70 80 additive** 命令，则 AS_Path 列表更改为（60，70，80，30，40，50），这种配置一般用于调整使路由不被优选。
② 如果配置了 **apply as-path 60 70 80 overwrite** 命令，则 AS_Path 列表更改为（60，70，80）。更改 AS_Path 的应用比较灵活，主要有以下几种情况。
● 隐藏路由的真实路径信息。比如，AS_Path 列表更改为（60，70，80）之后，路由就丢失了原来携带的 AS_Path 路径信息（30，40，50）。
● 用于形成负载分担。比如，设备收到两条路由，目的地址都是 10.1.0.0/16 这个网络，其中一条路由的 AS_Path 为（60，70，80），另一条路由的 AS_Path 为（30，40，50），如果把 AS_Path（30，40，50）更改为（60，70，80），那么这两条路由就有可能形成负载分担。
● 如果配置了 **as-path-limit** 命令，接收路由时会检查 AS_Path 属性中的 AS 号是否超限，如果超限则丢弃路由。这样对于 AS_Path 较长的路由，在接收之前，可以把 AS_Path 替换成较短的 AS_Path。例如原来的 AS_Path 为（60，70，80，65 001，65 002，65 003），可以配置 **apply as-path 60 70 80 overwrite** 命令，把 AS_Path 列表更改为（60，70，80），缩短 AS_Path 的长度，防止路由由于 AS 号超限而被丢弃。
● 缩短 AS_Path 长度，使路由被优选，把流量引导向本自治系统。
③ 如果配置了 **apply as-path none overwrite** 命令，则 AS_Path 列表更改为空。BGP 在选路时，如果 AS_Path 列表为空，AS_Path 长度按照 0 来处理。通过清空 AS_Path，不但可以隐藏真实的路径信息，还可以缩短 AS_Path 长度，使路由被优选，把流量引导向本自治系统。
缺省情况下，路由策略中未配置改变 BGP 路由的 AS_Path 属性的动作，可用 **undo apply as-path** 命令恢复缺省配置</td></tr>
<tr><td>5</td><td>**quit**</td><td>退出路由策略视图，返回系统视图</td></tr>
<tr><td>6</td><td>**bgp** { *as-number-plain* | *as-num-ber-dot* }
例如：[Huawei]**bgp** 100</td><td>启动 BGP，进入 BGP 视图</td></tr>
<tr><td>7</td><td>**ipv4-family** { **unicast** | **multicast** }
或
ipv6-family [**unicast**]
例如：[Huawei-bgp]**ipv4-family unicast**</td><td>进入要配置 AS_Path 属性的对应 IP 地址族视图。**BGP 路由在不同的地址族视图下可分别配置不同的 AS_Path 属性值**</td></tr>
<tr><td colspan="3">以下 8～11 的配置任务是并列关系，可根据实际需要选择配置其中的一项或几项</td></tr>
<tr><td>8</td><td>**peer** { *ipv4-address* | *group-name* | *ipv6-address* } **route-policy** *route-policy-name* **export**</td><td>（可选）通过路由策略向对等体（组）发布的路由配置指定 AS_Path 属性。命令中的参数说明如下。
（1）*ipv4-address* | *group-name*| *ipv6-address*：分别用来指定对等体的 IPv4、IPv6 地址或对等体组的名称。
（2）*route-policy-name*：指定用于为向指定的对等体或对等体组发布的路由配置 AS_Path 属性的路由策略。</td></tr>
</table>

续表

步骤	命令	说明
8	例如：[Huawei-bgp-af-ipv4] **peer** 1.1.1.2 **route-policy** test-policy **export**	缺省情况下，向对等体（组）发布的路由不使用路由策略配置 AS_Path 属性，可用 **undo peer** { *ipv4-address* | *group- name* | *ipv6 -address* } **route-policy** *route-policy-name* **export** 命令删除向指定的对等体（组）发布的路由使用指定的路由策略配置 AS_Path 属性，恢复为缺省配置
9	**peer** { *ipv4-address* | *group-name* | *ipv6-address* } **route-policy** *route-policy-name* **import** 例如：[Huawei-bgp-af-ipv4] **peer** 1.1.1.2 **route-policy** test-policy **import**	（可选）通过路由策略对从对等体（组）接收的路由配置指定 AS_Path 属性。命令中的参数说明同上一步。 缺省情况下，对来自对等体（组）发布的路由不使用路由策略配置 AS_Path 属性，可用 **undo peer** { *ipv4-address* | *group- name* | *ipv6-address* } **route-policy** *route-policy-name* **import** 命令删除对来自指定的对等体(组)的路由使用指定的路由策略配置 AS_Path 属性，恢复为缺省配置
10	**import-route** *protocol* [*process-id*] **route-policy** *route-policy-name* 例如：[Huawei-bgp-af-ipv4] **import-route rip** 1 **route-policy** test-policy	（可选）通过路由策略对在 BGP 路由器上以 Import 方式引入的路由配置指定的 AS_Path 属性。命令中的参数说明如下。 （1）*protocol*：指定要配置 AS_Path 属性的引入路由协议和路由类型，支持 **direct**、**isis**、**ospf**、**rip**、**static**、**unr**。 （2）*process-id*：可选参数，指定要配置 AS_Path 属性的路由进程，仅当参数 *protocol* 为 **isis**、**ospf**、**rip** 时选择，取值范围为 1～65 535 的整数。 （3）*route-policy-name*：指定用于定义配置 AS_Path 属性的路由策略。 缺省情况下，BGP 未引入任何路由信息，可用 **undo import-route** *protocol* [*process-id*]命令恢复缺省配置
11	**network** *ipv4-address* [*mask* | *mask-length*] **route-policy** *route-policy-name* 例如：[Huawei-bgp-af-ipv4] **network** 10.0.0.0 255.255.0.0 **route-policy** test-policy	（可选）通过路由策略对在 BGP 路由器上以 Network 方式静态引入的路由配置指定的 AS_Path 属性。命令中的参数说明如下。 （1）*ipv4-address*：指定引入的路由的网络地址。 （2）*mask* | *mask-length*：可选参数，指定引入的路由的子网掩码或子网掩码长度，如果不指定，则采用对应的自然网段子网掩码。 （3）*route-policy-name*：指定用于定义配置 AS_Path 属性的路由策略名称。 缺省情况下，BGP 不将 IP 路由表中的路由以静态方式加入 BGP 路由表中，可用 **undo network** *ipv4-address* [*mask* | *mask-length*] 命令删除指定的以静态方式加入 BGP 路由表中的路由
以下 12～14 的配置任务是并列关系，一般为可选配置任务，可根据实际需要选择配置其中的一项或几项		
12	**bestroute as-path-ignore** 例如：[Huawei-bgp-af-ipv4] **bestroute as-path-ignore**	（可选）配置 BGP 在选择最优路由时忽略 AS 路径属性。 缺省情况下，BGP 将 AS 路径属性作为选择最优路由的一个条件，长度较小者优先，可用 **undo bestroute as-path-ignore** 命令恢复缺省配置
13	**peer** { *group-name* | *ipv4-address* | *ipv6-address* } **allow-as-loop** [*number*]	（可选）配置允许在从对等体（组）接收的路由的 AS_Path 列表中本地 AS 编号重复出现。命令中的参数说明如下。 （1）*ipv4-address* | *group-name* | *ipv6-address*：指定对来自指定的 IPv4、IPv6 对等体或对等体组的路由配置允许本地 AS 号重复出现。 （2）*number*：可选参数，指定在路由的 AS_Path 列表中允许本地 AS 号的重复次数，取值范围为 1～10 的整数，缺省值为 1。 【注意】本命令是覆盖式的，对于同一个对等体或对等体组，后

续表

步骤	命令	说明
13	例如：[Huawei-bgp-af-ipv4] **peer** 1.1.1.2 **allow-as-loop** 2	一次配置会覆盖前一次的配置。 缺省情况下，在收到的路由中不允许本地 AS 号重复，可用 **undo peer** { *group-name* | *ipv4-address* } **allow-as-loop** 命令恢复接收指定对等体（组）的路由中不允许本地 AS 号重复
14	**peer** { *group-name* | *ipv4-address* | *ipv6-address* } **public-as-only** 例如：[Huawei-bgp-af-ipv4] **peer** 1.1.1.2 **public-as-only**	（可选）配置向对等体（组）发送 BGP 更新报文时 AS_Path 属性不携带私有 AS 号，仅携带公有 AS 号。命令中的 *ipv4- address* | *group-name* | *ipv6-address* 参数指定要向指定对等体或对等体组发布路由更新报文时 AS_Path 属性不携带私有 AS 号。 【注意】以下两种情况，配置本命令后 BGP 也不会删除私有 AS 号。 • 路由的 AS_Path 属性中含有对端的 AS 号时。这种情况下删除私有 AS 号，可能会造成路由环路。 • AS_Path 列表中同时含有公有 AS 号和私有 AS 号。该列表表明路由已经经过了公网，如果删除私有 AS 号，可能会造成转发错误。 缺省情况下，发送 BGP 更新报文时，AS_Path 属性可以同时携带私有 AS 号和公有 AS 号，可用 **undo peer** { *group- name* | *ipv4 -address* } **public-as-only** 命令向指定对等体（组）发布路由更新时可以同时携带私有 AS 号和公有 AS 号
15	**quit** 例如：[Huawei-bgp-af-ipv4] **quit**	退出地址族视图，返回 BGP 视图
以下 16～18 的配置任务是并列关系，一般为可选配置任务，可根据实际需要选择配置其中的一项或几项		
16	**as-path-limit** *as-path-limit-num* 例如：[Huawei-bgp] **as-path-limit** 200	（可选）配置 AS_Path 属性中 AS 号的最大个数，取值范围为 1～2 000 的整数，缺省值是 255。 缺省情况下，AS_Path 属性中 AS 号的最大限制值是 2 000，可用 **undo as-path-limit** 命令恢复 AS_Path 属性中 AS 号的最大个数的缺省值
17	**peer** { *ipv4-address* | *group-name* | *ipv6-address* } **fake-as** { *as-number-plain* | *as-number-dot* }	（可选）配置指定 **EBGP 对等体**采用伪 AS 编号与本端建立连接。命令中的参数说明如下。 （1）*ipv4-address* | *group-name* | *ipv6-address*：指定要配置伪 AS 号的对等体的 IPv4、IPv6 地址或对等体组的名称。 （2）*as-number-plain*：二选一参数，指定整数形式的伪 AS 号，取值范围为 1～4 294 967 295 的整数。 （3）*as-number-dot*：二选一参数，指定点分形式的伪 AS 号，格式为 *x.y*，*x* 和 *y* 都是整数形式，*x* 的取值范围为 1～65 535 的整数，*y* 的取值范围是 0～65 535 的整数。 【说明】本命令常用于运营商修改网络部署的场景。例如当运营商 A 收购了运营商 B 时，由于两者位于不同的 AS，因此需要把运营商 B 的 AS 合并到运营商 A 的 AS 中，即将原运营商 B 的 AS 号修改为运营商 A 的 AS 号。但是在网络合并过程中，原运营商 B 位于其他 AS 的 BGP 对等体可能不期望或者不便立即修改本地的 BGP 配置，此时就会造成与这些对等体的连接中断。 为了保证网络合并的顺利进行，可以在原运营商 B 的 ASBR 上执行 peer fake-as 命令，将原运营商 B 的 AS 号设置为合并后的运营商 A 的伪 AS 号，使原运营商 B 的 BGP 对等体能够继续使

续表

步骤	命令	说明
17	例如：[Huawei-bgp] **peer** 1.1.1.2 **fake-as** 100.200	用伪 AS 号建立连接。 缺省情况下，对等体使用真实的 AS 号与本端建立连接，可用 **undo peer** { *group-name* | *ipv4-address* } **fake-as** 命令恢复使用真实的 AS 号与本端建立连接
18	**undo check-first-as** 例如：[Huawei-bgp] **undo check-first-as**	（可选）取消检查 EBGP 对等体发来的更新消息中 AS_Path 属性的第一个 AS 号。 【注意】配置本命令后产生环路的可能性增大，请慎重使用。 缺省情况下，BGP 会检查 EBGP 对等体发来的更新消息中 AS_Path 列表的第一个 AS 号，确认第一个 AS 号必须是该 EBGP 对等体所在的 AS。否则，该更新信息被拒绝，EBGP 连接中断，可用 **check-first-as** 命令使能检查 EBGP 对等体发来的更新消息中 AS_Path 属性的第一个 AS 号的功能

14.6.6　配置 MED 属性

MED 属性相当于 IGP 使用的度量值（Metrics），它用于判断流量进入 AS 时的最佳路由。当一个运行 BGP 的设备通过不同的 EBGP 对等体得到目的地址相同但下一跳不同的多条路由时，在其他条件相同的情况下，**将优先选择 MED 值较小者作为进入 EBGP 对等体所有 AS 的最优路由**。

MED 属性的具体配置步骤见表 14-19（**需在 EBGP 设备上配置**）。

表 14-19　　MED 属性的具体配置步骤

步骤	命令	说明
1	**system-view** 例如：< Huawei > **system-view**	进入系统视图
2	**route-policy** *route-policy-name* { **deny** | **permit** } **node** *node* 例如：[Huawei] **route-policy policy permit node** 10	创建路由策略的节点，并进入路由策略视图
3	（可选）配置路由策略匹配规则，只有满足匹配规则的路由才会改变 MED 属性，有关路由策略的配置将在第 15 章介绍。缺省情况下，所有路由都满足匹配规则	
4	**apply cost** [+ | -] *cost* 例如：[Huawei-route-policy] **apply cost** 120	在路由策略中配置改变路由的开销值（**在 BGP 中就是 MED 属性值**）的动作。命令中的参数和选项说明如下。 （1）+：二选一可选项，指定在路由的原路由开销基础上增加由 *cost* 参数指定的开销值。如果不指定+和–可选项，则表示用由 *cost* 参数指定的开销值替换路由的原路由开销值。 （2）–：二选一可选项，指定在路由的原路由开销基础上减少由 *cost* 参数指定的开销值。如果不指定+和–可选项，则表示用由 *cost* 参数指定的开销值替换路由的原路由开销值。 （3）*cost*：指定要增加，或者减少，或者用来替换原路由开销值的路由开销值，取值范围为 0～4 294 967 295 的整数。 缺省情况下，在路由策略中未配置改变路由的开销值的动作，可用 **undo apply cost** 命令恢复缺省配置

续表

步骤	命令	说明
5	**quit** 例如：[Huawei-route-policy] **quit**	退出路由策略视图，返回系统视图
6	**bgp** { *as-number-plain* | *as-number-dot* } 例如：[Huawei]**bgp** 100	启动 BGP，进入 BGP 视图
7	**ipv4-family**{ **unicast** | **multicast**} 或 **ipv6-family** [**unicast**] 例如：[Huawei-bgp] **ipv4-family unicast**	进入要配置 MED 属性的对应 IP 地址族视图。**BGP 路由在不同的地址族视图下可分别配置不同的 MED 属性值**
以下 8～12 的配置任务是并列关系，可根据实际需要选择配置其中的一项或几项		
8	**default med** *med* 例如：[Huawei-bgp-af-ipv4]**default med** 10	（可选）配置本地 BGP 路由的缺省 MED 值（本地所有没有专门配置 MED 属性值的 BGP 路由具有相同的 MED 属性值），取值范围为 0～4 294 967 295 的整数。 【注意】MED 值仅在相邻两个 AS 之间传递，收到此属性的 AS 一方不会再将其通告给任何其他第三方 AS。如果设备上已经配置了 BGP 的缺省 MED 值，当用户再次配置缺省 MED 值时，新的缺省 MED 值会取代原有的缺省 MED 值 缺省情况下，MED 的值为 0，可用 **undo default med** 命令恢复缺省设置
9	**bestroute med-none-as-maximum** 例如：[Huawei-bgp-af-ipv4] **bestroute med-none-as-maximum**	（可选）配置 BGP 在选择最优路由时，如果路由属性中没有 MED 属性值，则把 MED 属性值按最大值 4 294 967 295（优先级最低）来处理。 缺省情况下，BGP 在选择最优路由时，如果路由属性中没有 MED 值，则按 0 处理，可用 **undo bestroute med-none-as- maximum** 命令恢复缺省设置
10	**compare-different-as-med** 例如：[Huawei-bgp-af-ipv4] **compare-different-as-med**	（可选）配置允许比较来自不同自治系统中邻居的路由的 MED 值。 【说明】本命令主要应用于控制 MED 属性改变 BGP 的选路策略。通过配置此命令可以允许 BGP 比较来自不同 AS 的路由的 MED 属性值。如果到达同一目的地址有多条可选有效路径，可以选择 MED 参数较小的路由作为最终实际使用的路由项。**但除非能够确认不同的自治系统采用了同样的 IGP 和路由选择方式，否则不要使用本命令。** **缺省情况下，不允许比较来自不同 AS 邻居的路由路径的 MED 属性值**，可用 **undo compare-different-as-med** 命令禁止比较来自不同 AS 邻居的路由路径的 MED 属性值
11	**deterministic-med** 例如：[Huawei-bgp-af-ipv4] **deterministic-med**	（可选）使能 BGP deterministic-med 功能，**使在路由选路时优先比较 AS_Path 最左边的 AS 号**（也就是离本地设备最近一个 AS）相同的路由。 【说明】使能 deterministic-med 功能后，在对众多个不同 AS 收到的相同前缀的路由进行选路时，首先会按路由的 AS_Path 最左边的 AS 号进行分组。在组内进行比较后，再用组中的优选路由和其他组中的优选路由进行比较，消除了选路的结果和路由接收顺序的相关性。 例如，假设在某台路由器上存在如下 3 条 BGP 路由。

续表

步骤	命令	说明
11	**deterministic-med** 例如：[Huawei-bgp-af-ipv4] **deterministic-med**	• Route A1: AS(PATH) 12, med 100, igp metric 13, internal, rid 4.4.4.4。 • Route A2: AS(PATH) 12, med 150, igp metric 11, internal, rid 5.5.5.5。 • Route B: AS(PATH) 3, med 0, igp metric 12, internal, rid 6.6.6.6。 （1）当路由接收的顺序为：Route A1、Route A2、Route B 时，先比较 A1、A2。因为 Route A1、Route A2 的最左 AS 相同，所以优选 MED 较小的路由 Route A1。再比较 Route A1 和 Route B，因为 Route A1、Route B 的最左 AS 不相同，在没有配置上一步 **compare-different-as-med** 命令的情况下，不能比较 MED，此时优选 IGP Metric 较小的路由——Route B。 （2）当路由接收的顺序为：Route A2、Route B、Route A1 时，先比较 Route A2、Route B，因为 Route B 和 Route A2 的最左 AS 不相同，在未配置 **compare-different-as-med** 命令的情况下，优选 IGP Metric 较小的路由 Route A2。再比较 Route A2、Route A1，因为 Route A2 和 Route A1 的最左 AS 相同，所以优选 MED 较小的路由 Route A1。 从上面的分析可以看到，没有使能 **deterministic-med** 功能时，最终优选的路由和路由接收的顺序相关。而使能了 **deterministic-med** 功能后，就会消除选路的结果和路由接收顺序的相关性。由于 Route A1、Route A2 的 AS_Path 最左边的 AS 号相同，所以无论路由接收顺序如何，都优先比较 Route A1、Route A2。 缺省情况下，deterministic-med 功能未使能，BGP 会按照路由接收的顺序依次进行比较，最终选路的结果和路由的接收顺序是相关的，可用 **undo deterministic-med** 命令去使能 deterministic-med 功能，优先比较先接收的路由
12	**bestroute med-confederation** 例如：[Huawei-bgp-af-ipv4] **bestroute med-confederation**	（可选）配置 BGP 在选择最优路由时，仅在联盟内比较 MED 属性值。 【说明】在缺省情况下，BGP 只比较来自同一 AS 的路由的 MED 值。这里的 AS 不包括联盟的子 AS。为了使 BGP 在联盟内选择最优路由时能够比较 MED 值，可以配置本命令。配置本命令后，只有当 AS_Path 中不包含外部 AS（不在联盟内的子 AS）号时才比较 MED 值的大小。如果 AS_Path 中包含外部 AS 号，则不进行比较。 例如：自治系统 65 000、65 001、65 002 和 65 004 属于同一联盟。4 条到达同一目的地址的待选路由如下所示。 • path1：AS_Path=65000 65004，med=2。 • path2：AS_Path=65001 65004，med=3。 • path3：AS_Path=65002 65004，med=4。 • path4：AS_Path=65003 65004，med=1。 在配置本命令后，因为 path1、path2 和 path3 的 AS_Path 中不包含同一联盟外的自治系统，所以当 BGP 需要通过比较 MED 值来选择路由时，将只比较 path1、path2 和 path3 的 MED 值。而 path4 的 AS_Path 中包含同一联盟外的自治系统，因此不比较 path4 的 MED 值。 缺省情况下，BGP 仅比较来自同一 AS 的路由的 MED 值，可用 **undo bestroute med-confederation** 命令恢复缺省配置

续表

步骤	命令	说明
以下 13～16 的配置任务是并列关系，可根据实际需要选择配置其中的一项或几项		
13	**peer** { *ipv4-address* | *group-name* | *ipv6-address* } **route-policy** *route-policy-name* **export** 例如：[Huawei-bgp-af-ipv4] **peer** 1.1.1.2 **route-policy** test-policy **export**	（可选）通过路由策略向对等体（组）发布的路由配置指定 MED 属性。 缺省情况下，向对等体（组）发布的路由不使用路由策略配置 MED 属性，可用 **undo peer** { *ipv4-address* | *group-name* } **route-policy** *route-policy-name* **export** 命令删除向指定的对等体（组）发布的路由使用指定的路由策略配置 MED 属性，恢复为缺省配置
14	**peer** { *ipv4-address* | *group-name* | *ipv6-address* } **route-policy** *route-policy-name* **import** 例如：[Huawei-bgp-af-ipv4] **peer** 1.1.1.2 **route-policy** test-policy **import**	通过路由策略对从对等体（组）接收的路由配置指定 MED 属性。 缺省情况下，对来自对等体（组）发布的路由不使用路由策略配置团体属性，可用 **undo peer** { *ipv4-address* | *group-name* } **route-policy** *route-policy-name* **import** 命令删除对来自指定的对等体（组）的路由使用指定的路由策略配置 MED 属性，恢复为缺省配置
15	**import-route** *protocol* [*process-id*] **route-policy** *route-policy-name* 例如：[Huawei-bgp-af-ipv4] **import-route rip** 1 **route-policy** test-policy	通过路由策略在 BGP 以 import 方式引入路由时对引入的路由配置指定 MED 属性。 缺省情况下，BGP 未引入任何路由信息，可用 **undo import- route** *protocol* [*process-id*]命令恢复缺省配置
16	**network** *ipv4-address* [*mask* | *mask-length*] **route-policy** *route-policy-name* 例如：[Huawei-bgp-af-ipv4] **network** 10.0.0.0 255.255.0.0 **route-policy** test-policy	通过路由策略在 BGP 以 network 方式静态引入路由时对引入的路由配置指定 MED 属性。 缺省情况下，BGP 不将 IP 路由表中的路由以静态方式加入 BGP 路由表中，可用 **undo network** *ipv4-address* [*mask* | *mask- length*] 命令删除指定的以静态方式加入 BGP 路由表中的路由

14.6.7 配置 BGP 团体属性

团体属性可在 BGP 对等体之间传播，且不受 AS 的限制。利用团体属性可以使多个 AS 中的一组 BGP 设备共享相同的策略，从而简化路由策略的应用并降低维护管理的难度。BGP 设备可以在发布路由时，新增或者改变路由的团体属性。由团体属性延伸的扩展团体属性是针对特定业务的扩展，目前仅支持在 VPN 中应用 Route-Target 属性。

BGP 团体属性的具体配置步骤见表 14-20。

表 14-20　　BGP 团体属性的配置步骤

步骤	命令	说明
1	**system-view** 例如：< Huawei > **system-view**	进入系统视图
2	**route-policy** *route-policy-name* { **deny** | **permit** } **node** *node* 例如：[Huawei] **route-policy policy permit node** 10	创建路由策略的节点，并进入路由策略视图

续表

<table>
<tr><th>步骤</th><th>命令</th><th>说明</th></tr>
<tr><td>3</td><td colspan="2">（可选）配置路由策略匹配规则，只有满足匹配规则的路由才会改变团体属性，有关路由策略的配置将在第 15 章介绍。缺省情况下，所有路由都满足匹配规则</td></tr>
<tr><td>4</td><td>apply community { community-number | aa:nn | internet | no-advertise | no-export | no-export-subconfed } &<1-32> [additive]
例如：[Huawei-route-policy] apply community no-export</td><td>（二选一）配置 BGP 路由信息的团体属性。命令中的参数和选项说明如下。
（1）community-number：多选一参数，指定要替换或追加的整数形式团体属性的团体号，取值范围为 0～4 294 967 295 的整数。
（2）aa:nn：多选一参数，指定要替换或追加的冒号分隔形式团体属性的团体号，其中 aa 代表主团体号，nn 代表子团体号，它们的取值范围都为 0～65 535 的整数。
（3）internet：多选一选项，表示符合路由策略条件的路由为可以向任何对等体发送的路由。缺省情况下，所有的路由都属于 Internet 团体。
（4）no-advertise：多选一选项，表示符合路由策略条件的路由为不能向任何对等体发送的路由。即收到具有此属性的路由后，不能发布给任何其他的 BGP 对等体。
（5）no-export：多选一选项，表示符合路由策略条件的路由为不能向 AS 外发送的路由，但可以发布给联盟中的其他子 AS。即收到具有此属性的路由后，不能发布到本地 AS 之外，但可以发布到相同联盟中的其他子 AS 中的对等体。
（6）no-export-subconfed：多选一选项，表示符合路由策略条件的路由为既不能向 AS 外发送的路由，也不能发布给联盟的其他子 AS 的路由。即收到具有此属性的路由后，不能发布给任何其他 AS 和子 AS。
（7）&<1-32>：表示前面的这些多选一参数或选项在本条命令中最多可以配置 32 个。
（8）additive：可选项，表示要向符合路由策略条件的路由追加指定的团体属性。如果没有此可选项，则表示替换原有的团体属性。
【说明】在本命令中最多可以配置 32 个整数形式和冒号分隔形式的团体号。但具体可配置的数量要依据以下规则。
● 如果不配置 internet、no-export-subconfed、no-advertise 和 no-export 选项，则 community-number 和 aa:nn 一共可以指定 32 个。
● 如果配置 internet、no-export-subconfed、no-advertise 和 no-export 中的一个选项，则 community-number 和 aa:nn 一共可以指定 31 个。
● 如果配置 internet、no-export-subconfed、no-advertise 和 no-export 中的两个选项，则 community-number 和 aa:nn 一共可以指定 30 个。
● 如果配置 internet、no-export-subconfed、no-advertise 和 no-export 中的 3 个选项，则 community-number 和 aa:nn 一共可以指定 29 个。
● 如果配置 internet、no-export-subconfed、no-advertise 和 no-export 选项，则 community-number 和 aa:nn 一共可以指定 28 个。
缺省情况下，在路由策略中未配置改变 BGP 路由团体属性的动作，可用 undo apply community 命令来恢复缺省配置。也可用 apply community none 命令删除 BGP 路由的团体属性。</td></tr>
</table>

续表

步骤	命令	说明
4	**apply extcommunity** { **rt** { *as-number:nn* | *4as-number:nn* | *ipv4-address:nn* } } &<1-16>[**additive**] 例如：[Huawei-route-policy] **apply extcommunity rt** 100:2 **rt** 1.1.1.1:22 **rt** 100.100:100 **additive**	（二选一）配置 BGP 扩展团体属性（Route-Target）。命令中的参数和选项说明如下。 （1）**rt**：指定对符合路由策略条件的路由替换或者追加扩展团体，最多可设置 16 个。 （2）*as-number:nn*：多选一参数，指定带 2 字节 AS 号的扩展团体属性值，其中 *as-number* 为整数形式的 2 字节 AS 号，取值范围为 0～65 535 的整数，*nn* 为一个整数，取值范围为 0～4 294 967 295。 （3）*4as-number:nn*：多选一参数，指定带 4 字节 AS 号的扩展团体属性值，其中 *4as-number* 为整数形式的 4 字节 AS 号。它有两种表示形式：整数形式的取值范围为 65 536～4 294 967 295；点分形式，格式为 *x.y*，*x* 和 *y* 都是整数形式，取值范围都为 0～65 535。*nn* 为一个整数，取值范围为 0～65 535。 （4）*ipv4-address:nn*：多选一参数，指定 IP 地址点分格式的扩展团体属性值，其中 *ipv4-address* 为点分十进制形式的 IP 地址；*nn* 为一个整数，取值范围为 0～65 535。 （5）**additive**：可选项，表示要向符合路由策略条件的路由追加指定的扩展团体属性。如果没有此可选项，则表示替换原有的扩展团体属性。 缺省情况下，在路由策略中未配置改变 BGP 路由的扩展团体属性的动作，可用 **undo apply extcommunity** 命令恢复缺省配置
5	**quit**	退出路由策略视图，返回系统视图
6	**bgp** { *as-number-plain* | *as-number-dot* } 例如：[Huawei]**bgp** 100	启动 BGP，进入 BGP 视图
7	**ipv4-family** { **unicast** | **multicast** } 或 **ipv6-family** [**unicast**] 例如：[Huawei-bgp] **ipv4-family unicast**	进入要配置团体属性的对应 IP 地址族视图。**BGP 路由在不同的地址族视图下可分别配置不同的团体属性值**
以下 8～11 的配置任务是并列关系，可根据实际需要选择配置其中的一项或几项应用路由策略		
8	**peer** { *ipv4-address* | *group-name* | *ipv6-address* } **route-policy** *route-policy-name* **export** 例如：[Huawei-bgp-af-ipv4] **peer** 1.1.1.2 **route-policy** test-policy **export**	（可选）通过路由策略向指定的对等体（组）发布的路由配置指定团体属性。 缺省情况下，向对等体（组）发布的路由不使用路由策略添加团体属性，可用 **undo peer** { *ipv4-address* | *group- name* } **route-policy** *route-policy-name* **export** 命令删除向指定的对等体（组）发布的路由使用指定的路由策略配置团体属性，恢复为缺省配置
9	**peer** { *ipv4-address* | *group-name* | *ipv6-address* } **route-policy** *route-policy-name* **import** 例如：[Huawei-bgp-af-ipv4] **peer** 1.1.1.2 **route-policy** test-policy **import**	（可选）通过路由策略对从对向指定的对等体（组）接收的路由配置指定团体属性。 缺省情况下，对来自对等体（组）的路由不使用路由策略配置团体属性，可用 **undo peer** { *ipv4-address* | *group-name* } **route-policy** *route-policy-name* **import** 命令删除对来自指定的对等体（组）的路由使用指定的路由策略配置团体属性，恢复为缺省配置

续表

<table>
<tr><th>步骤</th><th>命令</th><th colspan="2">说明</th></tr>
<tr><td>10</td><td>import-route protocol [process-id] route-policy route-policy-name
例如：[Huawei-bgp-af-ipv4] import-route rip 1 route-policy test-policy</td><td colspan="2">（可选）通过路由策略对以 Import 方式引入的路由配置指定团体属性。
缺省情况下，BGP 未引入任何路由信息，可用 undo import-route protocol [process-id]命令恢复缺省配置</td></tr>
<tr><td>11</td><td>network ipv4-address [mask | mask-length] route-policy route-policy-name
例如：[Huawei-bgp-af-ipv4] network 10.0.0.0 255.255.0.0 route-policy test-policy</td><td colspan="2">（可选）通过路由策略对以 Network 方式静态引入的路由配置指定团体属性。
缺省情况下，BGP 不将 IP 路由表中的路由以静态方式加入到 BGP 路由表中，可用 undo network ipv4-address [mask | mask-length]命令删除指定的以静态方式加入 BGP 路由表中的路由</td></tr>
<tr><td colspan="4">以下是一个二选一选项，仅在需要向对等体（组）发布的路由添加团体属性或者扩展团体属性时配置，其他情况不必配置</td></tr>
<tr><td rowspan="3">12</td><td>peer { ipv4-address | group-name | ipv6-address } advertise-community
例如：[Huawei-bgp-af-ipv4] bestroute as-path-ignore</td><td colspan="2">（二选一）配置允许将团体属性传给对等体或对等体组。
缺省情况下，不将团体属性发布给任何对等体或对等体组，可用 undo peer { ipv4-address | group-name } advertise-community 命令恢复缺省配置</td></tr>
<tr><td>peer { ipv4-address | group-name | ipv6-address } advertise-ext-community
例如：[Huawei-bgp-af-ipv4] peer 1.1.1.2 allow-as-loop 2</td><td rowspan="2">（二选一）将扩展团体属性传给对等体或对等体组</td><td>配置允许将扩展团体属性传给对等体或对等体组。
缺省情况下，不将扩展团体属性发布给任何对等体或对等体组，可用 undo peer { ipv4-address | group-name } advertise-ext-community 命令恢复缺省配置</td></tr>
<tr><td>ext-community-change enable
例如：[Huawei-bgp-af-ipv4] ext-community-change enable</td><td>允许通过路由策略修改扩展团体属性。执行本命令后，允许通过入口策略对从对等体（组）接收的扩展团体属性进行修改，允许通过出口策略将变更后的扩展团体属性发送给对等体（组），从而将优选路由修改后的扩展团体属性发布给对等体（组）。S 系列交换机中，S6720SI、S6720S-SI、S5730SI、S5730S-EI、S5720S-SI 和 S5720SI 不支持该命令。
缺省情况下，BGP 禁止通过入口策略修改从对等体（组）接收的扩展团体属性，禁止通过出口策略修改向对等体（组）发布的扩展团体属性，可用 undo ext-community-change enable 命令禁止通过路由策略修改扩展团体属性</td></tr>
</table>

说明　表中第 4 步中的 **apply community** 命令有多种应用方式。现假设原 BGP 路由的团体名为 30，在符合路由策略过滤条件的情况下，替换或追加 AS 规则的示例如下。

① 如果配置了 **apply community** 100 命令，则团体名更改为 100。

② 如果配置了 **apply community** 100 150 命令，则团体名更改为 100 或 150，即 BGP 路由属于两个团体。

③ 如果配置了 **apply community** 100 150 **additive** 命令，则团体名更改为 30、100 或 150，即 BGP 路由属于 3 个团体。

④ 如果配置了 **apply community none** 命令，则 BGP 路由的团体属性被删除。

【示例 1】配置名为 setcommunity 的路由策略，匹配 AS-path-filter 为 8 的路由，更改其团体属性为 no-export。

```
<Huawei> system-view
[Huawei] route-policy setcommunity permit node 16
[Huawei-route-policy] if-match as-path-filter 8
[Huawei-route-policy] apply community no-export
```

【示例 2】将 100:2、1.1.1.1:22、100.100:100 这 3 个扩展团体属性值添加到 BGP 的 VPN Route-Target 扩展团体属性中。

```
<Huawei> system-view
[Huawei] route-policy policy permit node 10
[Huawei-route-policy] apply extcommunity rt 100:2 rt 1.1.1.1:22 rt 100.100:100 additive
```

14.6.8 配置 BGP 负载分担

在大型网络中，到达同一目的地通常会存在多条有效路由，但是 BGP 只将最优路由发布给对等体，这一特点往往会造成很多流量负载不均衡的情况。通过配置 BGP 负载分担，可以使流量负载均衡，减少网络拥塞。

一般情况下，只有在“BGP 的选路规则”中所描述的前 8 个属性完全相同（参见 14.3.8 节）时，BGP 路由之间才能相互等价，实现 BGP 的负载分担。但路由负载分担的规则也可以通过配置来改变，如忽略路由 AS-Path 属性的比较，但这些配置需要确保不会引起路由环路。

说明 如果实现了 BGP 负载分担，则无论是否配置了 **peer** { *group-name* | *ipv4-address* | *ipv6-address* } **next-hop-local** 命令，在向 IBGP 对等体组发布路由时都先将下一跳地址改为自身出接口 IP 地址。

BGP 负载分担的配置主要有两个方面：一是配置允许实施负载分担的最大等价路由条数；二是配置在进行负载分担时是否比较 AS_Path 属性。具体的配置步骤见表 14-21。

表 14-21 **BGP 负载分担配置步骤**

步骤	命令	说明
1	**system-view** 例如：< Huawei > **system-view**	进入系统视图
2	**bgp** { *as-number-plain* | *as-number-dot* } 例如：[Huawei]**bgp** 100	启动 BGP，进入 BGP 视图
3	**ipv4-family** { **unicast** | **multicast** } 或 **ipv6-family** [**unicast**] 例如：[Huawei-bgp] **ipv4-family unicast**	进入要配置 BGP 负载分担的对应 IP 地址族视图。**BGP 路由在不同的地址族视图下可分别配置不同的负载分担配置**
4	**maximum load-balancing** [**ebgp** | **ibgp**] *number* [**ecmp-nexthop-changed**]	设置形成负载分担的等价路由的最大条数。配置该命令后，满足如下所有条件的多条 BGP 路由会成为等价路由，形成负载分担。 （1）原始下一跳不相同。

续表

步骤	命令	说明
4	例如：[Huawei-bgp-af-ipv4] **maximum load-balancing** 2	（2）首选值（PrefVal）相同。 （3）本地优先级（Local_Pref）相同。 （4）都是聚合路由，或者都不是聚合路由。 （5）Origin 类型（IGP、EGP、Incomplete）相同。 （6）MED 值相同。 （7）都是 EBGP 路由或都是 IBGP 路由。 （8）AS 内部 IGP 的 Metric 相同。 （9）AS_Path 属性完全相同。 命令中的参数和选项说明如下。 （10）**ebgp**：二选一可选项，指定仅 EBGP 路由形成负载分担，如果同时不指定 **ebgp** 和 **ibgp** 选项，则 EBGP 路由和 IBGP 路由之间可以形成负载分担，且形成负载分担的路由条数相同。 （11）**ibgp**：二选一可选项，指定仅 IBGP 路由形成负载分担。 （12）*number*：指定形成负载分担的等价路由的最大条数，AR150/160/200 系列、AR1200 系列、AR2201-48FE、AR2202-48FE 和 AR2204 的取值范围为 1～4 的整数，AR2220、AR2220L、AR2240 和 AR3200 系列的取值范围为 1～8 的整数。 （13）**ecmp-nexthop-changed**：可选项，指定只在发布形成负载分担的路由时才修改下一跳为本地地址。BGP-IPv4 组播地址族视图下不支持此选项。 【注意】本命令新的配置会覆盖旧的配置。在公网中到达同一目的地的路由形成负载分担时，系统会首先判断最优路由的类型。若最优路由为 IBGP 路由则只是 IBGP 路由形成负载分担，若最优路由为 EBGP 路由则只是 EBGP 路由形成负载分担，即公网中到达同一目的地的 IBGP 路由和 EBGP 路由之间不能形成负载分担。 缺省情况下，形成负载分担的等价路由的最大条数为 1，即不进行负载分担，可用 **undo maximum load-balancing** [**ebgp** | **ibgp**]命令将形成负载分担的指定类型等价路由的最大条数恢复为 1
5	**load-balancing as-path-ignore** 例如：[Huawei-bgp-af-ipv4] **load-balancing as-path-ignore**	（可选）设置路由在形成负载分担时不比较路由的 AS-Path 属性。 【说明】该命令主要用于 EBGP 和 IBGP 路由之间进行负载分担的场景，但在 IPv4 组播网络中，路由在形成负载分担时必须比较 AS-Path 属性，不能配置本命令。另外，配置路由在形成负载分担时不比较路由的 AS-Path 属性可能会引起路由环路。 缺省情况下，路由在形成负载分担时比较路由的 AS-Path 属性，可用 **undo load-balancing as-path-ignore** 命令恢复缺省情况

14.6.9　BGP 路由选路和负载分担管理

配置好以上 BGP 路由选路和负载分担任务，可通过以下 **display** 视图命令查看相关配置，验证配置结果。

① **display bgp paths** [*as-regular-expression*]：查看 BGP 的 AS 路径信息。

② **display bgp routing-table different-origin-as**：查看源 AS 不一致（目的地址相同）的路由。

③ **display bgp routing-table regular-expression** *as-regular-expression*：查看匹配 AS

正则表达式的路由信息。

④ **display bgp routing-table** [*network* [{ *mask* | *mask-length* } [**longer-prefixes**]]]：查看 BGP 路由表中的信息。

⑤ **display bgp routing-table community** [*community-number* | *aa:nn*] &<1-29> [**internet** | **no-advertise** | **no-export** | **no-export-subconfed**]* [**whole-match**]：查看指定 BGP 团体的路由信息。

⑥ **display bgp routing-table community-filter** { { *community-filter-name* | *basic-community-filter-number* } [**whole-match**] | *advanced-community-filter-number* }：查看匹配指定 BGP 团体属性过滤器的路由。

⑦ **display bgp multicast routing-table** [*ip-address* [*mask-length* [**longer-prefixes**] | *mask* [**longer-prefixes**]]]：查看 MBGP 路由表的路由信息。

⑧ **display bgp multicast routing-table statistics**：查看 MBGP 路由表的统计信息。

14.6.10 AS_Path 过滤器配置示例

如图 14-21 所示，RouterA 与 RouterB、RouterB 与 RouterC 之间建立 EBGP 连接。用户希望 AS10 的设备和 AS30 的设备无法相互通信。

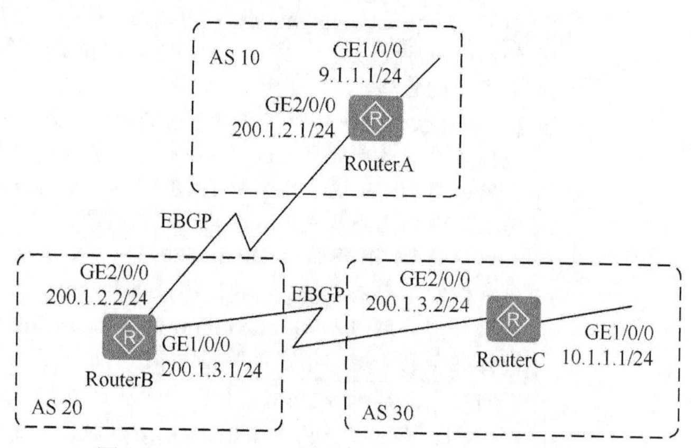

图 14-21 AS_Path 过滤器配置示例的拓扑结构

1. 基本配置思路分析

本示例的要求其实很多功能都可以实现，如通过控制 BGP 路由的发布或接收功能、基于团体属性过滤器功能，在此我们采用基于 AS_Path 过滤器功能来实现。

在基于 AS_Path 过滤器时，我们可以在一个设备配置对特定对等体发布的路由进行过滤，使其不包含某个，或某些 AS 号，这样对等体就不会收到某些特定网络的路由，达到了阻止对等体与某些网络的三层互通的目的。

基于以上分析，再结合本示例实际，可得出如下基本配置思路。

① 配置各路由器的接口 IP 地址。

② 配置各路由器的 BGP 基本功能。为了最终的三层互通的验证，在各路由器上均引入直连路由。

③ 在 RouterB 上配置 AS_Path 过滤器，并应用该过滤规则，使 AS20 不向 AS10 发

布 AS30 的路由，也不向 AS30 发布 AS10 的路由。

2．具体配置步骤

① 配置各路由器的接口 IP 地址。在此仅以 RouterA 进行介绍，RouterB 和 RouterC 上的接口 IP 地址的配置方法与 RouterA 一样，略。

```
<Huawei> system-view
[Huawei] sysname RouterA
[RouterA] interface gigabitethernet 1/0/0
[RouterA-GigabitEthernet1/0/0] ip address 9.1.1.1 255.255.255.0
[RouterA-GigabitEthernet1/0/0] quit
[RouterA] interface gigabitethernet 2/0/0
[RouterA-GigabitEthernet2/0/0] ip address 200.1.2.1 255.255.255.0
[RouterA-GigabitEthernet2/0/0] quit
```

② 配置各路由器的 BGP 基本功能，并引入直连路由。

因本示例没有配置 Loopback 接口，所以需要明确配置各路由器的 Router ID。为方便记忆，RouterA、RouterB 和 RouterC 的路由器 ID 分别设为 1.1.1.1、2.2.2.2 和 3.3.3.3。

■ RouterA 上的配置如下。

```
[RouterA] bgp 10
[RouterA-bgp] router-id 1.1.1.1
[RouterA-bgp] peer 200.1.2.2 as-number 20
[RouterA-bgp] import-route direct     !---引入直连路由
[RouterA-bgp] quit
```

■ RouterB 上的配置如下。

```
[RouterB] bgp 20
[RouterB-bgp] router-id 2.2.2.2
[RouterB-bgp] peer 200.1.2.1 as-number 10
[RouterB-bgp] peer 200.1.3.2 as-number 30
[RouterB-bgp] import-route direct
[RouterB-bgp] quit
```

■ RouterC 上的配置如下。

```
[RouterC] bgp 30
[RouterC-bgp] router-id 3.3.3.3
[RouterC-bgp] peer 200.1.3.1 as-number 20
[RouterC-bgp] import-route direct
[RouterC-bgp] quit
```

以上配置完成后，在 RouterB 上执行 **display bgp routing-table peer** 200.1.3.2 **advertised-routes** 命令，查看其发布给 RouterC 的 BGP 路由，可以看到，RouterB 向 RouterC 发布了 AS10 引入的直连路由 9.1.1.0/24，参见输出信息中的粗体字部分。

```
<RouterB> display bgp routing-table peer 200.1.3.2 advertised-routes
 BGP Local router ID is 2.2.2.2
 Status codes: * - valid, > - best, d - damped,
               h - history,  i - internal, s - suppressed, S - Stale
               Origin : i - IGP, e - EGP, ? - incomplete


 Total Number of Routes: 5
      Network            NextHop        MED        LocPrf    PrefVal Path/Ogn

 *>   9.1.1.0/24         200.1.3.1                            0      20 10?
 *>   10.1.1.0/24        200.1.3.1                            0      20 30?
 *>   200.1.2.0          200.1.3.1      0                     0      20?
```

```
 *>   200.1.2.1/32        200.1.3.1       0                   0      20?
 *>   200.1.3.0/24        200.1.3.1       0                   0      20?
```

同样，查看 RouterC 的路由表，可以看到 RouterC 也通过 RouterB 学习到了这条 9.1.1.0/24 BGP 路由，参见输出信息中的粗体字部分。

```
<RouterC> display bgp routing-table
 BGP Local router ID is 3.3.3.3
 Status codes: * - valid, > - best, d - damped,
               h - history,  i - internal, s - suppressed, S - Stale
               Origin : i - IGP, e - EGP, ? - incomplete

 Total Number of Routes: 9
      Network            NextHop        MED        LocPrf    PrefVal Path/Ogn

 *>   9.1.1.0/24         200.1.3.1                           0      20 10?
 *>   10.1.1.0/24        0.0.0.0         0                   0      ?
 *>   10.1.1.1/32        0.0.0.0         0                   0      ?
 *>   127.0.0.0          0.0.0.0         0                   0      ?
 *>   127.0.0.1/32       0.0.0.0         0                   0      ?
 *>   200.1.2.0          200.1.3.1       0                   0      20?
 *>   200.1.3.0/24       0.0.0.0         0                   0      ?
 *                       200.1.3.1       0                   0      20?
 *>   200.1.3.2/32       0.0.0.0         0                   0      ?
```

此时如果在 RouterA 和 RouterC 上相互 ping 对方，是可以互通的。

③ 在 RouterB 上配置 AS_Path 过滤器，并在 RouterB 的出方向上应用该过滤器。

- 创建编号为 1 的 AS_Path 过滤器，拒绝包含 AS 号 30 的路由通过（正则表达式“_30_”表示任何包含 AS30 的 AS 列表，“.*”表示与任何字符匹配）。

```
[RouterB] ip as-path-filter path-filter1 deny _30_
[RouterB] ip as-path-filter path-filter1 permit .*      !---必须要加上这条规则，否则全部禁止
```

- 创建编号为 2 的 AS_Path 过滤器，拒绝包含 AS 号 10 的路由通过。

```
[RouterB] ip as-path-filter path-filter2 deny _10_
[RouterB] ip as-path-filter path-filter2 permit .*
```

- 分别在 RouterB 的两个出方向上应用 AS_Path 过滤器。

```
[RouterB] bgp 20
[RouterB-bgp] peer 200.1.2.1 as-path-filter path-filter1 export   !---向 RouterA 发布路由时应用 path-filter1 过滤器
[RouterB-bgp] peer 200.1.3.2 as-path-filter path-filter2 export   !---向 RouterC 发布路由时应用 path-filter2 过滤器
[RouterB-bgp] quit
```

此时再在 RouterB 上执行 **display bgp routing-table peer** 200.1.3.2 **advertised-routes** 命令，查看发往 AS30 的发布路由表，可以看到没有 AS10 引入的所有直连路由了。

```
<RouterB> display bgp routing-table peer 200.1.3.2 advertised-routes
 BGP Local router ID is 2.2.2.2
 Status codes: * - valid, > - best, d - damped,
               h - history,  i - internal, s - suppressed, S - Stale
               Origin : i - IGP, e - EGP, ? - incomplete


 Total Number of Routes: 2
      Network            NextHop        MED        LocPrf    PrefVal Path/Ogn

 *>   200.1.2.0          200.1.3.1       0                   0      20?
 *>   200.1.3.0/24       200.1.3.1       0                   0      20?
```

同样，RouterC 的 BGP 路由表中也没有这些路由。

```
<RouterC> display bgp routing-table
 BGP Local router ID is 3.3.3.3
 Status codes: * - valid, > - best, d - damped,
               h - history,  i - internal, s - suppressed, S - Stale
               Origin : i - IGP, e - EGP, ? - incomplete

 Total Number of Routes: 8
      Network            NextHop         MED        LocPrf    PrefVal Path/Ogn

 *>   10.1.1.0/24        0.0.0.0         0                     0      ?
 *>   10.1.1.1/32        0.0.0.0         0                     0      ?
 *>   127.0.0.0          0.0.0.0         0                     0      ?
 *>   127.0.0.1/32       0.0.0.0         0                     0      ?
 *>   200.1.2.0          200.1.3.1       0                     0      20?
 *>   200.1.3.0/24       0.0.0.0         0                     0      ?
 *                       200.1.3.1       0                     0      20?
 *>   200.1.3.2/32       0.0.0.0         0                     0      ?
```

再在 RouterB 上执行 **display bgp routing-table peer** 200.1.2.1 **advertised-routes** 命令，查看发往 AS10 的发布路由表，可以看到没有 AS30 引入的直连路由。

```
<RouterB> display bgp routing-table peer 200.1.2.1 advertised-routes
 BGP Local router ID is 2.2.2.2
 Status codes: * - valid, > - best, d - damped,
               h - history,  i - internal, s - suppressed, S - Stale
               Origin : i - IGP, e - EGP, ? - incomplete


 Total Number of Routes: 2
      Network            NextHop         MED        LocPrf    PrefVal Path/Ogn

 *>   200.1.2.0          200.1.2.2       0                     0      20?
 *>   200.1.3.0/24       200.1.2.2       0                     0      20?
```

同样，RouterA 的 BGP 路由表中也没有这些路由。

```
<RouterA> display bgp routing-table
 BGP Local router ID is 1.1.1.1
 Status codes: * - valid, > - best, d - damped,
               h - history,  i - internal, s - suppressed, S - Stale
               Origin : i - IGP, e - EGP, ? - incomplete

 Total Number of Routes: 8
      Network            NextHop         MED        LocPrf    PrefVal Path/Ogn

 *>   9.1.1.0/24         0.0.0.0         0                     0      ?
 *>   9.1.1.1/32         0.0.0.0         0                     0      ?
 *>   127.0.0.0          0.0.0.0         0                     0      ?
 *>   127.0.0.1/32       0.0.0.0         0                     0      ?
 *>   200.1.2.0          0.0.0.0         0                     0      ?
 *                       200.1.2.2       0                     0      20?
 *>   200.1.2.1/32       0.0.0.0         0                     0      ?
 *>   200.1.3.0/24       200.1.2.2       0                     0      20?
```

这样一来，AS 10 和 AS 30 中的设备间就不能三层互通了。

14.6.11　通过 MED 属性控制路由选择的配置示例

本示例的基本拓扑结构如图 14-22 所示，所有路由器都配置 BGP，RouterA 在 AS

65008 中，RouterB 和 RouterC 在 AS 65009 中。RouterA 与 RouterB、RouterC 之间运行 EBGP，RouterB 和 RouterC 之间运行 IBGP。现要求从 AS 65008 到 AS 65009 的流量优先通过 RouterC 到达。

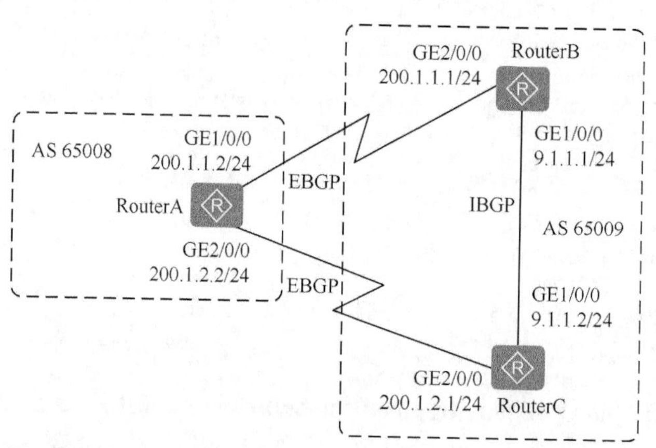

图 14-22　通过 MED 属性控制路由选择配置示例的拓扑结构

1．基本配置思路分析

本示例中从 AS 65008 进入 AS 65009 有两条路径，根据本章前面的介绍可知，当从一个 AS 进入另一个 AS 有多条路径时可通过 MED 属性（相当于链路开销）进行选路，所以本示例可以通过在 RouterB 和 RouterC 上配置不同 MED 值（把 RouterB 的 MED 属性调大，RouterC 的 MED 属性采用缺省的最小值 0，MED 值越小越优先）来达到优选 RouterC 路径的目的。

当然，在配置 MED 属性之前还需要先完成各路由器的 BGP 基本功能配置，建立各自的 EBGP 或者 IBGP 对等体连接。基本配置思路如下。

① 配置各路由器接口的 IP 地址。

② 配置各路由器的 BGP 基本功能，并在 RouterB 和 RouterC 上通过 **network** 命令引入它们之间的直连路由。

③ 通过路由策略修改 RouterB 向 RouterA 发送路由更新时修改 MED 属性值为 100，RouterC 向 RouterA 发送路由更新时的 MED 属性值保持缺省 0。

2．具体配置步骤

① 配置各路由器接口的 IP 地址。下面仅以 RouterA 上的接口为例进行介绍，其他路由器各接口的 IP 地址的配置方法一样，略。

```
<RouterA> system-view
[RouterA] interface gigabitethernet 1/0/0
[RouterA-GigabitEthernet1/0/0] ip address 200.1.1.2 24
[RouterA-GigabitEthernet1/0/0]quit
[RouterA] interface gigabitethernet 2/0/0
[RouterA-GigabitEthernet2/0/0] ip address 200.1.2.2 24
[RouterA-GigabitEthernet2/0/0]quit
```

② 配置各路由器的 BGP 基本功能。包括配置各自的对等体连接，并需要在 RouterB 和 RouterC 上引入它们之间的直连路由 9.1.1.0/24（主要用于后面的 BGP 路由表验证）。

另外，因本示例没有配置 Loopback 接口，所以需要明确配置各路由器的 Router ID。

为方便记忆，RouterA、RouterB 和 RouterC 的路由器 ID 分别设为 1.1.1.1、2.2.2.2 和 3.3.3.3。

■ RouterA 上的配置如下。

```
[RouterA] bgp 65008
[RouterA-bgp] router-id 1.1.1.1
[RouterA-bgp] peer 200.1.1.1 as-number 65009
[RouterA-bgp] peer 200.1.2.1 as-number 65009
[RouterA-bgp] quit
```

■ RouterB 上的配置如下。

```
[RouterB] bgp 65009
[RouterB-bgp] router-id 2.2.2.2
[RouterB-bgp] peer 200.1.1.2 as-number 65008
[RouterB-bgp] peer 9.1.1.2 as-number 65009
[RouterB-bgp] ipv4-family unicast
[RouterB-bgp-af-ipv4] network 9.1.1.0 255.255.255.0
[RouterB-bgp-af-ipv4] quit
[RouterB-bgp] quit
```

■ RouterC 上的配置如下。

```
[RouterC] bgp 65009
[RouterC-bgp] router-id 3.3.3.3
[RouterC-bgp] peer 200.1.2.2 as-number 65008
[RouterC-bgp] peer 9.1.1.1 as-number 65009
[RouterC-bgp] ipv4-family unicast
[RouterC-bgp-af-ipv4] network 9.1.1.0 255.255.255.0
[RouterC-bgp-af-ipv4] quit
[RouterC-bgp] quit
```

此时可通过 **display bgp routing-table** 9.1.1.0 24 命令查看 RouterA 的 BGP 路由表中是否有 9.1.1.0/24 这条路由。从中可以看出，到目的地址 9.1.1.0/24 有两条有效路由，其中下一跳为 200.1.1.1 的路由是最优路由（因为 RouterB 的 Router ID 要小一些），通告到了 RouterB 和 RouterC，来自 RouterC 的非最优路由没有被通告给任何其他对等体（**Not advertised to any peer yet**），参见输出信息中的粗体字部分。

```
[RouterA] display bgp routing-table 9.1.1.0 24

 BGP local router ID : 1.1.1.1
 Local AS number : 65008
 Paths:    2 available, 1 best, 1 select
 BGP routing table entry information of 9.1.1.0/24:
 From: 200.1.1.1 (2.2.2.2)
 Route Duration: 00h00m56s
 Direct Out-interface: GigabitEthernet1/0/0
 Original nexthop: 200.1.1.1
 Qos information : 0x0
 AS-path 65009, origin igp, MED 0, pref-val 0, valid, external, best, select, pre 255
 Advertised to such 2 peers:
    200.1.1.1
    200.1.2.1

 BGP routing table entry information of 9.1.1.0/24:
 From: 200.1.2.1 (3.3.3.3)
 Route Duration: 00h00m06s
 Direct Out-interface: GigabitEthernet2/0/0
 Original nexthop: 200.1.2.1
```

```
Qos information : 0x0
AS-path 65009, origin igp, MED 0, pref-val 0, valid, external, pre 255, not preferred for router ID
Not advertised to any peer yet
```

③ 通过路由策略配置 RouterB 发送给 RouterA 的 MED 值为 100，使它的优先级降低，而 RouterC 仍采用缺省的最低 MED 值 0（优先级最高）。

因为本示例仅需要为发给 EBGP 对等体 RouterA 的路由改变 MED 属性值，所以需要用到路由策略。如果把 RouterB 上所有 BGP 路由都改变 MED 属性值，则可直接用 **default med** *med* 命令。

```
[RouterB] route-policy policy10 permit node 10
[RouterB-route-policy] apply cost 100
[RouterB-route-policy] quit
[RouterB] bgp 65009
[RouterB-bgp] peer 200.1.1.2 route-policy policy10 export   !---指定将发往对等体 RouterA 的路由 MED 属性值配置为 100
```

此时可以通过 **display bgp routing-table** 9.1.1.0 24 命令查看 RouterA 的 BGP 路由表中的 9.1.1.0/24 这条路由。从中可以看出，由于下一跳为 200.1.1.1（RouterB）的路由 MED 值为 100，而下一跳为 200.1.2.1 的 MED 值为 0，所以 BGP 优先选择来自 RouterC 的、MED 值较小的路由，来自 RouterB 的非最优路由没有被通告给任何对等体（**Not advertised to any peer yet**），参见输出信息中的粗体字部分。

```
[RouterA] display bgp routing-table 9.1.1.0 24

BGP local router ID : 1.1.1.1
 Local AS number : 65008
 Paths:    2 available, 1 best, 1 select
 BGP routing table entry information of 9.1.1.0/24:
 From: 200.1.2.1 (3.3.3.3)
 Route Duration: 00h07m45s
 Direct Out-interface: GigabitEthernet2/0/0
 Original nexthop: 200.1.2.1
 Qos information : 0x0
 AS-path 65009, origin igp, MED 0, pref-val 0, valid, external, best, select, pre 255
 Advertised to such 2 peers:
    200.1.1.1
    200.1.2.1

 BGP routing table entry information of 9.1.1.0/24:
 From: 200.1.1.1 (2.2.2.2)
 Route Duration: 00h00m08s
 Direct Out-interface: GigabitEthernet1/0/0
 Original nexthop: 200.1.1.1
 Qos information : 0x0
 AS-path 65009, origin igp, MED 100, pref-val 0, valid, external, pre 255, not preferred for MED
 Not advertised to any peer yet
```

14.6.12 BGP 团体配置示例

本示例的基本拓扑结构如图 14-23 所示，RouterB 分别与 RouterA、RouterC 之间建立 EBGP 连接。现要求 AS10 发布到 AS20 中的路由不再被 AS20 向其他 AS 发布。

1．基本配置思路分析

本示例的要求其实总体上与 14.6.10 节的要求一样，拓扑结构也一样，只是本示例所采用的实现方式不一样。本示例要求 AS 20 中的 RouterB 在收到来自 AS 10 中的路由时，不再向 AS30 中的 RouterC 发布，这正好是公认的 No_Export 团体属性所具有的特性。正因如此，我们只需通过路由策略在 RouterA 向 RouterB 发布路由时携带 No_Export 团体属性就可达到目的。当然，事先也要配置好各路由器接口的 IP 地址和 BGP 基本功能。基本配置思路如下。

① 配置各路由器接口的 IP 地址。

② 配置各路由器的 BGP 基本功能。

③ 通过路由策略修改 RouterA 向 RouterB 发送路由更新时携带 No_Export 团体属性，使 RouterB 在收到来自 RouterA 的路由时不再把这些路由发布给 AS 30 中的 RouterC。

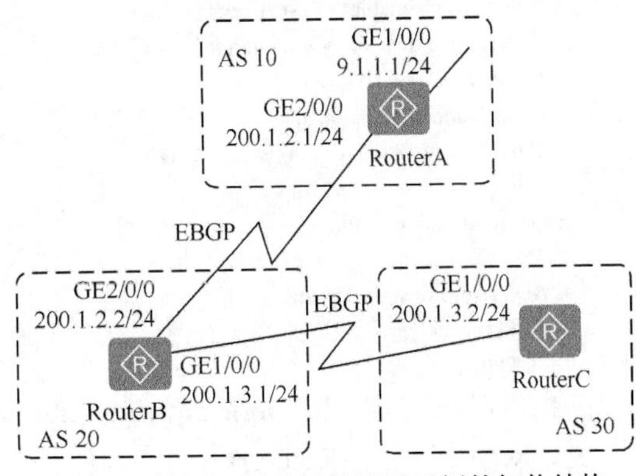

图 14-23　BGP 团体属性配置示例的拓扑结构

2. 具体配置步骤

① 配置各路由器接口的 IP 地址。下面仅以 RouterA 上的接口为例进行介绍，其他路由器各接口的 IP 地址的配置方法一样，略。

```
<RouterA> system-view
[RouterA] interface gigabitethernet 2/0/0
[RouterA-GigabitEthernet2/0/0] ip address 200.1.2.1 24
[RouterA-GigabitEthernet2/0/0]quit
```

② 配置各路由器的 BGP 基本功能。包括配置各自的对等体连接，并需要在 RouterA 上引入它的直连路由 9.1.1.0/24（主要用于后面的 BGP 路由表验证）。

另外，因本示例没有配置 Loopback 接口，所以需要明确配置各路由器的 Router ID。为方便记忆，RouterA、RouterB 和 RouterC 的路由器 ID 分别设为 1.1.1.1、2.2.2.2 和 3.3.3.3。

■ RouterA 上的配置如下。

```
[RouterA] bgp 10
[RouterA-bgp] router-id 1.1.1.1
[RouterA-bgp] peer 200.1.2.2 as-number 20
[RouterA-bgp] ipv4-family unicast
[RouterA-bgp-af-ipv4] network 9.1.1.0 255.255.255.0
[RouterA-bgp-af-ipv4] quit
[RouterA-bgp] quit
```

■ RouterB 上的配置如下。

```
[RouterB] bgp 20
[RouterB-bgp] router-id 2.2.2.2
[RouterB-bgp] peer 200.1.2.1 as-number 10
[RouterB-bgp] peer 200.1.3.2 as-number 30
[RouterB-bgp] quit
```

■ RouterC 上的配置如下。

```
[RouterC] bgp 30
[RouterC-bgp] router-id 3.3.3.3
[RouterC-bgp] peer 200.1.3.1 as-number 20
[RouterC-bgp] quit
```

此时可通过 **display bgp routing-table** 9.1.1.0 命令在 RouterB 上的 BGP 路由表中查看路由 9.1.1.0/24 的详细信息。从中可以看到，RouterB 把接收到的 BGP 路由发布给了位于 AS30 内的 RouterC（参见输出信息中的粗体字部分）。

```
[RouterB] display bgp rou ting-table 9.1.1.0
 BGP local router ID : 2.2.2.2
 Local AS number : 20
 Paths:     1 available, 1 best, 1 select
 BGP routing table entry information of 9.1.1.0/24:
 From: 200.1.2.1 (1.1.1.1)
 Route Duration: 00h00m42s
 Direct Out-interface: GigabitEthernet2/0/0
 Original nexthop: 200.1.2.1
 Qos information : 0x0
 AS-path 10, origin igp, MED 0, pref-val 0, valid, external, best, select, active, pre 255
 Advertised to such 2 peers:
    200.1.2.1
    200.1.3.2
```

也可以通过 **display bgp routing-table** 命令查看 RouterC 的 BGP 路由表，从中可以发现，RouterC 已从 RouterB 那里学习到了目的地址为 9.1.1.0/24 的路由（参见输出信息中的粗体字部分）。

```
[RouterC] display bgp routing-table
 BGP Local router ID is 3.3.3.3
 Status codes: * - valid, > - best, d - damped,
               h - history,  i - internal, s - suppressed, S - Stale
               Origin : i - IGP, e - EGP, ? - incomplete


 Total Number of Routes: 1
      Network            NextHop        MED        LocPrf    PrefVal Path/Ogn

 *>   9.1.1.0/24         200.1.3.1                           0       20 10i
```

③ 在 RouterA 上通过路由策略配置 BGP 团体属性，使 RouterA 发布给 RouterB 的 BGP 路由携带 No_Export 团体属性，RouterB 收到后不再发布给其他 AS。

```
[RouterA] route-policy comm_policy permit node 10
[RouterA-route-policy] apply community no-export
[RouterA-route-policy] quit
[RouterA] bgp 10
[RouterA-bgp] ipv4-family unicast
[RouterA-bgp-af-ipv4] peer 200.1.2.2 route-policy comm_policy export
[RouterA-bgp-af-ipv4] peer 200.1.2.2 advertise-community
```

此时可在 RouterB 上通过 **display bgp routing-table** 9.1.1.0 命令查看 BGP 路由表中的 9.1.1.0/24 的详细信息，从中可以看到，9.1.1.0/24 这条路由携带了团体属性，并且 RouterB 没有把 9.1.1.0/24 这条路由发布给其他区域的对等体（**Not advertised to any peer yet**），参见输出信息中的粗体字部分。

```
[RouterB] display bgp routing-table 9.1.1.0
 BGP local router ID : 2.2.2.2
 Local AS number : 20
 Paths:     1 available, 1 best, 1 select
 BGP routing table entry information of 9.1.1.0/24:
 From: 200.1.2.1 (1.1.1.1)
 Route Duration: 00h00m09s
 Direct Out-interface: GigabitEthernet2/0/0
 Original nexthop: 200.1.2.1
```

```
Qos information : 0x0
Community:no-export
AS-path 10, origin igp, MED 0, pref-val 0, valid, external, best, select, active, pre 255
Not advertised to any peer yet
```

14.6.13　BGP 负载分担配置示例

本示例的基本拓扑结构如图 14-24 所示，所有路由器都配置 BGP，RouterA 在 AS100 中，RouterB 和 RouterC 在 AS300 中，RouterD 在 AS200 中。现要求充分利用网络资源，减少 RouterA 到目的地址 8.1.1.0/24 的网络拥塞。

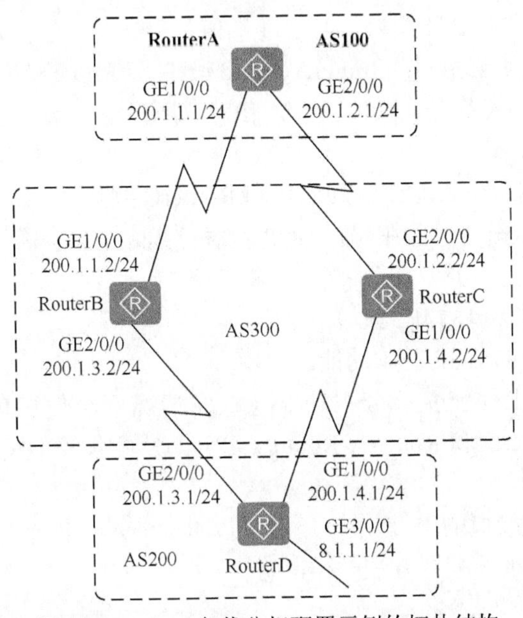

图 14-24　BGP 负载分担配置示例的拓扑结构

1. 基本配置思路分析

根据本示例的拓扑结构和要求可以得出，采用 RouterA 与 RouterD 之间的两条等价路由路径，RouterA 通过这两条等价路由的负载分担可以减轻 RouterA 访问 8.1.1.0/24 网络的压力。当然，首先要分析 RouterA 到 RouterD 的 8.1.1.0/24 网段的这两条路径是不是等价路由路径，可根据以下条件来分析。

- 原始下一跳不相同：RouterA 到 RouterD 的 8.1.1.0/24 网段的两条路径原始下一跳是不同的，一个是 RouterB 的 GE1/0/0 接口 IP 地址，一个是 RouterC 的 GE2/0/0 接口 IP 地址，满足条件。
- 首选值（PrefVal）相同：缺省情况下，各路由器的首选值都相同（均为 0），所以向 RouterA 发布 8.1.1.0/24 网段路由的 RouterB 和 RouterC 的首选值也相同，也满足条件。
- 本地优先级（Local_Pref）相同：缺省情况下，各路由器的本地优先值也都相同（均为 100），所以向 RouterA 发布 8.1.1.0/24 网段路由的 RouterB 和 RouterC 的本地优先值也相同，也满足条件。
- 都是聚合路由，或者都不是聚合路由：RouterB 和 RouterC 向 RouterA 发布的 8.1.1.0/24 网段路由是聚合路由，也满足条件。

■ Origin 类型（IGP、EGP、Incomplete）相同：RouterB 和 RouterC 向 RouterA 发布的 8.1.1.0/24 网段路由都是从 EBGP 对等体 RouterD 学习到的，所以均属于 EGP 类型，也满足条件。

■ MED 值相同：RouterB 和 RouterC 上没有修改缺省的 MED 属性，所以向 RouterA 发布的 8.1.1.0/24 网段路由的 MED 属性值也相等，也满足条件。

■ 都是 EBGP 路由或都是 IBGP 路由：RouterA 从 RouterB 和 RouterC 学习到的两条 8.1.1.0/24 网段路由都是 EBGP 路由，也满足条件。

■ AS 内部 IGP 的 Metric 相同：从 RouterA 到达 RouterB 和 RouterC 都是单段 GE 以太网链路，采用同种 IGP 路由协议时，度量值是一样的，也满足条件。

■ AS_Path 属性完全相同：RouterA 从 RouterB 和 RouterC 学习到的两条 8.1.1.0/24 网段路由的 AS 路径列表都是（100，300，200），所以这两条路由的 AS_Path 属性完全相同，也满足条件。

通过以上分析，RouterA 通过 RouterB 和 RouterC 到达 8.1.1.0/24 网段的两条路由是等价的，可以配置负载分担。但在配置 BGP 负载分担之前，也需要先配置好各路由器接口的 IP 地址和 BGP 基本功能，基本配置思路如下。

① 配置各路由器接口的 IP 地址。

② 配置各路由器的 BGP 基本功能。

③ 在 RouterA 上使能负载分担功能（缺省情况下没使能负载分担功能），允许 RouterA-RouterB-RouterD 和 RouterA-RouterC-RouterD 两条等价路径进行负载分担。

2．具体配置步骤

① 配置各路由器接口的 IP 地址。下面仅以 RouterA 上的接口为例进行介绍，其他路由器各接口的 IP 地址的配置方法一样，略。

```
<RouterA> system-view
[RouterA] interface gigabitethernet 1/0/0
[RouterA-GigabitEthernet1/0/0] ip address 200.1.1.1 24
[RouterA-GigabitEthernet1/0/0]quit
[RouterA] interface gigabitethernet 2/0/0
[RouterA-GigabitEthernet2/0/0] ip address 200.1.2.1 24
[RouterA-GigabitEthernet2/0/0]quit
```

② 配置各路由器的 BGP 基本功能。包括配置各自的对等体连接，并需要在 RouterD 上引入它的直连路由 8.1.1.0/24（主要用于后面的 BGP 路由表验证）。

另外。因本示例没有配置 Loopback 接口，所以需要明确配置各路由器的 Router ID。为方便记忆，RouterA、RouterB、RouterC 和 RouterD 的路由器 ID 分别设为 1.1.1.1、2.2.2.2、3.3.3.3 和 4.4.4.4。

■ RouterA 上的配置如下。

```
[RouterA] bgp 100
[RouterA-bgp] router-id 1.1.1.1
[RouterA-bgp] peer 200.1.1.2 as-number 300
[RouterA-bgp] peer 200.1.2.2 as-number 300
[RouterA-bgp] quit
```

■ RouterB 上的配置如下。

```
[RouterB] bgp 300
[RouterB-bgp] router-id 2.2.2.2
```

```
[RouterB-bgp] peer 200.1.1.1 as-number 100
[RouterB-bgp] peer 200.1.3.1 as-number 200
[RouterB-bgp] quit
```

■ RouterC 上的配置如下。

```
[RouterC] bgp 300
[RouterC-bgp] router-id 3.3.3.3
[RouterC-bgp] peer 200.1.2.1 as-number 100
[RouterC-bgp] peer 200.1.4.1 as-number 200
[RouterC-bgp] quit
```

■ RouterD 上的配置如下。

```
[RouterD] bgp 200
[RouterD-bgp] router-id 4.4.4.4
[RouterD-bgp] peer 200.1.3.2 as-number 300
[RouterD-bgp] peer 200.1.4.2 as-number 300
[RouterD-bgp] ipv4-family unicast
[RouterD-bgp-af-ipv4] network 8.1.1.0 255.255.255.0
[RouterD-bgp-af-ipv4] quit
[RouterD-bgp] quit
```

此时可通过 **display bgp routing-table** 8.1.1.0 24 命令查看 RouterA 的 BGP 路由表中目的地址为 8.1.1.0/24 的路由。从路由表中可以看出，RouterA 到目的地址 8.1.1.0/24 有两条有效路由，但只有下一跳为 200.1.1.2 的路由是最优（**1 best, 1 select**）路由（因为 RouterB 的 Router ID 要小一些）（参见输出信息中的粗体字部分）。

```
[RouterA] display bgp routing-table 8.1.1.0 24

 BGP local router ID : 1.1.1.1
 Local AS number : 100
 Paths : 2 available, 1 best, 1 select
 BGP routing table entry information of 8.1.1.0/24:
 From: 200.1.1.2 (2.2.2.2)
 Route Duration: 00h00m50s
 Direct Out-interface: GigabitEthernet1/0/0
 Original nexthop: 200.1.1.2
 Qos information : 0x0
 AS-path 300 200, origin igp, pref-val 0, valid, external, best, select, active, pre 255
 Advertised to such 2 peers:
    200.1.1.2
    200.1.2.2

 BGP routing table entry information of 8.1.1.0/24:
 From: 200.1.2.2 (3.3.3.3)
 Route Duration: 00h00m51s
 Direct Out-interface: GigabitEthernet2/0/0
 Original nexthop: 200.1.2.2
 Qos information : 0x0
 AS-path 300 200, origin igp, pref-val 0, valid, external, pre 255, not preferred for router ID
 Not advertised to any peer yet
```

③ 在 RouterA 上使能负载分担功能，允许负载分担的等价路由条数为 2。

```
[RouterA] bgp 100
[RouterA-bgp] ipv4-family unicast
[RouterA-bgp-af-ipv4] maximum load-balancing 2
[RouterA-bgp-af-ipv4] quit
[RouterA-bgp] quit
```

此时再通过 **display bgp routing-table** 8.1.1.0 24 命令检查 RouterA 的 BGP 路由表中的 8.1.1.0/24 路由信息。从中可以看到，BGP 路由 8.1.1.0/24 存在两个下一跳，分别是 200.1.1.2 和 200.1.2.2，且都被优选（**1 best, 2 select**），参见输出信息中的粗体字部分。

```
[RouterA] display bgp routing-table 8.1.1.0 24

 BGP local router ID : 1.1.1.1
 Local AS number : 100
 Paths : 2 available, 1 best, 2 select
 BGP routing table entry information of 8.1.1.0/24:
 From: 200.1.1.2 (2.2.2.2)
 Route Duration: 00h03m55s
 Direct Out-interface: GigabitEthernet1/0/0
 Original nexthop: 200.1.1.2
 Qos information : 0x0
 AS-path 300 200, origin igp, pref-val 0, valid, external, best, select,  active, pre 255
 Advertised to such 2 peers
    200.1.1.2
    200.1.2.2

 BGP routing table entry information of 8.1.1.0/24:
 From: 200.1.2.2 (3.3.3.3)
 Route Duration: 00h03m56s
 Direct Out-interface: GigabitEthernet2/0/0
 Original nexthop: 200.1.2.2
 Qos information : 0x0
 AS-path 300 200, origin igp, pref-val 0, valid, external, select,  active, pre 255, not preferred for router ID
 Not advertised to any peer yet
```

14.7 简化 IBGP 网络连接

通过本章前面的学习我们已经知道，BGP 规定，在 AS 内部 IBGP 设备之间，为了防止路由环路，BGP 设备从其 IBGP 对等体学习来的 BGP 路由不再通告给其他 IBGP 对等体，也就是只能单跳通告。这样一来，在 AS 内部各 IBGP 设备之间就可能无法实现全网的互联互通，因为任何一个 IBGP 设备都可能无法了解同一个 AS 中非直连的 IBGP 设备上的路由信息。

为了解决以上问题，会要求 AS 内部的各 IBGP 对等体间全连接，但现实中往往很难做到。为了简化 IBGP 网络连接，BGP 提出了两种解决方案，那就是“路由反射器”和“联盟”，具体参见 14.4 节的相关内容。也正因为如此，简化 IBGP 网络连接涉及以下两项配置任务。这两项任务是并列的，可根据实际需要选择其中一个方案，也可同时配置（在配置了联盟后又同时配置路由反射器时，路由反射器是在联盟的子 AS 中进行配置的）。

① 配置 BGP 路由反射器。

② 配置 BGP 联盟。

14.7.1 配置 BGP 路由反射器

在 AS 内部，为保证 IBGP 对等体之间的连通性，需要在 IBGP 对等体之间建立全连接关系。当 IBGP 对等体数目很多时，建立全连接网络的开销很大。使用路由反射器 RR（Route Reflector），可以解决这个问题。具体的配置步骤见表 14-22（**在需要配置为路由反射器的设备上进行配置**）。在配置前，**要先配置整个网络的 BGP 基本功能，建立 BGP 对等体连接**。

注意　在配置路由反射器时要注意以下几个方面。

① 集群 ID 用于防止集群内多个路由反射器和集群间的路由环路。**当一个集群里有多个路由反射器时，必须为同一个集群内的所有路由反射器配置相同的集群 ID**。

② 如果路由反射器的客户机之间重新建立了 IBGP 全连接关系，那么客户机之间的路由反射就没有必要了，而且还占用带宽资源。此时，可以配置禁止客户机之间的路由反射，减轻网络负担。

③ 在一个 AS 内，RR 主要有路由传递和流量转发两个作用。当 RR 连接了很多客户机和非客户机时，同时进行路由传递和流量转发会使 CPU 资源的消耗很大，影响路由传递的效率。如果需要保证路由传递的效率，可以在该 RR 上禁止 BGP 将优先的路由下发到 IP 路由表，使 RR 主要用来传递路由。

表 14-22　BGP 路由反射器的配置步骤

步骤	命令	说明
1	**system-view** 例如：< Huawei > **system-view**	进入系统视图
2	**bgp** { *as-number-plain* | *as-number-dot* } 例如：[Huawei]**bgp** 100	启动 BGP，进入 BGP 视图
3	**ipv4-family unicast** 或 **ipv6-family** [**unicast**] 例如：[Huawei-bgp] **ipv4-family unicast**	进入要配置路由反射器的对应 IP 地址族视图。**BGP 路由在不同的地址族视图下可分别配置不同的路由反射器**
4	**peer** { *ipv4-address* | *group-name* | *ipv6-address* } **reflect-client** 例如：[Huawei-bgp-af-ipv4] **peer** 1.1.1.2 **reflect-client**	配置将本机作为路由反射器，并将指定对等体（组）作为路由反射器的客户。 缺省情况下，BGP 未配置路由反射器及其客户，可用 **undo peer** { *group-name* | *ipv4-address* | *ipv6-address* } **reflect-client** 命令删除指定的路由反射器配置
5	**reflector cluster-id** *cluster-id* 例如：[Huawei-bgp-af-ipv4] **lreflector cluster-id** 50	（可选）配置路由反射器的集群 ID，取值范围为 1～4 294 967 295 的整数，也可以用 IP 地址形式标识。 【注意】需要为同一集群内所有的路由反射器配置相同的集群 ID，以便标识这个集群，避免路由环路。另外，为了保证客户机可以学习到反射器发来的路由，**集群 ID 不能和集群内某客户机的** Router ID **相同**，否则该客户机会将收到的路由丢弃。 缺省情况下，每个路由反射器使用自己的 Router ID 作为集群 ID，可用 **undo reflector cluster-id** 命令恢复缺省配置
6	**undo reflect between-clients** 例如：[Huawei-bgp-af-ipv4] **undo reflect between-clients**	（可选）禁止客户机之间的路由反射。 缺省情况下，客户机之间的路由反射是允许的，可用 **reflect between-clients** 命令使能客户机之间的路由反射

续表

步骤	命令	说明
7	**bgp-rib-only** [**route-policy** *route-policy-name*] 例如：[Huawei-bgp-af-ipv4] **bgp-rib-only**	（可选）禁止 BGP 将优选的路由下发到 IP 路由表。命令中的可选参数 **route-policy** *route-policy-name* 指定用来过滤禁止下发到 IP 路由表中的路由的路由策略。 【说明】在反射器场景下，如果 BGP 的优选路由不需要指导转发，通过配置本项，使所有或指定的 BGP 的优选路由不加入 IP 路由表，也不进入转发层，从而提高转发效率和提升系统容量。 缺省情况下，BGP 将优选的路由下发到 IP 路由表，可用 **undo bgp-rib-only** 命令恢复缺省配置

14.7.2 配置 BGP 联盟

BGP 联盟是用来解决 AS 内部各 IBGP 设备间必须全连接的另一个方案。它将一个自治系统划分为若干个子自治系统，每个子自治系统内部的 IBGP 对等体建立全连接关系或者配置反射器，子自治系统之间建立 EBGP 连接关系。

在大型 BGP 网络中，配置联盟不但可以减少 IBGP 连接的数量，还可以简化路由策略的管理，提高路由的发布效率。如果其他品牌的路由器的联盟实现机制不同于华为 AR 系列路由器采用的 RFC3065 标准，还可以配置联盟的兼容性，以便和非标准的设备兼容。

BGP 联盟的具体配置步骤见表 14-23。

【经验之谈】因为联盟技术会重新划分子 AS，所以同一 AS 内部的 IBGP 对等体之间的建立是在建立联盟后，利用新的子 AS 号，不是先利用原来的主 AS 号建立 IBGP 对等体连接。**但外部 AS BGP 边缘设备与联盟所在 AS BGP 边缘设备之间建立 EBGP 对等体时，仍是用原来的主 AS 号。**

表 14-23　BGP 联盟的配置步骤

步骤	命令	说明
1	**system-view** 例如：< Huawei > **system-view**	进入系统视图
2	**bgp** { *as-number-plain* | *as-number-dot* } 例如：[Huawei]**bgp** 100	启动 BGP，进入 BGP 视图
3	**confederation id** { *as-number-plain* | *as-number-dot* } 例如：[Huawei-bgp] **confederation id** 9	配置联盟 ID，也是用整数形式（*as-number-plain*）或点分形式（*as-number-dot*）的 AS 号指定。**联盟 ID 是原来大的 AS 的编号，其他相关外部 AS 在指定对等体所在的 AS 号时，要指定这个联盟 ID。属于同一个联盟的所有子自治系统都必须指定相同的联盟 ID。** 同一联盟内不能同时配置 2 字节 AS 号和 4 字节 AS 号的 Speaker，因为 AS4_Path 不支持联盟。 缺省情况下，BGP 联盟未配置，可用 **undo confederation id** 命令删除指定的 BGP 联盟
4	**confederation peer-as** { *as-number-plain* | *as-number-dot* } &<1-32> 例如：[Huawei-bgp]	指定属于同一个联盟，**且与本地设备有直接连接**的所有各子 AS 号（**不包括当前设备所在的子 AS 号**），各子 AS 号之间以空格分隔。 缺省情况下，联盟中未配置子 AS 号，可用 **undo confederation**

续表

步骤	命令	说明
4	**confederation peer-as** 1091 1092 1093	**peer-as** { *as-number-plain* | *as-number-dot* } <1-32>命令删除联盟中指定的子 AS 号
5	**confederation nonstandard** 例如：[Huawei-bgp] **confederation nonstandard**	（可选）配置联盟中的标准设备（实现机制为 RFC3065）可与非标准设备互通。 【注意】在已配置了联盟 ID 的前提下，配置该命令会引起 IBGP 邻居和联盟 EBGP 邻居会话断开连接，再重新建立连接。 缺省情况下，联盟中只有标准设备才能互通，可用 **undo confederation nonstandard** 命令配置联盟中只有标准设备才能互通

14.7.3　BGP 路由反射器配置示例

本示例的基本拓扑结构如图 14-25 所示，在一个 AS 中有 8 台设备需要组建 IBGP 网络，其中 RouterB、RouterD 和 RouterE 已经建立了 BGP 全连接。现要求在不破坏 RouterB、RouterD 和 RouterE 全连接关系的情况下采用路由器反射方案组建 IBGP 网络，并尽可能地简化设备的配置和管理。示例中各路由器接口的 IP 地址见表 14-24。

表 14-24　　示例中各路由器接口 IP 地址

设备	接口	IP 地址	设备	接口	IP 地址
RouterA	GE 1/0/0	10.1.1.2/24	RouterC	GE 4/0/0	10.1.8.1/24
	GE 2/0/0	10.1.3.2/24	RouterD	GE 1/0/0	10.1.4.2/24
	GE 3/0/0	9.1.1.1/24		GE 2/0/0	10.1.6.1/24
RouterB	GE 1/0/0	10.1.1.1/24	RouterE	GE 2/0/0	10.1.6.2/24
	GE 2/0/0	10.1.4.1/24		GE 3/0/0	10.1.5.2/24
	GE 3/0/0	10.1.5.1/24	RouterF	GE 1/0/0	10.1.7.2/24
	GE 4/0/0	10.1.2.1/24	RouterG	GE 1/0/0	10.1.8.2/24
RouterC	GE 1/0/0	10.1.2.2/24			
	GE 2/0/0	10.1.3.1/24			
	GE 3/0/0	10.1.7.1/24			

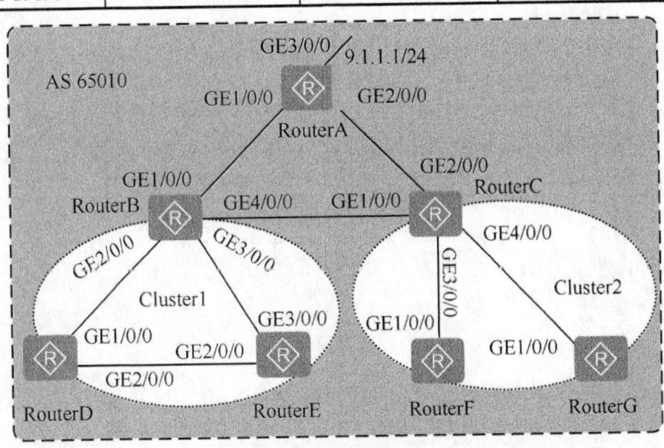

图 14-25　BGP 路由反射器配置示例的拓扑结构

1．基本配置思路分析

分析示例中各路由器的连接情况可以发现，RouterA、RouterB 和 RouterC 之间已经分别建立了 IBGP 全连接，所以它们之间无需采用路由器反射技术，要禁止客户间的路由反射。另外两部分，RouterB、RouterD 和 RouterE 之间虽然也建立了全连接，但它与 RouterA、RouterB 和 RouterC 之间的全连接有一个共同的设备——RouterB。另一个部分 RouterC、RouterF 和 RouterG 之间没有建立全连接，但与 RouterA、RouterB 和 RouterC 之间的全连接有一个共同的设备——RouterC。

这样一来，就可以把 RouterB、RouterD 和 RouterE 划分到集群 1，把 RouterC、RouterF 和 RouterG 划分到集群 2 中，并把它们与 RouterA、RouterB 和 RouterC 之间共用的设备作为路由反射器，就可以实现整个 AS 内 IBGP 路由的简单互联，最终实现类似于仅 RouterA、RouterB 和 RouterC 之间全连接的 IBGP 网络。

根据以上分析可以得出本示例的基本配置思路如下。

① 配置 RouterB 是 Cluster1 的路由反射器，RouterD 和 RouterE 是它的两个客户机，配置禁止客户机间通信（**因为它们彼此间已是全连接**），实现在不破坏 RouterB、RouterD 和 RouterE 全连接关系的情况下组建 IBGP 网络的需求。

② 配置 RouterC 为 Cluster2 的路由反射器，RouterF 和 RouterG 是它的客户机，实现简化设备的配置和管理的需求。

当然，在配置路由反射器之前仍然需要先为各路由器接口配置 IP 地址，配置各 IBGP 设备间的基本 BGP 功能，建立 IBGP 对等体连接。

2. 具体配置步骤

① 配置各路由器接口的 IP 地址。下面仅以 RouterA 上的接口为例进行介绍，其他路由器各接口的 IP 地址的配置方法一样，略。

```
<RouterA> system-view
[RouterA] interface gigabitethernet 1/0/0
[RouterA-GigabitEthernet1/0/0] ip address 10.1.1.2 24
[RouterA-GigabitEthernet1/0/0]quit
[RouterA] interface gigabitethernet 2/0/0
[RouterA-GigabitEthernet2/0/0] ip address 10.1.3.2 24
[RouterA-GigabitEthernet2/0/0]quit
[RouterA] interface gigabitethernet 3/0/0
[RouterA-GigabitEthernet3/0/0] ip address 9.1.1.1 24
[RouterA-GigabitEthernet3/0/0]quit
```

② 配置各路由器的 BGP 基本功能。包括配置各自的对等体连接，并需要在 RouterA 上引入它的直连路由 9.1.1.0/24（主要用于后面的 BGP 路由表验证）。

另外，因本示例没有配置 Loopback 接口，所以需要明确配置各路由器的 Router ID。为方便记忆，RouterA、RouterB、RouterC、RouterD、RouterE、RouterF、RouterG 的路由器 ID 分别设为 1.1.1.1、2.2.2.2、3.3.3.3、4.4.4.4、5.5.5.5、6.6.6.6 和 7.7.7.7。

■ RouterA 上的配置如下。

```
[RouterA] bgp 65010
[RouterA-bgp] router-id 1.1.1.1
[RouterA-bgp] peer 10.1.1.1 as-number 65010
[RouterA-bgp] peer 10.1.3.1 as-number 65010
[RouterA-bgp] ipv4-family unicast
[RouterA–bgp-af-ipv4] network 9.1.1.0 255.255.255.0
[RouterA–bgp-af-ipv4] quit
```

■ RouterB 上的配置如下。

```
[RouterB] bgp 65010
[RouterB-bgp] router-id 2.2.2.2
[RouterB-bgp] peer 10.1.1.2 as-number 65010
[RouterB-bgp] peer 10.1.4.2 as-number 65010
[RouterB-bgp] peer 10.1.5.2 as-number 65010
[RouterB-bgp] peer 10.1.2.2 as-number 65010
[RouterB–bgp] quit
```

■ RouterC 上的配置如下。

```
[RouterC] bgp 65010
[RouterC-bgp] router-id 3.3.3.3
[RouterC-bgp] peer 10.1.2.1 as-number 65010
[RouterC-bgp] peer 10.1.3.2 as-number 65010
[RouterC-bgp] peer 10.1.7.2 as-number 65010
[RouterC-bgp] peer 10.1.8.2 as-number 65010
[RouterC–bgp] quit
```

■ RouterD 上的配置如下。

```
[RouterD] bgp 65010
[RouterD-bgp] router-id 4.4.4.4
[RouterD-bgp] peer 10.1.4.1 as-number 65010
[RouterD-bgp] peer 10.1.6.2 as-number 65010
[RouterD–bgp] quit
```

■ RouterE 上的配置如下。

```
[RouterE] bgp 65010
[RouterE-bgp] router-id 5.5.5.5
[RouterE-bgp] peer 10.1.6.1 as-number 65010
[RouterE-bgp] peer 10.1.5.1 as-number 65010
[RouterE–bgp] quit
```

■ RouterF 上的配置如下。

```
[RouterF] bgp 65010
[RouterF-bgp] router-id 6.6.6.6
[RouterF-bgp] peer 10.1.7.1 as-number 65010
[RouterF–bgp] quit
```

■ RouterG 上的配置如下。

```
[RouterG] bgp 65010
[RouterG-bgp] router-id 6.6.6.6
[RouterG-bgp] peer 10.1.8.1 as-number 65010
[RouterG–bgp] quit
```

③ 将 RouterB 配置为 Cluster1 的路由反射器，集群 ID 号为 1。

```
[RouterB] bgp 65010
[RouterB–bgp] group in_rr internal                      !---创建一个名为 in_rr 的 IBGP 对等体组
[RouterB–bgp] peer 10.1.4.2 group in_rr                 !---将 RouterD 作为对等体组 in_rr 的成员
[RouterB–bgp] peer 10.1.5.2 group in_rr                 !---将 RouterE 作为对等体组 in_rr 的成员
[RouterB–bgp] ipv4-family unicast
[RouterB–bgp-af-ipv4] peer in_rr reflect-client         !---将对等体组 in_rr 作为路由反射器的客户
[RouterB–bgp-af-ipv4] undo reflect between-clients      !---禁止客户间直接通信，因为客户间已全连接，可以直接通信
[RouterB–bgp-af-ipv4] reflector cluster-id 1            !---指定集群 ID 号为 1
[RouterB - bgp-af-ipv4] quit
```

④ 将 RouterC 配置为 Cluster2 的路由反射器，集群 ID 号为 2。

```
[RouterC] bgp 65010
[RouterC-bgp] group in_rr internal
[RouterC-bgp] peer 10.1.7.2 group in_rr
```

```
[RouterC-bgp] peer 10.1.8.2 group in_rr
[RouterC-bgp] ipv4-family unicast
[RouterC-bgp-af-ipv4] peer in_rr reflect-client
[RouterC-bgp-af-ipv4] reflector cluster-id 2
[RouterC-bgp-af-ipv4] quit
```

配置好后，可通过 **display bgp routing-table** 9.1.1.0 命令查看 RouterD 上的 BGP 路由表。从中可以看到，RouterD 从 RouterB 那里学到了 RouterA 通告的路由，而且还可以看到该路由的 Originator（1.1.1.1 代表是 RouterA 产生的）和 Cluster_ID（0.0.0.1 是集群 1 的群 ID）属性（参见输出信息中的粗体字部分）。

```
[RouterD] display bgp routing-table 9.1.1.0
BGP local router ID : 4.4.4.4
 Local AS number : 65010
 Paths:     1 available, 0 best, 0 select
 BGP routing table entry information of 9.1.1.0/24:
 From: 10.1.4.1 (2.2.2.2)
 Route Duration: 00h00m14s
 Relay IP Nexthop: 0.0.0.0
 Relay IP Out-Interface:
 Original nexthop: 10.1.1.2
 Qos information : 0x0
 AS-path Nil, origin igp, MED 0, localpref 100, pref-val 0, internal, pre 255
 Originator:   1.1.1.1
 Cluster list: 0.0.0.1
 Not advertised to any peer yet
```

同样，可以在 Cluster1 和 Cluster2 的其他客户的 BGP 路由表中见到 9.1.1.0/24 这条路由，表明以上的路由反射器的配置是正确、成功的。

14.7.4 BGP 联盟配置示例

本示例的基本拓扑结构如图 14-26 所示，AS 200 中有多台 BGP 路由器，其中 RouterA、RouterD 和 RouterE 之间是彼此全连接的，其他路由器之间没有全连接。现需要采用 BGP 联盟方案在 AS 200 内减少 IBGP 的连接数。

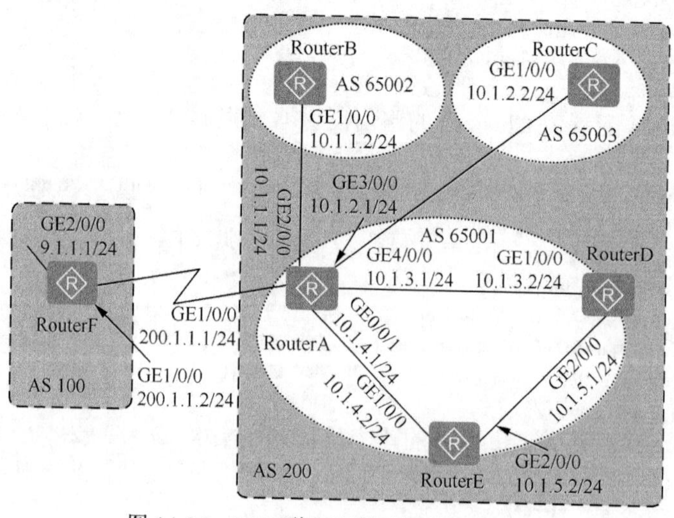

图 14-26 BGP 联盟配置示例的拓扑结构

1. 基本配置思路分析

本示例的 AS200 内部，RouterA、RouterD 和 RouterE 之间彼此已有全连接，但 RouterB 和 RouterC 没有与其他 IBGP 设备构成全连接。这时可以将整个 AS200 划分为 3 个子 AS，其中 RouterA、RouterD 和 RouterE 分到 AS 65001 内，RouterB 和 RouterC 分别单独分到 AS 65002 和 AS 65003 中，可实现减少 IBGP 的连接数的需求。因为 RouterB 和 RouterC 之间没有直接连接，所以不能划分到同一个子 AS 中。

注意 在配置联盟前，仅需配置各路由器的接口 IP 地址，无需配置 BGP 对等体的连接。联盟内各 IBGP 对等体的连接是在配置好联盟、划分好子 AS 后配置的。

2. 具体配置步骤

① 配置各路由器接口的 IP 地址。下面仅以 RouterA 上的接口为例进行介绍，其他路由器各接口的 IP 地址的配置方法一样，略。

```
<RouterA> system-view
[RouterA] interface gigabitethernet 1/0/0
[RouterA-GigabitEthernet1/0/0] ip address 10.1.4.1 24
[RouterA-GigabitEthernet1/0/0]quit
[RouterA] interface gigabitethernet 2/0/0
[RouterA-GigabitEthernet2/0/0] ip address 10.1.1.1 24
[RouterA-GigabitEthernet2/0/0]quit
[RouterA] interface gigabitethernet 3/0/0
[RouterA-GigabitEthernet3/0/0] ip address 10.1.2.1 24
[RouterA-GigabitEthernet3/0/0]quit
[RouterA] interface gigabitethernet 4/0/0
[RouterA-GigabitEthernet4/0/0] ip address 10.1.3.1 24
[RouterA-GigabitEthernet4/0/0]quit
```

② 配置 BGP 联盟。这里其实是要把 RouterA、RouterB 和 RouterC 配置成 EBGP 对等体关系，建立 EBGP 对等体连接。假设 RouterA~RouterE 的 Router ID 分别为 1.1.1.1、2.2.2.2、3.3.3.3、4.4.4.4 和 5.5.5.5。

■ RouterA 上的配置如下。

这里要同时把 RouterB 和 RouterC 所属的子 AS 号加入联盟中，因为 RouterA 与它们都有直接的连接。另外，因为 RouterA 是 ASBR 设备，为了使 RouterA 在向它的 IBGP 对等体转发路由时收到路由的 IBGP 对等体可以识别路由中的下一跳，需要在 RouterA 上配置修改转发给 IBGP 对等体的路由的下一跳为自身的出接口 IP 地址。

```
[RouterA] bgp 65001
[RouterA-bgp] router-id 1.1.1.1
[RouterA-bgp] confederation id 200            !---配置联盟 ID 为 200
[RouterA-bgp] confederation peer-as 65002 65003    !---指定与 AS 65001 属于同一个联盟的还有 AS 65002 和 65003
[RouterA-bgp] peer 10.1.1.2 as-number 65002  !---指定 RouterB 为 RouterA 的 EBGP 对等体
[RouterA-bgp] peer 10.1.2.2 as-number 65003
[RouterA-bgp] ipv4-family unicast
[RouterA-bgp-af-ipv4] peer 10.1.1.2 next-hop-local    !---指定在向 RouterB 进行路由发布时把下一跳设为自己的出接口 IP 地址
[RouterA-bgp-af-ipv4] peer 10.1.2.2 next-hop-local
[RouterA-bgp-af-ipv4] quit
```

■ RouterB 上的配置如下。

这里不在 **confederation peer-as** 命令中加入 RouterC 所属的子 AS 号，因为 AS 65002 与 AS 65003 之间没有直接连接。另外，因为 RouterB 不是 ASBR，所以不需要配置修改来自 RouterA 的路由下一跳为自己的出接口。

```
[RouterB] bgp 65002
[RouterB-bgp] router-id 2.2.2.2
[RouterB-bgp] confederation id 200
[RouterB-bgp] confederation peer-as 65001
[RouterB-bgp] peer 10.1.1.1 as-number 65001
[RouterB-bgp] quit
```

■ RouterC 上的配置如下。

这里也不要在 **confederation peer-as** 命令中加入 RouterB 所属的子 AS 号，也是因为 AS 65003 与 AS 65002 之间没有直接连接。同样因为 RouterC 也不是 ASBR，所以也不要配置修改来自 RouterA 的路由下一跳为自己的出接口。

```
[RouterC] bgp 65003
[RouterC-bgp] router-id 3.3.3.3
[RouterC-bgp] confederation id 200
[RouterC-bgp] confederation peer-as 65001
[RouterC-bgp] peer 10.1.2.1 as-number 65001
[RouterC-bgp] quit
```

③ 配置 AS65001 内的 IBGP 对等体连接。

■ RouterA 上的配置如下。

这里需要注意的是，RouterA 是 ASBR，为了使转发给 IBGP 对等体的路由在到达对等体后有效，也要配置把转发给 IBGP 对等体的路由的下一跳修改为自己的出接口 IP 地址。

```
[RouterA] bgp 65001
[RouterA-bgp] peer 10.1.3.2 as-number 65001
[RouterA-bgp] peer 10.1.4.2 as-number 65001
[RouterA-bgp] ipv4-family unicast
[RouterA-bgp-af-ipv4] peer 10.1.3.2 next-hop-local
[RouterA-bgp-af-ipv4] peer 10.1.4.2 next-hop-local
[RouterA-bgp-af-ipv4] quit
```

■ RouterD 上的配置如下。

```
[RouterD] bgp 65001
[RouterD-bgp] router-id 4.4.4.4
[RouterD-bgp] confederation id 200
[RouterD-bgp] peer 10.1.3.1 as-number 65001
[RouterD-bgp] peer 10.1.5.2 as-number 65001
[RouterD-bgp] quit
```

■ RouterE 上的配置如下。

```
[RouterE] bgp 65001
[RouterE-bgp] router-id 5.5.5.5
[RouterE-bgp] confederation id 200
[RouterE-bgp] peer 10.1.4.1 as-number 65001
[RouterE-bgp] peer 10.1.5.1 as-number 65001
[RouterE-bgp] quit
```

④ 配置 AS100 和 AS200 之间的 EBGP 连接。

■ RouterA 上的配置如下。

此时要注意，原来的 AS 200 属于整个联盟，因为一个 BGP 设备仅可在一个 AS 中，所以 RouterA 是在 AS 65001 中的，而不要指定为 AS 200。

```
[RouterA] bgp 65001
[RouterA-bgp] peer 200.1.1.2 as-number 100
[RouterA-bgp] quit
```

■ RouterF 上的配置如下。

此时要注意，与 RouterF 建立 EBGP 对等体连接的 RouterA 的 AS 号又是 AS 200，因为对于外部 AS 中的 BGP 设备来说，它并不能获知某 AS 内部划分的子 AS 号。另外，配置通过 **network** 命令引入直连的 9.1.1.0/24 网段路由，用于后面在其他 BGP 设备上验证是否可成功学习到这条路由，以此证明 BGP 配置是否成功。

```
[RouterF] bgp 100
[RouterF-bgp] router-id 6.6.6.6
[RouterF-bgp] peer 200.1.1.1 as-number 200
[RouterF-bgp] ipv4-family unicast
[RouterF-bgp-af-ipv4] network 9.1.1.0 255.255.255.0
[RouterF-bgp-af-ipv4] quit
```

以上配置好后，可以通过 **display bgp routing-table** 9.1.1.0 命令查看 RouterB 的 BGP 路由表，从中可以发现 RouterB 已学习到位于 RouterF 上的 9.1.1.10/24 网络的路由（参见输出信息中的粗体字部分）。

```
[RouterB] display bgp routing-table 9.1.1.0
BGP local router ID : 2.2.2.2
 Local AS number : 65002
 Paths:    1 available, 1 best, 1 select
 BGP routing table entry information of 9.1.1.0/24:
 From: 10.1.1.1 (1.1.1.1)
 Route Duration: 00h12m29s
 Relay IP Nexthop: 0.0.0.0
 Relay IP Out-Interface: GigabitEthernet1/0/0
 Original nexthop: 10.1.1.1
 Qos information : 0x0
 AS-path (65001) 100, origin igp, MED 0, localpref 100, pref-val 0, valid, external-confed, best, select, pre 255
 Not advertised to any peer yet
```

在联盟中的其他 IBGP 设备的 BGP 路由表中同样可以查看到以上 9.1.1.0/24 路由，证明联盟配置成功。

14.8 控制 BGP 路由的发布和接收

控制 BGP 路由的发布和接收，可以控制路由表的容量，提高网络的安全性。控制 BGP 路由的发布和接收是通过路由策略来实现的，但配置路由策略后还需要对 BGP 进行软复位，以便最终应用所配置的路由策略。

另外，配置 BGP 路由聚合、配置邻居按需发布路由、配置向对等体发送缺省路由等配置任务也可在一定程度上控制路由的发布和接收，本节将一并进行介绍。在配置控制 BGP 路由的发布和接收之前，也需配置 BGP 的基本功能。

14.8.1 控制 BGP 路由信息的发布

BGP 路由表中路由的数量通常比较大，传递大量的路由对设备来说是一个很大的负担。为了减小路由发送规模，需要对发布的路由进行控制，只发送自己想要发布的路由或者只发布对等体需要的路由。另外，到达同一个目的地址，可能存在多条路由，这些路由分别需要穿越不同的 AS，为了把业务流量引导向某些特定的 AS，也需要对发布的路由进行筛选。

根据所控制的范围不同，BGP 路由发布控制有两种方式：一是基于全局对 BGP 设备向所有对等体（组）发布的路由进行控制，二是基于向特定对等体（组）发布的路由的发布控制。如果同时配置，则基于特定对等体（组）的配置优先。这两种控制方法的具体配置步骤见表 14-25。

表 14-25 控制 **BGP** 路由发布的配置步骤

步骤	命令	说明
1	**system-view** 例如：< Huawei > **system-view**	进入系统视图
2	**bgp** { *as-number-plain* | *as-number-dot* } 例如：[Huawei]**bgp** 100	启动 BGP，进入 BGP 视图
3	**ipv4-family** { **unicast** | **multicast** } 或 **ipv6-family** [**unicast**] 例如：[Huawei-bgp] **ipv4-family unicast**	进入要控制 BGP 路由发布的对应 IP 地址族视图。**BGP 路由在不同的地址族视图下可分别配置不同的路由发布控制配置**
方式一：基本全局的路由发布控制配置		
4	**filter-policy** { *acl-number* | **acl-name** *acl-name* } **export** [*protocol* [*process-id*]] 或 **filter-policy** { *acl6-number* | **acl6-name** *acl6-name* } **export** [*protocol* [*process-id*]] 例如：[Huawei-bgp-af-ipv4] **filter-policy** 2001 **export ospf** 10	（二选一）配置基于 IPv4、IPv6 基本 ACL 对发布的路由进行过滤，只有符合条件的路由才被发布。命令中的参数说明如下。 （1）*acl-number*、*acl6-number*：多选一参数，指定用于过滤发布的路由的 IPv4、IPv6 基本 ACL 编号，取值范围为 2 000～2 999。 （2）**acl-name** *acl-name*、**acl6-name** *acl6-name*：多选一参数，指定用于过滤发布的路由的 ACL、ACL6 名称，1～32 个字符，不支持空格，区分大小写。且必须以英文字母 a～z 或 A～Z 开始，可以是英文字母、数字、连字符“-”或下划线“_”的组合。但只有 **source** 参数指定的源地址范围和 **time-range** 参数指定的时间段对配置规则有效。 **acl-name** *acl-name*、*acl-number* 仅在 BGP 视图、BGP-IPv4 单播地址族视图、BGP-IPv4 组播地址族视图、BGP-VPN 实例 IPv4 地址族视图和 BGP-VPNv4 地址族视图下生效。**acl6-name** *acl6-name*、*acl6-number* 参数仅在 BGP-IPv6 单播地址族视图和 BGP-VPN 实例 IPv6 地址族视图下生效。 （1）*protocol*：可选参数，指定要过滤的路由协议类型，支持 **direct**、**isis**、**ospf**、**rip**、**static**、**unr**。 （2）*process-id*：可选参数，指定当 *protocol* 参数选择为 **isis**、**ospf**、**rip** 时，路由对应的进程号，取值范围为 1～65 535 的整数。 【注意】如果使用 ACL 过滤策略，且 ACL 过滤规则中没有指定某个 VPN 实例，则 BGP 对所有地址族下的路由信息进行过滤，包括来自公网和私网的路由信息。如果 ACL 过滤规则中指定了 VPN 实例，**则仅对来自该 VPN 的数据流量进行过滤，而不是对路由信息进行过滤。** 缺省情况下，发布的路由信息不被过滤，可用 **undo filter-policy** { *acl-number* | **acl-name** *acl-name* } **export** [*protocol* [*process-id*]] 或 **undo filter-policy** { *acl6-number* | **acl6-name** *acl6-name* } **export** [*protocol* [*process-id*]]命令取消对应的路由发布过滤配置

续表

步骤	命令	说明
4	**filter-policy ip-prefix** *ip-prefix-name* **export** [*protocol* [*process-id*]] 或 **filter-policy ipv6-prefix** *ipv6-prefix-name* **export** [*protocol* [*process-id*]] 例如：[Huawei-bgp-af-ipv4] **filter-policy ip-prefix** aa **export**	（二选一）配置基于 IPv4、IPv6 地址前缀列表对发布的路由进行过滤，只有符合条件的路由才被发布。命令中的参数 **ip-prefix** *ip-prefix-name*、**ipv6-prefix** *ipv6-prefix-name*：用于指定过滤发布路由的 IPv4 或 IPv6 地址前缀列表的名称，其他参数参见本表前面的介绍。**ip-prefix** *ip-prefix-name* 参数仅在 BGP 视图、BGP-IPv4 单播地址族视图、BGP-IPv4 组播地址族视图、BGP-VPN 实例 IPv4 地址族视图和 BGP-VPNv4 地址族视图下生效；**ipv6-prefix** *ipv6-prefix-name* 参数仅在 BGP-IPv6 单播地址族视图和 BGP-VPN 实例 IPv6 地址族视图下生效。 缺省情况下，发布的路由信息不被过滤，可用 **undo filter-policy ip-prefix** *ip-prefix-name* **export** [*protocol* [*process-id*]]或 **undo filter-policy ipv6-prefix** *ipv6-prefix-name* **export** [*protocol* [*process-id*]]命令取消对应的路由发布过滤配置
方式二：基于向特定对等体（组）发布的路由的发布控制配置		
4	**peer** { *group-name* | *ipv4-address* | *ipv6-address* } **filter-policy** { *acl-number* | **acl-name** *acl-name* | *acl6-number* | **acl6-name** *acl6-name* } **export** 例如：[Huawei-bgp-af-ipv4] **peer** 1.1.1.2 **filter-policy** 2000 **export**	（四选一）配置基于 IPv4 或 IPv6 基本 ACL 向指定对等体（组）发布路由时的过滤策略。 【注意】该命令为覆盖型的命令，即新的配置将覆盖原来的配置。 缺省情况下，向对等体（组）发布路由时未配置过滤策略，可用 **undo peer** { *group-name* | *ipv4-address* | *ipv6-address* } **filter-policy** { *acl-number* | **acl-name** *acl-name* | *acl6-number* | **acl6-name** *acl6-name* } **export** 命令删除向对等体（组）发布路由时应用指定的过滤策略
	peer { *ipv4-address* | *group-name* } **ip-prefix** *ip-prefix-name* **export** 或 **peer** { *group-name* | *ipv6-address* } **ipv6-prefix** *ipv6-prefix-name* **export** 例如：[Huawei-bgp-af-ipv4] **peer** 1.1.1.2 **ip-prefix list1 export**	（四选一）配置基于 IPv4 或 IPv6 地址前缀列表向指定对等体（组）发布路由时应用的过滤策略。 缺省情况下，向对等体（组）发布路由时未配置过滤策略，可用 **undo peer** { *group-name* | *ipv4-address* } **ip-prefix** [*ip-prefix-name*] **export** 或 **undo peer** { *group-name* | *ipv6-address* } **ipv6-prefix** [*ipv6-prefix-name*] **export** 命令删除向对等体（组）发布路由时应用指定的 IP 地址前缀列表
	peer { *ipv4-address* | *group-name* | *ipv6-address* } **as-path-filter** { *as-path-filter-number* | *as-path-filter-name* } **export** 例如：[Huawei-bgp-af-ipv4] **peer** 1.1.1.2 **as-path-filter** 3 **export**	（四选一）配置基于 AS 路径过滤器向指定对等体（组）发布路由时应用的过滤策略。命令中的 *as-path-filter- number* | *as-path-filter-name* 指定过滤发布路由的 AS 路径过滤器编号（取值范围为 1～256 的整数）或 AS 路径过滤器名称（1～51 个字符，区分大小写，**不能是全数字**）。*ipv4- address* | *group-name* 参数说明参见前面介绍的基于 ACL 过滤方式的配置说明。 【注意】对于相同的对等体地址，只能使用一个 AS 路径过滤器对发布的路由进行过滤。 缺省情况下，向对等体（组）发布路由时未配置过滤策略，可用 **undo peer** { *ipv4-address* | *group-name* | *ipv6-address* } **as-path-filter** { *as-path-filter-number* | *as-path-filter-name* } **export** 命令删除向对等体（组）发布路由时应用指定的 AS 路径过滤器
	peer { *ipv4-address* | *group-name* | *ipv6-address* } **route-policy** *route-policy-name* **export**	（四选一）配置基于路由策略向指定对等体（组）发布路由时应用的过滤策略。命令中的 *route-policy-name* 指定用来过滤发布路由的路由策略名称，1～40 个字符，区分大小写，不支持空格。*ipv4-address* | *group-name* 参数说明参见前面介绍的基于 ACL 过

续表

步骤	命令	说明
4	例如：[Huawei-bgp-af-ipv4] **peer** 1.1.1.2 **route-policy** test-policy **export**	滤方式的配置说明。 缺省情况下，向对等体（组）发布路由时未配置过滤策略，可用 **undo peer** { *ipv4-address* | *group-name* | *ipv6-address* } **route-policy** *route-policy-name* **export** 命令删除向对等体（组）发布路由时应用指定的路由策略

14.8.2 控制 BGP 路由信息的接收

当设备遭到恶意攻击或者网络中出现错误配置时，会导致 BGP 从邻居接收到大量的路由，从而消耗大量的设备资源，因此管理员必须根据网络规划和设备容量，对运行时所使用的资源进行限制。BGP 提供基于对等体（组）的路由控制，限定邻居发来的路由数量。

与路由发布控制一样，接收路由控制也有两种配置方式：一是基于全局的对来自所有对等体（组）的路由进行接收控制，二是基于对来自特定的对等体（组）的路由的接收控制。如果同时配置，基于特定对等体（组）的配置优先于基于全局的配置。这两种控制方式的具体配置步骤见表 14-26。

表 14-26　控制 BGP 路由发布的配置步骤

步骤	命令	说明
1	**system-view** 例如：< Huawei > **system-view**	进入系统视图
2	**bgp** { *as-number-plain* | *as-number-dot* } 例如：[Huawei]**bgp** 100	启动 BGP，进入 BGP 视图
3	**ipv4-family** { **unicast** | **multicast** } 或 **ipv6-family** [**unicast**] 例如：[Huawei-bgp] **ipv4-family unicast**	进入要控制 BGP 路由接收的对应 IP 地址族视图。**BGP 路由在不同的地址族视图下可分别配置不同的路由接收控制配置**
	方式一：基本全局的路由接收控制配置	
4	**filter-policy** { *acl-number* | **acl-name** *acl-name* } **import** 或 **filter-policy** { *acl6-number* | **acl6-name** *acl6-name* } **import** 例如：[Huawei-bgp-af-ipv4] **filter-policy** 2001 **import**	（二选一）配置基于 IPv4、IPv6 基本 ACL 对接收的路由进行过滤，只有符合条件的路由才能接收。 缺省情况下，接收的路由信息不被过滤，可用 **undo filter-policy** { *acl-number* | **acl-name** *acl-name* } **import** 或 **undo filter-policy** { *acl6-number* | **acl6-name** *acl6-name* } **import** 命令取消对应的路由接收过滤配置
	filter-policy ip-prefix *ip-prefix-name* **import** 或 **filter-policy ipv6-prefix** *ipv6-prefix-name* **import** 例如：[Huawei-bgp-af-ipv4] **filter-policy ip-prefix** aa **import**	（二选一）配置基于 IPv4、IPv6 地址前缀列表对接收的路由进行过滤，只有符合条件的路由才能接收。 缺省情况下，接收的路由信息不被过滤，可用 **undo filter-psolicy ip-prefix** *ip-prefix-name* **import** 或 **undo filter-policy ipv6-prefix** *ipv6-prefix-name* **import** 命令取消对应的路由接收过滤配置

续表

步骤	命令	说明
方式二：基于对来自特定对等体（组）的路由的接收控制配置		
4	**peer** { *group-name* | *ipv4-address* | *ipv6-address* } **filter-policy** { *acl-number* | **acl-name** *acl-name* | *acl6-number* | **acl6-name** *acl6-name* } **import** 例如：[Huawei-bgp-af-ipv4] **peer** 1.1.1.2 **filter-policy** 2000 **import**	（四选一）配置基于 IPv4 或 IPv6 基本 ACL 接收指定对等体（组）发布的路由时的过滤策略。 缺省情况下，从对等体（组）接收路由时未配置过滤策略，可用 **undo peer** { *group-name* | *ipv4-address* | *ipv6-address* } **filter-policy** { *acl-number* | **acl-name** *acl-name* | *acl6-number* | **acl6-name** *acl6-name* } **import** 命令删除从对等体（组）接收路由时应用指定的过滤策略
	peer { *ipv4-address* | *group-name* } **ip-prefix** *ip-prefix-name* **import** 或 **peer** { *group-name* | *ipv6-address* } **ipv6-prefix** *ipv6-prefix-name* **import** 例如：[Huawei-bgp-af-ipv4] **peer** 1.1.1.2 **ip-prefix** list1 **import**	（四选一）配置基于 IPv4 或 IPv6 地址前缀列表对接收来自指定对等体（组）发布的路由时应用的过滤策略。 缺省情况下，接收来自对等体（组）发布的路由时未配置过滤策略，可用 **undo peer** { *group-name* | *ipv4-address* } **ip-prefix** [*ip-prefix-name*] **import** 或 **undo peer** { *group-name* | *ipv6-address* } **ipv6-prefix** [*ipv6-prefix-name*] **import** 命令删除接收来自指定对等体（组）发布的路由时应用的 IP 地址前缀列表
	peer { *ipv4-address* | *group-name* | *ipv6-address* } **as-path-filter** { *as-path-filter-number* | *as-path-filter-name* } **import** 例如：[Huawei-bgp-af-ipv4] **peer** 1.1.1.2 **as-path-filter** 3 **import**	（四选一）配置基于 AS 路径过滤器向指定对等体（组）发布路由时应用的过滤策略。 缺省情况下，对等体（组）没有配置基于 AS 路径列表的路由过滤策略，可用 **undo peer** { *group-name* | *ipv4-address* | *ipv6-address* } **as-path-filter** { *as-path-filter-number* | *as-path-filter-name* } **import** 命令删除接收来自指定对等体发布的路由所应用的 AS 路径过滤器
	peer { *ipv4-address* | *group-name* | *ipv6-address* } **route-policy** *route-policy-name* **import** 例如：[Huawei-bgp-af-ipv4] **peer** 1.1.1.2 **route-policy** test-policy **import**	（四选一）配置基于路由策略对来自指定对等体（组）发布的路由进行接收时应用的过滤策略。 缺省情况下，从对等体（组）接收路由时未配置过滤策略，可用 **undo peer** { *group-name* | *ipv4-address* | *ipv6-address* } **route-policy** *route-policy-name* **import** 命令删除从指定的对等体（组）接收路由时应用指定的路由策略
5	**peer** { *group-name* | *ipv4-address* } **route-limit** *limit* [*percentage*] [**alert-only** | **idle-forever** | **idle-timeout** *times*]	（可选）设置允许从对等体收到的路由数量。命令中的参数和选项说明如下。 （1）*group-name* | *ipv4-address*：指定对等体组名称或对等体 IP 地址。 （2）*limit*：指定允许从对等体接收的最大路由数量，AR150 系列的取值范围为 1～1 000 的整数，AR160 系列的取值范围为 1～20 000 的整数，AR200 系列的取值范围为 1～5 000 的整数，AR1200 系列、AR2201-48FE、AR2202-48FE 和 AR2204 的取值范围为 1～30 000 的整数，AR2220 和 AR2220L 的取值范围为 1～80 000 的整数，AR2240 的取值范围为 1～200 000 的整数，AR3200 系列的取值范围为 1～500 000 的整数。 （3）*percentage*：可选参数，指定路由器开始生成告警消息时从指定对等体（组）接收的路由数量所占设置的允许最大路由数量的百分比，取值范围为 1～100 的整数，缺省值为 75，代表 75%。 （4）**alert-only**：多选一可选项，指定在从指定对等体（组）接收的路由数量超出允许的最大路由数量时仅产生告警，并不再接收超

续表

步骤	命令	说明
5	例如：[Huawei-bgp-af-ipv4] **peer** 1.1.1.2 **route-limit** 5000	限后的路由。 （3）**idle-forever**：多选一可选项，指定在从指定对等体（组）接收的路由数量超出允许的最大路由数量时断开连接，并不自动重新建立连接，直到执行 **reset bgp** 命令重新建立连接。 （4）**idle-timeout** *times*：多选一可选项，指定在从指定对等体（组）接收的路由数量超出允许的最大路由数量时断开连接，并设置自动重新建立连接的超时定时器，取值范围为 1～1 200 的整数分钟。在定时器超时前，可执行 **reset bgp** 命令重新建立连接。 【说明】如果同时不选择 **alert-only**、**idle-forever**、**idle-timeout** 可选项，则在路由超限产生告警并记入日志，并与对应对等体（组）断开连接，30 s 后自动重新尝试建立对等体关系。 缺省情况下，从对等体接收路由没有数量限制，可用 **undo peer** { *group-name* | *ipv4-address* } **route-limit** 命令对从指定对等体（组）接收的路由不进行限制

14.8.3 配置 BGP 路由聚合

在大规模的网络中，BGP 设备中的 BGP 路由表可能非常庞大，给设备造成了很大的负担，同时使发生路由振荡的几率也大大增加，影响网络的稳定性。路由聚合通过只向对等体发送聚合后的路由，而不发送所有的具体路由的方法，减小路由表的规模。并且被聚合的路由如果发生路由振荡，也不再对网络造成影响，从而提高了网络的稳定性。

BGP 在 IPv4 网络中支持自动聚合和手动聚合两种方式，**而 IPv6 网络中仅支持手动聚合方式**。

■ 自动聚合：**对 BGP 通过 import-route 命令引入的路由进行聚合**。配置自动聚合后，BGP 将按照自然网段聚合路由（例如非自然网段 A 类地址 10.1.1.1/24 和 10.2.1.1/24 将聚合为自然网段 A 类地址 10.0.0.0/8），并且 BGP 向对等体只发送聚合后的路由。

■ 手动聚合：**对 BGP 本地路由表中存在的路由进行聚合**。手动聚合可以控制聚合路由的属性，以及决定是否发布具体路由。

注意 在配置 BGP 路由聚合时要注意以下几个方面。

■ 手动聚合后的路由的优先级高于自动聚合。

■ 如果聚合路由中所包含的具体路由各 Origin 属性不相同，那么聚合路由的 Origin 属性按照优先级 igp> egp > incomplete 为准。**聚合路由会携带原来所有具体路由中的团体属性。**

■ **手动聚合仅对 BGP 本地路由表中已经存在的路由表项有效**，例如 BGP 路由表中不存在 10.1.1.1/24 等掩码长度大于 16 的路由，即使配置了 **aggregate** 10.1.1.1 16 命令，BGP 也不会生成聚合路由。

为了避免路由聚合可能引起的路由环路，BGP 设计了 AS_Set 属性。AS_Set 属性是一种无序的 AS_Path 属性，仅标明聚合路由所经过的 AS 号，但并无先后次序之分。**当聚合路由重新进入 AS_Set 属性中列出的任何一个 AS 时，BGP 将会检测到自己的 AS 号在聚合路由的 AS_Set 属性中，于是会丢弃该聚合路由**，从而避免了路由环路的形成。

BGP 自动路由聚合和手动路由聚合的配置方法见表 14-27。

表 14-27　**BGP 路由聚合的配置步骤**

步骤	命令	说明
1	**system-view** 例如：< Huawei > **system-view**	进入系统视图
2	**bgp** { *as-number-plain* | *as-number-dot* } 例如：[Huawei]**bgp** 100	启动 BGP，进入 BGP 视图
		方式一：配置自动路由聚合
3	**ipv4-family** { **unicast** | **multicast** } 例如：[Huawei-bgp] **ipv4-family unicast**	（可选）进入要 BGP 路由聚合的对应 IPv4 地址族视图
4	**summary automatic** 例如：[Huawei-bgp-af-ipv4] **summary automatic**	使能对本地引入的路由进行自动聚合功能。引入的路由可以是直连路由、静态路由、RIP 路由、OSPF 路由、IS-IS 路由。**但该命令对 network 命令引入的路由无效。** 配置该命令后，BGP 将按照自然网段聚合路由（如 10.1.1.0/24 和 10.2.1.0/24 将聚合为 A 类地址 10.0.0.0/8），并且 BGP 只向对等体发送聚合后的路由。这样可以减少路由信息的数量。 缺省情况下，对本地引入的路由进行自动聚合功能未使能，可用 **undo summary automatic** 命令去使能对本地引入的路由进行自动聚合功能
	方式二：配置手动路由聚合，可根据实际需要选择其中一项或多种聚合配置方式	
3	**ipv4-family** { **unicast** | **multicast** } 或 **ipv6-family** [**unicast**] 例如：[Huawei-bgp] **ipv4-family unicast**	（可选）进入要 BGP 路由聚合的对应 IPv4、IPv6 地址族视图
4	**aggregate** *ipv4-address* { *mask* | *mask-length* } 或 **aggregate** *ipv6-address prefix-length* 例如：[Huawei-bgp-af-ipv4] **aggregate** 168.32.0.0 255.255.0.0	（可选）在 BGP 路由表中创建一条聚合路由，但此时**将同时发布所有聚合路由和被聚合的路由**。命令中的参数说明如下。 （1）*ipv4-address*、*ipv6-address*：指定聚合路由的网络 IPv4 或 IPv6 地址。 （2）*mask* | *mask-length*、*prefix-length*：指定聚合路由的网络 IP 地址所对应的子网掩码（选择二选一参数 *mask* 时）或子网掩码长度（选择二选一参数 *mask-length* 时），或 IPv6 网络前缀长度。 缺省情况下，BGP 路由表中没有创建聚合路由，可用 **undo aggregate** *ipv4-address* { *mask* | *mask-length* }或 **undo aggregate** *ipv6-address prefix-length* 命令在 BGP 路由表中删除指定的聚合路由
	aggregate *ipv4-address* { *mask* | *mask-length* } **detail-suppressed** 或 **aggregate** *ipv6-address prefix-length* **detail-suppressed** 例如：[Huawei-bgp-af-ipv4] **aggregate** 168.32.0.0 255.255.0.0 **detail-suppressed**	（可选）在 BGP 路由表中创建一条聚合路由，但此时**将只发布聚合路由，抑制该聚合路由所包含的所有具体路由**。此时生成的聚合路由带 Atomic-aggregate 属性，并且不能携带原具体路由的团体属性。命令中的参数参见本表前面的介绍。 缺省情况下，BGP 路由表中没有创建聚合路由，可用 **undo aggregate** *ipv4-address* { *mask* | *mask-length* } **detail-suppressed** 或 **undo aggregate** *ipv6-address prefix-length* **detail-suppressed** 命令在 BGP 路由表中删除指定的聚合路由

续表

步骤	命令	说明
4	**aggregate** *ipv4-address* { *mask* | *mask-length* } **suppress-policy** *route-policy-name* 或 **aggregate** *ipv6-address prefix-length* **suppress-policy** *route-policy-name* 例如：[Huawei-bgp-af-ipv4] **aggregate** 168.32.0.0 255.255.0.0 **suppress-policy** test-policy	（可选）在 BGP 路由表中创建一条聚合路由，但此时**只发布聚合路由和通过路由策略被聚合的路由**。此时，**可有选择地抑制一些具体路由**，即匹配该策略的路由将被抑制，但其他未通过策略的具体路由仍被通告。也可以通过 **peer** { *group-name* | *ipv4-address* | *ipv6-address* } **route-policy** *route-policy-name* **export** 命令，配置不希望发布给对等体的策略达到相同效果。 命令中的参数 *route-policy-name* 用来过滤允许发布的被聚合具体路由的路由策略，其他参数参见本表前面的介绍。 缺省情况下，BGP 路由表中没有创建聚合路由，可用 **undo aggregate** *ipv4-address* { *mask* | *mask-length* } **suppress-policy** *route-policy-name*、或 **undo aggregate** *ipv6-address prefix-length* **suppress-policy** *route-policy-name* 命令在 BGP 路由表中删除指定的聚合路由
	aggregate *ipv4-address* { *mask* | *mask-length* } **as-set** 或 **aggregate** *ipv6-address prefix-length* **as-set** 例如：[Huawei-bgp-af-ipv4] **aggregate** 168.32.0.0 255.255.0.0 **as-set**	（可选）在 BGP 路由表中创建具有 AS-SET 属性的聚合路由，可用于检测环路。**该聚合路由的 AS 路径列表属性中包含了被聚合的具体路由的所有 AS 路径信息，但其中的 AS 没有先后次序之分**。命令中的参数参见本表前面的介绍。 缺省情况下，BGP 路由表中没有创建聚合路由，可用 **undo aggregate** *ipv4-address* { *mask* | *mask-length* } **as-set** 或 **undo aggregate** *ipv6-address prefix-length* **as-set** 命令在 BGP 路由表中删除指定的聚合路由
	aggregate *ipv4-address* { *mask* | *mask-length* } **attribute-policy** *route-policy-name* 或 **aggregate** *ipv6-address prefix-length* **attribute-policy** *route-policy-name* 例如：[Huawei-bgp-af-ipv4] **aggregate** 168.32.0.0 255.255.0.0 **attribute-policy** test-policy	（可选）在 BGP 路由表中创建一条聚合路由，并且可通过 *route-policy-name* 参数指定的路由策略配置聚合路由属性。但如果在路由策略中使用 **apply as-path** 命令配置了 AS_Path 属性，且 **aggregate** 命令设置了关键字 **as-set**，路由策略中的 **apply as-path** 命令将不会生效。其他参数参见本表前面的介绍。 缺省情况下，BGP 路由表中没有创建聚合路由，可用 **undo aggregate** *ipv4-address* { *mask* | *mask-length* } **attribute-policy** *route-policy-name* 或 **undo aggregate** *ipv6-address prefix-length* **attribute-policy** *route-policy-name* 命令在 BGP 路由表中删除指定的聚合路由
	aggregate *ipv4-address* { *mask* | *mask-length* } **origin-policy** *route-policy-name* 或 **aggregate** *ipv6-address prefix-length* **origin-policy** *route-policy-name* 例如：[Huawei-bgp-af-ipv4] **aggregate** 168.32.0.0 255.255.0.0 **origin-policy** test-policy	（可选）在 BGP 路由表中创建一条聚合路由，**但只有通过** *route-policy-name* **参数指定的路由策略的具体路由才会生成聚合路由**，其他参数参见本表前面第 5 步的说明。 缺省情况下，BGP 路由表中没有创建聚合路由，可用 **undo aggregate** *ipv4-address* { *mask* | *mask-length* } **origin-policy** *route-policy-name* 或 **undo aggregate** *ipv6-address prefix-length* **origin-policy** *route-policy-name* 命令在 BGP 路由表中删除指定的聚合路由

14.8.4 配置邻居按需发布路由

如果设备希望只接收自己需要的路由，但对端设备又无法针对每个与它连接的设备维护不同的出口策略。此时，可以通过配置基于前缀的 ORF（Outbound Route Filter，出方向路由过滤）来满足两端设备的需求。

配置时要注意，先要在本端配置基于地址前缀列表的路由接收策略，然后在本端使能发送 ORF 报文的功能，在对端设备上使能接收 ORF 报文的功能。当然也可以在两端同时使能 ORF 发送和接收功能，这样本端设备会把希望接收的路由前缀发给对端设备，对端在向本端发送 BGP 路由时就会仅发送本端希望接收的前缀的路由。具体配置步骤如表 14-28 所示。

表 14-28　邻居按需发布路由的配置步骤

步骤	命令	说明
1	**system-view** 例如：< Huawei > **system-view**	进入系统视图
2	**bgp** { *as-number-plain* | *as-number-dot* } 例如：[Huawei]**bgp** 100	启动 BGP，进入 BGP 视图
3	**ipv4-family unicast** 例如：[Huawei-bgp] **ipv4-family unicast**	进入 IPv4 单播地址族视图
4	**peer** { *group-name* | *ipv4-address* } **ip-prefix** *ip-prefix-name* **import** 例如：[Huawei-bgp-af-ipv4] **peer** 10.1.1.2 **ip-prefix list1 import**	在本端配置对等体/对等体组基于 IP 前缀列表的入口路由过滤策略。 缺省情况下，没有指定对等体（组）的基于 IP 地址前缀列表的路由过滤策略，可用 **undo peer** { *group-name* | *ipv4-address* } **ip-prefix** [*ip-prefix-name*] { **import** | **export** }命令取消对等体（组）基于 IP 地址前缀列表的路由过滤策略
5	**peer** { *group-name* | *ipv4-address* } **capability-advertise orf** [**non-standard-compatible**] **ip-prefix** { **both** | **receive** | **send** } 例如：[Huawei-bgp-af-ipv4] **peer** 192.168.1.1 **capability-advertise orf ip-prefix both**	配置 BGP 对等体（组）使能基于地址前缀的 ORF 功能。ORF 功能是指将对端的入口策略作为本端的出口策略，对发送的路由进行过滤。不符合对端入口策略的路由将不发送给对端。命令中的选项说明如下。 （1）**non-standard-compatible**：可选项，指定与非标准设备兼容。 （2）**both**：多选一选项，表示允许发送和接收 ORF 报文。 （3）**receive**：多选一选项，表示只允许接收 ORF 报文，在对端设备配置。 （4）**send**：多选一选项，表示只允许发送 ORF 报文，在本端设备配置。 缺省情况下，未使能 BGP 对等体（组）基于地址前缀的 ORF 功能，可用 **undo peer** { *group-name* | *ipv4-address* } **capability-advertise orf** [**non-standard-compatible**] **ip-prefix** { **both** | **receive** | **send** }命令去使能 BGP 对等体（组）基于地址前缀的 ORF 功能

配置好邻居按需发布路由功能后，可在对端设备上任意视图下执行以下命令。

- **display bgp peer** [*ipv4-address*] **verbose**：查看 BGP peer 详细信息。
- **display bgp peer** *ipv4-address* **orf ip-prefix**：查看从指定对等体收到的基于地址前缀的 ORF 信息。

14.8.5　配置向对等体发送缺省路由

当对等体的 BGP 路由表中的多条路由都只由本端发送时，可以在本端配置向对等体发送缺省路由功能。配置向对等体发送缺省路由功能后，无论本端的路由表中是否存在缺省路由，都向对等体发布一条下一跳地址为本地地址的缺省路由，从而很大程度地减少网络的路由数量，节省对等体的内存资源与网络资源。

向对等体发送缺省路由的配置步骤见表 14-29。

表 14-29 向对等体发送缺省路由的配置步骤

步骤	命令	说明
1	**system-view** 例如：< Huawei > **system-view**	进入系统视图
2	**bgp** { *as-number-plain* | *as-number-dot* } 例如：[Huawei]**bgp** 100	启动 BGP，进入 BGP 视图
3	**ipv4-family** { **unicast** | **multicast** } 或 **ipv6-family** [**unicast**] 例如：[Huawei-bgp] **ipv4-family unicast**	进入 IPv4 或 IPv6 地址族视图
4	**peer** { *group-name* | *ipv4-address* | *ipv6-address* } **default-route-advertise** [**route-policy** *route-policy-name*] [**conditional-route-match-all** { *ipv4-address1* { *mask1* | *mask-length1* } } &<1-4> | **conditional-route-match-any** { *ipv4-address2* { *mask2* | *mask-length2* } } &<1-4>] 例如：[Huawei-bgp-af-ipv4] **peer** 10.1.1.2 **default-route-advertise**	向对等体或对等体组发送缺省路由。**该命令不要求在路由表中存在缺省路由，而是无条件地向对等体发送一个下一跳为自身的缺省路由**。命令中的参数和选项说明如下。 （1）*group-name* | *ipv4-address* | *ipv6-address*：指定对等体组的名称，或 IPv4 或 IPv6 对等体。 （2）**route-policy** *route-policy-name*：可选参数，通过路由策略指定向对等体（组）发布缺省路由的条件。 （3）**conditional-route-match-all**：二选一可选项，当匹配所有条件路由时，发送缺省路由。**仅在 BGP 视图、BGP-IPv4 单播地址族视图、BGP-VPN 实例 IPv4 地址族视图下生效。** （4）*ipv4-address1* { *mask1* | *mask-length1* }：指定必须同时满足的条件路由的 IPv4 地址、子网掩码或子网掩码长度，最多 4 个。 （5）**conditional-route-match-any**：二选一可选项，当匹配任一条件路由时，发送缺省路由。仅在 BGP 视图、BGP-IPv4 单播地址族视图、BGP-VPN 实例 IPv4 地址族视图下生效。 （6）*ipv4-address2* { *mask2* | *mask-length2*}：指定只需满足其中任意的条件路由的 IPv4 地址、子网掩码或子网掩码长度，最多 4 个。 缺省情况下，BGP 设备不向对等体（组）发布缺省路由，可用 **undo peer** { *group-name* | *ipv4-address* | *ipv6-address* } **default-route-advertise** 命令恢复缺省配置

14.8.6 配置 BGP 软复位

在 BGP 设备上按照前面两节介绍的方法配置了发布路由、接收路由策略后，为了使策略立即生效，可以通过 **reset bgp** [**vpn-instance** *vpn-instance-name* **ipv4-family** | **vpnv4**] { **all** | *as-number-plain* | *as-number-dot* | *ipv4-address* | **group** *group-name* | **external** | **internal** } [**graceful**]命令复位指定的 BGP 连接，但这样会造成短暂的 BGP 连接中断。

BGP 支持手动对 BGP 连接进行软复位，即可在不中断 BGP 连接情况下完成路由表的刷新（Route-refresh）。对不支持 Route-refresh 能力的 BGP 对等体，还可同时配置保留该对等体的所有原始路由功能，这样便能在不复位 BGP 连接的情况下完成路由表的刷新。具体配置方法见表 14-30。

表 14-30 对 **BGP** 连接进行软复位的配置步骤

步骤	命令	说明
1	**system-view** 例如：< Huawei > **system-view**	进入系统视图
2	**bgp** { *as-number-plain* | *as-number-dot* } 例如：[Huawei]**bgp** 100	启动 BGP，进入 BGP 视图
3	**ipv4-family** { **unicast** | **multicast** } 或 **ipv6-family** [**unicast**] 例如：[Huawei-bgp] **ipv4-family unicast**	（可选）进入要配置保存原始 BGP 路由的对应 IP 地址族视图，**仅当要软复位的对等体（组）不支持 Route-refresh 功能时才需要配置本步骤**
4	**peer** {*ipv4-address* | *group-name* } **keep-all-routes** 例如：[Huawei-bgp-af-ipv4] **peer** 1.1.1.2 **keep-all-routes**	（可选）保存自 BGP 连接建立起来之后的所有来自指定对等体（组）的 BGP 路由更新信息。**仅当要进行软复位的对等体或对等体不支持 Route-refresh 功能时才需要配置本步骤**。如果路由器支持 Route-refresh 功能，不需要配置本命令，否则执行下面的第 8 步 refresh bgp 命令将不生效。命令中的参数 *ipv4-address* | *group-name* 用来指定要保存 BGP 所有原始路由的对等体 IP 地址或对等体组名称。 缺省情况下，只保存来自对等体的通过已配置入口策略的 BGP 路由更新信息，可用 **undo peer** { *ipv4-address* | *group- name* } **keep-all-routes** 命令恢复缺省配置
5	**quit** 例如：[Huawei-bgp-af-ipv4] **quit**	退出地址族视图，返回 BGP 视图
6	**peer** { *ipv4-address* | *group-name* } **capability-advertise route-refresh** 例如：[Huawei-bgp] **peer** 160.89.2.33 **capability-advertise route-refresh**	（可选）使能 Route-refresh（路由刷新）能力，**仅当要软复位的对等体（组）支持 Route-refresh 功能时才需要配置本步骤**。命令中的参数 *ipv4-address* | *group-name* 用来指定要进行 BGP 路由刷新的对等体 IP 地址或对等体组名称。 缺省情况下，已使能 BGP 路由刷新功能，可用 **undo peer** { *ipv4-address* | *group-name* } **capability-advertise route-refresh** 命令取消对指定对等体（组）进行路由刷新
7	**return** 例如：[Huawei-bgp] **return**	退出 BGP 视图，直接返回用户视图
8	**refresh bgp** [**vpn-instance** *vpn-instance-name* **ipv4-family** | **vpnv4**] { **all** | *ipv4-address* | **group** *group-name* | **external** | **internal** } { **export** | **import** }	手工对指定 BGP 连接软复位。命令中的参数和选项说明如下。 （1）**vpn-instance** *vpn-instance-name* **ipv4-family**：二选一可选参数，软复位指定使能了 IP 地址族的 VPN 实例的 BGP 连接。 （2）**vpnv4**：二选一可选项，软复位与 VPNv4 的相关 BGP 连接，但 AR150/160/200 系列不支持本选项。 （3）**all**：多选一选项，软复位与[**vpn-instance** *vpn-instance- name* **ipv4-family** | **vpnv4**]可选参数中指定的所有 BGP 的 IPv4 连接。 （4）*ipv4-address* | **group** *group-name*：多选一参数，软复位与[**vpn-instance** *vpn-instance-name* **ipv4-family** | **vpnv4**]可选参数中指

续表

步骤	命令	说明
8	例如：<Huawei> **refresh bgp all import**	定的对等体对等组的 BGP 连接。 （5）**external**：多选一选项，软复位与[**vpn-instance** *vpn-instance-name* **ipv4-family** | **vpnv4**]可选参数中指定的 EBGP 连接。 （6）**internal**：多选一选项，软复位与[**vpn-instance** *vpn-instance-name* **ipv4-family** | **vpnv4**]可选参数中指定的 IBGP 连接。 （7）**export**：二选一选项，指定触发符合条件的出方向的软复位。 （8）**import**：二选一选项，指定触发符合条件的入方向的软复位。

14.8.7 BGP 与 IGP 相互引入及 BGP 路由聚合的配置示例

如图 14-27 所示，用户将网络划分为 AS65008 和 AS65009，在 AS65009 内，使用 OSPF 来计算路由。现要求实现两个 AS 之间网络的互通。

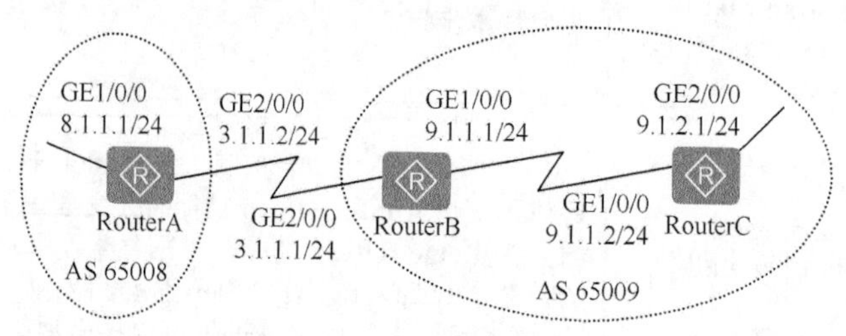

图 14-27 BGP 与 IGP 相互引入及 BGP 路由聚合配置示例的拓扑结构

1. 基本配置思路分析

本示例中有两个 AS，所以采用动态路由协议时必须依靠 BGP 对两个 AS 中的网络进行连接。本示例中的关键是先配置两 AS 中的 EBGP 对等体连接，以及 AS 65009 中的 OSPF 基本功能，然后在 ASBR RouterB 的 OSPF 和 BGP 路由进程中相互引入对方的路由，即可实现 AS 65008 中 RouterA 的 BGP 路由表中获取到 AS 65009 中各网段路由，而在 AS 65009 中的 RouterB 和 RouterC 的 OSPF 路由表中又可以获得 AS 65008 中各网段路由，最终实现两 AS 中各网络的三层互通。

根据以上分析可得出本示例如下的基本配置思路。

① 配置各路由器的接口 IP 地址。

② 在 RouterB 和 RouterC 上配置 OSPF，使 RouterB 和 RouterC 之间可以互访。

③ 在 RouterA 和 RouterB 上配置 EBGP 连接，使 RouterA 和 RouterB 之间可以通过 BGP 相互传递路由。

④ 在 RouterB 上配置 BGP 与 OSPF 互相引入，实现两个 AS 之间的互相通信。

⑤（可选）在 RouterB 上配置基于 AS 65009 中 9.0.0.0/8 网段的 BGP 路由聚合，可以简化 RouterA 的 BGP 路由表规模。

2. 具体配置步骤

① 配置各路由器的接口 IP 地址。

下面仅以 RouterA 上的接口为例进行介绍，其他路由器各接口的 IP 地址的配置方法一样，略。

```
<RouterA> system-view
[RouterA] interface gigabitethernet 1/0/0
[RouterA-GigabitEthernet1/0/0] ip address 8.1.1.1 24
[RouterA-GigabitEthernet1/0/0]quit
[RouterA] interface gigabitethernet 2/0/0
[RouterA-GigabitEthernet2/0/0] ip address 3.1.1.2 24
[RouterA-GigabitEthernet2/0/0]quit
```

② 在 AS 65009 中配置 OSPF 基本功能。假设各设备均在区域 0 中。

■ RouterB 上的配置如下。

```
[Huawei] sysname RouterB
[RouterB] ospf 1
[RouterB-ospf-1] area 0
[RouterB-ospf-1-area-0.0.0.0] network 9.1.1.0 0.0.0.255
[RouterB-ospf-1-area-0.0.0.0] quit
[RouterB-ospf-1] quit
```

■ RouterC 上的配置如下。

```
[RouterC] ospf 1
[RouterC-ospf-1] area 0
[RouterC-ospf-1-area-0.0.0.0] network 9.1.1.0 0.0.0.255
[RouterC-ospf-1-area-0.0.0.0] network 9.1.2.0 0.0.0.255
[RouterC-ospf-1-area-0.0.0.0] quit
[RouterC-ospf-1] quit
```

③ 配置 RoutertA 和 RouterB 之间的 EBGP 连接。假设 RouterA、RouterB 的 Router ID 分别为 1.1.1.1 和 2.2.2.2。

■ RouterA 上的配置如下。

```
[RouterA] bgp 65008
[RouterA-bgp] router-id 1.1.1.1
[RouterA-bgp] peer 3.1.1.1 as-number 65009
[RouterA-bgp] ipv4-family unicast
[RouterA-bgp-af-ipv4] network 8.1.1.0 255.255.255.0      !---引入 8.1.1.0/24 网段直连路由
```

■ RouterB 上的配置如下。

```
[RouterB] bgp 65009
[RouterB-bgp] router-id 2.2.2.2
[RouterB-bgp] peer 3.1.1.2 as-number 65008
```

④ 在 RouterB 上配置 BGP 与 IGP 交互。

■ 在 RouterB 上配置 BGP 引入 OSPF 路由。

```
[RouterB-bgp] ipv4-family unicast
[RouterB-bgp-af-ipv4] import-route ospf 1
[RouterB-bgp-af-ipv4] quit
[RouterB-bgp] quit
```

此时在 RouterA 上执行 **display bgp routing-table** 命令查看其 BGP 路由表，会发现已有 AS 65009 中的各网段的路由，参见输出信息中的粗体字部分。

```
[RouterA] display bgp routing-table
 BGP Local router ID is 1.1.1.1
 Status codes: * - valid, > - best, d - damped,
               h - history,  i - internal, s - suppressed, S - Stale
               Origin : i - IGP, e - EGP, ? - incomplete
 Total Number of Routes: 3
      Network          NextHop        MED        LocPrf    PrefVal Path/Ogn
 *>   8.1.1.0/24       0.0.0.0        0                    0       i
```

```
*>   9.1.1.0/24        3.1.1.1         0                    0     65009?
*>   9.1.2.0/24        3.1.1.1         2                    0     65009?
```

■ 在 RouterB 上配置 OSPF 引入 BGP 路由。

```
[RouterB] ospf
[RouterB-ospf-1] import-route bgp
[RouterB-ospf-1] quit
```

此时再在 RouterC 上执行 **display ip routing-table** 命令查看其 IP 路由表，会发现已有 RouterA 上引入的 8.1.1.0/24 网段路由，参见输出信息中的粗体字部分。

```
[RouterC] display ip routing-table
Route Flags: R - relay, D - download to fib
------------------------------------------------------------------------------
Routing Tables: Public
         Destinations : 7          Routes : 7

Destination/Mask    Proto   Pre  Cost      Flags NextHop         Interface

       8.1.1.0/24   O_ASE   150  1           D   9.1.1.1         GigabitEthernet1/0/0
       9.1.1.0/24   Direct  0    0           D   9.1.1.2         GigabitEthernet1/0/0
       9.1.1.2/32   Direct  0    0           D   127.0.0.1       GigabitEthernet1/0/0
       9.1.2.0/24   Direct  0    0           D   9.1.2.1         GigabitEthernet2/0/0
       9.1.2.1/32   Direct  0    0           D   127.0.0.1       GigabitEthernet2/0/0
     127.0.0.0/8    Direct  0    0           D   127.0.0.1       InLoopBack0
     127.0.0.1/32   Direct  0    0           D   127.0.0.1       InLoopBack0
```

⑤（可选）在 RouterB 上配置 BGP 路由自动聚合功能，使它向 RouterA 进行 BGP 路由通告时把 9.1.1.0/24 和 9.1.2.0/24 这两个子网的路由聚合成对应的自然网段路由 9.0.0.0/8。

```
[RouterB] bgp 65009
[RouterB-bgp] ipv4-family unicast
[RouterB-bgp-af-ipv4] summary automatic
```

此时再在 RouterA 上执行 **display bgp routing-table** 命令查看其 BGP 路由表，会发现原来的 9.1.1.10/24 和 9.1.2.0/24 这两个子网的路由表项不见了，而多了一个 9.0.0.0/8 网段的聚合路由，参见输出信息中的粗体字部分。

```
[RouterA] display bgp routing-table
 BGP Local router ID is 1.1.1.1
 Status codes: * - valid, > - best, d - damped,
               h - history,  i - internal, s - suppressed, S - Stale
               Origin : i - IGP, e - EGP, ? - incomplete
 Total Number of Routes: 2
      Network            NextHop        MED        LocPrf    PrefVal Path/Ogn
 *>   8.1.1.0/24         0.0.0.0         0                     0      i
 *>   9.0.0.0            3.1.1.1                               0      65009?
```

此时在 RouterA 与 RouterC 上进行 Ping 操作，会发现它们之间可以互通了。

14.8.8 基于前缀的 BGP ORF 配置示例

如图 14-28 所示，PE1 和 PE2 都属于 AS100。现在需要 PE2 不必维护出口策略即可实现 PE2 设备只发送符合 PE1 设备入口策略的路由。

1．基本配置思路分析

我们在 14.8.5 节介绍到：如果设备希望只接收自己需要的路由，但对端设备又无法针对每个与它连接的设备维护不同的出口策略时，可以通过配置基于前缀的 ORF 来满足两端设备的需求。而本示例中，PE1 是希望只接收自己需要的路由，但对端设备 PE2 又没有配置、维护向对等体 PE1 发布 BGP 路由的相关策略，此时就可以在 PE1 上配置基于前缀的 ORF 来使得对端 PE2 只向 PE1 发布 PE1 所需的路由。

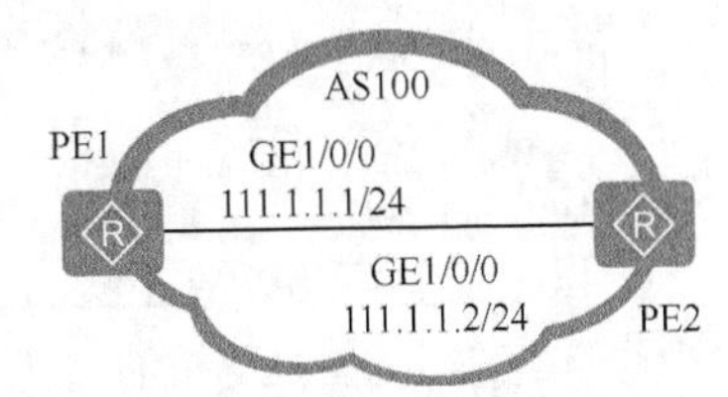

图 14-28　基于前缀的 BGP ORF 配置示例的拓扑结构

根据以上分析可得出本示例如下的基本配置思路。

① 配置各路由器的接口 IP 地址和 BGP 基本功能。

② 在 PE2 上配置并引入多条静态路由进 BGP 路由表，在 PE1 上配置基于地址前缀列表的路由接收过滤，仅接收 PE2 引入的部分路由。

③ 配置基于前缀的 BGP ORF，实现 PE2 不必维护出口策略即可使 PE2 只发送符合 PE1 设备入口策略的路由的需求。

2. 具体配置步骤

① 配置各路由器的接口 IP 地址和 BGP 基本功能。

■ PE1 上的配置如下。

```
<Huawei> system-view
[Huawei] sysname PE1
[PE1] interface gigabitethernet 1/0/0
[PE1-GigabitEthernet1/0/0] ip address 111.1.1.1 255.255.255.0
[PE1-GigabitEthernet1/0/0] quit
[PE1] bgp 100
[PE1-bgp] peer 111.1.1.2 as-number 100
[PE1-bgp] quit
```

■ PE2 上的配置如下。

```
<Huawei> system-view
[Huawei] sysname PE2
[PE2] interface gigabitethernet 1/0/0
[PE2-GigabitEthernet1/0/0] ip address 111.1.1.2 255.255.255.0
[PE2-GigabitEthernet1/0/0] quit
[PE2] bgp 100
[PE2-bgp] peer 111.1.1.1 as-number 100
[PE2-bgp] quit
```

② 在 PE2 上配置静态路由并引入到 BGP 中，在 PE1 上应用基于前缀的入口过滤，仅接收部分路由。

■ PE2 上的配置如下。

配置 3 条以 NULL0 接口为出接口的黑洞主机静态路由（仅用于实验），然后把这些静态路由全引入到 BGP 路由表中。

```
[PE2] ip route-static 3.3.3.3 255.255.255.255 NULL0
[PE2] ip route-static 4.4.4.4 255.255.255.255 NULL0
[PE2] ip route-static 5.5.5.5 255.255.255.255 NULL0
[PE2] bgp 100
[PE2-bgp] import-route static
[PE2-bgp] quit
```

■ PE1 上的配置如下。

仅从 PE2 接收网络地址为 4.4.4.0，子网掩码在 24~32 之间的路由。根据 PE2 上引入的静态路由，可以得知此时 PE1 只接收来自 PE2 的 4.4.4.4/32 的路由。

```
[PE1] ip ip-prefix 1 permit 4.4.4.0 24 greater-equal 32
[PE1] bgp 100
[PE1-bgp] peer 111.1.1.2 ip-prefix 1 import
[PE1-bgp] quit
```

以上配置好后，在 PE2 上执行 **display bgp routing peer** 111.1.1.1 **advertised-routes** 命令，查看向 PE1 发布的路由情况，发现 PE2 把引入的 3 条静态路由全部发给 PE1 了。

```
[PE2] display bgp routing peer 111.1.1.1 advertised-routes

 BGP Local router ID is 111.1.1.2
 Status codes: * - valid, > - best, d - damped,
               h - history,  i - internal, s - suppressed, S - Stale
               Origin : i - IGP, e - EGP, ? - incomplete


 Total Number of Routes: 3
      Network            NextHop        MED        LocPrf    PrefVal Path/Ogn

 *>   3.3.3.3/32         111.1.1.2      0          100         0      ?
 *>   4.4.4.4/32         111.1.1.2      0          100         0      ?
 *>   5.5.5.5/32         111.1.1.2      0          100         0      ?
```

同时，也可在 PE1 上执行 **display bgp routing-table peer** 111.1.1.2 **received-routes** 命令，查看从 PE2 接收路由的情况，发现 PE1 仅接收了 4.4.4.4/32 这一条路由。

```
[PE1] display bgp routing-table peer 111.1.1.2 received-routes

 BGP Local router ID is 111.1.1.1
 Status codes: * - valid, > - best, d - damped,
               h - history,  i - internal, s - suppressed, S - Stale
               Origin : i - IGP, e - EGP, ? - incomplete


 Total Number of Routes: 1
      Network            NextHop        MED        LocPrf    PrefVal Path/Ogn

 *>i  4.4.4.4/32         111.1.1.2      0          100         0      ?
```

由此可以看出，在未使能基于前缀的 BGP ORF 功能时，PE2 发送了 3.3.3.3、4.4.4.4、5.5.5.5 3 条路由，PE1 的基于前缀列表的入口策略只接收了 4.4.4.4 的路由。

③ 使能基于前缀的 BGP ORF 功能。

■ 在 PE1 上针对 PE2 使能基于前缀的发送方向 BGP ORF 功能。

```
[PE1] bgp 100
[PE1-bgp] peer 111.1.1.2 capability-advertise orf ip-prefix send
[PE1-bgp] quit
```

■ 在 PE2 上针对 PE1 使能基于前缀的接收方向 BGP ORF 功能。

```
[PE2] bgp 100
[PE2-bgp] peer 111.1.1.1 capability-advertise orf ip-prefix receive
[PE2-bgp] quit
```

此时在 PE2 上执行 **display bgp peer** 111.1.1.1 **orf ip-prefix** 命令可查看到来自对等体 PE1 基于地址前缀的 ORF 信息，仅允许网络地址 4.4.4.0、子网掩码在 24~32 之间的路由。

```
[PE2-bgp]display bgp peer 111.1.1.1 orf ip-prefix
 Total number of ip-prefix received: 1
```

```
Index      Action   Prefix          MaskLen   MinLen   MaxLen
10         Permit   4.4.4.0         24        32       32
```

也可以在 PE2 上执行 **display bgp peer 111.1.1.1 verbose** 命令，会发现此时 PE2 已使能了出方向路由过滤功能，这是在使能了 ORF 功能后产生的，参见输出信息中的粗体字部分。

```
[PE2-bgp]display bgp peer 111.1.1.1 verbose

         BGP Peer is 111.1.1.1,   remote AS 100
         Type: IBGP link
         BGP version 4, Remote router ID 111.1.1.1
         Update-group ID: 0
         BGP current state: Established, Up for 00h04m56s
         BGP current event: RecvKeepalive
         BGP last state: OpenConfirm
         BGP Peer Up count: 11
         Received total routes: 0
         Received active routes total: 0
         Advertised total routes: 1
         Port:   Local - 50345       Remote - 179
         Configured: Connect-retry Time: 32 sec
         Configured: Active Hold Time: 180 sec    Keepalive Time:60 sec
         Received    : Active Hold Time: 180 sec
         Negotiated: Active Hold Time: 180 sec    Keepalive Time:60 sec
         Peer optional capabilities:
         Peer supports bgp multi-protocol extension
         Peer supports bgp route refresh capability
         Peer supports bgp outbound route filter capability
         Support Address-Prefix: IPv4-UNC address-family, rfc-compatible, send   !---PE1 已使能了 IPv4 通用地址族、
RFC 兼容标准和发送 ORF 报文能力
         Peer supports bgp 4-byte-as capability
         Address family IPv4 Unicast: advertised and received
     Received: Total 7 messages
                  Update messages           0
                  Open messages                 1
                  KeepAlive messages            5
                  Notification messages     0
                  Refresh messages          1
     Sent: Total 7 messages
                  Update messages           1
                  Open messages                 1
                  KeepAlive messages            5
                  Notification messages     0
                  Refresh messages          0
     Authentication type configured: None
     Last keepalive received: 2018/09/11 16:28:21 UTC-08:00
     Last keepalive sent      : 2018/09/11 16:28:21 UTC-08:00
     Last update      sent      : 2018/09/11 16:24:20 UTC-08:00
     Minimum route advertisement interval is 15 seconds
     Optional capabilities:
     Route refresh capability has been enabled
     Outbound route filter capability has been enabled   !---本端已使能了出方向路由过滤功能
     Enable Address-Prefix: IPv4-UNC address-family, rfc-compatible, receive   !---使能了 IPv4 通用地址族、RFC 兼容
标准和 ORF 报文接收能力
     4-byte-as capability has been enabled
```

```
Peer Preferred Value: 0
Routing policy configured:
No routing policy is configured
```

此时再在 PE2 上执行 **display bgp routing peer** 111.1.1.1 **advertised-routes** 命令，查看其发布给 PE1 的路由情况，会发现 PE2 此时向 PE1 仅发布了 PE1 入口前缀列表接受的路由 4.4.4.4/32。但并没有在 PE2 配置任何 BGP 路由发布策略。

```
[PE2] display bgp routing peer 111.1.1.1 advertised-routes

 BGP Local router ID is 111.1.1.2
 Status codes: * - valid, > - best, d - damped,
               h - history,  i - internal, s - suppressed, S - Stale
               Origin : i - IGP, e - EGP, ? - incomplete


 Total Number of Routes: 1
      Network            NextHop        MED        LocPrf    PrefVal Path/Ogn

 *>   4.4.4.4/32         111.1.1.2      0          100       0       ?
```

在 PE1 上执行 **display bgp routing-table peer** 111.1.1.2 **received-routes** 命令，查看其从 PE2 上接收路由的情况，发现也的确仅接收了 4.4.4.4/32 这一条路由。

```
[PE1] display bgp routing-table peer 111.1.1.2 received-routes

 BGP Local router ID is 111.1.1.1
 Status codes: * - valid, > - best, d - damped,
               h - history,  i - internal, s - suppressed, S - Stale
               Origin : i - IGP, e - EGP, ? - incomplete


 Total Number of Routes: 1
      Network            NextHop        MED        LocPrf    PrefVal Path/Ogn

 *>i  4.4.4.4/32         111.1.1.2      0          100       0       ?
```

14.9 调整 BGP 网络的收敛速度

通过配置 BGP 定时器、去使能 EBGP 连接快速复位和路由振荡抑制可以提高 BGP 网络的收敛速度，提高 BGP 的稳定性。主要可配置的任务如下，但因为这些参数都有缺省取值，一般无需修改。这些任务是并列关系，可根据实际需要选择其中一项或多项进行配置。在配置这些任务之前均需要配置 BGP 的基本功能。

① 配置 BGP 连接重传定时器。

② 配置 BGP 存活时间和保持时间定时器。

③ 配置 BGP 更新报文定时器。

④ 配置 EBGP 连接快速复位。

⑤ 配置 BGP 下一跳延迟响应。

⑥ 配置 BGP 路由振荡抑制。

14.9.1　配置 BGP 连接重传定时器

BGP 发起 TCP 连接后，如果成功建立起 TCP 连接，则关闭连接重传定时器。如果 TCP 连接建立不成功，则会在连接重传定时器超时后重新尝试建立连接。通过设置较小的连接重传定时器，可以减少等待下次连接建立的时间，加快连接失败后重新建立的速度。而设置较大的连接重传定时器，可以减小由于邻居反复振荡引起的路由振荡。

BGP 支持在全局或者单个对等体（组）配置连接重传定时器，具体的配置步骤见表 14-31。如果同时配置，则定时器生效的优先级为单个对等体高于对等体组，对等体组高于全局。

表 14-31　　BGP 连接重传定时器的配置步骤

步骤	命令	说明
1	**system-view** 例如：< Huawei > **system-view**	进入系统视图
2	**bgp** { *as-number-plain* | *as-number-dot* } 例如：[Huawei]**bgp** 100	启动 BGP，进入 BGP 视图
3	**timer connect-retry** *connect-retry-time* 例如：[Huawei-bgp] **timer connect-retry** 60	配置全局 TCP 连接重传定时器。参数 *connect-retry-time* 用来指定 TCP 连接重传时间间隔，取值范围为 1～65 535 的整数秒。 缺省情况下，连接重传时间间隔是 32 s，可用 **undo timer connect-retry** 命令恢复全局 TCP 连接重传时间间隔为缺省值
4	**peer** { *group-name* | *ipv4-address* } **timer connect-retry** *connect-retry-time* 例如：[Huawei-bgp] **peer** 1.1.1.2 **timer connect-retry** 60	（可选）配置与指定对等体或对等体组的 TCP 连接重传定时器。命令中的参数 *group-name* | *ipv4-address* 分别用来指定要设置 TCP 连接重传定时器的对等体或对等体组，命令中的 *connect-retry-time* 参数说明参见本表的第 3 步。 缺省情况下，连接重传时间间隔是 32 s，可用 **undo peer** { *group-name* | *ipv4-address* } **timer connect-retry** 命令恢复与指定对等体或者对等体组的 TCP 连接重传时间间隔为缺省值

14.9.2　配置 BGP 存活时间和保持时间定时器

BGP 的 Keepalive 消息用于维持 BGP 连接关系。减小存活时间和保持时间，BGP 可以更快速地检测到链路的故障，有利于 BGP 网络的快速收敛。但是过短的保持时间会导致网络中的 Keepalive 消息增多，使得设备的负担加重，并且会占用一定的网络带宽。此时，增大存活时间和保持时间，可以减轻设备负担并减少网络带宽的占用。但是过长的保持时间会导致网络中的 Keepalive 消息减少，使得 BGP 不能及时检测到链路状态的变化，不利于 BGP 网络的快速收敛，还可能会造成流量损失。

BGP 支持在全局或者单个对等体（组）配置存活时间和保持时间定时器，具体的配置步骤见表 14-32。如果同时配置，则定时器生效的优先级为单个对等体高于对等体组，对等体组高于全局。

注意　改变定时器的值会导致路由器之间的 BGP2 对等体关系中断。另外，配置的保持时间需要大于 20 s，否则，可能会造成邻居会话的中断。

表 14-32 **BGP** 存活时间和保持时间定时器的配置步骤

步骤	命令	说明
1	**system-view** 例如：< Huawei > **system-view**	进入系统视图
2	**bgp** { *as-number-plain* | *as-number-dot* } 例如：[Huawei]**bgp** 100	启动 BGP，进入 BGP 视图
3	**timer keepalive** *keepalive-time* **hold** *hold-time* [**min-holdtime** *min-holdtime*] 例如：[Huawei-bgp] **timer keepalive** 30 **hold** 90	配置全局的 BGP 存活时间与保持时间间隔。命令中的参数说明如下。 （1）*keepalive-time*：指定 Keepalive 消息的存活时间间隔，即发送 keepalive 消息的时间间隔，取值范围为 1～21 845 的整数秒。 （2）*hold-time*：指定 Keepalive 消息的保存时间间隔，取值范围为 0 或 3～65 535 的整数秒，至少要等于 3 倍 *keepalive-time* 参数取值。超过这个时间还没收到新的 Keepalive 消息，则认为对方设备无效。 （3）*min-holdtime*：可选参数，指定本端可以接受的最小保持时间间隔，取值范围为 20～65 535 的整数秒，但必须大于 *hold-time* 参数取值。 【注意】在配置 keepalive 消息发送间隔和保持时间时要注意以下几个方面。 ● 实际的 *keepalive-time* 值和 *hold-time* 值是通过双方协商来确定的。其中，取对等体双方的 Open 报文中的 *hold-time* 的较小值为最终的 *hold-time* 值；取协商的 *hold-time* 值÷3，和本地配置的 *keepalive-time* 值中较小的作为最终的 *keepalive-time* 值。 ● 如果仅仅改变 *min-holdtime* 值，而两端协商的 *keepalive-time* 值和 *hold-time* 值没有改变，则本端并不会中断已经建立的对等体关系。只有当两端再次建立对等体关系时才会将本端配置的 *min-holdtime* 值与对端发过来的 *hold-time* 值相比较，如果本端配置的 *min-holdtime* 值大于对端发过来的 *hold-time* 值，则 *hold-time* 值协商不成功，两端不能建立对等体关系。 ● 当 *keepalive-time* 值和 *hold-time* 值同时取 0 时，将导致 BGP 定时器无效，即 BGP 不会根据定时器检测链路故障。 缺省情况下，keepalive 消息的存活时间为 60 s，保持时间为 180 s，可用 **undo timer keepalive** *keepalive-time* **hold** *hold-time* [**min-holdtime** *min-holdtime*] 或者 **undo timer keepalive hold** [**min-holdtime**]命令恢复 keepalive 消息的存活时间与保持时间间隔为缺省值
4	**peer** { *ipv4-address* | *group-name* } **timer keepalive** *keepalive-time* **hold** *hold-time* [**min-holdtime** *min-holdtime*] 例如：[Huawei-bgp] **peer** 1.1.1.2 **timer keepalive** 10 **hold** 30	（可选）配置对等体或对等体组的存活和保持时间。命令中的参数 *ipv4-address* | *group-name* 分别用来指定要设置 keepalive 发送间隔和保持时间的对等体或对等体组，其他参数及注意事项说明参见本表的第 3 步。 缺省情况下，keepalive 消息的存活时间为 60 s，保持时间为 180 s，可用 **undo peer** { *group-name* | *ipv4-address* | *ipv6- address* } **timer keepalive** *keepalive-time* **hold** *hold-time* [**min-holdtime** *min-holdtime*]或 **undo peer** { *group-name* | *ipv4- address* | *ipv6-address*} **timer keepalive hold** [**min-holdtime**]命令恢复 keepalive 消息的存活时间和保持时间为缺省值

14.9.3　配置 BGP 更新报文定时器

BGP 不会定期更新整个路由表，但当路由变化时会通过发送 Update（更新）报文向其对等体以增量方式发布更新路由表。但如果同一路由频繁变化时，为避免每次变化路由器都要发送 Update 报文给对等体，可以通过命令配置发送同一路由的 Update 报文的时间间隔。可以设置发送 Update 报文的最小时间间隔，通过减小更新报文发送周期，BGP 可以更快速地检测到路由的变化，有利于 BGP 网络快速收敛。但是过短的更新报文时间会导致网络中的 Update 消息增多，使得设备的负担加重，并且会占用一定的网络带宽。

增大更新报文发送周期时间，可以减轻设备负担并减少网络带宽的占用，避免不必要的路由振荡。但是过长的保持时间会导致网络中的 Update 消息减少，使得 BGP 不能及时检测到路由的变化，不利于 BGP 网络快速收敛，还可能会造成流量损失。

BGP 更新报文定时器的配置方法很简单，只需在 IPv4 单播或组播地址族或 IPv6 单播地址族视图下通过 **peer** { *group-name* | *ipv4-address* | *ipv6-address* } **route-update-interval** *interval* 命令配置向对等体（组）发送相同路由前缀更新报文（Update 报文）的时间间隔即可。命令中的参数 *ipv4-address* | *group- name* | *ipv6-address* 分别用来指定要设置发送更新报文的对等体或对等体组；参数 *interval* 指定发送 BGP 更新报文的最小时间间隔，取值范围是 0～600 的整数秒。如果路由被撤销或新增，路由器会立即发送 Update（Withdraw）报文通知对等体，而不受本命令配置的时间间隔的限制。

缺省情况下，IBGP 对等体的路由更新时间间隔为 15 s，EBGP 对等体的路由更新时间间隔为 30 s，可用 **undo peer** { *group-name* | *ipv4-address* } **route-update-interval** 命令恢复发送路由更新的时间间隔为缺省值。

14.9.4　配置 EBGP 连接快速复位

EBGP 连接快速复位功能缺省情况下是使能的，目的是为了使 BGP 不必等待保持时间定时器超时，而立即快速响应接口的故障，删除接口上的 EBGP 直连会话，便于 BGP 快速收敛。

但是如果 EBGP 连接所使用的接口状态反复变化，EBGP 会话就会反复重建与删除，造成网络振荡。这时，可以去使能 EBGP 连接快速复位功能，使 BGP 等待保持时间定时器超时才会删除接口上的 EBGP 直连会话。这样就在一定程度上抑制了 BGP 网络振荡，同时在一定程度上节约了网络带宽。

配置 EBGP 连接快速恢复的方法是在 BGP 视图下通过 **undo ebgp-interface-sensitive** 命令配置的。但 EBGP 连接快速复位功能只能快速响应接口的故障，而不能快速响应接口的故障恢复。接口故障恢复后，BGP 依靠自身状态机制来恢复会话。该命令适用于 EBGP 连接所使用的接口状态不断变化的场合。

缺省情况下，EBGP 连接快速复位功能是使能的，可通过 **ebgp-interface-sensitive** 命令进行使能。如果接口状态恢复稳定，建议立即执行 **ebgp-interface-sensitive** 命令恢复缺省配置，使能 EBGP 连接快速复位功能。

14.9.5　配置 BGP 下一跳延迟响应

BGP 下一跳延时响应可以加快 BGP 的收敛速度，减少流量的丢失。

如图 14-29 所示，PE1、PE2 和 PE3 都是 RR 的客户机，CE2 双归属 PE1 和 PE2，PE1 和 PE2 同时向 RR 发布到 CE2 的路由，RR 优选 PE1 发布过来的路由再向 PE3 发布，PE3 上只有一条到 CE2 的路由，并且把路由向 CE1 发布，实现 CE1 和 CE2 的通信。当没有使能 BGP 下一跳延时响应时，如果 PE1 故障，PE3 首先感知到下一跳不可达，向 CE1 发布撤销到达 CE2 的路由，这时流量中断。之后 BGP 收敛完成，RR 优选 PE2 发布的路由，并且向 PE3 发布路由更新消息，PE3 把路由发布给 CE1，流量恢复正常，在这个过程中，BGP 收敛比较慢，流量损失很大。

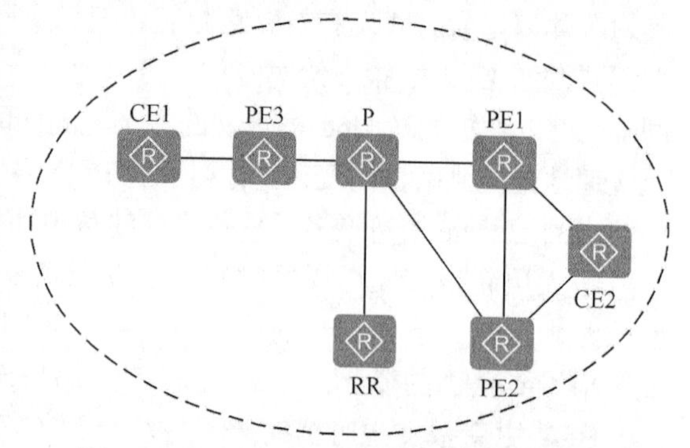

图 14-29 BGP 下一跳延时响应组网示意图

如果在 PE3 上使能 BGP 下一跳延时响应，PE3 检测到 PE1 不可达时，暂时不进行选路，也不会向 CE1 发布撤销路由。在 BGP 收敛后，RR 优选 PE2 发布的路由，并且发布给 PE3，PE3 再进行选路，并向 CE1 发布路由更新，此时流量收敛完成。整个过程相比于未使能 BGP 下一跳延时响应时，PE3 上减少了撤销路由的发送和 PE3 本地路由的删除这两个步骤，所以 BGP 收敛速度加快，流量损失减少。

BGP 下一跳延时响应只适用于下游到达同一目的地有多个链路的场景。如果下游链路唯一，当链路故障时无法进行链路切换，那么此时配置 BGP 下一跳延时响应会造成更大的流量损失。

BGP 下一跳延时响应功能的配置方法是在 BGP 视图下通过 **nexthop recursive-lookup delay** [*delay-time*]命令进行的。参数 *delay-time* 用来指定响应下一跳变化的延迟时间，整数形式，取值范围为 1～100，单位是秒。缺省值是 5 s。缺省情况下，没有配置 BGP 响应下一跳变化的延迟时间，可用 **undo nexthop recursive-lookup delay** 命令恢复为缺省状态。

14.9.6 配置 BGP 路由振荡抑制

路由振荡（Route flapping）是指路由表中的某条路由反复消失和重现。一般情况下，BGP 都应用于复杂的网络环境中，路由变化十分频繁。而频繁的路由振荡会消耗大量的带宽资源和 CPU 资源，严重时会影响到网络的正常工作。通过配置 EBGP 或者 IBGP 路由振荡抑制功能可防止持续路由振荡带来的不利影响。

BGP 可以按策略区分路由，对不同的路由采用不同的 Dampening 参数进行抑制。例如，实际网络中，对掩码较长的路由设置较长的抑制时间，而对掩码较短的（例如 8 位掩码长度）路由，则采用相对较短的抑制时间，因为掩码较长的网络规模比较小，比较稳定，而掩码较短的网络规模比较大，容易引起振荡。

BGP 路由振荡抑制的配置步骤见表 14-33。

表 14-33 BGP 路由振荡抑制的配置步骤

步骤	命令	说明
1	**system-view** 例如：< Huawei > **system-view**	进入系统视图

续表

步骤	命令	说明
2	**bgp** { *as-number-plain* | *as-number-dot* } 例如：[Huawei]**bgp** 100	启动 BGP，进入 BGP 视图
3	**ipv4-family** { **unicast** | **multicast** | **vpnv4** [**unicast**] | **vpn-instance** *vpn-instance-name* } 或 **ipv6-family** [**unicast** | **vpn-instance** *vpn-instance-name*] 例如：[Huawei-bgp]**ipv4-family vpnv4**	进入 IPv4 或 IPv6 对应地址族视图
4	**dampening** [**ibgp**] [*half-life-reach reuse suppress ceiling* | **route-policy** *route-policy-name*] * 例如：[Huawei-bgp-af-vpnv4] **dampening ibgp** 10 1000 2000 5000	配置 BGP 路由振荡抑制参数。命令中的参数和选项说明如下。 （1）**ibgp**：可选项，指定路由类型为 IBGP 路由，**仅在 BGP-VPNv4 地址族视图下生效**。不指定该选项时，则表示路由类型为 EBGP。 （2）*half-life-reach*：可选参数，指定可达路由的半衰期，整数形式，单位为分钟，取值范围为 1～45。缺省值为 15。 （3）*reuse*：可选参数，指定路由解除抑制状态的阈值，整数形式，取值范围为 1～20 000。缺省值为 750。当惩罚降低到该值以下，路由就可被再使用。 （4）*suppress*：可选参数，指定路由进入抑制状态的阈值。当惩罚超过该值时，路由受到抑制，整数形式，取值范围为 1～20 000，所配置的值必须大于 *reuse* 的值。缺省值为 2 000。 （5）*ceiling*：可选参数，惩罚上限值，整数形式，取值范围为 1 001～20 000。实际配置的值必须大于 *suppress*。缺省值为 16 000。 （6）**route-policy** *route-policy-name*：可多选参数，指定用于过滤配置 BGP 路由振荡抑制参数的 BGP 路由的路由策略名称。 【注意】配置 BGP 路由振荡抑制时，需注意如下事项。 ● 所指定的 *reuse*、*suppress*、*ceiling* 3 个阈值是依次增大的，即必须满足：*reuse*<*suppress*<*ceiling*。 ● 根据公式 MaxSuppressTime=*half-life-reach*×60×(ln(*ceiling*/*reuse*)/ln(2))，如果 MaxSuppressTime 小于 1 就不能抑制。所以要保证 MaxSuppressTime 大于等于 1，即必须满足：*ceiling*/*reuse* 足够大。 缺省情况下，BGP 路由振荡抑制未使能，可用 **undo dampening [ibgp]**命令去使能 BGP 路由振荡抑制

以上调整 BGP 网络收敛速度的功能配置完成后，可在任意视图下执行以下 **display** 命令，查看相关配置，验证配置结果。

- **display bgp routing-table dampened**：查看 BGP 衰减的路由。
- **display bgp routing-table dampening parameter**：查看已配置的 BGP 路由衰减参数。

■ **display bgp routing-table flap-info** [**regular-expression** *as-regular-expression* | **as-path-filter** *as-path-filter-number* | *network-address* [{ *mask* | *mask-length* } [**longer-match**]]]：查看路由振荡统计信息。

■ **display bgp multicast routing-table dampened**：查看 MBGP 衰减的路由。

■ **display bgp multicast routing-table dampening parameter**：查看 MBGP 衰减参数信息。

■ 执行以下命令，查看 MBGP 路由振荡统计信息。

display bgp multicast routing-table flap-info [*ip-address* [*mask* [**longer-match**] | *mask-length* [**longer-match**]] | **as-path-filter** { *as-path-filter-number* | *as-path-filter-name* }]。

display bgp multicast routing-table flap-info regular-expression *as-regular-expression*。

14.10 配置 BGP 安全性

通过配置 BGP 对等体的连接认证和配置 BGP GTSM 功能，可以提高 BGP 网络的安全性。具体可包括以下项配置。在配置 BGP 安全性之前，需配置 BGP 的基本功能。**配置认证时，要求对等体两端所配置的认证方式和认证密码完全一致。**

① 配置 MD5 认证。

② 配置 Keychain 认证。

③ 配置 BGP GTSM 功能。

14.10.1 配置 MD5 认证

BGP 使用 TCP 作为传输协议，只要 TCP 数据包的源地址、目的地址、源端口、目的端口和 TCP 序号是正确的，BGP 就会认为这个数据包有效，但数据包的大部分参数对于攻击者来说是不难获得的。

为了保证 BGP 免受攻击，可以在 BGP 邻居之间使用 MD5 认证或者 Keychain 认证来降低被攻击的可能性。其中 MD5 算法配置简单，配置后生成单一密码，需要人为干预才可以切换密码，适用于需要短时间加密的网络。如果 MD5 认证失败，则不建立 TCP 连接。另外，**BGP MD5 认证与 BGP Keychain 认证互斥**，不能在同一对等体或者对等体组上配置。

MD5 认证的配置方法是在 BGP 视图下通过 **peer** { *ipv4-address* | *group-name* | *ipv6-address* } **password** { **cipher** *cipher-password* | **simple** *simple-password* }命令配置 MD5 认证密码（**两端的认证方式和密码必须完全一致**）。命令中的参数说明如下。

① *ipv4-address* | *group-name*| *ipv6-address*：指定要进行 MD5 认证的对等体 IP 地址或对等体组名称。

② **cipher** *cipher-password*：二选一参数，指定 MD5 密文密码，不允许空格，区分大小写，可以输入 1～255 个字符的明文，也可以输入 20～392 个字符的密文。

③ **simple** *simple-password* 二选一参数，指定 MD5 明文密码，1～255 个字符，不允许空格，区分大小写。

注意　在配置 MD5 认证密码时，如果使用 **simple** 选项，密码将以明文形式保存在配置文件中，存在安全隐患。建议使用 **cipher** 选项，将密码加密保存在配置文件中。

在采用输入明文方式来指定明文密码或密文密码字符串时，不支持以“$@$@”或“^#^#”同时作为起始和结束字符。

缺省情况下，BGP 对等体在建立 TCP 连接时对 BGP 消息不进行 MD5 认证，可用 **undo peer** { *group-name* | *ipv4-address* } **password** 命令恢复缺省情况。

14.10.2　配置 Keychain 认证

Keychain 认证方式具有一组密码，可以根据配置自动切换，安全性较 MD5 认证方式更高，但是配置过程较为复杂，适用于对安全性能要求比较高的网络。配置 BGP Keychain 认证前，必须配置 *keychain-name* 对应的 Keychain 认证，否则 TCP 连接不能正常建立。

注意　BGP 对等体两端必须都配置针对使用 TCP 连接的应用程序的 Keychain 认证，所使用的 Keychain（密钥链）需已使用 **keychain** *keychain-name* 命令创建，然后分别通过 **key-id** *key-id* 、**key-string** { [**plain**] *plain-text* | [**cipher**] *cipher-text* }和 **algorithm** { **hmac-md5** | **hmac-sha-256** | **hmac-sha1-12** | **hmac-sha1-20** | **md5** | **sha-1** | **sha-256** | **simple** }命令配置该 keychain 采用的 key-id、密码及其认证算法，必须保证本端和对端的 key-id、algorithm、key-string 相同，才能正常地建立 TCP 连接，交互 BGP 消息。且 BGP Keychain 认证与 BGP MD5 认证互斥，不能在同一对等体间同时配置。

配置 BGP Keychain 认证的方法是在 BGP 视图下使用 **peer** { *ipv4-address* | *group-name* |*ipv6-address*} **keychain** *keychain-name* 命令进行的。命令中的 *ipv4-address* | *group-name*| *ipv6-address* 用来指定要进行 Keychain 认证的对等体 IP 地址或对等体组名称，参数 *keychain-name* 用来指定所采用的 Keychain 名称，1～47 个字符，区分大小写，不支持空格。**配置** BGP Keychain **认证前，必须先配置** *keychain-name* **参数对应的** Keychain。

【示例】为对等体配置名为 Huawei 的 Keychain 认证。

```
<Huawei> system-view
[Huawei] bgp 100
[Huawei-bgp] peer 1.1.1.2 as-number 200
[Huawei-bgp] peer 1.1.1.2 keychain Huawei
```

14.10.3　配置 BGP GTSM 功能

BGP GTSM（Generalized TTL Security Mechanism，通用 TTL 安全保护机制）是通过检测 IP 报文头中的 TTL 值是否在一个预先设置好的特定范围内，并对不符合 TTL 值范围的报文进行允许通过或丢弃的操作，从而实现保护 IP 层以上业务，增强系统安全性的目的。

为防止攻击者模拟真实的 BGP 报文对设备进行攻击，可以配置 GTSM 功能检测 IP 报文头中的 TTL 值。根据实际组网的需要，对于不符合 TTL 值范围的报文，GTSM 可以设置为通过或丢弃。当配置 GTSM 缺省动作为丢弃时，可以根据网络拓扑选择合适的

TTL 有效范围，不符合 TTL 值范围的报文会被接口板直接丢弃，这样就避免了网络攻击者模拟的“合法”BGP 报文攻击设备。

BGP GTSM 功能的配置步骤见表 14-34。

表 14-34 **BGP GTSM 功能的配置步骤**

步骤	命令	说明
1	**system-view** 例如：< Huawei > **system-view**	进入系统视图
2	**bgp** { *as-number-plain* | *as-number-dot* } 例如：[Huawei]**bgp** 100	启动 BGP，进入 BGP 视图
3	**peer** { *group-name* | *ipv4-address* | *ipv6-address* } **valid-ttl-hops** [*hops*] 例如：[Huawei-bgp] **peer** gtsm-group **valid-ttl-hops** 1	在 BGP 对等体（组）发来的报文检查上应用 GTSM 功能。但 **GTSM 只会对匹配 GTSM 策略的报文进行 TTL 检查。且 GTSM 的配置是对称的，需要在 BGP 连接的两端同时使能 GTSM 功能**。同时，也不能在同一对等体（组）上同时配置 **peer** { *group-name* | *ipv4-address* } **ebgp-max-hop** [*hop-count*] 命令，因为 GTSM 和 EBGP-MAX-HOP 功能均会影响到发送出去的 BGP 报文的 TTL 值，存在冲突，只能对同一对等体或对等体组使能两种功能中的一种。命令中的参数说明如下。 （1）*group-name* | *ipv4-address* | *ipv6-address*：指定要使能 GTSM 功能的对等体组名称或对等体 IP 地址。 （2）*hops*：指定需要检测的 TTL 跳数值，取值范围为 1～255 的整数，缺省值是 255，如果配置为 *hops*，被检测的报文的 TTL 值有效范围为[255-*hops*+1, 255]。 缺省情况下，BGP 对等体（组）上未配置 GTSM 功能，可用 **undo peer** { *group-name* | *ipv4-address* | *ipv6-address* } **valid-ttl-hops** 命令撤销在指定 BGP 对等体（组）上应用的 GTSM 功能
4	**quit** 例如：[Huawei-bgp] **quit**	退出 BGP 视图，返回系统视图
5	**gtsm default-action** { **drop** | **pass** } 例如：[Huawei] **gtsm default-action drop**	（可选）设置没有匹配 GTSM 策略的报文的缺省动作。命令中的选项说明如下。 （1）**drop**：二选一选项，指定未匹配 GTSM 策略的报文不能通过过滤，报文被丢弃。对于丢弃的报文，可以通过下一步将要介绍的 **gtsm log drop-packet** 命令打开日志信息开关，控制是否对报文被丢弃的情况记录日志，以方便故障的定位。 （2）**pass**：二选一选项，指定未匹配 GTSM 策略的报文通过过滤。 如果仅仅通过 **gtsm default-action** 命令配置了缺省动作，但没有配置 GTSM 策略（**drop** 或 **pass**）时，GTSM 功能不起作用。 缺省情况下，未匹配 GTSM 策略的报文可以通过过滤，可用 **undo gtsm default-action drop** 命令取消未匹配 GTSM 策略的报文不能通过过滤的设置
6	**gtsm log drop-packet** [**all**] 例如：[Huawei] **gtsm log drop-packet**	（可选）打开当前单板（目前仅支持主控板，不支持接口板）或所有单板（选择 **all** 可选项时）的 LOG 信息开关，在单板 GTSM 丢弃报文时记录 LOG 信息。 缺省情况下，在单板 GTSM 丢弃报文时不记录 LOG 信息，可用 **undo gtsm log drop-packet** [**all**]命令关闭所有或者指定单板 LOG 信息的开关

14.10.4　BGP GTSM 配置示例

如图 14-30 所示，RouterA 属于 AS10，RouterB、RouterC、RouterD 属于 AS20。在各路由器上运行 BGP，在 AS20 内部运行 OSPF 路由协议，现要求 RouterB 免受 BGP 报文的 CPU 攻击。

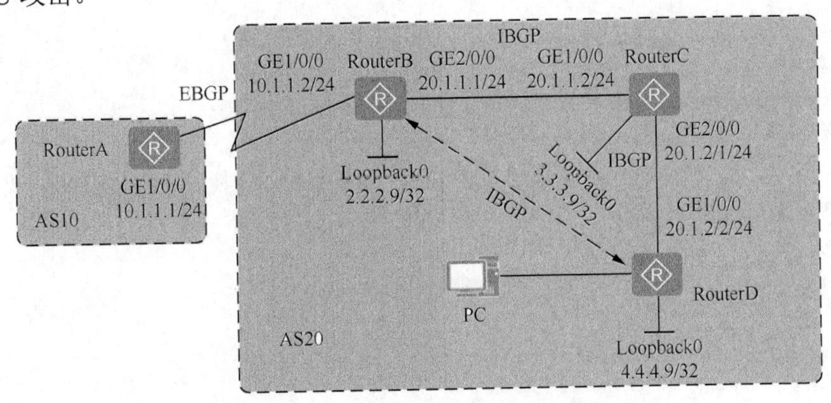

图 14-30　BGP GTSM 配置示例的拓扑结构

1. 基本配置思路分析

本示例是想让 RouterB 的 CPU 免受非法 BGP 报文的攻击，而 14.10.3 节介绍的 GTSM 功能正好有此功能，所以可以配置 GTSM 功能来实现。

根据 14.10.3 节的介绍，GSTM 功能是需要在对等体两端同时配置的，所以针对 RouterB 来说，需要 RouterB 以及它的所有对等体上进行 GSTM 功能配置。当然事先也要完成各路由器的接口 IP 地址和 BGP 基本功能的配置。

BGP 是应用层的，BGP 报文需要在网络层进行 IP 封装，而 IPv4 报文中就有一个与 GSTM 功能密切相关的 TTL 字段。另外，BGP 报文是仅在对等体之间进行交互，所以每个 BGP 报文都是由它的对等体始发的。这样一来，每个 BGP 报文始发时的 TTL 字段值都是初始值 255，然后每经过一跳减 1，**但只有当对方接收了 BGP 报文后，报文中的 TTL 值才减** 1。

对于 RouterB 与它的对等体间允许接受的 BGP 报文中的 TTL 值范围要根据拓扑结构来确定。直连 BGP 对等体的话，可接受的 TTL 范围就是[255,255]，因为直连情况下，始发的 BGP 报文中的 TTL 值为 255，在对等体还没正式接受、在进行 TTL 值检查时，TTL 值仍为 255。非直连的要根据拓扑结构而定。

根据以上分析可得出本示例如下基本配置思路。

① 配置各路由器的接口 IP 地址。

② 在 AS 20 内配置 OSPF 基本功能，实现各设备间的三层互通，同时也为后面 RouterB 和 RouterD 之间建立非直连的 IBGP 对等体关系提供网络基础。

③ 配置各路由器的 BGP 基本功能，注意 RouterB 和 RouterD 之间要通过 Loopback 接口建立非直连的 IBGP 对等体关系。

④ 在 RouterB 和它的对等体之间配置好 GSTM 功能，即允许接受的 TTL 范围，超出范围的 BGP 报文选择缺省丢弃动作，保障 RouterB 免受 CPU 利用类型的攻击。

2. 具体配置步骤

① 配置各路由器接口的 IP 地址。

在此仅介绍 RouterA 的接口 IP 地址的配置方法，其他设备上的接口 IP 地址的配置方法相同，略。

```
<Huawei> system-view
[Huawei] sysname RouterA
[RouterA] interface gigabitethernet 1/0/0
[RouterA-GigabitEthernet1/0/0] ip address 10.1.1.1 255.255.255.0
[RouterA-GigabitEthernet1/0/0] quit
```

② 在 AS 20 内配置各设备的 OSPF 基本功能。

本示例中，把 AS 20 中的设备划分在同一个 OSPF 区域中，理论上来讲区域 ID 任意，在此使用区域 0 来进行配置。

■ RouterB 上的配置如下。

```
[RouterB] ospf
[RouterB-ospf-1] area 0
[RouterB-ospf-1-area-0.0.0.0] network 20.1.1.0 0.0.0.255
[RouterB-ospf-1-area-0.0.0.0] network 2.2.2.9 0.0.0.0
[RouterB-ospf-1-area-0.0.0.0] quit
[RouterB-ospf-1] quit
```

■ RouterC 上的配置如下。

```
[RouterC] ospf
[RouterC-ospf-1] area 0
[RouterC-ospf-1-area-0.0.0.0] network 20.1.2.0 0.0.0.255
[RouterC-ospf-1-area-0.0.0.0] network 20.1.1.0 0.0.0.255
[RouterC-ospf-1-area-0.0.0.0] network 3.3.3.9 0.0.0.0
[RouterC-ospf-1-area-0.0.0.0] quit
[RouterC-ospf-1] quit
```

■ RouterD 上的配置如下。

```
[RouterD] ospf
[RouterD-ospf-1] area 0
[RouterD-ospf-1-area-0.0.0.0] network 20.1.2.0 0.0.0.255
[RouterD-ospf-1-area-0.0.0.0] network 4.4.4.9 0.0.0.0
[RouterD-ospf-1-area-0.0.0.0] quit
[RouterD-ospf-1] quit
```

③ 配置各路由器的 BGP 基本功能，建立各 BGP 对等体关系。

为了使建立的 IBGP 对等体更稳定，均指定 Loopback 接口作为源接口，对等体 IP 地址也为对端的 Loopback 接口的 IP 地址。RouterA～RouterD 的 Router ID 分别为 1.1.1.9、2.2.2.9、3.3.3.9 和 4.4.4.9，其中 2.2.2.9、3.3.3.9 和 4.4.4.9 又分别为 RouterB、RouterC 和 RouterD 的 Loopback0 接口的 IP 地址。

■ RouterA 上的配置如下。

RouterA 仅与 RouterB 建立 EBGP 对等体关系，使用直连物理接口建立 BGP 连接。

```
[RouterA] bgp 10
[RouterA-bgp] router-id 1.1.1.9
[RouterA-bgp] peer 10.1.1.2 as-number 20
```

■ RouterB 上的配置如下。

RouterB 在向其 IBGP 对待体转发来自 RouterA 的 BGP 路由时不会改变其下一跳（RouterA 的 GE1/0/0 接口 IP 地址），使得 RouterC、RouterD 在收到路由后因不能到达该下一跳而变为无效，所以需要改变路由中的下一跳为 RouterB 的对应出接口 IP 地址。

```
[RouterB] bgp 20
[RouterB-bgp] router-id 2.2.2.9
[RouterB-bgp] peer 10.1.1.1 as-number 10
[RouterB-bgp] peer 3.3.3.9 as-number 20    !---指定 RouterC 的 Loopback0 接口 IP 地址为对等体 IP 地址
[RouterB-bgp] peer 3.3.3.9 connect-interface LoopBack0    !---指定通过本端 Loopback0 接口与 RouterC 建立 BGP 连接
[RouterB-bgp] peer 3.3.3.9 next-hop-local    !---指定向 RouterC 发送的路由的下一跳属性值为本地出接口 IP 地址
[RouterB-bgp] peer 4.4.4.9 as-number 20    !---与 RouterD 建立非直连 IBGP 对等体关系前，一定要通过 IGP 路由确保
RouterB 与 RouterD 之间可以三层互通
[RouterB-bgp] peer 4.4.4.9 connect-interface LoopBack0
[RouterB-bgp] peer 4.4.4.9 next-hop-local
```

■ RouterC 上的配置如下。

```
[RouterC] bgp 20
[RouterC-bgp] router-id 3.3.3.9
[RouterC-bgp] peer 2.2.2.9 as-number 20
[RouterC-bgp] peer 2.2.2.9 connect-interface LoopBack0
[RouterC-bgp] peer 4.4.4.9 as-number 20
[RouterC-bgp] peer 4.4.4.9 connect-interface LoopBack0
```

■ RouterD 上的配置如下。

```
[RouterD] bgp 20
[RouterD-bgp] router-id 4.4.4.9
[RouterD-bgp] peer 2.2.2.9 as-number 20
[RouterD-bgp] peer 2.2.2.9 connect-interface LoopBack0
[RouterD-bgp] peer 3.3.3.9 as-number 20
[RouterD-bgp] peer 3.3.3.9 connect-interface LoopBack0
```

以上配置好后，在 RouterB 上查看它与其他 3 个 BGP 设备建立的对等体的连接状态，现均为 **Established**，表示均建立成功了。

```
[RouterB-bgp] display bgp peer
 BGP local router ID : 2.2.2.9
 Local AS number : 20
 Total number of peers : 3                    Peers in established state : 3

  Peer          V    AS  MsgRcvd  MsgSent  OutQ  Up/Down          State PrefRcv

  3.3.3.9       4    20        8        7     0 00:05:06 Established       0
  4.4.4.9       4    20        8       10     0 00:05:33 Established       0
  10.1.1.1      4    10        7        7     0 00:04:09 Established       0
```

④ 在 RouterB 与它的对等体间配置 GSTM 功能。

由于 RouterA 和 RouterB 之间是直连的，因此 TTL 到达对方的有效范围是[255, 255]，又根据 14.10.3 节介绍的 **peer valid-ttl-hops** 命令，在使能了 GSTM 功能后，TTL 值有效范围为[255–*hops*+1, 255]，*hops* 为指定需要检测的 TTL 跳数值，得出在 **peer valid-ttl-hops** 命令中 *hops* 参数的取值只能为 1。

■ 在 RouterA 上配置 GTSM 功能。

```
[RouterA-bgp] peer 10.1.1.2 valid-ttl-hops 1
```

■ 在 RouterB 上配置 EBGP 连接的 GTSM 功能。

```
[RouterB-bgp] peer 10.1.1.1 valid-ttl-hops 1
```

然后在 RouterB 上执行 **display bgp peer 10.1.1.1 verbose** 命令，查看 GTSM 功能配置情况，会发现 GSTM 功能已使能，有效 TTL 跳数为 1，BGP 连接状态也为“Established”，参见输出信息中的粗体字部分。

```
[RouterB-bgp] display bgp peer 10.1.1.1 verbose
          BGP Peer is 10.1.1.1,   remote AS 10
          Type: EBGP link
          BGP version 4, Remote router ID 1.1.1.9

          Update-group ID : 2
          BGP current state: Established, Up for 00h49m35s
          BGP current event: RecvKeepalive
          BGP last state: OpenConfirm
          BGP Peer Up count: 1
          Received total routes: 0
          Received active routes total: 0
          Advertised total routes: 0
          Port:   Local - 179         Remote - 52876
          Configured: Connect-retry Time: 32 sec
          Configured: Active Hold Time: 180 sec    Keepalive Time:60 sec
          Received   : Active Hold Time: 180 sec
          Negotiated: Active Hold Time: 180 sec    Keepalive Time:60 sec
          Peer optional capabilities:
          Peer supports bgp multi-protocol extension
          Peer supports bgp route refresh capability
          Peer supports bgp 4-byte-as capability
          Address family IPv4 Unicast: advertised and received
 Received: Total 59 messages
                 Update messages              0
                 Open messages                2
                 KeepAlive messages           57
                 Notification messages      0
                 Refresh messages             0
 Sent: Total 79 messages
                 Update messages              5
                 Open messages                2
                 KeepAlive messages           71
                 Notification messages      1
                 Refresh messages             0
 Authentication type configured: None
 Last keepalive received: 2011/09/25 16:41:19
 Last keepalive sent      : 2011/09/25 16:41:22
 Last update      received: 2011/09/25 16:11:28
 Last update      sent      : 2011/09/25 16:11:32
 Minimum route advertisement interval is 30 seconds
 Optional capabilities:
 Route refresh capability has been enabled
 4-byte-as capability has been enabled
 GTSM has been enabled, valid-ttl-hops: 1
 Peer Preferred Value: 0
 Routing policy configured:
 No routing policy is configured
```

用同样的方法配置 RouterB 和 RouterC 对等体之间的 GSTM 功能，因为也是直连，所以有效跳数也为 1。

■ 在 RouterB 上配置 GTSM 功能。

```
[RouterB-bgp] peer 3.3.3.9 valid-ttl-hops 1
```

■ 在 RouterC 上配置 IBGP 连接的 GTSM 功能。

```
[RouterC-bgp] peer 2.2.2.9 valid-ttl-hops 1
```

此时，同样可在 RouterB 上通过执行 **display bgp peer** 3.3.3.9 **verbose** 命令，查看

RouterB 和 RouterC 之间的 GTSM 功能配置情况。

最后在 RouterB 和 RouterD 之间配置 GTSM 功能。由于两台路由器经过 RouterC 连接，经过一跳后，TTL 到达对方的有效范围是[254, 255]，所以此处的有效跳数值取 2。

■ 在 RouterB 上配置 IBGP 连接的 GTSM 功能。

```
[RouterB-bgp] peer 4.4.4.9 valid-ttl-hops 2
```

■ 在 RouterD 上配置 GTSM 功能。

```
[RouterD-bgp] peer 2.2.2.9 valid-ttl-hops 2
```

然后，同样可在 RouterB 上通过执行 **display bgp peer** 4.4.4.9 **verbose** 命令查看 RouterB 和 RouterD 之间的 GTSM 功能配置情况，此时会发现 GTSM 功能也已经使能，TLL 有效跳数为 2，BGP 连接状态为“Established”。

在 RouterB 上执行 **display gtsm statistics all** 命令，可查看 RouterB 的 GTSM 统计信息，在缺省动作是通过且没有非法报文的情况下，丢弃的报文数是 0。

此时如果主机 PC 模拟 RouterA 的 BGP 报文对 RouterB 进行攻击，由于该报文到达 RouterB 时，TTL 值不是 255，所以被丢弃，在 RouterB 的 GTSM 统计信息中丢弃的报文数也会相应地增加。

14.11 BGP 与 BFD 联动配置与管理

BGP 通过周期性地向对等体发送 Keepalive 报文来实现邻居检测。但这种机制检测到故障所需的时间比较长，超过 1 s（缺省为 3 分钟）。当数据达到吉比特速率级时，这么长的检测时间将导致大量数据丢失，无法满足电信级网络高可靠性的需求。

14.11.1 配置 BGP 与 BFD 联动

为了解决 BGP 自身的故障检测速度慢的问题，BGP 与前面介绍的 RIP、OSPF 等协议一样，也可以通过与 BFD 联动实现更加快速的链路故障检测能力。BFD 检测是毫秒级，可以在 50 ms 内通报 BGP 对等体间链路的故障，因此能够提高 BGP 路由的收敛速度，保障链路快速切换，减少流量损失。

BGP 与 BFD 联动的配置步骤见表 14-35（**需在 BFD 链路两端的设备上同时配置**）。

说明　当对等体加入了对等体组，且这个对等体组使能了 BFD 特性，则对等体将继承该对等体组的 BFD 特性，创建 BFD 会话。如果不希望对等体从对等体组继承 BFD 特性，可以配置 **peer bfd block** 命令，阻止对等体从对等体组中继承 BFD 功能。

表 14-35　BGP 与 BFD 联动的配置步骤

步骤	命令	说明
1	**system-view** 例如：< Huawei > **system-view**	进入系统视图
2	**bfd** 例如：[Huawei] **bfd**	使能全局 BFD 能力

续表

步骤	命令	说明
3	**quit** 例如：[Huawei-bfd] **quit**	退出BFD视图，返回系统视图
4	**bgp** { *as-number-plain* | *as-number-dot* } 例如：[Huawei]**bgp** 100	启动BGP，进入BGP视图
5	**peer** { *group-name* | *ipv4-address* } **bfd enable** 例如：[Huawei-bgp] **peer** 2.2.2.9 **bfd enable**	配置与对等体（组）建立BFD的功能，使用缺省的BFD参数值建立BFD会话。命令中的*group-name* | *ipv4-address*用来指定要建立BFD会话的对等体组名称或对等体IP地址。 缺省情况下，没有使能与对等体（组）的BFD会话，可用**undo peer** { *group-name* | *ipv4-address* } **bfd enable**命令去使能与指定对等体（组）建立BFD会话
6	**peer** { *group-name* | *ipv4-address* } **bfd** { **min-tx-interval** *min-tx-interval* | **min-rx-interval** *min-rx-interval* | **detect-multiplier** *multiplier*| **wtr** *wtr-value* } * 例如：[Huawei-bgp] **peer** 2.2.2.9 **bfd min-tx-interval** 100 **min-rx-interval** 100 **detect-multiplier** 5	指定需要建立BFD会话的各个参数值。命令中的参数说明如下。 （1）*group-name* | *ipv4-address*：指定要配置BFD会话参数的对等体组名称或对等体IP地址。 （2）**min-tx-interval** *min-tx-interval*：可多选参数，指定BFD发送检测报文的时间间隔，取值范围为10～2 000的整数毫秒。 （3）**min-rx-interval** *min-rx-interval*：可多选参数，指定BFD接收检测报文的时间间隔，取值范围为10～2 000的整数毫秒。 （4）**detect-multiplier** *multiplier*：可多选参数，指定本地检测时间倍数，取值范围为3～50的整数。 （5）**wtr** *wtr-value*：可多选参数，指定等待BFD会话恢复的时间，取值范围为1～60的整数分钟。缺省值是0，表示不等待。 【说明】本命令是覆盖式命令，若多次配置该命令，BFD会话使用新的参数作为检测参数。如果同时在对等体以及它所属的对等体组上配置了BFD参数，则建立的BFD会话以对等体上的配置为准。 具体参数如何配置取决于网络状况以及对网络可靠性的要求，对于网络可靠性要求较高的链路，可以配置减小BFD报文实际发送时间间隔；对于网络可靠性要求较低的链路，可以配置增大BFD报文实际发送时间间隔。 • 本地BFD检测报文实际发送时间间隔＝MAX {本地配置的发送时间间隔 *transmit-interval*，对端配置的接收时间间隔 *receive-interval* }。 • 本地BFD检测报文实际接收时间间隔＝MAX {对端配置的发送时间间隔 *transmit-interval*，本地配置的接收时间间隔 *receive-interval* }。 • 本地BFD检测报文实际检测时间＝本地实际接收时间间隔×对端配置的BFD检测时间倍数 *multiplier-value*。 缺省情况下，BFD发送检测报文的时间间隔为1 000 ms，BFD接收检测报文的间隔为1 000 ms，本地检测时间倍数为3，可用**undo peer** { *group-name* | *ipv4-address* } **bfd** { **min-tx-interval** *min-tx-interval* | **min-rx-interval** *min-rx-interval* | **detect-multiplier** *multiplier* | **wtr** *wtr-value* }*命令恢复指定的BFD检测参数为缺省值

续表

步骤	命令	说明
7	**peer** *ipv4-address* **bfd block** 例如：[Huawei-bgp] **peer** 2.3.3.9 **bfd block**	（可选）阻止对等体从对等体组中继承 BFD 功能。参数 *ipv4-address* 用来指定要阻止从所属的对等体组继承 BFD 功能的对等体 IP 地址。 缺省情况下，对等体从对等体组中继承 BFD 功能，可用 **undo peer** *ipv4-address* **bfd block** 命令恢复指定对等体从对等体组中继承 BFD 功能

14.11.2 BGP 与 BFD 联动配置示例

本示例的基本拓扑结构如图 14-31 所示，RouterA 属于 AS100，RouterB 和 RouterC 属于 AS200，路由器 RouterA 和 RouterB、RouterA 和 RouterC 建立**非直连**（中间还经过了其他设备）的 EBGP 连接。正常情况下，业务流量在主链路 RouterA→RouterB 上传送，链路 RouterA→RouterC→RouterB 作为备份链路。现要求实现故障的快速感知，从而使得在主链路发生故障时流量从主链路能快速切换至备份链路进行转发。

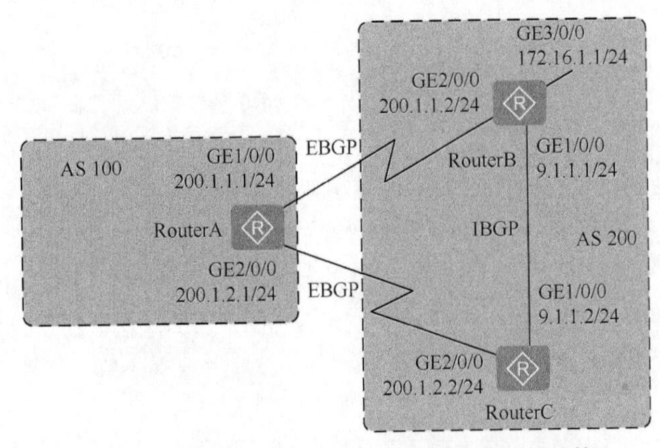

图 14-31　BGP 与 BFD 联动配置示例的拓扑结构

说明　如果 RouterA 与 RouterB，或者 RouterC 之间使用的是直连链路建立 EBGP 邻居，则无需配置 BGP 与 BFD 联动功能，因为 BGP 已经缺省配置了 **ebgp-interface-sensitive** 命令快速感知链路故障。当 EBGP 链路出现故障时，BGP 可以迅速感知并立即尝试使用其他接口复位原接口上的 BGP 连接。

1. 基本配置思路分析

BGP 与 BFD 联动功能的配置是在 BGP 基本功能配置之后进行的，需要在监控链路两端的 RouterA 与 RouterB 上分别配置 BGP 与 BFD 联动功能。另外，需要将 RouterB 的 MED 属性值配置得更小（因为 MED 属性是用来确定离开 AS 的路由路径的），以便正常情况下以及在主链路故障恢复后，最终选择从 RouterA→RouterB 的主链路进行数据转发。当然首先也要配置各路由器的接口 IP 地址。

2. 具体配置步骤

① 配置各路由器接口的 IP 地址。下面仅以 RouterA 上的接口为例进行介绍，其他路由器各接口的 IP 地址的配置方法一样，略。

```
<RouterA> system-view
[RouterA] interface gigabitethernet 1/0/0
[RouterA-GigabitEthernet1/0/0] ip address 200.1.1.1 24
[RouterA-GigabitEthernet1/0/0]quit
[RouterA] interface gigabitethernet 2/0/0
[RouterA-GigabitEthernet2/0/0] ip address 200.1.2.1 24
[RouterA-GigabitEthernet2/0/0]quit
```

② 配置各路由器的 BGP 基本功能，在 RouterA 和 RouterB、RouterA 和 RouterC 之间建立 EBGP 连接，RouterB 和 RouterC 之间建立 IBGP 连接。另外，**因为 RouterA 与 RouterB 之间，以及 RouterA 与 RouterC 之间建立的是非直连 EBGP 连接，所以在它们之间建立 EBGP 连接时一定要用 peer ebgp-max-hop 命令允许建立非直连 EBGP 连接。**

同样因本示例没有配置 Loopback 接口，所以需要明确配置各路由器的 Router ID。这是因为在没有明确配置路由器 ID 的情况下，优先以 Loopback 接口 IP 地址作为路由器 ID。为方便识别，RouterA、RouterB、RouterC 的路由器 ID 分别设为 1.1.1.1、2.2.2.2、3.3.3.3。

- **RouterA 上的配置如下。**

```
[RouterA] bgp 100
[RouterA-bgp] router-id 1.1.1.1
[RouterA-bgp] peer 200.1.1.2 as-number 200
[RouterA-bgp] peer 200.1.1.2 ebgp-max-hop   !---指定与 RouterB 之间允许建立非直连 EBGP 连接
[RouterA-bgp] peer 200.1.2.2 as-number 200
[RouterA-bgp] peer 200.1.2.2 ebgp-max-hop
[RouterA-bgp] quit
```

- **RouterB 上的配置如下。**

```
[RouterB] bgp 200
[RouterB-bgp] router-id 2.2.2.2
[RouterB-bgp] peer 200.1.1.1 as-number 100
[RouterB-bgp] peer 200.1.1.1 ebgp-max-hop
[RouterB-bgp] peer 9.1.1.2 as-number 200
[RouterB-bgp] network 172.16.1.0 255.255.255.0
[RouterB-bgp] quit
```

- **RouterC 上的配置如下。**

要求同时引入它所连接的 172.16.1.0/24 直连网络，主要用于后面的验证。

```
[RouterC] bgp 200
[RouterC-bgp] router-id 3.3.3.3
[RouterC-bgp] peer 200.1.2.1 as-number 100
[RouterC-bgp] peer 200.1.2.1 ebgp-max-hop
[RouterC-bgp] peer 9.1.1.1 as-number 200
[RouterC-bgp] import-route direct
[RouterC-bgp] quit
```

BGP 基本功能配置完成后，可通过 **display bgp peer** 命令查看各路由器上已建立的 BGP 连接。下面是 RouterA 的输出示例，从中可以看出 RouterA 已与 RouterB 和 RouterC 分别建立了 EBGP 连接（Established），参见输出信息的粗体字部分。

```
<RouterA> display bgp peer
 BGP local router ID : 1.1.1.1
 Local AS number : 100
 Total number of peers : 2                 Peers in established state : 2

 Peer            V    AS  MsgRcvd  MsgSent  OutQ  Up/Down       State PrefRcv
```

```
200.1.1.2        4   200      2      5      0 00:01:25 Established      0
200.1.2.2        4   200      2      4      0 00:00:55 Established      0
```

③ 在 RouterB 和 RouterC 上分别通过路由策略配置发送给它们的对等体 RouterA 的 MED 属性，把 RouterB 上的 MED 属性值设得更小些，以便在正常情况下，以及当主链路故障恢复时 RouterA 能及时地恢复主链路的数据转发。

■ RouterB 上的配置如下。

```
[RouterB] route-policy 10 permit node 10
[RouterB-route-policy] apply cost 100
[RouterB-route-policy] quit
[RouterB] bgp 200
[RouterB-bgp] peer 200.1.1.1 route-policy 10 export
```

■ RouterC 上的配置如下。

```
[RouterC] route-policy 10 permit node 10
[RouterC-route-policy] apply cost 150
[RouterC-route-policy] quit
[RouterC] bgp 200
[RouterC-bgp] peer 200.1.2.1 route-policy 10 export
```

此时再在 RouterA 上通过 **display bgp routing-table** 命令查看 BGP 路由表。从中可以看出，去往 172.16.1.0/24 的路由下一跳地址为 200.1.1.2，流量在主链路 RouterA→RouterB 上传输（参见输出信息粗体字部分）。

```
<RouterA> display bgp routing-table
 BGP Local router ID is 1.1.1.1
 Status codes: * - valid, > - best, d - damped,
               h - history,  i - internal, s - suppressed, S - Stale
               Origin : i - IGP, e - EGP, ? - incomplete

 Total Number of Routes: 5
      Network          NextHop        MED        LocPrf    PrefVal Path/Ogn
 *>   9.1.1.0/24       200.1.2.2      150                  0       200?
 *>   172.16.1.0/24    200.1.1.2      100                  0       200i
 *                     200.1.2.2      150                  0       200i
 *>   200.1.2.0        200.1.1.2      100                  0       200?
                       200.1.2.2      150                  0       200?
```

④ 在 RouterA 和 RouterB 上分别配置 BFD 检测功能，配置相同的 BFD 报文的发送和接收间隔（本示例均为 100 ms），以及本地检测时间倍数参数（本示例均为 4）。

```
[RouterA] bfd
[RouterA-bfd] quit
[RouterA] bgp 100
[RouterA-bgp] peer 200.1.1.2 bfd enable
[RouterA-bgp] peer 200.1.1.2 bfd min-tx-interval 100 min-rx-interval 100 detect-multiplier 4

[RouterB] bfd
[RouterB-bfd] quit
[RouterB] bgp 200
[RouterB-bgp] peer 200.1.1.1 bfd enable
[RouterB-bgp] peer 200.1.1.1 bfd min-tx-interval 100 min-rx-interval 100 detect-multiplier 4
```

此时可通过 **display bgp bfd session all** 命令在 RouterA 上查看 BGP 建立的所有 BFD 会话。

```
<RouterA> display bgp bfd session all
  Local_Address      Peer_Address       LD/RD        Interface
```

```
200.1.1.1          200.1.1.2          8201/8201    GigibitEthernet1/0/0
Tx-interval(ms)    Rx-interval(ms)    Multiplier   Session-State
100                100                4            Up
Wtr-interval(m)
0
```

最后对 RouterB 的 GE2/0/0 接口执行 **shutdown** 命令，模拟主链路故障。然后在 RouterA 上通过 **display bgp routing-table** 命令查看其 BGP 路由表。从中可以看出，在主链路失效后，备份链路 RouterA→RouterC→RouterB 生效，去往 172.16.1.0/24 的路由下一跳地址为 200.1.2.2（参见输出信息粗体字部分）。达到了目的，证明以上配置是成功的。

```
<RouterA> display bgp routing-table
 BGP Local router ID is 1.1.1.1
 Status codes: * - valid, > - best, d - damped,
               h - history,  i - internal, s - suppressed, S - Stale
               Origin : i - IGP, e - EGP, ? - incomplete

 Total Number of Routes: 3
      Network            NextHop        MED        LocPrf    PrefVal Path/Ogn
 *>   9.1.1.0/24         200.1.2.2      150                  0      200?
 *>   172.16.1.0/24      200.1.2.2      150                  0      200i
      200.1.2.0          200.1.2.2      150                  0      200?
```

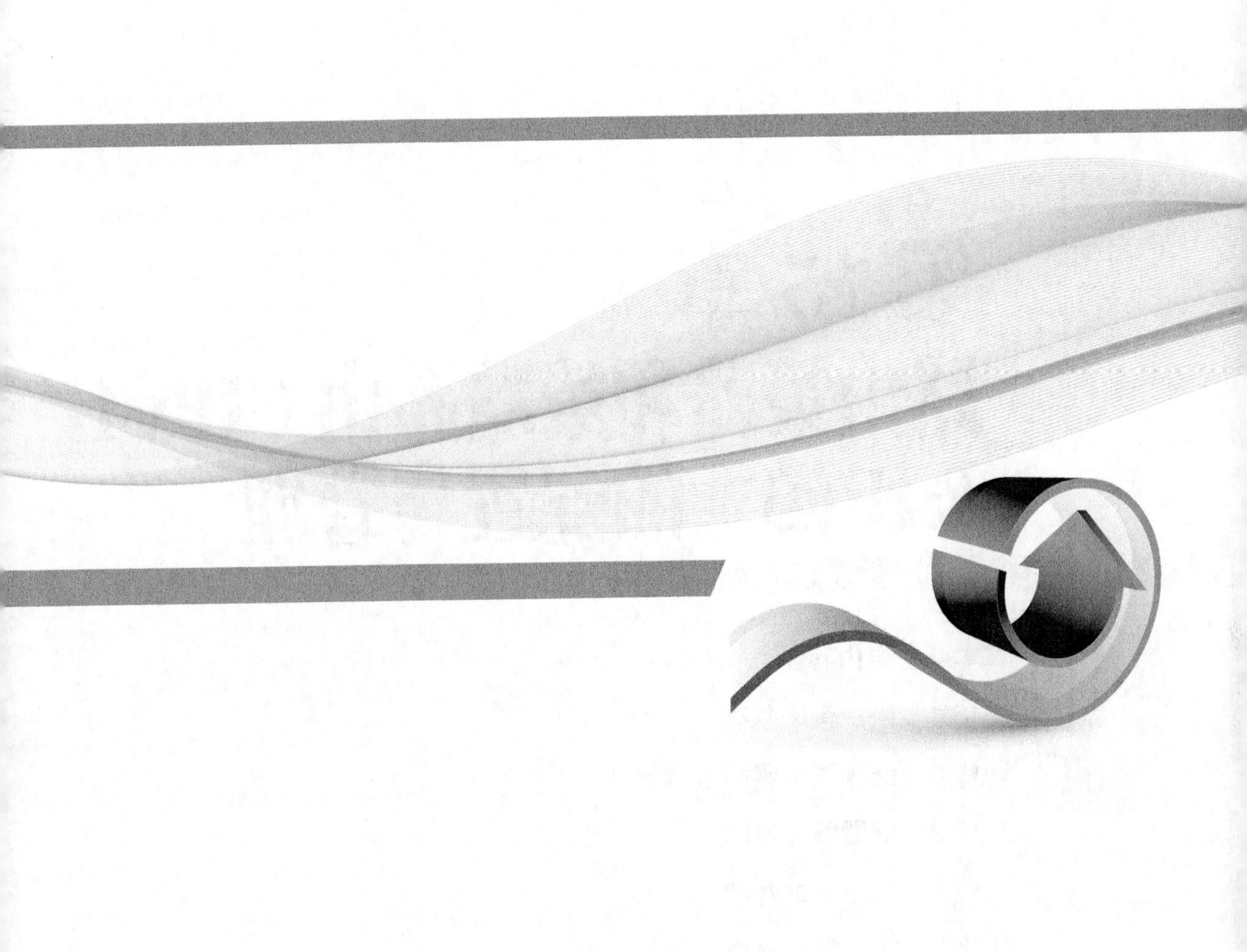

第 15 章 路由策略和策略路由（IPv4&IPv6）的配置与管理

本章主要内容

15.1　路由策略基础

15.2　配置路由策略过滤器

15.3　配置路由策略

15.4　策略路由基础

15.5　本地策略路由配置与管理

15.6　接口策略路由配置与管理

我们在前面各章学习静态路由、RIP、RIPng、OSPFv2、OSPFv3、IS-IS 和 BGP 路由时就经常在一些功能配置命令中见到要调用特定的路由策略来进行路由过滤或路由属性配置，本章节就要具体创建“路由策略”的创建和策略规则的配置与管理方法。另外，本章节还将介绍用于改变数据报文转发路径的“策略路由”功能的配置与管理方法。

“路由策略”与“策略路由”之间的一个主要区别就在于它们的主体（或者叫“作用对象”）不同，前者的主体是“路由”，是对符合条件的路由（主要）通过修改路由属性来执行相应的策略动作（如允许通过、拒绝通过、接收、引入等），使通过这些路由的数据报文按照规定的策略进行转发；而后者的主体是数据报文，是对符合条件的数据报文（如报文的源地址、VLAN ID、协议类型、QoS 优先级、报文长度和 ACL 规则等）按照策略规定的动作进行操作（如重定向报文的出接口和下一跳、设置报文的备份出接口和下一跳等），然后转发。

15.1 路由策略基础

路由策略（Routing Policy）是通过使用不同的匹配条件和匹配模式来进行路由信息的接收或发布过滤，或改变路由属性，通过改变路由属性（包括可达性）来改变网络流量所经过的路径。路由策略主要应用在路由信息发布、接收、引入和路由属性修改等几个方面，具体如下。

1. 控制路由的发布

可通过路由策略对所要发布的路由信息进行过滤，只允许发布满足条件的路由信息，可使邻居设备所连网段用户访问不到特定网络。

2. 控制路由的接收

可通过路由策略对所要接收的路由信息进行过滤，只允许接收满足条件的路由信息。这样可以控制路由表中路由表项的数量，提高网络的路由效率，也可以控制本地设备所连网段用户不能访问特定的外部网络。

3. 控制路由的引入

可通过路由策略只引入满足条件的路由信息，并控制所引入的路由信息的某些属性，使其满足本路由协议的路由属性要求。

4. 设置路由的属性

修改通过路由策略过滤的路由属性，使符合条件的路由具有特定的路由属性，满足某些特定的路由过滤，或者路由属性配置的需要。

15.1.1 路由策略原理

要实现路由策略的应用，首先要定义将要实施路由策略的路由信息的特征，即定义一组匹配规则，这就是路由策略中必须使用的过滤器（将在下节介绍，它们可以单独使用，也可组合使用）。可以用路由信息中的不同属性作为过滤器的匹配依据，如路由的目的地址、路由标记、路由开销、各种 BGP 路由属性等。然后将匹配规则应用于路由的发布、接收和引入等过程的策略中。

1. 路由策略组成

路由策略是一种比较复杂的过滤器，它不仅可以匹配给定路由信息的某些属性，还可以在条件满足时改变路由信息的属性。路由策略由节点号、匹配模式、**if-match** 子句（条件语句）和 **apply** 子句（执行语句）4 个部分组成。

（1）节点号

一个路由策略可以由一个或多个节点（node）构成。路由与路由策略匹配时遵循以下两个规则。

■ 顺序匹配：在匹配过程中，系统按节点号**从小到大**的顺序依次检查各个表项，因此在指定节点号时，要注意符合期望的匹配顺序。

■ 唯一匹配：**路由策略各节点号之间是“或”的关系**，只要通过一个节点的匹配，就认为通过该过滤器，不再进行其他节点的匹配。

一个路由策略中包含 *N* 个节点（Node）。当接收或者发送的路由要应用该路由策略时，会按节点序号从小到大依次检查与各个节点是否匹配，如图 15-1 所示。

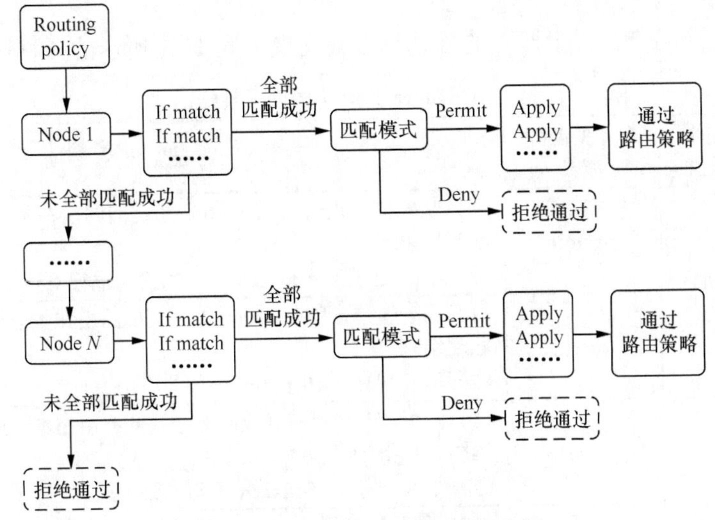

图 15-1　路由策略工作原理示意图

■ 当路由与某节点的**所有 if-match** 子句都匹配成功后，进入匹配模式选择，不再匹配其他节点。当路由与该节点的**任意一个 if-match** 子句匹配失败后，进入下一节点。如果该路由与所有节点都匹配失败，则该路由信息将被拒绝通过。

（2）匹配模式

节点的匹配模式有两种：**permit** 和 **deny**。

■ **permit** 指定节点的匹配模式为允许。当路由通过该节点的过滤后，将执行该节点的**所有 apply 子句**，但不进入下一个节点；如果路由没有通过该节点过滤，将进入下一个节点继续匹配。

■ **deny** 指定节点的匹配模式为拒绝。**不执行该节点下的任何 apply 子句**。当路由满足该节点的**所有 if-match 子句**时，将被拒绝通过该节点，不进入下一个节点；只要路由不满足该节点的任意 **if-match** 子句，将进入下一个节点继续匹配。

（3）**if-match** 子句

if-match 子句定义匹配规则，匹配对象是路由信息的一些属性。路由策略的每一个节点可以含有一个或多个 **if-match** 子句，也可以不含 **if-match** 子句。**同一节点中的不同 if-match 子句间是逻辑“与”的关系**，即只有满足节点内所有 **if-match** 子句指定的匹配条件，才能通过该节点的匹配测试。如果某个 **permit** 节点没有配置任何 **if-match** 子句，则该节点匹配所有的路由。

（4）**apply** 子句

apply 子句用来指定动作，也就是对通过节点匹配的路由信息进行属性设置。Route-Policy 的每一个节点可以含有一个或多个 **apply** 子句，也可以不含 **apply** 子句。如果只需要过滤路由，不需要设置路由的属性，则不使用 **apply** 子句。

2. 路由策略匹配规则

路由策略中的每个节点的过滤结果要综合以下两点。

■ 路由策略节点的匹配模式（**permit** 或 **deny**）。

■ **if-match** 子句（如引用的地址前缀列表或者访问控制列表）中包含的匹配条件（**permit** 或 **deny**）。

对于每一个节点，以上两点的排列组合会出现见表 15-1 所示的 4 种情况。

表 15-1　Route-Policy 的匹配规则

if-match 子句中包含的匹配条件	节点的匹配模式	匹配结果
permit	**permit**	（1）匹配该节点所有 **if-match** 子句的路由在本节点允许通过，匹配结束。 （2）不匹配任意 **if-match** 子句的路由进行下一个节点的匹配
	deny	（1）匹配该节点所有 **if-match** 子句的路由在本节点不允许通过，匹配结束。 （2）不匹配任意 **if-match** 子句的路由进行下一个节点的匹配
deny	**permit**	（1）匹配该节点所有 **if-match** 子句的路由在本节点**不允许通过**，继续进行下一个节点的匹配。 （2）不匹配任意 **if-match** 子句的路由进行下一个节点的匹配
	deny	（1）匹配该节点所有 **if-match** 子句的路由在本节点**不允许通过**，继续进行下一个节点的匹配。 （2）不匹配任意 **if-match** 子句的路由进行下一个节点的匹配

【经验之谈】路由策略中，缺省所有未与路由策略任意规则匹配的路由将被拒绝通过，所以如果路由策略中定义了一个以上的节点，应保证各节点中至少有一个节点的匹配模式是 **permit**。如果路由策略的所有节点都是 **deny** 模式，则没有任何路由信息能通过该路由策略。如果某路由信息没有通过任一节点，则认为该路由信息没有通过该路由策略，拒绝通过，**相当于路由策略的最后都隐含了一条“拒绝所有”的规则**。

表 15-1 中的前两种比较好理解，也比较常用，但是后两种相对难理解一点。但可以得出两条原则，那就是：**如果 if-match 子句中的匹配条件为 permit，则节点的最终匹配结果是由节点的匹配模式决定；如果 if-match 子句中的匹配条件为 deny，则无论节点的匹配模式是 permit 还是 deny，节点的最终匹配结果都是 deny**。下面以表 15-1 中的第三种情况为例进行说明。

假设 **if-match** 子句中包含的匹配条件是 **deny**，节点对应的匹配条件 **permit**，配置如下。

```
#
acl number 2001
 rule 5 deny source 172.16.16.0 0      !---拒绝 172.16.16.0
#
acl number 2002
 rule 5 permit source 172.16.16.0 0   !---允许 172.16.16.0
#
route-policy RP permit node 10          !---在这个节点，172.16.16.0 这条路由被拒绝，继续往下
 if-match acl 2001        !---匹配条件为 deny，则匹配结果是拒绝通过（不管路由策略的匹配模式）
#
route-policy RP permit node 20          !---在这个节点，172.16.16.0 这条路由被允许
 if-match acl 2002       !---匹配条件为 permi，且路由策略的匹配模式为 permit，则匹配结果是允许通过
#
```

这种情况下，有一个关键点就是在 node 10，在匹配的 ACL 2001 中，172.16.16.0 这条路由被拒绝，同时会继续往下匹配，到 node 20 这个节点时 172.16.16.0 又能匹配上，且在匹配 ACL2002 中又被允许了，所以该路由策略对该条路由的最终匹配结果是允许 172.16.16.0 这条路由通过。

15.1.2　路由策略过滤器简介

路由策略的实现是通过各种过滤器进行路由过滤完成的。在路由策略中，**if-match** 子句中匹配的 7 种过滤器包括访问控制列表 ACL、地址前缀列表、AS 路径过滤器、团体属性过滤器、扩展团体属性过滤器、RD 属性过滤器和路由策略。下面分别予以介绍。

1. ACL

ACL 是将报文中的入接口、源或目的地址、协议类型、源或目的端口号作为匹配条件的过滤器，**可在路由策略中被调用，也可在各路由协议发布、接收路由时单独使用，**在路由策略中的 **if-match 子句只支持基本 ACL，过滤的是路由的目的 IP 地址**。

ACL 包括针对 IPv4 路由的 ACL 和针对 IPv6 路由的 ACL。用户在 ACL 中指定 IP 地址和子网范围，用于匹配路由信息的源地址、目的网段地址或下一跳地址。有关 ACL 的详细介绍请参见配套图书《华为交换机学习指南》（第二版）的第 11 章。

2. 地址前缀列表

地址前缀列表（IP Prefix List）将路由的目的地址和子网掩码或地址前缀长度作为匹配条件的过滤器，**可在路由策略中被调用，也可在各路由协议发布和接收路由时单独使用**。根据匹配的前缀不同，前缀过滤列表可以进行精确匹配，也可以在一定子网掩码或地址前缀长度范围内匹配。

地址前缀列表包括针对 IPv4 路由的 IPv4 地址前缀列表和针对 IPv6 路由的 IPv6 地址前缀列表，IPv6 地址前缀列表与 IPv4 地址前缀列表的实现相同。

IPv4 地址前缀列表进行匹配的依据有两个：掩码长度和掩码范围（在 IPv6 地址前缀列中是对应的前缀长度和前缀范围）。

■ 掩码长度：地址前缀列表匹配的对象是 IP 地址前缀，前缀由 IP 地址和掩码长度共同定义。例如，10.1.1.1/16 这条 IPv4 路由，掩码长度是 16，这个地址的有效前缀为 16 位，即 10.1.0.0。

■ 掩码范围：对于前缀相同，掩码不同的路由，可以指定待匹配的前缀掩码长度范围来实现精确匹配或者在一定掩码长度范围内匹配。

说明　IPv4 中的 0.0.0.0、IPv6 中的::为通配地址，当前缀为 0.0.0.0 或::时，可在其后指定掩码（或前缀）以及掩码（或前缀）范围。

■ 若指定掩码（或前缀），则表示具有该掩码（或前缀）的所有路由都被允许通过（Permit）或拒绝通过（Deny）。

■ 若指定掩码（或前缀）范围，则表示在指定的掩码（或前缀）长度范围内的所有路由都被允许通过或拒绝通过。

每个地址前缀列表可以包含多个索引（index），每个索引对应一个节点。路由按索引号从小到大依次检查各个节点是否匹配，任意一个节点匹配成功，将不再检查其他节点。若所有节点都匹配失败，则路由信息将被拒绝通过。这些原则与前面介绍的路由策略的过滤原则是一样的。

3. AS 路径过滤器

AS 路径过滤器（AS_Path Filter）是将 BGP 中的 AS_Path 属性作为匹配条件的过滤器，**专用于 BGP 路由过滤，可在路由策略中调用，也可在 BGP 发布、接收路由时单独使用**。AS_Path 属性记录了 BGP 路由经过的所有 AS 编号，AS 路径过滤器的匹配条件使用正则表达式指定，如^30 表示只匹配第一个值是 30 的 AS 路径属性。

4. 团体属性过滤器

团体属性过滤器（Community Filter）是将 BGP 中的团体属性作为匹配条件的过滤器，**也专用于 BGP 路由过滤，可在路由策略中调用，也可在 BGP 发布、接收路由时单独使用**。团体属性是一组有相同特征的目的地址的集合，用来标识一组具有共同性质的路由。

说明 以上有关 AS_Path 属性、AS 路径过滤器、团体属性和团体属性过滤器在 BGP 路由发布和接收时的单独应用配置方法参见第 14 章。

5. 扩展团体属性过滤器

扩展团体属性过滤器（Extcommunity Filter）是将 BGP 中的扩展团体属性作为匹配条件的过滤器，**专用于 VPN 网络中的 BGP 路由过滤，可在路由策略中调用，也可在 VPN 配置中利用 VPN Target 区分路由时单独使用**。

BGP 的扩展团体属性常用的有两种。

（1）VPN-Target 扩展团体属性

VPN Target 属性主要用来控制 VPN 实例之间的路由学习，实现不同 VPN 实例之间的隔离。VPN Target 属性分为出方向和入方向，PE 在发布 VPNv4 或 VPNv6 路由到远端的 MP-BGP 对等体时，会携带出方向 VPN Target 属性。远端 MP-BGP 对等体收到 VPNv4 或 VPNv6 路由后，会根据本地 VPN 实例的入方向 VPN Target 属性是否与路由所携带的 VPN Target 匹配，来决定哪些路由能被复制到本地 VPN 实例的路由表中。

（2）SoO（Source of Origin）扩展团体属性

VPN 某站点（Site）有多个 CE 接入不同的 PE 时，从 CE 发往 PE 的路由可能经过 VPN 骨干网，又回到了该站点，这样很可能会引起 VPN 站点内的路由循环。此时，针对 VPN 站点配置 SoO 属性可以区分来自不同 VPN 站点的路由，避免路由循环。

6. RD 属性过滤器

RD 团体属性过滤器（Route Distinguisher Filter）是将 VPN 中的 RD 属性作为匹配条件的过滤器，**可在路由策略中调用，也可在 VPN 配置中利用 RD 属性区分路由时单独使用**。VPN 实例通过路由标识符 RD 实现地址空间独立，区分使用相同地址空间的 IPv4 和 IPv6 前缀。

说明 以上 VPN-Target 扩展团体属性、SoO 扩展团体属性和 RD 属性均是 MPLS VPN 中使用的，具体介绍请参见《华为 MPLS 技术学习指南》和《华为 MPLS VPN 学习指南》两本书。

7. 路由策略

路由策略是一种比较复杂的过滤器，它不仅可以匹配给定路由信息的某些属性，还可以在条件满足时改变路由信息的属性。路由策略可以使用前面 6 种过滤器定义自己的匹配规则，具体参见上节的介绍。

15.1.3 路由策略过滤器比较及策略工具调用关系

15.1.2 节介绍的 7 种过滤器的综合比较见表 15-2。其中，ACL、地址前缀列表、AS 路径过滤器、团体属性过滤器、扩展团体属性过滤器和 RD 属性过滤器单独使用时**只能对路由进行过滤，不能修改通过过滤的路由的属性**。而路由策略是一种综合过滤器，它可以使用 ACL、地址前缀列表、AS 路径过滤器、团体属性过滤器、扩展团体属性过滤器和 RD 属性过滤器这 6 种过滤器作为匹配条件来对路由进行过滤，并且可以修改通过过滤的路由的属性。

表 15-2 7 种过滤器的比较

过滤器	应用范围	匹配条件
ACL	各动态路由协议	入接口、源或目的地址、协议类型、源或目的端口号
地址前缀列表	各动态路由协议	源地址、目的地址、下一跳
AS 路径过滤器	BGP	AS 路径属性
团体属性过滤器	BGP	团体属性
扩展团体属性过滤器	MPLS VPN	扩展团体属性
RD 属性过滤器	MPLS VPN	RD 属性
路由策略	各动态路由协议	目的地址、下一跳、度量值、接口信息、路由类型、ACL、地址前缀列表、AS 路径过滤器、团体属性过滤器、扩展团体属性过滤器和 RD 属性过滤器等

在路由策略实现中，除了过滤器外，还需要一些调用策略的工具。图 15-2 说明了这些工具之间的调用关系。

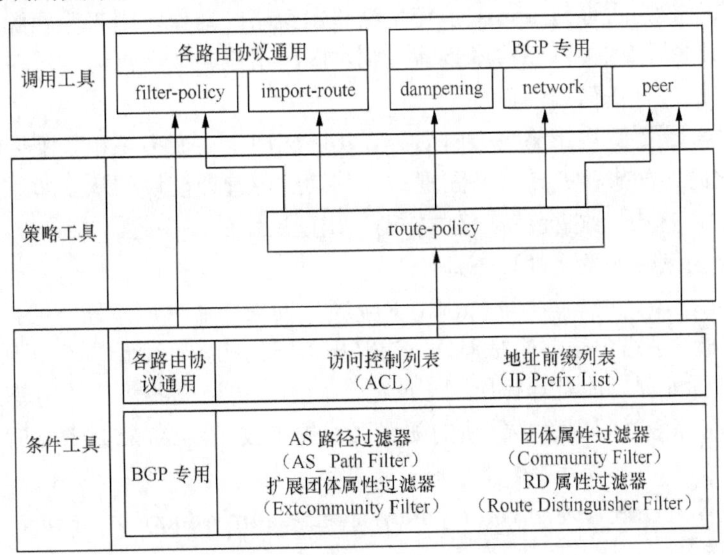

图 15-2 路由策略各工具之间的调用关系

图 15-2 中的这些与路由策略相关的工具可分成以下 3 类。

■ 条件工具：用于把需要的路由“抓取”出来。

■ 策略工具：用于把“抓取”出来的路由执行某个动作，比如允许、拒绝、修改属性值等。

■ 调用工具：通过对应的命令将路由策略应用到某个具体的路由协议里面，使其生效。

在实际应用中，为了达到控制路由的目的，需要路由策略的不同工具之间组合使用。调用工具中的 filter-policy 和 peer 有自带策略工具的功能，因此这两者又可以直接调用条件工具。其他的调用工具都必须通过 route-policy 来间接地调用条件工具。peer 不能调用 ACL，可以调用其他的所有条件工具。

15.1.4 路由策略配置任务

在路由策略配置中，主要包括以下 4 大配置任务。

① 配置要使用的对应过滤器。路由策略过滤器包括 ACL、地址前缀列表、AS 路径过滤器、团体属性过滤器、扩展团体属性过滤器和 RD 属性过滤器，可选择其中的一种或多种。

②（可选）创建一个路由策略，并通过 **if-match** 子句调用第一项配置任务中所配置的对应过滤器，定义路由策略所需匹配的条件。可以在以下情况下应用带 **if-match** 子句的路由策略：

■ 在路由引入时使用；

■ 在路由发布和路由接收时使用；

■ VPN 中通过 RT 属性和 RD 属性过滤时使用。

如果不配置本步骤，则表示所有路由在对应路由策略节点匹配成功，直接按照节点的匹配模式进行处理。

③（可选）最后可通过 **apply** 子句定义路由策略的动作，用来为匹配成功的路由设置对应的路由属性。如果不配置本步骤，则对应路由策略节点仅起过滤路由的作用，不会对通过的路由进行任何属性设置。

④（可选）配置路由策略生效时间。在实际应用中，当多条相互配合的路由策略的配置发生变化时，如果每完成一条配置， RM（路由管理模块）就立即通知各协议重新应用策略 ，不完整的策略会造成路由振荡，引起网络的不稳定。

设备对路由策略的变化处理规则如下。

■ 缺省情况下，路由策略变化后，RM 将立即通知协议应用新策略。

■ 如果配置了路由策略生效时间，当路由策略的相关命令配置变化后，RM 并不立即通知协议进行处理，而是等待所配置的时长，然后再通知各协议应用变化后的策略。

■ 如果在等待时间内路由策略的配置又发生了改变，RM 将重置定时器，重新开始计时。

可以根据实际情况，使用 **route-policy-change notify-delay** *delay-time* 命令选择延迟等待时间的长短。

15.2　配置路由策略过滤器

本章仅介绍常用的地址前缀列表、AS 路径过滤器、团体属性过滤器的配置。有关 ACL（路由策略中仅可使用基本 ACL）的配置方法参见配套图书《华为交换机学习指南》（第二版）。

15.2.1　配置地址前缀列表

当需要根据路由的目的地址控制路由的发布和接收时，可配置地址前缀列表。地址前缀列表可以单独使用，即可以不在路由策略 **if-match** 语句中被调用。

地址前缀列表过滤路由的原则可以总结为：顺序匹配、唯一匹配、缺省拒绝。

■ 顺序匹配：按索引号从小到大顺序进行匹配。同一个地址前缀列表中的多条表项设置不同的索引号，可能会有不同的过滤结果，实际配置时需要注意。

■ 唯一匹配：待过滤路由只要与一个表项匹配，就不会再去尝试匹配其他的表项。

■ 缺省拒绝：**未与任何一个表项匹配的路由都缺省为未通过地址前缀列表的过滤，即相当于在列表最后隐含了一条“拒绝所有”的表项**。因此在一个地址前缀列表中仅创建了一个或多个 **deny** 模式的表项后，需要创建一个 **permit** 表项来允许所有其他路由通过，否则所有路由均被 deny。

1. 地址前缀列表与 ACL 的区别

ACL 和地址前缀列表都可以对路由进行筛选，ACL 在匹配路由时只能匹配目的网络地址，但无法匹配掩码（地址前缀长度，**ACL 后跟的是通配符，而不是掩码**）。而地址前缀列表比 ACL 更为灵活，可以匹配路由的网络地址及掩码（或地址前缀），或掩码（或地址前缀）长度范围，增强了路由匹配的精确度。

如图 15-3 所示，SwitchB 上有 2 条静态路由，如果只想将 192.168.0.0/16 这 1 条路由引入 OSPF 中，该怎么配置呢？

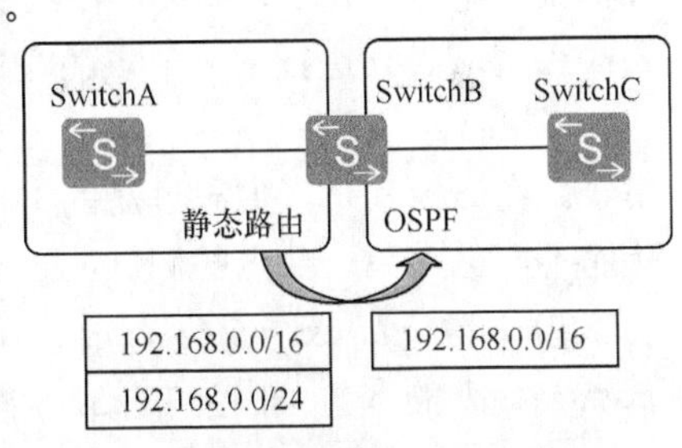

图 15-3　利用地址前缀地址列表过滤路由的示例

如果用 **rule permit source** 192.168.0.0 0.0.255.255 这条 ACL 规则作为引入到 OSPF 进程的路由过滤，会发现有 2 条 192.168.0.0 网段的路由，说明 2 条路由都被引入了。这是由于 ACL 规则中的 0.0.255.255 实际上是通配符，而不是掩码长度。

所谓通配符，就是指换算成二进制后，通配符中的“0”表示必须要与网络地址中匹配的位，“1”表示不需要与网络地址匹配的位。如 192.168.0.0 0.0.255.255 则表示匹配的网络地址为 192.168.0.0～192.168.255.255，而 192.168.0.0/16 和 192.168.0.0/24 都能成功匹配 ACL 2001（因为通配符 0.0.255.255 表示路由目的地址只需匹配命令中网络地址的最高两个字节 192.168 就行了），因此这 2 条路由匹配了 OSPF 路由引入的路由策略，都被引入了。ACL 无法实现只匹配 192.168.0.0/16 或者只匹配 192.168.0.0/24，**ACL 只能匹配网络地址，无法匹配掩码**。

用地址前缀列表就可以轻松地对引入的路由进行过滤，如前面仅需要引入192.168.0.0/16 这条路由(不引入 192.168.0.0/24 路由)。此时只需配置：**ip ip-prefix huawei index** 10 **permit** 192.168.0.0 16 表项即可。因为在地址前缀列表中明确指定了路由目的网络的掩码长度为 16，所以最终只会允许 16 位掩码的 192.168.0.0/16 路由通过，而过滤掉192.168.0.0/24 这条路由。

另外，地址前缀列表与 ACL 的区别还体现在：地址前缀列表仅可根据报文 IP 地址进行过滤（即仅可过滤 IP 报文），ACL 还可以根据 MAC 地址进行过滤（即可过滤二层数据帧），甚至用户报文的内容（即根据应用层内容进行过滤）。

2. 配置地址前缀列表

配置 IPv4 地址前缀列表的方法是在系统视图下使用 **ip ip-prefix** *ip-prefix-name* [**index** *index-number*] { **permit** | **deny** } *ipv4-address mask-length* [**match-network**] [**greater-equal** *greater-equal-value*] [**less-equal** *less-equal-value*]命令。

配置 IPv6 地址前缀列表的方法是在系统视图下使用 **ip ipv6-prefix** *ipv6-prefix-name* [**index** *index-number*] { **permit** | **deny** } *ipv6-address prefix-length* [**match-network**] [**greater-equal** *greater-equal-value*] [**less-equal** *less-equal-value*]命令。

以上两命令中的参数和选项说明如下。

① *ip-prefix-name*、*ipv6-prefix-name*：指定地址前缀列表名称，唯一标识一个 IPv4 或 IPv6 地址前缀列表，为 1～169 个字符，区分大小写，不支持空格。

② *index-number*：可选参数，标识地址前缀列表中的一条匹配条件的索引号，取值范围为 1～4 294 967 295 的整数。缺省情况下，该序号值按照配置先后顺序依次递增，每次加 10，第一个序号值为 10，值越小越优先被匹配。同一个名称的地址前缀列表最多可支持配置 65 535 个索引号。

③ **permit**：二选一选项，指定由参数 *index-number* 标识的匹配条件的匹配模式为允许模式。在该模式下，如果过滤的 IP 地址在定义的范围内，则通过过滤，进行相应的设置；否则，必须进行下一节点的测试。

④ **deny**：二选一选项，指定由参数 *index-number* 标识的匹配条件的匹配模式为拒绝模式。在该模式下，如果过滤的 IP 地址在定义的范围内，则该 IP 地址不能通过过滤，从而不能进入下一节点的测试；否则，将进行下一节点的测试。

⑤ *ipv4-address mask-length*：指定用来进行路由匹配的网络 IP 地址和掩码长度，*mask-length* 的取值范围为 0～32。如果将本参数指定为 0.0.0.0 0，则代表所有路由。

⑥ *ipv6-address prefix-length*：指定用来进行路由匹配的 IPv6 地址和前缀长度。如果指定::，则表示匹配全零地址。前缀长度为整数形式，取值范围为 0～128。如果使用:: 0 less-equal 128，则表示匹配所有 IPv6 地址。

⑦ **match-network**：可选项，指定匹配网络地址，仅在 *ipv4-address* 参数值为 0.0.0.0 时才可以配置，用来匹配指定网络地址的路由。例如：**ip ip-prefix** prefix1 **permit** 0.0.0.0 8 可以匹配掩码长度为 8 的所有路由；而 **ip ip-prefix** prefix1 **permit** 0.0.0.0 8 **match-network** 可以匹配目的 IP 地址在 0.0.0.1～0.255.255.255 范围内的所有路由。

说明 一般情况下，IP 地址的网络 ID 不能为 0，但是在华为产品中可以支持网络 ID 为

0，而主机 ID 不为 0 的 IP 地址。这种 IP 地址需要特殊的系统提供支持，所以此可选项实际上极少使用。

⑧ **greater-equal** *greater-equal-value*：可选参数，指定掩码（或前缀）长度可以匹配范围的下限（也即最小长度）。

■ IPv4 地址前缀列表中的取值限制为 *mask-length*≤*greater-equal-value*≤*less-equal-value*≤32。如果没有配置下面将要介绍的 **less-equal** *less-equal-value* 可选参数，则路由的掩码长度范围可在 *greater-equal-value* 和 32 之间，相当于 *less-equal-value* 等于 32。如果同时不配置 **greater-equal** *greater-equal-value* 和 **less-equal** *less-equal-value* 可选参数，则仅匹配 *mask-length* 参数指定的掩码长度路由。

■ IPv6 地址前缀列表中的取值限制为 *prefix-length*≤*greater-equal-value*≤*less-equal-value*≤128。如果没有配置下面将要介绍的 **less-equal** *less-equal-value* 可选参数，则路由的掩码长度范围可在 *greater-equal-value* 和 128 之间，相当于 *less-equal-value* 等于 128。如果同时不配置 **greater-equal** *greater-equal-value* 和 **less-equal** *less-equal-value* 可选参数，则仅匹配 *prefix-length* 参数指定的前缀长度路由。

⑨ **less-equal** *less-equal-value*：可选参数，指定掩码（或前缀）长度匹配范围的上限（即最大长度）。

■ 在 IPv4 地址前缀列表中的取值限制为 *mask-length*≤*greater-equal-value*≤*less-equal-value*≤32。如果没有配置 **greater-equal** *greater-equal-value* 可选参数，则掩码长度范围在 *mask-length* 和 *less-equal-value* 之间，相当于 *greater-equal-value* 等于 *mask-length*。如果同时不配置 **greater-equal** *greater-equal-value* 和 **less-equal** *less-equal-value*，则使用 *mask-length* 作为掩码长度的路由。

■ 在 IPv6 地址前缀列表中的取值限制为 *prefix-length*≤*greater-equal-value*≤*less-equal-value*≤128。如果没有配置 **greater-equal** *greater-equal-value* 可选参数，则掩码长度范围在 *prefix-length* 和 *less-equal-value* 之间，相当于 *greater-equal-value* 等于 *prefix-length*。如果同时不配置 **greater-equal** *greater-equal-value* 和 **less-equal** *less-equal-value*，则使用 *prefix-length* 作为前缀长度的路由。

【经验之谈】在配置 IPv4 或 IPv6 地址前缀时，要注意以下几个方面。

■ 如果指定 *ipv4-address mask-length* 为 0.0.0.0 0，则只匹配缺省路由；如果指定 *ipv6-address prefix-length* 为:: 0，则只匹配 IPv6 缺省路由。

■ 如果指定的 IPv4 地址前缀范围为 0.0.0.0 0 **less-equal** 32，则匹配所有路由；如果指定的 IPv6 地址前缀范围为:: 0 **less-equal** 128，则匹配所有 IPv6 路由。

■ 如果不配置 **greater-equal** 和 **less-equal**，则进行精确匹配，即只匹配掩码长度为 *mask-length*（IPv4 地址前缀列表）或 *prefix-length*（IPv6 地址前缀列表）的路由。

■ 如果只配置 **greater-equal**，则匹配的掩码长度范围为[*greater-equal-value*，32]（IPv4 地址前缀列表）或[*greater-equal-value*，128]（IPv6 地址前缀列表）。

■ 如果只配置 **less-equal**，则匹配的掩码长度范围为[*mask-length*，*less-equal-value*]。

■ 如果同时配置 **greater-equal** 和 **less-equal**，则匹配的掩码长度范围为[*greater-equal-value*，*less-equal-value*]。

■ 因为地址前缀列表采用缺省拒绝的匹配原则，如果地址前缀列表中的所有条件都

是 **deny** 模式，则任何路由都不能通过该过滤列表。这种情况下，建议在多条 **deny** 模式的条件后定义一条 **permit** 0.0.0.0 0 **less-equal** 32（IPv4 地址前缀列表）或 **permit** :: **less-equal** 128（IPv4 地址前缀列表）条件，允许其他所有 IPv4 或 IPv6 路由信息通过。

缺省情况下，系统中无 IPv4 或 IPv6 地址前缀列表，可用 **undo ip ip-prefix** *ip-prefix-name* [**index** *index-number*] 或 **undo ip ipv6-prefix** *ipv6-prefix-name* [**index** *index-number*] 命令删除指定的 IPv4 或 IPv6 地址前缀列表。

用户下发地址前缀列表配置后，设备会对所下发的参数进行有效性检查和处理，生成一个最终用于路由匹配的 IP 地址。

- 在 IPv4 地址前缀列表中，最终生成的表项 IP 地址（*ipv4-address*）参数部分是用户指定的 *ipv4-address* 和 *mask-length* 进行逻辑“与”运算后的结果。例如：如果指定 *ipv4-address mask-length* 为 1.1.1.1 24，则实际生成的配置为 1.1.1.0 24，1.1.1.0 为 1.1.1.1 & 0XFFFFFF00 之后的结果。
- 在 IPv6 地址前缀列表中，最终生成的表项 IP 地址（*ipv6-address*）参数部分是用户指定的 *ipv6-address* 和 *prefix-length* 进行逻辑“与”运算后的结果。例如：如果指定 *ipv6-address prefix-length* 为 1::1 64，则实际生成的配置为 1:: 64，1::为 1::1& 0xFFFF:FFFF:FFFF:FFFF::之后的结果。

配置完成后，可执行 **display ip ip-prefix** [*ip-prefix-name*]任意视图命令，查看 IPv4 地址前缀列表的详细配置信息。可执行 **display ip ipv6-prefix** [*ipv6-prefix-name*] 任意视图命令，查看 IPv6 地址前缀列表的详细配置信息。也可通过 **reset ip ip-prefix** [*ip-prefix-name*]、**reset ip ipv6-prefix** [*ip-prefix-name*]用户视图命令清除 IPv4 或 IPv6 地址前缀列表的统计数据。

15.2.2 地址前缀列表的应用情形

地址前缀的配置看起来比较简单，只一条命令，但因为一个地址表项中可以包括多个节点，配置多条匹配规则，还可以指定用于匹配的掩码或前缀长度范围，所以最终的匹配结果得出往往比较复杂。如果同一个 IP 地址前缀列表可包含多个匹配条件，一个条件指定一个地址前缀范围。此时，多个条件之间是逻辑“或”的关系，**即只要匹配了对应地址前缀列表中的一个条件即认为符合该地址前缀列表的过滤条件。**

现假如有如下 5 条 IPv4 路由：1.1.1.1/24、1.1.1.1/32、1.1.1.1/26、2.2.2.2/24 和 1.1.1.2/16，下面看看使用不同的 IPv4 地址前缀列表配置情形后，这 5 条 IPv4 路由的最终过滤效果，具体见表 15-3。

表 15-3　IPV4 地址前缀列表匹配示例

序号	命令	匹配结果	匹配结果说明
Case1	**ip ip-prefix** aa **index** 10 **permit** 1.1.1.1 24	路由 1.1.1.1/24 permit，其他都 deny	这属于单节点的精确匹配情形，只有目的地址、掩码与表项中完全相同的路由才会匹配成功。本示例中节点的匹配模式为 **permit**，所以 5 条路由中只有 1.1.1.1/24 路由被 **permit**，属于匹配成功且被 permit。另据缺省拒绝原则，其他路由由于未匹配成功被 **deny**

续表

序号	命令	匹配结果	匹配结果说明
Case2	**ip ip-prefix** aa **index** 10 **deny** 1.1.1.1 24	路由全部被 deny	这也属于单节点的精确匹配情形，但表项中节点的匹配模式为 **deny**，所以 1.1.1.1/24 路由被 deny，属于匹配成功但被 deny。另据缺省拒绝原则，其他路由则属于未匹配成功被缺省 deny
Case3	**ip ip-prefix** aa **index** 10 **permit** 1.1.1.1 24 **less-equal** 32	路由 1.1.1.1/24、1.1.1.1/32、1.1.1.1/26 被 permit，其他路由被 deny	这依然属于单节点的精确匹配情形，表项中节点的匹配模式为 **permit**，但同时定义了 **less-equal** 等于 32，也就是说前缀为 1.1.1.0，掩码范围在 24～32 之间的路由（包括 1.1.1.1/24、1.1.1.1/26 和 1.1.1.1/32 这 3 条路由）都会被 permit。另据缺省拒绝原则，其他路由则属于未匹配成功被缺省 deny
Case4	**ip ip-prefix** aa **index** 10 **permit** 1.1.1.0 24 **greater-equal** 24 **less-equal** 32	路由 1.1.1.1/24、1.1.1.1/32、1.1.1.1/26 被 permit，其他路由被 deny	这依然属于单节点的精确匹配情形，表项中节点的匹配模式为 **permit**，但同时配置了 greater-equal 等于 24，less-equal 等于 32，也就是说前缀为 1.1.1.0，掩码范围在 24～32 之间的路由都会被 permit，等效于 Case3。另据缺省拒绝原则，其他路由则属于未匹配成功被缺省 deny
Case5	**ip ip-prefix** aa **index** 10 **permit** 1.1.1.1 24 **greater-equal** 26	路由 1.1.1.1/32、1.1.1.1/26 被 permit，其他路由被 deny	这依然属于单节点的精确匹配情形，表项中节点的匹配模式为 **permit**，但同时配置了 greater-equal 等于 26，也就是说前缀为 1.1.1.0，掩码范围在 26～32 之间的路由（包括 1.1.1.1/26 和 1.1.1.1/32 这两条路由）都会被 permit。另据缺省拒绝原则，其他路由则属于未匹配成功被缺省 deny
Case6	**ip ip-prefix** aa **index** 10 **permit** 1.1.1.1 24 **greater-equal** 26 **less-equal** 32	路由 1.1.1.1/32、1.1.1.1/26 被 permit，其他路由被 deny	这依然属于单节点的精确匹配情形，节点的匹配模式为 **permit**，但同时配置了 greater-equal 等于 26，less-equal 等于 32，也就是说前缀为 1.1.1.0，掩码范围在 26～32 之间的路由都会被 permit，等效于 Case5。另据缺省拒绝原则，其他路由则属于未匹配成功被缺省 deny
Case7	**ip ip-prefix** aa **index** 10 **deny** 1.1.1.1 24 **ip ip-prefix** aa **index** 20 **permit** 1.1.1.1 32	路由 1.1.1.1/32 被 permit，其他路由都被 deny	这属于多节点的精确匹配情形。表项中有两个节点，路由 1.1.1.1/24 在匹配 index 10 时满足匹配条件，节点匹配模式是 **deny**，根据唯一匹配原则，属于匹配成功但被 deny；路由 1.1.1.1/32 在匹配 index 10 时不满足匹配条件，然后根据顺序匹配原则继续匹配 index 20，此时匹配成功，且 index 20 的匹配模式是 permit，属于匹配成功并被 permit。另据缺省拒绝原则，其他路由则属于未匹配成功被缺省 deny
Case8	**ip ip-prefix** aa **index** 10 **permit** 0.0.0.0 8 **less-equal** 32	路由 1.1.1.1/24、1.1.1.1/32、1.1.1.1/26、2.2.2.2/24 和 1.1.1.2/16 都被 permit	这属于单节点通配地址匹配情形。当前缀为 0.0.0.0 时，可以在其后指定掩码以及掩码范围，不论掩码指定为多少，都表示掩码长度范围内的所有路由全部被 permit 或 deny。本示例中，greater-equal 等于 8，less-equal 等于 32，又由于地址前缀为 0.0.0.0（为通配地址），节点的模式是 permit，所以所有掩码长度在 8～32 的路由（5 条路由均在此范围内）都被 permit

续表

序号	命令	匹配结果	匹配结果说明
Case9	**ip ip-prefix** aa **index** 10 **deny** 0.0.0.0 24 **less-equal** 32 **ip ip-prefix** aa **index** 20 **permit** 0.0.0.0 0 **less-equal** 32	路由 1.1.1.2/16 被 permit，其他路由都被 deny	这属于多节点通配地址匹配情形。对于 index 10，greater-equal 等于 24，less-equal 等于 32，由于 0.0.0.0 为通配地址，又由于节点的匹配模式是 deny，所有掩码长度在 24～32 的路由（包括 1.1.1.1/24、1.1.1.1/26、1.1.1.1/32 和 2.2.2.2/24 这 4 条路由）全部被 deny。1.1.1.2/16 由于不匹配 index 10，继续进行 index 20 的匹配。对于 index 20，greater-equal 等于 0，less-equal 等于 32，由于 0.0.0.0 为通配地址，又由于节点的匹配模式是 permit，所以 1.1.1.2/16 属于可以匹配上被 permit
Case10	**ip ip-prefix** aa **index** 10 **deny** 2.2.2.2 24 **ip ip-prefix** aa **index** 20 **permit** 0.0.0.0 0 **less-equal** 32	除路由 2.2.2.2/24 外的其他路由都被 permit	这属于式节点混合匹配情形。对于 index 10，符合条件的路由 2.2.2.2/24 被 deny。其他路由不匹配 index 10，将进行 index 20 的匹配，由于都可以匹配上所以都被 permit

以上介绍的是 IPv4 地址前缀列表的不同匹配情形，现假如有如下 5 条 IPv6 路由：1::1/96、1::1/128、1::1/100、2::2/96 和 1::2/64，下面查看使用不同的 IPv6 地址前缀列表配置的情形，这 5 条路由的最终过滤效果，具体见表 15-4。

表 15-4　　IPv6 地址前缀列表匹配示例

序号	命令	匹配结果	匹配结果说明
Case1	**ip ipv6-prefix** aa **index** 10 **permit** 1::1 96	路由 1::1/96 permit，其他都 deny	这属于单节点的精确匹配情形，只有目的地址、掩码完全相同的路由才会匹配成功。本示例中节点的匹配模式为 permit，所以路由 1::1/96 被 permit，属于匹配成功并被 permit。另据缺省拒绝原则，其他路由由于未匹配成功被 deny
Case2	**ip ipv6-prefix** aa **index** 10 **deny** 1::1 96	路由全部被 deny	这也属于单节点的精确匹配情形，但节点的匹配模式为 deny，所以路由 1::1/96 被 deny，属于匹配成功但被 deny。另据缺省拒绝原则，其他路由则属于未匹配成功被缺省 deny
Case3	**ip ipv6-prefix** aa **index** 10 **permit** 1::1 96 **less-equal** 128	路由 1::1/96、1::1/128、1::1/100 被 permit，其他路由被 deny	这依然属于单节点的精确匹配情形，节点的匹配模式为 permit，同时定义了 less-equal 等于 128，也就是说前缀为 1::，掩码范围在 96～128 之间的路由（包括 1::1/96、1::1/128、1::1/100 这 3 条路由）都会被 permit。另据缺省拒绝原则，其他路由则属于未匹配成功被缺省 deny
Case4	**ip ipv6-prefix** aa **index** 10 **permit** 1::1 96 **greater-equal** 96 **less-equal** 128	路由 1::1/96、1::1/128、1::1/100 被 permit，其他路由被 deny	这依然属于单节点的精确匹配情形，节点的匹配模式为 permit，由于 greater-equal 等于 96，less-equal 等于 128，也就是说前缀为 1::，掩码范围在 96～128 之间的路由都会被 permit，等效于 Case3。另据缺省拒绝原则，其他路由则属于未匹配成功被缺省 deny

续表

序号	命令	匹配结果	匹配结果说明
Case5	**ip ipv6-prefix** aa **index** 10 **permit** 1::1 96 **greater-equal** 100	路由 1::1/128、1::1/100 被 permit，其他路由被 deny	这依然属于单节点的精确匹配情形，节点的匹配模式为 permit，由于 greater-equal 等于 100，也就是说前缀为 1::，掩码范围在 100～128 之间的路由（包括 1::1/100 和 1::1/128 这两条路由）都会被 permit。另据缺省拒绝原则，其他路由则属于未匹配成功被缺省 deny
Case6	**ip ipv6-prefix** aa **index** 10 **permit** 1::1 96 **greater-equal** 100 **less-equal** 128	路由 1::1/128、1::1/100 被 permit，其他路由被 deny	这依然属于单节点的精确匹配情形，节点的匹配模式为 permit，由于 greater-equal 等于 100，less-equal 等于 128，也就是说前缀为 1::，掩码范围在 100～128 之间的路由都会被 permit，等效于 Case5。另据缺省拒绝原则，其他路由则属于未匹配成功被缺省 deny
Case7	**ip ipv6-prefix** aa **index** 10 **deny** 1::1 96 **ip ipv6-prefix** aa **index** 20 **permit** 1::1 128	路由 1::1/128 被 permit，其他路由都被 deny	这属于多节点的精确匹配情形。路由 1::1/96 在匹配 index 10 时满足匹配条件，但匹配模式是 deny，根据唯一匹配原则，属于匹配成功但被 deny；路由 1::1/128 在匹配 index 10 时不满足匹配条件，继续匹配 index 20，此时匹配成功，且 index 20 的匹配模式是 permit，属于匹配成功并被 permit。另据缺省拒绝原则，其他路由则属于未匹配成功被缺省 deny
Case8	**ip ipv6-prefix** aa **index** 10 **permit** :: 64 **less-equal** 128	路由 1::1/96、1::1/128、1::1/100、2::2/96 和 1::2/64 都被 permit	这属于单节点通配地址匹配情形。当前缀为:: 时，可以在其后指定掩码以及掩码范围，不论掩码指定为多少，都表示掩码长度范围内的所有路由全部被 permit 或 deny。本示例中，greater-equal 等于 64，less-equal 等于 128，由于前缀地址为::（为通配地址），又由于节点的匹配模式是 permit，所以所有掩码长度在 64～128 的路由（所有 5 条路由）都被 permit
Case9	**ip ipv6-prefix** aa **index** 10 **deny** :: 96 **less-equal** 128 **ip ipv6-prefix** aa **index** 20 **permit** :: 0 **less-equal** 128	路由 1::2/64 被 permit，其他路由都被 deny	这属于多节点通配地址匹配情形。对于 index 10，greater-equal 等于 96，less-equal 等于 128，由于地址前缀为::（为通配地址），所有掩码长度在 96～128 的路由（包括 1::1/96、1::1/128、1::1/100 和 2::2/96 这 4 条路由）全部被 deny。1::2/64 由于不匹配 index 10，将进行 index 20 的匹配，对于 index 20，greater-equal 等于 0，less-equal 等于 128，由于地址前缀为通配地址，所以 1::2/64 属于可以匹配上被 permit
Case10	**ip ipv6-prefix** aa **index** 10 **deny** 2::2 96 **ip ipv6-prefix** aa **index** 20 **permit** :: 0 **less-equal** 128	匹配结果：除路由 2::2/96 外的其他路由都被 permit	这属于多节点混合匹配情形。对于 index 10，符合条件的路由 2::2/96 被 deny。其他路由不匹配 index 10，将进行 index 20 的匹配，由于都可以匹配上所以都被 permit

15.2.3　地址前缀列表的通配地址匹配原则

在 IPv4 地址前缀列表中，如果对用户下发的参数进行有效性检查和处理后生成的

IP 地址（*ipv4-address*）为 0.0.0.0（由 *ipv4-address* 和 *mask-length* 进行逻辑“与”运算得出），那么匹配的地址为通配地址。此时，通配地址匹配路由原则见表 15-5。

表 15-5 IPv4 地址前缀列表通配地址匹配路由原则

*greater-equal*和*less-equal* 参数	条件	匹配结果	配置示例
处理后的配置中不包含 *greater-equal* 和 *less-equal* 参数	处理后 *ipv4-address* 和 *mask-length* 参数均为 0.0.0.0 和 0	只匹配缺省路由	处理前： **ip ip-prefix** aa **index** 10 **permit** 1.1.1.1 0。 处理后： **ip ip-prefix** aa **index** 10 **permit** 0.0.0.0 0。 匹配结果：只有缺省路由被 permit
	处理后 *ipv4-address* 和 *mask-length* 参数分别为 0.0.0.0 和 *x*(其中 *x* 不等于 0)	匹配掩码长度为 *x* 的所有路由	处理前： **ip ip-prefix** aa **index** 10 **permit** 0.0.1.1 16。 处理后： **ip ip-prefix** aa **index** 10 **permit** 0.0.0.0 16。 匹配结果：掩码长度为 16 的路由被 permit
处理后的配置中包含 *greater-equal* 参数，但不包含 *less-equal* 参数	处理后 *ipv4-address* 和 *mask-length* 参数均为 0.0.0.0 和 0	匹配掩码长度为 greater-equal～32 的所有路由	处理前： **ip ip-prefix** aa **index** 10 **permit** 1.1.1.1 0 **greater-equal** 16。 处理后： **ip ip-prefix** aa **index** 10 **permit** 0.0.0.0 0 **greater-equal** 16 **less-equal** 32。 匹配结果：掩码长度为 16～32 的路由被 permit
	处理后 *ipv4-address* 和 *mask-length* 参数分别为 0.0.0.0 和 *x*(其中 *x* 不等于 0)	匹配掩码长度为 greater-equal～32 的所有路由（等效上一情形）	处理前： **ip ip-prefix** aa **index** 10 **permit** 0.0.1.1 16 **greater-equal** 20。 处理后： **ip ip-prefix** aa **index** 10 **permit** 0.0.0.0 16 **greater-equal** 20 **less-equal** 32。 匹配结果：掩码长度为 20～32 的路由被 permit
处理后的配置中不包含 *greater-equal* 参数，但包含 *less-equal* 参数	处理后 *ipv4-address* 和 *mask-length* 参数均为 0.0.0.0 和 0	匹配掩码长度为 0～less-equal 的所有路由	处理前： **ip ip-prefix** aa **index** 10 **permit** 1.1.1.1 0 less-equal 30。 处理后： **ip ip-prefix** aa **index** 10 **permit** 0.0.0.0 0 less-equal 30。 匹配结果：掩码长度为 0～30 的路由被 permit
	处理后 *ipv4-address* 和 *mask-length* 参数分别为 0.0.0.0 和 *x*(其中 *x* 不等于 0)	匹配码长度为 *x*～less-equal 的所有路由	处理前： **ip ip-prefix** aa **index** 10 **permit** 0.0.1.1 16 **less-equal** 30。 处理后： **ip ip-prefix** aa **index** 10 **permit** 0.0.0.0 16 **greater-equal** 16 **less-equal** 30。 匹配结果：掩码长度为 16～30 的路由被 permit

续表

*greater-equal*和*less-equal*参数	条件	匹配结果	配置示例
处理后的配置中同时包含 *greater-equa* 和 *less-equal* 参数	处理后 *ipv4-address* 和 *mask-length* 参数均为 0.0.0.0 和 0	匹配码长度为 greater-equal～less-equal 的所有路由	处理前： **ip** ip-prefix aa **index** 10 **permit** 1.1.1.1 0 **greater-equal** 5 **less-equal** 30。 处理后： **ip ip-prefix** aa **index** 10 **permit** 0.0.0.0 0 **greater-equal** 5 **less-equal** 30。 匹配结果：掩码长度为 5～30 的路由被 permit
	处理后 *ipv4-address* 和 *mask-length* 参数分别为 0.0.0.0 和 *x*（其中 *x* 不等于 0）	匹配码长度为 greater-equal ～ less-equal 的所有路由（等效上一情形）	处理前： **ip ip-prefix** aa **index** 10 **permit** 0.0.1.1 16 **greater-equal** 20 **less-equal** 30。 处理后： **ip ip-prefix** aa **index** 10 **permit** 0.0.0.0 16 **greater-equal** 20 **less-equal** 30。 匹配结果：掩码长度为 20～30 的路由被 permit

【经验之谈】根据逻辑“与”的运算法则知道，只要相与的两个数中的对应位为 0，则该位的运算结果一定为 0。所以要使地址前缀列表配置命令中的参数 *ipv4-address* 和 *mask-length* 进行逻辑与运算后的结果为 0.0.0.0，则存以下几种可能：

- 两个参数中的每位全为 0；
- 两个参数中的一个每位全为 0；
- 两个参数的每一对应位中至少有一个是 0，即可以都为 0，也可以一个是 0，一个是 1。如 *ipv4-address* 为 0.0.1.1，*mask-length* 为 16，都用 32 位二进制表示，然后进行逻辑“与”运算，结果就全为 0，如图 15-4 所示。

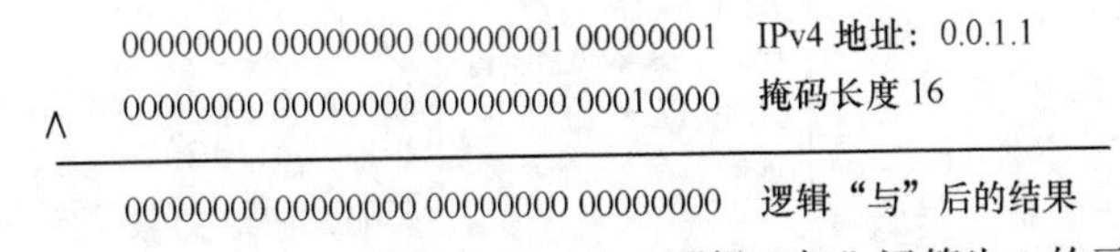

图 15-4 *ipv4-address* 和 *mask-length* 逻辑“与”运算为 0 的示例

有关逻辑“与”运算法则的详细介绍参见《深入理解计算机网络》（新版）一书。

在 IPv6 地址前缀列表中，如果对用户下发的参数进行有效性检查和处理后生成的 IP 地址（*ipv6-address*）参数部分为::（由 *ipv6-address* 和 *prefix-length* 进行逻辑“与”运算得出），那么匹配的地址为通配地址，通配地址匹配路由原则见表 15-6，总体与表 15-5 中 IPv4 地址前缀列表中的通配地址匹配原则类似。

表 15-6　**IPv6** 地址前缀列表通配地址匹配路由原则

greater-equal 和 *less-equal* 参数	条件	匹配结果	命令举例
处理后的配置中不包含 *greater-equal* 和 *less-equal* 参数	处理后 *ipv6-address* 和 *prefix-length* 参数为::和 0	只匹配 IPv6 缺省路由	处理前： **ip ipv6-prefix** aa **index** 10 **permit** 1::1 0。 处理后： **ip ipv6-prefix** aa **index** 10 **permit** :: 0。 匹配结果:只有 IPv6 缺省路由被 permit
	处理后 *ipv6-address* 和 *prefix-length* 参数为::和 *x*（其中 *x* 不等于 0）	匹配前缀长度为 *x* 的所有 IPv6 路由	处理前： **ip ipv6-prefix** aa **index** 10 **permit** ::1:1 96。 处理后： **ip ipv6-prefix** aa **index** 10 **permit** :: 96。 匹配结果：前缀长度为 96 的 IPv6 路由被 permit
处理后的配置中包含 *greater-equal* 参数，但不包含 *less-equal* 参数	处理后 *ipv6-address* 和 *prefix-length* 参数为::和 0	匹配前缀长度为 greater-equal～128 的所有 IPv6 路由	处理前： **ip ipv6-prefix** aa **index** 10 **permit** 1::1 0 **greater-equal** 16。 处理后：**ip ipv6-prefix** aa **index** 10 **permit** :: 0 **greater-equal** 16 **less-equal** 128。 匹配结果:前缀长度为 16～128 的 IPv6 路由被 permit
	处理后 *ipv6-address* 和 *prefix-length* 参数为::和 *x*（其中 *x* 不等于 0）	匹配前缀长度为 greater-equal～128 的所有 IPv6 路由	处理前： **ip ipv6-prefix** aa **index** 10 **permit** ::1:1 96 **greater-equal** 120。 处理后： **ip ipv6-prefix** aa **index** 10 **permit** :: 96 **greater-equal** 120 **less-equal** 128。 匹配结果：前缀长度为 120～128 的 IPv6 路由被 permit
处理后的配置中不包含 *greater-equal* 参数，但包含 *less-equal* 参数	处理后 *ipv6-address* 和 *prefix-length* 参数为::和 0	匹配前缀长度为 0～less-equal 的所有 IPv6 路由	处理前： **ip ipv6-prefix** aa **index** 10 **permit** 1::1 0 **less-equal** 120。 处理后： **ip ipv6-prefix** aa **index** 10 **permit** :: 0 **less-equal** 120。 匹配结果：前缀长度为 0～120 的 IPv6 路由被 permit
	处理后 *ipv6-address* 和 *prefix-length* 参数为::和 *x*（其中 *x* 不等于 0）	匹配前缀长度为 *x*～less-equal 的所有 IPv6 路由	处理前： **ip ipv6-prefix** aa **index** 10 **permit** ::1:1 96 **less-equal** 120。 处理后： **ip ipv6-prefix** aa **index** 10 permit :: 96 **greater-equal** 96 **less-equal** 120。 匹配结果：掩码长度为 96～120 的 IPv6 路由被 permit

续表

greater-equal 和 *less-equal* 参数	条件	匹配结果	命令举例
处理后的配置中包含 *greater-equal* 和 *less-equal* 参数	处理后 *ipv6-address* 和 *prefix-length* 参数为 :: 和 0	匹配前缀长度为 greater-equal～less-equal 的所有 IPv6 路由	处理前： **ip ipv6-prefix** aa **index** 10 **permit** 1::1 0 **greater-equal** 5 **less-equal** 30。 处理后： **ip ipv6-prefix** aa **index** 10 **permit** :: 0 **greater-equal** 5 **less-equal** 30。 匹配结果：前缀长度为 5～30 的 IPv6 路由被 permit
	处理后 *ipv6-address* 和 *prefix-length* 参数为 :: 和 *x*（其中 *x* 不等于 0）	匹配前缀长度为 greater-equal～less-equal 的所有 IPv6 路由	处理前： **ip ipv6-prefix** aa **index** 10 **permit** ::1:1 96 **greater-equal** 120 **less-equal** 124。 处理后： **ip ipv6-prefix** aa **index** 10 **permit** :: 96 **greater-equal** 120 **less-equal** 124。 匹配结果：前缀长度为 120～124 的 IPv6 路由被 permit

15.2.4　配置 AS 路径过滤器

AS 路径过滤器是利用 BGP 路由携带的 **AS-Path** 列表属性对路由进行过滤。AS_Path 属性按矢量顺序记录了某条路由从本地到目的地址所要经过的所有 AS 编号。在不希望接收某些 AS 的路由时，可以利用 AS 路径过滤器对携带这些 AS 号的路由进行过滤。当网络环境比较复杂时，如果利用 ACL 或者地址前缀列表过滤 BGP 路由，则需要定义多个 ACL 或者前缀列表，配置比较繁琐。这时也可以使用 AS 路径过滤器。

在 BGP 中配置 AS 路径过滤器的方法是在系统视图下配置 **ip as-path-filter** { *as-path-filter-number* | *as-path-filter-name* } { **deny** | **permit** } *regular-expression* 命令。这里涉及 AS 路径正则表达式，命令中的参数和选项说明如下。

① *as-path-filter-number*：二选一参数，指定 AS 路径过滤器号，取值范围为 1～256 的整数。

② *as-path-filter-name*：二选一参数，指定 AS 路径过滤器名称，1～51 个字符，区分大小写，不支持空格，**且不能都是数字**。

③ **deny**：二选一选项，指定 AS 路径过滤器的匹配模式为拒绝模式。

④ **permit**：二选一选项，指定 AS 路径过滤器的匹配模式为允许模式。

⑤ *regular-expression*：指定用于过滤 AS 路径的正则表达式，为 1～255 个字符。例如^200. *100$，表示匹配所有以 AS 200 开始、以 AS 100 结束的 AS 路径域。

缺省情况下，系统中无 AS 路径过滤器，可用 **undo ip as-path-filter** { *as-path-filter-number* | *as-path-filter-name* } [{ **deny** | **permit** } *regular-expression*]命令删除指定的 AS 路径过滤器。

【示例】创建序号为 3 的 AS 路径过滤器，不允许 AS_Path 中包含 30 的路由通过。

```
<HUAWEI> system-view
```

```
[HUAWEI] ip as-path-filter 3 deny _30_
[HUAWEI] ip as-path-filter 3 permit .*
```

完成配置后，可执行 **display ip as-path-filter** [*as-path-filter-number* | *as-path-filter-name*]命令查看已配置的 AS 路径过滤器信息。

说明 本命令配置的 AS 路径过滤器可以在 **peer** { *group-name* | *ipv4-address* } **as-path-filter** { *as-path-filter-number* | *as-path-filter-name* } { **import** | **export** }命令中直接被调用，应用于路由过滤，又可以在路由策略中作为 **if-match as-path-filter** 命令的过滤条件。

在同一个 AS 路径过滤器编号下，可以定义多条规则（Permit 或 Deny），**这些规则之间是“或”的关系**，即只要路由信息通过其中一项规则，就认为通过由该过滤器编号标识的这组 AS_Path 过滤器。

15.2.5 AS_Path 正则表达式的组成

AS_Path 属性实际上可以看作是一个包含空格的字符串，所以可以通过正则表达式来进行匹配。正则表达式就是用一个“字符串”来描述一个特征，然后去验证另一个“字符串”是否符合这个特征。BGP 的 AS_Path 过滤器主要是定义 AS_Path 正则表达式，然后去匹配 BGP 路由的 AS_Path 属性信息，从而实现对 BGP 路由信息的过滤。

正则表达式描述了一种字符串匹配的模式，由普通字符（例如字符 a～z）和特殊字符（或称“元字符”）组成。正则表达式作为一个模板，将某个字符模式与所搜索的字符串进行匹配。正则表达式一般具有以下功能。

① 检查字符串中符合某个规则的子字符串，并可以获取该子字符串。

② 根据匹配规则对字符串进行替换操作。

正则表达式由普通字符和特殊字符组成。

① 普通字符匹配的对象是普通字符本身。包括所有的大写和小写字母、数字、标点符号以及一些特殊符号。例如 a 匹配 abc 中的 a，202 匹配 202.113.25.155 中的 202，@匹配 xxx@xxx.com 中的@。

② 特殊字符配合普通字符匹配复杂或特殊的字符串组合。表 15-7 是对特殊字符及其语法意义的使用描述。

表 15-7 正则表达式特殊字符

特殊字符	功能	示例
^	匹配行首的位置	^10 匹配 10.10.10.1，不匹配 20.10.10.1
$	匹配行尾的位置	1$匹配 10.10.10.1，不匹配 10.10.10.2
*	匹配前面的字符或者子正则表达式（下面将介绍）0 次或多次	• 10*可以匹配 1、10、100、1 000、… • (10)*可以匹配空、10、1 010、101 010、…
+	匹配前面的字符或者子正则表达式 1 次或多次	• 10+可以匹配 10、100、1 000、… • (10)+可以匹配 10、1 010、101 010、…
?	匹配前面的字符或者子正则表达式 0 次或 1 次。但因为当前，在华为公司数据通信设备上输入？时，系统显示为命令行帮助功能，所以华为公司数据通信设备不支持正则表达式输入？特殊字符	• 10?可以匹配 1 或者 10 • (10)?可以匹配空或者 10

续表

特殊字符	功能	示例
.	匹配除“\n”之外任何单个字符，包括空格	• 0.0 可以匹配 0x0、020… • .oo.可以匹配 book、look、tool… .*表示匹配任意字符串，即 AS_Path 为任意，可以用来匹配所有路由
( )	一对圆括号内的正则表达式作为一个子正则表达式，匹配子表达式并获取这一匹配。圆括号内也可以为空	100(200)+可以匹配 100 200 100 200 200…
x|y	匹配 x 或 y	• 100|200 匹配 100 或者 200 • 1(2|3)4 匹配 124 或者 134，而不匹配 1 234、14、1 224、1 334
[xyz]	匹配正则表达式中包含的任意一个字符	[123]匹配 255 中的 2
[^xyz]	匹配正则表达式中未包含的字符	[^123]匹配除 123 之外的任何字符
[a-z]	匹配正则表达式指定范围内的任意字符	[0-9]匹配 0～9 之间的所有数字
[^a-z]	匹配正则表达式指定范围外的任意字符	[^0-9]匹配所有非数字字符
_	用来匹配输入字符串的开始位置、结束位置的字符，可以匹配的一个字符包括：逗号“,”、左大括号“{”、右大括号“}”、左圆括号“(”、右圆括号“)”，或者一个空格	_2008_可以匹配 2008、空格 2008 空格、空格 2008、2008 空格、2008
\	转义字符。将下一个或两个*之间的字符（特殊字符或者普通字符）标记为普通字符	*匹配*

下面是一些常用的 AS 路径正则表达式。

① ^$：表示匹配的字符串为空，即 AS_PATH 为空，表示只匹配本地路由。

② .* ：表示匹配任意字符串，即 AS_PATH 为任意，表示匹配所有路由。

③ ^100：表示匹配的字符串开始为 100，即 AS_PATH 最左边 AS 前 3 位（最后一个 AS）为 100，后面可能还有 AS，表示匹配由 AS100 发来的所有路由，包括从 AS100 始发和由 AS100 转发的路由。

④ ^100_：表示匹配的字符串开始为 100，后面为符号，即 AS_PATH 最左边 AS（最后一个 AS）为 100，后面一定还有其他 AS，表示匹配由 AS100 转发（路径中至少有两个 AS）的路由。比较前一个表达式^100 可以看出，“_”可以用来限制仅匹配由某 AS 转发的路由。

⑤ _100$：表示匹配的字符串最后为 100，即 AS_PATH 最右边 AS（起始 AS）为 100，表示匹配 AS100 始发的路由。

⑥ _100_：表示匹配的字符串中间有 100，即 AS_PATH 中间有 AS100，表示匹配经过 AS100，且在 AS 路径中，AS100 既不是第一个 AS，也不是最后一个 AS 的路由。

【示例 1】创建序号为 1 的 AS 路径过滤器，允许 AS 路径中以 10 开始的路由通过。

```
<Huawei> system-view
[Huawei] ip as-path-filter 1 permit ^10
```

【示例 2】创建序号为 2 的 AS 路径过滤器，允许 AS 路径中包含 20 的路由通过。

```
<Huawei> system-view
[Huawei] ip as-path-filter 2 permit [ 20 ]
```

【示例 3】创建序号为 3 的 AS 路径过滤器，不允许 AS 路径中包含 30 的路由通过。

```
<Huawei> system-view
[Huawei] ip as-path-filter 3 deny [ 30 ]
[Huawei] ip as-path-filter 3 permit .*
```

15.2.6 配置团体属性过滤器

团体属性可以标识具有相同特征（如来自或经过同一个或多个 AS，具有相同的 MED 属性，具有相同本地优先级属性等）的路由，而不用考虑零散路由前缀和繁多的 AS 号。团体属性过滤器与团体属性配合使用，可以在不便使用地址前缀列表和 AS 属性过滤器时降低路由管理的难度。

例如某公司一国外分部只需要接收国内总部和邻国分部的路由，不需要接收其他国外分部的路由。此时只需为各国分部分配不同的团体属性，就可以方便地实现路由管理，而不用考虑每个国家内零散的路由前缀和繁多的 AS 号。

1. Community 属性简介

团体是一个路由属性，在 BGP 对等体之间传播，且不受 AS 的限制。BGP 设备在将带有团体属性的路由发布给其他对等体之前，可以先改变此路由原有的团体属性。

■ Community 属性是一组 4 个字节的数值，RFC1997 规定前两个字节表示 AS 号，后两个字节表示基于管理目的设置的标示符，格式为 AA：NN。

■ Community 属性是一种 BGP 路由标记，用于简化路由策略的执行。可以将某些路由分配一个特定的 Community 属性值，之后就可以基于 Community 值而不是每条路由来抓取路由并执行相应的策略了。

在图 15-5 中，AS100 内有大量的路由被引入 BGP，这些路由分别用于语音通话和视频监控两种业务。路由通过 BGP 通告给 AS200。现在 AS200 的设备基于某种需求，需要分别对语音通话和视频监控的路由执行不同的策略，那么怎么匹配这些路由呢？可以用 ACL 或者 ip-prefix 逐条匹配路由，但是由于路由前缀非常多，这样工作量太大，效率低下。此时，可以使用 Community 属性来解决这个问题。

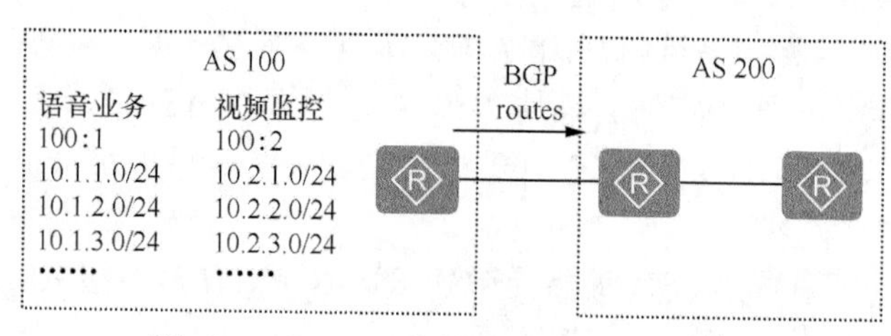

图 15-5 Community 属性的应用场景示例

在 AS100 引入这些路由时，就分别打上相应的 Community 值来区分语音通话的路由和视频监控的路由，凡是语音通话的路由，就打上标记 100:1，凡是视频监控的路由就打上标记 100:2，那么这些属性值随着路由传递给了 AS200，在 AS200 上需要分别对语音通话和视频监控的路由应用策略时，只需要抓取相应 Community 值即可。例如抓取 100:1 的 community 值也就抓取了所有语音业务的路由。

BGP 定义了一些可直接使用的公认团体属性，见表 15-8。

表 15-8　**BGP 公认团体属性**

团体属性名称	说明
internet	缺省情况下，所有的路由都属于 internet 团体。具有此属性的路由可以被通告给所有的 BGP 对等体
no-advertise	具有此属性的路由在收到后，不能被通告给任何其他的 BGP 对等体
no-export	具有此属性的路由在收到后，不能被发布到本地 AS 之外（但可再发布给 IBGP 对等体）。如果使用了联盟，则不能被发布到联盟之外，但可以发布给联盟中的其他子 AS
no-export-subconfed	具有此属性的路由在收到后，不能被发布到本地 AS 之外（但可在发布给 IBGP 对等体），也不能发布到联盟中的其他子 AS

2. 配置 Community 属性

团体属性过滤器有两种类型：基本团体属性过滤器和高级团体属性过滤器。基本团体属性过滤器是对已配置的团体路由成员根据其中路由的团体属性类型进行路由过滤，属于粗放型过滤器；而高级团体属性过滤器通过正则表达式对符合团体属性过滤条件的路由进行过滤，比基本团体属性过滤器匹配团体属性更灵活。

基本团体属性过滤器的配置方法是在系统视图下使用 **ip community-filter** { **basic** *comm-filter-name* | *basic-comm-filter-num* } { **permit** | **deny** } [*community-number* |*aa:nn* | **internet** | **no-export-subconfed** | **no-advertise** | **no-export**] &<1-20>命令进行的。

高级团体属性过滤器的配置方法是在系统视图下使用 **ip community-filter** { **advanced** *comm-filter-name* | *adv-comm-filter-num* } { **permit** | **deny** } *regular-expression* 命令进行的。

以上两命令的参数和选项说明如下。

① **basic** *comm-filter-name*：二选一参数，指定所配置的基本团体属性过滤器名称，1～51 个字符，区分大小写，但不能全是数字。

② *basic-comm-filter-num*：二选一参数，指定基本团体属性过滤器号，为 1～99 的整数。

③ **advanced** *comm-filter-name*：二选一参数，指定高级团体属性过滤器名称，1～51 个字符，区分大小写，且不能都是数字。

④ *adv-comm-filter-num*：二选一参数，指定高级团体属性过滤器号，取值范围为 100～199 的整数。

⑤ **deny**：二选一选项，指定团体属性过滤器的匹配模式为拒绝模式。

⑥ **permit**：二选一选项，指定团体属性过滤器的匹配模式为允许模式。

⑦ *community-number*：多选一参数，指定要过滤路由的整数形式团体号（**需要事先按照本书第 14 章 14.7.7 节创建对应的团体属性**），取值范围为 0～4 294 967 295 的整数。一条命令最多可以指定 20 个团体号（但与后面配置的选项类型有关，具体参见下面的说明），包括下面将要介绍的冒号分隔形式配置的 *aa:nn* 团体号。

⑧ *aa:nn*：多选一参数，指定要过滤路由的冒号分隔形式团体号（**需要事先按照 14.7.7 节创建对应的团体属性**），*aa* 和 *nn* 都是整数形式，取值范围均为 0～65 535。一条命令最多可以指定 20 个团体号（但与后面配置的选项类型有关，具体参见下面的说明），包括上面介绍的整数形式配置的 *community-number* 团体号。在配置团体号时要注意以下几个方面。

■ 如果不配置 **internet**、**no-export-subconfed**、**no-advertise** 和 **no-export** 选项，则 *community-number* 和 *aa:nn* 一共可以指定 20 个。

■ 如果配置 **internet**、**no-export-subconfed**、**no-advertise** 和 **no-export** 中的一个选项，则 *community-number* 和 *aa:nn* 一共可以指定 19 个。

■ 如果配置 **internet**、**no-export-subconfed**、**no-advertise** 和 **no-export** 中的两个选项，则 *community-number* 和 *aa:nn* 一共可以指定 18 个。

■ 如果配置 **internet**、**no-export-subconfed**、**no-advertise** 和 **no-export** 中的 3 个选项，则 *community-number* 和 *aa:nn* 一共可以指定 17 个。

■ 如果配置 **internet**、**no-export-subconfed**、**no-advertise** 和 **no-export** 选项，则 *community-number* 和 *aa:nn* 一共可以指定 16 个。

⑨ **internet**：多选一选项，指定要过滤指定团体号中 **internet** 类型团体属性的路由，这是预定义的团体属性。缺省情况下，所有的路由都具有 **internet** 类型团体属性，可以被通告给所有的 BGP 对等体。

⑩ **no-advertise**：多选一选项，指定要过滤指定团体号中 **no-advertise** 类型团体属性的路由，具有此属性的路由在收到后，不能被通告给任何其他的 BGP 对等体。

⑪ **no-export**：多选一选项，指定要过滤指定团体号中 **no-export** 类型团体属性的路由，具有此属性的路由在收到后，不能被发布到本地 AS 之外。如果使用了联盟，则不能被发布到联盟之外，但可以发布给联盟中的其他子 AS。

⑫ **no-export-subconfed**：多选一选项，指定要过滤指定团体号中 **no-export-subconfed** 类型团体属性的路由，具有此属性的路由在收到后，不能被发布到本地 AS 之外，也不能发布到联盟中的其他子 AS。

⑬ *regular-expression*：指定用于路由过滤的团体属性正则表达式名称，1～255 个字符，支持空格，区分大小写。有关正则表达式参见 15.2.2 节的介绍。

缺省情况下，没有配置团体属性列表，以上基本团体属性过滤器和高级团体属性过滤器分别可用 **undo ip community-filter** { **basic** *comm-filter-name* | *basic-comm-filter-num* } [**permit** | **deny**] [*community-number* | *aa:nn* | **internet** | **no-export-subconfed** | **no-advertise** | **no-export**] &<1-20>、**undo ip community-filter** { **advanced** *comm-filter-name* | *adv-comm-filter-num* } [**permit** | **deny**] [*regular-expression*]命令删除指定的基本或高级团体属性过滤器。

完成配置后，可以执行 **display ip community-filter** [*basic-comm-filter-num* | *adv-comm-filter-num* | *comm-filter-name*]命令查看已配置的团体属性过滤器信息。

注意

在配置基本团体属性时要注意以下几个方面。

■ 相同过滤器编号（名称）的团体属性过滤器下面可以配置多条过滤规则，这些规则之间是逻辑“与”的关系，因为每条路由可以同时具有多个团体属性。

■ 在使用 *comm-filter-num* 或 *comm-filter-name* 之前，必须通过 **ip community-filter** 命令创建团体属性过滤器表项，否则配置不成功。

■ 如果某个 *comm-filter-num* 或 *comm-filter-name* 已经被其他命令调用，那么不能直接通过 **undo ip community-filter** 命令删除团体属性过滤器表项，需要先取消该表项的相关配置。

■ 团体属性过滤器的缺省行为是 **deny**，即路由如果没有在某一次过滤中被 **permit**，则最终不能通过该过滤器的过滤。如果一个过滤器中的所有过滤规则都是 **deny**，则没有路由能通过该过滤器的过滤，这种情况下需要在多次（或一次）**deny** 之后设置一次 **permit**，允许其余所有路由通过过滤器的过滤。**这与路由策略和地址前缀列表的隐含规则是一样的。**

【示例 1】配置团体号为 1 的基本团体属性过滤器，允许 **internet** 类型团体属性的 BGP 路由信息通过。

```
<Huawei> system-view
[Huawei] ip community-list 1 permit internet
```

【示例 2】配置团体号为 100 的高级团体属性过滤器，允许团体属性值（为整数形式，或者 aa:nn 冒号分隔形式）以“10”开头的路由信息通过。

```
< Huawei > system-view
[Huawei] ip community-list 100 permit ^10
```

15.2.7 配置扩展团体属性过滤器

扩展团体属性也是 BGP 的私有属性，可以用于对 BGP 路由进行过滤，目前扩展团体属性仅支持 RT 扩展团体属性。当 VPN 场景中需要根据 RT 属性进行过滤时，可以使用扩展团体属性过滤器。

扩展团体属性也分基本扩展团体属性和高级扩展团体属性，可分别在系统视图下执行 **ip extcommunity-filter** { *basic-extcomm-filter-num* | **basic** *basic-extcomm-filter-name* } { **deny** | **permit** } { **rt** { *as-number:nn* | *4as-number:nn* | *ipv4-address:nn* } } <1-16>或 **ip extcommunity-filter** { *advanced-extcomm-filter-num* | **advanced** *advanced-extcomm-filter-name* } { **deny** | **permit** } *regular-expression* 命令配置。两命令中的参数和选项说明如下。

■ *basic-extcomm-filter-num*：二选一参数，基本扩展团体属性过滤器号，整数形式，取值范围是 1～199。

■ **basic** *basic-extcomm-filter-name*：二选一参数，基本扩展团体属性过滤器名称，字符串形式，区分大小写，不支持空格，长度范围是 1～51，且不能都是数字。当输入的字符串两端使用双引号时，可在字符串中输入空格。

■ *advanced-extcomm-filter-num*：二选一参数，高级扩展团体属性过滤器号，整数形式，取值范围是 200～399。

■ **advanced** *advanced-extcomm-filter-name*：二选一参数，同基本扩展团体属性过滤器名称。

■ **deny**：二选一选项，指定扩展团体属性过滤器的匹配模式为拒绝。

■ **permit**：二选一选项，指定扩展团体属性过滤器的匹配模式为允许。

■ **rt**：指定扩展团体属性过滤器为 RT（Route Target）属性过滤器。

■ *as-number*：自治系统号，整数形式，取值范围 0～65 535。

■ *4as-number*：4 字节自治系统号，有两种格式。整数形式的取值范围是 65 536～4 294 967 295。另一种格式为 *x.y*，*x* 和 *y* 都是整数形式，取值范围都是 0～65 535。

■ *ipv4-address*：指定 IPv4 地址。

■ *nn*：指定一个整数，对于 *as-number*，如果代表 2 字节的 AS 号，则其取值范围为 0～4 294 967 295；对于 *4as-number*，如果代表 4 字节的 AS 号，则其取值范围为 0～65 535；对于 *ipv4-address*，其取值范围为 0～65 535。

■ *regular-expression*：用于匹配扩展团体属性的正则表达式。

缺省情况下，系统中无扩展团体属性过滤器，可用 **undo ip extcommunity-filter** { *basic-extcomm-filter-num* | **basic** *basic-extcomm-filter-name* } [{ **deny** | **permit** } { **rt** { *as-number:nn* | *4as-number:nn* | *ipv4-address:nn* } } &<1-16>]，或 **undo ip extcommunity-filter** { *advanced-extcomm-filter-num* | **advanced** *advanced-extcomm-filter-name* } [*regular-expression*]命令删除指定的基本或高级扩展团体属性过滤器。配置好后可使用 **display ip extcommunity-filter** 查看扩展团体属性过滤器的详细配置。

注意

在配置扩展团体属性时要注意以下几个方面。

■ 过滤器号（名称）相同的扩展团体属性过滤器下面可以配置多格规则，这些规则之间也是逻辑“与”的关系，即需要同时满足该过滤器下的所有匹配规则。

■ 扩展团体属性过滤器的缺省行为是 **deny**，即路由如果没有在某一次过滤中被 **permit** 则最终不能通过该过滤器的过滤。如果一个过滤器中的所有过滤规则都是 **deny**，则没有路由能通过该过滤器的过滤，这种情况下需要在多次（或一次）**deny** 之后设置一次 **permit**，允许其余所有路由通过过滤器的过滤。这也与路由策略和地址前缀列表的隐含规则是一样的。

15.2.8 配置 RD 属性过滤器

VPN 场景中需要根据 RD 属性进行过滤时，可以使用扩展团体属性过滤器。配置的方法是在系统视图下通过 **ip rd-filter** *rd-filter-number* { **deny** | **permit** } *route-distinguisher* &<1-10>命令进行的。命令中的参数和选项说明如下。

① *rd-filter-number*：指定 RD 过滤器的编号，整数形式，取值范围是 1～255。

② **permit**：二选一选项，指定匹配模式为允许。

③ **deny**：二选一选项，指定匹配模式为拒绝。

④ *route-distinguisher*：指定 RD 属性。可以配置 1～10 个 RD 属性。支持下面 6 种格式配置 RD 属性。

■ ipv4-address:nn，如 10.1.1.1:200。

■ aa:nn，如 100:1。

■ aa.aa:nn，如 100.100:1。

■ ipv4-address:*，通配格式。如 10.1.1.1:*表示匹配所有以 10.1.1.1 开头的 RD。

■ aa:*，通配格式。如 100:*表示匹配所有以 100 开头的 RD。

■ aa.aa:*，通配格式。如 100.100:*表示匹配所有以 100.100 开头的 RD。

其中，ipv4-address:nn 中的 nn 是整数形式，取值范围是 0～65 535；aa:nn 中的 aa 是整数形式，取值范围是 0～65 535；nn 是整数形式，取值范围是 0～4 294 967 295；aa:*、aa.aa:*和 aa.aa:nn 中的 aa 和 nn 都是整数形式，取值范围是 0～65 535。

缺省情况下，系统中无 RD 属性过滤器，可用 **undo ip rd-filter** *rd-filter-number* [{ **deny** | **permit** } *route-distinguisher* &<1-10>]命令删除指定的 RD 属性过滤器。

RD 属性过滤器有以下使用规则。

（1）如果没有配置 rd-filter，却在路由策略中引用这个 rd-filter 进行过滤，则匹配结果是 permit。

例如，没有配置 rd-filter 100，而路由策略却引用了它。

```
route-policy test permit node 10
if-match rd-filter 100
```

此时，使用这个路由策略进行过滤时，认为 if-match 语句命中，并返回名为 test 的路由策略的 node10 的匹配结果，为 permit。

（2）如果配置了 rd-filter，但路由的 RD 没有与规则中定义的任何一个 RD 匹配，则缺省匹配结果是 deny。

例如，路由的 RD 为 100:1，而 rd-filter 的配置如下，使用这个过滤器进行过滤时，匹配结果是 **deny**。

```
ip rd-filter 100 permit 10.1.1.1:100
```

（3）rd-filter **配置的规则之间是“或”的关系**。这与 community-filter 是不同的。原因是每条路由只可能有一个 RD，却可以同时具有多个 Community。

例如，将 rd-filter 配置成下面两种形式，过滤的结果是一样的。

形式一（一条命令配置 3 个 RD 属性）。

```
ip rd-filter 100 permit 100:1 200:1 10.2.2.2:1 10.3.3.3:1
```

形式二（每个 RD 属性分别用一条命令配置）。

```
ip rd-filter 100 permit 100:1 200:1
ip rd-filter 100 permit 10.2.2.2:1
ip rd-filter 100 permit 10.3.3.3:1
```

但是在团体属性过滤器配置命令中，下面两种形式的过滤效果是不一样的。此时，每一行规则中的 Community 属性值必须是路由的团体属性集合的子集才能匹配成功。

形式一

```
ip community-filter 1 permit 100:1 200:1 300:1
```

形式二

```
ip community-filter 1 permit 100:1
ip community-filter 1 permit 200:1 300:1
```

（4）多条规则之间按照配置顺序进行匹配。例如在以下配置中，RD 为 200:1 或 10.5.5.5:1 的路由将被拒绝。

```
ip rd-filter 100 deny 200:1 10.5.5.5:1
ip rd-filter 100 permit 200:* 10.5.5.5:*
```

如果以上配置顺序倒过来，则 RD 为 200:1 或 10.5.5.5:1 的路由将被允许。

（5）每个 RD 过滤器最多可配置 255 条规则。

15.3　配置路由策略

要配置路由策略，首先要创建一个路由策略，然后创建策略中的具体节点（一个路由策略可以包括多个节点）。一个节点下可以配置以下子句（**也可以没有**）配置路由策略的匹配条件和操作动作（一个路由策略中可以包含多个匹配条件和操作动作）。

① **if-match** 子句：定义节点匹配规则，即路由信息通过当前路由策略所需满足的条件，匹配对象是路由信息的某些属性。

② **apply** 子句：指定路由策略动作，也就是在满足由 **if-match** 子句指定的过滤条件后所执行的一些属性配置动作，对路由的某些属性进行修改。

在配置路由策略之前，需要先配置过滤列表和对应的路由协议，并事先规划好路由策略的名称、节点序号、匹配条件以及要修改的路由属性值。

15.3.1 创建路由策略

一个路由策略可以包括多个节点，每一节点由一些 **if-match** 子句和 **apply** 子句组成。**if-match** 子句定义该节点的匹配规则，**apply** 子句定义通过该节点过滤后进行的动作。**但路由策略节点之间的过滤关系是逻辑“或”的关系**，即通过一个节点的过滤就意味着通过该路由策略的过滤。**一个节点匹配成功后，路由将不再匹配其他节点，这也就是前面所说的“唯一匹配原则”**。全部节点匹配失败后，路由将被过滤。在一个路由策略中，至少有一个节点的匹配模式是 **permit**，否则所有路由将都被禁止通过。

路由策略的创建方法很简单，只需要在系统视图下使用 **route-policy** *route-policy-name* { **permit** | **deny** } **node** *node* 命令即可。命令中的参数和选项说明如下。

① *route-policy-name*：指定要创建的路由策略的名称，用来唯一标识一个路由策略，为 1～40 个字符的字符串，区分大小写。如果该名称的路由策略不存在，则创建一个新的路由策略并进入它的 Route-Policy 视图。如果该名称的路由策略已经存在，则直接进入它的 Route-Policy 视图。

② **permit**：二选一选项，指定所定义的路由策略节点的匹配模式为允许模式。在该模式下，**当路由满足该节点的所有 if-match 子句时才被允许通过**，并执行该节点的 **apply** 子句；如路由项不满足该节点下任何一个 **if-match** 子句，将继续测试该路由策略的下一个节点。

③ **deny**：二选一选项，指定所定义的路由策略节点的匹配模式为拒绝模式。在该模式下，**当路由满足该节点的所有 if-match 子句时将被拒绝通过**；如路由不满足该节点下任何一个 **if-match** 子句，将继续测试该路由策略的下一个节点。

④ **node** *node*：标识路由策略中的一个节点号，节点号小的进行匹配，取值范围为 0～65 535 的整数。当一个节点匹配成功后，该路由将不再匹配其他节点。当全部节点匹配失败后，该路由将被过滤，不允许通过。

缺省情况下，没有创建路由策略，可用 **undo route-policy** *route-policy-name* [**permit** | **deny**] [**node** *node*]命令删除指定名称的路由策略或指定节点号策略。

说明 为了便于区分不同的路由策略，可以在路由策略视图下通过 **description** *text* 命令为路由策略配置描述信息。参数 *text* 指定路由策略的描述信息，1～80 个字符，支持空格，不支持符号“？”，区分大小写。

15.3.2 配置 if-match 子句

if-match 子句是路由策略中用来匹配条件的子句，它可以根据多种路由属性来进行匹配，如路由的目的 IP 地址、路由标记、路由下一跳、路由源 IP 地址、路由出接口、路由开销、路由类型、BGP 路由的团体属性、BGP 路由的扩展团体属性、BGP 路由的 AS 路径属性等。正因为如此，在路由策略中可以配置的 **if-match** 子句命令比较多，具体见表 15-9，有些 IPv6 过滤器目前还没允许在路由策略中使用，如 IPv6 ACL 和 IPv6 地址前缀列表暂时还不能作为单独过滤器被 **if-match** 子句调用。

注意　表中的各种 **if-match** 子句命令是并列关系，没有严格的先后次序，也不要求在具体的配置方案中配置所有这些命令，根据实际选择其中一个或几个 **if-match** 子句命令即可。但如果在同一路由策略节点下配置了多个 **if-match** 子句，则各 **if-match** 子句之间是逻辑"与"关系，即必须与该节点下的所有 **if-match** 子句匹配成功。但命令 **if-match as-path-filter**、**if-match community-filter**、**if-match extcommunity-filter**、**if-match interface** 和 **if-match route-type** 除外，这 5 个命令的各自 **if-match** 子句间是"或"的关系，但它们与其他命令的 **if-match** 子句间仍是"与"的关系。在一个路由策略节点中，如果不配置 **if-match** 子句，则表示路由信息在该节点匹配成功。

另外，对于同一个路由策略节点，表中的 **if-match acl** 命令和 **if-match ip-prefix** 命令不能同时配置，且后配置的命令会覆盖先配置的命令。

表 15-9　if-match 子句的配置步骤

步骤	命令	说明
1	**system-view** 例如：<Huawei> **system-view**	进入系统视图
2	**route-policy** *route-policy-name* { **permit** | **deny** } **node** *node* 例如：[Huawei]**route-policy** policy **permit node** 10	进入路由策略视图
3	**if-match acl** { *acl-number* | *acl-name* } 例如：[Huawei-route-policy] **if-match acl** 2000	（可选）匹配基本 ACL，创建一个基于 IPv4 基本 ACL 的匹配规则。 缺省情况下，路由策略中无基于 ACL 的匹配规则，可用 **undo if-match acl** { *acl-number* | *acl-name* }命令删除指定的基于 ACL 的匹配规则。 【注意】本命令与下面将要介绍的 **if-match ip-prefix** 命令是互斥的，即后配置的 **if-match ip-prefix** 可以覆盖先前配置的本命令
	if-match ip-prefix *ip-prefix-name* 例如：[Huawei-route-policy] **if-match ip-prefix** p1	（可选）匹配地址前缀列表，创建一个基于 IPv4 地址前缀列表的匹配规则。命令中的 *ip-prefix-name* 参数用来指定用于过滤路由信息 IPv4 地址前缀（包括路由的目的网络 IP 地址和对应的子网掩码）的 IPv4 地址前缀列表名称，1～169 个字符，区分大小写，不支持空格。 缺省情况下，路由策略中无 IP 地址前缀列表的匹配规则，可用 **undo if-match ip-prefix** *ip-prefix-name* 命令删除指定的基于 IP 地址前缀列表的匹配规则。 【注意】本命令与上面介绍的 **if-match acl** 命令是互斥的，即后配置的 **if-match acl** 可以覆盖先前配置的本命令。 如果指定的 IP 地址前缀列表没有配置，则当前路由都会被 Permit

续表

<table>
<tr><th>步骤</th><th>命令</th><th>说明</th></tr>
<tr><td rowspan="3">3</td><td>if-match as-path-filter { as-path-filter-number &<1-16>| as-path-filter-name }
例如：[Huawei-route-policy] if-match as-path-filter 2</td><td>（可选）匹配路由信息的 as-path 属性过滤器，创建一个基于 AS 路径过滤器的匹配规则。命令中的参数说明如下。
（1）as-path-filter-number：二选一参数，指定用于过滤路由的 AS 路径的过滤器号，取值范围为 1～256 的整数。在一个命令行中可以配置多个此参数，但最大不能超过 16。
（2）as-path-filter-name：二选一参数，指定用于过滤路由的 AS 路径的 AS 路径过滤器名称，1～51 个字符，区分大小写，不支持空格，且不能都是数字。
【注意】如果在一个节点中配置多条本命令子句，则各子句间是“或”的关系，但与其他命令的 if-match 子句间仍是“与”的关系。如果指定的 AS 路径过滤器没有配置，则当前路由都会被 Permit。
缺省情况下，路由策略中无基于 AS 路径过滤器的匹配规则，可用 undo if-match as-path-filter [as-path-filter-number & <1-16> | as-path-filter-name]命令删除指定的基于 AS 路径过滤器的匹配规则</td></tr>
<tr><td>if-match community-filter { basic-comm-filter-num [whole-match] | adv-comm-filter-num } &<1-16>
或
if-match community-filter comm-filter-name [whole-match]
例如：[Huawei-route-policy] if-match community-filter 1 whole-match 2 whole-match</td><td>（可选）匹配路由信息的团体属性过滤器，创建一个基于团体属性过滤器的匹配规则。命令中的参数和选项说明如下。
（1）basic-comm-filter-num：二选一参数，指定用于路由团体属性过滤的基本团体属性过滤器号，取值范围为 1～99 的整数。每条命令最多可配置 16 个基本团体属性过滤器。
（2）whole-match：可选项，表示要求完全匹配，即在团体属性过滤器中的团体属性与路由信息的团体属性必须完全一致，且完全匹配，但仅对基本团体属性过滤器生效。如果不选择本可选项，则只需要路由信息中的团体属性与团体属性过滤器中的对应属性匹配即可。
（3）adv-comm-filter-num：二选一参数，指定用于路由团体属性过滤的高级团体属性过滤器号，取值范围为 100～199 的整数。每条命令最多可配置 16 个高级团体属性过滤器。
（4）comm-filter-name：指定用于路由团体属性过滤的团体属性过滤器名称，1～51 个字符，区分大小写，不支持空格，且不能都是数字。
缺省情况下，路由策略中无基于团体属性过滤器的匹配规则，可用 undo if-match community-filter [basic-comm- filter-num | adv-comm-filter-num] &<1-16>，或者 undo if-match community-filter comm-filter-name 命令删除指定的基于团体属性过滤器的匹配规则</td></tr>
<tr><td>if-match extcommunity-filter { { basic-extcomm-filter-num | adv-extcomm-filter-num } &<1-16> | extcomm-filter-name }</td><td>（可选）匹配 BGP 路由信息的扩展团体属性。命令中的参数说明如下。
（1）basic-extcomm-filter-num：二选一参数，基本扩展团体属性过滤器号，整数形式，取值范围是 1～199。
（2）adv-extcomm-filter-num：二选一参数，高级扩展团体属性过滤器号，整数形式，取值范围是 200～399。
（3）extcomm-filter-name：二选一参数，扩展团体属性过滤器名称。
【说明】一个命令行中可以配置多个扩展过滤器，但最多不能超过 16 个。它们之间是“或”的关系，即通过其中某一个扩展团体属性过滤器的过滤就可以通过该命令的过滤。本命令只支持对 BGP 路由的匹配，且该命令需要和 ip extcommunity-filter 命令一起配合使用。
● 配置 if-match extcommunity-filter 1，但 ip extcommunity-filter 1 未配置，则当前路由都会被 Permit。</td></tr>
</table>

续表

步骤	命令	说明
	例如：[Huawei-route-policy] **if-match extcommunity-filter** 100	• 配置 **if-match extcommunity-filter** 1，且存在配置 **ip extcommunity-filter** 1 **permit rt** 1:1，那么对于 Route-Target 属性为 1:1 的 BGP 路由将会被 Permit。 缺省情况下，路由策略中无基于扩展团体属性过滤器的匹配规则，可用 **undo if-match extcommunity-filter** [[*basic-extcomm-filter-num* | *adv-extcomm-filter-num*] &<1-16> | *extcomm-filter-name*] 命令删除指定的扩展团体属性过滤器的匹配规则
	if-match cost { *cost* | **greater-equal** *greater-equal-value* [**less-equal** *less-equal-value*] | **less-equal** *less-equal-value* } 例如： [Sysname-route-policy] **if-match cost** 40	（可选）匹配路由信息的开销值，创建一个基于路由开销的匹配规则。符合条件的路由与本节点其他 **if match** 子句进行匹配，不符合条件的路由进入路由策略的下一节点。命令中的参数说明如下。 （1）*cost*：多选一参数，指定要匹配的路由开销值，取值范围为 0～4 294 967 295 的整数。 （2）**greater-equal** *greater-equal-value*：多选一参数，指定要匹配的路由开销值的最小值，取值范围是 0～4 294 967 294。**仅 S 系列交换机支持**。 （3）**less-equal** *less-equal-value*：多选一参数，指定要匹配的路由开销值的最大值，取值范围是 1～4 294 967 295。**仅 S 系列交换机支持**。 缺省情况下，路由策略中无基于路由开销的匹配规则，可用 **undo if-match cost** 命令删除基于路由开销的匹配规则
3	**if-match interface** { *interface-type interface-number* }&<1-16> 例如：[Huawei-route-policy] **if-match interface** gigabitethernet 1/0/0	（可选）匹配路由信息的出接口，创建一个基于出接口的匹配规则。参数 *interface-type interface-number* 指定用于路由信息过滤的出接口，最多 16 个。 缺省情况下，路由策略中无基于出接口的匹配规则，可用 **undo if-match interface** [*interface-type interface-number*] &<1-16>命令删除指定的基于出接口的匹配规则
	if-match ip { **next-hop** | **route-source** | **group-address** } { **acl** { *acl-number* | *acl-name* }| **ip-prefix** *ip-prefix-name* } 例如：[Huawei-route-policy] **if-match ip route-source acl** 2000	（可选）匹配 IPv4 的路由信息（下一跳、源地址或组播组地址），创建一个基于 IP 信息的匹配规则。命令中的参数和选项说明如下。 （1）**next-hop**：多选一选项，指定要匹配路由信息的下一跳。 （2）**route-source**：多选一选项，指定匹配的发布路由信息的源 IP 地址。 （3）**group-address**：多选一选项，指定要匹配路由信息的组播组 IP 地址。 （4）**acl** { *acl-number* | *acl-name* }：二选一参数，指定用于过滤以上 IP 信息的基本 ACL。对于命名型 ACL，使用 rule 命令配置过滤规则时，只有 **source** 参数指定的源地址范围和 **time-range** 参数指定的时间段对配置规则有效。 （5）**ip-prefix** *ip-prefix-name*：二选一参数，指定用于过滤以上 IP 信息的 IP 地址前缀列表。 【注意】当被过滤的路由下一跳或者路由源为 0.0.0.0 这种特殊路由时，系统缺省其对应的掩码长度为 0 来进行匹配。 如果指定的 ACL 或者 IP 地址前缀列表没有配置，则当前路由都会被 Permit。 缺省情况下，路由策略中无基于 IP 信息的匹配规则，可用 **undo if-match ip** { **next-hop** | **route-source** | **group-address** } [**acl** { *acl-number* | *acl-name* } | **ip-prefix** ip-prefix-name]命令删除指定的基于 IP 信息的匹配规则

续表

步骤	命令	说明
3	**if-match ipv6** { **address** | **next-hop** | **route-source** } **prefix-list** *ipv6-prefix-name* 例如：[Huawei-route-policy] **if-match ipv6 route-source prefix-list** p1	（可选）匹配 IPv6 的路由信息（目的地址、下一跳或路由源地址）。命令中的参数和选项说明如下。 （1）**address**：多选一选项，表示匹配 IPv6 路由信息的目的地址。 （2）**next-hop**：多选一选项，表示匹配 IPv6 路由信息的下一跳。 （3）**route-source**：多选一选项，表示匹配 IPv6 路由信息的源 IPv6 地址。 （4）*ipv6-prefix-name*：指定 IPv6 地址前缀列表的名称。 【注意】在利用 IPv6 地址前缀列表过滤 IPv6 路由时要注意以下几个方面。 ● 根据 IPv6 路由的目的地址、下一跳或者路由源地址信息进行过滤，符合条件的路由被 Permit，否则被 Deny。 ● 当被过滤的路由下一跳或者路由源为 0::0 这种特殊路由时，系统缺省其对应的掩码长度为 0 来进行匹配。 ● 当被过滤的路由下一跳或者路由源为非 0::0 这种普通路由时，系统缺省其对应的掩码长度为 128 来进行匹配。 ● 在引用 ipv6-prefix 之前，建议先创建对应的 ipv6-prefix。如果此命令引用了不存在的 ipv6-prefix，则认为匹配成功。 缺省情况下，路由策略中没有配置基于 IPv6 信息的匹配规则，可用 **undo if-match ipv6** { **address** | **next-hop** | **route-source** } **prefix-list** *ipv6-prefix-name* 命令删除指定的基于 IPv6 信息的匹配规则
	if-match mpls-label 例如：[Huawei-route-policy] **if-match mpls-label**	（可选）匹配 MPLS 标签。在 VPN 的 OptionC 场景中，可使用本命令匹配带有 MPLS 标签的路由。有关 VPN 的 OptionC 场景参见《华为 MPLS 技术学习指南》和《华为 MPLS VPN 学习指南》两本书
	if-match rd-filter *rd-filter-number* 例如：[Huawei-route-policy] **if-match rd-filter** 1	（可选）匹配 rd 属性过滤器，可根据路由的 RD 属性进行匹配。参数用来指定 RD 属性过滤器的编号，整数形式，取值范围是 1～255。符合条件的路由与本节点其他 **if match** 子句进行匹配，不符合条件的路由进入路由策略的下一节点。 本命令要与 **ip rd-filter** 命令配合使用，在路由策略中实现以 RD 属性为过滤条件对路由进行过滤。例如： （1）配置 **if-match rd-filter 1**，但 **rd-filter 1** 未配置，则当前路由都会被 Permit； （2）配置 **if-match rd-filter 1**，且存在配置 **ip rd-filter 1 permit 1:1**，那么对于 Route-distinguisher 属性为 1:1 的路由将会被 Permit。 缺省情况下，路由策略中无基于 RD 属性过滤器的匹配规则，可用 **undo if-match rd-filter** 命令删除基于 RD 属性过滤器的匹配规则
	if-match route-type { **external-type1** | **external-type1or2** | **external-type2** | **internal** | **nssa-external-type1** | **nssa-external-type1or2** | **nssa-external-type2** }	（可选）匹配 OSPF 各类型路由信息，创建一个基于 OSPF 路由类型的匹配规则。命令中的选项说明如下。 （1）**external-type1**：多选一选项，指定匹配 OSPF Type1 的外部路由。 （2）**external-type1or2**：多选一选项，指定同时匹配 OSPF Type1 或者 Type2 的外部路由。 （3）**external-type2**：多选一选项，指定匹配 OSPF Type2 的外部路由。 （4）**internal**：多选一选项，指定匹配 OSPF 内部路由（包括 OSPF 区域间和区域内路由）。 （5）**nssa-external-type1**：多选一选项，指定匹配 OSPF NSSA Type1 的外部路由。

续表

步骤	命令	说明
3	例如：[Huawei-route-policy] **if-match route-type nssa-external-type1**	（6）**nssa-external-type1or2**：多选一选项，指定匹配 OSPF NSSA Type1 或者 Type2 的外部路由。 （7）**nssa-external-type2**：多选一选项，指定匹配 OSPF NSSA Type2 的外部路由。 缺省情况下，路由策略中无基于 OSPF 路由类型的匹配规则，可用 **undo if-match route-type** { **external-type1** | **external-type1or2** | **external-type2** | **internal** | **nssa-external-type1** | **nssa-external-type1or2** | **nssa-external-type2** }命令删除指定的基于 OSPF 路由类型的匹配规则。 【说明】同一个路由策略节点内，后配置的本命令子句不会取代之前配置的本命令子句，而是同时生效。在匹配的过程中，**各个本命令子句间是"或"的关系**，即路由信息只要匹配条件之一，就可以执行 **apply** 子句的动作。例如：先配置了 **if-match route-type nssa-external-type1** 命令，然后配置 **if-match route-type external-type1** 命令，则表示 OSPF 的 NSSA Type1 外部路由或者 OSPF Type1 的外部路由都可以匹配上
	if-match route-type { **is-is-level-1** | **is-is-level-2** } 例如：[Huawei-route-policy] **if-match route-type is-is-level-1**	（可选）匹配 IS-IS 各 level 路由信息，创建一个基于 IS-IS 路由类型的匹配规则。命令中的选项说明如下。 （1）**is-is-level-1**：二选一选项，指定匹配 IS-IS 的 Level-1 路由。 （2）**is-is-level-2**：二选一选项，指定匹配 IS-IS 的 Level-2 路由。 缺省情况下，路由策略中无基于 IS-IS 路由类型的匹配规则，可用 **undo if-match route-type** { **is-is-level-1** | **is- is-level-2** }命令删除指定的基于 IS-IS 路由类型的匹配规则
	if-match tag *tag* 例如：[Huawei-route-policy] **if-match tag** 8	（可选）匹配路由信息的标记字段，创建一个基于路由信息标记（Tag）的匹配规则。命令中的参数用来指定匹配的路由信息标记值，取值范围为 0～4 294 967 295 的整数。路由标记可将路由按实际需求分类，同类路由打上相同的 Tag，在路由策略中根据 Tag 对路由进行灵活的控制和管理。 缺省情况下，路由策略中无基于 Tag 的匹配规则，可用 **undo if-match tag** 命令删除基于 Tag 的匹配规则

15.3.3 配置 apply 子句

Apply 子句用来为路由策略指定动作，用来设置匹配成功的路由的属性。在一个节点中，如果没有配置 **apply** 子句，则该节点仅起过滤路由的作用。如果配置一个或多个 **apply** 子句，**则通过节点匹配的路由将执行所有 apply 子句**。

与 15.3.3 节介绍的各种 **if-match** 子句命令一样，也有许多不同动作的 **apply** 子句命令，具体见表 15-10。同样，这些 **apply** 子句命令没有严格的先后次序，也不一定要全面配置，根据实际需要选择其中一个或几个进行配置。

表 15-10　apply 子句配置步骤

步骤	命令	说明
1	**system-view** 例如：<Huawei> **system-view**	进入系统视图

续表

步骤	命令	说明
2	**route-policy** *route-policy-name* {**deny** | **permit** } **node** *node-number* 例如：[Huawei] **route-policy** policy1 **permit node** 10	进入该路由策略视图
3	**apply as-path** { { *as-number-plain* | *as-number-dot* } <1-10> { **additive** | **overwrite** } | **none overwrite** } 例如：[Huawei-route-policy] **apply as-path** 200 10.10 **additive**	（可选）在路由策略中配置改变 BGP 路由的 AS_Path 属性的动作。当 BGP 路由需要改变 AS_Path 属性来参与路由选择的竞争时，可以应用包含本命令的路由策略，改变匹配成功的 BGP 路由的 AS_Path 属性。当到达同一目的地存在多条路由时，BGP 会比较路由的 AS_Path 属性，AS_Path 列表较短的路由将被认为是最佳路由。**通过替换 AS_Path 属性隐藏路由的真实路径信息，或者使原本两条不能形成负载分担的路由形成负载分担（替换后与另一个路由的 AS_Path 属性完全相同）。** AS 命令中的参数和选项说明如下。 （1）*as-number-plain*：二选一参数，对匹配成功的路由指定要替换或增加的整数形式的 AS 号，取值范围为 1～4 294 967 295 的整数。在同一个命令行中最多可以同时指定 10 个 AS 号。 （2）*as-number-dot*：二选一参数，对匹配成功的路由指定要替换或增加的点分形式的 AS 号，格式为 *x.y*，*x* 和 *y* 都是整数形式，*x* 的取值范围为 1～65 535，*y* 的取值范围为 0～65 535。在同一个命令行中最多可以同时指定 10 个 AS 号。 （3）**additive**：二选一选项，对匹配成功的路由指定在原有的 AS_Path 列表的最前面（即添加作为靠近本地 AS 的 AS 号列表）添加上以 *as-number-plain* | *as-number-dot* 参数指定的 AS 号。 （4）**overwrite**：二选一选项，对匹配成功的路由指定用以上 *as-number-plain* | *as-number-dot* 参数指定的 AS 号覆盖原有的 AS_Path 列表。 （5）**none overwrite**：多选一选项，对匹配成功的路由指定清空原来的 AS_Path 列表。 缺省情况下，路由策略中未配置改变 BGP 路由的 AS_Path 属性的动作，可用 **undo apply as-path** 命令恢复缺省配置。 【注意】策略生效后，会影响 BGP 路由选路。配置该命令会直接影响网络流量所经过的途径，另外也可能造成环路和选路错误，请谨慎使用该命令
	apply backup-interface *interface-type interface-number* 例如：[Huawei-route-policy] **apply backup-interface** gigabitethernet1/0/0	（可选）在路由策略中配置创建备份出接口的动作。该命令主要应用于 IP FRR（Fast ReRoute，快速重路由）场景，使用本命令可以手动为路由配置一个备份的出接口。**对于 P2P 链路，可以不设置备份下一跳；而对于非 P2P 链路，必须设置备份下一跳**。在使能 IP FRR 功能之后，当主用链路发生故障的，数据流量可以快速地切换到备份出接口。参数 *interface-type interface-number* 用来对匹配成功的路由指定备份出接口。 【说明】本命令一般需要和下面将要介绍的 **apply backup-nexthop** 命令配合使用。对于 P2P 链路，可以不设置备份下一跳；而对于非 P2P 链路，**必须设置备份下一跳**。 缺省情况下，路由策略中未配置创建备份出接口的动作，可用 **undo apply backup-intreface** 命令恢复缺省配置

续表

步骤	命令	说明
	apply backup-nexthop { *ipv4-address* | **auto** } 例如：[Huawei-route-policy] **apply backup-nexthop** 192.168.20.2	（可选）在路由策略中配置创建备份下一跳的动作。该命令主要应用于手动 IP FRR 和手动 VPN FRR 场景，使用本命令可以手动为路由配置一个备份的下一跳。**对于 P2P 链路，可以不设置备份下一跳；而对于非 P2P 链路，必须使用该命令设置备份下一跳**。在使能 IP FRR 功能之后，当主用链路发生故障时，数据流量可以快速地切换到备份下一跳。 命令中的参数和选项说明如下。 （1）*ipv4-address*：二选一参数，为匹配成功的路由指定备份下一跳的 IP 地址。 （2）**auto**：二选一选项，为匹配成功的路由设置为自动寻找备份下一跳模式。 缺省情况下，路由策略中未配置创建备份下一跳的动作，可用 **undo apply backup-nexthop** 命令恢复缺省配置
3	**apply comm-filter** { *basic-comm-filter-number* | *adv-comm-filter-number* | *comm-filter-name* } **delete** 例如：[Huawei-route-policy] **apply comm-filter** 1 **delete**	（可选）在路由策略中配置删除指定团体属性过滤器中的团体属性的动作。 当需要删除几个团体属性时，可通过一条团体属性过滤器配置命令将需要删除的团体属性分条配置到一个团体属性过滤器中，最后应用包含本命令的路由策略删除该团体属性过滤器中的所有团体属性。命令中的参数说明如下。 （1）*basic-comm-filter-number*：多选一参数，指定要对匹配成功的 BGP 路由删除团体属性的基本团体属性过滤器号，取值范围为 1～99 的整数。 （2）*adv-comm-filter-number*：多选一参数，指定要对匹配成功的 BGP 路由删除团体属性的高级团体属性过滤器号，取值范围为 100～199 的整数。 （3）*comm-filter-name*：多选一参数，指定要对匹配成功的 BGP 路由删除团体属性的团体属性过滤器名称，1～51 个字符，区分大小写，不支持空格，且不能都是数字。 【说明】当通过本命令删除指定的团体属性过滤器中的团体属性时，**团体属性过滤器中的每条配置命令只能包含一个团体属性**。如果要删除多个团体属性值，必须先在同一团体属性过滤器下面配置多条团体属性配置命令，每条命令中只配置一个团体属性。 当在一个策略的同一个节点上同时配置了下面将要介绍的 **apply community** 命令和本命令时，**系统并不关注配置顺序，在执行设置操作之前先执行删除操作**。 缺省情况下，路由策略中未配置删除指定团体属性过滤器中的团体属性的动作，可用 **undo apply comm-filter** 命令恢复缺省配置
	apply community { *community-number* | *aa:nn* |**internet** | **no-advertise** | **no-export** | **no-export-subconfed** } &<1-32> [**additive**] 或 **apply community none**	（可选）在路由策略中设置改变 BGP 路由团体属性的动作，或者删除全部的 BGP 路由团体属性。当需要对 BGP 路由进行分类标识，更好地运用路由策略时，可以应用包含本命令的路由策略，设置匹配成功的 BGP 路由的团体属性。命令中的参数和选项说明如下。 （1）*community-number* | *aa:nn*：多选一参数，指定为匹配成功的路由改变团体属性的团体号（就是修改路由中的团体属性号）。一条命令中最多可以配置 32 个团体号，具体有以下几种配置。 如果不配置 **internet**、**no-export-subconfed**、**no-advertise** 和 **no-export**，则 *community-number* 和 *aa:nn* 一共可以指定 32 个。 如果配置 **internet**、**no-export-subconfed**、**no-advertise** 和 **no-export** 中的一个，则 *community-number* 和 *aa:nn* 一共可以指定 31 个。

续表

步骤	命令	说明
3	例如：[Huawei-route-policy] **apply community no-export**	如果配置 **internet**、**no-export-subconfed**、**no-advertise** 和 **no-export** 中的两个，则 *community-number* 和 *aa:nn* 一共可以指定 30 个。 如果配置 **internet**、**no-export-subconfed**、**no-advertise** 和 **no-export** 中的 3 个，则 *community-number* 和 *aa:nn* 一共可以指定 29 个。 如果配置 **internet**、**no-export-subconfed**、**no-advertise** 和 **no-export**，则 *community-number* 和 *aa:nn* 一共可以指定 28 个。 （2）**internet**：多选一选项，为匹配成功的路由指定为 **internet** 类型团体属性，表示可以向任何对等体发送匹配的路由。缺省情况下，所有的路由都属于 internet 团体。 （3）**no-advertise**：多选一选项，为匹配成功的路由指定为 **no-advertise** 类型团体属性，表示不向任何对等体发送匹配的路由。即收到具有此属性的路由后，不能发布给任何其他的 BGP 对等体。 （4）**no-export**：多选一选项，为匹配成功的路由指定为 **no-export** 类型团体属性，表示不向 AS 外发送匹配的路由，但发布给其他子自治系统。即收到具有此属性的路由后，不能发布到本地 AS 之外。 （5）**no-export-subconfed**：多选一选项，为匹配成功的路由指定为 **no-export-subconfed** 类型团体属性，表示不向 AS 外发送匹配的路由，也不发布给其他子 AS。即收到具有此属性的路由后，不能发布给任何其他的子 AS。 （6）**additive**：可选项，表示在原来路由的团体属性中追加由参数 *community-number* | *aa:nn* 指定的路由的团体属性。如果不选择本可选项，则按照 *community-number* | *aa:nn* 参数值替换路由中原来的团体属性值。 （7）**none**：指定删除匹配成功的路由中的所有团体属性。 缺省情况下，在路由策略中未配置改变 BGP 路由团体属性的动作，可用 **undo apply community** 命令恢复缺省配置
	apply cost [+ | –] *cost* 例如：[Huawei-route-policy] **apply cost** 120	（可选）在路由策略中配置改变路由的开销值的动作。当路由需要改变开销值来参与路由选择的竞争时，可以应用包含本命令的路由策略，改变匹配成功的路由的开销值（**值越小，优先级越高**）。命令中的参数和选项说明如下。 （1）+：二选一可选项，指定对匹配成功的路由增加由后面 *cost* 参数配置的路由开销值。 （2）–：二选一可选项，指定对匹配成功的路由减少由后面 *cost* 参数配置的路由开销值。当同时不选择“+”和“–”选项时，后面的 *cost* 参数是为匹配成功的路由设置指定的路由开销值。 （3）*cost*：对匹配成功的路由增加（选择“+”选项时），或者减少（选择“–”选项时），或者设置路由开销值，取值范围为 0～4 294 967 295 的整数。 缺省情况下，在路由策略中未配置改变路由的开销值的动作，可用 **undo apply cost** 命令恢复缺省配置
		（可选）在路由策略中配置改变 IS-IS 或者 BGP 路由的开销类型的动作。当路由需要改变开销类型来参与路由选择的竞争时，可以应用包含本命令的路由策略，改变匹配成功的路由的开销类型。命令中的选项说明如下。

续表

步骤	命令	说明
3	**apply cost-type** { **external** | **internal** } 例如：[Huawei-route-policy] **apply cost-type external**	（1）**external**：二选一选项，指定匹配成功的 IS-IS 路由为外部路由开销类型。 （2）**internal**：二选一选项，指定匹配成功的 IS-IS 路由为内部路由开销类型，或者指定 BGP 路由的 MED 值为下一跳的 IGP 路由开销值。**Internal** 类型开销的路由优先于 **external** 类型开销的路由。 缺省情况下，在路由策略中未配置改变路由的开销类型的动作，可用 **undo apply cost-type** 命令恢复缺省配置
	apply cost-type { **type-1** | **type-2** } 例如：[Huawei-route-policy] **apply cost-type type-1**	（可选）在路由策略中配置改变 OSPF 路由的开销类型的动作。当路由需要改变开销类型来参与路由选择的竞争时，可以应用包含本命令的路由策略。命令中的选项说明如下。 （1）**type-1**：二选一选项，指定匹配成功的 OSPF 外部路由的开销类型为 Type-1，具有较高的可信度，这类外部路由的开销值=本设备到相应的 ASBR 的开销+ASBR 到该路由目的地址的开销。 （2）**type-2**：二选一选项，指定匹配成功的 OSPF 外部路由的开销类型为 Type-2，可信度较低，这类外部路由的开销值=ASBR 到该路由目的地址的开销。**type-1** 类型开销的 OSPF 路由优先于 **type-2** 类型开销的 OSPF 路由。 缺省情况下，在路由策略中未配置改变路由的开销类型的动作，可用 **undo apply cost-type** 命令恢复缺省配置
	apply extcommunity { **rt** { *as-number:nn* | *4as-number:nn* | *ipv4-address:nn* } } &<1-16> [**additive**] 例如：[Huawei-route-policy] **apply extcommunity rt** 100:2 **rt** 10.1.1.1:22 **rt** 100.100:100 **additive**	（可选）在路由策略中配置改变 BGP 路由的扩展团体属性的动作。命令中的参数和选项说明如下。 （1）**rt**：指定 Route Target（路由目标）扩展团体。rt 可设置多个，最多 16 个。 （2）*as-number*：自治系统号，整数形式，取值范围 0～65 535。 （3）*4as-number*：4 字节自治系统号。有两种格式：整数形式的取值范围是 65 536～4 294 967 295；另一种格式为 *x.y*，*x* 和 *y* 都是整数形式，取值范围都是 0～65 535。 （4）*ipv4-address*：指定 IPv4 地址。 （5）*nn*：一个整数，对于 *as-number*，如果代表 2 字节的 AS 号，则其取值范围为 0～4 294 967 295；对于 *4as-number*，如果代表 4 字节的 AS 号，则其取值范围为 0～65 535；对于 *ipv4-address*，其取值范围为 0～65 535。 （6）**additive**：可选项，表示允许给路由增加已有的团体属性。 缺省情况下，未配置改变 BGP 路由的扩展团体属性的动作，可用 **undo apply extcommunity** 命令恢复缺省配置
	apply ip-address next-hop { *ipv4-address* | **peer-address** }	（可选）在路由策略中配置改变 BGP 路由的下一跳 IPv4 地址的动作。当 BGP 路由需要改变下一跳地址来参与路由选择的竞争时，可以应用包含本命令的路由策略，改变匹配成功的 BGP 路由的下一跳地址。命令中的参数说明如下。 （1）*ipv4-address*：二选一参数，为匹配成功的路由指定下一跳 IP 地址。 （2）**peer-address**：二选一选项，为匹配成功的路由指定 BGP 对等体地址为下一跳。 【注意】通过策略设置路由信息的下一跳地址分两种情况。 （3）IBGP：对于 IBGP 对等体，配置的入口策略或者出口策略均可以生效。如果策略中配置的下一跳地址是不可达的，那么 IBGP 对等体也会将该路由加入 BGP 路由表中，但不是有效路由。

续表

步骤	命令	说明
3	例如：[Huawei-route-policy] **apply ip-address next-hop** 193.1.1.8	（4）EBGP：对于 EBGP 对等体，一般配置为入口策略。这是因为如果配置为出口策略，这条路由到达 EBGP 对等体后会因为下一跳不可达而被丢弃。 当在 **import-route** 命令和 **network** 命令使用 Route-Policy 时，策略中的本命令子句不生效。 缺省情况下，在路由策略中未配置改变 BGP 路由的下一跳地址的动作，可用 **undo apply ip-address next-hop** { *ipv4-address* | **peer- address** } 命令删除指定的下一跳改变策略
	apply ipv6 next-hop { **peer-address** | *ipv6-address* } 例如：[Huawei-route-policy] **apply ipv6 next-hop** fc00:0:0:6::1	（可选）在路由策略中配置改变 BGP 路由的下一跳 IPv6 地址的动作。命令中的参数和选项说明如下。 （1）*ipv6-address*：二选一参数，指定下一跳 IPv6 地址，32 位 16 进制数，格式为 X:X:X:X:X:X:X:X。 （2）**peer-address**：二选一选项，指定对等体地址为下一跳。 【说明】通过策略设置 BGP 路由信息的下一跳地址分两种情况。 • IBGP：对于 IBGP 对等体，配置的入口策略或者出口策略均可以生效。如果策略中配置的下一跳地址是不可达的，那么 IBGP 对等体也会将该路由加入到 BGP 路由表中，但不是有效路由。 • EBGP：对 EBGP 对等体使用策略修改下一跳地址时，一般配置为入口策略。这是因为如果配置为出口策略，这条路由到达 EBGP 对等体后会因为下一跳不可达而被丢弃。 当在 **import-route** 命令和 **network** 命令使用 Route-Policy 时，策略中的本命令子句不生效。 缺省情况下，在路由策略中未配置改变 BGP 路由的下一跳 IPv6 地址的动作，可用 **undo apply ipv6 next-hop** { **peer-address** | *ipv6-address* } 命令恢复缺省配置
	apply dampening *half-life-reach reuse suppress ceiling* 例如：[Huawei-route-policy] **apply dampening** 20 2000 10000 16000	（可选）在路由策略中配置改变 EBGP 路由的衰减参数的动作。为了避免在 BGP 网络中频繁振荡路由对设备的影响，可以在 BGP 网络中使能衰减功能。应用包含本命令的路由策略，可以改变匹配成功的 BGP 路由的衰减参数。命令中的参数说明如下。 （1）*half-life-reach*：为匹配成功的可达路由指定半衰期，取值范围为 1～45 整数分钟。 （2）*reuse*：为匹配成功的路由指定解除抑制状态的阈值，取值范围为 1～20 000 的整数。当惩罚值降低到该值以下，路由就被再使用。 （3）*suppress*：为匹配成功的路由指定进入抑制状态的阈值，取值范围为 1～20 000 的整数，实际配置的值必须大于 *reuse* 的值。当惩罚值超过该极限时，路由受到抑制。 （4）*ceiling*：为匹配成功的路由指定惩罚上限值，取值范围为 1 001～20 000 的整数。实际配置的值必须大于 *suppress*。 缺省情况下，在路由策略中未配置改变 EBGP 路由的衰减参数的动作，可用 **undo apply dampening** 命令恢复取消改变 EBGP 路由的衰减参数的动作
	apply isis { **level-1** | **level-1-2** | **level-2** }	（可选）在路由策略中配置改变引入到 IS-IS 协议中路由的级别的动作。为避免 IS-IS 引入过多外部路由，给运行 IS-IS 的设备带来额外的负担，可以在 IS-IS 中引入路由时应用包含本命令的路由策略，改变引入 IS-IS 协议中路由的 Level 级别。命令中的选项说明如下。

续表

步骤	命令	说明
3	例如：[Huawei-route-policy] **apply isis level-1**	（1）**level-1**：多选一选项，指定匹配成功的引入 IS-IS 中的路由的级别为 Level-1。 （2）**level-1-2**：多选一选项，指定匹配成功的引入 IS-IS 中的路由的级别为 Level-1-2。 （3）**level-2**：多选一选项，指定匹配成功的引入 IS-IS 中的路由的级别为 Level-2。 缺省情况下，在路由策略中未配置改变引入 IS-IS 协议中路由级别的动作，可用 **undo apply isis** 命令恢复缺省配置
	apply local-preference *preference* 例如：[Huawei-route-policy] **apply local-preference** 130	（可选）在路由策略中配置改变 BGP 路由信息的本地优先级的动作。当 BGP 路由需要改变离开 AS 的路径时，可以应用包含本命令的路由策略，改变匹配成功的 BGP 路由的本地优先级。当 BGP 网络中的路由器通过不同的 IBGP 对等体得到目的地址相同，但下一跳不同的多条路由时，将优先选择 Local_Pref 属性值较高的路由（**值越大，优先级越高**）。但本地优先级**仅用于同一个 AS 域内的选路，不向域外发布这个属性**。命令中的 *preference* 参数用来为匹配成功的 BGP 路由指定本地优先级，取值范围为 0～4 294 967 295 的整数。 缺省情况下，在路由策略中未配置改变 BGP 路由信息的本地优先级的动作，可用 **undo apply local-preference** 命令取消改变 BGP 路由信息的本地优先级的动作
	apply mpls-lablel 例如：[Huawei-route-policy] **apply mpls-label**	（可选）设置路由 MPLS 标签，**S 系列交换机不支持**。在 VPN 的跨域 OptionC 场景中，可以应用包含本命令的路由策略为公网路由申请 MPLS 标签。策略生效后，将为公网路由分配 MPLS 标签。 缺省情况下，在路由策略中未配置分配 MPLS 标签给公网路由的动作，可用 **undo apply mpls-label** 命令恢复缺省配置
	apply origin { **egp** { *as-number-plain* | *as-number-dot* } | **igp** | **incomplete** } 例如：[Huawei-route-policy] **apply origin igp**	（可选）在路由策略中配置改变 BGP 路由的 Origin 属性的动作。当 BGP 路由需要改变 Origin 属性来参与路由选择的竞争时，可以应用包含本命令的路由策略，改变匹配成功的 BGP 路由的 Origin 值。Origin 值是 BGP 的私有属性，该属性定义路径信息的来源。命令中的参数和选项说明如下。 （1）**egp** { *as-number-plain* | *as-number-dot* }：多选一参数，指定匹配成功的 BGP 路由信息源为外部路由、优先级中等。其中 *as-number-plain* 为指定外部路由的整数形式 AS 号，*as-number-dot* 为指定外部路由的点分形式 AS 号，用于唯一标识一个 AS。当需要改变路由的来源为外部路由时，使用此参数。 （2）**igp**：多选一选项，指定匹配成功的 BGP 路由信息源为内部路由、优先级最高。通过路由始发 AS 的 IGP（内部网关协议）得到的路由，例如使用 **network** 命令注入到 BGP 路由表的路由。 （3）**incomplete**：多选一选项，指定匹配成功的 BGP 路由信息源为未知，优先级最低。通过其他方式学习到的路由信息，例如 BGP 通过 **import-route** 命令引入的路由，其 Origin 属性为 Incomplete。 缺省情况下，在路由策略中未配置改变 BGP 路由的 Origin 属性的动作，可用 **undo apply origin** 命令恢复为缺省配置
	apply ospf { **backbone** | **stub-area** }	（可选）在路由策略中配置将路由引入 OSPF 网络特定区域的动作。为避免 OSPF 引入过多外部路由，给运行 OSPF 的设备带来额外的负担，可以在 OSPF 引入路由时，应用包含本命令的路由策略来将路由引入 OSPF 网络的骨干区域或 NSSA 区域。命令中的选项说明如下。

续表

步骤	命令	说明
3	例如：[Huawei-route-policy] **apply ospf backbone**	（1）**backbone**：二选一选项，表示将匹配成功的路由引入 OSPF 网络的骨干区域。 （2）**stub-area**：二选一选项，表示将匹配成功的路由引入 OSPF 网络的 Stub 区域。 缺省情况下，在路由策略中未配置将路由引入 OSPF 网络的特定区域的动作，可用 **undo apply ospf** 命令恢复为缺省配置
	apply preference *preference* 例如：[Huawei-route-policy] **apply preference** 90	（可选）在路由策略中配置改变路由的优先级的动作。当路由需要改变路由优先级来参与路由选择的竞争时，可以应用包含本命令的路由策略，改变匹配成功的路由的优先级（**值越大，优先级越低**）。命令中的 *preference* 参数用来为匹配成功的路由指定优先级，取值范围为 1～255 的整数。 缺省情况下，在路由策略中未配置改变路由的优先级的动作，可用 **undo apply preference** 命令恢复为缺省配置
	apply preferred-value *preferred-value* 例如：[Huawei-route-policy] **apply preferred-value** 66	（可选）在路由策略中配置改变 BGP 路由的首选值的动作。当 BGP 路由需要改变首选值来参与路由选择的竞争时，可以应用包含本命令的路由策略，改变匹配成功的 BGP 路由的首选值（**值越大，优先级越高**）。**但本命令配置本地生效，在 BGP 的出口策略中不生效**。命令中的参数 *preferred-value* 用来为匹配成功的路由指定首选值，取值范围为 0～65 535 的整数。 缺省情况下，路由策略中未配置改变 BGP 路由的首选值的动作，可用 **undo apply preferred-value** 命令恢复为缺省配置
	apply tag *tag* 例如：[Huawei-route-policy] **apply tag** 100	（可选）在路由策略中配置改变路由信息标记（Tag）的动作。命令中的参数用 *tag* 来为匹配成功的路由信息指定标记值，取值范围为 0～4 294 967 295 的整数。 当需要对路由进行分类标识，更好地运用路由策略时，可以应用包含本命令的路由策略，将匹配成功的路由打上相同的 Tag。**但 BGP 没有 Tag 属性，本命令只能设置 IGP 路由信息的标记**。 缺省情况下，路由策略中未配置改变路由信息标记的动作，可用 **undo apply tag** 命令恢复为缺省配置

15.3.4 路由策略的应用

当前用到路由策略的协议包括直连路由、静态路由、RIP/RIPng、IS-IS、OSPF/OSPFv3、BGP/BGP4+、组播和 BGP/MPLS IP VPN 等。除此之外，路由策略在手动 FRR（快速重路由）中也有应用。本节介绍路由策略的一些主要的应用场景，其实大多数已在本书前面各章有相应的介绍，所以仅进行简单的汇总。

1. 在 RIP 中的应用

Route-Policy 在 RIP 中的主要应用见表 15-11，表中命令是在对应的 RIP 路由进程视图下进行配置的，详细介绍参见本书第 10 章，不进行详细命令介绍。

表 15-11 Route-Policy 在 RIP 中的主要应用

应用	命令
配置在当前设备中生成一条缺省路由或者将路由表中存在的缺省路由发送给邻居。	**default-route originate** [**cost** *cost* | { **match default** | **route-policy** *route-policy-name* } [**avoid-learning**]]*

续表

应用	命令
通过 **route-policy** *route-policy-name* 参数可以配置设备只有在符合指定 Route-Policy 时才生成缺省路由	
配置 RIP 从 BGP 路由协议引入路由。 通过 **route-policy** *route-policy-name* 参数可以在引入路由时应用 Route-Policy	**import-route bgp** [**permit-ibgp**] [**cost** { *cost* | **transparent** } | **route-policy** *route-policy-name*] *
配置 RIP 从其他路由协议引入路由。 通过 **route-policy** *route-policy-name* 参数可以在引入路由时应用 Route-Policy	**import-route** { { **static** | **direct** | **unr** } | { **rip** | **ospf** | **isis** } [*process-id*] } [**cost** *cost* | **route-policy** *route-policy-name*] *
配置 RIP 路由的优先级。 通过 **route-policy** *route-policy-name* 参数可以对特定的路由设置优先级	**preference** { *preference* | **route-policy** *route-policy-name* } *

2. 在 RIPng 中的应用

Route-Policy 在 RIPng 中的主要应用见表 15-12，表中命令是在对应的 RIPng 路由进程视图下进行配置的，详细介绍参见本书第 10 章。

表 15-12　Route-Policy 在 RIPng 中的主要应用

应用	命令
配置 RIPng 从其他路由协议引入路由。 通过 **route-policy** *route-policy-name* 参数可以在引入路由时应用 Route-Policy	**import-route** { { **ripng** | **isis** | **ospfv3** } [*process-id*] | **bgp** [**permit-ibgp**] | **unr** | **direct** | **static** } [[**cost** *cost* | **inherit-cost**] | **route-policy** *route-policy-name*] *
配置 RIPng 路由的优先级。 通过 **route-policy** *route-policy-name* 参数可以对特定的路由设置优先级	**preference** { *preference* | **route-policy** *route-policy-name*

3. 在 IPv4 IS-IS 中的应用

Route-Policy 在 IPv4 IS-IS 中的主要应用见表 15-13，表中命令是在对应的 IS-IS 路由进程视图下进行配置的，详细介绍参见本书第 13 章。

表 15-13　Route-Policy 在 IPv4 IS-IS 中的主要应用

应用	命令
配置 IS-IS 设备生成缺省路由。 通过指定 **route-policy** *route-policy-name* 参数，当该边界设备的路由表中存在满足 Route-Policy 的外部路由时，才向 IS-IS 域发布缺省路由，避免由于链路故障等原因造成该设备已经不存在某些重要的外部路由时，仍然发布缺省路由，从而造成路由黑洞	**default-route-advertise** [**always** | **match default** | **route-policy** *route-policy-name*] [**cost** *cost* | **tag** *tag* | [**level-1** | **level-1-2** | **level-2**]] * [**avoid-learning**]
配置对 IS-IS 向外发布自己从其他路由协议引入的路由应用 Route-Policy	**filter-policy route-policy** *route-policy-name* **export** [*protocol* [*process-id*]]
配置对 IS-IS 接收的路由应用 Route-Policy	**filter-policy route-policy** *route-policy-name* **import**
配置 IS-IS 引入其他路由协议的路由信息	**import-route** { { **rip** | **isis** | **ospf** } [*process-id*] | **static** | **direct** | **unr** | **bgp** [**permit-ibgp**] } [**cost-type** { **external** | **internal** } | **cost** *cost* | **tag** *tag* | **route-policy** *route-*

续表

应用	命令
	policy-name | [**level-1** | **level-2** | **level-1-2**]] * **import-route** { { **rip** | **isis** | **ospf** } [*process-id*] | **direct** | **unr** | **bgp** } **inherit-cost** [**tag** *tag* | **route-policy** *route-policy-name* | [**level-1** | **level-2** | **level-1-2**]] *
配置 Level-1 路由向 Level-2 区域的渗透	**import-route isis level-1 into level-2 filter-policy route-policy** *route-policy-name*
配置 Level-2 路由向 Level-1 区域的渗透	**import-route isis level-2 into level-1 filter-policy route-policy** *route-policy-name*
配置 IS-IS 协议优先级	**preference** { *preference* | **route-policy** *route-policy-name* } *

4. 在 IPv6 IS-IS 中的应用

Route-Policy 在 IPv6 IS-IS 中的主要应用见表 15-14，表中命令是在对应的 IS-IS 路由进程视图下进行配置的，详细介绍参见本书第 13 章。

表 15-14 Route-Policy 在 IPv6 IS-IS 中的主要应用

应用	命令
配置 IS-IS 设备生成 IPv6 缺省路由。 通过指定 route-policy *route-policy-name* 参数，当该边界设备的路由表中存在满足 Route-Policy 的外部路由时，才向 IS-IS 域发布缺省路由，避免由于链路故障等原因造成该设备已经不存在某些重要的外部路由时，仍然发布 IPv6 缺省路由，从而造成路由黑洞	**ipv6 default-route-advertise route-policy** *route-policy-name* [**cost** *cost* | **tag** *tag* | [**level-1** | **level-1-2** | **level-2**]] * [**avoid-learning**]
配置对 IS-IS 向外发布自己从其他路由协议引入的路由应用 Route-Policy	**ipv6 filter-policy route-policy** *route-policy-name* **export** [*protocol* [*process-id*]]
配置对 IS-IS 接收的 IPv6 路由应用 Route-Policy	**ipv6 filter-policy route-policy** *route-policy-name* **import**
配置 IS-IS 引入其他协议路由信息	**ipv6 import-route** { **static** | **direct** | **unr** | { **ospfv3** | **ripng** | **isis** } [*process-id*] | **bgp** [**permit-ibgp**] } [**cost** *cost* | **tag** *tag* | **route-policy** *route-policy-name* | [**level-1** | **level-2** | **level-1-2**]] * **ipv6 import-route** { **direct** | **unr** | { **ospfv3** | **ripng** | **isis** } [*process-id*] | **bgp** [**permit-ibgp**] } **inherit-cost** [**tag** *tag* | **route-policy** *route-policy-name* | [**level-1** | **level-2** | **level-1-2**]] *
配置 Level-1 路由向 Level-2 区域的渗透	**ipv6 import-route isis level-1 into level-2 filter-policy route-policy** *route-policy-name*
配置 Level-2 路由向 Level-1 区域的渗透	**ipv6 import-route isis level-2 into level-1 filter-policy route-policy** *route-policy-name*
配置 IS-IS 协议优先级	**ipv6 preference** { **route-policy** *route-policy-name* | *preference* } *

5. 在 OSPF 中的应用

Route-Policy 在 OSPF 中的主要应用见表 15-15，表中命令是在对应的 OSPF 路由进程视图或区域视图下进行配置的，详细介绍参见本书第 11 章。

表 15-15　**Route-Policy 在 OSPF 中的主要应用**

应用	命令
配置将缺省路由通告到普通 OSPF 区域。 配置 **route-policy** *route-policy-name* 后，当路由表中有匹配的非 OSPF 产生的缺省路由表项时，按 Route-Policy 所配置的参数发布缺省路由	**default-route-advertise** [[**always** | **permit-calculate-other**] | **cost** *cost* | **type** *type* | **route-policy** *route-policy-name* [**match-any**]] *
配置对 OSPF 向外发布自己从其他路由协议引入的路由应用 Route-Policy	**filter-policy route-policy** *route-policy-name* **export** [*protocol* [*process-id*]]
配置对 OSPF 接收的路由应用 Route-Policy	**filter-policy route-policy** *route-policy-name* [**secondary**] **import**
配置对 OSPF 引入的路由应用 Route-Policy	**import-route** { **limit** *limit-number* | { **bgp** [**permit-ibgp**] | **direct** | **unr** | **rip** [*process-id-rip*] | **static** | **isis** [*process-id-isis*] | **ospf** [*process-id-ospf*] } [**cost** *cost* | **type** *type* | **tag** *tag* | **route-policy** *route-policy-name*] * }
配置 OSPF 本地 MT（Local Multicast-Topology）特性所使用的 Route-Policy。 只有通过 **route-policy** *route-policy-name* 过滤的路由才能够加入 MIGP 路由表	**local-mt filter-policy route-policy** *route-policy-name*
配置 OSPF 路由的优先级	**preference** [**ase**] { *preference* | **route-policy** *route-policy-name* } *
配置对区域内出方向的 Type-3 LSA（Summary LSA）应用 Route-Policy（在区域视图下执行）	**filter route-policy** *route-policy-name* **export**
配置对区域内入方向的 Type-3 LSA 应用 Route-Policy（在区域视图下执行）	**filter route-policy** *route-policy-name* **import**

6. 在 OSPFv3 中的应用

Route-Policy 在 OSPFv3 中的主要应用见表 15-16，表中命令是在对应的 OSPFv3 路由进程视图或区域视图下进行配置的，详细介绍参见本书第 12 章。

表 15-16　**Route-Policy 在 OSPFv3 中的主要应用**

应用	命令
配置将缺省路由通告到 OSPFv3 路由区域。 配置 **route-policy** *route-policy-name* 后，当路由表中有匹配的非 OSPFv3 产生的缺省路由表项时，按 Route-Policy 所配置的参数发布缺省路由	**default-route-advertise** [**always** | **cost** *cost* | **type** *type* | **tag** *tag* | **route-policy** *route-policy-name*] *
配置对 OSPFv3 引入的路由应用 Route-Policy	**import-route** { **bgp** [**permit-ibgp**] | **unr** | **direct** | **ripng** *help-process-id* | **static** | isis *help-process-id* | **ospfv3** *help-process-id* } [{ **cost** *cost* | **inherit-cost** } | **type** *type* | **tag** *tag* | **route-policy** *route-policy-name*] *
配置 OSPFv3 协议路由的优先级	**preference** [**ase**] { *preference* | **route-policy** *route-policy-name* } *
配置对 OSPFv3 区域内出方向的 Type-3 LSA（Inter-Area-Prefix-LSA）应用 Route-Policy（在区域视图下执行）	**filter route-policy** *route-policy-name* **export**
配置对 OSPFv3 区域内入方向的 Type-3 LSA 应用 Route-Policy（在区域视图下执行）	**filter route-policy** *route-policy-name* **import**

7. 在 BGP 中的应用

Route-Policy 在 BGP 中的主要应用见表 15-17，表中命令是在对应的 BGP IPv4 单播地址族视图下进行配置的，详细介绍参见本书第 14 章。

表 15-17　　Route-Policy 在 BGP 中的主要应用

应用	命令
配置在 BGP 路由表中创建一条聚合路由	**aggregate** *ipv4-address* { *mask* | *mask-length* } [**as-set** | **attribute-policy** *route-policy-name1* | **detail-suppressed** | **origin-policy** *route-policy-name2* | **suppress-policy** *route-policy-name3*] *
配置 BGP 路由衰减	**dampening** [*half-life-reach reuse suppress ceiling* | **route-policy** *route-policy-name*] *
配置 BGP 引入其他协议路由信息	**import-route** *protocol* [*process-id*] [**med** *med* | **route-policy** *route-policy-name*] *
配置 BGP 引入本地路由	**network** *ipv4-address* [*mask* | *mask-length*] [**route-policy** *route-policy-name*]
配置 BGP 路由按照 Route-Policy 来进行下一跳迭代	**nexthop recursive-lookup route-policy** *route- policy-name*
配置向对等体或对等体组发送缺省路由 配置 **route-policy** *route-policy-name* 参数，可以修改 BGP 发布的缺省路由的属性	**peer** { *group-name* | *ipv4-address* } **default-route-advertise** [**route-policy** *route-policy-name*] [**conditional-route-match-all** { *ipv4-address1* { *mask1* | *mask-length1* } } <1-4> | **conditional-route-match-any** { *ipv4- address2* { *mask2* | *mask-length2* } } <1-4>]
配置为来自对等体（组）的路由或向对等体（组）发布的路由指定 Route-Policy，对接收或发布的路由进行控制	**peer** { *group-name* | *ipv4-address* } **route-policy** *route-policy-name* { **import** | **export** }
配置按照 Route-Policy 设置 BGP 优先级	**preference route-policy** *route-policy-name*
配置禁止 BGP 路由下发到 IP 路由表	**routing-table rib-only** [**route-policy** *route-policy-name*]

15.3.5 配置路由策略生效时间

为了保障网络的稳定性，修改路由策略时可以控制路由策略的生效时间，当然这是可选的配置任务，因为缺省是立即生效。具体的配置步骤见表 15-18。

表 15-18　　路由策略生效时间的配置步骤

步骤	命令	说明
1	**system-view** 例如：<Huawei> **system-view**	进入系统视图
2	**route-policy-change notify-delay** *delay-time* 例如：[Huawei]**route-policy-change notify-delay** 20	控制路由策略变化后 RM（路由模块）通知各协议重新应用策略的延迟时间，取值范围为 1～180 的整数秒。 【说明】当路由策略的相关命令配置变化后，缺省情况下，RM 会立即通知协议进行处理。如果不希望路由策略变化通知过快，可以根据实际情况，应用此命令配置延迟等待时间。路由策略将在定时器超时后应用新的策略。 ● 如果在等待时间内路由策略的配置又发生了改变，RM 将重置定时器，重新开始计时。 ● 如果新策略被 BGP 使用，那么在本命令配置的延迟时间

续表

步骤	命令	说明
2	**route-policy-change notify-delay** *delay-time* 例如：[Huawei]**route-policy-change notify-delay** 20	内，仍可以通过执行下面将要介绍的 refresh bgp all 命令，触发 BGP 立即应用新策略。 受该延时设置影响的相关策略有 ACL、地址前缀列表、AS 路径过滤器、团体属性过滤器、扩展团体属性过滤器、RD 属性过滤器和 Route-Policy 配置命令。 缺省情况下，没有配置此命令，应用新策略的延迟时间是 0 s，即立即生效，可用 **undo route-policy-change notify-delay** 命令取消设置，恢复为缺省值
3	**quit** 例如：[Huawei] **quit**	退出系统视图，返回用户视图
4	**refresh bgp all** { **export** | **import** } 例如：<Huawei> **refresh bgp all import**	（可选）配置 BGP 立即应用新策略，手工对 BGP 连接进行软复位。命令中的选项说明如下。 • **export**：二选一选项，表示触发出方向的软复位。 • **import**：二选一选项，表示触发入方向的软复位。 【说明】如果配置策略命令后，需要立即看到策略过滤的效果。可以通过执行这个命令，配置 BGP 立即应用新策略。受该定时器影响的相关策略有访问控制列表、地址前缀列表、AS 路径过滤器、团体属性过滤器、扩展团体属性过滤器、RD 属性过滤器和 Route-Policy

配置好路由策略后，可通过 **display route-policy** [*route-policy-name*]任意视图命令查看路由策略的详细配置信息。在确认需要清除 IPv4 地址前缀列表统计数据时，请在用户视图下执行 **reset ip ip-prefix** [*ip-prefix-name*]命令。在确认需要清除 IPv6 地址前缀列表统计数据时，请在用户视图下执行 **reset ip ipv6-prefix** [*ipv6-prefix-name*]命令。

15.3.6　AS_Path 过滤器配置示例

如图 15-6 所示，RouterA 与 RouterB、RouterB 与 RouterC 之间建立 EBGP 连接。用户希望 AS 10 中的设备和 AS 30 中的设备无法相互通信。

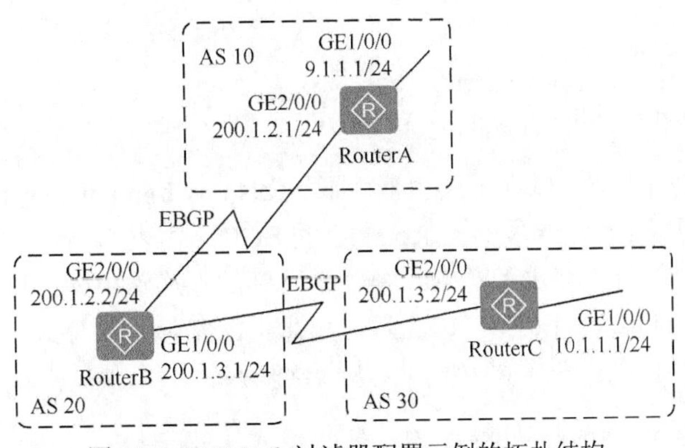

图 15-6　AS_Path 过滤器配置示例的拓扑结构

1. 基本配置思路分析

本示例的配置比较简单，除了需要进行基本的 BGP 功能配置（配置 EBGP 对等体以及引入直连路由）外，还可在 RouterB 上配置一个 AS_Path 过滤器，使得 RouterB 不向 RouterA 转发来自 AS30 中的路由信息，也不向 RouterC 转发来自 AS10 中的路由信息。当然，首先还是要为各路由器接口配置 IP 地址。具体配置思路如下。

① 配置各路由器接口的 IP 地址。

② 在 RouterA 和 RouterB 之间、RouterB 和 RouterC 之间分别配置 EBGP 连接，并引入直连路由，使 AS 之间通过 EBGP 连接实现相互通信。

③ 在 RouterB 上配置 AS_Path 过滤器，并应用该过滤规则，使 AS20 不向 AS10 发布 AS30 的路由，也不向 AS30 发布 AS10 的路由。

2. 具体配置步骤

① 配置各接口的 IP 地址。下面仅以 RouterA 上的接口 IP 地址配置为例进行介绍，RouterB 和 RouterC 上的配置方法一样，略。

```
<RouterA> system-view
[RouterA] interface gigabitethernet 2/0/0
[RouterA-GigabitEthernet1/0/0] ip address 200.1.2.1 24
```

② 配置各路由器的 EBGP 对等体连接，同时引入直连路由，以使它们彼此三层互通。因为本示例中没有配置 Loopback 接口，所以需要为它们分别配置路由器 ID。为了方便记忆，RouterA、RouterB 和 RouterC 的路由器 ID 分别设为 1.1.1.1、2.2.2.2 和 3.3.3.3。

■ RouterA 上的配置如下。

```
[RouterA] bgp 10
[RouterA-bgp] router-id 1.1.1.1
[RouterA-bgp] peer 200.1.2.2 as-number 20
[RouterA-bgp] import-route direct
```

■ RouterB 上的配置如下。

```
[RouterB] bgp 20
[RouterB-bgp] router-id 2.2.2.2
[RouterB-bgp] peer 200.1.2.1 as-number 10
[RouterB-bgp] peer 200.1.3.2 as-number 30
[RouterB-bgp] import-route direct
[RouterB-bgp] quit
```

■ RouterC 上的配置如下。

```
[RouterC] bgp 30
[RouterC-bgp] router-id 3.3.3.3
[RouterC-bgp] peer 200.1.3.1 as-number 20
[RouterC-bgp] import-route direct
[RouterC-bgp] quit
```

配置好基本功能后，可以在各路由器上通过 **display bgp routing-table** 命令查看各处的 BGP 路由表。现以 RouterB 发布给 RouterC 的 BGP 路由表为例，从中可以看到 RouterB 除了发布自己引入的直连路由和从 RouterC 学习到的直连路由外，还向 RouterC 发布了 AS 10 引入的直连路由 9.1.1.0/24（参见输出信息中的粗体字部分）。

```
<RouterB> display bgp routing-table peer 200.1.3.2 advertised-routes
 BGP Local router ID is 2.2.2.2
 Status codes: * - valid, > - best, d - damped,
               h - history,  i - internal, s - suppressed, S - Stale
               Origin : i - IGP, e - EGP, ? - incomplete
```

```
Total Number of Routes: 5
      Network            NextHop        MED        LocPrf    PrefVal Path/Ogn

*>   9.1.1.0/24          200.1.3.1                            0       20 10?
*>   10.1.1.0/24         200.1.3.1                            0       20 30?
*>   200.1.2.0           200.1.3.1      0                     0       20?
*>   200.1.2.1/32        200.1.3.1      0                     0       20?
*>   200.1.3.0/24        200.1.3.1      0                     0       20?
```

同样可以通过 **display bgp routing-table** 命令查看 RouterC 的 BGP 路由表，可以看到 RouterC 也通过 RouterB 学习到了 9.1.1.0/24 这条路由（参见输出信息中的粗体字部分）。

```
<RouterC> display bgp routing-table
 BGP Local router ID is 3.3.3.3
 Status codes: * - valid, > - best, d - damped,
               h - history,  i - internal, s - suppressed, S - Stale
               Origin : i - IGP, e - EGP, ? - incomplete

 Total Number of Routes: 9
      Network            NextHop        MED        LocPrf    PrefVal Path/Ogn

*>   9.1.1.0/24          200.1.3.1                            0       20 10?
*>   10.1.1.0/24         0.0.0.0        0                     0       ?
*>   10.1.1.1/32         0.0.0.0        0                     0       ?
*>   127.0.0.0           0.0.0.0        0                     0       ?
*>   127.0.0.1/32        0.0.0.0        0                     0       ?
*>   200.1.2.0           200.1.3.1      0                     0       20?
*>   200.1.3.0/24        0.0.0.0        0                     0       ?
*                        200.1.3.1      0                     0       20?
*>   200.1.3.2/32        0.0.0.0        0                     0       ?
```

③ 在 RouterB 上配置 AS_Path 过滤器，并在 RouterB 的出方向上应用该过滤器。

首先创建编号为 1 的 AS_Path 过滤器，拒绝包含 AS 号 30 的路由通过（正则表达式“_30_”表示任何包含 AS 30 的 AS 列表，“.*”表示与任何字符匹配）。

```
[RouterB] ip as-path-filter 1 deny _30_
[RouterB] ip as-path-filter 1 permit .*
```

然后，创建编号为 2 的 AS_Path 过滤器，拒绝包含 AS 号 10 的路由通过。

```
[RouterB] ip as-path-filter 2 deny _10_
[RouterB] ip as-path-filter 2 permit.*
```

最后，分别在 RouterB 的两个对等体上应用以上两个 AS_Path 过滤器。

```
[RouterB] bgp 20
[RouterB-bgp] peer 200.1.2.1 as-path-filter 1 export
[RouterB-bgp] peer 200.1.3.2 as-path-filter 2 export
[RouterB-bgp] quit
```

此时，再通过 **display bgp routing-table** 命令查看 RouterB 发往 AS 30 的发布路由表。可以看到表中没有 RouterB 发布的 AS 10 引入的直连路由，表明过滤成功。

```
<RouterB> display bgp routing-table peer 200.1.3.2 advertised-routes
 BGP Local router ID is 2.2.2.2
 Status codes: * - valid, > - best, d - damped,
               h - history,  i - internal, s - suppressed, S - Stale
               Origin : i - IGP, e - EGP, ? - incomplete


 Total Number of Routes: 2
```

```
      Network            NextHop        MED        LocPrf    PrefVal Path/Ogn

 *>   200.1.2.0          200.1.3.1      0                    0       20?
 *>   200.1.3.0/24       200.1.3.1      0                    0       20?
```

同样，RouterC 的 BGP 路由表中也没有这些路由，具体如下。

```
<RouterC> display bgp routing-table
 BGP Local router ID is 3.3.3.3
 Status codes: * - valid, > - best, d - damped,
               h - history,  i - internal, s - suppressed, S - Stale
               Origin : i - IGP, e - EGP, ? - incomplete

 Total Number of Routes: 8
      Network            NextHop        MED        LocPrf    PrefVal Path/Ogn

 *>   10.1.1.0/24        0.0.0.0        0                    0       ?
 *>   10.1.1.1/32        0.0.0.0        0                    0       ?
 *>   127.0.0.0          0.0.0.0        0                    0       ?
 *>   127.0.0.1/32       0.0.0.0        0                    0       ?
 *>   200.1.2.0          200.1.3.1      0                    0       20?
 *>   200.1.3.0/24       0.0.0.0        0                    0       ?
 *                       200.1.3.1      0                    0       20?
 *>   200.1.3.2/32       0.0.0.0        0                    0       ?
```

查看 RouterB 发往 AS 10 的发布路由表时，可以看到表中没有 RouterB 发布的 AS 30 引入的直连路由。

```
<RouterB> display bgp routing-table peer 200.1.2.1 advertised-routes
 BGP Local router ID is 2.2.2.2
 Status codes: * - valid, > - best, d - damped,
               h - history,  i - internal, s - suppressed, S - Stale
               Origin : i - IGP, e - EGP, ? - incomplete


 Total Number of Routes: 2
      Network            NextHop        MED        LocPrf    PrefVal Path/Ogn

 *>   200.1.2.0          200.1.2.2      0                    0       20?
 *>   200.1.3.0/24       200.1.2.2      0                    0       20?
```

同样，RouterA 的 BGP 路由表中也没有这些路由。

```
<RouterA> display bgp routing-table
 BGP Local router ID is 1.1.1.1
 Status codes: * - valid, > - best, d - damped,
               h - history,  i - internal, s - suppressed, S - Stale
               Origin : i - IGP, e - EGP, ? - incomplete

 Total Number of Routes: 8
      Network            NextHop        MED        LocPrf    PrefVal Path/Ogn

 *>   9.1.1.0/24         0.0.0.0        0                    0       ?
 *>   9.1.1.1/32         0.0.0.0        0                    0       ?
 *>   127.0.0.0          0.0.0.0        0                    0       ?
 *>   127.0.0.1/32       0.0.0.0        0                    0       ?
 *>   200.1.2.0          0.0.0.0        0                    0       ?
 *                       200.1.2.2      0                    0       20?
 *>   200.1.2.1/32       0.0.0.0        0                    0       ?
 *>   200.1.3.0/24       200.1.2.2      0                    0       20?
```

15.3.7　接收和发布路由过滤的配置示例

如图 15-7 所示，在运行 OSPF 的网络中，RouterA 从 Internet 网络接收路由，并为 OSPF 网络提供 Internet 路由。现要求 OSPF 网络只能访问 172.1.17.0/24、172.1.18.0/24 和 172.1.19.0/24 3 个网段的网络，其中 RouterC 连接的网络只能访问 172.1.18.0/24 网段的网络。

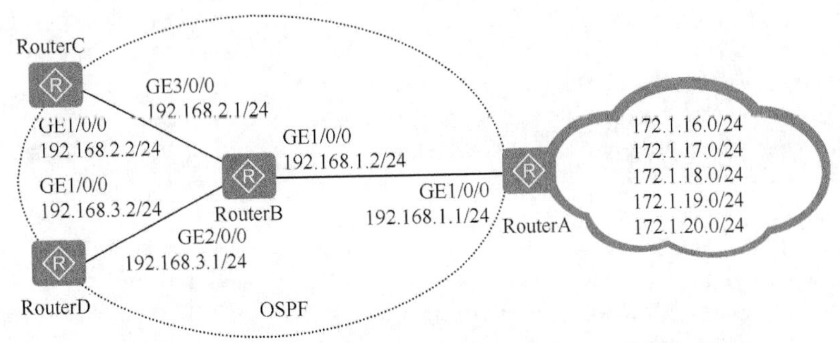

图 15-7　对接收和发布的路由过滤配置示例的拓扑结构

1. 基本配置思路分析

本示例可利用 IP 地址前缀列表过滤器（本示例中也可以利用 ACL 过滤器来实现）对发布和接收的路由进行过滤，具体的配置思路如下。

① 配置各路由器接口的 IP 地址。

② 配置各路由器的 OSPF 基本功能。

③ 在 RouterA 上配置 172.1.16.0/24~172.1.20.0/24 共 5 条静态路由，并引入到 OSPF 路由进程中。

④ 在 RouterA 上配置基于 IP 地址前缀列表的路由发布策略，使 RouterA 仅向 RouterB 发布所引入的 172.1.17.0/24、172.1.18.0/24 和 172.1.19.0/24 这 3 个网段的路由，使得 OSPF 网络只能访问这 3 个网段。

⑤ 在 RouterC 上配置基于 IP 地址前缀列表的路由接收策略，仅接收 172.1.18.0/24 路由，使得 RouterC 连接的网络只能访问 172.1.18.0/24 网段的网络。

2. 具体配置步骤

① 配置各路由器的接口 IP 地址。以下是 RouterB 上接口 IP 地址的配置，其他路由器上接口 IP 地址的配置方法一样，略。

```
<RouterB> system-view
[RouterB] interface gigabitethernet 1/0/0
[RouterB-GigabitEthernet1/0/0] ip address 192.168.1.2 24
[RouterB-GigabitEthernet1/0/0]quit
[RouterB] interface gigabitethernet 2/0/0
[RouterB-GigabitEthernet2/0/0] ip address 192.168.3.1 24
[RouterB-GigabitEthernet2/0/0] quit
[RouterB] interface gigabitethernet 3/0/0
[RouterB-GigabitEthernet3/0/0] ip address 192.168.2.1 24
[RouterB-GigabitEthernet3/0/0] quit
```

② 配置 OSPF 网络中各路由器的 OSPF 基本功能，使彼此三层互通。因为它们位于

一个区域中，所以只能采用骨干区域 0 进行配置，进程号为缺省的 1。

■ RouterA 上的配置如下。

```
[RouterA] ospf
[RouterA-ospf-1] area 0
[RouterA-ospf-1-area-0.0.0.0] network 192.168.1.0 0.0.0.255
[RouterA-ospf-1-area-0.0.0.0] quit
[RouterA-ospf-1] quit
```

■ RouterB 上的配置如下。

```
[RouterB] ospf
[RouterB-ospf-1] area 0
[RouterB-ospf-1-area-0.0.0.0] network 192.168.1.0 0.0.0.255
[RouterB-ospf-1-area-0.0.0.0] network 192.168.2.0 0.0.0.255
[RouterB-ospf-1-area-0.0.0.0] network 192.168.3.0 0.0.0.255
[RouterB-ospf-1-area-0.0.0.0] quit
```

■ RouterC 上的配置如下。

```
[RouterC] ospf
[RouterC-ospf-1] area 0
[RouterC-ospf-1-area-0.0.0.0] network 192.168.2.0 0.0.0.255
[RouterC-ospf-1-area-0.0.0.0] quit
[RouterC-ospf-1] quit
```

■ RouterD 上的配置如下。

```
[RouterD] ospf
[RouterD-ospf-1] area 0
[RouterD-ospf-1-area-0.0.0.0] network 192.168.3.0 0.0.0.255
[RouterD-ospf-1-area-0.0.0.0] quit
```

③ 在 RouterA 上配置 5 条静态路由，并将这些静态路由引入 OSPF 中。这里的 5 条静态路由均为黑洞（出接口为 NULL0）静态路由，仅用于实验。

```
[RouterA] ip route-static 172.1.16.0 24 NULL 0
[RouterA] ip route-static 172.1.17.0 24 NULL 0
[RouterA] ip route-static 172.1.18.0 24 NULL 0
[RouterA] ip route-static 172.1.19.0 24 NULL 0
[RouterA] ip route-static 172.1.20.0 24 NULL 0
[RouterA] ospf
[RouterA-ospf-1] import-route static
[RouterA-ospf-1] quit
```

此时可在 RouterB 上通过 **display ip routing-table** 命令查看其 IP 路由表，从输出信息中可以见到，OSPF 已成功引入了以上 5 条静态路由（参见输出信息粗体字部分）。

```
[RouterB] display ip routing-table
Route Flags: R - relay, D - download to fib
------------------------------------------------------------------------------
Routing Tables: Public
         Destinations : 16        Routes : 16
Destination/Mask    Proto   Pre  Cost      Flags NextHop         Interface
      127.0.0.0/8   Direct  0    0           D   127.0.0.1       InLoopBack0
      127.0.0.1/32  Direct  0    0           D   127.0.0.1       InLoopBack0
    172.1.16.0/24   O_ASE   150  1           D   192.168.1.1     GigabitEthernet1/0/0
    172.1.17.0/24   O_ASE   150  1           D   192.168.1.1     GigabitEthernet1/0/0
    172.1.18.0/24   O_ASE   150  1           D   192.168.1.1     GigabitEthernet1/0/0
    172.1.19.0/24   O_ASE   150  1           D   192.168.1.1     GigabitEthernet1/0/0
    172.1.20.0/24   O_ASE   150  1           D   192.168.1.1     GigabitEthernet1/0/0
   192.168.1.0/24   Direct  0    0           D   192.168.1.2     GigabitEthernet1/0/0
```

```
192.168.1.1/32  Direct 0    0        D   192.168.1.1     GigabitEthernet1/0/0
192.168.1.2/32  Direct 0    0        D   127.0.0.1       InLoopBack0
192.168.2.0/24  Direct 0    0        D   192.168.2.1     GigabitEthernet3/0/0
192.168.2.1/32  Direct 0    0        D   127.0.0.1       InLoopBack0
192.168.2.2/32  Direct 0    0        D   192.168.2.2     GigabitEthernet3/0/0
192.168.3.0/24  Direct 0    0        D   192.168.3.1     GigabitEthernet2/0/0
192.168.3.1/32  Direct 0    0        D   127.0.0.1       InLoopBack0
192.168.3.2/32  Direct 0    0        D   192.168.3.2     GigabitEthernet2/0/0
```

④ 配置路由发布过滤策略。首先在 RouterA 上配置 IP 地址前缀列表 a2b，仅允许 172.1.17.0/24、172.1.18.0/24 和 172.1.19.0/24 3 个网段的路由通过。其他路由按照缺省的策略拒绝通过。

```
[RouterA] ip ip-prefix a2b index 10 permit 172.1.17.0 24
[RouterA] ip ip-prefix a2b index 20 permit 172.1.18.0 24
[RouterA] ip ip-prefix a2b index 30 permit 172.1.19.0 24
```

然后在 RouterA 上创建一个 OSPF 引入路由发布过滤策略，调用前面创建的 IP 地址前缀列表 a2b 对发布的静态路由进行过滤。仅允许 172.1.17.0/24、172.1.18.0/24 和 172.1.19.0/24 3 个网段的引入路由向邻居进行发布，172.1.16.0/24 网段路由被过滤掉了。

```
[RouterA] ospf
[RouterA-ospf-1] filter-policy ip-prefix a2b export static
```

此时在 RouterB 上可通过 **display ip routing-table** 命令再次查看其 IP 路由表，从中可以看到此时 RouterB 仅接收到列表 a2b 中定义的 3 条路由，没有原来有的 172.1.16.0/24 网段路由了，参见输出信息的粗体字部分。

```
[RouterB] display ip routing-table
Route Flags: R - relay, D - download to fib
------------------------------------------------------------------------------
Routing Tables: Public
         Destinations : 14        Routes : 14
Destination/Mask    Proto   Pre  Cost      Flags NextHop         Interface
      127.0.0.0/8   Direct  0    0           D   127.0.0.1       InLoopBack0
      127.0.0.1/32  Direct  0    0           D   127.0.0.1       InLoopBack0
     172.1.17.0/24  O_ASE   150  1           D   192.168.1.1     GigabitEthernet1/0/0
     172.1.18.0/24  O_ASE   150  1           D   192.168.1.1     GigabitEthernet1/0/0
     172.1.19.0/24  O_ASE   150  1           D   192.168.1.1     GigabitEthernet1/0/0
    192.168.1.0/24  Direct  0    0           D   192.168.1.2     GigabitEthernet1/0/0
    192.168.1.1/32  Direct  0    0           D   192.168.1.1     GigabitEthernet1/0/0
    192.168.1.2/32  Direct  0    0           D   127.0.0.1       InLoopBack0
    192.168.2.0/24  Direct  0    0           D   192.168.2.1     GigabitEthernet3/0/0
    192.168.2.1/32  Direct  0    0           D   127.0.0.1       InLoopBack0
    192.168.2.2/32  Direct  0    0           D   192.168.2.2     GigabitEthernet3/0/0
    192.168.3.0/24  Direct  0    0           D   192.168.3.1     GigabitEthernet2/0/0
    192.168.3.1/32  Direct  0    0           D   127.0.0.1       InLoopBack0
    192.168.3.2/32  Direct  0    0           D   192.168.3.2     GigabitEthernet2/0/0
```

⑤ 配置路由接收过滤策略。在 RouterC 上配置一个 IP 地址前缀列表 in，仅允许 172.1.18.0/24 路由通过。

```
[RouterC] ip ip-prefix in index 10 permit 172.1.18.0 24
```

然后在 RouterC 上配置一个 OSPF 路由接收策略，引用地址前缀列表 in 进行过滤。使其仅接收由 RouterB 发来的 172.1.18.0/24 路由，其他路由不接收（仅指不加入 RouterC 的 IP 路由表，在 OSPF 路由表中仍会计算得出）。

```
[RouterC] ospf
[RouterC-ospf-1] filter-policy ip-prefix in import
```

此时再在 RouterC 上通过 **display ip routing-table** 命令查看 IP 路由表，可以看到 RouterC 的本地核心路由表中，仅接收了 IP 地址前缀列表 in 定义的 1 条路由（参见输出信息粗体字部分）。

```
[RouterC]display ip routing-table
Route Flags: R - relay, D - download to fib
------------------------------------------------------------------------------
Routing Tables: Public
         Destinations : 6        Routes : 6
Destination/Mask    Proto   Pre  Cost      Flags NextHop         Interface
      127.0.0.0/8   Direct  0    0           D   127.0.0.1       InLoopBack0
      127.0.0.1/32  Direct  0    0           D   127.0.0.1       InLoopBack0
    172.1.18.0/24   O_ASE   150  1           D   192.168.2.1     GigabitEthernet1/0/0
    192.168.2.0/24  Direct  0    0           D   192.168.2.2     GigabitEthernet1/0/0
    192.168.2.1/32  Direct  0    0           D   192.168.2.1     GigabitEthernet1/0/0
    192.168.2.2/32  Direct  0    0           D   127.0.0.1       InLoopBack0
```

但通过 **display ospf routing** 命令查看 RouterC 的 OSPF 路由表时，可以看到 OSPF 路由表中仍然接收了 IP 地址列表 a2b3 中所定义的全部 3 条路由（参见输出信息的粗体字部分）。**因为 filter-policy import 命令仅用于过滤从协议路由表加入本地 IP 路由表的路由，不过滤加入协议路由表中的路由。**

```
[RouterC] display ospf routing
          OSPF Process 1 with Router ID 192.168.2.2
                   Routing Tables

 Routing for Network
 Destination       Cost  Type     NextHop         AdvRouter       Area
 192.168.2.0/24    1     Stub     192.168.2.2     192.168.2.2     0.0.0.0
 192.168.1.0/24    2     Stub     192.168.2.1     192.168.2.1     0.0.0.0
 192.168.3.0/24    2     Stub     192.168.2.1     192.168.2.1     0.0.0.0

 Routing for ASEs
 Destination       Cost     Type      Tag      NextHop          AdvRouter
 172.1.17.0/24     1        Type2     1        192.168.2.1      192.168.1.1
 172.1.18.0/24     1        Type2     1        192.168.2.1      192.168.1.1
 172.1.19.0/24     1        Type2     1        192.168.2.1      192.168.1.1

 Total Nets: 6
 Intra Area: 3   Inter Area: 0   ASE: 3   NSSA: 0
```

此时，如果查看 RouterD 的 IP 路由表，则可以看到 RouterD 的本地 IP 路由表中接收了 RouterB 发布的所有路由（参见输出信息粗体字部分），因为 RouterD 没有配置 OSPF 路由接收过滤策略。

```
[RouterD] display ip routing-table
Route Flags: R - relay, D - download to fib
------------------------------------------------------------------------------
Routing Tables: Public
         Destinations : 10        Routes : 10

Destination/Mask    Proto   Pre  Cost      Flags NextHop         Interface

      127.0.0.0/8   Direct  0    0           D   127.0.0.1       InLoopBack0
      127.0.0.1/32  Direct  0    0           D   127.0.0.1       InLoopBack0
    172.1.17.0/24   O_ASE   150  1           D   192.168.3.1     GigabitEthernet1/0/0
```

```
172.1.18.0/24  O_ASE   150  1    D  192.168.3.1   GigabitEthernet1/0/0
172.1.19.0/24  O_ASE   150  1    D  192.168.3.1   GigabitEthernet1/0/0
192.168.1.0/24  OSPF   10   1    D  192.168.3.1   GigabitEthernet1/0/0
192.168.2.0/24  OSPF   10   1    D  192.168.3.1   GigabitEthernet1/0/0
192.168.3.0/24  Direct  0   0    D  192.168.3.2   GigabitEthernet1/0/0
192.168.3.1/32  Direct  0   0    D  192.168.3.1   GigabitEthernet1/0/0
192.168.3.2/32  Direct  0   0    D  127.0.0.1     GigabitEthernet1/0/0
```

15.3.8　在路由引入时应用路由策略的配置示例

本示例的基本拓扑结构如图 15-8 所示，RouterB 与 RouterA 之间通过 OSPF 交换路由信息，与 RouterC 之间通过 IS-IS 协议交换路由信息。要求在 RouterB 上将 IS-IS 网络中的路由引入 OSPF 网络，172.17.1.0/24 路由的选路优先级较低，172.17.2.0/24 路由具有标记，以便以后运用路由策略。

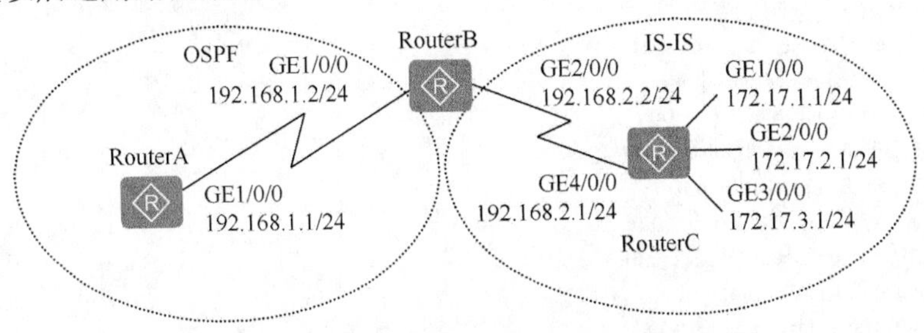

图 15-8　路由策略配置示例的拓扑结构

1. 基本配置思路分析

本示例采用路由策略对引入的路由进行控制，基本配置思路如下。

① 配置各路由器接口的 IP 地址。

② 在 RouterB 和 RouterC 上配置 IS-IS 基本功能。

③ 在 RouterA、RouterB 上配置 OSPF 基本功能。

④ 在 RouterB 上配置路由策略，将 172.17.1.0/24 的路由开销设置为 100（路由的缺省开销值为 0），并在 OSPF 引入 IS-IS 路由时应用路由策略，使得 OSPF 网络中 172.17.1.0/24 路由的选路优先级较低。将 172.17.2.0/24 的路由的 Tag 属性设置为 20，使得路由 172.17.2.0/24 具有标识，方便下面应用路由策略。

⑤ 在 RouterB 上配置在 OSPF 引入 IS-IS 路由时应用路由策略。

2. 具体配置步骤

① 配置各路由器的接口 IP 地址。以下是 RouterB 上接口 IP 地址的配置，其他路由器上接口 IP 地址的配置方法一样，略。

```
<RouterB> system-view
[RouterB] interface gigabitethernet 1/0/0
[RouterB-GigabitEthernet1/0/0] ip address 192.168.1.2 24
[RouterB-GigabitEthernet1/0/0]quit
[RouterB] interface gigabitethernet 2/0/0
[RouterB-GigabitEthernet2/0/0] ip address 192.168.2.2 24
[RouterB-GigabitEthernet2/0/0] quit
```

② 在 RouterC 和 RouterB 上配置 IS-IS 协议基本功能，假设区域 ID 为 10，各自的 System ID 分别为 0000.0000.0001 和 0000.0000.0002，可以全是 L1 或 L2 路由器（本示例

假设全为 L2 路由器）。

■ RouterB 上的配置如下。

```
[RouterB] isis
[RouterB-isis-1] is-level level-2
[RouterB-isis-1] network-entity 10.0000.0000.0002.00
[RouterB-isis-1] quit
[RouterB] interface gigabitethernet 2/0/0
[RouterB-GigabitEthernet2/0/0] isis enable
[RouterB-GigabitEthernet2/0/0] quit
```

■ RouterC 上的配置如下。

```
[RouterC] isis
[RouterC-isis-1] is-level level-2
[RouterC-isis-1] network-entity 10.0000.0000.0001.00
[RouterC-isis-1] quit
[RouterC] interface gigabitethernet 4/0/0
[RouterC-GigabitEthernet4/0/0] isis enable
[RouterC-GigabitEthernet4/0/0] quit
[RouterC] interface gigabitethernet 1/0/0
[RouterC-GigabitEthernet1/0/0] isis enable
[RouterC-GigabitEthernet1/0/0] quit
[RouterC] interface gigabitethernet 2/0/0
[RouterC-GigabitEthernet2/0/0] isis enable
[RouterC-GigabitEthernet2/0/0] quit
[RouterC] interface gigabitethernet 3/0/0
[RouterC-GigabitEthernet3/0/0] isis enable
[RouterC-GigabitEthernet3/0/0] quit
```

③ 在 RouterA 和 RouterB 上配置 OSPF 的基本功能，并配置 RouterB 引入 IS-IS 路由。由于只有一个区域，区域 ID 可以任意，在此假设为区域 0。

■ RouterA 上的配置如下。

```
[RouterA] ospf
[RouterA-ospf-1] area 0
[RouterA-ospf-1-area-0.0.0.0] network 192.168.1.0 0.0.0.255
[RouterA-ospf-1-area-0.0.0.0] quit
[RouterA-ospf-1] quit
```

■ RouterB 上的配置如下。

```
[RouterB] ospf
[RouterB-ospf-1] area 0
[RouterB-ospf-1-area-0.0.0.0] network 192.168.1.0 0.0.0.255
[RouterB-ospf-1-area-0.0.0.0] quit
[RouterB-ospf-1] import-route isis 1
[RouterB-ospf-1] quit
```

此时可在 RouterA 上通过 **display ospf routing** 命令查看其 OSPF 路由表，从中可以看到由 RouterB 引入并通告的 IS-IS 路由（参见输出信息中粗体字部分）。

```
[RouterA] display ospf routing
          OSPF Process 1 with Router ID 192.168.1.1
                   Routing Tables
 Routing for Network
 Destination        Cost   Type        NextHop          AdvRouter        Area
 192.168.1.0/24     1    Stub       192.168.1.1      192.168.1.1      0.0.0.0
 Routing for ASEs
 Destination        Cost         Type         Tag          NextHop            AdvRouter
```

```
172.17.1.0/24     1    Type2    1    192.168.1.2    192.168.1.2
172.17.2.0/24     1    Type2    1    192.168.1.2    192.168.1.2
172.17.3.0/24     1    Type2    1    192.168.1.2    192.168.1.2
192.168.2.0/24    1    Type2    1    192.168.1.2    192.168.1.2
Total Nets: 5
Intra Area: 1  Inter Area: 0  ASE: 4  NSSA: 0
```

④ 在 RouterB 上配置路由策略，修改路由属性。

■ 首先配置基本 ACL（本示例也可采用 IP 地址前缀列表），仅允许 172.17.2.0/24 路由信息通过，用于下面在路由策略中为该路由配置路由标记。

```
[RouterB] acl number 2002
[RouterB-acl-basic-2002] rule permit source 172.17.2.0 0.0.0.255
[RouterB-acl-basic-2002] quit
```

■ 然后配置 IP 地址前缀列表（本示例也可采用基本 ACL 过滤），仅允许 172.17.1.0/24 路由信息通过，用于路由策略中为该路由重新配置路由开销值。

```
[RouterB] ip ip-prefix prefix-a index 10 permit 172.17.1.0 24
```

■ 创建一个路由策略，并分别调用前面配置的 ACL 和 IP 地址前缀列表，为 172.17.2.0/24 路由信息打上标记号 20，为 172.17.1.0/24 路由信息设置路由开销值为 100，以降低它的优先级。

```
[RouterB] route-policy isis2ospf permit node 10
[RouterB-route-policy] if-match ip-prefix prefix-a
[RouterB-route-policy] apply cost 100
[RouterB-route-policy] quit
[RouterB] route-policy isis2ospf permit node 20
[RouterB-route-policy] if-match acl 2002
[RouterB-route-policy] apply tag 20
[RouterB-route-policy] quit
[RouterB] route-policy isis2ospf permit node 30
[RouterB-route-policy] quit
```

【经验之谈】在上面的配置中，我们加了一个节点 30 的策略项，尽管其中并没有任何 **if-match** 和 **appy** 子句，但这并不是可有可无的。因为在路由策略中，是按照路由策略各节点从小到大依次进行匹配的，如果没有 30 这个节点策略，则凡是不与节点 10 和节点 20 的策略匹配的所引入的 IS-IS 路由都将被拒绝通过。这显然与本示例的期望不相符，所以必须要加上节点 30，直接让其他引入的 IS-IS 路由通过，但不进行属性修改。

⑤ 配置 RouterB 在 OSPF 路由引入 IS-IS 路由时应用前面创建的路由策略。

```
[RouterB] ospf
[RouterB-ospf-1] import-route isis 1 route-policy isis2ospf
[RouterB-ospf-1] quit
```

此时可在 RouterA 上通过命令查看其 OSPF 路由表，从中可以看到目的地址为 172.17.1.0/24 的路由的开销为 100，目的地址为 172.17.2.0/24 的路由的标记域（Tag）为 20，而其他路由的属性未发生变化（参见输出信息中粗体字部分）。符合本示例的要求，证明配置是成功的。

```
[RouterA] display ospf routing
          OSPF Process 1 with Router ID 192.168.1.1
                   Routing Tables
 Routing for Network
 Destination       Cost   Type      NextHop         AdvRouter       Area
 192.168.1.0/24    1      Stub      192.168.1.1     192.168.1.1     0.0.0.0
```

```
Routing for ASEs
Destination      Cost    Type     Tag    NextHop        AdvRouter
172.17.1.0/24    100     Type2    1      192.168.1.2    192.168.1.2
172.17.2.0/24    1       Type2    20     192.168.1.2    192.168.1.2
172.17.3.0/24    1       Type2    1      192.168.1.2    192.168.1.2
192.168.2.0/24   1       Type2    1      192.168.1.2    192.168.1.2
Total Nets: 5
Intra Area: 1  Inter Area: 0  ASE: 4  NSSA: 0
```

15.4 策略路由基础

本章前面介绍了“路由策略”（RP），它与本节将要介绍的“策略路由”（Policy-Based Routing，PBR）看似只是两个词的位置互换，但却有着本质上的区别。“路由策略”可理解为为路由信息部署策略，**即操作对象是路由信息**，主要用来实现路由表中的路由过滤和路由属性设置等功能，通过改变路由属性（包括可达性）来改变网络流量所经过的路径。而“策略路由”可理解为通过策略改变数据报文的路由，**即操作对象是数据报文**，是在路由表已经存在的情况下，不按照路由表进行转发，而是根据需要按某种策略改变数据报文的转发路径。

15.4.1 策略路由概述

传统的路由转发原理是首先根据报文的目的地址查找路由表，然后进行报文转发。但是目前越来越多的用户希望能够使一些特定的数据报文按照自己定义的策略进行选路和转发。策略路由正是这样一种可依据用户制定的策略进行报文路由选路的机制。策略路由可使网络管理者不仅能够根据报文的目的地址，而且能够根据报文的源地址、报文大小和链路质量等属性来制定策略路由，以改变一些特定的数据报文的转发路径，满足用户需求。

策略路由具有如下优点。

① 可以根据用户实际需求制定策略进行路由选择，增强路由选择的灵活性和可控性。

② 可以使不同的数据流通过不同的路径进行发送，提高链路的利用效率。

③ 在满足业务服务质量的前提下，选择费用较低的链路传输业务数据，从而降低企业数据服务的成本。

总体来说，“路由策略”和“策略路由”的区别见表 15-19。

表 15-19　路由策略与策略路由的区别

区别项目	路由策略	策略路由
作用对象	作用对象是路由信息	作用对象是数据流
转发规则	按路由表转发	基于策略的转发，失败后再查找路由表转发
服务对象	基于控制平面，为路由协议和路由表服务	基于转发平面，为转发策略服务
实现方式	与路由协议结合完成策略	需要手工逐跳配置，以保证报文按策略转发

华为 AR G3 系列路由器支持以下 3 种策略路由：本地策略路由、接口策略路由和智

能策略路由（Smart Policy Routing，SPR），见表 15-20。设备配置策略路由后，当设备下发或转发数据报文时，系统首先根据策略路由转发，若没有配置策略路由或配置了策略路由但找不到匹配的表项时，再根据路由表来转发。

表 15-20　3 种策略路由

策略路由类别	功能	应用场景
本地策略路由	**对本设备发送的报文**实现策略路由，比如本机下发的 ICMP、BGP 等协议报文	当用户需要使不同源地址报文或者不同长度的报文通过不同的方式进行发送时，可以配置本地策略路由。**S 系列交换机不支持**
接口策略路由	**对本设备转发的报文**实现策略路由，对本机下发的报文不生效	当用户需要将到达接口的某些报文通过特定的下一跳地址进行转发时，需要配置接口策略路由。使匹配重定向规则的转发报文通过特定的下一跳出口进行转发，不匹配重定向规则的转发报文根据路由表转发。接口策略路由多应用于负载分担和安全监控
智能策略路由	**基于链路质量信息**为业务数据流选择最佳链路	当用户需要为不同业务选择不同质量的链路时，可以配置智能策略路由。**S 系列交换机不支持**

说明　华为 S 系列交换机中的策略路由仅针对转发的报文，对应于 AR G3 系列路由器中的接口策略路由，即仅支持接口策略路由。

另外，缺省情况下，设备的 SPR 功能受限无法使用，需要使用 License 授权。如果需要使用 SPR 功能，请联系华为办事处申请并购买对应系列的数据业务增值包。因篇幅原因，再有在大多数普通企业用户中很少使用到 SRR，所以本书不进行介绍。

15.4.2　本地策略路由

“本地策略路由”**仅对本机始发的报文**（比如本地的 Ping 报文）**进行处理，对转发的报文不起作用，所以应用并不多**。

一条本地策略路由可以配置多个策略节点，并且这些策略节点具有不同的优先级，本机始发的报文优先匹配优先级高的策略节点。**本地策略路由支持基于 ACL 或报文长度的匹配规则**。

在本地策略路由中，当本机下发报文时，会根据本地策略路由节点的优先级，依次匹配各节点绑定的匹配规则。如果找到了匹配的本地策略路由节点，则按照以下步骤与策略路由中配置的“动作”（将在 15.5.2 节介绍）进行比较，最终确定报文的发送路径；**如果没有找到匹配的本地策略路由节点，按照发送 IP 报文的一般流程，根据目的地址查找路由**。

（1）查看本地策略路由中是否配置了报文优先级设置

■ 如果本地策略路由中配置了报文优先级设置，则首先根据本地策略路由中设置的优先级设置符合过滤条件的报文优先级，然后继续执行下一步。

■ 如果没有设置报文的优先级，则直接进行下一步。

（2）查看本地策略路由中是否配置了出接口

■ 如果本地策略路由中设置了出接口，将报文从指定的出接口发送出去，不再执行下面步骤。

■ 如果没有设置出接口，则直接进行下一步。

（3）查看本地策略路由中是否设置了下一跳

① 如果设置了策略路由的下一跳，且下一跳可达，则查看是否设置了下一跳联动路由。

a. 如果设置了下一跳联动路由功能，设备会根据配置的联动路由的 IP 地址检测该 IP 地址是否路由可达。

■ 如果该 IP 地址路由可达，则配置的下一跳生效，设备将报文发往下一跳，不再执行下面步骤。

■ 如果该 IP 地址路由不可达，则配置的下一跳不生效，设备会继续查看是否配置备份下一跳。

如果本地策略路由中配置了备份下一跳，且备份下一跳可达，将报文发往备份下一跳，不再执行下面的步骤。

如果本地策略路由未配置备份下一跳，或配置的备份下一跳不可达，则按照正常流程，根据报文的目的地址查找路由。如果没有查找到路由，则执行下一步。

b. 如果本地策略路由中未设置下一跳联动路由功能，将报文发往下一跳，不再执行下面的步骤。

② 如果设置了策略路由的下一跳，但下一跳不可达，则设备会继续查看是否配置备份下一跳。

a. 如果配置了备份下一跳，且备份下一跳可达，将报文发往备份下一跳，不再执行下面的步骤。

b. 如果没有配置备份下一跳，或配置的备份下一跳不可达，则按照正常流程，根据报文的目的地址查找路由。如果没有查找到路由，则执行下一步。

③ 如果没有设置策略路由下一跳，则按照正常流程，根据报文的目的地址查找路由。如果没有查找到路由，则执行下一步。

（4）查看本地策略路由中是否设置了缺省出接口

① 如果设置了缺省出接口，将报文从缺省出接口发送出去，不再执行下面的步骤。

② 如果用户没有设置缺省出接口，则执行下一步。

（5）查看本地策略路由中是否设置了缺省下一跳

① 如果设置了缺省下一跳，将报文发往缺省下一跳，不再执行下面的步骤。

② 如果没有设置缺省下一跳，则执行下一步。

（6）丢弃报文，产生 ICMP_UNREACH 消息

从以上分析可以看出，对于找到了本地策略路由匹配某节点的报文，会在本节点的动作配置中按以下顺序（优先级依次降低）依次进行查找、应用，最终决定转发路径：报文优先级设置→出接口→下一跳→缺省出接口→缺省下一跳。出接口和下一跳均可唯一确定报文的转发路径。

15.4.3 接口策略路由

“接口策略路由”与前面介绍的“本地策略路由”正好相反，**它仅对转发的报文起作用，对本地始发的报文不起作用，且仅对接口入方向的报文生效。**

接口策略路由是通过在流行为中配置重定向功能（将在 15.6.2 节介绍）**实现的**。缺省情况下，设备按照 IP 路由表的下一跳进行报文转发，如果配置了接口策略路由，且数据报文符合分类条件，则设备按照接口策略路由指定的下一跳对这些报文进行转发。

在按照接口策略路由指定的下一跳进行报文转发时，如果设备上没有该下一跳 IP 地址对应的 ARP 表项，设备会触发 ARP 学习。如果设备上有，或者学习到了此 ARP 表项，则按照接口策略路由指定的下一跳 IP 地址进行报文转发；如果一直学习不到下一跳 IP 地址对应的 ARP 表项，则报文按照路由表指定的下一跳进行转发。

15.5　本地策略路由配置与管理

本地策略路由的配置思路是，先配置用于数据报文匹配的本地策略路由的匹配规则，然后配置本地策略路由的动作，最后在出接口上应用以上配置的本地策略路由。由此可见，本地策略路由包括以下 3 项主要配置任务（**要按顺序配置**）。

① 配置本地策略路由的匹配规则。

② 配置本地策略路由的动作。

③ 应用本地策略路由。

但在配置本地策略路由之前，需完成以下任务。

- 配置接口的链路层协议参数，使接口的链路协议状态为 Up。
- 配置用于匹配报文的 ACL。**不限于基本 ACL，还可以是高级** ACL，可同时过滤报文的源 IP 地址、目的 IP 地址、源端口、目的端口等。
- 如果希望报文进入 VPN，则需要预先配置 VPN。

15.5.1　配置本地策略路由的匹配规则

本地策略路由的匹配规则就是用来定义哪些本地始发的报文将应用本地策略路由进行转发，可通过 ACL 中的地址信息或者报文长度（**可单独配置，也可同时配置**）进行过滤，具体配置步骤见表 15-21。**如果没有找到匹配的本地策略路由节点，这些报文将按照 IP 路由表进行转发。**

表 15-21　本地策略路由的配置步骤

步骤	命令	说明
1	**system-view** 例如：<Huawei> **system-view**	进入系统视图
2	**policy-based-route** *policy-name* { **deny** | **permit** } **node** *node-id*	创建策略路由和策略节点，若策略节点已创建则进入本地策略路由视图。命令中的参数说明如下。 （1）*policy-name*：指定要创建的策略名称，1～19 个字符，不支持空格，区分大小写。 （2）**deny**：二选一选项，设置策略节点的匹配模式为拒绝模式，表示对满足匹配条件的报文**不进行策略路由**。 （3）**permit**：二选一选项，设置策略节点的匹配模式为允许模式，表示对满足匹配条件的报文进行策略路由。

续表

步骤	命令	说明
2	例如：[Huawei] **policy-based-route** pbr1 **permit node** 10	（4）*node node-id*：指定策略节点的顺序号，取值范围为 0～65 535 的整数。策略节点顺序号的值越小则优先级越高，相应策略优先执行。 重复执行本命令可以在一条本地策略路由下创建多个策略节点。 缺省情况下，本地策略路由中未创建策略路由或策略节点，可用 **undo policy-based-route** *policy-name* [**permit** | **deny** | **node** *node-id*] 命令删除本地策略路由中指定的策略路由或策略节点
3	**if-match acl** *acl-number* 例如：[Huawei-policy-based-route-policy1-10] **if-match acl 2000**	（可选）设置本地策略路由中 IP 报文的 ACL 匹配条件。参数 *acl-number* 用来指定要调用的 ACL 号，取值范围是 2 000～3 999 的整数，其中 2 000～2 999 是基本访问控制列表，3 000～3 999 是高级访问控制列表。**但该 ACL 必须事先配置好。它与下面的报文长度过滤可以单独配置，也可以同时配置。** 【注意】因为在策略的执行过程中有本地策略路由和 ACL 两处匹配模式，所以在配置时要注意以下的匹配结果。 • 当 ACL 的 rule 配置为 **permit** 时，设备会对匹配该规则的报文执行本地策略路由相应的动作：如果本地策略路由中策略节点为 **permit**，则对通过 ACL 匹配条件的报文进行策略路由；如果本地策略路由中策略节点为 **deny**，则对通过 ACL 匹配条件的报文不进行策略路由，仍根据目的地址查找路由表转发报文。 • 当 ACL 配置了 rule，但报文未匹配上 ACL 中的任何规则，则该报文仍根据目的地址查找路由表转发报文，不应用策略路由。 • 当 ACL 的 rule 配置为 **deny** 或 ACL 未配置规则时，应用该 ACL 的本地策略路由不生效，即根据目的地址查找路由表转发报文。 **如果在策略路由的同一个策略节点下多次配置本命令，则按最后一次配置结果生效。** 缺省情况下，本地策略路由中未配置 IP 地址匹配条件，可用 **undo if-match acl** 命令删除本地策略路由中的 IP 地址匹配条件
4	**if-match packet-length** *min-length max-length* 例如：[Huawei-policy-based-route-map1-10] **if-match packet-length** 100 200	（可选）设置 IP 报文长度匹配条件。**它与上面的 ACL 过滤可以单独配置，也可以同时配置**。命令中的参数说明如下。 （1）*min-length*：指定策略路由要匹配的最短 IP 报文长度，取值范围为 0～65 535 整数个字节。 （2）*max-length*：指定策略路由要匹配的最长 IP 报文长度，取值范围为 1～65 535 整数个字节，且不能小于 *min-length* 参数值。 **在策略路由的同一个策略节点下多次执行该命令，按最后一次配置结果生效。** 缺省情况下，本地策略路由中未配置 IP 报文长度匹配条件，可用 **undo if-match packet-length** 命令删除本地策略路由中 IP 报文长度匹配条件的配置

15.5.2 配置本地策略路由的动作

配置本地策略路由的动作是指对通过本地策略路由的报文进行出接口、下一跳（相当于对流进行重定向），或者 IP 报文优先级指定等。配置时要注意以下情形。

① 如果策略中设置了两个下一跳，那么报文转发在两个下一跳之间负载分担。

② 如果策略中设置了两个出接口，那么报文转发在两个出接口之间负载分担。

③ 如果策略中同时设置了两个下一跳和两个出接口，那么报文转发仅在两个出接口之间负载分担。

本地策略路由的动作配置步骤见表 15-22。

表 15-22　本地策略路由的动作配置步骤

<table>
<tr><th>步骤</th><th>命令</th><th>说明</th></tr>
<tr><td>1</td><td>system-view
例如：<Huawei> system-view</td><td>进入系统视图</td></tr>
<tr><td>2</td><td>policy-based-route policy-name { deny | permit } node node-id
例如：[Huawei] policy-based-route pbr1 permit node 10</td><td>进入本地策略路由视图</td></tr>
<tr><td colspan="3">以下命令是并列关系，没有先后次序，且均为可选配置，但一个策略节点中至少包含下面一条 apply 子句，也可以多条 apply 子句组合使用</td></tr>
<tr><td rowspan="3">3</td><td>apply output-interface interface-type interface-number
例如：[Huawei-policy-based-route-policy1-10] apply output-interface dialer 1</td><td>（可选）指定本地策略路由中报文的出接口。配置成功后，将匹配策略节点的本地始发报文从指定出接口发送出去。
缺省情况下，本地策略路由中未配置报文出接口，可用 undo apply output-interface interface-type interface-number 命令删除本地策略路由中指定的报文出接口配置。
【注意】在指定报文的出接口时要注意以下几个方面。
• 报文的出接口不能为以太接口等广播型接口，如是以太网接口要先用 link-protocol ppp 命令配置为 P2P 类型的，因为广播类型的接口有多个可能的下一跳，可能会造成报文转发不成功的现象。
• 如果先使用本命令配置了两个出接口，然后又执行该命令配置了一个新的出接口，则后面配置的新出接口将覆盖前面配置的第一个出接口，而第二个出接口不会被覆盖</td></tr>
<tr><td>apply ip-address next-hop ip-address1 [ip-address2]
例如：[Huawei-policy-based-route-policy1-10] apply ip-address next-hop 1.1.1.1</td><td>（可选）设置本地策略路由中报文的下一跳。当该策略节点未配置出接口时，匹配策略节点的本地始发报文被发往指定的下一跳。命令中的参数说明如下。
（1）ip-address1：指定策略路由的下一跳 IP 地址，不能是本设备的 IP 地址。
（2）ip-address2：可选参数，指定策略路由的第二个下一跳 IP 地址，不能是本设备的 IP 地址。可以配置两个下一跳 IP 地址以达到负载分担的目的。
缺省情况下，本地策略路由中未配置报文转发的下一跳，可用 undo apply ip-address next-hop [ip-address1] [ip-address2]命令删除本地策略路由中指定的报文转发下一跳配置。
【注意】如果先使用本命令配置了两个下一跳，然后又执行该命令配置了一个新的下一跳，则新配置的下一跳将覆盖前面配置的第一个下一跳，而第二个下一跳不会被覆盖</td></tr>
<tr><td>apply ip-address next-hop { ip-address1 track ip-route ip-address2 { mask | mask-length } } &<1-2></td><td>（可选）配置本地策略路由的下一跳联动路由功能。命令中的参数说明如下。
（1）ip-address1：指定策略路由的下一跳 IP 地址。
（2）ip-address2 { mask | mask-length }：指定策略路由的下一跳联动路由的 IP 地址。</td></tr>
</table>

续表

步骤	命令	说明
	例如：[Huawei-policy-based-route-policy1-10] **apply ip-address next-hop** 1.1.1.1 **track ip-route** 1.1.2.1 24	（3）&<1-2>：表示在一条命令中最多可配置两个策略路由下一跳与路由联动。 【说明】设备会根据配置的联动路由的 IP 地址检测该 IP 地址是否路由可达。 ● 如果该 IP 地址路由可达，则配置的下一跳生效，设备根据配置的下一跳转发报文。 ● 如果该 IP 地址路由不可达，则配置的下一跳不生效，设备会继续查看是否配置了备份下一跳。 缺省情况下，本地策略路由中未配置下一跳联动路由功能，可用 **undo apply ip-address next-hop** [*ip-address1*] &<1-2>命令删除本地策略路由中下一跳联动路由的配置
	apply ip-address backup-nexthop *ip-address* 例如：[Huawei-policy-based-route-policy1-10] **apply ip-address backup-nexthop** 1.1.2.1	（可选）配置本地策略路由中报文转发的备份下一跳。**需要先执行 apply ip-address next-hop 命令配置本地策略路由中报文转发的下一跳**。如果本地策略路由中仅配置了备份下一跳，没有配置下一跳，那么备份下一跳不生效。 缺省情况下，本地策略路由中未配置报文转发的备份下一跳，可用 **undo apply ip-address backup-nexthop** 命令删除已配置的本地策略路由中报文转发的备份下一跳
3	**apply default output-interface** *interface-type interface-number* 例如：[Huawei-policy-based-route-policy1-10] **apply default output-interface** dialer 1	（可选）配置本地策略路由中报文的缺省出接口，**同样不能为广播类型接口**。 【说明】当该策略节点未指定报文的出接口和下一跳，且匹配策略节点的本地始发报文也未能按照正常流程，根据报文目的地址查找到路由时，则将此报文从缺省出接口发送出去。**由此可见，它只是一个最终的备份选择**，如果已在本地策略中配置了出接口、下一跳，或者路由表中有对应的具体路由表项，则本命令的配置不生效。 缺省情况下，本地策略路由中未配置报文的缺省出接口，可用 **undo apply default output-interface** [*interface-type interface-number*] 命令删除本地策略路由中指定的报文缺省出接口的配置
	apply ip-address default next-hop *ip-address1* [*ip-address2*] 例如：[Huawei-policy-based-route-policy1-10] **apply ip-address default next-hop** 1.1.1.10	（可选）配置本地策略路由中报文的缺省下一跳，**仅对在路由表中未查询到路由的报文起作用**。命令中的参数同前面介绍的 **apply ip-address next-hop** *ip-address1* [*ip-address2*]命令中的对应参数。 缺省情况下，本地策略路由中未配置报文的缺省下一跳，可用 **undo apply ip-address default next-hop** [*ip-address1*] [*ip-address2*]命令删除本地策略路由中指定的报文缺省下一跳的配置
	apply access-vpn vpn-instance *vpn-instance-name* &<1-6> 例如：[Huawei-policy-based-route-policy1-10] **apply access-vpn vpn-instance** vpn1 vpn2	（可选）设置本地策略路由中报文转发的 VPN 实例。当用户希望报文进入 VPN 时，可以执行本命令配置报文转发的 VPN 实例（但必须先创建对应的 VPN 实例），参数用来指定要进入的 VPN 实例的名称，1～31 个字符，不支持空格，区分大小写。在同一条命令中最多可以指定 6 个 VPN 实例名称。 缺省情况下，本地策略路由中未配置报文转发的 VPN 实例，可用 **undo apply access-vpn vpn-instance** *vpn-instance-name* &<1-6>命令删除已配置的本地策略路由中报文转发的 VPN 实例

续表

步骤	命令	说明
3	**apply ip-precedence** *precedence* 例如：[Huawei-policy-based-route-policy1-10] **apply ip-precedence critical**	（可选）设置本地策略路由中 IP 优先级，取值范围为 0～7 的整数，值越大优先级越高，也可以使用优先级关键字代替优先级取值，两者的对应关系如表 15-23 所示。配置成功后，根据本命令设置的报文优先级来设置匹配策略节点的本地始发报文的 IP 优先级。 缺省情况下，本地策略路由中未配置 IP 报文优先级，可用 **undo apply ip-precedence** 命令删除本地策略路由中 IP 报文优先级的配置
4	**quit** 例如：[Huawei-policy-based-route-policy1-10] **quit**	退出策略路由视图，返回系统视图
5	**ip policy-based-route refresh-time** *refreshtime-value* 例如：[Huawei] **ip policy-based-route refresh-time** 4000	（可选）配置本地策略路由刷新 LSP 信息的时间间隔，调整策略路由的执行效率。参数 *refreshtime-value* 用来指定策略路由定时器的时间间隔，取值范围为 1 000～65 535 的整数 ms。 缺省情况下，本地策略路由刷新 LSP 信息的时间间隔为 5 000 ms，可用 **undo ip policy-based-route refresh-time** *refreshtime-value* 命令恢复本地策略路由刷新 LSP 信息的时间间隔为缺省值

IP 优先级取值与优先级关键字的对应关系见表 15-23。

表 15-23　IP 优先级取值与优先级关键字的对应关系

优先级取值	优先级关键字
0	Routine（普通）
1	Priority（优先）
2	Immediate（快速）
3	Flash（闪速）
4	Flash-override（疾速）
5	Critical（关键）
6	Internet（网间）
7	Network（网内）

15.5.3 应用本地策略路由

本地策略路由配置好后，还需要应用所配置的策略路由才能最终生效。

应用本地策略路由的方法很简单，只需在系统视图下通过 **ip local policy-based-route** *policy-name* 命令使能对应本地策略路由即可。这样，在本地始发的报文（**不包括转发的报文**）都将应用所使能的本地路由策略。

注意　一台路由器只能使能一个本地策略路由（但可以创建多条本地策略路由），且本命令为覆盖式命令，多次执行该命令后，仅最后一次配置结果生效。要使能其他本地策略路由时，必须先去使能正在应用的另一条本地策略路由。

缺省情况下，所配置的本地策略路由处于未使能状态，可用 **undo ip local policy-based-route** [*policy-name*]命令去使能已使能的指定本地策略路由。

本地策略路由应用后，可通过以下任意视图下的 **display** 命令查看相关信息，验证配置结果。

① **display ip policy-based-route**：查看本地已使能的策略路由的策略。

② **display ip policy-based-route setup local** [**verbose**]：查看本地策略路由的配置。

③ **display ip policy-based-route statistics local**：查看本地策略路由报文统计信息。

④ **display policy-based-route** [*policy-name* [**verbose**]]：查看已创建的策略内容。

15.5.4 本地策略路由配置示例

本示例的基本拓扑结构如图 15-9 所示，RouterA 与 RouterB 间有两条链路相连。用户希望实现 RouterA 在发送不同长度的报文时通过不同的下一跳地址进行转发。

① 长度为 64～1 400 字节的报文设置 150.1.1.2 作为下一跳地址。

② 长度为 1 401～1 500 字节的报文设置 151.1.1.2 作为下一跳地址。

③ 所有其他长度的报文都按基于目的地址的方法进行路由选路。

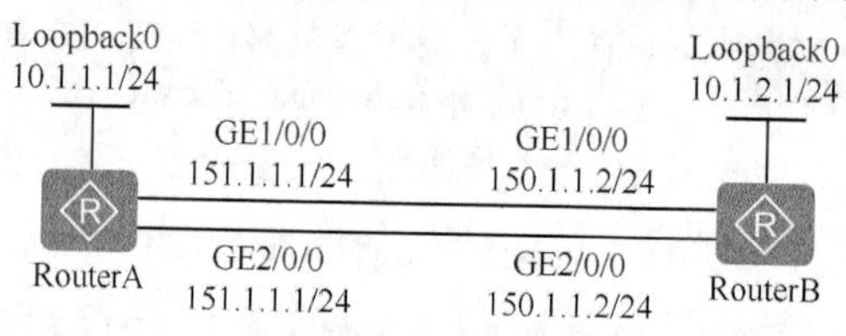

图 15-9 本地策略路由配置示例的拓扑结构

1. 基本配置思路分析

本示例的要求很简单，仅需要通过在 RouterA 上配置一条匹配报文长度的本地策略路由，然后在 RouterA 上使能这条本地策略路由即可。但要注意的是，这里有两个不同的报文长度匹配规则，即 64～1 400 字节和 1 401～1 500 字节，所以需要配置两个不同的本地策略路由的策略节点。

当然，在配置本地策略路由前，首先也要先配置这两台路由器上的各接口 IP 地址，为了使双方能与对方的 Loopback 接口所有网络互通（使报文长度不在 64～1 400 字节，或者 1 401～1 500 字节范围内的报文能够按照路由中配置的下一跳进行转发），还需要配置路由，本示例采用最简单的静态路由。

2. 具体配置步骤

① 按照图中的标注配置两路由器上各接口的 IP 地址。

■ RouterA 上的配置如下。

```
<Huawei> system-view
[Huawei] sysname RouterA
[RouterA] interface gigabitethernet 1/0/0
[RouterA-GigabitEthernet1/0/0] ip address 150.1.1.1 255.255.255.0
[RouterA-GigabitEthernet1/0/0] quit
[RouterA] interface gigabitethernet 2/0/0
[RouterA-GigabitEthernet2/0/0] ip address 151.1.1.1 255.255.255.0
[RouterA-GigabitEthernet2/0/0] quit
[RouterA] interface loopback 0
[RouterA-LoopBack0] ip address 10.1.1.1 255.255.255.0
[RouterA-LoopBack0] quit
```

■ RouterB 上的配置如下。

```
<Huawei> system-view
[Huawei] sysname RouterB
[RouterB] interface gigabitethernet 1/0/0
[RouterB-GigabitEthernet1/0/0] ip address 150.1.1.2 255.255.255.0
[RouterB-GigabitEthernet1/0/0] quit
[RouterB] interface gigabitethernet 2/0/0
[RouterB-GigabitEthernet2/0/0] ip address 151.1.1.2 255.255.255.0
[RouterB-GigabitEthernet2/0/0] quit
[RouterB] interface loopback 0
[RouterB-LoopBack0] ip address 10.1.2.1 255.255.255.0
[RouterB-LoopBack0] quit
```

② 配置 RouterA 和 RouterB 到达对方 Loopback 接口所在网络的静态路由。

```
[RouterA] ip route-static 10.1.2.0 24 150.1.1.2
[RouterA] ip route-static 10.1.2.0 24 151.1.1.2

[RouterB] ip route-static 10.1.1.0 24 150.1.1.1
[RouterB] ip route-static 10.1.1.0 24 151.1.1.1
```

③ 在 RouterA 上创建名称为 lab1 的本地策略路由，用策略节点 10 和策略节点 20 分别配置两种报文长度的匹配规则，并分别指定对应策略节点的动作，即指定对应的下一跳地址。

```
[RouterA] policy-based-route lab1 permit node 10
[RouterA-policy-based-route-lab1-10] if-match packet-length 64 1400
[RouterA-policy-based-route-lab1-10] apply ip-address next-hop 150.1.1.2
[RouterA-policy-based-route-lab1-10] quit
[RouterA] policy-based-route lab1 permit node 20
[RouterA-policy-based-route-lab1-20] if-match packet-length 1401 1500
[RouterA-policy-based-route-lab1-20] apply ip-address next-hop 151.1.1.2
[RouterA-policy-based-route-lab1-20] quit
```

在 RouterA 上使能以上本地策略路由 lab1。

```
[RouterA] ip local policy-based-route lab1
```

现在来验证配置结果。先在用户视图下使用 **reset counters interface** 命令清空 RouterB 上两个接口的报文数统计信息，以便能更好地验证后面的报文统计信息。此时两个接口上的各种报文统计均为 0。

```
<RouterB> reset counters interface gigabitethernet 1/0/0
<RouterB> reset counters interface gigabitethernet 2/0/0
```

在 RouterA 上 Ping RouterB 的 Loopback0，并将报文数据字段长度设为 80 字节（发送了 5 个 ICMP 报文，最终也显示接收了 5 个报文，参见输出信息中的粗体字部分）。

```
<RouterA> ping -s 80 10.1.2.1
  PING 10.1.2.1: 80   data bytes, press CTRL_C to break
    Reply from 10.1.2.1: bytes=80 Sequence=1 ttl=255 time=2 ms
    Reply from 10.1.2.1: bytes=80 Sequence=2 ttl=255 time=2 ms
    Reply from 10.1.2.1: bytes=80 Sequence=3 ttl=255 time=2 ms
    Reply from 10.1.2.1: bytes=80 Sequence=4 ttl=255 time=2 ms
    Reply from 10.1.2.1: bytes=80 Sequence=5 ttl=255 time=2 ms

  --- 10.1.2.1 ping statistics ---
    5 packet(s) transmitted
    5 packet(s) received
    0.00% packet loss
    round-trip min/avg/max = 2/2/2 ms
```

根据所配置的本地策略路由，我们可以知道，这个长度的报文应该选择 RouterB 的

GE1/0/0 接口。此时查看 RouterB 的接口统计信息，可以发现 GigabitEthernet 1/0/0 接收和发送报文总数都增加了 5（参见输出信息中的粗体字部分），即 RouterB 接口 GigabitEthernet 1/0/0 在接收到 ICMP 请求报文后给 RouterA 发送 5 个 ICMP 应答报文。证明配置是正确并成功的。

```
<RouterB> display interface gigabitethernet 1/0/0
GigabitEthernet1/0/0 current state : UP
Line protocol current state : UP
Last line protocol up time : 2012-07-30 11:23:24
Description:HUAWEI, AR Series, GigabitEthernet1/0/0 Interface
Route Port,The Maximum Transmit Unit is 1500
Internet Address is 150.1.1.2/24
IP Sending Frames' Format is PKTFMT_ETHNT_2, Hardware address is 0819-a6ce-7d4c
Last physical up time    : 2012-07-30 11:23:24
Last physical down time : 2012-07-24 16:54:19
Current system time: 2012-07-30 15:00:15
Port Mode: COMMON COPPER
Speed : 1000,   Loopback: NONE
Duplex: FULL,   Negotiation: ENABLE
Mdi     : AUTO
Last 300 seconds input rate 152 bits/sec, 0 packets/sec
Last 300 seconds output rate 16 bits/sec, 0 packets/sec
Input peak rate 7568 bits/sec,Record time: 2012-07-30 12:57:02
Output peak rate 1008 bits/sec,Record time: 2012-07-30 12:42:42

Input:   5 packets, 400 bytes
  Unicast:                    0,  Multicast:                 0
  Broadcast:                  0,  Jumbo:                     0
  Discard:                    0,  Total Error:               0

  CRC:                        0,  Giants:                    0
  Jabbers:                    0,  Throttles:                 0
  Runts:                      0,  Alignments:                0
  Symbols:                    0,  Ignoreds:                  0
  Frames:                     0

Output:   5 packets, 630 bytes
  Unicast:                    0,  Multicast:                 0
  Broadcast:                  0,  Jumbo:                     0
  Discard:                    0,  Total Error:               0

  Collisions:                 0,  ExcessiveCollisions:       0
  Late Collisions:            0,  Deferreds:                 0
  Buffers Purged:             0

    Input bandwidth utilization threshold : 100.00%
    Output bandwidth utilization threshold: 100.00%
    Input bandwidth utilization    : 0.00%
    Output bandwidth utilization : 0.00%
```

再次按照前面介绍的方法使用 **reset counters interface** 用户视图命令清空 RouterB 的接口统计信息。然后在 RouterA 上 Ping RouterB 的 Loopback0，并将报文数据字段长度设为 1 401 字节（也发送了 5 个 ICMP 报文，最终也显示接收了 5 个报文，参见输出信息中的粗体字部分）。

```
<RouterA> ping -s 1401 10.1.2.1
  PING 10.1.2.1: 1401   data bytes, press CTRL_C to break
    Reply from 10.1.2.1: bytes=1401 Sequence=1 ttl=255 time=1 ms
    Reply from 10.1.2.1: bytes=1401 Sequence=2 ttl=255 time=1 ms
    Reply from 10.1.2.1: bytes=1401 Sequence=3 ttl=255 time=1 ms
    Reply from 10.1.2.1: bytes=1401 Sequence=4 ttl=255 time=1 ms
    Reply from 10.1.2.1: bytes=1401 Sequence=5 ttl=255 time=2 ms

  --- 10.1.2.1 ping statistics ---
    5 packet(s) transmitted
    5 packet(s) received
    0.00% packet loss
    round-trip min/avg/max = 1/1/2 ms
```

根据所配置的本地策略由可以知道，这个长度的报文应该选择RouterB的GE2/0/0接口。此时查看 RouterB 的接口统计信息，可以发现 GigabitEthernet 2/0/0 接收和发送报文总数都增加了 5（参见输出信息中的粗体字部分），即 RouterB 接口 GigabitEthernet 2/0/0 在接收到 ICMP 请求报文后给 RouterA 发送 5 个 ICMP 应答报文。证明配置是正确并成功的。

```
<RouterB> display interface gigabitethernet 2/0/0
GigabitEthernet2/0/0 current state : UP
Line protocol current state : UP
Last line protocol up time : 2012-07-30 11:23:29
Description:HUAWEI, AR Series, GigabitEthernet2/0/0 Interface
Route Port,The Maximum Transmit Unit is 1500
Internet Address is 151.1.1.2/24
IP Sending Frames' Format is PKTFMT_ETHNT_2, Hardware address is 0819-a6ce-7d4d
Last physical up time      : 2012-07-30 11:23:29
Last physical down time : 2012-07-30 11:09:17
Current system time: 2012-07-30 16:04:55
Port Mode: COMMON COPPER
Speed : 1000,    Loopback: NONE
Duplex: FULL,    Negotiation: ENABLE
Mdi      : AUTO
Last 300 seconds input rate 200 bits/sec, 0 packets/sec
Last 300 seconds output rate 192 bits/sec, 0 packets/sec
Input peak rate 11576 bits/sec,Record time: 2012-07-30 13:46:52
Output peak rate 11576 bits/sec,Record time: 2012-07-30 13:46:52

Input:    6 packets, 7722 bytes
  Unicast:                   0,  Multicast:              0
  Broadcast:                 0,  Jumbo:                  0
  Discard:                   0,  Total Error:            0

  CRC:                       0,  Giants:                 0
  Jabbers:                   0,  Throttles:              0
  Runts:                     0,  Alignments:             0
  Symbols:                   0,  Ignoreds:               0
  Frames:                    0

Output:   5 packets, 7235 bytes
  Unicast:                   0,  Multicast:              0
  Broadcast:                 0,  Jumbo:                  0
  Discard:                   0,  Total Error:            0

  Collisions:                0,  ExcessiveCollisions:    0
```

```
Late Collisions:              0,   Deferreds:                 0
Buffers Purged:               0

  Input bandwidth utilization threshold : 100.00%
  Output bandwidth utilization threshold: 100.00%
  Input bandwidth utilization    : 0.00%
  Output bandwidth utilization : 0.00%
```

说明 在以上输出信息中，之所以接收的报文数不是5个，而是6个，原因是该接口可能在我们进行统计前又接受了其他类型的报文。这里只需要从总体上验证不同长度的报文是否按照策略路由的配置选择了不同的下一跳，而不需要证明对应接口只能接受我们进行测试的ICMP报文。

15.6 接口策略路由配置与管理

配置接口策略路由可以将到达本地设备、需经本地设备接口**转发的报文**（**对本地始发的报文不生效**）重定向到指定的下一跳地址。接口策略路由的最终目标是实现匹配规则的流按照MQC（模块化QoS命令行）策略实现流的重定向，同样包括了MQC策略配置中的以下4项基本配置任务（**需要按顺序配置**），有关MQC策略的配置方法参见配套图书《华为交换机学习指南》（第二版）的第12章。

① 定义流分类。

② 配置流重定向。

③ 配置流策略。

④ 应用流策略。

在配置接口策略路由前，需要完成以下任务。

① 配置相关接口的IP地址和路由协议，保证路由互通。

② 如果使用ACL作为接口策略路由的流分类规则，配置相应的ACL。

③（可选）SAC（Smart Application Control，智能应用控制）特征库文件已经上传到设备，保存在设备的存储介质中。

15.6.1 定义策略路由流分类

定义流分类就是将匹配一定规则的报文归为一类，对匹配同一流分类的报文进行相同的处理，是实现差分服务的前提和基础。流分类是通过 **if-match** 子句进行匹配的，可以基于报文中的内/外层VLAN ID、源IP地址、IP地址、协议类型、DSCP/IP优先级等进行匹配。具体的配置步骤见表15-24。

表15-24 流分类的配置步骤

步骤	命令	说明
1	**system-view** 例如：<Huawei> **system-view**	进入系统视图

续表

步骤	命令	说明
2	**traffic classifier** *classifier-name* [**operator** { **and** | **or** }] 例如：[Huawei] **traffic classifier** c1 **operator and**	创建一个流分类，进入流分类视图。命令中的参数和选项说明如下。 （1）*classifier-name*：指定所创建的流分类名称，1～31 个字符，不支持空格，区分大小写。 （2）**operator**：可选项，指定流分类下各规则之间的逻辑运算符。如果没有指定本选项，则各规则之间缺省为逻辑“或”的关系。 （3）**and**：二选一可选项，指定流分类下各规则之间是逻辑“与”的关系。指定该逻辑关系后：当流分类中有 ACL 规则时，报文必须匹配其中一条 ACL 规则，以及所有非 ACL 规则才属于该类；当流分类中没有 ACL 规则时，则报文必须匹配所有非 ACL 规则才属于该类。 （4）**or**：二选一可选项，指定流分类下各规则之间是逻辑“或”的关系。指定该逻辑关系后，报文只需匹配流分类下的一个，或多个规则就属于该类。 缺省情况下，系统上存在名为 default-class 的流分类，（该流分类既不能被删除，也不能对其进行修改），可用 **undo traffic classifier** *classifier-name* 命令删除指定的流分类
以下 **if-match** 匹配规则是并列关系，至少要选择一项，但可以同时配置多项		
3	**if-match vlan-id** *start-vlan-id* [**to** *end-vlan-id*] 例如：[Huawei-classifier-c1] **if-match vlan-id** 2	（可选）在流分类中创建基于外层 VLAN ID 进行分类的匹配规则。命令中的参数说明如下。 （1）*start-vlan-id*：指定起始外层 VLAN ID，取值范围为 1～4 094 的整数。 （2）**to** *end-vlan-id*：可选参数，指定结束外层 VLAN ID，取值范围为 1～4 094 的整数，但取值一定要大于参数 start-vlan-id 的取值。 缺省情况下，流分类中没有基于 VLAN ID 进行分类的匹配规则，可用 **undo if-match vlan-id** *start-vlan-id* [**to** *end-vlan-id*]命令在流分类中删除指定的基于外层 VLAN ID 进行分类的匹配规则
	if-match cvlan-id *start-vlan-id* [**to** *end-vlan-id*] 例如：[Huawei-classifier-c1] **if-match cvlan-id** 100	（可选）在流分类中创建基于 QinQ 报文内层 VLAN ID 进行分类的匹配规则。命令中的参数参见本表前面介绍的外层 VLAN ID 匹配 **if-match vlan-id** *start-vlan-id* [**to** *end-vlan-id*]命令的对应对数说明，只不过这里是 QinQ 报文中的内层 VLAN ID。 缺省情况下，流分类中没有基于 QinQ 报文内层 VLAN ID 进行分类的匹配规则，可用 undo **if-match cvlan-id** *start-cvlan-id* [**to** *end-cvlan-id*]命令在流分类中删除指定的基于 QinQ 报文内层 VLAN ID 进行分类的匹配规则
	if-match 8021p { *8021p-value* } &<1-8> 例如：[Huawei-classifier-c1] **if-match 8021p** 1	（可选）在流分类中创建基于 VLAN 报文的 802.1 p 优先级进行分类的匹配规则。参数 *8021 p-value* 用来指定 VLAN 报文的 802.1 p 优先级值，取值范围为 0～7 的整数，值越大优先级越高。最多可输入 8 个 8 021 p 值。 【注意】无论流分类中各规则间关系是“或”还是“与”，执行一次本命令，如果输入多个 8 021 p 值，**报文只需匹配其中一个 8 021 p 值就认为匹配该规则**。 本命令为覆盖式命令，即在同一流分类视图下多次配置基于 VLAN 报文的 802.1 p 优先级进行流分类的匹配规则后，**仅按最后一次配置生效**。 缺省情况下，流分类中没有基于 VLAN 报文的 802.1 p 优先级进行分类的匹配规则，可用 **undo if-match 8021p** 命令在流分类中删除基于 VLAN 报文的 802.1 p 优先级进行分类的匹配规则

续表

步骤	命令	说明
3	**if-match cvlan-8021p** { *8021p-value* } &<1-8> 例如：[Huawei-classifier-c1] **if-match cvlan-8021p** 1	（可选）在流分类中创建基于 QinQ 报文内层 802.1 p 优先级进行分类的匹配规则。参数 *802.1 p-value* 用来指定 QinQ 报文内层的 802.1 p 优先级值，取值范围为 0～7 的整数，值越大优先级越高。最多可输入 8 个 802.1 p 值。 【注意】无论流分类中各规则间关系是“或”还是“与”，执行一次本命令，如果输入多个 802.1 p 值，报文只需匹配其中一个 802.1 p 值就匹配该规则。 本命令为覆盖式命令，即在同一流分类视图下多次配置基于 QinQ 报文内层 802.1 p 优先级进行流分类的匹配规则后，**仅按最后一次配置生效**。 缺省情况下，流分类中没有基于 QinQ 报文内层 802.1 p 优先级进行分类的匹配规则，可用 **undo if-match cvlan-8021p** 命令在流分类中删除基于 QinQ 报文内层 802.1 p 优先级进行分类的匹配规则
	if-match destination-mac *mac-address* [**mac-address-mask** *mac-address-mask*] 例如：[Huawei-classifier-c1] **if-match destination-mac** 0050-b007-bed3 **mac-address-mask** 00ff-f00f-ffff（匹配目的 MAC 地址为 XX50-bXX7-bed3 的报文）	（可选）在流分类中创建基于目的 MAC 地址进行分类的匹配规则。命令中的参数说明如下。 （1）*mac-address*：指定要匹配的目的 MAC 地址，H-H-H 形式，每个 H 代表 4 位十六进制数字。 （2）**mac-address-mask** *mac-address-mask*：可选参数，指定目的 MAC 地址的掩码，H-H-H 形式，每个 H 代表 4 位十六进制数字，不能为 0-0-0。MAC 地址的掩码作用与 IP 地址的掩码类似，1 表示要匹配该位，0 表示不要匹配该位，可用于确定一组 MAC 地址。用户可以借助 MAC 地址的掩码实现对目的 MAC 地址中某几位进行精确匹配，只需在目的 MAC 地址的掩码中将这几位置 1。 【注意】本命令为覆盖式命令，即在同一流分类视图下多次配置基于目的 MAC 地址进行流分类的匹配规则后，**仅按最后一次配置生效**。 缺省情况下，流分类中没有基于目的 MAC 地址进行分类的匹配规则，可用 **undo if-match destination-mac** 命令在流分类中删除基于目的 MAC 地址进行分类的匹配规则
	if-match source-mac *mac-address* [**mac-address-mask** *mac-address-mask*] 例如：[Huawei-classifier-c1] **if-match source-mac** 0050-ba27-bed5 **mac-address-mask** 00ff-f00f-ffff（匹配源 MAC 地址为 XX50-bXX7-bed5 的报文）	（可选）在流分类中创建基于源 MAC 地址进行分类的匹配规则。命令中的参数参见本表前面匹配 MAC 地址 **if-match destination-mac** *mac-address* [**mac-address-mask** *mac-address-mask*] 命令中的对应参数说明，只不过这里是指源 MAC 地址。 【注意】本命令为覆盖式命令，即在同一流分类视图下多次配置基于源 MAC 地址进行流分类的匹配规则后，**仅按最后一次配置生效**。 缺省情况下，流分类中没有基于源 MAC 地址进行分类的匹配规则，可用 **undo if-match source-mac** 命令在流分类中删除基于源 MAC 地址进行分类的匹配规则
	if-match l2-protocol { **arp** | **ip** | **mpls** | **rarp** | *protocol-value* }	（可选）在流分类中创建基于二层封装的上层协议字段进行分类的匹配规则，对匹配同一流分类的报文进行相同的处理。 命令中的参数和选项说明如下。 （1）**arp**：多选一选项，指定基于 ARP 协议进行分类，协议类型值为 0x0806。 （2）**ip**：多选一选项，指定基于 IP 进行分类，协议类型值为 0x0800。 （3）**mpls**：多选一选项，指定基于 MPLS 协议进行分类，协议类型值为 0x8847。

续表

步骤	命令	说明
3	例如：[Huawei-classifier-c1] **if-match l2-protocol arp**	（4）**rarp**：多选一选项，指定基于 RARP 协议进行分类，协议类型值为 0x8035。 【注意】本命令为覆盖式命令，即在同一流分类视图下多次配置基于源 MAC 地址进行流分类的匹配规则后，**仅按最后一次配置生效**。如果包含本命令匹配规则的策略应用到 LAN 接口时，则仅对 IPv4 报文生效。 缺省情况下，流分类中没有基于二层封装的协议字段进行分类的匹配规则，可用 **undo if-match l2-protocol** 命令在流分类中删除基于二层封装的协议字段进行分类的匹配规则
	if-match any 例如：[Huawei-classifier-c1] **if-match any**	（可选）在流分类中创建基于所有数据报文进行分类的匹配规则。当需要对所有的数据报文进行统一的处理时，可以使用本命令匹配所有的数据报文（但不匹配上送 CPU 的控制报文，如 STP 中的 BPDU（Bridge Protocol Data Unit）报文）。 【注意】包含本命令匹配规则的策略应用到 LAN 接口时，仅对 IPv4 报文生效。当同一流分类中既有本命令规则，还有其他三层规则时，则本命令仅匹配所有三层报文。 缺省情况下，流分类中没有基于所有数据报文进行分类的匹配规则，可用 **undo if-match any** 命令在流分类中删除基于所有数据报文进行分类的匹配规则
	if-match ip-precedence *ip-precedence-value* &<1-8> 例如：[Huawei-classifier-class1] **if-match ip-precedence** 1	（可选）在流分类中创建基于 IP 优先级进行分类的匹配规则，参数 *ip-precedence-value* 用来指定要匹配的 IP 优先级值，取值范围为 0～7 的整数，值越大，优先级越高。 【注意】无论流分类中各规则间关系是“或”还是“与”，执行一次本命令，如果输入多个 IP 值，**报文只需匹配其中一个 IP 值就匹配了该规则**。 不能在一个逻辑关系为“与”的流分类中同时配置 **if-match dscp** *dscp-value* &<1-8>命令和本命令。且本命令为覆盖式命令，即在同一流分类视图下多次执行该命令后，**仅按最后一次配置生效**。 缺省情况下，流分类中没有基于 IP 优先级进行分类的匹配规则，可用 **undo if-match** *ip-precedence* 命令在流分类中删除基于 IP 优先级进行分类的匹配规则
	if-match tcp syn-flag { **ack** | **fin** | **psh** | **rst** | **syn** | **urg** }* 例如：[Huawei-classifier-c1] **if-match tcp syn-flag psh syn**	（可选）在流分类中创建基于 TCP 报文头中的 SYN Flag 字段进行分类的匹配规则。命令中的选项说明如下。 （1）**ack**：可多选选项，指定匹配 TCP 报文头中 SYN Flag 字段为 ACK 的报文。 （2）**fin**：可多选选项，指定匹配 TCP 报文头中 SYN Flag 字段为 FIN 的报文。 （3）**psh**：可多选选项，指定匹配 TCP 报文头中 SYN Flag 字段为 PSH 的报文。 （4）**rst**：可多选选项，指定匹配 TCP 报文头中 SYN Flag 字段为 RST 的报文。 （5）**syn**：可多选选项，指定匹配 TCP 报文头中 SYN Flag 字段为 SYN 的报文。 （6）**urg**：可多选选项，指定匹配 TCP 报文头中 SYN Flag 字段为 URG 的报文。

续表

步骤	命令	说明
3	**if-match tcp syn-flag** { **ack** | **fin** | **psh** | **rst** | **syn** | **urg** }* 例如：[Huawei-classifier-c1] **if-match tcp syn-flag psh syn**	【注意】包含本命令匹配规则的策略应用到 LAN 接口时，仅对 IPv4 报文生效。 本命令为覆盖式命令，即在同一流分类视图下多次执行该命令后，**仅按最后一次配置生效**。 缺省情况下，流分类中没有基于 TCP 报文头中的 SYN Flag 进行分类的匹配规则，可用 **undo if-match tcp** 命令在流分类中删除基于 TCP 报文头中的 SYN Flag 进行分类的匹配规则
	if-match inbound-interface *interface-type interface-number* 例如：[Huawei-classifier-class1]**if-match inbound-interface** ethernet 2/0/0	（可选）在流分类中创建基于入接口对报文进行分类的匹配规则。 【注意】设备仅支持在 WAN 接口应用包含该匹配规则的流策略。**当包含此匹配规则的流策略应用在 WAN 接口出方向时，匹配的入接口不得为子接口或 Eth-Trunk 的成员接口。** 本命令为覆盖式命令，即在同一流分类视图下多次执行该命令后，**仅按最后一次配置生效。** 缺省情况下，流分类中没有基于入接口对报文进行分类的匹配规则，可用 **undo if-match inbound-interface** 命令在流分类中删除基于入接口对报文进行分类的匹配规则
	if-match outbound-interface *interface-type interface-number:channel* 例如：[Huawei-classifier-class1]**if-match outbound-interface** Cellular 3/0/0:1	（可选）在流分类中创建基于 Cellular 出通道口对报文进行分类的匹配规则。 【注意】本命令为覆盖式命令，即在同一流分类视图下多次执行该命令后，**仅按最后一次配置生效** 缺省情况下，流分类中没有基于 Cellular 出通道口对报文进行分类的匹配规则，**undo if-match outbound-interface** 命令在流分类中删除基于 Cellular 出通道口对报文进行分类的匹配规则
	if-match acl { *acl-number* | *acl-name* } 例如：[Huawei-classifier-c1] **if-match acl** 2046	（可选）在流分类中创建基于 ACL 进行分类的匹配规则。命令中的参数说明如下。 （1）*acl-number*：二选一参数，指定 ACL 的编号，取值范围为 2 000～4 999 的整数，可以是基本 ACL、高级 ACL 和二层 ACL。 （2）*acl-name*：二选一参数，指定 ACL 的名称。 【注意】无论流分类中各规则间关系是“或”还是“与”，报文只要匹配其中一个 rule 就认为该报文匹配该 ACL 规则。可以在一条流分类中配置多个 ACL 以匹配不同的报文。 当使用 ACL 作为流分类规则匹配源 IP 地址时，通过在接口下的 **qos pre-nat** 命令配置 NAT 预分类功能，可以将 NAT 转换前的私网 IP 地址信息携带到出接口，即可实现基于私网 IP 地址的分类，从而对来自不同私网 IP 地址的报文提供差分服务。 缺省情况下，流分类中没有基于 ACL 进行分类的匹配规则，可用 **undo if-match acl** { *acl-number* | *acl-name* }命令删除指定的基于 ACL 进行分类的匹配规则

15.6.2 配置流行为

在接口策略路由中的流行为仅支持重定向。通过配置重定向，设备将符合流分类规则的报文重定向到指定的下一跳地址或指定出接口进行转发。**但包含重定向动作的流策略只能在接口的入方向上应用。**

可以通过与 NQA 联动，在网络链路出现故障时，实现路由快速切换，保障数据流量的正常转发，因为 NQA 是网络故障诊断和定位的有效工具。与 NQA 实现联动后有以下两种情况。

① 当 NQA 检测到目的 IP 可达时，按照指定的 IP 进行报文转发，即重定向生效。

② 当 NQA 检测到目的 IP 不可达时，系统将按原来的转发路径转发报文，即重定向不生效。

配置接口策略路由流重定向的步骤见表 15-25。

表 15-25　接口策略路由流重定向的配置步骤

步骤	命令	说明
1	**system-view** 例如：<Huawei> **system-view**	进入系统视图
2	**traffic behavior** *behavior-name* 例如：[Huawei] **traffic behavior** b1	创建一个流行为，进入流行为视图。参数 *behavior-name* 用来指定所创建的流行为名称，1～31 个字符，不支持空格，区分大小写。 【说明】**系统上缺省存在名为 be 的流行为，该流行为既不能被删除，也不能对其进行修改。** 创建流分类是为了提供差分服务，它必须与某些流量控制或资源分配动作（比如报文过滤、流量监管、重标记等）关联起来才有意义，而这些具体流动作的总和便构成了流行为。一个设备上最多可以配置的流行为个数为 1 024，且一个流行为中可以包含多个流动作。 缺省情况下，系统上存在名为 **be** 的流行为，可用 **undo traffic behavior** *behavior-name* 命令删除指定的流行为。**如果要删除某个流行为，必须先取消包含该流行为的流策略在接口上的应用，并且在流策略下解除流分类和流行为的绑定。**但如果只是修改某个流行为所包含的流动作，就不需要取消包含该流行为的流策略在接口上的应用
3	AR G3 系列路由器命令： **redirect ip-nexthop** *ip-address* [**vpn-instance** *vpn-instance-name*] [**track** { **nqa** *admin-name test-name* | **ip-route** *ip-address* { *mask* | *mask-length* } | **interface** *interface-type interface-number* }] [**post-nat**] [**discard**] 或 S 系列交换机命令： **redirect** [**vpn-instance** *vpn-instance-name*] **ip-nexthop** { *ip-address* [**track-nqa** *admin-name test-name*] } <1-4> [**forced** | **low-precedence**] * 例如：[Huawei-behavior-b1] **redirect ip-nexthop** 10.0.0.1	（可选）将符合流分类的报文重定向到单个下一跳，并配置重定向与 NQA 测试例联动。命令中的参数说明如下。 （1）*ip-address*：指定下一跳的 IP 地址。如果设备上没有本命令中指定的下一跳 IP 地址对应的 ARP 表项，设备会触发 ARP 学习，如果一直学习不到 ARP，则重定向不生效。 （2）**vpn-instance** *vpn-instance-name*：*可选参数*，指定下一跳所属的 VPN 实例的名称。 （3）**track**：二选一可选项，指定重定向下一跳时跟踪的对象。 （4）**interface** *interface-type interface-number*：二选一参数，指定重定向的出接口。 （5）**nqa** *admin-name test-name*、**track-nqa** *admin-name test-name*：二选一可选参数，指定与重定向联动的 NQA 测试例。其中：*admin-name* 用来创建的 NQA 测试例管理者的名称，*test-name* 用来指定要进行联动的 NQA 测试例的名称 （6）**forced**：可多选选项，指定当指定的下一跳不存在时，直接丢弃该报文。 （7）**low-precedence**：可多选选项，指定下一跳为低优先级的下一跳，使通过重定向功能实现的策略路由的优先级比通过动态路由协议生成或者静态手工配置的路由优先级低。如果不指定此参数，前者比后者的优先级高。 （8）**ip-route** *ip-address* { *mask* | *mask-length* }：二选一可选参数，指定与重定向联动的 IP 路由。 （9）**post-nat**：可选项，指定对报文进行 NAT 转换后再进行重定向。仅适用于从公网传递到私网，且重定向到 SAE 单板的报文。配置了本可选项后：如果对这部分报文还配置了 NAT 转换，则报文先

续表

步骤	命令	说明
		进行 NAT 转换再进行重定向；如果未对这部分报文配置 NAT 转换，则 **post-nat** 参数不生效。 （10）**discard**：可选项，指定丢弃重定向不生效的报文，如果没选择本可选项，则报文按原始转发路径转发。 缺省情况下，流行为中没有将报文重定向到单个下一跳 IP 地址的动作，可用 **undo redirect** 命令删除重定向配置
	redirect backup-nexthop *ip-address* [**vpn-instance** *vpn-instance-name*] 例如：[Huawei-behavior-b1] **redirect backup-nexthop** 20.0.0.1	（可选）在流行为中创建将报文重定向到备份下一跳 IP 地址的动作，S 系列交换机不支持。**必须已配置了重定向下一跳。** 配置重定向到备份下一跳，可以对重定向下一跳地址的动作进行保护，当重定向下一跳不生效时，报文会先选择备份下一跳地址进行转发，如果备份下一跳动作也不生效，报文才会按照原路由表转发或者被丢弃，这样可以保证用户网络的强健性
3	**AR G3 系列路由器命令：** **redirect ipv6-nexthop** *ipv6-address* [**track** { **nqa** *nqa-admin nqa-name* | **ipv6-route** *ipv6–address masklen* }] [**discard**] 或 **S 系列交换机命令：** **redirect** [**vpn-instance** *vpn-instance-name*] **ipv6-nexthop** { *ipv6-address* | **link-local** *link-local-address* **interface** *interface-type interface-number* } &<1-4> [**forced**] 例如：[HUAWEI-behavior-b1] **redirect ipv6-nexthop** fc00:0:0:2001::1	（可选）将符合流分类的 IPv6 报文重定向到指定的单个 IPv6 下一跳。命令中的参数说明如下。 （1）*ipv6-address*：指定下一跳的 IPv6 地址。如果设备上没有命令中下一跳 IPv6 地址对应的邻居表项，设备会发送 NS 报文来验证邻居是否可达，如果邻居不可达，则重定向不生效。 （2）**track**：可选项，使能 track 检测功能。 （3）**nqa** *admin-name test-name*：二选一参数，指定与重定向联动的 NQA 测试例。 （4）**ipv6-route** *ipv6-address mask-length*：二选一参数，指定与重定向联动的 IPv6 路由。 （5）**discard**：可选项，指定丢弃重定向不生效的报文。 （6）**vpn-instance** *vpn-instance-name*：可选项，指定下一跳所属的 VPN 实例的名称。 （7）**link-local** *link-local-address*：二选一参数，指定 IPv6 本地链路地址作为下一跳的 IPv6 地址。在配置链路本地地址时，指定的 IPv6 地址的前缀必须匹配 FE80::/60。**必须配置相应的 VLANIF，该地址只在该 VLANIF 内生效，对其他 VLANIF 内的 IPV6 地址不生效。** （8）**interface** *interface-type interface-number*：指定本地链路地址对应的接口。 （9）**forced**：可选项，指定配置强制策略路由，即当下一跳不存在时，直接丢弃该报文。 本命令是覆盖式命令，在同一流行为下多次执行该命令，按最后一次配置生效。 缺省情况下，流行为中没有将报文重定向到单个下一跳 IPv6 地址的动作，可用 **undo redirect** 命令在流行为中删除重定向配置
	redirect [**vpn-instance** *vpn-instance-name*] **ipv6-multihop** {**nexthop** *ip-address* | *ipv6-address* | **link-local** *link-local-address* **interface** *interface-type interface-number* } &<2-4> 例如：[HUAWEI-behavior-	（可选）将符合流分类的 IPv6 报文重定向到配置的多个下一跳中的一个，**仅 S 系列交换机支持**。命令中的参数参见本表前面介绍。 【注意】在配置本命令时要注意以下几个方面。 ● 使用重定向到多个下一跳的正常转发过程中，如果当前下一跳对应的出接口状态突然为 Down，或路由突然发生了改变，设备可将链路快速切换到当前可用的某个下一跳对应的出接口上。 ● 如果配置的多个下一跳均不可用，设备按报文原来的目的地址转发。如果配置了多个下一跳，设备按照等价路由负载分担方式

续表

步骤	命令	说明
3	b1] **redirect ip-multihop nexthop** 10.1.42.1 **nexthop** 10.2.12.3 **nexthop** 10.1.1.2	对报文进行重定向转发。 ● 如果设备上没有命令中下一跳 IP 地址对应的 ARP 表项，使用此命令能配置成功，但重定向不能生效，设备仍按报文原来的目的地址转发，直到设备上有对应的 ARP 表项。 缺省情况下，流行为中没有将报文重定向到多个下一跳 IP 地址的动作，可用 **undo redirect** 命令在流行为中删除重定向配置
	redirect interface *interface-type interface-number* [**track** { **nqa** *admin-name test-name* | **ip-route** *ip-address* { *mask* | *mask-length* } | **ipv6-route** *ipv6-address mask-length* }] [**discard**] 例如：[Huawei-behavior-b1] **redirect interface** cellular 0/0/1	（可选）将符合流分类的报文重定向到指定接口，仅 AR G3 系列路由器支持。**目前设备仅支持重定向到 3G 接口和 Dialer 接口，且包含重定向动作的流策略只能在接口的入方向上应用。**命令中的参数和选项说明参见本表前面的介绍。 缺省情况下，流行为中没有将报文重定向到指定接口的动作，可用 **undo redirect** 命令在流行为中删除重定向配置
4	**statistic enable** 例如：[Huawei-behavior-b1] **statistic enable**	（可选）使能流量统计功能，将相应的流分类跟配置了流量统计功能的流行为绑定。 缺省情况下，流行为中的流量统计功能未使能，可用 **undo statistic enable** 命令在流行为中去使能流量统计功能

15.6.3　配置并应用接口策略路由

以上接口策略路由的流分类和流行为配置好后，还需要创建一个流策略将它们关联起来，形成接口策略路由。AR G3 系列路由器的接口策略路由**仅可在接口入方向进行应用，而 S 系列交换机中的策略路由可在接口、VLAN、全局或指定单板的入方向应用，**具体的配置步骤见表 15-26。

表 15-26　接口策略路由配置与应用的配置步骤

步骤	命令	说明
1	**system-view** 例如：<Huawei> **system-view**	进入系统视图
2	**traffic policy** *policy-name* 例如：[Huawei]**traffic policy** p1	创建一个流策略，并进入流策略视图。参数 *policy-name* 用来指定所创建的流策略名称，1～31 个字符，不支持空格，区分大小写。 缺省情况下，系统未创建任何流策略，可用 **undo traffic policy** *policy-name* 命令删除指定的流策略。但如果需要删除的流策略已经应用到接口，则不允许直接删除该策略，需要先在相应的接口视图下执行 **undo traffic-policy** 命令取消对该策略的应用，然后到系统视图下执行 **undo traffic policy** *policy-name* 命令，完成指定流策略的删除。如果该流策略还没有应用到接口上，则可以直接删除
3	**classifier** *classifier-name* behavior *behavior-name* [**precedence** *precedence-value*]	在流策略中为指定的流分类配置所需流行为，即绑定流分类和流行为。命令中的参数说明如下。 （1）*classifier-name*：指定要关联的流分类的名称。 （2）*behavior-name*：指定要关联的流行为的名称。 目前，设备最多可以配置的流分类、流行为以及流策略数目均为

续表

<table>
<tr><th>步骤</th><th>命令</th><th colspan="2">说明</th></tr>
<tr><td>3</td><td>例如：[Huawei-trafficpolicy-p1] classifier c1 behavior b1</td><td colspan="2">1 024 个。在单个流策略下，每个流分类只能与一个流行为关联，每个流策略支持 1 024 个流分类和流行为的绑定。
缺省情况下，流策略中没有绑定流分类和流行为，可用 undo classifier classifier-name 命令在流策略中取消指定的流分类和流行为的绑定</td></tr>
<tr><td>4</td><td>quit
例如：[Huawei-trafficpolicy-p1] quit</td><td colspan="2">退出流策略视图，返回系统视图</td></tr>
<tr><td rowspan="5">5</td><td>traffic-policy policy-name global inbound [slot slot-id]
例如：[HUAWEI] traffic-policy p1 global inbound</td><td colspan="2">（可选）在全局或单板上应用流策略，仅 S 系列交换机支持。
缺省情况下，没有在全局或单板上应用任何流策略，可用 undo traffic-policy [policy-name] global { inbound | outbound } [slot slot-id]命令删除在全局或单板上应用的流策略</td></tr>
<tr><td>interface interface-type interface-number [.subinterface-number]
例如：[Huawei] interface ethernet 2/0/0</td><td rowspan="2">（可选）在接口入方向应用策略路由</td><td>键入要应用流策略的接口，或子接口，进入接口视图</td></tr>
<tr><td>traffic-policy policy-name inbound
例如：[Huawei-Ethernet 2/0/0] traffic-policy p1 inbound</td><td>（可选）在接口或子接口的入方向应用流策略。命令中的参数和选项说明如下。
（1）policy-name：指定要应用的流策略的名称。
（2）inbound：二选一选项，指定在接口入方向上应用由参数 policy-name 指定的流策略。
【注意】在接口上应用流策略时要注意以下方面。
● 每个接口的同一个方向上能且只能应用一个流策略，但同一个流策略可以同时应用在不同接口的不同方向。
● 流策略一旦应用后，不允许直接删除该流策略及其包含的流分类或流行为，如果要删除已经在接口下应用的流策略，则必须首先在接口下执行 undo traffic-policy [policy-name] inbound 命令取消对该策略的应用，然后到系统视图下执行 undo traffic policy policy-name 命令删除该策略。
缺省情况下，接口上没有应用任何流策略，可用 undo traffic-policy [policy-name] inbound 命令取消在接口上应用指定的流策略</td></tr>
<tr><td>vlan vlan-id
例如：[HUAWEI] vlan 100</td><td rowspan="2">（可选）在 VLAN 中应用策略路由</td><td>进入要应用策略路由的 VLAN 视图</td></tr>
<tr><td>traffic-policy policy-name inbound
例如：[HUAWEI-vlan100] traffic-policy p1 inbound</td><td>在 VLAN 的入方向上应用流策略，仅 S 系列交换机支持。应用后，系统对属于该 VLAN 并匹配流分类中规则的入方向报文实施策略控制。
缺省情况下，VLAN 上没有应用任何流策略，可用 undo traffic-policy [policy-name] inbound 命令取消在 VLAN 上应用流策略</td></tr>
</table>

接口策略路由配置好后，可以通过以下 **display** 视图命令查看相关配置，验证配置结果。

① **display traffic classifier user-defined** [*classifier-name*]：查看设备上所有或者指定

的流分类信息。

② **display acl** { **name** *acl-name* | *acl-number* | all }：查看指定的 ACL 规则的配置信息。

③ **display acl resource** [**slot** *slot-id*]：查看所有或者指定主控板上的 ACL 规则的资源信息。

④ **display traffic policy user-defined** [*policy-name* [classifier *classifier-name*]]：查看所有或者指定的流策略的配置信息。

⑤ **display traffic-policy applied-record** *policy-name*：查看指定流策略的应用记录信息。

⑥ **display traffic behavior** { **system-defined** | **user-defined** } [*behavior-name*]：查看所有或者指定的流行为的配置信息。

15.6.4　接口策略路由配置示例

本示例的基本拓扑结构如图 15-10 所示，VLAN10 和 VLAN20 是企业内部的两个部门，分别通过交换机连接到 RouterA 的 GE1/0/0 和 GE2/0/0。

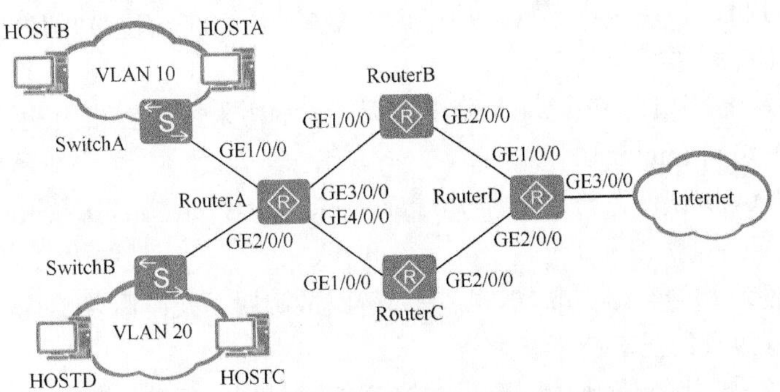

图 15-10　接口策略路由配置示例的拓扑结构

HOSTA 和 HOSTB 是同一部门内的两台主机，IP 地址分别为 192.168.1.2/24 和 192.168.1.3/24，属于 192.168.1.0/24 网段。HOSTC 和 HOSTD 是另一部门的两台主机，IP 地址分别为 192.168.2.2/24 和 192.168.2.3/24，属于 192.168.2.0/24 网段。RouterA 有两条链路连接到 Internet，它们是 RouterA→RouterB→RouterD 和 RouterA→RouterC→RouterD。各路由器接口的 IP 地址见表 15-27。

表 15-27　　示例中各路由器接口的 IP 地址

设备	接口	IP 地址
RouterA	GE1/0/0	192.168.1.1/24
	GE2/0/0	192.168.2.1/24
	GE3/0/0	192.168.3.1/24
	GE4/0/0	192.168.4.1/24
RouterB	GE1/0/0	192.168.3.2/24
	GE2/0/0	192.168.5.2/24
RouterC	GE1/0/0	192.168.4.2/24
	GE2/0/0	192.168.6.2/24
RouterD	GE1/0/0	192.168.5.1/24
	GE2/0/0	192.168.6.1/24
	GE3/0/0	192.168.7.1/24

现有如下要求。

① 当 RouterA 的两条连接到 Internet 的链路都正常时，企业内部不同网段地址的报文通过不同的链路连接到 Internet，即 VLAN 10 中报文走 RouterA→RouterB→RouterD 转发路径，而 VLAN 20 中的报文走 RouterA→RouterC→RouterD 转发路径。

② 当一条链路发生故障时，企业内部不同网段地址的报文都走无故障的链路，避免长时间的业务中断。而当故障链路恢复后，恢复报文从不同链路连接到 Internet。

1. 基本配置思路分析

根据本示例的要求，可以考虑采用流重定向与 NQA 联动，实现在被监控的链路正常时按照流策略定义的重定向行为对流进行重定向转发，而当被监控的链路出现故障时，按照路由表中的路由进行转发。但是这里又涉及一个问题，那就是当链路出现故障时，IP 路由表中的路由表项不会立即清除，所以又需要利用路由与 NQA 的联动功能及时删除对应的路由表项（在链路由故障恢复后，该路由又会重新添加到 IP 路由表中）。本示例采用静态路由与 NQA 联动的方式（具体参见第 9 章）。

根据以上分析，再结合本书前面所学的 NQA 与静态路由联动功能的配置可得出本示例如下的基本配置思路。

① 配置各设备接口的 IP 地址及路由协议（本示例采用静态路由配置），使企业用户能通过 RouterA 访问 Internet。

② 配置 NQA 测试例，检测链路 RouterA→RouterB→RouterD 和 RouterA→RouterC→RouterD 是否正常。

③ 配置 NQA 和静态路由联动，实现当链路故障时，及时删除路由表中对应路由表项，使流量可以切换到正常链路。

④ 配置流分类，匹配规则为匹配报文的源 IP 地址，实现基于源地址对报文进行分类。

⑤ 配置流行为，即配置 NQA 与流重定向联动，实现当 NQA 测试例检测到链路 RouterA→RouterB→RouterD 正常时，将满足规则的报文重定向到 192.168.3.2/24；当 NQA 测试例检测到链路 RouterA→RouterC→RouterD 正常时，将满足规则的报文重定向到 192.168.4.2/24。

⑥ 配置流策略，绑定上述流分类和流行为，并应用到相应的接口，实现策略路由。

2. 具体配置步骤

① 配置各设备的接口 IP 地址和静态路由。

■ 按照表 15-23 所示的各设备接口 IP 地址，配置各设备接口的 IP 地址。下面仅以 RouterA 为例进行介绍，其他设备的配置方法一样，略。

```
<Huawei> system-view
[Huawei] sysname RouterA
[RouterA] interface gigabitethernet 1/0/0
[RouterA-GigabitEthernet1/0/0] ip address 192.168.1.1 24
[RouterA-GigabitEthernet1/0/0] quit
[RouterA] interface gigabitethernet 2/0/0
[RouterA-GigabitEthernet2/0/0] ip address 192.168.2.1 24
[RouterA-GigabitEthernet2/0/0] quit
[RouterA] interface gigabitethernet 3/0/0
[RouterA-GigabitEthernet3/0/0] ip address 192.168.3.1 24
[RouterA-GigabitEthernet3/0/0] quit
```

```
[RouterA] interface gigabitethernet 4/0/0
[RouterA-GigabitEthernet4/0/0] ip address 192.168.4.1 24
[RouterA-GigabitEthernet4/0/0] quit
```

■ 配置 4 台路由器设备间的静态路由。注意，静态路由具有单向性和接力性，必须在各设备上确保双向通信都有所需的连续静态路由。此时的静态路由仅用于当报文不能通过策略路由转发时选用。

```
[RouterA] ip route-static 192.168.7.0 255.255.255.0 192.168.3.2
[RouterA] ip route-static 192.168.7.0 255.255.255.0 192.168.4.2
[RouterA] ip route-static 192.168.5.0 255.255.255.0 192.168.3.2
[RouterA] ip route-static 192.168.6.0 255.255.255.0 192.168.4.2

[RouterB] ip route-static 192.168.7.0 255.255.255.0 192.168.5.1
[RouterB] ip route-static 192.168.1.0 255.255.255.0 192.168.3.1
[RouterB] ip route-static 192.168.2.0 255.255.255.0 192.168.3.1

[RouterC] ip route-static 192.168.7.0 255.255.255.0 192.168.6.1
[RouterC] ip route-static 192.168.1.0 255.255.255.0 192.168.4.1
[RouterC] ip route-static 192.168.2.0 255.255.255.0 192.168.4.1

[RouterD] ip route-static 192.168.1.0 255.255.255.0 192.168.5.2
[RouterD] ip route-static 192.168.1.0 255.255.255.0 192.168.6.2
[RouterD] ip route-static 192.168.2.0 255.255.255.0 192.168.6.2
[RouterD] ip route-static 192.168.2.0 255.255.255.0 192.168.5.2
[RouterD] ip route-static 192.168.3.0 255.255.255.0 192.168.5.2
[RouterD] ip route-static 192.168.4.0 255.255.255.0 192.168.6.2
```

② 在 RouterA 和 RouterD 的两条链路之间分别配置 NQA 测试例。

■ 在 RouterA 上要配置测试到达 RouterD 的 GE1/0/0 接口和 GE2/0/0 接口的两个 NQA 测试实例，所创建的管理者账户都是 admin，实例名分别为 vlan10 和 vlan20。其他参数可不配置，直接采用缺省配置。

```
[RouterA] nqa test-instance admin vlan10          !---创建一个NQA测试实例，并创建管理者账户为admin，实例名称为vlan10
[RouterA-nqa-admin-vlan10] test-type icmp         !---配置 NQA 测试例的测试类型为 ICMP，即通过 ping 操作进行测试
[RouterA-nqa-admin-vlan10] destination-address ipv4 192.168.5.1  !---指定测试实例的目的地址，也就是进行 ping 操作的目的地址，本示例中为 RouterD 的 GE1/0/0 接口 IP 地址
[RouterA-nqa-admin-vlan10] frequency 10           !---指定连续两次探测间的时间间隔为 10 s
[RouterA-nqa-admin-vlan10] probe-count 2          !---指定一次探测进行的测试次数
[RouterA-nqa-admin-vlan10] start now              !--- 指定立即启动执行当前测试例
[RouterA-nqa-admin-vlan10] quit
[RouterA] nqa test-instance admin vlan20
[RouterA-nqa-admin-vlan20] test-type icmp
[RouterA-nqa-admin-vlan20] destination-address ipv4 192.168.6.1
[RouterA-nqa-admin-vlan20] frequency 10
[RouterA-nqa-admin-vlan20] probe-count 2
[RouterA-nqa-admin-vlan20] start now
[RouterA-nqa-admin-vlan20] quit
```

■ 在 RouterD 上要配置测试到达 RouterA 的 GE3/0/0 接口和 GE4/0/0 接口的两个 NQA 测试实例，所创建的管理者账户都是 admin，实例名分别为 vlan10 和 vlan20。其他参数也可不配置，直接采用缺省配置。

```
[RouterD] nqa test-instance admin vlan10
[RouterD-nqa-admin-vlan10] test-type icmp
[RouterD-nqa-admin-vlan10] destination-address ipv4 192.168.3.1
[RouterD-nqa-admin-vlan10] frequency 10
[RouterD-nqa-admin-vlan10] probe-count 2
[RouterD-nqa-admin-vlan10] start now
```

```
[RouterD-nqa-admin-vlan10] quit
[RouterD] nqa test-instance admin vlan20
[RouterD-nqa-admin-vlan20] test-type icmp
[RouterD-nqa-admin-vlan20] destination-address ipv4 192.168.4.1
[RouterD-nqa-admin-vlan20] frequency 10
[RouterD-nqa-admin-vlan20] probe-count 2
[RouterD-nqa-admin-vlan20] start now
[RouterD-nqa-admin-vlan20] quit
```

③ 在 RouterA 和 RouterD 上分别配置 NQA 测试实例与静态路由的对应联动。

通过配置静态路由与 NQA 联动，可以实现在链路发生故障后，NQA 测试例快速地检测到链路的变化，并且在 IP 路由表中把与该 NQA 测试例联动的静态路由删除，从而影响流量转发的目的。注意，在配置静态路由与 NQA 联动时，选择的测试实例名称一定要与静态路由对应的链路一致。

■ RouterA 上的配置如下。

```
[RouterA] ip route-static 192.168.7.1 255.255.255.0 192.168.3.2 track nqa admin vlan10 !---配置 RouterA 经由 RouterB 到达 RouterD GE3/0/0 接口的 NQA 与静态路由联动
[RouterA] ip route-static 192.168.7.1 255.255.255.0 192.168.4.2 track nqa admin vlan20 !---配置 RouterA 经由 RouterC 到达 RouterD GE3/0/0 接口的 NQA 与静态路由联动
[RouterA] quit
```

■ RouterD 上的配置如下。

```
[RouterD] ip route-static 192.168.1.0 255.255.255.0 192.168.5.2 track nqa admin vlan10 !---配置 RouterD 经由 RouterB 到达 RouterA GE1/0/0 接口所在网络的 NQA 与静态路由联动
[RouterD] ip route-static 192.168.1.0 255.255.255.0 192.168.6.2 track nqa admin vlan20 !---配置 RouterD 经由 RouterC 到达 RouterA GE1/0/0 接口所在网络的 NQA 与静态路由联动
[RouterD] ip route-static 192.168.2.0 255.255.255.0 192.168.5.2 track nqa admin vlan10 !---配置 RouterD 经由 RouterB 到达 RouterA GE2/0/0 接口所在网络的 NQA 与静态路由联动
[RouterD] ip route-static 192.168.2.0 255.255.255.0 192.168.6.2 track nqa admin vlan20 !---配置 RouterD 经由 RouterC 到达 RouterA GE2/0/0 接口所在网络的 NQA 与静态路由联动
[RouterD] quit
```

④ 在 RouterA 和 RouterD 上分别配置流分类。因为通信是双向的，所以需要在双向进行配置流策略，以便指导对应方向的流按规定进行重定向。

■ 在 RouterA 上创建流分类 vlan10、vlan20，通过基本 ACL 分别匹配源地址为 192.168.1.0/24 和 192.168.2.0/24 网段（分别对应 VLAN10 和 VLAN 20 所在的网段）的报文。

```
[RouterA] acl number 2000
[RouterA-acl-basic-2000] rule 10 permit source 192.168.1.0 0.0.0.255
[RouterA-acl-basic-2000] quit
[RouterA] acl number 2001
[RouterA-acl-basic-2001] rule 20 permit source 192.168.2.0 0.0.0.255
[RouterA-acl-basic-2001] quit
[RouterA] traffic classifier vlan10
[RouterA-classifier-vlan10] if-match acl 2000
[RouterA-classifier-vlan10] quit
[RouterA] traffic classifier vlan20
[RouterA-classifier-vlan20] if-match acl 2001
[RouterA-classifier-vlan20] quit
```

■ 在 RouterD 上创建流分类 vlan10、vlan20，通过高级 ACL 分别匹配目的地址为 192.168.1.0/24 和 192.168.2.0/24 网段的报文。

```
[RouterD] acl number 3000
[RouterD-acl-adv-3000] rule 10 permit ip destination 192.168.1.0 0.0.0.255
[RouterD-acl-adv-3000] quit
[RouterD] acl number 3001
[RouterD-acl-adv-3001] rule 20 permit ip destination 192.168.2.0 0.0.0.255
```

```
[RouterD-acl-adv-3001] quit
[RouterD] traffic classifier vlan10
[RouterD-classifier-vlan10] if-match acl 3000
[RouterD-classifier-vlan10] quit
[RouterD] traffic classifier vlan20
[RouterD-classifier-vlan20] if-match acl 3001
[RouterD-classifier-vlan20] quit
```

⑤ 在 RouterA 和 RouterD 上分别配置流重定向行为。这样，当 NQA 测试例检测到链路正常时，按照流策略定义的行为进行流重定向。当 NQA 测试例检测到链路故障时，则要按照路由表中的有效路由进行报文转发。

■ 在 RouterA 上创建流行为 vlan10，配置 NQA 测试例 admin vlan10 与重定向到下一跳 192.168.3.2/24 联动，实现在该下一跳链路正常时把数据从该链路上转发的目的。

```
[RouterA] traffic behavior vlan10
[RouterA-behavior-vlan10] redirect ip-nexthop 192.168.3.2 track nqa admin vlan10
[RouterA-behavior-vlan10] quit
```

■ 在 RouterA 上创建流行为 vlan20，配置 NQA 测试例 admin vlan20 与重定向到下一跳 192.168.4.2/24 联动，实现在该下一跳链路正常时把数据从该链路上转发的目的。

```
[RouterA] traffic behavior vlan20
[RouterA-behavior-vlan20] redirect ip-nexthop 192.168.4.2 track nqa admin vlan20
[RouterA-behavior-vlan20] quit
```

■ 在 RouterD 上创建流行为 vlan10，配置 NQA 测试例 admin vlan10 与重定向到下一跳 192.168.5.2/24 联动，实现在该下一跳链路正常时把数据从该链路上转发的目的。

```
[RouterD] traffic behavior vlan10
[RouterD-behavior-vlan10] redirect ip-nexthop 192.168.5.2 track nqa admin vlan10
[RouterD-behavior-vlan10] quit
```

■ 在 RouterD 上创建流行为 vlan20，配置 NQA 测试例 admin vlan20 与重定向到下一跳 192.168.6.2/24 联动，实现在该下一跳链路正常时把数据从该链路上转发的目的。

```
[RouterD] traffic behavior vlan20
[RouterD-behavior-vlan20] redirect ip-nexthop 192.168.6.2 track nqa admin vlan20
[RouterD-behavior-vlan20] quit
```

⑥ 在 RouterA 和 RouterD 上分别配置流策略并应用到接口上。

■ 在 RouterA 上创建流策略 vlan10、vlan20，分别将流对应的流分类和流行为进行绑定，并将流策略 vlan10 应用到接口 GE1/0/0 入方向，将流策略 vlan20 应用到接口 GE2/0/0 入方向。

```
[RouterA] traffic policy vlan10
[RouterA-trafficpolicy-vlan10] classifier vlan10 behavior vlan10
[RouterA-trafficpolicy-vlan10] quit
[RouterA] traffic policy vlan20
[RouterA-trafficpolicy-vlan20] classifier vlan20 behavior vlan20
[RouterA-trafficpolicy-vlan20] quit
[RouterA] interface gigabitethernet 1/0/0
[RouterA-GigabitEthernet1/0/0] traffic-policy vlan10 inbound
[RouterA-GigabitEthernet1/0/0] quit
[RouterA] interface gigabitethernet 2/0/0
[RouterA-GigabitEthernet2/0/0] traffic-policy vlan20 inbound
[RouterA-GigabitEthernet2/0/0] quit
```

■ 在 RouterD 上创建流策略 vlan10，将两个流分类和对应的流行为进行绑定，并将流策略 vlan10 应用到接口 GE3/0/0 入方向。

```
[RouterD] traffic policy vlan10
[RouterD-trafficpolicy-vlan10] classifier vlan10 behavior vlan10
[RouterD-trafficpolicy-vlan10] classifier vlan20 behavior vlan20
[RouterD-trafficpolicy-vlan10] quit
[RouterD] interface gigabitethernet 3/0/0
[RouterD-GigabitEthernet3/0/0] traffic-policy vlan10 inbound
[RouterD-GigabitEthernet3/0/0] quit
```

以上配置好后，可以通过 **display this** 接口视图命令查看相应接口的配置，验证配置结果。下面是 RouterA GE1/0/0 和 GE2/0/0 接口上的配置信息。可以看到，它们所应用的流策略（参见输出信息中的粗体字部分）。

```
[RouterA] interface gigabitethernet 1/0/0
[RouterA-GigabitEthernet1/0/0] display this
#
interface GigabitEthernet1/0/0
 ip address 192.168.1.1 255.255.255.0
 traffic-policy vlan10 inbound
#
return
[RouterA-GigabitEthernet1/0/0] quit

[RouterA] interface gigabitethernet 2/0/0
[RouterA-GigabitEthernet2/0/0] display this
#
interface GigabitEthernet2/0/0
 ip address 192.168.2.1 255.255.255.0
 traffic-policy vlan20 inbound
#
return
[RouterA-GigabitEthernet2/0/0] quit
```

也可以通过 **display traffic policy user-defined** 任意视图命令查看 RouterA 和 RouterD 上用户自定义的流策略的配置信息。下面是 RouterA 上的配置。

```
[RouterA] display traffic policy user-defined
 User Defined Traffic Policy Information:
 Policy: vlan10
  Classifier: vlan10
   Operator: OR
    Behavior: vlan10
     Redirect:
       Redirect ip-nexthop 192.168.3.2 track nqa admin vlan10

 Policy: vlan20
  Classifier: vlan20
   Operator: OR
    Behavior: vlan20
     Redirect:
       Redirect ip-nexthop 192.168.4.2 track nqa admin vlan20
```

当然，最终还可以通过抓包验证，正常情况下，VLAN 10 中报文走 RouterA→RouterB→RouterD 转发路径，而 VLAN 20 中的报文走 RouterA→RouterC→RouterD 转发路径。